KB144459

기계공학용어사전편찬위원회 편

-3개국어 동시 활용가능-

BM (주)도서출판 성안당

머 리 말

눈부시게 발전하는 과학 기술가운데서 특히 기계 공학과 그 주변 영역은 광대하고 심오한 분야로서 막중한 위치를 차지하고 있다. 기계 역학을 비롯하여 재료 역학, 열역학, 유체 역학 등의 기계 공학으로서의 기초 분야는 물론, 기계 시스템의 설계 · 제작 · 운전 전반에 관련한 계측 · 제어 공학이나 전기 · 전자 공학, 시스템 공학 · 관리 공학 등의 영역으로확대 발전해 왔다.

이 기계 공학 및 기계 기술에 쓰이는 용어와 그 의미는 기계계의 교육이나 연구에 있어 매우 중요할 뿐만 아니라 널리 산업계나 사회에 있어서 각종 지식, 정보의 이해와 전달에 필요 불가결한 것이다.

본사에서는 이미 1978년에 「기계용어사전」을 발행, 이후 판을 거듭하였고, 1990년 4월에는 무려 20,000여 단어를 대집성한 「기계용어대사전」을 발행하여 많은 호응 속에 판을 거듭하면서 오늘날에 이르렀다.

이번에 또다시 엮어낸 이 사전은 휴대하기 편하고 많은 용어가 수록된 사전을 원하는 일부 독자들의 요청을 수렴할 목적으로 약 15,000단어를 엄선하여 명쾌한 해설과 많은 도표에 의해 산업에 종사하는 기술자나 이 공계의 교수, 학생이 보다 가까이에서 활용할 수 있게 편집 · 간행된 것이다.

끝으로 이 사전을 펴냄에 있어 많은 도움을 주신 여러분들에게 심심한 감사를 드린다.

편찬 위원회

일 러 두 기

1. 항목과 배열 방법

1) 항목명은 영어(센추리 볼드체), 다음에 한글(고딕, 한자 혼용 또는 한자 전용인 경우는 괄호 내에 한자 표기)로 표기하였다.

예 : **grinder** 연삭기(研削機), 그라인더

screw motion 나사 운동(—運動)

2) 배열은 알파벳순으로 배열하였다.

3) 항목명 중 〔 〕로 묶은 단어는 생략해도 되는 단어임을 표기한다.

2. 용 어

용어는 원칙으로서 문교부의 편수 자료에 따랐으나 과학기술용어집(한국과학기술단체총연합회)에 수록된 용어나 혹은 관용어도 있어 적절히 취사 선택하였다.

3. 기 호

1) →이 기호는 다음에 나타내는 항목과 의의가 같거나 혹은 그 항목 중에 설명되어 있다는 것을 나타낸다.

2) ＝이 기호는 다음에 나타내는 항목과 동의어임을 나타낸다.

3) 단위는 원칙적으로 SI 단위를 사용하였다. 단, 필요에 따라 관용 단위를 사용하였다.

4. 부 록

부록으로서 수학 기호를 읽는 법, 도면 약어집, 도면 용어집, 물성표 및 단위 환산표를 수록하였다.

5. 색 인

한-영, 일-영의 색인을 별도로 작성 수록하여 검색을 용이하게 하였다.

A

A 암페어 =ampere

Abbe's principle 아베의 원리(－原理) 「측장기(測長機)에서 표준자의 눈금면과 측정물을 동일 직선상에 배치한 구조로 하면 측정 오차가 작다」는 원리.

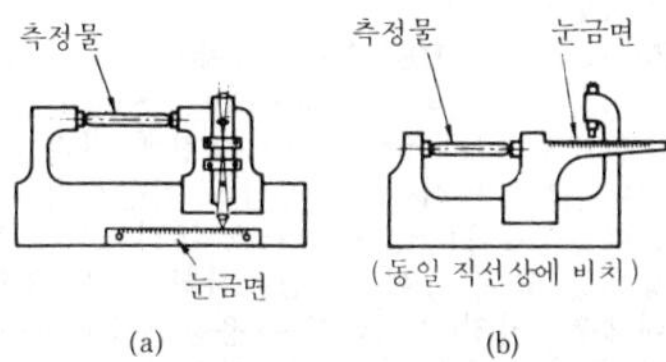

▽ 그림 (b) 인 경우의 오차 ΔL

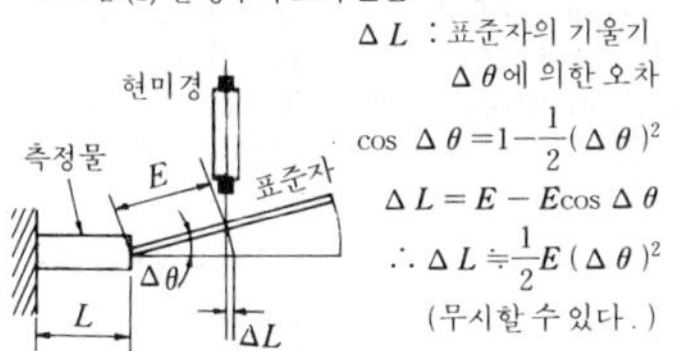

ΔL : 표준자의 기울기 $\Delta\theta$에 의한 오차

$\cos\ \Delta\theta = 1-\frac{1}{2}(\Delta\theta)^2$

$\Delta L = E - E\cos\Delta\theta$

$\therefore \Delta L \fallingdotseq \frac{1}{2}E(\Delta\theta)^2$

(무시할 수 있다.)

aberration 수차(收差) 렌즈, 거울 등의 광학계에 의해 결상하는 경우 물체에 대응하여 생기는 상이 이상적인 상으로부터 기하 광학적으로 벗어나는 것을 말한다.

ablator 애블레이터 표면이 고온 상태가 되어도 용융 기화(溶融氣化)되어 열을 제거하여, 내부에까지 파고드는 열을 방지하는 것을 애블레이션이라 하며, 이러한 성질을 지닌 열 차단 재료를 애블레이터라고 한다. FRP는 이러한 특성이 뛰어나다.

abnormal combustion 이상 연소(異常燃燒) 불꽃 점화 기관에 있어서 정상 연소에서는 혼합기는 제어된 불꽃 점화에 의해 점화되고, 화염은 끝까지 정상 속도로 전파하는데 점화(착화)나 화염 전파 혹은 이 양자에 이상이 있는 연소를 이상 연소라고 한다. 이것은 노킹과 표면 점화로 분류된다.

abrasion 어브레이전, 마멸(磨滅), 마모(磨耗) 재료가 다른 물질과의 마찰에 의해 그 표면이 마멸(소모)되는 현상.

abrasion hardness 마멸 경도(磨滅硬度), 마모 경도(磨耗硬度) 회전이나 미끄러짐에서의 마멸에 대한 저항.

abrasion test 마멸 시험(磨滅試驗), 마모 시험(磨耗試驗) 재료의 내마모성을 조사하는 시험.

abrasion tester 마멸 시험기(磨滅試驗器), 마모 시험기(磨耗試驗器) →abrasion test

abrasive 연삭재(硏削材) 숫돌 가루를 만드는 잉곳 또는 광괴의 총칭으로, 연마재라고도 한다. 내화 재료로도 사용된다.

abrasive cloth 연마포(硏磨布), 사포(砂布) =emery cloth

abrasive grain 연마 입자(硏磨粒子), 숫돌 입자(－粒子) 연마재의 입자로, 이것을 점결제(粘結劑)로 굳혀서 숫돌로 한다.

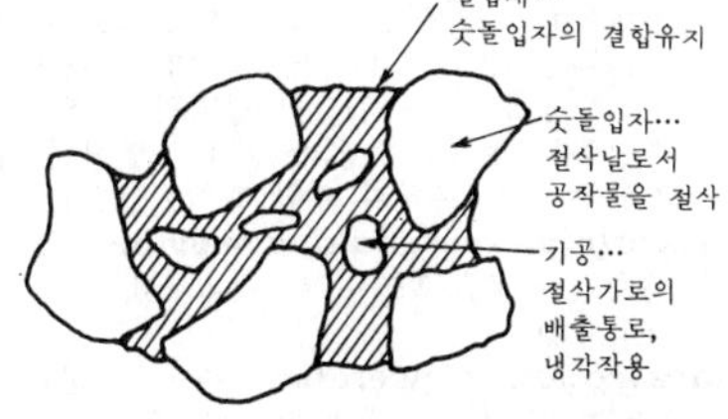

abrasives 연마재(硏磨材) 금속, 유리 등의 표면을 깎거나 평활하게 하기 위하여 사용하는 경도가 높은 재료. 금강사, 유리

가루, 코런덤, 카보런덤 등이 사용된다.

abrasive wheel 연삭 숫돌차(硏削－車), 숫돌차(－車), 숫돌 바퀴 =grinding wheel

abscissa 가로 좌표(－座標) 좌표 가운데 가로축으로 잡은 것.

absolute error 절대 오차(絶對誤差) 흔히 말하는 오차. 상대 오차 혹은 오차율과 대비해서 쓸 때의 호칭.

absolute humidity 절대 습도(絶對濕度) →humidity

absolute position transducer 절대 위치 검출기(絶對位置檢出器) 어느 하나의 좌표계에서 기계 위치를 검출하여 전송에 편리한 신호로 변환시키는 기기.

absolute pressure 절대압(絶對壓), 절대 압력(絶對壓力) 완전 진공 상태를 기준으로 하여 측정한 압력.

절대압＝게이지압＋대기압

absolute temperature 절대 온도(絶對溫度) －273℃를 0℃로 하여 계측한 온도. 보통 K로 나타낸다. 그러므로 0℃는 절대 온도 273K에 해당된다.

absolute unit 절대 단위(絶對單位) 길이, 질량, 시간의 단위에 각각 센티미터, 그램, 초를 기준 단위로 하고 유도되는 단위를 미터법 절대 단위라 하고 피트, 파운드, 초를 기준 단위로 하여 유도되는 단위를 영국식 절대 단위라고 한다.

absorption 흡수(吸收) 소립자가 원자핵 속에 뛰어 들어 그대로 핵 속에 구속되는 현상을 말하며 핵반응의 일종이다.

absorption dynamometer 흡수 동력계(吸收動力計) 기계의 출력을 기계적, 수력적, 전기적으로 흡수하는 장치의 동력계.

absorption phenomenon 흡착 현상(吸着現象) 기상(氣相) 또는 액상(液相) 가운데의 물질이 상(相)의 경계면과 내부에서 그 농도 또는 밀도를 달리하여 평형에 도달하는 현상. 기상의 고체 표면에의 흡착에는 특질 흡착과 화학 흡착이 있다.

absorption refrigerating machine 흡수 냉동기(吸收冷凍機) →absorption refrigerator

absorption refrigerator 흡수식 냉동기(吸收式冷凍機) 냉매 가스의 액체 용해도가 온도, 압력에 따라 달라지는 것을 이용한 냉동기. 증기 압축식 냉동기의 압축기 대신 흡수기와 발생기를 갖추고 있다.

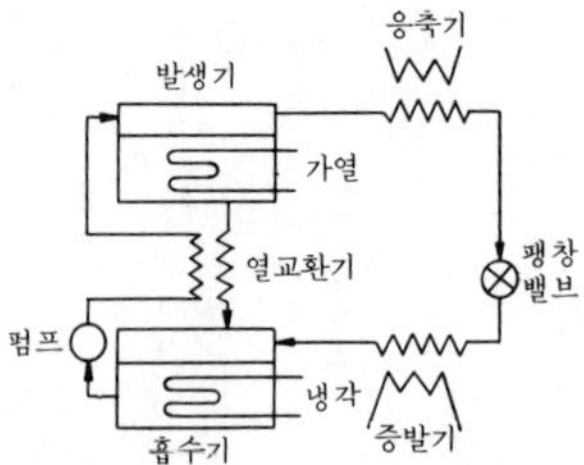

absorption spectrum 흡수 스펙트럼(吸收－) 시료(試料)에 전자파(電磁波)에서 방사된 스펙트럼을 조사(照射)시키면 시료에 어떤 스펙트럼이 흡수되었는가에 따라서 시료에 포함되어 있는 금속, 그 밖의 물질을 알 수 있는데 이 시료에 흡수되는 스펙트럼을 말한다.

ABS resin ABS 수지(－樹脂) ABS는 Acrylonitrile, Butadiene, Styrene, 충전재로 이루어지고, 그 배합에 따라 특성이 크게 변화한다. 도금도 가능하기 때문에 금속화(metalized) 플라스틱으로 용도를 확대 중이다. 금속화된 것은 금속 대체품, 가전 기기, 사무 용품, 기구 하우징 등에, ABS 발포재는 합성 목재, 목각(木刻) 대용품, 가구 등에 이용된다.

AC 교류(交流) =alternating current

acceleration 가속도(加速度), 액셀러레이션 시간에 대한 속도 변화의 비율을 나타내는 양.

v_0 : 가속도 v_0 : Δt초 후의 속도

$$\text{가속도 } a = \frac{v - v_0}{\Delta t}$$

acceleration pickup 가속도 픽업(加速度－) 입력 가속도에 비례하는 출력을 발생시키는 변환기.

acceleration pump 가속 펌프(加速－) 가속시에 실린더 내의 혼합기(混合氣)가 순간적으로 엷어질 때의 대책으로서 기화기(氣化器) 내의 가속 노즐에서 가솔린을 강제적으로 적당량 분출시키기 위한 펌프.

acceleration seismograph apparatus 감진계(感震計) 지진의 가속도를 검출하여 그 가속도가 일정값을 넘게 되면 경보 또는 제어 신호를 발하는 장치.

accelerator 가속기(加速器) 고전압의 전장(電場)에서 전자(電子), 양자(陽子), 중양자(重陽子), 헬륨 이온 등을 가속시켜, 인공적으로 고에너지의 방사선을 얻는 장치. 리니어 액셀러레이터 등의 각종 장치가 있다.

accelerator pedal 가속 페달(加速－), 액셀러레이터 페달 자동차 엔진의 회전을 조정하기 위하여 기화기(氣化器)의 밸브를 조작하는 조정 페달.

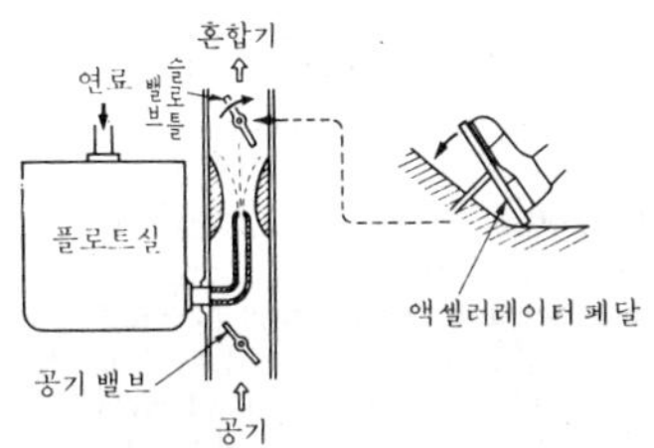

accelerator pump 가속 펌프(加速－) ＝acceleration pump

accelerometer 가속도계(加速度計) 가속도 검출기(가속도 픽업)에 기록이나 지시 기능을 부가시킨 것.

acceptance test 수취 시험(受取試驗) 제품이 주문자 요구대로 되어 있는가를 조사하는 시험.

acceptor 억셉터 P형 반도체를 만드는 미량의 원소를, "전자를 받아들인다"라는 뜻으로 억셉터라고 하며 붕소(B), 인듐(In), 갈륨(Ga)이 이에 해당된다.

access 액세스(전산기 외) 전산기의 기억장치에의 정보 출입을 말한다.

accessory 액세서리 차량, 기계 등의 부속품.

accident 고장(故障), 사고(事故), 재해(災害)

accidental error 우연 오차(偶然誤差) 오차를 보정(補正)할지라도 그대로 남게 되는 오차로, 원인을 찾아낼 수 없는 오차를 말한다.

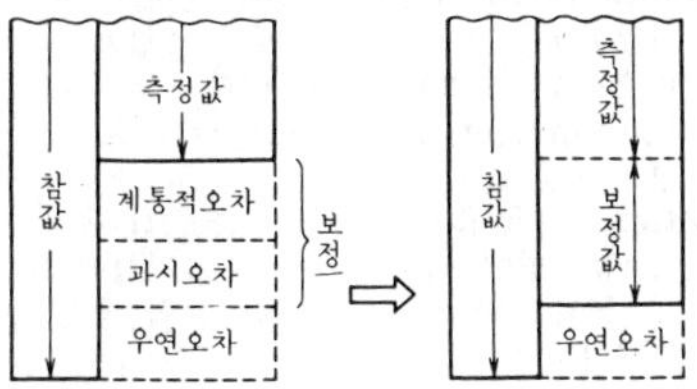

accumulator 어큐뮬레이터 부하가 작을 때에 에너지(압력, 양, 열량, 전기 등)를 축적하였다가 부하가 클 때에 방출시켜, 에너지를 보충하는 기기의 총칭. 보일러에서는 스팀 어큐뮬레이터, 유압이나 수압에서는 중추식 또는 브러더식의 어큐뮬레이터, 연속 운전에 필요한 어큐뮬레이터, 축전지, 전산기 내의 연산 장치에 속하는 레지스터의 일종(累算器).

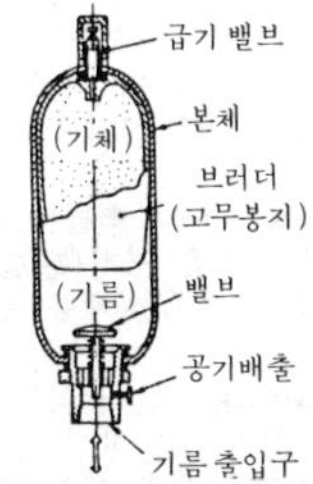

accuracy 정밀도(精密度) 측정값의 오차가 적은 정도(程度). →precision

acetate 아세테이트 셀룰로오스와 초산으로 만들어진 인공 섬유로, 에스트론이라고도 한다.

acetylene 아세틸렌 카바이드에 물을 작용시키면 발생되는 것. 산소와 함께 연소시키면 고열이 발생하므로 주로 금속의 용접, 용단에 사용된다.

acetylene gas generator 아세틸렌 가스 발생기(－發生器) 카바이드에 물을 작용시켜 아세틸렌 가스를 발생시키는 장치. 가스 용접에 사용한다.

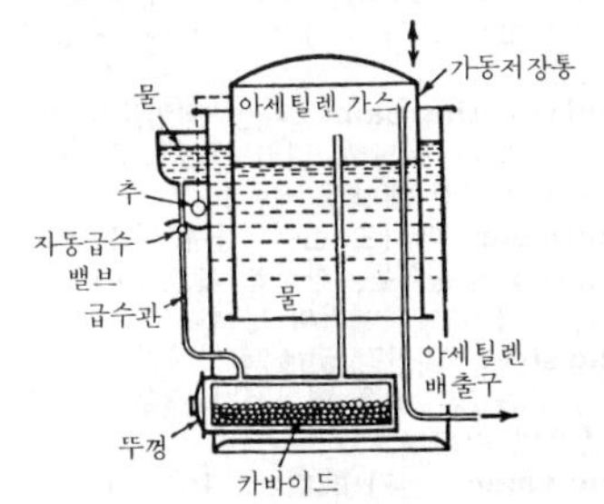

AC generator 교류 발전기(交流發電機) ＝alternator

acid 산(酸), 애시드 산류의 수용액은 신맛을 지니고 있으며, 청색 리트머스를 적색으로 변화시키는 성질이 있어, 금속에 작용하여 이것을 용해시킨다. 대부분이 물과 그 밖의 원소 산화물과의 화합으로 이루어지는데 그 주된 것으로는 황산, 염산, 질산 등이 있다.

acid Bessemer converter 산성 전로(酸性轉爐) 베세머 전로에는 산성 전로와 염기성 전로의 두 종류가 있으나 산성이 보통이다. 산성은 노 속의 라이닝에 규산질 내화재를 이용한 것으로, 주로 용선(鎔銑) 안의 산화열을 이용한다. 탈(脫) 인(P)이 되지 않기 때문에 인(P)이 적은 원료선(原料銑 : 베세머선이라고 한다)을 이용한다.

acid brick 산성 벽돌(酸性－) 고온도에서 석회와 같은 염기(鹽基)와 화합되기 쉬운 성질의 벽돌. 예를 들면, 규석 벽돌 등.

acid cleaning 산 세정(酸洗淨) 산화 억제제를 첨가시킨 산성 용액을 세척하려고 하는 기기나 배관 계통에 넣어 적당한 온도로 순환시켜, 내부의 스케일이나 부착물을 제거하는 것.

acid open-hearth furnace 산성 평로(酸性平爐) 제강용 반사로. 산성의 노재(爐材)를 이용해서 라이닝을 실시한 평로(平爐)로, 현재 가장 많이 이용되고 있다. 선철(무쇠), 강(鋼)스크랩, 산화철 등을 장입(裝入)해서 가스 또는 액체 연료로 용해하고 산화 제련하여 용강(鎔鋼)을 만든다.

acid proof 내산(耐酸) 산에 대한 용해 속도가 늦을 때 내산성이 있다고 하고 산의 종류에 따라 용해 속도가 다르다.

acid resisting alloy 내산 합금(耐酸合金) 산에 용해 또는 침식이 잘 안 되는 합금의 총칭.

acid resisting paint 내산 페인트(耐酸－) 안료 또는 적당한 내산 무기물을 혼합하여 배합시킨 에나멜 페이트.

acid smut 애시드 스멋 중유 연소 보일러 등에서 배출되는, 황산분(黃酸分)을 함유한 검댕 · 연기 따위의 덩어리.

acid steel 내산강(耐酸鋼) 산성 노(爐)에서 만든 강. 질은 염기성강(鹽基性鋼)보다 좋으나 비싸다.

acid value 산가(酸價) 지방, 기름, 납, 가소성(可塑性) 용제 등의 속에 들어 있는 유리산(游離酸)의 양을 나타내는 값. 시료 1g을 중화시키는 데 드는 수산화 칼륨의 mg 수를 나타낸다.

Acme thread 애크미 나사 인치식의 29° 사다리꼴 나사. 나사의 높이를 h, 피치를 p라 한다면 $h=0.5p+0.01$ 인치.

Acme thread tap 애크미 나사 탭, 사다리꼴 나사 탭 29°의 사다리꼴 나사를 지지하는 데에 사용하는 탭.

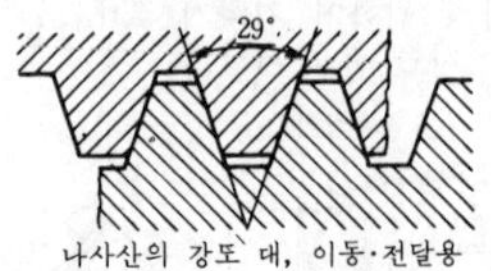

나사산의 강도 대, 이동·전달용

AC motor 교류 전동기(交流電動機) = alternating current motor

a connection point a접점(－接點) 평상시는 접점이 열린(off) 상태이다. 접촉되기 위해 자력(磁力)이나 그 밖의 힘으로 누르거나 잡아당겼을 때에만 전기 회로가 닫히는(on) 접점.

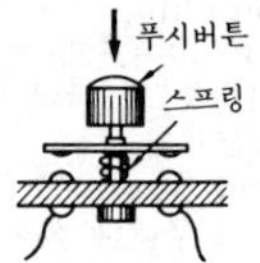

acoustic emission ; AE 음향 방사(音響放射) AE는 비파괴 검사 기술의 하나로, 처음에는 거대한 구조물의 연속적인 안전 감시에 사용되었고, 현재는 베어링 등의 피로 검출에도 응용되고 있다. 소성 변형 · 균열의 발생과 성장에 따라 축적되어 있던 변형 에너지가 급속히 해방되어 탄성파가 방출되는 현상.

acoustic inspection 음파 검사(音波檢査), 음향 검사(音響檢査) 테스트 해머를 사용하여 용접 내부의 결함 상태의 이상을 검사하는 법.

acrylic resin 아크릴 수지(－樹脂) 아크릴산이나 아크릴산 유도체의 중합체이다. 대표적인 것으로는 폴리메타크릴산 메틸(polymethyl meth acrylate)로서 투명도가 높고 단단하다.

action 작용(作用), 기능(機能) ① 동작하는 힘. 힘이 미치는 영향. ② 역학에서는 두 물체 사이의 인력 또는 척력(斥力)을 말한다.

activated reactive evaporation 활성화 반응 증착법(活性化反應蒸着法) 증착 금속과 반응하는 중에서 방전의 촉진 작용으로 TIC 등 천이 금속의 탄화물, 질화물, 산화물 등을 증착하는 방법이다.

activation 액티베이션[1], 활성화(活性化)[2] ① 필요한 건설, 현지 조립, 설치, 체크 등을 인도하는 것. ② 표면의 부동태(不動態)를 파괴할 것을 목적으로 하는 처리.

activity 액티버티 프로그램과 프로젝트를 네트워크로 나타낼 때의 요소로, 작업 항목, 조달 사이클, 대기 시간 등을 말한다.

actual breaking stress 진 파단 응력(眞破斷應力) 봉재(棒材) 등의 파단시에는 국부 수축이 발생하여 단면적이 축소하고 있다. 이 단면적에서 산출된 파단 응력을 말한다.

actual efficiency 실제 효율(實際效率) 이론상의 효율에 대해 실제로 얻을 수 있는 효율.

actual head 실양정(實揚程) →lift, head of fluid

actual size 실제 치수(實際－) 기계 부품을 가공했을 때 실제로 완성된 제품의 치수.

actual stress 진응력(眞應力) ＝true stress

actual throat 실제 목두께(實際－) 필릿 용접에서의 바닥 부분으로부터 그 비드 표면까지의 가장 짧은 목두께.

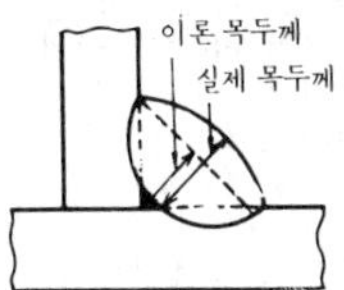

actual velocity 절대 속도(絶對速度) 운동되고 있는 물체의 고정 좌표축에 대한 속도.

actuator 액추에이터 전기, 유압, 압축 공기 등을 이용하는 원동기의 총칭으로, 보통 유체 에너지를 이용해서 기계적인 작업을 하는 기기.

acute angle 예각(銳角) 둔각의 반대어. 직각보다 작은 각.

AC variable speed motor AC 가변속 모터(－可變速－) AC 서보 모터라고도 한다. 로봇이나 NC 등을 비롯하여 메커트

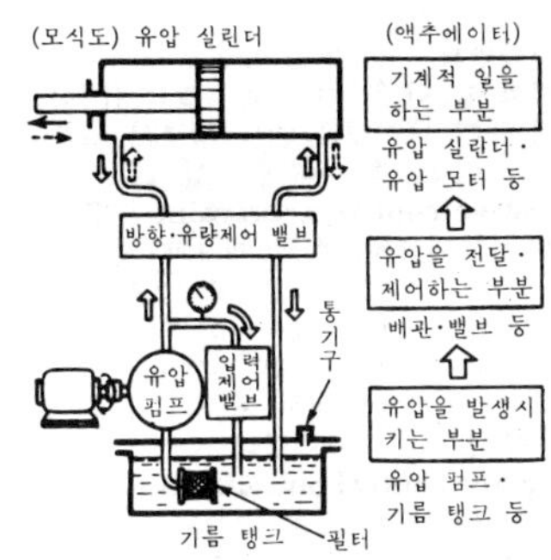

actuator

로닉스 기기에 DC 가변속 모터 대신 사용한다. DC 모터에는 브러시가 필요했으나, AC를 벡터 제어하는 모터에는 이것이 없기 때문에 보전상·환경 조건에 유리하다.

Adamson s joint 애덤슨 이음 둥근 보일러의 노(爐)통에 사용하는 조인트.

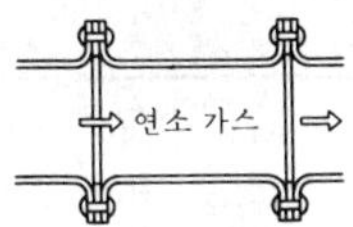

Adamson s ring 애덤슨 링 애덤슨 이음의 플랜지와 플랜지 사이에 넣는 연강제의 고리.

adapter 어댑터 ① 레이디얼 볼 베어링 또는 롤러 베어링을 축상 임의의 위치에 끼워 맞추기 위해 이용되는 원뿔형 분할 키. ② 엔드밀과 같은 자루붙이 밀링 커터를 콜릿과 함께 밀링 머신의 주축에 고정시키는 공구. ③ 어떤 장치나 부품을 다른 것에 연결시키기 위한 중계 부품을 말한다. 그림 (a)의 V 패킹인 경우는 지지 링

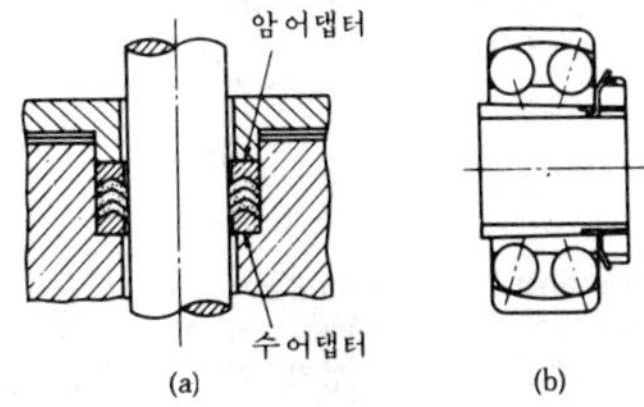

(a) (b)

으로서 한쪽면이 이것과 접촉되는 패킹의 만곡면과 같은 형을 이루고 있다. 수 어댑터와 암 어댑터가 있다. 그림 (b)는 테이터 구멍 베어링을 끼워 맞추기 위해 이용되는 어댑터를 나타내고 있다.

adaptive control constraint 구속 적응 제어(拘束適應制御) 피드백 제어와는 달리 미리 시스템에 주어진 논리식을 실제 작업 중에 연산 제어하는 기능을 갖추고 있다. 몇 가지 제한된 조건 내에서 최대의 생산성을 얻어 내는 최적 조건을 연산해 내어 공작기를 제어한다.

adaptive control optimization 최적 적응 제어(最適適應制御) 그림과 같이 미리 정의된 평가 함수를 온라인으로 측정 또는 계산해서 최적화하는 기능을 지닌 제어.

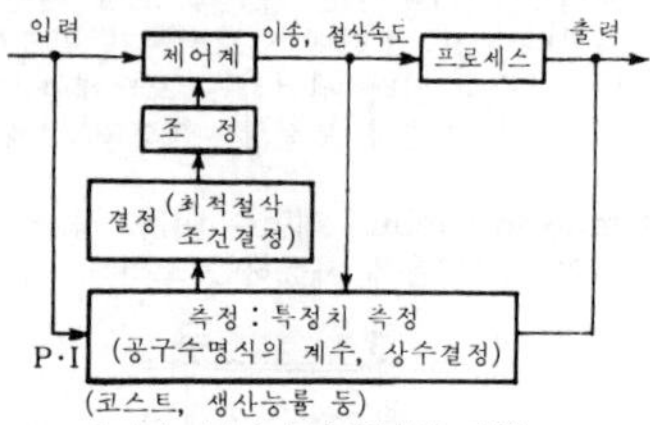

온라인 최적제어(절삭공구의 경우)

addendum 어덴덤 기어의 피치 지름 내에서 위쪽 톱니의 높이.

addendum circle 어덴덤 원(-圓) 기어의 톱니 끝을 연결하는 원. →toothed wheel

addendum modification coefficient 전위 계수(轉位係數) 전위 기어의 전위량을 기준 모듈 m을 써서 나타낼 때의 배율.

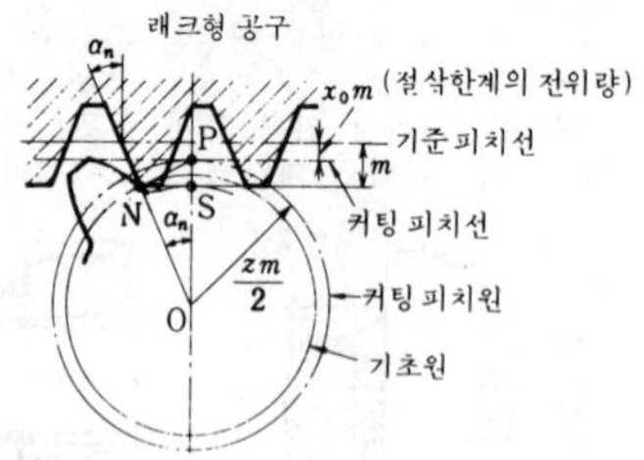

adhesion 점착력(粘着力) 차량 동륜(動輪)상의 축에 작용하고 있는 하중에 차륜과 레일 사이의 정지 마찰 계수를 곱한 것.

adhesion brake 점착 브레이크(粘着-) 차 바퀴와 레일 사이의 점착력을 이용해서 차량에 브레이크를 거는 것.

adhesion weight 점착 중량(粘着重量) 동력차의 동륜(動輪)에 걸리는 중량을 말한다. 동륜의 견인력에 유효하게 작동하는 중량.

adhesive cement 접착제(接着劑) →adhesive material

adhesive material 접착제(接着劑) 금속, 비금속, 기타의 접착에 사용되는 재료.

- 동물성(카세인, 글리코겐)
- 식물성(옻, 풀)
- 합성수지
  - 열가소성(강도나 내열성이 떨어진다.)
  - 열변화성(에폭시 수지, 페놀 수지)

↑ 이것이 현재의 공업적 접착제의 주역이다.

adiabatic change 단열 변화(斷熱變化) 일반적으로 물체가 주위와 열을 주고 받지 않고 팽창하거나 압축하는 것. 단열 압축인 때에는 밖으로부터 일이 주어지므로 물체의 내부 에너지가 증가하고, 기체의 경우에는 온도가 상승한다. 단열 팽창인 경우에는 밖의 압력에 대하여 일을 하므로 내부 에너지가 감소하고, 기체인 때에는 온도가 내려간다. 가솔린 엔진의 압축, 팽창 공정은 순식간에 이루어지므로 단열 변화로 보고 있다.

adiabatic compression 단열 압축(斷熱壓縮) →adiabatic change

adiabatic efficiency 단열 효율(斷熱效率) 송풍기 및 압축기에 있어 기체를 흡입 전압(吸入全壓)에서 토출 전압(吐出全壓)까지 등(等)엔트로피적(가역 단열적)으로 압축하는 경우에 필요한 동력 L_{is}(단열 가스 동력)와 흡입 상태에서 토출 상태까지 압축하는 데 필요한 동력 L_g와의 비로, 등엔트로피 효율(isentropic efficiency)의 관용어.

$$\eta_{is}=(L_{is}/L_g)\times 100\%$$

adiabatic expansion 단열 팽창(斷熱膨脹) →adhesive material

adiabatic heat drop 단열 열낙차(斷熱熱落差) 터빈이나 기타 기관 중에서 작동 가스가 마찰 손실을 받는 일없이 단열적으로 팽창할 때, 변화의 시작과 끝의 상태간에서의 엔탈피차를 말한다.

adjustable 어저스터블 조정할 수 있는, 가감할 수 있는.

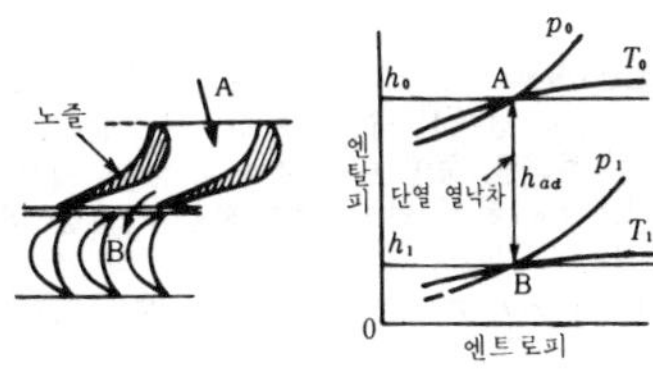

adiabatic heat drop

adjustable bearing 조정 베어링(調整－) 조정 가능한 베어링.

adjustable guide vane 조정 안내 베인(調整案內－) 수중, 정지 중에는 폐쇄되고, 운전 중에는 미세한 개도(開度) 조절을 하여 수량을 가감하는 안내깃.

adjustable pitch-propeller 가변 피치 프로펠러(可變－) ＝variable pitch-propeller

adjustable reamer 조정 리머(調整－) 리머의 각 심은 날이 반경 방향으로 다소 움직일 수 있어, 그 외경을 조정하여 1개의 리머로 다듬질할 수 있는 리머.

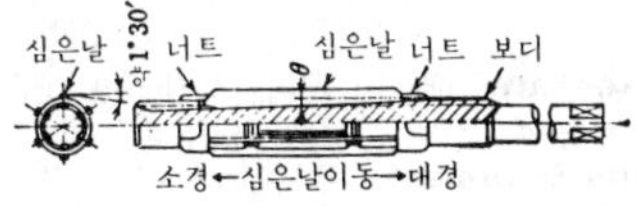

adjustable shell reamer 조정 원통형 리머(調整圓筒形－) 어느 정도 직경을 임의로 조정할 수 있는 원통형 리머.

adjustable spanner 자재 스패너(自在－) 입의 열림을 자유로이 조절할 수 있는 스패너. 멍키 스패너, 잉글리시 스패너, 파이프 렌치 등이 있다.

adjusting bolt 조정 볼트(調整－) 기계의 장치 등에서 레벨링 블록 등과 함께 이용되는 수평 위치 조정용 볼트.

adjusting screw 조정 나사(調整－) ＝adjust screw

adjust screw 조정 나사(調整－) 공작 기계의 테이블이나 절삭(공구)대의 더브테일, 기계의 장치 등에 사용되는 조정용 나사.

admiralty metal 애드미럴티 메탈 73 황동에 1% 정도의 주석을 가한 합금으로, 바닷물에 대해 내식성이 뛰어나므로 복수기나 해수관에 이용된다.

admission 급기(給氣), 진입(進入)

admission stroke 급기 행정(給氣行程) 기관에서 급기, 즉 급기구가 열려 연소 가스가 실린더에 유입되는 행정.

adsorption 흡착(吸着) 기상(氣相) 또는 액상(液相) 속의 물질이 그 상과 접하는 다른 상과의 경계에서 상의 내부와 다른 농도를 유지하여 평형을 이루고 있는 현상.

advanced control 선행 제어(先行制御) 연산 장치를 다시 복수 개의 장치로 나누고, 어떤 명령의 실행 중에 이 명령에 사용되지 않는 장치가 있다면, 다음 명령의 실행을 개시해서 차례대로 계속 명령 실행을 중복시켜 나아가는 제어 장치.

advanced ignition 조기 점화(早期點火) ＝advanced sparking

advanced sparking 조기 점화(早期點火) 혼합기가 연소하여 압력이 상승하는 데 약간의 시간이 걸리는 사이에 상사점(上死點)보다 약간 앞서서 점화되는 것. ＝advanced ignition

advancing side 진입측(進入側) 내연 기관에서 피스톤의 상사점(上死點)보다도 앞쪽. 예를 들면, 점화를 진행시킬 때 상사점보다 앞쪽으로 이동시키는 것을 말한다.

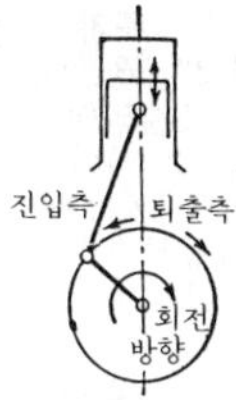

adz, adze 큰 자귀 목공구의 일종. L자형으로 굽은 자루가 붙은 절삭구. 양손으로 자루를 쥐고 나무를 깎아 낸다.

aerial cable way 가공 삭도(架空索道) 가공한 삭도에 운반차를 매달고 이것을 운전하여 사람 또는 물건을 운반하는 설비.

aerodynamical balance 공력 균형(空力均衡) 풍동 속에 두어진 물체에 작용하는 공기 역학적인 힘과 모멘트를 재는 계측기.

aerodynamic heating 공력 가열(空力加熱) 물체가 고속 기류에 휩싸임으로써 가열되는 현상.

aerodynamics 공기 역학(空氣力學), 항

공 역학(航空力學) 유체 역학의 원리를 공기에 응용하는 학문.

aeroengine 항공 발동기(航空發動機), 항공 기관(航空機關) 항공기용 내연 기관. 고속기용으로는 가스 터빈을 이용한 터보제트(turbo-jet)나 또는 터보프롭(turboprop) 등이 있다. =aircraft engine, aeroplane engine

aerofoil 에어로포일 유체 역학에서 전방으로부터 유체의 흐름을 받으면 큰 양력과 작은 항력을 일으켜 날개의 단면형으로 이용되는 형.

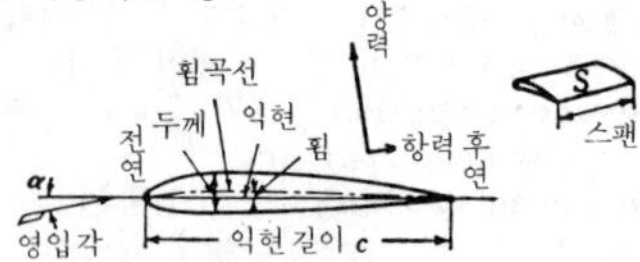

aerometer 비중계(比重計), 에어로미터 넓은 의미로는 물체의 비중 측정용 기구의 총칭. 일반적으로 액체의 비중을 측정하는 비중계(gravimeter)를 말한다. =hydrometer

aeronautics 항공학(航空學) 일반 항공기에 작용하는 힘이나 그 운동을 논하는 학문. 또는 항공기를 운전 조종하는 기술을 논하는 학문을 뜻하는 경우도 있다.

aeroplane 비행기(飛行機) =airplane

aeroslide 에어로슬라이드 경사진 밀폐통을 이중 바닥으로 하여 직포 또는 다공질판을 깔고, 바닥에서 압축 공기를 불어 내어, 분체를 유동시켜 운반하는 그림과 같은 공기 필름 컨베이어를 말한다.

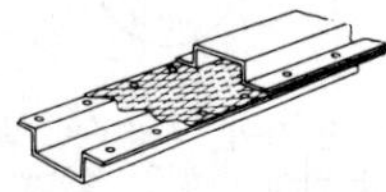

aerosol 에어로졸 고체 또는 액체의 미분자가 부유(浮游)되고 있는 대기.

aerosol cans 에어로졸 용기(-容器) 에어 스프레이용 용기로서 액화 가스, 분무액, 소화기, 염색 침투 탐상 등의 용기로 사용되고 있다.

aerostatics 공기 정력학(空氣靜力學) 정지하고 있는 공기 중에 존재하는 물체에 미치는 각종 힘 등에 관하여 논하는 역학의 한 부문.

affected zone 변질부(變質部) 용접에 의해 모재가 가열되어 재질에 변화를 일으키는 부분. →heat affected zone

after blow 애프터 블로 베세머(Bessemer) 제강에 있어서 규소 · 망간 · 탄소를 제거한 후 화력을 줄인 다음 석회를 넣고 재차 취장(吹裝)하여 탈인(脫燐)하는 작업을 말한다.

after burner 애프터 버너, 후방 연소기(後方燃燒機) 제트 엔진의 터빈 후방에 설치된 재연소 장치.

after burning 애프터 버닝 내연 기관에서는 연료의 전부가 압축 상사점(上死點) 가까이에서 연소되는 것이 아니라, 일부는 팽창 행정이 끝났음에도 불구하고 연소되는 일이 있다. 이것을 지연 연소라 한다. 이때는 배기 온도를 높여 열손실을 증가시킬 뿐이다.

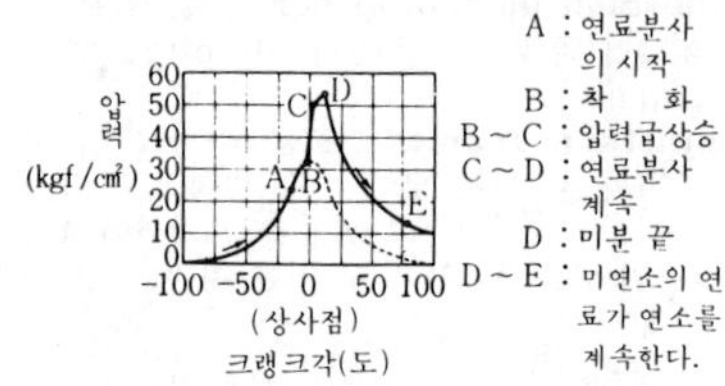

after care 애프터 케어 불완전한 것을 고치는 것, 사무 처리를 하는 것.

after treatment 후처리(後處理) 가공한 뒤 품질을 개선하기 위해 처리하는 변형 교정, 열처리, 트리밍, 압인 가공(壓印加工), 산 세척, 숏블라스트 등 처리의 총칭.

aged deterioration 경년 변화(經年變化) 사용 연수가 거듭됨에 따라 자연 열화도 포함해서 부식, 마모, 물리적인 성질의 변화 등으로 성능이나 기능이 저하되는 것을 말한다.

age hardening 시효 경화(時效硬化) 열처리 후 시간의 경과와 함께 합금의 경도가 높아지는 현상.

ageing 노화(老化) =aging

aging 시효(時效)[1], 노화(老化)[2] ① 재료의 성질이 시간의 경과와 함께 변화되는 것을 시효라 한다. 시효에 의해서 경화되는 것을 시효 경화라 하며, 시효에 의해서 기계적 성질이 향상되는 합금을 시효성 합금이라 한다. 시효 석출(時效析出)이란 과포화 고용체(過飽和固溶體)에서 석출상(析出相)이 석출되는 것에 중점을 두는 것으로, 시효를 시효 석출 또는 석출이라 한다. ② 기기나 재료가 시간의 경과에 따라 점차 특성이나 기능이 열화되는 것.

agitator 애지테이터, 교반기(攪拌機) 반죽한 콘크리트를 운반 중에 재료 분리를 일으키지 않도록 교반하는 장치.

Ah 암페어 시(－時) ＝ampere-hour

aileron 보조익(補助翼) 비행기 주익(主翼)의 좌, 우, 뒤, 가장자리에 있고, 가로의 조종에 이용되는 날개.

air acetylene welding 공기 아세틸렌 용접(空氣－鎔接) 용접열을 공기 중의 산소와 아세틸렌의 연소 반응에 의해서 얻는 가스 용접.

air balancer 공기 균형 장치(空氣均衡裝置), 에어 밸런서 실린더를 사용한 기압 이용의 램 균형 장치의 일종.

air bearing 공기 베어링(空氣－) 정압(靜壓) 베어링의 일종으로, 축과 베어링 사이에 압축 공기를 뿜어 넣어 공기압으로 축을 띄어서 하중을 지지하는 베어링.

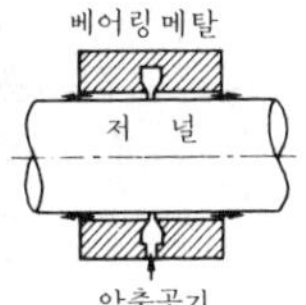

air blast 에어 블라스트, 공기 분사(空氣噴射) 강한 송풍기류를 말한다.

air blast freezing 공기 동결(空氣凍結) 공기를 냉각 매체로 한 동결법. ＝still air freezing

air bleed system 공기 블리드 방식(空氣－方式) 엔진의 보상 장치로서 또는 연료의 무화(霧化)를 양호하게 하기 위하여 연료 통로에 소량의 공기를 주입하는 방식을 말한다.

air brake 공기 브레이크(空氣－), 공기 제동기(空氣制動機), 에어 브레이크 압축 공기의 압력을 이용한 브레이크의 총칭. 또는 전차, 열차 등에서 압축 공기로 바퀴를 제동하여 속도를 가감하거나 정지시키는 장치. ＝pneumatic brake

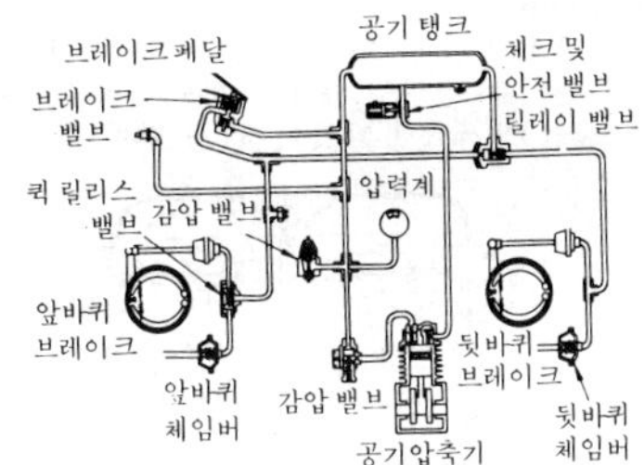

air cell type engine 공기실식 기관(空氣室式機關) 디젤 기관의 연소실 형식에는 직접 분사식과 부실식(副室式)이 있는데, 이 공기실식은 부실식에 속하며 실린더 헤드에 만들어진 공기실에 압축 행정 중에 압입된 공기는 팽창 행정 중 주연소실에 분출되고 여기에 분사된 연료의 연소를 돕는다. 그림은 라노바 기관의 예이다.

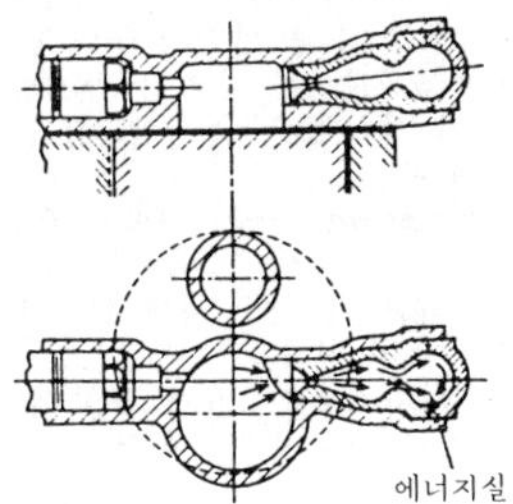

air chamber 공기실(空氣室) ① 일반적으로 액체는 팽창이나 압축성이 적기 때문에 그 속도에 급격한 변화가 생기면 충돌이나 압력 강하가 일어난다. 이것들을 방지하기 위하여 설치한, 공기가 들어 있는 칸을 공기실이라 한다. ② 디젤 기관 연소실의 한 형식. 주연소실 외에 공기실을 설치한 것.

air chuck 공기 척(空氣－) 압축 공기로 발톱을 개폐하는 척.

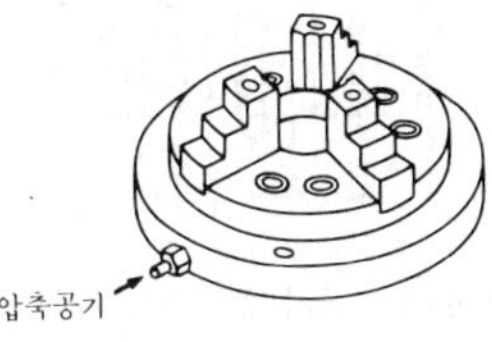

air cleaner 공기 청정기(空氣淸淨器), 에어 클리너 티, 먼지, 가스, 증기, 악취, 연기와 같은, 공기류에 포함되어 있는 불순물을 제거해서 깨끗이 하는 장치.

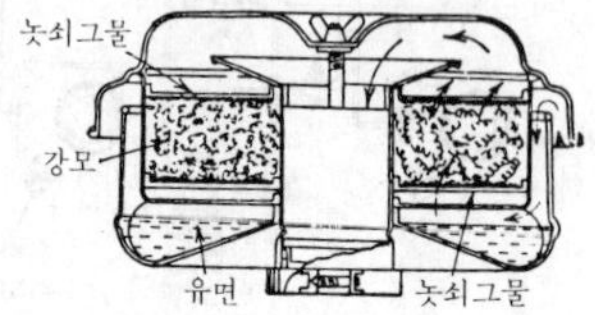

air clutch 공기 연동기(空氣連動機), 에어 클러치 압축 공기를 이용해서 2축을 연결하고 필요에 따라 곧 한 쪽의 동력을 다른 쪽에 단속하여 전하는 장치.

air cock 공기 콕(空氣－) 수압관(pen stock) 입구의 제수문(制水門) 또는 제수 밸브를 폐쇄하는 경우에 수압관 내의 압력이 대기압보다 낮아져서 관이 변형되는 것을 방지하기 위해 밸브 하류측에 설치하는 밸브. 길고 완만한 구배의 수압관이 급구배(急勾配)로 옮기는 부분에도 필요에 따라 설치한다. 공기관(air pipe)이라고도 한다.

air compressor 공기 압축기(空氣壓縮機) 외부로부터 동력을 받아 공기를 압축하는 기계. 회전 압축기, 터보 압축기, 왕복동 압축기 등이 있다.

air conditioning 공기 조절(空氣調節), 공기 조화(空氣調和), 에어 컨디셔닝 공정 또는 실내의 공기 온도, 습도 등을 기계 장치에 의해서 자동적으로 조절하여 보건 또는 생산 능률 향상을 위해 쾌적한 상태로 유지하는 것.

air conditioning apparatus 냉방 장치(冷房裝置) 실내 온도를 내려서 적당한 온도로 유지시키는 장치.

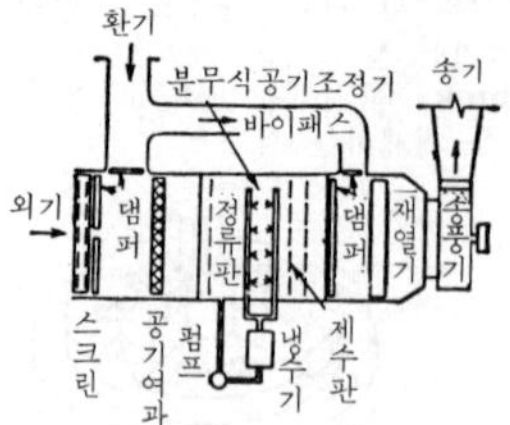

air conveyor 공기 컨베이어(空氣－), 에어 컨베이어 관 속을 흐르는 공기로 가루, 작은 알갱이, 전표류를 운반하는 장치.

air cooled cascade blade 공랭 익렬(空冷翼列) 가스 터빈의 터빈 익렬은 고온에 놓이게 되므로 이것을 공기로 냉각하는 구조의 것을 말한다.

air cooled cylinder 공랭 실린더(空冷－) 공랭 기관의 실린더. 냉각이 잘 되게 하기 위하여 다수의 공랭 핀(fin)이 설치되어 있다.

air cooled engine 공랭식 발동기(空冷式發動機) 공랭에 의한 방식의 기관을 말한다. 실린더의 바깥쪽에 공랭 핀(fin)이 설치되어 있다. 소형 기관 또는 항공기에 사용된다.

air cooled valve 공랭 밸브(空冷－), 공기 냉각 밸브(空氣冷却－) 항공기용 등의 엔진의 배기 밸브는 고열 부하 때문에 과열하기가 쉽다. 그래서 공기를 밸브축 부분에 끌어들여 냉각하는데, 이러한 밸브를 말한다.

air-cooling 공랭(空冷) 내연 기관에서 실린더의 과열을 방지하기 위하여 공랭 핀(fin)을 설치하여 전열면(傳熱面)을 크게 하고 이에 공기의 흐름을 닿게 해서 냉각시키는 방식.

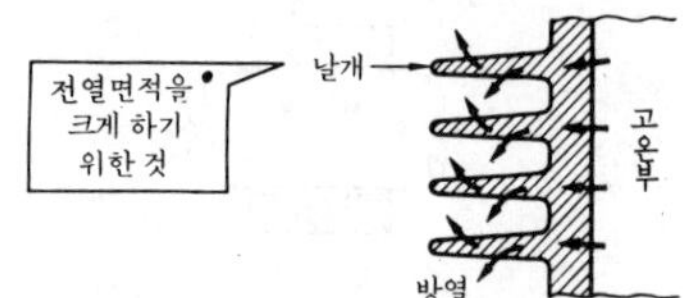

air craft 항공기(航空機) 지면을 떠나 대기 중에 뜨는 탈 것.

aircraft engine 항공 엔진(航空－) 항공기의 추진력 또는 양력(揚力)을 얻기 위해 사용되고 있는 엔진. 프로펠러를 사용하지 않고, 배기 제트의 운동 에너지를 추출하여 그 반작용을 이용해서 추진력을 얻는 것을 제트 추진 엔진이라 한다.

air cushion 공기 쿠션(空氣 －), 에어 쿠션 ① 공기를 압축시킴으로써 충격을 완화시키는 것의 총칭. ② 물체를 지지하는 접촉면에 압축 공기를 분출해서 공기층을 만들어 물체를 부상시킬 수가 있다. 호버크래프트(Hovercraft)가 그 좋은 예이다.

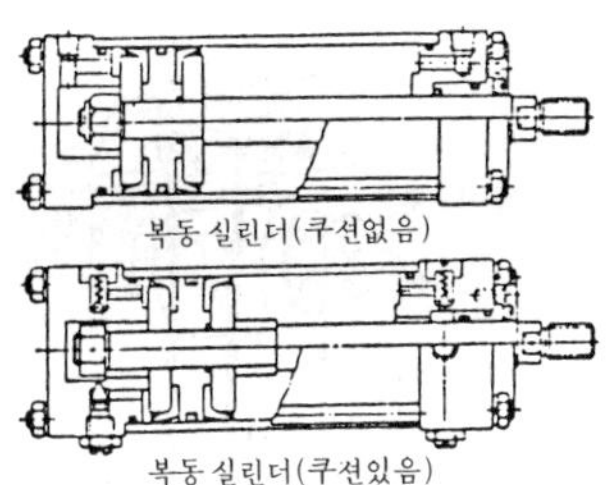

air cushion

air cushion process 에어 쿠션 성형법(一成形法), 에어 큐션 프로세스 플라스틱판 가공의 일종. 다이 위에 클램프된 비닐판을 가열 연화하고 공기를 넣어 부풀게 한 다음 플러그에서 공기를 내뿜으면서 이것을 하강시켜 성형한다.

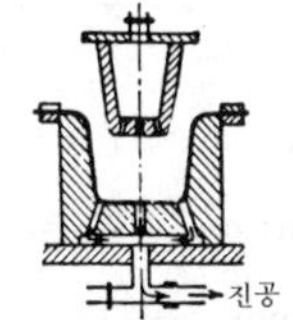

air cushion system 에어 쿠션 방식(一方式) 차체나 배의 바닥면 또는 그 일부에 공기를 내뿜음으로써 압력이 높은 부분(쿠션부)을 만들어 동체를 부양(浮揚)시키는 방식.

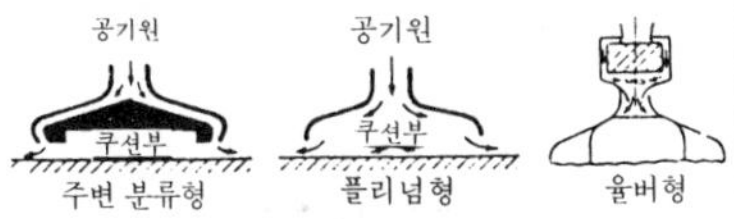

air cushion vehicle : ACV 에어 쿠션기(一機) 기체(機體) 분출부에서 지면을 향해 분출할 때에 기체와 지면에 싸여진 공간에서 생기는 양력에 의해서 부상하는 것으로, ground effect machine이라고 불리고 있다. ACV는 수륙 양용으로 사용된다는 이점이 있으나 실용화되고 있는 것은 호버크래프트, 에어쿠션 트랙터, 에어쿠션 트럭이다.

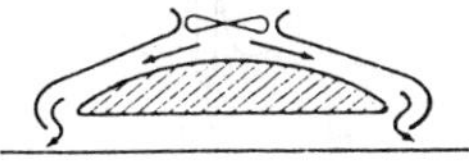

air cylinder 공기 실린더(空氣一) 왕복식 공기 압축 실린더를 말한다.

air duct 통풍로(通風路), 에어 덕트, 풍도(風道) 공기를 보내거나 바꾸기 위하여 만든 관로.

air ejector 공기 추출기(空氣抽出機), 에어 이젝터 경량의 프레스 가공품이나 스크랩을 형 밖으로 제거하는 경우 공기압으로 불어내는 밸브 장치 등을 말한다.

air engine 공기 기관(空氣機關), 공기 원동기(空氣原動機) 압축 공기를 동작 유체로써 움직이는 기관. 폭발성 가스가 있는 갱 내나 화학 공장 내에서, 보안상 다른 원동기를 사용할 수 없는 곳에 이용된다.

air filter 공기 필터(空氣一), 공기압 필터(空氣壓一) 공기압 회로의 관로 도중에 설치하여 먼지 따위의 유해한 이물을 제거하는 장치. =pnumatic filter

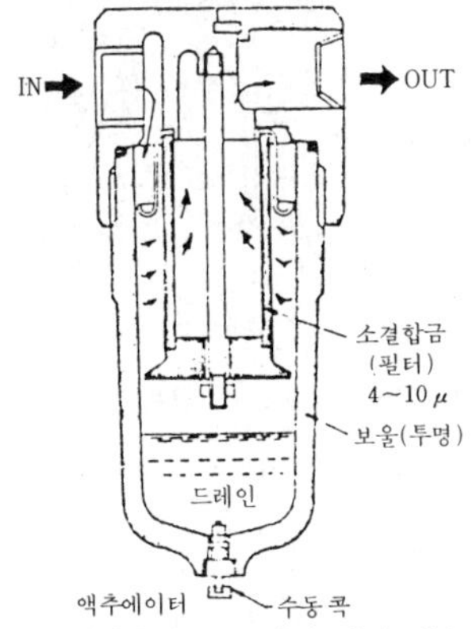

airflex 에어플렉스 그림과 같이 압축 공기를 사용한 클러치나 브레이크를 말한다.

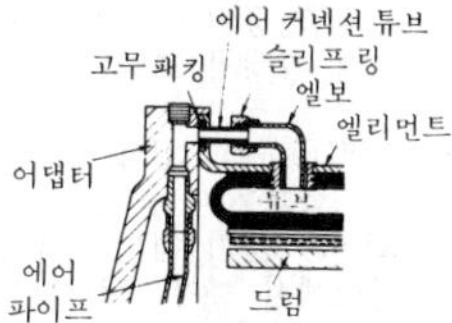

airfoil 날개 항력에 비해 큰 양력을 발생하는 모양의 물체. 날개는 항공기의 양력 장치로서 쓰일 뿐만 아니라 펌프, 압축기,

터빈 등의 유체 기계의 요소로서도 중요하다. =aerofoil, blade, wing

air freezing 공기 냉동(空氣冷凍), 공기 동결(空氣凍結) 저온의 공기에 접촉시킴으로써 물체를 동결시키는 것.

air fuel ratio 공연비(空燃比) 연소에 사용된 연료에 대한 공기의 중량 비율. 공연비를 얼마나 작게 해서 완전 연소시키는가에 따라서 엔진이나 노(爐)의 효율이 결정된다.

air hammer 공기 해머(空氣－), 에어 해머 압축 공기를 이용해서 해머의 피스톤을 상하로 작동시키고 해머의 타격력을 발생시켜, 주로 단조 작업에 사용하고 있다. =pneumatic power hammer

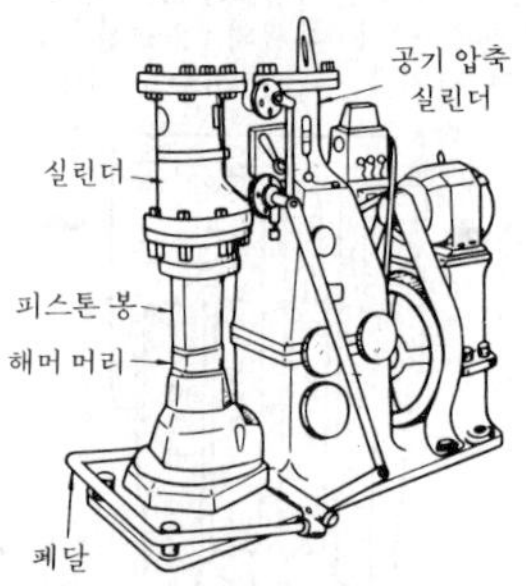

air hardening steel 공랭 경화강(空冷硬化鋼), 자경강(自硬鋼) 특수한 강(Ni, Cr, Mn 등을 적당량 함유한 강)에는 높은 온도에서 공기 중에 방치해 두기만 해도 담금질한 것과 똑같은 경도를 높이는 성질(자경성이라 한다)을 지닌 것이 있다. 이러한 성질의 강을 공랭 경화강이라고 한다. 공기 담금질강이라는 것. =lf-hardening steel

air hoist 에어 호이스트, 공기 호이스트(空氣－) 압축 공기로 공기 기관을 회전시키고, 이에 의해서 드럼에 로프를 감아올리는 것.

air horn 기적(氣笛) 압축 공기로 진동판을 진동시켜 소리를 내는 기구.

air infiltration 공기 침입(空氣侵入) 건물의 틈 사이에서 공기 조화하고 있는 실내에 외기가 침입하는 것.

air injection 공기 분사(空氣噴射) 디젤 기관에서 연료를 압축 공기와 함께 분사하는 방식. 연료만을 분사하는 방식을 무

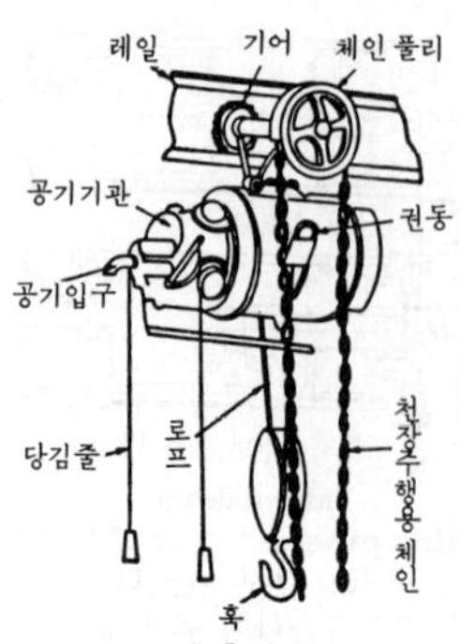

air hoist

기 분사(無氣噴射)라 한다.

air inlet cam 흡기 캠(吸氣－) 내연 기관에서의 신기(新氣) 흡입 밸브 개폐용 캠.

air jet 에어 제트 압축 공기를 분사하는 것 또는 분사 통구. 가공품이나 스크랩 제거에 이용되며 에어 블라스트라고도 한다.

airless injection 무기 분사(無氣噴射) → air injection

air lift pump 공기 양수 펌프(空氣揚水－), 에어 리프트 펌프, 기포 펌프(氣泡－) 압축 공기를 보내면 공기의 분출구에서 작은 거품이 되어 물과 함께 양수되는 것으로, 기포 펌프라고도 한다. 깊은 샘물이나 지하수를 퍼 올리고 또는 깊은 갱 내에서 석유를 올리는 경우 등에 이용된다.

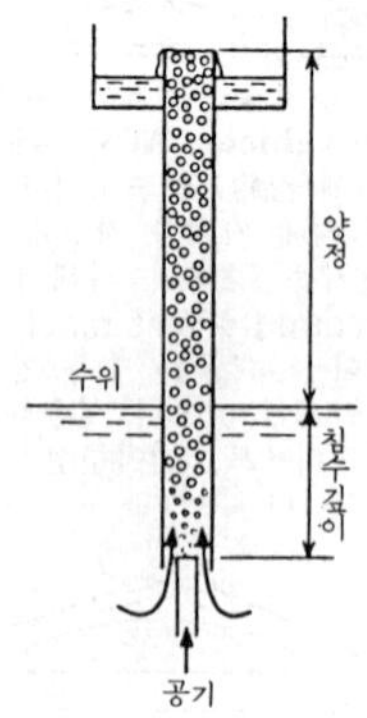

air micrometer 공기 마이크로미터(空氣－), 에어 마이크로미터 콤퍼레이터(比較計器)의 일종. 일정압의 공기가 2개의 노즐을 통해서 대기 중에 흐를 때, 유출부의 작은 틈새의 변화에 따라 생기는 지시압의 변화에 의하여 비교 측정하는 계기. 공기 마이크로미터는 일반 측정기로 검출할 수 없는 미소한 변화를 잡을 수 있다. 확대율도 커서 40만 배 정도까지 확대 가능하다. 단, 측정 범위가 대단히 작으며 정밀도는 ±0.1~1μ.

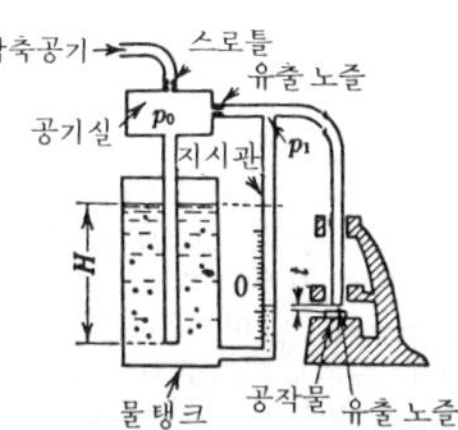

air pipe 공기관(空氣管), 에어 파이프 ＝ air cock

airplane 비행기(飛行機) 항공기의 일종. 동력 장치로 프로펠러를 회전하거나, 또는 연소 가스의 분사로 추진하여 그로 인해 생긴 양력으로 공중을 비행하는 기계.

air pocket 에어 포켓 비행기가 상승 기류가 있는 곳에서 나왔을 경우, 또는 하강 기류 내에 진입했을 때 일시적으로 속도를 잃고 하강하는 장소.

air pollution 대기 오염(大氣汚染) 공장, 발전소, 수송 기관(자동차, 항공기, 기타) 등에서 배출되는 가스에 의한 대기의 오염.

air power hammer 공기 해머(空氣－) ＝pneumatic power hammer

air preheater 공기 예열기(空氣豫熱器) 보일러에 보내는 연소용 공기를 연도(煙道) 가스의 폐열을 이용하여 200~250℃ 정도로 예열시키는 장치.

air pump 에어 펌프, 공기 펌프(空氣－) 기내의 공기를 배출 또는 압축 주입시키기 위한 펌프.

air quenching 공기 담금질(空氣－) 노(爐)에서 가열 후 공중 방랭(空中放冷)으로 담금질하는 것.

air ratio 공기비(空氣比) 과잉 공기율과 동의어. 연료를 연소할 때 실제로 공급한 마른 공기의 양과 이론적으로 필요한 최

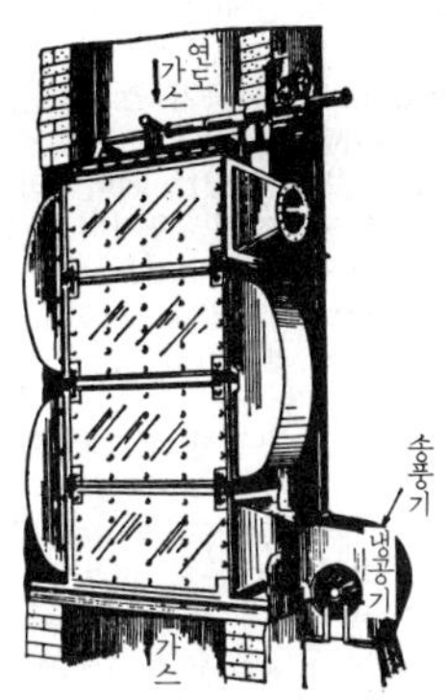

air preheater

소한의 공기량과의 비.

air register 공기 레지스터(空氣－), 에어 레지스터 연소용 공기를, 연소에 적정한 흐름 및 양으로 조정하여 공기 노즐에 보내주는 부분.

air resistance 공기 저항(空氣抵抗) 물체가 공기 중에서 움직일 때에 받게 되는 뒤로 뻗는 힘.

air separator 공기 분리기(空氣分離器) 다른 물질과 혼합되어 있는 공기를 분리시키는 장치.

airship 비행선(飛行船) 풍선과 같이 수소, 헬륨, 가열 공기 등 주위의 공기보다 가벼운 기체를 봉지에 담아 그 정부력(靜浮力)을 이용하여 공중에 뜨는 항공기로, 추진력의 동력을 갖는 것.

air shooter 기송관 장치(氣送菅裝置), 에어 슈터 각종 재료나 전표 등을 공기의 압력 또는 흡인력을 이용해서 보내는 장치.

air slide 공기 슬라이드(空氣－) 통이나 관을 다공질 물질로 아래 위를 칸막이하고, 아래쪽에 공기압을 보내어 위쪽의 분립체(粉粒體)를 유동시켜 자중에 의해서 운반되는 장치.

air space〔of grate〕 통기 틈새(通氣－) 화격자(火格子)에는 많은 화격자봉이 배열되었으며, 화격자봉 사이에는 아래로부터 공기를 보내기 위한 틈새가 필요하다. 이것을 통기 틈새라 한다.

air speedometer 풍속계(風速計) ＝anemometer

airstair 에어스테어 기체에 장치된 승강용 계단.

air suspension 공기 스프링(空氣－) ＝ pneumatic spring

airtight 기밀(氣密), 에어타이트 가스나 공기가 기계, 장치, 용기의 일부분에서 새나가지 않도록 하는 것.

airtight joint 기밀 이음(氣密－) 공기가 새지 않도록 만들어진 이음.

air vent 공기 구멍(空氣－), 통기공(通氣孔) 프레스 가공할 때 재료와 펀치가 제품 또는 다이에서 떨어지려고 할 때, 에어 포켓(air pocket : 진공 상태)을 발생하여 제품이 변형한다든지 하는 원인이 된다. 이것을 방지하기 위해 펀치나 다이에 공기를 빼는 구멍을 뚫어 두는데, 이 구멍을 말한다.

air washer 공기 세정 장치(空氣洗淨裝置) 공기 속에 함유된 고체 미립자 또는 액체 미립자를 제거하는 장치.

Airy points 에어리점(－點) 양 단면(端面) 평행의 단도기(端度器)를 두 점에서 지지하는 경우 양 단면이 연직이 되는 지점(支點)의 위치.

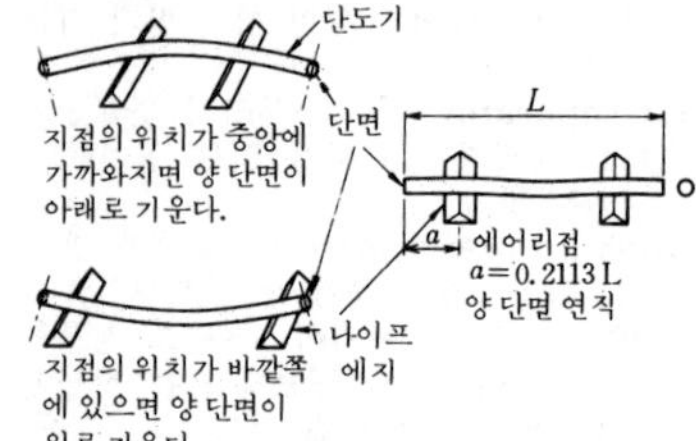

akrit 아크리트 스텔라이트와 같은 Co－Cr－W 합금으로, 공구용 주조 합금의 일종이다. 경도가 높고 내마모성이 크기 때문에 절삭 공구, 형(型), 내마모 조건의 부품 덧붙임쇠로 이용된다.

alarm 얼람, 경보(警報) 경보, 경계라는 말로서 alarm whistle은 경적, alarm lamp는 경보등 또는 경비등을 말한다.

alarm valve 비상 밸브(非常－) 장치의 일부가 고장 등으로 인하여 위험 상태에 이르렀을 때 즉시 개폐되는 비상용 수동 밸브. ＝emergency valve

alclad 알클래드 고(高)알루미늄 합금 표면에 순도가 높은 알루미늄판을 접착시킴으로써 내식성을 향상시킨 것.

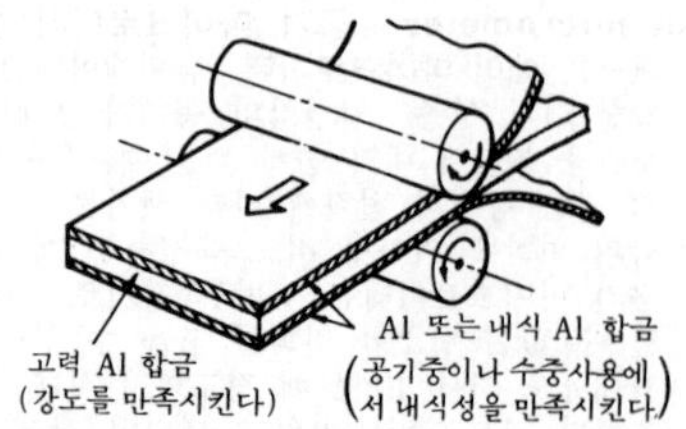

alcohol 알코올 ① 넓은 의미로는 탄화수소의 수소를 수산기로 치환한 화합물의 총칭. ② 보통은 에틸알코올(주정, 에탄올)을 가리킨다.

aldrey 알드레이 알루미늄에 0.5%의 Si, 0.3%의 Fe, 0.5%의 Mg을 가한 합금. 가공이 용이하고 전기 저항이 작으므로 송전선에 사용된다.

alfin process 앨핀법(－法) 알루미늄 용접 중에 침지(浸漬)해서 알루미늄 피막을 붙인 철강 부품을 주형 속에 넣어, 알루미늄 용탕(熔湯)을 주입해서, 철을 완전히 알루미늄으로 주입(鑄入)하는 방법.

algorithmic language : ALGOL 알골 수치 계산이나 논리 연산을 하기 위한 프로그램 언어의 하나.

aligner 얼라이너 검사 공구를 말한다. 자동차 정비에서는 커넥팅 로드 얼라이너나 크랭크 축 얼라이너로 굽힘을 측정한다.

alignment 심 맞추기(心－), 얼라인먼트 심맞춤을 말하는 것으로, 2대 이상의 회전 기계를 조합할 때 축의 변형 및 열팽창, 베어링 하중의 적정한 배분을 고려하면서 운전 중에 상호 회전 중심선이 일치하도록 기기를 배열하는 것.

alignment test 정밀도 검사(精密度檢査) 공작 기계에 대해서는 동적인 하중을 걸지 않고 각부의 제작 정밀도를 검사하는 것. 그 방법은 KS에 규정되어 있다.

alitieren 알리티어런 Al 피막을 철 표면에 침투시키는 금속 침투법의 일종.

alkali 알칼리 물에 녹는 염기의 총칭. 그 수용액은 알칼리성의 맛을 지니고 적색 리트머스를 청색으로 변화시킨다.

alkali cleaning 알칼리 세정(－洗淨) ① 세정하려고 하는 기기나 배관 계통에 알칼리 수용액을 넣고, 고온으로 순환시켜 내부에 부착된 유지(油脂)나 실리카(Si) 등을 제거하는 것. ② 용융 가성 소다에 의한 스케일 제거. 370℃의 가성 소다액에 10분 동안 담근 후 물로 급랭시켜 스케일을 푼 다음, 1~5분 간 산 세정(酸洗淨)을 한다. 스테인리스강 등 스케일 제거가 곤란한 것에 이용된다.

alkali corrosion 알칼리 부식(－腐蝕) 고농도의 알칼리에 의해서 일어나는 부식 현상.

alkali embrittlement 알칼리 취성(－脆性) 일반적으로 철강은 알칼리에 대해서 내식성이 있으나 고온 고압의 짙은 알칼리 수용액에 작용되어 철산(鐵酸) 알칼리로 되어 용해된다. 이때 생기는 수소를 흡수해서 취화(脆化)하는 것을 알칼리 취성이라 한다. 알칼리 농도가 클수록 균열 발생이 많아진다.

alkalinity 알칼리도(－度) 액(液) 속에 포함되어 있는 알칼리성 성분의 농도를 나타내는 단위. P 알칼리도란, 페놀프탈레인 혼합 지시약의 변색점 이상인 강 알칼리성 성분 외 농도를 가리킨다. M 알칼리도란, 메틸 레드 혼합 지시약의 변색점 이상인 약 알칼리성 성분의 전량을 가리킨다.

alligator fastener 앨리게이터 파스너 벨트 이음의 일종으로, 악어 입과 같은 발톱이 있는 물림 쇠 장식을 벨트 양 끝에 박아 서로 물리게 하고 중앙에 핀을 끼워 이은 것.

alligator pipe wrench 악어 입 스패너 파이프 렌치의 일종. 턱의 상하 양면에 서로 반대 방향의 이가 있어서 파이프를 물고 돌리는 것.

alligator shear 앨리게이터 절단기(－切斷機) 윗날이 한 점을 지점(支點)으로 하여 아랫날에 물리게 되는, 왕복 각운동을 하는 시어. 악어 입을 닮았다 하여 앨리게이터란 이름이 붙었다.

allotropic transformation 동소 변태(同素變態) →transformation

allowable load 허용 하중(許容荷重) 기계, 기계 부품, 기타 일반 물품의 사용 중, 이 크기 이하의 하중이라면 좋다고 인정되는 하중.

allowable stress 허용 응력(許容應力) 기계나 구조물 부재(部材)의 설계에서 각부에서 생기는 응력이 이 이내라면 안전하다고 허용되는 최대값.

allowable temperature 허용 온도(許容溫度) 기계, 기계 부품, 기타 일반 부품의 사용 중, 이 온도 이하라면 좋다고 인정되는 온도.

allowance 여유(餘裕), 공차(公差), 허용차(許容差) 끼워 맞춤에 있어서 기능상 의식적으로 부여되는 축과 구멍 치수와의 차. 특히 최소 틈새를 말하는 경우도 있다. 이 틈새의 크기를 정하는 기본 수값을 공차 단위 또는 여유 단위라 한다.

allowance for contraction 수축 여유(收縮餘裕) ＝shrinkage allowance

allowance for machining 다듬질 여유(－餘裕) ＝finishing allowance

alloy 합금(合金), 얼로이 2종 이상의 금속을 서로 융합시켜 만든 합금. 그 성분은 주로 금속 원소이지만, C, Si 등의 비금속 원소를 포함하기도 한다.

alloyed steel 합금강(合金鋼), 합금철(合金鐵) ＝alloy steel

alloy for low temperature use 저온용 합금(低溫用合金) Al, Ni, 오스테나이트계 등의 면심 입방정(面心立方晶)의 금속 재료에는 저온 취성(低溫脆性)이 없다. Al 합금은 가볍기 때문에 단면을 두껍게 설계할 수 있으므로 강성(剛性)이 필요한 압축형 구조물에 사용된다. 오스테나이트계 스테인리스강은 고가이지만 저온용에 적합한 재료이다.

alloy for self-colour anodizing 자연 발색 합금(自然發色合金) 양극 산화(陽極酸化)인 상태에서 특유의 착색 피막을 얻을 수 있도록 만들어진 합금.

alloy iron 합금철(合金鐵) 비교적 순수한 선철(銑鐵) 또는 철에 다른 원소를 다량으로 가한 합금. 페로실리콘, 페로망간, 페로크롬, 페로몰리브덴, 페로텅스텐 등이 있다. 용도는 특수강의 제조 또는 강의 탈산제(脫酸劑).

alloy steel 합금강(合金鋼) ＝special steel

alloy transistor 얼로이 트랜지스터 합금형 트랜지스터를 말한다. 이 트랜지스터는 제법이 용이해서 값이 싸지만, 베이스의 두께를 그다지 얇게 만들 수 없기 때문에 저주파용이나 단파대까지의 고주파용 트랜지스터로 이용된다.

alnico magnet 알니코 자석(－磁石) 일본의 미시마(三島) 박사가 발견했다. Fe－Ni－Al계 자석(MK 자석)을 기초로 개발된 영구 자석으로 많은 종류가 있는데, 실용 자석 중 가장 많이 사용되고 있

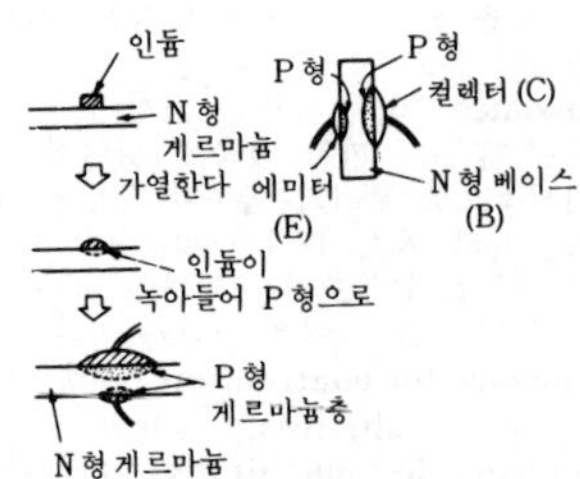

alloy transistor

다.

alpax 알팍스 =silumin

alpha ; α 알파 그리스 문자의 제 1 문자. 기호로서 각도 등을 표시하는 데에 이용된다.

alpha iron α철(-鐵) 911℃ 이하의 온도에서 안정된 체심 입방정(體心立方晶)의 순철(純鐵).

alpha particle α선(-線) 원자핵이 α붕괴될 때에 방출되는 방사선으로, 양자(陽子) 2개와 중성자 2개로 이루어지는 헬륨 원자핵의 흐름.

alternate load 교번 하중(交番荷重) 반복 하중 가운데 음양(陰陽)의 크기가 같은 하중이 작용하는 경우를 말한다.

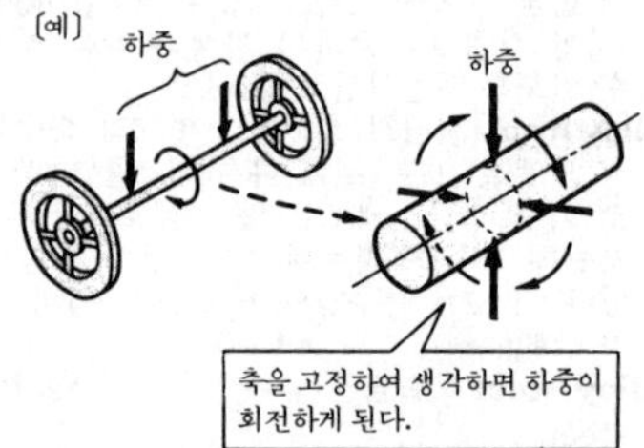

alternate long and short dash line 1점 쇄선(一點鎖線) 선과 하나의 점(아주 짧은 선)을 교대로 배열한 선(–·–). 제도에서는 중심선, 상상선, 절단선, 피치선 등은 가는 1점 쇄선을, 특수한 가공을 나타내는 부분에는 굵은 1점 쇄선을 쓴다.

alternate long and two short dashes line 2점 쇄선(二點鎖線) →two-dot chain line

alternate stress 교번 응력(交番應力) 교번 하중에 의한 재료의 응력. 그림과 같은 회전 굽힘 시험에서는 응력 σ는

$\sigma = \pm 32\, Wl_1/\pi d^3$

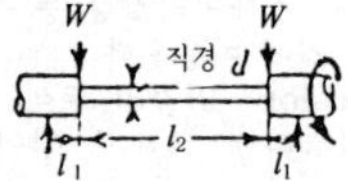

alternating current 교류(交流) 일반적으로 1초 간에도 몇 번이고 주기적으로 흐르는, 방향이 역전(逆轉)하는 전류. 실제로 널리 이용되고 있는 교류의 파형도 거의 정현 곡선(正弦曲線)에 가깝다.

alternating current arc welding 교류 아크 용접(交流-鎔接) 교류를 아크의 전원으로 하는 교류 아크 용접기를 이용해서 시행하는 용접법.

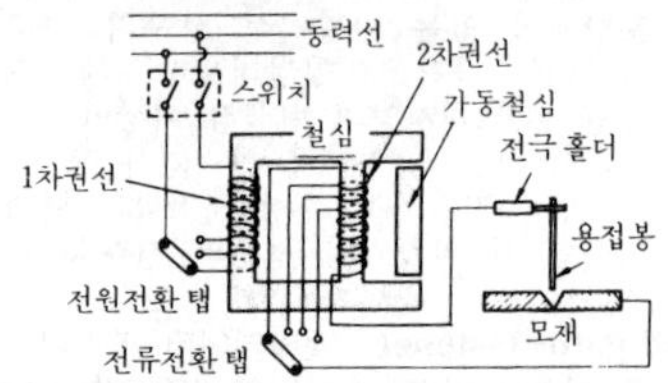

alternating current generator 교류 발전기(交流發電機) =alternator

alternating current motor 교류 전동기(交流電機) 교류를 이용하여 동력을 얻는 기계. 단상식과 3상식으로 대별되며 원리나 구조에 따라 유도 전동기, 동기 전동기, 정류자 전동기로 분류된다.

alternating stress 양진 응력(兩振應力) 시간적으로 변동하는 응력의 하나로, $R=-1$의 경우를 양진 응력이라고 한다.

alternative energy 대체 에너지(代替-) 석유 파동 이후의 에너지 위기에 관련하여 새로운 에너지 개발과 병행하여 에너지원의 다양화가 추진되어 왔는데, 그 중에서의 석유 이외의 1차 에너지의 총칭으로 쓰인다.

alternator 교류 발전기(交流發電機) 전자 감응(電子感應)을 응용해서 교류를 발생시키는 기계.

altimeter 고도계(高度計), 앨티미터 고도를 측정하는 계기로, 다음 두 종류가 있다. ① 기압 고도계 : 높아짐에 따라 기압이 감소되는 것을 이용한 것으로, 아네로이드 기압계에 높이를 눈금 매긴 것. ②

전파 고도계 : 전파가 지표에서 반사해 오는 시간을 계측하여 측정하는 것.

aludur 알루두르 두랄루민보다 Mg, Si이 다량 함유되고, Mn이 함유되지 않은 것. 400~450℃의 고온이나 상온에서도 가공할 수 있다.

aluman 알루만, 내식(耐蝕) 알루미늄의 일종. Mg을 1~1.5% 첨가시킨 것으로, 내식성은 순 Al으로 변하지 않는다. 성형, 용접이 용이하지만 가공 상태에서는 상당히 경도가 높다. 식기, 건축 및 화학 공업용으로 사용된다.

alumina 알루미나 수산화 알루미늄을 가열해서 얻어낸 백색 무정형(無定形) 분말. 공업적으로는 보크사이트, 명반석 등을 알칼리수로 제조한다. 내화 재료, 알루미나 시멘트, 인조 보석 등에 사용된다.

aluminium 알루미늄, 알루미 =aluminum

aluminium alloy for self-colour anodizing 발색 알루미늄 합금(發色-合金) Al을 황산 또는 유기산을 포함한 전해욕(電解浴)에서 양극 산화 처리하여 산화 피막 자체를 발색시킨 것. 내후성(耐候性)이 있기 때문에 빌딩의 외장이나 커튼 벽, 베란다 등에 사용된다.

aluminium bronze 알루미늄 청동(-青銅), 알루미늄 동(-銅), 알루미늄 금(-金) 인장 강도, 내식, 내마모, 내열, 내피로는 황동이나 청동보다도 우수하지만 단조성, 가공성, 용접성에 뒤떨어지므로 특수한 화학 기기, 선박, 항공기, 자동차, 차량 부품에만 사용된다.

aluminium paint 알루미늄 페인트 알루미늄 가루를 안료로 하는 에나멜 페인트. 방청 페인트의 마무리칠이나 열반사 도장으로서 중시되고 있다. 은백색이기 때문에 실버 페인트라고도 한다.

aluminizing steel 알루미나이징 강판(-鋼板) 강을 용융 알루미늄 욕(浴)시켜 Al 도금을 해서 강의 강도와 Al의 내식성, 내열성, 미관성을 겸비시킨 것. 자동차의 머플러나 건축재로 사용된다.

aluminum 알루미늄 원소 기호 Al, 비중 2.7, 융점 660℃. 은백색의 가볍고 부드러운 원소. 늘림성, 퍼짐성이 풍부하여 가공하기 쉬운 금속. 전기의 전도성이 좋고 주조성도 풍부하여 여러 가지 합금을 만들 수 있기 때문에, 경합금의 주성분으로서 중요하다.

aluminum alloy 알루미늄 합금(-合金) 알루미늄을 주성분으로 한 경합금. 종류가 매우 많아 용도도 광범위하다.

aluminum calorizing 알루미늄 증기 도금(-蒸氣鍍金), 알루미늄 캘러라이징 수소를 충만시킨 드럼 속에 부품과 Al 분말, 소결 방지제, 촉진제의 혼합물을 850~950℃에서 12시간 이상 회전시켜 Al을 침투시킨 것. 부품의 표면에 내열성이 좋은 Al 합금이 생긴다. 보일러나 화학 공업용 부품으로 이용된다.

aluminum corrugated sheet 알루미늄 파형판(-波形板)

alumite 알루마이트 알루미늄의 내식성과 강도를 높이기 위해 알루미늄 표면에 산화 알루미늄의 피막을 붙인 것.

alumite method 알루마이트법(-法) Al 또는 Al 합금을 양극으로, Pb을 음극으로 하여 산성 수용액 속에서 전해시키면, 양극의 Al은 용출(溶出)되어 부품 표면에 산화물층을 만든다. 새시 등의 건축재, 식기, 장식품의 내식 겸 장식용으로 사용된다.

Alundum 알런덤 알루미나가 많은 원광으로 전기로에서 만든 것의 상품명. 연마재(abrasives), 내화 재료(fire-resisting material)로 사용된다.

Al_2O_3 coated tool 알루미나 코팅 공구(-工具) Al_2O_3 코팅의 장점은 TiC, TiN 등의 코팅이 산화하여 못쓰게 되는 고속 절삭 속도(180 m/min 이상) 영역에서도 고온도로 안정하다는 것이다. 단점은 초경 합금층에의 응착(凝着)이 어렵고, 충격에 약하다는 것이다.

amalgam 아말감 여러 가지 금속과 수은과의 합금. 백금, 구리, 코발트, 니켈 등은 아말감을 만들지 못한다. 공업상 아말감으로써 금광의 제련이나 전해 소다의 제조(수은법 : mercury method)에 응용되는 경우 아말감법이라 한다.

amalgamation 아말거메이션 수은 아말감을 만듦으로써 금은을 채취하는 방법.

American Society for Testing and Materials : ASTM 미국 시험·재료 협회(美國試驗·材料協會) 그 결과가 ASTM 규격으로 정해져 발행되고 있다.

American Society of Mechanical Engineers : ASME 미국 기계 학회(美國機械學會)

American standard thread 미국 나사각

(美國－), 미국 표준 나사(美國標準－), 셀러나사 3각 나사의 일종. 미합중국 정부에서 규정한 표준 나사. 치수는 인치식이며 KS 규정에는 없다.

ammeter 전류계(電流計), 암미터 전류의 강도를 즉시 암페어 단위로 읽을 수 있도록 눈금을 매긴 계기.

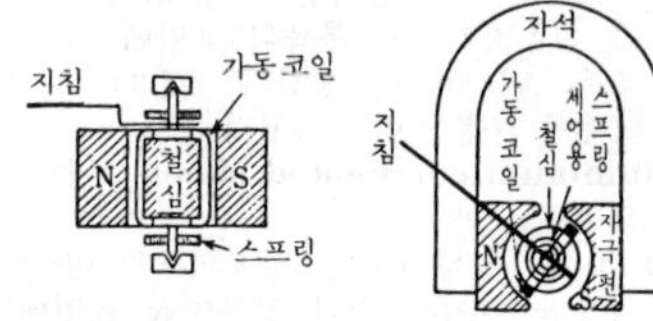

ammonia 암모니아 공기보다도 대단히 가벼운, 자극성 냄새가 있는 무색의 기체로, 물에 잘 녹는다. 냉동, 제빙, 화학 공업용으로 널리 사용된다.

ammonia corrosion 암모니아 부식(－腐蝕) 복수(復水)나 급수의 암모니아량이 많아져서 구리 계통의 재료가 부식되는 현상.

Amonton's law 아몽통 법칙(－法則) 마찰면에 관한 법칙으로서

제 1 법칙 : 마찰력은 접촉면의 전 면적에 의존하지 않는다.

제 2 법칙 : 마찰력은 하중에 비례하고, 마찰 계수는 하중에 의존하지 않는다.

amorphous carbon 무정형 탄소(無定形炭素) 결정성(結晶性)인 다이아몬드, 흑연 이외의 무정형 탄소를 말한다. 다공질(多孔質)로서 흡착성이 강하다. 목탄(木炭), 코크스 등.

amorphous metal 비결정질 합금(非結晶質合金) 결정 구조는 힘이 작용하는 방향에 따라 강도에 차이가 있다. 또, 결정에는 공극(空隙), 전위(轉位) 등의 격자 결함이 형성되기 쉽다. 그래서 비결정질 구조는 불균질일지라도 기계 재료로서는 전체적으로 도리어 균질이라고 생각하면 된다. 비결정질 합금에서는 전위가 없고 슬립면도 없기 때문에 강도에 대한 방향성도 없다. 그래서 항복 강도가 커지게 된다. 또, 내식성이나 고투자율, 초전도 특성인 것도 얻을 수 있으나, 유일한 결점은 열에 불안정한 점이다.

amount of addendum modification 전위량(轉位量) 인벌류트 기어에 기준 래크형 공구를 맞물린 경우의 기준 래크형 공구의 기준 피치선과 기어의 기준 피치원과의 거리.

Ampco metal 암프코 메탈 알루미늄 청동주물의 상품명. 마찰 저항이 대단히 작고 상당한 강도와 경도가 있기 때문에 디프 드로잉용 금형의 다이 어깨 반경 부분 등에 사용된다.

ampere 암페어 전류의 실용 단위. 1 초간에 1 쿨롬의 비율로 흐르는 전류의 강도.

ampere-hour 암페어 시(－時) 전기량의 실용 단위. 1 암페어의 전류로 1 시간에 흐르는 양. 3,600 쿨롬에 해당된다.

ampere meter 전류계(電流計) ＝ammeter

ampere-turn 암페어턴 1 개의 전선에 흐르는 전류의 값(암페어)과 코일의 감은 횟수(턴)의 곱을 암페어턴이라고 한다. 토크 발생에 기여하는 전류의 크기를 표현하는 단위.

amperostat 암페러스탯 자동적으로 전해 전류를 일정하게 유지하는 장치.

amplification 증폭(增幅) 전기적인 신호 및 빛이나 음향 등에 의해서 신호의 진폭을 증대시키는 것.

amplifier 증폭기(增幅器), 앰프 신호 파형이나 전압, 전류 등을 확대하는 것. 오디오 앰프라 하면 저주파 증폭기, 비디오 앰프라 하면 영상 신호 증폭기라 하고, 마이크를 사용한 확성 장치를 단지 앰프라고도 한다.

amplitude 진폭(振幅) 정현량(正弦量)의 극대값. 복진폭(復振幅, 全振幅)과 착각해서는 안 된다.

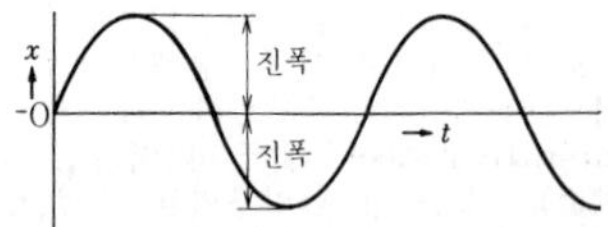

Amsler's universal material testing machine 앰슬러 만능 재료 시험기(－萬能材料試驗機) 금속 재료에 대하여 인장 강도, 신율(伸率), 압축, 굽힘 등의 시험을 하는 유압식의 재료 시험기.

analog control 아날로그 제어(－制御) 제어를 지시할 때에 사용되는 신호의 크기나 시간적 장단이 전류나 시간 등과 같이 연속적으로 변화되는 양으로 제어하는 방

식.

analog instrument 아날로그 계기(－計器) =analogue instrument

analog to digital converter **AD** 변환기(－變換器) 연속적으로 변화하는 양(아날로그량)을 컴퓨터에 넣기 위해서는 여러 자리의 숫자(디지털량)로 변환시키지 않으면 안 된다. 아날로그량을 디지털량으로 변환시키는 장치. 이 반대를 DA 변환기라 한다.

analogue computer 아날로그 컴퓨터 일반적으로 미분 방정식을 해석하는 미분 해석 장치를 말한다. 기계적인 것, 전기적인 것, 전자적인 것이 있다.

analogue signal 아날로그 신호(－信號) 연속된 값을 표시하는 신호. 아날로그 신호의 예로서는 음성 신호, 정현파 반송파의 진폭·위상·주파수가 정보에 따라 연속적으로 변화하는 변조 신호 등이 있다.

analyser 검광자(檢光子) 평면 편광의 검출에 쓰는 광학 소자를 말하며, 편광자와 같은 것이 이용된다.

analysis 분석(分析) 물질의 화학적 조성(組成)을 구하는 조작. 정성 분석(定性分析)과 정량 분석(定量分析)으로 대별된다.

analysis of operation 가동 분석(稼動分析) 표준 작업 시간, 주 작업 시간, 여유 시간 등을 조사함으로써 기계와 작업자의 가동 상황을 알기 위한 분석.

anchor 앵커 =anchor escapement

anchor bolt 앵커 볼크 →foundation bolt

anchor escapement 앵커 이스케이프먼트 앵커에 의해서 톱니 1개씩 간헐적, 규칙적으로 회전시키는 간헐 운동 기구.

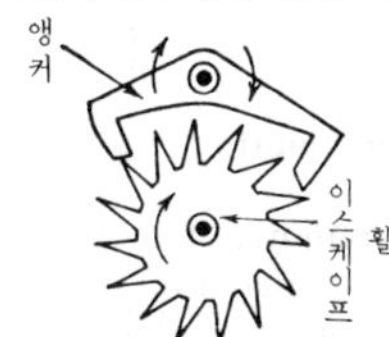

anchor frame 앵커 프레임 기초 볼트 등의 설정 위치를 고정시키기 위해 콘크리트 속에 매립된 강제(鋼製) 틀.

AND circuit **AND** 회로(－回路), 논리곱 회로(論理－回路) 모든 입력 단자에 "1"이 입력되었을 경우에만 출력 단자에 "1"을 내는 회로.

AND gate **AND** 게이트 2개 이상의 입력 단자에 모두 입력되었을 때(즉, 모든 입력이 "1"일 때)에만 출력 단자에 "1"을 내는 회로.

입 력	A	1 0 0 1 0 1 0 1
	B	0 1 0 1 1 0 0 1
	C	0 0 1 0 1 1 0 1
출 력	Y	0 0 0 0 0 0 0 1

Androform process 안드로폼법(－法) Anderson에 의해 개발된 판재(板材)의 인장 성형법. 항공기 기체 외판(外板)의 성형에 이용된다.

anelasticity 의탄성(擬彈性) 탄성 변형이 응력에 대해서 지연이 있는 경우를 말한다. 즉, 탄성 변형이 응력과 시간의 함수일 때 의탄성을 나타낸다고 한다.

anemometer 풍속계(風速計), 애니모미터 풍속을 측정하는 계기. 풍차식이나 만상(灣狀)의 용기를 배열한 캡식이 있다.

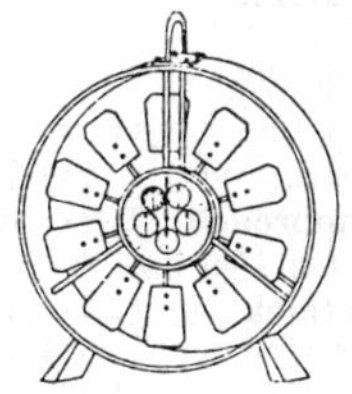

aneroid barometer 아네로이드 기압계(－氣壓計) 공기대식(空氣袋式) 압력계로, 압력에 의해 공기대 변위를 확대 지시하여 압력을 측정하는 기압계. 고도계, 통풍계에도 사용된다. 아네로이드란 non-liquid의 의미이다.

angle 각(角), 각도(角度), 앵글

angle bar **L**형강(－形鋼) =angle steel

angle bender 앵글 벤더 산형강(山形鋼), T형강, 관(菅) 등을 굽히는 기계.

angle brace 앵글 브레이스 지붕 트러스에 보강하기 위해 넣은 경사 보조재. 단, 횡력(橫力)에 대해서는 기둥이 훨씬 굵지 않으면 효과가 없다.

angle butt weld 경사 맞대기 용접(傾斜－鎔接) 2개의 모재면(母材面)이 이루는

이 직각 이외의 각도를 갖는 맞대기 용접을 말한다.

angle gauge 각도 게이지(角度－), 앵글 게이지 각도 측정에 이용되는 게이지. 각종의 올바른 각도로 다듬어진 강편(鋼片)을 조합해서 임의의 표준 각도를 얻는다.

angle gear 앵글 기어 양 축이 교차하는 각이 90°가 아닌 베벨 기어. 미국에서의 명칭.

angle joint 앵글 이음 용접 이음의 일종. 체결되는 각을 그림과 같이 직각으로 맞대어 접합한 이음. =corner join

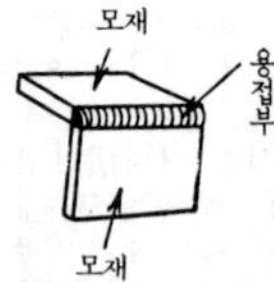

angle of advance 전진각(前進角) 내연기관에서는 일반적으로 전기 점화, 연료 분사 등을 압축 행정의 상사점(上死點)보다도 약간 앞에서 한다. 이 시기를 크랭크의 회전각으로 나타낸 것이다.

angle of approach 접근각(接近角) 기어의 중심에서 근접호를 본 각.

angle of attack 받음각(－角), 영입각(迎入角) 유체의 흐르는 방향과 날개가 이루는 각.

angle of contact 걸침 중심각(－中心角), 접촉각(接觸角) 걸침 전동(傳動)에서의 벨트와 벨트차, 체인과 체인차 등의 접촉되어 있는 부분이 차의 중심으로 뻗는 각도. 벨트 전동일 경우 걸침 중심각을 크게 함으로써 미끄럼 손실을 적게 할 수 있다. →arc of contact

angle of deflection 처짐각(－角) 보에 작용하는 굽힘 모멘트에 의해 생기는 보의 탄성 곡선의 각 변화(그림의 i).

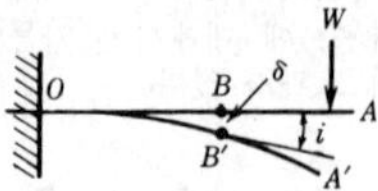

angle of delay 지연각(遲延角) 점화 지연의 크랭크의 회전각으로 나타낸 것.

angle of friction 마찰각(摩擦角) 경사면상에 물체를 올려 놓고 경사면의 경사도를 점차 크게 하여 미끌어 떨어지기 시작

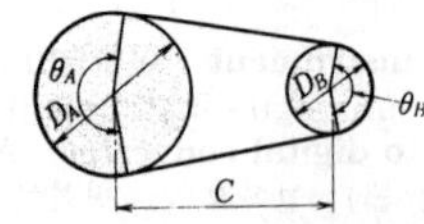

$$\theta_A = 180° + 2\sin^{-1}\left(\frac{D_A - D_B}{2C}\right)$$

$$\theta_B = 180° - 2\sin^{-1}\left(\frac{D_A - D_B}{2C}\right)$$

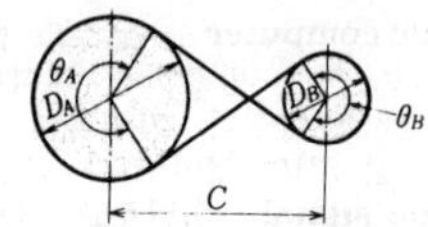

$$\theta_A = \theta_B = 180° + 2\sin^{-1}\left(\frac{D_A + D_B}{2C}\right)$$

angle of contact

하는 경사각. =friction angle

angle of incidence 입사각(入射角) ① 빛이나 소리 등의 파가 다른 매질에 입사할 때 경계면에 세운 법선(法線)과 입사선이 이루는 각도. ② 그림과 같이 상대 유입 속도의 방향과 날개 앞 모서리에 있어서의 휨선의 접속과의 이루는 각.

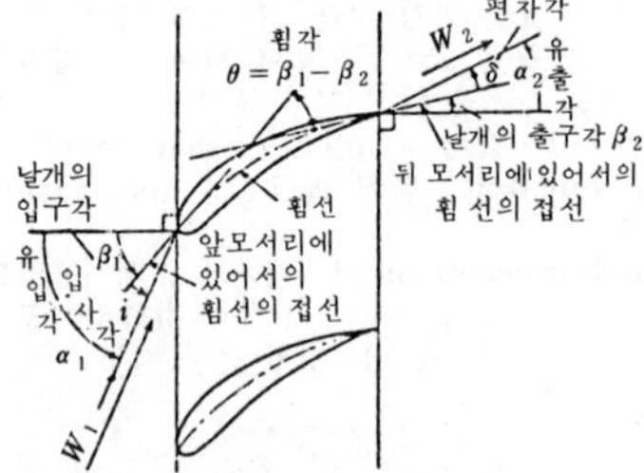

angle of inclination 경각(傾角), 경사각(傾斜角)

angle of obliquity of action 압력각(壓力角) =pressure angle

angle of recess 퇴거각(退去角) 기어의 중심에서 퇴거호(arc of recess)를 본 각.

angle of reflection 반사각(反射角) 빛이나 소리 등의 파가 다른 매질의 경계면에서 반사할 때 경계면에 세운 법선과 반사 후의 파의 진행 방향이 이루는 각도를 말한다.

angle of refraction 굴절각(屈折角) 빛이 매질의 경계면에 입사할 때 굴절 광선이 경계면의 법선(法線)을 이루는 각(예각)을 말한다. 편각(偏角)이란 입사 광선과 사출(射出) 광선과의 이루는 각을 말한다.

angle of relief 여유각(餘裕角) 바이트에 의한 절삭, 드릴링, 리밍 등에서 사용하는 날끝의 등이 공작물에 닿지 않도록 벌리는 각. =relief angle

angle of sweep back 후퇴각(後退角) → sweep back angle

angle of thread 나사산각(-山角) =included angle of thread

angle of torsion 비틀림각(-角) 축의 한 끝을 고정시키고 자유단에 토크를 걸면 축은 비틀린다. 이 각의 변위 θ를 말한다.

angle of view 화각(畵角), 투상각(投像角), 투영각(投影角) 직교하는 2화면에 의해서 분리된 4공간을 각각 제1각, 제2각, 제3각, 제4각이라 하고, 제1각에 품질을 놓고 투영시켜 그리는 화법을 제1각법이라 하며, 제3각에 놓고 투영시켜 그리는 화법을 제3각법이라 한다.

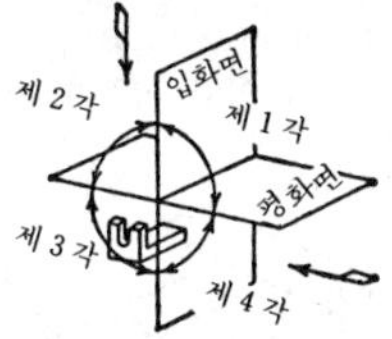

angle plate 앵글 플레이트, 가로 정반(-定盤) 공작물을 볼트 등으로 홈에 고정시켜 각도의 점·선긋기나 기계 가공을 하는 경우에 이용되는 주철제의 공구.

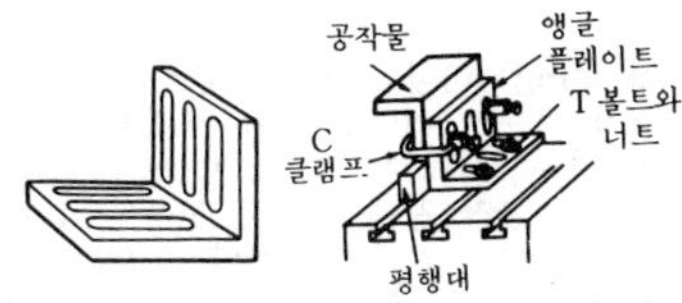

angle steel 산형강(山形鋼), L형강(-形鋼) 형강의 일종. 구조용 강으로 등변 산형강(等邊山形鋼)과 부등변 산형강(不等邊山形鋼)의 2종이 있다.

angle valve 앵글 밸브 스톱 밸브의 일종. 흐름을 직각으로 굽히는 밸브.

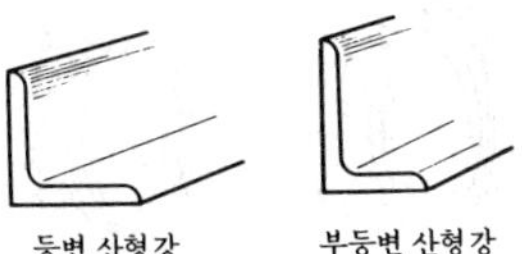

angle steel

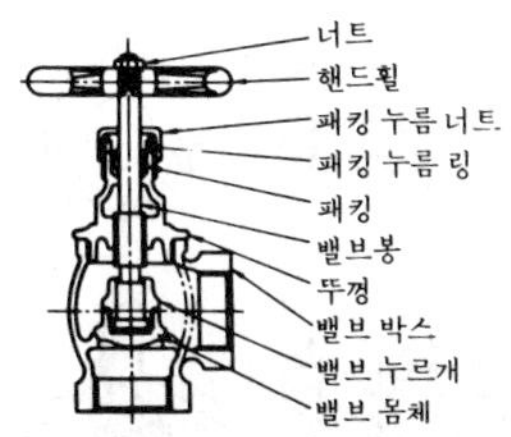

angle valve

angle welding 각 용접(角鎔接), 모서리 용접(-鎔接) 모재가 각형이 되도록 잇는 용접.

angular acceleration 각 가속도(角加速度) 각속도의 시간에 대한 비율. 각속도를 ω라 하면 각 가속도는 $d\omega/dt$.

angular advance 전진각(前進角) = angle of advance

angular aperture 개구각(開口角)

angular bevel gears 사교 베벨 기어(斜交-) 직교 내지 2축에 사용하는 베벨 기어.

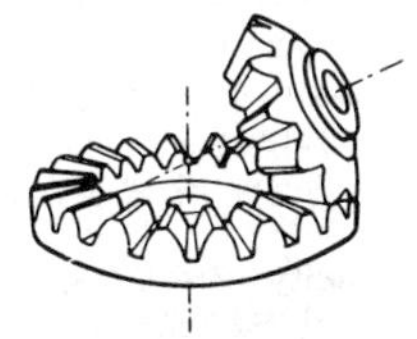

angular contact ball bearing 앵귤러 콘택트 볼 베어링 호칭 접촉각이 0이 아니고 자동 중심 조절이 되지 않는 레이디얼 볼 베어링. 접촉각은 30°가 표준. 고속 회전부의 레이디얼 및 스러스트용.

angular cutter 산형 밀링 커터(山形-), 각 밀링 커터(角-) 래칫의 이(齒)나 더브테일 홈 등과 같이 직각이 아닌 각도의 홈이나 면 등을 절삭하는 데 이용하는 밀링 커터.

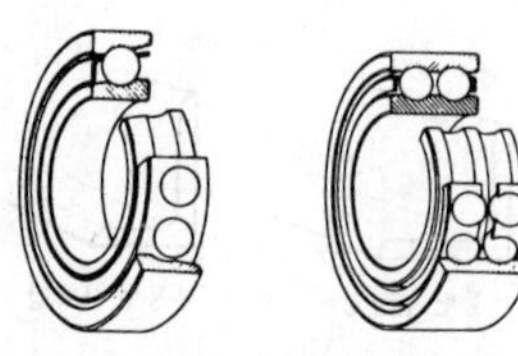

angular contact ball bearing

angular cutter

angular frequency 각 진동수(角振動數) 원 진동수(circular frequency)라고도 한다. 진동수 f의 2π배, 즉 $\omega=2\pi f$이다. 혹은 주기를 T로 하면 $\omega=2\pi/T$이다. 단위는 rad/s로 나타내어진다.

angular momentum 각 운동량(角運動量) 운동량 모멘트(moment of momentum)라고도 한다. 고정점 O에 대한 위치 벡터 r의 위치에 질량 m의 질점이 있을 때 이 질점의 운동량은 $P=mr$이며, r과 P와의 벡터곱 $L=r\times P=r\times mr$를 O에 관한 질점의 각 운동량이라고 한다. 질점계의 각 운동량은 각 질점의 각 운동량의 벡터합이다.

angular velocity 각속도(角速度) 각변위(角變位)가 시간적으로 변화되는 비율. 이 물체의 각속도는 θ/t로 표현할 수가 있다. 이에 대해서 직선상의 속도를 선속도라 한다.

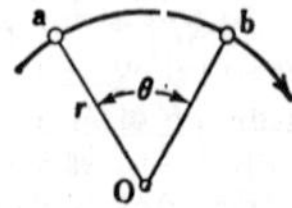

aniline resin 아닐린 수지(－樹指) 아닐린과 포름알데히드를 결합하여 얻어진 수지로서 열 가소성과 열 경화성이 있다. 주로 전기 절연용에 사용된다.

animal oil 동물유(動物油) 동물의 지방에서 뽑아낸 기름. 건성과 불건성(不乾性)이 있으며 용도는 윤활유, 비누 원료, 등유 등.

anion 음이온(陰－), 아니온 중성의 원자나 분자에 여분의 전자가 결합하는 것으로, 그만큼 마이너스로 대전(帶電)한다.

anion exchange tower 음이온 교환탑(陰－交換塔) 이온 교환 수지에 의해서 수중의 음이온을 제거하는 장치.

aniso- 부동(不同), 부등(不等) 서로 다르다는 뜻의 접두어.

anisotropic magnet 이방성 자석(異方性磁石) 강자성 재료에는 결정 방향에 대응한 자화되기 쉬운 방향이 있다. 그리고 그 방향으로 결정을 갖추기도 하고, 가늘고 긴 입자의 장축(長軸)을 갖춤으로써 자기에 이방성을 지니게 하여 자기적 성능을 향상시킨 것을 말한다. 알니코 자석, 바륨 페라이트, 바이칼로이 등은 이 자석이다.

anisotropy 이방성(異方性) 재료를 압연, 인발, 압출의 가공을 했을 때 방향에 따라서 기계적 성질이나 결정 등이 달라지는 경우가 있다. 이와 같은 성질을 이방성이라 하며 이런 물질을 이방성 물질이라 한다.

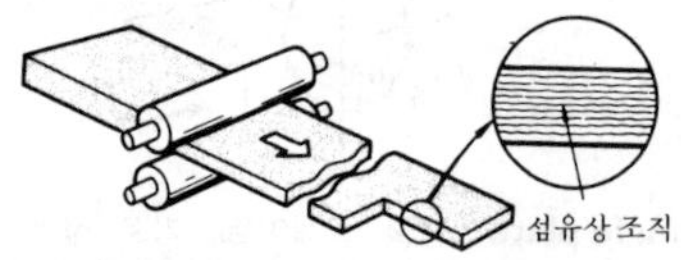

annealed copper wire 연동선(軟銅線) 어닐링한 동선. 인장 강도 26kgf/㎟ 이하, 신장 35% 이상, 순도 9.5% 이상이다.

annealing 어닐링, 풀림 금속 재료를 적당한 온도로 가열한 다음 서서히 냉각시켜 상온으로 하는 조작. 이 조작은 가공 또는 담금질 등에 의해서 경화된 재료의 내부 균열을 없애고 결정립(結晶粒)을 미세화시켜 연성(延性)을 높인다.

annealing furnace 어닐링 노(－爐), 풀림 노(－爐) 어닐링을 하는 노.

annular combustion chamber 환상 연소기(環狀燃燒器), 환상 연소실(環狀燃燒室) 압축기, 터빈의 겉둘레에 따라 이중의 원통을 만들고, 그 사이의 환상 부분에

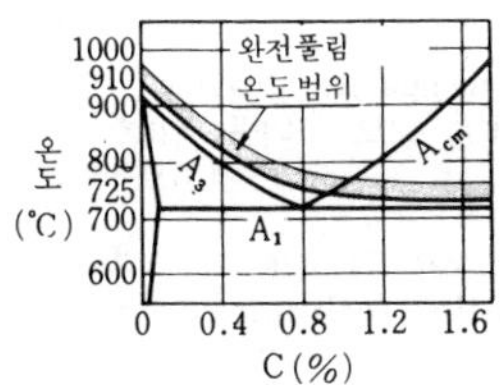

annealing

연료 분사 밸브 및 연소실이 배치된 형식의 가스 터빈.

annular valve 환상 밸브(環狀－), 링형 밸브(－形－) 동심륜형(同心輪形)의 홈을 통해서 유체가 출입하는 밸브체.

anode 애노드, 양극(陽極) 분해액의 양극. 전자관에서는 전극 가운데 ＋전압을 걸어서 음극(캐소드)에서의 전자 흐름을 흡인하는 전극을 말한다.

anode glow 양극 글로(陽極－) 방전에 즈음해서 양극의 표면 및 그 주변에 뚜렷하지 않은 빛을 내는 것. 마찬가지로 음극 주변에 나타나는 현상을 음극 글로라고 한다.

anode slime 양극 슬라임(陽極－), 양극 앙금(陽極－) 금속을 양극으로 해서 전해했을 때 전기 화학적으로 용해되지 않은 나머지 앙금.

anodic coating 양극 피복(陽極被覆) ＝ anodization

anodization 양극 산화(陽極酸化) 금속을 양극으로 하여 전기질(電氣質) 수용액의 전기 분해에 의해서 표면에 내식성의 산화 피막을 생성시키는 것. 알루미늄의 방식에 널리 이용되고 있다.

anodizing 양극 처리(陽極處理) 금속 표면의 청정화(淸淨化)나 연마, 산화 처리하는 데 있어서 전해액 속에 그 금속을 양극측에 놓고, 불활성 금속을 음극으로 하여 전류를 통하게 하는 처리 방법.

antenna 안테나 전파의 송수신을 위해 도선을 공중에 높이 뻗치게 한 장치의 총칭.

anteroom 준비실(準備室) 냉동실이나 동결실의 전실(前室)로, 입출고의 준비 작업을 하는 방. 온도적으로는 고외(庫外)와 냉동실의 중간 온도로 하는 것이 보통이다.

anthracite 무연탄(無煙炭) 탄화도(炭化度)가 가장 높은 석탄. 흑색 또는 흑회색으로 광택이 있다. 용도에는 연료, 연탄, 전극, 카바이드 등의 원료.

anticorrosion alloy 내식 합금(耐蝕合金) 부식에 견디는 합금. 강에 Cr을 가하면 부식에 대한 저항이 증대된다. 이것을 다량으로 함유한 강을 스테인리스강이라고 한다.

anticorrosive 방청제(防銹劑), 방식제(防蝕劑)

anticorrosive paint 방청 도료(防銹塗料), 방청 페인트(防銹－) 방청 효과가 있는 안료를 사용한 도료로서 방청을 주된 목적으로 제조된 것.

antidetonation fuel 앤티노크 연료(－燃料) ＝antiknock fuel

antidetonator 제폭제(制爆劑), 앤티노크제(－劑) 가솔린 기관의 노크(knock)를 방지하기 위해 연료 속에 첨가하는 약품. 4에틸납은 미량일지라도 뛰어난 효과가 있어 제폭제로서 널리 사용되고 있다.

anti-electrostatic fiber 제전성 섬유(制電性纖維) 정전기가 발생하지 않도록 친수성기(親水性基)를 지닌 표면 가공제 처리를 한 섬유.

antifouling paint 오염 방지 페인트(汚染防止－) 오염, 얼룩을 방지하기 위해 사용하는 도료. 보통 내수성으로서 광택이 있고 투명 래커 에나멜이 사용된다.

antifreezing solution 부동액(不凍液) 물에 염류(鹽類)를 혼입시켜서 응고점을 낮춘 수용액. 엔진의 냉각수나 수봉식(水封式) 아세틸렌 가스 안정기의 수봉용 물에 이용된다.

antifriction material 감마재(減摩材) ＝ lubricant

antifriction metal 감마 메탈(減摩－), 감마 합금(減摩合金) 베어링용 합금의 총칭. 베어링면과 축이 균등한 접촉을 유지하여 평균적으로 하중을 견디어 내고, 늘어붙음이나 축의 마찰을 방지하기 위해 사용된다.

antifriction roller 감마 롤러(減摩－) 미끄럼 마찰을 구름 마찰로 바꾸기 위한 목적으로 사용되는 롤러. 롤러 베어링용 롤러 등.

antiknock 앤티노크성(－性) 가솔린의 노크(knock)를 일으키기 어려운 성질.

antiknock fuel 앤티노크 연료(－燃料), 비노크성 연료(非－性燃料) 내연 기관에서 노크(knock) 현상을 피하기 위해 사용되는 연료.

antiknocking material 앤티노크제(−劑) =antiknock dope

antiknocking quality 앤티노킹성(−性) =antiknock

antimony 안티몬, 안티모니 원소 기호 Sb, 비중 6.7, 융점 630.5℃, 회백색의 무른 금속. 합금의 성분으로서 중요하며, 또 응고될 때 좀 팽창하는 성질이 있으므로 활자 금속으로 이용된다.

antipriming pipe 수분 유출 방지관(水分流出防止管) 보일러 부착물의 일종. 수분 유출을 방지하기 위해 장치하는 관. 물방울과 증기와의 밀도차에 의해서 증기만을 분리시켜 받아들여 증기 밸브에서 송출한다.

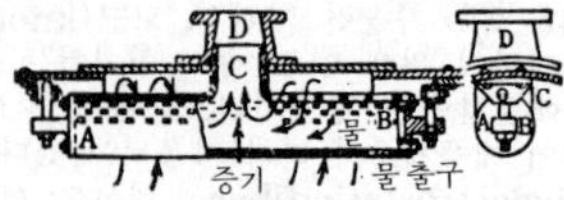

antiscales 스케일 방지제(−防止劑) 보일러나 열 교환기 속에서 스케일의 생성이나 부식 발생 등을 방지하기 위하여 급수나 보일러수에 주입하는 약품.

antistatic agent 대전 방지제(帶電防止劑) 성형품 표면의 전기 저항을 작게 해서 정전기의 발생을 방지함으로써 먼지의 부착을 방지하기 위하여, 성형 재료에 가하거나 성형품 표면에 도포하는 약제.

anvil 모루, 앤빌 ① 화조 작업(火造作業)을 할 때의 철침(鐵砧). ② 측정시 측정물을 싣는 받침대. ③ 단조(鍛造)시에 가열한 소재를 싣는 받침대.

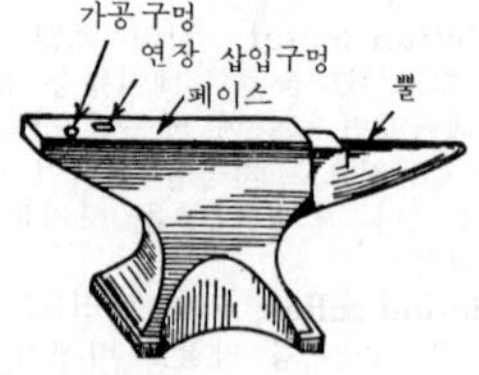

aperiodic motion 무주기 운동(無週期運動), 감쇠 운동(減衰運動) 전혀 주기가 없는 물체의 운동.

aperture ratio 구경비(口徑比) 광학계의 입사구 직경과 초점 거리와의 비. F 넘버의 역수. →F-number

apparatus 어퍼레이터스 기기 장치를 말한다.

apparent specific gravity 외관 비중(外觀比重), 겉보기 비중(−比重) 다공질의 물질에서 외관상의 체질로 생각하는 비중.

application 응용(應用), 적용(適用)

application technology satellite : **ATS** 응용 기술 위성(應用技術衛星) 통신, 기상, 과학 등을 위하여 발사된 위성.

applied elasticity 응용 탄성학(應用彈性學) 탄성 이론에 근거해서 공학상의 문제를 구체적으로 해명하는 학문.

applied mechanics 응용 역학(應用力學), 어플라이드 메커닉스 역학을 응용하는 공학 이론의 일부. 정역학(靜力學)과 동역학의 두 부문으로 나뉜다.

approved drawing 승인도(承認圖) 수주자(受注者)가 발주자의 검토를 거쳐 이것에 의해 계획 및 제작을 하는 데 기초가 되는 도면.

apron 에이프런 ① 선반의 왕복대 주요 부분. 앞측면에 처져 있으므로 앞치마라고도 한다. ② 아크 용접용 기구의 하나. 용접 작업시 몸 전면에 걸치는 보호구. ③ 체인 컨베이어의 부품으로 짐을 얹기 위해 부착한 결 모양의 단면을 한 판.

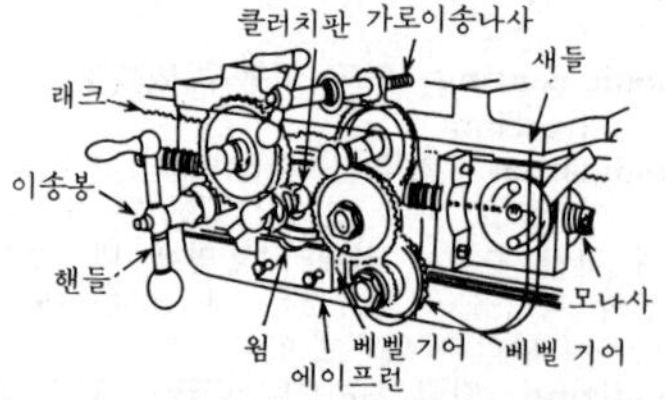

apron conveyer 에이프런 컨베이어 두 줄의 엔드리스 체인을 평행으로 순환시키고 그 사이에 강판을 고정하여 지지면으로 한 컨베이어.

apron feeder 에이프런 송급기(−送給器), 에이프런 피더 에이프런 컨베이어를 이용해서 공급물을 정량씩 송출하는 장치.

aqualung 애퀄렁, 수중 호흡기(水中呼吸器) 봄베에 채워진 가반식 수중 호흡기.

Araldite 아랄다이트 열경화성 수지인 에폭시 수지를 주제(主劑)로 한 접착제 등의 상품명. 두랄루민의 접착, 헬리콥터 날개의 접착 등에 사용된다.

AR alloy **AR** 합금(−合金) 내산동 합금

(耐酸銅合金)으로, 인성(韌性), 피로 한도가 구리보다 뛰어나다. 어뢰 부품, 급유관(항공용)에 중용(重用)되고 있다.

arbor 아버 공작 기계에서 절삭 공구를 고정시키는 작은 축. 그 한 끝은 기계의 주축단에 물리도록 테이퍼가 붙어 있다. 밀링 커터의 고정 등에 이용된다.

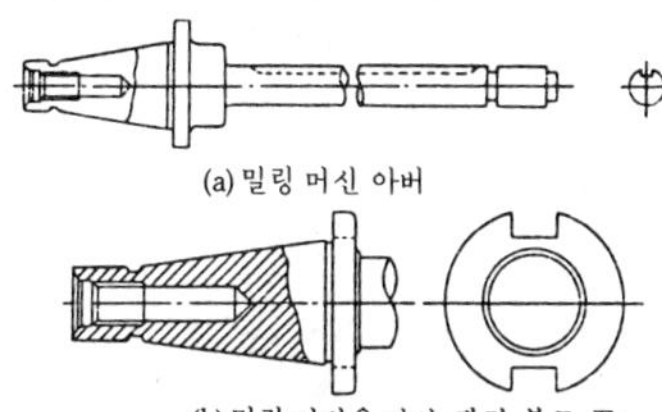
(a) 밀링 머신 아버

(b) 밀링 머신용 아버 체결 볼트 끝

arbour 아버 =arbor

arc 아크, 전호(電弧) ① 2개의 탄소봉 끝을 접촉시키고 강한 전류를 흘리면서 약간 떼면 양극은 약 3,500℃, 음극은 2,800℃로 가열되어 강한 백광(白光)을 낸다. 이것이 아크(電弧, 弧光)이다. ② 호(弧). 곡선의 일부분. 원주의 일부분을 말할 경우에는 원호(圓弧)라 한다.

arc air gouging 아크 에어 가우징 아크열로 녹인 금속을 압축 공기를 이용해 연속적으로 불어 날려 금속 표면에 홈을 파는 방법이다. 용융 금속을 그림과 같이, 홀더 구멍에서 분출하는 압축 공기로 불어 날려 홈을 판다.

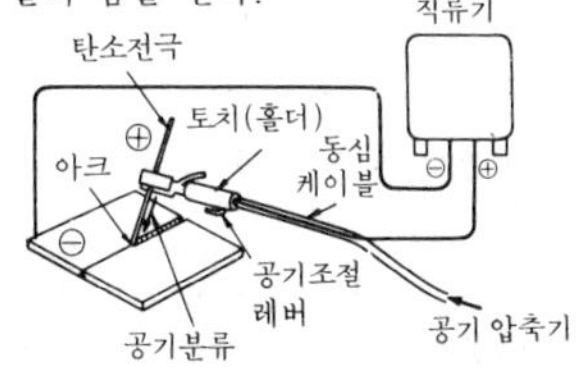

arc cutting 아크 절단(-切斷), 아크 용단(-鎔斷) 아크를 이용해서 강판 등을 국부적으로 용해시켜 재료를 절단하는 방법.

arc discharge 아크 방전(-放電) 기체 속에서 그림과 같이 탄소 또는 텅스텐의 두 전극을 수평으로 마주보게 하고, 여기에 저항을 거쳐 적당한 전원을 접속하고 전극을 일단 접속시켰다가 떼면 이 사이에 방전이 일어난다. 직류 아크 방전과 교류 아크 방전이 있다.

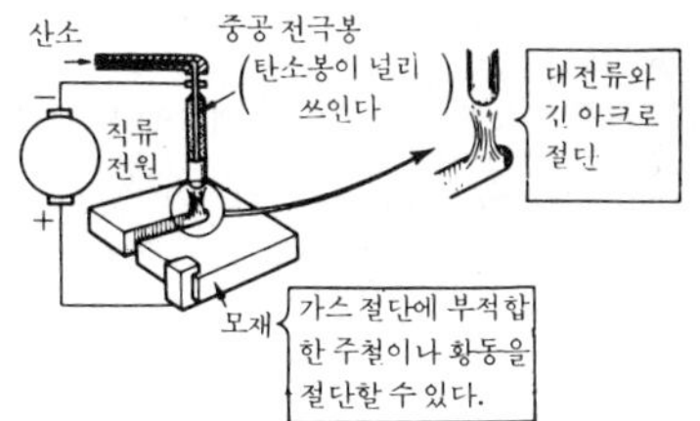

arc cutting

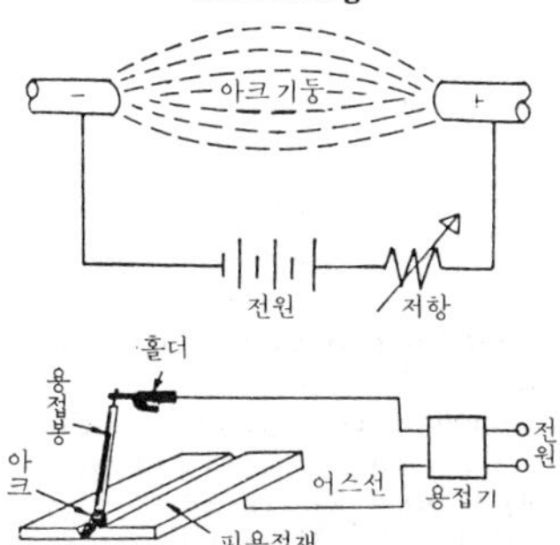

arc discharge

arc furnace 아크로(-爐) 아크를 열원으로 하는 전기로. 흑연 전극과 피열물(被熱物)과의 사이에 직접 아크를 날려서 가열하는 직접식과, 피열물을 아크로 간접 가열하는 간접식이 있다.

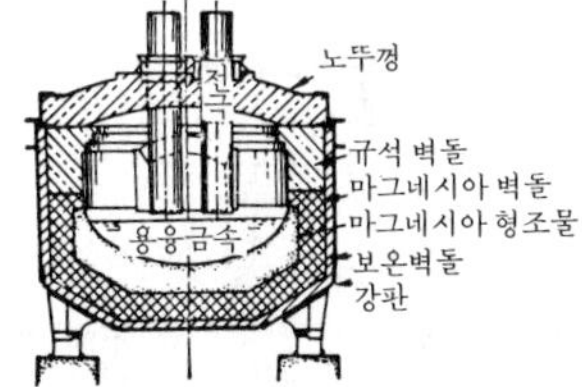

arch 아치 굽힘 응력을 작게 하기 위하여 하중 방향을 블록 곡선형으로 한 구조.

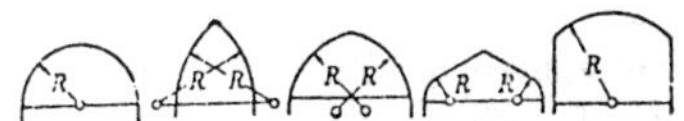

arc hardening 방전 경화법(放電硬化法) 피경화재 철강의 표면과 경화용 초경 합금(超硬合金) 전극과의 사이에 주기적으

로 불꽃 방전을 일으키게 하여 공구 이외의 내구성이 필요한 기계 부품의 표면을 경화하는 방법. 소련에서 개발된 방전 가공법의 하나이다.

arched beam 아치 보, 아치 빔 보의 축선(軸線)이 일직선이 아닌 경우 또는 곡선으로 되어 있는 경우를 말한다.

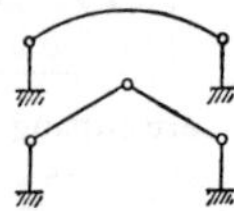

arched girder 아치 거더 보 걸침의 중심선이 원호 모양으로 되어 있는 것.

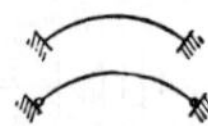

Archimedes principle 아르키메데스의 원리(－原理) →buoyancy

Archimedian screw pump 아르키메데스의 스크루 펌프 →screw pump

archtype press 아치형 프레스(－形－) 기계 프레스의 프레임 구조가 그림과 같이 아치형(문형이지만 사이드 프레임이 직주형이 아니고 프레임간 거리가 하부로 벌어지고 상부가 좁아져 있다)을 이룬 것을 말한다.

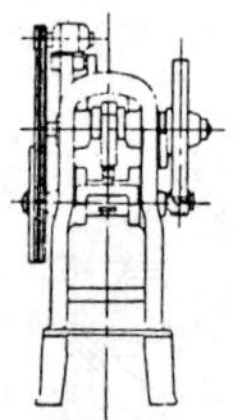

arc lamp 아크등(－燈) 아크(電弧)를 이용한 전등. 탄소 아크등, 텅스텐 아크등, 수은등으로 구별. 현재 영사기, 탐조등 등 특수한 용도에만 사용된다.

arc length 아크의 길이 아크 양단 간의 길이.

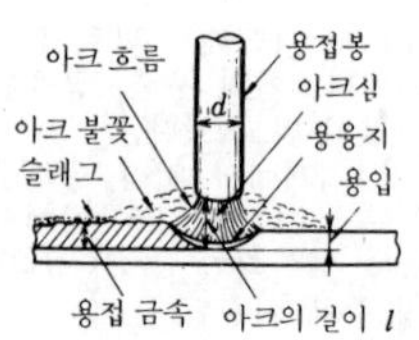

arc length

arc of approach 접근 아크(接近－) → arc of contact

arc of contact 접촉호(接觸弧) 기어의 이가 물리기 시작하면서부터 물림이 떨어질 때까지의 구름각(그림의 a 에서 c 까지)을 접촉각이라 하며, 접촉각에 대한 피치 원상의 호 ST를 접촉호라 한다. 즉, 접근호(SP)와 퇴거호(PT)를 합한 것이다.

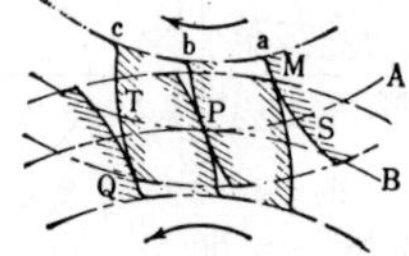

arcogen welding 아르코겐 용접(－鎔接) 금속 아크 용접과 산소 아세틸렌 용접을 동시에 하는 방법.

arc spot welding 아크 스폿 용접(－鎔接) 아크열을 이용해서 2개의 피용접물 A, B를 겹쳐 놓고, 한 쪽에서 눌러 전극과 모재와의 사이에 아크를 발생시켜, 전극 바로 밑부분을 국부적으로 녹여 점용접을 하는 방법.

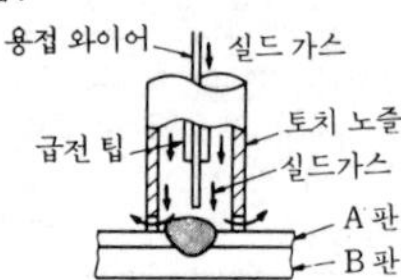

arc stud welding 아크 스터드 용접(－鎔接) 볼트, 핀, 파이프 등의 스터드(stud)를 심기 위하여 아크 스터드 용접기를 이용하여 짧은 시간 동안에 용착시키는 방법을 말한다.

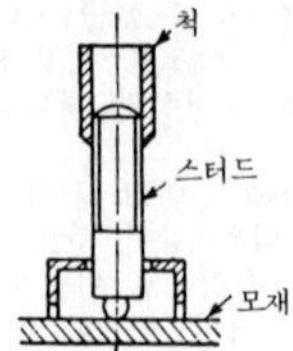

arc voltage 아크 전압(－電壓) 용접 작업에서 모재와 용접봉의 끝과의 사이에서

발생되는 전압.

arc welding 아크 용접(－鎔接) 전기 용접의 일종. 아크에 의한 발열을 이용해서 금속을 용접하는 방법. 전원은 직류 전원의 것과 교류 전원의 것이 있고, 탄소 아크 용접, 원자 수소 용접, 금속 아크 용접의 3종류가 있다. 최근에는 교류 아크 용접이 널리 이용되며, 또 용접의 고속도화, 자동화를 도모하기 위해 불활성 가스(금속) 아크 용접이나 복광 용접(覆光鎔接) 등이 보급되었다.

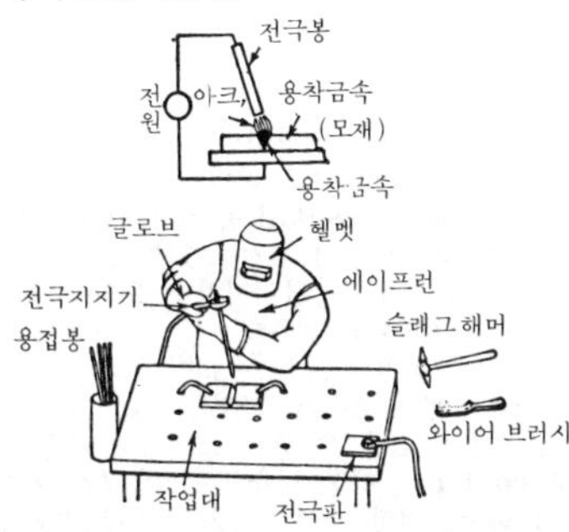

area moment method 면적 모멘트법(面積－法) 보의 전단력과 굽힘 모멘트 및 가용성 변형을 구하는 수법.

argon 아르곤 원소 기호 A. 형광등은 내부에 수은 증기와 아르곤을 봉입한 백색 광선이다. 묽은 가스류 원소로 불활성 가스이다.

argon arc welding 아르곤 아크 용접(－鎔接) 아르곤 가스 분위기 속에서 비피복 금속 전극봉과 피용접물 사이에 발생시킨 아크열로 가열하여 접합하는 용접.

arithmetic 산수(算數), 산술(算術)

arithmetic mean 산술 평균(算術平均) 측정값을 전부 더한 다음 그 합한 수로 나눈 것.

arithmetic unit 연산 장치(演算裝置) 전산기의 내부 기억 장치에 내장된 정보에 대해서 산술 연산, 비트의 이동, 비교, 논리 연산 등을 하는 주요 장치. 전산기의 중앙 처리 장치는 기억, 제어, 연산의 세 가지 장치로 이루어져 있다.

arm 암, 팔, 팔굽, 간(桿), 완목(腕木) 벨트차나 기어 등의 암(손잡이), 전주의 완목, 전축이나 레코드 플레이어의 암, 기타 모든 물체를 지지하는 팔뚝 모양의 것을 말한다.

armature 아마추어, 전기자(電機子), 접촉자(接觸子 : 繼電器) 발전기의 발전자, 모터의 전동자, 마그네틱 스피커나 픽업의 가동편, 버저의 진동 철편, 릴레이의 접극자 등 자기 회로에 있는 가동 부분의 총칭.

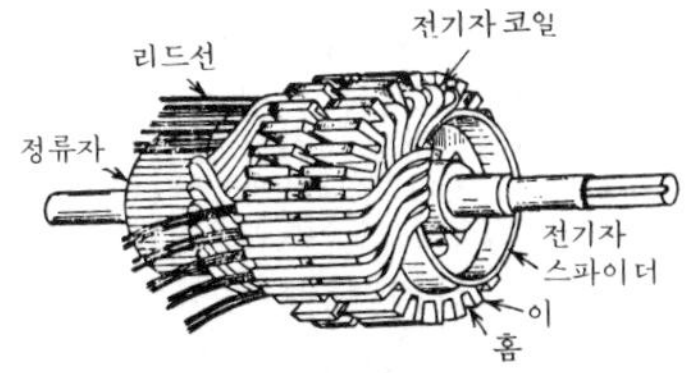

armature core 전기자 철심(電機子鐵心) 전기자 권선이 감겨 있는 철심(규소 강판의 적층 철심).

armature winding 전기자 권선(電機子捲線), 전기자 코일선(電機子－線) 전기자에 감긴 권선.

arm crane 암 크레인 회전주(回轉柱)에서 수평 암을 내고, 그 위에 소형 트롤리를 주행시키는 형식의 크레인.

arm elevator 암 엘리베이터 체인에 암을 부착시켜 통 따위의 짐을 받쳐 올릴 수 있게 한 엘리베이팅 컨베이어.

armour plate 장갑판(裝甲板) 군함, 전차 등의 중요 부분을 방어하기 위한 특수 강판.

arms bronze 암즈 브론즈 특수 알루미늄 청동의 일종으로, 강인하고 내식성이 크기 때문에 어뢰, 항공기 부품으로 중용되고 있다.

aromatic compound 방향족 화합물(芳香族化合物) 탄소환식 화합물(炭素環式化合物) 중 벤젠핵까지 지닌 것을 말한다. 발견된 이 종류의 화합물에 향내가 있기 때문에 명명된 것이다.

arrangement 배치(配置), 배열(配列) 공장 등에서 기계, 설비 등이 그 사용 목적에 따라 충분히 그 능력을 발휘할 수 있도록 장치, 배열하는 것. 이것을 도시(圖示)한 것을 배치도라 한다.

arrangement drawing 배치도(配置圖) 어느 지역 내의 건물 위치나 공장 등에 있어서의 각종 기계·설비의 설치 위치를 나타내는 도면. ＝layout drawing

arrangement plan 배치도(配置圖)

array 배열(配列), 어레이 컴퓨터에서는 데이터의 배열을 뜻한다. 다발(束)이라는 뜻이 있다.

arrester 어레스터 피뢰침(lightning arrester)을 말한다. 텔레비전의 수상(受像) 안테나 중간에 부착하여, 낙뢰(落雷)가 있을 때 뇌전류를 직접 어스(earth)로 도피시킴으로써 옥내로 흐르거나 수상기의 파괴 위험을 방지하는 작용을 한다.

arrest point 정지점(停止點), 정점(停點) 금속의 가열, 냉각 곡선에 있어서 상변태(相變態)를 만나기 때문에 생긴 불연속되는 부분. 합금의 연구에 중요하다.

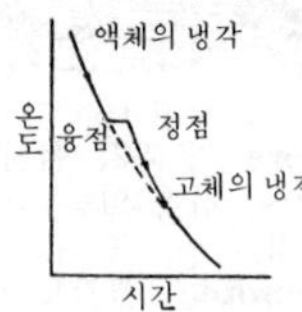

arrow head 화살표 제도에서 치수선 양 끝에 붙이는 화살표.

articulated car 관절 연결차(關節連結車), 연접차(連接車) 2개의 차체 한 끝을 1개의 대차(臺車)로 지지하여 연결되어 있는 차량. 또, 3개 이상의 차체를 위와 마찬가지로 여러 개 연결한 것도 있다.

articulated pipe 관절관(關節管) 관 중간에 그림과 같은 가동 부분을 갖춘 것. 인간의 관절과 같은 작용을 하는 것으로, 관의 양측 관계 위치를 임의로 조절할 수 있다.

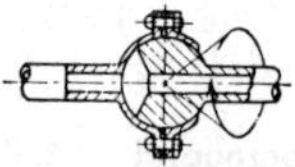

artificial draft 인공 통풍(人工通風) →draft

artificial graphite 인조 흑연(人造黑鉛) 무정형 탄소(無定形炭素 : 코크스 등)를 전기로에서 고온으로 가열하여 생성한 결정성(結晶性) 흑연. 전극 재료 등으로 사용된다.

artificial petroleum 인조 석유(人造石油) 석유의 대용 연료. 석유 원유 이외의 원료(주로 석탄)를 가공해서 얻어진 액체 연료.

artificial satellite 인공 위성(人工衛星) 어느 천체의 인력 작용 하에서 그 천체 주위를 도는 인공의 비행체. 이때 인공 위성에 작용하는 원심력과 인력이 평형되어 있으며 그 속도를 위성 속도(satellite velocity)라고 한다. →geostationary satellite, geosynchronous satellite, space vehicle

artificial ventilation 인공 통풍(人工通風) →draft

art metal 미장 강판(美裝鋼板) C<0.08%, Mn<0.3%, 기타 Si, P, S 등이 아주 조금 함유된 특수 연강판으로, 차량, 가구 등에 이용된다.

asbestos 석면(石綿), 아스베스토스 섬유 형태 결정의 광물로, 극히 유연하고 1,200℃의 고온에서도 잘 견디어 내므로 보온재, 내화재로 적합하며, 브레이크 라이닝이나 실(seal)로도 많이 이용된다.

asbestos heat insulating material 석면 보온재(石綿保溫材) 사교암(蛇紋岩), 각섬석(角閃石)이 지열, 지하수 등의 작용에 의해서 섬유화된 보온재.

asbestus 석면(石綿) =asbestos

as cast 생주(조)물(生鑄(造)物) 기계 가공을 하지 않은 주조한 그대로의 주물.

ash content 회분(灰分) 공업 분석 용어의 하나. 석탄 시료 1g을 공기를 통하면서 서서히 가열하여 800±10℃로 완전히 연소시키고 남은 무기물의 질량을 최초의 시료에 대한 백분율로 나타낸 것. →water content

ash-free coal 무회탄(無灰炭) 회분이 약 12% 이하인 석탄. 무연탄, 역청탄, 갈탄 등이 이에 해당된다.

ash-free fuel 무회 연료(無灰燃料) 휘발성 연료, 가스 연료 등 회가 없는 연료.

ash pan 재받이 화격자(火格子) 장치에서 재그릇에 놓아두는 얇은 강판.

ash pit 애시 피트, 재받이 통(-筒) 화격자(火格子) 장치에서 화격자로부터 떨어지는 재를 받는 재받이.

asphalt 아스팔트 천연 아스팔트와 인공 아스팔트의 두 종류가 있다. ① 천연 아스팔트는 원유가 지상으로 스며나와 휘발성분을 상실하여 산화되어 생긴 것. ② 인공 아스팔트는 원유를 분류 증류할 때 남는 피치를 처리하고 토사(土砂)를 혼합하여 만든다.

asphalt concrete 아스팔트 콘크리트 고열의 건조 자갈(쇄석, 왕모래)과 아스팔트 모르타르와의 혼합물.

aspherical lens 비구면 렌즈(非球面-)

렌즈 수차를 감소하기 위해 적어도 일면을 평면 또는 구면 이외의 곡면으로 한 렌즈.

aspirating air pipe 아스피레이팅 에어 파이프 가압 연소 보일러에서 버너 등을 꺼낼 때 노(爐) 내부의 가스가 분출되는 것을 방지하기 위하여 압축 공기를 반대로 보내는 파이프.

aspirator 아스피레이터 화학 분석이나 의료 계통에 이용되는 흡기기(吸氣器), 흡출기(吸出器)의 일종으로, 수류(水流)를 이용해 공기, 기타 기체를 흡인하는 기구.

assay 어세이 시금(試金) 또는 분석이라는 뜻. 분석 시험을 어세잉(assaying)이라 한다.

assembler 어셈블러 기호어(어셈블리어)로 쓰여진 원시 프로그램을 기계어(機械語)로 번역한 프로그램.

assembler language 어셈블러 언어(－言語) 기초적인 계산기 용어의 하나로, 기호어(記號語)라고도 한다. 기계어의 여러 명령을 인간이 이해하기 쉬운 기호로 정리한 것. 기계어의 명령과 1대1로 대응하게 되어 있다.

assembling 어셈블링 연산 장치가 받아들여 사용할 수 있도록 명령어들을 모아 프로그램을 만드는 과정(컴퓨터). 2개 이상의 기계 부품을 조립하는 것.

assembling drawing 조립도(組立圖) ＝assembly drawing

assembling jig 조립 지그(組立－) 가공된 각 부품을 소정의 위치에 바르게 놓고 조립을 능률적으로 하는 장치 또는 보조기.

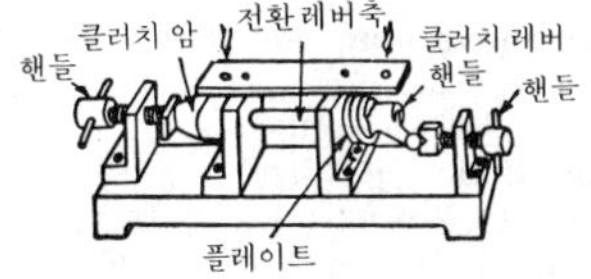

assembling plant 조립 공장(組立工場) 조립을 하는 공장.

assembling shop 조립 공장(組立工場) ＝assembling plant

assembly 조립(組立) 각 부품을 제품으로 조립하는 작업.

assembly center 어셈블리 센터 절삭 가공에서의 머시닝 센터와 마찬가지로, 1대의 장치로 복수의 조립 작업을 자동적으로 하는 것.

assembly drawing 조립도(組立圖) 기계 또는 장치 전체의 조립 상황을 나타내는 도면.

assembly line 일관 작업(一貫作業), 유동작업(流動作業) 대량 생산의 한 방식. 컨베이어·에스컬레이터·나사 슈트 등의 자동 반송 장치를 이용해서, 완성품으로 조립하는 작업을 순차적으로 진행하는 작업 방식.

astern turbine 후진 터빈(後進－) 선박이 후퇴할 때에 사용하는 역회전시키는 장치의 터빈.

astronomical telescope 천체 망원경(天體望遠鏡) 천체 관측에 사용하는 망원경. 굴절 망원경과 반사 망원경의 두 종류가 있다.

atmosphere corrosion resisting steel 내후성 강(耐候性鋼) 저탄소강에 0.2～0.7%의 Cu 또는 거기에 0.2～1.20%의 Cr을 가한 용접 구조용 내후성강. SMA나 SMA에 P, Ni, Mo를 가한 고내후성강 SPA가 있다. 내후성 강은 빌딩의 외판, 교량 등에 사용된다. 대기 부식에 강할 뿐만 아니라 용접성, 가공성, 기계적 성질도 좋다.

atmospheric condenser 대기식 응축기(大氣式凝縮器) 냉각관의 외면에 물을 흘려 냉각하는 응축기. 대기 중에 두어지므로 공기의 자연 유동에 의해 물의 증발 작용에 의한 냉각을 기대할 수 있다.

atmospheric diffusion 대기 확산(大氣擴散) 연기 등이 대기 중에서 시간과 함께 퍼져 희박하게 되어 가는 현상.

atmospheric exposure 대기 폭로 시험(大氣暴露試驗) 금속의 대기 부식 내후성을 알기 위하여 옥외에서 시험편을 비바람에 노출시켜 시행하는 시험.

atmospheric pressure 대기압(大氣壓) 대기의 압력. 대기압은 일정하지 않기 때문에 높이 0.760m의 표준 밀도의 수은주가 표준 중력 가속도에 대해서 나타내는 압력을 표준 기압으로 하여 1atm으로 정의하고 있다. →guage pressure

atmospheric pump 양수 펌프(揚水－) ＝suction pump

atom 원자(原子), 애텀 물질의 기본적인 최소 입자. 대부분 원자의 크기는 10^{-8}cm 정도이고 그 중심에 원자핵이 있으며, 그 주위에 많은 전자가 배열되어 있다.

atomic boiler 원자력 보일러(原子力－) 원자력을 이용하는 보일러. 연료와 감속재가 달라짐에 따라 중수 감속형(重水減速形), 석묵 감속형(石墨減速形), 경수 감속형(輕水減速形)의 3 종류로 나뉜다.

atomic clock 원자 시계(原子時計) 원자 진동을 이용한 시계. 원리적으로 이 진동은 기압, 온도의 영향을 받지 않기 때문에 시계 중에서 정밀도가 최고이다.

atomic energy 원자 에너지(原子－), 원자력(原子力) 원자핵의 변화에 의해서 해방되는 에너지의 총칭. 보통 핵분열(또는 핵융합)에 의해서 생기는 핵에너지를 가리키지만, 방사성 물질이 붕괴되어 방출하는 방사선 등도 넓게 포함하는 경우가 많다. →nuclear energy

atomic fuel 원자 연료(原子燃料) 원자로의 에너지원이 되는 핵분열 물질. 우라늄 235, 우라늄 233 및 플루토늄 239 등.

atomic heat 원자열(原子熱) 1 그램의 원자의 온도를 1℃ 상승시키는 데에 드는 열량.

atomic hydrogen welding 원자 수소 용접(原子水素鎔接) 2 개의 텅스텐봉을 전극으로 하고 그 사이에 아크를 날려, 그 속에 수소를 뿜어 넣어 용접하는 방법. 특수강, 스테인리스강, 공구의 날끝(초경 합금) 등의 용접에 이용된다.

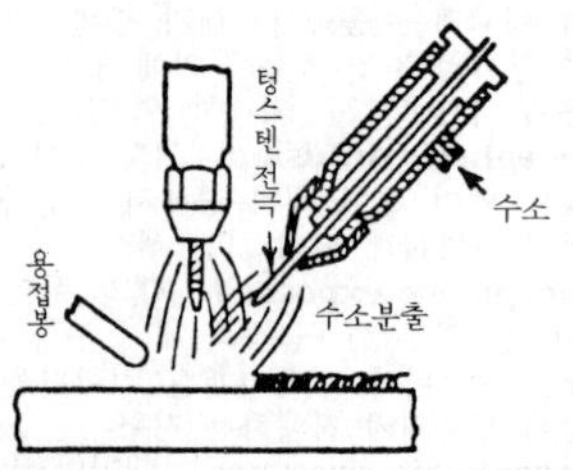

atomic nucleus 원자핵(原子核) 원자의 중핵이 되는 것. 수소 원자의 경우는 양자(陽子)이다. 대체로 원자핵은 양자와 중성자로 이루어져 있다.

atomic number 원자 번호(原子番號) 전자가 지닌 전하량을 단위로 하여 계측한, 원자핵의 전하량을 원자 번호라 한다. 원자핵 속의 양자수와 같이 보통 Z로 표현한다. 1 번의 수소부터 103 번의 로렌슘까지 원자량표에 기재되어 있다.

atomic pile 원자로(原子爐), 파일 핵분열성 물질을 연료로 해서 핵반응을 일으키는 장치. 석묵식(石墨式), 중수식(重水式), 농축 우라늄식 등이 있다.

atomic weight 원자량(原子量) 질량수(質量數) 12 의 탄소 원자 질량을 기준삼아, 각 원자의 상대적 질량을 원자량으로 하여 정해진다. 예를 들면, 수소 1.0079, 산소 15.9994, 질소 14.0067, 우라늄 238.029 로 되어 있다.

atomization 분무화(噴霧化), 무화(霧化) 액체를 미립자화(微粒子化)하는 것. 예를 들면, 오일 버너를 이용해서 오일을 분무화하는 것 등.

atomizer 분무기(噴霧器) 액체를 무상(霧狀)으로 해서 공기 속으로 분출, 분산시키는 장치.

atomizing powder 분무분(噴霧粉), 애터마이즈 분말(－粉末) 용탕(鎔湯)을 분말화(粉末化)하는 방법의 일종인 분사법으로 생산되는 분말. 용탕을 비산시켜 분말화하는 방법으로는 압축 가스를 분사하는 방법과 액체 제트를 이용하는 방법이 있다. 순도가 높아서 형상이 갖추어진 불말을 대량, 효율적으로 생산할 수 있다. 저융점 금속, 알루미늄 및 알루미늄 합금, 구리 및 구리 합금, 스텔라이트, 18-8 스테인리스강 등의 분말은 이 방법으로 생산된다.

atom physics 원자 물리학(原子物理學) 원자나 분자 및 그 집합체로서의 물질, 원자핵 및 그것을 구성하는 소립자(素粒子)에 관한 물리학의 총칭.

attachment 어태치먼트, 부속 장치(附屬裝置) 고정, 부착, 이음 등 부속시킨다는 뜻으로, 이들 기구의 총칭.

attachment plug 어태치먼트 플러그 전등선의 코드 끝에 부착시켜 콘센트나 소켓에 연결하는 삽입형 플러그.

attraction 인력(引力) 공간적으로 떨어져 있는 물체끼리 서로 끌어당기는 힘.

audio 오디오 귀로 들을 수 있는 가청 주파(可聽周波)를 말한다. 좁은 의미의 저주파를 표현하기도 하고, 비디오에 대해서 "음성"의 뜻으로도 사용한다. 가청 주파수란 16~20,000Hz 의 범위를 말한다.

auger 오거[1], 나사 송곳[2] ① 마우스 피스에서 기둥 모양의 것을 밀어내기 위한 기계.

② 목재에 볼트를 끼우기 위해 구멍을 뚫는 목공구.

auger drill 오거 드릴 압기(壓氣) 또는 전동기로써 나선 모양의 송곳(오거)을 회전시켜 암석에 구멍을 뚫는 기계.

ausageing 오스에이징 과냉(過冷) 오스테나이트를 Mg점 이상의 온도에서 시효(時效)하기 위한 처리.

ausforging 단조 경화(鍛造硬化), 단조 담금질(鍛造－) 강(鋼)을 1,200℃의 단조 온도로 가공한 후 즉시 담금질해서 마텐자이트 변태를 일으키게 하는 방법.

ausformed steel 오스폼드강(－鋼) 인장 강도 250kgf/㎟ 이상의 초고장력강(超高張力鋼)으로, 이것은 오스포밍이라는 가공 열처리에 의해서 얻어진다.

ausforming 오스포밍 준안정(準安定) 오스테나이트를 항온 변태 곡선 온도까지 급랭시켜 이 온도에서 소성 변형을 부여한 다음 담금질하여 마텐자이트 변태를 일으키게 한 뒤에 템퍼링하는 처리이다.

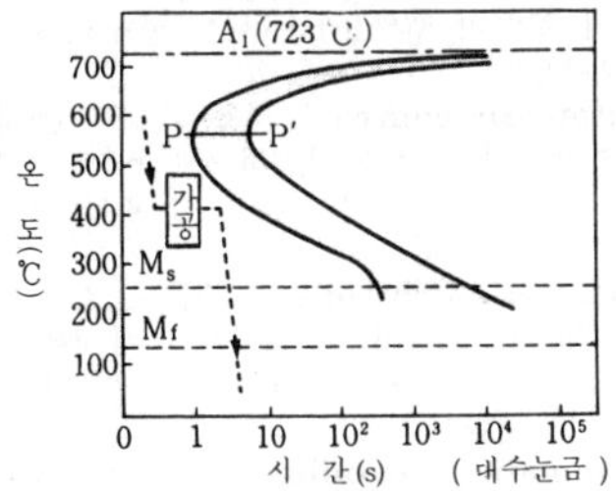

austempering 오스템퍼링 강(鋼)에 점성(粘性)과 강도를 부여하고, 또 담금질의 변형이나 균열을 방지하기 위하여 오스테나이트 범위부터 열욕(熱浴) 속에서 급랭시키고 그 온도에서 충분히 변태시킨 후 실온까지 서서히 냉각하는 조작.

austenite 오스테나이트 강(鋼)에 나타나는 현미경 조직명. γ철에 1.7% 이하의 탄소 및 다른 원소가 용해된 고용체(固溶體). 부드럽고 점성(粘性)이 강하다. 브리넬 경도는 150～200 정도.

authorized pressure 인가 압력(認可壓力) ＝licenced pressure

autobicycle 오토바이 ＝motorcycle

autobike 오토바이 ＝motorcycle

autoclave 오토클레이브 물질을 고온, 고압에서 반응시키기 위해 사용되는 내압

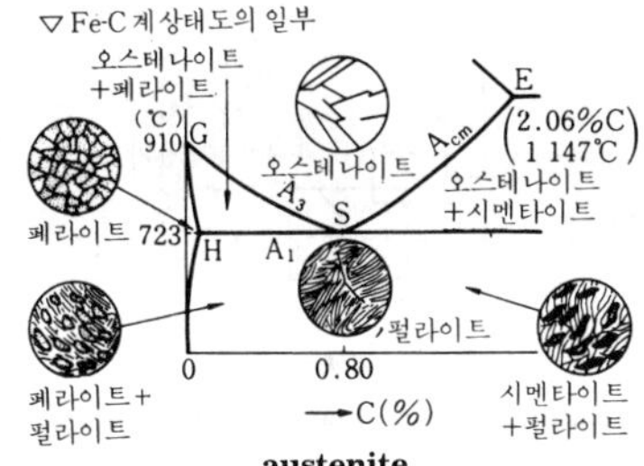

austenite

용기. 또는 고열에 의한 증기 살균기.

autocollimeter 오토콜리미터 정반(定盤)이나 안내면 등의 평면 진직도(眞直度), 직각도 및 단면 게이지의 평행도 등을 측정하는 계기.

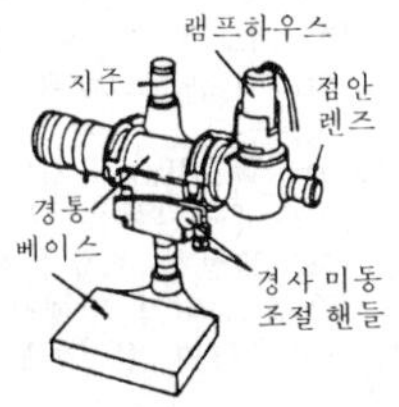

autofrettage 오토프레타즈 포신(砲身)이나 압력 용기의 제조법으로서, 관(菅)의 내측 표면을 항복점 이상으로 팽창 가공함으로써 압축 응력을 잔류시켜 피로 강도를 향상시킬 수 있는 가공법.

autogenous welding 가스 용접(－鎔接) ＝gas welding

auto lift 오토 리프트 자동차를 자동적으로 승강시키는 승강기. 자동차 수리 공장 등에 설비하는 중요한 기계.

automated batch manufacturing system 자동 일괄 생산 시스템(自動一括生産－) 융통성을 중시한 NC 및 컴퓨터 NC 공작 기계군을 자동 핸들링 장치로 효과적, 종합적으로 결합시킨 연속 자동 일괄 처리 시스템으로, ABMS라 약칭하고 있다. ABMS를 구성하는 주요 설비는 머시닝 센터(또는 터닝 센터), 다축 공구(多軸工具) 헤드를 갖춘 툴 헤드 체인저 제어 장치, 자동 핸들링 장치 등이 있다.

automated storage and retrieval system 자동 창고 시스템(自動倉庫－) 자동 창고에서 저장은 물론 자재의 출고, 입고도 자

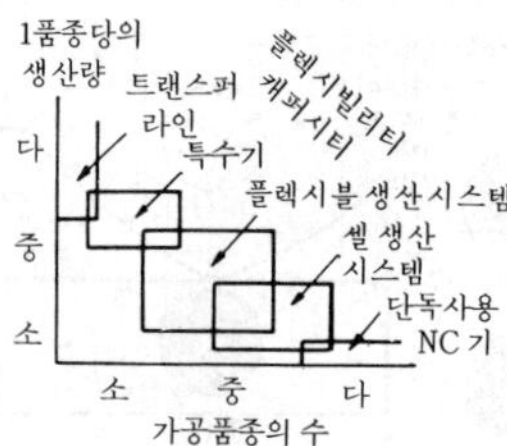

automated batch manufacturing system 동적으로 하는 시스템.

automatic 오토매틱, 자동의(自動－), 자동적(自動的), 자동식(自動式) 예 : automatic controlling(자동 제어), automatic lathe(자동 선반).

automatically programmed tools ; APT 아프트 수치 제어의 입력 정보를 자동 계산하기 위한 대표적인 프로그램 언어. 기능상으로 마스터 프로그램과 포스트 프로그램으로 대별된다.

automatic arc welding 자동 아크 용접(自動－鎔接) 용접 와이어의 이송이 자동적으로 되고, 평상시 조작을 하지 않더라도 연속적으로 용접이 진행될 수 있도록 된 장치를 이용하여 실시하는 아크 용접을 말한다.

automatic boiler control system ; ABC 보일러 자동 제어 장치(－自動制御裝置) 보일러를 자동적으로 제어하는 장치를 말하며, ACC(automatic combustion control system)이 좀더 발전한 것. 연료, 공기량을 제어하여 공연비(空燃比)를 최적으로 유지할 뿐 아니라 급수량도 제어하여 보일러 전체를 자동 제어하는 장치이다.

automatic center punch 자동 센터 펀치(自動－), 자동 펀치(自動－) 금긋기 용구의 하나. 내부에 스프링이 장치되어 있어 자동적으로 마크하는 펀치이다.

automatic clutch 자동 클러치(自動－) 원심식(遠心式) 또는 전자식, 유체 커플링(fluid coupling)식 등이 있는데, 이 중에서 변속 레버와 조속기(governor)의 흡기압(吸氣壓) 등과 연동시킨 전자식이 실용화되어 있다. 전자식에는 자기(磁氣) 분말을 이용한 것이 많다.

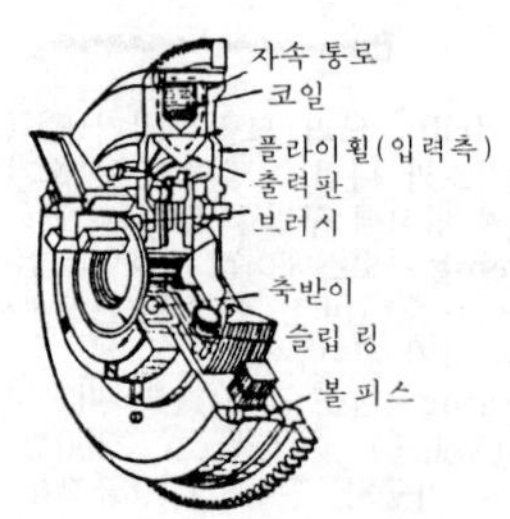

automatic combustion control 자동 연소 제어(自動燃燒制御) 보일러나 연소 가열로 등에서 외란(外亂)에 대하여 보일러의 증기압이나 노내(爐內) 온도를 일정하게 유지하기 위해 연료 공급량, 연료 공기비, 노내압(爐內壓) 등을 자동적으로 조정하여 연소 상태를 제어하는 것.

automatic combustion control system ; ACC 자동 연소 제어 장치(自動燃燒制御裝置) 공급되는 연료량, 공기량을 제어하여 공연비(空燃比)를 최적 상태로 유지하는 장치.

automatic control 자동 제어(自動制御) 기계, 장치 등을 자동적으로 조작, 조정하는 것. 시퀀스 제어, 피드백 제어, 프로세스 제어가 있다.

automatic controller 자동 조절계(自動調節計) 양(量)을 표시하는 동시에 이것을 자동적으로 조절하는 기능을 지닌 계기를 말한다.

automatic controlling 자동 제어(自動制御) =automatic control

automatic coupler 자동 연결기(自動連結器) 자동적으로 차량을 연결하는 장치.

automatic coupling 자동 연결기(自動連結器) →automatic controlling

automatic drafting machine 자동 제도 기계(自動製圖機械) 설계와 제도 프로그램을 펀치 카드해서 컴퓨터로 설계 계산과 도면 처리를 한 다음 종이 테이프로 작도를 지시하면, 제어 장치에서 전기 신호로 되어 자동 제도기를 조작, 자동적으로 도면이 작성된다.

automatic feed water regulator 자동 급수 조정기(自動給水調整器) 보일러의 급수를 자동적으로 조절하여 보일러 수면이 내려가는 것을 방지하기 위해 설치한 밸브 장치.

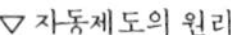
▽ 자동제도의 원리

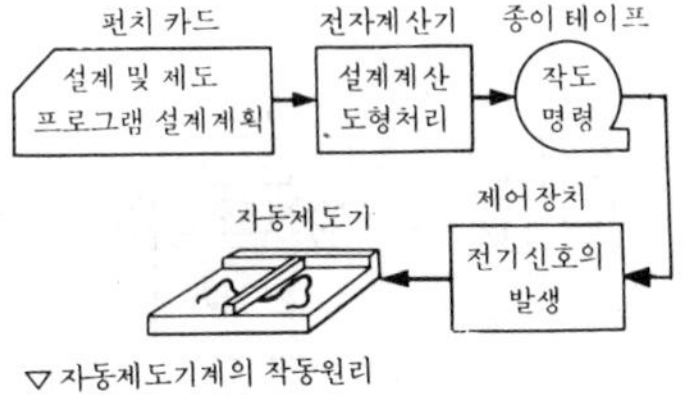

▽ 자동제도기계의 작동원리

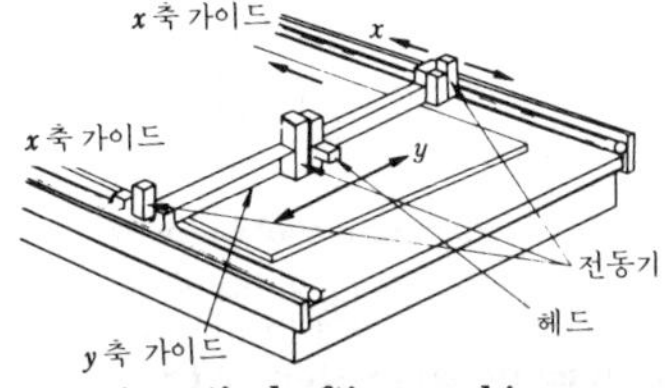

automatic drafting machine

automatic gas cutter 자동 가스 절단기(自動-切斷機) 토치(吹管)를 동력을 이용해서 이동시켜 강판을 직선, 곡선, 원형, 기타 희망하는 형상으로 자동적으로 절단할 수 있는 기계. 절단면이 깨끗하고 절단 속도가 빨라 산소와 가스의 소모량도 적다.

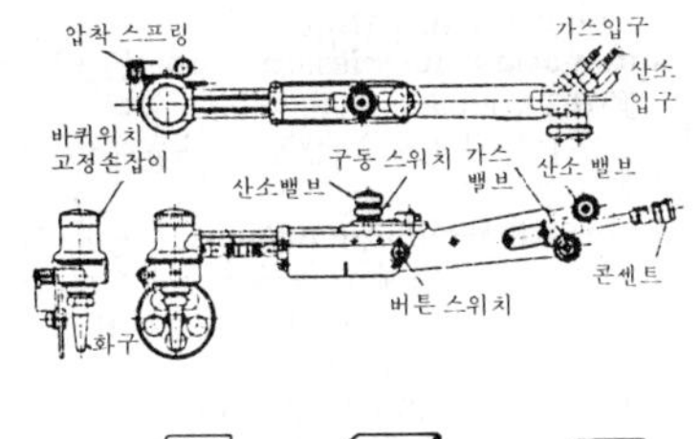

automatic gas cutting machine 자동 가스 절단기(自動-切斷機) →automatic gas cutter

automatic gauge control; AGC 자동 판두께 제어(自動板-制御) 자동적으로 판의 두께를 제어하는 것. 판 두께의 검출에는 X선 후도계(厚度計)나 게이지 미터 방식이 있다.

automatic lathe 자동 선반(自動旋盤) 주축 속도 변환, 역전, 봉재 송출, 절삭 공구대 이송 등 전 조작이 자동적으로 이루어진다. 나사 절삭, 핀, 볼트, 너트 등의 대량 생산에 적합하다. 대표적인 것으로는 자동 나사 절삭기가 있다.

▽ 6축 자동선반의 예

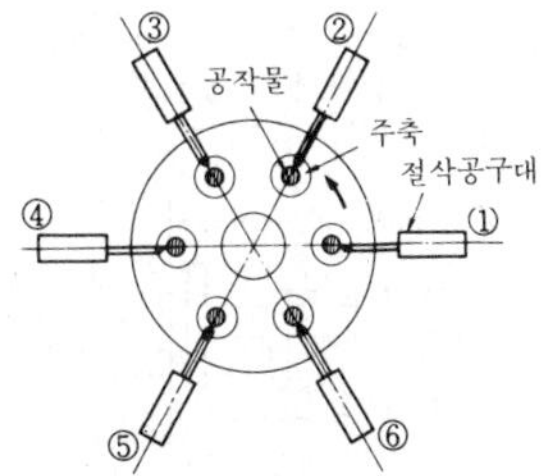

automatic milling machine 자동 밀링 머신(自動-) 밀링의 전진이나 후퇴, 테이블의 발진·정지 등의 조작이 자동적으로 이루어지는 밀링 머신.

automatic nozzle 자동 노즐(自動-) 디젤 기관용 연료 분사 밸브의 한 형식.

automatic programming 자동 프로그래밍(自動-) 주어진 부품을 가공하기 위하여 NC 공작기의 작업 순서를 결정하고,

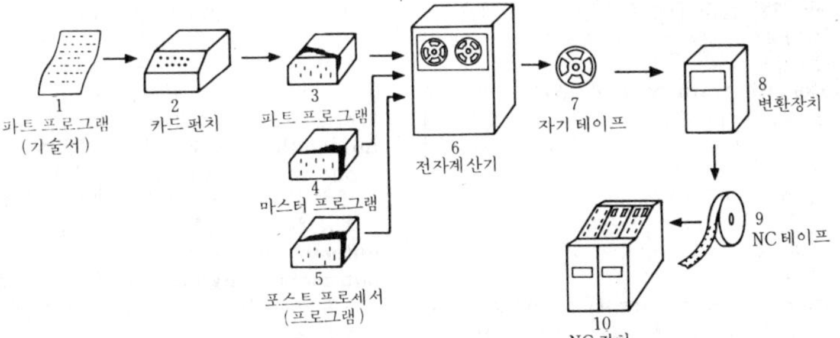

automatic programming

프로그램 언어로 쓰여진 프로그램을 수치 제어 테이프에 컴퓨터를 이용해서 내장시키는 것.

automatic scraper 자동 스크레이퍼(自動ー) 가공면에 절삭날을 대면 즉시 작동되고, 떼면 정지되는 기구로 된 스크레이퍼. 공작 시간과 노력이 절감되어 능률적이다.

automatic screw machine 자동 나사 절삭기(自動ー切削機) →automatic lathe

automatic selling-machine 자동 판매기(自動販賣機) 소정의 금액을 투입하면 자동적으로 물품이 출구로 나오는 기계 장치.

automatic sizing machine 자동 치수 장치(自動ー數裝置), 자동 정척 장치(自動定尺裝置) 공작물을 규정 치수대로 절삭하여 그것이 끝나면 자동적으로 기계를 정지시키는 장치.

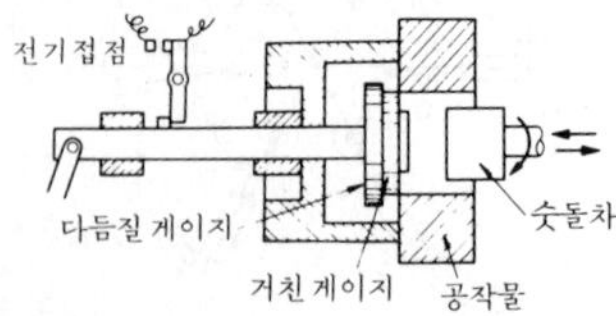

automatic sorting 자동 선별(自動選別) 물건의 치수, 중량 등을 자동으로 측정하여 물건을 그 크기에 따라서 일정한 구분으로 자동적으로 분류하고 또는 각인(刻印), 스탬프 등에 의한 표시를 하는 것.

automatic speed control 자동 속도 제어(自動速度制御), 오토매틱 스피트 컨트롤 →auto drive system

automatic tool changer : **ATC** 자동 공구 교환 장치(自動工具交換裝置) NC 공작기로서 절삭 공구를 자동적으로 교환하는 장치.

automatic train control : **ATC** 열차 속도 제어(列車速度制御) 지상 신호기없이 운전실 내의 신호기에 6단계의 속도 지시 신호가 나타나게 되어, 열차가 이 신호보다 빠를 때는 자동적으로 브레이크가 걸린다. 고장이나 사고 등의 사후 처리를 자동화하는 장치를 열차군 제어 장치(CTS)라 한다.

automatic train operation : **ATO** 열차 자동 운전(列車自動運轉) 자동 운전 내용은 ① 역간을 정시 운전, ② 속도 제한 장

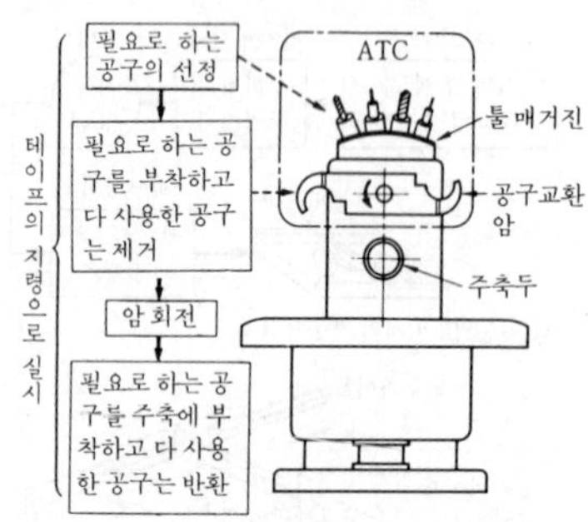

automatic tool changer

소에 따라서 적정 속도를 유지, ③ 역 플랫폼의 정위치 정지 등이다.

automatic train stop : **ATS** 자동 열차 정지 장치(自動列車停止裝置) 열차가 정지 신호에 접근하면 운전실 내에 경보를 발하고, 운전 기사가 일정 시간 내에 확인 조작과 브레이크 조작을 하지 않으면 비상 브레이크를 작동시켜서 열차를 정지시키는 장치.

automatic train stopper : **ATS** 열차 자동 정지 장치(列車自動停止裝置) →automatic train stop

automatic transmission 자동 변속기(自動變速機) 운전 조작 가운데 클러치 조작과 기어 샤프트의 양쪽을 자동화시킨 장치.

automatic weighing machine 자동 저울(自動ー) 지시에 따라서 자동적으로 중량을 측정할 수 있는 저울. =self-indicating weighing machine

automatic welding machine 자동 용접기(自動鎔接機) 전기 용접에서, 아크의 발생이나 용접봉을 보급해서 아크의 길이를 일정하게 유지하기도 하고, 용접봉의 이동 등을 자동적으로 하기도 한다.

automation 오토메이션, 자동화(自動化) automatic operation의 약칭. 기계 자체에서 대부분의 작업 공정이 자동적으로 처리되는 자동 생산 방식을 가리킨다.

automobile 자동차(自動車)

automobile engine 자동차 엔진(自動車ー) 자동차용 엔진의 총칭. 가벼운 무게, 작은 용적, 균일한 출력 등이 요구된다.

autoradiography 오토라디오그래피, 방

사선 자동 사진법(放射線自動寫眞法) 방사성 동위 원소에서 나오는 방사선의 사진 작용을 응용해서 그림과 같이 시료(試料)와 사진 건판 또는 필름을 밀착시켜 노출을 준 다음 현상을 해서, 그 상에 의거하여 방사성 원소의 분포를 관찰하는 방법이다.

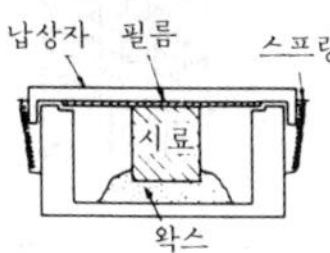

autotransformer 단권 변압기(單捲變壓器) 1차와 2차의 권선이 별개로 되어 있는 것이 아니라, 권선의 일부분이 공통으로 되어 있는 변압기.

auxiliary boiler 보조 보일러(補助－) 증기 원동소나 선박에서 급수 펌프 등의 보기용(補機用) 증기를 발생시키는 소형 보일러. ＝donkey boiler

auxiliary connecting rod 보조 연결 막대(補助連結－), 부연접봉(副連接捧) 성형 기관(成形機關)에서는 크랭크축에 직결하는 주 연접 막대가 하나 있고, 다른 연접 막대는 주 연접 막대 대단부(大端部)와 핀으로 연결되어 있다. 이것을 보조 연접 막대라고 한다.

auxiliary engine 보조 기관(補助機關) 선박에서 주된 기관 이외의 펌프, 전등용의 발전기 등을 운전하는 기관.

auxiliary machinery 보조 기계(補助機械), 보기(補機) 선박용 기계 가운데 프로펠러를 회전시키는 기관을 주기(主機)라 하고, 그 밖의 송풍기, 펌프류 등을 보기(補機)라 한다.

auxiliary projection 보조 투영(補助投影) 물체의 위치 형상을 주 투영면에 투사하여 투영을 구하는데, 이것으로도 형상을 아는 데 불충분한 경우에는 보조의 투영면을 두어 여기에 투영한 것을 말한다.

auxiliary projection drawing 보조 투영도(補助投影圖) 보조 투영에 있어 보조 투영면(auxiliary plane of projection)에 투영된 물체의 도형. 보조 투영면의 위치 방향은 필요에 따라 정해진다.

auxiliary pump 보조 펌프(補助－) 주 펌프의 보조나 보조적인 목적을 위하여 설치된 펌프.

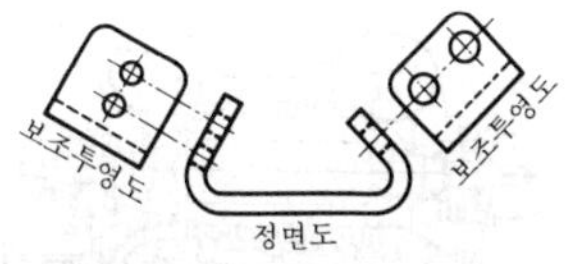

auxiliary projection drawing

auxiliary valve 보조 밸브(補助－) 주 밸브의 작동을 보조하기 위하여 이용되는 밸브의 총칭.

available energy 유효 에너지(有效－) 유효한 기계 작업으로 변환시킬 수 있는 에너지.

available head 유효 낙차(有效落差) 수력 발전소에서의 자연 낙차. 즉, 전낙차(全落差)에서 손실 낙차를 뺀 것. →effective head

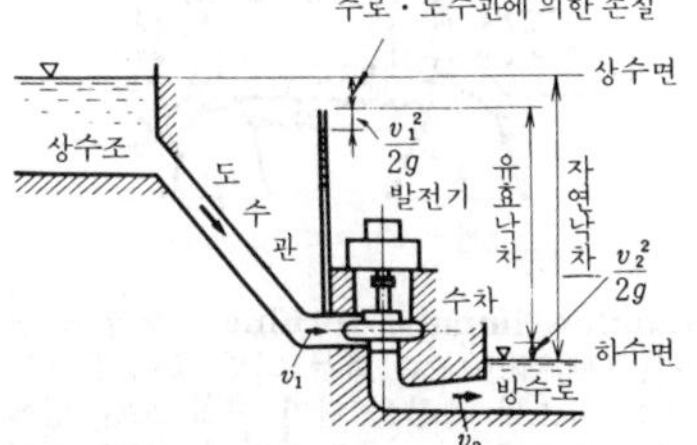

average coefficent of thermal expansion 평균 열팽창 계수(平均熱膨脹係數) 지정된 온도 구간에 있어서 열팽창률의 평균값.

average value 평균값(平均－)

Avogadro's law 아보가드로의 법칙(－法則) 동일 압력과 온도하에서 동등한 부피의 기체는 어느 것이나 동등한 수의 분자를 포함한다는 법칙.

axial 액셜 「축 방향의」, 「축 방향으로의」라는 뜻. 레이디얼(원심 방향)의 상대어.

axial compressor 축류 압축기(軸流壓縮機) 터보 압축기의 일종. 용도에 따라 단단(單段)과 다단(多段) 압축기가 있다. →turbo compressor

axial-flow 축류(軸流) 유체가 축 방향으로 흐르는 것.

axial-flow blower 축류 송풍기(軸流送風機) ＝propeller fan

axial-flow compressor 축류 압축기(軸流壓縮機) 날개차를 통과하는 유선(流線)이 거의 축에 동심의 원통면 상에 있는 압축

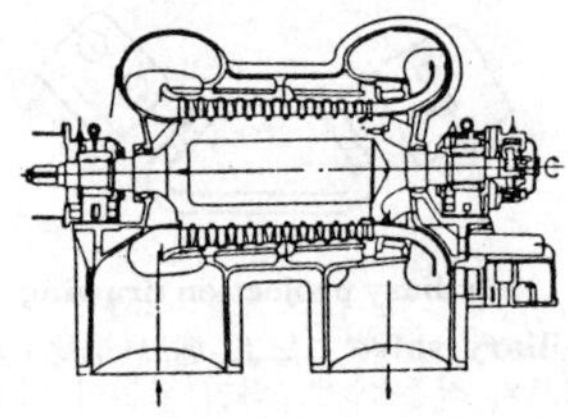

axial compressor

기. 효율이 높으므로 제트 엔진이나 육상용·선박용의 가스 터빈, 제철에서 고로 송풍용 등 대출력의 압축기로서 쓰인다.

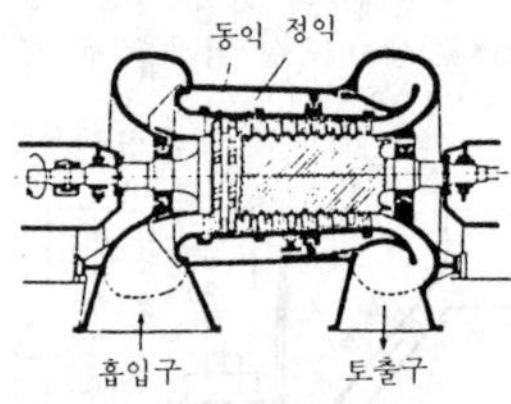

axial-flow impulse turbine 축류 충동 터빈(軸流衝動－) 축류 터빈 중에서 증기 또는 가스의 팽창을 단지 고정 노즐 안에서만 행하게 하는 것을 말한다. 이에 대해서 정·동 양익(靜·動兩翼) 내에서 팽창시키는 것을 축류 반동 터빈(axial-flow reaction turbine)이라고 한다.

axial-flow pump 축류 펌프(軸流－) = propeller pump

axial-flow reaction turbine 축류 반동 터빈(軸流反動－) →axial-flow impulse turbine

axial-flow turbine 축류 터빈(軸流－) 유체가 축 방향으로 흐르도록 된 터빈. 증기 터빈에서는 반동(反動) 터빈에 속하는 파슨즈 터빈이 있고, 수차(水車)에서는 프로펠러 수차, 커플랜 수차가 있다.

axial force 축 방향력(軸方向力), 축력(軸力) 축 방향에 작용하는 외력(外力)을 말한다.

axial load 축 하중(軸荷重), 축 방향 하중(軸方向荷重) 일반적으로 외력이라고 하면 표면력을 가리키며, 물체의 축선 방향에 외력이 작용하여 그 합력(resultant load)의 작용선이 횡단면의 중심을 지나 횡단면에 고른 수직 응력이 생기는 것을 말한다.

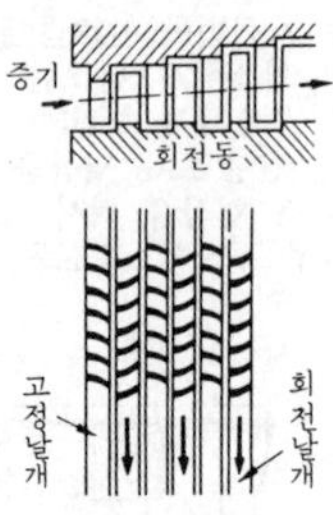

axial flow turbine

axial piston pump 액셜 피스톤 펌프 = axial plunger pump

axial plunger pump 액셜 플런저 펌프 그림과 같이 플런저의 왕복 운동이 실린더 블록 중심축과 거의 평행인 플런저 펌프로, 구동축과 실린더 블록이 일직선인 것과 경사진 것이 있다.

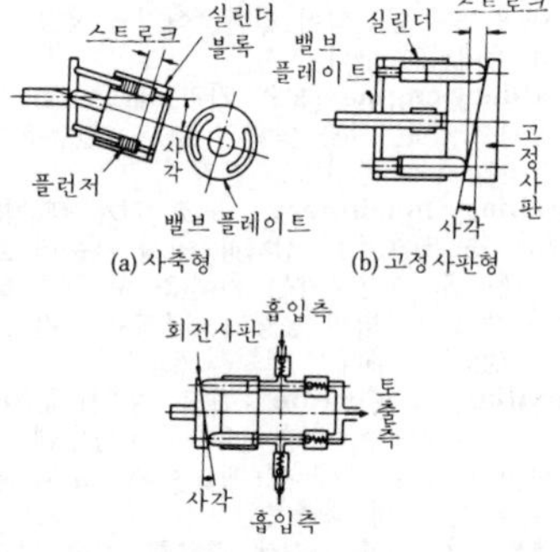

(c) 회전사판형

axis of a weld 용접축(鎔接軸) 용접으로 접합한 축.

axle 차축(車軸), 액슬 차체의 중량을 지지하고 있는 차축.

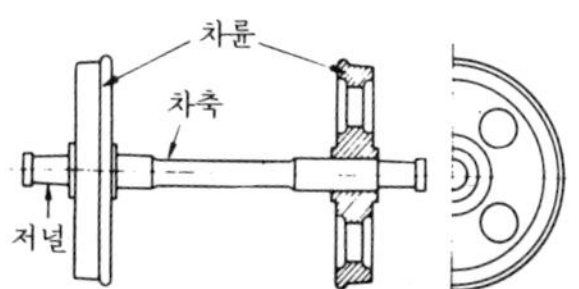

axle lathe 차축 선반(車軸旋盤) 철도 객차 등 차량을 절삭하는 데 쓰이는 선반.

axle load 차축 하중(車軸荷重) 차량에 걸리는 정하중(靜荷重).

axle spring 차축 스프링(車軸－) 스프링의 용도로 붙여진 명칭으로, 철도 차량의 보기와 차량과의 사이에 넣는 스프링. 보통 코일 스프링이 쓰인다.

axonometrical drawing 부등각 투영도(不等角投影圖) →isometrical drawing

A_0 transformation A_0 변태(－變態) 시멘타이트의 자기적 변태(磁氣的變態)를 A_0 변태라 한다. A_0 변태점은 탄소량과는 무관하며, A_0 변태가 일어나는 온도는 약 210℃이다.

A_1 transformation A_1 변태(－變態) 조직의 형태가 변화하는 것을 변태라 한다. 강(鋼)의 공석 변태(共析變態)를 A_1 변태라 하고, 이 변태가 일어나는 온도(726℃)를 A_1 변태점이라 한다. 오스테나이트 조직이 냉각되어 A_1 변태점에 도달하면 페라이트와 시멘타이트로 분류된다. 이 조직이 가열되어 A_1 변태점에 도달하면 오스테나이트 조직으로 된다.

A_2 transformation A_2 변태(－變態) 철의 자기적(磁氣的) 변태를 A_2 변태라 하며, 그 온도를 A_2 변태점이라 한다. 철은 A_2 변태점 이하에서는 강자성체(强磁性體)이지만, 그 이상에서는 상자성체(常磁性體)로 된다.

A_3 transformation A_3 변태(－變態) 철의 다음과 같은 변화로, A_3 변태점(약 910℃) 이하의 철을 α철, 이상을 γ철이라 한다.

B

B

Babbit metal 배빗 메탈 발명자 Isaac Babbit의 이름을 따서 붙인 것을 말한다. Sn 70~90%, Sb 7~20%, Cu 2~10%를 주성분으로 하는 베어링 메탈. 고온, 고압에 잘 견디고 점성(粘性)이 강하며, 고속, 고하중용 베어링 재료로 사용된다.

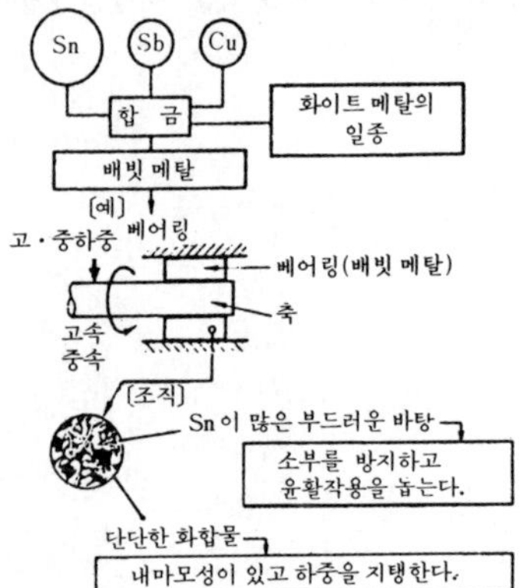

Babcock and Wilcox boiler 배브콕 보일러 수관(水菅) 보일러의 일종. 하나의 동체와 다수의 수관(水菅)으로 되어 있다. 전열면이 크고 물의 순환이 양호하므로 증기 발생이 빠르다.

baby Bessemer converter 소형 전로(小形轉爐) 주강용(鑄鋼用)인 1~5t 정도의 전로.

back cone 뒷면 원뿔

back fire 역화(逆火), 백 파이어 화염이 역행하는 것. 가스 용접에서는 흡관(吸菅)의 화구가 막히거나 과열되면 불꽃이 화구에서 아세틸렌 호스로 역행하는 수가

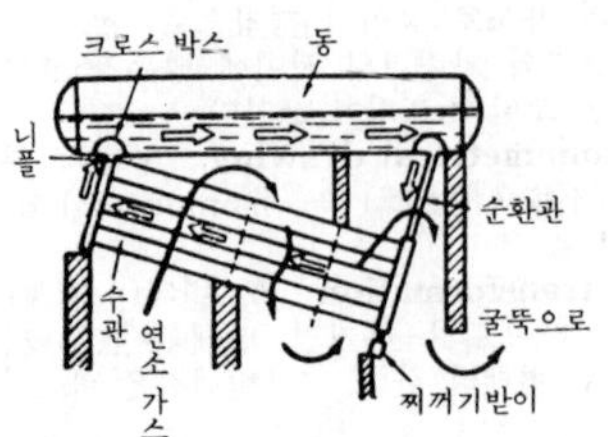

Babcock and Wilcox boiler

있다. 노(爐)에서는 화염이 버너부에서 역행하는 현상을 말한다.

back gauge 백 게이지 벤딩 머신이나 전단 기계 등의 후부에 설치된 재료 위치 결정용의 자. 전단, 절단, 굽힘 가공시 가공 위치의 치수를 정하는 자이며 이동 방법, 위치 판독 방법, 고정 방법 등에 각종 방식이 있다.

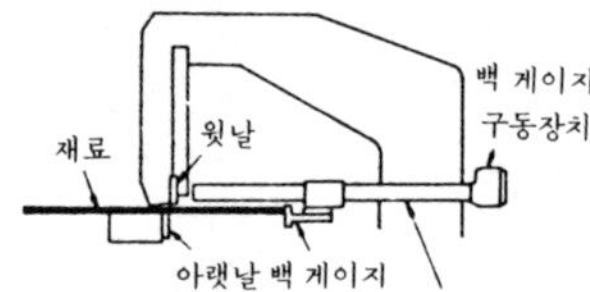

back gear 백 기어 단차식(段差式) 선반의 주축대에 부속되는 기어 장치.

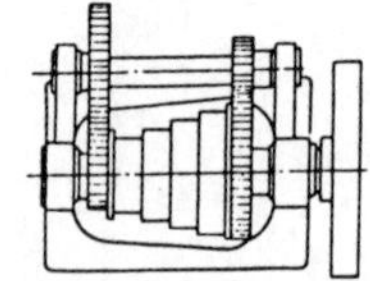

back ground noise 암소음(暗騷音) 어떤 소리를 대상으로 생각할 경우, 그 소리가

없을 때의 그 장소에 기존하는 소음(잡음)을 대상으로 했던 소리에 대해서 암소음이라 한다.

backhand welding 후진 용접(後進鎔接) 용접시에 오른손에 토치를, 왼손에 용접봉을 잡고 좌로부터 우로 진행하는 용접 조작법.

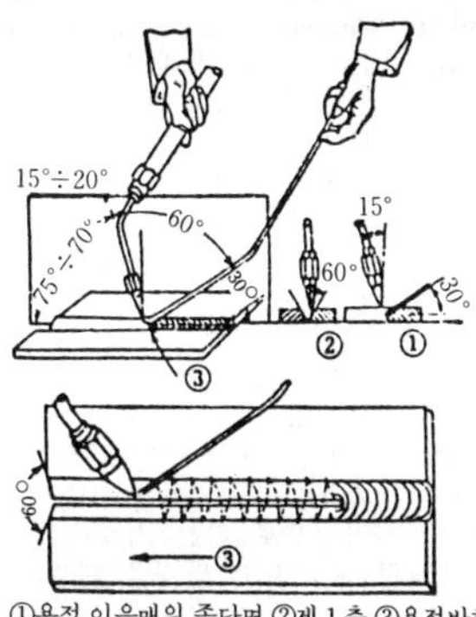

①용접 이음매의 종단면 ②제 1 층 ③용접방향

back hoe 백 호 →drag shovel

backing 뒤붙임 용접시에 부재의 이음 뒷면에 금속, 플럭스 또는 불활성 가스 등을 대주는 것. 슬래그 등이 이음부에서 관내로 들어가는 것을 방지하기 위해, 관 내부에 끼우는 링 모양의 피스를 말한다. =backing metal

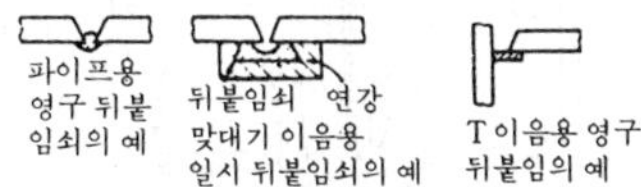

backing-off lathe 릴리빙 선반(－旋盤) 나사탭이나 밀링 등을 2번(여유) 깎는 데에 이용하는 특수 선반.

backing ring 받침고리 용접 부분에의 강도가 요구되는 용접에서 이면 용접을 할 수 없는 경우, 용접이 충분히 용입되도록 하기 위해 뒤에 대주는 쇠.

backlash 백래시 →toothed wheel, gear

back pressure 배압(背壓) 유압, 공기압, 증기압 등 회로의 배기측 또는 압력 작동면 또는 반대 측면, 즉 배후에 작용하는 압력. 배압을 얻기 위한 목적으로 사용되는 압력 제어 밸브를 카운터 밸런스 밸브라고 한다.

back pressure turbine 배압 터빈(背壓－) 공장에서 동력과 함께 작업용 저압 증기의 용도가 있는 경우에 증기를 대기압 이상의 압력으로 배출하는 터빈.

back relief 백 릴리프 인발(引拔) 다이(die) 출구부의 여유각.

backstep welding 백스텝 용접(－鎔接), 후퇴 용접(後退鎔接) 본래의 용접 진행 방향과 반대 방향으로, 짧은 거리에 용접 금속을 대 놓은 다음 그 구간을 단계적으로 용접해 가는 용접법. 용접 후의 변형이나 잔류 응력 등 때문에 점진법(漸進法)으로는 적당하지 않을 때 채용된다.

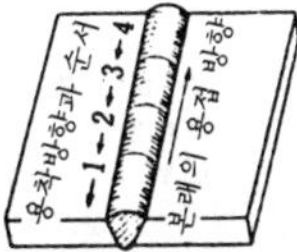

back stop clutch 백 스톱 클러치 =one way clutch

back taper 백 테이퍼 리머나 드릴은 구멍벽과의 마찰을 적게 하기 위하여, 선단에서 자루쪽으로 향함에 따라 직경을 점점 작게 하고 있다. 이것을 말한다.

back-to-back duplex bearing 배면 조합 베어링(背面組合－) 베어링의 뒷면을 그림과 같이 마주 보도록 조합시킨 레이디얼 베어링.

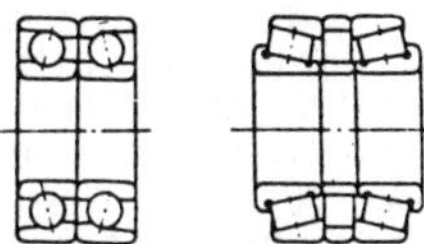

back up ring 백 업 링 70kgf/㎠ 이상의 유압이 작용하면, O링이 변형해서 틈에 파고 드는 현상이 일어난다. 이것을 방지하기 위해 그림과 같은 링을 유압이 작용하는 반대측, 즉 O링 뒤에 넣는다.

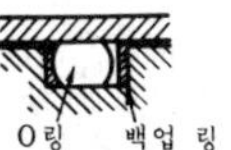

back up roll 백 업 롤 4단 이상의 롤 수를 지닌 압연기에서, 직접 재료에 접하는 워킹 롤 상하에 설치하는, 워킹 롤의 압연시에 굽힘을 억제하는 롤.

backward 〔curved〕 vane 후방 날개(後方－) 터보 송풍기에 쓰이는, 회전 방향으로 구부러진 날개.

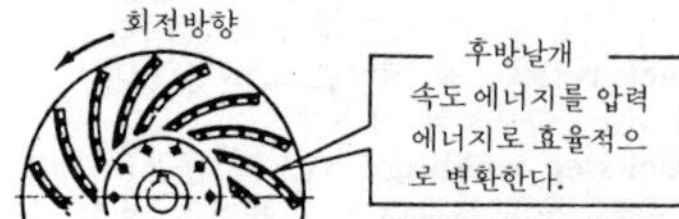

backward stroke 귀환 행정(歸還行程) ＝return strock

baffle board 조절판(調節板), 배플 보드, 차폐판(遮蔽板) ① 펠턴 수차 등에서 노즐로부터의 분류(噴流)를 가감하기 위하여 노즐 입구에 고정시킨 판. ② 수직형 증발기 등에서, 증기 분출구에서 수분을 취해 증기를 달아나게 할 목적으로 설치한 장애판. ③ 버너와 마주보는 위치에 설치한 충돌판을 말하는 것으로, 완전 연소를 돕는다. ＝baffle plate

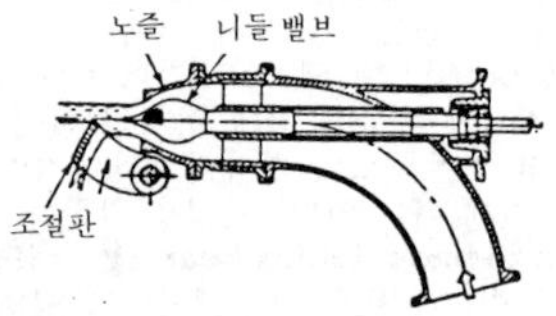

baffle plate 배플판(－板) ＝baffle board

bag filter 백 필터, 포대 거르개(布袋－) 사이클론 집진기로써는 포집(捕集)할 수 없는, 가스에 혼합된 작은 먼지가루를 포대 등을 투과시킴으로써 포집하는 장치.

baggage car 짐차(－車) 수하물 및 소하물을 수송하는 설비를 갖춘 여객차. ＝luggage van

bag molding 백 성형(－成形), 백 몰딩 일반적으로 형틀 중 위틀 대신 고무와 같은 탄성체의 자루에 공기압 또는 액압(液壓)을 가하면서 형틀 속의 수지를 굳게 하는 성형법.

bahn metal 반 메탈 베어링 합금을 말한다. 주석 대 화이트 메탈보다 굽힘 강도, 고온 경도, 초용융 온도가 높아 대용품으로 사용된다. Ca 0.7%, Na 0.6%, 나머지는 Pb. 초용융 온도 320℃, 비중 10.56.

Bailey wall 베일리 수관벽(－水菅壁) 노벽 수관(爐壁水菅)을 철 또는 내화울 블록으로 피복한 노벽.

bainite 베이나이트 강(鋼)을 담금질 온도에서 500～300℃까지 급랭시키고, 그 온도에서 항온도 변태시켰을 때 생기는 침상(針狀) 트루스타이트를 말한다. 스프링재에 적합한 조직이다.

bakelite 베이클라이트 →phenol resin

baking 베이킹 ① 소재의 변형 제거 또는 도금 후의 수소 제거를 목적으로 하는 열처리. ② 열기 건조. ③ 구어내는 것.

baking enamel 베이킹 도료(－塗料) 굽기 건조에 의해서 도막(塗膜)을 형성하는 도료. 일반적으로 산화, 중합(重合), 겔화 등이 일어나서 도막이 된다. 알키드 수지 도료, 열 경화성 아크릴 수지 도료, 에폭시 수지 도료, 페놀 수지 도료, 실리콘 수지 도료 등이 있다.

balance 평형(平衡), 균형(均衡)[1], 천칭(天秤)[2], 저울[3] ① ＝equilibrium ② 중앙을 지지점으로 하는 지렛대를 이용해서 물질의 질량 또는 중량을 계측하는 기기.

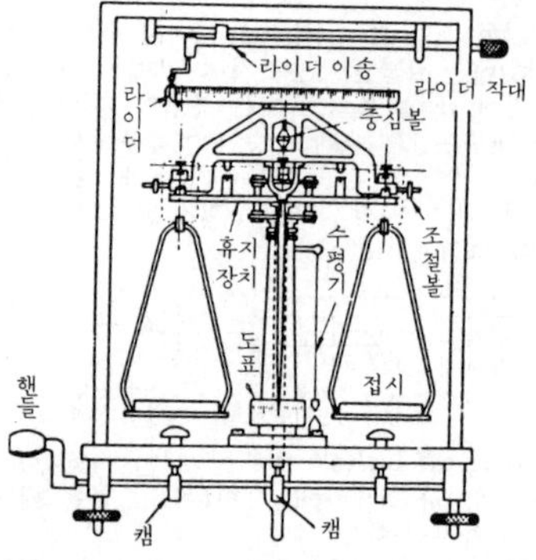

칭 량	안전·정확하게 달 수 있는 최대의 질량
감 도	천칭의 예민도. 하중의 증감으로 변화
감 량	천칭이 느끼는 최소의 질량. 도표의 1눈금의 1/2만큼 변화시키는 크기
정 도	$5\times10^{-4}\sim10^{-8}$

③ =weighing apparatus

balanced draft 균형 통풍(均衡通風) 보일러에 있어서 노(爐)의 입구에 압입 송풍기와, 굴뚝 아래쪽에 흡출 송풍기를 설치하여 노 속의 압력을 거의 대기압과 같게 한 경우를 말한다.

balance dynamometer 저울식 동력계(-式動力計) 저울을 이용해 토크나 외력을 측정하는 장치. 프로드(Froud) 수동력계(手動力計) 등이 그것이다.

balance piston 균형 피스톤(均衡-) 반동(反動) 증기 터빈에 생기는 스러스트(thrust)를 균형잡기 위해 부착시키는 것. 날개차를 마주보게 하여 고정시키든가 균형 피스톤을 고정시킨다. =balancing piston

balance quality 균형의 양부(均衡良否) 강성(剛性) 로터의 균형 상태가 좋은지 어떤지를 나타내는 척도. 불균형을 로터 질량으로 나눈 값(편중심)에 회전 속도를 곱한 양으로 나타낸다.

balancer 평형 장치(平衡裝置), 밸런서 불평형을 없애기 위한 장치, 또는 불평형한 곳과 무게를 조사하는 장치.

balance test 평형 시험(平衡試驗) = balancing test

balance weight 평형추(平衡錘), 균형추(均衡錘) 기계의 자중 또는 기계에 작용하는 외력과 균형을 잡기 위해 사용되는 추.

balancing 균형(均衡), 평형(平衡) = equilibrium

balancing disc(disk) 균형판(均衡板), 밸런싱 디스크 터빈 펌프의 축에는 양액(揚掖)할 때 흡입 방향의 스러스트가 발생한다. 이 힘을 균형잡기 위해서 날개차 뒤에 고정시킨 원판을 말한다.

balancing hole 균형 구멍(均衡-) 프랜시스 수차(水車)나 원심 펌프에서 축에 생기는 스러스트(thrust)에 균형을 잡기 위하여 설치한 구멍.

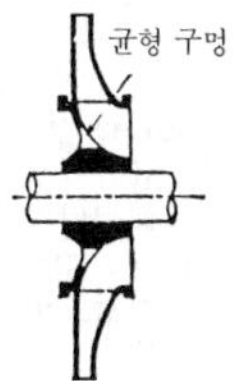

balancing hole of impeller 날개차의 균형 구멍(-車-均衡-) 날개차의 주판(主板)에 설치된 구멍으로 액체를 날개 입구에 되돌림으로써 감압하여 스러스트(thrust)의 발생을 방지하려는 것이다. 단단(單段)의 저양정(低揚程) 펌프에 흔히 이용되는 스러스트 힘 밸런스법이다.

balancing piston 균형 피스톤(均衡-), 평형 피스톤(平衡-) =balance piston

balancing test 균형 시험(均衡試驗), 평형 시험(平衡試驗) 회전체의 균형을 잡기 위해 불균형을 찾아내는 측정. 중심(重心)의 불균형 측정을 정균형(靜均衡) 시험이라 하고, 회전체의 회전 중 불균형 측정을 동균형(動均衡) 시험이라고 한다. = balance test

balata belt 발라타 고무 벨트 면 벨트에 발라타 고무를 침투시켜 고착시킨 것을 말한다.

ball-and-roller bearing 구름 베어링 축과 베어링 사이에 볼 또는 롤러를 넣어서 구름 접촉에 의해 마찰을 적게 하여 고속 운전을 돕는 것.

ball-and-socket joint 볼-소켓 연결(-連結), 볼 이음 구관절(球關節)을 지닌 이음. 임의의 평면 내에서 회전 또는 기울기가 가능하다. =ball joint

ballast 밸러스트 철도 선로에 노반과 침목 사이에 있는 자갈. 쇄석(碎石) 등을 말하며 도상(道床)이라고도 한다. 다른 뜻으로서 선박의 중심을 낮추어 복원력을 늘리기 위한 중량물.

ballast pump 밸러스트 펌프 선박 속에 설치하여 적하(積荷)의 불균형을, 수조에 물을 채우거나 빼내어 평형을 유지시키는 펌프.

ball bearing 볼 베어링 마찰을 적게 하기 위하여 볼 강구를 전동체로서 외측 레이스와 내측 레이스 사이에 끼우든가 2매

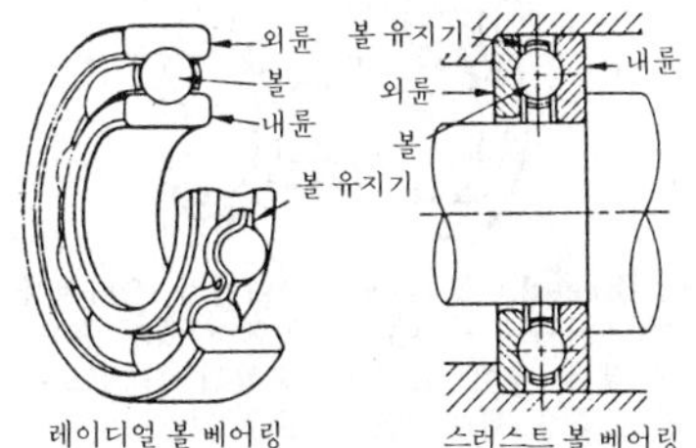

레이디얼 볼 베어링 스러스트 볼 베어링

의 원판 사이에 끼운 베어링. 전자를 레이디얼 볼 베어링, 후자를 스러스트 볼 베어링이라 한다.

ball bearing steel 볼 베어링 강(-鋼) 볼 베어링에 사용되는 강(鋼)으로, 성분은 C 0.95~1.10, Cr 0.9~1.30%이다.

ballistics 탄도학(彈道學) 발사체, 폭탄, 로켓, 유도탄 등의 비상체(飛翔體)에 특유한 운동, 자세, 거동, 그에 수반하는 현상을 다루는 응용 역학의 한 분야.

ball joint 볼 조인트(이음) =ball-and socket joint

ball mill 볼 밀 원통 내에 파쇄하고자 하는 물품을 강구(鋼球)와 함께 넣어 원통을 회전시킴으로써 서로의 충돌에 의해 분쇄하는 파쇄기(crusher)의 일종.

balloon 기구(氣球) 풍선과 같이 수소, 헬륨, 가열 공기 등 주위의 공기보다 가벼운 기체를 주머니에 담아 그 정부력(靜浮力)을 이용하여 공중에 뜨는 항공기의 일종으로, 추진용 동력을 갖지 않은 것.

balloon tire 저압 타이어(低壓-), 벌룬 타이어 타이어 내의 공기 압력을 낮추어 단면적을 크게 한 것. 각종 자동차에 사용되고 있다.

ball peen hammer 둥근 머리 해머 밑면은 편평하고 상단은 둥근 한손 해머를 말한다.

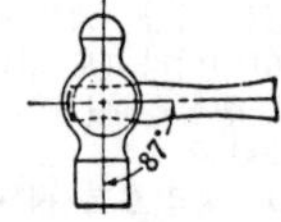

ball race 볼 레이스 레이디얼 볼 베어링이나 롤러 베어링에서의 전동(轉動)하는 볼이나 롤러를 끼운 링. 외측 레이스와 내측 레이스로 되어 있다.

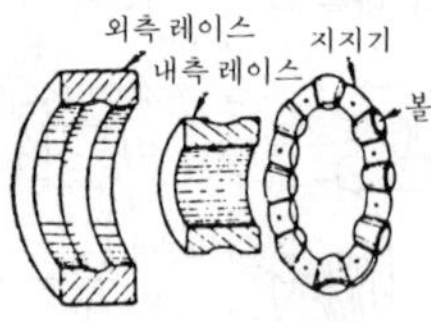

ball thread 볼 나사 암나사와 수나사를 같은 위치에 맞추고 그 곳에서 생긴 홈 속에 볼을 넣어 그 볼이 순환될 수 있도록 귀환 홈을 세운 그림과 같은 것.

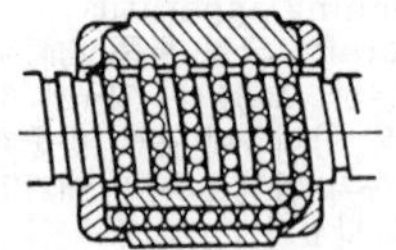

ball valve 볼 밸브 간단한 체크 밸브나 펌프 밸브에 사용되는 구형(球形)의 밸브. 어떤 위치에서나 밸브 시트와 잘 들어맞는 이점이 있다.

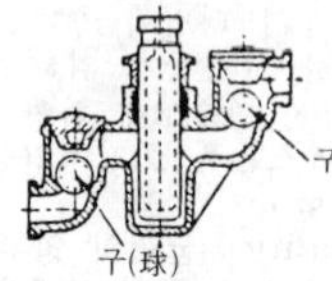

band brake 밴드 브레이크 브레이크의 브레이크 드럼에 띠를 감아 놓고, 브레이크 레버를 잡아당겨 띠를 죄는 브레이크를 말한다.

band conveyer(-yor) 밴드 컨베이어 = belt conveyer

banded structure 호상 조직(縞狀組織), 얼룩 무늬 조직(-組織), 띠 조직(-組織) 압연 또는 단신(鍛伸) 방향과 평행으로 나란히 한 편석 조직(偏析組織)을 말한다.

banding 띠형 변색(-形變色) 롤러 베어링의 전주면(轉走面)에 생긴 띠 모양의 변색. 윤활유나 베어링면에 산화막의 생성에 의해서 생긴다. 일반적으로 사용 온도가 높은 것이 원인이 된다.

band polishing machine 밴드 폴리싱 머신 회전차에 이음매없는 롤 섬유줄을 걸어 달리게 하고 그 표면에 공작물을 댐으로써 다듬질하는 기계.

band saw 띠톱 =band sawing machine

band sawing machine 띠톱 기계(-機械) 목공용과 금속 절단용이 있다. 양 끝이 없는 고리 모양의 띠톱을 사용해서 목재 또는 금속의 절단 작업을 하는 기계. =band saw

band saw sharpener 띠톱날 연삭기(-研削機) 띠톱의 날을 자동적으로 한 날씩 옮기면서 날갈기를 하는 기계.

band steel 띠강(-鋼), 띠강판(-鋼板) 띠 모양의 탄소 강판. 박강판보다 Si, P, S의 양이 약간 적다. 연마 띠강은 띠강을

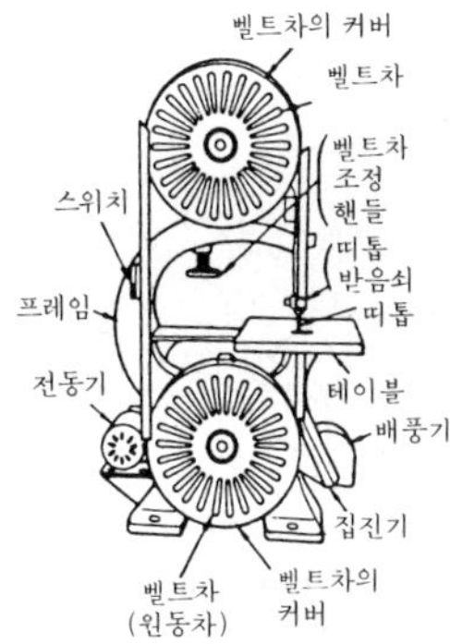

band sawing machine

상온에서 가공한 것.

banked fire 묻은 불, 매화(埋火) 보일러를 일시 정지할 경우에 다음 시동을 쉽게 하기 위해서 화격자(火格子)상의 불을 끄지 않고 화력을 약하게 해 두는 것.

banking 뱅킹 다음 기동을 쉽게 하기 위하여 유닛 정지 중 댐퍼 등을 닫고 보일러를 온도가 높은 상태로 유지하는 것.

bar 바, 봉(棒), 막대기 막대 모양의 못뽑기.

barcol hardness tester 바콜 경도계(－硬度計) 전기 다리미식의 소형 경도계로, 손으로 누르면 경도가 측정되는 미터.

bare electrode 비피복 용접봉(非被覆鎔接棒), 비피복 아크 용접봉(非被覆－鎔接棒) 알몸 그대로의 가늘고 긴 용접봉. 녹이 쉽게 슬고 피복 용접봉보다 뒤떨어진다.

bar frame 바 프레임 주대(主臺) 프레임이 막대 모양인 것.

bar gauge 바 게이지, 봉 게이지(棒－) 양단면 사이의 길이가 규정된 치수로 만들어진 게이지. 단면이 평면 또는 구면으로 만들어졌으며, 블록 게이지로 계속하기 힘든 긴 것을 계측하는 데 이용된다.

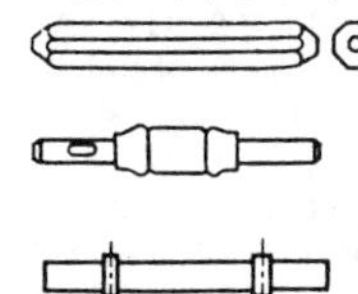

barker 박피기(剝皮機), 바커 수피(樹皮)를 제거하는 목공 기계.

barley pearling machine 정맥기(精麥機) 쌀보리 등을 정백(精白)하는 기계.

barometer 기압계(氣壓計)[1], 바로미터[2] ① 대기의 압력을 재는 계측기. 청우계(晴雨計)라고도 한다. 대기압을 응용한 수은 기압계와 내부를 진공으로 한 얇은 금속으로 만든 아네로이드 기압계 등이 있다. →aneroid barometer
② 지표(指標), 지침(指針)이라는 뜻.

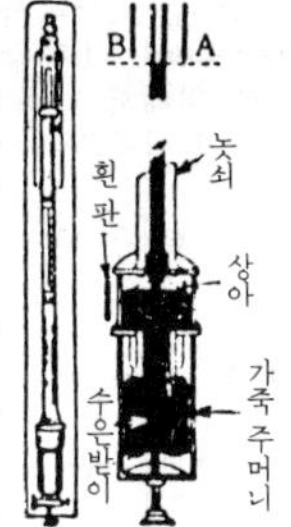

barometric pressure 대기압(大氣壓) →steam pressure

barrel 배럴[1], 통(桶)[2], 총열 ① 석유의 용량을 재는 영국의 단위.
② 1 barrel＝42 gallon＝0.881 석(石).

barrel cam 통형 캠(筒形－) 원통 캠의 홈을 가변할 수 있도록 한 캠. 원통 표면에 안내편(案內片)을 고정시키고, 그 측면에서 종절(從節)의 안내 블록을 안내한다. 원통 표면에는 수많은 구멍이 있어서 안내편을 원통면의 임의의 위치에 나사 조임할 수 있다.

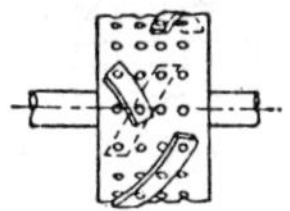

barrel finishing 배럴 가공(－加工), 배럴 다듬질 8각형 또는 6각형의 용기(barrel) 속에 가공물과 연마제 및 매제(媒劑 : 콤파운드)를 넣고, 물을 가해 회전시켜 공작물의 표면을 갈아 내거나 정밀 연마하는 가공법.

barrel polishing 배럴 연마(－硏磨) 소형의 가공품을 연마 조제나 규사(硅砂) 등의 연마제와 함께 용기에 넣고 회전 또는 진동으로 플래시(flash), 군더더기, 스케일(scale) 등을 제거하거나 청정(淸淨)하는 것. 회전 연마를 말한다.

barrel type pump 통꼴 펌프(桶－), 배럴형 펌프(－形－) 내부 케이싱의 외측에 다시 토출압(吐出壓)을 유지하는 원통형의 외부 케이싱을 설치한 형식의 펌프를 말한다. 주로 고압 다단 펌프에 채용되고 있다.

barrier material 배리어재(－材) 포장지를 말한다. 방습 배리어재, 방수 배리어재, 내유성(耐油性) 배리어재 등이 있다.

bar stay 바 스테이 2개소의 판 부분 등 사이를 지탱하여 보강하는 둥근 막대.

bar steel 막대강(－鋼), 봉강(棒鋼) 압연에 의해서 막대 모양으로 된 강재. 그림과 같이 각종 단면이 있다.

base 염기(鹽基)[1], 베이스[2)~4)] ① 물에 녹아 수산 이온 OH^-를 발생시켜 알칼리성을 나타내는 것을 말한다. 일반적인 정의는 전자를 받아 들이는 경향이 있는 것을 산(酸), 전자를 주는 경향이 있는 것을 염기(鹽基)라 한다.
② 대(臺), 기초(基礎).
③ 각(脚), 틀.
④ 전구(電球)의 베이스.

base circle 기초원(基礎圓) 인벌류트 곡선이나 캠을 만드는 곡선의 기본이 되는 원.

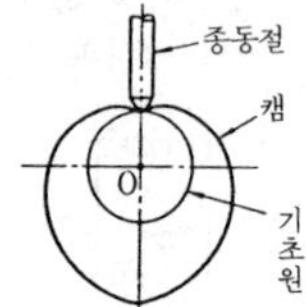

base metal 비금속(卑金屬)[1], 모재(母材)(용접의)[2] ① 귀금속의 상대어. 공기 중에서 쉽게 산화되는 금속. 즉, 알칼리 금속, 알칼리 토류 금속 등.
② 용접 또는 가스 절단되는 금속. 용접 조건의 선정이나 용접의 난이도는 모재의 성질에 따라 결정되는 것이 많으므로 모재에 따라서 용접법을 사용한다.

base plate 베이스 플레이트 ① 기계를 설치할 때 기초 콘크리트 위 또는 모르타르 레벨링 패드 위에 직접 얹는 평(平) 라이너. ② 치구(治具), 기타를 적절한 위치에 조립하는 치구 기반(治具基盤).

basic 기준(基準)의[1], 염기성(鹽基性)의[2], 베이식 ① 기준의 뜻. 베이식 사이즈(basic size)는 기준 치수.
② 염기성의 뜻. 베이식 퍼니스(basic furnace)는 염기성로(鹽基性爐)를 말한다. →basic furnace

basic circle 기초원(基礎圓) ① 판(板)

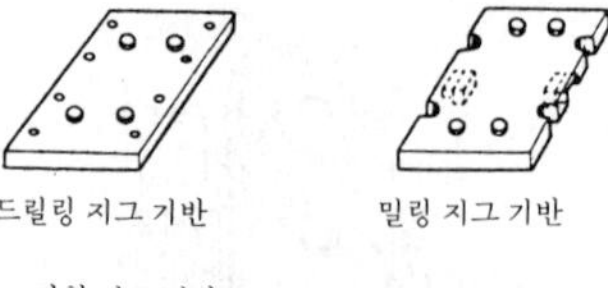

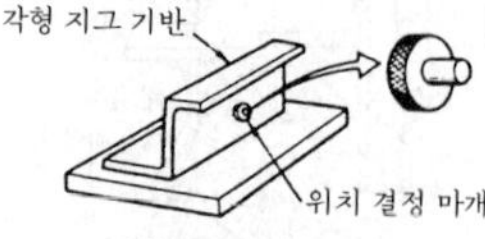

각형 지그 기반

base plate

캠의 축을 중심으로 하여 종절(從節)의 선단(先端) 또는 롤러의 바퀴가 캠축에 가장 가깝게 된 점을 통하는 원. ② 인벌류트 치형(齒形)은 원에 감긴 실을 풀 때 실 한 점의 궤적으로서 얻어지는데, 이 경우의 원을 기초원이라 한다. ③ 사이클로이드 기어의 피치원.

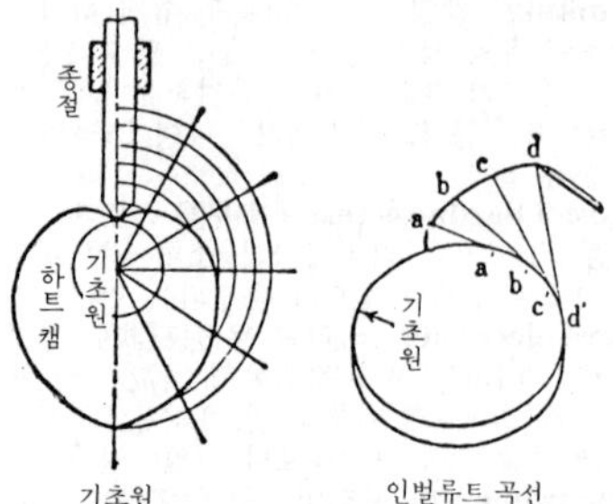

기초원　　인벌류트 곡선

basic dynamic rating load 기본 동정격 하중(基本動定格荷重) 레이디얼형 구름 베어링에서는 내륜을 회전시키고 외륜을 정지시킨 조건으로, 스러스트형 구름 베어링에서는 한 쪽 궤도륜을 회전시켜서 다른 궤도륜을 정지시킨 조건으로, 한 무리의 같은 베어링을 각각 운전시켰을 때 정격 수명이 100만 회전이 되는, 방향과 크기가 변동하지 않는 하중. ＝basic dynamic capacity

basic hole system 구멍 기준식(－基準式) 축과 구멍과의 끼워맞춤에 있어서 구멍의 치수를 기준으로 하여 축의 공차를 잡는 방법을 결정하는 방식. 이에 대해서 축을 기준으로 하는 것을 축 기준식이라 한다.

basic rack 기준 래크(基準－) 인벌류트

치형의 평형 기어에서 피치원 직경을 무한대로 하면, 피치원은 직선으로 되어 직선 치형의 래크로 된다.

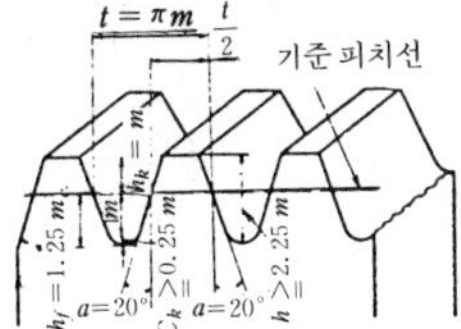

basic shaft system 축 기준식(軸基準式) 축과 구멍의 끼워맞춤에 있어서 축의 치수를 기준으로 하여 구멍의 공차를 잡는 방법을 결정하는 방식.

basic steel 염기성강(鹽基性鋼) 염기성로(鹽基性爐)를 이용해서 만든 강. 질은 산성강에 뒤떨어진다.

bass solder 황동 납(黃銅－) 공구류의 납땜에 사용되는 경랍의 일종. 화학 성분은 Cu 32~36%, Zn이 나머지이다.

bastard cut file 거친 줄 거칠다는 것은 줄 눈 크기의 종류를 나타내는 이름. →file

batch 배치 어떤 처리를 연속적으로 하는 것이 아니고 일정량마다 구획지어 처리하는 경우, 그 일정량을 배치라 한다. 배치란 한 묶음의 뜻.

batch process 배치 프로세스 일련의 공정 처리가 동일 장소에서 순차 정해진 순서에 따라 실행되는 프로세스.

bath-tub curve of plant 설비 수명 특성 곡선(設備壽命特性曲線) 설비를 사용하기 시작하여 폐기할 때까지의 고장 발생 상태를 도시(圖示)하면, 서양식 욕조 모양으로 되기 때문에 배스텁(bath-tub) 곡선이라고도 한다.

batten 배튼, 운형자(雲形－) 비교적 크고 복잡한 곡선을 그리는 데 사용하는 자. 제도용, 현장용, 제관용 등이 있다.

battery 전지(電池), 배터리 약품의 화학 작용에 의해서 화학 에너지를 전기 에너지로 변환시키는 장치. 한 번 전류를 써버리면 재사용할 수 없는 것을 1차 전지(primary cell)라 하고, 전류를 흘려 넣음으로써 여러 차례 반복해 사용할 수 있는 것을 2차 전지(secondary cell) 또는 축전지(storage battery)라고 한다.

battery ignition 전지 점화(電池點火) 축

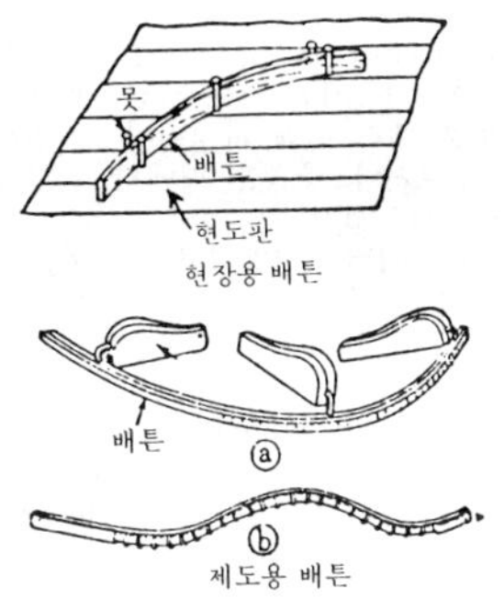

batten

전지식 점화라고도 하며 자동차용으로서 널리 쓰이고 있다. →igniter

Baume 보메 약호 Be. 보메 비중계의 눈금.

Baume's hydrometer 보메 비중계(－比重計) 보메 눈금을 갖춘 비중계. 간이하게 액체의 비중을 측정하는 데 편리한 기구.

Bauschinger's effect 바우싱거 효과(－效果) 그림과 같이 인장 응력을 주어서 O-A-B로 부하된 봉(棒)을 제하(除荷)하면, C점에 달해서 O-C의 소성 변형이 남는다. 이에 역방향의 압축 응력을 가하면, 먼저 C-D로 탄성적으로 압축 변형된 후 D-E의 소성 변형이 된다. 여기에서도 A점과 D점의 응력의 절대값을 비교하면, D점쪽이 A점보다 훨씬 작다. 이와 같이 한 번 소성 변형된 재료는 앞에 주어진 응력과 역방향의 응력에 대해서 항복점(降伏點)이 저하되는 현상을 바우싱거 효과라고 한다.

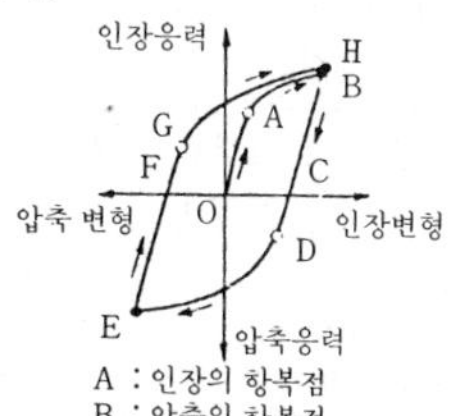

bauxite 보크사이트 알루미늄의 원광(原鑛). 주산지는 프랑스, 미국, 가이아나 등. 내화 재료나 알루미나 시멘트의 원료

로서 중요하다.

b connection *b* 접점(－接點) 평상시에는 접점이 접촉되어 닫은(on) 상태에 있다. 접촉을 떼기 위해 자력이나 그 밖의 힘으로 누르거나 당겼을 때에만 전기 회로를 여는(off) 접점.

beacon 비컨 선박이나 항공기가 전파를 받아서 발신국 방향을 탐지하고 이것을 근거로 하여 현재의 위치를 알아 내는 무선 방식.

bead 비드 ① →beading. ② 자동차 타이어의 내경(內徑)에 넣어 바퀴를 강화하는 것. ③ 용접 작업에서 모재와 용접봉이 녹아서 생긴 가늘고 긴 파형의 띠.

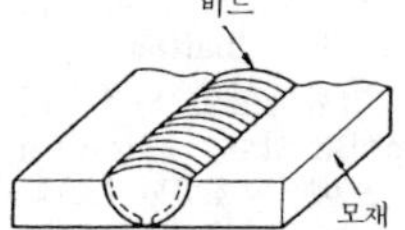

beading 비딩 판금 성형 가공의 일종. 편평한 판금 또는 성형된 판금에 끈 모양의 돌기(bead라 한다)를 붙이는 가공. 편평한 판에 오픈 비딩을 연속적으로 하면 파형 성형이 된다.

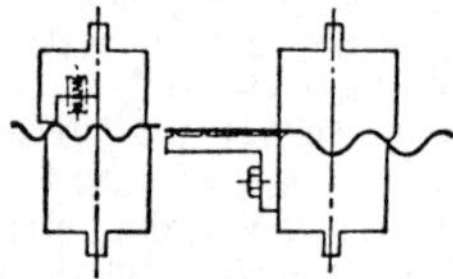

파형 성형

bead weld 용착 비드(鎔着－) 용접 작업에서 모재와 용접봉이 용착해서 생긴 금속의 가늘고 긴 띠.

beam 거더[1], 보[2], 빔[3), 4)] ① 이동하는 하중을 지지하고, 일반적으로 골조식 구조를 갖춘 보. 예를 들면, 다리(橋)의 거더, 천장 기중기의 거더 등.
② 그림과 같이 지탱된 막대의 축선(軸線)에 직각 방향으로 하중 W가 작용해서 굽힘 작용을 일으킬 것 같은 막대를 보라 한다. 보에는 다음과 같은 종류가 있다. (a) 외팔 보(cantilever), (b) 단순 보(simple beam)＝양단 지지(兩端支持) 보, (c) 고정 보(fixed beam), (d) 연속 보(continuous beam).
③ 빛이나 전파, 전자류의 가는 선성(線狀)의 다발. 브라운관 내의 전자류나 레이더의 전파, 레이저 광선 등.
④ 들보나 가로보(cross beam).

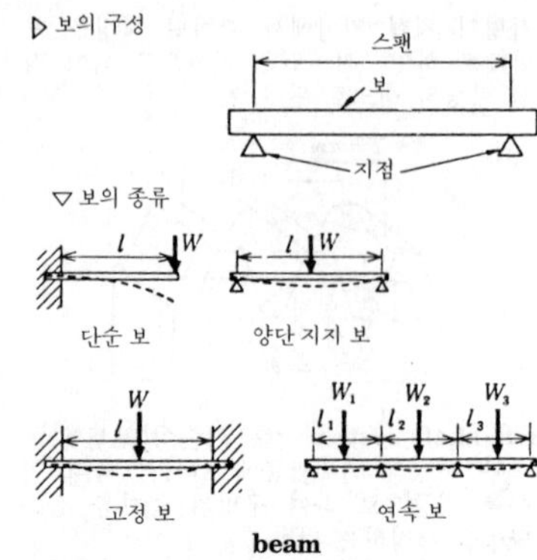

beam

beam compasses 빔 컴퍼스 제도기의 일종. 보통의 대형 컴퍼스로는 그릴 수 없는 큰 원을 그릴 때 직선자의 양 끝에 고정시켜 이용되는 부품.

bearing 베어링, 축받이(軸－) 회전 운동 또는 직선 운동을 하는 축을 지지하는 역할을 하는 것. 플레인 베어링과 롤러 베어링으로 대별된다.

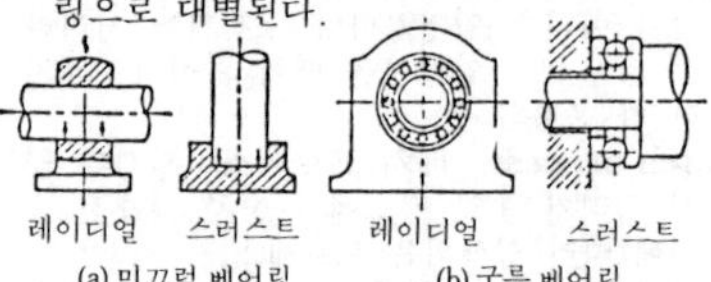

(a) 미끄럼 베어링 (b) 구름 베어링

bearing materials 베어링 메탈 ＝bearing metal

bearing metal 베어링 메탈 플레인 베어링에서 베어링 구멍에 끼워지는 상하 2쪽으로 나누어진 통 모양의 부품. 한 몸으로 된 통 모양의 것을 특히 부시라 한다. 청동, 배빗 메탈, 화이트 메탈, 모넬 메탈 등이 사용된다.

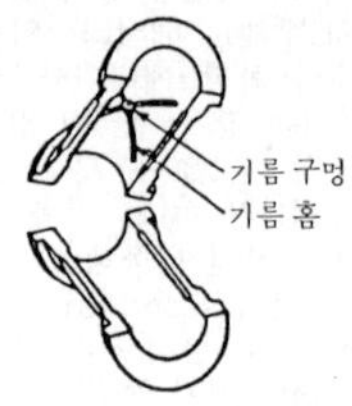

B

bearing pressure 지지압(支持壓), 베어링 압력(-壓力) →bearing surface

bearing shim 베어링 끼움쇠, 베어링 심 상하 2개로 나뉘어진 베어링 메탈의 사이, 또는 베어링 본체와 뚜껑과의 사이에 끼우는 것.

bearing spring 베어링 스프링, 지지 스프링(支持-) 차량의 중량과 하중을 받는 호상(弧狀)의 겹침판 스프링. 진동, 충격을 완화한다.

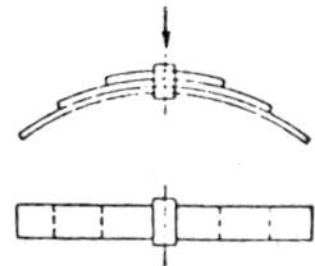

bearing stand 베어링 스탠드, 베어링 대(-臺) =pedestal

bearing stress 베어링 응력(-應力) 판을 못, 볼트, 리벳 등으로 접합할 때에 생기는 응력. 판에 수직의 구멍을 뚫고 여기에 핀을 삽입하여 구멍과 직각 방향으로 핀을 잡아당겨 판이 파단할 때의 하중을 구하고, 이를 구멍의 직경과 판 두께를 곱한 값으로 나누어서 kgf/㎟로 나타낸다.

bearing surface 지지면(支持面)[1], 베어링면(-面)[2] ① 일반적으로 서로 상접되어 있을 때 상대방에서 가해지는 하중을 지지하는 면. 이 면에 작동되는 압력을 지지압이라 한다.
② 베어링에서 지지면은 베어링면, 지지압은 베어링 압력이라 한다.

beat 비트 진동수가 미소하게 다른 두 단진동을 조합시켰을 때 생기는 진폭의 주기적인 변화.

beating 비팅, 타출 성형(打出成形) 형(型) 위에 박판을 대고 두들겨 판에 형의 모양을 성형하는 판금 작업.

beats 비트, 울림 진동수가 약간 다른 2개의 단진동(單振動)이 겹쳤을 때에 생기는 진폭의 주기적 변화.

bed 베드, 대(臺), 토대(土臺) ① 기계, 장치류를 바닥 위에 설치할 때 그 밑부분에 설치하는 튼튼한 대(臺).
② 주축대(主軸臺), 심압대(心押臺), 왕복대(往復臺)를 얹은 상자 모양의 주철대 받침을 말한다.

beet harvester 사탕-무우 수확기(砂糖-收穫機) 사탕-무우를 태핑(뿌리잎 부분의 절단 제거)하여 뿌리 부분을 캐내서 토사를 분리하여 탱크에 넣든가 병진(併進)하는 운반차에 쌓기까지의 일련의 작업을 하는 기계.

beginner's all purpose symbolic instruction code ; BASIC 베이식 회화형(또는 대화형) 컴퓨터 언어의 일종. 현재 수많은 컴퓨터에 사용되고 있으며, 특히 마이크로컴퓨터에서 거의 이 언어를 쓰고 있다.

Beilby layer 베일비층(-層) 금속 표면을 절삭해 내면 그 다듬질면의 표층은 내부와 구조가 달라지게 되어 과냉각 액체상(液體狀)의 비결정층(非結晶層)이 생성된다는 것으로, Beilby가 제창한 전자회석법(電子回析法)으로 확인된다.

bell bronze 종청동(鐘靑銅) 가무 악기에 사용되는 범종 등의 청동.

bell chuck 벨 척 벨형의 동체(胴體)에 4, 6, 8개 등으로 볼트를 방사상(放射狀)으로 심은 것.

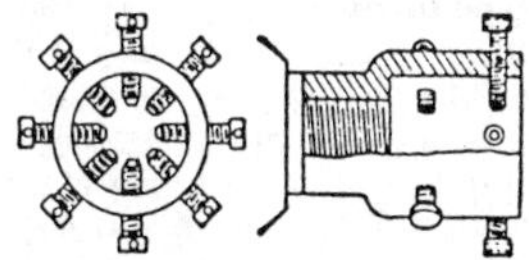

belleville spring 접시 스프링 밑바닥이 없는 접시 모양을 한 스프링.

bell metal 벨 메탈, 종동(鐘銅) 방울 또는 종의 주조에 사용되는 청동. Sn 17~25%를 함유.

bellofram 벨로프램 압력을 변위로 변환하는 프로세스용 변환기의 하나. 벨로즈와 다이어프램 양쪽의 장점을 겸비한 것.

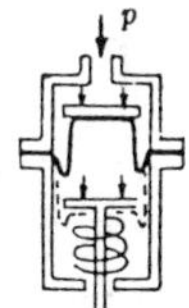

bellows 풀무[1], 벨로스[2] ① 대장장이나 주물공이 불을 피우는 용구. 가죽이나 손 또는 발로 부풀려서 바람을 일으킨다.
② 기기의 일부에 유연성, 밀봉성 등을 필요로 할 경우에 이용되는 주름 상자형(bellow형)으로 된 신축 자재의 이음. 신축 이음, 만곡관, 진동 방지 이음에 응용하고, 또 자동 제어, 자동 조정 스위치,

서모스탯 등 측정기, 진공 기기, 항공기 관계에 이용된다.

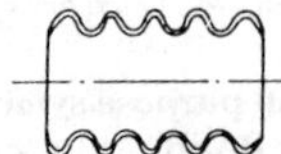

bellows coupling 벨로스 커플링 NC 공작기에 흔히 사용되는 그림과 같은 커플링.

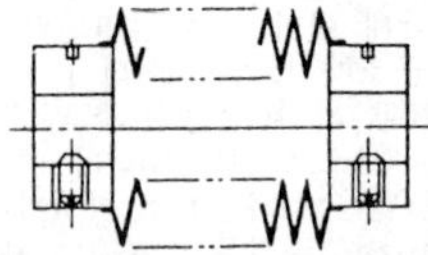

bellows type pressure gauge 벨로스형 압력계(一形壓力計) =bellows manometer

bell type furnace 벨형 노(一形爐) 범종 모양으로 된 노. 조강(條鋼), 강선(鋼線), 알루미늄·동·황동선, 세관(細菅) 등의 코일을 균일하게 가열하기도 하고 특정한 분위기나 진공 속에서 열처리하는 데에 외부와 기밀(氣密)을 유지시키기 쉽다는 특징이 있다. 강(鋼)의 질화용(窒化用)으로도 흔히 사용된다.

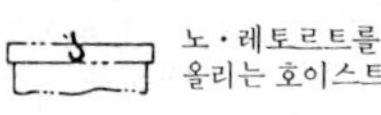

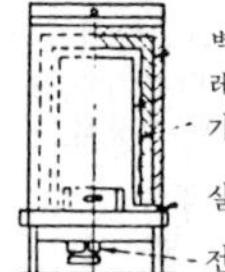

belt 벨트, 띠 벨트 전동(傳動)에 이용되는 편평한 띠. 둥근 모양인 것과 V형이 있다.

belt clamp 벨트 클램프 벨트를 잇는 이음쇠. =belt fastener, belt lace, belt lacer. →belt joint

belt conveyer(-yor) 벨트 컨베이어 연속식 운반 기계의 일종. 벨트차의 양단 사이에 폭이 넓은 이음매없는 고리 모양의 벨트를 순환시키고 그 위에 재료 또는 물품을 실어 운반하는 장치. =band conveyer

belt conveyor roller 벨트 컨베이어 롤러 벨트 컨베이어의 벨트를 이동시키기 위해 및 벨트의 쳐짐을 방지하기 위해 벨트 컨베이어 도중에 여러 개의 롤러를 두어야 한다. 롤러의 모양으로서는 단지 직선형의 것부터 잔 것을 수송할 때 이들이 떨어지지 않게 벨트폭의 양쪽에 경사한 롤러를 사용하는 것까지 있다.

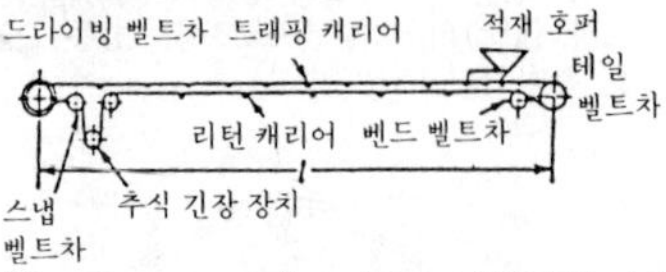

belt conveyor scale 벨트 컨베이어 스케일 벨트 컨베이어의 일부를 저울로 해서 그 위를 통과하는 재료의 무게를 측정하여 통과량을 계측하는 것.

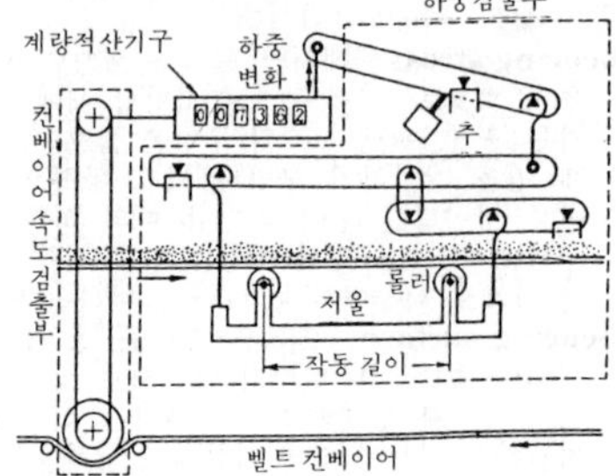

belt drive 벨트 전동(一傳動) 벨트와 벨트 바퀴와의 마찰에 의해서 동력을 전달하는 것.

belt elevator 벨트 엘리베이터 벨트에 버킷을 부착한 엘리베이팅 컨베이어. 버킷 엘리베이터라고도 한다. =bucket elevator

belt fastener 벨트 이음쇠, 벨트 파스너 =belt clamp

belt gearing 벨트 전동 장치(一傳動裝置) =belt drive

belt grinder 벨트 연마기(一硏磨機) = belt polisher, belt sander

belt joint 벨트 이음, 벨트 조인트 벨트는 이음매없는 고리 모양으로 사용하기 때문에 처음부터 그 형으로 만들든가, 또는 1개 벨트의 양단을 폭이 넓은 컨베이어 벨트에서는 가반식(可搬式) 벨트 프레스로, 폭이 좁은 벨트에서는 이음쇠나 벨트 레이싱 등으로 접속한다. 이 접합된 부분을 벨트 이음 또는 벨트 조인트라 한다.

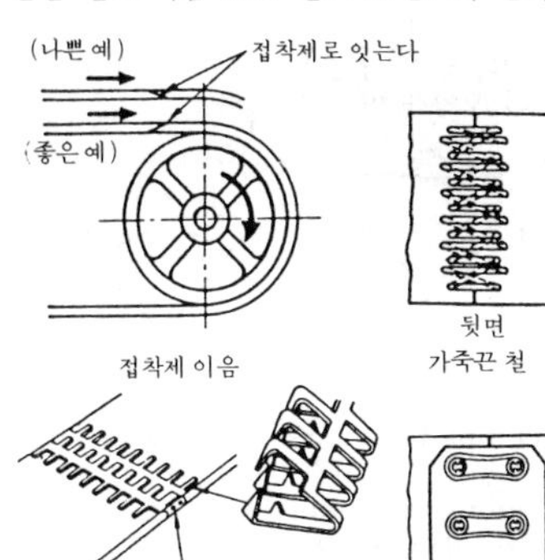

belt lace 벨트 레이스 =belt clamp

belt lacer 벨트 레이서 =belt clamp

belt lacing 벨트 레이싱 벨트를 이을 때의 발톱이 있는 이음쇠. 벨트 파스너라고도 한다.

belt lacing machine 벨트 이음기(－機) 벨트의 양단을 접합하는 장치.

belt polisher 벨트 연마기(－硏磨機) = belt grinder, belt grinding machine, belt sander

belt pulley 벨트 풀리, 벨트 바퀴, 벨트 차(－車) 벨트 전동에 사용되는 목재 또는 주철제 바퀴.

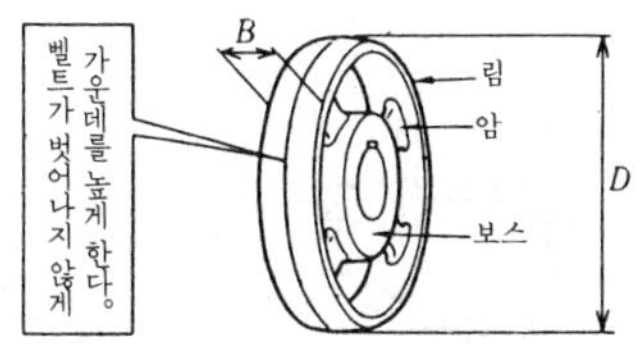

belt sander 벨트 연마기(－硏磨機) 엔드리스 벨트 모양의 사포(砂布)에 가공면을 밀어 대면서 회전시켜 연마하는 띠 연마기. =belt grinder, belt grinding machine, belt polisher

belt shifter 벨트 시프터, 벨트 전환 장치

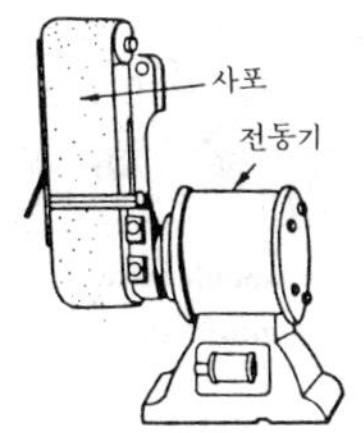

belt sander

(－轉換裝置) 벨트를 한 쪽에서 다른 쪽으로 이동시키는 장치.

belt tension 벨트 장력(－張力) 벨트 전동에서는 벨트와 벨트 바퀴의 마찰력에 의해서 동력이 전해진다. 이를 위해서는 벨트를 이론적인 길이보다도 약간 짧게 해서 잡아당길 필요가 있다. 이러한 장력을 벨트 장력이라고 한다.

belt training roller 편심 조절 롤러(偏心調節－) 컨베이어 벨트의 편심(偏心)을 조정하기 위한 롤러.

bench 작업대(作業臺) =workbench

bench drill 탁상 드릴링 머신(卓上－) → drilling machine

bench drilling machine 탁상 드릴링 머신(卓上－) 작업대에 고정시킨 소형 드릴링 기계. 직경 13mm 정도까지의 구멍을 뚫거나 태핑(tapping)에 사용된다.

bench grinder 탁상 연삭기(卓上硏削機), 탁상 그라인더(卓上－) 작업대에 고정시킨 소형 연삭기.

bench lathe 탁상 선반(卓上旋盤), 벤치 레이드 시계, 계기, 기타 소형 부품의 정밀 가공에 적합한 소형 선반.

bench micrometer 좌대 마이크로미터(座臺－) 프레임을 벤치 붙임형으로 만든 마이크로미터. 테이블 위에 놓고 사용한다.

B

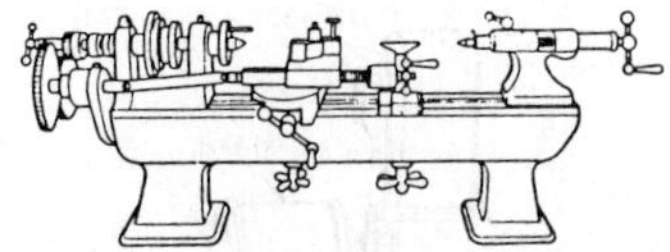

bench lathe

bench milling machine 탁상 밀링 머신(卓上－) 작업대에 고정시킨 소형 밀링 머신. 또는 그 자체가 테이블 상에 결부된 소형 밀링 머신.

bench vice 탁상 바이스(卓上－), 벤치 바이스 소형의 상자 바이스. 주철제 25~75mm. 하부(下部)에 나사가 있어 고정이나 분리가 간단하다. →vice, vise

bend 벤드 이형관(異形菅)의 하나. 비교적 곡률 반경이 큰, 여러 가지 차이가 있는 만곡부를 지닌 관상(菅狀)의 관 이음.

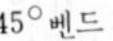

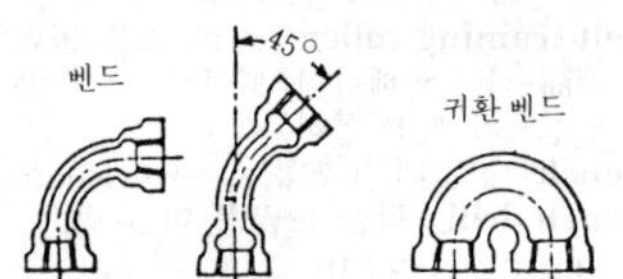

bending 굽힘 가공(－加工) ① 판금의 굽힘 가공. ② 단조 작업에서 굽히려는 부분을 가열해서 모루 또는 형(型)에 대고 굽히는 작업.

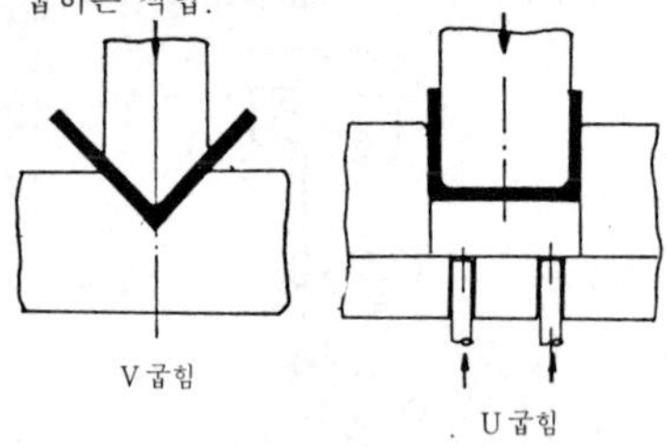

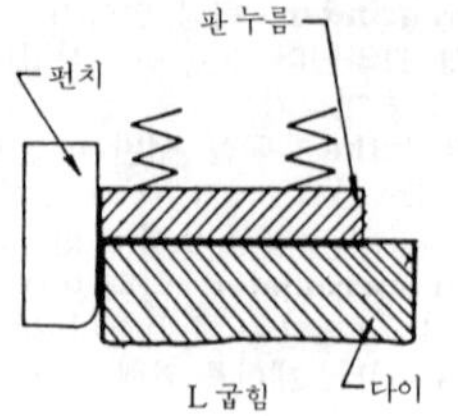

bending die 벤딩 다이 판금(板金)의 프레스 가공에 이용되는 형(型). 제품에서의 절곡(折曲) 부분의 형상에 따라서 상하 한 조의 굽힘 형(型)을 이용해서 원하는 제품의 모양을 얻을 수 있다.

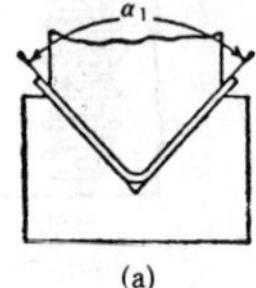

(a)

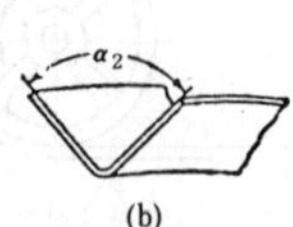

(b)

bending load 굽힘 하중(－荷重) 굽힘의 작용을 주는 하중. →load

bending moment 휨 모멘트, 굽힘 모멘트 보(beam)에 하중이 걸리면 보를 휘려고 하는 휨 작용이 일어난다. 어떤 단면에서의 휨 작용의 크기는 그 단면에 관한 한쪽만의 힘이 모멘트로 표현하는데, 이것을 그 단면의 휨 모멘트라 한다.

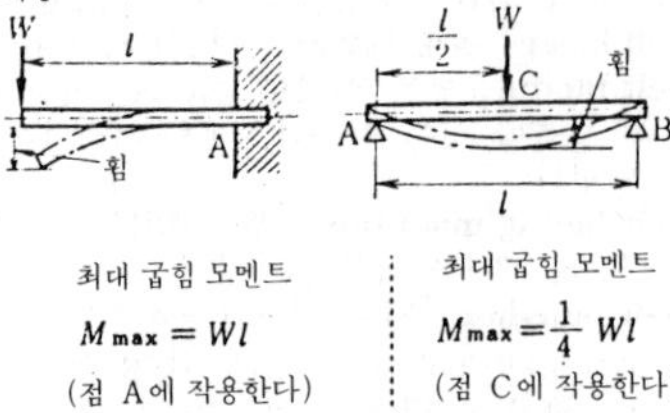

최대 굽힘 모멘트	최대 굽힘 모멘트
$M_{max} = Wl$	$M_{max} = \frac{1}{4} Wl$
(점 A에 작용한다)	(점 C에 작용한다)

bending moment diagram 휨 모멘트 선도(－線圖), 굽힘 모멘트도(－圖) 휨 모멘트의 분포를 보의 전장(全長)에 걸쳐 나타낸 선도.

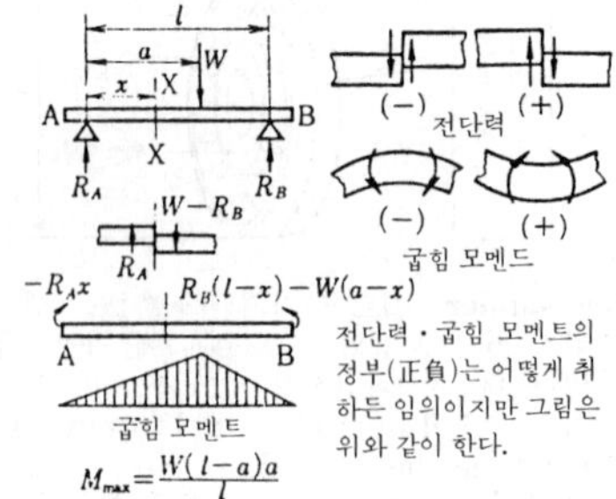

전단력・굽힘 모멘트의 정부(正負)는 어떻게 취하든 임의이지만 그림은 위와 같이 한다.

bending regidity 휨 강성(－剛性) 구조 부재에 가해지는 휨 모멘트와 그에 의해서 생기는 가요성 변형의 곡률 변화와의 선형 관계식에 있어서의 비례 계수를 말한다. ＝bending stiffness

bending roll 휨 롤, 굽힘 롤 3 내지 4개의 롤로 판을 비교적 큰 곡률로, 즉 큰 원통이나 원뿔 모양으로 굽히는 데 사용되는 단순한 굽힘 가공기이다. 롤의 배치를 여러 가지로 바꿀 수 있는 것도 하나의 특징이다.

bending strength 휨 강도(－强度), 굽힘 강도(－强度) 휨 모멘트만이 가해졌을 때의 강도.

bending stress 휨 응력(－應力), 굽힘 응력(－應力) 보(beam)에 작용하는 휨 모멘트에 의해서 보 내부에 생기는 수직 응력(인장과 압축의 응력)을 총칭한다.

$$\sigma_b = \frac{M}{Z}$$

M : 굽힘 모멘트

Z : 단면 계수

▽ 단면이 고른 곧은 보의 경우

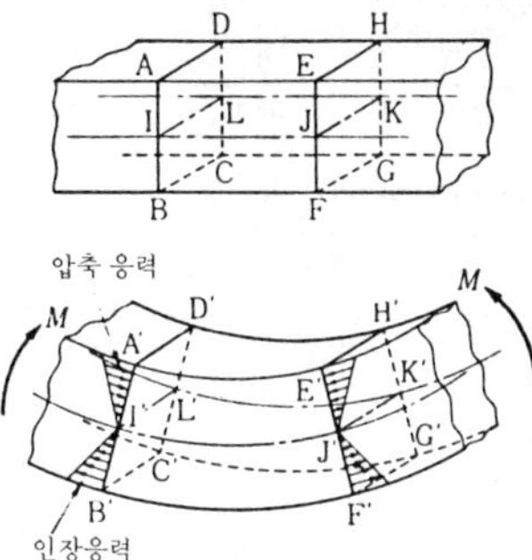

▽ 단면이 고르지 않은 곧은 보의 경우

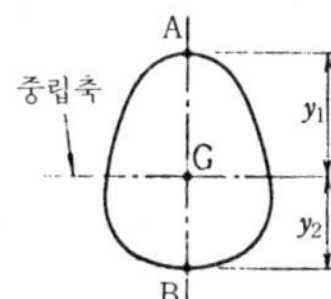

점 A, B의 굽힘 응력의 크기는 다르다.

$$\sigma_1 = \frac{M}{Z_1} \qquad Z_1 = \frac{I}{y_1}$$

$$\sigma_2 = \frac{M}{Z_2} \qquad Z_2 = \frac{I}{y_2}$$

I : 단면 2차 모멘트

bending test 휨 시험(－試驗), 굽힘 시험(－試驗) 시험편(試險片)을 규정된 내측 반경(γ)으로 규정된 휨 각도(θ)가 될 때까지 굽혀서, 굽힌 부분 바깥쪽의 균열과 기타의 결점 유무를 조사하는 시험.

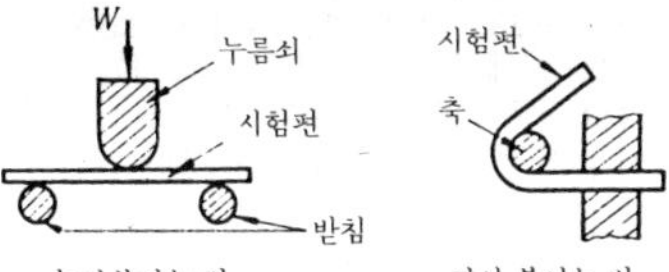

bending vibration 휨 진동(－振動) ＝flexural vibration

Benson boiler 벤슨 보일러 관류(貫流) 보일러(once-through boiler)에 속하는 것으로, 영국인 Benson이 1922년에 완성 시킨 것. 긴 관의 한 끝에서 펌프로 연속적으로 급수를 압입하여 다른 끝으로 나올 때까지 가열, 증발, 과열되는 장치.

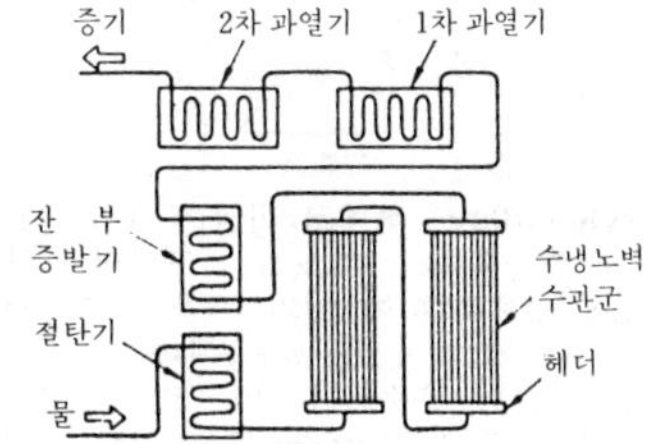

bentonite 벤토나이트 벤톤에 의해서 발견된 아교질 점토. 주물사(鑄物砂)의 점결재로 사용되고 있다.

bent pipe 곡관(曲管) 일반적으로 곡률 반경(曲率半徑)이 큰(지름의 4～6배) 곡관을 말한다.

bent shank knut tap 벤트 탭 ＝bent shank tapper tap

bent tail dog 휜 끝 돌리개, 벤트 테일 도그 선반에서 양 센터 작업을 할 때에 대부분 이용되며, 주축(主軸)의 회전을 공작물에 전하는 중개 역할을 하는 것. 선반 작업 이외에 연삭 작업, 밀링 작업 등을 할 경우에도 이용된다.

bergsman micro-hardness tester 버그스먼 마이크로 경도 시험기(－硬度試驗機) 신형의 현미경식 경도계. 압입식(壓入式) 및 긁기식 양쪽의 경도를 측정할 수 있다.

Bernoulli's equation 베르누이의 방정식(－方程式) =Bernoulli's theorem

Bernoulli's theorem 베르누이의 정리(－定理) 점성(粘性)이 없는 유체(流體)가 하나의 관내(管內)를 끊임없이 일정한 상태로 흐르고 있을 때, 그 유로(流路) 내의 어느 점에서나 그 위치 수두(位置水頭), 압력 수두, 속도 수두의 총합은 일정하다. 이것을 베르누이의 정리라 한다.

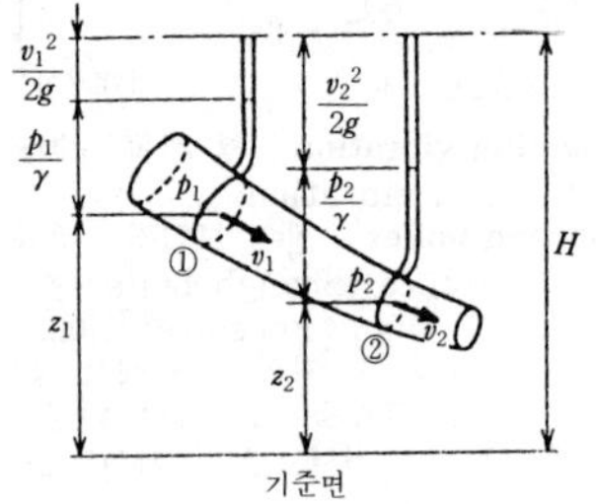

$$\frac{p_1}{\gamma}+z_1+\frac{v_1^2}{2g}=\frac{p_2}{\gamma}+z_2+\frac{v_2^2}{2g}=H=\text{일정}$$

점① 점②

berylco alloy 베릴코 합금(－合金) Be-Cu 합금으로서, 고도의 스프링성과 내피로성(耐疲勞性)이 있기 때문에 스프링재(材)나 전기 재료로 사용된다. 양은이나 인청동보다 우수하다. 베릴코 25 합금은 인장 강도 130kgf/㎟로서 석출 경화성(析出硬化性)이 크다.

beryllium 베릴륨 원소 기호 Be, 원자번호 4, 원자량 9.013, 회백색의 금속 원소 특히 그 합금은 우수한 성질을 가지고 있으므로 이용도가 증대되고 있다.

beryllium alloly 베릴륨 합금(－合金) Be은 Al, Mg, Ti보다도 비열(比熱), 비강도(比强度)가 모두 크고 내열성도 우수하므로, Be 합금은 항공 우주 관련 기기 재료나 원자로용의 고온용 연료 피복재 및 반사재로서 이용되고 있다.

beryllium bronze 베릴륨 청동(－靑銅) 구리에 베릴륨 1~2.5%가 함유되어 있는 합금. 담금질해서 시효 경화시키면 기계적 성질이 합금강에 뒤떨어지지 않으며 내식성도 우수하다. 기어, 베어링, 판 스프링 등으로 이용된다.

Bessel point 베셀 점(－點) 선도기(線度器)를 2점에서 지지하는 경우, 눈금 사이의 거리의 오차가 최소가 되는 지점의 위치를 말한다.

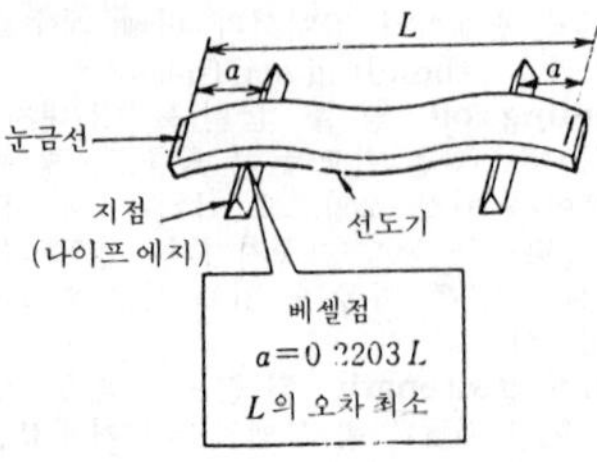

Bessemer convertor 베세머 전로(－轉爐) 영국인 Henry Bessemer가 1855년에 발명한 제강로(製鋼爐). 단지 모양의 노체(爐體)를 회전시켜 용탕을 흘리기 때문에 전로라는 이름이 붙었다. 여기에 녹인 선철을 넣고 고압의 공기를 불어 넣어 원료 중의 불순물을 산화 연소시켜서 제거하는 방법.

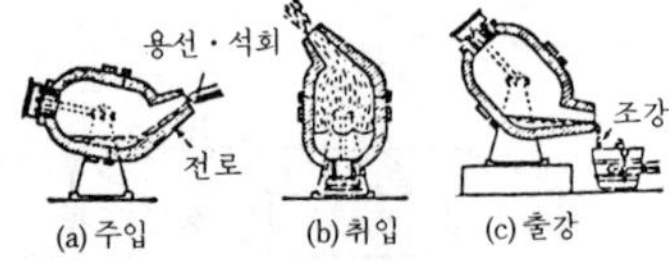

Bessemer steel 베세머강(－鋼), 전로강(轉爐鋼) 베세머 전로에서 만들어진 강.

beta 베타 →β선

beta rays β선(－線), 베타 선(－線) 방사선 원소가 방출되는 전자선(電子線). 화학 작용, 사진 작용, 형광 작용을 갖추고 있다.

betatron 베타트론 고 에너지의 X선을 발생하는 대형 진공 전자 장치. 비파괴 검사나 의료용으로 사용된다.

bevel 베벨, 사면(斜面), 사각(斜角)

bevel angle 베벨 각도(－角度) 용접 부재의 개선(開先)을 가공했을 때의 개선면과 용접 부재의 표면에 수직인 평면이 이루는 각도.

bevel gear 베벨 기어 삿갓 모양의 바퀴에 톱니를 붙인 기어. =bevel wheel

bevel head rivet 납작머리 리벳 납작한 모양의 머리로 된 리벳.

beveling 개선(開先)[1], 모떼기[2] ① 용접하기 위해 모재의 용접해야 할 면을 절삭

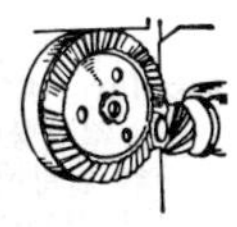

bevel gear

하는 것. 이 개선에 용착 금속을 메우는 것이다. ② 면과 면의 교차되는 모서리를 사면(斜面) 또는 원형으로 가공하는 것을 말한다.

bevel protractor 만능 각도 측정기(萬能角度測定器), 각도 자(角度－) 공작물의 각도 측정에 사용하는 측정기. ＝bevel square

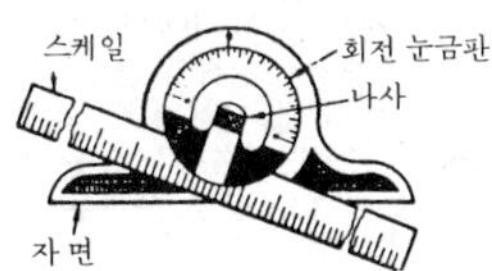

bevel square 각도 측정기(角度測定器), 각도 자(角度－) ＝bevel protractor

bevel wheel 베벨 기어 ＝bevel gear

bias 바이어스 바이어스는 엇갈리게 한다는 뜻. ① 전자(電子)에서는 트랜지스터로 베이스와 이미터 간에 직류 전압을 가하지 않은 상태에서 신호를 넣더라도 신호가 어떤 값으로 되지 않으면, 전류는 흐르지 않기 때문에 신호의 반 사이클의 일부분일 때만 전류가 흐른다. 그래서 미리 순방향으로 전류 전압을 가해 놓고 신호가 들어가면 즉시 전류가 흐르도록, 그림과 같이 동작점을 0의 위치에서 엇갈리게 하는 것을 바이어스라고 한다. ② 공업 계기에 의한 자동 제어에서는 입력 신호 x에 대해서 출력 신호 y를 낼 경우, a, b를 정수로 할 때 $y=ax$가 아니라 $y=b+ax$와 같이 0점을 b만큼 엇갈리게 하는데, 이 것을 b만큼 바이어스를 건다고 한다.

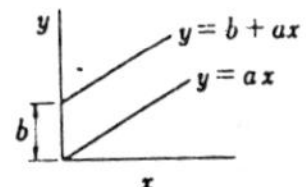

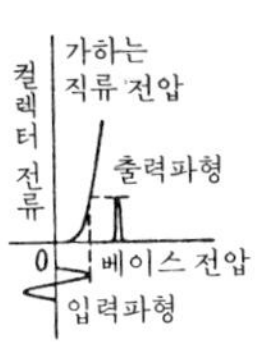

바이어스 0의 상태

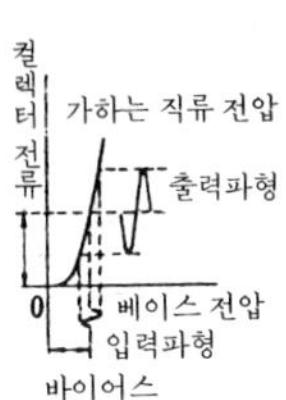

바이어스를 가한 상태

bib 수도 꼭지(水道－) 급수관 속에서 물의 공급 장소에 설치하는 밸브의 일종. 나사 조임식, 핸들, 기타의 개폐 장치로써 토수량을 조절한다.

bib cock 수도 꼭지(水道－) ＝bib

bifilar suspension pendulum 두줄 현수 흔들이(－懸垂－)

big end 비그 엔드, 대단부(大端部) 연접봉의 크랭크 핀을 갖는 베어링부를 말한다. 연접봉 대단부라고도 한다. →connecting rod의 그림 참조

billet 빌릿, 강편(鋼片) 형강(形鋼)의 압연용 및 형(型) 단조용 소재로, 각형의 단면을 하고 있어 긴 것은 빌릿(billet), 짧은 것은 슬러그(slug)라고 한다.

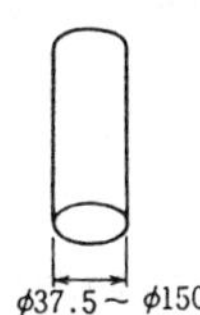

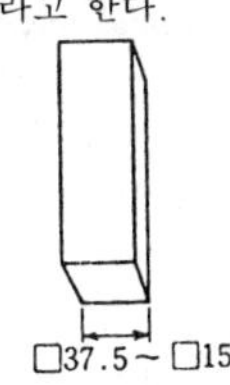

bimetal 바이메탈 열 팽창률이 서로 다른 2종의 금속판을 마주 붙인 것을 말한다. 온도의 변화에 비례해서 상당히 크게 변형된다. 이 성질을 항온기, 온도계 등에 이용한다.

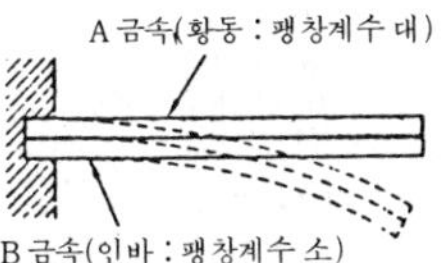

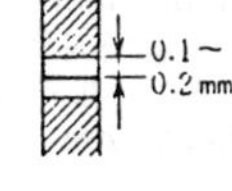

binary alloy 2원 합금(二元合金) 두 가지 원소로 된 합금.

binary number system 2진법(二進法) 두 숫자 0과 1을 가지고 수를 나타내는 방법.

10진법	0	1	2	3	4	5	6	7	8	9	10
2진법	0	1	10	11	100	101	110	111	1000	1001	1010

binary signal 2치 신호(二値信號) 스위치의 개폐로 전류가 흐르는지 또는 흐르지 않는지를 정해지도록 제어량이나 제어 명령이 2개의 정해진 값의 어느 하나를 취하는 신호.

binder 고착제(固着劑) 피복 용접봉의 플럭스 또는 소결 플럭스를 고착시키기 위해 사용하는 것. 규산 소다(물 유리), 규산 칼리, 덱스트린, 아라비아 고무 등이 사용된다.

binding 바인딩 구속(拘束)이라는 뜻. 고장에 관해서 말할 때는 외부로부터 이물이 끼거나, 가열 또는 과냉되었을 때 무엇에 걸린 것 같은 움직임 때문에 순조로운 동작을 하지 못하는 현상을 말한다.

binding material 결합재(結合材) 숫돌을 만들 때 숫돌 입자를 결합시키는 것. 결합재에는 고무, 베이클라이트, 실리케이트, 셸락, 마그네사이트 등이 있다.

binding wire 바이드 선(－線) 도체를 절연물에 동여 매는 선.

biochemical oxygen demand ; BOD 생물학적 산소 요구량(生物學的酸素要求量) 물이 어느 정도 오염되어 있는가를 나타내는 척도의 하나로, 수중의 유기물이 미생물에 의해서 정화될 때에 필요한 산소량을 ppm으로 나타낸 것. 수치가 클수록 물의 오염이 심하다.

biomass 바이오매스 생물군(生物群)을 에너지원으로 이용하는 것.

biomaterial 바이오머티어리얼 ＝implant material

biomechanics 바이오미캐닉스 생물의 운동을 기계 공학적인 면에서 연구하는 학문. 의수족(義手足)의 개발이나 자동화에 도움을 주려는 것이 목적이다.

biopolymer 생체 고분자(生體高分子) 생체를 구성하는 고분자(단백질, 핵산, 다당류 등)의 총칭.

biorhythm 바이오리듬 인간의 신체나 감정, 지성에는 일정한 리듬이 있다는 학설이 있는데, 이 리듬을 말한다.

biotribology 바이오트라이볼로지 생물체의 마찰·마모·윤활 현상과 그 응용에 관한 학문 분야.

bipolar 바이폴러 양극성(兩極性)이라는 뜻. 접합형(接合型) 트랜지스터에서는 동작의 바탕이 되는 캐리어가 두 종류가 있어서 전자(電子)와 정공(正孔) 양쪽이 작동하므로 이를 바이폴러 소자라 한다.

bird nest 버드 네스트 스토커 또는 미분탄 연소에 의해서 생긴 재가 용융 상태로 되어 전열면에 부착해서 새의 둥지와 같이 되는 현상.

Birmingham wire gauge ; BWG 버밍엄 와이어 게이지 와이어 게이지의 표준의 일종. 번호에 의해서 철사의 지름이 표시되어 있다.

bismuth 비스무트, 창연(蒼鉛) 원소 기호 Bi, 원자 번호 83, 원자량 209.00, 비중 9.8, 융점 271℃. 납(鉛)과 성질이 비슷한 부드러운 금속.

bit 비트[1), 2진 숫자[2)(二進數字) ① 깎거나 찍어 부수거나 찔러 무너뜨리는 공구의 날끝 부분을 총칭하는 말.
② binary digit의 약자로, 2진 숫자를 말한다. 정보 처리 용어로서는 정보량 단위의 일종으로, 1개의 2진 숫자를 보유할 수 있는 최대 정보량을 표현한다.

bit brace 크랭크 드릴, 송곳 회전구(－回轉具) 크랭크 모양의 목공용 구멍뚫기 공구.

bit rate 비트율(－率) 통신이나 컴퓨터에서 사용되는 펄스의 속도로, 1초간에 포함되는 펄스의 수로 표현된다. 비트율이 클수록 많은 정보가 보내진다.

bitt 비트, 2진 숫자(二進數字) ＝bit

bituminous coal 역청탄(歷靑炭), 유연탄(有煙炭) 무연탄을 제외한 보통 석탄의 총칭. 보일러의 고체 연료로 매우 널리 이용되어 왔다. 휘발분이 많기 때문에 점화가 쉽고, 매연이 있는 긴 불꽃을 내며 연소한다.

black bolt 블랙 볼트, 흑피 볼트(黑皮－) 압연 흑피 그대로의 볼트. 축부(軸部)의 형상(形狀), 치수가 정확하지 않기 때문에 여유 구멍에 사용된다. 4방형인 것도 있다.

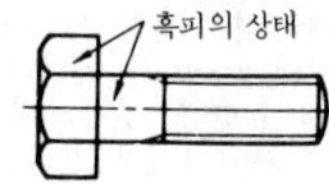

black box 블랙 박스, 검정 상자(-箱子) ① 알맹이가 무엇인지 모르는 상자라는 뜻. 내용물에 대해서는 언급하지 않고 그 회로의 특성을 측정해서 이용하는 것을 블랙 박스로 다룬다고 말한다. ② 항공기에 장치된 비밀 기록 장치.

black heart malleable castings 흑심 가단 주철(黑心可鍛鑄鐵) 백선 주물(白銑鑄物) 속의 시멘타이트를 특수한 어닐링에 의해서 유리 탄소(遊離炭素)로 분리시켜 흑연화한 것. 파면(破面)의 심부는 흑색이고 주변만이 탈탄(脫炭)되어 백색이다. 이러한 열처리를 한 주철은 연강에 가까운 인장 강도와 신장률이 있고 가단성(可鍛性)이 있다.

black lead 흑연(黑鉛) =graphite

black-liquor boiler 흑액 연소 보일러(黑液燃燒-) 크래프트 펄프 제조 공장에서 나무 조각을 약액(藥液)으로 쪄서 비섬유(非纖維) 유기물을 녹이고, 이것을 세정하여 펄프를 분리한 폐액(廢液)을 흑액(黑液)이라고 하는데, 이것을 연료로 사용하고 동시에 그 속에 포함된 소다분을 회수하는 보일러를 흑액 연소 보일러라고 한다. 또, 일명 소다 회수 보일러라고도 한다.

black sand 흑사(黑砂), 묵은 모래 한 번 이상 사용한 주물사. =old sand

black sheet 박강판(薄鋼板) =sheet steel

blacksmith welding 단접(鍛接) 연철, 연강, 구리, 알루미늄 등을 반용융 상태로 가열해서, 이에 압력을 가하거나 망치로 쳐서 접합하는 작업. =forge welding

blade 깃, 날개[1], 날[2], 블레이드 ① 펌프, 수차, 증기 터빈, 압축기, 송풍기 등에 이용되는 날개의 총칭.
② 칼날, 임펠러, 불도저 등의 배토판 등을 말한다.

펌프 날개차 수차의 날개차

blade arrangement 날개 배열(-配列) =blading

bladeless pump 블레이들리스 펌프 고형물 등이 혼입해 있는 액체를 압송하는 펌프에서는 고형물 등이 막히지 않는 구조로 만들어져 있다. 이러한 펌프의 일종으로, 깃차의 흡입구에서 토출구(吐出口)까지가 하나의 등단면 유로(等斷面流路)로 이루어져 있으며 겉보기에 깃이 전혀 없는 것이 있다. 이것을 블레이들리스 펌프라 한다.

blade loss 날개 손실(-損失) 터빈에서 증기의 흐름이 회전 날개의 열(列) 사이를 흐르는 동안에 생기는 마찰 손실.

blading 날개 배열(-配列) =blade arrangement

blank cover 블랭크 커버 블랭크 플랜지(blank flange, blind flange), 블라인드 캡(blind cap)이라고도 한다. 관의 말단을 닫기 위해 쓰이는 플랜지.

blanket 블랭킷 ① 증식로나 전환로에서 핵분열성 물질로 변환할 목적으로 노심(爐心)을 둘러싸듯이 두어진 연료 친물질(親物質)의 층. ② 핵 융합로에서 노심 플라스마를 둘러싸듯이 설정되는 부분. 중성자 감속, 3중 수소 생산, 열발생, 방사선 차폐 등 다양한 기능을 가지고 있다.

blank feeder 블랭크 피더 블랭킹된 1차 가공품을 프레스에 보내는 장치.

blank flange 블랭크 플랜지, 끝마개 내향(內向) 플랜지의 일종. 관(管) 끝을 폐쇄하기 위해 이용되는, 구멍이 뚫리지 않은 플랜지.

blank holding pad 블랭크 홀딩 패드 박판을 드로잉 가공할 때 판에 주름이 생기지 않도록 누르는 보조 공구.

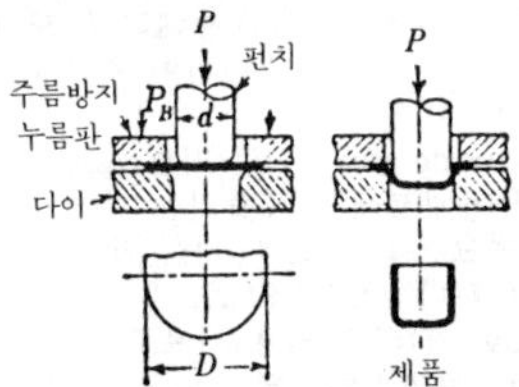

blanking 블랭킹[1], 귀선 소거(歸線消去)[2] ① 펀치와 다이스(板拔型)를 이용해서 판금(板金)을 여러 가지 모양으로 때려 뽑는 작업.

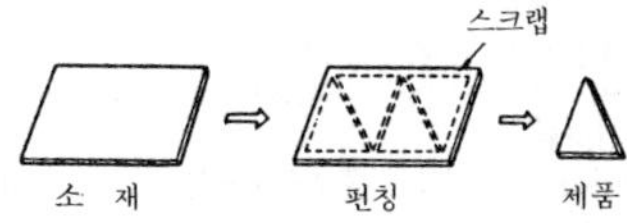

② 어느 정보를 주사선으로 입출력할 때 주사선 끝에서 다음 주사선 첫머리로 옮기는 귀선을 지우기 위해 이 기간만 전자(電子) 빔을 출력하지 않도록 하는 것.

blanking die 블랭킹 다이, 뽑기 형틀(-型-) 판뽑기(blanking) 가공에서 판금을 여러 종류의 모양으로 뽑아 내는 데에 이용되는 뽑기 형틀. 상형(펀치)과 하형(다이)이 1조로 되어 있다.

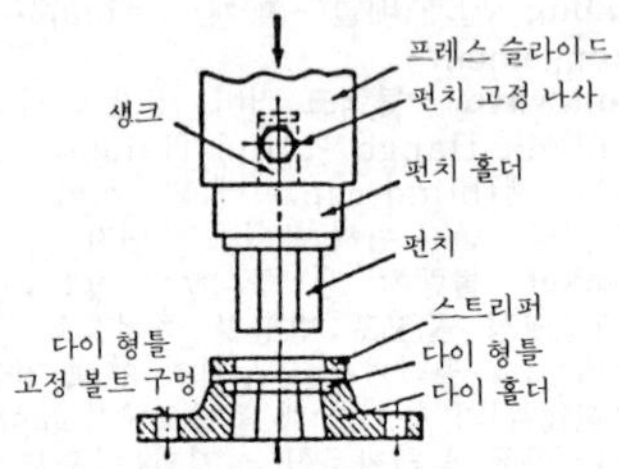

blank layout 판금 마름질(板金-) 박판의 소재에서 소정 형상의 판을 절단해 내는 것.

blast 블라스트, 송풍(送風)

blast fan 보일러 송풍기(-送風機), 블라스트 팬 보일러의 연소실 송풍용 선풍기.

blast furnace 용광로(鎔鑛爐), 고로(高爐) 철광석을 용해시켜 선철을 제조하는 노(爐). 철광석을 코크스, 석회석과 함께 용광로에 넣어, 하부의 입구에서부터 열풍을 불어 넣어서 연소시키고, 약 1,500℃로 가열하면 광석이 용해하여 노의 하부에 괸다. 이것을 충탕하여 주괴로 만든 것이 선철이다.

blast furnace gas 고로 가스(高爐-) 제철소의 용광로에서 배출되는 가스. 그 성분은 코크스를 원료로 하는 발생로 가스와 비슷하다. 일반적으로 부속되어 있는 코크스로(爐)의 가열용 연료로 쓰인다.

blasting 블라스팅 제품이나 재료의 표면에 모래, 강(鋼) 숏, 그릿(grit), 모래나 규석 입자 등의 연마재를 첨가한 물 등을 압축 공기 또는 기타의 방법으로 강력하게 분사하여 스케일, 녹, 도막(塗膜) 등을 제거해서 청정하는 것.

blast pipe 송풍관(送風管)

bleed 추기(抽氣), 블리드 =steam extraction

bleeder 블리더, 통기구(通氣口) →vent port

bleeder feed water heater 추기 급수 가열기(抽氣給水加熱器) 증기 터빈의 중간에서 일부의 증기를 추출하여 보일러에 보내는 급수를 예열하기 위해 사용되는 열교환기.

bleed in 블리드 인 유입(流入)이라는 말. 유출(流出)은 bleed off 라 한다.

bleeding 블리딩, 추기(抽氣) 가소제(可塑劑)나 용제 등의 영향으로 착색제의 색이 성형품의 표면으로 스며 나오는 것. =steam extraction

bleed-off system 블리드 오프 방식(-方式) 액추에이터에 흐르는 유량(流量)의 일부를 탱크에 분기시킴으로써 작업 속도를 조정하는 방식.

blended gasoline 배합 가솔린(配合-) 직류(直溜) 휘발유와 가스 휘발유와의 혼합물. 또는 휘발유의 옥탄가(價)를 증가시키거나 조기 점화를 방지하기 위해 알코올이나 벤졸을 배합한 가솔린.

blending 블렌딩 동일 조성의 분말을 혼합하는 것을 말한다. 배합하는 기계는 blender 라 한다.

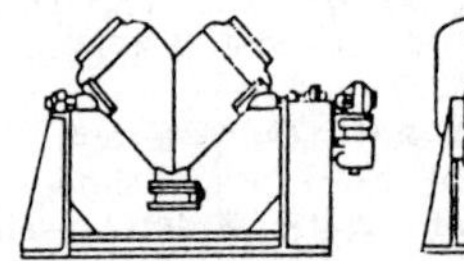

blind cap 블라인드 캡 →blank cover

blind controller 무표시 조절기(無表示調節器) 양을 표시하는 일 없이 자동적으로 조절하는 기능을 갖춘 기구.

blind flange 장님 플랜지 →blank cover

blind joint 폐쇄 연결(閉鎖連結), 블라인드조인트 용접 조인트의 일종. 용접해야 할 모재의 모서리와 모서리 또는 면과 면 사이를 접촉시킨 상태로 용접하는 방법. =closed joint

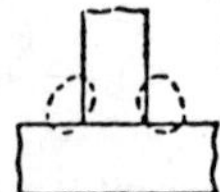

blind patch 블라인드 패치, 가림판(-板), 맹판(盲板) 구멍을 막기 위해 용접 등으로 붙여 댄 판.

blind riser 블라인드 압탕(-押湯), 블라

인드 라이저 주조 작업에서 상형(上型)을 뚫지 못하고 완전히 모래에 싸여 대기에 개방되어 있지 않은 압탕.

blister copper 조동(粗銅), 황동(荒銅) 광석에서 정련(精鍊)한 그대로의 동. Cu 약 90%를 함유. =crude copper

blistered 블리스터 부푼다는 뜻. 모재 표면이 부풀어 오른 부분을 말한다. 도금이나 도장면에서 모재와의 결합이 불완전한 경우에 일어난다.

block 블록 ① 대(臺), 대목(臺木). ② 괴(塊) : 덩어리 상태의 금속 재료. ③ 활차(滑車) =pulley. ④ 콘크리트 블록의 약칭. ⑤ 기술적 또는 이론적 이유에 의해서 1단위로 취급되는 일련의 문자 또는 말의 집합.

block brake 블록 브레이크 회전축에 고정된 브레이크 동체(胴體). 이 주위에 브레이크 레버를 부착시킨 브레이크편(片)을 밀어 붙여 그 마찰에 의해서 제동된다.

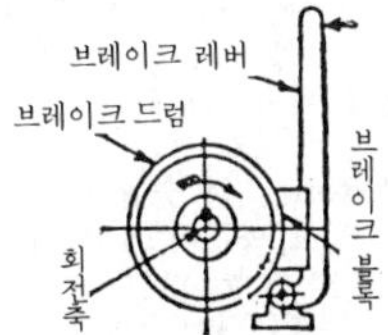

block chain 블록 체인 블록 브레이크 전동용 체인의 일종. 다만 강편(link)을 핀으로 접속한 것을 말한다.

block diagram 블록 선도(－線圖) 자동 제어계에서 각 요소의 작동과 그 사이의 신호를 전달하는 쪽을 나타낸 선도.

block gauge 블록 게이지 스웨덴의 C. E. Johanson이 고안한 것으로, 요한슨 블록이라고도 한다. 길이 측정의 표준이 되는 게이지이며 공장용 게이지로서도 가장 정확한 것. 특수강을 정밀 가공한 장방형의 강편(鋼片)으로, 호칭 치수를 표현하는 두 면은 서로 바른 평행 평면으로 만들어져 극히 평활하게 다듬어져 있다. 호칭 치수가 다른 것을 1조로 하고 있고, 여러 장의 게이지를 조합해서 필요한 치수로 이용된다.

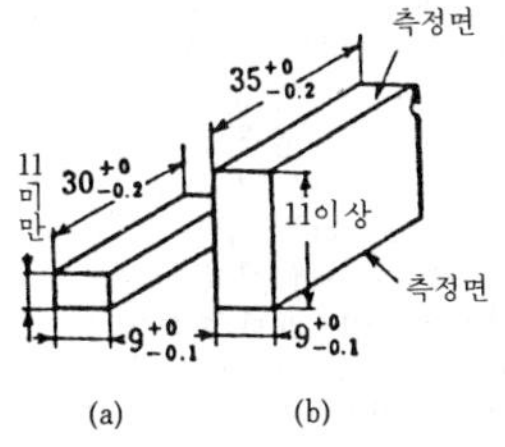

(a) (b)

block ice 괴빙(塊氷), 블록 아이스 아이스 캔 등으로 만들어진 보통 형상의 얼음. →ice can

blocking 블로킹 필름 또는 시트 등을 겹쳐 놓으면 서로 밀착되어 쉽사리 박리(剝離)되지 않는 현상.

block sequence 블록 용접법(－鎔接法) 다층 용접의 용접 이음을 용접하는 경우 용접 이음을, 예를 들면 10cm마다의 부분으로 나누고 먼저 한 부분(블록)을 여러 층 용접한 다음, 다른 부분을 여러 층 용접하는 방법으로 이음의 용접을 진행해 나가는 방법. =block welding

bloom 블룸 ① 인곳(ingot)을 압연해서 주조 조직을 파괴하여 4각 또는 원형 단면의 가늘고 긴 모양으로 한 것. ② 고무 재료 표면에 가황제(加黃劑) 등이 스며 나옴에 따라 생기는 구름같은 것. 이 현상을 blooming이라 한다.

blooming 분괴 압연(分塊壓延) 강괴를 분괴해서 조강, 강판용 압연 재료를 만드는 조작.

blooming mill 분괴 압연기(分塊壓延機) =cogging mill

blow down 블로 다운 배기 밸브 또는 배기구가 열리기 시작하고 실린더 내의 가스가 뿜어 나오는 현상.

blower 블로어, 송풍기(送風機) 날개차 또는 로터의 회전 운동에 의해서 기체를 압송(壓送)하고, 그 압력비가 1.1이상, 2.0 미만 또는 1,000mmAg~1kgf/㎠의 토출 압력인 송풍기를 말한다.

blowhole 블로홀, 기공(氣孔) ① 주물 속에 생기는 기포의 총칭. 주로 주조할 때에 가스 배출(vent)이 불완전해서 생긴다. ② 용접 작업에서 용접 금속 내에 남아 있던 가스 때문에 생기는 구멍.

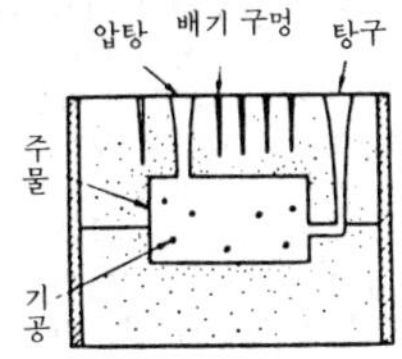

blowing engine 송풍 기관(送風機關) 저압인 다량의 공기를 압축 송풍하는 공기 압축기를 직결한 기관.

blowing pipe 블로잉 파이프 증기 또는 공기를 사용해서 주배관의 청소를 하기 위한 가배관(假配管).

blowlamp 토치 램프 =blow torch

blow molding 블로 몰딩, 중공 성형법(中空成形法) 플라스틱 성형의 일종. 2매를 합친 시트 모양의 성형품 또는 관(菅) 모양의 성형품을 형틀 속에 넣고 공기를 내부로 불어넣어 중공품(中空品)을 만드는 성형법. 폴리에틸렌병 등에 응용된다.

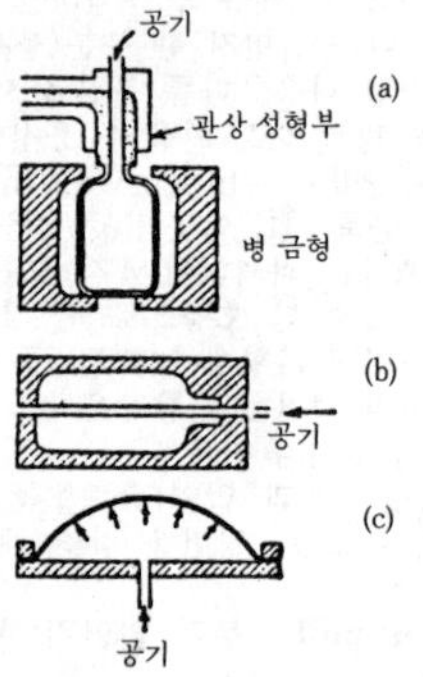

blow-off 블로 오프 보일러에서, 보일러의 물 농도의 조절 또는 보수를 위해 물의 일부 또는 전부를 배출시키는 것.

blow-off cock 분출 콕(噴出−), 블로오프 콕 보일러물의 일부를 방출하여 보일러물의 농축을 방지하거나 탕내(湯內)의 불순물을 배출시키는 것. 보일러 수부(水部)의 최저부(最低部)에 있는 분출관에 부착되어 있다.

blow-off valve 분출 밸브(噴出−), 블로오프 밸브 보일러 등에서 분출 콕 대신 이용하는 것.

blowpipe 취관(吹菅)[1], 토치[2] ① 취관 분석에 이용되는 금속제의 가는 관.
② 가스 용접에서 가스(아세틸렌과 산소)를 혼합, 조절해서 불꽃을 만드는 부분. 가스 혼합부와 화구로 이루어진다. =torch

blow torch 토치 램프 가솔린 또는 석유를 압축해서 안개 상태로 한 다음 취관(吹菅)에서 뿜어 내어 점화 연소시키고 그 열

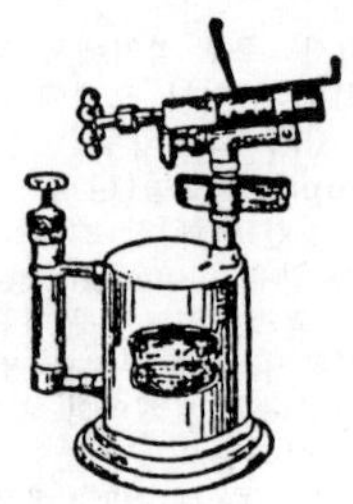

로 금속을 접합하는 기구. =blowlamp

blue annealing 청열 어닐링(青熱−), 청열 풀림(青熱−) 열간 압연, 철합금판(鐵合金板)을 연화(軟化)시키기 위해 변태 온도 이하의 온도로 개방로에서 가열하고, 공기 중에서 냉각시키면 표면에 산화 피막이 생기므로 이 이름이 붙여진 것이다.

blue brittleness 청열 취성(青熱脆性) 210~360℃에서 탄소강은 신장(伸張)이 작아져서 외력에 대해 취약해진다. 이 온도 범위에서 생기는 산화막은 청색이기 때문에 청열 취성이라 한다. 이 현상은 일종의 스트레인 시효이다.

blue grind stone 청 숫돌(青−) 날이 있는 도구를 갈고 마무리할 때 이용한다. 담청록색의 천연 숫돌.

blue heat 청열(青熱) 철과 강은 200~300℃에서는 상온일 때보다도 오히려 연성(延性)이 결여되고 굳어지며 외력에 약해진다. 이 온도 범위에서는 철강재가 산화되어 청색을 드러내므로 청열이라 하며, 이 취약해지는 성질을 청열 취성이라 한다.

blue heating 청열 가열(青熱加熱) =blue heat

blueing 블루잉, 청열 착색(青熱着色) 강(鋼)의 외관 및 내식성을 높이기 위해 열풍, 수증기 또는 화학 약품을 뿌려 표면에 산화막을 이루게 하는 조작, 또는 냉간 가공으로 형성한 스프링의 내부 응력을 감소시켜 탄성(彈性)을 높이는 등의 목적으로 처리하는 가열. 표면은 가열 온도에 따라서 황색 또는 청색으로 변한다.

blueprint 청사진(青寫眞) 동일 도면을 다수 필요로 하는 경우 트레이스도를 원도로 하여 복사한 청색 사진.

blue shortness 블루 쇼트니스, 청열 취성(青熱脆性) =blue brittleness

bluing 청소법(青燒法) ① 연마된 강(鋼)

표면에 푸른 기를 띤 산화 피막을 만들어 외관을 미려하게 하고 내식성을 강하게 하며, 또는 스프링의 내부 응력을 작게 하기 위해 가열하는 것을 말한다. ② 초석(硝石)과 칠레 초석의 등량(等量) 혼합물을 500℃로 가열, 용융하고 여기에 철기(鐵器)를 넣으면 검푸른 기를 띤 산화물 피막이 얻어진다.

blushing 블러싱 도료(塗料)의 건조 과정에서 일어나는 도막(塗膜)의 백화(白化) 현상.

bob 수직추(垂直錘), 다림추(−錘) 원뿔형의 추를 다림줄에 매다는 것. 공작물의 수직을 계측하거나 기계를 설치할 때에 이용된다.

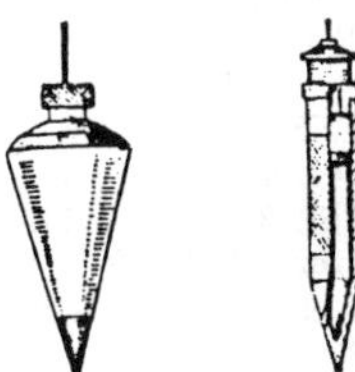

bobbin 보빈, 실패 ① 방적 용구의 일종. 목재 또는 파이버제 등의 원통형 실패. ② 재봉틀의 밑실을 감는 부품. ③ 전기 회로용 코일을 감는 중공(中空)의 원통. 자기(磁器) 또는 베이클라이트제로서 저항기나 코일 제작 등에 사용된다.

body 보디, 동체(胴體) ① 물체, 체(體). 예 : 고체(solid body). ② 동체(胴體), 몸통부(部). ③ 차체(車體), 항공기의 기체(機體), 기타 기계류의 주요부, 즉 본체가 되는 것 등.

body centered cubic 체심 입방 구조(體心立方構造) 그림과 같은 원자 배열을 이루고 있는 것. 순철(純鐵), 탄소강(炭素鋼), 몰리브덴 등은 이와 같은 원자 배열로 되어 있다.

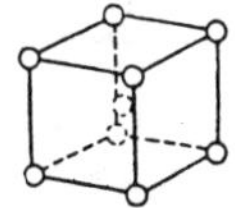

body clearance 길이 방향 여유(−方向餘裕), 몸통 여유(−餘裕), 보디 클리어런스 드릴과 구멍 내면과의 접촉 마찰을 방지하기 위해 선단(先端)에서 자루 부분까지 붙여진 테이퍼. →twist drill

body force 체적력(體積力) 고체에 질량이 있기 때문에 작용하는 힘으로, 동적인 경우 혹은 정적이라도 자중이 문제가 될 때 등에 작용하는 힘을 말한다. 물체력이라고도 한다.

body tube 경통(鏡筒) 망원경이나 현미경에 있어서 대물 렌즈와 접안 렌즈와의 거리를 어느 정도 일정하게 유지하기 위해 이용되는 통.

boehmite process 뵈마이트법(−法) 고온의 순수한 물 속에서 알루미늄 표면에 피막을 만드는 방법.

bogie car 보기차(−車) 차륜을 직접 차체의 틀에 고정시키지 않고 전후 2대의 대차(臺車) 위에 실려 대차가 수직축 주위를 회전할 수 있도록 만들어진 차량. 진동 완화를 위해 스프링을 장치하고 있다. 이 장치의 대차를 보기 대차라 한다.

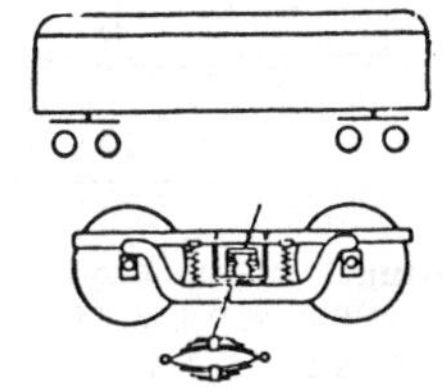

bogie truck 보기 대차(−臺車) 보기차에 진동 완화를 위해 스프링을 장치한 대차.

boiled oil 보일유(−油) 건성유(乾性油)의 일종. 유성 페인트의 제조용.

boiler 보일러, 증기 보일러(蒸氣−) 밀폐된 강판제 용기 내에서 물을 가열하여 증기를 발생시키는 장치. 여러 가지 형식이 있다.

boiler bracket 보일러 설치대(−設置臺) =boiler cradle

boiler casing 보일러 케이싱 보일러의 바깥 보호벽. 대기 중으로 방열 손실, 연소 가스의 누출, 공기가 새어드는 것을 방지하는 것이 목적이다.

boiler-cleaning compound 청관제(淸罐劑) 보일러 내에서 보일러 급수의 연화(軟化), 탈산소, 알칼리 처리, 인산염 처리, 휘발 물질 처리 등을 하기 위해 사용되는 화학 처리제. 성분으로서는 탄산 소다, 인산 소다, 가성 소다, 아황산 소다, 히드라진, 아민계 화합물 등이 쓰인다.

boiler compound 보일러 청관제(－淸罐劑) 보일러에 스케일(scale)이 부착되는 것을 방지하기 위해 보일러 물에 혼입하는 화학 약품.

boiler cradle 보일러 설치대(－設置臺), 보일러 새들 보일러의 설치대를 말한다. ＝boiler saddle

boiler drum 보일러 드럼 연강판으로 만들어진 원통형의 보일러 동체(胴體). ＝boiler shell

boiler feed pump 보일러 급수 펌프(－給水－) 가압하여 보일러 내에 물을 보내는 펌프. 고온, 고압의 물을 압송하므로 버렐형의 다단 와권 펌프 또는 다단 디퓨저 펌프가 주로 사용된다. →barrel type pump

물

보일러 드럼

물을 가열·증발시킨다.
보일러의 압력용기(원통형)

boiler fittings 보일러 부속품(－附屬品) 보일러에 부착되는 부속품. 압력계, 안전 밸브, 급수 밸브, 수면계, 취출(吹出) 콕 등. ＝boiler mountings

boiler horsepower 보일러 마력(－馬力) 일반적으로 상당 증발량 15.65kg/h를 1 보일러 마력이라 한다. 다음 식으로 구해진다.

$$HP_b = W_e/15.65$$

여기서, HP_b : 보일러 마력, W_e : 상당 증발량

boiler house 보일러실(－室) 보일러를 설치한 실내. 그 밖에 급수 탱크, 급수 펌프, 급수 처리 장치, 통풍기 등을 설치하는 경우도 있다. ＝boiler room

boiler making 제관 작업(製罐作業) 관(罐)을 만드는 작업을 말하나 그 밖에 각종 탱크, 크레인, 교량, 건축 철골, 차량, 선박 등을 만들 때 두꺼운 강판, 형강, 철골 등을 가공하는 작업도 넓은 의미로 제관 작업이라고 한다.

boiler mountings 보일러 부속품(－附屬品) ＝boiler fittings

boiler plate 보일러판(－板) 보일러용 연강제 판. 리벳 체결을 하여 보일러 동체를 만든다.

boiler pressure 보일러 압력(－壓力) 보일러 본체 내 증기부의 압력. 부르동관을 사용한 압력계로 측정.

boiler proper 보일러 본체(－本體) 연료의 연소에 의해 발생한 열을 받아서 물을 가열·증발시키는 부분을 말한다. →boiler, cylindrical boiler, fire tube boiler

boiler room 보일러실(－室) ＝boiler house

boiler saddle 보일러 설치대(－設置臺), 보일러 새들 ＝boiler cradle

boiler shell 보일러 동체(－胴體) ＝boiler drum

boiler suspender 보일러 서스펜더 수관(水菅) 보일러, 관류(貫流) 보일러에서 상부 보일러, 과열기 등을 천장에 매달 때 사용되는 금속.

boiler tube 보일러관(－菅) 보일러 본체를 구성하고 있는 연관, 수관 등의 총칭.

boiler water 보일러수(－水) 보일러용 물. 둥근 보일러에서는 대체로 경도 3 이하의 물을 이용.

boilling point 비등점(沸騰點) 약자는 B.P. 또는 b.p. 액체가 끓는 온도.

boilling water reactor ; BWR 비등수형 원자로(沸騰水形原子爐) 감속재로 사용되는 물 또는 중수(重水)를 비등시켜 이것을 직접 터빈에 도입하여 출력을 꺼내는 형식의 원자로.

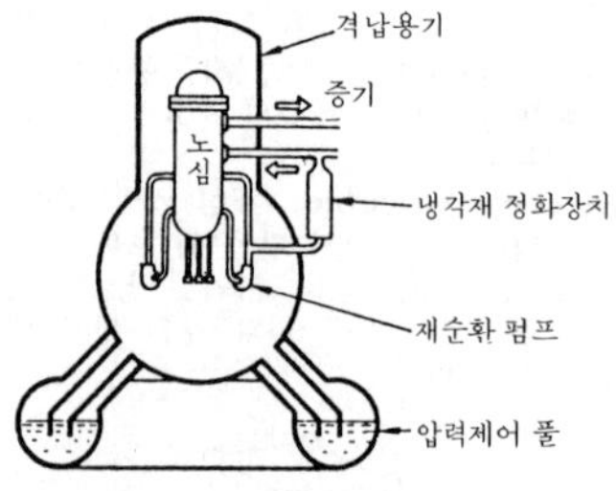

bolometer 블로미터 빛 등의 방사 에너지를 측정하는 방사계의 일종. 방사 에너지를 열에너지로 변환시켜서 그 열로 온도를 상승시켜 저항 변화가 생기면 이것을 이용해서 측정한다.

bolster spring 볼스터 스프링, 타원형 스프링(楕圓形－) 겹판 스프링 2개를 마주

보게 합쳐서 연결한 타원형의 스프링. 중앙에 하중을 가하여 사용한다. =elliptic spring

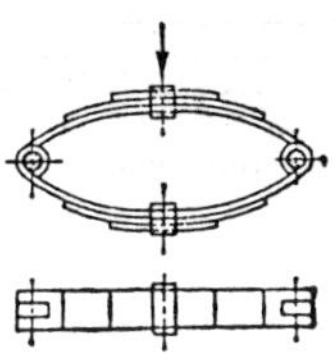

bolt 볼트 2개 부분을 체결하는 데 사용하는 것. 주로 너트와 끼워 맞추어서 사용된다.

bolt head 볼트 머리

bolt heater 볼트 히터 고온, 고압 증기용 플랜지를 죌 때 소정의 죔 부분을 얻음과 동시에 죔, 분리 작업을 용이하게 하기 위하여 볼트를 가열, 팽창시키는 장치.

bolt joint 볼트 이음, 볼트 체결(-締結) 볼트와 너트로 체결된 부분. 분해·재조립이 용이하다.

bolt with reduced shank 연신 볼트(延伸-) 원통형의 일부 또는 전부의 지름을 가늘게 깎아 충격력에 의해 늘어나기 쉽도록 한 볼트.

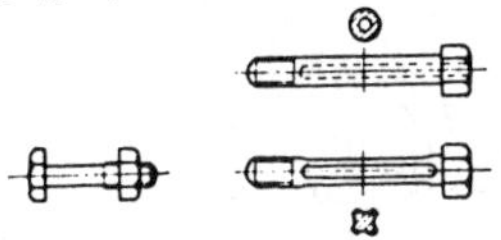

bomb 봄베 압축 가스, 액화 가스의 내압 용기. 일반적으로 두께가 두꺼운 강철의 긴 원통형으로서 상부에 가스 분출구가 있고 감압 밸브가 있다. =bottle, cylinder

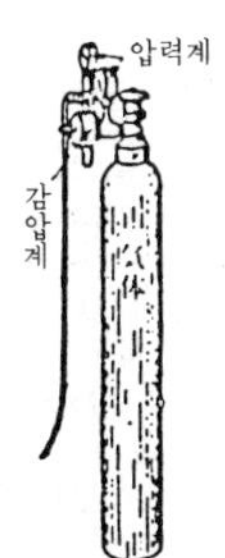

bomb calorimeter 봄베 열량계(-熱量計) 석탄 등의 고체 연소열을 계측하는 열량계.

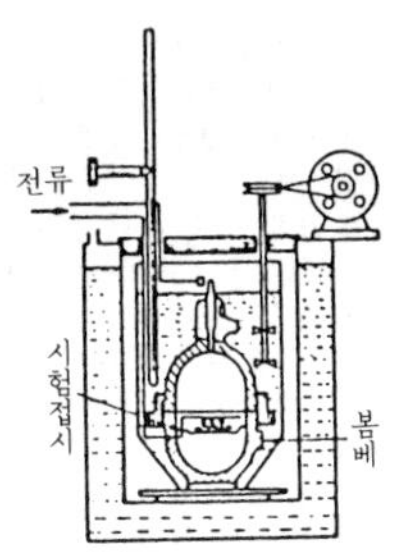

bond 본드, 충전재(充塡材) ① 팽창, 수축, 진동을 막거나 접착을 할 목적으로 물체와 물체 사이에 약간의 틈새를 두고 채우거나 칠하거나 주입하는 재료. 보통 모르타르, 내화 벽돌의 경우에는 내화 점토를 사용한다. ② 결합제, 접착제.

bonding 본딩 트랜지스터나 IC 소자를 기판에 접착하거나 소자의 회로를 외부로 꺼내기 위해 리드 프레임과 회로의 전극을 가는 금선 등으로 연결하는 것.

bonding material 결합재(結合材) = binding material

bond joint 접착 이음(接着-) 접착제를 이용해서 접착한 이음. 금속과 목재의 접착에는 카세인, 라텍스, 금속과 금속, 금속과 고무 등의 접착에는 에폭시 수지, 페놀 수지 등이 이용된다.

bond stress 부착 응력(附着應力) 2개 부재(部材)의 부착면의 접선 응력(接線應力).

bonnet 보닛 자동차의 기관 부분을 덮고 있는 덮개.

boom 붐 지브(jib)를 말한다. 하중을 도르래(滑車), 로프 등을 개입시켜 지지하고 기복, 신축, 굽힘에 따라서 작업 반경을 바꾸는 기둥 모양의 구조물.

boom angle 붐 각도(-角度) 부하시 붐 기준선과 수평을 이루는 각도. 기준선이란 붐 푸트 핀과 붐 포인트 핀을 잇는 선.

boom point 붐 포인트 크레인 붐의 선단부(先端部). 붐은 지브(jib)라고도 한다.

booster 부스터, 승압기(昇壓機) 승압, 증폭하는 장치의 총칭. 공압, 유압, 수압, 전압 등을 가해서 밀어 올리거나 증폭, 확대하는 것을 말한다.

booster pump 부스터 펌프, 가압 펌프(加壓－) 송수 관로(送水管路) 도중에 결부시켜 송수압(送水壓)을 증대시킬 목적으로 하는 가압용 펌프.

boral 보랠 탄화 붕소와 Al 분말을 혼합하여 소결(燒結)시킨 것을 Al의 판으로 샌드위치한 재료. 높은 중성자 흡수 성능을 갖추고 있으므로 차폐재로 사용한다.

borax 붕사(硼砂), 보랙스 천연산도 있으나 붕산을 가성 소다로 중화시켜 만든다. 용도는 납땜, 금속의 검출, 접합 등.

border line 윤곽선(輪廓線) 제도 용지의 윤곽에 쓰는 선.

bore 보어, 보어 내경(－內徑) 구멍, 구경(口徑)의 뜻. 홀(hole)과 같은 말이다.

bore hole turbine pump 시추공 터빈 펌프(試錐孔－), 보어 홀 터빈 펌프 깊은 우물에 넣어서 양수하는 수직축형 다단 터빈 펌프.

bore scope inspection 보어 스코프 검사(－檢査) 조명등과 렌즈를 조합한 단부(端部)를 엔진 등의 특정부에 삽입해서 그 영상을 접안 렌즈로 관찰하는 검사 방법.

boric acid process 붕산법(硼酸法) 붕산 및 붕산염에 의한 양극 산화법(陽極酸化法). 이 방법에 의한 피막은 절연성이 우수하여 전해 콘덴서에 이용되고 있다.

boring 보링[1], 시추(試錐)[2] ① 공작물에 이미 뚫려 있는 구멍을 보링 바이트를 사용해서 올바른 치수로 넓히는 작업.
② 시굴(試掘), 탐층(探層), 탐정(探井), 탐광(探鑛) 등을 위하여 지하의 지층 두께, 품질 등을 조사하는 것.

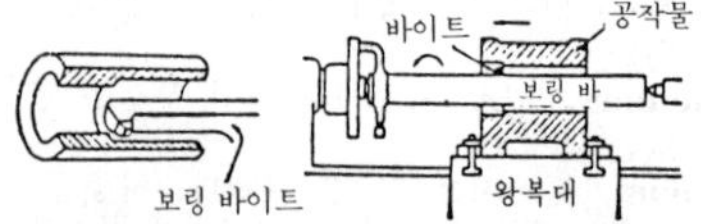

boring and mortising machine 보링 모티싱 머신 세로 방향으로도 이송할 수 있는 보링 장치.

boring and turning mill 수직 보링 선반(垂直－旋盤) ＝vertical boring machine

boring bar 보링 바 보링을 위한 바이트를 고정하는 막대.

boring head 보링 헤드 보링할 구멍이 클 경우 보링 바를 삽입할 고리 모양의 부품. 이것에 2～4개의 바이트를 결부시켜 사용한다.

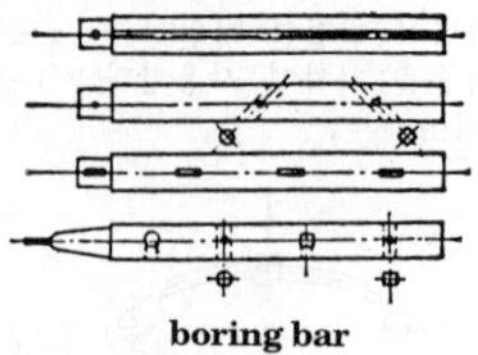
boring bar

boring jig 보링 지그 보링에 이용되는 지그. 공작물도 크기 때문에 강성(剛性)이 높은 구조로 해야 한다.

boring machine 보링 기계(－機械), 시추기(試錐機) 보링 이외에 면 절삭, 외면 절삭 등의 밀링 작업도 할 수 있다. 일반적으로 수평형이지만 수직형도 있다.

boring table 보링 테이블, 보링 대(－臺) 보링 머신에 가공물을 올려 놓고 고정시키는 받침. 베드에 대해서 가로·세로 방향으로 수동 또는 자동으로 이동시킬 수 있고, 또 경사지게 할 수 있는 것도 있다.

boring tool 보링 바이트, 보링 공구(－工具) 구멍의 내면 절삭에 이용하는 바이트.

boring unit 보링 유닛 →power unit

born off 본 오프 칼 날의 이가 빠지기도 하고 숫돌 입자가 탈락되는 현상. 공작이 올바르지 못하거나 숫돌 입자의 결합도가 작을 경우에 발생된다.

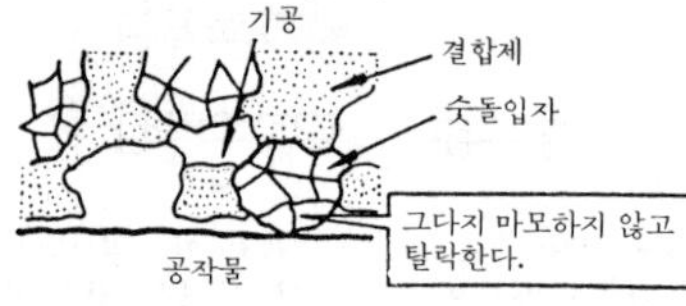

boron 붕소(硼素), 보론 원소 기호 B. 붕소는 결정 미세화제(結晶微細化劑)로 사용되고, 또 미량만 첨가해도 담금질성을 향상시킨다.

boron fiber 붕소 섬유(硼素纖維) 무기(無機) 섬유의 일종으로, 텅스텐선 등의 심선에 금속 붕소를 증착시킨 100～150 μ의 연속 필라멘트를 말하는 경우가 많다. 내열 경량 구조재이다.

boron nitride 질화 붕소(窒化硼素) BCl_3과 암모니아의 혼합 가스를 수소 분위기에서 기상 반응(氣相反應)시키면 질화 붕소 분말이 만들어진다. 이 질화 붕소 분말을 핫 프레스법으로 형성해서 사용한다. 2,000℃ 이상에서도 견디며 화학 안정성이 크고 전기 절연성, 열전도성, 기계 가공성이 우수하다. 용도는 전기 절연재, 내열로재(耐熱爐材), 이형제(離型劑), 내식재료(도가니, 보호관), 각종 방열판 등이다.

boron steel 붕소강(硼素鋼), 보론강(-鋼) 강인강(强靭鋼)의 일종으로, 단단하고 내마모성이 있는 강(鋼). 미량의 붕소(0.001~0.008)로 담금질성이 현저하게 향상된다. 지나치게 양이 함유되면 붕소 카바이드가 석출(析出)해서 취성(脆性)된다.

boss 보스, 축두(軸頭) 핸들, 각종 바퀴, 그 밖에 차륜 모양의 주물 등에서 축이 끼워지는 구멍의 테두리를 보강하기 위해 붙여진 돌기된 두꺼운 부분을 말한다. =hub, nave

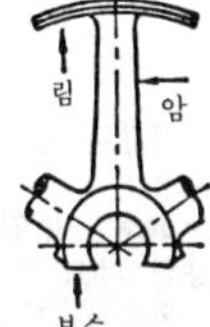

bottle 병, 봄베 =bomb

bottle jack 보틀 잭 병 모양의 잭.

bottle washing machine 병 세척기(甁洗滌機) 우유나 쥬스 공장에서 병을 자동적으로 세척하는 기계.

bottling machine 병 충전기(甁充塡機) 병에 액체, 분말 등을 담는 기계.

bottom casting 하주법(下鑄法) 주형의 바닥 또는 하부에 둑(weir)을 설치하고 이곳으로 탕(湯)을 주입하는 방법. =bottom pouring

bottom dead center 하사점(下死點) → top dead center

bottom dead point 하사점(下死點) 왕복 피스톤 기관에서 피스톤이 최하단에 있을 때의 위치.

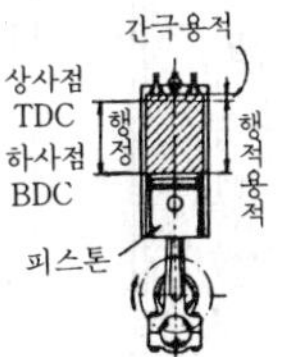

bottom-head rivet 둥근 머리 리벳 = round-head rivet

bottoming hand tap 다듬질 탭, 3번 탭(三番-) =third hand tap

bottoming tap 핸드 탭 =hand tap

bottom land 치저면(齒底面) 기어에서 치구(齒溝)의 밑면.

bottom plow 보톰 플라우, 발토판 플라우(撥土板-) 날 판과 발토판, 지측판(地側板)으로 가래를 구성하는 플라우.

bottom pouring 하주법(下鑄法) =bottom casting

bottom view 하면도(下面圖) 물체의 하면에서 본 투영도.

boundary condition 경계 조건(境界條件) 탄성체 등 연속체의 경계에 있어서의 기하학적인 구속 조건 혹은 외력의 작용 조건을 경계 조건이라고 한다.

boundary layer 경계층(境界層) 레이놀즈수 R_e가 큰 물체 주위의 흐름에서는 유체가 벽 표면에 부착·정지하는 점성의 영향은 그림과 같이 벽 표면에 접하는 얇은 층에 한정된다. 이 얇은 층을 경계층, 그 바깥쪽의 흐름을 주류라 한다.

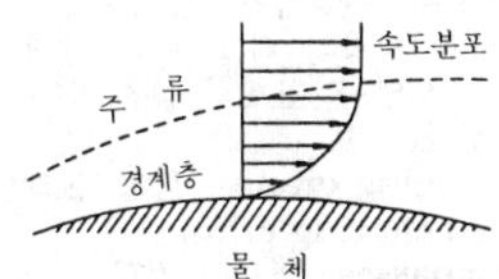

boundary layer control 경계층 제어(境界層制御) 경계층에 작용하여 점성에 의한 항력을 감소시키는 방법.

boundary lubrication 경계 윤활(境界潤滑) 유체 윤활제(流體潤滑劑)의 유막이 얇아져서 고체 표면의 돌출부끼리의 접촉이 상당히 많아지게 되어 유체 역학적인 윤활 효과를 발휘할 수 없게 된 마찰면의 상태.

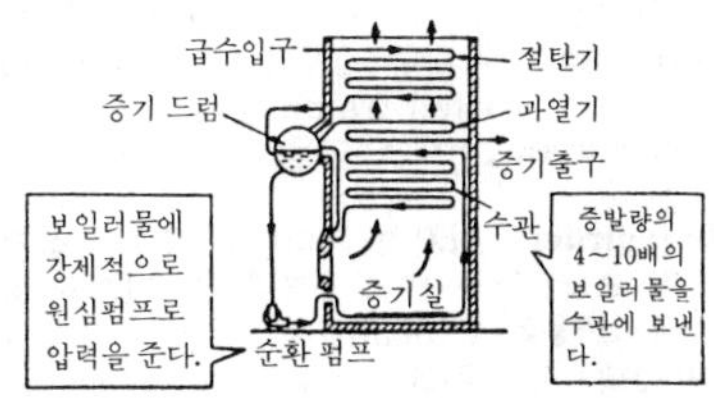

Bourdon gauge 부르동관 압력계(－菅壓力計) Bourdon이 발명한 압력계. → pressure gauge

Bourdon tube 부르동관(－菅) 단면이 타원 또는 편평한 관을 고리 모양으로 굽혀 한 쪽을 밀폐하고 근원이 되는 고정단(固定端)에서 관 속으로 압력을 가하면, 관의 단면은 원에 가깝게 되고 고리의 곡률 반경이 커지게 되어 자유단(自由端)이 변위한다. 이 변위는 압력의 크기에 비례하는데, 이 현상을 이용한 압력계의 관을 말한다.

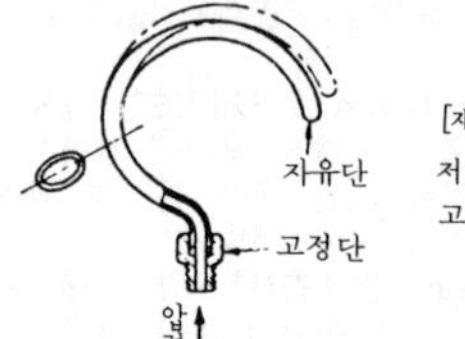

Bourdon tube pressure gauge 부르동관 압력계(－菅壓力計) 압력을 Bourdon관의 변위로 검출하는 압력계.

bow 바우 원호상(圓弧狀)으로 변형하는 것. 가로 방향의 하중 또는 열에 의해서 모재의 모양이 완만히 휘어지는 변형을 하는 현상.

bow charging crane 장입 크레인(裝入－) ＝charging crain

bow compasses 스프링 컴퍼스 ＝spring bows

bow drill 활꼴 드릴 가죽끈 등의 회전에 의하여 조작되는 드릴.

Bow's notation 바우 기호법(－記號法) 착력점(着力點)이 다른 많은 힘을 합성할 때, 장소와 힘을 관련이 있는 기호로 나타내고 그 합력을 작도(作圖)에 의해서 구하는 힘의 기호법.

box beam 상자형 보(箱子形－) ＝box girder

box car 유개차(有蓋車) ＝overed wagon, roofed freight car

box coupling 박스 이음 ＝sleeve coupling

box girder 상자형 거더(箱子形－), 상자형 보(箱子形－) 상자형의 횡단면으로 된 구조물용의 빔(beam).

box jig 박스 지그 →jig

box spanner 박스 스패너 일반 스패너를 사용할 수 없는 오목한 부분의 볼트, 너트를 돌리기 위해 사용되는 상자형의 스패너를 말한다.

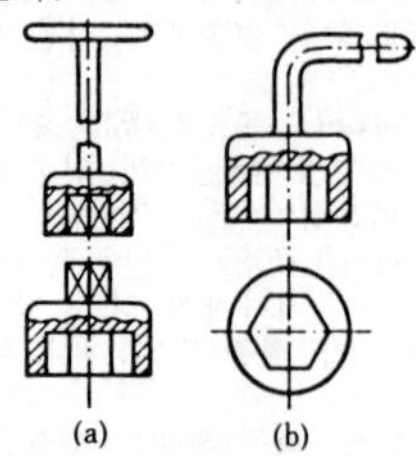

box-type piston 상자형 피스톤(箱子形－) 무게를 가볍게 하기 위해 중공(中空)으로 한 상자형 피스톤.

box-type surface plate 상자형 정반(箱子形定盤) 주물제의 상자를 엎어 놓은 것과 같은 대형 정반. 다듬질 공장에서 사용된다.

box V-block 평행대 블록(平行臺－) ＝parallel block

Boyle-Charle's law 보일 샤를의 법칙(－法則) 일정량의 기체 부피는 압력에 반비례하고 절대 온도에 정비례한다는 법칙. 즉

$P_v = R \cdot T,\ PV = G \cdot R \cdot T$

단, G : 기체의 무게(kg), P=압력(kgf/m²), V : 기체의 부피(m³), $v=V/G$: 비용적(比容積)(m³/kg), T : 절대 온도(K), R : 가스 정수(kg · m/kg · K)

bracing 브레이싱, 스테이 ＝stay

bracing cable 브레이싱 케이블 스테이(stay)로 사용하는 밧줄.

bracing tube 스테이관(－菅) ＝stay tube

bracing wire 스테이 와이어 스테이로 사용하는 철사.

bracket 브래킷 벽이나 기둥 등에서 돌출하여 축 등을 받칠 목적으로 쓰이는 것.

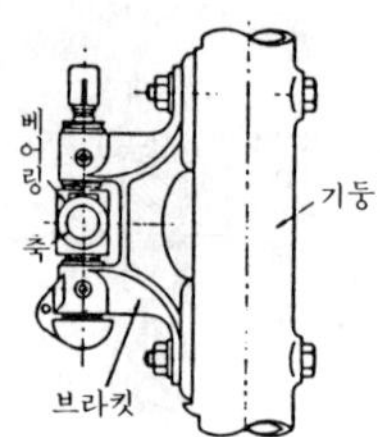

bracket bearing 브래킷 베어링 베어링 본체는 벽이나 프레임의 측면에 설치되고 축을 받는 부분이 돌출되어 있는 베어링을 말한다.

braided packing 브레이디 패킹 석면, 면, 마 등을 엮어서 단면이 각 또는 원형의 끈 모양을 한 패킹.

braiding machine 끈 제조기(一製造機) 실을 감은 여러 개의 보빈을 원주 상에 배치하고 이것을 원의 중심 둘레에서 꼰 다음 다시 여러 줄 꼬아서 끈을 만드는 기계.

brake 브레이크, 제동기(制動機) 운동체와 정지체와의 기계적 접촉으로써 운동체를 감속, 정지 또는 정지 상태로 유지하는 기능을 갖추고 있는 기계 요소이다. 작동부 구조로 분류하면 디스크, 드럼, 밴드, 원뿔 등이 있다.

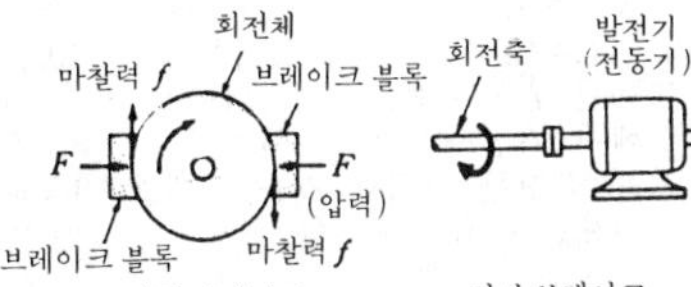

brake band 브레이크 밴드, 제동 띠(制動一) 마찰 브레이크에 있어서 브레이크 동체 주위에 감겨진 띠를 말한다. 강철띠 안쪽에 나무 조각, 직물, 가죽 등을 부착시키고 있다.

brake block 브레이크 블록 차륜 답면(車輪踏面)으로 밀어붙여 브레이크를 거는 블록. 일반적으로 주철로 되어 있으며, 구조가 단순해서 차량의 브레이크 장치가 주류를 이루고 있다.

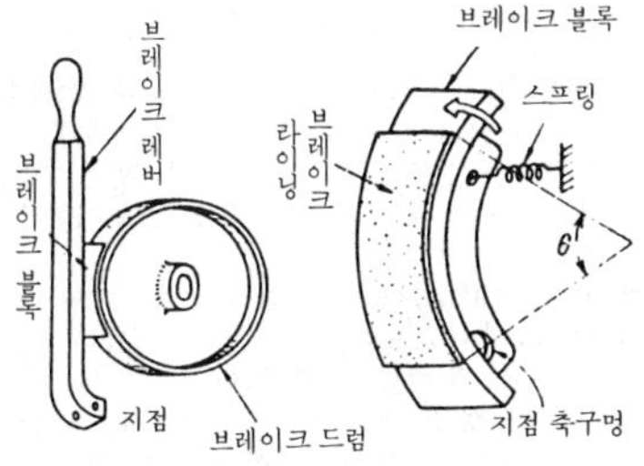

brake disc 브레이크 디스크 →disc brake

brake drum 브레이크 드럼 →block brake

brake ducktor 브레이크 덕터 제동자(制動子)를 차에 부착시킨 그대로 그 표면을 연삭하는 기계. 자동차 정비 치구의 하나이다.

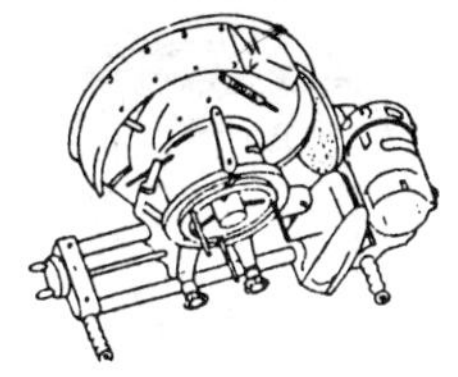

brake dynamometer 브레이크 동력계(一動力計) =absorption dynamometer

brake efficiency 브레이크 효율(一效率) 브레이크에 있어서 실제의 제동력과 이론적 제동력과의 비(比).

brake horsepower ; BHP 브레이크 마력(一馬力), 제동 마력(制動馬力), 유효 마력(有效馬力), 정미 마력(正味馬力) 기관에서 나오는 실마력. 주로 브레이크 동력계를 이용해서 계측하므로 이 이름이 붙여진 것이다. 브레이크 마력에 대해서 인디케이터에 의해 계측하는 것을 도시 마력(圖示馬力)이라 한다. 또, 단위를 마력에 한정하지 않을 때에는 유효 동력이라 한다.

brake lever 제동 레버(制動一), 브레이크 레버 →band brake

brake leverage 브레이크 배율(一倍率) 제동자(制動子)를 밀어붙이기 위한 외력을 지렛대를 이용해서 확대시킬 경우 이 배율을 말한다. 차량용 브레이크에서는 제동 차륜에 가하는 하중 W와 제동자를 밀어붙이는 힘 P와의 비 P/W를 말한다.

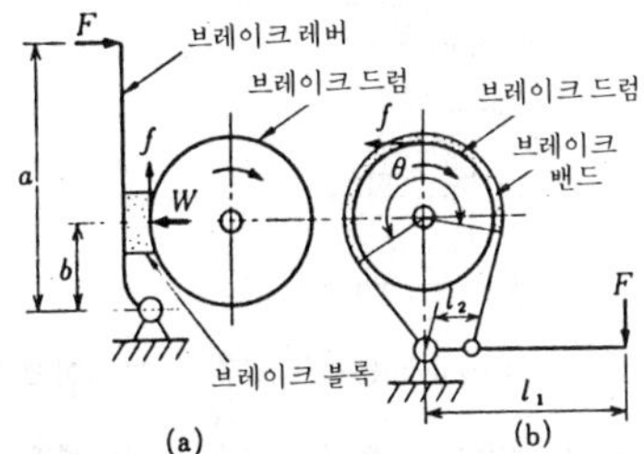

brake lining 브레이크 라이닝 브레이크 동체(胴體)의 재료에 적합한 조합 재료를 선택하여 브레이크 밴드나 브레이크 디스크 표면에 붙인다. 이것을 브레이크 라이닝이라 한다.

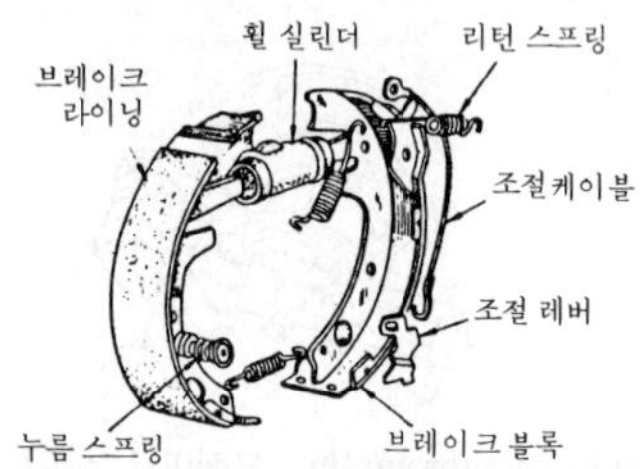

brake mean effective pressure 정미 평균 유효 압력(正味平均有效壓力) 기관의 축에서 나오는 정미 동력에서 구해진 평균 유효압(有效壓).

brake motor 제동 전동기(制動電動機), 브레이크 모터 전자(電磁) 브레이크를 모터의 케이스 속에 장착한 것. 모터의 전기가 OFF인 때는 브레이크가 작용하고, ON인 때는 브레이크가 떨어지도록 설계되어 있다.

brake nozzle 제동 노즐(制動-) 펠턴 수차(水車)를 정지시킬 경우, 노즐을 닫더라도 회전이 계속되기 때문에 버킷(bucket) 뒷면에 분류(噴流)를 대어 회전을 정지시키기 위한 노즐.

brake percentage 제동률(制動率) 차량용 브레이크에 사용되는 말로, 제동률에는 공칭 제동률과 실제 제동률이 있다. 브레이크 차륜에 가해지는 하중을 W라 한다. ① 공칭 제동률 : 제동자(브레이크 슈)에 가해지는 P는 마찰 이외의 손실이 없었다고 하자. 그 때의 P/W. ② 실제 제동률 : 제동자에 실제로 가해진 힘을 P라 할 때의 P/W를 말한다.

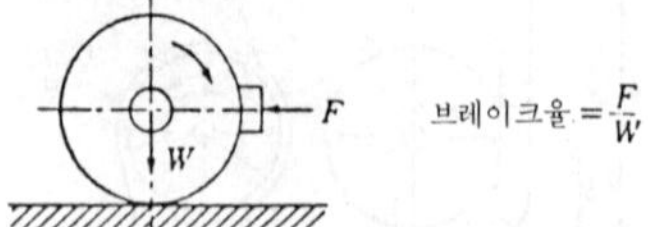

brake ratio 제동률(制動率), 브레이크율(-率) =brake leverage

brake roller 브레이크 롤러 롤러 컨베이어의 부품으로, 짐의 속도를 제한하는 롤러를 말한다.

brake shoe 제동자(制動子), 제동편(制動片), 브레이크 슈 →friction brake

braking ratio 제동률(制動率) 제동 감속도와 동력 가속도와의 비(比).

braking time 제동 시간(制動時間), 브레이크 시간(-時間) 브레이크 지시가 부여되면서부터 소정의 속도로 감속될 때까지의 시간. 브레이크 시간에 주행한 거리를 제동 거리(braking distance)라 한다.

branch pipe 분기관(分岐管), 지관(枝管) 하나의 관을 도중에서 나누어 나무 가지 모양으로 한 관.

brass 황동(黃銅), 놋쇠 Cu와 Zn으로 이루어진 황금색의 합금. 다음 두 종류가 있다. ① Zn을 38~42% 함유한 6-4 황동. 시판되고 있는 황동판이나 황동봉은 대부분이 이것이며, 또한 황동 주물로도 대표적인 것이다. ② Zn을 28~30% 함유한 7-3 황동. 연성(延性)이 크고 상온에서 가공하기 쉽기 때문에 전구의 소켓 등 복잡한 형태의 것을 프레스 가공하여 만드는 데에 사용된다.

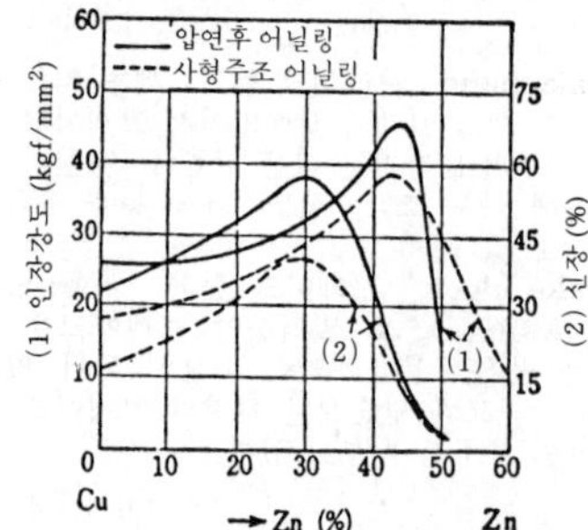

brass pipe 놋쇠관(-管), 황동관(黃銅管) 동관과 마찬가지로 만들어진다. 주로 가열기, 복수기, 기름 냉각기용 관을 말한다. 치수는 외경으로 나타내고 길이는 3,000~7,000mm.

brass turning tool 황동 바이트(黃銅-)

Braun tube 브라운관(-管) 일종의 2극 진공관. 음극선 오실로그래프 등에 이용되는 측정용 브라운관, 텔레비전 수상용 브라운관, 레이더용 지시관 등이 있다.

braze welding 브레이즈 용접(-鎔接) 경랍(硬鑞)을 용접할 경우와 마찬가지인

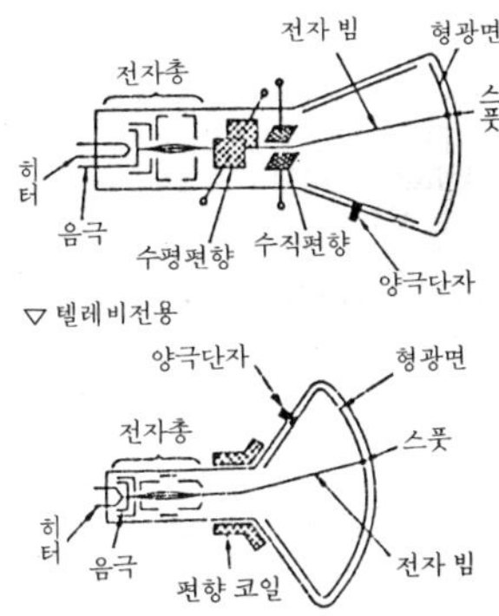

Braum tube

모떼기가 되어 있는 이음에 용융 첨가하여 모재를 녹이지 않고 접합하는 용접.

brazing 납땜 저융점(低融點)의 합금을 녹여서 접합시키는 방법. 접합부의 본 바탕은 녹지 않는다. 납땜과 은랍 등을 이용하는 경랍(硬蠟)땜이 있다.

brazing sheet 브레이징판(－板), 브레이징 시트 브레이징이란 용접과 납땜의 중간에 해당하는 경랍(硬蠟)땜을 말한다. 모재가 되는 3003, 6951의 내식 알루미늄판의 편면 또는 양면에 Al 7.5%, Si 납합금을 모재판 두께의 5～10% 두께로 붙여 합친 복합판(複合板)을 말한다.

break away 박리(剝離), 벗김 벗겨지거나 떨어져 나가는 것. 또, 넓게 퍼져 흐르는 경우 흐름이 유로(流路)의 중앙부에 집중해서 역류를 일으키는 현상.

break contact 브레이크 접점(－接點) ＝b connection

break-down crane 브레이크 다운 크레인 철도 사고 복구용의 로코모티브 크레인(locomotive crane : 철도 크레인) 혹은 자동차 사고의 구원 처리에 쓰이는 트럭 크레인. ＝wrecking crane

break-down maintenance 사후 보전(事後保全), 사후 정비(事後整備) 설비가 고장난 후에 교체나 수리 처리를 하는 것을 말한다.

break-even point 손익 분기점(損益分崎點) 일정한 조업도(操業度)에서 매상고와 그에 드는 비용이 일치하여 이익이나 손실도 없는 점.

breaking 파괴(破壞), 결손(缺損) 바이트 결손의 하나. 날 끝이 크게 결손되는 것. 흑피 절삭이나 단속 절삭에서 일어나기 쉽다.

breaking-down test 파괴 시험(破壞試驗) ＝breaking test

breaking joint 막힌 줄눈(벽돌, 타일의) 벽돌이나 타일을 접합할 때 엇갈려 틀어진 줄눈.

breaking load 파괴 하중(破壞荷重) ① 인장 시험, 압축 시험 등에서 시험편이 파괴했을 때의 최대 하중. ② 물체에 어느 한도 이상의 하중을 가하면 그 물체가 사용 목적에 견딜 수 없게 되었을 때의 하중.

breaking point 파괴점(破壞點) 응력 변형도(變形圖)에 있어서 파단 직전의 최종점.

breaking strength 파괴 강도(破壞强度) 재료가 파단(破斷)될 때까지의 최대 응력도. 즉, 재료 파괴의 최대 하중을 최초의 단면적으로 나눈 값.

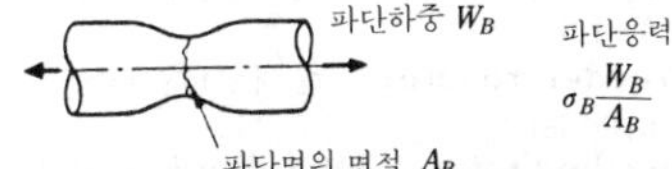

breaking stress 파괴 변형력(破壞變形力), 파괴 응력(破壞應力) 파괴점에 해당되는 응력. 보통 인장 강도와 같은 뜻으로 사용하는 경우가 많다.

breaking test 파괴 시험(破壞試驗) 특정의 하중을 시험체에 부하해서 파괴시키고, 그 파괴에 견디어 내는 최대 하중이나 파괴 상태를 조사하기 위해 행하는 시험을 말한다.

break line 파단선(破斷線) 제도에서 내부의 구조를 도시(圖示)하기 위해 그 부분만큼 절단하는 수가 있는데, 그 절단된 부분을 표현하는 선.

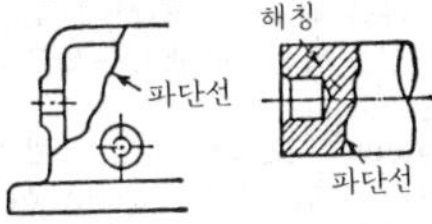

breakout friction 시동 마찰(始動摩擦) ＝starting resistance

breast drill 브레스트 드릴 가슴 받이를 가슴 또는 배에 대고 핸들을 돌려 구멍을 뚫는 도구.

breather 숨 구멍, 공기 구멍(空氣－), 브

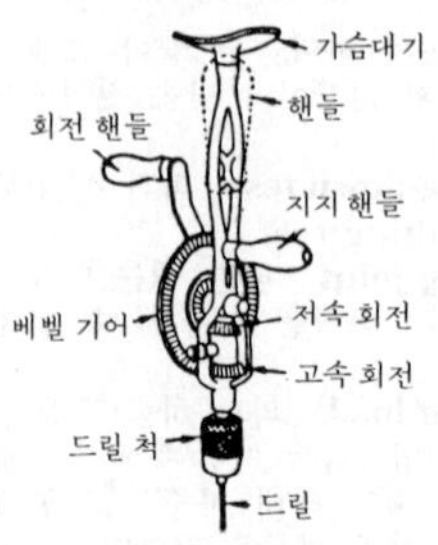

breast drill

리더 오일 탱크, 크랭크 케이스 등에 공기빼기 또는 공기의 출입용으로서 뚫어 놓은 구멍.

breeder 증식로(增殖爐) 우라늄 238(또는 토륨 232)을 원자로 속에서 핵분열성의 플루토늄 239(또는 우라늄 233)로 바꾸고, 이때에 연소시킨 핵연료 이상의 핵연료를 얻어 내도록 된 원자로. 증식로가 설치되면 우라늄 연료 자원은 140 배로 증가하게 된다.

breeder reactor 증식로(增殖爐) = breeder

breeding ratio 증식비(增殖比) 다음 식으로 정의되는 전환율 *CR*이 1보다 큰 경우 특히 그것을 증식비라고 한다. *CR*=(노심에서 생산되는 핵분열성 원자핵의 수)/(노심에서 소비되는 핵분열성 원자핵의 수) *CR*>1이 되게 설계된 원자로를 증식로라고 한다.

brick 벽돌, 연와(煉瓦) 점토(粘土)에 모래를 섞어 성형하여 고온에서 구워낸 것. 치수는 21×10×6cm가 표준. 1개의 중량은 2.3~2.5kg. 보통 벽돌(붉은 벽돌), 포장 벽돌, 내화 벽돌 등이 있다.

bridge crane 다리형 기중기(-起重機), 브리지 크레인 긴 수평 거더(girder)의 양단에 다리(脚)를 구비하여 교량 모양을 한 크레인. 옥외 저장소용으로서 대표적인 것이다.

bridge piece 브리지 피스, 브리지 부품(-部品) 절단 선반(gap lathe)의 베드(bed)의 절단 부분에 설치하여 일반 선반과 같이 사용하기 위한 블록을 말한다. = gap bridge

bridge spot welding 브리지 스폿 용접(-鎔接), 한 면 받침쇠 점용접(-面-點鎔接) 맞대기한 모재의 한 쪽으로부터 받침쇠를 대고 위로부터 하는 용접. 점용접에 있어서 한 쪽에 편평한 받침쇠를 대고, 다른 쪽의 전극은 보통 뾰족한 전극을 사용하는 용접법.

bridging 브리징 호퍼의 하부 출구 부근에서 재료가 다리걸침 상태로 되어 재료의 송출이 나빠지는 현상.

bright aluminium alloy 광휘 알루미늄 합금(光輝-合金) 다듬질 상태에서 반사율이 특히 뛰어난 합금 재료의 총칭. 반사판, 각종 장식품, 자동차의 그릴(grille)이나 몰(mole) 등 크롬 도금의 대체 재료로서 이용되고 있다.

bright field 명시야(明視野)

bright finish 광택 다듬질(光澤-) 전기적 또는 화학적으로 광택을 내는 다듬질. 경면(鏡面) 다듬질, 확산 다듬질이 있다.

bright heat-treatment 광택 열처리(光澤熱處理) 강재(鋼材) 또는 가공품을 아르곤 가스 등의 불활성(不活性) 가스나 진공 속에서 열처리함으로써 표면의 고온 산화 및 탈탄(脫炭)을 방지하고 표면의 광택 상태를 유지시키는 열처리.

brightness 휘도(輝度) 발광체가 발산하고 있는 어느 방향의 광도(光度)를 그 방향과 수직인 평면상에의 광원 투영 면적으로 나눈 것. 단위 : 스틸브(stilb).

Brillouin-scattering 브릴루인 산란(-散亂) 물질 속의 음파에 의한 빛의 산란.

brine 브라인 염화 칼슘 수용액(水溶液), 염화 나트륨 수용액, 염화 마그네슘 수용액을 말한다. 이것들은 냉동 장치와 냉각되는 물품 사이에 개입하여 열의 이동을 촉진시키는 매체가 된다.

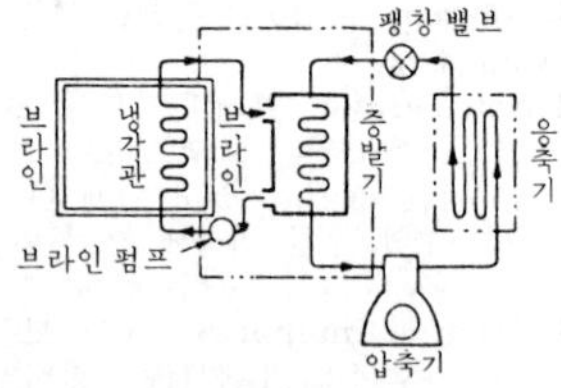

brine cooler 브라인 냉각기(-冷却器) 브라인에 의한 냉각기. 냉장고나 제빙 장치에서는 냉매(冷媒)의 팽창에 의해서 먼저 브라인을 냉각시키고 그 브라인을 순환시켜 냉각하는 경우가 많다.

brine freezing 브라인 냉동(-冷凍) 저온의 브라인에 의해서 물품을 동결시키는 것을 말한다.

Brinell hardness 브리넬 경도(—硬度) 브리넬 경도 시험기에 있어서 강구 압자(鋼球壓子)를 이용하여 시험면에 구상(球狀)의 피트(pit)를 붙였을 때의 하중 P (kgf)를 피트의 표면적(㎟)으로 나눈 값 (kgf/㎟).

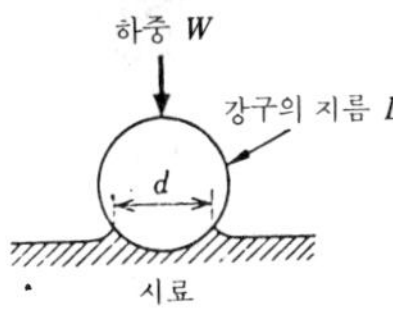

Brinell hardness tester 브리넬 경도 시험기(—硬度試驗機), 브리넬 경도계(—硬度計) 경도를 구하는 시험기의 일종. 브리넬(Brinell)이 발명.

brinelling 브리넬링 침탄(浸炭)한 강의 침탄층이 얇을 경우, 또는 중심부가 약할 때 그 표면이 변형되는 현상.

brine pump 브라인 펌프 브라인을 냉각기로 냉각하고 이것을 제빙 장치 또는 냉장고 등에 순환시키기 위한 펌프.

briquette 연탄(煉炭) 석탄, 코크스, 목탄 등의 분말에 피치 등의 점결제(粘結劑)를 혼합하여 압축 성형한 연료.

British Association thread **BA** 나사 영국에서 주로 계기류에 사용되고 있는 나사로, 나사산의 각도는 47°30′, 각 부의 치수는 mm 단위로 표시되어 있다.

British thermal unit ; B.T.U. 영국 열단위(英國熱單位) 영국과 미국에서 쓰이고 있는 피트·파운드법의 열 단위. 1 파운드의 물을 1°F 만큼 높이는 데 필요한 열량. 1 BTU=252(그램칼로리). Btu 라고도 쓴다.

brittle 브리틀 탄성 저하(彈性低下)를 뜻한다. 재료가 극단적인 과열, 과냉, 화학작용, 냉간 가공 등에 의해 탄성이 저하되는 것을 말한다.

brittle coating for stress 응력 도장(應力塗裝) 재료 표면에 무른 막을 도포하여 피막에서 생기는 균열로 주변형(主變形)의 방향과 크기를 측정하는 방법으로, 일정한 소성 변형으로 균열이 생기는 도료를 선택한다. 관찰할 수 있는 범위는 좁으나, 정성적(定性的)인 변형 분포를 관찰하는 데 좋고 조작이 간단하다.

brittle fracture 취성 파괴(脆性破壞), 메짐 파단(—破斷) 최종 파단에 이르기까지 현저한 신축을 수반하지 않는 파괴의 총칭. 유리 등의 파괴는 이에 속한다. 일반적으로 저온에서는 취화(脆化)가 촉진된다.

brittleness 취성(脆性), 메짐 인성(靭性)과 반대 성질. 인성이 상실되어 충격 하중이 극히 작음에도 불구하고 파괴되는 성질.

broach 브로치 봉(棒)의 외주에 많은 상사형(相似形)의 날을 축을 따라 치수순으로 배열한 절삭 공구. 브로치반(盤)으로 각(角), 홈구멍, 키홈 기타 여러 가지 형상의 구멍을 뚫을 수 있다.

▽ 브로치의 모양

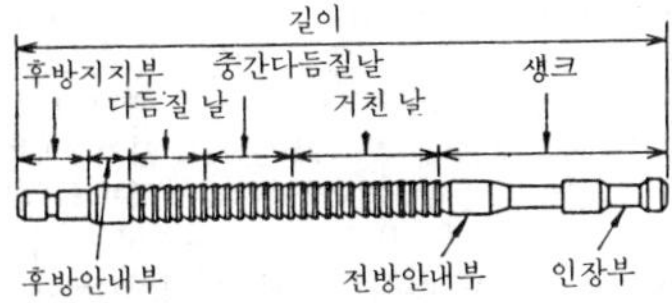

▽ 브로치의 날 모양

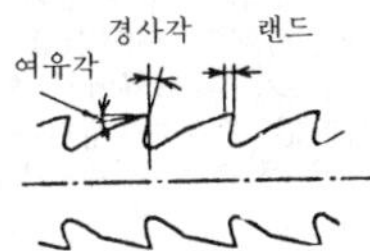

broaching 브로칭 절삭(—切削) 브로치에 의한 절삭 작업.

broaching machine 브로칭 머신 브로치를 이용해서 원형 이외의 여러 가지 복잡한 형의 구멍을 뚫는 기계.

broken line 파선(破線) 제도에 사용하는 파단선. 짧은 선을 연속해서 배열한 것. 물체의 보이지 않는 부분의 모양을 나타내는 선으로 사용된다.

bronze 브론즈, 청동(青銅) Cu 와 Sn 과의 합금. 주조용(鑄造用), 단련용(鍛鍊用), 특수 청동(特殊青銅)으로 나뉜다. 포금(砲金)이란 기계 부품 재료용 청동의 속칭이다.

Brown and Sharpe type dividing head 브라운 샤프형 분할대(—形分割臺) → dividing head

Brown and Sharpe wire gauge 브라운

및 샤프 도선 규격(-導線規格), **B&S** 와이어 게이지 미국식 와이어 게이지.

brown coal 갈탄(褐炭) 탄화 정도가 낮은 석탄. 질은 이탄(泥炭)과 석탄의 중간 정도이며, 재질의 구조가 분명하게 확인된다.

browning 착색(着色), 브라우닝 철, 동, 황동 등의 금속 제품을 산화제, 황화물(黃化物) 등의 금속 제품을 산화제, 황화물 등 여러 가지 약품을 섞은 수용액 속에 담가 그 표면에 색이 나는 피막을 만드는 것.

brush 브러시[1], 솔[2] ① 발전기에서 발생된 전력을 전기자(電機子)로부터 뽑아 내거나 전동기의 회전자에 전력을 주기 위해 이용되는 장치.
② 도료(塗料)를 칠하는 솔, 옷솔 등.

brushless DC motor 브러시리스 DC 모터, 브러시리스 직류 전동기(-直流電動機) 코일을 기계적인 브러시 대신 트랜지스터로 교체한 것. 브러시가 없기 때문에 스파크가 발생하지 않아 가스 폭발의 위험도 없다. 직류 전동기보다 수명이 길다.

bubble 기포(氣泡) 연속한 액상(液相) 중에 기체가 주입되면 표면 장력의 영향으로 거의 둥근 모양의 기체 덩어리가 되어 상승한다. 이 기체의 덩어리를 기포라고 한다. 또, 액체가 가열되어서 액내 증발(비등)이 생기면 기포가 생긴다. 기포가 무리를 이루어 흐르는 것을 기포류(氣泡流)라고 한다.

bucket 버킷, 물받이, 양동이 수차(水車) 주위에 부착한 주강 또는 청동제의 쟁반형 물받이.

bucket conveyor 버킷 컨베이어 2줄의 무단 환상(無端環狀) 체인을 순환시키고 그 사이에 중력으로 아래로 드리워진 버킷을 붙인 컨베이어. 분말, 토사, 광석 등을 연속적으로 운반하는 데에 적합하다.

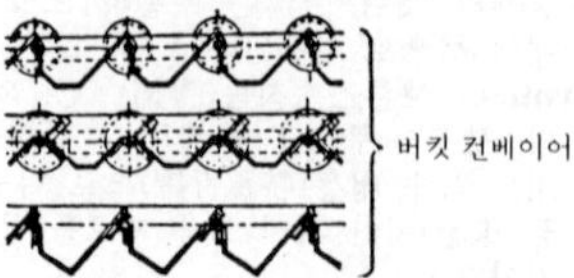

bucket dredger 버킷 준설선(-浚渫船) 준설선의 일종으로, 비항식(非航式 : 소형)과 자항식(自航式 : 중 · 대형)이 있으며, 연(軟) 경토질까지 넓은 범위의 토질에 적합하고 비교적 대용량의 준설에 사용할 수 있다.

bucket elevator 버킷 엘리베이터 무단 환상(無端環狀)의 체인 또는 벨트에 버킷을 고정시킨 형식의 엘리베이터.

bucket pump 버킷 펌프 버킷형의 밸브를 피스톤으로 한 왕복 운동 펌프.

bucket valve 버킷 밸브 →bucket pump

buckle 버클, 체결쇠(締結-) 금속판이나 금속봉을 압축시켰을 때 표면상에 나타난 주름.

buckling 버클링, 좌굴(座屈) 축 방향의 압축 하중을 받는 장주(長柱)는 재료의 비례 한도 이하의 하중일지라도 휨을 일으킨다. 이 현상을 좌굴이라 한다.

buckling load 좌굴 하중(座屈荷重), 임계 하중(臨界荷重) 좌굴을 일으키는 최소의 압축 하중을 말한다. =critical load

buck stay 벅 스테이 일반적으로 보강 지주나 보(梁)를 말한다.

buff 버프, 마포(磨布) 금속의 표면을 연마하기 위해 원형의 천(布) 또는 가죽을 꿰매어 만든 것. 이것에 연마재를 묻혀서 연마한다.

buffer 완충기(緩衝器)[1], 버퍼[2] ① 범퍼(bumper), 쇼크 업소버(shock absorber)라고도 한다.

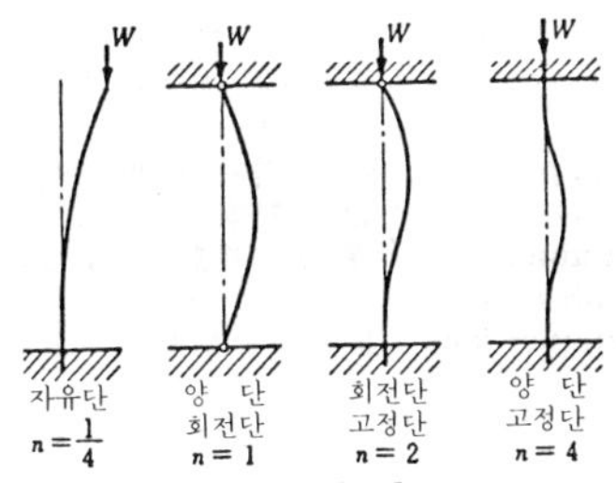

buckling load

② 컴퓨터에서 입출력 조작을 위해 데이터를 일시적으로 저장해 두는 기억 장치.

buffer gas 버퍼 가스 컴프레서 등에서 취급하는 기체가 축을 따라 외부로 누설되는 것을 방지하기 위해, 축의 패킹 그라운드부 등에 누설되더라도 지장이 없는 무해 가스를 공급하는 기체를 말한다.

buffer resistor 버퍼 레지스터 동작되는 속도나 동작의 작동 시간이 서로 다른 2개의 장치, 예를 들면, 입출력 장치와 내부 기억 장치 사이에 있어서 속도나 시간 등의 조정을 하기도 하고 양자를 독립적으로 작동시키는 데에 필요한 기억 장치.

buffer spring 완충 스프링(緩衝-) 충격을 완화시키기 위해 이용되는 스프링. 압축 코일 스프링 또는 링 스프링으로 양자를 병용할 수도 있다.

buffing 마포 연마(磨布鍊磨), 버핑, 버프 연마(-硏磨), 버프 다듬질 버프의 원주 또는 측면에 연마재를 바르고 금속 표면을 연마하는 작업.

buffing machine 버핑 머신 버프 바퀴의 외주에 고운 연마제를 바르고, 이것을 회전시켜 공작물 표면에 대어 정밀 연마 작업을 하는 기계.

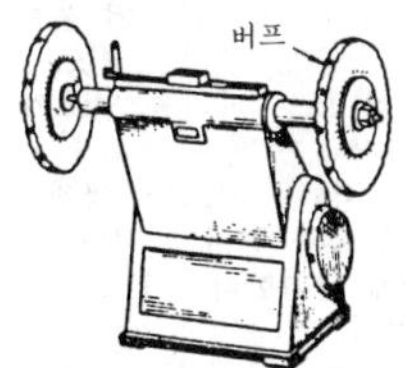

buffing wheel 버핑 휠, 버프 바퀴 버프를 장치하는 바퀴.

bug 버그 컴퓨터 프로그램의 불량한 곳을 가리킨다.

buildup welding 덧살올림 용접(-鎔接), 살붙임 용접(-鎔接), 덧땜 용접(-鎔接) 결함 부분을 제거했거나 마모 등으로 얇아진 모재를 본래의 두께로 복구시키는 용접. 현재는 보수만이 아니라 마모가 예상되는 곳을 제작시 미리 내마모재로 덧붙임한다.

built-in beam 고정보(固定-) =fixed beam

built-up 조립(組立), 빌트 업 조립식의 접두어. 예 : built-up crank-shaft.

built-up beam 조립 보(組立-) = build-up beam

built-up crank 조립 크랭크(組立-) 크랭크 암, 크랭크 핀, 크랭크축을 따로 만들어 수축 끼워맞춤하고 키로 고정하는 등 조립하여 만든 크랭크.

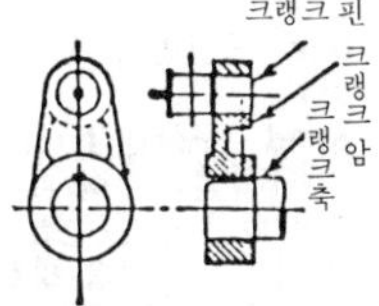

built-up crank shaft 조립 크랭크축(組立-) 크랭크 암, 크랭크 핀, 크랭크 차축 등을 적당히 분할하여 만들고 수축 끼워맞춤 혹은 스플라인 등으로 조립해서 만든 크랭크축. 항공기용 성형(星形) 기관, 선박형 대형 디젤 기관 등에서는 주로 조립 크랭크축이 쓰이고 있다.

built-up edge 빌트업 에지, 구성 날 끝(構成-) 날 끝에 절삭 가루가 부착해서 날끝을 무디게 한 상태. 점성이 강한 재료를 고속으로 절삭할 경우에 일어난다.

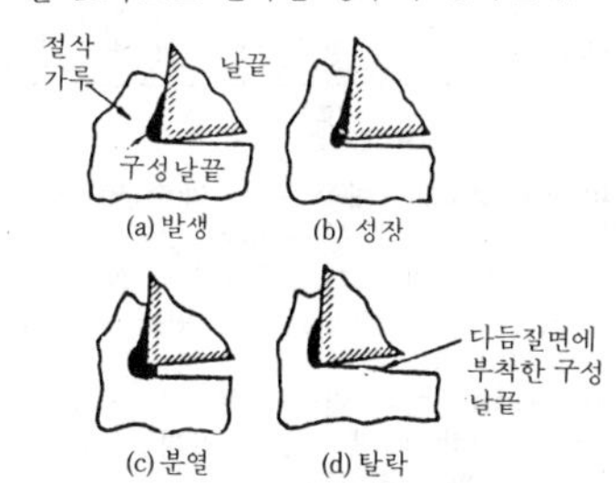

built-up gauge 조립 게이지(組立-) 측정면을 할당한 2편(片)과 이것을 조립하

는 중심편(中心片)으로 조립되는 게이지로 제작이 용이하다. 한계 게이지를 다량으로 사용하는 공장에서 이용되고 있다.

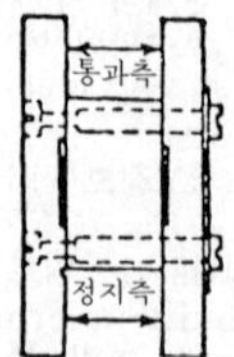

built-up piston 조립 피스톤(組立－) 피스톤 헤드나 피스톤 스커트 등을 따로 만들어 조립한 피스톤.

built-up wheel 조립 차륜(組立車輪) 스포크, 림, 보스 등의 전부 또는 일부가 조립식으로 된 차바퀴.

bulb angle bar 구산형재(球山形材), 벌브 L형재(－形材)

bulb angle steel 구산형강(球山形鋼) 부등변 산형강(不等邊山形鋼)과 거의 같은 형으로, 그 긴 변의 선단(先端)이 둥근 모양으로 되어 있는 산형강을 말한다.

bulge 벌지 부풀었다는 뜻. 국부적 과열이라든가 차압(差壓)으로 인하여 외측 또는 내측이 팽창된 현상.

bulging 벌징 가공(－加工) 금형 내에 삽입된 원통형 용기 또는 관(菅)에 고압을 가하여 용기 또는 관의 일부를 팽대시켜 성형하는 방법. 입이 작고 동체가 큰 용기나 관의 제작에 사용된다.

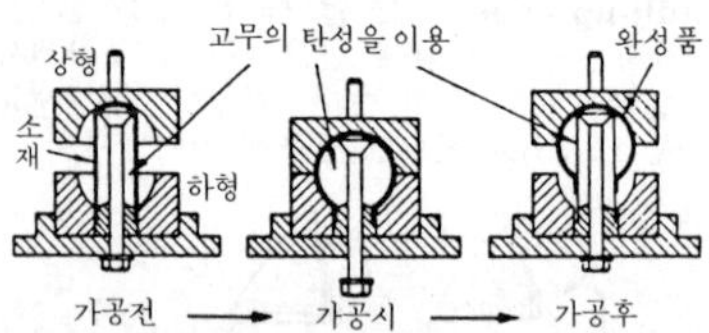

bulk modulus 체적 탄성 계수(體積彈性係數) 탄성체의 전 표면에 같은 압력 P가 작용했을 때, 그 탄성체에서 생기는 체적 변형을 υ 라 하면 체적 탄성 계수 K는 $K=P/\upsilon$.

bulk strain 체적 변형(體積變形) 물체의 응력에 의해서 생기는 부피의 변화량과 본래 부피와의 비(比).

bulldozer 불도저 토목 기계의 일종. 무한 궤도가 달려 있는 트랙터를 운전하는 데 앞머리에 호미처럼 생긴 튼튼하고 커다란 쇳날이 달려 있다. 땅을 다지거나 흙을 파는 데 쓰이는 기계.

bump 범프 시험을 위해 몇 번이고 반복되는 급격하지 않은 충격.

bumper 범퍼, 완충기(緩衝器) =shock absorber

bumper jack 범퍼 잭 범퍼에 거는 자동차용 유압 잭.

bumping down 범핑 다운 압형(押型) 속의 분말에 진동을 주어 분말을 가라앉게 하는 것.

bunker 벙커 저축해 두는 용기. (배의) 연료 창고, 석탄차(石炭車).

Bunsen burner 분젠 버너 저온의 납땜에 이용되는 장치. 도시 가스를 사용하고 공기를 빨아들여 연소시킨다.

buoyancy 부력(浮力) 기체나 액체 속에 있는 물체나 그 표면에 작용하는 압력에 의해서 중력(重力)에 반하여 위쪽으로 뜨게 되는 힘을 뜻한다. 물체에 작용하는 중력이 부력보다 가벼우면 뜨게 된다.

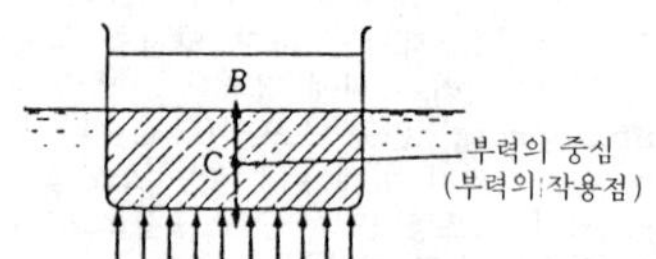

Burgers vector 버거스 벡터 전위(轉位)의 통과에 의해서 일어나는 결정면(結晶面)의 변위 벡터.

burn 번, 소손(燒損) ① 소손(燒損)되는 것을 말한다. 모재(母材)가 구조적으로 견디어 낼 수 없는 고온으로 인하여 생긴 급격한 산화 작용. 색과 외관의 변화로 알 수 있다. ② 전동체가 접촉면과의 마찰로 인한 과열로 타거나 눌어 붙는 것.

burned 구어낸(냈다), 번드 제품 표면에 변색, 휨 또는 파괴를 일으켜서 열분해한 것을 나타내는 현상.

burner 버너 가스나 액체 연료의 연소 기구. 연료와 공기를 적당량 혼합해서 그 분출구에 점화한다. 가스 버너, 오일 버너 등이 있다.

burner characteristics 버너 특성(－特性) 버너의 부하와 분무 압력(噴霧壓力) 등의 관계를 나타내는 특성.

burning 버닝, 소성(燒性) ① 구어낸(burned) 감광막(感光膜)의 내산성을 보

다 증가시키기 위해 시행하는 처리. ② 금속 재료에 과열도(過熱度)를 더욱 세게 하면 국부적으로 용해되기 시작하는 것.

burning velocity 연소 속도(燃燒速度) 주로 예혼합 화염(豫混合火炎)의 연소에 대해 쓰이는 용어이며, 미연 혼합기(未燃混合氣)에 대해서 상대적으로 화염이 전파하는 속도를 연소 속도라고 한다.

burnishing 버니싱, 버니싱 다듬질 가공품 표면에 공구를 대고 연마하여 표면에 나타나는 작은 볼록 부분을 없애고 오목 부분을 메워 표면을 평활하게 하는 방법. 표면이 평활해지는 동시에 경도(硬度)가 상승하고, 압축력을 잔류시켜 피로 강도와 내마모성을 향상시킨다.

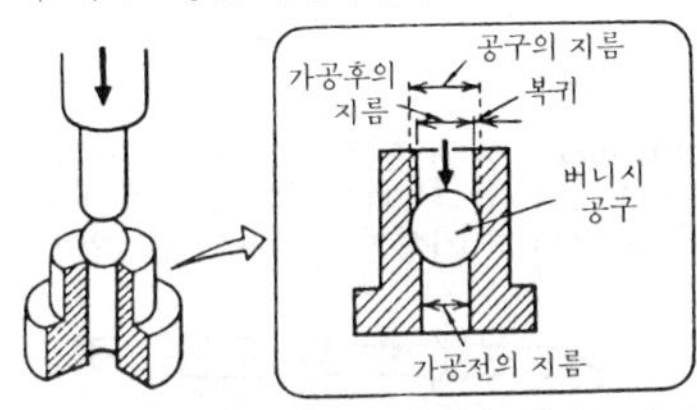

burnishing machine 버니싱 머신, 버니싱기(－機) 버니싱 공구를 사용하여 버니싱 다듬질을 하는 공작 기계.

burn-out 번아웃 끓음 현상에서 열유속을 증가시켜 가면, 전열면의 온도는 상승하나 그 온도가 전열면 재료의 융점 이상이 되면 전열면의 파단, 소손이 생긴다. 이것을 물리적인 번아웃이라고 한다.

burr 버 금속 재료를 절단하거나 구멍 뚫기하는 경우, 절단면 가장자리에 생기는, 벗겨지거나 깔쭉깔쭉하게 일어나는 흠집. ＝fin

burring 버링 가공(－加工) 재료판에 미리 뚫어 놓은 구멍의 가장자리를 원통형 프레스 펀치로 구멍 늘리기를 하는 가공.

burring reamer 버링 리머 파이프를 파이프 커터 등으로 절단할 때 내측에 생긴 끝말림을 연삭하기 위한 리머.

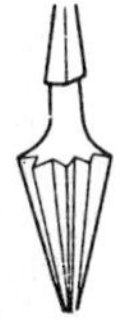

bus 버스 컴퓨터 시스템의 각 블록 간을 데이터 전송할 때 각각에 전용의 전송로를 두는 것이 아니고 전 블록 공용의 전송로로서 각 블록이 서로 제어되면서 데이터의 전송을 하기 위한 신호 경로를 말한다.

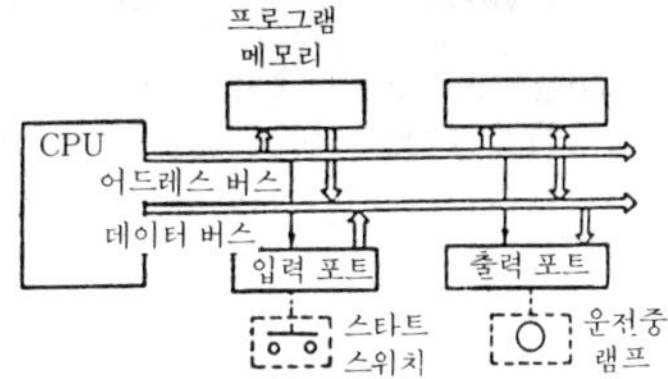

bush 부시 일반적으로 구멍 내면에 끼워 넣는, 두께가 얇은 원통을 말한다.

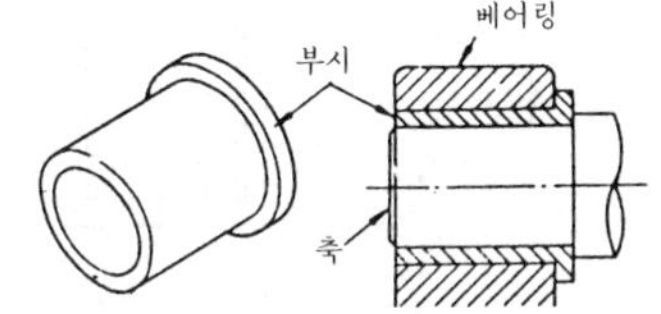

bush chain 부시 체인 롤러 체인에서 롤러를 생략한 형태의 것으로, 저속용이다.

bushing 부시 가공(－加工) →bush

butadiene acrylonitrile rubber ; NBR 니트릴 고무 부타디엔(butadiene)과 아크릴로니트릴과의 공중합체(共重合體)이다. 내유성(耐油性)이 특히 우수하며 내용제성(耐溶劑性), 내약품성, 내마모성과 기계적 강도도 좋으므로 패킹 재료로서 가장 많이 사용된다.

but seam welding 맞대기 심 용접(－鎔接) ＝butt seam welding

butted tube 버티드 관(－菅) 관의 두께를 어느 정도의 길이만큼만 두껍게 한 관. 강도를 필요로 하는 부분을 두껍게 하거나 접합에 편리하게 한 것 등이 있다.

butt end 나무결, 버트 엔드 목재의 나무결에 직각으로 절단한 면.

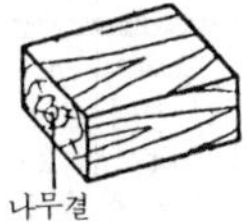

butterfly nut 나비 너트 나비 모양으로 된 특수 너트.

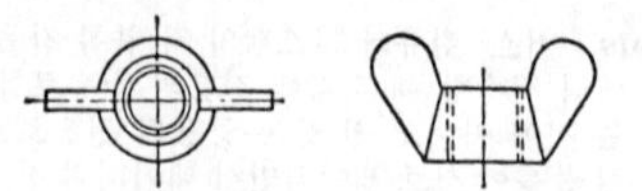

butterfly valve 나비 밸브, 버터플라이 밸브 =throttle valve

buttering 버터링 맞대기 용접을 할 경우, 모재의 영향을 방지하기 위해 개선면(開先面)에 다른 종류의 금속으로 서피싱(surfacing)하는 것.

butt joint 맞대기 이음, 맞댐 이음 체결된 것끼리 맞대어진 상태, 즉 일직선으로 나란히 된 상태로 접합하는 이음.

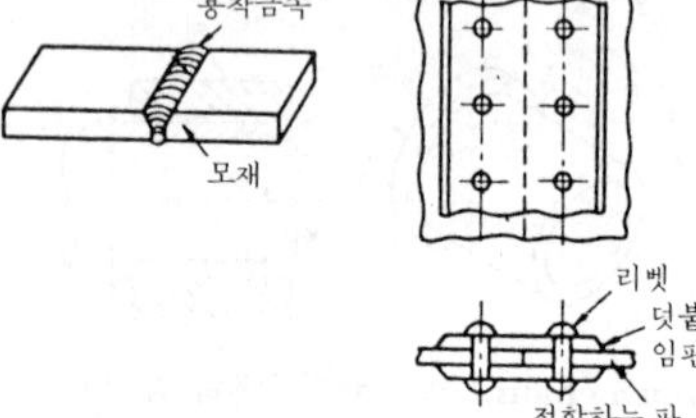

buttless thread 톱니 나사 나사산(山)이 톱날 모양으로 된 나사. 각(角) 나사와 사다리꼴 나사의 장점을 각각 도입한 것으로, 한 방향으로부터의 힘에 잘 견디므로 바이스나 나사 잭 등에 사용된다.

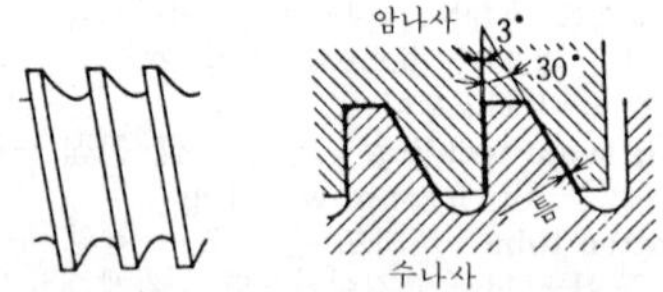

button-head capscrew 둥근 머리 캡 나사 반구형(半球形)의 머리에 홈이 패인 작은 나사. 드라이버로 죈다.

button-head rivet 둥근 머리 리벳 = round rivet

butt resistance welding 맞대기 저항 용접(-抵抗鎔接) 금속의 선(線), 봉(棒), 관(菅) 등을 맞대어 전기 저항 용접하는 방법.

butt seam welding 맞대기 심 용접(-鎔接) 맞댄 부분을 원판의 전극을 이용한 저항 용접으로, 봉합되도록 용접하는 용접 방식.

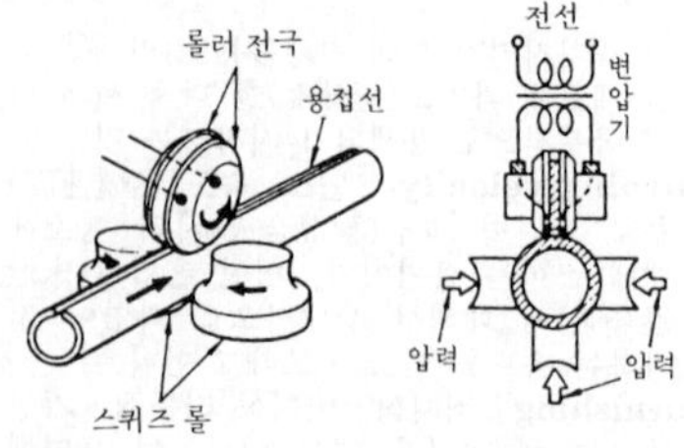

butt strap 덧붙임판(-板)(맞대기 이음), 버트 스트랩 리벳 이음 중에서 맞대기 이음으로 한 쪽 또는 양쪽에 덧붙여 체결하는 보조판.

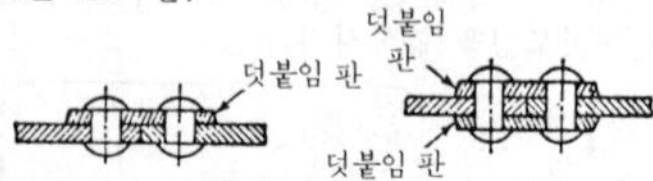

butt weld 맞댄 단접(-鍛接) 접합하려고 하는 2편(片)의 머리를 맞대어 놓고 가압 또는 타격을 가하여 접합하는 단접법.

butt welding 맞댄 용접(-鎔接) 전기 저항 용접의 일종. 막대 모양인 재료의 끝과 끝을 직선 또는 임의의 각도로 맞대어 압력을 가해 접촉시킨 양편을 용접하는 방법.

butyl rubber ; IIR 부틸 고무 이소브탄(isobutane)에 소량의 이소프렌(isoprene)을 공중합(共重合)시킨 것으로, 내산소·내오존성이 있고 내열·내약품성이 우수하다.

buzzer 버저 전자석 코일에 단속 전류(斷續電流)를 흘려 철편의 진동에 의해서 신호음을 일으키는 장치.

bypass 바이패스 =bypath

bypass valve 바이패스 밸브 주관(主菅)으로부터 갈라져서 도중에 설치된 밸브.

bypath 측관(側菅), 바이패스 분기로(分岐路), 분기로관, 측로(側路), 주로(主路)에서 갈라져 주로와 병행하고, 재차 주로에 연결되는 길. 또는, 주관(主菅 : main pipe)에서 분기되어 다시 주관으로 되돌아오는 분기관. 이 분기관 도중에 설치된 밸브를 바이패스 밸브라 한다.

byte 바이트 8비트를 1바이트라 한다. 컴퓨터의 기억, 전송 등의 기본 단위.

C

CA alloy **CA** 합금(－合金) 콘슨 합금에 Al을 첨가한 것으로, 내식성이 큰 스프링 용재로 중용되고 있다. Ni 3.5%, Si 1%, Al 5%, 인장 강도 110kgf/㎟. 이 합금에 Zn 8%를 가한 것을 CAZ 합금이라 한다.

cable 케이블 ① 섬유나 철사로 만든 주위 약 25.4cm 이상의 굵은 밧줄. ② 지하 전선, 가공선, 해저 전선 등의 가설에 이용되는 것. 많은 전선을 한 묶음으로 해서 이에 적당한 보호 장치를 설치하고 있다. ③ 아크 용접구의 일종. 용접기와 용접 유지기, 용접기와 모체를 연결하는 것.

cable belt conveyor 케이블 벨트 컨베이어 벨트는 운반하는 물체를 싣는 역할을 하고, 운반에 필요한 장력은 와이어 로프에 부담시키는 방식의 컨베이어.

cable car 케이블 카 등산 철도의 일종으로, 와이어 로프를 사용하여 산상역(山上驛)에 있는 권상기(捲上機)에 의해 차량을 운전하는 방식을 케이블 카 또는 강색 철도(鋼索鐵道)라고 한다.

cable compensation 케이블 보정(－補正) 케이블 크레인에서 케이블에 장력을 주기 위해 케이블의 해이(解弛)를 잡는 장치. 추를 사용하는 경우가 많다.

cable crane 케이블 크레인, 케이블 기중기(－起重機) 건설 기계의 일종. 스팬(span) 양단에 철탑을 세우고 그 사이에 케이블을 설치하여 주행로로 하여 트롤리를 달리게 하는 형식의 크레인.

cable layer 케이블 부설선(－敷設船) 해저 전선의 부설·보수를 하는 전용 작업선.

cableway 삭도(索道), 케이블 선로(－線路), 로프웨이 긴 스팬(span)에 케이블을 설치하고 이에 지지 대차(支持臺車)를 매달아 주행시키는 장거리 운반 장치. 주로 재목, 광석 등의 운반에 이용된다. ＝ropeway

cable winch 케이블 윈치 케이블을 감아 올리기 위해 사용되는 윈치.

cabtyre cable 캡타이어 케이블 피복된 전선을 2줄 또는 3줄로 합하여 고무로 다시 외피를 입힌 유연성있는 피복 전선.

cadmium 카드뮴 원소 기호 Cd. 은백색의 유연한 금속으로, 융점 321℃. 저융합금(低融合金)이나 알루미늄랍의 성분으로 이용되고, 또 중성자의 침입을 방지하므로 원자 폭탄의 보존 용기로 사용된다.

cage 케이지[1], 지지기(支持器)[2] ① 엘리베이터에서 사람이 타는 방. 크레인의 운전실.
② 볼 베어링이나 롤러 베어링에서 레이스(race)에 끼워진 볼이나 롤러가 언제나 같은 간격을 유지하도록 하는 쇠 장식.

cage motor 농형 유도 전동기(籠形誘導電動機) ＝squirrel-cage induction motor

cage pulley 농형 풀리(籠形－) 여러 장의 둥근 판의 원주상에 둥근 막대를 같은 간격으로 고정시킨 활차(滑車).

cage-type induction motor 농형 유도 전동기(籠形誘導電動機) ＝squirrel-cage induction motor

caisson foundation 케이슨 기초(－基礎), 잠함 기초(潛函基礎) 지반을 굴착하면서 중공(中空)의 통을 지지층까지 가라앉혀 만든 기초로, 교량(橋梁) 등의 기초로 사용된다.

cake 케이크 ① 발광 분광(發光分光) 분석을 할 때 전극(電極) 위에 자료를 올려놓고 방전을 하면 시료 속의 수분, 기타의 휘발분이 증발해서 고형분(固形分)은 팽창한 그대로 반쯤 녹게 된다. 이렇게 해서 생긴 무른 덩어리를 케이크라 한다. ② 환원(還元)된 그대로의 금속 가루 덩어리나 압축되지 않은 금속 가루 덩어리. ③ 단면이 장방형인 구리 잉곳(ingot).

caking 점결성(粘結性) 탄소 함유량이 많은 역청탄(瀝青炭)이 갖는 성질로, 300~500℃로 가열했을 때 연화(軟化)·용융하고, 식으면 단단한 덩어리 모양의 코크스로 되는 성질.

caking coal 점결탄(粘結炭) 연소하면 녹아서 덩어리 모양으로 굳어지는 성질(점결성)을 지닌 석탄. 가스 공업, 코크스 공업에 이용된다.

calcined lime 산화 칼슘(酸化-), 생석회(生石灰) =quick lime

calcined plaster 소석고(燒石膏) 결정(結晶) 석고를 약 150~200℃로 구워서 결합수(結合水)를 2/3 발산시킨 것. 소석고는 물과 반죽하면 잠시 후에 응고된다. 용도는 주형(鑄型), 석고형, 접합용 등.

calcium carbide 탄화 칼슘(炭化-) = carbide

calcium silicate heat insulating material 규산 칼슘 보온재(硅酸-保溫材) 주로 규조토(硅藻土) 석회 및 석면 섬유를 균등하게 배합하여 가열 성형한 보온재.

calculator 계산기(計算機) 계산하는 기계. 기계식에 의한 비교적 기능이 단순한 기계(기계식 계산기)와 전자 회로에 의한 기능이 복잡한 기계(전자식 탁상 계산기, 전자 계산기)가 있다.

calender 캘린더, 광택기(光澤機) 압연기(壓延機)의 일종. 다수의 롤(roll)을 나란히 해서 얇은 물품을 압연하여 평활하게 하고 또 광택을 내는 기계.

calendering 캘린더 가공(-加工) 플라스틱 성형 가공법의 일종. 열가소성 수지를 가열된 2개의 롤(roll) 사이에서 압연하여 필름 또는 시트 모양의 성형품을 만드는 방법.

caliber 캘리버, 구경(口徑) 포(砲)의 구경이나 탄환의 직경 등을 일컫을 때 사용.

calibration 교정(矯正)[1], 눈금 보정(-補正)[2] ① 표준기(標準器), 표준 시료 등을 이용해서 계측기가 나타내는 값과 그 참값과의 관계를 구하는 것.
② 시험 기기 등의 조정이나 눈금 매기기, 눈금 보정을 하는 것.

calibration curve 검정 곡선(檢定曲線), 교정 곡선(校正曲線) 일반적으로 계측기의 교정 결과를 그래프로 나타낸 곡선을 말한다.

caliper 캘리퍼 캘리퍼스를 말한다. 외경이나 두께 계측용은 외경 캘리퍼라 하고, 내경이나 거리 계측용은 내경 캘리퍼라 한다.

caliper gauge 캘리퍼스 게이지 내경 퍼스, 외경 퍼스에 대한 표준 게이지로 이용하는 것. 여기에서 퍼스의 치수를 옮겨 잡으면, 극히 작은 오차도 필요로 하는 열림을 얻을 수 있기 때문에 다수의 동일한 제품을 검사할 때 퍼스의 열림을 이 게이지로 조정한다. 또, 직접적인 제품의 검사나 마이크로미터의 검정에도 이용된다.

calipers 캘리퍼스 두 다리의 선단(先端)을 공작물에 대고 그 열림을 스케일에 맞추어서 둥근 막대나 구멍 지름 등을 계측하는 기구.

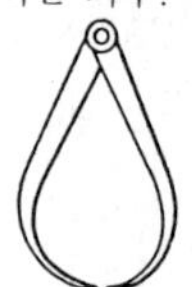

외경 캘리퍼스 내경 캘리퍼스 스크라이빙 캘리퍼스

calking 코킹 =caulkig

calorie 칼로리, 열량(熱量) →calory

calorific power 발열량(發熱量) 일정량의 연료가 완전히 연소했을 때 발생하는 열량.

calorific value 칼로리량(-量), 발열량(發熱量) 반응물이 발열 반응을 일으켜 생성물을 발생시킬 때 반응물의 단위 질량당 방출되는 열량. =heating value

calorimeter 열량계(熱量計), 칼로리미터 열량의 측정, 또는 물체의 비열(比熱), 잠열(潛熱), 반응열 등을 측정하는 데 이용한다. 종류가 대단히 많다.

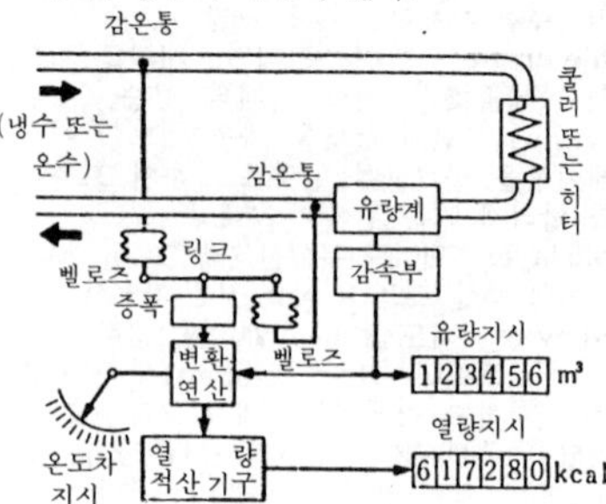

calorimetry 열계량법(熱計量法), 열량 측정법(熱量測定法) 비열, 연소열, 융해열 등의 열량을 측정하는 방법. 측정에 있어서는 열손실의 영향, 온도계나 용기 등 측정기의 열용량을 정량적으로 검토한 것이 중요하다.

calorizing 칼로라이징 강(鋼)의 내열성 및 내식성을 증가시키기 위해 분말 알루미늄이나 또는 이를 함유한 혼합 분말 속에서 강을 가열하여 그 표면에 알루미늄을 확산시키는 것.

calory 칼로리 열량의 단위. 약호 cal. 물 1g을 1℃만큼 높이는 데 필요한 열량을 1칼로리(1cal)라 한다.

cam 캠 판 또는 원통에 꼬불꼬불 구부러진 가장자리 또는 홈이 패여 있는 일종의 바퀴. 회전 운동을 왕복 운동 또는 진동으로 바꾸는 장치를 말한다. 캠의 원동절(原動節)과 종동절(從動節)의 운동이 한 평면 내에 있는 평면 캠과 한 평면 내에 있지 않은 입체 캠으로 대별된다. 전자에는 판 캠, 원판 캠, 접선 캠, 원호 캠, 3각 캠, 직동 캠, 요크 캠, 역(逆) 캠 등이 있고, 후자에는 구면(球面) 캠, 사판(斜板) 캠, 엔드 캠 등이 있다.

camber 캠버 도로의 횡단면이나 교량 기중기의 긴 쪽 방향에 붙이는 상향(上向)의 겹친 판 스프링을 말하는 것으로, 자중이나 하중에 의해 휘어질 것을 예상해서 붙인다.

camber angle 캠버 각(－角) 자동차 앞바퀴의 연직(鉛直)에 대한 기울기.

cam diagram 캠 선도(－線圖) 캠의 운동을 나타내는 선도. 캠의 회전각을 가로축으로, 종절(從節)의 변위를 세로축으로 잡아서 표현한 선도. 이 캠 선도를 이용해서 캠의 윤곽(輪隔)을 만들 수 있다.

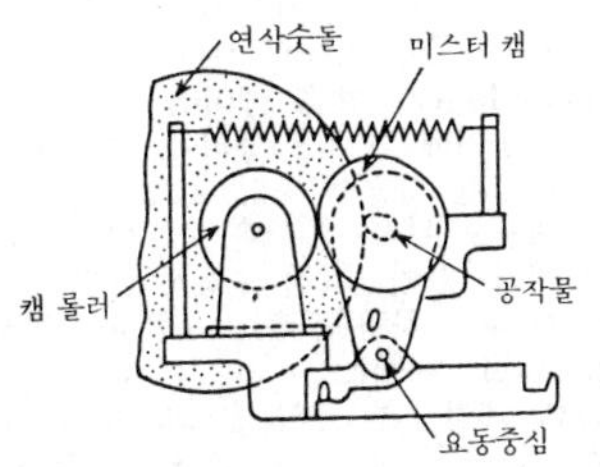

cam mechanism 캠 장치(－裝置) 캠을 사용하여 회전 운동을 직선 운동으로 변환하는 장치. ＝cam train

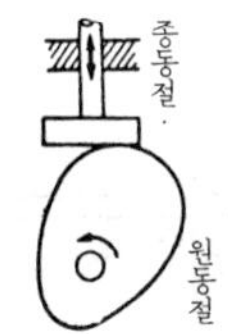

camplasto meter 캠플라스토 미터 변형 저항을 측정하기 위한 압축 실험 장치. 일정한 변형 속도로 압축이 가능하기 때문에 하중과 압축 변위를 동시에 기록할 수 있다.

cam shaft 캠 축(－軸) 캠을 고정하는 축.

candela 칸델라 기호는 cd. 광도(光度)의 국제 단위. 1.0067칸델라가 종래의 1 촉광에 해당된다.

canned motor pump 밀폐 전동기식 펌프(密閉電動機式－), 캔드 모터 펌프 교정자의 안쪽에 밀폐 용기를 갖춘 전동기에 의해서 구동되는 펌프로, 수중 펌프에 흔히 사용된다. 용기 안쪽은 펌프 내부와 연통(連通)되어 있고, 축봉부(軸封部)가 없기 때문에 양액(揚液)의 누설이 발생하지 않는다.

cannular type combustion chamber 캐뉼라형 연소기(－形燃燒器) 고리 모양의 유로(流路) 속에 통 모양의 내통(內筒)을 여러 개 배치한 형식의 가스 터빈 연소기. 외경을 작고 가볍게 할 수 있기 때문에 제트 엔진용으로서 널리 쓰이고 있다.

cant 캔트 열차가 곡선로를 주행하면 원심력의 작용으로 바깥쪽 레일에 과대한 하중이 걸리고, 안쪽 레일의 하중이 감소하여 차량이 불안정하게 되어 전복할 위험성이 생기고 또 승차감을 잃게 되므로, 이것을 방지하기 위해 바깥쪽 레일을 안쪽 레일보다 높게 부설하여 원심력과 중력의 밸런스를 잡아 차량의 안정성을 유지시킬 필요가 있다. 이 내외 레일면의 고저차를 캔트라고 한다. ＝superelevation

cant file 3각형 단면 줄(三角形斷面－), 캔트 줄, 경사형 줄(傾斜形－) 단면 모양이 정각(頂角)이 큰 2등면 3각형으로 된 줄.

cantilever 캔틸레버, 외팔보 2개의 베어링 사이에 고정시키지 않고 베어링 바깥쪽에 고정시켰을 때 캔틸레버 고정이라 한다. 외팔보란 보의 한 끝만을 고정시킨 보를 말한다.

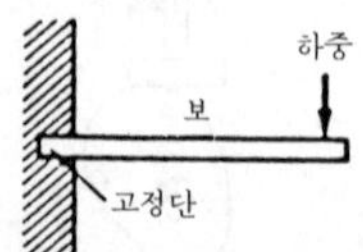

cantilever crane 캔틸레버 크레인, 외팔보 크레인 지브 크레인의 일종. 벽 크레인 등이 그 예이다. 수평 보의 한 끝에 지지 가구(支持架構)를 갖추고, 긴 보의 무게를 기계실 등의 무게로 균형을 잡는 식의 크레인.

cantilever spring 외팔보 스프링. 캔틸레버 스프링 한 쪽 끝을 고정시킨 판 스프링. 예를 들면, 1/4 타원 스프링이 있다.

can type combustion chamber 통형 연소실(筒形燃燒室) 일반적으로 쓰이고 있는 가스 터빈 연소기의 한 형식. 그림과 같이 내통(內筒), 외통이라고 부르는 이중의 원통으로 이루어지며 압축기에서 보내온 공기는 1차 및 2차 공기로서 연소실 내에 들어간다. 캔형 연소기라고도 한다. →cannular type combustion chamber, annular combustion chamber

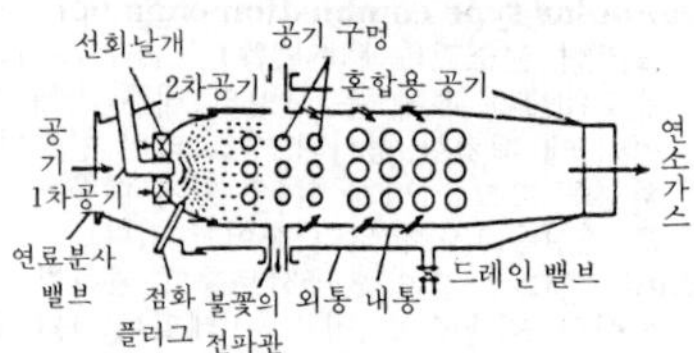

cap 캡 ① 일반적으로 모자 모양의 뚜껑 또는 덮는다는 뜻. ② 이형관(異形管)의 일종. 배관 공사에서 관 끝이나 관 구멍을 폐쇄하는 부품. ③ 분할 베어링의 캡.

capacity 용량(容量) ① 능력. 보통 작업기계, 원동기, 펌프 등이 해 낼 수 있는 능력을 뜻한다. ② 어떤 물질이 일정 상태에서 지닐 수 있는 열량 또는 전기량을 생각할 경우 이것들을 각각 그 물질의 열 용량, 전기 용량이라 한다.

cape chisel 케이프 치즐 끝이 둔각 3각형인 끌. 날의 폭은 3~6mm이다.

capillarity 모세관 현상(毛細管現象) 모세관(capillary tube : 작은 지름의 관)

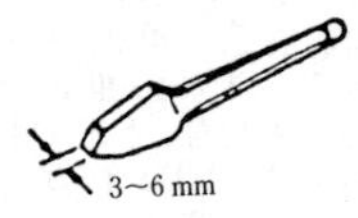

cape chisel

을 액체 속에 세웠을 때, 관 내의 액면은 액이 관을 적실 수 있는 액(물)이면 올라가고, 관을 적실 수 없는 액(수은)이면 내려가는 현상. 이 작용을 모세관 작용(毛細管作用)이라 한다.

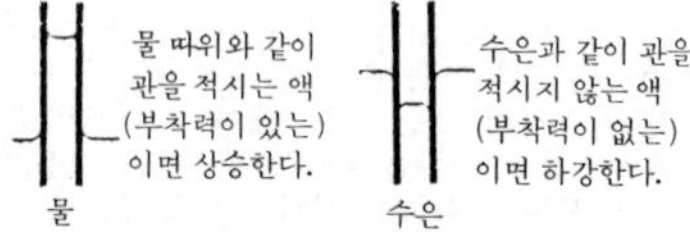

capillary action 모세관 작용(毛細管作用) →capillarity

cap nut 캡 너트 특수 너트의 일종. 누설 방지의 필요가 있을 때, 나사의 틈새에서 액체가 흘러 나오는 것을 방지하기 위해 사용되는 너트.

cap screw 캡 스크루, 캡 나사

capstan 캡스턴 무거운 것을 끌거나 감아 올리는 데 사용하는 장치. 선박에서 닻을 감아 올리는 데 많이 사용된다.

capstan lathe 터릿 선반(－旋盤), 포탑 선반(砲塔旋盤) ＝turret lathe

capstan rest 터릿 절삭 공구대(－切削工具臺) 여러 종류의 절삭 공구를 작업에 따라 순차적으로 선회시켜 사용할 수 있는 구조의 회전 절삭 공구대.

capsule extrusion 캡슐 압출(－押出) 균열되거나 산화되기 쉬운 빌릿(billet)을 다른 금속으로 둘러싸서 압출하는 열간 압출의 새로운 기술의 하나.

capsule layer 캡슐 레이어 파이프 속을 압축 공기에 의해서 달리는, 고무제 차바퀴가 달린 캡슐형 풍압 수송차로, 바람총을 대규모로 한 것 같은 구조이며, 캡슐차를 여러 대 연결해서 수송하는 것.

car 차(車), 차량(車輛), 자동차(自動車)

car. 캐럿 ＝carat

carat 캐럿 ① 금의 순도를 나타내는 단위. 순금을 24K라 한다. 예를 들면, 14K는 금이 14/24라는 것을 나타낸다. ② 다이아몬드, 진주, 그 밖에 보석의 중량 단위. 1 캐럿=0.205g.

carbide 카바이드[1], 탄화물(炭化物)[2] ① 탄화 칼슘의 속칭. 단단한 결정성인 백색의 고체. 물과 화합해서 아세틸렌을 발생한다. 회색 또는 흑색으로 악취가 있으며, 주로 가스 용접에 이용된다.
② 탄소와 그 밖의 다른 1원소만으로 이루어지는 화합물. 예를 들면, 카바이드(탄소와 칼슘), 카보런덤(탄소와 규소).

carbide annealing 탄화물 어닐링(炭化物−), 탄화물 풀림(炭化物−) 일반적으로 어닐링한 고속도강(高速度鋼)을 다시 600~700℃로 가열한 후 수냉(水冷)하는 방법. 이에 의해서 약 10%, 연화되면서 점성은 높아진다.

carbide tip 초경 팁(超硬−), 카바이드 팁 초경 합금의 팁.

carbide tipped reamer 초경 팁 리머(超硬) 초경 합금의 팁을 납땜한 리머.

carbide tool 초경 공구(超硬工具) 절삭날 부분의 재료에 초경 합금(탄화 텅스텐을 주체로 한 소결물)을 사용한 공구. = carbide bit

car body 차체(車體) 자동차, 자전거, 전차 등의 차 외면을 이루고 있는 부분. 동력부, 차륜 등은 포함되지 않는다. = carrosserie

carbolloy 카벌로이 →cemented carbides

carbon 탄소(炭素), 카본 원소 기호 C, 원자 번호 6, 원자량 12.000, 동소체(同素體)는 다이아몬드, 흑연, 무정형(無定形) 탄소의 3종류가 있다.

carbon arc 탄소 아크(炭素−) 탄소봉 2개를 서로 마주보게 해 놓고 이에 전압을 걸어 아크를 발생시키는 것.

carbon arc cutting 탄소 아크 절단(炭素−切斷) 탄소 아크를 이용하여 금속을 절단하는 것.

carbon arc welding 탄소 아크 용접(炭素−鎔接) 탄소 아크를 이용하여 용접봉을 아크 속에 집어 넣고 녹여 붙이는 용접을 말한다. 같은 종류의 철합금 용접에 이용된다.

carbon black 카본 블랙 가스상(狀) 또는 액상(液狀)의 탄화 수소를 불완전 연소 또는 열분해해서 만든 흑색 분말.

carbon deposit 카본 디포짓 엔진의 연소실, 피스톤, 밸브 등의 각 부에 부착된 연소 생성물.

carbon electrode 탄소 전극봉(炭素電極棒) 탄소 또는 흑연제(黑鉛製)의 전극봉. 금속의 절단·용접이나 전기로의 전극 등에 사용된다.

carbon fiber 탄소 섬유(炭素纖維) 폴리아크릴로니트릴(PAN) 섬유를 내염화(耐炎化) 처리한 다음, 1,000~1,500℃에서 탄화하면 탄소 섬유가 된다. 이것을 다시 2,500~3,000℃의 고온으로 처리하면 흑연화(黑鉛化)해서 고탄성의 섬유가 된다. 이것이 CFRP용의 섬유이다. 특징은 내식성이 크고, 열팽창이 작으며 전기 전도성이 좋고, 또 내열성에 뛰어나다.

carbon fiber reinforced plastics ; CFRP 탄소 섬유 강화 플라스틱(炭素纖維强化−) 휨 강도는 GFRP의 2배이고, 크리프 변형량은 1/2이다. 스포츠 용품에 많이 사용되고 있다. 골프 클럽 샤프트, 낚싯대, 라켓 등은 그 예이다.

carbonitriding 침탄 질화(浸炭窒化) 침탄에 의한 표면 경화와 질화에 의한 표면 경화를 동시에 처리하는 표면 경화법으로, 그 예의 하나가 청화법(靑化法)이다.

carbonization 탄화 작용(炭化作用) 물질에서 탄소 이외의 것을 제거하고 탄소만을 남기는 것.

carbon packing 탄소 패킹(炭素−) 경질 패킹의 일종. 원호상(圓弧狀)의 탄소편을 고리 모양으로 조합하여, 스프링으로 축에 가볍게 밀어대는 장치.

carbon ring packing 카본 링 패킹 카본 링을 3~6분할한 것의 주위를 코일 스프링으로 안쪽에 체결하여, 축을 따라 전해오는 누설을 방지하는 방식의 패킹이다.

carbon steel 탄소강(炭素鋼) C 1.7% 이하를 함유한 강을 탄소강이라 하며, 탄소 함유량에 따라서 강을 다음과 같이 분류한다. C 0.12% 이하=극연강(極軟鋼), 0.12~0.2%=저탄소강(연강), 0.2~0.45=중탄소강(반연강, 반경강), 0.45~0.8%=고탄소강(경강), 0.8~1.7%=최경강(지경강).

carbon tool steel 탄소 공구강(炭素工具鋼) 0.6%~1.5%의 탄소강재(킬드 강괴)를 열처리해서 만든 공구강(工具鋼)을 말한다.

carborundum 카보런덤 탄화 규소(SiC)의 상품명. 규사(硅砂)와 코크스를 약 2,000℃의 전기 저항로에서 강하게 가열하여 만든 아름다운 결정체(結晶體). 융점이 높고 단단하다. 순수한 것은 녹색, 좀 불순한 것은 흑색. 용도는 연마재(研磨材), 내화 재료용이다.

carburettor 기화기(氣化器), 카뷰레터 불꽃 점화 기관에서 가솔린이나 석유 등의 액체 연료를 기화하고 공기와 혼합하여 가스 상태로 하는 장치. =carburetor

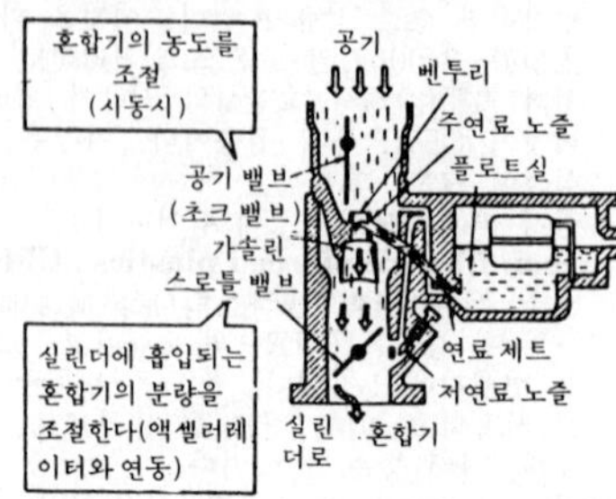

carburizer 침탄제(浸炭劑) 저탄소강 또는 저탄소 합금강과 함께 가열해서 그 표면에 침탄시키는 것. 고체의 것은 목탄에 탄산 바륨을 가한 것. 액체인 경우는 청화(青化) 칼리를 주성분으로 하는 염류(청화법), 기체인 경우는 메탄의 기류 속에서 가열하는 방법 등이 있다.

carburizing 침탄(浸炭) =cementation

carburizing steel 침탄강(浸炭鋼) =cemented steel

Cardan drive 카던 전동(-傳動) 전자, 전기 기관차의 주 전동기 회전력을 차바퀴에 전달하는 방식의 하나로, 카던(G. Cardan)이 고안한 유니버설 조인트를 이용한다.

Cardan joint 카던 조인트(이음) = Hooke's joint

Cardan shaft 카던 샤프트 변화하는 축각에 적합하도록 단말에 자재(自在) 이음을 갖춘 축.

Cardan shaft transmission 카던식 동력 전달 장치(-式動力傳達裝置) 자재(自在) 이음 또는 가요축(可撓軸) 등을 이용해 주 전동기의 회전력을 동축(動軸)으로 전달하는 장치. 이 방식을 이용하면 전동기를 경량화할 수 있는 동시에 진동 방지의 효과가 있다.

card clothing 침포(針布) 방적 공정에서 카드의 플랫(flat)이나 도퍼(doffer)에 붙이는 것으로, 기포(基布)에 「ㄱ」자 모양으로 구부린 바늘을 심은 것이다.

car dumper 카 덤퍼 화차에서 석탄, 분체(粉體) 등의 짐을 하역할 때 화차를 옆으로 경사시켜 내용물을 낙하시키는 장치를 말한다. 경사 방법에 따라 회전식 카 덤퍼와 측전식 카 덤퍼(turnover car dumper), 인상 측전식(引上側轉式) 카 덤퍼(lifting car dumper), 세로 방향 경전식(傾轉式 : car tippler car dumper) 등이 있다.

careless miss 캐어리스 미스 부주의로 실수하는 것.

careless mistake 과실 오차(過失誤差) 부주의로 인한 오차. 예컨대 눈금을 잘못 읽는다든가, 기록을 잘못하는 것 등.

cargo work 하역(荷役) 각종 하물을 싣거나 내리거나 이동시키는 운반 작업.

Carnot's cycle 카르노 사이클, 카르노 순환 과정(-循環過程) 2개의 단열 변화와 2개의 등온 변화로 성립되는 사이클. 이 사이클의 열효율은 Q_1-Q_2/Q_1으로 표현된다. 실용화되고 있지는 않으나 열역학상 중요한 사이클이다.

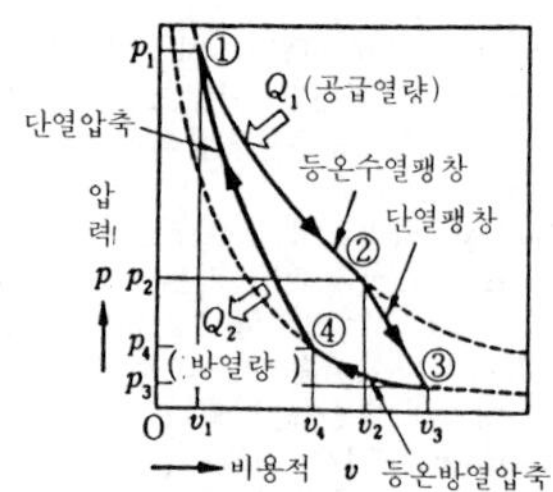

〔카르노 사이클의 열효율 η_c〕

$$\eta_c=1-\frac{Q_1}{Q_1}=1-\frac{T_2}{T_1}$$

T_1 : 고열원의 온도

T_2 : 저열원의 온도

carpenter's auger 나사 송곳 =auger

carriage 왕복대(往復臺) 선반에서 절삭 공구에 이송을 주는 장치. 새들, 절삭 공구대, 에이프런의 3부로 이루어져 있다.

carrier 캐리어, 운반체(運搬體)[1)~3)], 돌리개[4)] 운반한다는 뜻. ① 선재(線材)를 다발로 반송(搬送)하는 장치.
② 프레스 가공의 순송 작업시(順送作業時)의 스트립(strip) 이송 장치.

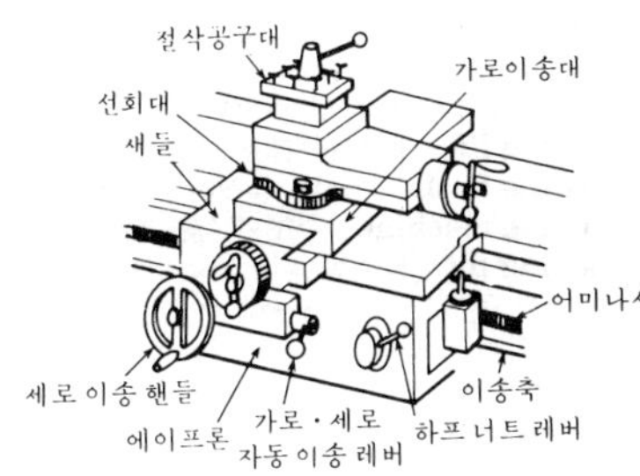

carriage

③ 전자 용어에서는 물질 속을 이동해서 전하(電荷)를 운반하는 전류 담체(電流擔體 : 이온, 전자, 정공).
④ 선반 부속품의 일종. 선반에서 공작물의 한 끝에 나사로 고정시키고, 주축단(主軸端)에 고정시킨 돌림판과 연계시켜 공작물을 회전시키는 것.

carrier plate 모판(母板), 어미판(−板) 겹판 스프링에서 스프링판의 양단에 스프링귀를 붙인 판.

carriet 돌리개, 선반 돌리개(旋盤−)

carrosserie 차체(車體) =car body

carrying-roller 캐링 롤러 벨트 컨베이어에서 물건을 운반하는 측의 벨트를 지지하는 롤러의 총칭. 롤러는 용도에 따라서 여러 가지 호칭이 있다.

carry-over 캐리오버 물 속에 용해되어 있는 고형분이나 수분이 증기의 흐름에 따라서 발생 증기 속으로 운반되어 나오게 되는 기수 공발(汽水共發)의 현상.

carry-over loss 캐리오버 손실(−損失) 배기(排氣)가 가지고 달아나는 열량·속도 등에 의한 에너지 손실.

cartridge 카트리지 약협(藥莢)이라는 뜻이지만, 착탈(着脫)을 자유로이 할 수 있는 교환식의 필름이나 테이프, 퓨즈가 들어 있는 유리 공기(空器), 픽업 헤드 등을 말한다.

cartridge brass 약협 황동(藥莢黃銅), 카트리지 황동(−黃銅) Cu 65%, Zn 35%의 황동으로, 인성과 강도가 크고, 깊게 쥘 수 있으므로 약협과 같은 것을 제조하는 데 적합하다.

carving machine 조각기(彫刻機) =engraving machine

car wheel lathe 차량 선반(車輛旋盤) 철도 차량의 차바퀴 외주를 절삭하기 위한

선반. =tyre

cascade control 종속 제어(從屬制御), 캐스케이드 제어(−制御) 피드백 제어계에 있어서 1개의 제어 장치의 출력 신호에 의해서 다른 제어 장치의 목표값을 변화시켜 처리하는 제어.

cascade effect 캐스케이드 효과(−效果), 캐스케이드 영향(−影響) 캐스케이드란 “분기 폭포(分岐瀑布)”라는 뜻으로, 캐스케이드 효과는 어떤 현상이 분기 폭포와 같이 잇달아 늘어가는 것을 말한다.

cascade pump 캐스케이드 펌프 고속으로 회전하는 다수의 홈을 판 날개차(impeller)와 유체(流體)의 마찰에 의해서 액체를 뿜어 내는 펌프.

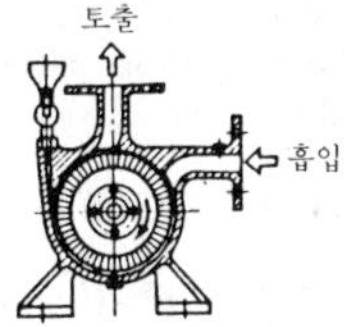

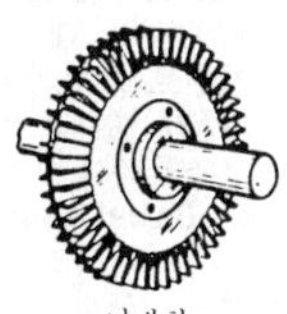

cascade tunnel 캐스케이드 풍동(−風洞), 익렬 풍동(翼列風洞) →cascade tunnel test

case hardening 표피 경화(表皮硬化), 표피 담금질(表皮−), 케이스 하드닝 탄소 함유량 0.2% 이하의 강(鋼)의 표피만을 경화시켜 내마모성을 증대시키고, 내부는 고유의 점성(粘性) 강도를 유지시키는 방법. 표면의 탄소량을 0.9~0.95%로 한 것을 담금질 뜨임을 한다. 차축(車軸), 기어 등의 마멸되기 쉬운 부분의 표면을 경화시키는 데에 응용된다. =carburizing and quenching

case hardening steel 표피 경화강(表皮硬化鋼), 침탄 담금질 강(浸炭−鋼) =cemented steel, cement steel

cash register 금전 등록기(金錢登錄機)

상점 등의 매상을 품목별과 건수마다 등록하는 동시에 등록없이는 캐시 박스가 열리지 않게 한 기계.

casing 케이싱 터빈이나 펌프, 팬, 감속기 등에서 기계 내부를 밀폐하기 위해 피복, 용기, 둘러싸기 등의 역할을 하는 부분.

casing (wear) ring 라이너 링 유체 기계 내의 고압부와 저압부를 칸막이 하기 위해 클로즈드 날개차와 케이싱과의 사이에는 틈이 좁은 수축부가 필요하다. 교축부에서 날개차 혹은 날개차 링의 미끄럼부와 마주보게 하여 케이싱을 부착할 수 있는 링을 라이너 링이라고 부른다. 마찬가지로 같은 목적으로 수차의 러너에 마주보게 하여 부착되는 링을 커버 라이너(wearing ring)라고 한다.

cassette 카세트 1개의 케이스에 한데 모아 넣어져 있는 카트리지 형식의 것을 말한다. 예를 들면, 카세트 테이프 등.

cast 주형(鑄型), 주물(鑄物), 주조하다(鑄造－), 캐스트

castability 주조성(鑄造性) 주조(鑄造)의 난이(難易) 정도. 즉, 유동성, 점성(粘性) 등도 이 성질에 포함된다.

castable refractory 캐스터블 내화물(－耐火物) 내화성 골재와 수경성(水硬性) 시멘트를 혼합한 내화물로, 물에 혼합시켜 거푸집에 부어 넣으면 그대로 내화성 구조물로서 사용할 수 있다.

castellated shaft 스플라인 축(－軸) ＝spline shaft

caster 캐스터 운반 차량에 이용되는, 방향을 자유로이 할 수 있는 작은 차바퀴. ＝castor

casting 주조(鑄造)[1], 주형 성형(鑄型成形)[2]
① 금속을 열에 녹인 다음 주형(鑄型)에 주입해서 원하는 모양의 제품을 만드는 작업. 주조에는 주로 선철(銑鐵), 강(鋼), 동합금(銅合金), 알루미늄 합금 등이 사용된다.
② 플라스틱 성형법의 일종. 유동 상태에 있는 수지를 거푸집에 흘려 부어서 굳히는 방법. 주형용(鑄型用) 수지에는 페놀 수지, 요소 수지, 불포화(不飽和) 폴리에스테르 수지, 아크릴 수지 등이 사용된다. ＝cast molding

casting bed 주조 바닥(鑄造－), 주상(鑄床) 주물장(鑄物場)의 토방(土房)에 형을 넣을 수 있도록 주물사(鑄物砂)를 깔아 놓은 장소.

casting defect 주조 결함(鑄造缺陷), 주조물 결함(鑄造物缺陷) 캐스팅 디펙트, 주물 표면에 나타난 불량한 곳.

casting fin 주조 핀(鑄造－) ＝fin

casting flash 캐스팅 플래시 ＝fin

casting machine 주조기(鑄造機)

casting pit 캐스팅 피트 큰 주물은 바닥 속에 묻어서 처리하는데, 이를 위해 도랑을 파서 물이 침투하지 않도록 주위를 견고히 하는 것.

casting plan 주조 계획(鑄造計劃), 주조 방안(鑄造方案) 주형 제작의 계획으로서 탕구(湯口)·둑·압탕(押湯)·라이저·냉각쇠 등의 위치·치수·주입 시간 등을 결정하는 것. ＝casting design

castings 주물(鑄物) ＝cast

casting sand 주물사(鑄物砂) ＝molding sand

casting strain 주조 변형(鑄造變形) 주물을 냉각시킬 때, 또는 잔류 응력에 의해 생기는 변형.

casting stress 주조 응력(鑄造應力) 주물의 부분적인 불균일 냉각으로 인하여 자유 수축이 억제되어 생기는 응력.

casting surface 주물 표면(鑄物表面) 주물을 주조한 그대로의 표면.

casting temperature 주조 온도(鑄造溫度), 주탕 주입 온도(鑄湯注入溫度) ＝pouring temperature

cast iron 주철(鑄鐵) C 1.7%～6.88%를 함유한 철의 합금. 실제 사용되는 것은 C 2.5～4.5% 범위이며, Fe, C 이외에 Si, Mn, P, S 등을 함유한다.

cast iron boiler 주철 보일러(鑄鐵－) ＝cast iron sectional boiler

cast iron pipe 주철관(鑄鐵管) 주철제의 관. 매몰관으로서 내구성이 강하고 값이 싸기 때문에 수도, 가스, 배수로 등에 적합하다. 현재는 구상 흑연 주철(球狀黑鉛鑄鐵)이 많다.

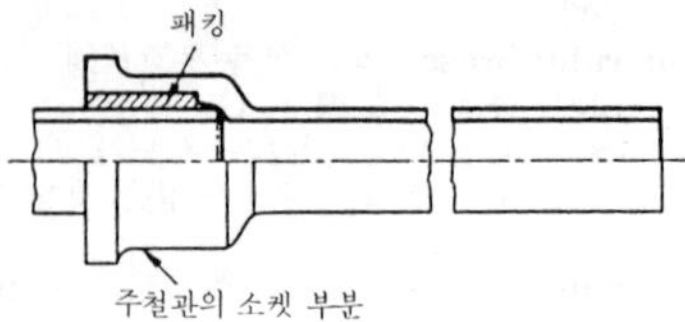

주철관의 소켓 부분

cast iron sectional boiler 주철 보일러(鑄鐵－) 주철제의 섹션을 조합하여 만든

보일러. 분해, 조립이 용이하고 부식에도 강하다. 주로 난방용 저압 보일러나 온수만을 만드는 온수 보일러로 이용된다.

castle nut 캐슬 너트, 홈 너트 =fluted nut

cast molding 주형 성형(鑄型成形) = casting

castor 캐스터 =caster

castor oil 피마자 유(-油) 피마자씨로 짜낸 불건성 지방유(不乾性脂肪油). 유성(油性)이 우수하여 윤활유로서 고속 내연기관이나 고하중(高荷重) 베어링용에 적합하다.

cast steel 주강(鑄鋼) 평로(平爐), 전로(轉爐), 전기로, 도가니로 등에서 용해한 강을 모래의 주형(鑄型)에 주입(鑄入)하여 필요한 형상이나 치수로 성형한 것. C 0.15~0.50%를 함유하며, 주철보다도 신장률이 있고 인장 강도도 크다. 단조로는 만들기 어렵고, 주철로는 강도가 부족할 경우에 주강이 기계 부품에 널리 이용되고 있다.

cast structure 주조 조직(鑄造組織) 주조 상태의 조직.

catalog 카달로그 =catalogue

catalogue 카탈로그 제조자가 그 제품의 내용, 성능 등을 설명한 선전용 소책자를 말한다.

catalyst 촉매제(觸媒劑) 중합(重合) 또는 경화(硬化)를 촉진시키기도 하고, 반응을 일으키기 쉽도록 하기 위해 첨가하는 것.

catch plate 회전판(回轉板) =driving

category Ⅰ test 카테고리 원 테스트 서브 시스템 페이스의 공장 검사.

category Ⅱ test 카테고리 투 테스트 토털 시스템의 사용 환경에 유사한 환경하에서의 공장 검사.

catenary 현수선(懸垂線) 양단을 고정된 고른 무게의 실이 자중에 의해 그리는 곡선. 쌍곡선 함수로 나타내어진다.

catenary angle 커티너리 각(-角) 전선을 수평으로 뻗치면 자연적으로 이루어지는 곡선으로, 흔들리고 있는 전선이 이루는 곡선을 포함해서 평면 내에서의 전선 고정점을 통하는 수평선과 전선이 이루는 곡선과의 사이에 생기는 각도.

caterpillar 캐터필러, 무한 궤도(無限軌道) 차바퀴 대신 앞뒤 바퀴에 벨트상(狀)의 띠를 걸고 회전시켜 달리게 하는 장치. 굴곡이 격심하거나 질퍽거리는 길에서도 자유롭게 달릴 수 있다. 크레인, 경운기, 설상차(雪上車) 등에 널리 이용된다. =crawler

caterpillar tractor 무한 궤도 트랙터(無限軌道-), 캐터필러 트랙터 캐터필러에 의해서 운행하는 견인차. 농경·토목·중량물 운반용.

cat head chuck 캣 헤드 척 속이 비어 있는 원통 양단의 가까운 곳에 4개씩의 고정 나사를 반경 방향으로 심은 척.

cathode 음극(陰極) =negative pole

cathod ray tube : CRT 음극선관(陰極線菅) 음극선의 약칭. 일반적으로 텔레비전이나 관측용 브라운관을 가리킨다.

cathode sputtering 음극 스퍼터링(陰極-), 캐소드 스퍼터링 진공 또는 저압의 장소에서 방전이 이루어질 때에 음극 물질이 증발하여 다른 장소로 부착해 가는 것을 말한다.

cathodic protection 음극 방식(陰極防蝕), 음극 방식법(陰極防蝕法) 방식(防蝕) 대상의 금속체를 음극이 되도록 전기를 흘림으로써 부식을 방지하는 것. 음극에 전류를 흐르게 하는 방법에는 두 종류가 있다. ① 외부 직류 전원에서 내식성 양극(耐蝕性陽極)을 대극(對極)으로 해서 음극에 전류를 공급한다. ② 금속의 이온화 경향을 이용하는 방식법으로, 방식 대상이 되는 금속에 그 금속보다 이온화 경향이 큰 금속(Mg, Zn과 같은 금속)을 연결하고 이것을 희생 금속으로 하여 방식 대상 금속 대신 부식시키는 방법.

cation 양이온(陽-), 카티온 →ion

cation exchange tower 양이온 교환탑(陽-交換塔), 카티온 교환탑(-交換塔) 이온 교환 수지에 의해서 물 속의 양이온을 제거하는 장치.

caulking 코킹 보일러, 물탱크, 가스 저장조 등과 같은 압력 용기에 사용되는 리벳 체결에 있어서, 기밀(氣密)을 유지하기 위해 코킹 공구, 즉 무딘 날로 된 정(코킹 정)으로 리벳 머리, 판의 이음매, 가장자리 등을 쪼아 붙이는 작업. =calking

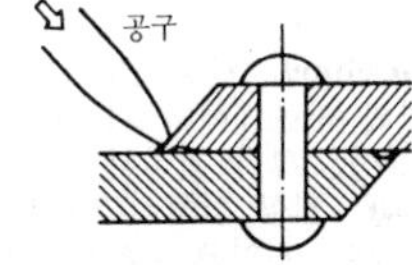

C

caulking chisel 코킹 정, 코킹 끌 코킹 작업용 정. 날 끝이 4~6mm로 편평하게 되어 있다.

cause and effect diagram 특성 요인도(特性要因圖) 생산 공정에서 일어나는 문제의 결과와 원인과의 관계를 체계화해서 그림으로 나타낸 것. =characteristic diagram

cavitation 공동 현상(空洞現象), 캐비테이션 수차 등에서 유수(流水)의 단면이 급변하든가 혹은 흐름의 방향이 바뀌어지면 그 가까이에 공동부(空洞部)가 생겨 와류(渦流)를 일으키는 현상. 부분 부하(部分負荷)에서는 소음, 진동의 원인이 되고, 중부하(重負荷)에서는 날개차 이면의 부식을 초래한다.

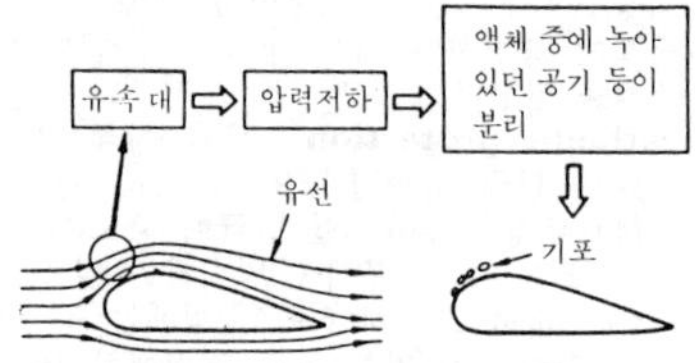

cavitation damage 캐비테이션 손상(-損傷), 공동 손상(空洞損傷) 금속 표면에 접하는 액체의 압력 저하나 상승이 국부적으로 고진동도(高振動度)로 일어날 때 금속 표면에 기포의 발생, 붕괴가 일어나, 이에 의해서 금속이 손상을 받는 것을 말한다.

cavity 캐비티, 블로홀, 공동(空洞) → metal mold, metallic mold, compression molding, blowhole

C clamp C클램프 C자 모양의 소형 바이스를 말한다.

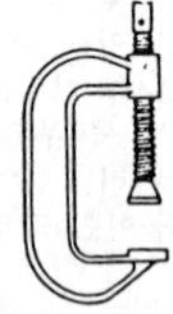

C control chart C관리도(-管理圖) 일정한 단위 가운데에서 나타나게 되는 결점수(缺點數) C를 관리하기 위한 관리도.

celling fan 천장 선풍기(天障扇風機) 천장에서 체인, 파이프 등으로 매단 선풍기.

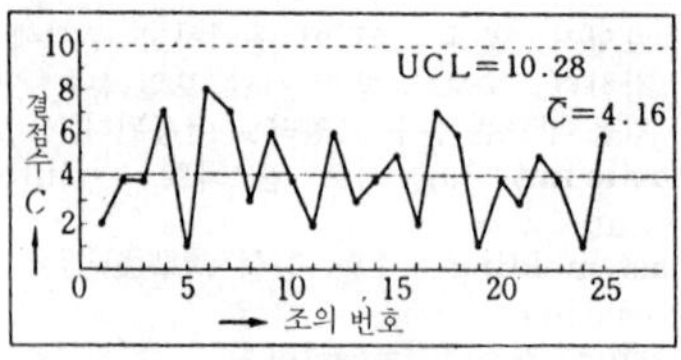

C control chart

cell 전지(電池) =battery

cell structure 셀 조직(-組織) 금속 재료를 소성 변형(塑性變形)하면 전위(轉位)의 증식이 있고, 전위의 밀부(密部)와 조부(粗部)가 생기게 되는데, 그 중간 부분의 조직을 셀 조직이라 한다.

cellular radiator 세포형 방열기(細胞形放熱器), 벌집 방열기(-放熱器) 4각형 또는 6각형의 관(菅)을 벌집 모양으로 배열한 방열기. 자동차나 비행기의 냉각 장치.

celluloid 셀룰로이드 니트로셀룰로오스, 장뇌(樟腦) 등으로 제조한 무색 투명의 물질. 180℃ 이상에서 발화하며, 여러 가지 물질에 가공한다.

cellulose 셀룰로오스, 섬유소(纖維素) 식물 세포막의 주성분이다. 공업적으로는 목재를 처리해서 얻는 펄프의 주성분으로, 종이, 화학 섬유의 원료이다.

Celsius scale 섭씨 눈금(攝氏-) =centigrade scale

cement 시멘트, 접착제(接着劑) 점토(粘土)와 석회석과의 배합물을 로터리 킬른(rotary kiln)으로 소성(燒成)하여 얻은 클링커(clinker)를 미분쇄한 다음 석고를 배합해서 만든다.

cementation 침탄(沈炭)[1], 확산 침투 도금(擴散浸透鍍金)[2] ① 표면 경화법의 일종. 탄소 함유량이 적은 강(鋼)을 탄소 가루가 많은 침탄제로 에워싸거나 침탄용 가스 속에 밀폐, 가열하여 강 표면에 탄소를 스며들게 하는 조작. 이것을 담금질함으로써 표면만이 담금질되어 단단하게 된다. 이 조작을 한 강을 침탄강이라고 하는데, 현재는 가스 침탄이 양산품에 채용되고 있다. =carburizing
② 금속체 표면에 방청, 고온 내식성을 주기 위해 고체 또는 용융 상태의 물질을 고온으로 표면에서 금속체 내부로 확산 현상에 의하여 침투시켜서 내식층을 만드는 것.

cemented joint 접착 이음(接着-) =

glued joint

cemented steel 침탄강(浸炭鋼) 침탄에 의해서 표면만이 단단해진 강. 내부는 유연하여 점성(粘性)이 있으므로 마모에 잘 견디고, 충격이나 진동을 받는 부분에 사용된다. =carburizing steel, case hardening steel, cement steel

cementite 시멘타이트 고온에서 강(鋼) 속에 생성하는 탄화철 Fe_3C를 금속 조직학상 부르는 명칭이다.

cement mortar 시멘트 모르타르 시멘트와 모래를 1：1～1：5의 비율로 섞어서 물로 개어 사용하는 모르타르의 일종.

cement steel 침탄강(浸炭鋼) =cemented steel

census of manufacturing industries 공업 센서스(工業－) 센서스(census)란 국세(國勢) 조사를 말하는데, 제조 공업에서는 실태 조사를 말한다.

center 중심(中心), 심(心), 센터 선반에서 공작물 지지용의 원뿔형 강편(鋼片)을 말한다.

θ (보통 60°, 중량물일 때 75° 또는 90°)

[데드 센터(심압축용)]

▽ 하프 센터

측면 바이트

▽ 회전 센터

고속 절삭용 구름 베어링이 들어 있다.

center crank 중간 크랭크(中間－), 센터 크랭크 2개의 크랭크축 중간에 있는 크랭크.

center drill 센터 드릴 →centering

center gauge 센터 게이지 선반으로 나사를 깎을 때 나사 절삭 바이트의 날끝각을 조사하거나 바이트를 바르게 설치하는 데에 이용되는 게이지. 또, 공작품의 중심 위치의 양부(良否)를 조사하는 게이지를 말하기도 한다.

center height 센터 높이 선반에서 센터로부터 베드(bed) 표면까지의 치수. 보통

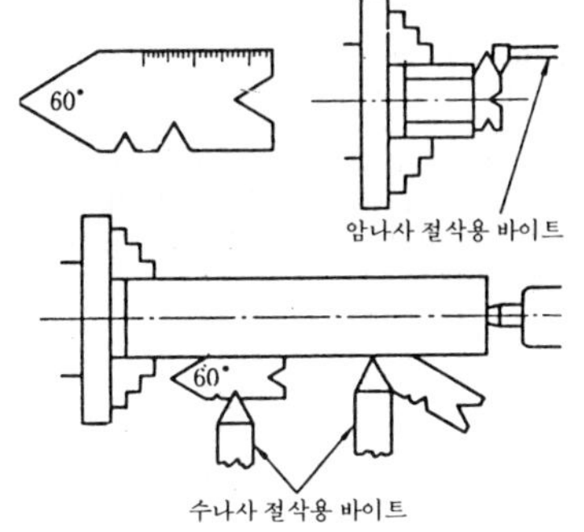

center gauge

이것으로 선반의 크기와 능력을 나타낸다.

center hole 중심공(中心孔), 센터 구멍 →centering

center hole grinder 중심공 연삭기(中心孔研削機) 고정밀도의 센터 구멍을 연삭 다듬질하는 기계. 랩 다듬질을 하는 경우도 있다.

centering 중심 내기(中心－), 심 내기(心－), 센터링, 중심 구멍 내기(中心－) ① 공작물이나 공구의 중심선을 기계의 회전 중심에 맞추는 것. ② 넓은 뜻으로는 본체와 대상물의 기준선과를 합치시키는 조작을 뜻한다. ③ 환봉(丸棒)이나 정다각형(正多角形)의 중심을 구하는 것.

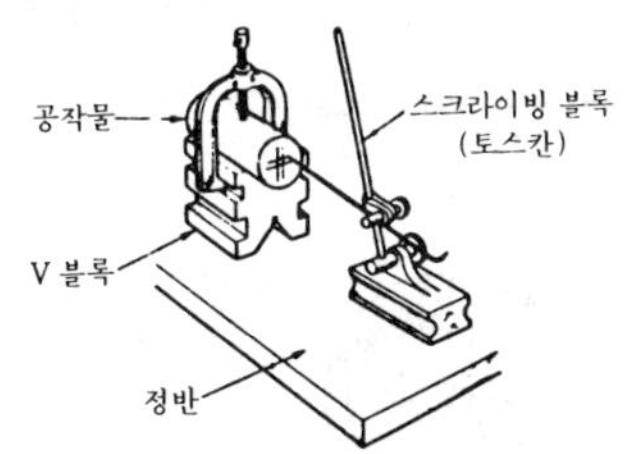

centering device 센터링 디바이스 중심을 맞추는 장치. 중심이 어긋났을 때 다시 중심으로 되돌아오게 하는 장치.

centering machine 센터링 머신 센터 구멍을 전문적으로 뚫는 기계.

centering punch 센터링 펀치, 심 내기 펀치(心－) =center punch

center lathe 센터 레이드 =engine

lathe

centerless grinder 센터리스 연삭기(－硏削機), 센터리스 그라인더 원통 모양의 금속을 연삭하는 기계. 공작물을 지지하는 데 센터나 척을 사용하지 않고, 연삭 숫돌차(砥石車)와 조정 숫돌차 사이에 넣어 연삭한다. ＝centerless grinding machine

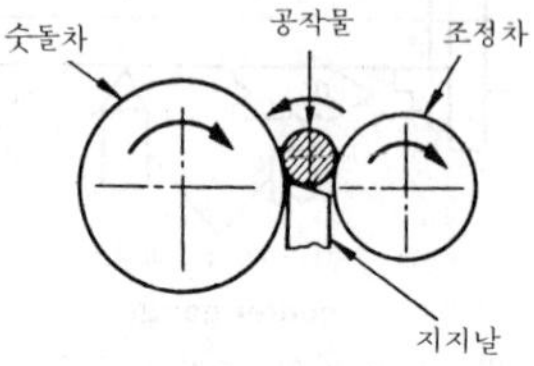

centerless grinding 센터리스 연삭(－硏削) →centerless grinder

centerless grinding machine 센터리스 연삭기(－硏削機) ＝centerless grinder

center line 중심선(中心線) 중심 위치를 나타내는 선. 제도에서는 1점 쇄선 또는 가는 실선으로 나타낸다.

center of buoyancy 부력 중심(浮力中心), 부심(浮心) 물체를 물 속에 담그면 아르키메데스의 원리에 의해서 수면하에 들어간 부분과 같은 부피의 물의 무게만큼 가벼워진다. 이 힘을 부력이라 하고, 부력의 작용점을 부심 또는 부력 중심이라고 한다. 수면상에 뜨는 물체의 부심은 수면 하에 들어간 부분의 부피 중심에 일치한다.

center of figure 도심(圖心) 평면 도형의 중심(重心) 및 두께가 일정하고 균질인 물체의 중심(重心).

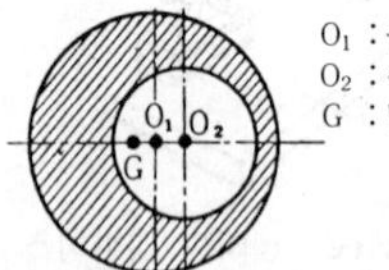

center of gravity 중심(重心), 중력(重力) 물체 각부의 작용하는 평행력의 합력이 평행력의 방향에 관계없이 통과하는 점을 말한다. 물체 밖에서 볼 때는 물체의 전 질량이 중심에 집중되고 있다고 생각하면 된다.

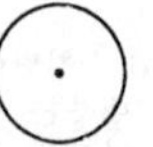

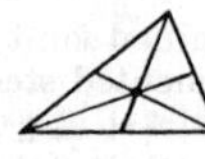

원의 중심　장방형의 대각선 만난점　3각형의 중선의 만난점

center of inertia 관성 중심(慣性中心) 강체(剛體)가 고정축 둘레에 회전 운동하고 있을 때, 중심(重心) 주위의 회전 반경을 k, 고정축 O와 중심과의 거리를 l로 하고, OG의 연장선 상에 $GT=k^2/l$에 잡은 T점을 이 강체의 관성 중심이라고 한다.

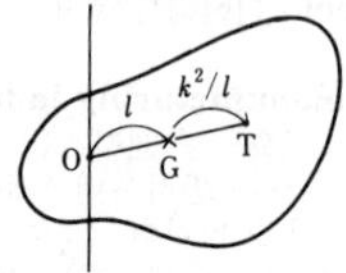

center of mass 질량 중심(質量中心) ＝centroid →center of gravity

center of percussion 타격 중심(打擊中心)

center of pressure 압력 중심(壓力中心) 물체에 수압이 작용할 때 한 점에 집중적으로 작용한다고 생각되는 점.

center plate 센터 플레이트 차체(車體)의 중량을 대차(臺車)에 전하는 부분.

center punch 중심 펀치(中心－), 센터 펀치 공작물의 중심이나 드릴링 중심을 표시하는 데 이용하는 펀치. ＝centering punch

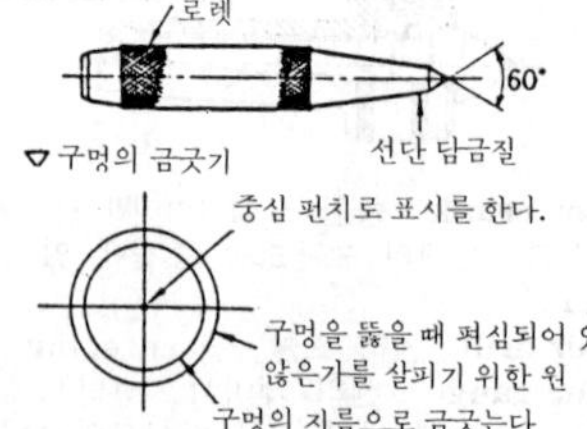

center reamer 센터 리머 센터 드릴로 뚫은 센터 구멍을 다듬질하는 데 이용되는 삿갓형 리머.

center rest 방진구(防振具), 센터 레스트 선반으로 가늘고 긴 공작물을 절삭할 경우 그 휨이나 진동을 막기 위해 이용되는 기구. 또, 선반으로 드릴링, 구멍 맞추기를 할 경우에 공작물의 자유단(自由端)을 중심에 일치시키는 작동도 한다.

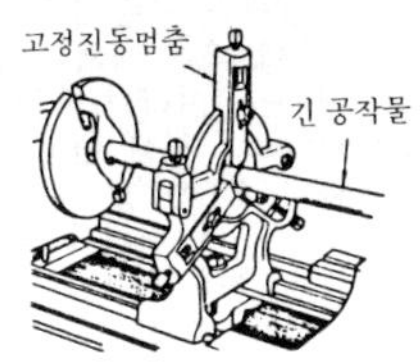

center square 중심 맞춤자(中心－), 센터 스퀘어 환봉(丸棒)이나 혈경(穴徑) 등의 단면(端面), 중심선을 구하는 금긋기에 이용되는 자. 목적이나 용도에 따라서 여러 가지 형상이 있다.

center support system 센터 서포트 구조(－構造) 케이싱의 수평 반할면(半割面)을 베어링대(臺)로 지지하여 베어링 중심과 일치시키는 구조로 된 것. 케이싱에 온도 변화가 있더라도 중심 차질이 생기지 않는다.

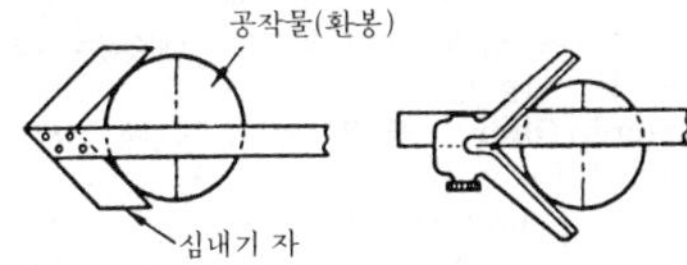

center work 센터 작업(－作業) 선반에서 공작물을 양 센터에 붙여 깎는 작업.

centi- 센티 100분의 1을 뜻함.

centigrade scale **C**눈금, 섭씨 눈금(攝氏－) 섭씨 온도계의 눈금. 빙점을 0°로 하고, 비점(沸點)을 100°로 한다. ＝Celsius scale

central heating 중앙(식) 난방(中央(式)暖房) 기계실에서 증기 또는 온수를 배관을 통해 각 구획 혹은 각 방에 공급하여 난방을 하는 것. 일반적으로는 온수 보일러에서 각 방의 방열기에 온수를 보내서 난방하는 것으로, 이른바 센트럴 히팅이라고 한다. 집중 난방이라고 하는 경우가 많다.

centralized control system 집중 제어 시스템(集中制御－) 여러 개의 제어 대상을 1대의 제어 장치로 제어·관리하는 시스템.

centralized maintenance system 집중 정비 방식(集中整備方式) 한 사람의 정비 책임자 밑에서 전 정비원이 지휘 감독을 받는 정비 조직. 기동적)으로 요원의 활용이 가능하다는 점과, 고도의 기술·기능을 보유할 수 있다는 점이 특색이다.

central pricipal axis 중심 관성 주축(中心慣性主軸) 강체(剛體)의 중심에 관한 3개의 관성 주축을 말한다. 자유축(free axes)이라고도 부른다.

central processor unit；**CPU** 중앙 연산 처리 장치(中央演算處理裝置) 컴퓨터의 중추부를 말한다(제어 장치·연산 장치·기억 장치). 앞의 두 가지만을 말하기도 한다. →computer

centre 센터 ＝center

centrifugal 원심의(遠心－), 원심력 응용의(遠心力應用－), 센트리퓨걸 원심력을 이용한 기기에는 이 말을 사용한다.

centrifugal ball mill 원심력 볼 밀(遠心力－) 여러 개의 강(鋼) 볼 구동 암에 의해 수평 환상로(水平環狀路)를 따라 동전(動轉)하여 원심력에 의해서 압쇄(壓碎)와 마쇄(磨碎) 작용으로 분쇄를 한다. 원심력 대신 스프링의 힘(또는 유압)을 이용한 것이 스프링식 롤 밀이다.

centrifugal blower 원심 송풍기(遠心送風機) ＝centrifugal fan

centrifugal brake 원심 브레이크(遠心－), 원심 제동기(遠心制動機) 마찰 브레이크의 일종이다. 원심력에 의해서 제동한다.

centrifugal casting 원심 주조(遠心鑄造) 원심 주조기를 이용해 회전 중인 주형에 주탕(注湯)하고, 원심력을 이용해서 치밀한 조직의 주물을 만드는 주조법. 관(菅), 실린더 라이너 등과 같이 내압성을 요하는 것을 만드는 데 적합하다.

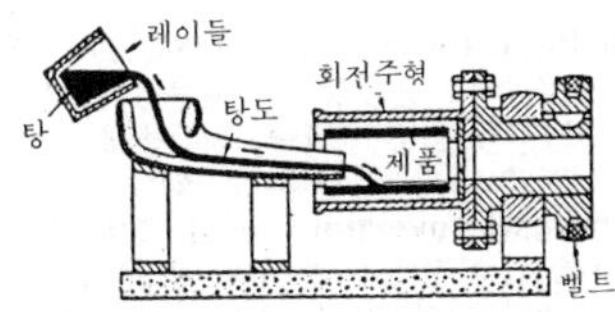

centrifugal casting machine 원심 주조기(遠心鑄造機) →centrifugal casting

centrifugal clutch 원심 클러치(遠心－) 원심력을 응용해서 축의 단속(斷續)을 처리하는 클러치.

C

centrifugal compressor 원심 압축기(遠心壓縮機) 날개차의 회전력에 의한 원심력으로 기체에 압력을 주는 방식의 압축기.

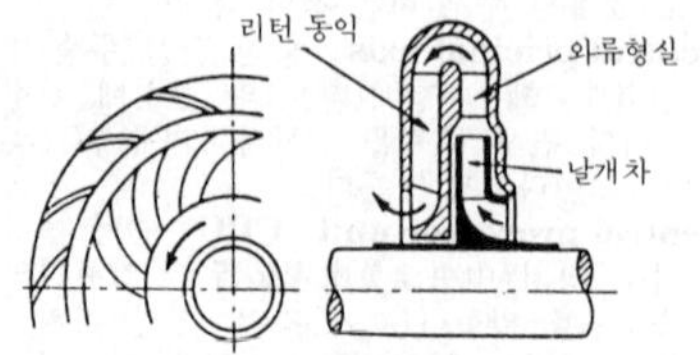

centrifugal dehydrator 원심 탈수기(遠心脫水機) 바깥 벽에 다수의 작은 구멍이 뚫려 있는 원통(버킷)에 피탈수물을 넣고 이것을 그 축 주위로 회전시킨다. 속에 든 피탈수물에 포함되어 있는 액체는 원심력에 의하여 밖으로 튀어나가나 고형물은 속에 남는 탈수 장치를 말한다.

centrifugal engine 원심 발동기(遠心發動機) 압축기에 원심력을 이용한 가스 터빈 엔진. 비교적 소형 가스 터빈에 많다.

centrigugal fan 원심 송풍기(遠心送風機) 원심력을 응용한 송풍기.

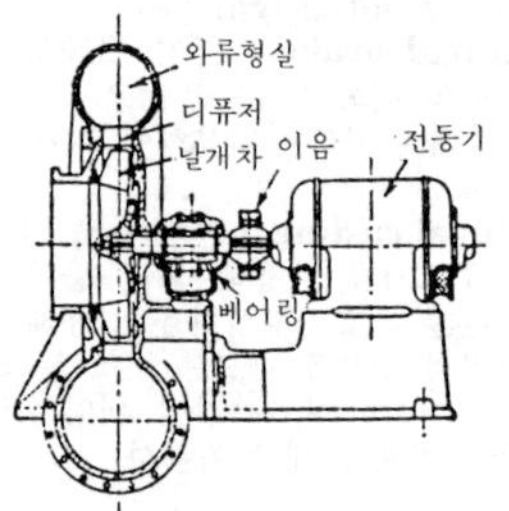

centrifugal force 원심력(遠心力) 물체가 원을 따라 운동할 때, 원운동을 일으키고 있는 구심력과 반대로 작용해서 균형을 이루고 있다고 생각되는 힘.

centrifugal governor 원심 조속기(遠心調涑機) 회전하는 물체의 원심력을 이용해서 원동기의 회전 속도를 자동적으로 일정한 값으로 유지하기 위한 장치.

centrifugal lubricator 원심 주유기(遠心注油器) 원심 주유에 사용하는 장치를 말한다.

centrifugal pump 원심 펌프(遠心－) 물을 고속도로 회전시켜 그 원심력을 이용해서 물을 뿜어 올리는 펌프.

centrifugal separator 원심 분리기(遠心分離機) 원심력을 응용해서 고체와 액체, 또는 비중이 다른 액체를 분리시키는 장치. 목적에 따라 여러 가지 형이 있다.

centrifugal stress 원심 변형력(遠心變形力), 원심 응력(遠心應力) 회전하는 기계 요소의 미소 부분에 대해서 힘의 평형을 생각하면 회전 중에 생기는 원심력이 있기 때문에 응력이 유지된다. 이것을 원심 변형력 또는 원심 응력이라고 한다.

centrifuge 원심 분리기(遠心分離機) = centrifugal separator

centripetal force 구심력(求心力), 향심력(向心力) →centrifugal force

centrode 중심 궤적(中心軌跡) 물체가 평면 운동을 할 경우에 회전의 순간 중심이 그리는 궤적. 예를 들면, 원이 평면을 구르며 운동할 때의 중심 궤적은 원과 평면과의 접점의 궤적이다.

centroid 중심 궤적(中心軌跡) →centrode

ceramic coating 세라믹 코팅 알루미나, 지르콘, 지르코니아, 크로아미 등을 용융 분사하여 금속 표면에 도자성(陶磁性)의 무기질 피복을 하는 것.

ceramic fiber 세라믹 섬유(－纖維), 세라믹 파이버 실리카 알루미나계 섬유를 말한다. 1,000℃이상의 고온에서도 사용할 수 있다. 단열성, 유연성, 전기 절연성, 화학 안전성이 우수하다.

ceramic filter 세라믹 필터 압전 자기(壓電磁器)만을 이용, 그 공진 주파수가 일정하다는 점을 이용해서 여파(濾波) 특성을 실현시킨 필터.

ceramics 세라믹스 =ceramic

ceramic tool 세라믹 공구(－工具) 날(刃) 재료에 세라믹을 사용한 공구. 소결법(燒結法)의 개량으로 고밀도, 미립자화, 균일화, 재료의 개량으로 인성의 개선과 열전도율이 향상되었다. 주철의 습식 중절삭(濕式重切削)도 가능하게 되어 고속 절삭 조건에 적합하다.

Cerenkov effect 체렌코프 효과(－效果) 하전(荷電) 입자가 매질 속의 광속도보다도 빠르게 매질 속을 운동할 때 빛 또는 X선을 발하는 현상.

cermet 서멧 세라믹스(ceramics)와 금속(metal)을 합친 합성어. 1～2종의 세라믹스상(相)과 금속 또는 합금 분말을 혼합한 것이다. 특징은 세라믹스가 지니고 있는 경도(硬度), 내마모성, 내열성, 내산성, 내약품성에 금속의 강인성과 가소성을 겸비하고 있다.

cermet tool 서멧 공구(－工具) 날(刃)의 재료에 WC(텅스텐 탄화물)을 함유하지 않은 TiC-Ni-Mo계 초경 합금을 사용한 공구. TiC계 초경 합금은 WC계 합금에 비해 가볍고 고온 강도가 크며, 내산화성에 뛰어나 마찰 계수가 작기 때문에 강(鋼)의 절삭 속도는 WC계의 50~150m/min에 비해서 100~400m/min이나 빠르고, 더욱이 깨끗한 다듬질면을 얻을 수 있다.

cesium 세슘 원소 기호 Cs, 원자 번호 55, 원자량 132.91. 은백색의 금속으로, 융점 28.5℃, 비중 1.87. 광전관(光電菅)에 이용된다.

cesium atomic clock 세슘 원자 시계(－原子時計) 1967년 국제 도량형 총회에서 1초간은 세슘 원자가 192631770회 진동하는 동안의 시간이라 정의되었다. 1972년 1월 1일을 기해 각국의 표준시는 이 시계를 기준으로 표현하게 되었다.

cesium 137 세슘 137 원소 세슘 Cs의 동위 원소의 하나. 137은 질량수를 나타낸다.

cetane number 세탄값, 세탄가(－價) 디젤 기관 연료의 착화성을 나타내는 수치. 이 값이 클수록 착화성이 좋다.

CGS unit CGS 단위(－單位) ＝unit

chafing 체이핑 접동 마모(摺動摩耗)를 말한다. 한정된 상대 운동을 하는 2개의 부품 간에 있어서 서로 접동(摺動)에 의해 일어나는 마모.

chain 체인, 연쇄(連鎖) 금속제 기타의 링(고리)을 다수 연결한 것. 체인 블록, 크레인 등에서 매달아 올리는 데 사용하거나 컨베이어 등의 동력 전달에 사용된다.

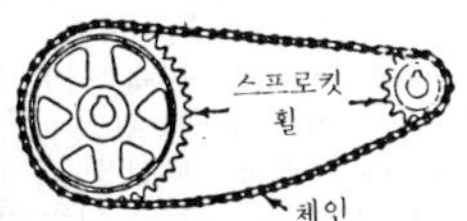

chain block 체인 블록 물건을 들어올리는 장치의 일종. 기어 등을 조합해서 체인을 감아 걸은 것. 작은 힘으로 무거운 물건을 내리는 데 사용한다.

chain conveyor 체인 컨베이어 U형, V형 등의 트로프(trough : 홈형으로 된

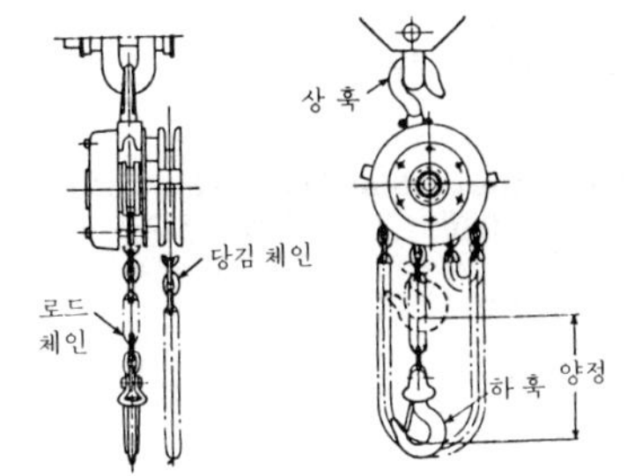

chain block

통) 속을 체인이 이동함으로써 통 속의 석탄, 코크스, 석탄재 등 크고 작은 덩어리 같은 것을 운반하는 데에 적합하다.

chain coupling 체인 커플링, 체인 이음 체인을 사용한 축 이음으로, 소형, 경량, 염가, 구조가 간단하고 취급이 용이하므로 진동, 충격 등이 적은 전동축(傳動軸)에 많이 사용된다.

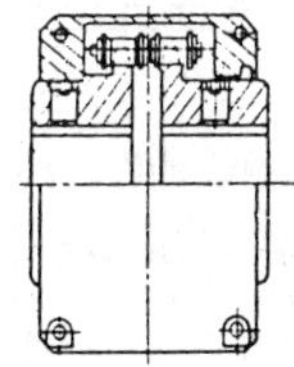

chain drive 체인 구동(－驅動) 체인과 스프로킷 휠로써 보다 짧은 축간에 동력을 전하는 장치. 이송에 사용하는 플렉시블한 장치. ＝chain gearing, chain transmission

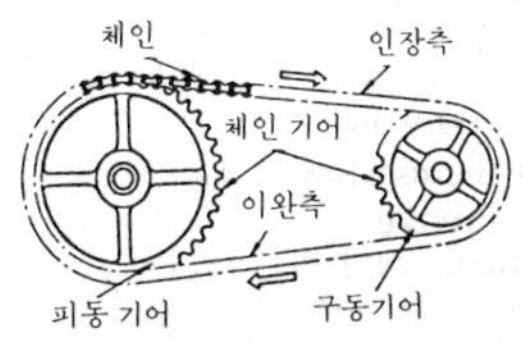

chain gearing 체인 전동 장치(－傳動裝置) ＝chain drive

chain grate stoker 체인 그레이트 스토커 쇄상(鎖狀) 스토커. 화격자(火格子)를 사슬 모양으로 조합시킨 것을 체인 기어에 의해 회전시키는 구조의 급탄기(給炭機)를 말한다. 비교적 용량이 큰 석탄 보일

러에 쓰인다. →stoker

chain hoist 체인 호이스트 체인 블록과 마찬가지로 타이어 대신 체인을 이용해 물품을 들어올리는 장치의 일종.

chain intermittent fillet welds 병렬 단속(竝列斷續), 필릿 용접(－鎔接) 좌우 대칭으로 하여, 같은 비드로 행하는 단속 필릿 용접.

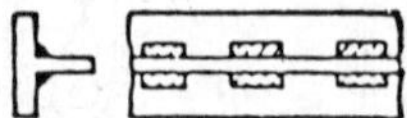

chain line 쇄선(鎖線) 제도에 사용하는 선의 일종. 1점 쇄선은 중심선, 절단선, 피치원선 등으로, 2점 쇄선은 상상선(想像線)으로 사용된다.

chain pipe wrench 체인 파이프 렌치 지름이 큰 관에 이용되는 파이프 렌치. 관을 체인으로 감아서 이(齒) 방향으로 돌리면 체인에 달린 이(齒)가 관을 물게 되어 관을 돌릴 수 있다.

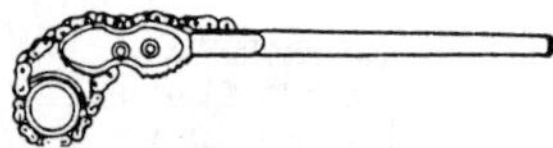

chain pulley 체인 풀리 =chain sprocket wheel

chain reaction 연쇄 반응(連鎖反應) 에너지를 외부로부터 직접 섭취하지 않는 다른 분자도 순차적으로 반응을 일으켜, 그 반응이 분자에서 분자로 연쇄적으로 전해지는 현상.

chain saw 체인 톱 가이드 바의 외주를 주행하는 체인에 의해서 목재를 가로지르는 기계톱.

chain sprocket wheel 체인 스프로킷 휠 체인 전동(傳動)에서 체인이 미끄러지지 않도록 이(齒)가 새겨져 있는 연강(軟鋼) 또는 주강제의 바퀴.

chain transmission 체인 전동(－傳動) =chain drive

chain wheel 체인 휠 =sprocket

chalking 초킹 도막(塗膜)의 표면이 분말상(粉末狀)으로 되는 열화 현상.

chameleon fiber 카멜레온 섬유(－纖維) 빛, 수분, 온도 등 환경 조건의 변화에 따라서 가역적(可逆的)으로 색이 변화하는 섬유.

chamfer 챔퍼, 테이퍼부(－部) ① 모서리를 떼낸 사면. ② (리머 탭의)파들어간 부분.

chamfer angle 챔퍼각(－角), 챔퍼 앵글 리머의 파들어간 부분의 각도. 모서리를 원호로 하거나 1단 챔퍼와 2단 챔퍼의 2단으로 한다.

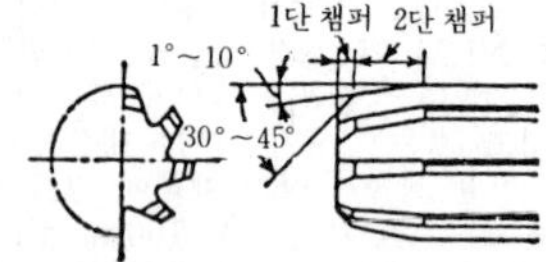

chamfering 모따기, 모떼기 공작물의 모서리를 깎아 내는 것. 기호는 C.

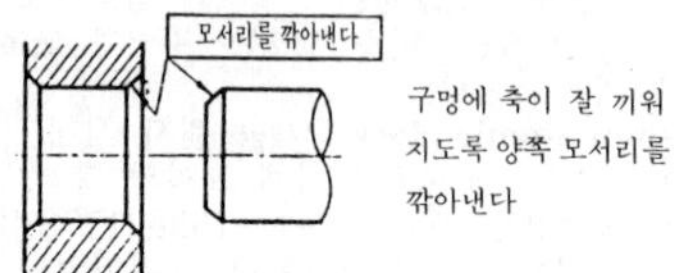

chamfering machine 모따기 기계(－機械) ① 기어의 모따기를 전문으로 하는 기계. 특수 공구(底밀링 커터의 일종)를 이용해서 기어의 톱니 끝을 둥글게도 하고 뾰족하게도 하는 각종 모따기 작업을 한다. ② 목공 기계의 일종. 판 가장자리를 둥글게 하기도 하고 여러 가지 모양으로 모깎기를 하는 기계.

chamfering tool 모따기 공구(－工具) 챔퍼링 바이트. =pointing tool, pointed tool

change gear 변속 기어(變速－), 변속 장치(變速裝置) 축에 용이하게 설치하거나 떼어 낼 수 있어 바꾸어 거는 데 따라 여러 가지 속도비를 얻을 수 있게 한 기어. 선반의 이송 변환 기어, 톱니 절삭기의 톱니수 계산 등에 사용된다. =change wheel

change gear device 변속 기어 장치(變速－裝置) →change gear

change lever 변속 레버(變速－), 조종 핸들(操縱－) 변속 장치나 변속기를 조작하는 데 이용되는 레버.

change point 사안점(思案點) →lever crank mechanism

change wheel 변속 기어(變速－) = change gear

channel 채널 ① 홈. ② 홈형의 강(鋼).

〔예〕 보통 선반의 변환 기어

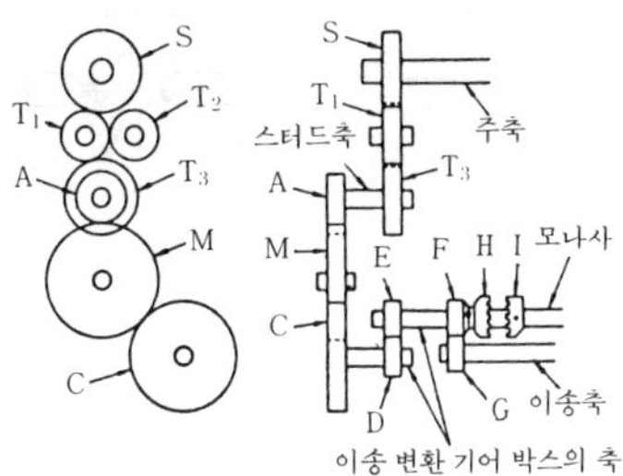

A,C : 변환 기어 F,G : 이송 기어 M : 아이들 기어 S : 주축의 기어 T_1,T_2,T_3 : 텀블러 기어(역전용 기어) H,I : 클러치 D,E : 이송변환 기어 박스의 기어

모나사를 회전시킬 때 H를 I방향으로 미끄러뜨리면 F는 오른쪽으로 미끄러져 G와의 맞물림이 떨어진다.

change gear

③ 전파에 할당되는 주파수대(周波數帶). ④ 수로(水路).

channel bar 채널형 바(-形-), 채널 형재(-形材) 단면이 홈 모양으로 된 구조용 금속 재료.

channel effect 채널 효과(-效果) 트랜지스터의 이미터, 베이스, 컬렉터에 역방향 전압을 가한 상태에서 이미터와 컬렉터간에 이상한 누설 전류가 흐르는 현상.

channel section 채널형 단면(-形斷面)

channel steel 채널형 강(-形鋼), 홈형 강(-形鋼) 홈형의 단면을 한 구조용 강재.

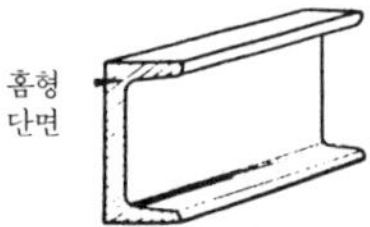

chaplet 코어 받침쇠 주물의 코어 형을 외형(外型) 내에 채우는 경우, 필요한 두께의 주물로 하기 위해 코어와 외형과의 사이에 넣어서 코어를 받치는 I형의 철편(鐵片)을 말한다.

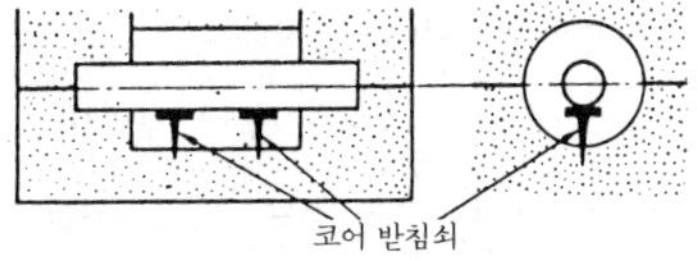

character 캐릭터 ① 문자를 뜻한다. ② 수치 제어 테이프를 가로지르는 일렬 정보에 의해서 표현되는 기호로, 숫자, 알파벳, 양(陽)·음(陰)으로 분류되어서 표현한다.

characteristic curve 특성 곡선(特性曲線) 기계나 기구에 있어서 그것들의 특성을 나타내는 곡선.

characteristics of spring 스프링 특성(-特性)

characteristic test 특성 시험(特性試驗) 기계·계기류의 특성에 관해서 광범위하게 시행하는 성능 시험.

characteristic value 고유값(固有-)

characterization 캐릭터리제이션 재료의 제조나 물성(物性)의 연구에서 필요한 조성(組成), 구조 등에 관한 식견(識見)을 명백히 하는 것.

charcoal 목탄(木炭) 목재를 건류(乾溜)시킴으로써 생기는 탄질물(炭質物). 백탄(경탄)과 흑탄(연탄)이 있다.

charcoal grade tin plate 챠콜급 주석판(-級朱錫板) 주석 도금량이 가장 많은 판으로, 내구성이 있고 특수관(特殊罐), 상자, 가스 미터 등에 사용된다.

charcoal pig iron 목탄 선철(木炭銑鐵) 목탄을 연료로 사용해서 환원 정련(還元精錬)한 선철. 인의 함유량이 적고 탄소 함유량이 많은 순도높은 고급 선철을 말한다.

charge 장입(裝入), 장입물(裝入物), 장입량(裝入量), 충전(充電), 전하(電荷), 차지 ① 금속 용해 작업에서 용해로에 장입물(地金, 연료, 용제 등)을 투입하는 것. ② 축전지에 전기를 축적하는 것. ③ 전기를 어떤 작은 에너지 덩어리로 생각할 때 그 에너지의 작은 덩어리를 말한다.

charge coupled device ; CCD 전하 결합 소자(電荷結合素子) 아날로그 신호 전하(電荷)를 한 방향으로 순차 전송하는 반도체 소자로, 전송 기능을 이용하여 작은 부품의 자세나 위치를 측정하는 데 사용. 화상을 전기 신호로 변환시킨다.

charging 급기(給機) 실린더 내에 새로운 공기 또는 연료와 공기의 혼합기를 공급하는 것. 또는 공급된 새로운 기체. 보통 2사이클 기관 또는 과급기(過給機)가 달린 기관에 사용된다. =charge

charging crane 장입 기중기(裝入起重機) 제철소 등에서 재료를 장입하기 위한 장입기를 기중기 등에 연결하여 이동시키는 것.

charging efficiency 충전 효율(充電效率) 1사이클 중에 흡입된 새로운 기체의 건조 공기의 중량을 표준 상태(20℃, 760mmHg, 관계 습도 60%)로 나타낸 것에 대한 행정 용적(行程容積)을 말한다. →valumetric efficiency

charging machine 장입기(裝入機) 금속 용해 작업에서 노(爐) 내로 재료를 장입하는 기계.

Charpy impact test 샤르피 충격 시험(-衝擊試驗) 샤르피 충격 시험기를 이용해서 금속의 인성 강도를 측정하는 시험. 시험편 지지대에 시험편을 놓고 해머(球)를 어느 높이로 올렸다가 떨어뜨리면, 해머는 시험편을 파괴하고 반대측으로 튀어오른다. 맨 처음 해머를 올렸을 때 해머가 지닌 위치 에너지와 튀어오른 해머가 지니고 있는 위치 에너지의 차가 시험편을 파괴하는 데에 든 충격 에너지이다.

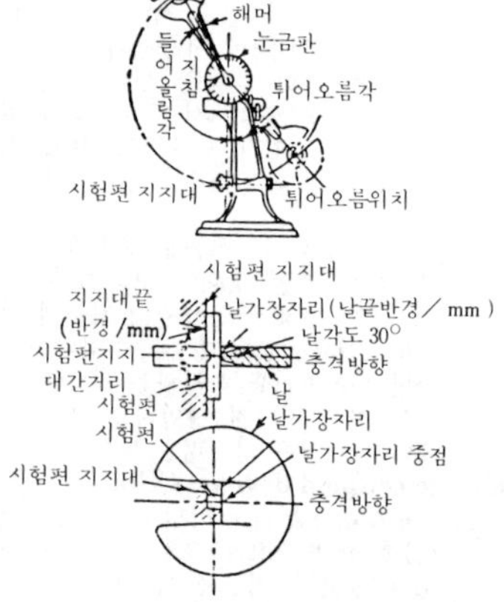

chart 차트, 선도(線圖)

chaser 체이서, 빗형 바이트(-形-) 선반용 나사 절삭 바이트의 일종. 여러 개의 나사산 모양을 갖춘 빗 모양의 바이트. =chasing tool

chasing attachment 체이싱 부착 장치(-附着裝置) 체이서를 선반의 절삭 공구대나 다이스에 고정시키는 장치.

chasing tool 체이싱 바이트 =chaser

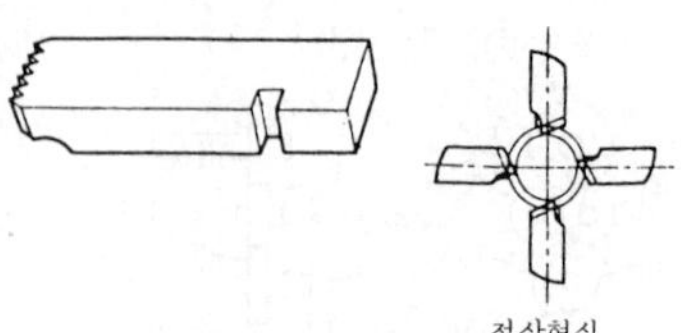

chaser

chassis 섀시 자동차는 섀시와 보디(차체 : 외판, 문짝, 창, 바닥, 차내 설비 등)로 구성되어 있는데 이 보디를 제외한 부분. 즉, 기관, 구동 장치, 차동 장치(差動裝置) 전부를 섀시라 한다.

chattering 채터링 덜그럭덜그럭하고 비교적 높은 음을 발생하는 자려(自勵) 진동 현상을 말한다. 릴리프 밸브 등이나 공구로 금속을 절삭할 때에 생긴다.

checkered steel plate 무늬 강판(-鋼板) 격자(格子) 모양의 돌기를 판면(板面)에 붙여 안전한 발판이 되도록 만들어진 바닥용 강판.

check gauge 검정 게이지(檢定-) 공업용 게이지나 검사용 게이지를 검사하기 위해 사용되는 게이지. 축을 검사하는 데에 사용하는 게이지에는 플러그 게이지, 구멍을 검사하는 게이지에는 링 게이지가 사용된다.

check list 체크 리스트, 검사 항목 명세표(檢査項目明細表) 작업이나 설비, 제품 등을 기준과 대조해서 바르게 처리되고 있는지, 또는 관리·품질 유지가 이루어지고 있는지의 여부를 조사 확인하고, 그 결과를 기입하는 일람표.

check nut 고정 너트(固定-) 진동 등으로 인하여 헐거워지기 쉬운 곳에는 이를 막기 위하여 특별히 2개의 너트를 끼운다. 이때 아래쪽 너트를 말한다.

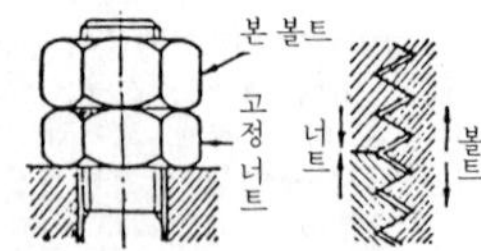

check of drawing 검도(檢圖) 기입 미스나 기입 탈락 혹은 제조·조립·가동시에 미스가 생기지 않는가 등에 대해서 그림 또는 도면을 검사하는 것.

check valve 체크 밸브, 역지 밸브(逆止-) 액체의 역류(逆流)를 막고 한 방향으로만 흐르게 하는 밸브.

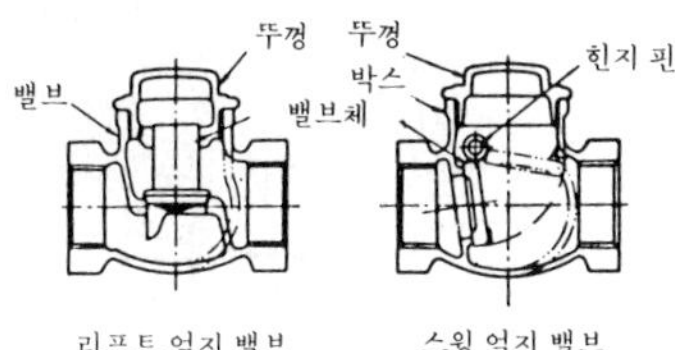

cheese head(of bolt) 납짝머리(볼트의)

cheese winder 치즈 권사기(-捲絲機) 치즈 모양으로 실을 감는 권사기로, 패럴렐 치즈와 콘 치즈의 권사기가 있다.

chemical blanking 케미컬 블랭킹 부식 가공법(腐蝕加工法)의 하나로, 구리를 입힌 적층판(積層板)의 가공(프린트 배선)까지 포함해서 박판에서 부품 · 패턴을 제작하는 경우를 말한다.

chemical conversion treatment 화성 처리(化成處理) =chemical conversion coating

chemical finishing 화성 처리(化成處理) 기계적인 처리만으로는 부착물을 제거할 수 없어 본 처리 공정을 할 수 없는 경우에, 전 처리로서 화학적 또는 전기 화학적인 부착물을 제거하는 공정을 말한다.

chemical liquid deposition 케미컬 리퀴드 디포지션 →hydrolysis method

chemical machining 부식 가공법(腐蝕加工法) 가공 대상물 표면의 일부를 방식막으로 씌운 다음 부식액에 담그고 노출부를 용해 성형하는 방법으로, 인쇄의 제판, 명판 제작에 이용되고 있다. 현재에는 프린트 배선, 컬러 TV의 섀도 마스크나 변압기의 적층 자기 재료의 정밀 부품은 물론 IC, 유체 소자 등의 분야에서 널리 이용되고 있다.

chemical milling 케미컬 밀링 복잡한 단면 형상(斷面形狀)의 가공을 부식에 의해 처리하는 방법. 미리 가공하지 않는 부분에 부식 방지 도료를 칠한 금속을 부식액에 담그어 순차 부식시킴으로써 여러 가지 가공 깊이의 단면을 이루는 방법.

chemical oxygen demand : COD 화학적 산소 요구량(化學的酸素要求量) 물이 어느 정도 오염되어 있는가를 나타내는 척도의 하나. 유기물 등의 오염 물질을 산화제로 산화시키는 데에 필요한 산소의 양을 ppm 단위로 나타낸다.

chemical plating 화학 도금(化學鍍金) 화학 반응에 의해서 전기 도금과 마찬가지의 도금을 할 수 있는 방법. 도금에는 니켈과 니켈 인화물(燐化物)이 많이 사용되고 있다.

chemical polishing 화학 연마(化學硏磨) 산(酸), 알칼리 등의 용액 속에 가공부 이외를 방식제로 피복한 공작물을 넣고, 부식으로써 표면을 광택있는 면으로 만들어 내는 방법. 일반적으로 구리, 아연, 카드뮴, 모넬 메탈, 황동 등이 연마에 적합하다.

chemical rocket 화학 로켓(化學-) 연료로서 산화제와의 사이의 화학 반응(연소)에 의해 에너지를 발생시켜 이것으로 연소 가스를 가속하여 추력을 얻는 로켓. 비추력(比推力)은 크지만, 추력/장치 중량비가 크고 기술적으로 완성되어 있기 때문에 발사 로켓을 비롯하여 우주 수송용에 널리 쓰이고 있다.

chemical vapor deposition **CVD** 법(-法), 화학 증착법(化學烝着法) 기화(氣化)시킨 금속염 증기를 수소, 아르곤, 반응성 가스 등과 함께 가열(900°~1200℃)된 피처리물에 접촉시켜, 고온 기상 반응(高溫氣相反應)에 의해서 금속 또는 금속 화합물을 피처리물에 피복시키는 방법. CVD 기술의 특징은 ① 고융점 금속, 비금속 무기 재질을 비교적 낮은 온도에서 기상(氣相)이나 용기로부터 오염받는 일없이 고순도의 치밀한 물질을 얻을 수 있다. ② 석출(析出)하는 물질의 형상은 목적에 따라서 단결정(單結晶), 다결정(多結晶) 분말로 된다. ③ 분체(粉體) 표면에 가스 불침투성의 치밀한 석출층(析出層)을 얻을 수 있다 등이다.

chemistry 화학(化學)

chilled castings 칠드 주물(-鑄物), 냉경 주물(冷硬鑄物) 주물을 만들 때 일부에 금속을 대고 급랭시키면, 이 부분은 다른 부분보다 조직이 백선화(白銑化)해서 단단해진다. 이 방법을 칠드 주조라 하고, 만들어진 주물을 칠드 주물이라고 한다. 주된 용도는 압연 롤 외에 볼 밀, 크러셔 등.

chilled roll 칠드 롤 칠드 주조에 의해서 만들어진 주조 롤.

chiller 칠러, 냉각쇠(冷却-) ① 두께가 고르지 못해 흠(sink)이 생기기 쉬운 곳이라든가, 응고를 빨리 해서 조직을 치밀

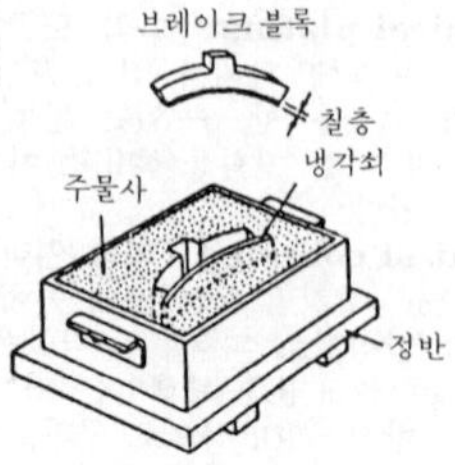

chilled castings

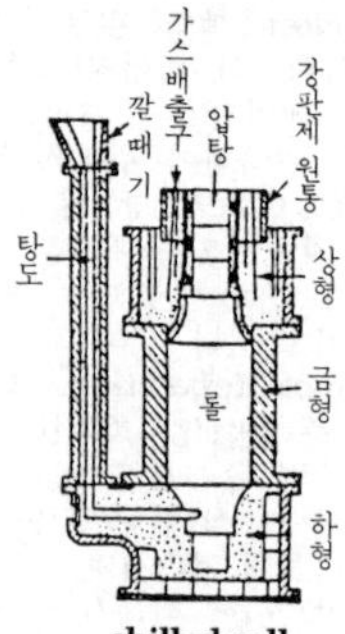

chilled roll

하게 하고 싶은 곳에 대는 주조시의 금속편을 말한다. ② 주조에서 주입(鑄入) 전에 탕의 온도를 내리기 위해 레이들 속에 첨가하는 동종(同種)의 지금(地金). = chilles

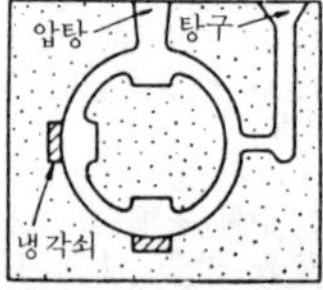

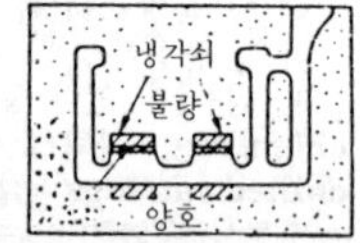

chilles 칠러, 냉각쇠(冷却-) =chiller

chill mold 칠 주형(-鑄型) 주물 표면을 급랭시켜 경도를 높이는 데 사용하는 금형을 말한다.

chimney draft 굴뚝 통풍(-通風) 굴뚝 안의 고온 가스와 외부의 공기와의 밀도차에 의해서 생기는 압력차를 이용하여 노(爐) 및 연도(煉道) 내에 공기 및 고온 가스의 유동을 발생시키는 방법을 말한다.

chip 칩, 절삭분(切削粉), 절삭밥(切削-) 금속을 절삭할 때 생기는 부스러기. 칩에는 유형(流形), 전단형(剪斷形), 열단형(裂斷形)등 여러 가지 형이 있다.

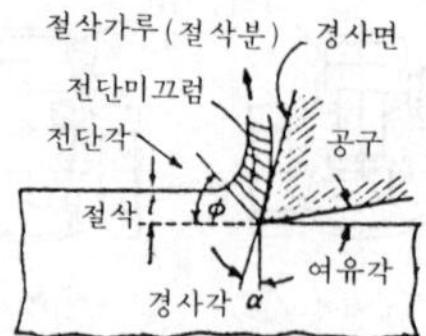

chip breaker 칩 브레이커 절삭 가공에서 절삭분 처리를 쉽게 하기 위해 긴 절삭분을 짧게 절단하거나 둥쳐감기 위하여 레이크면에 설치한 홈이나 단(段).

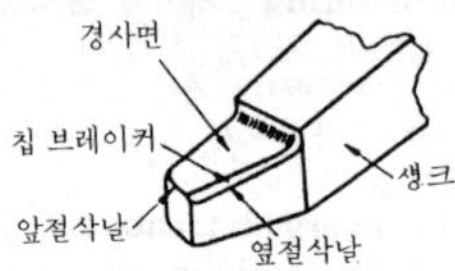

chip former 칩 포머 칩을 적당한 형상으로 변형시킬 목적으로 절삭 공구의 레이크면에 설치한 홈 또는 장애물.

chipping 치핑, 정 작업(-作業) ① 용접부의 끝 다듬질 가공을 말한다. ② 바이트 날끝의 일부가 결손되는 현상.

chipping hammer 치핑 해머 용접할 때 굳은 슬래그를 제거하거나 용접 부분을 두들겨 검사하기 위한 소형 해머.

chisel 치즐[1], 끌[2] ① 금속 쪼기 작업이나 재료의 절단 등에 사용하는 공구. 다듬질용과 단조 절단용이 있다.
② 목공용 구멍뚫기 공구로서 여러 가지 형이 있다.

chisel edge 치즐 에지 →chisel point

chiselling 치즐링 여분을 제거하는 작업. 용접, 단조나 주조, 기초 콘크리트에서도 이 작업이 있다.

chisel point 치즐 포인트 ① 드릴 날의 선단부. ② 제도용 연필 끝을 끌 날 모양

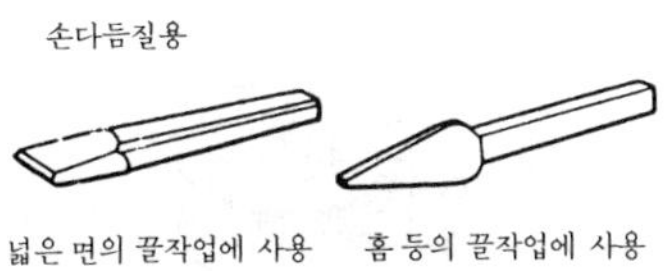

납짝날정 케이프 치즐

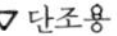

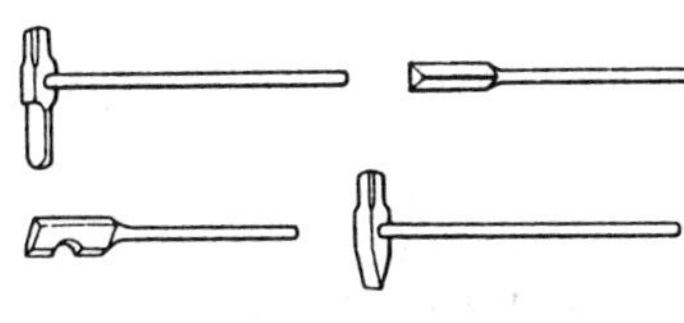

chisel

으로 깎은 것. →chisel edge, twist drill

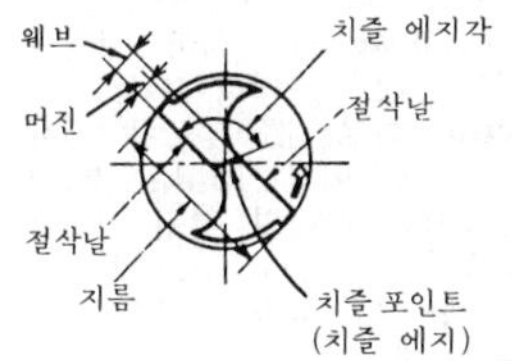

chisel steel 치즐 강(鋼) 공구강(工具鋼)의 일종. 타격, 충격을 받는 일이 많으므로 인성이 커야 한다. 약 C 0.70~0.80%. 이것에 Cr을 가하면 시멘타이트 속에 Cr이 용해되어 기계적 성질이 더욱 개선된다.

chit drill 평 드릴(平－) =flat drill

chloroprene : **CR** 클로로프렌 =Neoprene

choke 초크 ① 면적을 감소시킨 통로에서, 그 길이가 단면 치수에 비해 비교적 긴 경우의 흐름의 스로틀링. ② 주로 엔진 시동시에 흡입 공기를 교축(絞縮)해서 혼합기(混合氣)를 짙게 하는 조작을 말한다. ③ 리액턴스를 이용하기 위해 만든 철심을 지닌 코일.

choke coil 초크 코일 교류의 주파 제어를 위해 사용되는 코일. 형광등의 회로 안정기 등에 사용된다.

choke valve 초크 밸브 시동시에 흡입 공기를 교축해서 혼합기를 짙게 하는 밸브.

choking 초킹 가스체에 압력차가 있으면 흐름이 생긴다. 그러나 압력비를 증가시킴에 따라 유로(流路) 최소 단면에서의 유속은 증가하지만, 음속에 달하게 되면 그 이상은 증가하지 않게 되는 현상.

cholesteric liquid crystal 콜레스터릭 액정(－液晶) 평면상(平面狀)으로 나란히 한 분자의 각 층이 1층마다 분자의 방향이 나선상으로 회전하고 있는 액정. 나선의 주기는 온도나 전압, 외력, 화학 물질과의 접촉으로 민감하게 변화되어 색이 바뀌므로 온도 센서나 표시 소자 등에 이용된다. →liquid crystal

chord 현(弦) 원주상의 2점을 잇는 선분. 공학에서는 끈, 로프, 쇠사슬과 같이 충분이 구부리기 쉽게 축 방향으로 장력이 작용하는 매우 가는 막대를 가리킨다.

chroloy nine 크롤로이 9 크롬 9%를 함유한 크롬 스테인리스강의 일종으로, 700℃까지 사용할 수 있으므로, 노(爐)나 열교환기용 관재(罐材) 등에 이용한다.

chromansil 크로만실 구조용 저합금강(Cr+Mn+Si=2.5%)으로, 주로 보일러용 판이나 관재(管材)로 사용한다. 인장강도 61~65kgf/㎟, 신장 16~20%.

chromate process 중크롬산 처리(重－酸處理) 크로메이트법이라고도 불리고 있다. 중크롬산염을 주성분으로 하는 수용액 속에 침지(浸漬)하여 화학적으로 피막을 생성시킨다.

chromate treatment 크로메이트 처리(－處理) 크롬산 또는 중크롬산염을 주성분으로 하는 용액 속에 물품을 침지(浸漬)시켜 녹을 방지하는 피막을 생성시키는 방법. =chromating

chromating 크로메이트 처리(－處理), 크로메이팅 =chromate treatment

chromatogram 크로마토그램 분리관에서 용출(溶出)하는 시료(試料)의 조성 변화를 시간 또는 캐리어 가스 용량의 함수로써 표시한 곡선.

chromatography 크로마토그래피 유리관에 알루미나의 입자를 채우고 직립(直立)시켜 위에서 용액을 부으면, 액 속에 포함된 물질은 각각 다른 층으로 흡착된다. 이것을 적당한 용제로 전개시키면 다시 그 층을 분별할 수가 있다. 이 방법으로, 지금까지는 화학적인 방법으로 분리할 수 없었던 불안정한 물질을, 시료가 미량일지라도 분별하여 검출할 수 있게 되었다. 이것을 액체 크로마토그래피라 한다. 또, 분석하려고 할 때에 질소, 헬륨 등의 가스를 흘려서 분석물을 포함한 가스를 흡착제층을 통하게 해 주면, 이것을 통하는 전후의 가스 성질의 차이를 물리적으로 측정함으로써 미량의 유기물을 검지할 수 있다. 이 방법을 말한다. 대기 오염 물질의 분석 등에 이용되고 있다.

chrome 크롬 원소 기호 Cr, 비중 6.9, 융점 1,800℃. 광택이 있는 은백색으로 단단하며 녹슬지 않는 금속. 주로 크롬 합금, 크롬 도금 등에 사용된다. =chromium

chromel 크로멜 Ni-Cr 합금으로, 전기 저항선이나 열전대(熱電對 : 알루멜과 공용)로 이용되고 있다.

chrome-molybdenum steel 크롬-몰리브덴강(-鋼) Cr, Mp을 함유한 강. 현재 합금강 중에서 가장 많이 사용되고 있다. 기계 구조용, 자동차용, 항공기용으로 빼놓을 수 없는 강이다.

chrome steel 크롬강(-鋼), **Cr**강(-鋼) C 0.28~0.48%, Cr 0.8~1.2%를 함유한 경도높은 특수강. 고급 절삭 공구, 자동차의 부품, 볼 베어링 등에 사용된다. 또, 약 11% 이상의 크롬을 함유한 것은 스테인리스강으로서 용도가 넓다.

chrome yellow 황연(黃鉛) 크롬산연을 주성분으로 한 황색 안료.

chromite 크로마이트 중성 내화 재료의 일종으로, 35~45%의 산화 크롬과 10~15%의 산화철을 함유하고 있다. 화학 작용과 고온도에 견디는 노재(爐材).

chromium 크롬 =chrome

chromizing 크로마이징 철강의 내식성을 증가시키기 위해 고온에서 철강 표면에 크롬을 확산시키면, 표면 경도가 증대되어 내마모성이 향상된다.

chronometer 크로노미터 시계 중에서 특히 정확도가 좋은 것의 별칭.

chuck 척 공작물을 고정시키는 선반 부속품의 일종. 면판(面板)이 약간 복잡하며 센터에서 지지할 수 없는 공작물을 고정시키도록 만들어진 장치.

chucking reamer 척 리머 기계 리머의 일종. 고정밀도의 다듬질이 필요없는 구멍의 다듬질에 이용되는 리머.

chuck vice 척 바이스 상자형 바이스의 일종. 바이스의 턱에 해당하는 부분에 자유로이 회전할 수 있는 2개의 체결쇠를 설치한 바이스. 이것으로 공작물을 물게 하여 3방향에서 죄면 확실하게 고정되고, 쐐기를 체결쇠 근원에 끼우면 평행한 장착도 할 수 있다.

▽세 발톱 척

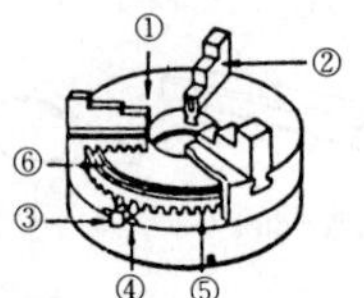

① 본체, ② 발톱(조), ③ 4를 돌리는 나사, ④, ⑤ 베벨 기어, ⑥ 소용돌이 홈

chuck

chuck wrench 척 렌치 척 발톱을 움직이기 위하여 사용하는 스패너.

chute 슈트 컨베이어의 일종. 중력을 이용한 하물 적하 장치.

cinder 신더 석탄의 연소로 생선된 재.

circle shear 서클 시어 원형 가공 어태치먼트를 갖춘 로터리 시어.

circuit 회로(回路), 서킷 전류, 유압, 공기압, 플루이딕(fluidic) 통로의 총칭. 전류에서는 하나의 전원 양단을 도선으로 접속해서 만든다. 스위치로 전류를 끊은 회로를 개로(開路), 이은 회로를 폐로(閉路)라 한다.

circuit tester 서킷 테스터, 회로계(回路計) 전압, 전류, 저항 등의 값을 직독할 수 있는 측정 계기. 전환 다이얼을 맞추면 각각 리드선으로 접속함으로써 직독할 수 있다.

circular 서큘러[1], 회전 테이블(回轉-)[2] ① 원형의. ② →rotary table

circular arc cam 원호 캠(圓弧-) 여러 개의 원호로 이루어진 판(板) 캠의 일종.

기초원과 선단원을 원호로 접속한 캠

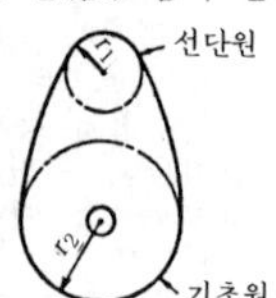

circular disc cam 원판 캠(圓板-) 편심 원판을 사용한 판 캠의 일종. 원절(原節)과 종절(從節)과의 접촉점은 종절의 중심

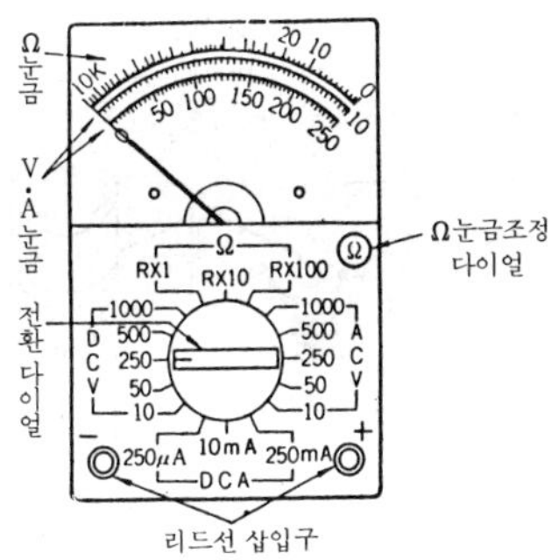

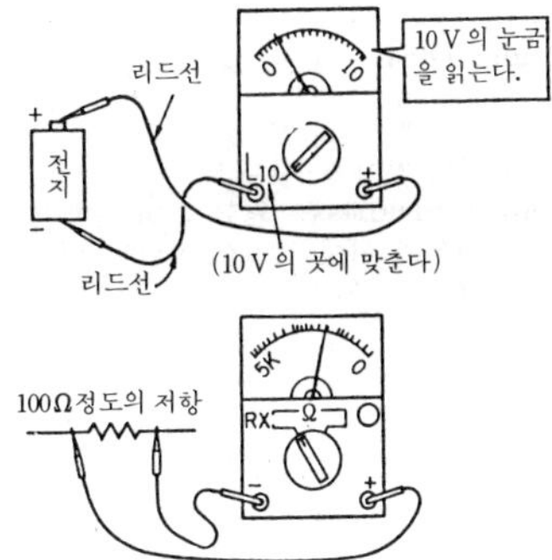

circuit tester

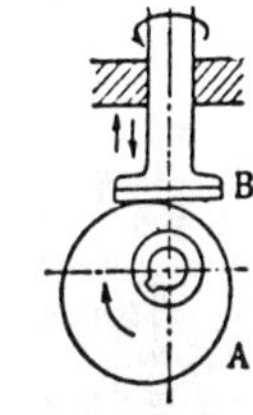

circular disc cam

중심에서 어긋나 있으므로 종절은 회전하면서 상하한다.

circular gear 원호 기어(圓弧−) 원호의 치형(齒形)을 한 기어.

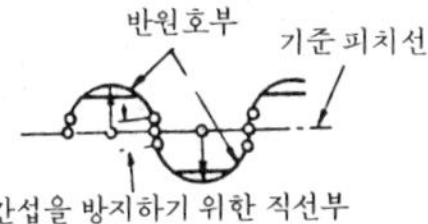

SymMark 기어

circular knitting machine 원편기(圓編機) 횡편(橫編)을 원형으로 짜는 기계로, 제품은 통 모양이 된다. 종류는 원형 평편기(圓形平編機), 원형 고무 편기, 원형 양면 편기가 있다. →weft knitting machine

circular loom 원형 직기(圓形織機) 날실을 위쪽에서 원통 모양으로 배열하고, 개구(開口)는 원통을 따라 순차 이동하여 씨실을 삽입하는 직기.

circular motion 원운동(圓運動) 물체가 원주 상을 운동하는 것.

circular nut 둥근 너트 =ring nut

circular pitch 원주 피치(圓周−) 약자는 p. 피치 원주의 길이를 치수(齒數)로 나눈 값. 즉, 서로 이웃하는 이의 대응하는 2점간 거리를 피치 원에 따라서 계측한 원호의 길이.

$$\text{원주 피치 } p = \frac{\text{피치 원주}}{\text{치 수}} = \frac{\pi D}{z} = \pi m \text{(mm)}$$

D : 피치원 직경 (mm)
z : 치 수
m : 모듈 (mm)

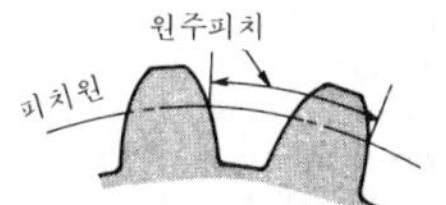

circular saw 둥근톱, 원판톱(圓板−) 원판 주위에 톱날을 낸 둥근톱. 둥근톱 기계에 장치하여 재료를 절단한다.

circular sawing machine 둥근 기계톱(−機械−) 둥근톱을 회전시켜서 목재를 절단하는 기계.

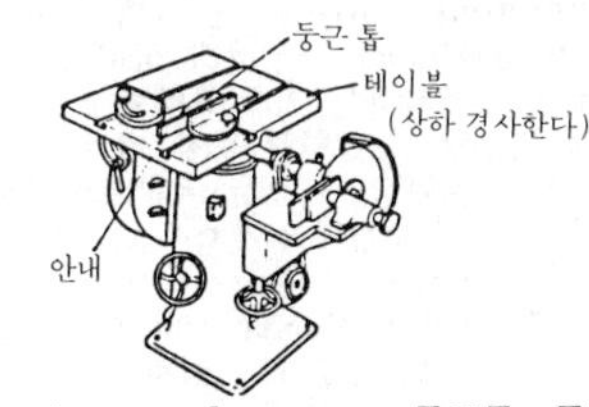

circular saw sharpener 둥근톱, 톱날 연삭기(−硏削機) 둥근톱의 날을 연삭하는

기계.

circular shear 원판 절단기(圓板切斷機) 두께 10mm 이하의 판금을 원형으로 절단하는 기계. 상하 한 쌍의 절삭날이 회전해서 절단 작업을 한다.

circular thickness 원호 기어 두께(圓弧−) 기어의 이에 있어서 하나의 이의 피치원 상의 호 길이.

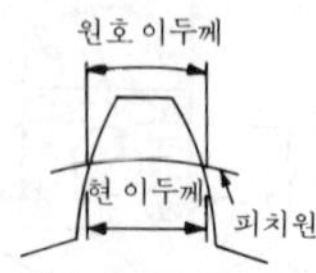

circular tooth thickness 이 두께 → toothed wheel, gear

circulating oiling 순환 주유(循環注油) 윤활유를 베어링 등의 마찰면을 통하여 순환시킴으로써 발생된 열을 베어링 밖으로 내보내 베어링의 온도 상승을 방지하는 주유 방식.

circulating pump 순환 펌프(循環−) 증기 기관에서 복수기에 물을 순환시키는 데 사용하는 펌프.

circulation 순환(循環), 서큘레이션

circulation head 순환 수두(循環水頭) 보일러에서 보일러수를 순환시키는 원동력이 되는 압력차를 수주(水柱)로 나타낸 값을 말한다.

circumference 원주(圓周), 주위(周圍)

circumferential pitch 원주 피치(圓周−) 피치원의 원주를 톱니 수로 나눈 것. 기어 이의 크기를 나타낸다.

circumferential speed 원주 속도(圓周速度) 터빈·펌프·압축기 등의 회전부 외주의 속도.

circumferential strain 원주 변형(圓周變形) →circumferential stress

circumferential stress 원주 방향 변형력(圓周方向變形力) γ, θ의 극좌표계에서 변형력을 생각하는 경우 θ방향에 생기는 수직 변형력으로, 원주 방향 변형력 혹은 주변형력(周變形力) 또는 주응력이라고도 한다. 또, 이 방향에서 생각한 변형을 원주 변형(circumferential strain)이라 한다.

circumferential velocity 주속도(周速度) 원운동하고 있는 물체가 원주를 따라 맴도는 속도.

circumferential work 주변 일(周邊−) 증기 1kg이 터빈에 주는 일. 즉, 증기 1kg이 F인 힘을 깃에 주고, 원주 속도 U로 회전시켰을 때 주변 일$=F \cdot U$이다.

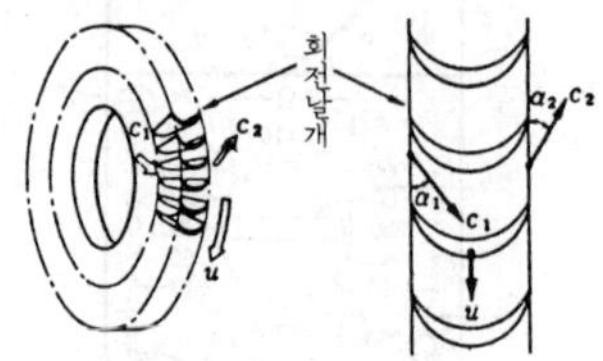

clading 합판법(合板法), 클래드법(−法) 지금(地金) 금속 주위에 피복 금속을 단조하거나, 지금 표피에 피복 금속판을 밀착시켜 고온 압연하는 방법.

clading sheet 접합판(接合板), 클래드판(−板) 기판(基板) 표면에 다른 재질의 박판을 접합시켜 각각의 재질 특성을 겸비한 새로운 재료.

claim 클레임 구입한 사람이 그 제품의 품질에 관해서 불만을 가지고 교환, 에누리, 해약 등을 메이커측에 요구하는 것.

clamp 클램프, 체결쇠(締結−) ① 체결 장치에 사용하는 것. 절삭 작업 등에서 체결 볼트로 직접 공작물을 고정시키는 쇠. ② 꺾쇠, 거멀장, 나비장, G클램프 등. →grip

clamp 집게 작은 부분을 휘거나 가열할 때 잡는 공구. 주조용과 수공 판금용.

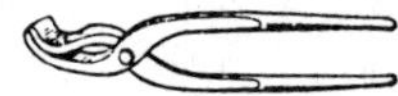

clamp coupling 클램프 커플링 2개의 주철제 또는 반원통을 양 축단에 강하게 죄는 데 사용하는 축이음.

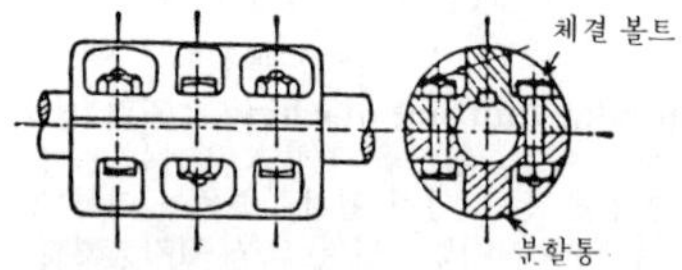

clamping bolt 고정 볼트(固定−), 결합용 볼트(結合用−) ① 단순한 볼트를 말할때는 대부분 이 종류의 것이다. ② 공작 기계 등에서 공작물을 클램프(체결쇠)와 함께 체결시키는 데에 사용하는 볼트.

clamp screw 고정 나사(固定−), 결합용 나사(結合用−) 어떤 부품을 다른 부품에 결부시키기 위해 사용하는 소형 나사의 총칭. 그림은 각종 고정 나사의 예이다.

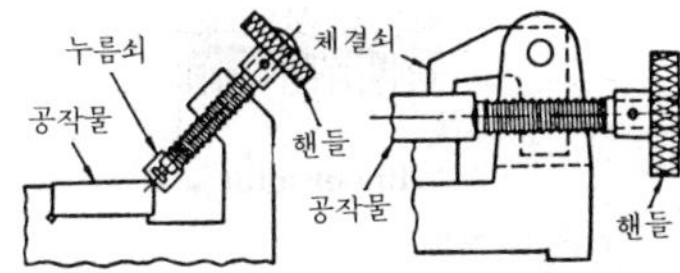

clapper block 클래퍼 블록 셰이퍼의 절삭 공구대 일부분에서 귀환 행정일 때, 바이트로 절삭면에 흠집을 내지 않도록 절삭 공구를 외향(外向)으로 들어올려 절삭면에서 띄우도록 되어 있다.

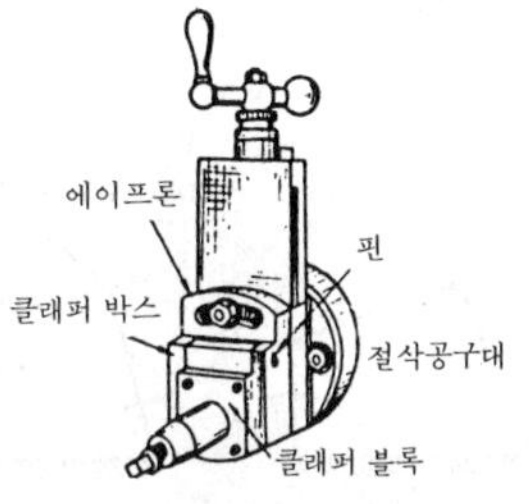

clap valve 클랩 밸브, 교축 밸브(絞縮－), 스로틀 밸브 ＝throttle valve

classification 분급(分級) 분말 집합체를 입도(粒度)에 따라 여러 급별(級別)로 나누는 것.

class of finish 다듬질 정도(－程度), 다듬질 등급(－等級)

claw clutch 클로 클러치, 도그 클러치 ＝dog clutch

clay 점토(粘土), 진흙, 클레이

clean energy 클린 에너지 태양열, 풍수·해양 발전, 지하열 발전 등과 같이 대기 오염의 영향이 적은 동력원 또는 열원(熱源)을 말한다.

cleaning-hole 소제구(掃除口) ＝clean out

clean up 클린 업 관류(貫流) 보일러나 그 급수의 오염물 농도를 수질 제한값까지 내리는 것.

clearance 틈새, 여유, 치선 틈새(齒線－), 간극(間隙), 클리어런스 ① 끼워맞춤에 있어서 구멍이 축의 지름보다 큰 경우 그 차를 틈새라 한다. ② 치저원에서 서로 물리는 기어의 치선원까지의 틈새를 치선 틈새라 한다.

clearance fit 헐거운 끼워맞춤 축에 부품(기어, 기타의 회전체, 슬리브 등)을 고정시킬 경우, 구멍과 축과의 사이에 반드시 틈새가 있는 끼워맞춤.

clearance gauge 틈새 게이지, 간극 게이지(間隙－), 두께 게이지 ＝thickness gauge

clearance hole 여유구(餘裕口), 헐거운 구멍, 클리어런스 홀 관통(貫通) 볼트나 스터드 볼트 등을 삽입하는 구멍. 볼트의 지름보다 몇 mm 크게 뚫려 있다.

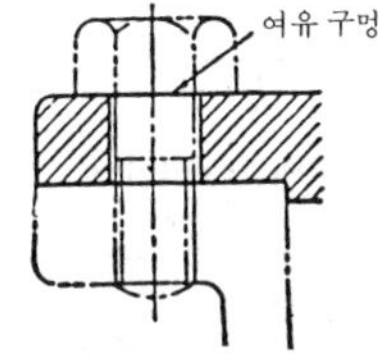

clearance volume 틈새 용적(－容積), 간극 용적(間隙容積) 피스톤이 상사점(上死點)에 있을 때 실린더 상부에 남겨지는 용적. →compression molding, top dead center

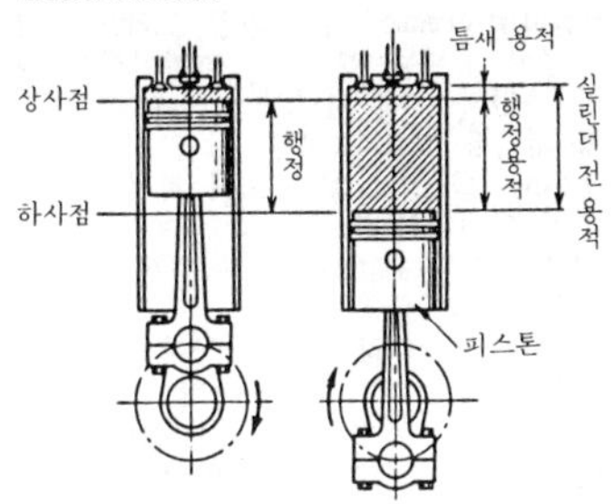

cleavage fracture 벽개 파괴(劈開破壞) 결정학적(結晶學的)인 벽개면에 수직으로 작동하는 인장 응력에 의해서 일어나는 파괴다.

cleavage plane 벽개면(劈開面) 벽개 파괴가 생길 때 이 면에 따라서 결정의 분리가 일어나는, 원자 결합력이 가장 약한 결정면(結晶面).

Clerk cycle 클러크 사이클 ＝two-stroke cycle

clevis U 링크, U 자형 연결기(－字形連結器) 양단에 핀을 통하게 하는 구멍이 뚫

려 있다.

clevis bolt 클레비스 볼트 원통부를 직4각형 방향의 하중을 필요로 하지 않는 핀으로 사용하는, 둥근머리가 붙은 볼트로, 주로 항공기에 사용된다.

clevis mounting cylinder 클레비스형 실린더(-形-) 피스톤 로드의 중심선에 대해 수직 방향의 핀 구멍을 지닌 U자 쇠장식물에 의해서 지지된 고정 형식의 실린더. 실린더는 핀을 중심으로 해서 요동한다.

click 클릭 래칫과 맞물리게 하고 이것에 간헐 운동을 주는 작은 조각. 또는, 역전(逆轉)을 방지하기 위해서도 이용된다. =claw, pawl

climbing crane 클라이밍 크레인 건축 시공이 진행될 때 높이 뻗치더라도 재료를 운반하는 데 지장이 없도록 설계된 고층 건축용 지브 크레인.

clinker 클링커 ① 연소에 의해서 생성된 재가 덩어리로 된 것. ② 시멘트 제조 공정에서 점토(粘土)나 석회 등이 타서 덩어리로 된 것.

clinometer 클리노미터 공작물의 각도나 또는 조립할 때 기계 부품의 경사를 계측하는 데 사용되는 측정구(測定具).

clip 클립 플레이너의 테이블에 공작물을 고정시킬 때 사용되는 고정판. →clipper joint

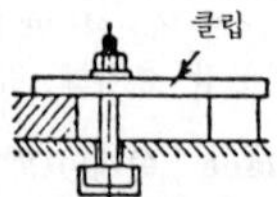

clipper joint 클립 이음 벨트 이음의 일종. 벨트의 양단에 클립을 끼우고 핀을 찔러 접속시킨 이음.

clock mechanism 시계 장치(時計裝置) =clockwork

clock spring 클록 스프링 나사형 스프링(태엽)을 말한다.

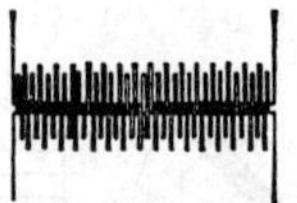
clipper joint

clockwise rotation 시계 방향 회전(時計方向回轉) 시계의 바늘과 같은 방향으로 도는 회전 방식. 즉, 오른나사와 같은 회전 방식을 말한다.

clockwork 시계 장치(時計裝置) =clock mechanism

closed chain 한정 연쇄(限定連鎖), 구속 체인(拘束-) 1개의 절(節)에 어떤 운동을 시키면 다른 절도 정해진 운동을 하는 연쇄. 이 연쇄에서도 어느 한 절을 고정하면 기구가 된다. =constrained chain

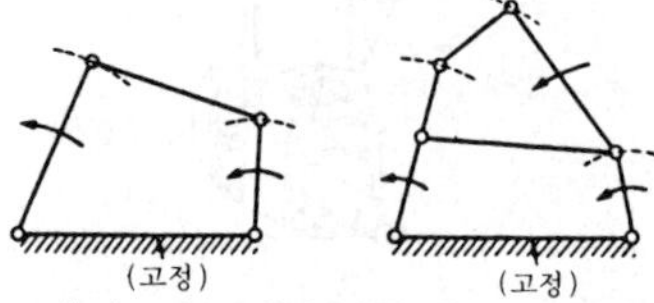

closed circuit 폐회로(閉回路) →circuit

closed conduit 암거(暗渠) 터널형의 인공 수로. 흐르는 물의 표면은 공기에 접해 있다. =covered conduit

closed cycle 밀폐 사이클(密閉-) 개방 사이클의 반대. 동작 유체(動作流體)를 몇 번이라도 반복해서 사용하는 사이클. 같은 물질을 몇 번이고 반복해서 사용하는 사이클을 말한다.

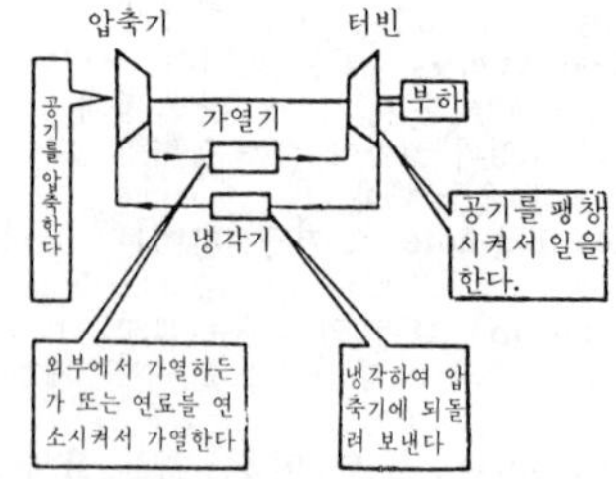

closed cycle gas turbine 닫힌 사이클 가스 터빈 밀폐 사이클을 행하게 하는 가스 터빈.

closed impeller 클로즈드 임펠러, 밀폐 임펠러(密閉-) 유체 기체의 날개차 중

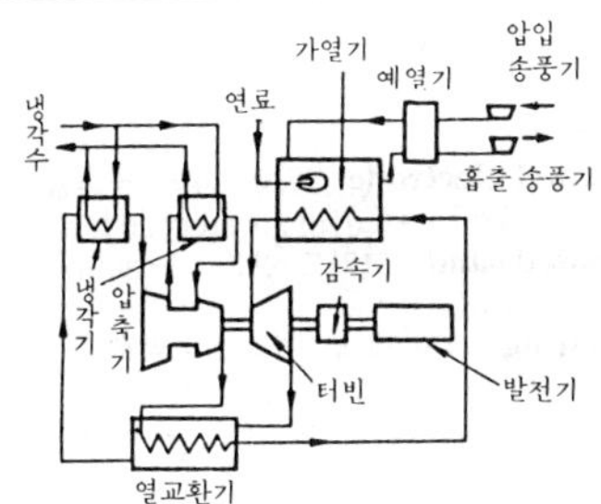

closed cycle gas turbine

측판(side shroud)이 있는 원심 혹은 사류형(斜流形) 날개차의 총칭. 이에 대해서 측판을 갖지 않은 것을 오픈 임펠러(open impeller)라고 한다. →centrifugal impeller, shroud

closed joint 폐쇄 연결(閉鎖連結), **T** 이음 =blind joint

closed loop control 폐루프 제어(閉-制御), 폐회로 제어(閉回路制御) 폐루프란 신호의 전달 경로가 원래대로 복귀할 수 있는 루프를 말한다. 닫힌 신호 전달 루프가 되어 있으면, 신호를 원래대로 되돌려서 회로나 제어계를 제어할 수 있다.

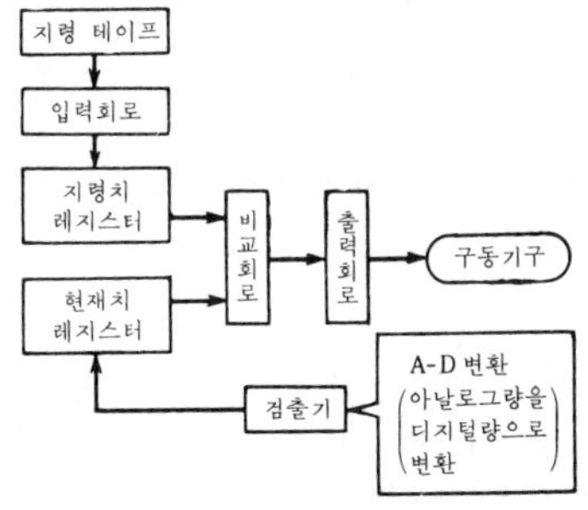

closed pair 한정 대우(限定對偶) 축과 베어링, 볼트와 너트와 같이 서로 접촉하여 일정한 구속 운동을 하는 두 기소(機素)의 조합인 대우 중에서 단 한 가지의 운동밖에는 할 수 없는 대우를 말한다. 한정 대우는 면과 면에서 접촉하고 있는 저차(低次) 대우와 접촉 또는 선접촉하고 있는 고차 대우로 나뉜다.

closed riser 블라인드 압탕(-壓湯), 블라인드 라이저 =blind riser

close fit 억지 끼워맞춤 구멍과 축 사이에 체결 여유가 있는 것을 말한다. =interference fit

closing machine 클로징 머신 =seamer

cloth wear tester 직물 마찰 시험기(織物摩擦試驗機) 직물을 일정 속도와 일정 하중으로 금속에 의해 마찰하여 구멍이 뚫리거나, 찢어지기까지의 횟수를 기록하여 내마모도를 살피는 시험기.

clutch 클러치 동심축(同心軸) 위에 있는 구동측에서 피동측으로 기계적 접촉에 의해 동력을 전달하거나 차단하는 기능을 갖춘 기계 요소.

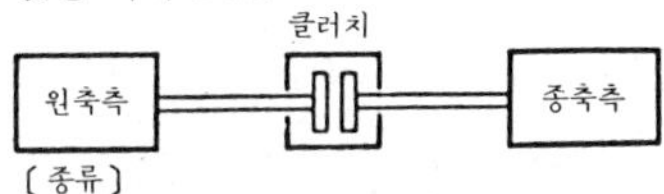

〔종류〕
물리기 클러치
원축이 정지 또는 저속회전의 상태에서 종축측에 접속
마찰 클러치 { 원뿔 클러치 / 원판 클러치
원축이 종축측에 접속

clutch facing 클러치 페이싱 원판 또는 원통 단면(端面)에 붙여 사용하는 클러치용 마찰재 부품을 말한다. 디스크 클러치의 마찰재는 페이싱이라 하고, 원주면에 붙여 사용하는 클러치용 마찰재는 클러치 라이닝이라 한다.

clutch lining 클러치 라이닝 →clutch facing

coach 객차(客車)

coach screw 코치 스크루 머리를 스패너로 돌리는 큰 나무 나사.

coagulator 응집 침전 장치(凝集沈澱裝置) 물에 응집제를 가해서 플록(floc)을 생성시키고, 이것을 침전시켜 현탁 미립자(懸濁微粒子)를 제거하는 장치.

coal 석탄(石炭) 태고의 식물이 지하에 매몰되어 천연의 탄화 작용을 받은 화석 연료.

coal car 탄차(炭車), 석탄차(石炭車) =coal wagon

coal chute 석탄 슈트(石炭-) 석탄 계량기의 호퍼와 급탄기와의 사이에서, 혹은 급탄기에서 미분(쇄)기까지의 사이에 석탄을 안내하는 낙하통. 석탄통이라고도 한다. =coal shoot

coal dust 탄진(炭塵) 잘게 분쇄된 석탄.

100 메시 이하 크기의 석탄으로 정의되기도 한다.

coal feeder 석탄 공급기(石炭供給機), 급탄기(給炭機) 화격자(火格子) 위에 석탄을 보내 연소를 계속시키는 기계 장치.

coal gas 석탄 가스(石炭－) 가스 연료의 일종. 석탄을 고온 건류(1,000℃ 이상)해서 얻어지는 조제(粗製) 가스를 정제한 것. 도시 가스와 코크스노(爐) 가스로 구별되며, 발열량은 4,500~5,200kcal/kg. 용도는 가정용, 공업용 연료.

coal hoist 양탄기(揚炭機) 선적된 석탄을 양륙하기 위한 전용 기중기. 문형(門形), 다리형 등 각종 기중기를 포함한다. ＝coal unloader

coalite 콜라이트 석탄의 저온 건류로 얻어지는 코크스. 목탄과 같이 불이 잘 붙고 무연(無煙). 용도는 가정 및 공업용 연료.

coal pick 콜 픽 타격압 착암기(打擊壓鑿岩機)와 비슷한 기구이며, 회전하면서 날카로운 해머로 두드려서 석탄을 굴삭하는 기계.

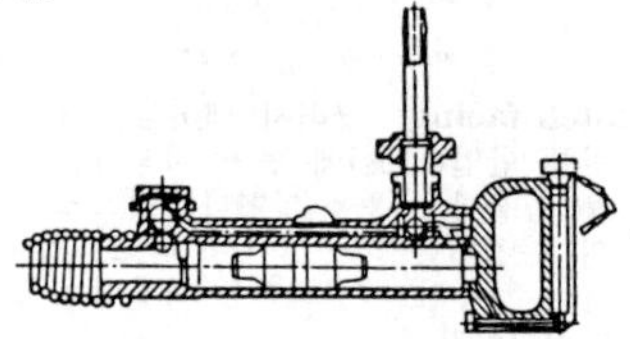

coaltar 콜타르 석탄을 건류할 때의 부산물. 검은 빛의 끈끈한 액체. 비중은 1.1~1.2. 주로 방부 도료로 쓰이고, 그 밖에 염료, 폭약 등의 제조 원료가 된다.

coal unloader 양탄기(揚炭機) ＝coal hoist

coal wagon 탄차(炭車), 석탄차(石炭車) 석탄 수송용 전용 철도 화차. ＝coal car

coal yard 저탄장(貯炭場) 대량의 석탄을 저장하는 장소.

coarse adjustment 조동 장치(粗動裝置) 측정 장치 등에서 래크(rack)와 피니언을 사용해서 큰 변위를 주는 장치. ＝rack and pinion adjustment

coarse screw thread 보통 나사 나사의 지름과 피치 치수가 조화를 이루고 있기 때문에 일반적으로 가장 많이 사용되는 3각 나사.

coarse tooth cutter 거친날 커터 중절삭용의 밀링 커터. →plain milling cutter

coasting operation 타력 운전(惰力運轉) 원동기에 의한 구동력 내지 관성에 의해 동력 차량이나 기계가 운전되는 것을 말한다.

coated electrode 피복 아크 용접봉(被覆－鎔接棒) ＝covered electrode

coated sand 코티드 샌드 →resin-coated sand

coating 피복제(被覆劑), 피막제(被膜劑), 코팅 금속, 직물, 종이 등을 공기, 물, 약품 등으로부터 보호하기 위하여 차단하거나, 또는 전기 절연·장식 등을 위해 캘린더, 압출, 침지(浸漬), 분무 등의 가공법으로서 물체 표면을 피막으로 싸는 것을 말한다.

coating material 도료(塗料) 도장에 사용되는 재료로서 니스, 페인트 등이 있다. 초벌칠 도료는 녹이 스는 것을 방지하는 것이 목적이고, 중간 칠과 마무리칠 도료는 외부 환경에 대한 저항성을 부여하는 것이 목적이다.

coaxing effect 코크싱 효과(－效果) 피로 한도가 있는 재료(탄소강, 저합금강, 오스테나이트강 등)에 피로 한도 이하의 응력으로 반복해서 응력을 부여하면 피로 한도가 향상된다. 이와 같이 재료가 경화(硬化)하는 현상을 말한다.

cobalt 코발트 원소 기호 Co, 원자 번호 27, 원자량 58.94, 비중 8.8, 융점 1,495℃, 회백색. 순금속 그대로 사용되는 것은 적으나 고속도강, 자석강, 초경합금 등의 원료로서 중요하다.

cobalt-base super alloys 코발트기 초합금(－基超合金) Co 기(基) 합금은 고온 강도가 크다. 탕류(湯流)도 좋아 정밀 주조에 적합하고, 고온도의 크리프 파단 강도가 높아, Ni 기(基) 초합금(超合金)에 비해 한층 높은 온도에서의 저응력(低應力), 긴 수명의 정지 부품(靜止部品)에 적합하다. 또, 열전도율이 높고 열팽창률이 작으므로, 내열 피로성이 우수하여 대형 부품에 사용된다.

cock 콕 유체를 유통시키거나 차단시키는 간단한 밸브를 말한다. 원추 모양의 플러그를 회전시켜 유체 통로를 신속하게 개폐한다.

cockpit voice recorder : **CVR** 조종실 음성 기록 장치(操縱室音聲記錄裝置) 비행 기록 장치(FDR)와 같은 항공기의 사고 조사용 기기로, 사고 당시의 상황을 알기 위해 조정실 내에서의 회화나 관제 기관

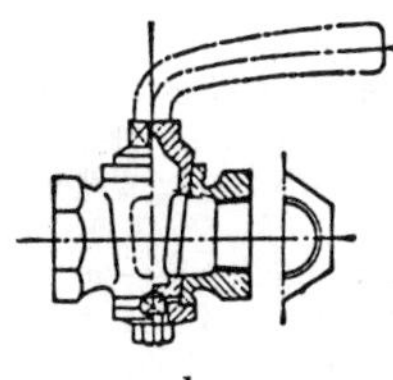
cock

과의 교신 내용을 기록해 두는 장치. 녹음은 30 분 간의 엔드리스 테이프를 사용하며, 전에 기록된 내용을 지우면서 새로운 내용을 기록하고 있으므로 언제나 마지막 30 분간의 상황이 확보되어 있다.

coefficient 계수(係數)

coefficient of contraction 수축 계수(收縮係數) 오리피스(orifice)로부터 유체가 흘러나올 때 그 흐름의 단면은 어느 정도 수축하게 되는데, 그 수축되는 비율을 말한다. =contraction coefficient

coefficient of cubical expansion 체적 팽창 계수(體積膨脹係數) →expansion coefficient

coefficient of discharge 유량 계수(流量係數) 이론상과 실제상의 유량비. 오리피스로는 수축 계수와 속도 계수와의 곱으로 된다. =flow coefficient

coefficient of expansion 팽창 계수(膨脹係數) 물체가 열을 받아 길이 또는 부피가 증대되는 비율을 온도당(溫度當)으로 나타낸 값. =expansion coefficient

coefficient of friction 마찰 계수(摩擦係數) 두 물체가 접속되고 있을 때 접촉면에서 생기는 마찰력과 양면 사이의 직각 압력과의 비를 말한다. 정마찰 계수와 동마찰 계수로 나누어지는데, 정마찰 계수 쪽이 훨씬 크다.

coefficient of heat transfer 열전달 계수(熱傳達係數) 열전달(heat transfer)에 있어서 전해지는 열량은 벽의 면적·온도차·시간에 비례하는데, 그 비례 상수를 말한다.

coefficient of kinetic viscosity 운동 점성 계수(運動粘性係數) 유체의 점성 계수를 그 유체의 질량 밀도로 나눈 것. 동점성 계수라고도 한다.

coefficient of linear expansion 선팽창 계수(線膨脹係數) 물체 길이의 온도 1℃ 상승에 따른 신장(伸張)과 처음 길이와의 비.

coefficient of overall heat transmission 열관류율(熱貫流率) 열관류가 이루어질 때 전해지는 열량은 전열 면적, 시간, 양 유체의 온도차에 비례한다고 했을 때의 비례 상수(전열 계수)를 열관류율이라 하며 K로 표현한다.

coefficient of performance 성능 계수(性能係數), 성적 계수(成績係數), 동작 계수(動作係數) 냉동 사이클에서 피냉각 물로부터 증발기에 흡수되는 열량과 사이클에서 소비되는 동력의 비(比).

coefficient of restitution 반발 계수(反撥係數) 두 탄성 구체(彈性球體)의 충돌 후 상대 속도와 충돌 전 속도와의 비로 표현되는 상수.

$\bigcirc\!\rightarrow v_1 \quad v_2 \leftarrow\!\bigcirc$ $\bigcirc\!\rightarrow v_1' \quad \bigcirc\!\rightarrow v_2'$

충돌전   충돌후

coefficient of viscosity 점성 계수(黏性係數) →viscosity

cog 코그 목제(木製) 기어. 이것을 바퀴에 심어 코그 톱니바퀴로 사용한다.

CO_2 gas shielded arc welding 탄산 가스 아크 용접(炭酸－鎔接) 탄산 가스가 주가 되는 분위기 중에서 하는 자동 또는 반자동의 아크 용접.

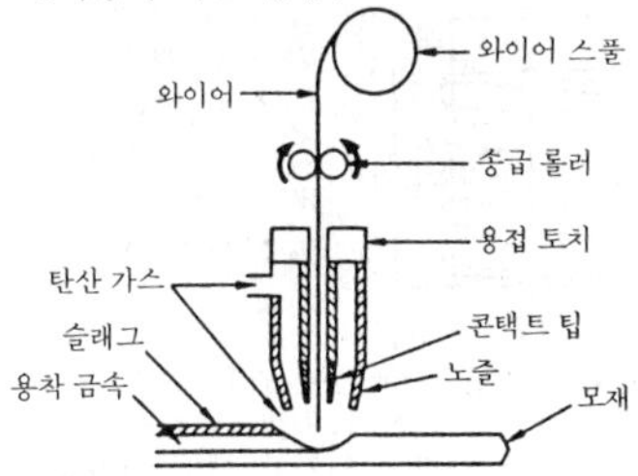

cogging mill 분괴 압연기(分塊壓延機) 분괴 압연 공장에서 잉곳(ingot)을 강편(鋼片)으로 하는 압연기.

coherence 간섭성(干涉性), 코히어런스 빛의 간섭성 정도를 나타내는 척도.

cohesion 응집(력)(凝集(力)), 결합성(結合性), 응착(凝着) 깨끗한 면을 가진 고체끼리를 어떤 하중 아래 접촉시키면, 마치 납땜한 것과 같이 양자가 한 몸이 되는 것 같은 현상. 또는, 이에 상당하는 현상.

coil 코일 일반적으로 철사를 둥근 모양이나 나사 모양으로 여러 번 감은 것. 전선을 나사 모양으로 감아서 통 모양으로 한 코일을 특히 솔레노이드라 한다.

coiled pipe cooler 코일 냉각기(－冷却器) 관(菅)을 코일 모양으로 하고 그 속에 냉각재를 통과시켜, 외측의 물건을 냉각시키는 방식의 냉각기.

coiled spring 코일 스프링 금속선을 코일 모양으로 감아서 만든 스프링. 환봉(丸棒) 또는 각봉은 원통형으로 감은 기계 부품으로서 가장 많이 사용되고 있다.

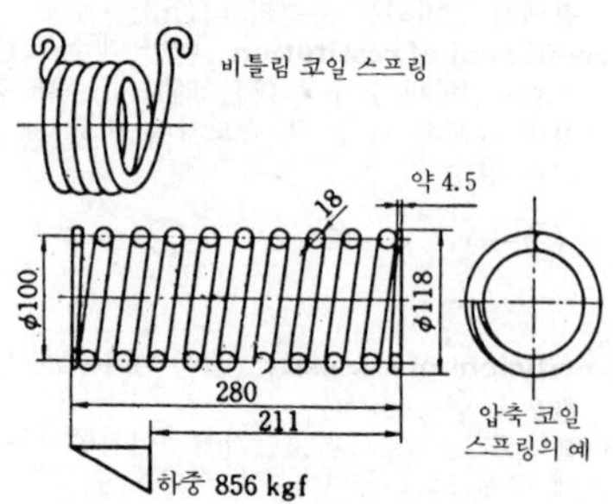

〔코일 스프링에 생기는 비틀림 응력 τ와 휨〕

$$\tau=\frac{8DW}{\pi d^3} \qquad \Delta=\frac{8N_a D^3 W}{G d^4}$$

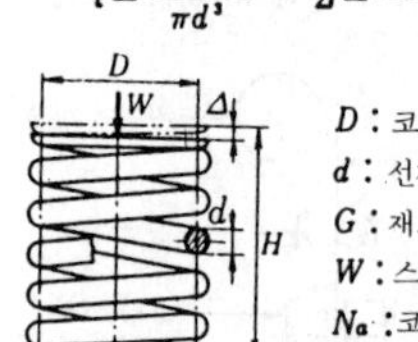

D : 코일의 평균지름
d : 선재의 지름
G : 재료의 가로 탄성계수
W : 스프링에 가해지는 하중
N_a : 코일의 유효권수

coining 압인 가공(壓印加工), 코이닝 거친 표면을 개선하기 위한 것으로, 냉간에서 다이와 펀치를 이용해 냉간 강압을 행하는 다듬질 법. 그림 (a)는 구면(球面) 이음 소켓, (b)는 디퍼렌셜 피니언의 냉간 코이닝이다.

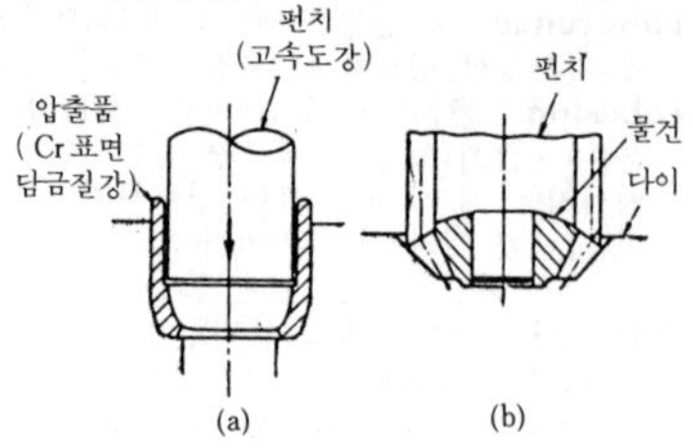

coke 코크스 코크스는 coke가 와전된 말이다. 점결탄(粘結炭)을 건류해서 얻어진 다공질의 무연 연료. 제철, 각종 합금, 금속 가공, 주물, 가스 발생용으로서 중요하다.

coke oven 코크스로(－爐) 석탄을 고온 건류해서 코크스를 만드는 노(爐).

coke oven gas 코크스로 가스(－爐－) 석탄을 고온 건류해서 코크스를 만드는 노에서 발생하는 가스.

coke pig ron 코크스 선철(－銑鐵) 코크스를 연료로 하여 용광로에서 철광석을 환원시켜 얻는 선철. 현재 사용되고 있는 선철은 대부분이 이 코크스 선철이다.

coke ratio 코크스비(－比) 제조한 선철 단위 중량당 소비한 코크스의 양. 일반적으로 t/t로 나타낸다.

cold bending 냉간 휨(冷間－), 상온 굽힘(常溫－) 봉, 판, 선 등의 재료를 가열하지 않고 상온에서 그대로 굽히는 것.

cold chamber 콜드 체임버, 냉가압실(冷加壓室) 액압식(液壓式) 다이캐스트기(機)로 탕 온도를 낮게 해서 다이스형에 압입하는 방.

cold drawing 냉간 압연(冷間壓延), 냉간 인발(冷間引拔) 봉, 선, 관 등을 상온에서 다이스를 통해 처리하는 인발 가공.

cold drawn steel tube 냉간 압연 강관(冷間壓延鋼菅), 냉간 인발 강관(冷間引拔鋼菅) 상온에서 다이스를 통해 인발 가공하여 만든 강관.

Colder Hall reactor 콜더 홀형 원자로(－形原子爐) 천연 우라늄을 연료로 하고, 감속재로서 흑연을 사용하며, 냉각재로는 탄산 가스를 사용하는 원자로.

cold extrusion 냉간 압출(冷間押出) 금속을 상온 또는 용융점 가까이 가열해서 소요되는 형상의 구멍을 통해 압력을 가하여 압출해서 봉·관 등을 만드는 방법.

cold flow 콜드 플로 크리프(creep)를 말한다. 고무 재료·합성 수지 등이 응력에 의해 연속적으로 소성 변형을 일으키는 현상.

cold forging steel 냉간 단조강(冷間鍛造鋼) 냉간 단조에 의해 기계적 성질이 향상된 강으로, 전후의 성질을 비교하면, 항복점 23→40kgf/㎟, 인장 강도 35～38→50～65kmf/㎟, 신장 30→10%, 단면 수축 60→40%, 경도(硬度) 100→190H_B, 성분은 Co 1% 이하, Si 0.03～

03~0.7, Mn 0.2~0.4. 용도로서는 자동차 부품을 중심으로 정밀한 것이 주된 것이다.

cold hobbing press 콜드 호빙 프레스 압입 성형에 의해서 주로 형을 만드는 액압 프레스.

cold junction 냉접점(冷接點) 열전대(熱電對)의 2접점 가운데 온도가 낮은 쪽의 접점. 0℃ 또는 20℃ 기준 온도로 유지하는 경우가 많다.

cold machining 냉간 절삭(冷間切削), 저온 절삭(低溫切削) 절삭 저항이 큰 스테인리스강 등을 절삭할 경우, 바이트의 선단만을 액체 탄산 가스를 내뿜어 냉각시켜 날끝을 저온도로 유지하여 절삭하거나, 또 공구 및 피절삭물이 절삭열로 인하여 고온으로 되는 것을 막기 위하여 액체 탄산 가스로 이것들을 냉각시키는 절삭법을 말한다.

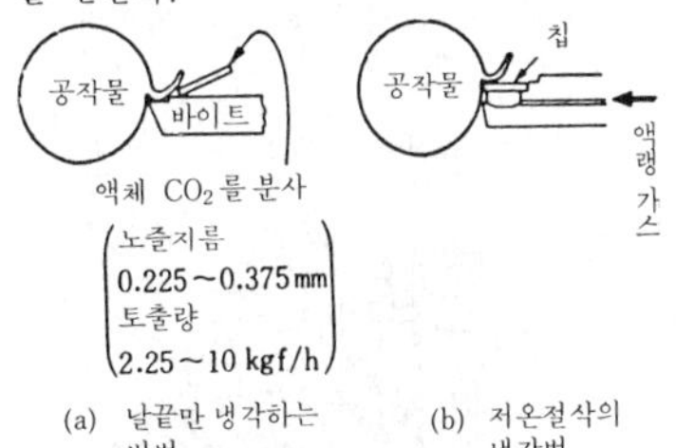

(a) 날끝만 냉각하는 방법 (b) 저온절삭의 냉각법

cold roll(ing) 냉간 압연(冷間壓延), 상온 압연(常溫壓延) 상온에서 압연하는 것. 박판 등의 압연에 이용된다.

cold-shortness 저온 취성(低溫脆性), 저온 메짐성(低溫-性), 콜드 쇼트니스 강(鋼)의 온도가 상온 이하로 내려가면 외력에 대한 저항이 약해지고 충격, 피로 등에 대한 저항도 감소된다. 특히 냉한지에서는 기계 재료의 파손 원인이 된다. 이러한 성질을 저온 메짐성이라고 한다. =low temperature brittleness

cold shut 콜드 셧, 탕경(湯境) →run

cold spring 콜드 스프링 배관이 열팽창되었을 경우, 응력이 감소되도록 미리 상온시에 인장력을 지니게 해서 설치하면, 온도가 상승했을 경우에 배관에 발생하는 응력은 열팽창에 상당하는 응력에서 상온시에 주어진 인장력만큼 공제한 응력밖에 발생되지 않게 된다. 이러한 설치 방법을 말한다.

cold start 콜드 스타트, 상온 시동(常溫始動) 기기의 온도가 상온에 가까운 상태에서 기동하는 것.

cold storage 냉장고(冷藏庫) =refrigerator, ice box

cold working 냉간 가공(冷間加工) 재결정 온도(再結晶溫度) 이하에서의 가공에서 가공 경화를 수반한 가공을 말하는데, 일반적으로는 상온에서의 소성 변형을 주는 가공을 말한다.

collar 칼라 주로 축이나 관 등에 끼워져 있는 연강제의 테 또는 고리(정).

collar bearing 칼라 베어링 =collar thrust bearing

collar head screw 칼라 머리 나사 볼트 머리 밑면에 와셔 역할을 하는 칼라가 붙은 볼트.

collar journal 칼라 저널 하중이 축 방향으로 작동하는 저널로, 칼라가 붙어 있는 것. 하중은 테로 받는다.

collar oiling 칼라 주유(-注油) 축에 붙인 칼라의 하단을 기름통에 담가 축 회전으로 기름을 퍼 올리는 주유법.

collar thrust bearing 칼라 스러스트 베어링 칼라형의 스러스트 베어링. 축에 설치한 1개 또는 여러 개의 스러스트 칼라에 의해서 스러스트를 지지하고 있는 베어링. =collar bearing

collector 컬렉터 ① 채취 장치의 총칭. ② 베이스 영역에서 기능의 주체를 이루는 캐리어의 흐름을 수집하는 작용을 하는 부분을 말한다. ③ 집전극(集電極).

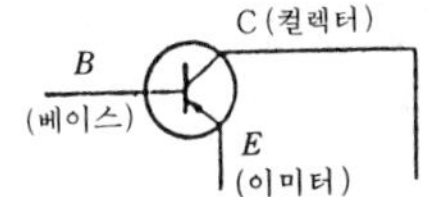

collet 콜릿 엔드 밀링 커터와 같은 자루붙이 밀링 커터를 끼워 넣는 공구. 어댑터와 함께 밀링 머신에 고정하여 엔드 밀링 커터를 보존 유지한다.

collet chuck 콜릿 척 선반 부속 공구의 하나로, 가늘고 긴 막대 모양의 재료를 연속적으로 가공할 경우에 사용되는 체결구를 말한다.

collimator 콜리메이터 렌즈 또는 반사경의 초점 위치에 슬릿 또는 핀홀 등을 놓고 이것을 통과한 빛을 평행 광선속(平行光線束)으로 하는 기구.

collision 충돌(衝突) 상대 속도를 갖는 두

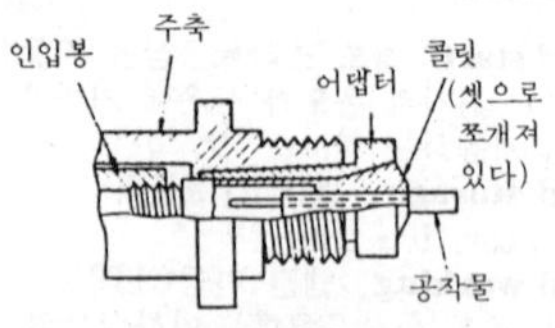

collet chuck

물체가 닿아서 서로 힘을 미치는 현상으로, 접촉에 수직인 접촉력만을 발생하는 것을 말한다.

colloid 콜로이드 일반적으로 결정(結晶)이 잘 안 되는 물질로, 용질(溶質) 속에서의 확산 속도가 극히 작고 투석막(透析膜)을 통과하지 않는 물질.

color conditioning 색채 관리(色彩管理), 색채 조화(色彩調和), 컬러 컨디셔닝 색체의 생리적, 심리적, 물리적인 효과를 이용해서 공장, 사무실, 주택 건축에서의 안전, 쾌적, 능률적인 환경을 조성하려고 하는 기술.

color display 컬러 디스플레이 2색 이상을 사용해서 표시하는 표시 장치. 표시 소자로서는 컬러 브라운관, 플라스마 디스플레이, 액정 등이 있다.

colorimeter 비색계(比色計) 착색 용액(着色溶液)에서 색의 농담(濃淡)을 측정 비교하는 기구. 가장 널리 사용되고 있는 것은 듀보스크형 비색계(Duboscq's colorimeter)이다. 그 밖에 분광 비색계, 광전 비색계가 있다.

color metallograph 컬러 메탈로그래프 컬러 필름을 사용해서 금속 표면이나 용해시의 모양을 찍은 사진.

colo(u)r pyrometer 색조 고온계(色調高溫計) 물체는 온도의 상승과 함께 적-황-백으로 색이 변하는 것이므로 이것을 측정해서 온도를 알아내는 고온계.

column 기둥, 칼럼 드릴링 머신 등의 굵은 기둥.

columnar structure 주상 조직(柱狀組織) 결정(結晶)이 기둥 모양으로 발달한 조직. 일반적으로 주상 조직은 냉각면에 수직으로 발달하는 것이다.

column radiator 주형 방열기(柱形放熱器) 증기 난방, 온수 난방용 방열기의 대표적인 것. 주철제의 중공(中空)은 절(節 : section)이 있는 곳을 니플로 이음해서 1조로 한다.

comb 콤 트랜지스터, IC 등의 반도체를

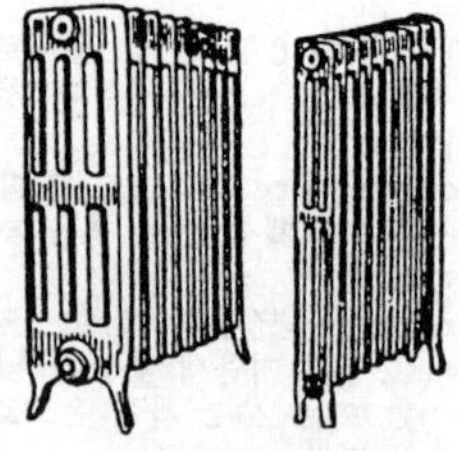
column radiator

조합할 때 사용하는 금속 리본. 리드 프레임을 말하는 것으로, 메이커에 따라서 베이스 리본이라고도 부른다.

combination chain 콤비네이션 체인 주조제 내 링크와 강판제 외 링크를 교대로 조합한 체인.

combination chuck 양용 척(兩用－), 복동 척(複動－) 주로 선반에 이용되는 척의 일종. 단독 척과 연동 척 양쪽의 기능을 겸비한 척. 즉, 각각의 발톱을 단독으로 움직일 수도 있고, 또 나선 홈으로 발톱 전부를 동시에 움직일 수도 있다.

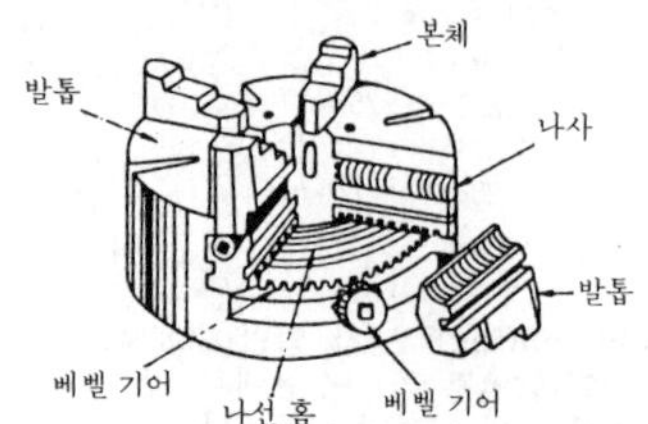

combination gauge 조합 게이지(組合－) 여러 개의 게이지를 조합해서 소요 치수의 게이지로 이용하는 것.

combine 컴바인 농업 기계의 일종. 수확, 탈곡, 조제(調製) 등의 일련의 작업을 동일 기계로 처리하는 대형 농업 기계.

combined carbon 화합 탄소(化合炭素), 결합 탄소(結合炭素) 주철 속에 포함되어 있는 C의 상태에는 두 가지가 있다. 그 한 가지는 시멘타이트로서 존재하는 화합 탄소이고, 다른 하나는 주철 속에 유리되어 흑연으로서 존재하는 유리 탄소(游離炭素)를 말한다. 화합 탄소가 많으면 주철을 단단하게 하고, 흑연은 연약하기 때문에 이 상태에서 많이 있으면 질이 연화(軟化)된다.

combined-cycle engine 복합 사이클 기

관(複合-機關) 그림과 같이 2→3과 같은 정용(定容) 구간과, 3→3′와 같은 정압(定壓) 구간이 복합되어 있는 수열(연소) 기간을 갖는 사이클의 내연 기관. 고속 디젤 기관의 기본으로 생각되고 있다.

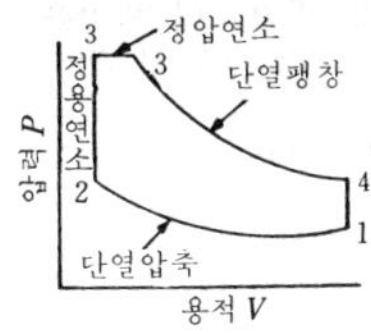

combined efficiency 총합 효율(總合效率)

combined extrusion 복합 압출(複合押出) 전방 압출법과 후방 압출법의 두 가지를 합친 가공법으로, 펀치의 진행에 수반해서 재료의 일부를 후방으로 압출함과 동시에 일부를 앞으로 압출하기 때문에, 단독 압출에 비해 금형에 의한 구속은 적으나 압출력은 어느 정도 저하한다.

combined lathe 만능 공작 기계(萬能工作機械) =universal machine

combined load 조합 하중(組合荷重) 여러 하중이 조합되어 작용하는 경우를 조합 하중이라고 한다.

combined processing 복합 가공법(複合加工法) 각종 어려운 가공재나 복잡한 형상의 가공에서는 가공법을 조합시킨 성형이 이루어지게 되는데 이를 말한다.

combined stress 조합 응력(組合應力) 재료에 두 가지 이상의 작용(예컨대, 압축과 휨, 휨과 비틀림)을 동시에 받는 경우의 응력 상태.

combustion 연소(燃燒) 공기 중 또는 산소 중에서 물질이 산화되어 불꽃을 일으키는 현상.

combustion chamber 연소실(燃燒室) ① 증기 보일러에서 연료가 타는 곳. ② 압축실이라고도 한다. 내연 기관에서 혼합 가스를 압축, 점화, 폭발시키는 곳.

combustion efficiency 연소 효율(燃燒效率) 연소에 의해서 실제로 발생하는 열량과 연료가 지니고 있는 전열량(저발열량)과의 비.

combustion intensity 연소 부하율(燃燒負荷率) 가스 터빈, 로켓 혹은 보일러 등의 연소실의 단위 용적당 단위 시간의 발생 열량(kcal/m³ · h). 또는, 연소실 내압

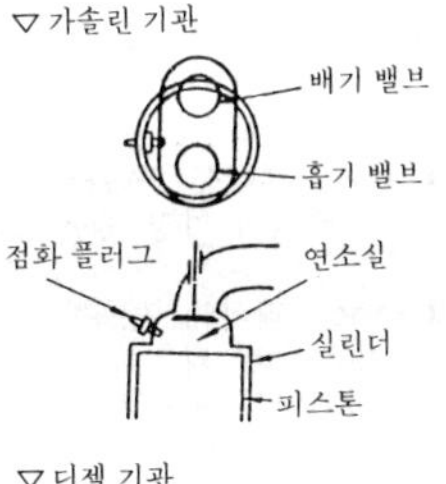

combustion chamber

으로 나눈 값(kcal/m³ · h · atm)으로 하는 경우도 있다. =combustion rate

combustion rate 연소율(燃燒率) 고체 연료가 화격자 위에서 연소할 때, 화격자의 단위 면적당 단위 시간에 연소되는 연료의 양.

combustion temperature 연소 온도(燃燒溫度) 연료가 공기 또는 산소 공급으로 연소되어 발생하는 온도.

combustor 연소기(燃燒器) 가스 터빈에서 연료 분사 밸브로부터 분사된 연료와 압축기로부터의 공기를 혼합해서 정압 연소(定壓燃燒)시키는 장치. =burner

come along 컴 얼롱 전선의 단말을 지지하고 전선을 인장하는 데 사용하는 그림과 같은 공구.

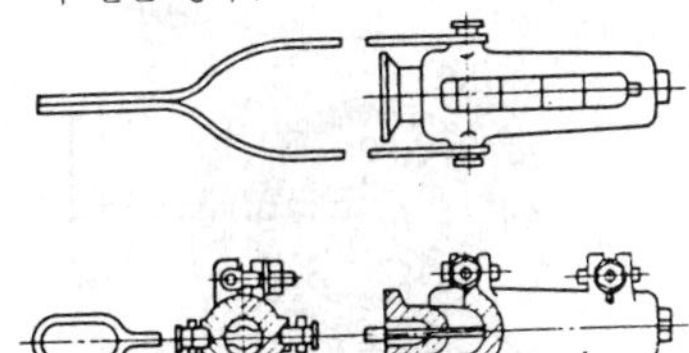

CO_2 meter CO_2 미터 CO_2의 열전도율은 공기의 약 1/2이다. 그 열전도율의 차를 이용해서 CO_2의 함유량을 지시하는 계기.

comfort line 쾌적선(快適線) 쾌적대(快適帶)의 폭 중에서 가장 좋은 상태를 말한다.

comfort zone 쾌적대(快適帶) 재실자(在室者)의 대부분의 쾌적하다고 느끼는 실내 공기 상태에 있어서의 온도와 습도의 범위. 쾌적대는 계절, 개인차, 작업의 질과 양, 음식물, 재실 시간 등 많은 인자에 따라 변화한다.

commercial bearing 커머셜 베어링 정밀도, 성능이 그다지 요구되지 않는 용도에 사용되는, 0급보다 낮은 정밀도의 베어링.

common bed 코먼 베드 공통 대판(共通臺板), 공통 베드, 공통 대상(共通臺床). 설치하기가 대단히 용이해진다.

common business oriented language ; COBOL 코볼 사무 계산을 컴퓨터로 처리하기 위해 개발된 컴퓨터 언어.

commutator 정류자(整流子) 발전자(發電子) 권선 내로 유도한 교번 기전력(交番起電力)을 외부로 향해서 일정 방향의 기전력으로 바꾸는 역할을 하는 것.

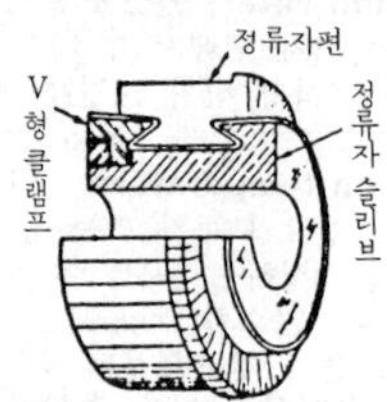

commutator motor 정류자 전동기(整流子電動機) 유도 전동기의 시동 토크를 크게 하기 위하여 정류자를 이용한 전동기.

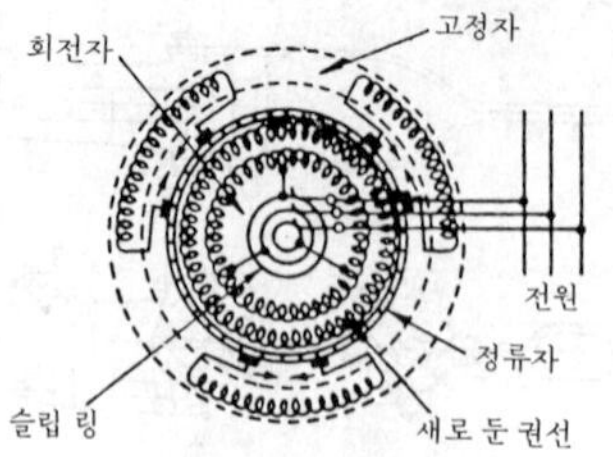

CO_2 molding process CO_2 주형법(－鑄型法) 규사(硅砂)에 점결제(粘結濟)로서 규산 소다를 3～6% 가하여 뒤섞은 다음 일반 사형(砂型)하되, 목형을 떼어 내기 전에 CO_2 가스를 주형에 불어 넣어 형을 경화시키는 방법. 이 방법은 건조시키지 않고 굳은 사형(砂型)을 만들 수 있어 특히 코어 제작에 유리하다.

compact diamond tool 다이아몬드 미립자 소결 공구(－微粒子燒結工具) 인조 또는 천연의 미립 다이아몬드를 고온(2,000℃), 고압(7,000kgf/㎠)의 조건하에서 소결하여 만들어진 공구로, 콤팩트 공구 또는 다결정(polycrystalline diamond) 공구라 불리고 있다. 용도는 비철 금속의 절삭 전문으로 특히 내마모성을 개선하기 위해 실리콘을 포함한 자동차 엔진용 알루미늄 합금의 가공에 중용되며, 이 분야에서는 초경 합금 공구(超硬合金工具)의 10배 이상으로 수명이 길다.

compactor 콤팩터 대지나 도로의 포장 재료를 이기기도 하고, 하중을 가하기도 하여 진동, 충격을 줌으로써 보다 무거운 하중에 견딜 수 있도록 하기 위한 기계를 말한다.

comparative measurement 비교 측정(比較測定) 어떤 양을 측정하는 경우, 그 측정량과 같은 종류의 표준량과를 비교하는 측정법.

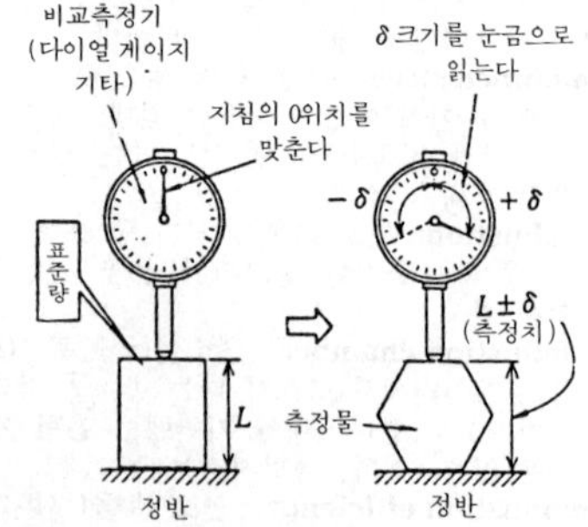

comparator 콤퍼레이터 블록 게이지 등의 표준 게이지와 측정될 물품과를 비교해서 그 치수의 차를 정밀하게 측정하는 기계. 종류에는 미니미터, 오소테스트(orthotest), 마이크로럭스(microlux), 옵티미터(optimeter), 전기 마이크로미터, 공기 마이크로미터 등이 있다.

comparison microscope 비교 현미경(比較顯微鏡) 쌍안 현미경의 일종. 한 쪽에는 표준이 되는 물체를, 다른 쪽에는 측정될 물품을 놓고 동시에 양자를 보면서 비교하기 위해 사용되는 장치.

compartment stoker 컴파트먼트 스토커 화격자(火格子) 연소에 있어서 화격자 밑을 가로로 칸막이하여 여러 개의 실(室)로 나누고, 그 각 실에 압입 송풍기로부터의 공기를 댐퍼를 가감하여 불어넣음으로써 화격자 밑에서부터 불어넣는 1차 공기의 양을 화격자면의 각 구간마다 가감할 수 있도록 한 스토커.

compass 컴퍼스 자석 또는 자침(磁針)을 응용해서 방향을 알아내는 장치. 주로 선박용.

compasses 컴퍼스 제도 또는 금긋기에서 곡선이나 원을 그리는 데 사용하는 도구.

compatibility 상용성(相溶性), 화합성(和合性) 2종 또는 그 이상의 물질이 서로 친화성(親和性)이 있어서 균일한 용액이나 혼합물을 형성하는 성질.

compatible model 적합 모델(適合－) 최소 포텐셜 에너지의 원리에 기초를 두는 유한 요소법으로 가상되는 요소 모델.

compensating lead wire 보상 도선(補償導線) 열전대(熱電對) 끝과 기준 접점간을 연결시키는 데 사용되는 도선으로, 구리-콘스탄탄, 철-콘스탄탄, 크로멜-알루멜, 백금 로듐-백금 등이 있다.

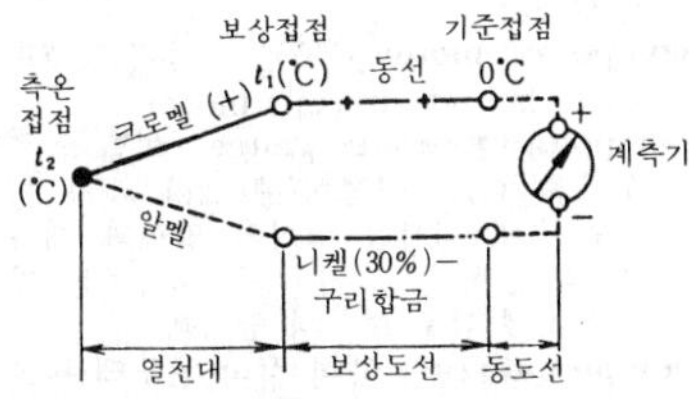

compensating mechanism 복원 기구(復元機構) 조속기(調速機)가 작동할 때 지나친 동작을 억제하고, 동작의 빠른 안정을 얻기 위한 장치.

compensating sheave 이완 흡수 활차(弛緩吸收滑車) 하역 기계에 있어서 가동 부분의 이동에 따라 발생하는 로프나 체인 등의 이완 부분을 흡수하는 구실을 하는 활차.

compensation 보정(補正) 계기류의 지시값에 오차가 있다는 것을 알았을 때 올바른 측정값이 되도록 수정하는 것.

competitive materials 경쟁 재료(競爭材料) 종래에 사용되고 있던 소재가 다른 소재로 전환되어 가는, 이와 같은 수요를 다투는 재료.

compiler 컴파일러 어셈블러, 포트란(FORTRAN), 코볼(COBOL) 등의 언어를 컴퓨터가 아는 기계어로 번역하기 위한 프로그램을 컴파일러(번역 프로그램)라 한다.

complementary colours 보색(補色) 두 색의 빛을 혼합하여 백색광이 되는 경우, 그 두 빛의 색을 보색이라고 한다.

complementary metal oxided semiconductor ; CMOS 상보성 금속 산화막 반도체(相補性金屬酸化膜半導體) CMOS IC라고도 한다. P채널과 N채널의 MOS-FET를 조합시킨 논리 집적 회로. 소비 전력이 극히 적고, 동작 전압 범위가 넓으며, 잡음에 강하다.

complete characteristics 완전 특성(完全特性) 터보형 펌프나 펌프 수차에 있어서 통상의 펌프 운전 상태의 특성뿐만 아니라 날개차를 정전(正轉) 및 역전시킨 경우, 또 유량을 정류(正流) 및 역류(逆流)시킨 경우에 얻어지는 펌프의 종류나 형상에 대응한 성능의 특질 및 특징을 무차원양에 의해서 전반적으로 나타내는 특성을 말한다.

complete combustion 완전 연소(完全燃素) 연소하여 발생된 부산물 중에 가연물(可燃物)이 전혀 남아 있지 않은 경우를 말한다.

complete thread 완전 나사부(完全－部) 산의 상하가 완전한 산 모양을 한 나사부.

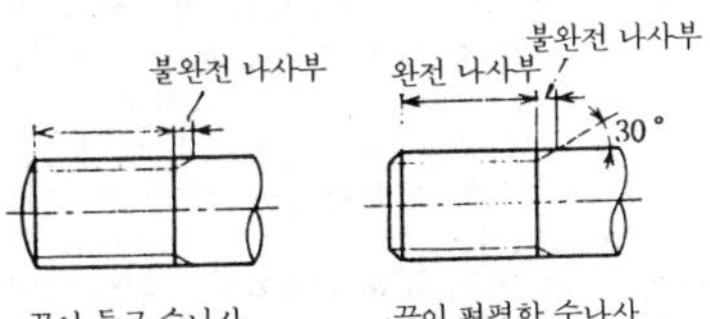

complex amplitude 복소 진폭(複素振幅) 실수부(實數部)와 허수부(虛數部)를 갖는 진폭.

complex displacement 복소 변위(複素變位)

compliance 컴플라이언스 스프링 상수의 역수. →spring constant

component 성분(成分) 물질계를 구성하는 원소, 화합물 또는 다상(多相) 혼합물을 말한다. 어떤 물질계의 성분의 조합은 한 종류라고는 할 수 없다.

component of a force 분력(分力) 힘의 벡터를 임의 방향의 벡터 성분으로 나눌 때, 그 각 성분을 분력이라 한다.

component of velocity 분속도(分速度) 속도 벡터를 임의의 벡터 성분으로 나눌 때, 그 각 성분을 분속도라 한다.

composite beam 합성보(合成－) 역학적 특성이 다른 두 종류 이상의 재료를 조합시켜 한 몸으로 하여 굽힘에 대한 저항을 크게 한 보를 합성보라고 한다.

composite cycle 복합 사이클(複合－), 합성 사이클(合成－) 디젤 기관 사이클의 한 형식. 오토 사이클과 디젤 사이클이 합성된 사이클.

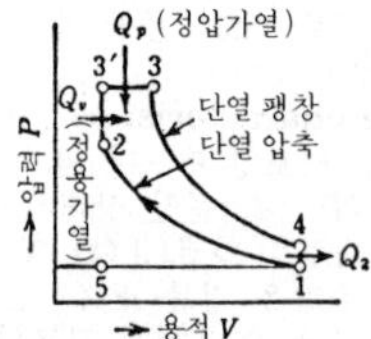

composite electrode 복합 아크 용접봉(複合－鎔接棒) 2개 이상의 가용 금속을 기계적으로 결합시켜 아크 용접에 사용하는 전극봉.

composite plating 복합 도금(複合鍍金) 섬유상이나 입자상(粒子狀)의 분산상(分散相)을 지닌 복합 재료를 도금에 의해서 얻는 방법, 또는 그 복합 피막.

composite steel 복합강(複合鋼) 2종 이상의 다른 금속을 접합해서 각각의 금속 특징을 살려 요구 조건을 만족시킨 것. 예컨대, 두랄루민 표면에 순알루미늄판을 붙여서 전자의 강도와 후자의 내식성을 겸비한 재료를 만든다든지 하는 것이다. =clad steel

composite thin film circuit 복합 박막 회로(複合薄膜回路) 저항, 도체, 콘덴서 등을 모두 박막으로 한 몸에 복합 형성되어 있는 전기 회로.

composition of forces 힘의 합성(－合成) 둘 이상의 힘이 동시에 작용할 때 이 힘의 작용과 아주 똑같은 효과를 내는 힘을 생각할 수 있는데, 이것을 합력이라 하고, 이 합력을 구하는 것을 힘의 합성이라고 한다.

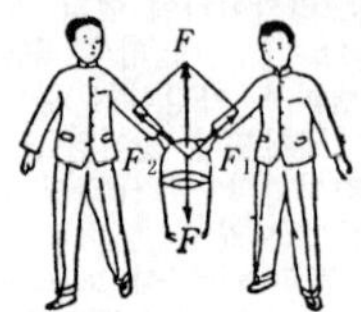

compound 콤파운드, 화합물(－化合物) ① 밸브 등의 연마에 사용하는 배합 연마재. ② 플라스틱의 성형 가공을 용이하게 하기 위한 혼합 첨가제.

compound blanking die 복합 블랭킹 다이(複合－) 블랭킹 다이의 일종. 블랭킹 가공에서 구멍뚫기와 외형 전단을 조합하여 한 공정에서 제품을 완성시키는 방법을 말한다.

compound die 복합 다이(複合－) 그림과 같이 몇 군데를 한 번에 굽히거나, 복잡한 형의 것을 한 공정으로 만들 경우에 이용되는 형(型).

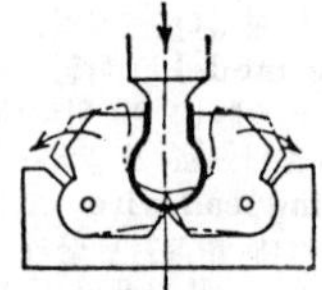

compound engine 복합 기관(複合機關) 가스 터빈과 왕복식 내연 기관을 결합시킨 발동기.

compound motor 복권 전동기(複捲電動機) →direct current motor

compound pressure gauge 복합 압력계(複合壓力計), 연성계(連成計) 1개의 압력계 속에 대기압 이상의 압력과 대기압 이하의 압력(진공 압력)을 계측하는 장치를 동시에 갖춘 형식의 압력계.

compound rest 복식 절삭 공구대(複式切削工具臺) 선반에서의 절삭 공구의 부착대(附着臺). 가로 이송대(cross slide) 위에 있어서 공작물에 대하여 여러 각도로 움직일 수 있다.

compound pressure gauge

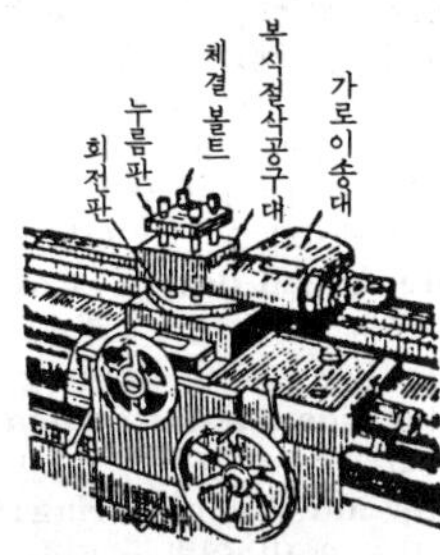

compound rest

compound stress 조합 응력(組合應力), 조합 변형력(組合變形力) =combined stress

compound turbine 복식 터빈(複式-) 터빈 차실(車室)의 수를 2개 이상 갖춘 터빈.

compressed air 압축 공기(壓縮空氣) 공기 압축기로 압축된 공기. 용도는 아주 넓어 원동기, 공기 브레이크, 공기 해머, 전차 브레이크 등에 이용된다.

compressed air engine 압축 공기 기관(壓縮空氣機關) 압축 공기 기계의 일종. 압축기에 의해서 압축되고 공기 저장조 내에 비축된 압축 공기를 원동력으로 하는 기관. 피스톤식, 성형(星形) 크랭크식, 기어식, 회전식, 가동(可動) 날개형 등이 있다.

compressed gas 압축 기체(壓縮氣體), 압축 가스(壓縮-) 액화되지 않을 정도로 상온에서 압축한 기체.

compressed oxygen 압축 산소(壓縮酸素) 공기를 액화(液化)하고 정류(精溜)에 의해서 산소를 질소로부터 분리시켜 봄베(보통 150기압)에 채운 것. 용접 등에 이용된다.

compressibility 압축성(壓縮性)[1], 압축률(壓縮率)[2] ① 유체(流體)가 그 압력의 크기에 따라 부피나 밀도가 변하는 성질. ② 온도를 일정하게 해서 물체에 가해진 외력(外力) P를 δP 변화시켰을 때, 물체의 부피 V가 δV만큼 변화했다고 한다면 압축률 $K=\delta V/(V\cdot\delta P)$로 나타내어진다.

compression 압축(력)(壓縮(力)) 물체에 압력을 가해서 용적을 수축시키는 것.

compressional wave 압축파(壓縮波) 탄성 매질(彈性媒質)의 압축 또는 인장 응력의 변화로서 전해지는 파동(波動).

compression cock 압축 콕(壓縮-), 컴프레션 콕 일반적인 물마개는 거의 이 방식의 것으로서 핸들을 돌려 개폐한다.

compression ignition 압축 점화(壓縮點火) 압축 행정에 있어서 공기를 연속적으로 수10기압으로 압축하면 온도가 수100도로 높아진다. 거기에 연료(중유나 경우)를 분사시켜 점화하는 방법. 이 식의 내연기관을 압축 점화 기관이라 한다.

compression member 압축재(壓縮材) 압축력을 받는 부재.

compression molding 압축 성형(壓縮成形) 플라스틱 성형의 일종. 성형 재료를 금형(mold)의 캐비티(cavity)에 넣고 압력과 열을 가해서 자동 또는 수동의 프레스로 성형하는 방법.

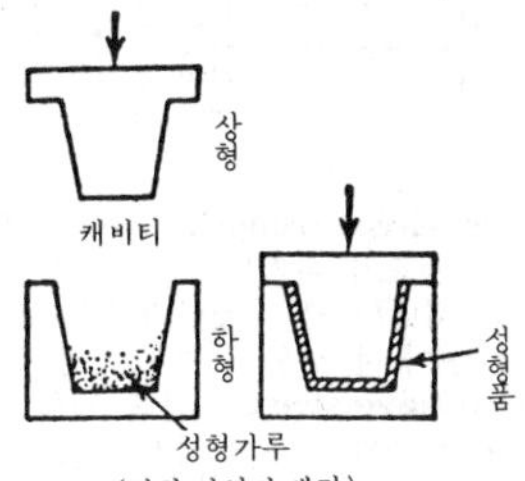

(상하 가열판 생략)

compression ratio 압축비(壓縮比) → compression space, top dead center

compression refrigerating machine 압축 냉동기(壓縮冷凍機) 기체(氣體)를 기계적으로 압축, 승압하고 이것을 냉각해서 응축시키는 기계. 대부분의 냉동기는 거의가 압축식이다.

compression ring 압축 링(壓縮-), 압력 링(壓力-) 피스톤 링의 일종으로, 피스톤과 실린더 내벽과의 기밀을 유지하는 구실을 하는 것. 가스 링이라고도 한다.

compression space 압축실(壓縮室) 내연 기관에서 피스톤 상사점(上死點)에 이

르렀을 때 실린더 머리에 남겨진 부분.

compression spring 압축 스프링(壓縮－) →coiled spring, helical spring

compression stroke 압축 행정(壓縮行程) 내연 기관에서 혼합기 또는 공기를 압축하는 행정.

compression test 압축 시험(壓縮試驗) 재료에 압축 하중을 가함으로써 생기는 변형이나 저항을 구하기 위하여 실시하는 시험.

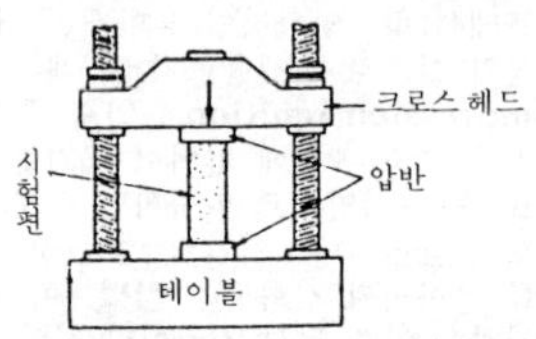

compressive load 압축 하중(壓縮荷重) 서로 대항해서 압축하는 하중.

compressive strain 압축 변형도(壓縮變形度), 압축 변형률(壓縮變形率) 재료에 압축 하중을 가했을 때의 수축량을 원래의 길이로 나눈 값.

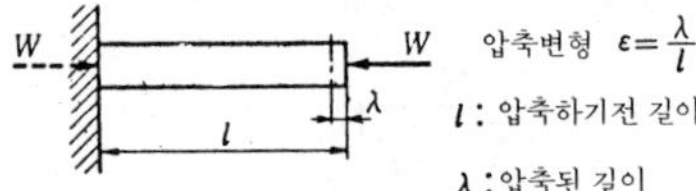

compressive strength 압축 강도(壓縮强度) 재료가 파괴되지 않을 정도로 걸 수 있는 최대의 압축 응력. 금속 재료만이 아니라 주물사 시험 등에도 이용된다.

compressive stress 압축 응력(壓縮應力) 압축 하중에 의해서 생기는 응력. 단위 면적당의 하중으로 나타낸다.

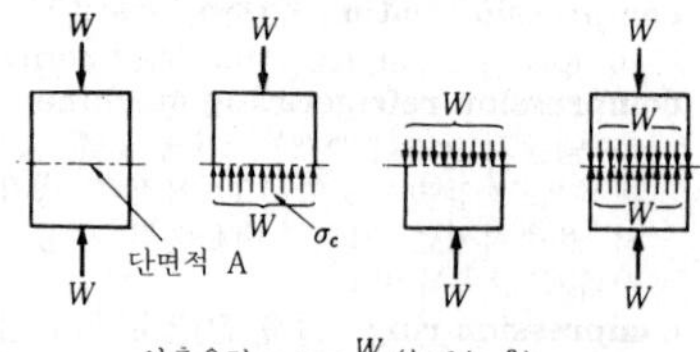

compressometer 압축 변형도계(壓縮變形度計), 수축계(收縮計) 수축을 측정하는 데 이용되는 측정구. 신장계(extensometer)는 압축 변형도계로서도 이용할 수 있다.

compressor 압축기(壓縮機), 컴프레서 날개차나 로터의 회전 운동 또는 피스톤의 왕복 운동에 의해서 기체를 압축하고, 압축 후의 압력이 압축 전의 기체 압력의 2 배 이상, 또는 압축 후의 토출력이 1kgf/㎠ 이상인 기계.

computer 컴퓨터, 전산기(電算機), 전자계산기(電子計算機) 주어진 프로그램(처리 순서)에 따라서 자동적으로 일련의 계산이나 정보의 처리를 하는 데이터 처리 장치. 보통 연산 장치, 제어 장치, 기억 장치, 입력·출력 장치의 요소로 구성된다.

computer aided design ; CAD 컴퓨터 지원 설계(－支援設計) 컴퓨터를 이용한 설계. 빠르고 정확한 설계를 할 수 있다.

computer aided design system ; CAD 시스템 컴퓨터를 사용한 설계 시스템.

computer aided engineering ; CAE 컴퓨터 지원 엔지니어링(－支援－) 컴퓨터를 이용한 엔지니어링(재료·공정·가공·검사·기타).

computer aided manufacture ; CAM 컴퓨터 지원 생산(－支援生産) 전자 계산기를 이용하여 생산 시스템에서 필요한 여러 가지 정보의 처리 및 통제를 합리화, 자동화하는 것.

computer assisted instruction ; CAI 컴퓨터 지원 학습(－支援學習) ＝computer aided instruction

computer control 컴퓨터 제어(－制御), 연산 제어(演算制御) 컴퓨터의 고도한 정보 처리 능력을 이용하여 자동 제어를 하는 것.

computer graphics 컴퓨터 그래픽스 종래에는 점토(粘土)의 모형을 떠서 자동차의 디자인을 검토했던 것을 이제는 스케치를 몇 장이고 그려서 이것을 수치로 고쳐 컴퓨터에 입력하면, 그림과 같이 투시도가 브라운관 위에 투영된다. 설계자는 한 손에 라이트 펜을 들고 그림을 수정하면서 더욱 아름다운 스타일을 창출해 낸다. 이 방법을 컴퓨터 그래픽스라 한다.

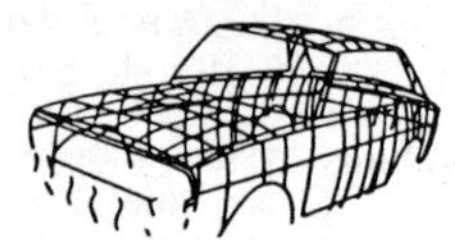

computerized numerical control ; CNC 컴퓨터 수치 제어(－數値制御) 수치 제어 장치의 일부 또는 그 대부분을 컴퓨터에 의해서 바꾸어 놓는 것을 말한다. 또, 다수의 NC 머신을 컴퓨터와 직접 리얼타임으로 연결해서 운전하는 시스템으로 군관리(群菅理)라고도 한다.

concave 오목(凹), 콘케이브 凹형으로 되어 있는 표면을 말한다. 凸형 표면은 볼록(convex)이라 한다.

concave cutter 오목형 커터(－形－) 원주의 안쪽에 날을 갖추고 원형 단면을 절삭해 내는 데 이용되는 밀링 커터.

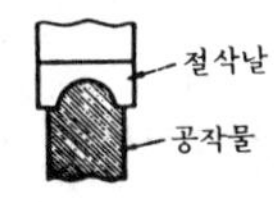

concave fillet weld 오목 필릿 용접(－鎔接) 용접면이 凹형인 필릿 용접.

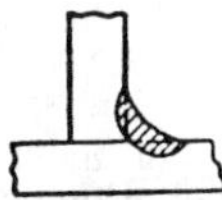

concave mirror 오목 거울 반사면이 오목면인 거울. 회중 전등, 투광기의 반사경(reflector), 아크등 광원의 영사기 등에 이용된다.

concentrated detergent 농축 세제(濃縮洗劑) 종래의 섬유용 세제보다 계면 활성제의 농축도가 높은 것.

concentrated load 집중 하중(集中荷重) →load

concentration 농도(濃度)[1], 콘센트레이션[2] ① 다성분 혼합물의 조성(組成)을 나타내는 양. 표시 방법에는 몇 가지가 있으나, 대표적인 것에 혼합물의 단위 체적당의 각 성분의 질량으로 표시한 질량 농도와 몰(mol)수로 표시한 몰 농도가 있다. ② 다이아몬드 숫돌 중에 차지하는 다이아몬드 입자의 비율을 말한다.

concentration cell 농담 전지(濃淡電池) ＝macro cell

concentration meter 농도계(濃度計) 가스, 액체, 고체 속에 포함되어 있는 성분의 농도를 측정하는 계기로, 액체 성분계에는 다음과 같은 것이 있다. 전극식, 전자(電磁), 유전(誘電), 초음파(超音波), 폴라로그래피(polarography), 광전비색(光電比色), 선광도계(旋光度計) 등.

concrete 콘크리트 시멘트, 모래, 자갈을 혼합하여 물에 이긴 것. 소량의 시멘트로 큰 강도를 얻을 수 있다.

concrete anchor 콘크리트 앵커 기설 콘크리트 바닥면이나 벽측에 소형 기기, 배관 지지, 간판 등을 고정시키는 데 사용되는 콘크리트 매입(埋入) 볼트. 제트 앵커(jet anchor), 드릴 앵커(drill anchor) 등도 이에 속한다.

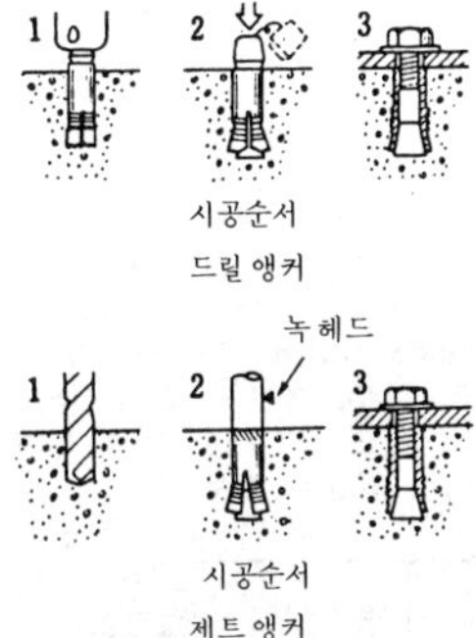

concrete mixer 콘크리트 믹서, 콘크리트 혼합기(－混合機) 콘크리트를 혼합하는 기계.

concurrent heating 보열(補熱), 병류 가열(竝流加熱) 용접 또는 가스 절단에서 공작물에 열을 보충해 주는 것.

condensate pump 복수 펌프(復水－) 복수기 중의 복수를 빨아내어 보일러의 급수 계통에 유도하기 위한 펌프. 냉각용의 순환수 펌프에 비해 수량이 적고 양정(揚程)이 크다.

condensation 응결(凝結), 응축(凝縮), 복수(復水) 증기가 액화하는 현상. 특히 수증기의 경우에는 복수라 한다.

condenser 콘덴서, 축전기(蓄電器)[1], 복수기(復水器)[2], 집광 렌즈(集光－)[3] ① 도체에 다량의 전기량을 축적시키는 기구.

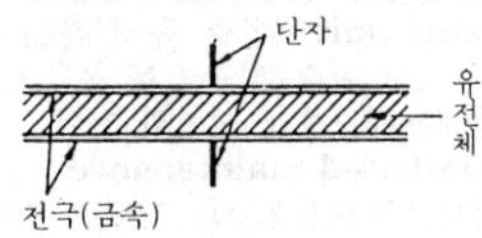

② 증기 기관, 증기 터빈에 있어서 배출된 증기를 물로 냉각해서 복수하는(원래의 물로 복귀시키는) 장치.

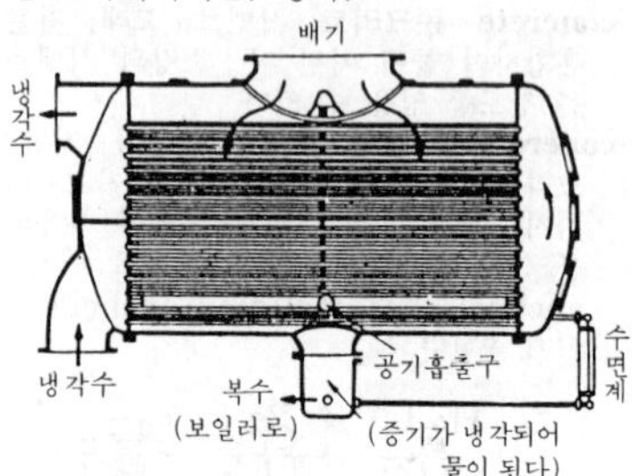

③ 광전의 방향을 원하는 방향으로 굽히기 위한 렌즈 또는 반사경(reflector).

condenser lens 콘덴서 렌즈, 집광 렌즈(集光－) 결상(結像)이 목적이 아니고 단지 빛을 모으기 위하여 쓰이는 렌즈.

condenser motor 콘덴서 모터, 콘덴서 전동기(－電動機) 보조 결선의 콘덴서를 운전 중에도 접속해 두는 단상 유도기로, 효율이나 역률이 모두 좋다.

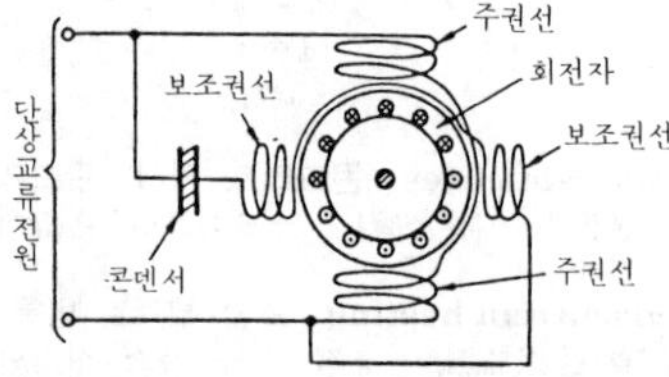

condenser type spot welding machine 콘덴서식 스폿 용접기(－式－鎔接機) 콘덴서에 에너지를 축적해 놓았다가 트랜스를 개입시켜 단번에 방출하는 스폿 용접기.

condensing plant 응축 장치(凝縮裝置), 복수 장치(復水裝置) 냉각수에 의해 증기를 복수시키는 장치. ＝condensing equipment

condensing turbine 복수 터빈(復水－) 터빈 배증기(排蒸氣)를 복수기로 복수시켜 고진공을 얻고 증기를 터빈 내에서 충분히 저압까지 팽창시키는 형식의 터빈.

condensing unit 응축 유닛(凝縮－) 냉동 장치에서 왕복 압축기와 응축기 및 전동기를 하나의 틀에 설치한 장치.

condition based maintenance 상태 기준 보전(狀態基準保全) 정해진 수리 기간을 설정하지 않고 설비 진단 기술로써 설비의 열화나 고장의 유무를 관측하여 필요한 시기에 필요한 보전을 하는 보전 방식(保全方式). 예지 보전(豫知保全)이라고도 한다.

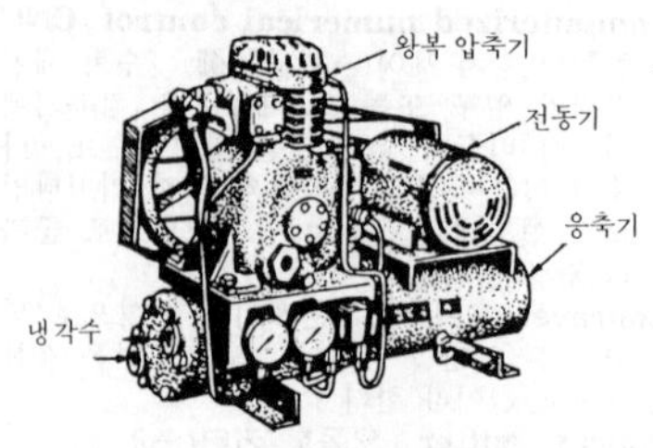

condensing unit

condition curve 상태 곡선(狀態曲線) 일정한 상태에 있는 가스나 증기가 여러 경로를 거쳐서 다른 상태로 변하는 경우의 상태를 표현한 곡선.

condition diagnosis technique system 자동 진단 시스템(自動診斷－) 설비에 관해서는 보전의 필요에 부응하는 설비 진단과, 조업상의 상태 평가 및 문제 해결의 수단이 되는 조업 진단이 있다.

condition monitoring maintenance 컨디션 모니터링 메인티넌스 고장을 일으키더라도 안전성에 직접 문제가 없는 일반적인 부품이나 장비품에 적용되는 방식으로, 고장의 발생 또는 징조가 나타날 때까지 사용한다. 그리고 부품이나 장비품의 신뢰도를 그룹 전체가 감시하여 일정한 수준을 깨뜨리려고 할 경우에 적절한 조치를 취한다.

conductance 컨덕턴스 전류 흐름의 용이도를 표현하는 말로, 전기를 전하는 능력을 말한다. 직류 회로에서는 저항의 역수(逆數). 기호도 옴(ohm)을 거꾸로 한 ℧(mho)를 사용한다.

conduction 전도(傳導) 열 또는 전기 등이 물질의 한 부분에서 다른 부분으로 옮겨지는 현상.

conductivity 전도율(傳導率), 도전도(導傳度) 도체의 고유 전기 저항 옴의 역수를 말하는 것으로, 기호는 ℧(mho)이다.

conductor 컨덕터, 도선(導線), 도체(導體) 전기 또는 열을 전도하는 물체. 각종 금속, 목탄, 흑연, 신체, 소금 등은 모두 도체이다.

conduit tube 전선관(電線菅), 도관(導菅), 콘딧 튜브 배선 보호관(벽이나 땅속에 매립된) 또는 가스나 수도를 통하는 연관(鉛菅), 경질(硬質) 비닐관 등을 말한다.

cone 콘, 원뿔(圓－)[1], 염심(焰心)[2] ① 일반적으로 원뿔형의 것을 말한다.
② 불꽃 중심부 광휘(光輝)가 약한 부분. 가연성 가스가 몰려 있다.

cone angle 테이퍼각(－角) 축선(軸線)을 포함하는 단면에서 잰 원뿔의 모선간 각도를 말한다. →taper hole

cone brake 원뿔 브레이크(圓－) 원뿔면을 마찰면으로 해서 축 방향에 힘을 가하여 제동하는 것.

cone clutch 원뿔 클러치(圓－) 원뿔면의 마찰에 의해서 회전을 전하는 원뿔 마찰 클러치. 부하 상태에서도 착탈되고 소음도 없이 원활히 이루어진다. =cone friction clutch

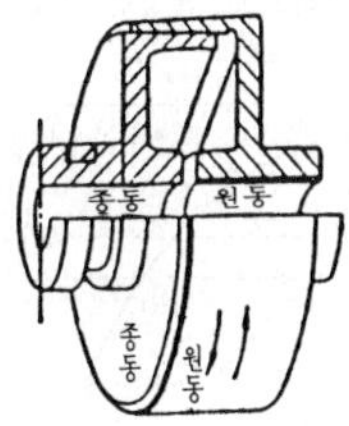

cone friction clutch 원뿔 마찰 클러치(圓－摩擦－) =cone clutch

cone key 원뿔 키(圓－) 특수 키의 일종. 원뿔형의 키. 축과 보스에 홈을 파지 않고 보스 구멍을 원뿔 모양으로 만들고, 일부 3등분할 한 원뿔형의 키를 때려 박아 마찰만으로 회전력을 전한다. 접촉면이 크고 비율이 큰 힘에 견디어 낸다.

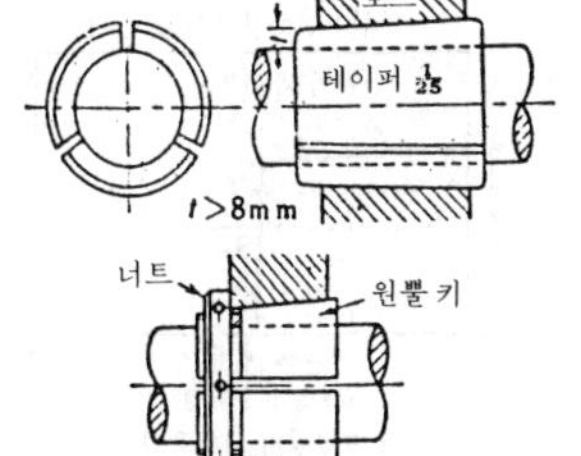

cone pulley 원뿔 풀리(圓－), 원뿔 벨트차(圓－車), 콘 풀리 변속 장치에 이용되는 원뿔형의 벨트차. 방적 기계, 제지 기계 등에 응용된다.

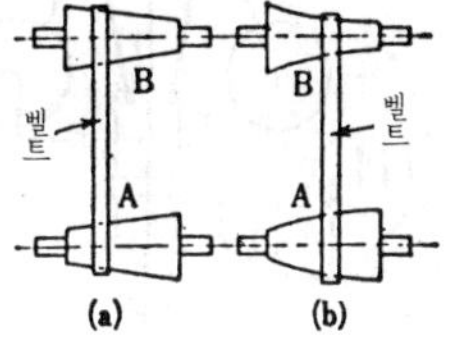

cone screw 테이퍼 나사 파이프용 나사의 일종. 나사산이 관을 따라서 테이퍼가 붙은 나사. 기밀(氣密)을 충분히 보존할 필요가 있는 곳에 이용된다. 테이퍼는 1/16이다.

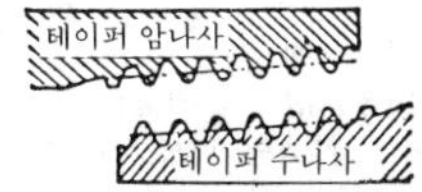

configuration 컨피규레이션 시스템 및 기기의 조립, 검사, 운용, 보전 및 보급에 필요한 완전한 기술 문서(시방서, 규격, 규정, 도면, 운용 요령서 등)를 컨피규레이션이라 한다.

conform process 컨폼법(－法) =ex-strolling process

conical cam 원뿔 캠(圓－) 입체 캠의 일종. 원뿔 표면에 홈을 판 캠. 캠축에 대해서 경사진 종동절(從動節)의 B에 직선 왕복 운동을 준다.

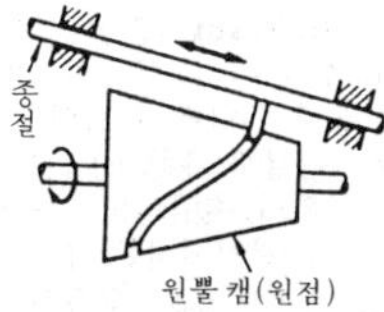

conical helix 원뿔형 나선(圓－形螺線) 원뿔면에 코일 모양으로 감아 붙인 선을 말한다.

conical pendulum governor 진자 조속기(振子調速器), 흔들이 조속기(－調速機) 한 점을 떠받치고 있는 2개의 흔들이가 회전축의 회전과 함께 돌면서 원심력에 의해 흔들이가 기우는 변위를 이용하는 조속기.

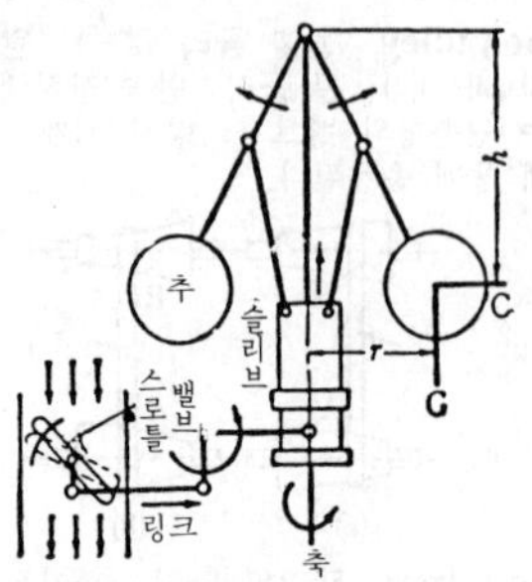

conical pendulum governor

conical spring 원뿔 코일 스프링(圓－) →coiled spring, helical spring

conical valve 원뿔 밸브(圓－) 원뿔 밸브 시트와 함께 이용되는 원뿔면을 접촉면으로 하는 밸브.

connecting rod 연결봉(連結棒), 연접봉(連接棒), 커넥팅 로드 피스톤과 크랭크축을 연결하는 긴 봉(棒).

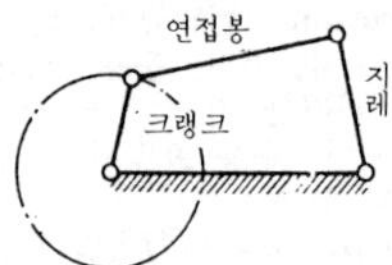

connecting rod dipper 연접봉 오일 디퍼(連接棒－) ＝connecting rod oil splasher

connection 결선(結線), 접속(接續), 연결(連結)

connection diagram 결선도(結線圖), 접속도(接續圖) 전기 회로의 접속 관계를 기호를 이용해서 나타낸 그림.

connector 연결자(連結子), 연결 부호(連結符號), 접속기(接續器), 커넥터 접속된다는 의미로, 전기에서는 전선이나 회로, 기기 등을 전기적으로 접속하기 위한 접속구(接續具)를 말한다.

consistency 컨시스턴시 액체를 변형시킬 때 일어나는 역학적인 저항. (物)일관성, (數)무모순성, (化)경점성.

console 콘솔, 제어대(制御臺), 조작반(操作盤) ① 각종 기기를 제어하는 데 편리하도록 1개의 반(盤)에 키, 누름 단추(푸시 버튼), 미터, 지시기, 스위치 등을 한데 모은 것. ② 라디오, 텔레비전, 난방기 등의 바닥 위 설치형 캐비닛.

constant 상수(常數), 항량(恒量), 콘스턴트 언제나 일정 불변의 값을 취한다고 생각되는 값.

constant acceleration cam 일정 가속도 캠(一定加速度－), 등가속도 캠(等加速度－) 행정(行程) 중 종동절(從動節)의 가속도가 일정하게 되는 캠. 고속 운전에 흔히 이용된다.

constantan 콘스탄탄 Cu 60%, Ni 40%의 합금. 이것을 철사로 하여 동선과 연결해서 열진대를 만들면 비교적 큰 열전동력을 일으키므로, 열전 온도계로서 온도 측정에 이용된다.

constant current welder 정전류 용접기(定電流鎔接機) 그림 (c)와 같이 그림 (a)의 수하 특성(垂下特性)의 경향을 한층 강하게 하여 작동점 S_1, S_2 부근에서 거의 수직인 외부 특성을 갖게 한 용접기. 아크 길이가 변화하여 용접 전압이 변동해도 전류는 일정하므로 안정한 용접이 가능하다.

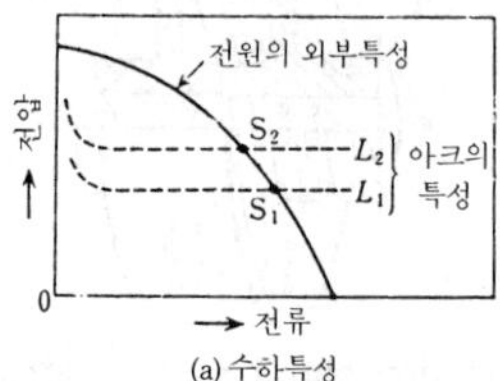

(a) 수하특성

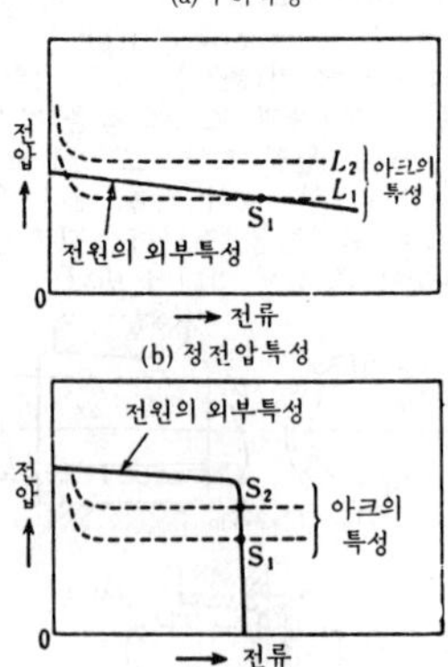

(b) 정전압특성

(c) 정전류특성

용접전원의 외부특성

constant-diameter cam 일정 지름 캠(一定−), 정직경 캠(定直徑−) 요크(yoke) 캠의 일종. 일정한 간격의 2개의 롤러에 캠을 끼워 확동 캠으로 한 것.

constant pressure change 정압 변화(定壓變化) 일정한 압력하에서의 기체의 상태 변화.

constant pressure cycle 정압 사이클(定壓−) 일정한 압력하에서 계속 연소를 시키는 열기관의 사이클.

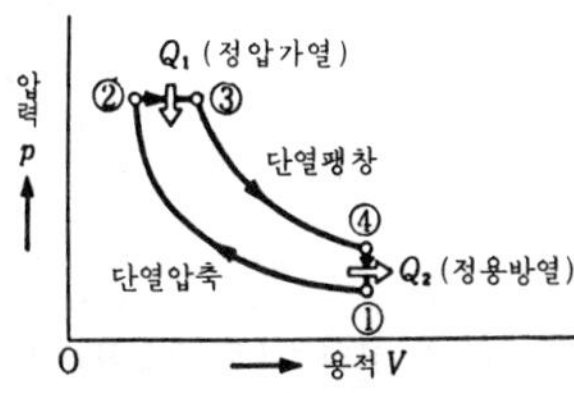

constant-pressure gas turbine 정압 가스 터빈(定壓−) 일정한 압력 하에서 계속 연소시키는 형식의 가스 터빈.

constant-pressure line 등압선(等壓線) =isobar, isobaric line

constant-temperature oven 항온기(恒溫器), 항온조(恒溫槽), 보온 솥(保溫−) 물체의 온도를 자동적으로 일정하게 유지하기 위한 용기. 보통 전열기와 온도 계전기를 조합시킨 것.

constant value control 정치 제어(定値制御) =fixed command control

constant voltage welding machine 정전압 용접기(定電壓鎔接機) 전하중(全荷重)과 무부하 사이에 있어서 전압의 변화를 자동적으로 정격 전부하 전압(定格全負荷電壓)의 13% 이내로 유지하고 회복 시간이 3/10초 이내인 용접기.

constant-volume combustion cycle 정적 사이클(定積−) =Otto cycle

constituent 성분(成分)

constitutional diagram 상태도(狀態圖) 증기, 액체 또는 고체의 상태량 관계를 나타내는 선도(線圖). 그림은 물체의 기체, 액체, 고체간의 평형 관계(압력 *P*, 온도 *T*)를 나타낸 상태도이다.

constrained chain 구속 연쇄(拘束連鎖) =closed chain

constrained motion 구속 운동(拘束運動), 한정 운동(限定運動) 물체가 다른

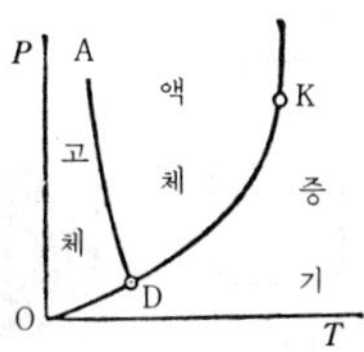

constitutional diagram

물체로부터 역학적 또는 기타 조건에 의해서 구속되어 이루어지는 에너지 운동.

construction 작도(作圖), 구조(構造), 시공(施工)

construction gauge 건축 한계(建築限界) 열차의 안전한 운행을 확보하기 위하여 궤도상에 확보되어야 할 일정한 공간 영역의 경계를 건축 한계라고 한다. 이 한계 내에는 어떠한 구조물·표지(標織)·수목 등도 들어설 수 없게 한다.

consultant engineer 기술사(技術士) 기술사법에 의해 공인된 과학 기술의 상담역. 기계, 선박, 항공, 건축 등의 여러 부분으로 나누어져 있다.

consumable electrode vacuum arc remelting 진공 아크 재용해 처리(眞空−再溶解處理) 정련된 특수강을 가늘고 긴 전극형으로 주입(鑄入)하고, 이 자체를 전극봉으로 하여 진공함 속에서 동제(銅製)의 수냉 몰드 내에 아크를 날리면, 전극봉 선단(先端)에서부터 차례로 용융되어 몰드 내에 적하하는데, 적하(滴下) 중에 탈(脫) 가스되어 초정련(超精鍊)된 강괴를 얻는 방법.

contact 접촉(接觸), 접점(接點)

contact angle 접촉각(接觸角) =angle of contact, →arc of contact

contact breaker 콘택트 브레이커, 차단기(遮斷器) 전기 회로의 접점을 차단시켜 고압 전류를 유도 발생시키는 장치. 자동차의 점화 장치에도 이용된다.

contact freezer 접촉 동결기(接觸凍結機) 평탄한 냉각판에 생선을 그대로, 혹은 동결 팬(pan)에 담아서 한 쪽 면 또는 양면을 접촉시켜 급속히 동결시키는 기계. 생선의 종류·용도에 따라서 어체에 압력을 거는 경우와 걸지 않는 경우가 있다.

contact interval 접촉률(接觸率), 물림률(−率) 피치원상에 잡힌 접촉호의 길이를 원주 피치로 나눈 값. 인벌류트 기어에

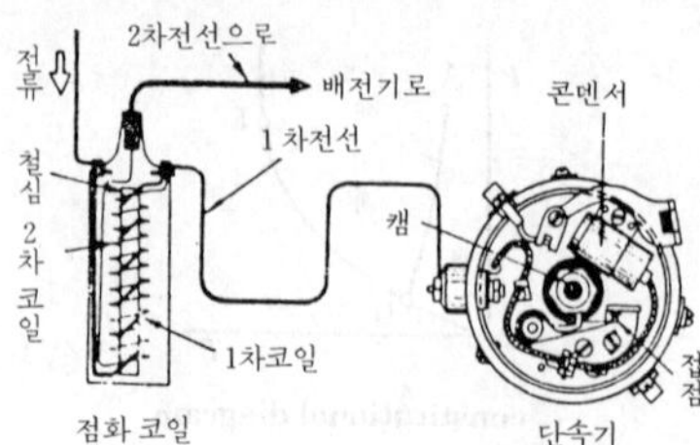

단속기에 의해서 1차측의 전류가 끊어지면 2차측에 10,000 V 이상의 고전압이 발생

캠의 회전으로 접점을 개폐하여 1차 전류를 단속한다.

contact breaker

서는 접촉선(line of contact)의 길이(물림 길이)를 기초원 피치(법선 피치)로 나눈 값이 된다.

contactless switch 무접점 스위치(無接點−) 기계적 접점을 갖지 않은 스위치로, 트랜지스터, 스위칭 다이오드, 사이리스터 등의 반도체 소자로 구성되어 있다. 접점 스위치보다도 응답이 빠르고 신뢰성, 수명이 우수하다.

contact point 접점(接點)[1], 접촉점(接觸點)[2] ① 곡선의 접점이 곡선과 접하는 점.
② 접촉이 생기는 점.

contact ratio 물림률(−率) 전 접촉호(全接觸弧)의 길이를 원(圓) 피치로 제한 값. 인벌류트 기어의 경우에는 물림 길이를 법선 피치로 제한 값과 같다.

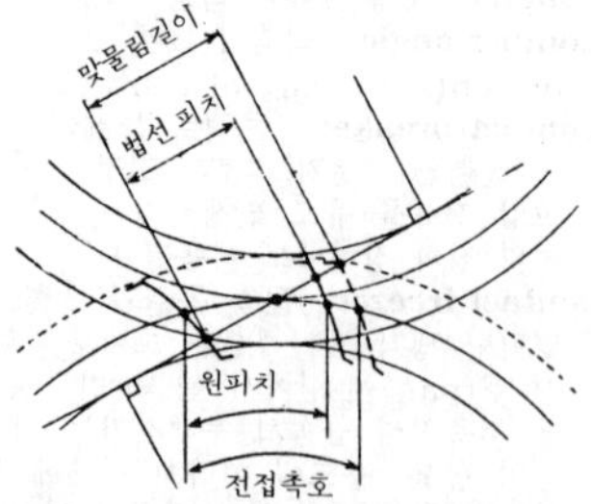

container 컨테이너 운반 용기의 일종. 하주(荷主)의 창고에서 하수주(荷受主)의 창고까지 물건을 실어 운반하는 일정 규격의 용기.

container crane 컨테이너 크레인 컨테이너 전용의 특수 구조를 갖춘 크레인.

continual casting direct rolling method 연주 직송 압연법(連鑄直送壓延法) 연속 주조 설비로 제조된 슬래브(slab)를 가열로를 통하지 않고 직접 압연 설비에 이송, 단번에 핫 코일 제품을 만드는 조작법을 말한다.

continuous beam 연속 보(連續−) → beam

continuous broach 연속 브로치(連續−) 외면 브로치의 일종. 브로치는 고정시키고, 공작물을 연속적으로 이송해서 가공한다.

continuous casting 연속 주조법(連續鑄造法) 용강(鎔鋼)이나 비철 용체(非鐵鎔體)를 직접 수냉 금형에 주탕하여 냉각시키면서 고체화된 부분부터 하강시켜 슬래브(slab)를 연속적으로 생산하는 방식.

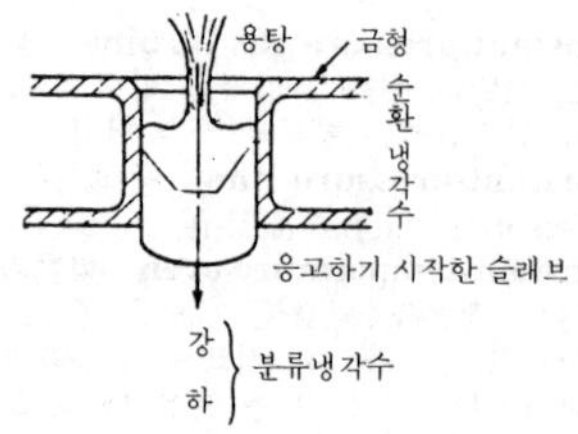

continuous milling machine 연속 밀링 머신(連續−) 같은 가공품을 여러 개 같은 간격으로 고정하고 연속적으로 밀링 절삭을 할 수 있는 장치의 밀링 머신.

continuous molding 연속 조형법(連續造型法) 모래 주형(sand mold)의 분할이 간단한 형상을 양산(量産)하는 경우, 틀이 없는 모래 주형을 옆으로 나란히 설치해 놓고 연속 사형열(砂型列)을 구성하는 조형법(造型法).

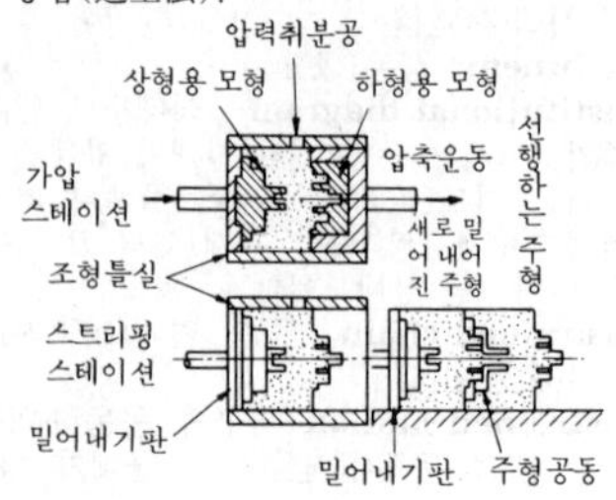

continuous rating 연속 정격(連續定格) 지정 조건하에서 연속 동작을 할 때, 그 기기에 관한 규격으로 정해진 온도 상승, 기타의 제한을 초과하지 않는 정격.

continuous weld(ing) 연속 용접(連續鎔接) 용접 이음 전체 길이에 걸쳐 연속되어 있는 용접 또는 그 용접법. 이것은 용접이 완료된 상태에서 용접이 끊어진 곳 없이 이어져 있는 것을 말하며, 그 용접 순서는 문제가 되지 않는다.

contour gauge 윤곽 게이지(輪廓－) 제품 윤곽의 양부(良否)를 검사하는 판(板) 게이지.

contouring 모방 절삭(模倣切削)[1], 콘투어링[2] ① 모형, 형판(型板) 또는 실물을 보면서 그 윤곽을 따라 공구를 이송시켜 이것과 같은 형상으로 절삭하는 것. ②「윤곽, 외형」을 말하며 「콘투어링」이란 자유 곡면을 갖는 부품의 윤곽 형상을 측정하여 수치화하는 것을 말한다. DEA사제 3차원 측정기에서는 특히 측정기 본체의 수직 방향축을 고정하고, 피측정물의 수평 방향 단면의 윤곽 형상을 측정하여 수치화하는 것을 가리킨다.

contouring control 윤곽 제어(輪廓制御) NC 공작기의 2축 또는 그것을 초과하는 축의 운동을 동시에 관련시킴으로써 공작물에 대한 공구의 통로를 연속적으로 제어하는 방식.

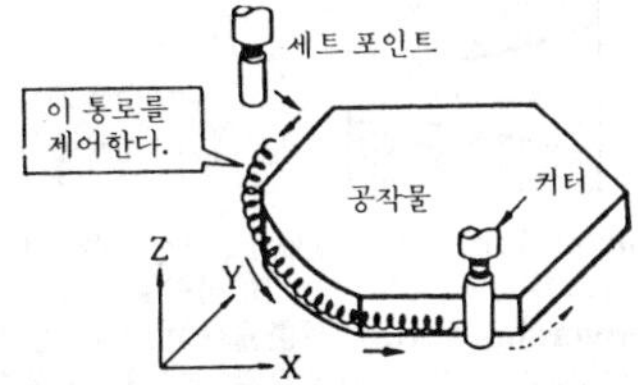

contraction 수축(收縮), 축류(縮流) 유체(流體)가 오리피스(orifice) 등을 통과해서 분류(噴流)가 될 때, 오리피스 개구부(開口部)의 면적보다 분류의 단면적이 좁아지는 현상.

contraction coefficient 수축 계수(收縮係數) =coefficient of contraction

contraction of area 단면 수축(斷面收軸) 인장 시험에 있어서 시험편의 처음 단면적 A와 시험편 절단 후의 최소 면적 A_1과의 차이를 처음 단면적 A로 나눈 값을 %로 나타낸 것.

$$\varphi = \{(A - A_1)/A\} \times 100(\%)$$

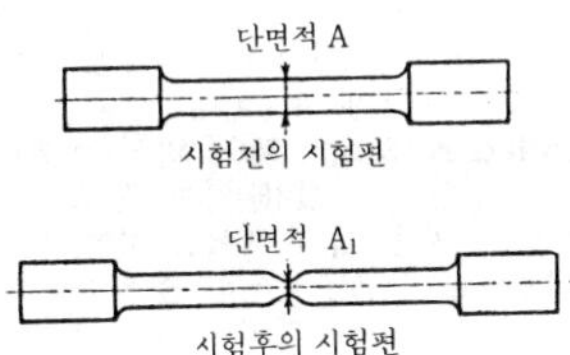

contraction percentage 단면 수축률(斷面收縮率), 수축률(收縮率) 인장 시험에 있어서 시험편의 처음 단면적을 A로 하고 파단(破斷) 후 파단부의 단면적을 A'로 한다면 $A - A'/A$를 %로 표현한 것.

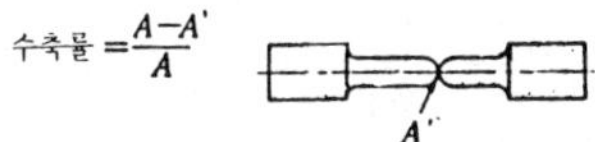

contraction rule 주물자(鑄物－) 목형 공장과 주물장에서 사용되는 자. 용해된 금속은 응고할 때 수축되므로 미리 수축 여유만큼 눈금이 길게 매겨져 있다.

contraction scale 축척(縮尺) →scale

contraflow 역류(逆流) 물이 거슬러 흐르는 것. =countercurrent, counterflow

control 컨트롤, 제어(制御), 조절(調節), 조정(調整), 조종(操縱)

control action 제어 동작(制御動作) 자동 제어에 있어서 조정부의 출력 신호로 조작부를 조작하는 동작. 2위치(on-off) 동작, 비례 동작(P), 미분 동작(D), 적분 동작(I) 등이 있다.

control chart 관리도(菅理圖) 공정이 안정 상태에 있는지의 여부를 조사하기 위해서, 또는 공정을 안정 상태로 보존 유지하기 위해 이용되는 그림. 관리 한계를 나타내는 한 쌍의 선을 그어 넣고, 이에 품질 또는 공정 조건을 나타내는 점을 찍어 점이 관리 한계선 가운데에 있으면 안정 상태가 된다.

control console 제어반(制御盤), 컨트롤 콘솔 기기를 원격 조작하기 위해 필요한 조작 기구 및 감시, 경보 장치를 갖춘 반(盤).

controllable pitch-propeller 가변 피치 프로펠러(可變－) =variable pitch-propeller

controlled area 관리 구역(菅理區域) 오염 관리를 실시하고 있는 폐쇄 영역. 예를 들면, 정밀 부품을 조립하기 위한 클린룸, 적당한 방법으로 차단한 깨끗한 작업대 등 액압 구동 장치(液壓驅動裝置)의 내부도 관리 구역의 하나이다.

controlled rolling 제어 압연(制御壓延) 두꺼운 강철판의 열간 압연 온도와 패스 스케줄 및 사후 냉각 제어를 하여 조질(調質 : thermal refining) 등의 열처리를 하지 않고 강도와 인성에 뛰어난 고장력강을 얻는 기술.

controlled variable 제어량(制御量) 제어 대상에 속하는 양 중에서 그것을 제어하는 것이 목적인 양.

controller 컨트롤러, 제어기(制御器) "제어하는 것"이라는 뜻으로, 기계, 전기, 계장(instrumentation) 등 모든 제어 기기에 사용되는데, 대표적인 것으로는 전동기의 시동, 운전, 정지, 속도 조정을 하는 제어기가 있다.

control level 관리 수준(管理水準) 안정된 공정의 양호성을 표현하는 값으로, 예를 들면 x, R, P 등으로 표현할 수가 있다.

control lever 변속 레버(變速－), 조정 핸들(調整－) ＝change lever

controlling board 제어반(制御盤), 조작반(操作盤) 제어 개폐기, 신호등, 각종 계기, 계기용 개폐기 등을 반(盤)상에 구비한 반(盤).

control rod 제어봉(制御棒) 원자로 내의 핵분열 반응을 조절 제어하기 위해 이용되는 봉(棒). 일반적으로 카드뮴이나 붕소 등 중성자를 잘 흡수하는 물질을 쓴다

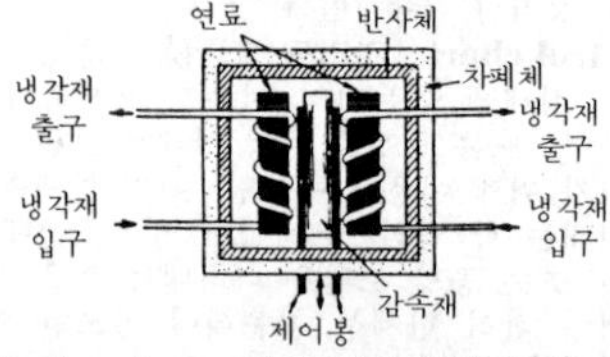

control system 제어 계통(制御系統) 제어 대상, 제어 장치 등의 계통적인 조합.

control valve 조정 밸브(調整－), 제어 밸브(制御－) 액체의 제어를 하는 밸브. 사용 목적에 따라서 압력 제어 밸브, 유량 제어 밸브, 방향 제어 밸브로 나뉜다.

convection 대류(對流) 유체 속에 온도차가 생기면 밀도의 차가 생겨 순환 운동이 일어난다. 그 운동에 의해 열이 이동하는 현상을 말한다.

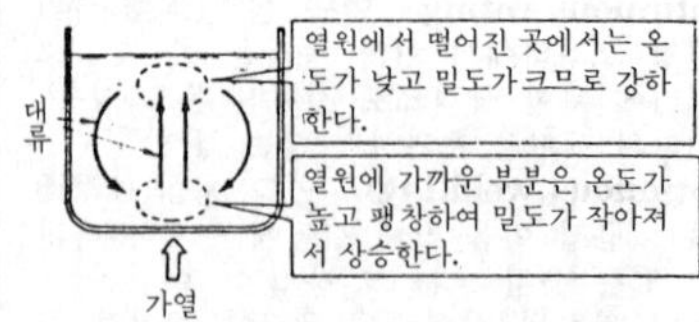

convection boiler 대류형 보일러(對流形－) 주로 연소 가스와의 접촉에 의해서 열을 받는 보일러.

convection current 대류(對流) ＝convection

convector 대류 방열기(對流放熱器) 주로 열의 대류에 의해서 방산(放散)하는 구조의 방열기.

convergent divergent nozzle 나팔형 노즐(－形－) 단면이 흐름 방향으로 일단 좁아지고 가장 좁은 스로트(throat)를 거쳐 벌어져 가는 모양을 한 노즐을 말하며, 드 라발(De Laval)이 고안했다. 노즐의 출구 압력이 입구 압력의 임계 압력보다 낮을 때 쓰이며 초음속이 얻어진다. → convergent nozzle

convergent nozzle 수렴 노즐(收斂－) 단면이 흐름 방향으로 가늘어지는 노즐. 노즐 출입구의 압력차가 그다지 크지 않을 때에 사용된다.

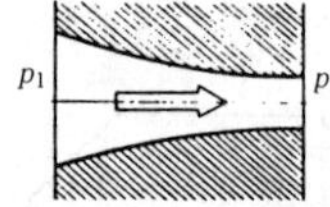

$p_2 \geqq p_c$

p_2 : 출구압력

p_c : 임계압

conversion 변환(變換) 측정량을 계측에 편리하도록 다른 양으로 바꾸는 것.

conversion ratio 전환율(轉換率), 변환비(變換比) 연료 친물질과 핵분열성 물질을 포함하는 원자로에 있어서 다음과 같이 전환율(변환비)이 정의된다.

$$\text{전환율} = -\frac{\text{핵분열성 물질의 정미의 생산율 (생성－흡수－소멸 손실－누설)}}{\text{핵분열성 물질의 흡수 소비율}}$$

converter 컨버터 ＝convertor

converter process 전로법(轉爐法) 선철(銑鐵)로 강을 만드는 한 방법으로, 제강로(製鋼爐)에 전로(轉爐)를 사용한다. 산성 전로법(베세머법)과 염기성 전로법(토머스법)이 있다.

converter steel 전로강(轉爐鋼) 전로로

만든 강. 산성강은 반경(半硬)~최경강(最硬鋼)에 적합하고, 염기성강은 극연강(極軟鋼)에 적합하다.

convertor 컨버터 ① →Bessemer convertor. ② 전환기, 전환 장치. ③ 변환기, 토크, 상수(相數), 주파수 또는 교류의 양을 바꾸는 장치의 총칭. =converter

convex cutter 볼록 밀링 커터 공작물에 단면 원호상(圓弧狀)의 홈을 절삭하는 데 이용하는 밀링 커터.

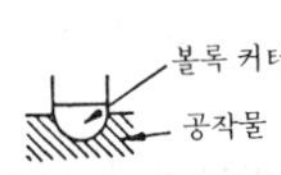

convex fillet weld 볼록 필릿 용접(-鎔接) 용착 금속의 표면을 볼록(凸)형으로 만드는 필릿 용접. 보강 용접의 일종.

convexity ratio 볼록률(-率)(용접의) 용접의 과잉 용착(a)과 목두께(b)와의 비.
볼록률$=a/b$

convex lens 볼록 렌즈 →lens

conveyer 컨베이어 =conveyor

conveyor 컨베이어 일정 거리 사이를 자동적·연속적으로 재료나 물건을 운반하는 기계 장치. =conveyer

conveyor scraper 컨베이어 스크레이퍼 벨트 컨베이어 도중에 고정시켜 벨트에 부착한 것을 떨어뜨리는 기구.

conveyor system 컨베이어 시스템, 컨베이어 장치(-裝置) 컨베이어에 의한 유동 작업 방식. 움직이는 컨베이어 위에 조립 순으로 공급되는 부품을 조립해서 마지막 점에서 자동적으로 완성품이 되는 방식. 동일 제품의 다량 생산에 적합하다.

coolant 냉각재(冷却材) 냉각액을 말한다. 비점이 높고 화학적으로 안정. 저온에서의 점성이 낮고 동결이 잘 되지 않으며 인화점이 높다. =cutting fluid

cooled turbine 냉각식 터빈(冷却式-) 터빈 날개, 회전자 등의 고온에 닿는 부분을 공기·물 등으로 냉각할 수 있도록 된 가스 터빈.

cooler 냉각기(冷却器)

cooling coil 냉각 코일(冷却-) 코일 모양으로 감은 관(菅). 이 관을 냉각시키고자 하는 물건 속에 넣고 그 속에 냉수를 흘려서 목적물을 냉각시키는 데 이용한다.

cooling curve 냉각 곡선(冷却曲線) 용융 상태에 있는 물체로부터 일정한 속도로 열을 제거할 때, 그 물체의 온도가 시간의 경과에 따라서 변화하는 양태를 나타내는 곡선. 금속의 열분석에 이용된다.

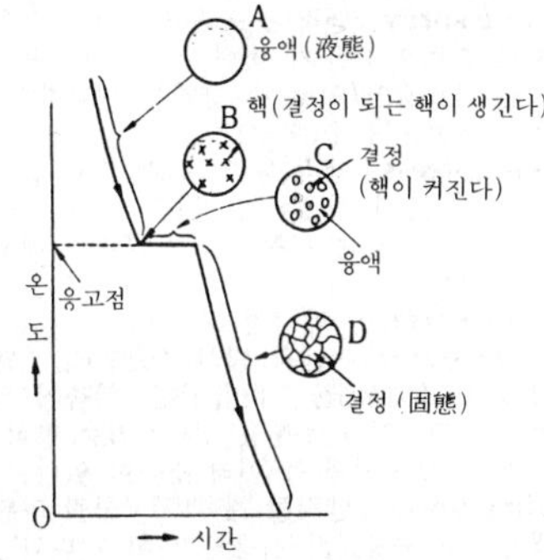

cooling effect 냉각 효과(冷却效果) 냉동기에서 액상 냉매가 증발기에서 증발하면서 목적물로부터 열을 흡수하는 작용.

cooling fin 냉각 핀(冷却-) ① 공랭 기관에서 실린더, 실린더 헤드 등에 부착시키는 냉각용 지느러미 모양의 물건. 냉각면을 크게 해서 냉각 작용을 증가시키는 역할을 한다. ② 프레임 등에 슬리브(sleeve) 베어링을 고정시킬 경우 등, 슬리브를 공업용 알코올 속에 넣고 알코올에 드라이 아이스를 깨뜨려 넣으면, 수분 내로 −40~70℃까지 온도가 떨어져 슬리브의 지름이 축소되므로 슬리브 삽입 구멍에 간단히 삽입할 수 있다. 상온이 되면 지름이 최초의 치수로 복귀되므로, 구멍과의 접촉면에 압력이 생겨 슬리브는 체결되게 된다.

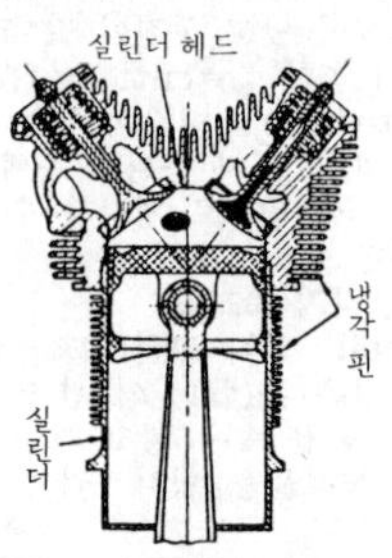

cooling jacket 냉각 재킷(冷却−) = water jacket

cooling pipe 냉각관(冷却管) 물이나 저온의 유체를 흐르게 하여 물체를 냉각시키는 관.

cooling spray 냉각 스프레이(冷却−) 물을 노즐로부터 공기 속에 분사시켜, 물이 증발하는 잠열(潛熱)로 공기를 냉각할 때에 이용하는 분수(噴水).

cooling stress 냉각 응력(冷却應力) 금속이 냉각 중에 발생하는 응력. 이상 수축(異常收縮) 또는 외부적인 무리에 의해서 일어난다.

cooling surface 냉각면(冷却面)

cooling system 냉각 방식(冷却方式), 냉각 장치(冷却裝置) 내연 기관, 압축기 등의 실린더, 기타 부분을 냉각시키는 방식. 공랭·수냉·액랭 등 여러 방식이 있다.

cooling tower 냉각탑(冷却塔), 쿨링 타워 냉각수를 순환시켜 사용하기 위해 더워진 냉각수를 탑의 상부로부터 가능한 한 작은 빗줄기 모양으로 떨어뜨리고, 떨어지는 도중에 탑에 설치한 송풍기에서의 강제 통풍에 의해 물의 일부를 기화시킴으로써 수온을 떨어뜨리는 냉각용 탑.

cooling velocity 냉각 속도(冷却速度) 어떤 온도가 열방사·열전도 및 대류(對流)에 의해서 방열되어 냉각되는 시간적 비율. 단위 시간당의 방열량으로 표현할 수 있다. =cooling rate

cooling water 냉각수(冷却水)

cooling water pump 냉각수 펌프(冷却水−) 목적물을 물로 냉각시키는 경우, 냉각수를 보내는 데 사용하는 펌프.

copper 동(銅), 구리 원소 기호 Cu, 원자 번호 29, 원자량 63.54, 비중 8.9, 융점 1,083℃. 산화가 잘 안 되는 적색의 금속. 열, 전기의 전도율은 은에 비해 우수하다. 상온, 고온에서 모두 가공이 쉽고 봉, 관, 선, 판 등으로 만들어지고, 기타 전기 부품, 이화학 기기 등에 쓰인다.

copper loss 동손(銅損), 코퍼 로스 부하를 걸었을 때 일어나므로 부하 손실이라고도 한다.

copper pipe 동관(銅管)

copying attachment 모방 장치(模倣裝置) 소요 제품을 얻기 위해 그 형판(template)을 만들고, 그 형판에 따라 바이트를 보내주면 자동적으로 절삭되는 장치.

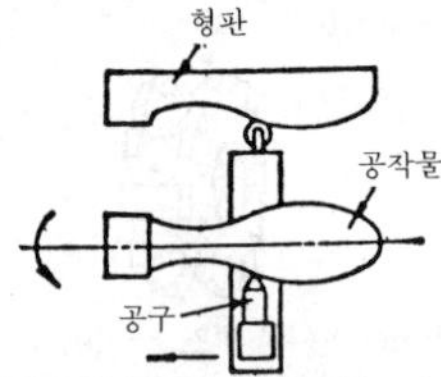

copying lathe 모방 선반(模倣旋盤) 모방 장치를 구비한 선반.

cord 코드 연동선(軟銅線)에 고무 또는 실로 피복하여 절연시킨 것으로, 자유로이 굽힐 수 있는 전선. 일반적으로 전등, 전기 공사 등에 사용된다.

core 코어, 철심(鐵心) 주물의 중공부(中空部)를 만들기 위한 심형(心形). →

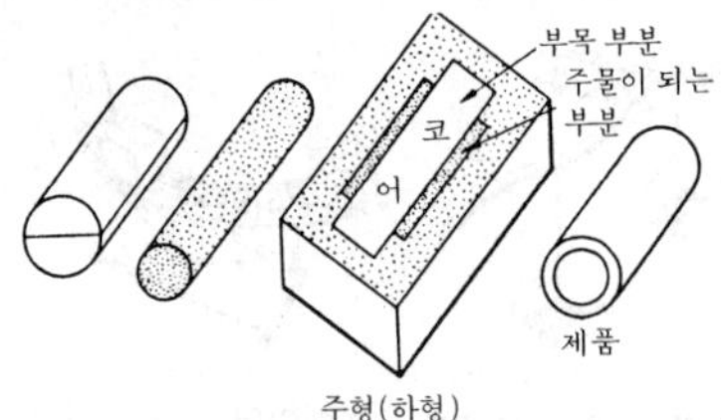

iron core

core bar 심봉(心棒), 코어 바 ① 코어의 강도를 유지하기 위하여 코어 속에 놓은 철사나 주물로 만든 골조. ② 확관(擴管) 작업에서 관을 넓히기 위해 관 끝에 밀어 넣는 것. ③ 원통형인 물건에 중심점을 표시하는 경우에 중심 구멍이 있는 곳에 삽입하는 센터링용 쇠붙이(나무 조각을 사용하기도 한다). =core metal

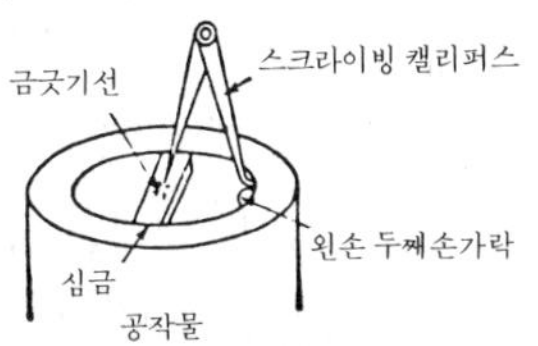

core box 코어 상자(－箱子), 코어 박스 코어를 만들기 위해 사용되는 목형(木型) 또는 금형.

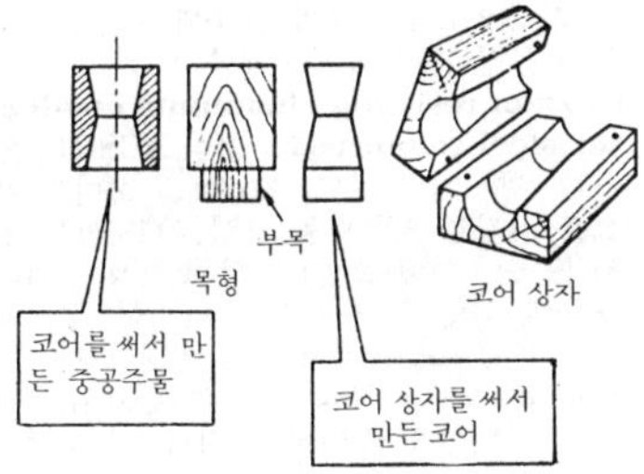

cored hardening 유심 담금질(有心－), 코어 담금질 외주부(外周部)만을 경화하여 외주부에 압축 응력을 잔류시키는 담금질 법.

cored steel 중공강(中空鋼) 착암기(鑿岩機)의 정(끌)으로 사용되는, 속이 비어 있는 경강(硬鋼). C 0.7~0.8%. 속이 빈 것은 냉각수를 통과시키기 위한 것이다.

core electrode 코어 아크 용접봉(－鎔接棒) 나선(裸線)의 아크 용접봉이지만 중공(中空)으로 되어 있어 그 내부에 아크의 안정, 탈산(脫酸) 등을 목적으로 용제가 충전되어 있는 용접봉.

core making machine 코어 조형기(－造型機) 코어를 만드는 기계.

core metal 코어 메탈, 심봉(心棒) = core bar

core oven 코어 건조로(－乾燥爐) = core drying furnace

core print 코어 프린트 코어를 주형 내에 보존하기 위하여 만든 돌출부로, 실제로는 주물이 되지 않는 부분.

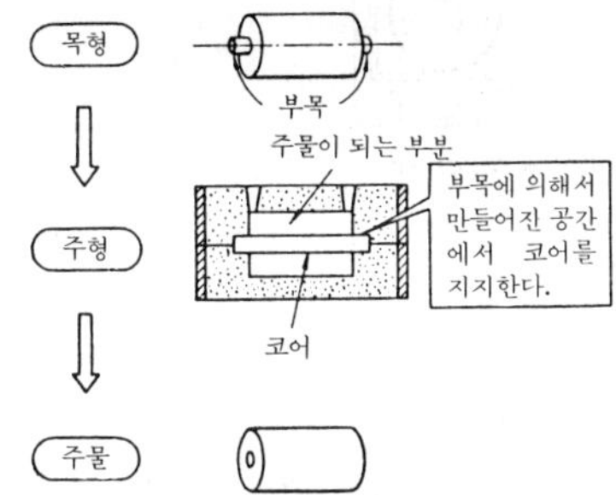

core sand 코어 모래, 코어 주물사(－鑄物砂) 코어를 만들어 내는 데 알맞은 모래. 탕(湯)의 압력에 견디고 통기도(通氣度)가 좋은 모래를 사용한다. 여기에 아마인유 등을 섞은 것을 유사(油砂)라 한다.

core wire 심선(心線) ① 중심에 넣어서 심으로 하는 선의 총칭. 와이어 로프, 케이블, 전선 등에 공통적으로 사용된다. ② 용접 작업에서 아크 용접봉으로 사용되는 심선.

cork 코르크 수지에서 채취된다. 얇은 세포막으로 구획된 독립 세포의 집합체로, 각 세포는 공기를 함유하고 있다. 세포체는 기체, 액체를 투과시키지 않고 탄성이 풍부하며, 저온성이 좋고 압축성 역시 풍부하다. 값비싼 합성 고무에 고루 섞여 판상(板狀) 펀칭, 개스킷으로서 이용된다.

corner joint 모서리 이음 체결하는 판의 모서리를 직각으로 맞대어 접합한 용접 이음. =angle joint

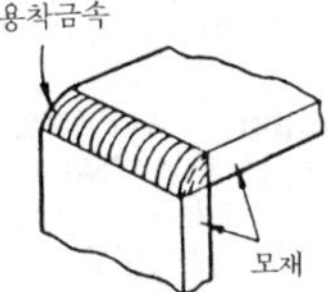

corner rounding cutter 모따기 밀링 커터 공작물의 모서리를 원형으로 하는 커터.

Cornish boiler 코니시 보일러 둥근 보일러의 대표적인 것으로, 노통(爐筒)이 1개 있다. 효율이 나쁘기 때문에 현재는 거의 제작되지 않고 있다.

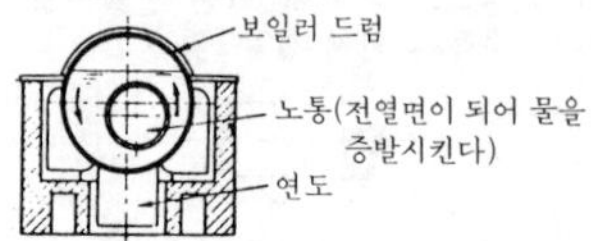

corona discharge 코로나 방전(－放電) 도체 주위에 강한 불평등 전계가 발생했을 때 전계가 강한 부분에만 생기는 국부 방전 현상.

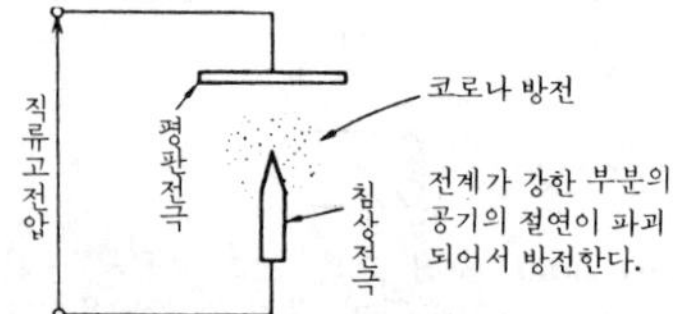

correction 보정(補正) 보다 참값에 가까운 값을 구하기 위하여 읽어낸 값, 설정한 값 또는 계산값에 대하여 어느 값을 가하는 것 또는 그 값을 말한다. 계통 오차는 그 크기를 미리 살펴 두면 보정에 의해서 제거할 수 있다.

corrective maintenance 개선 수리(改善修理), 개량 보전(改良保全) 설비가 좋지 못한 곳을 적극적으로 개선하여 고장을 감소시키는 보전법.

corrosion 부식(腐蝕), 커로전 금속이 그 표면에서 화학적 또는 전기 화학적 작용으로 인해 변질되어 가는 현상.

corrosion allowance 부식 여유(腐蝕餘裕) 금속 제품이 사용 중 부식에 의해서 상실될 것을 미리 상정해서 그 분량만큼 덧붙여 놓는 두께. ＝corrosion margin

corrosion embrittlement 부식 취화(腐蝕脆化) 부식이 일어나기 쉬운 상태에 있는 합금이 점차 외력에 대한 저항력이 약해져가는 현상.

corrosion fatigue 부식 피로(腐蝕疲勞) 환경에 따른 부식과 반복되는 하중에 의한 피로의 상호 작용의 결과로 생기는 재료의 피로 현상. 피로 강도 이하의 응력에서 피로 파괴를 일으킨다.

corrosion monitoring 부식 모니터(腐蝕－) 부식 시험법, 특히 현장의 공학적 입장에서 부식 속도에 직접 또는 간접적으로 관계되는 인자를 측정하는 동시에 자동 제어하는 것을 말한다.

corrosion protection 방식 처리(防蝕處理) 금속 재료가 부식에 의해서 소모되고 파손되는 것을 방지 또는 지연시킬 목적으로 실시하는 처리로, ① 전기 도금, 용융 도금, 시멘테이션 등의 금속에 의한 피복. ② 화성(化成), 양극 산화(陽極酸化), 법랑, 도장, 라이닝 등의 비금속에 의한 피복. ③ 탈산소, 인히비터 등의 부식성 매질(媒質)의 처리. ④ 전기 방식(電氣防蝕) 등이 있다.

corrosion resistant aluminium alloy 내식 알루미늄 합금(耐蝕－合金) 내식성과 어느 정도의 강도가 요구되는 수요에 사용되는 다음과 같은 것의 총칭이다. 3000계 : 3S, 4S, 3105 등 특히 수축성이 요구되는 것. 5000계 : 52S, A50S, 56S, Np 5/6 등 특히 강도와 내해수성(耐海水性), 알루마이트성(性)이 요구되는 것. 6000계 : 61S, 63S, A51S 등 특히 열처리 합금으로서 강도가 요구되는 부품으로 압출 특성(押出特性)이 우수한 것.

corrosion resisting aluminium conductor steel reinforced 방식 **ACSR**(防蝕－) 해안 지방, 공업 지대에서 쓰이는 강으로 보강한 알루미늄 도선(ACSR)은 염해(鹽害), 연해(煙害) 등의 부식성 분위기 때문에 아연 도금선이나 A1선이 침식될 우려가 있으므로 이에 방식 처리한 것.

corrosion test 부식 시험(腐蝕試驗) 재료의 내식성을 검사하는 시험. 부식제에

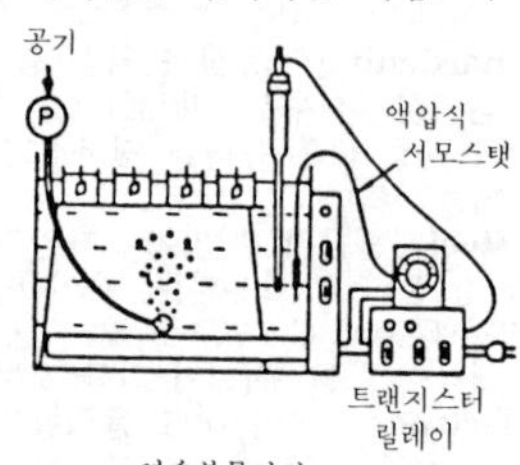

염수분무장치

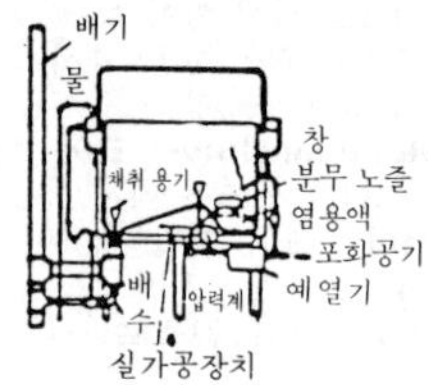

실가공장치

는 산(酸), 알칼리, 염(鹽)의 용액, 기타 여러 가지의 가스 등을 써서 부식시킨다.

corrugated expansion joint 파형 이음(波形－) 제등(提燈)의 동체(胴體)와 같은 모양의 관(菅)으로 만든 관 이음. 관로(菅路)에 팽창, 수축이 있더라도 이것을 이용해서 무리없이 피할 수 있도록 한 것.

corrugated flue 파형 노통(波形爐筒) 파형으로 만든 노통(爐筒). 랭커셔(Lancashire) 보일러나 코니시(Cornish) 보일러의 노통은 외부로부터 압력이 가해져서 찌그러지므로 이에 대해서 강도를 지니게 하기 위하여 노통을 파형으로 한 것. =corrugated furnace

corrugated furnace 파형 노통(波形爐筒) =corrugated flue

corrugated pipe 파형관(波形菅) 제등(提燈)과 같이 관면(菅面)에 주름을 붙인 관. 관의 온도 변화에 따라 신축되는 특징이 있다.

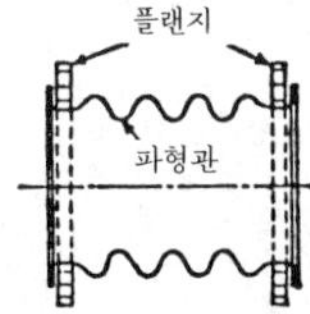

corrugated sheet 파형판(波形板) 파형으로 된 강판. 보통 아연 도금 강판에 파형을 붙인 것. =corrugated plate

corrugating 파형 성형(波形成形) →beading

Corson alloy 코르손 합금(－合金) Ni 3～4%, Si 0.8～1.0%의 Cu 합금(合金). 조질(調質)에 따라 인장 강도 70～100 kgf/㎟의 것이 만들어지고, 도전성(25～35m/Ω㎟)이 크기 때문에 고력 통신선(高力通信線), 장경간 송전선(長徑間送電線), 고력(高力) 트롤리선으로 이용된다.

corundum 커런덤 알루미나를 주성분으로 하는 광물. 경도 9. 색은 여러 가지가 있는데 양질의 것은 루비, 사파이어, 사질(砂質)의 것은 금강사, 인공의 것은 알런덤. 용도는 보석, 유리 끊기, 연마재.

cost accounting 원가 계산(原價計算) 생산 코스트(생산에 필요한 제 비용)를 원료비, 노무비, 기타의 제 비용으로 분석 계산하는 것.

cost control 원가 관리(原價管理) 기업 활동의 효율을 높이거나 원가 절감을 꾀하기 위해 원가 계산에 입각하여 행하는 관리.

cotter 코터 평형(平形) 쐐기의 일종. 축과 축 또는 축과 보스와의 이음에 사용되고, 힘의 방향에 직각으로 뚫린 구멍에 테이퍼가 붙은 핀을 박아 넣어 체결한다. 이와 같은 이음을 코터 이음이라고 하며, 이에 사용되는 쐐기(핀)를 코터라 한다.

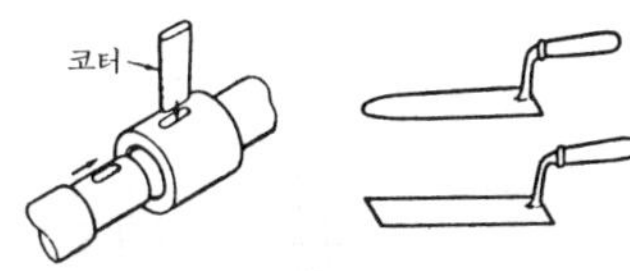

cotter joint 코터 이음 코터를 사용한 이음.

cotter pin 코터 핀 코터가 빠지지 않도록 끼운 핀.

cotton belt 무명 벨트, 면 벨트(綿－)

cotton rope 무명 로프 면사를 원료로 하는 로프.

cotton spinning 무명실 방적(－紡績) 면섬유를 원료로 하는 방적. 화합 섬유의 스테이플(staple)도 거의 같은 방식으로 방적을 한다. →spinning process

Cottrell precipitator 코트렐 집진기(－集塵機) 고압 직류 전류로 불평등 전계를 형성하고, 이 전계에 있어서의 코로나 방전을 이용하여 기류 중의 미립자에 음전하를 주어 양극(陽極)에 집진하는 전기 집진 장치. 집진 효율이 높고 1μm 직경의 입자도 포착할 수 있다.

coulomb 쿨롬 전기량의 실용 단위. 1암페어의 전류에서 1초간에 운반되는 전기의 양. CGS 전자 단위의 1/10에 해당한다.

coulomb friction 쿨롬 마찰(－摩擦) 두 고체의 표면 사이에 생기는 마찰력이 ① 외관의 접촉 면적에 무관계, ② 수직 하중에 비례, ③ 마찰 속도에 무관계하다라는 3조건을 충족시켰을 경우의 마찰.

Coulomb's law 쿨롬의 법칙(－法則) 2개의 작은 대전(帶電) 사이에서 작용하는 힘은 전기량의 상승적(相乘積)에 비례하고, 그 사이의 거리의 제곱에 반비례한다는 법칙.

count 카운트, 계수(－計數) 방사선을 측정하는 단위의 하나. 가이거(Geiger) 계수관이 계수하는 방사선의 수를 카운트라 한다. 또, 계산하는 것을 말한다.

counter 카운터 계수관(－計數菅) 반복되는 현상의 발생수를 세는 계수 장치나 계수 회로.

counter balance valve 카운터 밸런스 밸브 중력에 의한 낙하를 방지하기 위해 배압(背壓)을 유지하는 압력 제어 밸브.

counterbore 카운터보어 스폿 페이싱(spot facing)에 쓰이는 밀링 머신의 총칭.

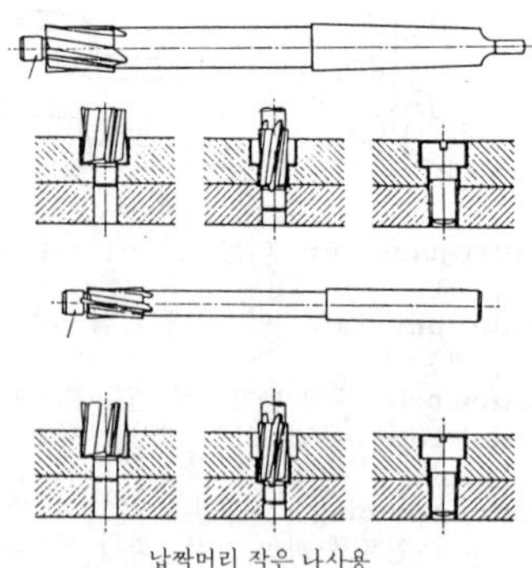

납짝머리 작은 나사용

counterboring 카운터보링 볼트 머리나 너트가 표면보다 높게 나와 상태가 좋지 않을 경우, 이를 공작물의 본체 내부에 묻히게 하기 위하여 구멍을 넓히는 작업.

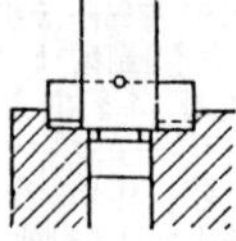

counterclockwise rotation 역시침 방향회전(逆時針方向回轉) 시계 바늘의 회전 방향과 반대 방향의 회전. 즉, 왼나사 회전.

countercurrent 역류(逆流) ＝contra-flow

counterflow 역류(逆流) ＝contraflow

counter pressure brake 배압 브레이크(背壓－) 자동차 등 급구배 내리막길에서 엔진을 걸어 두면 엔진의 회전보다 바퀴의 속도가 빨라지게 되어 피스톤의 타이밍이 어긋나게 되고, 피스톤 배압이 작용하여 엔진 브레이크가 작용하게 된다. 이러한 엔진의 사용 방법을 역압 브레이크라 한다.

countershaft 중간축(中間軸), 카운터샤프트 주축(원동기축)과 작업 기계와의 중간에 있는 축.

countersink 카운터싱크, 접시형 구멍(－形－) 테이퍼가 큰 접시 모양의 구멍. 예를 들면, 드릴 끝으로 만들어지는 120°의 원뿔형 구멍 등.

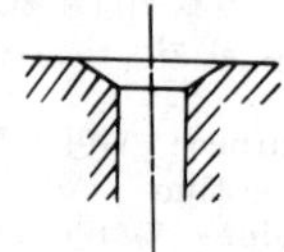

countersinking 카운터싱킹, 접시형 구멍내기(－形－) ① 접시형 구멍내기 가공으로 앞 공정에서 뚫어 놓은 구멍 주위를 경사지게 가공하여 접시형으로 하는 것. 작업법에는 절삭 가공 및 프레스 성형 가공이 있다. ② 상하동식 복합 블랭킹 작업을 말한다. ③ 드릴링 프레스 작업의 일종. 접시머리 볼트나 작은 나사를 사용할 경우에 공작물에 접시형 구멍, 즉 구멍 둘레를 원뿔형으로 크게 모따기하는 작업.

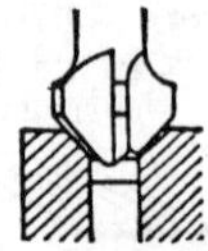

countersunk bolt 접시머리 볼트 머리가 넓적한 볼트. 일반적으로 그다지 강도를 요하지 않고, 또 죄었을 때에 나와서는 곤란한 개소에 사용한다. ＝flat head bolt

countersunk head rivet 접시머리 리벳 두부(頭部)가 접시 모양으로 된 리벳.

counter weight 균형추(均衡錘), 카운터웨이트 하중에 의한 모멘트에 대항시키기 위해 설치한 균형 추.

couple 우력(偶力) ＝couple of forces

coupled vibration 연성 진동(連成振動) 둘 이상의 진동계가 적당한 기구에 의해서 연결되어 서로 영향을 미치면서 진동하는 것. 일반적으로 진동 에너지는 각 진동계간을 이동하고 각 계의 진동 상태는 시간과 더불어 변화한다.

couple of forces 우력(偶力) 크기가 동등하고 서로 반대 방향에 평행으로 작용하는 한 쌍의 힘. 우력은 물체를 회전시키는 작용이 있다.

coupler 커플러, 연결기(連結器) 차량을 연결하는 것.

coupler jaw 커플러 조 =knuckle

couple unbalance 우력 불균형(偶力不均衡), 커플 언밸런스 중심 관성 주축(重心慣性主軸)을 중심점(重心點)에서의 회전축 중심선(中心線)과 엇갈리도록 하는 불균형 상태.

coupling 커플링, 축 이음(軸—), 결합(結合) 2축을 연결하고 동력을 전달하는 역할을 한다. 클러치와 달라서 분해하지 않으면 연결을 분리시킬 수 없다.

coupling agent 커플링제(—劑), 결합제(結合劑) 표면의 성질이 다른 이질 재료(금속·유리·플라스틱·고무 등)간의 결합력을 높이기 위한 물질.

coupling bolt 커플링 볼트, 이음 볼트 볼트의 용도에 따라 붙인 이음. 플랜지 이음의 체결에 사용하는 볼트.

coupling device 커플링 장치(—裝置), 연결 장치(連結裝置) 차량을 연결하는 장치. 연결기와 완충기로 이루어진다.

Coventry type die head 코벤트리형 다이헤드(—形—) 기계용의 다이스. 나사 절삭이 끝나면 자동적으로 체이서(chaser)가 열려서 절삭된 나사에 접촉됨이 없이 원위치로 되돌릴 수 있다. 능률적인 볼트 생산을 할 수 있다.

covered cemented carbide 피복 초경 합금(被覆超硬合金) 초경 합금 모재의 표면에 고경도의 물질 TiC를 수μ 피복한 것으로, 강(鋼)의 중절삭(重切削)에 효과가 있다. TiC 피복 위에 다시 TiN 피복을 한 것도 있다.

covered conduit 암거(暗渠) =closed conduit

covered electrode 피복 아크 용접봉(被覆—鎔接棒), 피복 전극(被覆電極) 플럭스(flux) 등으로 피복한 아크 용접용 금속 전극봉. =roofed freight car

covered wire 피복선(被覆線) 절연, 장해, 화학 변화 등을 방지하기 위하여 종이, 직포, 고무, 에나멜, 석면, 납 등으로 피복한 전선. 또는 비닐 절연 전선이나 비닐 코드도 많이 사용되고 있다.

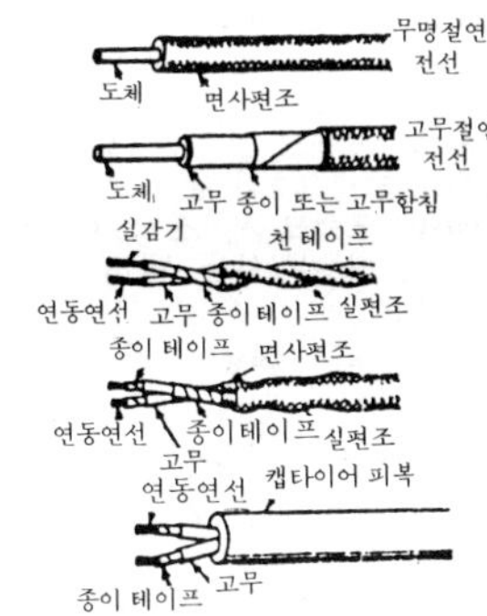

covering 피복(被覆), 피복제(被覆劑) 아크 용접에서 용융되기 쉬운 피복제를 도포한 전극봉을 사용해서 용접부를 피복하는 것.

cowl 환기모(換氣帽) 위생 공사 관계의 통기통이나 통기관 머리 부분에 붙이는 모자 모양의 것. 풍력에 의한 회전식의 것도 있다. 통기모(通氣帽)라고도 한다.

crab 크래브 권상(捲上) 및 횡행(橫行) 장치를 갖춘 트롤리를 말하며, 윈치 대차(crab winch)라고도 한다.

crack 균열(龜裂), 크랙 재료 속에 발생된 미세한 균열 부분. 파괴는 크랙이 발생 전파됨으로써 커지게 되어 나머지 면적으로는 하중에 견디지 못하여 발생된다. 균열을 방지하기 위하여 설치한 부재(部材) 및 스톱 홀을 크랙 스토퍼라고 한다. =cracking

cracking pressure 크래킹 압력(—壓力) 체크 밸브 또는 릴리프 밸브 등에서 압력이 상승하여 밸브가 열리기 시작하면, 어느 일정한 유량을 알 수 있다. 이때의 압력을 말한다.

crack stopper 크랙 스토퍼 균열의 성장을 막기 위해 설치한 부재(部材) 및 스톱 홀.

crane 기중기(起重機), 크레인 동력을 이용해 하물을 달아 올려 이것을 수평으로 이동시킬 수 있는 기계 장치의 총칭. 크레인, 이동식 크레인, 데릭, 하물 인양 장치로 분류된다.

crane truck 크레인 트럭, 크레인차(—車) 크레인을 트럭 자체에 갖춘 자동차. 토목 건축 현장용.

crank 크랭크 ① 굽은 자루라는 뜻. ② →crankshaft

crank angle 크랭크각(－角) 레버 크랭크 기구에서, 사점(死點) 위치에서 측정한 크랭크의 회전각.

crank arm 크랭크 암 연접봉 및 피스톤에 결합된 크랭크축의 팔.

crank case 크랭크 케이스 크랭크가 회전 운동을 할 때 이동하는 공간을 싸고 있는 케이스 부분.

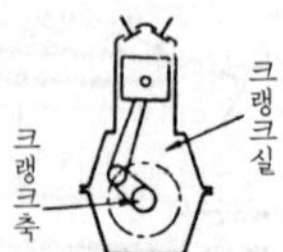

crank case scavenging 크랭크함 청소(－函淸掃) 피스톤의 하강 행정을 이용하여 크랭크함(실) 내에 공기를 압축하여 그에 의해서 소기(掃氣)를 시키는 소기법. 간단하므로 소형 2사이클 기관에 쓰이고 있다.

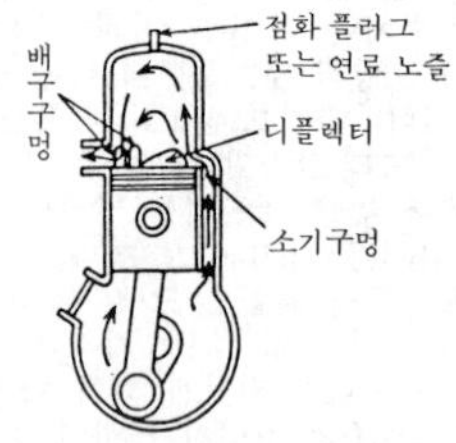

crank chain 크랭크 체인, 크랭크 기구(－機構) 링크 장치 부재(部材)의 일종. 1회전 이상을 회전하는 크랭크.

crank effect 크랭크 회전력(－回轉力) 크랭크를 회전시키는 모멘트.

crank pin 크랭크 핀 크랭크 연접봉의 대단부(大端部)를 연결하는 부분.

crank press 크랭크 프레스 펀칭 가공을 하는 기계 프레스의 일종. 판금 가공용과 단조용이 있다. ① 판금 가공용 : 판금 작업에서 펀칭용 프레스의 대표적인 것. ② 단조용 : 판금용과 거의 같은 기구로서, 해머 머리에 단조형을 고정시켜 형단조(型鍛造)를 한다.

crankshaft 크랭크축(－軸) 왕복 운동을 회전 운동으로 바꾸는 장치. 크랭크, 크랭크 암, 크랭크 핀으로 이루어진다.

crankshaft bearing 크래크축 베어링(－軸－) 크랭크축의 지지에 사용되는 베어링.

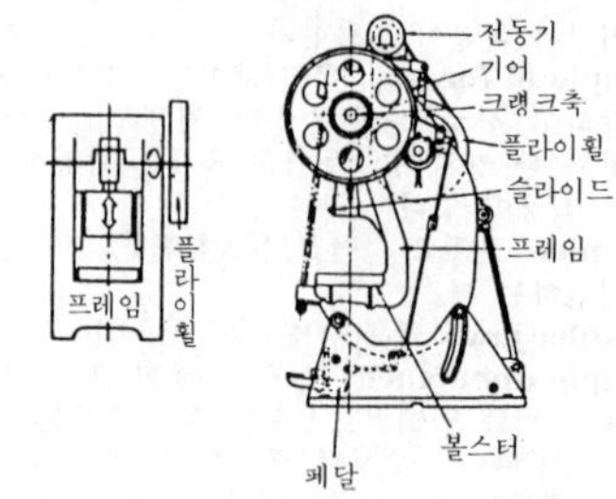

crank press

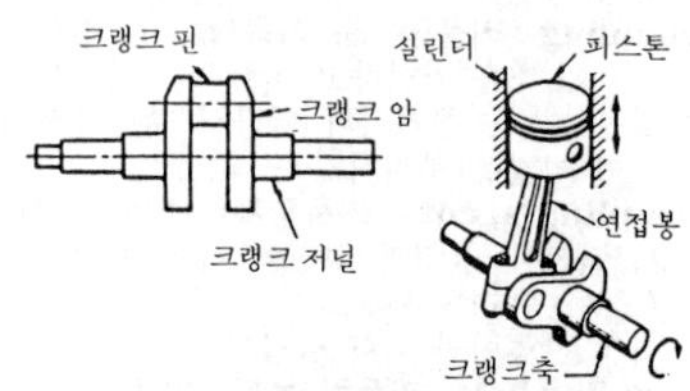

crank shaft

crankshaft grinder 크랭크축 연삭기(－軸硏削機) 크랭크축의 축수부(軸首部)를 연삭 가공하는 연삭기.

crankshaft lathe 크랭크축 선반(－軸旋盤) 크랭크축을 전문으로 절삭 가공하는 선반.

crank web 크랭크 웨브 ＝crank arm

crater 크레이터 아크 또는 가스 화염의 작용에 의해서 비드(bead)의 종단에 생기는 오목한 곳.

crater wear 크레이터 마모(－磨耗) 저탄소강이나 스테인리스강 등을 초경 합금 공구로 고속 절삭하면, 연속적으로 절삭 부스러기가 날끝 상면(上面)을 스치면서 통과하여 일종의 오목한 부분(크레이터)이 생기고, 이것이 심해지면 날끝이 결손되어 공구의 수명을 단축시키게 되는데, TiC, TaC를 첨가한 초경 합금은 이 현상이 잘 일어나지 않으므로 내(耐) 크레이터성이 우수하다고 한다.

crawler 무한 궤도(無限軌道), 크롤러 ＝caterpillar

crawler belt 크롤러 벨트 다수의 크롤러 슈(crawler shoe)나 링크 등으로 구성되는 무한 궤도.

crawler crane 무한 궤도 기중기(無限軌道起重機), 크롤러 크레인 이동식 크레인의 일종으로, 무한 궤도로 주행하는 것. 건설용으로 사용된다.

crazing 크레이징 도자기 등에 생긴 가늘고 잔 금. 균열과는 달리 크레이즈(craze)는 균열보다 낮은 응력으로 발생되는 것으로, 외력에 의한 것과 어떤 환경하에서의 내부 응력에 기인되는 것이 있다.

creaming 크리밍 콜로이드 분산상(colloid 分散相)이 서서히 불균일하게 되는 현상. 집합된 미립자는 보통 뒤섞기만 하면 처음의 균일 분산상으로 복귀한다.

credit card laminater 크레딧 카드 래미네이터 기록 사항을 보호하기 위해 3매의 원지를 겹쳐 열접착 방식에 의해 카드를 작성하는 기계.

creep 크리프 금속이 일정한 하중 밑에서 시간이 걸림에 따라 그 변형이 증가되는 현상. 일반적으로 고온에서 볼 수 있다. =creeping

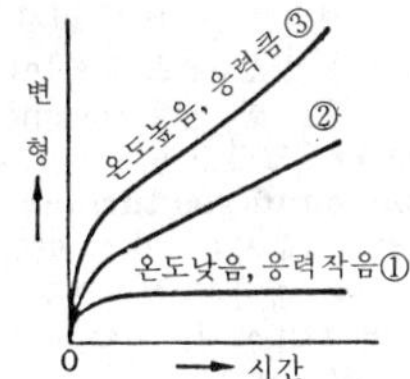

creep curve 크리프 곡선(-曲線) 크리프 시험에 의해서 측정된 크리프 변형 ε^c와 시간 t 사이의 관계를 나타내는 선도이며, 그림과 같은 형상을 나타낸다.

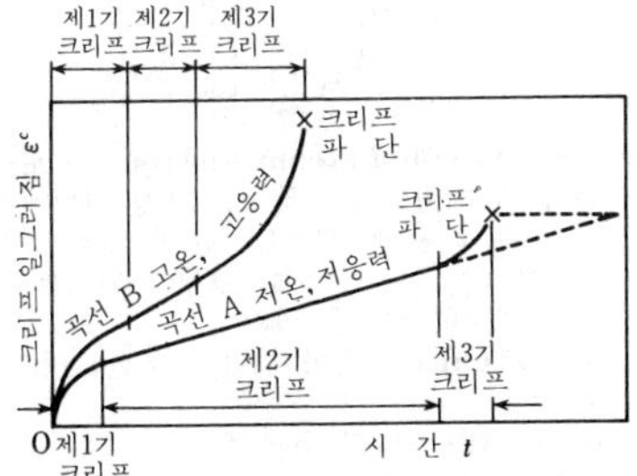

creep forging 크리프 단조(-鍛造) 알루미늄, 티타늄, 내열 합금 등 좁은 온도 범위 내에서 저속으로 변형시키지 않으면 균열을 일으킬 것 같은 재료를 시간을 두고 가공할 때, 재료가 냉각되지 않도록 공구와 재료를 같은 온도로 가열해 둔다. 이와 같이 아주 서서히 단조하는 단조법을 말한다.

creep limit 크리프 한도(-限度) 일정한 시간 후에 일정한 최대 허용 변형으로 될 때의 응력.

creep rupture 크리프 파열(-破裂), 크리프 럽쳐 재료가 어떤 응력의 바탕에서 크리프를 일으켜 파단되는 현상.

creep strain 크리프 변형(-變形) 응력의 작용하에서 시간의 경과와 더불어 증가하는 변형. →creep, creep curve

creep strength 크리프 강도(-强度) 일정 온도하에서 어떤 규정된 시간 내에 과대한 크리프 변형을 일으키는 일없이 재료가 지탱할 수 있는 최대의 응력.

creep test 크리프 시험(-試驗) 재료의 크리프에 대한 저항 또는 크리프를 알아낼 수 있는 온도를 측정하는 시험.

creosote oil 크레오소트유(-油) 콜타르의 분류(分溜) 중에 얻어지는 어두운 색의 액체. 유성(油性) 방부제, 살충제의 대표적인 것. 크레오소트의 원료이기도 하다.

crest of thread 나사마루, 나사산 봉우리(-山-) 나사산의 정상 부분.

crevice corrosion 틈새 부식(-腐蝕) 금속 표면끼리의 사이에 틈새가 있으면 이온의 농도차로 전지 부식과 같은 부식이 발생한다. 또, 고체물의 부착, 퇴적이 있으면 같은 이유로 부식이 발생한다.

Crighton opener 크라이톤 솜풀기기(-機) 방적의 혼타면기(混打綿機)의 일종으로, 원뿔대를 반대로 한 모양으로 아래쪽에서 섬유 덩어리를 위쪽으로 보내면서 비터(beater)로 개섬(開纖)하는 방식으로, 개섬되지 않는 솜은 중력 때문에 위쪽으로 보낼 수 없으므로 잘 개섬된다.

critical cooling rate 임계 냉각 속도(臨界冷却速度) 담금질 경화하는 데 필요한 최소한의 냉각 속도. 100%의 마텐자이트(martensite)를 일으키는 데 요하는 최소한의 냉각 속도를 상부 임계 냉각 속도, 비로소 마텐자이트가 나타나기 시작하는 냉각 속도를 하부 임계 냉각 속도라 한다. 임계 속도가 작은 강(鋼)일수록 담금질 경화가 잘 되는 강이라 할 수 있다.

critical cooling velocity 임계 냉각 속도(臨界冷却速度) 강(鋼)의 담금질에 있어서 마텐자이트(martensite)가 이루어지는 한계 냉각 속도.

critical damping 임계 감쇠(臨界減衰) 자유 진동을 할 수 없는 한계의 감쇠.

critical diameter 임계 지름(臨界－) 담금질에 있어서 주어진 냉각 속도에 대해 중심부가 50%의 마텐자이트(martensite)를 이룰 수 있는 강재(鋼材)의 지름을 말한다. 이 지름으로 담금질성의 양호성 여부를 알 수 있다.

critical frequency 위험 진동수(危險振動數) ＝critical speed

criticality 임계(臨界) 노(爐) 중심에 핵연료를 넣고 제어봉을 뽑아내면 핵분열 반응이 생겨 열을 발생하게 된다. 이 핵분열이 지속적으로 진행하기 시작하는 경계선을 임계라 한다.

critical load 임계 하중(臨界荷重) ＝buckling load

critical Mach number 임계 마하수(臨界－數) 한결같은 아음속류(亞音速流) 속에 물체를 놓고 유속(流速)을 증가시켜 가면, 물체 근방의 일부에서 마하수가 1에 도달할 때의 한결같은 흐름의 마하수. 임계 마하수를 넘으면 충격파가 발생하여 날개의 양력 저하(揚力低下), 항력(抗力)의 증가 등의 항공 역학적 성능이 나빠지게 된다.

critical path 최상 경로(最上經路), 크리티컬 패스 모든 경로(화살 선도의 시점과 종점을 화살선 방향으로 결부시키는 순서) 가운데 가장 긴 경로.

critical point 임계점(臨界點) →critical temperature

critical pressure 임계 압력(臨界壓力) →critical temperature

critical speed 위험 속도(危險速度) 회전축 및 축에 고정되어 있는 회전체는 한 몸이 되어 회전하고 있으나, 이것의 고유 진동수와 축의 회전수가 일치 또는 배수(倍數)가 되면, 공진해서 축의 편차가 무한대로 되려고 하므로 진폭이 급증해서 위험한 상태가 된다. 이러한 상태일 때의 회전 속도를 말한다. ＝critical frequency

critical state 임계 상태(臨界狀態) 나팔 노즐의 목부분과 수렴 노즐의 출구부에서 유속이 음속, 즉 마하수가 1이 되어 있는 상태를 말한다. 이 상태에서는 노즐의 배압(背壓)을 저하시켜도 유량은 변화되지 않는다.

critical temperature 임계 온도(臨界溫度) 일반적으로 기체는 일정한 온도 이하가 되지 않으면 아무리 압축하더라도 액화되지 않는다. 이 온도를 임계 온도라 하며, 임계 온도에 있어서 기체가 액화되는 최소의 압력을 임계 압력이라 한다. 또, 임계 온도, 임계 압력의 상태를 임계점이라 한다.

critical velocity 임계 속도(臨界速度) → turbulent motion

crocodiling 크로코다일링 주괴(鑄塊)의 예열이나 예비 처리가 부적당하여 조직의 균질화가 충분히 이루어지지 않으면, 열간 압연할 때 압연재의 표면에 거북이 등 모양의 균열이 발생하는 것.

cross 십자형(十字形), 십자 이음(十字－) ＝cross joint

cross bar 크로스 바 하물을 달아 올리기 위해 두 가닥의 체인 사이에 고정시킨 바(bar).

cross beam 크로스 빔, 가로 보 평삭기나 문형(門形) 지그 보링 머신 등에서 테이블의 이동 방향(세로 방향)에 대하여 직각으로 걸쳐진 빔. ＝cross bearer

cross bearer 크로스 빔 ＝cross beam

cross-compound gas turbine 크로스형 가스 터빈(－形－) 가스 터빈의 성능을 높이기 위한 하나의 형식으로, 고압 압축기를 저압 터빈에서, 저압 압축기를 고압 터빈에서 구동시키는 방식.

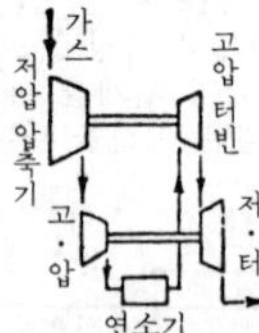

cross-compound steam turbine 크로스형 증기 터빈(－形蒸氣－) 대형 터빈에서는 보통 터빈 차실(車室)을 몇 개로 분할하는데, 이 차실을 축이 평행이 되도록 가로로 배치한 터빈을 말한다.

crosscut chisel 홈파기 정 ＝cape chisel

crosscut file 양면 둥근 줄(兩面－) 곡률 반경(曲率半徑)이 서로 다른 원호가 마주

본 단면형의 줄. =crossing file

crosscut saw 가로켜기 톱 목재의 섬유에 직각 방향으로 절단하는 톱.

crossed belt 십자 걸이 벨트(十字−), 크로스 벨트, 교차 벨트(交叉−) 벨트가 교차되고 있는 2개의 바퀴가 서로 반대 방향으로 회전할 경우에 이용되는 벨트 걸이 방법.

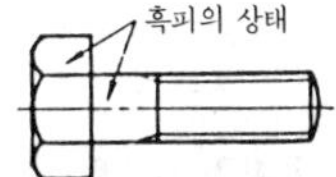

crossed helical gears 나사 기어 = screw gear

crossfeed 수평 이송(水平移送), 가로 이송(−移送) 선반이나 평삭기에서의 이송 장치. 즉, 베드를 가로지르는 방향의 이송.

crossfeed screw 가로 이송 나사(−移送−) 선반에서 가로 방향으로 가로 이송대를 이동시키는 나사.

crosshead 크로스헤드 원동기에서 피스톤 봉과 연접봉을 연결시키는 부품. 피스톤 및 피스톤봉의 직선 운동을 안내하고 또한 연접봉으로부터의 스러스트를 지지한다.

crosshead engine 크로스헤드 기관(−機關) 피스톤이 피스톤봉, 크로스헤드를 매개로 하여 연접봉에 연결되어 있는 기관. 대형 디젤 기관 등이 이 형식이다.

crosshead pin 크로스헤드 핀 피스톤봉, 연접봉과 크로스헤드 슈를 잇는 핀.

crosshead shoe 크로스헤드 슈 크로스헤드에서 프레임 위의 안내면을 따라 미끄러지는 부분.

crossing file 양면 둥근 줄(兩面−) = crosscut file

cross joint 십자 이음(十字−) 십자형의 관(菅) 이음. 서로 직각을 이루는 4방향으로 배치된 관의 이음. =cross

cross license 크로스 라이선스 상대가 가지고 있는 특허권을, 자기가 가지고 있는 특허권을 제공함으로써 그 대상(代償)으로 공여받는 방식.

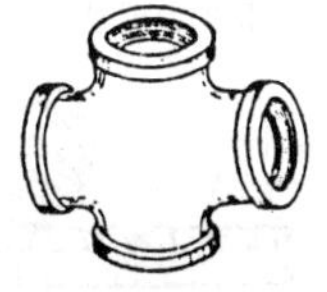

cross joint

cross-linking 가교 접속(架橋接續) 합성 고분자의 용제나 전자파, 열 등에 대한 안정성을 얻는 데, 효과가 있는 화학 변화를 가교라 한다. 단백질 고차 구조(高次構造) 안정화의 원인이 된다.

cross-peen hammer 크로스핀 해머, 가로 머리 손 해머 해머 머리가 자루와 직각 방향으로 봉우리가 있는 한 손 해머.

cross rail 크로스 레일 →planer

cross recess bolt 십자 머리 볼트(十字−) 머리에 십자형의 홈이 패인 볼트.

cross scavenging 횡단 소기(橫斷掃氣) 두 사이클 기관에 이용되는 소기법의 일종.

cross slide 가로 이송대(−移送臺) 선반의 새들 위에서 가로 방향(길이 방향에 직각인 방향)으로 이동하는 대(臺)를 말한다. 공구대를 싣고, 이동은 가로 이송 나사에 의한다.

cross valve 크로스 밸브, 3방 밸브(三方−) 세 방향으로 유체의 출입구를 갖춘 밸브.

crown 크라운 원호를 붙이는 일의 총칭. 벨트차에서 벨트가 이탈하지 않도록 벨트차의 림을 볼록하게 한 부분.

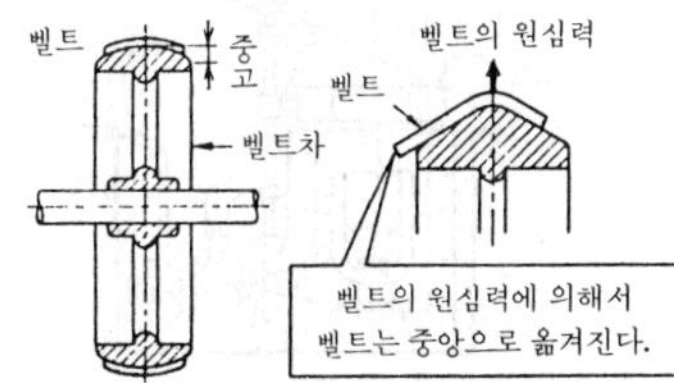

crown gear 크라운 기어 피치 원뿔각 90°

로 피치면이 평면인 베벨 기어.

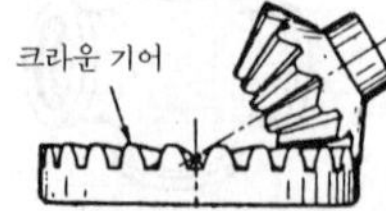

crowning 크라우닝 기어의 이 줄기 방향을 적당히 볼록하게 하여 부하시의 맞물림 접촉을 순조롭게 하는 가공.

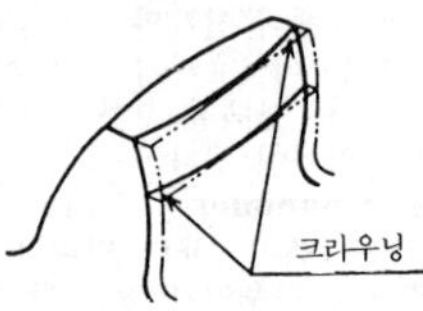

crown nut 크라운 너트 =fluted nut

crown wheel 크라운 휠 =crown gear

CRT keyboard CRT 키보드 입출력 단말 장치로서 많이 이용되는, 타자기와 같은 문자반을 갖추고 그것을 누름으로써 정보를 입력한다. 문자반 위에는 텔레비전의 브라운관과 똑같은 표시 장치가 있어 컴퓨터에서는 정보는 브라운관상에 문자·숫자의 배열로서 표시된다.

crucible 도가니 물질을 용융하고 또 세게 가열시키기 위해 이용되는 용기. 용도에 따라서 점토(粘土), 흑연(黑鉛), 석영(石英), 도자기, 백금, 연철제(鍊鐵製) 등이 있다.

〔일반적인 조성〕
흑연 50%
점토 30~10%
내열재 10%

crucible furnace 도가니로(-爐) 도가니를 이용해서 금속을 용해하는 노(爐).

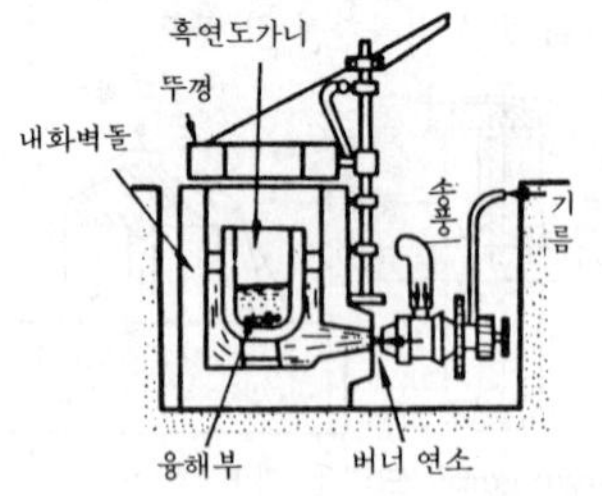

crucible steel 도가니강(-鋼) 도가니로 용제한 강. 도가니에서는 단지 용융만 하고 정련(精鍊)을 하지 않기 때문에 처음부터 좋은 원료로 배합하여 장입한다.

crude copper 조동(粗銅) =blister copper

crude oil 원유(原油) 땅 속에서 천연적으로 산출된 광유. 원유의 분류(分溜)에 의해서 휘발유, 등유, 경유, 중유 등을 얻을 수 있다.

cruiser 순양함(巡洋艦), 크루저

cruising power 상용 출력(常用出力) 주로 선박용 기관에 쓰이는 용어로, 기관의 효율이나 보수를 고려하여 경제적으로 상용되는 출력.

cruising speed 순항 속도(巡航速度), 크루징 스피드 순항 속도나 경제 속도의 뜻. 연료 소비가 적고 토크 발생에 유리한 속도를 말한다.

crusher 크러셔, 파쇄기(破碎機) 광석, 기타 고체 원료를 적당한 크기로 분쇄하는 기계.

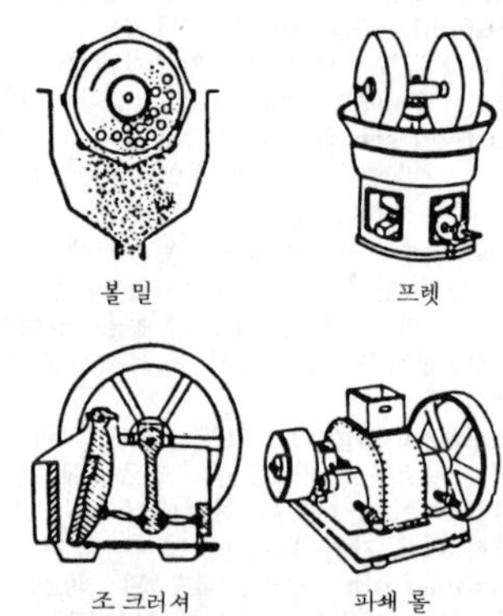

볼 밀 프렛

조 크러셔 파쇄 롤

crushing roll 크러싱 롤, 파쇄 롤(破碎-) 크러셔의 일종. 회전하는 2개의 롤 사이에 원료를 끼워 분쇄한다. 원료의 크기는 2.5~50mm.

crushing strength 파쇄 강도(破碎强度) 취성재(脆性材)를 압축하면 그 재료는 큰 변형을 일으키지 않고 파쇄를 일으킨다. 이 경우의 하중을 원래의 단면적으로 나눈 값을 말한다.

crushing stress 파쇄 응력(破碎應力) 파쇄를 일으킬 때의 응력.

cryopump 크라이오펌프 진공 용기 내의 극저온 냉각면을 만들고, 그 위에 기체를 응축시킴으로써 용기 내의 압력을 감소시키는 펌프.

cryostat 크라이오스탯 초전도 코일을 −268.9℃의 극저온으로 유지하기 위한 단열 용기.

crystal 결정(結晶), 결정체(結晶體), 크리스털 용융된 금속, 기타가 응고해서 생기는 조직.

crystal grain 결정립(結晶粒) →crystalline structure

crystal lattice 결정 격자(結晶格子) 결정을 구성하고 있는 원자는 공간 내에 규칙적으로 배열되어 있기 때문에 그것들의 점을 연결시켜 얻을 수 있는 3차원의 망상(網狀)을 결정 격자라 한다.

crystalline structure 결정 조직(結晶組織) 금속 표면을 연마해서 약품을 부식시키면 결정 조직이 얻어진다. 그 하나하나의 그물코 모양으로 싸여진 부분을 결정립(結晶粒)이라 한다. 재료의 결정 성질에 관한 물리학적 연구를 결정학(結晶學)이라 한다.

crystallization 결정(結晶) 용융 상태에서는 그 원자가 불규칙적인 배열로 운동하고 있다. 이것을 냉각시켜 응고점에 달하면, 먼저 그 속에 극히 미세한 핵이 만들어진다. 이 핵을 중심으로 원자가 규칙적인 배치를 이루어 퇴적(堆積)되는 현상을 결정이라 한다.

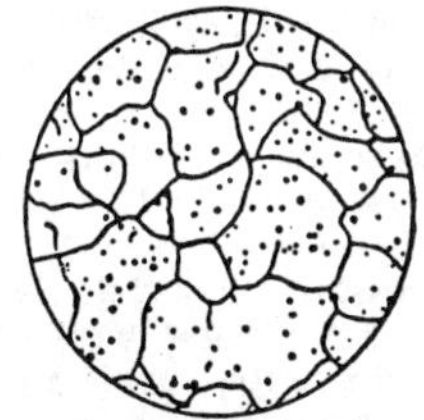

crystallograph 결정학(結晶學) →crystalline structure

crystal oscillator 수정 발진기(水晶發振器) 수정 진동자를 발진 회로의 일부로 채용한 발진기로, 안정된 진동수를 발진하므로 수정 시계를 비롯해서 정밀 기기에 많이 사용되고 있다.

crystal stressing 입계 강화(粒界强化) 결정립의 미세화에 의한 강화를 말한다. 결정립이 미세하게 되면 입계가 증가하기 때문에 전위(轉位)의 움직임을 방해해서 재료를 강하게 한다. 더욱이 인화(靭化)와 서로 양립시켜 얻는 단 하나의 강화책이다.

cube 정6면체(正六面體), 입방체(立方體)

cubical expansion 체적 팽창(體積膨脹) 열변화에 의한 체적의 팽창.

cubical expansion coefficient 체적 팽창계수(體積膨脹係數) 일반적으로 물체는 온도 변화에 의해서 체적이 변동된다. 0℃에서의 체적을 V_0, t℃에서의 체적을 V_t라 하면,

$$\beta = \frac{1}{V_0} \cdot \frac{dV_t}{dt}$$

이다.

cubicle 큐비클 칸막이한 작은 방을 의미한다. 전기 기기, 변전 설비를 에워싸서 깨끗히 수납한 것을 말한다.

cubic root 입방근(立方根), 3제곱근(−根)

cultivator 중경기(中耕機), 컬티베이터 밭의 중경(中耕)·제초·배토(培土) 등의 관리 작업에 쓰이는 농기구.

culvert 암거(暗渠) =closed conduit

cup chuck 컵 척 =bell chuck

cup leather U패킹 =U-leather packing

cupola 큐폴라, 용선로(鎔銑爐) 주철(鑄鐵)을 용해하는 데 이용되는 노(爐).

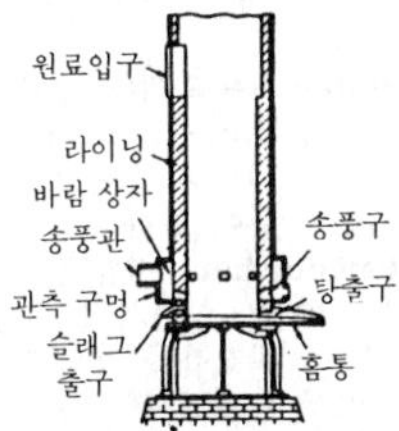

cupping-test 컵테스트 재료의 단면 수축 성능 시험의 일종. 원형으로 잘라낸 원판을 원통형으로 프레스하면 발생되는 귀의 높이, 방향, 단면 수축의 한계 등과 제판 조건의 관계를 연구하는 데 이용한다.

cupping tool 커핑 툴 리벳 체결 공구. 리벳 머리를 만든 후, 이것을 대고 다듬질한다.

cure 큐어 고무나 열경화성 수지가 열,

빛, 촉매 등의 작용에 의해서 화학 변화를 일으켜 경화되는 것.

curie 퀴리 방사능의 단위. 1 퀴리는 방사능 물질 속의 방사성 핵종(核種)의 매초(每秒)의 괴변수(壞變數)가 정확히 3.7×1010일 때의 방사능을 말한다. 기호는 Ci.

Curie point 퀴리점(－點) 강자성(强磁性) 재료를 어떤 임계 온도 이상으로 가열하면, 강자성은 소실되어 상자성(常磁性)으로 된다. 이 급격한 자기 변태 온도를 퀴리점이라 한다. 순철에서는 약 770℃, 시멘타이트에서는 215℃이다.

curling 컬링 공작물 단말의 단면을 그림과 같이 프레스나 선반 등으로 둥글게 하는 가공법.

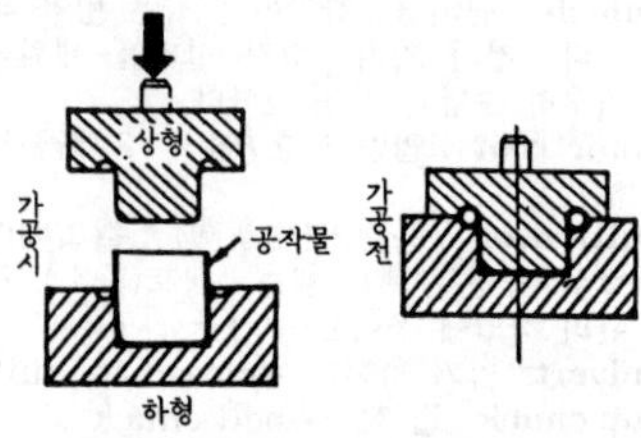

current collector 집전 장치(集電裝置) 전기차에 외부에서 전류를 끌어들이기 위한 차량측 부분을 집전 장치라고 한다. 지상에 가설된 도체에 집전 장치의 일부를 접촉시켜서 집전하여 주요 기기에의 배선에 접속한다.

current meter 유속계(流速計) 기체나 액체의 유속을 측정하는 계기의 총칭. 풍속계, 터빈 미터, 저항판 미터, 피토관(Pitot tube) 등이 있다.

current transformer 변류기(變流器) CT라 불리는 계기용 변성기의 일종. 대전류 측정에 이용. 대전류를 변성기를 이용해 소전류로 바꾸어 측정하는 것.

curring 큐어링 고무를 가열해서 경화시키거나, 셸(shell)형 조형시에 금형에 부착된 모래를 가열해서 경화시키는 것 등을 말한다.

curring time 경화 시간(硬化時間), 성형 시간(成形時間) 고무나 플라스틱 압축 성형으로 수지를 가소화(可塑化) 또는 경화 완료하기까지의 가공·가열에 드는 시간.

curtain wall 장막벽(帳幕壁), 커튼 월 건축 용어의 장막벽이나 비내력벽(非耐力壁)을 말하며, 구조 하중을 분담하지 않는 프리패브(prefab)화된 유닛의 연속 조합으로 구성된 경량 외벽.

curtis stage 커티스단(－段) →velocity pressure compound turbine

curtis turbine 커티스 터빈 미국인 C.G.Curtis가 고안해 낸 충동식 터빈.

curvature 곡률(曲率), 만곡(彎曲) →radius of curvature

curved beam 굽은 보 보의 축선이 곡선으로 되어 있고, 또 하중이 이 곡선을 포함한 면내(面內)에서 작용하는 경우를 말한다.

curved conveyor 커브드 컨베이어 1개의 체인에 에이프런을 부착하여 주로 수평면 내에서 굽혀질 수 있게 한 체인 컨베이어.

curved surface drawing 곡면 선도(曲綿線圖) 자동차나 선체 등의 곡면을 나타내는 선도(線圖).

curves 곡선자(曲線－), 커브자 ＝French curve

curvilinear motion 곡선 운동(曲線運動) 물체가 운동할 때, 물체에 속하는 모든 점이 어느 정해진 곡선상을 이동하는 평면 운동을 말한다.

cushion 쿠션 충격으로 인하여 급격히 가해지는 에너지를 흡수해서 충격을 완화시키는 것.

cushioned cylinder 충격 흡수 실린더(衝擊吸收－) 충격을 완화시키는 기능을 붙인 실린더. 충격을 막을 목적으로 스트로크 종단(終端)에 자동 충동 흡수 기구를 설치하고 있다.

cut flight screw 컷 플라이트 스크루 외주(外周)를 떼어버린 것을 고정시킨 스크루.

cut-in pressure 컷인 압력(－壓力) 언로드 밸브 등으로 펌프에 부하를 줄 경우 그 한계 압력을 말한다. 또한, 펌프를 무부하로 하는 경우의 한계 압력을 컷아웃 압력(cut-out pressure)이라 한다.

cut meter 절삭 온도계(切削速度計) 절삭 속도를 표시하는 계기.

cut-off 차단[1], 절단(切斷)[2] ① 어떤 동작계에서 동작하지 않게 되는 상태나 그 한계점(차단점)을 말한다.
② 톱 절단에서 1평면으로 소재를 절단하는 것.

cut-off ratio 차단비(遮斷比) 내연 기관

에서 등압 변화 중의 용적 V_3와 V_2의 비.

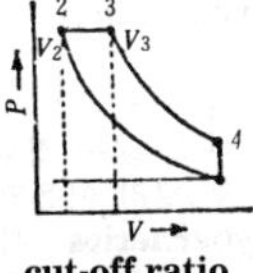

cut-off ratio

cut-open test 절개 시험(切開試驗) 관(菅)을 세로로 절개하여 내부 상태를 검사하는 방법.

cut-out governing 단절 조속법(斷絶調速法) 증기 터빈 조속법의 하나로, 다수의 노즐 중 그 일부를 증기 가감 밸브에 의해서 닫아 증기 유량을 가감하여 출력(혹은 회전수)을 줄이는 방법을 말한다. =nozzle governing, nozzle cut-off governing

cut tap 절삭 탭(切削－) 절삭해서 만든 탭.

cutter 절삭 공구(切削工具) 절삭 가공에 이용되는 공구의 총칭.

cutter arbor 커터 아버 밀링 커터를 설치하여 이것을 밀링 머신의 주축으로 장치하기 위하여 이용되는 축.

cutter grinder 커터 연삭기(－硏削機) 밀링 커터를 연삭 다듬질하는 데 이용되는 연삭반.

cutting angle 절삭각(切削角) 절삭 공구가 가공물을 절삭하고 있을 때, 절삭 공구의 진행 전면과 절삭 공구가 진행해 온 방향이 이루는 각(角) θ을 말한다.

cutting blow pipe 절단 토치(切斷－) = cutting torch

cutting edge 절단 날(切斷－) 절삭 공구의 절삭을 하고 있는 부분.

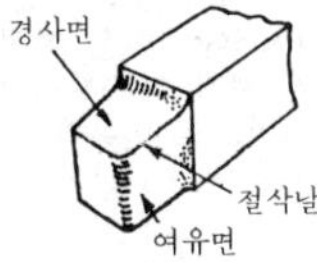

cutting edge chipping 치핑 절삭 중에 절삭날에 생긴 작은 날빠짐. 절삭날을 따라 길이로 재서 1개의 길이가 절삭 깊이의 약 1/10 이하의 것.

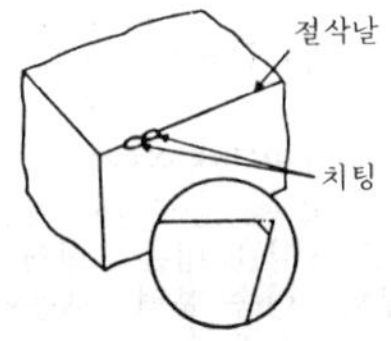

cutting edge chipping

cutting efficiency 절삭 효율(切削效率) 절삭 작업에서 단위 시간에서의 소요 동력 1PS당 셰이빙(shavings)의 용적을 말한다. 단위는 ㎤/min/PS로 나타낸다.

cutting force 절삭 저항(切削抵抗) = cutting resistance

cutting nipper 니퍼 철선, 강선, 동선 등을 절단하는 데 이용되는 공구. 플라이어보다 소형이고 사용이 간편하다.

cutting-off 절단 작업(切斷作業) 선반 작업에서 절단용 바이트를 이용해서 환봉, 관(菅) 등을 직각으로 절단하는 작업.

cutting-off lathe 절단용 선반(切斷用旋盤) 절단 작업을 전문적으로 할 수 있도록 설계된 선반.

cutting-off machine 절단용 선반(切斷用旋盤) 봉을 필요한 길이로 절단 작업하는 전용의 자동 또는 반자동 선반.

cutting-off tool 절단용 바이트(切斷用－) 선반에서 물품을 절삭하거나 홈을 파는 데 이용되는 바이트.

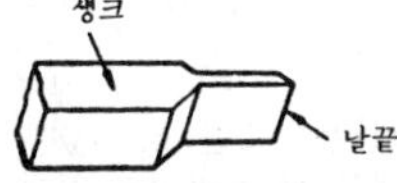

cutting oil 절삭유(切削油) 금속 재료를 절삭 가공할 경우, 절삭 공구부를 냉각시키고 윤활하게 해서 공구의 수명을 연장시키거나 다듬질면을 깨끗히 하기 위해 사용되는 윤활유.

cutting plyer 플라이어 물림과 세운날의 니퍼 겸용인 공구. 철사나 전선을 휘거나 절단하는 데 이용된다.

cutting resistance 절삭 저항(切削抵抗)

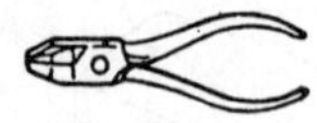

cutting plyer

금속을 절삭할 때 공구날에 작용하는 힘. 일반적으로 직각을 내는 3방향으로부터의 합력(주분력, 이송 분력, 배분력)을 말한다. =cutting force

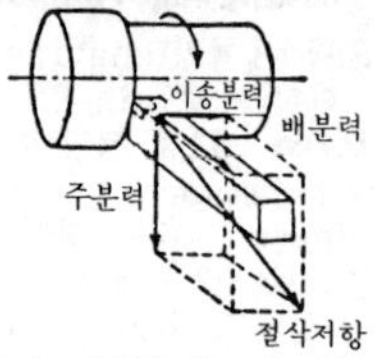

cutting speed 절삭 속도(切削速度) 선반, 기타 공작 기계에서 공구날이 공작물을 절삭하는 속도.

cutting stroke 절삭 행정(切削行程) 절삭 공구가 왕복하면서 절삭하는 공작 기계에 있어서 절삭 공구가 절삭하는 행정.

cutting tip 절단 화구(切斷火口) →cutting torch

cutting tool 절삭 공구(切削工具), 바이트 주로 선반이나 평삭기에서 금속 절삭에 이용되는 절삭 공구. 바이트 전체를 고속도강으로 만든다는 것은 비경제적이므로 삽입 바이트를 바이트 홀더에 끼워서 사용한다. 또, 고속도강이나 초경합금의 팁을 공구강의 자루에 납땜한 날붙임 바이트도 이용된다.

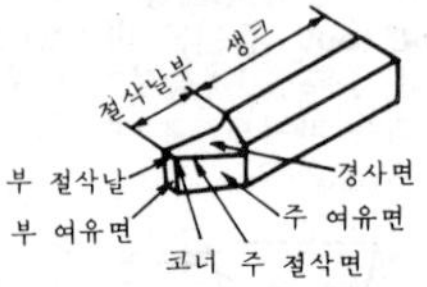

cutting torch 절단 토치(切斷−) 강을 가스 절단할 때 사용하는 토치. =cutting blow pipe

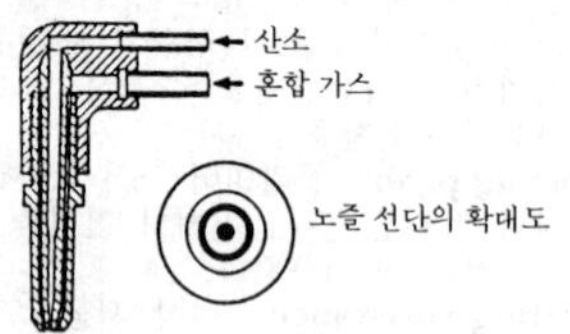

cyanidation 청화법(靑化法) 시안 화물(cyan 化物)을 사용한 표면 경화법으로, 약물 담금질이라고도 한다. 고체 침탄보다도 얇은 경화층을 쉽게 얻을 수 있으므로 널리 이용되고 있다. =cyaniding

cybernetics 사이버네틱스 위너라는 사람이 제창한 학문으로, 일반적으로 인간 행동에서의 신경, 감각 등의 기능과 기계에서의 통신과 제어 기능을 통일적으로 취급하는 과학을 말한다.

cycle 사이클 ① 내연 기관에서 실린더 내의 기체 변화의 1순환을 1사이클이라 한다. ② 전기 진동의 사이클. 전파, 교류 등의 동일 위상의 1순환을 1사이클(또는 주파)이라 한다.

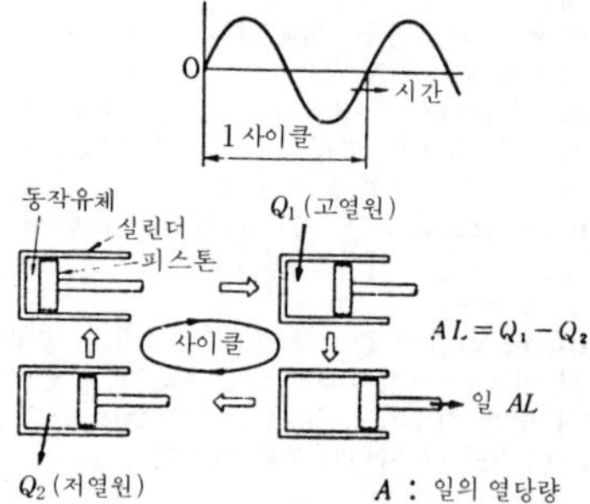

cycle efficiency 사이클 효율(−效率) 열기관 기본 사이클의 열효율. 일반적으로 이론 열효율을 말한다.

cycle thread 자전거용 나사(自轉車用−) 자전거에 전용으로 사용되는 나사로, 나사산의 각도는 60°이다. 호칭 지름은 일반용이 인치 치수이고, 스포크(spoke)는 밀리미터 치수이며, 피치는 모두가 1인치(25.4mm)에 대한 산의 수로 정해져 있다.

cyclic irregularity 회전 부정률(回轉不整率) 기관의 회전 각속도(角速度)는 1사이클 중 주기적으로 변동하고 있다. 그 변동 특성을 나타내는 데 회전 부정률 δ_c를 사용한다.

$$\delta_c = \frac{\omega_{max} - \omega_{min}}{\omega_{mean}}$$

단, ω_{max}, ω_{min}, ω_{mean}은 각각 1사이클 중 각속도의 최고값, 최저값, 평균값.

cyclic process 순환 과정(循環過程) → heat cycle

cyclograph 사이클로그래프 고주파 교류

가 흐르는 코일 속에 시험편을 넣으면 와류를 일으켜 시험편에 자장의 변화를 준다. 이것을 오실로그래프로 나타내면 탐상(探像) 및 열처리(熱處理), 스트레인, 재질의 차(差)를 알 수 있다. 전자 유도 시험법(電磁誘導試驗法)의 일종.

cycloid 사이클로이드 정원(定圓)이 일직선상을 전동(轉動)할 때 그 원주상의 한 점이 그리는 궤적(軌跡)을 말한다. 그리고 원의 외주를 전동한 궤적을 에피사이클로이드(epicycloid)라 하고, 내주를 전동한 궤적을 하이포사이클로이드(hypocycloid)라 한다.

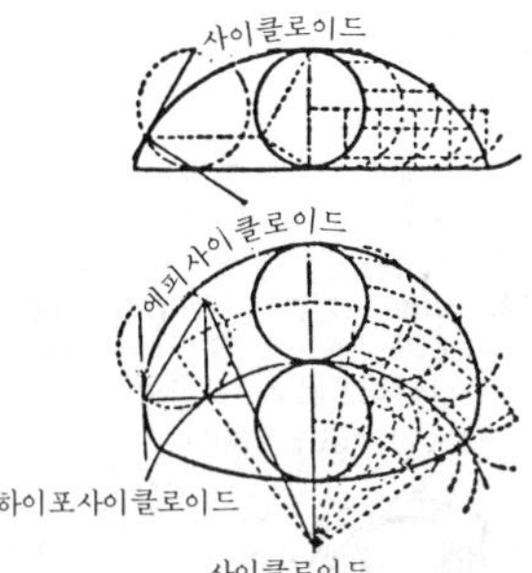

cycloidal gear 사이클로이드 기어 사이클로이드 치형(齒形)을 사용한 기어.

cycloid tooth 사이클로이드 치형(一齒形) 기어의 치형(齒形)의 일종. 피치원상에 그려진 에피사이클로이드를 이끝으로 하고, 하이포사이클로이드를 이뿌리로 하는 형태의 이. 이 치형을 이용한 기어를 사이클로이드 기어라 하고, 정밀 기계나 계측기용의 소형 기어에 한하여 이용된다.

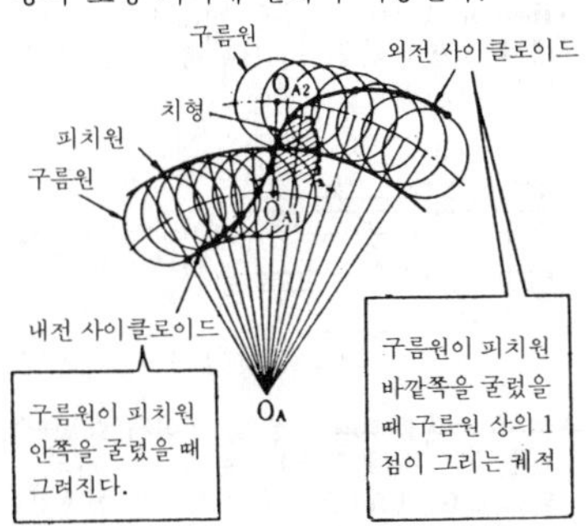

cyclone 사이클론 원심력 집진 장치의 대표적 존재이며, 그림과 같이 선회 기류 중에 떠도는 고체 입자가 원심력의 작용에 의해 벽 방향으로 이동하고, 마지막에는 사이클론벽에 충돌하여 기류에서 분리되어 원뿔부 하부에 모여서 기계적 또는 간헐적으로 외부에 배출된다. 고온 고압에도 사용할 수 있으므로 이용 범위는 넓다.

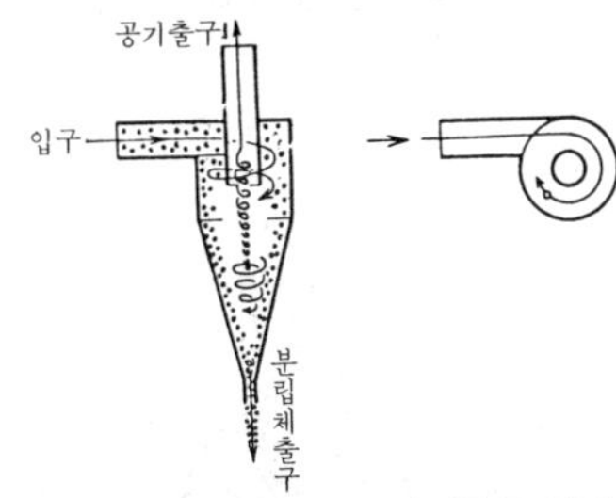

cyclone dust collector 사이클론 집진 장치(一集塵裝置) 원통 내의 회전류(回轉流)에 의해서 함침 가스에 원심력을 주어 더스트를 분리 포집(分離捕集)하는, 그림과 같은 간단한 구조의 집진 장치로, 널리 이용되고 있다. ＝cyclone separator

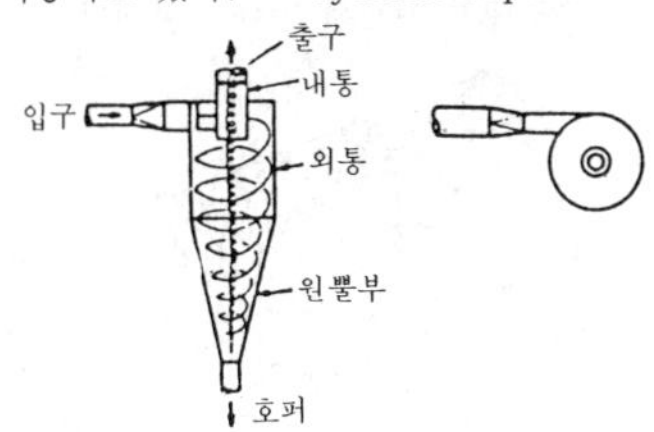

cyclone furnace 사이클론로(一爐) 사이클론 버너라는 전치로(前置爐)를 갖는 습식 연소로.

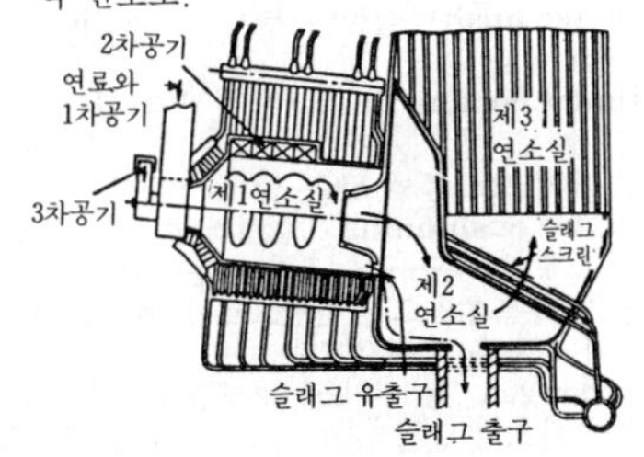

cyclone separator 사이클론 분리기(-分離機) =cyclone dust collector

cyclotron 사이클로트론 입자 가속 장치(粒子加速裝置). 자장에 의해서 입자를 원운동(圓運動)시키고, 또한 전장(電場)의 방향을 플러스와 마이너스의 교대로 바꾸어 제대로 입자를 가속시킬 수 있도록 한 것.

cylinder 실린더, 원통(圓筒), 원주(圓柱) ① 실린더. 유체를 밀폐한 원통형 용기. 증기 기관, 내연 기관, 공기 압축 기관, 펌프 등 왕복 기관의 주요부. ② 봄베=bomb

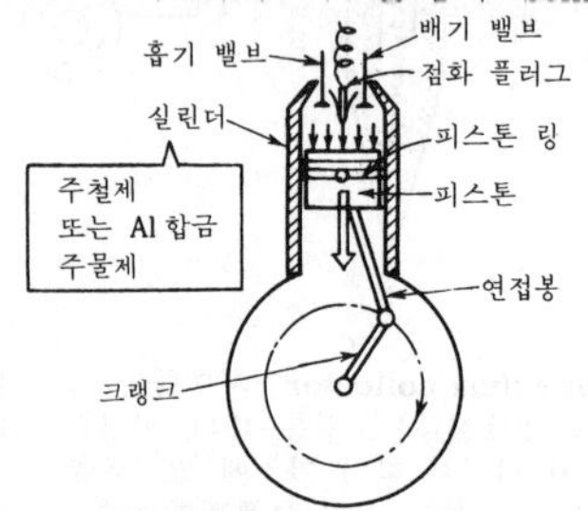

cylinder block 실린더 블록 여러 개의 실린더를 하나의 몸으로 만든 것. 자동차나 기타 내연 기관에 많이 사용된다.

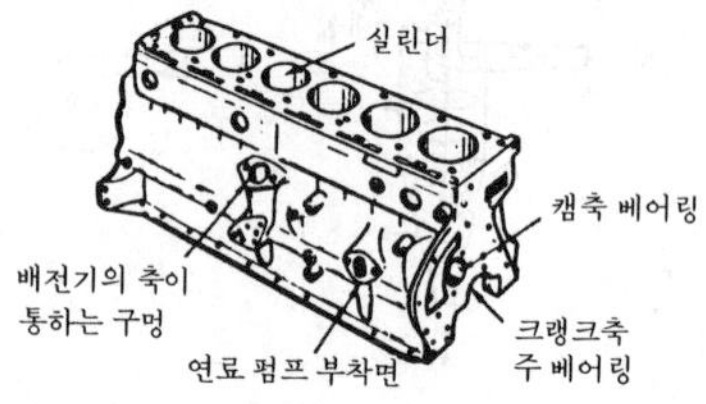

cylinder bore 실린더 내경(-內徑) 실린더 안지름.

cylinder bush 실린더 부시 =cylinder liner

cylinder cooling fin 실린더 냉각 핀(-冷却-) 공랭식 기관에서 실린더를 냉각시킬 목적으로 붙인 얇은 날개.

cylinder cushioning 실린더 쿠션 스트로크 종단 부근에서 공기 또는 오일의 유출을 자동적으로 제한함으로써 피스톤 로드의 운동을 감속시키는 작용.

cylinder gas 봄베 가스 봄베(bomb)에 채워진 가스의 총칭. 산소, 수소, 염소 등.

cylinder head 실린더 헤드 ① 실린더의 상부 커버. 보통 흡배기(吸排氣) 밸브나 점화 플러그 또는 분사 밸브가 장착되어 있다. ② 볼트 머리 모양의 일종. 키가 낮은 원통형 머리를 말한다.

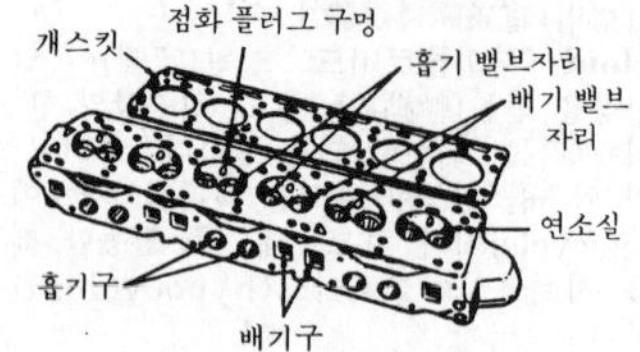

cylinder honing machine 실린더 호닝 머신 실린더의 내면을 보링한 것만으로는 표면에 바이트 자국이 남게 되므로, 숫돌을 이용해서 혼에 회전과 왕복 운동을 주어 혼다듬질을 하여 평활한 원통 내면을 얻는 기계.

cylinder liner 실린더 라이너 실린더 내벽이 마모되었을 때 용이하게 교체하기 위하여 실린더 내에 장입하는 원통형의 부품. =cylinder bush

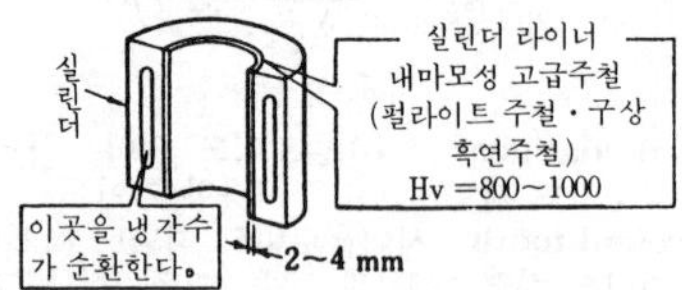

cylindrical boiler 원통 보일러(圓筒-) 지름이 크고 원통형인 통을 본체로 한 보일러. 대표적인 것에 코니시 보일러와 랭커셔 보일러가 있다.

cylindrical cam 원통 캠(圓筒-) 입체 캠의 일종. 원통 표면에 홈 또는 돌기가 있는 캠.

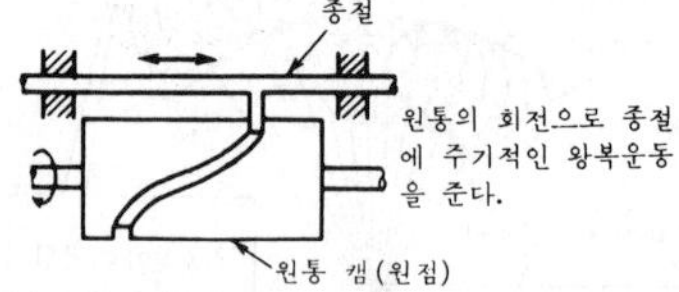

cylindrical gauge 원통 게이지(圓筒-), 원주 게이지(圓柱-) 한계 게이지의 일종. 진원(眞圓)을 측정하는 데 이용하는

한계 게이지.

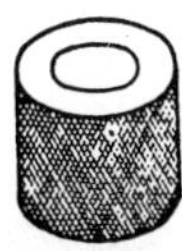

cylindrical gear 원통 기어(圓筒－) 피치면이 원통인 기어.

cylindrical grinder 원통 연삭기(圓筒硏削機) →cylinder grinding machine

cylindrical grinding machine 원통 연삭기(圓筒硏削機) 등경(等徑) 또는 테이퍼의 외면을 연삭하는 기계. 만능형은 테이퍼축이나 구멍의 연삭도 할 수 있다.

cylindrical roller bearing 원통 롤러 베어링(圓筒－) 원통 롤러가 꾸며 넣어진 구름 베어링. 부하 능력이 커서 주로 레이디얼 하중을 받을 수 있다.

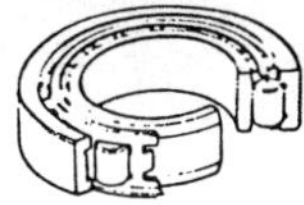

cylindricity 원통도(圓筒度) 원통 부분의 기하학적 원통면으로부터의 오차의 크기.

D

D

damped motor lorry 댐프 차(-車) 유압식 압상 장치(押上裝置)에 의해서 화물대를 경사지게 하여 화물을 내릴 수 있도록 한 화물 자동차.

damped natural frequency 감쇠 고유 진동수(減衰固有振動數) 감쇠를 갖는 선형계 자유 진동의 진동수이다. 감쇠가 없을 때의 불감쇠 고유 진동수를 f_n, 감쇠비를 ζ라고 하면 감쇠 고유 진동수는 $f_d=f_n$ $1-\zeta^2$로 나타낸다.

damped oscillation 감쇠 진동(減衰振動), 감쇠 동요(減衰動搖) 시간이 흐름에 따라 진폭이 감쇠되는 진동.

damped vibration 감쇠 진동(減衰振動), 감쇠 동요(減衰動搖) →damped oscillation

damped wave 감쇠파(減衰波) 감쇠를 갖는 물체(고체, 액체 또는 기체) 속을 전파(傳播)하고 있는 파를 말하며, 시간의 경과와 더불어 감소하여 소멸한다.

damper 댐퍼 ① 에너지를 소산(消散)시키는 방법에 의해서 충격 또는 진동이나 음(音)의 진폭을 경감시키기 위해 이용되는 장치. ② 바람이나 분말상(粉末狀)인 것의 공급을 조정하는 문짝. ③ 가습기(加濕器).

damping 감쇠(減衰) 진동계의 요소 또는 그 일부의 운동에 대한 저항력에 의해서 잃게 되는 에너지 소비.

damping capacity 감쇠능(減衰能) 진동을 흡수하여 열로서 소산(消散)시키는 흡수 능력을 말한다. 회색 선철은 강에 비해서 6~10배의 감쇠능을 지니고 있다. 감쇠능은 내부 마찰이라고도 한다.

damping coefficient 감쇠 계수(減衰係數) 점성 감쇠는 대부분의 경우 속도에 비례한 크기를 갖는데, 그 비례 계수 c를 감쇠 계수라고 한다.

damping force 감쇠력(減衰力), 제동력(制動力) 진동이나 운동을 감쇠 또는 제지시키려는 힘.

dark current 암전류(暗電流) 광전 변환 장치(光電變換裝置) 등에서 빛이 조사(照射)되지 않을 때에도 흐르고 있는 전류.

dark field 암시야(暗視野)

dash board 계기판(計器板) →diaphragm

dash pot 대시 포트 충격을 완화시키는 유체 완충기.

Das Ist Norm : DIN 딘 독일 공업 규격(Deutsche Industrie-Normen의 약자).

data 데이터 자료, 자재, 설계, 계획 등에 필요한 자료, 즉 공식, 계산 도표, 치수표, 조사 자료 등을 말한다.

data bank 데이터 뱅크 과학 기술, 의료, 경제 등 여러 종류의 정보를 컴퓨터의 기억 장치에 내장, 한 장소에 집중시키고 필요에 따라서 꺼낼 수 있는 정보 은행.

data communication 데이터 통신(-通信) 데이터 처리 장치와 데이터 전송로를 조합시킨 종합 정보 처리 시스템.

data logger 데이터 로거, 데이터 처리 장치(-處理裝置) 프로세스의 각 곳으로부터 정보를 수집해서 인자 기억하는 장치를 말한다.

datum line 기준선(基準線) →base line, reference line

daylight 데일라이트 압축 성형기나 프레스의 가동반을 최대로 열었을 때의 고정반과의 간격. 다단(多段) 프레스일 경우는 인접된 반(盤)을 전개(全開)했을 때의 간격을 말한다.

dB 데시벨 =decibel

DC 직류(直流) =direct current

DC arc welder 직류 아크 용접기(直流-鎔接機) =direct current arc welder

DC generator 직류 발전기(直流發電機) =direct current generator

DC motor 직류 모터(直流－), 직류 전동기(直流電動機) =direct current motor
D-cock D콕 국유 철도 등에 사용되고 있는 압축 공기관의 비상용 콕.
DC thyristor variable motor DC 사이리스터 가변 모터(－可變－) DC 서브 모터라고도 한다. 직류 모터를 사이리스터에 의해 무단계로 속도 제어할 수 있고, 더욱이 정밀도가 높은 소형이기 때문에 1980년 초기에 메커트로닉스 기기 주축 구동의 주역이었다.
dead center 데드 센터, 고정 센터(固定－), 사점(死點) 공작 중에 회전을 수반하지 않고 정지(靜止)되어 있는 센터. 선반의 심압대(tail stock)나 원통 연삭기의 센터 등을 말한다. =dead point

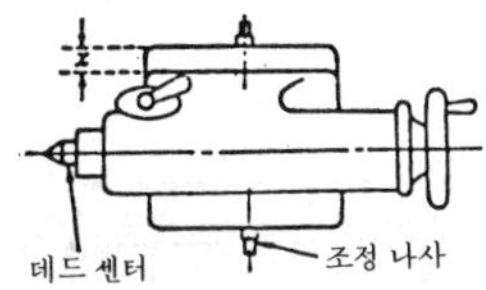

dead copy 데드 카피 타사 제품과 똑같은 것을 모방하여 만드는 것.
dead head 압탕(押湯) =riser
dead load 사하중(死荷重), 정하중(靜荷重) →load
dead point 사점(死點) =lever crank mechanism
dead-smooth cut file 다듬질 줄 →file
dead time 낭비 시간(浪費時間), 데드 타임 ① 작업 공정에서 실제로 가공, 검사, 운반에 소요되는 시간 이외의 정체되는 대기 시간. 대기 시간에는 가공 대기, 운반 대기, 부품 대기, 전표 대기 등이 있다. ② 자동 제어계 등에서 입력 신호를 변화시키면서부터 출력 신호의 변화가 확인될 때까지 경과되는 낭비 시간.
dead weight 데드 웨이트 추, 자중(自重)을 말한다.
dead-weight loaded safety valve 레버식 안전 밸브(－式安全－) 레버의 한 끝에 달린 추의 무게에 의해서 밸브 자체에 하중이 걸려 있는 안전 밸브.
dead-weight safety valve 추 안전 밸브(錘安全－) 보일러 등에서 증기압이 일정 이상으로 상승되는 것을 방지하기 위한 안전 밸브. 추를 밸브 위에 얹은 것으로, 육상용(陸上用) 소형인 경우에 이용된다.

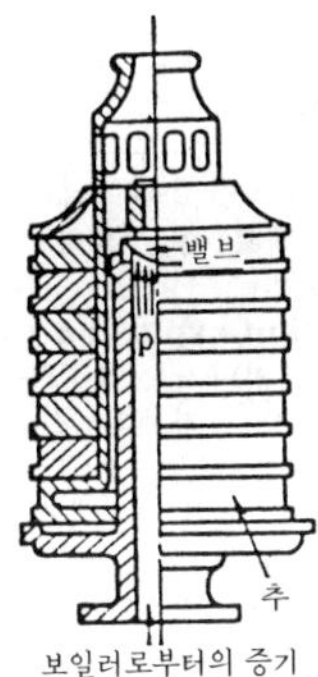

deaerator 가스 제거 장치(－除去裝置), 디에이어레이터 증기에 의해서 급수를 직접 가열하고 급수 중에 포함된 용존(溶存) 가스를 물리적으로 제거하는 장치.
decarbonater 탈탄산탑(脫炭酸塔) 양(陽) 이온으로 교환한 처리수 속에 공기를 불어 넣어 탄산 가스를 대기 속으로 방출하는 장치.
decarburization 탈탄(脫炭) 강(鋼)을 공기 속에서 높은 온도로 가열할 때, 강 내의 탄소가 산화해서 그 양이 감소되는 현상.
deceleration 감속도(減速度), 디셀러레이션 감속이나 감속도라는 말로서, 액셀러레이션(acceleration)의 반대어.
deceleration valve 감속 밸브(減速－), 디셀러레이션 밸브 액추에이터를 가속시키기 위해 캠 조작 등을 이용해 유량을 서서히 감속시키는 밸브.
decentralized maintenanced system 분산 보전(分散保全) 지역마다 보전 요원을 분산 배치하고 지역장이 보전 요원을 감독하는 보전 조직으로, 생산 현장과의 일체감과 특정 설비에 대한 숙련도는 높지만 기동성이 적다.
deci- 데시 1/10을 뜻하는 접두어. 예 : 데시미터(decimeter)=1/10 미터, 데시그램(decigram)=1/10 그램.
decibel 데시벨 전력, 음향 출력이나 음의 강도 등의 양을 기준값과 비교하는 데 사용되는 무차원 단위.
decigram(me) 데시그램 1/10 그램.
decimal 소수의(小數－), 10진법의(十進法－)

decimal point 소수점(小數點)
decoloring 탈색(脫色) =decolorization
decolorization 탈색(脫色) 물질의 오염 색이나 색소 등을 흡수 또는 분해에 의해서 제거하는 것. 탈색에는 활성탄(活性炭), 산성 백토(이상 흡착), 표백분(분해) 등이 이용된다.
decomposition explosion 분해 폭발(分解爆發) 공기나 산소와 화합되지 않더라도 가연성 가스 자체의 분해 반응열로 인하여 폭발되는 현상. 분해 폭발은 고압 하에서 일어나기 쉽고, 대표적인 것으로는 아세틸렌이 있다.
decomposition of forces 힘의 분해(－分解) 하나의 힘을 둘 이상으로 나누는 것을 힘의 분해라 하며, 나눈 각각의 힘을 원래 힘의 분력(分力)이라 한다.

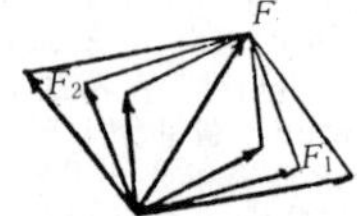

decorative sheet 장식판(裝飾板), 화장판(化粧板) 장식을 목적으로 사용되는 시트. 일반적으로 열가소성 수지 또는 열경화성 수지의 시트와 지지 재료를 조합시킨 것.
deddendum 디덴덤, 치원(齒元), 이뿌리 기어에 있어서 톱니의 피치원에서부터 아래까지의 이 높이.
deddendum circle 이뿌리 원(－圓), 치저원(齒底圓) 기어에서 치원(齒元), 즉 치저(齒底)를 연결한 원(圓). →toothed wheel
deep groove radial ball bearing 깊은 홈 볼 베어링 구름 베어링 중에서도 대표적인 형식으로, 내외륜에 주어진 원호상 궤도 홈 사이를 강구(鋼球)가 전동(轉動)하는 베어링. 레이디얼 하중 외에 양방향의 스러스트 하중을 부하할 수가 있다.

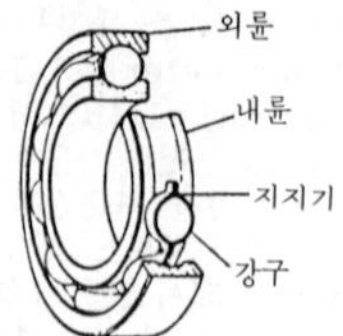

deep hole drilling machine 심공 드릴링 머신(深孔－) 구멍의 지름에 비해 비교적 깊은 구멍을 뚫는 경우에 이용되는 드릴링 머신.
deep hole machining 심공 가공(深孔加工) 가공 지름에 비교해서 가공할 구멍의 깊이가 상당히 깊거나, 또는 구멍에 다듬질 가공을 하지 않더라도 괜찮을 정도의 고정밀, 고품질의 구멍 뚫기 가공.
deep well pump 심정 펌프(深井－) 깊은 우물(깊이가 수 10m에 달하는 것이 있다)을 퍼올리기 위한 특수 수직형 터빈 펌프.
deflection 편향(偏向) ① 정보를 출력하거나 반대로 화상(畵像)을 재현하기 위해 전자 빔이나 광선을 규칙적으로 진동시키는 것. ② 보(beam)는 하중을 받으면 휜다. 휘었을 때의 보의 곡선을 탄성 곡선(elastic curve)이라 하고, 그 변위 δ를 처짐(휨)이라 한다.

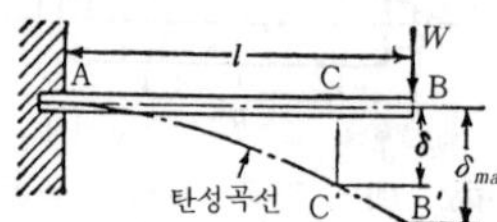

deflection angle 편각(偏角), 전향각(轉向角)
deflection curve 처짐 곡선(－曲線), 휨 곡선(－曲線) 보(beam)가 휨 모멘트를 받으면 변형되어서 처음에는 중립축(中立軸)이 직선이었던 것이 변형 후에는 곡선으로 된다. 이와 같은 보의 변형으로 인해 중립축이 이루는 곡선을 휨 곡선이라 한다.
deflection method 편위법(偏位法) 가동 코일형 전압계나 전류계와 같이 눈금판과 지침을 갖춘 측정기에서는 전압이나 전류를 입력으로서 가하면 그 크기에 따라서 지침이 흔들린다. 측정량의 크기는 흔들

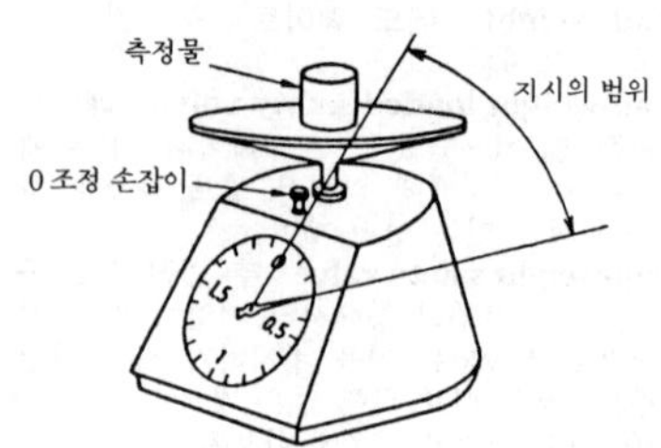

린 지침의 위치에 대응하는 눈금을 읽어 서 구한다. 눈금의 기준과 지침의 위치를 비교하여 측정량의 크기를 재는 방법을 편위법이라고 한다.

deflectometer 휨 측정계(－測定計) 굽힘 시험 등에서 시험편의 휨을 측정하는 장치.

deflector 배플판(板)[1], 편류판(偏流板)[2], 디플렉터 ① ＝baffle board
② 펌프의 베어링 실(bearing seal)의 일종으로, 주축을 따라 흐르는 액체를 막아내거나 또는 이물이 베어링부로 침입하는 것을 방지하기 위해 주축에 고정시킨 칼라(collar).

deflexion 휨 ＝deflection

deformation 변형(變形)

defrost 서리 제거(－除去), 제상(除霜) 냉동기의 증발기에 부착한 서리를 제거하는 것. 기계로 제거하는 방법, 전기 히터에 의해서 녹이는 방법, 고온의 냉매 가스를 증발기 내에 흘려서 서리를 녹이는 핫 가스 디프로스트(hot gas defrost) 등의 방법이 있다.

defroster 디프로스터 서리, 빙설(氷雪)을 제거하는 것. 차량에서는 운전실 전면창에 설치하여 서리, 빙설 등에 의한 흐림이 생기지 않도록 하는 장치.

degradation 분화(粉化) 인위적 분쇄에 의하지 않고 입자가 깨져서 미세하게 되는 것. 외력, 내부 응력 등의 작용으로 고체를 부수는 것은 분쇄(size reduction)라 한다.

degree of freedom 자유도(自由度) ① 질점(質點), 질점계 및 강체(剛體)의 운동을 완전히 기술(記述)할 필요 및 충분한 운동 방정식의 수. 예를 들면, 질점 3차원 공간에서 자유롭게 운동하는 경우의 자유도는 3이고, 강체가 3차원 공간에서 아무런 속박도 없이 운동할 때의 자유도는 6이다. ② 평형한 계(系)에 있어서 압력, 온도, 조성 중 자유롭게 바꿀 수 있는 변수의 수를 자유도라고 한다.

degree of reaction 반동도(反動度) 증기 터빈의 1단에 있어서의 단열 열낙차(熱落差)에 대한 회전 날개 속에서의 단열 열낙차의 비(比).

degree of superheat 과열도(過熱度) 포화 온도 이상으로 가열된 과열 증기의 온도와 그 압력에 상당하는 포화 온도와의 차를 말한다. 과열도가 크다는 것은 증기의 과열에 요한 열량이 많고 또 부피가 팽창한 양이 크다는 것을 나타내게 된다. 과열도는 비등 곡선을 그릴 때, 열유속(熱流束)과의 관계를 구할 때 쓰인다.

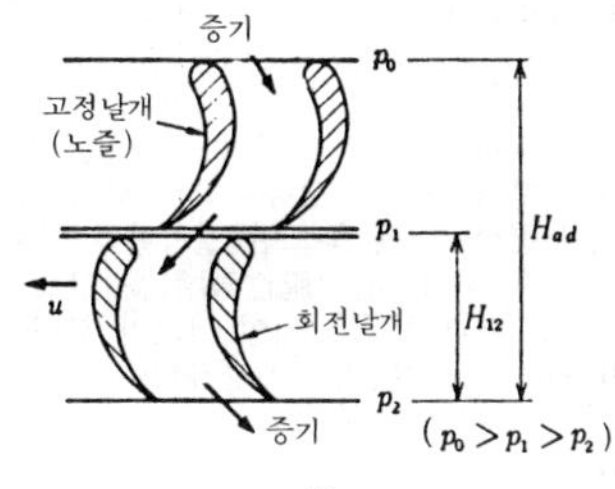

$$\text{반동도} = \frac{H_{12}}{H_{ad}}$$

H_{12} : 회전날개내의 단열 열낙차

H_{ad} : 단에 있어서의 단열 열낙차

degree of reaction

dehumidifier 제습 장치(除濕裝置), 제습기(除濕器) 압축 공기 속의 수분을 제거하는 장치로, 주로 계기용, 제어용, 도장용으로 사용된다.

De Laval turbine 드 라발 터빈 스웨덴의 C.G.De Laval 박사가 창안한, 1단으로 만들어진 가장 간단한 충동식 터빈.

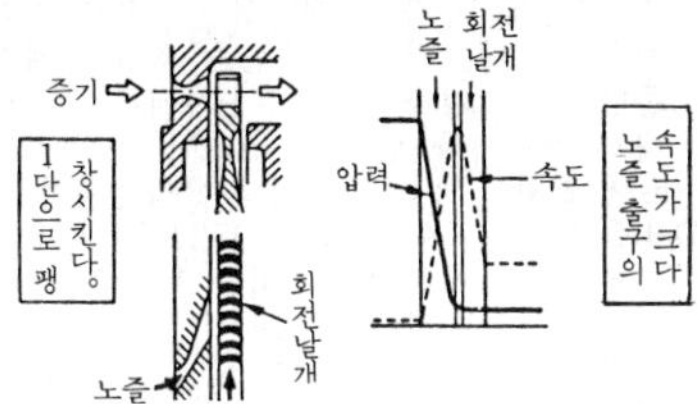

dalay 지연(遲延), 딜레이 시간적 차이를 말한다. 예를 들면, 측정량에 변화가 일어났더라도 계기 요소의 관성, 인덕턴스, 저항에서 올바른 값을 지시할 때까지에는 약간의 시간이 걸린다.

delayed elasticity 지연 탄성(遲延彈性) 물체에 일정값의 응력을 가했을 때, 변형이 그 응력에 대응하는 최종값에 순간적으로 이르는 것이 아니고 서서히 접근하는 현상을 말한다. 포이트(Voigt) 고체의 역학적인 특성의 하나이다. →elastic after-effect, Voigt model

delayed fracture 지연 파괴(遲延破壞) 금속에 정적(靜的)으로 하중을 가해서 고온에 장시간 보존 유지시키면 응력과 온도에 항복하기 전에 파괴되는 현상. 또, 극히 소량의 수소를 함유한 강(鋼)에 정하중(定荷重)을 가해 놓으면 일정한 시간이 경과한 후 취성 파괴(脆性破壞)를 일으킨다. 이러한 파괴 현상을 지연 파괴라 한다.

delivery 딜리버리 토출(吐出), 송출(送出), 송달(送達)의 뜻.

delivery pressure 송출 압력(送出壓力) 펌프에서의 토출측 압력.

delivery ratio 급기비(給氣比) 2 사이클 기관에서 1 사이클 중에 공급된 새 기체의 무게에 대한 외기 상태에서 행정 부피를 차지하는 새로운 기체의 무게와의 비를 말한다.

delivery stroke 송출 행정(送出行程), 송급 행정(送給行程) 왕복 펌프의 압송측 스트로크를 말한다.

delivery valve 배수 밸브(排水－), 송출 밸브(送出－) 왕복 펌프의 송수측에 만든 밸브. 원판 밸브, 나비형 밸브, 원뿔 밸브 등이 있다.

Dellinger phenomenon 델린저 현상(－絃象) 태양면 폭발로 인하여 얼마간 통신이 끊어지는 현상.

Delphi method 델파이법(－法) 미국 랜드 코퍼레이션에서 개발된 「기술의 장래 예측법」이다. 전문가의 설문 조사 결과를 종합하고 그것을 다시 전문가에게 피드백해서 재조사를 받는다. 이것을 반복함으로써 정확한 예측을 얻어내는 방법이다.

Delrin 델린 듀퐁사가 1956 년에 발표한 아세탈 수지의 상품명. 비중 1.425, 융점 175℃. 다른 합성 수지에서 볼 수 없는 우수한 성질을 지니고 있다. 세탁기나 믹서의 기어에서부터 가솔린 기관이나 베어링에도 사용된다. 원료는 포르말린.

delta connection 3 각 결선(三角結線), 델타 결선(－結線) 3 상 코일을 3 각형으로 연결하는 결선법.

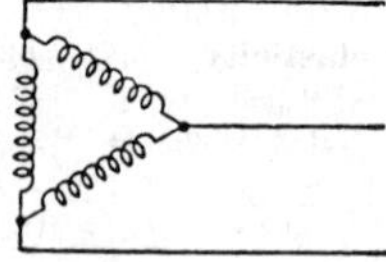

delta iron δ철(－鐵) 1,392℃에서 용융점까지의 온도 범위에서 안정된 체심 입방정(體心立方晶)의 순철.

Deltamax 델타맥스 Ni 50%, Fe 50%로 된 합금으로, 퍼멀로이의 일종. 히스테리시스 곡선이 각형(角形)을 나타내므로 자기(磁器) 증폭기, 펄스 발신기, 기억 회로에 사용된다.

delta metal 델타 메탈 4·6 황동에 Fe 1～2%를 함유한 것. 결정립이 미세하여 강도·경도를 증대시키고, 대기·바닷물에 대해서 내식성이 크다. 광산, 선박, 화학용 기계 부품 등에 이용된다.

demagnetizer 탈자기(脫磁氣), 디마그네타이저 전자(電磁) 척에 고정시켜 잔류 자기(殘留磁氣) 및 물품의 자기를 완전히 제거하는 기구. 공작물을 양극 위에 얹고 댔다 뗐다 하면, 강한 교번 자계가 작용하여 그 진폭을 점감하고 잔류 자기가 0 에 가까와진다.

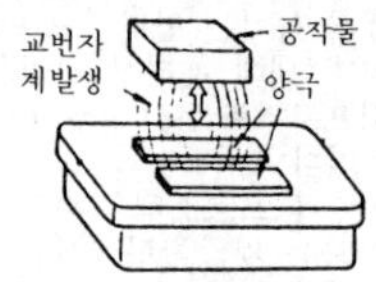

demand 디맨드 수요자의 요망, 요구.

demand control 디맨드 컨트롤 공장의 수요 전력을 항시 감시해서, 수요 전력이 계약 전력을 초과하는 경우에 자동적으로 그다지 중요하지 않은 공정의 설비에서부터 정전시켜 감으로써, 수요 전력을 계약 전력 이하로 억제하는 것.

demand forecasting 수요 예측(需要豫測) 과거의 수요 추이에 의해서 장래 수요량의 크기를 추정하는 것을 말한다. 경우에 따라서는 과거의 수요와 함께 고객이 존재하고 있는 시장을 세분하여 각층 고객의 소득이나 설비 등의 소유고를 써서 추정하기도 한다.

demineralizer 순수 장치(純水裝置) 이온 교환 수지에 의해서 천연수에 포함되어 있는 불순물 Ca, Mg, Na 등의 양(陽) 이온, 음(陰) 이온을 제거하는 장치. 보일러 급수용. 또, 화학 공업용의 배합 용수 제조에도 사용된다.

Deming prize 데밍상(－賞) 데밍 박사가 일본의 품질 관리 도입에 공헌하였으므로 그 업적을 기념해서 1951 년에 창설했다. 여기에는 본상과 실시상 및 사업소 표창이 있다.

demister 데미스터 그물코를 여러 겹으로 포갠 것으로, 이에 증기를 통과시켜 증기속의 수분을 제거하는 장치.

dendrite 수지상 결정(樹枝狀結晶), 덴드라이트 금속이 자연적으로 정출(晶出)될 때의 형태가 주조 조직(鑄造組織)으로서 남은 것.

수지상 결정의 모형

denier 데니어 섬유의 굵기를 나타내는 단위의 일종으로, D로 표시한다. 1D=50mg/450m. 번수(番手)란 km/kg으로 나타낸 단위이다.

density 밀도(密度) 물질의 단위 체적 당의 질량. CGS 단위는 g/㎤.

dent 덴트 움푹 팬 곳(凹)을 말한다. 이물과의 충돌로 인하여 생기고 압흔(壓痕)을 남기지만, 박리(剝離)를 일으키지 않는 상태를 가리킨다.

deoxidation 탈산(脫酸), 산소 제거(酸素除去) 용융 금속 속에 함유되어 있는 산소를 제거하는 것.

departmental administration zone 부문 관리층(部門管理層) 자기가 소속되어 있는 부문 또는 자회사(子會社)의 운영에 대해 경영층에 전 책임을 지우는 기업(企業) 조직상의 레벨.

dephlegmator 분축기(分縮器) 증기를 냉각시켜 그 일부분을 응결시키는 것.

depost 퇴적물(堆積物)[1], 용착 금속(鎔着金屬)[2], 디포짓 ① 연소실, 피스톤, 밸브 등 엔진의 각 부분이나 보일러 등의 전열면(傳熱面) 내외에 부착된 연소 생성물. ② =deposital metal

deposital metal 용착 금속(鎔着金屬) 용접법에서 용가재(鎔加材)가 용착된 것.

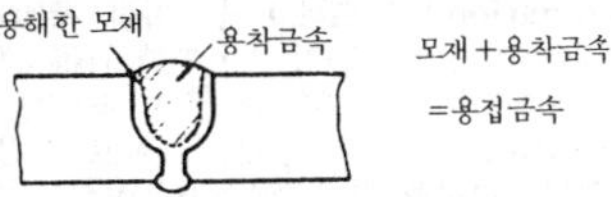

deposite 용착 금속(鎔着金屬) =deposital metal

deposited metal 용착 금속(鎔着金屬) =deposital metal

deposited metal zone 용착 금속부(鎔着金屬部) 전극봉 또는 용접봉이 용융하여 퇴적된 부분.

deposition efficiency 용착 효율(鎔着效率) 용접에서 사용한 용접봉(전극봉)과 (사용하다 남은 것은 포함하지 않음) 용착 금속과의 중량비. 다만, 용접봉의 사용 잔류량은 제외한다. 피복 용접봉에 대해서는 보통 피복 중량을 포함시키나, 특별한 경우에는 이를 포함하지 않는다.

deposit metal 용착 금속(鎔着金屬) = deposital metal, deposited metal, weld metal, deposit, deposite

depreciation 감가 상각(減價償却) 건물, 기계, 설비 등이 매년 그 가치가 감소되는 것을 그 몫만큼 제품 원가에 포함해서 회수해 가는 기장(記帳) 계산상의 수속.

depth gauge 깊이 게이지, 심도계(深度計) 홈이나 구멍 깊이를 측정하는 데 이용되는 측정기. 노기스식과 마이크로미터식이 있다.

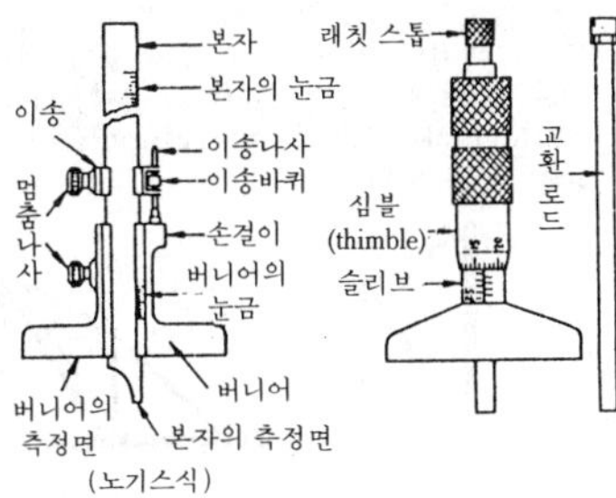

depth micrometer 깊이 마이크로미터 구멍의 깊이, 홈의 깊이 등의 측정에 사용하는 마이크로미터.

depth of cut 절삭 깊이(切削-) 공작 기계에서 날끝이 공작물에 파고 들어가는 깊이.

depth of focus 초점 심도(焦點深度) ① 렌즈의 초점을 맞춘 면의 전후에서 사진화상으로서 선명하게 촬영할 수 있는 범위. ② 현미경에서는 선명하게 보이는 물체 공간에서 광축 방향에의 범위.

depth of fusion 용입 깊이(鎔入-) 용접에서 모재의 용융된 부분의 최정점과 용접전의 모재 표면간의 거리. =weld pe-

D

netration, depth of penetration

depth of penetration 용입 깊이(鎔入−), 침투 깊이(浸透−)

derivative control action 미분 동작(微分動作), **D** 동작(−動作) 입력의 시간 미분값에 비례하는 크기의 출력 신호를 내는 제어 동작. D동작은 제어 편차의 변화 속도에 비례해서 조작량을 가감하기 위해 그림과 같이 비례(P) 동작에 의해 신속하게 조작량을 작동시키므로 안정성이 좋다. 그래서 제어가 까다로운 제어계의 제어를 할 경우에 PD, PID 동작을 이용한다.

PD 동작에 의한 조작량
P 동작에 의한 조작량
P 동작에 의한 조작량
D 동작에 의한 조작량
D 동작에 의한 조작량
제어량
램프 동작신호
T_D
(미분시간)
D 동작
PD 동작

derrick 데릭 마스트(mast) 또는 붐(boom)을 갖추고, 원동기를 별도로 설치하고 와이어 로프에 의해 조작되는 것이라고 정의되어 있다. 데릭에는 가이 데릭(guy derrick), 스티플레그 데릭(stiff-leg derrick), 진 폴 데릭(ginpole derrick) 등이 있다.

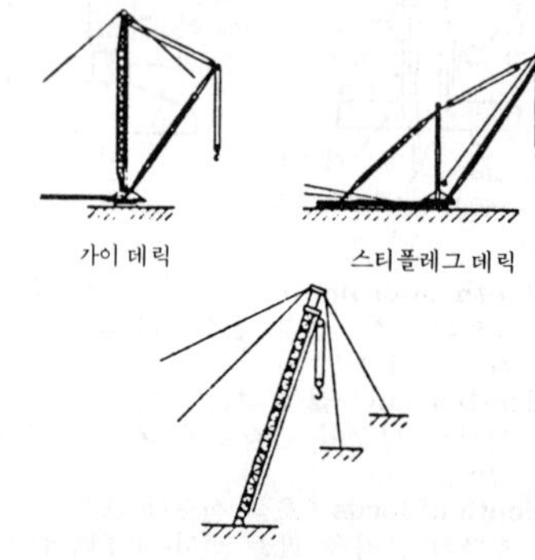
가이 데릭 스티플레그 데릭
진 폴 데릭

descale steel plate 디스케일 강판(−鋼板) 두꺼운 강판의 표면에 붙은 스케일을 화학 처리에 의해서 완전히 제거한 것.

design 디자인, 설계(設計) 기계, 기구, 장치, 구조물, 그 밖에 모든 공작 작업에 있어서 가장 이상적인 구조를 얻기 위하여 계획이 이루어지는 것.

design review 디자인 리뷰 설계 초기 단계에 있어서 제품의 설계에서부터 생산 기술, 수송, 운전, 보전 등의 전 프로세스를 전문적 지식을 집결해서 평가하고 개선, 확인하는 활동을 말한다.

desmutting 스멋 제거(−除去) 산(酸) 세척이나 알칼리에 담글 때 표면에 묻어 있는 스멋을 제거하는 작업.

desuperheater 완열기(緩熱器), 과열 저감기(過熱低減器) 보일러 출구의 증기 온도를 정밀하게 조절하기 위하여 과열 증기를 냉각하는 장치이다. 과열기(過熱器) 출구에 설치하는 경우와 과열기의 전후양 전열기 중간에 설치하는 경우가 있다. →superheater

detachable chain 분해식 체인(分解式−) 하역 기계용의 체인. 양단이 부시와 핀 모양을 한 가단 주철제(可鍛鑄鐵製)의 링크로 연결한 체인.

detachable head[of cylinder] 분해식 실린더 헤드(分解式−) 착탈(着脫)을 자유롭게 할 수 있는 실린더 헤드. 대부분의 내연 기관은 분해식이다.

detaching hook 안전 고리(安全−), 디태칭 훅 케이지가 지나치게 감긴 상태로 되었을 때, 케이지를 로프에서 벗겨 내어 수갱(垂坑)의 헤드 시브(head sheave) 아래의 프레임에 안정시키는 안전 장치.

detail 디테일 ① 상세도(detail drawing의 약칭). 조립도에 상대되는 말. ② 상세, 세부.

detail drawing 상세도(詳細圖) 필요한 개소를 부분적으로 뽑아 내어 상세하게 그린 도면.

detent 저지구(沮止具), 멈춤쇠, 디텐트 →ratchet gearing

detent valve position 디텐트 밸브 포지션, 디텐트 밸브 위치(−位置) 전환 밸브에 밸브 위치 보전 장치가 작동해서 유지되는 밸브의 위치.

detonation 데토네이션, 이상 폭발(異常爆發) 연료, 공기 등 혼합기(混合氣)의 연소에 있어서 화염의 전파 속도가 매초 수 10m 이상, 수 100m 에 이르는 경우가 있다. 이것을 이상 폭발이라 한다.

deuterium 중수소(重水素) =heavy hydrogen

developing machine 현상기(現象機) 촬

영한 필름이나 건판(乾板)의 현상 처리를 하는 데 사용하는 기계.

development 전개도(展開圖) 입체의 표면을 평면으로 펼쳐서 그린 것. 전개된 것을 원형대로 감아 붙이든가 접으면 원래의 입체 표면이 된다. 판금 가공에 이용된다.

deviation 편차(偏差) ① 측정 편차 : 측정값에서 모평균(母平均)을 뺀 값. 모평균이란 측정값을 전부 더해서 총 개수로 나눈 값으로, 측정값의 산술 평균을 말한다. 표준 편차란 분산의 제곱근을 말하는 것이며, 분산이라는 것은 측정값이 x_1, x_2, x_3, …, x_n인 경우, $\Sigma(x_i-x)^2/(n-1)$. 단, i : 1, 2, ……, n, x : 평균값으로서 구해진 것이다. ② 제어 편차 : 목표값과 제어값의 차.

deviation (departure) from coaxiality 동축도(同軸度) 일직선상에 있어야 하는 회전면 또는 나사면 등의 중심축이 서로 일치하고 있는 상태로부터 벗어난 정도의 크기를 동축도라고 한다.

device 장치(裝置), 디바이스

devitro ceram 디비트로 시램 유리의 성질을 상실한 결정(結晶)된 요업 제품. 보통 유리보다도 팽창 계수가 작고, 온도의 급변에 견디며, 강도가 있기 때문에 냄비, 솥이나 로켓 재료에도 이용된다.

dewing 결로(結露) 수증기를 함유하고 있는 공기가 냉각하여 노점(露點) 이하로 되었을 때, 수증기가 액화해서 이슬로 맺히는 것.

dew point 노점(露點) 습한 공기를 냉각시켜 포화 상태가 될 때의 온도.

diagonal 사류(斜流)[1], 경사재(傾斜材)[2] ① 와류와 축류(軸流)와의 중간 구조와 특성을 갖춘 펌프. 수차(水車) 등의 접두어로서 사용된다. =diagonal member ② 골조(骨組) 구조에 있어서 경사지게 삽입된 부재(部材).

diagonal line 대각선(對角線)

diagonal member 경사부재(傾斜部材) 경사 방향의 재료. 주로 건물 등의 경사재에 해당한다.

diagonal turbine 사류 터빈(斜流－) 가스(증기)의 주 유동 방향이 축류 터빈과 반경류(半徑流) 터빈과의 중간 특성을 갖춘 터빈.

diagram 선도(線圖), 다이어그램 세로 좌표와 가로 좌표를 기준으로 해서 그 위에 압력과 용적과의 관계나 밸브의 운동 등을 나타낸 그림. 다이어프램이라고도 한다.

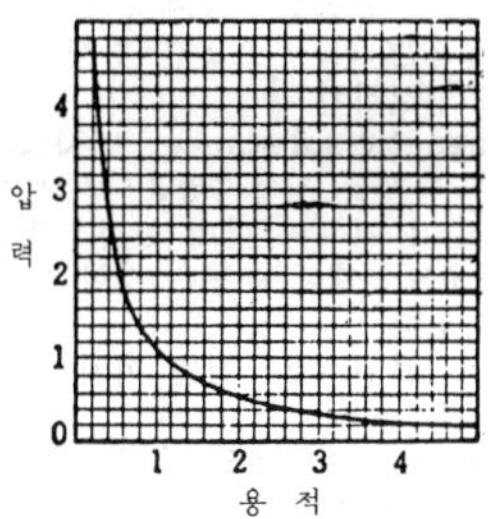

diagram efficiency 선도 효율(線圖效率) →circumferential work

diagram factor 선도 계수(線圖係數) 내연 기관이나 증기 기관에서 실제의 인디케이터 선도(線圖)의 면적과 이론적 인디케이터 선도의 면적과의 비.

dial 다이얼, 눈금판(板) 문자판, 눈금판, 지침판의 총칭. 예를 들면, 계기류의 지침판, 전화기의 회전판 등.

dial calliper 다이얼 캘리퍼 구멍 패스의 지지점에 다이얼 게이지를 고정시킨 측정기로, 비교 게이지의 일종이다.

dial gauge 다이얼 게이지 기어 장치로 미소 변위를 확대해서 길이나 변위를 정밀 측정하는 계기. 평면의 요철(凹凸), 공작물 설치의 양부(良否), 축 중심의 흔들림, 직각 편향 등 소량의 오차를 검사하는 데 이용된다.

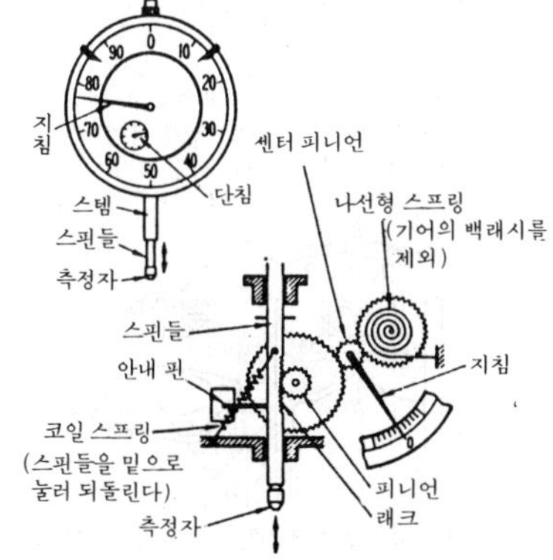

dial indicator 다이얼 인디케이터 =dial gauge

dial thermometer 지침형 온도계(指針形溫度計) 공업용 온도계의 일종. 금속구부(金屬球部)와 부르동관 압력계를 모세관으로 연결시킨 것.

diamagnetic substance 반자성체(反磁性體) 자계를 작용시켰을 때 생기는 대자(帶磁)가 자계와 반대 방향으로 되는 것. 비스무트, 안티몬 등은 강한 반자성을 지니고 있다.

diametrial pitch 지름 피치 →toothed wheel, gear

diamond 다이아몬드, 금강석(金剛石)

diamond core bit 다이아몬드 코어 비트 경탄(硬炭)의 굴삭에 사용되는 비트로, 원통상이며 다이아몬드 식부부(植付部), 동체, 나사부로 이루어져 있다.

diamond dresser 다이아몬드 드레서 숫돌의 날을 세우는 공구. →dressing

diamond point tool 다이아몬드 포인트 바이트 날끝이 뾰족한 바이트.

diamond tool 다이아몬드 바이트, 다이아몬드 공구(－工具) 다이아몬드를 사용한 공구. 다이아몬드는 매우 단단하고 압축되기가 어려우며, 열을 잘 전하고 내마모성도 좋다. 따라서, 대부분의 재료는 다이아몬드로 절삭 혹은 연삭이 가능하다. 절삭에 관해서는 특히 진동이 적은 공작 기계를 사용하여 경절삭을 한다. 아주 아름다운 다듬질면을 얻을 수 있다. 분말은 래핑이나 다이아몬드 숫돌로서 공구 연삭 등에 쓰인다.

diaphragm 다이어프램, 격막(隔膜)[1], 조리개[2] ① 격리용 칸막이 막판을 말한다. 밸브, 연료 펌프, 가스 압력 조정기, 제어기계(制御機械) 등에서 내용물인 기체, 액체에 직접 작동 유체를 접촉시키지 않고 작동시키려고 할 경우에 사용된다.

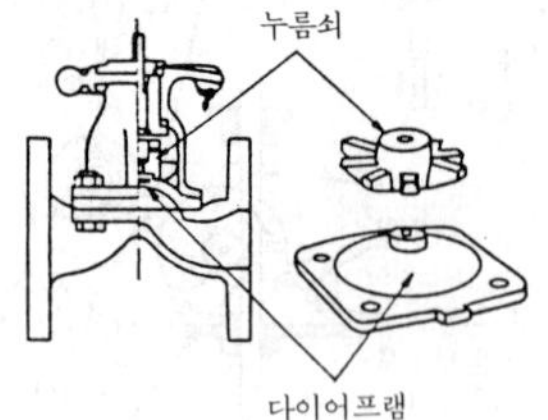

② 카메라 등에서 렌즈로부터 들어오는 광량을 가감하는 장치.

diaphragm manometer 다이어프램 압력계(－壓力計) 다이어프램의 상하면에 작동하는 압력차에 의한 변위를 확대 지시하는 압력계.

형　상	평형원판・파형원판	
재　질	금　속	비 금 속
측정범위	10mmH$_2$O～2kg/fcm^2	1～2 000 mm H$_2$O

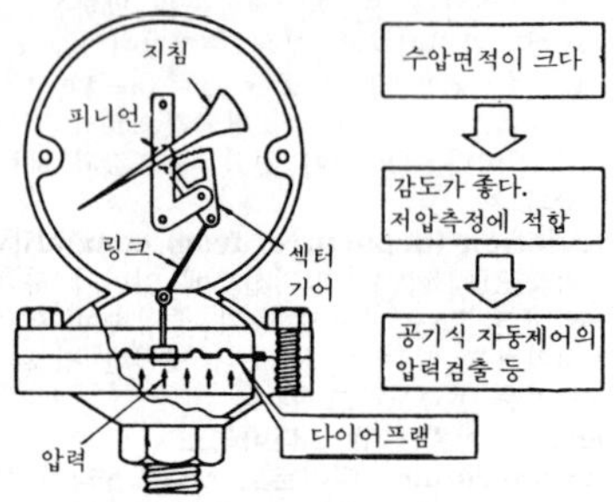

diaphragm pump 격막 펌프(隔膜－), 다이어프램 펌프 펌프막의 상하 운동에 의해서 액체의 흡상(吸上), 배출 작용을 하는 형식의 펌프. 가솔린 기관의 연료 펌프 등에 이용된다.

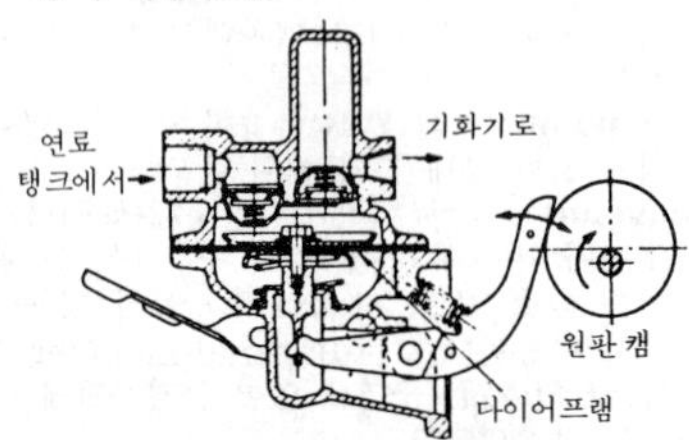

diaphragm type pressure gauge 다이어프램 압력계(－壓力計) =diaphragm manometer

diaphragm vacuum gauge 격막 진공계(隔膜眞空計) 계측해야 할 압력과 기준으로 하는 압력과의 차이를 가요성 박막의 변화에 의해서 계측하는 것을 말한다. 기체의 종류, 조성을 불문하고 응축성 증기의 압력 측정이 이루어지고, 또 액주차계(液柱差計)와 같이 작동액의 증기압이 문제되는 일도 없다. 공업 계기로서는 평판 격막형으로 1~760 Torr용이 독일에서 실용화되고 있다.

diaphragm valve 격막 밸브(隔膜－), 다이어프램 밸브 다이어프램에 가해지는 공기압과 밸브축의 변위는 비례하므로 공기압의 신호를 받아 밸브의 개도(開度)를 조작하는 밸브.

die 다이스, 다이 ① 수나사를 깎는 공구. 원형 다이스와 각형 다이스가 있고, 다이스 스톡에 고정시켜 자루를 돌려 나사를 깎는다. ② 선재(線材)의 외경 다듬질용 공구. 와이어 드로잉 벤치에 고정시켜 사용한다. ③ 다이형 : 판금 가공용이나 다이캐스트용의 금형.

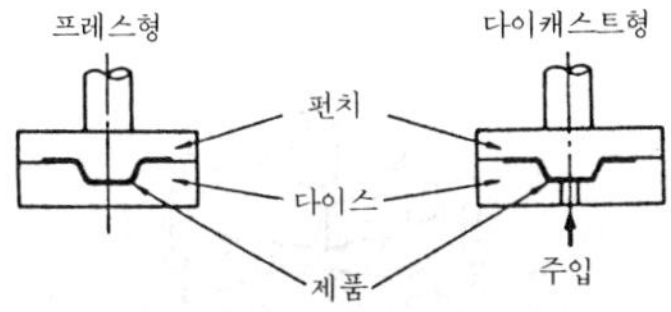

die burn 다이 번 맞대기 저항 용접에 있어서 용접 전류를 통전할 때, 부적당한 용접 조건 때문에 전극 다이의 접촉면과 그 부근의 모재 표면에 생기는 흠집.

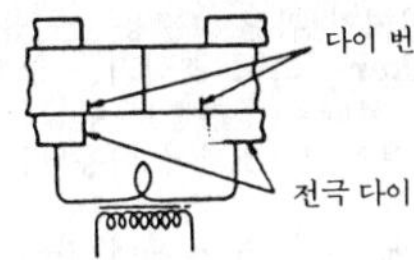

die casting 다이캐스트, 다이 주조(－鑄造) 정밀한 금형을 사용하여 자동 또는 수동으로 주탕(注湯)하고 탕에 압력을 가해서 주조하는 방법. 정밀도가 높기 때문에 대부분 기계 다듬질할 필요가 없다. 알루미늄, 아연 합금의 주조에 많이 이용되며 대량 생산에 적합하다. 사진기, 가전기기, 계산기, 계기, 자동차 등의 부품으로 많이 이용된다.

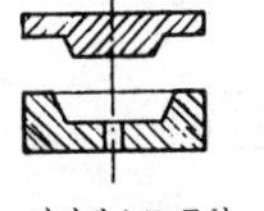
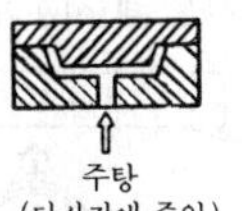
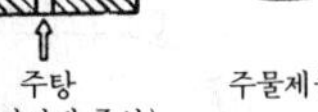

die casting alloy 다이캐스트 합금(－合金) 다이캐스트 제품을 만들 수 있는 합금. 현재 알루미늄 합금과 아연 합금이 널리 사용되고 있다.

die casting machine 다이캐스트기(－機) 다이캐스트를 하기 위해 이용되는 기계. 주조기와 용해로가 일체로 된 핫 체임버(hot chamber)식과 별개로 된 콜드 체임버(cold chamber)식이 있다.

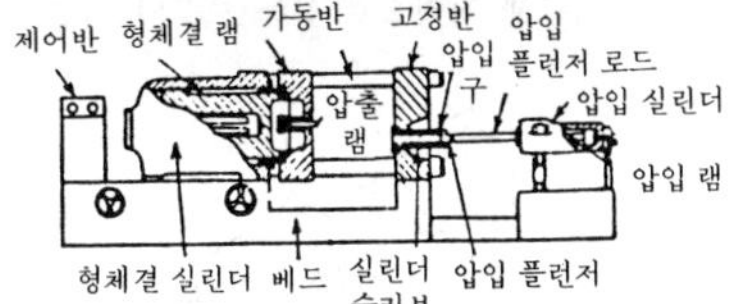

die forging 형 단조(型鍛造) 가열된 강재를 거푸집(다이)에 다져 넣고 거푸집 외부로부터 힘을 가하여 형(型)대로 떠내는 방법. ＝precision forging

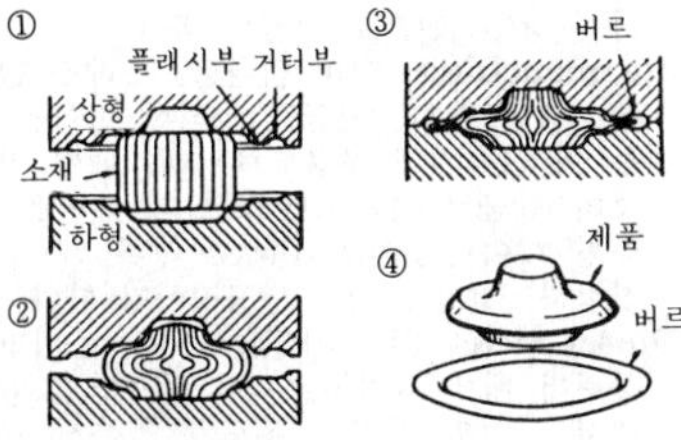

die-head 다이 헤드 나사 절삭 작업용의 자동식 개폐 다이스.

die-head chaser 다이헤드 체이서 다이헤드에 고정시켜 이용되는 체이서.

die holder 다이 홀더, 다이 고정구(－固定具) ① 나사 절삭 다이스에 이용되는 지지구(支持具). ② 블랭킹 작업에서 다이를 유지하는 것.

dieing machine 다이잉 머신 상부 펀치를 하부로부터 구동하는 자동 고속 정밀 특수 프레스.

dielectric heating 유전 가열(誘電加熱), 유도 전기 가열(誘導電氣加熱) 유전체(전

기적 절연물)를 전극 사이에 끼우고 고주파 전계를 가하여 여기서 생긴 발열을 이용하는 가열법. 목재의 건조·접착·합성수지의 성형 등에 널리 이용된다.

dieless drawing 다이리스 드로잉 그림과 같이 다이를 이용하지 않고 재료를 국부적으로 가열해서 인장시킨 후, 그 소요 부분을 구해 직경으로 하는 드로잉 기술.

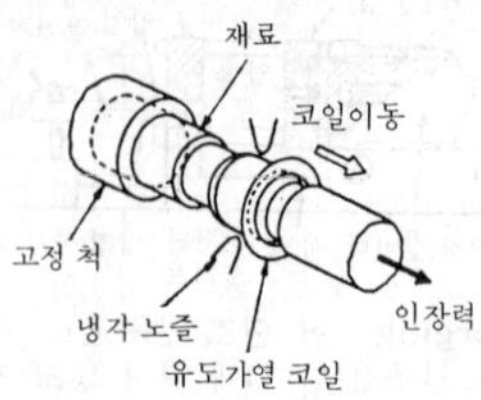

die mark 다이 마크 압출 또는 드로잉 방향에 따라서 제품 표면에 선상(線狀)이나 구상(溝狀)으로 발생된 흠집.

die quenching 다이 담금질, 프레스 담금질, 다이 캔칭 담금질에 의한 변형을 매우 꺼리는 기계 부품. 예컨대, 베벨 기어 등의 담금질에는 베벨 기어의 표면을 오목형 다이(female die)로 누른 채 담금질한다. 일명 프레스 담금질이라 한다.

Diesel cycle 디젤 사이클 먼저 공기만을 실린더 내에 흡입하고, 이것을 단열 압축해서 공기의 압력과 온도가 높아진 곳에 연료유(경유나 중유)를 분사하여 등압하에서 연소시켜, 그 연소 가스를 단열 팽창시키는 사이클을 말한다.

Diesel engine 디젤 기관(一機關), 디젤 엔진 처음에는 공기만을 실린더 내에 흡입하고 압축해서 고온도가 되면, 분무상(噴霧狀) 중유를 분출시켜 자연 발화에 의한 점화, 폭발로 운전하는 장치. 4사이클식과 2사이클식이 있다. 열효율이 크고, 큰 마력을 얻을 수 있다.

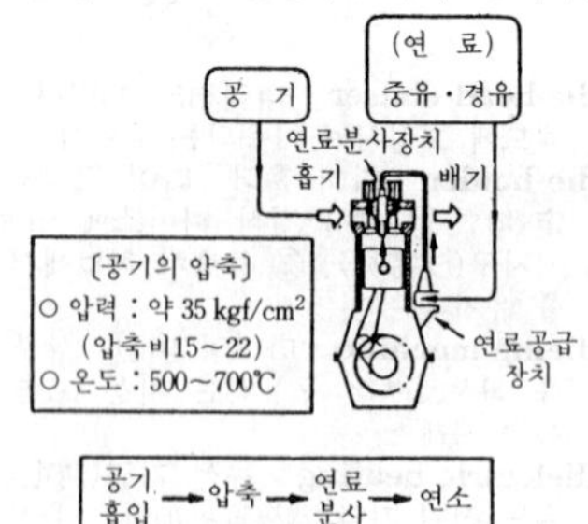

Diesel knock 디젤 노크 가솔린 기관의 노크와는 전혀 달라서 분사된 연료가 축적되어 점화 지연된 후에 돌연 급격히 연소됨으로써 일어난다.

Diesel locomotive 디젤 기관차(一機關車) 디젤 기관을 구동 원동기로 하는 기관차로, 그 구동력을 동륜(動輪)에 전하는 방식에 따라 기계식, 전기식, 액체식 등이 있다.

die set 다이 세트 프레스형을 고정시키는 것. 펀치와 다이는 각각 펀치 로더와 다이 홀더에 설치되어 있지만, 이 양자를 항상 같은 관계 위치에 유지시켜 상하로 슬라이드시키는 장치.

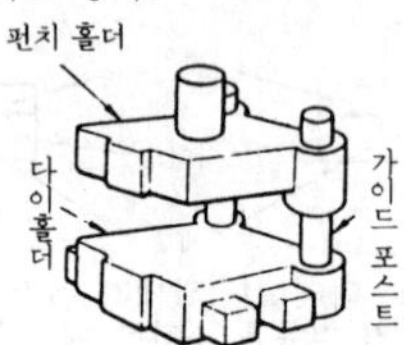

die shank 다이 생크 형단조용(型鍛造用) 금형이나 프레스 금형을 다이 세트 등에 고정시키기 위한 고정용 돌기물.

die sinker 다이 조각기(一彫刻機), 다이 싱커 형단조(型鍛造), 판금 프레스 가공용 금형의 형 조각에 이용되는 일종의 모방 밀링 머신. 모형(母型)을 바탕으로 해서 그에 따라 형 소재에 자동적으로 입체 곡면을 절삭하는 기계이다.

die sinking 다이 조각(彫刻), 다이 싱킹, 형 조각(型彫刻) 프레스형이나 단조형을 조각하는 작업으로, 다이 조각기, 다이 호빙 및 수동 조각으로 가공한다.

die sinking machine 형조각기(型彫刻機) 단조형, 프레스형, 기타 여러 가지 형을 조각하기 위한 밀링 머신.

die stock 다이 스톡, 다이 핸들 다이스를 중앙부에 고정시키고 핸들을 돌려서 나사를 깎는 데 이용되는 공구.

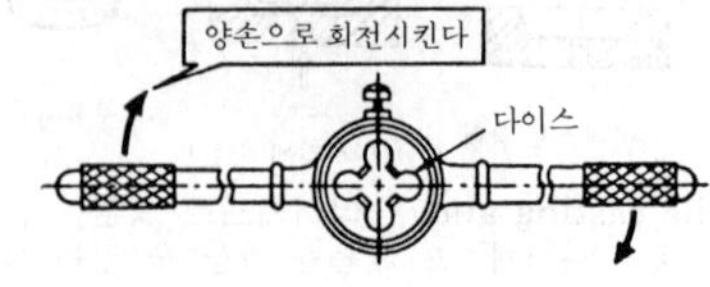

differential accumulator 차동 축력기(差動蓄力器), 자동 어큐뮬레이터(自動—) 비교적 작은 하중으로 큰 수압을 축적하기 위한 수압 축적 장치. 치수가 다른 상하 2개의 램을 이용하여 그 단면적의 차를 크게 함으로써 지름이 작은 실린더 내의 압력을 아주 높게 할 수 있다.

differential gear 차동 장치(差動裝置), 차동 기어(差動—), 디퍼렌셜 기어 하나의 기어가 다른 기어 주위를 돌면서 동력을 전하는 장치. 자동차의 뒤 차축 중앙부에 장치되어, 자동차가 커브를 돌 때 양측의 차바퀴를 다른 속도로 회전시켜 운행을 원활하게 한다.

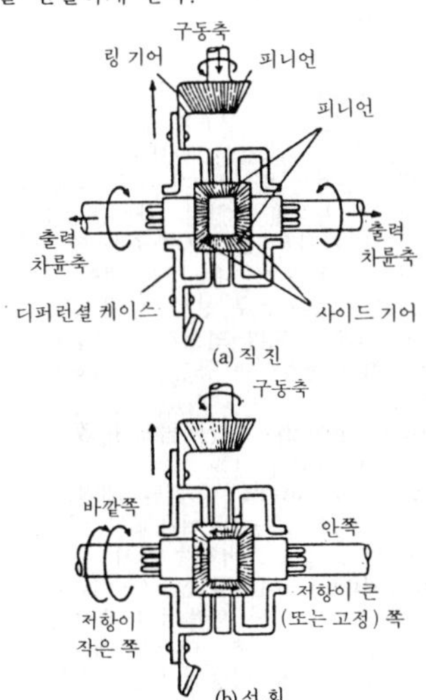

(a) 직 진

(b) 선 회

differential gear case 차동 기어 케이스(差動—) 차동 기어를 싸고 있는 케이스. 분할형과 일체형이 있다.

differential lock 자동 차동 제한 장치(自動差動制限裝置) 보통의 차동 장치에서는 한 쪽 바퀴가 한 번 공회전을 하면 차를 주행시킬 수 없는 데 대하여, 자동적으로 차동 작용을 정지 또는 제한하여 미끄러지기 쉬운 노면으로부터의 발진(發進)을 쉽게 하고, 한 쪽 브레이크만의 작동으로 옆으로 미끄러지는 것을 방지하는 것.

differential micrometer 차동 마이크로미터(差動—) 차동식 마이크로미터. 차동

(a)

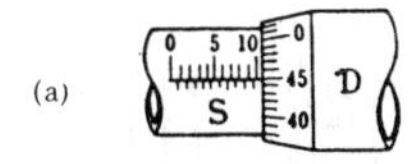

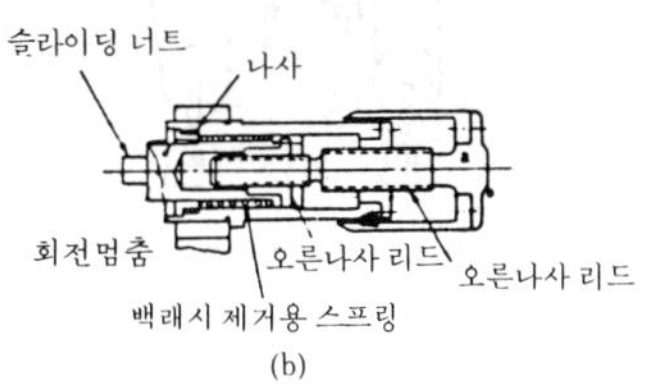

(b)

기구에 의해서 정밀하게 측정할 수 있다.

differential piston 차동 피스톤(差動—) 양 단면에 작용하는 압력차에 의해 움직이는 피스톤.

differential plunger pump 차동 플런저 펌프(差動—) 1왕복 사이에 1회의 흡입과 2회의 토출을 하는, 서로 직경을 달리한 플런저로 이루어진 왕복 펌프.

differential pressure gauge 차동 압력계(差動壓力計), 차압계(差壓計) 2점 사이의 압력차를 측정하는 압력계.

differential pressure type flow meter 차압 유량계(差壓流量計) 교축 기구(orifice)의 압력차를 이용해 유량(流量)을 측정하는 계기.

differential pressure type liquid level gauge 차압 액면계(差壓液面計) 보일러 등의 밀폐 탱크 내의 액면을 재는 계기.

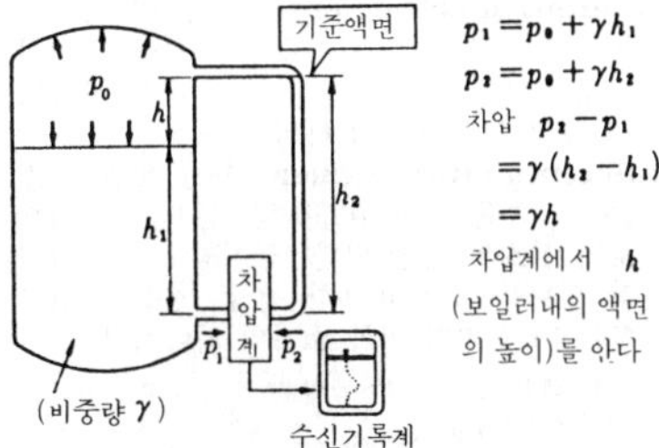

differential pulley 차동 풀리(差動—), 차동 활차(差動滑車) 반지름을 달리하는 2개의 고정 풀리를 같은 축에 고정시키고 1개의 동차(動車)와 조합한 장치. 이것의 주위에 1개의 로프나 체인을 감은 것을 차동 풀리 장치라 한다.

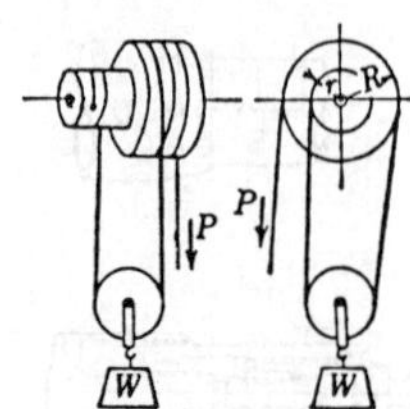

differntial pulley

D

differential pulley block 차동 풀리 장치(差動－裝置) 차동 풀리 주위에 한 줄의 로프나 체인을 감은 장치. 호이스트 등에 사용된다.

differential quenching 국부 담금질(局部－), 디퍼렌셜 캔칭 재료의 필요 부분만을 담금질하는 것.

differential roller 디퍼렌셜 롤러 롤러 컨베이어의 곡선부에 사용되는 그림과 같이 분할된 롤러.

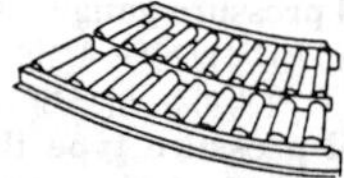

differential screw-jack 차동 나사잭(差動－) 차동 나사 기구를 이용해서 지지대(支持臺)의 움직임을 미소하게 하고, 잭을 움직이는 핸들의 힘을 나사 기구로 확대시켜 지지대로 전달하는 구조의 잭.

differential settlement 부등 침하(不等沈下) 구조물 또는 기초의 하중에 의해서 기초가 전 면적에 걸쳐 균일하게 침하되지 않고 경사지게 침하되는 현상.

differential transformer 차동 트랜스(差動—), 차동 변압기(差動變壓器) 원칙적으로는 신호의 전달 변환, 구체적으로는 기계적 변위를 그에 비례한 전압, 전류로 변환하는 기계-전기 변환 소자의 하나이다.

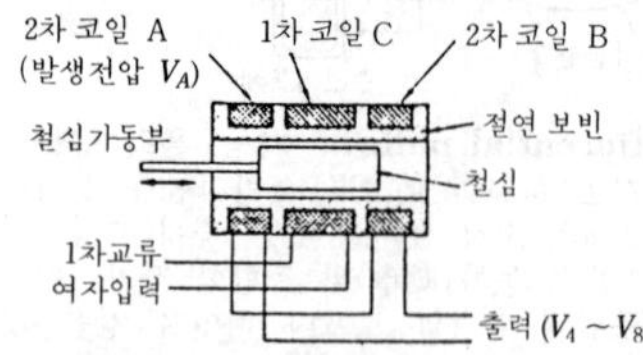

differentiating circuit 미분 회로(微分回路) ＝differentiation circuit

diffraction 회절(回折), 디프랙션 좁은 틈을 지나는 파동이 똑바로 지나지 않고 뒤쪽의 그늘진 부분에까지도 조금 전파되는 현상.

diffuser 디퓨저 유체(기체, 액체)가 지닌 운동 에너지를 압력 에너지로 바꾸기 위해 단면적을 점차 넓게 한 유로(流路). 노즐과는 전혀 반대 작용을 하는 것이라 생각하면 된다.

diffusion 확산(擴散) 물 속에 잉크를 흘렸을 때와 같이 등질(等質) 속에 이질적인 것이 혼합되었을 경우, 농도가 큰 부분에서 작은 부분으로 농도차에 비례한 속도로 점차 넓어져서 전체로 혼합되어 버리는 현상.

diffusion flame 확산 화염(擴散火炎), 확산 불꽃(擴散－) 연료와 산화제가 따로따로 존재하고 그것이 반대측에서 확산에 의해 이동하여 만나는 계면(界面)에 형성, 유지되는 불꽃을 말한다. 관(버너)에서 공기 중에 기체 연료만을 분출한 경우에 형성되는 불꽃은 그 대표적인 예인데, 등심(燈心) 연소나 분무 연소, 액면 연소 등에 의한 액체 연료의 연소시에 형성되는 불꽃도 확산 불꽃이며 공업상 중요하다. → flame

diffusion pump 확산 펌프(擴散－) → vacuum pump

digital instrument 디지털 계기(－計器) 측정량을 숫자 등을 이용해서 이산적(離散的)인 값으로 표시하는 계기.

digital signal 디지털 신호(－信號) 수량을 연속적이 아닌 단계적인 숫자를 이용해서 표시하는 신호. 디지털 계기란 측정량을 숫자 등을 이용해서 표시하는 계기를 말한다.

digital to analog converter **DA** 변환기(－變換器) 디지털 신호를 입력으로 수신해서 연속적으로 표시하는 아날로그량(주로 전압)을 발생시키는 회로.

digitron 디지트론 형광 표시관이라 불리는 숫자 표시관. 카운터, 디지털 표시의 계측 기기 등의 숫자 표시에 사용되고 있다.

dilatometer 팽창계(膨脹計) 고체, 액체, 기체의 팽창 계수를 측정하는 기계의 총칭. 또는, 봉이나 선의 열팽창 계수를 측정하는 장치.

dilution 희석(稀釋) 엔진 등에서 연료의 혼입에 의해 윤활유의 점도가 저하되는 것.

dimension 차원 디멘션(次元－), 치수(－數) 물품의 크기를 나타내는 치수.

dimension line 치수선(－數線) 제도에서 물품의 치수 숫자를 기입하기 위해 긋는 선. 선의 양 끝에 화살표를 붙인다. 치수선은 가능한 한 도형 가운데 기입하지 않고 치수 보조선을 사용해서 바깥쪽에 넣는다.

dimple 딤플 재료가 미소한 보이드(공동)를 발생시켜 그것들이 합체해서 파괴될 때 볼 수 있는 파면(破面)상의 움푹 팬 곳. 골프 볼 표면의 오목한 곳을 말하기도 한다.

diode 다이오드 2극체(二極體)라는 뜻. 반도체 제품 중 보통 2극 구조의 것을 말한다.

diode matrix 다이오드 행렬(－行列), 다이오드 매트릭스 매트릭스 모양의 그림과 같은 회로(7세그먼트 표시용)를 말한다.

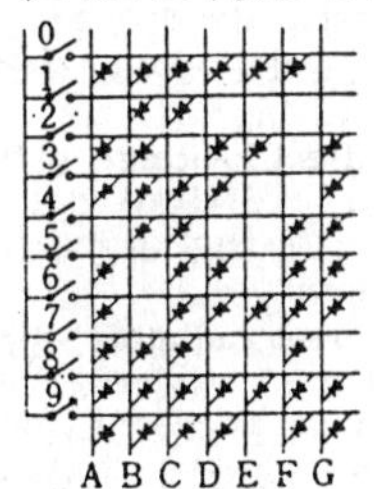

diode switch 다이오드 스위치 PN 접합 다이오드는 통전 방향으로 현저하게 큰 저항차가 있기 때문에 이것을 회로에 넣어서 ON할 때는 순 바이어스를, OFF할 때는 역 바이어스를 가하면 다이오드 스위치가 된다.

diode-transistor logic ; **DTL** 디 티 엘 다이오드와 트랜지스터의 조합에 의한 논리회로. 예를 들면, 그림과 같이 다이오드로 AND회로를, 트랜지스터로 NOT 회로를 구성해서 NAND회로로 사용한다.

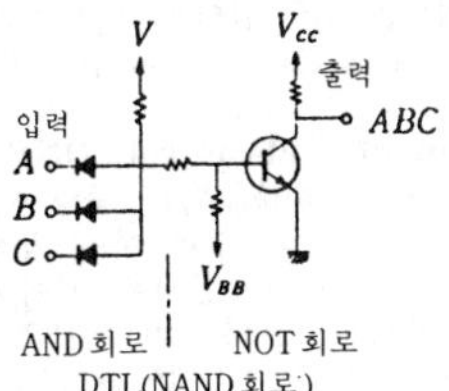

DTL(NAND 회로)

dip brazing 딥 브레이징, 침지 납땜(浸漬－) 부품 전체를 침지(浸漬)시키는 것.

dip molding 딥 성형(－成形), 딥 몰딩 →slush molding

direct-acting engine 직동 기관(直動機關) 일반적인 왕복 기관과 같이 피스톤의 왕복 운동을 크랭크 기구에 의해 직접 회전 운동으로 바꾸어 동력을 얻는 형식의 기관.

direct color 직접 염료(直接染料) 무명, 명주, 양모 등의 각종 섬유에 단순히 조제(助劑)를 첨가하기만 하면 직접 염착(染着)이 잘 되는 특성을 지닌 음이온 염료.

direct cost 직접비(直接費) 원가를 계산하기 위하여 분류한 비목의 하나.

direct-coupled turbine 직결 터빈(直結－) 터빈축과 발전기 등의 피구동 기계의 축이 직결된 터빈.

direct current 직류(直流) 교류의 반대. 회로 속을 일정한 방향으로 흐르는 전류. 전차, 전기로 등에 사용된다.

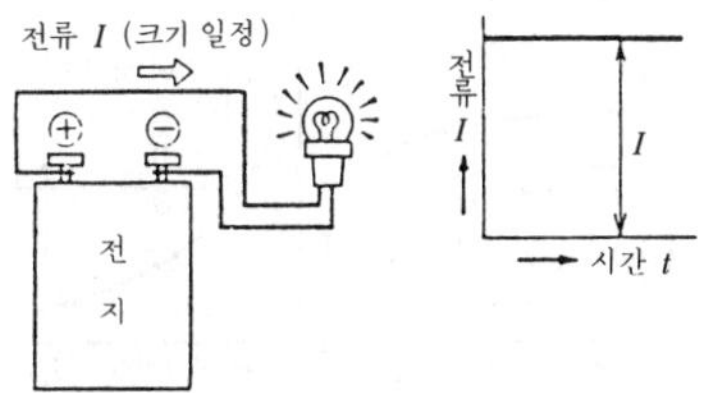

direct current arc welder 직류 아크 용접기(直流－鎔接機) 직류 아크 용접에 이용되는 기계.

direct current arc welding 직류 아크 용접(直流－鎔接) 직류 전원을 이용해서 처리하는 용접법. 기밀을 요하는 것 등에 적합하다.

direct current generator 직류 발전기(直流發電機) 직류를 얻기 위한 발전기. 구조는 직류 전동기와 꼭 같아서, 여자(勵磁)는 자체의 전기자(電機子)로 발생시킨 전류로 처리하는 것이 보통이다.

direct current motor 직류 전동기(直流電動機) 직류 전력으로 운전하는 전동기. 직류 전동기는 속도 조절이 용이하기 때문에 전차, 엘리베이터 등의 구동에 이용된다.

direct digital control 직접 계수 제어(直接計數制御), 직접 디지털 전산 제어(直

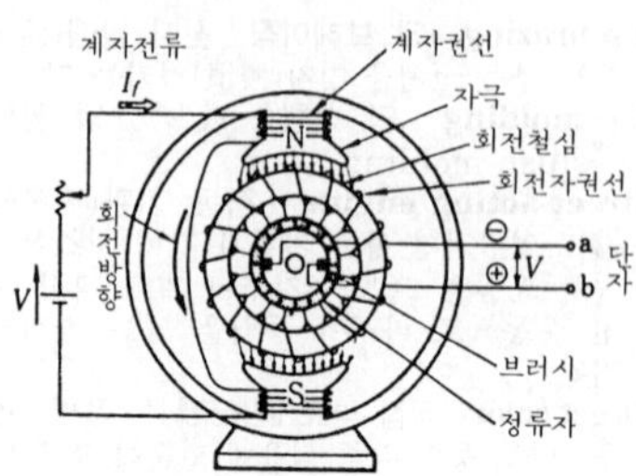

direct current generator

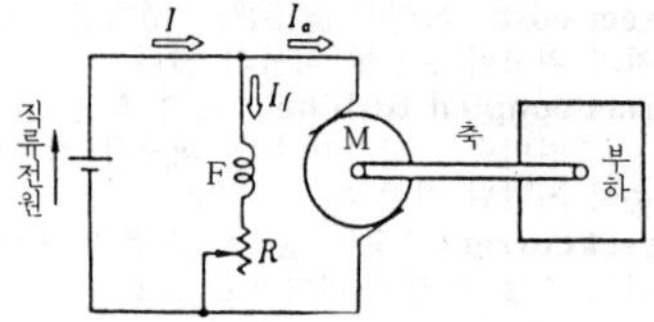

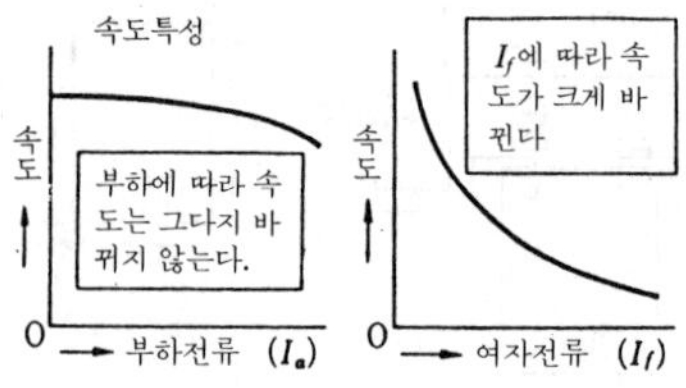

▽ 직류 직권 전동기

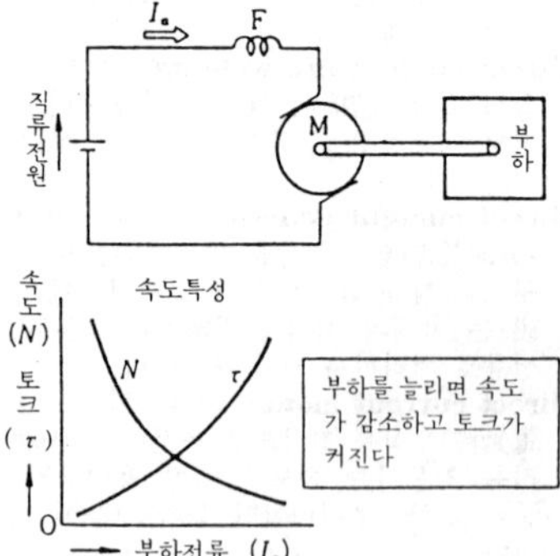

direct current motor

接－電算制御) 제어용 컴퓨터를 이용해서 제조 공정의 제어를 하는 것.

direct expansion system 직접 팽창식(直接膨脹式) 냉동기 냉매의 팽창 코일을 직접 냉각하고자 하는 물체 가까이에 설치하는 방식.

direct extrusion 직접 압출법(直接押出法) 제품이 램의 진행과 같은 방향으로 압출되는 형식의 가공법.

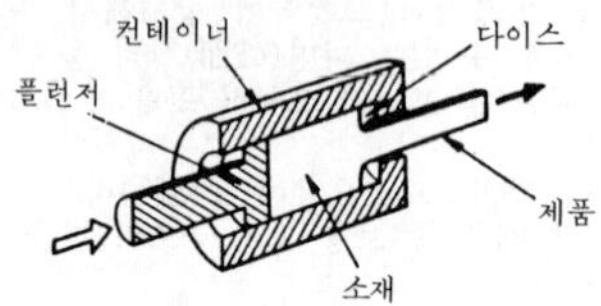

direct heating 직접 난방(直接暖房) 기계실에서 증기 또는 온수를 배관을 통하여 각 방의 가열기에 공급하고 여기서 방열하여 난방하는 방식을 말한다. →indirect heating

direct-indirect heating 반간접 난방(半間接暖房) 직접 난방과 간접 난방을 병용한 난방 방식. 가장 효과적이면서 이상적인 난방법이다.

direct-indirect radiator 반간접 방열기(半間接放熱器) 실내에 설치한 직접 방열기에 기류를 강하게 일으켜서 대류 방열(對流放熱)을 많이 할 수 있도록 한 것.

direct injection 직접 분사(直接噴射) 주연소실 내에 직접 연료를 분사해서 연소시키는 디젤 기관 연료 분사의 한 방식. 회전이 늦은 대형의 디젤에 이용되었으나, 현재는 고속 디젤에도 많이 이용할 수 있도록 되어 있다.

direction finder 방향 탐지기(方向探知器) 전파의 성질을 이용해서 비행기, 선박 등의 소재지를 탐지하는 장치.

direct memory access 다이렉트 메모리 액세스 컴퓨터에 있어서 중앙 연산 장치를 개입시키는 일없이 메모리와 입출력 기기와의 사이에서 데이터를 전송(轉送)하는 방식.

direct numerical control : DNC 직접 수치 제어(直接數值制御) 중앙에 컴퓨터를 설치하여 복수의 수치 제어 공작 기계를 시분할(時分割)로 동시에 제어하는 방법으로 개발되었으나, 현재는 1대의 NC 공작기와 직결해서 제어하고, 종래의 종이 테이프나 테이프 리더에 기인하는 트러블을 배제하고 있다. BTR(behind the tape reader)이 대표적인 방식이다.

direct process 직접 압출법(直接押出法) 압출 가공의 일종. 그림과 같이 컨테이너의 한 끝에 다이를 고정시키고 반대측에서 램으로 강압하여 소재를 압출해 내는 가공법.

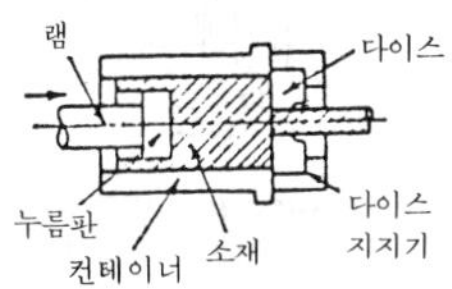

direct transmission 직접 전동(直接傳動) 원동절(原動節)과 종동절(從動節)이 직접 접촉되어 동력이나 운동을 전하는 방식. 기어, 마찰차, 캠 등은 그 예이다.

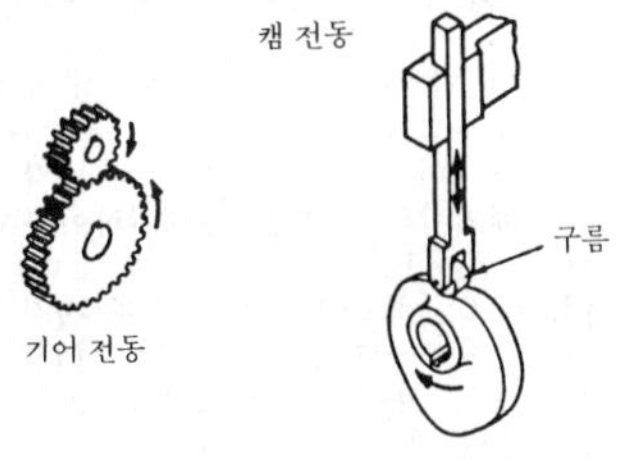

disc brake 디스크 브레이크, 원판 브레이크(圓板－) 브레이크 디스크에 브레이크 라이닝판을 압착시켜 제동하는 브레이크.

disc clutch 원판 클러치(圓板－), 디스크 클러치 동심(同心)에 있는 주축과 종축에 각각 고정된 원판면을 서로 밀어서 그 마찰력에 의해 전동(傳動)하는 클러치. disk 는 disc 와 동의어로 원판이라는 말.

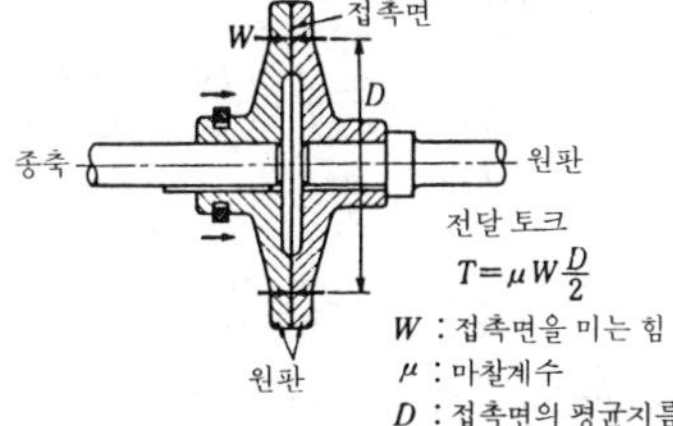

disc friction wheel 원판 마찰차(圓板摩擦車) 2축이 평행인 경우에 이용되는 마찰차. 회전 방향은 서로 반대이다.

discharge 디스차지 dis 는 부정(否定)이나 배출(排出)을 뜻하고, charge 는 공급이라는 뜻이다. 즉, 배출하다, 토출(吐出)하다, 방전하다, 압출(壓出)하다는 등을 의미한다.

discharge lamp 방전등(放電燈) 진공 유리관 내에 가스를 봉입하고 방전시켜, 가스 특유의 색을 발하는 특유의 현상을 이용한 전등. 네온 사인은 이것을 응용한 것이다.

discharge pipe 송출관(送出菅) 펌프에서 물을 송출하기 위한 관.

disconnecting switch 단로기(斷路器) 주로 고전압인 경우에 회로를 전원으로부터 끊어내기 위해 이용되는 나이프 스위치의 일종.

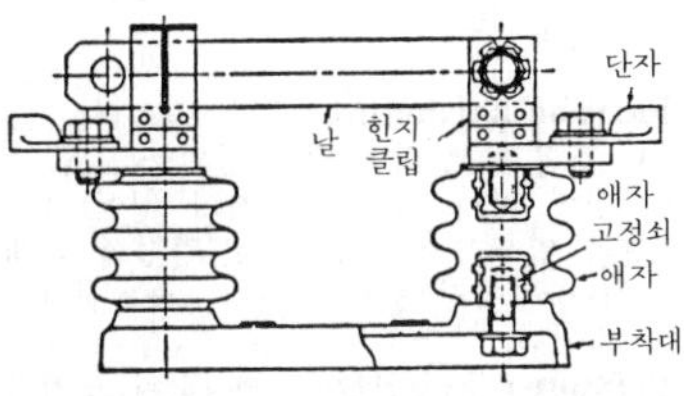

discontinuous combustion 단속 연소(斷續燃燒) 착화(着火) 부분의 변동에 의해서 생기는 불안정한 연소.

discontinuous welding 단속 용접(斷續鎔接) 용접선상에서 일정한 간격으로 단속하여 용접하는 경우의 이음.

dished end 접시형 경판(－形鏡板) = dished end plate

disintegration 분쇄(粉碎) 비교적 약한 힘으로 결합되어 있는 덩어리에 외력을 작용시켜 이것을 산산히 부수는 것.

disintegrator 디스인티그레이터 케이스 속에서 회전자가 회전하는 여러 가지 형식의 분쇄기.

disk brake 원판 브레이크(圓板－) =disc brake

disk clutch 원판 클러치(圓板－) =disc clutch

disk plow 디스크 플라우 쟁기 몸체가 회전하는 철제의 원판으로 이루어져 있는 경기용(耕起用) 작업기로, 원판 쟁기라고도 한다.

disk wheel 원판 바퀴 디스크 숫돌(圓板

一) 원판의 정면에 숫돌을 부착하고 그 정면에서 연삭하기 위한 연삭 공구.

dislocation 전위(轉位) 결정(結晶) 내부의 선상(線狀) 결함을 말하는 것으로, 결정체의 소성 변형은 이 결함의 이동에 의한다고 한다. 결정면의 이동된(glide) 부분과 이동하지 않은 부분과의 경계선에는 이 전위가 존재한다.

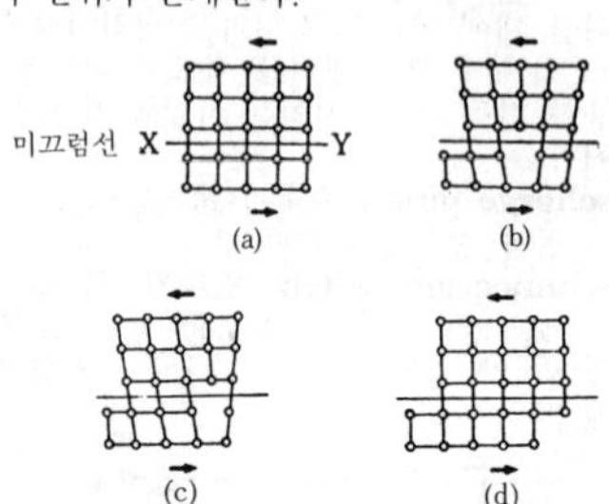

dislocation hardening 전위 강화(轉位强化) 결정(結晶)의 격자 결함의 밀도를 증대시킴에 따라 강도의 변화가 일어난다. 결함의 밀도가 커지면 상호 간섭에 의해서 잘 움직이지 못하게 된다. 즉, 변형이 잘 안 된다.

dispersion 분산(分散) 측정값의 크기가 고르지 않은 것. 또, 고르지 않은 정도나 분산의 크기를 표현하는 데는 표준 편차가 이용된다.

dispersion coating 분산 도금(分散鍍金) 전기 도금을 이용해 금속 도금층 속에 별개의 상(相 : 비금속 또는 별개의 금속)을 균일하게 분산 공석(分散共析)시켜 복합 재료를 만드는 방법.

dispersion strengthened alloy 분산 강화 합금(分散强化合金) 1,000℃ 이상의 높은 온도에서 크리프(creep)에 견디어 내고 열충격에 강한 재료. 매트릭스와 용합(溶合)하지 않은 세라믹스 등의 미분말(微粉末)을 매트릭스 속에 분산시킨 것으로, 고온 강도 열화가 적은 특징이 있다.

displacement 배기량(排氣量)[1], 변위(變位)[2], 배수량(排水量)[3] ① 내연 기관의 피스톤 동작에 의해서 배제되는 용량. 또, 일반 배기 팬(fan)의 용량 등에도 사용되는 말이다.
② 물체가 운동했을 때의 위치 변화.
③ 선박이 수면에 뜰 때 배제하는 수량(水量). 선박의 톤수를 표시한다.

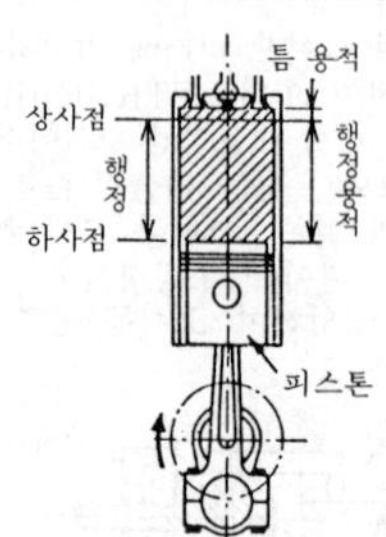

displacement pickup 변위 픽업(變位一) 입력 변위에 비례하는 출력을 발생하는 변환기.

displacement plating 치환 도금(置換鍍金) 치환 반응에 의해서 물체 표면에 금속의 피막을 형성시키는 것.

displacement volume 행정 용적(行程容積)[1], 배기량(排氣量)[2] ① =stroke volume
② 내연 기관에서 피스톤 하사점(下死點)에서 상사점까지 이동하는 동안에 배출되는 용적. 다(多)실린더 기관에서 각 실린더의 배기량의 합계를 총배기량이라고 한다. →dead center

display 디스플레이 ① 인간의 시각에 호소하는 정보 전달 장치. ② 컴퓨터로 처리된 내용을 브라운관에 그대로 옮겨 표시하는 출력 장치.

dissipation function 흩어지기 함수(一函數) 유체의 운동 에너지가 단위 시간 단위 체적당 점성에 의해서 열에너지로 변환되는 양. 즉, 에너지 손실 E_l은 다음 식으로 나타내며 Φ를 흩어지기 함수라고 한다.

$$E_l = \mu\Phi$$

$$\Phi = 2\left[\left(\frac{\partial u}{\partial x}\right)^2 + \left(\frac{\partial v}{\partial y}\right)^2 + \left(\frac{\partial w}{\partial z}\right)^2\right] + \left(\frac{\partial v}{\partial x} + \frac{\partial u}{\partial y}\right)^2 + \left(\frac{\partial w}{\partial y} + \frac{\partial v}{\partial z}\right)^2 + \left(\frac{\partial u}{\partial z} + \frac{\partial w}{\partial x}\right)^2 - \frac{2}{3}\left(\frac{\partial u}{\partial x} + \frac{\partial v}{\partial y} + \frac{\partial w}{\partial z}\right)^2$$

dissolution 용해(溶解) 기체, 액체, 고체 물질이 다른 기체, 액체, 고체 물질과 혼합해서 균일한 상(相), 즉 용체(溶體)를 발생시키는 현상.

dissolved acetylene 용해 아세틸렌(溶解-) 어스베스토와 같은 다공질 물질에 흡수시킨 아세톤에 아세틸렌을 15℃, 15.5kgf/㎠ 이하의 압력하에서 용해시킨 것. 아세틸렌과 같이 폭발할 위험이 없고, 운반이 용이하며, 발생기 등이 필요없다는 등의 이점이 있다.

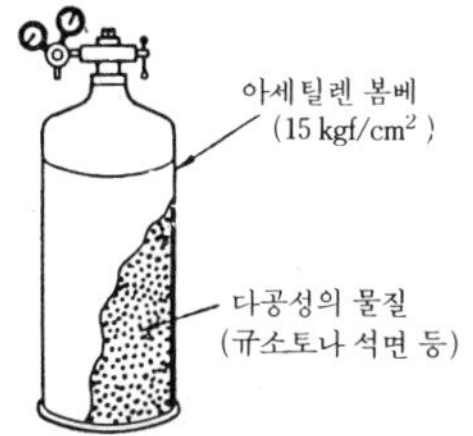

dissolved oxygen 용존 산소(溶存酸素) 용수(用水) 중에 녹아 있는 산소.

dissolving machine 용해기(溶解機) 액체에 고체 입자를 용해시키는 장치.

distance between centers 중심 거리(中心距離) (기어 기구 등에 있어서의)중심 간의 거리.

distance piece 스페이서, 디스턴스 피스 부품 상호간의 축방향 위치 결정을 하기 위해 축이나 또는 그 밖의 다른 곳에 끼우거나 삽입하는 슬리브. =spacer

distant control 원격 조정(遠隔調整), 원격 제어(遠隔制御) =remote control

distemper 수성 도료(水性塗料) 아교, 아라비아 고무, 비누 등을 사용한 수용성 도료. 내수성이 약하고 광택이 없다.

distillation 증류(烝溜) 용액을 증발시킴으로써 휘발성이 높은 성분을 많이 포함하는 증기와 휘발성이 낮은 성분을 많이 포함하는 잔류액으로 분리하고, 증기를 회수해서 휘발성이 높은 성분을 추출하는 조작을 말한다. 알코올의 추출, 원유의 정류(精溜) 등에 쓰인다.

distilled water 증류수(蒸溜水) 증류에 의해서 얻어지는 순도 높은 물.

distiller 증류기(蒸溜器) 증류시키는 데 이용되는 장치. 증발 증기를 채운 관의 외면을 물로 냉각시켜 액화한다.

distortion 일그러짐, 비틀림, 비틀림 전단 변형(-剪斷變形) 비틀림을 받은 단면에 수직 방향으로 생긴 변형.

distortion during quenching 담금질 변형(-變形) 강재(鋼材) 또는 부품을 담금질했을 때 생기는 변형.

distributed load 분포 하중(分布荷重) → load

distributing bar 배력 철근(配力鐵筋) 콘크리트 구조물에 있어서 콘크리트의 건조를 위한 수축이나 온도의 변화 등에 따른 콘크리트의 균열을 방지하기 위해 주근(철근)에 직각 방향으로 배치하는 철근.

distribution line 배전선(配電線) 발전소·변전소에서 직접 소비 장소로 전력을 보내는 전선로. 인입선 이외의 것.

distributor 배전기(配電器) 점화 코일에 발생된 고전압을 점화 순서대로 점화 플러그에 배전하는 기기. 단속기(斷續器), 점화 시기 조정 장치, 배전부로 이루어져 있다.

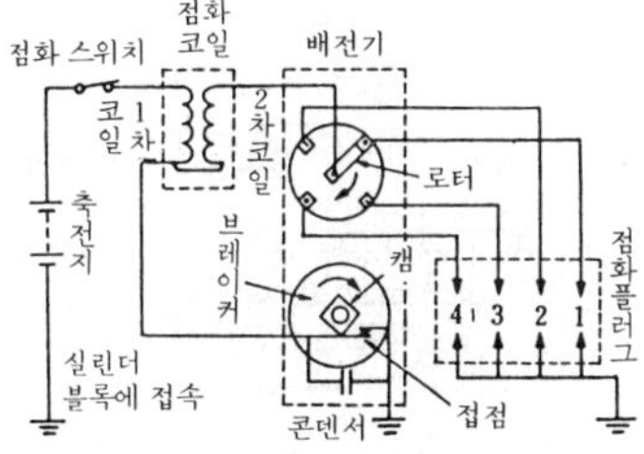

로터와 캠은 일체가 되어 크랭크축의 1/2의 속도로 회전한다.

district heating 지역 난방(地域暖房) 하나의 보일러 설비에 의해서, 넓은 지역에 걸쳐 긴 옥외 배관을 이용해 건축군을 난방하는 대규모의 난방법.

disturbance 외란(外亂) 제어계의 상태를 흩어지게 하는 외적 작용.

dither 디더, 떨림 스풀 밸브 등에 마찰이나 고착 현상 등의 악영향을 감소시키기 위해 가하는 비교적 높은 주파수의 진동을 말한다.

divergence 다이버전스 외력이 탄성 복원력보다 커졌을 때 일어나는 정적(靜的) 불안정 현상.

divergent current 확산 흐름(擴散-), 나팔 흐름 흐름의 상태가 점차로 넓어져 가는 흐름. 넓어짐에 따라서 압력은 상승하여 박리(break away) 현상이 일어난다.

divergent nozzle 나팔 노즐 →convergent nozzle

divider 디바이더, 분할기(分割器) 제도나 금긋기를 할 때 주로 선의 분할 또는 등분에 이용되는 기구.

dividing 분할(分割) 원주(圓周)를 임의의 수로 등분하는 것.

dividing head 분할대(分割臺) 만능 밀링 머신의 부속 장치로, 원주(圓周)를 임의의 수로 등분하는 데 이용된다. 이와 같은 작업을 분할 작업이라 한다.

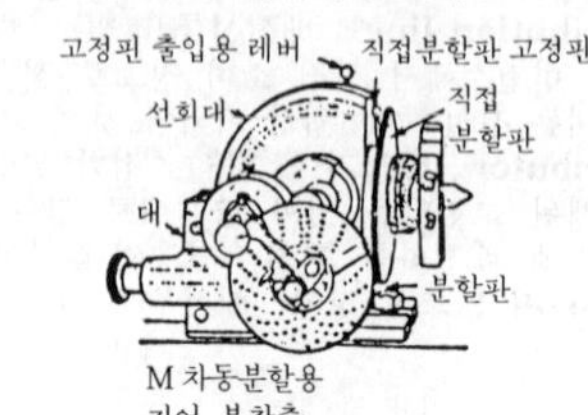

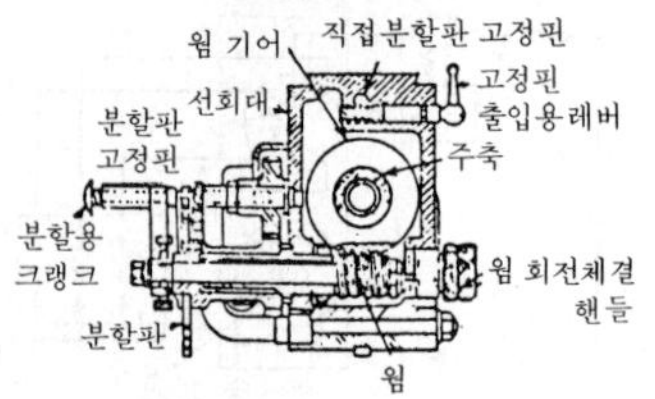

dividing machine 디바이딩 머신, 눈금기계(-機械)

doctor blade method 독터 블레이드법(-法) 두께 0.1%~2.5mm의 세라믹스 결정체 필름을 제조하는 대표적인 방법.

documentation 도큐멘테이션 기록 문서(그림을 포함)를 말한다.

dog 도그 ① 도리개. =carriet ② 제작업에서 구멍을 뚫기 위해 금긋기를 할 때 정반(定盤)에 재료(판금)를 고정시키는 것을 말한다.

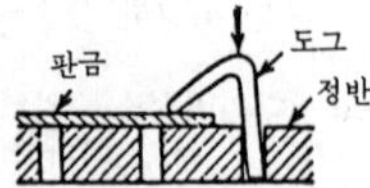

dog chuck 돌리개 척, 도그 척 발톱이 오직 하나 있는 단독 척. 수직 선반에 널리 이용된다.

dog clutch 맞물림 클러치 플랜지의 면에 만들어진 발톱(claw)을 맞물려서 회전을 전달하는 클러치.

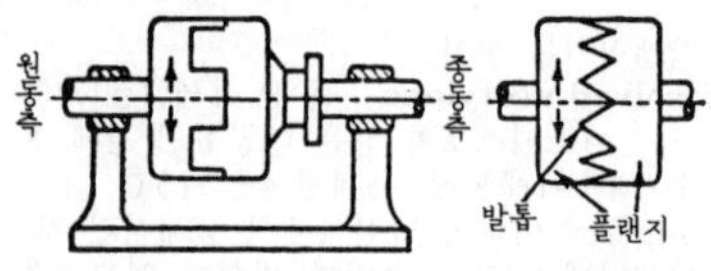

dolly 돌리, 리벳 홀더 리벳을 끼우는 공구의 일종. 적열(赤熱)시킨 리벳을 판금 구멍에 삽입하고 그 머리를 누르는 공구.

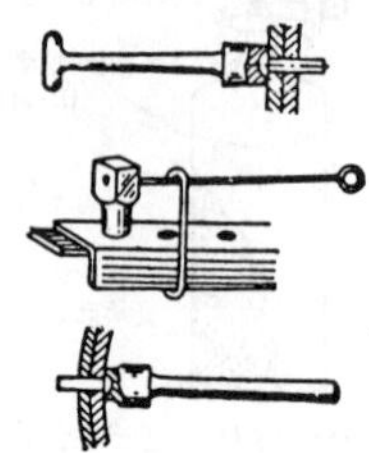

dolomit 백운석(白雲石), 돌로마이트 = dolomite

dolomite 백운석(白雲石), 돌로마이트 주성분은 마그네시아와 생석회. 석회의 원료, 시멘트의 혼합물, 소성해서 연마재 등에 사용한다.

dolphin 돌핀 선박의 계류(繫留)나 회전 조작용으로서 설치되는 구조물.

donkey boiler 보조 보일러(補助-)

donkey pump 보조 펌프(補助-)

door operating equipment 도어 개폐 장치(-開閉裝置) 미닫이, 여닫이문 등을 도어 기계에 의해서 자동적으로 개폐하는 장치.

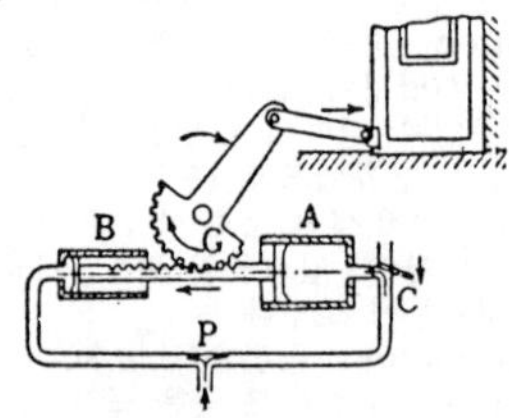

Doppler effect 도플러 효과(-效果) 파동원(波動源), 관측점 또는 매질(媒質)의 이동에 따라서 관측된 파동의 진동수, 주파수가 변화하는 현상.

dotted line 점선(點線) 점을 연속적으로 찍어 놓은 선. 제도에서는 긋기가 어려우므로 사용하지 않는다.

double-acting 복동(複動), 복동식(複動式) 피스톤의 양측에서 교대로 증기나 가스의 압력이 작동해서 작업을 하는 경우를 말한다.

double-acting engine 복동 기관(複動機關)

double bevel groove K형 홈(-形-), K형 그루브(-形-) 모따기 용접 이음의 일종. 판 두께 38mm까지에 적합하며, 불용접부(不鎔接部)가 있는 것(그림의 a)은 정하중(靜荷重)에 사용하고, 불용접부가 없는 것(그림의 b)은 모든 하중에 대하여 강도가 양호하다.

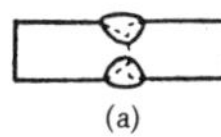
(a)

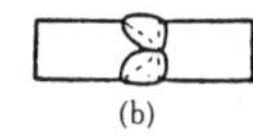
(b)

double calipers 양용 캘리퍼스(兩用-) 외경, 내경 양쪽으로 사용할 수 있는 캘리퍼스.

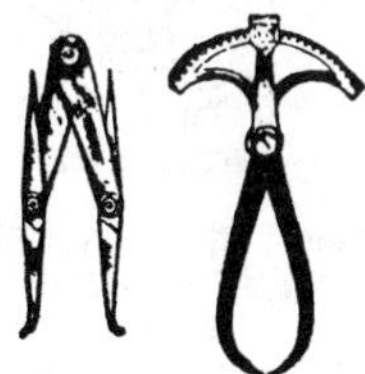

double cold rolled tin free steel 더블 콜드 롤드 틴 프리 스틸 관용 극박강판(用極薄鋼板)의 제조법(U.S.스틸사에서 개발). 두께 0.2mm 이하의 것을 얻을 수 있다.

double crank machanism 이중 크랭크 기구(二重-機構) 2절이 같이 회전하는 4절 회전 기구의 일종. 공기 기계, 수차 등에 응용된다. 그림은 4절 회전 기구에서 최단의 링크를 고정했을 때의 기구이다.

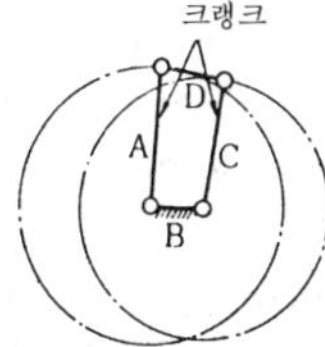

double cut file 겹날 줄, 이중 컷 줄(二重-) 경사진 날을 교차 형상으로 세운 줄. 먼저 세운 것을 아랫날, 나중에 세운 것을 윗날이라 한다. 일반적으로 손다듬질용으로 사용된다.

double-ended boiler 양면 보일러(兩面-) 연소구가 앞뒤 양측에 설비되어 양쪽에서 불을 때는 형식의 보일러.

double ended spanner 양구 스패너(兩口-) 자루 양단에 크고 작은 입이 있는 스패너.

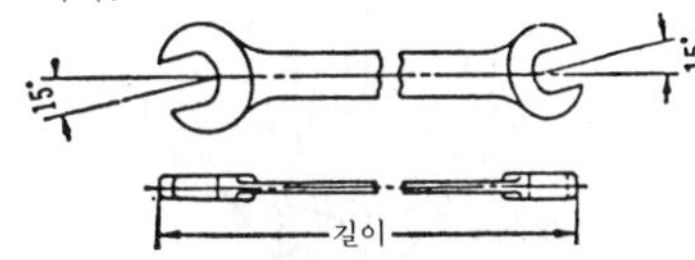

double-flow turbine 복류 터빈(複流-) 터빈 차실을 좌우 대칭으로 설치하고, 증기는 중앙에서 유입되어 좌우로 나뉘어져 흐르는 형식의 것. 반동(反動) 터빈에 많다.

double-geared drive 2단 기어 구동(二段-驅動) 2쌍의 기어를 통해 속도를 변화시켜 동력을 전달하는 장치로, 기계를 운전하는 것.

double-girder crane 이중 거더 기중기(二重-起重機) 주 거더와 보조 거더 2개씩 4개의 거더를 갖는 천장 기중기로, 바깥쪽 주 거더 위의 주 크랩 트롤리와 안쪽 보조 거더의 보조 크랩 트롤리가 횡행할 수 있게 되어 있는 것. 레이들 크레인 등에 예가 있다.

double-groove 양면 그루브(兩面-), 양면 홈(兩面-) 용접하는 부재의 한 쪽 또는 양쪽에 만든 홈이 양 측면에 패어 있는 것.

double helical gear 이중 헬리컬 기어(二重-), 해링본 기어 방향이 반대인 헬리컬 기어를 같은 축에 조합시킨 기어. 고속

사이크스식 지그재그식 엔드밀식

에서도 진동, 소음이 적고, 운전이 원활하며, 축 방향의 스러스트를 일으키는 일도 없다.

double-hook 더블 훅 양쪽에 훅이 붙은 강력한 것.

double-J groove 양면 J홈 그루브(兩面－) 접합하는 두 부재에 만들어진 홈이 그림과 같은 형태인 것.

double-lever mechanism 이중 레버 기구(二重－機構) 최단 링크에 대응하는 링크를 고정할 때 생기는 4절 회전 기구. 그림에서 D를 고정하면 A, C는 같이 크랭크로서 요동하는 기구를 말한다.

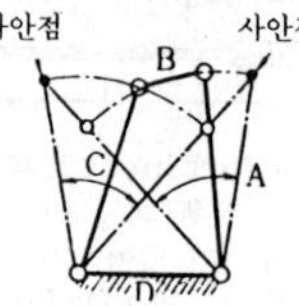

double nut bolt 이중 너트 볼트(二重－), 더블 너트 볼트 특수 볼트의 일종. 머리붙임 볼트로는 머리가 걸려서 사용할 수 없는 곳에 사용되는 볼트.

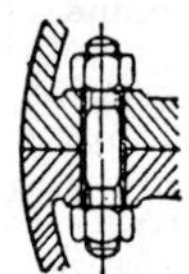

double pipe condenser 이중관 복수기(二重管復水器), 이중관 응축기(二重管凝縮器) 동심의 이중관으로 이루어진 응축기. 냉매와 냉각수가 각각 환상부(環狀部)와 내관(內管)의 내부를 흐른다. 소용량의 수냉 응축기에 널리 쓰인다.

double-ply belt 이중 벨트(二重－), 이중 가죽 벨트(二重－) 두 장의 가죽을 접합해서 만든 벨트.

doubler 합사기(合絲機) 방적의 정방기에 의해 제조한 단사(單絲)를 두 줄 이상 합쳐서 하나의 실로 만드는 기계.

double-reduction gear 2단 감속 장치(二段減速裝置) 한 축의 회전수를 낮추어 다른 축에 전하는 경우, 원하는 감속비가 클 때 감속을 2단으로 나누는 감속 장치.

double-riveted joint 2열 리벳 이음(二列－) 2열로 배열한 리벳 이음.

double-row radial engine 겹줄 성형 기관(－星形機關), 이중 성형 기관(二重星形機關) 성형 기관을 축 방향으로 이중으로 배열한 형식. 대출력의 공랭 항공 기관에 널리 쓰이고 있다.

double scale 이중 눈금(二重－) 두 종류의 단위로 눈금을 정한 눈금.

double seat valve 양좌 밸브(兩座－), 더블 시트 밸브 상하 두 군데에 밸브 자리를 갖춘 밸브. 밸브 자체에 상하 방향으로 작용하는 압력을 서로 상쇄시켜 밸브 자체의 작동을 용이하게 하는 장치. 따라서, 기능상 평형 밸브라고도 한다.

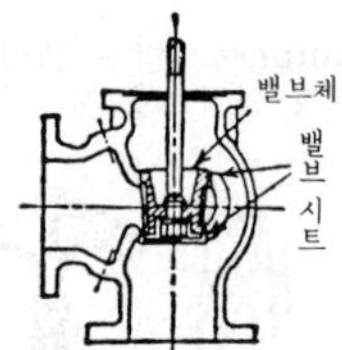

double shear 겹 전단(－剪斷), 양면 전단(兩面剪斷), 복전단(複剪斷) 1면 전단에 대한 말. 리벳, 볼트 등의 전단되려고 하는 면이 2면일 때를 말한다.

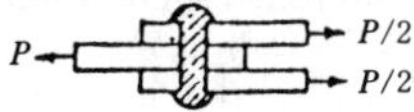

double-slider crank chain 더블 슬라이더 크랭크 체인 슬라이더 기구를 변형해서 링크 B, C를 함께 미끄럼 대우(對偶)로 한 기구.

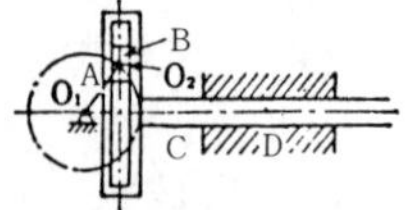

double-strapped joint 양면 덧판 연결(兩面－板連結) 맞대기 판의 양면에 덧판을 대고 접합한 용접(鎔接) 이음.

double suction 양쪽 흡입(兩－吸入) 원심 펌프, 송풍기 등에서 날개차 양쪽에서 흡입하는 형식.

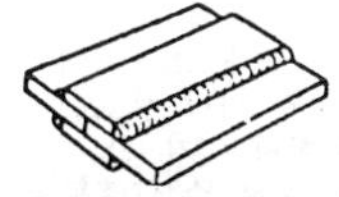

double-strapped joint

double-threaded screw 두 줄 나사 →screw

double-U butt joint **H**형 맞대기 이음(-形-) 용접 이음의 일종. 두꺼운 강판(두께 40mm 이상)의 용접 이음에 적합하다.

double-U groove **H**형 홈(-形-), **H**형 그루브(-形-) 맞대기 용접에서 H형을 한 홈을 말한다.

double-U groove weld **H**형 맞대기 용접(-形-鎔接), **H**형 홈 용접(-形-鎔接) 모재의 맞대기 부분이 H형을 한 용접.

double-V butt joint **X**형 맞대기 이음(-形-) 모재 끝에 붙은 입구의 형상이 X형을 한 용접 이음.

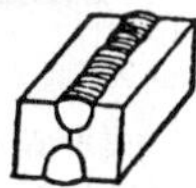

double-vernier 더블 버니어 버니어 눈금의 0을 중앙에 놓고 그 좌우로 눈금을 붙인 것.

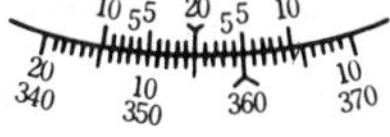

double-V groove weld **X**형 맞대기 용접(-形-鎔接) 모재의 맞대기 부분이 X형을 한 용접.

doubling and twisting frame 겹실꼬기기(-機) 두 줄 이상의 실을 합사하는 동시에 꼬는 기계. 방적사의 경우에 사용된다.

dovetail 더브테일 비둘기 꼬리 모양이라는 뜻. 슬라이드면의 끼워맞춤 형식의 일종. 끼워맞춤부에 비둘기 꼬리 모양을 한 암수의 각도를 붙여 밑면이 위쪽으로 빠져나갈 수 없게 된 형식이다. →dovetail groove

dovetail cutter 더브테일 커터 더브테일 부분을 절삭하는 데 이용하는 더브테일형

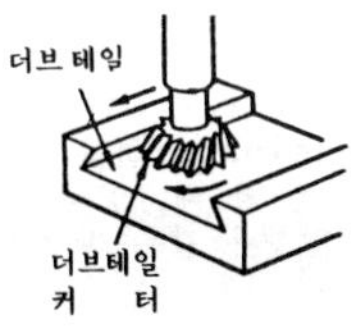

밀링 커터.

dovetail groove 더브테일 홈 더브테일의 끼워맞춤에 있어서 볼록형의 것을 더브테일, 오목형의 것을 더브테일 홈이라 한다.

dovetail joint 더브테일 이음 →dovetail

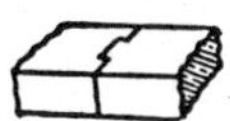

dowel 맞춤못, 다월 목형을 2분할 또는 그 이상으로 분할해서 만들 경우, 이것을 똑바로 맞추기 위해 맞춤면에 세운 작은 돌기.

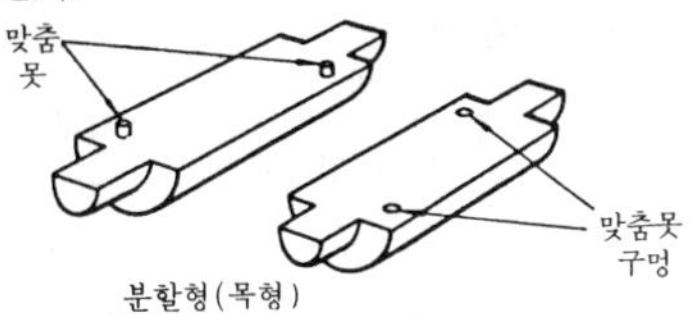

dowel pin 맞춤 핀, 다월 핀 평행 핀의 일종으로, 담금질된 정밀도가 높은 핀. 금형 등의 위치 결정에 사용된다.

Dow Metal 다우 메탈 Mg-Al 합금. Al 18~11%, Mn 0.5~0.1%, 나머지 Mg. 경량으로 주물, 단조재가 있다. 강도를 그다지 필요로 하지 않는 항공기, 자동차, 타자기, 계산기 등의 부품으로 이용된다.

down comer 하강관(下降管) 자연 순환식 수관 보일러나 강제 순환식 수관 보일러에서는 증기관으로 가열되어 기액 2상(氣液二相)으로 된 기수 혼합체(氣水混合體)를 증기 드럼에서 증기와 포화수로 분리하고, 포화수를 새로운 급수와 함께 보

일러 하부에 되돌리기 위한 비가열 수관이 설치되어 있다. 이것을 하강관 혹은 강수관(降水菅)이라고 한다.

down cut milling 하향 절삭(下向切削) 밀링 절삭을 할 때, 공작물을 밀링 커터의 회전 방향과 같은 방향으로 이송해서 절삭하는 것.

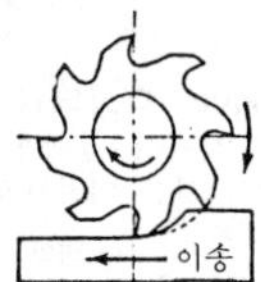

down cutting 하향 절삭(下向切削) = down cut milling

downtake 다운테이크 자연 순환형의 증발관(蒸發罐)에서 가열부를 상승한 비등액의 순환을 돕는 데 설치된 하강관을 말한다. 표준형 증발관에서는 컬랜드리어(calandria)의 중앙에 있는 굵은 중공원관(中空圓菅)이 다운테이크이다.

down time 고장 시간(故障時間) 고장 등으로 가공기 및 주변 장치가 정지하고 있는 시간.

draft 드래프트[1], 통풍(通風)[2], 발출 여유(拔出餘裕), 빠짐 여유, 발출 경사(拔出傾斜)[3] ① 연료의 연소에 필요한 바람을 노(爐)나 보일러에 보내는 것.
② 환기 장치에 있어서 공기 흡입구 또는 배출구 부근에서 감지할 수 있는 공기의 흐름.
③ 주조 작업에 있어 주형 속에서 목형을 뽑아 내기 쉽도록 목형의 수직면에 약간의 경사를 붙인 것.

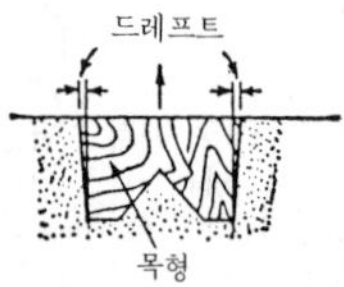

drafter 드래프터 수평, 수직, 경사 등의 선을 자유 자재로 그릴 수 있고, 도판의 경사나 높이도 자유로이 조정할 수 있어 피로를 느끼지 않고 효율적으로 제도 작업을 할 수 있는 제도 기계.

draft gauge 통풍계(通風計) 노(爐) 속에서 연소에 필요한 통풍 상태를 알기 위해 노 속과 노 밖과의 압력차를 측정하는 계기. 차압 압력계(差壓壓力計)가 이용된다.

draft gear 드래프트 기어 완충기(緩衝器)를 말한다. 차량 상호간에 생기는 충격을 흡수 완화하는 것.

draft head 통풍 수두(通風水頭) =draft power

drafting machine 작도기(作圖器), 제도기기(製圖機器) T자, 직자, 분도기 등의 기능을 갖는 만능 제도 기구.

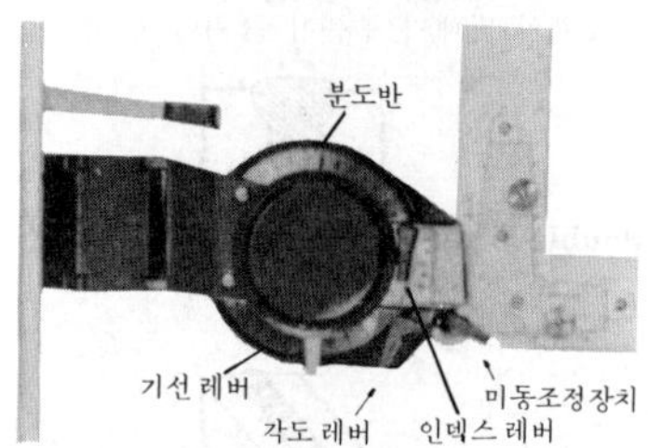

draft power 통풍력(通風力) 공기 또는 연소 가스를 보내거나 흡출하기 위해서는 유로(流路)에서의 저항에 이겨내기 위한 압력차가 필요하다. 이것을 통풍력 또는 통풍 수두라 한다.

draft pressure 통풍압(通風壓) 보일러에서 노의 입구와 굴뚝 출구 사이에 공기나 연소 가스의 흐름을 일으키는 데 필요한 압력차.

draft regulator 통풍 조정 장치(通風調整裝置) 보일러의 통풍, 공기 조화의 환기, 실내압 등을 조정하는 장치.

draft tube 흡출관(吸出菅) 반동형 수압터빈의 날개 출구와 방수로를 연결하는 나팔 모양의 관.

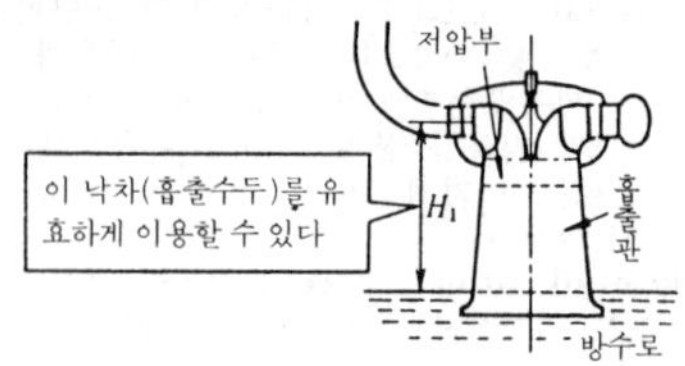

drag 항력(抗力)[1], 드래그[2] ① 공기의 흐름이 날개에 미치는 힘을, 흐르는 방향과 그것과 수직인 방향으로 나눌 때 전자를 끌림 항력, 후자를 양력(揚力)이라 한다.
② 가스 절단면에서 절단 기류의 입구점과 출구점과의 수평 거리를 말한다.

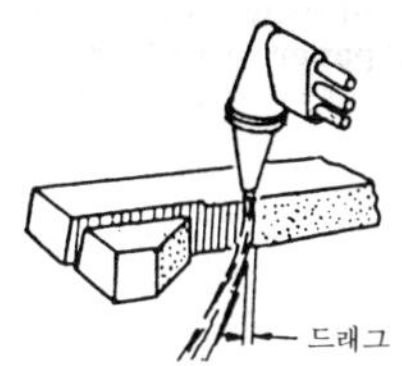

drag line 드래그 라인 토사, 암석 등을 얕게 긁어 내는 식의 토목 기계.

drag shovel 드래그 셔블 일명 풀 셔블(pull shovel), 백 호(back hoe)라고도 하는 셔블계 굴삭기의 일종으로, 백 키 어태치먼트를 붙여 버킷을 앞으로 당기면서 날끝을 올려 기계의 위치보다 밑의 굴삭에서 사용된다. 로프식과 유압식이 있다.

drah torque 드래그 토크 유체(流體) 이음에서 슬립률 100%인 경우의 입력축 토크.

drain 드레인 영어의 뜻은 「배수한다」라든가 「배수관」이지만, 기계 용어에서는 배출할 필요가 있는 물이란 뜻으로 사용된다. 증기 기관이나 증기를 사용하는 기계 장치 내에서 증기가 응결해서 생긴 물. 이 응결수를 배수하기 위한 관·밸브·콕 등을 각각 드레인관, 드레인 밸브, 드레인 콕이라 한다.

drain cock 드레인 콕, 응결수 배출 콕(凝結水排出－) →drain

drain valve 드레인 밸브, 응결수 배출 밸브(凝結水排出－) →drain

drape process 드레이프법(－法) 플라스틱 성형의 일종. 그림과 같은 볼록형 다이(상형)를 이용하는 방법. 고정된 클램프 프레임에 유지되고 있는 판을 가열한 후, 블록형 다이(상형)를 올려 판을 밀어 붙이고 텐트 모양으로 늘린 다음 공기를 뽑아 내어 성형한다. 중간 정도의 프레스 성형에 응용된다.

draught 빠짐 여유(－餘裕), 발출 여유(拔出餘裕) =draft

draw cut shaper 궤환 절삭 셰이퍼(饋還切削－) 램의 인장 행정으로 절삭하는 형식의 형삭기.

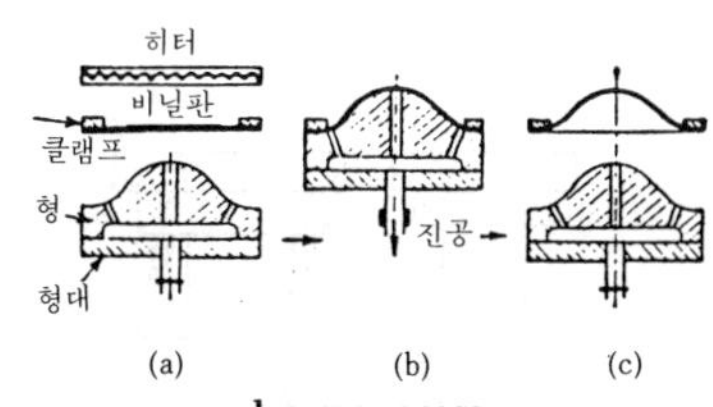

drape process

drawing 드로잉, 제도(製圖)[1], 도면(圖面)[2], 인발 가공(引拔加工)[3], 드로잉 가공(－加工)[4], 드로잉 작업(－作業)[5] ① 소요되는 제품을 만들기 위하여 먼저 도면을 그리는 것.
② 제도에서 물품 제작에 필요한 정면도, 평면도, 측면도가 그려진 종이.
③ 선재나 파이프 등을 만들 때 다이를 통하여 인발함으로써 필요한 치수, 형상으로 만들어 내는 가공법.

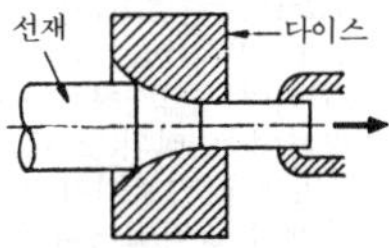

④ 상온에서 편평한 판금 원판을 컵 모양 또는 바닥이 있는 용기로 압출하는 가공법.
⑤ 단조에서 편평한 재료를 앤빌의 구멍 또는 드로잉용 탭 위에 놓고 뽑아 내는 중심부로부터 해머링에 의해서 곡면으로 변하게 하는 작업.

drawing bench 인발대(引拔臺), 드로잉 벤치 봉·관 등을 다이를 통하여 인발함으로써 소요되는 단면 형상으로 만들어 내는 기계.

drawing board 도판(圖板), 제도판(製圖板) 도면을 그리는 데 사용하는 판(板).

drawing card 도면 카드(圖面－) 제도 일반에 관한 용어로, 도면을 관리하는 데 사용하는 카드.

drawing die 드로잉 다이 드로잉 가공에 사용하는 형. 탄소 공구강 또는 합금 공구강으로 상하 1조(펀치와 다이스)의 형으로 되어 있다. 이것을 기계 프레스에 고정시키고 형 사이에 판재를 끼워서 드로잉하면, 컵 모양의 바닥이 있는 용기가 된다. 일반적으로 하형(下型)은 제품의 외형을 새기고, 상형(上型)은 이에 맞추어 凸부를 만든다.

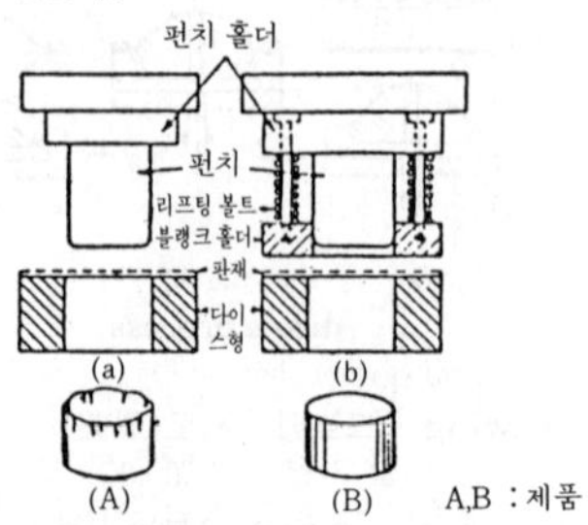

drawing for estimate 견적도(見積圖) 견적서에 첨부하여 제출하는 도면.

drawing for inspection 검사도(檢査圖) 검사에 필요한 사항이 기입된 그림.

drawing for order 주문도(注文圖) 발주자가 주문 시방서에 첨부하여 수주자에 요구의 대요를 밝히는 도면.

drawing frame 연조기(練條機) 방적 공정에서 슬라이버(sliver)의 굵기를 균일하게 하기 위하여 통상 여섯 줄의 슬라이버를 더블링하여 6배의 드래프트(延伸)를 건다. 이 기계를 연조기라 하며, 이 공정을 3회 통해서 슬라이버의 굵기를 균일하게 하여 섬유의 평행도를 굳힌다. 이 공정이 2회일 때도 있다.

drawing instrument 제도기(製圖器), 제도 기계(製圖機械) 제도용 기계. 영국식·독일식·프랑스식의 여러 형식이 있다.

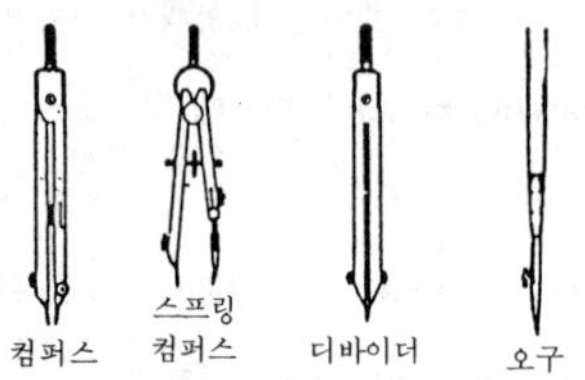

drawing nail 목형 뽑기 송곳(木型－) ＝ draw spike

drawing number 도면 번호(圖面番號) 제도에 있어서의 도면의 부분에 대한 용어이며, 도면 1매마다 붙인 번호.

drawing office 제도실(製圖室) 제품의 설계·제도를 하는 곳. 즉, 공장의 총 본부에 해당되는 곳.

drawing of longitudinal section 종단도면(縱斷圖面) 물건을 긴 쪽으로 절단하여 나타낸 단면도. 또, 하천·도로·철도 등을 따라 기본 수준면상의 높이 등을 전개하여 나타내는 단면도도 종단면도라고 한다.

drawing of section 단면도(斷面圖) ＝ sectional drawing, sectional view

drawing paper 제도지(製圖紙), 제도 용지(製圖用紙) 제도에 사용하는 종이. 보통 켄트지, 트레이싱 페이퍼를 사용한다.

drawing pen 오구(烏口) 도면에 먹칠할 때, 선을 긋는 데 이용되는 제도기. 모양이 까마귀 부리와 같아 오구라 한다.

drawing utensils 제도 용구(製圖用具) 제도 기계. T자, 3각자, 분도기, 잣대, 압핀, 깃털비 등 제도에 이용되는 용구.

drawn tube 인발관(引拔菅), 인발 강관(引拔鋼菅), 이음매없는 관(－菅) 양질의 평로강(平爐鋼) 또는 전기강(電氣鋼)을 냉간 또는 열간 인발로 이음매없이 만든 것. 형이 정확하고 관면(菅面)이 매끄럽다.

draw out 드로 아웃 ① 인발 작업. ② 단조에서 소재의 일부에 단(段)을 붙이든가 또는 두드려 늘리는 작업을 하는 경우의 그 작업이나 또는 공구.

draw spike 목형 뽑기 송곳(木型－), 송곳 목형을 주형에서 뽑아 낼 때 사용하는 가는 막대. 소형은 끝이 예민한 철사 모양이고, 대물용은 끝에 나사가 패어 있다.

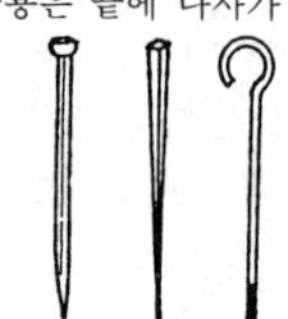

dredger 준설선(浚渫船) 항로상의 수심의 확보 혹은 해안의 매립을 위하여 해저의 토사·암석을 준설하는 작업선.

dredging pump 준설 펌프(浚渫－), 드레저 펌프 주로 물 밑의 토사를 물과 함께 빨아 올려 수송하는 펌프로, 내마모 재료로 된 대동력 펌프가 많으며 항만의 준설 등에 사용된다.

drencher for fire protection 드렌처 설비(－設備) 피보호물의 주위 또는 그 위에 물의 분출 구멍을 설치하여 화재가 발생했을 경우, 피보호물 전체를 수막(水幕)으로 감싸 공기를 차단하는 방식의 방화장치.

Dresser coupling 드레서형 관 이음(-形管-) 본체의 양단에 기밀부(氣密部)를 갖추고 쐐기형 링 모양의 패킹을 양측의 압륜(押輪)으로 쐐기박음으로써 기밀성(氣密性)을 보존하는 관이음.

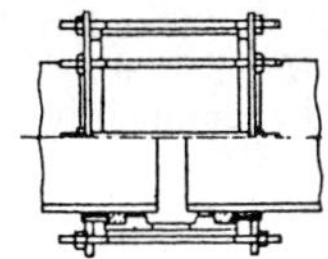

dressing 드레싱 숫돌 바퀴의 입자가 막히거나 닳아서 절삭도가 둔해졌을 때, 드레서(dresser)라는 날내기 하는 공구로 숫돌차의 표면을 깎아 숫돌 바퀴의 날을 세우는 조작. 정밀 연삭용에는 다이아몬드 드레서를 사용한다.

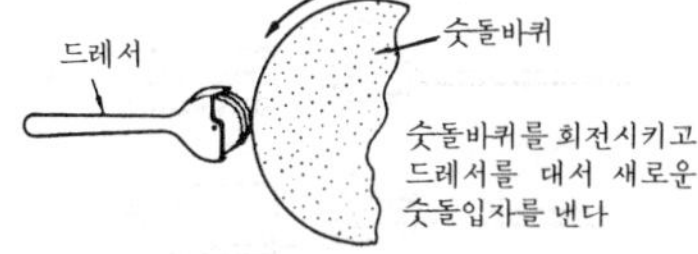

drill 조파기(條播機)[1], 드릴[2] ① 맥류(麥類) 또는 목초의 종자를 뿌리는 기계. ② 공작물에 구멍을 뚫기 위해 사용하는 공구. 주로 드릴링 머신에 끼워서 사용한다. 가장 일반적으로 사용되고 있는 것은 트위스트 드릴이나, 그 밖에 평 드릴, 심공용(深孔用) 드릴 등 여러 종류가 있다.

drill bush 드릴 부시 드릴, 리머, 시추봉 등을 공작물에 정확히 안내하기 위해 이용되는 부시.

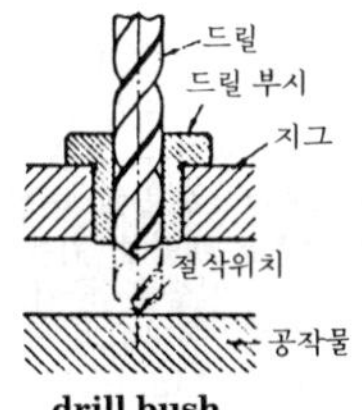

drill bush

drill chuck 드릴 척 스트레이트 생크 드릴을 중심에 고정시키는 척. 드릴링 머신, 선반으로 구멍을 뚫을 때에 이용된다.

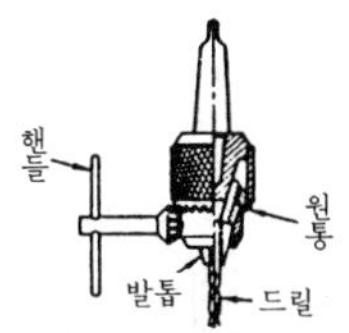

drill gauge 드릴 게이지 드릴의 치수, 드릴 끝의 원뿔 정각(頂角) 등을 검사하는 데 이용되는 게이지.

drill holder 드릴 고정구(-固定口), 드릴 홀더 =drill socket

drilling 드릴링, 구멍 뚫기 드릴로 구멍을 뚫는 작업.

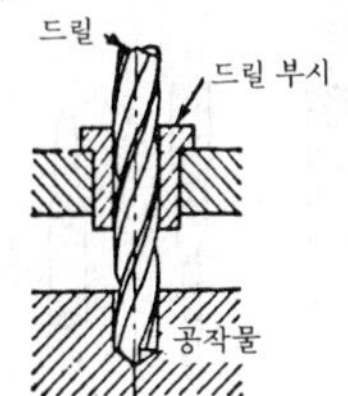

drilling machine 드릴링 머신 =drilling

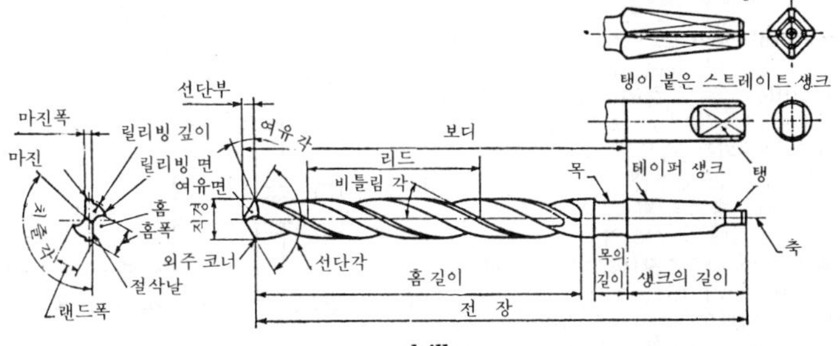

drill

press

drilling pillar 드릴링 필러 래칫 드릴로 구멍을 뚫을 때, 드릴이 받는 추력에 버틸 수 있도록 사용하는 공구.

drilling press 드릴링 머신, 드릴링 프레스 공작물을 테이블 위에 고정시키고 드릴의 회전과 이송을 주어 공작물에 구멍을 뚫는 기계. 볼반이라고도 하는데, 이는 독일어 Bohr Machine에서 나온 말이다. 구멍뚫기 외에도 스폿 페이싱, 리밍, 나사 절삭, 카운터 보링, 접시형 구멍파기, 보링 등에도 이용된다.

drill sleeve 드릴 슬리브 드릴링 머신 주축의 테이퍼 구멍의 지름보다도 드릴 자루의 테이퍼 지름이 작을 때 드릴을 주축에 부착하기 위한 공구.

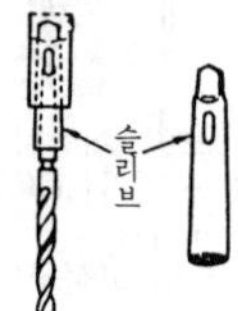

drill socket 드릴 소켓 작은 지름의 드릴을 드릴링 머신의 주축에 부착하는 공구를 말한다.

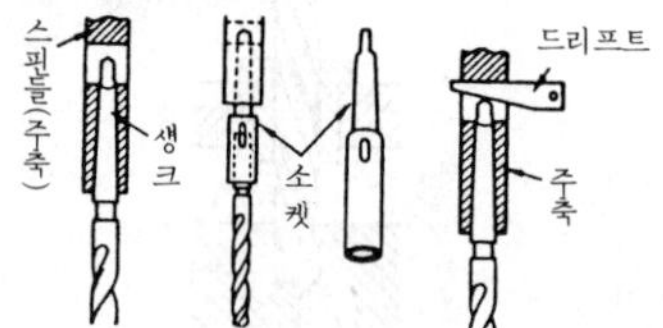

drill tap 드릴 탭 드릴과 탭을 조합한 것. 드릴부에서 예비 구멍을 뚫고 그대로 계속해서 나사 절삭을 할 수 있다.

drip-feed lubrication 적하 주유(滴下注油) =drop lubrication

driven pulley 종동 풀리(從動－), 종동차(從動車), 종차(從車) 전동 장치(傳動裝置)에서 구동되는 벨트차, 기어, 체인 기어, 마찰차 등을 말한다.

driven shaft 종동축(從動軸), 종축(從軸) 피동차나 종절에 고정된 축.

driven wheel 종동차(從動車), 종차(從車) =driven pulley

driver 원동절(原動節)[1], 드라이버[2] ① 링크 기구나 캠 기구와 같은 기구는 절(節 : link)의 조합이다. 이 중에서 동력이 들어오는 절을 원동절 또는 입력절(input link), 동력이 나가는 절을 종동절(從動節 : follower, driven link) 또는 출력절(output link), 운동하지 않는 절을 정지절(靜止節 : fixed link, frame), 원동절과 종동절을 연결하는 절을 중간절 또는 연결절(connector, connecting rod)이라고 한다.

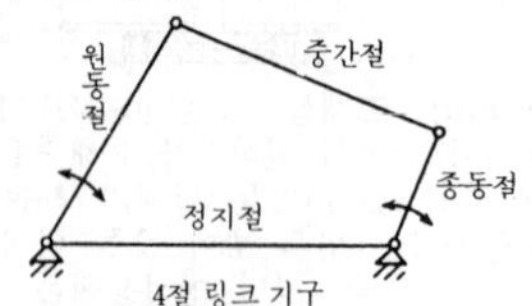

4절 링크 기구

② 나사를 죄거나 푸는 데 사용하는 공구. 나사 도리개라고도 한다.

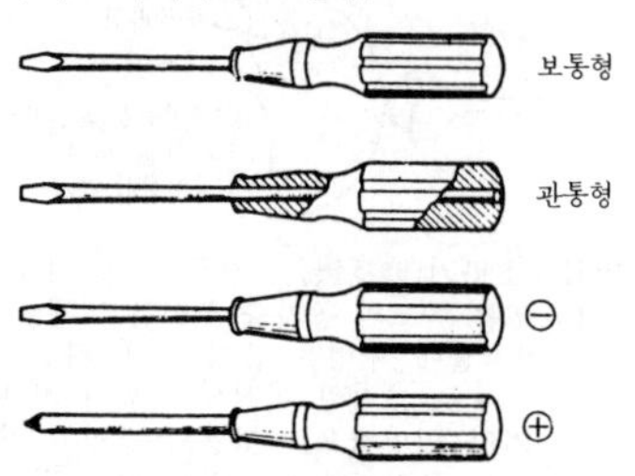

drive screw 때려 박음 나사 못을 때리듯 타입하여 고정하는 나사.

drive wheel 구동 휠(驅動－) 회전을 전달하는 경우의 구동측 휠(전달측 휠은 종동 휠이라고 한다). 구동 휠은 그림 (a)와 같이 전동기나 변속기 등의 구동원에 의해 회전 운동이 주어진다. 또, 그림 (b)와 같이 종동 휠과 페어로 사용된다. 공작 기계에서는 띠톱 기계(수직형, 수평형)에 널리 쓰이고 있다.

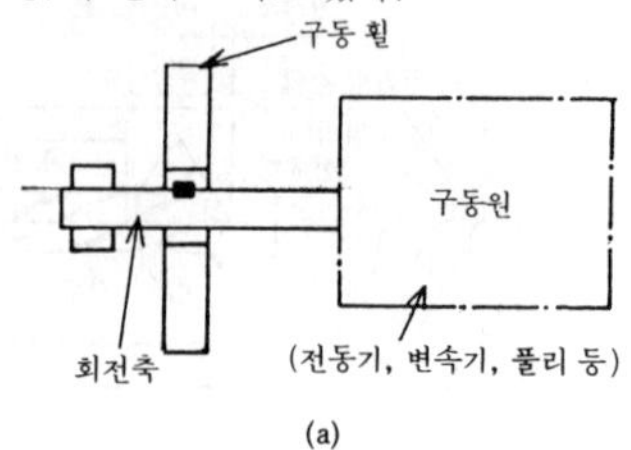

(a)

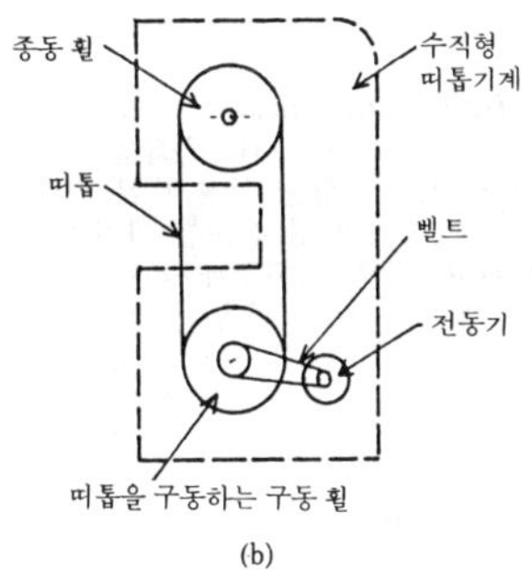

(b)

driving fit 때려 박음, 끼워 맞춤, 드라이브 핏 벨트차나 기어 등을 축에 고정시킬 경우 때려 박아 끼워 맞추는 것.

driving fit bolt 때려 박음 볼트, 끼워 맞춤 볼트, 드라이브 핏 볼트 =reamer bolt

driving force 구동력(驅動力) 어떤 속도로 기계를 운전하거나 또는 선박이나 자동차 등을 달리게 할 때 그 운동의 저항에 이겨내기 위한 힘. kg의 힘 단위로 나타낸다.

driving gear 구동 장치(驅動裝置) 기계·계기 등을 움직이게 하는 장치. 움직이게 하는 것을 구동체라 한다.

driving key 때려 박음 키, 드라이빙 키 묻힘 키(sunk key)의 일종. 키 홈에 때려 박아 축과 보스의 체결에 이용되는 키. 키는 1/100의 경사를 갖추고 있으며, 머리가 있는 것과 없는 것이 있다.

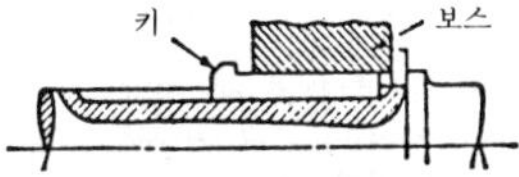

driving plate 회전판(回轉板)(선반의) 선반 부속품의 일종. 선반에서 공작품을 돌리기 위한 원판.

driving pulley 원동차(原動車) 외부로부터 동력을 받아 종동차(driven pulley)에 운동·동력을 전하는 바퀴.

driving shaft 원동축(原動軸)[1], 구동축(驅動軸)[2] ① 전동 장치에 있어서 원동절이나 원동차에 고정된 축.
② 원동기의 동력을 추진기(프로펠러나 차륜)나 기계의 작동을 위하여 회전력을 전달하는 축.

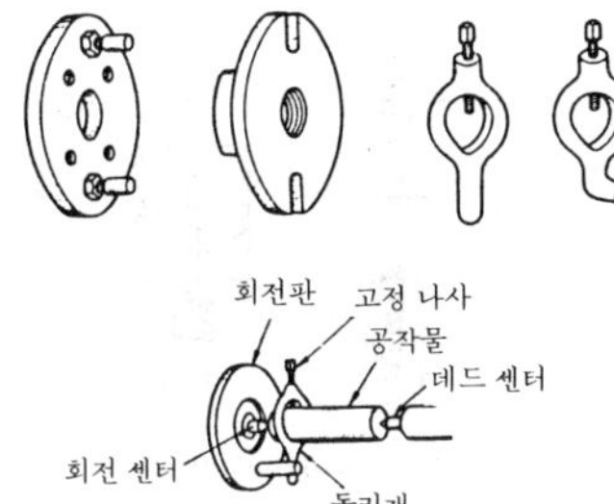

driving plate

driving torque 구동 토크(驅動－) 회전 중인 물체를 그 회전축 주위로 더욱 회전을 촉진시키기 위해 가해지는 우력(偶力). 또는, 정지 중인 물체를 그 회전축 주위로 회전시키기 위해 가해지는 우력.

dirving wheel 원동차(原動車), 동륜(動輪) 차륜 중에서 최초로 동력을 받아 구동되는 차륜. 이에 대해서 구동되지 않는 것을 피동륜이라 한다.

drop forging 낙하 단조(落下鍛造), 드롭 단조(－鍛造) 강철제의 해머를 적당한 높이에서 낙하시켜 그 충격으로 단조하는 방법.

drop hammer 드롭 해머, 낙하 해머(落下－) ① 단조용 기계의 일종. 경강제(硬鋼製)의 해머 머리를 적당한 높이에서 낙하시켜 단압(鍛壓)하는 기계. ② 멍키. 말뚝박기용 주철제의 추. 중량은 200~300 kg. 인력 또는 윈치를 일정한 높이로 끌어 올렸다가 낙하시켜 말뚝 박기를 한다.

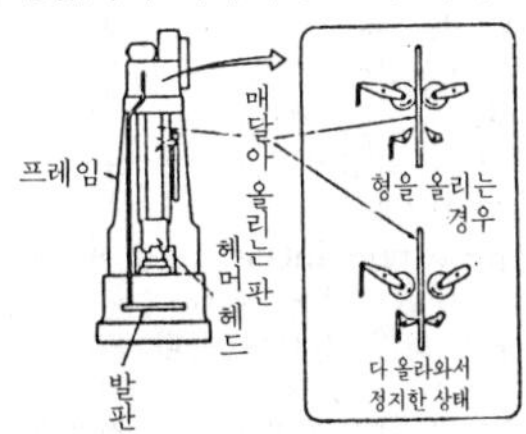

drop lubrication 적하 주유(滴下注油) 윤활유를 기름통으로부터 구멍, 바늘, 밸브, 심지 등을 거쳐 조금씩 자동적으로 적하시켜 주유하는 방법.

drop plate 낙하 화격자(落下火格子) 요동시킬 수 있는 짧은 화격자 편으로 이루

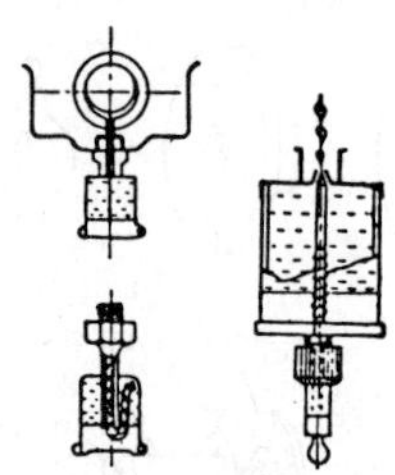

drop lubrication

어진 연소 장치.

drop test 낙하 시험(落下試驗) ① 차체나 비행기 기체의 전부 또는 차륜과 완충 장치만을 일정한 높이에서 낙하시켜, 지면에서의 충격에 대한 강도나 완충 기능을 확인하는 시험. ② 주강품(鑄鋼品)을 약 3m 높이에서 경질(硬質)의 지면에 낙하시켜 그 취성(脆性)을 검사하는 방법. ③ 아직 굳지 않은 콘크리트를 어떤 높이에서 낙하시켜, 그 퍼지는 정도에 따라 콘크리트의 시공 연도(施工軟度)을 판정하는 시험.

drop wire 인입선(引入線) 옥외 변압기로부터 각 가정, 공장 등 직접 전력을 소비하는 장소로 끌어 들인 전선.

drowned orifice 잠긴 오리피스 =submerged orifice

drum 드럼 속이 빈 원통형의 부품. 예를 들면, 증기 보일러의 드럼, 하역 기계의 드럼 등.

drum cam 원통 캠(圓筒－) =cylindrical cam

drum clutch 원통 클러치(圓筒－), 드럼 클러치 마찰면이 원통형인 마찰 클러치.

drum hoist 드럼 호이스트 드럼을 갖추고 그 축을 회전시킴으로써 감아 올리는 형식의 호이스트.

drum type turret lathe 드럼형 터릿 선반(－形－旋盤) 새들 위에 수평축으로 원판 모양의 회전 절삭대(터릿)를 고정시킨 선반.

dry air 건조 공기(乾燥空氣) 수분을 전혀 함유하지 않은 공기. 대기와 같이 수분을 함유한 공기를 습공기라 한다.

dry battery 건전지(乾電池) =dry cell

dry bearing 드라이 베어링 윤활유 급유를 전혀 필요로 하지 않는 베어링.

dry bituminous coal 건조 역청탄(乾燥瀝青炭), 비점결탄(非粘結炭) →bituminous coal

dry-bulb temperature 건구 온도(乾球溫度) 건습구 온도계(乾濕球溫度計)에 있어서 구(球) 주위를 적시지 않고 측정한 기온, 즉 공기의 참 온도를 가리키는 것.

dry cell 건전지(乾電池) 1차 전지의 일종. 탄소봉 또는 판을 양극으로 하고, 음극에는 용기를 겸용한 아연이 사용되며, 전해액으로서 염화 암모늄을 솜, 종이 등에 함유시킨 것. 휴대에 편리해서 라디오, 휴대용 전등 등에 널리 사용된다.

dry corrosion 건식(乾蝕) 금속이 고온에서 산화 분위기에 접촉되어 일어나는 부식.

dry distillation 건류(乾溜) 증류의 반대. 고체물을 공기를 단절시켜 가열 분해하는 조작. 건류 생성물은 보통 가스, 코크스, 타르 및 수용액을 발생시킨다.

dry dock 건식 선거(乾式船渠) 선반의 건조·검사·수리에 사용하는 조선용 시설. 해안을 파내고 그 입구를 폐쇄할 수 있게 되어 있으며, 주배수(注排水)함으로써 선체 공사가 가능하게 된다.

dry etching 드라이 에칭 서브 미크론 가공 기술의 하나. 감압된 용기 내에서 가스 또는 이온으로 에칭하는 방법. 웨트법에 비해 가공 정밀도가 향상된다. 플라스마, 스퍼터, 이온 등 세 가지 에칭법이 있다.

dry friction 건조 마찰(乾燥摩擦) 미끄럼 마찰 중에서 접촉면에 윤활제가 공급되지 않는 경우, 마찰 저항이 가장 높고 마모, 발열이 많다.

dry gas meter 건식 가스 미터(乾式－) 가정용 가스 미터. 가스를 사용하면 4개의 칸이 막판(膜板)에 의해서 교대로 팽창·수축하여 크랭크 기구가 연동해서 유량을 알게 된다.

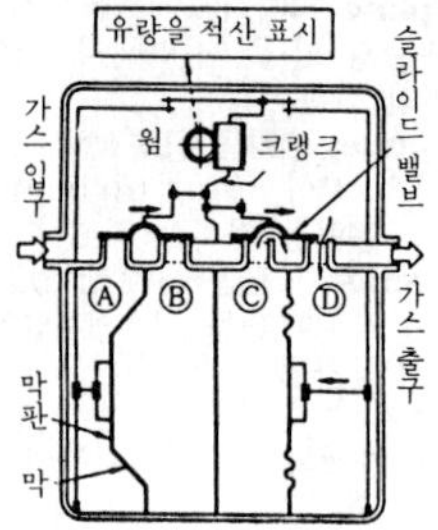

drying furnace 건조로(乾燥爐) 주조 작업에서 주형을 건조하기 위해 사용하는 노(爐).

dry lapping 건식 래핑(乾式－), 건식 랩법(乾式－法) 랩 다듬질의 한 방법. 랩 공구의 랩제(劑)와 랩액(液)을 혼합한 것을 바르고 다시 이것을 닦아낸 뒤 랩 다듬질하는 방법. 습식보다 광택이 나는 랩면을 얻을 수 있다.

dry liner 건식 라이너(乾式－) 냉각액에 직접 닿지 않는 실린더 라이너. →cylinder liner

dry lubrication 건조 윤활(乾燥潤滑), 드라이 윤활(－潤滑) 고체 윤활제 이외의 윤활제는 전혀 사용하지 않는 윤활법. 현재 시판되고 있는 것으로는, 수지 베어링, 고체 윤활제 함침 소결 금속, 고체 윤활제 매입 베어링, 흑연 미분(黑鉛微粉)을 금속 모재에 분포한 것 등이 있다.

dry sand 건조사(乾燥砂), 건조 모래 건조형에 이용하는 모래. 갯모래·바다 모래에 점토·코크스 등을 혼합한 모래.

dry sand mold 건조 사형(乾燥砂型) 주조 작업에서 건조형 모래를 이용하여 주형을 만들어 가열 건조하는 것. 중형, 대형에 이용된다.

dry saturated steam 건조 포화 증기(乾燥飽和蒸氣) 수분을 조금도 포함하지 않은 포화 증기, 즉 건조도 1과 같은 포화 증기.

D slide valve D형 슬라이드 밸브(－形－) 증기 기관에 쓰이는 가장 간단한 형식의 슬라이드 밸브로, 피스톤 양단에 교대로 증기를 공급하거나 배기한다.

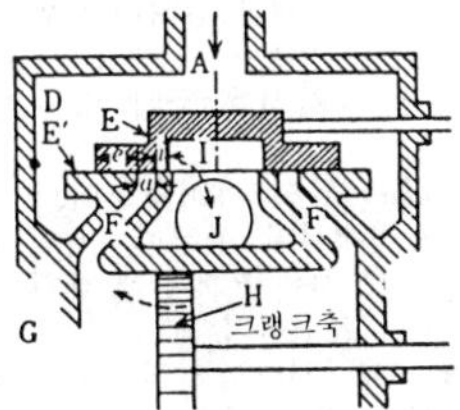

e：겉겹침, i：속겹침, a：급기구의 폭, A：급기관, D：밸브실, E：단순 미끄럼 밸브, F：급기구 및 증기통로, G：기통, H：피스톤, I：배기구, J：배기관, E′：밸브 시트

dual 듀얼 2조의 독립된 부분으로 하나의 물건이 구성되어 있는 경우에 사용하는 말.

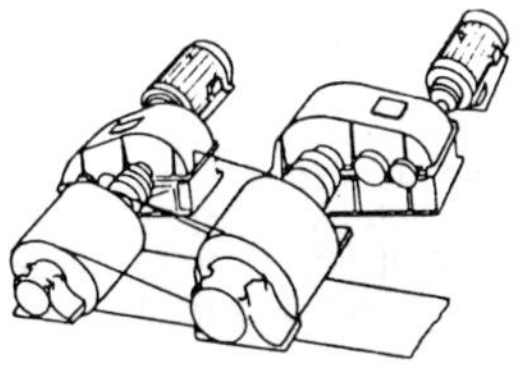

dual duct system 이중 덕트 방식(二重－方式) 온풍과 냉풍을 2개의 덕트로 송풍하고, 각 방 혹은 존(zone)마다 혼합 박스를 두어 적당한 공기 온도로 하여 뿜어내는 공기 조화 방식. 이 방식은 개별적으로 제어가 가능하며, 부하 변동의 응답성도 뛰어나다.

dual in-line package : **DIP** 디 아이 피 디지털 IC용으로 널리 사용되는 패키지의 일종. 플라스틱제와 세라믹제가 있으며, 모두 2.54mm 피치로서 핀이 2열로 병렬되어 있다.

Ducol steel 듀콜강(－鋼) 저(低)망간강(鋼)을 말한다. 인장 강도가 60∼65kgf/㎟로 크고 전연성(展延性)의 감소가 적으므로 철골, 교량 및 함선용 등의 부품으로 이용된다. C 0.2∼0.3%, Mn 1.2∼2.0%, 신장률 20%이다.

duct 덕트 공기, 기타 유체가 흐르는 통로. 공기일 경우에는 풍도(風道)라 하기도 한다.

ductile cast iron 덕타일 주철(－鑄鐵), 구상 흑연 주철(球狀黑鉛鑄鐵) ＝spheroidal graphite cast iron

ductile fracture 연성 파괴(延性破壞) 커다란 소성 변형을 수반하는 파괴. 연성(延性)이 매우 풍부한 재료일 때는 가늘게 늘어나면서 끊긴다.

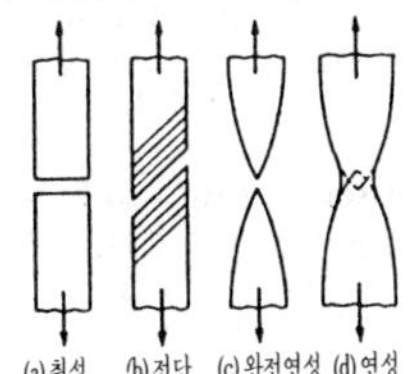

인장시험편의 파단형식

ductility 연성(延性) 물체가 탄성 한도를 넘는 외력에도 파괴되지 않고 가늘고 길게 늘어나게 되어 소성적으로 변형하는 성질.

ductility test 연성 시험(延性試驗) 판조각을 표준강 펀치에 의해서 반구상(半球狀)으로 압압(押壓) 변형시키는 시험.

ductilometer 연신계(延伸計), 신율계(伸率計) =extensometer

dummy 더미 ① 그 자신은 계측하지 않지만 그늘의 역할을 하는 것.

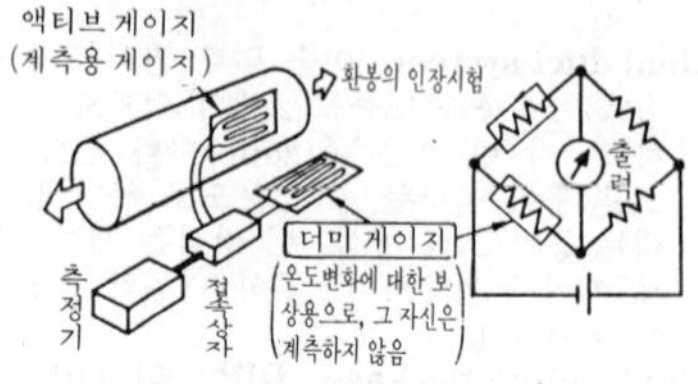

② 실험용 모델 인체 모형.

dummy piston 평형 피스톤(平衡－) = balance piston

dump car 덤프 카 적재함이 기울어지거나 바닥이 열리는 장치로 된 운반차.

dumping grate 낙하 화격자(落下火格子) →drop plate

dump truck 덤프 트럭 트럭의 짐차가 로프 혹은 유압 장치에 의해 후방 또는 측방으로 경사(55～70°)하여 짐을 자동적으로 내릴 수 있는 것으로, 전자를 리어 덤프(rear dump), 후자를 사이드 덤프(side dump)라고 부른다.

Dunkerley's formula 덩컬레이의 공식(－公式) 회전축에 많은 원판이 붙어 있는 로터의 최저차(最低次)의 위험 속도 n_{cr}을 간단히 계산할 수 있는 실험 공식.

duplex carburettor 쌍동 기화기(雙動氣化器), 복식 기화기(複式氣化器) 2개의 스로트(throat)를 갖춘 기화기.

duplex head milling machine 양두형 밀링 머신(兩頭形－) 밀링 주축대를 2개 갖추고 각각의 칼럼에 넣어져 있는 밀링 머신.

duplex nickel plating 이중 니켈 도금법(二重－鍍金法) 제1층에 유황을 함유하지 않은 무광택의 니켈 도금을 실시하고, 그 위에 유황을 함유한 광택 니켈 도금을 하는 방법.

duplex nozzle 복식 노즐(複式－) 가스 터빈의 연료 분사용의 일종인 와류 분사 밸브.

duplex pump 복식 펌프(複式－) 플런저 또는 피스톤 펌프의 실린더 2개를 1조로 한 펌프.

durability 내구도(耐久度)

durable year 내용 연수(耐用年數) 공장의 기계 설비 등 고정 자산이 몇 년 동안 사용할 수 있는지의 수명 연수로, 감가 상각의 주요한 표적이 되고 있다.

duralumin 두랄루민 동, 마그네슘 등을 포함한 알루미늄 합금. 주성분은 Cu 4%, Mn 0.5%, Mg 0.5%, 나머지 Al. 항공기, 자동차, 건축 재료 등에 사용된다.

durometer 두로미터 고무 재료, 합성 수지 등에 이용되는 스프링식 경도 시험기의 일종.

dust and mist collection 집진(集塵) 미세한 고체, 액체 등의 미립자가 부유하고 있는 가스체에서 이것들을 분리 제거시켜 청정(淸淨) 가스로 만드는 기계적 분리 조작을 집진이라 한다.

dust catcher 집진기(集塵機) =dust collector

dust coal 미분탄(微粉炭) =pulverized coal

dust collector 집진기(集塵機) 기체 중에 부유하는 먼지나 재를 분리하는 장치. 원심력을 이용해서 분리하는 사이클론식, 여과하는 백 필터식, 전기적으로 분리하는 코트럴(Cottrell)식이 그 대표적이다.

dustless unloader 더스틀리스 언로더 재에 습기를 주어 비산(飛散)을 적게 해서 반출하는 장치.

dust separator 먼지 분리기(－分離器) 기체 속에서 먼지 모양의 고체 미립자를 분리하는 장치. 체로 걸러내는 방법, 사이클론·더스트 컬렉터·포대를 이용한 백 필터, 물을 분사시켜 씻어 내는 방법 등이 있다.

duty cycle 듀티 사이클 어느 주어진 기간 가운데에서의 일정한 반복 부하의 패턴으로, 그 사이클 기간에 대한 운전 시간의 비로서 표현한다.

DX gas DX 가스 열처리에 이용되는 값싼 조정 분위기 가스로, N_2, H_2O, H_2, CO, CO_2로 이루어지는 가스를 수냉(水冷)한 다음 냉동기로 탈습한 것.

dye laser 색소 레이저(色素－) 레이저 물질로서 유기 색소를 적당한 용매(溶媒)에 녹인 상태로 이용하는 액체 레이저의 일종.

dynamical friction 동마찰(動摩擦) 물체

가 다른 물체에 접촉하면서 움직이고 있을 때 접촉면에 운동을 방해하는 힘이 작동하는 현상을 말하며, 그 힘을 동적 마찰력이라 한다. 이때의 마찰 계수를 동적 마찰 계수라 한다.

dynamic balancing 동적 균형(動的均衡) 회전축을 포함한 평면 내의 토크가 같고 상호 역방향의 평행한 한 조의 힘의 원심력은, 정적(靜的)으로는 $w_1r_1w^2/g = w_2r_2w^2/g$ 으로 균형이 잡혀 있더라도 작용 수평 거리 l에 의해서 축을 휘게 할 수 있는 힘이 발생한다. 이 힘을 없애는 균형을 말한다.

dynamic balancing test 동적 균형 시험(動的均衡試驗) 회전체의 회전 중 불균형을 측정하는 시험.

dynamic balancing tester 동적 균형 시험기(動的均衡試驗機) 회전체의 회전 중 불균형을 발견해 내는 장치.

dynamic brake 다이내믹 브레이크, 발전 제동(發電制動) 전동기를 발전기로서 작용시키고 그 출력을 저항기에 소비시킴으로써 에너지를 흡수시켜 제동하는 방법. 발전 제동에서는 기계 제동과 같이 마모 부분이 없는 것이 장점이지만, 저속시에는 제동력이 저하하고 정지시에는 기계를 유지할 수가 없다. 이러한 경우는 기계 제동을 병용해야 한다.

dynamic characteristics 동적 특성(動的特性) 시간적으로 변화하는 측정량에 대한 계측기의 응답 특성.

dynamic damper 동적 댐퍼(動的－), 다이내믹 댐퍼 금속 스프링으로 진동의 감쇠, 진폭의 감소를 시키는 장치. 강제 진동을 받는 진동체 A에 진동체 B(다이내믹 댐퍼)를 얹으면, B는 외력에 의한 강제 진동을 흡수하여 진동하고 A는 진동하지 않게 된다.

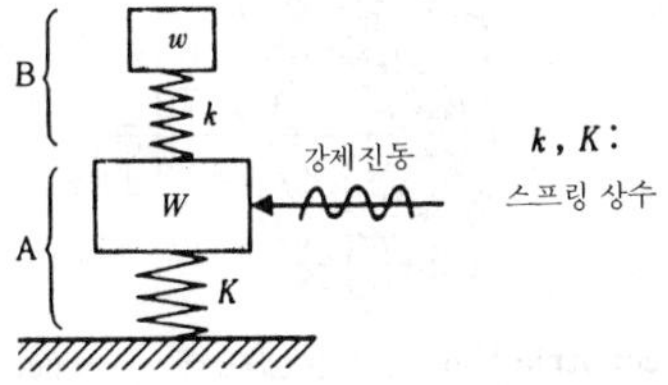

dynamic lift 동적 양력(動的揚力) 비행기에서 날개가 흐름 속에 놓여졌을 경우 흐름의 방향과 수직으로 작동하는(위로 올려 미는) 힘.

dynamic load 동하중(動荷重), 활하중(活荷重) →load

dynamic pressure 동압(動壓) 그림에서 P_d를 말한다. 관내(菅內)의 압력에는 정압 P_s(벽의 수직 방향), 동압 P_d, 전압(全壓) P_t가 있고, $P_t = P_s + P_d$의 관계가 있다.

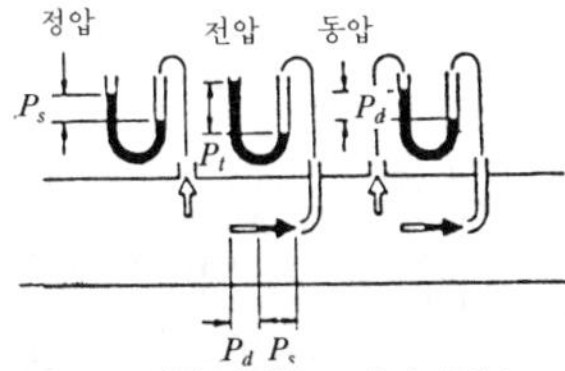

dynamics 역학(力學), 다이내믹스 물체와 물체 사이에 작용하는 힘과 이에 의해서 생기는 운동과의 관계를 논하는 학문을 말한다.

dynamic stress 동응력(動應力) 동적(動的)으로 작용하는 하중에 의한 재료의 응력.

dynamic test 동적 시험(動的試驗) 하중 및 변형량이 시간과 함께 변화하는 시험. 피로 시험, 크리프 시험, 충격 시험 등이 있다.

dynamite 다이너마이트 액상(液狀)의 리트로글리세린을 규조토, 니트로셀룰로오스 등에 흡입시킨 폭약. 용도는 토목 공사, 광산용.

dynamo 발전기(發電機) =generator

dynamometer 동력계(動力計), 다이너모미터 작업 기계의 소비 동력을 측정하는 데 이용되는 장치. 흡수 동력계와 전달 동력계로 대별된다.

dynamo oil 다이너모유(－油) 발전기나 전동기 등 고속도 베어링류에 사용되는 광물성 윤활유.

dyne 다인 힘의 CGS 절대 단위. 질량 1g의 물체에 $1cm/sec^2$의 가속도를 발생시키는 힘의 강도.

E

earphone 이어폰 전기계에서 음향계로 변환하는 전기 음향 교환기로, 귀에 대거나 또는 끼워서 사용하는 것.

earth 접지(接地)[1], 어스[2] ① 접지:300V 이하의 저압 기기의 봉입함(封入函). 전선관 등을 감전 방지를 위해 접지하도록 규정되어 있다.
② 전자 기기의 어스란 신호가 흐르는 루프를 만들 목적으로 광체(筐體)라든가 프린트 기판의 어스 부스(eart booth)라 불리는 배선 고정구에 배선하는 것.

earth plate 접지판(接地板) 대지 저항을 감소시키거나 안전한 접지를 하기 위해 땅 속에 묻는 동판.

ebonite 에보나이트, 경질 고무(硬質－) 생고무에 25~40%의 유황과 필요에 따라서 그 밖의 배합물을 첨가해서 열처리하여 만든다. 단단하고 탄성이 적은 흑색 수지 모양의 물질. 전기의 절연물, 즉 개폐기의 핸들, 절연관, 전기 기구의 커버, 축전지의 전조(電槽) 등에 널리 사용된다.

eccentric 편심(偏心), 편심기(偏心機), 익센트릭 편심 또는 편심 기구를 말한다.

eccentric disc 편심판(偏心板) 편심 내륜과 그 외주에 끼워진 편심 외륜으로 구성되는 것으로, 편심 내륜의 중심을 벗어난 위치에 회전축이 있다. 따라서, 내륜의 회전과 함께 편심 외륜은 원운동을 하게 되므로 크랭크와 같이 이용할 수 있다.

eccentricity 편심(偏心) 중심이 어긋나 있는 것.

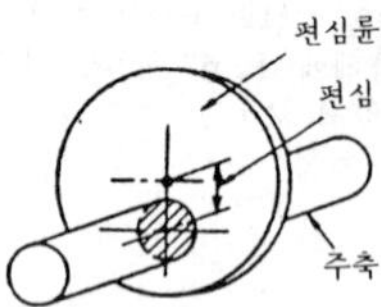

eccentric load 편심 하중(偏心荷重) 하중의 합력 방향이 그 물체의 중심(重心)을 통하지 않을 때의 하중.

eccentric press 편심 프레스(偏心－), 익센 프레스 판금 작업용 핸드 프레스의 대표적인 것. C형 프레임의 위쪽에 크랭크축이 전후 방향으로 통해 있는 프레스. 크랭크축의 선단(先端)을 익센트릭(편심)으로 하고, 이에 연결봉을 연결시켜 램을 상하 운동시킨다.

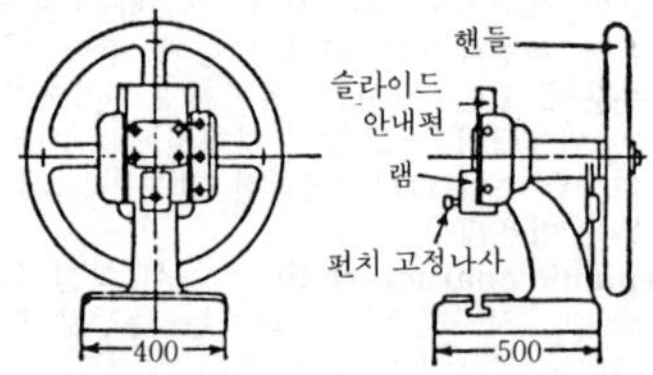

eccentric ring set 편심륜(偏心輪) 편심 거리를 반경으로 하고 주축(主軸) 주위를 편심 운동하여 회전 운동을 왕복 운동으로 바꾸거나 또는 그 반대 처리를 하는 동력 전달 장치.

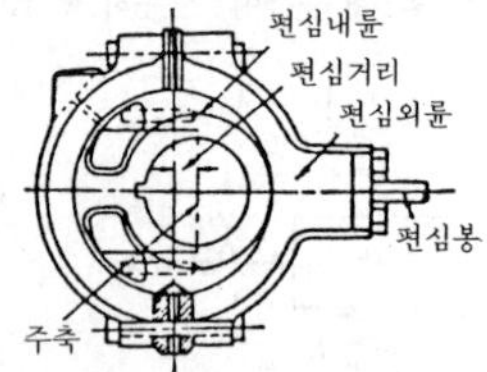

eccentric rod 편심봉(偏心棒) →eccentric

echo 반향(反響), 에코 하나의 관측점에서의 직접파와 구별할 수 있는 강도와 시간의 지연을 지닌 반사파.

echo sounder 음향 측심기(音響測深機), 측심기(測深機) 바닷속에 초음파를 발사하고 반사파가 되돌아오기까지의 시간을 잼으로써 수심을 측정하는 장치. 수심이 깊어짐에 따라 저주파를 쓴다. 같은 방식으로 어군을 발견하는 어군 탐지기, 전진 방향에 대하여 초음파를 주사시켜 다른 물표(物標)의 방위·도심·거리를 측정할 수 있는 소너 등이 있다.

economizer 절탄기(節炭機), 이코노마이저 보일러의 열손실이 가장 큰 연도(煙道) 가스의 열을 이용하여 급수를 예열하는 장치이다. 보일러는 절탄기를 설치함으로써 열효율이 향상되고 증발 능력을 증가하는 외에 보일러벽의 열응력과 부식을 감소한다. 또, 급수 중의 불순물을 일부 제거하는 효과도 있다.

eddy current 맴돌이 전류(-電流), 와전류(渦電流) 변화되고 있는 자장 내의 도체에 전자 감응(電磁感應)에 의해서 생기는 전류. 발견자인 프랑스인 이름(Foucault)을 따서 푸코 전류라고도 한다.

eddy current brake 맴돌이 브레이크, 와전류 브레이크(渦電流-) 와전류를 이용한 브레이크. 변화해 가고 있는 자계 중에 도체가 두어지면 전자 유도에 의해서 도체 내에 전류가 흐른다. 이것을 와전류라 하는데, 이 와전류와 자계 사이에 도체의 이동을 방해하려는 힘이 생긴다. 이 원리를 이용한 것이 맴돌이 브레이크 또는 와전류 브레이크이며, 아래 그림과 같은 구조예의 것이 있다.

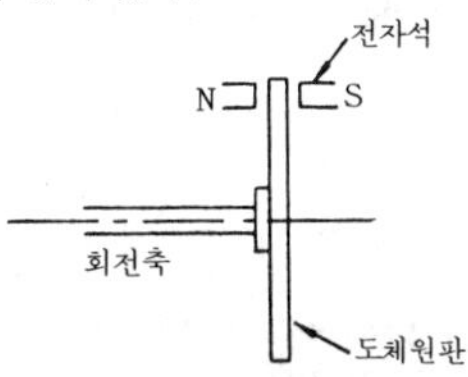

eddy current test 와류 탐상 검사(渦流探狀檢査) 비파괴 검사의 일종. 전기를 흘릴 수 있는 물체를 교번 자계(交番磁界: 방향이 바뀌는 자계) 속에 놓아 두면 전류가 흐르게 되는데, 만약 물체 내에 흠집이나 결함이 있으면, 전류의 흐름이 산란되어 변동하므로 그 변화의 상태를 관찰함으로써 물체 내의 결함 유무를 검사할 수 있다.

eddy diffusivity 에디 확산율(-擴散率), 맴돌이 확산 계수(-擴散係數) 난류에 있어서는 맴돌이가 심한 혼합 효과에 의해서 운동량, 열 및 물질 등이 수송, 확산된다. 그 크기를 층류(層流)의 경우를 본따 유체 중의 경사에 비례한다고 간주하고, 비례 계수를 맴돌이 확산 계수 또는 난류 확산 계수(turbulent exchange coefficient)라고 부른다.

edge 가장자리, 절삭날(切削-)

edge cam 측면 캠(側面-) 원통 캠의 안내 홈이 있는 곳에서 원통을 잘라 내고, 그 단면(端面)에 종동절(從動節)을 접촉시켜 전동(傳動)하는 캠.

edge file 칼날 줄, 측면날 줄(側面-) 마름모꼴 단면(斷面) 양쪽에 날이 있어 밀고 당길 때 같은 작용을 하는 줄. 목공의 톱날 세우는 데 적합하다.

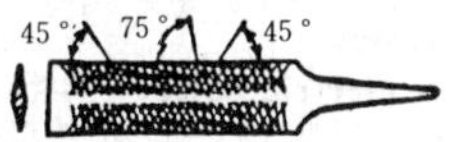

edge former 에지 포머 판금 굽힘 기계의 일종. 직선 또는 곡선의 가장자리 굽힘을 하는 기계.

edge grain 에지 그레인, 곧은결 널판(-板) →grain

edge joint 가장자리 이음, 끝 이음 모재를 겹쳐 양 단면(端面)을 용접하는 이음.

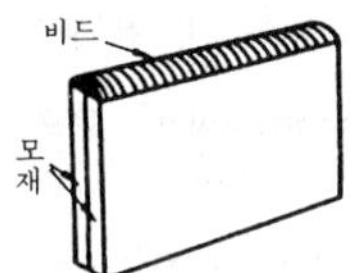

edge preparation 모서리 가공(-加工) 용접할 수 있도록 모서리를 가공하는 것을 말한다.

edge runner mill 에지 러너 밀 파쇄기(破碎機)의 일종. 무거운 롤러가 회전하여 맴돌이 자리와의 마찰에 의해서 그 속에 넣어져 있는 물질을 분쇄, 혼합하는 기계를 말한다.

edge stretch 에지 스트레치 롤 포밍(roll forming)할 때에 생기는 판 좌우 양단의 신장을 말한다. 파상(波狀)으로 변형된다. 에지 백 링이라고도 한다.

edge weld 가장자리 용접(-鎔接) 겹쳐진 모재의 가장자리를 용접하는 것.

E

Edison battery 에디슨 전지(－電池) 알칼리 축전지의 대표적인 것.

Edison effect 에디슨 효과(－效果) 진공 전구 안에 필라멘트와 사이를 벌려 전극을 두고, 필라멘트를 가열시켜 －로, 새로운 전극을 ＋가 되도록 전지를 접속시키면 전류가 관 속을 흐르게 된다. 이것은 가열된 필라멘트에서 열진자(熱電子)가 방출되면 전자는 －이기 때문에 ＋의 전극으로 흡인되어 전류가 흐르게 된다. 이것을 발견자의 이름을 따서 에디슨 효과라 한다.

effective diameter 유효 지름(有效－) 예를 들면, 나사의 유효 지름이란 수나사와 암나사가 접촉되고 있는 부분의 평균 지름을 말한다.

effective electric power 유효 전력(有效電力) 일반적으로 단순히 전력이라 불리고 있는 것. 교류 회로에 있어서 전압의 실효값을 V, 전류의 실효값을 I, 위상차를 θ라 한다면, 유효 전력 $P=VI\cos\theta$로 나타내어진다.

effective head 유효 낙차(有效落差)[1], 유효 수두(有效水頭)[2] ① 자연 낙차, 즉 전낙차(全落差)에서 이용할 수 없는 손실 낙차를 뺀 실제의 낙차. ② 전수두(全水頭)에서 손실 수두를 뺀 실제의 수두를 말한다.

effective horsepower 유효 동력(有效動力), 유효 마력(有效馬力) ＝brake horsepower

effective length of weld 유효 용접 길이(有效鎔接－) 설계된 치수대로의 용접 단면을 갖는 용접선 전체의 길이.

effective power 유효 동력(有效動力) 주어진 동력원의 동력 중 기계 손실을 제한 실제로 사용할 수 있는 동력.

effective pressure 유효 압력(有效壓力) 피스톤 양측의 압력차와 같이 실제로 유효한 힘으로 작동하는 압력.

effective sectional area 유효 단면적(有效斷面積) 구조 계산에서 유효하다고 간주되는 재료의 단면적.

effective tension 유효 장력(有效張力) 벨트나 로프 등의 전동(傳動)에서 당기는 측의 장력으로부터 느슨한 측의 장력을 뺀 것이 원동차(原動車)에서 종동차(從動車)로 힘이 전해진다. 이 힘을 유효 장력이라 한다.

effective throat thickness 유효 목 두께(有效－) 용접에서 과잉 용착 부분을 제외한 목 두께.

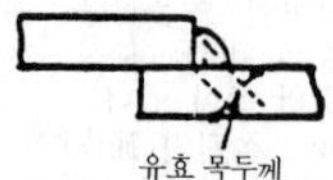

effective value 실효값(實效－), 유효값(有效－) ① 어떤 효과에 관해서 다른 기준적인 경우와 동등해질 수 있는 값. ② 교류의 최대값. $1\sqrt{2}$=실효값

effervescenced steel 림드 강(－鋼) ＝rimmed steel

efficiency 효율(效率) 외부로부터 기계에 들어오는 에너지(입력)와 기계가 실제로 외부로 방출하는 유효한 에너지(출력)와의 비(比).

efficiency curve 효율 곡선(效率曲線) 효율 시험 결과에서 얻어진 효율의 값을 나타내는 데 있어서 부하를 가로축에 잡아 나타낸 곡선.

efficiency of boiler 보일러의 효율(－效率) 증기에 흡수된 열량과 이에 사용된 연료의 발열량과의 비.

efficiency test 효율 시험(效率試驗) 펌프·수차(水車)·기관·터빈 등의 기계의 값을 내는 데 있어서 부하를 여러 가지로 바꾸어서 내는 시험.

efflux angle 유출각(流出角) →fluid inlet angle

effusion cooling 삼출 냉각(滲出冷却) 가스 터빈의 날개 냉각법의 하나. 소결 합금과 같은 다공질의 재료로 날개를 만들고, 냉각 공기를 그 내부로부터 배어 나올 수 있도록 불어 내어 냉각시키는 방법.

Ehrhardt process 에르하르트법(－法) →Mannesman process

eighteen Cr-eight Ni stainless steel 18-8 스테인리스강(－鋼) Ni을 황산, 염산에 대해서 유효하게 작용할 수 있는 최저량인 8%를 포함시키고, 반대로 Cr은 황산, 염산에서의 내식성이 격감할 일보 직전인 18%로 억제한 것으로, 내식성 및 금속 조직면에서 보아 안전성의 한계에 도달한 성분이다. 그래서 이러한 명칭이 붙은 것이다.

ejector 이젝터[1], 밀어내기[2] ① 압력이 있는 증기, 공기, 물을 노즐에서 분사시켜 주위의 증기나 물을 배출시키거나 응축시키는 장치. 또는, 스크랩이나 배토(排土)의 방출 장치를 말한다. ② 판금 가공이나 플라스틱 성형에서 다이 또는 금형 속으로부터 제품을 밀어내는 작용을 하는 것.

ejector condenser 이젝터 복수기(－復水器) 증기와 냉각수를 혼합시키는 복수기. 상부 노즐에서 냉각수를 분사시켜 배기를 흡입하면서 복수하는 장치.

ejector pin 압출봉(押出棒), 압출 핀(押出－) 성형에서 제품을 밀어내기 위해 금형에 부착된 핀.

elastic after-effect 탄성 잔효(彈性殘效) 재료에 영구 변형을 일으키게 하면 그 양이 시간의 경과에 따라서 변화되는 현상으로, 예를 들면 연강재(軟鋼材)를 인장해서 영구 변형 OC를 주게 되면, 이 양은 시간의 경과와 함께 그림의 파선과 같이 감소되어 OD로 된다.

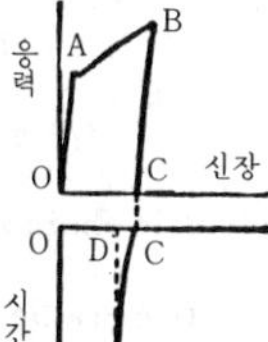

elastic bond 탄성 결합제(彈性結合劑), 일래스틱 결합제(－結合劑) 숫돌 성형용의 결합제. 레지노이드·셸락·탄성 고무 등의 결합제를 총칭해서 말한다.

elastic break-down 탄성 파손(彈性破損) 물체에 하중이 걸려 조금이라도 영구 변형이 생겼을 때, 재료는 탄성 파손이 시작되었다고 한다.

elastic collision 탄성 충돌(彈性衝突) 충돌할 때 양쪽 물체가 탄성 변형만을 일으킬 것 같은 경우의 충돌.

elastic constant 탄성 상수(彈性常數) 탄성 계수, 프와송 비, 체적 탄성 계수는 등방성 탄성체(等方性彈性體)에서는 각각 일정한 관계가 있다. 이들의 양을 총칭해서 탄성 정수라 한다.

elastic coupling 탄성 축이음(彈性軸－) 플랜지를 고무·가죽·스프링과 같은 탄성체를 개입시켜 간접적으로 연결하는 축이음.

elastic curve 탄성 곡선(彈性曲線), 휨 곡선(－曲線) 재료가 탄성에 의해서 변형할 때, 그 축선(軸線)이 이루는 곡선.

elastic deformation 탄성 변형(彈性變形) →elasticity

elastic failure 탄성 파손(彈性破損) = elastic break-down

elastic hardness 탄성 경도(彈性硬度) 쇼어 경도(Shore hardness)와 같이 주조 재료의 탄성에 기초를 두고 측정된 경도.

elastic hysteresis 탄성 히스테리시스(彈性－), 탄성 이력(彈性履歷) 물체가 외력에 의해서 파괴되기 이전에 변형된 일부는 외력이 제거된 후에도 영구 변형으로서 잔류되며, 변형과 응력과의 관계는 그 물체가 경과한 이력에 따라 달라진다. 이것을 탄성 히스테리시스라 한다.

elasticity 탄성(彈性) 응력은 어느 한도 내에서는 가해진 하중을 제거해서 응력을 없애게 되면 변형도 없어져서 재료는 원상태로 복귀한다. 이 성질을 탄성이라 한다.

elastic limit 탄성 한계(彈性限界), 탄성 한도(彈性限度) =limit of elasticity

elastic modulus 탄성 계수(彈性係數) = modulus of elasticity

elastic region 탄성 영역(彈性領域), 탄성역(彈性域) 물체에 작용하는 하중에 의한 응력과 변형이 정비례하는 영역. 이 범위 내에서는 하중을 제거하면 변형은 소멸된다.

elastic strain 탄성 변형(彈性變形) = elasticity

elastic strain energy 탄성 변형 에너지(彈性變形－), 탄성 에너지(彈性－) = resilience

elastic support 탄성 지점(彈性支點) 지점 부분의 강성의 영향으로 그 변형량의 함수가 되는 반력(反力)을 받는 지점을 말한다.

elastic surface 탄성 곡면(彈性曲面) 탄성체의 변형에 의해서 생기는 탄성체면의 형상.

elastomer 탄성 중합체(彈性重合體), 일래스토머 고탄성, 고분자에 주어진 총칭으로, 보통은 상온 부근에서 고무 탄성을 나타내는 고분자 물질을 말한다.

elastomeric bearing 일래스토머릭 베어링 그림에 나타난 바와 같이 두께 0.7~2mm의 탄성이 있는 것(일래스토머)과 거의 같은 두께의 금속 심(shim)을 교대로 적층 밀착(積層密着)시킨 것으로, 회전축의 지지가 아니라 일래스토머의 전단 변형(剪斷變形)에 의해서 요동 운동만을 지지하는 베어링이다.

elbow 엘보 이형관(異形管)의 하나. 서

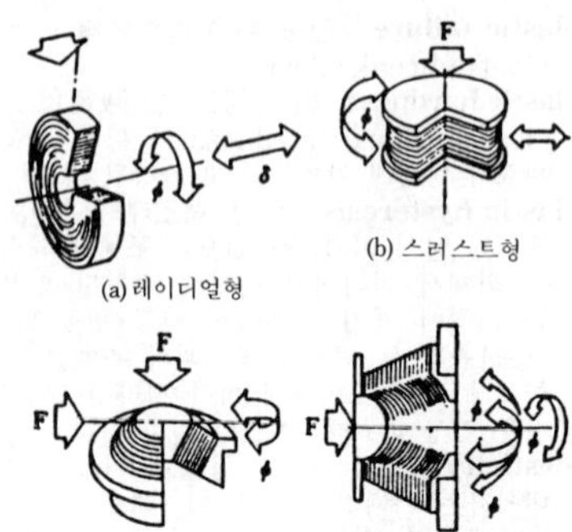

(a) 레이디얼형 (b) 스러스트형
(c)코니컬형 (d)스웰리컬 샌드위치형

elastomeric bearing

로 어떤 각을 이루는 관의 접속에 이용되는 관이음을 말하며, 곡률 반경(曲率半徑)이 현저히 작은 것을 말한다. 비교적 큰 것은 벤드(bend)라 한다.

electret 일렉트릿 절연체 속에 영구적으로 전하(電荷)를 보존 유지하고 그 주위에 전계를 만드는 것.

electrical contact materials 전기 접점 재료(電氣接點材料) 전기 접점에 이용되는 재료로, 전도성이 좋고, 아크에 의한 이전(移轉)이나 소모, 접촉 저항이 적어 내마모성, 내용착성, 내분위기성의 성질이 있다.

electrical resistance furnace 전기 저항로(電氣抵抗爐) 전기 저항이 크고 내열성이 좋은 전도 재료에 전류를 흘리고, 그 줄(joule) 열로 목적물을 가열하거나 건조하는 노(爐).

electrical wire 전선(電線) 전기의 도체로 만들어진 선. 동선, 철선, 알루미늄선 등이 있다.

electric arc furnace 아크로(-爐), 전기가마(電氣-) =arc furnace

electric arc welding 아크 용접(-鎔接) =arc welding

electric boiler 전기 보일러(電氣-) 전기 온수기의 일종. 전열로 물을 가열해서 증기를 발생시키는 특수한 소형 보일러.

electric brake 전기 브레이크(電氣-), 전기 제동기(電氣制動機) 차량의 전기 브레이크에는 발전 저항, 전력 회생(電力回生), 맴돌이 전류 제동 등이 있다. 앞의 두 가지는 저항기에 발전된 전류를 흘려서 역방향의 토크를 발생시키는 방법이고, 마지막 것은 발전 전력을 전원으로 되돌리는 방법이다. 전기 브레이크에는 이 밖에 주파수 제어, SCR 을 이용해서 전압 제어하는 제동이나 비상 브레이크로서의 역상(逆相) 제동이 있다.

electric brazing 전기 경랍땜(電氣硬蠟-) 전기 회로의 일부에 집중된 열에 의해서 땜질하는 방법으로, 보통 전기 납땜인두로써 처리한다.

electric cap 전기 뇌관(電氣雷管) 금속관 속에 기폭약과 첨장약(添裝藥)을 장전하고 전기 점화 장치 및 필요에 따라 시한 장치를 설치한 것으로, 폭약을 폭발시킬 목적으로 사용한다.

electric chain hoist 전기 체인 블록(電氣-) 전동기로 구동하는 체인 블록.

electric cradle dynamometer 전기 동력계(電氣動力計) 발전기의 케이싱을 요동시킬 수 있는 구조로 하고 여기에 저울을 부착시킨 것. 이것이 회전자를 원동기축에 연결해서 동시에 회전하는 케이싱에 반동 모멘트가 가해지므로, 저울로 이것을 측정하여 토크를 구하는 방식의 동력계이다. 정밀도가 좋아서 주로 고속 기관의 출력 계산에 이용된다.

electric current 전류(電流) 전기가 잇달아 도체 내를 흐르는 현상. 전위(電位)가 서로 다른 두 물체를 도선으로 연결시켰을 때, 전기가 그 도체 내를 흐르는 것을 말한다.

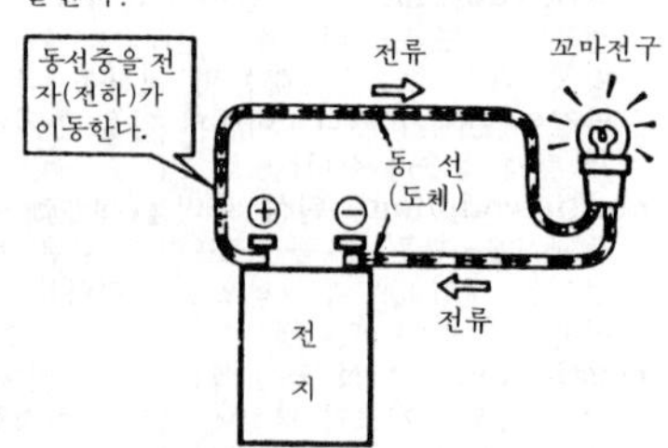

electric discharge forming process 방전 성형법(放電成形法) 콘덴서에 축적된

커다란 전기적 에너지는 기름, 물 등의 액속에서 순간적으로 개방하여, 방전주(放電柱)와 주위 매체액과의 상호 작용에 의해서 발생하는 폭발적 충격 압력파와 가스 팽창 압력을 금속판 또는 파이프재에 작용시켜 정밀 프레스 성형을 하는 것을 말한다.

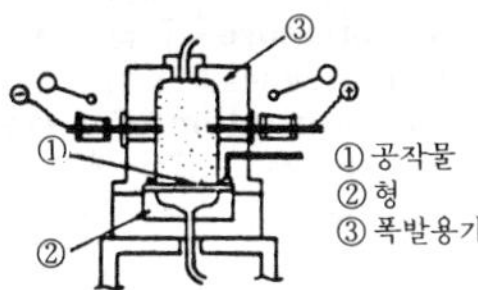

electric drill 전기 드릴(電氣−) 전동기를 구비하고 그 회전은 기어 장치로 감속시켜 드릴을 돌림으로써 금속에 구멍을 뚫는 휴대용 구멍 뚫기 기계. 손으로 받치고 조작한다.

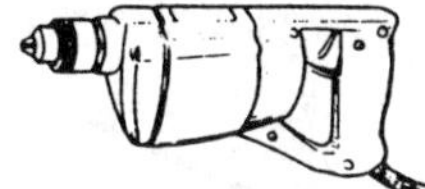

electric dynamometer 전기 동력계(電氣動力計) 원동기의 동력을, 발전기를 회전시킴으로써 전기적으로 측정하는 장치.

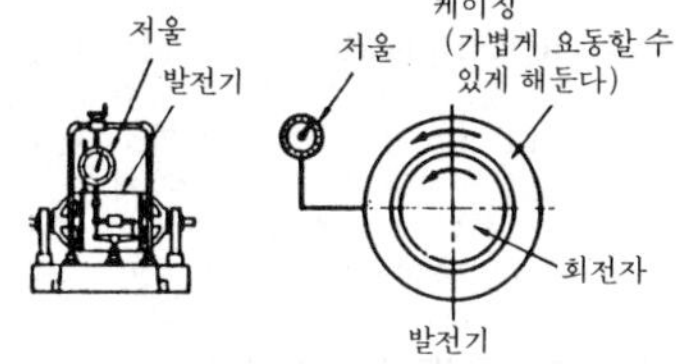

electric energy 전력량(電力量) 전력과 시간과의 곱. 단위는 와트시(Wh) 및 킬로와트시(kWh).

electric eye : EE 자동 조리개(自動−) 카메라에 사용하는 자동 조리개 기구를 말한다. 밝기에 따라 적정한 노출이 될 수 있도록 조리개를 조정하는 작동을 하는 것.

electric field 전계(電界), 전장(電場) 대전체(帶電體)의 주위 공간에 다른 대전체를 놓게 되면 여기에 힘이 작용한다. 이 힘이 작용하는 공간을 전계라 하며, 물리학에서는 전장이라 한다.

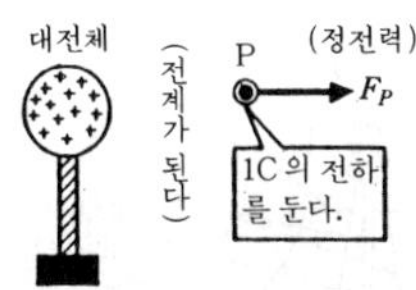

eldctric field

electric furnace 전기로(電氣爐) 전류의 열 효과를 이용한 노(爐). 저항로, 아크로, 유도 전기로의 3종류가 있고 조작이 쉽다. 용도는 전열 화학 제품의 제조, 금속의 정련(精鍊), 용융, 열처리 등 응용 범위가 넓다.

electric grinder 전기 그라인더(電氣−) 전동기가 달린 소형 그라인더.

electric heating 전열(電熱) 전기 에너지를 변환시켜 얻어진 열 에너지. 다른 열원에 비해서 조절이 자유롭고 위생적이며, 원거리 조작도 용이하기 때문에 널리 사용되고 있다.

electric hoist 전기 호이스트(電氣−) 소형의 전기 호이스트. 레일에 매달려 이동하고 바닥에서 버튼이나 로프로 조작한다.

electric ignition 전기 점화(電氣點火) 전기 불꽃에 의한 점화법의 총칭. 저압 전기 점화와 고압 전기 점화가 있다. 일반적으로 후자가 많이 채용되고 있으며, 이것은 다시 축전지 점화와 마그넷 점화로 나뉜다.

electric indicator 전기식 인디케이터(電氣式−) 고속 내연 기관 실린더 내의 가스 연소 상태를 기록하는 장치. 실린더의 가스압을 전기 용량으로 바꾸어 오실로그래프에 기록하는 방법.

electric lamp 전구(電球) 보통 백열 전구를 말한다. 전류의 발열 작용을 이용해서 필라멘트(가는 선)를 가열 발광시키는 전구.

electric locomotive 전기 기관차(電氣機關車) 다수의 객차·화차를 견인할 목적의 기관차. 강력한 전동력 설비를 갖추고 있다.

electric micrometer 전기 마이크로미터(電氣−) 길이의 측정기. 길이의 얼마 안 되는 변위를 그것과 일정한 관계에 있는

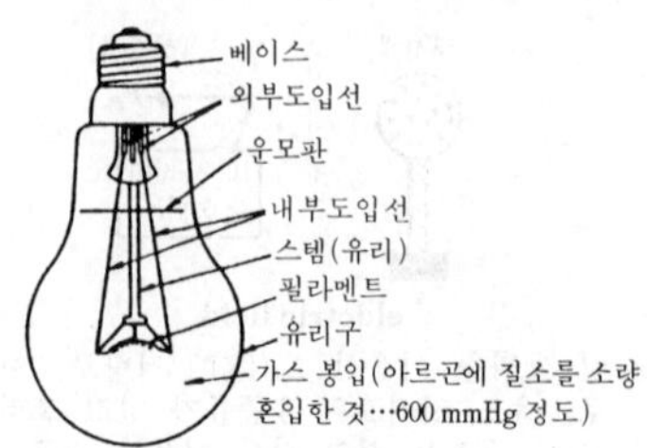

electric lamp

전기값으로 바꾸고, 다시 이것을 전기 측정 회로로 관측할 수 있는 양으로 바꾸어서 측정하는 장치.

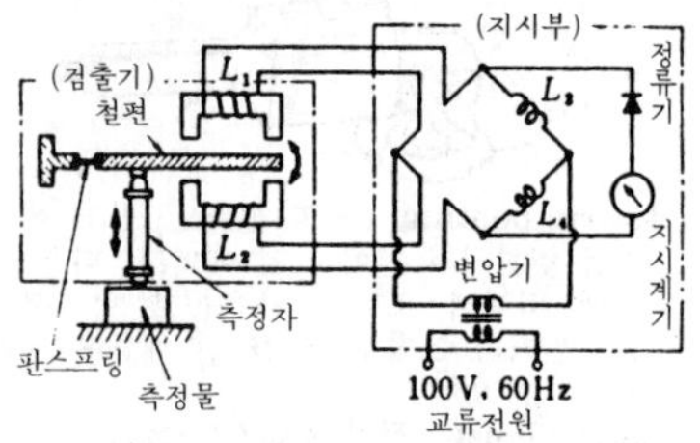

electric motor 전동기(電動機) 전력의 공급을 받아 기계 동력을 발생하는 원동기. 직류 전동기와 교류 전동기로 대별된다.

electric power 전력(電力) 단위 시간 내에 도체 기기 내에서 소비되는 전기 에너지의 양.

electric power plant 발전소(發電所) 발전기를 돌려서 전력을 발생시키는 곳. 수력 발전소, 화력 발전소, 원자력 발전소의 3종류로 대별된다.

electric precipitator 전기 집진 장치(電氣集塵裝置) 코트렐 탈진 장치(cottrell precipitators)와 2단식 탈진 장치(two-stage precipitators)가 있다. 전자는 직류 고전압에 의한 코로나 방전을 이용한 공업적인 탈진 장치로, 입자의 지름이 작은 것에 적용되고, 후자는 주로 공기 조정용으로 이용되고 있다.

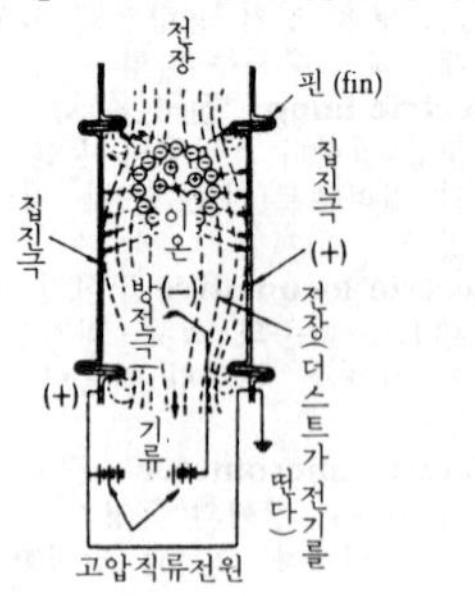

electric pressure 전압(電壓) =potential difference

electric prevention of corrosion 전기방식(電氣防蝕) 방식 대상 금속에 외부에서 전류를 공급하여 부식을 방지하는 방법. 음극 방식(캐소드 방식)이란, 방식 대상이 되는 금속에 그 금속보다 낮은 품질의 비금속(卑金屬)을 그림과 같이 연결하고, 이것으로 희생 금속으로서 대신 부식시키는 것이다. 또, 부동태화(不動態化)하기 쉬운 금속을 양극으로 해서 부동태의 상태로 보존 유지하면서 방식의 효과를 발휘시키는 방법을 양극 방식법이라고 한다.

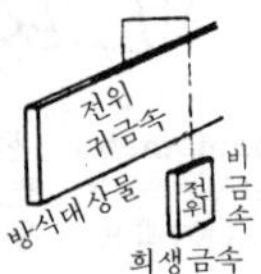

electric refrigerator 전기 냉장고(電氣冷藏庫) 증기 압축기, 응축기, 캐필러리 튜브(capillary tube), 증발기로 이루어지는 냉동 장치를 써서 보온된 캐비닛 내를 빙점 이하의 저온으로 유지하여 주로 식품을 보존하는 냉장고. 압축기의 구동을 전력으로 하는 것을 말한다.

electric resistance welding 전기 저항 용접(電氣抵抗溶接) 접합할 양 금속을 접촉시켜 전류를 흘리면 접촉부는 고온으로 된다. 이때 압력을 가하여 접합시키는 용접법.

electric resistance weld pipe 전봉관(電縫管), 전기 저항 용접관(電氣抵抗鎔接管) 관의 세로 방향의 이은 곳을 전기의 저항열로 용접한 것.

electric soldering iron 전기 납땜 인두(電氣−) 내부에 감긴 니크롬선에 전류를

통과시켜 그로 인해 발생된 열에 의해서 동편(銅片)을 가열하게 되는 땜질 인두.

electric spark machine 방전 가공기(放電加工機) 방전 현상을 이용해서 공작품을 가공하는 특수 공작 기계. 초경 합금, 담금질한 고속도강, 내열강 등과 같이 극히 단단한 재료의 구멍 뚫기, 절단, 연삭 등을 용이하게 할 수 있다.

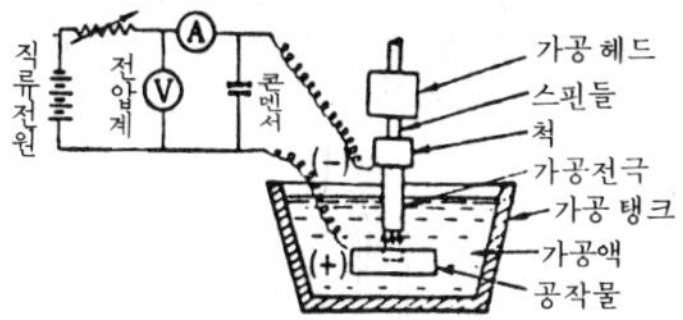

electric starter 전기 시동기(電氣始動器), 전기식 스타터(電氣式－) 전동기를 사용한 기관의 시동 장치. 직류 전동기가 쓰이며, 감속하여 크랭크축을 회전시킨다.

electric steel 전기로강(電氣爐鋼), 전기강(電氣鋼) 규소 강판의 별명. 저탄소강에 Si 0.5～4%를 포함시킨 것으로, 전기 기기에 다량으로 사용되고 있다.

electric welder 전기 용접기(電氣鎔接機) 전기 용접을 능률적으로 하기 위한 전문 기계.

electric welding 전기 용접(電氣鎔接) 전열을 이용해서 금속을 용융, 접합하는 방법. 저항 용접과 아크 용접으로 대별된다.

electric welding machine 전기 용접기(電氣鎔接機) ＝electric welder

electric winch 전기 윈치(電氣－) 전력을 이용해서 권동(捲胴)에 와이어 로프를 감아 물건을 달아 올리는 기계.

electric wire 전선(電線) ＝electrical wire

electro- 일렉트로 「전기의(電氣－)」라는 뜻의 연결형.

electrocatalyst 전기 화학적 촉매(電氣化學的觸媒) 반응계와 전극의 계면에서 일어나는 전하 이동 반응을 촉진하는 촉매.

electrochemical machining 전해 가공(電解加工) 공구를 음극, 공작물을 양극으로 하고, 이 사이에 전해액을 흐르게 하여 대전류 밀도에서 공작물을 가공한다. 공구와 공작물이 접촉되는 것을 전해 연삭이라 하고, 접촉되지 않은 것을 전해 형조각(電解型彫刻)이라 한다. 일반적으로 전해 가공이라고 하는 것은 후자를 뜻한다.

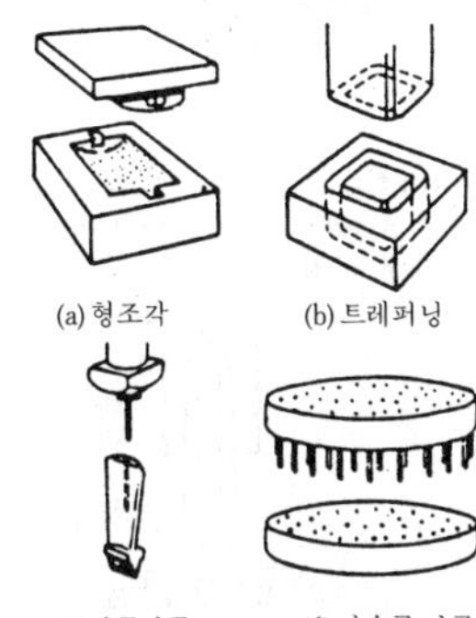

(a) 형조각 (b) 트레퍼닝 (c) 세공가공 (d) 다수공 가공

electrochromic display 일렉트로크로믹 디스플레이 전압을 가하거나 또는 전류를 흘림으로써 변색되는 물질을 사용한 표시 장치.

electrochromic materials 일렉트로크로믹 재료(－材料) 전기적인 작용에 의한 물질을 가역적인 발색(發色) 또는 발광 현상을 일렉트로크로미즘이라 하고, 그와 같은 작용을 나타내는 재료를 일렉트로크로믹 재료라 한다.

electroconductive glass 전도성 유리(電導性－) 투명하고 전도성이 있는 유리. 승용차의 창, 신호등 유리의 눈(雪)이나 물방울 막이, 또는 난방이나 온실에의 응용이 가능하다.

electrode 전극(電極)[1], 용접봉(鎔接棒)[2]
① 전류를 유입 또는 유출시키는 곳. 음극과 양극이 있다. 전지의 전극, 진공관의 전극, 콘덴서 등의 전극 등 여러 종류가 있다.
② 아크 용접 또는 가스 용접에서 용접 부분에 녹여 접합을 하는 금속봉. 나봉(裸棒)과 피복봉이 있고, 또 철강재 용접봉

(탄소강, 주철, 특수강 등)과 비철금속 용접봉으로 나뉜다.

electrode holder 전극 홀더(電極－), 용접봉 홀더(鎔接棒－) 아크 용접구의 일종. 용접봉을 끼우고 손을 이용해 용접 조작을 하는 용구.

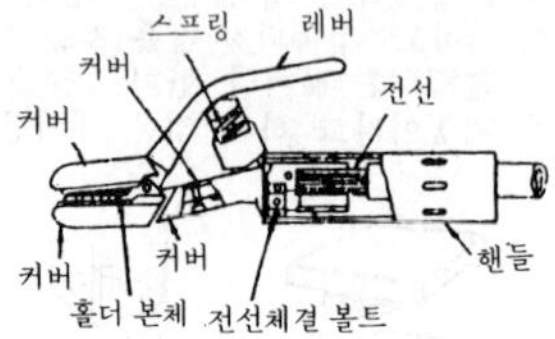

electrode tip 전극 팁(電極－) 점용접에서 모재를 끼우고 통전하면서 가압(加壓)하는 막대 모양의 전극.

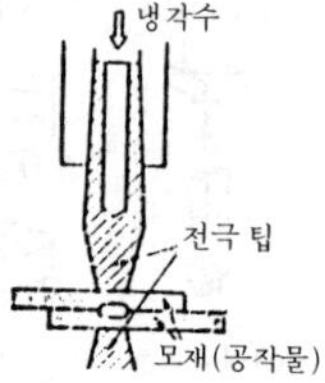

electrofluid dynamic generation of electricity 전기 유체 발전(電氣流體發電) 도관(導管) 속의 기체나 액체의 흐름으로 전하 입자을 이동시킴으로써 전위차를 발생시키는 발전 방식. 자기 유체 발전과 같이 고온을 필요로 하지 않는 점이 특징이다.

electro forming 전기 주형법(電氣鑄型法), 전주(電鑄) 전기 도금과 같은 조작으로 금속염 용액의 전기 분해에 의해서 모형(母型) 위에 금속을 전해에 의해 필요한 두께로 용착시킨 후 모형에서 박리(剝離)하게 되면, 모형과 요철(凹凸)이 반대인 전기 주조품(電氣鑄造品)이 된다. 이것이 다시 똑같은 조작으로 역형(逆型)으로 반복하면 모형과 똑같은 전기 주조품을 만들 수 있다.

electrogas arc welding 전기 가스 아크 용접(電氣－鎔接) 모재단(母材端)과 수냉동벽(水冷銅壁)으로 용융지(溶融池)를 둘러싸고 탄산 가스 등으로 실드한 후 아크를 발생시켜 처리하는 용접.

electrographic analysis 일렉트로그래프 분석(－分析) 도전성 고체 시료를 여과지 등에 양극 용출(溶出)시켜 처리하는 반점(斑點) 분석의 일종.

electrohydraulic forming 액중 방전 성형법(液中放電成形法) 액 속에서 전극간에 방전을 하여 고압력을 발생시켜 주위에 설치된 판형 소재(板形素材)를 성형하는 방법. 특징은 암형(오목형)만으로 가공할 수 있고, 스프링 백이 작기 때문에 정밀 가공을 할 수 있으며, 플라스틱형 등의 사용이 가능해서 소량 생산에 적합하다.

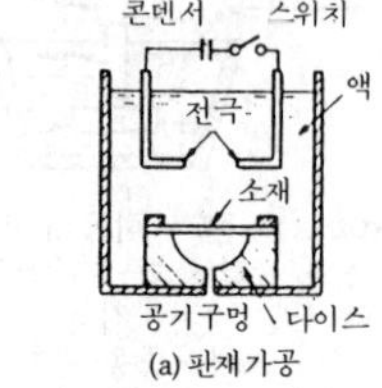

(a) 판재가공

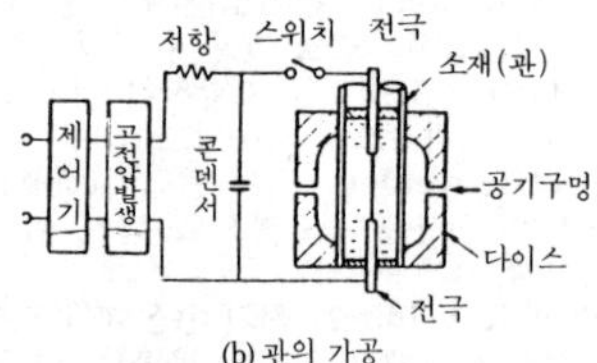

(b) 관의 가공

electrohydraulic pulse motor 전기-유압 펄스 모터(電氣-油壓－) 전기 펄스 모터와 유압 서보 기구를 하나로 조합시킨 모터. NC 공작기를 비롯해서 널리 채용되고 있다.

(1펄스당 회전각 1.2°)

electroless plating 화학 도금(化學鍍金), 무전해 도금(無電解鍍金) 금속 또는 비금속 표면에 금속을 화학적으로 환원 석출시키는 표면 처리법 또는 그 금속 피막을 말한다.

electroluminescence 전기 루미네선스

(電氣－) 전극 사이에 형광체를 끼워서 교류 전계를 걸면 형광체의 결정 구조에 교류 전계가 작용해서 발광하는 현상으로, 전계 발광이라고도 한다. 새로운 광원으로, 이른바 빛을 내는 천장, 벽, 벽거리 텔레비전 등 개발이 진행되고 있다. 현재 계기판의 조명이나 야간 표지에 사용되고 있다.

electrolysis 전해(電解), 전기 분해(電氣分解) 전류의 통과에 의해서 용액이 분해되어 가스 또는 금속을 분리하는 현상. 도금 등에 응용된다.

electrolyte 전해질(電解質), 전해액(電解液) 물 등의 용매(溶媒)에 녹여서 그 용액이 전기 전도성을 지니고 전류를 통하면 전기 분해 현상을 일으키는 물질을 말한다.

electrolytic cavity sinking 전해 형조각(電解型彫刻), 전해 캐버티 가공(電解－加工) 어떤 형상을 갖춘 오목(pit)을 전해 가공하는 형조각(die sinking)은 이 대표적인 예.

electrolytic coloring 전해 착색법(電解着色法) 알루미늄 표면을 착색하는 방법의 하나. 1단 전해법과 2단 전해법이 있다.

electrolytic flash cutting 전해 트리밍 가공(電解－加工) 피가공물을 양극, 전기 공구를 음극으로 하여 양극(兩極)간에 10~30V의 전압으로 고전류 밀도의 전해액을 통과시키면, 돌기부에 전류가 집중되어 용출, 제거됨으로써 트리밍 가공을 할 수 있다.

electrolytic furnace 전해로(電解爐) 알루미늄이나 마그네슘 제조에 이용되는 노(爐). 원료를 고온으로 용융해서 전해하는 것.

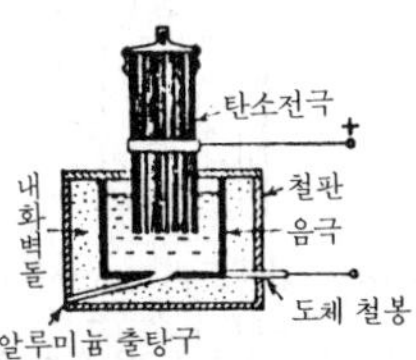

electrolytic grinding 전해 연삭(電解研削) 초경 합금 공구 등 절삭하기 어려운 재료, 인성 재료, 열 민감 재료를 대상으로 가공 능률의 향상, 다이아몬드 숫돌의 수명 향상, 가공면의 평활을 목적으로 개발되었다. 전극 숫돌을 음극으로, 피공작물을 양극으로 접속하고, 이 사이에 전해액을 흘려 통전시켜 주로 전해 작용으로 가공하는 것.

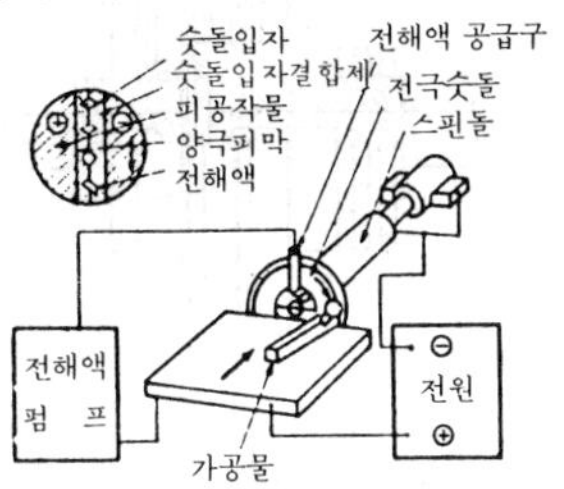

electrolytic iron 전해철(電解鐵) 전기 정련으로 만든 순철.

electrolytic pickling 전해 산세척(電解酸洗滌) 산(酸) 세척할 때 처리재를 음극으로 해서 스케일이나 제거 대상물의 용해 속도를 빠르게 하여 처리 시간을 단축시킬 수 있다.

electromagnet 전자석(電磁石) 연철심 둘레에 절연 도선을 조밀하게 감은 것. 이것에 전류를 통과시키면 강한 자장을 일으켜 하나의 자석과 똑같은 작용을 한다. 벨, 발전기, 사이클로트론, 확성기 등 폭넓게 사용된다.

electromagnetic brake 전자력 제동기(電磁力制動器), 전자 브레이크(電磁－) =magnetic brake

electromagnetic chuck 전자 척(電磁－) =magnetic chuck

electromagnetic clutch 전자 클러치(電磁－), 마그넷 클러치 전자력을 사용하는 클러치의 총칭. 전자력으로서 마찰판을 흡수하는 형식의 것과, 고정자 결선과 전기자(電機子) 권선에 흐르는 전류를 제어해서 그 사이의 전자 유도 작용을 이용하는 것이 있다.

electromagnetic oscillograph 전자기 진동 기록기(電磁氣振動記錄器), 전자 오실로그래프(電磁－) 광(光) 빔을 전류로 진동시켜 파형을 관측하거나 기록지 상에

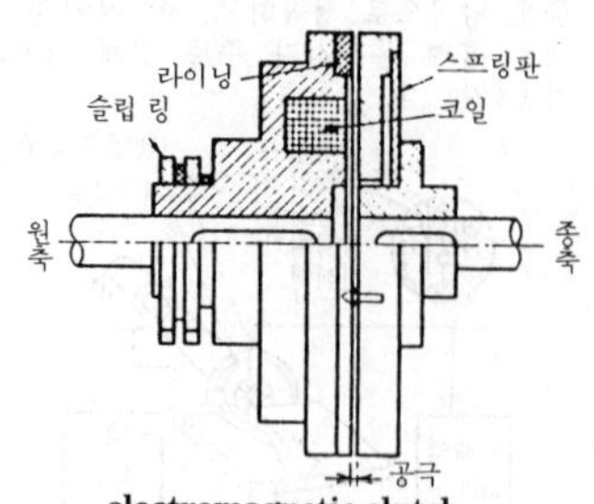

electromagnetic clutch

파형을 그려 내는 장치.

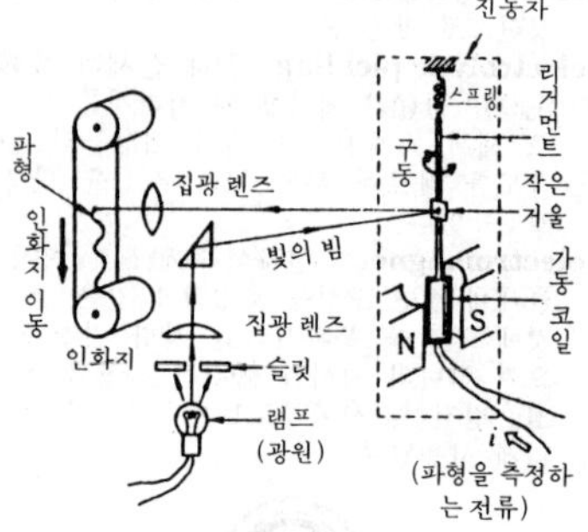

electromagnetic pump 전자석 펌프(電磁石－) 관(菅) 내의 도전성 액체(수은이나 용융 금속)에 자장(磁場)을 인가하고 관축(菅軸)과 자장의 쌍방에 직각으로 전류를 흘림으로써 액체의 압력을 높여서 이송하는 펌프. 따라서, 기본적인 구조는 액체가 흐르는 관, 자장을 거는 전자석, 액체 중에 직류를 흘리기 위한 전극으로 이루어져 있다(그림). 이러한 펌프는 직류 도전형 전자 펌프(direct-current conduction pump)라고 불리는데, 같은 원리로 교류 도전형 전자 펌프(alternating current conduction pump), 교류 유도 전동기의 원리를 응용한 진행 자장을 이용하는 유도형 전자 펌프(induction electromagnetic pump)가 있다.

electromagnetic relay 전자 계전기(電磁繼電器), 전자 릴레이(電磁－) 전자력에 의해서 전기 스위치의 접점부를 작동시켜 전기를 통하게 하거나 차단시키는 기구를 말한다.

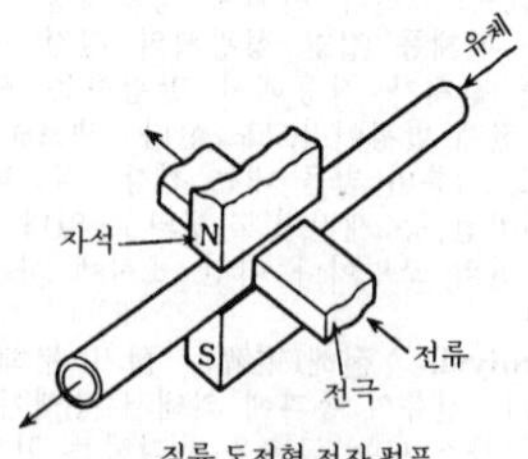

직류 도전형 전자 펌프
electromagnetic pump

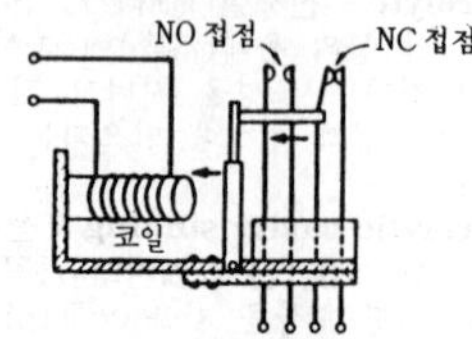

electromechanical pickup 기계 전기식 픽업(機械電氣式－) 변형, 힘, 운동 등으로 에너지에 의해서 작동하여 전기계에 에너지를 공급하든가, 또는 이것과 반대의 과정을 취하는 변환기.

electrometallurgy 전기 야금(電氣冶金) 전해나 전기로에 의해서 금속을 만드는 조작.

electromotive force 기전력(起電力) 두 물체 사이에 전위차를 발생시키는 작용, 또는 전기 회로를 연결할 때 여기에 전류를 흐르게 하는 원동력.

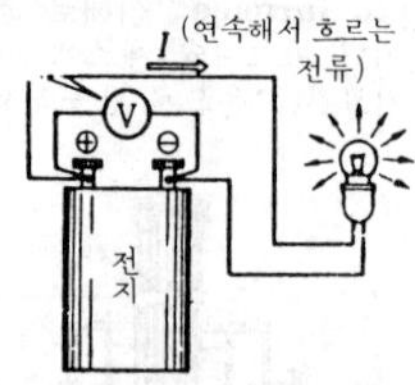

electron 일렉트론[1], 전자(電子)[2] ① 마그네슘 합금의 일종. 주조, 압연에 적합해서 항공기, 자동차 등에 이용된다.
② 물질 조성의 가장 궁극적인 인자라 생각할 수 있으므로 일정한 음(－) 전하를 지닌 질량 효과를 주는 것.

electron beam lithography system 전자빔 노출 장치(電子－露出裝置) 전자 빔을 사용해서 포토 레지스트 위에 반도체 소

자의 회로 패턴을 기록해 가는 장치.

electron beam welding 전자 빔 용접(電子－鎔接) 진공(10^{-4}～10^{-6}mmHg) 속에서 발생시킨 고속 전자 빔을 피용접물에 쬐고 그 충격 발열을 이용해서 용접하는 것. 진공 속에서 이루어지기 때문에 대기와 반응되기 쉬운 재료도 용이하게 용접할 수 있다. 또, 고융점 재료의 용접도 가능하다. 결점으로는 진공 속의 용접이기 때문에 기공(氣孔)의 발생이나 합금 성분의 감소 등이 있다.

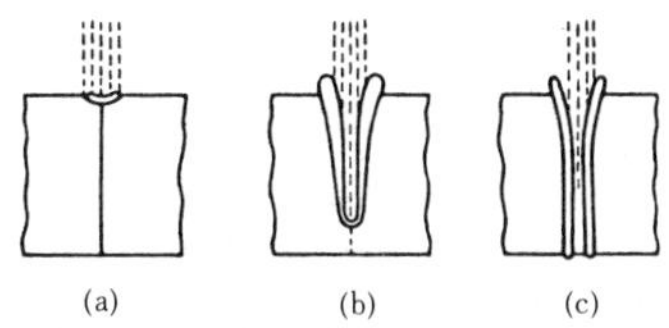

전자 빔 용접(천공)의 기구

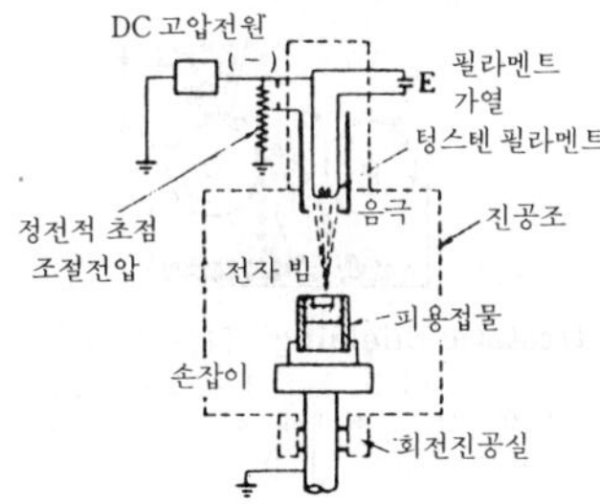

electron bombardment 전자 충격 가공(電子衝擊加工) 전자석에 의해서 전자선을 한 곳으로 모아 고온을 만들어 가공 부분을 증발시키고, 적당히 공작물을 이동시켜 구멍뚫기, 절단 등의 작업을 하는 새로운 방법.

electronic data processing ; EDP 전자 자료 처리(電子資料處理) 컴퓨터를 이용해서 각종 정보를 처리하는 시스템.

electronics 일렉트로닉스, 전자 공학(電子工學) 전자 응용 기술, 진공 속이나 가스 또는 반도체 등의 속을 전자가 움직이는 것에 관계된 과학이나 기술.

electronic voltmeter 전자식 전압계(電子式電壓計) 반도체, 진공관을 이용해서 교류를 직류로 변환시켜 측정하는 전압계. 입력 임피던스가 크고 주파수 특성이 우수하다.

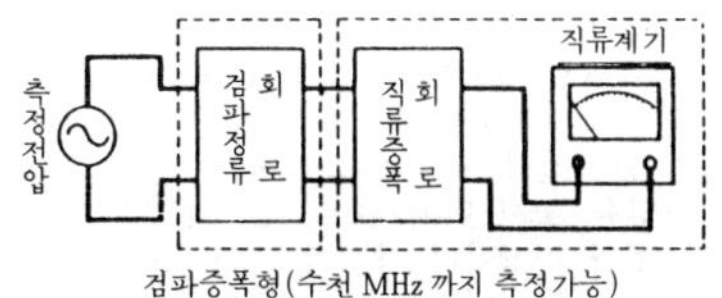

검파증폭형(수천 MHz 까지 측정가능)

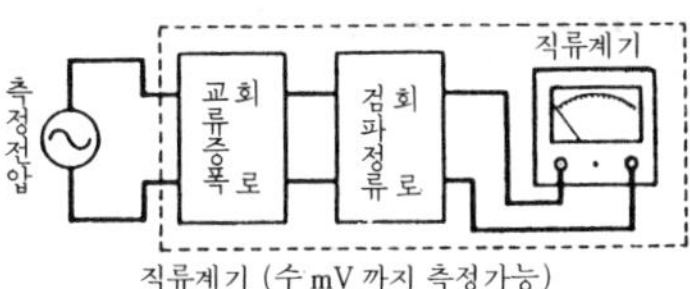

직류계기 (수 mV 까지 측정가능)

electron lens 전자 렌즈(電子－) 전계나 자계의 작용으로 전자 빔을 굽혀 광선에 대한 광학 렌즈와 같이 집속(集束)시키거나 방산시키는 장치. 텔레비전 브라운관의 전자 빔 집속 등에 이용되고 있다.

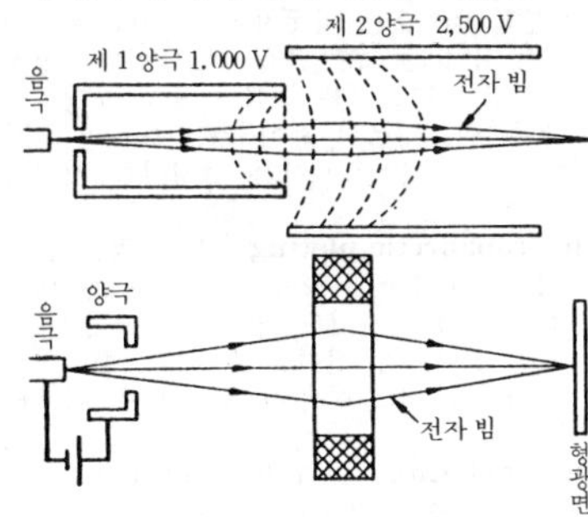

electron microscope 전자 현미경(電子顯微鏡) 전자의 파동성을 이용하고, 광선 대신 전자 렌즈를 이용해서 형광 스크린

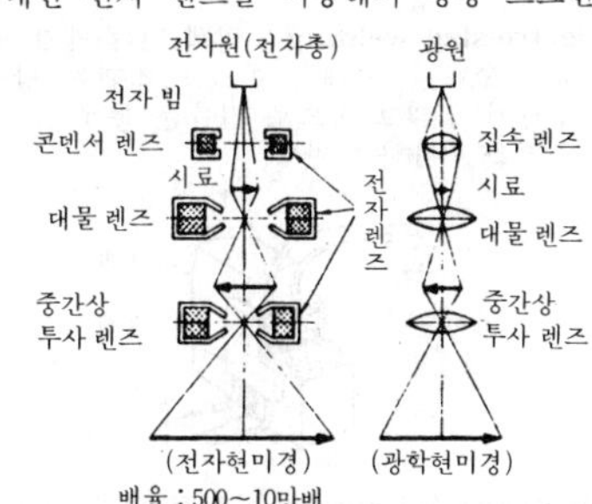

배율 : 500～10만배

상에 상(像)을 맺게 하는 장치.

electron-probe X-ray microanalyser X선 마이크로애널라이저(-線-) 가늘게 뽑아낸 전자 프로브(직경/μ)로 금속 시료 표면을 조사(照射)하여, 그 때 발생하는 X선의 파장이나 강도를 측정함으로써 시료의 조성(組成)을 분석하는 장치. 국부적인 미소한 영역의 원소 분석에 이용된다.

electron spectroscopy 전자 분광법(電子分光法) 시료에 전자선, X선, 자외선, 이온 등을 조사(照射)했을 때 방출되는 광전자나 산란 전자의 에너지를 분석함으로써 시료의 정보를 얻는 방법.

electron volt 전자 볼트(電子-) 소립자(素粒子)나 원자, 분자의 에너지를 나타내는 단위.

$1\text{eV} = 1.6 \times 10^{-19}$ 줄(joule)

electro painting 전착 도장(電着塗裝) 전기 영동 도장(電氣泳動塗裝)을 말하는 것으로, 수성 페인트, 수용성 수지를 전해욕(電解浴)으로서 자동차의 차체나 부품에 영동 전착(泳動電着)을 하고 있다. 정전 도장법보다도 피복 능력이 높고 도장막이 균일하며, 건조가 용이하고, 도료의 손실이 없다. 단점으로서는 설비비가 비싸다는 것이다.

electrophoretic plating 전기 영동 도금(電氣泳動鍍金) 도료, 금속 분말, 내열 분말 등의 콜로이드 물질을 전도성 용액 속에 현탁시켜 전기를 통하면, 콜로이드가 전극에 석출해서 금속 표면을 피복하는 도금법.

electroplating 전기 도금(電氣鍍金) 금속 표면 또는 비금속 표면에 내식성 또는 내마모성, 때로는 장식용 등의 목적으로 밀착성의 금속 피복을 전착(電着)시키는 표면 처리법.

electro-slag welding 일렉트로슬래그 용접(-鎔接) 종래의 아크 용접과는 달리 용융된 슬래그 속으로 전류를 통해 그 저항열을 이용하는 방법.

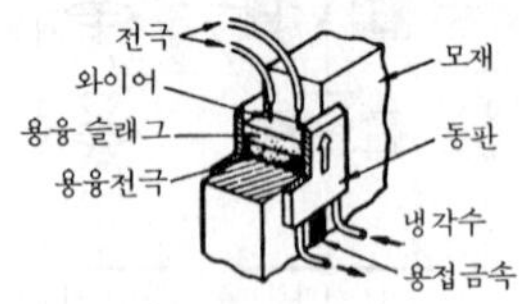

electrostatic capacity 정전 용량(靜電容量) 전기적으로 절연되어 있는 물체에 전하 Q를 부여했을 때, 물체가 전위 V를 지녔을 경우 Q/V를 정전 용량이라 한다.

electrostatic painting 정전 도장(靜電塗裝) 도료 분무 장치에 음(—)의 직류 고전압을 통하게 하여 도료 미립자를 대전(帶電)시키고, 접지한 피도장물과의 사이의 정전기적인 힘을 이용한 도장 방법. 도료의 손실이 10% 이내이고 도면(塗面)에 기포가 없이 균일하다.

electrostatic separator 정전 선별기(靜電選別機), 정전 분리기(靜電分離機) 분립체(粉粒體)의 전기 전도도의 차이를 이용한 분급기(分級機). 그림과 같이 전도성이 있는 입자를 +의 정전기를 가진 롤에서 +에 대전시킨다. 비전도성의 입자는 롤에 관계없이 —에 대전한다. +에 대전한 입자는 —전극에 흡인되고, −에 대전한 입자는 +전극에 흡입되어 분리판에 의해서 분급된다.

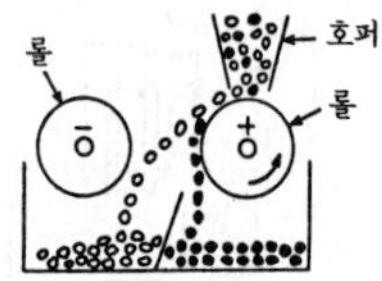

electrostatic shielding 정전 차폐(靜電遮蔽) 어느 장소를 도전체로 둘러싸고 이것을 접지하여 정전계에 아무런 영향이 미치지 않도록 하는 것.

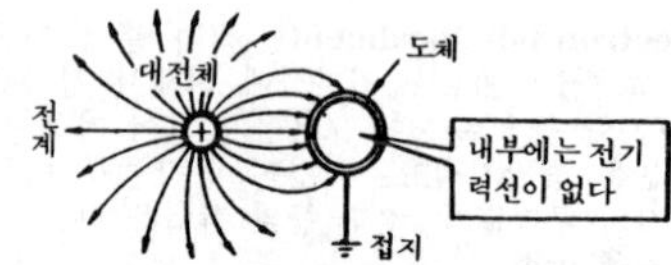

electrostatic stored energy type spot welder 정전 축적식 점용접기(靜電蓄積式點鎔接機) =condenser type spot welding machine

electro wear ratio 전극 소모비(電極消耗比) 방전 가공에서 쓰이는 용어. 전극 소모 부피를 가공 부피로 제한 것. 소모비는 사용하는 가공물과 전극에 따라 바뀐다.

element 엘리먼트, 원소(元素), 원소(原素), 요소(要素), 기소(機素), 소자(素子) ① 기하(幾何)에서는 점, 직선, 평면 등을 원소(元素) 또는 원소(原素)라 한다. ②

집합론에서는 집합을 구성하는 요소. ③ 대수에서는 행렬 또는 행렬식을 구성하는 요소. ④ 어느 물체를 구성하는 성분으로서 전신 부호의 원화(原畵). 2차 전지에서는 극판을 소자라 한다.

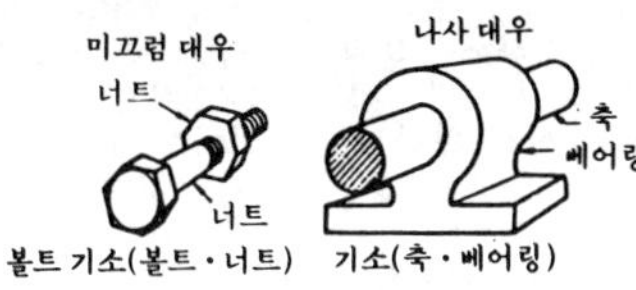

elementary particle 소립자(素粒子) 물질을 구성하는 궁극적인 단위 물질. 전자, 양자, 중성자, 중간자, 광자(光子 : photon), 중성 미자(中性微子 : neutrino) 등.

elementary stream 유선(流線) ① 유체가 밀폐된 통로 속을 흐를 때 그 각 분자가 그리는 곡선. ② 금속 표면을 연마하거나 부식시켰을 때 표면에 육안으로 볼 수 있는 선. 소성 변형에 의해서 생긴 조직의 흐름 방향을 나타내는 것으로서 유선(流線)의 방향에는 강하지만 이것과 직각인 방향에는 약하다.

elevation 입면도(立面圖), 정면도(正面圖) =front elevation

elevator 엘리베이터 운반용 기계의 일종. 광산, 공장, 고층 건물 등에서 화물 또는 사람을 운반하는 기계.

Elinvar alloys 엘린바 합금(-合金) 실온 부근에서 온도 변화가 있더라도 탄성 상수가 거의 변하지 않는 Fe 36%-Ni 12%-Cr 합금을 엘린바라고 한다. 이 합금은 계측 기기, 전자기 장치, 각종 정밀 스프링 등으로 널리 사용되고 있다.

ellipse 타원(楕圓) 2정점(二定點)에 이르는 거리의 합이 일정한 점의 궤적을 타원이라 하고, 2정점을 초점이라고 한다.

ellipse of inertia 관성 타원(慣性楕圓) 단면의 주축에 관한 주단면 2차 반경

$$k_y=\sqrt{I_yA},\ k_z\sqrt{I_zA}$$

를 주축 변경으로 하는 타원을 말한다.

elliptical spring 타원 스프링(楕圓-) 겹판 스프링 2조를 서로 맞붙여 연결한 타원형 스프링으로, 중앙 부분에 하중을 가하여 사용한다. =bolster spring elliptic spring

elliptic spring 타원 스프링(楕圓-) = bolster spring

elongation 신율(伸率), 연신율(延伸率) 재료의 인장 시험을 할 때 재료가 늘어나는 배율. 시험편의 처음 표점 거리를 l_0, 파단 후의 표점 거리를 l_1이라 하면,

신장 $\delta=(l_1-l_0)/l_0\times100(\%)$

Elrhardt method 에르하르트법(-法) 관(菅) 제조법의 하나인 프레스 천공법으로, 가장 많이 이용되고 있는 것은 그림과 같은 방법이다. 원통형 다이스 구멍 속에 각형 소재를 넣고 그 중앙으로 펀치를 압입하여 천공하는 것이다.

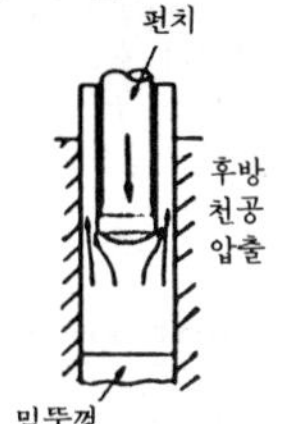

embossing 엠보싱, 부각(浮刻) 스탬핑의 일종. 요철(凹凸)이 서로 반대로 되어 있는 상형(上型)과 하형에 의해서 박판금에 형(型)을 압출하여 성형하는 가공. 판금에 모양, 문자 등을 부각시키는 데 이용한다.

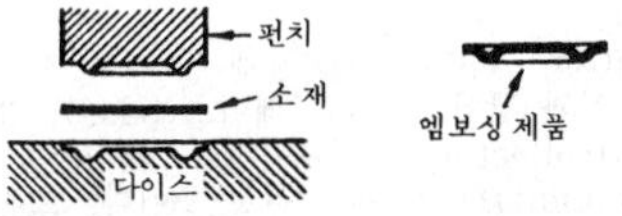

emergency brake 비상 브레이크(非常-) 비상시에 작용시키는 제동용 브레이크. 비상 제동이라고도 한다. 이에 대비하는 것으로서는 상용 브레이크(service brake), 전 브레이크(full service brake), 억속(抑速) 브레이크(holding brake)가 있다.

emergency governor 비상 조속기(非常調速機) 돌발적으로 이상 상태가 일어났을 때, 안전을 유지하기 위해 작동시키는 조속기.

emergency valve 비상 밸브(非常-) 장치의 일부가 고장 등으로 인하여 위험 상태에 이르렀을 때, 신속히 재해를 방지하기 위해 개폐하는 비상용 수동 밸브.

emery 에메리, 금강사(金鋼砂) 옛부터 버프 연마용 등의 숫돌 입자로 이용되고 있다. 현재는 전해법으로 제조된다. 비중 3.6 이상에서 SiO_2 8~13%, Fe_2O_3 4~10%, Al_2O_3 77% 이상이다.

emery cloth 금강 사포(金剛砂布), 사포(砂布), 에메리 포(-布), 에메리 클로스 연마재를 직포에 이겨 붙은 것. 금속, 목

재 등의 연마 가공에 이용된다.

emery paper 에머리 페이퍼, 샌드 페이퍼 =sand paper

emery wheel 숫돌 바퀴, 숫돌차(一車) =grinding wheel

emery wheel dresser 숫돌 바퀴 드레서 숫돌 바퀴 날이 닳았을 때, 그 표면을 깎아내어 날을 예리하게 세우기 위하여 사용하는 공구.

emf 기전력(起電力) =electromotive force

EMF 기전력(起電力) =electromotive force, emf

emissive power 방출능(放出能), 방사도(放射度) 물체 표면에서 방출되는 단위 면적, 단위 시간당의 열방사 에너지를 말한다.

emissivity 방사율(放射率) 같은 온도의 물체와 흑체(black body)면과의 방사도 비를 방사율이라 하고 ε으로 표현한다. 방사율은 흡수율과 같아서 물체의 표면 온도, 거칠기, 오염의 정도에 따라서 다르다.

emitter 이미터 ① 트랜지스터의 전극은 그림과 같이 이미터, 베이스(base), 컬렉터(collector)로 이루어진다. 캐리어를 방출(emit)하는 전극이라는 뜻이다. 트랜지스터의 기호에서는 이미터 전극은 화살표를 붙이고, 화살표의 방향으로 PNP(P형)와 NPN(N형) 트랜지스터를 구별한다. ② 소리를 내는 동시에 눈에 보이는 신호를 내는 기기.

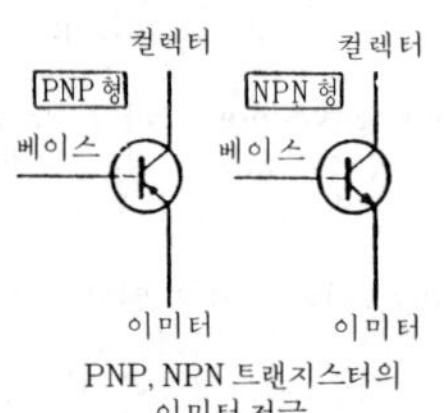

PNP, NPN 트랜지스터의 이미터 전극

emmel cast iron 에멜 주철(一鑄鐵) 탄소 함유량을 낮게 하고, 흑연을 미세화하기 위해 강철 부스러기 50% 이상, 고규소 주철 또는 합금철을 가해서 제조한 고급 주철이다. 실린더, 패킹 링 등에 사용한다.

emulsification 유화(乳化), 에멀션화(一化) 분산상(分散相)을 분산매(分散媒) 속으로 분산시키는 것. 유화에 의해서 얻어진 콜로이드 상의 분산액을 유탁액이라 한다.

emulsified oil quenching 유화유 담금질(乳化油一) 철강 재료를 고온에서 저온으로 광유와 물로써 유화시킨 오일로 급랭시켜 경화하는 조작. 이 담금질은 오일 담금질보다 냉각 속도가 높기 때문에, 템퍼링을 하지 않아도 소르바이트 조직(미세 펄라이트)을 얻을 수 있다. 코일 스프링 담금질 이외에도 폭넓게 응용된다.

emulsion 에멀션, 유제(乳劑)

emulsion cutting oil 유제 절삭유(乳劑切削油) 광유에 유화제(乳化劑)를 섞은 수용성 절삭 유제. 특징은 ① 물을 섞으면 희게 현탁된다. ② 비교적 값이 싸다. ③ 윤활성이 좋다.

enamel paint 에나멜 페인트 바니시(니스)와 안료를 혼합해서 만든 페인트. 빨리 마르고 도막(塗膜)은 평활하며, 강인하고 광택이 있다.

enclosed welding 인클로즈 용접(一鎔接), 닫힘 용접(一鎔接) 용융 금속이 용접부에서 흘러나오지 않도록 용융지(鎔融池)를 덮개판으로 싸서 아래로부터 위로 용접해 가는 상진 용접(上進鎔接).

encoder 인코더, 부호기(符號器) 숫자나 문자열을 다른 기호로 기호화하는 회로 또는 장치. 부호는 보통 2진 부호가 사용된다. 디코더(decoder)의 반대어.

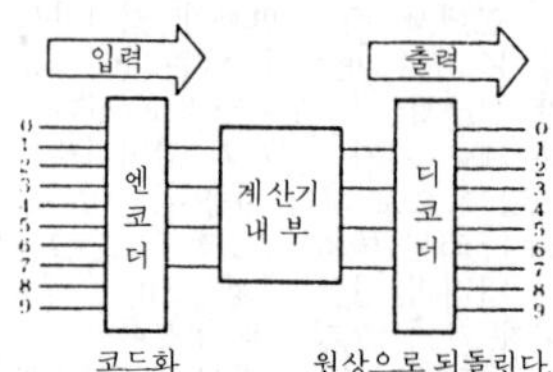

end cam 단면 캠(端面一) 입체 캠의 일종. 회전체 표면에 캠 홈을 두는 대신 중공 원통의 단면을 캠 곡선으로 한 캠을 말한다.

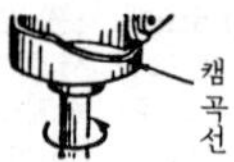

end crater 엔드 크레이터 아크 또는 가스 불꽃의 작용으로 비드(bead)의 종단에 생기는 오목한 부분.

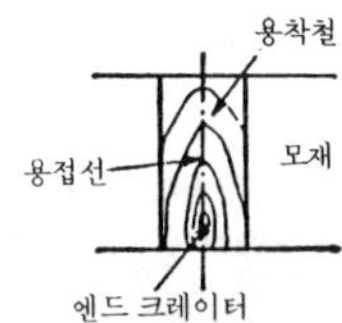

end cut tool 정면 바이트(正面－)

end elevation 단면도(端面圖) 양단 부분을 명시한 측면도. 특히, 물품이 긴 경우에는 단면도라 한다.

end grain 나뭇결, 엔드 그레인 ＝butt end

endless belt 엔드리스 벨트, 이음매 없는 벨트 이음매에 의한 진동을 방지하기 위해 무단 환상(無端環狀)으로 만들어진 섬유 또는 고무 벨트.

endless grate 체인 화격자(－火格子) 다수의 화격자 조각을 밴드 모양으로 연결하고 이것을 노(爐) 전후의 체인 기어에 걸은 연소 장치.

endless rope haulage 엔드리스 로프 운반(－運搬), 이음매 없는 로프 운반(－運搬) 순환하는 로프에 의해 지상의 광차(鑛車) 등을 견인 수송하는 궤도 순환 방식.

endless rope way 무한 삭도(無限索道) 공중에 케이블을 가설하고 여기에 승객이나 화물을 실은 차량 또는 상자를 매달아 케이블을 한 쪽으로 연속 회전시켜서 수송하는 것.

end mill 엔드 밀 외주(外周)와 단면(端面)에 날이 있어 공작물의 외주, 구멍, 홈을 가공하는 밀링 커터. 그림에서 (a)는 보통 엔드 밀이고, (b)는 셸 엔드 밀이라고 하는데, 대형의 것으로서 자루를 끼우고 뺄 수 있다.

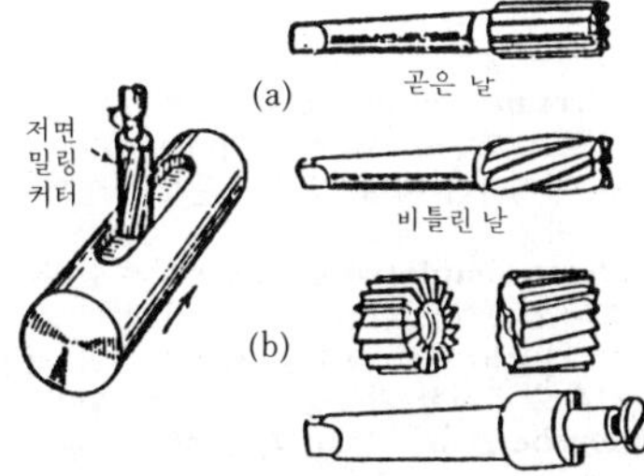

end of block; EOB 블록 끝, 엔드 어브 블록 수치 제어(數値制御) 테이프 상의 1블록의 끝을 나타내는 기능.

end plate 경판(鏡板), 마구리판(－板) 둥근 보일러 또는 압력 용기 내의 양단부에 붙어 있는 판.

end play 엔드 플레이 미끄럼 베어링이나 축이음의 축방향에 있는 틈새.

end relieving 엔드 릴리빙 기어의 톱니폭 양단을 톱니 높이의 0.8폭만큼 이의 맞물림에 여유를 두도록 하는 것. 치형 수정(歯形修正)의 표준 작업 중의 하나.

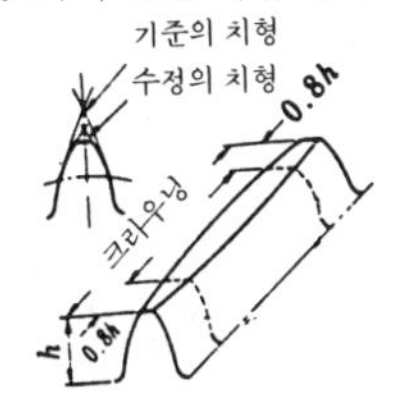

치형수정한 이의 모양

end standard 단도기(端度器) 양단의 면간 거리(面間距離)에 의해서 규정의 치수를 나타내는 길이의 표준기.

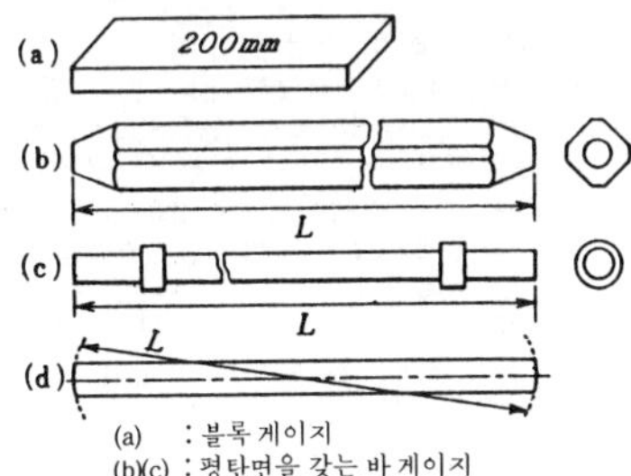

(a) : 블록 게이지
(b)(c) : 평탄면을 갖는 바 게이지
(d) : 구면형 단면을 갖는 바 게이지

endurance limit 피로 한도(疲勞限度) →fatigue

endurance limit diagram 내구 한계도(耐久限界圖), 내구 한도 선도(耐久限度線圖) →fatigue limit diagram

endurance ratio 내구 배율(耐久北率) 인장 강도와 내구 한도의 비율.

endurance test 내구 시험(耐久試驗)

end view 단면도(端面圖) ＝end elevation

energy 에너지 일을 해낼 수 있는 능력을 말하는 것으로, 일의 양을 가지고 표현한다. 에너지의 단위는 에르그(erg), 칼로리, 와트시, 이 밖에 여러 종류가 있는데, 서로 일정한 비로 환산된다.

engine 엔진, 기관(機關) 열 에너지를 받아 이것을 기계 에너지로 바꾸어 공급하는 기계 장치의 총칭. 열기관, 내연 기관 등은 그 일종이다.

engine bed 기관대(機關臺), 발동기대(發動機臺), 엔진 베드 기관을 설치하는 베드. 강성·진동 방지가 필요해서 일반적으로 주조 또는 용접 구조의 것이 많다.

engine brake 엔진 브레이크 자동차에서 내리막길이 긴 경우 이용되는 안전한 제동법으로, 자동차의 주행 중에 클러치를 끊지 않고 가속을 그치면 고속 기어에 의해서 엔진 브레이크가 걸린다.

E

engineering 공학(工學)

engineering economy 엔지니어링 이코너미 기업에서 설비의 교체, 갱신 등 장기적으로 보아 여러 가지 안 가운데에서 가장 유리한 안을 선택하기 위한 경제 계산을 하는 것. 기술자가 하는 모든 경제적인 문제를 말한다.

engineering plastics 엔지니어링 플라스틱 합성 수지 가운데 구조재 또는 내마모, 내식, 전기 절연성을 지니고 있어서 기계 부품재로서 적당한 것. 예를 들면, 폴리아미드, 폴리아세탈, ABS, 폴리카보네이트, 염화 비닐 등을 말하며, 구조재로서는 파이프, 컨테이너, 저장조, 보트 등이고, 기능재로서는 기어, 캠, 커플링, 풀리 등에 사용된다. 이들 수지는 금속 재료에 비해 성형이 간단하고, 값이 싸며, 대량 생산에 적합하다는 등의 특성이 있다.

engine oil 엔진 오일 내연 기관에 사용되는 윤활유. 광물유계(모빌유 등)와 식물유계(피마자유 등)가 있다.

engine room 기관실(機關室) 선박, 건물 등에서 원동기가 설치되어 있는 방.

English spanner 잉글리시 스패너 = spanner, wrench

engraving machine 조각기(彫刻機) 팬터그래프를 이용해서 안내 펜으로 본을 뜨면 스핀들 커터기 모델을 확대 또는 축소시킨 상사형(相似形)을 조각하는 기계로, 주로 선, 문자 등을 조각한다.

enlarged scale 배척(倍尺) 실물보다 크게 그릴 경우에 사용하는 척도를 말한다. 기계 제도에서는 2/1, 5/1, 10/1이 표준의 배척이다.

enlarge test 확대 시험(擴大試驗) 관(菅)에 대해서 시행되는 시험의 일종. 관 끝의 약 30mm까지의 부분을 상온 상태에서 외경 1.06~1.10배로 확대하여 균열의 발생 여부를 시험하는 방법.

enriched gas 인리치 가스 침탄성 분위기의 카본 퍼텐셜을 증가시키기 위해 첨가하는 탄화 수소 등의 가스.

enriched uranium 농축 우라늄(濃縮-) 천연 우라늄에 비해 우라늄 235의 양을 많게 한 것.

enrichment 농축도(濃縮度) ① 우라늄 중 ^{235}U의 존재비(질량 비율)를 말한다. 농축도는 질량비이며 체적비나 원자수의 비가 아니라는 점에 주의할 필요가 있다. ② 임의의 동위체 농축 공정 중의 농축 제품으로서 얻어지는 물질에 대한 농축의 대상이 된 동위체의 존재비를 말한다.

entering edge 엔터링 에지 평판이나 날개형 또는 유선형인 물체가 그 최대 투영면(投影面)을 진행 방향에 거의 일치시켜 유체(流體) 속으로 진행할 때, 이들 물체의 앞쪽 끝. 날개형 또는 유선형인 물체 앞쪽 끝은 둥근 것이 특징. 경계층(境界層)의 형성은 이 부분이 기점으로 된다.

enthalpy 엔탈피 가스, 증기 등 지니고 있는 전 열 에너지(내부 에너지, 압력, 일).

entrainment 기수 공발(汽水共發) 증기가 보일러에서 격렬하게 증발할 때, 일부의 물이 증기와 함께 튀어 나가는 것.

entropy 엔트로피 ① 열 이동에 따라 유효하게 이용할 수 있는 에너지 감소의 정도, 또는 무효 에너지 증가의 정도. ② 통신계에서 정보량의 기대값(평균 정보량)을 그 정보의 엔트로피라 한다.

entropy chart 엔트로피 선도(-線圖) 세로축에 절대 온도, 가로축에 엔트로피를 잡아서 물체의 변화를 나타내는 선도.

environmental criteria 환경 기준(環境基準) 오염에 의해서 환경이 나빠지는 것을 방지하기 위해 정해진 환경 오염의 한도 기준.

enzyme-simulated catalyst 효소 유사 촉매(酵素類似觸媒) 촉매로서 특히 우수한 기능을 갖춘 효소를 모델로 하여 인공적으로 유사한 기능을 갖추게 한 촉매.

epicyclic gear 유성 기어 장치(遊星-裝置) =sun and planet gear

epicyclic gearing 유성 기어 장치(遊星-裝置) →epicyclic gear

epicyclic train 유성 기어 장치(遊星一裝置) →epicyclic gear

epicycloid 에피사이클로이드 원주(圓周) 상을 외접(外接)하면서 원을 굴릴 때 원주 상의 한 점에서 그리는 곡선을 에피사이클로이드, 내접(內接)하면서 굴릴 때의 곡선을 하이포사이클로이드(hypocycloid)라고 한다. 기어의 치형 일부에 이용된다.

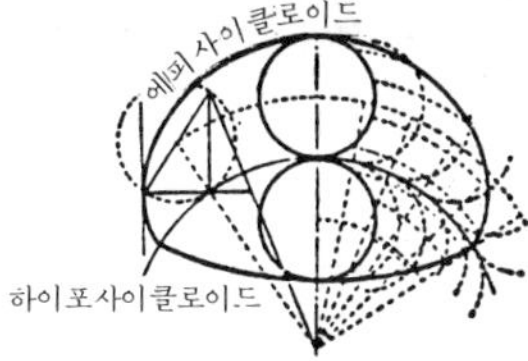

epitrochoid 애피트로코이드, 외전 트로코이드(外轉一) 정원(定圓)의 원주상을 이에 외접하는 하나의 원이 미끄럼없이 구를 때, 그 원에 고정된 한 점이 그리는 궤적(軌跡).

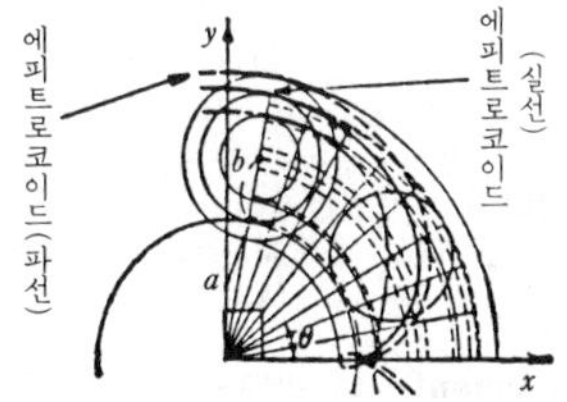

epoxy resin 에폭시 수지(一樹脂), 에폭시 레진 에피클로로히드린(epichlorohydrin)과 비스페놀(bisphenol)류 또는 다가(多價) 알코올과의 반응에 의해서 얻어지는 쇄상(鎖狀)의 축합체(縮合體) 및 그것을 아민, 산 등에 의해서 경화시킨 수지로 도료, 접착제, 주형품(注型品)에 사용된다.

equal angle steel 등변 산형강(等邊山形鋼) →angle steel, shape steel

equalizer 이퀄라이저, 균형 빔(均衡一), 평형 보(平衡一) 복수의 하중이 작용했을 때 균형을 이루도록 하는 장치.

equalizer beam 이퀄라이저 빔 =rocker beam

equalizing piston 평형 피스톤(平衡一) =balance piston

equalizing spring 평형 스프링(平衡一) 차량의 차축간에 걸리는 하중차를 감소시키기 위해 사용하는 스프링.

equation of equlibrium 평형 방정식(平衡方程式) 물체 내의 한 점에 생기는 응력은 그 점을 포함하는 미소 6면체의 주변에 생기는 응력 성분 σ_{ij}로 나타내어지고, 그 미소 요소에 작동하는 물체력 F_i와 응력 성분은 평형을 유지하지 않으면 안된다. 이것을 나타내는 식 $\sigma_{ij,j}+F_i=0(i, j=1, 2, 3)$을 응력의 평형 방정식이라고 한다.

equation of state 상태 방정식(狀態方程式)

equilibrium 평형(平衡), 균형(均衡) 물체에 몇 가지 힘이 작용하더라도 그 결과는 그 힘이 전혀 작용되지 않을 때와 똑같은 상태.

equilibrium diagram 평형 상태도(平衡狀態圖) 물질이 여러 가지 조건(압력, 온도, 성분 등)하에서 안정되어 있을 때 물질의 상태를 나타내는 선도.

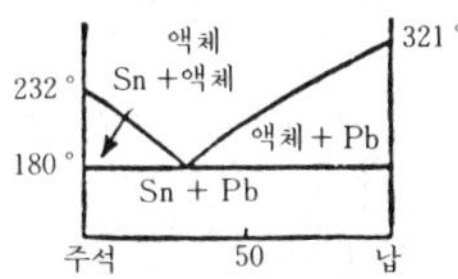

equipment 설비(設備), 장치(裝置), 장비(裝備)

equipment drawing 장치도(裝置圖) 기계 기구류의 설치, 부속품의 장비 및 제조 공정 등을 나타낸 그림.

equivalence 등량(等量), 동등(同等)

equivalent 등량의(等量一), 동등한(同等一)

equivalent bending moment 상당 굽힘 모멘트(相當一) 축에 굽힘 모멘트 M과 비틀림 모멘트 T가 동시에 작용할 때, 이것과 같은 효과를 갖는다고 생각되는 굽힘 모멘트.

equivalent evaporation 기준 증발량(基準蒸發量), 상당 증발량(相當蒸發量), 환산 증발량(換算蒸發量) 보일러의 증발 능력을 표현하는 방법. 보일러에서 실제의 증기 증발량을 대기압에서 100℃의 물을 건조시킨 포화 증기로 할 경우의 증발량으로 환산한 것.

equivalent load 등가 하중(等價荷重), 동등가 하중(動等價荷重) 구름 베어링을 기계에 장착시켜 실제로 사용했을 경우의 베어링 수명과 같은 수명을 주는 내구 시험용 하중.

equivalent spur gear 상당 평 기어(相當平−) 헬리컬 기어나 베벨 기어에 있어서 기어 커팅이나 이의 세기를 생각하기 쉬운 기준으로 한 가상의 평 기어.

equivalent strain 상당 변형(相當變形) 다축 응력 상태에서의 변형 세기를 정의하는 양으로, 단축 인장 변형에 대한 상당량으로 나타내어진다.

equivalent stress 상당 응력(相當應力) 다축 응력 상태에서의 응력의 세기를 정의하는 양으로, 단축 응력에 대한 상당량으로서 나타내어진다.

equivalent twisting moment 상당 비틀림 모멘트(相當−) 상당 비틀림 모멘트 $T_e=M\sqrt{1+(T/M)^2}$. 여기서 T: 비틀림 모멘트, M: 굽힘 모멘트.

equivlent viscous damping 상당 비틀림 모멘트(相當−)

erected image 정립상(正立像) 광학계에 의해서 만들어지는, 원래의 물체와 같은 방향을 향한 상.

erg 에르그 일의 CGS 단위. 물체에 1다인(dyne)의 힘이 작용해서 그 물체가 힘의 방향으로 1cm 움직였을 때, 그 힘이 행한 일의 양을 1에르그라고 한다.
$1\text{erg}=10^{-7}\text{J}$

ergonomics 에르고너믹스, 인간 공학(人間工學)

Erichsen-test 에릭센 시험(−試驗) 판금이 변형에 견디는지, 균열을 일으키는지를 알기 위해 금속 박판의 변형능(變形能)을 검사하는 시험.

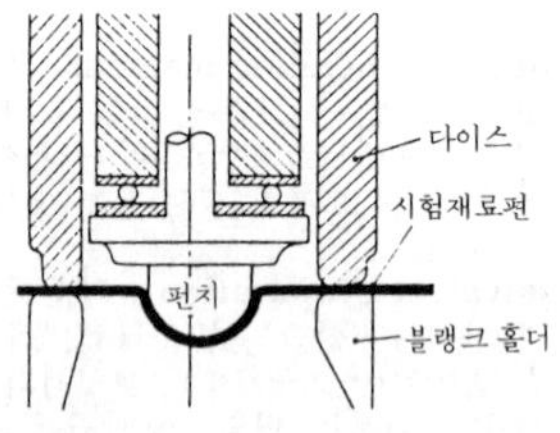

Ericsson cycle 에릭슨 사이클 등온 압축, 등온 연소, 등온 팽창을 처리하는 가스 터빈의 사이클.

erosion 침식(浸蝕), 이로전 재료가 국부적으로 충격적인 힘을 받음으로써 손상되는 현상을 말하며, 부식(corrosion)에 상대되는 말이다. 단단한 재료일수록 내침식성이 풍부하다.

erosion-corrosion 이로전 부식(−腐蝕) 이로전이란 「갉아 먹는다」라고 하는 기계적 작용에 대한 호칭이지만, 부식이 그것을 촉진할 때 이로전 부식이라 한다. 캐비테이션 부식도 그 일종이다.

error 에러, 오차(誤差), 오류(誤謬) 어떤 양을 측정할 경우에 그 참값을 구한다는 것은 불가능하기 때문에 측정값과 참값 사이에는 반드시 차이가 있게 마련인데, 이 차를 오차라 한다.
오차=(측정값)−(참값)

▽ 오차의 종류

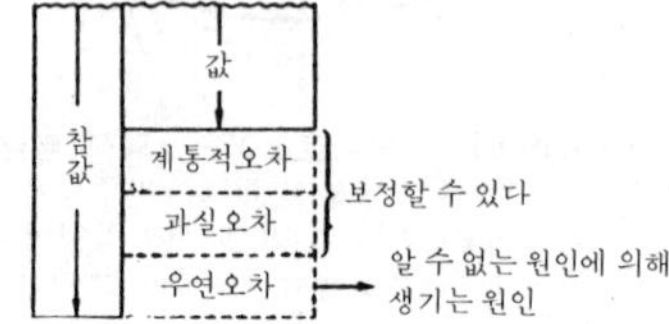

Esaki diode 에사키 다이오드 반도체 다이오드의 일종. 발명자 에사키(江崎) 박사의 이름을 딴 것. 터널 다이오드(tunnel doide)라고도 하며, 마이크로웨이브의 증폭이나 발진, 컴퓨터 등에 이용된다.

escalator 에스컬레이터 컨베이어의 일종. 전동기로 층계를 구동시켜 사람을 자동적으로 층계에 오르내리게 하는 운반 장치.

escapement 이스케이프먼트, 지동 기구(止動機構), 탈진기(脫進機) 래칫 휠에 정지 작용과 이송 작용을 교대로 주어서 규칙적으로 간헐 운동을 시키는 기구. → anchor escapement

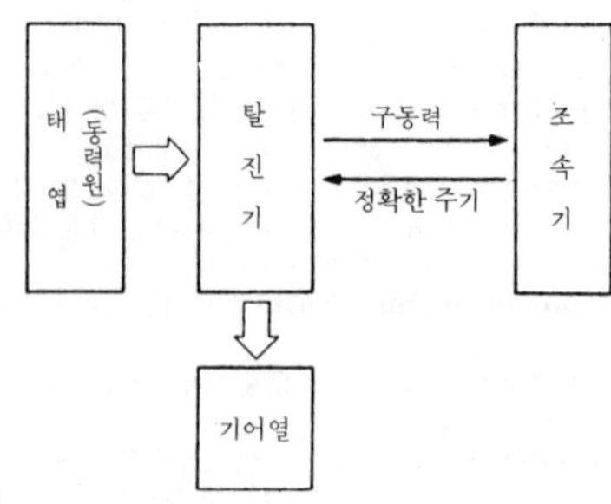

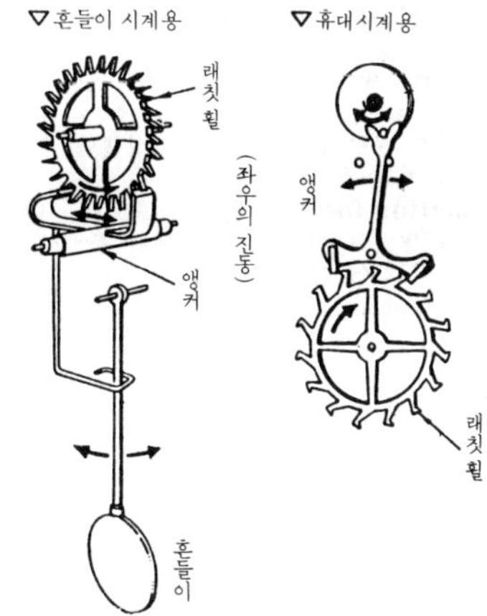

escapement wheel 이스케이프먼트 휠 간헐 운동을 하는 것으로, 시계 장치의 부품에 사용된다.

escape valve 이스케이프 밸브, 탈출 밸브(脫出－) 관 속의 유체의 양이나 압력이 필요 이상으로 되었을 때, 자동적으로 유체를 밖으로 흘려 보내거나 또는 되돌려 보내는 밸브. =vent valve

escape velocity 이탈 속도(離脫速度), 탈출 속도(脫出速度) 천체의 인력권을 탈출하여 권(圈) 밖으로 튀어나가는 데 필요한 최소 속도.

escape wheel 이스케이프 휠 기계 시계의 탈진기(脫進機)를 구성하는 요소의 하나. 다른 구성 요소에 필릿 포크(pallet fork)가 있다.

Esso test 에소 시험(－試驗) 취성 파괴(脆性破壞) 발생 특성을 조사하는 시험.

Etanite 애타닛 이탈리아의 애타닛(Etanite)사에서 만든 경화 석면의 파이프. 용도는 굴뚝, 배수관 등.

etching 에칭 ① 금속면에 도금이나 도장(塗裝)을 할 때 탈지(脫脂), 산세척을 한 후 눈에 보이지 않는 산화막을 제거하기 위해 단시간 산(酸)에 담그는 것. ② 시료를 연마해서 금속 현미경으로 관찰할 경우, 시료편(試料片)을 산 알칼리액에 단시간 담가 결정면(結晶面)을 나타나게 하는 것. ③ 알루미늄박을 이용해서 전해 콘덴서를 제조할 때, 알루미늄면을 산으로 부식시켜 조화(粗化)해서 표면적을 크게 하는 것을 화학 에칭이라 한다. ④ 전해 연마에서는 양극에서 연마되는 시료면이 전압을 높여감에 따라 전해 연마면이 생기게 되는데, 이 경우 아직 전해 연마면이 나타나기 전 부식 용해면을 에칭면이라 한다.

etching reagent 부식제(腐蝕劑) 금속 재료의 부식 시험에 사용되는 각종 용액.

ethylene 에틸렌 천연 가스에서 분리한 에탄, 프로판의 열분해 또는 석유 정제의 부산물로서 얻어진다. 분자식 C_2H_4. 주로 폴리에틸렌 제조에 이용된다.

ethylen-propylene rubber 에틸렌 프로필렌 고무 에틸렌과 프로필렌을 주성분으로 통합시켜 만든 고무와 같은 탄성체(彈性體). 내열성, 내후성, 전기 특성이 아주 우수하기 때문에 루핑, 창틀이나 전선 피복, 호스 등의 용도에 사용된다.

EU 농축 우라늄(濃縮－) =enriched uranium

Euler's formula 오일러의 식(－式) 긴 기둥에 대한 좌굴 하중을 구하는 이론식.

eutalloy 유털로이 니켈 텅스텐계의 분말로, 아세틸렌 불꽃으로 이것을 금속 표면에 녹여 붙이는 경화용 금속 분말.

eutectic 공정(共晶) 용융 상태에 있는 물질을 냉각시킬 때 액체가 일정한 온도에서 2종 이상의 결정으로 변화된 것. 미세한 결정립(結晶粒)이 혼합된 조직으로 이루어진다.

eutectic pig iron 공정 선철(共晶銑鐵) C 4.3%의 선철.

eutectoid 공석(共析) 고용체(固溶體)가 냉각될 때, 일정한 온도에서 동시에 다른 2종 또는 그 이상의 고체로 변화된 것.

eutectoid steel 공석강(共析鋼) 0.86% C의 탄소강. 풀림(어닐링) 상태에서는 공석 조직(펄라이트)뿐이다. 탄소량이 이것보다 적은 것을 아공석강(亞共析鋼)이라 하고, 안정 조직은 펄라이트와 페라이트. 탄소가 많은 것을 과공석강(過共析鋼)이라 하고, 펄라이트와 시멘타이트로 이루어진다.

eutectoid structure 공석 조직(共析組織) 2종 이상의 금속이 완전히 혼합되어 있는 것을 합금이라고 하는데, 합금을 녹인 것을 천천히 냉각시킬 때 일정한 온도가 되면, 융합되었던 금속이 각각 단독으로 같은 금속끼리 모여 다른 금속으로 분리되고 만다. 이때 그대로 혼합물로서 되어 있는 것을 공석정(共析晶)이라 하고 그 조직을 공석 조직이라 한다.

evaporation 증발(蒸發) 액체가 증기로 되는 현상이나 또는 그 조작.

evaporative capacity 증발 용량(蒸發容量) 보일러의 연속 최대 부하시에 있어서의 단위 시간당의 증기 발생량. 일반적으로 이에 의해 보일러의 크기를 나타낸다.

evaporative power 증발력(蒸發力) 보일러에서 연료 1kg당 발생하는 증발량.

evaporator 증발기(蒸發器) 고체 또는 불휘발성 액체의 수용액(水溶液)에서 수분을 제거하는 장치.

examination 시험(試驗), 검사(檢査)

excavator 굴착기(掘鑿機), 굴삭기(掘削機) 토사, 암석을 채굴하는 토목 기계.

excess air 과잉 공기량(過剩空氣量) 연료를 완전히 연소시키기 위해서는 이론상 필요한 공기량만으로는 연소시킬 수가 없다. 실제로 연소에 사용한 공기량과 이론 공기량과의 차를 과잉 공기량이라 한다.

excess air factor 공기 과잉 계수(空氣過剩係數) 공기 과잉 계수는 공기비(空氣比)라고도 하며, 연료의 연소에 있어서 실제로 공급한 건공기량(乾空氣量)과 이론적으로 필요한 최소 한도의 건공기량의 비율을 말한다. =excess air ratio

excess air ratio 과잉 공기비(過剩空氣比), 과잉 공기율(過剩空氣率) 연료와 공기가 완전 연소하는 경우의 공기와 연료의 비〔化學量論比〕로, 실제의 연소 상태에 있어서의 공기와 연료의 비를 제한 값.

excess control 여력 관리(餘力管理) 작업자나 설비의 능력과 작업량을 조정해서 기다리는 시간을 적게 하고, 공정의 흐름 속도의 적정화를 기하는 것.

excess metal 과잉 용착 금속(過剩鎔着金屬)[1], 보강 용접(補强鎔接)[2], 익세스 메탈 ① 설계상 요구된 살두께 이상으로 붙은 여분 두께의 재료.
② 보강을 목적으로 덧댐을 한 용착 금속의 부푼 곳.

excess reactivity 과잉 반응도(過剩反應度), 초과 반응도(超過反應度) 원자로에서는 핵연료의 소비에 의한 실효 배증률(實效倍增率)의 저하나 분열 생성물에 의한 부(負)의 반응도에 대처하기 위하여 미리 임계 질량 이상의 여분의 연료가 장하되어 있으며, 이것을 제어봉에 의한 흡수로 상쇄하여 임계를 유지하도록 설계되어 있다. 이 여분의 연료에 의한 반응도를 과잉 반응도라고 한다.

excitation 여진(勵振), 가진(加振) 시스템 또는 장치의 일부분에 에너지를 주어 다른 부분이 특수 기능을 실행할 수 있도록 하는 것.

exciting force 가진력(加振力), 여진력(勵振力) 진동 시험 등에서 물체에 가하는 동적인 힘.

exhaust air 배기(排氣) 증기 기관, 내연 기관, 증기 터빈, 가스 터빈 등에서 팽창을 끝내고 배출되는 증기 또는 가스.

exhaust boiler 배기 보일러(排氣－) 내연 기관에서 나오는 배기 공기의 여열을 이용해서 증기를 발생시키는 보일러.

exhaust cam 배기 캠(排氣－) 내연 기관의 배기 밸브를 구동하는 캠.

exhauster 배기기(排氣機) ① 증기 터빈 등이 복수기 등에 괴어 있는 공기를 배출시키는 공기 펌프의 총칭. ② 토목용이나 기타에 사용하는 배출용 송풍기의 총칭.

exhaust gas 배기 가스(排氣－), 배기(排氣) =exhaust air

exhaust gas boiler 배기 가스 보일러(排氣－) 폐열 보일러의 일종으로, 디젤 기관이나 가스 터빈 등의 배기를 열원으로 하여 이용하는 보일러.

exhaust gas (steam) heating 배기 난방(排氣暖房) 고온의 배기 가스나 배기 증기를 이용해서 하는 난방.

exhaust gas turbine 배기 가스 터빈(排氣－) 내연 기관의 배기 가스를 이용하여 움직이는 터빈.

exhaust manifold 배기 매니폴드(排氣－) 다(多)실린더 기관에서 각 실린더의 배기관을 전부 또는 몇 개로 묶어서 효율적으로 배기시키는 관. 배기 집합관, 배기 다기관(排氣多岐管)이라고도 한다.

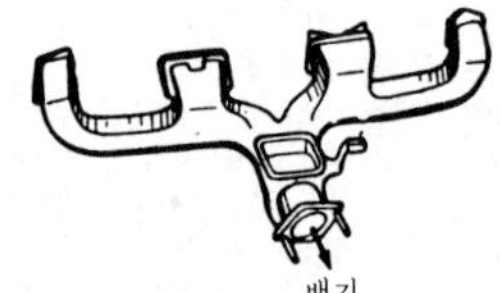

exhaust nozzle 배기 노즐(排氣－) 액체나 기체를 배출하는 데 사용되는 노즐.

exhaust pipe 배기관(排氣管) 내연 기관이나 증기 기관으로부터의 배기를 외부에 내보내는 관.

exhaust port 배기구(排氣口)
exhaust sound 배기음(排氣音)
exhaust steam 배기(排氣) =exhaust air
exhaust stroke 배기 행정(排氣行程) 기관에서 사용된 후의 저압 증기나 또는 가스를 배출하는 행정.
exhaust valve 배기 밸브(排氣－) 회로의 공기, 가스를 배출하기 위하여 배기구에 부착하는 밸브. 급속 배기 밸브(quick exhaust valve)는 실린더 속도를 매우 빠르게 하는 경우에 사용된다. 그림은 급속 배기 밸브의 기능도이다.

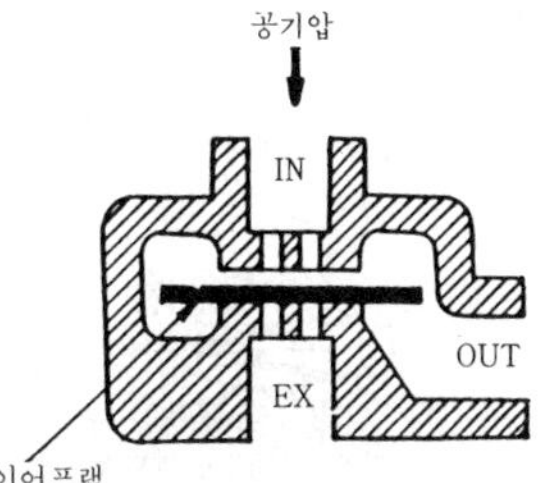

exholiation corrosion 층상 부식(層狀腐蝕) 압연, 압출 가공에 의해 생긴 층상의 조직에 따라 박리하는 상태의 부식.
expanded metal 강망(鋼網), 익스팬디드 메탈 금속판에 눈금을 넣어 가로로 늘린 망으로, 이것은 콘크리트 또는 모르타르(mortar) 벽 가운데 넣어 벽의 보강재로 사용한다. 그물코에는 다이아몬드형과 직4각형이 있다.
expander 익스팬더 마구리판(end plate)에 고정시키는 관(菅)의 말단 부분을 안쪽에서 확장시킨 후 마구리판 구멍에 밀착시켜 액체 또는 기체의 누설을 방지하는 작업. 또는, 이 작업에 사용되는 공구를 말하기도 한다.
expanding 넓히기 작업(－作業) 단조에서 재료에 풀러(fuller)나 다듬개(set hammer)를 대고 타격을 가하면서 전 면적을 넓히는 작업.
expanding arbor 팽창 심봉(膨]脹心棒), 넓히기 심봉(－心棒) 지름을 가감할 수 있게 한 심봉.
expand test 확관 시험(擴菅試驗) 관(菅)에 대한 시험의 일종. 관의 한 끝을 상온에서 나팔형으로 확장시켜 균열이 생기는지의 여부를 시험하는 방법.

expansion 팽창(膨脹) 물질의 부피가 증가하는 것. 압축성 유체에서는 압력의 저하에 의해 유체가 팽창하여 액체의 비중량 또는 밀도가 감소한다.
expansion bend 신축 벤드(伸縮－) 신축 이음의 일종. 관(菅)이 신축하면 그 굽은 곳이 작아지거나 커져서 배관의 신축을 흡수하는 작용을 하는 것.
expansion bolt 팽창 볼트(膨脹－), 익스팬션 볼트 콘크리트에 창틀, 기타의 실내 가구 등을 볼트로 고정시키기 위한 준비로서, 미리 볼트를 끼우기 위한 나사가 붙은 부품을 매립하는데, 이것을 팽창 볼트라 한다.

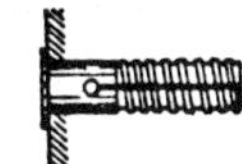

expansion coefficient 팽창 계수(膨脹係數), 팽창률(膨脹率) 물체가 열을 받아서 그 길이나 부피가 증대되는 비율을 온도당(溫度當)으로 표현한 값. 전자를 선팽창계수(線膨脹係數), 후자를 체적 팽창 계수라 한다. 일반적으로는 후자를 의미한다.
expansion joint 신축 이음(伸縮－), 팽창 이음(膨脹－) 온도의 변화에 따라 긴 관이 팽창하는 경우에 그 신축을 조절하기 위한 이음. 그 대표적인 것으로는 미끄럼 신축형(a), 텔레스코픽형, 파형 변형 금속관, 자유식 벨로스형, 로드식 벨로스형(b)이 있다.

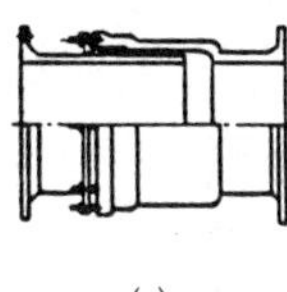
(a)

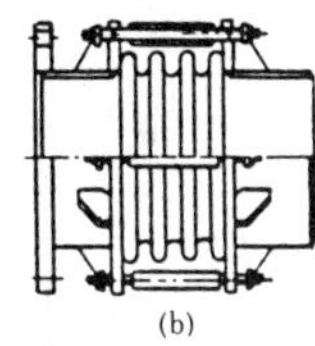
(b)

expansion ratio 팽창비(膨脹比) 노즐 등의 연속적으로 유체를 팽창시키는 기계의 입구압과 출구압의 비. 왕복 기관에서는 팽창 후의 부피와 팽창 전의 부피의 비. 특히 디젤 기관에서는 실린더의 최대 용적과 정압 연소 종료시의 용적의 비.
explosion 폭발(爆發), 폭비(爆飛) 용접에서 용접 전류가 커지면 너깃(nugget)도 커지는데, 적정값을 초과하면 급격히 금속이 팽창하며 녹아서 비산하는 현상. 용접 금속의 접촉면에 불꽃이 튀어서 그 부분이 비산(飛散)하는 경우가 있는데 이것을 플레시(flash)라 하며, 이런 현상은 용접면이 더럽혀졌을 때 일어난다.

explosion door 폭발 배출문(爆發排出門) 노(爐) 안에서 가스 폭발이 일어났을 때 내부 가스 압력을 도피시키는 안전 문짝.

explosion mixture limits 폭발 한계(爆發限界) 가연 가스는 공기와 혼합되었을 경우, 어떤 일정한 농도 범위에서 폭발하고 그 이하나 이상에서는 폭발되지 않는데, 그 폭발되는 범위를 말한다.

explosion pressure 폭발 압력(爆發壓力) 내연 기관에 있어서, 실린더 내에서의 연소시의 최고 압력. 기관에 따라 다르나 약 40~80 기압 정도.

explosion stroke 폭발 행정(爆發行程) 가솔린이나 디젤 기관 등의 실린더 속에서 피스톤이 연료의 폭발력으로 타격을 받아 내려가는 행정.

explosion temperature 폭발 온도(爆發溫度) 가솔린 기관의 실린더 속에서의 혼합기(混合氣)의 연소는 정적적(定積的)이며 이른바 폭발이라고 한다. 그 최고 온도를 폭발 온도라고 하며, 이론값으로는 3,000℃ 이상이 되지만, 실제로는 여러 가지 열 손실 때문에 2,000℃ 이하가 된다.

explosive forming 폭발 성형법(爆發成形法) 화약의 폭발 에너지를 액체를 개입시켜 소재에 주어서 성형 가공하는 방법. 그림에서 화약을 폭발시키면 충격파가 소재에 닿게 되어 성형된다. 값은 싸지만 대량 생산에는 적합하지 못하다.

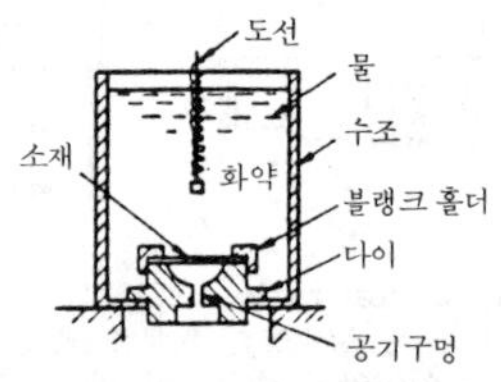

explosive pressure welding 폭발 압접(爆發壓接) 화약의 폭발 에너지에 의한 충격파를 이용한 고체 압접법. 이 방법은

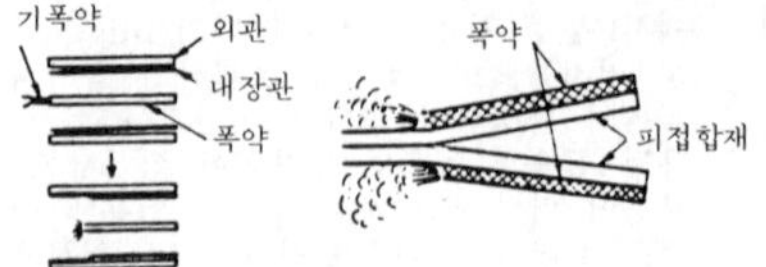

라이닝이나 클래드판(cladding sheet) 제조에 이용되고 있다.

exposed core 노출 심부(露出心部) 피복 아크 용접봉을 홀더가 잡는 부분으로서 피복되지 않은 부분.

exposure 노출(露出) 사진 촬영에 있어서 감광 재료의 감광면에 빛을 조사(照射)하기 위하여 조리개를 설정하고 셔터를 개폐하는 조작.

exstrolling process 익스트롤링법(-法) 압출과 압연을 조합시킨 익스트롤링법을 그림으로 나타낸다. 소재는 롤에 의해서 인입되어 단면(斷面)이 감소된다. 롤 간극의 출구에 압출 다이스가 있어서 재료는 이 곳에서 압출된다. 압출에 필요한 압력은 롤면의 마찰에 의해 주어진다.

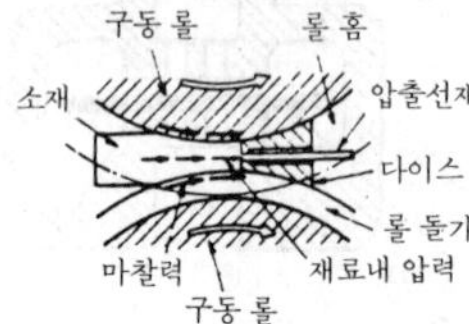

extended playing record EP 레코드 연장된 연주를 할 수 있는 레코드라는 뜻이다. 45rpm 으로 회전시킨다. 17cm 판 편면 2곡으로 약 8분, 1곡의 싱글판으로 약 4분 연주할 수 있다. 재질은 염화 비닐판이며 45회전 LP라고도 한다.

extensible tube 눈금관(-菅) 현미경의 경통(鏡筒) 속에 들어 있는 눈금이 매겨진 통.

extension 신장(伸張), 확장(擴張), 연장(延長)

extensional rigidity 신장 강성(伸長剛性) 재료의 단면적과 영계수(Yong's modulus)와의 비. 재료의 신장에 대한 저항을 나타낸다.

extension boring and turning mill 대형 수직 선반(大型垂直旋盤) 수직 선반 중 테이블의 크기에 비해 절삭구의 동작량을 크게 만들고, 테이블에 비해 훨씬 큰 공작물을 가공할 수 있게 한 대형 선반.

extension line 치수 인출선(-引出線) → dimension line

extensometer 신장계(伸張計) 재료의 신장을 측정하는 측정기로, 표점 거리(標點距離)가 100mm, 50mm 혹은 20mm 등이며, 거울식과 지레 확대식 등이 있다.

표점 거리가 짧아진 경우에 대응하는 것이 스트레인 게이지(strain gauge)와 스트레인 미터이며, 전기 저항의 변화로서 전기적으로 측정하는 것이다.

external broach 외면 브로치(外面－) 공작물의 외면을 브로치 절삭하기 위한 브로치.

external diameter 외경(外徑), 바깥 지름

external energy 외부 에너지(外部－) 내부 에너지에 상대되는 말. 물체의 운동에 따른 운동 에너지와 위치 또는 형태의 변화에 다른 위치 에너지를 합한 기계적 에너지.

external force 외력(外力) 재료(탄성제)에 외부로부터 작용하는 힘.

external furnace 외연로(外燃爐) 보일러나 기타 가열물의 외부에 설치한 노(爐).

external gear 외접 기어(外接－) 피치 원통의 바깥쪽으로 이(齒)가 절삭되어 있는 기어. 이 기어와 맞물리는 기어를 함께 말하기도 한다.

externally fired boiler 외연식 보일러(外燃式－), 외분식 보일러(外焚式－) 보일러 본체의 외부에 노(爐)를 갖춘 보일러.

external micrometer 외측 마이크로미터(外側－) 피치가 정확한 나사를 이용하여 외경 등 바깥쪽 치수를 계측하는 계기.

external pressure 외압(外壓) 외부로부터의 압력. 내압에 상대되는 말.

external thread 수나사(－螺絲) 원통 바깥쪽에 나사가 절삭되어 있는 나사.

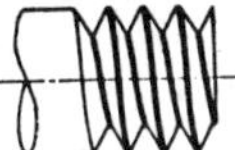

external threading tool 수나사 바이트(－螺絲－) 선반에서 수나사를 절삭하는데 사용되는 공구로, 나사의 골과 같은 형상을 한 절삭날 바이트. 대량 생산에는 적합하지 않으나 비교적 정밀도가 높은 가공을 할 수 있다.

external work 외부 일(外部－) 외력이 하는 일.

extraction 추출(抽出) 용제(溶劑)를 이용해서 고체 또는 액체 속에서 어떤 성분을 분리하여 꺼내는 조작.

extraction turbine 추기 터빈(抽氣－) 터빈 속 적당한 압력단(壓力段)으로부터 일부의 증기를 추출하여 작업용으로 사용할 수 있는 형식의 터빈. 동력과 함께 작업용 증기가 필요할 경우의 공장용 터빈으로 사용된다.

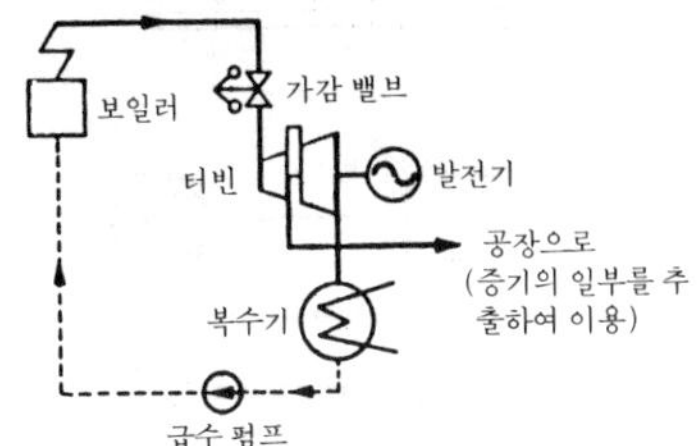

extra superduralumin 초고 두랄루민(超高－), 엑스트라 슈퍼두랄루민 초 두랄루민에 Zn 7% 정도를 첨가한 것. 매우 강력한 점이 특징이다.

extreme high vacuum 극고진공(極高眞空) 진공을 압력으로 구별하면, ① 저진공 : 760～1 Torr, ② 중진공 : 1～10^{-3} Torr, ③ 고진공 : 10^{-3}～10^{-7} Torr, ④ 초고진공 : 10^{-7}～10^{-11} Torr, ⑤ 극고진공 : 10^{-11} 이상이 된다.

extreme-pressure additive 극압 첨가제(極壓添加濟) 윤활유에 유황 화합물, 염소 화합물, 인 화합물 등을 첨가함으로써 베어링, 다이(die)와 피가공재, 맞물린 기어 등이 늘어 붙는 것을 방지할 수 있도록 되어 있다.

extruder 압출기(押出機) 고무나 합성 수지의 튜브, 각종 단면 형상의 봉재(棒材), 판재, 형재(形材)를 압출 성형하거나 스트레이너 작업, 가열 작업을 하는 스크루 회전식의 기계.

extruding 압출 가공(押出加工) ＝extrusion

extruding machine 압출기(壓出機) 압출 가공에 사용되는 기계.

extrusion molding 압출 성형(押出成形) 플라스틱 성형의 일종. 압출기를 사용하며, 압출 다이로부터 열가소성 수지를 가열 연화해서 압출하는 성형 방식. 스크루로 연화(軟化) 수지를 연속적으로 압출해 내는 것이 특징이다.

eye 아이 크레인의 훅(hook)에 하물을 매달기 위한 작업 용구. 와이어 로프의 단말을 고리 모양으로 만든 결고리 구멍, 또는 둥근 고리.

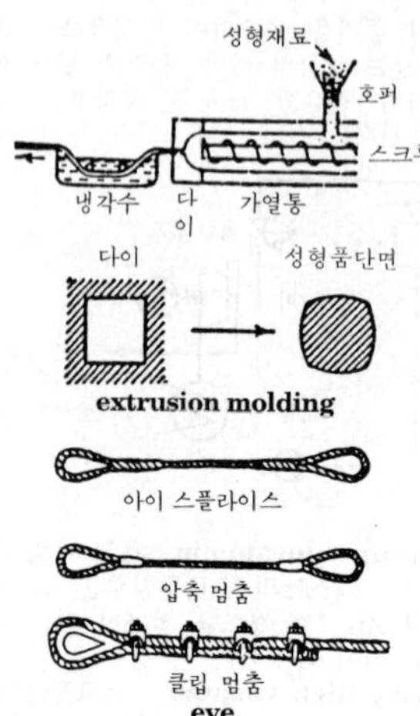

extrusion molding

eye

eyeballing 아이볼링 시각적인 변형을 수정하는 것, 또는 본래 은폐되어 보이지 않는 부분 등을 허용되는 범위에서 위치의 이동, 과장 등을 하여 이해하기 쉬운 그림을 얻는 기법.

eyebolt 아이볼트 머리 부분에 걸고리 구멍을 붙인 볼트. 주로 와이어 로프 등을 연결시키는 데 이용된다.

eye hang 아이 행 아이 스플라이스(eye splice), 둥근 고리, 새클 등의 고리를 훅(hook)에 거는 것. 매달았을 경우 훅으로부터 미끄러지지 않아 안전하다. 아이란 눈이라는 뜻으로, 고리로 되어 있는 부분을 가리킨다.

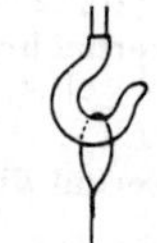

eyehook 아이훅 체인 링크에 직접 연결시키기 위해 이용되는 훅.

eye-lens 접안 렌즈(接眼－) →body tube

eyelet 아일릿, 새눈 고리 작은 구멍을 말하는 것으로, 끈을 끼우는 구멍, 장식 구멍 등을 말하며, 기계 용어로는 관상(管狀)의 쇠 장식을 접합 구멍에 삽입하여 양 끝을 눌러 접합하는 방식.

eyenut 아이너트 한 쪽 끝에 핀이나 끈 등을 통할 수 있는 구멍이 뚫린 고리가 붙은 너트.

eye piece 아이 피스, 접안 렌즈(接眼－) 망원경이나 현미경의 접안 렌즈.

eye sight 아이 사이트 들여다 보는 구멍. 케이싱 속을 외부에서 점검하기 위해 설치된 구멍.

F

F 패럿 →farad

face angle 이끝 원뿔각(－圓－角) 베벨 기어에서 이끝 원뿔의 모선과 축이 이루는 각.

face cam 정면 캠(正面－) 확동(確動) 캠의 일종. 플레이트 캠의 윤곽에 해당하는 곡선을 중심선으로 하는 홈을 회전판의 정면에 설치하고, 이곳에 종동절(從動節)의 롤러를 끼워 필요한 운동을 시키는 캠.

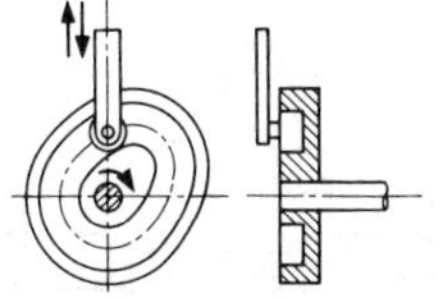

face centered cubic 면심 입방 구조(面心立方構造) 입방체의 각 귀퉁이 이외의 각 면의 중심에 1개씩 원자가 들어 있다. 18-8 스테인리스강, 구리, 알루미늄 등이 이러한 배열로 되어 있는데, 이러한 구조의 것은 절대로 취성 파괴(脆性破壞)되지 않는다.

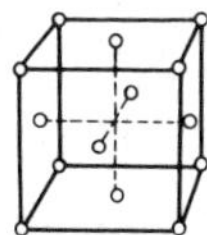

face cutter 정면 밀링 커터(正面－) 밀링축과 직각인 평면을 절삭하는 데 사용되는 밀링 커터. 지름이 큰 것은 심은날 밀링 커터를 이용한다.

face gear 정면 기어(正面－) 크라운 기어와 비슷한 것. 상대가 되는 작은 기어에는 평(平) 기어 또는 헬리컬 기어를 사용하고 이것에 맞추어 이를 새긴 것.

face grinding 정면 연삭(正面硏削) 회전하는 공작물의 베드나 단면(端面)을 연삭하는 작업.

face lathe 정면 선반(正面旋盤) 지름이 크고 길이가 짧은 공작품. 예를 들면, 플라이휠, 로프 풀리, 실린더 등 대형 공작물의 정면 절삭. 보링용 선반.

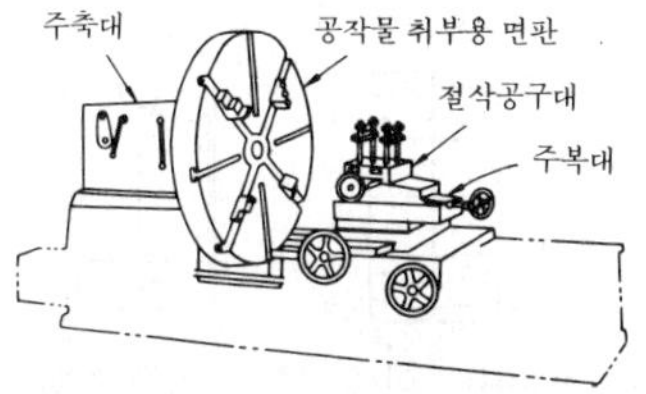

face mill 정면 밀링 커터(正面－) 밀링축과 직각인 평면을 절삭하는 데 사용되는 밀링 커터.

fase mill arbor 페이스 밀 아버 정면 밀링 커터을 공작 기계에 부착하기 위한 심봉(心棒).

face milling cutter 정면 밀링 커터(正面－) =face mill

face of cutting tool 절삭 공구의 절삭면(切削工具－切削面) 절삭 부스러기가 미끄러져 떨어지는 면. 공구로 절삭하는 면을 말한다.

face of weld 용접 표면(鎔接表面) 아크 또는 가스 용접의 비드(bead)에서 표면에 나타난 부분.

face plate 면판(面板) 선반 부속 공구의

일종. 커다란 회전판. 구멍, 홈, T홈 등이 방사상으로 뚫려 있어 큰 공작물이나 복잡한 형태의 것을 고정시키는 데 편리하다.

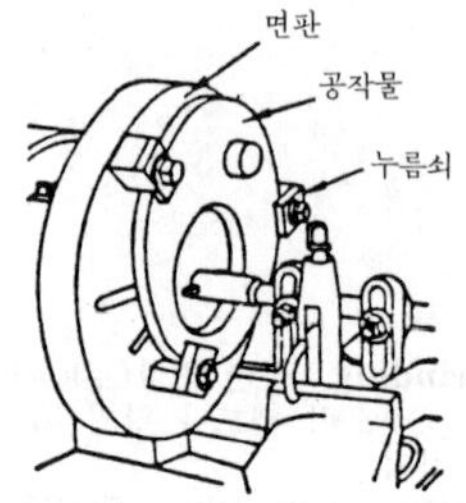

face shield 페이스 실드 =hand shield

face-to-face duplex bearing 정면 조합 베어링(正面組合－) 베어링의 정면을 맞대어 조합한 레이디얼 베어링.

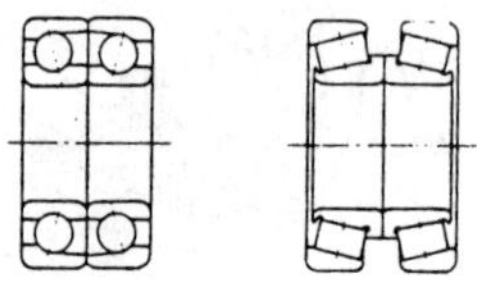

face width 이폭(－幅), 치폭(齒幅), 이나비 기어 이의 길이, 폭.

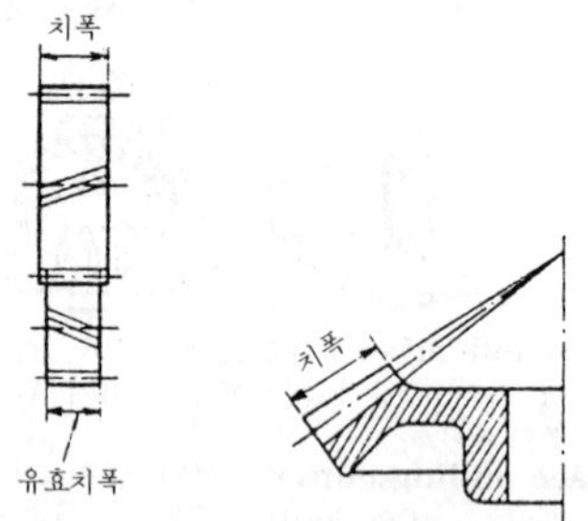

facing 도형(塗型)[1], 페이싱[2], 단면 절삭(端面切削)[3] ① 주물의 표면을 미려하게 하고, 모래가 눌어 붙는 것을 방지하기 위하여 주형(鑄型) 표면에 도료를 칠하는 것.
② 클러치나 브레이크의 마찰면에 사용하는 재료를 말한다.
③ 회전축과 직각을 이루는 면을 절삭하는 것.

facing material 도형재(塗型材) =facings

facings 도형재(塗型材) 도형에 사용하는 피막재. 흑연, 규사, 기타 여러 가지의 것을 포함한 액체상의 재료를 사용한다.

facing sand 표면사(表面砂) 주조(鑄造)할 때 탕에 접하는 주형면에 사용하는 모래. 내화도가 높고 강도가 큰 것이 필요하다.

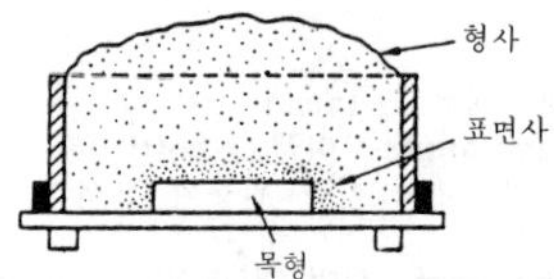

facsimile 팩시밀리 문자, 그림, 사진을 전기적으로 송수(送受)하는 장치. 주로 흑백 2계조(階調)의 도면을 전송하는 것과 넓은 계조를 포함한 사진을 전송하는 것의 총칭이다.

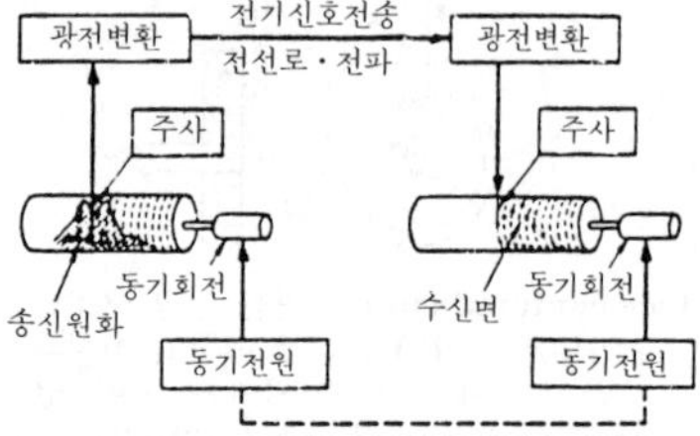

factor of safety 안전율(安全率) 제한 하중보다 큰 하중을 사용할 가능성 및 재료의 분산, 제조 공정에서 생기는 제품 품질의 불균일, 사용 중의 마모나 부식으로 인하여 약해지거나 설계 자료의 신뢰성에 대한 불안에 대비해서 이용되는 설계 계수를 말한다.

factory 제작 공장(製作工場), 제조소(製造所), 공장(工場) =manufactory

factory automation : FA 공장 자동화(工場自動化) 공장 전체의 생산 시스템을 자동화・무인화하려는 것.

factory management 공장 관리(工場管理) 공장에 있어서의 생산 능률을 올리기 위한 과학적, 합리적 관리의 연구, 능률 증진과 낭비를 절감시키기 위한 작업 관리, 공장 설비 개선, 임금 제도의 확립 등

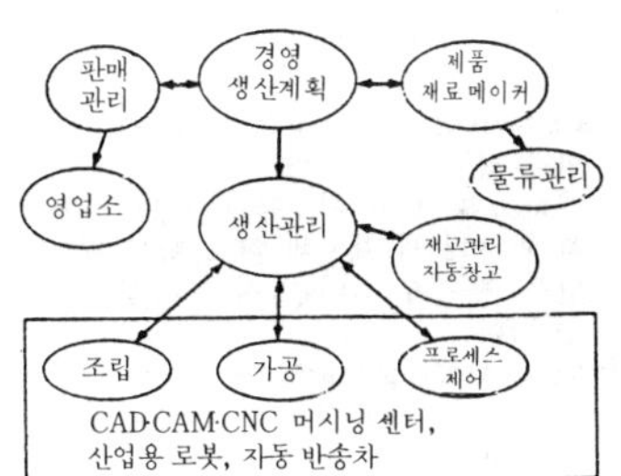

factory automation ; FA

을 의미한다.

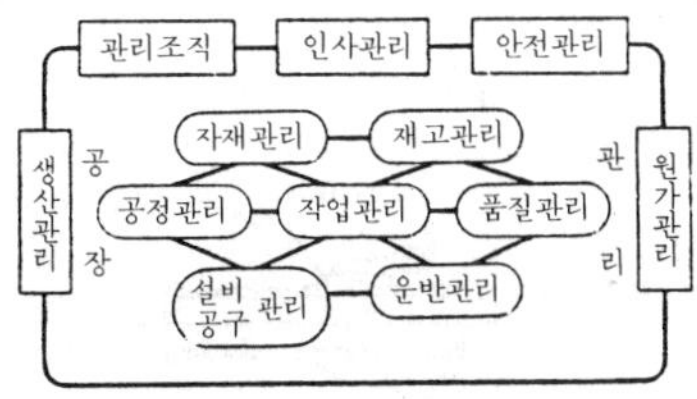

factory ship 공작선(工作船) 선내에 수산물의 처리·가공 저장 설비를 가지며, 독항선(獨航船)이나 탑재 어정(漁艇)으로 포획한 어획물을 처리·가공 저장할 수 있는 배를 공작선 또는 공선(工船)이라고 한다.

factory test 공장 시험(工場試驗) 제품 인도 전에 공장 내에서 제작자측과 주문자의 입회하에서 시행되는 시험.

fade 페이드 브레이크의 효력이 마찰면의 마찰열 또는 침수로 인하여 일시적으로 저하되는 현상.

Fahrenheit scale F 눈금, 화씨 눈금(華氏-) 화씨 온도계의 눈금. 빙점을 32°, 비점을 212°로 하고 그 사이를 180등분한 눈금.

fail safe 페일 세이프 시스템의 일부에 고장이나 잘못된 조작이 있더라도 안전한 방법이 자동적으로 취해질 수 있는 구조로 설계하는 사고 방식.

fail-safe structure 페일 세이프 구조(-構造) 일부의 부재가 파괴되더라도 구조 전체는 안전해서, 그 설계 하중의 특정한 비율의 하중을 일정한 기간 감당할 수 있는 구조.

failure 파손(破損) 기기가 사용 목적을 이룰 수 없을 정도로 손상되는 것을 말한다. 물체에 하중이 가해져서 그 재료가 약간이라도 영구 변형을 일으켰을 때, 재료는 탄성 파손 또는 파손되기 시작했다고 한다.

failure mode effect analysis ; FMEA 에프 엠 이 에이 고장 모드 및 영향도 해석을 말한다. 시스템을 구성하는 각 부품이 일으키는 고장 모드를 모조리 조사해 내어, 그것이 시스템에 어느 정도의 영향을 주는가를 예지하는 보텀 업(bottom up)의 수법.

failure rate 고장률(故障率) 계(系), 기기 또는 부품이 어느 시간 동안 고장없이 작동된 다음, 계속 단위 시간 내에 고장을 일으키는 비율을 말한다. 즉, 그 기간 중의 총고장수/총동작 시간.

false Brinelling 폴스 브리넬링 롤러 베어링의 레이스 전주면(轉走面)에만 생기고, 전동자(轉動子) 간격마다 전동자의 미동(微動)에 의해 생기는 마모.

fan 팬, 통풍기(通風機) 날개차의 회전운동에 의해서 기체를 압송(壓送)하고 그 압력비가 1.1 또는 토출 압력 1,000 mmAg 미만의 송풍기. 대표적인 것으로는 원심〔후향 날개, 레이디얼, 다익(多翼)〕, 사류(斜流), 축류(베인, 튜브, 프로펠러, 반전) 팬 등이 있다. =ventilator

fan dynamometer 공기 동력계(空氣動力計) 비행기의 프로펠러와 같은 날개를 원동기축에 장착하고 공기를 휘돌려 동력을 흡수하는 장치의 동력계.

fan in 팬 인 스위칭 논리 회로에서 입력측에 접속되는 게이트의 수.

fan jet 팬 제트 제트 엔진의 공기 흡입구에 팬을 설치해서 이것을 엔진으로 구동시켜 공기를 압축하면서 흡입하고, 공기의 대부분은 압축기, 연소실, 터빈을 통해 배기 가스로서 분출된다. 그러나 공기의 일부는 엔진 주위의 덕트를 통해서 마지막 부(部)에까지 도입되고 배기 가스에 다시 섞여 분출하는 구조의 제트 엔진을 말한다.

fan out 팬 아웃 스위칭의 논리 회로에서 출력측에 접속 가능한 부하의 수.

farad 패럿 정전 용량의 MKS 단위. 전해 법칙의 발견자 패럿의 이름을 딴 것. 1F는 전위를 1V 높이는 데 1쿨롬의 전기량을 요하는 도체의 전기 용량. CGS

F

정전 단위의 9×10^{11}esu 에 해당한다.

Faraday's law 페러데이 법칙(－法則) 다음의 두 가지 법칙을 말한다. ① 동일한 전기량에 의해서 석출(析出)되는 전해질의 양은 그 화학적 해당량에 비례한다. ② 같은 전해질에서는 전기량에 비례해서 석출된다.

fastener 파스너 ① 의류, 가방류의 개폐하는 곳에 다는 잭의 별명. ② 건축에서는 커튼 월(curtain wall)을 설치하는 철물의 총칭.

fast neutron 빠른 중성자(－中性子) 통상 10keV~10MeV 의 에너지 범위의 중성자를 말한다. 원자핵과 비탄성 산란을 일으키는 확률이 크다. →thermal neutron

fast neutron reactor 고속 중성자로(高速中性子爐) 고속 중성자를 사용해서 핵분열 반응을 일으키도록 설계된 원자로. 이 형의 노(爐)는 증식형 원자로가 된다.

fast pulley 고정 풀리(固定－) 전동 장치에서 운동을 단속(斷續)시키는 경우 보통 2개의 풀리를 나란히 사용하는데, 한 쪽은 축에 고정되어 고정 풀리라 하고, 다른 쪽은 축에 자유로이 회전하는 것으로 아이들 풀리라 한다.

fatigue 피로(疲勞) 재료는 정하중(靜荷重)에서 충분한 강도를 지니고 있더라도 반복 하중이나 교번 하중(交番荷重)을 받게 되면, 그 하중이 작더라도 마침내 파괴를 일으키게 된다. 이러한 현상을 피로라 한다. 또, 시간적으로 변동하는 응력하에서 생기는 재료의 파괴를 피로 파괴(fatigue fracture)라고 한다.

fatigue deformation 피로 변형(疲勞變形) 재료에 반복 응력(應力)을 가해서 피로 현상이 생기면 강도를 감소시킨다. 이에 따라 재료가 조금씩 변형되는 것을 말한다.

fatigue life 피로 수명(疲勞壽命) 반복 하중을 받는 부재나 구조가 파괴될 때까지의 하중의 반복수 또는 시간.

fatigue limit 피로 한도(疲勞限度) 피로 현상이 일어나는 한도. 내구 한도(耐久限度).

fatigue limit diagram 피로 한계도(疲勞限界圖), 피로 한도 선도(疲勞限度線圖)

fatigue notch factor 노치 계수(－係數) 노치가 없는 평활한 재료의 피로 한도를 노치가 있는 재료의 피로 한도로 나눈 값. 평활한 재료에 비해서 어느 정도의 집중도인가를 수치로 나타낸 것.

fatigue test 피로 시험(疲勞試驗) 재료에 반복 하중을 가할 때, 재료가 파괴에 이르기까지의 반복 횟수를 구하는 시험을 말한다. 이로써 재료의 피로 한도 및 소정의 반복 횟수에 견디는 시간적 강도를 구할 수 있다.

fatigue testing machine 피로 시험기(疲勞試驗機) 재료의 피로 한계를 구하기 위해 사용되는 시험기로, 다음과 같은 것이 있다. 반복 굽히기, 반복 인장 압축, 반복 비틀기, 반복 충격.

faucet 급수전(給水栓)

faucet joint 수전 이음(水栓－) 한 쪽 관 끝에 소켓을 달고, 다른 관 끝을 그 속에 끼워 연결하는 관 이음. 수도, 가스, 배수용이 있다.

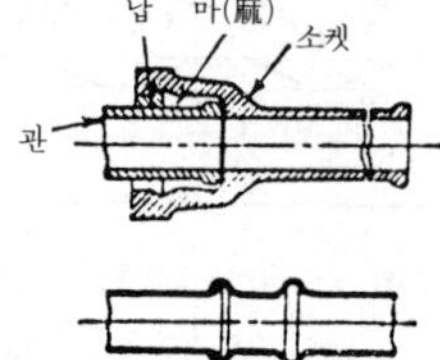

fault tree analysis ; **FTA** 고장의 트리 해석(故障－解析) 시스템에 발생하는 중대한 고장이 어떤 원인에 의해서 발생하는가를 이론적으로 분석하고 세분화해서 최종적으로는 1개 부품의 고장 원인까지 규명해가는 톱다운의 수법.

feathered 페더화(－化) 거친 깃털의 가장 자리와 같이 들쭉날쭉한 깃털 모양을 말한다. 피스톤 링이나 오일 실 립(oil seal lip)에서 볼 수 있다. 원인은 불충분한 단부(端部)의 갭, 윤활 불량 또는 과열에 의해서 발생한다.

featheredge file 마름모꼴 줄 단면이 마름모꼴이고 전체 폭이 일정한 줄.

feather key 페더 키, 미끄럼 키 보스가 축 방향으로도 미끄럼 운동할 수 있는 키. =sliding key

feed 이송(移送), 이송 속도(移送速度) ① 선반 등에서 공작물의 1회전마다 절삭 방향으로 절삭 공구를 이송하는 길이. 밀리미터(mm) 또는 인치(in)로 표현한다. ② 드릴 가공에서 드릴이 1회전에 뚫고 들어가는 깊이.

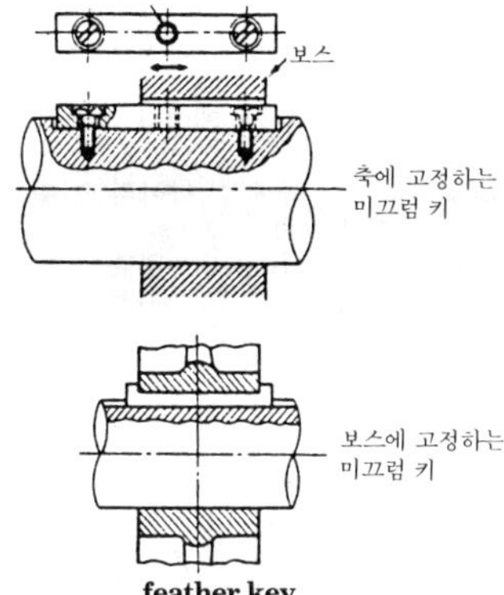

feather key

feedback 피드백, 궤환(饋還) 제어계의 출력 신호를 어떤 방법으로 입력에 되돌리는 것을 말한다. 제어계에서 제어량에 상당하는 신호(출력)를 목표값(입력)과 비교하여 그 신호를 제어량으로 바꾸는 신호(조작량)로써 쓰는 조작이 있다. 이것을 피드백 또는 궤환이라 하고, 합의 신호를 쓰는 경우를 포지티브 피드백(positive feedback), 차의 신호를 쓰는 경우를 네거티브 피드백(negative feedback)이라고 한다. 포지티브 피드백은 주로 발진 회로에, 네거티브 피드백은 자동 제어, 프로세스 제어, 증폭기 등에 쓰며 목표값에 추미, 제어, 특성의 개선 등을 한다. → closed loop control

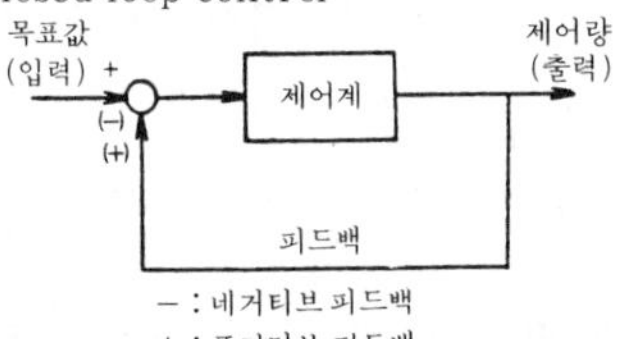

feedback control 피드백 제어(−制御) 제어량의 값을 입력측으로 되돌려 이것을 목표값과 비교하여 제어량을 목표값에 일치시키도록 정정 동작(訂正動作)을 하는 제어.

feed change gear box 이송 변속 장치(移送變速裝置) 공구와 공작물과의 이송 상대 속도를 변화시키기 위한 장치. 일반적으로 기어의 조합에 의해서 속도 변환을 한다.

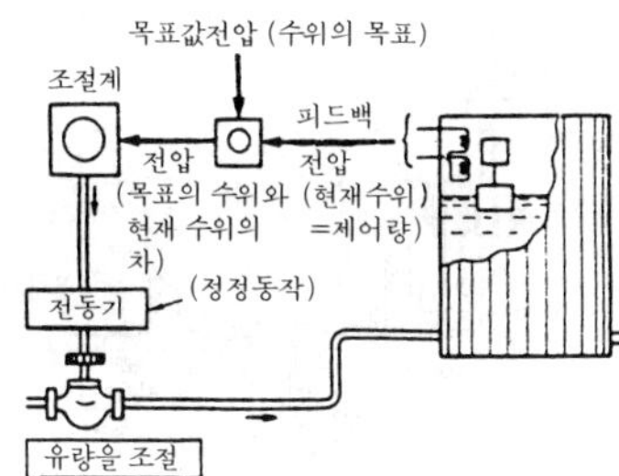

feedback control

feeder 피더 공급하는 장치라는 뜻. ① 기계적인 것으로는 테이블, 스크루, 에이프런, 로터리, 벨트(그림 참조), 셰이킹, 드래그(drag) 등 많은 종류가 있다. ② 전기에서 피더라고 할 경우는 안테나와 송신기 또는 수신기를 접속하는 폭 약 1cm의 평행한 2선(線)의 특수한 코드를 가리킨다.

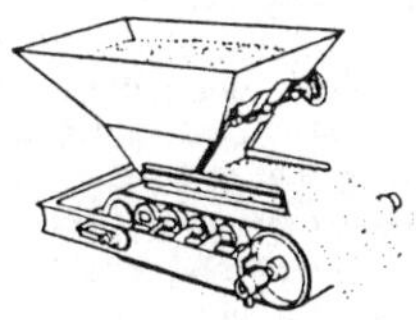

feeder head 피더 헤드, 압탕(押湯) = riser

feedforward control 피드포워드 제어(−制御) 발생이 예상되는 변화의 원인을 검출해서 미연에 방지하기 위해 작동시키는 제어로, 일종의 예측 제어이다. 외란(外亂)에 대한 프로세스의 동특성(動特性)을 미리 알고 있어야 한다.

feed function F 기능(−機能) NC 공작기에서 공작물에 대한 공구의 이송(이송 속도 또는 이송량)을 지정하는 기능을 말한다.

feed gear 이송 장치(移送裝置) 선반에서는 왕복대(往復臺)의 에이프런 속에 내장되어 있으며 세로 이송, 가로 이송, 나사 이송 장치 등으로 이루어져 있다.

feed grinding 피드 연삭(−硏削), 정지 연삭(停止硏削) =infeed method grinding

feeding head 피더 헤드, 압탕(押湯) = riser

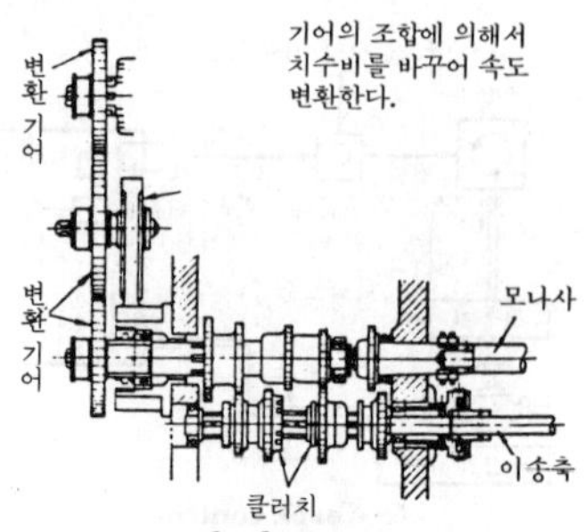

feed gear

feed pipe 급수관(給水菅) 음료용 기타의 용도에 사용하는 상수 또는 잡용수를 공급하기 위한 관. =service pipe

feed rate override 이송 속도 오버라이드(移送速度－) 수치 제어(數値制御) 테이프 상에 프로그램된 이송 속도를 다이얼 조작에 의해 수정하는 것.

feed rod 이송봉(移送棒) 이송력을 전달하는 축. 선반으로 나사를 절삭할 경우에는 어미 나사를 사용하지만, 나사 절삭 이외일 때는 어미 나사 대신에 이송봉을 이용해서 이송력을 전달한다.

feed screw 이송 나사(移送－) 수나사와 암나사의 조합에 의해 이송을 주는 경우, 예를 들면 밀링 머신의 테이블 이송에 사용하는 수나사를 이송 나사라 하는데, 각(角) 나사가 사용된다.

feed shaft 이송축(移送軸) 이송 동력을 전달하는 축의 총칭. 특히 선반에서는 새들의 이송 동력을 전달하는 이송봉을 말한다.

feed valve 급기 밸브(給氣－) 공기 브레이크 장치의 제어원(制御源)이 되는 정압 공기를 공급하는 밸브.

feed water heater 급수 가열기(給水加熱器) 보일러에 급수하기 전에 증기 등으로 100~150℃로 예열하는 장치.

feed water pump 급수 펌프(給水－) 보일러 등에 급수하는 펌프. 왕복 펌프와 회전 펌프가 있다.

feed water regulator 급수 조정기(給水調整器) 증기 보일러의 부하에 따라 보일러 드럼 내의 수위를 일정한 범위로 유지하기 위해 급수량을 자동적으로 제어하는 장치.

feed water treatment 급수 처리(給水處理) 보일러 급수 속에 포함된 장애를 일으킬 가능성이 있는 불순물을 제거하는 처리.

feeler gauge 틈새 게이지 =thickness gauge

feet 피트 영국식 길이의 단위. 푸트(foot)의 복수형.

Fellow's gear shaper 펠로스 기어 셰이퍼 기어 모양의 밀링 커터(피니언 커터)에 수직 절삭기와 같은 상하 왕복 운동을 시켜 절삭하는 기계.

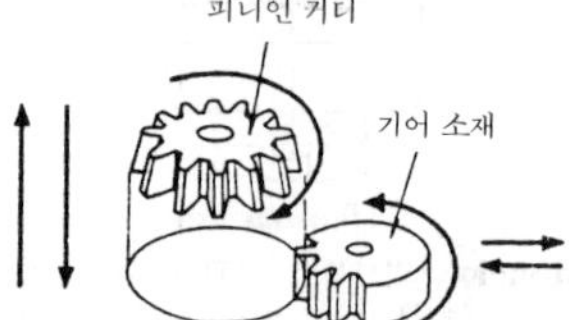

felt 펠트 양모(羊毛), 그 밖의 짐승털을 비누 온액(溫液)이나 황산 온액에 담가 압축하여 만든 천 모양의 제품. 용도는 보온재, 방음재, 여과재, 연마재 등.

female screw 암나사(－螺絲) →male screw, screw

fender 펜더 ① 흙받이. ② 선박의 방현재(防舷材).

fermium 페르뮴 원소 기호 Fm, 원자번호 100의 초(超) 우라늄 원소.

Fernico 페르니코 Fe 54%, Ni 28%, Co 18%의 합금으로, 경질(硬質) 유리와 선팽창 계수가 같아 유리 봉입 도선으로 사용된다.

ferrite 페라이트 강(鋼)이나 주철의 현미경 조직에 나타나는 상(相)의 일종. α철이 용해되어 있는 고용체(固溶體).

ferro 페로 철, 제1철의 뜻. 페로 얼로이는 합금철.

ferroalloy 페로얼로이 ferro에는 철이라는 뜻이 있다. 탄소 이외의 원소를 다량으로 함유한 철합금의 총칭. 페로망간, 페로크롬 등이 있다.

ferrochrome 페로크롬 Cr 60~65%를 함유한 합금철. 크롬강, 텅스텐강의 원료.

ferroconcrete 철근 콘크리트(鐵筋) = reinforced concrete

ferromagnetic material 강자성체(强磁性體) =ferromagnetic substance

ferromagnetic substance 강자성체(强磁

性體) 철, 니켈, 코발트나 이것들의 합금과 같이 자석에 강하게 이끌리고, 또 자석에서 떨어진 후에도 강한 자성을 지니게 되는 물질.

ferromanganese 페로망간 Mn을 다량으로 함유한 합금철. 망간강(鋼), 망간 청동, 강 등의 탈산(脫酸)에 사용된다.

ferromolybdenum 페로몰리브덴 철과 몰리브덴의 합금.

ferrophosphorus 페로포스포러스, 인철(燐鐵) 일반적으로 P 20%, Si 5% 정도를 함유한 합금철. 주형(鑄型)에 인을 가할 경우, 또는 박판용 강의 인 함유량을 늘릴 경우에 첨가 재료로서 이용된다.

ferrosilicon 페로실리콘 Fe나 Si과의 합금. Si 함유량 18~90%에 걸쳐서 여러 종류가 제조된다. 용도는 제강시의 탈산용(脫酸用), Si의 첨가용 원료.

ferrotungsten 페로텅스텐 철과 텅스텐의 합금.

fertile material 핵연료 친물질(核燃料親物質), 연료 친물질(燃料親物質) 그 자신으로는 열중성자로 핵분열을 일으키지 않지만, 중성자를 포획 흡수하여 여러 번의 β붕괴에 의해 핵분열성 물질에 핵변환하는 핵종(核種)을 말한다.

fiber 파이버, 섬유(-纖維) ① 무명, 마(麻), 석면 등을 겹쳐 강압해서 만든 것. 전기의 절연 재료, 작은 기어 등에 사용된다. ② 실 모양의 고분자 물질. 식물 섬유, 동물 섬유, 광물 섬유, 인조 섬유소(纖維素) 섬유, 합성 섬유, 유리 섬유, 인조 단백 섬유 등이 있다.

fiberglass-reinforced plastic ; **FRP** 유리 섬유 강화 플라스틱(-纖維强化-) 유리 섬유를 주요 보강재로 하는 저압 성형용 열경화성 수지의 적층 성형품이다. 일정 중량당의 강도는 금속에 비해 매우 크기 때문에 항공기, 보트, 자동차, 낚싯대, 스키판 등에 쓰이고 있다.

fiber grease 파이버 그리스 광유(鑛油)에 20~30%의 소다 비누를 첨가한 것으로, 비교적 고온에서는 견디나 물에는 녹는다.

fiber reinforced metals ; **FRM** 섬유 강화 금속(纖維强化金屬) 강도가 큰 섬유로 금속을 강화시킨 복합재로, 예를 들면 보론(boron) 섬유를 알루미늄박이나 티탄박 사이에 넣고 롤을 통과시킨 후 고온도에서 확산 접합시키거나, 섬유를 용융 금속 가운데로 통과시켜 빼내는 동시에 재빨리 냉각 응고시킨 것.

fiber reinforced plastics ; **FRP** 섬유 강화 플라스틱(纖維强化-) 합성 수지와 섬유와 충전재로써 만들어진다. 사용되는 섬유에는 금속, 유리, 탄소 등이 있으나 가장 많이 사용되는 것은 유리 섬유이다.

fiber reinforced thermoplastics ; **FRTP** 섬유 강화 열가소성 플라스틱(纖維强化熱可塑性-) 열가소성 수지를 사용한 섬유 강화 플라스틱. 자동차의 범퍼 등에 사용되고 있다. →fiber reinforced plastics

fiber scope 파이버 스코프 유리 섬유의 일종. 광섬유라 불리는 것을 한데 묶어 끈 모양으로 만든 것이 파이버 스코프이다. 의료용이나 통신 케이블에 널리 사용되고 있다.

fibre 파이버 =fiber

fiddle drill 활꼴 드릴 가죽끈 등의 회전에 의해서 조작되는 드릴.

field balancing 필드 밸런싱 평형을 현장에서 잡는 것. 기계 각부의 진동 진폭을 측정해서 평형이 되도록 조정하는 것.

field effect transistor ; **FET** 전계 효과 트랜지스터(電界效果-) 채널(전류 통로)을 흐르는 전류를 전계(전압)에 의해서 제어하는 트랜지스터.

field ion microscope 전계 이온 현미경(電界-顯微鏡) 원리는 시료 금속을 가늘고 예리한 끝으로 다듬고, 고전장(高電場) 중에서의 증발 현상을 이용하여 그 선단부를 원자적으로 깨끗한 상태로 한 다음, 이것을 양극(陽極)으로 하여 10^{-3}torr 정도의 저압 가스를 봉입하고, 평판(平板) 스크린을 음극으로 하여 100~500MV/cm의 고전장을 거는 것이다. 가스는 네온, 수소 또는 중수소(重水素) 등이지만, 이것이 금속 양극(陽極) 선단 근방에서 양이온으로 되어 반구상(半球狀)의 선단 표면에서 이에 수직 방향으로 방사되어 스크린에 충돌하여 빛을 발한다. 금속 부문에서는 표면 결정 격자(結晶格子)의 원자위치, 격자 결함(格子缺陷), 미끄럼대(帶), 결정립계(結晶粒界) 등의 연구에 응용되고 있다.

figure 피겨 ① 숫자(數字). ② 도형(圖形). ③ 제(第)…도(圖)(Fig 또는 fig). 예컨대, Fig.1이란 그림 1 또는 제1도라는 뜻.

filament 필라멘트 전류에 의해서 백열

F

(白熱)하는 선상(線狀)의 도체. 전구의 필라멘트에는 듀멧선(선팽창 계수 4.5~6×10^{-6}/℃인 Ni-Fe 합금에 Cu의 피복을 한 것), 플라티라이트 등이 사용된다.

filament winding method 필라멘트 와인딩법(-法) FRP의 연속 필라멘트를 맨드릴(mandrel)의 표면에 장력을 가해서 감아 붙여 열경화시킨 후 맨드릴에서 빼내는 성형법을 말한다.

file 줄 양질의 강편(鋼片) 또는 공구 강편에 줄 눈을 내고 담금질한 것. 공작품의 면을 평활하게 갈아 내거나 각을 내는 데 사용된다.

file cleaner 줄 청소구(-淸掃具) 줄밥으로 막힌 줄눈을 청소하는 강선(鋼線) 또는 강모제(鋼毛製)의 브러시.

file cutting machine 줄눈 절삭기(-切削機) 줄의 소재에 여러 가지 줄눈을 세우는 기계.

F

file tester 줄 시험기(-試驗機) 줄의 절삭도(切削度)를 비교, 시험하는 기계.

filiform corrosion 사상 부식(絲狀腐蝕) 에나멜이나 래커, 유기물 피복하의 금속 표면상에 벌레가 기어간 자국과 같은, 거의가 직선적이고 무방향으로 뻗친 홈 모양의 부식. 폭은 3mm 이하이고, 홈은 교차되는 일이 없다. 사상 부식만으로 부재를 열화시키거나 파손시키는 일은 적으나, 표면의 외관이 나빠지기 때문에 상품 가치를 떨어뜨린다.

filing 줄 작업(-作業) 줄질을 하여 가공물의 표면을 다듬질하는 것.

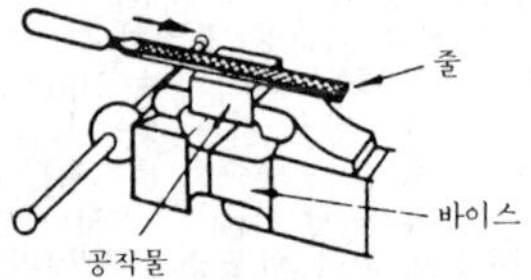

filing machine 줄 기계(-機械) 줄을 동력에 의하여 왕복 운동을 시켜 공작물에 줄 작업을 하게 하는 공작 기계.

filler metal 충전재(充塡材), 용가재(鎔加材) ① 부품의 일부에 뚫린 구멍을 메우는 금속 충전재. ② 용접 작업에서 모재(母材)를 용접하기 위해 용접부에 녹여 첨가하는 금속. ③ 주물(鑄物)의 일부를 메우는 금속. 모래 구멍 등을 메우는 데 쓰인다.

filler wire 필러선(-線) 와이어 로프를 구성하는 작은 가닥은 많은 소선(素線)으로 이루어졌는데, 이 소선 속에 섞여 있는 3각형 또는 그 밖의 가는 선을 말한다. 이것은 와이어 로프의 형태를 갖추는 역할을 한다.

fillet 필릿[1], 모따기[2] 용접에서 2개 이상의 구조 또는 부재의 표면이 결합되어 있는 곳을 매끈한 곡면(曲面)으로 정형(整形)한 부분을 말한다. 또, 용접재의 맞대어진 면에 R을 형성한 부분이나, 용접할 때에 서로 직각으로 맞대어진 면의 용접 단면이 세모꼴을 이루는 용접부도 필릿이라 한다. =beveling

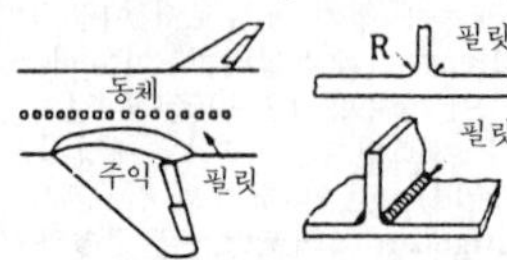

fillet surface 필릿 서페이스 기어의 치형 곡면과 치저 곡면원(齒底曲面圓)과의 사이의 접속 곡면 부분.

fillet weld 필릿 용접(-鎔接) =fillet welding

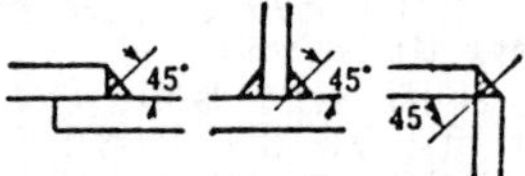

fillet welding 필릿 용접(-溶接) 직교 또는 사교(斜交)하는 두 부재를 접합하기 위하여 양 부재의 만난선을 용접하는 방법. 이 이음을 필릿 용접 이음이라고 한다.

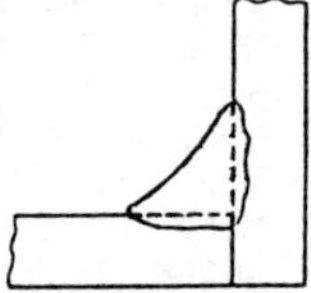

fillet weld in parallel shear 측면 필릿 용접(側面-鎔接) 용접선의 방향이 전달하는 응력의 방향과 거의 평행을 이루는 필릿 용접.

filling 덧씌우기 어떤 금속 합금 위에 다른 금속을 용접시켜 덧씌우는 것. 내열, 내마모, 내식 및 마모된 곳의 수리 등을 목적으로 시행된다.

film badge 필름 배지 개인용 선량계(線量計)의 일종으로, 약 3×4cm의 금속 프레임 속에 β선, γ선에 감광(感光)하는 필름을 끼운 것.

film boiling 막끓음(膜－), 막비등(膜沸騰) 천이(遷移) 끓음보다 전열면 온도를 상승시키면, 전열면은 증기막으로 감싸여 증기 거품은 막 위쪽에서 나온다. 이러한 끓음 상태를 막끓음 또는 막비등이라고 한다. 액체와 전열면간은 증기막으로 분리되고, 핵끓음과 같은 전열면 부근의 심한 교란이 없어 액체보다 열전도율이 작은 증기막으로 감싸이기 때문에 열전달은 핵끓음보다 작다.

film integrated circuit 막집적 회로(膜集積回路) 회로 소자 및 그 상호 배선을 막기술(膜技術)을 이용해서 만든 집적 회로. 막의 두께가 1μm 이상인 것은 후막(厚膜) 집적 회로, 1μm보다 얇은 것은 박막(薄膜) 집적 회로라 한다.

filter 필터, 여과기(濾過器)[1], 평활 회로(平滑回路)[2] ① 여과를 하는 장치. 탱크 여과기(tank filter), 올리버 여과기, 필터 프레스 등 기타 여러 종류가 있다.
② 교류를 직류로 변화시킬 때, 정류 회로(整流回路)를 통하기만 하면, 파형은 맥류(脈流)로 되기 때문에 이것을 평탄하게 하기 위한 회로.

filter aid 여과 보조제(濾過補助劑) 여과재의 막힘을 방지하고 여과 성능을 높이기 위해 사용하는 물질.

filter element 필터 엘리먼트 필터 내에 있는 여과재.

filter medium 여과재(濾過材) 물 속에 있는 불순물의 여과를 위해 쓰이는 재료.

filter press 필터 프레스 여과기의 일종. 여과해야 할 액(液)을 펌프로 압입하여 여과판에 붙어 있는 종이 또는 여과포(濾過布)를 통과시켜 걸러 내는 여과 장치.

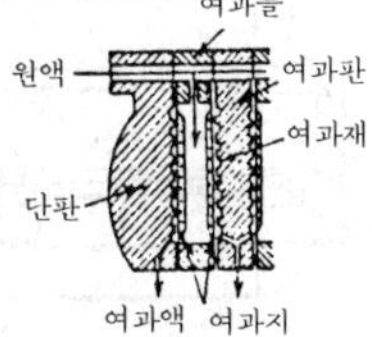

filtration 여과(濾過) 고체와 액체 또는 기체와 혼합물을 다공질의 물체를 통과시켜 분리하는 조작. 여과로 분리된 액을 여과액, 고체를 여과괴(濾過塊)라 한다.

fin 주조 핀(鑄造－)[1], 핀[2] ① 주조에서 주형(鑄型)의 이음매 등에 용탕(鎔湯)이 흘러 들어가 굳어진 얇은 지느러미같은 것.
② (a) 용탕(鎔湯)이 주형(鑄型)으로부터 삐어져 나온 얇은 주조 핀. (b) 단조(鍛造)에서 상하 다이(die) 사이에서 압출된 재료의 잉여 부분. 플래시(flash)라고도 한다. (c) 펀칭, 구멍 뚫기, 절단 등 전단면(剪斷面)의 거스러미나 잔여 부분. (d) 압출 성형, 사출 성형 등에서 형(型)의 이음매로부터 재료가 스며들어 굳은 것. (e) 냉각을 위해 설치된 실린더 외측의 주물로 된 칼라(collar). (f) 비행기의 수직 안전판.

final reduction ratio 종감속비(終減速比) 종감속 장치의 기어비(比).

finder 파인더 ① 카메라, 망원경 등에서 미리 물체의 위치를 확인하기 위한 보조 렌즈, 또는 들여다 보는 구멍. ② 측거기(測距機), 거리계(距離計).

fine adjustment 미동 장치(微動裝置) 측정 장치 등에서 가동 부분(可動部分)을 좁은 범위 내에서 미세하게 움직이게 하기 위한 장치. 피치가 미세한(0.5mm) 나사나 차동(差動) 나사 등을 이용한다.

fine boring machine 정밀 보링 머신(精密－) 초경합금의 바이트나 다이아몬드 바이트를 이용하여 아주 정밀한 거울면과 같은 다듬질면을 얻을 수 있는 보링 머신.

fine ceramics 파인 세라믹스 각종 기능(기계적, 전기적, 자기적, 광학적, 열적) 가운데 특히 요구되는 기능에 관해서 고도한 요구(순도, 강도, 효율 등)를 충분히 발휘할 수 있는 뉴 세라믹스의 재료.

fine chemistry 파인 케미스트리 높은 부가 가치의 화학 제품을 말하며 그에 관한 화학.

fine coal 분탄(粉炭) 보통 1″각의 쇠망체에서 떨어지는 미세한 석탄.

fines 미분(微分) 최대 치수가 44μ이하의 입자로 이루어진 분말.

fine thread 가는눈 나사 =fine screw thread

finger pin closer 핑거 핀 클로저 손가락을 깍지 낀 것과 같이 서로 끼워 맞댄 곳에 핀을 박아 관체(罐體)와 뚜껑을 접속시키는 이음법. 원자력 관계의 압력 용기나 지름이 큰 고압 압력 용기에 사용된다.

F

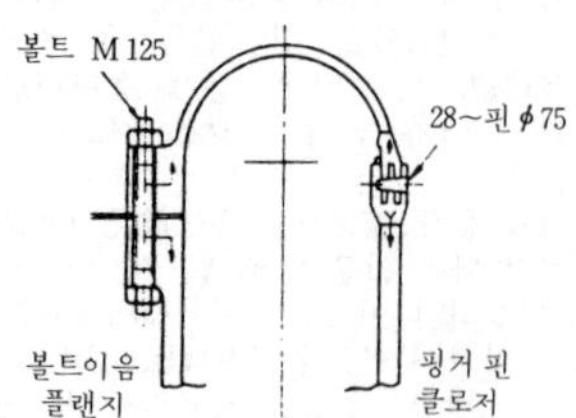

finish cut 다듬질 절삭(一切削) 공작 기계 등에서 양호한 다듬질 제품을 얻기 위한 최종 공정의 절삭.

finished bolt 다듬질 볼트 볼트의 축부(軸部)가 절삭에 의해서 올바른 형상(形狀), 치수로 다듬질되어 있는 볼트. 리머 볼트 등.

finish forging 다듬질 단조(一鍛造) 최종적 다듬질 단조. 주로 형타 단조인 경우에 사용한다.

finishing 다듬질 작업(一作業) 기계 또는 손 공구로 공작물을 마무리하는 작업을 말한다.

finishing allowance 다듬질 여유(一餘裕), 절삭 여유(切削餘裕) 주물에는 절삭 가공에 있어서 도면의 지시대로 정확한 치수를 내기 위해 필요한 여유의 살두께를 두는데 이것을 말한다.

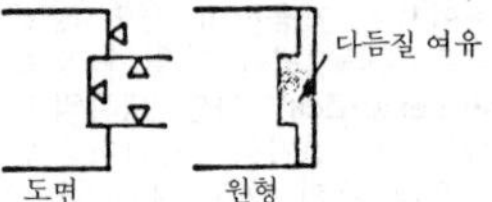

finishing roll 다듬질 롤 압연 작업(壓延作業)에서 제품을 다듬질하는 최종 공정용 롤.

finishing tool 다듬질 바이트 선삭(旋削), 평삭(平削)에 있어서 거친 절삭한 다음 표면의 거칠기를 작게 하고 올바른 치수를 얻기 위해 사용되는 바이트.

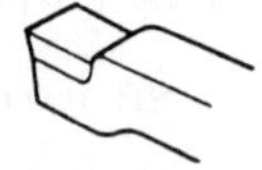

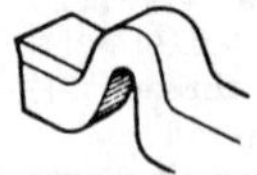

finish machining 다듬질 절삭(一切削) =finish cut

finish marks 다듬질 기호(一記號) 다듬질 작업 도면에서 가공 표면의 다듬질 정도(精度)를 나타내는 기호.

무기호	파 형	1개 ▽	2개 ▽▽	3개 ▽▽▽
다듬질 않는다.	원바탕	거 친 다듬질	줄다듬질	상다듬질

finite element method 유한 요소법(有限要素法) 구조물을 가상적으로 유한한 크기의 요소로 분할해서 구조물을 요소의 집합체로서 해석(解析)하는 응력 해석 수법. 신뢰할 수 있는 해석법으로서 각 메이커의 설계에 채택되고 있다. 유한 요소법의 해석 순서는 매트릭스 표시를 사용하면 모든 구조물에 있어서도 간결하게 통일적으로 공식화할 수 있기 때문에 매트릭스법(matrix method of structural analysis)이라고도 부른다.

firebar 화격자봉(火格子棒) =grate bar

fire box 연소실(燃燒室) 기관차 보일러와 같은 연관(煙管) 보일러의 연소실(爐)을 말한다.

fire brick 내화 벽돌(耐火一) 1,580℃ 이상의 내화도를 지닌 벽돌.

fire bridge 파이어 브리지 보일러에서 화격자 뒤에 있는 내화 벽돌을 쌓은 작은 벽.

fire clay 내화 점토(耐火粘土) 점토 성분인 카올리나이트를 고도로 함유한 것. 내화도(耐火度)는 1,730℃ 이상. 내화 벽돌의 원료, 흑연 도가니의 제조, 주물사에도 사용된다.

fired mold 소성형(燒成型) 스트라이킹 패턴 등에 이용되는 건조형의 일종으로, 주물사로 조형한 다음 소성한다.

fire grate 화격자(火格子) 고체 연료를 연소시키기 위해 화격자봉을 일정한 간격으로 배열하고, 그 위에 연료를 올려 놓고 화격자봉 사이로 연소용 공기를 불어 올려 연소시키는 장치.

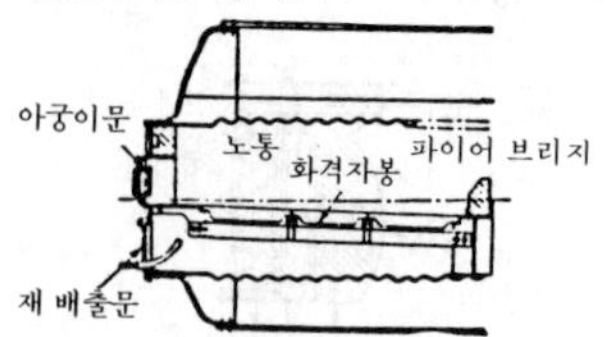

fire hole 연소구(燃燒口) 보일러통의 연료를 투입하는 구멍.

fireproof material 내화 재료(耐火材料)

=fire-resisting material

fire-resisting material 내화 재료(耐火材料) 요업(窯業)상의 내화재, 석면, 그 밖에 불에 대해서 비교적 강한 재료의 총칭.

fire tube 연관(煙管) =smoke tube

fire tube boiler 연관 보일러(煙管-) 전열(傳熱) 면적을 크게 하기 위하여 보일러 동체(胴體) 안에 다수의 연관을 설치한 보일러.

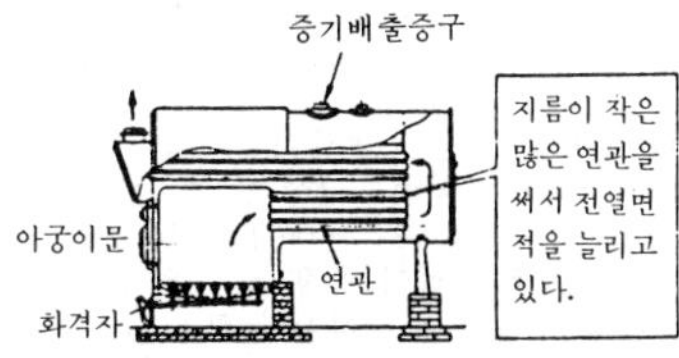

firing 점화(點火)[1], 착화(着化)[2], 소성(燒成)[3] ① 내연 기관에서 연료, 공기 혼합기에 불을 붙여 연소시키는 것. 기관의 종류에 따라 전기 점화, 압축 점화, 열면(熱面) 점화 등이 있다.
② 연료를 공기 또는 산소와 함께 가열하면 어느 온도에서 점화시키지 않더라도 연소하기 시작한다. 이 현상을 착화라 하며, 착화되기 시작하는 온도를 착화 온도, 발화 온도, 발화점이라 한다.
③ 성형품(成形品)에 기계적인 강도나 기타 필요한 성질을 갖추게 하기 위해 구워내는 것. 주로 내화물 등에 처리되는 열처리의 일종.

firing interval 점화 간격(點火間隔) 다(多) 실린더 기관의 각 실린더의 점화 간격. 크랭크각으로 나타낸다.

firing order 점화 순서(點火順序) 다(多) 실린더 기관의 각 실린더의 점화 순서. 기관의 평형, 주 베어링에 걸리는 하중 등을 고려해서 정해진다. 예를 들면, 직렬형 기관에서는 4 사이클, 4실린더에서는 1342, 6실린더에서는 153624 또는 142635 등의 점화 순서가 있다.

first angle projection 제 1 각법(第一角法) =first angle system

first angle system 제 1 각법(第一角法) 화각(畵角) 가운데 제 1 각(first angle)에 대상물을 놓고 뒤쪽에 있는 화각에 투영해서 그려 내는 방법. 이에 대해서 대상물을 제 3 각에 놓고 그려 내는 방법을 제 3 각법이라 하는데, 기계 제도에서는 이 제 3 각법이 이용되고 있다.

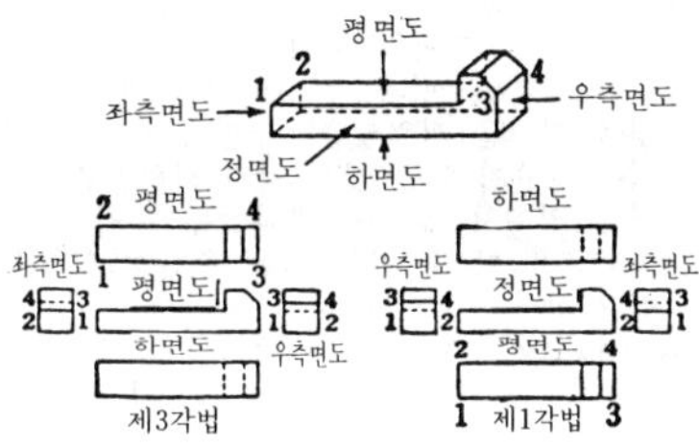

first hand tap 1번탭(一番-) 핸드 탭 중 맨 처음에 사용한 탭.

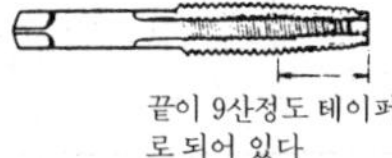

first law of motion 운동의 제 1 법칙(運動-第一法則), 관성의 법칙(慣性-法則) 물체에 힘이 작용하지 않으면 그 물체가 정지(靜止)하고 있을 때는 정지된 그대로, 움직이고 있는 것은 그 운동을 계속한다는 법칙.

fish attracting lamp 집어등(集魚燈) 집어등은 망어구(網漁具)나 낚시구로 어로를 할 때, 고기가 빛으로 모이는 성질을 이용하여 어군을 모아 어획고를 올리기 위하여 사용하는 등화(燈火)이다.

fish scale 피시 스케일 담금질한 고속도강(高速度鋼)의 파단면(破斷面)에 나타나는 물고기 비늘 모양을 한 단면. 이것이 생긴 고속도강의 경도(硬度)는 그다지 변화가 없으나 일반적으로 취약하다.

fish tailing 피시 테일링 구름 베어링 전동자(轉動子 : 롤러, 볼)가 요동하여 베어링과 공명(共鳴)함으로써 아코디언의 주름 모양, 또는 물고기의 꼬리 지느러미 모양을 나타내는 현상을 말한다. 이것이 생긴 베어링을 사용하면 안 된다.

fission products 핵분열 생성(核分裂生成), 핵분열 생성물(核分裂生成物) 질량수가 큰 ^{233}U, ^{235}Pu, ^{239}Pu와 같은 원자핵의 핵분열을 수반해서 생성하는 분열 파편 및 그들의 방사성 붕괴에 의해서 생기는 여러 가지 핵종(核種)의 총칭.

FIT 핏 트랜지스터, 다이오드, IC 등의 신뢰성을 나타내는 것으로, 고장률, 실격률, 신뢰성의 지수 등의 수에서는 10^{-9}를

F

1FIT라 한다.

fit 끼워맞춤 ① 한계(限界) 게이지에 있어서 서로 끼워 맞추어지는 관계를 말한다. 그리고 구멍과 축 사이에 틈새가 있는 것을 헐거운 끼워맞춤, 구멍과 축 사이에 체결 여유가 있는 것을 억지 끼워맞춤, 공차에 의해서 헐거운 끼워맞춤과 억지 끼워맞춤을 할 수 있는 것을 중간 끼워맞춤이라 한다. =fitting

fit quality 끼워맞춤의 등급(-等級) 끼워맞춤 공차(公差)의 대소 정도를 구별한 것.

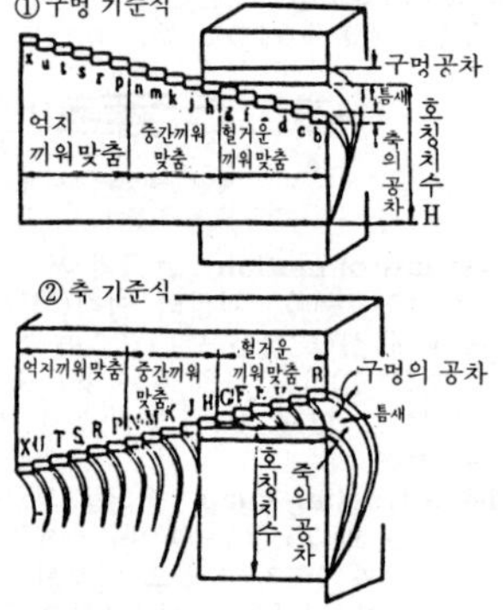

fitter 다듬질 공원(-工員) 일반적으로 줄, 끌, 스크레이퍼 등의 손공구(手工具)를 사용해서 부품의 다듬질을 하는 공원.

fitter's bench 다듬질 작업대(-作業臺) 다듬질하는 작업대. 바이스를 장착하고 소도구를 올려 놓는다.

fitting 피팅, 끼워맞춤, 비벼맞춤 ① 고정시키는 것. ② 고정밀도의 평면을 얻는 손다듬질 작업. 서피스 플레이트에 공작물의 표면을 문질러서 다듬질면의 고저를 가려 내어 연삭하는 것. ③ 끼워맞춤을 하는 것. =fit

fittings 부착물(附着物)

fitting shop 다듬질 공장(-工場) =finishing shop

fitting strip 삽입판(挿入板), 끼움판(-板)

fit tolerance 끼워맞춤 공차(-公差)

fixed beam 고정 빔(固定-), 고정 보(固定-) →beam

fixed block format 고정 블록 포맷(固定-) 각 블록에 들어 있는 워드수와 캐릭터수 및 워드의 순서가 일정하게 고정된 수치 제어 테이프의 포맷.

fixed carbon 고정 탄소(固定炭素) 석탄 등 고체 연료의 공업 분석에서 산출되는 탄소 함유량의 한 지표로, 중량 백분율로 나타내어진다. 그 정의는

고정 탄소(wt%)=100-〔수분(wt%)+회분(wt%)+휘발분(wt%)〕

이다. 고정 탄소의 성분은 대부분이 탄소이지만 이 밖에 수소, 산소, 질소 등을 소량 함유하고 있다.

fixed end 고정단(固定端) →fulcrum

fixed guide vane 고정 안내 날개(固定案內-) 펌프 또는 수차(水車)의 안내 날개가 고정되어 있어 유량(流量)의 조절이 필요 없이 물을 인도하기만 하는 것.

fixed jib crane 고정 지브 기중기(固定-起重機) 고정된 지브 기중기.

fixed liner 부착 라이너(附着-) 기기의 설치 조정을 용이하게 하기 위해 기기를 올려 놓는 설치대 윗면에 부착하는 라이너.

fixed load 고정 하중(固定荷重) 물체에 대하여 정지(靜止)된 상태로 작용하고, 시간과 함께 크기가 변하지 않는 하중.

fixed pulley 고정 풀리(固定-) =pulley, block

fixed stay 고정 방진구(固定防振具) →center rest

fixed support 고정 지점(固定支點) 구조물의 지점의 일종으로, 벽에 고정된 경우와 같이 회전도 이동도 하지 않고 반력(反力)과 모멘트가 작용하는 지점.

fixing moment 고정 모멘트(固定-) 변형을 구속한 고정 지지부에 발생하는 모멘트. →fixed beam

fixture 고정구(固定具), 고정 장치(固定裝置), 픽스처 부품을 가공할 때, 공작물을 가공할 수 있도록 기계에 고정시키는 장치.

flake 백점(白點), 플레이크 강재(鋼材)의 파단면(破斷面)에 나타나는 백색의 광택을 지닌 반점. 저합금강(低合金鋼)의 대형 단조품 등에서 흔히 볼 수 있다. 열간 가공 후의 냉각 과정에서 생기는 변태 응력, 수소의 석출(析出)에 따라 내부 변형 등으로 유발되는 균열이라 생각된다.

flaking 플레이킹, 박리(剝離) ① 도금(鍍金)의 표면 또는 도장면(塗裝面)의 일부가 벗겨져 떨어지는 것. ② 베어링의 회전에 의해 전주면(轉走面)이 반복적으로

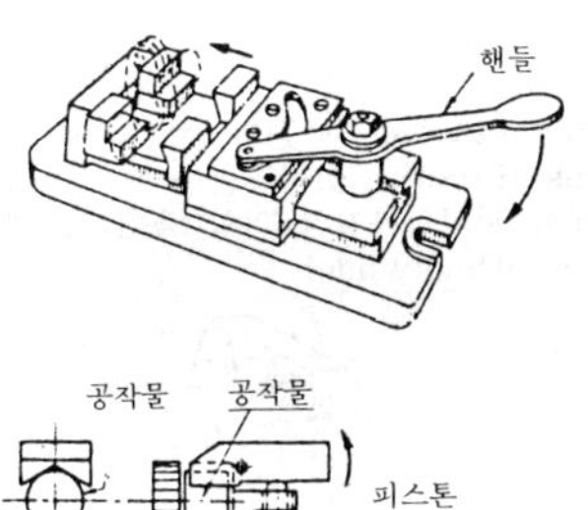

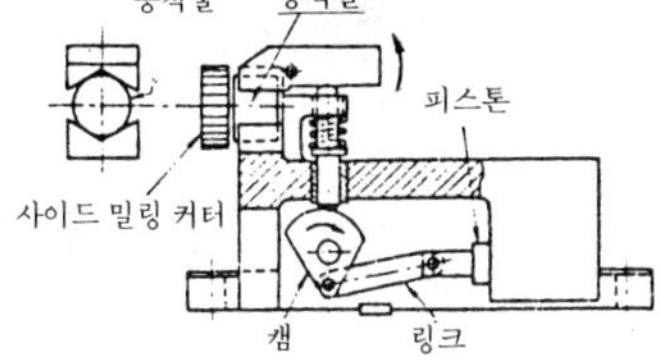

fixture

접촉 하중을 받아 표면의 피로에 의해서 물고기의 비늘 모양으로 벗겨지는 현상.

flame 플레임, 화염(火焰) 플레임 경화(硬化), 플레임 커팅(가스 절단) 등에 이용되는 방식이다.

flame annealing 화염 어닐링(火焰－), 화염 풀림(火焰－) 버너 등의 화염으로 직접 가열하여 풀림을 하는 작업.

flame cleaning 화염 청소(火焰淸掃) 산소와 아세틸렌의 다공식(多孔式) 특수 취관(吹菅 : 토치)을 써서 녹슨 강재면(鋼材面)을 불꽃으로 떨어뜨려 청소하는 것.

flame cone 염심(焰心) 가스 용접에서 가스 불꽃의 화구 바로 앞에서 생기는 백광(白光)의 원뿔형 부분. 화구(火口)란 토치(吹菅) 끝에 붙여지는, 불꽃이 나오는 부분을 말한다.

flame gouging 플레임 가우징, 불꽃 홈파기 압연 단조(壓延鍛造) 또는 주강품(鑄鋼品)에 U자형 홈을 급속히 경제적으로 파는 방법. 가스 토치에 비슷한 토치를 사용하여 처리한다.

flame hardening 플레임 하드닝, 화염 경화(火焰硬化), 화염 담금질(火焰－) 산소 아세틸렌 화염으로 C 0.35~0.55%의 탄소강이나 저합금강(低合金鋼)의 표층부를 급속히 담금질 온도까지 가열한 직후에 수냉(水冷)으로 담금질 경화시키는 표면 경화법.

flame holder 보염기(保炎器) 연소기에서 불꽃이 바람에 꺼지지 않도록 안정화시키는 기능을 갖는 물체를 보염기라 부른다.

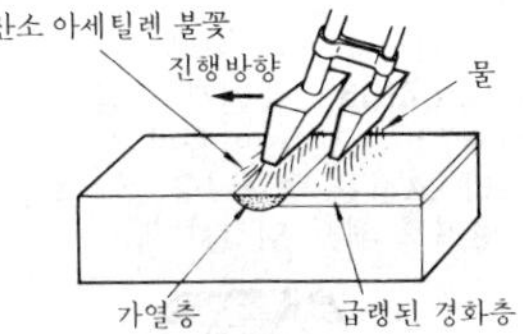

▽ 원리

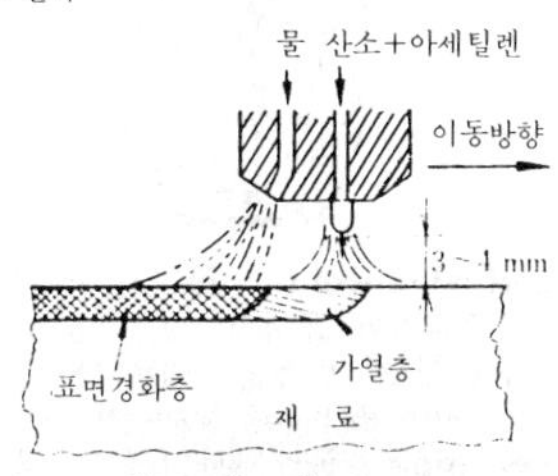

flame hardening

flame machining 화염 가공(火焰加工), 가스 절삭(－切削) 가스의 화염열로 철재를 절삭하는 것.

flame piloting baffle 보염판(保焰板) 고속 기류 속에서 연소를 시킬 때, 연료 분사 밸브의 상류측에 설치하는 화염 보호판. 화염이 날려 불꽃이 꺼지는 것을 방지하는 것으로, 가스 터빈의 연소기 등에 이용된다.

flame plate 화염판(火焰板) 디젤 기관의 연료 분사 노즐 끝에 붙여진 판. 노즐의 소손(燒損)을 방지하기 위한 것이다.

flame plating 화염 도금(火焰鍍金) 탄화 텅스텐 등의 내열성 물질의 얇은 피막을 철강, 동합금(銅合金)상에 분사하여 만드는 방법. 내열, 내마모, 경도(硬度)의 증가를 목적으로 한다.

flame speed 불꽃 속도(－速度) 공간에 대한 불꽃의 이동 속도를 불꽃 속도 혹은 불꽃 전파 속도(flame propagation velocity)라고 부른다. 따라서, 전파성을 갖는 예혼합 불꽃에 대해서만 의미를 갖는 것이며, 연소 속도와 미연 혼합기(未燃混合氣)의 유속의 합으로서 주어진다.

flame tube 연관(煙菅) ＝smoke tube

flange 플랜지 부품의 보강을 위하여 전주 위에 둘러 붙인 러그(lug). 예를 들면, 축이음이나 관(菅)이음의 플랜지와 같이 부품의 접속에 사용되는 것. 보강 플랜지와 같이 부품의 강도를 증가시키기 위해 사용되는 것 등이 있다.

flange coupling 플랜지 이음 전동축용(傳動軸用) 고정축 이음의 일종. 축단에 붙여 키 고정한 플랜지를 볼트로 이어 2 축을 일체로 해서 연결한다.

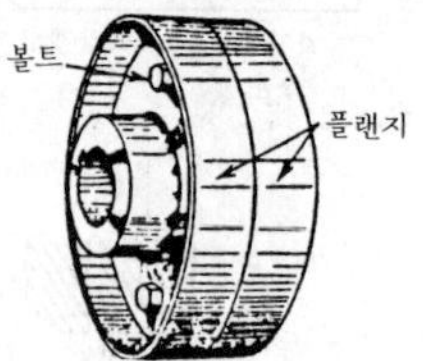

flanged edge weld 플랜지 끝용접(－鎔接) 플랜지와 플랜지, 또는 플랜지와 판이 접해 있고 그 용접 끝면이 동일 평면에 있도록 하여 끝용접을 하는 것.

flanged pipe 플랜지관(－菅) 플랜지가 붙어 있는 관(菅).

flanged pulley 플랜지 풀리 벨트가 벨트 풀리(바퀴)에서 벗겨지지 않도록 림 측면에 플랜지를 붙인 벨트차.

flange joint 플랜지 이음 =flange coupling

flange nut 플랜지 너트 너트 바닥면에 원형의 테가 붙은 모양의 와셔 겸용의 너트. 와셔 너트도 그 일종이다.

flanger 플랜저 =flanging machine

flanging 플랜징 제품을 보강하기 위하여 또는 성형 그 자체를 목적으로 해서 판금의 가장자리를 굽혀 플랜지를 만드는 작업.

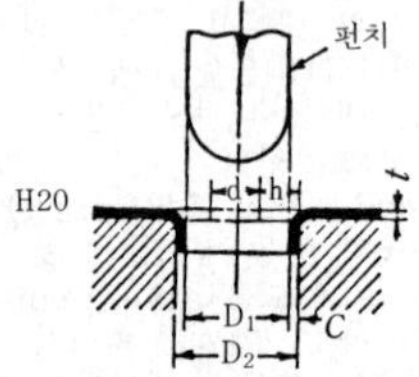

flanging machine 플랜지 머신 증기 보일러의 양단이나 물 탱크의 바닥과 같이 판 가장자리를 굽혀서 테두리를 만드는 기계.

flanging press 플랜지 프레스 =flanging machine

flank 플랭크 나사 산의 봉우리와 골 사이를 잇는 빗면을 말하며, 나사는 이 면에서 서로 접촉된다.

flank of thread 플랭크 =flank

flank of tooth 이뿌리면(－面) 이뿌리원에서 피치원까지의 치형 측면(齒形側面). →toothed wheel

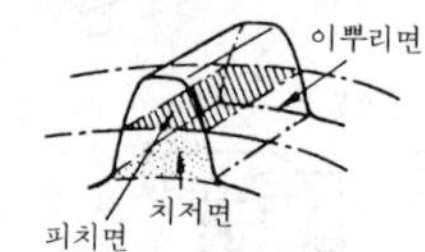

flank wear 플랭크 마모(－磨耗), 측면 마모(側面磨耗) 절삭날의 측면이 절삭 가공면과의 접촉에 의해서 생기는 마모.

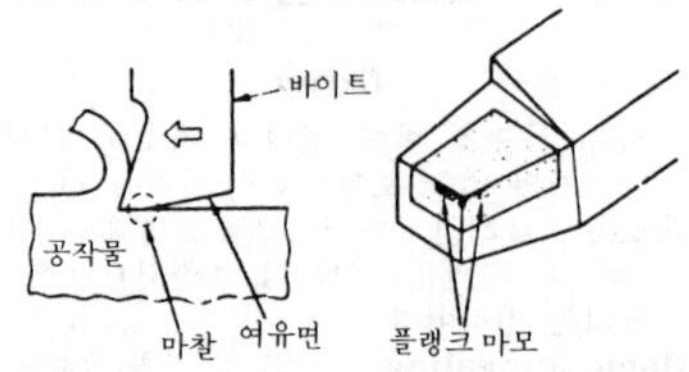

flan resin 플랜 수지(－樹脂) 플랜계 수지의 총칭. 열풍을 불어 넣어 굳히는 주형용(鑄型用) 수지로서 이용된다.

flap 플랩 비행기의 이착륙시에 큰 양력계수(揚力係數)를 얻기 위해 날개의 앞뒤 가장자리를 굽힐 수 있는 보조 날개.

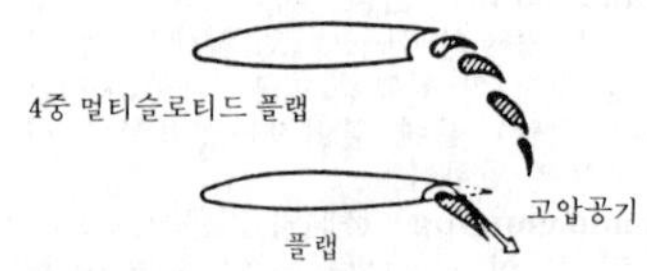

flapping 플래핑 벨트가 파도처럼 흔들리는 것. 축간 거리가 길고 고속인 경우나 부하가 변동될 때 일어나기 쉽다.

flap valve 나비형 밸브(－形－) =throttle valve

flare 플레어 내면 반사 또는 광학 소자에 의한 산란(散亂) 때문에 상면(像面)에 확산되는 빛.

flared mold 플레어 몰드 주형(鑄型) 표면을 불에 쬐어 건조시킨 생형(生型 : greensand mold).

flared type pipe joint 플레어식 관 이음(－式菅－) 관의 단부(端部)를 원뿔 모양

으로 넓혀서 접속하는 결합 방식.

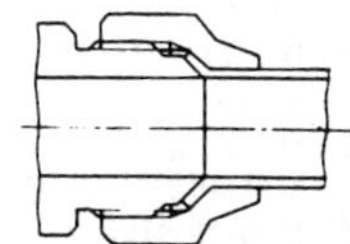

flareless fitting 플레어리스 관 이음(-菅-) 관의 말단을 넓히지 않고 관과 슬리브(sleeve)의 끼워맞춤 또는 마찰에 의해서 관을 유지하는 관 이음.

flareless type pipe joint 슬리브 삽입식 관 이음(-挿入式菅-) 금속제의 슬리브를 관의 단부(端部)에 끼워 접속하는 결합 방식.

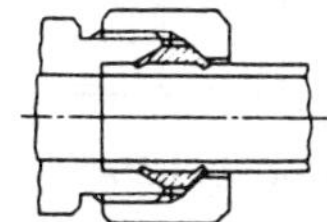

flash 플래시 ① 주조(鑄造)핀. =casting fin ② 불꽃, 섬광(閃光). ③ 비산(飛散) : 용접에서 과대 전류로 인하여 불꽃이 튀어 용접부가 패이는 것. →explosion ④ 플라스틱 성형에서 금형 맞춤 틈새로 재료가 스며들어 굳은 것.

flashback 역화(逆火) =back fire

flash butt welder 플래시 버트 용접기(-鎔接機), 불꽃 맞대기 용접기(-鎔接機) 불꽃 막대기 용접에 사용되는 용접기.

flash butt welding 불꽃 맞대기 용접(-鎔接), 플래시 버트 용접(-鎔接) 피용접 재료를 가볍게 접촉시켜 통전되면, 단면(端面)가운데의 돌기부가 먼저 접촉되어 그 부위가 급격히 가열, 용융되고 불꽃이 되어 접합 외주(外周)로 비산(飛散)한다. 잇달아 금속을 접근시키면, 다른 돌기부가 차례로 접촉되면서 용융 비산하여 용접면 전면(全面)에 걸쳐서 용융점에 도달했을 때 강한 압력을 가해서 산화물을 압출(押出)하면 접착이 된다.

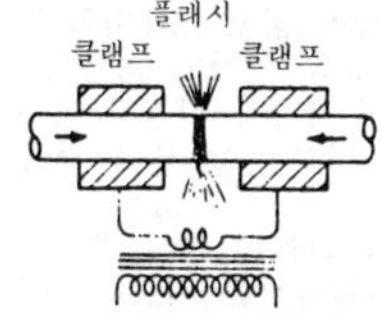

flash dryer 플래시 드라이어 습기가 많은 가루를 급속히 흐르는 열 기류 속에 분산시켜 건조시키는 것.

flashing point 인화점(引火點) =flash point

flashing temperature 인화 온도(引火溫徒) =flash point

flash over 플래시 오버 출화(出火) 직후의 상태를 말한다. 갑자기 불꽃이 폭발적으로 확산되어 창이나 문으로부터 연기와 불꽃이 뿜어 나오는 상태.

flash point 인화점(引火點) 인화성 물질이 일정한 조건하에서 가열되어 불꽃 또는 화염 등으로 연소될 수 있을 정도의 가스를 발생시킬 수 있는 온도. 인화점을 측정하기 위해서는 인화점 측정 시험기(flashing point tester)를 이용한다.

flash point tester 인화점 측정기(引火點測定器) 액체 연료의 인화점을 측정하는 장치. 이것은 기름 단지에 일정량의 기름을 채취하고, 기름을 가열하면서 일정 온도마다 소정의 불꽃을 접근시켜 인화의 유무를 살피는 방식의 측정기이다.

flash temperature 플래시 온도(-溫度) 마찰면에 접촉되어 있는 것은 표면상의 미소한 돌기 중의 소수뿐이며, 이 부분에서 발생하는 마찰열에 의한 온도.

flash welding 불꽃 용접(-鎔接), 불꽃 맞대기 용접(-鎔接) 맞대기 저항 용접의 일종. 용접하려는 부재를 맞대어 접촉시켜 대전류를 흘려서 접촉시킨 면 사이에 불꽃을 발생시킨다. 불꽃에 의해서 용접면 전체가 충분히 가열되었을 때 강하게 가압하여 접합하는 용접.

flash wheel 양수차(揚水車) 물을 높은 곳에 퍼올리는 데 사용하는 바퀴형의 양수 장치. =flap wheel

flask molding 주형 상자 조형법(鑄型箱子造型法), 플라스크 주형법(-鑄型法) 주형을 주형 상자 속에 만드는 방법. 모래를 허물지 않고 주형을 운반할 수 있다. 이 틀을 주형 틀(flask)이라 한다.

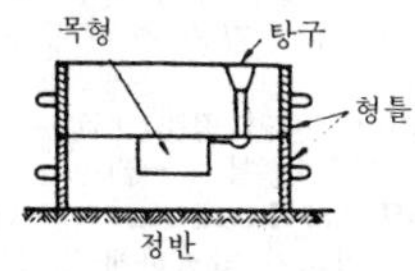

flat bar 평형 봉강(平形棒鋼) =flat steel

flat bar chain 플랫 바 체인 컨베이어 체

인의 일종. 저속의 체인 전동용(傳動用).

flat belt 평 벨트(平－), 평형 벨트(平形－) 감기 전동(傳動)에 쓰이는 것으로, 가죽 벨트, 직물 벨트, 고무 벨트, 복합 벨트 등이 있다. →belt

flat bit tongs 평형 집게(平形－) 수가공(手加工) 단조용 공구의 하나. 부리가 납작한 집게.

flat card 플랫 카드 카드의 일종으로, 그림과 같이 실린더 위쪽에 플랫이라고 하는 것이 있는데, 실린더와 플랫 사이에서 섬유를 분리하고 길이 방향으로 당겨 정돈하는 작용을 한다. 주로 면방, 스프 방적에 쓰인다.

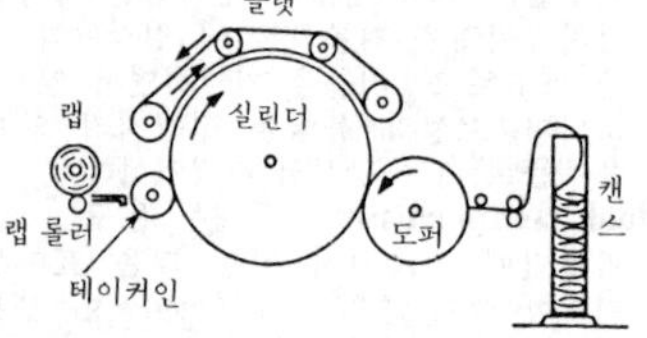

flat chisel 평 정(平－) 주조 핀(fin) 따내기나 치핑 작업에 사용하는 끝이 납작한 정.

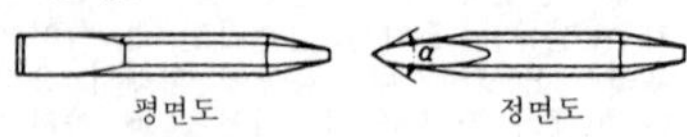

▽ α 의 표준치

경강	60~70°	주철・황동・청동	40~60°
연강	50°	구리・납・화이트 메탈	25~30°

flat drill 평 드릴(平－) 봉강재(棒鋼材)로 만들어지고 그 끝이 납작한 날로 되어 있다. 구멍 밑바닥이 편평한 경우, 구멍 지름이 드릴의 재고 치수 이외인 때, 또는 구멍이 특히 깊은 경우 등에 한해서 사용된다.

flat fillet 평면 필릿(平面－) 용접면이 편평한 필릿 용접. ＝flush fillet

flat fillister head screw 납작머리 작은 나사 머리가 납작하게 된 작은 나사의 일종. →machine screw

flat gauge 판 게이지(板－) 얇은 판으로 만들어진 게이지. 한계 게이지로는 외경 치수의 검사에 사용한다.

flat head bolt 접시머리 볼트, 접시 볼트 볼트 머리가 접시 모양으로 되어 있는 볼트. 볼트 구멍을 접시형 구멍파기하여 사용하면, 볼트의 머리가 튀어 나오는 일없이 볼트를 죌 수가 있다.

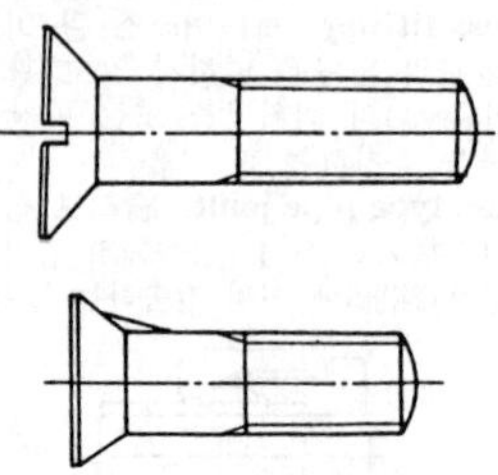

flat head rivet 납작머리 리벳 머리 부분이 납작한 리벳.

flat key 평 키(平－) 납작한 장방형 단면 키. 보스에만 홈을 파서 이것에 끼워 맞추고 축은 키가 닿는 부분을 매끈하게 절삭한다. 새들 키와 마찬가지로 그다지 힘이 걸리지 않는 곳에 사용된다.

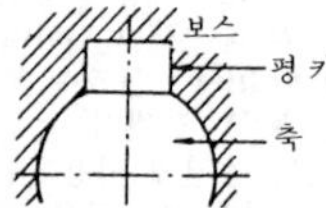

flat knitting machine 가로 편물기(－編物機) 메리야스를 짜기 위한 편물 기계.

flat-link chain 평 링크 체인(平－) ＝ flat bar chain

flat position of welding 하향 용접(下向鎔接) 위쪽에서 아래보기 자세로 하는 일반 용접.

flat rammer 평 래머(平－), 평 다지기봉(平－棒) 주형(鑄型)을 만들 때 주사(鑄砂)를 다지기 위해 만든 끝이 납작한 모양의 다지기봉.

flat scraper 평 스크레이퍼(平－) 평(平) 줄과 비슷한 납작한 모양의 스크레이퍼. 긁어내기 작업의 다듬질 용도에 따라 여러 가지 형상의 날 끝을 갖춘 스크레이퍼가 있다.

flat-seated valve 플랫 밸브 평면을 접촉면으로 하는 밸브 시트를 갖춘 밸브를 말한다.

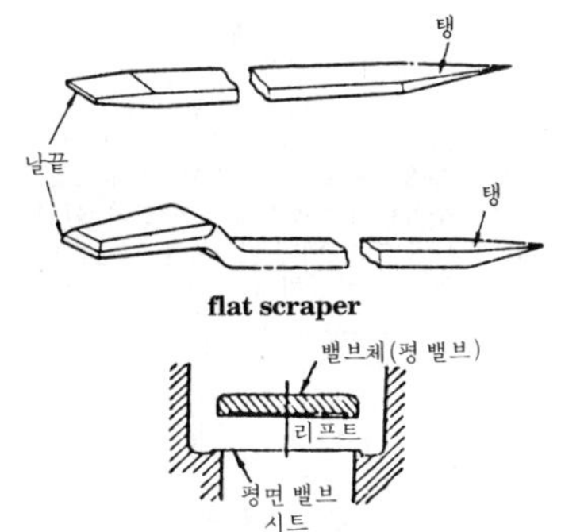

flat scraper

flat-seated valve

flat spiral spring 플랫 스파이럴 스프링 동력용 나선형 스프링. 파워 스프링(power spring)이라고도 한다.

flat spring 평 스프링(平−) =leaf spring

flat steel 평강(平鋼) 구조용 강(鋼)의 일종. 단면이 장방형인 강재. 건축, 교량, 선박, 차량 그 밖에 일반 구조물에 사용된다.

flattening 플래트닝 변형된 곳을 바로 잡는 작업

flatter 플래터, 다듬개 손가공용 단조 공구의 일종. 밑에 앤빌을 놓고 위에서 해머로 두드려 물품의 표면을 편평하게 고르는 공구.

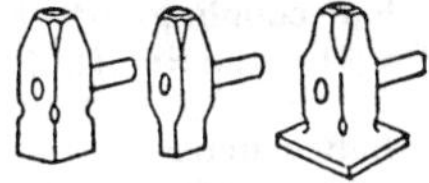

flattering tool 다듬개, 플래터 =flatter

flat twist drill 평 트위스트 드릴(平−) 특수 드릴의 일종. 환봉(丸棒)을 단조하여 넓적하게 늘여서 비틀어 만든 것. 재료가 얇팍하여 약하지만 절삭분이 잘 나온다.

flaw 흠집, 균열(龜裂) 용융 금속과 주형(鑄型)의 온도차가 너무 크면 내부가 늦게 응고되기 때문에 내부로부터의 압력에 의해 주물 표면에 생기는 균열.

Fleming's law 플레밍의 법칙(−法則) = Fleming's rule

Fleming's rule 플레밍의 법칙(−法則) 자장(磁場) 내에서 자력선에 수직으로 놓인 도선을 자장에 수직으로 이동했을 때, 도선에 흐르는 전류의 방향, 또는 반대로 그 도선에 전류를 통했을 때 도선이 받는 힘의 방향을 나타내는 법칙. 플레밍의 오른손 법칙과 왼손 법칙을 통틀어 일컫는 말.

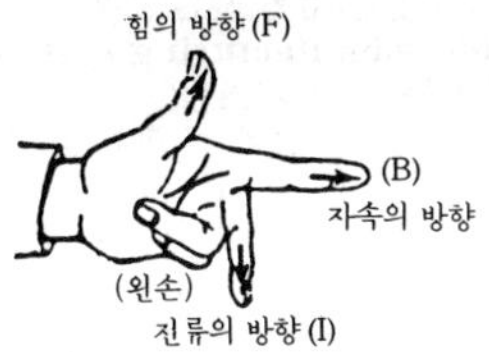

flesh side 이면(裏面) 벨트의 안쪽. 즉, 벨트 풀리에 접촉되는 면.

flexibility 가요성(可撓性), 유연성(柔軟性) 단위 길이에 있어서 재료가 굽혀지기 쉬운 성질.

flexible coupling 플렉시블 커플링, 가요성 이음(可撓性−) 편심, 편각이 어느 정도 허용되는 축 이음.

flexible flanged shaft coupling 플렉시블 플랜지 샤프트 커플링 커플링에 고무, 가죽, 우레탄 등의 링을 삽입하여 탄성(彈性)을 지니게 한 축 이음.

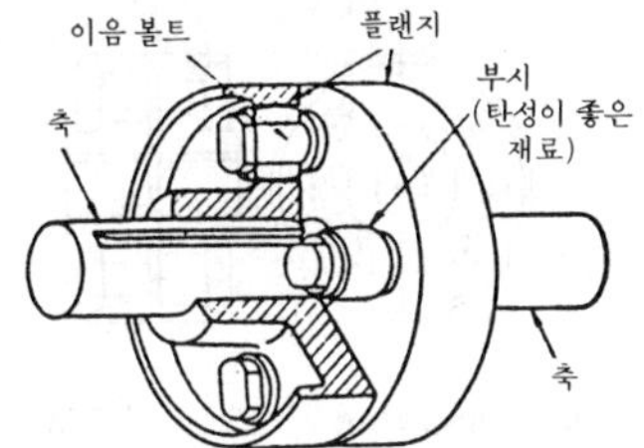

flexible French curve 자유 운형자(自由雲形−) =batten

flexible hose 플렉시블 호스 천 또는 고무 호스의 총칭. 또는 주름이 잡혀 있어 굽혀지기 쉽게 만든 주름 호스를 말한다. →hose

flexible joint 가요성 이음(可撓性−), 플렉시블 조인트 연결되는 양 축의 중심을 일치시키기 어려울 때, 또는 경년 변화로 중심이 변형될 우려가 있을 때 고무·가죽 등의 탄성체를 이용해서 양 축을 연결하는 이음.

flexible manufacturing cell : FMC 플렉

시블 생산 셀(-生産-) 1 가공 단위의 자동 가공 기계군을 말하는 것으로, NC 공작 기계와 팰릿 피더(pallet feeder : 가공물이 탑재된 팰릿을 놓은 짐받이) 및 그 중간에 위치하여 가공물의 착탈(着脫)·조립 작업을 하는 로봇의 집단.

flexible manufacturing system : FMS 플렉시블 생산 시스템(-生産-) 일반적인 정의는 ① 기계 가공이 자동적으로 이루어지는 NC 공작군으로 구성되어 있다. ② 공작물의 착탈 장치(着脫裝置)가 있다. ③ 공정간 이동을 자동적으로 할 수 있는 자동 반송 장치를 갖추고 있고, ④ 이것들을 종합적으로 제어, 관리하는 호스트 컴퓨터를 가지며, ⑤ 이것들을 운용하는 소프트웨어 등으로 이루어지는 시스템을 말한다.

flexible metallic conduit 가요성 금속관(可撓性金屬菅) 강(鋼), 동, 황동, 알루미늄 등의 박판을 그림과 같이 특수한 형태로 굽히고, 이것을 코일 모양으로 조합하여 고무 또는 석면을 끼워 기밀(氣密)을 유지시킨 가요성 금속관. 자유로이 구부릴 수 있어 가스, 증기, 물, 오일 등의 도관(導管) 또는 보호관으로서 사용된다.

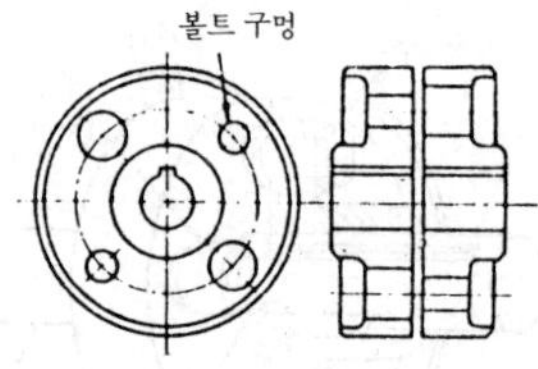

flexible mounting 방진 지지(防振支持) 기체(機體)의 진동을 다른 곳으로 전달하지 않도록 하기 위해 방진 고무, 공기 스프링, 금속 스프링으로 지지하는 것. = elastic suspension

flexible pipe 가요성 파이프(可撓性-) 배관 방향을 자유 자재로 굽힐 수 있는 관(菅). 가요성 금속관, 고무관의 가요성 호스 등이 있다.

flexible roller 가요성 롤러(可撓性-) 원통형으로 감은 스프링을 롤러로 한 것. →roller

flexible roller bearing 가요성 롤러 베어링(可撓性-) 그림과 같이 롤 베어링에서 강판을 나사형으로 만든 롤러에 심봉을 넣고 이것을 양 측판에 고정하여 꾸며 넣어진다. 롤러는 왼쪽 감기의 것과 오른쪽 감기의 것이 교대로 조합되어서 사용된다. 내륜은 없고 외륜에는 그림과 같은 모양의 틈을 내고 이 부분을 무부하측으로 하여 부착한다. 롤러에 탄력성이 있기 때문에 내충격용 베어링으로서 사용되나 고속 회전에는 적합하지 않다.

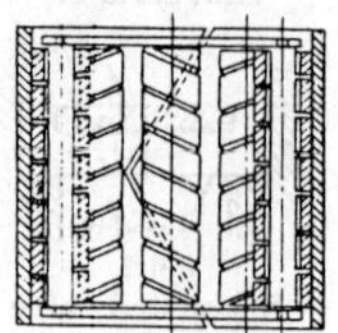

flexible rotor 탄성 로터(彈性-) 강성(剛性) 로터 이외의 로터로, 주로 관성력에 의한 탄성 변형이 문제가 되는 로터를 말한다. 강성 로터에 비해 평형상 여러 가지 문제가 생긴다.

flexible shaft 플랙시블 샤프트, 가요성 축(可撓性軸) 전동축(傳動軸)에 가요성을 갖게 한 것. 가는 철사를 코일 모양으로 여러 겹 감은 것으로, 작은 동력을 전달하는 데에 사용한다.

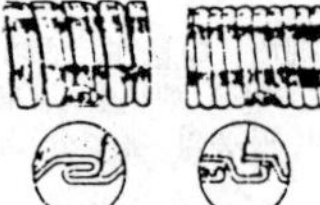

flexible shaft coupling 가요성 축 이음(可撓性軸-) →flexible flanged shaft coupling

flexible shaft grinder 플렉시블 샤프트 그라인더 가요성(可撓性) 축의 선단에 연삭 숫돌을 부착하여 복잡한 형상의 표면 또는 큰 구조물의 표면을 다듬질하는 전동(電動) 공구.

flexural rigidity 굽힘 강성(-剛性) 굽힘 하중에 대한 변형 저항. 영 계수 E, 단면 2차 모멘트 I, 프아송 비 ν 라 하면 봉재(棒材)의 경우는 EI, 판재(板材)의 경우는 $EI/(1-\nu^2)$이다.

flexure 휨, 처짐 =deflection

flight conveyor 스크레이퍼 컨베이어 = scraper conveyor

flight data recorder : FDR 비행 데이터 기록 장치(飛行-記錄裝置) 사고기의 비행 상태를 해명하는 데에 필요 최소한 5

가지의 데이터. 즉, 고도, 대기 속도(大氣速度), 기수 방향(機首方向), 수직 가속도, 시간이 기록되어 있다.

flint glass 플린트 글래스 납과 칼륨의 규산염(硅酸鹽)으로 만든 납유리.

flip-flop 플립플롭 쌍안정(雙安定) 멀티바이브레이터를 말한다. 한 쪽의 소자(素子)가 0일 때 다른 소자는 1이 된다. 트리거 신호가 들어갈 때마다 0→1, 1→0으로 반전하는 회로. 컴퓨터의 계수 회로나 기억 회로에 널리 사용된다. 쌍안정이란 2개의 안정점을 갖는다는 뜻이다.

float 플로트 ① 하천의 유량 측정용 부표(浮標). 표면 부표, 수중 부표, 봉(棒) 부표 등이 있다. ② 기화기(氣化器)의 부자(浮子).

float glass 플로트 글래스 녹인 주석 표면에 녹인 유리를 띄워 제작하는, 연마가 필요없고 표면에 기복이 없는 고급 유리.

floating axle 부동축(浮動軸) 자동차의 뒷바퀴와 같이 중앙부에 차동 기구(差動機構)를 갖추고, 좌우 2축으로 하중을 분기시켜 부동(浮動)해서 차바퀴에 회전력을 전하는 차축(車軸).

floating bush 부동 부시(浮動－) 베어링과 저널 사이에 삽입하는 부시. 고속 베어링의 과열을 방지하는 역할을 한다.

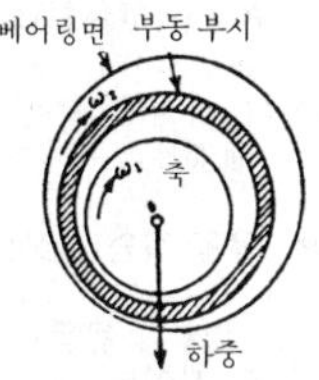

floating crane 부동 크레인(浮動－), 크레인선(－船) 대선(臺船)상에 지브 크레인 또는 탑형(塔形) 크레인을 장치한 크레인. 항만 내의 하역 작업에 적합하다.

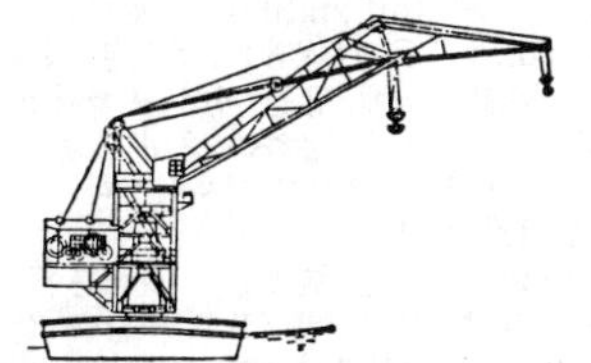

floating dies 플로팅 다이 압출 가공에서 다이가 다이 홀더에 대해서 미끄럼 운동이 자유롭게 이루어지도록 조성된 다이.

floating dock 플로팅 독, 부선 독(浮船－) 철판으로 만든 상자형의 독. 이것을 바다 속에 가라앉게 하여 선체(hull)를 싣고 배수시켜 떠오르게 하여 선체의 수리 등 작업을 한다.

floating drive 플로팅 구동(－驅動) 컨베어어 체인의 장력 변화(張力變化)에 의해서 작동하도록 된 구동 장치에 의한 구동.

floating jib crane 부선 지브 크레인(浮船－) ＝floating crane

floating pier 뜬다리 다리가 수저(水底)에 고정되지 않고 떠 있는 다리.

floating punch 플로팅 펀치 스프링 등으로 지지되고 램에 밀려 내려오면 가이드를 따라 움직이도록 설계된 펀치.

floating ring 플로팅 링 축봉부(軸封部)에 축이나 케이싱에도 고정되지 않는 링을 케이싱에 고정되는 링과 교대로 겹쳐 삽입하고, 극히 좁은 유로(流路)를 구성하여 누설을 제한하는 장치.

floating roof tank 플로팅 루프 탱크 부동(浮動) 지붕식 탱크.

floating seal 프로팅 실 그림과 같이 회전 접동(摺動)하는 실 면을 갖춘 1개의 실 링(seal ring : 특수 주철)이 외주(外周)의 고무 링에 의해 유지되고 그 탄력성으로 실 면이 서로 밀어 붙이고 있다. 실 면의 내연부(內緣部)는 구면(球面)으로서, 실 접동면에 오일을 주입하기 위해 쐐기형 틈새로 되어 있다. 보통 500rpm, 2kgf/㎠, 90℃ 이하인 조건에 적합하다.

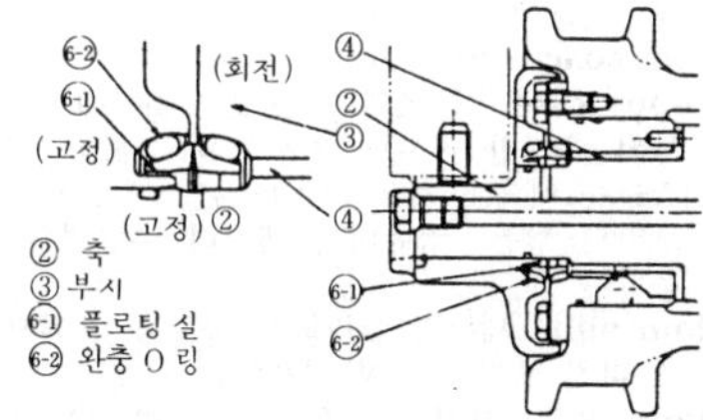

float valve 플로트 밸브 밸브의 가동 부분이 부자(浮子)의 역할을 하여 그 상부의 돌출부와 밸브실(室)의 틈새가 상하로 움

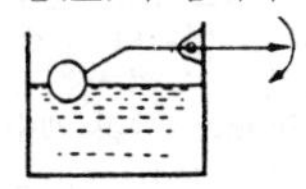

직임에 따라 자동적으로 가감되는 구조의 것.

float water level indicator 플로트 수면계(－水面計) 수면이 상하로 움직이는 변화를 측정할 경우, 플로트를 띄워 그 상하 운동을 강선(鋼線) 또는 레버 기구로 고정대(固定臺)에 유도하여 눈금을 지시하는 수면계. 저수지, 상수조, 하수면 등에 설치된다.

floor 바닥, 층계(層階)

floor by floor method 적층 공법(積層工法) 한 층계씩 조립해 가는 빌딩의 건축법.

floor heating 바닥 난방(－暖房) 바닥에 발열체를 매설하여 주로 바닥에서의 방사열에 의해서 난방을 하는 방식.

floor mold 바닥 주형(－鑄型), 혼성 주형(混成鑄型) 주물 공장의 바닥을 이용하여 하형(下型)을 만들고, 그 위에 주형 상자를 찍은 상형(上型)을 올려 놓는 방법. 대형 주물에 사용된다.

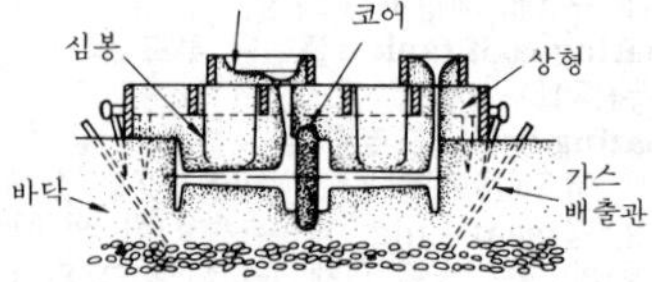

floor plate 바닥판(－板), 기초판(基礎板) =sole plate

floor sand 바닥 주물사(－鑄物砂), 바닥 모래 주물장 바닥에 까는 모래로, 산모래와 어느 정도 오래 사용한 모래를 혼합한 것. 밑모래로 사용된다.

floor space 바닥 면적(－面積)

floppy disc 플로피 디스크 폴리에스터 등의 유연한 시트에 자성체를 도포한 디스크를 매체로 하는 자기(磁氣) 디스크 메모리의 일종. 컴퓨터의 데이터 수납에 이용된다.

flour mill 제분기(製粉機) 곡물을 분쇄하고 다시 체질을 하여 제분하는 기계.

flow 플로, 흐름 ① 흐름, 흐르다. ② 플로값. 플로 시험 결과에서 얻어진 콘크리트 또는 모르타르의 확산 지름의 평균값.

flowchart 플로차트, 순서도(順序圖), 흐름도(－圖) 일이나 문제의 처리 순서를 그림이나 공정도 기호로 도식화한 것.

flow coefficient 유량 계수(流量係數) = coefficient of discharge

flow conveyor 플로 컨베이어 밀폐된 통 속을 특수 형상의 어태치먼트를 갖춘 체인에 의해서 가루 입자간의 마찰을 이용하여 연속된 흐름으로써 운반하는 그림과 같은 체인 컨베이어.

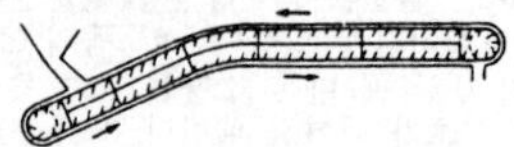

flow figure 변형 모양(變形模樣), 유동 모양(流動模樣), 변형 무늬(變形－) 소성 변형된 재료의 절단면을 부식액으로 부식시켰을 때, 소성 변형된 부분과 탄성 변형된 부분이 凹凸이 되어 나타나는 모양. 또는, 부식하지 않더라도 미끄럼이 생기면 표면에 보이는 미끄럼선의 모양을 말하기도 한다.

flow layer 변형 모양(變形模樣), 유동 모양(流動模樣), 변형 무늬(變形－) = flow figure

flow-line 단류선(鍛流線) 단조 제품의 입자(粒子) 흐름을 말한다. 형상(形狀)에 따라서 한결같은 흐름으로 되어 있는 것이 좋다. 피로 강도가 요구되는 것에는 흐름의 난조는 금물이다.

flow mark 플로 마크 딥 드로잉 가공을 한 성형품의 측면에 나타나는 외관상의 결점이 되는 유선형(流線形)의 모양.

flow meter 플로 미터, 유량계(流量計) 액체나 기체의 유량을 측정하는 계기의 총칭. 유량계(油量計), 수량계(水量計) 등이 있다.

flow process 유동 작업(流動作業) =assembly line

flow rate 유량(流量), 유동률(流動率)

flow sight 플로 사이트 액체(윤활유, 냉각수)의 흐르는 상태를 보기 위한 것. 투명한 관찰창이 붙은 밀폐형이나 관찰 창문만이 있는 개방형이 있다. 물을 보는 것을 검수기(water sight), 오일을 보는 것을 검유기(oil sight)라고 한다.

flow tube 유관(流管), 유동관(流動管) 유체(流體) 속에 닫힌 곡선을 생각할 때, 이 위의 각 점을 통하는 유선(流線)에 의해서 하나의 관(管)이 이루어진다. 이것을 유관이라 한다.

flow type 유동형(流動形) 절삭분이 생기는 칩의 한 형태. 바이트로 연강을 절삭할 때와 같이 절삭분이 흐르는 것처럼 이어져서 나오는 상태.

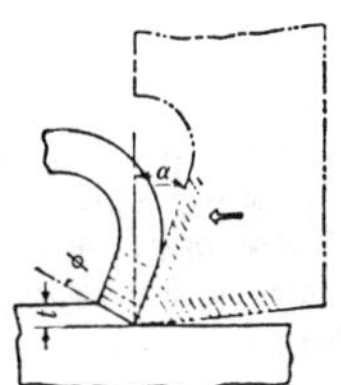

flow type chip 유동형 칩(流動形－), 유동형 절삭분(流動形切削粉) 바이트의 경사면에 따라 저항이 적고 일정하게 흐르도록 연속적으로 발생하는 절삭분으로, 진동이나 충격이 없어 양호한 다듬질면이 얻어지는 상태이다.

flow welding 플로 용접(－鎔接), 쇳물 용접(－鎔接)[1], 유입 용접(流入鎔接)[2] ① 대형의 주물 용접 등에 이용되는 방법으로, 노(爐) 속에서 미리 적당히 예열한 후 용접면에 플럭스를 바르고 가스로써 용접 온도까지 가열한 다음 쇳물을 부어 넣어 용접하는 방법.
② 접합부가 용융 용가재(熔融熔加材)에 의해서 가열되는 용접법으로, 미리 예열된 이음부에 가스 노즐에서 용융된 용가재를 충전시켜 처리하는 플라스틱의 용접 작업에 채택되고 있는 용접법.

fluctuating load 변동 하중(變動荷重) 시간적으로 크기가 불규칙적으로 변화하는 하중(荷重).

fluctuation 변동(變動)

flue 연도(煙道)[1], 노통(爐筒)[2] ① 연소 가스가 보일러 또는 노(爐)에서 나와 굴뚝에까지 이르는 통로.
② 보일러 동체 내에 설치된 1개 또는 2개의 연강판(軟鋼板)으로 만들어진 통.

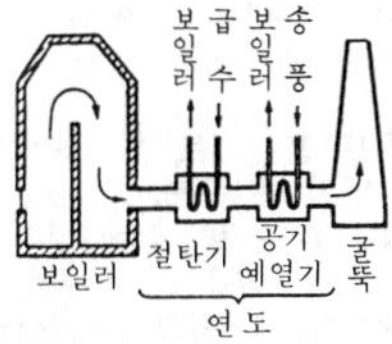

flue gas 연도 가스(煙道－) 연도를 통과하는 연료 배기 가스. 이 배기가 가져가는 열량은 보일러 열손실의 최대의 것이며, 이것을 회수하기 위하여 이코노마이저(절탄기), 공기 가열기가 부착되는데, 연도 가스 폭발 등을 발생하지 않도록 적절한 설계상의 배려가 필요하다.

flue tube 연관(煙管), 노관(爐管) ＝fire tube

flue tube boiler 노통 보일러(爐筒－) 노통만으로 구성되어 있는 원통 보일러.

flue tube-smoke boiler 노통 연관 보일러(爐筒煙管－) 노통과 연관을 함께 갖춘 보일러. 연관을 노통 주위에 둔 것이 널리 쓰이고 있다.

fluid 유체(流體) 기체 및 액체.

fluid coupling 유체 이음(流體－) 그림과 같은 구조의 이음으로, 구동축의 회전을 입력으로 하여 펌프의 날개차를 회전시켜 토출되는 유체는, 종동(從動) 터빈의 날개 외측으로부터 유입하여 구동축과 동등한 회전력을 종동축에 전달한다. 종동축이 정지하더라도 구동축은 회전할 수 있다. 이때 전달되고 있는 회전력은 최대이지만, 종동축은 정지하고 있기 때문에 출력은 0이다. 이 경우 회전력은 열에 의해 변하고 있으므로 이음의 온도는 상승한다. 구동축과 종동축의 회전력은 항상 동등하다. 충격 부하를 흡수할 수 있고, 또 모터로 기동할 경우 과부하될 때는 유체 이음으로 새어 나가게 되므로 모터를 보호할 수 있다. 이것들의 특징을 이용해서 자동차, 토목 기계, 각종 산업 기계에 널리 사용되고 있다.

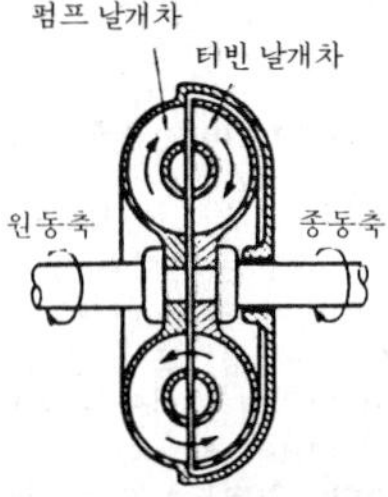

fluid friction 유체 마찰(流體摩擦) 유체가 운동하면 저항을 일으켜, 그것이 속도의 손실 또는 수두(水頭)의 손실로 된다. 이 저항을 유체의 마찰이라 한다.

fluidics 유체 소자(流體素子), 플루이딕스 압축 공기를 관(菅) 속으로 흐르게 하거나 분기시킬 경우, 일정한 법칙에 따라서 벽을 따라 흐르거나 분기부의 구조에 따라 어느 쪽에 어떤 배분으로 흐르는가 등이 연구 결과로써 밝혀졌으므로, 기기 또는 유체를 제어하기 위해 이 공기 흐름의 이론을 이용한 소자를 말한다. 전기를 사용할 수 없는 분위기 속의 설비에 사용되고 있다. 동작이 전기에 비해서 늦고 방진(防塵)이 필요하며, 항상 공기를 흐르게 해야 하는 등의 단점이 있기 때문에 일반 생산 공장에서는 특수한 용도 외에는 사용되지 않는다.

fluid inlet angle 유입각(流入角) 수차(水車) 또는 펌프의 날개차에 물이 유입할 때, 물의 절대 유입 속도와 날개 끝의 접선 속도가 이루는 각. 반대로 물이 유출할 때 이루는 각을 유출각(流出角)이라 한다.

fluidity 유동성(流動性)

fluidizer 플루이다이저 저장된 내용물을 배출할 때, 저압 공기를 불어 넣어 유동성(流動性)을 줌으로써 배출을 용이하게 하는 장치.

fluid lubrication 유체 윤활(流體潤滑) 회전하고 있는 축이 윤활유에 의해 베어링 면에서 완전히 떠있는 상태의 윤활. 완전 윤활이라고도 한다.

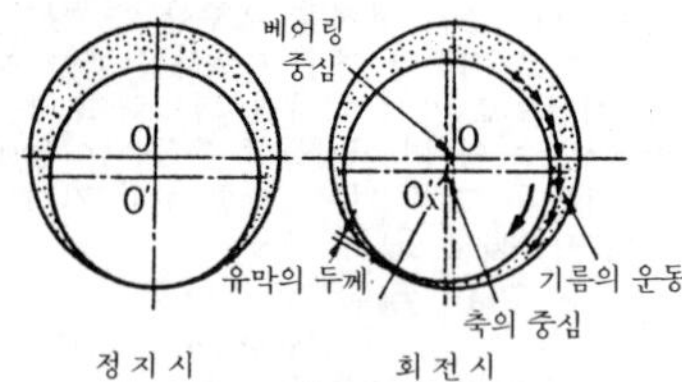

fluid outlet angle 유출각(流出角) → fluid inlet angle

fluid pressure 유체 압력(流體壓力) 용기 속에 들어 있는 유체가 정지 또는 운동을 하는 상태에 있을 때 유체 각 부분이 서로 밀어 내는 힘, 또는 용기벽에 미치는 힘의 단위 면적에 대하여 나타낸 크기, 즉 압축 응력〔kg/km², kg/cm²〕을 말한다.

fluid sealant 실런트, 액상 실(液狀－) 액상(液狀)의 실(seal) 재료로, 실면에 칠하여 밀봉 처리하는 것의 총칭. 점검을 위해 분해를 필요로 하는 개소의 기기 조립에 많이 사용된다.

fluorescence 형광(螢光) 어느 물질에 빛을 비추었을 때 비추어진 빛보다 파장이 긴 광선을 발광하는 것. 비추어진 광선을 제거했을 때 즉시 소멸되는 것을 형광이라 하고, 발광을 길게 계속하는 것을 인광(燐光)이라 한다.

fluorescent lamp 형광등(螢光燈) 방전등의 일종. 가늘고 긴 원통형 유리관의 내벽에 형광 물질을 바르고, 내부에 수은 증기와 아르곤을 봉입한 다음 그 양단의 전극에 전압을 걸어 방전시키면, 다량의 자외선이 발산되어 이것이 형광 물질에 흡수되어서 발광한다.

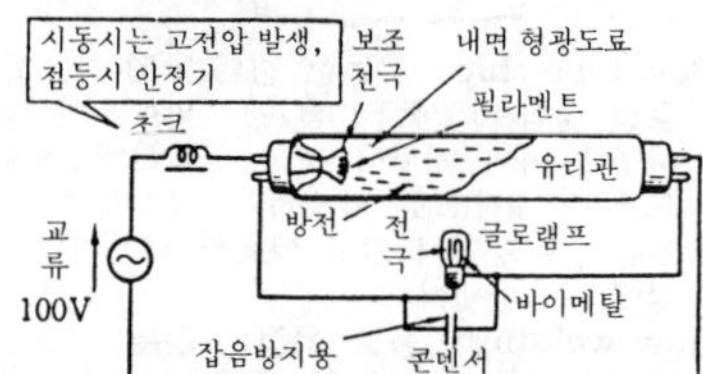

fluorite 형석(螢石) ＝fluorspar

fluoro resin lining 불소 수지 라이닝(弗素樹脂－) 플라스틱 가운데에서 최고의 내식성(耐蝕性), 내약품성을 지닌 불소 수지로써 금속 표면을 라이닝하는 것을 말한다. 급열(急熱), 급랭의 열 충격에도 잘 견디고 가요성(可撓性)도 뛰어나다.

fluorspar 형석(螢石) 등축정계 입방체 결정(等軸晶系立方體結晶). 열을 가하거나 광선을 대면 형광을 발산한다. 용도는 철강, 알루미늄 등 제조용 용제(熔劑).

flush bolt 접시머리 볼트 머리 부분이 접시형인 볼트.

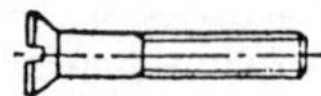

flush fillet 플러시 필릿 ＝flat fillet

flushing 플러싱 용기 및 관(菅) 계통을 유체(流體)의 속도와 충격에 의해서 청소하는 것.

flush weld 평용접(平鎔接) 용착 금속의 표면을 평면으로 다듬질하는 용접법을 말한다.

flute 플루트 홈, 세로 홈 드릴이나 리머 등, 절삭 날의 홈 부분.

fluted drill 홈 드릴 끝에 절삭날이 있고 비틀림 홈 또는 곧은 홈이 패인 드릴.

fluted link 홈붙이 링크 ＝slotted link

fluted nut 홈붙이 너트 너트가 풀리는 것을 억제하기 위해 상부에 방사상(放射狀)의 홈을 파고, 미리 볼트 나사부에 뚫려진 작은 구멍에 이 홈을 맞추어 분할핀을 꽂아서 고정시키는 너트.

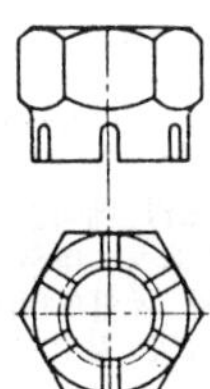

fluted reamer 홈붙이 리머 원통면 또는 테이퍼면에 여러 줄의 절삭날과 절삭분의 배출홈을 붙인 리머. 리머의 대표적인 것.

fluted rimer 홈붙이 리머 =fluted reamer

fluted roller 홈 롤러 봉재(棒材)나 형재(形材) 압연용 롤러.

fluting cutter 홈파기 밀링 커터, 홈 가공 밀링 커터(−加工−) 밀링·드릴 가공 기타 홈 등을 절삭하는 데 사용하는 밀링.

flutter 플러터 날개에 작용하는 공압적(空壓的)인 힘에 의해서 일어나는 자려 진동(自勵振動).

flux 플럭스 ① 용제(溶劑), 용가재(熔加材). 납땜 작업에서 접합부를 깨끗이 하고 접합시에 산화물이 생기는 것을 방지하여 접합을 확실하게 하는 조성제. ② 용제(溶劑), 용가재(溶加材). 금속 용해시 산화물의 환원, 유독 가스 제거, 탕 표면을 덮어 산화를 방지하고 슬러그의 제거 촉진 등의 목적으로 사용되는 첨가제. ③ 단접제(鍛接劑). 단접부의 산화막 발생을 방지하거나 또는 산화물의 유동(流動)을 쉽게 하여 단접부에서 이를 제거하는 것.

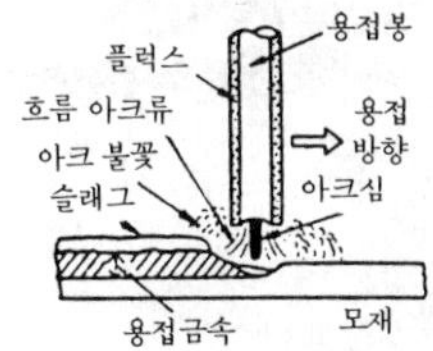

flux cored wire electrode 용융제 함유 와이어 전극(鎔融劑含有−電極) 용접용 와이어인데 관상(菅狀)으로 되어 있으며 그 내부에 아크의 안정화, 탈산(脫酸) 등의 목적으로 용제(溶劑)가 충전되어 있는 것을 말한다.

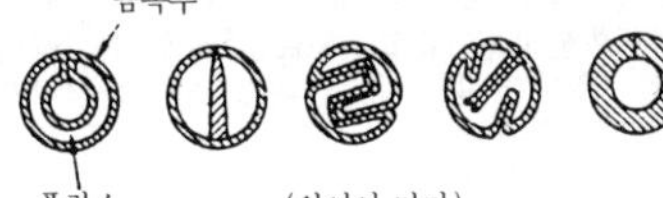

fly ash 플라이 애시 연소에 의해서 생성되는 세립회(細粒灰).

fly cutter 플라이 커터 1개의 절삭날을 아버에 끼운 간단한 밀링 커터.

flying shear 플라잉 시어 연속 이송(移送) 중의 재료를 그침없이 연속적으로 절단하는 전단기(剪斷機).

flying spot scanner : **FSS** 비산점 주사(飛散點走査) 고휘도(高輝度) 브라운관의 주사하는 휘점(輝點)을 광원으로 하여 그 상(像)을 렌즈로 오페이크 카드(opaque card)에 결부시키고 그 반사광을 광전관에서 영상 신호로 변환하는 장치. 자막, 그림, 사진 등으로부터 영상 신호를 도출시키는 데에 사용한다.

fly nut 나비 너트 손잡이 너트의 일종으로, 손잡이가 나비 모양인 것. 기계 기구의 조정, 기계의 커버, 외장의 부착에 사용한다. =wing nut

fly press 플라이 프레스 플라이 휠이나 무거운 레버를 갖춘 나사 프레스. 금속 등의 프레스 가공에 사용한다.

fly rope 전동 로프(傳動−) 로프 휠에 감아 걸어 동력을 전달하는 데에 사용하는 로프. →rope

flywheel 플라이휠 무거운 테가 붙은 큰 바퀴. 이것을 기계의 회전축에 고정시키고 그 관성을 이용하여 회전 속도의 변동을 평균화하거나 다량의 에너지를 보유시킬 수 있다.

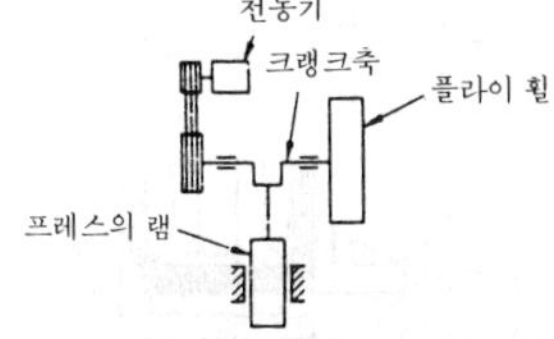

flywheel effect 플라이휠 효과(−效果) D : 플라이 휠의 외경, M : 질량, g : 중력

의 속도라 하면 그 외주(外周)에 전 질량이 모였을 때의 관성(慣性) 모멘트 $MD^2/4$의 4g 배, 즉 MD^2g를 말한다.

foam 폼 ① 형(形), 형식(形式), 양식, 외형이라는 뜻. ② 고체에 기체 또는 액체를 분산시킨 복합 재료를 말한다. 러버 폼, 우레탄 폼, 폼 글래스, 폼 콘크리트 등으로 부른다.

foaming 포밍, 거품일기 수종의 유지류(油脂類), 용해 고형물, 부유물 등에 의해서 수면에 다량의 거품이 일어나는 현상. 보일러 용어이기도 하지만 폐수 처리, 화학 변화를 하는 처리 등 일반적인 거품이 일어나는 현상에도 사용된다.

focal distance 초점 거리(焦點距離) 렌즈의 중심에서 초점까지의 거리.

focal length 초점 거리(焦點距離) → focal distance

focus 초점(焦點), 포커스 렌즈나 오목거울 등에서 평행 광선이 수렴되는 점.

fog lubrication 분무 윤활(噴霧潤滑) 압축 공기로 오일을 무상(霧狀)으로 만들어 윤활유를 공급하는 윤활법. 고속 베어링에 적합하다.

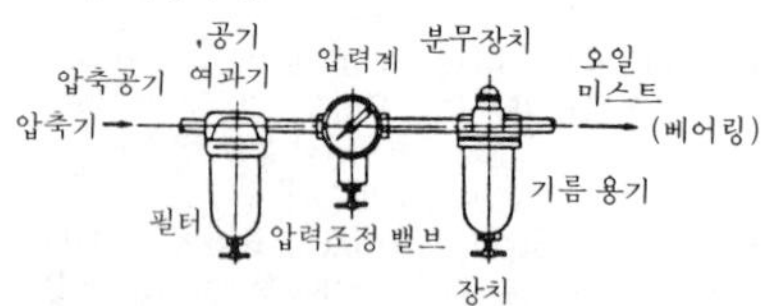

fog quenching 분무 담금질(噴霧-) 분무에 의한 담금질법으로, 변형이 적다. 대형 축의 담금질에 이용된다.

foil 포일, 박(箔) 0.05mm 이하 두께의 금속판.

foil bearing 포일 베어링 초고속 회전용으로 개발된 것으로, 장력형(張力形: tensioned-foil)과 굽힘형(spirally foil)이 있다. 매분 20만 회전 정도에도 사용할 수 있다.

fold 접다, 접어서 포개다

folder 절곡판(折曲板), 접기 대(-臺) 판금 가공에서 수공으로 판금을 접거나 굽히는 데 사용하는 판대(板臺).

folding machine 절곡기(折曲機), 폴딩 머신 만능 굽힘 기계.

folding scale 접는 자, 접기 자 나무 또는 죽제품으로, 접어서 휴대하기 편리하도록 만든 자.

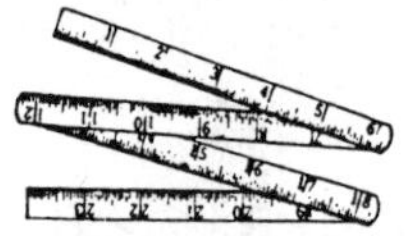

follow board 폴로 보드 핸들 바퀴나 베어링 덮개 등의 목형은 구분을 해놓지 않으면 목형을 빼낼 수 없는데, 이럴 때 사용되는 주형(鑄型). 형상은 상형(上型)을 반전시킨 것과 같은 것이다.

follow die 폴로 다이 블랭킹 다이의 일종. 2개 이상의 형을 배열하고 순차적으로 재료를 이송하여 블랭킹을 한 다음 조

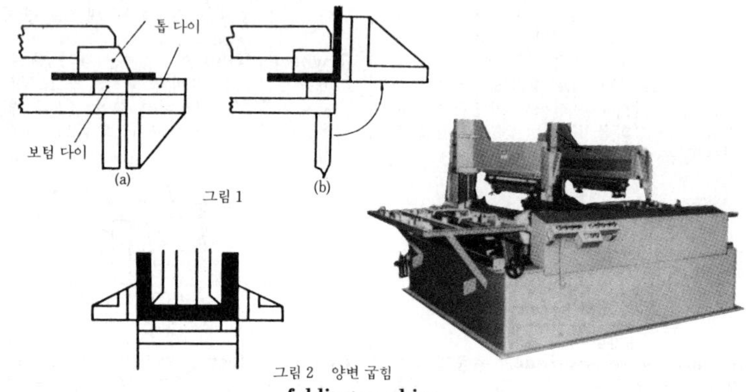

그림 1

그림 2 양변 굽힘

folding machine

합해서 제품을 완전하게 하는 방법.

follower 종절(從節), 종차(從車) = driven pulley, →driver

follower rest 이동 방진구(移動防振具) 선반(旋盤)의 새들 위에서 절삭 공구와 마주 보게 고정된 절삭 공구와 함께 이동하며, 일감의 진동을 방지하는 장치.

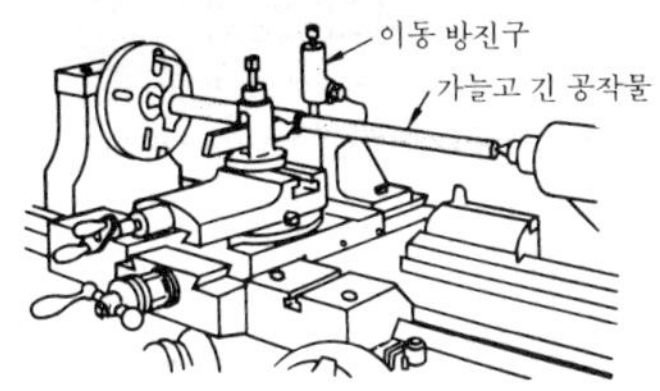

fool proof 풀 프루프 실수를 없애자는 뜻. 현재는 불량의 방지, 신뢰성의 향상 등 인간의 잘못을 철저히 없애자는 뜻으로 사용하게 되었다.

foot 푸트 영국식 길이의 단위. 복수형은 피트(feet), 약자는 ft.

1 ft=12 in=0.3048 m

footbrake 브레이크, 페달식 브레이크(－式－) 발로 페달을 밟는 힘을 적당한 방법으로 확대시켜 브레이크를 작동시키는 장치.

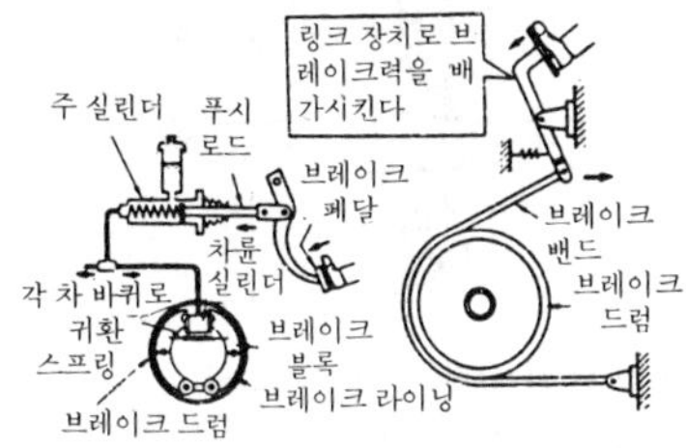

footdrill 페달식 드릴(－式－) 인력으로 페달을 밟아 드릴축을 회전시키는 구조의 드릴 머신.

footing foundation 푸팅 파운데이션, 대기초(大基礎) 상부 구조의 응력(하중)을 확대하여 직접 지반에 전달하는 직접 기초. 독립, 복합 및 연속 푸팅이 있다.

footlathe 페달식 선반(－式旋盤) 페달을 밟아 주축을 회전시키는 소형 탁상형 선반. 현재 극소수에 불과하다.

footpedal 푸트페달 브레이크나 클러치 기계 등을 작동시키기 위하여 발로 조작하는 페달.

foot-pound 푸트파운드 1 파운드 물체를 1 푸트 들어올리는 작업량. 1분간 33,000 푸트파운드의 능력을 1 마력이라 한다.

footstep bearing 푸트스텝 베어링 원통형의 축단(軸端)으로 스러스트를 지지하는 것. 주로 수직축인 경우에 사용한다.

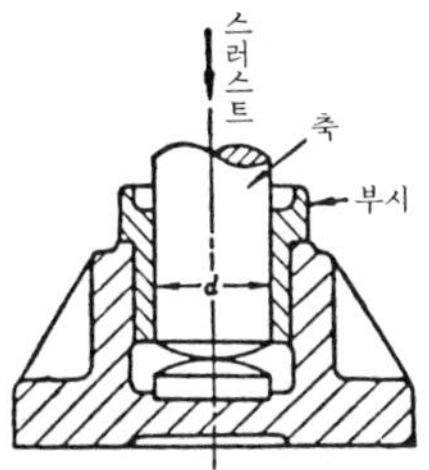

foot valve 푸트 밸브 원심(遠心) 펌프 흡입관 하단에 설치하여 물의 역류를 방지하기 위한 밸브.

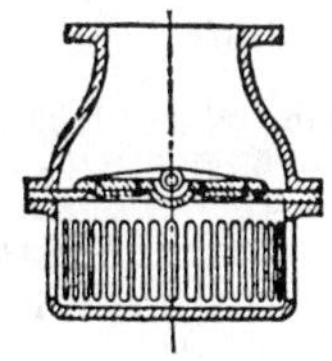

force 힘 운동하고 있는 물체의 속도를 변화시키거나 정지시키는 작용, 또는 정지되고 있는 물체에 운동을 일으키게 하는 작용을 하는 것을 힘이라 한다.

forced circulation 강제 순환(强制循環) 자연 순환에 상대되는 말. 유체(流體)의 순환을 원활하게 하기 위해 펌프나 기타의 작용으로 강제적으로 순환시키는 것을 말한다.

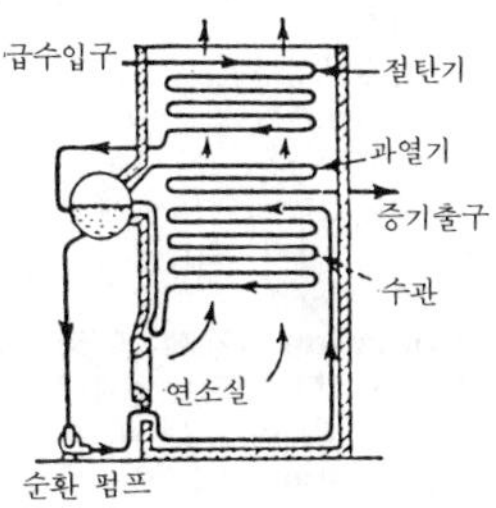

forced circulation boiler 강제 순환 보일러(强制循環－) 수관(水菅) 보일러에서 기수(氣水) 드럼을 가지며, 이에 의해서 펌프를 써서 증발관에 송수하여 증기를 얻는 보일러. 고압이 되면 증기와 물의 비중차가 작아지고, 자연 순환에서는 순환력이 부족한 것을 순환수 펌프로 보상하고 있다.

forced draft 강제 통풍(强制通風) 보일러나 노(爐)에서 연소에 필요한 통풍력을 주기 위하여 송풍기를 설치하고 공기를 불어 넣는 방식.

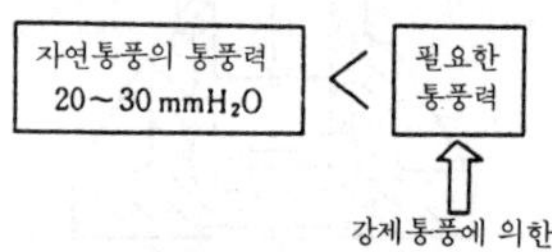

forced frequency 강제 진동수(强制振動數) 감쇠를 갖는 진동계에 주기 외력이 작용하는 강제 진동에 있어서 진동체의 진동은 시간이 충분히 지나면 외력의 진동수를 갖는 진동만이 된다. 이 진동수를 말한다.

force diagram 시력도(示力圖) 평면 정력학(平面靜力學)에 있어서 많은 부재(部材)로 이루어지는 구조물(트러스 등)의 여러 부재의 내력(內力) 및 그것들의 관계를 도시한 것. 힘의 다각형(多角形)의 집합으로써 이루어지고 있다.

forced lubrication 강제 윤활법(强制潤滑法), 압력 주유법(壓力注油法) ① 베어링이나 기어의 맞물림부에 윤활제를 공급하기 위하여 펌프나 그 밖의 동력을 사용하는 윤활법. ② 소성 가공에서 공구면과 재료의 접촉 마찰력을 감소시키기 위하여 윤활유를 강제로 주입하는 방법.

forced lubrication deep drawing process 강제 윤활 디프 드로잉 가공법(强制潤滑－加工法) 종래에 강체 공구(剛體工具)에 의해서 프레스 드로잉 가공을 할 경우, 다이(die)면에 강제 윤활을 하여 그 강제적으로 압입된 다이면의 윤활유 압력을 펀치 표면에 가함으로써 마찰력을 현저하게 감소시켜 드로잉성을 향상시킨 디프 드로잉 가공법.

forced oscillation 강제 진동(强制振動) 고유 진동을 하고 있는 물체에 주기적인 외력(外力)을 가하면 외력에 의한 진동과 고유 진동이 합쳐져 복잡한 진동을 하는데, 고유 진동은 점차 감쇠되어 외력에 의한 진동만 하게 된다. 이 외력에 의한 주기적인 진동을 강제 진동이라 한다.

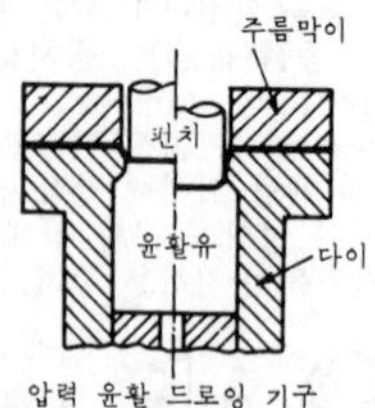

forced lubrication deep drawing process

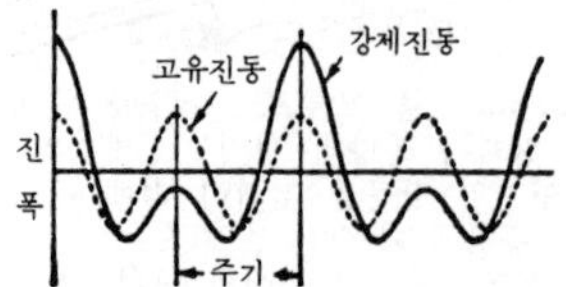

forced vibration 강제 진동(强制振動) ＝ forced oscillation

force fit 압력 끼워맞춤(壓力－) 예컨대, 축을 구멍에 끼우는 경우 액압이나 기타의 압력으로 밀어 넣을 수 있을 정도의 체결 여유를 두는 끼워맞춤.

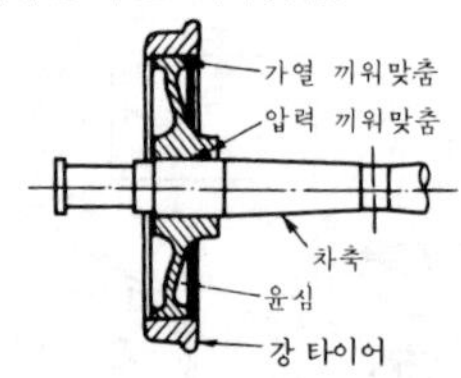

force of inertia 관성의 힘(慣性－), 관성 저항(慣性抵抗) 물체의 관성에 의한 힘.

force polygon 힘의 다각형(－多角形) 1점에 작용하는 많은 힘의 합력을 구할 때의 작용도법(作用圖法)에 있어서 힘의 3각형 방법을 연속해서 다수의 힘에 대해 그려 나가면 힘의 다각형이 이루어진다. 그림에서 O점에 F_1, F_2, F_3, F_4, F_5의 힘

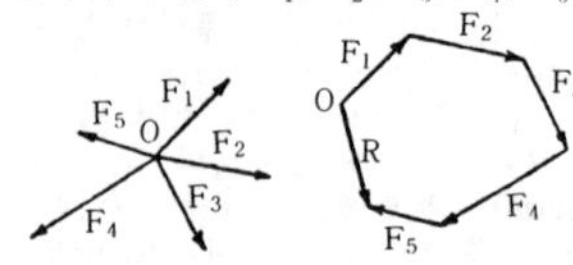

이 작용하면 O에서 차례로 F_1, F_2, F_3, F_4, F_5를 나타내는 힘의 벡터를 그려 O와 F_5벡터를 결부시키면 합력 R이 얻어진다. 이 다각형을 힘의 다각형이라 한다.

force ratio 역비(力比) 이용할 수 있는 힘과 주어진 힘과의 비. 지금 지레에 작용하는 힘을 F, 이용할 수 있는 힘(무게)을 W라고 한다면 역비는 W/F이다.

foreman 포먼 일선 감독자를 말하며 일반적으로 직장(職長), 조장(組長), 작업 주임의 총칭.

forge 화덕, 단조로(鍛造爐), 대장간(-間), 단공장(鍛工場) ① 작은 소재 가열용의 간단한 노. ② =forging shop

forgeability 가단성(可鍛性) 타력(打力) 등의 외력으로 변형하는 고체 성질의 하나이다.

forged flange coupling 단조 플랜지 이음(鍛造-) 플랜지를 각각 축단(軸端)에 끼워 조립한 것을 리머 볼트로 죈 것. → flange coupling

forge drill 단조 드릴(鍛造-) 열간 압연에 의해서 소재를 비틀어 만든 드릴.

forged steel 단조강(鍛造鋼) 단조한 그대로 특별한 열처리를 하지 않고 사용하는 강을 말한다.

forge fire 화덕(火-) 단조(鍛造) 설비의 하나. 작은 소재를 가열하는 데에 이용하는 간단한 노(爐).

forge test 단조 시험(鍛造試驗) 단조품에 대해 굽힘, 강도 등을 시험하는 것.

forge welding 단접(鍛接) =blacksmith welding

forging 단조(鍛造) 금속을 일정한 온도로 열 압력을 가해 성형하는 작업.

▽ 자유단조의 예

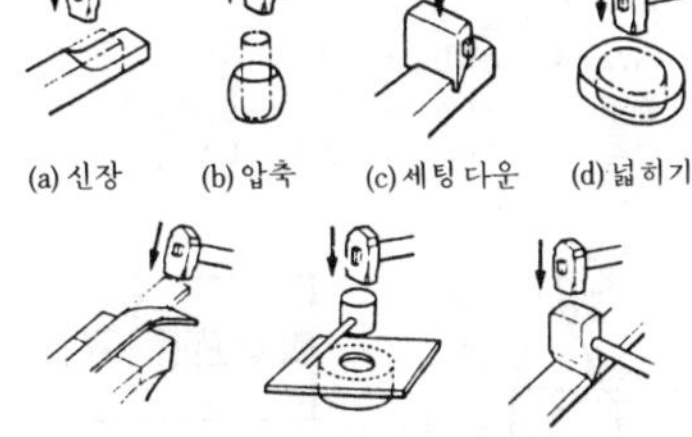

(a) 신장 (b) 압축 (c) 세팅 다운 (d) 넓히기 (e) 굽힘 (f) 구멍뚫기 (g) 절단

forging die 단조형(鍛造型) 형(型) 단조에 사용하는 금형(다이). 상하 한 쌍으로 되어 있고, 그 사이에 가열된 지금(地金)을 끼워 강압해서 소재를 형에 맞추어 성형하는 데에 이용된다.

forging drawing 단조도(鍛造圖) 최종 완성품의 형상 및 치수에서 형분할선의 위치, 다듬질 여유, 단조 공차, 펀칭 경사, 단류선(鍛流線) 등을 고려하여 설계한 단조도.

forging machine 단조기(鍛造機) 단조용 기계의 총칭.

forging press 단조용 프레스(鍛造用-) 단조용으로 설계된 프레스이다. 대용량 소재의 단조에 사용하며, 프레스 압력이 대단히 크다.

forging roll 단조 롤(鍛造-) 여러 가지 형의 홈을 가진 2개의 회전 롤 사이에 넣어서 단조하는 기계.

forging thermit 테르밋 금속 알루미늄 가루와 산화철을 혼합한 것. 점화하면 고열을 발생한다. 이 반응에 의해서 생긴 융해철(融解鐵)에 의해서 용접한다.

forging tools 단조용 공구(鍛造用工具) 단조에 사용되는 공구. 집게, 해머, 정, 절단용 정, 탭, 세트 해머, 스냅 등이 있다.

fork 포크 그림과 같이 축단(軸端)이 포크 모양(두 갈래로 갈라져 있다)으로 되어 있는 부분.

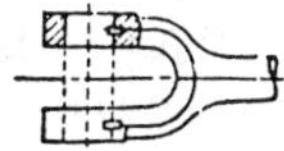

forked connecting rod 포크형 연접봉(-形連接棒) 연접봉의 대단부(大端部)에서 크랭크 핀과 결합하는 부분이 두 쪽으로 갈리진 모양의 것. V형 기관에서 이 형식이 쓰이는 일이 있으며, 두 쪽 사이에 타열(他列) 실린더의 연접봉 대단부가 들어간다.

fork end 포크 엔드 축단(軸端)이 포크 모양으로 갈라진 부분.

fork lift 포크 리프트 차의 앞부분에 전후로 약간 경사질 수 있는 포스트를 갖추어 이에 따라서 승강할 수 있는 포크를 구비한 운반차.

form 형(型), 형식(形式), 양식(樣式), 종류(種類)

form all process 폼 올 프로세스 하이드로폼법(hydroforming)과 마폼법(marforming) 중간의 간편한 공구 장치로,

드롭 해머에 의한 성형법이다. 상공구(上工具 : forming unit)는 마폼법의 고무 다이(die)와 하이드로폼법의 액압 내실(液壓內室)을 합친 것으로, 액체는 밀봉되어 조절할 수 없다. 고무 다이의 자유로운 변형에 적응할 수 있도록 되어 있다.

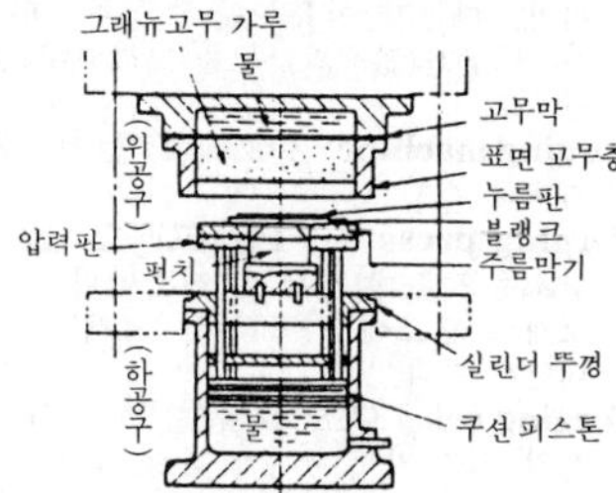

format 포맷 컴퓨터의 데이터를 디스크나 테이프에 기억시킬 때의 형식·규칙.

formed cutter 총형 밀링 커터(總形－) 밀링 절삭 가공에 있어서 불규칙한 형이나 곡면(曲面) 등을 절삭하는 데에 사용되는 밀링 커터.

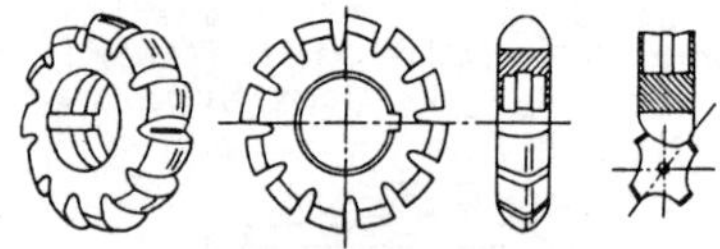

탭 홈파기용 밀링 커터

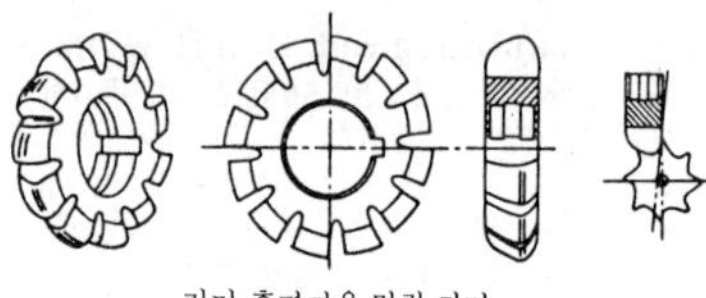

리머 홈파기용 밀링 커터

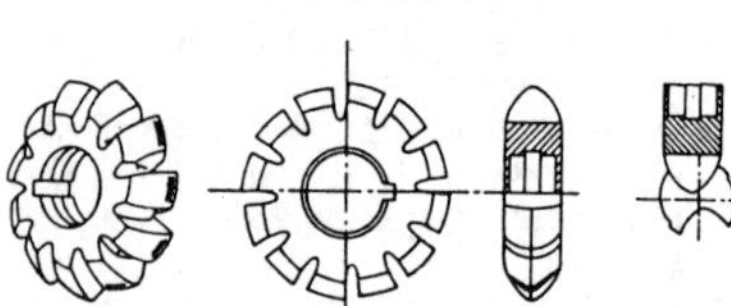

드릴 홈파기용 밀링 커터

former 포머 판의 형상을 보존 유지하기 위한 부재(部材). 타이어 성형기에 부착시키는 드럼을 말하기도 한다.

forming 성형 작업(成形作業) 상형(上型)과 하형을 사용해서 처리하는 작업은 프레스 작업과 같지만 일반 프레스보다도 스트로크(행정)가 작다.

forming by compression 압축 가공(壓縮加工) 판금 재료에 공구로 압축력을 가해서 성형하는 가공법. 스웨이징 가공, 압입 가공, 압인(壓印) 가공 등이 있다.

forming drill 총형 드릴(總形－) 단(段)붙임 구멍을 뚫을 때에 사용되는 수동 드릴의 일종. 단(段) 부분의 연삭을 정확히 하기 위한 여유(belief)가 반드시 주어져 있다.

forming tool 총형 바이트(總形－) 절삭날의 형을 공작물의 다듬질 형상으로 만든 바이트. 나사 절삭 바이트는 가장 간단한 총형 바이트이다.

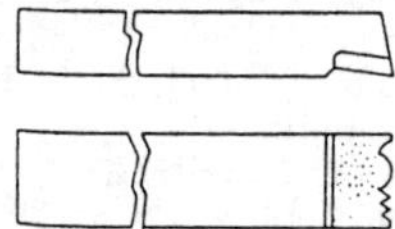

formulation 공식화(公式化) 공식적으로 나타내는 것.

formula translation : **FORTRAN** 포트란 과학 기술 계산을 중심으로 한 문제를 컴퓨터에 걸기 위해 개발된 컴퓨터 언어. 대부분의 과학 기술 계산에 FORT-RAN이 이용되고 있다.

forward curved vane 전곡 날개(剪曲－) 송풍기 바람개비 날개의 휨이 회전 방향에 대해 비스듬하게 앞쪽으로 휘어져 있는 것. 저압 팬에 사용된다.

forward stroke 전진 행정(前進行程) 내연 기관이나 컴프레서 등에서 피스톤의 왕복 운동 가운데 피스톤이 크랭크 방향으로 향하는 행정.

forward welding 전진 용접(前進鎔接) 용접 작용에서 용가재(熔加材)가 토치의 앞쪽으로 진행되는 용접 조작법. 후진 용접의 반대말.

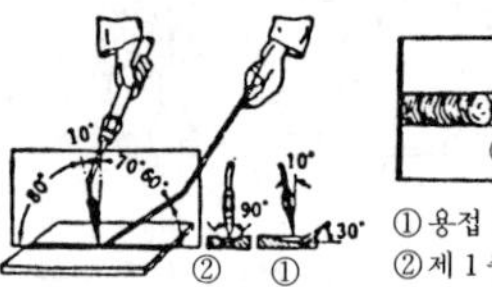

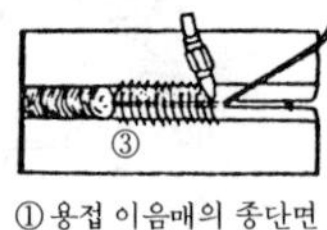

①용접 이음매의 종단면 ②제 1 층 ③용접방향

Foucault curret 푸코 전류(－電流) ＝eddy current

Foucault pendulum 푸코 흔들이 지구의 자전을 눈에 보이는 형태로 증명해 주는 거대한 흔들이. 67m 의 흔들이를 파리의 대사원(大寺院) 천장에 매달아 그 진동면이 서서히 시계 방향으로 돌아가는 것을 증명했다.

foul air 오염 공기(汚染空氣) 티끌, 먼지, 탄산 가스, 유해 가스, 악취 등을 함유한 오염된 공기.

foundation 파운데이션, 기초(基礎) 기계의 설치나 구조물, 건축물의 토대가 되는 것. 이 곳에 기초 볼트를 심어 기계 또는 기름의 바닥을 콘크리트에 고정시키는 것이 보통이다.

foundation bolt 기초 볼트(基礎－) 기계류를 콘크리트의 기초 등에 설치할 경우 사용하는 볼트.

faundation drawing 기초도(基礎圖) 기초 공사에 이용되는 도면.

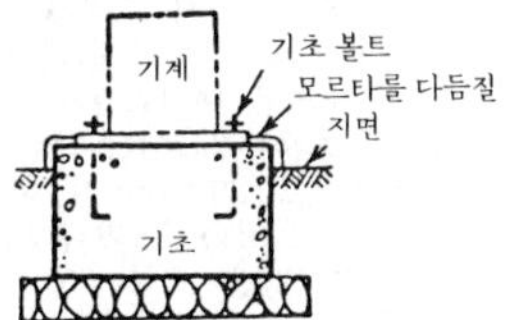

foundation plate 기초판(基礎板) ＝sale plate

foundery 주조 공장(鑄造工場), 주물 공장(鑄物工場) ＝foundry

foundry 주조 공장(鑄造工場), 주물 공장(鑄物工場) 주조 작업을 하는 공장. 기계 공장의 일부분으로 시설된 경우와 주조 전문 공장이 있다.

foundry coke 주물용 코크스(鑄物用－) 주물 용해용 코크스. KS 에 규정되어 있다.

foundry loss 주조 로스(鑄造－) 주조에서 실패한 불량품.

foundry pig iron 주철용 선철(鑄鐵用銑鐵), 주물용 선철(鑄物用銑鐵) 주조에 적합한 성분을 함유한 선철.

foundry shop 주조 공장(鑄造工場), 주물 공장(鑄物工場) ＝foundry

four-hundred seventy-five℃ brittleness 475℃ 취성(－脆性) Cr 을 15% 이상 함유한 스테인리스강은 400～500℃에서 장시간 가열하면, 냉각 후 상온으로 되었을 때 취성(脆性)이 현저하게 저하된다. 475℃인성이라고도 한다.

Fourier's series 푸리에 급수(－級數) 연속 함수를 완전 직교 함수계를 형성하는 3각 함수로 전개한 것.

four-side planing and molding machine 4면 대패 기계(四面－機械) 기둥 재료의 4개면을 동시에 깎아 낼 수 있는 대패질 기계.

four-stroke cycle 4행정 사이클(四行程－) 흡기(吸氣), 압축, 팽창, 배출 4회의 피스톤 움직임(행정)으로 하나의 사이클을 완료하는 것.

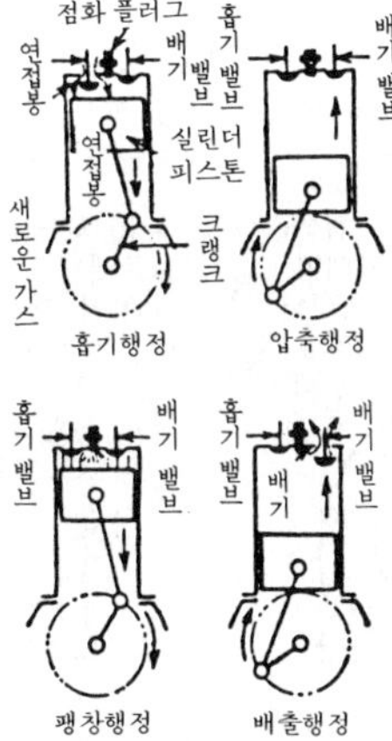

four(-stroke) cycle engine 4사이클 기관(－機關), 4행정 사이클(四行程－) 4사이클 형식에 의한 기관. 자동차나 비행기에 이용된다. ＝four-cycle engine

four-wheel drive vehicle 4륜 구동차(四輪驅動車) →full wheel drive vehicle

fraction 파단면(破斷面) 재료를 구부리거나 파괴했을 때의 파단면.

fractional distillation 분류(分溜) →distillation

fractional error 오차율(誤差率) 오차의 참값에 대한 비. 백분율로 나타내는 경우에는 오차 백분율이라고 한다. →relative error

fraction defective 불량률(不良率) 불량품수의 전 수량에 대한 비율.

fractography 프랙토그래피 고체 재료의 파면(破面)을 광학적 현미경 및 주사형이나 투과형 전자 현미경으로 관찰하여 파괴 기구나 원인을 조사하는 분야를 말한다. 전자 현미경을 사용할 때는 electron microfractography 라고 한다.

fracture 파단면(破斷面) 재료를 굽히거나 잡아당겨서 파괴되었을 때의 파단면. =fraction

fracture mechanics 파괴 역학(破壞力學) 이미 균열 또는 결함이 내포된 부재(部材)의 변형 및 파괴의 진행 거동을 탄성 이론에 의해서 취급하는 연구.

fracture toughness 파괴 인성(破壞靭性) 부재(部材)에 균열이 있는 경우에 그것을 기점으로 해서 하중을 증가시키지 않더라도 균열이 커져서 파괴한다. 균열이 커지는 속도가 빠른 재료를 파괴 인성이 작다고 하고, 속도가 늦은 것을 파괴 인성이 크다고 한다.

fragility 취성(脆性) =brittleness

frame 프레임 ① 골조, 뼈대. 기계의 운동부를 적당한 관계 위치에 보존하는 정지 부분(靜止部分). ② 차체(車體)의 골격. ③ 틀, 테두리.

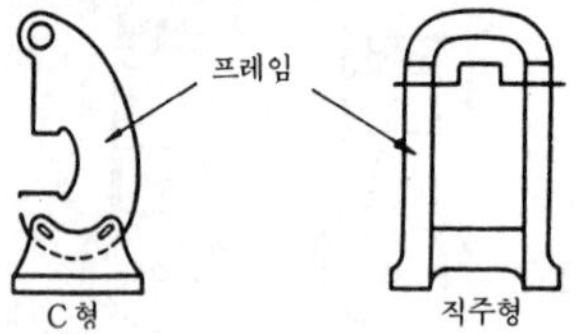

frame saw 기계 바디 톱(機械－) 여러 개의 톱을 프레임에 걸어서 재료를 잘라 내는 기계톱. 한 번에 10장 이상씩 켤 수 있다.

frame sawing machine 기계 바디 톱(機械－) →frame saw

framework 골조(骨組) ① 건축물에서 형강(形鋼), 목재 등 봉재(棒材)를 결합해서 조립한 구조물. ② 기계나 장치 등에서 그 기능이나 상호 운동에 중점을 두고 구성한 기계 구조물.

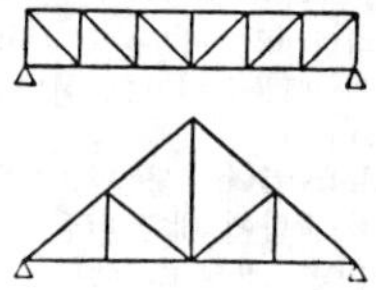

Francis turbine 프란시스 터빈 반동 수차(反動水車)의 일종. 주로 물의 반동력을 이용하는 것으로, 중낙차(中落差 : 15~300m)로 수량이 풍부한 곳에 적합하다.

frary metal 프레어리 메탈 주석 내용의 베어링 합금으로, Ba 1~2%, Ca 0.5~1%, Pb 잔여부. 주입 온도(鑄入溫度) 450℃이다.

free carbon 유리 탄소(遊離炭素) =combined carbon

free cutting ability 쾌삭성(快削性) 절삭 작업에서 절삭된 절삭분이 미세하여 절삭하기 쉬운 기계적 성질. 이러한 성질의 재료는 다듬질이 깨끗하고 공구의 절삭도(切削度)가 떨어지지 않는 장점이 있다.

free-cutting brass 쾌삭 황동(快削黃銅) 쾌삭성을 지닌 황동. 황동에 납 0.5~3.0%를 첨가한 것으로, 시계 기어 등에 사용된다.

free-cutting steel 쾌삭강(快削鋼) 절삭하기 쉬운 강으로, 유황 쾌삭강, 납 쾌삭강 및 칼슘 쾌삭강이 주류를 이룬다. 이 쾌삭강의 공구 수명은 베이스강의 거의 2배이다. 또한, 초쾌삭강(超快削鋼)의 공구 수명은 10배, 초초쾌삭강이라 불리는 것은 30배에 달하고 있다. 초쾌삭강은 유황 쾌삭강과 납쾌삭강을 복합시킨 것, 초초쾌삭강은 초쾌삭강에 텔루륨(tellurium)을 첨가시킨 것.

free end 자유단(自由端) →fulcrum, supporting point

free energy 자유 에너지(自由－) 계(系)의 내부 에너지, 온도, 엔트로피를 각각 U, T, S로 하면 가역 등온 과정에서 계가 주위에 할 수 있는 일은 $F=U-TS$의 감소량과 같다. F는 상태량이며 헬름호르츠(Helmhaltz)의 자유 에너지라고 부른다.

free forging 자유 단조(自由鍛造) 그림과 같이 공구를 써서 손으로 메질하여 재료를 소정의 모양으로 만들어 내는 것. 형단조(型鍛造)에 대한 말.

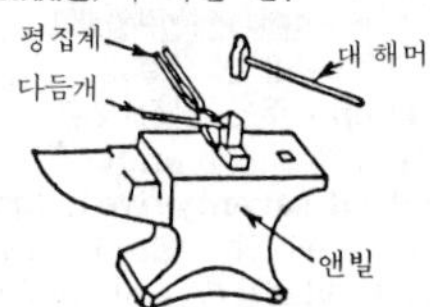

free hand 프리 핸드 제도기나 자를 사용

하지 않고 그림을 그리는 것. 또는, 그러한 그림을 말한다. 한편, 절단선은 프리핸드로 그리게 되어 있는데, 주로 현장에서 약도를 그리는 경우이다.

free height 무하중 높이(無荷重－), 자유 높이(自由－) 무하중의 상태에서의 스프링의 높이.

free impedance 자유 임피던스(自由－) 기계에 외부에서 전혀 구속을 하지 않는 자유의 상태에서의 여진력과 응답 속도의 비.

free-machining material 쾌삭 재료(快削材料) 피삭성(被削性)이 뛰어난 금속 재료를 말하는 것으로, 대량 생산 부품 재료로서는 생산성을 높이고 가공 코스트를 떨어뜨리기 위하여 빼놓을 수 없는 재료이다. 첨가 요소를 대별하면 납(0.1～0.2%) 계, 유황(0.04～0.1)계, 칼슘 또는 티타늄에 의한 탈산 처리계가 있다.

free piston compressor 자유 피스톤 압축기(自由－壓縮機) 그림과 같이 A와 B 두 피스톤의 크라운을 마주보게 하여 설치한 것으로, 양 피스톤은 균등한 운동이 행하여지도록 서로 직결되어 있을 뿐이고 크랭크축 등은 없으며 실린더 내에서 무구속 상태에 있다. 시동에서는 먼저 압축 공기를 실린더 내에 들여 보내고, 피스톤을 서로 안쪽 방향으로 움직여 양 크라운이 가장 접근되기 직전에 연료유를 기관의 실린더 내에 분사하고 압축 공기에서 착화하여 피스톤을 바깥쪽으로 밀어낸다. 이 행정에서 공기를 압축하여 공기실에 송기(送氣)한다. 다음에 실린더 틈에 남은 압축 공기가 시동시의 압축 공기 기능을 하며 이상의 사이클을 반복한다. 피스톤에 걸리는 힘은 언제나 내부에서 평형되어 있기 때문에 진동이 없고, 연소시의 급속한 팽창에도 추종할 수 있는 특징을 가지고 있다.

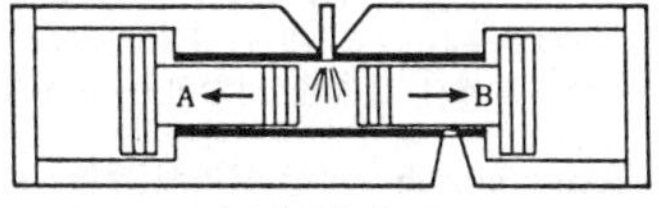

대향식 자유 피스톤

free piston gas turbine 자유 피스톤식 가스 터빈(自由－式－) 자유 피스톤을 사용한 가스 터빈. 배기구에서의 폐기 가스는 가스통을 통해서 터빈을 작동시키도록 되어 있다.

free radical 프리 라디칼 분자의 화학 결합이 절단되어 유리(遊離)된 원자 또는 분자. 이것은 화학 반응성이 풍부하다.

free streamline 자유 유선(自由流線) 대기 속에 물을 분출시켰을 때 물과 공기의 경계를 이루는 것 같은 유선(流線).

free surface 자유 표면(自由表面) 대기에 접하는 물의 표면.

free vibration 자유 진동(自由振動) 외력을 제거한 후에 남는 진동과 같이 계(系)의 성질에 의해서만 결정되는 주기(周期)를 갖춘 진동.

free wheel clutch 프리 휠 클러치 ＝ one way clutch

freezer 프리저, 냉동기(冷凍機), 냉각기(冷却機)

freezing 응고(凝固)[1], 동결(凍結)[2] ① 액체 또는 기체가 고체로 변하는 것. ② 물체의 온도를 떨어뜨려서 물체에 포함되어 있는 수분의 대부분을 고체로 변화시키는 것.

freezing machine 냉동기(冷凍機) ＝refrigerating machine

freezing mixture 혼합 냉각제(混合冷却劑), 냉동제(冷凍劑), 동결제(凍結劑), 한제(寒劑) 용액의 빙점 강하를 이용하여 단독 물질의 빙점(응고점)보다 낮은 온도를 얻기 위하여 두 종류의 물질을 혼합한 것. 식염 등 염류와 쇄빙(碎氷)의 혼합물이 냉동제로서 널리 쓰인다. 식염과 쇄빙의 혼합물로 －20℃ 정도까지의 저온이 얻어진다.

freezing point 응고점(凝固點) 액체 또는 기체가 응고될(고체로 변하는) 때의 온도. 예컨대, 빙점(0℃)은 물의 응고점이다. →solid point

freight car 화차(貨車)

freight elevator 화물 엘리베이터(貨物－) 화물 전용의 엘리베이터.

French curve 운형자(雲形－) 컴퍼스로 그릴 수 없는 곡선을 그리는 데 사용되는 곡선자.

frequency 진동수(振動數), 주파수(周波數) 단위 시간 내에 진동이 이루어지는 횟수를 말하며 보통 헤르츠(Hz)를 단위로 한다. 진동수 n, 주기 c 사이에는 $n\tau=1$의 관계가 있고, 파동의 경우에는 위상 속도를 υ, 파장을 λ라 할 때 $\lambda n=\upsilon$ 의 관계가 있다. =cycle

frequency analysis 주파수 분석(周波數分析) 진동을 기본 주파수로 분해 환원하고 주파수마다의 진폭 크기로 분석하는 것. 설비 관리에 도움을 준다.

frequency equation 진동수 방정식(振動數方程式) 감쇠가 없는 n차 유도 선형계의 고유 각주파수 p를 결정하는 방정식으로, p^2의 n차 방정식을 말한다.

frequency generator coil **FG** 코일 모터의 회전 속도 제어 검출부에서 브러시리스 플랫 모터의 독특한 방식. 단순한 도체 배열을 갖춘 얇은 코일을 모터의 주자계(主磁界) 틈새에 두기만 하면 된다.

frequeney modulation : **FM** 주파수 변조(周波數變調) 음성이나 신호를 전파에 실려 보내는 것을 변조(變調 : modulation)라고 하는데, 음성이나 신호에 따라서 주파수를 변화시키는 방식을 주파수 변조(周波數變造) 또는 FM 변조라고 한다. FM은 잡음이 적고 혼신되는 일이 그다지 없기 때문에, 음이나 말소리를 충실하게 전달하는 성능이 우수하다. 라디오의 FM 방송이나 텔레비전의 음성은 FM 전파이다.

frequency ratio 진동수비(振動數比) 두 진동수의 비를 말하며, 예를 들면 계(系)의 고유 진동수에 대한 여진력의 진동수의 비, 다자유도계(多自由度系)의 고유 진동수 사이의 비를 말한다.

frequency response 주파수 응답(周波數應答) 입력 신호가 정현적(正弦的)으로 변화하는 정상적인 상태일 때, 출력 신호의 입력 신호에 대한 진폭비(振幅比) 및 위상차가 주파수에 의해서 변화하는 양상을 말한다.

Fresnel lens 프레넬 렌즈 집광 렌즈의 일종으로, 두께를 줄이기 위해 여러 개의 일정한 두께가 있는 폭을 갖춘 렌즈로 구성된 렌즈.

fret saw 실톱 톱날이 가늘고 긴 모양의 톱. 수동용 프레임이나 실톱 기계에 끼워서 사용한다. 목공용으로 운형(雲形) 모양을 잘라 내는 데에 사용한다.

fretting corrosion 마모 부식(磨耗腐蝕), 프레팅 커로전 미동(微動) 마모를 말하는 것으로, 접촉되는 두 면 사이가 상대적인 반복으로 미소 미끄럼을 일으켜 마모되는 현상.

friction 마찰(摩擦) 한 물체가 다른 물체의 면에 접하여 운동을 시작하려고 하거나 운동하고 있을 때, 양 면 사이에 이를 방해하는 힘이 작용한다. 이 현상을 마찰이라 하고 이 힘을 마찰력이라 한다.

frictional force 마찰력(摩擦力) 서로 접촉하고 있는 물체가 접촉면을 따라 상대 운동하려고 할 때 혹은 상대 운동하고 있을 때 그 운동을 방해하려고 접촉면에서 접선 방향으로 작용하는 힘. →friction

frictional resistance 마찰 저항(摩擦抵抗) 마찰로 기인되는 저항.

friction angle 마찰각(摩擦角) 평탄한 사면상(斜面上)에 물체를 올려 놓고 사면의 경사를 차츰 크게 할 때, 물체가 바로 미끄러지려고 하는 경사각 φ를 마찰각이라 한다.

friction brake 마찰 브레이크(摩擦-) 마찰을 이용하여 제동하는 방식의 브레이크.

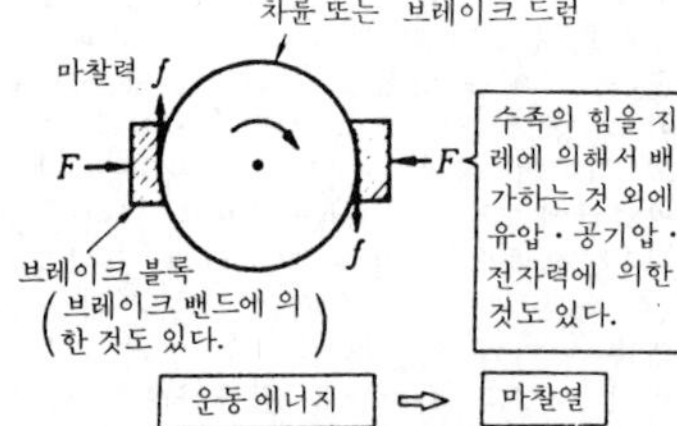

friction clip coupling 마찰 통형 이음(摩擦筒形-) 주철제 원뿔형을 두 조각으로 나눈 통으로 양 축단(兩軸端)을 감싸고, 연강제의 고리를 양 끝에서 박아 넣고, 테이퍼가 붙은 통을 죄어 원통과 축과의 마찰에 의해서 2축을 접합하는 고정축 이음. 설치와 해체가 용이하다.

friction clutch 마찰 클러치(摩擦-) 마찰을 이용해서 운동을 차단시키는 장치. 접촉면의 형상에 따라 원판 클러치, 원뿔 클러치 등이 있다.

friction coupling 마찰 이음(摩擦-) 양 축을 접촉체의 마찰에 의해서 연결한 이음의 총칭.

friction damper 마찰 댐퍼(摩擦－) 진동 에너지를 마찰로써 열 에너지로 바꾸어 진동을 감소시키는 댐퍼.

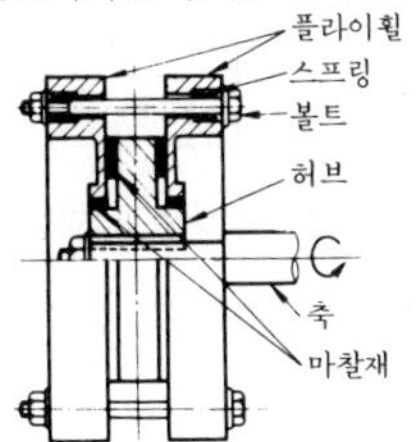

friction disc 마찰 원판(摩擦圓板) 원뿔차의 꼭지각을 180℃로 한 특수 전동 장치. 원통 마찰차를 접촉시킨 속도와 방향을 바꿀 수 있는 마찰 전동 장치의 원판차를 말한다.

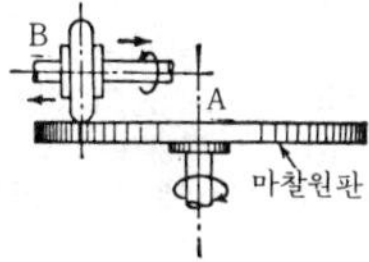

friction drilling machine 마찰 드릴링 머신(摩擦－) 드릴 축의 전동에 마찰 원판식 변속 장치를 사용한 드릴링 머신.

friction drive 마찰 구동(摩擦驅動) 서로 접하는 2개의 원은 구름 접촉을 한다. 이 경우 원동절(原動節)과 종동절(從動節)과의 접점에 생기는 마찰력으로 전동되기 때문에 이것을 마찰 구동이라 하고, 여기에 사용되는 바퀴를 마찰차(摩擦車)라고 한다.

friction dynamometer 마찰 동력계(摩擦動力計) 마찰에 의해서 원축(原軸)을 제동하고 이 제동력으로 토크를 측정하는 동력계. 프로니(prony) 동력계가 있다.

friction factor 마찰 계수(摩擦係數) ＝coefficient of friction

friction gear 마찰차(摩擦車) 마찰 구동에 사용되는 차(바퀴).

friction gearing 마찰 전동 장치(摩擦傳動裝置) 마찰 구동에 의한 전동 장치. 원뿔, 원통, 원판, 구(球), 홈 풀리 등을 사용한다.

friction grip 마찰 그립(摩擦－) 모든 마찰력을 이용해서 물건을 잡는 장치.

friction head 마찰 헤드(摩擦－), 마찰수두(摩擦水頭) 관(菅) 속을 흐르는 물이 그 점성(粘性) 때문에 마찰로 잃게 되는 헤드. 헤드란 수두를 말한다.

friction press 마찰 프레스(摩擦－), 프릭션 프레스 마찰력으로 플라이휠을 회전시키고, 그 회전 운동을 나사에 의해 직선 운동으로 바꾸어 램을 상하로 작동시키는 식의 프레스를 말한다. 플라이휠에 축적된 에너지가 전부 사용된다.

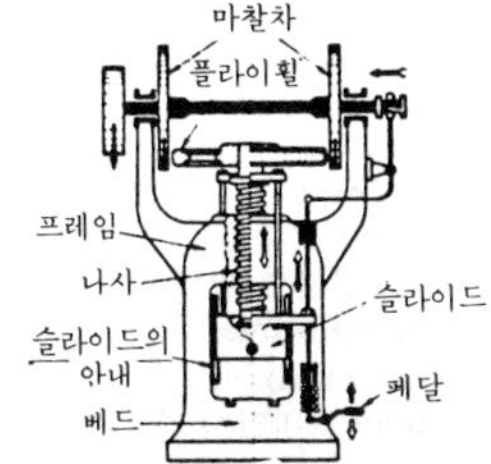

friction pressure welding 마찰 압접(摩擦壓接) 압접(壓接)하고자 하는 2개의 소재를 접촉시켜 가압하면서 접촉면에 상대 운동을 일으켜, 여기에서 발생하는 마찰열로 접합면 부근을 가열하여 압접하는 방법이다. 이종(異種) 금속간의 압접을 할 수 있는 점, 재료나 전기 소비가 적다는 점, 용접과 같이 가스 포켓이나 슬래그가 끼는 일이 없어 접합부의 신뢰성이 높다는 점 등의 특징이 있다.

friction pulley 마찰차(摩擦車) ＝friction gear

firection pump 마찰 펌프(摩擦－) 회전자를 돌려 이에 접하는 액체를 유체 마찰에 의해서 송출하는 펌프.

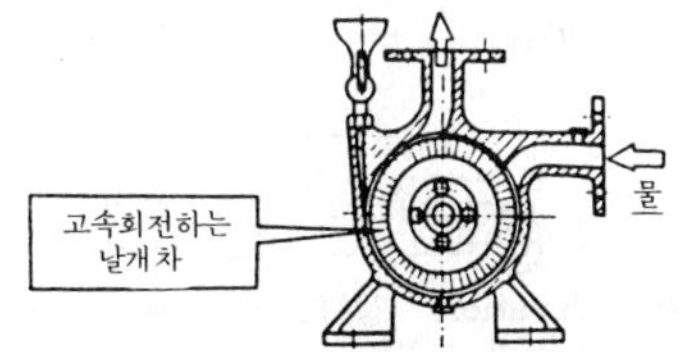

friction saw 마찰 기계(摩擦機械) 기계 띠톱의 특수한 것. 띠톱날을 예리하지 않게 하고 공작물과의 고속 접촉에 의한 마찰열을 이용하여 절단하는 기계.

friction sawing machine 마찰 기계톱(摩擦機械－) ＝friction saw

friction screw press 프릭션 프레스, 프릭션 나사 프레스(－螺絲－) 슬라이드 동작에 나사 기구를 이용한 프레스를 말한다. 주나사의 상단에 플라이휠을 고정하고, 마찰 원판에 의해서 회전 운동을 주어 주나사의 하단에 부착한 슬라이드를 승강시키는 기계 프레스이다.

friction tester 마찰 시험기(摩擦試驗機) 두 물체를 접촉시켜서 시동(始動)할 때의 정마찰(靜摩擦)을 측정하는 시험 장치. 접촉 물체를 바꾸거나 접촉 압력이나 운전 속도를 바꾸는 기구나 윤활 조건을 바꾸는 장치를 갖추는 것이 보통이다. 또, 미끄럼 베어링이나 롤 베어링이나 기어와 같은 기계 요소의 정마찰, 동마찰을 측정하기 위한 시험기도 있다.

friction transmission 마찰 구동(摩擦驅動) ＝friction drive

friction wheel 마찰차(摩擦車) ＝friction gear

fringe order 프린지 차수(－次數)

front 전면(前面), 정면(正面), 전면의(前面－), 정면의(正面－)

front bearing 앞 베어링 선반에서 주축(主軸)을 지지하고 있는 베어링.

front clearance 앞면 여유각(－面餘裕角) 여유각 가운데 절삭 공구의 전면, 즉 자루의 길이 방향 최전단(最前端)의 각.

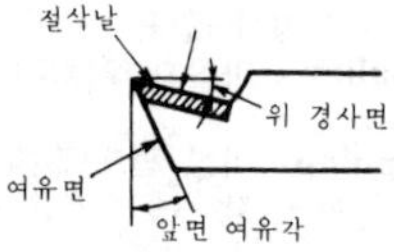

front drive 전륜 구동(前輪驅動) 자동차의 앞바퀴에 동력을 전하여 구동하는 방법.

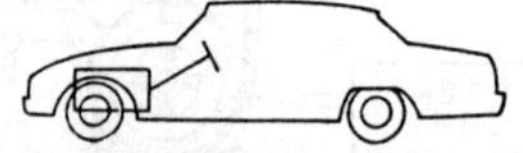

front elevation 정면도(正面圖) 물체를 정면에서 본 그림.

front rake 정면 날끝각(正面－角) →tool angle

front top rake 앞면 경사각(－面傾斜角) 절삭 공구에 있어서 절삭분이 따라 흐르는 면과 재료의 운동 방향에의 수직선을 이루는 각.

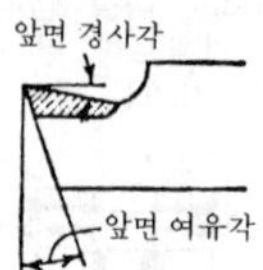

front view 정면도(正面圖) ＝front elevation

frosting 프로스트[1], 프로스팅[2] ① 제품 표면에 나타난 배 껍질 모양으로 된 결정 모양(結晶模樣).
② 서리 모양이라고도 부른다. 구름 베어링의 레이스 국부에 대단히 미소한 오목한 부분이 집중되어 있는 현상.

Froude dynamometer 프로우드 동력계(－動力計) →hydraulic dynamometer

fuel 연료(燃料) 연소에 의해서 화열(火熱)을 일으키게 하는 원료.

fuel air ratio 연료 공기비(燃料空氣比), 연공비(燃空比) 혼합기의 연료와 공기의 비율을 무게로 나타낸 것. 공기 연료비와의 역수.

fuel cell 연료 전지(燃料電池) 연료를 연소시켜 열 에너지로 바꾸고, 이것을 다시 전기 에너지로 바꾸는 것이 아니라 연료를 직접 전기 에너지로 바꾸는 형식의 전지를 말한다. 발전 효율이 높고 회전 부분이 없는 전원, 특히 우주선이나 이동용 전원으로서 기대되고 있다.

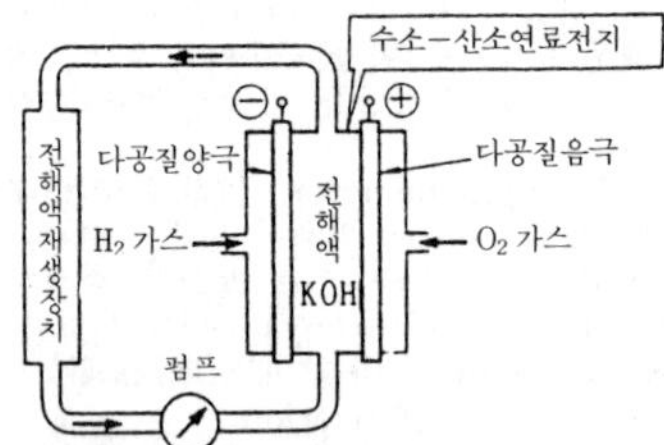

fuel consumption 연료 소비량(燃料消費量) 보일러, 내연 기관, 가스 터빈 등에서 일정한 시간 내에 소비한 연료의 양.

fuel economizer 절탄기(節炭器), 이코너마이저 보일러에서 연료로 빠져 나가려고 하는 열량을 이용해서 급수를 예열하는 장치.

fuel element 연료체(燃料體), 연료 요소

(燃料要素) 연료 집합체의 구성 요소로, 연료봉, 연료구(燃料球), 연료 핀 등의 총칭. 혹은 그것들과 동의어로 쓰인다. 경우에 따라서는 연료속(燃料束), 연료 집합체, 서브어셈블리 등과 같은 뜻으로 쓰이기도 한다.

fuel feed pump 연료 공급 펌프(燃料供給—) ① 가솔린 기관용 : 기화기(氣化器)의 플로트실 탱크로부터 연료를 공급하는 펌프로, 보통 캠으로 구동되는 다이어프램 펌프가 사용되고 있다. ② 디젤 기관용 : 연료 분사 펌프에 연료를 공급하기 위한 펌프로, 플런저형 또는 다이어프램형 펌프가 사용되고 있다.

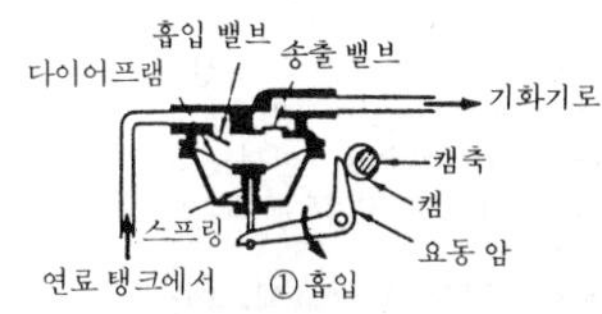

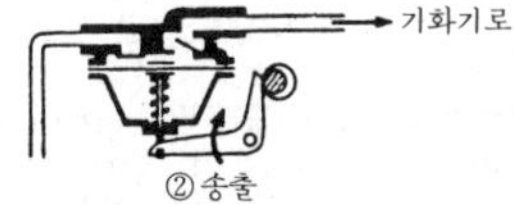

fuel gas 연료 가스(燃料—) 가스체 연료를 말한다. 천연 가스, 코크스 가스, 석탄 가스(도시 가스), 발생 가스, 용광로 가스, 오일 가스 등이 있다.

fuel gauge 연료계(燃料計) 연료 탱크 속의 연료량을 나타내는 게이지.

fuel injection nozzle 연료 분사 노즐(燃料噴射—) =fuel injection valve

fuel injection pipe 연료 분사관(燃料噴射菅) 연료 분사 펌프로부터 분사 노즐에 연료를 송출하는 관.

fuel injection pump 연료 분사 펌프(燃料噴射—) 디젤 기관에서 연료를 분사 순서에 따라 각 실린더의 연료 분사 밸브에 압송하는 장치.

fuel injection system 연료 분사 장치(燃料噴射裝置) 압축 점화 기관으로 연료를 분사시키는 장치.

fuel injection valve 연료 분사 밸브(燃料噴射—) 디젤 기관에서 분사 펌프로부터 보내진 고압의 연료를 실린더 내에 분사 무화(霧化)하기 위한 밸브. 연료가 니들 밸브에 작용하여 그 힘이 스프링의 힘을 웃돌면 밸브가 열려서 연료를 분사하고, 연료의 압력이 내려가면 스프링의 힘으로 밸브가 닫힌다.

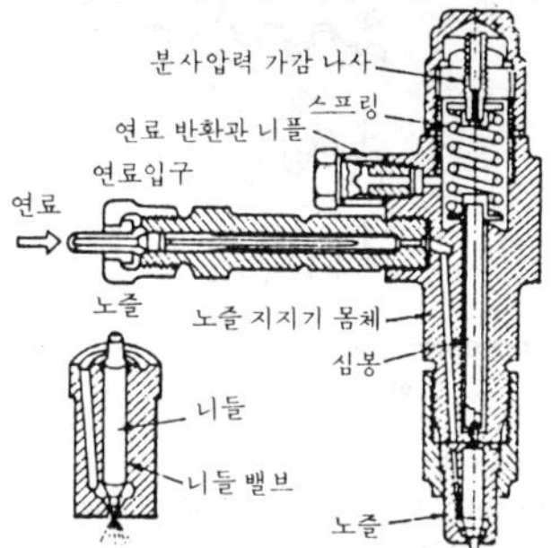

fuel injector 연료 분사기(燃料噴射器) → fuel injection pipe

fuel level 연료 기준면(燃料基準面) 기화기 부자실(浮子室)의 연료의 액면(液面). 그 높이는 분무구 끝보다 다소 낮추어 정하는 것이 보통이며, 부자와 밸브의 작용에 의하여 일정한 높이를 유지하게 되어 있다.

fuel oil 연료유(燃料油) 연료용 기름. 중유, 경유, 가솔린 등.

fuel pipe 연료관(燃料菅) 액체 연료, 기체 연료, 미분탄 등 유동성이 좋은 연료를 이송하기 위한 배관을 일반적으로 연료관이라 하고, 공급되는 연료에 따라서 연료유관, 가스관 등으로 불린다.

fuel pump 연료 펌프(燃料—) =fuel feed pump, fuel injection pump

fuel ratio 연료비(燃料比) 석탄이 함유한 고정 탄소량과 휘발분과의 비. 연료비에 따라 무연탄, 역청탄, 갈탄으로 분류된다.

fuel tank 연료 탱크(燃料—) 항공기에서 연료를 저장하는 탱크를 말한다. 주(主) 탱크, 부(副) 탱크, 보조 탱크 등이 있다.

fulcrum 지점(支點) 물체(보, 레버, 기둥 등)를 지지하는 점. 지지점에서 회전할 수 있는 것을 회전단(回轉端), 단말(端末)이 움직일 수 있는 것을 가동단(可動端), 회전이나 이동도 할 수 없는 것을 고정단(固定端), 또 지지되고 있지 않은 점을 자유단(自由端)이라 한다.

full depth gear tooth 높은 이 특수 치형(齒形)의 일종. 그림 가운데 ⓒ와 같이

이의 높이만이 높은 것. 보통 이는 ⓑ와 같이 정극(頂隙)을 제외한 이만이 모듈의 2배이다.

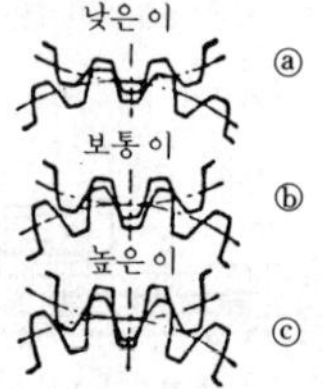

full diameter 외경(外徑) 수나사의 나사 봉우리에 접하는 가상 원통의 지름을 말한다. 나사의 굵기를 표시할 때 나사의 호칭 지름으로 사용하는 치수.

full Diesel 순 디젤식(純−式) 중간 압축의 세미디젤(semi-Diesel)과 구별하기 위한 명칭.

fuller 풀러, 원형 다듬개(圓形−) 수가공용(手加工用) 단조 공구의 일종. 공작품에 둥그스름한 홈을 내거나 재료를 약간 늘여 모서리를 둥그스름하게 다듬을 때 사용된다. 상하 한 조로 되어 있다.

fullering 풀러링 리벳 이음에서 기밀(氣密)을 유지하기 위해서 하는 코킹을 더욱 완전하게 하기 위하여 그림과 같은 공구로 판 끝을 정형하는 작업.

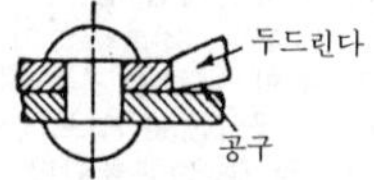

fullering tool 풀러, 원형 다듬개(圓形−) =fuller

full groove 풀 그루브 완전 나사(형이 문드러지지 않는 나사)의 홈.

fulling machine 축충기(縮充機) = milling machine

full length leaf 최장 판 스프링(最長板−) 겹판 스프링(laminated spring) 가운데 가장 긴 판 스프링. 즉, 어미판 스프링.

full line 실선(實線) 제도에서 길이의 전반에 걸쳐 연속된 선. 굵기 0.8mm 이하의 실선은 물체의 외형선, 0.2mm 이하의 가는 실선은 치수선, 치수 보조선, 인출선, 중심선 등에 사용된다. →line

full load 풀 로드 ① 전하중(全荷重), 전부하(全負荷). ② 만재(滿載).

full load efficiency 전부하 효율(全負荷效率) 열기관, 전동기 등에서 정격 부하가 걸린 상태에서의 효율.

full load stopper 풀 로드 스토퍼 엔진 전부하시의 연료 분사량을 규제하는 장치.

full mold process 풀 몰드법(−法) 모형에 발포(發泡) 폴리스티렌을 사용하고 주형 모재로 전면을 덮어 굳히기 때문에 주형에 분할면이 생기지 않는다. 코어는 미리 형(型) 속에 설치해 놓는다. 연소되어 모형 공동(空洞) 속에 남는 것은 아주 적어서 대부분의 용탕(鎔湯)과 모형이 교체될 수 있도록 쇳물 주입이 이루어지는 것이 특징이다.

full operation 완전 조업(完全操業) 공장의 생산 능력을 완전히 가동시키는 것. 즉, 100%의 조업도를 말한다.

full power 전출력(全出力)

full scale drawing 현척도(現尺圖) 현척으로 그려진 그림 또는 도면. =full size drawing

full size 현척(現尺) 제도에서 실물 크기. 즉 실물과 똑같은 치수로 그려 나타내는 것. 그리고 축소하여 그린 것을 축척(縮尺)이라 한다.

full trailer 풀 트레일러 →trailer

full turn key 풀 턴 키 플랜트 수출의 수주·발주 방식에서 미리 가동할 수 있는 상태로 시공해서 인도하는 일괄 수주·발주 방식.

fume 퓸 아크 용접을 할 때 용융 금속의 증발, 산화 작용에 의해서 생기는 1μ이하의 입자. 이것을 흡입하면 폐(肺)를 해친다.

functional materials 기능 재료(機能材料) 구조 재료나 포장 재료와 같이 종래부터 정의되어 온 것에 대비(對比)한 새로운 재료로, 목적하는 어느 특정한 기능을 구하고자 만들어진 재료.

functional organization 기능 조직(機能組織) 상하의 명령 전달과 각 계(系)와의 사이의 횡적 연락이 충분히 될 수 있게 하여 능률 향상을 목적으로 한 관리 조직.

function design 기능 설계(機能設計) 제품의 성능을 실현하기 위한 설계로, 강도, 강성(剛性), 정밀도, 수명, 형상, 기구, 재료 선택 등의 설계가 포함된다.

fundamental drawing for design 기본 설계도(基本設計圖) 완전한 설계도를 작성하기 전에 그리는 것으로, 그 설계에 필요한 기본이 되는 설계 내용을 나타내는

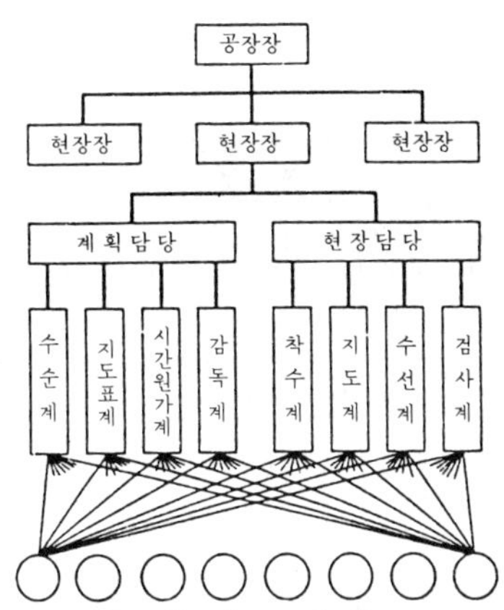

functional organization

도면을 말한다.

fundamental unit 기본 단위(基本單位) →unit

funicular polygon 연력도(連力圖) 바우의 기호법(Bow's notation)을 사용하여 차력점(差力點)이 다른 많은 힘을 합성해서 작도(作圖)한 다각형(多角形).

funnel 깔대기, 누두(漏斗) 액체 주입에 사용되는 기구.

furnace 노(爐) 연료를 연소시키는 장치. 일반적으로 연소 장치와 연소실이 있다.

furnace bar 화격자봉(火格子棒) =fire-bar

furnace brazing 노내 경랍 땜(爐內硬臘－) 노에서 처리되는 납땜. 철납(鐵臘)을 사용하여 바이트 날을 붙이는 경우 등에 시행된다.

furnace cooling 노내 냉각(爐內冷却) 금속 재료 열처리의 일종. 재료를 가열로 속에서 서서히 냉각시키는 작업. 풀림 등을 할 때에는 노내 고온도에서 서서히 냉각시킨다.

furnace crown 노의 천장(爐－天障) →reverberatory furnace

furnace door 아궁이 연소실문(－燃燒室門) =fire door

furnace flue 연관(煙管) =smoke tube

furnace lining 노 라이닝(爐－) 노 내벽을 내화 벽돌 등으로 쌓는 것.

furnace tube 연관(煙管) =smoke tube

furnace wall 노벽(爐壁) 회로를 구성하는 벽을 말한다. 노벽의 구조는 노내 온도가 수 백도 이상이면 내화 벽돌, 단열 벽돌, 보통 벽돌 및 박강판의 순으로 배치된다. 대용량의 보일러에서는 수냉벽이 채용되는 경우가 많다. →water(cooled furnace) wall

fuse 퓨즈 규정 이상의 전류가 흐르면 가열되어 용단, 전기 회로를 자동적으로 OFF 하는 가용 합금. 형태는 판(板), 실, 플러그, 통형 등이 있다.

fuse arc welding 퓨즈 아크 용접(－鎔接) 자동 금속 아크 용접기의 일종인데, 용접봉을 심선(心線) 주위에 이중 코일 모양의 가는 강선(鋼線)을 감고 그 틈새에 용제(溶劑)를 도포한 특수한 것.

fusee 퓨지 특수 로프차(바퀴). 로프의 유효 직경을 여러 가지로 바꾸어 로프에 감는 속도에 변화를 주는 바퀴를 말한다.

fusibility 가융성(可融性) 용융하기 쉬운 성질을 말하며, 가융 합금(可融合金)은 이에 속한다.

fusible alloy 가융 합금(可融合金) 융점이 낮은 금속(Sn, Bi, Pb, Cd 등)보다 더 낮은 온도에서 녹는 합금.

fusible metal 가융 합금(可融合金) 융점이 낮은(보통 100℃) 합금. Sn, Pb, Cd, Bi를 혼합하여 만든다. 용도는 보일러, 자동 소화기, 퓨즈 등.

fusible plug 가용 플러그(可鎔－) 설정된 온도 이상으로 되면 녹게 되는 가용 합금으로 만들어진 플러그.

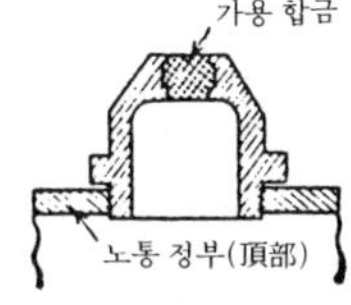

fusing point 융점(融點) 융해가 일어나는 온도. 융해점이라고도 한다.

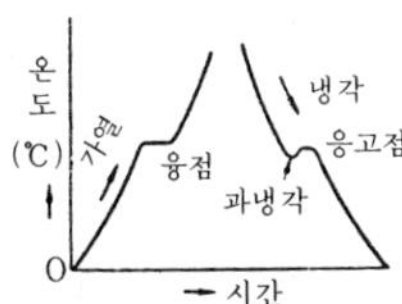

fusion 융해(融解) 고체가 열을 받아 액체로 되는 변화를 융해라 한다.

fusion point 융점(融點) =fusing point

fusion reactor 핵융합로(核融合爐) 인공 태양이라고도 하는 것으로, 잘애의 에너지원이라 생각할 수 있는 원자로이다. 종래와 같이 핵분열을 이용하는 것이 아니라, 중수소(重水素)의 핵융합 반응을 일으킬 때 생기는 에너지를 이용하는 것이다.

fusion weld 융접(融接) 용융 상태에서 금속에 기계적 압력 또는 해머 타격을 가하지 않고 하는 용접. 여기에는 가스, 아크, 테르밋 용접 등이 있다.

fusion welding 융접(融接) =fusion weld

fusion zone 융합부(融合部)(용접의) 용접에서 모재와 용착 금속이 녹아서 융합된 부분. 조직이 크게 변화하고 있다.

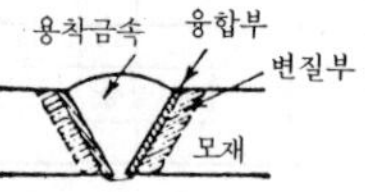

fuze 퓨즈 =fuse

fuzed alumina 용융 알루미나(鎔融－), 인조 코런덤(人造－) 알루미나를 노에서 용융하여 결정(結晶)시킨 것. 연마재로서 연마포, 숫돌 등에 사용된다.

F-V change **F-V** 변환(－變換) frequency(주파수), voltage(전압) 변환을 말한다. 회전 속도에 따른 전압으로 변환시킬 때 이용된다.

G

g 그램 =gramme
G 강성률(剛性率) =modulus of rigidity
gad tongs 평 집게(平－) =flat bit tongs
Gaede's rotary pump 게데 로터리 펌프 400～450rpm 펌프로, 0.002mm 정도의 진공도가 얻어진다. 원리와 구조는 2매의 날개를 가진 베인 유압 펌프와 비슷하다.
gage 궤간(軌間), 게이지 =gauge
gain 이득(利得), 게인 신호 전송 등에서 출력량의 입력량에 대한 증폭도(增幅度)를 데시벨 단위(비교하는 데에 사용되는 차원이 없는 단위)로 표시한 것.
galling 갤링 접동면(摺動面) 사이의 윤활 부족으로 인하여 한 쪽 금속 모재의 작은 일부분이 상대되는 면에 옮겨 붙는 것. 과대한 압력을 받으며 움직이는 면 사이에 생긴다. 윤활이 국부적으로 파괴되고 마찰열로 금속이 부분적으로 용해된 것.
gallon 갤런 액량(液量)의 단위. 영국 갤런은 4.546 l (2.5 되), 미국 갤런은 3.7853 l 에 해당된다.
Galloway boiler 갤로웨이 보일러 노통 속으로 관통하는 관(갤로웨이관)을 설치하여 보일러 물의 순환을 원활하게 하는 노통 보일러.
Galloway tube 갤로웨이관(－菅) → Galloway boiler
galvanic cell 이종 금속 접촉 전지(異種金屬接觸電池) =macro cell
galvanic corrosion 갈바니 부식(－腐蝕) 전해질 용액 속에서 이종 금속(異種金屬)이 접촉되어 그것들 사이에 전위차가 있을 때에 생기는 부식.
galvanization 아연 도금(亞鉛鍍金) 철강 표면을 아연으로 피복하여 방식(防蝕)하는 법. 전기 도금, 용융 도금, 용사법(鎔射法), 셰러다이징(sheradizing)법 등이 있다.
galvanized sheet iron 아연 도금 강판(亞鉛鍍金鋼板) 냉간 압연기로 압연한 박강판에 아연 도금한 것. 부식에 잘 견디며 표면이 매끄럽다. 평판, 파상판(波狀板), 장척(長尺) 코일의 3종이 있다.

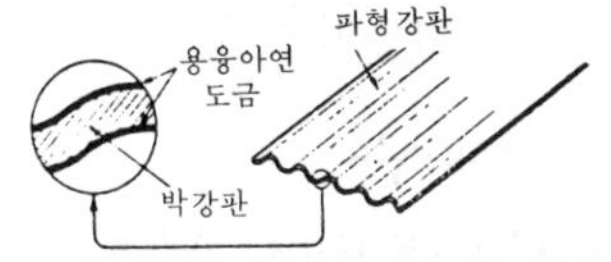

galvanized steel plate 토탄판(－板) 아연 도금 강판. 토탄은 totanaga(포르투걸어)에서 비롯된 말.
galvanized steel wire 아연 도금 강선(亞鉛鍍金鋼線) 강철선에 아연 도금한 철사.
galvanizing 갤버나이징 강의 내식성을 증대하기 위하여 용융 아연욕(鎔融亞鉛浴)에 담가서 표면을 아연으로 피복한 것.
galvanometer 검류계(檢流計) 전류의 강도를 측정하는 기기의 일종. 특히 작은 전류의 비교 또는 존재를 검출할 경우에 사용된다.
gamma-iron γ철(－鐵) 900～1,400℃의 철. 탄소를 최고 1.7%까지 고용(固鎔)한다.
gamma-ray γ선(－線) 방사성 원소에서 나오는 투과력이 큰 방사선(radioactive ray). X선보다도 파장이 훨씬 짧은 전자파(電磁波 : electromagnetic wave).
gamma silumin 감마 실루민 실루민(AC 3A)은 다른 알루미늄 합금에 비해 내력, 고온 강도, 피로 한도, 절삭성이 뒤떨어진다. 이 결점을 Mg 0.5% 첨가해서 개선한 것으로, AC 4A에 해당한다. 브레이크 드럼, 기어 박스 등에 사용된다.

gang cutter 갱 커터 가공물 다듬질면의 윤곽에 따라서 2개 이상의 여러 가지 밀링 커터를 조합하여 동일 아버에 고정시킨 것. 가공물 단면의 윤곽을 한꺼번에 절삭하는 데에 사용한다. 능률이 좋고 균일한 제품을 다량 생산할 수 있다.

gang drilling machine 갱 다축 드릴 머신(－多軸－), 병렬 다축 드릴링 머신(竝列多軸－) 스핀들(드릴축)을 동일 베이스 상에 한 줄로 여러 개 배열해서 한 몸으로 한 드릴링 머신. 개개의 스핀들에 드릴, 리머, 탭 등의 공구를 장착하고 이것을 순차 사용하여 능률적으로 공작할 수 있다.

gang mandrel 갱 심봉(－心棒) 두께가 얇은 가공품(칼라, 와셔 등)을 여러 개 장착하여 동시에 절삭하는 경우에 사용되는 심봉.

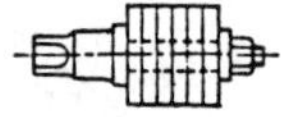

G

gang milling cutter 갱 커터 ＝gang cutter

gang slitter 갱 슬리터 판금(板金) 절단기의 일종. 폭이 넓은 판금에서 평행한 좁은 폭의 띠판(帶板)을 많이 절단할 때에 사용하는 기계.

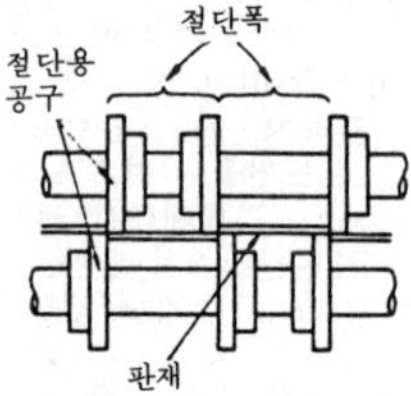

gang slitting machine 갱 슬리터 ＝gang slitter

ganister sand 규사(硅砂) ＝silica sand

gantry crane 갠트리 크레인 수평 거더(girder)의 양단에 다리를 세워 문형(門形)으로 하고 거더 위에 운반차를 주행시키는 크레인.

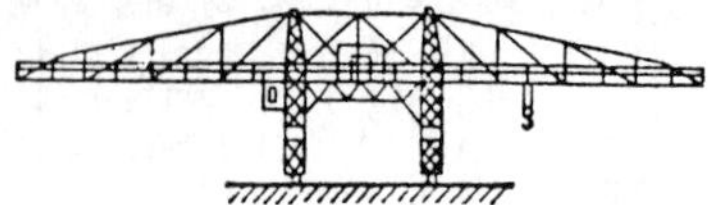

gap 갭 물체와 물체 사이의 간극. 틈새의 뜻.

gap frame crank press C형 프레임 크랭크 프레스(－形－) 판금(板金) 가공에서 블랭킹용 프레스의 대표적인 것. 펀치 작업 이외에 벤딩, 드로잉 작업 등에도 널리 사용된다.

gap lathe 갭 선반(－旋盤) 갭 베드(베드의 일부가 잘려 터져 있는 것)를 갖춘 선반. 영국식(英國式) 선반에 많다.

gapped bed 갭 베드 →gap lathe

gap shear 갭 시어 후강판 전단기(厚鋼板剪斷機)의 일종. 강력한 프레임에 틈새를 만들어 후판 장척물(厚板長尺物)을 연속적으로 이송 전단할 수 있도록 만들어졌다.

garbage burner 쓰레기 소각로(－燒却爐) 도시의 쓰레기나 산업 폐기물의 소각 처리를 목적으로 한 연소 장치이다. ＝refuse incinerator

garrage jack 가레이지 잭 차고에서 사용하는 수동 유압 잭.

gas 가스 ① 기체 연료의 총칭. ② 기체(氣體).

gas analysis 가스 분석(－分析) 일반적으로 기체 물질에 대해 실시하는 화학 분석을 말한다.

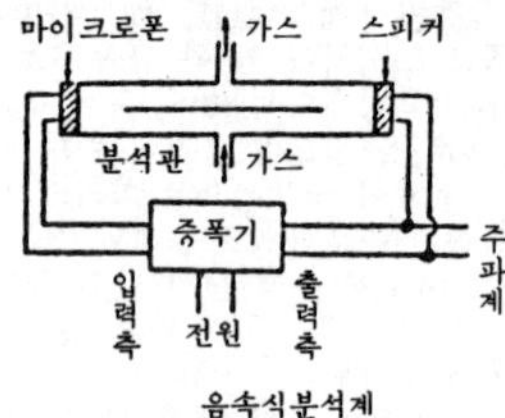

음속식분석계

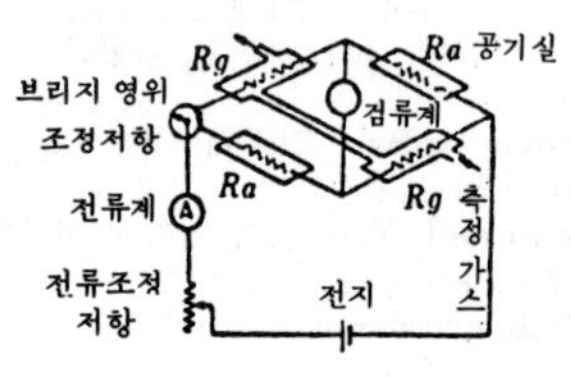

열전도식 농도계

gas balance 가스 천칭(－天秤) 가스의 밀도를 측정하는 데에 사용하는 특수한 천칭을 가리킨다.

gas brazing 가스 경랍땜(－硬蠟－) 경랍

으로 납땜할 때 가스에 의해서 모재와 납을 가열하여 땜질하는 방법.

gas burner 가스 버너 연료 가스를 공기와 혼합하여 연소시키는 장치.

gas calorimeter 가스 칼로리미터 = Junker's calorimeter

gas carburizing 가스 침탄(－浸炭) 메탄가스에 일정한 공기를 혼합하여 변성로(變成爐)에 보내고, 침탄에 적합한 캐리어 가스로 만들어 침탄로에 넣고 900～950℃에서 C 0.2% 이하의 강(鋼) 표면에 침탄(C 0.9～0.95)하면 그 상태에서 바로 담금질이 된다. 이 방법은 다른 침탄법에 비해서 침탄량의 조정이 용이하고 열효율이 좋아 연속적이며, 자동적으로 처리되므로 자동차 부품을 비롯하여 대량 생산에 적합하다.

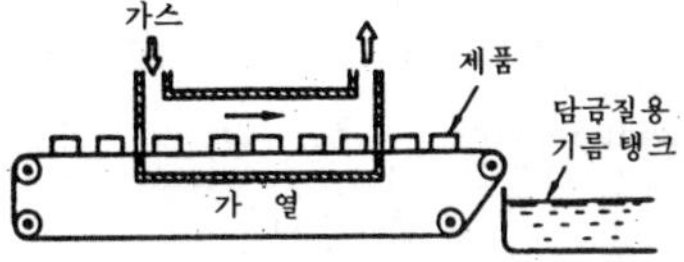

gas chromatograph 가스 크로마토그래프 흡착, 흡수체를 이용해서 가스에 대한 흡착 흡수 능력의 차이를 조사하고 그 차이를 이용해서, 다성분(多性分) 가스의 각 성분을 성분마다 분리하여 측정하는 계기를 말한다.

gas coke 가스 코크스 도시 가스 제조의 부산물로서 얻어지는 코크스. 가정용, 야금(冶金)용 또는 주형 건조용 연료로 사용된다.

gas constant 가스 상수(－常數) 비용적(比容積)과 온도의 상호 관계를 $pv=RT$ (p : 압력, v : 비용적, T : 절대 온도 K)라고 할 때의 R을 비례 상수 또는 가스 상수라 한다. R은 기체의 종류로서 일정.

gas-cooled reactor 기체 냉각식 원자로(氣體冷却式原子爐) 냉각재에 기체를 사용하는 원자로의 총칭.

gas-cooled reactor 기체 냉각식 원자로(氣體冷却式原子爐) 냉각재에 기체를 사용하는 원자로의 총칭.

gas cutting 가스 절단(－切斷) 철재를 용단하는 방법의 일종. 2개의 분사관을 구비한 토치를 사용하고 그 하나의 관에는 산소와 LP 또는 아세틸렌 가스를 뿜어 약 3,000℃에 달하는 불꽃을 만들어 절단부를 가열하고, 다른 관에서는 고압의 산소를 내뿜어 금속을 연소시켜 동시에 산화물을 불어 날림으로써 절단을 한다. 두꺼운 강판도 간단하고 신속하게 절단할 수 있다.

gas Diesel engine 가스 디젤 기관(－機關) 기체 연료를 공기와 함께 연소실에 흡기(吸氣)하여 전기 점화에 의하지 않고 점화용으로서 소량의 액체 연료를 연소실에 분사하는 압축 점화 기관.

gas engine 가스 기관(－機關) 연료로서 석탄 가스, 액화 가스(LPG), 발생로 가스, 천연 가스 등 기체 연료를 사용하는 내연 기관.

gaseous bearing 기체 베어링(氣體－) 정압(靜壓) 베어링의 일종으로, 다공질 재료의 베어링 부시 배면(背面)에서 기체를 공급하면 수많은 세공(細孔)에서 스로틀(throttle) 효과를 발휘하여 뛰어난 정압 베어링의 성능을 갖추고 있다.

gaseous fuel 기체 연료(氣體燃料) 연료로 쓰는 연소 가능 기체의 총칭.

gaseous furnace 가스로(－爐) 금속 열처리에 사용되는 노(爐)의 일종. 주로 각종 절삭날 등의 담금질 처리를 한다.

gas furnace 가스로(－爐) 가스를 연료로서 사용하여 그 연소열로 물체를 가열하든지 용해한다든지 하는 노(爐). 가스 발생로나 가스를 냉각재로 사용하는 원자로와는 구별된다.

gas heating 가스 난방(－暖房) 실내에서 가스를 연소시켜서 하는 난방.

gasket 개스킷 밀봉 장치 가운데 정지(靜止) 개소의 누설 방지에 사용되는 것을 말한다.

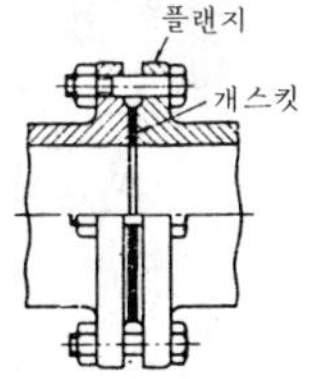

G

gasket factor 개스킷 계수(－係數) 개스킷이 누설을 일으키지 않는 한계의 유효 체결압과 내압의 비.

gas meter 가스 계량기(－計量器) 가스의 사용량을 지시하는 계기. 회전식, 습식, 건식의 3종류가 있다.

gas nitriding 가스 질화(－窒化) 암모니아 가스 속에서 질화강(窒化鋼)을 500～550℃에서 72시간 정도 가열하면, 질화철이 표면에 생성되어 단단해진다. 질화용 강으로서 Al, Cr, Mo을 함유한 강(鋼)이 지정되고 있다.

gas oil 가스유(－油), 경유(輕油) 등유(燈油)와 중유(重油)와의 중간물.

gasoline 가솔린 석유 제품의 일종. 석유 원유를 분류(分溜)해서 최초에 얻어지는 유출(溜出) 범위 40～220℃, 비중 0.60～0.78 정도의 액체 연료. 저발열량 10,500kcal/kg. 자동차, 비행기 등의 고속 내연 기관용 연료.

gasoline engine 가솔린 기관(－機關) 내연 기관의 일종. 가솔린 기화기(氣化器)로 기화시킨 다음 공기와 적당히 혼합하여 실린더에 보내고, 전기 점화로써 연소시켜 동력을 발생하는 기관.

gasoline injection engine 가솔린 분사 기관(－噴射機關) 기화기를 사용하지 않고 가솔린을 노즐에서 분사 공급하여 불꽃 점화에 의해 연소하는 기관.

gasometer 가소미터, 기체 측정계(氣體測定計) 기체용 유량계 또는 적산 체적계의 교정 장치의 하나.

gas pipe 가스관(－菅), 단접관(鍛接菅) 가스, 수도, 증기관 등의 배관용 관.

gas pipe joint 가스관 이음쇠(－菅－) 가스관의 접속용 이음쇠.

gas pocket 가스 포켓 ＝blowhole

gas pressure welding 가스 압접(－壓接) 가스에 의해서 금속을 용융점에 가까운 온도로 가열하여 기계적 압력을 가해 용접하는 방법.

gas producer 가스 발생기(－發生器) 목탄, 코크스 등의 고체 연료를 불완전 연소시켜 가스 연료를 발생시키는 장치.

gas shield 가스 실드 용접에서 가스 발생식인 피복 용접봉을 사용하여 처리하면 다량의 일산화 탄소, 탄산 가스, 수소 등의 가스가 발생되어 이것이 아크와 용접부를 대기로부터 차단 보호하여 용융 금속의 환원성(還元性)을 높인다.

gas table 가스표(－表) 가스의 압력, 온도, 비용적(比容積), 엔트로피, 엔탈피 등의 상태량 관계를 나타낸 수표(數表)를 말한다.

gas tap 가스 나사 탭(－螺絲－) 가스관 또는 이음쇠에 암나사를 나타내는 탭. 테이퍼 탭, 평행 탭이 있다.

gas thermometer 기체 온도계(氣體溫度計) 기체의 상태량의 온도 변화를 이용하는 온도계로, 이상 기체를 쓰면 열역학적 온도 눈금에 완전히 일치하는 온도가 얻어진다.

gas thread 관용 나사(菅用螺絲) 주로 관 이음에 사용되는 나사. 나사 산의 형(形)은 위트 나사. 기밀을 유지하기 위해 실 테이프(seal tape)를 감아 준다.

gas tight 기밀(氣密) ＝airtight

gas tight thread 기밀 나사(氣密螺絲)

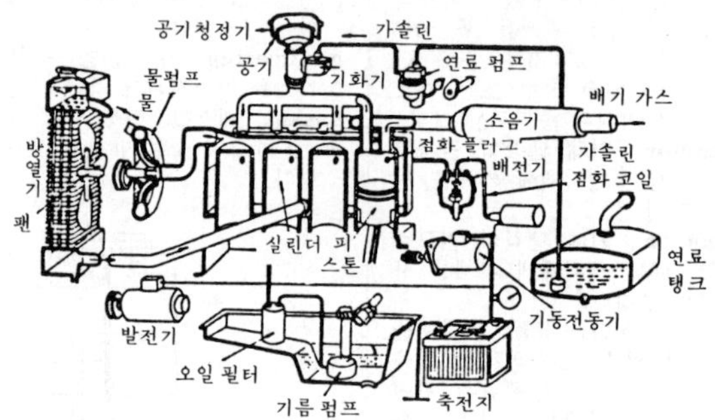

gasoline engine

수나사와 암나사의 죔 부분을 통하여 가스나 액체가 누설하지 않도록 나사선이 절삭되어 있는 나사.

gas turbine 가스 터빈 고온 고압의 연소 가스를 팽창시키며 터빈을 돌려 회전력을 얻는 회전식의 내연 기관. 가스 터빈은 왕복식 내연 기관이나 증기 터빈에 비해서 기구가 간단하고 경량, 취급 용이, 대마력(大馬力) 가능, 저품위 연료 사용 가능하고 고장이나 진동이 적다는 등의 이점이 있다. 발전, 기관차, 선박, 항공기 등에 사용된다.

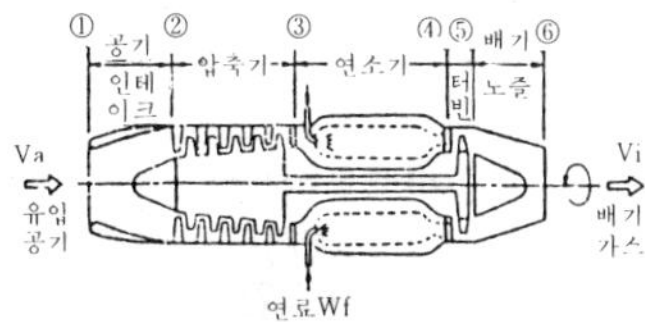

gas turbine vehicle 가스 터빈 차량(一車輛) 구동용으로 가스 터빈을 사용한 차량.

gas welded pipe 가스 용접관(一鎔接管) 띠강(帶鋼)을 냉간(冷間) 가공하여 원형으로 만들어 산소 아세틸렌 용접을 한 지름 50mm 이하의 가는 관(菅).

gas welding 가스 용접(一鎔接) 산소와 아세틸렌 또는 산소와 수소를 용접 토치 선단(先端)에서 연소시켜 그 연소를 이용하여 용접봉을 녹여 처리하는 용접법. 주로 박강판, 동판, 황동판, 알루미늄, 두랄루민판 등의 용접에 널리 사용된다.

gate 게이트 ① 문(門)이라는 뜻인데 반도체 용어로서는 제어 전극을 말한다. 주회로의 전류를 제어하는 전극. ② 탕구(湯口), 주조(鑄造) 작업에서 쇳물을 주형에 부어 넣는 구멍.

gate array 게이트 어레이 이지 오더(easy order)의 LSI. 사용자의 논리 회로에 근거를 두고 단기간, 저 코스트로 전용의 LSI가 만들어지기 때문에 광범위한 분야에서 사용되고 있다.

gate cutting machine 탕구 절단기(湯口切斷機) 주조(鑄造) 작업에서 주로 동합금(銅合金) 주물의 탕구 및 라이저(riser)를 절단하는 기계.

gate stick 탕구봉(湯口棒) 탕(湯)의 통로를 주형에 설치하기 위해 사용하는 것.

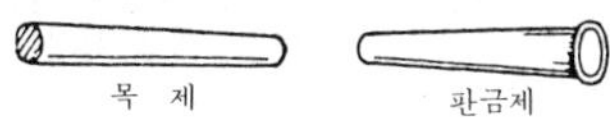

gate valve 게이트 밸브 기계 운전을 일시 정지시킬 때 물을 차단하기 위해 사용되는 밸브. 슬루스 밸브(sluice valve), 스로틀 밸브(throttle valve) 등이 있다.

gauge 궤간(軌間)[1], 게이지[2] ① 철도 레일 두부(頭部) 내측 간의 거리. 유럽 각국에서 많이 사용되고 있는 궤간을 표준 궤간이라 하여 1.435m. 또, 이 이상의 것을 광궤(廣軌), 그 미만의 것을 협궤(狹軌)라 한다.
② 공작품의 측정, 검사에 사용되는 게이지 또는 압력 게이지. →pressure gauge

gauge block 블록 게이지 길이 표준기의 일종.

gauge cock 게이지 콕 유압 회로에서 압력계나 압력 스위치 등에 급격한 압력의 상승을 주지 않도록 부착된 스로틀. → gauge damper

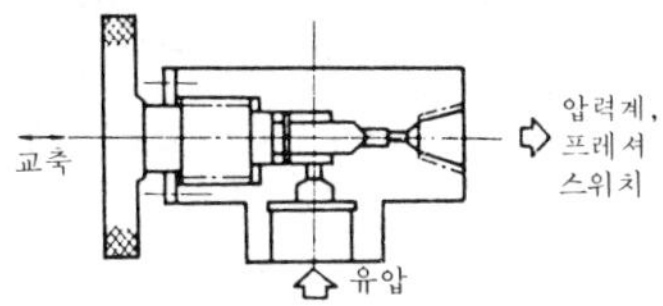

gauge glass 게이지 글라스 내부 액면(液面)의 높이를 알기 위해 설치한 수면계용의 유리. 목적에 따라서 내압, 내열, 원형, 평형 등 종류가 있다.

gauge length 표점 거리(標點距離) 시험편(試驗片)의 평행부에 표시하는 2점 사이의 거리. 연신율(延伸率)을 구하는 기준이 되는 길이.

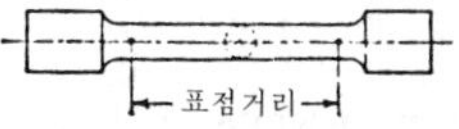

gauge notch 노치 유량계(一流量計) 장

방형, 그 밖에 드물게는 사다리꼴, 원형의 노치를 갖춘 판을 둑으로 해서 액체의 유량(流量)을 측정하는 계기.

gauge pin 게이지 핀 재료나 반가공품을 소정의 가공 위치로, 또는 부품을 바른 고정 위치로 위치 결정하기 위해 설치된 핀.

gauge pressure 게이지 압력(-壓力) 압력계로 측정한 압력. 절대압=대기압+게이지압의 관계가 있다.

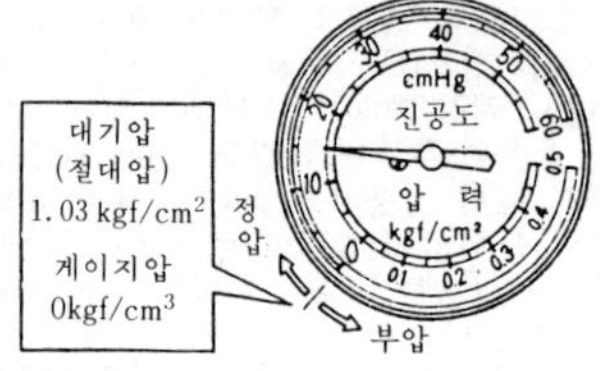

gauntry crane 갠트리 크레인 =gantry crane

GC grindstone **GC** 숫돌 SiC 질의 인조 연삭제로 만든 숫돌로, 주철, 황동, 경합금의 연삭에 적합하다.

gear 기어, 톱니바퀴, 전동 장치(傳動裝置) 운동이나 동력을 전달하는 장치의 총칭. 여기에는 직접 전동과 간접 전동이 있으며, 직접 전동에는 기어·캠, 간접 전동에는 벨트·체인 등이 이용된다. =toothed wheel

gear box 기어 박스 한 쌍 또는 복수 개의 쌍을 이루는 기어를 내장한 박스. 이것을 거쳐 회전을 감속하거나 회전축 방향을 변환한다. 동력 기계에서 회전을 전달할 때 사용하며 등속, 고속, 저속으로 변환할 수 있는 구조로 되어 있다. 또, 기어 박스는 기어를 보호하는 구실을 한다.

gear coupling 기어 커플링 그림과 같은 구조로서 중요한 기계에 가장 많이 사용되고 있다. 이론적으로 변형시킬 수 있도록 설계된 축이음이다.

gear cutter 기어 커터[1], 기어 절삭 밀링 머신(-切削-)[2] ① 총형(總形) 밀링 머신의 일종. 밀링 머신에 장착하여 기어를 절삭하는 데에 사용되는 절삭 공구. ② =gear cutting machine

gear cutting machine 기어 커팅 머신 기어의 이를 절삭하는 기계의 총칭. 호빙 머

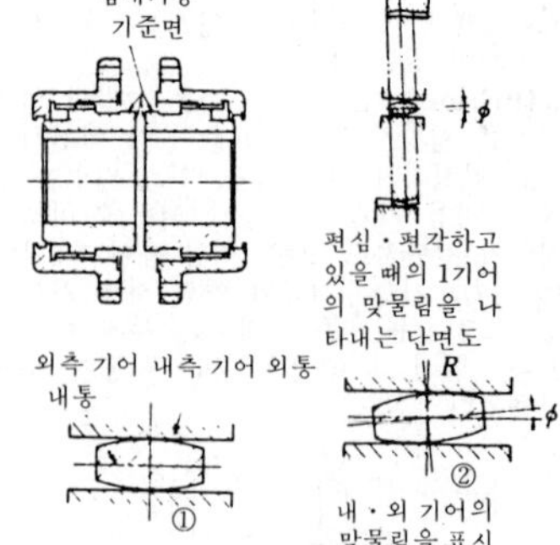

gear coupling

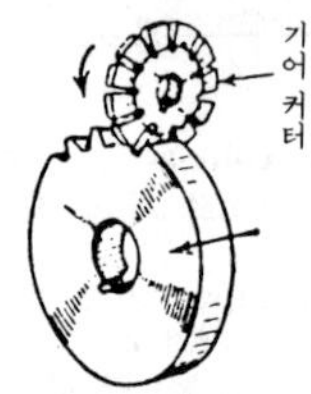

gear cutter

신, 펠로즈 기어 셰이퍼 등이 대표적이다.

gear drive 기어 구동(-驅動) 기어에 의한 동력 전달법.

geared motor 기어드 모터 전동기와 감속 기어 장치를 하나로 조합한 것.

geared turbine 기어 감속 터빈(-減速-) 선박용 터빈의 감속 장치. 터빈과 프로펠러축과의 사이에 기어를 넣어 감속시킨다.

gear grease 기어 그리스 광유(鑛油)에 20~30%의 석회 비누를 첨가한 것으로, 주로 높은 하중, 저속 기어의 윤활에 사용한다.

gear grinder 기어 연삭기(-硏削機) 기어의 치면(齒面)을 연삭하여 다듬질하는 연삭기. 고정밀도의 기어 다듬질에 사용한다. 평기어 연삭기, 베벨 기어 연삭기 등이 있다.

gear grinding 기어 연삭(-硏削) 기어의 연삭에는 두 가지 방법이 있다. 하나는 치형 곡선(齒形曲線)을 갖춘 총형(總形) 숫돌을 쓰는 방법, 또 하나는 래크(rack) 치형을 갖춘 숫돌차를 사용해서 2매의 접

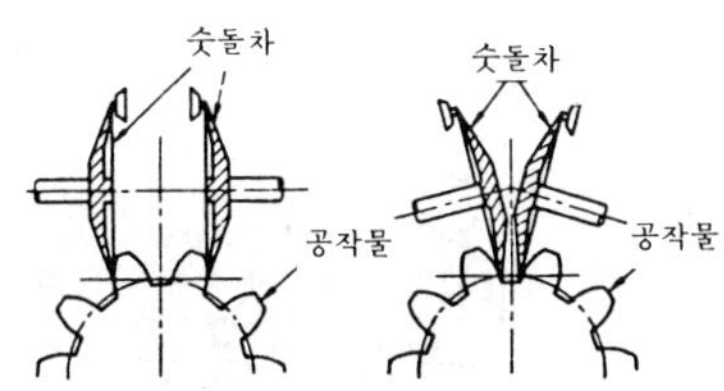

gear grinder

시형 숫돌차로 래크 치형을 형성하여 연삭하는 방법이다.

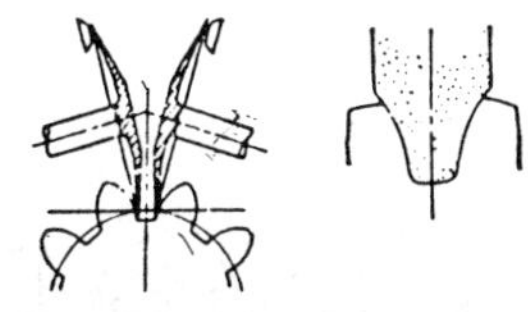

gear hob 호브 웜의 나사 줄기를 횡단하는 다수의 홈(flute)을 파고, 나사 줄기를 따라 나란히 된 홈 사이에 플랭크가 세워진 절삭날을 갖춘 기어 커팅 공구.

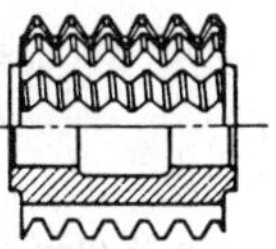

gear hobbing machine 호빙 머신 = hobbing machine

gearing 전동 장치(傳動裝置) =gear

gearing chain 전동 체인(傳動－) 전동용 강제(鋼製)의 체인.

gear lever 변속 레버(變速－) =change lever

gear planer 기어 커터 =gear cutter

gear puller 기어 풀러 풀리 빼기라고도 한다. 풀리, 구름 베어링 등을 축에서 빼내는 데에 사용하는 3발톱으로 된 공구.

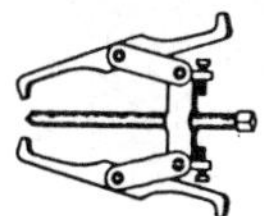

gear pump 기어 펌프 회전 펌프의 일종. 같은 형인 2개의 기어(회전자)가 맞물림으로써 액체를 송출하는 펌프. 경량(輕量)으로 구조가 간단하고 액체가 역류되지 않도록 되어 있으므로 밸브를 필요로 하지 않는다.

gear ratio 기어비(－比), 잇수비(－數比), 치수비(齒數比) 서로 맞물린 기어로, 큰 기어의 잇수를 작은 기어의 잇수로 나눈 값.

gear shaper 기어 셰이퍼 피니언이나 래크(rack)형 커터와 기어의 소재에 그 피치원(圓) 또는 피치선(線)이 구름 접촉이 되도록 상대 운동을 시키면서 커터에 왕복 절삭 운동을 일으켜 기어를 절삭하는 형식의 기어 절삭 기계. 펠로스형과 마그형 기어 절삭기가 유명하다.

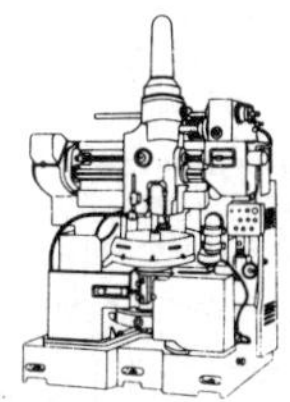

gear shifting lever 변속 레버(變速－) =change lever

gear tester 기어 시험기(－試驗機) 기어의 중심 거리, 편심 오차, 치형 곡선, 피치, 소음 등을 검사, 측정하는 장치를 갖춘 시험기.

gear tooth 기어 이 완전, 정확하게 동력을 전달하기 위해 구름 접촉을 하는 원통, 원뿔 등의 접촉면에 세운 凹凸부.

G

gear tooth burnishing machine 기어 버니싱 머신 기어의 치면(齒面)을 버니싱 다듬질하는 기계.

gear tooth chamfering machine 기어 챔퍼링 머신 기어 이(齒) 끝면의 모따기를 하는 기계. →chamfering machine

gear tooth gauge 치형 게이지(齒形－) 기어의 피치를 측정하는 게이지를 말한다. 모듈(m) 계열용과 지름 피치(D・P) 계열용이 있다.

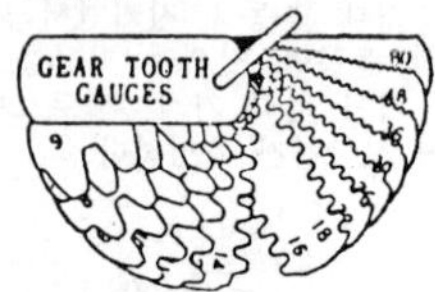

gear tooth micrometer 이 두께 마이크로미터 기어의 이뿌리 부분의 두께를 측정하는 데 사용하는 마이크로미터.

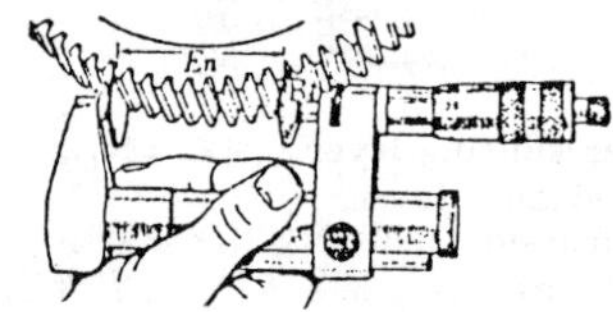

gear tooth shaving machine 기어 셰이빙 머신 여러 가지 기어 절삭기로 깎아 낸 기어의 단면을 평활하게 하고 치형(齒形)이나 피치를 수정해서 한층 고정밀도의 기어로 다듬질하는 기계. 셰이빙이란 다듬질하고자 하는 기어를 셰이빙 커터와 맞물리게 하고 가볍게 누르면서 움직이게 하여 이의 표면으로부터 소량의 절삭 여유를 깎아 내는 것을 말한다.

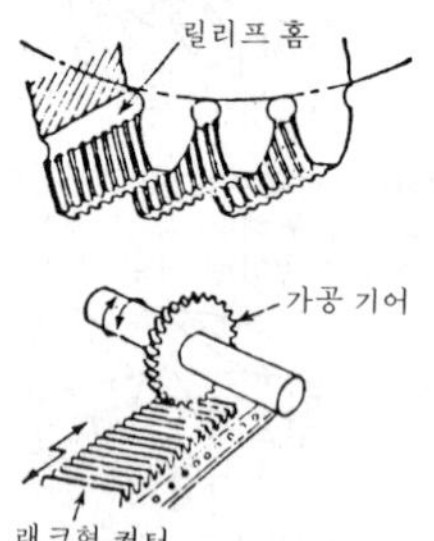

gear tooth vernier calipers 치형 캘리퍼스(齒形－) 기어의 치형이나 이 절삭 공구, 호브 등의 치형 측정용 캘리퍼스.

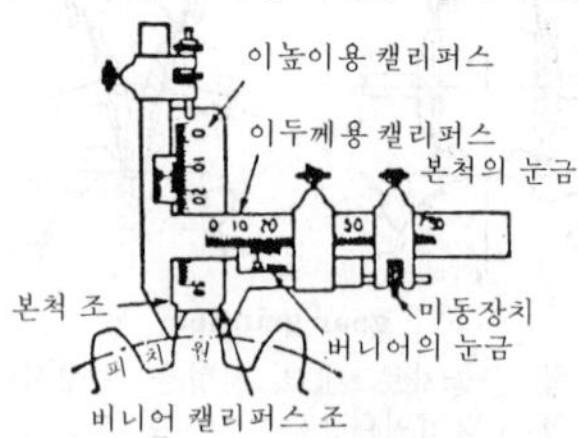

gear train 기어 열(－列) 원축의 회전을 종축에 전달하기 위해 여러 조(組)의 기어를 사용한 장치. 원차와 종차 사이의 중간에 있는 기어를 아이들 기어라고도 한다.

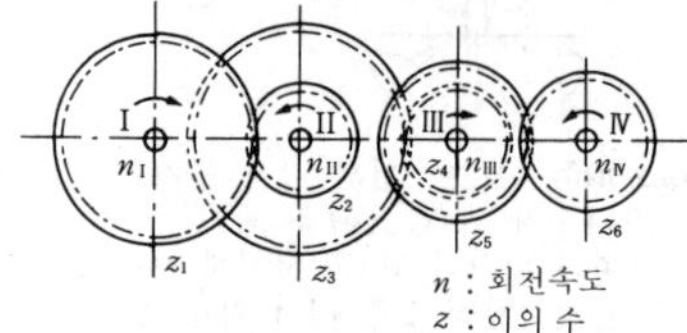

기어열의 속도비 $i = \frac{n_{II}}{n_I} \cdot \frac{n_{III}}{n_{II}} \cdot \frac{n_{IV}}{n_{III}} = \frac{n_{IV}}{n_I}$

$= \frac{z_1}{z_2} \cdot \frac{z_3}{z_4} \cdot \frac{z_5}{z_6}$

Geiger-Müller's counter tube 가이거-뮬러 계수관(－計數管) 방사선 입자가 관(管) 내에 입사했을 때 발생하는 방전 전류 펄스를 증폭, 계수하는 방사선 검출 장치의 하나.

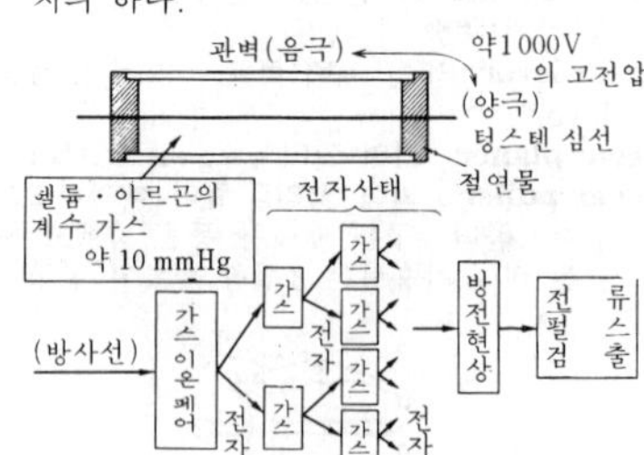

gelling 겔화(－化) 겔이란 콜로이드상(狀) 용액의 증발, 냉각 또는 화학 변화 등에 의해서 생기는 젤리 모양의 반고체(半固體) 내지 고체를 말하는 것으로, 액

상(液狀)인 것이 불용성(不溶性)의 젤리상(狀)으로 되는 것.

general drawing 전체도(全體圖) 기계나 구조물 등의 전체의 외관, 외형 등을 알기 쉽도록 그린 그림.

generalized coordinates 일반 좌표(一般座標) 일반화 좌표, 광의 좌표(廣義座標)라고도 한다.

generalized force 일반력(一般力) → generalized displacement

generalized velocity 일반 속도(一般速度) 일반 좌표의 시간에 대한 미분 계수를 일반 속도라고 한다.

general purpose screw set 다용도 나사 절삭공구 세트(多用途螺絲切削工具－) 수나사 절삭 다이, 암나사 절삭 탭의 각종 치수 1식을 조합하여 상자에 넣은 것.

general view 전체도(全體圖) ＝general drawing

generating circle 구름 원(－圓) ＝rolling circle

generating rolling circle 기어 절삭 피치 원(－切削－圓) 창성(創成) 공구에 의한 기어 절삭에서 이것을 공구와 기어가 맞물린 것으로 간주했을 경우 맞물림 피치 원.

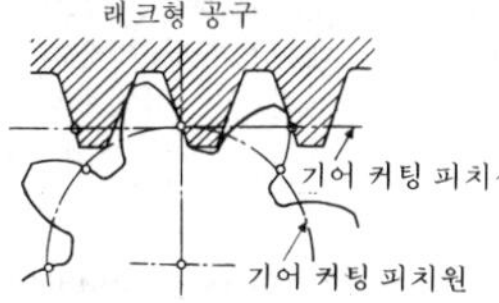

generating station 발전소(發電所) ＝power station

generating surface 전열면(傳熱面) 보일러나 그 밖의 열교환에 있어서 열을 전달하는 표면적(表面積).

generator 발전기(發電機), 제너레이터 전력을 발생하는 회전기. 직류 발전기, 동기 발전기, 유도 발전기로 대별되고 그 종류는 대단히 많다.

generator tachometer 발전식 회전 속도계(發電式回轉速度計), 제너레이터 태코미터 회전축에 발전기를 연결하면, 발생 전압은 회전수에 비례하기 때문에 발생 전압의 크기로 회전 속도를 알 수 있게 된 계기.

Geneva gear 제네바 기어 ＝Maltese cross, Maltese wheel

geometrical drawing 기하 화법(幾何畵法) 기하학의 원리로 물체의 형상을 그리는 화법.

geometrical moment of area 단면 1차 모멘트(斷面一次－)

geometrical moment of inertia 단면 2차 모멘트(斷面二次－) 단면 2차 모멘트 $I=\Sigma y^2 dA$

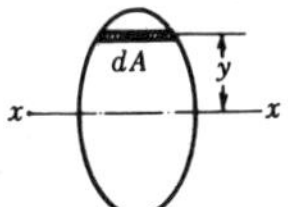

geometric factor 형태 계수(形態係數) 2면간의 방사 전열(放射傳熱)을 생각할 때 한 쪽 면에서 사출되는 열방사 중 다른 면에 도달하는 것의 비율을 말한다. ＝view factor

geometry 기하학(幾何學)

germanium 게르마늄 원소 기호 Ge, 원자 번호 32, 원자량 72.60, 비중 5.36, 융점 958℃. 회백색으로 취성이 극히 높은 금속. 반도체로서 트랜지스터, 결정 정류기(結晶整流器) 등의 중요한 재료로 쓰인다.

German silver 양은(洋銀), 양백(洋白) Cu 60～65%, Ni 12～22%, Zn 18～23% 정도의 합금. 은백색으로 단단하고 부식에도 잘 견딘다. 정밀 기계의 부품, 전기 저항선, 은의 대용품으로 장식품 등에 사용된다.

getter 게터 유리구(球) 내부에 넣어 진공도 또는 봉입 가스의 순도를 높이고 이로써 흑화(黑化)를 감소시키기 위한 화학물질.

getter alloy 게터 합금(－合金) 유해로운 가스를 흡수 제거할 목적으로 그 계(系)에 첨가하는 금속 또는 합금.

gib 지브 코터 이음에 사용되는 보조 부품. 코터를 때려 박을 때 변형되기 쉬운 곳에 병용한다.

gib-headed flat key 비녀 키, 머리 키 ＝gib-headed key

gib-headed key 비녀 키, 머리 키 비녀처럼 머리가 붙은 테이퍼 키. 때려 박거나 뽑아 내기가 쉽다. 드라이빙 키, 평(平)키, 새들 키 등이 이것이다.

gilled cooler 핀붙이 냉각기(－冷却器) 냉

gib-headed key

각 면적을 크게 하기 위하여 표면에 핀(fin)을 붙인 냉각기.

gilled radiator 핀붙이 방열기(-放熱器) 방열 면적을 크게 하기 위해 증기 과열관의 표면에 핀(fin)을 붙인 관.

gilled superheater tube 핀붙이 과열관(-過熱菅) 방열 면적을 크게 하기 위해 증기 과열관의 표면에 핀(fin)을 붙인 관.

gimlet 김릿 목공용 송곳. 사용 목적에 따라 여러 가지 형상의 것이 있다.

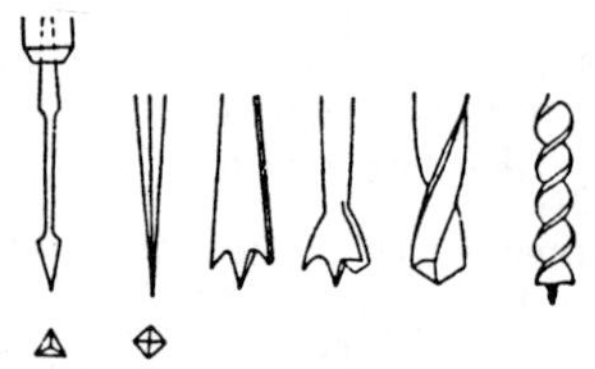

gin 진, 3각 기중기(三角起重機) 3개의 기둥을 3각뿔 모양으로 꾸민 것. 그 꼭지 부위에 활차를 매달아 중량물(重量物)을 달아 올리는 데 사용한다.

gin pole derrick 진 폴 데릭 데릭의 일종으로, 1개의 기둥을 보조 로프로 경사지게 지지하고, 윈치를 별도로 설치하여 와이어 로프와 활차를 사용해서 중량물을 들어올리고 내리는 것.

girder 거더, 도리, 대들보 =beam

girder stay 거더 스테이 보(beam)를 보강하기 위하여 댄 부재(部材).

girth 거스 로프의 외주(外周) 길이.

gland 글랜드, 패킹 누르개 =stuffing box gland

gland cock 글랜드 콕 패킹이나 패킹 누르개가 달린 콕. 대구경(大口徑)인 것은 뚜껑이 붙어 있다.

gland packings 글랜드 패킹 축 주위의 스터핑 박스(stuffing box) 내에 채워 축과 사이의 마찰면에서 밀봉하는 방식의 패킹의 총칭.

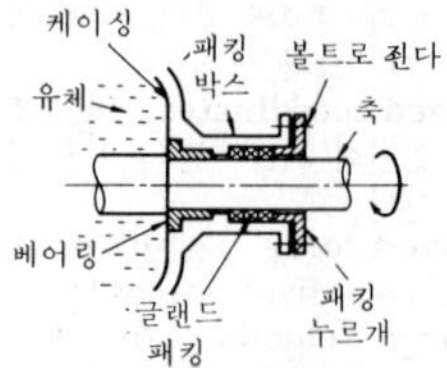

glass 글라스, 유리(琉璃) 보통 유리는 소다 유리라고 하여 규사(硅砂), 탄산 나트륨, 석회석 등의 분말을 혼합하여 1,400~1,600℃ 정도로 가열해서 녹인 다음 일정한 형태로 냉각시킨 것. 용도에 따라 판유리, 스탠드 유리, 안전 유리, 내열 유리, 광학 유리 등이 있다.

glass fiber 유리 섬유(琉璃纖維) 섬유 강화 플라스틱(FRP)에 가장 많이 사용되는 섬유이다. 섬유의 인장 강도, 굴곡성, 내마모성은 일반적으로 가늘수록 향상되지만 코스트가 높아지기 때문에 11~13μ의 지름이 많다.

glass fiber reinfoced cement(concrete) 유리 섬유 강화 시멘트(콘트리트)(琉璃纖維强化-) 내(耐)알칼리 유리 섬유로 시멘트를 강화시킨 것. 시멘트의 보강에 석면이 사용되고 있었으나 공해 및 자원 부족으로 인하여 대체 섬유로 사용되고 있다.

glass fiber reinforced plastic : GFRP 유리 섬유로 강화한 플라스틱(琉璃纖維-强化-) 가볍고 강하지만 다른 구조 부제에 비해 값이 비싸다. 그러나 설계 가공 기술의 진보가 GFRP의 특성을 살려 수요를 확대시키고 있다. GFRP 주정(舟艇)은 경량, 내부식(耐腐蝕), 매끈함 등 특성을 살린 분야이다. 자동차의 경량화에도 기여하고 있다.

glass lubrication process 유리 윤활 압출법(琉璃潤滑押出法) 열간 압출 가공에서 비교적 작은 단면의 봉재를 압출할 때, 마우스피스 공구와의 마찰을 감소시키기 위해 윤활제로 유리를 사용하는 방법을 말한다.

glass paper 사포(砂布) =emery paper

glass papering machine 사포 연마기(砂布硏磨機) =sand papering machine

glass scintillator 유리 신틸레이터(琉璃ー) 방사선 조사(照射)에 의해서 발광하는 유리. 붕소, 리튬 등의 미세 입자를 포함한 유리는 신틸레이션을 일으키므로 방사선 검출에 사용된다.

glass thermometer 유리 온도계(琉璃溫度計) 온도 변화의 팽창 정도를 이용해서 유리관 밑 부분에 봉입한 액체가 팽창에 의하여 작은 지름의 액주(液柱) 표시 높이를 상승시킴으로써 온도를 측정하는 온도계.

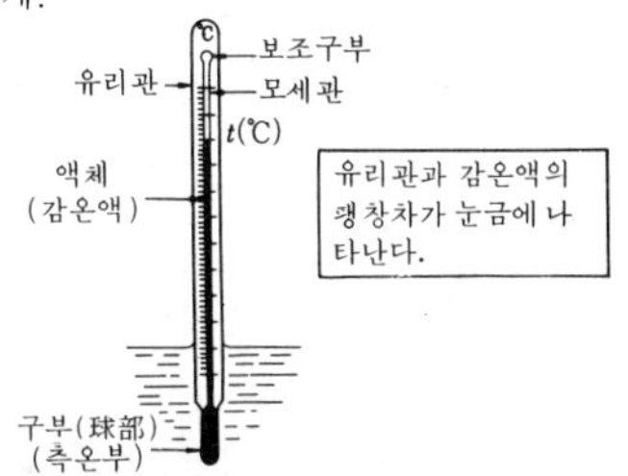

glass water gauge 수면계(水面計) = water gauge

glass wool 글라스 울 소다 성분이 많은 저융점(低融點)의 유리를 섬유상(纖維狀)으로 뽑아 내어 만든 것. 내열성과 높은 인장 강도가 있고 대단히 뛰어난 전기적 성질을 지니고 있다. 용도는 보온재, 여과재, 절연재 등이다.

glassy carbon 유리상 탄소(琉璃狀炭素) 셀룰로오스, 고탄소 알코올이나 그 밖의 수지를 탄화시켜 얻어진 것으로, 유리 모양의 광택을 내고 극히 치밀하며 가스 불투성(不透性)이다.

glazing 글레이징 숫돌차의 숫돌립(粒)을 유지하는 힘이 너무 강하거나 숫돌립 경도가 불충분하여 파쇄성이 나쁘면, 숫돌립 절삭날이 마모되어 숫돌면이 번쩍번쩍 빛을 내고 진동을 일으켜 금속성을 발하며, 발열이 심해져서 절삭성을 거의 잃은 상태를 말한다.

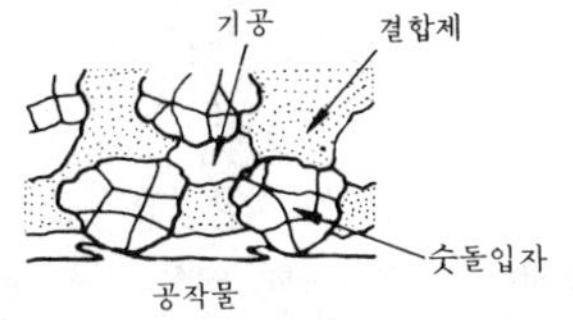

glazing material for automobile 자동차용 유리(自動車用琉璃) 자동차에는 충돌 시에 머리나 손발이 날카로운 유리 파편에 부상하는 것을 방지하기 위하여 안전 유리를 사용한다. 안전 유리에는 이중 유리와 강화(强化) 유리가 있다. 이중 유리는 두 장의 투명한 유리를 폴리비닐부티랄이라는 플라스틱으로 접착한 것이다. 앞면 유리의 곡률(曲率)이 작은 차에는 이 이중 유리가 많이 사용된다. 강화 유리는 유리를 가열 급랭하여 사용하는 것이다.

Gleason bevel gear generator 글리슨 베벨 기어 제너레이터 베벨 기어 절삭기의 가장 대표적인 것. 2개의 절삭 공구대에 각각 1개의 커터를 갖추고, 2개의 커터가 이루는 형상이 래크 모양으로 된다. 양 커터는 각각 교대로 왕복 운동을 하는 동시에 커터와 소재 사이에 구름 운동이 이루어져 치형(齒形)을 창성(創成)하며 절삭한다.

glider 글라이더, 활공기(滑空機) 동력 장치를 갖지 않는 고정 날개 항공기. 사용 목적에 따라서 초급 활공기(primary), 중급 활공기(secondary), 고급 활공기(soarer)로 나뉜다.

gliding angle 활공각(滑空角)

globe 구(球), 구체(球體) 구상(球狀)의 물체를 일컫는 말.

globe cam 구면 캠(球面ー) =spherical cam

globe valve 글러브 밸브 밸브의 입구와 출구가 S자 모양으로 연결되어 있는 형식을 글러브형이라 하고, 일반적으로 구상(球狀)의 밸브 박스 속에 S자 모양의 유로를 가지며 더욱이 입구와 출구의 중심선이 일직선상에 있는 밸브를 글러브 밸브라고 한다.

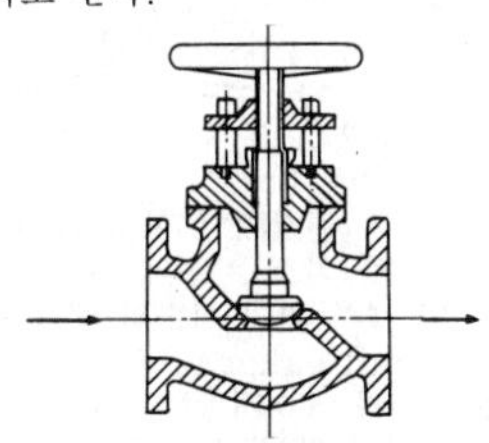

globoidal cam 글로보이드 캠 구면(球面)상에 안내 홈을 붙인 캠. 종동절에 요동 운동을 준다.

G

globules 용적(鎔滴) 용접봉 끝에서 녹아 모재에 떨어지는 금속 방울.

glove 글러브, 손 장갑(-掌匣) 가죽으로 만든 아크 용접용 장갑.

glove box 글러브 박스, 장갑 상자(掌匣箱子) 드라이 박스라고도 한다. 그 중에서 비교적 소량의 방사성 물질을 다루기 위해 밀봉 상태로 한 소형의 상자. 작업자는 장갑을 끼고 박스 속의 물질을 다룬다.

glow discharge 글로 방전(-放電) 음극에서 2차 전자 방출이 열전자 방출보다 훨씬 많고 음극 강하가 크며(70V 또는 그 이상), 또 음극에서의 전류 밀도가 작다는 점을 특징으로 하는 지속적인 방전을 말한다.

glow plug 글로 플러그 엔진 시동시에 전류를 통해 적열(赤熱)시켜 연료의 착화(着火)를 돕는 플러그.

glow switch 글로 스위치, 점등관(點燈管) 형광등의 점등에 이용되는 것. 아르곤 또는 네온을 봉입한 유리관 속에 고정 전극과 바이메탈로 만든 전극을 봉입한 일종의 방전관.

glue 아교(阿膠) 동물의 가죽, 힘줄, 뼈 등을 고아서 그 액체를 말린 황갈색의 딱딱한 물질로, 보통 건조시킨 막대 모양의 고체로 되어 있다.

glued joint 접착 이음(接着-) 적당한 접착제를 사용해서 접합시키는 벨트의 이음.

G-mark G마크 →good design

gocart 고카트 차체도 없고 자동차로서의 최소에 가까운 구성 요소로 만들어진 스포츠용 자동차.

go-end 통과측(通過側) 한계 게이지에서 구멍용일 경우 최소 치수의 게이지를, 축용(軸用)일 경우 최대 치수의 게이지를 말한다. →limit gauge

go-gauge 통과 게이지(通過-) 통과측만의 치수를 가진 한계 게이지.

goggles 보호 안경(保護眼鏡) 자외선이나 적외선을 잘 흡수시켜 눈을 보호하기 위한 황녹색 계통의 안경.

gold 금(金) 원소 기호 Au, 원자 번호 79, 원자량 197.0, 비중 19.3, 융점 1,063℃. 산출량이 적고, 황금색으로 아름답고 유연한 귀금속. 전연성(展延性)이 크고, 용도는 화폐, 장식품.

Goliath crane 문형 이동 기중기(門形移動起重機) =gentry crane

gondola 곤돌라 =car gondola

gondola car 곤돌라 카 =uncovered freight car open wagon

good design 굿 디자인 좋은 의장(意匠), 고안, 설계라는 뜻.

goods control 현품 관리(現品管理) 반제품의 소재와 수량의 관리.

goose necked tool 스프링 바이트 절삭날의 앞 경사진 면이 밑면의 높이와 일치하거나 그 이하가 되도록 생크를 거위 목처럼 구부린 바이트를 말한다. =spring tool

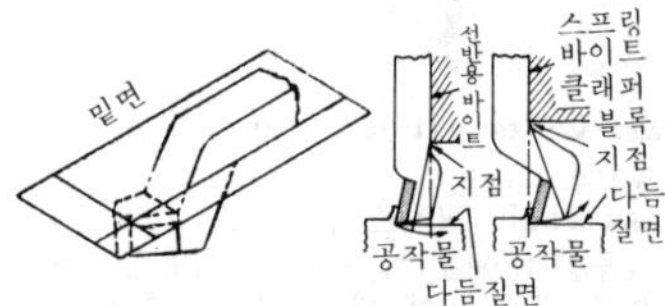

go side 고 사이드 한계 게이지의 두 게이지 부분 중 구멍용 게이지에 있어서는 구멍의 최소 치수에 만들어진 측, 축용 게이지에 있어서는 축의 최대 치수로 만들어진 측을 말한다.

gouging 가우징, 쪼아 따내기 =chiselling

governor 거버너, 조속기(調速機) 원심 작용이나 스프링 작용을 이용하여 원동기의 회전수를 하중의 여하에 관계없이 언제나 일정하게 유지하도록 하는 기기. →speed governor

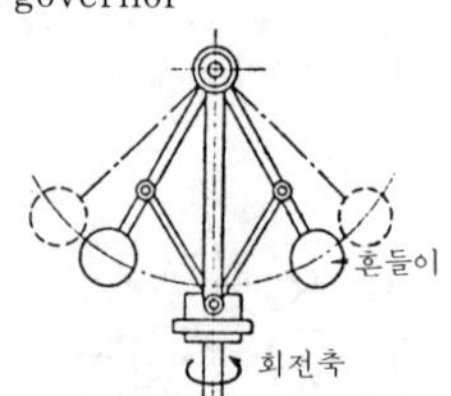

grab 그래브 석탄, 광석, 토사 등을 퍼담아 운반하는 버킷.

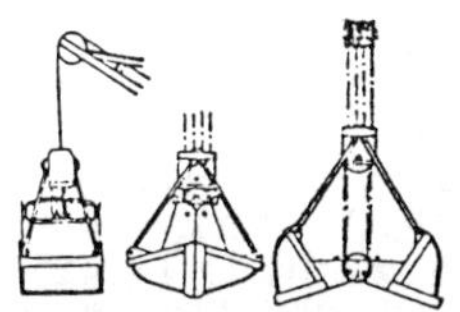

grab bucket 그래브 양동이 짐을 잡는 장치. 단지 그래브라고도 한다.
grab dredger 그래브 준설선(−浚渫船) 준설선의 일종. 붐(사주 : 斜柱)의 선단에 매단 그래브 양동이로 해저의 토사를 담아 올리는 방식의 것으로, 소규모 항로, 정박지의 준설 혹은 방파제, 안벽의 바닥 굴착 등에 사용된다.
grade 그레이드 ① 등급(等級). ② 구배(勾配). ③ 결합도(結合度).
gradeability 등판 능력(登坂能力) 자동차 등 차량의 등판(登坂)이 가능한 최대 각도 또는 tan θ.
grade of fit 끼워맞춤 등급(−等級) =fit quality
grading 그레이딩, 입도(粒度) =grain size
graduation 눈금 저울, 자, 온도계 등에 길이, 양, 도(度) 등을 나타내기 위해 그어진 선.
grain 나뭇결[1], 입자(粒子)[2], 그레인[3] ① 목재 연륜. 수선(垂線) 방향으로 킨 나뭇결은 바른 평행선으로 나타난다. 이것을 곧은 결이라 하는데, 비틀림이 적고 가공하기가 용이하며 다듬질면이 깨끗하다. 또, 연륜 절선(切線) 가까이 잘라낸 것은 표면에 파형(波形)의 나뭇결을 나타내는데, 이것을 곧은 결이라 한다.

② crystallization
③ 입자의 총칭. 사립(砂粒), 숫돌립(粒), 살결, 물결 등을 말한다. 하나하나의 결정립(結晶粒)을 말하기도 한다.
grain boundary 결정 입계(結晶粒界), 입계(粒界) 용융 금속이 응고되어 결정(結晶)이 성장하는 사이에 성장면이 서로 맞부딪친 곳에 경계면이 생긴다. 이 경계의 만난선을 결정 입계라 한다.
grain cargo 곡류 화물(穀類貨物) 곡류 등 분립체상(粉粒體狀)의 화물.
grain depth of cut 절삭 깊이(切削−) 절삭날이 공작물에 절삭해 들어가는 깊이.
grain growth 입자의 성장(粒子−成長) 여러 개의 그레인 결정립(結晶粒)이 고온에서 차례로 병합되어 커지는 것.
grain size 입도(粒度) ① 결정립(結晶粒)의 대소를 나타내는 정도. ② 숫돌에 사용하는 숫돌 입자의 크기.
grain threshing machine 탈곡기(脫穀機) =thresher
gram 그램 =gramme
gramme 그램 질량의 CGS 단위(절대 단위계).
granite 그래나이트 석영(石英), 장석(長石), 운모로 이루어진 심성암(深成岩). 토목, 건축, 장식용 석재로 널리 사용된다.
granite plate 그래나이트 플레이트 화강암의 정반(定盤).
granular pearlite 입상 펄라이트(粒狀−) 일반의 펄라이트 조직(層狀)인 것을 열처리에 의해서 입상(粒狀)으로 한 것. 층상(層狀)의 것보다 점성(粘性)이 강해지고 피절삭성(被切削性)이 우수하다.
granular structure 입상 조직(粒狀組織) 입상(粒狀)의 탄화물이 펄라이트 소지(素地) 속에 산재되어 있는 조직.
graph 그래프 ① 수량상의 관계를 직관적인 도형으로 표현한 것. 봉(棒) 그래프, 선(線) 그래프, 선형(扇形) 그래프 등. ② 좌표를 써서 수식을 도형으로 한 것.
grapher 기록 계기(記錄計器) 회전 속도, 온도, 습도 등의 측정값 및 그 변화를 시간의 경과와 동시에 기록할 수 있는 구조로 된 계기의 총칭.
graphical analysis 도식 해법(圖式解法) 계산식을 이용하지 않고 작도에 의해서 필요한 수값을 구하는 해법.
graphical solution 도식 해법(圖式解法) →graphical analysis
graphic calculation 도식 계산(圖式計算) 제도 기구를 사용하는 작도(作圖)에 의해서 계산을 하는 방법. 각종의 도식 역학, 계산 도표도 이것의 일종이다.
graphic chart 그래픽 차트 =graph
graphic meter 기록 계기(記錄計器) =grapher

G

graphic panel 그래픽 패널 반면(盤面) 상에 감시하는 계통의 모의 선도를 설치하고 계기 및 표시 경보 램프 등을 장착시킨 패널.

graphic statics 도식 역학(圖式力學) 도식 해법에 의해서 힘의 평형에 관한 문제를 취급하는 정력학(靜力學)의 일부.

graphite 흑연(黑鉛) 금속 광택을 지닌 탄소의 동소체(同素體). 천연적으로도 생산되지만 최근에는 고순도인 것이 인공적으로 만들어진다. 용도는 전극, 도가니 재료, 윤활재 이외에도 원자로의 감속재, 반사체로서 널리 사용된다.

graphite crucible 흑연 도가니(黑鉛－) 흑연에 내화 점토를 소량 첨가해서 구워낸 도가니. 동합금(銅合金), 경합금(輕合金)의 용해 등에 사용된다.

G

graphite flake 편상 흑연(片狀黑鉛) 회색 주철 속에 생기는 편상의 유리(遊離)한 흑연.

graphite paint 흑연 페인트(黑鉛－) 흑연을 안료로 한 유성 도료(油性塗料). 방식성(防蝕性), 내구성(耐久性)이 매우 풍부하다.

graphite reactor 흑연형 원자로(黑鉛形原子爐) 흑연을 감속재로 사용하는 원자로.

graphitization 흑연화(黑鉛化) 시멘타이트가 고온에서 분해되어 시멘타아트 속의 탄소가 흑연으로 되는 것.

graphitization cast iron 흑연 주철(黑鉛鑄鐵) 회색 주철과 구상(球狀) 흑연 주철의 뛰어난 특성을 함께 갖춘 주철이다. 마그네슘의 첨가를 적게 해서 흑연을 완전히 구상화(球狀化)하지 않고 번데기 모양으로 석출(析出)시킨 것. 인장 강도 30~35kgf/㎟이며 구조성도 좋다. 자동차 부품에 채택된 새로운 재료.

graphostatics 도식 역학(圖式力學) ＝graphic statics

Grashof number 그라스호프수(－數) 자연 대류(自然對流)의 부력(浮力)의 무차원수.

grate 화격자(火格子) ＝fire grate

grate area 화격자 면적(火格子面積) 화격자 위에 연료를 올려 놓고 연소시킬 수 있는 면적.

grate bar 화격자봉(火格子棒) 주철제 봉으로, 일정한 간격으로 이것을 배열하여 화격자를 형성한다. 고정식, 요동식, 단계식, 이상식(移床式) 등 화격자의 형식에 따라 화격자봉의 형상, 크기가 다르다.

grate bar bracket 화격자봉 받이(火格子棒－) 화격자봉을 지지하고 있는 가로 거더.

grate bearer 화격자 받침대(火格子－) 화격자를 지지하기 위한 수평 받침대를 말한다.

grate equipment 화격자 장치(火格子裝置) 화격자 위에서의 석탄 등 고체 연료의 연소 장치.

grate shaker 화격자 요동 장치(火格子搖動裝置) 연소를 돕기 위해 화격자에 일정한 왕복 운동을 시키는 장치.

grating 화격자(火格子), 회절 발(回折－)

gravimeter 중력계(重力計), 비중계(比重計) ＝aerometer, hydrometer

gravimetric unit 중력 단위(重力單位) 기본 단위로서 힘의 단위에는 질량 1kg의 물체에 9.80665m/s²의 가속도를 주는 힘을 잡아 1kgf로 하는 단위계. 공업에 널리 사용되고 있는 단위계이다.

gravitational unit 중력 단위(重力單位) ＝gravimetric unit

gravity 중력(重力) 만유 인력에 의해 지구가 물체를 끌어당기는 힘. 물체의 무게는 그것에 작동하는 중력의 크기이다.

gravity concentration 중력 선광법(重力選鑛法) 입도(粒度)에 큰 차이가 없는 광물 입자 사이에서는 입자 운동의 크기는 비중의 차이에 따라 달라진다. 이 현상을 이용해서 광물 입자를 분리하고 선별하려고 하는 방법의 총칭.

gravity oiling 중력 급유(重力給油), 중력 주유(重力注油) 상부에 탱크를 비치하고 중력에 의해서 주유하는 방법.

gravity segregation 중력 편석(重力偏析) 응고 이전의 용융 금속 중에 합금 성분의 비중차 때문에 용해 용기 속, 또는 서냉(徐冷)의 주형 공간 상하에 생기는 편석을 말한다. 매크로 편석이라고도 한다. 편석이란 층상(層狀)으로 응고될 때 용질(鎔質)이 경계에서 농축되거나 희박해지는 것을 말한다.

gravity type arc welding 중력식 용접(重力式鎔接) 피복 아크 용접봉이 용해됨에 따라 봉 지지부(支持部)가 중력에 의해 비스듬히 하강하여, 봉이 모재와 일정한 각도를 유지하면서 용접선을 따라 이동하도록 해서 용접하는 방식.

gravity ventilation 자연 환기(自然換氣) =natural draft

gray pig iron 회선철(灰銑鐵) =pig iron

grease 그리스 광유(鑛油)에 비누류를 혼합한 끈끈한 풀 모양의 윤활유. 온도가 상승하면 액상(液狀)으로 된다. 오일을 급유하는 데에 불편한 곳, 고온인 곳, 고면압(高面壓), 저속(低速)인 곳, 구름 베어링 등에 사용된다.

grease box 그리스 박스 윤활 목적으로 그리스를 저장해 두는 통, 또는 베어링 부분을 말하며, 그리스는 온도 상승과 함께 자연적으로 녹아서 베어링면에 고르게 공급되는 구조로 되어 있다.

grease cup 그리스 컵 윤활용 그리스를 채워 놓은 컵.

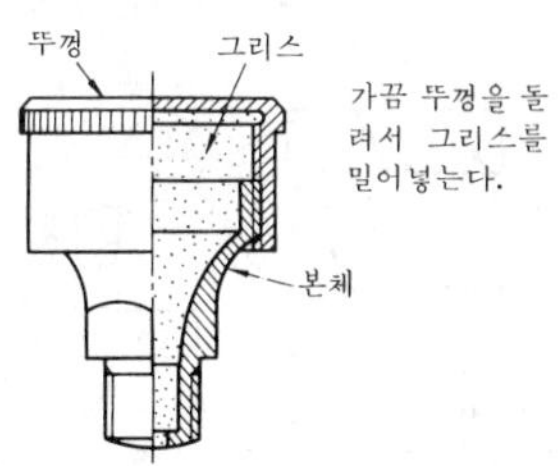

grease gun 그리스 건 그리스를 필요로 할 때에 그리스 니플(grease nipple)로부터 오일 구멍에 공급하기 위해 사용하는 주입기(注入器).

grease pits 그리스 피트 강판에 검은 얼룩 모양으로 묻은 더럽혀진 자국.

grease proof barrier material 내유성 배리어재(耐油性－材) 녹을 방지하는 방청유를 도포한 금속 제품의 겉포장에 사용하는 유연하고 부식성이 없는 내유성 포장 재료.

greensand 생사(生砂) 주형(鑄型) 제작용 천연산의 모래. 수분을 포함하고 있으나, 그 양은 모래의 성질과 조형(造形) 상의 조건에 따라 결정된다. 산사(山砂)에서는 보통 8～15% 정도.

greensand core 그린 코어 건조시키지 않고 사용하는 코어를 말한다. 살이 얇은 주물이나 강도를 필요로 하지 않는 경우에 사용한다.

greensand mold 생사 주형(生砂鑄型) 생사로 만든 주형.

greensand molding 생형 조형법(生型造型法) 생형을 만드는 조형법을 말하며, 손으로 다지는 방법과 조형기에 의한 방법이 있다.

grid 격자(格子), 그리드 ① 진공관, 방전관, 수은 정류기(水銀整流器) 등의 양극과 음극 사이에 장치된 격자 모양 금속. 그 전위를 높이고 낮추어서 전자류(電子流)를 제어한다. ② 저항기용 저항 격자판. ③ 2공간 격자.

grindability 연삭성(硏削性) 연삭하기 쉬운 성질.

grinder 연삭기(硏削機), 그라인더 = grinding machine

grinding 연삭(硏削) 숫돌의 입자로 공작물의 표면을 연삭하고 그 면을 평활하게 정밀 다듬질하여 절삭 공구의 날을 세우는 등의 작업.

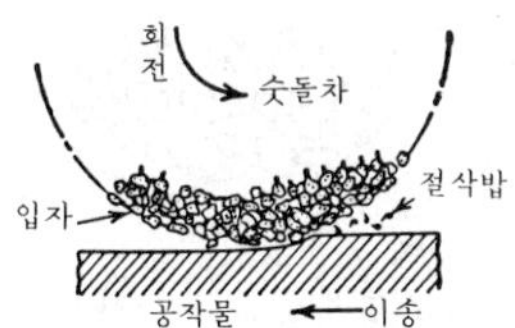

grinding attachment 연삭 장치(硏削裝置) 연삭 숫돌과 구동 기구를 구비한 장치.

grinding crack 연삭 균열(硏削龜裂) 담금질 강(鋼)의 다듬질면에 나타나는 그물코 모양의 균열. 연삭열에 의해 열변형으로 생긴다.

grinding fluids 연삭액(硏削液) =grinding lubricant

grinding lubricant 연삭액(硏削液) 연삭 작업을 할 때 연삭 개소에 주입하는 액(液). 숫돌과 공작물의 마찰을 적게 하고 절삭분(切削粉)이나 탈락된 숫돌립(粒)을 씻어 내려 절삭날이 막히는 것을 방지한다.

grinding machine 연삭기(硏削機) 숫돌차를 회전시켜 일반 절삭날, 드릴, 밀링 커터의 연삭 및 높은 경도(硬度)의 재료를 정밀 다듬질 하는 공작 기계.

grinding segment wheel 세그먼트 숫돌 원호상(圓弧狀)의 숫돌을 여러 개 원주에 배열한 숫돌.

grinding wheel 숫돌차(一車) 연삭 작업에 사용하는 숫돌. 연삭기의 숫돌 차축(車軸)에 고정시켜 절삭 공구 또는 공작품을 연삭한다.

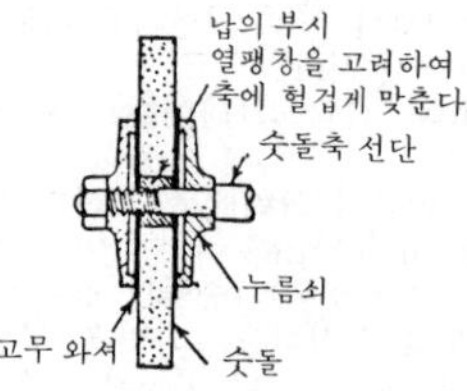

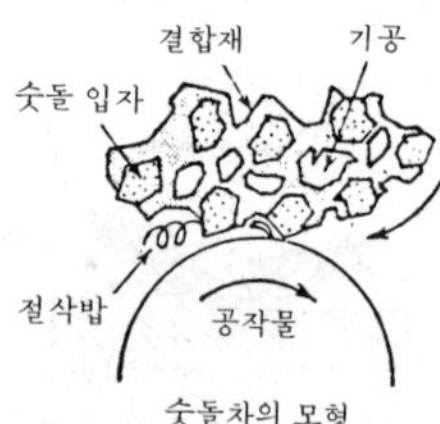

숫돌차의 모형

grinding wheel dresser 숫돌 바퀴 드레서 숫돌차의 날을 다시 세우는 공구.

grinding wheel dressing 숫돌 바퀴 드레싱 숫돌차의 날을 다시 세우는 일.

grinding wheel spindle 숫돌 바퀴축(一軸) 숫돌을 고정시키는 축.

grinding wheel truing 숫돌차 형상 교정(一車形狀矯正) 마모되어 형상이 일그러진 숫돌차의 작업면을 다이아몬드 공구를 사용하여 원형으로 다듬질하는 것.

grinding work 연삭 가공(研削加工) 숫돌을 고속 회전시켜 공작물을 연삭하는 가공법.

grindstone 숫돌 연마용 재료. 천연산과 인조품이 있다.

grip 그립 =clamp

grit 그릿 파쇄립(破碎粒)을 말한다. 그릿 블라스트(grit blast)란 다각형의 파쇄립을 압축 공기로 금속 표면에 뿜어서 표면의 스케일이나 기타를 제거하는 작업을 말한다.

grit blasting 그릿 블라스팅 취부 가공(吹付加工)의 일종. 단조품이나 주조품 등의 공작물에 그릿(grit : 예리한 각이 있는 주철이나 주강의 입자)을 압축 공기로 뿜어 표면을 아름답게 다듬질하는 가공.

grit stone 천연 숫돌(天然一) 사암(砂岩)으로 된 천연 숫돌.

groove 그루브 ① 미세한 홈. ② 용접에서 접합하는 2개의 모재에 일정한 각도로 깍아 놓은 홈.

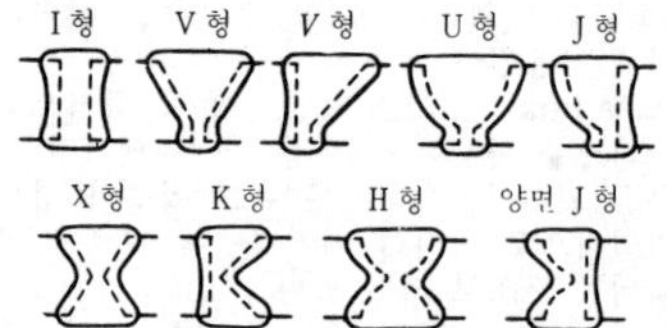

groove angle 개선 각도(開先角度) 용접하는 두 모재 간에 두어지는 홈의 각도.

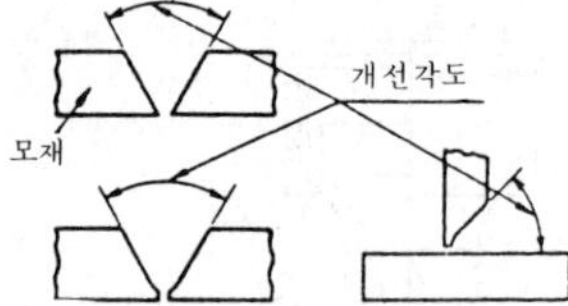

grooved cam 홈붙이 캠 =face cam

grooved drum 홈붙이 드럼 나선상(螺旋狀)의 홈이 절삭되어 있는 와인딩 드럼(winding drum).

grooved friction wheel 홈붙이 마찰차(一摩擦車) 원판 마찰차의 둘레가 서로 맞물리게 홈이 패인 차. 쐐기 작용에 의해서 큰 마찰력을 얻을 수 있다.

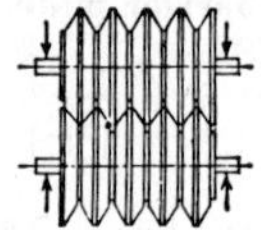

grooved pulley 홈붙이 풀리 외주에 홈이 절삭되어 있는 차. V 벨트, 특수 벨트 전동에 사용된다.

grooved roll 홈 롤 그림과 같은 홈을 외주에 붙인 롤을 이용하여 상하 롤의 홈에 의해서 이루어진 구멍 부분(Ⅰ~Ⅴ)에 재료를 물림으로써 봉의 두께를 원하는 단면 형상(斷面形狀)으로 압연할 수 있다.

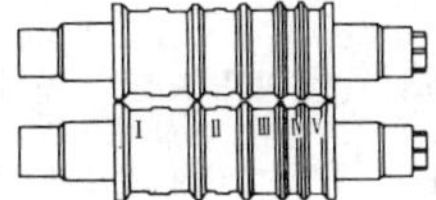

groove welds 그루브 용접(-鎔接) 2개의 접합 부재에 세워진 그루브(홈)에 덧붙이를 해 낸 용접.

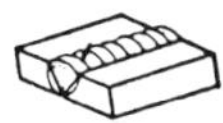

grooving 그루빙 홈 모양의 흔적. 날카로운 단부(端部)를 갈아 낸 것 같은 매끄럽고 둥그스름한 그루브(groove) 흔적. 만약 눌린 자국이 얕으면 마모, 예민하면 스크래치(scratched)가 된다. 과부하, 유막(油膜)의 파괴, 스티킹(sticking)이 원인이 된다.

grooving cutter 홈파기 커터 =fluting cutter

grooving saw 홈파기 톱

grooving tool 홈파기 바이트 홈 절삭에 사용하는 바이트.

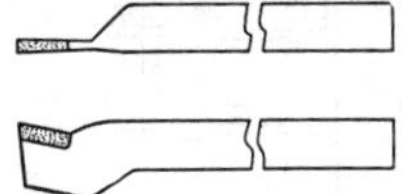

gross tonnage 총톤수(總-數) 선박의 크기를 나타내는 단위. 선체 내부 및 갑판상의 브리지 등의 총용적. $100ft^3$을 1t으로 해서 계산한다.

ground circle 기초원(基礎圓) =basic circle

ground die 연삭 다이(硏削-) 담금질한 뒤에 연삭한 다이. 정밀도가 높은 나사를 깎을 수 있다.

ground fault 지락(地絡) 대지에 대해서 전위를 갖는 전기 회로의 일부가 이상 상태로 대지와 전기적으로 연결되는 것.

ground tap 연삭 탭(硏削-) 연삭에 의해서 고정밀도로 다듬어진 탭.

group drive 집합 운전 방식(集合運轉方式) 수대 내지 수10대의 공작 기계를 1대의 대형 전동기로 운전하는 방식. 이것에는 직접 집합 운전 방식과 간접 집합 운전 방식이 있다.

grouping 부분 조립도(部分組立圖) = part assembling drawing

group system drawing 다품 1엽식 제도(多品一葉式製圖) 1매의 도면에 2개 이상의 부품 그림을 그리는 방식. 간단한 기계 등에서 부품이 적은 경우에 채택되기도 한다.

group technology 그룹 테크놀러지 형상, 치수, 재질, 가공 공정 등이 유사한 공작물을 계통적으로 그룹화로서 취급하여 생산 능률을 향상시키려는 기술.

grout 그라우팅 =grouting

grouting 그라우팅 설치되는 기기의 베드(bed)나 공통 베드 등과 기초와의 사이는 수평을 잡기 위해 라이너가 부설되어 있으므로 틈새가 생긴다. 수평 잡기가 완료된 다음, 이 틈새를 없애기 위하여 묽은 모르타르를 흘려 넣어 기초와 베드를 밀착시켜 기계의 가로 방향 스태거(stagger)를 방지한다. 또, 베드의 내부에도 모르타르를 넣음으로써 중량을 증대시켜 진동, 소음도 감소된다. 이런 작업을 그라우팅이라 한다.

growth of cast iron 주철의 성장(鑄鐵-成長) 회색 주철을 950~650℃ 사이에서 가열, 냉각을 반복시키면 탄소의 흑연화에 의한 팽창과 A_1 변태로 부피 팽창되어, 냉각시키더라도 원래의 부피로 환원되지 않는다는 등이 겹들여져 균열이 생기거나 강도가 현저하게 저하되는 현상이 일어난다. 이러한 상태를 말한다.

guaranteed efficiency 보증 효율(保證效率) 기계 등의 매매 과정에서 제작자가 사용자에 대해 보증한 효율.

guaranteed test 보증 시험(保證試驗) 제품 사용에 있어서 충분히 견디어 낼 수 있다는 것을 보증하기 위해 실시하는 시험.

gudgeon pin 피스톤 핀 =piston pin

Guerin process 게이린법(-法) 고무를 펀치의 대용으로 사용하는 판금 가공법. 고무를 강제(鋼製)의 형틀에 채우고 액압(液壓) 프레스로 가압하면 다이의 형상대로 전단할 수 있다.

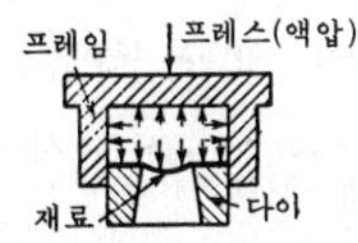

guide 가이드, 안내(案內) ① 절삭 공구의 부시를 써서 올바른 위치로 가져가는 것. ② 기계 부품을 미끄럼 대우(對偶)를 써서 일정 방향으로 올바르게 운동시키는 것.

guide apparatus 안내 장치(案內裝置) ① 어떤 기구의 운동을 기정 방향(旣定方向)으로 유도하는 장치. 예컨대, 캠의 홈 등. ② 같은 제품을 수없이 많이 만들 경우, 일정한 치수 또는 간격으로 굽혀서 절단, 구멍뚫기 등을 할 경우에 사용되는 재료 받이 장치. 예를 들면, 미끄럼판, 안내봉, 지그 등. ③ 위험 방지의 안전 장치.

guide blade 안내 날개(案內－) ＝guide vane

guide block 안내 블록(案內－), 링크 블록 슬라이더 크랭크 기구에서 미끄럼 운동을 하는 링크.

guide pin 가이드 핀 금형의 상형(上型)과 하형(下型)의 상대 위치를 정하거나 케이싱의 상하를 맞추기 위하여 사용되는 안내 핀.

guide pulley 안내 풀리(案內－), 안내차(案內車) 벨트, 로프, 체인 등이 전동(傳動)에서 단순히 안내만 하는 풀리 벨트가 벗겨지거나 느슨해지는 것을 방지하는 역할을 한다.

guide screw 어미 나사(－螺絲), 안내 나사(案內螺絲) ＝leading screw

guide shoe 안내 블록(案內－) ＝guide block

guide vane 안내 날개(案內－) 수차(水車)의 날개차에 유입(流入)되는 유체(流體)나 펌프의 날개차에서 유출되는 유체에 적당한 방향과 속도를 주거나, 속도를 압력으로 바꾸기 위해 이용되는 유선형(流線形)의 날개.

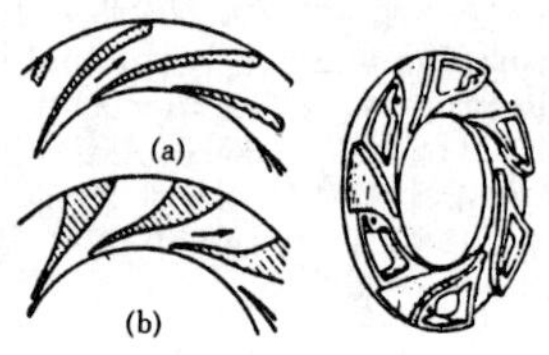

guide wheel 안내차(案內車) ＝guide pulley

guillotine shear 기요틴 시어 판재(板材) 절단용 이(齒) 사이가 긴 전단기.

gun 건 ① 포(砲), 총(銃). ② 분무기(살충제), 도장시에 도료를 내뿜는 분무기. ③ 발동기의 스로틀 밸브.

gun barrel drill 포신 드릴(砲身－) 깊은 구멍을 뚫는 데에 사용하는 중공(中空) 드릴. 큰 지름의 포신(砲身) 가공용.

guncotton 면화약(綿火藥) 정제한 목화를 황산과 초산의 혼합액으로 처리해서 만든 화약. 무연 화약의 원료가 된다.

gun metal 포금(砲金) 청동(青銅)의 대표적인 것으로, Sn 8～12%를 함유. 주조성이 좋고 강력하며 내식성이 있다. 밸브, 콕, 기어, 베어링의 부시 등의 주물로 널리 사용되고 있다.

gun tap 건 탭 챔퍼부(部)와 완전 나사부 1～2산이 15° 정도 좌나선으로 된 탭. 고속 절삭을 할 수 있다.

gusset plate 연결판(連結板), 보강판(補强板) 철골 구조에서 부재(部材)와 부재(예를 들면, 기둥과 보)를 강판을 거쳐 볼트나 리벳으로 결합하는 방법이 있는데, 이때 사용하는 강판을 연결판 또는 보강판이라고 한다. 구조는 그림과 같이 강판에 구멍이 적당히 뚫린 것. 건축, 대형 구조물에 쓰인다. →gusset

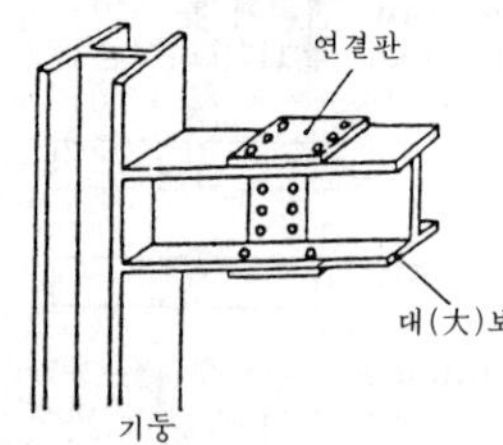

gusset stay 거싯 스테이 보일러 앞뒤의 경판(鏡板)이 압출되지 않도록 보일러 드럼과 경판(鏡板)을 끌어 죄는 것.

gutta-percha 구타페르카 약자는 G.P. 말레이 반도산 구타페르카 나무에서 채취하는 고무의 일종. 내수성이 크며 현재는 화학적으로 만들어진다. 전기 절연재, 화학 공업용.

gutter conveyor 거터 컨베이어 체인 컨베이어의 일종으로, 트래프트를 따라 짐이 운반되는 것.

gypsum 석고(石膏) 수산화 칼슘의 유황염이 대부분이며, 주로 내화재의 원료나 석고 주형법이라는 정밀 주조의 주형(鑄型)에 사용된다.

gypsum mold 석고형(石膏型), 석고 주형

(石膏鑄型) 주형재에 석고를 사용한 것. 공극(空隙)이 없이 깨끗한 표면을 얻을 수 있다. 알루미늄, 동합금(銅合金)의 주조용.

gyratory crusher 자이러토리 분쇄기(－粉碎機) 암석의 조쇄(粗碎), 중쇄(重碎)용으로서 널리 이용되는 분쇄기.

gyrometer 자이로미터 액체의 원심력을 이용한 회전 속도계.

gyroplane 자이로플레인 공기력의 작용에 의해서 회전하는 회전 날개에 의한 양력(揚力)을 얻고, 프로펠러에 의해서 추진력을 얻는 회전익(回轉翼) 항공기.

gyroscope 자이로스코프 중심(重心)이 정확하게 중심(中心)에 있는 금속제의 바퀴를 서로 수직인 축 주위에 기울어질 수 있는 금속 고리를 안쪽으로 지지하여, 바퀴의 회전축이 임의의 방향을 취할 수 있도록 한 장치. 이것을 여러 가지 방향으로 움직여도 바퀴가 고속으로 회전하고 있을 때는 그 회전축의 방향은 불변이다. 자이로컴퍼스, 자이로파일럿 등에 사용하여 동요나 방향을 자동적으로 조정한다.

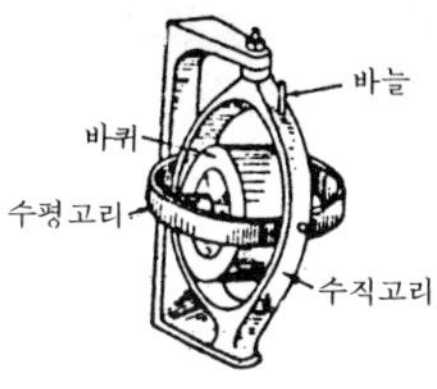

gyroscopic effect 자이로스코프 작용(－作用)

H

hacksaw 활톱 활 모양으로 된 프레임에 톱날을 끼워 사용하는 쇠톱.

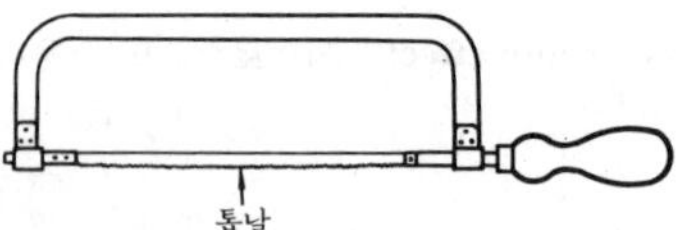

hacksaw blade 활톱날 탄소 공구강 또는 합금 공구강으로 만들어 담금질한 강판에 톱날을 세운 것. 일반적으로 쇠톱날이라 한다.

hacksawing machine 기계 활톱(機械－) 동력에 의해서 활톱을 움직이게 하여 금속을 절단하는 기계톱.

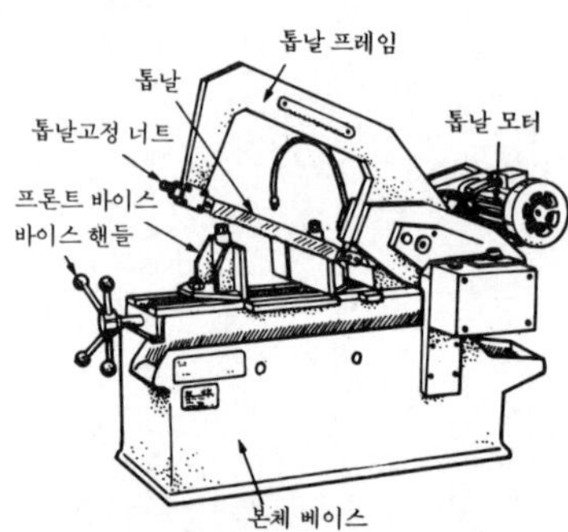

Hadfield's manganese steel 해드필드 망간강(－鋼) C 1～1.3%, Mn 11.5～13%의 고(高) 망간강(鋼). 냉간 가공으로 경도와 내마모성이 증대된다. 크러셔의 날, 버스킷의 날, 레일, 레일 포인트에 사용된다.

Hafergut welding 하페르게트 용접(－鎔接) 아크 용접의 일종. 용접 이음에 따라 용접봉을 모재의 용접 홈에 수평으로 놓고 한 끝에서 아크를 발생시키면, 아크는 이음에 따라서 나아가면서 용접을 한다. 용접봉은 금형으로 누르고 그 사이에 종이를 끼워 과열을 막는다.

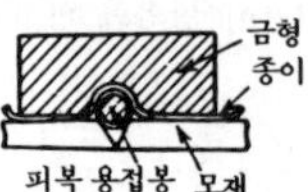

hair belt 헤어 벨트 낙타, 앙고라, 알파카 등의 털로 만든 직물 벨트. 고온 습기에 잘 견딘다.

hair crack 헤어 크랙, 모세 균열(毛細龜裂) 재료를 연산 가공 또는 열처리를 했을 때, 내부 변형으로 인하여 모발 모양의 균열이 결정립(結晶粒) 내에 생긴 것.

hair hygrometer 모발 습도계(毛髮濕度計) 탈지한 모발이 습기가 차면 늘어나고, 건조하면 수축된다는 점을 이용하여 만든 습도계.

hairline 헤어라인, 모선(毛線) 단면도의 해칭 등에 사용하는 가는 실선(實線).

hair side of belt 벨트 표면(－表面) 가죽 벨트에서 가죽면에 털이 나 있는 쪽.

hairspring balance clock 유사 시계(－時計) 태엽을 복원력으로 하는 유사를 조속기(調速器)로서 사용한 시계. 어떠한 자세로도 사용할 수 있다.

halation 헐레이션 사진 유제층(乳劑層)을 투과한 빛이 지지체(支持體)의 면에서 반사되어 정규의 상(像) 이외의 부분까지 감광되는 현상.

half cell 반전지(半電池) 금속이 전해질 용액과 접촉해서 구성되는 계(系).

half center 하프 센터 센터의 선단(先端)을 절반으로 절취(切取)한 것. 선단 등을 다듬질할 때 이용된다.

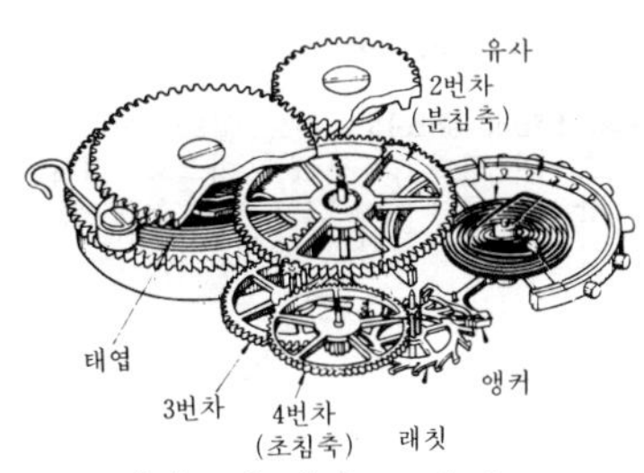

hairspring balance clock

half crossed belt transmission 직각 걸이 벨트 전동(直角－傳動) 원동축과 종동축이 서로 직각을 이루는 위치에 배치된 벨트 전동.

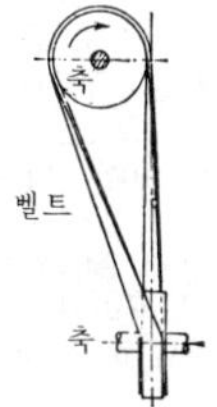

half life 반감기(半減期) 방사선 원자핵의 수는 시간과 더불어 지수 함수적으로 감소해가는데, 그것이 최초의 반이 되기까지에 요하는 시간을 반감기라고 한다. 붕괴 상수 λ의 원자핵이 반감기 $T_{1/2}$은 $T_{1/2}=(\ln 2)/\lambda=0.6931/\lambda$로 나타내어진다.

half nut 하프 너트, 분할 너트(分割－) 너트를 두 쪽으로 분할한 반원 너트. 정밀 측정기와 공작 기계의 어미 나사에 맞물리는 너트로 이용된다.

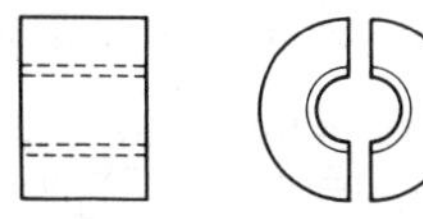

half-round bar steel 반원 봉강(半圓棒鋼) 단면(斷面)이 반원형인 봉강. ＝barsteel

half round file 반원 줄(半圓－) 단면(斷面)의 한 쪽이 원호이고, 다른 쪽이 직선으로 된 줄.

half side-milling cutter 한쪽날 밀링 커터 한 쪽에만 절삭날을 붙인 밀링 커터.

half-value period 반감기(半減期) 방사성 원소가 반감하는 데에 필요한 시간. 반감기는 원소의 종류에 따라 매우 다르다.

Hall effect 홀 효과(－效果) 자장(磁場) 속에 반도체를 놓고 전류를 통하면, 반도체의 단면(端面)에 전하가 발생하고 초전력(超電力)을 일으키는 현상.

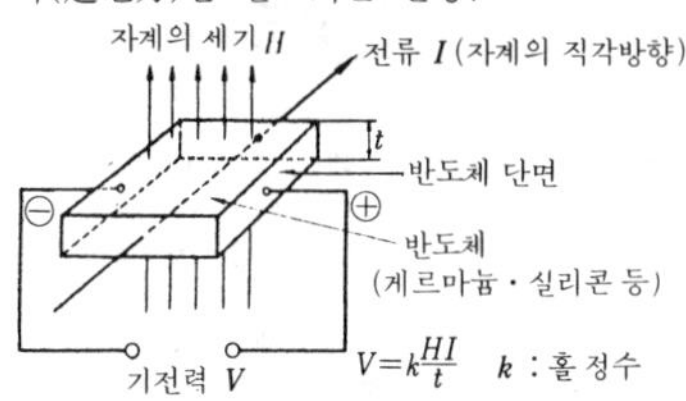

halogen lamp 할로겐 램프 석영관에 할로겐 화합물(할로겐 가스)을 봉입한 백열 전구의 일종. 일반 백열 전구에 비해 소형, 고효율이고 할로겐과 텅스텐의 재생 순환 반응(할로겐 사이클)을 이용하여 수명을 길게 하고 빛의 감쇠를 방지한다. 또, 고휘도(휘도란 일정한 퍼짐을 가지고 있는 광원 혹은 빛의 반사체 표면의 밝기를 나타내는 양을 말한다)이며 태양 광선 혹은 그에 가까운 성질을 갖는다. 자동차의 포그 램프나 스폿 램프, 광학 기기의 광원으로서 널리 쓰이고 있다. →halogen gas

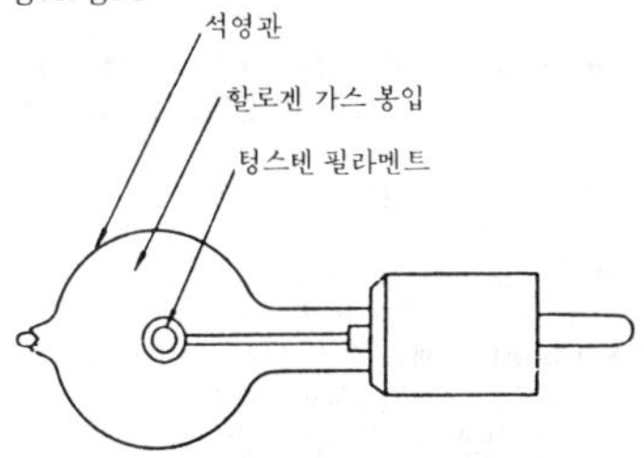

hammer 해머, 메, 망치 금속제의 쇠망치를 말한다. 목제인 것도 있으며 사용 목적에 따라 여러 가지 형이 있다.

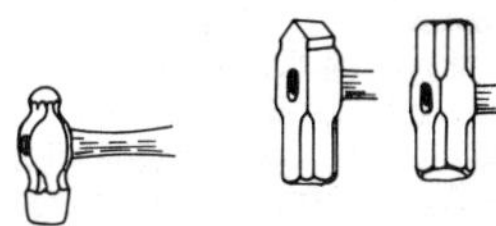

H

hammer crusher 해머 크러셔 연질 원료는 물론 중경질(中硬質) 원료를 중간치로 파쇄(破碎)하는 장치.

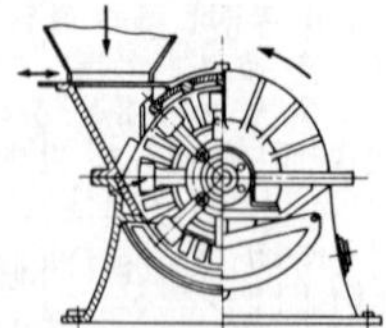

hammer driver 해머 드라이버 본체의 끝에 드라이버의 비트(bit)를 끼우고 해머로 본체를 두들기면, 충격에 의해서 나사가 빠지도록 되어 있는 것. 녹이 슬어서 나사가 빠지지 않는 곳에 사용된다.

hammer-head 해머 헤드 공기 해머나 증기 해머 등의 낙하하는 두부(頭部).

hammer head crane 해머형 기중기(－形起重機) 수평 거더에서 아래 쪽으로 돌출부를 낸 해머형 회전 부분을 탑형 가구(塔形架構)로 지지하고 있는 대형 기중기.

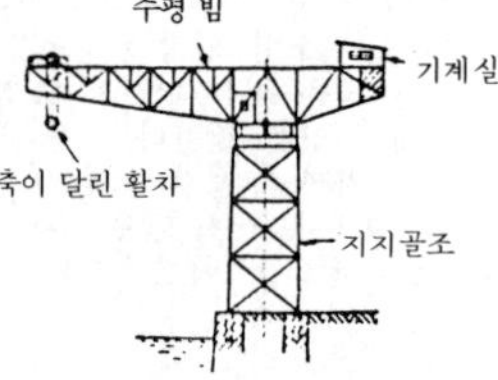

hammering test 타격 시험(打擊試驗) 금속재의 가단성(可鍛性)을 알기 위해 실시하는 시험.

hammer welding 단접(鍛接) ＝black smith welding

hand 손, 지침(指針) 시계나 계기류의 눈금을 가리키는 지침.

handbook 핸드북 안내, 편람, 설계, 계산, 재료, 견적 등에 필요한 공식, 재료표, 환산표 등을 찾아보기 편리하게 수록한 책.

hand brace 핸드 브레이스 비교적 지름이 작은 구멍을 뚫는 데 사용하는 소형의 수동용 드릴 기계.

hand brake 수동 브레이크(手動－) 손으로 조작하여 손의 힘을 링크 장치에서 확대하여 브레이크를 작동시키는 장치. 자동차의 주차용 브레이크 등이 있다.

hand chaser 핸드 체이서 손으로 간편하게 나사를 깎을 수 있는 공구.

hand chasing tool 핸드 체이서 ＝hand chaser

hand face shield 핸드 실드 아크 용접 도구의 하나. 용접시에 아크로부터의 강한 광선에서 눈을 보호하기 위해 작업자가 사용하는 차광면 용구.

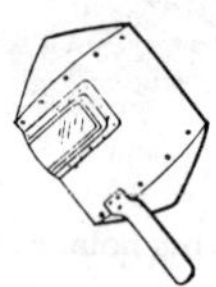

hand finishing 손 다듬질 정, 줄, 스크레이퍼 등의 수동 공구를 사용하여 가공하는 다듬질. 수동 공구 이외에도 들고 다닐 수 있는 가공 기계나 간단한 소형 공작 기계 등을 포함하기도 한다.

hand firing 삽질 급탄(－給炭) ＝hand stoking

hand hammer 해머 기계용, 단조용, 목공용, 못빼기용, 검사용 해머 등이 있다. 어느 것이나 강제(鋼製)이며 두부(頭部)는 담금질, 템퍼링 처리가 되어 있다. 크기는 중량으로 나타내고 일반적으로 0.5~1.0kg 정도.

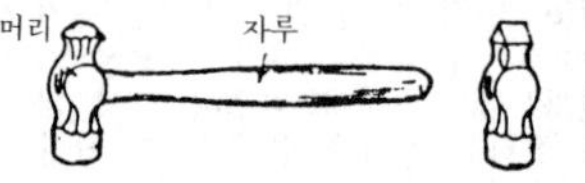

hand hole 핸드 홀, 손 구멍 기계나 장치를 분해하지 않고 내부의 필요한 곳까지 손을 넣어 수리할 수 있도록 설치된 구멍.

handle 핸들 기계 기구류의 취급에 손으로 조작하기 쉽게 붙여 놓은 손잡이. 사용 목적과 개소에 따라 여러 가지 형태가 있다.

handle grip 손잡이 ＝grip

hand lift 핸드 리프트 팰릿(pallet)이나 스키드(skid) 등의 밑에 뒷바퀴를 넣고 들어올려 운반하는 손수레.

hand lubrication 손 주유(－注油) 주유기로 주유하는 방법. 베어링이나 미끄럼면에의 주유가 간단하다는 특징이 있다.

hand molding 핸드 몰딩, 수공 주조(手工鑄造) 압축 공기나 그 밖의 기계의 힘을 이용하지 않고 손으로 주물사를 다져

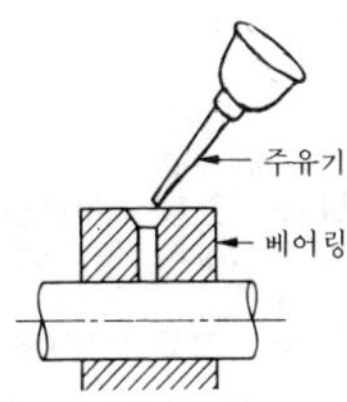

hand lubrication

조형(造形)하는 것.

hand plane 손 대패 대패날이 하나이고 덧날을 사용하지 않는 것. 목공용.

hand press 핸드 프레스 판금 가공에서 인력으로 소형의 공작물을 펀칭 성형하는 데에 사용하는 프레스. 나사 프레스, 편심(偏心) 프레스 등이 있다.

hand reamer 핸드 리머 손다듬질용의 리머. 보통 곧은 날이 많고 홈 등이 있는 구멍인 경우에는 비틀림날이 쓰인다.

hand shank 쇳물 바가지, 핸드 섕크 손잡이가 달린 소형의 쇳물 바가지. 1인용과 2인 이상용이 있다. =ladle

hand stoking 삽질 급탄(−給炭) 보일러 등에서 노(爐)에 삽으로 석탄을 투입하면서 불을 때는 방법. 기계 급탄에 대한 말.

hand tap 핸드 탭 손 작업으로 암나사산을 깎는 공구. 1번 탭(거친 탭), 2번 탭(중간 탭), 3번 탭(다듬질 탭)의 3개가 한 조로 되어 있다.

hand tool 손 공구(−工具) 동력에 의하지 않고 손 작업에 사용되는 공구의 총칭.

hand truck 손수레 짐을 싣고 인력에 의해서 이동하는 수레. 1륜차부터 4륜차까지의 것이 있다.

hand vibrometer 손 진동계(−振動計) 계기를 손으로 받치고 접촉자를 직접 진동체에 대고 측정자를 부동점으로 간주하여 측정하는 기계적 진동계. 전원이 불필요하고 취급이 간단하다.

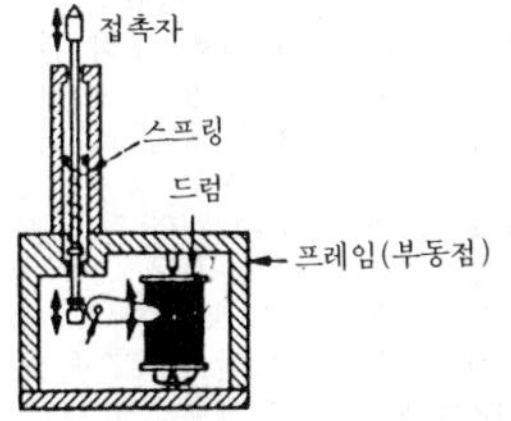

hand vice 핸드 바이스 =vice

hand welding 손 용접(−鎔接) 용접의 조작을 손으로 하는 용접. 피복 아크 용접봉을 써서 사람이 하는 용접을 가리켜 쓰이는 일이 많다.

handwheel 핸드휠 자동차의 조종, 기계 등의 운전이나 이송(移送)을 위한 수동 회전차(手動回轉車).

hanger 행거 ① 베어링, 관(管), 빔 등을 매달아 지지하는 기구. ② 격납고(格納庫).

hard and bast fiber spinning 삼실 방적(−紡績) 마방(麻紡)이라고도 하며 아마, 대마 등을 원료로 한 방적이다.

hard anodized aluminium 경질 알루마이트(硬質−) 피막(皮膜)의 두께가 0.05mm로서 내마모성, 내식성이 특히 뛰어나고 내전압이며 마찰 계수가 작다. 일반 알루마이트에 비해 30~100% 단단하다.

hard charcoal 백탄(白炭), 경탄(硬炭) =charcoal

hard chromium plating 경질 크롬 도금(硬質−鍍金) 주로 내마모성을 부여할 목적으로 비교적 두꺼운(0.03mm 이상) 크롬 도금을 실시하는 방법. 또는, 그 금속 피막을 말한다.

hard copy 하드 카피 종이 등에 문자나 그림을 기록하여 장기간의 보존이 가능하고 반복해서 읽어 볼 수 있는 것.

hardenability 담금질성(−性) 담금질하기 쉬운 성질. 보통 담금질된 깊이로 비교한다. 임계(臨界) 지름이 큰 것은 담금질성이 높은 강재(鋼材)이다.

hardenability band steel **H**강(−鋼), **H** 밴드강(−鋼) 저합금강(低合金鋼) 중에서 강 종류 기호에 H 기호를 끝에 붙인 것이 있다. 예를 들면, SCM 415H나 SCr435 H 등. H기호가 있는 것은 담금질성을 보증하는 강재(鋼材)로, 담금질 효과의 안정성을 원하는 경우에는 H 강을 사용한다.

hardening 경화(硬化) 금속 재료에 적당한 가공 또는 열처리를 실시해서 재료를 단단하게 하는 조작. 전자는 가공 경화, 후자는 담금질 경화 및 시효 경과이다.

hardening agent 담금질제(−劑) = quenching liquid

hardening crack 담금질 균열(−龜裂) 탄소량이 높은 강(鋼)을 급하게 담금질하면, 내외(內外)의 팽창이 불균일하기 때문에 생기는 균열.

H

hardening depth 담금질 경화 깊이(-硬化-) 담금질로써 경화하는 깊이. 유효 경화층 깊이와 전 경화층(全硬化層) 깊이로 대별된다.

hard facing 표면 경화(表面硬化), 하드 페이싱 금속 재료의 표면을 마모나 부식으로부터 방지하기 위해 표면에 각종 합금층을 만드는 것을 페이싱(facing)이라 하며, 특히 기계적 마멸을 막기 위해 처리하는 것을 하드 페이싱이라 한다.

Hardgrove grindability index 하드그로브 지수(-指數) 석탄의 분쇄성의 좋고 나쁨을 나타내는 지수로, 미국 규격의 ASTM에 의해 규정되어 있다. 수치가 클수록 분쇄성이 좋다는 것을 나타낸다.

hard lead 경납(硬鉛) 납에 소량의 안티몬을 첨가한 합금. 용도는, 2~3% Sb 합금은 케이블 피복, 4% Sb 합금은 축전지의 납 프레임, 10~15% Sb 합금은 산류(酸類), 그 밖에 용액에 내식성이 있기 때문에 펌프의 재료 등으로 사용된다.

hard mount switch 하드 마운트 스위치 진동 충격이 있는 곳에 적합한 스프링 마운트 방식의 스위치. 군사용으로 사용한다.

hardness 경도(硬度) ① 물의 경도. 물 100cc 가운데에 함유된 CaO 1mg을 1°로 한다. ② 광물의 경도. 모스 경도(Moh's hardness)로 나타낸다. ③ 물체의 기계적 경질과 연질의 정도를 나타내는 수 값. 금속 재료에서는 사용 시험기에 따라서 브리넬 경도, 비커스 경도, 쇼어 경도, 록웰 경도 등을 나타낸다.

hardness of water 물의 경도(-硬度) 수중에 포함되는 칼슘, 마그네슘의 양을 나타내는 단위.

hardness penetration 담금질 심도(-深度) 완전히 담금질한 부분(경화된 부분)의 표면으로부터의 깊이.

hardness test 경도 시험(硬度試驗) 시험법으로서 압입식(押入式), 긁기식 및 충격식의 세 가지 방식의 것이 행하여지고 있다. 각각 시험기에 따라서 실제로 정해진 규정에 따라 경도가 구해진다. 측정은 어느 경우나 비교 측정이며 표준 물질과 비교하여 경도를 결정한다. 측정 그 자체는 간편하며 이로써 재료의 다른 기계적 성질을 추정할 수 있다. →Brinell hardness, Rockwell hardness, Vickers hardness, scratch hardness

hardness tester 경도 시험기(硬度試驗機), 경도계(硬度計) 금속 재료의 기계적 경도를 측정하는 장치. 경도 시험에는 브리넬 경도 시험기, 록웰 경도계, 쇼어 경도계 등 여러 종류가 있다.

hard rubber 경질 고무(硬質-) 천연 고무에 30% 이상의 유황을 첨가하여 가열 경화시킨 고무.

hard solder 경질 땜납(硬質-蠟), 경랍(硬蠟) Cu, Ag, Au 또는 황동(黃銅) 등을 주성분으로 하는 접합금(接合金). 은랍, 금랍, 양은랍, 황동랍 등이 있다. 융점이 높고(500℃ 이상) 납땜은 좀 어려우나 인장 강도나 경도가 높다.

hard steel 경강(硬鋼) C의 함유량이 0.5~0.8인 강(鋼). 담금질에 의해서 경화하고 축류(軸類), 공구 재료 등 강도를 요하는 것에 사용된다.

hard time maintenance 하드 타임 메인티넌스 사용 시간의 한계를 정하여 정기적으로 분해 수리나 교체가 유효하다고 알려져 있는 부품이나 장비품에 통용하는 오버홀(overhaul)을 말한다.

hardware 하드웨어 컴퓨터를 구성하는 장치나 기기 그 자체를 말한다. 현재로는 넓은 뜻으로 기기 자체와 같이 형체를 이루고 있는 것을 하드웨어, 형체가 없는 기술이나 프로그램 등을 소프트웨어라고 한다.

hard water 경수(硬水) Ca, Mg 등의 염류(鹽類)가 비교적 다량으로 함유된 천연수. 경도 110ppm 이상의 물을 경수라 하고, 90ppm 이하의 물을 연수(軟水)라고 한다.

hard wired logic 하드 와이어드 로직 하드 로직이라고도 한다. 시퀀스 제어 등을 릴레이(relay)로 구성할 때 기기 사이를 배선 작업으로 꾸민 로직을 말한다.

harmonic analyser 조화 분석기(調和分析器) 조화 분석을 하는 기기. 즉, 주어진 함수를 푸리에 급수로 전개할 때의 계수를 결정하는 데 쓰인다.

harmonic analysis 조화 분석(調和分析), 조화 해석(調和解析) 함수 $f(t)$를 t의 정현 및 여현 함수 또는 $e^{i\omega t}$ 등의 주기 함수의 합으로 분해하는 것.

harmonic motion 현 운동(弦運動) ω: 원진동수(圓振動數), α : 진폭, φ : 위상(位相)으로 할 때, 변위가 $\alpha\cos(\omega+\varphi)$의 형태로 표현되는 직선상의 운동.

harrow 써레 써레는 플라우 등으로 일군

흙덩어리를 파쇄하는 데 사용하는 기계 기구. 때로는 논밭을 일구는 데 사용하기도 한다.

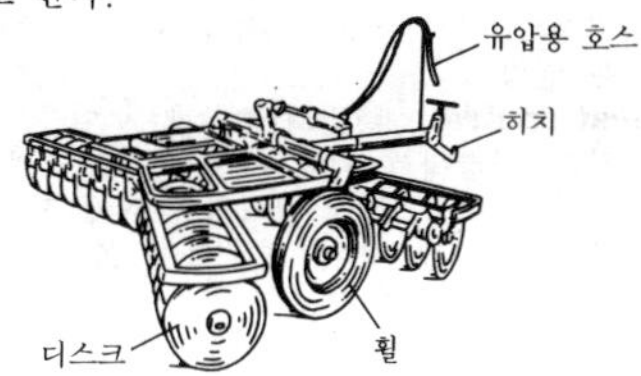

hastelloy 하스텔로이 내염산 합금으로서 유명하다. A, C, D의 세 가지 종류가 있는데, A는 단련성(鍛鍊性)이 풍부하여 판(板)이나 봉재(棒材)로, C는 가공성이 나빠 주물로, D는 가공이 불가능해서 주물통으로 쓰인다. 인장 강도는 A는 70~98kgf/㎟, C는 35~42kgf/㎟.

hatch 해치 선창(船倉)에 화물을 싣고 내리기 위해 갑판상에 설치한 장방형의 출입구.

hatching 해칭 제도에서 그림의 단면 부분을 명시할 필요가 있을 때, 어떤 각도(보통 45°)를 가지고 평행으로 그어 가는 사선(斜線).

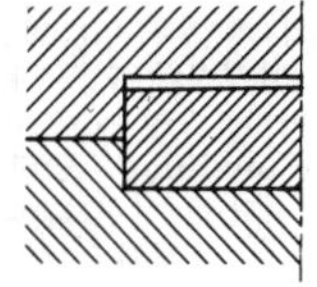

hatch way 해치 웨이 =hatch

hauling engine 홀링 엔진, 권상 기관(捲上機關)

head 헤드 단위 중량(kgf)의 흐름을 보유하는 에너지(kgf·m)로, kgf·m/kgf=m과 같이 길이의 차원을 갖는다. 액체인 경우 보유하고 있는 에너지가 액주(液柱)의 높이로 표현되어 직관적으로 편리한 경우가 많다. 수두(水頭), 양정(揚程), 낙차 등이라고도 불린다.

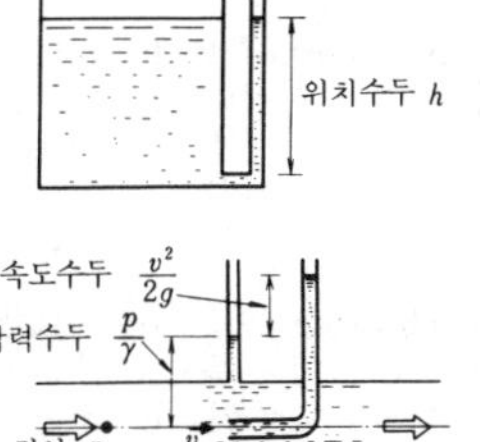

header 헤더 ① 수관(水菅) 보일러 등에서 각 관을 말단에서 연결 고정시키는 것. ② 3차원 측정기에서 측정하여 얻어지는 출력의 맨 먼저 나오는 견출 부분을 말한다. 헤더의 내용으로서는 시퀀스 번호, 좌표계의 종류, 측정의 기하학적인 종류(예를 들면, 원(圓) 측정이나 만난점의 계산) 등으로 이루어진다.

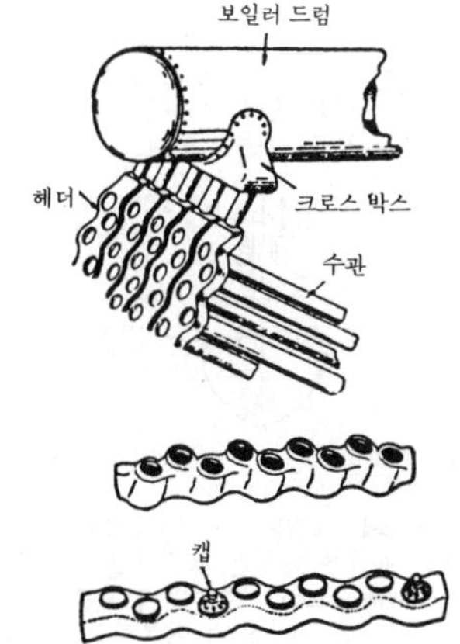

heading 머리내기 선재나 봉재로 볼트, 리벳 등을 만들어 낼 때 스웨이징 단조(鍛造)에 의해 그 머리 부분을 만들어 내는 작업.

headlight 전조등(前照燈) 자동차 또는 기관차의 위치를 먼 곳에서 확인할 수 있도록 하고, 또 운전자나 승무원이 전방을 주시할 수 있도록 앞을 비추는 차 전면에 설치된 등.

headlight tester 전조등 시험기(前照燈試驗機) 전조등 주광속(主光束)의 광도(光度) 및 각도를 시험하기 위한 것. 전조등에서 1m 거리에 렌즈 위치를 잡고 4개의 광전지상에 전조등의 상을 맺게 하여 이의 균형에 의해 광축(光軸) 위치를 구한다. 집광식과 3m 전방에 설치한 스크린 위를 이동하는 광전지 장치에 의해서 계측하는 스크린식이 있다.

head of fluid 양정(揚程) =lift
headrace 도수로(導水路), 물도랑 = conduit, driving channel
headstock 주축대(主軸臺), 헤드스톡 선반(旋盤)의 좌단(左端)에 고정되어 있는 동력을 전달하는 대(臺). 그 속에 주축과 주축의 회전 속도 및 이송 속도를 원하는 대로 변환시키는 변환 장치가 있다.
head tank 헤드 탱크 중력으로서 필요한 압력을 주기 위해 설치한 탱크.
head valve 헤드 밸브 내연 기관에서 실린더에 고정시킨 밸브.
heald 헬드 직기(織機)에 붙이는 부품.
heap sand 바닥 주물사(-鑄物砂) 바닥에 깔려 있는 주물사. =floor sand
heart cam 하트 캠 평면 캠의 일종. 그림에서 캠 C가 등속 회전을 하면 종동절 F가 등속 왕복 운동을 한다.

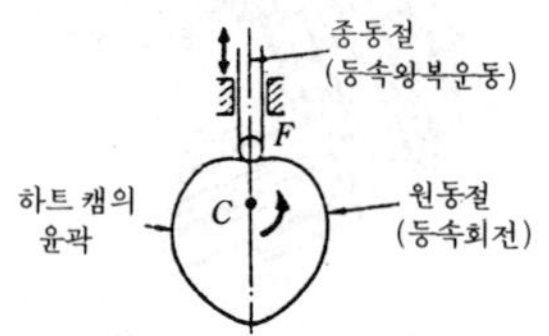

hearth 화덕(火-), 단조로(鍛造爐) = forge
heart wood 심재(心材), 적심재(赤心材) 통나무 중심부에 짙은 붉은색을 띤 부분.
heat accumulator 축열기(蓄熱器) 어떤 형식(보통 더운물)으로 여분의 열을 축적해 두는 장치.
heat-affected zone 변질부(變質部)
heat analysis 열분석(熱分析) 냉각 곡선(cooling curve)에 의해 물질 상태의 변화를 살피는 것. 합금의 연구에 중요하다.
heat balance 열정산(熱精算), 열수지(熱收支) 연료가 지니고 있는 열량 가운데 얼마만큼 유효하게 이용되고 어떤 손실이 얼마만큼 생기는가를 조사하여 열량의 출입을 정산하는 것. 연료의 전 열량을 100%로 하여 각각 %로 나타낸다.
heat capacity 열용량(熱容量) 물체의 온도를 1℃만큼 높이는 데 필요한 열량(kcal/deg)으로, 그 중량과 비열(比熱)을 곱한 값과 같다.
heat conduction 열전도(熱傳導) 온도가 다른 두 물체를 접촉시켜 놓으면 고온측에서 저온측으로 열이 이동하는 현상.
heat conductivity 열전도율(熱傳導率) =thermal conductivity
heat consumption 열소비량(熱消費量) 기계 장치가 어느 목적을 위하여 소비하는 열량.
heat control 열관리(熱管理) 열을 사용하는 공장에서 최소의 열원으로 최대 효과를 거두고, 경영 합리화를 위해 전 열량을 철저하게 분석 연구하여 효과적으로 이용, 관리하는 것.
heat convection 열대류(熱對流) 기체나 액체 내부에서 온도가 다른 곳이 생기면, 비중의 차이에 따라 대류(對流)를 일으켜 열이 이동하는 현상.
heat cycle 열 사이클(熱-) 하나의 체계가 어떤 상태에서 출발하여 여러 상태 변화를 한 다음 처음 상태로 되돌아갈 때, 그 한 과정의 상태 변화를 사이클이라고 한다. 열 사이클에는 외부에서 열을 얻어 그 일부를 방출하고 나머지를 일로 바꾸는 열기관 사이클과, 외부에서 일을 하여 저온원에서 열을 흡수하고 고온원에 열을 버리는 냉동 사이클이나 열 펌프 사이클이 있다.
heat drop 열낙차(熱落差) 터빈이나 기관 속에서 증기(가스)가 팽창할 때 처음과 끝의 2점간의 엔탈피(enthalpy)의 차이와 같은 일을 발생시킬 수 있다. 이 값을 열낙차라고 한다.
heat elastic modulus 열탄성 계수(熱彈性係數) 종탄성 계수(縱彈性係數 : 비례 한도 내에서는 응력과 변형은 정비례하는데, 이때의 비례 상수)의 온도 상승에 의한 부(負)의 온도 계수와 열팽창 계수와의 합. 정밀 기계의 재료에는 이 값이 적은 것을 사용하지 않으며 이상이 생긴다.
heat energy 열 에너지(熱-) →energy
heat engine 열기관(熱機關) 열에너지를 기계 에너지로 바꾸어 동력을 발생시키는 원동기의 총칭.
heat equivalent of work 일의 열당량(-熱當量) 일의 에너지를 열로 환산한 열량, 즉 단위량의 일(1kg · m)을 열로 환산한 값(1/427kcal).
heater 히터 ① 가열기(加熱器). ② 난방기(暖房器).
heat exchanger 열 교환기(熱交換機) 온도가 다른 2개의 유체를 직접 또는 간접으로 접촉시켜 열을 교환시키는 장치.
heat flux 열유속(熱流束) 어느 면을 수

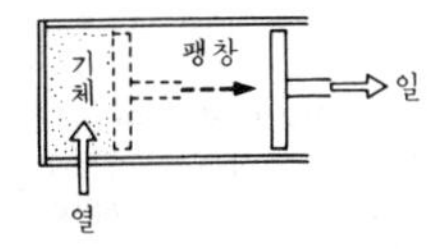

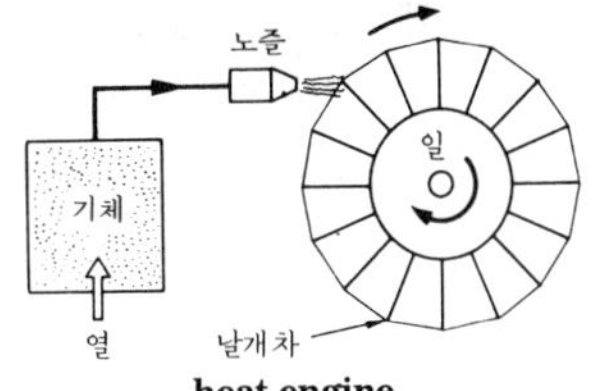

heat engine

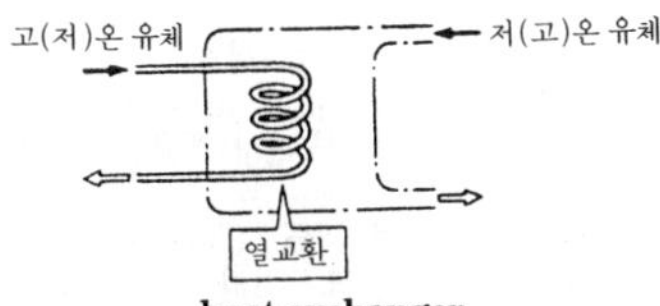

heat exchanger

직으로 통과하는 열흐름의 세기를 열유속이라고 한다.

heating 가열(加熱)[1], 난방(暖房)[2] ① 어떤 방법으로 물체의 온도를 상승시키는 것을 말한다. 가열 방법에는 줄(Joule)열에 의한 가열로서 전기 저항선, 전자 유도에 의한 것, 열방사를 흡수시키는 것으로서 태양로, 적외선 가열로, 아크·이미지로, 또 연소 불꽃 혹은 불꽃 아크를 사용한 것 등을 들 수 있다.
② 방을 필요한 온도로 따뜻하게 하는 것. 난방 방식에는 각 방마다 열원(熱源)을 두는 개별 난방, 한 건물 혹은 시설의 열원을 집중하는 중앙 난방, 한 지역을 집중하여 난방하는 지역 난방이 있다.

heating apparatus 난방 장치(暖房裝置) 실내나 공장 내 등을 난방하는 장치. 국부 난방(노·난로류)과 전체적 난방(전기, 증기, 온수 등)이 있다.

heating boiler 난방용 보일러(暖房用－) 주로 난방에 사용할 목적으로 설계된 보일러. 증기 보일러, 고온수 보일러, 온수 보일러 등이 있다.

heating coil igniter 가열 코일 점화기(加熱－點火器) 고속 디젤 기관의 시동용 예열기로 사용되는 니크롬선으로 만든 작은 코일.

heating curve 가열 곡선(加熱曲線) 금속의 열분석에 있어서 가열할 때의 온도와 시간과의 관계를 나타내는 곡선.

heating furnace 가열로(加熱爐) 대형의 금속 재료를 가열할 때 사용하는 밀폐식의 노(爐). 반사식 가열로, 가스로, 중유로(重油爐)가 있다.

▽ 중유로의 예

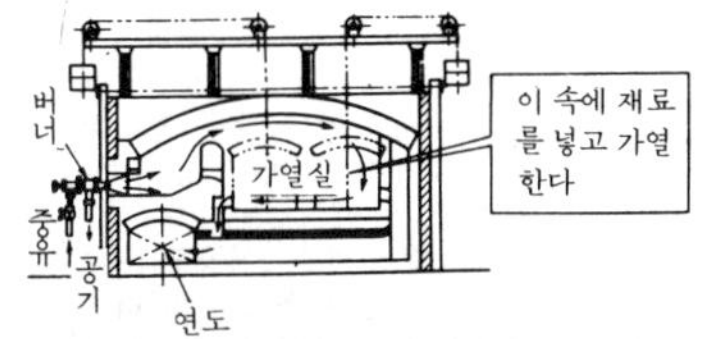

heating surface 전열면(傳熱面) 보일러 및 기타의 열 교환기에서 열을 전하는 면. 전열면은 열 교환기의 용량을 결정하는 주요한 요소이다. 보일러에서는 접촉 전열면과 방열 전열면이 있다. 그림은 수직형 보일러의 예를 보인 것이다. =generating surface

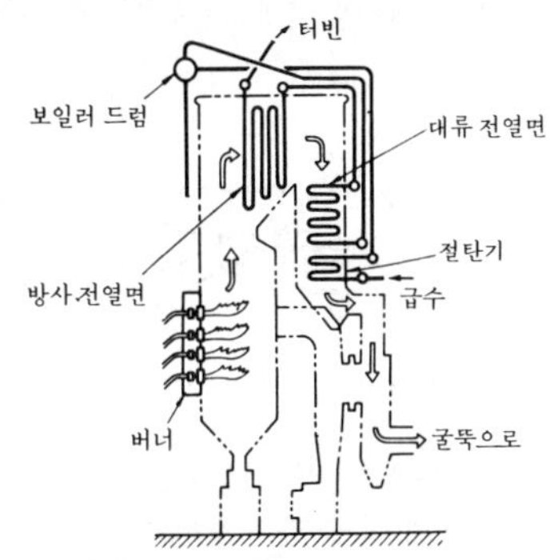

heating value 발열량(發熱量) = calorific power

heat insulating materials 열 절연재(熱絶緣材) 열 전도율이 작아 열의 손실이나 침입을 방지하기 위해 이용되는 재료. 저온용으로 습도를 빨아들이지 않는 것, 고온용으로 내화, 내열성의 것이 이용된다.

heat insulator 열 절연재(熱絶緣材) = heat insulating materials

heat loss 열손실(熱損失) 물체가 외부로 잃어버리는 열량. 전도(傳導), 방사(放射), 대류(對流)에서 또 그 물체의 일부가 누설되어 보유하고 있는 열량이 손실되는 경우도 있다.

heat management 열관리(熱管理) = heat control

heat pipe 히트 파이프 감압(減壓)한 파이프 내부에 물 또는 알코올 등의 액체를 넣고 한 쪽을 가열하면 액체가 증기로 되어 다른 쪽으로 흐르고, 그 곳에서 방열되어 액체가 되면 모세관 현상에 의해 액체가 가열부로 되돌아온다. 이 작용의 반복으로 열을 가열부에서 방열부로 전달되는 원리를 이용한 열전도를 히트 파이프라 한다. 약간의 온도차를 이용하는 난방이나 냉방, 냉각기 등의 용도가 있다.

heat power plant 화력 발전소(火力發電所) =thermoelectric power line

heat power station 화력 발전소(火力發電所) →heat power plant

heat pump 열 펌프(熱−), 히트 펌프 저온의 열원(물, 공기 등)으로부터 열을 흡수하여 고온의 열원(난방 등의 열원)에 열을 주는 장치. 열 펌프는 냉방, 난방 이외에 건조, 용액의 증발, 농축 등에도 응용된다.

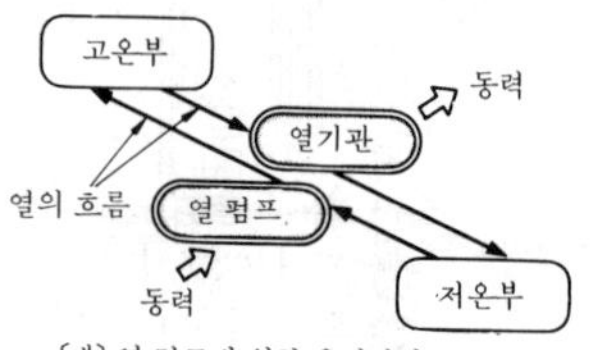

〔예〕 열 펌프에 의한 옥내난방

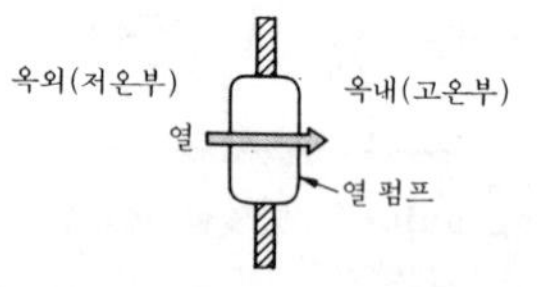

heat recovery 열회수(熱回收) 버려져야 할 열을 적당한 방법으로 일부를 이용하는 것.

heat-resisting alloy 내열 합금(耐熱合金) 650℃ 이상의 고온도에서 내식성 및 고온 강도가 뛰어난 합금의 총칭이다. 초합금(super alloy)이라고도 불린다. 니켈기(基)와 코발트기(基), 내열 합금이 있어 1,200℃ 정도까지 견딜 수 있다.

heat resisting material 내열 재료(耐熱材料) 고온도에서도 상당한 강도를 지니고 부식에 견디며, 연화(軟化)되는 일이 적은 재료.

heat resisting steel 내열강(耐熱鋼) 고온도에서 사용하더라도 산화, 부식되지 않고 하중을 가하더라도 변질되지 않는 특수강.

heat run 열시험(熱試驗), 내열 시험(耐熱試驗) 열에 대한 저항력을 살피는 시험. 가열 중에 재료가 어떻게 변질, 변형하는가, 몇 도까지 재료가 견딜 수 있는가 등을 시험한다. 특히 고온 중에서 사용되는 재료에 대해서 행하여진다.

heat sealer 히트 실러 가스 또는 전열로 필름(주로 폴리에틸렌 필름)을 외부로부터 가열하여 접합하는 것을 히트 실(heat seal), 히트 실을 하는 기계를 히트 실러라 한다.

heat setting 히트 세팅 =press temper

heat sink 히트 싱크 전자 부품이나 소자에서 열을 흡수하여 외부로 방산시키기 위한 구조를 말하며, 냉각용 방열기를 뜻한다.

heat source 열원(熱源) 일반적으로 열을 공급하는 물체란 뜻. 물, 공기, 증기, 연소 가스 등이 열원으로 된다.

heat test 내열 시험(耐熱試驗), 가열 시험(加熱試驗) =test run

heat tracing pipe 히트 트레이스 배관(−配管) 관(管) 속을 흐르고 있는 유체를 데울 수 있도록 고안된 관.

heat transfer 열전달(熱傳達), 대류 전달(對流傳達) 고체 벽면에 유체(流體 : 기체·액체)가 접하고 있는 경우, 열은 전도 이외에 유체 자체의 운동에 의해서도 운반된다. 이것을 열전도라 한다.

heat transfer rate 열 전달률(熱傳達率) 고체 벽면에 유체(기체·액체)가 접해 있는 경우에 열은 전도 이외에 유체 자신의 운동에 의해서도 운반된다. 이것이 열전달이고, 이때 전해지는 열량은 벽의 면적, 온도차, 시간에 비례하는데, 비례되는 상수를 열 전달률이라 한다. 즉, 열전달은 단위 시간에 단위 면적당 온도차 1°에 대해 전해지는 열량과 같다.

heat transferred per unit surface 전열면 열부하(傳熱面熱負荷) =thermal load

heat transmission 전열(傳熱) 열이 공간의 한 쪽에서 다른 장소로 전해지는 것의 총칭. 열전도, 열대류, 열방사의 3종류로 대별된다.

heat treatment 열처리(熱處理) 금속 재료를 융점 이하의 적당한 온도로 가열하고 냉각 속도를 가감해서 소요되는 조직, 성질을 부여하는 조작. 담금질, 풀림, 불림, 뜨임 처리 등을 한다.

heat unit 열단위(熱單位) 열량의 단위. 우리 나라에서는 kcal 의 단위를 사용한다. kcal 는 1kg 의 순수한 물을 15℃ 정도에서 1℃ 가열하는 데에 요하는 열량을 말한다.

heavy-duty drilling machine 강력 드릴링 머신(强力－) 특별히 강력한 절삭을 할 수 있도록 설계된 드릴링 머신.

heavy-duty lathe 강력 선반(强力旋盤) 특히 중절삭(重切削)에도 견딜 수 있도록 강력하게 만들어진 선반.

heavy hydrogen 중수소(重水素) 수소의 동위 원소의 하나. 보통의 수소 원자핵은 양자(陽子)가 1 개이지만, 양자 1 개와 중성자 1 개로 핵이 이루어져 있는 것을 말한다.

heavy industries 중공업(重工業) 철강, 기계, 조선, 전력, 차량, 채광(採鑛) 등 비교적 대규모의 공업을 말한다. 경공업(輕工業)에 대한 말.

heavy metals 중금속(重金屬) 비중 5 이상의 금속. 예를 들면, 금, 은, 동, 철 등. 경금속에 대한 말.

heavy oil 중유(重油) 액체 연료의 일종. 석유 원유를 분류(分溜)하여 얻어지는 비중이 큰 고비점(高沸點) 부분의 기름. 1종, 2종, 3종으로 분류되고 일반적으로 이것을 A 중유, B 중유, C 중유라 부르고 있다. 석탄에 비하면 발열량이 석탄의 약 1.3 배. 수송, 저장이 편리하고 완전 연소시키기 쉬우며, 매연이 적은 점 등의 이점이 있다.

heavy oil engine 중유 기관(重油機關), 디젤 기관(－機關) 연료로서 휘발성이 낮은 중유나 경유를 사용하는 데에서 붙여진 이름이다.

heavy water 중수(重水) 중수소(重水素)와 산소가 화합하여 이루어진 물. 보통 물보다 약간 무겁고 경수 비중 1.1, 원자로의 감속재로서 중요하다. 중수에 대해서 일반 물을 경수(輕水)라 한다.

heavy water reactor 중수로(重水爐) 캐나다를 중심으로 하여 개발된 노(爐)로, 연료에는 천연 우라늄을 사용한다. 중수로의 연료에 천연 우라늄을 사용했을 경우에는 감속재, 냉각재 어느 것이나 중수(D_2O)가 아니면 원자로가 이루어질 수 없다. 중수로는 경수로에 비하여 노심(爐心)이 커지는데, 플루토늄의 생성량이 많으므로 핵연료 자원을 유효하게 이용할 수 있는 특징이 있다.

height gauge 높이 게이지 버니어 캘리퍼스를 수직으로 사용할 수 있도록 하여 높이를 측정하는 측정구.

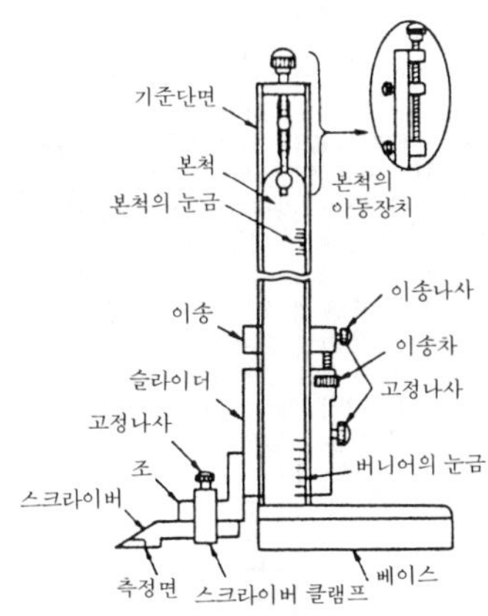

height of thread 나사산의 높이(螺絲山－) 나사의 정상에서부터 골밑까지의 수직 높이.

height of tooth 이 높이 기어의 이 높이, 전체 이 높이, 이 뿌리 높이, 이끝 높이, 유효 이 높이 등이 있다.

helical angle 나선각(螺旋角) →helix

helical cutter 헬리컬 밀링 커터 평(平) 밀링 커터의 일종. 비틀림 각을 크게 한 (45～70° 정도) 것.

helical gear 헬리컬 기어 그림과 같이 바퀴 주위에 비틀린 이가 절삭된 기어. 전동(傳動)이 극히 운활하고 진동 소리가 적으며 큰 힘을 전달할 수 있으나, 이가 비틀려 있어 스러스트(thrust)가 축방향으로 생긴다는 점과 공작이 어렵다는 결점이 있다.

H

helical spring 코일 스프링 =coiled spring

heli-sert 헬리서트 스테인리스강이나 인청동(燐青銅)의 고정밀도의 코일로서 암·수나사 사이에 삽입하여 나사를 일체가 되도록 하는 부품.

helium 헬륨 원소 기호 He, 원자 번호 2, 원자량 4.003인 묽은 가스 원소의 일종. 무색 무취, 불활성의 기체, 수소 다음으로 가벼운 불연성이기 때문에 기구(氣球), 비행선 등에 사용된다.

helix 나선(螺線), 나사 곡선(螺絲曲線) 그림에서 원주(圓柱)와 P점에 접하는 경사진 직선 *ab*를 경사진 그대로 원기둥(圓柱)에 감아 붙이면 나선 모양의 곡선이 그려진다. 이 나선을 따라 3각형, 4각형 등의 단면을 지닌 홈을 만들면 나사가 된다. 이 경우 원기둥의 중심선 *XY*와 평행인 원주 표면의 선 *X′Y′*, 직선 *ab*가 이루는 각 θ를 나선각이라 한다. 또, 나사가 1회전하여 축선(軸線) 방향으로 나아가는 길이 P를 축 방향 피치 또는 단지 피치라고 한다.

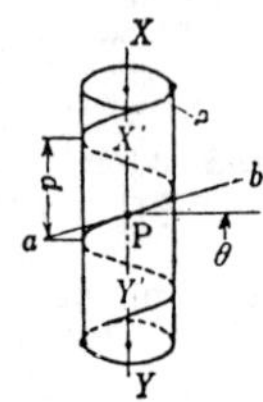

θ=나선각

helix angle 비틀림각(―角) ① 원통의 나선 권선과 원통의 모선이 이루는 각. 헬리컬 기어의 이의 비틀림을 나타내는 데 쓰인다. ② 둥근 막대에 비틀림 모멘트가 작용하여 OB가 OB′로 변형했을 때의 중심각(θ).

helix angle of thread 나사의 비틀림각(螺絲―角) 나사의 산을 따라 이루어진 나선(螺線)의 경사각. d_0를 나사의 유효지름, *p*를 피치(여러 줄기의 나사에서는

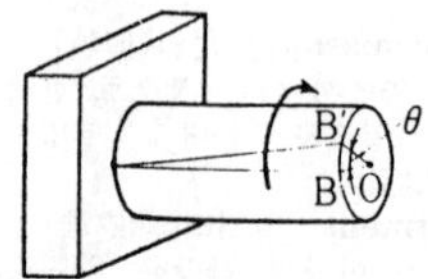

helix angle

리드)라 하면 비틀림각 α는

$$\tan\alpha = p/(\pi d_0)$$

로 표현된다.

helmet 헬멧 ① 현장에서 머리 위로 낙하물이 떨어졌을 때 부상을 막기 위해 쓰는 합성 수지 또는 박강판재(薄鋼板材)의 모자. ② 아크 용접용 기구의 하나. 차광용 색유리가 끼워져 있는 모자.

helmet shield 헬멧 =helmet

helper 조수(助手) 숙련자의 보조자로서 일하는 사람.

hemp belt 헴프 벨트 마직물(麻織物)로 만든 벨트. 인장 강도 5kgf/㎟ 이상. 섬유 벨트 중에서는 연신율이 적은 것이 특징이다.

hemp rope 마 로프(麻―) 강인한 마섬유로 만든 로프. 마닐라 로프는 염수에 침해되지 않고 마찰에 견디며 경량이므로 로프 전동(傳動), 선박, 어망용에 적합하다.

herculoy 허큘로이 Cu 95.8%, Zn 1%, Si 2.5%, Sn 0.7%, 비중 8.6, 인장 강도 41kgf/㎟, 연신율 65%, 브리넬 경도 74, 샬피 충격값 11kgf·m/㎠인 단련용(鍛鍊用), 동규소(銅硅素) 합금이다.

hermaphrodite calipers 외다리 캘리퍼스 한 쪽 다리의 끝 부분이 갈고리 모양으로 굽혀져 있고, 다른 하나는 일반 컴퍼스와 같이 뾰족한 캘리퍼스.

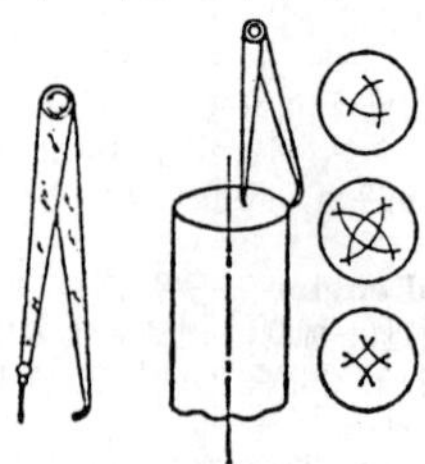

hermetic seal 허메틱 실 공기나 습기가 통하지 않도록 기밀 봉지(氣密封止)한 것. 트랜지스터나 정류기(整流器)에서 볼 수

있는 금속 케이스가 그 예이다.

Héroult electric furnace 에루식 전기로(−式電氣爐) 탄소 전극과 금속 재료 사이에 아크를 발생시켜 그 열로 용해시키는 전기로. 주로 고급 주철, 가단 주철(可鍛鑄鐵), 주강(鑄鋼) 등의 용해에 이용된다.

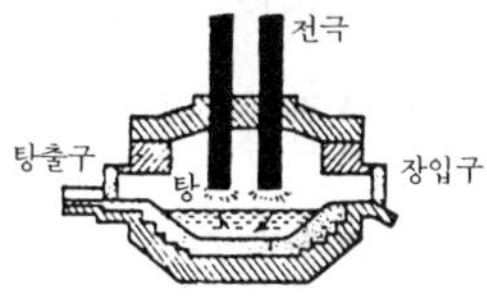

herringbone 헤링본 ① 그림과 같이 45° 로 그어져 있는 선을 말한다. ② 판이나 가닥으로 되어 있는 소재에 있어서 압연 방향에 대해 어느 각도를 이루고, 광택이 있는 부분과 광택이 없는 부분이 서로 엇갈리게 되어 그 조합이 삼목(杉木)잎 줄기형 복지(服地) 무늬와 같이 나타나는 모양을 말한다.

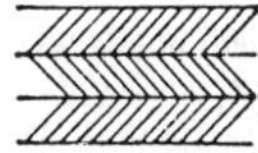

herringbone gear 헤링본 기어 청어의 뼈모양을 한 이를 가진 기어라는 말. = double helical (spur) gear

hertz 헤르츠 기호 Hz. 주파수나 진동수의 단위로 1Hz는 1초간의 주파수, 진동수를 나타낸다.

Hertz contact 헤르츠 접촉(−接觸) 두 물체가 접촉해서 하중을 받으면, 접촉 부분이 변형해서 접촉면을 발생시키는 동시에 그 면내(面內)에 접촉 압력이 발생한다. 변형이 연속적이고 또한 접촉 부분이 물체에 대해서 아주 작을 경우를 헤르츠 접촉이라 한다. H. Hertz가 1895년에 이론적으로 해명했다.

heterogeneous reactor 불균질형 원자로(不均質形原子爐), 비균질 원자로(非均質原子爐) 핵연료가 덩어리(주로 막대 모양)로 되어 감속재 속에 규칙적으로 배치되어 있는 원자로를 말한다.

hetero junction 헤테로 접합(−接合) 일반적으로 종류가 다른 반도체끼리의 접합을 말한다.

hexadecimal 16진법(十六進法) =hexadecimal notation

hexagon 헥사곤 6각형이라는 말.

hexagonal closed packed 조밀 6방 구조(稠密六方構造) 그림과 같은 원자의 배열 방식으로 이루어진 것. 티타늄, 지르코늄, 아연 등이 이러한 원자 배열(原子配列)로 이루어져 있다.

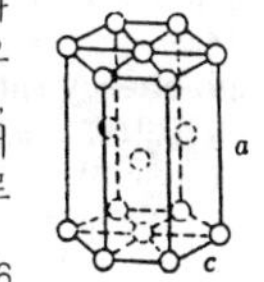

hexagonal headed bolt 6각 볼트(六角−) 머리가 6각형인 볼트. 보편적으로 가장 많이 사용되는 볼트로, 머리 부분이 4각형인 것을 4각 볼트라고 한다.

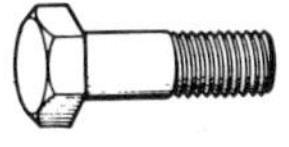

hexagon head 6각 머리(六角−)

hexagon nut 6각 너트(六角−) 6각형으로 된 너트.

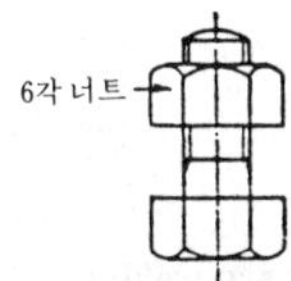

hexagon socket head cap bolt 6각 구멍붙이 볼트(六角−) 6각 단면의 봉(棒). 스패너를 삽입하여 회전시키기 위해 만든 6각 단면형으로 패인 머리를 갖춘 볼트.

hidden line 은선(隱線) 제도에서 물체가 보이지 않는 부분의 형상을 나타내는 데에 사용하는 선으로, 중간 굵기(외형선의 1/2 굵기)의 파선(破線)으로 그린다. 음선(陰線)이라고도 한다.

high carbon steel 고탄소강(高炭素鋼) 탄소량의 다소(多少)에 의해서 강(鋼)을 분류할 때 C 0.5% 이상을 함유하는 강을 말한다.

high chrome stainless steel 고 크롬 스테인리스강(高−鋼) 크롬을 약 18% 함유한 스테인리스강.

high damping alloy 방진 합금(防振合金), 제진 합금(制振合金) 감쇠능(減衰能)이 큰 합금을 말하는 것으로, 잠수함의 스크루나 착암기 드릴에 사용되는 소노스톤 합금, 원판톱의 인크러뮤트나 압연 구상 흑연 주철(球狀黑鉛鑄鐵) 등이 있다.

high draft 하이 드래프트 방적 공정의

수를 감소하기 위해 큰 드래프트비를 거는 것을 말한다.

high elastic polymer 고탄성 고분자(高彈性高分子) =elastomer

high energy rate forming 고에너지 고속 가공법(高-高速加工法) 에너지 출력이 크고 변형 속도가 빠른 가공법의 총칭으로, 폭발 성형, 액중 방전 성형(液中放電成形), 전자(電磁) 성형, 고속 단조법 등이 포함된다.

higher calorific valve 고발열량(高發熱量) 총 발열량(總發熱量)이라고도 한다. =higher calorific power

higher harmonic 고조파(高調波) 기본 진동수의 2이상의 정수 배의 진동수를 갖는 정현파.

higher pair 면없는 대우(面-對偶) 2개의 기체 요소가 점으로 접촉(볼 베어링의 볼과 축) 또는 선으로 접촉(캠 및 기어)하는 대우(對偶).

기어 치면의 접촉

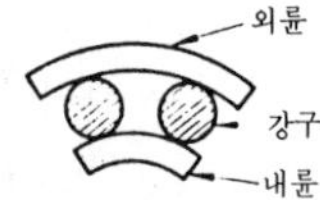

볼 베어링

high-frequency arc welder 고주파 아크 용접기(高周波-鎔接機) 50~60Hz의 교류를 사용하여 고주파를 발생시켜 용접하는 아크 용접기. 효율이 좋고 전기 소비량이 적다는 것 등이 특색. 박판의 용접에 적합하다.

high-frequency furnace 고주파로(高周波爐) 고주파 전류에 의해서 지금(地金)을 용해하는 전기로. 일반적으로 고온도의 용해에 이용되어 양질의 재료가 얻어진다.

high-frequency induction hardening 고주파 담금질(高周波-) 조질(調質)한 0.35~0.5% 탄소강을 고주파 전류로 표면만 가열시켜 물을 분사하여 급랭으로 표면층에 담금질하는 방법.

high-frequency resistance welding 고주파 저항 용접(高周波抵抗鎔接) 용접하려는 물건에 접촉자를 통해서 고주파 전류를 직접 흘리고, 고주파 전류의 표피 효과, 근접 효과를 이용하여 용접하려는 위치를 집중적으로 가열·가압하여 행하는 용접 방법.

high-frequency seasoning 고주파 건조(高周波乾燥) 고주파 장치를 이용해서 물체를 건조시키는 것. 주조 작업(鑄造作業)에서는 코어의 건조나 수지사(樹脂砂)의 고화(固化)에 이용된다.

high-frequency vibration of body 고주파 진동(高周波振動) 주행 중 차량에서 일어나는 진동 가운데 대체로 10Hz 이상으로 차체가 탄성체로서 운동하고 있는 진동.

high-frequency wave 고주파(高周波) 1만~수10만 Hz의 주파수를 가진 전파 또는 전류.

high-frequency welding 고주파 용접(高周波鎔接) 열가소성 수지의 재료를 고주파 전장(電場)에 놓았을 때 발생하는 열을 이용해서 처리하는 용접.

high grade cast iron 고급 주철(高級鑄鐵) 보통 주철보다도 기계적, 물리적 성질이 뛰어난 주철의 총칭. 일반적으로 인장 강도 30kgf/㎟ 이상을 말한다.

high lift device 고양력 장치(高揚力裝置) 이착륙시 등에 임시로 양력 계수를 증대시키는 장치.

high manganese heat resisting steel 고망간 내열강(高-耐熱鋼) Mn 함량이 많은 Fe기(基)의 초내열 합금으로, 800℃까지 견디어 낸다. 이 합금은 Ni의 일부를 Mn과 Nb로 대치함으로써 경제적으로도 값이 싸다.

high manganese steel 고 망간강(高-鋼) 0.3~1.3% C, 10~15% Mn 강(鋼)으로 1,000~1,100℃에서 물담금질하여 오스테나이트 조직으로 사용한다. 가공 경화성이 풍부하여 내마모재로서 이용된다.

high-power drilling machine 강력 드릴링 머신(强力-) =heavy duty drilling machine

high pressure forging 고압 단조 가공(高壓鍛造加工) 단조력을 작용시키는 펀치에 배압(背壓)을 이용하여 큰 힘이 작동되도록 고안된 단조 가공법.

high pressure stage 고압단(高壓段) 다단(多段) 펌프 또는 송풍기의 토출측 고압단(高壓段).

high production press 고속 자동 프레스(高速自動-) 처음부터 이송 장치를 장착시켜 만들어진 스트로크수(spm)가 큰 기계 프레스의 총칭.

high silicon iron 고규소 주철(高硅素鑄

鐵) C 0.5~1.0%, Si 14~16%, Mn 0.4~0.8, P<0.08%, S<0.03%의 조성(組成)으로, 내식 재료로서 화학 공업에 널리 이용되고 있다. 단단해서 가공이 어렵다는 것과 외력에 대한 저항이 약하다는 결점이 있다.

high-speed cutting 고속 절삭(高速切削) 종래의 탄소 공구강이나 고속도강에 의한 절삭에 대해 초경(超硬) 공구를 사용하는 초고속도의 절삭.

high-speed electrospark sintering method 고속 방전 소결법(高速放電燒結法) 그림에 든 원리에 의해 분말 원료에 압력과 전기 에너지를 가해서 소결하는 방법. 특히 기계적 성질이 보통 소결법에서 얻어지는 것보다 우수하므로, 종래에 어렵다고 했던 특수한 공구나 접동면(摺動面)에 채택될 수 있게 되었다. 도로, 석재를 절단하는 다이아몬드 커터, 팬터그래프, 모터의 브러시, 록피트 커터의 굴착 구멍 가이드 게이지, 메커니컬 실 접동면 등의 소결 용접에 사용된다.

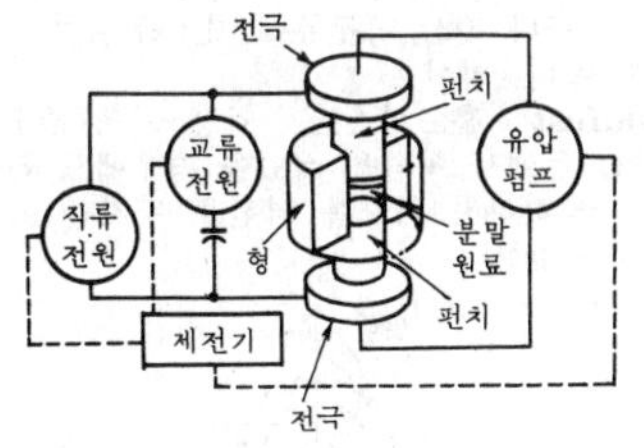

high-speed engine 고속 기관(高速機關) 일반적으로 약 1,000rpm 이상을 고속 기관이라 한다. 자동차·항공 발동기 등이 이에 속한다.

high-speed lathe 고속 선반(高速旋盤) 초고속도 절삭 공구의 발달에 부응해서 제작된 선반. 절삭 속도는 일반 선반의 약 4배, 절삭 능력은 3~5배.

high-speed steel 고속도강(高速度鋼) 특수강의 일종으로, 고속으로 금속 재료를 절삭하는 공구에 이용되는 강을 말한다. 주로 W, Mo, V, Cr, C를 함유. 절삭력이 강하고 각종 절삭 공구, 다이, 드릴 등에도 사용된다.

high strength cast iron 강인 주철(强靭鑄鐵) 기(基)의 바탕을 펄라이트(pearlite) 조직으로 하고, 흑연이 미세하게 분포되어 있는 Fc 25, 30, 35의 것.

high strength malleable cast iron 고력 가단 주철(高力可鍛鑄鐵) 백선 주물(白銑鑄物)의 Mn량을 0.8~1.2%로 하여 특수한 열처리로 기지(基地)를 구상(球狀) 펄라이트(pearlite) 조직으로 한 것. 흑심 가단 주철 정도의 점성(粘性)은 없으나 인장 강도 60~70kgf/㎟, 연신율 6~9%이다.

high strength steel 고장력강(高張力鋼) 탄소강은 C량이 증가하면 항장력(抗張力)은 증가이지만 용접성이 나빠진다. 그래서 C량을 0.2% 이하로 하여 용접성이 좋게 하고, Cr, Ni, Mo, V, B 등을 미량 첨가시킴으로써 항장력을 강하게 한 것. 하이텐션 스틸(high tension steel) 또는 하이텐이라 부른다.

high temperature machining 고온 절삭(高溫切削) 절삭하기 어려운 재료를 산소 아세틸렌 가스, 아크, 고주파 등으로 가열하면서 절삭하는 방법.

high tensile aluminum alloy 고력 알루미늄 합금(高力-合金) 시효 경화에 의해서 강도를 높인 알루미늄 합금(Al-Cu 합금, Al-Cu-Mg 합금, Al-Zn-Mg 합금).

high tensile brass 고력 황동(高力黃銅) 아연 합금에 Ni, Al, Sn, Si, Mn, Fe 등을 첨가한 것으로, 고장력에 인성(靭性)이 있다. 주된 것으로 Delta metal, Aich metal, albrac, Ni 황동 등이 있다.

high tension circuit 고압 회로(高壓回路) 고전압의 회로. 전기 공작물의 전압 종별에 의하면, 고압이란 직류는 750V를 넘고, 교류는 300V를 넘는 전압.

high tension steel 하이 텐션 스틸, 고장력강(高張力鋼) =high strength steel

hinge 힌지 핀 등을 사용하여 중심축 주위에서 서로 요동할 수 있는 구조의 접합 부분.

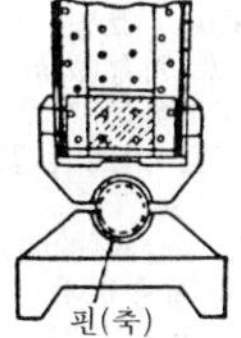

hinged joint 핀 이음 =pin joint
hinged support 회전 지점(回轉支點) 위치는 고정이고 회전만 자유로운 지점. 기선 방향(基線方向)과 그와 수직인 방향의 2분력(일반적으로는 수평, 수직 성분)이 반력(反力)으로서 발생한다.
hinged valve 힌지 밸브 밸브가 한 끝이 고정되어 있는 축 주위를 선회하여 밸브 시트의 틈새를 개폐하는 구조의 밸브. 스톱 밸브, 체크 밸브용.
histogram 히스토그램 측정값의 범위를 몇 개의 구간으로 나누었을 경우, 각 구간을 저변으로 하고 그 구간에 속하는 측정값의 출현 도수에 비례하는 면적을 갖춘 기둥을 나열한 도표.

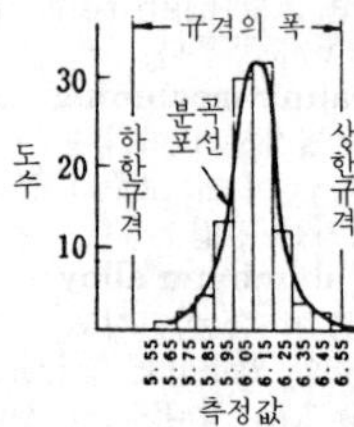

hob 호브 원통 외주의 나선을 따라 절삭날을 붙인 회전 절삭, 공구. 호빙 머신에 장착하여 기어나 스플라인축(軸) 등을 절삭한다. 이 작업을 호브 절삭이라 한다.

hobbing 호브 절삭(－切削) 경질 강제 압형(硬質鋼製押型) 또는 호브형의 펀치로 다수의 하형(下型 : 암형틀)을 만드는 방법이다. 중탄소강(中炭素鋼)의 금형 재료에 정밀도가 높은 고압 유압 프레스로 호브를 압입하면 하형이 만들어진다.
hobbing machine 호빙 머신 호브를 사용하여 인벌류트 치형(齒形)을 창성(創成)하고 기어를 절삭하는 기계.
hob tap 호브 탭, 마스터 탭 =master tap
hogging 호깅 선체(船體)의 세로 굽힘 모멘트가 선체 상층부에 인장력이, 하층부에 압축력이 발생하게끔 작용하는 상태

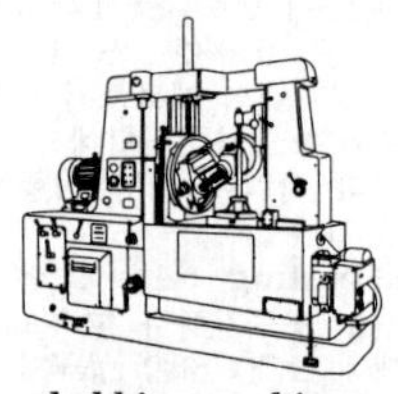
hobbing machine

를 호깅이라고 한다.
hoist 호이스트 전동기, 감속 장치, 와인딩 드럼 등을 일체로 통합시킨 소형의 감아올리기 기계로, 스스로 주행할 수 있는 것이 많다. 체인 호이스트, 공기 호이스트, 전기 호이스트 등이 있다.
hoisting chain 호이스트 체인 감아 올리기 장치에 사용하는 감아 올리기용 체인.
hoisting drum 권동(捲胴), 호이스팅 드럼 =winding drum
holder 홀더, 지지구(支持具) ① 아크 용접에서 용접봉을 잡아 전류를 통하게 하는 기구. ② 게이지류, 배관류의 지지기나 절삭구나 절삭 공구류를 지지하는 것. 드릴 홀더, 바이트 홀더 등.
holdfast 홀드파스트 권상 기계(捲上機械) 등에서 동력을 끊었을 경우에도 하중이 낙하하지 않도록 역전을 방지하는 장치를 말한다.

holding down bolt 설치 볼트(設置－) 기계류, 기타 설비를 설치하기 위하여 사용되는 볼트.
holding up hammer 리벳 체결 해머(－締結－) 리벳 머리를 둥글게 성형하기 위해 사용되는 해머.
hole base system 구멍 기준식(－基準式) 한계 게이지 방식의 하나.
hole drill 홀 드릴, 탭 드릴 나사의 초벌 구멍을 뚫는 드릴. 탭으로 나사를 내기 전에 미리 구멍을 뚫는 드릴.
hollow 홀로 중공(中空) 구멍, 원호의

뜻. 홀로 샤프트는 중공축(中空軸), 홀로 키는 새들 키를 말한다.

hollow chisel mortiser 각 기계 끌(角機械−) 목재에 정방형(正方形)의 구멍을 뚫는 목공 기계.

hollow cylinder 중공 원통(中空圓筒) 본래는 실린더, 즉 통이라는 용어만으로 중공(中空)의 원통을 뜻하는 것이었으나, 최근에는 경우에 따라 비원형(非圓型)인 것, 또는 속이 차 있는 경우에도 통이라 하므로 이것을 명확히 하기 위해 사용하는 말이다.

hollow key 새들 키 =saddle key

hollow shaft 중공축(中空軸) 축 단면의 중심부에 구멍이 뚫려 있는 축. 즉, 중공으로 되어 있는 축. 이에 대해서 구멍이 뚫리지 않은 축을 솔리드 축이라 한다.

hologram 홀로그램 홀로그래피로 신호파(信號波)와 참조파(參照波)와의 간섭 무늬를 감광 재료에 기록한 것.

holographic memory 홀로그래픽 메모리 광(光) 메모리 가운데에서 가장 기대되고 있는 고밀도 기억, 고속 메모리이다. 레이저 광선에 의해서 미묘한 간섭 무늬를 만들고 이를 필름에 기록한다.

holography 홀로그래피 레이저와 같이 간섭성이 좋은 빛을 2개의 광로(光路)로 나누어, 한 쪽은 피사체(被寫體)에 비춘 후 감광재에 조사(照射)하고, 또 하나는 감광재에 직접 조사시키면 감광재상에 2개의 빛에 의해서 이루어진 간섭 무늬가 기록된다. 이것을 홀로그램이라 하며, 이것에 레이저를 조사(照射)하면 원래 물체의 상(像)이 공중에 입체적으로 부상해서 보인다. 이 재생시키는 기술을 홀로그래피라 한다.

homogeneity 균질성(均質性), 균일성(均一性) 물체의 어디를 보아도 물질적으로나 화학적으로나 같은 상태인 것을 말한다. 금속 재료에서는 합금 원소의 분포가 균일한 것.

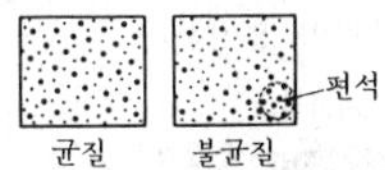

homogeneous coating 호모겐법(−法) 철(鐵)의 표면을 산세(酸洗)하고 납을 흘린 다음 산수소염(酸水素炎)으로 납을 용착시키는 방법. 연실(鉛室), 기타의 내부 코팅에 널리 이용된다.

homogeneous reactor 균질 원자로(均質原子爐) 노심(爐心)의 물질(핵연료, 감속재, 기타)의 조성이 고르게 혼합되어 있는 원자로. 액체 연료 원자로나 고체 균질로가 대표적이며, 전자에는 수성 연료(수용액 연료와 수성 슬러리 연료), 액체 금속 연료, 용융염 연료(용융 금속 연료와 액체 금속 슬러리) 등을 쓴다. 후자에는 연료 분말을 흑연의 분말이나 ZrH에 혼합한 것이 있다.

homogenizing 확산 가열(擴散加熱) 성분을 균일하게 하기 위하여 오스테나이트 범위의 온도로 장시간 가열하여 원자의 확산에 의해서 성분이 한결같이 되었을 때에 냉각시키는 방법.

homo-treatment 호모 처리(−處理) 산화 분위기(酸化雰圍氣) 속에서 화학 변화를 일으켜 단단한 산화철 피막을 공구에 피복시키는 방법.

hone 혼 호닝 작업에 사용하는 숫돌을 조합시킨 공구.

hone forming 혼 포닝 호닝 가공과 도금을 조합시킨 가공법으로, 프로세스는 다음의 3단계로 구분된다. ① 공작물을 고정시키고 수 초 동안 호닝 가공〔평활, 진원(眞圓)으로 해서 도금이 잘 되도록 깨끗이 한다〕, ② 호닝 가공 압력을 감소시켜 가압된 전해액을 공구와 공작물 사이로 유입시키고 이것에 전류를 통하면, 금속 이온이 양극(陽極)인 공구축에서 음극인 공작물 표면으로 옮겨진다. 이 도금의 종료는 시간 또는 자동 치수 장치로 결정된다. ③ 도금이 예정량에 도달한 뒤에 전류가 차단되고, 통상의 호닝 가공이 크로스 해치 패턴을 공작면상에 만든다. 이 단계가 끝나면 공작물을 떼어 낸다.

honeycomb louver 허니콤 루버 주로 조명으로 사용되는 벌집 모양의 루버를 말한다.

honeycomb sandwich structure 허니콤 샌드위치 구조(−構造) 샌드위치 구조의 대표적인 것으로, 심재(心材)로서 6각형으로 된 벌집 모양의 것을 사용하고 있다.

honeycomb structure 허니콤 구조(−構造) 벌집 구조라는 뜻. 가볍고 휨이나 압축에 강하기 때문에 종이, 플라스틱판, 알루미늄이나 강(鋼)의 박판 등에 흔히 채택된다. 구조재로서 차량, 항공기 부재, 건축 용재로 사용된다.

H

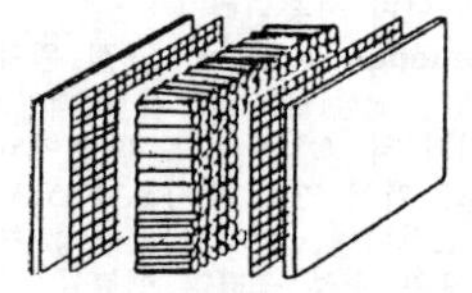

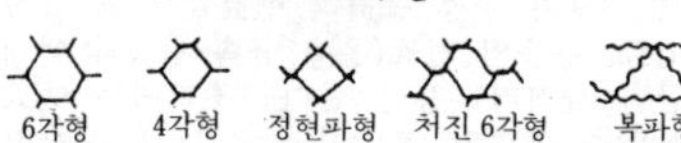

honing 호닝 가공(－加工) 호닝 다듬질이라는 말. 기름 숫돌 다듬질 가공의 일종으로, 혼(hone)이라는 기름 숫돌을 장치한 공구를 사용하여 구멍의 내면(內面)을 재빨리 정밀 연마해 내는 공작법을 말한다. 연삭(研削)과는 달리 숫돌을 길게 하고, 저속으로 가볍게 다듬질면을 연마하므로 마치 연삭과 리머 작용을 하게 된다. 자동차나 항공 기관의 실린더 정밀 다듬질 등에 이용된다.

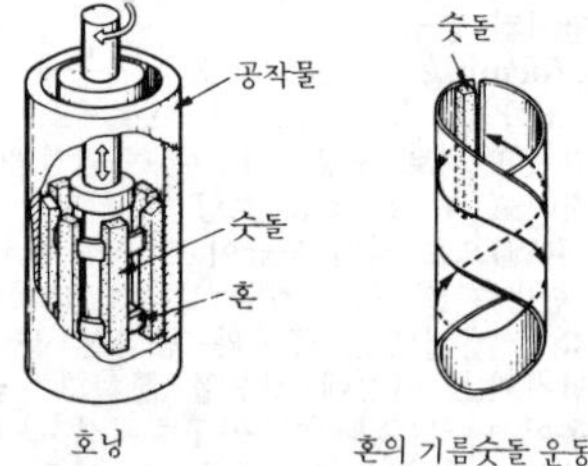

호닝 혼의 기름숫돌 운동

honing machine 호닝 머신 호닝 가공에 이용되는 기계.

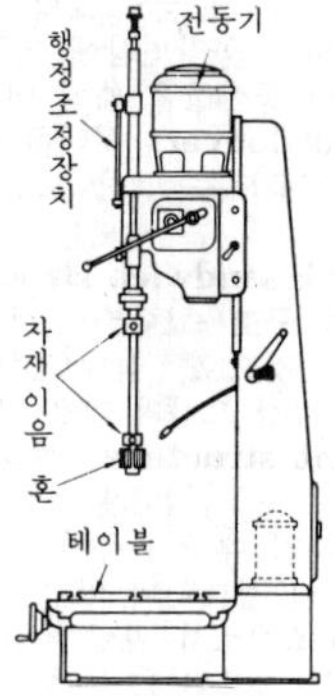

hood 후드 연소 가스나 더러운 공기 등을 외부에 내기 위한 덮개.

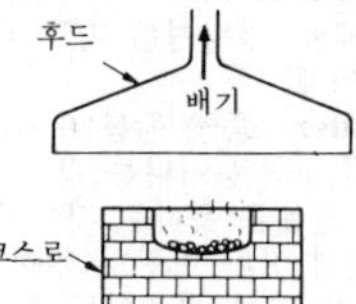

hook 훅 갈고랑이 모양으로 된 기계 부품. 재료 등을 달아 올리는 데에 쓰인다.

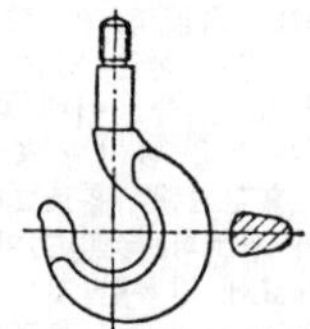

hook block 훅 블록 활차(滑車)의 갈퀴 모양으로 굽혀진 볼트.

hook bolt 훅 볼트 벤트 볼트의 일종으로, 끝이 갈고랑쇠 모양으로 된 볼트.

Hooke's law 훅의 법칙(－法則) Hooke에 의해 제창된 탄성에 관한 법칙. 즉, 물체에 하중을 가하면 하중이 어느 한도에 달할 때까지는 하중과 변형은 정비례 관계가 있다는 법칙.

Hooke's universal joint 후크의 만능 이음(－萬能－) ＝universal coupling

hook joint 훅 조인트, 훅 이음 접속해야 할 한 쪽 끝에 갈고랑쇠를 달고, 다른 쪽에 달린 고리(링)를 걸어 연결한 이음. 연결과 분리가 용이하다.

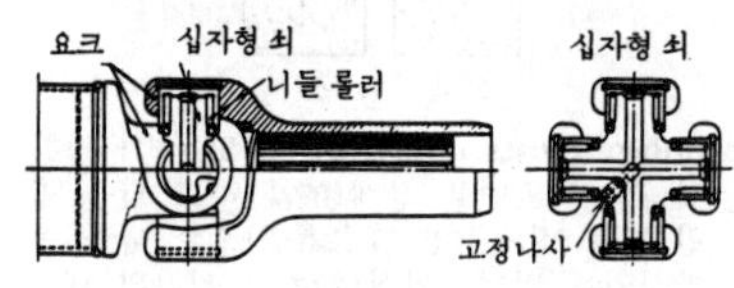

hook rule 갈퀴자, 갈고리자 자의 한 쪽 끝에 L형의 갈고리가 붙어 있는 것. 구멍의 하단(下端)까지 치수를 측정하는 데 편리하다.

hook spanner wrench 훅 스패너 렌치 둥근 너트용 스패너.

hoop 후프 →hoop mill

hoop iron 띠강(-鋼), 대강(帶鋼) = band steel

hoop mill 강압연기(鋼壓延機), 대강 압연기(帶鋼壓延機) 폭이 비교적 좁고 긴 강판재(鋼板材). 즉, 후프(hoop)재용의 압연기.

hoop tension 응력 후프(應力-), 원주 응력(圓周應力) 내압(內壓)에 의해서 생기는 원통의 원주 방향 벽면의 인장 응력. 일반적으로 응력은 내벽보다 외벽으로 향해서 작아진다.

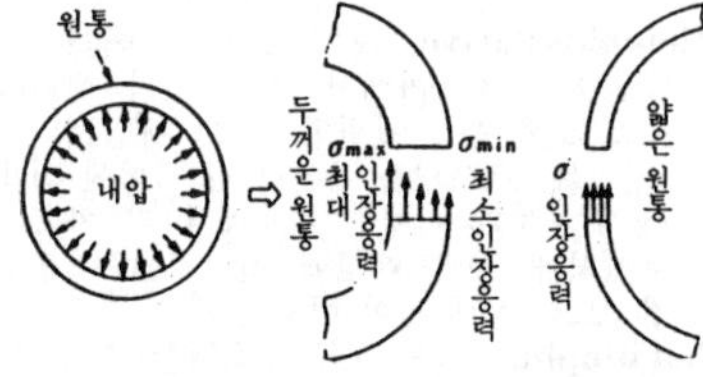

Hopkinson indicator 홉킨슨식 인디케이터(-式-) =optical indicator

hopper 호퍼 나팔 모양으로 밑바닥이 뚫린 용기.

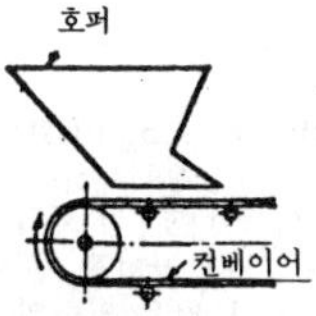

hopper bale breaker 호퍼 개표기(-開俵機), 호퍼 베일 브레이커 방적의 혼타면기(混打綿機)에서 맨 처음에 호퍼 속에 섬유 덩어리를 넣고 그 덩어리를 거칠게 푸는 기계.

hopper bottom furnace 호퍼로(-爐) 미분탄(微粉炭) 연소 보일러에 사용하는 노(爐). 밑바닥을 벽돌로 깔대기 모양으로 쌓은 것.

hopper car 호퍼차(-車) 분체(紛體) 및 입체(粒體)를 적재하고 수송하기 위하여 밑부분 또는 측면 하부를 여는 구조의 호퍼를 갖는 화차.

hopper feeder 호퍼 피더 그다지 크지 않은 소형 제품(볼트, 핀, 너트, 와셔 등)을 자동적으로 방향을 선별하여 뒤에 이어지는 가공 기계에 보내는 장치. 제품을 용기(호퍼)에 임의로 투입하면, 제품을 적당한 위치에 주어 올리는 기구와 올바른 위치의 것만을 선별하는 실렉터 기구, 슈트 등으로 구성된다. →parts feeder

hopper scale 호퍼 스케일 호퍼에 투입된 덩어리, 가루, 액체의 양을 자동적으로 계량하는 저울 장치.

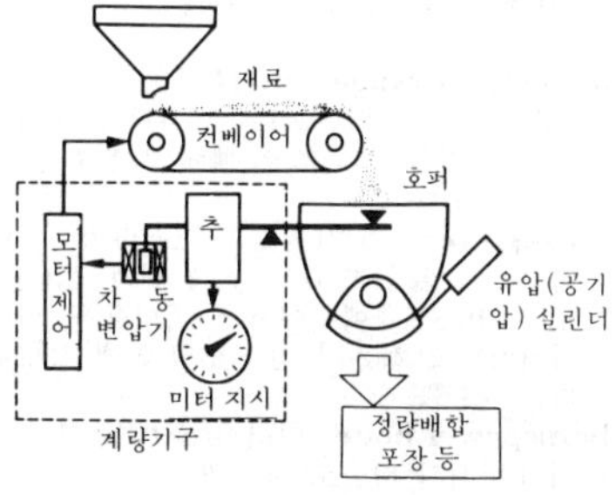

hopper vibrator 호퍼 바이브레이터 호퍼 벽에 진동을 주어 내용물의 부착을 방지하는 장치.

horizontal 호리존틀 수평, 가로형(橫形), 가로 방향이란 뜻.

horizontal axis 수평축(水平軸)

horizontal bench drill 탁상 수평 드릴링 머신(卓上水平-) 소형의 탁상 수평식 드릴링 머신.

horizontal boiler 수평식 보일러(水平式-) 드럼이 수평으로 설치된 보일러. 대부분의 보일러는 이 형식이다.

horizontal boring and milling machine 평삭형 밀링 머신(平削形-) =planer type milling machine

horizontal boring machine 수평식 보링 머신(水平式-) 보링에 사용하는 기계. 보링 이외에 면절삭(面切削), 외면 절삭 등의 밀링 작업도 할 수 있다.

horizontal engine 수평 기관(水平機關) 실린더가 가로로 되어 있는 기관.

horizontal fillet welding 수평 필릿 용접(水平－鎔接) 필릿 용접을 측방(側方)에서부터 좌우 방향으로 하는 용접.

horizontal position of welding 수평 측면 용접(水平側面鎔接) 용접축이 수평을 이루고 용접면이 연직(鉛直)을 이루는 작업 위치에서 하는 용접 방법.

horizontal shaft water turbine 수평축 터빈(水平軸－), 횡축 수력 터빈(横軸水力－) 회전축이 가로로 설치된 수차(水車). 소용량의 수차에 한하여 사용된다.

horizontal welding 수평 측면 용접(水平側面鎔接) =horizontal position of welding

horn 혼 ① 형틀에 고정시키거나 형(型) 자체에 돌출한, 한 손으로 잡는 손잡이의 봉(棒) 또는 블록을 말한다. ② 경적(警笛).

horse form swage 마대(馬臺) 단조 공구(鍛造工具)의 일종으로, ㄷ자형의 틈새가 있는 공작물을 단조할 때에 사용하는 공구를 말한다.

horsepower 마력(馬力), 호스파워 동력 작업률의 실용 단위. 1초에 대해 75kgf/m의 비율로 이루어지는 작업률을 미터 마력이라고 하는데, 0.7355kW에 상당한다. =HP

horsepower hour 마력시(馬力時) 1시간에 1마력의 비율로 하는 일.

horse shoe magnet 말굽 자석(－磁石) 말굽 모양으로 된 U자형 자석.

hose 호스 아마포(亞麻布) 또는 고무나 수지(樹脂)로 만든 관(管).

hose-assembly 호스 어셈블리 내압성(耐壓性)이 있는 호스의 양단에 관이음용 접속 기구를 붙인 것.

hose coupler 호스 커플러 =hose coupling

hose coupling 호스 이음 호스를 접속하는 데 사용하는 이음.

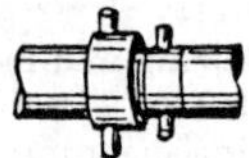

hot bath quenching 열욕 담금질(熱浴－) 냉각에 용해 금속이나 용융염(溶融鹽) 등의 열욕을 사용하는 담금질법. 담금질 균열, 담금질 변형이 적다. 패턴팅(patenting), 오스템퍼링(austempering), 서멀 캔치, 핫 캔치 등으로 불리기도 한다.

hot blast stove 열풍로(熱風爐) 열기 난방(熱氣煖房) 등에 사용하는 온풍 또는 고로 열풍(高爐熱風)을 불어 넣는 노(爐)를 말한다.

hot bulb enging 열구 기관(熱球機關) 내연 기관의 일종. 실린더 헤드에 열구라 불리는 구형(球形)의 연소실을 갖추고 그것을 점화원(點火源)으로 한 일종의 연료 분사 압축 점화 기관.

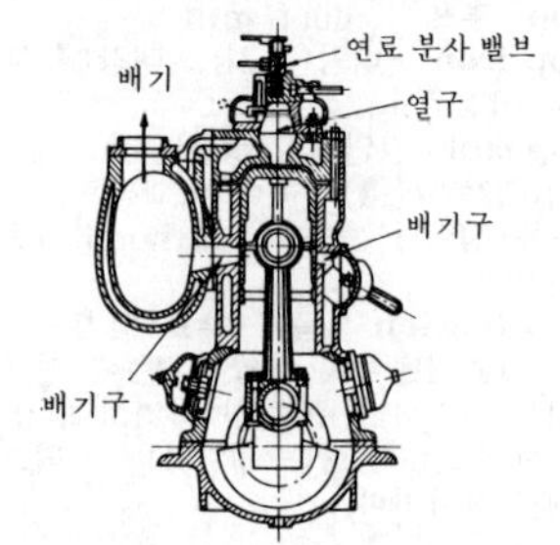

Hotchkiss drive 호치키스식 구동법(－式驅動法) 자동차에서 토크관이나 레이디어스 로드 등을 생략하고, 그 대신 뒤 차축(車軸) 스프링을 튼튼히 하여 이에 의해서 뒤차축의 위치를 확보해서 뒤 차축의 추진력을 차 프레임에 전달시키는 구동법. 트럭 등에 많이 이용된다.

hot dipping 용융 도금(熔融鍍金) 도금할 물체를 용융된 금속 속에 담가 표면에 금속의 피막을 입히는 것.

hot drawing 열간 드로잉(熱間－), 열간 인발(熱間引拔) 재료를 가열하여 고온 속에서 다이(die)를 통해 인발 가공하는 것. 냉간 인발에 비해 1회에 큰 변형을 줄 수 있다.

hot isostatic pressing ; HIP 열간 정수압 소결법(熱間靜水壓燒結法) 세라믹스 제품 제조법의 하나로, 분체(粉體)의 성형과 소결의 두 가지 작업을 동시에 처리하는 기술이다. HIP 법은 일반의 용해·단압법(鍛壓法)에 비해 재료를 65%나 절약할 수 있고 기계 가공 시간이 단축된다. 또, 소성 가공(塑性加工)을 할 수 없는 재료라도 가공이 가능하다. 내열 합금 등의 분말을 유리 용기에 넣어 오토 클레이브의 아르곤 가스 속에서 1,100℃로 2시간 700 kgf/㎠의 정수압을 가하면, 100% 밀도로 평활한 표면의 제품이 얻어진다.

hot jet welding of plastics 핫 제트 용접(−鎔接) 열풍을 내뿜어 용가봉(熔加棒)의 선단(先端)과 개선(開先)을 가열하면서 용가봉을 개선에 녹여 넣어 접합시키는 플라스틱 용접.

hot junction 열접점(熱接點) 열기전력(熱起電力)을 이용하는 열전대(熱電對)의 2접점 중 높은 온도쪽을 말한다.

hot laboratory 핫 래버러터리 고방사성 물질을 취급하는 시설을 갖춘 실험실.

hot rolling 열간 압연(熱間壓延) 재료를 가열하여 고온 상태에서 압연하는 작업.

hot sawing machine 열간 기계톱(熱間機械−) 재료를 고속으로 회전시켜 그 마찰열을 이용하여 절단하는 둥근 기계톱.

hot shortness 고온 취성(高溫脆性) 유황은 황화철(黃化鐵)로 되어 결정립계(結晶粒界)에 분포하여, 그 재질이 외력에 대한 저항이 약해져 융점이 낮아 고온에서의 강(鋼)의 가공성을 나쁘게 한다. 이러한 성질을 고온 취성이라 한다.

hot start 핫 스타트 유닛 정지 후 기기의 온도가 상온보다 비교적 높은 상태에서 시동한다. 가스 터빈에서는 시동시에 착화 지연 등 때문에 이상 연소를 일으켜 가스 온도가 규정값을 초과하는 현상을 말한다.

hot-water boiler 온수 보일러(溫水−) 급수를 사용 압력에 상당하는 포화 온도보다 조금 낮은 온도까지 가열하여 온수를 공급하는 보일러. 온수 난방, 급탕, 일반 가열용으로 사용한다.

hot-water heating 온수 난방(溫水暖房) 온수를 방열기에 통과시켜 실내 난방을 하는 것.

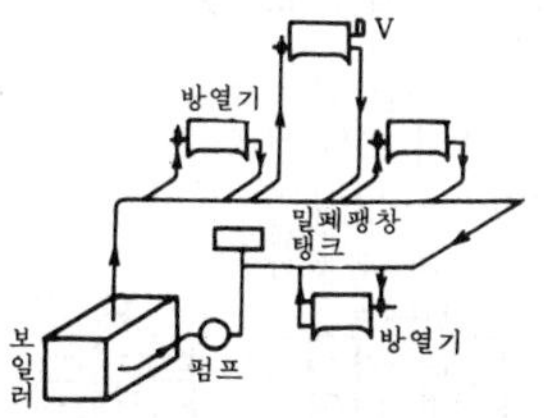

hot-water process 온수 프로세스(溫水−) 용착 금속 인장 시험편을 만들 때 끓는 물에 시험편을 담그는 것.

hot-water radiator 온수 방열기(溫水放熱器) 온수 난방용의 방열기. 대류형의 방열기가 널리 쓰이지만 냉방과 병용하는 방열기에서는 팬 코일 유닛이 사용된다.

hot wire anemometer 열선 풍속계(熱線風速計) 열선을 사용한 풍속계.

hot working 열간 가공(熱間加工) 금속 또는 합금을 가열하여 고온 상태로 압연, 단조, 인발 등의 가공을 하는 조작.

house trap 하우스 트랩 건물 내의 배수 계통에 부지 하수(敷地下水)로부터의 공기 유통을 방지하기 위해 건물 배수 수평 주관(水平主管)에 설치하는 U 트랩.

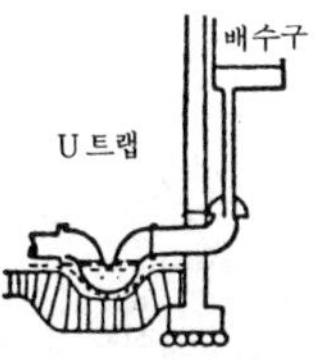

house turbine 소내 터빈(所內−), 소내용 터빈(所內用−) 원동소(原動所)의 송전을 목적으로 하는 주 터빈 이외의 보기(補機) 터빈을 말하며, 원동소 내의 전기 설비 운전에 필요한 전력을 발생한다.

housing 하우징 부품을 수용하는 상자형 부분이나 기구(機構)를 포용하는 프레임 등 모든 기계 장치 등을 둘러싸고 있는 상자형의 부분.

housing plane 하우징 플레인 홈대패의 일종.

housing type planer 양주식 플레이너(兩柱式−), 쌍주식 플레이너(雙柱式−) 플레이너의 일종. 테이블 양측에 2개의 기둥(column)이 있고 이것에 가로 거더를 걸쳐 절삭 공구대를 설치한 구조의 플레이너.

hovercraft 호버크래프트 바닥면에서 지면(地面)으로 압축 공기를 분사시켜 공기막을 만들어 띄어서 작은 힘으로 자유로이 이동할 수 있다.

hover train 호버 트레인, 부상식 철도(浮上式鐵道) 레일(rail) 위를 차바퀴로 달리는 철도 형식을 말한다. 실용 속도 한계는 300km/h라고 한다.

HP 마력(馬力) =horsepower

hub 허브, 보스 축(軸) 상에서 회전하는 회전체의 축에 가까운 부분. =boss, nave

hub flange 허브 플랜지 낮은 허브를 가진 플랜지.

hue 색상(色相) 적(赤), 황(黃), 녹(綠), 청(靑), 보라(紫) 등과 같이 특징적인 색의 속성을 말한다. 3 속성(三屬性) 색표시 방식 HVC 에서는 H로 나타낸다. H는 10 색상의 색상환(色相環)으로 이루어져 있고, 색상별 차트(명도 및 채도에 따른 컬러 차트)는 40 색상으로 나누어져 있다.

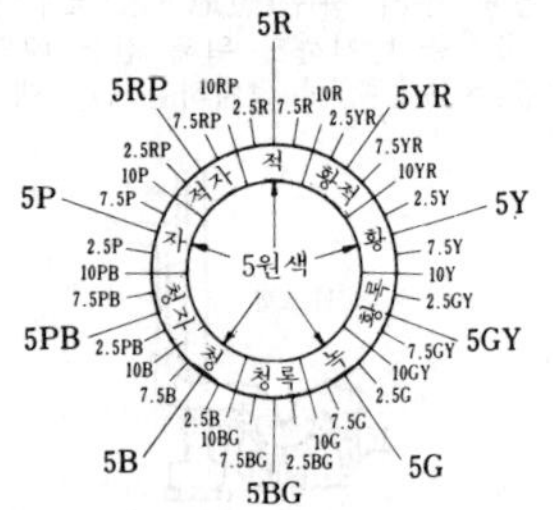

hull 헐 외피, 동체(胴體), 각(殼).

human engineering 인간 공학(人間工學) 인간의 동작 기능이나 특성을 연구하고, 안전, 정확, 편하게 조작할 수 있도록 기계의 설계, 작업 방법 및 작업 환경의 설정 등을 목적으로 한 학문.

Hume pipe 흄관(－管) 고압용(高壓用) 콘크리트 철근관.

humid air 습공기(濕空氣) 수증기를 함유한 공기. 대기 속에는 항상 수증기가 포함되어 있기 때문에 습공기이다.

humid heat 습비열(濕比熱) 습공기의 절대 습도 즉, 노점(露點)을 일정한 상태로 유지하면서 온도를 1℃ 상승시키는 데 필요한 열량을 말하며, 습공기에 포함되어 있는 건조 공기의 1kg 에 대해서 말한다.

humidifier 급습기(給濕器), 가습기(加濕器) 공기에 수분을 공급하여 습도를 높이기 위한 장치. 공기 세척기에 쓰이는 외에 덕트 속에 온수조를 두고 온수면에서 공기를 가습하는 방법, 직접 증기를 공기류 중에 분무(噴霧)하는 방법, 물을 분무하는 방법 등이 있다. 가정용의 초음파 가습기는 그 일종이다.

humidity 습도(濕度), 휴미디티 $1m^3$ 의 공기 속에 포함되어 있는 수증기를 질량(g)으로 표시한 것이 절대 습도이고, 그 습도에서의 포화 수증기의 질량(g)과의 비율을 백분율로 표현한 것이 상대 습도(相對濕度)이다. 상대 습도는 공기의 습한 정도를 나타내는 것으로, 단순히 습도라고도 한다.

humidity control 습도 조정(濕度調整) 공기를 필요한 습도로 조정하는 것. 공기를 노점 온도 이하로 낮추는 감습(減濕), 흡수제에 의한 감습, 물 또는 수증기의 분무에 의한 가습 등의 방법이 있다. 공기 조화에서는 통상 상대 습도를, 저습 공기 공급 장치에서는 노점 온도를 조절한다.

hunting 헌팅 외란(外亂)에 의해서 회전수나 속도 등의 주기적인 변화가 유발되고, 그것이 지속되는 현상을 말한다. 전기 기기, 계기류의 난조(亂調)를 말한다.

HVC notation HVC 표시법(－表示法) = HVC painting indicate method

HVC painting indicate method HVC 표시법(－表示法) 3 속성(三屬性)에 의한 도장색(塗裝色)의 표시법이다. H는 색상, V는 명도(明度), C는 채도(彩度)를 나타낸다.

hybrid composites 하이브리드 복합 재료(－複合材料) 유리 섬유는 강도는 있지만 금속에 비해서 강성(剛性)이 낮고, 카본 섬유로 고강도에 고탄성이지만 값이 비싸다. 이와 같은 유리와 카본의 섬유를 혼성 적층(積層)하여 양쪽의 특징을 살린 복합 재료를 하이브리드 복합 재료라고 한다.

hybrid IC 하이브리드 IC 일반적으로 혼성 초소형 집적 회로를 말하는 것으로, 후막(厚膜) IC, 박막(薄膜) IC 등이 있다.

hydrau- 하이드로 수력(水力)이라는 원래의 의미에서 변화하여 현재는 액체의 압력을 사용한 기기에 사용되는 접두어. 일반적으로는 유압 작동 기기를 말한다.

hydraulic accumulator 하이드롤릭 어큐뮬레이터 비교적 소용량의 펌프에서 송출되는 고압액을 비축해 두었다가 단시간에 대형의 액압기(液壓機)를 작동시키는

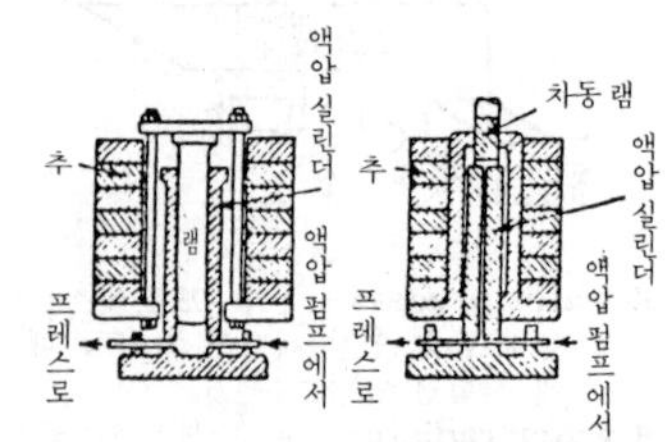

데 이용하는 장치.

hydraulic brake 유압 브레이크(油壓－) 자동차의 브레이크 중 유압에 의한 브레이크를 말한다. =oil brake

hydraulic cement 수경 시멘트(水硬－) 공기 속은 물론 물 속에서도 경화(硬化)시킬 수 있는 시멘트. 예를 들면, 포틀랜드 시멘트, 고로(高爐) 시멘트 등.

hydraulic coupling 유체 커플링(流體－), 수력 커플링(水力－) 원동축과 종동축을 일직선상에 놓고 각 축에 펌프와 수차(水車)의 날개차를 직결하고, 이것을 원동축의 펌프에 의해서 일정한 액(液)을 수차에 송출하여 종동축을 회전시키는 커플링을 말한다.

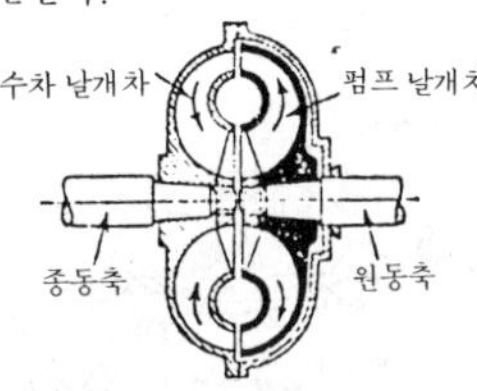

hydraulic crane 수압 기중기(水壓起重機) 유압(수압)을 이용한 기중기. 유압 실린더를 이용하는 것과 유압 모터를 이용하는 것 등이 있다. 전자는 직선 운동밖에 할 수 없으므로 주로 감아올리기, 부앙(俯仰)·인입(引入) 동작에 이용된다. 후자는 회전 운동이므로 전동기 대신 모든 장소에 사용할 수 있으나 감아올리기, 부앙, 선회, 주행에 이용되는 경우가 많다.

hydraulic dynamometer 수력 동력계(水力動力計) 기관을 제동(制動)하기 위해 물에 급격한 운동을 가하여 그 내부 마찰에 의해서 출력을 흡수하는 장치. 융커스 동력계와 프로우드 동력계(Froude dynamometer)가 있다.

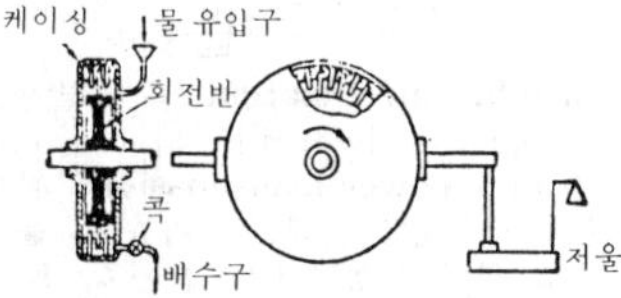

hydraulic efficiency 수력 효율(水力效率) 수력 기계에 있어서 유체에서 날개차에, 혹은 날개차에서 유체에 주어지는 헤드에 대해서 유효하게 꺼낼 수 있는 헤드의 비율. 수력 손실의 정도를 나타낸다.

hydraulic forging press 액압 단조 프레스(液壓鍛造－) 단조용의 액압 프레스. 300 기압 정도의 압력수(壓力水)를 사용하여 큰 힘을 발생한다.

hydraulic forming 액압 성형법(液壓成形法) →hydroform method, hydroforming, marforming, marform process

hudraulic fuel regulator 유체 기계식 연료 제어 장치(流體機械式燃料制御裝置) 가스 터빈에 사용되는 연료 제어 장치의 형식.

hydraulic grade line 수력 경사선(水力傾斜線), 수력 구배선(水力勾配線) 관로의 각 점에 두어진 수주 압력계(水柱壓力計)의 수주의 정상, 즉 압력 헤드와 위치 헤드의 합을 이어서 얻어지는 선. 수력 경사선에 속도 헤드를 더하여 얻어지는 에너지 경사선(energy grade line)과 함께 복잡한 관로 문제를 풀기 위해 쓰인다.

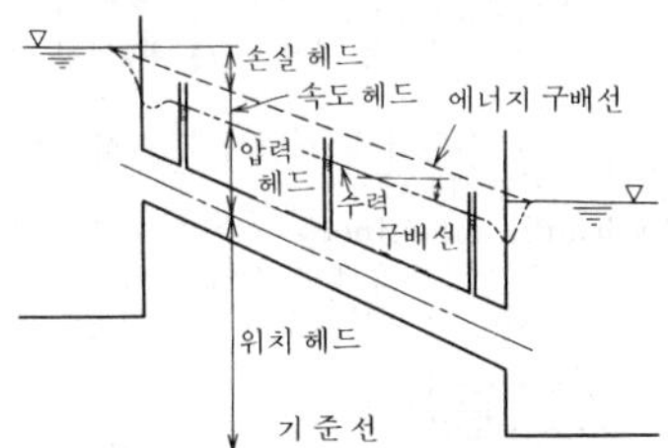

hydraulic hoist 수압 호이스트(水壓－), 유압 호이스트(油壓－) 주로 수압이나 유압 실린더를 써서 짐을 매다는 호이스트.

hydraulic intensifier 유체 증압기(流體增壓機) 파스칼의 원리를 응용해서 대(大) 플런저에 약한 액압을 가하여 이것에 직결된 소(小) 플런저에 고압을 발생시켜 유압 프레스를 작동시키는 기계.

hydraulic jack 수압 잭(水壓－)[1], 유압 잭(油壓－)[2] ① 수압 실린더와 피스톤을 이용한 잭으로, 구조는 유압 잭과 같다. ② 파스칼의 원리를 응용한 압상기(押上機)로, 용량은 수 100kgf부터 수100tonf까지의 것이 있다. 수동 핸들로 유송 펌프를 반복 작동시켜서 기름을 실린더 라이너 내에 보내고 램을 들어올리는 구조의 것이 많지만, 유송 펌프를 분리한 전동식

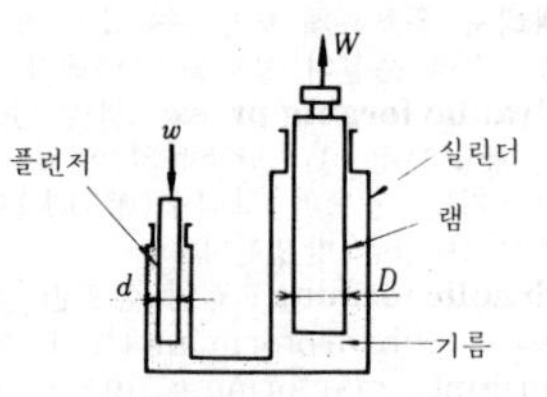

$$W=\frac{D^2}{d^2}w$$

도 있다.

hydraulic lathe 수압 변속 선반(水壓變速旋盤) 유압 펌프와 유압 모터를 사용하여 주축의 구동·변속을 하는 선반.

hudraulic lift 수압 리프트(水壓-)[1], 유압 엘리베이터(油壓-)[2] ① 유압 리프트와 기구는 같으며 수압 구동에 의한 리프트.
② 유압 실린더로 게이지를 직접 상하시키는 엘리베이터.

hydraulic machinery 수력 기계(水力機械) 수력을 이용해서 작업을 하는 기계의 총칭. 각종 펌프류, 수압 기계 등.

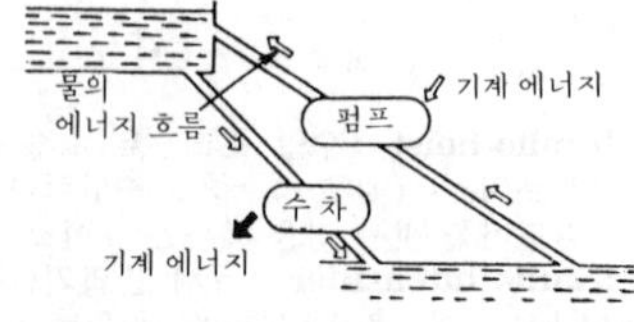

hydraulic mean depth 수력 평균 수심(水力平均水深) 관로 또는 수로의 대표 길이. 동수 반경(動水半徑) 또는 수력 반경(hydraulic radius)과 동의어.

hydraulic motor 수력 원동기(水力原動機), 수력 기관(水力機關) 물이 지닌 에너지를 이용하여 동력을 발생시키는 기계의 총칭. 수차(水車), 물 터빈 등.

hydraulic plate bender 액압 강판 절곡기(液壓鋼板折曲機), 수압 벤딩 프레스(水壓-) 실린더 속에 압력수를 보내어 피스톤을 밀어 올리는 힘으로 공구를 움직여 판재(板材)를 굽히는 기계.

hydraulic plate bending press 수압 벤딩 프레스(水壓-), 수압 강판 절곡기(水壓鋼板折曲機) =hydraulic plate bender

hydraulic power 수력(水力) 물의 낙하 또는 압력에 의해서 생기는 힘. 이 수력을 공업적으로 이용하고, 또 수력 전기로서 응용된다.

hydraulic power plant 수력 발전소(水力發電所) 물의 낙차를 이용하여 수차(水車)를 운전하고 직결된 발전기로 발전하는 곳. 자연의 낙차를 이용하는 것으로, 수로식(水路式) 발전소, 댐식 발전소, 댐 수로식 발전소가 있고, 인공적으로 낙차를 만든 것에는 양수식(揚水式) 발전소가 있다.

▽ 수로식 발전소

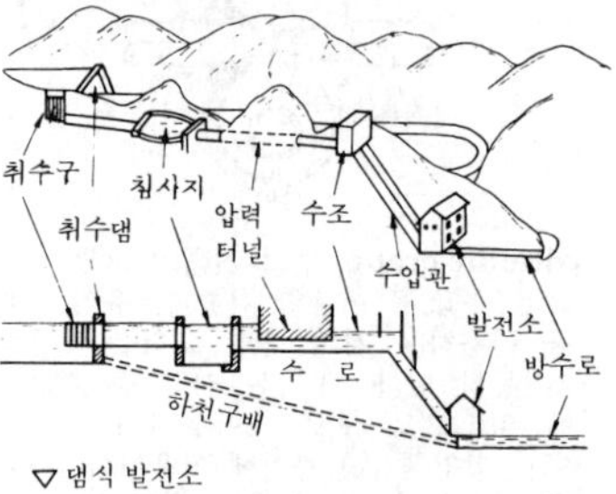

▽ 댐식 발전소

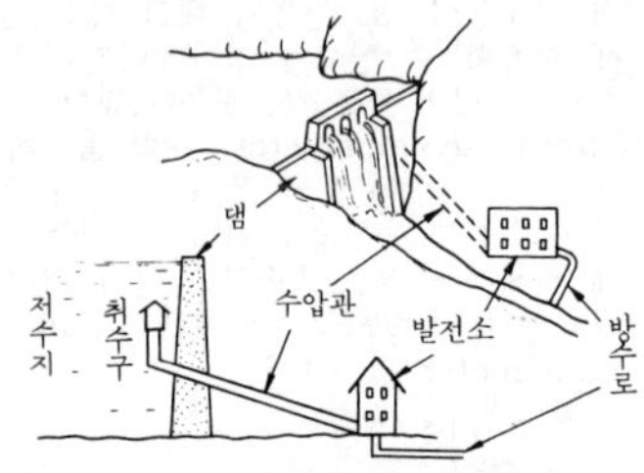

hydraulic power station 수력 발전소(水力發電所) =hydraulic power plant

hydraulic power transmission 유체 전달(流體傳達) 액체(물·기름 등)를 연결체로 하여 원동축에서 종동축으로 회전운동과 함께 동력을 전달하는 것.

hydraulic press 액압 프레스(液壓-) 액압을 이용한 프레스. 고압액을 실린더에 보내어 램을 눌러 내리는 기구. 압력액은 펌프와 증압(增壓) 어큐뮬레이터로 만든다.

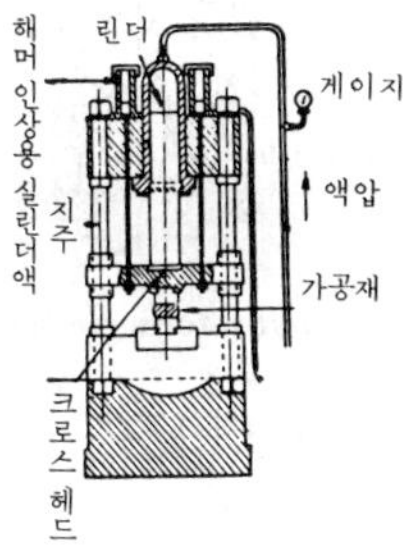

hydraulic pressure 수압(水壓) 물의 단위 중량과 수면으로부터의 깊이와의 상승곱을 말한다.

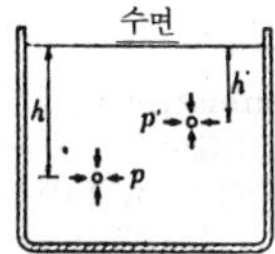

hydraulic pump 액압 펌프(液壓−) 액압기 또는 액압 기계를 조작하여 고압액(高壓液)을 만드는 펌프. 플런저 펌프가 이에 속한다.

hydraulic punching machine 액압 펀칭 머신(液壓−) 액압을 이용하여 판금(板金)에 구멍을 뚫는 기계.

hydraulic ram 수압 램(水壓−), 수격 펌프(水擊−) 수격 작용(water hammering)을 이용하여 다량으로 있는 저낙차(低落差)의 물을 높은 곳으로 퍼올리는 펌프.

hydraulic riveter 수압 리베터(水壓−) 수압을 이용하여 리벳 머리를 압착하여 체결하는 소형의 수압기.

hydraulics 수력학(水力學) 액체, 특히 물의 역학적 성질을 논하여 그 공학상의 응용을 연구하는 학문.

hydraulic seal 하이드롤식 실 패킹의 일종. 터빈축 주위에 펌프와 같은 날개를 붙이고 물을 원심력으로 외주에 밀어 붙여 기밀(氣密)을 유지하는 장치의 패킹.

hydraulic servo mechanism 유압 서보 기구(油壓−機構) 기계적 위치를 제어량으로 하는 유압을 이용한 폐회로(閉回路)의 제어 기구로, 입력은 위치의 변화로 하고, 이것에 출력을 추종시키기 위해 유압을 이용한 것.

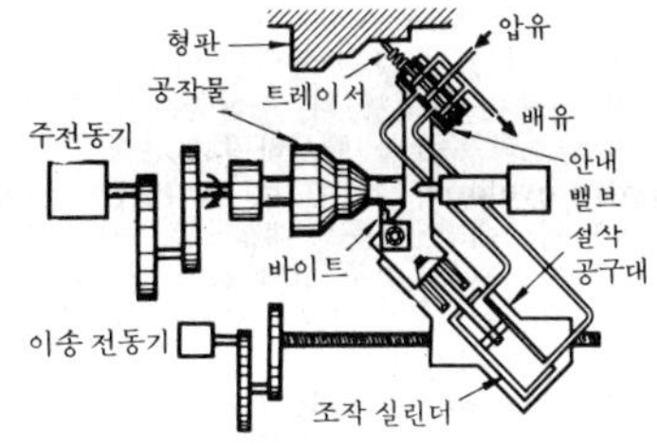

hydraulic shear 액압 전단기(液壓剪斷機) 두꺼운 강판의 전단용인 강력한 전단기.

hydraulic test 수압 시험(水壓試驗) 제품에 대한 시험의 일종. 관(菅), 탱크, 증기 보일러 등과 같이 압력을 받는 부품에 수압을 가하여 누설의 유무나 변형 등을 사전에 조사하는 시험.

hydraulic torque converter 액압 토크 컨버터(液壓−) 유체(流體)를 매개로 하여 원동축의 토크를 종동축으로 전달하는 유체 변속기. 자동차의 변속기용.

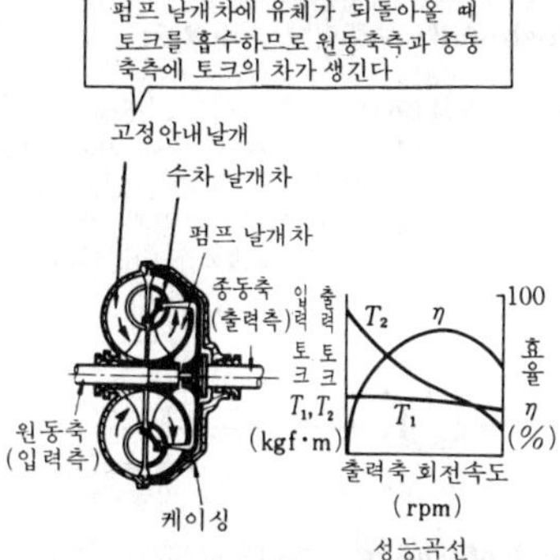

성능곡선

hydraulic turbine 수차(水車), 수력 터빈(水力−) 물이 지닌 에너지를 기계적 에너지로 바꾸는 회전 기계.

hydro- 하이드로 =hydrau-

hydroblasting 하이드로블라스팅 물을 분사시켜 주조품(鑄造品) 등의 표면에 부착되어 있는 모래 등을 제거하는 방법.

hydrocarbon 탄화 수소(炭化水素) 탄소와 수소의 화합물. 석유 및 콜타르의 주성분.

hydrochloric acid 염산(鹽酸) 염화 수소의 수용액. 순수한 것은 무색 투명하나 불순물이 섞인 것은 황색을 띠고 있다. 식염 전해(食鹽電解)의 부산물로서 얻어지는 염소와 수소를 합성하여 만든다.

hydro cyclone 하이드로 사이클론 고체 현탁액, 에멀전 등을 대상으로 하여 분급(分級), 농축, 비중 선별 분액(分液) 등의 처리를 목적으로 하는 사이클론 선회식(旋回式) 집진기.

hydrodynamic lubrication 유체 윤활(流體潤滑) 고체 접촉면 사이에 윤활제의 유막(油膜)이 형성되어 있어서, 그 유막의 점성(粘性)이 충분할 때는 접촉면의 마찰 계수가 작아 잘 미끄러지게 되어 있다. 그러한 상태를 윤활이라고 한다. 기름 윤활 베어링은 모두 유체 윤활이다. 그리스 윤활 베어링은 반유체(半流體) 윤활 상태에 있다고 한다.

hydrodynamics 유체 역학(流體力學) 유체에 힘이 작용할 때 나타나는 평형 상태 및 운동에 관하여 논하는 학문. 정지되어 있는 유체에 관한 것을 유체 정력학(流體靜力學), 운동하고 있는 유체에 관한 것을 유체 동력학(流體動力學)이라 한다.

hydrofoil 수중익선(水中翼船) =hydrofoil boat

hydrofoil boat 수중익선(水中翼船) 수중익의 양력에 의해 선체를 지지하는 배로, 선체가 수면에서 부상하기 때문에 대폭 저항을 감소할 수 있다. 그림과 같이 수면 관통형과 전몰수형(全沒水形)이 있다.

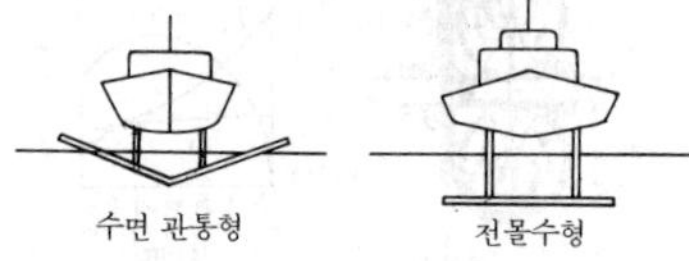

hydroforming 하이드로폼법(-法) = hydroform method

hydroform method 하이드로폼법(-法) 기계 판금(板金)의 특수한 가공법. 마폼(marform)법의 고무 다이(die) 대신 액체를 이용하며 액압(液壓)에 의하여 드로잉 가공을 하는 방법.

hydrogen 수소(水素) 원소 기호 H, 원자 번호 1, 원자량 1.0080인 가장 가벼운 원소로, 무색, 무취, 무미의 기체. 공업적으로는 물을 전기 분해하거나 수성 가스에서 분리하는 등의 방법으로 만들어진다. 용도는 산수소(酸水素) 용접, 석유의 합성 등에 쓰인다.

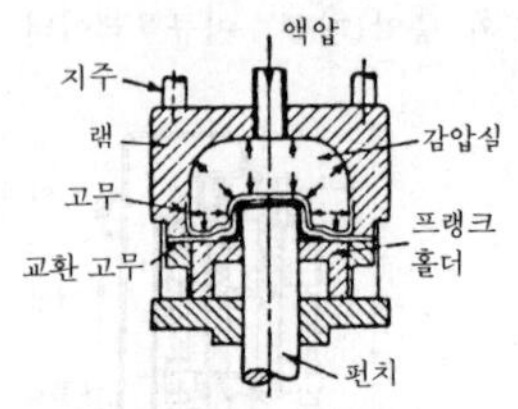

hydroform method

hydrogenation 수소 첨가(水素添加) 불포화 화합물(不飽和化合物)에 수소를 첨가하는 반응. 촉매에는 백금흑(白金黑), 환원 니켈 등을 사용한다. 지방유(脂肪油)의 경화(硬化), 석탄 액화(石炭液化) 등에 응용된다.

hydrogen embrittlement 수소 취화(水素脆化) 강(鋼)은 상온 부근에서는 고압 수소를 흡수하여 취화된다. 취화되어 균열이 생기는 것을 수소 유기 균열(水素誘起龜裂)이라 한다. 이 현상은 용접봉의 흡습, 산세(酸洗), 전기 도금 등의 경우에 생긴다. 또 고온 고압의 화학 장치 등에서 활성인 수소에 의해서 금속 재료가 외력에 대한 저항력이 약해지는 것을 말한다.

hydrolysis method 하이드롤리시스법(-法) 금속 화합물을 포함한 용액을 적당한 방법에 의해서 유리 표면에 고르게 피복하여 건조시킨 다음 고온으로 소성(燒成)한 산화물. 금속 등의 얇은 막을 유리 표면에 형성하는 방법. 자외선 차단 유리, 열선 반사(熱線反射) 유리, 다층막 거울, 반사 방지 유리 등이 이 방법으로 만들어진다. chemical liquid deposition 법이라고도 한다.

hydromatic process 하이드로매틱법(-法) 액압(液壓)에 의한 판금(板金) 드로잉 가공법. 액체에 다이(die)와 펀치의 양쪽 역할을 하게 하여 드로잉하는 방법이다.

hydrometer 비중계(比重計), 하이드로미터 액체용 비중계. 일반 유리관 하부에 수은이나 작은 연구(鉛球) 등을 넣어 액체 속에 직립(直立)하게 한 구조. 액체 속에 넣었을 때 액면과 일치하는 유리관의 눈금을 읽고 그 액체의 비중을 측정한다.

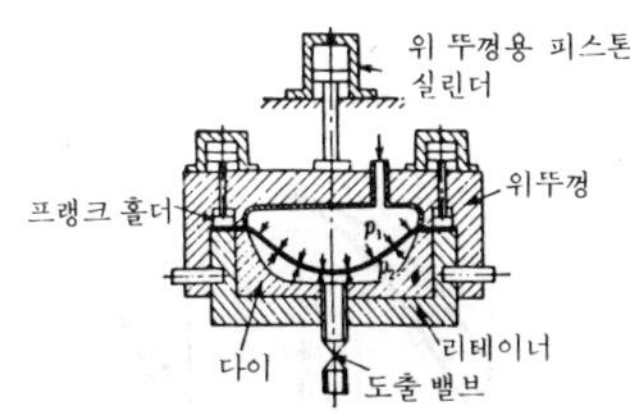

hydromatic process

hydrometry 유량 측정법(流量測定法) 액체나 기체의 유량을 측정하는 방법. 저울이나 용기를 반복해서 사용하는 방법, 가스 미터, 수량계, 노즐, 오리피스 등을 이용하는 방법 등이 있다.

Hydronalium 히드로날륨 Al-Mg 합금의 상품명으로, Mg을 3~9% 함유하고 있다. 어느 것이나 비열처리성(非熱處理性)이고, 내식성이 좋으며, 또 알루마이트성도 좋다. 가선 부품(架線部品), 사무 기기, 광학 기기 프레임, 케이스 등에 사용된다.

hydrostatic bulge forming 액압 벌지 성형법(液壓-成形法) 직접 또는 고무 모양의 막을 매개로 하여 판 또는 관재(菅材)를 액압에 의하여 벌지 가공으로 성형하는 법.

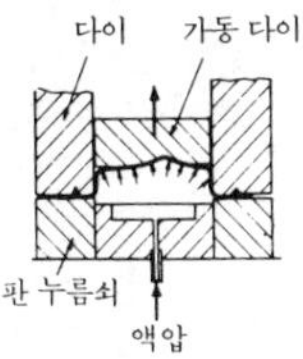

hydrostatic extrusion 정수압 압출법(靜水壓押出法) 복합 재료의 단면상의 구성 재료 비율이 일정하게 되도록 하기 위해 고압 액체를 이용한 특수 압출 기술이다. 또, 변형능(變形能)이 낮고 여린 재료〔脆弱材料〕를 압출할 때, 다이(die) 출구쪽에도 높은 압력을 작용시켜 응력의 정수압 성분을 높이는 초고압 압출법(ultra-high pressure extrusion)도 개발되었다.

hydrotatic head 정수두(靜水頭) 물이 유동하지 않을 때 상하 수면의 높이의 차. 즉, 물이 정지(靜止)되고 있을 때 상하 수면의 수직 거리.

hydrostatic level 양각식 수준기(兩脚式水準器) 연결 고무관을 사용하여 서로 다른 장소의 수준을 정확히 측정하는 수준기. 중간의 결합이나 기계 설치용.

hydrostatic pressure 정수압(靜水壓) 정지하고 있는 유체(流體) 속의 압력을 말하며, 비중량을 γ(kg/m³), 수면으로부터의 길이를 z(m)라고 하면, 정수압 $P=\gamma z$ (kg/m²)로 주어진다.

hydrostatics 유체 정력학(流體靜力學), 정수력학(靜水力學) 액체가 정지하고 있든가 혹은 상대 운동이 없는 경우, 액체에 작용하는 힘이나 액체에 의해서 작용하는 힘을 연구하는 학문.

hydrostatic test 정수압 시험(靜水壓試驗), 수압 시험(水壓試驗) 터보형 펌프 및 보일러에서 액압을 받는 부분에 소정의 수압을 걸어서 이상 유무를 확인하는 시험.

hygrometer 습도계(濕度計) 대기 중의 습도를 계측하는 데 사용되는 계기.

hyperbola 쌍곡선(雙曲線) 원뿔 곡선의 하나. $x^2/a^2-y^2/b^2=1$로 표현되는 곡선.

hyperboloid 쌍곡면(雙曲面) 직각 좌표 (x, y, z)를 사용하여 $x^2/a^2+y^2/b^2-z^2/c^2=1$이 되는 방정식으로 표현되는 면.

hyperboloidal gear 회전 쌍곡면 기어(回轉雙曲面-) 회전 쌍곡면의 일부를 피치면으로 하고, 평행이 아니면서 서로 교차되지 않는 2축간에 회전을 전달하는 기어.

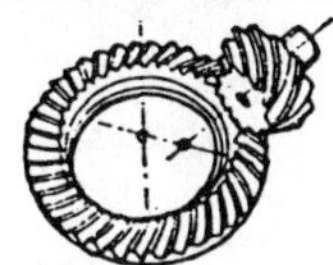

hyper-eutectoid steel 과공석강(過共析鋼) 탄소를 0.85% 이상 함유한 강(鋼).

hypocycloid 하이포사이클로이드 =cycloid

hypo-eutectic 아공정(亞共晶) 2원 상태도에서 공정 변태점(共晶變態點)보다도 좌측의 조성.

hypo-eutectoid steel 아공석강(亞共析鋼) 공석강(共析鋼)보다도 탄소량이 적은 강(鋼). 탄소강에서는 C 0.85% 이하를 함유한 강.

hypoid gear 하이포이드 기어 베벨 기어의 일종. 베벨 기어의 축을 엇갈리게 한 것으로, 엇갈린 축의 협각(挾角)이 90°를 이룬 것. 자동차에는 그 바닥면을 낮게 하여 안정된 주행을 시키기 위해 이 하이포이드 기어를 사용하고 있다.

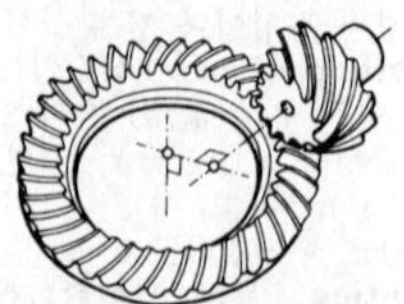

hypotrochoid 하이포트로코이드 정원(定圓)의 원주 위를 이에 내접(內接)하는 또 하나의 원이 미끄러지지 않고 구를 때, 그 원에 고정된 1점이 그리는 궤적(軌跡).

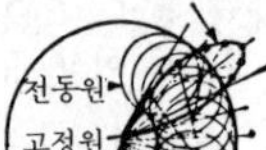

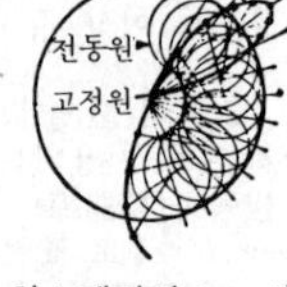

hysteresis 히스테리시스 일반적으로 재료에 하중을 가할 때 하중과 재료의 변형과의 관계, 또는 자성재(磁性材)의 자속밀도(磁束密度)와 자화력과의 관계 등은 주기적으로 반복될 때, 양자의 관계가 동일 곡선상을 왕복하지 않으므로 하나의 환선(環線)을 그린다. 이 현상을 히스테리시스라고 한다.

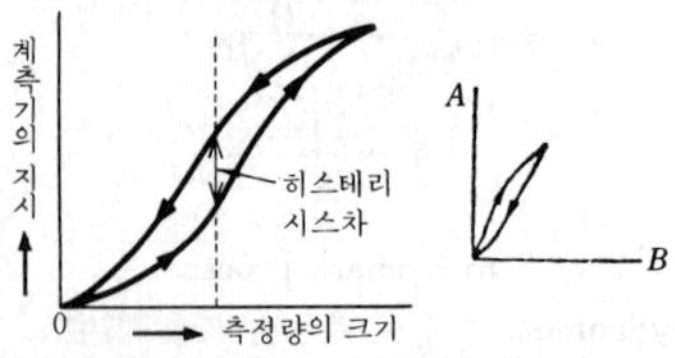

hysteresis error 히스테리시스 오차(－誤差) 측정의 전력(前歷)에 의하여 생기는 동일 측정량에 대한 지시값의 오차.

hysteresis loop 히스테리시스 루프 ＝ hysteresis

hysteresis loss 히스테리시스 손실(－損失) 히스테리시스에 의한 에너지 손실을 말하며 일반적으로 열이 되어 손실된다.

hysteresis motor 히스테리시스 모터 타이밍 모터로서, 또 정확하고 일정한 속도가 필요한 기록계 등의 구동용(驅動用)으로서 사용된다. 또한, 관성 부하(慣性負荷)의 영향을 받지 않고 가속이 가능한 어떠한 부하라도 제어할 수 있다.

I

I-bar I형재(一形材) I형강(形鋼)은 각부 장치의 부재(部材)로 사용되는 경우에 일컫는 말.

I-beam I빔 I형강(形鋼)을 보(beam)로 사용하는 경우에 일컫는 말.

ice can 제빙통(製氷筒), 아이스 캔 각형의 블록 아이스〔角氷〕 제빙에 사용하는 금속제의 캔. 맑은 물을 넣은 제빙통을 제빙 탱크의 브라인(brine) 속에 담그고 압축 공기로 교반하면서 빙결(氷結)시켜 투명 얼음을 만든다.

ice machine oil 냉동기유(冷凍機油) 냉동기·제빙기용 윤활유, 순광유(純鑛油)로서 응고점이 가급적 낮은 것이 좋다. 극히 저온에서 사용할 경우에는 특수 냉동기유가 있다.

IC memory IC메모리 컴퓨터에는 기억 장치가 필요하며 종래에는 코어 메모리, 와이어 메모리와 같은 자성(磁性) 메모리가 사용되었으나, 이것은 소형화하기가 어렵고 고속 동작에 부적합하며, 주변 회로가 복잡해진다. 이러한 결점을 IC 기술의 진보로 해결한 것이 IC 메모리이다.

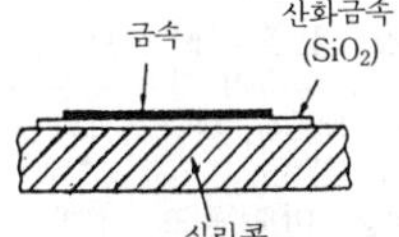

iconoscope 아이코너스코프 아이콘(icon)은 상(像), 스코프(scope)는 보는 기계라는 뜻으로, 텔레비전의 촬상관을 가리킨다.

ideal fluid 이상 유체(理想流體) 점성(粘性)이나 압축성이 없는 완전 유체.

ideal gas 이상 기체(理想氣體) 보일-샤를르의 법칙 $P_v=R \cdot T$에 그대로 따른 기체를 말한다.

identity elastic alloy 항탄성 합금(恒彈性合金) 열탄성 계수(熱彈性係數)가 일정한 합금을 항탄성 합금이라고 한다. 열탄성 계수는 제로에 가깝다. 용도는 토크 지시계, 항공용 계기 부품, 라디오 존데의 기압 부품, 절대 압력계, 음차형(音叉型) 오실레이터, 시계의 태엽, 압력계 부르동관(菅) 다이어프램, 벨로스 등.

idle 아이들 소용이 없는, 공전(空轉)이라는 뜻. 아이들 기어, 아이들 풀리, 아이들 타임 등에 사용된다.

idle gear 아이들 기어 →idle pulley

idle pulley 아이들 풀리 ① 공회전(空回轉)하는 바퀴. ② 마찰차에서 원동차와 종동차의 중간에 넣는 바퀴.

idler 중간차(中間車) →idle pulley

idle system 아이들 시스템 공장 등에서 생산을 줄이는 경우에 노동 시간을 단축시키고 임금을 낮추어 1인당의 수입을 적게 함으로써 종업원을 해고하지 않고 실업을 방지하는 방법.

idle wheel 아이들 휠 =idle pulley

idling 아이들링 기관(機關)을 무부하로 저속 운전하는 것.

igniter 점화기(點火器) 가솔린 기관용으로는 전기 점화기, 디젤 기관 시동용으로는 가열선(加熱線) 점화기, 가스 터빈 시동용으로는 전기 불꽃 또는 토치식이 있다.

ignition 점화(點火) =firing

ignition ball 열구(熱球) =hot-bulb engine

ignition cam 점화용 캠(點火用－) 불꽃 점화 기관에서 단속기(斷續器)의 접점을 여는 작용을 하는 캠.

ignition coil 점화 코일(點火－) 불꽃 점화 기관에서 점화 플러그의 불꽃을 발생시키는 유도 코일. 축전지식 점화법에 있어서 주요 부품의 하나.

ignition delay 점화 지연(點火遲延) 디젤 기관에서 압축된 고온·공기 속에 연료를 분사하더라도 즉시 점화되지 않고 폭발이 일어나기까지에는 약간 지연되는 것을 말한다.

ignition lag 점화 지연(點火遲延), 착화 지연(着火遲延) =igition delay

ignition plug 점화 플러그(點火－), 이그니션 플러그 내연 기관에서 혼합 기체에 점화하여 폭발을 일으키는 플러그.

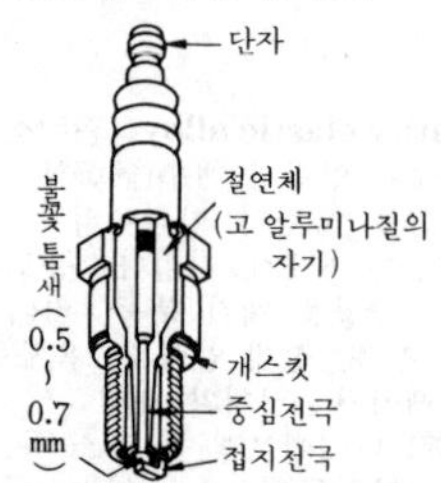

ignition temperature 점화 온도(點火溫度), 착화 온도(着火溫度) 가연성 혼합 기체가 자기 착화하는 최저 온도, 또는 공기 중에 두어진 고체가 착화하는 최저의 고체 온도를 착화 온도 또는 점화 온도라고 한다.

ignition timing 점화 시기(點火時期) 가솔린 기관에서는 압축 행정의 상사점(上死點)에 이르기 조금 전에 점화하는 것이 가장 연소가 잘 된다. 언제 점화하는가 하는 것이 점화 시기이다. 점화 시기는 부하나 회전 속도의 증가와 더불어 빠르게 하는 것이 바람직하다. →dead center

illumination 조도(照度)[1], 일루미네이션[2] ① 어떤 면의 단위 면적당 들어오는 광속 밀도(luminous flux density). 단위는 룩스를 사용한다.

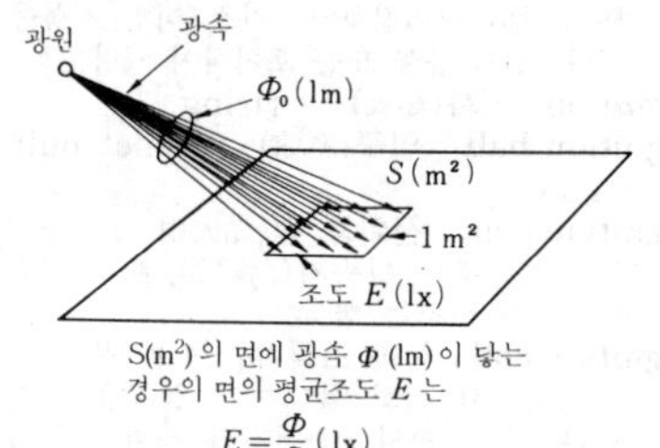

S(m²)의 면에 광속 Φ (lm)이 닿는 경우의 면의 평균조도 E는

$$E=\frac{\Phi}{S}\ (\mathrm{lx})$$

② 조명, 전기 장식.

illuminometer 조도계(照度計) 어떤 면의 조도를 계측하는 데에 사용되는 계기. 맥베스 조도계, 간이 조도계, 광전지 조도계 등이 있다.

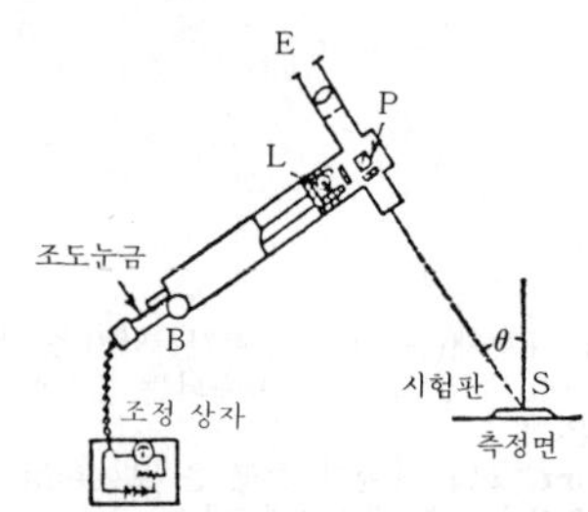

illustration 일러스트레이션 설명용 도해(圖解), 도안(圖案)을 말한다.

illustration of apparatus 장치도(裝置圖) 장치를 구성하는 부품의 조립 또는 배치를 나타내는 도면.

imaginary line 가상선(假想線), 상상선(想像線) 기계 제도에서 쓰이는 가는 1점 쇄선으로, 이동하는 부품의 위치나 인접 부분을 참고로 나타낼 때 등에 쓰이는 선.

immersion 액침(液浸) 현미경의 개구수(開口數)를 증대시키기 위해 대물(對物) 렌즈와 물체 사이에 1.6 정도의 굴절률을 가진 액체를 채우는 것. 유침(油浸)이라고도 한다.

immobilized enzyme 고정화 효소(固定化酵素) 효소를 널리 공업적으로 이용하기 위하여 여러 가지 방법으로 고정화시킨 것.

immunity 불활성태(不活性態) 용액 속에 있는 그 금속의 평형 이온 활량이 어느 작은 값 이하로 되어 부식이 사실상 일어나지 않는 상태.

IMO pump 이모 펌프 1개의 파워 로터와 2개의 아이들러 로터를 갖는 정용량 회전식의 나사 펌프. 그림과 같이 파워 로터와 아이들러 로터의 맞물림과 슬리브에 의해서 생기는 밀폐 공간에 갇혀진 유체가 로터의 회전에 따라 이동하게 되어 있다. 원리적으로 유체가 교반되는 일없이 이동하기 때문에 맥동이 없고 소음이 적은 이점을 갖는다. 주로 고점도 액체의 압송용 펌프로서 쓰인다.

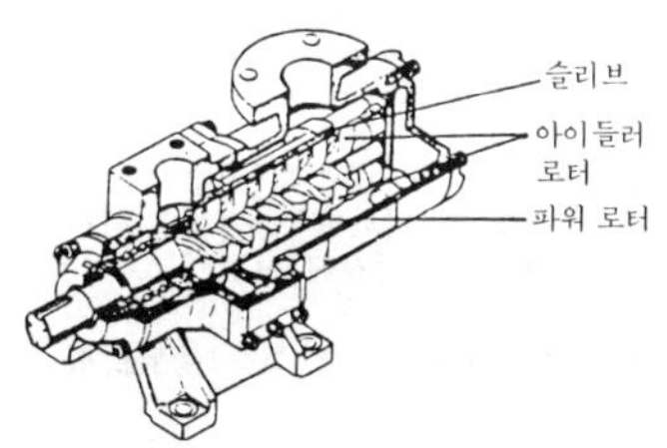

impact 충격(衝擊) =shock, mechanical shock

impact belt roller 임팩트 벨트 롤러 벨트 컨베이어에 사용하는 하중(荷重)의 충격을 완화시키는 롤러.

impact extruding 충격 압출법(衝擊壓出法) 압출 가공의 일종. 일반적으로 냉간에 있어서 크랭크 프레스 등을 이용하여 힘을 충격적으로 가해 제품을 압출하는 방법.

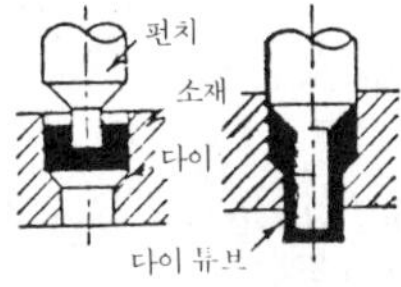

impact force 충격력(衝擊力) =shock

impact load 충격 하중(衝擊荷重) 비교적 단시간 내에 충격적으로 작용하는 하중.

impactor 임팩터 수평형 공압식에서 좌우로부터 대향(對向) 피스톤에 의해 동시에 타격을 가하는 형식의 수평 단조기(水平鍛造機).

impact strength 충격 강도(衝擊强度) 보통 충격적인 굽힘(휨) 하중에 의해서 재료가 파단되는 데에 요하는 에너지를 그 재료의 단면적으로 나눈 값으로, kg·cm/㎠로 나타낸다. 이 값이 작으면 일반적으로 재질이 여린 재료이다.

impact stress 충격 응력(衝擊應力) 충격 하중에 의하여 물체 내에 일어나는 순간적인 최대 응력.

impact test 충격 시험(衝擊試驗) 금속 재료 시험의 일종. 소정의 시험기를 사용하여 칼자국이 있는 시험편(試驗片)을 단 1회의 충격으로 파괴하고, 이때 시험편이 흡수하는 에너지의 대소에 의해 재료의 점성 강도(粘性强度), 취성(脆性)을 판정하기 위한 충격값을 측정하는 시험. 이 시험에 이용되는 기계를 충격 시험기(impact tester)라고 하는데, 아이조드 충격 시험기(Izod impact testing machine)와 샤르피 시험기(Charpy impact tester)가 있다.

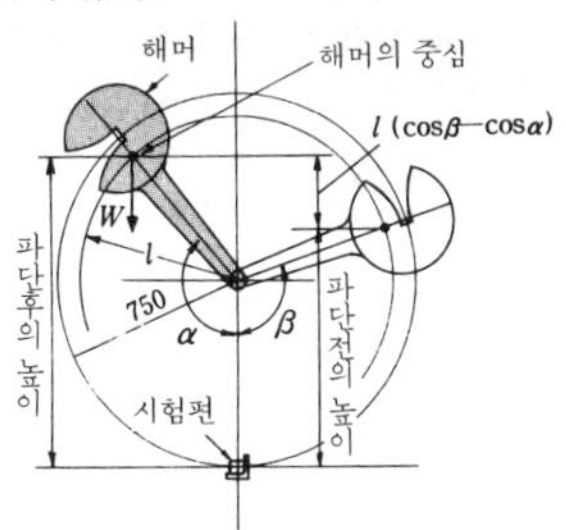

impact value 충격값(衝擊−) →Charpy impact

impact wrench 임팩트 렌치 압축 공기 등을 이용하여 충격적으로 너트를 체결하는 렌치. impact는 충격이란 뜻이 있다.

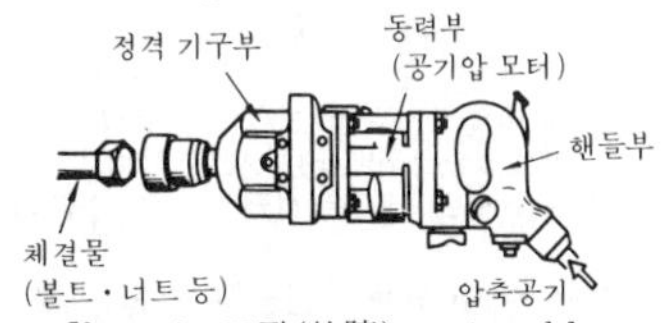

impediment 고장(故障) =trouble

impeller 임펠러 러너(runner)라고도 한다. 증기 터빈이나 반동 수차(反動水車)에 있어서 증기 또는 물의 에너지를 받아 회전하는 바퀴. 또, 원심 펌프의 주요부. 곡면(曲面)을 이룬 날개를 여러 매 구비한 바퀴.

imperfect lubricated friction 불완전 윤활 마찰(不完全潤滑摩擦) 윤활 유막이 얇아서 윤활 작용이 안전하지 못한 상태의 마찰.

Imperial standard wire gauge 영국 표준 와이어 게이지(英國標準−) 표준 와이어 게이지의 일종. 번호에 따라 와이어의 지름이 나타나 있다.

implant material 임플란트 재료(−材料) 생체(生體)의 일부가 사고나 질병으로 기능을 잃었을 경우, 그 결손 부위의 기능과 형태를 회복시키기 위해 이식(移植)하는 조직편(組織片)이나 삽입편의 재료를 말한다. 넓은 뜻으로는 생체 재료(bioma-

I

terial)라 한다.

impregnation 함침(含浸) 공동 조직(空洞組織)에 액상(液狀)의 물질을 흠뻑 채워 넣을 때에 사용하는 일반 용어. 예를 들면, 수지(樹脂)를 직물, 종이, 목재, 분립(粉粒), 권면(卷綿) 등의 구조 속의 틈새에 채워 넣는 것.

impression 임프레션 금형의 형조각(型彫刻) 부분을 말한다.

improvement 개량(改良), 개선(改善)

impulse 임펄스[1], 역적(力積)[2] ① 극히 짧은 시간에 큰 진폭을 내는 전압이나 전류 또는 충격파를 펄스라 한다. 1개만의 것을 특히 임펄스라 하고, 주기적인 충격파의 것을 펄스와 구별하여 부르기도 한다. 현재는 일반적으로 펄스라고 총칭하는 경우가 많다.
② 힘 F와 그것이 작동한 시간 t와의 상승적(相乘積) Ft를 역적(力積)이라 한다.

impulse blade 충동 날개(衝動－) 증기 터빈의 날개.

impulse coupling 임펄스 커플링 엔진 시동시에 마그넷을 충격적으로 회전시켜 발생 전압을 높이는 동시에 자동적으로 진각(進角)도 처리하는 장치. 임펄스 스타터(impulse starter)라고도 한다.

impulse force 충격력(衝擊力) ＝impact load

impulse response 임펄스 응답(－應答) 입력 신호가 충격적으로 변화했을 때의 응답.

impulse steam turbine 충동 증기 터빈(衝動蒸氣－) 증기의 충동력에 의해서 움직이는 터빈.

impulse turbine 충동 터빈(衝動－) 충동력을 이용하는 터빈. 드라발(De Laval)식, 속도 다단식, 압력 다단식의 세 가지 종류로 대별된다.

impulse water turbine 충동 수차(衝動水車), 펠턴 수차(－水車) 고속도의 분류(噴流)를 날개에 충돌시켜 그 충동력으로 날개차를 회전시키는 장치의 수차.

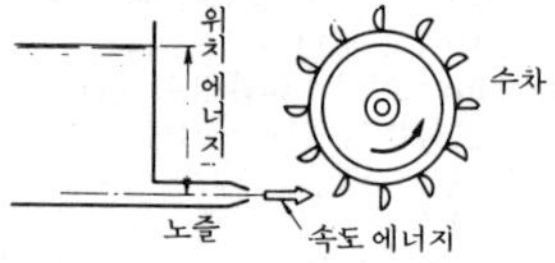

impulse wave 충격파(衝擊波) ① 계속되는 시간이 극히 짧은 파. ② 유체(流體) 속의 초음속 운동에 의해서 일어나는 충격적인 파.

impulsive force 충격력(衝擊力) 두 물체가 충돌할 때 나타나는 충격에 의한 힘으로, 매우 짧은 시간에 크고 더욱 변화하는 힘이다.

impulsive load 충격 하중(衝擊荷重) → dynamic load

impurity 불순물(不純物) 금속이나 합금에 있어서 그 원료에서부터, 또는 정련(精鍊)이나 합금 제조 과정에서 혼입한 주성분 이외의 협잡물(挾雜物).

inboard rotor 인보드 로터 중심(重心)이 베어링 안쪽에 있는 로터. 전동기의 회전자 등 대부분의 로터가 이 범주에 든다.

incandescence 백열(白熱) 물체가 대단히 높은 온도에서 가열되면 백색광을 낸다. 이러한 온도 또는 상태를 말한다.

incapability 불능(不能), 부적당(不適當)

inch 인치 약자는 in, 약호는 ″. 1피드의 1/12에 해당한다.

inching 인칭 촌동(寸動) 또는 미동(微動)으로 조정하는 것.

inclination 경사(傾斜) 비스듬히 한 쪽으로 기울어짐.

incline 사면(斜面), 경사면(傾斜面), 기울다

inclined molding 경사 주입법(傾斜鑄入法) 주형(鑄型)을 기울여서 쇳물을 주입하는 방식.

inclined stress 경사 응력(傾斜應力) 주축(主軸) 방향에 대하여 경사진 단면(斷面)상에 작동하는 응력.

inclined-tube manometer 경사관식 압력계(傾斜管式壓力計) 미소한 압력차를 측정할 수 있도록 U자관 압력계를 경사지

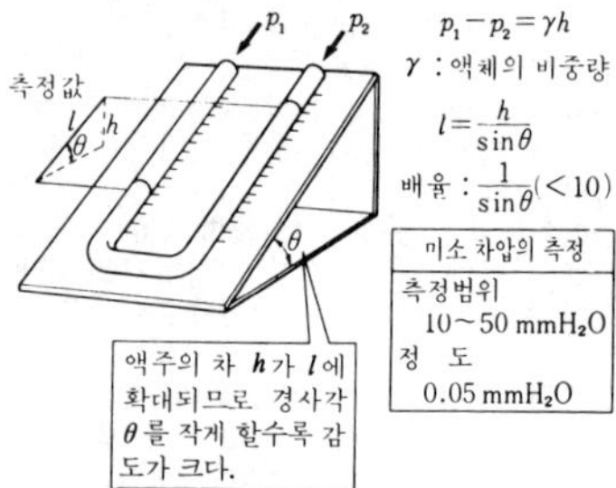

게 하여 사용하도록 만들어진 압력계.

incline precision level 경사 측정용 정밀 수준기(傾斜測定用精密水準器) 마이크로 미터를 장치한 정밀 수준기(水準器).

inclinometer 경사계(傾斜計) 수준기와 원주 눈금을 조합시킨 각도 측정기.

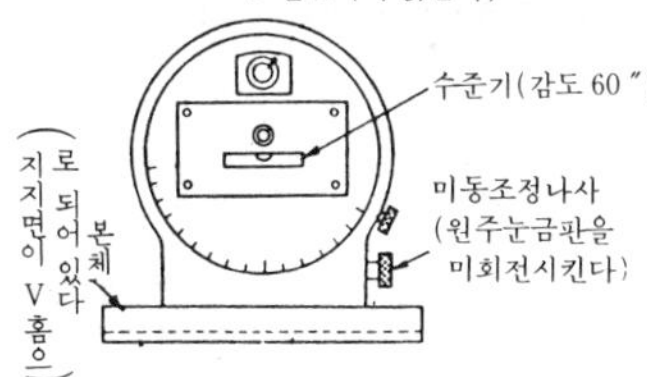

included angle 개선 각도(開先角度) 용접에서 2개의 모재(母材)의 접합 부분이 가공된 각도.

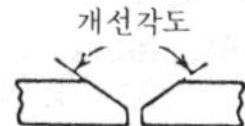

included angle of thread 나사산 각(－山角) 나사산의 양쪽 사면(斜面)이 이루는 각도. 미터 나사, 유니파이 나사는 60°, 위트워드 나사(Whitworth screw thread)는 55°, 사다리꼴 나사는 29° 또는 30°이다.

inclusion 개재물(介在物) 비금속 개재물의 줄인 말. 금속 중에 존재하는 비금속의 이상(異相)을 말한다.

incomplete combustion 불완전 연소(不完全燃燒) 연소 산물 가운데에 일산화 탄소와 같은 가연 혼합물(可燃混合物)을 함유하는 경우의 연소.

incomplete thread 불완전 나사(不完全－) 형상(形狀)이 바르지 못한 나사 또는 나사산이 얕아진 나사.

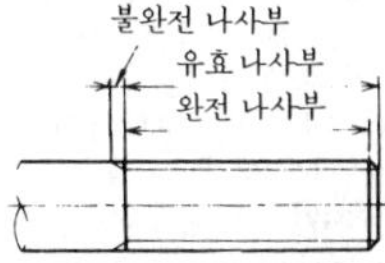

incompressibility 비압축성(非壓縮性) 유체에 있어서 물과 같이 압축되지 않는 성질.

incompressible fluid 비압축성 액체(非壓縮性液體) 압력이 변하더라도 밀도는 변하지 않는 유체. 물이나 기름 등을 실용상 압축되지 않는 유체로 볼 수 있다.

Inconel 인코넬 Fe-Ni-Cr의 주조 금속(鑄造金屬)으로 내열, 내산, 고온 강도에 우수하다. 전열기, 고온계의 보호관, 항공기의 배기 밸브 등에 이용된다.

increment 증가(增加), 증대(增大)

incremental forging 인크리멘털 포징 융통성이 있어서 다품종 소량 생산에 알맞는 자유 단조를 겨냥한 그림과 같은 다(多) 램(ram)식 인크리멘털 포징이 개발되었다.

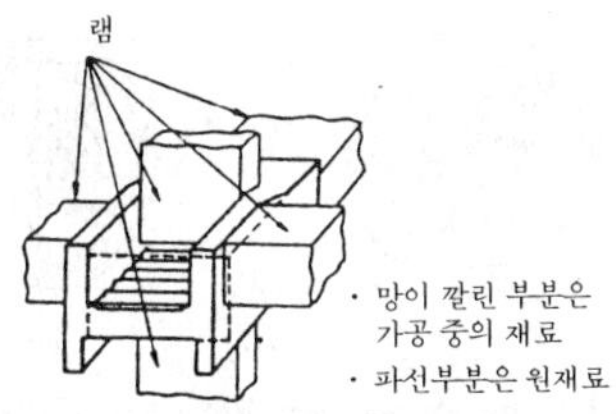

incremental position transducer 인크리멘털 위치 검출기(－位置檢出器) 직전 위치에서의 증분(增分)으로 기계 이동을 검출하여 전송(傳送)에 편리한 신호로 변환하는 기기.

incremental system 인크리멘털 방식(－方式) NC 공작 기계에서의 위치 결정 제어 방식의 하나로, 절삭 공구의 위치에서 다음으로 움직여야 할 거리를 지령하는 방식을 말한다. 증분 방식(增分方式)이라고도 한다.

incrustation 탕때(湯－), 물때 보일러 내벽에 생기는 물때. ＝scale

indefinite integral 부정 적분(不定積分) 함수 $f(x)$를 도함수(導函數)로 갖는 함수 $F(x)$를 $f(x)$의 부정 적분 또는 원시 함수라고 한다.

indentation 오목 자국, 압입 자국(壓入－) 록웰 경도 시험(硬度試驗)이나 브리넬 경도 시험에서 강구(鋼球)의 낙하에 의해 시험면에 남겨진 오목한 흔적.

indentation hardness test 압입 경도 시험(壓入硬度試驗) 압입자(壓入子)를 시료

I

의 시험면에 압입하여 자국을 내고, 그 자국에 의해 시료가 나타낸 저항의 대소를 측정하여 경도를 알아내는 시험.

indentation hardness tester 압입 경도 시험기(壓入硬度試驗機) 압입 경도 시험에 사용되는 전용 시험기. 브리넬 경도 시험기, 비커스 경도 시험기, 록웰 경도 시험기 등이 있다.

indenting 압입 가공(壓入加工) 재료의 일부분에 펀치를 압입하여 일정한 형상의 자국을 내는 가공법. 각인, 압인 또는 기계 부품의 부분적인 치수를 내는 등에 사용한다.

independent chuck 단독 척(單獨－) 선반용 척의 하나. 발톱(click)이 각각 단독으로 움직이는 척.

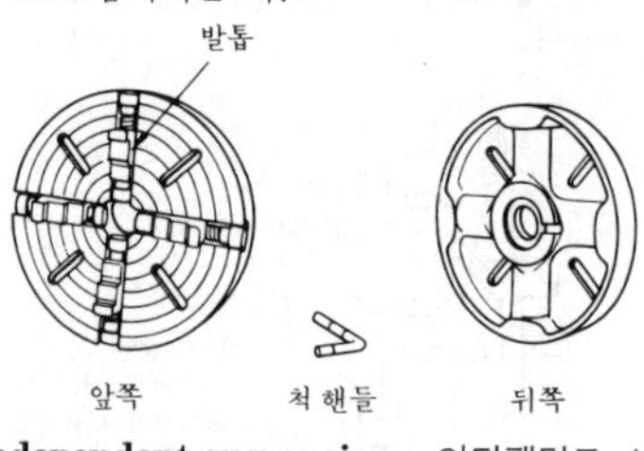

independent suspension 인디펜던트 서스펜션, 독립 현가 장치(獨立懸架裝置) 좌우차축을 대형 트럭과 같이 일체 구조(리짓 액슬 : rigid axle)로 하지 않고 소형차 특히 그 앞 차축에 볼 수 있듯이 좌우 차축의 서스펜션을 독립시킨 것. 인디펜던트 액슬(independent axle)이라고 하기도 한다.

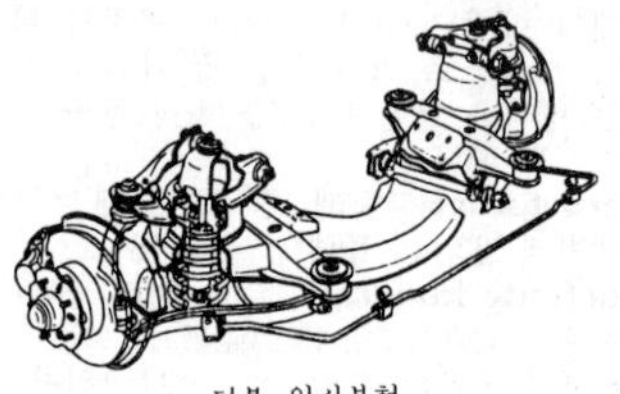
더블 위시본형

index 지수(指數), 율(率)

index head 분할대(分割臺) ＝dividing head

indexing 분할(分割) ＝dividing

indexing operation 분할 작업(分割作業) 주로 공작물의 원주(圓周)를 필요로 하는 각도로 분할하는 것. 실제는 분할판(分割板)이나 분할대를 사용하여 작업하는 경우가 많다.

indicated horsepower 도시 마력(圖示馬力) 인디케이터 선도(線圖)(indicator diagram)에서 구해지는 마력. 도시 마력으로부터 기관 내의 기계 손실을 뺀 것이 실마력(實馬力 : 브레이크 마력)이다.

indicated mean effective pressure 도시 평균 유효 압력(圖示平均有效壓力) 인디케이터 선도에서 구한 평균 유효 압력. → brake mean effective pressure

indicated micrometer 지시 마이크로미터(指示－) 특수 마이크로미터의 일종. 측정력을 일정하게 유지하기 위해 인디케이터를 내장한 마이크로미터.

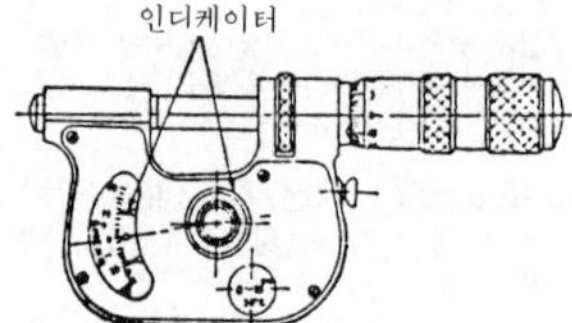

indicated specific fuel consumption 도시 연료 소비율(圖示燃料消費率) 도시 출력 1PS당 매시간마다 소비되는 연료의 양을 g으로 표시한 값.

indicated thermal efficiency 도시 열효율(圖示熱效率) 도시 마력(圖示馬力)을 바탕으로 한 열효율. 이것에 기계 효율을 곱하면 정미 열효율이 된다.

indicated work 도시 일(圖示－) 실린더 내에서 연소 가스가 하는 일. 인디케이터 선도(線圖)에서 구한다.

indicating micrometer 지시 마이크로미터(指示－) 외측 마이크로미터의 프레임 부분에 지레, 기어 등의 확대 기구를 가지며, 모루(anvil)의 미소 변위를 인디케이터로 확대 지시하게 한 마이크로미터.

indication 지시(指示), 도시(圖示)

indicator 인디케이터, 지압계(指壓計) ① 인디케이터는 지침에 의해서 계량, 계측을 하는 계기의 총칭. ② 지압계를 가리키는 경우에는 증기 기관, 내연 기관, 공기 압축기, 왕복 펌프 등에서 피스톤의 위치로 실린더 내 압력 변화와의 관계를 그래프로 나타내는 기기.

indicator card 인디케이터 카드 인디케이터 선도(線圖)를 기록하는 용지.

indicator

indicator diagram 인디케이터 선도(一線圖) 인디케이터를 사용해서 왕복 기관의 실린더 내의 압력이 피스톤의 이동에 따라 변하는 모양을 그린 곡선도(曲線圖).

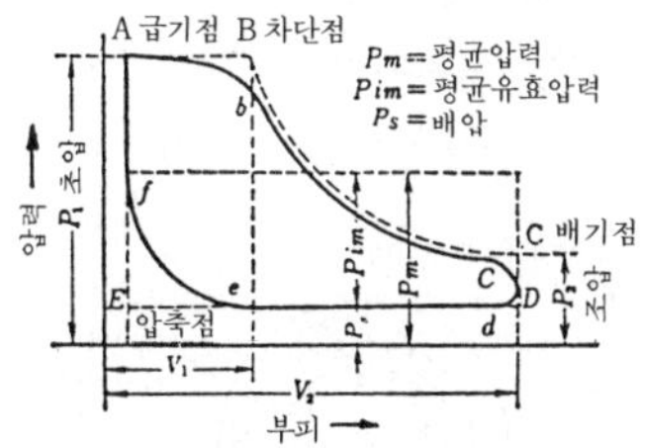

indirect compression forging 간접 압축 압출 단조법(間接壓縮壓出鍛造法) 공구의 가압(加壓)에 의해서 재료를 구속하고 있는 다른 공구 부분으로부터 가로 방향의 반력(反力)을 받아 그 힘으로 재료가 짓눌려 늘어나는, 그림과 같은 압출 단조법을 말한다.

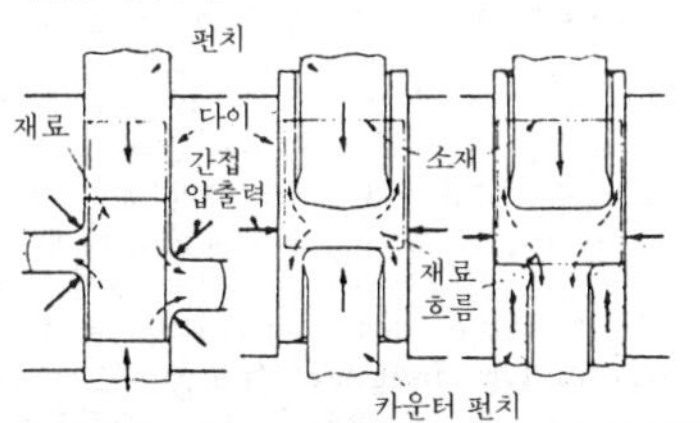

(a) 측방중실재(側方中實在) 압출(단조) (b) 전·후방 용기 압출(단조) (c) 전·후방 중실재 용기 압출(단조)

indirect expense 간접비(間接費) 제조원가 중에서 직접 노무비, 재료비 등을 제외한 비용.

indirect extrusion 간접 압출법(間接壓出法) =inverted process

indirect heating 간접 난방(間接暖房) 증기를 각 방의 방열기에 유도하여 난방하는 직접 난방에 대해서, 기계실 등에서 가열 조정된 공기를 덕트를 통해 각 방에 보내서 하는 난방 방식을 말한다. 간접 방식에서는 냉방 설비와 공통으로 하는 경우가 많으며, 공기 조화 방식이라고도 한다. →air conditioning

indirect measurement 간접 측정(間接測定) 측정량과 일정한 관계에 있는 양을 측정하고, 그 값을 계산 또는 환산표에 의해서 산출함으로써 측정값을 알아내는 측정 방식.

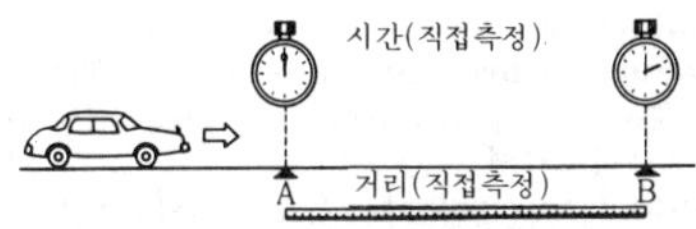

$$\text{자동차의 평균속도 (간접측정)} = \frac{\text{AB간의 거리}}{\text{AB간의 시간}}$$

indirect transmission 간접 전동(間接傳動) 떨어져 있는 원동절과 종동절을 벨트, 로프, 체인, 링크 등을 사용하여 동력이나 운동을 전달하는 방식.

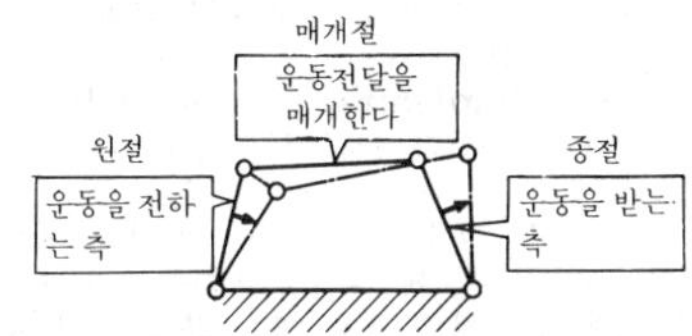

individual drawing system 1품 1엽식(一品一葉式) 한 장의 도면에 한 물품을 그리는 방식.

individual drive 단독 운전 방식(單獨運轉方式) 기계 1대마다 전동기를 설치하고, 각 기계가 단독으로 자유로이 운전될 수 있도록 한 운전 방식. 직접 단독 방식과 간접 단독 방식이 있다.

individual system 병렬식(竝列式)

individual system drawing 1품 1엽 도면(一品一葉圖面) 1매의 정도 용지(整圖用紙)에 한 가지 물건만을 그린 도면을 말

한다. =mono-part drawing

iduced draft 유도 통풍(誘導通風), 유인 통풍(誘引通風) 강제 통풍의 하나. 연료를 연소시키는 데에 필요한 바람을 노(爐)나 보일러에 보내기 위하여 화격자 사이에서 공기를 흡출(吸出)시키는 방식.

induced draft fan 흡출 송풍기(吸出送風機), 유인 환풍기(誘引換風機) 실내 또는 특정 장소에서 기체를 흡출(吸出)시키는 데 사용하는 송풍기.

inducer 인듀서 입구의 유도 날개를 말한다.

inductance 인덕턴스 전류를 코일에 흐르게 하면 자력선(이 생기고, 전류를 증감시키면 자력선도 따라서 증감되며, 이 자력선의 변화가 반대로 주위의 코일에 기전력을 만든다. 코일에 생기는 기전력은 전류의 증감을 방해하는 방향의 전류로, 이 작용을 자기 유도(自己誘導)라 한다.

induction 유도(誘導), 유발(誘發)

induction brazing 유도 가열 납땜(誘導加熱－) 유도 전류에서 얻어지는 열로 처리되는 납땜.

induction current 유도 전류(誘導電流) 전자(電磁) 유도 작용으로 생기는 유도 기전력에 의해 흐르는 전류.

induction furnace 유도 전기로(誘導電氣爐) 고주파 또는 저주파 유도 전류에 의하여 생기는 열로 금속을 용융하는 구조의 노(爐). 균일한 제품이 얻어진다.

induction generator 유도 발전기(誘導發電機) 유도 기전력을 이용하여 전력을 발생하는 회전기.

induction hardening 고주파 경화(高周波硬化), 고주파 담금질(高周波－) 고일속 혹은 곁에 철강의 피가열체를 두고 코일에 흘린 고주파 전류에 의하여 발생한 전자 유도 전류에 의해서 피가열체의 표면부만을 급속히 가열한 다음 분사 냉각 등에 의해 담금질하는 처리를 말한다. 내마모성, 내피로성의 향상을 목적으로 한다.

induction heater 인덕션 히터 고주파 또는 저주파 유도 전류에 의해 발열시키는 가열기.

induction manifold 흡입 매니폴드(吸入－), 흡입 다기관(吸入多岐菅) →manifold

induction motor 유도 전동기(誘導電動機), 인덕션 모터 대표적인 교류 전동기. 정류자(整流子)를 갖추지 않은 교류 전동기로서, 그 회전자 또는 고정자의 한 쪽만이 전원에 접속되어 있고, 다른 쪽은 유도에 의하여 동작하는 것.

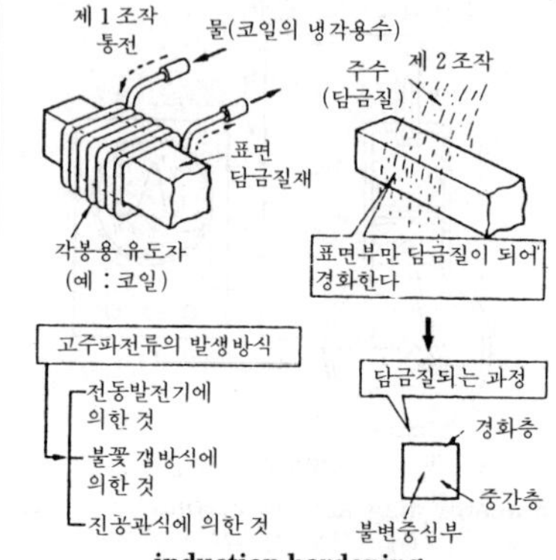

induction hardening

〔동기속도 n_s (회전자계의 회전하는 속도)〕

$$n_s = \frac{120f}{p} \text{ (rpm)} \qquad p : \text{자극수}$$

▽ 3상유도전동기

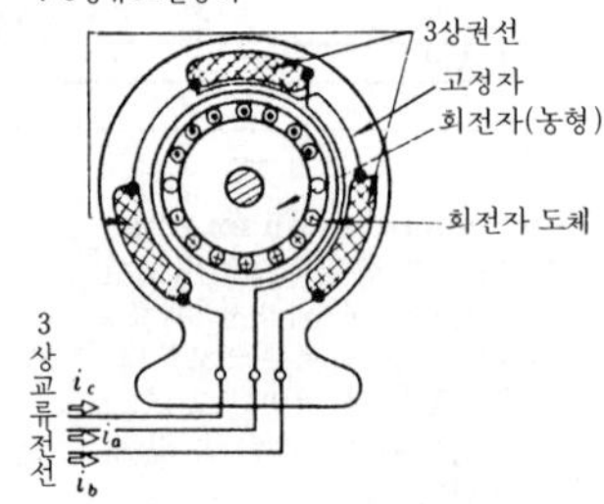

induction unit 인덕션 유닛, 유인 유닛(誘引－) 실내에 설치하는 소형 공기 조화기로, 냉온수 코일과 공기의 분출 노즐을 갖추고 있다. 기계실에서 조정된 외기를 고속·고압 덕트로 각 방의 유인 유닛에 보내고, 노즐에서 분사시켰을 때의 유인력으로 실내의 공기를 강제 순환시켜 냉온수 코일로 가열 또는 냉각시키는 것.

inductor type magnet 유도형 마그넷(誘導形－) 유도자(誘導子) 또는 배전자(配電子)가 회전하여 고압 전류를 유발하는 자석 발전기.

industrial design 공업 디자인(工業－) 디

자인(의장, 도안)의 한 분야. 기계, 기구류 성능의 우수성과 함께 그 의장(意匠)의 미적 향상을 꾀한 것.

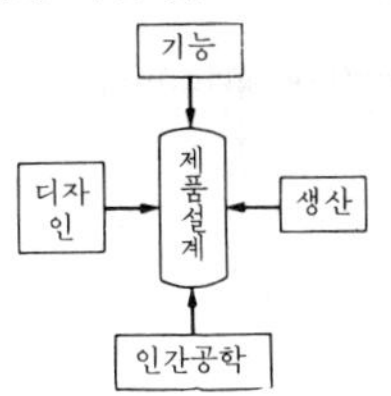

industrial engineering : **IE** 인더스트리얼 엔지니어링 기업의 수익을 올리기 위해 인력, 재료, 설비의 종합적인 시스템을 설계·개선하여 생산성의 향상, 원가의 절감을 도모하는 기술이다.

industrial instrument 공업 계기(工業計器) 공업 계측을 위해 사용되는 계기.

industrial line 인입선(引入線) ① 철도에서는 정거장으로부터 공장, 창고 또는 자갈, 철재, 광석 하역장까지 갈라져 들어간 선로를 말한다. ② 전기 배선에서는 배전선으로부터 분기하여 주요 장소에 갈라져 들어간 전선. =industrial siding

industrial robot 공업용 로봇(工業用－) 대단히 넓은 의미로 사용되고 있는데, 융통도가 높고 자동화 기능도 높은 핸들링 장치라고 정의하고 싶은 로봇이다. 적어도 자유도가 5~6 으로서, 사람의 손과 비슷한 작업을 자동화할 수 있고, 프로그래머블한 제어 장치를 갖추고 있는 기계 장치. 공업용 로봇의 제어에는 위치 결정 제어 방식(point-to-point)과 윤곽 제어 방식(continuous path)이 있다. 실용 로봇의 80~90%는 PTP 이다. 5~6 자유도의 공업용 로봇에는 그림과 같이 극좌표 구조(極座標構造)(a)와 원통 좌표 구조(圓筒座標構造)(b)가 있다.

industrial safety 안전 관리(安全管理) 종업원의 생명과 신체를 기계 설비, 기타의 위해(危害)로부터 보호하기 위한 조직적 활동. 관계 법규로는 근로 기준법, 산업 안전 관리법 등이 있다.

industrial television 공업용 텔레비전(工業用－) 산업용으로 응용되고 있는 텔레비전.

industrial waste 공업 폐수(工業廢水), 공업 폐기물(工業廢棄物) 공장에서 배수하는 오염된 물. 생물 화학적 산소 요구량 BOD 가 높은 유기 폐수 혹은 크롬, 수은, 시안 등의 무기 폐수 등도 포함된다. 이러한 폐수를 하천 등 공공 수역에 방류할 때는 유해 물질의 규제에 따라서 배수 처리를 하여 무해화할 필요가 있다.

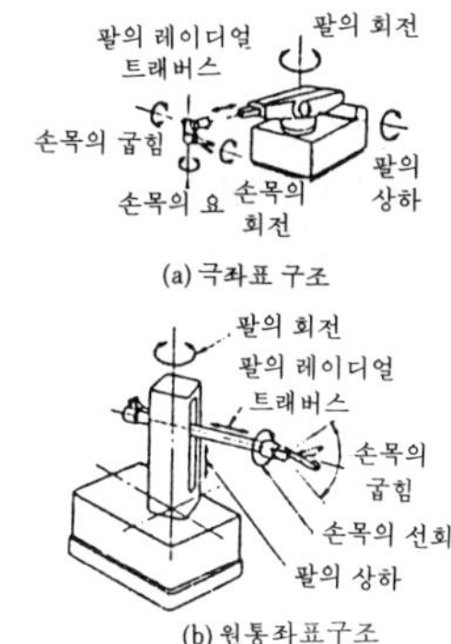

(a) 극좌표 구조

(b) 원통좌표구조

industrial robot

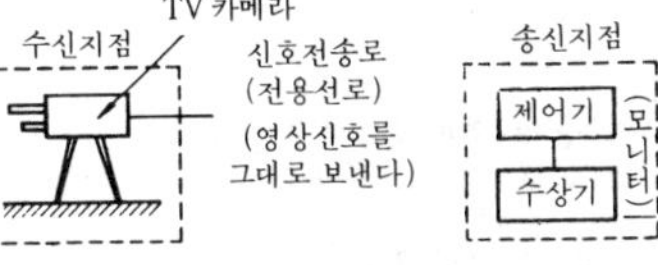

industrial television

industrial water 공업 용수(工業用水) 공업 목적에 사용하는 물의 총칭. 증기 발생, 냉각, 세정(洗淨), 그 밖에 다양한 화학 공업용 원료수 등에 사용되고 있다.

industry 공업(工業), 산업(産業)

inelasticity 비탄성체(非彈性體)

inelastic region 비탄성역(非彈性域), 비탄성 영역(非彈性領域) 재료나 구조가 탄성적인 성질을 지니지 않은 응력이나 변형을 일으킬 수 있는 범위.

inequality 부등식(不等式) 2 개의 식 또는 수가 부등 기호(〈 또는 〉)로 표시되는 식.

inert gas 이너트 가스, 불활성 가스(不活性－) 아르곤, 헬륨 등은 보통 상태에서는 다른 원소와 거의 화합하지 않는데, 이와 같은 종류의 가스를 말한다.

inert-gas metal-arc welding 불활성 가스 금속 아크 용접(不活性－金屬－鎔接) 불활성 가스의 분위기 속에서 심선(心線)

과 모재(母材)와의 사이에 아크를 발생시켜 용접하는 방법. 알루미늄, 마그네슘 등의 경합금(輕合金)이나 내열강, 내식 등의 특수강, 각종 동합금(銅合金) 또는 이종합금(異種合金)의 용접이나 덧붙임 등 종래에는 하기 어려운 것으로 생각되었던 금속이나 합금의 용접에 응용된다.

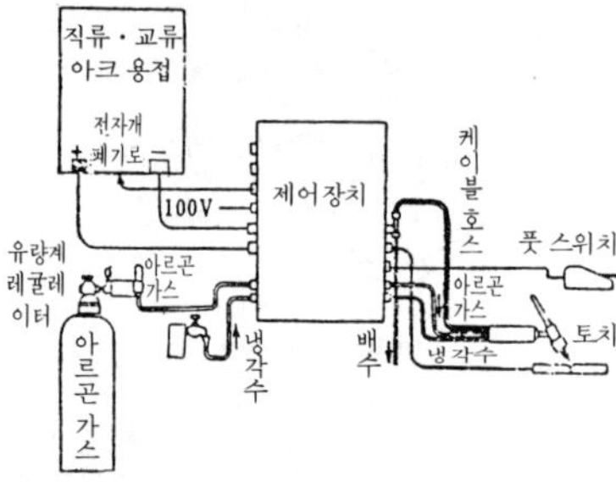

inert-gas shield arc welding 이너트 가스 아크 용접(-鎔接) 아르곤 또는 헬륨 등 고온에서도 금속과 반응하지 않는 불활성 가스(이너트 가스)의 분위기 속에서, 피복하지 않은 텅스텐봉(TIG) 또는 금속 전극선(MIG)과 피용접물 사이에 아크를 발생시켜 그 열로 용접을 하는 것. 이점은 피복제(被覆劑) 및 용제(溶劑)가 필요없다. 전 자세의 용접이 용이하여 능률이 높다. 용접의 품질이 좋다는 것 등이다.

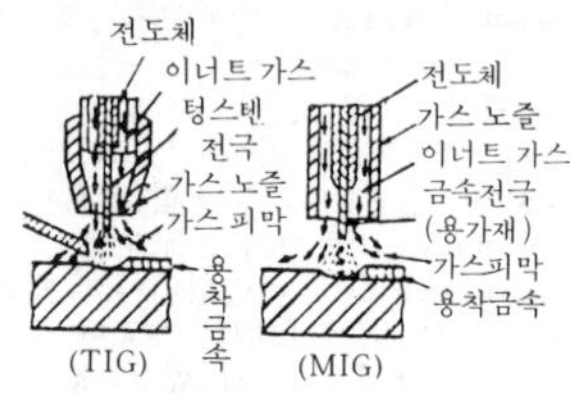

이너트 가스 아크 용접의 2형식

inertia 관성(慣性), 이너셔 물체는 그 상태를 지속하려는 성질이 있다. 그래서 정지되어 있는 것을 움직이거나, 움직이고 있는 것의 속도를 더 빠르게 하거나 늦추거나 정지하려고 하여 외력을 가하게 되면 그 외력에 거역하는 힘이 생기는데, 이것을 관성이라 한다.

inertia force 관성의 힘(慣性-) =force of inertia

inertia governor 관성 조속기(慣性調速機) 회전체의 접선 방향의 관성력을 이용하는 조속기. 원심력을 이용하는 조속기의 작용을 보상하기 위하여 쓰이며 단독으로는 사용되지 않는다.

infeed method grinding 인피드식 연삭(-式硏削), 송입 연삭(送入硏削) 센터리스 연삭으로서 공작물을 양 숫돌 바퀴 사이에 위로부터 넣든가, 또는 연삭대(硏削臺 : strike plate) 위에 올려 놓고 이송 숫돌 바퀴에 보내 접근시켜 연삭하는 방법. 연삭 중에 공작물이 축 방향으로 이동하지 않기 때문에 정지 연삭(停止硏削)이라고도 한다.

infiltration 용침(鎔浸) 소결(燒結) 금속의 기공(氣孔)을 저융점의 금속으로 채우기 위하여 저융점 금속의 용탕(鎔湯) 속에 담그는 것.

infiltration process 용액 침투법(溶液浸透法) 소결(燒結) 금속의 기공(氣孔)이나 섬유 다발의 틈새에 모세관 현상으로 용융 금속을 침투시키거나, 진공 흡수로 침투시키는 방법.

infinitesimal 무한소(無限小) 변수가 0에 수속(收束)할 때 무한소가 된다고 한다. 또, 함수 $f(x)$에 대하여 $\lim f(x)=0$이 성립하면, $x\to a$일 때 $f(x)$는 무한소가 된다고 한다.

inflammability 가연성(可燃性), 인화성(引火性) 비교적 낮은 온도에서 인화 또는 착화되기 쉬운 성질.

inflammability limit 가연 한계(可燃限界) 기체 연료 또는 무화(霧化)된 액체 연료와 공기의 혼합비가 거의 8~20의 범위라면 혼합기는 착화하여 연소하는데, 이 한계를 가연 한계라고 한다.

inflammable 가연물(可燃物), 가연성의(可燃性-) 불에 잘 타는 성질을 가진 물체 또는 그러한 성질을 띤 것.

inflammable gas 가연성 가스(可燃性-) 불에 잘 타는 성질을 띤 가스.

inflammation point 인화점(引火點), 인화 온도(引火溫度) =flash point

inflation molding 인플레이션 성형(-成形) 플라스틱 성형법의 일종. 폴리에틸렌의 필름을 만들 경우, 환상(環狀)의 구멍을 가진 다이(ring die)를 상향(上向)으로 놓고 이것으로부터 용융 폴리에틸렌을 압출하면 통 모양의 것이 된다. 이때, 내부에 공기를 불어 넣으면 부풀어서 얇은 통모양의 필름이 된다. 이 성형 방법을 인

플레이션 성형법이라 한다.

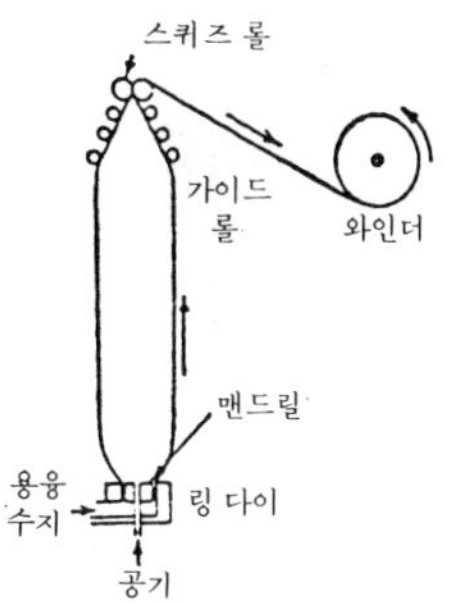

inflation pressure 타이어 압(－壓) 타이어 속의 공기의 압력. 보통 낮은 것이 1kgf/㎠, 높은 것이 7kgf/㎠

influence line 영향선(影響線) 보(beam)에서 예를 들면, 지지 반력이나 어느 특정 위치에서 휨 등이 부하의 작용 위치에 의해서 어떻게 변화하는가를 구해 식 표시 및 도시하면, 이 곡선은 각각 반력 혹은 휨의 영향선이라고 불린다. 전단력 영향선이나 굽힘 모멘트 영향선도 이 예이다.

influence number 영향 계수(影響係數) 선형(線形)의 역학계에 있어서 물체의 j점에 하중 W_j가 작용할 때의 i점의 변위를 u_i로 하여 $u_i=a_{ij}W_j$로 나타내어질 때 a_{ij}를 영향 계수라 하고 이것은 단위 하중($W_j=1$)에 의한 i점의 변위($u_i=a_{ij}$)와 같다.

information industry 정보 산업(情報産業) 일반적으로 컴퓨터, 단말 장치 등의 정보 처리 기계 제조업, 소프트웨어의 개발·판매업, 타임 셰어링, 정보 검색 등의 정보 서비스업의 3분야의 총칭.

information retrieval 정보 검색(情報檢索) 어떤 형태로 기록되어 있는 정보의 집합 속에서 필요한 정보를 발탁하여 인출(fetch)하는 것.

infrared baking 적외선 건조(赤外線乾燥) 적외선(파장 700mm～0.5mm의 전자파)은 물체에 부딪히면 열에너지로 변하므로 도료의 건조 등에 이용된다. 인화될 위험도 적고 가스 체킹의 염려도 적다.

infrared rays 적외선(赤外線) 눈에는 보이지 않지만 적(赤)보다도 파장이 긴 파가 적(赤)의 밖에 있는데 이것을 적외선이라 한다. 적외선은 열선(熱線)이라 불릴 만큼 열적 작용이 강하다. 또, 산란율(散亂率)이 작으므로 적외선 사진으로서 야간이나 안개 속의 촬영에 이용된다.

ingate 탕구(湯口) ＝pouring gate

ingot 잉곳 일정한 형태로 주입(鑄入)한 주물의 덩어리. 용해된 금속을 금형이나 사형(砂型)에 주입(鑄入)하여 만든다.

ingot case 잉곳 케이스, 주괴 주형(鑄塊鑄型) 잉곳을 주입(鑄入)하는 데에 사용하는 금형.

ingot pipe 수축관(收縮管) 잉곳을 만들 때 응고 수축에 의해 상부에서 생기는 파이프 모양의 공동(空洞).

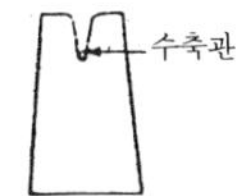

ingot steel 용제강(鎔製鋼), 용강(鎔鋼) 주괴형(鑄塊型)에 쇳물을 주입하여 만든 강(鋼). 선철(銑鐵)에서 C를 산화 제거하여 강인성을 회복시킨 것.

inhibitor 인히비터, 억제제(抑制劑) 미소한 양을 첨가시킴으로써 녹이나 부식을 억제하는 성질을 지닌 억제제. 부식 억제제, 산세(酸洗) 억제제, 방청(녹 방지) 그리스, 기화성(氣化性) 방청제, 기화성 방청 포장지, 기화성 방청유 등에는 이것이 첨가되어 있다.

initial 수선(首線), 기선(起線), 처음의

initial cost 이니셜 코스트 기계나 설비의 구입비라든가 기초, 설치, 배선, 배관비 등 최초에 소요되는 비용.

initial hardness 원초 경도(原初硬度), 초기 경도(初期硬度) 동일 위치에서 측정을 반복하면, 가공 경화(加工硬化)에 의해 최초의 경도보다도 나중의 경도가 큰 값으로 된다. 이때, 가공 경화되지 않은 최초의 경도를 원초 경도라고 한다.

initial phase 초기 위상(初期位相) 단진동을 나타내는 식 $x=A\cos(pt+\alpha)$에 있어서의 α를 초기 위상 혹은 초위상(初位相)이라고 한다.

initial pressure 초기 압력(初期壓力) 상태 변화의 최초의 압력. 증기 사이클에서는 터빈 입구 증기 압력을 가리키고, 내연기관 사이클에서는 압축 초의 압력을 가리킨다.

initial strain 원초 변형(原初變形), 원초 변형도(原初變形度), 초기 변형(初期變形), 초기 변형도(初期變形度) 원초 응력

에 의해서 발생된 변형(도).

initial stress 원초 응력(原初應力), 초기 응력(初期應力) 재료의 제작, 열 조작 또는 가공 등으로 인하여 재료 내부에 최초부터 잠재되어 있는 또는 주어진 응력을 말한다.

injection 분사(噴射) 고압의 기체 속에 액체를 주입하는 것. 인젝터(injector)는 이 원리를 응용하여 보일러에 급수한다.

injection carburettor 분사 기화기(噴射氣化器) 적당량의 연료를 흡기관에 분사한 가솔린 분사를 특히 분사 기화기라고 한다. 가솔린 분사에는 직접 실린더 내 분사, 흡기구 분사와 흡기관 분사가 있다. 이것들의 특징으로는 부피 효율이 증가하고 토크가 증가하며, 급가속을 할 수 있다는 등을 들 수 있다.

injection condenser 분사 복수기(噴射復水器), 분사 환수기(噴射還水器) ＝jet condenser

injection molding 사출 성형(射出成形) 플라스틱 성형법의 하나이다. 가열한 실린더 속에 열가소성(熱可塑性) 수지를 가열 유동화하여 이것을 사출 램에 의해 금형 속에 넣고 플런저로 압입하여 사출하는 성형법.

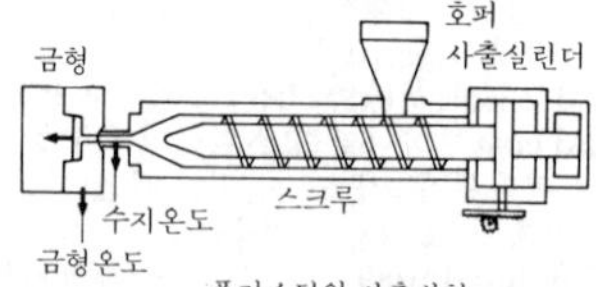

플라스틱의 사출성형

재　료	사출시의 수지온도	금형온도
열가소성수지	175°～320℃	30°～120℃
열경화성수지	100°～120℃	160°～190℃

injection molding machine 사출 성형기(射出成形機) 수지를 용융하여 금형에 사출하여 냉각해서 고화(固化)하는 기계이다. 주로 열가소성 수지에 사용되며, 형식으로는 플런저식과 스크루 인라인식이 있는데 전자는 플런저로, 후자는 스크루로 용융 수지를 노즐에서 금형에 사출하고 있다.

injection nozzle 분사 노즐(噴射－) 디젤 기관에 있어서 실린더 속에 연료를 미세한 무상(霧狀)으로 만들어 분사하는 노즐.

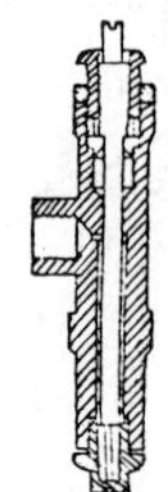

injection period 분사 기간(噴射期間) 연료의 분사가 시작되고부터 끝나기까지의, 분사가 계속하고 있는 기간. 디젤 기관에서는 보통 분사 기간으로 연료의 양을 조절한다.

injection pressure 분사압(噴射壓), 분사 압력(噴射壓力)

injection rate 사출률(射出率) 사출 성형에서 단위 시간당의 용융 재료의 이론적 사출량. 스크루 실린더의 단면적과 그 전진 속도와의 곱(㎤/sec)으로 표시한다.

injection timing 분사 시기(噴射時期) 노즐로 연료를 분사하는 시기. 피스톤의 상하 사점을 기준으로 한 크랭크 샤프트의 회전 각도로 표시한다.

injector 인젝터 압력이 있는 기체(증기, 압축 공기, 산소 등)를 노즐로부터 분출하면, 저압력 부분이 생겨 노즐 주위의 기체 또는 액체가 흡인되고 압력 기체와 혼합되어 함께 분출된다. 이러한 작용을 하는 장치를 인젝터라고 한다.

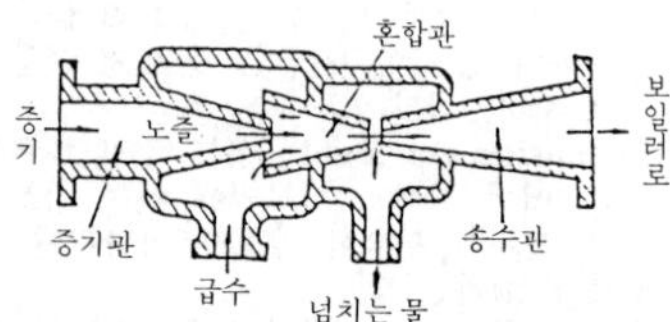

inking 잉킹 제도에서 연필로 그린 원도(原圖) 위에 다시 먹물로 그리는 것.

inlet 입구(入口), 인렛 입구라는 뜻. 출구는 아우트렛(outlet).

inlet valve 입구 밸브(入口－) 유체(流體) 기계의 입구에 설치되는 밸브. 특히, 수차(水車)의 경우 케이싱 입구에 설치되는 밸브를 입구 밸브 또는 메인 밸브라고 한다.

inline type pump 인라인형 펌프(ー形ー) 관로(菅路)의 일부에 간단하게 설치할 수 있는 그림과 같은 구조의 펌프.

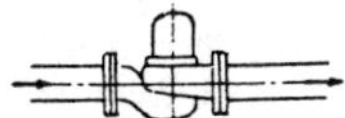

inner gearing 내측 맞물림(內側ー) 한 쌍의 기어 피치원이 내접하는 기어의 맞물림. 양 기어의 회전 방향이 동일하게 된다.

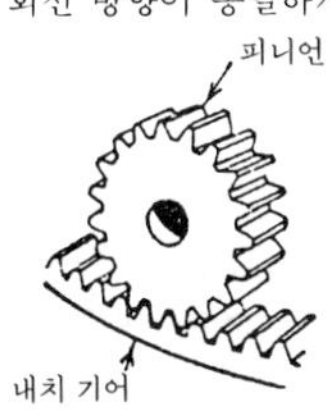

inner race 내측 레이스(內側ー) →race

inner ring 내측 레이스(內側ー) →ball race

inner tube 튜브 타이어 속에 끼워져 있는 공기를 압입(壓入)한 고무제의 튜브.

innovation 이노베이션 혁신 또는 신고안이라는 뜻.

input 인풋, 입력(入力) 전기 기기의 회로에 외부로부터 들어오는 신호를 말한다. 기계 용어의 입력과 같은 뜻.

input off-set voltage 입력 오프셋 전압(入力ー電壓) 차동 증폭기(差動增幅器)에서 출력을 0으로 하기 위해 입력측의 2 단자간에 가해야 하는 전압. 또, 입력측에 접속한 저항에 흐르는 전류차(電流差)로 나타낸 것을 입력 오프셋 전류라고 한다.

insert 인서트, 삽입물(挿入物) ① 성형품 속에 묻혀진(삽입) 금속이나 그 밖의 재료. ② 형(型)의 일부로서 수명이 짧은 부분만을 교환식으로 바꾸어 끼울 수 있도록 만들어진 부분.

inserted chaser die 심은날 다이 바깥쪽 테에 4개의 체이서를 1~4의 번호순으로 끼우고 개폐하여 지름을 조정할 수 있도록 한 다이.

inserted chaser tap 심은날 탭 날을 끼우고 빼고 하여 나사를 죔으로써 임의의 외경을 얻을 수 있도록 한 탭.

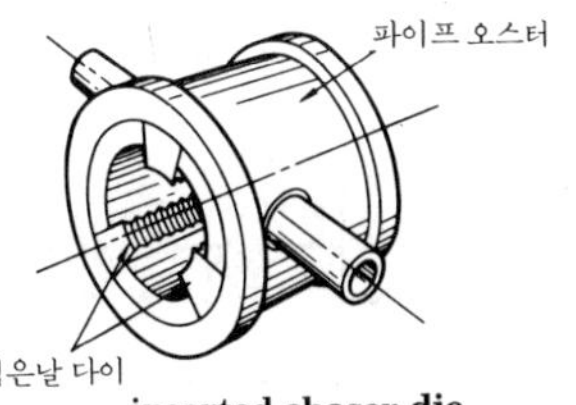

inserted chaser die

inserted drill 심은날 드릴 평(平) 드릴의 일종. 자루 끝에 틈새를 내고 절삭날을 끼워 리벳, 나사, 핀 등으로 고정시키든가 또는 납땜을 한 드릴.

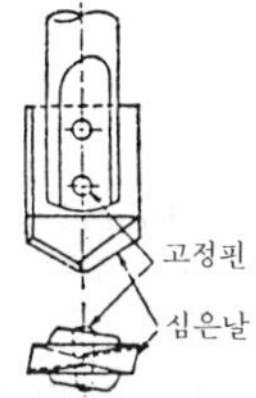

inserted tooth cutter 심은날 밀링 커터 →face mill, face milling cutter

inside calipers 내경 캘리퍼스(內徑ー) 내측 측정용 마이크로미터. 측정 범위 5~50mm일 경우는 슬라이더 캘리퍼스와 비슷한 형태의 것이 있다.

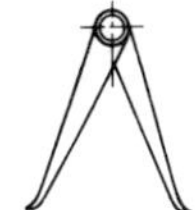

inside micrometer 인사이드 마이크로미터 내측 측정용 마이크로미터. 측정 범위 5~50mm의 경우는 노기스와 비슷한 모양의 것이 있다.

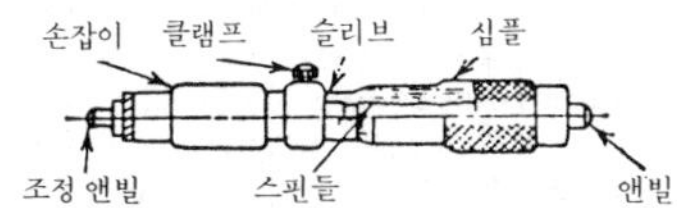

insolubility 불용성(不溶性)

inspection 검사(檢査) 물품을 어떤 방법으로 시험한 결과를 품질 판정 기준과 비교하여 개개 물품의 양품·불량품의 판정을 내린다든지, 로트(lot) 판정 기준과 비교하여 로트의 합격·불합격의 판정을 내리는 것.

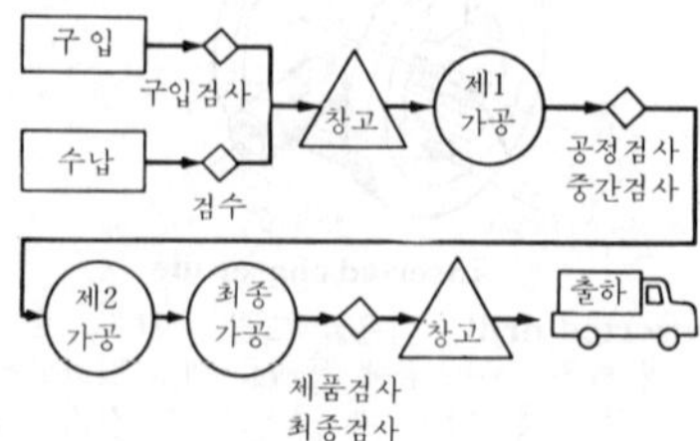

inspection gauge 검사 게이지(檢査－) 한계 게이지의 일종. 완제품의 양부를 직접 검사하는 데에 사용하는 게이지.

inspection hole 검사 구멍(檢査－) → peep hole

inspection projector 투영 검사기(投影檢査機) 측정물을 광학적으로 확대 투영하여 스크린 상에서 그 형상이나 치수를 측정 검사하는 장치.

instability 불안정(不安定), 불안정성(不安定性) 균형 상태에 있는 물체에 미소한 외력이 작용했을 때, 균형이 쉽게 깨어지는 경우 균형이 불안정하다고 한다.

installation 설치(設置), 설비(設備), 장비(裝備)

instance 예(例), 실례(實例)

instantaneous axis 순간 축선(瞬間軸線) 강체(剛體)의 임의의 평면 운동은 순간적인 회전축 주위의 회전 운동의 연속이라고 생각할 수 있는데, 이 순간적인 회전축을 말한다.

instantaneous axis of rotation 순간 회전축(瞬間回轉軸) 3 차원 공간의 강체(剛體)의 임의의 운동은 무한소의 시간에 1 개의 회전축 둘레의 회전 운동으로 간주할 수 있다. 이 회전축 자체가 일반적으로는 시간과 함께 이동해 가므로 이것을 순간 회전축이라고 한다.

instantaneous center 순간 중심(瞬間中心) 물체의 임의의 평면 운동은 순간적인 회전 운동의 연속으로 생각할 수 있는데, 이 순간적인 회전의 중심을 말한다.

intersecting axis 교차축(交叉軸)

instruction 인스트럭션 지도서, 지시서, 취급 설명서 등을 말한다.

instruction sheet 지도표(指導票) 작업 방법, 작업 시간, 생산 수량, 기계 설비, 공구의 종류와 조작, 이송 속도 등을 기입한 것.

instrument 기기(器機), 기구(器具) 작업을 하지 않는 장치나 도구를 말하는 것으로, 인간의 기능을 확대하기 위한 보조 장치나 보조구를 뜻한다. 예컨대, 측정 기기, 사진 기기 등.

instrumental error 계기 오차(計器誤差) 계기 자체가 지니고 있는 오차. 계기 오차＝나타난 값－참값.

instrumentation 계장(計裝) 공장의 운전 및 성능 관리를 하기 위해 설치된 측정 장치, 제어 장치, 감시 장치 또는 그 장치를 설치하는 작업.

instrument board 계기판(計器板)

instrument screen 백엽상(百葉箱) 기상 관측을 위하여 온도계, 습도계 등을 넣기 위해 지상 1.5m 되는 곳에 설치된 상자.

instrument transformer 계기용 변압기(計器用變壓器) 계기의 측정 범위를 확대하기 위한 특수 변압기로, 계기용 변압기와 변류기가 있다.

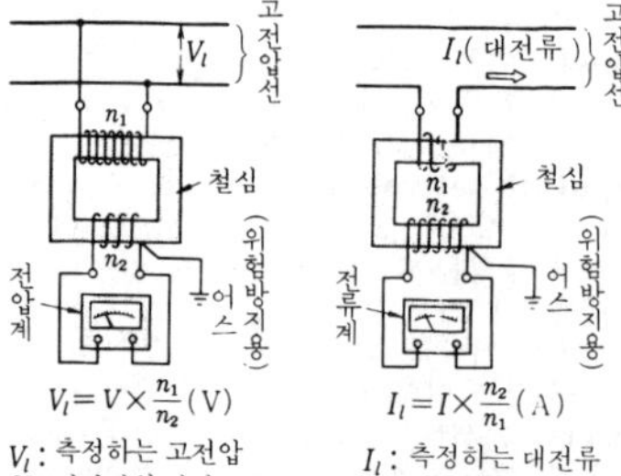

insulated wire 절연 전선(絶緣電線), 절연선(絶緣線) 전기적인 절연 피복을 한 전선. 면(綿) 절연 전선, 고무 절연 전선, 비닐 절연 전선 등이 있다.

insulation material 절연재(絶緣材) 열전달률이나 도전율이 작으며, 열 또는 전기가 통하는 것을 방지하는 데 사용되는 재료.

insulating tape 절연 테이프(絶緣－) 전기 절연용 테이프. 플라스틱 테이프와 고무 테이프의 두 종류가 있다. 전선 접속 개소의 절연 피복 등에 사용된다.

insulation 절연(絶緣) 전기 또는 열의 부도체로 둘러싸는 것.

insulation resistance 절연 저항(絶緣抵抗) 절연체에 전압을 가했을 때 절연체가 나타내는 전기 저항으로, 보통 절연된 송전선, 전기 기계의 권선(捲線) 등에 대해 이것과 지표와의 사이에 존재하는 전기 저항을 말한다.

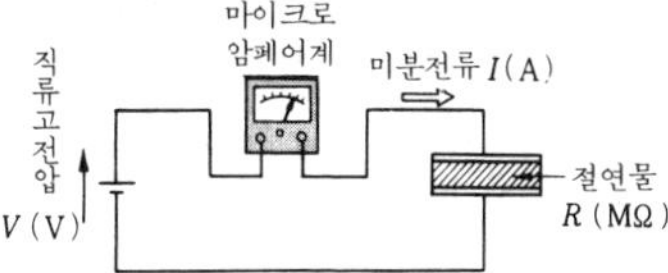

insulation transformer 절연 트랜스(絶緣-) 공급 전원을 일반 전원으로부터 끊어 버리고 기기 밖으로부터의 악영향을 피하기 위한 변압기. 1차 코일과 2차 코일이 따로 감겨져 절연되고 있기 때문에 노이즈가 잘 전해지지 않는다.

insulator 인슐레이터[1], 애자(碍子)[2] ① 절연체, 절연물, 부도체, 전기 또는 열을 통과(전도)시키지 않는 것.
② 전기 공사에서 전선 등을 지지하기 위해 사용되는 자기제(瓷器製)의 절연물.

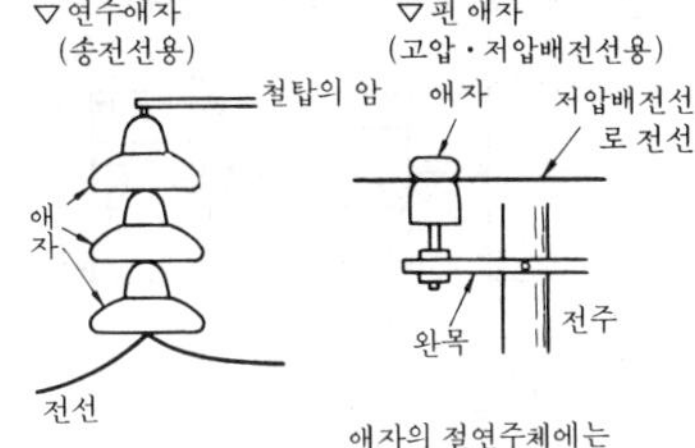

intake 흡입(吸入)[1], 취수구(取水口)[2] ① 실린더 내에 공기 또는 혼합 기체를 흡입하는 것, 또는 그 공기, 혼합 기체. 보통 과급(過給)하지 않는 4사이클 기관에 쓴다. =suction
② 펌프나 수차에 유도된 하천수나 바닷물의 취입구.

intake stroke 흡입 행정(吸入行程) → four cycle enging

integral 적분(積分) 함수(函數)에 관한 계산법.

integral control action 적분 동작(積分動作), **I 동작**(-動作) 그림에서 보는 바와 같이 「동작 신호」의 적분값(면적)에 비례하는 크기의 출력(조작량)을 내는 제어 동작을 적분(I) 동작이라 한다. 비례 동작만으로는 오프셋(설정값과의 차)을 발생시키지만 I 동작에서는 이 오차를 없앨 수 있다.

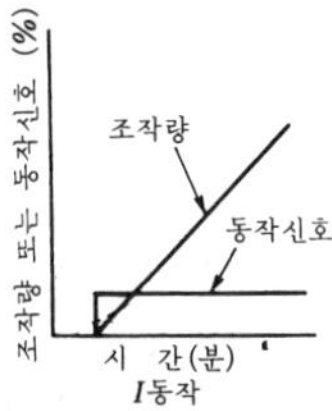

integrated circuit : **IC** 집적 회로(集積回路) 보통 트랜지스터에는 전자(電子)와 정공(正孔)의 양자에 의해 동작하는 바이폴러와, 전자 또는 정공의 어느 한 쪽으로 동작하는 MOS(metal oxide semiconductor)라고 하는 유니폴러 트랜지스터가 있다. IC에는 이 트랜지스터가 하나의 실리콘 기판 위에 다수 형성되어 결선된 모놀리식(monolithic) IC와, 세라믹 절연 기판 위에 저항이나 박막 및 후막 소자를 고정시켜 구성한 하이브리드 IC가 있다.

- IC
  - 하이브리드 IC
  - 모놀리식 IC
    - 바이폴러 IC
    - MOS IC

integrating circuit 적분 회로(積分回路) =integration circuit

integrating meter 적산 계기(積算計器) 일정 기간 동안의 전력 소비량, 주행 거리, 유량(流量), 회전수, 진동수 등을 시간의 경과와 함께 적산하는 계기.

integrating watt-meter 적산 전력계(積算電力計) 어느 기간 내에 소비한 전력의 전량을 나타내는 계기를 말한다. 회전판이 전력의 소비에 비례하여 각속도(角速度)로 회전하는 구조로 되어 있으며, 회전수로 전력과 시간을 곱한 것이 눈금에 표시된다.

intelligent terminal 인텔리전트 터미널 마이크로컴퓨터를 내장하고 있어 데이터나 정보의 입출력 이외에 프로그래밍 기능과 기억 장치를 갖추고 있는 단말 장치.

intensifier 인텐시파이어 유압식 과부하 방지 장치로, 슬라이드 내의 유압 변화를 포착하여 재빨리 기름을 빼서 슬라이드에 걸리는 과부하를 방지하는 기기.

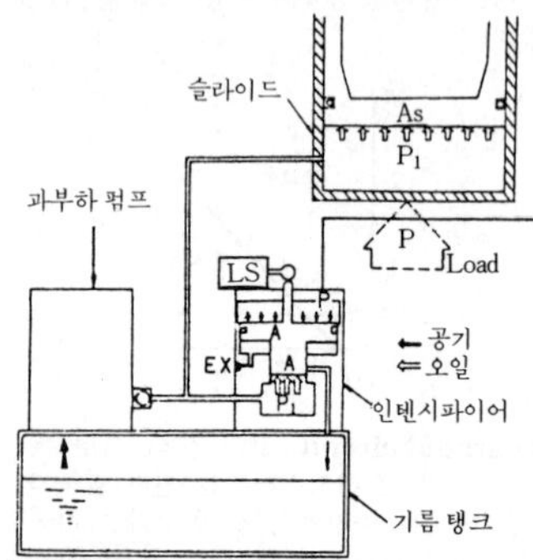

intensifying accumulator 증압 어큐뮬레이터(增壓－) 큰 피스톤과 작은 피스톤을 조합한 어큐뮬레이터. 큰 피스톤에 저압의 유체(流體)를 보내면 지름이 작은 피스톤의 실린더 내에는 고압이 발생한다.

intensity 강도(强度), 강렬(强烈), 긴장(緊張)

intensity of illumination 조도(照度) = illumination

intensity of stress 응력도(應力度) 단위 면적당의 응력. 어떤 경우에는 그대로 응력이라고도 한다. 단위는 kg/㎠, kg/㎟.

interchangeability 호환성(互換性) 한계 게이지 방식에 있어서 축과 구멍, 수나사와 암나사와 같이 서로 끼워져 맞는 한 쌍의 같은 부품을 다량으로 만들 경우, 임의의 것을 조합하더라도 기능에는 지장이 없다고 한다면 그 한 쌍의 부품은 호환성이 있다고 한다.

interchangeable manufacture 호환 공작(互換工作) 동일 제품을 대량으로 만들 경우, 모두가 동일 공차 내의 치수로 만들면 이것과 결합하는 상대에 대해서 어느 것을 사용하더라도 무방하다. 이러한 공작을 호환 공작이라고 한다.

interchangeableness 호환성(互換性) = interchangeability

intercooler 중간 냉각기(中間冷却器) 다단 압축 냉동기의 중간 냉각에 사용하는 열교환기.

intercooling 중간 냉각(中間冷却) 압력비가 큰 다단 압축기의 중간단에 있어서 기체의 압축에 수반하는 열을 열교환기로 제거하는 것. 중간 냉각의 이점은 기계를 고온에서 보온하는 것보다 오히려 동일 압력비에 대하여 축동력을 경감할 수 있고 압축기의 지름 혹은 회전수를 작게 할 수 있다는 점이다. 압축기의 케이싱 외부에 열교환기를 두는 외부 냉각(external intercooling)과, 케이싱 내부에 꾸며 넣은 열교환기나 물 재킷에 의한 내부 냉각(internal intercooling)이 있다. 일반적으로 전자가 널리 쓰이며 압력비 4~7마다 중간 냉각기(intercooler)를 두는데, 등온 압축기에서는 후자에 의한다.

intercrystalline crack 입자간 균열(粒子間龜裂) 금속 및 합금의 결정 입자(結晶粒子)의 계면(界面)에 따라 생기는 균열 현상 또는 균열. 재결정(再結晶)이나 시효 등에 의한 내부 응력에 의한 것이나 분위기와 입자간의 반응에 의해서 발생한다.

interface 인터페이스 2개 이상의 구성 요소의 경계에 있어서 공용되는 부분을 말한다. 예컨대, 컴퓨터와 입출력 기기 사이를 결합하고 있는 부분적 장치. 기계적 결합부에서는 커넥터 등을 말한다.

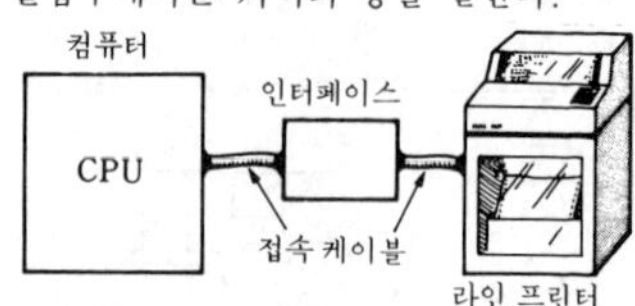

interference 간섭(干涉), 체결 여유(締結餘裕), 끼워맞춤 공차(－公差) ① 기어의 이(齒)와 이가 서로 맞물릴 경우 서로 다른 쪽을 침범하는 것을 치형(齒形)의 간섭이라고 한다. ② 파동(波動)이 겹치는 원리에 의해서 동일한 점에서 만나는 수많은 같은 종류의 파동이 각각의 위상차(位相差) 여하에 따라 서로 돕고 또는 상쇄하는 것. ③ 구멍의 지름이 삽입하는 환봉(丸棒)이나 슬리브의 지름보다 작을 경우, 환봉이나 슬리브의 지름에서 구멍 지름을 뺀 값을 체결 여유라 한다.

interference dilatometer 광간섭식 열팽창계(光干涉式熱膨脹計) 매우 미소한 팽창 계수를 측정하는 데에 뉴턴 링의 간섭 무늬를 응용한 것이다. 나란히 놓은 2장의 유리판의 평행이 깨어지면, 빛이 반사할 때 무늬가 나타난다. 이 무늬의 간격을 측정함으로써 미소한 팽창을 측정할 수 있다.

interference fit 억지 끼워맞춤(抑止－) 구멍과 축 사이에 반드시 체결 여유가 있는 끼워맞춤.

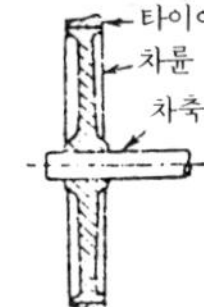

interference fringe 간섭 무늬(干涉－) 단색광(單色光)을 사용하여 빛의 간섭을 실험할 때 빛 강도의 극대, 극소에 따라서 교대로 명암(明暗)이 나타남에 따라 상태가 나타나는 줄무늬 모양. 이 무늬를 피조 무늬(Fizeau fringes)라고 한다.

interference microscope 간섭 현미경(干涉顯微鏡) 빛의 간섭을 이용하여 물체 표면의 거칠기 상태를 관찰하고 측정하는 현미경. 반투경(半透鏡)과 평면경에 의한 2광선 간섭을 쓰는 방식과, 측정면에 얇은 반투경을 직접 얹는 반복 간섭을 쓰는 방식이 있다. 전자는 또 반투경을 대물 렌즈 앞쪽에 두는 형식과 뒤쪽에 두는 형식으로 나뉜다. 뒤쪽에 두는 경우는 평면경 바로 앞에 제 2 의 접안 렌즈를 필요로 하지만 높은 배율이 얻어지는 특징을 가지고 있다.

interference of equal thickness 등후 간섭(等厚干涉) 작은 각(角)을 내는 쐐기형 박층(薄層)에 빛이 입사할 경우, 이 경계면 부근에 두께의 변화에 따라 간섭 무늬가 생기는 현상.

interference of light wave 광파 간섭(光波干涉) 동일 광원(光源)으로부터의 빛이 프리즘에 의해서 분해되고 재차 합성될 때, 광로(光路)의 차이에 의해 명암의 줄무늬 모양을 일으키는 현상.

interference of tooth 이의 간섭(－干涉) ① 기어에 하중이 걸리면 치선(齒先)이 약간 뒤틀려 기울어져 맞물리고 있는 상대의 이에 접촉되는 현상을 이의 간섭이라 한다. ② 인벌류트 기어에서 잇수(齒數)가 적을 때에 치수비(齒數比)가 매우 클 때, 한 쪽 이끝이 다른 쪽 이뿌리에 닿아 회전

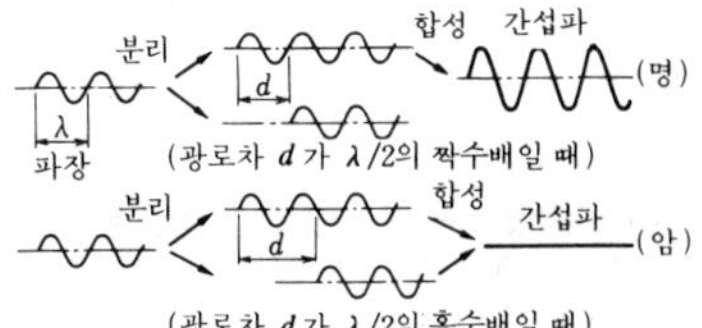

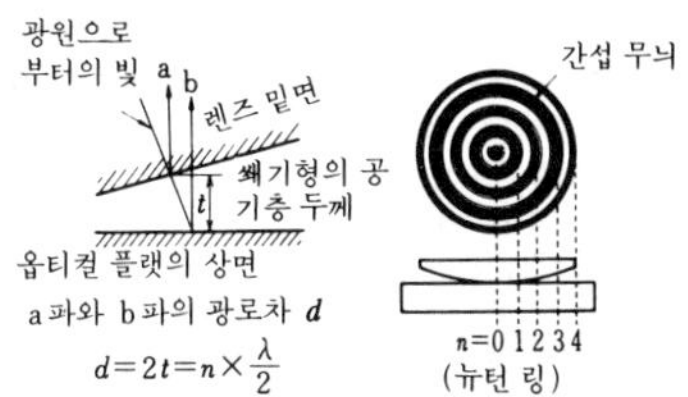

빛이 렌즈 밑면에서 반사할 때에는 광파의 파장이 $\lambda/2$만큼 벗어난다.

interference of light wave

하지 못하게 되는 현상.

interferometer 간섭계(干涉計) 빛의 간섭 무늬를 이용한 측장기(測長器). 고도로 다듬질된 평면단(平面端)을 지닌 측장기로, 블록 게이지 등을 표준이 되는 면과 비교하여 길이의 정밀 측정에 사용한다. 광원(光源)으로는 각종의 단색광(單色光)을 이용하며, 양자의 면에 생기는 간섭 무늬의 엇갈림에서 표준과의 차이를 ±0.01 μ까지 얻을 수 있다.

interflow 인터플로 밸브의 교체 도중에서 과도적으로 발생되는 밸브 모드 사이의 흐름.

intergranular corrosion 입자계 부식(粒子界腐蝕) 다결정(多結晶) 금속의 입자속은 거의 부식되지 않고, 입자계 또는 그 부근에 걸쳐 선택적으로 부식되는 것. 재료의 강도와 연성(延性)이 현저하게 손상된다. 또, 공정 조직(共晶組織)이 존재하는 금속이나 합금에서는 이러한 부분이 부식되기 쉽다.

intergranular crack 입자간 균열(粒子間龜裂) ＝intercrystalline crack

interlock 인터로크 ① 기기의 오동작 방지 또는 안전을 위해 관련 장치간에 전기적 또는 기계적으로 연락을 취하게 되는 시스템. ② 조합하거나 연동(連動)시키는 것을 말하며, 보통 동기 신호를 발진 회로에 넣어서 동기를 취하는 것을 말한다.

interlocking cutter 인터로킹 커터 2개 이상의 밀링 커터를 서로 이동하지 않도록 클릭(click)이나 기타의 방법으로 맞물려 고정시킨 것. 폭이 넓은 홈의 양면 등을 가공하는 것.

interlocking device 연동 장치(連動裝置) 몇 개의 기계를 상호간 연결하여 그 작용을 연관시키는 장치. 신호기와 분기기(分岐器) 상호간에 연락되는 경우가 그 예이다.

interlocking side cutter 인터로킹 측면 커터(－側面－) ＝interlocking cutter

intermediate shaft 중간축(中間軸) ＝ countershaft

intermittent heating 간헐 난방(間歇暖房) 증기, 온수 혹은 온풍 등 열의 공급을 간헐적으로 하는 난방 방식. 실내의 온도는 열공급의 시간과 정지하고 있는 시간의 관계로 조절된다.

intermittent motion 간헐 운동(間歇運動) 등속도의 회전을 하는 원동축에서 동력을 받아 주기적으로 정지와 운동을 반복하는 운동을 말하며, 종동측의 운동에 회전 운동과 왕복 운동이 있다. 이 운동은 속도 및 가속도의 영향을, 그 구조상 고속이 될수록 받기 쉬우므로 주의를 요한다. 비교적 큰 동력 전달용에 간헐 전동 장치에 있는 것과 같은 것을 쓰지만, 비교적 소동력 혹은 저속용에는 그림과 같은 발톱(pawl)과 래칫(rachet wheel)에 의한 것이 쓰인다.

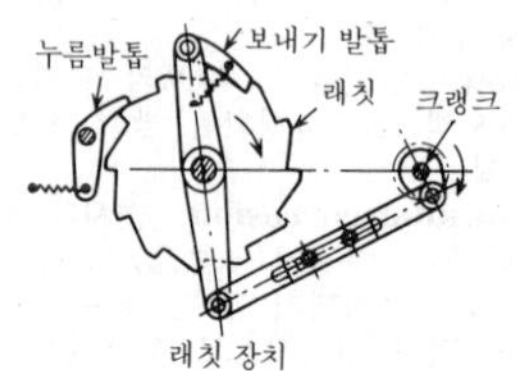

래칫 장치

intermittent motion mechanism 간헐 기구(間歇機構) 회전이 계속되고 있는 원동축에서 단속적(斷續的)으로 종동축에 회전을 전달하거나, 또는 종동절에 간헐적으로 왕복 운동을 전달하는 기구.

intermittent movement 간헐 운동(間歇運動) 일정한 시간 간격을 두고 주기적으로 또는 단속적으로 행하여지는 운동.

intermittent weld 단속 용접(斷續鎔接) ＝intermittent welding

intermittent working 간헐 동작(間歇動作) 한 주기 동안 일정한 정지 기간을 갖는 주기적인 운동.

internal brake 내측 브레이크(內側－) 브레이크 동체 내측에서 브레이크 편(片)을 밀어 붙여 제동하는 구조의 브레이크.

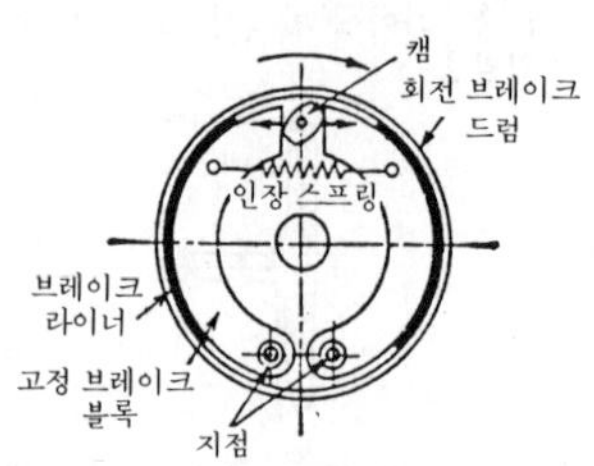

internal broach 내면 브로치(內面－) 구멍의 내면을 절삭(切削) 다듬질하는 브로치를 말한다.

internal broaching 내면 브로치 절삭(內面－切削) 구멍의 내면에 내면 브로치를 대고 절삭해 내는 작업.

internal centerless grinder 내면 센터리스 그라인더(內面－) 원통형 공작물의 외주를 기준으로 하여 구멍 내면을 연삭하는 연삭기.

internal combustion engine 내연 기관(內燃機關) 실린더 내에서 공기와 혼합된 연료를 폭발적으로 연소시켜 피스톤에 왕복 운동을 주는 열기관.

internal combustion turbinc 내연 터빈(內燃－) 연료의 연소에 의해서 발생되는 고압 가스를 사용하여 날개차를 회전시켜 동력을 발생시키는 것. 가스 터빈이 그 대표적인 것.

internal damping 내부 감쇠(內部減衰) 탄성체의 변형이나 계(系) 내의 고체 표면간의 마찰 등에 의해 히스테리시스의 모양으로 소비되는 에너지 손실에 따른 감쇠력을 말한다.

internal efficiency 내부 효율(內部效率) 가스 또는 스팀 터빈에 있어서 터빈 날개에서 생기는 작업량을 연소기 또는 터빈에 주어진 열량으로 나눈 값을 말한다. 내연기관에서는 도시 열효율(圖示熱效率)에 해당한다.

internal energy 내부 에너지(內部－) 외부 물체를 구성하는 분자를 지니고 있는 운동 에너지와 위치 에너지를 합하여 내부 에너지라고 한다.

▽ 분자의 운동 상태 변화(기체의 경우)

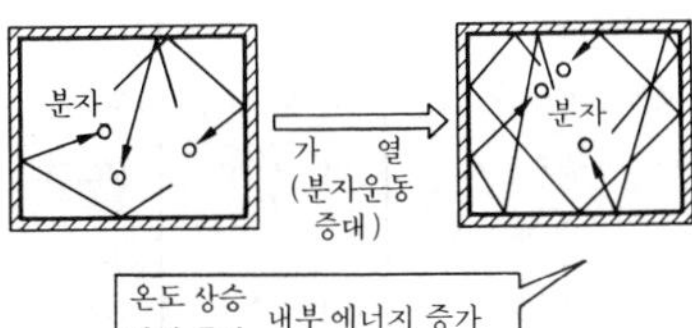

▽ 분자의 집합상태 변화

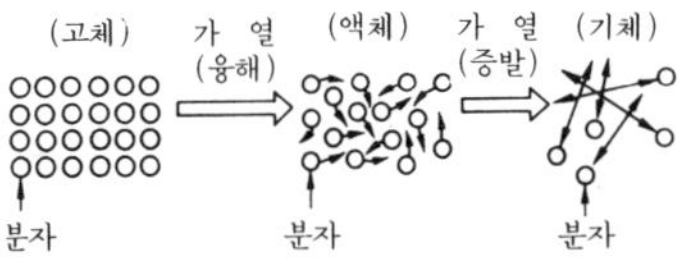

internal force 내력(內力) 고체 재료나 구조물 등에서는 외력이 작용하면 반드시 변형이 생긴다. 이 변형에 저항하여 재료의 내부에는 저항력이 생기고 이것이 클수록 강한 재료라고 하는데, 물체 내부에 생기는 이 힘을 내력이라고 한다.

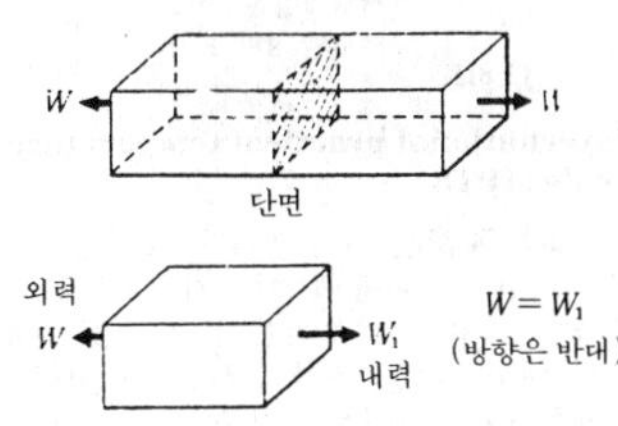

internal friction 내부 마찰(內部摩擦) 물체에 진동을 주면 그 진동은 시간 경과에 따라 감쇠된다. 이것은 진동 에너지가 물체 내부에서 열 에너지로 변화되기 때문이다.

internal gear 내치 기어(內齒－) 큰 기어에 내접하여 작은 기어(피니언)가 맞물린 것. 2개의 기어는 같은 방향으로 회전한다. 바깥 맞물림에 비해 장소를 차지하지 않고 큰 속도비의 전달을 할 수 있다.

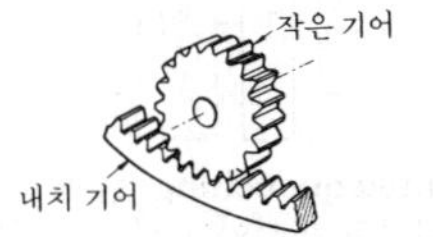

internal grinder 내면 연삭 그라인더(內面研削－) =internal grinding machine

internal grinding 내면 연삭(內面研削) 원통의 내면을 연삭하는 작업. 공작물이 회전하는 것과 숫돌차가 자전(自轉)하면서 원통 내면을 공전(公轉)하는 것의 두 종류가 있다.

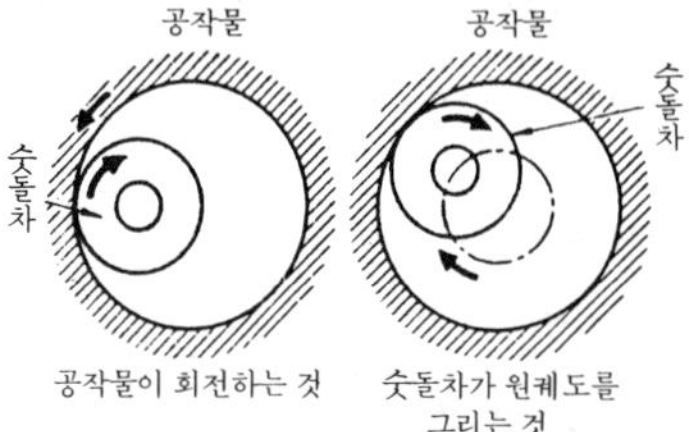

internal grinding attachment 내면 연삭 장치(內面研削裝置) 공작물의 구멍 내면을 연삭하는 장치. 만능 연삭기(universal grinder)에 부속되는 장치.

internal gringding machine 내면 연삭기(內面研削機) 내면 연삭, 즉 원통의 내면을 연삭하는 데 사용하는 연삭기.

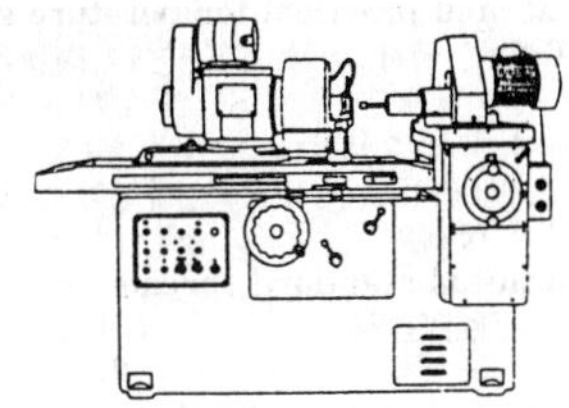

internal latent heat 내부 잠열(內部潛熱) 물체의 증발, 응축, 융해 등의 상변화(相變化)에 따른 내부 에너지의 변화량.

internal pressure 내압(內壓), 내압력(內壓力) 밀폐된 용기 내의 기체 압력. 외압(력)에 대한 상대적인 말.

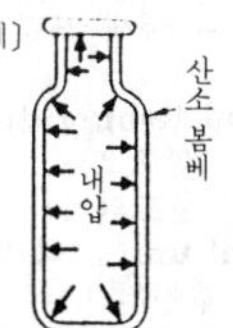

internal resistance 내부 저항(內部抵抗)

전지나 발전기 등의 전원은 기전력을 얻는 것이 목적이지만 그 단자간에 나타나는 전위차는 단자에 흐르는 전류의 크기에 따라 다르다. 이 전압 변동의 원인이 되는 것을 넓은 의미에서 내부 저항이라고 한다.

internal stress 내부 응력(內部應力) 재료 내부의 입자간에서 서로 끌어당기는 힘이나 입자끼리 서로 떨어지려는 힘.

internal thread 암나사(-螺絲) 나사산이 원통 또는 원뿔의 내면에 있는 나사. →external thread

internal work 내부 일(內部-), 내력 일(內力-) 원동기의 내부에서 이루어지는 일. 외부로 발산된 일은 여기에서 마찰 손실이나 조속기(調速器), 기름 펌프 등의 보조 동력을 뺀 것.

International Atomic Energy Agency : IAEA 국제 원자력 기관(國際原子力機關) 원자력의 평화적 이용에 관한 국제적 중앙 기관.

International Organization for Standard : ISO 국제 표준 기구(國際標準機構), 국제 규격 기구(國際規格機構) 광공업 용품의 규격에 관한 국제적 중앙 기구.

international practical temperature scale : IPTS 국제 실용 온도 눈금(國際實用溫度-) 국제 단위계(SI)의 7기본 단위의 하나에 열역학적 온도 눈금이 있는데, 이것을 실용적인 방법으로 재현하기 쉽게 한 것이 국제 실용 온도 눈금이다.

international standard thread 국제 표준 나사(國際標準-) ISO(국제 표준 기구)에서 국제적으로 협정된 규격의 나사.

international system of units 국제 단위계(國際單位系) 종래 사용되어 왔던 미터 단위계의 다양성에서 생기는 혼란을 수습하기 위하여 1948년 이래 국제 도량형 위원회에서 검토되어 미터계 중 MKSA 유리 단위계를 중심으로 하여 새로 만들어진 단위계로, 공식 약칭을 SI라 부르고 1960년의 제11회 국제 도량형 총회에서 채택되었다.

international temperature scale 국제 온도 눈금(國際溫度-) 국제적인 협정에 의해 정해진 온도의 눈금.

international unit 국제 단위(國際單位) 국제간에서 결정된 단위.

International Vocational Training Competition 국제 직업 훈련 경진 대회(國

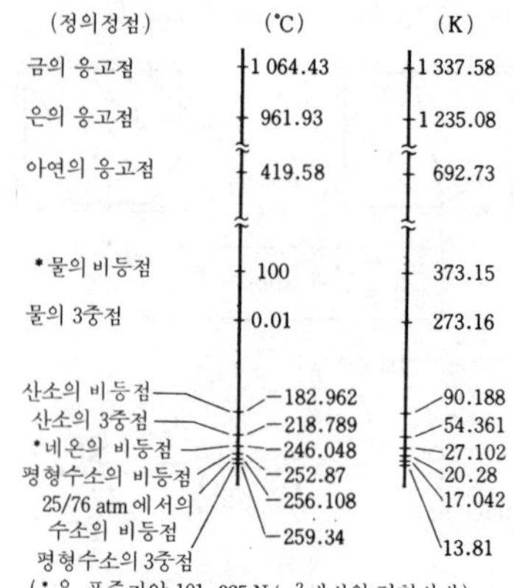

international practical temperature scale ; IPTS

際職業訓鍊競進大會) 기계 조립공, 용접공, 선반공, 미용에 이르기까지 각 기능 분야별로 각국 기능자들이 기량을 겨루는 국제 대회. 기능 올림픽이라고도 한다.

interphone 인터폰 건물 등의 구내에서만 사용하는 전화.

interpolator 인터폴레이터, 보간기(補間器) NC 기계에서 복잡한 곡선의 근사 가공(近似加工)을 할 때에 사용하는 기기.

interpreter 인터프리터 계산이 진행됨에 따라 프로그래밍 언어를 기계어로 고쳐 실행하는 자동 프로그래밍.

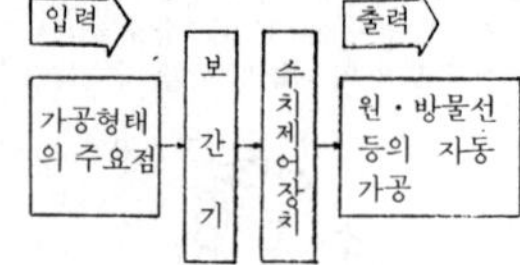

interrupted quenching 단계 담금질(段階-) 담금질 변형이나 담금질 균열을 방지

하고 또한 담금질 후의 기계적 성질을 조절하기 위하여, 어느 온도까지 급랭시키고 일단 끌어올려 공중에서 방랭(放冷) 또는 다른 액체 속에서 서냉(徐冷)하는 조작.

interrupted spot weld 단속 점용접(斷續點鎔接) 용접선상에서 일정한 간격을 두고 단속적으로 용접하는 점용접(點鎔接).

intersecting body 상관체(相貫體) 입체(立體)와 입체를 조합시킨 것.

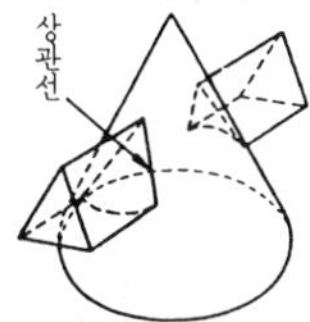

intersection 교차(交叉), 교점(交點), 교선(交線), 만난점(－點)

intersection of solids 상관체(相貫體) = intersecting body

intrinsic semiconductor 진성 반도체(眞性半導體) 반도체 속에서 양전하(陽電荷)인 정공(正孔)과 음전하(陰電荷)인 전자를 똑같은 수를 포함하는 반도체.

invar 인바 Fe 60%, Ni 36%의 합금으로, 불변강(不變鋼)이라고도 하며 선팽창계수는 1.2×10^{-6}/℃이고 Fe의 1/10이다. 표준 시계의 흔들이〔振子〕나 길이의 표준용 기구에 사용된다.

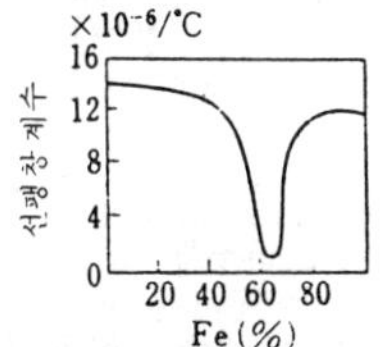

Ni-Fe 합금의 선팽창 계수

invariable steel 불변강(不變鋼) 온도에 따른 성질의 변화가 극히 적은 강의 총칭으로, 팽창 계수에서는 인바 등, 탄성 계수에서는 에린바 등이 있다.

invention 발명(發明)

inventory 인벤토리 핵연료의 재고량.

inventory control 재고 관리(在庫管理) 재고의 양은 수요의 대소(大小)에 따라 언제나 변동하고, 또한 재고량이 줄었을 때 발주해도 발주량은 즉시 입고되지 않으므로 재고 부족을 초래하는 일이 있다. 재고관리는 재고 비용과 발주 비용과 재고 부족에 의한 페널티의 합을 최소로 하는 최적 발주 방안을 찾아내는 것을 목적으로 하여 구성되어 있다.

inverse cam 역 캠(逆－) 특수한 캠. 캠이 종동절이 되어 작동하는 것.

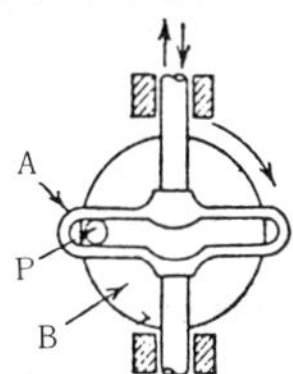

inverse segregation 역편석(逆偏析) 금속이 응고될 때 액상(液相)과 고상(固相) 사이의 응고 범위가 넓고, 또한 급랭하였을 때 이미 응고 수축되어 있는 외부의 틈새를 통하여 내부의 액체상(液體狀)의 물질이 흘러 나가고, 맨 처음에 응고된 것이 내부로 밀리게 되어 그 결과 일반적인 편석 조직과는 반대인 응고 상태를 말한다.

inverse time relay 반한시 릴레이(反限時－) 릴레이의 동작 속도가 릴레이를 동작시키는 구동 전류의 증가에 따라 빨라지는 특성을 지닌 릴레이를 말한다.

inversion 역(逆), 역전(逆轉), 전도(轉倒)

inverted engine 도립 기관(倒立機關), 도립 엔진(倒立－) 보통의 기관은 실린더가 위쪽에 있으나, 이것이 반대로 되어 크랭크축을 위쪽에 두고 실린더가 아래쪽에 매달린 형식의 기관.

inverted process 간접 압출법(間接押出法), 후방 압출법(後方押出法) 압출 가공의 일종. 소재는 다이를 통해서 램의 중앙부를 거쳐 램의 진행 방향과 반대쪽으로 압출된다. 연(鉛) 파이프 등을 만드는 데 이용.

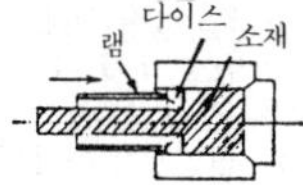

inverter 인버터 직류 전력을 교류 전력으로 바꾸는 장치.

investigation 조사(調査), 연구(硏究)

investment casting 인베스트먼트 주조

(一鑄造) 로스트 왁스법. =lost wax process

involute 인벌류트, 점개선(漸開線) 원통에 감긴 실을 풀 때 실의 끝이 그리는 곡선 1″, 2″, 3″, 4″, 5″…를 말한다.

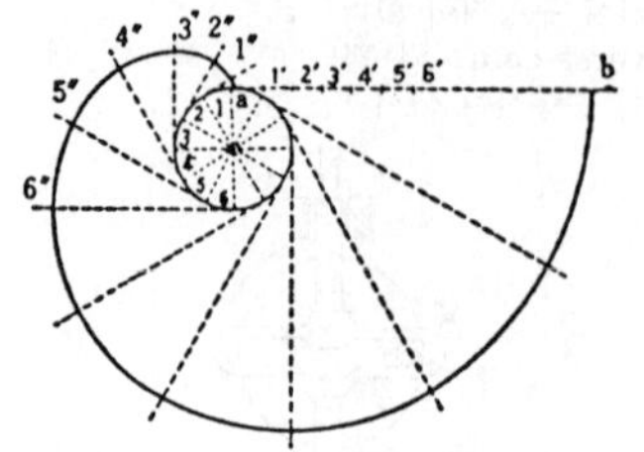

involute gear 인벌류트 기어 인벌류트 치형(齒形)을 가진 기어를 말한다. = involute tooth

involute gear cutter 인벌류트 기어 커터 인벌류트 기어의 이 홈의 프로필(profile : 윤곽)을 가진 일종의 총형(總形) 밀링 커터. 소재를 1치(齒)씩 분할해서 절삭한다.

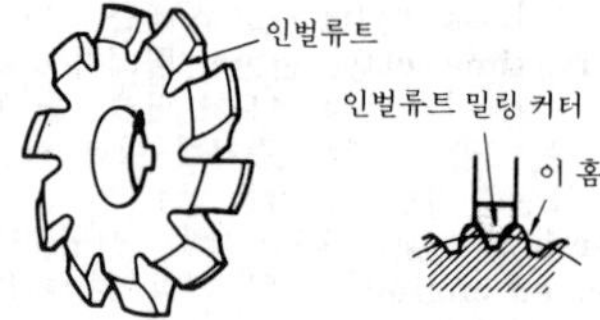

involute serration 인벌류트 세레이션 축 직각 단면의 치형이 인벌류트 곡선인 세레이션.

involute spline broach 인벌류트 스플라인 브로치 내측에 인벌류트의 스플라인 홈을 절삭하기 위해 사용하는 브로치.

involute splines 인벌류트 스플라인 축 직각 단면의 치형이 인벌류트 곡선인 스플라인. 축과 구멍의 미끄럼 또는 고정의 결합에 사용한다. 각형(角形) 스플라인에 비해 높은 정밀도로 만들 수 있고 동력 전달 능력도 큰 특징이 있다.

involute tooth 인벌류트 치형(一齒形) 인벌류트 곡선을 사용하여 만든 기어의 치형. 일반적으로 사용되고 있는 기어는 모두가 이 치형이다.

involute tooth profile 인벌류트 치형(一齒形) 직선(창성선)이 고정된 원(기초원)

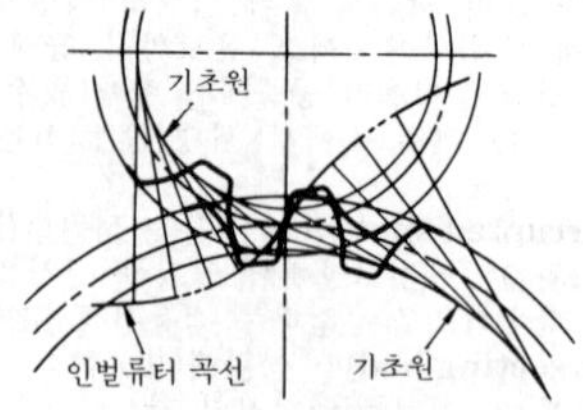

involute tooth

상을 미끄럼없이 구를 때, 그 창성선(創成線)상의 1점이 그리는 평면 곡선(인벌류트 곡선)의 일부를 쓴 치형.

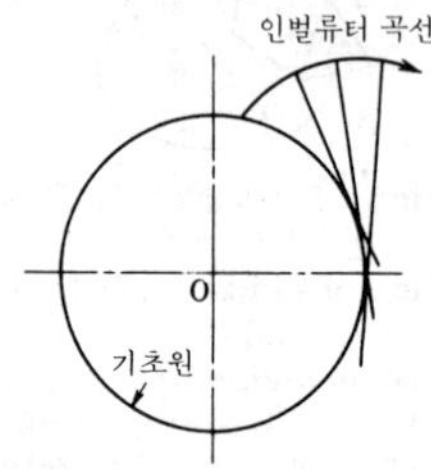

inward flange 내향 플랜지(內向一) 내측으로 내뻗쳐 있는 플랜지. =flange

ion 이온 대전 미립자(帶電微粒子)를 말한다. 원자나 분자는 +나 −도 아닌 전기적 중성이지만, 여기에서 전자를 제거하여 평형이 붕괴되더라도 그 분량만큼 +로 된 것을 양(陽)이온(cation), 여분으로 전자가 결합되고 또 분량만큼 −로 대전하는 것을 음이온(anion)이라 한다. 양이온은 그 원자 위쪽에 「+」 또는 「·」, 음이온은 「−」 또는 「′」으로 표현한다.

ion exchange resin 이온 교환 수지(一交換樹脂) 이온 교환성의 기(基)를 지닌 고분자 전해질로 이루어진 망상 구조(網狀構造)의 수지. 양이온과 음이온 수지의 두 종류가 있다. 형상은 수지상 이외에 이온 교환막, 이온 교환액, 이온 교환포(交換布) 등이 있다. 용도는 보일러 급수용의 순수(純水) 제조, 해수의 진수화(眞水化), 아미노산의 정제(精製), 펄프 처리, 화학 분석 등에 쓰인다.

ion implantation 이온 주입법(一注入法) 반도체에 불순물을 첨가하여 필요한 전도형(傳導型)의 비저항(比抵抗)을 지닌 반도체를 만드는 방법의 하나로, 불순물을 이온화하여 고전계(高電界)를 작용시켜 고체 속에 주입하는 방법을 말한다.

ionitriding 이온 질화법(－窒化法) 진공 속에서 전극에 전압을 가하여 글로 방전(glow discharge)을 하면, 음극은 고에너지 발열과 침투 현상을 일으키면서 전압이 강하한다. 이것을 이용하여 적당한 가스 분위기(질화용 가스) 속의 글로 방전으로 음극의 질화를 처리하는 것을 이온 질화법이라고 한다.

ionization 전리(電離) 중성(中性)의 원자, 원자단(原子團), 분자가 전자(電子)를 획득하거나 상실하여 이온으로 바뀌어져 전기를 띨 수 있게 되는 것. 또는, 이온으로 바뀌는 것.

ionization chamber 전리 상자(電離箱子) 일정한 체적 내에서 방사선에 의한 전리의 결과로 발생된 전하를 검출하여 방사선을 측정하는 장치.

ionomer 이오노머 체인의 요소 사이에 공유 결합(共有結合)을, 체인 간에 이온 결합을 갖춘 중합체(重合體).

ion plating 이온 플레이팅 진공 속에서 이온화(化) 또는 여기(勵起)된 증발 원자로서 피복하는 것. 전기 도금에 대해 이 이름이 붙여졌다. 이온 플레이팅은 기어나 나사 등의 복잡한 형상의 것이나, 마찰이 작고 내마모성이 요구되는 베어링 등의 피복(코팅)에 응용되고 있다.

iridium 이리듐 금속 원소 기호 Ir. 원자 번호 77. 백색의 귀금속으로, 경도가 대단히 높고 내산성(耐酸性)이 있다. 이화학용(理化學用) 기계에 사용된다.

iron 철(鐵) 원소 기호 Fe. 원자 번호 26, 원자량 55.847, 융점 1,530℃, 비중 7.86. 일반적으로 철이라 불리는 것은 모두 금속 원소로서의 철에 C를 첨가한 합금으로, C의 함유량에 따라 주철(鑄鐵), 연철(鍊鐵), 강(鋼)으로 대별된다.

iron-base superalloy **Fe기 초내열 합금**(－基超耐熱合金) 크라이슬러사가 가스터빈 재료로 개발한 CRM 6D는 C함유량이 높고 Ni량이 적은 주조 합금이다. 또, Supertherm이나 MO-REI는 1,000℃의 높은 온도에서 사용하는 반응관(反應管)이나 배관 재료로 개발된 것이다.

iron blue 감청(紺靑) 페로시안화 제2철을 원료로 하는 청안료(靑顔料).

iron-carbon equilibrium diagram 철-탄소 평형 상태도(鐵-炭素平衡狀態圖) 어떤 성분 비율의 철-탄소 합금이 온도의 변화에 의해서 상태가 어떻게 변하는가, 또 어떤 온도 범위에서는 어떤 상태가 되는가를 나타내는 선도(線圖).

iron cement 철 시멘트(鐵－) 일반 시멘트에 철분을 첨가해 내해수성(耐海水性)을 갖추게 한 시멘트. 강도는 일반 시멘트보다 뒤떨어진다.

iron core 철심(鐵心) 전력용 변압기나 회전 전기(電機)에서 자기 회로(磁氣回路)를 만들기 위해 사용되는 철(鐵). 대부분은 철의 손실을 적게 하기 위하여 얇은 규소 강판을 겹쳐서 만든다.

iron die casting 철 다이캐스트법(鐵－法) 주철(鑄鐵), 저탄소강(低炭素鋼), 합금강, 스테인리스강(鋼) 등 용융 온도가 높은 1,300～1,600℃ 용량의 압력 금형 주조법을 말한다.

iron hand 아이언 핸드 메커니컬 핸드라고도 한다. 집게 손을 말단에 갖춘 암(arm)으로 재료를 이송하거나 성형품을 뽑아내거나 하는 자동 장치의 일종.

ironing 아이어닝 그림과 같은 중공 부품(中空部品)을 압출 가공하는 작업에서는 펀치나 다이가 마멸되면 압출 가공품의 외경 또는 내경이 정확한 치수로 가공되지 않으므로, 치수나 형상을 수정하는 데에 사용되는 것이 아이어닝 가공이다.

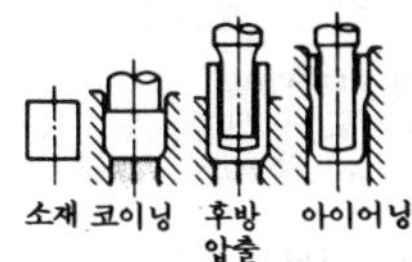

iron loss 철손(鐵損), 아이언 로스 전기에서 히스테리시스 손실과 와전류 손실을 합한 것으로, 철심(鐵心) 발열의 원인이 된다.

iron sand 사철(砂鐵) 사광상(砂鑛床)의 일종. 수성암의 풍화, 침식에 의해 분리된 자철광(磁鐵鑛) 입자가 유수(流水)의 작용에 의해 운반되어 하상(河床)이나 해변 등에 집중적으로 퇴적한 것.

irregular curve 곡선자(曲線－), 운형자(雲形－) ＝French curve

irreversible cycle 불가역 사이클(不可逆－) →reversible cycle

isentropic efficiency 등 엔트로피 효율(等－效率) ＝adiabatic efficiency

ISO 국제 표준 기구(國際標準機構). 국제 규격 기구(國際規格機構) →International Organization for Standard

isobar 등압선(等壓線) 물체의 상태량(狀態量) 중에서 압력을 일정하게 유지하면서 다른 양, 예컨대 온도·체적간의 관계를 나타내는 곡선.

isobaric line 등압선(等壓線) →isobar

isochromatic line 등색선(等色線)

isoclinic line 등경사선(等傾斜線)

isolator 아이솔레이터 ① 전기 절연체. ② 고주파의 전자(電磁) 에너지나 신호를 전송(傳送)할 때, 한 쪽 방향으로는 감쇠가 거의 없고 그 반대 방향에는 감쇠가 큰 비가역 전송 회로 소자(非可逆傳送回路素子)를 말한다.

isometrical drawing 등각 투영법(等角投影法) 그림과 같이 축(軸)의 투영도가 120° 씩인 등각으로 교차할 때의 투영도를 그리는 법. 교차되는 각이 동등하지 않은 것을 부등각 투영도라고 한다.

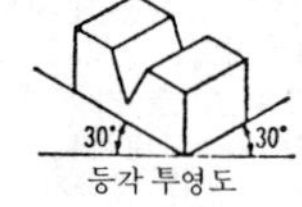

등각 투영도

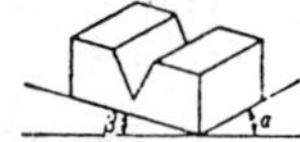

isometric drawing 등각 투영도(等角投影圖), 등각도(等角圖) 등각 투영에서 등각 척도를 쓰지 않고 원척(原尺)을 써서 그려진 그림.

ISO screw ISO 나사(-螺絲) ISO가 결정한 규격으로 만들어진 나사.

isothermal change 등온 변화(等溫變化) 온도를 일정하게 유지한 그대로의 상태 변화. 예를 들면, 완전 가스에 있어서는 등온 변화의 경우 압력 P, 체적 V의 사이에 PV=일정한 관계가 성립된다.

isothermal compression 등온 압축(等溫壓縮) 가스의 온도를 일정하게 유지한 상태의 압축 과정.

isothermal efficiency 등온 효율(等溫效率) 압축기로 필요한 압력을 얻기 위해 등온 압축을 한다고 가정했을 경우에 소요되는 동력과 실제로 필요한 동력과의 비(比).

isothermal expansion 등온 팽창(等溫膨脹) 가스의 온도가 일정한 상태에서의 팽창 과정.

isothermal line 등온선(等溫線) 상태도상에 그은 온도가 일정한 선. T-s 선도상에서는 가로축에 평행인 선이 이에 해당한다.

isothermal transformation 항온 변태(恒溫變態), 등온 변태(等溫變態) 오스테나이트 상태로 가열한 강(鋼)을 냉각시킬 때, 어느 온도까지 내려간 온도에서 냉각을 멈추고 그 온도에서 이루어지는 변태를 말한다. 이 조치로서 베이나이트(bainite) 조직을 얻을 수 있다.

isotope 동위 원소(同位元素), 아이소토프 원자 번호가 같고 질량수가 다른 원소끼리를 서로 동위 원소라고 한다. 예를 들면, 수소, 중수소, 3중 수소는 동위 원소이다.

isotropy 등방성(等方性) 이방성에 대한 상대어. 방향에 따라서 물질의 물리적 성질이 달라지지 않는 것. 기체나 보통의 액체는 모두 등방성이다.

isovolumetric change 정용 변화(定容變化), 정적 변화(定積變化) 용적 일정하에서의 기체의 상태 변화.

I-steel I 형강(-形鋼) 형강(形鋼)의 일종. 단면이 I자형(字形)의 압연 강재. 구조용 재료로서 사용된다.

IT fundamental tolerance IT 기본 공차(-基本公差) ISO에서 결정한 공차 계열로, 다음의 18등급 치수 공차의 계열을 정하고 있다.

IT 0.1～IT 4 게이지의 치수 공차
IT 5～IT 10 끼워맞추어지는 부분의 치수 공차
IT 11～IT 16 끼워맞추어지지 않는 부분의 치수 공차

Izod impact test 아이조드 충격 시험(-衝擊試驗機)

Izod inpact testing machine 아이조드 충격 시험기(-衝擊試驗機) 샤르피 시험기와 거의 같은 구조이나, 샤르피 시험기는 해머의 오목면으로 시험편(試驗片)을 타격하는 데 대해, 이 시험기는 해머의 돌출부로 타격을 가한다.

J

J 줄 에너지 및 일의 MSK 단위 =joule

jack 잭 공작물이나 구조물을 들어올리는 데에 쓰이는 기구. 나사 잭, 래크(rack) 구동 잭, 유압 잭이 널리 사용되고 있다.

jack bolt 잭 볼트 정밀 기계 등을 설치할 때 그림과 같은 볼트가 부속되기도 한다. 이러한 수평을 조정하기 위해 사용되는 볼트를 말한다.

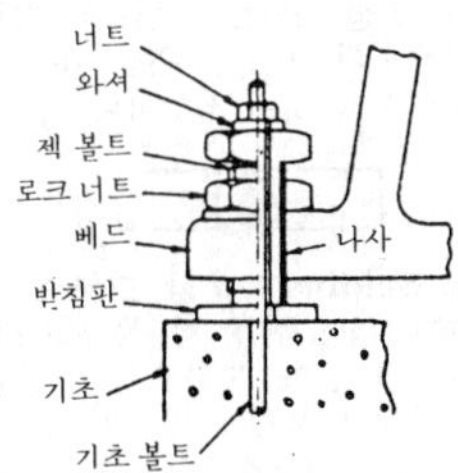

jack-down 잭다운 잭으로 내리는 것.

jacket 재킷 실린더를 이중벽으로 하고 그 속에 증기, 물 등을 통하게 하여 보온 또는 냉각 처리를 하도록 된 빈 곳.

jacketed gasket 재킷형 개스킷(-形-) 속재료를 금속이나 플라스틱 등의 피복 재료로 전면적 또는 부분적으로 덮어 씌운 개스킷의 총칭.

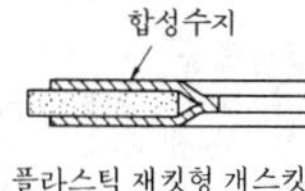

플라스틱 재킷형 개스킷

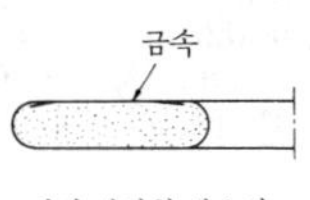

메탈 재킷형 개스킷

jacking oil pump 재킹 오일 펌프 시동 시에 로터의 회전 마찰을 감소시키기 위해 베어링에 주유하는 펌프.

jack plane 황삭 대패(荒削-)

jack-up 잭업 잭으로 끌어 올리는 것.

jacquard(machine) 자카드(기)(-機) 직물의 모양에 따라 무늬 종이에 구멍을 뚫고 날실의 개구(開口)를 지배하는 장치.

Japanese cupola 재퍼니즈 큐폴라 구미에서는 시험용 큐폴라(test cupola)라 부르고 있다. 일반적으로 용해량 1t 이하의 소형 큐폴라를 말한다.

Japanese Engineering Standards ; **JES** 제스, 일본 표준 규격(日本標準規格) JIS 제정 전의 일본 공업 제품의 규격. 현재는 JIS로 바뀌어졌다.

Japanese Industrial Standards ; **JIS** 지스, 일본 공업 규격(日本工業規格) 공업 표준화법의 시행에 따라 1949년 제정된 일본 광공업 용품의 규격.

jaw 조, 턱 물건 등을 끼워서 집는 부분.

jaw chuck 조 척 조가 하나만 있는 단독척. =dog chuck

jaw crusher 조 크러셔 널리 이용되고 있는 범용 파쇄기(破碎機)로, 비교적 구조가 간단하고 마모부의 교환이 용이하며 분쇄비(粉碎比)가 크다는 등의 장점이 있다. 2매의 치판(齒板)이 세로로 일정한 각도로 마주보게 장치되어 있는데, 그 중 1매의 치판은 고정되어 있고, 다른 1매는 상부 또는 하부를 지지점으로 하여 주축(主軸)의 편심 운동에 의해 왕복 운동을 한다. 파쇄 재료는 양 치판 사이에 투입되어 움직이는 이(齒)의 전진에 의해 압축 파쇄되고, 후퇴에 의해 배출된다.

JES 제스, 일본 표준 규격(日本標準規格) =Japanese Engineering Standards

jet 제트, 분류(噴流), 분사(噴射) 구멍에

서 유체(流體)가 연속적으로 분출하는 형태. 제트 펌프, 제트 발동기, 펠턴 수차(水車) 등에 이용된다.

jet anchor 제트 앵커 =concrete anchor

jet carburettor 분무식 기화기(噴霧式氣化器) 일반적으로 널리 이용되고 있는 기화기. 벤투리관(菅)의 목 부분에 작은 분출구를 열고, 공기 유속의 증가에 따라 생기는 부압(負壓)으로 연료를 흡출(吸出)하고 무화(霧化)시켜 공기와 혼합시키는 방법의 것.

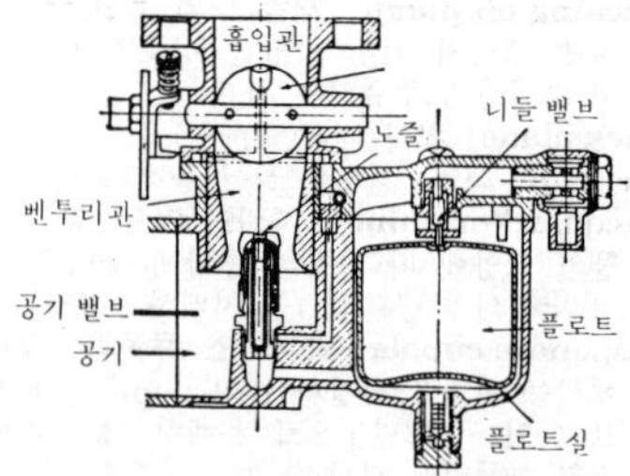

jet condenser 제트 콘덴서, 분사 복수기(噴射復水器) 증기를 냉각수와 직접 접촉시켜 복수시키는 것.

jet engine 제트 엔진 보통 배기 가스를 분출하는 반동으로 추력(推力)을 발생하는 발동기. 엔진의 종류에는 터보 제트, 터보 팬, 터보 프롭, 램 제트 등이 있다.

jet lubrication 제트 윤활(−潤滑) 고속 운동부에 윤활제를 분사시켜 운동을 윤활하게 하는 방식.

jet plane 제트기(−機) 제트 발동기를 장비한 비행기.

jet propeller 제트 추진 장치(−推進裝置), 제트 추진기(−推進器) →jet engine

jet propulsion 제트 추진(−推進) →jet engine

jet propulsion gas turbine 제트 추진 가스 터빈(−推進−) 터보 제트(turbo jet)용의 가스 터빈.

jet pump 제트 펌프 노즐에서 분출하는 고압 유체에 의해서 다른 유체를 이끌어 내는 방식의 펌프.

jet velocity 분사 속도(噴射速度) 제트기 분출구로부터의 가스의 분사 속도. 현재의 엔진으로는 약 500m/s 이상의 분사 속도를 나타내고 있다.

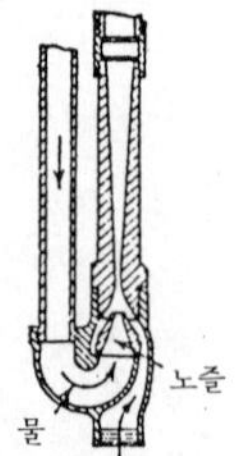

jet pump

jewel bearing 보석 베어링(寶石−) 베어링면에 보석을 사용한 것. 그림은 보석을 사용한 피벗 베어링(pivot bearing)을 만든 것이다.

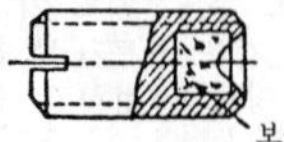

J-groove J형 그루브(−形−) 맞대기 용접 이음에서의 J자형 용접 홈. 판 두께 19mm 이상의 것에 적합하다.

J-groove welding J형 그루브 용접(−形−鎔接) 용접을 할 한 쪽 모재(母材)의 접합 부분을 J자 모양으로 가공한 다음 이것을 상대편 모재에 맞대어, 이때 생기는 J형 그루브(용접홈)에 용융(熔融) 금속을 채워 접합하는 용접.

jib 지브 회전식 기중기 등에서 짐을 매달기 위해 돌출한 암(arm).

jib crane 지브 크레인 지브는 짐을 매달기 위한 암(arm)을 말하며 경사 암과 수평암이 있다. 지브로 짐을 매다는 기중기를 총칭하여 지브 크레인이라 한다.

jib loader 지브 로더 저탄(貯炭)을 실어 내는 기계.

jig 지그 공작물을 고정시키는 동시에 절삭 공구 등의 제어, 안내를 하는 장치. 주로 기계 가공, 용접 등에 사용된다.

jig borer 지그 보링기(−機) =jig boring machine

jig boring machine 지그 보링기(−機) 구멍뚫기 지그의 제작, 그 밖에 위치 관계의 정밀도를 요하는 것의 보링 가공을 하는 기계.

jig grinder 지그 연삭기(−研削機) =jig

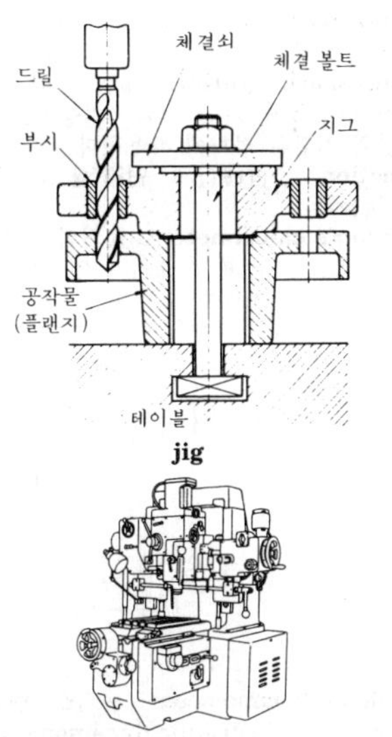

jig

jig boring machine

griding machine

jimcrow 짐크로 나사를 사용하여 형강(形鋼), 축(軸), 레일 등의 굽혀진 부분을 바로 잡는 도구.

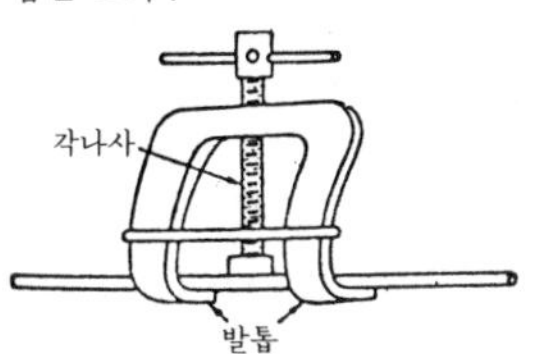

JIS 지스, 일본 공업 규격(日本工業規格) =Japanese Industrial Standards

Jobers reamer 조버즈 리머 기계 리머의 일종. 정확한 구멍 다듬질에 사용한다. 일반적으로 머신 리머라고 부르고 있다.

joggled lap joint 단붙이 겹치기 이음(段－) 겹치기 이음의 한 쪽 부재(部材)에 단을 붙이고 양 부재면이 동일 평면이 되도록 한 겹치기 이음.

joggling 조글링, 단붙임(段－)

Johanson block 요한슨 블록 =gate valve

joint 조인트 ① 이음. ② 이음매. ③ 접속. ④ 절점(節點).

joint efficiency 연결 효율(連結效率), 이음 효율(－效率) 맞대기 용접 이음의 인장 시험에 있어서의 강도를 모재의 강도에 비교한 값.

$$\text{이음효율} = \frac{\text{용접이음의 인장강도}}{\text{모재의 인장강도}} \times 100\%$$

joint pin 조인트 핀, 이음 핀

joint venture 공동 기업체(共同企業體) 1개 기업으로는 자금, 기술, 노동력의 조달이 곤란한 경우에 복수의 기업체가 공동으로 사업을 영위하는 것.

jolt molding machine 진동 조형기(振動造型機) 주형(鑄型)의 기계 조형(造型)에서 주형틀에 주물사를 채우고 상하로 졸트(jolt : 격심하게 흔든다는 뜻) 작용을 주어, 주물사를 압축시켜 성형(成型)하는 것을 말한다.

Jominy curve 조미니 커브 조미니 시험(端面 담금질)에 의해 얻어지는 경도(硬度)의 변화 곡선이다. 세로축에 록웰 C 경도, 가로축에 수냉단(水冷端)에서의 거리를 잡아 나타낸다.

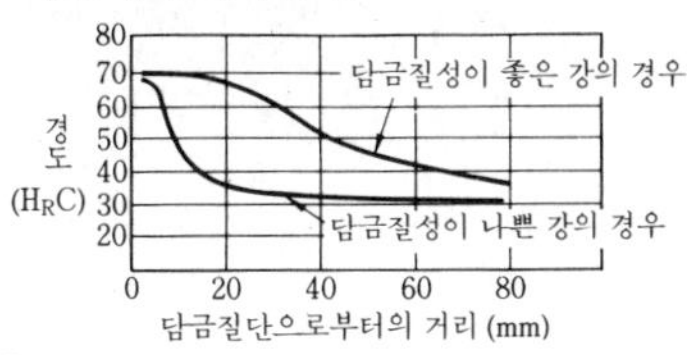

joule 줄 에너지 및 일의 MKS 단위. 1 에르그의 1,000만 배. 즉, 10^7=10,000,000을 1줄이라고 한다.

Joule heat 줄열(－熱) →Joule's law

Joule's equivalent 열의 일당량(熱－當量) =mechanical equivalent of heat

Joule's law 줄의 법칙(－法則) 저항 R의 선(線)에 불변 전류 I가 흐를 때, 도체 내의 저항 때문에 단위 시간에 소비되는 에너지 I^2R은 전부 열로 변한다는 법칙. 이때, 발생하는 열을 줄열이라고 한다.

Joule-Thomson effect 줄-톰슨 효과(－效果) 엔탈피를 일정하게 유지하고 압력을 변화시킬 때, 이상 기체에서는 온도는 변화하지 않으나 실재의 기체에서는 일반적으로 온도가 변화한다. 이 현상을 줄-톰슨 효과라고 한다.

journal 저널 전동축(傳動軸)에 있어서 베어링 속에 들어 있는 부분을 특히 저널이라 한다. 세로 저널과 가로 저널이 있다.

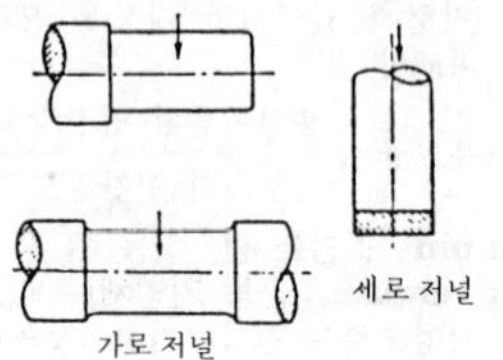

journal bearing 저널 베어링 →radial bearing

journal box 저널 박스 차축(車軸)의 베어링과 그 급유 장치를 수납하는 상자.

judder 저더 마찰 클러치나 브레이크에서 마찰면의 마찰력이 일정하지 않기 때문에 진동 · 소음이 발생하는 것.

jumping 점핑 유량(流量) 제어 밸브 등에서 유체가 흐르기 시작할 때, 유량이 과도적으로 설정값을 넘는 현상.

jump-spark 점프 스파크 틈새를 튀어 날으는 불꽃.

jump-spark ignition 불꽃 점화(－點火) 전기 불꽃에 의한 점화. 자동차, 비행기 등의 기관의 점화에 사용된다.

junction 결합(結合), 연결(連結), 접합점(接合點)

Junker's calorimeter 융커의 열량계(－熱量計) 가스를 연소시켜 일정한 비율로 연속적으로 흐르는 물의 온도 상승을 측정하여 가스의 발열량을 측정하는 열량계.

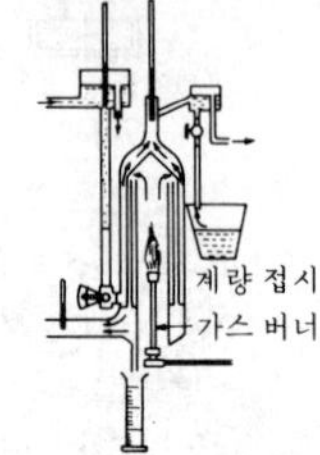

Junkers dynamometer 융커스 동력계(－動力計) →hydraulic dynamometer

J

K

K 켈빈[1], 캐럿[2] ① Kelvin의 약어. 열역학 온도의 단위로서 K 기호를 사용한다. 1K=1/273.15이다. 일반적으로 사용되고 있는 ℃와의 관계는 t℃=(t+273.15)K.
② carat의 약어.

kammwalz 캠월츠 피니언은 축단(軸端)이 직접 부하에 연결되어 피니언 자체가 동력의 일부를 소비하는 동시에 기어에 필요한 토크(torque)를 전달하고 있는 피니언을 말하는 것으로, 기어와의 치수(齒數)가 거의 같다. 압연기 등 2개의 롤(roll)에 반대 방향의 회전 운동을 주기 위해 사용되고 있다. =neck pinion

Kaplan turbine 카플란 수차(一水車) 프로펠러 수차의 대표적인 것. 1912년 체코슬로바키아인(V. Kaplan)이 발명한 가동(可動) 날개의 프로펠러 수차. 특히, 저낙차(低落差 : 5~40m)로 수량이 변화하는 경우에 적합하다.

karean 카란 =bib

Karman vortex street 카르먼 맴돌이열(一列) 어떤 흐름의 조건하에서 물체의 양측으로부터 회전 방향과 반대가 되는 맴돌이가 번갈아 발생하여 규칙적인 배열을 유지하면서 흘러가는 열.

keel 킬, 용골(龍骨) ① 선체 중앙의 배 밑바닥을 선수(船首)에서 선미(船尾)까지 잇는 골격재. 선골이라고도 한다. ② 비행선의 세로 방향을 가로지르는 골격재.

keeper 수위(守衛), 걸쇠, 고정구(固定具)

keep relay 키프 릴레이 동작용과 복귀용 2개의 전자석(電磁石)을 갖추고 동작 전자석을 여자(勵磁)하면 접점이 동작하는데, 이 상태가 복귀 전자석이 여자하기까지 동작 여자의 유무에 관계없이 유지되는 릴레이.

kelmet 켈밋 베어링 합금의 일종으로, 구리에 납(鉛)을 20~40% 첨가한 것. 고하중, 고속의 베어링 소재로 중용되고 있다.

Kenedy key 케네디 키 →tangent key

kerosene 등유(燈油), 케로신 액체 연료의 일종. 원유를 증류할 때 150~300℃에서 얻어지는 기름.

kerosene engine 석유 발동기(石油發動機), 석유 기관(石油機關) 연료에 등유 또는 경유를 사용하는 내연 기관. 가솔린 기관에 비해 연료비가 싸고 취급이 간단하다. 소형의 것은 농공용으로서 자동 경운기·탈곡기 등에 널리 쓰이고 있다.

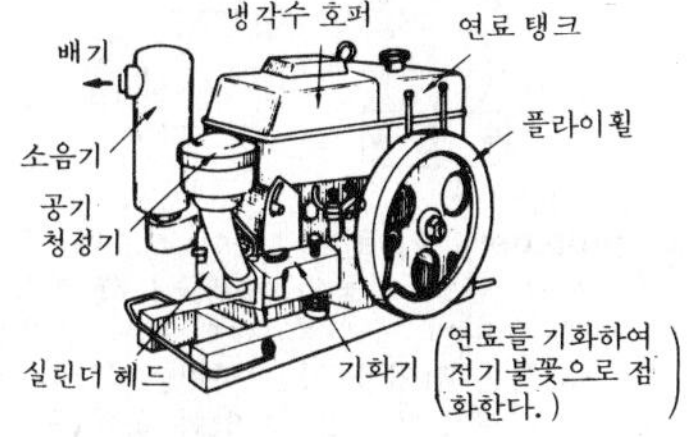

Kevlar 케블라 미국 듀퐁사에서 개발한 고탄성률의 고강력 섬유를 말한다. 비중 1.44~1.45, 인장 강도 280kgf/㎟, 인장 탄성률 케블라 49에서는 13,300kgf/㎟. 경량이면서도 비탄성률(比彈性率), 비강도(比強度)가 크다.

key 키 ① 기어, 벨트차(車) 등에 토크를 전달하는 데에 이용되는 가늘고 긴 쐐기형 쇠붙이. 사용 목적에 따라 성크 키, 평(平) 키, 새들 키, 환봉(丸棒) 키, 각(角) 키 등이 있다. ② 전건(電鍵). 약한 전류의 개폐에 사용하는 기구. 강한 전류에 사용되는 것은 스위치라 한다. ③ 전등의 소켓에 붙어 있는 전등 점멸용 손잡이. ④ 열쇠.

K

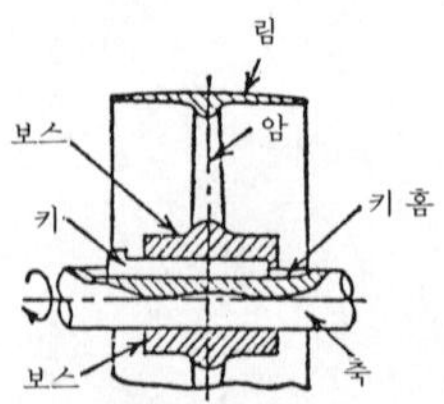

keyboard printer 키보드 프린터 데이터의 입력 장치로서의 키보드와 출력 장치로서의 프린터로 이루어진 것으로, 온라인 시스템의 단말 장치로서 대표적인 것.
key boss 키 보스 키 홈을 갖춘 보스.
key-in 키인 키보드에 의해서 데이터를 컴퓨터에 입력하는 것.
keyless propeller 킬리스 프로펠러 프로펠러축과 프로펠러 보스와의 끼워맞춤 부분에 키를 사용하지 않고 압입하여 마찰력에 의해 체결하는 프로펠러.
key plate 키 플레이트 이음 핀이 빠지지 않도록 가장 널리 사용되고 있는 그림과 같은 플레이트.

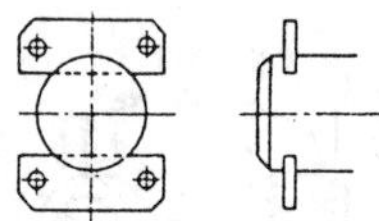

key puncher 키 펀처 종이 카드나 종이 테이프에 건반 천공기(鍵盤穿孔機)를 사용하여 문자나 숫자를 나타내는 구멍을 카드에 뚫는 작업을 하는 사람. 사람이 쓴 문자를 기계가 판독할 수 있는 문자(구멍)로 바꾸는 작업을 하는 사람.
key seating 키 홈 절삭(－切削) 키 홈을 절삭해 내는 것. 보통 축에 대해서는 엔드 밀 등으로 가공하고 보스에 대해서는 슬로터(slotter) 등으로 가공하나, 대량 생산일 경우에는 키 홈 밀링 머신이나 브로칭 머신 등을 사용한다.
key seat rule 키 홈자 축이나 구멍에 중심선과 평행되는 금긋기선이나 홈의 금긋기를 할 때 사용하는 자. 그림은 산형(山形)의 키 홈자이다.

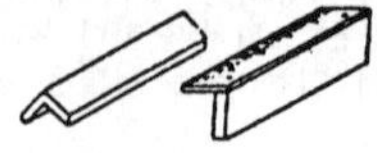

key way 키 홈 키를 결합하는 보스 및 축의 양쪽 또는 한 쪽 키를 박아 넣을 수 있도록 깎아 낸 홈.
key way milling machine 키 홈 밀링 머신 주로 축의 키 홈 가공에 사용하는 밀링 머신. 키 홈 길이를 편심판에 의한 크랭크의 움직임으로 정하고 왕복 운동과 절삭은 자동적으로 한다.
key way pull broach 키 홈 브로치 키 홈 가공하는 데 사용하는 브로치.
key wrench 키 렌치 =box spanner
kg-cal 킬로그램칼로리 =kilogram-calory
kicker 키커 튕겨 내는 장치를 말한다. 에러 실린더에 의한 레버식과 링크 기구에 의한 것이 있으며, 가공이 끝난 제품을 뽑아 내는 데에 이용된다.
killed ingot 킬드 강괴(－鋼塊) =steel ingot
killed steel 킬드 강(－鋼) Al 이나 Si 를 제강의 마지막 또는 조괴기(造塊期)에 첨가함으로써 충분히 탈산되고, 강괴 위쪽에 생기는 공동(空洞) 부분을 잘라 버림으로써 림드강(鋼)보다 편석(偏析)이 적고 재질이 균일하여 보다 높은 품질의 강이 얻어진다.
kiln 킬른 도자기, 시멘트 공장 등에서 원료를 소성(燒成)시키는 데에 사용하는 가마(窯). 수직 가마, 둥근 가마, 로터리 킬른, 터널 가마 등이 있다.
kilo- 킬로 1,000 을 뜻하는 접두어. 약자는 k.
kilogram 킬로그램 1,000 그램. 약자는 kg.
kilogram-calory 킬로그램칼로리 1kg 의 물을 1℃만큼 높이는 데 소요되는 열량(熱量)
kiloherz 킬로헤르츠 1,000Hz=1kHz. 약자는 kHz.
kiloliter 킬로리터 1,000 리터. 약자는 *kl* 이다.
kilometer 킬로미터 1,000미터. 약자는 km.
kilovolt 킬로볼트 1,000 볼트. 약자는 kV.
kilovolt-ampere 킬로볼트암페어 1,000 볼트암페어(VA). 교류 발전기, 변압기 등의 용량을 나타내는 단위. 약자 kVA.
kilowatt 킬로와트 1,000 와트. 전력의 실용 단위. 약자는 kW.
kilowatt-hour 킬로와트시(－時) 1,000 와트시(時). 1 시간당 1 킬로와트의 사용 전력을 킬로와트시라고 하며, 전력(電力)의 일의 단위에 사용된다.

K

kinematic chain 연쇄(連鎖) 여러 개의 링크를 차례로 연결하여 만든 하나의 고리 모양으로 된 연결체를 연쇄라고 한다.

kinematic pair 짝, 대우(對偶), 페어 서로 접촉하는 2개의 기계 요소(축과 축받이, 볼트와 너트, 한 쌍의 기어 등)의 조합을 짝 또는 대우라 한다. 기계 요소가 면으로 접촉되는 면대우(面對偶)와, 점 또는 선으로 접촉하는 면(面)없는 대우(對偶)의 두 가지로 크게 나뉜다.

kinematics 운동학(運動學) 운동을 일으키는 힘의 문제에 대해서는 다루지 않고, 단순히 운동의 상태만을 취급하는 역학의 일부분을 말한다.

kinematics of machinery 기계 운동학(機械運動學), 기구학(機構學) 기계 기구의 움직임을 운동학적으로 고찰 연구하는 학문.

kinematic viscosity 동점도(動粘度) 유체(流體)의 점도(粘度)를 그 유체의 질량 밀도로 나눈 값. 동점성 계수(動黏性係數)라고도 한다. 단위는 m^2/s이며 온도 전도율, 확산 계수와 같다.

kinetic coefficent of viscosity 운동 점성 계수(運動粘性係數) →viscosity

kinetic energy 운동 에너지(運動－) 물체가 운동을 하고 있기 때문에 가지는 에너지. 그 크기는 운동을 하고 있는 물체가 정지(靜止)될 때까지 해내는 일의 양(量)으로 측정한다.

kinetic friction 동마찰(動摩擦), 운동 마찰(運動摩擦) 한 물체가 다른 물체의 표면을 따라 운동할 경우 그 접촉에 의하여 일어나는 운동에 저항하는 힘. 미끄럼 마찰과 구름 마찰로 나누어진다.

kinetic pressure bearing 동압 베어링(動壓－) 축이 회전함에 따라 축과 베어링(축받이)의 중심이 편심(偏心)하여 클리어런스가 가장 좁아진 곳에 윤활유의 유압이 발생하고 그 유압에 의해서 축을 지지〔유막(油膜)을 형성〕하는 형식의 미끄럼 베어링.

kinetics 동력학(動力學) →dynamics

king-post truss 킹포스트 트러스, 왕 대공 트러스(王臺工－) 그림과 같은 트러스 구조를 말한다.

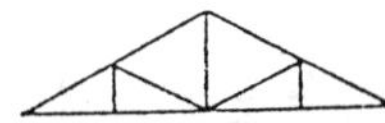

kink 킹크 와이어 및 로프 등이 뒤틀리거나 꼬여 심하게 접히고 굽힘을 일으킨 것을 말한다.

kit 키트 ① 휴대용의 도구 상자. 도구 자루 또는 그 속에 넣은 도구류. ② 라디오 수신기나 텔레비전 수상기의 조립 세트를 말한다.

kitoon 카이튠 비행선 모양으로 된 계류 기구(繫留氣球).

kneader 니더 점질성(粘質性) 물질을 혼합하여 반죽하는 기계. Z형 칼날 모양의 날개 2개를 회전시켜 혼합한다.

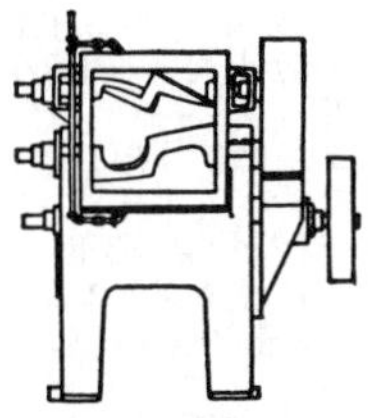

kneading machine 반죽 기계(－機械) 원통형 용기 속에서 주걱 모양 또는 나선 모양의 날개가 달린 축을 회전시켜 액체, 고체를 혼합하기 위하여 휘저어 반죽하는 기계.

knee 니, 무릎 무릎 모양으로 굽은 것.

knee bend 엘보 =elbow

knee type milling machine 니형 밀링 머신(－形－) 니(knee) 위에 새들, 그 위에 공작물을 장착하는 테이블이 있는 일반 공작용 밀링 머신.

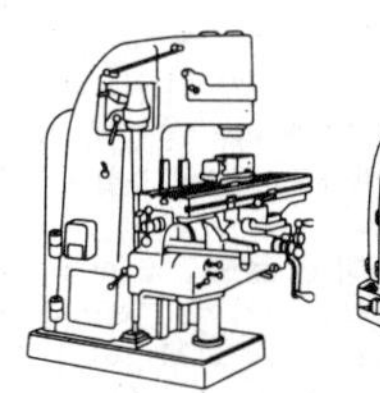
수직형

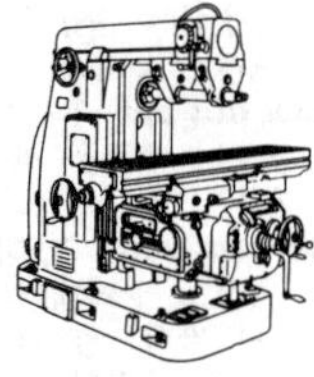
수평형

knife 나이프, 칼 목공 용구의 하나. 용도에 따라 속파기 칼, 잘라내기 칼, 평(平) 칼, 3각 칼 등이 있다.

knife edge 나이프 에지 칼날과 같은 받침쇠를 말한다. 평면 또는 오목면을 가진 받침대 위에 실려 사용한다.

knife edge die 나이프 에지 다이 기계 전단 가공의 일종. 칼날과 같은 예리한 날로 가죽·고무·마이카(mica) 등을 간단한 형상으로 펀칭 가공하는 데에 사용하는 형.

knife file 나이프형 줄(-形-) 단면(斷面)이 칼날 모양으로 된 줄.

kintting machine 편물기(編物機) 니트를 짜는 기계로, 메리야스기라고도 한다. 경편기(經編機)와 씨날짜기기가 있다.

knob 손잡이

knock 노크 내연 기관의 실린더 내에서 연료가 부적당하기 때문에 이상 폭발(異常爆發)을 일으켜 금속음을 발생하는 현상. 설계, 구조에 유의함으로써 또는 높은 옥탄가의 연료를 사용함으로써 방지할 수 있다.

knock down 녹 다운 생산(-生産) 다른 나라에 부품을 공급하는 동시에 생산 기술도 제공하여 현지에서 조립 생산하는 방식.

knocking 노킹 내연 기관의 노크 현상을 말한다. 설계, 구조에 유의하고, 또 높은 옥탄가의 연료를 사용함으로써 방지한다. =knock

knock out 녹 아웃 슬라이드측 혹은 베드측에 부착하여 성형 작업 후에 가공품이나 소재를 이형(離型)시키기 위한 장치. 일반적으로 스프링, 캠 등을 사용하는 기계식이 널리 쓰이고 있으나, 큰 힘이 필요한 경우에는 유압식도 있다. 녹 아웃 능력은 프레스 능력의 약 10%가 기준이다.

knock out bar 녹 아웃 바 상형에 붙어 올라가는 제품을 떼내기 위한 가늘고 긴 평각봉.

knock out rod 녹 아웃 로드 녹 아웃 바를 밑으로 밀어내리기 위하여 프레스측에 고정된 막대. 녹 아웃하는 타이밍이나 녹 아웃량을 조정할 수 있게 나사부를 가지고 있다.

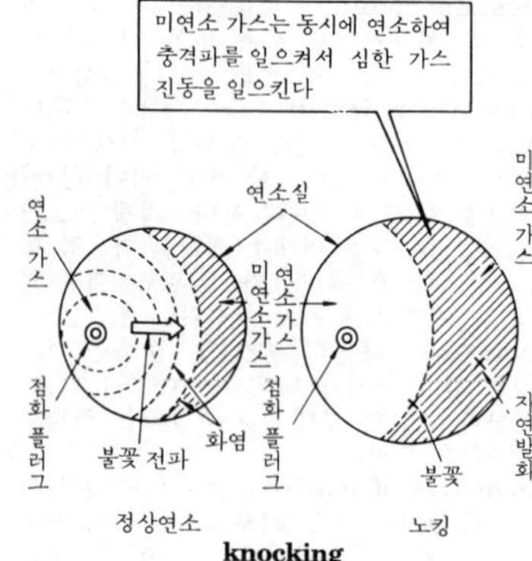

knocking

knot 노트 선박의 속도를 나타내는 단위. 1노트는 매시 1해리(1,852m)를 항진하는 속도.

know-how 노하우 기술의 사용 또는 응용 방법에 관한 비밀 지식 또는 경험을 말한다. 이러한 지식이나 경험은 특허, 실용신안 등의 공업 소유권과 마찬가지로 기술 도입 등의 경우에 교섭의 대상이 되는 일이 많다.

knuckle 관절(關節), 너클

knuckle joint 너클 조인트, 너클 이음 한 쪽의 축단(軸端)이 둘로 분기되어 있고, 그 사이에 다른 축단을 끼우고 핀으로 접합한 축이음. 핀 축(軸) 주위를 자유로이 회전할 수 있는 것이 특징이다.

knuckle(of coupler) 너클 연결기 선단의 너클형 이음부. 개폐하는 팔꿈치형인 이음부·핀 주위를 회전하여 개폐하고 서로 맞물어 인장력과 압출력을 전달한다.

knuckle pin 너클 핀 =knuckle joint

knuckle screw thread 둥근 나사(-螺絲) =round screw thread

knurling 널링 공구나 계기류 등에서 손가락으로 잡는 부분을 미끄러지지 않도록 톱니 모양을 붙이는 공작법.

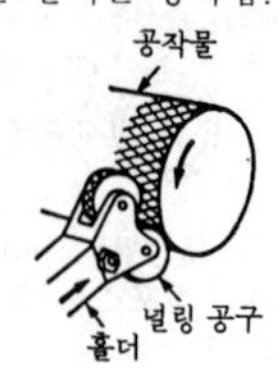

K

knurling tool 널링 툴, 널링 공구(−工具) 조정 나사, 공구류, 계기 등에서 손가락으로 잡는 부분을 미끄러지지 않도록 가로 또는 경사로 톱니 모양을 붙이는 공구.

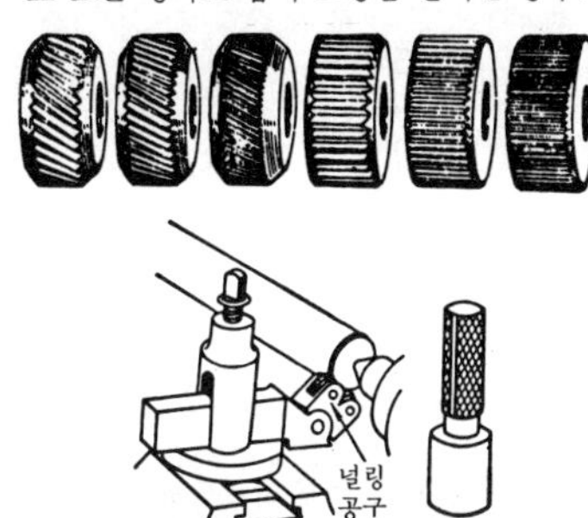

knurlizing machine 널라이징 머신 중고 피스톤의 가공 또는 피스톤 스커트의 확대 등에 사용하는 특수 전동 기계.

Koepe winding 쾨페 와인딩 수항 권양법(竪杭捲揚法)의 일종으로, 로프 홈을 갖춘 커다란 로프차(車)에 1개 또는 여러 개의 로프를 걸고, 그 양 끝에 케이지(적재함) 또는 스킵을 달아 로프와 로프차 사이의 마찰력에 의해 권양기(捲揚機)의 동력을 전달하는 권양법(捲揚法)을 말한다.

Kolesov tool 콜레소프 바이트 조삭(粗削)과 다듬질 절삭의 2단의 절삭날을 갖춘 바이트. 소련의 콜레소프(B.A.Kolesov)가 고안했다.

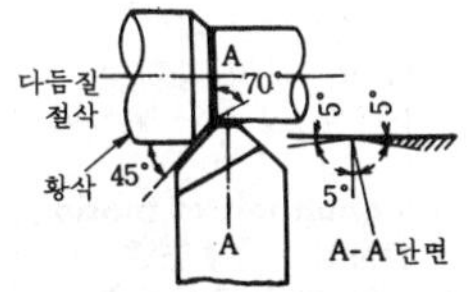

kombinat 콤비나트 기업 결합(企業結合)이라는 뜻으로, 원자재의 확보와 로스가 없는 이용, 생산의 집중화, 에너지의 종합적인 이용, 파이프 수송에 의한 합리화 등을 겨냥하여 생산 공정의 전후와 연관되는 각종 기업이 기술적으로 결합하여 하나의 공업 단지를 형성하고 있는 것을 말한다.

kovar 코바 유리와 열팽창 계수를 같게 한 철(鐵) 53%, 니켈 28%, 코발트 18%의 합금이다.

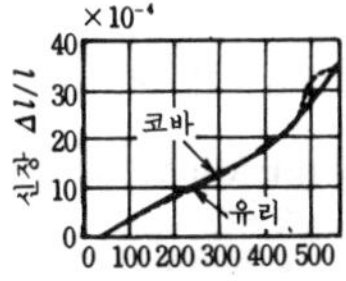

코바와 유리의 열팽창

kramer system 크래이머 방식(−方式) 권선형(捲線形) 유도 전동기의 속도 제어 방식의 하나로, 유도 전동기의 2차 출력이 기계 동력의 형태로 유도 전동기의 축으로 변환되기 때문에 2차 저항 방식보다도 효율이 좋다.

KS bronze KS 청동(−青銅) 내해수성(耐海水性)이 좋고 탄성(彈性)이 크기 때문에, 압력계 부르동관(菅)이나 복수 기관(復水器菅)에 사용되고 있다. Sn 2%, Ni 0.1%의 Cu 합금. 비중 8.9, 인장 강도 37~52kgf/㎟.

KS magnetic steel KS 강(−鋼) 1916년 일본의 혼다(本多), 다카키(高木) 두 사람이 완성시킨 강한 자성(磁性)을 지닌 특수강의 일종. 성분은 철 이외에 크롬, 텅스텐, 코발트, 탄소 등을 포함하고 있다. 용도는 영구 자석, 공구강(工具鋼) 등으로 쓰인다.

kWh 킬로와트시(−時) 전력(電力)의 일의 단위. =kilowatt-hour

L

laboratory 실험실(實驗室), 실험장(實驗場)

laboratory automation ; LA 러버러터리 오토메이션 계측기나 실험기 등을 컴퓨터와 온라인으로 접속하여 측정, 검사, 실험의 자동화를 이룬 것.

labo(u)r 노동(勞動), 노력(勞力), 일, 노동자(勞動者)

labo(u)r management 노무 관리(勞務管理) 노동력의 사용을 합리화하고 재생산성을 높이기 위한 사용자의 방책.

labo(u)r saving 생력화(省力化) 기계 설비의 자동화, 운반, 입고, 출고의 기능화, 사무의 합리화 등으로 일손을 요하는 작업을 감소시키는 것.

labo(u)r union 노동 조합(勞動組合) 영국에서는 trade union이라고 한다. 노무자의 노동 조건을 유지·개선하고 사회적 지위를 향상시키기 위한 대중 조직.

labyrinth packing 래버린스 패킹 케이싱과 회전축의 틈새에서 기체가 누설하는 것을 방지하는 데 사용되는 패킹.

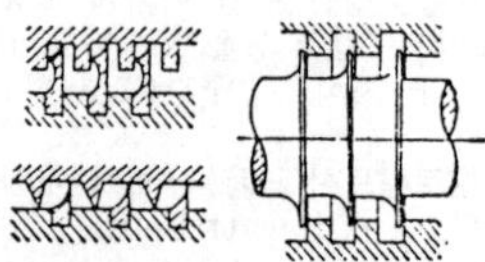

lace 레이스, 끈

lace machine 레이스 편기(-編機) 투명 무늬의 천을 만드는 기계.

lacing 레이싱 벨트를 잇는 체결 쇠붙이. 패스너(fastener)와 같다.

lacing leather 가죽 철끈 →rawhide laced joint

lacquer enamel 래커 에나멜 금속, 목재면의 유색 불투명한 도장에 적합한 액상(液狀), 휘발 건조성의 도료로, 초산 셀룰로오스, 수지, 가소제 등을 용제로 녹여서 만든 용액에 안료를 분사시켜 만든 것.

ladle 레이들 노(爐)에서 나온 탕(금속이 녹은 것)을 받아 주형에 주탕하기 위한 용기. 대형의 것은 레이들 크레인이나 레이들차로 나르고, 소형의 것은 탕바가지라고도 하며 손으로 조작한다.

ladle car 레이들 차 →ladle

ladle crane 레이들 크레인 →ladle

Lafferty ionization gauge 래퍼티 전리 진공계(-電離眞空計) 음극선을 이용한 자장(磁場) 속에서의 방전에 의해 방전의 안정화와 전자의 주행 거리를 길게 함으로써 이온 전류의 측정 감도를 향상시킨 진공계. 10^{-14}Torr 까지 측정할 수 있다.

lag 지연(遲延) =delay

lagged pulley 피복 풀리(被覆-) 표면에 나무나 고무를 붙인 풀리.

lagging 래깅, 피복(被覆) 주로 보일러나 배관 등에서 보온·보냉의 목적으로 단열재를 사용, 피복하는 것.

lagging jacket 래깅 재킷 증기 기관 등에서 실린더의 보온을 위하여 단열재를 피복한 것.

Lagrange's equation of motion 라그랑지 운동 방정식(-運動方程式) 운동 에너지 T가 광의 좌표(廣義座標) q나 광의의 속도 $q_r(r=1, 2, \cdots, n)$에 의해서 나타내어지고, 또 광의 좌표 q_r에 대응하는 광의의 힘을 Q_r로 할 때 다음과 같은 n개의 식

$$\frac{d}{dt}\left(\frac{\partial T}{\partial \dot{q}_r}\right)-\frac{\partial T}{\partial_r}=Q_r$$

이 얻어진다. 이것을 라그랑지의 운동 방정식이라고 한다.

laid wire rope 보통 꼬임(普通-), 와이어 로프 →wire rope

lamellar pearlite 층상 펄라이트(層狀－) 주철이나 강을 오스테나이트 상태에서 서서히 냉각시킬 때 생기는 조직으로, 층상을 이룬 것을 말한다. 펄라이트란 층(層)이라는 뜻이기 때문에 단순히 입상(粒狀) 펄라이트의 반대말에 불과하다.

lamellar spring 겹판 스프링 =laminated spring

lamellar structure 층상 조직(層狀組織) 현미경으로서 입자 내에 상(相)이 반복되어 층상으로 보이는 것을 총칭한다. 강의 펄라이트 조직은 그 전형적인 것이다.

lamellar tearing 라멜라 티어 압연 강판이 판두께 방향으로 큰 구속을 받았을 때 생기는 균열.

laminar flow 층류(層流) 액체가 극히 완만하게 관내를 흐를 때, 각 분자가 서로 층을 이루어 평행한 속도로 흐르는 흐름. 이에 대하여 불규칙적이고 혼란한 흐름을 난류라 한다.

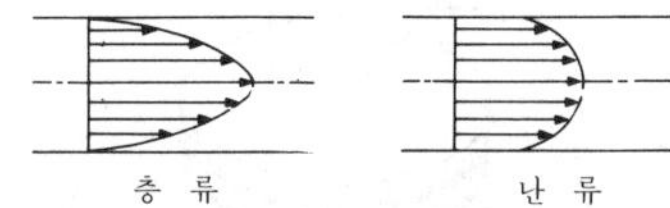

층 류　　　　난 류

laminate 래미네이트 ① 박판, 적층 플라스틱. ② 강판 등의 두께 방향으로 생긴 층상(層狀)의 균열이나 벗겨진 결함.

laminated spring 겹판 스프링 차량 전문용으로 사용되는 스프링. 길이가 조금씩 다른 판 스프링을 차례로 겹쳐서 활 모양으로 만든 스프링.

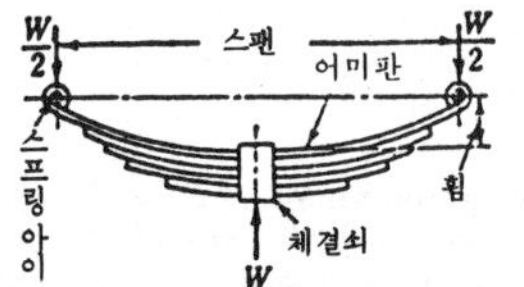

laminating 적층 성형(積層成形) 열경화성 수지 용액을 박판(베니어), 천, 종이 등에 침투시켜 건조한 것을 겹쳐서 가열

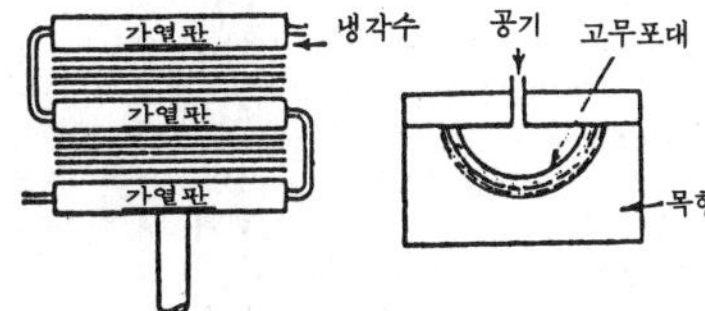

압축해 판상 성형(板狀成形 : 화장판 등)하는 방법. 파형판, 방재 헬멧, 보트, 자동차 차체 등 곡면을 이룬 것도 만들 수 있다.

lamination 래미네이션 ① 압연된 강판 등이 층상의 균열이 생겨 분리되는 것. ② 압연에 중표피(中表皮)가 제품 표면 내에 들어가는 현상. ③ 금속판을 여러 겹으로 쌓아 적층상으로 된 것.

La Mont boiler 라몽 보일러 La Mont이 발명한 강제 순환 보일러의 일종으로, 보일러 물을 강제적으로 순환시키는 방식의 보일러.

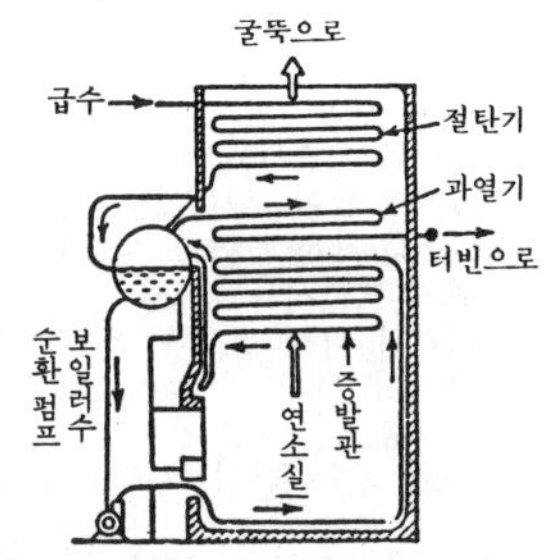

Lancashire boiler 랭커셔 보일러 수평식 보일러의 동체 내에 2개의 노통(爐筒)을 설치한 노통 보일러의 일종. 드럼 직경은 1,000~2,500mm, 길이는 3,500~9,000mm, 노통의 지름은 500~1,000mm이고 사용 압력은 13ata 이하, 전열 면적은 50~100㎡, 증발량은 3.0t/h 정도까지이며 이제까지 공장용 보일러로서 널리 사용되어 왔다.

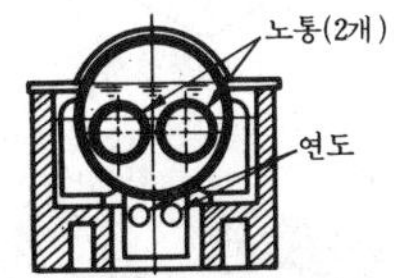

lancet 란셋 =molder's spatula

land 랜드 ① 드릴이나 리머 등의 홈과 홈 사이의 높은 면. ② 금형에서 양각형(陽刻型)의 맞춤면. →metallic mold. ③ 프린트 회로에 있어서 전자 부품의 리드를 통하는 구멍 주위에 남겨진 고리 모양의 부분으로, 이 면에 리드가 납땜된다. 또, 화학 절삭에 있어서 가공되지 않고 남

은 두께가 있는 부분을 일반적으로 랜드라고도 한다.

land boiler 육상용 보일러(陸上用－) 보일러를 사용 목적에 따라 육상용 보일러, 이동 보일러, 기관차 보일러, 선박용 보일러로 분류할 수 있다. 육상용 보일러는 충분한 기초 위에 설치되는 것으로, 정치(定置) 보일러라고도 한다. 육상용 보일러에는 원동소(原動所) 보일러와 공장 보일러의 두 가지가 있다.

land engine 육상용 기관(陸上用機關) 육상에서 주로 정치용(定置用)으로서 사용되는 기관. 예를 들면, 발전기, 펌프 등 작업기의 구동용으로 쓰인다. 정회전 속도로 사용되는 일이 많다.

Lang lay 랭 꼬임 와이어 로프의 꼬임이 새끼줄 꼬임과 같은 방향인 것.

Lang s lay 랭 꼬임 ＝Lang lay

language processor 언어 프로세서(言語－), 랭귀지 프로세서 어떤 프로그램 언어를 처리하기 위해 필요한 번역 등의 기능을 이용하여 자기 기종의 기계어로 해내는 프로그램.

lantern ring 봉수 링(封水－) ＝seal cage

lanthanum chromite 란탄 크로마이트 도전성이 높은 내열 재료로서 저항 발열체나 고온에서의 전극에 사용된다. $LaCrO_3$의 융점은 2,490℃이다.

lap 랩 ① 겹치기, 중첩. ② 랩 다듬질용 공구.

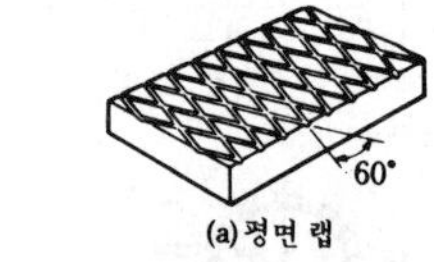

(a) 평면 랩

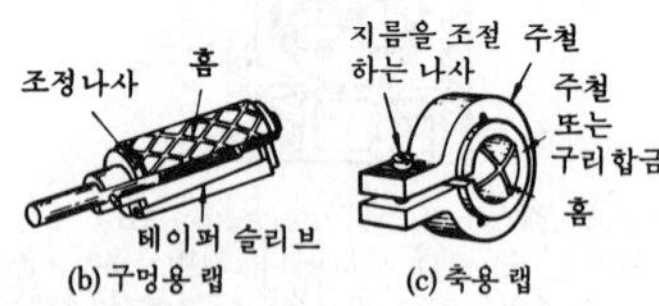

(b) 구멍용 랩 (c) 축용 랩

lap joint 겹치기 이음 2개의 부재 끝이 서로 겹쳐진 이음. 리벳 이음이나 용접 이음에서 볼 수 있다.

Laplace transform 라플라스 변환(－變換) 까다로운 미분 방정식을 대수 계산으로 바꾸는 방법의 하나로, 대수(對數)를 사용함으로써 곱셈을 덧셈으로 바꾸는 것과 비슷하다.

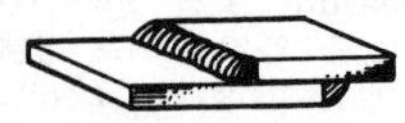
lap joint

lappet loom 래핏 직기(－織機) 제직할 때 바탕 날실 외에 모양 날실을 좌우에 원하는 폭만큼 움직여서 모양을 나타내는 직기.

lapping 랩 다듬질 정밀 다듬질의 일종. 랩이라는 공구와 공작물 사이에 랩제(劑), 주로 탄화 규소를 넣어 접동(摺動)시켜 양자 간의 마모 작용을 이용하여 연삭 다듬질면 볼록(凸) 부분을 제거해 양호한 평활면을 만드는 작업. 평면, 원통, 나사, 기어 등의 정밀 다듬질에 응용된다.

lapping burn 래핑 번 담금질강을 랩 다듬질하면 마찰열 등 때문에 다듬질면이 담황색 또는 다갈색으로 되는 것.

lapping liquid 랩액(－液) 랩 다듬질에서 랩제와 혼합하여 사용하는 액. 강이나 주철의 경우에는 석유, 특수한 게이지류에는 올리브유, 채종유 등을 사용하며 또 2종류 이상의 오일을 혼합하여 사용하는 수도 있다.

lapping machine 래핑 머신 랩 다듬질에 사용하는 기계. 연삭기 등으로 정밀하게 다듬질한 공작물의 표면을 더욱 고정밀도로 다듬기 위하여 사용.

lapping powder 랩제(－劑) 랩 다듬질용의 미세한 입자(탄화 규소·산화 알루미늄 등).

laps 랩스 열간 압연에 있어서 재료 표면에 기재(機材)의 흠이 있거나 재료의 변형능(變形能)이 나쁠 경우에 발생하는 재료 표면의 나뭇잎 모양, 지느러미 모양, 주름 모양의 흠집을 말하며, 소재가 서로 반대 방향으로 유동하여 발생한다.

lap seam weld 겹치기 심 용접(－鎔接)

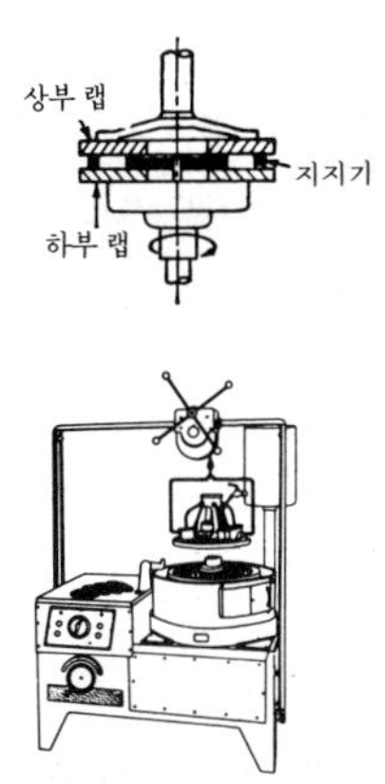

lapping machine

2매의 금속판을 겹쳐 1열로 연속적으로 점 용접한 것.

lap welding 겹치기 용접(－鎔接) 서로 겹쳐진 상태에서 용접하는 방법.

large deflection 큰 휨 수직 하중을 받아서 휘는 얇은 평판의 보통 탄성 굽힘에서는 판의 휨은 판 두께에 비해 작고, 판에는 면내 하중은 작용하지 않으며, 판 중앙면은 변형 후도 신축이 없는 중립면이라고 생각되는 이른바 미소 휨의 이론에 의해서 해석된다. 그러나 휨이 판 두께의 1/2 이상 정도가 되는 경우는 큰 휨이라 하는데, 이때는 판의 중앙면에 생기는 인장의 영향도 고려에 넣는 이른바 큰 휨의 이론에 의하지 않으면 안 된다. 이 경우는 주어진 동일 부하에 대한 휨 및 응력은 미소 휨 이론에 의한 것보다도 일반적으로 작아진다. →diflection curve

large scale integration : LSI 대규모 집적 회로(大規模集積回路) IC보다 집적도를 증가시킨 대규모 집적 회로. 보통 1,000 이상의 소자(100 이상의 게이트)를 조합해서 하나의 기판으로 만들어 낸 것.

laser 레이저 광 메이저(maser)라고도 하며, 일반적으로 고에너지를 지닌 원자를 함유한 물질을 2개의 반사경 사이에 넣고 에너지를 가하면 빛을 낸다. 이것을 반사경에 반복 반사 왕복시키는 동안에 유도 방출이 이루어져 강한 빛이 방출된다. 전파와 같은 성질을 지닌 단색광으로, 지향성이 예민하므로 광통신이나 다중 통신, 우주 통신 등에 이용된다.

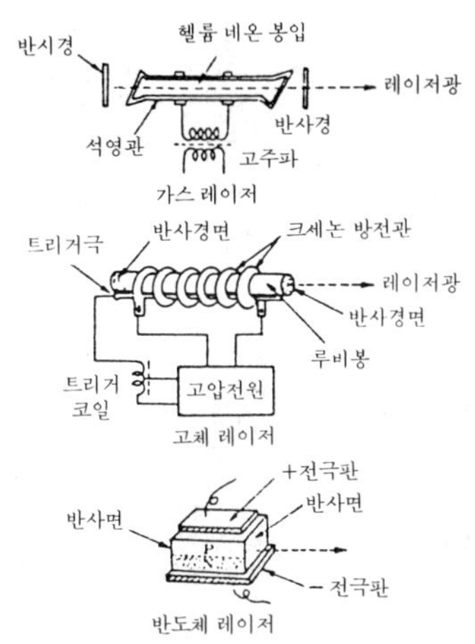

laser engraving 레이저 조각(－彫刻) 레이저 광선을 정 대신 사용한 조각. 금속판에 원도의 모양을 잘라 내어 조각 소재 위에 놓고 한 끝에서부터 차례로 레이저 광선을 주사시키면, 금속판이 뚫려 있는 부분만 레이저 광선이 소재에 닿게 되어 그 부분만이 조각된다.

laser machining 레이저 가공(－加工) 효율이 높은 연속파 CO_2 레이저를 이용한 열처리, 용접, 절단 등의 가공법이 개발되었다. 레이저 가공의 특징은 전자 빔 가공과는 달리 진공 가공실이 필요없기 때문에 실가동률로 사용할 수 있다. ① 보석류, 전자 기기의 구멍뚫기, 용접, 절단. ② 초경 합금, 내화 합금 등의 난삭재(難削材) 가공에서의 바이트 가공에 병용하여 공구 수명, 가공도, 능률의 대폭 개선. ③ 알루미늄, 스테인리스 등의 시트 고속 절단(3mm 이하). ④ 금속의 표면 경화 등에 응용해서 재료의 절감, 펄스 쇼크로 20~30%의 경도 향상, 처리 시간의 단축 등이 가능(열처리·피복·합금화·충격 경화)하다.

latch 래치 ① 걸쇠, 조임쇠나 지그(jig) 판 등을 지지하는 체결쇠. ② 유지하는 것.

latch circuit 래치 회로(－回路) 신호를

L

포착하여 그것을 보존 유지하는 기능을 갖춘 회로. 플립플롭 회로를 사용한다.

latching relay 래치 릴레이 보자력(保磁力)이 큰 철심을 사용하여 접점의 동작이 여자 전류를 끊은 후에도 자력이 유지되도록 한 릴레이로, 역방향 여자 전류로 접점이 복귀된다. 펄스에 의해서 제어하는 데에 적합한 릴레이이다.

latent heat 잠열(潛熱) →sensible

lateral contraction 가로 수축(－收縮) 재료의 인장 시험에서 축 방향의 인장 연신(引張延伸)에 대하여 횡단면에 일어나는 수축.

lateral force 횡력(橫力), 가로힘 가로 방향에 작용하는 힘.

lateral load 가로 하중(－荷重) 봉의 축선 또는 판면에 수직으로 작용하여 횡단면에 전단력 및 휨 모멘트를 일으키는 하중. 축하중(軸荷重)에 대한 말.

lateral strain 가로 변형(－變形) 수직 응력이 가해진 방향에 수직 방향인 변형. 프와송비(Poisson′s ratio)를 ν라고 하면 세로 변형 ϵ과의 사이의 관계는 가로 변형 $\epsilon' = -\nu\epsilon$.

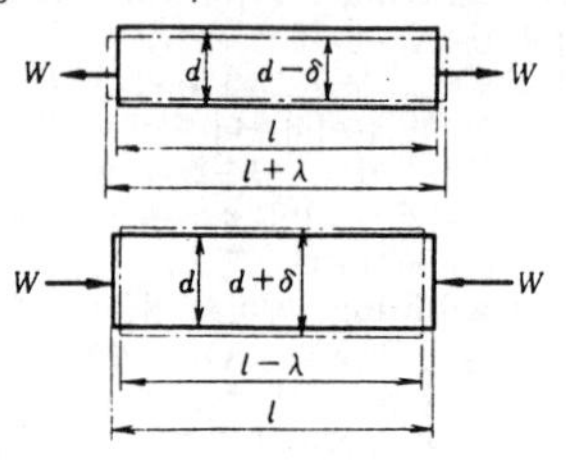

가로 변형 $\varepsilon = \dfrac{\delta}{d}$

lateral vibration 횡면 진동(橫面振動), 가로 진동(－振動) 봉(막대), 보, 실 등의 면외 작동을 말한다. 물체의 주축 방향과 진동의 변위가 직교하고 있다.

lateral view 측면도(側面圖) 물품을 측면에서 본 그림. →first angle projection

latex 라텍스 천연 고무, 합성 고무 또는 합성 수지의 액상을 말한다.

lath 라스 모르타르벽의 바탕. 메탈 라스란 바탕에 쓰는 철망을 말한다.

lathe 선반(旋盤) 공작물을 주축과 함께 회전시키면서 바이트를 접촉시켜 금속을 절삭하는 기계. 이 밖에 평면, 테이퍼 등의 절삭, 환봉 절단, 드릴 가공, 나사 절삭, 연삭 등의 작업도 할 수 있다. 구조, 용도에 따라 탁상 선반, 터릿 선반, 자동 선반, 차축 선반, 나사 절삭 선반, 특수 선반, 목재 절삭용의 목공 선반이 있다.

lathe dog 선반 돌리개(旋盤－) ＝carrier

lathe-hand 선반공(旋盤工), 선반 기능사(旋盤技能士)

lathe-turning 선삭(旋削) 선반 등으로 절삭 공구를 써서 재료를 절삭하는 것.

lattice defect 격자 결함(格子缺陷) 단결정 속의 원자 배열의 난조. ① 빈구멍, 격자간 원자의 점 결함. ② 전위(轉位)에 의한 선 결함. ③ 적층 결함 등의 면 결함.

lattice feeder 래티스 피더, 래티스 급면기(給綿機) 급면기의 일종으로, 포큐파인 개면기(開綿機)라고도 한다. 면사 방적(綿絲紡績)의 혼타면(混打綿) 공정에서 사용된다.

lattice girder 격자 거더(格子－) 형강이나 판을 격자 상태로 조합하여 만든 보.

Laue s spot 라우에 반점(－班點) 금속판의 세공(細孔)을 통한 연속 X선을 단결정(單結晶)의 작은 조각에 비쳤을 때, 작은 조각으로부터 수 cm 떨어진 위치에 둔 사진 건판(乾板) 위에 나타나는 흑점.

launch 란치 항구 내에서 연락 또는 교통 수단으로 이용되는 작은 배로, 증기 기관을 주기(主機)로 하는 기정(汽艇)과 내연 기관을 주기로 하는 발동기정(發動機艇)이 있다. 또, 함정에 싣고 다니면서 필요에 따라 연락, 교통 수단으로 사용되는 단정(短艇)도 란치라고 한다.

launch pad 발사대(發射臺) 미사일 발사대. 강화 콘크리트로 구축된 지하 기반을 가지고 있고, 그 속으로 원격(遠隔) 조작용 케이블이 통해 있어 제어실(制御室)과 연락이 되어 있다.

lautal 라우탈 Al-Cu-Si 계 합금의 대명사로, 합금 주물에서는 AC2A, AC2B, AC4B에 해당된다. 유동성이 좋고 열처리를 할 수 있으며 기계적 성질이 좋다. 기밀성(氣密性), 용접성도 좋아서 금형, 사형용(砂型用), 또 펌프 케이싱, 실린더 헤드, 밸브 보디 등으로 사용되고 있다.

law 법칙(法則), 정칙(定則)

law of conservation of energy 에너지 보존의 법칙(－保存－法則) 「에너지를 어떻게 바꾸던 외부와의 사이에 에너지의 교환이 없으면 그 총합은 일정하고 그 교환양만큼 증감한다」는 법칙. ＝principle of conservation of energy

lay 꼬임, 가로눕다, 놓다

layer 층(層), 겹침, 쌓임

layout 레이아웃 공장 설비 전체의 배치나 구조물의 건조, 시설 속의 기계, 설비, 통로 등의 배치를 말한다.

leaching method 리칭법(－法) 침출법(浸出法)이라고도 하는 습식 야금(冶金)의 일종. 금속을 채취하려고 할 경우, 대상이 되는 광석이나 금속의 종류에 따라서 적당한 용매(溶媒：이것을 침출액이라고도 한다)를 이용하여 금속 성분만을 화학적으로 녹여 내어 이것을 채취 또는 회수하는 방법.

lead 연(鉛), 납[1], 리드[2] ① 원소 기호 Pb, 원자 번호 82, 원자량 207.21, 비중 11.3. 주로 방연광(方鉛鑛)으로서 산출된다. 회백색의 유연한 금속으로, 무겁고 녹기 쉽다. 융점은 327℃이고 용도는 연판, 연관, 축전지의 전극 등. 또, 납, 가융 합금, 베어링 합금 등의 성분으로서 중요하다.
② 나사나 웜, 헬리컬 기어 등의 스파이럴을 따라서 축 둘레를 일주할 때 축 방향으로 진행하는 거리.

lead accumulator 연축전지(鉛蓄電池) 2차 전지의 대표적인 것. 양극에 과산화연, 음극에 납, 전해액에 묽은 황산을 사용한다. 기전력은 2V.

lead angle 리드각(－角) 비틀림각의 여각(餘閣). 나선 권선과 축(軸) 직각 평면과의 이루는 각. 웜이나 호브에 쓰인다. 비틀림각과 마찬가지로 피치 원통, 기초 원통, 이끝 원통상의 값이 널리 쓰인다.

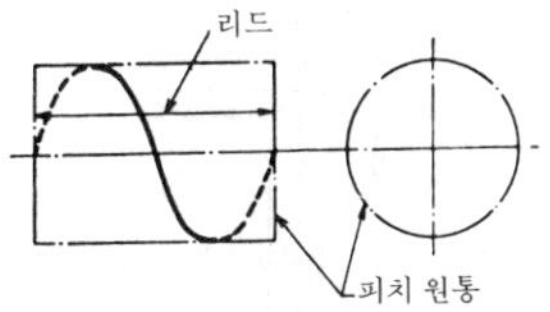

lead bath 연욕(鉛浴) 납 또는 그 합금을 녹여 용기에 담은 것. 일정한 온도에서 금속 재료의 열처리에 사용한다.

lead bath furnace 연욕로(鉛浴爐) 염욕로(鹽浴爐：salt bath furnace)의 염류 대신 납을 사용한 노.

lead bronze 연청동(鉛靑銅) 납을 1.5~40% 함유한 청동으로, 주로 베어링 합금으로 사용된다.

leaded brass 연황동(鉛黃銅) 3%이하의 납을 6-4 황동에 첨가하여 절삭성을 향상시킨 쾌삭(快削) 황동. 기계적 성질은 약간 저하된다.

lead equivalent 연당량(鉛當量) 방사선에 대한 흡수 물질의 두께를 나타내는 방법의 하나로, 동일 조건하에서 그 물질이 나타내는 선량률(線量率)의 감쇠와 동등한 감쇠를 나타내는 납의 두께를 말한다.

leader 인출선(引出線), 지도자(指導者)

leader line 인출선(引出線) 제도에서 가공법, 치수, 기호 등을 도시하기 위해 당해 장소에서 보통 수평 방향으로 60° 경사진 직선. 인출되는 쪽에 화살표를 붙인다.

lead glass 납유리(－琉璃) 납을 함유한 유리. 굴절률이 크고 유연하며 무겁다. 용도는 광학용 렌즈, 전구, 전기 절연용 등.

leading edge 전연(前緣) 평판이나 유선형 등의 물체의 길이 방향을 유체의 흐름 방향과 일치시킨 경우 그 물체의 선단.

leading screw 어미 나사(－螺絲), 리드 스크루 선반의 베드 측면부에 있는 나사 붙임축. 왕복대를 자동적으로 이동시키고, 또 선반의 나사 절삭에 필요한 것. ＝lead screw

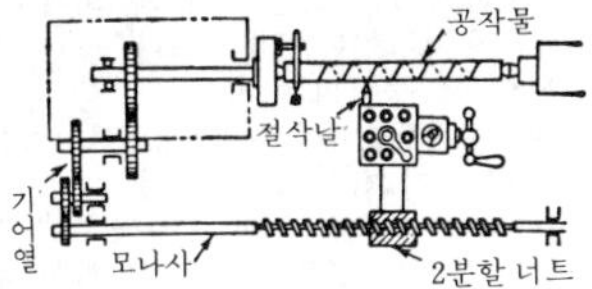

leading wire 인입선(引入線) ＝drop wire

lead-in wire 인입선(引入線) ＝drop wire

lead of screw 나사의 리드(螺絲－) → screw

lead pipe 연관(鉛菅) 납으로 만들어진 관. 쉽게 구부러지며 내산성이 있으므로 수도, 가스의 인입 파이프로서, 또 산성 액체의 도관으로서 사용된다.

lead screw 어미 나사(－螺絲), 리드 스크루 ＝guide screw

lead tester 리드 테스터 나사의 피치 오차를 판독하는 측정기.

lead time 리드 타임 설계가 끝난 후부터 생산이 시작되기까지의 시간.

lead wire 도선(導線)[1], 리드선(－線)[2] ① 전류를 통하는 철사. 송전선, 배전선,

옥내 전선, 전기 기계의 권선 등에 사용한다.
② 전기 기기의 내부에 발생한 전기를 외부로 도출시키는 경우, 또는 외부로부터 기기에 전기를 공급하는 경우에 사용되는 피복선.

leaf spring 판 스프링(板－) 판 모양의 스프링. 이것을 여러 장씩 겹친 것을 겹판 스프링이라 한다. 재료는 스프링강.

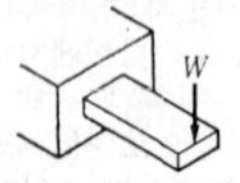

외팔보의 판 스프링

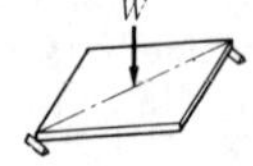

양단 지지보의 판 스프링으로 평등세기로 했을 때

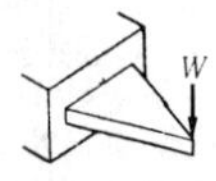

위 판 스프링을 평등세기로 했을 때의 판 스프링

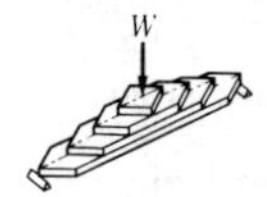

위 판 스프링을 겹쳐 판 스프링으로 했을 때의 모양

leaf tin 주석박(朱錫箔) 주석으로 된 박지(箔紙).

leak 누전(漏電), 리크 전선의 피복이 벗겨져 절연 상태가 나빠지거나 또는 전선이 단선되어 누출되는 전류.

leakage 누설(漏泄), 누출(漏出) 액체 가스, 전류 등이 밖으로 새는 것.

leakage loss 누설 손실(漏泄損失) 수차나 펌프 등에서 출력으로 되지 않고 물이 새기 때문에 잃는 손실.

leak detector 리크 디텍터, 누설 검출기(漏泄檢出器) 가스 누설의 검출은 기체의 열 전도도의 차를 이용하여 약간의 누설까지도 검출할 수 있다.

lease 리스 기업이 필요로 하는 기계나 설비를 임대해 주는 제도. 구입하는 것보다 빌리는 쪽이 경제적으로 유리한 경우에 이용된다.

least significant bit : **LSB** 엘 에스 비 2진법으로 표시된 수에 있어서 최하위의 숫자를 말한다. 예를 들면, "11001"이라 표시되었을 경우 맨 뒷자리의 1이 된다.

least significant digit : **LSD** 엘 에스 디 자리 표시법에서 기수(基數)가 가장 작은 멱(羃 : 거듭제곱)의 수가 되는 숫자. 예를 들면, 10이라 한다면 10진법으로 "2518"일 때는 맨 끝자리의 8을 말하며 10^0의 수로 나타낸다.

leather 무두질 가죽, 레더 무두질한 가죽은 가죽 패킹으로 사용된다. 탄닌(tannin) 무두질 쇠가죽은 공기 수압용으로 사용되고, 크롬 무두질 가죽은 유압용으로 사용된다. 의피(擬皮), 즉 인조 가죽을 레더라고도 한다.

leather belt 가죽 벨트, 레더 벨트 쇠가죽 또는 물소 가죽을 무두질하여 만든 벨트. 고온·고습에 견디며 마찰 계수도 커서 가장 널리 사용된다. 1매 벨트, 2매 겹벨트, 3매 겹벨트가 있다.

left-handed screw 왼나사(－螺絲) 왼쪽이 올라간 나사 →screw

left-hand rule 왼손 법칙(－法則) → Fleming's rule, Fleming's law

left-hand thread 왼나사(－螺絲) 축방향을 보았을 때 반시계 방향으로 산을 낸 나사.

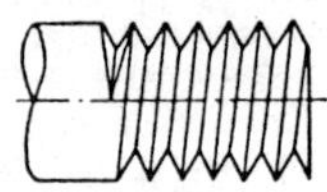

left-lay rope S형 꼬임 로프(－形－) → wire rope

leg 다리, 레그 ① 선반, 테이블, 컴퍼스 등의 다리. ② 용접부의 다리. →light fillet weld

leg vice 레그 바이스 작업대에 장착하여 주로 간단한 단조 작업 및 손다듬질 때 가공물을 물리는 바이스.

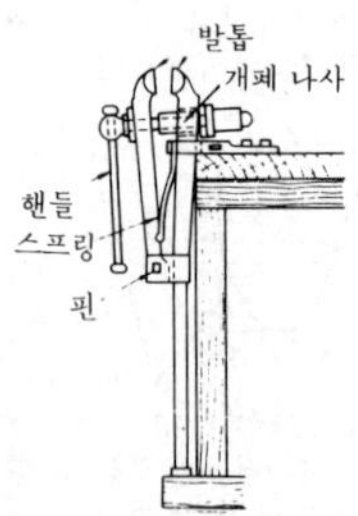

length 길이

length measuring machine 측장기(測長器) 표준자 등의 길이 표준기를 갖추고 그것을 기준으로 하여 측정물의 치수를 측정하는 길이 측정기.

length of action 물림 길이 인벌류트 기

어의 맞물림에서 접촉점의 궤적 중 실제로 맞물림이 이루어지는 부분의 길이.

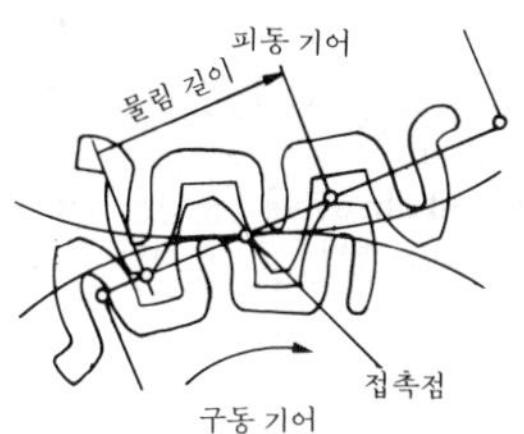

length of fit 끼워맞춤 길이 끼워맞춤 방식에서 축과 구멍이 끼워 맞추어진 부분의 길이.

lens 렌즈 양쪽 면이 오목이나 볼록 또는 오목·볼록면과 평면으로 된 투명체. 보통 유리 또는 수정을 연마해서 만든다. 중앙부가 두꺼운 것을 볼록(凸) 렌즈(convex lens)라 하고, 얇은 것을 오목(凹) 렌즈(concave lens)라고 한다. 영사기, 현미경, 망원경 등 어느 것이나 렌즈의 응용이다.

lens ring gasket 렌즈 링 개스킷 일반적으로 볼록(凸) 렌즈의 중앙을 도려낸 형상이며 플랜지와 선접촉(線接觸)하는 것과 같은 금속제의 링 개스킷.

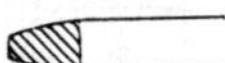

le systeme international d unites SI 단위(－單位) 1960년 국제 도량형 총회에서 채택된 국제 단위의 총칭. 기본 단위는 길이(m), 질량(kg), 시간의 초(s), 전류의 암페어(A), 열역학 온도의 켈빈(K), 물질량의 몰(mol), 광도의 칸델라(cd)의 7개. 또, 보조 단위로서 평면각의 라디안(rad), 입체각의 스테라디안(sr)의 2개를 결정했다. 조립 단위로서는 ㎡, m/s 등 다수가 있다.

letterpress plate printing 볼록판 인쇄(－板印刷) →printing machine, printer

level 레벨, 수준기(水準器), 수준의(水準儀) 시준선(視準線)을 수평으로 하고 목표의 위치에 세운 다음 표준척의 길이를 읽으면서 2점 사이의 고저차를 측정하는 계량 기계. 망원경의 배율은 16~45배이고 기포관(氣泡管)의 감도는 2mm 간격으로 새겨져 있으며, 1눈금에 따라 6~60초의 각도를 나타낸다.

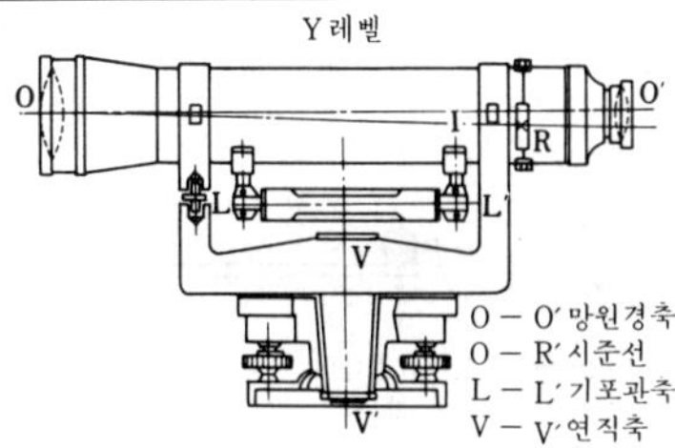

leveling 레벨링 ① 기계를 설치할 경우의 수평 보기. ② 소지(素地)의 극히 작은 요철(凹凸)이나 줄진 흠집을 전기 도금으로 평활화하는 것. ③ 만곡된 판을 교정 롤 사이를 통해 편평하게 하는 처리법.

levelling block 레벨링 블록 나사를 돌리면 쐐기형의 블록이 이동하여 높이를 조정할 수 있는 블록. 기계의 설치나 공작품의 체결 등에 사용된다.

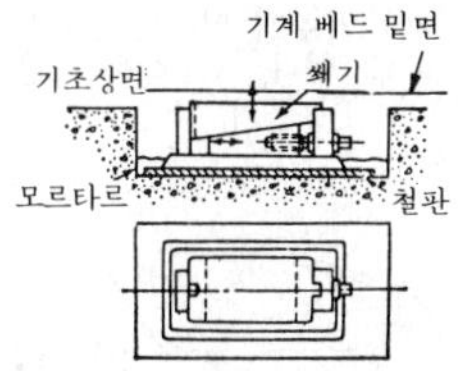

level luffing crane 인입 크레인(引入－) 화물을 수평으로 끌어 넣는 기구의 지브(jib)붙이 크레인.

level plate 레벨 플레이트 주형 제작 용구의 하나. 형틀에 넣은 주물사(鑄物砂)의 표면을 편평하게 고르는 공구.

level switch 레벨 스위치 탱크, 호퍼 등에 저장되어 있는 각종 물체의 양을 검출, 측정하여 설정된 위치에 물체가 달했을 때에 검출 신호를 내고, 그 용기 속 물체의 상한 또는 하한 레벨 등을 제어하기 위한 스위치.

level vial 레벨, 수준기(水準器) 유리관 속에 에텔 또는 알코올 등을 봉입하고 약간의 기포를 남겨 놓아 기포의 위치에 의하여 수평을 재는 기계. =spirit level, level

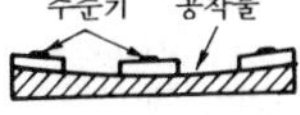

L

lever 레버, 지렛대 지지점을 중심으로 회전하는 힘의 모멘트를 이용하여 중량물을 움직이는 데 사용되는 막대.

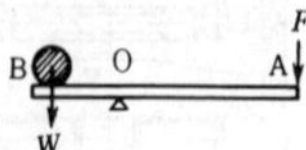

leverage 지렛대비(-比) 지렛대의 지지점과 힘 F_1의 작용까지의 거리를 l_1, 힘 F_2의 작용점까지의 거리를 l_2라 한다면 $l_1/l_2=F_2/F_1$를 지렛대비라 한다.

lever crank mechanism 레버 크랭크 기구(-機構) 4 절 회전 기구의 일종. A를 고정하면 B는 크랭크가 되고 D는 레버로 되는 것과 같은 기구. D가 O_2y에 있을 때 D를 위로 움직이면 B는 좌우로 돌아갈 수 있다. 이 점을 사안점이라 한다. B가 DO_2x에 도달해도 동일하므로 사안점이 2개 있는 셈이다. 또, 이 점에 있어서 D를 어떻게 밀거나 끌어당겨도 B는 움직일 수 없다. 이 점을 사점이라 한다. 페달식 재봉틀의 발판 · 연접봉 · 크랭크의 조합 등은 이의 응용이다.

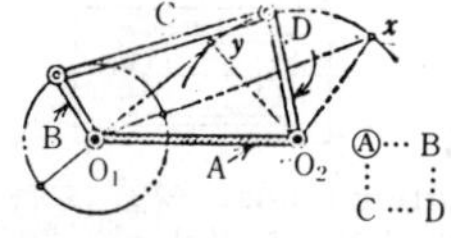

lever press 레버 프레스 레버를 응용한 판금 가공용 프레스. 수동 프레스, 페달식 프레스 등이 있다.

lever rivetter 레버 리베터 레버를 이용하여 리벳을 죄는 기계.

lever safety valve 레버 안전 밸브(-安全-) 레버를 응용한 안전 밸브. 주로 소형 보일러용으로 사용된다.

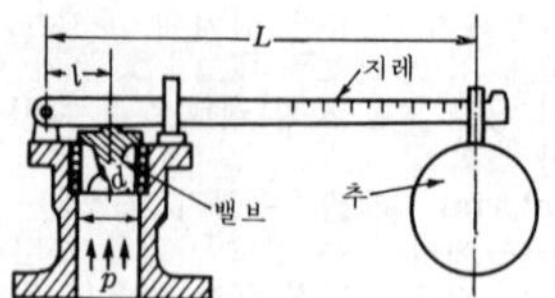

lever shear 레버 시어 수동으로 판금을 절단하는 기계. 윗날과 아랫날 사이에 판금을 넣고 핸들을 앞으로 당겨 절단한다.

lever type dial indicator 스몰 테스터, 지렛대식 다이얼 게이지(-式-) 측정자(測定子 : 길이 등의 측정기로, 피측정물과 접촉하는 부분)가 지렛대의 일부를 형성하고 그 운동이 회전 운동하여 종단의 지침에 전해져, 이 지침이 측정자가 움직인 양을 원형 눈금판에 표시하는 비교 측정기이다.

levigated abrasive 분말상 연마제(粉末狀研磨劑) 연마용의 미세한 분말. 금속의 마지막 버니시 다듬질이나 현미경으로 관찰하는 샘플의 연마에 쓰인다. 보통 분말은 화학적으로 중성이 되도록 가공된다.

Lewis formula 루이스 계산식(-計算式) 굽힘 강도를 기준으로 기어 이의 강도를 계산하는 계산식의 하나이다. 이(齒)를 평등 강도의 외팔보(cantilever)로 간주하여 계산한다.

L-head cylinder engine L형 실린더 기관(-形-機關), L 헤드 기관(-機關) 그림과 같이 실린더 헤드가 측면이 돌출하여 실린더가 L자 모양을 하고 있는 기관. 밸브 기구가 간단하나 압축비를 높이기가 어렵고 연소 시간이 길어지므로, 소형 범용 엔진을 제외하고는 점차 자취를 감추고 있다.

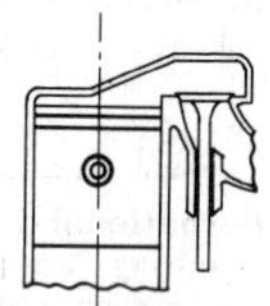

Liapunov' s method for stability 리아푸노프의 안정 판별법(-安定判別法) 비선형 진동계의 안정성을 논하는 방법을 말한다.

licence 인가(認可), 면허(免許), 면허장(免許狀)

licenced pressure 인가 압력(認可壓力) 보일러 등과 같이 고압 기체를 발생시키는 시설에 대하여 감독 관청의 검사로 사용이 안전하다고 인가하는 압력. =authorized pressure

life 수명(壽命), 수명 현상(壽命現象) ① 장치 · 기기 또는 부품이 어느 정도의 능력을 낼 수 있는 기간. ② 절삭구의 수명 →life of cutting tool. ③ 전구의 처음 점등부터 필라멘트가 단선하기까지의 점등 시간의 합계를 말한다. 형광등에 대하여도 같다.

life cycle 라이프 사이클 시장에 나온 제품의 수명을 주기적으로 포착한 것. 신제품으로서 각광을 받는 기간, 매출이 신장되는 기간, 시장에서 자취를 감추는 기간 등으로 나뉘어진다.

life cycle cost ; LCC 라이프 사이클 코스트 「대형 시스템의 예정된 유효 기간 중 직접·간접·재발·비재발 및 기타 관련되는 코스트로서 그것을 설계·개발·생산·조업·보전·지원의 과정에서 발생하는 것과 발생할 것으로 예측되는 것을 포함한 총합 코스트이다」라고 미국 예산국이 정의하고 있다.

life of cutting tool 절삭 공구의 수명(切削工具-壽命) 절삭 공구의 날 끝을 연삭하고 다음 연삭을 필요로 할 때까지 실제로 절삭한 시간.

life rope 라이프 로프 높은 곳에서의 작업에서 추락 및 전락을 방지하기 위해 몸에 매어 놓은 로프. 어미줄, 새끼줄, 이것들을 묶어 놓은 장치를 포함한 총칭이다.

life science 라이프 사이언스 생물학, 생화학, 동물 행동학, 고고학, 인류학, 언어학, 사회학 등을 종합해서 생명을 해명하고 생명의 유지, 보호를 도모하는 기술 분야를 말한다.

life test 수명 시험(壽命試驗) 수명에 대한 시험을 하는 것. 대부분은 연속적 사용에 대하여 시행한다.

lift 리프트 ① 양정(揚程) 펌프가 물을 퍼올리는 높이. 흡입 수면으로부터 송출 수면까지의 높이를 실양정(實揚程)이라 하고, 도중의 손실을 고려하여 실양정에 손실 양정을 가산한 것을 전양정이라 한다. ② (나사 잭)의 양정. ③ 엘리베이터. = elevator

lift coefficient 양력 계수(揚力係數) 흐름 속에 두어진 물체에 작용하는 힘의 흐름에 직각인 성분, 즉 양력을 무차원화한 것으로, 다음 식으로 나타내어진다.

$$C_L = L \Big/ (\frac{\rho}{2} V^2 A)$$

여기서, C_L : 양력 계수, L : 양력(N), V : 유속(m/s), A : 물체의 대표 면적(m²), ρ : 유체의 밀도(kg/m³). 양력 계수는 물체의 흐름에 평행인 단면 형상, 유체와 흐름이 이루는 각도, 레이놀즈수, 마하수에 의해 정해진다. →drag coefficient

lifter 리프터 주형 다듬질용 흙손의 일종

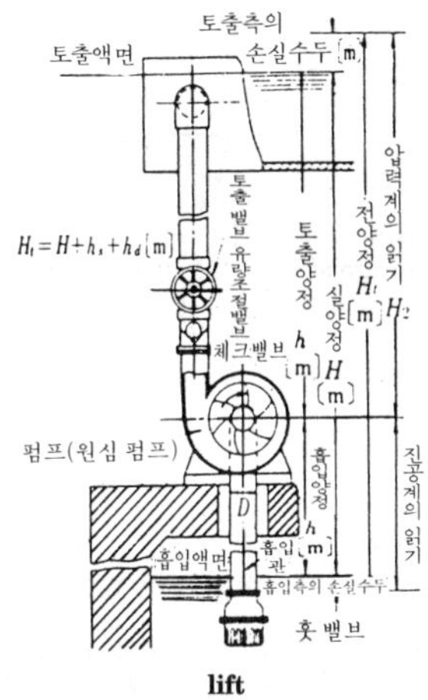

lift

이다.

lifting magnet 리프팅 자석(-磁石), 리프팅 마그넷 전자석을 응용하여 철재·강관·강판·레일 등의 운반, 하역 등에 사용하는 것.

lift truck 리프트 트럭 하대(荷臺)를 높이 올릴 수 있는 트럭. 비행장에서 항공기에 짐을 실을 때 사용한다.

lift up barge method 리프트 업 바지 공법(-工法) 공장에서 제작한 교량 빔을 현지로 운반하여 그것을 들어올려 교각 사이에 넣고 교각을 잇는 방법.

lift valve 리프트 밸브 밸브 몸을 승강시켜 밸브 자리의 개폐를 하는 밸브. 앵글 밸브, 니들 밸브, 글로브 밸브 등이 있다.

light alloy 경합금(輕合金) 경금속을 주성분으로 하는 비중이 가벼운 합금. 예를 들면, 두랄루민이나 일렉트론 등.

light amplification by stimulated emission of radiation 레이저 =laser

light cut method 광 절단법(光切斷法) 슬릿을 통하여 들어오는 빛을 표면에 렌즈를 통해 45°로 투영하고 그 반사광을 현미경으로 보면, 검사물 표면의 기복이 선으로 상세하게 그려져 나타난다. 그것으로 다듬질 상황, 마모 상황, 면의 구조 등을 조사할 수 있다.

light emitted diode →light emitting diode

light fillet weld 경 필릿 용접(輕-鎔接)

L

용접 작업에서 필릿의 다리(leg)를 얇은 쪽 판의 두께보다 적게 용접한 것.

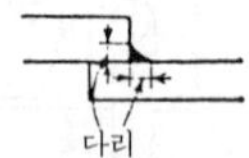

light flux 광속(光束) =luminous

light gauge steel 경량 형강(輕量形鋼) 판 두께 4mm 이하의 강판을 냉간으로 롤 성형하여 만든 형강.

light industries 경공업(輕工業) 용적에 비하여 중량이 적은 방적·직물·식료품·잡화 등의 소비재 생산의 공업을 말한다. 중공업(heavy industries)에 대한 말.

light metal 경금속(輕金屬) 대체로 비중 4 이하의 금속. 중금속(heavy metal)에 대한 말.

lightness 명도(明度) 물체 표면의 반사율이 많은지 적은지를 판정하는 시감각의 밝기를 측정하여 수치화한 것.

lightning arrester 피뢰기(避雷器) 벼락 등에 의한 과도적인 이상 전압이 침입되어 전기 기기의 절연이 위험하게 될 때, 전압을 강하시키기 위해 전류를 재빨리 대지로 방류시키고 작동 종료 후 원상태로 되돌아가게 할 수 있는 보호 장치.

light oil 경유(輕油) 등유와 중유와의 중간 유출물(留出物). 내연 기관용, 가열용, 기계 세정용.

light pen 라이트 펜 컴퓨터의 CRT(브라운관) 디스플레이·장치의 한 부품으로, 펜과 같은 형태를 하고 있다. 용도는 화면의 점을 지정하는 피킹과 도형을 입력시키는 트래킹이 있다.

light water 경수(輕水) 중수(heavy water)에 대하여 보통의 물을 말한다. 원자로의 감속재·냉각용수.

light water reactor 경수로(輕水爐)·미국에서 개발된 노(爐)로, 저농축 우라늄을 UO_2로 하여 사용하고 감속재, 냉각재 어느 것에나 경수(보통 물)를 사용하고 있기 때문에, 종래의 화력 발전 기술을 그대로 활용할 수 있는 이점이 있다.

lignite 아탄(亞炭) 갈탄의 일종으로, 탄화(炭化)의 정도, 발열량이 낮고 연료 가치가 적다.

lignumvitae 리그넘바이티 남미산의 단단한 목재. 이것으로 만든 베어링은 물로 윤활할 수 있기 때문에 선박의 스크루용 베어링의 라이닝으로 사용된다.

lime 라임[1], 마르티스[2] ① 석회를 말한다 석회 라임스톤은 석회석(石灰石).
② 도로마이트(doromite)를 불에 볶은 것을 유지로 굳힌 것이 주성분이며 중요한 연마제이다. 알루미나를 혼입하고 있어 도금면 등의 광택을 내는 데에 쓰인다.

limit 리밋 한계, 한도, 범위의 뜻.

limit gauge 한계 게이지(限界－), 리밋 게이지 2개의 게이지를 조합하여 한 쪽을 허용 최대 치수로, 다른 쪽을 허용 최소 치수로 하고 제품의 치수가 이 양 한도 내(이것을 공차라 한다)로 되어 있는가의 여부를 검사하는 게이지. 주로 기계 부품이 서로 끼워 맞는 부분의 제작 검사에 사용한다.

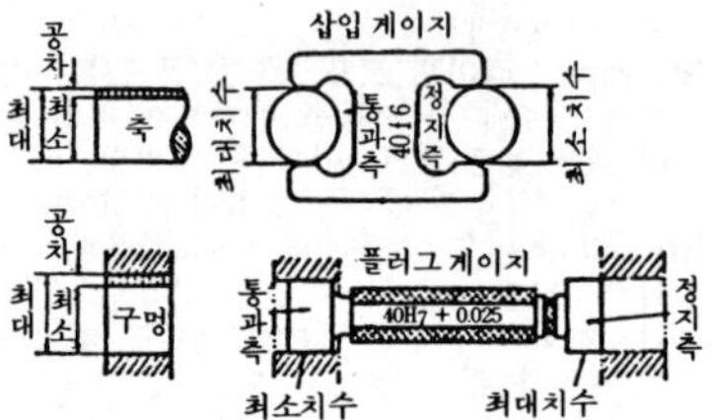

limit gauge system 한계 게이지 방식(限界－方式) 한계 게이지의 방법에 의한 공작 조직. KS에서는 이 방식을 제정, 실시하고 있다.

limiting value 극한값(極限値) 실수의 정렬(a_n)이 일정한 a에 수속(收束)할 때, a를 a_n의 극한 또는 극한값이라고 하며 $\lim_{n\to\infty} a_n=a$으로 나타낸다.

limit load fan 리밋 로드 팬 날개의 입구부가 전향(前向)에서 후향(後向)으로 변하는 이중 R의 복잡한 커브로 되어 과부하되지 않는 설계로 된 팬으로, 출구부는 후향 날개로 되어 있다.

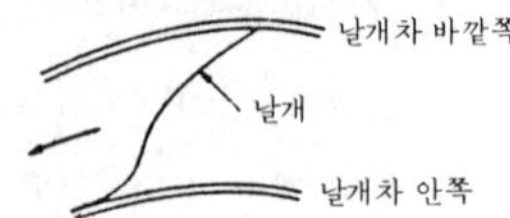

limit of elasticity 탄성 한도(彈性限度) 물체에 작용하고 있는 응력이 일정 한도 이상으로 되면, 응력을 제거하더라도 변형이 없어지지 않으므로 영구 변형으로 남게 된다. 이 영구 변형이 생기지 않는

응력의 한도를 탄성 한도라 한다.

limit of proportionality 비례 한도(比例限度) 물체에 하중을 가하면 변형하여 응력과 변형을 일으킨다. 이 양자는 응력이 어느 값에 달하기까지는 정비례한다. 이 정비례 관계가 유지되는 최대한을 비례 한도라 한다. =proportional limit

limit size 한계 치수(限界－數) 기계 부품을 공작할 때 허용된 공차를 고려하여 주는 최대 치수와 최소 치수를 말한다.

limit switch 리밋 스위치 기계 장치 등에서 동작이 일정한 한계 위치에 달하면 접점이 전환되는 스위치. 접점 기구와 그것을 작동시키는 핀이나 바 기구가 조합되어 있다. 마이크로스위치를 다이캐스트제 케이스 속에 설치하고 내수·내유 구조로 되어 있다.

line(for drawing) 선(線) 제도에 쓰이는 선. 실선·은선·1점 쇄선·2점 쇄선의 4종이 있다.

linear 선형(線形) 직선적인 비례 관계를 선형이라 한다. 수학적으로 변수를 x, y, 상수를 a, b로 할 때 $y=ax+b$의 관계가 있는 경우를 말한다.

linear motion 선운동(線運動) 직선의 길을 따라서 점이 이동하는 운동.

linear motor 리니어 모터 이 모터의 특징은 입체적인 구조의 일반 모터의 자장(磁場)을 평탄한 모양으로 한 모터이다. 그래서 평탄한 형태로 된 가동부(armature)가 평면의 고정부(stator) 위에 만들어지는 자장의 변화에 의해서 평면상을 직선적으로 움직인다. 부상식(浮上式) 열차의 구동에 응용되고 있다.

linear programming 선형 계획법(線形計劃法) 상호 관련되는 몇 가지의 활동을 전체적인 견지에서 최적 처리법을 찾아내는 데에 이용하는 계산 방법이다. 예를 들면, 주어진 자원으로 여러 종류의 제품을 생산하려고 할 때, 생산량의 배분을 어떻게 하면 최대 이윤을 얻을 수 있을 것인가를 결정하는 데에 적용된다.

linear velocity 선속도(線速度) 속도와 같은 뜻. 각속도(角速度)와 구별할 때 쓰인다.

line for drawing 선(線)(제도의) =line

line of action 작용선(作用線) ① 힘이 물체의 어떤 점에 작용할 때 그 점을 통하여 힘의 방향으로 그은 선. ② 맞물려 있는 기어 이의 접촉점에 있어서의 양 치면(齒面)의 공통 법선.

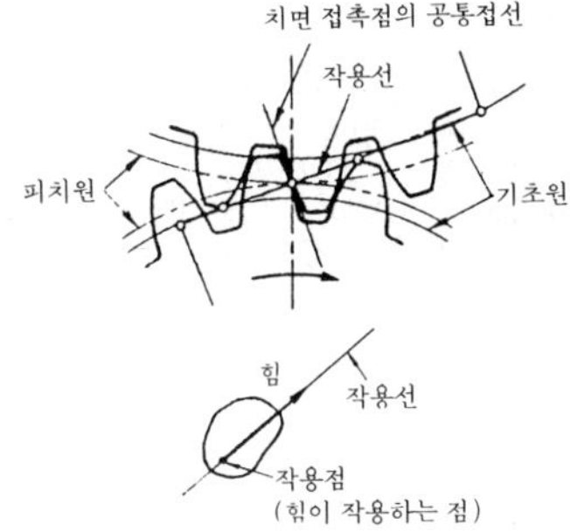

line of contact 접촉선(接觸線)

line of flow 유선(流線) =elementary stream

line of force 역선(力線) 역장(力場) 내에 그려지는 가상적인 선으로, 그 선상의 임의의 점에 있어서의 접선이 그 점에 있어서의 장(場)의 방향을 주고, 또 장에 수직인 단위 면적을 관통하는 이 선의 수가 장의 세기를 나타낸다.

line of shearing stress 전단 응력선(剪斷應力線) 전단력의 일정값의 작용 방향을 연결한 선.

liner 라이너, 끼움쇠, 매개쇠(媒介－) 2개의 부재 관계를 일정하게 유지하고 그 조정을 용이하게 하기 위하여 넣어 두는 얇은 끼움쇠. 예를 들면, 베어링의 캡과 본체 사이에 끼우는 베어링 끼움쇠나, 실린더 본체와 피스톤 사이에 끼우는 실린더 라이너 등을 말한다.

liner-induction motor 라이너 유도 전동기(－誘導電動機) 본질적으로는 농형(籠形) 전동기를 그 전기자(電機子)의 축에 따라서 분할하고 평면으로 한 플랫 모터(flat motor)이다.

line shaft 선축(線軸), 라인 샤프트 전동축의 일종. 주축과 중간축과의 사이에 있는 축. 운전 계통이 긴 경우에 사용된다.

line standard 선 기준(線基準) 표준자와 같이 물체면 상에 그어진 선과 선과의 간격으로 길이를 나타내는 방식.

lining 라이닝, 안감붙이기, 속칠하기 마찰을 줄이거나 고열을 피하기 위하여 본체의 내면에 적절한 재료로 안감붙이기, 속칠하기 등을 하는 것.

lining brick 라이닝 벽돌 직접 고온에 접촉되는 용광로 안쪽 또는 용기 안쪽에 붙이는 내화 벽돌.

link 링크 →link motion

linkage 링크 장치(－裝置) 2개의 회전 대우(回轉對偶)를 연결하는 링크의 조합으로 구성되는 기계 부품.

link bar 링크 바 상호 연결할 수 있는 구조의 막장 천장을 지지하는 금속 빔(beam). 막장이란 광산에서의 채굴장이다.

link belt 링크 벨트 피제(皮製)와 강제(鋼製)의 2종이 있는데, 전자는 가죽을 작은 파형의 소편으로 하여 핀으로 연결한 것, 후자는 강판의 링크를 핀으로 접속하여 표면에 가죽을 입힌 것이다.

link chain 링크 체인 체인차에 걸어 동력 전달에 사용하는 체인. =bar link chain

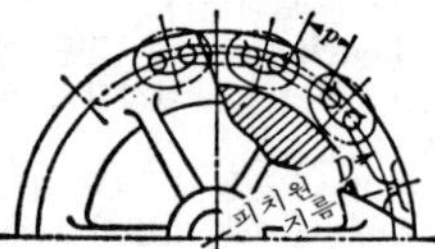

link mechanism 링크 기구(－機構) → link motion

link motion 링크 장치(－裝置) 링크라는 비교적 가늘고 긴 막대의 조합에 의하여 만든 기구. =link work

link polygon 링크 다각형(－多角形) = funicular polygon

link work 링크 장치(－裝置) =link motion

linotape 라이노테이프 면 테이프의 양면에 와니스를 칠해서 건조시킨 것으로, 트랜스의 권선층 사이나 인출선 부분 등에 끼우는 절연 테이프.

lip 립, 절삭날(切削－)(드릴) 드릴 선단부의 날끝.

lip clearance angle 립 여유각(－餘裕角), 절삭날의 여유각(切削－餘裕角) → twist drill

lipowitz metal 리포위치 합금(－合金) 소화전이나 퓨즈 등에 흔히 사용되는 저온도 가용 합금(可鎔合金)의 일종. Pb 26.7%, Sn 13.3%, Bi 50%, Cd 10%, 용융 온도 70℃. Pb 40.4%, Bi 52%, Cd 8%, 용융 온도 91.5℃.

lip packings 립 패킹 단면이 입술과 같이 생긴 패킹을 말하는 것으로, 입술을 금속면에 충분히 밀착시키고 압력을 받으면 더욱 벌어져서 완전 밀봉을 하게 된다.

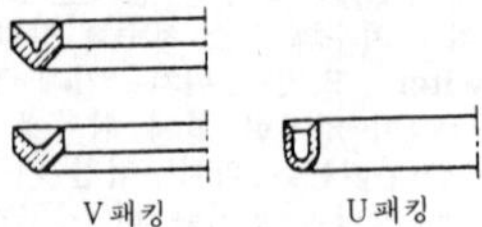

liquefaction 액화(液化) 기체 또는 고체가 냉각 또는 압력 등에 의해서 액체로 변하는 현상.

liquefaction of coal 석탄 액화(石炭液化) 인조 석유의 일종으로, 고온 고압하에서 석탄을 수소로 처리하여 열분해와 동시에 수소를 첨가하여 석유를 생성시키는 방법이다.

liquefied petroleum gas ; LPG 액화 석유(液化石油) 상온에서 압력을 가하면 쉽게 액화된다. 프로판, 프로필렌, 부탄, 부틸렌 등의 혼합물로서, 사용시에 감압하면 가스화하는 경질(輕質) 탄화 수소의 총칭이다. 가스 절단, 연료에 사용된다.

liquefied petroleum gas engine 액화 가스 기관(液化－機關) 연료로서 액화 석유 가스를 사용하는 불꽃 점화 기관(LPG 기관).

liquid 액체(液體) 액체의 총칭. 물, 기름, 액 등. 이것을 접두어로서 사용한 말이 상당히 많다. 즉, 액체 연료는 liquid fuel 등….

liquid ammonia 액체 암모니아(液體－) 압축 액화된 암모니아이다. 무색의 액체로, 비점은 －33.4℃이며 무기물, 유기물을 용해시킨다. 용도는 용제(溶劑), 냉동 공업, 비료 등.

liquid carburizing 액체 침탄법(液體浸炭法) 청화(靑化) 소다나 청화 칼리를 주성분으로 하고 이것에 식염이나 염화 칼리 등을 첨가한 침탄용 염욕(鹽浴) 속에서 강을 가열하면, 액침 온도(液浸溫度) 750～900℃에서 30분～1시간에 침탄할 수 있다. 침탄층은 얕아서 0.2～0.5mm 정도이다. 침탄 후에는 직접 담금질(direct quenching)한다.

liquid cooled engine 액랭 기관(液冷機關) 기관의 냉각 방법에는 공랭식과 액랭식이 있다. 그리고 액랭식 중에 물을 쓰는 수냉식과, 물보다도 비점이 높은 액체를 사용하는 액랭식이 있는데, 일반적으로 액랭 기관이란 이런 종류의 냉각액을 사용한 기관을 말한다.

liquid crystal 액정(液晶) 결정(結晶) 상태에서 복굴절(複屈折) 등의 광학적 기타의 이방향적(異方向的) 성질을 나타내는 결정과 등방향적인 액체와의 중간적인 상태로 볼 수 있는 구조로, 이방향성 액체(異方向性液體)라고도 할 수 있는 것이 있다. 그래서 액정은 유전율(誘電率), 자화율(磁化率), 굴절률(屈折率) 등에 비교적 큰 이방성(異方性)을 나타내므로 이것들의 성질을 알맞게 조합하여 표시 장치에 응용하고 있다. 또, 디지털 시계나 컴퓨터의 표시 장치, 온도계 등에도 이용되고 있다. 극히 낮은 전력으로 표시할 수 있고 여러 가지 색을 낼 수 있다.

liquid crystal memory 액정 메모리(液晶－) 액정 셀은 직류 전압을 인가하면 투명에서 백탁(白濁)으로 변하는데, 그 전압을 제거하더라도 백탁 상태를 지속하는 현상을 이용한 메모리.

liquid fuel 액체 연료(液體燃料) 액체 상태로 사용되는 연료. 석유, 가솔린, 경유, 중유, 알코올 등.

liquid helium 액체 헬륨(液體－) 기체의 온도를 떨어뜨려 가면 액체가 되는데, 가장 낮은 온도에까지 기체 상태로 남아 있는 것은 헬륨으로 비점은 －268.9℃이다. 액체 헬륨은 극저온을 만드는 데에 사용되며, 또 강자장(强磁場)을 만드는 초전도(超電導) 코일이나 저잡음 증폭기 등에 이용되고 있다.

liquid honing 액체 호닝(液體－) 미립자의 연마제를 첨가한 물 또는 그에 적당한 부식 억제제를 첨가한 것을 금속 제품이나 재료에 고속으로 뿜어서 깨끗하게 하는 동시에 균일한 스테인 다듬질하는 표면 연마 가공법.

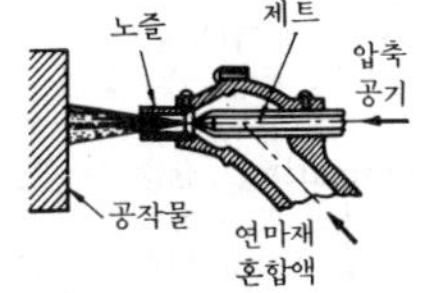

liquid honing machine 액체 호닝기(液體－機) 액체 호닝에 사용되는 기계.

liquid insteel thermometer 액체 충만 압력식 온도계(液體充滿壓力式溫度計) 감온통, 도관(導菅), 부르동관의 모두를 비압축성 액체로 충만시켜 가압 봉입하고, 온도 상승으로 압력이 변화되는 것을 이용한 온도계. 보통 액체에는 수은이 사용된다.

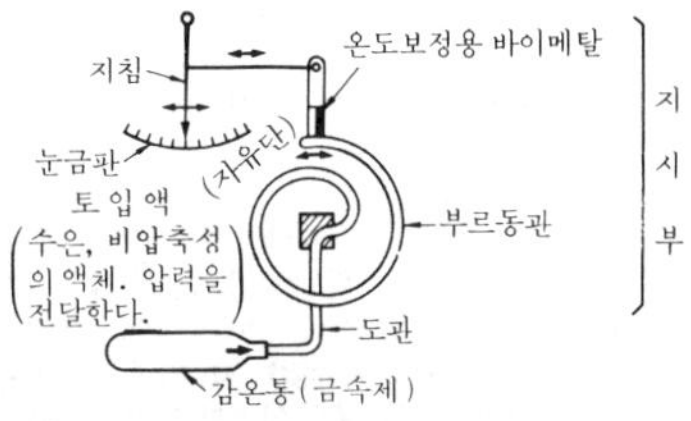

liquidity 유동성(流動性) ＝liquidness

liquid laser 액체 레이저(液體－) 레이저 매체가 액체인 레이저의 총칭. 액체 레이저 매체를 넣은 용기의 양단부에 반사경을 놓고 레이저 매체를 광조사(光照射)에 의해서 여기(勵起)시킨다.

liquid-level meter 액면계(液面計) 액면 레벨을 측정하는 장치. 게이지 유리, 부자식(浮子式)이나 용기 밑의 액압을 측정하는 등의 일반적인 방법이다.

liquid metal 액체 금속(液體金屬) 저용점의 금속 및 합금으로 융해시킨 상태의 것. Hg, Na, Pb, Bi, Sn 등이 이에 속한다.

liquid metal forging 용탕 단조(鎔湯鍛造) 금형 속에 용융 또는 반용융 상태의 금속을 넣고 고압 축력을 가해 응고시켜 구하고자 하는 형상을 얻는 가압 응고법의 일종으로, 블로홀(blowhole)이나 싱크 등이 없고 조직이 미세화된 정밀도 높은 제품을 재료의 낭비없이 만들 수 있다.

liquid metal fuel 액체 금속 연료(液體金屬燃料) 우라늄·플루토늄·토륨을 금속 또는 합금에 첨가하여 사용 온도에서 액체가 되도록 한 핵연료.

liquidness 유동성(流動性) ＝liquidity

liquid nitriding 액체 침질(液體浸窒), 액체 질화법(液體窒化法) 액체 침질용 염욕(鹽浴)으로서 NaCN 55～65%, KCN 45～35%의 혼합 염욕을 사용한다. 500

L

~600℃로 가열하면 주로 질화가, 800~900℃로 가열하면 주로 침탄(浸炭)이 이루어진다. 침탄 시간은 30~60분이다. 액체 질화는 보통의 탄소강으로도 되고 가스 질화보다 얕은 질화에 이용된다. =tufftriding

liquid packing 액체 패킹(液體-), 액체 실링(液體-) 회전축과 케이스와의 사이에 액체를 넣고 원심력으로 케이스의 외주에 액체를 가압(加壓)함으로써 기밀(氣密)을 유지하는 방법. 고속 회전축 등에 사용된다.

liquid penetrant test 액체 침투 탐상 검사(液體浸透探傷檢査) 도포(塗布)된 액을 표면 개구(開口) 결함 부위에 충분히 침투시킨 후 표면의 침투액을 제거하여, 백색 미분말(微粉末)의 현상액으로 내부 결함 속에 침투된 침투액을 빨아 내어 그것을 직접 또는 자외선등(紫外線燈)으로 비추어 관찰함으로써 결함의 장소와 크기를 알아낸다.

liquid propellant 액체 추진제(液體推進劑) →propellant

liquid seal 액봉형 축봉(液封形軸封) 회전축에 고착되어 있는 리브가 달린 원판에 의해 봉액(封液)에 운동을 시켜 필요한 압력을 얻은 다음 그 압력으로 축봉부의 틈새를 밀봉하는 형식의 것으로, 축봉액으로 수은을 사용하는 경우도 있으나 보통은 케이싱 내의 액체와 같은 종류의 것을 사용한다.

liquidus curve 액상선(液相線) 합금의 상태도 가운데에서 모든 배합 합금의 응고 개시 온도를 연결한 선.

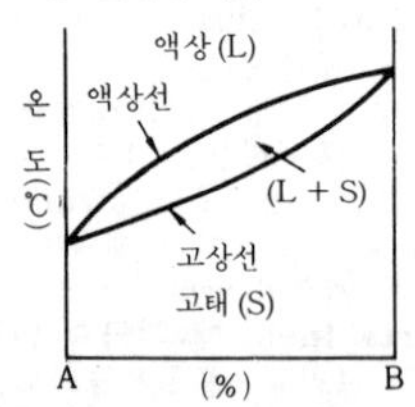

Lissajous figure 리서쥬의 도형(-圖形), 리서쥬 그림 직각 2방향의 조화 운동을 합성하여 만들어지는 도형으로, 두 운동이 $x=A\sin nt$, $y=B\sin(mt-\varphi)$로 나타내어질 때 $n:m$과 φ의 값에 의해 여러 가지 도형을 그린다. 브라운관 오실로그래프 상에서 파형의 합성을 할 수 있고, 한 쪽의 진동수를 알고 있으면 다른 쪽 진동수를 결정할 수 있다.

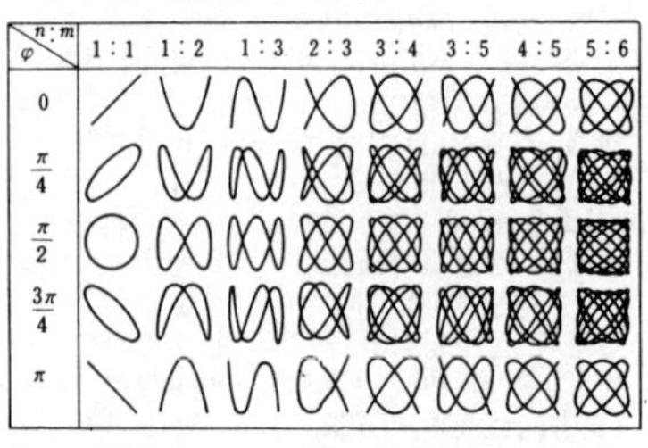

list of drawing 도면 목록(圖面目錄) 도면의 번호나 도면의 명칭 등을 종합해서 나타낸 일람표를 말하며, 도면표라고도 한다.

liter 리터 약자는 l. 미터법에서의 용량 단위.

lithium battery 리튬 전지(-電池) 리튬으로 만든 전지. 망간 전지나 수은 전지에 비해 수명이 현저하게 길기 때문에 컴퓨터 등의 정전 유지에 최적.

lithium chloride dewpoint hygrometer 염화 리튬 노점계(鹽化-露點計) 염화 리튬 포화 수용액의 증기압이 대기 속의 수증기압과 평형을 이룰 때의 온도에서 노점을 구하는 계기.

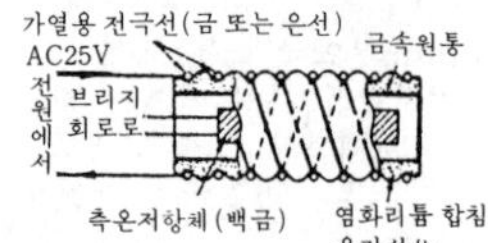

litre 리터 =liter

little giant die 리틀 자이언트 다이 다이를 나사에 의하여 개폐 조정하는 것으로, 작은 것에서 큰 것에 이르기까지 여러 개가 1조로 되어 있다.

live center 라이브 센터, 회전 센터(回轉-)(공작 기계) →center

live load 라이브 로드, 동하중(動荷重) =dynamic load

live steam 생증기(生蒸氣) 보일러나 과열기에서 만들어진 미사용의 증기. 폐기(廢氣)에 대한 용어로서 쓰인다.

live steam heating 생증기 난방(生蒸氣暖房) 보일러에서 나온 증기를 다른 목적에 사용하지 않고 직접 써서 하는 난방. 예를 들면, 발전용 터빈의 배기 등으로 하는 난방과 구별한다.

Ljungström turbine 융그스트롬 터빈 반동식 반경류(反動式半徑流) 터빈의 대표적인 것. 증기는 축 주위에서 들어가 반지름 방향의 방사상으로 밖을 향하여 흐른다. 고압·고온 증기가 사용되고 설치 면적이 작으며 운반·취급이 용이하다. 결점은 발전기 2대가 필요하다는 것과 구조가 다소 복잡하다는 점이다. 소형이고 고압 증기의 사용에 적합하며, 효율이 좋아 중형 이하의 발전기에 사용된다.

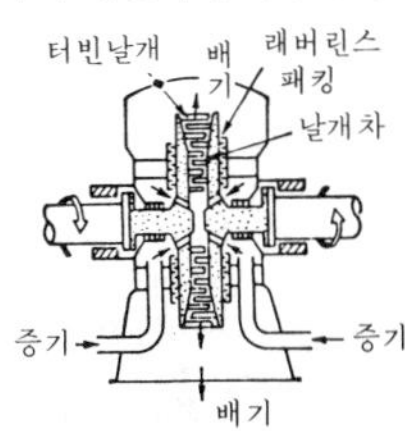

load 하중(荷重)[1], 부하(負荷)[2] ① 기계나 구조물이 외부로부터 받는 힘. 정적인 힘을 정하중(靜荷重 : static load) 또는 사하중(死荷重:dead load)이라 하고, 정적인 이외의 동적인 힘을 동하중(動荷重 : dynamic load) 또는 활하중(活荷重:live load)이라 한다.

② 에너지(출력)를 소비하는 기계 설비 또는 그 기계 설비가 소비하는 동력(일 율)의 크기를 부하라 한다.

load brake 하중 브레이크(荷重－) 하역 기계에서 하물을 내릴 때 사용하는 브레이크.

load cell 로드 셀 강제(鋼製)의 원주 둘레에 변형(비틀림)을 전기 저항으로 변환시키는 변형 게이지를 접착시킨 것으로, 이것이 로드 버튼에 결합되어 있다. 로드 버튼에 하중이 걸리면 응력에 비례하는 변형이 발생하고 변형에 따라 변형 게이지의 전기 저항이 변화하기 때문에 흐르는 전류가 변화한다. 그것을 디지털의 전기 신호로 변환시켜 하중을 직접 숫자로 표시한다. 로드 셀에는 압축형과 인장형 및 겸용으로 된 것이 있다.

load curve 하중 곡선(荷重曲線)[1], 부하 곡선(負荷曲線)[2] ① 시간에 따른 하중 상태를 나타내는 곡선.

② 화력·수력 원동기에 전력 부하의 시간적 변화(보통 1일 중의 변화)를 나타내는 곡선.

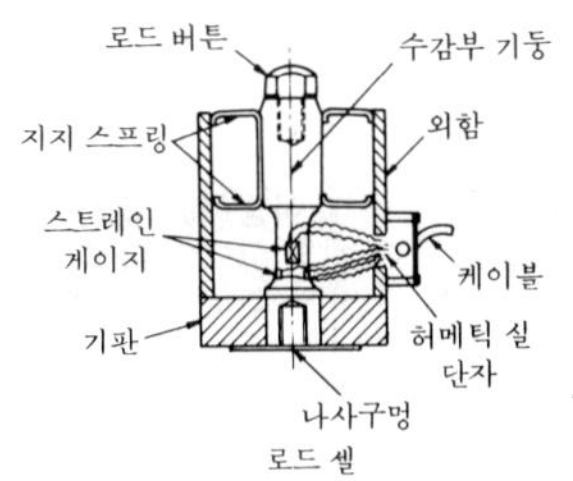

로드 셀

로드 셀의 보상회로

load cell

load-deformation curve 하중 변형 곡선(荷重變形曲線) 하중-변형 관계를 나타내는 곡선.

load-deformation diagram 하중 변형도(荷重變形圖) 하중-변형 곡선을 나타낸 그림.

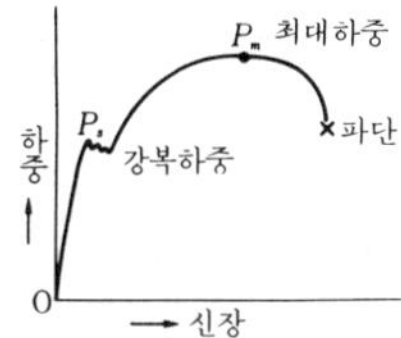

loader 로더 주로 석탄, 광석 등의 대량 적재를 육상에서 선적하는 장치.

load factor 부하율(負荷率) 어느 일정 기간에 있어서의 평균 전력과 최대 전력과의 백분율을 말한다. 기간으로서는 일반적으로 일, 월, 연이 쓰인다.

loading 로딩 숫돌차가 공작물에 대해서 지나치게 경도가 높든가 회전 속도가 지나치게 느리면, 숫돌차의 표면에 기공(氣孔)이 생겨 절삭분이 끼워지게 되는 현상. 그 결과 다듬질면에 깊은 흠이 생기게 되어 기계 진동의 원인이 된다. 또, 결합제의 힘이 약해져 숫돌 입자가 탈락되어 숫돌의 소모가 빨라지고 다듬질면이 나빠지는 것을 말한다.

load rating 동정격 하중(動定格荷重) 동정격 하중을 C라 하면, C는 33.3rpm 일 때 500시간의 운전에 견딜 수 있는 수명을 부여하는 하중.

load test 하중 시험(荷重試驗) 구조물 등에 하중을 가해, 그 때 발생한 변형과 강도를 조사하는 시험.

loam 롬 주형 성형에 있어 모형을 사용하지 않고 스트라이킹 패턴을 이용하여 만들 때 사용하는 모래로, 규사(硅砂)에 점토를 섞은 것.

loam board 인형판(引型板), 롬 보드 = striking board

loam mold 롬 주형(－鑄型) 롬을 사용하여 만든 주형. 미술 공예품의 구조에 사용된다.

loam molding 롬 주형 조형법(－鑄型造型法) 롬 주형에 의한 주조법.

lobed wheel 로브 바퀴, 로브차(－車) 포물선, 쌍곡선, 대수 나선 등의 곡선의 일부씩을 나뭇잎 모양으로 조합하여 만든 바퀴. 복잡한 운동을 전할 수 있다.

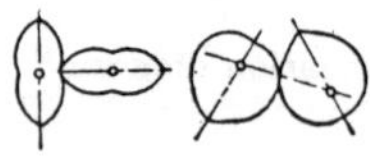

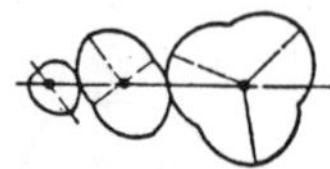

local cell 국부 전지(局部電池) 하나의 금속체 표면의 국부에서 재질의 불균일, 접촉하는 전해질 수용액 상태의 차이 등이 원인이 되어 구성된 단락 전지. 국부 전지가 발생하면 국부 부식, 선택 부식 등이 일어난다.

local contraction 국부 수축(局部收縮) 인장 시험에 있어서 파단 전에 파단부 근처의 단면적이 국부적으로 감소하는 것.

local elongation 국부 신장(局部伸張) 연강 등 유연한 재료의 인장 시험에 있어서 시험편이 파단 전에 파단부가 국부적으로 신장하여 가늘어진다. 이 신장은 파단점에서 급격하게 커지는데, 이것을 국부 신장이라 한다.

local hardening 국부 담금질(局部－) 금속 제품의 일부분만의 경도를 높이기 위하여 특별한 방법으로 담금질하는 것.

local strain 국부 변형(局部變形) 노치가 있는 바닥 등에 국부 응력이 발생하는 경우, 이 부분의 변형이 국부적으로 증대하는 것을 말한다.

local stress 국부 응력(局部應力) 노치 등이 있는 물체에 하중을 가하면, 노치가 있는 바닥에서 응력이 급격하게 커진다. 이 국부적으로 커지는 응력을 말한다.

local thermostat 국부 정온기(局部整溫器) 감열부(感熱部)와 제어 접점을 하나의 구조로 조합한 온도 제어기.

locating 로케이팅, 위치 결정(位置決定) 공작물의 가공 위치, 절삭 공구의 안내를 정확히 결정하는 것. 또, 부품이나 기계를 조립할 경우, 각 부품의 위치를 정확하게, 또 이동하지 않도록 조치한다.

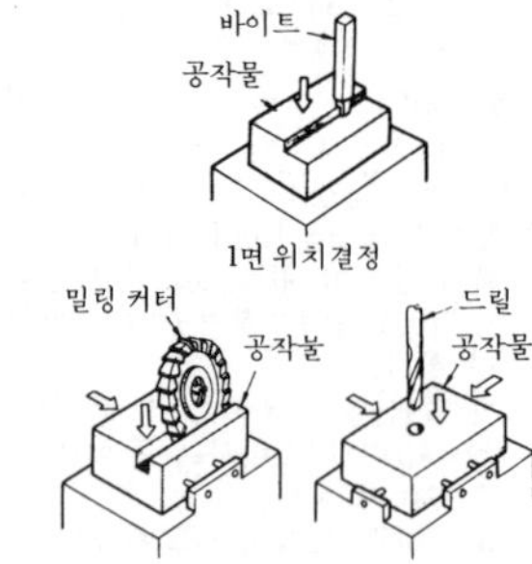

〔절삭공구의 위치결정〕

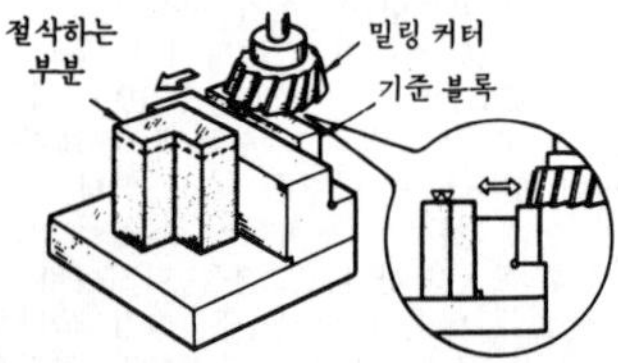

locator pin 로케이터 핀, 위치 결정 핀(位置決定－) =gauge pin

lock 자물쇠, 자물쇠를 걸다, 잠그다

locked chain 구속 연쇄(拘束連鎖) = closed chain

locked coil wire rope 로크 코일 와이어

로프 로크드 코일 와이어 로프라고도 부른다. 표면이 평활하고 내마모성이 뛰어나 주로 케이블 크레인이나 삭도(索道) 등의 메인 로프에 사용된다.

locker 로커 자물쇠가 달린 얇은 강판으로 만든 보관함 또는 벽장.

locking 로킹 고정시키다, 자물쇠를 채우다, 체결하다의 뜻.

lacking bolt 체결 볼트(締結－) ＝clamping bolt

lock nut 로크 너트 ＝check nut

lock out 공장 폐쇄(工場閉鎖)[1], 로크 아웃[2]
① 노동 쟁의로 사용자가 종업원의 전부 또는 일부를 공장으로부터 축출하고 취업을 거부하는 것.
② 어떤 이유에 의해 고의로 안전 장치가 작동되지 않도록 하는 것. ＝reset

lock washer 로크 와셔 너트의 풀림 방지에 사용하는 와셔. 폴 와셔(pawl washer)와 혀붙이 와셔 등이 있다.

locomotive 기관차(機關車) ＝locomotive engine

locomotive boiler 기관차 보일러(機關車－) 증기 기관차용의 내연식 연관 보일러. 현재는 전기 기관차의 보급으로 점차 채용되지 않고 있다.

locomotive crane 로코모티브 크레인 철도 레일 위를 주행하는 대차(臺車)에 지브 크레인을 장치한 것.

locomotive engine 기관차(機關車) 열차 또는 차량을 견인하기 위하여 원동기를 갖춘 동력차. 현재는 전기 기관차가 가장 많이 사용되고 있다.

Lo-Ex 로엑스 Al-Si 합금에 Cu, Mg, Ni을 소량 첨가한 것. 선팽창 계수가 20 $\times 10^{-6}$/℃로 작고 내열성이 좋으며 또 주조성, 단조성이 우수하기 때문에 자동차 등의 엔진 피스톤재로서 널리 사용되고 있다.

lofted drawing 현도(現圖) 물건, 건조물 등의 실제의 형상을 척도 1/1로 판에 그린 그림. 골조 구조물이나 선박의 측판 등은 이 그림을 소재로 붙여서 직접 가공하는 일이 있다.

log 측정기(測程器) 선속(船速)을 측정하여 그것을 적산함으로써 항해 거리를 구하는 항해 계기.

logarithm 대수(對數)

logarithmic decrement 대수 감쇠율(對數減衰率) 감쇠를 갖는 1자유도 스프링 질량계의 자유 진동의 파형에서 제 n번째의 진폭과 그로부터 1주기 후의 진폭비의 자연 대수를 대수 감쇠율이라고 한다.

logarithmic scale 대수 눈금(對數－) 대수의 값으로 매긴 눈금.

logarithmic strain 대수 변형(對數變形)

log band saw 통나무용 띠톱(－用－) 통나무를 시장 규격 또는 소요 치수로 절단하는 데 사용하는 띠톱.

log frame saw 통나무용 활꼴 톱(－用－), 통나무용 활틀 톱(－用－) 통나무를 시장 규격 또는 소요 치수로 절단하는 데 사용하는 활꼴(활틀)을 말한다.

logger 로거 제조 공정의 상태에 관하여 습도, 유량, 액위(液位), 압력, 온도, 속도, 점도 등의 모든 양이나 각종 기기의 동작의 시간적 변화 등을 기억해 두는 장치.

logic 로직 머리 속에서 생각하고 있는 합리적인 이론. 조리에 따라 짜여진 논리. 논리 회로, 즉 AND, NOR, OR 등의 용어가 있다.

logical product 논리곱(論理－) ＝AND circuit

logical sum 논리합(論理合) ＝OR circuit

logic circuit 논리 회로(論理回路) 논리 연산을 전기적으로 하는 회로. 논리 회로에는 논리합(OR) 회로, 논리곱(AND) 회로, 부정(NOT) 회로가 있다.

OR 회로 (논리합회로) 입력측 a b c 출력측

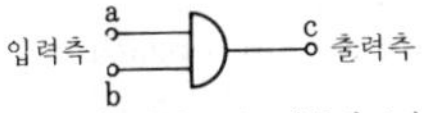

입력측의 한쪽 또는 양쪽에 1이 들어오면 출력측 c에 1이 나온다.

AND 회로 (논리곱회로) 입력측 a b c 출력측

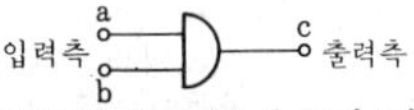

입력측의 두 단자(a와 b)에 1이 들어가지 않으면 출력측에 1이 나오지 않는다.

NOT 회로 (부정회로) 입력측 a c 출력측

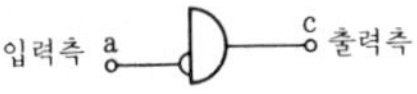

입력측에 1이 들어오면 출력측에 0이, 입력측에 0이 들어가면 출력측에 1이 온다.

logistics 로지스틱스 물적 유통 활동의 관리를 말한다. 창고 관리(적정한 상품을 적정량, 적정 시기까지 확보), 운송 관리 (운송 기관의 선정, 주문의 처리) 등을 포함한다.

long column 장주(長柱) 가로 단면의 최소 회전 반경 k와 기둥의 길이 l과의 비. l/k (세장비 : 細長比)이 크고 축방향에 하중이 작용하는 가늘고 긴 기둥.

longitudinal feed 세로 이송(－移送), 길이 이송(－移送) 선반에 있어서 공구를 베드의 미끄럼 방향, 즉 주축 중심선의 방향으로 이송하여 절삭날을 새로운 절삭면으로 이동시키는 운동. ＝traversing feed

longitudinal load 세로 하중(－荷重) 막대가 축선 방향으로 작용하는 하중.

longitudinal oscillation 세로 진동(－振動) ＝longitudinal vibration

longitudinal section profile 종단면도(縱斷面圖) →drawing of longitudinal sections

longitudinal stay 세로 스테이, 길이 방향 스테이(－方向－) 보일러의 양 거울과 같이 떨어진 간격으로 있는 2개의 판을 연결하고 서로 보강하는 것.

longitudinal strain 세로 변형(－變形) 재료에 축방향의 하중이 작용할 때 생기는 축선 방향의 변형. →lateral strain, transversal strain

longitudinal stress 세로 응력(－應力) ＝normal stress

longitudinal vibration 세로 진동(－振動) 봉 축선 방향의 소밀파(疎密波) 진동.

loom 직기(織機) 직물을 짜는 기계.

loop 루프, 고리[1], 파복(波腹)[2] ① 그 끝을 더듬으면 다시 원점으로 되돌아올 때 루프가 되어 있다고 한다. 엔드리스로 되어 있는 고리 모양의 계보.
② 진동의 파복이란 정상 진동 또는 정상파에 있어서 변위가 가장 큰 곳을 말하며, 파절(波節)에 대한 상대적인 말.

loop scavenging 루프 소기법(－掃氣法) 2사이클 기관의 소기법의 한 형식이며, 그림과 같이 소기가 실린더 내에서 루프를 그리듯이 흐른다.

loose fit 헐거운 끼워맞춤 ＝movable fit

loose head stock 심압대(心押臺) ＝tail stock

looseness 헐거움, 느슨함

loose piece 루스 피스 주조의 목형에 돌출부가 있을 때 이 목형을 일체화하면 주물사 성형에서 빼낼 수가 없게 되었을 때, 그 돌출 부분의 모형을 별개로 만들어 주모형에 끼워넣게 된다. 주물사 성형을 하게 되면 먼저 주모형을 빼낸 다음 주물사에 남아 있는 돌출부 모형을 뽑아내게 되는데 이 주물사에 남아 있는 돌출부 모형을 말한다.

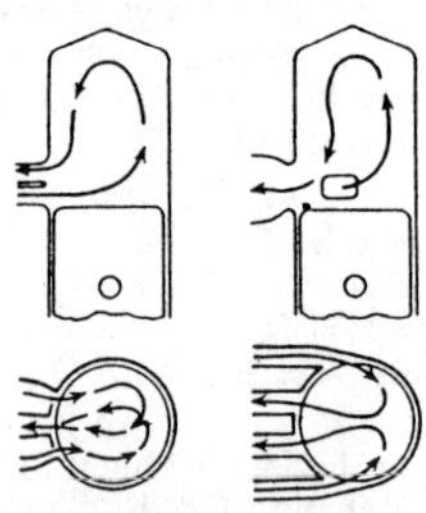
loop scavenging

loose pulley 루스 풀리, 아이들 풀리 → fast pulley

loose side 이완측(弛緩側) ＝slack side

lorry 트럭, 화차(貨車), 화물 자동차(貨物自動車) ＝truck

loss 손실(損失), 로스

loss of head 손실 수두(損失水頭) ＝loss head

loss head 손실 수두(損失水頭) 관로(管路)나 개거(開渠) 등을 유체가 흐르는 경우에 분자 점성(分子粘性)이나 맴돌이 점성때문에 생기는 유체 마찰이나 맴돌이 손실 등으로 인하여 유체는 그 자체가 가지고 있는 에너지의 일부분을 상실한다. 이 손실 에너지의 크기를 수주(水柱)의 높이로 나타낸 것을 손실 수두라고 한다. ＝loss of head

lost motion 로스트 모션 위치 결정은 좌우, 상하 어느 쪽에서든지 할 수 있으나 한 쪽을 정(正)의 방향, 다른 쪽을 부(負)의 방향이라 정했을 때, 어떤 위치에의 정의 방향에서 위치 결정을 했을 경우와 부의 방향에서 위치 결정을 했을 경우에 생기는 양 정지 위치의 차.

lost wax process 로스트 왁스법(－法) 정밀 주조법의 일종으로, 금형에 왁스를 녹여 넣어 모형을 만들고 이 모형을 주형재 속에 묻어 건조시킨 후 가열하여 모형을 녹여 내고 그 다음 다시 가열하여 완전히 연소 제거 시켜 주형을 만드는 방법. 이 주형의 공동에 용융 합금을 주입하여 주물을 얻게 되며 이 방법으로 정밀도가 높고 주물 표면이 깨끗하며 복잡한 주물이 얻어진다.

lot 로트 재료, 부품 또는 제품 등의 단위체 또는 단위량을 어떤 목적을 가지고 모은 것.

lot production 로트 생산(－生産), 로트 프로덕션 같은 제품이 간격을 두고 반복 제작되는 것. 그 때의 1회마다의 조를 로트라고 한다.

louver 루버 공기의 흡입구 또는 배출구에 설치된 공기량·풍향을 조절하기 위한 쇠살창식으로 된 것.

louvre 루버 =louver

low calorific power 저발열량(低發熱量) 진발열량(眞發熱量)이라고도 하며, 실제 연료의 발열량 계산에는 이것을 쓴다. → higher calorific power

low carbon steel 저탄소강(低炭素鋼), 연강(軟鋼) 탄소 함유량에 의하여 강을 분류한 이름. C 0.12～0.2%를 함유하는 강.

low cycle fatigue 저 사이클 피로(低－疲勞) 일반적으로 파단 반복수가 10^5 이하의 피로 현상을 말한다.

lower calorific value 저발열량(低發熱量) 연료는 수분이나 수소(태우면 물이 생긴다)를 함유하고 있으면 연소시킬 때에 물이 증발로 인한 잠열을 빼앗아 수증기 그대로 굴뚝으로 빠져 나가므로 보일러에 이용할 수 있는 연료의 발열량은 그만큼 감소된다. 이러한 계산을 하는 발열량을 저발열량이라고 한다. 이에 대해 물의 수증기 잠열을 고려하지 않고 일단 발생한 열량 전부를 발열량이라고 생각했을 경우는 고발열량이라고 한다.

lower deviation 밑의 치수 허용차(－許容差) 기계 부품의 최소 허용 치수에서 기준 치수를 뺀 값.

lower limit 최소 치수(最小－數) 기계 부품을 가공할 때 목표 치수 그대로는 어려우므로 어느 정도의 오차를 인정하지 않으면 안 된다. 그 허용된 치수 범위 내의 최대값을 최대 치수, 최소값을 최소 치수라고 한다.

lower limit of variation 아래 치수차(－數差) 끼워맞춤 방식에서 최소 치수에서 호칭 치수를 뺀 값.

lower pair 면 짝(面－), 면 대우(面對偶) 2개의 기소(機素)가 서로 면과 면으로 접촉하는 대우를 말하며, 그 종류로서는 미끄럼 대우, 구름 대우, 나사 대우, 구면 대우의 4종류가 있다.

low expansion alloy 저팽창 합금(低膨脹合金) 온도 변화에 의한 신축이 작은 합금의 총칭으로, 줄자, 표준자, 바이메탈, 시계의 흔들이 등에 사용되고 있다. 인바, 플래티나이트, 초불변강(超不變鋼), Lo-Ex 등이 있다.

low frequency induction furnace 저주파 유도 전기로(低周波誘導電氣爐) 50～60Hz의 전류를 사용하는 전기로. 지금(地金) 또는 쇳물을 2차측으로 하여 저항열로 용해한다. 구리 합금의 용해에 흔히 사용된다.

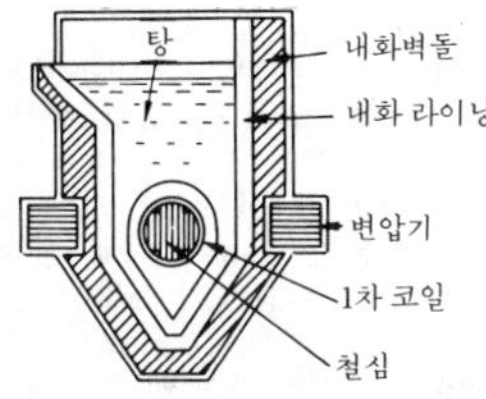

low pressure die casting 저압 주조법(低壓鑄造法) 쇳물을 주탕(注湯)할 때 밀폐된 도가니 속의 용탕면(鎔湯面)에 비교적 작은 압력(0.05～0.8kgf/㎠)을 가스체에 의해 가하고 급탕관을 통해 중력과 반대 방향으로 용탕을 밀어올려 급탕관 위에 밀착시켜 놓은 주형에 주탕하는 주조법.

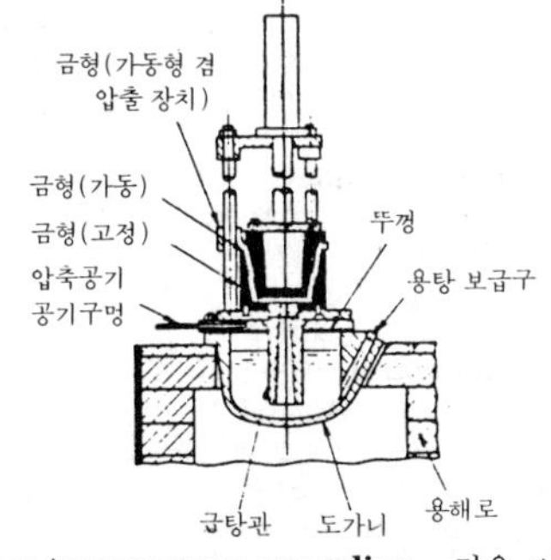

low temperature annealing 저온 어닐

링(低溫－), 저온 풀림(低溫－) 변태점 이하의 온도에서 풀림 처리를 하는 것. 이 열처리로 연성(延性)을 회복한다. ＝lonnealing

low temperature brittleness 저온 취성(低溫脆性) 체심 입방 격자(體心立方格子)나 6방 격자(六方格子)의 금속 재료는 상온 부근 또는 그 이하의 온도에서 충격값이 급격히 저하하여 취성 파괴되기 쉽다. 취성화의 정도는 천이 온도에 의해서 판정된다.

low temperature carbonization 저온 건류(低溫乾溜) 500～600℃ 부근에서 처리되는 석탄 건류법의 일종. 제품에는 콜라이트와 저온 타르가 있다. 전자는 가정 및 공업용 연료, 후자는 인조 석유의 원료. 저건(低乾)이라 약칭하기도 한다.

low temperature strength 저온 강도(低溫强度) 저온이 되면 금속은 기계적 성질이 일반적으로 열화된다. 저온에서의 인장 강도, 내력, 연신율, 굽힘 특성, 인성 등의 기계적 성질.

low temperature welding 저온 용접(低溫鎔接) 보통의 용접에 비해 훨씬 낮은 온도(500～1,000℃ 정도)에서 용접하는 방법.

low-tension 저전압(低電壓) 송배전의 규정으로는 직류는 750V 이하, 교류는 600V 이하의 전압.

low-tension electric ignition 저압 전기 점화(低壓電氣點火) ① 자기 유도가 큰 전기 회로를 끊으면 불꽃이 튀는 원리를 응용하여 실린더 내에 접점을 만들어 전기 불꽃을 튕겨 점화시키는 방법. ② 고공에서는 코로나 방전에 의한 손실이 일어나기 쉽기 때문에 점화 장치 전체를 비교적 저압으로 하는 방법이 항공기용 발동기에 이용되고 있는데 이 점화 방식을 말한다.

low-tension magnet 저압 마그넷(低壓－) 저압 전기 점화용 영구 자석을 사용한 소형 발전기. 전기자의 코일은 1차선 뿐이며 발생 전압은 낮고 고압 발생용의 인덕션 코일은 별도로 되어 있다.

low-water alarm 저수위 경보기(低水位警報器) 보일러 내의 수위가 하한 수위보다 떨어졌을 때에 경적을 울리는 장치.

LPG 액화 석유 가스(液化石油－) ＝liquefied petroleum gas

lubricant 윤활재(潤滑材) 윤활하기 위하여 사용되는 물질. 광물질의 석유 제품이 가장 많이 사용되고 있다.

lubricating device 윤활 장치(潤滑裝置) →lubrication

lubricating oil 윤활유(潤滑油) 윤활재의 일종. 석유 제품인 스핀들유, 다이너모유, 머신유, 실린더유 등이 가장 널리 사용되고 있다.

lubricating system 윤활 방식(潤滑方式)

lubrication 윤활(潤滑) 베어링 등과 같이 2개 고체간에 상대 운동이 있을 때 그 접촉면에 유막을 만들어 마찰을 줄임으로써 마모·발열을 적게 하는 것을 말하며, 그 장치를 윤활 장치라고 한다. 또한, 윤활유가 오일 탱크·펌프·배관 등을 통하여 목적하는 장소에 공급되고 회수되는 경로를 윤활 계통이라고 한다.

lubricator 주유기(注油器) ① 작업원이 필요에 따라 오일을 주입하는 간단한 용기. ② 손주유, 적하, 자연 유입 등 간단한 방법으로 급유하는 기구로, 기름넣기·침입 주유기 등이 있다.

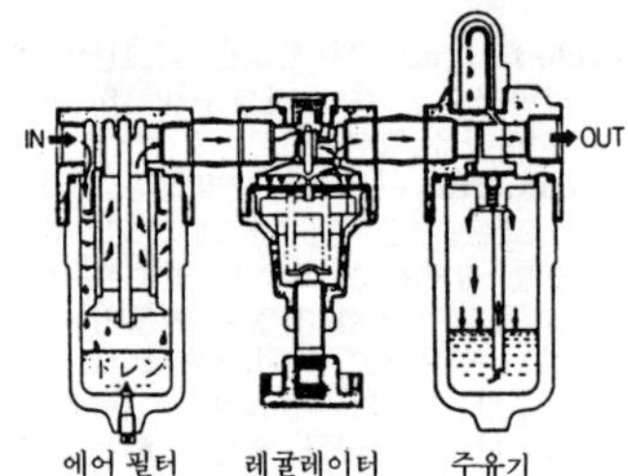

에어 필터 레귤레이터 주유기

Lueder's band 류더즈띠 스트레처 스트레인을 말한다. 류더즈선 또는 일그러진 모양이라고도 한다. ＝stretcher strain

Lueder's line 류더즈선(－線) ＝slip band

lug 러그, 돌기부(突起部) ① 볼트 구멍이나 그 밖에 가공하기 위해 주물의 살 두께를 부분적으로 두껍게 하여 보강한 돌기부. ② 손잡이, 귀뿔이, 돌출부의 뜻.

luggage van 짐차(－車) ＝baggage car

lumen 루멘 기호는 lm. 광속의 단위. 1cd(칸델라)의 균등점 광원에서 단위 입체각에 나오는 광속.

luminescence 루미네선스 온도 복사(輻射)에 의하지 않는 발광을 말하며, 냉광

(冷光)이라고도 한다. 여러 종류가 있으며, 야광 도료도 그 일종이다. 형광등, 텔레비전 화면, 레이더 관면(管面) 등에 사용되고 있다.

luminescent diode 발광 다이오드(發光—) 순방향 전류에 의해서 발광하는 일종의 다이오드로, 발광은 점에 가까울 만큼 작지만 수명이 길기 때문에 파일럿 램프에, 또 전류에 의해서 발광 출력이 변화하며, 그 응답 시간도 짧기 때문에 포토트랜지스터와 광결합 소자로서 사용되거나 광신호 등에도 이용된다. 또, 이것을 조합하여 숫자 표시 소자, 탁상 전자 계산기 등에 사용된다.

luminescent plastics 발광 플라스틱(發光—) 황화 아연, 황화 바륨, 황화 칼슘 등의 형광 물질을 첨가하여 가공한 플라스틱 제품.

luminous flame 휘염(輝炎) 가시 영역의 빛을 강하게 방사하는 화염을 휘염이라고 하는데, 일반적으로 기체의 방사율은 작고 강한 방사를 수반하는 휘염 내에는 고체의 미립자(그을음이나 재)가 포함되어 있다. 확산 화염은 그을음을 생성하기 쉽기 때문에 휘염이 되는 일이 많다.

luminous flux 광속(光束) 광 에너지 방사의 비율을 시각에 의해 측정한 것. 단위는 루멘(lumen).

luminous intensity 광도(光度) 빛의 강도를 나타내는 정도. 단위는 칸델라.

luminous paint 발광 도료(發光塗料) 도막(塗膜)이 어두운 곳에서도 보일 수 있도록 발광 재료를 혼합하여 만든 도료. 어두운 곳에 이용하는 표시나 계기의 눈금, 지침 등에 이용된다.

lump coal 괴탄(塊炭) 1변의 길이가 50 mm인, 채로 걸러 남은 석탄.

lurgi metal 루르기 메탈 주석대 베어링 합금의 대용으로 사용되는 납-알칼리토 합금의 일종. Ba 2~4%, Ca 0.1~1%, Pb 나머지 전부. 비중 11.0, 용융 온도 320℃, 항압력 25kgf/㎟.

lux 럭스 조도(照度)의 단위. $1m^2$의 면적에 1루멘의 광속이 고르게 분포되어 있을 때의 표면의 밝기를 1럭스라고 한다. 기호 lx.

Lysholm male rotor 리숄므 메일 로터 리숄므형 압축기의 수(male) 회전자를 말한다. 이 압축기는 맞물리는 2개의 회전자와 그것을 내장하는 케이스로 구성되어 있다. 양 회전자 모두 나선상(螺旋狀)의 돌출엽(突出葉)을 가지고 있으나 돌출엽의 수는 같지 않으며, 돌출엽의 단면 모양도 한 쪽은 블록형 곡선의 측면을, 다른 한 쪽은 오목형 곡선의 측면을 가지고 있다. 전자를 수 회전자, 후자를 암 회전자라고 한다.

Lysholm type compressor 리숄므 압축기(—壓縮機) 헬리컬형의 2개의 회전자가 서로 맞물고 회전함으로써 기체를 압축, 송출하는 기계.

M

Maag gear 마그 기어 미터제의 인벌류트 기어. 이의 크기는 모듈, 피치 서클에서부터 치선(齒先)까지의 높이는 모듈과 같다. 압력각은 15도.

Maag gear cutter 마그 기어 커터 펠로스 기어 셰이퍼와는 달리 래크 커터를 이용해 절삭대에 설치하여 왕복 운동을 시키고, 공작물에는 회전 이송과 좌우 이송을 걸어 치형(齒形)으로 절삭한다. 헬리컬 기어를 절삭할 수도 있고 제품의 정밀도도 비교적 양호하다.

mach 마하 음속에 대한 물체 속도.

Mach angle 마하각(－角)

machinability 절삭성(切削性), 피삭성(被削性) 기계 가공의 난이도를 나타내는 말. 일반적으로 절삭 깊이를 나타내며 단위는 cm/min.

machine 기계(機械) 다음과 같이 정의할 수 있다. ① 기계는 힘의 작용을 받아도 파괴되지 않는다. 또, 변형되지 않는 여러 개의 부품의 조합이다. ② 이 부품은 어떤 일정한 운동을 할 수 있도록 조합되어 있다. ③ 어떤 에너지의 공급을 받으면 정해진 기계적 일을 한다.

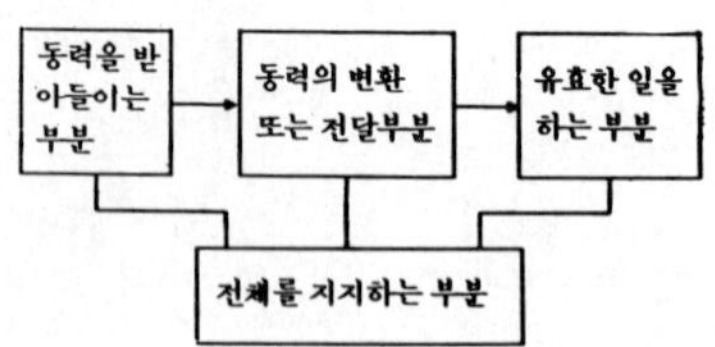

machine-casting 기계 주조(機械鑄造) 주조에서 기계를 사용하여 주탕 작업을 하는 것. 다이캐스트, 원심 주조 등이 그 예이다.

machine condition diagnosis technique 설비 진단 기술(設備診斷技術) 설비의 성능·상황을 정량적으로 파악하여 신뢰성이나 성능을 진단, 예측하고 이상이 있으면 원인, 위치, 위험도 등을 식별 및 평가하여 그 수정 방법을 결정하는 기술.

machine control unit ; MCU 머신 컨트롤 유닛 공작 기계를 제어하는 장치를 중앙 컴퓨터에서 미리 번역을 끝낸 제어 정보를 얻게 되므로 종이 테이프 리더, 디코더부가 필요없다. 현재는 고기능이면서 값이 싼 컴퓨터 수치 제어가 채택되어 사용하지 않게 되었다.

machine-cut 머신 컷, 기계 절삭(機械切削) 기계에 의하여 공작물을 절단하거나 조각하는 것. 예를 들면, 줄 눈을 절삭하는 것 등.

machine design 기계 설계(機械設計) → design

machine drawing 기계도(機械圖) → mechanical drawing

machine element 기계 요소(機械要素), 기소(機素) 기계 부품을 물품으로서 분해할 수 있는 최소 단위로서 나타낸 것. 볼

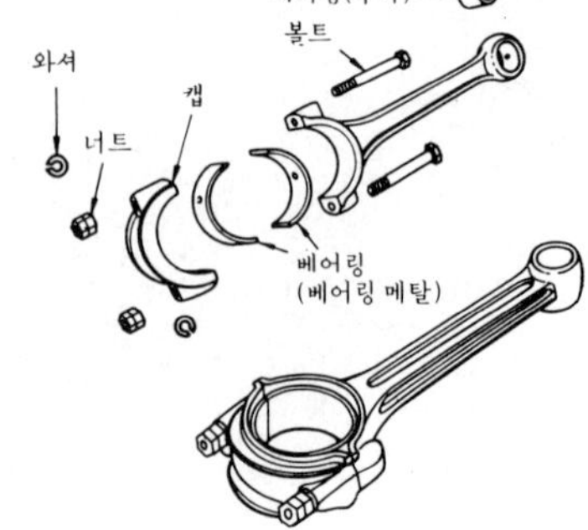

트, 너트, 리벳, 키, 기어 등.

machine handle 기계 핸들(機械－) 그림과 같은 형 또는 나사 고정인 핸들.

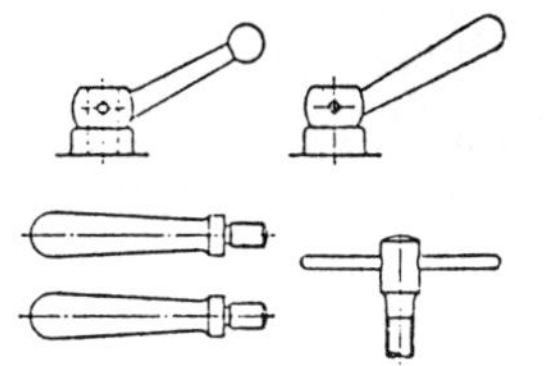

machine language 기계어(機械語) 컴퓨터의 명령 코드 가운데 가장 기본적인 것으로, 컴퓨터가 직접 이해할 수 있는 형태의 2진화된 것.

machine ledger 기계 대장(機械臺帳) 공장 내의 각 기계에 대하여 그 내용을 명시한 장부. 기계명, 번호, 형식, 기능, 제작자, 구입 연월일, 가격 등을 명기한 것.

machine molding 기계 조형법(機械造型法) 조형기를 사용하여 주조하는 방법.

machine oil 머신유(－油), 기계(광)유(機械(光)油) 일반 기계, 기관, 전동기, 기타 회전 마찰부에 널리 사용되는 윤활유.

machine part 기계 부분(機械部分), 기계 부품(機械部品) 기계를 구성하는 부분.

machine reamer 기계 리머(機械－), 머신 리머 선반이나 드릴링 작업에 사용하는 리머. 자루가 테이퍼이고 혀(tung)가 붙어 있다.

machinery 기계류(機械類), 기계 장치(機械裝置) 기계 또는 기계 장치의 총칭.

machinery foundation 기계 기초(機械基礎) 기계를 설치하기 위한 기초. 지반을 안정시키기 위해 기계의 종류에 따라 여러 가지 기초 공사가 실시된다.

machine saw 기계톱(機械－) 스크롤 기계톱에 속하는 소형의 기계톱.

machine screw 작은 나사(－螺絲) 드라이버에 의하여 죄는 직경 9mm 이하의 머리가 붙은 작은 나사. 머리형에 따라 여러 가지 종류가 있다.

machine shop 기계 공장(機械工場) 기계, 기구, 기계 장치, 기타 일반 기계류를 제작하는 공장.

machine tap 기계 탭(機械－) 절삭 날부와 자루가 길고 날 끝에 테이퍼가 붙어 있다. 공작 기계에 결부하여 나사 내기를 할 때 사용한다.

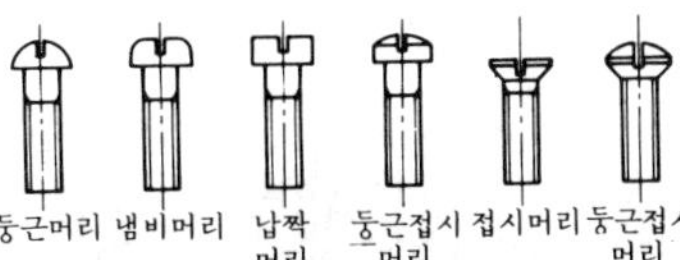

machine screw

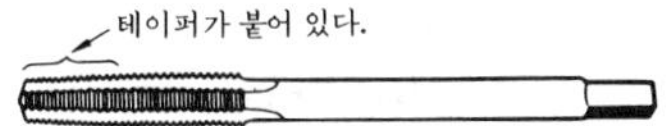

machine tool 공작 기계(工作機械), 기계 공구(機械工具) 기계를 제작하기 위한 기계의 총칭. 절삭구를 사용하여 금속의 절단, 절삭, 보링, 드릴링, 나사 절삭, 연삭 등을 한다. 선반은 그 중 가장 대표적인 공작 기계이다.

machine vice 기계 바이스(機械－) 밀링 머신인 드릴링 머신 등에서 공작물을 물리는 바이스.

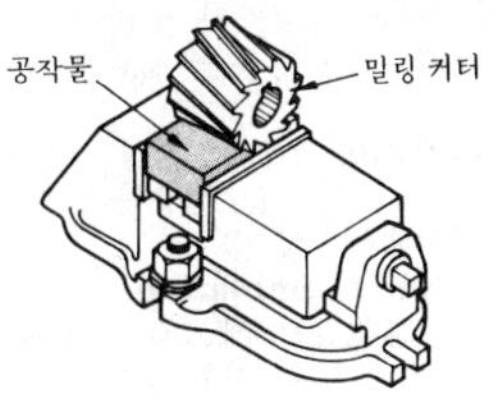

machine work 기계 가공(機械加工) 손다듬질 또는 손가공에 의하지 않고 기계를 사용하여 가공하는 것.

machining 기계 가공(機械加工) ＝machine work

machining allowance 다듬질 여유(－餘裕), 가공 여유(加工餘裕) ＝finishing allowance

machining boss 기계 가공 보스(機械加工－) 기계 가공을 위하여 주물에 붙여 주는 보스. 가공이 끝나면 잘라 버린다.

machining center ; MC 복합 공작 기계(複合工作機械) NC 공작기 가운데 자동적으로 여러 종류의 공구를 교환하면서 각종 작업을 해내는 다기능 NC 공작 기계.

machining of metals 절삭 가공(切削加

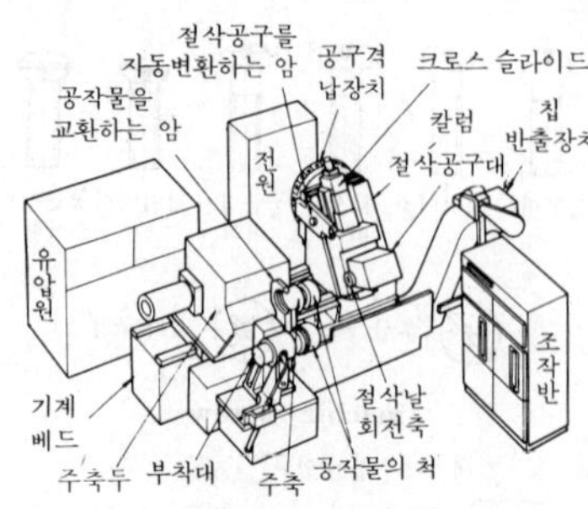

machining center ; MC

工) 절삭 가루를 내면서 재료를 가공하는 방법. 절삭구, 연삭 숫돌, 숫돌 입자 등을 사용하여 가공한다.

machinist 기계공(機械工), 기계 기술자(機械技術者)

Mach number 마하수(−數) 물체의 속도를 v, 음속을 a라 할 때 v/a를 마하수라 하며 M으로 표현한다.

macro cell 매크로 전지(−電池) 부식에 있어서 부식부의 전위에 차이가 생길 경우, 음극부와 양극부가 뚜렷이 구분될 수 있을 정도로 큰 경우를 매크로 전지라 한다.

macro etching 매크로 에칭 매크로 조직의 검출이나 결함을 검출하기 위해 철강을 부식시키는 것.

macroscopic examination 매크로 조직 검사(−組織檢査) 매크로 조직을 육안으로 금속 조직 또는 결합 등의 상태를 조사하는 검사. →macro structure

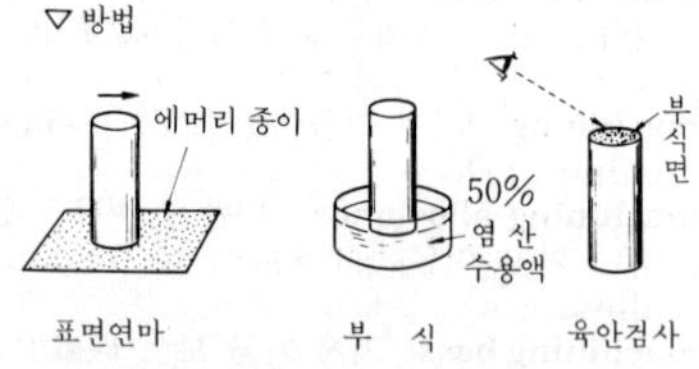

macro segregation 매크로 편석(−偏析) =gravity segregation

macro structure 매크로 조직(−組織) 가공재의 단편을 깨끗이 연마한 다음 약품으로 적절히 부식시키면, 재료의 흐름이나 결함 상태를 잘 알 수 있다. 이것을 매크로 조직이라 한다.

magazine 매거진 ① 탄약고, 탄창을 비롯하여 여러 가지 물건의 수납고를 뜻한다. 카메라의 필름 매거진, 공작 기계의 소재 매거진이나 공구 매거진 등이 있다. ② 2차 가공용 이송 장치의 재료를 겹쳐 쌓는 통모양의 것.

magclad 마그클래드 원판(原板)보다도 질이 더 좋은 양극성 마그네슘 합금층으로 피복된 마그네슘 합금의 합판.

magic eye 매직 아이 작은 표시부와 3극관부를 조합시킨 특수한 진공관으로, 정상부에 있는 형광면 그림자의 변화에 따라서 동조(同調)나 음량, 전압 등을 나타낸다. 매직 아이를 사용한 정밀 측정 장치를 그림에 보였다. 보증 정밀도는 $\pm(1.5+l/100)\mu$. l은 측정 길이.

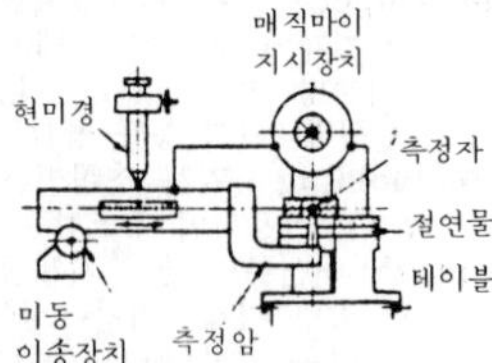

magic hand 매직 핸드 =manipulator

magnalium 마그날륨 경합금의 일종. Al에 Mg 3~10%를 함유한 것. Al보다도 가벼워 가공이 용이하다. 석유 발동기 외에도 실린더 등에 이용된다.

magnesia 마그네시아 백색의 분말. 점토를 가해서 내화 벽돌이나 도가니를 만드는 데에 사용하며, 또 마그네시아 시멘트에도 사용한다.

magnesite brick 마그네사이트 벽돌 산화 마그네슘(마그네시아, MgO)을 주성분으로 하는 염기성 내화 벽돌. 제강용 염기성로(鹽基性爐) 등에 널리 사용된다.

magnesium carbonate heat insulating material 탄산 마그네슘 보온재(炭酸−保溫材) 염기성(鹽基性) 마그네슘과 석면 섬유를 균등하게 배합한 보온재.

magnet 자석(磁石), 마그넷 자기를 가지고 철분을 끌어당길 정도 이상의 힘을 가지는 것. 연철은 자계를 배제하면 곧 자기를 잃으므로 전자석으로 이용되고, 강은 자기를 계속 가지므로 영구 자석이 된다.

magnet brake 마그넷 브레이크, 전자 브레이크(電磁−) =magnetic brake

magnetic arc blow 자기 쏠림(磁氣−) 용

M

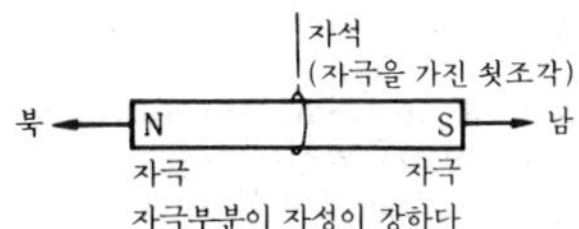

magnet

접할 때 아크가 전류의 자기 작용에 의해 기울어지는 현상. 직류의 경우에 심하다.

magnetic brake 전자 브레이크(電磁－) ① 전자력을 이용하여 브레이크 디스크에 브레이크 블록을 압착시켜 제동하는 방식의 브레이크. 인양 기계 등에 이용된다. ② 전자 클러치와 같은 작동으로 고정 부분에 떨어졌다 붙었다 하는 브레이크.

magnetic card 자기 카드(磁氣－) 카드 위에 자성 재료를 도포한 것으로, 자성면에 자화시킴으로써 데이터가 기록된다.

magnetic chuck 전자 척(電磁－) 내부에 자석을 장치한 척. 자력으로 재료를 끌어 당긴다. ＝electromagnetic chuck

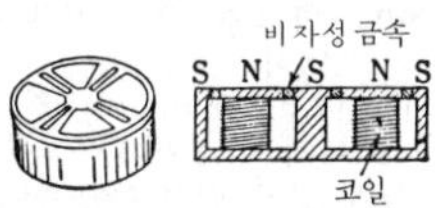

magnetic clutch 자기 클러치(磁氣－) 자기력(磁氣力)을 이용하여 2축을 연결하거나 분리시킬 수 있는 구조로 되어 있는 클러치.

magnetic coupling 전자 커플링(電磁－) 전자석의 흡인력을 이용하여 접속한 커플링.

magnetic dial gauge holder 전자 다이얼 게이지 홀더(電磁－) 전자석 응용의 다이얼 게이지 홀더.

magnetic disc memory 자기 디스크 기억 장치(磁氣－記億裝置) 자성 재료를 칠한 평면 원판이 기억면이 되고, 회전축에 간격을 두고 겹쳐져 원판간의 자기 헤드를 반경 방향으로 움직이게 함으로써 기록, 판독을 처리하는 장치.

magnetic disc unit 자기 디스크 장치(磁氣－裝置) ＝magnetic disc memory

magnetic drill press 자기 드릴 프레스(磁氣－) 마그넷을 이용한 구멍뚫기 기계.

magnetic drum 자기 드럼(磁氣－) 자기 재료로 피막된 원통으로, 일정한 자기 기록 방식으로 데이터를 기록할 수 있는 것.

magnetic head 자기 헤드(磁氣－) 자기 테이프, 자기 디스크, 자기 드럼 등의 자성면에 정보를 기록, 판독, 소거시키는 부품.

magnetic induction 자기 유도(磁氣誘導) 자성체를 자계에 놓았을 때 이것이 자화하는 현상.

magnetic ink 자기 잉크(磁氣－) 자기를 띤 잉크. 이 잉크로 인자한 것을 판독기에 걸면 자기에 감지되므로 자동적으로 정리된다. 수표, 승차권 등에 이용된다.

magnetic inspection 자기 검사(磁氣檢査) 자기 탐상 검사를 말하는 것으로, 철강과 같은 자성체를 자화시켰을 때 표면 또는 표층(표면보다 수 mm 이내)에 결함이 있으면, 그림(a)와 같이 자속선의 흐름이 난조되어 표면에 누설 자속이 나타난다. 이것을 철분으로 검출(철분이 그리는 모양)할 수 있으므로 표면 가까이의 결함 위치와 크기를 알 수 있다. 또, 탐사 코일로 결함부를 그림(b)와 같이 자속을 끊으면, 기전력이 발생하여 미터에 지시되므로 결함이 있다는 것을 알 수 있다.

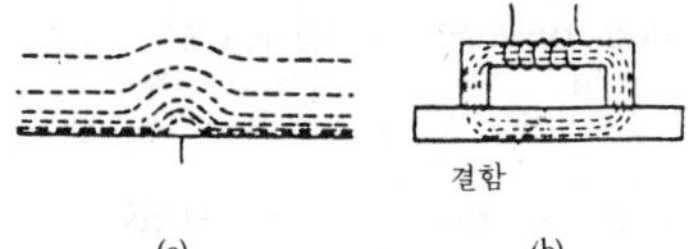

magnetic line of force 자력선(磁力線) 자계의 강도나 방향을 나타내는 선으로, 선의 밀도로 강도를, 그리고 선의 배열 상태로 방향을 알 수 있다.

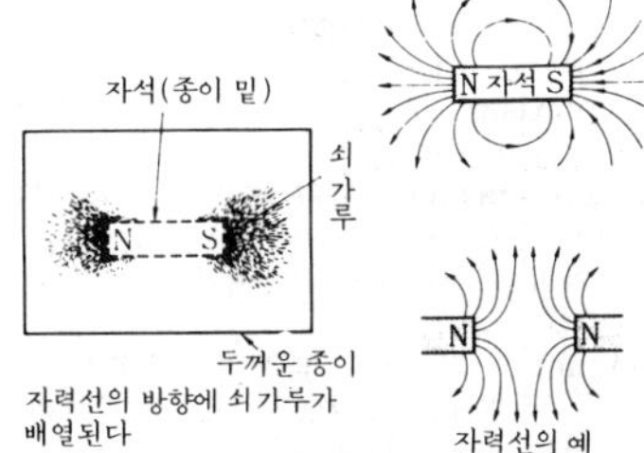

magnetic-particle test 자기 탐상 검사(磁氣探傷檢査), 마그네틱 테스트 자성 재료에 결함이 있을 경우, 그에 따라 생기는 자기적 변형을 이용해서 자성 재료의 결함 유무를 조사해 내는 검사.

magnetic pole 자극(磁極) 자석 양끝의 자기 능력이 가장 강한 곳.
magnetic pulse forming 전자 성형법(電磁成形法) 코일에 순간적으로 대전류를 흘려 강력한 자계를 만들고, 그 속에 놓인 도체의 피성형체 속을 흐르는 와전류와 자계의 상호 작용으로 성형하는 방법.
magnetics 자기학(磁氣學)
magnetic separator 자기 분리기(磁氣分離器) 원료나 연료 등에 혼합되어 있는 쇳조각 등을 자력에 의해 제거하는 장치.

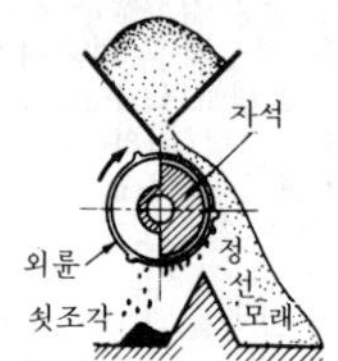

magnetic shielding 자기 차폐(磁氣遮蔽) 특정한 곳에 자계의 영향이 미치지 않도록 물체를 강자성체(강판)로 둘러싸는 것.
magnetic steel 자석강(磁石鋼), 마그넷강(一鋼) 자석으로 사용하는 특수강. KS강, 신 KS강, MK강 등은 우수한 자석강으로 취급되고 있다.
magnetic tape 자기 테이프(磁氣一) 컴퓨터 보조 기억 장치의 일종. 자성 재료를 칠한 플라스틱의 자기 테이프를 이용한 대용량의 디지털 기억 장치.
magnetic tape unit 자기 테이프 장치(磁氣一裝置) 자기 테이프를 주행시켜 데이터를 기록하고 판독하는 장치.
magnetic transformation 자기 변태(磁氣變態) →transformation
magnetism 자기(磁氣) 자석이 철편을 끌어당기는 특성.
magnetization 자화(磁化), 여자(勵磁) 자기 유도 작용, 전자 작용 또는 다른 자석과의 마찰에 의해 물체가 자석으로 되는 것.
magneto 마그네토 발전기(一發電機), 자석 발전기(磁石發電機) 마그넷 점화에 이용되는 영구 자석을 이용한 특수 소형 발전기.
magnetoelectric ignition 마그네토 점화(一點火) 고압 전기 점화의 한 방식. 영구 자석을 사용한 특수 자석 발전기를 사용한다.
magneto generator 마그네토 발전기(一發電機) =magneto
magnetohydrodynamic power generation **MHD** 발전(一發電) 고온·고속 가스를 강력한 전자석의 자계 속을 통과시켜 가스 에너지를 직접 전기 에너지로 변환시키고자 하는 방법.
magneto resistor 마그네토 레지스터 자계의 변화에 따라서 저항값이 변화할 수 있는 소자.
magneto-type ball bearing 마그네토형 볼 베어링(一形一) 다수의 강구(鋼球)를 조립하여 소형으로 만들어진 단열 레이디얼 볼 베어링.

magnetron 마그네트론 자계를 가하여 전자류를 제어하는 특수한 진공관으로, 극초단파(마이크로웨이브)의 전파를 강력하게 내는 데에 사용한다. 레이더, 전자레인지 등과 같이 대전력의 마이크로웨이브를 얻는 데에 사용된다.
magnification 배율(倍率) 광학계에 있어서 상(像)과의 크기의 비율을 나타내는 양.
magnifying glass 확대경(擴大鏡)
magnifying lens 루페 물체의 확대된 허상을 보는 초점 거리가 짧은 수속(收束) 렌즈이다.
main 주요부(主要部) 주된, 주요한
main bearing 주 베어링(主一) 공작 기계나 내연 기관 등의 기계 중에서 그 성능상 가장 중요한 구조 부분의 회전축에 대해서 쓰이는 베어링을 말하며, 미끄럼 베어링이나 정밀 볼 베어링이 쓰인다.
main boiler 주 보일러(主一) 선박의 추진용 원동기에 증기를 공급하는 보일러. →auxiliary boiler
main combustion chamber 주연소실(主燃燒室) 둘로 나뉘어 있는 연소실, 즉 부실(副室)이 있는 연소실에서 피스톤에 직접 면하고 있는 쪽의 연소실을 말한다. 보통의 주연소실쪽이 크고 주로 여기서 연소가 완료된다.
main connecting rod 주연접봉(主連接棒) 한 끝은 크랭크 핀에 연결되어 회전 운동을, 다른 끝은 크로스 헤드에 연결되어 왕복 운동을 함으로써 피스톤의 왕복 운동을 차바퀴의 회전 운동으로 바꾸는 역할을 하는 것.

main engine 메인 엔진, 주기관(主機關) 선박용 기관에서 프로펠러를 돌리는 기관을 말하며, 이에 부속된 기관을 보기(補機)라고 한다.

main spindle 주축(主軸), 스핀들 축(-軸), 스핀들 공작 기계의 주축 등과 같이 비교적 짧은 축.

main spring 메인 스프링 시계 등의 큰 태엽을 말한다.

maintainability 보전성(保全性) 고장난 시스템이 규정된 조건하에서 보전이 실시되어 규정된 운전 정지 시간 내에 운전이 가능한 상태로 회복되는 확률.

maintenance 메인티넌스, 유지(維持), 보전(保全), 정비(整備) 기계 설비 등의 유지, 보전, 정비 등을 말한다. 이에 대해 maintenance free는 정비, 보전 등이 필요없다는 말.

maintenance frequency 정비 빈도(整備頻度) 정비의 기능을 유지하기 위해 실시하는 점검 및 수리의 횟수.

maintenance prevention : MP 보전 예방(保全豫防) 설비를 계획할 경우, 신뢰성이 높고 보전성이 좋으며 조작이 용이하고, 또 보전비가 저렴하다는 등의 경제성을 고려한 설비를 해야 할 것인가를 조사하여 안을 세우는 것.

main trap 메인 트랩 =house trap

make-break contact 메이크 브레이크 접점(-接點) 메이크 접점과 브레이크 접점의 2개를 갖추고, 동작시에 브레이크 접점이 떨어짐과 거의 동시에 메이크 접점이 접촉되도록 배열한 접점을 말한다.

make contact 메이크 접점(-接點), **a** 접점(-接點)

malachite green 말라카이트 그린 공작석 안료로 만든 청색 도료. =bearing blue

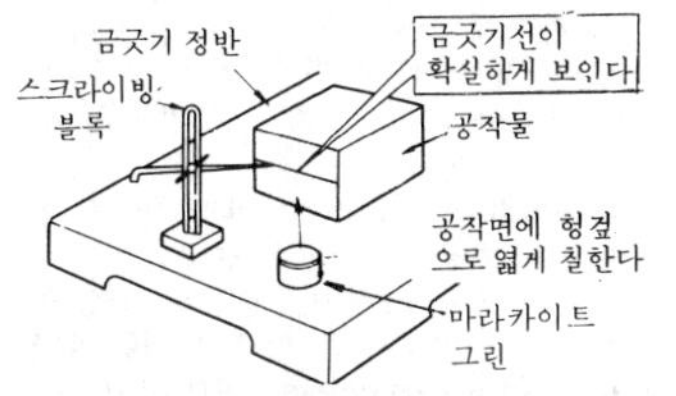

male 수컷, 수컷의

male elbow 수나사 엘보(-螺絲-) 수나사만을 가지고 있는 엘보.

male screw 수나사 환봉(-螺絲-) 바깥쪽에 새긴 나사. 수나사에 맞는 것을 암나사라 한다. →screw

male tee 수나사 **T**(이음)(-螺絲-) 수나사만을 가지고 있는 T(이음). →T, Tee

malleability 전성(展性), 가단성(可鍛性) 금속을 두드려서 얇은 판이나 박(箔)으로 할 수 있는 성질.

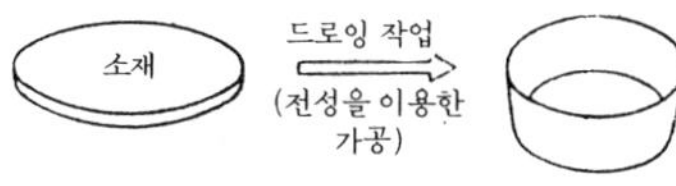

malleable 가단성의(可鍛性-), 전성이 있는(展性-), 맬리어블

malleable casting 가단 주물(可鍛鑄物) 가단 주철로 만든 주물. 흑심 가단 주물과 백심 가단 주물이 있다.

malleable cast iron 가단 주철(可鍛鑄鐵) 주철을 열처리함으로써 그 산화 작용에 의하여 가단성을 주는 것. 흑심 가단 주철과 백심 가단 주철이 있다.

malleablizing 가단화 풀림 처리(可鍛化-處理) 백선(白銑) 화합 탄소의 전부 또는 일부를 장시간 가열시킴으로써 흑연화하고, 또한 표면에서 탈탄시켜 인성이 강한 주철을 얻기 위해 처리하는 풀림.

Maltese cross 몰티즈 크로스 특수 기어를 사용하여 이루어지는 간헐 기구의 일종. 등각 간격(等角間隔)으로 반경 방향의 홈이 붙은 핀 기어. 간헐 회전을 하는 반대 캠이라고 볼 수 있다. 인쇄기나 영사기 등에 이용된다.

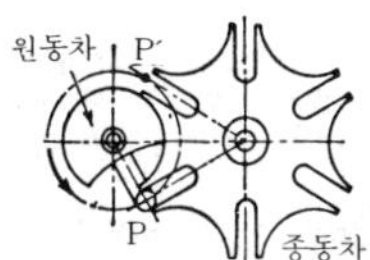

Maltese wheel 몰티즈 휠 =Maltese cross

management training program : MTP 관리자 훈련 프로그램(管理者訓練-) 관리자에 대한 훈련 계획으로서 직책, 업무 운영, 경영 관리, 부하 육성 등을 내용으

로 한다.

mandrel 심봉(心棒), 맨드릴 선반, 밀링 머신, 기어 커터 등에서 중앙에 구멍이 있는 공작물을 공작하는 경우, 그 구멍에 끼우는 심봉. 이것으로 양단을 지지하여 측정하거나 외면을 가공한다.

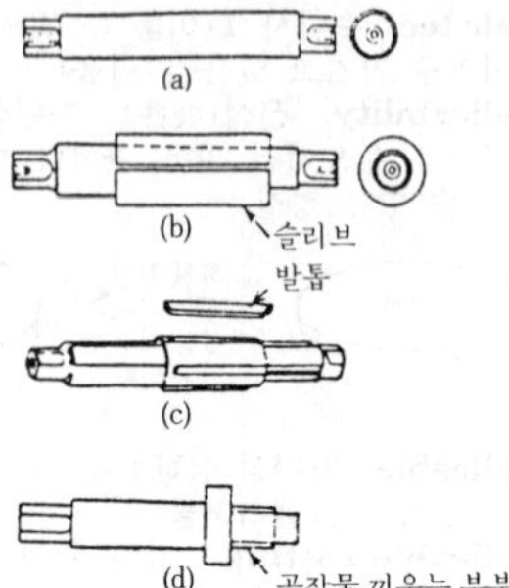

mandril 맨드릴 =mandrel

manganese 망간 원소 기호 Mn. 붉은 빛이 도는 회색의 금속 원소. 용도는 합금·제강의 탈산제.

manganese bronze 망간 청동(－青銅) 4-6 황동에 수% 이상의 Mn을 가한 고강력 황동.

manganese steel 망간강(－鋼) Mn을 가한 특수강.

manganic drycell 망간 건전지(－乾電池) →dry cell, dry battery

manganin 망가닌 Mn-Ni-Cu 합금. 온도에 의한 전기 저항의 변화가 22～25℃에서는 거의 0이다. 이 성질을 이용해서 표준 저항 또는 정밀급 전기 계측기에 사용하고 있다. Cu 80～88%, Mn 10～15%, Ni 1～5%.

manganium 망간 =manganese

manhole 맨홀 보일러 내나 지하 매설물의 점검, 청소, 수리 등을 위하여 만든 출입구.

manhole dog 맨홀 뚜껑 누르개 증기 보일러나 압력 용기 등의 맨홀 뚜껑을 누르는 쇠로 만든 기구.

manhole yoke 맨홀 뚜껑 누르개 =manhole dog

man-hour 공수(工數) 한 사람의 작업자에 의해 행하여지는 일의 양을 시간으로 나타낼 때 쓰이는 단위로, 인공(人工 : man-day), 인시(人時 : man-hour) 등이 있다. 예를 들면, 세 사람의 작업자가 2일간 일했을 때의 공수는 6인공이 된다.

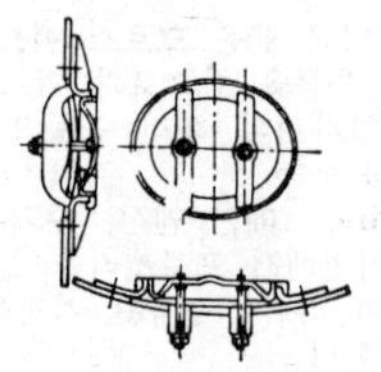

manhole dog

manifold 매니폴드, 다기관(－多岐管) 다실린더 기관에서 각 실린더에 흡기 또는 배기를 인도하기 위한 관을 여러 개씩 또는 전부를 집합시킨 것을 말하며, 전자를 흡기 매니폴드, 후자를 배기 매니폴드라고 한다.

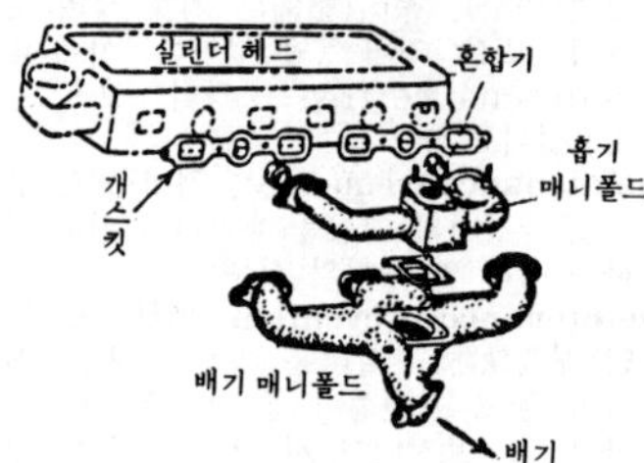

Manila rope 마닐라 로프 마닐라마에서 채취한 섬유를 꼬아서 만든 로프.

manipulated variable 조작량(操作量) 제어계에서 제어량을 조작하기 위해 제어 대상에 가하는 양.

manipulator 머니퓰레이터 ① 소재나 시험편, 위험물 등을 집어 이동시키거나 회전시키는 것을 원격 조작할 수 있는 집게 팔을 말하며, 매직 핸드라고도 한다. ② 압연기의 가로 이송대. ③ 조종하는 기계 또는 사람.

man-machine system 맨머신 시스템 창조 판단에 뛰어난 인간과 반복·고속 처리·안정 기억 능력을 갖춘 컴퓨터 양방의 장점을 살려서, 요구된 기능을 해낼 수 있도록 설계된 시스템.

Mannesman effect 만네스만 효과(－效果) 재료를 돌리면서 연속적으로 측면에서 압축력을 가하면, 재료의 중심에 블로홀이 발생하기 쉬운 상태가 되는 현상.

Mannesman process 만네스만법(－法)

이음매 없는 관(菅)의 대표적인 제조법이다. 2개의 사축(斜軸) 롤로 압연하면서 천공하는 것이다. 이음매 없는 관의 다른 방법으로는 스티펠법(Stifel process), 에르하르트법(Ehrhardt process) 등이 있다.

manometer 마노미터, 액주 압력계(液柱壓力計), 액주계(液柱計) 압력(또는 압력차)을 측정하는 기구. 관 또는 용기 내의 강도는 그 속에 V자형의 관을 세우고 이 관에 상승하는 액의 높이로 측정할 수 있는데, 이것을 마노미터라 한다.

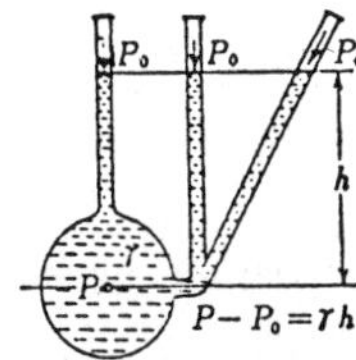

man-trolley 맨트롤리 기중기에 운전실을 갖춘 트롤리.

manual control 수동 제어(手動制御) 계측기의 지시에 의하여 사람이 조작, 조절하는 것. 보조적으로 동력을 사용하는 경우도 있다.

manual diecasting machine 수동 다이캐스트기(手動−機) 기계의 조작을 모두 손으로 하는 다이캐스트기. 주로 소규모의 공장에서 사용한다.

manual mixture control 수동 혼합비 제어(手動混合比制御) 기화기의 혼합비 제어를 수동으로 하는 것.

manual pump 수동 펌프(手動−) =hand pump

manual weld 손 용접(−鎔接), 수동 용접(手動鎔接) =manual welding

manual welding 수동 용접(手動鎔接) 용접의 조작을 손으로 하는 용접. 피복 아크 용접봉을 써서 사람이 하는 용접을 가리켜 쓰이는 경우가 많다. =hand welding

manufactory 제조 공장(製造工場) =factory

manufacture 제조(製造), 제작(製作) ① 대규모적 분업에 의한 제조. =production. ② 제품, 제조(製造)한다. =produce make

manufactured article 제품(製品)

manufacturing company 제조 회사(製造會社) 약자는 MFG.Co. 또는 mfg. Co.로 표시한다.

manufacturing cost 제조 원가(製造原價) 제품의 제조에 소요된 공장 원가. 공장의 재료, 노무, 공장 경비의 합계.

manufacturing district 공업 단지(工業團地)

manufacturing industry 제조 공업(製造工業)

manufacturing milling machine 양산 밀링 머신(量産−) 수평 또는 수직 밀링 머신의 구조를 간단히 하여 특수 공작물을 전문적으로 강력 절삭할 수 있는 밀링 머신. 대량 생산용.

maraging steel 마르에이징강(−鋼) 18% Ni강의 마르텐사이트를 시효(aging) 처리하여 금속간의 화합물을 석출시켜 고력화(高力化)한 강으로, 마르텐사이트의 에이징을 마르에이징이라 한다. 용도로는 열간·냉간의 공구·기계, 부품, 우라늄의 원심 분리기용 회전동(回轉胴). 210 kg/㎟의 내력, 인성(靭性)이 풍부하고 노치 인장 강도가 대단히 높으나 값이 비싸다.

marforming 마폼법(−法)[1], 마포밍[2] ① 기계 판금 가공의 특수한 것. 다이에 고무를 사용하는 것으로서 고무에 의한 드로잉의 대표적인 가공법.

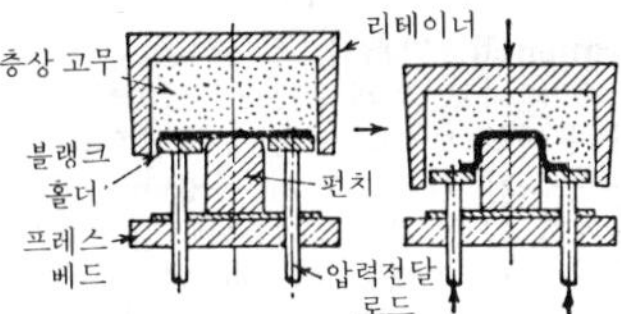

marform process 마폼법(−法) =marforming

margin 마진 ① 드릴이 구멍의 내면에 접하는 랜드의 가장자리. ② 리벳 이음에서 판의 가장자리 부분.

marine boiler 선박용 보일러(船舶用−) 일반적으로 연관(煙管) 보일러나 수관 보일러가 사용되며 연료는 주로 중유를 사용한다.

marine engine 선박용 기관(船舶用機關) 나사 프로펠러를 회전시킴으로써 물의 저항을 이겨 선박을 진행시키는 기관을 총칭하는 것.

marine turbine 선박용 터빈(船舶用－) 선박용의 증기 터빈. 현재에는 증기 터빈보다 훨씬 우수한 선박용 가스 터빈이 출현, 사용되고 있다.

mark 마크, 표시하다(表示－), 점찍다(點－)

marketing survey 시장 조사(市場調査) ＝marketing research

marking-off 금긋기 기계 다듬질하기 전에 공작물의 다듬질면에 실제의 다듬질 치수를 표시하기 위해 서피스 게이지나 기타 기구를 사용하여 선을 긋는 작업.

marking-off pin 금긋기 핀 공작물의 금긋기나 중심내기에 사용하는 핀. 보통 서피스 게이지에 장착하여 사용한다. ＝ scriber

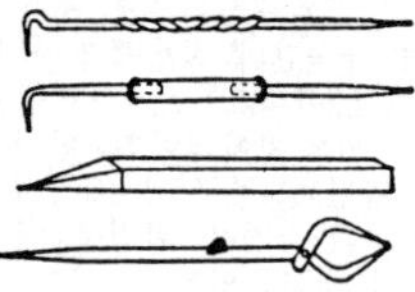

marking-off table 금긋기 받침 금긋기할 때 공작물을 얹는 받침. 보통 주철제이다.

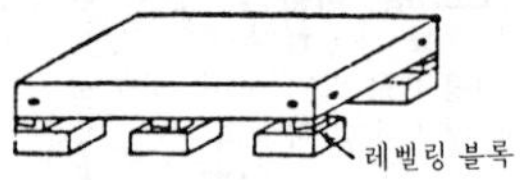

marquench 마캔치 강(鋼)은 마텐자이트 변태점 바로 위의 온도로 가열한 오일이나 용액(솔트) 속에 담가 담금질하여, 내부 온도가 외부 온도와 동일한 온도가 될 때까지 항온 유지한 다음에 꺼내서 공랭하여 Ar″ 변태를 서서히 일으키게 하는 조작. 이 담금질법은 담금 변형이나 담금질 비틀림이 잘 생기지 않는다. 마캔치한 후에 다시 뜨임을 하여 사용한다.

martempering 마템퍼링 마텐자이트의 시효(時效 : aging)를 말한다. 철강을 담금질할 때의 변형의 발생과 담금질 균열을 방지하여 적당한 담금질 조직을 얻기 위해 마텐자이트 생성 온도 영역보다 약간 높은 온도로 유지한 냉각제 속에 담금질하여, 각 부분이 한결같은 온도가 될 때까지 유지한 다음에 꺼내어 공랭시키는 조작을 말한다. 현재는 마켄치 열욕(熱浴 : 담금질의 일종), 마템퍼(마텐자이트 시효)로 구별하고 있다.

Martens extensometer 마텐스 인장계(－引張計) 시험편의 연신율을 광 레버를 이용해서 측정하는 인장 시험 장치.

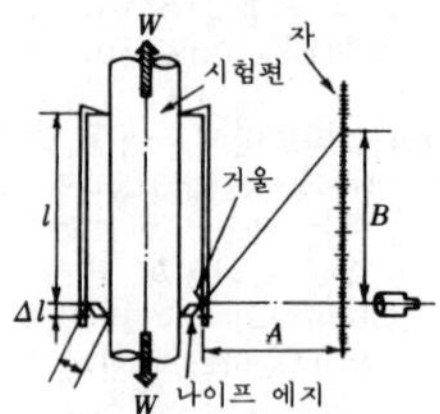

martensite 마텐자이트, 마르텐사이트 담금질한 강(鋼) 속에서 볼 수 있는 바늘 모양의 매우 단단한 조직. 뜨임 처리로 시멘타이트를 석출하여 페라이트로 된다. 최근에는 강에 한하지 않고 확산에 의하지 않는 변태의 생성물을 일반적으로 마텐자이트라 한다.

martensite stainless steel 마텐자이트 스테인리스강(－鋼) 담금질 경화가 가능한 경화성 스테인리스강. 공구나 절삭날 등에 사용된다.

martensite temper 마텐 뜨임 마텐자이트의 뜨임(tempering)을 말한다.

Martin stoker 마틴식 스토커(－式－) → stepped grate stoker

MASER 메이저 유도 방출에 의한 마이크로파의 증폭을 뜻한다. 원자나 분자에 에너지를 부여한 상태에서 특정 주파수의 마이크로파를 대면, 그 주파수에서 에너지를 방출하므로 마이크로파가 증폭된다. 인공 위성이나 전파 망원경 등 미약한 마이크로파의 증폭에 이용되고 있다.

masking 마스킹 ① 어떤 음에 대한 최소 가청값이 다른 음의 존재에 의하여 상승하는 현상, 또는 상승을 dB로 나타낸 것. ② 내약품(耐藥品) 피막에 의해서 가공품의 패턴을 형성시키는 처리.

mass 매스[1),2)], 질량(質量)[3)] ① 덩어리. ② 대량, 대부분.
③ 물질의 양을 나타내는 것으로서 한 쪽에서는 무게, 다른 쪽에서는 밀도와 체적과의 상승곱(相乘積)으로 생각한 양. 중량은 지구의 인력으로 발생되므로 장소에 따라 달라진다. 질량 1kg의 물체는 표준 가속도 $9.806 m/sec^2$일 경우 1kgf의 중량이 있다.

mass effect 질량 효과(質量效果), 매스

이펙트 ① 재료의 질량 및 단면 치수의 대소에 따라 열처리 효과가 달라지는 정도. ② 기계 자체보다 잘라낸 시험편이 그 기계보다 강하고, 또 모형이 실제의 기계보다 작을 경우는 모형쪽이 실제의 기계보다 강하다는 것이 밝혀져 있다. 이 현상을 질량 효과라 한다.

mass number 질량수(質量數) 산소 원자의 질량을 16으로 해서 이 비율로 각 원자의 질량을 나타낸 것.

mass production method 대량 생산(大量生産), 매스 프로덕션 동종의 제품을 계속적으로 대량 생산하는 방식.

mass spectrometer 질량 분석계(質量分析計) 피측정 물질의 분자를 이온화하고 그 질량의 차이를 이용하여 일정 질량의 이온을 분리해서 합성 가스의 성분을 분석하는 계기.

mass spectrum 질량 스펙트럼(質量－) 질량이 다른 이온을 전계(電界) 또는 자계의 어느 쪽이든 한 쪽을 고정시키고, 다른 쪽을 연속적으로 변화시켜 컬렉터라 불리는 전극에 모아 증폭 기록해서 얻어지는 스펙트럼. 질량 분석계는 이 응용으로 기체, 휘발성 액체의 일반적인 분석기로서 널리 이용되고 있다.

master 주인(主人), 고용주(雇傭主), 달성하다(達成－), 숙달하다(熟達－)

master die 마스터 다이 가공용의 다이를 만들기 위하여 기본이 되는 형(다이).

master gauge 마스터 게이지 공장에서 사용하는 공작 게이지(shop gauge)나 검사계가 검사에 사용하는 검사 게이지(check gauge)의 제작 및 검정 게이지의 검사에 이용되는 게이지.

master gear 마스터 기어 기어의 치절삭 또는 연마에서 그 기준이 되는 기어.

master leaf 마스터 판(－板), 어미판(－板) =carrier plate

master tap 마스터 탭 다이나 체이서 등을 만들 때에만 사용하는 탭을 말한다. =hob tap

master trip 마스터 트립 증기 터빈을 운전 중에 이상한 사태가 발생했을 경우, 비상 조속기를 강제적으로 트립시키는 것. 트립이란 작동시켜서 운동을 정지시키는 것을 말한다.

matched die method 매치드 다이 성형법(－成形法) 금형 사이에 보강재와 수지를 넣고 금형을 닫아 가열, 가압해 성형하는 방법.

match plate 매치 플레이트 주조에서 다수의 주물을 만들 때 기준선에 의하여 분할된 모형 및 둑 모형을 그 양판에 체결한 판. 조형기나 정밀 주조에 사용한다.

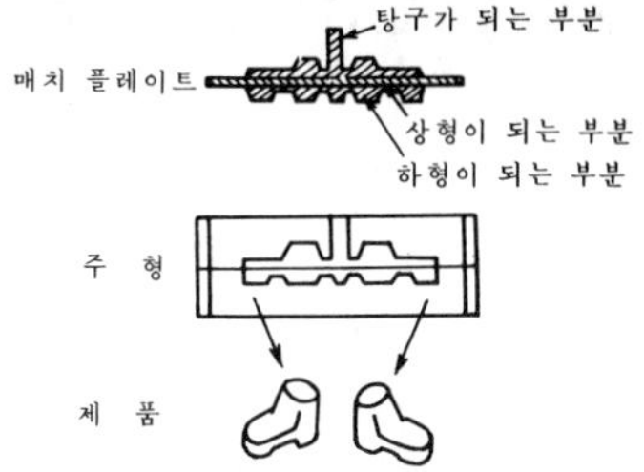

material 재료(材料), 원료(原料), 머티어리얼

material control 자재 관리(資材管理)

material list 재료표(材料表) 제품의 제작에 필요한 재료의 종류, 수량 등의 명세를 표로 한 것.

material marks 재료 기호(材料記號) 도면에 재료명을 기호로 나타내는 법. KS에는 3부문으로 구성되어 있으며, 대체로 다음과 같은 규칙에 따라서 정해지고 있다.

제1위의 문자 : 재질을 나타낸다(영어 또는 로마자의 머리글자 또는 원소 기호를 사용한다). S-강(steel), F-철(ferum) 등.

제2위의 문자 : 제품의 형상별 종류(판·관·봉 등) 또는 용도를 나타낸다(영어 또는 로마자를 사용. B-봉재(bar), F-단조품(forgings), P-판(plate), KH-고속도 공구강(high speed tool steel) 등.

제3위의 문자 : 재료의 종류·번호의 숫자 또는 최저 인장 강도를 나타낸다. 4A-4종갑이라는 종류 번호, T-인강 강도.

materials handling 운반 관리(運搬管理) 공장 내외의 재료·부품·제품 등의 운반을 효과적이고 안전하게 하기 위한 계획과 그 실시.

material testing machine 재료 시험기(材料試驗機) 주로 재료의 기계 성질에 대하여 시험하는 기계. 시험편이나 가해지는 하중의 종류에 따라 인장 시험기(tension tester), 압축 시험기(compression tester), 비틀림 시험기(torsion tester), 굽

M

힘 시험기(bending tester), 경도 시험기(hardness tester), 충격 시험기(impact tester), 피로 시험기(fatigue tester) 등 각종 시험기가 있다.

material testing reactor 재료 시험로(材料試驗爐) 강한 방사선에 의하여 원자로의 재료를 조사(照射), 시험하는 것을 목적으로 한 원자로.

mat foundation 매트 파운데이션 기초 위에 설치된 상부 구조에 작용하는 모든 힘(수직, 수평, 경사의 힘, 정하중), 지진, 비바람, 눈 등에 대해 지지하고 있는 단일의 평판형(平板形) 기초.

mathematics 수학(數學)

Mathieu s equation 마슈의 방정식(－方程式) 선형 미분 방정식

$d^2y/dz^2+(a-2q\cos 2z)y=0$

를 마슈의 방정식이라고 한다.

matrix 매트릭스 ① 바탕이 되는 모체의 조직을 말한다. ② 열 교환기에 있어서 무수한 미세 통로를 지닌 축열체를 말한다. ③ 금속이나 보석 등의 원석(原石), 모재를 말한다. ④ 화폐 주조의 각인기(刻印機). ⑤ 수학에서 행렬. ⑥ 컴퓨터류에서는 같은 부품을 다수 종횡으로 배열하고 그것들을 그물 모양으로 도선에 연결하여 구성한 장치를 말한다.

matrix display 매트릭스 **LCD** 셀을 구성하는 2매의 기판상에 각각 가로·세로 방향으로 다수의 스트라이프 전극을 설치하고 그것들의 만난점을 표시 화소로 하는 액정(liquid crystal : LC) 디스플레이를 말한다.

matrix high speed steel 매트릭스 하이스 중탄소강(中炭素鋼)의 몰리브덴 하이스로서 SKH 51에 비해 C, Mo, W, V 등 하이스의 경도, 내마모성을 만들어 내는 복합 탄화물 형성 원소의 양을 억제하고, 매트릭스지(地)에 필요 충분한 원소를 고용(固溶)시켜 경도와 강도를 주어 내충격성을 향상시킨 것. 샤르피 충격값은 SKH 51의 10배의 값을 나타낸다.

matrix method of structural analysis 매트릭스 응력 해석법(－應力解析法) ＝finite element method

maximum 맥시멈 미니멈(minimum)의 반대. ① 최대의, 극대의. ② 최대값, 최대량, 최대수.

maximum clearance 최대 틈새(最大－) 틈새끼움에서 구멍의 최대 치수와 축의 최소 치수와의 차. ＝interference

maximum elastic strain energy 최대 탄성 에너지(最大彈性－) 재료의 탄성 한도에 있어서의 단위 체적당의 탄성 에너지(elastic strain energy).

maximum interference 최대 체결 여유(最大締結餘裕) →interference

maximum load 파괴 하중(破壞荷重) 재료가 파괴될 때까지 가해질 수 있는 최대 하중.

maximum main stress theory 최대 주응력설(最大主應力說) 물체 내의 어느 점에 생기는 최대 주응력(主應力)이 단순 인장 시험에서 항복점에 달하면 재료는 파괴된다는 설.

maximum-minimum thermometer 최고 최저 온도계(最高最低溫度計) U자형의 모세관 속에 있는 2개의 작은 조각의 위치로 사용 시간 내의 최고 온도와 최저 온도를 잴 수 있게 만들어진 온도계.

maximum output 최대 출력(最大出力) 기관, 터빈, 수차 등이 내는 출력의 최대값.

maximum peripheral speed 허용 최대 주속도(許容最大周速度) ＝maximum circumferential speed

maximum permissible rotative speed 최대 허용 회전 속도(最大許容回轉速度) 허용할 수 있는 최대의 회전 속도.

maximum principal strain 최대 주변형(最大主變形) 주축 방향에 생기는 세 가지 변형 중 최대값을 가지는 변형.

maximum principal stress 최대 주응력(最大主應力) 주축 방향에 생기는 세 가지 응력 중 최대값을 가지는 응력.

maximum-shear-stress theory 최대 전단 응력설(最大剪斷應力說) 물체 내의 어느 점에 생기는 최대 전단 응력이 재료 고유의 한계값에 달하면 소성 변형이 개시된다는 설.

mazic zinc black method 아연 흑염법(亞鉛黑染法) 아연, 아연 합금 등에 실시하는 흑색 피막의 방식법. 내마모성, 내산성, 내알칼리성을 향상시킨다. 광택도 나고, 또 도장의 밑바탕을 만드는 데에 적합하다.

McLeod gauge 맥라우드 진공계(－眞空計) 측정하려고 하는 기체의 일정한 체적을 압축해서 압력을 증대시켜 그 압력을 알아내는 기구.

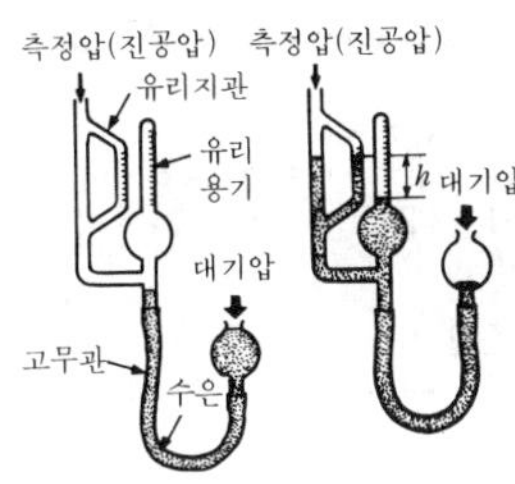

mean 평균의(平均－), 평균 배수량(平均排水量) 왕복 펌프에서 단위 시간당의 배수량을 크랭크각 전체에 걸쳐 균일하다고 생각한 때의 배수량.

mean effective pressure 평균 유효압(平均有效壓) 증기 기관, 내연 기관의 인디케이터 선도의 면적을 실린더 용적으로 나눈 값.

mean speed 평균 속도(平均速度) 속도가 일정하지 않은 운동에 있어서 이동한 거리의 길이 s를 소요 시간 t로 나눈 값. 평균 속도 $v=s/t$

mean stress 평균 응력(平均應力) $\sigma_x+\sigma_y+\sigma_z=3\sigma$으로 정의되는 수직 응력 σ를 등방 응력(等方應力) 혹은 평균 응력이라고 한다.

mean time between failure ; **MTBF** 평균 고장 간격(平均故障間隔) 고장이 나지 않고 동작하는 시간의 평균을 말한다. 고장률 $\lambda(t)$와의 관계는 $\mathrm{MTBF}=1/\lambda(t)$.

mean time to first failure ; **MTTFF** 엠 티 티 에프 에프 기기가 제작되고부터 처음으로 고장이 날 때까지의 평균 시간.

mean time to repair ; **MTTR** 평균 수복 시간(平均修復時間) 평균 보수 시간=총 보수 시간/수리 건수. 보전의 정도를 나타내는 신뢰성의 용어.

mean value 평균값(平均－), 평균치(平均值)

measure 메저 양, 계량, 자, 계량기 또는 측정한다는 뜻.

measurement 측정(測定), 측정법(測定法), 도량형법(度量衡法)

measurement of compensation method 보상법 측정(補償法測定) 계기류로 측정해야 할 값과 표준값을 비교해서 양자의 근소한 차이를 정밀하게 측정하는 것.

measurement of surface roughness 표면 조성도 측정(表面組成度測定) 표면 조성도의 측정에는 조성도 곡선법(표면의 어느 일직선에 따라서 조성도를 기록하는 방법)이 가장 많이 사용되고 있다.

measuring 측정(測定), 측정(용)의(測定(用)－), 측정하는(測定－)

measuring apparatus 측정기(測定器) 측정을 하기 위한 기구·장치 등을 말한다. =measuring device

measuring device 측정기(測定器) = measuring apparatus

measuring instrument 측정기(測定器) 기계 공장용의 측정기에는 다음과 같은 3종이 있다. ① 실제의 치수를 측정하는 것(버니어 캘리퍼스, 매크로미터, 측장기 등). ② 표준 치수와 실제 치수와의 차를 측정하는 것(다이얼 게이지, 미니미터, 옵티미터 등). ③ 제품의 치수가 허용 한도 내에 있는가의 여부를 측정하는 것(한계 게이지).

measuring instruments and apparatus 계측기(計測器) 중량, 용량, 속도, 진동, 소음, 온도, 열량, 길이 등 양의 크기나 물리적인 상태를 양적으로(수치로서) 포착해 지시나 기록을 하는 기구.

measuring machine 측장기(測長機) 표준척과 측미 현미경을 갖추고 현미경으로 표준척과 측정될 물품의 크기와를 직접 비교하여 그 절대 치수를 정할 수 있는 장치의 측정기.

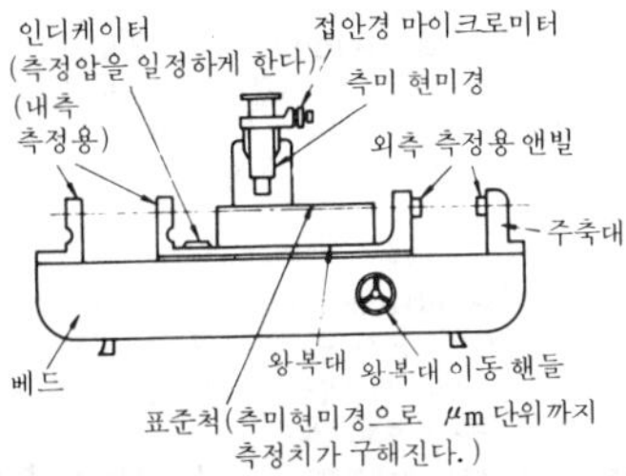

measuring microscope 측정 현미경(測定顯微鏡) 길이의 절대값을 측정하기 위한 현미경.

measuring pressure 측정압(測定壓) 측정기의 측정자를 피측정물에 접촉시키는 힘. 표준이 되는 힘은 다이얼 게이지에서는 50～140gf, 마이크로미터에서는 400～600gf이다.

measuring range 측정 범위(測定範圍)

measuring weir 양수 둑(量水－) 수량(水量) 측정용의 둑. 보통 장방형 둑, 3각 둑이 있다.

mechanical automation 메커니컬 오토메이션 자동화된 공작용 기계와 자동화된 공급, 운반 장치를 조합하여 유기적으로 결합한 자동 생산 장치. 트랜스퍼 머신은 그 예의 하나이다.

mechanical brake 메커니컬 브레이크 크레인으로 중량물을 하역할 때, 중량물이 무거워 그 중량으로 모터가 역회전되어 급낙하하려는 것을 방지하는 낙하 속도 조정용의 기계적 브레이크.

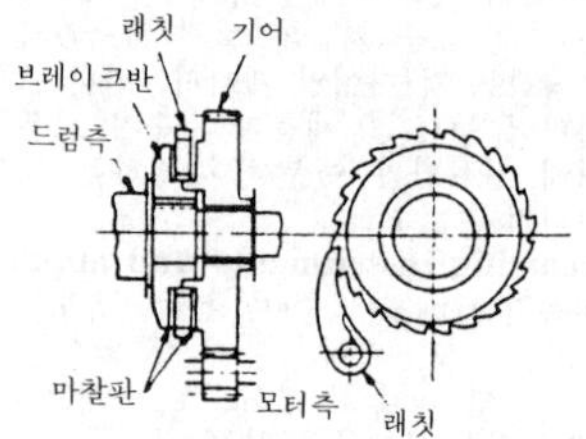

mechanical comparator 기계적 콤퍼레이터(機械的－) 레버나 기어를 이용하여 미소 변위를 확대하여 판독하는 콤퍼레이터. 다이얼 게이지, 미니미터 등이 있다.

mechanical draft 강제 통풍(强制通風) ＝forced draft

mechanical drawing 기계 제도(機械製圖) 기계 및 기계 부품을 투영도에 의하여 도시하는 수단과 그 작업을 통틀어 기계 제도라 한다. 또, 이렇게 해서 만들어진 기계나 부품에 관한 도면을 기계도(機械圖)라고 한다.

mechanical efficiency 기계 효율(機械效率) 기계가 받아 들인 입력(input)과 기계가 한 일, 즉 출력(output)과의 비. 기계효율은 1보다 작다.

mechanical energy 기계 에너지(機械－), 역학적 에너지(力學的－) 보통 운동 에너지와 위치 에너지를 총칭하여 말한다. 역학적인 양에 의해 정해지는 에너지의 일종.

mechanical engineer 기계 기술자(機械技術者)

mechanical engineering 기계 공학(機械工學) 기계를 대상으로 하는 모든 학문의 총칭.

mechanical equivalent of heat 열의 일당량(熱－當量) 단위량의 열(1kcal)을 일로 환산한 값. 열량의 단위량의 단위를 kcal, 일의 단위를 kg·m로 하면 1 kcal＝427kg·m, 1j＝427kg·m/kcal.

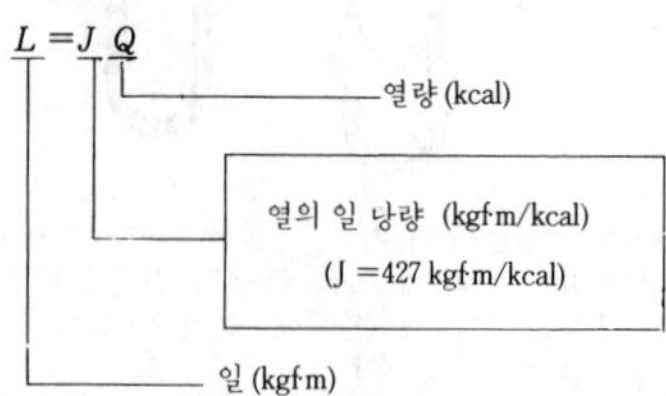

mechanical equivalent of light 빛의 일당량(－當量) 빛의 에너지 상당량으로서 554μ에 대해서 최소 일량 M=0.001618 W/lm 이다. W : Watt, lm : lumen.

mechanical loss 기계 손실(機械損失) 기계적 원인에 의한 손실. 예를 들면, 실린더와 피스톤, 축과 베어링 간의 마찰에 의한 손실 등.

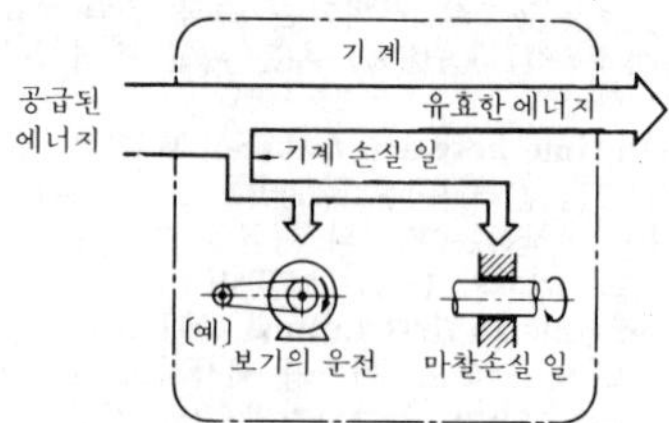

mechanical power 기계 동력(機械動力)

mechanical pressure atomizing burner 압력 분무 버너(壓力噴霧－) 기름에 압력을 가하여 작은 구경의 분출구에서 분출시켜 미립화한 중유를 연소시키는 장치. ＝pressure injection burner, pressure spray burner

mechanical property 기계적 성질(機械的性質) 재료의 인장, 전단(剪斷), 굽힘, 압축, 비틀림 등의 힘을 가했을 경우의 여러 가지 성질. 예컨대, 인장 강도, 항복 응력, 연신율, 드로잉, 피로 강도, 충격값, 경도(硬度), 탄성률 등을 가리킨다.

mechanical refrigeration 기계 냉동(機械冷凍) 냉동기를 사용하여 하는 냉동.

mechanical resistance 기계 저항(機械抵

抗) 기계 부분의 운동에 수반하여 생기는 저항.

mechanical seals 메커니컬 실 고온, 고압하에서 고속도의 회전을 하는 축 부분에서의 유체 누설을 방지하는 것으로, 그림에 나타낸 바와 같이 축에 고정되어 축과 함께 회전하는 회전 링과 이것에 상대하는 고정 링 부분의 맞추어지는 이음매를 끼워 맞추어 누설되지 않도록 하는 것. 사용하는 유체의 종류, 온도에 따라 형식이나 재질이 선택된다.

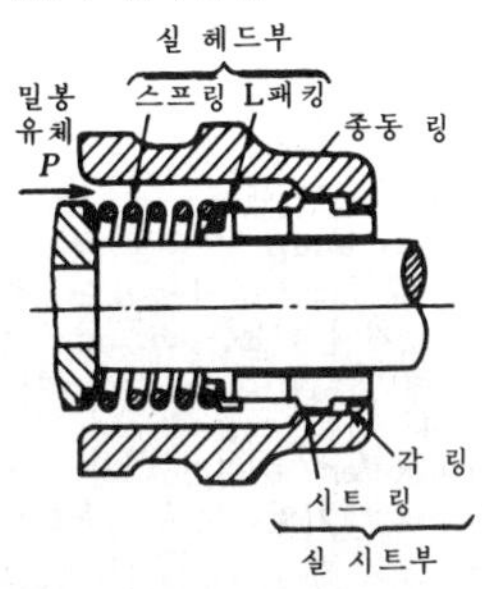

mechanical stoker 스토커 =stoker

mechanical ventilation 기계 환기(機械換氣) 송풍기나 배풍기 등의 기계 장치에 의하는 환기.

mechanical work 기계 일(機械－) 일반적으로 외력이 하는 일 또는 한 일.

mechanician 기계 기술자(機械技術者), 기계 기사(機械技師) =mechanical engineer

mechanics 역학(力學)

mechanism 기구(機構) 2개 또는 2개 이상의 저항체의 조합에 의하여 생기는 여러 가지 운동의 방법이나 장치.

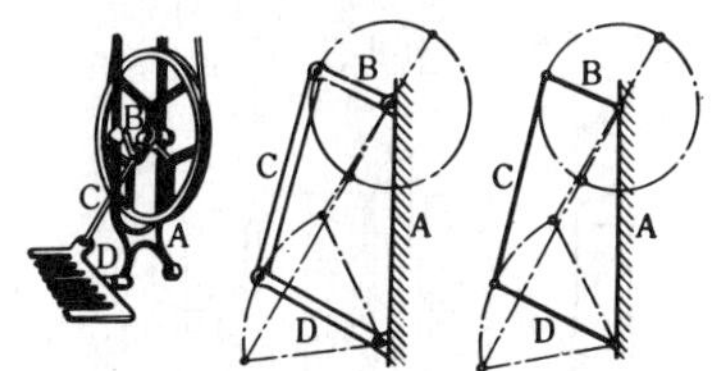

mechanist 기계 기사(機械技師), 기계 기능사(機械技能士) =mechanician

mechanization 기계화(機械化)

mechano-chemical system 메커노케미컬 시스템 화학적 변화에 의해서 변형을 일으키거나 기계적 변형에 의해서 화학 변화를 일으킬 수 있는 화학적 에너지와 기계적 에너지 사이의 변환을 직접 처리할 수 있는 장치나 기구.

mechano-radical 메커노래디컬 파쇄(破碎), 초음파 조사 또는 대변형 등 기계적 작동으로써 생성된 유리기(遊離基)를 말한다. 유기 고분자 재료나 세라믹 등에서 흔히 볼 수 있다.

mechatronics 메커트로닉스 메커니즘(기계)과 일렉트로닉스(전자 공학)의 합성어이다. 일본식 영어. 마이크로컴퓨터나 센서로 이루어지는 일렉트로닉스를 기계에 꾸며 넣은 제품 및 기술을 말한다.

median chart 미디언 차트, 미디언 관리도(－管理圖) =X chart

medical engineering 메디컬 엔지니어링 의료용 공학. 의학과 공학의 양 영역에 걸쳐지는 공학. 위(胃)카메라 등은 이 공학의 대표적인 예이다.

medium 미디엄 중간의, 중간의 개재물(介在物 : 매질, 매체)을 말한다. 중앙점은 median이라 한다.

medium carbon steel 중탄소강(中炭素鋼) C 0.2～0.5%를 함유하는 탄소강. 조선, 교량, 보일러, 축 등에 이용된다.

medium scale integration ; **MSI** 중규모 집적 회로(中規模集積回路) =medium scale integration circuit

Meehanite cast iron 미하나이트 주철(－鑄鐵) 선철(銑鐵)에 다량의 강 부스러기를 혼합하여 고온에서 용해하고 출탕(出湯)시에 페로실리콘을 소량 첨가시킨 것으로, 펄라이트 기지(基地)에 흑연의 조각이 분산된 주철이다.

mega- 메가 큰 또는 100만(약호는 M)을 뜻하는 접두어. 예를 들면 메가폰(megaphone;확성기), 메가와트(megawatt; MW:100만 와트).

megger 메거 1메그옴(1MΩ $=10^6$옴) 정

M

도 이상의 고저항을 측정하는 데에 이용되는 절연 저항계. 배선이나 전기 기계의 절연, 저항 등의 측정에 사용된다.

melamine resin 멜라민 수지(－樹脂) 멜라민과 포름알데히드로 만들어진 열경화성 수지로, 비중 1.45~1.52. 내열성이 높고 전기 절연성도 크다. 경도가 높아 식기, 전기 기구, 케이스, 화장판 등에 이용되는 외에도 금속용 도료로서도 널리 사용된다.

melamine resin paint 멜라민계 수지(－系樹脂) 멜라민을 포름알데히드로 메티롤화하고 다시 그 일부를 알코올로 에테르화한 것. 자동차, 기기, 가전 제품의 도장에 널리 사용되고 있는 광택이 좋은 도료이다.

melting 융해(融解), 용융(鎔融) 고체가 열을 받아 액체로 되는 변화를 말한다.

melting-alloy relay 용융 합금 릴레이(鎔融合金－) 미리 정해진 온도에서 녹는 합금을 사용하여 일단 녹게 되면 래칫 스프링이 개방되어 접점이 열린다. 릴레이는 합금이 다시 굳어졌을 때 복귀한다.

melting furnace 융해로(融解爐), 용해로(鎔解爐) 금속을 녹이는 노의 총칭.

melting loss 용해 손실(鎔解損失) 장입지금(裝入地金)이 용해 중에 산화나 기타로 인해 소모되는 양.

melting point 융점(融點) 고체가 융해하여 액체로 되는 때의 온도.

melting rate 용융 속도(鎔融速度) 용접시에 용접봉이 녹는 속도.

melting temperature 융점(融點) ＝ melting point

melting zone 용해대(鎔解帶) 큐폴라(cupola) 등의 용해로에서 장입 금속(裝入金屬)이 용해하는 부분.

member 부재(部材), 구조재(構造材)

memorial circuit 기억 회로(記憶回路) 신호를 기억해 두는 회로.

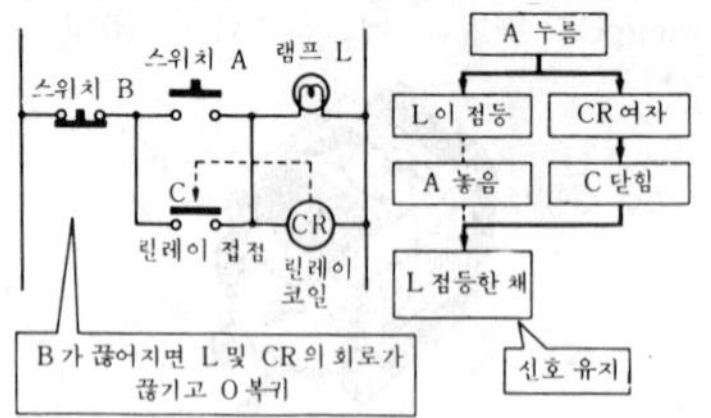

memory 메모리, 기억 장치(－記憶裝置) ① 정보를 기억시키거나 기록, 판독(判讀)하는 장치. ② 계산 등의 처리에 필요한 정보를 필요한 시간 기억하는 장치.

mender 수리공(修理工), 수선공(修繕工)

meniscus 메니스커스 모세관 현상에 의해 상승 또는 하강한 관 내의 액면은 평면으로 되지 않고 메니스커스라는 곡면이 된다. 물과 유리관과 같이 관벽을 적실 경우, 액은 상승하고 액면은 중앙이 오목한 곡면이 되지만, 수은과 유리관과 같이 적시지 않는 경우는 반대로 볼록한 곡면이 된다.

mercury 수은(水銀) 원소 기호 Hg, 원자 번호 80, 비중 13.6, 융점 －38.8℃. 상온에서 유일한 액체 금속.

mercury-arc lamp 수은등(水銀燈) 진공으로 한 유리관에 봉입한 수은, 증기 속에 아크를 생기게 하는 등화. 청사진을 굽는 데 사용되며 공장 조명, 가로 조명 등에도 사용된다.

mercury boiler 수은 보일러(水銀－) 액체의 수은을 가열하여 그 증기를 만드는 보일러.

mercury condenser 수은 응축기(水銀凝縮器) 수은 증기 터빈에서 팽창시킨 다음의 수은 증기를 냉각·응축시키기 위한 응축기.

mercury manometer 수은 압력계(水銀壓力計) 수은을 마노미터액으로 이용한 액주계. 비교적 고압력인 경우에 사용된다.

mercury method 수은법(水銀法) → amalgam

mercury relay 수은 접점 릴레이(水銀接點－) 리드 릴레이의 동작에 수은 스위치 접점을 조합시킨 릴레이. 수은조(水銀槽)의 구조를 바꾸어 가로로 사용하는 형이나, 접극자(接極子)를 중립 위치로 하여 영구 자석을 조합시킨 유극(有極) 릴레이

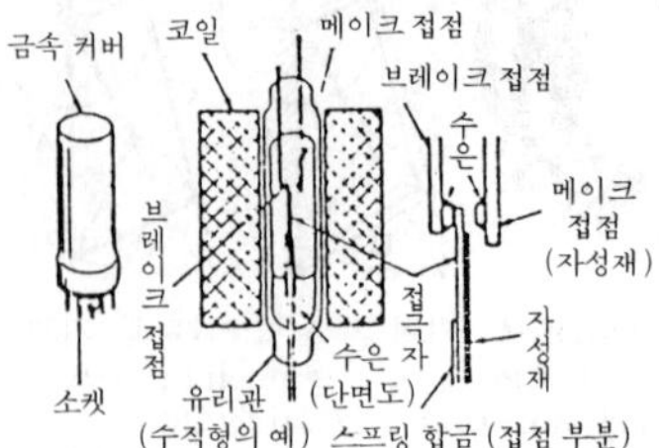

형의 것도 있다. 소형이고 접점 용량이 크며 채터링이 없기 때문에 여러 제어 회로에 이용된다. 대표적인 것을 그림에 보였다.

mercury switch 수은 스위치(水銀－) 수은 접점 릴레이의 설명도에 든 바와 같이 자성체의 접극자 아래 부분을 수은조(水銀槽) 속에 담가 고정 접점과 함께 유리관 속에 봉입한 것으로, 접극자와 접점은 모세관 현상으로 항상 젖어 있는 상태에 있다. 전류는 수은을 매개로 하여 흘리거나 끊기기도 하므로 접점이 소모되지 않으며, 또 접촉 저항도 적다.

mercury thermometer 수은 온도계(水銀溫度計) 수은의 열팽창을 이용한 보통 온도계.

mercury turbine 수은 터빈(水銀－) 수은 증기를 팽창시켜 동력을 발생시키는 터빈.

mercury vapor lamp 수은등(水銀燈) ＝ mercury-arc lamp

meridian velocity 메리디언 속도(－速度) 회전축의 중심을 포함한 평면상의 흐름 속도 성분.

mesh 메시 그물눈이라는 뜻. 보통 1변 1인치(25.4mm) 중의 그물눈 수로 나타낸다. 도료나 광물사의 입도(粒度)를 나타낸다.

metacenter 메타센터 부동체(浮動體)가 그 평형 상태에서 약간 기울어졌을 경우, 부심(浮心)을 통하는 연직선이 평형 상태에 있는 부심과 중심(重心)을 연결하는 적선과 교차되는 점을 말한다.

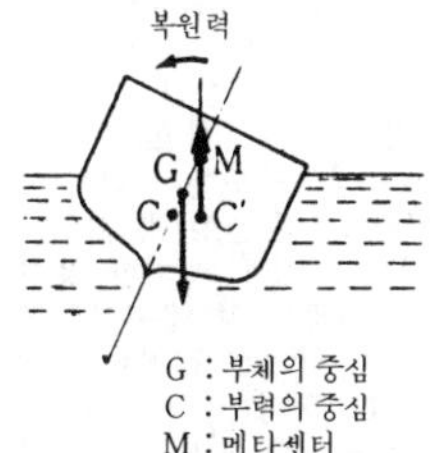

metal 메탈 금속. 이 밖에 현장에서는 베어링을 메탈이라고도 한다.

metal arc cutting 금속 아크 절단(金屬－切斷) 전극봉을 사용하여 아크를 발생시키고 그 열로 금속을 절단하는 방법.

metal arc welding 금속 아크 용접(金屬－鎔接) 용접하고자 하는 모재와 그것과 동종의 금속 전극 사이에 아크를 날려 전극 자체가 녹아 용접부를 채움으로써 용접하는 방법.

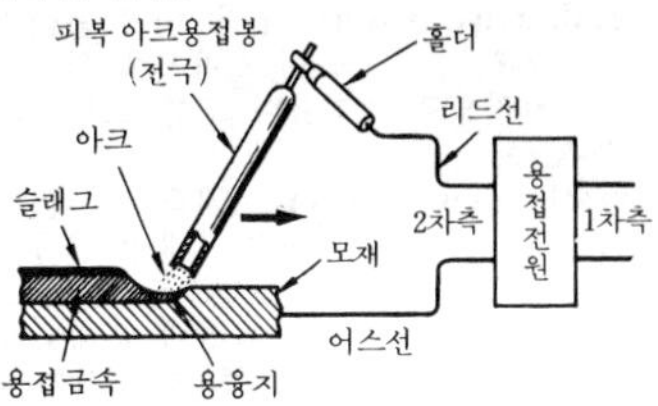

metal bond 메탈 본드 숫돌 속의 금속 가루 소결(燒結) 결합제를 말한다.

metal cement 메탈 시멘트 금속 다듬질면이나 금속 소재 표면의 흠집이나 구멍 등을 메워 보수하는 보수용 용융 금속.

metal dip brazing 금속 침지 경랍땜(金屬浸漬硬蠟－), 금속욕 경랍땜(金屬浴硬蠟－) 용융 금속 배스(bath)에서 용가금속(熔加金屬)을 얻는 납땜법.

metal electrode 금속 아크 용접봉(金屬－鎔接棒) 아크 용접에 사용하는 금속의 용접봉. 심선과 피복으로 되어 있으며, 심선의 화학 성분은 KS에 규정되어 있다.

metal haloid lamp 메탈 할로이드 램프 수은등 속에 할로겐 화합물을 넣은 램프로, 태양광에 가까운 백색광을 낸다. 자연광의 특징을 살리고자 하는 곳에 사용된다.

metal hydride 메탈 하이드라이드 마그네슘 등 금속 속에는 수소를 아주 잘 흡수하는 것이 있다. 이 수소를 흡수하고 있는 금속 및 수소의 화합물을 말한다.

metalicon 메탈리콘, 아연 용사(亞鉛鎔射) 용융한 아연을 압축 공기로 목적물의 표면에 뿜어서 피복하는 것.

metal insulator semiconductor : **MIS** 금속 절연 반도체(金屬絶緣半導體) 반도체 조각에 절연물을 끼우고 금속막을 붙인 구조의 것. MIS 트랜지스터, MIS 집적 회로 등을 만든다.

metal jacket gasket 메탈 재킷 개스킷 그림과 같이 석면판을 금속판(두께 0.2~

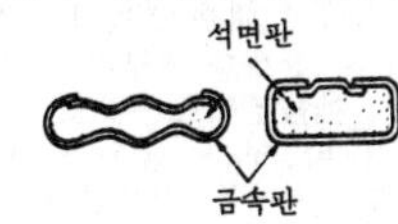

M

2~0.5mm)으로 둘러싸고 소정의 형태로 이루는 것. 금속판의 재질은 구리, 연강, 알루미늄, 스테인리스, 모넬 등 용도에 따라 선택된다.

metallic arc system 금속 아크 용접법(金屬-鎔接法) 금속 아크 용접에 의한 용접법. 전원으로는 직류나 교류 모두 사용할 수 있다.

metallic cementation 금속 침투법(金屬浸透法) 피복 대상물을 필요한 금속 분말 속에 넣고 가열하여 표면으로부터 침투시키는 방법으로, 양 금속간에 용해도가 있기 때문에 고용체(固溶體)를 만들지 않으면 안 된다. 세라다이징(아연), 칼로라이징(알루미늄), 크로마이징(크롬) 피복 등이 있다.

metallic flask 금속 주형틀(金屬鑄型-) 금속제의 형틀(molding box)을 말한다.

metallic material 금속 재료(金屬材料) 공업 재료로 사용하는 금속과 합금의 총칭.

metallic mold 금형(金型) =metal mold

metallic packing 금속 패킹(金屬-), 메탈릭 패킹 고압 가스 등의 누설을 방지하기 위하여 사용하는 구리, 납, 연강, 모넬메탈, 주철 등의 금속제 패킹을 총칭하는 말.

metallic pattern 금속 원형(金屬原型) 실제에 사용하는 형을 만들기 위하여 기본이 되는 금형.

metallic soap 금속 비누(金屬-) 지방산의 금속염. 스테아린산, 산나트륨, 팔미트산, 나트륨 등이 있다. 융점이 높고 또 마찰 계수가 급상승하는 온도도 높은 내마모성, 내압력이 우수한 윤활제이다.

metallized plastic 메탈라이지드 플라스틱 전기를 통하지 않는 재료 표면을 금속 피막으로 씌운 것을 메탈라이징이라 하고, 플라스틱 표면의 전부 또는 일부를 금속 피막으로 씌운 것을 메탈라이지드 플라스틱이라 한다.

metallo- 메탈로 금속이라는 뜻의 접두어.

metallographical microscope 금속 현미경(金屬顯微鏡) =metallurgical microscope

metallography 금속 조직학(金屬組織學) 금속 및 합금의 내부 조직과 조성 및 물리적 성질과의 관계를 연구하는 학문.

metalloid 메탈로이드 붕소, 탄소, 실리콘과 같이 비금속과 금속 중간의 성질을 갖추고 열, 전기를 전도한다는 점에서는 금속에 유사하고, 취성 변형성이 없는 점에서는 비금속에 유사하다. 이와 같은 중간적인 물체의 총칭.

metallurgical 야금의(冶金-), 야금술의(冶金術-), 야금학의(冶金學-)

metallurgical microscope 금속 현미경(金屬顯微鏡) 금속 등의 불투명체 표면을 검사할 목적으로 복합 현미경과 연직 조명 장치를 조합시킨 특수한 현미경. 배율은 100~300배.

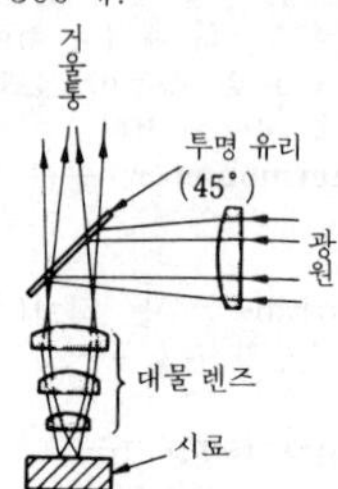

metallurgical technology 금속 가공학(金屬加工學) 금속 재료의 소성을 이용하여 소요의 형으로 바꾸어 제품을 만드는 작업을 연구하는 학문.

metallurgist 야금 학자(冶金學者), 야금술자(冶金術者)

metallurgy 야금학(冶金學) 원래는 광석에서 금속을 뽑아 내는 것을 야금이라 하였으나, 현재는 금속의 제련(製鍊), 또는 합금을 만드는 것을 야금이라 하며, 주로 화학적으로 연구하는 부문을 야금학이라 한다.

metal matching 메탈 매칭 증기 터빈을 운전하려고 할 때, 기체(機體)의 온도와 운전에 사용되는 증기 온도의 온도차를 정해진 범위 내로 확보하고 서서히 기체의 온도가 상승하도록 처리하는 조작.

metal mixer 혼선로(混線爐) 용광로와 제광로와의 사이에 설비한 용선(鎔銑) 저장로. 이 속에서 각 용광로로부터의 선철이 혼합되어 균일한 성분이 된다.

metal mold 금형(金型) ① 주조용의 금속제 주조형. ② 프라스틱 성형용의 금속제 형을 총칭하여 금형이라 한다.

metaloscope 금속 현미경(金屬顯微鏡) = metallurgical microscope

metal oxide semiconductor diode MOS 다이오드 그림과 같이 게이트를 실리콘 산화막으로 실리콘 기판으로부터 절연시킨 형태인 다이오드. 가변 용량 소자로 이용된다.

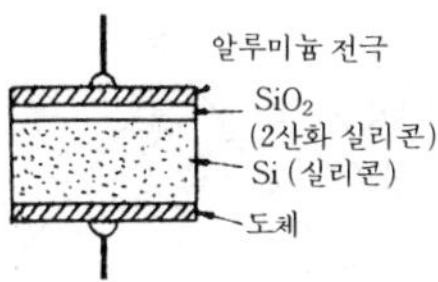

metal oxide semiconductor transistor **MOS** 트랜지스터 산화막(SiO_2)을 절연층으로 하여 게이트를 뜨게 한 절연 게이트 트랜지스터. 산화막 아래에 전류가 흐르는 통로가 이루어지고, 게이트에 전압을 걸어줌으로써 발생되는 전계에 의해서 드레인 전류를 제한한다.

metal photo 메탈 포토 금속을 양극 산화 피막 처리를 한 다음 은염(銀鹽)의 감광제를 도포한 것으로, 사진과 밀착시킨 다음 현상한 뒤 수용성 염료로 염색한 다음 봉공(封孔) 처리한 것을 말한다. 금속판에 사진을 화학 조각한 것이라 생각하면 된다.

metal saw 메탈 소 =screw slotting cutter

metal slitting saw 메탈 슬리팅 소 공작물을 깊이 잘라 쪼개기 위해 이용되는 폭이 좁은 밀링 커터의 일종.

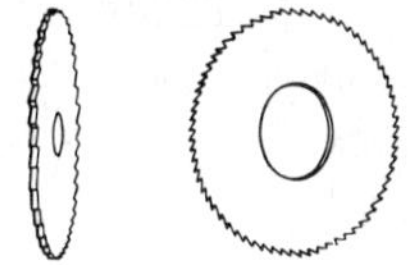

metal sorter 메탈 소터 마찰 전기를 이용하여 재료를 판별하는 방법. 이미 알고 있는 합금과 시험편으로 측정 회로를 만들어 접동(摺動)하면, 미터의 지침이 움직여 재질의 차이를 나타낸다. 지침의 움직임은 재질에 따라 일정한 함수에 있다는 점을 이용한 것.

metal spraying 금속 용사(金屬鎔射) 용융된 금속을 고압 공기로 무화(霧化)시켜 금속 또는 비금속의 표면에 뿜어대어 밀착시키는 것. 메탈리콘(metalicon)도 이 일종이다.

metalwork 금속 세공(金屬細工)

meter 계량기(計量器) ① 측정하고자 하는 양이나 방향을 지침의 지시량으로 알아내거나 기록하는 장치의 총칭. ② 길이의 단위(m).

meter-in system 미터인 시스템, 미터인 방식(−方式) 액추에이터 입구측 관로(菅路)에서 유량을 교축(絞縮)하여 작동 속도를 조절하는 방식. 미터아웃 방식이란 출구 관로측에서 유량을 교축하여 작동 속도를 조절하는 방식을 말한다.

meter-out system 미터아웃 시스템, 미터아웃 방식(−方式) →meter-in system

meter rule 미터 자

methacrylic acid 메타크릴산(−酸) 수용성 고분자의 원료로서 이온 교환 수지를 만드는 데에 이용되며, 또 폴리메틸메타크릴레이트는 유기 유리로서 사용되고 소프트 콘택트 렌즈의 원료이기도 하다.

methacryl resin 메타크릴 수지(−樹脂) 투명도가 높고 또 내후성(耐候性)이 뛰어나며, 점성(粘性)이 강하고 가공이 용이한 열가소성 수지로 일용 잡화, 조명 기구, 차량 부품, 바람막이(방풍) 유리 등에 이용된다.

method of section 단면법(斷面法)(절단법) 외력(外力)이 작용하는 고체에 있어서의 내력(內力)을 구할 때 쓰는 방법이다.

method time measurement **MTM** 법(−法) 동작 시간의 표준값을 정한 표를 사용하여 동작 분석을 하는 방법.

methyl alcohol 메틸 알코올 공업용 알코올. 무색 투명한 유독성 액체로 용제, 연료, 세정제, 호르말린의 원료.

metric screw thread 미터 나사(−螺絲) 나사 산의 각도가 60°인 3각 나사의 일종. 그림과 같이 나사 산의 꼭대기는 편평하고 골은 둥글며, 호칭은 mm 단위로 나타낸다.

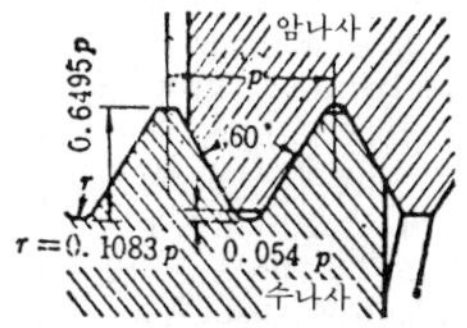

metric system 미터법(−法) 물체의 기본 단위의 길이를 미터, 체적을 리터, 무게를 킬로그램으로 측정하는 10진법의 도량형.

Mf point **Mf** 점(−點) 마텐자이트 변태가 종료되는 온도.

mho 모 기호는 ℧. 전도율의 단위로, 기호가 나타내는 바와 같이 전기 저항의 단위 Ω의 역수이다.

mica 운모(雲母) 내열·내전압 등이 매우 우수한 광물. 용도는 절연재로서 전기 기구, 스토브의 창 등에 이용된다.

micanite 마이카나이트 운모의 얇은 조각을 수지질의 점결제로 맞붙여 판으로 한 절연 재료.

Michell thrust bearing 미첼 스러스트 베어링 →thrust bearing

micro 마이크로[1], 미크로[2] ① 1/1,000,000 또는 10^{-6}의 뜻.
② 미소하다는 뜻. 마이크로라고도 하며 미량 분석(微量分析) 등을 미크로 분석이라 한다.

micro- 마이크로 극미(極微)를 의미하는 접두어. 예 : 마이크로미터(micrometer)=극히 미량의 길이를 계측하는 미터라는 뜻.

micro balance 미량 천칭(微量天秤) 주로 원소 분석, 기타 비교적 고정도(高精度)의 미량의 분석에 사용하는 천칭.

micro bar 마이크로 바 압력 단위의 하나로, 음압을 나타낼 때에 주로 사용된다. $1\mu bar = 1dyn/cm^2 = 10^{-1}N/m^2$

micro capsule 마이크로 캡슐 지름 수μ~100μ의 크기로 재료를 포장한 미소 용기. 액체를 분말과 같이 취급하는 내포물을 필요에 따라 가감할 수 있다. 접착제, 의약품, 염료, 식품, 세제 등 용도가 넓다.

microcomputer 마이크로컴퓨터 소형이고 저가격의 컴퓨터. 마이크로컴퓨터에는 적어도 1개의 마이크로프로세서가 있으며 이것이 미니컴퓨터와 같이 잘 기능한다.

micro cracked chromium plating 마이크로크랙 크롬 도금(-鍍金) 미세한 균열이 균일하게 분포되도록 실시하는 크롬 도금법, 또는 금속 피막.

micro-electronics 마이크로일렉트로닉스 LSI나 마이크로프로세서를 이용하는 일렉트로닉스 기술의 총칭이다. 종래 하드웨어로 처리되고 있던 신호의 처리, 제어, 계산 등을 소프트웨어로 처리할 수 있다.

microindicator 마이크로인디케이터 고속 인디케이터의 일종. 수압판(受壓板)의 변위를 확대하지 않고 그대로 기록하여 현미경으로 판독하는 것.

micro lux 미크로 럭스 콤퍼레이터의 일종. 길이의 정밀 측정구로서 측정자(測定子)의 약간의 움직임을 레버와 빛으로 확대한 장치.

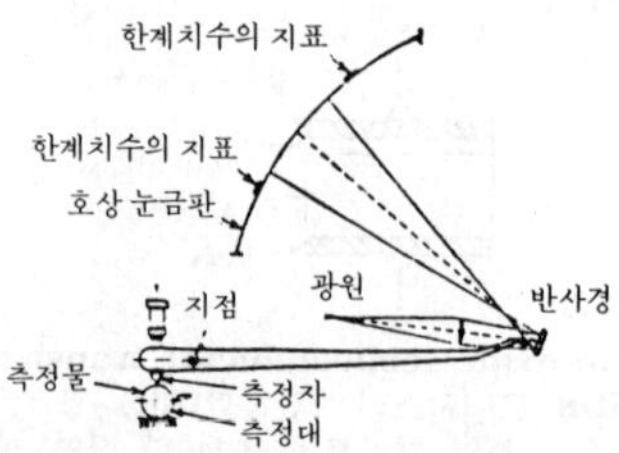

micromanometer 미압계(微壓計) 미소한 압력차를 정확하게 측정하기 위하여 사용되는 압력계를 통틀어 일컫는 말.

micrometer 마이크로미터[1], 미크로미터[2] ① 나사의 피치를 응용해서 보다 정밀하게 측정할 수 있는 길이의 측정기. 나사가

▽ 외측 마이크로미터

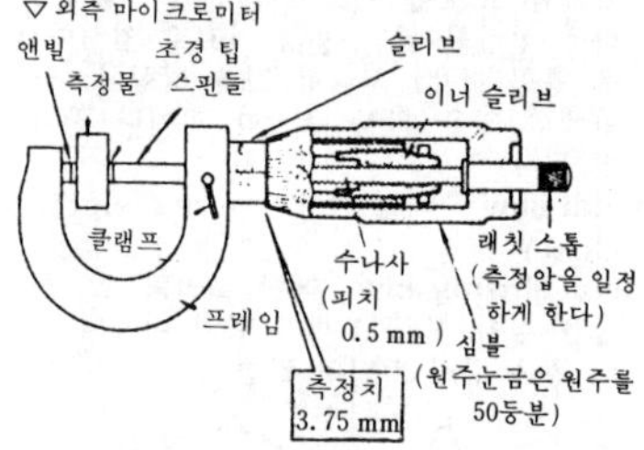

▽ 캐리퍼형 내측 마이크로미터

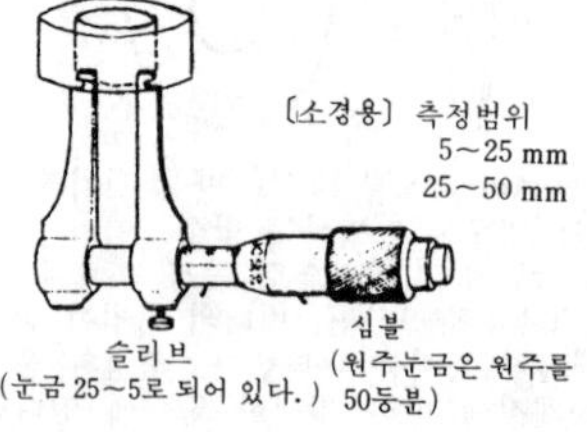

▽ 단체형 마이크로미터

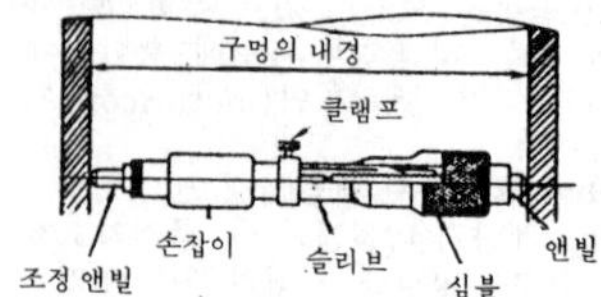

절삭된 막대가 고정된 나사 속을 회전 왕복하면서 막대 끝에 측정물을 끼워 막대에 새겨진 눈금에 의해 물품의 길이(외경, 내경, 루페 등)를 정밀하게 측정한다.
② 미소각을 측정하는 장치. 두 가지의 목표가 동시에 망원경 시야 내에 보일 경우 그 협각(挾角)을 측정할 수 있다.

micrometer callipers 마이크로미터 캘리퍼, 마이크로미터 정밀하게 가공된 나사 이송량을 기준으로, 나사의 경사면에 의한 확대를 이용하여 물건의 치수를 읽어 내는 측정 기구.

micrometer eyepiece 측미 접안 렌즈(測微接眼－) 측미 현미경에 사용하는 접안 렌즈. 시야 속에서 이동하는 표선(標線)과 보조 눈금 또는 시야 속에서 이동하는 표척(標尺) 눈금을 갖추고 있고(보조 눈금은 시야 밖에 있는 경우도 있다), 그 이동 거리를 읽기 위한 측미(側微) 눈금을 따로 가지고 있다.

micrometer head 마이크로미터 헤드 보통의 마이크로미터에서는 프레임을 제거한 형태의 것. 게이지, 기계 부분, 측정기 등에 결부하여 사용한다.

micrometer microscope 측미 현미경(測微顯微鏡) 마이크로미터가 내장된 계측 현미경.

micrometer stand 마이크로미터 스탠드 마이크로미터의 프레임 부분을 조(jaw)에 끼워 죄고 마이크로미터를 고정한 상태로 측정하는 경우에 사용하는 스탠드(대).

micro motor 마이크로 모터 소전력, 초소형의 모터. 직류용이 일반적이다. 테이프 리코더, 촬영기 등에 사용된다.

micron 미크론 기호 μ, 1 미터의 100 만분의 1, 밀리미터의 1/1,000.

microphone 마이크로폰 음향계에서 전기계로 변환시키는 전기 음향 변환기.

microphotograph 현미경 사진(顯微鏡寫

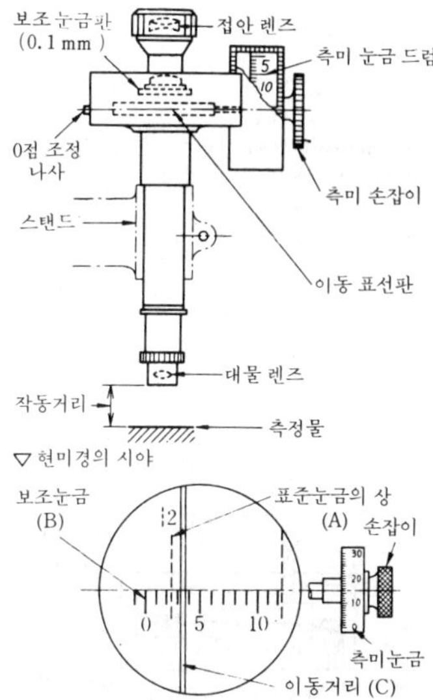

micrometer microscope

眞) ＝photomicrograph

microphotographic apparatus 현미경 사진 장치(顯微鏡寫眞裝置) ＝photomicrographic apparatus

microphotography 현미경 사진술(학)(顯微鏡寫眞術(學)) ＝photomicrography

micro pole 마이크로 폴 현미경으로 관찰하려고 하는 작은 부품 또는 부품의 작은 부분을 전해 연마하는 장치의 하나. 특히 연마 면적이 작기 때문에 제품 검사에 응용된다.

microprocessor 마이크로프로세서 컴퓨터의 연산부를 하나의 IC에 통합시킨 1칩을 중심으로 기록, 판독할 수 있는 랜덤 액세스 메모리(RAM)와 기록 전용의 리드 온리 메모리(ROM)를 붙여 미니컴퓨터에 가까운 능력을 갖추게 한 것으로, 값싸게 컴퓨터의 능력을 만드는 데에 적합한 것.

microscope 현미경(顯微鏡), 마이크로스코프 확대기의 일종. 대물 렌즈와 접안 렌즈로 구성되어 있다. 보통 배율은 최대 2,000 배. 보통 현미경 이외에 금속 현미경, 전자 현미경 등이 있다.

microscopical pit 마이크로 피트 표면의 내부가 애노드(anode)가 되어 용해가 진행되어 생긴 현미경적인 크기의 부식공(腐蝕孔)을 말한다.

microscopic test 금속 조직 검사(金屬組織檢査) 현미경에 의하여 용접부의 결정 조직을 조사하는 검사.

micro structure 마이크로 조직(－組織), 현미경 조직(顯微硬組織) 10배 이상의 배율의 현미경을 사용하여 검사하는 금속 및 합금의 조직.

micro switch 마이크로스위치 3.2mm 이하의 미소 접점 간격으로 스냅 액션 기구를 갖추고, 정해진 동작이 정해진 힘으로 직접 조작되어 접점의 해리 속도가 조작 속도와 관계되지 않는 스위치.

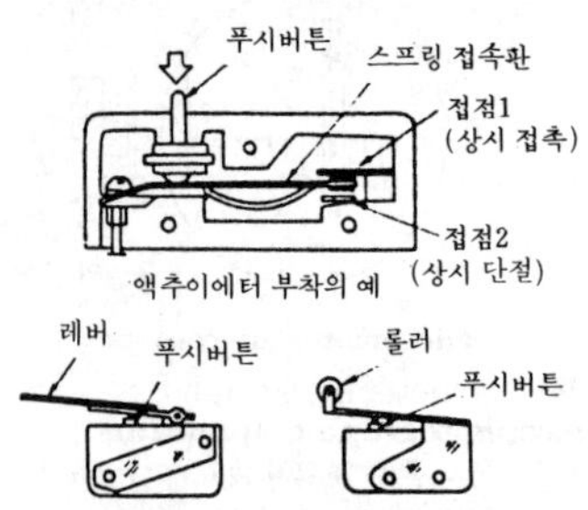

micro telephone 마이크로 텔레폰 전화의 송·수화를 하는 기구. 같은 손잡이 안에 마이크로폰과 수화기를 함께 장치한 것.

microwave 마이크로웨이브, 마이크로파(－波) 극초단파를 말하는 것으로, 주파수 300MHz～30,000MHz, 파장 1m～1cm 범위의 전파를 말한다. 텔레비전이나 전화의 중계용, 레이더, 전자 레인지 등에도 이용되고 있다.

microwave amplification by stimulated emission of radiation 메이저 ＝MASER

mid gear 중간 기어(中間－) 2개의 기어 사이에 끼워진 기어. 예컨대, 차동 장치에서 좌우 사이드 기어 사이에 있는 기어.

Miget 미겟 0.8mm, 1.2mm 등 비교적 가는 전극 와이어를 사용하는 반자동 미그 용접 토치로, 소형의 와이어 스풀을 토치의 후부에 직접 고정시킨다. 박판 용접에는 작업성이 우수하다.

MIG spot welding 미그 스폿 용접(－鎔接) 미그 토치의 가스 노즐을 특수한 형태로 하여 타이머로 아크를 수초 동안만 지속시키면 스폿 용접을 할 수 있다.

MIG welding 미그 용접(－鎔接) 이너트 가스 아크 용접의 일종으로, MIG는 metal electrode inert gas welding의 약자이다. 용접 와이어 자체가 소모 전극이 되어 용착되는 방식으로, 불활성 가스 속에서 이루어지기 때문에 대기 속에서 용접이 불가능한 티탄이나 지르코늄의 용접도 가능하다.

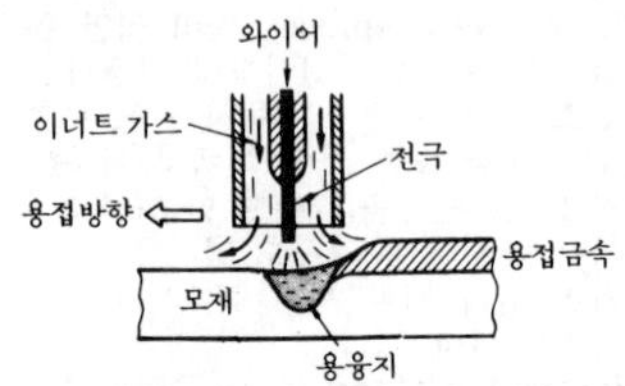

mikro kator 미크로 케이터 비틀림 얇은 조각을 확대 기구에 이용한 길이 측정기.

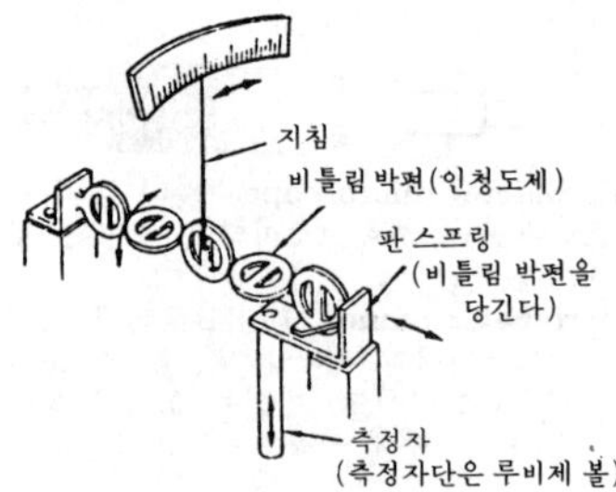

mil 밀 길이의 단위. 1밀＝1/1,000인치. 주로 전선의 지름을 측정하는 데 쓰인다.

milage indicator 거리계(距離計) 주행 거리의 적산계(積算計). 보통 속도계 속에 내장되고, 차의 전체 주행 거리를 나타내는데, 구간마다의 주행 거리를 나타내도록 제로 세트(zero set)를 가진 소적산계(小積算計)를 아울러 가진 것도 있다.

Milanese knitting machine 밀라노 편물기계(－編物機械)

mild steel 연강(軟鋼) C 함유량 0.12～0.20%, 인장 강도 38～44kg/㎟를 갖는 강.

mile 마일 영국식 거리의 단위를 말하며 1마일＝1.6093km.

milepost 마일포스트 일정한 간격을 두고 세워진 표주(標柱)로, 선박(船舶)의 해상 속력 시운전에 있어서 속력을 결정하는 기준이 된다. 표주의 간격은 반드시 1마일로 정해져 있는 것은 아니고 그 이상의 거리일 수도 있다. 표주는 해상에서 잘 보이는 장소에 설치된다.

Military Specifications and Standards MIL 규격(－規格) 미군 시방서 및 표준. 1952년 미국 육해 공통의 MIL 규격으로서 일체화했다.

mill 밀 ① 제조 공장, 제조소. ② 분쇄기(粉碎機) : 분쇄기에는 분쇄하는 대상물에 따라 이름이 붙여진 미분탄기 등과, 형식으로 이름이 붙여진 볼, 튜브, 롤러, 해머 밀 등이 있다.

miller 밀러 ＝milling machine

mill finish 압연 다듬질(壓延－) 압연에 의하여 판 등의 표면 다듬질을 하는 것.

milli- 밀리 1/1,000을 의미한다.

milliampere 밀리암페어 약자는 mA. 전류 강도의 단위 10^{-3} 암페어.

milligram(me) 밀리그램 약자는 mg. 1/1,000그램.

millimeter 밀리미터 약자는 mm. 1/1,000미터.

milling 밀링 ① 볼밀 등으로 분쇄하는 것. 또는 그와 동시에 하나의 성분 입자 표면을 다른 성분 분말로 덮어 씌우는 것을 말한다. ② 밀링 커터로 공작물을 절삭하는 작업.

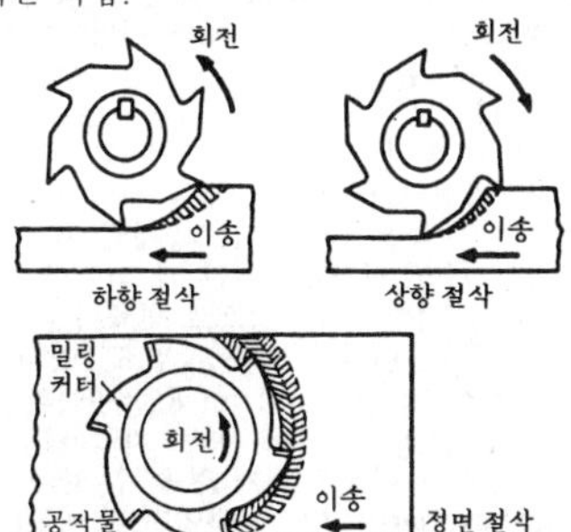

milling attachment 밀링 장치(－裝置) 밀링 커터를 체결하고 이것을 회전시켜 밀링 절삭을 하는 장치.

milling cutter 밀링 커터 밀링 머신에 사용하는 절삭 공구.

milling cutter

milling machine 밀링 머신 주로 밀링 절삭에 사용되는 공작 기계축에 끼운 원형 절삭구(밀링 커터)가 회전하고 공작품에 이송을 주면서 절삭한다.

millivoltmeter 밀리볼트미터 열전대(熱電對)에서 일어나는 열기전력을 측정하기 위한 측정기.

mill scale 밀 스케일 고온 공기 속에서 가열된 철강 표면에 두껍게 성장된 산화물층을 말하는 것으로, 흑피(黑皮)라고도 한다.

mineral 미네럴 광물, 광석, 무기물. 미네럴 워터는 광수(鑛水)를 가리킨다.

mineral oil 광유(鑛油) →crude oil

miniature ball bearing 미니어처 볼 베어링 외경 9mm 미만의 볼 베어링으로, 그 구조는 일반의 레이디얼 또는 스러스트 볼 베어링을 소형으로 한 것, 내륜(內輪)이 없고 축을 내륜 대신으로 한 것, 피벗(pivot)형의 것 등이 있다. 자동 계측기, 각종 계기, 카메라 등에 쓰인다.

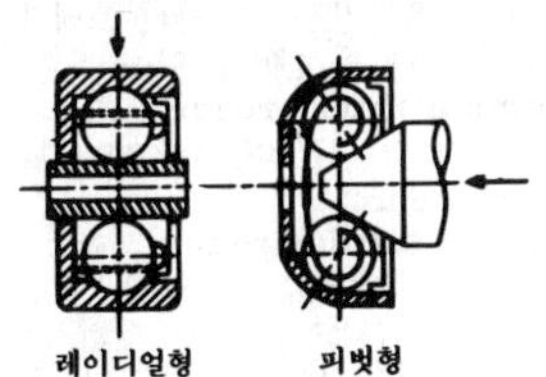

miniature bearing 미니어처 베어링 베어링 외경이 9mm 미만인 베어링의 총칭. 계기류를 비롯하여 소형 기계에 빠뜨릴 수 없는 베어링이다.

miniature screw thread 미니어처 나사(一螺絲) 시계, 광학 기기, 계측기 등에 사용되는 호칭 지름이 작은(0.3~1.4mm) 나사의 비틀림 각도 60°인 나사.

minicomputer 미니컴퓨터 규모의 크기로 분류할 때 소형인 것을 말한다. 1대로 단독 또는 대형 컴퓨터에 접속하여 사용할 수도 있다.

minimeter 미니미터, 지침 측미기(指針測微器) 콤퍼레이터의 일종. 제품의 치수와 표준 게이지와의 치수차를 측정하는 측미지시계. 측정 범위는 ±0.1mm 정도.

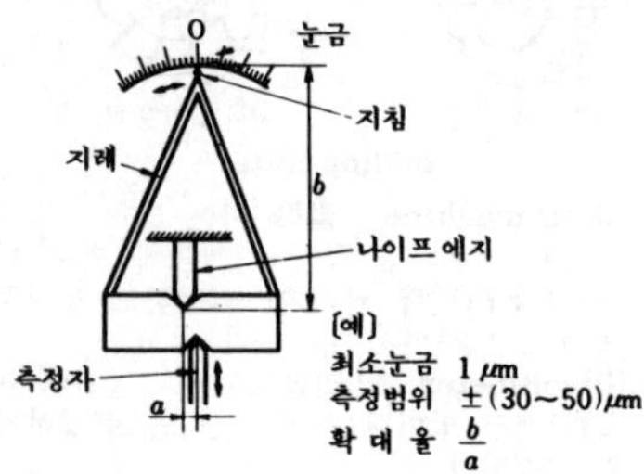

minimum 미니멈 맥시멈(maximum)의 반대. ① 최소의, 극소의. ② 최소한, 최소수, 극소량.

minimum clearance 최소 틈새(最小一) 틈새끼움에서 구멍의 최소 치수와 축의 최대 치수와의 차.

minimum creep rate 최소 크리프 속도(最小一速度) 크리프 곡선상에서 기울기가 최소가 되는 곳의 크리프 속도. 정상 크리프 속도, 즉 정상 크리프에 있어서의 크리프 속도와 같은 뜻으로 쓰이는 일이 많다.

minimum flow 미니멈 플로 유체 기기 또는 이것과 접속시켜 운전하는 기기를 과열, 소음, 진동, 그 밖의 트러블없이 안전하게 연속 운전할 수 있는 최소의 유량.

minimum interference 최소 죔새(最小一), 최소 체결 여유(最小締結餘裕) →interference

minimum turning radius 최소 선회 반경(最小旋回半徑)(자동차의) 자동차를 최대 스테어링각으로 서행 선회시켰을 때, 가장 바깥쪽 타이어의 접지면 중심이 그리는 원형 궤적의 반경을 최소 선회 반경이라 하고 직경으로 말할 때도 있다. 이 때, 차체가 그리는 선회 궤적의 반경 중 가장 바깥쪽의 것을 차체 외측 최소 선회 반경이라고 한다. 이에 대해서 차체 내측 최소 선회 반경도 중요하다.

minium 연단(鉛丹), 광명단(光明丹) 일산화연을 400~450℃로 장시간 가열하여 만든다. 아름다운 황적색의 분말. 철재의 방청·전기 공업 등에 사용된다. =red lead

minus 마이너스 음수(陰數), 음극(陰極).

minute bonder 미닛 본더 볼트 체결이 아니고 접착제로 고착되어 있는 브레이크 라이닝을 갈아 붙이는 그림과 같은 기구.

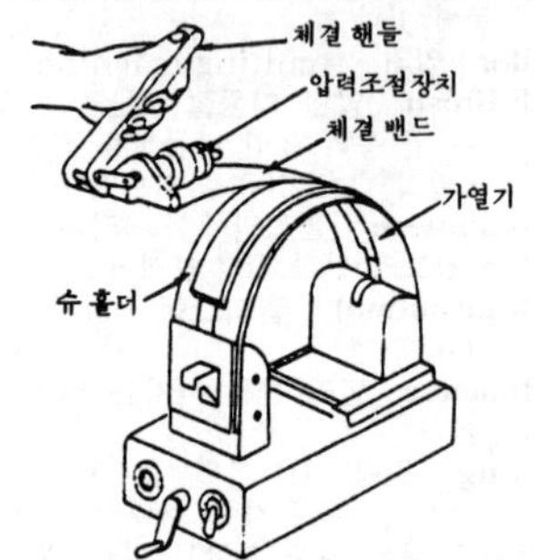

mirror 미러, 거울

mirror-like finishing 경면 가공법(鏡面加工法) 경면 가공법에는 래핑, 연삭(研削), 초(超) 다듬질 등의 숫돌가루 가공법과 다이아몬드 공구를 이용하는 절삭 가공법이 있다. 숫돌 가공법에서는 치수, 형상, 경면의 세 가지 조건을 만족시키는 가공법이 없으므로 여러 공정이 필요하게 되고 가공 시간도 길어지게 되지만, 다이아몬드 절삭은 1공정으로 만족시킬 수 있다. 1μm 이하의 치수 정밀도, 0.5μ이하의 형상 정밀도, 0.1μm R_{max} 이하의 조성도(組成度)가 요구될 때는 다이아몬드 공구에 의한 가공을 하지 않을 수 없다.

misalignment 미스얼라인먼트 →alignment

miscellaneous function M 기능(一機能) 보조 기능, 즉 NC 공작기를 갖추고 있는 보조적인 ON-OFF 기능을 말한다.

misfire 불점화(不點火), 불발(不發), 불폭발(不爆發), 실화(失火) 무엇인가 결

함이 있어 불완전 점화가 되어 폭발하지 않는 것. 불완전 압축이 불완전할 때, 혼합 기체가 지나치게 진하거나 묽을 때, 점화 장치가 고장일 때 등에 일어나기 쉽다.

MIS integrated circuit **MIS** 집적 회로 (-集積回路) MIS란 metal insulator semiconductor의 약자. 반도체 조각에 절연물을 끼워 금속막을 붙인 구조를 말한다. 절연물로서 산화 실리콘 피막을 이용한 것이 MOS, 질화 실리콘 피막을 이용한 것이 MNS로 이것들의 일반적인 호칭이다. MIS 집적 회로란 MIS 구조의 소자로 구성된 집적 회로를 말하며, 대표적인 것이 MOS 집적 회로이다.

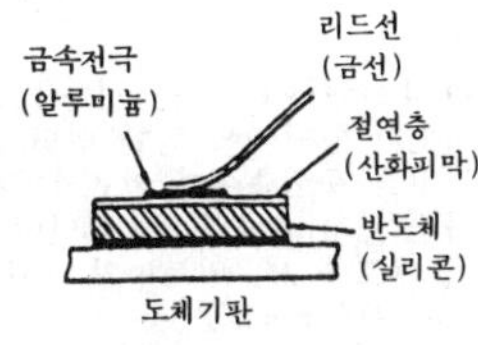

MOS 다이오드의 구조

missile 미사일 로켓식 무인 폭탄의 총칭.

mist 미스트 기체 속에 함유되어 있는 액체 미립자.

mist lubrication 분무 윤활(噴霧潤滑), 미스트 윤활(-潤滑) 전동축의 축함(軸函) 내에 압축 공기로 무화(霧化)한 기름을 뿜어 넣어 윤활면을 윤활하는 방법. 고속 경하중의 베어링에 적합하다.

miter 마이터, 사접(斜接) 상대하는 두 장의 판이 직각으로 교차하고 이음매는 그 각의 2분선상에서 접합한다.

miter gear 마이터 기어 2축이 이루는 각이 직각인 때에 사용하는 이의 수가 같은 한쌍의 베벨 기어.

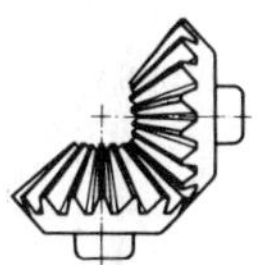

mitre 마이터, 사접(斜接) =miter

mix 혼합(混合), 혼합물(混合物) =mixture

mixed firing 혼합 연소(混合燃燒) 동일한 연소기로 상이한 연료를 연소시키는 것을 혼합 연소라고 한다.

mixed flow turbine 혼류 터빈(混流-) 축류 터빈과 반경류(半徑流) 터빈을 조합한 방식의 터빈.

mixed pressure turbine 혼합 터빈(混合-) 사용 증기의 상태에 의한 터빈의 분류의 하나로, 고압 증기, 저압 증기 혹은 고저 양압 증기를 동시에 공급하여 운전하는 터빈.

mixer 믹서, 교반기(攪拌機) 2종류 이상의 분말 또는 가용성액의 혼합, 2종류의 불용성액의 혼합, 고체를 액 속으로 분산 용해, 고체 표면으로부터의 액 속으로의 분산, 기체 접촉 등에 이용된다. 날개차에 의해 액체는 전단력에 의해서 난류, 분자 확산보다도 큰 강제 대류를 일으킨다.

mixture 혼합물(混合物)

mixture ratio 혼합비(混合比) 혼합기나 용액의 조성을 표현하는 일반적인 용어이지만, 특히 가연성 혼합기의 연료와 산화제(공기)의 비를 나타내는 경우에 흔히 쓰인다(연료 공기비 : fuel air ratio). = mixture strength

M. K. steel **MK**강(-鋼) 일본인 미지마(三島)가 발명한 합금강. Ni 15~30%, 나머지는 Fe. 이에 소량의 Cu, Mn, Co, W를 배합한 합금. 고온, 충격에 영향을 받지 않는 특성이 있다. 고급 전자기(電磁氣) 기계의 자석용.

MKS unit **MKS** 단위(單位) →unit

mobile oil 모빌유(-油) 엔진 오일의 일종. 자동차용의 윤활유.

mock up 목업 실물 크기의 모형.

model 모형(模型)

modeling 모델링, 모방 절삭(模倣切削) 형판(template) 또는 모형을 모방하여 절삭구를 이동하면서 공작품에 형판의 형상을 재현시키는 절삭법. =profiling

model test 모형 실험(模型實驗) 새로운 기계를 제작하는 경우, 같은 작용을 하는 소형 기계(축척은 1/1.5~1/15)를 만들어 성능이나 특성을 조사하는 시험.

moderator 모더레이터, 감속재(減速材) 원자로 속에서 중성자의 속도를 낮추는 목적, 즉 감소하기 위하여 사용하는 물질.

흑연, 중수, 경수, 베릴륨 등이 많이 사용되고 있다.

modified jaw 모디파이드 조 공작물의 외형에 맞는 형상으로 만든 바이스용의 마우스 피스.

modularization 모듈러리제이션 여러 가지로 조합할 수 있는 표준화된 부품을 제조하여 최소 종류의 부품으로 최대 종류의 제품을 생산하려는 생산 방식.

modular production 모듈러 생산(－生産) 여러 가지로 조합시킬 수 있는 표준화된 부품을 제조하여 최소 종류의 부품으로 많은 종류의 제품·장치의 생산을 겨냥한 생산 방식.

modulation 변조(變調) 주파수가 높은 일정 진폭의 반송파를 주파수가 낮은 신호파에 따라서 그 진폭, 주파수 또는 위상을 변화시키는 것.

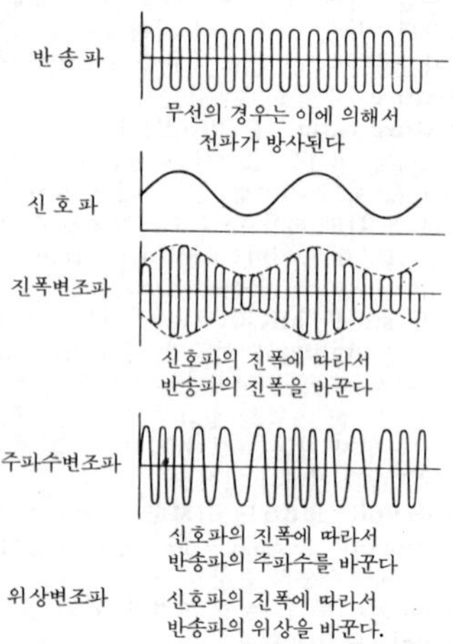

module 모듈 기본 단위란 뜻. ① 기어의 치형(齒形) 크기의 단위로, 피치 서클에서 치선(齒先)까지의 거리를 나타낸다. ② 표준화된 하나의 조립 부품(unit) 단위가 되는 것을 모듈이라 한다. ③ 물리, 건축, 전기, 그 밖에서 단위로 이용되고 있다.

modulus 모듈러스 율(率) 또는 계수.

modulus of direct elasticity 세로 탄성 계수(－彈性係數), 영률(－率), 영 계수(－係數)

modulus of elasticity 탄성 계수(彈性係數) 수직 응력 σ와 변형 ε 사이에는 $\sigma=E\cdot\varepsilon$, 또는 전단 응력 τ와 전단 변형 γ 사이에는 $\tau=G\cdot\gamma$의 관계가 있다. 이 E 및 G를 탄성 계수라 하며, 전자를 세로 탄성 계수 또는 영계수(Young's modulus), 후자를 가로 탄성 계수라 한다.

modulus of elasticity of volume 체적 탄성 계수(體積彈性係數) ＝bulk modulus

modulus of longitudinal elasticity 세로 탄성 계수(－彈性係數) →elastic modulus

modulus of rigidity 가로 탄성 계수(－彈性係數), 강성률(鋼性率) 전단 응력에 대한 탄성률, 즉 가로 탄성 계수를 말한다. $G=\tau/\gamma$ (τ : 전단 응력, γ : 전단 변형). 강성 계수라고도 한다.

modulus of section 단면 계수(斷面係數) 보의 단면의 중립축에 관한 단면 2차 모멘트의 값을 중립축에서 외표면까지의 길이로 나눈 단면 계수를 Z, 단면에 작용하는 휨 모멘트를 M, 외표면의 최대 휨 응력을 σ라 하면 $\sigma=M/Z$.

modulus of transverse elasticity 가로 탄성 계수(－彈性係數) →elastic modulus

modulus subgrade reaction 지반 계수(地盤係數) 지반 위에 지름 30cm 또는 75cm의 철판을 깔고 압력을 가했을 때의 압력에 대한 지반 변화량의 비율.

Mohl s stress circle 모어의 응력원(－應力圓)

Mohs hardness 모스 경도(－硬度) 광석 경도를 비교할 때 표준 광석으로 긁어서 경도를 구한다. 경도 1의 활석(滑石)에서부터 10의 다이아몬드까지 표준 광석이 정해져 있어 각각의 경도 기준으로 되어 있다. 이 표준 광석으로 긁어서 흠집이 생기면 이것보다 경도가 낮다는 것을 알 수 있다.

moire fringe 모아레 무늬 2개의 규칙적으로 변화하는 무늬가 서로 겹침으로써 생기는 거치른 모양을 말한다. 피치가 거의 동등한 2매의 격자(格子)를 겹쳤을 때 나타나는 그림과 같은 간섭 무늬를 모아레 무늬라 한다.

moire method 모아레법(－法) 모아레 무늬를 이용하여 표면 변형의 분포를 측정하는 방법. 재료 표면에 베이킹을 하고 변형 후에 참고 격자를 겹치면 2차원적인 변형 분포를 알 수 있다.

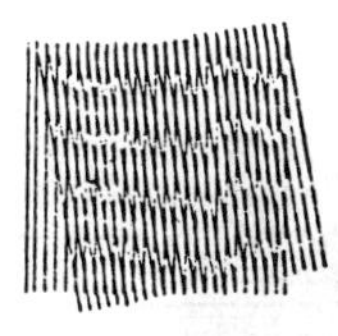

moire fringe

moire method

moist air 습공기(濕空氣) =humid air

moisture 모이스처 습기, 작은 물방울, 공기 속의 수증기를 말한다.

moisture proof 방습(防濕)

mol 몰 물질량의 단위로, 물질의 분자량과 같은 만큼의 질량을 그램 단위로 나타낸 것을 1mol이라 한다.

molar heat 몰 비열(－比熱) 1몰(mol)에 대한 기체의 비열로, 1몰의 기체 온도를 1° 올리는 데에 소모되는 열량.

molarity 몰 농도(－濃度) 용액 1l 속에 용해되어 있는 물질의 농도를 몰 수로 나타낸 것.

mold 몰드, 형(型), 금형(金型) 형틀, 주형(鑄型), 프레스 금형 등의 총칭. =mould

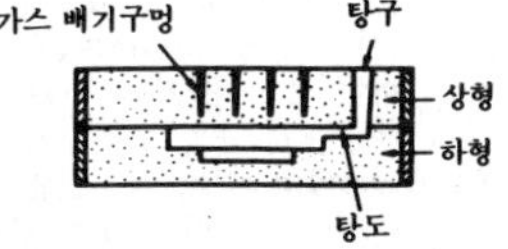

molded packing 몰드 패킹 형틀로 만든 성형 패킹의 총칭.

molder s brush 주형 브러시(鑄型－), 주물 붓(鑄物－) 주조 작업에서 사형(砂型)을 만들 때 사용하는 붓.

molder s spatula 주조용 흙손(鑄造用－) 주형의 다듬질에 사용하는 흙손.

molding 주형 만들기(鑄型－)[1], 모따기[2] ① 주조 작업에서 모래를 다져서 주형을 만드는 작업.
② =beveling

molding board 주형 도마(鑄型－) 주형을 만들 때 밑에 까는 목제의 평면판.

molding box 주형틀, 주형 상자(鑄型箱子) 주조 작업에서 주형을 만들 때 주위를 둘러싸서 주물사를 보존하는 목제 또는 금속제의 틀.

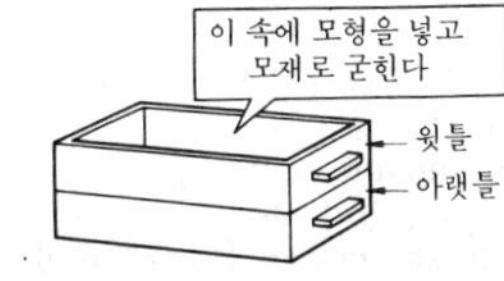

molding cycle 성형 사이클(成形－) → transfer molding

molding flask 주형 틀(鑄型－) =molding box

molding machine 조형기(造型機)[1], 몰딩 머신[2] ① 주조 작업에서 주형을 다량으로 만들 경우에 사용한다. 주물사의 다지기, 주형의 반전, 주형 빼내기 등을 기계적으로 처리하는 것.

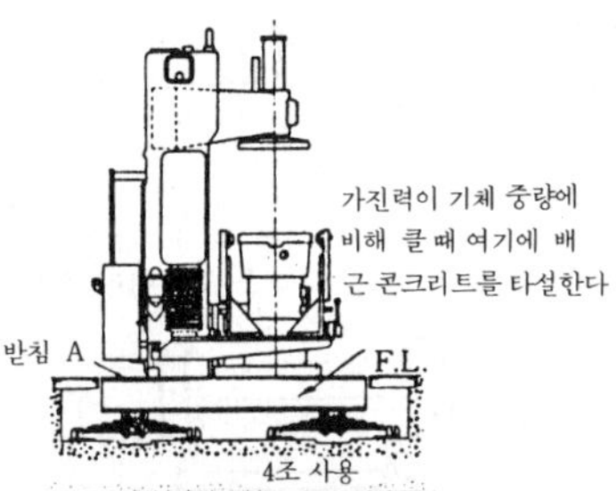

② 판재(板材)의 모따기를 하는 기계.

molding method 조형법(造型法) 주형을 만드는 작업. 수동으로 하는 수공법과 조형기로 만드는 조형법이 있다.

molding sand 주물사(鑄物砂) 주형을 만들기 위하여 사용하는 모래. 강도, 내화성이 높고 통기성이 좋으며, 성형성이 풍부

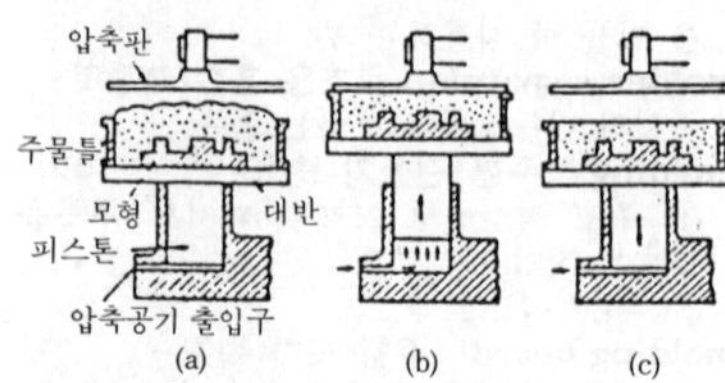

molding method

하고 염가일 것이 요구된다.

molding time 성형 시간(成形時間) = curring time

mold release 이형제(離型劑) 플라스틱 성형에서 금형면에 성형품이 점착하는 것을 방지하기 위하여 도포하는 것. 실리콘, 스테어린 산염 등.

molecular capsule 분자 캡슐(分子－) 도넛형이나 원통형의 분자는 그 속에 다른 분자를 감싸는 성질이 있는데, 이것을 분자 캡슐이라 한다. 이를 이용하면 식품 영양의 성분, 색소, 향료 등을 장기간 보전할 수 있다.

molecular weight 분자량(分子量) 탄소 원자의 질량을 표준으로 하고 이것을 12로 하여 다른 분자의 양을 나타낸 수.

molecule 분자(分子) 화학 물질의 최소 단위로, 그 이상 분할되면 그 물질로서의 성질을 상실하게 되어 다른 것으로 되어 버린다.

Mollier chart 몰리에르 선도(－線圖) 엔탈피를 세로축으로, 엔트로피를 가로축으로 하여 증기의 상태(압력, 비용적, 온도, 건조도 등)를 나타낸 선도.

molten metal 탕(湯), 쇳물 주조 작업에서 금속이 녹은 것. 예를 들면, 녹은 금속을 주형에 부어 넣는 것을 주탕이라 한다.

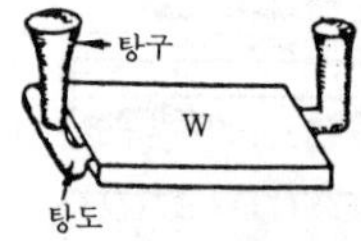

molten pool 용융지(鎔融池) 아크 용접에서 아크의 고열에 의하여 녹은 금속의 덩어리.

molten salt bath method 용융 염욕법(鎔融鹽浴法) 고급 스테인리스 강선의 스케일을 제거하는 데에 이용되는 방법으로, 소재를 전혀 침해하지 않고 수소 취성(脆性)도 없으며 처리 시간도 짧지만 처리 원가가 높다.

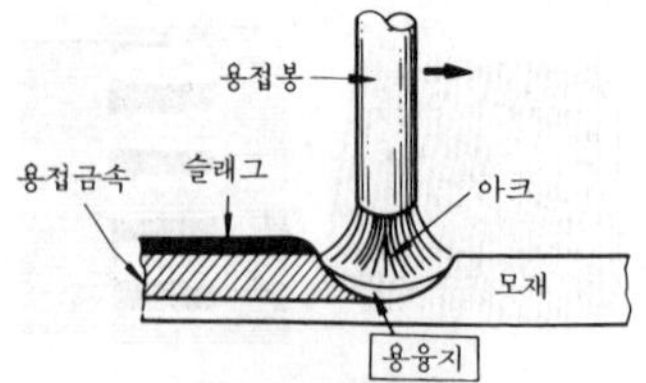

molten pool

molybdenum 몰리브덴 원소 기호 Mo. 은백색의 경도가 높은 금속. 비중 10.23, 융점 2,620℃. 내식성이고 상당한 고온에 견딘다. 용도는 X선관, 전기로용 저항선, 특수강의 제조 등.

molybdenum disulphide 2황화 몰리브덴(二黃化－) 분자식은 MoS_2. 고체 윤활제로 유명하다. 금속 표면에 흡착이 잘 되며, 또 분자끼리 접촉되는 면은 유황의 결합이므로 그 곳에서 층상(層狀)의 미끄럼을 일으키는 것이 특징이다. 분말 상태로 도포해도 되고 그리스, 오일에 혼합시켜도 된다.

moment 모멘트, 역률(力率) 생각한 점에서 힘의 작용선에 내린 수직선의 길이와 그 힘과 곱한 것.

momenta 운동량(運動量) momentum의 복수형. →momentum

moment of force 힘의 모멘트 작용하는 힘의 크기와 회전축으로부터 힘의 작용선까지의 수직 거리와를 곱한 것. 그림에서 축 O에 관한 힘의 모멘트 $M=F \cdot OB$.

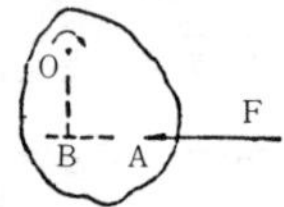

moment of inertia 관성 모멘트(慣性－) 물체의 미소 부분의 질량을 dm이라 하고, 이 부분의 어느 일정 직선까지의 거리 r의 제곱을 곱하여 물체 전체에 대해 더한 양을 이 직선에 관한 관성 모멘트라 한다.

moment of inertia of area 단면 2차 모멘트(斷面二次－) 임의의 도형 내에 미소 면적 dA를 생각하고 이의 어느 축 z까지의 거리를 y로 할 때, y^2dA를 z축에 관한 미소 면적 dA의 2차 모멘트라 하고, 이것을 도형의 전 면적에 대해서 적분한 것

을 z축에 관한 단면 2차 모멘트라고 하며 I_z로 나타낸다. 즉,

$$I_z \int y^2 dA$$

=second moment of area

moment of momentum 운동량 모멘트(運動量－) 운동량과 원점까지의 거리의 곱.

moment of resistance 저항 모멘트(抵抗－) 물체에 힘 또는 우력에 의한 모멘트가 작용할 때, 이 모멘트의 방향과 반대 방향으로 작용하는 힘 또는 우력에 의한 모멘트.

momentum 운동량(運動量) 운동하는 물체의 질량 m과 그 속도 v와의 상승곱 mv.

Monel metal 모넬 메탈, 모넬 합금(－合金) 내산 합금의 일종. Ni 64～69%, Cu 26～32%를 주성분으로 하고 Fe, Mn의 미량을 함유한다. 주로 화학 기계, 염색기, 터빈 날개 등에 사용된다.

monitor 모니터 ① 감시인이란 뜻. 기계가 올바르게 작동하고 있는가의 여부를 감시하는 장치나 사람을 말한다. 송신기나 테이프 리코더 등에 장치하는 미터류나 방수형(傍受形) 수신기, 감시용 스피커 등을 말하기도 한다. 또, 방송 프로를 청취하거나 제품을 실제로 사용하여 그 결과를 보고하는 사람 등 넓은 뜻으로도 사용된다. ② 컴퓨터의 수동 작업 부분을 자동화하기 위해 개발된 프로그램.

monkey driver 멍키 드라이버 분동(멍키)을 기계적으로 달아 올리고 낙하시킴으로써 말뚝을 박는 기계.

monkey spanner 멍키 스패너 나사를 조절하여 대소 임의의 너트를 물리게 할 수 있는 스패너.

monkey wrench 멍키 렌치 =monkey driver

mono- 단일의(單－), 하나의 단일 또는 하나를 의미하는 접두어. 예 : monorail railway(단일 궤도), monoblock casting(일체 주조).

monoblock casting 일체 주조(一體鑄造) 하나의 주조품을 분할하여 주조하지 않고 한 몸으로 하여 주조하는 것.

monochrome 모노크롬 "단색"이라는 뜻으로, 흑백을 말한다. 텔레비전이나 사진에서 컬러가 아닌 것을 말한다. 각 파장의 단색광을 채취(fetch)하는 장치를 모노크로미터(monochrometer)라 한다.

monocrystalloy 모노크리스털로이 가스터빈 블레이드용 초내열 합금 재료로, Ni계 내열 합금을 특수 셸 몰드 주조형 속에 주입(鑄入)하여 격자 결함이 적은 단결정으로 한 재료.

monofilament 모노필라멘트 연속된 1개의 섬유로, 꼬지 않고 최종 제품으로 가공하는 것. 강모(剛毛), 어망, 낚싯줄, 방충망 등에 사용된다.

monolithic IC 모놀리식 IC "하나의 돌"이라는 뜻으로, 실리콘 등 반도체 결정의 한 기판에 트랜지스터를 비롯하여 저항이나 콘덴서에 해당하는 부분이 떨어지지 않도록 일체로 이루어진 회로로 만들어진 IC를 말한다.

monoplane 단익 비행기(單翼飛行機) 주익이 하나인 비행기. 현재의 비행기는 거의가 이 형식이다.

monorail 모노레일, 단일 궤도(單一軌道), 단일궤 철도(單一軌鐵道) 공장 내의 천장에 가설하는 단일 궤도.

monorail chain block 모노레일 체인 블록 모노레일의 아래쪽 플랜지 위를 달리는 차량을 갖춘 체인 호이스트. 대부분이 수동에 의한다.

monorail hoist 모노레일 호이스트 호이스트의 차바퀴가 모노레일의 아래쪽 플랜지 위를 달리며 호이스트는 아래로 매달리는 형식의 주행 호이스트.

monotectic reaction 편정 반응(偏晶反應) 하나의 액상(液相)으로부터 다른 액상 및 고용체(固溶體)를 동시에 일으키는 반응을 말한다. 반응, 예를 들면 융액→A정(晶)+M액(液)이 된다. 단정 반응(單晶反應)이라고도 한다.

monotower crane 모노타워 크레인 타워상에 선회식 크레인을 갖춘 크레인으로, 타워를 겹쳐 쌓음으로써 높이를 바꿀 수 있다. 중·고층 건물의 건축 공사 등에 널리 사용된다.

monotype 모노타이프 건반(키보드)을 조작함으로써 문선(文選) 및 활자의 자동 주조를 하는 기계.

monotype metal 모노타이프 메탈 활자 합금의 일종으로, 독립 활자용이다. Pb 77%, Sb 15%, Sn 8%, 인장 강도 8kgf/㎟, 연신율 0.7%.

Monte-Carlo method 몬테카를로법(－法) 확률의 문제로서 취급할 수 있는 경우에 소요되는 수값을 무작위 실험적으로 구하는 방법. 통계적인 분산이 실제로 어

떤 영향을 주는가를 검토하기 위해 이용된다.

moon light project 문 라이트 프로젝트 일본이 1978 년도부터 종합적인 에너지 절감의 기술 개발을 목표로 스타트시킨 대형 프로젝트. 구체적인 개발 항목으로는 초고온 가스 터빈, 폐열 이용 기술 시스템, MHD 발전 등의 에너지 절감 기술의 3 개 항목이 중심을 이루고 있다.

Morse taper 모스 테이퍼 표준 테이퍼의 일종. 공작 기계 테이퍼부(선반의 센터, 드릴링 머신의 스핀들 등)에 쓰이고 있다.

Morse taper reamer 모스 테이퍼 리머 테이퍼 리머의 대표적인 것. 거친 다듬질용과 마무리 다듬질용이 있다.

Morse taper shank drill 모스 테이퍼 생크 드릴 모스 테이퍼의 자루와 날부로 구성되는 드릴.

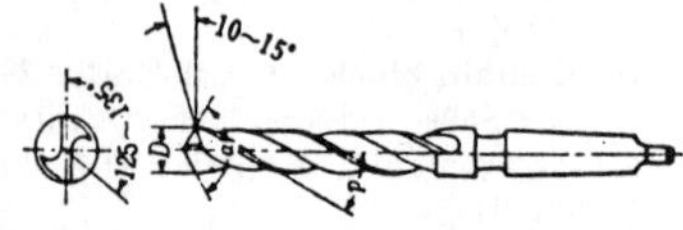

mortar 모르타르 시멘트의 미분말과 모래를 1 : 1 또는 1 : 3 정도의 중량비로 이긴 것. 기계 설치, 벽돌쌓기 등의 고착용.

mortise 장부 구멍 장부(tenon)를 찔러 박는 구멍.

mortise wheel 끼운 톱니차(ㅡ車)

mortising machine 장부 구멍 기계(ㅡ機械), 모티싱 머신 장부 구멍을 뚫는 목공 기계.

mosaic gold 모자이크금(ㅡ金) 주석의 황화물 Sn_2S_3로서 황색이다. 물에 불용성인 결정성(結晶性) 분말로, 채색금(彩色金), 위금(僞金)이라고도 한다.

motion and time study 작업 연구(作業硏究) 인더스트리얼 엔지니어링의 한 수법으로, 사람의 동작, 사용하는 도구와 기계 및 재료 등을 가장 합리적으로 결합하여 무리, 낭비 등을 없애고 가장 효율적으로 작업을 할 수 있게 작업 방법을 연구하고 또한 표준 작업 시간을 설정하는 것을 목적으로 한다.

motion of translation 선운동(線運動) = linear motion

motion study 동작 연구(動作硏究), 모션 스터디 작업 연구의 1 부문. 일정 작업 중에 일어나는 모든 동작을 조사, 연구하여 작업의 가장 능률적인 방법을 연구한다. 이를 위하여 동작 시간의 계측, 작업의 사진이나 영화 촬영, 동작 곡선의 촬영 등을 한다. →motion analysis

motive power 원동력(原動力)

motor 모터, 전동기(電動機) 넓은 의미에서 원동기의 총칭.

motor block 모터 블록 체인을 감아 올리고 풀어 내리는 작동을 전동기로 처리하는 체인 블록.

motorcar 자동차(自動車)

motorcycle 오토바이, 모터사이클, 자동 2 륜차(自動二輪車) 보통 소형의 가솔린 기관이 달린 2 륜차. 페달을 밟아 기관을 시동, 핸들의 그립을 돌려 교축 밸브를 개폐함으로써 출력을 가감한다.

motor generator 전동 발전기(電動發電機) 유도 전동기와 직류 발전기를 직결한 것. 주로 전지의 충전, 소형 직류 전동기의 전원 등에 사용되고 있다.

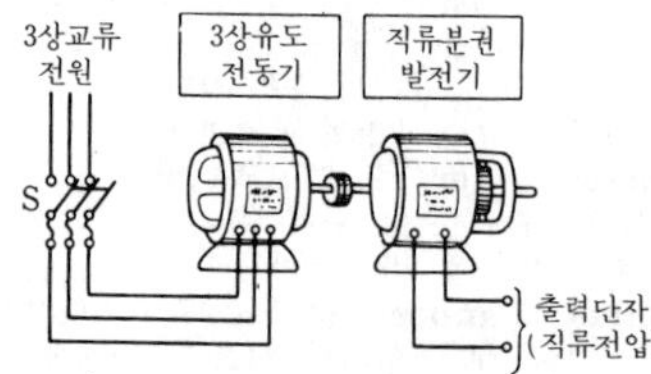

motor grader 모터 그레이더 자주식 그레이더로, 스캐리파이어(scarifier)와 원형 가구(架構 : circle)에 부착한 브레이드에 의해 정지(整地), 자갈길의 유지 보수, 도로 신설, 측구 굴삭(側溝堀削), 초기 제설 등의 작업에 사용한다. →grader

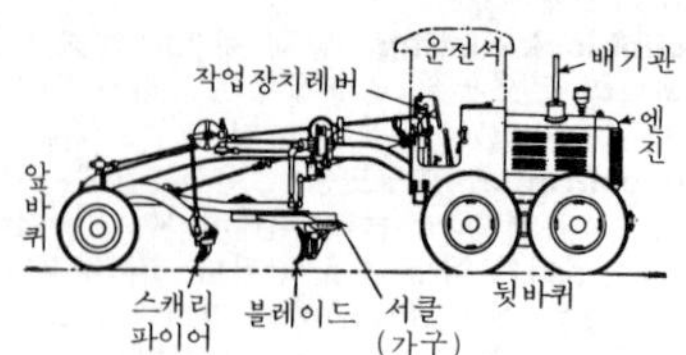

motoring 모터링 기관을 자력으로 발화

운전하는 것이 아니고 전동기 등의 다른 동력으로 회전시키는 것.

motorized pulley 모터 풀리 전동기와 감속 장치를 내장한 그림과 같은 풀리.

motor lorry 트럭 =truck

motor scooter 모터 스쿠터 의자식 자동 2륜차. 단(多) 실린더 4사이클 기관으로 2마력 내외.

motor scraper 모터 스크레이퍼 자주식 스크레이퍼로, 30~40km/h의 고속으로 주행이 가능하고 장거리 토공(土工 : 300~1,500m)에 적합하다. 후륜부(後輪部)에 엔진을 부가한 트윈 모터 스크레이퍼가 있다. →scraper

motor siren 모터 사이렌 전동기축에 고정된 날개차 주위에 작은 틈새를 두고 많은 구멍이 뚫린 원통형 케이스를 설치하여, 날개차의 회전에 의해 이 구멍에서 끊기는 바람의 진동으로 음향을 발생하는 경보 장치.

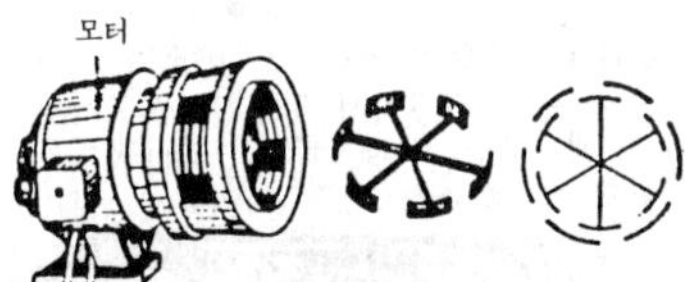

motor tricycle 자동 3륜차(自動三輪車) 발동기를 장비한 3륜차. 발동기는 1~2기통으로 보통 공랭식이다.

motor truck 화물 자동차(貨物自動車) = truck

mottled pig iron 반선철(斑銑鐵) 백선철과 회색 선철과의 중간적인 것. 흰 파단면에 흑연이 존재하여 반점으로 나타난다. →pig iron

mould 몰드 형, 주형, 프레스형 등의 총칭. =mold

moulder 몰더 회전하는 주축에 여러 가지 모양의 프로필의 커터를 장착하여 주로 측면 절삭을 하는 목공 기계의 일종. 주축이 2개인 것도 있다. 모따기 기계라고도 한다.

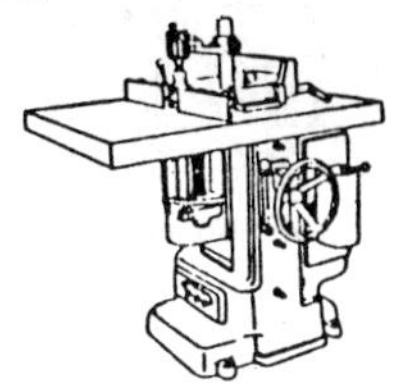

mould lining 몰드 라이닝 브레이크 라이닝의 일종. 짧은 섬유의 석면을 플라스틱이나 고무 등으로 고온, 고압에서 굳힌 성형품.

mouth piece 마우스 피스 ① 바이스로 공작물을 체결할 때 흠이 생기지 않도록 구리, 놋쇠, 납, 알루미늄 등의 연질 금속을 직각으로 굽혀 끼워 대는 쇠. ② 오리피스에 짧은 관을 부착시킨 것. 유량은 다음 식으로 표시된다. $Q=CA\sqrt{2gH}$. 단, Q : 유량(m³/s), C : (0.72~0.99), 유량계수, A : 마우스 피스 단면적(m²), H : 수두(m).

movable end 가동단(可動端) 보 등의 단말이 움직일 수 있는 것.

movable fit 헐거운 끼워맞춤, 가동 끼워맞춤(可動－) 끼워맞춤의 일종. 축이 구멍 안에서 움직일 수 있는 정도의 끼워맞춤을 말한다.

movable load 적재 하중(積載荷重) 차량에 적재할 수 있는 하중.

movable support 이동 지점(移動支點) 기선 방향(基線方向)으로의 평행 이동이 자유로운 지점으로, 거기서의 회전도 자유로우며 반력(反力)은 기선에 수직 방향의 1력(力)이다. 보 등에서 단부(端部)에 있는 경우를 가동단(可動端 : movable end)이라고도 한다.

movable vane 가동 깃(可動－), 가동 날개(可動－) 카플란 수차 등에서 물의 유입 방향의 변화에 따라 깃차의 경사가 이에 적합하도록 변화하는 깃을 가동 깃 또는 가동 날개라 한다.

moving coil type instrument 가동 코일형 계기(可動－形計器) 영구 자석에 의한 자계 속에 코일을 매달고 이에 측정할 전

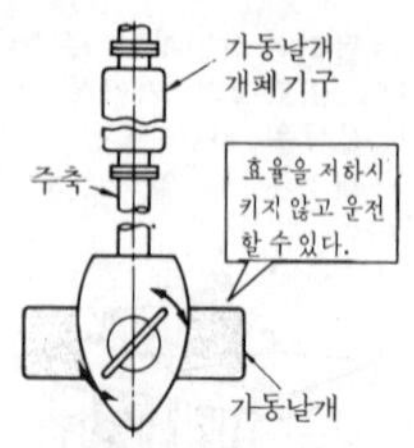

movable vane

류를 흘리면, 지침이 지시하게 되므로 직류 전류를 측정할 수 있다. 등분 눈금으로도 되며 감도도 양호하다.

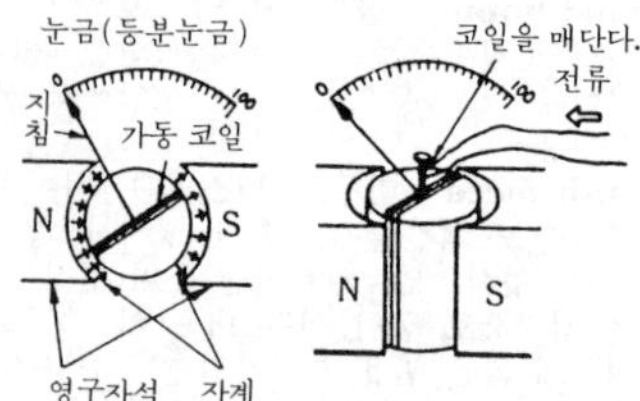

moving iron type instrument 가동 철편형 계기(可動鐵片形計器) 고정 코일 속에 철편을 놓고 코일에 측정하고자 하는 교류 전류를 흘려 철편을 자화하면, 철편이 흔들리게 되므로 이것을 지침의 움직임으로 나타내는 계기이다. 교류의 실효값을 나타내므로 교류 계기로서 이용되며, 배전반 등에 장치되고 있다.

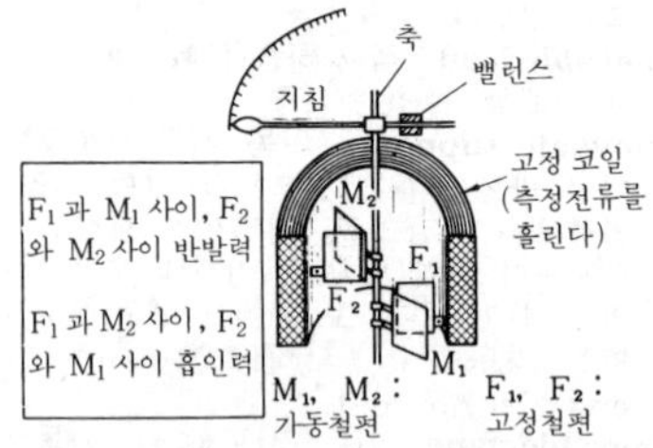

moving load 이동 하중(移動荷重) 작용점이 이동하는 하중.

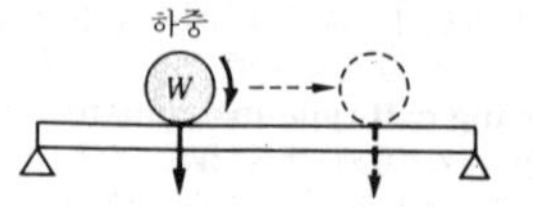

moving staircase 에스컬레이터 =escalator

M_s point M_s점(一點) 마텐자이트 변태가 일어나기 시작하는 온도.

M_s quench M_s켄치 M_S점에서 오스테나이트보다 마텐자이트 변태를 일으킬 때, 담금질 균열이나 담금질 이상이 생긴다. 이를 방지하기 위해 부품의 내외 온도를 등온(等溫)으로 유지하여 M_S점으로 처리하는 담금질법.

mud 머드, 점토수(粘土水) 점토를 물에 묽게 푼 것으로, 주형(鑄型)의 수리나 코어용 주물사, 건조형의 점결재로 쓰인다.

mud hole 머드 홀 보일러 내의 찌꺼기를 배출시키기 위하여 보일러의 하부에 만든 구멍.

muff coupling 머프 커플링 =sleeve coupling

muffle furnace 머플 노(一爐) 가열되는 재료가 산화하지 않도록 보호 용기(머플) 내에서 가열하는 구조의 전기로.

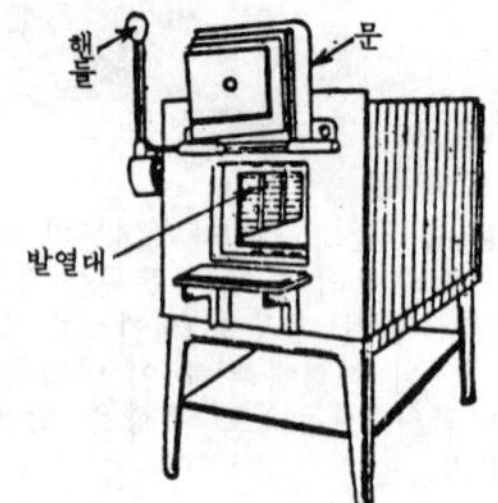

muffler 소음기(消音器), 머플러 일반적으로 내연 기관에서 자동차, 오토바이 등의 배기음을 소음시키기 위한 장치를 말한다. =silencer

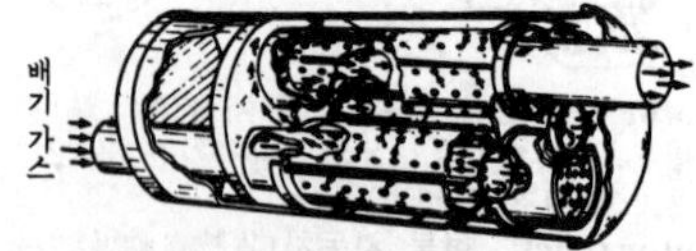

mule 뮬 철도 관계의 경우 철도 하역 장치의 일종으로, 높은 곳에 설치된 카 덤퍼(car dumper)를 써서 짐을 내리기 위해 화차를 밀어 올리는 장치.

multi- 멀티 많은, many를 뜻한다.

multiblade blower 멀티 블로어, 송풍기(送風機), 다익 송풍기(多翼送風機) 원심

송풍기의 일종. 날개차는 앞쪽을 향해 있고, 지름 방향으로 짧고 폭이 넓은 다수의 날개를 가지고 있다. 효율은 별로 좋지 못하나 소음이 적어 환기용으로 적합하다.

multiblade fan 멀티 팬, 환풍기(換風機), 다익 환풍기(多翼換風機) 앞 방향의 깃을 다수 갖는 소형 원심 송풍기. 건물이나 선박의 환기용.

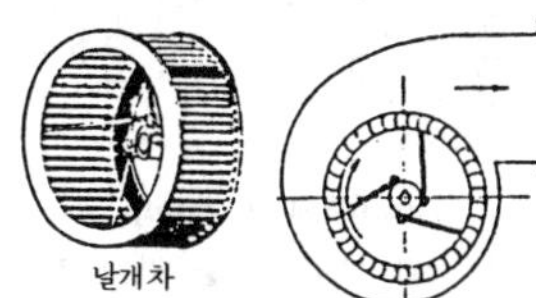

multi-crank engine 멀티크랭크 기관(-機關) 다수의 크랭크를 갖는 기관.

multicut lathe 다인 선반(多刃旋盤) 베드의 전후에 독립한 2개의 왕복대가 있고 각각 여러 개의 바이트를 장착하여 동시에 다양한 작업을 할 수 있게 만들어진 특수 선반.

multicylinder engine 다 실린더 기관(多-機關) 다수의 실린더로 구성된 기관. 실린더의 배열에 따라 직렬형, 성형(星形), V형, W형 등이 있다. 소형 기관을 제외하고 거의가 다 실린더 기관이다.

multi-flash 멀티플래시 육안으로 판별할 수 없는 현상의 각 순간을 카메라로 촬영하기 위해 아주 빠른 속도로 점멸시킬 수 있는 발광 장치.

multi-fuel engine 다종 연료 기관(多種燃料機關) 여러 가지 연료를 써서 운전할 수 있는 기관. 예를 들면, 알코올, 경유, 식물유 등 조금 성질이 다른 연료라도 연소가 잘 되는 기관.

multi-fuel fired boiler 혼합 연소 보일러(混合燃燒-) 두 종류 이상의 연료. 예를 들면, 미분탄과 가스, 중유와 가스, 중유, 미분탄 등을 같은 연소 장치로 연소시키는 방식의 보일러.

multi-nut-runner 멀티-너트-러너 수많은 볼트·너트를 동시에 동일 토크로 체결할 수 있는 스패너. 자동 조립 작업 등에 사용된다.

multiple 멀티플

multiple disc clutch 다판 클러치(多板-) 마찰을 이용한 그림과 같은 클러치이다. 마찰판은 석면과 가는 금속선으로 짜서 플라스틱으로 굳힌 것이다. 이것을 여러 장 엇갈리게 겹쳐 판면에 압력을 가할 때에 발생되는 마찰로 토크를 전달한다.

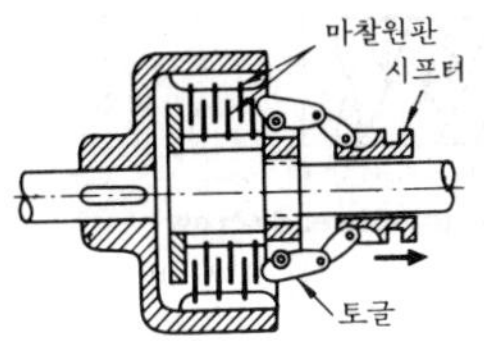

multiple drive 멀티플 구동(-驅動) 3조 이상의 독립된 구동 장치에 의한 구동.

multiple electrode spot welding machine 다(전)극 점용접기(多(電)極點鎔接機), 멀티 스폿 용접기(-鎔接機) 용접 작업 시간을 단축할 목적으로 동시에 많은 스폿 용접을 할 수 있게 한 용접기. 10점 내지 60점 정도를 동시에 용접할 수 있게 만들어지는 경우가 많다.

multiple head broaching machine 양두 브로칭 머신(兩頭-) 브로치 머리를 2개 배열한 브로치 머신. 한 쪽의 브로치로 절삭 중에 다른 쪽에서는 장착할 수 있으므로 교대로 작동시켜 작업 능률을 올릴 수 있다.

multiple operator welding machine 복식 용접기(複式鎔接機) 1대의 용접기로 여러 사람의 용접공이 동시에 용접을 하는 경우에 사용되는 정압 직류 용접기.

multiple resistance welding 복식 저항 용접(複式抵抗鎔接) 동시에 다수의 점(2점이상 수100점에 이르기까지)을 용접하는 방법. 통전(通電)은 차례로 자동적으로 전환되어 작업이 빨라서 용접 변형을 막을 수 있다. 쇠그물 제조나 자동차 공업에 이용된다.

multiple shearing machine 복식 전단기(複式剪斷機) 2개소 이상을 동시에 전단하는 기계.

multiple spindle drilling machine 다축 드릴링 머신(多軸-) 2개 이상의 커터축을 갖는 생산성이 높은 밀링 머신.

multiple system 병렬식(竝列式)

multiple thread screw 여러 줄 나사(-螺絲) 두 줄 이상의 나사산을 갖는 나산의 총칭. →screw

multiplex transmission system 다중 통신 방식(多重通信方式) 하나의 전송로에서 여러 회선의 신호를 전송하고, 또 회선

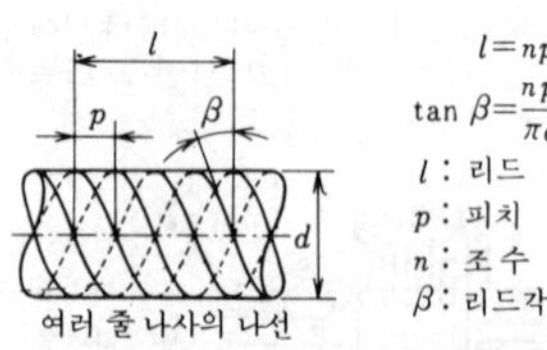

multiple thread screw

의 신호를 꺼낼 수 있는 통신 방식. 경제성에 중점을 두고 있다.

multiplication 증가(增加), 곱셈, 승법(乘法)

multiprocessor 다중 프로세서(多重－) 주기억 장치를 공용하고 또한 동시에 동작 가능한 복수 개의 처리 장치를 갖춘 계산기 또는 데이터 처리 시스템.

multi-sheet drawing 멀티시트 도면(圖面), 1품 다엽 도면(一品多葉圖面) 하나의 물건을 두 장 이상의 제도 용지에 걸쳐서 그린 도면. 물건이 복잡한 경우에 너무 크다든지, 좁고 긴 경우에 1매의 제도 용지에 그리기가 어려울 때 2매 이상으로 나누어서 그린 도면을 말한다.

multistage 멀티스테이지 mutiple stage를 말하며, 다단이라는 의미의 접두어.

multistage centrifugal compressor 다단 원심 압축기(多段遠心壓縮機) 원심 압축기를 다단으로 접속한 것. →centrifugal compressor

multistage compression 다단 압축(多段壓縮) 고압의 압축기에서는 1단만으로는 효율이 좋지 않으므로 2단 이상으로 압축하는 것.

multistage compressor 다단 압축기(多段壓縮機) 복수의 기계 요소로 압축하는 것. →compressor

multistage pump 다단 펌프(多段－) 펌프에 들어간 액체가 직렬로 두 번 이상 날개차를 통하는 구조의 것으로, 날개차를 통하는 횟수에 따라 2단 펌프, 3단 펌프라고 부른다.

multistage refrigerating plant 다단 압축 냉동기(多段壓縮冷凍機) 냉매의 압축을 2단 또는 그 이상으로 나누어서 하는 냉동기. 증발 압력과 응축 압력의 차가 클 때 1단으로 압축하면 압축비가 커져서 체적 효율이 저하한다. 증발 압력에서 중간 압력까지를 저압측 압축기, 중간 압력에서 응축 압력까지를 고압측 압축기로 압

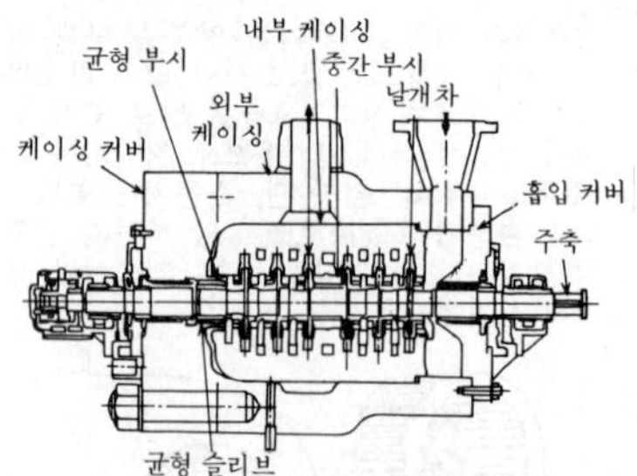

multi-stage pump

축해서 각각의 압축비를 작게 하여 체적 효율의 저하를 방지한다.

multivibrator 멀티바이브레이터 펄스의 발진 파형 정형 등에 사용되는 중요한 펄스 회로. 비안정, 단안정, 쌍안정이 있다.

Munsell renotation 수정 문셀 기호(修正－記號) =HVC painting-indicate method, HVC notation

Muntz metal 먼츠 메탈 =six-four brass

muriatic acid 염산(鹽酸) =hydrochloric acid

muscovite 백운모(白雲母) 무색 투명한 판 모양의 결정 광물(結晶鑛物). 내열성이 강하여 주로 전기 절연 재료, 난로의 창 등으로 이용된다.

mushroom followor 곡면 종동절(曲面從動節) 종동절의 선단이 버섯꼴로 되어 있고 그 선단의 곡면으로 캠과 접하는 것.

music wire 피아노선(線) =piano wire

mutual induction 상호 유도(相互誘導) 하나의 코일에 흐르는 전류를 변화시키면 근접된 코일에 기전력이 발생되는 현상.

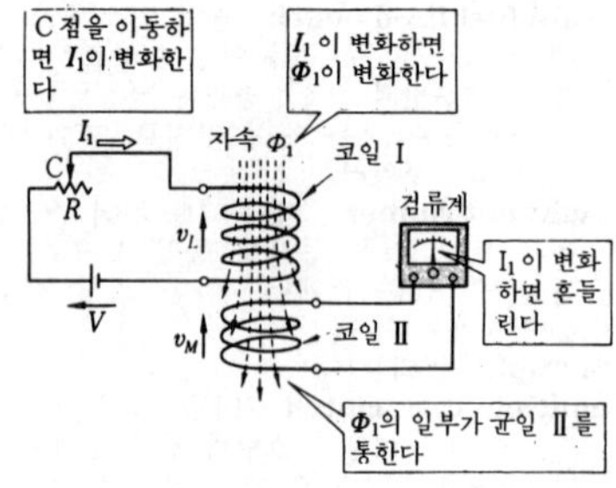

N

nail 못 보통 강철로 만든 못. 치수에 따라 여러 종류가 있다.

nail puller 못뽑이, 노루발 장도리

nak 나크 나트륨과 칼륨의 공정 금속(共晶金屬)으로, 상온에서 액상(液狀)이기 때문에 액체 금속 냉각재로 사용된다.

name plate 명판(銘板), 네임 플레이트 기계나 장치에 대하여 그 제조자, 형식, 용량, 기타 주요한 사항을 열기하는 금속판.

NAND circuit NAND 회로(-回路) NOT-AND 회로를 말한다. 모든 입력 단자에 "1"이 입력되었을 경우에만 출력 단자 C에 "0"을 내는 회로.

입력 A, B → 출력 C

A	B	C
0	0	1
0	1	1
1	0	1
1	1	0

naphtha 나프타 석유의 성분 중 휘발유와 석유의 중간에 있는 조성(粗成) 가솔린을 말한다. 비등점이 250℃보다 낮은 것이다.

narrow gauge 협궤(狹軌) 표준 궤간(軌間) 보다 좁은 철도 선로에의 궤간을 말한다. 주요한 여러 나라의 철도 선로의 궤간은 대부분 1,435mm이며, 보통 이것을 표준 궤간으로 정하고 있다.

narrow guide 내로 가이드 공작 기계의 미끄럼면이 좁고 긴 안내면을 갖춘 쪽이 순조롭게 고정밀도로 미끄러짐으로써 고정밀도의 공작을 할 수 있다는 것을 표현하는 공작 기계에서 사용하는 용어.

natural circulation boiler 자연 순환 보일러(自然循環-) 보일러 내의 물이 가열에 의하여 자연적으로 순환하는 형식의 보일러.

natural draft 자연 통풍(自然通風) 굴뚝 또는 배기통의 흡인력에 의한 통풍 방법.

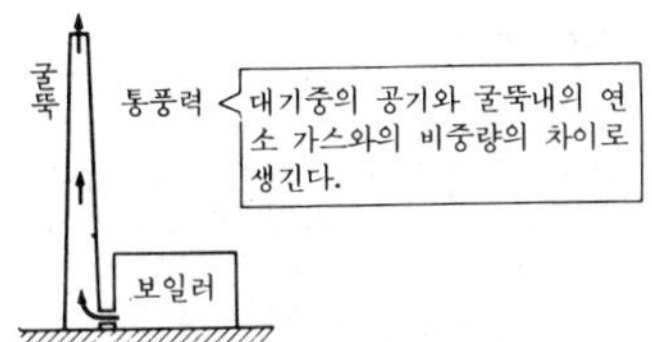

natural frequency 고유 진동수(固有振動數) 고유 진동에의 진동수. 예를 들면, 자유도의 진동계에서 질량 m, 스프링 정수 k라 하면 다음 식으로 표현된다.

$$고유\ 진동수 = \frac{1}{2\pi} \cdot \frac{n}{m}$$

natural gas 천연 가스(天然-) 천연적으로 유전, 탄갱, 늪 등에서 발생하는 가연(可煙) 가스.

natural head 자연 낙차(自然落差), 전낙차(全落差) =total head

naturally air-cooled engine 자연 공랭 기관(自然空冷機關) 냉각 팬을 사용하지 않고 냉각시키는 형식의 공랭 기관.

natural oscillation 고유 진동(固有振動), 자유 진동(自由振動) 물체의 진동에 있어서 특히 외력을 작용시키지 않아도 계속 진동하는 것을 그 물체의 고유 진동이라 한다.

natural radio activity 천연 방사능(天然放射能) 우라늄이나 라듐 등 천연적으로 존재하는 방사성 원소의 방사능. 인공 방사능에 상대되는 말.

natural seasoning 자연 건조(自然乾燥) =natural desiccation

natural ventilation 자연 환기(自然換氣) 송풍기를 사용하지 않고 이루어지는 환기법.

natural vibration 고유 진동(固有振動) =natural oscillation

nautical mile 해리(海里) 해상 거리의 단위. 북위 48°에서의 자오선 1′의 길이. 1,852m에 해당한다. 항해, 천문, 측량에 이용한다.

naval brass 네이벌 황동(－黃銅) 6-4 주석 함유 황동. Cu 62%, Zn 37%, Sn 1%, 인장 강도 35～45kgf/㎟, 연신율 50～30%. Sn을 함유함으로써 내식성과 강도가 증가되어 기어, 플랜지, 볼트, 축 등에 사용된다.

nave 네이브 =boss

navigation bridge 항해 선교(航海船橋) 항해 중에 감시(監視), 조타(操舵) 등을 하는 장소로, 전망을 좋게 하기 위하여 선교루(船橋樓)보다 2, 3층 높은 위치에 마련된다. 항해에 필요한 여러 가지 장치, 계기, 도서, 신호 등을 비치하고 있고, 또 이와 관련한 조타실, 해도실(海圖室), 무전실 등이 설치된다.

NC 수치 제어(數値制御) =numerical control

necking 네킹 ① 연성(延性)을 지닌 금속이나 고분자 재료 등을 1축 방향으로 늘여 소성 변형시키면, 변형되는 부분과 되지 않는 부분으로 나누어져 그 경계에 잘록함이 생기는 수가 있다. 이것을 네킹이라 한다. ② 연성 재료를 잡아당기면 파괴되기 직전에 현저하게 국부 수축이 일어난다. 이것을 네킹이라 한다.

needle 니들 바늘.

needle bearing 니들 베어링 바늘과 같이 가늘고 긴 롤러를 사용한 베어링.

needle file 니들 파일 소형의 정밀 가공용 줄. 자루가 없고 각 또는 둥근 자루의 공용이다.

needle lubricator 니들 주유기(－注油器) 바늘 끝이 축(軸)의 표면에 접하고 있어 축의 회전에 따라 움직일 때마다 좁은 틈새로부터 급유되는 장치의 주유기를 말한다.

needle regulator 조정 밸브(調整－) 니들 밸브를 갖춘 압력 조정 밸브.

needle roller 니들 롤러 →roller

needle roller bearing 니들 롤러 베어링 롤러 직경이 5mm 이하이고, 그 길이가

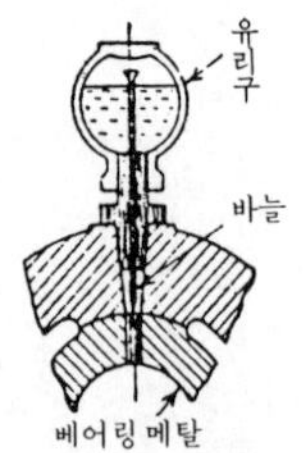

needle lubricator

직경의 3～10배의 가늘고 긴 롤러를 다수 꾸며 넣은 롤러 베어링.

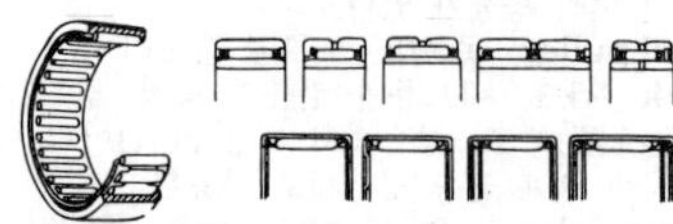

needle valve 니들 밸브 노즐 또는 관 내에 장치되어 물의 유량을 적절하게 조절하는 밸브.

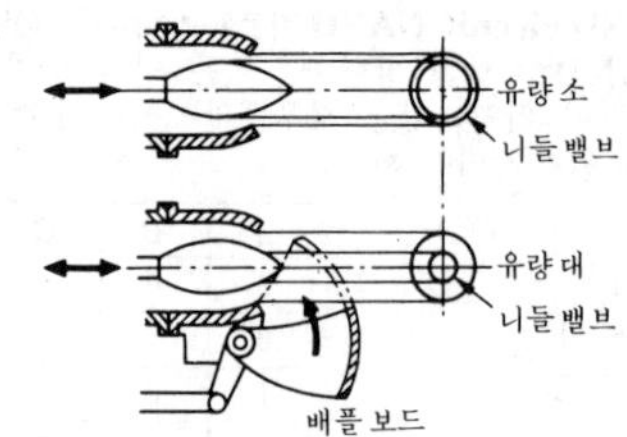

negative 네거티브 ① 물리, 전기에서는 음(陰), 부(負) 또는 음의, 부의라는 뜻. ② 네거. 사진의 원판(농담이 파사체와 반대로 된 음화).

negative damping 부성 저항(負性抵抗)[1], 부의 감쇠(負－減衰)[2] ① 저항력을 포함하는 진동계에서는 통상 그 저항력은 운동 방향과는 역방향으로 되어서 진동을 감쇠시킨다. 그러나 운동의 속도에 따라서는 그 저항력이 운동 방향과 같은 방향으로 되어서 진동을 성장시켜 자려 진동(自勵振動)의 원인이 되기도 한다. 이 운동과 같은 방향에 생기는 저항력을 특히 부성 저항이라고 한다.
② 진동의 1주기에 대해서 감쇠력이 계(系)를 이루는 일을 생각한 경우 통상 이 값은 부(負)가 된다. 이 일이 정(正)이 되는 감쇠력을 부의 감쇠라고 한다.

negative electrode 음극(陰極) =cathode, →anode

negative feedback 네거티브 피드백 출력의 일부를 입력측에 되돌렸을 때 최초의 입력 신호에 대하여 역위상으로 되어 있는 경우를 네거티브 피드백이라 한다. 네거티브 피드백에 의해 출력을 안정시킬 수 있으므로 증폭기에서는 주파수 특성, 진폭 특성, 위상 특성을 개선하고자 할 경우에 적합하다.

negative pole 음극(陰極) 전지, 진공관, 그 밖에 전류를 발생하는 장치에 있어서 양전기(陽電氣)를 발생하는 부분, 즉 전류가 흘러나오는 극을 양극(陽極)이라 하고, 이것과 반대로 전류가 흘러 들어가는 극을 음극이라 한다. 양극은 (+), 음극은 (−)의 기호로 표시한다.

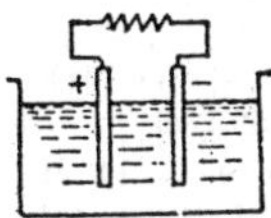

negative pressure 부압(負壓) 대기압 이하 절대 압력 0까지의 압력.

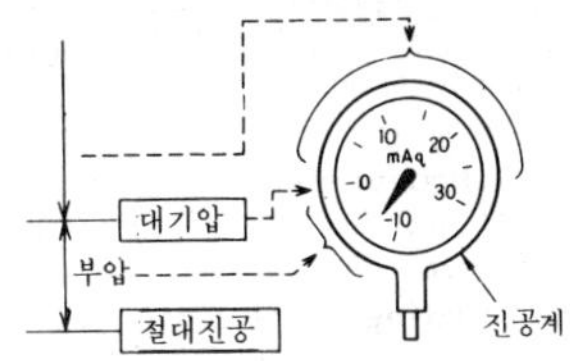

negative sign 부호(負號)

nematic liquid crystals 네머틱 액정(−液晶) 액정의 일종으로, 분자가 가늘고 길게 동일 방향으로 배열되어 있고 어떤 온도 범위에서 액정의 성질을 나타내어 디스플레이에 이용된다. 전자 손목 시계, 탁상 전자 계산기 등에 이용되고 있다.

Neoprene 네오프렌 합성 고무 클로로프렌의 상품명. 내유성(耐油性)의 합성 고무이다. 특히 화학 약품에는 니트릴 고무보다 강하다. 내후, 내오존성이 좋고 내굴곡성도 좋아 다이어프램에는 아주 적합한 재료이다. 옥외에서 사용하는 패킹, 개스킷의 재료로 널리 사용되고 있다.

NESA glass 네사 유리 투명하고 전기를 흘릴 수 있는 유리로, 전도 유리라고도 한다. 면광원(面光源)의 전극이나 얼음이 얼어 붙지 않는 방풍 유리로서 이용된다.

net buoyant force 정미 부력(正味浮力) 유체(流體) 속에 있는 물체에 작용하는 부력(浮力)을 A, 물체의 중량을 G라고 하면 정미 부력은 (A−G)가 된다. A>G 또는 A<G에 따라서 물체는 뜨거나 또는 가라 앉기 시작한다. 그리고 A=G일 때 물체는 연직(鉛直) 방향에 있어서 균형을 이룬다.

net calorific power 저발열량(低發熱量) =low calorific value

net efficiency 정미 효율(正味效率) 외부로부터 공급된 에너지 또는 동력에서 여러 가지 손실을 뺀 나머지 유효하게 이용된 동력과 공급 에너지 또는 동력과의 비.

net head 정미 낙차(正味落差) 전낙차에서 여러 가지 손실을 뺀 유효 낙차.

net horsepower 정미 마력(正味馬力) =brake horsepower

net positive suction head : **NPSH** 유효 흡입 수두(有效吸入水頭) 펌프의 캐비테이션을 검토할 때의 수치로, 1단째의 날개차 입구 직전에서의 액체가 지닌 압력과 액체의 그 온도에서의 포화 증기 압력과의 차이를 말한다.

net time 정미 시간(正味時間)

net work 정미 작업(正味作業)

network structure 망상 조직(網狀組織) 고용체(固溶體)가 분열하여 두 가지 성분으로 나누어지는 경우, A성분에서 B성분이 석출할 때에 A성분 외 결정 입계(結晶粒界)에 석출되어 망상으로 된 조직을 말한다.

network structure of carbide 탄화물의 망상 조직(炭化物−網狀組織) 탄소 0.85% 이상이 되면 여분의 탄소는 시멘타이트로서 유리(遊離)하여 존재한다. 시멘타이트의 양이 많아져 결정이 발달하면 펄라이트 결정을 둘러싸서 망상으로 나타나는 현상을 말한다.

neutral axis 중립축(中立軸) 중립면과 보 횡단면이 만나는 직선. →neutral plane

neutral flame 중성 불꽃(中性−) 표준 불꽃이라고도 불린다. 산소 아세틸렌 불꽃의 경우 가스 혼합비 O_2/C_2H_2가 거의 1:10인 경우에 얻어지고, 가스 용접에서 가장 일반적인 불꽃이며 보통 금속의 가스 용접에 쓰인다.

neutralization 중화(中和) 정(正), 부(負)의 부호로 표현되는 동종의 양이 동시에 중합되어 전체로서 0이 될 때 서로 중화한다고 말한다.

neutral loading 중립 부하(中立負荷)

neutral plane 중립면(中立面) 휨 모멘트에 의해서 보의 단면에는 수직 응력이 발생하는데, 그 내부에는 수직 응력을 일으키지 않는 면, 즉 신축되지 않는 면이 있다. 이 중립면과 횡단면이 교차되는 직선을 중립선 또는 중립축이라 한다.

neutral surface 중립면(中立面) =neutral plane

neutron 중성자(中性子) 소립자(素粒子)의 하나. 양자(陽子)와 함께 원자핵의 구성 요소. 양자와 거의 동등한 질량을 지니고 전기를 띠지 않은 중성이다. 질량에 대한 투과력이 크므로 원자핵의 파괴에 이용된다.

neutron flux 중성자 선속(中性子線束)

new ceramic 뉴 세라믹 천연 광물 원료는 불순물을 많이 함유하고 그 함유량도 일정하지 않다. 그래서 화학적으로 조정해서 제품의 순도를 높이기도 하고 필요한 첨가물을 정밀도 있게 넣어 희망하는 재료의 특성을 갖추게 한 세라믹. 또, 천연적으로는 존재하지 않는 비산화물 재료로 세라믹을 만들기도 하며 소결체만이 아니라 단결정, 박막, 섬유, 분체 등의 형상인 것도 여러 가지 개발되어 있다. 이와 같은 세라믹도 뉴세라믹이라 한다. 초경(超硬), 전자, 자성(磁性), 광학, 건축의 재료로서 용도를 확대시키고 있다.

new charge 급기(給氣) 기관에 새 혼합기(混合氣)를 공급하는 것, 또는 공급된 새 혼합기. 보통 2사이클 기관 또는 과급기관(過給機關)에서 쓰는 말. =charging

new sand 새모래 주물 공장에서 한 번도 사용하지 않은 새로운 주물사.

new silver 양은(洋銀) =German silver

newton 뉴턴 힘 단위의 명칭으로, 단위의 기호는 N으로 표시한다. 1N=1kg·m/s^2. 다인(dyn)이란 1dyn=10^{-5}N을 말한다.

newton rings 뉴턴 링 곡률 반경이 다른 2개의 구면(球面)의 접촉 부분 부근에 나타나는 동심원상의 등후(等厚) 간섭 무늬를 말한다.

N girder N거더 그림과 같은 N형으로 된 도리.

NHP 공칭 마력(公稱馬力) =nominal horsepower

nibbling machine 니블링 머신 연속 왕복 운동에 의해 판재를 임의의 형상으로 절단하는 기계.

nichrome wire 니크롬선(-線) 니크롬은 nickel과 chrome과의 합성어. Ni 85%, Cr 15%의 합금선. 용도는 전열선, 저항선 등.

nickalloy 니칼로이 Fe와 Ni와의 합금. 용도는 변압기의 철심 등.

nicked teeth 닉드 티스 →plain cutter

nickel 니켈 원소 기호 Ni, 비중 8.85, 융점 1,445℃. 은백색의 쉽게 녹슬지 않는 금속. 도금이나 기타 여러 가지 합금의 중요 성분이 된다.

nickel-bronze 니켈 청동(-靑銅) 동과 니켈에 다시 알루미늄이나 철·망간 등을 첨가한 합금.

nickel chrome molybdenum steel 니켈 크롬 몰리브덴강(-鋼) 니켈 크롬강에 소량의 Mo을 첨가한 것으로, 인성(靭性)이 증가하고 열처리도 용이해진다. 우수한 구조용 강이다.

nickel-chrome steel 니켈 크롬강(-鋼) 니켈과 크롬과의 합금강. 경도, 인장 강도 함께 크다.

nickel plating 니켈 도금(-鍍金) 녹을 방지하고 표면 미화를 위하여 가장 널리 사용되고 있는 도금으로, 양극에 순 니켈, 피도금재를 음극으로 한다. 도금액은 보통 약산성의 니켈 수용액을 사용한다.

nickel steel 니켈강(-鋼) Ni를 함유하는 합금강. 탄소강에 비하여 균일한 조직을 가지고 있으며, 강도가 크고 점성이 강하다.

nicking 니킹 널링(knurling)의 일종.

Nicol prism 니콜 프리즘 입사 자연광을 직선 편광(偏光)으로 하는 편광 프리즘의 일종으로, 니콜이라고도 한다.

nihard 니하드 Ni-Cr철 주물(chilled castings)의 특허명. 강인하고 단단하면서도 가공이 가능하다. 내마, 내열, 내식성도 크다. 용도는 피스톤, 실린더, 실린더 라이너, 클러치 등.

nimonic alloy 니모닉 합금(－合金) Ni-Cr-Ti계 내열 합금. Cr 18~22%, Ti 2~2.5%, Al 0.5%, Ni이 나머지 부분의 조직으로, 870℃에서도 장시간의 고하중에 견딜 수 있다.

niob 니오브 원소 기호 Nb. 융점이 높고 산, 알칼리에 잘 침식되지 않는다. 합금 첨가 원소로서 중요시되고 있다.

nip 닙 겹판 스프링에 있어서 체결 하중이 없는 경우에 인접하는 스프링판 사이의 틈새를 말한다.

nipper 니퍼 ＝cutting nipper

nipple 니플 직선 축의 양단에 수나사가 절삭되어 있는 그림과 같은 관 이음. 단주철(鍛鑄鐵)의 것과 강관제의 것이 있다.

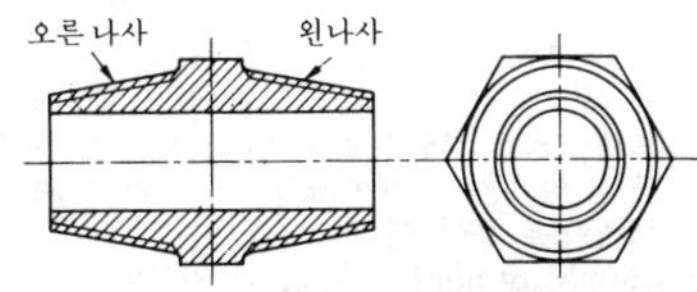

niresist 니레지스트 니켈-크롬-오스테나이트 주철을 말한다. 내식성이 크고, 황산용 밸브 등에 사용된다. 비자성(非磁性)이다.

nitralloy 니트럴로이 질화강의 대표적인 강. C 0.2~0.3%, Al 0.8~1.3%, Cr 0.9~1.8%, Mn 0.2~1.0%, Mo 0.4~0.7%. 질화 부품의 표면 경도를 크게 하고자 할 때 채택된다.

nitration 질화(窒化) ＝nitriding

nitric acid 초산(硝酸) 무색 또는 황색 부식성의 액체. 암모니아를 산화하여 합성된다. 용도는 염료, 폭약, 셀룰로이드의 제조, 사진 부식, 동(銅) 부식 등.

nitriding 질화(窒化) 표면 경화법의 일종. 질소를 강에 침투시켜 그 표면을 경화시키는 조작. 공작물을 정밀하게 다듬질하여 암모니아 속에서 500℃ 정도로 18~19시간 가열하고 자연적으로 냉각시킨다. 침탄에 의한 것보다도 표면의 경도가 크고 변형되지 않는다.

nitriding steel 질화강(窒化鋼) 표면을 질화하기에 적합하도록 화학 성분을 지닌 강. Al, Cr, Mo 등을 함유한다.

nitrocellulose 니트로셀룰로오스 셀룰로오스를 초산으로 처리한 것. 백색의 고체. 용도는 셀룰로이드, 래커, 폭약 등.

nitrogen 질소(窒素) 원소 기호 N, 원자

▽ 질화로의 원리

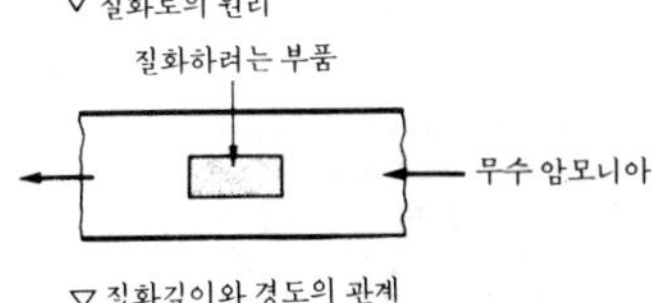

▽ 질화깊이와 경도의 관계

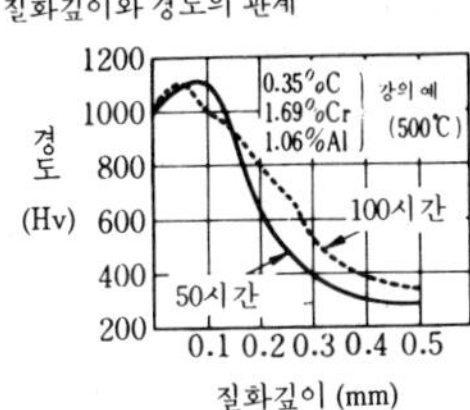

nitriding

번호 7, 원자량 14.008. 무색 무취의 기체로, 공기의 주성분. 용도는 가스 봉입 전구, 강 표면의 질화, 암모니아, 초산, 폭약 등의 제조.

nitroglycerin 니트로글리세린 진한 초산(硝酸)과 진한 황산과의 혼합액에 글리세린을 작용시켜서 만든다. 무거운 유상(油狀)의 액체로, 맹렬한 폭발력이 있다. 다이너마이트(폭발약)의 원료.

noble metal 귀금속(貴金屬) 금·은·백금족 금속과 같이 공기 중에서 가열하여도 산화하지 않는 금속. 언제나 아름다운 금속 광택이 있고 고가이다.

noctovision 녹터비전 암시(暗視) 장치를 말한다. 눈에 보이지 않는 적외선 등을 사용해서 어두운 곳에 있는 물건을 눈으로 볼 수 있도록 하는 장치.

nodal point 절점(節點) →hinged joint

node 절(節) 진동의 절이란 정상 진동 또는 정상파의 특성을 나타내는 양(변위, 압력, 속도 등)의 진폭이 제로가 되는 점, 선, 면을 말하며 복(腹)에 대한 말.

nodular cast iron 노듈러 주철(－鑄鐵) ＝spheroidal graphite cast iron

noise 잡음(雜音)[1)], 소음(騷音)[2)] ① a. 불규칙한 파동으로 이루어지며 불쾌한 느낌을 주는 소리. 또는, 통신, 라디오 등의 청취를 방해하는 소리. b. 측정계에 혼입 혹은 측정계 내에서 발생하여 신호의 전달 또는 수신의 방해가 되는 것으로, 측정계에서 꺼내진 측정량 그 자체에 이미 혼입하고 있는 외부 잡음과 측정계 내부에

서 발생하는 내부 잡음이 있다.
② 인간이 원하지 않는 소리나 불쾌하게 느끼는 소리, 방해가 되는 소리의 총칭.

noise level meter 소음계(騷音計) 실용되고 있는 소음계는 귀로 듣고 표준음과 비교하는 것(바르크하우젠 소음계)과, 마이크로폰으로 전달된 소음을 증폭하여 계기에 직접 폰 또는 데시벨 눈금으로 지시하는 것 등이 있는데, 후자를 지시 소음계라고 한다.

noise margin 잡음 여유(雜音餘裕) 디지털 회로에서 잡음이 어느 정도 커졌을 때에 오동작하는 것을 방지하기 위해 출력측의 전압과 압력측의 전압 사이에 남겨 둔 여유.

noise simulator 노이즈 시뮬레이터 기기가 실제로 사용되는 환경에서의 노이즈를 모의적으로 만들어 내는 노이즈 발생기를 말한다. 이것을 이용해서 시험을 한다.

no-load 무부하(無負荷) →load

no-load running 무부하 운전(無負荷運轉) 전동기, 기관 등의 공전을 말한다.

no-load test 무부하 시험(無負荷試驗) 여자(勵磁) 전류, 철손실 등을 알아내기 위하여 변압기나 유도기 등으로 부하를 걸지 않고 하는 시험. 또, 부하를 걸지 않고 기계 내부 마찰의 손실, 부속 기기의 소요 동력을 조사하는 시험.

nominal diameter 호칭 지름(呼稱－), 호칭 직경(呼稱直徑) 기계 요소 부품에서 나사, 벨트차, 베어링 상자, 리테이닝 링 등 원형 부품의 크기를 나타낼 때 쓰는 말로, 일반적으로 그것들의 외경 치수를 밀리로 나타낸다.

nominal dimension 호칭 치수(呼稱－數) =normal dimension

nominal horsepower 공칭 마력(公稱馬力) 약자는 NHP. 상업적으로 극히 간단하게 기관의 역량을 나타내는 데 사용된다.

nominal power 정격 출력(定格出力) 규정된 조건하에서 운전이 보장된 최대의 출력. 예를 들면, 1 시간 동안 연속하여 낼 수 있는 최대의 출력을 1 시간 정격 출력, 장시간 연속하여 낼 수 있는 최대의 출력을 연속 정격 출력이라고 한다.

nominal size 호칭 치수 =normal dimension

nominal size of pipe 관의 호칭 치수(菅－呼稱－數) 관의 크기는 내경으로 표시한다. KS 에서는 미터계의 A 와 인치계의 B 가 있다.

nominal speed 정격 회전 속도(定格回轉速度) 정격 출력에 있어서의 회전 속도. =rated speed

nomogram 노모그램 함수의 값이 변수의 값에 따라 도시하고 있는 것.

nomograph 노모그래프 =nomogram

nomography 계산 도표학(計算圖表學)

non- 논 무(無), 불(不), 비(非), 미(未) 등의 뜻을 가진 접두어.

non-adhesion brake 비점착 브레이크(非粘着－) 차바퀴의 브레이크는 답지면(踏地面)과 레일 간의 접착에 의해서 브레이크를 작용시키고 있는데, 이 접착에 의하지 않는 브레이크를 말한다. 공기 저항에 의한 브레이크, 전자(電磁) 레일 브레이크와 같이 전자석을 레일면에 접착시키는 브레이크, 레일면보다 약간 띄워서 와전류를 일으켜 브레이크를 거는 와류(過流) 브레이크 등이 있다.

non-caking coal 부점결탄(不粘結炭) = dry bituminous coal

non-condensable gas 비응결 가스(非凝結－) 공기, 질소, 산소 등의 가스와 같이 냉각만 해서는 응결되지 않는 가스를 말한다.

non-condensing engine 무복수기 기관(無復水器機關) 사용이 끝난 증기를 공장으로 송기(送氣)하거나 또는 대기 속에 방출하는 등 복수기를 갖추지 않은 증기 기관 또는 증기 터빈.

non-conductor 부도체(不導體) 열 또는 전기의 전도율이 극히 작은 물질.

non-cutting stroke 공행정(空行程) 평삭기나 슬로터 등의 공작 기계에서는 절삭 행정에 대하여 귀환 행정에서는 절삭을 하지 않는다. 이것을 공행정이라 한다.

non-destructive inspection 비파괴 검사(非破壞檢査) 피검사물을 파괴하지 않고 내부의 성질, 결함을 찾아내는 검사. 타음 검사, X선 탐상, 초음파 탐상, 형광 탐상 등이 있다.

non-ferrous metal 비철 금속(非鐵金屬) 철(鐵) 이외의 금속. 예를 들면, 구리, 알루미늄, 니켈, 납 등의 금속의 총칭.

non-freezing solution 부동액(不凍液), 부동제(不凍劑) 겨울철에 냉각수의 동결을 방지하기 위하여 냉각 용수에 혼합하는 액체(메타놀, 에틸알코올, 글리세린 등).

nonlinear restoring force 비선형 복원력(非線形復原力) 물체가 진동하고 있는 것은 정력학적(靜力學的) 평형 위치로 복귀하려는 힘, 즉 복원력이 물체에 작용하고 있기 때문이며, 그 복원력은 물체의 위치 함수로 표시된다. 물체의 변위(變位)에 비례하는 복원력을 훅의 법칙에 따른 복원력 또는 선형(線形) 복원력이라 하고, 그렇지 않은 복원력을 비선형 복원력이라 한다.

nonlinear spring 비선형 스프링(非線形－) 스프링을 늘릴 때 원래로 되돌아가려는 복원력이 연신(延伸)에 비례하지 않는 스프링. 이러한 스프링을 갖는 진동계는 비선형 진동이 된다.

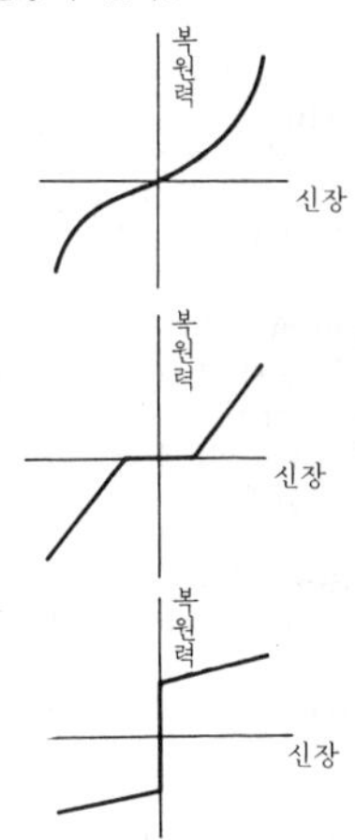

비선형 스프링의 복원력과 신장의 관계예

nonlinear system 비선형계(非線形系) 복원력이 변위(變位)의 1차식이 아니고 복잡한 함수인 경우라든지, 감쇠력이 속도의 제곱에 비례하는 경우 등과 같이 그 운동 방정식이 비선형 미분 방정식이 되는 계(系)를 말한다.

nonlinear vibration 비선형 진동(非線形振動) 운동 방정식이 비선형 미분 방정식으로 나타내어지는 계(系)에 일어나는 진동의 총칭.

non-luminous flame 불휘 화염(不輝火焰) 화염으로부터의 방사에는 그을음 등의 고체 미립자에서 방사되는 연속 스펙트럼의 방사와 기체로부터의 방사가 있는데, 후자는 전자에 비해 약하므로 그을음 등의 미립자를 포함하지 않는 화염의 방사는 일반적으로 약하다. 이러한 화염을 불휘 화염이라고 부른다.

non-magnetic cast iron 비자성 주철(非磁性鑄鐵) Ni 9~15%, Cr 0~4%, Mn 1~7%, Si 1.5~2.5%, C 2.5~3%의 오스테나이트 주철로, 투자율 1.03이다. 비자성을 필요로 하는 전기 부품에 사용한다.

non-pressure welding 융접(融接) → fusion weld

non-return valve 역지 밸브(逆止－) = check valve

non-step variable speed gear 무단 변속기(無段變速機) 변속비를 연속해서 자유로이 바꿀 수 있는 변속기.

non-uniform flow 부등류(不等流) 흐름의 각 점에서 유속의 크기 혹은 유동 방향이 다른 흐름. 관내 유동, 물체 주위의 흐름 등 일반의 흐름은 부등류가 많다.

no of action coils 유효 코일수(有效－數), 유효 권선(有效捲線) 코일 스프링에 있어서 스프링 정수의 계산을 할 때에 이용하는 감긴 수(N_a)를 말한다.

NOR circuit **NOR** 회로(－回路) NOT-OR 회로를 말한다. 모든 입력 단자에 "0"이 입력된 경우에만 출력 단자 C에 "1"을 출력하는 회로를 말한다.

입력 출력

A, B → C

A	B	C
0	0	1
0	1	0
1	0	0
1	1	0

normal arc 표준 아크(標準－) 미그 용접(MIG welding)에서 가장 일반적으로 사용하는 길이의 아크. 통상 3~5mm 정도이며, 그 이상의 아크를 사용할 경우 롱 아크라 한다.

normal combustion 정상 연소(正常燃燒)

normal coordinates 기준 좌표(基準座標), 정규 좌표(正規座標)

normal dimension 호칭 치수(呼稱－數) 물품 부분의 크기를 표시하는 개략적인 치수. 대부분의 경우 부르기 쉽고 취급하기 쉬운 수치가 사용된다. 끼워맞춤 부분의 크기를 표시하는 기초 치수나 제작의 목표 치수 등 어느 것이나 호칭 치수이다. 호칭 치수에 대해서 실제 치수, 한계 치수(limit size)가 있다.

normal discharge 정규 유량(正規流量) 수차나 펌프를 설계하기 위하여 정해진 유량. 가장 많이 운전되는 유량을 말한다.

normal distribution 정규 분포(正規分布) 시료의 수를 한없이 많이 하고, 또한 분할폭을 작게 하면, 분포 곡선은 차례로 매끄럽게 되어 그림과 같이 평균 m을 중심으로 좌우 대칭으로 되는데, 이때를 정규 분포라 한다. 또, 표준 편차를 σ라 한다면 다음과 같은 성질이 있다. $m\pm\sigma$의 범위 전체의 68.3, $m+2\sigma$의 범위 전체의 95.9%, $m\pm3\sigma$의 범위 전체의 99.7%, 즉 측정값이 $m\pm3\sigma$밖으로 벗어나는 비율은 0.3%밖에 없다는 것을 나타낸다.

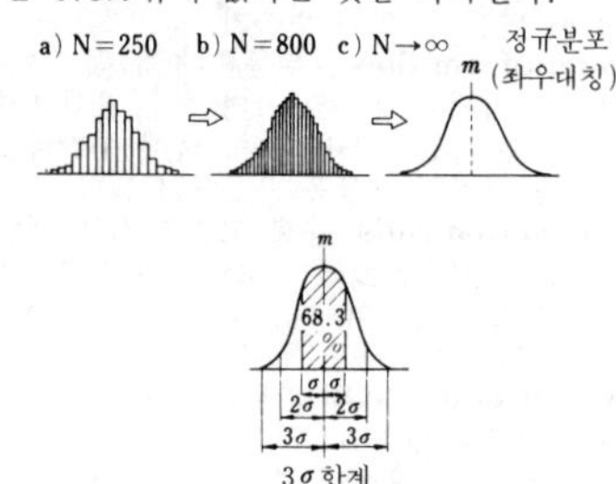

normal force 수직력(垂直力) 면에 수직 방향으로 작용하는 힘.

normal function 정규 함수(正規函數) 고유값에 대한 변위를 말한다. 좌표만의 함수이며 미분 방정식과 경계 조건식을 만족한다.

normalizing 노멀라이징, 불림 결정 조직(結晶組織)이 큰 것, 또는 변형이 있는 것을 상태화(常態化)하기 위한 목적으로 처리하는 조작. 보통 강을 오스테나이트 범위로 가열하고 서서히 공기 속에서 방랭(放冷)한다.

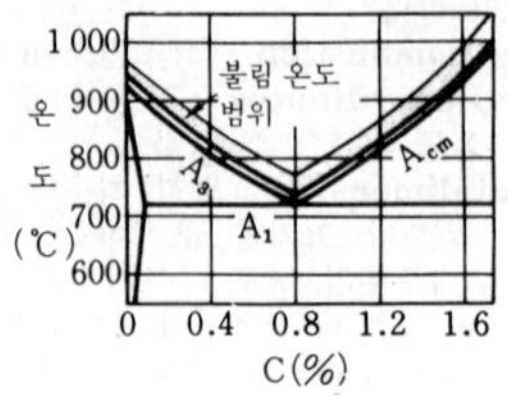

normal load 상용 부하(常用負荷), 수직 하중(垂直荷重) 물체 내의 일단면에 대하여 수직으로 작용하는 하중.

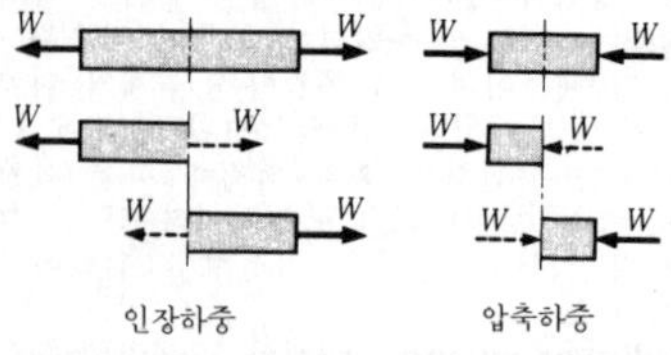

normal mode of vibration 정규 진동형(正規振動形) γ자유도(自由度)의 진동계의 진동수 방정식은 보통 각진동수(角振動數)에 대하여 γ개의 근(root)이 있는데, 이 근에 대한 진동의 형상을 주진동형 또는 정규 진동형이라고 한다.

normal module 이 직각 모듈(-直角-) 헬리컬 기어에 있어서 기준 피치 원통상의 이(齒) 직각 나선(螺旋)을 따라서 측정한 피치를 원주율로 나눈 값을 말한다. 즉, 이 직각 피치/π.

normal opening 정규 개방(正規開放) 수차(水車)의 유량 조정 장치에 있어서 설계 기준이 되는 안내 날개의 입구 각도의 개방도를 말한다. 이 개방에 의한 출력이 가장 많이 사용되므로 효율도 이때가 가장 좋다.

normal output 정규 출력(正規出力) 기관, 수차, 터빈 등이 설계된 대로 나오는 출력.

normal pitch 수직 피치(垂直-) 나사나 코일 스프링 등과 같이 나선상의 것에 대한 간격, 즉 피치의 표현 방법의 하나. 그림 중 p_a를 축 방향 피치, p_n을 수직 피치라 한다.

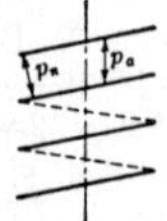

normal runner 중속 날개차(中速-車) 비속도(比速度) 150~200 정도의 프란시스 수차의 날개차를 말하며, 거의 입구와 출구의 지름이 같고 효율도 좋다. 현재 대용량의 수력 발전소에서는 대부분 이 형을 사용하고 있다. 원심 펌프에서는 비속도 200 정도의, 주로 중압(中壓) 펌프에 사용되는 날개차를 말하며, 수차의 경우와 마찬가지로 높은 효율을 쉽게 발휘할 수 있다.

normal size 호칭 치수(呼稱－數) ＝normal dimension

normal speed 상용 속도(常用速度)

normal stress 수직 응력(垂直應力) 재료가 인장 하중 또는 압축 하중을 받은 경우와 같은 수직 하중이 작용한 때에 재료 부분에 발생하는 응력.

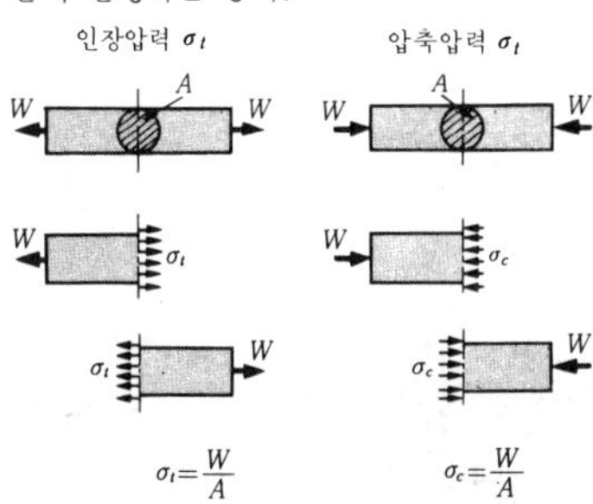

normal structure 표준 조직(標準組織) 강(鋼)이 균일한 오스테나이트 조직인 때 대기 중에서 서서히 냉각시킨 경우의 조직. 이 조작을 노멀라이징이라 한다.

nose 루트면(－面) ＝root face

nose angle 날끝각(－角) ＝tool angle

nose circle 선단원(先端圓) 접선 캠의 돌출부를 형성하고 있는 원.

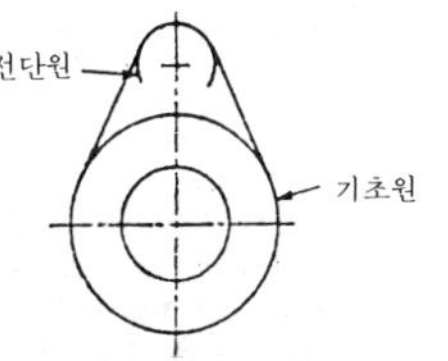

nosecone 노즈콘 미사일의 원뿔형으로 된 선단 부분을 말한다. 관측 장치, 제어 장치, 탄두(彈頭), 기폭 장치, 인공 위성, 동물 · 유인 미사일인 경우에는 조종실 등이 이곳에 수용되어 있다.

nose of cam 선단(先端) 접선 캠의 돌출부를 말한다.

notation 기호법(記號法) 특수한 문자 · 부호 등에 의한 표시법.

notations for electrical unit 전기용 단위의 기호(電氣用單位－記號) 여러 가지 종류의 전기용 단위의 기호.

notch 벤 자리, 노치 ① 축의 키 홈, 핀 구멍 등과 같이 갑자기 단면이 변화하는 부분. 그 곳에서 응력 집중 현상이 일어나 파괴되는 수가 있다. ② 전기에서는 제어기의 핸들을 돌려서 그 접점을 변환하여 저항값을 바꾼다. 이 접점을 노치라 한다.

notched specimen 노치 시험편(－試驗片) 각종 강도 시험에서 평행부에 U형 또는 V형 등의 노치를 낸 시험편.

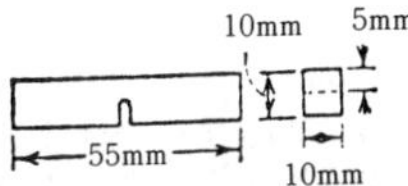

notch effect 노치 효과(－效果) 구멍, 노치 등이 있는 자료에 응력을 가하면, 이 부분에 응력이 집중되기 때문에 강도가 저하하는 현상을 말한다.

notch sensitivity 노치 감도(－感度) 재료에 노치가 있기 때문에 파괴되기 쉬운 비율을 말한다.

notch toughness 노치 인성(－靭性)

NOT circuit NOT 회로(－回路) 입력 A가 "1"일 때 출력 C가 "0"이 되고, 입력이 "0"일 때 출력은 "1"이 된다. 디지털 계산기나 제어 회로에 이용된다.

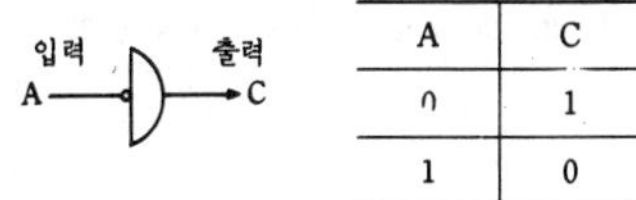

A	C
0	1
1	0

not-go end 정지측(停止側) 한계(限界) 게이지에 있어서 구멍용의 경우 최대 치수의 게이지를, 축용(軸用)의 경우 최소 치수의 게이지를 말한다. →limit gauge

not-go gauge 정지 게이지(停止－) 정지측만의 치수를 갖는 한계 게이지.

no voltage relay 무전압 릴레이(無電壓－) 전압이 규정값보다 낮아졌을 경우에 동작하는 릴레이로, 전동기의 시동 장치 등의 보호 회로로서 사용된다.

NO_x removal apparatus 질소 산화물 제거 장치(窒素酸化物除去裝置) 배출 가스 속에 질소 산화물(NO_x)이 섞여 있으면,

이것이 대기를 오염시켜 생물에 피해를 주기 때문에 방출하기 전에 이것들을 배기 가스 속에서 제거하는 장치를 말한다.

noy 노이 소음 피해자측에서의 시끄러움 단위. 소음의 성분, 음압, 지속 시간, 시기의 조건에 따라 달라진다.

nozzle 노즐[1], 팁[2] ① 통상의 선단 세공으로부터 유체를 분출시키는 장치.
② 가스 용접의 취관 선단부. 직접 화염을 분출하는 부분.

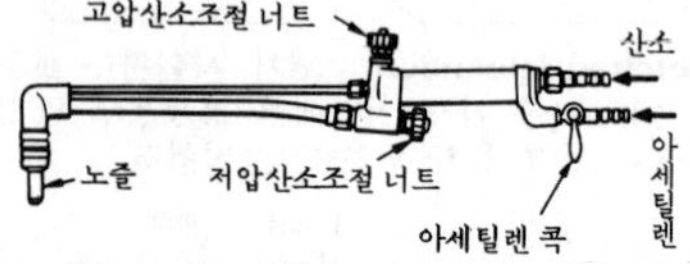

nozzle area coefficient 노즐 면적 계수(一面積係數) 노즐에서 분출한 흐름이 평행한 분류로 된 때의 단면적과 노즐 출구 면적과의 비교.

nozzle cut-out governing 노즐 차단 조정(一遮斷調整) 증기 터빈의 조속법(調速法)의 하나로, 다수의 노즐 중 그 일부를 증기 가감 밸브에 의해서 차단시켜 증기 유량을 가감하여 출력(혹은 회전수)을 줄이는 방법을 말한다. =nozzle governing, cut-out governing

nozzle efficiency 노즐 효율(一斅率) 노즐의 입구·출구간의 압력 강하 또는 열낙차에 의하여 생기는 노즐 출구에의 속도 에너지와 실제로 생기는 것과의 비. 노즐 속도 계수의 제곱과 같다.

nozzle guide vane 노즐 안내 날개(一案內一) 터빈의 동익(動翼) 상류측에 설치되고, 노즐을 형성하는 정익(靜翼)을 말한다. 가스를 팽창시켜 일정한 방향의 분류(噴流)를 만드는 역할을 한다.

nozzle loss 노즐 손실(一損失) 증기 터빈 또는 기타의 기계 장치에서 빠른 속도를 얻기 위하여 증기가 노즐을 흐르는 사이에 마찰과 와류 때문에 일어나는 손실.

nozzle plate 노즐판(一板) 관 내에 봉입된 판상 노즐. 유량 측정에 사용된다.

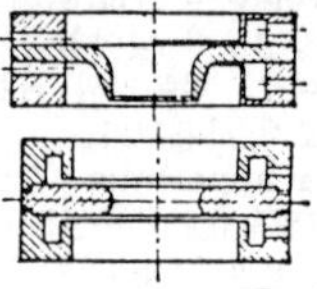

NPN transistor NPN 트랜지스터 반도체 단결정(單結晶)의 P형을 가운데에 두고 N형으로 양측을 끼운 형태의 트랜지스터를 말한다. 그림과 같이 이미터 E가 N형, 베이스 B가 P형, 컬렉터 C가 N형이다.

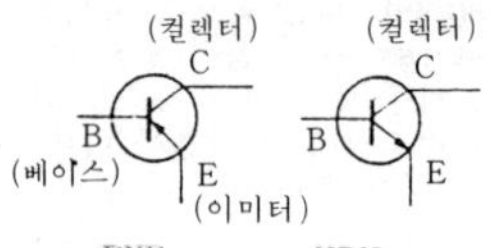

N type semiconductor N형 반도체(一形半導體) 결정의 원자 구조에 여분의 전도전자를 지닌 반도체를 말한다. N형에 대응하는 것이 정공을 지닌 반도체이다.

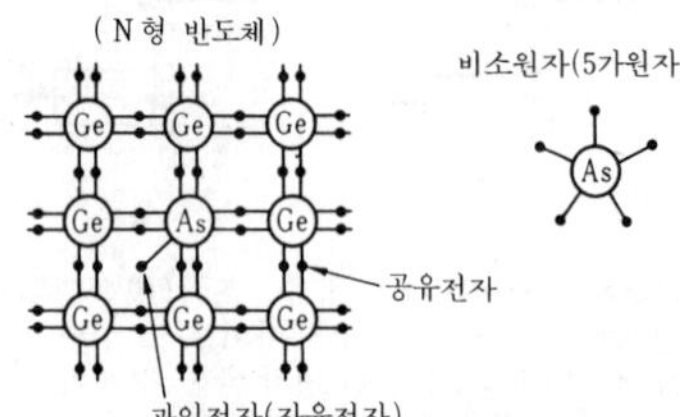

nuclear cross section 핵단면적(核斷面積) 어떤 입자(粒子 : 예컨대 중성자)가 1개의 원자핵에 입사(入射)했을 때, 그 곳에서 핵반응을 일으키는 확률을 핵단면적이라고 한다. 이것은 그 입자, 원자핵의 종류, 그것들의 밀도 및 에너지와 관계가 있다. 원자핵 1개당 값을 특히 미시적(microscopic) 단면적이라 하고 σ로 나타낸다. 이 단위는 ㎠이나 1반(barn)= 10^{-24}㎠를 단위로 하여 표시된다. 이에 대하여 물질 1㎤당의 단면적을 거시적(macroscopic) 단면적이라고 하고 $\Sigma=N\sigma$로 주어진다. N은 1㎤ 속의 원자핵의 수를 말한다.

nuclear design 핵설계(核設計) 원자로로서의 기능을 발휘하는 데 필요한 핵적(核的) 조건, 예를 들면 임계량(臨界量), 노심(爐心) 치수, 농축도, 감속재-연료 체적비(體積比), 연소도 등의 상관 관계를 계산하여 그것들의 최적값을 구하고, 다시 중성자속(中性子束) 분포, 반응도, 동특성(動特性), 기타를 결정하는 작업을 핵설계라고 한다.

nuclear fission 핵분열(核分裂) 주로 우라늄, 토륨 등의 무거운 원자핵이 같은 정도의 크기인 2개의 원자핵으로 분열함으로써 200메가볼트 정도의 막대한 에너지를 방출하는 현상.

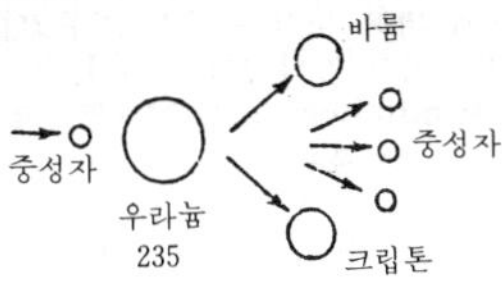

nuclear fuel 핵연료(核燃料) 원자로의 노심(爐心) 내에서 중성자와 반응하여 핵분열을 일으키는 우라늄-233, 플루토늄-239, -241 등의 핵분열성 물질 및 중성자 포획 반응에 의해 ^{230}Ph나 ^{233}U에 핵변환하는 우라늄-238, 토륨-232 등의 연료 친물질(親物質)을 말한다.

nuclear fusion 핵융합(核融合) 원자핵이 융합하는 반응. 가벼운 원소의 수소나 중수소의 원자핵은 반대로 핵융합을 일으켜 헬륨과 같은 보다 무거운 원자핵으로 되고 동시에 커다란 에너지를 방출한다. 이것을 이용해서 만든 것이 수소 폭탄이다.

nuclear power plant 원자력 발전소(原子力發電所) 원자로를 이용한 발전소. 원자로에서 핵분열성의 물질을 연소시켜 발생한 열로 수증기를 만든다. 그 밖에는 화력발전 방식과 같다.

nuclear power station 원자력 발전소(原子力發電所) =nuclear power plant

nuclear reaction 핵반응(核反應) 원자핵이 다른 입자의 충격에 의해서 변환하는 것. 입자로서 중성자, 양자(陽子), 중양자, α입자, β선 등이 사용된다.

nuclear reactor 원자로(原子爐) 우라늄, 플루토늄, 토륨 등의 핵분열성 물질을 연료로 하여 핵분열의 연쇄 반응을 제어하면서 에너지를 만들어 내거나 강한 중성자의 원천을 만드는 장치를 말한다. 원자로에는 다음과 같은 종류가 있다.

① 열중성자로 : 주로 열중성자에 의한 핵분열로서 연쇄 반응을 유지하는 원자로(thermal reactor).

② 고속 중성자로(고속로) : 주로 고속 중성자에 의한 핵분열로서 연쇄 반응을 유지하는 원자로(fast reactor).

③ 전환로(轉換爐) : 전환율이 1 미만인 전환이 이루어지는 원자로(converter).

④ 증식로 : 증식(增殖)이 이루어지는 원자로(breeder).

전환이란 중성자 포획에 의해서 친물질(親物質)을 핵분열성 물질로 변환시키는 것. 증식이란 전환부가 1보다 큰 비율로 일어나는 전환을 말한다.

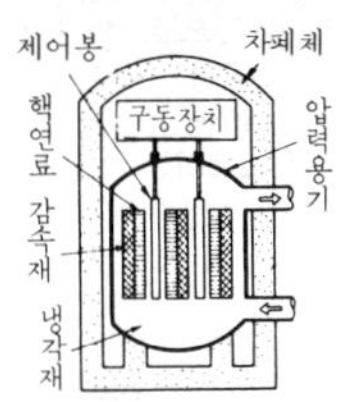

nuclear reactor period 원자로 주기(原子爐週期) =reactor period

nuclear rocket engine 원자력 로켓 엔진(原子力－) 원자로의 노심(爐心)에 수소가스를 공급하여 이것을 고온 고속의 가스로서 노즐로부터 분출시켜 추력(推力)을 얻는 로켓 엔진.

nuclear super heater reactor 핵과열형 원자로(核過熱形原子爐) 핵분열에 의한 발생열을 이용하여 과열 증기를 만들기 위한 원자로. 흑연(黑鉛) 감속 CO_2 냉각형 원자로도 과열 증기를 만들지만, 일반적으로는 비등수형(沸騰水形) 원자로의 노심(爐心)에서 만들어진 포화 증기를 재차 노심으로 통과시켜 과열 증기로 만드는 형식의 것을 말한다.

nucleate boiling 핵끓음(核－) 액 속에 있는 전열면을 가열하면, 전열면에서 기포가 발생하고 온도 상승과 함께 기포수도 늘어난다. 기포가 기포핵에서 성장한다는 생각에서 이 끓음 상태를 핵끓음이라고 한다.

nugget 너깃 점용접기로 점용접한 용접부를 말한다. →spot welding

nugget diameter 너깃 지름 점용접, 프로젝션 용접 등에서 용접부의 지름을 말한다.

null method 영위법(零位法) 어떤 주어진 물리량을 측정할 경우, 그것과 크기가 같고 방향이 다른 물리량을 작용시켜 계량기의 눈금이 0이 되도록 한 다음, 작용시킨 물리량에 의하여 주어진 물리량을 측정하는 방법. 천칭(天秤)은 이의 한 보기이다.

number 수(數), 번호(番號)

numbering machine 번호 인자기(番號印字器). 넘버링 래칫을 응용하여 자동적으로 번호를 압인하는 사무용 기계의 하나.
number of free coils 자유 코일수(自由一) =number of spring coils
number of revolution 회전수(回轉數) 회전 속도와 같은 뜻으로 쓰이며 회전 운동의 속도를 나타낸다. 단위로서는 (l/s), (rpm) 또는 (rev/min)가 쓰인다.
number of spring coils 스프링의 코일수(一數) 코일 스프링에서 코일이 감긴 수를 말한다. 그 산정 방법에 따라서 총 코일수, 유효 코일수 등으로 구별된다. 전자는 코일 끝에서부터 다른 끝까지의 코일이 감긴 수를 말하고, 후자는 코일 스프링의 스프링 특성의 계산에 있어서 하중과 변형과의 관계가 실제와 부합하도록 스프링 재료의 비틀림이나 좌권(座捲) 등의 영향을 제외하여 정한 계산용 코일수를 말한다. 또, 총 코일수에서 단지 양쪽 끝 좌권수(座捲數)를 뺀 값을 자유 코일수라고 한다.
number one tap 1번 탭(一番一) 핸드 탭 중에서 맨 처음 사용하는 탭.
number plate 번호판(番號板)
numerical aperture 개구수(開口數) 광학계의 밝기 또는 해상력을 나타내는 양.
numerical control 수치 제어(數値制御) NC 공작 기계로 가공할 경우 가공 치수, 형, 필요한 공구, 이송 속도 등을 선택하여 지시하는 수치 데이터를 기록한 프로그램에 의해 절삭 공구를 자동 위치 결정하거나 자동 절삭시키는 제어.
Nusselt number 너셀수(一數) 열전달 계수를 무차원화한 수.
nut 너트 볼트에 끼워 2개의 부품을 체결하는 것. 6각 너트, 4각 너트 등이 있다.
nut tap 너트 탭 너트의 제조에 전문적으로 사용되는 탭.
***n* value** *n* 값 가공 경화 지수를 말한다. 소성 응력 γ의 참 변형 ε과의 관계가 $\gamma = F\varepsilon^n$으로 표현될 때의 n값이다. 0과 1 사이에 있으며, 이 값이 크면 가공 경화의 정도가 크다.
nylons 나일론 백색 불투명하며 자기 윤활성이 있다. 흡수성이 크기 때문에 치수 안정성에 문제가 있다. 나일론 성형품은 다른 수지에 비해 마찰 계수가 작고 내마모성이 있으며, 자기 윤활성도 있기 때문에 기어, 베어링, 캠 등 광범위하게 사용되고 있다.

O

O

objective 대물 렌즈(對物−) 광학 기계에 있어서 물체에 면하여 광학 기계 맨 앞에 위치하는 렌즈. 망원경용, 현미경용, 사진기용의 3종류가 대표적이다.

object micrometer 대물 마이크로미터(對物−) =micrometer

object program 목적 프로그램(目的−) 기계적으로 번역된 프로그램. →source program

oblique drawing 사투상도(斜投像圖) 투영도에 대하여 경사진 평행 광선에 의하여 투영시키는 방법으로 그린 그림.

oblique fillet 경사 필릿(傾斜−) 용접에서 용접선과 부재 응력이 직각 이외의 각을 이루는 경우를 말한다.

oblique flow compressor 사류 압축기(斜流壓縮機) 혼류(混流) 압축기와 같은 뜻이나, 사류의 경우에는 자오면(子午面)에 대하여 곡선적이 아니고 직선적으로 기울어져 있는 경우만을 뜻할 때도 있다.

oblique flow turbine 사류 터빈(斜流−) 가스의 흐름 방향이 축(軸)에 대하여 기울어져 있는 터빈. 일반 내향 반경류(內向半徑流) 터빈도 엄밀히 말하면 흐름의 방향이 반지름 방향만이 아니므로 사류 또는 혼류 터빈이라고 할 수 있다.

oblique projection 빗투영(−投影) 화면에 사교(斜交)한 평행 투영선에 의한 투영. 물체의 깊이를 표현할 때 쓴다.

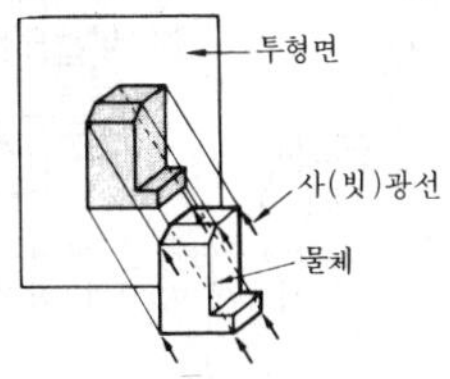

oblique projection drawing 빗투영도(−投影圖) 빗투영법에 의해 그려진 도면. 작도법에는 음영도법(陰影圖法), 사선교회법(斜線交會法), 사축측 투상법(斜軸側投像法) 등이 있다.

oblique section 경사 단면(傾斜斷面)

oblique stress 경사 응력(傾斜應力) 주축 방향에 대하여 경사진 평면상에 작용하는 응력.

obliquity 경사(傾斜), 경도(傾度)

observation car 전망차(展望車) 열차의 앞 또는 끝에 편성되고, 2층식 여객차의 상층 등을 이용하여 창을 크게 내는 등의 구조로 만들어, 여객이 바깥 경관(景觀)을 관광하기 편리하도록 되어 있는 객실(전망실)을 가진 여객차.

observation sheet 관측 용지(觀測用紙) 여러 가지 현상을 수량적으로 관찰을 한 결과를 기압하기 위한 용지.

obtuse angle 둔각(鈍角) 90°보다 크고 180°보다 작은 각.

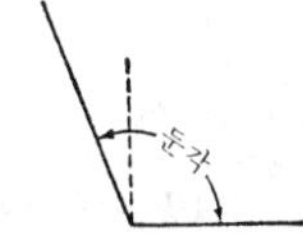

occupation 직업(職業)

octahedral normal stress 8면체 수직 응력(八面體垂直應力) →octahedral shear stress

octahedral shear stress 8면체 전단 응력(八面體剪斷應力) 주응력 σ_1, σ_2, σ_3의 방향으로 직교 좌표축을 취할 때, 각각의 좌표축과 같은 기울기를 이루는 8개의 면을 8면체면(octahedral plane)이라고 한다. 이 8면체면이 작용하는 수직 응력 σ_{oct}와 전단력 τ_{oct}를 8면체 수직 응력(octahedral normal stress) 및 8면체 전단 응력이라 하며, 어느 8면체면에 대해서도 각각

$$\sigma_{oct}=\frac{1}{3}(\sigma_1+\sigma_2+\sigma_3)$$

$$\tau_{oct}=\frac{1}{9}[(\sigma_1-\sigma_2)^2+(\sigma_2-\sigma_3)^2+(\sigma_3-\sigma_1)^2]$$

이 된다.

octane number 옥탄가(－價) 가솔린이 연소할 때, 이상 폭발을 일으키지 않는 정도를 나타내는 수치를 말한다. ＝octane rating

octane rating 옥탄가(－價) ＝octane number

octane value 옥탄가(－價) ＝octane number

octave 옥타브 어떤 주파수와 그 2배가 되는 주파수와의 차를 옥타브라 한다. 또한 음악에서는 8계조(階調)를 말한다.

Octoid tooth form 옥토이드 치형(－齒形)

ocular 접안 렌즈(接眼－) 망원경이나 현미경 등에서 대물 렌즈에 의한 상을 확대하여 보기 위한 렌즈. 케르너 접안 렌즈, 호이겐스 접안 렌즈, 람스덴 접안 렌즈 등이 있다. ＝eyepiece

odd number 기수(奇數), 홀수

odometer 오도미터, 노정계(路程計) 차축(車軸)에 고정시켜 차륜의 회전수를 계수하는 계기. 회전수에 의해 차륜의 주행 거리를 알 수 있다. ＝hodo meter

off 오프, 열다, 끊다 스위치를 끊는 것을 스위치 오프라 하고, 스위치를 넣는 것을 스위치 온이라 한다.

offcenter 편심(偏心)

office automation ; OA 사무 자동화(事務自動化) 컴퓨터 및 그 관련 기기를 사용해서 사무 처리를 자동화하여 사무의 합리화를 도모하는 것.

office computer 오피스컴퓨터 미니컴퓨터나 마이크로컴퓨터를 베이스로 한 업무 처리용 소형 컴퓨터.

off line 오프라인 ① 제조 공정에서 벗어난 장소. ② 컴퓨터를 단말 장치와 직결시키지 않고 이용하는 방법. →online

off line control 오프라인 제어(－制御) 컴퓨터가 시스템의 제어 루프에 연결되지 않고, 다른 제어 요소에 의해 측면에서 원조하는 형태로 제어되는 것을 말한다. 온라인과 상대되는 말.

offset 오프셋 빗나감, 편심(偏心), 엇갈림을 뜻하는 말. ① 하이포이드 기어 또는 엇갈림 축, 페이스 기어의 축간 최단 거리. ② 스텝 응답에 있어서 제어량이 안정되었을 때에 발생되는 제어 편차.

offset cam 오프셋 캠 왕복 운동을 하는 종동절의 행정(行程) 직선이 캠의 회전 중심을 통과하지 않는 캠.

offset cylinder 편심 실린더(偏心－) 내연 기관에서 실린더와 크랭크축이 편심되어 있는 것. 동력의 손실을 감소하고 마찰을 적게 한다.

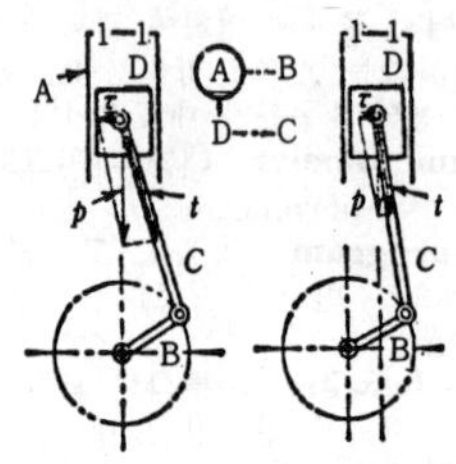

(a) 보통의 실린더 (b) 편심 실린더

A＝실린더 B＝크랭크
C＝연접봉 D＝피스톤

offset die 오프셋 다이 맞물림 다이. 소재를 이중 굽힘으로 만드는 데에 이용된다.

offset duplicator 오프셋 인쇄기(－印刷機) 평판의 인쇄에서 화선(畵線)을 한 차례 고무면에 옮기고 이것을 매체로 하여 인쇄하는 것.

offset electrode holder 오프셋 전극 홀더(－電極－) 스폿 용접에서 그림과 같이 암에의 부착부와 전극, 팁 받이와의 중심선의 축선이 동일 선상에 있지 않은 전극 홀더를 말한다.

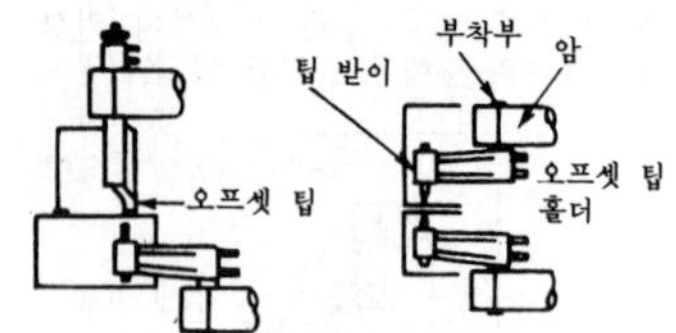

offset knife tool 한쪽날 바이트 좌우 어느 한 쪽에 생크와 평행한 절삭날을 가진 바이트.

O

offset link 오프셋 링크 체인을 구성하는 링크의 수를 가급적 짝수로 하는 것인데, 만약 홀수가 될 때에는 그 이음매에 그림과 같은 오프셋 링크로 연결한다.

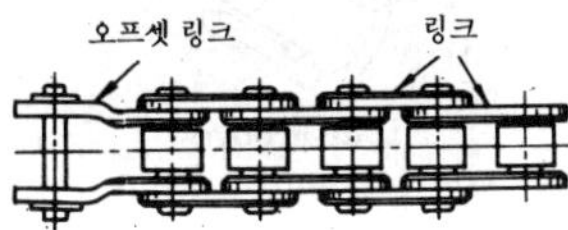

offset pipe 오프셋 파이프 관의 양단부 출입구 중심선이 일직선상에 있지 않고 어느 치수만큼 편심되어 있는 것.

offset printing 오프셋 인쇄(－印刷) 원판의 잉크를 고무판에 전사해서 인쇄하여 염색하는 방법.

offset valve position 오프셋 밸브 포지션 전환 밸브에서 중립 위치 이외의 밸브 위치.

ohm 옴 전기 저항의 MSKA 단위. 기전력이 없는 도체의 2점 사이에 1V의 전위차를 주어 1A의 전류가 흐를 때, 이 2점 사이의 전기 저항을 1Ω이라고 정의한다.

Ohm's law 옴의 법칙(－法則) 독일인 Ohm이 1827년에 정한 법칙. 전류는 전압에 정비례하고 저항에 반비례한다.

oil basin 기름받이 통(－筒) 예를 들면, 기관의 바닥부나 베어링의 하부에 설비한 기름받이 등.

oil bath 유욕(油浴) 금속의 열처리용 탱크. 250℃까지의 템퍼링에 적합하다. 광유 94%, 감화유 4%의 혼합유가 적당하다.

oil bath lubrication 침지 급유(浸漬給油), 침지 주유(浸漬注油) 주위를 밀폐하고 베어링 등 주유할 부분의 일부 또는 전부를 기름 속에 담가 주유하는 방법.

oil brake 유압 브레이크(油壓－) 유압을 이용한 브레이크.

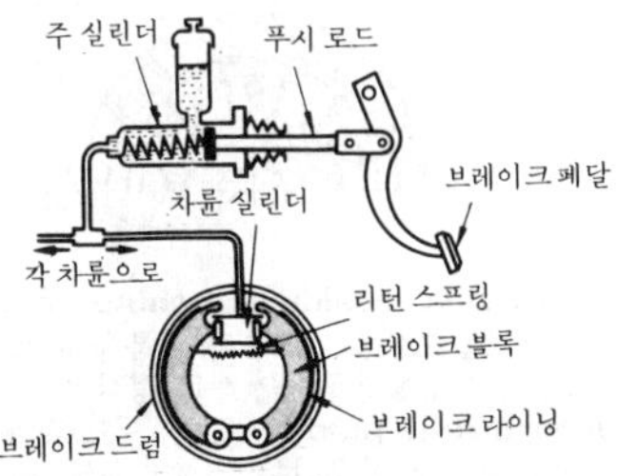

oil burner 기름 버너, 오일 버너 중유를 기계적으로 분무 연소시키는 연소기. 큰 것은 제강용 설치로에서, 작은 것은 중유용 토치 등 여러 가지 종류가 있다.

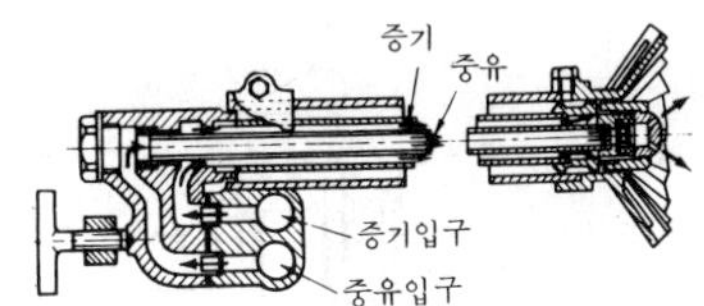

oil canning 오일 캐닝 석유통을 누르면 우그러지는 것과 같이, 박판 제품의 곡률이 작은 면의 볼록한 부분을 가볍게 누르면 그 부분이 들어가고 반대측으로 튀어나오는 일이 있다. 또, 평면 부분에 판이 남아서 울퉁불퉁해지는 일이 있다. 판금 제품의 불량 현상의 하나.

oil carrier 유조선(油槽船) 기름을 수송하는 배. ＝oil tanker

oil catcher 기름받이 통(－筒) 베어링 면에서 흘러나오는 오일이나 공작 기계에서 절삭에 사용한 오일 등을 받는 용기.

oil cleaner 오일 클리너, 기름 청정기(－淸淨機) 오일 중에 혼입한 수분, 먼지, 금속 가루 등을 원심력을 이용 또는 철망으로 여과하여 오일을 청정하게 하는 장치.

oil cock 오일 콕, 드레인 콕 윤활유를 배출하기 위하여 사용되는 콕.

oil color 오일 컬러 착색 안료를 다량으로 사용해서 만든 조색용(調色用) 유성 페인트.

oil cooled valve 유냉 밸브(油冷－) 기름을 사용하여 냉각시키는 밸브.

oil cooler 오일 쿨러, 윤활유 냉각기(潤滑油冷却器) 윤활 등에 사용되어 온도가 상승한 오일을 물 또는 공기로 냉각시키는 장치.

oil core 오일 코어 유사(油砂 : oil sand)로 만든 코어.

oil cup 오일 컵 기계의 베어링면에 윤활유를 유입시키기 위한 용기.

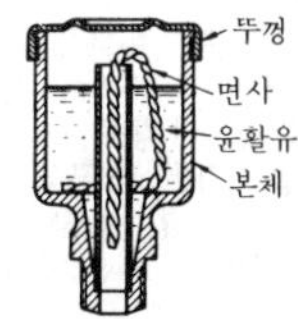

oil dam 오일 댐 요윤활부(要潤滑部)의

O

최고 위치보다 더 높은 위치까지 고정 슬리브를 축의 바로 바깥쪽에 덮어 씌워, 윤활유가 축에 닿지 않는 구조로 한 것.

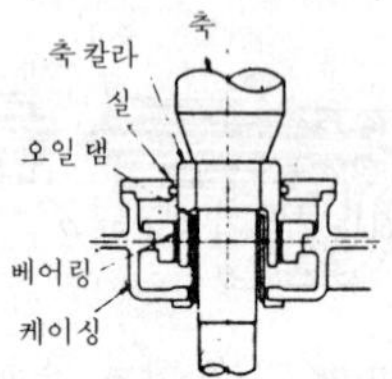

oil damper 오일 댐퍼 유압을 이용하여 진동계(振動系)에 감쇠력을 주는 장치. 보통 기름이 차 있는 실린더와 밸브 또는 오리피스(orifice)를 갖춘 피스톤으로 구성되어 있다.

oil dipper 오일 디퍼 →splash lubrication

oil feeder 주유기(注油機) =lubricator

oil film 유막(油膜) 기름의 얇은 층. 베어링에서는 축과 저널 사이에 생긴 유막에 의하여 직접 접촉을 방지하고, 유체 마찰의 상태로 되어 마찰, 마모의 감소 효과가 있다.

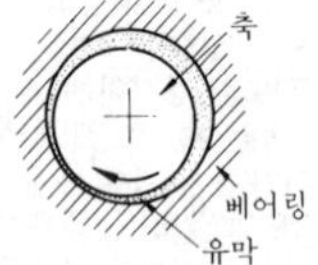

oil film seal 오일 필름 실 축과 링 또는 부시 간의 미소한 틈새에 유막을 만들어 축을 밀봉하는 실(seal)법.

oil filter 오일 필터 윤활유를 여과하여 깨끗하게 하는 것. 보통 눈이 촘촘한 철망이 사용된다.

oil gas 오일 가스 경유 또는 중유를 열분해하여 얻어지는 가스.

oil gauge 유량계(油量計) 관내를 통하는 유량을 적산하여 표시하는 계기. 구조는 수량계와 같다.

oil groove 기름 홈, 유로(油路) 주유가 잘 되도록 베어링 등의 축받이 면에 판 홈.

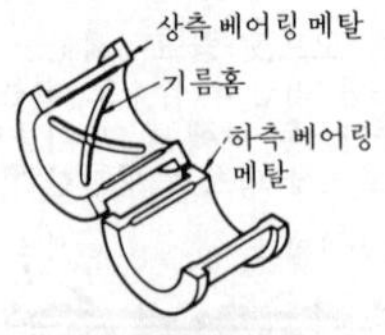

oil groove

oil gun 오일 건 윤활유 주유기의 일종.

oil gardening 기름 담금질 기름 중에서 담금질을 하는 조작. 담금질 변형이 적게 생기므로 형상이 복잡한 공구의 담금질에 좋다.

oil hole 기름 구멍 주유하기 위하여 만든 구멍. 베어링에 많이 이용된다.

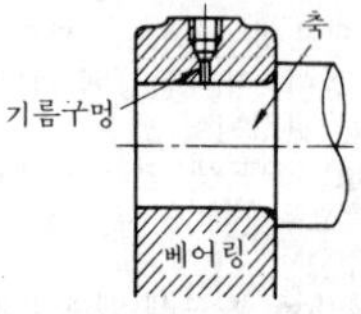

oil hole drill 기름 홈붙이 드릴, 기름 구멍 드릴 드릴에 기름 구멍을 만들고 완전히 주유할 수 있도록 한 특수 드릴. 깊은 구멍을 뚫는 경우에 사용한다.

oil hydraulic motor 유압 전동기(油壓電動機) 유압의 에너지에 의해 연속 회전 운동으로써 기계적 작업을 하는 기기.

▽ 기어 모터

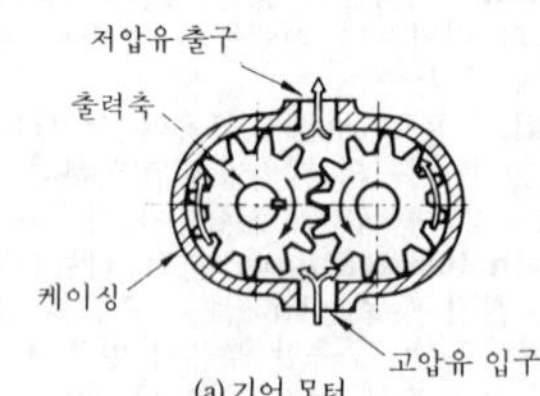

(a) 기어 모터

▽ 베인 모터(로터부)

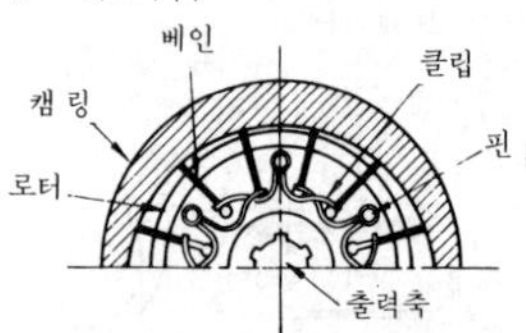

oil hydraulic moulding machine 유압 성형기(油壓成形機) 고압의 기름을 피스톤에 작용시켜 성형기를 운전하는 형식의 것.

oil hydraulic pump 유압 펌프(油壓－) 유압 회로에 이용되는 펌프. 유압 회로에서는 일반적으로 저압은 20kgf/㎠, 중압은 70kgf/㎠, 고압은 200kgf/㎠ 이상의 유압을 말한다.

oil immersed transformer 유입 변압기(油入變壓器) 오일을 냉매로 하고, 또 절연체로서의 작동을 시키기 위해 본체를 오일 속에 담근 변압기.

oiling 주유(注油), 급유(給油)

oil in gasoline lubrication 혼합 윤활(混合潤滑) 크랭크실 소기(掃氣) 2사이클 가솔린 기관에 사용되는 윤활 방법의 한 형식. 가솔린 속에 윤활유를 소량(보통 4~5%) 혼합함으로써 흡기(吸氣)가 크랭크실을 통과할 때 각 베어링, 실린더 등 윤활을 필요로 하는 부분에 윤활유가 묻어 윤활 작용을 할 수 있게 한 것. 소형 기관에 널리 사용되고 있다.

oiling ring 주유 링(注油-), 급유 링(給油-)

oil jack 유압 잭(油壓-) 유압을 이용한 잭으로, 소형인 것은 펌프와 잭이 하나로 조립되어 있으나 대형인 것은 분리된 것이 많다. 최근에는 휴대용의 소형 유압 펌프와 실린더를 고무 호스로 쉽게 연결할 수 있는 형식의 것도 증가하고 있다. 사용 유압도 200~300kg/㎠ 이상에 달하는 것도 있다. 능력에 비해서 소형으로 만들 수 있는 것이 장점이기는 하나, 유류의 누출에 조심하지 않으면 위험하다.

oil length 유장(油長) 오일 와니스, 프탈산 수지 등의 속에 함유되어 있는 지방산이나 지방유의 대소의 비율.

oilless air compressor 오일리스 공기 압축기(-空氣壓縮機) 실린더의 윤활을 필요로 하지 않는 왕복식 공기 압축기. 압축 공기 속에 기름이 섞여 있지 않기 때문에 주로 공업 계기용, 제어용, 도장용으로 사용되고 있다.

oilless bearing 오일리스 베어링, 함유 베어링(含油-) 소결 금속은 다공질이므로 이것에 기름을 침투시켜 슬리브 베어링으로 사용하면, 상당히 오랫동안 급유를 하지 않아도 사용할 수 있다. 이러한 베어링을 오일리스 베어링이라 한다. →dry bearing

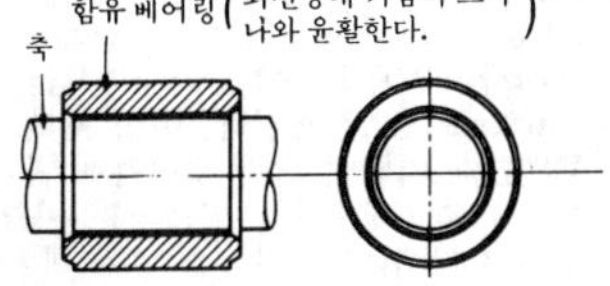

oil loam 오일 롬 운모 또는 흑연을 기계유로 반죽하여 주형의 이음 부분이나 코어 프린트(core print) 부분에 발라서 쇠물의 유입을 방지하는 혼합물.

oil lubricant 윤활유(潤滑油) 윤활제로서 사용되는 기름으로, 광물성의 것과 지방성의 것 및 광유에 10~20%의 지방유를 혼합한 것으로 나뉜다. =lubrication oil

oil pan 기름받이 통(-筒), 오일 팬 =oil catcher

oil pot 오일 포트 =oil cup

oil press 오일 프레스 기름이나 액즙을 수압기, 압착기 등으로 짜 내는 기계.

oil pressure 유압(油壓)

oil pressure gauge 유압계(油壓計) 유압의 측정에 사용하는 압력계. 부르동관 압력계가 많이 사용되고 있다.

oil pressure type static pressure bearing 유압식 정압 베어링(油壓式靜壓-) 유압을 이용한 그림과 같은 정압 베어링으로, 베어링 강성(剛性)이 높으므로 가공 시간이 단축된다.

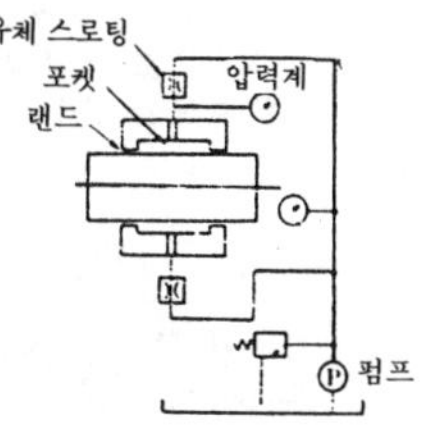

oil proof 내유(耐油) 유류에 침식되지 않는 성질.

oil pump 기름 펌프 기름에 압력을 가한다든지 기름을 수송하기 위해 사용되는 펌프.

oil purifier 기름 청정기(-淸淨器) 사용 중인 기름 속에 혼입한 수분(moisture), 먼지(dirt) 또는 금속 가루 등을 그물코가 조밀한 쇠그물로 여과하여 혼입물을 분리시켜 기름을 깨끗하게 하는 장치.

oil quenching 기름 담금질 냉각제로서 기름을 이용하는 담금질. 경화가 잘 되지 않지만 담금질 변형의 발생이 적기 때문에 Cr, Ni, Mn 등을 함유한 특수강의 담금질에는 기름 담금질로 처리한다.

oil receiver 수유기(受油器) =oil catcher

oil reservoir 기름 저장기(-貯藏器) 유

압용 작동유를 저장하는 유조로, 크기는 보통 펌프의 매분 토출량의 3배 정도로 잡고 방열이나 이물질의 침전, 거품의 방출이 잘 이루어지게 하며, 또 누설 방지를 완벽하게 한다. 부속 장치로서 드레인관, 유면계, 스트레이너, 차폐판, 주유구 등이 설치된다.

oil ring 오일 링 ① 기관의 실린더 내에 있는 여분의 윤활유를 긁어 내리는 작용을 하는 피스톤 링. 피스톤 링 가운데 맨 아래 부분에 부착되어 있다. ② 베어링 윤활 역할을 하는 링. 축의 회전수가 너무 빠르거나 느릴 때는 적합하지 않다.

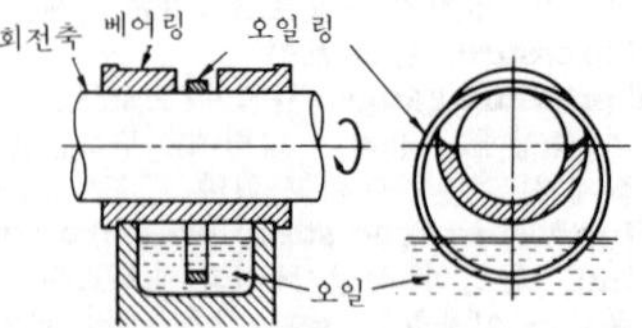

oil ring bearing 오일 링 베어링 주유를 위해 오일 링을 사용한 미끄럼 베어링. 베어링 본체의 일부에 있는 기름통의 기름을 오일 링의 회전으로 퍼 올려 축과 베어링 사이에 급유 작용을 한다.

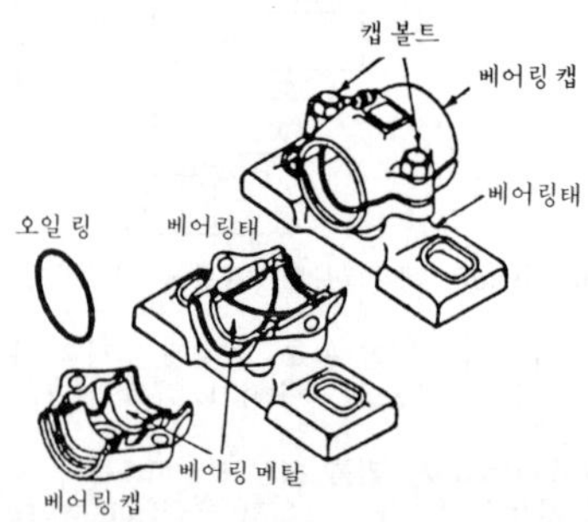

oil sand 유사(油砂) 기름을 점결제(粘結劑)로 사용한 주물사(鑄物砂). 건조 강도가 크고 주조 후 모래 털기가 용이하다.

oil sand core 유사 코어(油砂－) 유사로 만든 내화성이 높은 코어.

oil sand mold 유사 주형(油砂鑄型) 유지로 주물사를 굳힌 건조 주형.

oil scraping ring 오일 스크레이핑 링 실린더에 부착한 윤활유를 긁어 모아 크랭크에 되돌리기 위한 피스톤 링으로, 크랭크 케이스에 가장 가까운 위치에 부착되어 있는 링.

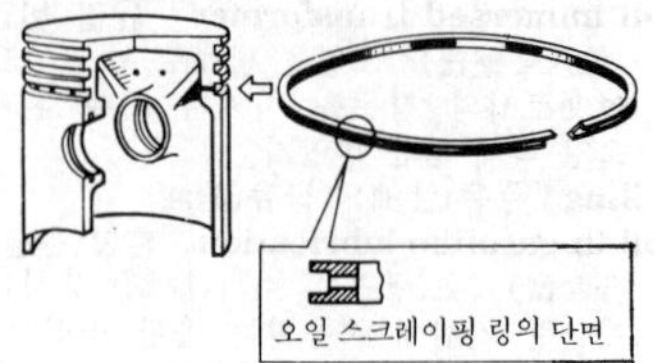

oil seal 오일 실 립(lip)을 이용하여 레이디얼 방향으로 죄어 붙여 회전 또는 왕복 운동부를 밀봉하는 실.

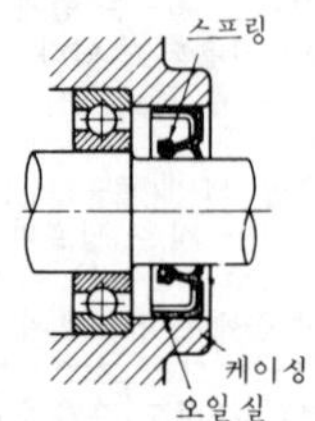

oil separator 윤활유 분리기(潤滑油分離器) 윤활유 중에 함유된 수분, 가솔린 등의 불순물을 분리하는 장치.

oil shale 유혈암(油頁岩) 석유를 함유한 암석의 일종.

oil sight 검유기(檢油器) 기름의 흐름을 관찰하는 기구. →flow sight

oil skipper 오일 스키퍼 →splash lubrication

oil staining 오일 스테이닝 기름에 절어 생긴 변색. =staining

oil stone 기름 숫돌, 오일 스톤 미세한 석영 가루를 소량의 접합제로 굳힌 경도가 높은 숫돌. 물 대신 기름으로 갈기 때문에 이 이름이 붙여졌다.

oil strainer 기름 여과기(－濾過器) =oil filter

oil sump 기름통(－筒) =oil basin

oil switch 오일 스위치, 유입 개폐기(油入開閉器) 기름에 의한 절연력과 냉각 작용에 의해서 개폐시에 발생되는 아크를 재빨리 끄기 위하여 기름을 넣는 개폐기.

oil tanker 유조선(油槽船), 오일 탱커 액체유를 탱크에 그대로 선적하여 수송하는 배로, 선미 기관(船尾機關), 단갑판선(單甲板船)으로 되어 있으며, 기관실의 앞 부분을 기름 탱크로 배치하는 경우가 많다. 탱크 내와 갑판 위에는 기름을 선적하고 방유(放油)하는 데 필요한 배관 장치가 되어 있다. =oil carrier

oil-temperature regulator 유온 조절기(油溫調節器) 윤활유의 온도를 적정하게 유지하기 위한 조절 장치. 항공 발동기 등에 사용되며 윤활유 냉각기에 바이패스(by-pass) 관을 설치해 시동시 또는 냉각시 등에 적당히 윤활유를 우회시킬 수 있도록 되어 있다.

oil tempered steel wire 오일 템퍼 강선(－鋼線) 냉간에서 뽑은 후 기름 담금질과 뜨임 처리를 한 강선으로, 스프링 용재로 사용되고 있다.

oil tester 오일 테스터, 기름 시험기(－試驗機) 기름의 성상(性狀)을 시험하기 위한 시험기.

oil thrower 기름 막기 베어링면에서 축을 따라 흘러내리는 기름을 일정 장소 밖으로 흘러 나가지 않도록 막기 위한 테.

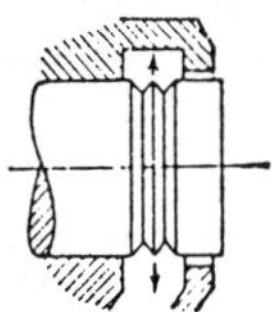

oiltight 유밀(油密) 기계나 장치의 어느 부분에서 기름이 다른 쪽으로 누설되지 않도록 장치한 것.

oil tube drill 유관 붙이 드릴(油菅－) 드릴의 랜드 내부에 강관을 묻은 특수 드릴. 깊은 구멍을 뚫는 데 적합하다.

oil varnish 오일 바니시 도막(塗膜)을 만드는 재료로, 건성유와 수지 등을 가열 융합하여 탄화 수소계 용제로 희석하여 만든 도료.

oil well pipe thread 유정 파이프용 나사(油井－用螺絲) 유정 파이프를 접속하는 나사로, 그 기본 산형은 미국 파이프용 나사와 같으며, 테이퍼(taper)가 1/32 인 것과 1/16 인 것의 두 종류가 있다.

oil whip 오일 휩 충분히 윤활된 미끄럼 베어링에 있어서 축을 고속으로 회전시켰을 때, 축의 위험 속도의 2배가 되면 격심한 진동이 축에 발생한다. 이 자려적(自勵的)인 회전 진동을 말한다.

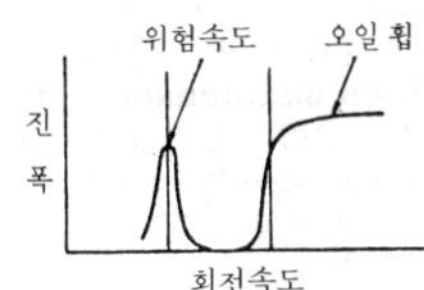

전형적인 오일 휩 현상

Oldham coupling 올덤 커플링 축이음의 일종. 2축이 평행해서 약간 편심되어 있는 경우, 각속도를 조금도 변화됨이 없이 동력을 전달할 수 있는 이음.

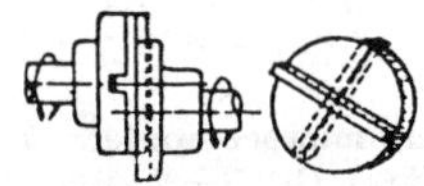

oleo damper 올레오 댐퍼 유압으로 충격을 흡수하는 장치.

oleo fork 올레오 포크 2륜차 또는 3륜차의 전륜부(前輪部)를 지지하는 포크 구조의 일종으로, 포크를 통상 모양의 텔레스코픽으로 하고 내부에 스프링과 유압 또는 공기압식 감쇠 장치를 갖춘 것을 말한다.

oleo pneumatic shock absorber 올레오식 완충 장치(－式緩衝裝置) 실린더 피스톤이 있고 실린더 내에 기름과 압축 가스가 봉입되어 있어, 실린더 내에 설치된 오리피스를 기름을 통과할 때에 유체 마찰 에너지가 소모됨으로써 충격을 흡수하는 구조로 되어 있는 장치.

oligomer 올리고머 단량체(單量體)로부터 얻어지는 비교적 반복 단위가 작은 저분자 생성물을 말한다. 각종 고분자 합성에 사용된다.

omega system 오메가 시스템 선박이나 항공기의 전파 항법(電波航法)으로, 송신국에서 10.2, 11.33, 13.6kHz 의 초장파대 전파를 발사하여 그 전파를 수신함으로써 전파의 위상차로 위치를 알아내는 시스템.

once through boiler 관류 보일러(貫流－) 강제 순환식 보일러에 속하는 것으로, 강제 관류 보일러라고도 하며 긴 관의 한 쪽 끝에서 급수를 펌프로 압송하고 도

O

중에서 차례로 가열, 증발, 과열되어 관의 다른 한 쪽 끝까지 과열 증기로 송출되는 형식의 보일러를 말한다. 고압 증기의 발생에 적합하고, 특히 초임계압(超臨界壓) 보일러인 경우에 유리하다.

on condition maintenance 온 컨디션 메인티넌스 정기적으로 점검, 시험을 실시하여 상태의 양부를 판정하는 것이 적당한 것에 적용되며, 상태가 이상한 곳이 있으면 부품 교환 또는 수리 등 적절한 조치를 취하는 방식.

one board microcomputer 원 보드 마이크로컴퓨터 board란 판을 말하는 것으로, 1매의 기판 위에 조립된 마이크로컴퓨터를 말한다. 원 칩 마이크로컴퓨터보다 1단계 상위인 것으로, 싱글 보드 마이크로 컴퓨터라고도 한다. 이것에는 메이커의 표준품과 키트(학습 또는 취미용)가 있다.

one chip microcomputer 원 칩 마이크로컴퓨터 CPU(중앙 처리 장치)에 프로그램 메모리, 데이터 메모리, 입·출력, 클록 발생기를 덧붙여 원 칩에 수용한 것. →one board microcomputer

one dimensional stress 1차원 응력(一次元應力), 단축 응력(單軸應力) =simple stress

one heat forging die 1소 단조형(一燒鍛造型) 보통, 형단조에서는 준비·조단조(粗鍛造)·다듬질의 3행정을 필요로 하나, 이 3개의 형을 형조각하여 두고 이것으로 1회의 가열에 의해서 연속적으로 3행정을 완료하도록 한 형. 이것으로 작업시간을 단축하고 재료의 소모를 줄일 수 있다.

one-man bus 원맨 버스 인건비 절약을 위하여 운전 기사가 승객 안내를 겸하는 1인 승무 버스.

one-shot-multivibrator 원숏 멀티바이브레이터, 단안정 멀티바이브레이터(單安定—) 하나의 트리거에 의해 안정 상태에서 준안정 상태로 반전시켜 다시 원상태로 되돌아올 때까지의 시간 간격 T의 구형파를 발생시키는 회로.

one start screw 한 줄 나사(—螺絲) → screw

one touch joint 원 터치 조인트 =quick disconnect coupling

one way clutch 원 웨이 클러치, 단방향 클러치(單方向—) 한 쪽 방향으로만 동력을 전달하는 구조로 이루어진 축이음. 용도는 ① 왕복 회전 운동(래크와 피니언, 크랭크와 레버)을 일정 방향의 간헐 회전 운동으로 바꾼다. ② 역전 방지. ③ 일주 방지(逸走防止) 등이 있다. =free wheeling clutch, back stop clutch

online 온라인 ① 데이터의 전송 과정에 있어서 인력(人力)의 개입을 필요로 하지 않는 상태를 말한다. ② 중앙 처리 장치의 직접 제어하에 있는 상태. ③ 제조 공정의 흐름 속에 있는 것.

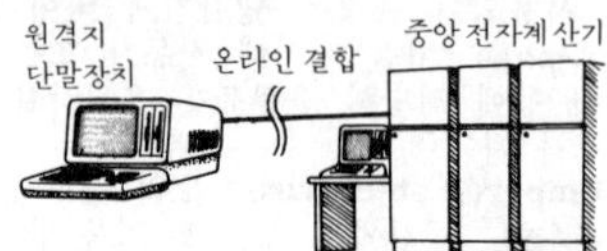

on-off control 온-오프 제어(—制御) 제어하는 조작량이 온이나 오프의 두 가지밖에 없는 제어를 말한다. 전기 담요의 서모스탯 온도 제어와 같은 제어를 말한다.

on-off control action 온-오프 동작(—動作) 동작 신호의 값에 따라서 조작량이 미리 정해져 있는 2개의 값 중에서 어느 하나를 취하는 제어 동작.

on site control 온 사이트 제어(—制御) 중요 공정의 설비 제어를 온 사이트 제어, 종속적 공정의 제어를 오프 사이트 제어라 한다.

on the job training ; OJT 사내 훈련(社內訓練) 직장 내에서 일상 작업 가운데 기회를 포착하여 작업에 필요한 지식, 기능, 태도 등을 계획적으로 교육시키는 것.

open beading 오픈 비딩 →beading

open belt 평행 걸이 벨트(平行—), 오픈 벨트 평행을 이루는 2축의 전동 풀리에 감겨 있는 벨트가 도중에서 만나지 않고 풀리가 같은 방향으로 회전하는 방식의 벨트 걸이.

open belting 오픈 벨트 2개의 차가 같은 방향으로 회전하는 벨트 걸이 방법을 말한다.

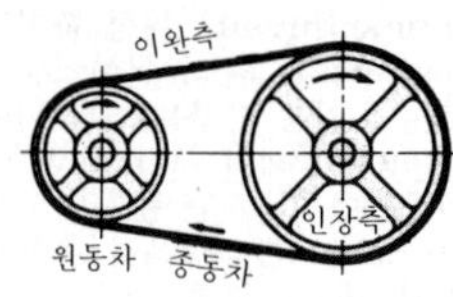

open car 오픈 카 철판으로 된 덮개가 없는 자동차. 포장으로 덮개를 하여 임의로 씌우고 벗기고 하는 승용차. 무개차(無蓋車).

open channel 개거(開渠) 수로(水路). 하천, 운하와 같이 위를 덮지 않고 그대로 터놓아 대기와 액면(液面)이 직접 접하는 액체의 흐름 또는 그 구조물을 말한다. 개거(開渠)의 흐름은 위치의 구배, 즉 중력의 작용에 의해서만 흐르는 특징이 있다.

open cycle 개방 사이클(開放－) →colsed cycle

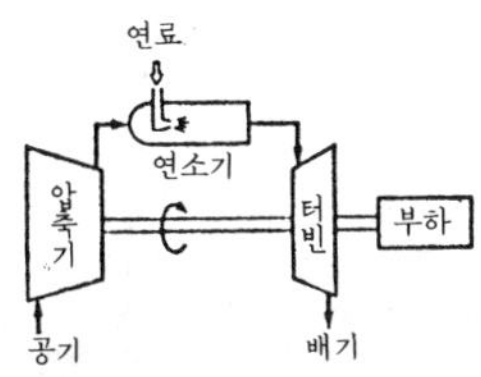

open cycle gas turbine 개방 사이클 가스 터빈(開放－) 사이클마다 새로운 작동 유체를 흡입하고 그 작동 유체 내에 연료를 분사하여 연소 가스로 사용하고, 사이클이 끝나면 대기 속에 배출하여 버리는 형식의 가스 터빈. 공기를 작동 유체로 사용하는 일반 가스 터빈, 제트 기관은 이 형식에 속한다.

opener 개면기(開綿機), 오프너 ① 면(綿)을 타서 정면(淨綿)하는 기계. 솜틀. ② 깡통따개 또는 마개 뽑이.

open-hearth furnace 평로(平爐) 모양이 편평한 제강용 반사로. 선철, 스크랩, 기타의 소재를 넣어 가열, 용해하여 강을 만든다.

open-hearth steel 평로강(平爐鋼) 평로에서 만든 강.

open impeller 오픈 임펠러 측판(側板)이 없는 날개차.

opening 오프닝, 개섬(開纖) 방적의 혼타면(混打綿) 공정에서 섬유의 덩어리를 푸는 것.

open joints 오픈 조인트 용접할 모재와 모재 사이에 틈새를 두고 하는 용접.

open link 오픈 링크 스터드(stud：支柱)가 붙어 있지 않은 고리 모양의 체인.

open loop control 개회로 제어(開回路制御), 오픈 루프 제어(－制御) 출력 제어를 할 때에 입력만을 고려하고 출력은 전혀 고려하지 않은 방식.

〔예〕 NC 공작기계

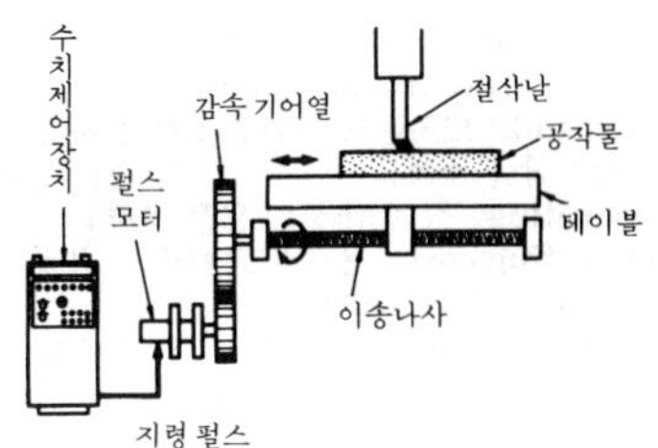

open nozzle 개방 노즐(開放－) 디젤 기관의 연료 분사 밸브의 한 형식. 노즐에 작은 구멍이 열려 있는 상태로 되어 있는 것을 말한다.

open sand molding 바닥 주조법(－鑄造法), 개방 주조법(開放鑄造法) 주물 공장의 바닥에 주물사를 편평하게 다져 놓고 목형을 박은 다음 빼 내어 주형을 만드는 방식.

open shop 오픈 숍 사용자가 노동자를 고용하고 해고함에 있어서 그 노동자가 노동 조합원인지 아닌지에 대하여 노사간에 아무런 결정 사항이 없고, 사용자는 그 점에 대하여 아무런 제약도 받지 않는 제도.

open-sided planer 단주형 평삭기(單柱形平削機) 가로 거더를 지지하는 기둥 칼럼(column)이 케이블의 한 쪽에만 있는 평삭기.

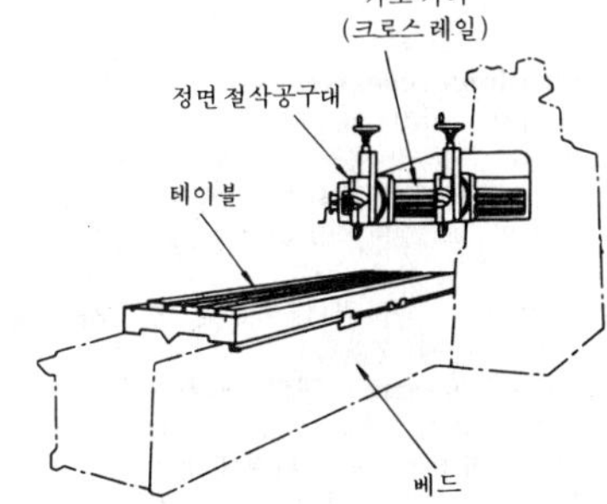

O

open-sided planing machine 단주형 프레이너(單柱形－) →open-sided planer
open wagon 무개차(無蓋車) =uncovered freight car, gondola car
operand 오퍼랜드 명령 실행에 사용되는 데이터나 정보.
operating 작업(作業), 운전(運轉)
operating cost 운전비(運轉費) 기계류의 운전에 직접 필요한 비용.
operating system 오퍼레이팅 시스템, 운영 체제(運營體制) 하드웨어, 소프트웨어, 데이터 등 모든 것을 제어하는 프로그램.

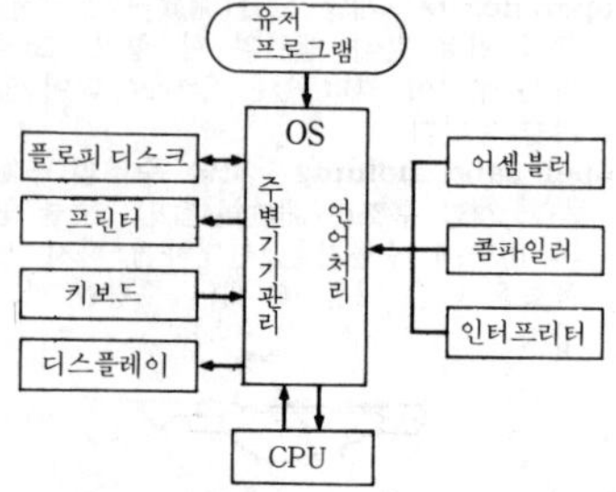

operation 작동(作動), 조업(操業), 작업(作業) =operating
operational amplifier 연산 증폭기(演算增幅器), **OP** 앰프 =operation amplifier
operation amplifier 연산 증폭기(演算增幅器), **OP** 앰프 아날로그 전압을 증폭하거나 가감승제 등의 연산을 처리하는 증폭기. 주로 IC화되어 있다. →amplifier
operation guide 오퍼레이션 가이드 목표값과 현재값을 비교하여 제어 대상(예컨대, 터빈의 변속 상승률)의 목표값을 표시하여 조작의 지침을 부여하는 장치.
operations research ; **OR** 오퍼레이션즈 리서치 작전 연구라는 뜻으로, 「과학적 방법, 수법 및 용구를 체계의 운영 방책에 관한 문제에 적용하여 방책의 결정자에게 문제의 해결을 제공하는 기술」이라 정의하고 있다.
operator 작업원(作業員), 조종자(操縱者), 교환원(交換員)
opposed burner 대향 버너(對向－) 연소실 양쪽에 서로 마주보게 버너를 배치하면, 화염의 충돌 위치에서 미분탄(微粉炭)과 공기의 혼합이 잘 되는데, 이와 같이 배치된 버너를 대향 버너라고 한다.
opposed cylinder engine 대향 실린더 기관(對向－機關) 크랭크축 양쪽에 실린더를 마주보게 배치한 기관.
opposed piston engine 대향 피스톤 기관(對向－機關) 2사이클 디젤 기관의 1형식. 실린더 중에 대향하는 2개의 피스톤이 동시에 반대 방향의 운동을 하는 기관.
opposition 대립(對立), 대치(對置), 반대(反對)
optical axis 광축(光軸) ① 하나의 광학계(光學系)를 형성하는 렌즈, 거울면의 중앙을 연결하는 선이 직선인 경우, 그것을 그 광학계의 광축 또는 축이라고 한다. ② 복굴절성(複屈折性) 물체에 있어서 빛이 특별히 복굴절을 일으키지 않는 방향을 그 물체의 광축이라고 한다.
optical bench 광학대(光學臺), 옵티컬 벤치 광학 부품을 직선상에 배치하는 받침. 광학적 제량(諸量), 예를 들면 렌즈의 초점 거리, 수차(收差)의 측정 등에 사용된다.
optical character reader ; **OCR** 광학 문자 해독 장치(光學文字解讀裝置) 손으로 쓴 문자나 시트 또는 카드에 인쇄되어 있는 문자를 광학적으로 판독하여 컴퓨터에 입력하는 장치. 사용되는 문자는 독특한 형태를 하고 있다. 판독 속도는 200~1,800자/분.
optical fiber 광섬유(光纖維), 광 파이버(光－), 옵티컬 파이버 광학 섬유를 뜻하

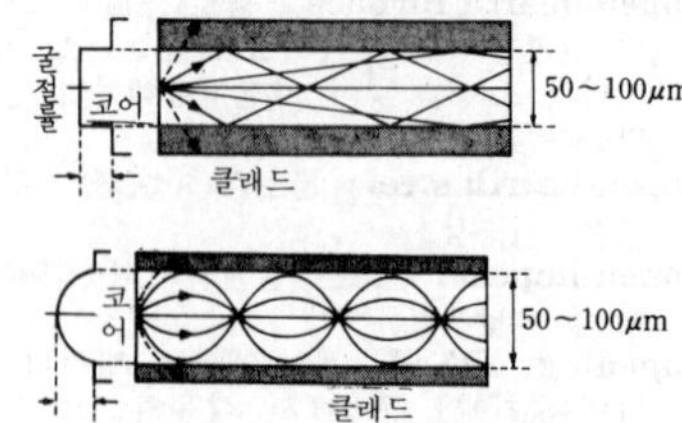

▽광섬유 전송방식

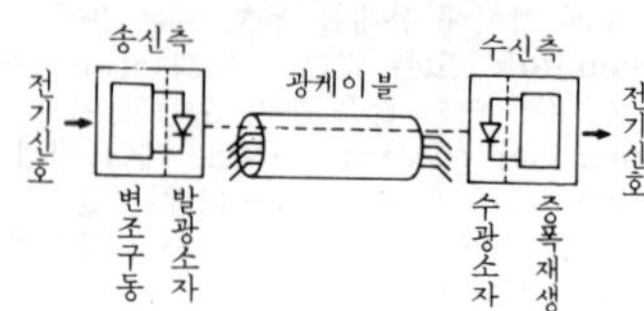

는 것으로, 빛을 능률적으로 전송하기 위한 광학 유리 섬유를 말한다. 파이버가 굽었다 하더라도 빛이 파이버 속을 진행하는 특성을 지니고 있다. 현재의 동축 케이블에 의한 전기 통신에 비해 광통신은 수만 배의 정보를 전송할 수 있다.

optical flat 옵티컬 플랫 비교적 작은 부분의 평면도 측정에 이용되고 있다. 광학 유리를 연마하여 만든 극히 정확한 평행 평면반(平行平面盤). 이것을 측정면에서 살그머니 포개어 놓고 표면에 나트륨 광선과 같은 단색광을 비추어 간섭 무늬를 만든다. 무늬가 곧게 나타나면 정밀한 평면이다.

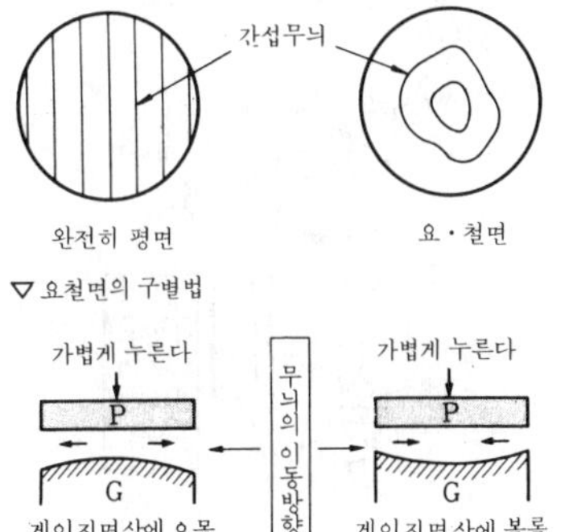

optical glass 광학 유리(光學－) 광학 기기용 양질 유리. 굴절률, 분산도, 경도, 내구도 등에 관해 특별히 배려되어 있다.

optical indicator 광 인디케이터(光－) 내연 기관의 실린더 내의 가스 연소 상태를 기록하는 장치. 광 레버, 광전관 등을 이용하여 광학적 방법으로 확대하도록 한 것. 그림은 홉킨슨 인디케이터(Hopkinson's indicator)이다.

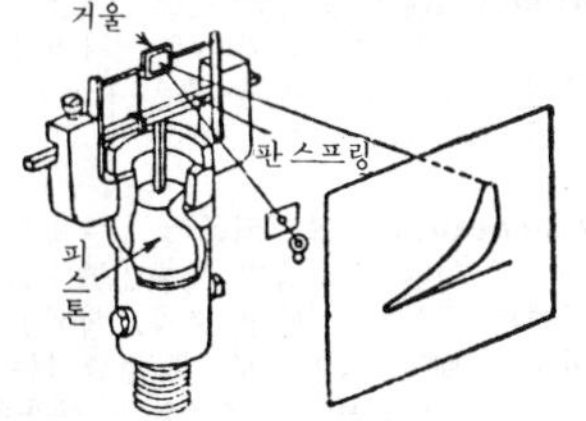

optical instrument 광학 기계(光學機械) 광선에 의하여 물체의 상(像)을 발생시키고 그것을 응용한 기계 장치의 총칭. 망원경, 현미경, 렌즈, 거울 등.

optical intergrated circuit 광집적 회로(光集積回路) 광통신에서 사용하는 각종 광소자를 일체화하여 집적화시킨 광 능동소자.

optical isolator 광 아이솔레이터(光－) 빛을 한 쪽 방향으로만 비추는 장치.

optical lever 광 레버(光－) 미소한 각도의 움직임을 광학적으로 확대하는 기구의 일종.

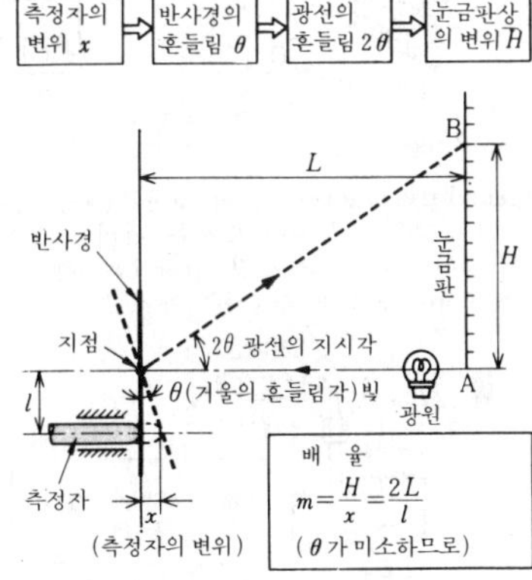

optical memory 광 메모리(光－) 기억을 축적하는 것을 메모리라고 하는데, 특히 빛을 매개로 하여 이용한 메모리를 말한다. 흠이나 먼지 등에 의해 정보가 쉽게 손상되지 않는 등의 특징이 있다. 넓은 뜻으로는 빛으로 정보를 기록하는 모든 소자를 말한다.

optical parallel 옵티컬 패럴렐 옵티컬 플랫과 같은 재료로 만들어진 것이나 특히 평면도, 평행도 및 주위 오차의 측정 등에 사용된다.

optical polygon 폴리건 거울, 다면경(多面鏡) 광학적으로 평탄하게 연마된 거울면을 가진 금속 또는 유리로 만든 다면경. 거울면의 수는 3~72면까지 만들어져 있다. 오토콜리메이터(autocollimator)와

함께 사용함으로써 고정도(高精度) 측정용의 각도의 기준이 된다. →autocollimator

optical profile grinder 광학식 모방 연삭기(光學式模倣硏削機) 구하는 형을 확대하여 도면으로 그리고 그 도면의 형상을 팬터그래프의 지침으로 좇는 방식의 모방 연삭기.

optical protractor level 광학식 분도기(光學式分度器) 정밀 수준기의 일종.

optical pulse scale 광학적 펄스 스케일(光學的－) 같은 간격의 선격자(線格子)를 지닌 이동 스케일의 직선 변위를 광전 소자로 계수 표시하는 측정기.

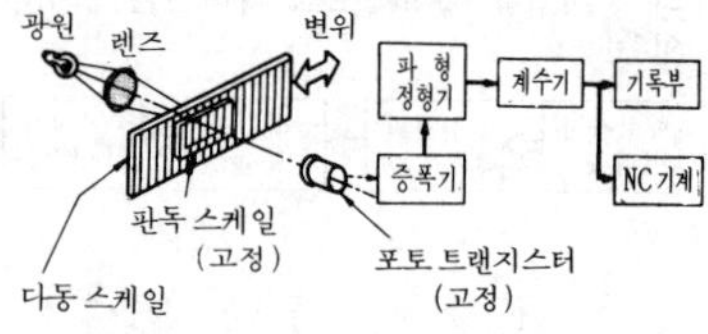

optical pyrometer 광학 고온계(光學高溫計) 고온의 물질이 발하는 광의 강도를 측정하여 이것을 일정 발광체의 광도와 비교하여 온도를 측정하는 계기.

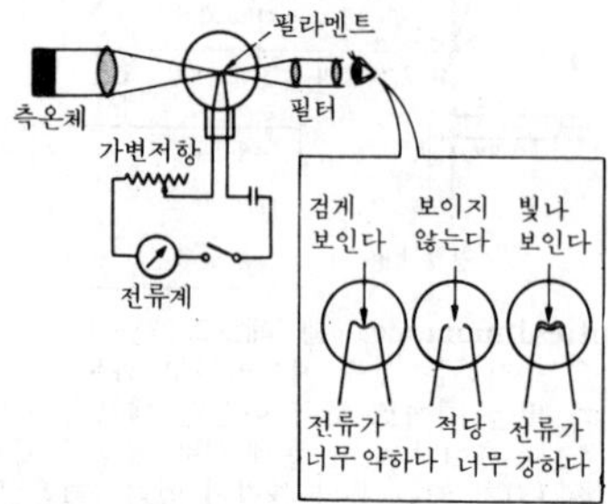

optical selective film 광 선택막(光選擇膜) 빛에 대한 투과율, 반사율, 흡수율 등에 파장 선택 특성을 지닌 막을 말한다. 특히, 태양열 컬렉터에 이용되는 것을 선택 흡수막(selective absorbing film)이라 한다.

optical system 광학계(光學系) 광선의 반사, 굴절에 의해 물체의 상(像)을 맺게 하기 위한 목적으로 갖추어진 반사면 및 굴절면의 조합. 보통은 렌즈 및 반사경의 조합으로 이루어진다.

optical tube length 광학통 길이(光學筒－) 현미경에 있어서 대물 렌즈의 상(像) 초점과 접안 렌즈의 물체 초점과의 거리.

optical wave guide 옵티컬 웨이브 가이드 빛의 전파부(傳播部)에 그보다 굴절률이 작은 재료를 피복한 것으로, 그 경계면에서 빛을 전반사(全反射)시켜 내부에 가둔 채 전파하는 빛을 인도하는 가이드 역할을 하는 것.

optimeter 옵티미터 콤퍼레이터의 일종. 측정자의 미소한 움직임을 광학적으로 확대하는 장치. 확대율 800배, 측정 범위 ±0.1mm, 최소 눈금 1μ, 정밀도 ±0.25μ. 여러 가지 부속 장치를 이용하여 원통의 지름 또는 중공(中空) 원통의 지름 이외에 수나사, 암나사, 축 게이지 등과 같이 고정밀도를 요하는 것의 측정을 할 수 있다.

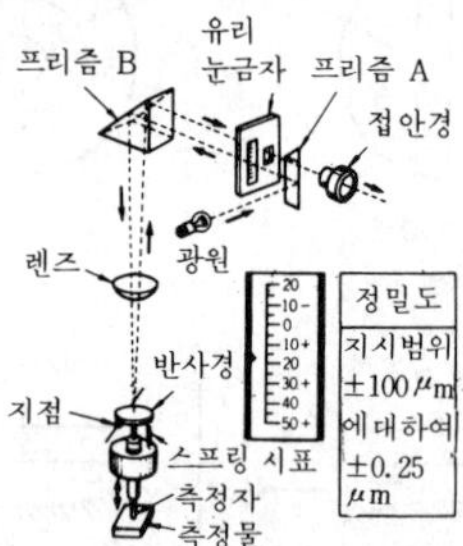

option 옵션 선택이라는 뜻. 기기의 견적시 구입 예산으로 자유로이 선택할 수 있도록 몇 가지 기기의 제원, 가격 등을 제시한 것.

optional block skip 옵셔널 블록 스킵 특정한 블록의 첫머리에 "/"(슬래시) 부호를 붙여서 프로그램을 선택적으로 점프할 수 있도록 하는 수단을 말하며, 이 선택은 스위치로 한다.

optional stop 옵셔널 스톱 보조 기능의 하나로, 오퍼레이터가 이 스위치를 넣어 두면 프로그램 스톱과 같은 작용을 한다. 스위치를 넣지 않았을 때는 이 지시는 무시된다.

opto-coupler 옵토커플러 발광원(發光源：입력)과 광검출기(光檢出器：출력)로 구성되는 고체 스위칭 소자. 광원은 갈륨 비소나 발광 다이오드, 광검출기는 포토 다이오드나 포토 트랜지스터가 사용된다.

optoelectronics 옵토일렉트로닉스 빛과 전기 경계 영역의 기술 분야를 말한다. 광전(光電) 변환계를 통하여 빛과 전기의 영역을 연결하고, 한 쪽 영역만으로는 실현시키기 어려운 기능이나 성능을 얻는 데 목적을 두고 있다. 이 시스템에 의해 광정보(光情報) 전송 및 광정보 처리, 광계측(光計測), 디스플레이 등을 할 수 있다.

orange peel 오렌지 필 평활한 금속판에 굽힘이나 드로잉 가공 등을 했을 때, 표면에 감귤 껍질과 같이 거칠어지는 것.

OR circuit **OR** 회로(-回路), 논리합 회로(論理合回路) 2 개 이상의 입력과 1 개의 출력 단자를 가지며, 입력 단자의 어느 하나에 입력 "1"이 들어가면 출력 "1"이 나오는 회로.

입력 A B 출력 C

A	*B*	*C*
0	0	0
0	1	1
1	0	1
1	1	1

ordinary lay 보통 꼬임 →wire rope

ordinary piece rate method 보통 실적 고임금제(普通實績高賃金制) 단순히 작업의 실적고에 비례하여 임금을 지불하는 방식.

임금=임금률×실적고

ordinary ray 상광선(常光線) 빛이 단광축체(광축이 하나뿐인 물체. 단축 결정)의 표면에 복굴절(複屈折)을 하여 나타나는 두 광파(光波) 중에서 모든 방향으로 같은 속도로 진행하는 쪽의 광선.

ordinate 종좌표(縱座標) 좌표 중 세로축에 따라 측정한 값.

Oregon pine 미송(米松)

organic material 유기재(有機材) 디페닐과 타페닐은 이것들의 벤젠환(環)의 구조 속에 수소(H)를 가지고 있어 감속재(減速材)로서의 요건을 갖추고 있으며, 또 비점(沸點)이 높기 때문에 저압 상태에서 고온으로 되게 하여도 끓을 우려가 적다. 이와 같은 장점을 이용하여 유기재 감속 냉각형 원자로가 개발되어 있다. 그러나 고온 및 중성자 조사(照射) 상태에서의 불안정이 의문시되고 있어 많은 연구가 진행되고 있다.

organization 조직(組織)

organosol 오가노졸 수지 분말에 가소제(可塑劑)를 첨가한 플라스틱 졸에 저비점 희석제(低沸點稀釋劑)를 첨가한 졸.

orientation 오리엔테이션 새로운 작업, 교육 훈련, 강습회 등을 개시함에 있어서 기본적인 사고 방식, 진행, 운영 방법에 대하여 설명하는 것.

orient core 오리엔트 코어 이방성(異方性) 규소 강판. 권선형 철심(捲線形鐵心)으로 사용된다.

orifice 오리피스 수조의 벽 또는 흐름을 막는 판에 구멍을 뚫어 물을 유출시킬 수 있게 한 유출구.

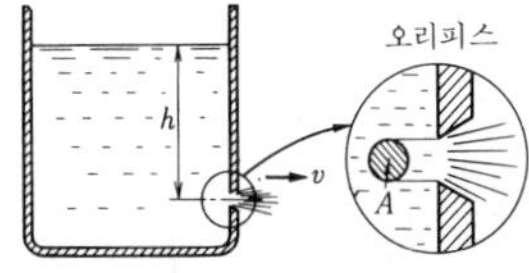

유출속도 : $v=\sqrt{2gh}$, 유량 $Q=Av$

h : 수면에서 오리피스까지의 깊이

A : 오리피스의 단면적

g : 중력 가속도

orifice meter 오리피스 유량계(-流量計) 관내(菅內) 오리피스의 양측 수두를 측정하여 유량을 알아내는 계기.

original drawing 원도(原圖)[1], 원도(元圖)[2] ① =traced drawing. ② 원도(原圖 : 복사의 원지가 되는 그림 또는 도면)를 작성할 때 바탕이 되는 그림 또는 도면.

O ring **O** 링 니트릴 고무나 기타 용도에 따른 재질로 만들어진, 단면이 원형인 실(seal)용 링.

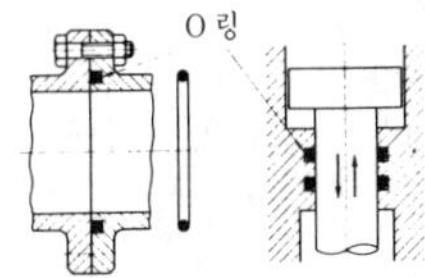

Orsat analyzing appratus 오르자트 가스 분석 장치(-分析裝置) 연소 가스 속의 CO_2, O_2, CO 를 흡수제로 흡수시켜 용적 조성을 구하는 장치로, 휴대용으로 소형화한 것.

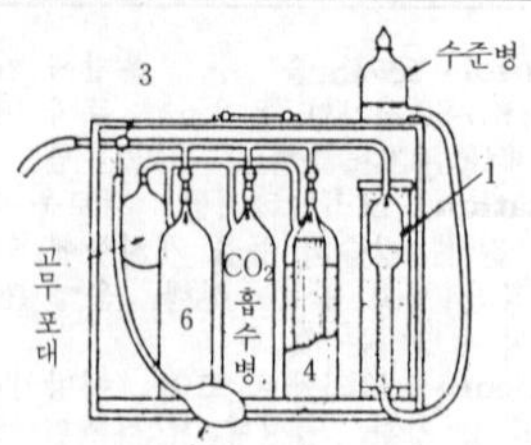

Orsat analyzing appratus

orthogonal array 직교 배열(直交配列) 임의의 두 인자에 대하여 그 수준의 모든 조합이 같은 횟수씩 나타낼 수 있는 실험의 할당.

실제번호원자	A	B	C	D
1	+	+	+	+
2	−	+	−	+
3	+	−	−	+
4	−	−	+	+
5	+	+	+	−
6	−	+	−	−
7	+	−	−	−
8	−	−	+	−

orthographic projection 정사 투영(正射投影) 물체의 형상을 화면에 직교하는 광선에 의해 투영하는 것. 직각 투영이라고도 한다. 물체에 대한 투영면의 배치에 대해서는 여러 방식이 있으나, 기계 제도에서는 원칙으로서 제 3 각법에 의한다. → method of the projections

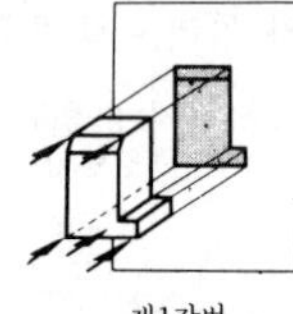
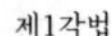
제1각법

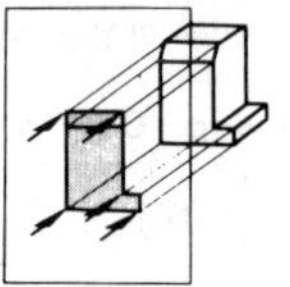
제3각법

orthotest 오소테스트 레버를 이용한 기계적 콤퍼레이터의 일종. 레버와 1 개의 기어를 이용하여 측정자의 미소 변위를 확대하는 기계. 측정 범위는 작아서 ±50 μ, 1 눈금은 1μ.

orthotropy 직교 이방성(直交異方性) 물체의 물리적 성질이 방향에 따라 달라지지 않는 경우를 등방성(等方性 : isotropy)이라 하고, 방향에 따라 달라지지 않는 성질이 있는 경우를 이방성(anisotropy)이라고 한다. 이방성 중 서로 직교하는 세 면에 관해서 대칭인 성질을 갖는 경우를 직교 이방성이라 하고, 그 직교 대칭면의 만난선을 이방성의 주축(principal directions of anisotropy)이라고 한다.

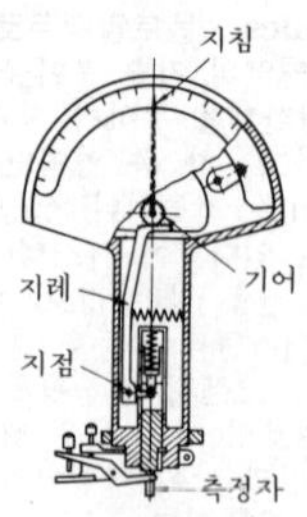

orthotest

oscillating cam 요동 캠(搖動−) 평면 캠의 일종. 원동절 A의 회전에 의하여 종동절 B가 왕복 각운동을 한다.

oscillating fan 흔들이 선풍기(−扇風機) 여러 가지 기구(機構)를 이용함으로써 송풍 방향을 좌우로 바꿀 수 있는 선풍기.

oscillating slider crank mechanism 요동 슬라이더 크랭크 기구(搖動−機構) 미끄럼 짝(대우)을 1 개 갖는 4링크 기구 중에서 슬라이더가 요동 운동을 하게 되는 것을 말한다.

oscillation 진동(振動) 물체가 일정한 시간마다 같은 운동을 반복하는 현상.

oscillation casting 진동 주조법(振動鑄造法) 주탕(鑄湯) 도중(70∼80% 주탕시)부터, 주탕 완료 후에도 수 10 분 주형을 진동시키면 기포가 부상하여 밀도가 높은 조직의 미세한 주물이 얻어진다. 진동에는 초음파식과 저진동식이 있다.

oscillation circuit 발진 회로(發振回路) 외부로부터 주어진 신호가 아니고, 전원에서 전력으로 지속되는 전기 진동을 발생하는 회로.

oscillator 진동자(振動子), 오실레이터 = trembler

oscillograph 오실로그래프 전류, 전압의 변화 상태를 지시, 기록하는 장치.

oscilloscope 오실로스코프 브라운관을 사용하여 신호 파형을 표시하는 장치로, 브라운관상에 파형을 정지시키도록 되어 있다.

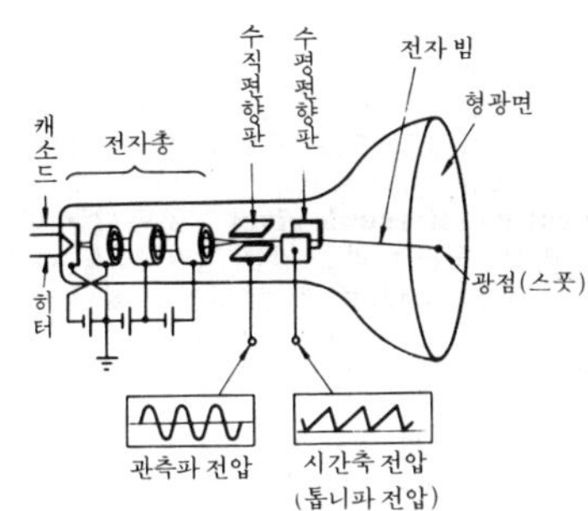

oscilloscope

oster 오스터 파이프에 나사를 절삭하는 그림과 같은 다이스 돌리개의 일종.

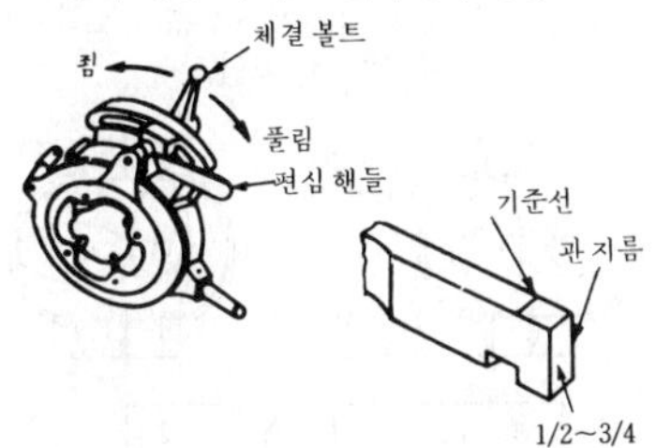

Otto cycle 오토 사이클 1876년 독일인 오토(Nicholaus A. Otto)가 고안. 단열, 압축, 폭발, 단열 팽창, 배기 행정으로 이루어져 있다.

outboard rotor 아웃보드 로터 2개의 저널을 가지고 있고, 중심(重心)이 두 저널 사이에 있지 않는 로터.

outer diameter 외경(外徑), 바깥 지름 중공(中空)의 원통상(圓筒狀) 물체에 있어서 바깥 둘레의 지름. =outside diameter

outer gearing 외접 맞물림(外接－) 한 쌍의 기어의 피치원(圓)이 외접하는 맞물림을 말한다.

outer race 외측 레이스(外側－) 바깥쪽 레이스. →race

outer ring 아우터 링 =outer race

outer shell 외통(外筒) 가스 터빈 연소기의 외벽을 형성하는 통.

outfit 의장(艤裝) 선박에 있어서 선체 및 기관 이외에 설비하는 장치를 말한다. 즉, 설비, 비품, 계기(計器) 등의 모든 것을 통틀어서 의장(艤裝)이라고 한다. 주요한 것으로는 계선(繫船)·정박 장치, 조타(操舵) 장치, 하역 장치, 통신 장치, 통풍·채광 장치, 소화 장치, 각종 개구(開口)·폐쇄 장치, 각종 배관 장치, 갑판 기계, 전기 설비, 보트류, 항해 용구 등이 있다. =equipment

outlet 아우트렛 ① 출구. ② 전기의 접속구. 소켓, 리셉터클, 콘센트의 3종류가 있다.

outlet joint 아우트렛 조인트 본관(本管)에 인출 구멍을 뚫고 분기관을 접속하는 관이음으로, 주로 분기관부의 보강을 목적으로 한다.

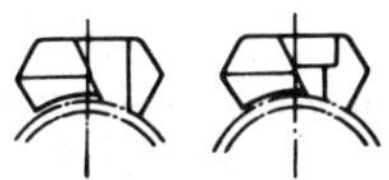

outline 아우트라인 윤곽, 개략, 개요. 원래는 도면의 윤곽선을 뜻하는 것이나, 또한 사업·계획 등의 개요, 개략 등의 의미로도 사용한다.

out of roundness 진원도(眞圓度) 환봉(丸棒)이 진원인지 아닌지의 정도. 진원도를 조사하는 데는 양 센터에서 지지하고 있는 환봉을 회전시키면서 콤퍼레이터 등으로 측정하여, 측정자(測定子)의 움직임으로 반지름의 오차를 구한다.

output 아우트풋 수신기나 증폭기 또는 마이크로폰이나 픽업으로부터 나오는 신호를 말한다. 기계 용어의 출력과 같다.

outrigger 아우트리거 이동식 기중기 중에서 트럭 크레인, 휠 크레인에 장착하여 기중기 작업시의 안정성을 보다 좋게 하기 위한 것을 말한다.

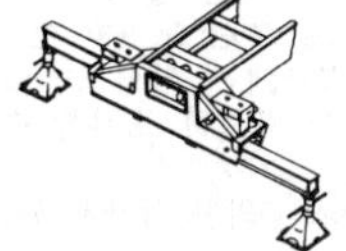

outside 외부(外部), 외측(外側), 외부의(外部－)

outside calipers 외경 퍼스(外徑－) 공작물의 외경이나 두께를 측정하는 공구.

outside diameter of thread 나사의 외경(螺絲－外徑) →screw

outside drawing 외형도(外形圖) 기계나

O

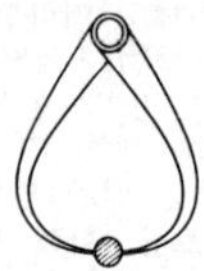

outside calipers

장치 등의 외형만을 나타낸 그림.

outside fire box 외연소실(外燃燒室) 화실(연소실)을 보일러 본체의 외부에 장치한 것.

outside lap 외측 랩(外側－) 증기 기관의 미끄럼 밸브(D형 또는 피스톤)가 중립 위치에 놓였을 때, 밸브의 바깥쪽 끝이 증기 통로의 끝 중간에 겹쳐져 있는 길이.

outside micrometer 외측 마이크로미터(外側－) 공작품의 외측을 측정하는 마이크로미터.

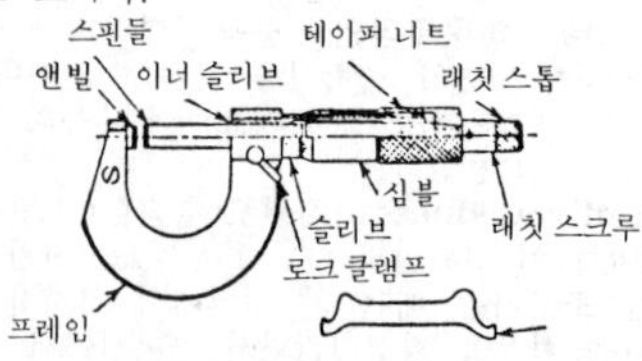

outside plate 외판(外板) 철도 차량에 있어서 차체의 외곽을 둘러싸고 있는 판. 측판, 뚜껑판의 총칭. ＝outside sheathing

outside single-point thread tool 수나사용 1산 바이트(－螺絲用一山－) 선반 절삭에 의한 나사 절삭을 하기 위하여 사용되는 싱글 바이트.

outside view 외형도(外形圖) 기계나 장치, 구조물이나 부품 등의 외형만을 그려서 나타낸 그림 또는 도면을 말하며, 간단한 물품인 경우에는 외형도만으로 그 형상이나 치수를 완전히 표시할 수 있을 때가 많다.

outward flange 외향 플랜지(外向－) →flange

outward flow turbine 외향류 터빈(外向流－) 낡은 형의 수차(水車). 날개차의 중심부에서 유체가 흘러 들어 반경 방향으로, 외향으로 날개차 내를 통과하면서 날개차에 토크를 주는 형식의 수차. 현재는 거의 쓰이지 않는다.

oval 타원형(楕圓形), 난형선(卵形線), 타원형의(楕圓形－)

oval belt fastener 오벌 벨트 체결(－締結) 벨트 이음쇠의 일종. 달걀 모양의 와셔와 체결 볼트로 벨트를 접속시키는 방식의 것.

oval countersunk rivet 둥근 접시머리 리벳 둥근 머리를 갖는 접시머리형 리벳. 수밀성이 크므로 조선 관계에 많이 사용된다. ＝truss head rivet

oval countersunk screw 둥근 접시머리 작은 나사(－螺絲) →machine screw

oval file 타원 줄(楕圓－) 단면이 동일 곡률 반경의 원호가 마주보는 형의 줄. →file

oval fillister-head screw 둥근 납작머리 작은 나사(－螺絲) →machine screw

oval flow meter 오벌 유량계(－流量計) 그림과 같은 용적 유량계. 각종 점도의 액체나 기체를 측정할 수 있다.

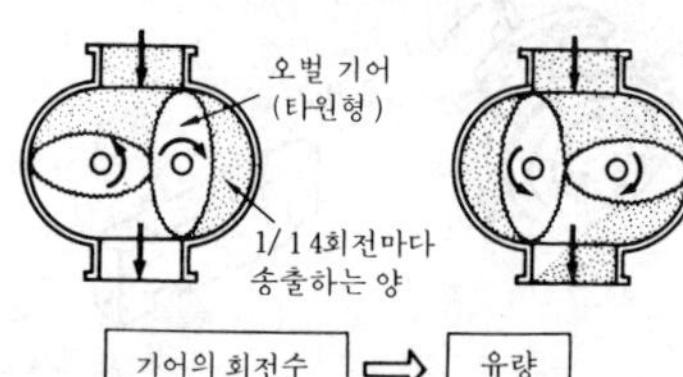

oven 오븐 질업(窒業)에서의 가마 등을 총칭.

overall dimension 전체 치수(全體－數) 물품의 끝단에서 끝단까지의 전체에 걸친 치수.

overall efficiency 종합 효율(總合效率) 개개의 기계 또는 부분적인 효율에 대하여 설비 전반에 걸친 효율을 말한다. ＝combined

overall heat transfer 열통과(熱通過) 고체 벽을 거쳐서 한 쪽 유체에서 다른 쪽 유체로 열이 이동하는 현상을 말한다. 열관류(熱貫流 : overall heat transmission)와 동의어. 따라서, 고체벽 내의 열전도와 고체벽과의 유체간의 열전달이 공존한다.

overall heat transfer coefficient 총괄 열전달 계수(總括熱傳達係數), 열통과 계수(熱通過係數) 열통과에 있어서 그림과 같이 벽을 거친 고온측의 유체의 온도 T_h, 저온측의 유체의 온도 T_c로 하고 벽면을 수직으로 통과하는 열의 열류속 q를 온도차(T_h—T_c)로 제한 K를 총괄 열전달 계수 혹은 열통과율이라고 한다.

$q=K(T_h—T_c)$

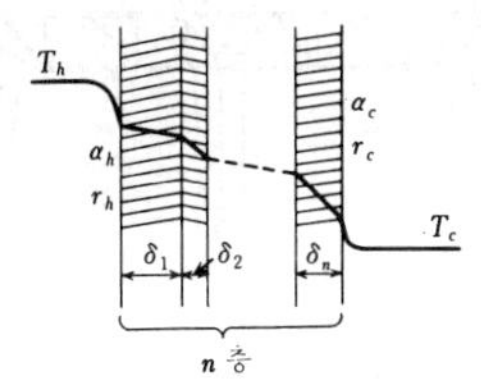

overall heat transmission 열관류(熱貫流) 열교환기에 있어서 고체벽을 사이에 두고 양측에 온도가 다른 유체가 있어, 벽을 통하여 열이 고온의 유체에서 저온의 유체로 전도되는 현상을 말한다. 열전도, 열전달, 열방사가 종합된 것이다.

overall height 전체 높이(全體－) 접지면(接地面)에서 차의 최고 부위까지의 높이를 말하며, 최대 적재 상태일 때에는 그 취지를 부기(附記)한다. 다만, ① 막대 안테나는 가장 낮게 한 상태, ② 사다리 자동차의 사다리는 주행 중에 격납될 수 있는 것이면 이를 격납한 상태의 높이를 말한다.

overall length 전체 길이(全體－), 전장(全長) 차의 중심면과 접지면에 대해서 평행으로 계측한 경우, 부속물(범퍼, 후미등 등)을 포함한 최대의 길이. 다만, 화물자동차의 경우에는 적재함의 후부 개폐판은 닫은 상태로 계측한다.

overall reduction ratio 총감속비(總減速比) 변속비와 종감속의 곱(積). 즉, 변속비에 종감속비를 곱한 값을 말한다.

overalls 오버올 상하가 이어진 작업복.

overall width 전체 나비(全體－), 전폭(全幅) 자동차의 중심면에 대하여 직각으로 측정했을 경우, 부속물을 포함한 차의 최대 나비. 다만, ① 적재함 및 환기 장치는 닫은 상태, ② 돌출식 방향 지시기는 내린 상태로 측정한 폭을 말한다.

overarm 오버암 수평식 밀링 머신의 커터 상부에 있는 암. 아버 받이를 지지하여 아버의 휨을 방지한다.

overarm brace 오버암 브레이스 밀링 머신(milling machine)의 오버암 또는 아버(arbor) 지지부와 니(knee)를 연결하여 보강 역할을 하는 것으로, 여러 가지 형식의 것이 있다.

over carburization 과잉 침탄(過剩浸炭) 침탄의 결과 강 표면의 탄소량이 지나치게 많은 것.

overcharge 오버차지, 과충전(過充電), 적하 초과(積荷超過), 충전 과다(充電過多), 초과 장입(超過裝入), 초과 적재하다(超過積載－), 초과 충전하다(超過充電－)

over damping 과감쇠(過減衰) 점성 감쇠(粘性減衰)를 지닌 1자유도계(自由度系)의 자유 진동에 있어서 감쇠 계수가 임계 감쇠 계수보다 클 때의 운동은 진동적이 아니고 무주기 운동(無週期運動)으로 된다. 이와 같은 감쇠를 과감쇠 또는 초과 감쇠라고 한다.

overdraft 압연 휨(壓延－) 위쪽 롤의 회전이 아래 쪽 롤보다 느리기 때문에 압연 후판이 위 쪽으로 휘는 현상.

over drive 오버 드라이브 자동차의 가속 성능의 향상이나 고속 주행시의 정숙성 향상을 위해 표준형의 변속기 혹은 최종 감속기(final drive gear)의 변속비를 바꾸는 일이 있다. 이때에 재래의 변속기의 출력축측에 1 : 1의 직결과 1 : 0.8정도의 증속을 하는 2단식의 부변속기(sub-transmission)를 부착하는 일이 있는데, 이것을 오버 드라이브 장치라 하며 대부분의 경우 유성 기어(planetaly gear)를 사용한 자동 변속기(automatic operation system)으로 되어 있다.

over expansion 과팽창(過膨脹) 나팔 노즐이 적정한 출구 압력으로 사용되지 않을 경우 부적합한 흐름이 일어난다. 예를 들면, 노즐 출구의 압력이 적정한 압력보다 높으면, 유체는 일단 노즐 내에서 출구압 이하로까지 팽창하고 그 후 압축과 팽창을 되풀이하면서 출구 압력에 이른다. 이러한 팽창 현상을 과팽창이라고 한다. →under expansion

overfeed stoker 상급식 스토커(上給式－) 석탄을 연소 중인 화층(火層) 위로 기계적으로 공급하는 스토커의 총칭이며, 그 대표적인 것에 살포식 스토커가 있다.

overfilling 오버필링, 과도 충전(過度充塡) 공형(孔型) 압연 롤의 틈새로 압연재가 삐져 나오는 것.

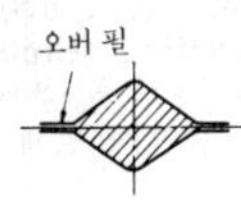

overflow 오버플로 일반적으로 액체 등이 넘쳐 흐르는 것.
overflow pipe 오버플로 파이프, 일류관(溢流菅) 수력 발전소에서 수압관에 필요 이상의 수량이 흐르지 않게 하기 위하여 상수조로부터 나뉜 물의 토출관.
overflow valve 오버플로 밸브 과잉 액체를 넘쳐 흐르게 하는 데 사용하는 밸브. 인젝터나 탱크에 사용한다.
over gear 오버 기어, 오버 드라이브 변속기로 증속(增速)하는 것. =over drive
overhang 오버행 외팔 보와 같은 것을 말한다. 외팔 보란 2개의 베어링 또는 지지 장치간의 축이 아니라, 지지 외측의 축에 고정시키는 것을 말한다.
over haul 오버홀 본래는 해사(海事) 용어의 "선박의 개방 검사"였으나 육상에서는 해체 점검(解體點檢), 수리, 조정을 말한다.
overhauled engine 총분해 정비필 발동기(總分解整備畢發動機) 완전히 분해하여 점검, 수리를 끝낸 기관. 항공 발동기 등에서는 규정된 방식에 따라서 분해·정비를 실시하며, 일단 정규의 시험이 끝난 경우에는 새로 일정 한도의 사용이 허용된다.
overhead 머리 위의, 가공의(架空-)
overhead camshaft engine 상부 캠축 기관(上部-軸機關) OHC 기관이라고도 한다. 흡배기 밸브의 캠축을 실린더 헤드의 상부에 배치한 기관.
overhead contact line 가공 전차선(架空電車線) 전기 철도의 레일 상공에 가설하여 전동차, 전기 기관차에 전류를 공급하는 전선.
overhead position of welding 위보기 용접(-鎔接) 아래쪽에서 위쪽으로 하는 용접. 용접선이 수평과 45° 이하의 각도를 이루는 경우를 말한다.
overhead projector 오버헤드 프로젝터 도표나 설명문 등을 소정 크기의 투명 원지(透明原紙)에 그리거나 써서 투영기 위에 놓고 확대경으로 확대한 다음 반사경으로 스크린에 영사하는 장치.
overhead traveller 천장 기중기(天障起重機) =overhead travelling crane
overhead travelling crane 천장 기중기(天障起重機) 주로 공장 내의 천장 밑에 설비하여 두 줄의 레일에 따라서 이동하는 기중기.

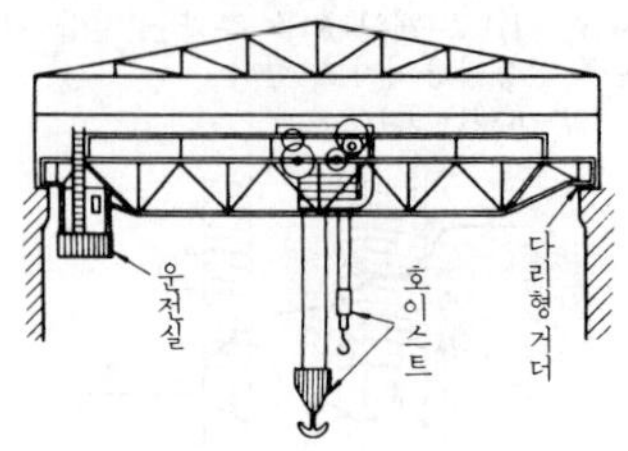

overhead valve 상부 밸브(上部-) 밸브 구동 장치는 크게 나누어서 사이드 밸브식과 상부 밸브식이 있다. 상부 밸브식은 캠축을 실린더 측면에 두고 캠, 태핏(tappet), 푸시 로드(push rod), 요동암을 거쳐 밸브를 개폐한다. 그 밖에 캠축을 실린더 커버의 상부에 배치한 상부 캠축 방식이 있다.
overhead valve engine 상부 밸브식 기관(上部-式機關) 상부 밸브의 형식을 갖춘 기관.
overhead welding 위보기 용접(-鎔接), 상향 용접(上向鎔接) 밑에서 위를 향해서 하는 용접으로, 용접선의 방향이 거의 수평인 경우의 용접. 바닥에 둔 받침에 올라서서 천장을 밑에서 용접하는 경우와 같은 용접. →welding position
overheat 과열(過熱), 과열 히터(過熱-)
overheating 과열(過熱) =superheating
over-hoisting limit 과잉 감아 올리기 방지 장치(過剩-防止裝置) 감아 올리기 로프의 과잉 감아 올리기 또는 과잉 풀림을 방지하기 위한 안전 장치로, 일반적으로 리밋 스위치를 작동시키는 방법에는 나사식과 레버식이 있다.
overhung crank 오버헝 크랭크 크랭크축의 크랭크 핀 한 쪽 편에만 축받이를 갖춘 크랭크. →side crank engine
overlap 오버랩 아크 용접에서 용융 풀(pool)이 작고 용입(鎔入)이 얕은 경우에 용착 금속이 용융 풀 주위에 겹쳐지는 것을 말한다. 용접부를 약하게 하고 파괴될 위험이 있다.

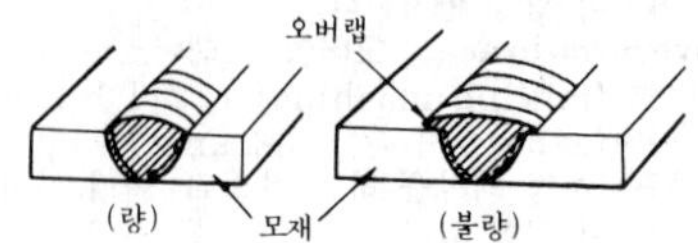

overload 오버로드. 과부하(過負荷) ① 과부하, 초과 하중. 기계를 안전하게 운전할 수 있는 허용 하중보다도 큰 작업량. ② 적재 초과. 트럭 등의 하물 적재 초과. ③ 사람의 작업량이나 부담이 과중한 것.

overload evaporation 과부하(過負荷) = overload

overload protective device 과부하 방지 장치(過負荷防止裝置) 펌프 장치의 경우 펌프 운전 중 송수관의 압력이 그 어떤 원인으로 저하하면 원심 펌프, 축류(軸流) 펌프에서는, 유량-양정(揚程) 곡선 및 유량-동력 곡선에서 알 수 있는 바와 같이 양수량이 증가하고 동시에 동력이 증대한다. 따라서, 과부하로 될 가능성이 있으므로 이에 대비하여 자동적으로 밸브가 닫혀 규정 수량으로 복귀하도록 한 과부하 방지 장치.

overload rating 과부하 정격 출력(過負荷定格出力) 발전용 기관 등에서 정격 출력 이상으로 단시간만 운전하는 것을 허용하는 출력.

overload relay 오버로드 릴레이. 과전류 계전기(過電流繼電器)

overpressure 초과 압력(超過壓力) 보일러, 원자로 등의 압력 용기에 있어서 안전 보호의 입장에서 정해진 규정 압력보다 높은 압력을 말한다. 또, 규정값보다 초과한 만큼의 압력(pressure excess)을 말하는 경우도 있다.

overshoot 오버슈트 제어 장치의 입력 변화에 대해 출력이 A의 값에서 보다 큰 B의 값으로 변화하는 과정에서 변화가 너무 커서 B를 초과하여 뛰어넘었을 때 그 최대의 뛰어넘은 양을 말한다.

overshot wheel 상사식 수차(上射式水車) 구식 물레방아. 홈통에 의하여 유도된 물을 수차의 위쪽에서 낙하시켜 날개차를 회전시킨다. 효율은 70% 정도이다.

overspeed 과속(過速) 허용 속도 이상의 속도.

over steering 오버 스테어링

overstrain 과잉 변형(過剩變形) 영구 변형에 의한 변형.

over voltage 과전압(過電壓) 전해질 속의 전극에 전류를 통하기 위해 필요한 전극 전위와 표준의 가역적 전극 전위와의 차이를 말한다. 볼트 단위로 나타내며, 차이가 생기는 원인은 활성화 과전압, 농도 과전압, 저항 과전압의 3종류가 있다.

over-winding switch 오버와인딩 스위치 정해진 높이까지 감아 올렸을 때 자동적으로 전류를 끊어 감아 올리는 동작을 멈추는 스위치. 이것이 없으면 로프가 끝까지 드럼에 감기고는 절단이 되거나, 매단 화물이 다른 물건과 충돌하는 등 매우 위험하므로 기중기에는 반드시 이것을 설치하도록 정해져 있다.

oxidation 산화(酸化) 산소와 화합하는 반응을 말하는데, 산소의 화합이 없더라도 금속의 원자가가 증가하는 변화나 어떤 화학 변화로 전자를 제거하는 것도 산화라 한다.

oxidation film treating 산화 피막 처리(酸化皮膜處理) 철강의 산화막에서도 Fe_2O_3는 조잡해서 탈락되기 쉽지만, Fe_3O_4는 치밀하고 쉽게 탈락되지 않으며, 마모나 부식에 강하기 때문에 이 피막을 미리 형성해 두는 처리를 말한다. 알칼리 흑색 산화법과 수증기 처리법이 있다.

oxide 산화물(酸化物) 산소와 다른 원소와의 화합물.

oxidize 산화하다(酸化－), 녹슬다

oxidizing agent 산화제(酸化劑) 산화를 일으키게 하는 물질.

oxyacetylene flame 산소 아세틸렌 불꽃(酸素－) 산소와 아세틸렌 가스의 혼합 가스의 연소에 의해 생기는 불꽃.

oxyacetylene welding 산소 아세틸렌 용접(酸素－鎔接) 산소와 아세틸렌이 화합

▽ 가스 용접장치

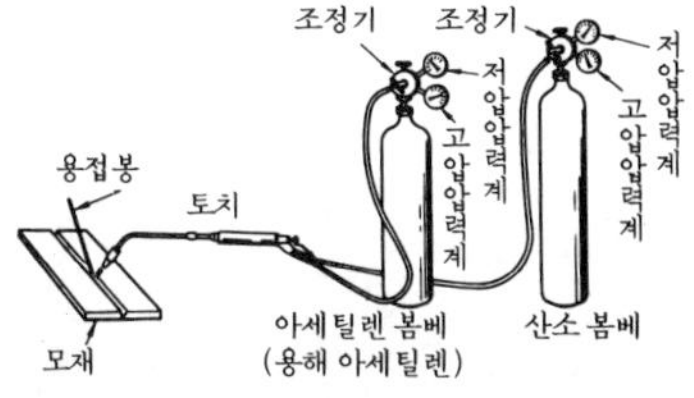

▽ 산소 아세틸렌 가스 불꽃

백심의 선단부근 온도는
3000～3500℃에 이른다.

백심 외염

했을 때에 발생하는 고열을 이용하여 금속을 용접·절단하는 방법을 말한다. 고온도(약 2,600℃)가 얻어지며, 주로 철강과 같은 융점이 높은 것의 용단에 이용된다.

oxy-arc cutting 산소 아크 절단(酸素－切斷) 모재(母材)와 전극 사이에 아크를 발생시켜 그 아크열로 모재를 가열하고 여기에 산소를 분출시켜 절단하는 것. 산소는 99% 이상의 순도를 필요로 하고, 압력은 판 두께에 따라 바꾼다. 가열용 가스로서는 보통 산소 아세틸렌 가스를 사용한다.

oxydant 옥시던트 대기 중에 포함되는 오존·알데히드·PAN(peroxy acetyl nitrate) 등 광화학 스모그의 원인이 되는 산화성 물질.

oxygen 산소(酸素) 원소 기호 O, 원자번호 8, 원자량 15.999. 화학 당량, 원자량의 기준 원소. 공기의 주성분으로서 액화 분류(液化分溜) 및 물의 전해로 만든다. 무색, 무취, 무미한 기체.

oxygen bomb 산소 봄베(酸素－) 산소를 넣는 봄베.

oxygen converter process 산소 분사 전로법(酸素噴射轉爐法) 순 산소를 수냉 취관(吹菅)을 통하여 녹인 강의 바로 위에서 뿜어 취련(吹鍊)하는 방법으로, 종래의 노(爐) 바닥으로부터의 공기 취입법에 비해 강질이 우수하고 조업상에도 유리하다.

oxygen lance 산소창(酸素槍) 토치 화구(火口) 대신에 단지 가늘고 긴 강관을 사용하여 강재(鋼材) 절단부의 일부를 연소 반응 온도까지 가열해 놓고, 이 부분에 강관(鋼菅) 내부에 차 있는 산소만을 분출하여 강재의 산화열에 의하여 절단하는 방법. 창으로는 내경 3.2~6mm, 길이 1.5~3mm의 강관을 사용하며, 절단 중 자체가 연소하여 철분(鐵分) 절단법과 동일한 원리로 절단한다.

oxyhydrogen welding 산수소 용접(酸水素鎔接) 압축한 산소와 수소의 혼합 가스를 연소시킨 열을 이용하여 금속의 용접·절단을 하는 용접 방법.

P

packaged boiler 패키지형 보일러(-形-) 최근의 경향으로서 중소 용량 보일러는 트럭 혹은 화차에 적재할 수 있게 공장 조립하고 현지에서 기초에 얹어 고정한 다음 배관(配管), 연도(煙道), 굴뚝을 각각 연락하여 전기 배선하면 곧 운전할 수 있게 되어 있다. 이러한 보일러를 대용량 보일러의 현지 조립에 대비하여 패키지 보일러라고 한다(그림은 수관식). 이로써 납기를 단축하고 코스트를 절감하여 공장 관리된 보다 고품질의 보일러를 생산할 수 있다.

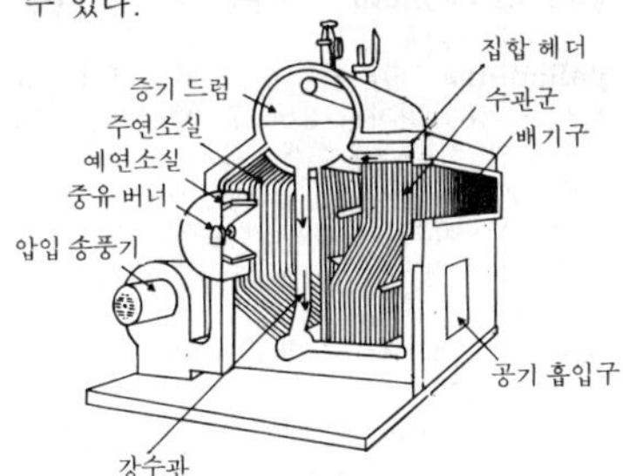

packed cargo 포장 화물(包裝貨物) = packed freight, packed goods

packed freight 포장 화물(包裝貨物) = packed cargo, packed goods

packed goods 포장 화물(包裝貨物) 수송을 할 때 그 안전을 보전하고, 또 운반·하역 등 취급하기 용이하도록 일정한 규격으로 바깥 포장을 한 화물을 말한다. =packed freight, packed cargo

packed tower 충전탑(充塡塔) 기액(氣液)간의 물질 이동, 열이동을 목적으로 한 대표적인 미분 접촉형 장치로, 효율적으로 하기 위해 탑 내에 충전물을 넣어서 기액의 접촉 면적을 증가시키고 있다. 주로 가스 흡수, 증류에 사용되고 있다.

packer 패커 ① 설치 기기의 베드와 기초 사이에 부설하여 기계의 수평을 조정하기 위한 철편(鐵片)으로서 라이너라고도 한다. 편평한 것과 테이퍼가 붙은 것이 있다. ② 포대에 물건을 넣어 포장하는 장치를 말한다.

packing 패킹 밀봉 장치 가운데 왕복 운동, 회전 운동, 나선(螺線) 운동 등 운동 부위의 기체의 누설을 방지하는 것.

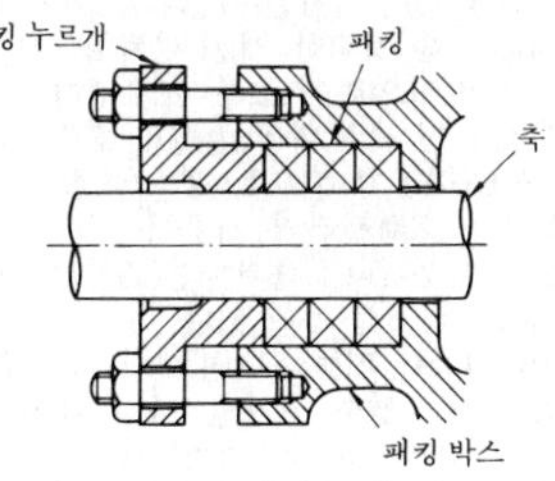

packing box 패킹 상자(-箱子) =stuffing box

packing coil 코일 패킹 나선형으로 감긴, 단면이 모가 지거나 둥근 패킹재를 말하며, 이것에서 필요에 따라 일정한 크기의 패킹을 잘라 내어 사용한다.

packing gland 패킹 누르개 =stuffing box gland

packing ring 패킹 링 링 모양의 패킹. 경질 패킹은 주철, 청동, 화이트 메탈, 탄소제이고, 연질 패킹으로는 가죽, 합성 고무, 합성 수지를 형성한 V·O·U 링이 있다.

pack milling attachment 래크 절삭 장치(-切削裝置) 래크 커터축을 테이블 좌우 방향에 평행으로 설치하는 전용 커터 헤드. 길다란 래크를 총형 밀링 커터로 다듬질할 때 등에 사용된다.

P action P동작(-動作) 제어 장치의 출력이 입력에 비례하는 제어 동작을 비례 동작 또는 P동작이라고 한다. →proportional control action

pad bearing 패드 베어링 패드의 모세관 작용으로 기름통의 기름을 축받이면에 공급하는 구조의 가로형 베어링. 차량축의 베어링 등에 사용된다.

padding 패딩 ① 용접 홈에 용착 금속이 채워져 볼록하게 녹아 붙은 덩어리. ② 주조에서 지향성 응고를 돕기 위하여 제품의 기능이나 강도에는 필요없는 여분의 살을 주물의 일부에 덧붙여서 주조하는 일이 있다. 이 살 또는 그 방법을 패딩이라고 한다.

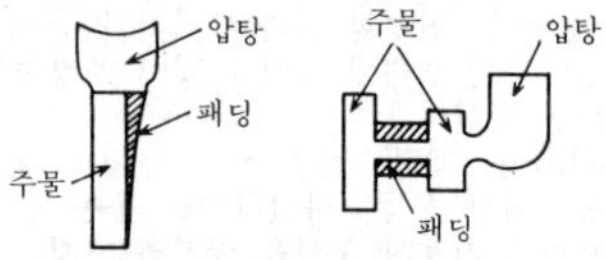

paddle boat 외차선(外車船) 외차(paddle wheel)를 장비한 배를 말하며, 추진 효율은 일반적으로 스크루 프로펠러를 장비한 배보다 낮으나 내해(內海), 호수, 하천 등 평수(平水) 항해 또는 흘수(吃水)가 낮아서 스크루 프로펠러의 사용이 제한되는 경우 등에 사용된다. 측외차선(側外車船), 선미(船尾) 외차선 등이 있다.

paddle fan 패들 팬 방사상(放射狀)의 암(arm)에 평면 날개를 가진 레이디얼 팬으로, 분진(粉塵)이 섞인 가스체의 송풍에 적합하다. →radial fan

paddle wheel 외차(外車) 배 옆 또는 선미(船尾)에 장치된 일종의 선박 추진 장치를 말한다. 바퀴 모양을 하고 있고, 바퀴 바깥쪽에 이 날개판이 붙어 있어 외차를 회전시킴으로써 이 날개판이 스러스트를 발생한다. 날개판이 외차의 회전 중에 그 방향을 바꾸는 가변익(可變翼) 외차와, 날개판이 고정되어 있는 고정익(固定翼) 외차가 있다.

pad lubrication 패드 윤활(-潤滑) 모세관을 이용하여 기름받이의 기름을 축에 도포하는 윤활법. →pad bearing

paint 페인트 안료(顔料) 등을 건조가 잘 되는 지방유(脂肪油)에 혼합하여 만든 도료. 고체의 표면에 칠하면 불투명한 건조막이 형성된다.

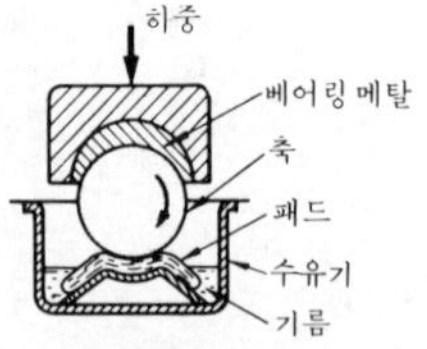

pad lubrication

painter 도장공(塗裝工)

painting 도장(塗裝), 페인트칠

paint mixer 도료 믹서(塗料-), 도료 혼합기(塗料混合機) 적당한 액체에 안료(顔料)를 혼합하여 원하는 도료를 만든 장치를 말한다.

paint remover 페인트 리무버 페인트 도막(塗膜)을 벗기기 위하여 사용하는 재료.

pair 페어, 짝 2개로 한 짝을 이루는 부품 또는 기구.

pair of axle and wheel 윤축(輪軸) 차륜 및 차축의 총칭. 일반적으로 1개의 차축과 2개의 서로 마주보는 차륜으로 조립되어 있다.

pair of element 대우(對偶) =kinematic pair

palladium 팔라듐 원소 기호 Pd, 원자 번호 46, 원자량 106.7, 백금속(白金屬) 원소의 하나. 은백색, 융점 1,555℃, 비중 21.5. 금과의 합금은 백금 대용으로 쓰이는 이외에 해면상(海綿狀)의 팔라듐은 촉매(觸媒 : catalyzer, catalist)로 사용된다.

pallet 팰릿 ① 시계 톱니바퀴의 이에 맞물려 회전을 제어하는 닻 모양으로 생긴 부품. =anchor escapement ② 짐을 어느 단위로 하여 운반하는 데 틈이 없는 편평한 판에 얹으면 편리하다. 이때의 하대(荷臺)를 말하며, 하대의 사방에 직립한 틀을 붙인 것을 박스 팰릿(box pallet)이라고 부른다. 기계 가공이나 조립 작업에서 물건을 실어 각 공정에 보내는 데에도 사용된다.

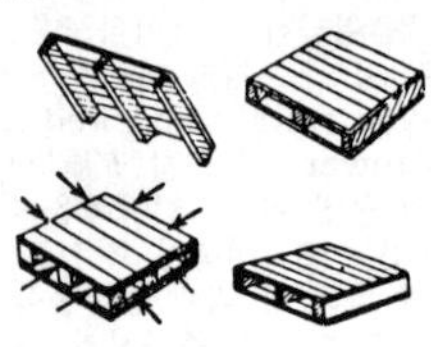

pan conveyor 팬 컨베이어 체인 컨베이어의 일종. 비포장 적하(積荷) 재료 운반용 에이프런 컨베이어에 있어서, 에이프런 양끝을 위로 굽히거나 또는 따로 테두리를 붙여 접시 모양(U자형)으로 만든 것.
panel 패널 평면 또는 곡면의 판상(板狀) 구조물.
panel heating 패널 난방(－暖房) 벽, 천장, 바닥 등에 이음매없는 배관을 묻고 그 관 속으로 열매(熱媒)를 유통시켜서 가열하고 그 방사열을 이용하여 난방하는 방식.
panel point 절점(節點) →hinged joint
panel radiator 복사 방열기(輻射放熱器) ＝radiator
panel van 패널 밴 운전석과 화물 적재함이 일체가 되어 있는 상자형 유개(有蓋) 화물차.

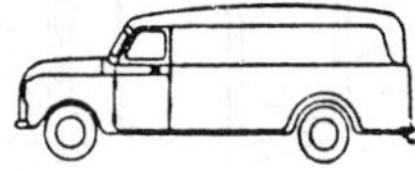

pan furnace 냄비로(－爐) 알루미늄 합금 용해용(鎔解用)의 노(爐). 크롬을 함유한 내열 주철제 냄비 내벽에 내화 점토와 물유리(water glass) 등의 혼합물을 칠한 것.

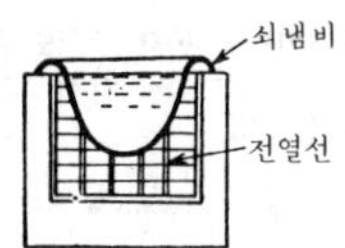

pan headed screw 냄비머리 나사(－螺絲) 두부가 냄비 모양으로 납작하게 생긴 나사.
pan-head rivet 냄비머리 리벳 머리가 냄비 모양으로 생긴 리벳. →rivet
panoramic telescope 파노라마 망원경(－望遠鏡) 시선을 임의의 수평 방향으로 돌렸을 때 상(像)이 정립(正立)한 채로, 또 접안(接眼) 렌즈의 위치가 바뀌지 않도록 설계된 망원경(望遠鏡).
pan-scale 접시 천칭(－天秤) 접시가 위쪽 또는 아래쪽에 달린 단일 레버 장치의 수동 천칭. 약품 조제, 귀금속 등 미량의 무게를 다는 데 사용한다.
pantagraph 팬터그래프 ① 도형을 일정 비율로 확대 또는 축소하는 데 사용하는 제도기. ② 팬터그래프 집전기(集電器)를 일컫는다.

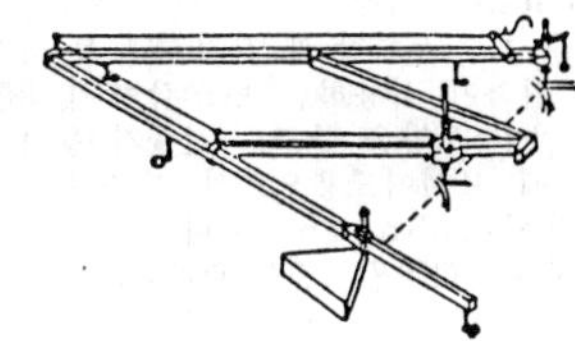

pantograph 팬터그래프 ＝pantagraph
parabola 포물선(抛物線) 원추 곡선(圓錐曲線)의 하나. 진공 속에서 물체를 던졌다고 가정하면 그 물체는 포물선을 그리며 낙하한다.

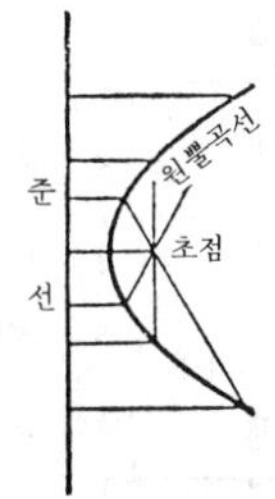

parabolic antenna 파라볼릭 안테나, 포물선 안테나(抛物線－) 반사면이 회전 포물선이나 2차 곡선으로서 여진(勵振)하는 1차 방사기의 다이폴이나 소형 전자 혼을 그 초점에 둔 구조의 마이크로파용 안테나. 반사경으로는 알루미늄판이나 금속 그물 또는 금속 격자 따위가 쓰이며 전방이 예민한 지향성을 지닌다. 마이크로파 통신용이나 레이더용으로서 널리 이용되고 있으며, 우주 중계나 전파 망원경의 초대형의 것도 있다.

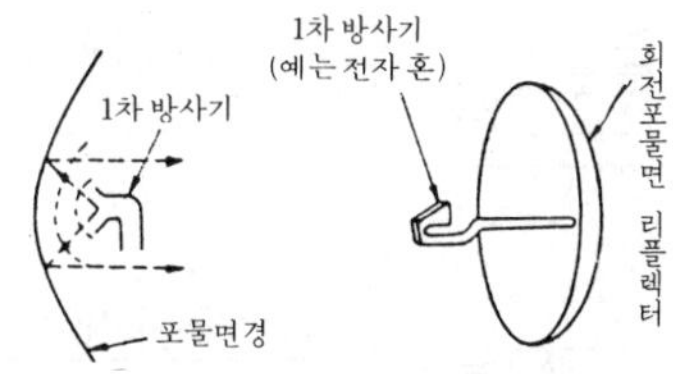

paraboloid of revolution 회전 포물선면(回轉抛物線面), 회전 포물면(回轉抛物面)

회전면의 일종. 포물선을 축 둘레에 회전하여 얻어지는 회전면을 말한다.

parachute 낙하산(落下傘) 사람이나 물량을 공중 투하할 때 착지 속도를 작게 하기 위하여 사용하는 반구각형(半球殼形)의 우산 모양을 한 것. 전투기 등이 착륙할 때 브레이크용으로서 사용하는 것을 저항 슈트(drag chute)라고 한다.

paraffin 파라핀 중유(重油)를 냉각할 때 얻어지는 무색의 고체 또는 유동성 액체. 유동 파라핀은 윤활재로 사용된다.

parallax 시차(視差) 계기의 눈금판과 지침 사이가 떨어져 있을 때 눈의 위치에 따라서 판독에 오차가 생기는 것.

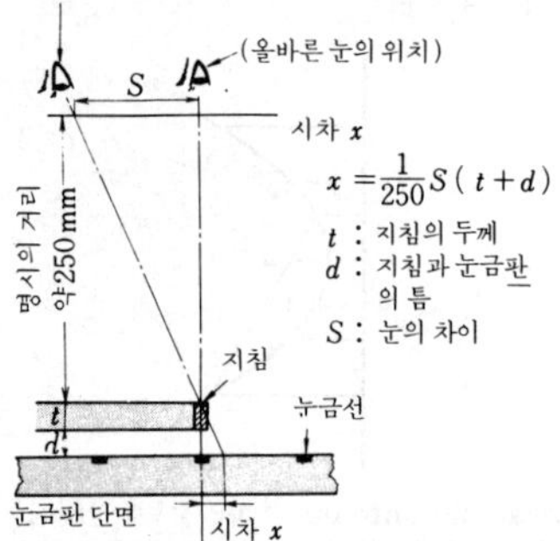

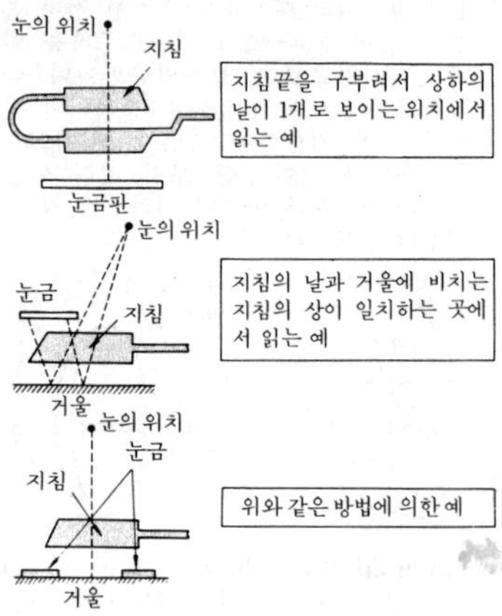

parallel 병렬(竝列), 평행(平行) ① 직렬에 대한 상대적인 말. 기기를 복수 이상의 개개의 열(列)로 배열하는 것. ② 여러 개의 전기 기기의 동종 단자를 일괄하여 회로 중에 접속하는 법.

parallel block 패럴렐 블록[1], 평행대(平行臺)[2] ① 금긋기 공구의 일종. 복잡한 형의 공작품에 금을 그을 때 정반 위에 놓고 사용하는 받침.
② 금긋기용 공구의 일종. 각 면에 서로 직각으로 다듬질한 6면체. 2개를 1조로 하여 그 위에 공작품을 놓고 금긋기 또는 검사에 이용된다.

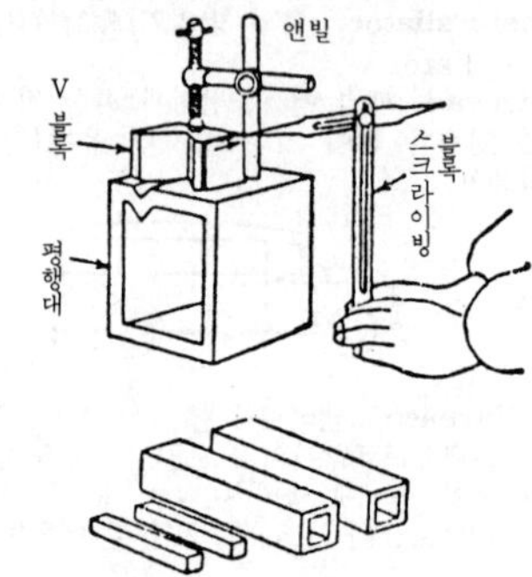

parallel connection 병렬 접속(竝列接續) 2개 이상을 일렬로 잇지 않고, 나란히 접속하는 접속법.

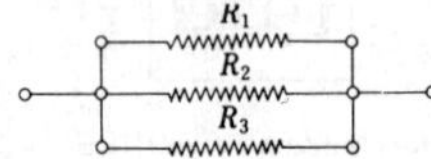

parallel crank mechanism 평행 크랭크 기구(平行－機構) 평행 4변형으로 구성되는 4링크 기구로, 고정 링크와 회전 대우(對偶)를 이루는 2개의 링크는 모두 길이가 같은 크랭크가 되고, 항상 평행 이동을 하며 운동한다. 이것을 평행 크랭크 기구라고 한다.

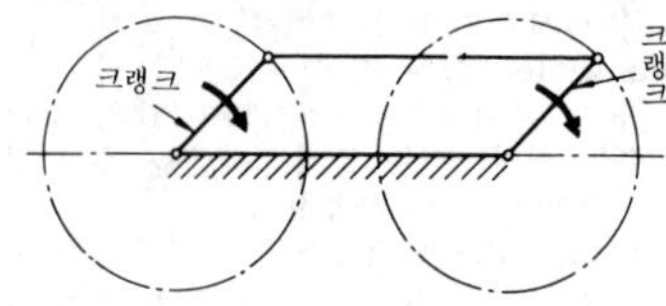

parallel file 평줄(平－) 단면이 직4각형이고 전체가 곧고 평행체로 된 줄.

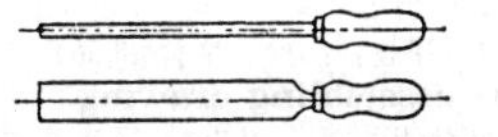

parallel flow 평행 흐름(平行－) 나란한 유선(流線)을 이루는 흐름.

parallel flow heat exchanger 병류 열교환기(竝流熱交換機) 전열벽(傳熱壁)을 사이에 두고 열교환을 하는 유체의 흐름이 서로 같은 방향이 되도록 사용되는 열교환기.

parallel flow turbine 병류 터빈(竝流－) 대형 터빈으로서 터빈 차실(車室)을 가로로 하여 축이 평행을 이루도록 배치한 터빈.

parallel key 평행 키(平行－) 구배가 없는 키. 테이퍼 키에 대한 상대적인 말.

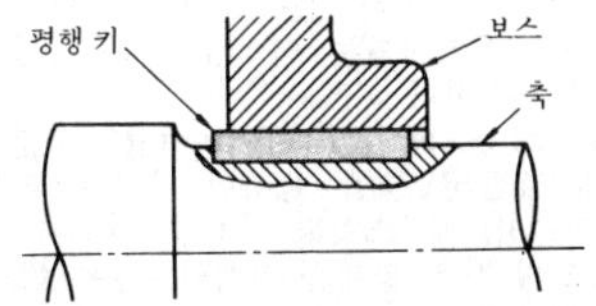

parallel motion 평행 운동(平行運動) 기구(機構) 위의 2점 또는 2점 이상의 점이 항상 평행한 직선을 그리는 운동. 이 기구(機構)를 평행 운동 기구라 하며, 상대 링크의 같은 4절 회전 기구는 이것의 기본적인 것으로, 특히 평행 크랭크 기구라 한다.

parallelogram 평행 4변형(平行四邊形)

parallelogram of force 힘의 평행 4변형(－平行四邊形) 1점에 작용하는 두 힘의 합력(合力)을 구하기 위해서는, 그림과 같이 착력점(着力點) 0로부터 두 힘 F_1, F_2를 $\overrightarrow{OA}$, $\overrightarrow{OB}$로 나타내고, 이 두 힘을 2변으로 하는 평행 사변형 OACB를 만들면, 그 대각선 $\overrightarrow{OC}$는 구하는 F_1과 F_2의 합력이다.

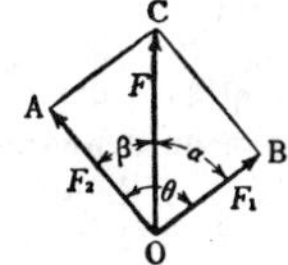

parallel operation 병렬 운전(竝列運轉) 2대 이상을 병렬 접속하여 운전하는 것.

parallel projection 평행 투영(平行投影) →projection

parallel reamer 평행 리머(平行－) 절삭날이 리머의 축선(軸線)에 나란히 절삭되어 있는 리머.

parallel roller 원통 롤러(圓筒－) →roller

parallel ruler 평행자(平行－) 제도에서 평행선을 긋는 자의 총칭.

parallel running 병렬 운전(竝列運轉) ＝parallel operation

parallel vice 평행 바이스(平行－) 작업대에 부착하여 공작물을 무는 데 사용하는 공구. ＝vice, vise

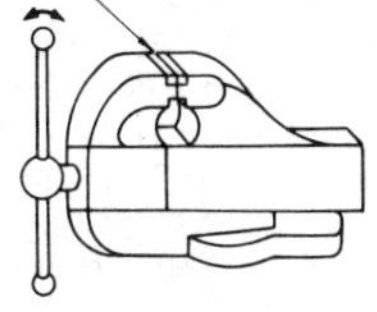

paramagnetism 상자성(常磁性) 자석을 가까이 하면 먼 쪽에 동극(同極)을 형성하고, 가까운 쪽에 이방극(異方極)을 형성하여 서로 끌어당기는 성질을 상자성(常磁性)이라고 한다. 알루미늄, 칼륨, 나트륨, 백금 등은 이 성질이 있다.

parameter 파라미터 조변수(助變數), 매개 변수(媒介變數)를 말하며, 일정한 조건하에서는 불변이나 여러 가지 조건이 변하면 다른 값을 취하는 이중 성격을 지니고 있다. 일반적으로는 특성값을 말한다.

parametric excitation 파라미터 여진(－勵振) 질량(質量), 스프링 등의 요소가 시간적으로 변화하는 데 따른 여진(勵振).

parcel car 소하물차(小荷物車) 비교적 소형 또는 소량의 물품을 운송하는 데 사용하는 여객 열차와 함께 편성되는 하물차. ＝express goods car

parent metal 모재(母材) 용접에 사용되는 금속재. ＝base metal

Pareto chart 파레토 차트 직장에서 발생하는 작업 환경 불량이나 고장, 재해 등의 내용을 분류하고 그 건수와 금액을 크기 순으로 나열하여 만든 막대 그래프.

parkerizing 파커라이징 철강에 Mn, Fe의 인산염(燐酸鹽) 피막을 입히는, 녹을 방지하는 방법. Mn 및 Fe의 인산염을 함유한 약산성(弱酸性) 인산 수용액을 끓여서 그 속에 철강을 담그면 된다.

parking brake 주차 브레이크(駐車－) 차를 주차시켜 둘 때 사용하는 브레이크로, 대부분 수동 레버, T 바(bar) 등으로 조작한다. 조작에 큰 힘을 필요로 하는 경우에는 풋 페달을 사용한다. 사람이 차를 떠나도 브레이크가 풀리지 않도록 래칫 장치가 되어 있다. 추진축 또는 뒷바퀴에 건다. 고속 주행시 또는 브레이크 장치에 이상이 있을 때 비상 브레이크로 사용하기도 한다.

parking elevator 파킹 엘리베이터 기계식 입체 주차 설비라고도 한다. 자동차를 입체적으로 주차시킴으로써 도시 중심부의 주차난을 해결하려는 데서 비롯된 착상. 관람차와 같은 기구(機構)로 자동차를 공중으로 들어올리는 메리고라운드(merry-go-round)식, 다층계(多層階)로 주차고(駐車庫)를 만들어 자동차를 케이지로 싣고 임의의 층계까지 운반한 다음 넣고 내는 크레인 엘리베이터식 등이 있다.

Parkinson vice 파킨슨 바이스 평행 바이스의 일종. 보통의 평행 바이스는 핸들의 회전만으로 턱을 평행으로 개폐시키지만, 이 바이스는 핸들 이외에 클릭(click)을 누르면 나사의 맞물림이 풀리게 되어 있어서 자유롭게 재빨리 일감을 물리고 풀 수 있다.

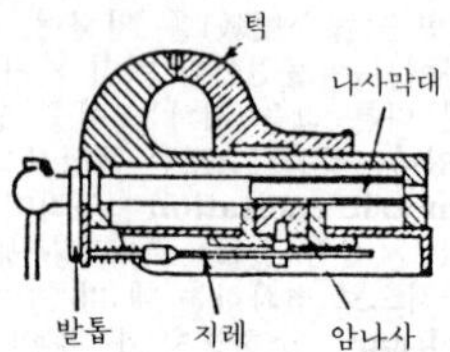

Parsons number 파슨즈수(－數) 터빈의 설계 계획상 중요한 값으로서 다음 식으로 정의되는 값이다. 파슨즈수$=\Sigma u^2 2/\mu H_a$ 여기서 $\Sigma u^2 2$는 각 단락의 주속도(周速度)의 제곱의 합, H_a는 터빈 전단열 열낙차(全斷熱熱落差), μ는 재열 계수(再熱係數)를 나타낸다.

Parsons turbine 파슨즈 터빈 영국인 파슨즈(C. A. Parsons)가 발명한 대표적인 반동식 증기 터빈. 길고 큰 몸통을 지닌 대형 터빈으로, 널리 사용되고 있다.

part 부분(部分), 부품(部品)

part assembling drawing 부분 조립도(部分組砬圖) 복잡한 구조의 기계나 장치에 있어서 부분적으로 조립 상태를 나타내는 그림.

part drawing 부품도(部品圖) 부품에 대하여 상세하게 나타낸 그림. 조립도에서 다시 부품에 대해 그린 그림. 이 부품도에 의해 현장에서 공작 작업이 이루어진다.

partial admission turbine 부분 유입 터빈(部分流入－) 충동 터빈의 고압부에서는 노즐을 통과하는 증기의 비용적(比容積)이 작기 때문에 전주(全周)에서 증기를 유입시키면, 1개의 노즐이 작아지고 따라서 날개 높이도 작아져서 손실이 증대한다. 이 때문에 노즐 구경이 적당해지도록 노즐을 원주의 일부에 배치하여 증기를 부분 유입시키는 터빈을 부분 유입 터빈이라고 한다.

partial assembling drawing 부분 조립도(部分組立圖) 복잡한 기계나 구조물을 부분적으로 조립된 상태를 그리고 그 구조 및 상호 관계를 명백히 하는 것을 의도하는 그림.

partial balancing 부분 균형(部分均衡) 피스톤·크랭크 기구(機構)에 있어서의 왕복 운동의 관성력을 크랭크와 함께 회전하는 불균형 상태의 원심력에 의해 균형을 이루게 하려는 경우, 완전한 균형은 이루어지지 않으므로 일부분만 균형을 이루도록 하는데, 이것을 부분 균형이라고 한다.

partial load 부분 부하(部分負荷) ＝part load

partial loading 부분 부하(部分負荷) ＝ part load

partial pressure 분압(分壓) 혼합 기체를 만드는 각 성분 기체가 단독으로 원래의 혼합 기체와 같은 체적을 지니고, 온도도 동일한 경우에 나타내는 압력. 각 성분이 완전 기체인 경우에는「혼합 기체의 압력(＝全壓)은 각 성분의 분압의 합과 같다」(돌턴의 법칙)는 이론이 성립한다.

partial projection drawing 국부 투영도(局部投影圖) 부분 투영도라고도 한다. 완전한 측면도 또는 평면도를 그리지 않더라도 그 필요한 부분만을 가리키면 이도를 말한다.

partial turbine 분할 터빈(分割－) 반동 터빈(프란시스형, 프로펠러형)의 날개차를 설계함에 있어서 날개차 속에 유선(流線)을 가정하고 이 유선에 따라 날개를 몇 개로 분할한다. 이 분할된 날개차에 대해 날개의 입구, 출구의 각도 및 중간의 형상을 결정한다.

particle accelerator 입자 가속기(粒子加速器) 하전 입자(荷電粒子 : α선, 중양자, 양자, 전자 등)를 1회 내지 몇 회 고전압장(高電壓場)으로 통과시킴으로써 입자를 가속시켜 고운동(高運動) 에너지를 얻기 위한 장치로, 가속 입자와 표적(標的) 원자핵간의 핵반응을 조사하기 위해 이용된다. 입자 가속기에는 베타트론, 리니어액셀러레이터, 사이클로트론, 싱크로트론 및 싱크로사이클로트론 등이 있다.

parting sand 분리사(分離砂) 주형을 만들 때 상형과 하형이 서로 붙지 않도록 두 주형 사이에 뿌리는, 점토분이 없고 잘 건조된 모래를 말한다.

partition plate 칸막이판(－板) ① 압력 복식 충동(複式衝動) 터빈에서는 단식 충동 단락(單式衝動段落)을 2조 이상 직렬로 배치하는 형식이 되는데, 각 단락의 압력이 다르기 때문에 단락 사이를 칸막이할 필요가 있다. 이를 위해 사용하는 칸막이판을 말한다. ② 다관식(多菅式) 열교환기에서 관외 유체의 유로(流路)를 유도하기 위하여 삽입하는 유도판을 말한다.

part load 부분 부하(部分負荷) 기관, 터빈, 수차 등의 원동기에 가해지는 부하가 그 원동기의 정규의 부하보다 작은 경우에 그 부하를 부분 부하라고 한다.

partly alternating load 부분 양진 하중(部分兩振荷重) →partly alternating stress

partly alternating stress 부분 양진 응력(部分兩振應力) 재료에 생기는 반복 응력(反復應力) 중에서 최대 응력과 최소 응력이 인장과 압축의 응력이고, 또한 양 응력의 절대값이 같지 않는 경우를 말한다.

partly pulsating 부분 편진 하중(部分片振荷重) →partly pulsating stress

partly pulsating stress 부분 편진 응력(部分片振應力) 재료에 발생하는 반복 응력 중에서 최소 응력과 최대 응력이 다 함께 인장(引張) 또는 압축 응력인 경우를 말한다.

part program 파트 프로그램 주어진 부품의 가공을 하기 위하여 NC(수치 제어) 공작 기계의 작업을 계획(각 장치, 부품, 절삭 공구, 기타 등이 움직이는 순서, 방향, 속도, 치수, 시간 등 갖가지 조건)하고 그것을 실현하기 위한 프로그램을 말한다.

parts 부품(部品) 기계나 구조물 등을 구성하고 있는 일정한 형태의 부품.

parts list 부품표(部品表), 부품 목록(部品目錄) 부품의 부품 번호, 부품명, 재질, 수량, 중량, 공정(工程) 등을 기입한 표를 말한다.

parts number 부품 번호(部品番號) 수많은 부품으로 이루어져 있는 기계나 장치에는 각각 부품에 번호를 붙여 부품의 명칭 대신 그 번호로 부품을 취급할 수 있게 되어 있다. 이것을 부품 번호라고 한다.

parts per billion : ppb 피 피 비 1ppb＝10^{-7}%, 즉 10억분의 1.

parts per million : ppm 피 피 엠 1ppm＝10^{-4}%, 즉 100만분의 1. 미량 성분의 함유량을 나타내는데 사용한다.

pascal 파스칼 압력의 단위. 1㎡에 1N(뉴턴)의 힘이 균일하게 작용하는 압력을 말한다. Pa로 약칭한다.

Pascal's principle 파스칼의 원리(－原理) 「액체를 용기 속에 밀폐하고 그 일부에 압력을 가했을 때, 액체를 점성(粘性)이나 압축성을 무시한 완전 액체라고 가정하면, 압력(壓力)은 모든 부분에 그대로 전달된다.」 이것을 파스칼의 원리라고 한다.

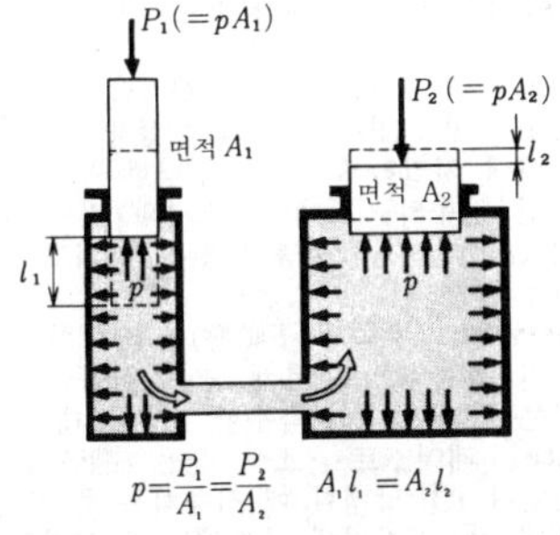

pass 패스 용접에서 용접의 진행 방향에 대하여 놓인 한 줄의 비드(bead)를 패스라고 한다.

P

passage 통로(通路_, 유로(流路)
passenger boat 여객선(旅客船) 승객 13 인 이상을 운송하는 선박을 여객선이라고 한다. 항로에 따라서 국제 항로 여객선, 국내 항로 여객선으로 나뉜다.
passenger car 객차(客車) 여객을 수송하기 위하여 사용되는 기관차 이외의 차량을 말하며, 이 이외의 차량이라도 원칙으로서 여객 열차에 연결하여 사용되는 것은 일반적으로 이 범주에 포함시킨다. =passenger equipment
passenger-carring car 객차(客車) → passenger car
passenger elevator 승용 엘리베이터(乘用−) 사람을 전용으로 운반하는 엘리베이터.
passenger-kilometer 인 킬로(人−) 교통 기관에서, 수송한 인원에 수송한 거리(킬로미터)를 곱한 것을 말하며, 여객의 수송량을 나타내는 통계상의 복합 단위이다. 즉, 1 인킬로는 한 사람의 여객을 1km 운송한 것을 나타낸다.
passimeter 패시미터 정밀 측정기의 일종. 기계 공작에서 내경(內徑) 검사 및 측정에 사용된다. 구조는 패소미터와 거의 같다. =passometer

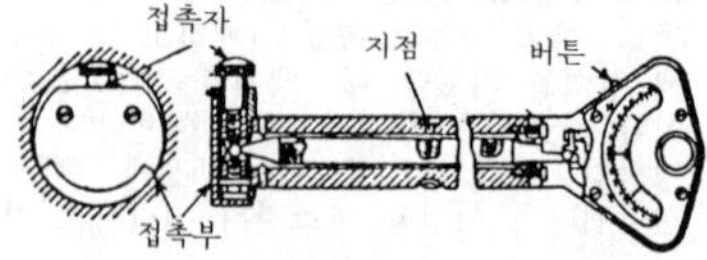

passivation 부동태화(不動態化) 금속의 부식 생성물이 표면을 덮어 버림으로써 부식을 억제하는 경우의 현상을 부동태화라고 한다. 안정된 부식 생성물의 피막이 표면에 치밀하게, 또한 상당한 두께로 생성된 경우와, 스테인리스강과 같이 비가시(非可視) 화합물층이 원인이 되고 있는 경우 등이 있다.
passivity 부동태(不動態) 화학적 또는 전기 화학적으로 용해 또는 반응이 정지하는 등의 금속의 특수한 표면 상태.
paste 페이스트 호상 물질(糊狀物質)을 말한다. ① 납땜할 때 사용하는 풀 모양의 용제. ② 건전지에 사용하는 풀 모양의 전해액 혼합제나 축전지의 호상 전극(糊狀電極). ③ 미세 분상(微細粉狀)의 수지를 가소제나 희석제로 분산시켜 끈적끈적한 상태로 한 것.
patent 패턴트 특허, 특허품, 특허권.
patenting 패턴팅 강선(鋼線)의 제조에서 강선을 수증기 또는 용융 금속으로 냉각시키고 다시 상온까지 공랭하는 담금질법으로, 뜨임(tempering)을 하지 않고 강인한 소르바이트(sorbite) 조직으로 변화시킬 수 있다.
path of contact 접점 궤적(接點軌跡) 기어에 있어서 서로 맞물리는 한 쌍의 톱니의 접점이 맞물리기 시작하여 끝날 때까지 이동해 가면서 그리는 궤적.
pattern 패턴, 원형(原型)[1], 목형(木型)[2] ① 주형(鑄型)을 만들기 위하여 목재나 금속, 기타 가소성(可塑性) 재료로 만든 기본이 되는 형틀. 목형, 금형, 석고형 및 납형 등이 있다.
② 주형을 만드는 원형이 되는 나무로 만든 형틀.

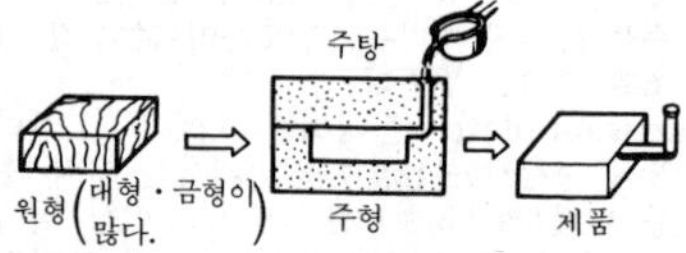

pattern maker 목형공(木型工)
pattern-maker s lathe 목공 선반(木工旋盤) 목공, 가구류의 공작에 사용하는 간단한 구조의 목재 가공용 선반.
pawl 폴, 발톱 톱니바퀴의 역회전을 막는 새 발톱처럼 생긴 것. =click
pawl washer 폴 와셔 폴이 붙은 와셔. 너트의 이완(弛緩)을 방지하는 것.
p* chart** ***p 관리도(管理圖) 품질을 불량률(不良率)로 관리할 때 사용하는 관리도.

$$p=\Sigma p/k$$

여기서, p : 불량률, k : 조수(組數)

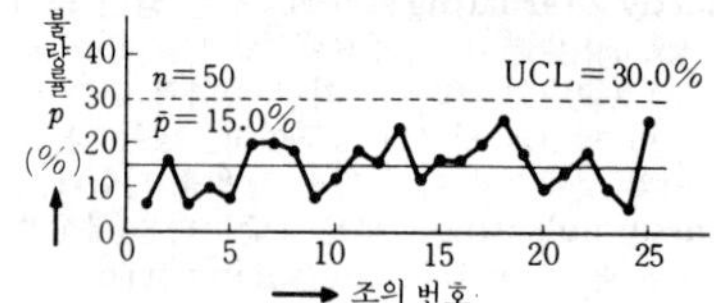

peacock 피콕 펌프 등의 공기 빼기, 기름 탱크 등의 기름 빼기 등에 사용되는 작은 콕(cock). 보통 포금제(砲金製)가 많다.
peak 피크, 정점(頂點) ① 기어의 이끝,

이의 정점. ② 전압 또는 전류 곡선의 정점.

peak contact 이끝 접촉(－接觸) 기어의 맞물림 상태에 있어서, 맞물림이 얕아서 이끝만이 닿고 있는 불량한 접촉 상태.

peak load 피크 부하(－負荷) ① 공장이나 가정에서의 전력 수요는 하루 중에 수시로 변화하는데, 그 최대의 전력 수요량의 값을 말한다. ② 난방, 냉방 부하가 시간적으로 변화할 때의 최대값.

peak load evaporation 과부하(過負荷) ＝overload

pearlite 펄라이트 주철(鑄鐵) 또는 강에 나타나는 현미경 조직의 이름. 726℃에서 오스테나이트가 페라이트와 시멘타이트와의 층상 공석정(共析晶)으로 변태한 것.

pearlite cast iron 펄라이트 주철(－鑄鐵) 고급 주철의 일종. 주철 속의 규소의 양을 적게 하여 탄소를 펄라이트형으로 하고 흑연(黑鉛)을 되도록 감소시킨 것이다.

peat 이탄(泥炭) 가장 탄화(炭化)가 적게 된 탄화 연대가 오래되지 않은 석탄. 다량의 수분을 함유하고 있으므로 충분히 건조시킬 필요가 있다. 연료, 연탄(煉炭), 활성탄(活性炭) 등의 원료로 사용된다.

pebble mill 페블 밀 규석(硅石), 기타 암석의 덩어리를 분쇄 매체로 사용하는 회전 밀.

pecker 곡괭이 토목, 철도, 광산 등에서 단단한 토사를 굴착하는 데 사용하는 끝이 뾰족하게 생긴 괭이.

Peclet number : P_e 페클레수(－數) a를 열확산율, v를 대표 속도, l을 대표 치수로 할 때 $P_e=vl/a$로 정의되는 무차원수.

pedal 페달 ① 자전거를 탈 때 발로 밟는 부분. ② 자동차 등에서 브레이크, 클러치 등의 조작을 발로 할 때 밟는 부분. ③ 피아노, 재봉틀 등의 발로 밟는 발판.

pedestal 대, 베어링대(－臺) 베어링을 지지하는 대.

peek hole 피크 홀 ＝peep hole, inspection eye, inspection hole

peeled 필 모재(母材)의 표면 처리, 도장(塗裝), 도금 등의 일부가 벗겨지는 현상.

peen 쇠망치 머리, 쳐서 늘이다(쇠망치 머리로), 굽히다, 두드리다

peening 피닝 ① 이물질(異物質)이 반복 충돌함으로써 생긴, 가까이 고르게 분포되어 있는 오목 자국을 말한다. ② 금속 표면을 해머로 두드리는 것. 용접에서는 비드 또는 그 근처를 두드리는 것. 피닝을 함으로써 경도(硬度)가 증가되지만, 피닝의 강도가 지나치면 균열이 생기거나 타격으로 인한 홈이 생긴다.

peening hammer 타격 해머(打擊－) 피닝기(전동 타격기)에 달려 있는 타격 해머를 말한다.

peep hole 핍 홀 기계나 장치를 분해하거나, 뚜껑을 열지 않고 내부 상태를 들여다보거나 점검할 수 있도록 케이싱에 뚫어 놓은 구멍.

peg 대못, 나무못, 쇠못, 못으로 박다

peg wire 페그 와이어 볼트나 너트의 헐거움을 방지하기 위하여 묶는 철사.

pellet 펠릿 지름 또는 한 변의 길이가 2～5mm 정도의 구슬, 원주, 각주형(角柱形)으로 조립된 재료.

pelletizer 펠레타이저 펠릿을 만드는 기계.

Pelton wheel 펠턴 수차(－水車) 원판의 주위에 다수의 버킷을 배열하고, 노즐로부터 물이 분출하면 물의 모든 에너지는 속도 에너지로 바뀌고 그것이 버킷에 부딪혀 수차를 회전시키는 것. 미국인 펠턴(Pelton)이 발명. 고낙차(高落差)로 수량이 비교적 적은 곳에 사용되는 충격 수차(衝擊水車)를 말한다.

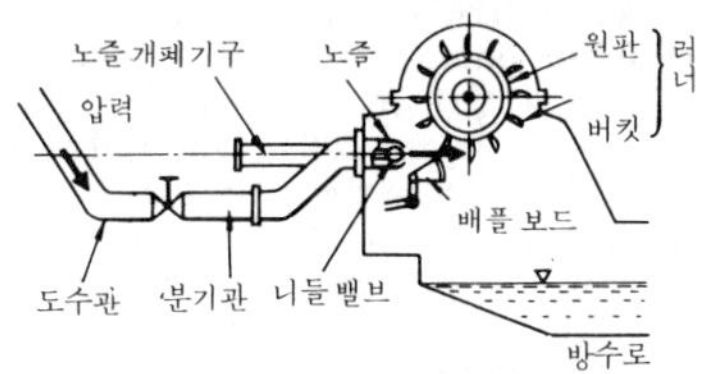

pencil of light rays 광선속(光線束), 광속(光束) 광선이 모인 다발을 말한다. 1점에서 나오는 광선의 다발을 발산 광속, 1점을 향하여 집합하는 광선의 다발을 수렴(收斂) 광속, 평행을 이루는 광선의 다발을 평행 광속이라고 한다.

pendulum 흔들이, 진자(振子) 일정한 주기로 일정한 점의 주위에서 주기적 진동을 계속하는 물체.

pendulum electric train 진자 전차(振子電車) 경사각 5°의 자연 경사에 의한 흔들이 장치를 장착한 전차. 흔들이 작용은 50km/h 이상일 때에만 작용하도록 되어 있다.

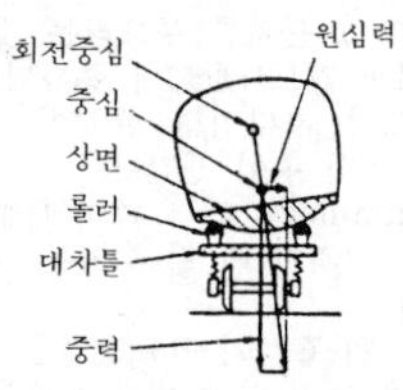

pendulum governor 진자 조속기(振子調速機), 와트 조속기(-調速機) 원심력에 의하여 흔들이가 기울어지는 변위를 이용한 조속기. 발명자의 이름을 따서 와트 조속기라고도 한다.

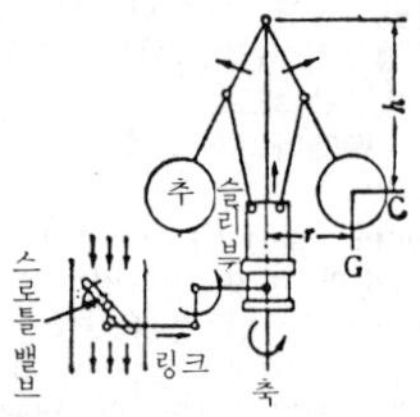

pendulum impact tester 진자 충격 시험기(振子衝擊試驗機) 흔들이 모양의 해머의 충격(impact)에 의하여 시험편을 절단하는 시험기.

pendulum pump 진자 펌프(振子-) 회전 펌프의 일종. 미끄럼 전자 기구(機構)를 응용한 것으로, 그림과 같이 회전자(回轉子)가 실린더 내벽에 접하여 회전 운동을 함으로써 액체를 한 쪽에서 다른 쪽으로 송출한다. 펌프 밸브가 없고 유동이 고르며, 관성(慣性) 장애가 없기 때문에 회전수를 빠르게 할 수 있다. 비교적 조작이 용이하다. 같은 회로 원리로 압축기로서도 사용된다.

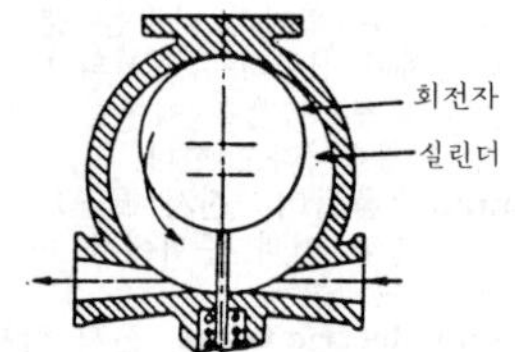

penetration 페니트레이션[1], 용입(鎔入)[2], 침투(浸透)[3] ① 주형(鑄型)의 모래 틈새로 쇳물이 침투하여 생기는 주물의 표면 결함.

② 용접에 있어 모재(母材)의 표면부터 용융 풀(molten pool) 바닥까지를 용입(鎔入)이라 하고, 그 깊이를 용입 깊이라고 한다.

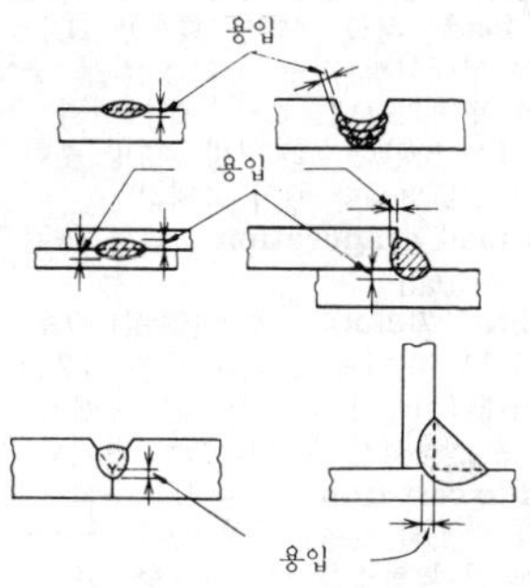

③ 녹아 들어가는 것.

penetration inspection 침투 탐상 검사(浸透探傷檢査) 검사하고자 하는 대상물의 표면에 침투력이 강한 적색 또는 형광성 침투액을 칠하여, 표면의 개구(開口) 결함 부위에 충분히 침투시킨 다음 표면의 침투액을 닦아 내고, 백색 분말의 현상액으로 결함 내부에 스며든 침투액을 표면으로 빨아 내고, 그것을 직접 또는 자외선등(紫外線燈)으로 비추어 관찰함으로써 결함이 있는 장소와 크기를 알아내는 방법.

penetration leakage 침투 누설(浸透漏泄) 유액(油液)이 패킹 또는 개스킷 자체에 침투함으로써 생기는 누설.

penetrator 압자(壓子) 경도계(硬度計)로 시험편의 표면을 눌러서 오목한 자국을 내는 것의 총칭. 담금질한 강구(鋼球 : 브리넬), 다이아몬드 4각추(비커스), 다이아몬드 원뿔(록웰 C 스케일) 등이 있다.

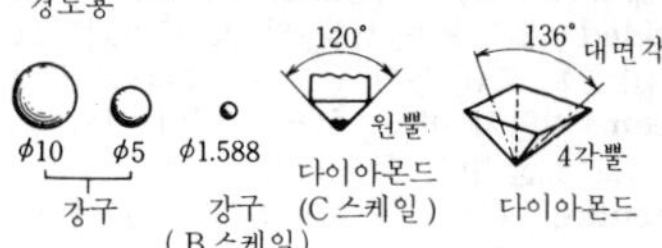

pen stock 수압관(水壓菅) 상수조(上水槽)에서 수차(水車)에 이르는 내압력 관로

(耐壓力菅路)를 말한다. 이것은 정수압(靜水壓) 이외에 수차에 흐르는 유입량의 변동에 따른 압력의 상승 및 저하에 대해서도 충분히 견딜 수 있어야 한다. 보통은 연강판(軟鋼板)이 사용되나, 저낙차용으로서 철근(鐵筋) 콘크리트관이 사용되는 경우도 있다.

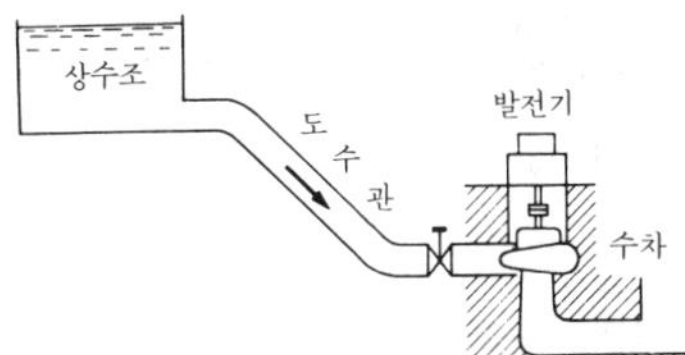

pentagonal prism 펜터거널 프리즘 광학 부품의 일종. 5각형의 프리즘으로 빛의 방향을 90° 바꿀 때 쓴다. 펜터프리즘이라고도 부른다.

percent 퍼센트 기호는 %이며, 백분율(百分率). 예컨대, 15%는 15/100.

percentage 퍼센티지, 백분율(百分率) = percent

percentage humidity 비교 습도(比較濕度) 1kg의 건조한 기체 속에 함유되어 있는 수증기의 양을, 동일한 온도에서 포화한 경우에 건조한 기체 1kg 속에 함유되는 수증기의 양으로 나눈 값. 공업상의 계산에 자주 이용된다.

percentage of brake power 브레이크율(一率) 철도 차량의 제동력을 나타내는 기준으로, 제륜자(制輪子) 압력과 차축 무게의 비율의 백분율. 이 중에서 선종축부기관차(先縱軸附機關車)와 같이 제륜자가 없는 차축을 가진 차량의 경우에는, 제륜자 총압(總壓)과 전차량 중량의 비율의 백분율을 전차량 브레이크율이라 하여 전자와 구별한다.

percentage of contraction 수축률(收縮率) =contraction percentage

percentage of elongation 연신율(延伸率) =elongation

per centum 퍼센트 =percent

percolating filter 살수 여상(撒水濾床) 여상(濾床) 위에 여과시킬 액체를 적상(滴狀)으로 살포하듯이 떨어뜨리도록 되어 있는 것으로, 점적 여상(點滴濾床)이라고도 한다.

percolation 퍼컬레이션 엔진의 기화기 플로트실 내의 연료가 과열하여 끓음으로써 엔진의 운전을 원활하지 못하게 하는 현상을 말한다.

percussion test 충격 시험(衝擊試驗) = impact test

percussion welding 충격 용접(衝擊鎔接) 합하고자 하는 두 용접선을 맞대어 놓고 그 부분에 순간적으로 아크를 발생시켜 인접 부분이 용융 상태가 됨과 동시에 양쪽 모재를 충격으로 압착시키는 용접법. 알루미늄, 구리, 니켈 등의 선 용접(線鎔接)에 다른 금속간의 용접도 할 수 있다.

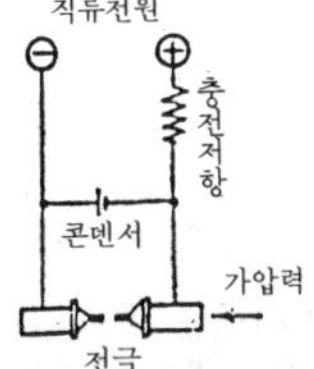

percussive welding 충격 용접(衝擊鎔接) →percussion welding

perfect gas 이상 기체(理想氣體) = ideal gas

perforated feed pipe 다공 급수관(多孔給水菅) 보일러 드럼에 있어서 급수를 고르게 분배하기 위하여 사용되는 많은 구멍이 뚫려 있는 급수관.

perforated pipe 다공관(多孔菅) 관 주위에 많은 구멍이 뚫려 있는 관.

performance 성능(性能) 기계 장치의 작용이나 효율 등 작동상의 특징을 나타내는 성질의 총칭.

performance curve 성능 곡선(性能曲線) 성능을 그래프 상에 나타낸 곡선. 터보형 펌프에서는 회전 속도, 전양정(全揚程), 토출량, 축동력, 효율 등, 수차 및 펌프 수차에서는 출력, 유량, 회전수, 효율 등, 또 송풍기 및 압축기에서는 가스량, 압력,

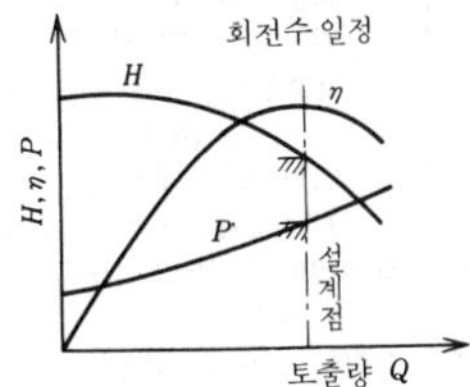

회전수, 축동력, 효율 등의 상호 관계를 나타낸다.

performance monitor 퍼포먼스 모니터 제조 공정이나 장치의 성능을 감시하는 장치.

performance per litre 리터당 출력(-當出力) 내연 기관의 단위 크기당의 출력을 비교하는 성능값을 말하며, 크기의 기준으로서 전 실린더의 행정 용적(行政容積)(*l*)을 사용한 것이다. 출력을 마력으로 나타내어 리터 마력(馬力)이라고도 한다. 리터 출력=최대 출력÷전 실린더 행정 용적(총 배기량)(*l*).

performance test 성능 시험(性能試驗) 유체 기계의 운전 성능을 구하는 시험. 구체적으로 회전수, 유량, 헤드, 축동력 등을 측정하여 성능 곡선을 구한다.

peri- 페리- 주위에, 넘어서, 가까이라는 뜻의 접두어.

period 주기(週期) 일정한 시간 간격을 두고 현상이 반복되는 것을 주기적이라고 하지만, 주기적 현상에 있어서 동일한 상태가 재현되기까지 경과한 최소의 시간 간격을 주기라고 한다.

periodic force 주기력(週期力) 주기적으로 변화하는 힘.

periodic function 주기 함수(週期函數) 어느 일정한 간격(주기 *T*)마다 같은 값을 취하는 함수이며, 일반적으로 주기 함수 $x(t)=x(t+nT)$. 여기서, t는 독립 변수이고 n은 정수(整數)이다.

periodic maintenance 정기 정비(定期整備) 기기의 보전이나 성능의 유지를 위해 정해진 일정 기간의 운전을 한 다음 정기적으로 주요 부분을 개방하여 실시하는 점검 및 수리를 말한다.

periodic motion 주기 운동(周期運動) 여러 가지 운동 또는 변화에서의 동일 기간마다 동일한 상태가 되풀이되는 운동.

period of half decay 반감기(半減期) = half-value period

peripheral cam 외주 캠(外周-) = plate cam

peripheral milling cutter 주변 밀링 커터(周邊-) 주변에 칼날이 있는 밀링 커터.

peripheral speed 선단 속도(先端速度) 회전체의 외주에 있어서의 선속도(線速度)를 선단 속도라고 한다.

peripheral velocity 주속도(周速度) = circumferential speed

periphery 주위(周圍), 원주(圓周), 주변(周邊)

periphery cam 외주 캠(外周-) =plate cam

periscope 잠망경(潛望鏡) 잠수 중의 잠수함으로부터 통 끝만을 수면 위로 올려 해상을 관찰하는 특수한 망원경.

perlite 펄라이트 경량 콘크리트용 세골재(細骨材). 석면이나 시멘트 등을 혼합한 새로운 건축재. 내화(耐火), 단열, 흡음 등의 효과가 있다.

permalloy 퍼멀로이 Ni 78.5%를 함유한 Ni-Fe 합금. 투자율, 내마모성, 전성(展性), 연성(延性) 등이 모두 크다. 전류계판(電流計板), 해저 전선(海底電線) 등에 널리 사용된다.

permanent center 영구 중심(永久中心) 기구(機構) 중 링크의 상호 운동의 중심이 링크에 대하여 불변의 위치에 있는 것을 영구 중심이라고 한다. 회전 대우(對偶 : 짝)나 미끄럼 대우에서 직접 연결되어 있는 링크의 상호 운동의 중심은 그 일례이다. 또는 고정 중심이라고도 한다.

permanent gas 영구 가스(永久-) = perfect gas

permanent load 불변 하중(不變荷重) 시간적으로 크기, 방향 모두가 변하지 않는 하중.

permanent magnet 영구 자석(永久磁石) 한 번 착자(着磁)된 자력을 영구히 보유하는 자석.

permanent magnetism 잔류 자기(殘留磁氣) =residual magnetism

permanent mold 영구 주형(永久鑄型) 반복해서 사용할 수 있는 영구적인 주형.

permanent set 영구 변형(永久變形) = remained strain →stress-strain diagram

permanent strain 영구 변형(永久變形) →plastic strain

permeability 통기율(通氣率)[1], 투과성(透過性)[2], 투자율(透磁率)[3] ① 통기성의

정도를 나타내는 것으로, 주형(鑄型)에서는 발생한 가스를 일산(逸散)시키는 능력을 말하며, 일반적으로 퍼센트로 나타낸다.
② 액체나 또는 가스체가 투과할 수 있는 고체의 성질을 말한다. 투과성을 말할 경우 보통 증기에 대한 투과성을 말한다.
③ 도자율을 말한다. $\mu=B/H$. 다만 B : 자속 밀도(磁束密度 : gauss), H : 자계(磁界)의 강도(oersted).

permissible error 허용 오차(許容誤差) =allowable error

permissible stress 허용 응력(許容應力) =allowable stress

permission 허가(許可), 허용(許容)

permit 허가(許可), 허가하다(許可－), 허용하다(許容－)

Permutite 퍼뮤티트 경수(硬水)를 연수(軟水)로 만드는 데 사용되는 알루미노 규산 나트륨의 상품명.

perpendicular 수선(垂線), 수직(垂直), 수직한(垂直－), 직립한(直立－) =vertical

perpendicularity 직립(直立－), 수직(垂直), 수직체(垂直體)

perpetual mobile 영구 기관(永久機關) 주위에서 에너지의 보급을 받지 않고 영구히 일을 할 수 있는 가상의 기관을 제1종 영구 기관이라고 한다. 또, 주위에 어떤 변화도 남기지 않고 어떤 열원의 일을 연속적으로 바꿀 수 있는 가상의 기관을 제2종 영구 기관이라고 한다. 전자는 열역학의 제1법칙에 의해, 후자는 제2법칙에 의해 존재가 부정되고 있다.

personal equation 개인 오차(個人誤差) 측정자의 버릇에 의하여 생기는 오차.

personal error 개인 오차(個人誤差) = personal equation

personal management 노무 관리(勞務管理) =labo(u)r management

perspective drawing 투시도(透視圖) 시점(視點)과 입체의 각 점을 연결하는 방사선에 의해 그려진 그림. 원근감은 잘 나타나지만 실제의 크기는 나타내지 못한다.

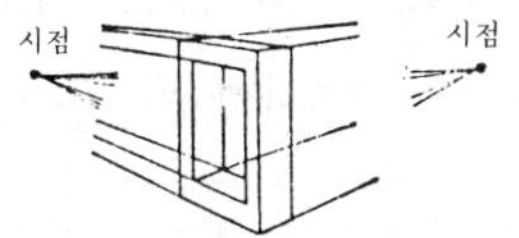

petcock 페트콕 작은 콕(증기 기관 따위의 배기용).

petrol 가솔린 =gasoline

petrolatum 바셀린, 광유(鑛油) =vaseline

petroleum 석유(石油) 천연적으로 산출되는 원유 및 그 가공 제품의 총칭. 비중 0.77～0.95, 증류 정제하는 온도에 따라서 다음 표와 같이 여러 종류로 분류된다.

제 품	증류온도(℃)	비 중
휘발성	150이상	0.60～0.74
등 유	150～300	0.74～0.82
경 유	300～350	0.80～0.88
중 유	350이상	0.89이상

petroleum engine 석유 기관(石油機關) 석유(등유, 경유)를 연료로 하는 내연 기관. 보통 기화기에서 등유 또는 경유를 기화하여 전기 불꽃 점화를 한다. 구조가 간단하고 취급도 용이하기 때문에 농경용으로서 사용되고 있다.

petrol lubrication 혼합 윤활(混合潤滑) =oil in gasoline lubrication

Pferdestarke ; **PS** 미터 마력(－馬力) 75 kg의 물체를 1초간에 1m의 높이로 들어올리는 에너지. 1PS=735.5와트. HP는 영마력(英馬力)을 뜻하며, 1PS=0.986HP이다.

phase 위상(位相) 교류 전압이나 전류의 반복 파형인 1사이클 사이에서의 어떤 순간의 위치를 말한다.

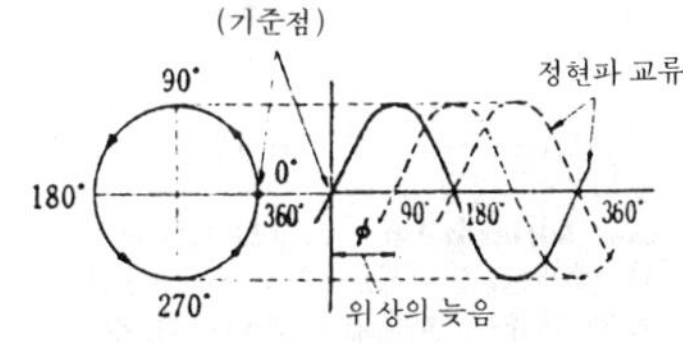

phase angle 위상각(位相角) 위상을 기하학적인 감도로 나타낸 것. →phase

phase-contrast microscope 위상차 현미경(位相差顯微鏡) 금속 조직의 각 상의 굴절률이 다른 데에서 위상차가 생긴다. 또, 시료면의 凹凸로 반사가 달라지는 데에서 위상차가 생긴다. 금속 현미경에서는 광원으로부터의 빛을 위상차판(位相差板)을 통한 빛과 시료면에서 산란된 빛과 함께 1/4파장의 위상차를 붙인다. 이로써 상(像)에 콘트라스트를 붙여 미세한 미끄럼선, 결정립계 등의 관찰이 쉽게 되었다.

phase diagram 상태도(狀態圖), 상평형 그림(相平衡－) 평형 상태에 있는 물질계의 압력, 온도, 조성(組成) 또는 이것들 중의 둘을 써서 계(系)의 상태를 나타내는 그림.

phase difference 위상차(位相差) 동일 주파수의 두 정현파 교류 파형의 간격을 각도로 나타낸 것.

i_1과 i_2의 위상차 φ

$i_1=\sqrt{2}\,I_1\sin\omega t$

$i_2=\sqrt{2}\,I_2\sin(\omega t-\varphi)$

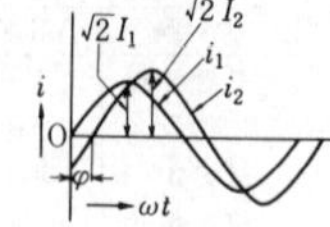

phase lag component 위상 지연 요소(位相遲延要素) 위상 지연 보상에 의해서 제어 회로의 특성 개선을 하기 위한 요소이다. C와 R을 쓰면 그림과 같은 회로가 된다. 이 회로의 전달 함수는 다음 식으로 나타내어진다.

$$G(s)=\frac{1+T_1S}{1+\beta T_1S}$$

단, $T_1=R_1,\ C_1,\ \beta=\dfrac{R_1+R_2}{R_1}$

R_2
입력
출력
R_1
C_1

이 요소는 어떤 주파수 대역에서 위상이 늦어지게 작용한다.

phase separation 상분리(相分離) 기체와 액체를 분리하는 것. 예를 들면, 증기 속에 함유된 물방울을 분리하는 것.

phenix metal 피닉스 메탈 칠드 합금 롤(roll)의 일종으로, 중심까지 백선(白銑)이기 때문에 강도는 보통 롤보다 떨어지거나 경도가 높아 압연 능력은 2배에 가깝다. 성분은 C 1.5~2%, Si 0.3~0.5%, Mn 0.6%, Cr 0.1%, Ni 0.5%.

phenol resin 페놀 수지(－樹脂) 페놀 또는 크레졸과 같은 페놀류와 포름알데히드의 축합(縮合)에 의해 얻어지는 합성 수지의 일종. 용제(溶劑)에 녹지 않는 것을 베이클라이트라 하고, 열경화성(熱硬化性) 수지의 대표적인 것으로서 전기 기구, 절연 재료, 기어, 용기 등에 사용된다.

pH-meter **pH** 미터 pH(페하라고 부른다)란 액체의 산성이나 알칼리성의 정도를 나타내는 수치로서, 수소 이온 농도의 역수(逆數)의 상용 대수로 나타낸다. pH 7이 중성이고, 이것에 미치지 않는 것은 산성, 초과하는 것은 알칼리성이다.

phon 폰 소리의 크기를 나타내는 단위. 귀에 들리는 소리의 크기가 같다고 느껴지는 1,000Hz의 순음의 음압 레벨 dB로 나타낸다. 예컨대, 100 폰의 소리란 100dB인 1,000Hz의 순음과 같은 크기로 들리는 음의 레벨을 말한다. 소음(騷音)은 A특성으로 측정하도록 규정되어 있다. A 특성은 소음이 사람의 신경을 자극하는 감각에 어느 정도 잘 어울리므로 소음계에는 A특성의 눈금이 매겨져 있다.

phosphate coating 인산염 피막 처리(燐酸鹽皮膜處理) 도료(塗料)의 밑바탕, 내마모(耐磨耗), 소성 변형(塑性變形) 가공의 윤활, 전기 절연 등의 목적으로 실시하는 것으로, 각각 그 목적에 적합한 각종 금속의 인산염(燐酸鹽) 용액이 사용된다. 내마모용으로는 인산 망간을 주성분으로 하는 것이 사용된다.

phosphor 인(燐) ＝phosphorus

phosphor bronze 인청동(燐青銅) 청동에 1% 이하의 인(P)을 첨가한 것. 내식(耐蝕), 내마모성(耐磨耗性)이 있다. 베어링, 기어 등의 소재로 사용된다.

phosphorescence 인광(燐光) 여기(勵起)한 후 약 10^{-8}초 이상 지속하는 루미네선스(luminescence)를 말한다.

phosphorus 인(燐) 원소 기호 P, 원자번호 15, 원자량 30.975. 인은 주철 속에서는 재질을 여리게 하는 성질이 있으나, 쇳물의 흐름을 좋게 하는 작용도 하므로 보통 주철 속에는 0.2~0.8% 포함되어 있다.

photo 포토 빛이나 사진이란 의미로, 포토 셀(photo-cell), 포토 튜브(phototube) 등과 같이 접두어로 사용된다.

photo cell 광전지(光電池) ＝photoelectric cell

photo chromic glass 포토 크로믹 유리 빛을 비추면 착색이 되고, 빛을 단절하면 원래와 같이 투명하게 되는 성질을 가진 유리를 말한다. 안경에 널리 사용되고 있다.

photochromics 포토크로믹스 빛이 비추어지면 색이 가역적(可逆的)으로 변하는 재료. 예를 들면, 어두운 곳에서는 투명하고, 밝은 곳에서는 착색이 되는 안경의 렌즈 재료 등은 이것의 일종이다. 화상 처리 분야에서는 화상을 기록하거나 찍거나 지우거나 하기 위한 재료로서 쓰이고 있다.

photo conductive cell 광도전 셀(光導電—) 반도체 표면에 빛을 비추면 캐리어가 증가하여 저항이 낮아지는 성질을 광도전성(光導電性)이라 한다. 광도전성을 지닌 것을 사용하여 빛의 강약을 전류의 강약으로 변화하는 소자를 말한다. 적외선 검출, 광통신, 온도 측정, 사진기의 자동 조리개 등에 널리 사용되고 있다.

photo coupler 포토 커플러 발광부(發光部)와 수광부(受光部)로 이루어져 있고, 전송로 내에서 전기를 빛으로, 그 빛을 전기로 되돌려 입력측과 출력측을 절연하는 소자. 예를 들면, 솔레노이드류를 마이크로컴퓨터로 제어하는 경우, 서로의 노이즈가 간섭하지 않도록 하기 위해 쓰인다.

photo diode 포토 다이오드 광원(光源)용 다이오드가 순방향으로 바이어스되는 데 대하여 역 바이어스된다. 빛에 닿으면 전류가 흐르게 되고, 빛의 강도에 거의 비례한 출력 전압을 발생한다.

photo-elasticity 광탄성(光彈性) 에폭시 수지 등의 투명판에 외력을 가하고 이것에 편광(偏光)을 비추면, 응력 분포(應力分布)의 무늬 모양이 나타난다. 재료에 발생하는 응력 상태를 이 방법으로 살핀다.

photoelectric cell 광전지(光電池) 광전 효과 또는 광학 작용을 이용하여 광에너지를 전기적 에너지로 바꾸는 것. 광전관, 셀렌 광전지 등이 있다.

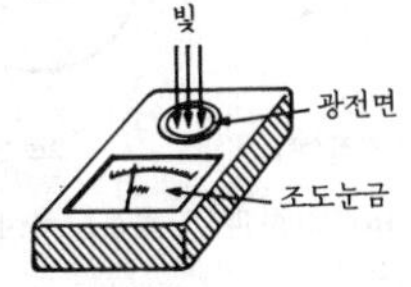

photoelectric conversion method 광전 변환 방식(光電變換方式) 빛의 양을 전기의 양으로 변환할 수 있는 것을 이용하여 신축(伸縮), 휨, 각도 변화, 비틀림 등의 변화, 즉 변위(變位)로 빛의 양이 증감(빛을 차단하거나 반사시키거나 기타)하는 것을 전류의 변화로 변환하는 방식.

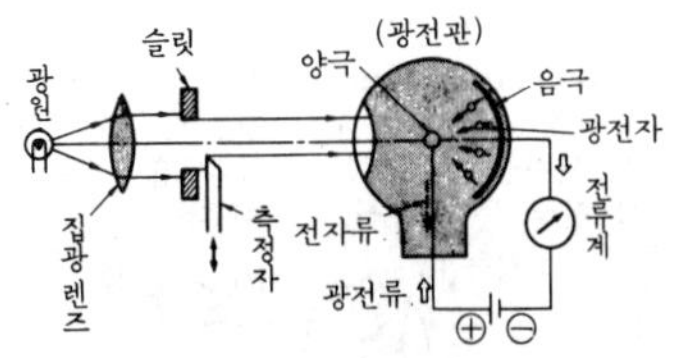

photoelectric effect 광전 효과(光電效果) 물질에 전자파(電子波 : 光子)를 입사(入射)했을 때 그 물질로부터 전자가 튀어나오는 현상.

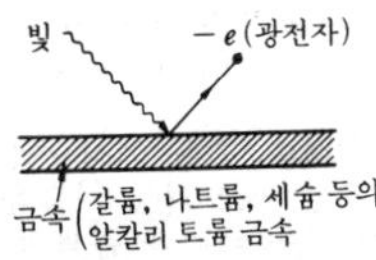

photoelectric switch 광전 스위치(光電—) 광원(光源)을 매체로 하여 전기량을 광량으로 변환, 방사하고, 방사된 빛은 피검출 물체에 의하여 차광되거나 반사, 흡수, 투과되거나 해서 변화를 받게 된다. 그 변화를 받은 빛을 수광 소자(受光素子)로 받아 광전 변환하고, 변화량에 어떤 증폭, 제어를 가하여 최종적인 제어 출력으로서 on-off의 스위칭 출력을 얻는 것을 말한다. 넓은 뜻으로 해석할 때는 자외선, 적외선 등의 각 파장 영역의 모든 빛이나 레이저광을 이용했을 경우 등, 빛의 그 어떤 변화를 이용하여 물체의 유무, 물체에 의한 변화량을 검출하고, 그 결과로서의 출력, 정보를 전기적 처리로 얻는 것도 광

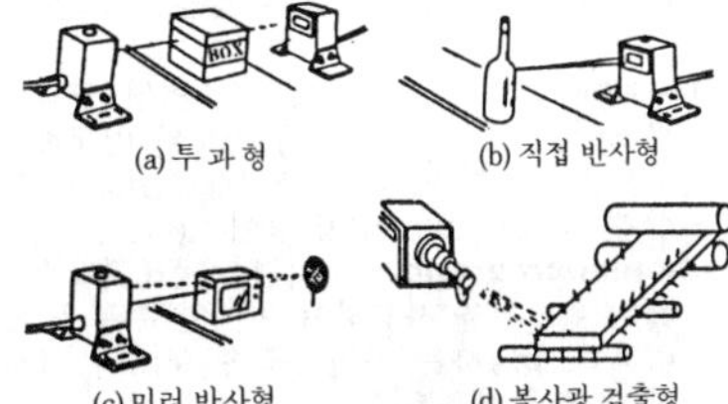

검출 형태에 의한 광전 스위치의 분류

- 직류 증폭형
  - 직류 레벨형
  - 미분형(직류 광변화, 타이밍 검출 방식)
- 교류(펄스) 증폭형
  - 적분형(LED 방식)
  - 축적 효과 수광형(복사광 검출 방식)

수광부(受光部)의 증폭 및 신호 처리 방식에 의한 분류

전 스위치에 포함된다.

photoelectric tube 광전관(光電管) 빛의 강약을 전류로 바꾸는 진공관. 빛이 닿으면 전자를 방사하는 산화 세슘과 은의 복합 전극 등을 음극으로 한 것.

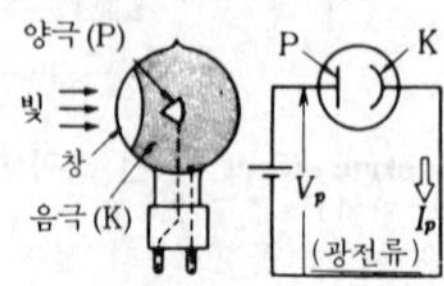

photoelectric tube pyrometer 광전관 고온계(光電管高溫計) 광전관을 사용한 고온계.

photo etching 포토 에칭 사진의 EP 원리를 이용한 미소 가공 기술을 말한다. 가공하고자 하는 패턴을 흑색 유제(乳劑) 또는 크롬 처리가 된 유리판 위에 형성하고, 다음에 감광성(感光性) 물질(포토레지스터)을 덮개에 칠하여 유리판과 덮개를 밀착시킨 다음 자외선 노출한다.

photo forming 포토 포밍 포토 레지스트(photo resist)와 전주법(電鑄法)을 조합한 가공법.

photographic lens 사진 렌즈(寫眞－) 사진 촬영에 사용하는 렌즈로, 물체의 실상(實像)을 사진 필름 또는 사진 건판상에 맺는다. 일반적으로 여러 개의 렌즈를 조합시킨 것으로, 각종 수차(收差)가 제거되어 있다.

photo luminescence 포토 루미네선스 물체가 외부로부터의 광에너지를 얻어 발광하는 현상. 형광 도료는 이것을 이용한 것이다.

photometer 광도계(光度計) 어떤 광원의 광도(光度)를 표준 광원의 광도와 비교하여 광도를 측정하는 장치. 대비형(對比形), 분산형, 분젠(Bunsen)형 등이 있다.

photomicrograph 현미경 사진(顯微鏡寫眞) 현미경을 사용하여 미세한 부분을 확대하여 촬영하는 사진. 금속 조직의 검사 및 연구에 사용된다.

photomicrographic apparatus 현미경 사진 장치(顯微鏡寫眞裝置) =microphotographic apparatus

photomicrography 현미경 사진학(顯微鏡寫眞學), 현미경 사진술(顯微鏡寫眞術) =microphotography

photon 광자(光子) 파(波)로서의 성질을 나타내는 빛은 전자와의 충돌로 물질 입자와 똑같은 성질을 나타낸다. 이것을 응용한 광전자 증배관(光電子增倍管)으로 그 입자를 셀 수 있다. 1개의 빛을 입자라는 측면에서 보았을 때 이것을 광자(光子)라고 한다.

photo resist 포토 레지스트 광화학(光化學) 작용을 받은 부분이 현상액으로 불용(不溶) 또는 가용(可溶)으로 되는 내약품성 피막. 불용(不溶)으로 되는 것을 부형(負型) 레지스트, 가용(可溶)으로 되는 것을 정형(正型) 레지스트라고 한다.

photo SCR 포토 **SCR** SCR이 게이트 전류로 off 상태에서 on 상태로 되는 데 대하여, 입사광(入射光)을 투사함으로써 on이 되는 SCR. 광검출(光檢出), 근접 스위치, 카운터 등에 사용되고 있다.

phototelegraphy 사진 전송(寫眞電送) 텔레비전과 같이 화면을 주사(走査)하여 수신측에서 상을 재현하는 송신법.

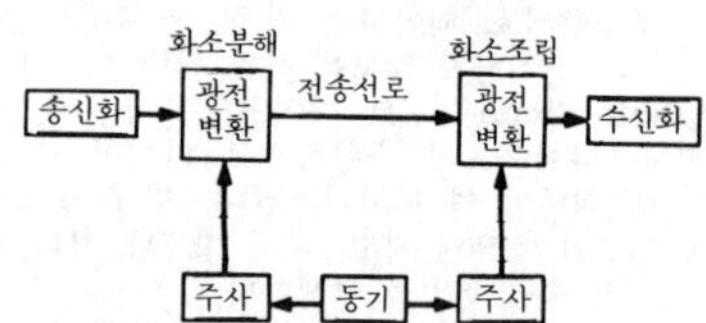

phototransistor 포토 트랜지스터 광전관(光電管)과 같은 작용을 하는 반도체 소자로, 사진 전송이나 토키의 재생, 천공 테이프의 판독 등에 널리 사용되고 있다.

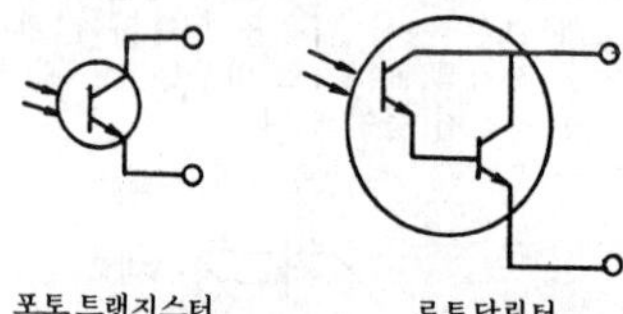

포토 트랜지스터 로토달링턴

phototube 광전관(光電管) =photo electric tube

physical vapor deposition 물리 증착법(物理蒸着法), **PVD** 법(－法) 진공 속에서 가스화한 물질을 기본 표면에 피복하는 방법. 진공 증착과 스패터링법으로 나뉜다. 특징은 얇은 막의 두께가 균일하고 다층막(多層膜) 형성도 용이한 것이다.

pi 파이, 원주율(圓周率) 기호는 π. 원둘

레와 그 지름과의 비율을 말하며, 약 3.1416에 해당한다.

PI action **PI** 동작(－動作) 비례 동작(P), 적분 동작(I)의 두 가지 제어 작용의 조합으로서 비례와 적분의 두 가지 동작을 시키는 제어.

piano wire 피아노선(－線) C 함유량 0.60～1.05%, 그 밖에 Si, Mn, S, P, Cu 등을 함유하여 고도의 인장 강도를 지니고 있다. 상온에서 와이어 드로잉(wire drawing) 가공을 한 다음 가열하여 인성(靭性)을 갖추게 하여 사용한다. 지름 0.08～6.0mm. 코일 스프링, 고급 스프링 등에 사용한다.

pickling 산세척법(酸洗滌法) 산(酸) 속에 담가 산의 작용으로 스케일 등을 제거하는 법.

pickling test 산세척 검사(酸洗滌檢査) 산화 억제제(酸化抑制劑)를 첨가한 염산(鹽酸) 등의 산액(酸液)을 사용하여 주로 표면 결함의 흠집, 균열, 주름 등을 조사하는 검사.

pick-up 픽업 ① 한 쪽 표면으로부터 다른 쪽 표면으로 금속이 옮겨지는 현상. ② 신호 또는 양의 입력을 검출하고 이에 비례하는 출력을 발생하는 변환기를 말한다. ③ 라디오, 텔레비전, 플레이어 등에서는 음이나 빛을 바꾸는 장치. ④ 스튜디오 이외의 방송 현장과 스튜디오를 연결하는 중계 조직. ⑤ 소형 트럭.

pick-up tongs 집게 단조 작업에서 작은 가공품을 집어 올리는 집게.

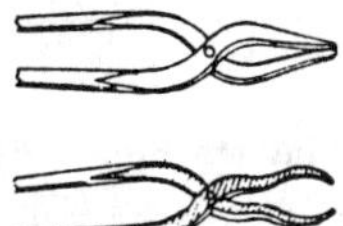

picture phone 텔레비전 전화(－電話) 화상까지도 전송할 수 있는 전화.

PID action **PID** 동작(－動作) 비례 동작(P), 적분 동작(I), 미분 동작(D)의 세 가지 제어 동작의 조합 방식에 의하여 비례, 적분, 미분의 3동작을 하게 하는 제어를 말한다.

piecework 삯일, 청부일(請負－) 작업 실적 기준으로 임금을 받는 일.

piercing 구멍 뚫기, 천공(穿孔) 구멍이 없는 재료에 펀치를 때려 구멍을 뚫는 가공이나, 작은 구멍에 펀치를 압입하여 구멍을 넓히는 작업. 그림은 단조 작업의 구멍 뚫기를 나타낸 것이다.

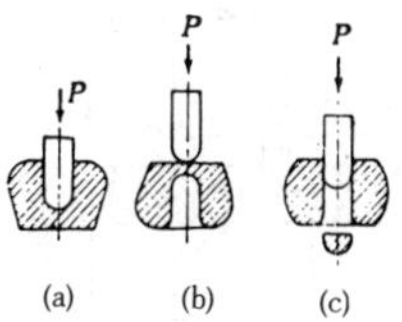

(a) (b) (c)

piercing machine 피어싱 머신, 천공기(穿孔機) 한 쪽 구멍은 펀치로 구멍이 뚫리게 하고, 다른 쪽 구멍은 전단기를 사용하는 천공기.

piezo-electric element 압전 소자(壓電素子) 외부로부터 기계적 변형을 가하면 전기 분극(分極)이 나타나는 현상을 이용하는 소자로, 기계, 전기 양 에너지 간의 상호 교환에 사용된다. 픽업, 마이크로폰, 기계적 필터 등에 응용되고 있다.

piezo-electricity 압전기(壓電氣), 피에조 전기(－電氣) 수정(水晶), 그 밖의 결정체(結晶體)에 가하는 압력을 변화시키면 미소한 전하(電荷)를 발생한다. 이 현상에 의해 나타나는 전압을 압전기라고 한다. 수화기, 발전기의 주파수 제어 등에 이용된다.

▽세로 효과 ▽가로 효과

P (압축력) 수정판 P　　P 수정판 P

P′ (인장력) 수정판 P′　　P′ 수정판 P′

piezo-electric polymer 압전성 고분자(壓電性高分子) 물질에 변형이나 응력을 가하면 전기적인 분극(分極)을 일으키거나, 반대로 물질을 전자장(電磁場)에 두면 변형이나 응력을 일으키는 현상을 압전성(piezo-electricity)이라 한다. 고분자 물질에도 압전성(壓電性)을 나타내는 것이 많이 있다. 예를 들면, polyvinylidene fluoride와 같은 극성 분자를 일렉트릭화한 고분자 압전체는 스피커, 헤드폰 등 음향 교환기 등에 응용되고 있다.

piezo-electric vibrometer 압전형 진동계(壓電形振動計) 압전체에 발생하는 전기량으로부터 추의 변위(變位)를 알아내어 진동 가속도를 측정하는 진동계.

piezo meter 피에조 미터 ① 피에조 전

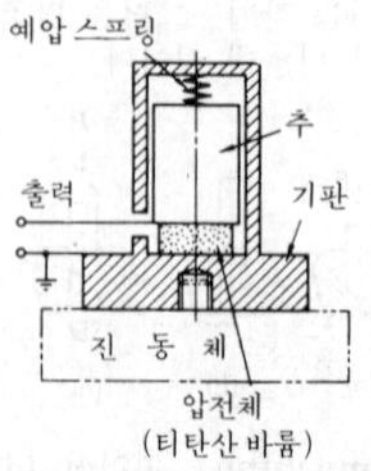

piezo-electric vibrometer

기량을 측정하여 하중의 크기를 구하는 계기. 하중이 걸려도 발생하는 변형이 극히 작은 것이 특징. ② 액체의 압축률을 측정하는 계기.

pig 피그 선철(-銑鐵) 용광로에서 만들어진 용융 선철(鎔融銑鐵)을 주형에 부어 굳힌 것. 용도는 제강 원료, 주물 원료 등으로 사용된다.

pig iron 선철(銑鐵) 철광석으로 직접 제조된 철의 일종. C 2.2~7%(대개는 2.5~4.5%) 이외에 유황, 인 등도 함유한다. 취약해서 압연, 단조(鍛造)는 할 수 없으나 제강 또는 주조의 원료로 사용된다. 파단면(破斷面)이 회색인 것을 회선철(灰銑鐵)이라 하는데 비교적 재질이 연하다. 또, 파단면이 백색인 것을 백선철(白銑鐵)이라 하는데 재질이 매우 단단하다. 또, 백선철과 회선철의 중간적인 것을 반선철(班銑鐵)이라고 한다.

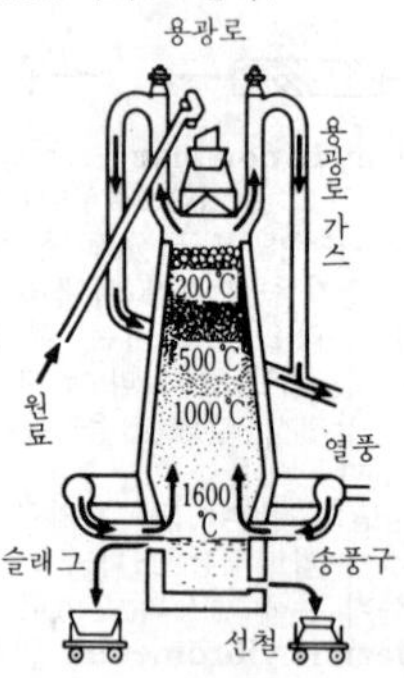

pigment 안료(顔料) 물이나 용제(溶劑)에 녹지 않는 무채(無彩) 또는 유채(有彩)의 분말로서 무기(無機), 유기(有機)의 화합물이다. 착색, 보강, 증량(增量) 등의 목적으로 도료(塗料), 인쇄 잉크, 플라스틱 등에 사용된다.

pile 파일 ① 말뚝. ② 원자로. =nuclear reactor

pile driver 파일 드라이버 압축 공기, 증기력 또는 디젤 파일 해머(Diesel pile hammer)를 사용하여 말뚝을 때려 박는 기계.

pile driver crane 파일 드라이버 크레인. 말뚝박이 크레인 지브 크레인의 지브(jib) 끝에 파일 드라이버를 장착한 것.

pile foundation 파일 기초(-基礎) 말뚝을 때려 박아서 만든 기초. 나무 말뚝, 철근 콘크리트 말뚝, 현장에서 말뚝 구멍을 파고 콘크리트를 채워 넣는 파일 등이 사용된다.

piling machine 파일 머신 파일을 박는 기계. =pile driver

pillar 필러 기둥, 표주(標柱), 기둥 모양의 것을 통틀어 일컫는 말.

pillar-bracket bearing 기둥 브래킷 베어링 기둥 브래킷에 체결된 베어링.

pillar crane 기둥 크레인 기둥을 중심으로 하여 아래쪽에 지브(jib)를 장착하거나, 또는 위쪽에 수평 암(arm)을 단 회전식 크레인. 공장 또는 창고, 기타 건물 내에서 많이 사용된다.

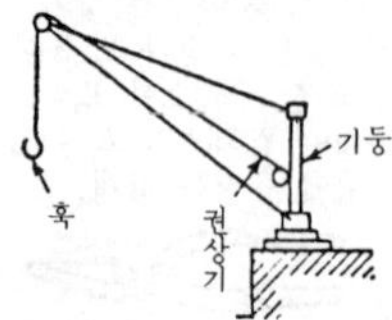

pillar drilling machine 기둥 설치 드릴링 머신(-設置-) 공장의 기둥 등에 설치하는 구조로 되어 있는 드릴링 머신.

pillar file 평각 줄(平角-) 단면이 장방형이나 평줄보다 두껍고 줄날이 한 쪽 또는 양쪽 면에 절삭되어 있다. 홈, 키홈, 플랜지의 구석 부분의 다듬질에 사용된다.

pillow block 필로형 베어링(-形-) 필로형 축받이 상자를 사용한 베어링을 말한다. 일체 케이싱으로서, 외경부(外徑部)는 깊은 홈 볼(ball)의 필로(pillow) 전용 구면(球面) 미끄럼면으로 되어 있다. 실(seal)은 전용품으로 이미 베어링에 끼워져 있다.

pilot burner 파일럿 버너, 점화 버너(點

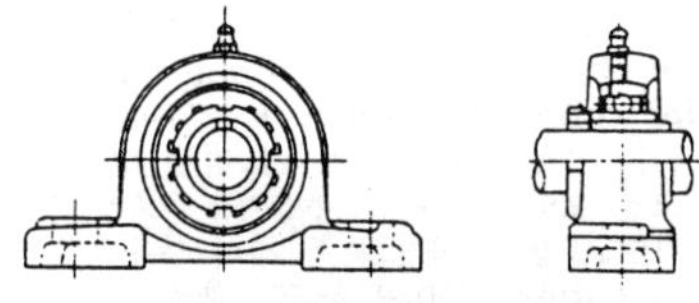
pillow block

火－) 주연료에 점화하는 장치의 하나.

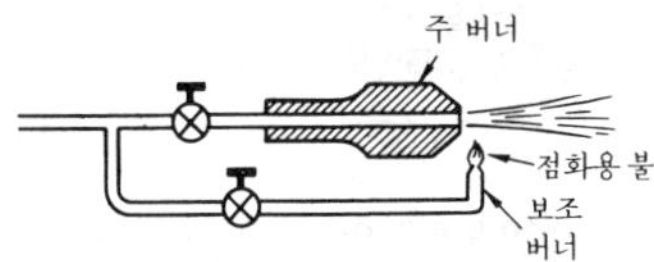

pilot coupler 안내 연결기(案内連結器) 철도 차량 자동 연결기의 하나이다. 차량의 구조상 완충 장치를 빔(beam)보다 안쪽에 설치할 수 없는 기관차와 제설차(除雪車) 등에서 사용하고 있는 것으로서, 연결기의 뒤에 차체의 연결구가 붙어 있다.

pilot flame 파일럿 버너 노(爐)의 주 버너 점화를 확실히 하기 위한 보조 버너.

pilot lamp 파일럿 램프 전류가 흐르고 있는지의 여부, 또는 기계의 작동 상태 등을 나타내는 전등.

pilot plant 파일럿 플랜트 신제품의 공업화에 즈음하여 그 예비 시험을 하는 중간적 시험 공장. 공정, 조작, 제품의 가부(可否), 난이(難易) 등을 판정하는 곳. 새로운 방식의 대공장 건설에 특히 필요하다.

pilot valve 파일럿 밸브 다른 밸브 또는 기기 등에서의 제어 기구를 조작하기 위해 보조적으로 사용되는 제어 밸브.

pin 핀 못바늘 또는 일반적으로 가늘고 긴 못바늘 모양의 막대.

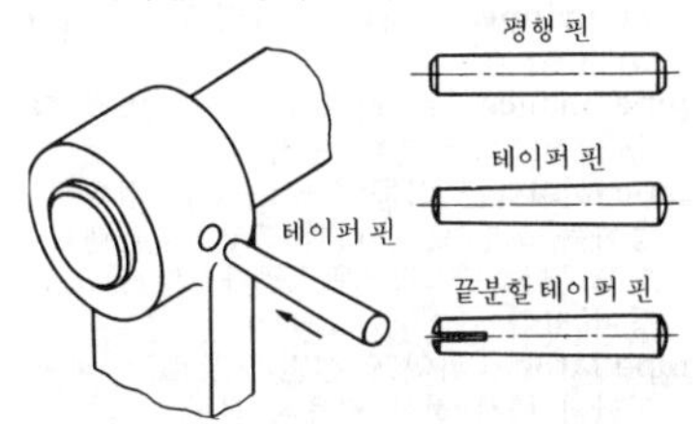

pin board 핀 보드 전기·전자 기기 조작의 순서, 시간, 기타를 프로그램대로 사람이 손으로 핀을 삽입하거나 빼내거나 함으로써 회로의 전환을 조작할 수 있도록 설계되어 있는 배전반.

pincers 펜치 =pinchers, cutting pliers

pinch cock 핀치 콕 고무관 등을 끼우기 위해 사용하는 8자 모양의 금속제 기구.

pinch effect of welding arc 핀치 효과(－效果) 비교적 높은 용접 전류 밀도의 아크에서는 아크가 집속(集束)하려는 전자 작용(電磁作用)이 작동하는데, 이것을 핀치 효과라 한다. 그 결과 아크의 지향성이나 강한 플라스마 흐름 등이 발생한다.

pinchers 펜치 철사나 전선을 자르거나 굽히는데 사용하는 손공구.

pin face wrench 핀 스패너 두 갈래로 된 자루의 분기된 부분에 각각 핀이 붙어 있는 스패너. =pin wrench

pin gear 핀 기어 맞물린 기어의 한 쪽이 대신 핀을 사용한 것. 핀 기어는 언제나 종동차일 것.

pin hole 핀 홀 주물, 도금, 용접부 등에 발생하는 미소한 기공(氣孔) 또는 미세한 구멍을 말한다. 포어(pore), 피트(pit)라고도 한다.

pin hole grinder 핀 구멍 연삭기(－硏削機) 피스톤의 핀 구멍 등을 정밀하게 연삭 다듬질하는 연삭기.

pinion 피니언 맞물리는 크고 작은 2개의 기어 중에서 작은 쪽 기어를 말한다. 또는 래크(rack)와 맞물리는 기어를 말한다.

pinion cutter 피니언 커터 피니언형 기어 절삭기에 사용하는 절삭 공구. 치면(齒面)이 절삭날이 되어 있는 기어형 커터를 말한다.

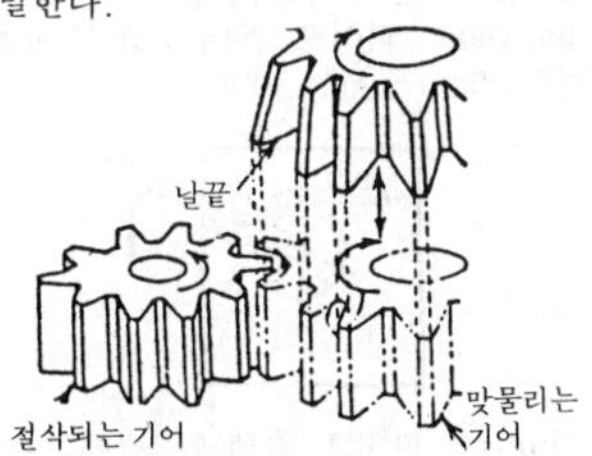

pinion gear shaper 피니언형 기어 셰이퍼(一形一) 피니언 커터로 기어를 절삭하는 기어 절삭기. 펠로즈 기어 절삭기 등이 있다.

pin joint 핀 조인트, 핀 이음 2개의 부품의 끝 부분을 겹쳐 놓고 양자를 꿰뚫는 구멍에 핀을 꽂아 체결하는 이음.

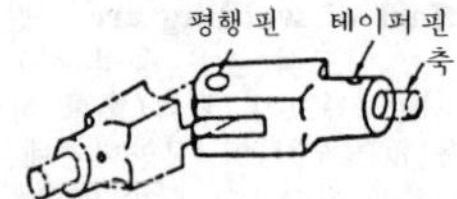

pin key 핀 키 핀 모양의 키. 축과 보스의 접합면에 뚫은 구멍에 꽂는 핀 모양의 키.

pin rack 핀 래크 래크의 이(齒) 대신에 핀을 사용한 것.

pintle 핀틀 선회축(旋回軸), 경첩, 키(舵) 등의 축.

pintle chain 핀틀 체인 일체로 된 오프셋 링크와 핀으로 이루어진 체인.

pin vice 핀 바이스 핀과 같은 둥근 막대를 물리는 특수형 바이스.

pin wrench 핀 스패너 둥근 너트에 사용하는 스패너. 윗면에 구멍이 나 있을 때 둥근 너트를 죄고, 풀 때 스패너의 두 갈래 끝에 붙어 있는 핀을 끼워서 돌리는 것.

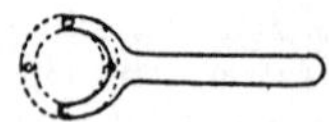

pipe 관(菅) 액체, 가스체, 음향 등의 전송, 기타 난방, 냉방 등에 사용되는 원형 또는 다각형의 긴 중공체(中空體).

pipe arrangement 배관(配菅) 관을 배치하는 공사. 배관에는 밸브나 콕 등을 부착시키는 경우가 많다. 배관을 그림으로 나타낸 것을 배관도라고 한다.

pipe bend 벤드 =bend

pipe bender 파이프 벤더 관을 원호상(圓弧狀)으로 굽히는 기계.

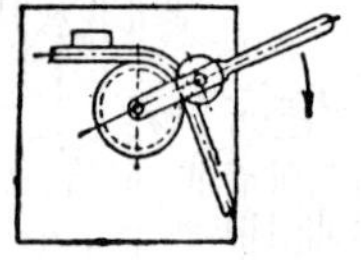

pipe clamp 파이프 클램프 관에 나사를 내거나 가공할 때 고정시키는 죔쇠.

pipe clip 파이프 클립 =pipe clamp

pipe coil evaporator 관 코일식 증발기(菅一式蒸發器) 1/2~2B 관을 연결하여 코일 모양으로 만든 증발기. 구조가 간단하여 냉장고, 제빙용 등 널리 사용된다.

pipe cutter 파이프 커터 관을 절단하는 데 사용하는 공구.

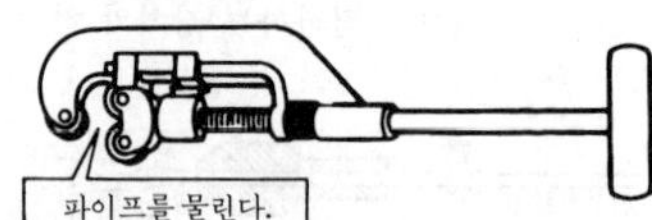

pipe cutting machine 파이프 절단기(一切斷機) 관을 뽑아 낸 다음 관 끝의 찌그러진 부분을 잘라 내거나 또는 길이를 맞추어 절단하는 데 사용하는 기계.

pipe die 파이프 다이스 관에 수나사를 절삭하는 다이. 배관 공사 현장에서 나사를 절삭하는 데 사용된다.

pipe expanding 확관 가공(擴菅加工) 관 끝을 안쪽에서부터 넓혀 지름을 크게 하는 작업. 관 끝을 가열한 다음 코어 바(core bar)를 압입하여 가공한다.

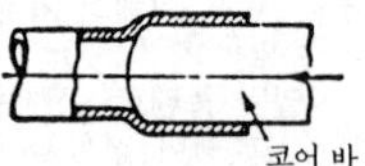

pipe fitting 배관 부속품(配菅附屬品) 배관 이음쇠류의 총칭. 엘보, 유니언, 티, 니플, 플러그 등이 있다.

pipe flaring tool 파이프 플레어링 툴 관 끝을 나팔 모양을 벌리는 공구.

pipe friction 관 마찰(菅摩擦) 관로(菅路)의 벽과 유체와의 사이에 발생하는 마찰을 말한다.

pipe gripper 파이프 그리퍼 =pipe wrench

pipe hanger 관 걸이(菅一), 파이프 행거 관을 천장에서 매다는 지지구.

pipe joint 관 이음(菅一) 관의 접속에 사용하는 조인트. 유니언 조인트, 플랜지 조인트, 가스관 조인트, 플라스틱관 조인트 등이 있다.

pipe lathe 파이프 선반(一旋盤) 파이프 절단과 나사 절삭 전용의 선반.

pipe line system 배관계(配菅系) 송수 장치 등과 같이 유체 기계를 포함한 회로에 있어서 배관 부분을 일컬어 배관계라 고 한다.

pipe orifice 파이프 오리피스 관 속에 칸막이를 만들고 관과 같은 축방향으로 둥근 구멍을 뚫어 유체를 흐르게 한 것. 이것을 사용하여 적은 유량을 비교적 정확하게 측정할 수 있다.

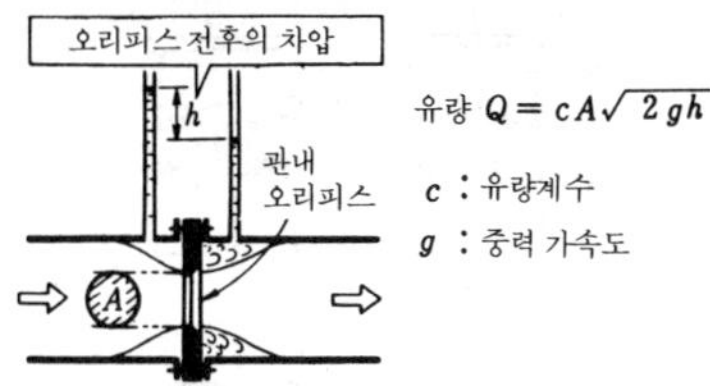

pipe plier 파이프 플라이어 관을 집어 고정하여 각종 작업을 하기 쉽게 하기 위한 손공구.

pipe plug 파이프 플러그 관 끝을 닫기 위해 사용하는 플러그.

pipe rack 파이프 래크 배관열(配管列)을 지지하기 위한 받침 틀.

pipe radiator 관형 방열기(管形放熱器) 관의 표면을 방열면으로 한 방열기.

pipe reamer 파이프 리머 관 소켓의 내경을 경사지게 다듬질하는 리머.

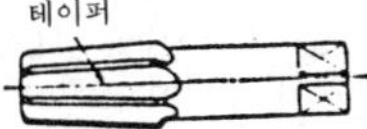

pipe support 관 받침쇠(管－) 관로(管路)의 형상, 밸브, 조인트 등에 의하여 신축에 무리가 생기지 않도록 관로를 적당한 간격으로 지지하는 것.

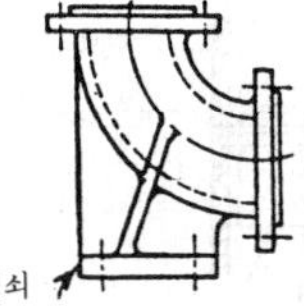

pipe tap 파이프 탭 가스 나사 탭. =gas tap

pipe tap drill 파이프 탭 드릴 관용(管用) 탭 끝에 드릴이 부착되어 있는 것. 가스관, 수도관 등에 구멍 뚫기와 나사 절삭이 동시에 이루어진다.

pipe thread 관용 나사(管用螺絲), 가스나사(－螺絲) 가스관, 수도관 등 관 종류의 접속에 사용하는 나사. 나사산 모양은 가는 위트 나사와 거의 같다. 관용(管用) 평행 나사와 관용 테이퍼 나사가 있다.

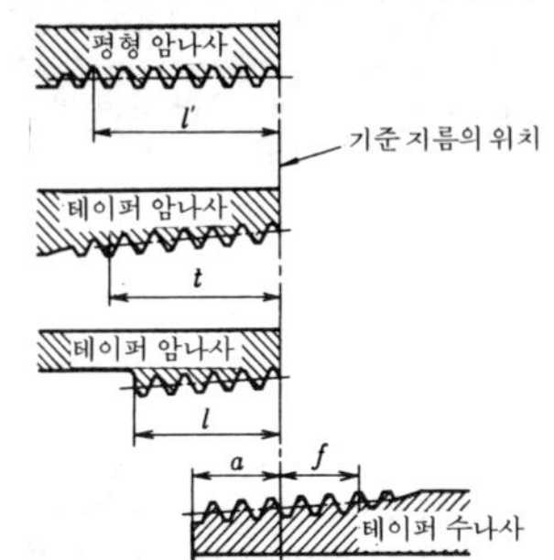

pipe threading machine 파이프 나사 절삭기(－螺絲切削機) 관의 한 끝에 나사를 절삭하는 데 사용하는 전용 기계.

pipe vice 파이프 바이스 관 또는 환봉(丸棒)을 물려 고정시키는 특수 바이스. 나사가 수직으로 되어 있고, V 형으로 생긴 바이스 턱 아래와 위에 톱니가 달려 있다.

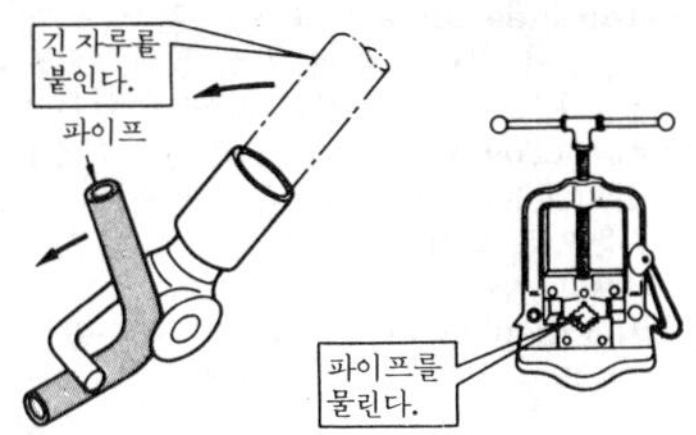

△ 파이프 벤더 △ 파이프 바이스

pipe vise 파이프 바이스 =pipe vice

pipe wall 관벽(管壁) =tube wall

pipe wrench 파이프 렌치 관을 돌려 조인트나 기타 부품과 체결, 해체하는 공구.

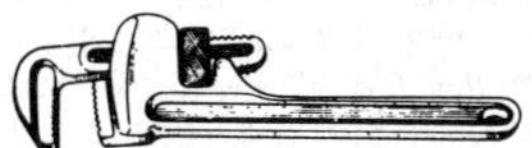

piping 배관(配管) =pipe arrangement

piping diagram 배관도(配管圖) →pipe arrangement

Pirani gauge 피라니 게이지 기체의 열전도율은 넓은 범위에 걸쳐서는 압력과 관계가 없으며, 압력이 0.1mmHg 이하가 되면 열전도율이 압력에 거의 비례하게 된다. 이러한 현상을 이용한 전기적인 진공계의 일종. 피라니 게이지의 사용 범위는 수 mmHg 부터 10^{-5}mmHg 정도까지.

piston 피스톤 왕복 기관 또는 펌프의 실린더 속을 왕복 운동하는 원통.

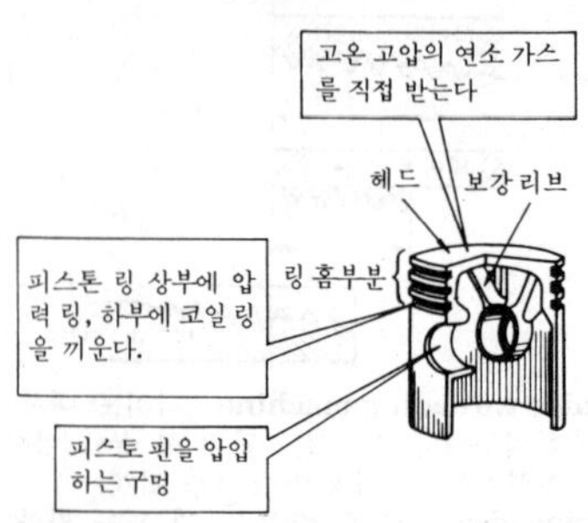

piston boss 피스톤 보스 피스톤 핀을 지지하는 베어링이 될 볼록한 부분. →piston pin

piston clearance 피스톤 간극(－間隙) 피스톤과 실린더 간의 최소 틈새. 보통 피스톤과 실린더의 지름의 차이를 나타낸다.

piston crown 피스톤 크라운 피스톤의 정부(頂部). 대형 기관에서 정부가 별개의 부품으로 되어 있는 경우는 이 상부 부품 전체를 가리킨다.

piston displacement 피스톤 배출량(－排出量) 피스톤이 한 쪽 끝에서 다른 쪽 끝까지 이동하는 사이에 이동되는 실린더 내의 부피.

piston engine 피스톤 기관(－機關) 왕복 운동을 하는 피스톤을 장비한 기관의 총칭.

piston expander 피스톤 익스팬더 마모된 피스톤의 스커트 내부에 넣어 그것을 확대하는 판 스프링.

piston head 피스톤 헤드 피스톤의 가스 압력을 받는 두부(頭部). 가솔린 기관에서는 일반적으로 이 부분이 평면으로 되어 있으나, 디젤 기관에서는 연소실을 형성하기 위해 적당히 오목한 모양으로 되어 있는 경우가 많다. 보통은 피스톤 본체와 일체로 되어 있지만, 고열 부하의 디젤 기관에서는 두부만을 내열성(耐熱性)이 강한 금속으로 만들어 조립하기도 한다.

piston knock 피스톤 노크 피스톤에서 발생하는 충격음.

piston land 피스톤 랜드 피스톤에서 피스톤 링이 끼워지는 홈과 홈 사이를 말한다.

piston pin 피스톤 핀 원통형 피스톤과 연접봉을 연결하는 금속제의 핀.

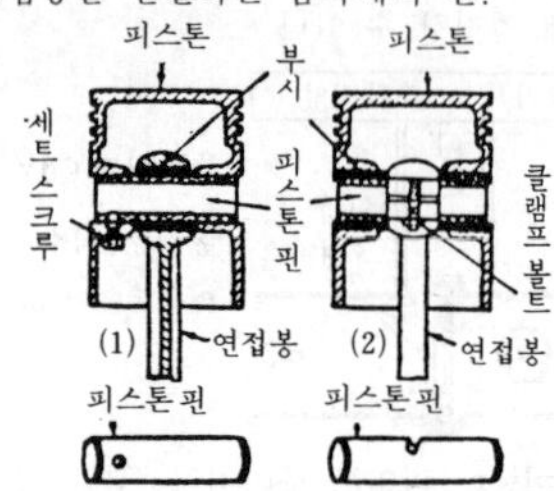

piston pin end 피스톤 핀 엔드 피스톤 핀이 빠지지 않도록 그 끝에 삽입하는 합금제의 플러그.

piston pump 피스톤 펌프 실린더 내의 피스톤의 왕복 운동에 의하여 흡수, 배수를 하는 펌프.

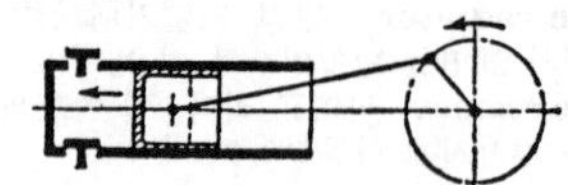

peston ring 피스톤 링 피스톤 홈에 끼워져 피스톤과 실린더 내벽 사이의 기밀(氣密)을 유지하고, 또 실린더 벽의 윤활유를 긁어 내려 윤활유가 연소실로 들어가지 않도록 하기 위하여 피스톤 바깥 둘레의 홈에 끼우는 한 쌍의 링. 기밀 유지를 목적으로 하는 것을 가스 링 · 압력 링, 윤활

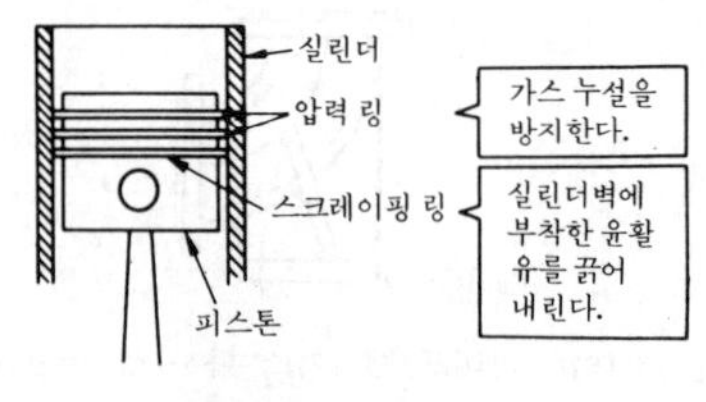

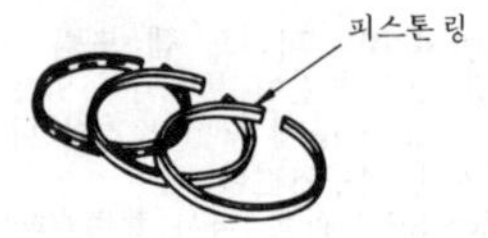

유 긁기를 주목적으로 하는 것을 오일 링 (oil ring)이라고 한다.

piston ring compressor 피스톤 링 압축기(-壓縮機) 피스톤을 실린더에 넣을 때 피스톤 링을 압축하는 데 사용하는 공구.

piston ring flutter 피스톤 링 플러터 피스톤 링이 링 홈 속에서 진동하는 현상.

piston ring groove 피스톤 링 홈 피스톤 링을 끼우기 위해 파 놓은 홈.

piston rod 피스톤 로드 피스톤에 고정되어 피스톤의 운동을 실린더 밖으로 전달하는 작용을 하는 연접봉.

piston skirt 피스톤 스커트 피스톤에서 피스톤 핀으로부터 아래의 몸통 부분.

piston slap 피스톤 슬랩 피스톤과 실린더의 유극(遊隙)이 과대한 경우 측압(側壓)때문에 나는 타격음.

piston speed 피스톤 속도(-速度) 피스톤의 순간 속도는 연접봉의 길이와 크랭크 반지름과의 비율에 의하여 단현 진동(單弦振動)에서 조금 벗어난 주기적 변화가 된다. 그러나 일반적으로는 다음 식으로 표시되는 평균 피스톤 속도 v_p를 의미하는 경우가 많다. $v_p=2sn/60$(m/s). 단, s : 행정(m), n : 회전 속도(rpm). 평균 피스톤 속도는 회전 속도와 함께 기관의 고속성을 나타내는 지수이다.

piston valve 피스톤 밸브 유체(流體)의 통로를 여닫는 데 사용하는 피스톤형 밸브로, 증기 기관차에 있어서는 실린더에의 증기의 급·배기를 이것으로 하고 있다. 단식과 복식이 있다.

piston water meter 피스톤 수량계(-水量計) 물의 흐름에 의해 실린더 속에 장치된 피스톤을 왕복 운동시키고, 유로(流路)를 분배 밸브에 의해 자동적으로 변환시키며, 그 왕복 횟수를 나타내는 적산계(積算計)의 지시에 의하여 수량을 측정하는 구조로 되어 있는 유량계의 일종.

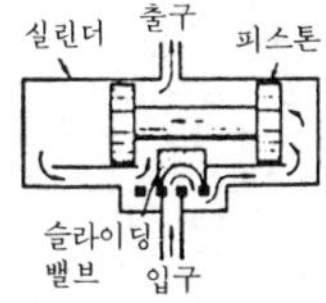

pit 피트 오목한 자국. 강판의 표면에 나 있는 오목한 자국. 둥근 것, 톱니 모양으로 된 것도 있다.

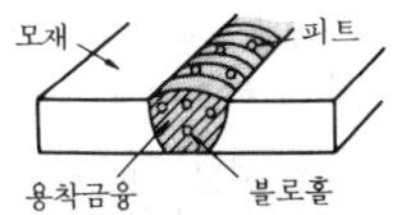

pitch 피치 ① 보통 나사산, 기어의 이 따위와 같은 등간격으로 나란히 나열되어 있을 때 그 간격을 나타내는 치수를 피치라고 한다. ② 석유나 콜타르로부터 정제물(精製物)을 빼낸 나머지 찌꺼기의 총칭.

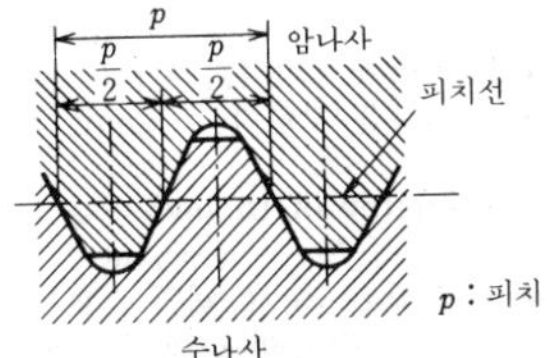

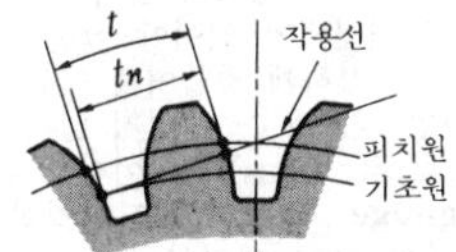

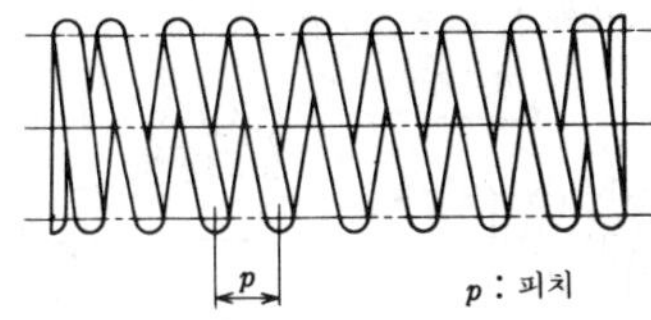

pitch chord ratio 절현비(節弦比) 익렬(翼列)에 있어서 익현(翼弦)의 길이 l과 익렬의 피치와의 비율을 말하는데, t/l로 표시된다.

pitch circle 피치원(-圓) ① 기어의 피치원. ② 원주 위에 등간격으로 나란히 배

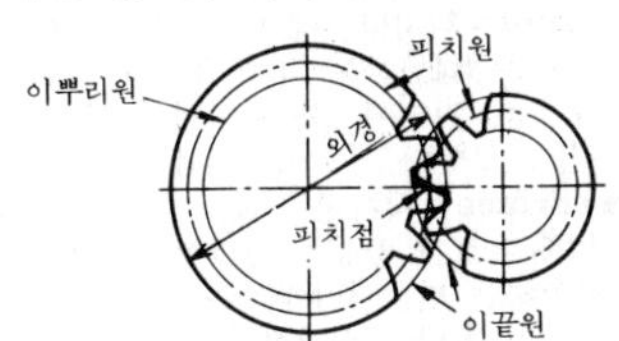

열되어 있는 것, 예를 들면, 볼트, 리벳 구멍 등의 각 중심을 지나는 원을 피치원이라고 한다.

pitch cone 피치 원뿔(-圓-) 베벨 기어의 피치면을 이루는 원뿔.

pitch cone angle 피치 원뿔각(-圓-角) 베벨 기어에서 피치 원뿔의 모선(母線)과 축이 이루는 각.

pitch cylinder 피치 원통(-圓筒) 피치면이 원통면을 이루는 것. 즉, 평 기어의 피치면을 말한다. →pitch surface

pitch diameter 피치원 지름(-圓-) 피치원의 지름을 말한다. →gear, toothed wheel

pitch diameter of thread 나사의 유효 지름(螺絲-有效-) →screw

pitched chain 피치 체인 체인 기어와 맞물려 힘을 전달하는 데 사용하는 체인(예컨대, 고리 모양의 체인)에 있어서는 서로 이웃하는 링크의 간격, 즉 피치가 일정하게 배열되어 있어야 한다. 이와 같이 피치가 일정하게 만들어져 있는 체인을 피치 체인이라 하고, 그렇지 않은 체인을 피치리스(pitchless) 체인이라고 한다.

pitch gauge 피치 게이지 강판(鋼板) 가장자리에 규정 피치의 나사산 모양을 한 홈을 만든 게이지를 말한다. 각종 피치의 것을 겹쳐서 1조로 하고 있다. =thread gauge

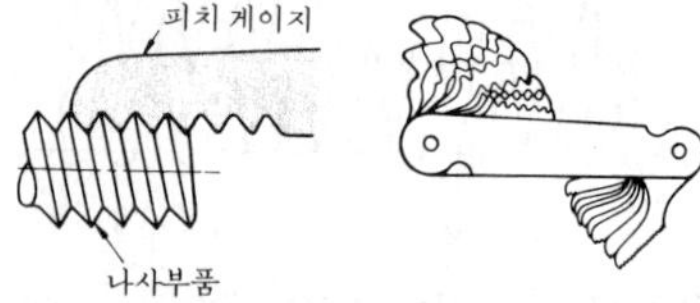

pitching 피칭 항공기, 차량, 선박의 기체, 차체, 선체(船體) 등이 세로로 흔들리는 현상.

pitch line 피치선(-線) 기어의 피치원이 무한대로 되어 직선이 된 것.

pitch point 피치점(-點) 직접 접촉에 의하여 전동(傳動)하는 기계 요소가 서로 접촉하는 점. 기어에서는 피치원과 피치원의 접촉점을 말한다. →toothed wheel

pitch surface 피치면(-面) 직접 접촉하는 기계 요소가 운동을 전달할 때 서로 직접 접촉하는 면. 기어에서는 이 면을 기준으로 하여 톱니를 절삭한다.

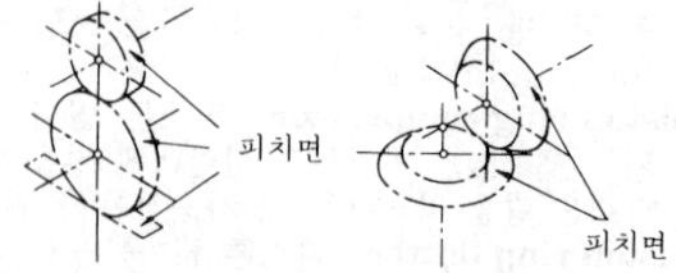

Pitot tube 피토관(-菅) 유체의 흐름 속도를 측정하는 관.

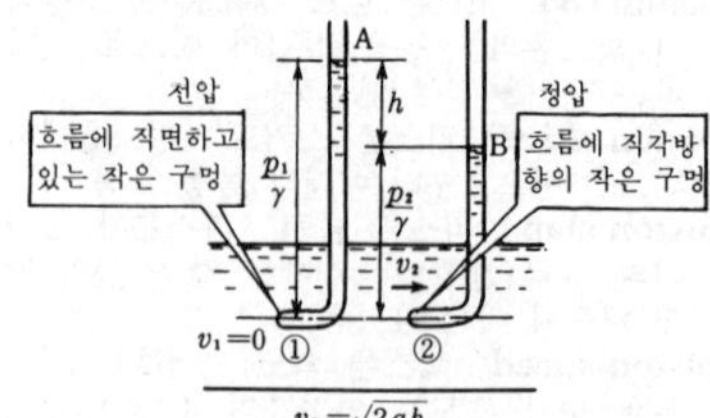

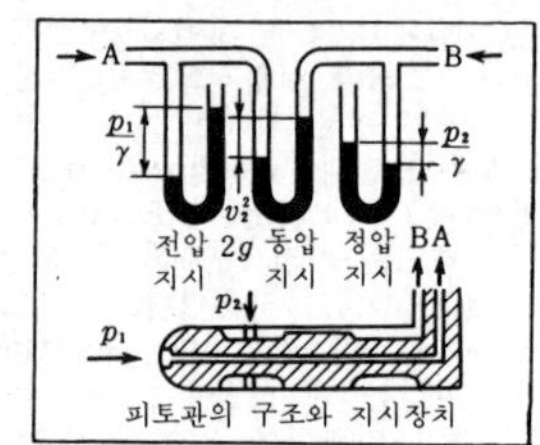

p : 압력 γ : 비중량 v : 유속
g : 중력 가속도

Pitot-tube anemometer 피토관 풍속계(-菅風速計) 피토관으로 풍속을 측정하는 장치를 말한다. 피토관과 수주(水柱) 또는 알코올 미압계(微壓計)로 구성되어 있다. →Pitot tube

pitsaw file 반원 줄(半圓-) 단면이 반원형으로 된 줄. =half-round file

pitting 피팅, 점식(點蝕) 부식(腐蝕) 또는 과하중(過荷重), 이물질 입자의 압입 등 기계적 원인으로 생긴 모재(母材) 표면의 작고 불규칙하면서 모나지 않게 오목하게 들어간 자국.

pivot 피벗, 피벗 저널 축단이 원뿔형이고 그 끝에 약간의 원형을 붙인 것. 또, 피벗을 지지하는 면도 피벗의 단부와 유사한 오목면을 하고 있다. 이와 같은 오목

면을 갖는 지지나 베어링을 피벗 지지, 피벗 베어링이라고 한다.

pivot ball bearing 피벗 볼 베어링 외륜(外輪) 및 여러 개의 볼(ball)로 이루어져 있고 회전축 선단의 원뿔 부분을 지지하는 볼 베어링.

pivot bearing 피벗 베어링 원뿔형의 축단(軸端)을 원뿔형의 오목면으로 된 경질의 재료로 지지하여 가볍게 회전하게 한 스러스트 베어링(축 방향의 하중을 지지하는 베어링)을 말한다. 계기나 시계에 사용되고 있다.

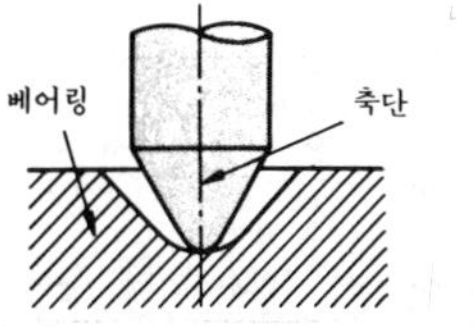

pivot journal 피벗 저널 =pivot

pivot suspension 피벗 지지(-支持) → pivot

place 장소(場所), 위치(位置), 설치하다(設置-)

plain bearing 미끄럼 베어링 베어링면과 저널(journal)이 유막(油膜)을 사이에 두고 미끄럼 운동을 하는 베어링.

plain cylindrical furnace 평형 노통(平形爐筒) 평강판(平鋼板)을 원통형으로 굽혀서 만든 노통.

plain grinder 플레인 그라인더 원통 연삭기의 일종. 환삭(丸削)을 한 다음 더욱 고정밀도의 다듬질을 하는 데 사용한다.

plain milling cutter 플레인 밀링 커터 평면 절삭용 밀링 커터. 곧은날, 비틀림날, 닉드 티스(nicked teeth) 등으로 나뉜다.

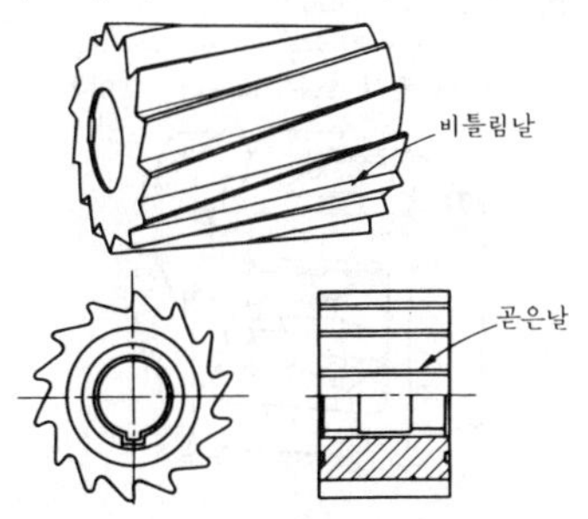

plain milling machine 플레인 밀링 머신 주축이 수평으로 되어 있는 밀링 머신. 절삭 속도와 이송 속도를 크게 하여 강력한 가공 작업에 적합하도록 되어 있다. 밀링 머신 중 가장 널리 사용되고 있는 형식의 하나이다.

plain thermit 플레인 테르밋 산화철(酸化鐵)과 분말 알루미늄의 테르밋 용접용 혼합물을 말한다.

plain trolley 플레인 트롤리 무거운 물건 등을 매달아 운반하는 그림과 같은 형상의 수평 이동 활차.

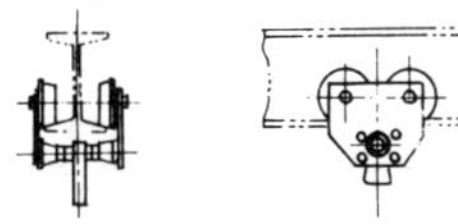

plain washer 플레인 와셔 평판 모양의 와셔.

plane 평면도(平面圖)[1], 플레인[2], 대패[3]
① 제도(製圖)에 있어서 물품을 위에서 본 그림.
② 평면 또는 편평함을 뜻하는 말. plane bearing은 평면 베어링을 말한다.
③ 목공용의 절삭 공구. 사용 목적에 따라 여러 가지 모양의 것이 있다.

plane bearing 평면 베어링(平面-) 마찰면의 한 쪽이 평면으로 되어 있는 베어링.

plane bending 평면 굽힘(平面-) 판 모양의 물체에 순수 굽힘이 작용하는 경우를 말한다.

plane cam 평면 캠(平面-), 정면 캠(正面-), 판 캠(板-) 원판 캠 등과 같이 원동절과 종동절의 접촉점의 궤적이 평면 곡선을 이루는 캠.

plane-concave lens 평 오목 렌즈(平-) 오목 렌즈의 일종으로, 평면과 오목 구면(球面)으로 둘러싸인 렌즈.

plane curve 평면 곡선(平面曲線) 한 평면상에 있는 곡선.

plane-iron 대팻날 →plane

plane of projection 투영면(投影面) → projection drawing

plane-parallel plate 평행 평면판(平行平面板) 유리판의 양면이 서로 평행한 평면이 되도록 연마한 것.

plane polarized light 평면 편광(平面偏光) →polarized light

planer 플레이너, 평삭기(平削機)[1], 대패[2]

① 공작물을 장착한 장대한 테이블에 왕복 운동을 시키고, 절삭 공구를 이것과 직각 방향으로 직선적으로 이송하여 절삭하는 기계. 비교적 대형 공작물을 평활하게 절삭하는 데 사용된다.
② 목공구의 일종.

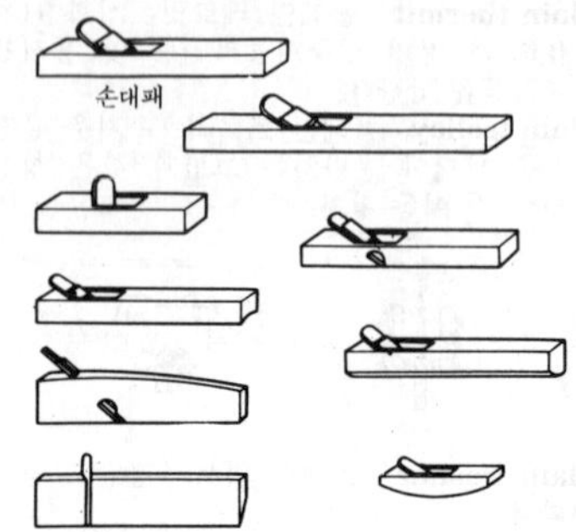

planer knife sharpener 대팻날 연마기(－硏磨機) 목공용 기계 대패의 대팻날을 연마하는 기계.

planer type milling machine 평삭형 밀링 머신(平削形－) ＝planomiller

plane stress 평면 응력(平面應力) 하중을 받은 물체가 한 평면에 평행한 응력만을 발생하였을 때의 응력.

planetary gear 유성 기어(遊星－), 플래니터리 기어 맞물리는 한 쌍의 기어 한 쪽은 고정되어 있고, 다른 쪽은 이것과 맞물린 상태로 그 주위를 회전하는 기구(機構)의 기어 전동 장치.

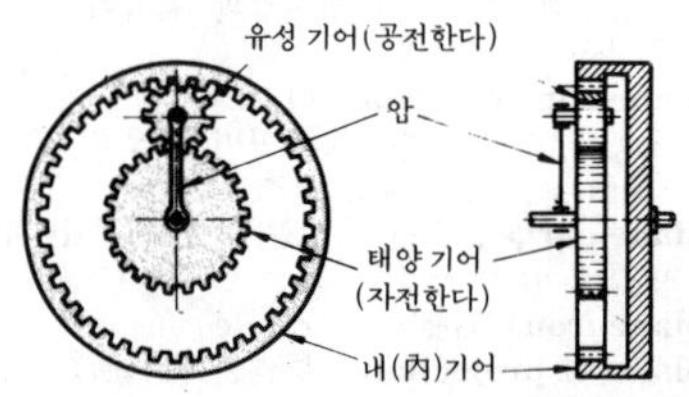

planetary gear drive 유성 기어 장치(遊星－裝置) 한 쌍의 서로 맞물린 기어에 있어서 2개의 기어가 각각 자전(自轉)하는 동시에 한 쪽 기어가 다른 쪽 기어의 축을 중심으로 하여 공전(公轉)하는 장치. 실제에는 이것들이 조합된 것이 많다.

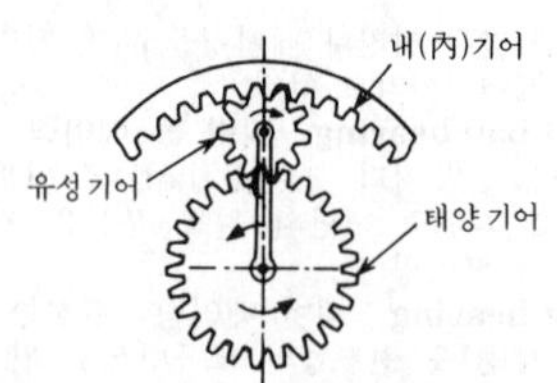

planetary motion 유성 운동(遊星運動) →sun and planet gear

planetary pinion 유성 피니언(遊星－) →sun and planet gear

planetary-type reduction gear 유성형 감속 기어(遊星形減速－) 유성 기어를 사용한 감속 장치. 1단에서 큰 감속비가 얻어지며, 항공 발동기의 감속용으로서 일반적으로 사용되었다.

planimeter 플래니미터, 면적계(面積計) 평면 곡선 내의 면적을 기계적으로 계량하는 기계. 바늘로 도형의 선을 쫓아 가면, 로터가 회전하여 면적이 눈금으로 나타나게 되어 있다.

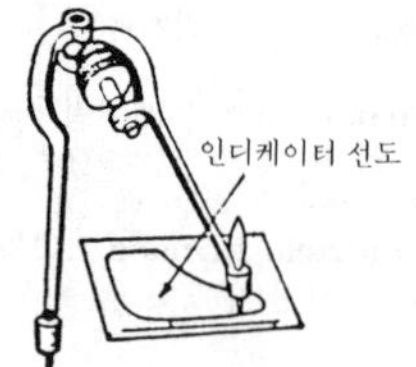

planing 평삭(平削), 평삭 가공(平削加工) 평삭기에 의한 평삭 절삭법. 형삭(形削)을 할 수 없는 가공면이 좁고 긴 평면이나 홈 절삭을 하는 데 가장 적합한 방법.

planing and moulding machine 기계대패(機械－) 공작물을 수동 또는 자동으로 주로 직선 이송을 시켜 회전하는 대팻날에 의해 평삭 또는 홈파기, 모따기 등의

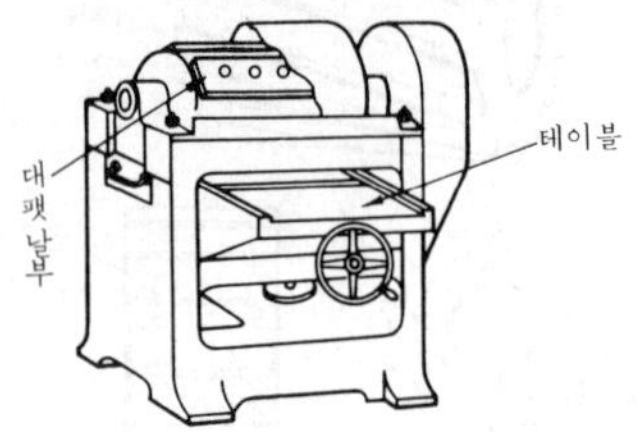

가공을 하는 목공 기계로, 목공용 밀링 커터를 사용하는 경우도 있다. 또, 대팻날이 테이블에 고정된 것도 있다.

planing machine 평삭기(平削機) =planer

plank 플랭크 두꺼운 지지용 판재(板材)의 총칭. 보통 두께 2~6인치, 넓이 9인치 이상되는 널판지.

planomiller 플래노밀러 외관은 평삭기와 비슷하다. 평삭기의 바이트 대신 회전식 밀링 커터를 여러 개 장착한 것과 같은 구조의 평삭기.

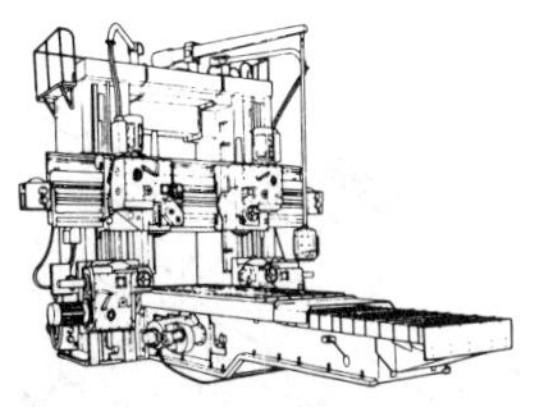

planomilling machine 평삭형 밀링 머신(平削形－) =planomiller

plant 플랜트 ① 장치, 설비, 시설(施設). ② 공장. ③ 설치하다, 장치하다.

plant engineering 설비 관리(設備管理) 설비의 계획에서 폐기까지의 전 가동 기간을 통하여 설비의 효율을 최대로 유지하기 위한 관리.

plasma 플라스마 원자는 수백만~수천만 도의 고온에서 원자핵과 전자가 분리하여 그대로의 상태로 격렬하게 운동을 하여 전기적으로 중성인 가스 상태가 된다. 이것을 플라스마라고 한다.

plasma arc process 플라스마 아크법(－法) 기계적, 전기적으로 수속(收束)된 플라스마 기둥을 지닌 아크는 고밀도의 열을 발생시킬 수 있으며, 이 열을 이용하여 용접, 절단 등을 하는 방법. 특징은 ① 높은 용접 입열(入熱)의 집중성이 좋고, ② 용접 상태가 안정되어 있는 것 등이다.

plasma-assisted hot-machining 고온 절삭법(高溫切削法) 절삭 바이트 바로 앞에 플라스마 토치를 설치하고, 매우 작게 노즐 구멍을 교축하여 가는 플라스마류(流)를 공작물 표면에 쬐어 국부적으로 고온으로 연화(軟化)시킨다. 그런 다음 바이트로 이 연화층을 가공하면 난삭재(難削材)의 가공이 용이해진다. 고온화(高溫化)된 부분은 바이트로 절삭함으로써 칩(chip)으로 깎여 나간다. 경도(硬度) H_RC 40~70의 난삭재의 절삭 가공에 응용되고 있다. 특히 고속도강, 스테인리스강, Mn강, 표면 경화 주철 등의 대형 공작물을 가공하는 데 적합하다.

plasma display 플라스마 디스플레이 가스 방전 셀을 배열한 반형(盤形)의 디스플레이로, 고휘도(高輝度)를 쉽게 얻을 수 있고, 큰 면적의 디스플레이반의 제작이 가능하다. 컴퓨터 출력의 디스플레이나 박형(薄形)의 벽걸이 텔레비전에 응용되고 있다.

plasma flame process 플라스마 제트법(－法) 아크 플라스마를 작은 구멍으로부터 고속도로 분출시킴으로써 얻어지는 고온의 화염을 이용하여 절단, 용융, 용접, 용사(鎔射) 등을 하는 방법.

plasma propulsion 플라스마 추진(－推進) 양(陽)의 전기를 띤 이온과 음(陰)의 전기를 띤 전자가 섞인 가스를 플라스마라고 하는데, 이 플라스마를 대전압이 걸린 전극(電極)간에 방전시켜 에너지를 발생시키고, 동시에 자장(磁場)을 작용시켜 이를 가속화함으로써 그 반동으로 추력을 얻는 로켓 엔진을 말한다.

plaster mold 석고 주형(石膏鑄型) 석고를 주형재로 사용하여 만든 주형. 알루미늄, 구리 합금의 주조에 사용된다.

plaster of Paris 소석고(燒石膏) =calcined plaster

plaster pattern 석고형(石膏型) 기계로 간단히 제작할 수 없는 곡면의 물건이나 높은 정밀도를 필요로 하는 물건 등의 경우 석고를 유입하여 굳혀 만든 모형.

plastic 플라스틱 합성 수지 중에서 비교적 탄성이 있는 물질로, 가열하면 연화(軟化)하여 적당한 모양으로 만들 수 있고, 식으면 굳어지는 성질을 가진 물질.

plastic bearing 플라스틱 베어링 베어링 메탈 또는 베어링 전체가 플라스틱제로 되어 있는 베어링을 말한다. 함유(含油) 베어링으로서는 베이클라이트가 사용되고, 건마찰(乾摩擦) 베어링으로서는 나일론이나 테플론이 사용된다.

plastic concrete 플라스틱 콘크리트 종래의 시멘트 콘크리트에 고분자 재료를 복합시켜 제조한 것. 레진(resin) 콘크리트, 수지 함침 콘크리트, 폴리머 시멘트 콘크리트의 세 가지가 있다.

plastic deformation 소성 변형(塑性變形) 소성에 의한 변형.

plastic form 플라스틱 폼 다수의 작은 기포가 내부 전체에 분산되어 있는 플라스틱.

plastic hysterisis 소성 히스테리시스(塑性－) →Bauschinger' s effect

plasticine 플라스티신 유점포(油粘土)의 일종. 복잡한 형상의 제품을 가공할 때나, 재료 내부의 소성 유동 등의 변화를 알고 싶을 때의 모델 재료로 사용된다. 취급하기 쉽고 소성적 성질이 열간의 강(鋼)과 비슷하므로 폭넓게 사용되고 있다.

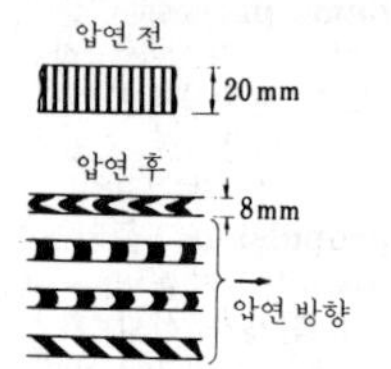

plasticity 가소성(可塑性), 소성(塑性) 탄성 한도 이상의 응력(應力)을 가하면 응력을 제거하여도 변형이 원상으로 되돌아오지 않는 성질.

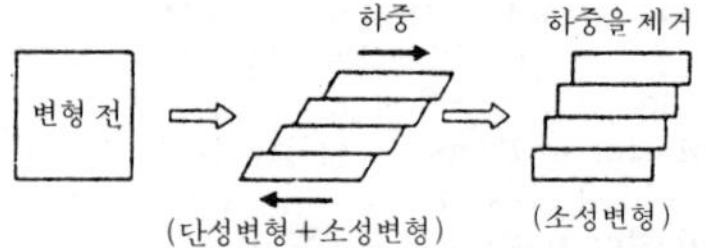

plasticizer 가소제(可塑劑) 일반적으로 혼합을 함으로써 탄성률이나 유리 전이 온도(轉移溫度)를 저하시켜 유연하게 하는 재료.

plastic pipe joint 플라스틱관 이음(－管－) 플라스틱관의 접합은 한 쪽 관 끝을 가열하여 넓힌 다음 다른 쪽 관을 삽입하여 접속한다.

plastic potential 소성 페텐셜(塑性－)

plastic refractory 플라스틱 내화물(－耐火物) 내화 재료의 일종. 사모테질, 고(高)알루미나질, 크롬질 등의 내화 재료를 골재(骨材)로 하여 점토 등의 바인더와 혼합한 것. 해머 등으로 쳐 넣어 시공한다.

plastic region 소성 영역(塑性領域) 소성 변형은 부하 이력(負荷履歷)에 의존하는 비선형 현상이므로, 탄소성 문제에서는 부하의 각 단계에 대하여 응력장(應力場)과 변형장(變形場)을 구하지 않으면 안된다. 물체 중에서 부하의 개시 후 생각하는 단계까지의 사이에 항복 상태에 이르지 않는 영역을 탄성 영역(elastic region), 항복한 다음 소성 변형을 계속하고 있는 영역을 소성 영역이라 한다. →elastic-plastic problem

plastic strain fatigue 소성 피로(塑性疲勞) 반복 속도가 매분 수 10 사이클 이하로 일어나는 피로.

plastic working 소성 가공(塑性加工) 금속의 소성을 이용하는 가공법. 열간 가공과 냉간 가공이 있으며, 단조(鍛造) 작업이나 판금 가공 등이 있다.

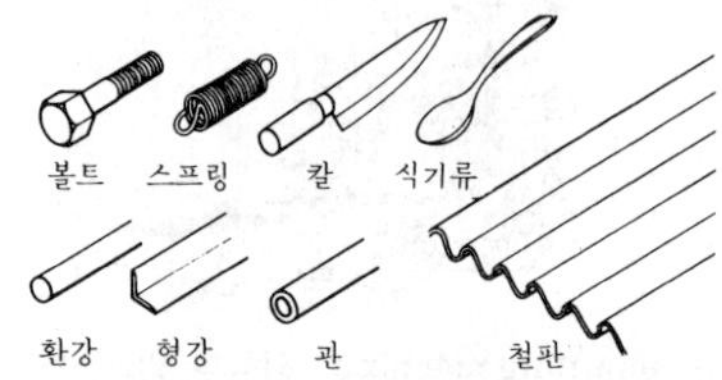

plastigauge 플라스티게이지 크랭크 베어링 메탈이나 연접봉 작업에서 그 유극(遊隙)을 측정하기 위해 쓰는 플라스틱제의 세선(細線 : 1000 분의 수 인치 굵기).

plastisol 프라스티졸 →paste

plate 플레이트 ① 판, 판금(板金). ② 강판, 평판, 평면판. ③ 극판, 전극판, ④ 양극(陽極). ＝anode

plate bending roller 굽힘 롤러 강판을 원통형, 원뿔형으로 굽히거나 또는 커다란 둥근 모양을 붙이는 기계. 상하 3 개의 굽힘 롤로 이루어져 있고, 이 롤 사이에 재료를 넣어 원하는 곡률로 굽힌다.

plate cam 플레이트 캠 평면 캠의 일종. 특수한 형상의 테두리를 가진 판 모양의 캠. 캠이 화살 방향으로 회전하여 종동절(從動節)에 왕복 운동을 시킨다.

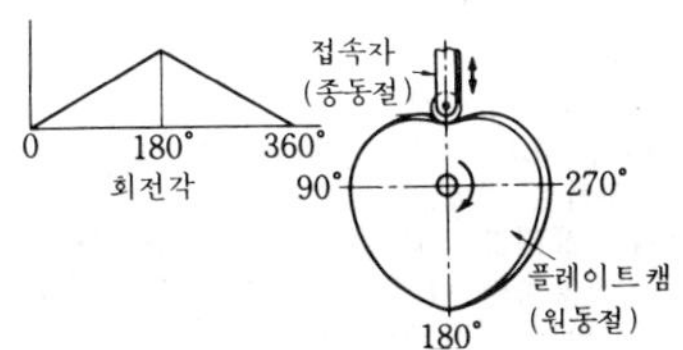

plate clutch 판 클러치(板－) ＝disc clutch

plate edge planer 에지 평삭기(－平削機) 가장자리를 평삭하는 기계.

plate fan 플레이트 송풍기(－送風機) 그림과 같이 보스에서 방사상으로 나와 있는 스포크에 철판 날개를 리벳으로 체결한 간단한 구조의 송풍기. 날개수는 보통 6～12매. 분진(粉塵)을 함유한 가스체의 송풍에 적합하다.

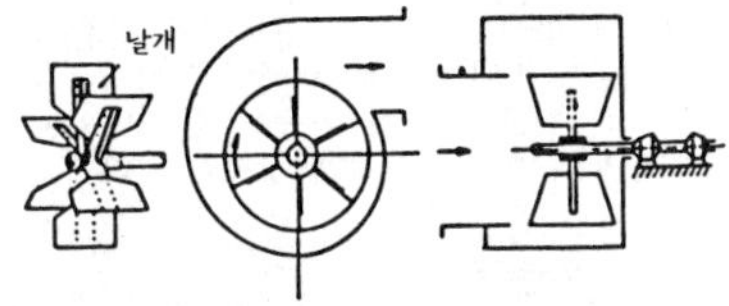

plate gauge 판 게이지(板－) 얇은 판으로 만든 게이지. 한계 게이지(limit gauge)에서는 외경(外徑)의 치수 검사에 쓰인다.

plate girder 플레이트 거더 웨브(web)에 플레이트(강판)를 사용하고, 이것에 산형강(山形鋼)을 리벳 또는 용접으로 접합하여 만든 I형 단면의 거더.

plate link chain 판 링크 체인(板－) 양단에 핀 구멍이 붙은 띠 모양의 판을 전달력에 따라 수 열씩 배열하고 핀으로 연속하여 만든 체인.

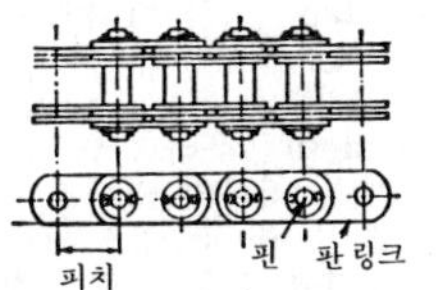

plate spring 판 스프링(板－) ＝leaf spring

plate straightening rolls 평판 교정 롤(平板矯正－), 롤러 레벨러 강판의 변형을 바로 잡는 기계. 외관은 판 굽힘 롤러와 비슷하나 이 롤러는 위쪽에 4개, 아래쪽에 3개의 롤이 있다.

plate valve 플레이트 밸브 압축기의 중요부를 이루는 밸브. 작동이 경쾌하고 고속 운전에 적합하다.

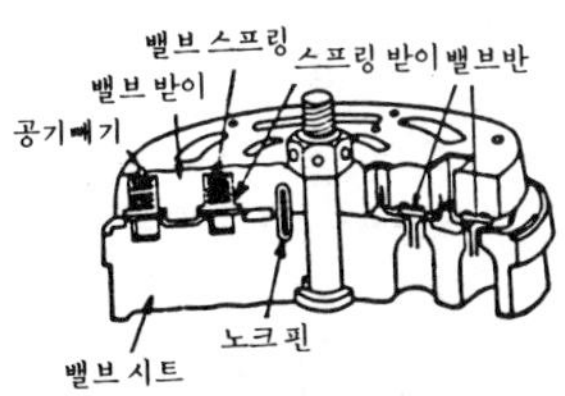

plate work 판금 공작(板金工作) 판금 가공의 총칭. 드로잉 가공, 절단, 굽힘 등을 포함하여 모든 판금의 소성 가공(塑性加工)을 말한다.

platform 플랫폼 기중기 등에 부속하여 설치된 계단의 중간부에 있으며 답면(踏面)을 넓게 한 휴식 장소.

platform scale 앉은뱅이저울 ＝platform weighing machine

platform weighing machine 앉은뱅이저울 대형 물체의 중량을 측정하는 저울. 물체를 올려 놓는 좌대(座臺), 레버 기구의 조합, 저울 추를 올려 놓는 받침대, 저울대 및 이송 장치 등으로 이루어져 있다. 측정 범위는 보통 20kg～2t.

platform weighing scale 앉은뱅이저울 ＝platform weighing machine

plating 도금(鍍金) 금속 재료의 표면에 다른 금속의 얇은 층을 부착시킨 것.

plating bath 도금 탱크(鍍金－) ＝plating tank

plating tank 도금 탱크(鍍金－) 도금을 할 때 용해한 전해질 용액을 넣는 탱크.

platinite 플라티나이트 약 Ni 46％를 함유하고 팽창 계수가 Pt나 유리와 거의 같다. 백금선 대용으로 전구의 도입선에 사용된다.

platinoid 플라티노이드 전기 저항선의 일종으로, 성분은 Ni 24.8％, Cu 54％, Zn 20％, Fe 0.5％, Mn 0.5％이며, 비저항(比抵抗) 40μΩ·cm, 비중 8.5.

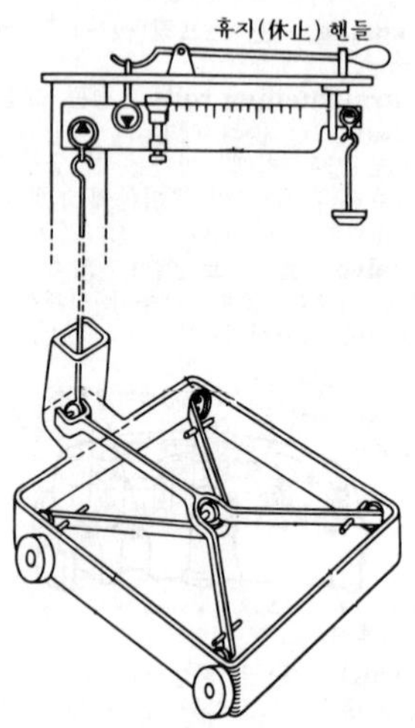

platform weighing machine

platinum 백금(白金), 플래티나 원소 기호 Pt, 원자 번호 78, 원자량 195.23, 비중 21.4, 융점 1,773℃. 은백색의 전연성(展延性)이 풍부한 귀금속. 용도는 고온계, 이화학(理化學) 실험 기구, 전극, 열전대(熱電對), 촉매, 도가니, 장식품 등에 사용된다.

play 유극(遊隙), 헐거움 기계가 조립되어 있는 부분과 부분 사이가 빈틈없이 결합되어 있지 않고 그 사이에 어느 정도 움직일 수 있는 여유가 있는 틈새.

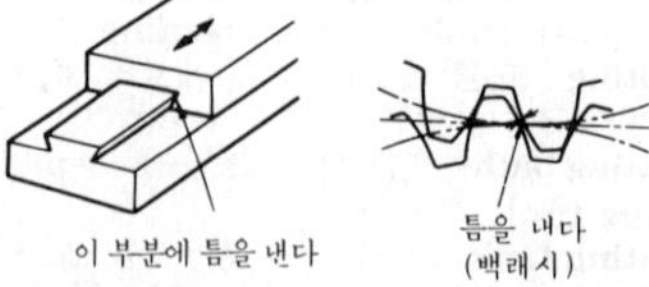

pliers 플라이어 물건을 죄거나 돌리는, 또는 철사를 끊는 공구.

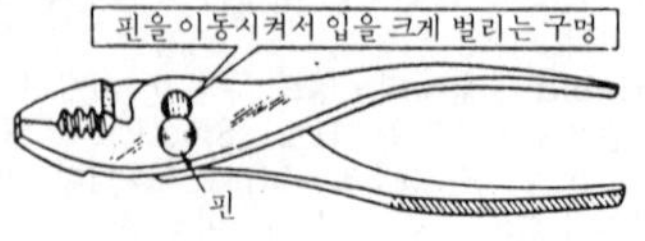

plot 플롯 점이나 그림을 그려 넣는 것.

plough 플라우 =plow

plow 플라우 쟁기, 농기구의 일종.

plow planer 홈 대패 홈을 파 내는 데 사용하는 대패.

plug 플러그 ① 관 끝 또는 구멍을 막는 데 사용하는 나사붙이 마개. ② 코드 끝에 연결하여 전기 배선에 접속하는 기구. ③ 플라스틱 성형 용구의 일종.

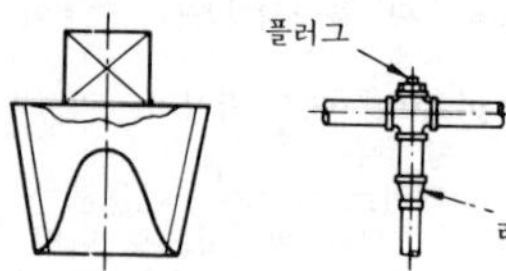

plug assistant process 플러그 어시스턴트법(-法) 플라스틱 성형법의 일종. 드레이프법(drape process)의 저부(底部)의 두께가 얇아지는 것을 방지하기 위해 그림과 같이 플러그를 강하시켜 판을 하형(下型) 속에 압입하여 예비 늘이기를 하는 것. 디프 드로잉 가공을 할 수 있고, 제품의 두께도 균일하게 성형이 된다.

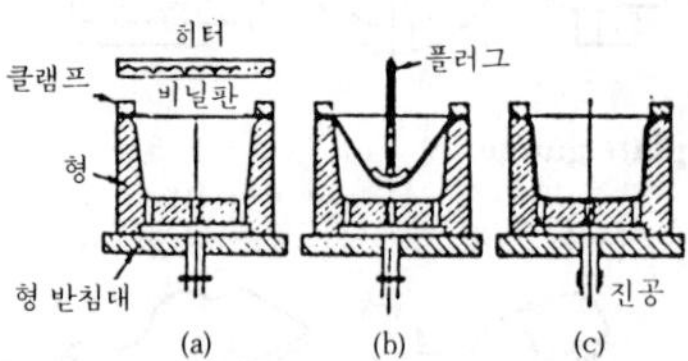

plug cock 플러그 콕 패킹이나 패킹 누름이 없는 가장 단순한 콕.

plug gauge 플러그 게이지 보통 링 게이지와 한 조로 되어 있다. 캘리퍼스의 개폐를 정할 때, 또는 직접 공작품의 구멍이나 지름을 검사하는 데 사용한다.

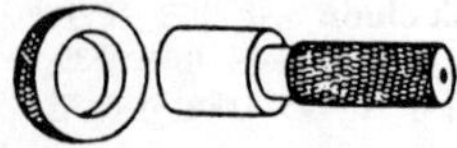

plug hand tap 중간 탭(中間-) 3개 1조로 되어 있는 핸드 탭 중에서 두번째 핸드 탭을 말한다. =second hand tap

plug in system 플러그 인 구조(-構造) 전자 기기를 하나의 유닛으로 종합하여 그것을 플러그에 삽입함으로써 전원이 공급되고 동시에 신호 회로도 접속되어 곧 사용할 수 있게 되는 구조.

plug mill 플러그 밀 천공기로 만들어진 소관(素管)의 외경, 두께 등을 압연 조정하여 필요한 치수의 관으로 만드는 기계.

plug socket 콘센트 배선 접속기의 일종. 옥내 배선에서 배선 코드를 접속할 때 플러그를 삽입하는 소켓.

plug tap 중간 탭(中間－), 2번 탭(二番－) =second hand tap

plug welding 플러그 용접(－鎔接) 겹치기 하는 모재의 한 쪽에 구멍을 뚫고, 그 구멍에 살붙이를 하여 접합하는 용접 방법.

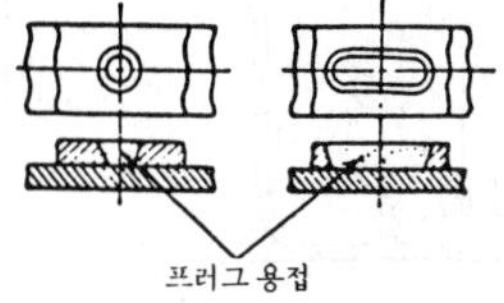

plumb 추(錘), 연추(鉛錘) 연직선을 재는 추.

plumbago 흑연(黑鉛) →graphite

plumb bob 측량추(測量錘) =bob

plumb joint 납 충전관 이음(－充塡管－) 관과 관의 접합부에 마사(麻絲)와 납을 채워 접합하는 이음. 수도, 가스용 철관의 이음에 사용된다.

plumb pipe joint 납 충전관 이음(－充塼管－) =plumb joint

Plummer block 플러머 블록 일반적으로 상하 분할 케이싱으로 되어 있고, 자동 조심 강구(自動調心鋼球) 또는 미끄럼 어댑터가 달린 베어링이 들어 있으며, 실(seal)은 ZF 또는 GS 형이 사용된 블록.

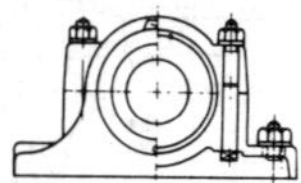

plunger 플런저 막대 모양의 피스톤 또는 플런저 펌프에서 왕복 운동을 하는 부분. 한 쪽 편에만 고압이 작용하는 펌프, 압축기, 액압(液壓) 프레스 등에 쓰인다.

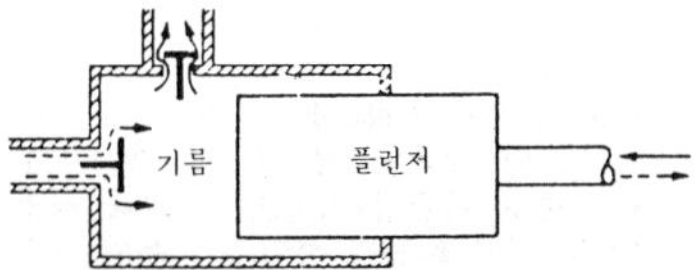

plunger pump 플런저 펌프 왕복 펌프의 일종. 실린더 속을 플런저가 왕복 운동을 하면서 실린더 속의 액을 배제한 양만큼 송액(送液)하는 펌프.

▽ 사축식 펌프

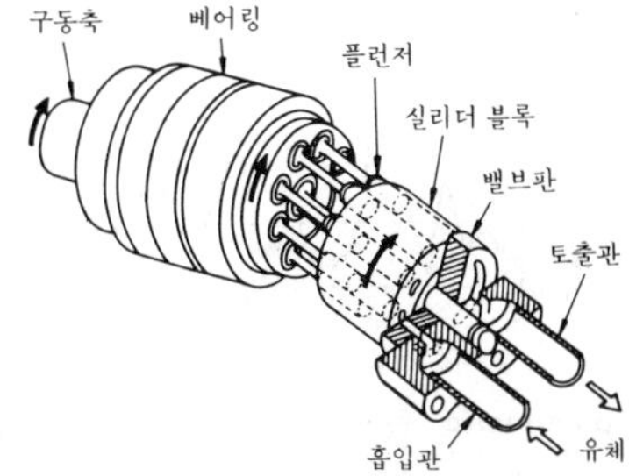

plus 플러스 기호는 +. 마이너스의 반대. ① 수학에서는 더하기. ② 물리, 전기에서는 양(陽)의, 정(正)의, 또는 양극(陽極)을 뜻하는 것.

plutonium 플루토늄 원소 기호 Pu. 원자 번호 96, 방사성 초(超) 우라늄 원소. 보통은 우라늄 238을 중성자로 충돌시켜 얻어지는 플루토늄 239를 가리킨다. 원자 폭탄의 원료나 원자 연료로 사용된다.

ply 플라이, 겹침 벨트 컨베이어, 자동차 타이어 등의 강도를 유지하기 위하여 천을 여러 겹 겹쳐서 성형하는데, 그 겹친 천의 층을 플라이라 한다. 즉, 이중 벨트를 더블 플라이 벨트(double ply belt), 또는 2플라이 벨트라고 한다.

plywood 합판(合板), 베니어 합판(－合板) 목재를 기계로 0.3~5mm 두께의 박판(薄板)으로 깎은 것을 베니어 단판(單板)이라 하고, 이것을 3장 이상 홀수판을 나뭇결에 직각으로 겹쳐 접합한 것을 베니어 합판이라고 한다.

PMG metal PMG 메탈 Si 4%를 함유한 규소 청동(珪素青銅)에 Fe 1.3%를 첨가한 것으로, 가공성이 좋고 내해수성(耐海

水性)이 있어 청동의 대용품으로 사용되고 있다.

P/M high speed steel 분말 하이스(粉末－), 분말 고속도 공구강(粉末高速度工具鋼) 분말 야금법(冶金法)에 의해 제조된 고속도 공구강(통칭 하이스). 분말 고속도 공구강은 피연삭성(被硏削性)이 매우 뛰어난 특징을 이용하여 연삭 가공수가 많은 브로치, 난삭재(難削材) 절삭용 엔드밀, 치핑(chipping)이 생기기 쉬운 피니언 커터나 호브 등에 쓰이고 있다.

***pn* chart** *pn* 관리도(－管理圖) 제품의 품질을 불량 개수에 의해서 관리하는 경우에 쓰이는 관리도.

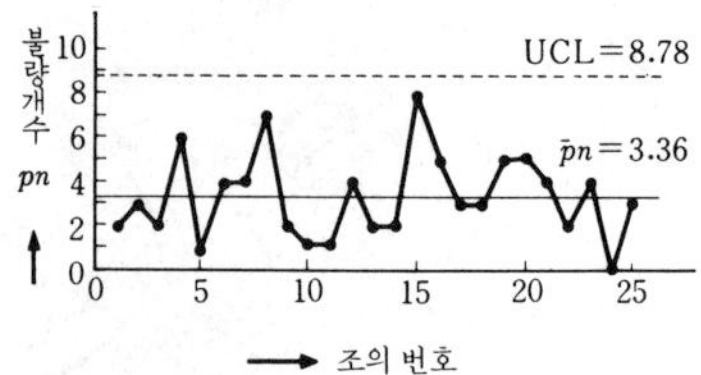

pneumatic 뉴매틱 공기의, 공기력의, 압축 공기로 작동되는 등의 뜻.

pneumatic bearing 공기 베어링(空氣－) 보통의 윤활유 대신에 공기를 매체로 사용하는 베어링. 공기의 점도(粘度)는 윤활유의 약 1/1000에 지나지 않으므로 베어링 마찰은 매우 적으며, 고속 회전에 견딜 수 있는 베어링을 쉽게 얻을 수 있으나 공기의 압축성 때문에 부하 능력이나 안정성이 떨어지므로 설계, 운전에 특별한 주의를 필요로 한다. 동압(動壓) 공기 베어링과 정압(靜壓) 공기 베어링이 있다. ＝air bearing

pneumatic brake 공기 브레이크(空氣－) 압축 공기를 이용하여 철도 차량의 브레이크를 작용시키는 기구를 공기 브레이크라고 한다. 공기 탱크에서 압축 공기를 브레이크 실린더에 보내고 피스톤에서 지레를 거쳐 제륜자(制輪子)를 차륜에 밀어붙이는데, 2량 이상의 열차인 경우에 운전대에서 전 차량에 브레이크를 걸 수 있다. 또한 사고에 의한 분리시에 정지할 필요가 있다. 직통 공기 브레이크, 자동 공기 브레이크, 전자(電磁) 공기 브레이크 등이 있다. ＝air brake

pneumatic carrier tube 기송관(氣送管) 공기를 이용한 서류 운반기. 실린더에 해당하는 긴 관 속을, 피스톤에 해당하는 짐을 공기의 흐름에 실어 고속도로 수송하는 장치.

pneumatic caulker 공기 코킹 해머(空氣－) ＝pneumatic caulking hammer

pneumatic caulking hammer 공기 코킹 해머(空氣－) 압축 공기를 이용하여 코킹 작업을 하는 기계.

pneumatic chipping hammer 공기 치핑 해머(空氣－) 압축 공기로 구동되는 피스톤의 선단에 정(chisel)을 붙인 기계. 금속면을 치핑하는 데 널리 사용된다.

pneumatic conveyor 뉴매틱 컨베이어 공기를 매체로 하는 유체 컨베이어. 압송식, 흡입식 및 이 두 가지 방식을 병용한 것 등이 있다.

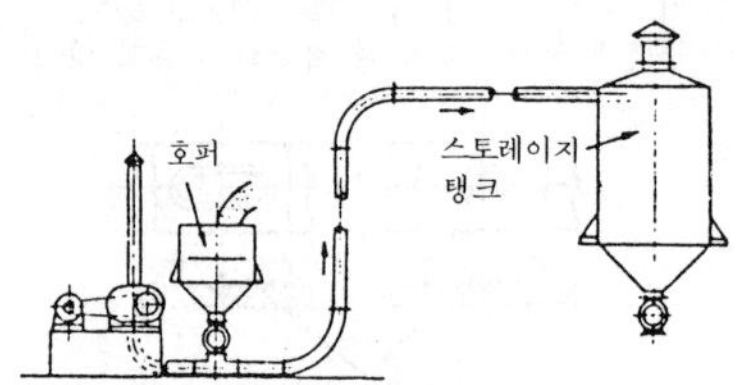

pneumatic crane 압축 공기 기중기(壓縮空氣起重機) 공기 기관을 원동기로 한 크레인으로, 이것은 이미 다른 목적을 위해 압축 공기 발생 장치를 갖추고 있는 경우에 한하여 사용된다. 탄갱(炭坑), 창고 등 화기(火氣)를 삼가해야 하는 장소에 사용되나, 공기 호스를 사용하는 관계로 기동성은 그다지 좋지 않다.

pneumatic drill 공기 드릴(空氣－) 압축 공기를 원동력으로 하여 드릴 작업을 하는 기계. 탄갱(炭坑) 속과 같이 인화 위험이 있는 곳에 많이 사용된다.

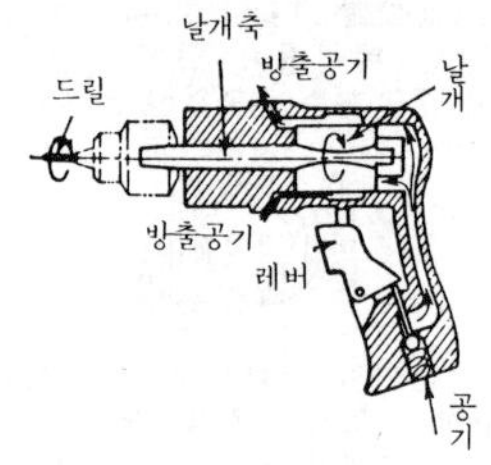

pneumatic driver 압축 공기 파일 타격기

(壓縮空氣－打擊機) 압축 공기를 원동력으로 하여 파일(말뚝)을 땅 속에 때려 박는 기계.

pneumatic gauge 공기 마이크로미터(空氣－) =air micrometer

pneumatic hoist 공기 호이스트(空氣－) =air hoist

pneumatic micrometer 공기 마이크로미터(空氣－) =air micrometer

pneumatic perforator 공기 천공기(空氣穿孔機), 공기 드릴(空氣－) =pneumatic drill

pneumatic power hammer 공기 해머(空氣－) 압축 공기의 힘으로 재료를 타격하여 단조하는 기계.

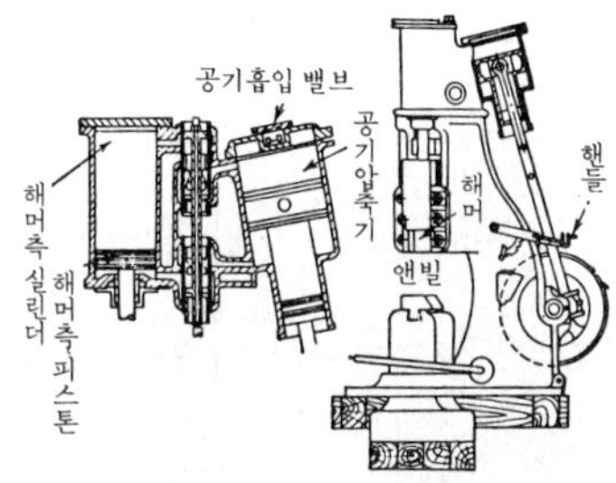

pneumatic press 공기 프레스(空氣－) 압축 공기가 피스톤에 작용하여 큰 힘을 내는 구조의 프레스.

pneumatic pressure tank 기압 급수 탱크(氣壓給水－) 급수 속도에 급격한 변화가 생긴 경우, 수격 작용(水擊作用) 또는 압력 강하 등을 방지할 목적으로 급수 탱크 위쪽에 고압의 공기를 봉입하고 그 탄성을 이용하여 그것을 방지하도록 한 것.

pneumatic riveter 공기 리베터(空氣－) 공기 드릴과 같은 구조의 것으로, 압축 공기를 동력으로 하여 작은 피스톤에 고속 왕복 운동을 시켜 그 충격력을 이용한 리벳 타격기. 치핑, 코킹 작업에도 쓰인다.

pneumatic riveting machine 공기 리베터(空氣－), 공기 리벳 체결기(空氣－締結機) =pneumatic riveter

pneumatic sand rammer 공기 래머(空氣－), 공기 모래 다지개(空氣－) 압축 공기로 주물사를 다져 주형을 성형하는 자동 모래 다지기 기계.

pneumatic spring 공기 스프링(空氣－) 완충 장치의 일종. 차바퀴와 차체 사이에 고무로 만든 벨로스(bellows)를 설치하고 그 속에 압축 공기를 넣은 것. 대형 자동차, 전동차, 철도 차량 등의 완충 장치에 사용된다.

▽벨로스식 공기 스프링

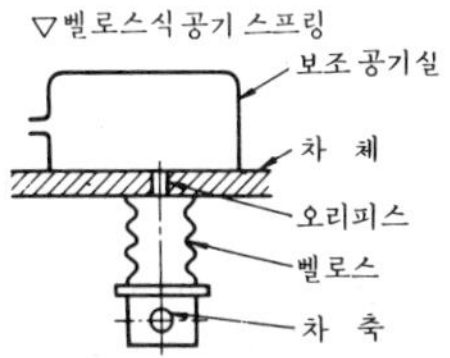

pneumatic squeezer 공기 스퀴저(空氣－) 공기압 실린더의 실린더 압력을 쐐기 및 레버를 이용하여 리벳 등을 단 한 번의 타격으로 체결하는 공구.

pneumatic starter 공기 분사 시동기(空氣噴射始動機) 디젤 기관, 일부 항공 발동기에 사용되는 시동 장치.

pneumatic tire 공기 타이어(空氣－) 고무로 만든 타이어. →pneumatic tyre

pneumatic tool 압축 공기 공구(壓縮空氣工具) 압축 공기의 압력으로 작동하는 공구의 총칭. 공기 드릴, 공기 해머 등.

pneumatic tube 기송관(氣送管) =pneumatic carrier tube

pneumatic tyre 공기 타이어(空氣－) 고무제 타이어. 타이어에 직접 또는 튜브에 공기를 압입하고 공기의 탄성을 이용하여 차바퀴의 충격을 완화시키는 것. 자전거, 자동차, 항공기용 등이 있다.

PN junction **PN** 접합(－接合) 하나의 결정체(結晶體) 속에서 일부분을 P 형으로, 다른 일부분을 N 형으로 만든 것을 PN 접합이라고 한다. PN 접합에는 한 쪽 방향으로는 전류를 통하나 다른 방향으로는 전류를 통하지 않는 정류 작용이 있으며, 이것을 정류기로 사용한 것이 게르마늄 다이오드나 실리콘 정류기이다.

PNP transistor **PNP** 트랜지스터 바이폴러(bipolar) 접합형 트랜지스터의 일종. PN 접합면을 2 개 갖추고 있고, 접합면이 세 영역(P・N・P)으로 나뉘어져 있는 샌드위치 구조로 되어 있다.

pocket-chamber 포켓 체임버 방사선 피조사량(被照射量)을 측정하는 휴대식 소형 선량계(線量計).

point 포인트 ① 점. 소수점, (비등점, 빙점의)점. ② 첨단(尖端)(선단). ③ 1인치 평방의 1/72을 1포인트로 정한 활자의 크기. ④ 전철기(轉轍機)

point angle 치즐 포인트각(-角). 선단각(先端角) 드릴의 절삭날선을 이루고 있는 각도(보통 118°). →twist drill

pointed file 테이퍼 평줄(-平-) 폭이나 두께가 다소 경사져서 끝이 좁아진 줄. 보통 평줄은 이에 속한다.

pointed tool 모따기 바이트 =chamfering tool

point gauge 봉 게이지(棒-) 구멍용 한계 게이지의 일종.

pointing tool 모따기 바이트 =chamfering tool

point of contact 접점(接點) 서로 접촉하고 있는 점.

point of elastic support 탄성 지점(彈性支點) 구속이 탄성적인 지점(支點). 바꾸어 말하면, 탄성체를 통해서 구속하는 지점을 말한다. →support

point of movable support 이동 지점(移動支點) →support

point of support 지점(支點) 지레를 지탱하는 지정점. =support

poise 푸아즈 점성(粘性)을 나타내는 단위. →viscosity

poison 독물질(毒物質) 원자로 내에 축적된 핵분열 생성물 중 중성자를 흡수하여 반응도를 저하시키는 핵종(核種)을 말한다.

Poisson s number 프아송수(-數) → Poisson' s ratio

Poisson s ratio 프아송비(-比) 재료의 탄성 한도 내에서 세로 방향으로 하중을 가했을 때 세로 변형 ε과 가로 변형 ε'와의 비율. $\nu=1/m=\varepsilon'/\varepsilon$에서 역수 m을 프아송수(Poisson' s number)라고 한다.

poker 포커 아궁이의 불을 헤치고 찌르는 막대.

poke welding 포크 용접(-鎔接) 한 쪽 전극만을 사용하여 사람 손으로 누르면서 처리하는 점용접(點鎔接).

polar coordinates 극좌표(極座標) 곡선 좌표의 일종.

polarization 분극(分極) 전극 반응에 있어서 음극과 양극간에 전류가 흐르면, 전극 면에 역기전력같은 것이 생겨 전위가 변화한다. 이것을 분극이라고 한다. 분극은 전류를 방해하는 방향으로 변화를 일으키므로 반응의 저항력으로 작용하고, 전극 반응의 속도는 전위에 의하지 않고 분극의 크기에 따라서 결정된다.

polarized light 편광(偏光) 빛은 그 진행 방향과 직각을 이루는 평면 내에서 모든 방향으로 진동하며 나아간다고 생각되는데, 이 빛을 적당한 장치로 그 진동을 어떤 일정한 방향으로만 국한시킨 빛으로 만들 수 있다. 이러 빛을 편광이라 한다.

polarized light microscope 편광 현미경(偏光顯微鏡) 광원측에 편광자(偏光子), 접안 렌즈측에 검광자(檢光子)를 놓고, 관찰하는 시료(試料)에 편광을 반사 또는 투과시키는 현미경.

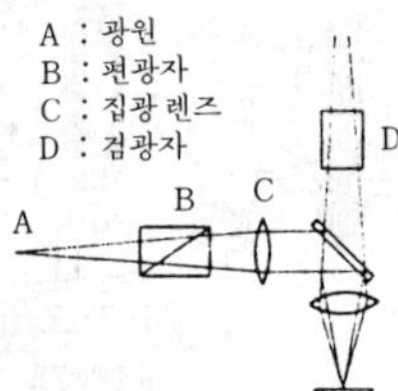

polarizer 편광자(偏光子) 자연광으로부터 평면 편광을 얻는 장치.

polarizing microscope 편광 현미경(偏光顯微鏡) 편광을 이용하여 암석, 광물이나 기타 물질의 성질을 살피기 위한 현미경으로, 편광자(偏光子), 검광자(檢光子) 등을 갖추고 있다.

polar modulus of section 극단면 계수

〔예〕

단 면	I_p	Z_p
d	$\frac{\pi d^4}{32}$	$\frac{\pi d^3}{16}$
d_2 d_1	$\frac{\pi(d_1^4-d_2^4)}{32}$	$\frac{\pi(d_1^4-d_2^4)}{16d_1}$

극단면 계수 $Z_p=\frac{I_p}{r}$

I_p : 단면 2차극 모멘트

r : 반경

(極斷面係數) 비틀림을 받는 환봉(丸棒) 등에 있어서 축심(軸心)에 관한 단면 2차 극 모멘트를 반경으로 나눈 값.

polar moment of inertia 극관성 모멘트(極慣性－) 물체의 1점 O에 대한 극관성 모멘트란, 그 물체의 미소 부분의 질량 dm과 그 부분의 O점으로부터의 거리 r의 제곱과의 곱의 총합이다.

$$I_p = \int r^2 dm$$

polar moment of inertia of area 단면 2차 극 모멘트(斷面二次極－) 단면의 1점(극)에 관한 단면 2차 모멘트를 말한다. $I_p = \Sigma r^2 dA$로 표시된다.

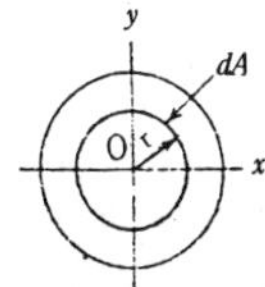

polarogram 플라로그램 미소한 작용 전극을 이용하여 가해진 전압을 변화시키면서 전해(電解)할 때 얻어지는 전류-전압(전위) 곡선을 말한다.

pole 폴 ① 기둥. ② 전주(電柱). ③ 극(極), 자극(磁極), 전극.

pole derrick 폴 데릭 활차(滑車) 장치를 갖춘 1개의 높은 기둥을 조금 기울여 세우고, 이 기둥 끝을 세 곳 또는 네 곳에서 로프로 지지한 간이 크레인.

pole trailer 폴 트레일러 목재나 관재(菅材) 등 길이가 긴 재료를 운반하기 위하여 사용하는 트랙터 및 2륜 트레일러를 말한다. 트랙터와 2륜 트레일러는 길이를 조절할 수 있는 링크로 연결되어 있다.

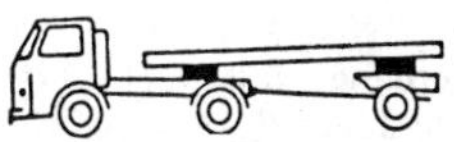

polish 광택(光澤), 광택제(光澤劑), 연마하다(硏磨－), 광택을 내다(光澤－)

polisher 폴리셔 순수(純水) 장치로 채수(採水)한 순수의 순도를 더욱 높이기 위하여, 또한 실리콘(Si)과 같은 이온 교환수지를 사용한 순수 장치로는 제거하기 어려운 성분을 거의 완전히 제거하는, 특수한 순수를 얻는 장치를 말한다.

polishing 광내기(光－), 정밀 연마 작업(精密硏磨作業)

polishing compound 폴리싱 콤파운드 도막(塗膜)을 연마하여 광택을 내기 위한 재료.

polishing machine 폴리싱 머신, 다듬 연마기(－硏磨機) 금속 표면에 광택을 내는 가공 기계. 미세한 연마재를 아교 또는 열경화성(熱硬化性) 플라스틱 등으로 고착시킨 원판, 띠, 롤 모양의 공구를 사용하여 공작물 표면에 광택을 내기 위한 가공 처리를 한다.

polishing powder 연마 파우더(硏磨－) 가루로 된 연마재.

polishing roll 연마 롤(硏磨－) 광택을 내기 위하여 가공물에 눌러대고 돌리는 롤.

poly- 폴리 '많은', '무거운'이란 뜻을 가진 접두어.

polyacetal resin 폴리아세탈 높은 피로 강도와 치수 정밀도가 요구되는 플라스틱 부품, 또는 매우 습한 환경에 노출되어 사용되는 부품에 적합한 열가소성(熱可塑性) 수지. 특히, 기어 등에 흔히 사용되고 있다.

polyamide 폴리아미드 아미노산과 아미노산 유도체 또는 2염기산(鹽基酸)과 지아민과의 중복합(重複合)으로 얻어지는 쇄상 중합체(鎖狀重合體)를 말한다. 섬유, 성형품 등에 사용되며, 나일론이라고도 한다.

polyblend 폴리블렌드 제품의 품질을 개량하기 위하여 2종 이상의 중합체(重合體)를 혼합하는 것.

polybutadiene rubber : BR 폴리부타디엔 고무 부타디엔의 중합체(重合體)로서 천연 고무와 유사한 성질을 가진 합성 고무. 천연 고무에 비해, 특히 내한성(耐寒性), 내마모성이 뛰어나고, 고탄성체(高彈性體)로서 기계적 성질도 좋다. 광유계(鑛油系) 작동유를 사용하는 유압 기기의 패킹으로는 사용하지 못한다. 극한(極寒) 지방에서 사용하는 개스킷 재료로서 중요시되고 있다.

polycarbonates 폴리카보네이트 전기 절연성, 치수 안정성이 좋고, 소화성(消火性), 내산성이 있으며, 내후성(耐候性)이 크고, 내충격성은 폴리아세탈 다음으로 크다는 등의 특징이 있어 전기 부품으로 가장 많이 사용된다. 연속적으로 힘이 작용하는 부품에는 부적합하나, 단속적으로 강한 충격을 받는 부품에는 적합하기 때문에 안전 헬멧, 포터블 툴 하우징, 스포츠 용품 등에 사용된다.

poly chlorinated biphenyl : PCB 유기 염소 화합물(有機鹽素化合物) 화합물 콘덴서나 트랜스의 절연체, 열매체, 합성 수지의 가소제(可塑劑) 등으로 널리 사용되어 왔으나, 독성 때문에 일부 국가에서는 사용이 금지되고 있다.

polycrystal 다결정(多結晶) 방위(方位)가 서로 다른 다수의 결정으로 구성되어 있는 고체. 시판되고 있는 대부분의 금속 재료는 다결정체이다. 이방성(異方性)이 없고 평균화되어 있다.

polycrystalline compact BN tool 다결정 BN 절삭 공구(多結晶-切削工具) 질화 붕소(窒化硼素 : BN)의 입자를 소결(燒結)한 절삭 공구로, 경도 H 4,000~7,000kg/㎟, 내열성 800~900℃, 강(鋼)에 대한 마찰 계수는 0.2~0.3으로서 매우 우수한 공구 특성을 지니고 있다.

polyester 폴리에스테르 내열성(耐熱性), 탄성 강도가 크고, 내약품성이 뛰어난 합성 수지로서 강화 플라스틱 등에 사용된다. 자동차의 차체, 모터 보트의 선체, 가구 등에 사용되고 있다.

polyethylene 폴리에틸렌 에틸렌의 중합체(重合體). 비중이 1보다 작은 것이 특징. 고압법에 의한 것은 필름, 파이프 등에, 저압법에 의한 것은 버킷, 바구니, 컵, 병 등에 사용되고, 전기적 성질도 뛰어나므로 전선의 피복, 기타 화학 약품의 용기, 비커 또는 화학 장치의 라이닝 등에 사용된다.

polygon 다각형(多角形)

polymeric material 고분자 물질(高分子物質) 일반적으로 합성 수지, 합성 섬유, 고무 등과 같은 유기물 가운데에서 공유 결합(共有結合)을 주결합으로 하여 분자량이 10,000 이상에 이르는 화합물의 총칭으로, 고분자 물질이라고 한다.

polymeric semiconductor 고분자 반도체(高分子半導體) 직류 전도율(直流電導率)이 $10^{4}\sim10^{-12}\Omega^{-1}cm^{-1}$ 정도로서 온도의 상승과 더불어 증대할 수 있는 고분자 물질의 총칭.

polypropylene 폴리프로필렌 성형시의 유동성, 치수 안정성이 좋고 광택이 있어 외관도 아름답다. 내약품성도 좋고, 내굴곡 피로성(耐屈曲疲勞性)이 뛰어나며, 밀도 및 내열성도 값싼 범용 플라스틱으로서는 최고이다. 용도는 전기 기기의 하우징, 자동차 부품, 가정 잡화, 용기 등에 사용된다.

polystyrene 폴리스티렌, 스티롤 수지(-樹脂) 스티렌을 단독으로 중합(重合)하고, 또는 이것을 주성분으로 하여 다른 단량체(單量體)와 함께 중합한 수지 및 이 수지에 합성 고무 등을 혼합한 폴리블렌드(polyblend)를 말한다.

polytetrafluoroetylene 테플론 듀퐁사의 4불화(弗化) 에틸렌 수지의 상품명. 용융(鎔融) 알칼리 금속, 고온의 불소 가스 이외의 모든 약품에 침해되지 않는다. 내열, 내한성(耐寒性)이 좋아 −100℃~+260℃까지 사용할 수 있다. 치수 안정성이 좋고, 흡수율이 0이며, 불연성(不燃性)이고 전기 절연성도 양호하다. 마찰 계수는 0.2~0.04로서 모든 고체 중에서 최저. 결점은 가공성이 나쁘기 때문에 분말 야금 소결(粉末冶金燒結)로 성형하는 방법 밖에 없다.

polytropic change 폴리트로프 변화(-變化), 다방 변화(多方變化), 다향 변화(多向變化) 기체의 상태 변화가 PV^n=일정이라는 관계식으로 표시될 때, 이 변화를 말한다. 압축기의 압축 과정은 일반적으로 폴리트로프 변화이다.

polytropic curve 폴리트로프 곡선(-曲線) 다방 변화(多方變化)를 나타내는 곡선. 즉, PV^n=일정(단, n은 폴리트로프 지수)의 관계식이 그리는 곡선.

polytropic efficiency 폴리트로프 효율(-效率) 압축기에 있어서의 압축 효율의 하나로 폴리트로프 효율은 다음 식으로 표시된다.

$$\text{폴리트로프 효율 } \eta p=\frac{1-(1/k)}{1-(1/n)}$$

단, k : 단열 계수, n : 폴리트로프 지수

polyurethane 폴리우레탄 우레탄 결합을 갖는 합성 고분자. 합성 섬유, 우레탄 고무, 우레탄 도료, 인조 피혁, 접착제, 건재(建材) 등 기타 다양한 용도를 가지고 있다.

polyurethane foam 폴리우레탄 발포체(-發泡體) 폴리올과 디이소시안 산염으로 만들어지는 스폰지상(狀)의 다공질(多孔質) 물질. 연질 및 경질의 두 가지 종류가 있다. 연질의 것은 매트리스와 같은 쿠션재, 경질의 것은 주로 단열재로서 사용

된다.

polyvinyl acetate 폴리 초산 비닐(−醋酸−) PVAC라고도 불리는 것으로, 초산 비닐의 중합으로 얻어지는 열가소성(熱可塑性) 수지이다. 섬유 원료, 접착제 등으로 사용된다.

poney truck 포니 트럭 기관차의 1축 선대차(先臺車 : leading truck). 링크식의 복원 장치를 가지고 있다.

pontoon 폰툰 ① 바닥이 편평한 너벅선, 거룻배. ② 가교용 경주정(輕舟艇) 또는 고무 보트. ③ 상자형 구조물을 물 위에 띄워 준설선 등의 대선(臺船)으로 사용하는 것. 함선(函船) 또는 대선(臺船)이라고도 한다.

pontoon crane 부선 기중기(浮船起重機) 부선 위에 간단한 기중기를 갖춘 것.

poor mixture 희박 혼합기(稀薄混合氣) 이론 혼합비(가솔린의 경우는 약 14.8)보다 연료의 비율이 적은, 즉 혼합비 14.8 이상의 혼합비. =lean mixture

poppet head 포핏 헤드 굴대받이.

poppet valve 포핏 밸브 버섯 모양의 밸브. 자동차, 기관 등에 사용되고 있는 표준형 밸브.

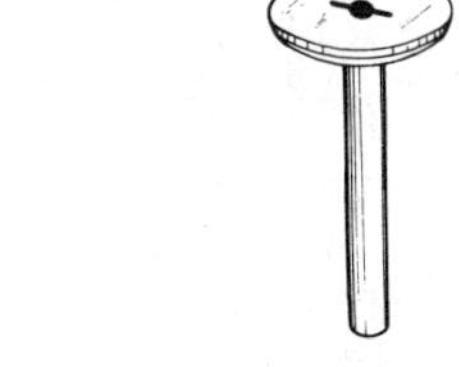

population 모집단(母集團) ① 조사, 연구의 대상이 되는 특성을 갖춘 모든 것의 집단. ② 샘플이나 데이터에 의하여 처리를 하려고 하는 집단.

porcelain car 도기차(陶器車) 도기(陶器) 또는 선반을 필요로 하는 화물을 수송하기 위하여 붙이고 떼고 할 수 있는 선반을 갖춘 유개 화물차.

pore 기공(氣孔), 작은 구멍

porosity 공극률(空隙率) 공극(빈 틈새)을 지닌 다공질(多孔質) 물질의 특성을 나타내는 양으로, 공극의 전 용량을 V_p, 물질 전체의 용적을 V로 나타낼 때 $(V_p/V) \times 100\%$로 표시된다.

porous chromium plating 다공질 크롬 도금(多孔質−鍍金) 미리 표면을 거칠게 해놓고 크롬 도금을 하거나, 또는 도금 후 그 표면을 에칭(etching)에 의하여 다공질로 만들어 오일의 보존성을 유지하게 하는 크롬 도금법, 또는 그 금속 피막. 에칭이란 화학적 또는 전기 화학적으로 부식시키는 것을 말한다.

porous metal 다공질 금속(多孔質金屬) 소결 금속 합금이나 경질(硬質) 크롬 도금과 같이 다공질인 금속의 총칭.

port 포트 입구, 구멍, 공기 구멍, 배기 구멍 등을 일컫는 말.

portable 포터블 휴대식, 가지고 운반할 수 있는, 이동식, 가반식(可搬式)의 뜻. 예 : 포터블 용접기, 포터블 보일러 등.

portable boiler 이동식 보일러(移動式−) 필요에 따라서 이동시킬 수 있는 소형 보일러. 대부분은 수직 보일러로서 토목, 건축의 현장용으로 사용된다.

portable conveyor 포터블 컨베이어 가반식(可搬式) 벨트 컨베이어로서 토목 공사 등에 널리 사용된다. 두 사람 정도가 운반할 수 있도록 경량화되어 있고, 캐리어 대신 박강판이나 파이프를 사용한다. 모터풀리나 엔진을 원동기로 사용하고 있다. 베이비 컨베이어라고도 한다.

portable disc sander 휴대용 연마기(携帶用研磨機) 휴대용 모터의 축에 고무로 만든 원판 등을 장착하고 여기에 커터, 샌드페이퍼(砂布) 등을 붙여 작은 돌기물 등을 연마하여 제거하거나 표면을 다듬질하는 것.

portable grinder 포터블 그라인더 주물의 핀(fin) 떼기, 용접부의 다듬질, 판금의 연삭(研削) 등에 사용되는 휴대용 그라인더.

portable spot welder 포터블 점용접기(−點鎔接機) 4륜, 3륜 또는 트럭 등에 장착하여 자유롭게 운반, 이동할 수 있게 한 용접기.

portable welding machine 포터블 용접기(−鎔接機) 자유롭게 운반, 이동할 수 있는 용접기.

portal crane 포털 크레인, 문형 크레인(門形−) 지브 크레인을 문형의 가구(架構) 위에 탑재하고, 그 문형 가구가 주행하는 기중기. 부두 안벽(岸壁) 등에 흔히 사용된다.

Portland blast furnace slag cement 고로 시멘트(高爐−) 고로 슬래그를 이용한 슬래그 혼합 포틀랜드 시멘트를 말한다.

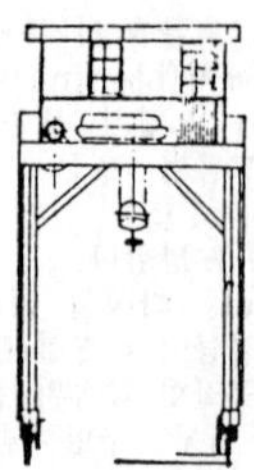

portal crane

Portland cement 포틀랜드 시멘트 규산(硅酸) 칼슘을 수경성 주광물(水硬性主鑛物)로 하는 시멘트. 포틀랜드섬산 석재(石材)와 외관이 닮은 데서 붙여진 이름이다. 석회석, 점토, 산화철, 규석(硅石)을 배합하여 소성(燒成)한 것에 소량의 석고(石膏)를 첨가하고 미세한 분말로 분쇄하여 만든다. 현재 사용되고 있는 보통 시멘트는 대부분 포틀랜드 시멘트이다.

porto-power 포토파워 만능 프레스의 일종. 판금이나 프레임 굽힘 등의 수정에 사용하는 그림과 같은 프레스.

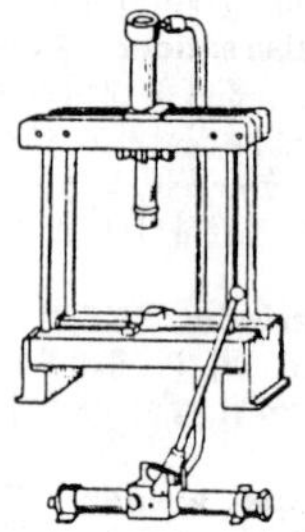

port scavenging 구멍식 소기법(一式掃氣法) 실린더벽에 두어진 소기구(掃氣口)와 배기구에 의해서 2사이클 기관의 소기 작용을 하는 것.

port timing 포트 타이밍 2행정 기관에서 흡기, 배기, 소기(掃氣)의 세 구멍이 개폐되는 시기.

position 위치(位置), 자세(姿勢)

positioner 포지셔너 위치를 결정하는 기기. 용구, 치구 또는 위치 수정 장치.

position head 위치 수두(位置水頭) Zm의 높이에 있는 1kg의 물은 Zkgm의 일을 하므로 Zm의 높이에 상당하는 에너지를 지니고 있다. 이것을 위치 수두라고 한다.

positioning accuracy 위치 결정 정밀도(位置決定精密度) 실제의 위치와 지시한 위치와의 일치성을 말한다. 제어되는 기계축의 오차로 표시된다. 오차에는 그것을 구동하는 제어계의 오차도 포함된다.

positioning control 위치 결정 제어(位置決定制御) NC 공작 기계에서의 공작물에 대해 공구가 주어진 목적 위치에 도달하는 것만이 요구되는 제어 방식.

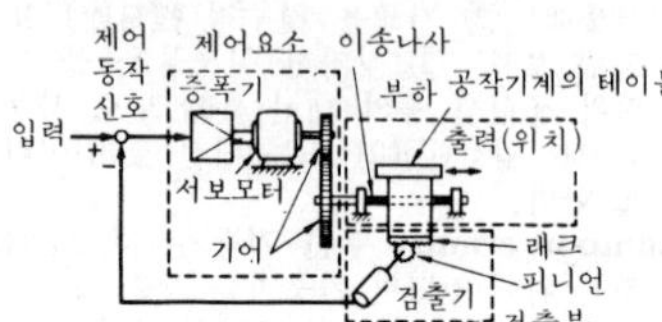

(a) 공작기계의 테이블 위치결정 제어

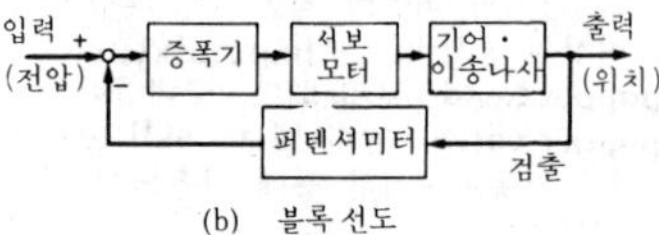

(b) 블록 선도

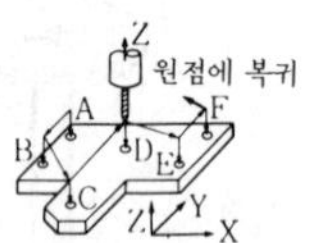

위치결정제어와 커터 통로

position of weld 용접 자세(鎔接姿勢)

positive 포지티브 네거티브(negative)의 반대. ① 물리, 전기에서는 양(陽), 양의, 정(正)의 뜻. ② 사진에서는 양화(陽畵).

positive blower 압입 송풍기(壓入送風機) 강제 환기에 사용되는 저풍압(低風壓)의 공기 압축용 송풍기를 말한다. 원심팬의 멀티블레이드 팬(multiblade fan)과 플레이트 팬(plate fan)의 두 종류가 있다.

positive clutch 확동 클러치(確動－), 포지티브 클러치 구동측(驅動側)의 요철부(凹凸部)가 종동측(從動側)의 요철부와 맞물림에 의해서, 확실하게 토크(torque)를 전달하는 형식의 클러치의 총칭.

positive diode P형 반도체(－形半導體) 불순물 반도체의 일종으로, 결정체(結晶體)의 원자 구조에 전자가 부족한 부분(正孔)을 지니고 있는 것을 말하며, 정공의 플러스를 나타내는 positive의 P를 따서 붙여진 이름이다.

positive displacement engine 용적식 기관(容積式機關) →pistion engine

positive driving 확동(確動), 확실 전동(確實傳動) 원축(原軸)이 확실하게 종축(從軸)에 전하는 전동. 마찰 전동과 같은 미끄럼이 생기지 않는 것이 특징이다.

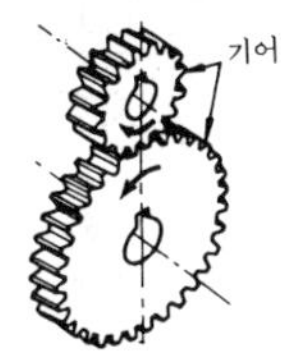

positive electrode 양극(陽極) =anode

positive feedback 정궤환(正饋還) 출력 신호의 일부를 입력측에 되돌렸을 때, 최초의 입력 신호와 동위상(同位相)인 경우를 정궤환이라고 한다.

positive infinitely variable driving gear PIV 구동 장치(-驅動裝置) 홈붙이 원뿔 벨트 풀리를 2쌍 마주보게 조합하고, 이것에 특수 체인을 걸어 동력을 전달하는 강제 구동 방식. 기름 속에서 운전되며 속도비 1:6 정도까지 무단(無段)으로 바꿀 수 있다.

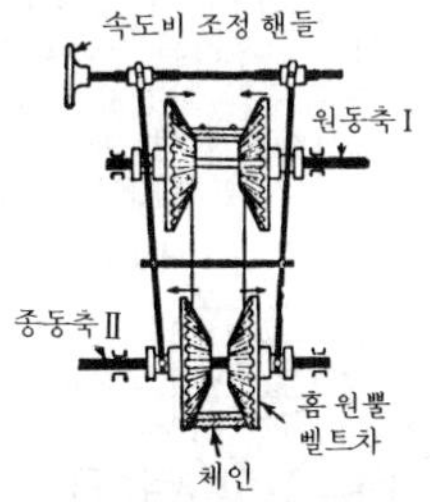

positive motion cam 확동캠(確動-) 홈이나 테두리로 종동절(從動節)의 운동을 결정한 캠. 운동의 전달이 확실하고, 종동절을 스프링으로 압착시킬 필요가 없으며 마모도 적다.

positive pole 양극(陽極) →negative pole, cathode

positive pressure 정압(正壓) 부압(負壓)의 반대어. 대기압보다 높은 압력.

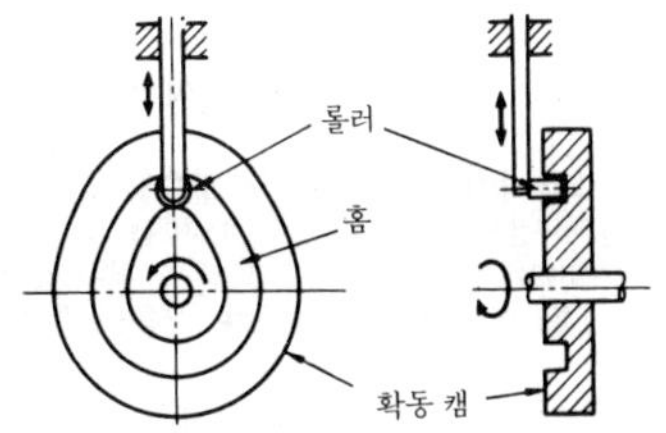

positive motion cam

positive print 백사진(白寫眞)

positive return cam 확동 캠(確動-) = positive motion cam

positive water meter 직접 수량계(直接水量計) 수량계에는 직접 수량계와 간접 수량계가 있다. 직접 수량계는 용적을 알고 있는 실(室), 또는 용기(容器)에 측정 전용적(全容積)을 담아 그 수량을 직접 측정하도록 되어 있다. 중량법, 경사 유량계, 피스톤 유량계, 회전 드럼형 유량계, 회전 피스톤형 유량계, 원판형 유량계, 오벌(oval) 유량계, 루트식 유량계 등이 있다.

positron 양전자(陽電子) 전자와 같은 질량의 양(陽)의 전하(電荷)를 지닌 소립자(素粒子). 양전자 자체는 안정되어 있지만 전자와 충돌을 하게 되면 광자(光子)를 방출하고 소멸한다. 고체 속의 진자와 충돌시켜 이때 나오는 광자를 측정하여 물성(物性) 연구에 사용하고 있다.

post 기둥, 말뚝, 기둥을 세우다

post- 포스트 뒤에, 나중에 등의 뜻.

post-brake 포스트 브레이크 =block brake

post-heating 후열(後熱) 용접 후 용접부의 응력 제거, 풀림, 템퍼(temper) 처리를 하기 위해 다시 가열하는 것.

post-ignition 지연 점화(遲延點火)

post-processor 포스트프로세서 컴퓨터 프로그램의 일종. 이 프로그램의 목적은 부품 가공을 위하여 작성된 파트 프로그램의 정보를 바탕으로 하여 공구 위치, 이송 속도, 주축 회전에 관한 데이터나 ON-OFF 명령 등을 처리하는 특정한 수치 제어 장치나 수치 제어 공작 기계에 적합한 수치 제어 테이프를 만드는 데 있다.

post-purge 포스트 퍼지 연소 정지 후 노(爐) 안의 미연소 가스를 밖으로 배출하기 위해 바람을 불어 넣는 것을 말한다. →

purge

potential 퍼텐셜 전위, 위치의, 잠재하는 등의 뜻.

potential difference 전위차(電位差) 2점간의 전위 차이를 전위차 또는 전압(電壓)이라고 하는데, 이 2점간에 전위계(電位計)를 연결하여 측정한다. 실용 단위는 볼트.

potential energy 위치 에너지(位置－), 정지 에너지(靜止－) 운동 또는 그 밖의 동적(動的) 상태로서 나타나지 않는 에너지. 예를 들면, 높은 곳에 있는 물이 낮은 곳에 대하여 지니고 있는 에너지나 잡아 당겨진 스프링이 지니고 있는 에너지 등이 이에 해당한다.

〔예1〕 중력에 의한 위치 에너지

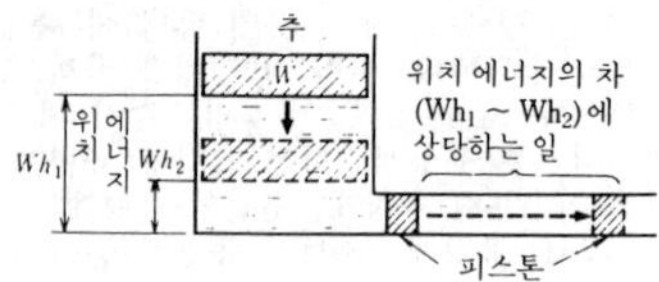

〔예2〕 탄성에 의한 위치 에너지

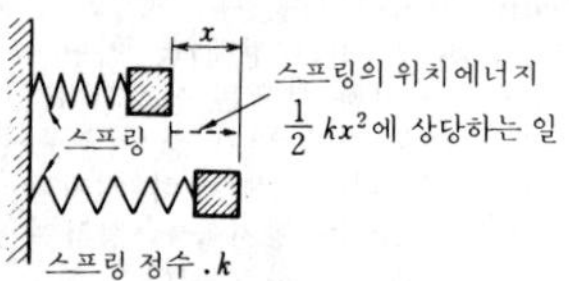

potential flow 퍼텐셜 흐름 완전 유체, 즉 점성(粘性)이 없는 유체의 흐름을 말한다. 맴돌이가 없는 흐름에 주어진 유체 역학상의 명칭이다.

potential head 위치 수두(位置水頭) ＝ position head

potentiometer 퍼텐쇼미터 저항 소자 위를 와이퍼가 접동(摺動)하여 분압기로서 전자 기기의 회로 전압의 조정, 음압 회로의 음량의 조정 등에 사용되는 가변 저항기의 총칭.

potentiostat 퍼텐쇼스탯 자동적으로 전류 전위를 일정하게 유지하는 장치.

pot furnace 냄비로(－爐) 전열(電熱)에 의한 냄비 모양의 알루미늄 합금 용해용 노.

pound 파운드 영국의 중량 단위. 약자는 lb. 1 lb＝약 453.6g.

pour (액체를)붓다, 주입하다(注入－)

pouring 용탕 주입(鎔湯注入) 주조(鑄造) 작업에서 레이들로 용탕(쇳물)을 주형 속에 부어 넣는 작업.

pouring gate 탕구(湯口) 주조(鑄造) 작업에서 용해된 금속을 주형(鑄型)에 부어 넣는 입구. →molten metal

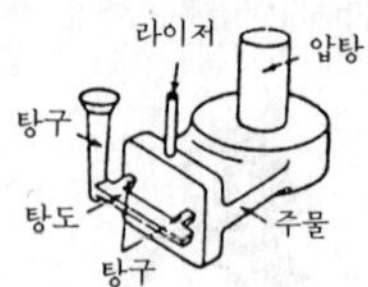

pouring temperature 용탕 주입 온도(鎔湯注入溫度) 주조 작업에서 쇳물을 주형에 주입하는 온도.

pouring time 용탕 주입 시간(鎔湯注入時間) 주조 작업에서 쇳물을 주입할 때 쇳물을 처음 붓기 시작하여 끝나기까지의 소요 시간.

pour point 유동점(流動點) 중유(重油)를 분류할 때 사용되는 특성값으로, 응고 온도보다 2.5℃ 높은 온도를 말한다.

powder 분말(粉末), 화약(火藥), 가루로 만들다

powder clutch 파우더 클러치 그림과 같은 여자(勵磁) 코일을 내장한 구동체와 피구동체(被驅動體)의 양 회전체가 베어링으로 동심원 위에 어느 정도의 틈새가 생기도록 조립되어 있고, 그 틈새에 파우더가 넣어져 있다. 파우더는 무여자(無勵磁) 상태에서는 구동체를 회전시켜도 공전할 뿐이지만, 여자(勵磁)하면 파우더가 자화(磁化)되어 이 자기적(磁氣的)인 연결력과

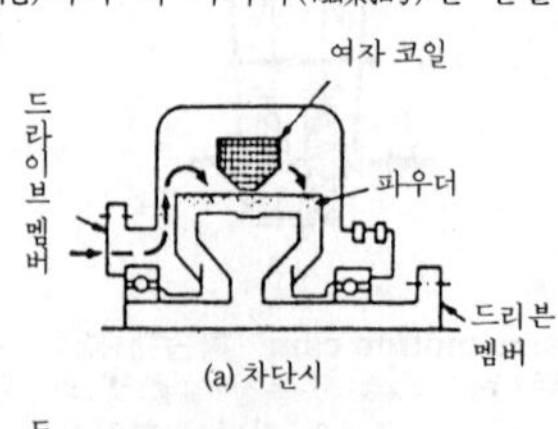

(a) 차단시

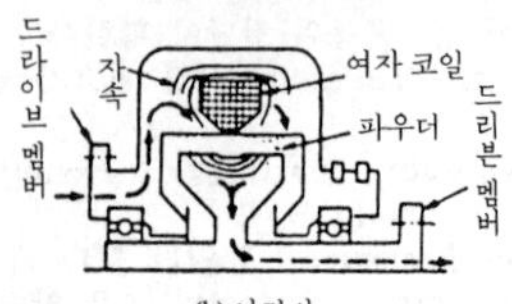

(b) 연결시

파우더와 동작면의 마찰력으로 양자가 연결되어 토크(torque)가 전달된다.

powder coupling 분체 커플링(粉體－), 파우더 커플링 그림과 같이 철분(鐵分) 또는 작은 철구(鐵球)가 케이싱 속에 들어 있어, 원동기의 속도 증가와 함께 그 원심력으로 파우더는 케이싱의 대경부(大徑部)로 날려 그것이 케이싱과 파형(波形) 로터 사이에 강력히 충전되면, 동력이 피동축(被動軸)에 전달되고 회전이 신속하여 정상 운전이 된다. 또, 시동(始動)시의 과부하나 피크 로드시에는 회전이 상승하지 않으므로 파우더와 로터 사이에 미끄럼 부하가 완화되어 원활한 운전이 이루어진다. 유체 조인트에 비하여 값이 싸다.

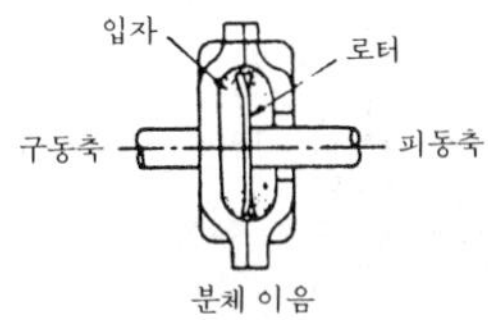

분체 이음

powder cutting 분말 용단(粉末鎔斷) 철분(鐵分) 또는 알루미늄 분말 등을 배합한 것을 연속적으로 공급하고, 이것을 용단(鎔斷) 산소로 연소시켜 그 생성열로 절단부의 온도를 높여서 내화성 산화물을 용해하여 제거함으로써 용단을 돕는다. 이 방법은 주철, 스테인리스강, 구리, 청동의 용단에 사용된다.

powdered coal 미분탄(微粉炭) ＝pulverized coal

powder emery 금강사(金剛砂) 천연산인 작은 입자의 커런덤. 주성분은 알루미나. 용도는 연마재(研磨材).

powder lubricant 분말 윤활제(粉末潤滑劑) 분말 야금(粉末冶金)을 할 때 성형체의 제조를 용이하게 하기 위하여 금속 분말에 섞는 첨가제.

powder metal forging 분말 단조(粉末鍛造) 분말 소결(粉末燒結)로 대강의 밑바탕을 만들고, 다듬질 치기로 단련과 성형을 함께 마무리하는 단조 방법.

powder metallurgy 분말 야금(粉末冶金) 금속 가루의 압축과 소결(燒結)로 만드는 금속 제품의 제조법. 넓은 뜻으로는 동종의 기술에 의한 산화물 자성체나 서멧(cermet) 등의 제조 기술을 포함한다.

powder molding 분말 성형(粉末成形) 보통 전금형(全金型) 내에서 가열하여 폴리에틸렌 분말을 용해시켜 여러 가지 치수, 형상의 성형품을 만드는 성형 기술.

power 동력(動力) ① 원동력이란 뜻. 인력, 수력, 화력, 전력, 원자력, 풍력 등 여러 가지 산업의 에너지원이 되는 힘. ② 공률(工率), 일률, 단위 시간에 이루어지는 일의 비율을 나타내는 양을 말하며, 단위는 kgm/s. 기계 공학에서는 보통 PS(마력), kW가 많이 사용된다. 1 PS＝75kgm/s(1 PS＝0.736kW)

power actuated control 타력 제어(他力制御) 조작부를 움직이는 데 필요한 에너지를 보조 에너지원으로부터 얻어서 하는 제어.

power and free conveyor 파워 엔드 프리 컨베이어 트롤리 컨베이어의 일종으로, 운반용 체인을 멈추지 않고 운반물을 라인으로부터 분리시키거나 정지시켜서 경로의 선택을 자동적으로 할 수 있게 한 것.

power chuck 동력 척(動力－) 동력에 의해 공작물을 잡는 장치로, 유압, 공기압, 전자 척이 있다.

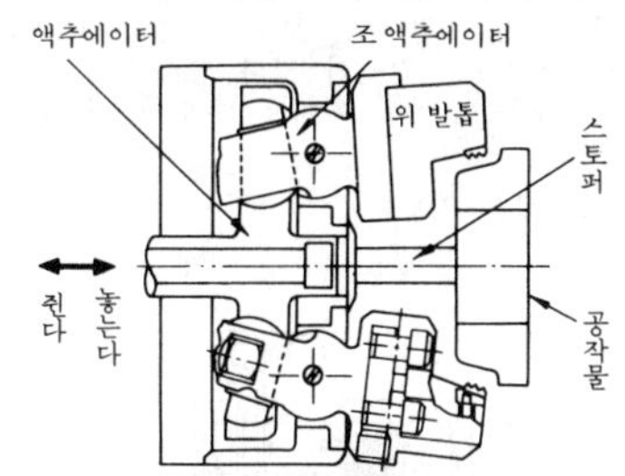

power clutch 파워 클러치 대형차에서 클러치 조작력이 과대해지는 것을 방지하기 위하여 유압, 공기압 등에 의해 서보 장치를 사용하는 것.

power density 출력 밀도(出力密度) 핵연료의 단위 체적당 열출력을 출력 밀도라고 한다.

power diode 파워 다이오드 전력용 다이오드를 말한다. 보통, 정류용 실리콘 또는 게르마늄 다이오드를 말한다.

power electronics 파워 일렉트로닉스 대전류(大電流) 전자 공학. 좁은 의미로서는 사이리스터, 파워 트랜지스터 등의 전자적 수단에 의한 전력 변환과 그 응용 영역을 가리킨다.

power feed 자동 이송(自動移送) 절삭 공구 또는 공작물의 이송을 자동적으로 하는 것.

power gas 동력 가스(動力－) 내연 기관, 보일러, 가스 발생에 사용되는 가스.

powering 동력 견적(動力見積) 예를 들면, 새로 설계하는 선박에 대하여 그 배의 속력과 기관의 소요 마력과의 관계 등을 미리 추정하는 것.

power loom 역직기(力織機) 인력에 의하지 않고 전동기 등에 의해서 운전하는 직기.

power per litre 리터당 출력(－當出力) ＝performance per litre

power plant 동력 장치(動力裝置) 원동기, 기타 동력 발생과 관계가 있는 기계류를 갖춘 장치.

power press 파워 프레스 판금 공작용 프레스의 일종. 거의 단동식(單動式)으로서 직립한 것과 기울일 수 있는 것이 있다. 가압 기구(加壓機構)에 의하여 크랭크 프레스와 편심(偏心) 프레스로 나뉜다.

power reactor 동력로(動力爐) 동력을 발생시키는 원자로. 보통, 발전용 원자로를 가리키는 경우가 많다. 그 밖에 넓은 의미로는 선박용 원자로 등도 이에 포함된다.

▽ 가압수형 원자로

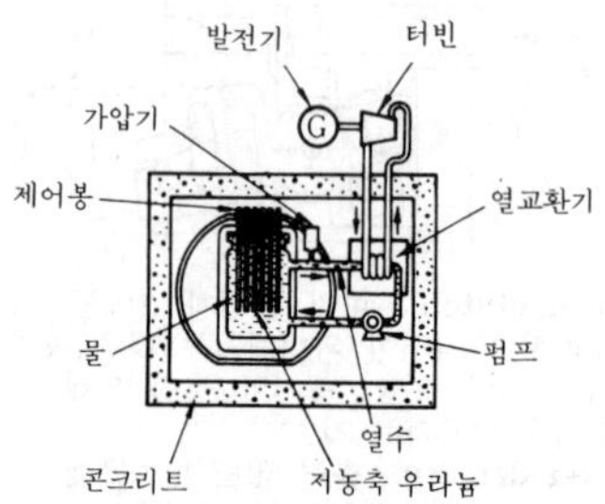

power relay 파워 릴레이 전력 릴레이를 말한다. 전력이 미리 정해진 값 이상이 되거나 이하가 되면 작동하는 릴레이를 말한다.

power rocking grate gear 동력 요동 화격자(動力搖動火格子) 증기 기관차의 화격자를 동력을 사용하여 요동시키는 장치로, 동력으로서는 증기 또는 압축 공기가 사용된다.

power shovel 파워 셔블 토목 건설 기계의 일종. 지면을 굴삭하고 동시에 선회하여 굴삭한 토석(土石)을 퍼올려 덤프 트럭 등에 싣는 기계.

power spring 파워 스프링 ＝flat spiral spring →spiral spring

power station 발전소(發電所) 발전기를 돌려 전력을 발생시키는 곳. 수력 발전소, 화력 발전소, 원자력 발전소 등으로 대별된다.

power steering 동력 조향 장치(動力操向裝置) 차량의 중량이 무거워지거나 대형 승용차의 경우, 특히 주차시에는 큰 핸들 토크를 필요로 하기 때문에 동력으로 이것을 보완하는 일종의 배력(倍力) 장치이다. 발동기의 회전 토크를 클러치를 통해 전달하는 기계식 이외에 압축 공기식, 유압식 등이 있다.

power stroke 동력 행정(動力行程) 내연기관의 사이클에서 연소 가스가 팽창하여 작업을 처리하는 행정.

power system 동력 장치(動力裝置) 원동기를 중심으로 하여 변속, 동력 전달 장치 등을 포함한 동력 발생 장치의 총칭.

power takeoff 파워 테이크오프 롤 피드, 그리퍼 피드(gripper feed), 트랜스퍼 유닛, 푸셔 피드(pusher feed) 등 프레스 이송 장치의 구동원으로서 프레스의 동력을 이용하는 경우에 그 동력을 꺼내기 위한 출력축을 말한다.

power transmission 송전(送電) 발전소로부터 전력 수요 지역에 전력을 보내는 것을 말한다. 송전을 위한 전선을 송전선이라고 한다.

power transmission gear 동력 전달 장치(動力傳達裝置) 디젤 기관 및 변속 장치 또는 전동기로부터의 회전력을 차축에 전달하는 장치. 보통, 추진축이나 기어 전달 장치 등이 사용된다.

power turbine 출력 터빈(出力－) 가스 터빈에서는 압축기 구동용 터빈과 동력을 발생시키는 터빈으로 분류할 수 있는데, 후자를 출력 터빈이라고 한다.

power unit 파워 유닛 전용 공작 기계의 각 주축대(主軸臺)에 각각 전동기 등의 동력원을 갖추고 회전 운동, 이송 운동 등과 함께 공작물의 가공에 필요한 제원(諸元)을 하나로 구성한 것.

▽ 휠형

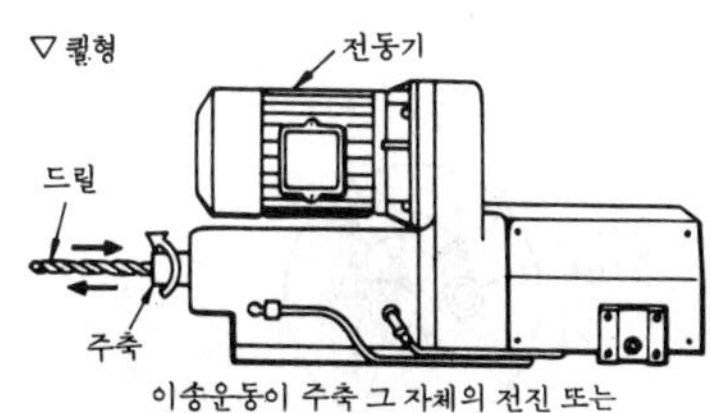

이송운동이 주축 그 자체의 전진 또는 후퇴에 의해서 이루어진다.

power valve 파워 밸브 엔진에 있어서 동력 계통 연료의 유량을 제어하는 밸브.
Prandtl number 프란틀수(-數)
pre- 프리 미리, 앞에, 앞서서라는 뜻.
precast concrete 프리캐스트 콘크리트 공장에서 고정 시설을 갖는 기둥, 보, 바닥판 등의 부재(部材)를 철제 거푸집으로 미리 만들어 양생시킨 기성 콘크리트 제품. 현장 시공품보다 정밀도 및 강도가 좋다.
precast forging 반융 가공(半融加工) 용융(鎔融)한 금속을 형틀에 부어 응고가 완료되기 전에 소성 가공(塑性加工)하는 것. 응고할 때 고압을 가함으로써 재질이 개선되고 공정이 간소화된다. 반융(半融) 단조, 반융 압출, 직접 압연 등이 있다.
precipitation 석출(析出) 금속 재료에서는 액상(液狀)의 재료로부터 결정(結晶)이 나타나는 것을 정출(晶出)이라 하고, 고용체(固溶體) 재료로부터 새로운 상(相)이 출현하는 것을 석출(析出)이라고 한다.
precipitation hardening 석출 경화(析出硬化) 석출 입자(析出粒子)를 분산시킴으로써 소성(塑性) 강도가 향상되는 것은 석출 입자가 전위(轉位)를 방해하기 때문이다. 이것을 석출 경화라고 한다. Al-Cu, Al-Mg-Si, Cu-Be 합금 등에서는 석출 경화가 채택되고 있다.
precipitation hardening stainless steel 석출 경화형 스테인리스강(析出硬化形-鋼) SUS 630 상당의 강을 말한다. 고용화(固溶化) 열처리 후 소재가 아주 굳기 전에 기계 가공을 한 부품에 다듬질한 다음, 비교적 낮은 온도(450~650℃)에서의 시효 처리를 함으로써 최대 134kgf/mm²의 인장 강도를 얻을 수 있다.
precision 정밀도(精密度) 정확도를 말하는 경우와 정밀도를 말하는 경우가 있어서 혼용되고 있다. 전자는 측정값의 오차가 작은 정도를 나타내고, 후자는 측정값의 산포도(散布度)가 작은 정도를 나타낸다. 대개는 전자의 의미로 사용한다.
precision boring machine 정밀 보링 머신(精密-) =fine boring machine
precision casting 정밀 주조(精密鑄造) 정밀한 주형에 의해 정교한 주물을 만드는 방법. 인베스트먼트 주조(investment casting), 셸 몰드 주조(shell molding casting) 등이 있다.
precision files 정밀 줄(精密-) 매우 미세한 줄눈을 가진 줄로, 여러 가지 모양의 단면을 가진 것이 여러 개가 한 조로 되어 있다. 정밀 소형 부품의 다듬질 작업에 사용된다.
precision forging 정밀 단조(精密鍛造) =die forging, stamp forging
precision lathe 정밀 선반(精密旋盤) 특히, 고정밀도의 가공을 하는 데 사용하는 선반.
precision level 정밀 수준기(精密水準器) 건축용 수준기보다 훨씬 더 정밀도가 높은 수준기. 평형과 각형(角形)이 있다. 공작 기계의 정밀도 조사 또는 기계 설치 등에 사용된다.

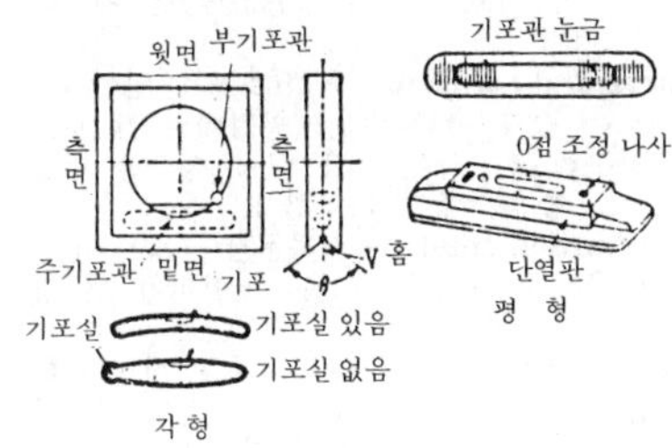

precoat 프리코트 초벌 도장(塗裝)을 말한다. 언더 코트라고도 한다.
precoating agents 프리코트재(-材) 프리코트란 불소 수지(弗素樹脂)로 초벌 도장하는 것을 말한다.
precombustion chamber 예연소실(豫燃燒室) 고속 디젤 기관에 사용되는 연소실 부속의 예비 연소실. 자동차용 디젤 기관 등에 널리 사용되고 있다.
prefab 프리패브 부재(部材)를 공장에서 만들어 현장에서 조립하는 조립 주택.
preferred numbers 표준수(標準數) 표준화나 설계에서 수치를 결정할 땐 선정 기준으로 사용되는 수를 말하며, KS 에

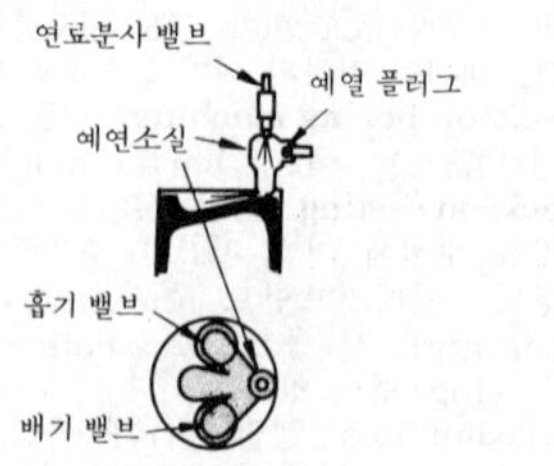

precombustion chamber

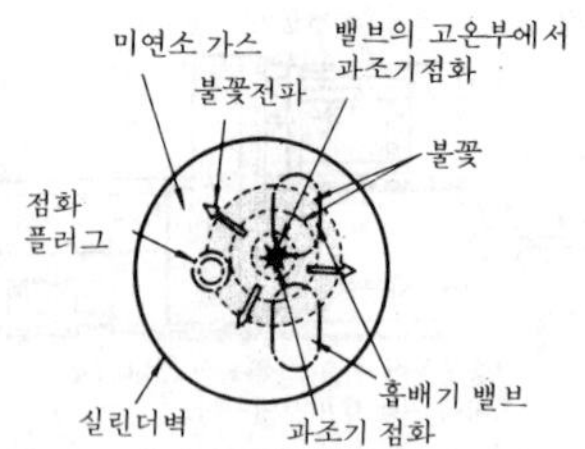

기본 수열(基本數列)의 표준수가 정해져 있다.

prefill valve 프리필 밸브 대형 프레스 등에서, 급속 전진 행정(行程)에서는 탱크로부터 유압(油壓) 실린더에의 흐름을 허용하고, 가압 공정(加壓工程)에서는 유압 실린더로부터 탱크에의 역류를 방지하며, 귀환 행정에서는 자유 흐름을 허용하는 밸브.

pre-flock 프리플록법(－法) 원수(原水)의 농도가 비교적 낮은 경우, 여과기 표면에 수산화(水酸化) 알루미늄의 얇은 막을 만들어 이로써 현탁도(懸濁度)를 제거하는 방법.

pregnant solution 귀액(貴液) 일반적으로는 습식 야금(冶金) 공정에서 생기는, 회수하고자 하는 유용 금속 성분을 다량으로 함유한 용액을 말한다.

preharden steel 프리하든강(－鋼) 철강 메이커가 시판하고 있는 열처리가 된 강(鋼)을 말한다.

preheating 예열(豫熱), 예열 작업(豫熱作業) 재료 등을 고온으로 가열할 필요가 있을 때, 처음에 비교적 저온으로 가열하는 것.

preheating furnace 예열로(豫熱爐) 재료를 고온으로 가열할 필요가 있을 때, 비교적 낮은온도로 고르게 예열한 후 다시 가열하는 경우가 있다. 또, 용접에서 국부적 가열로 인한 해를 방지하기 위하여 균일하게 예열해 두는 경우가 있다. 이와 같은 목적에 사용하는 노(爐)를 예열로라고 한다.

preignition 조기 점화(早期點火) 내연기관의 실린더가 과열 상태에 있을 때 점화 플러그, 배기 밸브 등의 고온 부분이 점화원(點火源)이 되어 정규 점화보다 빨리 혼합기에 점화되는 현상을 말한다.

pre-load 예압(豫壓) 베어링의 강성(剛性)을 증대시키거나 또는 틈새를 없애는 (운반시의 미동 마모 방지) 등의 목적으로 미리 전동체(轉動體)에 주어지는 하중을 말한다.

prelubricated bearing 윤활제 봉입 베어링(潤滑劑封入－) 미리 윤활제를 전동체(轉動體) 내부에 봉입하여 나중에 따로 급유할 필요가 없도록 한 베어링을 말한다. →seal bearing

premature ignition 조기 점화(早期點火) ＝preignition

premix 프리믹스 플라스틱 성형에 있어서 열경화성 수지(熱硬化性樹脂)를 단섬유(短纖維), 충전재, 촉매, 착색제, 이형제(離型劑) 등에 혼합한 퍼티(putty : 일종의 풀)상의 성형 재료.

prepact concrete 프리팩트 콘크리트 굵은 자갈을 미리 철골(鐵骨) 사이에 채워 넣고 그 속에 모르타르를 유입시키는 콘크리트 공법.

preparatory function G기능(－機能) 제어 동작의 모드를 지정하기 위한 기능을 말한다. 어드레스(address)는 G를 사용하고, 이에 이어지는 코드화된 수로 모드를 지정한다.

preplating treatment 공전해(空電解) 도금욕(鍍金浴)의 조정을 목적으로 한 전해 처리.

prepolymer 프리폴리머 성형하기 쉽게 하기 위하여 중합 반응(重合反應)을 중도 단계에서 중지시킨, 비교적 중합도(重合度)가 낮은 중합체(重合體)를 말한다.

pre-purge 프리퍼지 점화하기 전에 폭발 방지를 위하여 노(爐) 안에 차 있는 미연소 가스를 밖으로 불어 내는 것을 말한다. →purge

prerotation 예선회(豫旋回) 펌프나 송풍기에 있어서 회전하는 날개차의 영향 등으로 유체가 흡입관 속으로 날개차 입구에 도달하기까지 유기(誘起)되는 선회 운동을 말한다. 때로는 날개차 바로 앞에 안내 날개를 설치하여 예선회를 시키는 경우도 있다.

pre-selective drive 사전 선택 구동(事前選擇驅動) 맞물리게 될 기어의 위치를 미리 정해 두었다가 클러치로 그 맞물림을 작동시키는 형식의 변속기를 말한다.

preset 프리셋 미리 전기 회로를 필요한 상태로 또는 그와 같은 상태가 되도록 동작이나 조건을 설정하는 것.

preset counter 프리셋 카운터 미리 카운트할 수를 설정해 놓고 그 수의 카운트가 끝나면, 종료 신호를 발신하고 원위치로 되돌아가는 카운터.

pre-setting 프리세팅 예압(豫壓)을 가하거나 사전 처리를 하는 것을 말하는데, 기계 용어로서는 스프링에 하중을 가하여 어느 정도의 영구 변형을 일으키게 함으로써 스프링의 탄성 한도(彈性限度)를 높이는 조작을 말한다.

presintering 예비 소결(豫備燒結) 소결 처리를 할 때, 분말을 형틀에 넣고 압착한 것을 가열하여 안정된 소결재(燒結材)로 만드는 예비 처리를 말한다. 그 다음에 소결을 위해 본 가열을 한다.

press 프레스 레버, 나사, 수압 등을 이용하여 금형 등에 재료를 강압하여 일정한 모양으로 성형하는 기기의 총칭. 펀칭 가공, 드로잉 가공, 성형, 절단 작업 등을 한다. 수동식(핸드·편심 프레스)과 동력식(수압·유압·기계 프레스 등)으로 대별된다.

press brake 프레스 브레이크 판금 절곡용(板金折曲用) 기계 프레스의 일종. 길이가 긴 판금의 절곡 작업 전용의 크랭크 프레스. 절곡 작업 이외에 광폭(廣幅) 프레스로서 성형, 구멍 뚫기, 외연(外緣) 절단 등에도 사용된다.

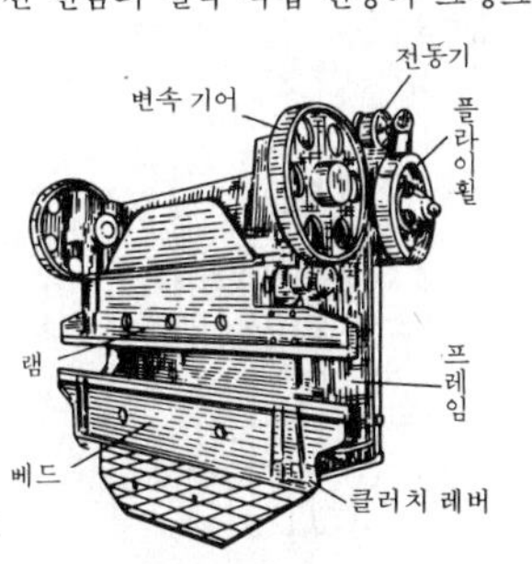

pressed frame 프레스 프레임 프레스 작업으로 판재(板材)에 구멍 뚫기, 절곡(折曲) 등의 가공을 하여 만든 프레임.

presser 프레스 기능공(-技能工), 프레스기(-機), 압착기(壓搾機)

press fit 프레스 끼워 맞춤, 압력 끼워 맞춤(壓力-) 끼워 맞춤의 일종. 끼워 맞춤 정도의 대략을 나타내는 말.

press forging 프레스 단조법(-鍛造法) 단조 프레스를 사용하여 재료를 소성(塑性) 가공하는 방법. 서서히 가압함으로써 1회에 재료를 성형할 수 있고, 기계 해머와 같은 진동이나 소음이 없다. 대형 부품의 제조에 채택된다.

press scale 프레스 스케일 압력 측정용 시트의 상품명. 가해진 압력의 크기에 따라 색의 농도를 다르게 표시하게 되어 있다. 압력의 크기와 동시에 면에 작용하는 압력의 분포 상태도 알 수 있다.

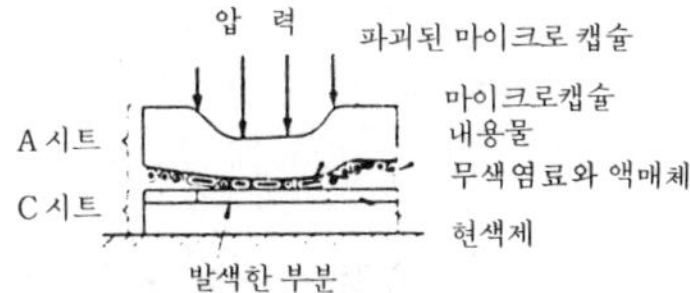

press temper 프레스 템퍼 강(鋼)을 뜨임 처리할 때 프레스를 사용하는 방법이다. 굽은 곳을 바로 잡거나 정형(整形)을 하는 데에는 매우 효과적이다. 히트 세팅(heat setting)이라고도 한다.

pressure 압력(壓力), 프러셔 접촉면에 수직으로 마주 미는 힘.

pressure angle 압력각(壓力角) 기어에서는 치면(tooth surface)의 1점에 대해 그 반경선(半徑線)과 곡면에의 접선(接線)이 이루는 각 θ를 말한다.

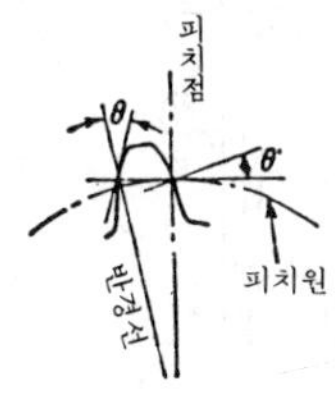

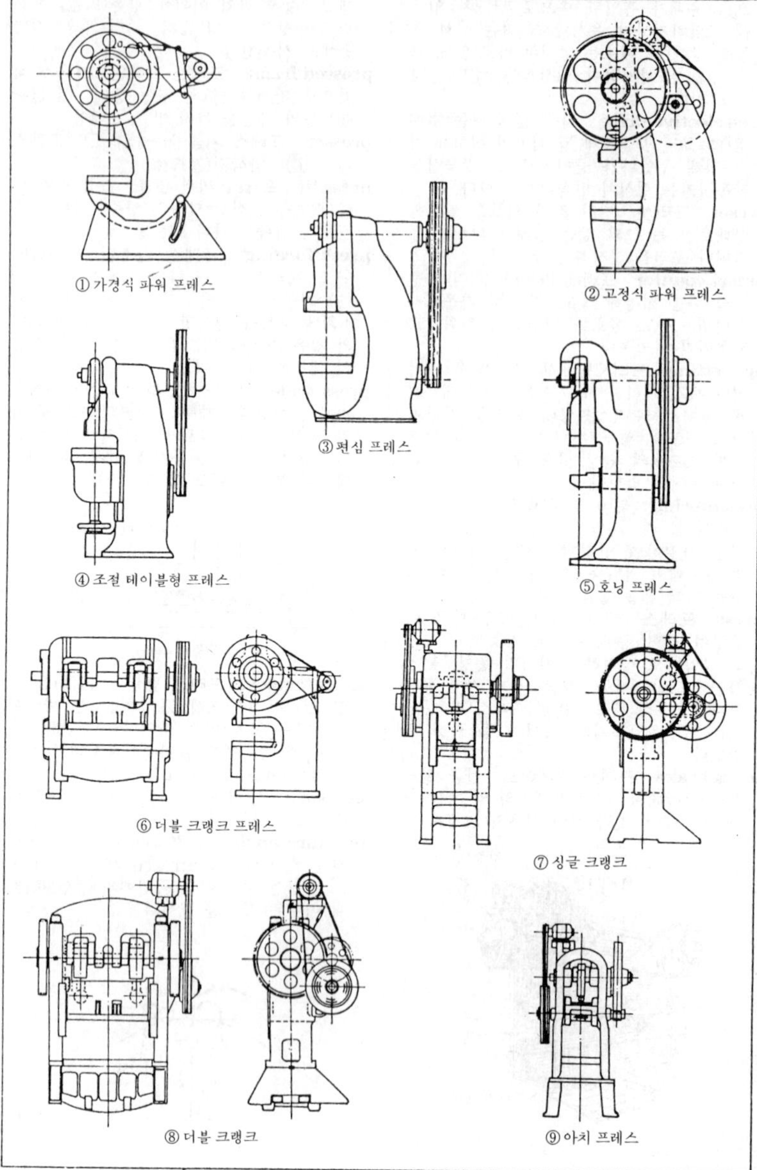
①가경식 파워 프레스
②고정식 파워 프레스
③편심 프레스
④조절 테이블형 프레스
⑤호닝 프레스
⑥더블 크랭크 프레스
⑦싱글 크랭크
⑧더블 크랭크
⑨아치 프레스

pressure atomizing 압력 무화(壓力霧化) 고압의 연료유를 미세한 구멍으로부터 분출시켜 무화(霧化)하는 방법. 유압식 버너가 이것이며, 대용량의 것도 생산되어 운전 경비가 절감되었으나 유량 조절 범위가 좁은 결점이 있다. =mechanical atomizing

pressure casting 압력 주조(壓力鑄造) 용융(鎔融) 상태의 금속에 압력을 가하여 주형에 주입하는 주조법. 원심(遠心) 주조, 다이 캐스트 등도 이에 포함된다.

pressure coefficient 압력 계수(壓力係數) 밀도 ρ인 일정한 흐름 속에 놓인 물체, 예를 들면, 그림에서 보는 바와 같은 유선형 단면을 가진 지주(支柱)를 생각한다. 지주보다 훨씬 상류에 있어서의 유체의 정압(靜壓)을 p_0, 속도를 v_0라고 한다. 지주 표면상의 임의의 점의 정압을 p라고 하면, 압력차 $(p-p_0)$와 흐름의 동압(動壓) $\rho v_0^2/2$와의 비율 C_p를 압력 계수라고 한다. 즉, 다음 식으로 주어진다.

$$C_p=(p-p_0)/(\rho v_0^2/2)$$

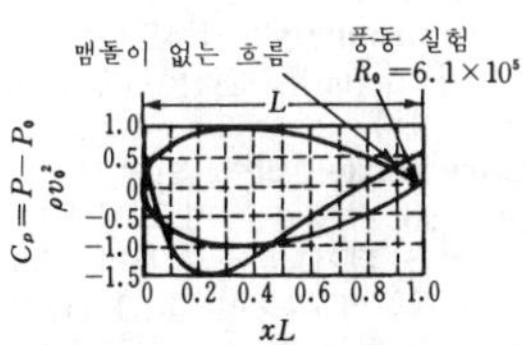

pressure compound turbine 압력 복식 터빈(壓力複式－) 충동 터빈의 일종. 한 줄의 노즐과 한 줄의 날개로 이루어진 단(段)을 여러 개 직렬로 배치하여 증기의 에너지를 여러 단으로 나누어 이용하는 터빈. 대출력에 적합하고 대형 발전용 터빈으로서 가장 널리 사용되고 있다.

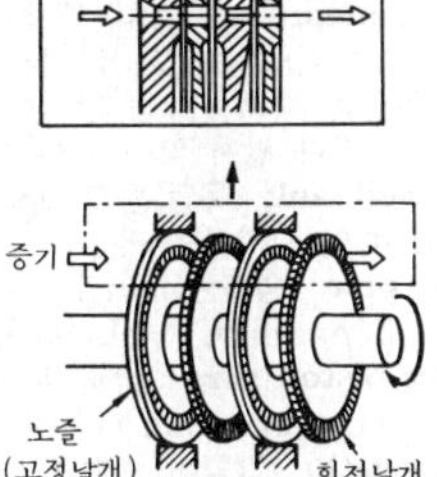

pressure connection terminal 압착 단자(壓着端子) 단자 동체부(胴體部)에 리드선을 삽입하여 전용 압착 공구로 동체 체결을 하여 압착하는 단자. 리드선의 70 % 이상의 인장 강도가 있다.

pressure control 프레셔 컨트롤 유압을 사용하고 있는 기계에 있어서 압력 제어에 의하여 각부의 작동을 제어하는 것.

pressure control circuit 압력 제어 회로(壓力制御回路) 유체 압력을 조절(adjust) 혹은 조정(regulate)하는 회로이며, 제어하는 압력의 장소에 따라 1차압(펌프 토출압) 제어 회로, 2차압 제어 회로, 액추에이터 구동압 제어 회로로 대별된다.

pressure control valve 압력 제어 밸브(壓力制御－) 유압, 공압 회로에서 압력을 제어하는 밸브로서, 1차압 설정용의 릴리프 밸브, 2차압 설정용의 감압 밸브, 안전 밸브 등이 있다.

pressure converter 압력 변환기(壓力變換器) 물리량인 압력을 전기량인 전압, 전류로 변환하는 장치. 압력 변환기 중에서 장래성이 있는 것은 반도체 압력 변환기로, 전송이나 처리계 전반에 걸쳐 효용성이 높다.

pressure distribution 압력 분포(壓力分布)(다이의) 전단 가공, 압출 가공 등에서 펀치 스트로크의 진행에 따라 다이스는 각부에 힘을 받는다. 이 작용하는 압력과 펀치 스트로크와의 관계를 나타내는 것을 일반적으로 다이의 압력 분포라고 한다.

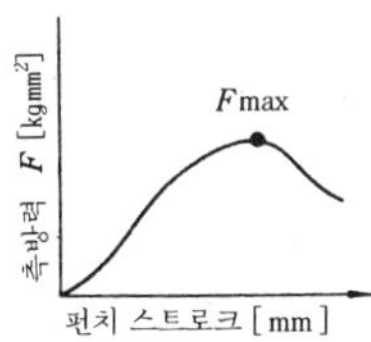

pressure fan 강제 환풍기(强制換風機) 강제 환풍에 사용되는 저풍압의 공기 압축용 환풍기.

pressure feed 압력 이송(壓力移送) 일반적으로는 유체에 외부로부터 압력을 가하여 이것을 관로(菅路) 등을 이용하여 수송하는 것. 그러나 보통은 관로를 이용하여 분립체(粉粒體)나 고체물을 압력 수송하는 경우에 사용하는 말로, 펌프 또는 터보형 공기 기계에 있어서 이것들의 토출측, 즉 고압측에 관로를 설치하여 수송하는 경우에 사용되는 말이다.

pressure feed lubrication 압력 주유(壓力注油), 강제 윤활(强制潤滑) 펌프로 윤활유에 압력을 가하여 강제적으로 기어의 끼움 부분이나 베어링 속에 주유하는 것.

pressure filter 압력 여과기(壓力濾過機) 여과를 할 때 액체에 펌프 또는 압축기로 압력을 가하여 강제적으로 여과재를 통과시키는 여과기.

pressure gauge 압력계(壓力計) 막힌 기물 내의 액체 또는 기체의 압력 또는 중력으로 인해 생긴 압력을 계산하는 계기.

〔예1〕 액주 압력계

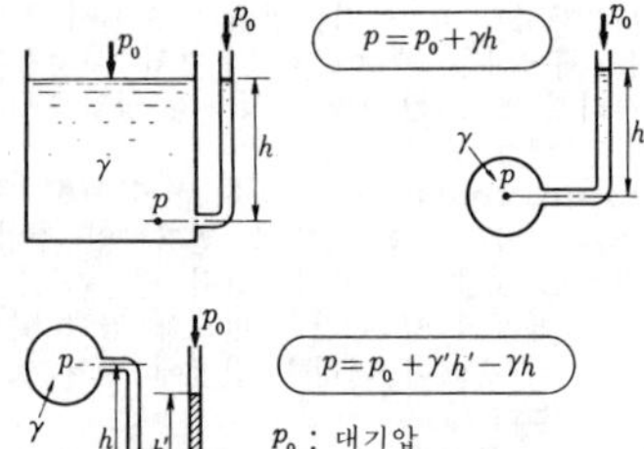

〔예2〕 부르동관 압력계

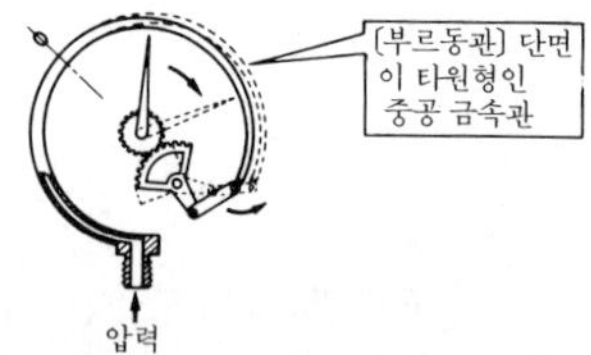

pressure gauge tester 압력계 시험기(壓力計試驗機) 압력계 눈금의 정확도를 검사하는 기계. 피스톤 위에 추(錘)를 올려놓고 일정값의 액압(液壓)을 만들고, 이것을 압력계에 작용시켜 눈금의 지시를 조사하는 장치.

pressure governor 조압기(調壓器) 주로 소형 압축기에 사용되는 것으로, 기축기(氣縮器)나 공기통의 압력이 규정 압력 이상으로 올라갔을 때, 압축기의 작동을 중지시키지 않고 압축 작용만을 멈추게 하고, 어느 정도 이하로 압력이 내려가면 다시 압축 작용을 하게 하는 것.

pressure guage tester

pressure head 압력 수두(壓力水頭) 정수(静水) 또는 유수(流水)가 지닌 압력 에너지. 현재의 압력을 p kgf/m², 물의 단위 체적 중량을 γ kg/m³라고 하면, 압력 수두 $h=p/\gamma$의 관계가 있으며, 길이의 단위로 표시된다.

pressure indicator 지압계(指壓計) = indicator

pressure intensity 압력도(壓力度) 압력의 크기(kg/m²를 말하며, 일반적으로 압력이라 한다.

pressure kettle 압력 솥(壓力－) 압력을 가하는 솥. 뚜껑을 나사로 밀폐할 수 있도록 장치가 되어 있어 온도가 100℃ 이상 오르기 때문에 식품이 잘 삶아진다.

pressure loss in duct 덕트 손실(－損失) 보통 공기 등 기체(氣體)의 통로를 덕트라 하고, 덕트를 흐르는 기체의 압력 손실을 약칭하여 덕트 손실이라고 한다.

pressure lubrication 강제 윤활(强制潤滑) 오일 펌프로 주유(注油)하는 방식. 윤활유에 압력을 가하여 운동 마찰 부분에 강제적으로 기름을 주입하는 장치.

pressure main 압력 주관(壓力主管) 고압측의 주류관(主流管)을 말한다.

pressure medium 압력 매체(壓力媒體) 고압(高壓) 가공, 고압 작동을 시킬 경우에 이용하는 액체. 작동 압력하에서 성질이 변화되거나 얼지 않는 것이 이용된다.

pressure oil tank 유압 탱크(油壓－) 압력이 가해져 있는 기름을 저장해 두는 탱크.

pressure pipe 송출관(送出管) =delivery pipe, rising main →discharge pipe

pressure piston ring 압축 피스톤 링(壓縮－) =compression ring

pressure ratio 압력비(壓力比) ① 압력기

에서의 토출 압력과 입구 압력과의 절대압의 비율. 보통, 정압비(靜壓比)를 말하는데 전압비(全壓比)로 말하는 경우도 있다. ② 가스 터빈에 있어서의 압축기 입구, 출구의 절대압의 비율. 이것은 가스 터빈 성능에 큰 영향을 미친다.

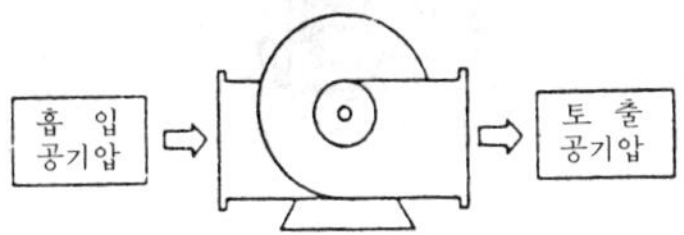

pressure reducing set 감압 장치(減壓裝置) 고압의 유체(수증기, 공기, 물 등)로부터 그보다 낮은 필요 압력으로 유체를 이끌어 내는 경우에 사용하는 장치를 말하며, 보통은 관로(菅路)에 감압 밸브를 설치한다.

pressure regulating valve 감압 조정 밸브(減壓調整－) 추, 스프링 등을 이용하여 압력을 조정하는 밸브이며, 압력 제어 밸브와 같은 것을 의미한다. 좁은 뜻으로는 감압 밸브를 나타내기도 한다.

▽ 공기압용 감압 밸브

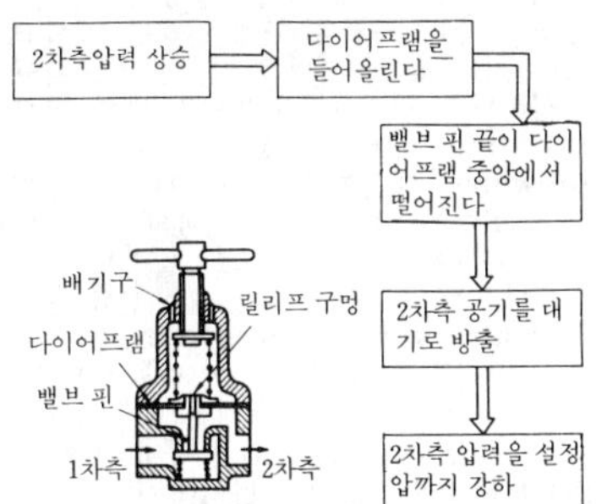

pressure regulator 압력 조정기(壓力調整機) 일반적으로 유체 기계의 운전 때 불의의 압력 상승이 일어난 경우에, 기계 또는 그에 따른 배관 등의 파괴를 방지하기 위해 규정된 압력 이상이 되면 이것이 작동하여 압력 상승을 저지하는 작용을 하는 장치를 말한다.

pressure regulator of float chamber 플로트실 연료 압력 조정 장치(－室燃料壓力調整裝置) 항공 발동기의 고도의 발달에 따라 적당한 혼합비를 얻기 위해 플로트실의 연료면에 가해지는 압력을 조정하는 장치.

pressure ring 압력 링(壓力－) 피스톤에는 압력(압축) 링과 기름을 긁어 내리는 오일 링이 부착되어 있다. 크랭크 케이스 가장 가까이에 있는 링의 하나가 오일 링이고, 다른 것은 기밀을 유지하거나 발생한 열을 실린더로 내보내는 역할을 하는 링인데, 이것을 압력 링 또는 압축 링이라고 한다.

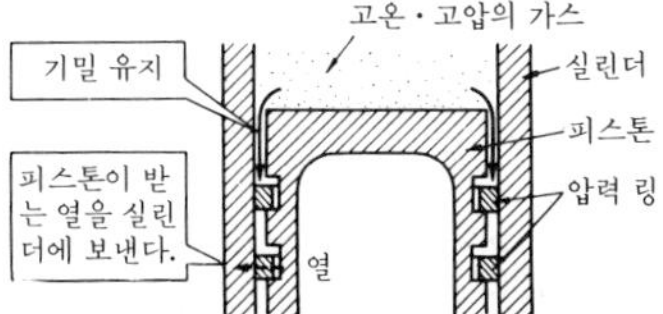

pressure sensitive diode 감압 다이오드(感壓－) 기계적인 압력의 변화를 전기 신호로 바꾸는 소자가 픽업이나 마이크로폰에 사용되고 있는데, 반도체의 응용으로서 다이오드의 전류가 압력에 따라 변화하는 현상을 이용한 것을 감압 다이오드라고 한다.

pressure sensitive paper 감압지(感壓紙) 외관은 백색이지만 압력이 가해지면 발색(發色)하여 복사되는 종이를 말한다.

pressure switch 압력 스위치(壓力－) 유체 압력이 소정의 값에 도달하였을 때 전기 접점을 개폐하는 전기 부품. 유압, 공기압의 안전 장치, 검출 장치로서 중용(重用)되고 있다.

pressure tank 압력 탱크(壓力－) 공기, 물, 기름 등의 압력 유체를 보급, 보존하기 위한 탱크.

pressure thermit welding 가압 테르밋 용접(加壓－鎔接) 테르밋 반응에 의한 열을 이용하고 또한 압력을 가해 접합하는 용접 방법을 말하며, 이 반응에 의한 용융 금속은 용가재(鎔加材)가 되지 않는다.

pressure thermometer 압력식 온도계(壓力式溫度計) 액체, 기체가 온도에 따라서 압력이 변하는 것을 이용한 온도계.

pressure tight cast 치밀 주물(緻密鑄物) 물이나 공기의 압력을 가하여도 누설되지 않는 치밀한 조직의 주조품.

pressure transmitter 증압기(增壓機) 압력을 증압시키는 장치. 원리는 큰 피스톤과 작은 피스톤을 조합한 램 양단에 실린

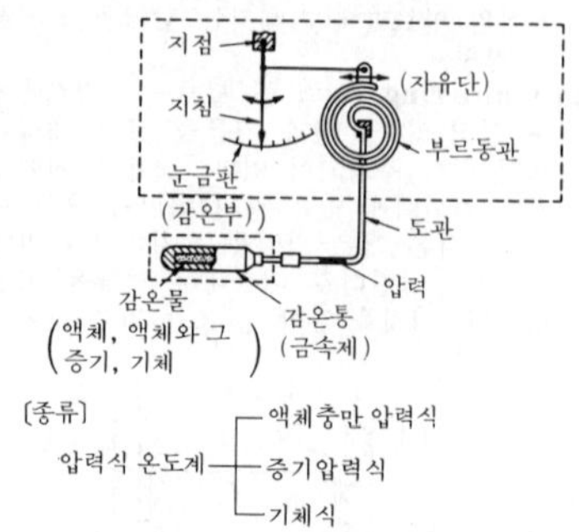

pressure thermometer

더를 가진 형태의 것으로, 이 큰 피스톤에 저압의 유체를 송급하면 작은 지름의 피스톤 실린더 안에 고압이 발생하게 되어 있다. 수압기에 이용된다.

pressure turbine 압력 터빈(壓力－) ＝ reaction turbine

pressure type liquid level gauge 압력 액면계(壓力液面計) 압력계를 이용하여 액면의 높이를 측정하는 계기.

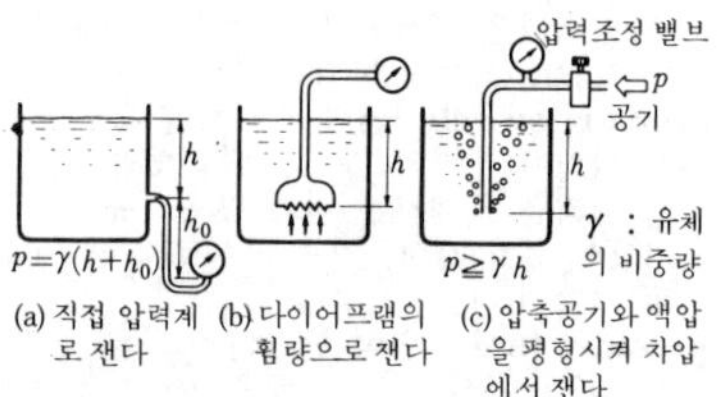

(a) 직접 압력계로 잰다 (b) 다이어프램의 휨량으로 잰다 (c) 압축공기와 액압을 평형시켜 차압에서 잰다

pressure-volume diagram 압력-체적 선도(壓力－體積線圖), ***P-V*** 선도(－線圖) 세로축에 압력 P, 가로축에 체적 V를 잡아 상태 변화를 나타낸 선도.

pressure welding 압접(壓接) 접합부에 기계적 압력을 가하여 처리하는 접합으로, 고온 압접과 상온 압접이 있다.

pressurized water reactor 가압수형 원자로(加壓水形原子爐) 연료에 농축 우라늄을 사용하고, 감속재(減速材) 및 냉각재로서 가압수(加壓水)를 사용한 동력로(動力爐)를 말한다.

press work(ing) 프레스 가공(－加工) 금속 재료를 프레스로 절단하거나 성형하는 작업.

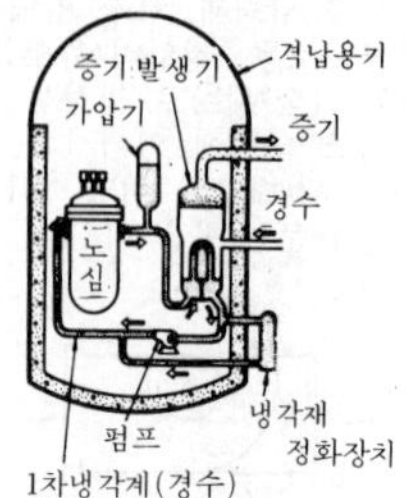

pressurized water reactor

prestraining 역변형(逆變形) 용접에 의한 각도 변화량을 고려해서 용접하기 전에 미리 모재에 역방향으로 주어진 변형.

prestress 초기 응력(初期應力), 원응력(原應力) ＝initial stress

prestressed concrete **PS** 콘크리트 ＝ PS concrete

preventive maintenance : **PM** 예방 정비(豫防整備) 설비의 성능을 유지하기 위해서는 설비의 노화 및 열화를 방지하기 위한 예비적 조치가 필요하며, 이를 위해서는 윤활, 청소, 조정, 점검, 교체 등 일상의 정비 활동과 함께 설비를 계획적으로 정기 점검, 정기 수리, 정기 교체하는 정비법을 말한다. 고장으로 인한 손실이 큰 기계나 설비에 적용되고 있다.

prewhirl 예선회(豫旋回) 펌프나 송풍기에 있어서 회전하는 날개차의 영향 등으로 유체가 흡입관 안으로 날개차 입구에 도달하기까지 유기(誘起)되는 선회 운동.

prewhirl vane 예선회 날개(豫旋回－) 회전 날개를 붙인 유체 기계에서 유체가 회전 날개에 유입되기 전에 적당한 선회 운동(豫旋回)을 시키기 위한 안내 날개.

prick punch 표시용 펀치(標示用－) 금긋기 작업에서 금긋기선을 명확히 표시하기 위하여 선 위에 점(펀치 마크라고도 한다)을 찍는 펀치.

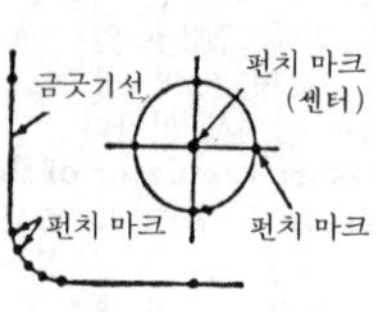

primary air 1차 공기(一次空氣) 화격자(火格子) 연소일 때는 화격자의 밑으로 공급되는 공기. 미분탄(微粉炭)의 경우에는 미분탄을 버너에 불어 넣는 공기. 기름 연소인 경우에는 버너 주위에 공급되어 착화(着火)를 안정시키는 공기로서 연소에 사용된다.

primary battery 1차 전지(一次電池) =primary cell

primary cell 1차 전지(一次電池) 일반 전지를 말하는 것으로, 사용 후 다시 충전하여 사용할 수 없는 전지. 예를 들면, 건전지.

primary combustion chamber 1차 연소실(一次燃燒室) 보일러에 있어서 연소실의 연소가 2단 또는 그 이상 여러 단계로 나뉘어 있을 때, 제1단의 연소가 이루어지는 실(室).

primary creep 제1기 크리프(第一期－) 일정 온도, 일정 응력(혹은 일정 하중)에 대한 크리프 곡선 중 부하 직후부터 크리프 속도가 시간과 더불어 감소하여 거의 일정하게 되기까지의 단계. 천이 크리프(transient creep)라고도 한다.

primary feedback 주 피드백(主－) 제어량의 값을 목적값과 비교하기 위한 피드백. →feedback

primary means 검출부(檢出部) 제어 대상, 환경, 목표 등에서 제어에 필요한 신호를 이끌어 내는 부분.

primary quenching 1차 담금질(一次－) 침탄 작업(浸炭作業)에서 결정(結晶)이 거칠어진 중심부의 조직을 미세하게 하여 점도(粘度)가 강한 상태로 만들기 위하여 이루는, 조직을 조절하는 담금질.

primary stress 1차 응력(一次應力) 트러스(truss)의 응력을 구하는 경우, 첫째, 각 부재(部材)의 접합이 완전한 핀 이음으로 자유롭게 회전이 되고, 둘째, 응력에 의한 각 부재의 길이의 변화가 극히 적으며, 셋째, 부재의 축이 트러스선과 일치하는 등 이상과 같은 가정하에서 산출된 응력을 1차 응력이라고 한다.

primary turbine 전치 터빈(前置－) 이미 설치된 터빈 앞에 다시 고압 터빈을 신설하여 출력의 증대를 꾀하고, 고압 터빈의 배기(排氣)를 이미 설치된 저압 터빈에 보내는 경우가 있다. 이때, 배압(背壓) 터빈으로서 사용되는 고압 터빈을 전치 터빈이라 한다.

primary zone 1차 연소실(一次燃燒室) =primary combustion chamber

prime mover 원동기(原動機) 천연적으로 축적된 에너지를 기계적 에너지로 바꾸어 다른 기계류를 구동시키는 장치.

primer 프라이머 도료를 여러 번 칠하여 도막층(塗膜層)을 만들 때, 보통 내식성과 부착성을 증가시키기 위해 맨 처음 밑바탕에 칠하는 도료를 말하는 것으로, 초벌칠을 하기 위한 도료라 할 수 있다.

primes 최고급 제품(最高級製品), 최우수 제품(最優秀製品) 주로 판재(板材) 등에서 표면에 흠집이나 기타 결함이 없는 가장 양질의 제품.

priming 프라이밍[1], 마중물[2] ① 보일러에서 증발이 지나치게 왕성해지면 수면으로부터 기포가 튀어오르는데, 이때 수분을 함께 비산(飛散)시키는 현상.
② 펌프를 시동할 때 미리 펌프 동체에 외부로부터 채우는 물.

priming cock 마중물 콕 펌프에서 마중물을 주입하는 콕.

priming cup 마중물 주입구(－注入口) 펌프에서 마중물을 주입하는 수구(水口).

priming lever 프라이밍 레버 연료 펌프에 부속되어 있는 수동 레버.

principal 우두머리, 지배자(支配者) 중요한, 주요한, 제1위의.

principal axis 주축(主軸) 어떤 단면 도형에 있어서 어떤 축에 관한 단면 2차 모멘트가 극대 혹은 극소가 되는 축을 단면 2차 모멘트의 주축이라 하는데, 그것들은 서로 직교한다. 그리고 그에 관한 단면 상승 모멘트는 0이다. 또, 이 직교 2축을 관성 주축이라고도 하며, 그 원점이 단면의 도심(圖心)에 일치할 때에는 이것을 단면의 주축이라고 한다.

principal axis of stress 변형력의 주축(變形力－主軸), 응력의 주축(應力－主軸)

principal coordinates 주좌표(主座標) n개의 질점으로 이루어지는 자유도 N의 질점계의 일반 좌표로서 서로 독립한 q_r ($r=1, 2, 3, \cdots, N$)을 고르면, q_r은 $3n$개의 직교 좌표의 1차 변환에 의해서 주어진다. 이 변환 후의 좌표 q_r을 주좌표라고 한다.

principal mode of vibration 주진동 모드(主振動－), 주진동형(主振動形) 주진동의 진동형. 즉, 하나의 주진동수로 정현파적으로 진동하고 있을 때의 형.

principal planes of stress 주응력면(主應力面) 세 가지 응력의 주축(主軸)과 각각 직교하는 3면을 말한다. 이 면 위에서 수직 응력은 극값(極値)을 취하고, 즉 주응력이 되며, 전단 응력은 0이 된다. → principal stress

principal projection 주투영(主投影) 물건·건조물 등의 형상이나 내용을 가장 잘 나타내고 제작의 기준이 되는 면의 투영.

principal shearing stress line 주전단 응력선(主剪斷應力線) 탄성체(彈性體) 내의 각 점에 있어서의 주전단 응력 방향과 접하는 곡선을 주전단 응력선이라고 한다. 즉, 곡선으로 그은 접선의 방향이 그 점에 있어서의 탄성체에 작용하는 주전단 응력의 방향을 나타내는 곡선이다.

principal shear stress 주전단 응력(主剪斷應力) 응력 작용면을 각각 2조의 주응력면과 45°를 이루도록 선정할 때, 이것들의 응력 작용면을 주전단 응력면이라 하고, 이 면에 작용하는 응력을 주전단 응력이라고 한다.

principal strain 주변형(主變形) 주축(主軸) 방향으로 생기는 수직 변형.

principal stress 주변형력(主變形力), 주응력(主應力) 외력을 받는 물체 내에의 어느 점에서의 변형력을 생각할 때, 그 점을 포함하는 평면의 방향을 여러 가지 변화시키면 어느 면에서 수직 변형력이 최대가 되는 전단 변형력이 생기지 않는 면이 셋 있다. 이 면을 주응력면(principal plane of stress)이라 하고, 그 면에 작용하는 수직 변형력을 주변형력 또는 주응력이라고 한다.

principal stress trajectory 주응력선(主應力線) 탄성체(彈性體) 내의 각 점에 있어서의 주응력의 방향을 연결한 선을 주응력선이라고 한다. 예를 들면, 비틀림 응력을 받는 환봉(丸棒) 표면의 주응력선은 그림과 같다.

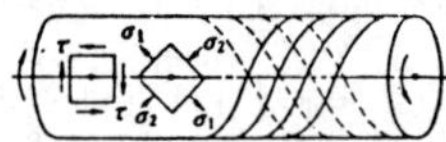

principal vibration 주진동(主振動) 진동계의 주좌표 방향의 진동을 말한다. 따라서, 자유도의 수 n의 진동계에는 n개의 주진동이 존재한다. 이 계의 자유 진동은 이 주진동을 합침으로써 나타낼 수 있다.

principle 원리(原理), 원칙(原則)

principle of conservation of energy 에너지 보존의 법칙(-保存-法則) 줄(Joule)에 의해서 확립된 법칙. 에너지는 그 형태를 아무리 바꾸어도 전체로 보았을 때 에너지의 총합은 변화하지 않는다. 즉, 에너지에 증감(增減)이 없이 항상 일정 불변이라는 법칙.

principle of continuity of flow 연속의 원리(連續-原理) 물이 흐르는 관에 굵고 가는 곳이 있더라도 각 단면을 일정 시간에 흐르는 유량은 일정하다. 이것을 연속의 원리라고 한다.

principle of virtual work 가상 일의 원리(假想-原理) 고체 역학이나 구조 역학 문제의 해석에 편리한 수법의 하나로, 실하중에 의한 변형 다음에 가상 변위가 생긴다고 가정하는 것이다.

print 프린트 ① 인쇄물, 인쇄하다. ② 형, 무늬 등을 찍다. ③ 사진을 인화하는 것.

printed circuit 프린트 회로(-回路) 인쇄 배선 회로를 말한다. 같은 것을 복제하는 경우에는 인쇄 작업으로 제조된다.

printed motor 프린트 모터 양면에 프린트 인쇄로 코일을 형성한 절연체 원판을 전동자(電動子)로 하는 직류 전동기. 가볍고 냉각 효과도 커 서보(servo)계에 사용된다.

printed plate board 프린트 기판(-基板) 절연 처리된 기판(基板) 위에 동박(銅箔)을 붙인 다음 부식법이나 기타 방법으로 불필요한 부분의 동을 제거하고 필요한 패턴의 동박만을 기판 위에 남긴 것. 이 기판을 프린트 기판이라고 한다. 이 기판 위에 IC, 트랜지스터, 저항, 콘덴서 등의 부품을 배치하고 동박과 납땜하여 회로를 만든다.

printed wiring board 프린트 배선판(-配線板) 인쇄 회로용 각종 동박(銅箔) 붙임 적층판(積層板) 재료를 사용하여 각종 도체의 배선 가공을 한 판.

printer 인쇄기(印刷機) =printing machine

printing machine 인쇄기(印刷機) 종이 등의 표면에 문자, 상(像)을 인쇄하는 데 사용하는 기계의 총칭.

printing press 인쇄기(印刷機) =printing machine

print matrix 부목(副木) =core print

prism 프리즘 ① 유리, 수정(水晶) 등의 투명 물질로 구성된 각주체(角柱體). 빛의 분산(분광기 : spectroscope), 광선의 방향 변화 또는 편광(polarized light)에 이용된다. ② 기둥체(柱體). 하나의 직선에 평행한 평면으로 이루어진 입체.

prismatic binocular 프리즘 쌍안경(-雙眼鏡) 정립(正立) 프리즘을 사용한 망원경을 2개 나란히 배열한 구조의 소형 관측용 망원경. 배율은 4~15배 정도이고 시계(視界)는 70°까지 볼 수 있다.

probability 확률(確率) 사물의 사상(事象)이 일어나는 확실성을 나타내는 수. 어떤 현상이 *n*회 중에서 *m*회의 비율로 일어나는 확률은 *m*/*n*이다.

probability limit 확률 한계(確率限界) 안정된 상태에서 점(點)이 관리 한계를 뛰어 나가는 확률을 근거로 하여 정한 관리 한계를 말한다.

probing 프로빙 트랜지스터나 IC를 제조할 때 탐침(探針)을 사용하여 그 특성을 측정하는 것.

process 프로세스 ① 과정, 공정. ② 방법, 방식, 제법.

process analysis 공정 분석(工程分析) 재료가 가공된 제품으로 되기까지의 전체 과정을 가공, 검사, 운반, 정체(停滯)의 네 과정으로 나누어 조사하고, 그것을 기호로 도시한 공정 분석표로 정리하여 어떻게 공정이 이어지고 있으며, 낭비 요소는 없는가를 조사하는 작업을 말한다.

process capability 공정 능력(工程能力) 제조 공정을 안정 상태로 유지한 경우, 그 공정이 만들어 내는 품질의 달성 능력.

process control 프로세스 제어(-制御) 화학 공업(화학 공장, 제지 공장, 석유 정제 공장) 등에 있어서의 오토메이션(자동 제어) 방식. 계측기는 제어하고자 하는 상태의 값을 검사·측정하고, 이를 조절기에 전달한다. 측정값이 사전에 정해진 수치와 틀리면, 그 양을 측정하여 신호를 조작부에 반송하여 전달하고, 희망 수치가 되도록 공정의 해당 부분을 가감한다.

process drawing 공정도(工程圖) 제품에 관한 제조 공정의 계통이나 공정의 도중 상태를 나타내는 도면.

process industry 장치 공업(裝置工業) 일반적으로 원재료에 화학 처리를 하여 최종 제품을 얻는 공업. 화학적 장치 공업과 기계적 장치 공업으로 나뉜다.

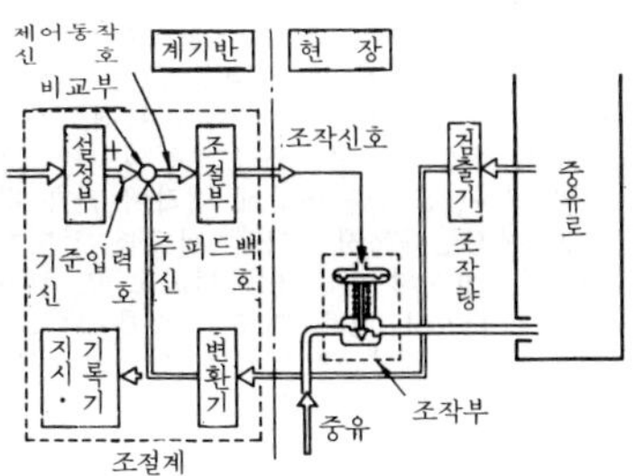

process control

process management 공정 관리(工程菅理) 작업의 진행 방법을 관리하는 것.

processor 프로세서 처리 장치를 말한다. 고속 프로세서라고 할 때는, 컴퓨터로 프로그램의 해독 속도, 해독 프로그램에 따라서 각 장치를 제어하는, 속도가 빠른 제어 장치를 말한다.

process steam 프로세스 증기(-蒸氣) 일반 공업용 가열(加熱) 또는 반응의 공정(工程)에 사용되는 증기를, 증기 터빈 등의 원동기에 사용되는 증기와 구별하여 프로세스 증기라고 한다.

producer 프로듀서[1], 발생로(發生爐)[2] ① 생산자라고도 한다.
② 가스 발생로라고도 부른다. 넓은 뜻으로는 고체 또는 액체 연료에 공기, 산소, 수증기 또는 혼합물을 불어 넣어 가연성(可燃性) 가스를 제조하는 장치를 말하나, 좁은 뜻으로는 발생로 가스 제조 장치, 즉 발생로 가스 장치를 말한다.

producer gas 발생로 가스(發生爐-) 기체 연료의 일종. 목탄, 석탄, 코크스 등을 가스 발생로에서 불완전 연소시키면 일산화 탄소를 다량 함유한 가스가 얻어진다. 이것을 발생로 가스라고 한다.

product 생산물(生產物), 제작품(製作品), (숫자의)적(積), (화학의)생성물(生性物)

production 생산(生產), 제조(製造) = manufacture

production control 생산 관리(生產菅理) ① 스트라이크(파업), 사보타지(태업)에 대신하는 노동자의 행동 전술. 종업원이 고용주의 경영권을 탈취하여 공장을 점거하고 자기들의 손으로 생산을 계속하는 것. ② 생산 또는 생산 방식을 관리하는 것.

production design 생산 설계(生產設計)

설계에 있어서 제품의 품질을 높이고, 가공을 용이하게 하며, 경제성 높은 생산을 할 수 있는 특성을 갖게 하기 위해, 기능 설계에 기초를 두고, 구성 부품의 기계 요소의 공차(公差)나 변동에 대하여 허용 범위를 결정한다든지, 최적 재료를 선택한다든지, 설계의 단순화를 꾀하고 또 현행 규격 부품이나 현용 기계 요소를 되도록 그대로 이용한다든지, 기계 설비의 시방서에 가장 적합한 제조 기술을 채용할 수 있도록 기능 설계에 있어서의 기능을 조금도 훼손하지 않고 설계나 구조에 변경을 가하는 설계를 말한다.

production level 조업도(操業度) 일정 기간에서의 조업 정도를 말한다. 예를 들면, 생산 수량, 생산 작업 시간수, 설비·기계 운전 시간수와 같은 물량 또는 수치로 나타난 조업 상태를 말한다. 가격 정책, 조업의 최적화 등의 결정, 또는 원가 관리 자료로 사용된다.

production line 흐름 작업 =assembly line

production management 생산 관리(生產管理) 미리 입안(立案)된 계획을 가장 경제적으로 달성할 수 있도록 생산 계획에 근거하여 모든 생산 활동을 감독, 규제, 조정하는 것.

production miller 생산 밀링 머신(生產－) =manufacturing milling machine

production milling machine 생산 밀링 머신(生產－) 동일 부품을 대량으로 생산하기 위하여 사용되는 자동화된 밀링 머신을 말한다.

production planning 생산 계획(生產計劃) 얼마만큼의 제품을 어떤 방식으로, 어느 정도의 기간에 생산하는가를 구체적으로 계획하는 것.

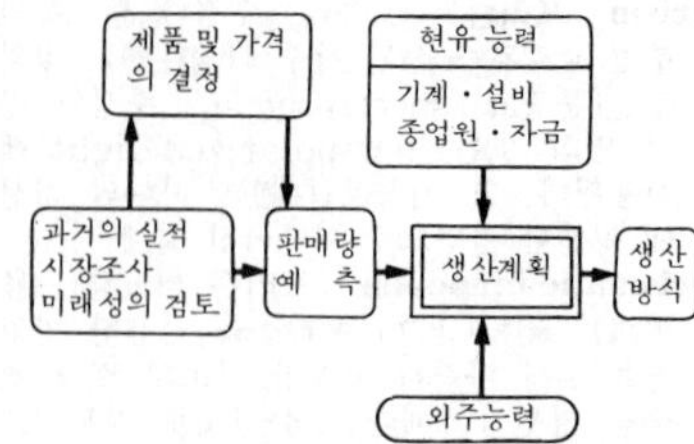

production study 공정(工程) →process

productive maintenance : PM 생산 정비(生產整備) 설비의 생산성을 높이기 위해 가장 경제적인 정비를 목표로 하여 정비의 각 단계에 따라 합리적인 정비 활동을 하는 것.

productivity 생산성(生產性) 노동력과 설비, 재료 등이 생산에 기여하는 정도를 말한다.

product liability 제품 책임(製品責任) 소비자가 손해를 입었을 때 생산자가 지는 배상 책임(賠償責任).

product of combustion 연소 생성물(燃燒生成物) 연료가 연소한 결과 생긴 가스를 말한다. 완전 연소에서는 CO_2, H_2O, N_2, O_2 등을 함유하고, 불완전 연소에서는 이밖에 CO를 함유한다. 연료 속에 유황이 함유되어 있으면 SO_2도 함유한다.

product of inertia of area 면적 관성 모멘트 상승곱(面積慣性－相乘積), 단면 상승 모멘트(斷面上昇－) 어떤 단면 도형에 있어서 미소 면적 dA에 종횡 좌표의 곱 yz를 곱하고 그것을 전 단면에 걸쳐서 적분한 것, 즉

$$I_{yz} = \int_A yz dA$$

를 면적 관성 모멘트 상승곱이라고 한다.

profile 프로필 윤곽이나 단면의 뜻.

profile gauge 윤곽 게이지(輪廓－) 제품의 윤곽의 적부(適否)를 검사하는 판 게이지. =contour gauge

profile grinding machine 모방 연삭기(模倣研削機) 모방 연삭 장치를 갖춘 연삭기. 복잡한 곡면의 윤곽 등을 다듬질하는 데 사용한다.

profile modification 치형 교정(齒形矯正) 기어는 부하시에는 이가 휜다. 이 휨과 피치 오차에 기인한 치선(齒先)의 간섭을 피하기 위해 기어가 원활하게 전동할

수 있도록 치형을 교정하는 것을 말한다.

profile projector 윤곽 투영기(輪廓投影機) 특히 편평한 부품 및 게이지, 공구, 기어, 나사 등의 치수를 측정하고, 윤곽의 형상을 검사하기 위하여 10~100배로 확대한 실상(實像)을 스크린(대개는 불투명 유리) 위에 투영하는 광학적 측정기.

profile shaft 스플라인축(-軸) =spline shaft

profile shifted gear 전위 기어(轉位-) 기어 커터를 전위시켜서 제작된 기어. =x-gear(ISO)

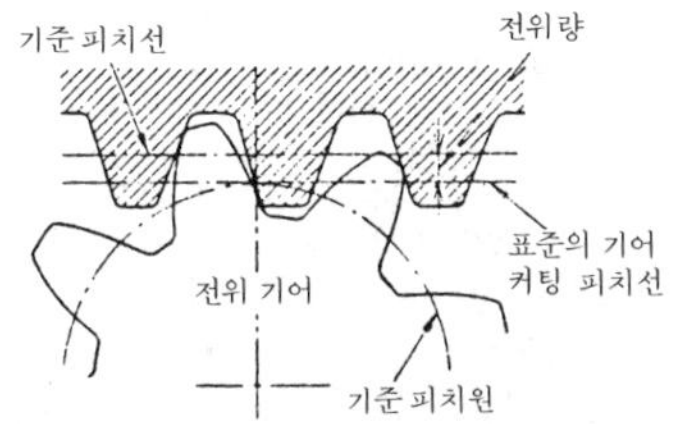

profiling 모방 절삭(模倣切削) 형판 또는 모형에 따라 절삭 공구를 이동시켜 공작품을 형판의 형상과 같은 모양으로 재현시키는 절삭법.

profiling lathe 모방 선반(模倣旋盤) 모방 절삭 가공 전용의 선반으로 제작된 것과 모방 장치를 어태치먼트(attachment : 부착 장치)로 사용한 선반이 있다.

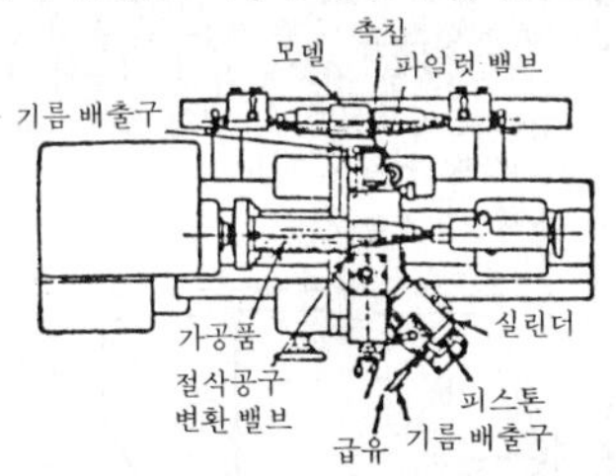

profiling machine 모방 절삭기(模倣切削機) 모방 절삭 가공을 할 수 있도록 만들어진 공작 기계. 현재는 유압, 전기, 공기·유압 병용 등에 의한 피드백(feedback) 자동 제어를 응용한 것이 있다.

profiling mechanism 모방 장치(模倣裝置) =copying attachment

profiling milling machine 모방 밀링 머신(模倣-) 모방 절삭, 즉 형판 또는 모형을 본따서 그와 같은 형상으로 공작물을 가공하는 밀링 머신.

program 프로그램 ① 예정표, 계획. ② 예정표를 작성하다, 계획하다. ③ 컴퓨터에서 특정 목적을 달성하기 위하여 데이터의 처리나 계산, 출력 및 입력 장치 등의 동작 순서를 정하여 차례로 실행할 수 있도록 명령어(命令語)로 나타낸 것.

program control 프로그램 제어(-制御) 목표값이 미리 정해진 변화를 하거나 제어 순서 등을 지정하는 제어.

▽ 캠식 프로그램에 의한 조광제어

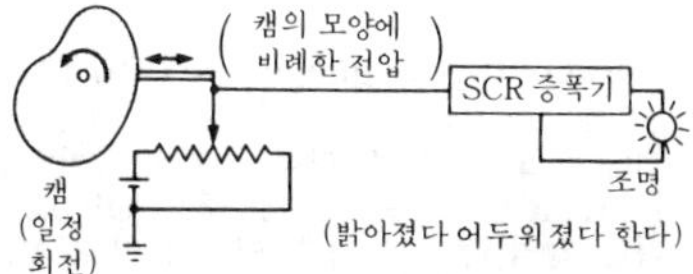

program counter 프로그램 카운터 컴퓨터에서 항상 차례로 실행할 명령이 기억되어 있는 어드레스가 입력되어 있는 레지스터.

program evaluation and review technique : PERT 퍼트 설계, 제작, 공사나 행사 등 기획의 절차 및 계획의 화살 선도로 표시하고, 시간적 요소를 중심으로 하여 계획의 평가, 조정 및 진척을 관리하는 수법.

programmable controller 프로그래머블 컨트롤러 PC로 약칭하고 있다. 시퀀스 제어를 소프트 로직(soft logic)으로 실현하기 위해 컴퓨터와 같이 하드웨어 속에 기억 장치를 내장시켜 여러 가지 프로그램을 갈무리할 수 있게 한 장치를 말한다. →sequence control

programmable logic controller 프로그래머블 로직 컨트롤러 입력·출력·기억·연산 제어부를 갖추어 컴퓨터와 아주 닮은 구성인 시퀀스 제어 장치.

programmable read only memory : PROM 프로그래머블 ROM 처음부터 내용이 정해져 있는 해독(解讀) 전용의 메모리(ROM)에 대하여 미리 필요에 따라서 내용에 기억 정보를 기록할 수 있는 메모리를 말한다. 프로그램된 내용은 전원을 끊어도 지워지지 않는다.

programmed learning 프로그램 학습(-

學習) 프로그램 학습법의 순서를 나타내면 다음과 같다.

설명→문제→풀다→틀림→다시 하기(설명→문제→해답…)
→풀다→정해(正解)→다음 문제로 진행

programming 프로그래밍 특정 목적을 충족할 수 있도록 데이터의 처리나 계산, 입출력 장치 등의 작동 절차를 정하고, 순차적으로 그것이 실행되도록 명령어로 나타낸 것을 프로그램이라 하며, 이 프로그램을 만드는 것을 프로그래밍이라 한다.

programming language 프로그램 언어(一言語) 컴퓨터의 프로그램에 사용되는 언어.

programming language one ; PL/I 피엘 원 프로그램 언어의 일종. 컴퓨터의 이용이 고도화함에 따라서 기술적 계산은 FORTRAN, 사무적 계산은 COBOL이라는 영역 구별이 차츰 없어져 가고 있으며, 이 양 분야에 공통으로 사용되는 단일 언어의 초판(初版)이라는 뜻으로 PL/I이라는 이름이 개발사인 IBM에 의해 1966년에 붙여졌다.

progress 프로그레스 ① 진행, 전진, 진보, 발달(發達). ② 전진하다, 발달하다, 진보하다.

progressive die 순차 이송 다이(順次移送一) 프레스 가공에 있어서 연속적으로 다음에서 다음으로 가공품을 이송시키면서 프레스 가공을 해나가기 위해서 가공순으로 배열한 다이를 말한다.

progressive gear 프로그레시브 기어 → run through change gear

progress of work 제조 공정(製造工程) 공장 생산에 있어서 작업의 진행 과정.

project 프로젝트 계획, 연구 과제, 투사하다, 투영하다, 돌출하다.

projected area 투영 면적(投影面積)

project engineering 프로젝트 엔지니어링 설비에 대한 기술 활동 전반을 종합적으로 조정하여 최적 기간에 적정한 설비의 건설을 완성시키는 기능을 말한다.

projection 프로젝션 투영(投影), 계획, 연구, 돌출, 돌기(突起).

projection drawing 투영도(投影圖) 물품을 직교하는 두 평면 사이에 놓고 투영했을 때, 이 평면을 투영면 또는 투상면이라 하고, 투영면에 투영된 물품의 도형을 모두 투영도 또는 투상도라고 한다.

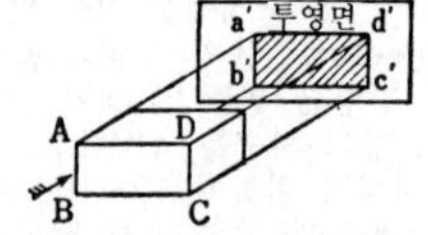

projection grinder 투영식 연삭기(投影式研削機) 공작물을 우측에 있는 스크린에 투영시켜, 스크린에 붙여 둔 도면의 형상과 공작물의 상(像)이 일치하도록 연삭하는 방식의 모방 연삭기.

projection welder 돌기 용접기(突起鎔接機), 프로젝션 용접기(一鎔接機) 프로젝션(돌기) 용접에 사용되는 용접기.

projection welding 프로젝션 용접 (一鎔接) 금속 부재(部材)의 접합부에 만들어진 돌기부(突起部)를 접촉시켜 압력을 가하고, 여기에 전류를 통하여 저항열의 발생을 비교적 작은 특정 부분에 한정시켜 접합하는 일종의 저항 용접법이다.

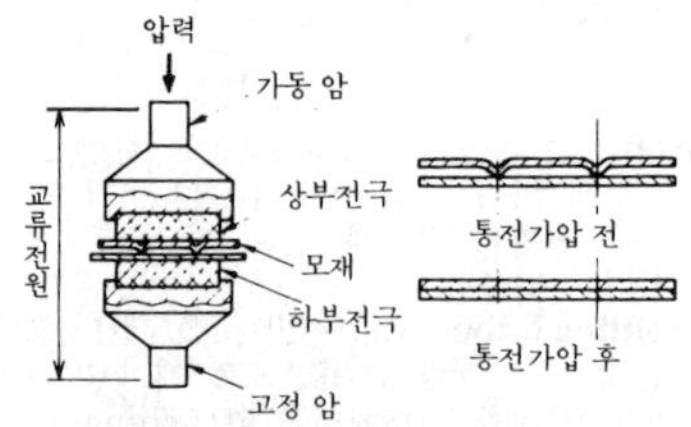

projector 투광기(投光機)[1], 프로젝터[2] ① 강렬한 광선으로 국부 또는 먼 곳의 물체를 비추는 조명 장치. 밝은 전구와 반사경, 렌즈로 이루어진다. 대형 투광기를 조공동(照空燈)이라고 한다.

▽ 프로젝터의 구조

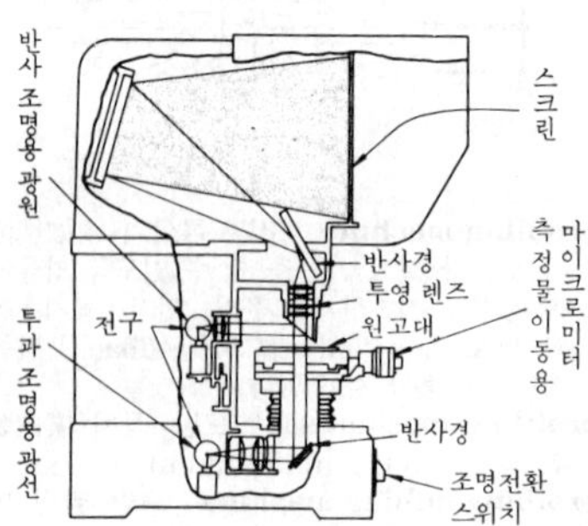

② 주로 투명한 판에 그려진 문자나 화상을 스크린에 투영하여 영사하는 기기.

prony brake 프로니 동력계(－動力計) 원동기의 벨트 풀리나 플라이휠에 나무 조각을 압착하여, 원동기의 출력을 흡수해서 그 크기를 측정하는 동력계. 사용 범위는 100rpm 이하. 수냉이 아닐 때 30PS 이하, 수냉일 때 200PS까지.

proof load 보증 하중(保證荷重) 제품에 대해 흠집, 변형, 기타 기능상 이상이 발생하지 않는 것으로 보증된 크기의 하중.

proof resilience energy 최대 탄성 에너지(最大彈性－) 응력-변형 선도(線圖)에서의 변형축과 응력 변형선으로 둘러싸인 면적(OYBB′)에 의하여 그 크기를 측정할 수 있다.

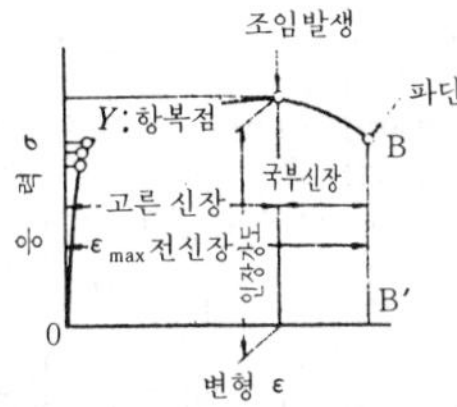

proof stress 내력(耐力) 항복점(降伏點)이 명확히 표시되어 있지 않은 비철 금속 합금이나 고장력강(高張力鋼)에 있어서는 항복 응력(降伏應力) 대신에 0.2%의 영구 연신율을 생성하는 응력을 근거로 하여 기계 설계의 강도 계산 등을 한다. 이 응력을 0.2% 내력(耐力)이라고 한다.

proof test 보증 시험(保證試驗) 제품이 충분히 사용에 견딜 수 있음을 보증하기 위하여 실시하는 시험. 직접 제품에 하중을 가하거나 또는 제품을 사용 상태로 작동시켜 이상이 없음을 확인한다.

propane gas 프로판 가스 LPG(액화 석유 가스)의 주성분을 이루는 것이다. 비중 1.5(공기 1), 발열량 22,806kcal/m³.

propane gas cutting 프로판 가스 절단(－切斷) 아세틸렌 대신에 프로판 가스를 사용하는 절단법.

propel 추진하다(시키다)(推進－)

propellant 추진제(推進劑) 로켓의 연료와 산화제(酸化劑))를 통틀어 추진제라고 한다. 고체 또는 액체 연료가 사용된다.

propeller 프로펠러 비행기 또는 선박 등에 장착하여 그 회전력에 의하여 추진하는 장치.

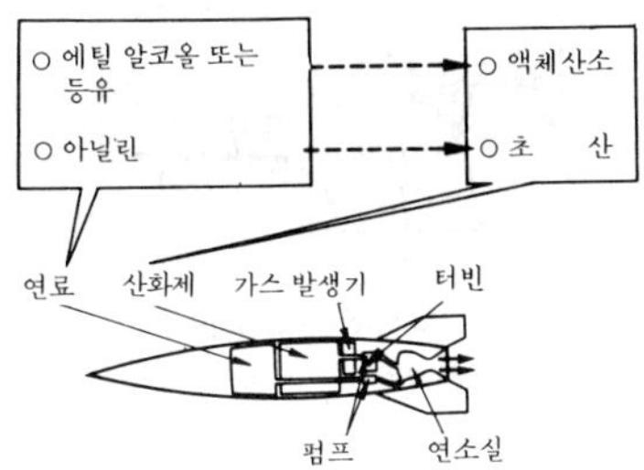

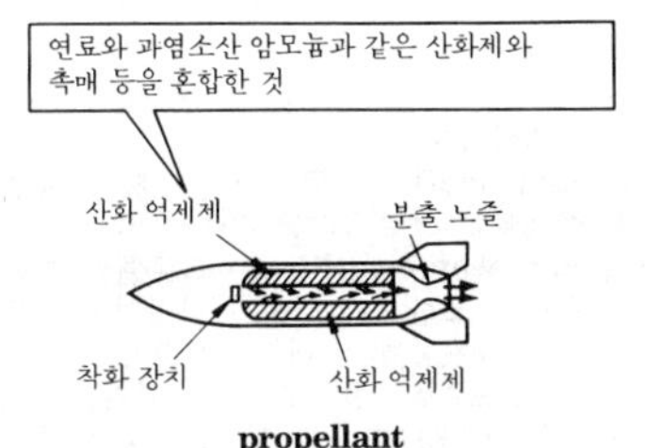

propellant

propeller blade 프로펠러 날개 날개형 단면을 가지고, 프로펠러로서 사용되는 날개를 말하며, 강도에 있어서는 원심력, 공기력에 의한 굽힘 모멘트, 자이로 모멘트, 진동 등에 충분히 견딜 수 있도록 설계된다. 프로펠러 날개는 날개각을 붙여 장착된다.

propeller fan 프로펠러 송풍기(－送風機) 프로펠러형의 날개를 갖춘 송풍기. 실내, 광산, 선박의 환기 등에 사용된다. 소음이 큰 것이 결점이다.

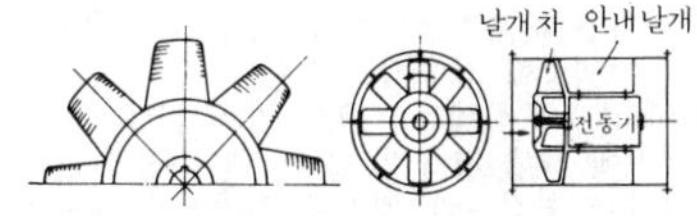

propeller propulsion 프로펠러 추진(－推進) 프로펠러를 이용하여 항공기나 배를 추진시키는 것.

propeller pump 프로펠러 펌프 프로펠러형의 날개 3~4개를 가진 회전식 펌프. 저양정(低揚程), 대용량의 배수 또는 흡수용으로 적합하다.

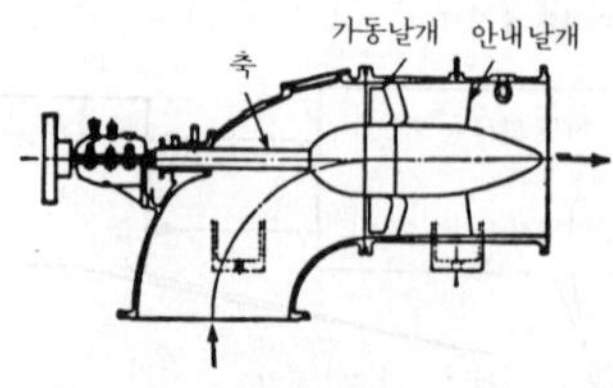

propeller pump

propeller runner 프로펠러 날개차(一車) 대수량(大水量), 대풍량(大風量), 저낙차(低落差), 저수두(低水頭)의 프로펠러형 팬(fan). 펌프나 수차의 날개차. 날개가 특정한 장착 각도로 고정되어 있는 것을 고정익(固定翼), 운전 중에도 장착 각도를 바꿀 수 있는 것을 가동익(可動翼) 프로펠러 날개차라고 한다.

propeller shaft 프로펠러축(一軸), 추진축(推進軸) 프로펠러를 장비한 축.

propeller water turbine 프로펠러 수차(一水車) 프란시스 터빈과 마찬가지로 반동 수차(反動水車)인데, 날개수가 적고(2~8개) 프로펠러형으로 되어 있다. 저낙차에서 대수량(大水量)일 경우에 사용된다.

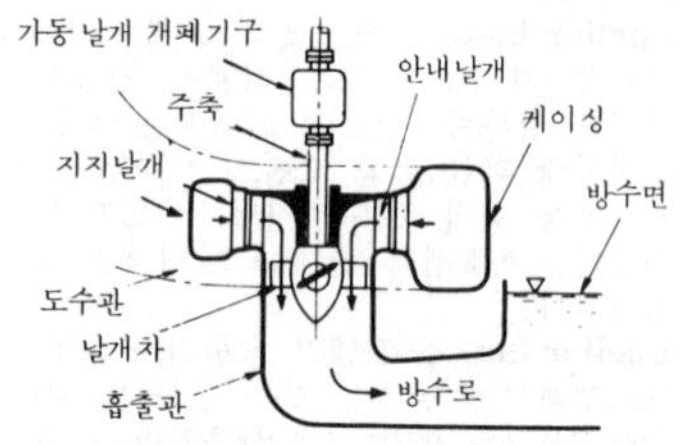

properzi process 프로페르치법(一法) 세계에서 가장 널리 보급되어 있는 연속 주조 압연(鑄造壓延) 방식. 주로 알루미늄선 압출 제조에 사용되고 있다.

propjet 프롭제트 제트 발동기로서 가스 터빈에 의해 압축기, 그 밖에 추진용 프로펠러를 회전시켜 배기를 후방으로 분출시키는 것. 비교적 저속의 비행기용으로 적합하다.

proportion 프로포션 비율.

proportional compasses 비례 컴퍼스(比例一) 이미 그려져 있는 도형(圖形)을 비례적으로 확대, 축소하는 경우에 이용하는 컴퍼스.

proportional control action 비례 동작(比例動作), P 동작(一動作) 입력에 비례하는 크기의 출력을 내는 제어 동작.

proportional counter 비례 계수관(比例計數管) 방사선의 강도를 조사하기 위하여 방사선의 전리(電離) 작용에 의하여 만들어진 기체 내 이온의 양을 측정하는 경우, 그 이온을 수집하기 위한 2장의 전극(電極)간에 인가되는 전압에 따라서는 수집된 전하(電荷)가 증폭되고, 또한 인가 전압에 비례하는 영역(비례 영역)이 있다. 이 특성을 이용하여 저레벨의 방사선 수량을 계측하기 위하여 사용하는 계측기를 비례 계수관이라고 한다.

proportional dividers 비례 컴퍼스(比例一) =proportional compasses

proportionality 비례(比例), 균정(均整)

proportional limit 비례 한도(比例限度) =limit of proportionality

proportioning pump 프로포셔닝 펌프 비례 송량(比例送量) 펌프. 이것은 또한 제어 용량 펌프라고도 하며, 토출량을 자유롭게 세밀히 바꿀 수 있다. 일반적으로 유량 정도(精度)는 ±1% 정도이고, 용량은 3cc~5(㎥/min), 토출 압력은 3,500kg/㎠ 정도까지 있으며, 일반 화학 공정, 석유 정제, 기타 광범위하게 이용되고 있다.

propulsion 추진(推進) 유체를 후방으로 가속하여 밀치고, 그 반작용에 의한 힘으로 비행기나 배를 전방으로 추진시키는 것. 프로펠러 추진과 제트 추진 등이 있다.

propulsion efficiency 추진 효율(推進效率) 비행기나 배의 추진에 실제로 소비한 에너지와 원동기에 의해 얻어진 역학적 에너지와의 비.

propulsion reactor 추진용 원자로(推進用原子爐) 선박, 항공기, 로켓, 육상 기관의 추진용 동력을 얻기 위한 원자로. → atomic piston engine, nuclear rocket

propulsive force 추진력(推進力)

protective potential 방식 전위(防蝕電位) 전기 방식(防蝕)에서 부식을 정지시키기 위해 필요한 최저한의 전위.

protective relay 보호 계전기(保護繼電器) 기기 및 전력 계통에 고장, 사고, 이상이 생겼을 때, 그 곳을 검출하여 신속하게 계통으로부터 단절시킴으로써 안전과 고장의 확대를 방지하는 것을 목적으로 하는 계전기.

proton 양자(陽子), 프로톤 소립자(素粒子)의 일종. 양전기 소량(陽電氣素量)을 지니고 질량수(質量數) 1인 수소의 원자핵을 이루고 있는 것으로 생각되는 입자.

prototype 원기(原器) 길이, 질량 또는 전기량의 단위를 확실히 보존하기 위하여 준비된 표준이 되는 것. 질량의 기본 단위가 되는 킬로그램 원기와 길이의 기본 단위가 되는 미터 원기는 파리의 국제 도량형국(國際度量衡局)에 보존되어 있다. 이것과 동질, 동형의 것이 각국의 원기로서 각국마다 보관되어 있다. 전기의 원기로서는 수은 저항 원기, 은분리기(銀分離器)가 있다.

prototype car 시작차(試作車) 새로운 모델의 차의 설계가 완료되었을 때, 그 차의 스타일링, 성능, 인간 공학적 요소, 생산성 등을 검토하기 위하여 만드는 차. 시작차에 의한 검토 및 개선 과정을 거쳐서 대량 생산에 옮겨진다.

prototype engine 원형 발동기(原形發動機) 새로 설계, 시작(試作)되어 아직 소관 관청 등의 정규 형식 승인 시험을 받지 않은 발동기.

prototype kilogram 킬로그램 원기(－原器) →prototype

prototype meter 미터 원기(－原器) →prototype

protractor 분도기(分度器) 제도 또는 현장에서 각도를 재는 데 사용하는 기구.

protractor eyepiece 측각 접안 렌즈(測角接眼－) 공구 현미경이나 만능 측정 현미경을 사용하여 각도를 1분까지 판독하기 위한 접안 렌즈. 각도 접안 렌즈라고도 한다.

proving ground 테스트 코스 자동차의 성능, 안전성, 운전상의 편의성 등을 시험하기 위한 시험장으로, 길이 수 킬로미터의 포장 주회로(周回路)로 되어 있다. 험로(險路), 등판로, 수로(水路) 등이 갖추어져 있고, 주회로에는 고속 주행에 적합하게 가드 레일, 조명, 신호, 기타 보안 설비가 갖추어져 있다. 주회로를 테스트 트랙(test track)이라고도 한다.

proving ground test 정지 시험(定地試驗) 실물차를 사용하여 테스트 코스에서 실시하는 성능 시험. 속도계 눈금 조사, 연료 소비 시험, 브레이크 시험, 가속 시험, 최소 속도 시험 급등판로(急登板路) 시험, 장(長)등판로 시험, 견인 시험, 시동 시험, 조종성 시험 등이 있다.

proximate analysis 공업 분석(工業分析) 성분을 분석하는 한 방법으로, 예를 들면 석탄에서 고정 탄소, 휘발분, 수분, 회분(灰分)의 네 가지 성분을 분석하여 그 중량비로 표시한다. 원소 분석과는 다른 공업적 분석법을 말한다.

proximity switch 근접 스위치(近接－) ① 금속체가 접근하면 발진 코일의 자력선을 받아 그 유도에 의해 금속체 내부와 와전류가 발생하고, 발진 코일의 저항이 커져서 발진이 정지되어 출력을 얻는 형식의 고주파형 근접 스위치(그림(a)). ② 수 100kHz～수 MHz의 고주파 발진 회로의 일부를 검출 전극판에 이끌어 내어 전극판으로부터 고주파 전계를 발생시킨다. 이 전계 안에 물체를 접근시키면, 물체 표면과 검출 전극판 표면에서 분극 현상이 일어나고 정전 용량이 증가한다. 때문에 발진 조건이 조장되고 발진 진폭이 증가되어 출력이 나온다. 이 방식의 용량형 근접 스위치(그림(b)). ③ 자성체 또는 발진원인 영구 자석의 접근을 검출하는 자기형(磁氣形) 근접 스위치가 있다.

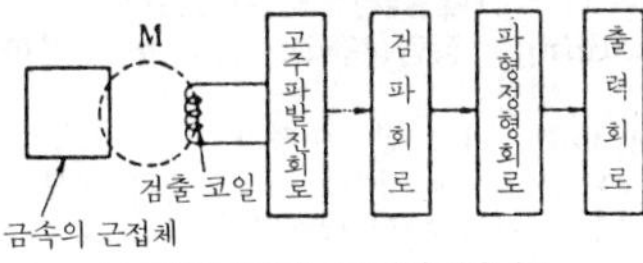

(a) 고주파형 근접 스위치의 검출회로

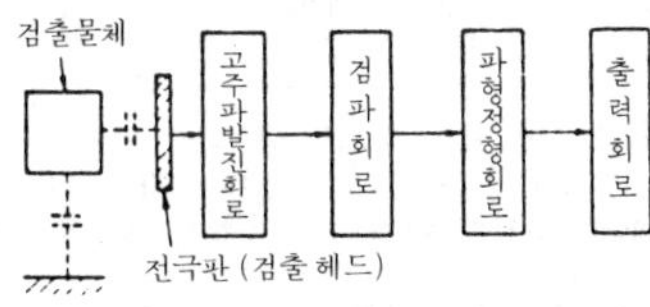

(b) 용량형 근접 스위치의 검출회로

PS concrete PS 콘크리트 강현(鋼弦) 콘크리트를 말한다. 철근으로 피아노선을 여러 개 팽팽하게 펼쳐 놓고 콘크리트에 압축 응력을 작용시켜 굽힘 응력에 강한 콘크리트로 만든 것.

psychrometer 건습구 습도계(乾濕球濕度計) 건구(乾球) 온도계와 습구(濕球) 온도계의 지시차로서 표에 의해 상대 습도를 구하는 습도계.

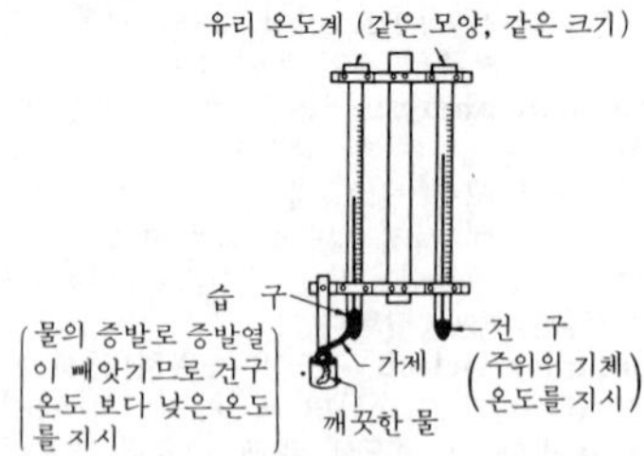

psychrometer

psychrometric chart 공기 선도(空氣線圖), 습도 선도(濕度線圖) 습공기의 상태는 그 전압력(電壓力)이 일정하면 건구(乾球) 온도, 습구(濕球) 온도, 절대 온도, 상대 온도, 노점(露點) 온도, 엔탈피 등 중에서 두 가지 상태량에 의해 결정되므로, 이 두 가지 상태량을 좌표에 잡았을 때 다른 상태량이 동일한 값을 취하는 점을 연결하면 곡선이 그려진다. 이와 같이 하여 그려진 선도를 공기 선도 또는 습도 선도라고 한다.

PTFE 테플론 =polytetrafluoroethylene

puddle screw 퍼들 스크루 독립된 날개를 나선상(螺旋狀)으로 단 스크루.

puddling 정련(精練) 무쇠를 정련하는 것을 말한다.

pug mill 퍼그 밀 수평 또는 수직으로 밀폐된 통 속에 장치된 1~2개의 샤프트에 나선상(螺旋狀)의 날개를 단 것으로, 가소성(可塑性) 물질을 고르게 혼합하는 기계.

pull 인장(引張) =tension, traction

pulley 풀리, 활차(滑車) 로프를 걸어 돌리게 만든 바퀴로, 여러 개의 활차를 조합함으로써 작은 힘으로 큰 힘을 얻을 수 있어 기중기 등에 이용된다. 정활차(定滑車), 동활차(動滑車), 복활차(複滑車) 등이 있다.

pulley block 활차 장치(滑車裝置) 2개 이상의 활차와 로프를 적당히 조합한 것. 체인 블록, 기중기 등에 이용된다.

pulley motor 풀리 모터 모터와 감속 기구(減速機構)를 내장하고 있는 드럼(장고처럼 생긴 풀리)으로, 포터블 컨베이어나 소형 벨트 컨베이어의 구동용 헤드 풀리로서 사용되고 있다.

pulley set 도르래, 활차(滑車) →pulley, block

pull tap 풀 탭 부러져서 속에 박힌 탭을 빼내는 기구.

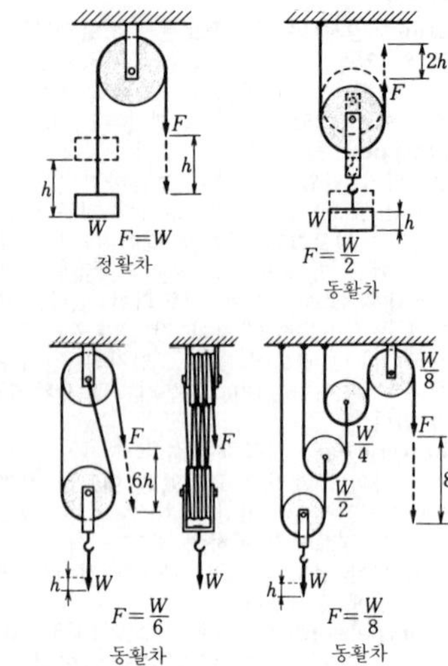

(마찰이나 활차・로프의 무게 등은 무시하고 있다)

pulley

pulp 펄프 식물을 화학 처리하여 섬유 원료로 만든 것. 제지(製紙), 인견사(人絹絲)의 원료로 사용한다.

pulp pump 펄프 펌프 펄프를 압송하는 데 사용하는 펌프. 원심(遠心) 펌프가 주로 사용되나 대부분 개방형 날개차로, 라이너, 청소용 구멍 등을 갖추고 있고, 농도가 높은 펄프 압송에 적합한 구조로 되어 있다.

pulsating load 변동 하중(變動荷重), 반복 하중(反復荷重) ① 부재(部材)에 작용하는 하중이 시간과 더불어 변동할 때 그 하중을 변동 하중이라 한다. =fluctuating load. ② 반복되는 하중. =repeated load

pulsating stress 편진 응력(片振應力)

pulsation 맥동(脈動) 사람의 맥박처럼 주기적으로 일정하게 작동하는 움직임.

pulsation welding 펄세이션 용접(-鎔接), 맥동 용접(脈動鎔接) 하나의 접합 개소에 압력을 가하면서 2회 이상 동일한 전류를 통하여 처리하는 저항 용접으로, 스폿 용접, 프로젝션 용접, 업셋 용접 등으로 응용되고 있다.

pulsator 고동 펌프(鼓動−), 기압 양수기(氣壓揚水機), 펄소미터 2개의 밀폐실에 교대로 물을 채우고 그 수면 위에 증가압을 가하여 관 속으로 송수하는 펌프. 오수(汚水) 등을 퍼 올리는 데 사용한다. = pulsometer

pulse 펄스 ① 극히 짧은 시간 동안 흐르는 신호용 약전류로, 제어 회로의 신호에 사용한다. ② 유체의 흐름이 맥동하는 것.

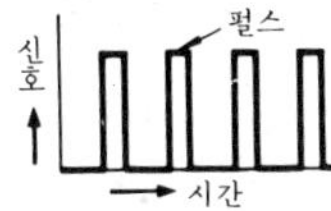

pulse arc welding 펄스 아크 용접(−鎔接) MIG 용접의 결점을 보완하기 위하여 주기(周期)가 50~100Hz인 맥동파(脈動波) 전류를 전극에 송전하여, 규칙적으로 안정된 용적(鎔滴)을 옮겨가며 내뿜게 한 것.

pulse jet 펄스 제트 관 내의 맥동류(脈動流)를 이용하여 간헐적으로 추진력을 발하는 제트 기관.

pulse motor 펄스 모터 펄스 신호를 받아 회전 속도를 제어하고, 입력 펄스의 수에 정비례한 회전 각도에서 정지할 수 있는 모터.

pulse wide method 펄스폭 변조 방식(−幅變調方式) PWM 제어라고도 하며, 직류 전동기의 정역전(正逆轉) 회전수를 제어하는 방식. 대용량의 스위칭 트랜지스터를 사용하여 이때 발생하는 펄스의 폭을 변화시킴으로써 직류 전동기에 공급되는 전압을 조정한다. 현재는 교류 전원 제어에도 사용되고 있다.

pulse width modulation 펄스폭 전압 제어(−幅電壓制御) 트랜지스터 등의 교환기를 온(on)이나 오프(off)함으로써 부하에 전류를 공급하는 펄스 제어로, 온 시간과 오프 시간의 비율을 변화시킴으로써 출력 전압을 제어하는 방식.

pulsometer 고동 펌프(鼓動−), 펄소미터 →pulsator

pulsometer pump 고동 펌프(鼓動−), 펄소미터

pulverization 분쇄(粉碎)

pulverized coal 미분탄(微粉炭) 석탄을 분쇄기에 넣어서 분쇄한 것.

pulverized coal apparatus 미분탄 연소 장치(微粉炭燃燒裝置) 석탄을 미세한 가루로 분쇄하고 이를 공기 속에 부유(浮遊)시켜 연소하는 장치.

pulverized coal burner 미분탄 버너(微粉炭−) 미분탄을 1차 공기와 함께 노(爐) 속에 분사하여 연소시키는 장치. 미분탄과 공기의 분출 상태에 따라 직류형 버너, 선회식 버너, 교차형 버너로 나뉘어진다.

pulverized coal firing 미분탄 연소식(微粉炭燃燒式) 석탄을 분쇄하여 미분탄으로 만들고 버너에 의해 노(爐) 안으로 분사하여 연소시키는 방식을 미분탄 연소식이라고 한다. →pulverized coal firing equipment

pulverized coal firing equipment 미분탄 연소 장치(微粉炭燃燒裝置) 미분탄을 공기 중에 부유(浮遊)시켜서 연소시키는 장치를 말한다.

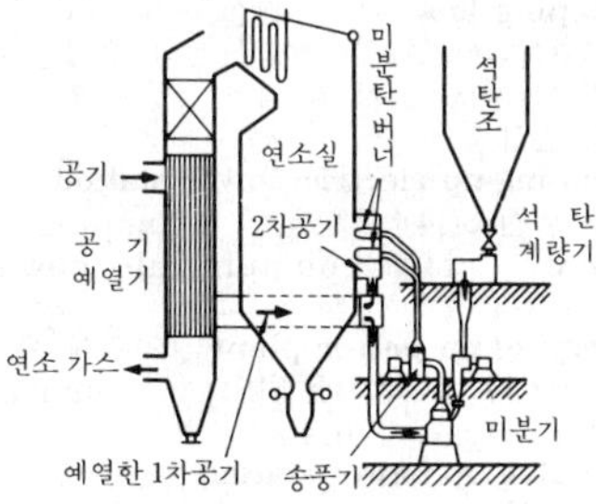

pulverizer 미분쇄기(微粉碎機) 지름 약 1cm에서 0.5cm 정도 크기의 원료를 200메시 정도(지름 0.7mm)의 분말로 빻는 분쇄기. 튜브 밀, 볼 밀, 롤 제분기 등이 있다.

pulverizing mill 미분쇄기(微粉碎機) = pulverizer

pump 펌프 압력의 작용에 의하여 액체 또는 기체를 수송하는 장치. 용도에 따라서 양수·배수·송수·압축용 펌프 등이 있다.

pump dredger 펌프 준설선(−浚渫船) 선수에 내린 래더(ladder) 끝에 부착한 커터를 회전하여 6~32m 해저의 토사, 실트 등을 준설, 래더 내의 파이프를 통하여 선체 중앙에 설치된 대형 샌드 펌프에 의해 물과 함께 빨아 올리고 송수관을 사용

하여 이를 원거리 압송하는 것. 비항식(非航式)과 자항식(自航式)이 있다.

pumped storage power plant 양수식 발전소(揚水式發電所) 전력 수요에는 낮과 밤에 큰 차가 있어 심야 등의 화력·원자력 발전소의 잉여 전력을 이용하여 물을 하부 저수지에서 상부 저수지에 양수하여 위치 에너지로서 저수하고, 그 저수를 이용하여 낮의 전력 피크시에 발전하는 수력 발전소. =pumped storage power station

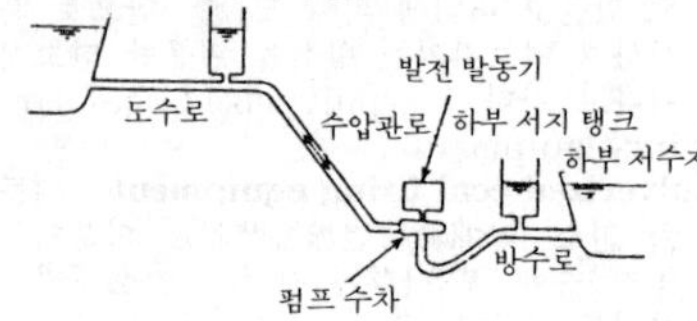

pumping loss 펌프 손실(−損失) 내연기관(內燃機關)에 있어서 동작 유체를 흡기 (吸氣)및 배기 할 때의 저항에 의한 동력 손실.

pumping-up electric power station 양수 발전소(揚水發電所) =pumping-up power plant, pumping-up power station

pumping-up power plant 양수식 수력 발전소(揚水式水力發電所) =pumped storage power plant

pumping-up power station 양수 발전소(揚水發電所) =pumping-up power plant, pumping-up electric power station

pump lubrication 펌프 주유(−注油), 펌프 급유(−給油) 펌프로 한 기계 속에 장치되어 있는 여러 개의 베어링이나 기어 맞물림부에 강제적으로 공급하는 급유 방식을 말한다.

pump primer 펌프 기동 장치(−起動裝置) 연료 펌프 등에서 조립 후 수동으로 가솔린을 뿜어 올리는 레버.

pump turbine 펌프 터빈 회전 방향을 바꿈으로써 펌프로도 수차(水車)로도 사용할 수 있는 기계.

punch 펀치 ① 금긋기 공구의 하나. 공구강(工具鋼)으로 만든 끝이 뾰족한 정. 끝은 담금질이 되어 있다. 표시 펀치, 센터 펀치, 자동 펀치 등이 있다. ② 막대 모양으로 된 공구의 총칭. 구멍 뚫기 단조용 펀치, 펀칭 머신에 사용되는 것. 디프 드로잉용 펀치, 판금에 구멍을 뚫는 펀치 등이 있다.

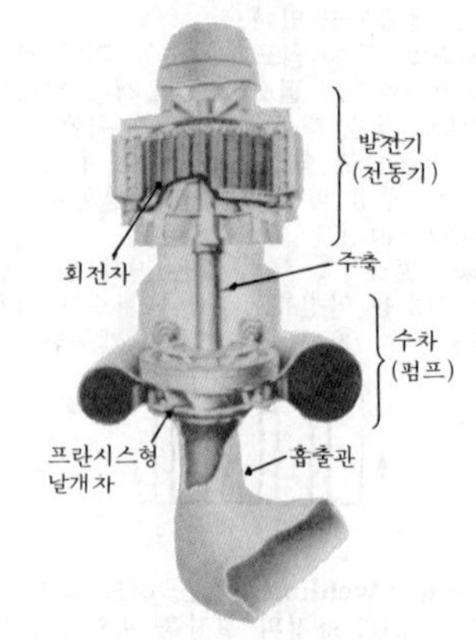

pump turbine

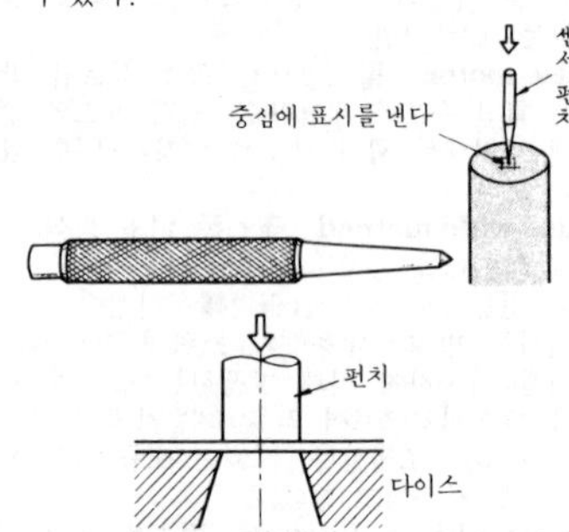

punch card 펀치 카드 컴퓨터에서의 데이터 입력 매체로 사용되는, 일정한 크기, 모양, 두꺼운 종이로 만든 카드.

punch card system 천공 카드 시스템(穿孔−) 종이 카드에 데이터를 천공하고 천공된 데이터를 연산하여 소정의 처리를 하는 시스템.

punched hole 펀치 구멍

puncher 펀처, 펀칭 머신 강판 등에 펀치 장치로 구멍을 뚫는 기계. 프레임이 C자형으로 되어 있으므로 C형이라고도 한다. =punching machine

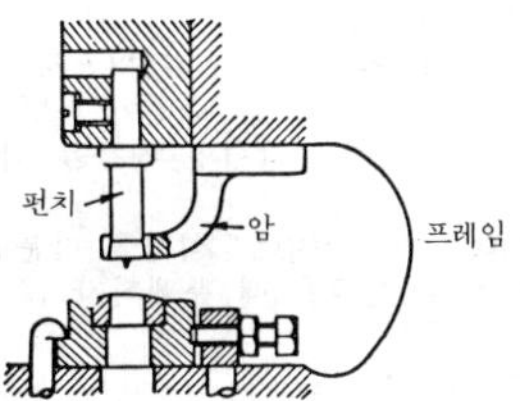

punch holder 펀치 홀더 다이 세트(die set)에서 펀치를 지지하는 것.

punching 펀칭, 천공(穿孔) ① 프레스로 통조림통, 약품 용기의 뚜껑, 밑바닥, 기타 여러 가지 형상의 것을 펀치를 이용하여 따내는 것. ② 단조 작업에서 강괴(鋼塊) 또는 강편(鋼片)에 펀치로 쳐서 구멍을 뚫는 것.

punching and shearing machine 펀치 시어링 머신 →puncher

punching machine 펀칭 머신 ① 판금에 펀치로 구멍을 내거나 판금에서 일정한 모양의 조각을 따내는 기계. ② 컴퓨터의 펀치 카드에 구멍을 뚫는 기계.

punch mark 펀치 마크 금긋기선을 확인할 수 있도록 표시하기 위하여 금긋기선 위에 펀칭한 자국. 보통 30~40mm 간격으로 펀칭을 한다.

puppet valve 퍼핏 밸브 =poppet valve

pure bending 단순 굽힘(單純－) =simple bending

pure shear 순전단(純剪斷) 물체 내의 어느 점에서 생각한 응력 상태가 전단력 성분만으로 나타내어지는 경우, 그 면내(面內)에서는 순전단 또는 단순 전단(simple shear)의 상태에 있다고 하는데, 여기에 직각인 면내에서도 그것과 같은 값의 전단 응력이 작용하고 있다.

purge 퍼지 미연소 가스가 노(爐) 속에 또는 기타 장소에 차 있으면, 점화를 했을 때 폭발할 우려가 있으므로 점화 전에 이것을 노 밖으로 빼내기 위하여 환기하는 것. 점화 전에 하는 것을 프리퍼지(pre-purge), 연소 정지 후에 실시하는 것을 포스트퍼지(post-purge)라고 한다.

purge interlock 퍼지 인터로크 폭발 방지를 위한 안전책으로서 잔존 가스의 퍼지(배출)와 연소 장치를 연동(interlock)시키는 것.

push button 누름 버튼, 누름 단추, 푸시 버튼 눌러서 작동시키는 단추.

push button switch 누름 단추 개폐기(－開閉器), 푸시 버튼 스위치 눌렀을 때만 회로를 닫거나 혹은 회로를 여는 스위치.

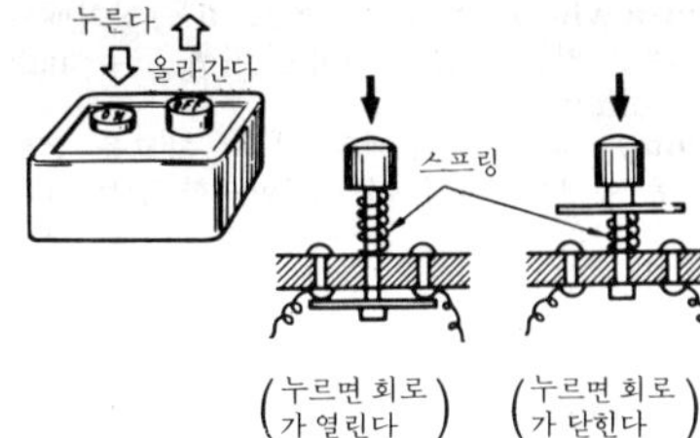

pusher airplane 추진 프로펠러 비행기(推進－飛行機) 진행 방향을 향하여 엔진 뒤쪽에 프로펠러를 단 비행기.

pusher chain conveyor 푸셔 컨베이어 체인에 짐을 걸어 끼우는 어태치먼트를 장치한 그림과 같은 체인 컨베이어를 푸셔 컨베이어라고 한다.

pusher dog 푸셔 도그 짐을 이동시키기 위해 체인에 부착한 그림과 같은 미는 쇠고리.

push fit 압입 끼워맞춤(押入－) 억지 끼워맞춤의 일종. 끼워맞춤 정도의 대략을 나타내는 말. 구멍에 축을 끼울 때 사람 힘으로 밀어 넣거나, 또는 나무 해머로 가볍게 두드려 끼워 넣는 정도의 억지 끼워맞춤을 말한다.

pushphone 푸시폰 푸시 버튼과 텔레폰을 조합한 말이며, 다이얼 대신에 숫자나 기호가 적힌 버튼식 전화기. 이 전화기로는 전화국의 컴퓨터도 이용할 수 있다.

push pulley 푸시 풀리 벨트 이완측에서 벨트를 벨트 풀리에 팽팽하게 밀어 올리는 데 사용하는 바퀴. =push wheel

phsh rod 푸시 로드 축 방향으로 움직이는 막대의 총칭. 내연 기관 등에서 사용되는 막대로, 캠으로 움직여 밸브의 개폐를 한다.

push wheel 푸시 휠 벨트 전동 장치에서 처진 벨트를 밀어 올리는 바퀴. =push pulley

putty 퍼티 접합제의 일종. 석고를 건성유(예컨대, 아마니유)로 반죽한 점토상(粘土狀)의 접합체. 공기 속에서 서서히 건조되어 굳는다. 유리창의 유리 고정, 판의 이음매, 요철(凹凸) 등을 평활하게 할 때 채우거나 바른다.

***PV* diagram** 압력 체적 선도(壓力體積線圖) =pressure volume diagram

PV* value** ***PV값 마찰 계수나 방열(放熱) 조건을 일정하게 유지하면, 마찰면의 온도 상승은 면압(面壓) *P*와 속도 *V*의 곱 *PV*에 비례한다. 이것은 베어링 재료나 윤활제를 사용하는 설계를 할 때 기준이 되는 값이다.

PWR 가압수형 원자로(加壓水形原子爐) =pressurized water reactor

pycnometer 비중병(比重甁) 액체의 비중을 재는 유리로 만든 병. 길고 가는 목이 달린 병인데, 일정한 곳까지 액체를 채워 무게를 달고, 다시 물을 그 곳까지 채워 무게를 달아 비중을 구한다.

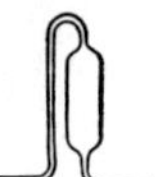

pyramid 각뿔(角-) 평면으로 감싸인 입체 중에서 특히 한 측면이 다변형이고 그 밖의 측면이 3각형인 경우를 각뿔이라고 한다.

pyrite 파이라이트 석탄을 미분탄기(微分炭機)로 분쇄할 때 분쇄되지 않고 배출되는 이물질.

pyrometer 고온계(高溫計) 보통 온도계보다 훨씬 높은 온도의 측정에 사용하는 온도계. 종류에는 광고온계(光高溫計), 방사 고온계, 열전(熱電) 고온계, 전기 저항 고온계 등이 있다.

pyrometric cone 제게르 콘 =Seger cone

pyrophoric alloy 발화 합금(發火合金) 라이터 등에서 사용되고 있는 철-세륨 합금을 말한다. 마찰에 의하여 발화하는 합금의 총칭.

pyro radiation pyrometer 파이로 복사 고온계(-輻射高溫計) 물체에서 방출되는 열복사(熱輻射)의 에너지를 흑체(黑體)에 흡수시켜 그 열을 측정하여 온도를 구하는 장치. 측정열을 수열(受熱)하는 열접점(熱接點)이 진공 속에 들어 있고 볼록렌즈로 접점에 집광(集光)한다. 측정 온도 범위를 넓힐 때는 대물 렌즈 앞에 정해진 전용 필터를 끼운다.

quadric crank chain 4절 회전 기구(四節回轉機構) 4개의 링크(節)를 핀으로 연결하여 서로 회전할 수 있게 만든 장치.

quadrilateral 4변형(四邊形) 한 평면 위에 주어진 4개의 점으로 이루어진 다각형.

quadrue- 쿼드루 4라는 뜻의 접두어.

qualitative analysis 정성 분석(定性分析) 화학 분석의 하나로, 물질이 어떤 성분, 즉 어떤 원소, 기(基) 또는 근(根)으로 되어 있는가를 검출하는 분석법을 말한다. 각각 특유한 화학 반응을 하거나 물리적 성질을 지니고 있으므로 그 특성을 이용하여 분석한다.

quality 품질(品質)[1], 정성(定性)[2] ① 제품 또는 완제품으로 규격에 알맞는 정도를 나타내는 말로, 현재는 제품의 품질 뿐만 아니라 인간의 활동 및 그 결과의 질까지도 의미하게 되었다.
② 물질의 성분을 정하는 것.

quality assurance 품질 보증(品質保證) 「품질 기능이 충분히 발휘될 수 있다는 신뢰를 주기 위하여 필요한 증거를 관련이 있는 사람들에게 제공하는 활동이다」라고 Juran은 정의하고 있다.

quality control ; **QC** 품질 관리(品質管理) 구매자의 요구에 부응한 품질의 제품을 경제적으로 만들어 내기 위한 수단의 체계를 말한다.

quality of fit 끼워맞춤 등급(－等級) = fit quality

quantitative analysis 정량 분석(定量分析) 시료(試料) 중에 포함되는 물질이 양적 관계를 명백히 하는 분석을 정량 분석이라 하고 특정한 물질과의 양적 관계가 알려져 있으며, 또한 측정 가능한 물리량의 측정을 통해서 행하여진다.

quantity 양(量), 분량(分量), 정량(定量)

quantity of evaporation 증발량(蒸發量) 보일러에 있어서 단위 시간단의 증기 발생량을 말한다. 보통 t/h의 단위로 나타내어진다.

quantity of flow 유량(流量)

quantity of heat 열량(熱量)

quantity of state 상태량(狀態量) 물체의 상태를 나타내는 여러 가지 양. 내부 에너지, 엔탈피(enthalpy), 엔트로피(entropy) 등을 말한다.

quantum electronics 양자 일렉트로닉스(量子－) 공간이나 고체 속을 자유롭게 움직이는 전자가 아니고, 원자나 분자 속의 전자의 작동을 이용하는 공학을 일컫는다.

quantum mechanics 양자 역학(量子力學) 원자, 분자, 소립자(素粒子) 등 뉴턴 공학에서는 다룰 수 없는 극미(極微)의 세계에도 통용하는 법칙을 연구하는 것으로, 파동 역학(波動力學)이라고도 한다.

quarter 쿼터 4분의 1, 넷으로 나누다.

quarter bend 곡관(曲菅) 유압용 배관, 고압의 수관, 고온·고압의 증기 관로(蒸氣菅路) 등에 관의 탄성을 이용하여 신축에 견디고 관로의 마찰을 감소시키며, 기둥 등의 장애물을 회피하기 위하여 사용하는 둥글게 굽은 관 이음을 말한다. 곡률(曲率) 반경의 크기는 지름의 4~6배.

quarter grain 널결, 판리(板理) 나이테에 널결 방향으로 잘라낸 널빤지면에 나타나는 나뭇결. →grain

quarternary alloy 4원 합금(四元合金) 4가지 원소로 조성된 합금.

quarter size 4분의 1축척(四分－－縮尺) 제도에서 각부의 치수를 실물의 1/4로 그려서 나타내는 것, 또는 그렇게 그려서 나타낸 도면.

quarter turn belt 직각 걸이 벨트(直角

－) 서로 직각을 이루도록 거는 벨트.

quarter turn belt transmission 직각 걸이 벨트 전동(直角－傳動) =half crossed belt transmission

quartz glass 석영 유리(石英－) SiO_2만으로 된 유리로, 보통 유리보다 열팽창 계수가 매우 작고 자외선 투과율이 크다. 내산성(耐酸性), 기계적 강도도 크다. 열전대(熱電對) 보호관, 렌즈, 프리즘, 수은 램프용, 전자관의 절연 재료 등으로 사용되고 있다.

quartz vibrator 수정 진동자(水晶振動子) 수정의 결정(結晶)에서 잘라낸 박판에 전극을 연결하면 안정된 주파수의 교류 전압을 발생한다. 이 소자를 수정 진동자라고 한다.

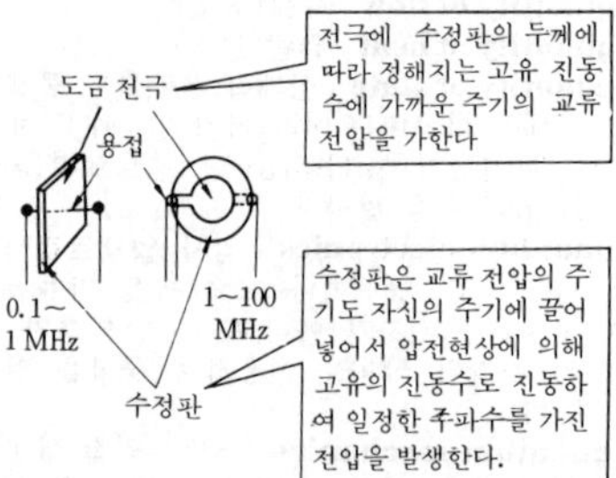

quasi-harmonic motion 준조화 운동(準調和運動) 비선형계(非線形系)에 있어서의 진동은 엄밀히 말하여 조화 운동이라고는 말할 수 없으나, 비선형이 극히 작은 경우에는 그 비선형성을 무시했을 때의 조화 운동을 기초로 하여 풀 수 있으며, 그 해(解)가 거의 조화 운동으로 간주할 수 있을 때의 운동을 준조화 운동 또는 준조화 진동이라고 한다.

quasi-harmonic vibration 준조화 진동(準調和振動) =quasi-harmonic motion

quay 선창(船艙), 안벽(岸壁) 배에 화물을 싣거나 배에서 화물을 하역(荷役)하기 위하여 인공적으로 해안에 만든 선착장을 말한다.

quencher 담금질공(－工), 조질공(調質工) 담금질 열처리를 하는 사람.

quenching 담금질 금속 재료의 열처리의 일종. 고온으로 가열한 금속 재료를 급랭하여 경화시키는 조작.

quenching agent 담금질제(－劑) 담금질에 사용하는 냉각제. =quenching liquid

quenching crack 담금질 균열(－龜裂) 강재(鋼材)나 부품을 담금질할 때 생기는 담금질 변형 때문에 발생하는 균열.

quenching liquid 담금질액(－液) 담금질에 사용하는 냉각액. 보통, 식염수, 물, 기름 등을 사용한다. 물은 냉각 효과가 큰 특징이 있고, 기름은 담금질 균열이나 열변형이 적게 생기는 특징이 있다.

quenching press 켄칭 프레스 담금질 변형을 방지하기 위한 프레스. 담금질로 인하여 변형하기 쉬운 가공품은 변형하지 않도록 금형으로 눌러 프레스 속에서 냉각시키는 담금질 방법이 채택되고 있다. 그림은 베벨 기어의 담금질을 나타낸 것이다.

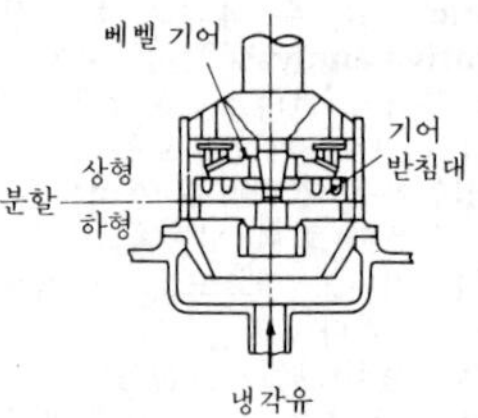

quick action 급동 작용(急動作用) 철도 차량의 자동 브레이크에 있어서, 브레이크관이 비상 브레이크 감압(減壓)을 했을 때 제어 밸브가 이것을 감지하여 비상 브레이크 작용을 일으킴과 동시에 스스로 브레이크관의 공기를 비상 토출구(吐出口)로부터 대기에 방출하는 작용. 이 작용에 의하여 열차 속의 각 제어 밸브는 연쇄적으로 비상 브레이크를 작용시켜 급속히 비상 브레이크 작용을 전달할 수 있다.

quick action reservoir 급동 공기조(急動空氣槽) 제어 밸브에 급동 작용을 발생시키기 위한 공기원(空氣源)이 되는 소형의 공기 저장 용기.

quick change holder 퀵 체인지 홀더 공구를 빈번하게 갈아 끼우고 빼고 하는 경우에 사용하는 급속 공구 교환용 홀더를 말한다.

quick disconnect coupling 퀵 커플링 호스의 접속용 커플링(이음쇠)으로, 급속히 접속 또는 이탈이 가능한 것.

quick change holder

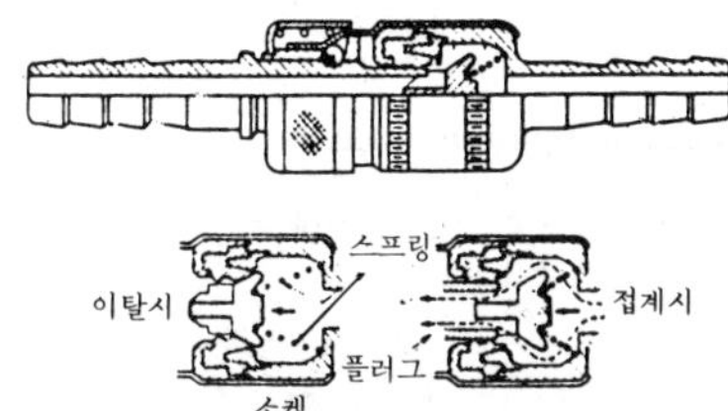

quick disconnect coupling

quick lime 생석회(生石灰) 석회석을 구운 그대로의 것. 백색, 무정형(無定形)의 석회. 물을 첨가하면 소석회(消石灰)가 된다.

quick-return motion mechanism 급속 귀환 운동 기구(急速歸還運動機構) 가고 오는 두 방향의 운동 시간이 각각 다른 왕복 운동 기구를 말한다. 즉, 불필요한 행정(行程)의 시간을 절약할 목적으로 사용된다. 예를 들면, 평삭기 등에서 절삭 행정은 느리고, 귀환 행정은 빠른, 그와 같은 운동 기구.

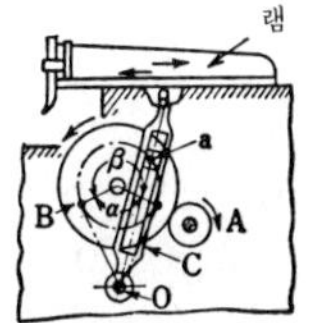

quill 퀼 ① 비교적 길고 지름이 작은 드릴 로드 펀치(drill rod punch)나 파일럿(pilot)을 지지하기 위한 단(段)붙이 머리의 중공(中空) 슬리브. ② 차축(車軸)과의 상대 변위를 허용하고 대형 기어를 장착한 중공축(中空軸).

quill driving device 퀼 구동 장치(−驅動裝置) 동축(動軸)을 포위하는 퀼에 대형 기어를 장착하여 유연성을 지니게 한 구동 장치.

quill system drive 퀼식 구동 방식(−式驅動方式) 전기 차량의 구동 기구로, 주전동기를 대차(臺車)에 고정하고, 기어를 매개로 하여 차축과 동심으로 배치된 중공축(中空軸)을 회전시키며, 중공축과 그 속을 지나는 차축을 상호간 적당한 가요(可撓) 부분을 두고 결합시킴으로써 서로 상대 변위가 있더라도 원활하게 구동력이 축에 전달되도록 한 동력 전달 방식.

Quimby pump 큄비형 펌프(−形−) 2개의 축을 사용한 나사식 펌프의 일종. 좌우 반대로 나사가 절삭되어 있고, 일단 좌우로 갈라져 양 끝으로 들어간 액체는 나사 홈 속으로 유입하여 중앙으로 압송된다.

Q

R

R 알 반지름(radius의 약자). γ로 표시하기도 한다.

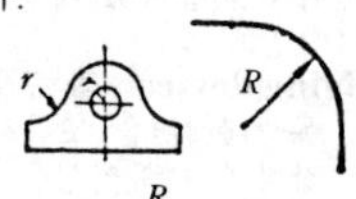

race 레이스(베어링의) 레이디얼 볼 베어링이나 롤러 베어링에 있어서 볼(ball)이나 롤(roll)을 끼워 전동하는 바퀴. 바깥쪽에 있는 아우터 레이스(outer race)와 안쪽에 있는 이너 레이스(inner race)로 구성되어 있다.

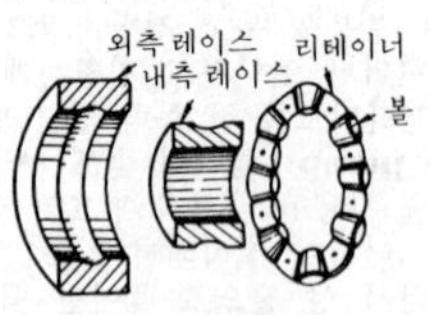

race-way grinding machine 레이스웨이 연삭기(-硏削機) 베어링의 안내 홈을 연삭하는 기계. 처음에는 수직 절삭을 하고 그런 다음 공작물에 좌우 진동 운동을 시키면서 계속 연삭을 한다.

racing 공회전(空回轉)[1], 급회전(急回轉)[2] ① 기관(機關)을 무부하 상태로 고속 운전하는 것.
② 회전이 갑자기 증가하는 현상.

rack 래크 ① 곧은 막대에 톱니를 절삭한 것. 피니언(작은 기어)과 맞물려 회전 운동을 직선 운동으로 바꾸는 데 사용한다.
② 선반, 시렁대.

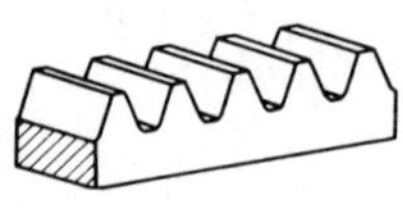

rack and pinion 래크 피니언 래크와 피니언의 맞물림에 의해서 회전 운동을 직선 운동으로, 또 그 반대 운동으로 바꾸는 데 사용한다.

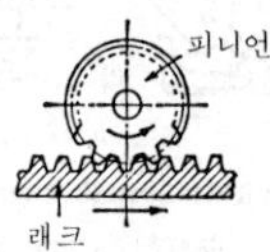

rack and pinion adjustment 조동 장치(粗動裝置) =coarse adjustment

rack and pinion jack 래크 구동 잭(-驅動-) 크랭크 핸들로 이가 4~5매인 작은 기어를 회전시키고 평 기어를 감속하여 래크를 상하시키는 구조로 된 기계 래크 잭. 상자형 잭이라고도 한다.

rack cutter 래크 커터, 래크형 절삭 공구(-形切削工具) 래크 치형을 갖춘 기어 절삭 공구. 창성법(創成法)에 의해서 기어 깎기에 사용된다.

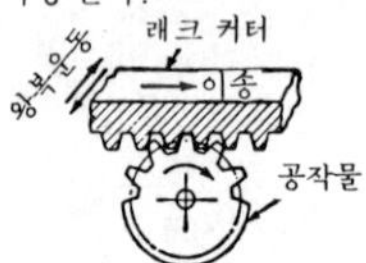

rack cutter

rack-driven planing machine 래크식 평삭기(-式平削機) =rack driven planer

rack rail 래크 레일 일반 레일의 내면 중앙에 깔고 여기에 피니언을 맞물려 구동한다. 급경사 궤도에 이용되는 레일.

rack steering gear 래크형 조향 장치(-形操向裝置) 타이 로드의 중앙부를 래크로 하고 여기에 핸들축 끝에 단 피니언을 맞물리게 한 것. 이음수가 적고 효율이 좋기 때문에 가역성(可逆性)도 높다. 댐퍼를 장치하는 경우가 많고, 리턴 스프링을 다는 경우도 있다.

rad 래드 조사(照射)된 물질의 단위 질량당 흡수된 방사 에너지의 흡수선량(吸收線量)의 단위.

radar 레이더 radio detection and ranging의 머리 글자를 딴 말. 일정 방향으로 발사한 극초단파가 목표물에 부딪쳐 반사하여 되돌아오기까지의 시간으로 그 방향과 거리 등을 측정하는 장치.

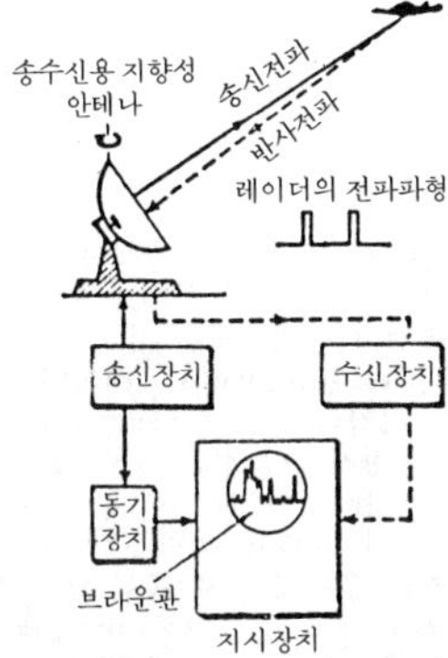

radial 레이디얼 원심 방향, 축과 직각 방향이라는 의미로 레이디얼 펌프, 레이디얼 하중 등으로 사용되고 있다.

radial axle box 레이디얼 액슬 박스 레이디얼 베어링을 내장하는 상자형 부품을 말한다.

radial ball bearing 레이디얼 볼 베어링 회전축에 수직으로 작용하는 하중(荷重)을 받을 때 사용하는 볼 베어링. 단열(單列) 볼 베어링과 복렬(複列) 볼 베어링이 있다.

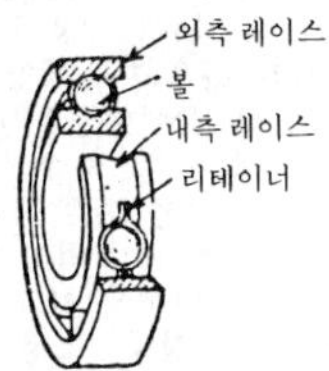

radial bearing 레이디얼 베어링 미끄럼 베어링(sliding bearing) 및 구름 베어링(rolling bearing)에 있어서 회전축에 수직으로 하중을 받는 경우에 사용하는 베어링.

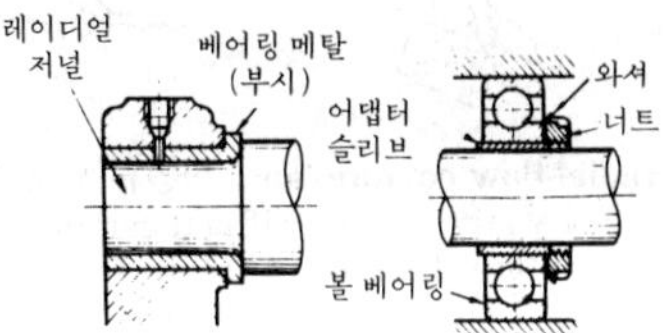

radial bearing with snap ring 고정 고리 부착 레이디얼 베어링(固定-附着-) 베어링 또는 전동체(轉動體)가 축방향으로 이동하는 것을 방지하고, 축방향의 위치 결정에 도움을 주기 위한 목적으로 사용되는 레이디얼 베어링.

radial clearance 반경 방향 틈새(半徑方向-) 축류 압축기(軸流壓縮機), 터빈 등의 각종 회전 기계에서 회전 날개의 선단과 케이싱 간의 좁은 틈새.

radial drilling machine 레이디얼 드릴링 머신 대형 공작물의 구멍 뚫기에 적합한 드릴링 머신. 같은 면에 여러 개의 구멍을 뚫는 데 편리하다.

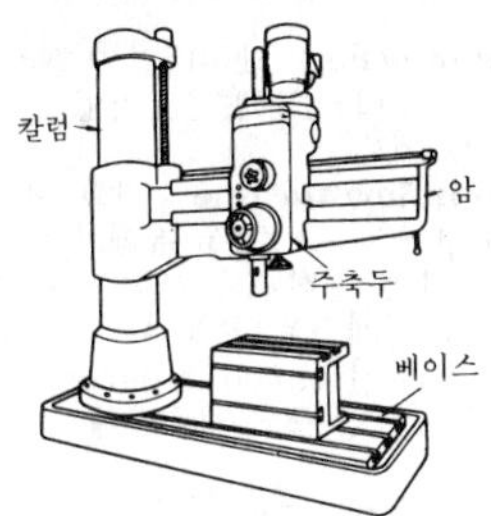

radial engine 레이디얼 엔진, 성형 기관(星形機關) 1개의 크랭크 축을 중심으로 실린더를 별 모양으로, 즉 방사상(放射狀)으로 배열한 형식의 발동기.

radial factor 레이디얼 계수(-係數) 합성 하중을 동등가 하중(動等價荷重)으로 환산하는 경우에 레이디얼 하중에 곱하는 계수.

radial fan 레이디얼 팬 플레이트 팬(plate fan)이라고도 한다. 날개가 방사상으로 장치된 환풍기. =plate fan

R

radial-flow compressor 반경류 압축기(半徑流壓縮機) =centrifugal compressor

radial-flow turbine 반경류 터빈(半徑流-), 방사류 터빈(放射流-) 고정 날개가 없고 하나 건너 반대 방향으로 회전하는 회전 날개만으로 이루어지는 복회전식 터빈. 서로 다음 날개의 안내 날개 구실을 하면서 증기의 반동력으로 회전한다.

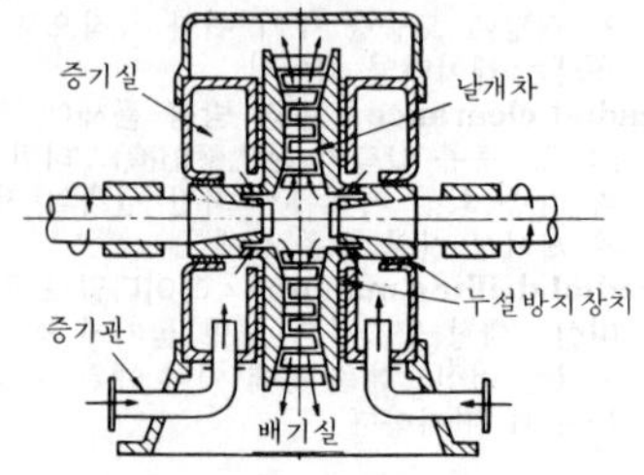

radial impeller 레이디얼 임펠러 원심력을 이용하여 양수(揚水) 작업을 하는 임펠러(날개차).

radial inflow turbine 내향 반경류 터빈(內向半徑流-) 작동 유체가 반지름 방향으로 바깥 둘레에서 안쪽을 향하여 흘러 터빈의 날개차를 구동하는 형식의 터빈. 터보 과급기(turbo-supercharger), 소형 가스 터빈 등에 사용된다.

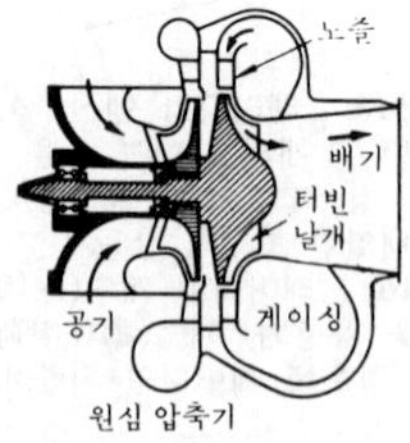

radial internal clearance 레이디얼 틈새 레이디얼 방향의 틈새. 구름 베어링에서는 C_2, C_M, 무표시, C_3, C_4, C_5의 부호로 표시한다.

radial inward flow turbine 내향 반경류 터빈(內向半徑流-) =radial inflow turbine

radial load 레이디얼 하중(-荷重) 축선(軸線)의 직각 방향에서 가해지는 하중. 즉 축을 굽히려는 방향으로 걸리는 하중.

radial outward flow turbine 외향 반경 터빈(外向半徑-) 증기 또는 가스가 중심에서 들어가 반지름 방향으로 방사상(放射狀)으로 흐르는 형식의 터빈. 예를 들면, 융스트롬 터빈(Ljungström turbine)은 그 대표적인 것이다.

radial paddle wheel 고정 날개 패들 휠(固定-) 패들 휠(外輪)의 날개판이 차륜의 바깥 둘레에 방사상(放射狀)으로 고정 장착되어 있는 것.

radial play 레이디얼 플레이, 경극(徑隙) 반지름 방향의 유극(游隙). 축과 베어링이 헐거워져서 덜걱거리는 것.

radial plunger pump 레이디얼 플런저 펌프 실린더 블록의 바깥 둘레에 중심을 향하여 방사상(放射狀)으로 플런저를 달고, 이것을 편심(偏心)이 되도록 하여 슬라이드 링 속에서 회전을 시켜 상대적인 플런저의 운동에 의해 흡입 및 토출(吐出)을 하는 펌프. 210~250kgf/㎠의 유압 펌프로서 유압 기기에 사용된다.

radial-ply tire 레이디얼 플라이 타이어 레이디얼 타이어라고도 한다. 1947년경 프랑스에서 개발되어 승용차 및 트럭, 버스 등에 널리 사용되게 되었다. 타이어의 가장 안쪽면의 레이디얼플라이를 타이어의 원주 방향으로 깔고, 브레이커를 길이 방향으로 붙여 강성(剛性)이 높도록 만들어진 것. 마모(磨耗)가 적고 전동 저항(轉動抵抗)이 적기 때문에 연료 소비가 10% 이상 감소되고 안정성, 조정성이 좋다.

radial strain 반경 변형(半徑變形) =circumferential strain

radial stress 반경 응력(半徑應力) 두께

가 두꺼운 원통, 회전 원판, 회전 원통 등과 같이 축 대칭 물체에 있어서 그 반지름 방향에 발생하는 응력.

radial turbine 레이디얼 터빈 =radial flow turbine

radial vane 방사상 날개(放射狀－) 회전 날개차의 중심에서 바깥 방향으로 방사상으로 단 날개.

radial velocity 반경 방향 속도(半徑方向速度) 원심식(遠心式) 송풍기나 펌프, 또는 프란시스 수차(水車)와 같은 유체 기계에 대하여 흔히 쓰이는 용어로, 유체가 날개차 등을 흐를 때의 반지름 방향의 성분.

radian 라디안 각도의 단위. 1 라디안= 57°17′44.8″.

radiant boiler 복사 보일러(輻射－) → radiation boiler

radiant heat 방사열(放射熱), 복사열(輻射熱)

radiant heater 복사 난방(輻射暖房) 복사에 의한 가열을 주로 한 난방. 벽, 바닥, 천장 등에 배관 혹은 전기 히터를 매설하여 면으로부터의 복사열에 의해서 난방한다. 또 복사열을 많이 방출하는 패널형의 방열기를 사용하는 난방도 복사 난방이다. →panel heating

radiating pipe 방열관(放熱管) 장치의 온도가 상승하지 않도록, 또는 주위의 물체를 가열하기 위하여 방열(放熱)을 목적으로 하는 관의 총칭.

radiation 방사(放射) 물체로부터 방출되는 방사 에너지 및 이것을 운반하는 파동을 통틀어 방사라고 한다.

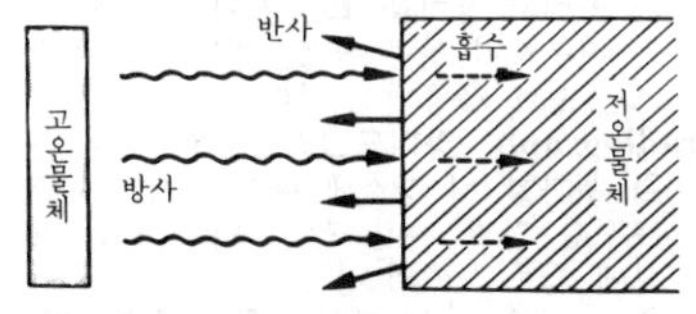

radiation boiler 방사 보일러(放射－) 노(爐) 주위에 다수의 방사 수관(放射水菅)이나 과열기(過熱器)까지 배치하여 대부분의 열이 방사에 의해 전달되도록 만들어진 보일러.

radiation damage 방사선 손상(放射線損傷) 에너지가 높은 방사선을 결정(結晶)에 조사(照射)하면 결정 중에 격자 결함(格子缺陷)이 생긴다. 이것을 방사선 손상

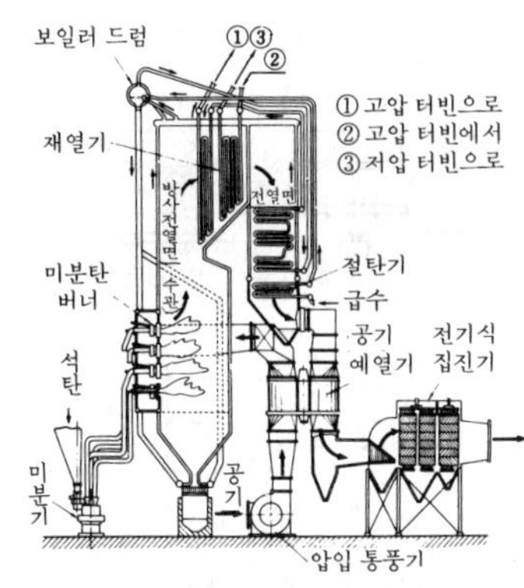

radiation boiler

이라고 한다. 금속의 경우에는 전자, 중성자, 양자, 중양자(重陽子), 알파 입자, 핵분열 생성 입자 등에 의해 손상을 만들 수가 있다.

radiation hazard 방사선 상해(放射線傷害) 생체(生體)가 방사선에 쬐이면 세포 내에 전리 현상(電離現象)이 일어나서 세포가 변화하며, 이를테면, 유전자의 변화, 백혈병, 백혈구(白血球)의 감소 현상 등이 일어난다. 이러한 현상을 말한다.

radiation loss 방사 손실(放射損失) 기계나 장치의 표면에서부터 열방사 때문에 빼앗기는 열손실.

radiation pyrometer 방사 고온계(放射高溫計) 고온체(高溫體)로부터의 열방사를 열전대(熱電對)에 쬐어 이때 발생하는 기전력의 온도를 측정하는 고온계. 600~4,000℃까지의 고온을 측정할 수 있다.

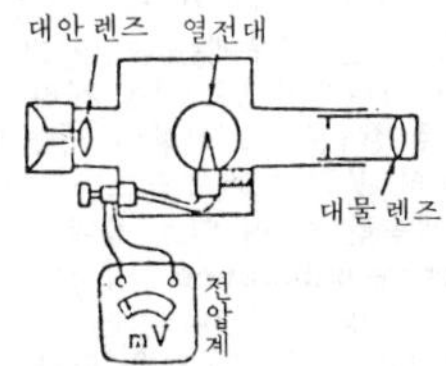

radiation superheater 방사 과열기(放射過熱器) 보일러의 노(爐) 정상부에 설치하고, 주로 열이 방사에 의해 전달되도록 배치한 과열기.

radiation thickness gauge 방사선 두께

게이지(放射線－) 방사선을 피측정물에 방사하고 투과 흡수나 후방 산란의 크기를 측정하여 두께를 알아내는 장치.

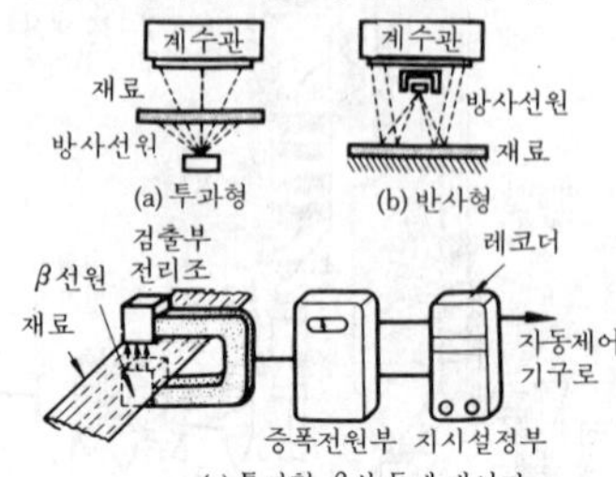

(c) 투과형 β선 두께 게이지

radiator 방열기(放熱器)[1], 라디에이터[2] ① 일반적으로 열을 방산시키는 장치의 총칭.
② 자동차 엔진 앞에 장치된 냉각기.

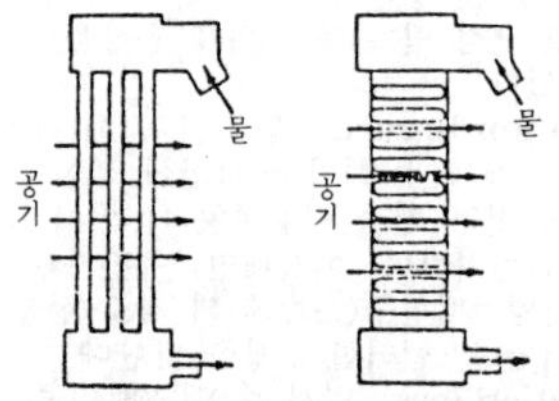

radiator grid 방열기 격자(放熱器格子) 방열기가 파이프 등으로 격자성(格子狀)으로 만들어져 있는 것.

radio 방사선(放射線) →radioisotope

radioactive decay 방사선 붕괴(放射性崩壞) 불안정한 방사성 원자가 방사선(α선, β선, γ선 및 중성자선)을 발하면서 안정된 원자로 바뀌어 가는 현상. 단, γ선만을 내는 경우에는 원자 그 자체에는 변화가 없다. 원자로 가동 정지 후 핵분열은 멈추었어도 그 이전에 만들어진 분열 생성물의 붕괴가 계속되고, 그 때문에 방열이 계속된다. 이 열을 붕괴열이라 한다.

radioactive substance 방사성 물질(放射性物質) 방사능(放射能)을 띠고, 방사선을 발산하고 있는 물질을 말한다. 방사성 동위 원소.

radioactive tracer method 방사화 트레이서법(放射化－法) 방사선 동위 원소를 추적 재료로 사용하여 방사선의 양을 측정함으로써 미량의 원소 분포나 행방을 탐지하는 방법.

radioactive waste 방사성 폐기물(放射性廢棄物) 원자력 발전소, 연료 가공 공장, 재처리 공장 등의 각 공장으로부터 폐기물로 배출되는 방사성 물질 또는 방사성 폐기물에 의해 오염된 물질.

radioactivity 방사능(放射能) 불안정한 원자핵은 β선, α선 등의 입자 흐름을 내고, 또 γ선의 전자파(電磁波)를 끊임없이 방출하여 보다 안정된 원소가 되려고 한다. 이와 같은 방사선을 방출하는 성질을 방사능이라고 한다. 방사능의 단위는 퀴리, 방사선의 단위는 뢴트겐.

radioactivity clock 방사능 시계(放射能時界) 생물의 사체에 함유되어 있는 탄소의 일정량당의 방사량을 측정함으로써 사망 이후의 경과 시간을 알 수 있다. 또 암석 속의 우라늄 방사능을 측정함으로써 암석이 생성된 연대를 알 수 있다. 즉, 이들 방사능으로서의 연대 추정(推定)을 말한다.

radio beacon 라디오 비컨 지상(地上)의 일정 지점으로부터 특정 방향으로 전파를 발사하고 그 전파의 빔(beam)으로 항로(航路)를 지시하여 항공기나 선박을 유도하는 장치.

radio compass 라디오 컴퍼스 무선 방향 탐지기. 배나 비행기가 두 곳 이상의 지상국(地上局)으로부터의 전파의 도래 방향을 측정함으로써 자기의 현위치를 알아내는 장치.

radio control 라디오 컨트롤, 무선 제어(無線制御) 무선 전파에 의해 멀리 떨어진 곳에서 장치를 조종 제어하는 것. 모형을 비롯하여 인공 위성, 유도 폭탄의 무선 조종 등에 응용되고 있다.

radiograph 라디오그래프 방사선이 물체를 투과할 때 장소에 따라서 서로 다르게 흡수된 결과 사진 건판(乾板) 또는 필름상에 맺은 물체의 상(像).

radiograph test 방사선 투과 검사(放射線透過檢査) X선, γ선 등의 방사선을 물체에 투과 후 방사선 강도의 변화 상태, 즉 투과상(透過像)에 의하여 결함의 유무를 조사하는 검사.

radioisotope 방사성 동위 원소(放射性同位元素), 라디오아이소토프 방사성 붕괴처리를 하여 다른 핵(核) 종류로 변화해 가는 불안정 원자핵을 말하는 것으로, 천연적인 것도 있지만 대부분은 가속기나 원자로에 의하여 인공적으로 제조된다. 트레이서(tracer) 또는 방사선원(放射線源)으로 이용되고 있다. 방사선(radio active rays)이란 방사성 원소가 붕괴될 때 방사되는 고속도의 α선, β선, 중성자선 및 X선, γ선 등의 전자파(電磁波)의 총칭이다.

radio navigation 전파 항법(電波航法) 무선 방위(方位) 측정기나 레이더, 데커 등 전파를 이용하는 계기(計器)를 사용하여 자선(自船)의 위치나 항로를 정하여 항해하는 방법을 말한다. 이에 음향 측심기(測深機)나 소나(sonar)에 의한 항법을 포함하는 경우도 있다.

radio wave 전파(電波) 전자파(電磁波). 전파 속도는 빛과 동일하다. 장파, 중파, 중단파, 단파, 초단파, 극초단파 등으로 분류된다.

radium 라듐 강력한 방사선을 내는 원소로, 기호는 Ra.

radius 반지름, 반경(半徑) 약자는 R 또는 r. 복수(複數)는 radii.

radius gauge 반지름 게이지, **R** 게이지 둥근 모양의 측정에 사용하는 게이지. 각각 여러 가지 치수의 둥근 모양으로 된 강판을 1조로 한 것.

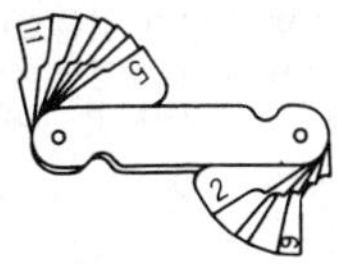

radius of curvature 곡률 반경(曲率半徑) 곡선의 미소한 부분을 생각하면 원호(圓弧)로 간주할 수 있다. 이 원호의 반지름을 곡률 반경이라 하고, 그 역수(逆數)를 곡률이라고 한다.

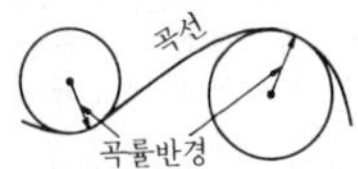

radius of gyration 회전 반경(回轉半徑) 어떤 직선에 관한 강체(剛體) 또는 질점계(質點系)의 관성 모멘트를 I라 하고, 그 전 질량을 M이라고 할 때 $k^2=I/M$으로 정해진 k를 회전 반경이라 한다.

radius of gyration of area 단면 2차 반경(斷面二次半徑) 단면이 있는 축에 관한 단면 2차 모멘트를 I라 하고 단면적을 A라 하면, 단면 2차 반경 k는

$$k=\sqrt{I/A}$$

radius rod 레이디어스 로드 앞 또는 뒷차축의 위치를 고정시키기 위해 차축에서부터 프레임에 걸쳐 지른 2개의 지지봉.

radon 라돈 라듐의 붕괴에 의해 생성된 기체로, 방사성 원소이며, 기호는 Rn.

raffinal 라피널 99.950% 이상의 고순도 알루미늄을 말한다. 내식성(耐蝕性)이 뛰어나며, 화학, 식품, 조선 공업 등 각 분야에 중용되고 있다.

rag bolt 래그 볼트 볼트 머리가 야구 방망이처럼 생긴 미늘이 달린 볼트. = fang bolt

Rahmen 라멘 각 절점(節點)에서 부재(部材)가 강(剛)으로 접합된 골조로, 압축재, 인장재, 절곡재(折曲材)가 결합된 형식으로 이루어진 골조.

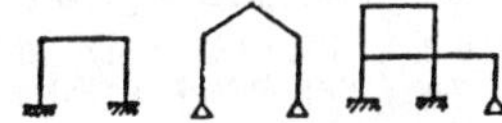

rail 레일 ① 궤조(軌條). 철도 차량을 달리게 하기 위한 특수 형강. ② 교량, 계단, 빌딩 옥상 등의 난간으로서 설치된다.

rail bender 레일 벤더 레일을 굽혀 커브를 만드는 기구. 짐크로라고도 한다. = jim-crow

railcar 기동차(汽動車) 디젤 동차나 가솔린 동차 등을 통틀어 일컫는 말. 현재는 거의 디젤 동차가 주종을 이루고 있다.

rail clamp 레일 클램프 옥외의 크레인 본체를 주행 레일에 체결하여 고정시키는 안전 장치.

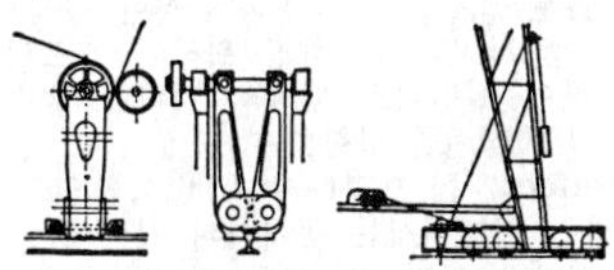

railmill 레일 압연기(-壓延機) 레일 모양의 홈이 팬 홈 롤(roll)을 갖춘 압연기.

railway 철도(鐵道)

railway rolling stock 철도 차량(鐵道車輛) 레일 또는 이에 준하는 궤조(軌條) 위를 차륜을 이용하여 주행하고, 인력(人

力) 또는 축력(畜力) 이외의 동력을 사용하여 운전하는 차량. 단, 무궤조(無軌條) 전차, 삭도 반기(索道搬器) 등을 포함하는 경우도 있다.

raising machine 기모기(起毛機) 직물의 다듬질 공정에서 철사 등으로 천 표면에서 털을 긁어내는 기계.

rake 레이크 절삭 공구에서 칩(chip)이 미끄러 떨어져 나가는 면.

rake angle 레이크각(-角), 경사각(傾斜角) 밀링 커터, 드릴, 탭 등에서 절삭을 용이하게 하기 위하여 날끝의 절삭면에 붙이는 각.

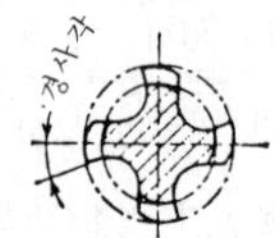

ram 램 ① 유압기(油壓機), 유압 탱크 등에서 실린더 속을 왕복하는 플런저 모양의 원통. ② 셰이퍼나 슬로터에서 프레임의 안내면을 수평 또는 상하로 왕복 운동하는 부분. 절삭 공구가 장착되고 급속 귀환 운동을 한다.

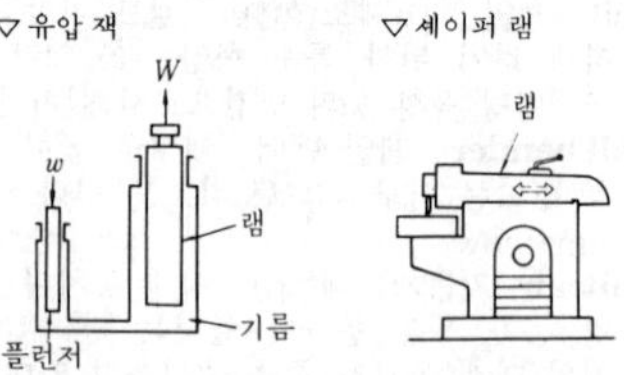

ram balancer 램 밸런서 프레스의 램 및 프레스에 장착한 상형(上型)이나 절삭 공구 중량의 평형을 잡아, 프레스의 램이 자중(自重)으로 낙하거나 불규칙한 승강 운동을 하지 않도록 하기 위하여 스프링이나 에어 실린더로 램을 지지하는 슬라이드 평형 장치를 말한다.

ram effect 램 효과(-效果) 고속으로 이동하는 기관에서는 공기와의 사이에 커다란 상대 속도가 있으므로 정면을 향한 기관의 공기 흡입구에서는 속도차에 상당하는 동압(動壓)을 받으며, 이것을 유효하게 정압(靜壓)으로 변화시킬 수 있다. 이것이 램 효과이며, 항공기용 기관에서는 이 효과를 유용하게 이용할 수 있는 공기 흡입구를 갖추고 있는 것이 많다.

Ramet 라멧 고경도(高硬度)의 물질인 TiC를 주성분으로 하는 소결 탄화물(燒結炭化物)의 합금 공구의 상품명. 위디어(Widia)와 성분은 같다.

ram-jet 램 제트 제트 엔진의 일종. 압축기(壓縮機)를 사용하지 않는 제트(jet)로, 연소에 필요한 공기를 엔진의 전진 운동에 의해 베르누이의 정리(定理)를 응용, 고속으로 흡입하여 단순한 실린더 내에서 압축하고 연료를 분사, 점화, 연소시켜 추진력을 얻는 방식. 램 제트의 특징은 주요부에 회전 등의 가동부(可動部)가 없기 때문에 경량이며 구조도 간단하여 제작비가 싸다.

ram lift 램 리프트 유압기(油壓機) 또는 유압 엘리베이터의 스트로크(stroke).

rammer 래머 내화 재료, 주물사를 다져 굳히거나 정지(整地) 작업을 할 때 사용하는 가반식(可搬式) 다짐메.

ramming 래밍, 다지기 =tamping

ramming material 레밍재(-材) 열의 영향을 받아서 세라믹 본드가 되어 강도를 내는 알갱이 모양의 내화물(耐火物).

ramp response 램프 응답(-應答) 어느 시각까지 0이고, 그 후 일정 속도로 변화하는 입력을 가리켜 램프 입력이라고 하는데, 이 램프 입력에 대한 과도 응답을 말한다. 스텝 응답의 적분으로서 구할 수 있다. 입력이 어떤 일정한 값에서 일정한 속도로 계속 변화해 나갈 때의 응답.

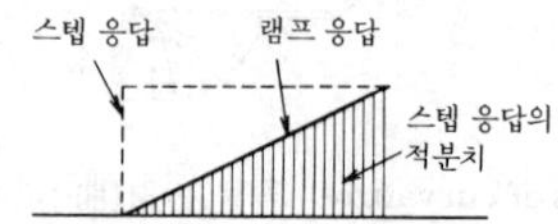

Ramisin boiler 램진 보일러 소련의 램진에 의해 고안되어 일찍부터 제작되어 온 관류(貫流) 보일러. 수관(水菅)을 연소실 주위에 나선상(螺旋狀)으로 배치하고, 기수(汽水) 혼합물은 이 수관 속을 항상 밑에서부터 상향으로 흐르도록 되어 있는 것이 특색이다.

random 랜덤 일정한 법칙이나 규칙 또는 버릇이 붙어 있지 않는, 또는 사람의 의사(意思)가 개입되지 않은 무작위(無作爲)한 것을 말한다.

random access memory ; RAM 램 데이터를 써넣고 읽어낼 수 있는 기억 소자. 스태틱 RAM과 다이내믹 RAM이 있다.

random number 난수(亂數) 무질서하게 흩어져 있는 수의 모임 가운데에서 여러 가지 샘플을 수집하고자 할 때 어떤 확률을 가지고, 편중됨이 없이 샘플을 수집할 수 있도록 배열된 수의 집합을 말한다. 난수대로 샘플링을 하면 그 샘플에서 얻어진 결과는 그 샘플이 속하고 있는 집단 전체를 조사하여 얻은 결과와 일치한다.

random number die 난수 주사위(亂數－) 랜덤 발취(拔取)를 할 때 사용하는 주사위로, 정 20 면체의 각 면에 0~9의 10개 숫자를 2번 할당한 것이며, 각 면에서 나오는 확률이 같도록 만들어져 있다.

random sampling 랜덤 샘플링 모집단(母集團)을 구성하고 있는 단위체(單位體) 또는 단위량 등이 어느 것이나 같은 확률로 샘플 속에 들어가도록 샘플링하는 것.

range 레인지 범위, 허용폭, 존(zone)을 뜻한다.

range finder 거리계(距離計) 관측자로부터 목표물까지의 거리를 반투명 고정경(固定鏡)과 회전 반사경을 이용하여 광학적으로 측정하는 기계. 합치식(合致式)과 스테레오식이 있다.

Rankine cycle 랭킨 사이클 2개의 등압(等壓) 변화선과 2개의 단열(斷熱) 변화선으로 이루어지는 열 사이클을 말하며, 기력(汽力) 발전소에 있어서 하나의 기본적인 사이클이다.

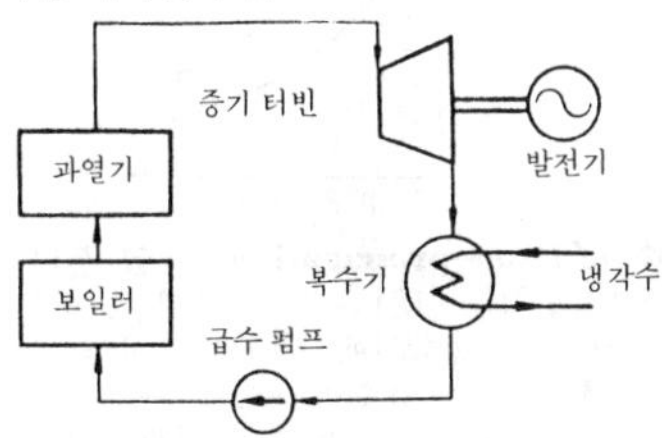

Rankine s formula 랭킨의 공식(－公式) 기둥의 좌굴(座屈) 강도를 계산하는 공식이다.

rape seed oil 평지씨 기름, 유채유(油菜油) 평지의 씨에서 추출한 반건성 유지(半乾性油脂). 대개는 석유와 혼합하여 등유용, 담금질용, 윤활유용으로 쓰인다.

rapid tool steel 고속도강(高速度鋼) = high-speed steel

rapping bar 래핑 바 형(型)을 뽑아낼 때 또는 들어 올릴 때 사용하는 봉(棒).

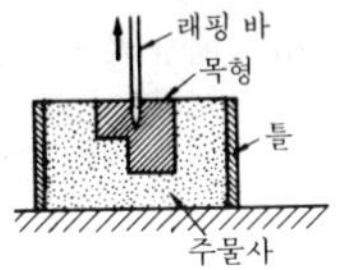

rare-earth element 희토류 원소(稀土類元素) 스칸듐(Sc, 원자 번호 21), 이트륨(Yt, 원자 번호 39), 이테르븀(Yb, 원자 번호 70), 악티나이드 원소(원자 번호 89~103)의 총칭. 어느 것이나 지구상에 미량밖에는 존재하지 않으므로 값이 비싸다.

rare gas 레어 가스, 희유 원소 가스(稀有元素－) 아르곤, 네온, 헬륨 등 공기 속에 극소량 밖에 없는 불활성 희유 원소 가스를 말한다.

rare metal 레어 메탈, 희금속(稀金屬) 지구에 존재량이 매우 적은 희소(稀少) 금속의 총칭. 지르코늄(Zr, 원자 본호 40), 니오브(Nb, 원자 번호 41), 탄탈(Ta, 원자 번호 73), 몰리브덴(Mo, 원자 번호 42), 텅스텐(W, 원자 번호 74), 우라늄(U, 원자 번호 92) 등을 말한다.

rasp cut file 라스프 컷 줄 예리한 3각형 펀치로 하나하나 줄날을 파서 부각시킨 거친 눈의 줄. 나무, 납, 가죽 등의 거친 다듬질에 적합하다.

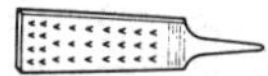

ratchet 래칫 새발톱 모양으로 생긴 갈고리를 구동체로 하여 이것에 맞물려 간헐적인 회전 운동을 시키거나 역회전하지 못하게 제동하는 일종의 톱니바퀴.

ratchet drill 핸드 드릴, 래칫 드릴 수동

으로 핸들을 요동시켜 래칫 바퀴 구동에 의해 드릴을 하는 간단한 구멍뚫기 공구.

ratchet drive 래칫 구동(－驅動) 래칫과 래칫 바퀴에 의한 구동 방식. 래칫의 요동에 의하여 래칫 바퀴에 간헐적인 회전 운동을 준다.

ratchet gearing 래칫 장치(－裝置) 래칫 바퀴의 구동에 의한 전동 장치(傳動裝置).

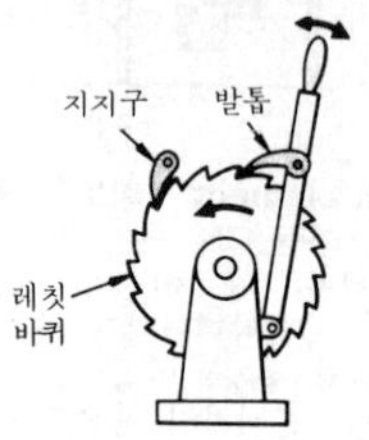

ratchet handle 래칫 핸들 래칫 바퀴를 구동시키는 래칫을 단 핸들.

ratchet wheel 래칫 휠 폴(pawl)에 의해서 회전을 전하는 바퀴로, 간헐 운동을 전하는 경우 등에 쓰인다.

rate 레이트 ① 비율, 율(率), 등급(等級). ② 견적(見積)을 내다.

Rateau turbine 라토 터빈 프랑스인 라토가 창안하여 만든 충동 터빈의 일종.

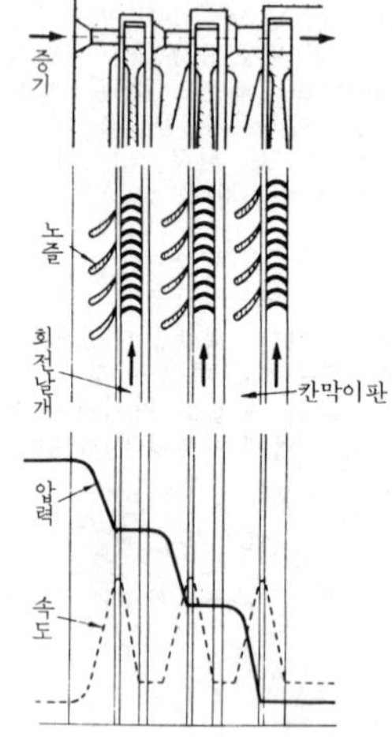

△ 증기의 압력과 속도의 변화

rated altitude 정격 고도(定格高度) 항공 발동기에 있어서 연속 최대 회전 속도로 표준 대기일 때 다음 하나를 유지하면서 운전할 수 있는 최대 고도를 말한다. (1) 연속 최대 출력이 고도에 관계없이 일정하게 정해져 있을 때는 그것을 유지할 수 있는 최대 고도. (2) 연속 최대 출력이, 흡기압(吸氣壓)이 일정하게 정해져 있을 때는 연속 최대 흡기압을 유지할 수 있는 최대 고도.

rated horsepower 정격 마력(定格馬力) 정격에 의해 결정된 마력.

rated load 정격 부하(定格負荷) ＝rated output

rated output 정격 출력(定格出力) → load

rated speed 정격 속도(定格速度) 기중기 등의 정격 하중에 있어서의 각 운동의 최고 속도.

rate of climb indicator 승강계(昇降計) 항공기의 승강 속도를 측정하는 계기. 모세관식(毛細管式) 및 열선식(熱線式) 계기가 있다.

rate of combustion 연소율(燃燒率) ＝ combustion rate

rate of deposition 용착 속도(鎔着速度) 단위 시간에 용착된 용착 금속의 양. 판의 두께, 재질 등에 따라 결정된다.

rate of explosion 폭발비(爆發比) 그림과 같은 복합 사이클에 있어서의 점 2와 3의 압력비 p_3/p_2를 말한다.

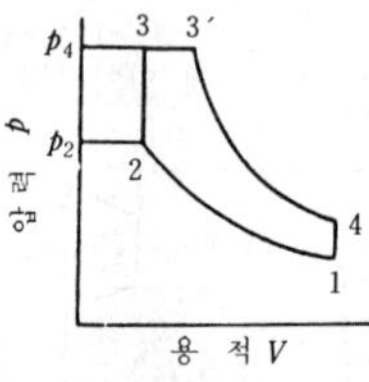

rate of flame propagation 화염 전파 속도(火焰傳播速度) 가연 한계(可燃限界) 내에 있는 혼합기에 점화하면 화염면이라고 하는 엷은 연소대(燃燒帶)가 퍼져나가는데 이 진행 속도를 화염 전파 속도라고 한다. 온도, 압력 또는 흐름의 난조(亂調) 등에 의해 영향을 받게 되나 CO가스와 공기의 혼합기로 약 1m/s 정도의 값이다.

rate of fuel consumption 연료 소비율(燃料消費率) 보일러, 내연 기관, 가스

터빈 등에서 출력 1PS당 1시간마다 소비되는 연료의 양. 단위는 g/PS.h.

rate of operation 조업률(操業率), 조업도(操業度) 공장의 생산 설비를 이용하는 비율. 완전 조업(완전히 이용한 경우)의 생산량에 대한 비율(%)로 나타낸다.

rate of pressure variation 수압 변동률(水壓變動率) 주로 수차(水車)에 대하여 사용하는 용어로, 수차에 작용하는 부하가 급격히 변화하는 경우 수차에 유입하는 물의 압력이 변화한다. 이 변동한 최대 수압으로부터 변동 전의 수압을 뺀 값을 변동 전의 수압으로 나누어 이를 백분율로 나타낸 것.

rating 정격(定格) 각각의 기기를 사용함에 있어서 가장 적당하다고 정해진 출력, 속도, 전압, 전류, 회전수 등의 값.

▽ 변압기의 예

rating horsepower 정격 마력(定格馬力) =rated horsepower

rating life 정격 수명(定格壽命) 한 무리의 같은 구름 베어링을 같은 조건으로 운전했을 때 그 중의 90%의 베어링이 재료의 손상을 일으키지 않고 회전할 수 있는 총 회전수(일정 회전 속도에서는 시간).

ratio 비(比), 비례(比例) =proportion

ratio control 비례 제어(比例制御) 목표값이 다른 것과 일정한 관계를 가지고 변화하는 경우의 제어.

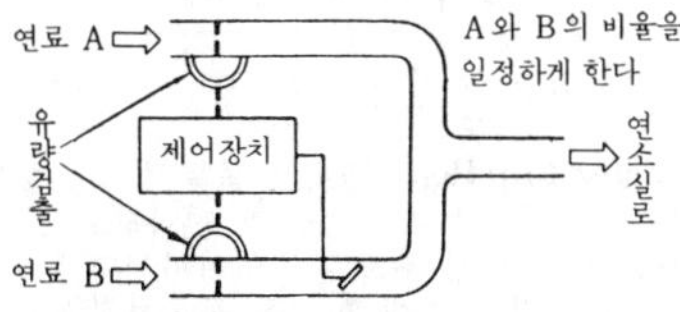

ratio of contact 접촉률(接觸率) =contact interval

rawhide gear 생가죽 기어(生-) 짐승 가죽을 겹쳐 포개어 놓고 양쪽에 철판을 대어 만든 기어. 소음 발생을 방지한다.

rawhide laced joint 가죽끈 이음 가죽끈을 사용한 벨트 이음.

raw material 원료(原料)

Rayleigh method 레일레이법(-法) 봉(棒)이나 빔(beam) 등의 고유 진동수의 근사치를 구하는 방법의 하나. 즉, 정규 진동형을 나타내는 적당한 함수를 가정하고, 진동 중의 운동 에너지의 최대값과 퍼텐셜 에너지의 최대값을 동일하게 놓는 에너지법에 의하여 고유 진동수를 계산하는 방법.

rayon 레이온 인조 견사(人造絹絲)의 일종. 반짝거린다는 의미에서 rayon이라고 명명된 식물 섬유소계(纖維素系) 재생 섬유의 총칭. 섬유소를 용해한 점질액(粘質液)을 미세한 구멍으로 압출, 응고시킨 견사(絹絲) 모양의 직물 원료. 광택은 천연 견사보다 강렬하고, 일반 직물로 사용되는 이외에 공업용으로 용도가 넓다.

β **rays** 베타선(-線), β선(-線) 방사성 원소가 방출하는 전자선(電子線). 화학 작용, 사진 작용, 형광 작용을 가지고 있다.

γ **rays** 감마선(-線), γ선(-線) 방사성 원소로부터 나오는 투과력(透過力)이 큰 방사선.

***R* chart** *R* 관리도(管理圖) 공정(工程)의 분포도를 범위 *R*에 의하여 관리하기 위한 관리도. *R*은 측정값의 최대값으로부터 최소값을 뺀 것.

$$R = X_{max} - X_{min}$$

reactance 리액턴스 유도 저항, 감응(感應) 저항이라고 하는 것으로, 전류가 코일에 흐르면 자기 유도 작용(인덕턴스)이 생겨 교류의 흐름을 방해하려고 한다. 즉, 직류의 흐름을 방해하는 저항이라 할 수 있는 것으로, 이 방해하는 정도를 리액턴스라고 한다.

reaction 반작용(反作用) 힘은 항상 두 물체의 상호 작용에 의하여 나타나므로 한 쪽이 다른 쪽에 미치는 힘을 작용이라고 생각하면, 반대로 다른 쪽이 이것에 미치는 힘을 반작용이라고 한다.

reaction force 반력(反力) 외력(外力)을 받는 물체가 한 지지점에서 지지되어 균형을 이룬 상태에 있을 때 지지점이 물체를 반대쪽으로 되미는 힘을 말한다. 그 힘은 지지점에 작용하는 힘의 크기와 같으며 방향은 반대이다.

reaction kettle 반응 솥(反應-) 화학 반응을 시키는 솥.

reaction stage 반동단(反動段) 증기 터

빈에서 증기의 압력 강하가 노즐과 날개(vane) 양쪽에서 이루어지는 단(stage)을 말한다.

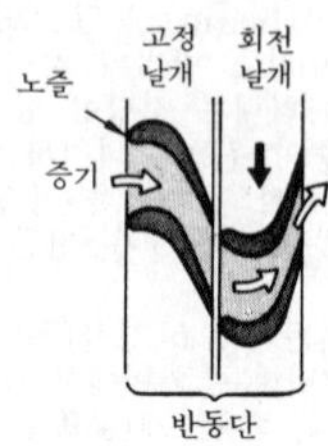

reaction turbine 반동 터빈(反動－) 증기 터빈에서 증기를 날개 사이에서 팽창시켜 그 반동으로 날개차를 회전시키는 터빈.

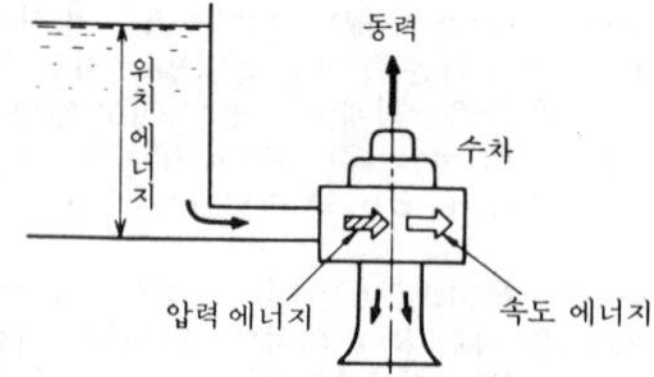

reaction water turbine 반동 수차(反動水車) 물의 속도와 압력의 에너지가 함께 이용되는 것으로, 프란시스 수차, 프로펠러 수차 등이 있다.

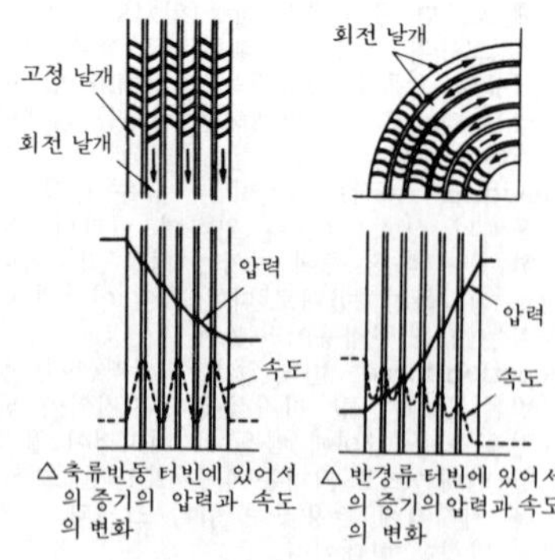

△ 축류반동 터빈에 있어서의 증기의 압력과 속도의 변화

△ 반경류 터빈에 있어서의 증기의 압력과 속도의 변화

reactive metal 활성 금속(活性金屬) 고온도에서 산소, 수소, 질소에 대하여 강력한 친화성(親和性)을 나타내는 금속. 즉, 강력한 환원성(還元性)을 지닌 금속을 말한다. 티탄, 지르코늄, 바나듐, 탄탈, 몰리브덴, 텅스텐, 우라늄, 레늄 등의 금속이 이에 속한다.

reactivity 반응도(反應度) 원자로가 임계 상태로부터 어느 정도 상치된 상태에 있는가를 나타내는 척도로, 다음 식으로 표시된다.

$$\rho = \frac{(k_{eff} - 1)}{k_{eff}}$$

만약 반응도가 $\rho = 0$ 이면 노(爐)는 임계(臨界), $\rho > 0$ 이면 임계 초과, 또 $\rho < 0$ 이면 미임계(未臨界) 상태이다.

reactivity coefficient 반응도 계수(反應度係數) 원자로의 출력, 압력, 온도, 질량 등이 단위량만큼 변화했을 때 그에 수반하여 생기는 반응도의 변화량.

reactor 원자로(原子爐) 핵분열성 물질을 연료로 사용하여 핵반응을 일으키는 장치. ＝atomic pile

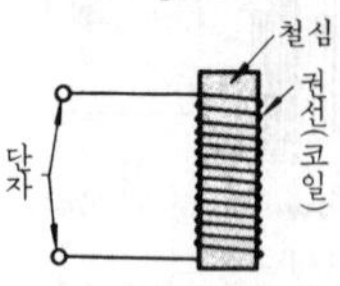

reactor container 원자로 컨테이너(原子爐－) 원자로의 불의의 사고로 인하여 압력 용기나 배관계(配管系)가 파괴되어 방사성 물질이 노(爐) 밖으로 누설된 경우 그것이 대기 속에 방산되지 않도록 노 본체 및 1차 회로 전체를 격납하는 구(球) 또는 원통상의 용기를 말한다.

reactor core 노심(爐心) 원자로의 중심부로서 핵분열 반응이 이루어지는 부분을 말하며, 보통은 연료 요소, 감속재로 구성되어 있고 그 사이를 냉각재(冷却材)가 유동할 수 있도록 되어 있다.

reactor kinetics 원자로 동특성(原子爐動特性) 원자로의 반응도가 변화하고 있을 때, 즉 비정상 과도기에 있어서 원자로 특성의 시간적 변화 현상을 동특성(動特性)이라고 한다. 노(爐)의 출력 변화는 제어봉(制御棒) 위치의 변화, 냉각재·감속재의 온도 변화, 핵연료의 연소도에 의하여 발생한다. 원자로의 안전성을 위해 중요한 문제의 하나이다.

reactor period 노 주기(爐周期) 원자로

의 출력, 즉 중성자속(中性子束)이 변화할 때 그것이 원래의 값의 e=2.718배로 되는 데 소요되는 시간(초)을 노 주기라고 하며, 원자로의 가동에 중요한 의미를 지니고 있다.

reading 읽기 계측기가 나타내는 값을 읽은 그대로의 수치를 말한다.

reading microscope 판독 현미경(判讀顯微鏡) 현미경을 상하 방향 및 수평 방향으로 이동시켜, 그 이동 거리를 정밀하게 측정할 수 있는 길이의 측정 장치.

read only memory ; ROM 롬 데이터 또는 프로그램의 판독만을 할 수 있는 메모리이다.

ready mixed paint 조합 페인트(調合－) 특히 보일유(boiled oil), 시너(thinner)를 첨가하지 않고 그냥 고르게 섞기만 하면 바로 칠할 수 있는 조제된 페인트.

reagent 시약(試藥) 화학적 또는 현미경 방법으로 물질을 검출, 정량하는 데에 사용되는 약품.

real image 실상(實像) 광학계(光學系)를 통과한 빛이 수렴하여 최후의 매질 속에서 상(像)을 맺을 경우, 이것을 실상이라 한다.

reamed hole 리머 구멍 리머로 다듬질한 구멍.

reamer 리머 미리 드릴로 뚫어 놓은 구멍을 정확한 치수의 지름으로 넓히고 또한 구멍의 내면을 깨끗하게 다듬질하는 데 사용하는 공구.

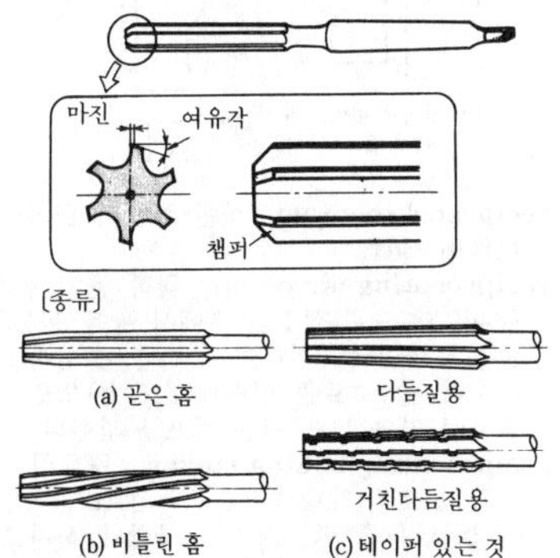

reamer bolt 리머 볼트 리머로 다듬질한 구멍에 박아 체결하는 볼트. 구멍과 볼트의 축 부분이 꼭 맞도록 다듬질한 볼트를 사용한다.

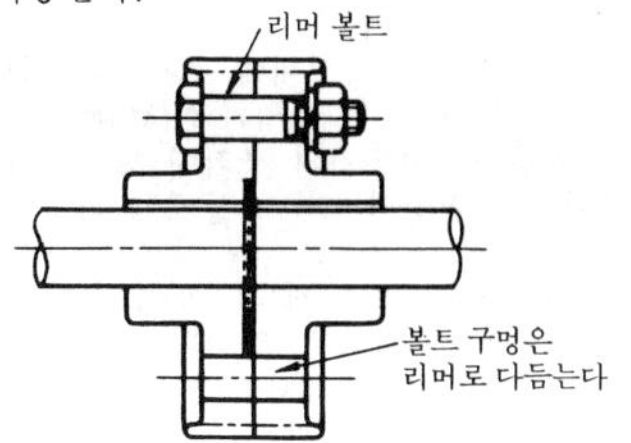

reaming 리머 가공(－加工), 리밍 드릴로 뚫은 구멍의 내면을 리머로 다듬질하는 작업. 리밍에 의해 구멍의 정확한 치수, 깨끗한 내면이 다듬질된다.

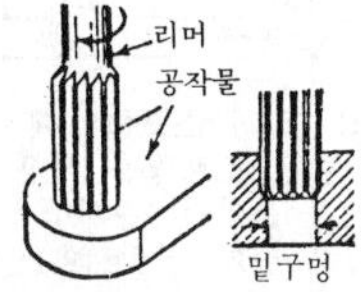

reaming machine 리머기(－機), 리밍 머신 리머 가공을 전문적으로 하는 데 사용하는 공작 기계.

rear 리어 뒤쪽, 후면, 뒤의, 뒤쪽의.

rear arch 리어 아치, 후면 아치(後面－) 무연탄과 같이 휘발분이 적은 연료나 갈탄(褐炭) 등과 같이 수분, 회분(灰分)이 많은 저질 연료를 연소시킬 때 화상(火床) 뒤쪽에 설치하는 아치.

rear axle 뒤차축(－車軸) 자동차 뒤쪽의 차축. 보통 동력을 전달하는 활축(活軸)과 이것을 둘러싸고 있는 축관(軸菅)으로 이루어져 있다.

rear bearing 리어 베어링, 뒤 베어링 공작 기계에서 주축을 지지하여 정확한 회전 운동을 하게 하는 주 베어링 중의 수평 주축 베어링으로, 공작물 또는 공구를 설치하는 주축 선단 가까운 쪽에 있는 것을 앞 베어링(front bearing), 반대쪽에 있는 것을 뒤 베어링이라 한다.

rear engine 리어 엔진 기관이 뒤쪽에 설치된 것. 예를 들면, 리어 엔진 버스(기관을 섀시의 뒤쪽에 설치한 버스) 등은 그 일례이다.

rear engine rear drive 후부 기관 후륜

구동(後部機關後輪驅動) 발동기, 변속기, 감속 장치 등을 한 곳에 모으고, 운전석을 앞쪽에 설치할 수 있기 때문에 전장(全長)이 짧아지고, 또 실내에 추진축의 터널이 통과하지 않는 등 소형차에 적합하나, 반면 발동기, 변속기의 조작이 멀어지고 뒤쪽이 무거워진다. 버스 등에 흔히 사용되고 있다.

rear header 리어 헤더 조립 보일러 등에서 수관(水管)은 보일러의 앞쪽과 뒤쪽 2개의 헤더에 부착되는데 그 뒤쪽(노의 안쪽)의 헤더를 말한다.

rear overhang angle 뒤쪽 오버행각(－角) 자동차의 뒤쪽 하단에서부터 뒷바퀴 타이어의 바깥둘레를 잇는 직선이 지면과 이루는 각도.

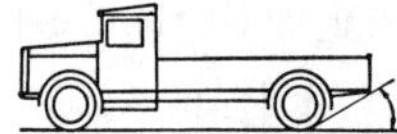

rear spring 리어 스프링 대부분은 전후 방향으로 겹판 스프링을 사용하며, 댐퍼(damper)를 붙인다. 승차감을 높이기 위해서는 독립 현가 방식(獨立懸架方式)으로 한다.

rear view 배면도(背面圖) 물품을 뒷면에서 본 그림. 즉, 정면도의 반대 방향에서 본 그림.

Reaumur scale R 눈금 1730년에 레어뮤르가 만든 온도 눈금이며, 빙점을 0℃로 하고, 구부(球部)의 체적의 1/1000 마다 모세관에 눈금을 매긴 것으로, 물의 비점(沸點)은 약 80° 에 해당한다. 레씨(氏) 온도 눈금이라고도 하며, 현재는 그다지 사용하지 않는다.

reboring 재 보링(再－) 구멍을 다시 뚫는 것. 보링을 다시 하는 것.

rebound clip 리바운드 클립 겹판 스프링이 흩어지지 않도록 묶어서 죄는 부품.

rebounded sand 재생 모래(再生－) 한 번 사용한 주물사(鑄物砂)에 새로 접착제(粘着劑)를 첨가하여 다시 사용할 수 있도록 재생시킨 모래.

recasting 재주조(再鑄造) 실패한 주조품을 다시 녹여 재주조하는 것.

receding side 퇴출측(退出側) 내연 기관에 피스톤이 상사점(上死點)을 지난 뒤 후퇴하는 측. 곧, 진입측의 반대. →advancing side

receiver 수화기(受話器)[1], 전로(前爐)[2] ① 전화기의 수신에 사용되는 기구. 전자석(電磁石)과 연철(軟鐵) 진동판으로 이루어져 있으며, 전자석의 코일에 음성 전류가 흐르면 진동판이 그것에 따라 음을 발생한다.
② 용융한 쇳물을 출탕(出湯)하기 이전에 모아두는 노(爐). 일시에 다량의 쇳물이 출탕되면 큐폴라의 용해층(鎔解層)의 위치가 갑자기 내려가 노(爐)의 상태가 불안정하게 되는 결점을 제거하기 위하여 설치한 것.

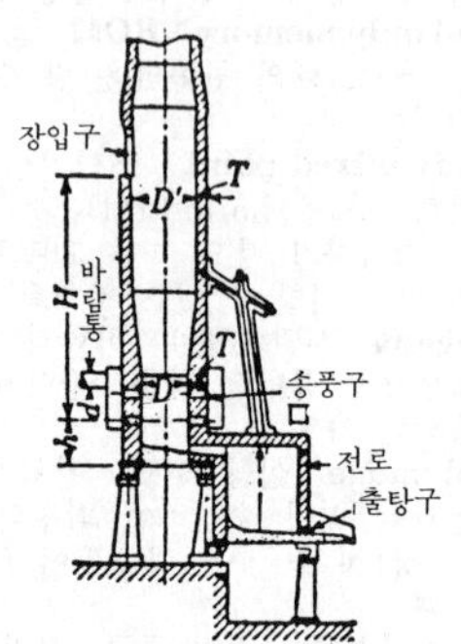

recessing tool 홈 바이트 절단용 바이트의 일종으로, 릴리프를 깎아내기 위하여 사용하는 것.

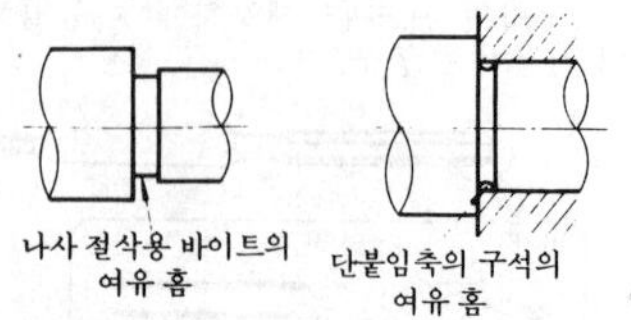

reciprocal theorem 상반 작용의 원리(相反作用－原理)

reciprocating air pump 왕복 공기 펌프(往復空氣－) 실린더 속에서 왕복 운동을 하는 피스톤에 의하여 공기를 흡입하고, 그보다 높은 토출 압력(吐出壓力)으로 토출하여 압송할 수 있는 펌프를 말한다.

reciprocating coking stoker 왕복식 화격자 스토커(往復式火格子－) 고형 연료(固形燃料)를 연소시키는 장치의 하나로, 화격자봉(火格子棒)이 캠 장치에 의하여 교대로 일제히 진입 또는 귀환 운동을 되풀이함으로써 화상(火床)을 이송하는 기구로 되어 있다. 화격자봉에는 수평 화격자, 경사 화격자, 계단 화격자 등의 종류가 있다. 이 장치는 생갈탄(生褐炭) 등과 같이 수분이나 회분이 많은 저질탄의 연소에 적합하다.

reciprocating compressor 왕복 압축기(往復壓縮機) 공기 압축기의 일종. 피스톤의 왕복 운동에 의하여 실린더 내의 기체를 압축하는 기계.

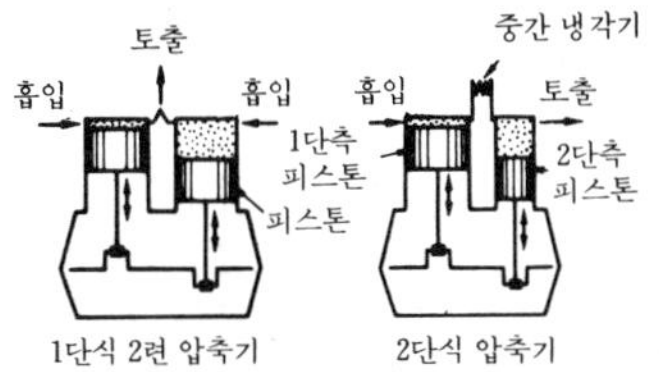

reciprocating engine 리시프로 엔진 왕복 기관이라는 뜻. 증기 기관이나 종전의 내연 기관은 대부분 이 형식의 기관에 속한다.

reciprocating inertia force 왕복동 관성력(往復動慣性力) 왕복 압축기의 피스톤 왕복 운동을 일반적으로 크랭크 기구가 쓰이며 연접봉을 거쳐서 회전 운동과 연결되어 있다. 따라서 피스톤, 피스톤 로드, 크로스 헤드, 연접봉, 크랭크 핀 등의 가속도가 생겨 관성력이 생긴다. 예를 들면, 연접봉과 같이 크로스 헤드측의 한끝이 왕복 운동하고 크랭크 핀측이 회전 운동하는 경우에는 왕복동 관성력과 원심력, 나아가서는 이 양자에 의한 우력(偶力)이 생긴다. 이들의 힘은 각각 기초에 대하여 외력으로서 작용하고 진동의 원인이 되므로 크랭크 암에 밸런스 웨이트를 붙인다든가 다기통으로 하여 평형을 잡음으로써 진동을 작게 한다. →free piston compressor

reciprocating piston engine 왕복 피스톤 기관(往復-機關) 원통형 실린더 속에 원통형 피스톤이 끼워져 있고, 그 왕복 운동에 의하여 동력을 얻는 기관. 보통 피스톤의 왕복 운동을 회전 운동으로 바꾸는 데는 크랭크 기구(機構)를 사용하나, 그 밖에 사판(斜板) 캠 등의 기구(機構)를 사용한 형식도 있다.

reciprocating pump 왕복 펌프(往復-) 실린더 속에서 피스톤, 플런저 또는 버킷 등을 왕복 운동시켜 물을 빨아 올려 송출하는 장치. 피스톤 펌프, 플런저 펌프, 버킷 펌프 등이 있다.

reclaimer 리클레이머 저장된 석탄, 코크스, 광석 등을 연속적으로 채집하여 벨트 컨베이어에 수송하는 기구(機構).

reclamation sand 재생 모래(再生-) = rebounded sand

recoil 리코일 ① 용수철 등이 되튀어 오름, 총포(銃砲) 등의 반동. ② 뒷걸음치다, 되튀어 오르다.

record 기록(記錄), 기록하다(記錄-)

recorder 기록기(記錄器), 리코더 기록 계기에 있어서 계측값을 기록하기 위하여 펜 및 기록지를 장치하고 이것을 작동시켜 기록하게 하는 부분.

recording air speedometer 기록 풍속계(記錄風速計) 시간적으로 변화하는 풍속을 자동적으로 그래프로 기록하는 장치를 가진 풍속계.

recording mechanism 기록 기구(記錄機構) 기록하는 기능 또는 장치를 갖춘 기구.

recording psychrometer 기록 습도계(記錄濕度計) 공기의 상대 습도의 시간적 변화를 측정 기록하는 습도계. 모발 습도계, 흡습성 물질(예를 들면, 염화 리튬)의 얇은 조각의 전기 저항이 습도에 의해 변화하는 특성을 이용한 전기 저항식 습도계 등이 있다.

recovery 회복(回復) 예를 들면, 냉간 가공으로 인하여 생긴 내부 응력을 저온으로 풀림 처리를 하여 제거하는 것.

recrystallization 재결정(再結晶) 냉간 가공 등에서 소성(塑性) 변형을 받은 결정(結晶)이 가열되면, 내부 응력이 서서히 감소하여 변형이 잔류하고 있는 원래의 결정 입자(結晶粒子)에서 내부 변형이 없는 새로운 결정의 핵이 발생하고, 이것이 차츰 성장하여 원래의 결정 입자와 치환(置換)되어 가는 현상을 말한다.

recrystallization temperature 재결정 온도(再結晶溫度) 소성(塑性) 변형을 일으킨 결정(結晶)이 가열로 재결정(再結晶)을 하기 시작하는 온도.

rectangle 장방형(長方形), 구형(矩形)

rectangular broach 장방형 브로치(長方形-) 장방형의 구멍을 뚫는 데 사용하는 브로치.

rectangular section 장방형 단면(長方形斷面) 한 입체를 한 평면으로 잘랐을 때, 그 단면이 장방형을 이루고 있을 때의 단

R

면을 말한다.

rectangular spline 각 스플라인(角－) 평행치(平行齒) 스플라인이라고도 한다. → spline

rectangular weir 장방형 둑(長方形－), 구형 둑(矩形－) 물이 흘러 나가는 둑(notch)이 구형으로 되어 있는 둑.

rectifier 정류기(整流器) 교류를 직류(直流)로 바꾸는 장치. 정류 기구(整流機構)에 따라 기계적 정류기, 접촉·수은·열전자관·전해 정류기로 분류된다.

rectifying action 정류 작용(整流作用) 통전(通電) 방향에 따라서 전류의 흐르는 정도가 달라지는 성질을 정류 작용이라고 한다. 좁은 의미로는 한쪽 방향으로는 전류가 통하지만, 반대 방향으로는 통하지 않는 성질을 말한다.

rectilinear 직선의(直線－), 직선형의(直線形－)

rectilinear motion 직선 운동(直線運動) 물체가 움직이는 통로가 직선인 경우의 운동.

red lead 광명단(光明丹), 연단(鉛丹), 레드 리드 일산화연(一酸化鉛 : lead monoxide)을 400～450℃로 장시간 가열하여 만든 아름다운 황적색의 분말. 철재(鐵材)의 녹 방지, 물감이나 플린트 유리(flint glass)의 제조, 그 밖에 끼워맞춤이나 전기 공업 등에 사용된다.

red oxide 레드 옥사이드, 주단(鑄丹) 산화 제2철을 주성분으로 한 값싼 황적색 안료. 보통 황토를 구워서 만든다.

redrawing 재 드로잉(再－) 판금(板金) 성형 가공의 일종. 드로잉 작업에서 한 공정으로 드로잉할 수 있는 한도는 드로잉률 0.50 정도이고, 이보다 더 깊은 제품을 만들기 위해서는 재 드로잉형을 사용하여 가공품을 완성한다. 이 작업을 재 드로잉 가공이라고 한다.

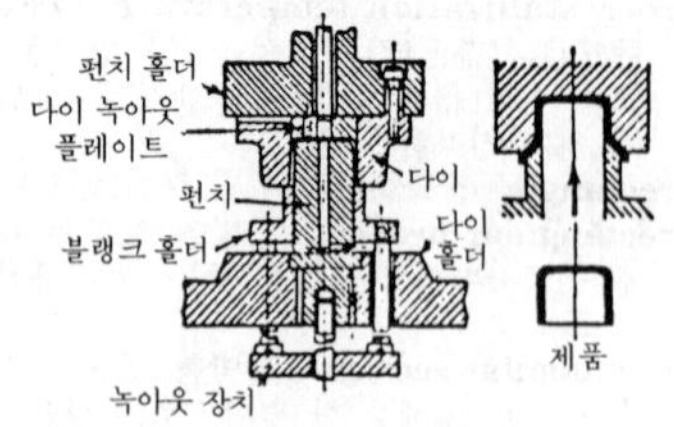

red shortness 적열 취성(赤熱脆性) 유황(硫黃)을 많이 함유한 강(鋼)이 적열(赤熱) 상태에서 취성(脆性)으로 되는 성질을 말한다.

reduced pressure 환산 압력(換算壓力) 열역학에 있어서 실제의 압력을 임계 상태의 압력으로 나눈 값.

reducer 리듀서, 이음쇠, 이경관(異徑管) ① 지름이 서로 다른 관과 관을 접속하는 데 사용하는 관 이음쇠. ② 지름이 차츰 작아져가는 것의 총칭. 배관에서는 이경관(異徑管), 가공에서는 지름을 차츰 가늘게 가공하는 기계를 말한다.

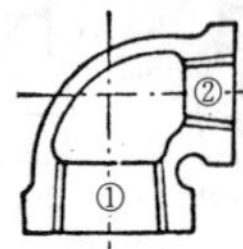

reducibility 희석성(稀釋性) 시너(thinner)가 소정의 안료를 용해하는 성질을 말한다.

reducing cross 이경 크로스(異徑－) 지름이 서로 다른 관을 접속하는 십자형 관 이음쇠.

reducing elbow 이경 엘보(異徑－) 지름이 서로 다른 관(管路)을 접속하는 엘보를 말한다.

reducing flame 환원염(還元炎) 환원성 불꽃. 예를 들면, 분젠 버너(Bunsen burner)의 불꽃을 관찰하면, 맨 안쪽에 아직 연소를 시작하지 않은 가스가 있고, 그 다음의 원뿔형 청색 불꽃이 환원염이며, 맨 바깥쪽이 산화염(酸化炎)이다. 환원염은 산소의 공급이 불충분한 부분으로, 이 부분에 산화 금속을 넣으면 그 금속은 환원이 된다.

reducing joint 이경관 조인트(異徑管－) 지름이 서로 다른 관끼리 접속하는 관이음의 총칭. ＝reducer

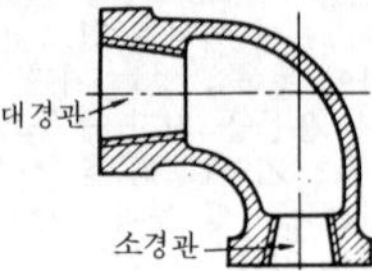

reducing mill 리듀싱 압연기(－壓延機) 지름이 작은 관(管)을 만들기 위하여 큰 지름의 관를 압연하여 드로잉(drawing)

하는 기계.

reducing socket 이경관 이음쇠(異徑管) =reducer

reducing tee 이경 티(異徑－) 지름의 크기가 서로 다른 관의 접속에 사용하는 T 자형 관 이음쇠.

reducing valve 감압 밸브(減壓－) 유체(流體)의 압력이 사용 목적에 대해서 너무 높을 때 이것을 감압(減壓)하고, 또 감압 후 압력을 일정하게 유지하는 밸브를 말한다.

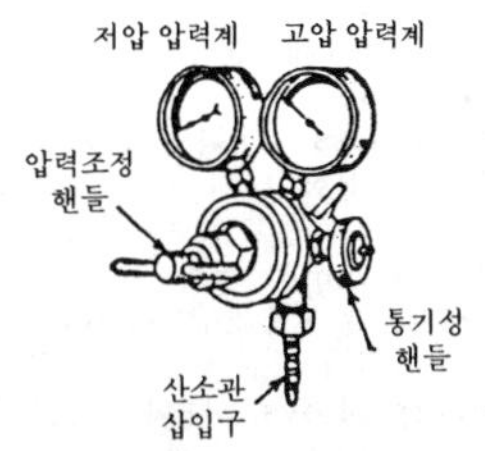

reduction 환원(還元) 산화에 대응하는 말. 즉, 산화된 물질을 원래의 상태로 되돌리는 화학적 변화를 말한다. 환원에 사용하는 물질(수소, 탄소, 아연, 아황산 가스, 마그네슘 등)을 환원제(還元劑)라고 한다. 넓은 의미에서는 전자(電子)를 얻을 수 있는 화학 변화를 말한다.

reduction gear ratio 감속비(減速比) 감속 장치에 있어서 원동축과 종동축과의 회전 속도의 비율.

reduction of area 단면 수축(斷面收縮) =contraction of area

reduction of operation 조업 단축(操業短縮) 공장 설비의 조업일이나 조업 시간을 단축 또는 쉬게 하여 생산력을 떨어뜨림으로써 생산 과잉(生産過剩)을 조정하는 것.

redundant member 과잉 부재(過剩部材) →statically indeterminate structure

Redwood 레드우드 기름의 동점도(動粘度)를 나타내는 실용 단위. 레드우드 점도계(粘度計)의 하부 세관(細管)으로부터 측정 유체 50cc가 유출하는 데 소요된 시간을 초로 잰 것.

reed relay 리드 릴레이 리드 릴레이는 리드 스위치를 코일 속에 넣은 형태의 릴레이(회로 개폐 장치)를 말한다.

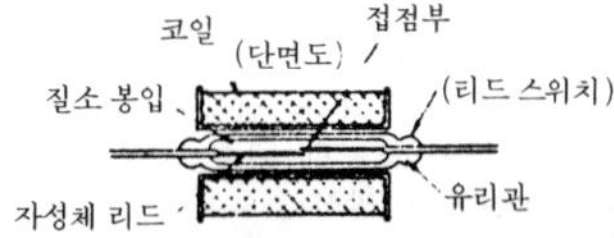

reed switch 리드 스위치 근접 스위치의 일종. 그림과 같은 구조로 되어 있다. 리드 스위치의 응용이 확대되어 푸시버튼 스위치, 근접 스위치, 서멀(thermal) 센서 등 온도 컨트롤에서 리드 릴레이에 이르기까지 폭넓게 사용할 수 있다.

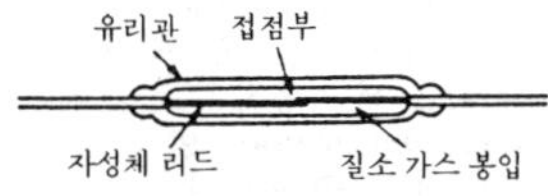

접점부는 약간 떨어져 있으나
자화로 흡인·접촉한다.

reed valve 리드 밸브 얇은 판상(板狀)의 밸브로, 기체의 압력차로 휘어져서 자동적으로 개폐 작용을 한다. 주로, 크랭크실 소기(掃氣) 2사이클 기관의 흡기(吸氣) 역류를 방지하는 등에 사용된다.

reel 릴 ① 물레 또는 철사, 전선, 필름 따위를 감는 바퀴. ② (여러 가지 기계의) 회전부.

reeling machine 타래기(－機) 다각형의 틀을 회전시켜 그 위에 실을 타래의 상태로 감아 들이는 기계로, 최근 고속화한 것이 실현했다.

reevaporation 재증발(再蒸發) 한 번 응축 액화(凝縮液化)한 증기가 압력 감소 등으로 다시 증발 기화하는 현상. 증기 기관의 실린더 내부에서 일어나는 현상은 그 전형적인 재증발 현상이다.

refacer 리페이서 기계를 정비할 때 면을 재 다듬질하는 기계를 말한다. re는 「다시」라는 의미의 접두사로, reface는 손상된 평면을 다시 평활하게 다듬질한다는 뜻이다.

reference 참고(參考), 참조(參照), 조합(組合)

reference dimension 참고 치수(參考－數) 그 물품의 제작에 직접 필요한 것은 아니나 이해를 돕기 위하여 참고 목적으로 도면에 기입하는 치수.

reference gauge 검정 게이지(檢定－) = check gauge

reference line 기준선(基準線)[1], 기준 피

치선(基準－線)[2] ① 거리를 측정할 때 기점이 되는 선.
② 이것을 따라서 잰 래크의 이(齒)의 두께가 피치의 특정한 비율, 보통은 1/2이 되는 피치선을 말한다.

reference number 대조 번호(對照番號) 도면에 표시된 부품과 부품란 또는 부품표에 기입된 부분과를 대조하기 위한 번호를 말한다.

reference plane 기준면(基準面) 설계·제작·배치·조립 등의 기준으로 하는 면을 말한다.

reference standard 기준 게이지(基準－) 공작용 게이지나 검사용 게이지의 정확도를 조사하는 데 사용하는 표준 게이지.

R

reflecting microscope 반사 현미경(反射顯微鏡) ① 금속 현미경을 말한다. 투시(透視)하는 것이 아니고 반사를 이용한 현미경. ② 구면체(球面體)의 반사를 이용하여 물체와 대물(對物) 렌즈와의 거리를 멀리하여 고온재(高溫材)나 파단면(破斷面)의 고배율(高倍率)을 얻는 현미경.

reflecting telescope 반사 망원경(反射望遠鏡) 굴절 망원경의 대물 렌즈 대신 볼록면 반사경을 사용한 망원경.

reflection 반사(反射) 파동이 하나의 매질 속을 진행해서 다른 매질과의 경계면에 달했을 때, 진행 방향이 바뀌어 다시 원래의 매질 속을 진행하는 현상.

reflection factor 반사율(反射率) 물체에 빛이나 열을 방사하면 일부는 흡수되고 다른 일부는 반사되며 나머지는 투과되는 데 이때의 반사되는 율. →radiation

reflection reducing 증투(增透) 렌즈의 표면에서 빛의 반사를 방지하여, 렌즈를 통과할 때의 빛의 손실을 적게 하는 것을 말한다. 렌즈의 굴절률(屈折率)이 n인 경우, 굴절률 n의 재료를 적당한 두께 만큼 코팅하면 반사를 방지할 수가 있다. 이때의 재료로는 플루오르화 마그네슘, 빙정석(氷晶石)이 사용된다. =optical coating

reflector 반사재(反射材) 원자로의 노심(爐心) 내에 산란(散亂)된 중성자는 노심의 외주(外周)로부터 외부로 누설된다. 이 누설을 방지하기 위하여 중성자(中性子)에 대한 흡수 단면적이 작고 산란 단면적이 큰 물질로 노심 바깥쪽을 둘러싼다. 이 목적에 사용되는 재료를 반사재(反射材)라고 한다.

refraction 굴절(屈折) 광학적(光學的)으로 불균질(不均質)한 매질(媒質) 속 또는 두 종류의 매질의 경계면에 있어서 빛이 진행 방향을 바꾸는 것.

refractive index 굴절률(屈折率) 빛이 두 등방성 매질의 경계면에서 굴절할 때 입사각의 정현과 굴절각의 정현과의 비는 일정하며, 이것을 굴절측 매질의 입사측 매질에 대한 상대 굴절률이라고 한다. 또 입사측이 진공(실용적으로는 공기)일 때의 값을 굴절측 매질의 절대 굴절률 또는 단지 굴절률이라고 한다.

refractories 내화물(耐火物) =refractories body

refractoriness 내화도(耐火度), 내화성(耐火性) 불에 타지 않고 고온에 견디는 성질 또는 그 정도. 수치적으로는 제게르콘(Seger cone) 번호(SK)로 나타낸다. 내화재로서는 SK 26 번(1,580℃) 이상의 것이 사용된다.

refractory alloys 내화 합금(耐火合金) 1,300℃ 이상의 고온에서는 융점(融點)이 높은 니오브(niob : 2,468℃), 몰리브덴(2,610℃), 탄탈(tantal : 2,996℃), 텅스텐(3,410℃) 등 고융점(高融點) 금속에 의한 내화 합금을 사용하지 않으면 안 된다. 내화 금속이나, 합금의 용제(鎔製)는 진공 아크 용해(鎔解)와 전자 빔 용해로 처리한다. 로켓의 노즐, 헬륨 가스 터빈의 블레이드, 미사일 연소실, 노즐 콘, 원자로의 열교환기 재료, 열전대(熱電對) 등 우주 과학이나 에너지 관련 장치에 사용된다.

refractory arch 내화 아치(耐火－) 연소실에 내어 붙인 내화 벽돌로 쌓은 벽. 불꽃이나 방사열을 반사시켜 점화, 연소 등을 용이하게 하기 위한 것.

refractory body 내화물(耐火物) 내화 벽돌, 내화 모르타르 등 고열 작업에 사용되는 노(爐)의 라이닝 재료.

refractory fiber 리프랙터리 파이버 세라믹 파이버 이외의 내열성 섬유(耐熱性纖維)를 말한다. 유리 섬유, 탄소 섬유 티탄산 칼륨 섬유 등을 가리킨다.

refractory lining 내화 라이닝(耐火－) 노(爐) 속을 고온으로 유지하고 열손실을 방지하기 위하여 내벽(內壁)에 내화 벽돌을 붙이거나 시멘트 모르타르 등을 바른 것을 말한다.

refractory material 내화재(耐火材) 내

화도가 제게르 콘 26번(1,580℃) 이상의 재료. 양질의 점토, 내화 벽돌 등.

refractory mortar 내화 모르타르(耐火－) 내화 벽돌을 쌓을 때의 재료. 경화하는 상태로 분류하면 열경성(熱硬性), 기경성(氣硬性), 수경성(水硬性)으로 나뉜다.

refrigerant 냉매(冷媒) 냉동기에 사용되어 냉동 작용을 하는 물질. 대표적인 냉매로서는 암모니아, 프레온, 메틸클로라이드 등이 있다. 초저온(超低溫)을 얻기 위해서는 액체 헬륨, 액체 수소를 사용한다.

refrigerate 냉동시키다(冷凍－), 얼다

refrigerating capacity 냉동 능력(冷凍能力) 냉동기로 목적물을 냉각시키는 능력. 표시 방식은 kcal/h, 1일당 냉동톤, 제빙톤 등이 있다. 1일당 냉동톤은 3,320 kcal/h에 상당하며, 제빙톤은 그것의 1.5~2배에 해당된다.

refrigerating cycle 냉동 사이클(冷凍－) 냉동기의 기준 사이클. 냉매가 압축기, 응축기, 팽창 밸브, 증발기의 장치를 한 바퀴 돌아서 1냉동 사이클이 완료된다.

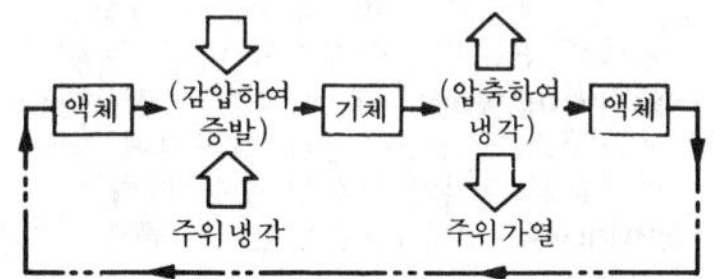

refrigerating machine 냉동기(冷凍機) = refrigerator

refrigerating vehicle 냉장 자동차(冷藏自動車) 식료품 등을 저온으로 유지한 채 운반하기 위한 차로, 냉동기를 탑재하고, 격납 부분에 열 절연 시공이 되어 있으며, 외면은 열의 반사를 좋게 하기 위하여 백색 또는 은색으로 도장되어 있다.

refrigeration 냉동(冷凍) 액체의 동결, 기체의 액화, 저온 실험 등을 위하여 고체·액체·기체 등을 저온도(低溫度)로 만드는 것 등을 말한다.

refrigeration oil 냉동기유(冷凍機油) 냉동기용 압축기에 사용되는 윤활유를 말한다. 냉매(冷媒)와 함께 섞이게 되므로, 예를 들어 응고점이 낮아야 하는 등의 적성이 요구된다.

refrigerator 냉동기(冷凍機) 냉매에 의하여 저온을 얻어 액체를 냉각 또는 냉동시키는 기계의 총칭. 냉동기의 주요부는 압축기, 응축기, 팽창 밸브, 증발기의 4부분으로 이루어져 있다.

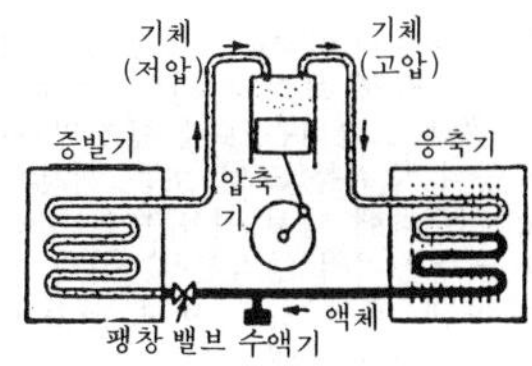

refrigerator car 냉장차(冷藏車), 냉장화차(冷藏貨車) 부패·변질하기 쉬운 화물을 저온으로 유지한 채 수송하기 위하여 차에의 내외벽 사이에 보냉재(保冷材)를 시공하여 단열 구조로 만든 유개 화차(有蓋貨車)로, 얼음 탱크가 있는 것과 없는 것이 있다.

refrigerator vehicle 냉동차(冷凍車) = refrigerating vehicle

refuse furnace 쓰레기 소각로(－燒却爐) 가연성(可燃性) 쓰레기를 분류하여 소각(燒却) 처리하는 노(爐). =incinerator, garbage furnace

regenerated turbo-prop engine 재생식 터보프롭 엔진(再生式－) 연소실에 유입되는 공기를 배기열(排氣熱)로 가열하여 열효율을 높이도록 열교환기를 구비한 터보프롭 엔진.

regenerating furnace 축열로(蓄熱爐) = regenerative furnace

regenerative apparatus 재생 장치(再生裝置), 복열 장치(復熱裝置) 증기 터빈의 추기(抽氣)에 의하여 보일러 급수(給水)를 예열하는 장치. 또 넓게 열 기타의 회수장치를 의미할 때도 있다.

regenerative brake 회생 브레이크(回生－) 극수 변환 전동기(極數變換電動機)를 사용한다. 고속측 전동기로 정격 운전을 하여 브레이크 작용을 할 경우에는 저속측 전동기로 전환된다. 이 조작으로 저속측 전동기는 동기 속도(同期速度) 이상의 속도로 운전을 하게 되고 동기 속도에 이르기까지 브레이크가 작용한다. 그리고 동기 속도를 약간 넘는 시점에서 부하 토크(torque)와 균형을 이루어 안정 운전을 한다. 완전히 정지시킬 경우에는 저속측 전동기의 정격 속도까지 감속된 시점에서 기계 브레이크를 작용시키면 정밀도가 높은 정지 위치의 제어를 할 수 있다. 또한 전력의 회생(回生)도 할 수 있다. 크레인,

엘리베이터, 전동차의 브레이크로 사용되고 있다.

regenerative cooling 재생 냉각법(再生冷却法) 액체 로켓 엔진의 냉각법의 하나. 고온에 노출되는 로켓 엔진의 연소실, 노즐 등의 주위를 코일 또는 재킷으로 둘러싸고 그 속에 액체 연료 또는 산화제(酸化劑)를 유통시켜 냉각한다. 이때 열을 흡수함으로써 액체 연료 또는 산화제의 열량이 연소 전에 높여진다.

regenerative cycle 재생 사이클(再生−) 증기 터빈에서 팽창(膨脹)도중 증기의 일부를 몇 번에 걸쳐 빼내어 복수기(復水器)로부터 보일러로 공급되는 급수를 예열하는 사이클.

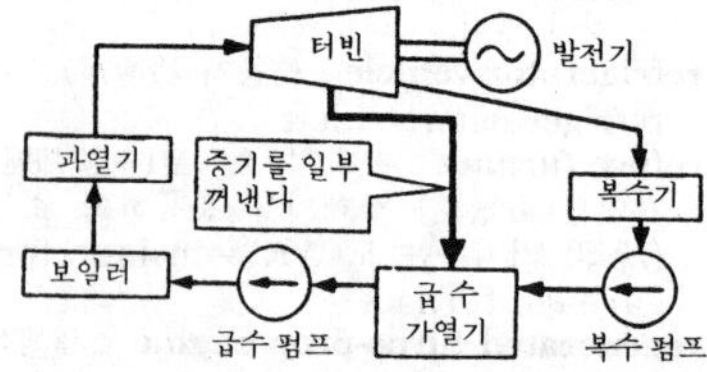

regenerative furnace 축열로(蓄熱爐) 폐열(廢熱)을 비축하여 노(爐)에 불어넣는 바람을 예열하는 노를 말한다. 주로 평로(平爐)에 사용된다.

regenerative heat exchanger 축열식 열교환기(蓄熱式熱交換器) 예를 들면, 먼저 연소 가스에 의해 벽돌 구조물을 가열해 놓고, 그곳에 목적물인 기체를 공급하여 가열하는 형식을 취하는 열교환기를 말하며, 제철소의 열풍로(熱風爐)는 이 형식을 채택한 것이 많다. →heat accumulator

regenerative turbine 재생 터빈(再生−) 재생 사이클로 가동될 수 있도록 한 터빈을 말한다.

regenerative turbo-prop engine 재생식 터보프롭 엔진(再生式−) 연소실에 흘러드는 공기를 배기의 열에 의해서 가열하여 열효율을 높이도록 열교환기를 갖춘 형식의 터보프롭 엔진.

regenerator 축열실(蓄熱室), 축열기(蓄熱器) 열을 쉽게 흡수하는 물질을 채워놓은 칸. 고온 유체를 한 방향으로 통과시켜 유체로부터 열을 흡수한다. =heat accumulator

register 레지스터 ① 금전 등록기(金錢登錄機), 기록기. ② 1비트(bit)를 또는 복수 비트를 보유하는 장치로, 특정한 목적에 사용되고 수시로 그 내용을 이용할 수 있도록 되어 있는 것.

regular work 상근직(常勤職) 상시 근무하는 일정한 직업.

regulating flap 나비형 밸브(−形−) 관로(管路)를 가로질러 설치한 축에 타원형 모양의 밸브판을 장착한 것으로, 축을 회전시킴으로써 관로를 교축(絞縮)하여 유량을 조절하는 작용을 한다. 구조가 간단한 반면 다른 스톱 밸브와 같이 흐름을 완전히 차단할 수는 없다. 기체와 액체 양쪽에 사용된다. =butterfly valve

regulating mechanism 조속기(調速機) 시계에 있어서 규칙적인 기계 운동을 일정한 속도로 유지하는 데 사용하는 기구(機構). =regulating organ

regulating valve 조정 밸브(調整−) 주로 유량을 조절하는 것을 목적으로 하는 밸브로, 유체 전동(流體傳動) 장치 등에서는 이 밸브의 개방 각도를 조절함으로써 출력측 원동기의 회전수를 바꿀 수 있다.

regulating wheel 조정 숫돌 바퀴(調整−) 센터리스(centerless) 연삭기에 있어서 공작물을 조절하기 위한 숫돌 바퀴.

regulation 조정(調整), 조절(調節), 가감(加減)

regulator 레귤레이터 조정 기기(調整機器)의 총칭. 압력 조정, 속도 조정, 전압 조정, 유량 조정 등에 사용되는 말.

regulator valve 조정 밸브(調整−) = regulating valve

reheater 재열기(再熱器) 고압의 증기(약 100기압 이상)를 사용하는 증기 터빈에서는, 팽창 도중의 증기를 다시 보일러로 되돌려 연소 가스로 가열하거나 보일러로부터의 과열 증기로 가열한다. 이것을 재열(reheat)이라 하고, 재열을 하는 장치를 통틀어 재열기라고 한다.

reheat factor 재열 계수(再熱係數) 다단 터빈에서 각 단의 단열 열낙차(斷熱熱落差)의 합 Σh_t는 초단의 입구 상태에서 최종단 출구 압력까지 등(等)엔트로피 팽창하는 경우의 단열 열낙차 H_t보다 크다. $\mu=\Sigma h_t/H_t$를 재열 계수라 하고 일반적으로 1.02~1.10 정도의 값이지만 내부 효율이 나쁠수록, 또 단수(段數)가 많을수록 큰 값이 된다.

reheating 재열(再熱) 증기 터빈 플랜트의 열효율 향상과 습증기에 의한 터빈 날개의 침식 경감을 목적으로, 고압 터빈부를 나와 포화 온도 가까운 상태에까지 팽창한 증기를 보일러로 유도하여 다시 적당한 온도로 재가열하는 것.

reheating cycle 재열 사이클(再熱-) 증기 원동기에서 증기가 팽창해가는 도중 그것을 재가열하여 다시 팽창시키도록 한 사이클.

reheating furnace 재열로(再熱爐) 금속 재료의 압연(壓延)이나 단조(鍛造)에 있어서 적당한 온도까지 재가열하는 노(爐).

reheating turbine 재열 터빈(再熱-) 재열을 하는 터빈.

Reinecker bevel gear generator 라이네커 기어 절삭기(-切削機) 베벨 기어를 창성(創成)하는 기계. 커터의 1왕복마다 한 톱니씩 절삭하는 방식.

reinforced concrete 철근 콘크리트(鐵筋-) 콘크리트에 철근을 넣어서 강화시킨 것. 철근을 넣어서 인장(引張), 진동, 충격에 대한 저항을 증대시킨 것.

reinforced plastics 강화 플라스틱(强化-) 보강재에 수지를 함침시켜 성형한 것. 기계적 강도를 늘리기 위해 보강재로 보강한 숫돌을 말한다.

reinforcement 철근(鐵筋) =reinforcing bar

reinforcement of weld 보강 용접(補强鎔接) 용접 치수 이상으로 표면에 덧씌워진 용착 금속.

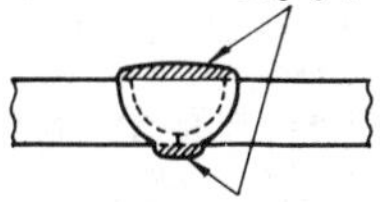

reinforcement of weld

reinforcing bar 철근(鐵筋) 철근 콘크리트 시공 때 보강재로 콘크리트 속에 넣는 연강선재(軟鋼線材).

relative acceleration 상대 가속도(相對加速度) 상대 속도의 시간에 대한 변화 비율.

relative displacement 상대 변위(相對變位) 점 A 및 B의 변위를 각각 r_A, r_B라고 할 때 $r_{AB}=r_B-r_A$를 점 B의 점 A에 대한 상대 변위라고 한다.

relative humidity 상대 습도(相對濕度) →humidity

relative metabolic rate ; RMR 에너지 대사율(-代謝率) 동물은 식사를 함으로써 에너지를 체내에 공급하고, 작업을 하거나 움직임으로써 에너지를 소비한다. 이와 같은 에너지의 공급 및 소비를 에너지 대사라고 하며, 공급된 에너지로 소비된 에너지를 나눈 값을 에너지 대사율(代謝率)이라고 한다.

relative motion 상대 운동(相對運動) 2개의 물체가 운동을 하고 있을 때, 하나의 물체를 기준으로 한 다른 물체의 운동을 상대 운동이라고 한다.

relative velocity 상대 속도(相對速度) 상대 변위의 시간에 대한 변화 비율을 상대 속도라고 한다.

relaxation of stress 응력 이완(應力弛緩) 물체에 발생하는 변형을 일정한 상태로 유지할 때 응력이 시간의 경과와 더불어 차츰 감소하는 현상. 이는 크리프(creep) 현상과 함께 발생하는 것이다.

relaxation test 릴랙세이션 시험(-試驗) 재료의 전 변형(全變形)을 일정하게 유지했을 때 부하 응력(負荷應力)이 시간의 흐름과 함께 감소하는 현상을 조사하는 시험을 말한다.

relaxation time 완화 시간(緩和時間) 점탄성체에 대한 맥스웰 모형에서의 변형력 완화와 같이 일반의 완화 현상은 시간 t에 대하여 $e^{-t/T}$와 같이 나타내어지는 일이 많다. 이때의 T를 완화 시간이라고 한다. 이것은 그 현상을 기술하는 변수가 초기값의 $1/e$로 감소하기까지의 시간을 나타낸다.

relay 릴레이 입력이 어떤 값에 도달했을 때 작동하여 다른 회로를 개폐하는 장치.

release 릴리스 토출(吐出), 배출 또는 이완, 해산하다의 뜻.

reliability 신뢰도(信賴度), 신뢰성(信賴性) 계(系), 기기 또는 부품이 규정된 조건에서 의도하는 기간, 규정된 기능을 적정하게 수행하는 확률.

relief 릴리프 기계 다듬질 가공에서 다듬질 부분을 줄이거나 작업이 곤란한 부분을 오목하게 만들어 다듬질을 피하는 것.

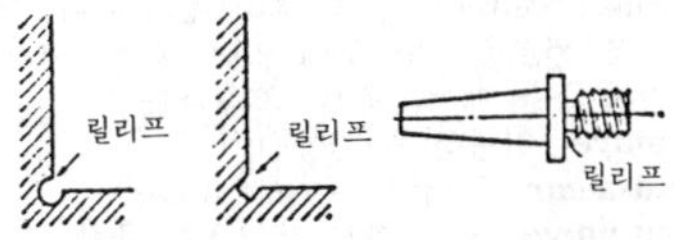

relief angle 릴리프 앵글, 여유각(餘裕角) =angle of relief
relief duplicator 철판 인쇄기(凸板印刷機) 철판(凸板)을 원판으로 하여 인쇄하는 기계. 요판(凹板) 인쇄기에 대응하는 말이다.
relief flank 릴리프 플랭크 절삭날을 공작물에 닿게 하기 위하여 주어진 여유면으로서 바이트의 여유면에 해당한다.
relief printing 릴리프 인쇄(－印刷) 요철(凹凸)이 있는 입체 플레이트 인쇄.
relief valve 릴리프 밸브 회로의 압력이 밸브의 설정 압력에 도달하면 유체(流體)의 일부 또는 전량을 배출시켜 회로 내의 압력을 설정값 이하로 유지하는 압력 제어 밸브로, 1차 압력 설정용 밸브를 가리키는 것.
relieving 릴리빙 회전형 절삭 공구인 밀링 커터, 기어 커팅용 호브, 탭 등의 절삭날 앞 여유면을 깎아 내는 것. 일반적으로 캠 기구를 가진 릴리빙 장치에 의하여 행하여진다. 릴리빙을 전문으로 하는 선반을 릴리빙 선반이라고 한다.
relieving attachment 릴리프면 절삭 장치(－面切削裝置) 나사 탭이나 밀링 커터 등의 릴리프면 절삭은 특수한 부속 장치를 선반(旋盤)에 장착해야 가공을 할 수 있다. 이 장치를 릴리프면 절삭 장치라고 한다.
relieving lathe 릴리프면 절삭 선반(－面切削旋盤) 나사 탭이나 밀링 커터 등의 릴리프면 절삭에 사용하는 특수 선반.
relieving tool 릴리프면 절삭 바이트(－面切削－) 릴리프면 절삭 선반에서 사용하는 바이트. 보통 선반 바이트보다 앞 여유각을 충분히 잡고 있다.
reloading 재부하(再負荷) 기계나 구조물에 외력을 작용시키고(부하), 그 후 외력을 제거한 상태에서 다시 외력을 작용시키는 것을 재부하라고 한다.
remainded strain 잔류 변형(殘留變形) 부하를 제거한 후에도 남아 있는 구조물 또는 시험편의 영구 소성 변형(永久塑性變形)을 말한다.
remote control 원격 제어(遠隔制御), 리모트 컨트롤 먼 곳에 있는 물체, 기기, 장치 등을 제어, 운전, 조종하는 것.
remove 이동하다(移動－)
rent-a-car 렌터카 =rental car
rent valve 도출 밸브(吐出－) 유량 또는 압력이 소요량 이상이 되었을 때 그 여분의 유량 또는 압력을 다른 데로 빼돌려 적정한 유량 또는 압력을 유지하는 역할을 하는 밸브. =escape valve
reostat 리오스탯 2개의 단자간 저항을 증감, 변화시킬 수 있는 가변 저항기.
repair 수리(修理), 수선(修繕), 수리하다(修理－), 수선하다(修繕－)
repairship 공작선(工作船) 조난선(遭難船)을 먼 바다 위에서 수리하는 데 사용되는 배로, 선박 수리에 필요한 동력 장치, 공작 기계, 재료 보관 창고 등을 배 안에 보유하고 있다.
repeat 반복(反復)
repeatability 반복 정밀도(反復精密度) 동일 조건으로, 같은 방법에 의하여, 같은 특성을 반복하여 측정했을 때의 특성값의 산포도(散布度).
repeated load 반복 하중(反復荷重) 동하중(動荷重)의 일종으로, 하중의 방향은 일정하나 일정한 크기의 진폭을 되풀이하는 것.
repeated stress 반복 응력(反復應力) 반복하여 작용하는 하중을 받는 재료의 내부에 생기는 응력.
repeated tempering 반복 뜨임 처리(反復－處理) 고합금강(高合金鋼), 고속도 공구강(高速度工具鋼) 등 1회의 뜨임으로는 열처리 효과가 충분하지 않은 경우에 뜨임 처리를 2~3회 되풀이하는 조작.
repeating period 반복 주기(反復週期) 기계계가 일정한 시간마다 반복 운동할 때 1회의 반복에 요하는 시간 간격을 반복 주기라고 한다.
repetitive stress 반복 응력(反復應力) = repeated stress
replacer 리플레이서 부품을 끼우고 빼고 하는 용구를 말한다. 밸브 키 리플레이서(valve key replacer) 등.
replica method 레플리커법(－法) 물체 표면의 요철(凹凸)을 전자선(電子線)이 투과하기 쉬운 얇은 막으로 전사(轉寫)하여, 이 박막을 간접적으로 전자 현미경으로 관찰하는 경우의 시료(試料) 작성법.
report 리포트 ① 보고서, 논문. ② 리포트를 작성하다, 보고하다.
reproducibility 재현성(再現性) 동일한 방법으로 동일한 측정 대상을, 측정자, 장치, 측정 장소, 측정 시기의 모든 것 또는 그 중 어느 하나가 달라진 조건에서 측정하였을 때 개개의 측정값이 일치하는 성질 또는 정도를 말한다.

repulsion start motor 반발 시동 모터(反撥始動－) 원심 스위치가 달린 반발 모터로, 동기 속도의 약 75%에서 스위치가 정류자를 단락시킨다. 가장 일반적인 정류자 단상 모터.

required NPSH 필요 유효 흡입 헤드(必要有效吸入－) 펌프의 어느 운전 상태에 있어서 캐비테이션이 발생하지 않게 하기 위한 펌프로, 필요한 유효 흡입 헤드. 단지 필요 NPSH 라고도 한다.

research reactor 연구용 원자로(研究用原子爐) 원자로의 사용 목적에 의한 분류로서 연구로, 동력로 개발용의 실험로, 생산로, 동력로로 구별된다. 연구용 원자로는 에너지나 물질의 생산을 하지 않고 어떤 정보를 얻는 것을 목적으로 하는 원자로이다.

reseat pressure 리시트 압력(－壓力) 체크 밸브 또는 릴리프 밸브 등에서 밸브의 입구 압력이 저하하여 밸브가 닫히기 시작하고, 밸브의 누설량이 규정된 양까지 감소하였을 때의 압력을 말한다.

reset 리셋 ① 로크아웃(lockout) 상태로 해둔 안전 장치 또는 작동 후의 안전 장치를 정상 작동 전의 상태로 복귀시키는 것. ② 전기·전자 회로를 일정하게 또는 초기 상태로 세트(set)하는 것.

residual gas 잔류 가스(殘留－) 4 사이클 기관의 배기 행정(排氣行程) 끝 또는 2 사이클 기관의 소기 행정(掃氣行程) 끝에, 실린더 속에서 완전히 배출되지 않고 남아 있는 연소 가스.

residual magnetism 잔류 자기(殘留磁氣) 강자성체(强磁性體)에 자장(磁場)을 작용시켜 이것을 자화(磁化)한 다음 자장을 제거하여도 자화된 물체에는 자력이 남는다. 이 남은 자력을 잔류 자기라고 한다.

residual strain 잔류 변형(殘留變形) → reminded strain

residual stress 잔류 응력(殘留應力) 절삭, 압연, 단조(鍛造), 가열, 냉각, 열처리, 용접, 도금 등에 의한 급격한 변화로 생긴 불균일한 소성 변형(塑性變形)의 결과로서 금속 내에 발생한 응력을 말한다.

residual stress by welding 용접 잔류 변형력(鎔接殘留變形力) 용접에 의한 국부적인 가열, 냉각의 반복 결과 부재(部材) 내에 발생하는 변형력. 잔류 변형력은 부재가 변형하는 원인이 되어 균열의 발생, 파괴의 촉진 등 유해한 작용을 일으키는 일이 많다.

resilience 탄성 에너지(彈性－) 탄성 물체가 외력의 작용을 받으면 변형을 하기 때문에 외력이 일을 한 것이 된다. 일량은 전부 물체 내에 비축된다. 이것을 탄성 에너지라고 한다.

resilient wheel 탄성 바퀴(彈性－) 바퀴의 주행음(走行音)을 직접 완화하기 위하여 차륜에 고무를 사용한 것.

resin 수지(樹脂), 레진 고분자량이며, 명확한 융점을 지니지 않은 천연 또는 합성 고체 또는 반고체상 유기 생성물(有機生成物)의 총칭.

resin-coated sand 레진코티드 샌드 셸 몰드법(shell molding process)에 사용하는 조형용(造型用) 주물사(鑄物砂)의 일종. 모래에 분상(粉狀) 또는 액상(液狀)의 레진을 혼합하여 모래의 점착력(粘着力)을 높인 것.

resinoid 레지노이드 숫돌 입자와 결합시켜 숫돌을 만들 때 사용하는 베이클라이트(bakelite) 또는 열경화 수지(熱硬化樹脂)를 말한다. 절단용 숫돌로서 널리 사용되고 있다.

resinoid bond 레지노이드 결합제(－結合劑) 숫돌 성형용 결합제의 일종. 인조 수지(베이클라이트)를 주성분으로 하는 것.

resintering 재소결(再燒結) 소결 합금(燒結合金)을 성형한 후 맨 처음에 예비 가열하여 일단 안정시킨 다음 다듬질을 위하여 마지막 소결(열처리)을 하는 것을 재소결이라고 한다.

resistance 저항(抵抗), 레지스턴스 ① 힘이 작용하면 그 방향과 반대 방향으로 이를 저지하려는 힘이 발생한다. 이것을 저항이라 한다. ② 전류 및 자기 회로(磁氣回路)에서의 전기 저항 및 자기 저항 등.

resistance brazing 저항 납땜(抵抗－) 전기 저항과 전류에 의하여 열을 얻는 전기 납땜법.

resistance butt welding 저항 맞대기 용접(抵抗－鎔接) 금속선, 금속봉, 금속관 등의 접합면을 깨끗이 청소하여 용접기의 크램프 장치에 고정시킨 다음 접합면에 전류를 통하여 맞대기면을 중심으로 그 언저리에 열을 발생시켜 용접 온도에 도달했을 때 기계적으로 압력을 가하여 양 모재를 압착시켜 용접하는 방법.

resistance flash welding 불꽃 맞대기 용접(－鎔接) ＝flash butt welding

resistance furnace 저항로(抵抗爐) 전기로의 일종. 저항열을 이용하는 것으로, 저항선을 사용하여 열을 발생시키는 방식(간접식)과 피가열물(被加熱物) 자체에 전기를 통하여 발생하는 저항열을 이용하는 방식(직접식)이 있다.

resistance pyrometer 전기 저항 고온계(電氣抵抗高溫計) 금속의 전기 저항이 온도와 함께 변하는 것을 이용한 온도계.

resistance thermometer 측온 저항체(測溫抵抗體)[1], 저항 온도계(抵抗溫度計)[2] ① 전기 저항이 온도에 따라서 변화하는 성질을 이용한 측온용(測溫用)의 저항체로, 금속계와 반도체계(半導體系)가 있다. ② 금속 저항선의 저항값의 변화를 측정하여 온도를 알아내는 것. 측정 범위는 －200～600℃정도까지 정확히 측정할 수 있으며, 온도 기록 조절계(調節計)로서 자동 제어에 사용된다.

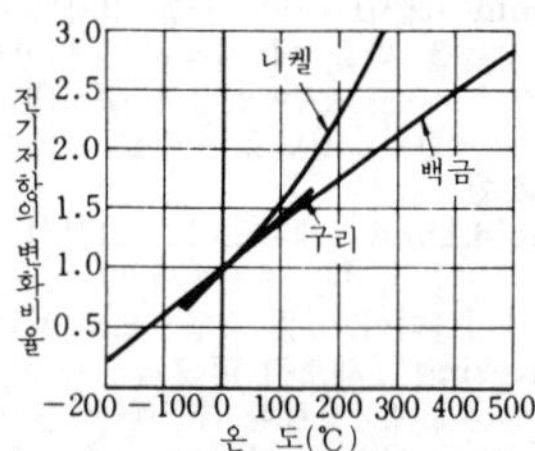

resistance time 통전 시간(通電時間)(스폿 용접) 저항 용접에 있어서 전극에 용접 전류를 통하는 시간. 통전 시간은 전류가 압력과 함께 저항 용접에 있어서의 용접부의 세기를 좌우하는 3대 요인의 하나이다.

resistance welding 저항 용접(抵抗鎔接) 전기 용접의 일종이다. 접합하는 두 금속을 맞붙인 다음 큰 전류를 통하여 그 접촉 저항으로 발생하는 열로 접합부를 녹여서 용접하는 방법.

resistant 저항물(抵抗物), 저항하는(抵抗－)

resisting moment 저항 모멘트(抵抗－) 고정(固定) 모멘트를 말한다. 또는 강도적인 뜻으로 봉상 부재(棒狀部材)의 단면이 견딜 수 있는 굽힘 모멘트나 비틀림 모멘트의 최대값. ＝resistive moment

resistivity 저항력(抵抗力) 부하에 저항하는 힘.

resistor 저항기(抵抗器) 전기 회로의 전류, 전압을 가감 또는 제한하는 데 사용하는 부품.

resolver 리졸버 각도 검출용 모터의 일종. 코일이 감긴 스테이터와 로터를 갖추고 있다. 싱크로(synchro)의 권선(捲線)은 3상(相) 코일이나 이것은 2상 코일로 되어 있는 것이 특징이며, sin과 cos으로 표시되는 두 가지 전압을 얻게 되어 있는 것을 리졸버라 부르고 있다. 검출한 기계축(機械軸)에 리졸버의 축을 연결하여 소정의 전원에 이것을 접속하면 출력에는 회전 각도의 신호로 변조된 교류의 전기 신호가 나타나는 검출기이다. 그림과 같은 구조로 되어 있으며 기계의 움직임을 정확히 포착하여 최적한 제어를 하기 위한 위치 센서나 피드백(feedback) 소자로 사용되고 있다.

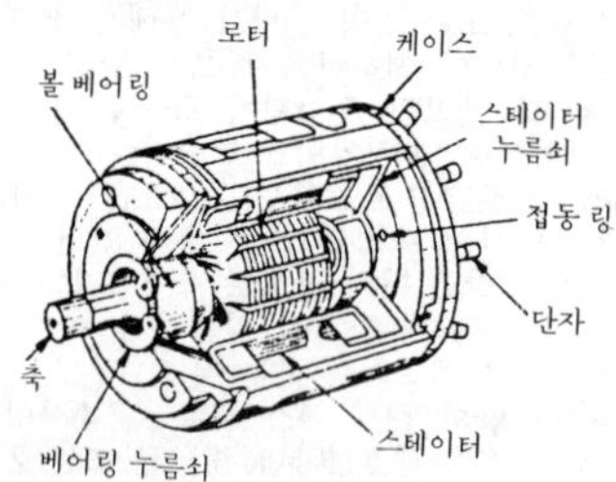

resolving power 분해능(分解能) 망원경, 현미경, 확대경, 눈 등으로 분별할 수 있는 2점간의 극한(極限) 거리 또는 시각(視覺)을 말한다. 망원경의 대물(對物) 렌즈의 유효 지름을 D, 빛의 파장을 λ라고 하면, 극한의 시각 θ는 $\theta=1.22\lambda/D$. 현미경의 대물렌즈의 개구수(開口數)를 a라고 하면, 단색광(單色光)이 빗금 방향으로 입사한 경우에 극한 거리 E는 $E=\lambda 2a$로 주어진다.

resonance 공진(共振) 강제 진동에서 외력에 의한 진동의 주기(周期)와 진동체의 고유 진동이 주기가 같을 때에는 진동도 한 번씩 떨릴 때마다 커진다. 이와 같은 강제 진동을 공진이라고 한다.

resonance absorption 공명 흡수(共鳴吸收) 입사 입자(入射粒子)의 에너지가 어떤 특정한 범위 내에 있을 때 그 입자와

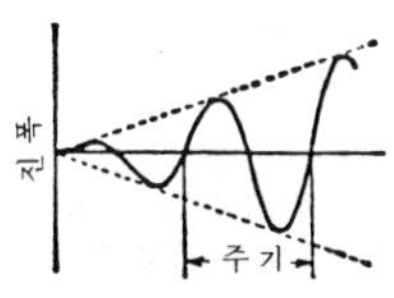

resonance

원자핵 사이에 핵반응이 활발해지는 현상을 공명이라 하고, 이 반응이 흡수 반응일 때 이것을 공명 흡수라고 한다.

resonance amplitude 공진 진폭(共振振幅) 주기적으로 변화하는 외력의 작용을 받고 있는 진동체가 공진 상태에 있고 외력의 진동수 변화에 대하여 극대값이 되는 진폭.

resonance curve 공진 곡선(共振曲線) 어떤 진동계에 주기적으로 변화하는 외력(外力)이 작용할 때의 공진 상태를 나타내기 위하여 진동체의 정상적인 진폭과 외력의 진동수의 관계를 도시한 곡선을 말한다. 예를 들면, 점성 감쇠를 갖는 1자유도계에서는 그림과 같이 된다.

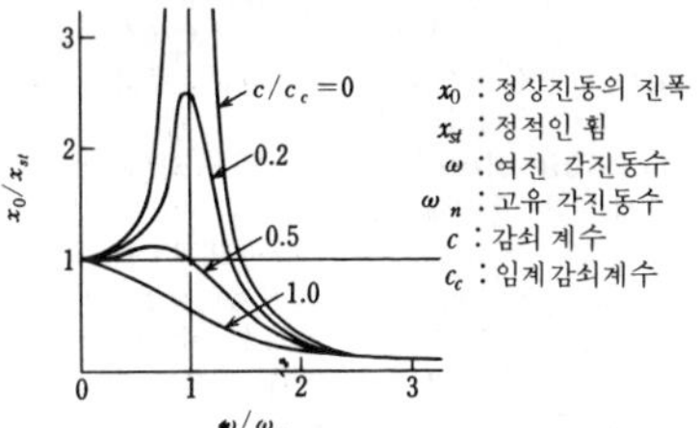

resonance frequency 공명 진동수(共鳴振動數), 공진 진동수(共振振動數) 주기적으로 변화하는 외력의 작용을 받고 있는 진동계에 있어서 진동체의 정상적 진폭이 극대가 될 때의 외력의 진동수.

response 응답(應答) 계측기에의 입력 신호에 대하여 출력 신호가 대응하는 시간적 변화.

restoring force 복원력(復元力)

resultant 합력(合力), 합성의(合成－)

resultant stress 합응력(合應力) 임의의 방향으로부터 하중을 받고 있는 물체 내의 미소 요소를 생각할 때 그 임의의 단면에서 합성된 응력을 합응력이라고 한다.

retained austenite 잔류 오스테나이트(殘留－) 담금질된 철강 속에서 오스테나이트 조직의 일부가 변태되지 않고 남아 있는 것.

retainer 리테이너 =cage

retainer ring 리테이너 링 유지 링을 말한다. 구름 베어링이나 패킹, 다이(die), 펀치 등의 유지용 링의 총칭.

retaining ring 리테이닝 링 =deceleration

retarder 리타더 자동차의 속도를 줄이는 장치로, 브레이크 이외에 주행 에너지의 흡수에 의한 감속 작용을 하는 것을 리타더라고 한다.

retort 증류기(蒸溜器) 건류용(乾溜用) 가마. 이 내부에 고체 원료를 넣고 외부로부터 가열하여 기체를 발생시킨다.

retro-rocket 역추진 로켓(逆推進－) 천체의 위성으로서 그 주위를 주회(周回)하고 있는 우주선을 그 천체에 착륙시키려고 할 때 감속을 위하여 분사하는 로켓.

return 궤환(饋還), 복귀(復歸), 귀환(歸還)

return bend 궤환 벤드(饋還－), 귀환 벤드(歸還－), 리턴 벤드 180°로 굽은 벤드.

return cam 귀환 캠(歸還－), 리턴 캠 판(板) 캠에서 종동절에 확실하게 전동(傳動)하기 위한 방법의 하나. 보통의 캠 이외에 귀환 캠을 부착하여 보통 캠이 전동을 하고 난 다음 캠을 원위치로 되돌리게 하는 하는 데 사용한다.

return carrier 리턴 캐리어 벨트 컨베이어의 귀환측 벨트를 지지하는 롤러. 벨트 폭과 크기가 같은 1개의 롤러로, 내부에 베어링을 봉입한 구조로 되어 있고 축이 컨베이어 프레임에 고정되어 있다. 벨트 무게만 지지하면 되기 때문에 캐리어 롤러보다는 설치 간격이 훨씬 넓다.

return stroke 귀환 행정(歸還行程) 왕복 운동을 하는 기구(機構)에 있어서 절삭 행정(切削行程)이나 또는 유체의 팽창에 의한 작업 행정을 끝내고 되돌아가는 행정을 말한다.

return-tube boiler 귀환관 보일러(歸還管－) 육상용(陸上用)의 외분식 소형 관 보일러. 가스는 파이어 브리지를 통과한 후 보일러의 뒤쪽에서 보일러 내의 하부에 있는 많은 연관(煙管)에 모인 다음 굴뚝으로 나간다. 가스가 다시 앞쪽으로 되돌아온다는 뜻에서 귀환관 보일러라고 한다. 값싼 연료를 사용하는 데에 적합하다.

reverberatory furnace 반사로(反射爐) 금속을 용해하여 정련(精練)하는 노(爐). 아궁이와 용해실이 분리되어 있고 화염(火焰)은 노의 정상부(頂上部)를 따라 흐르며, 노의 천장과 옆벽으로부터의 반사열로 원료를 용해하는 노.

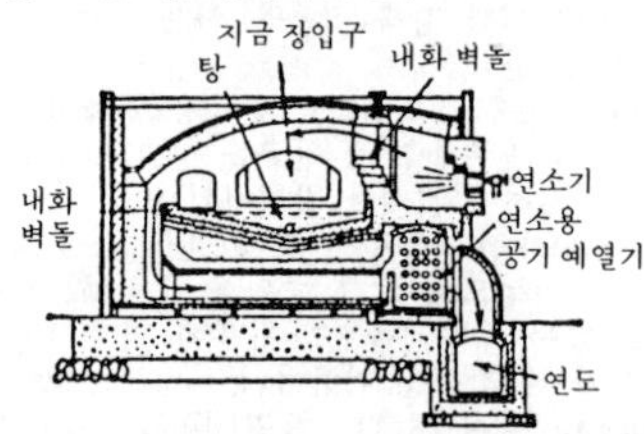

reversed feed grates 역이송 화격자(逆移送火格子) 화격자가 뒤에서 앞으로, 또는 밑에서 위로 정상 방향과는 반대 방향으로 이송 운동을 하는 화격자. →stationary grate

reverse drawing 역 드로잉(逆－) 드로잉 작업의 일종. 역 드로잉형을 사용하여 용기의 안쪽을 바깥쪽이 되도록 뒤집어서 드로잉하여 그 지름을 감소시키는 방법.

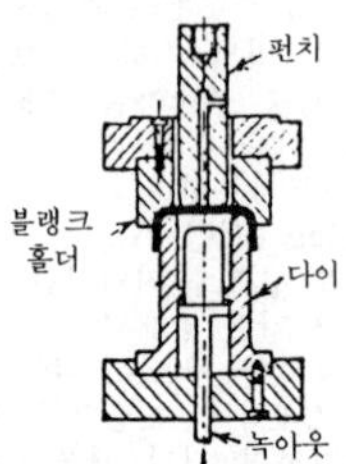

reverse flow 역류(逆流) 물체를 따르는 흐름에 있어서 감속 흐름 즉 압력 구배가 정(正)일 때에는 주류보다 느린 경계층 내의 흐름은 한층 감속되고 결국에는 벽면에서의 속도 구배가 0이 되는 점이 생긴다. 그 점을 경계로 하류에서는 압력이 높은 하류측에서 낮은 상류측으로 유체가 흐르는 부분이 생긴다. 이 현상을 역류라고 하며 속도 구배가 0이 되는 점을 경계층의 박리점이라고 한다. →separation

reverse flow combustion chamber 역류 연소실(逆流燃燒室) 공기의 흐름과 반대되는 방향으로 연료를 분사하는 형식의 가스 터빈용 연소실. 보통 내통(內筒)만이 반대 방향으로 향하고, 2차, 3차 공기도 화염(火焰) 방향에 대향(對向)하여 유입하므로 화염을 짧게 할 수 있고 따라서 연소실의 전장(全長)도 짧게 할 수 있으나 압력 손실이 크다. 소형 가스 터빈용으로 사용되고 있다. =counterflow combustion chamber

reverse osmosis membranes 역침투막(逆浸透膜) 용매(溶媒)는 통과시키고 용질(溶質)은 통과시키지 않는 수 미크론의 반투막(半透膜). 가공 등에 의하여 적극적으로 용매를 침투시키고 역방향으로 이행시킴으로써 용질을 농축시킬 수 있다.

reverse polarity 봉 플러스(棒－) → electrode positive

reversible change 가역 변화(可逆變化) 하나의 닫힌 계(系) 속의 변화가 항상 역학적, 열적(熱的)으로 평형을 유지하면서 무한대로 완만하게 이루어지는 경우를 말한다. 이와 같은 평형 상태가 유지되지 않는 변화를 불가역 변화(不可逆變化)라고 한다. 현실적으로 이루어지는 변화는 모두 불가역 변화이다.

reversible clutch 역전 클러치(逆轉－) 클러치의 전환에 의해 역전을 얻는 기구. 구동축의 회전을 일정 방향으로 해 두면서 종동축(從動軸)의 회전을 같은 방향, 역방향 어느쪽으로도 변경할 수 있게 쓰이는 클러치. 자동차 등에 사용된다. → reversing mechanism

reversible cycle 가역 사이클(可逆－) 내연 기관 등에서 사이클을 이루는 각 부분의 상태 변화가 모두 가역 변화인 사이클. 변화 도중에 불가역(不可逆) 부분이 있는 것을 불가역 사이클이라고 한다.

reversible pitch propeller 가역 피치 프로펠러(可逆－) 가변 피치 프로펠러 중에서 날개의 각이 역전하여 부(負)의 추력(推力)을 발생하는 것을 특히 가역 피치 프로펠러라고 한다. 가역 피치 프로펠러는 비행기가 착륙할 때 부(負)의 추력을 얻게 되어 브레이크 역할을 한다.

reversing clutch 역전 클러치(逆轉－) 기계에 있어서 주동축(主動軸)의 회전 방향을 일정하게 해 놓고 종동축(從動軸)의 회전 방향을 수시로 변환하기 위한 클러치.

reversing device 역전 장치(逆轉裝置) 역전을 필요로 하는 경우에 사용되는 장치.

reversing gear 역전 장치(逆轉裝置)[1], 역전기(逆轉機)[2] ① 증기 기관차에 있어서 진행 방향 및 증기의 단절을 바꾸는 장치. ② 차량(증기 기관차, 디젤 기관차, 전동차)의 진행 방향을 반대 방향으로 바꾸기 위하여 설치된 장치의 총칭.

reversing handle 역전 핸들(逆轉－) 기관을 전진 방향에서 후진 방향으로 돌리는 경우 조종자는 조종 핸들을 반대로 돌리면 기관의 역전 기구(逆轉機構)가 차례로 변환되어 기관이 역방향으로 돈다.

reversing mechanism 역전 장치(逆轉裝置) 역전 장치란 원동축의 회전 방향이 일정한 경우에 필요에 따라 종동축(從動軸)의 회전을 반대 방향으로 바꾸는 기구이다. 역전 방식에는 수시로 역전을 시키기 위한 수동식과 일정한 주기를 가지고 자동적으로 작동하는 자동식이 있다.

reversing rolling mill 가역 압연기(可逆壓延機) 큰 형재(形材), 분괴(分塊), 후판(厚板) 등의 압연에 사용하는 압연기의 일종으로, 한 쌍의 롤(roll) 사이에 소재를 왕복시키면서 그 때마다 롤의 간격(틈새)을 차츰 좁혀가면서 압연하는 압연기.

reversing turbine 후진 터빈(後進－) = astern turbine

revolution 레벌류션, 회전(回轉) 약자는 rev 또는 r. 회전, 선회. 예 : rpm＝매분 회전수(revolution per minute).

revolution counter 적산 회전계(積算回轉計) 축의 회전수를 적산하여 지시하는 계기. 보통의 웜 기어 등의 기어 장치를 사용한다.

revolution mark 회전 궤적(回轉軌跡)

revolution per minute ; **RPM** 회전수(回轉數) 1분간의 회전수. 약자는 R.P.M. 또는 r.p.m.

revolve 회전하다(回轉－), 회전시키다(回轉－)

revolver 회전로(回轉爐) 제강용(製鋼用) 회전로.

revolving grate 회전 화격자(回轉火格子) 화격자가 회전 운동을 하는 것. →stationary grate

revolving slider crank mechanism 회전 슬라이더 크랭크 기구(回轉－機構) 양 클랭크 기구에서 고정 링크의 대변(對邊) 링크를 슬라이더로 한 것. →double-crank mechanism

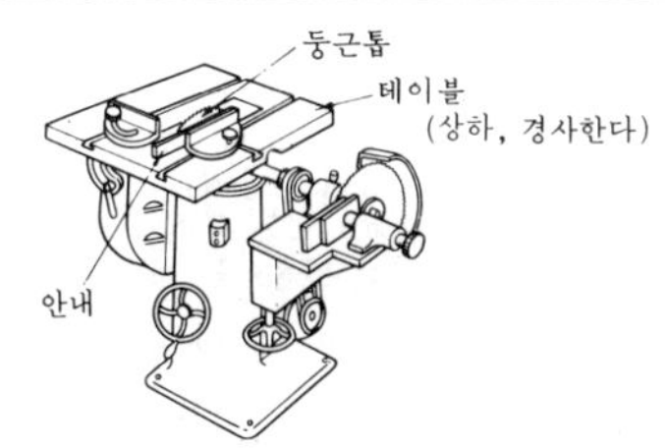

revolving slider crank mechanism

Reynolds number ; R_e 레이놀즈수(－數) 원관(圓菅) 내의 흐름은 일정한 조건하에서 그림과 같이 층류(層流)에서 난류(亂流)로 천이한다. 그 조건이 $R_e = vl/\nu$의 무차원수에 의해서 주어진다는 것을 발견한 레이놀즈의 공적을 기념하는 뜻에서 무차원량을 레이놀즈수라고 한다.

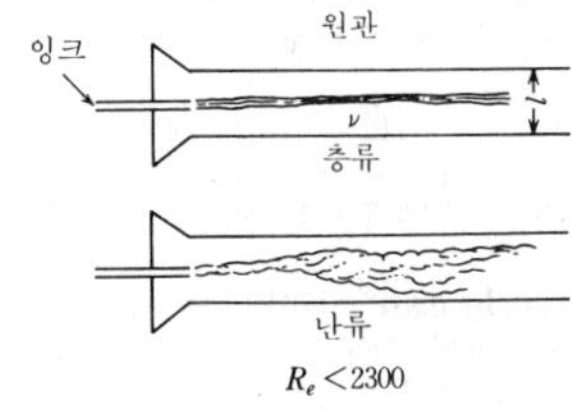

$R_e < 2300$

rezistal 레지스털 Fe-Ni-Cr 계이 합금으로, 절삭성, 내식성이 풍부하고 비자성체(非磁性體)이다. 성분은 Ni 22%, Cr 8%, Si 1.8%, Cu 1%, Mn 0.25%, C 0.25%.

rheology 레올로지 물질의 변형과 유동에 관한 학문. 특히 액체의 비(非)뉴턴 유동과, 고체의 소성(塑性) 유동을 대상으로 한다.

rheo-optics 레오옵틱스 X선 회절(回折), 복굴절(複屈折), 광산란(光散亂), 형광의 편광도(偏光度) 등을 측정함으로써 그 물질의 구조와 변형과의 관계를 밝히려고 하는 분야의 학문.

rheostatic braking 발전 제동(發電制動) 전동기를 전원으로부터 개방하고, 2단자간에 직류 전압을 인가함으로써 브레이크력을 발생시키는 것. 공작기, 컨베이어, 호이스트 등 일반 산업 기기에 채택되고 있다.

rhodium 로듐 원소 기호 Rh, 원자 번

호 45, 원자량 102.91, 비중 12.4, 융점 1,966℃. 백금족(白金族)의 귀금속. 백금과의 합금, 열전대(熱電對), 반사경면(反射鏡面), 도가니 등에 사용된다.

rib 리브 판상(板狀) 또는 두께가 얇은 부분을 보강하기 위해 덧붙이는 뼈대(肪材).

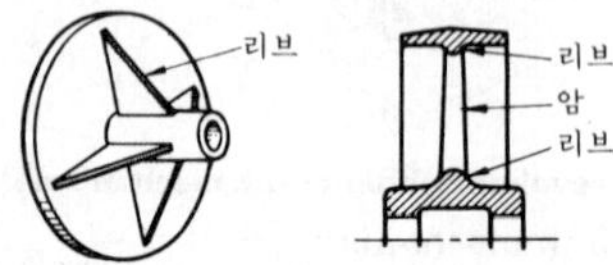

ribbed superheater tube 리브붙이 과열관(-過熱管) 전열 면적을 늘리기 위하여 관 외면에 리브(지느러미같은 둥근 돌기물)를 붙인 과열관.

ribbed tube 리브드 튜브 플랜지형 또는 관 내면에 나선(螺旋) 홈이 있는 관.

ribbon flight conveyor screw 리본 스크루 리본 모양의 날개를 단 스크루 컨베이어용 스크루.

ribbon loom 리본 직조기(-織造機) = narrow fabric loom, tape loom

rice huller 정미기(精米機) =husker, sheller

rice pearling mill 정미기(精米機) 현미(玄米)를 찧어 희고 깨끗하게 만드는 기계. 껍질을 벗기는 방법에 따라 동도식(胴搗式), 마찰식, 나선식(螺旋式), 타격식 등이 있다.

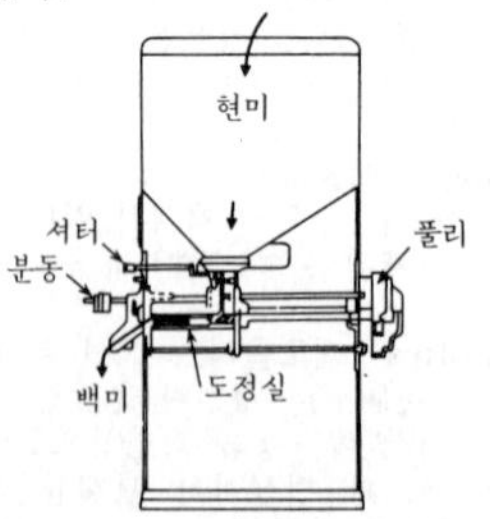

rich mixture 농후 혼합기(濃厚混合氣) 이론 혼합비(보통 가솔린의 경우 약 14.8)보다 연료의 비율이 많은, 즉 혼합비 14.8 이하의 혼합기. 가솔린 기관에서는 고부하(高負荷)의 경우에는 다소 농후한 혼합기가 사용된다.

rich mixture for maximum power 농후 최대 출력 혼합기(濃厚最大出力混合機) 가솔린 기관에서 출력을 최대로 낼 수 있는 혼합비(混合比). 이것은 보통 이론 혼합비보다 꽤 농후하여 13 전후의 값이며, 이것을 최대 출력 혼합비라고 한다.

riddle 리들, 어레미 =sand shifter

ridge 리지 융기(隆起)된 부분, 단(段)이 붙은 부분.

ridging 리징 페라이트계 스테인리스강의 박판(薄板)을 프레스 가공할 때 판 표면에 압연 방향으로 평행한 기복(起伏)이 생기는 현상.

rifflers 파형 줄(波形-) 줄자루 양 끝을 납작하게 하여 줄날을 절삭한 것. 형상에 따라 반달형, 4 각형 등의 종류가 있다.

rigging 리깅 주매기 장치를 말한다.

right and left hand welding 좌우 용접(左右鎔接) 용접 작업에서 용접선에 대해 직각 방향의 자세로 왼쪽에서 오른쪽으로 또는 오른쪽에서 왼쪽으로 용접을 진행해 나가는 방법.

right angle 직각(直角)

right angled triangle 직각 3 각형(直角三角形)

right circular cone 직원뿔(直圓-) 서로 만나는 2 직선의 하나가 축으로서 회전했을 때 생기는 궤적면(軌跡面)을 원뿔면이라 하고, 이 원뿔면과 축에 평면으로 둘러싸인 입체를 직원뿔 또는 직원추라고 한다.

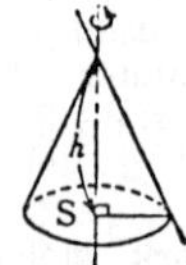

right-handed screw 오른 나사 나사산 오른쪽이 올라가는 나사. →screw

right-hand engine 우회전 발동기(右回轉發動機) 항공 발동기 용어. 프로펠러가, 비행기 뒤쪽에서 보아 우측, 즉 시계 바늘 방향으로 도는 기관.

right hand rule 오른손의 법칙(-法則) 플레밍의 오른손의 법칙. →Fleming's rule, Fleming's law

righting couple 복원 우력(復元偶力) 어떤 각도 θ만큼 옆으로 기울어진 배에는 중심(重心) G에 배수량에 해당하는 힘 W가 아래쪽으로 작용하고, 부심(浮心) B'

에는 배수량에 대응하는 부력 *A*`가 위쪽으로 작용하여 *W*와 *A*는 배를 직립시키려는 우력(偶力)으로 작용된다. 이것을 복원 우력이라고 한다.

right-lay **Z** 꼬임 =wire rope

right-lay rope **Z** 꼬임 로프 =wire rope

rigid body 강체(剛體) 물체를 구성하는 임의의 2점간의 거리가 변하지 않는 것. 역학에서는 물체를 이상화(理想化)하여 강체로 다루는 경우가 많다.

rigid coupling 고정 커플링(固定-) 축이음의 일종. 2축을 단단히 고정시켜 1개의 축처럼 접합하는 것.

rigid frame 강성 골조(剛性骨組), 라멘 =Rahmen

rigidity 강성(剛性) 하중(荷重)에 대한 변형 저항을 말하는 것으로, 이것은 가로 탄성 계수 또는 횡탄성 계수(橫彈性係數)와 세로 탄성 계수 또는 종탄성 계수(縱彈性係數)로 평가한다. 인장 강도(引張强度)와는 무관하다.

rigidity of automobile 자동차의 강성(自動車-剛性) 자동차 전체로서는 주로 굽힘 강성과 비틀림 강성이 차의 성능에 영향을 준다. 실험적으로 이를 계산하는 데 있어서 굽힘 강성에서는 차를 전후 차축(車軸)으로 받쳐 적당한 중량을 가한 다음 휨을 측정하여 평균 굽힘 강성을 산출한다. 비틀림은 자동차의 한쪽을 들어 올리거나 내려서 각 바퀴의 반력(反力)의 차이에서 굽힘 모멘트 *T*를 구하고, 전후 차축의 비틀림각 θ, 차축 거리를 *S*로부터 $GJ=T\cdot S/\theta$로 구한다(*G*는 강성률, *J*는 단면극 2차 모멘트).

rigid joint 강절(剛節) 트러스(truss) 구조 부재(部材)의 접합점으로, 움직일 수 없는 접점.

rigid link 강절(剛節) =rigid joint

rigid rotor 강성 로터(剛性-) 임의로 선택한 2면으로 균형을 이루게 한 다음, 최고 속도 이하의 임의의 속도로 사용했을 때 가까운 지지 조건으로 회전을 시키더라도 로터의 변형으로 인한 불균형이 허용값을 초과하지 않는 로터를 말한다.

rigid structure 강구조(剛構造) 변형이 잘 되지 않는 강체(剛體)로 만든 구조.

rim 림 벨트 풀리, 플라이휠, 핸들 바퀴, 기어 등의 외주(外周)를 이루는 고리 모양의 링 부분. 자전거, 자동차의 바퀴 등에서는 이곳에 타이어를 끼운다.

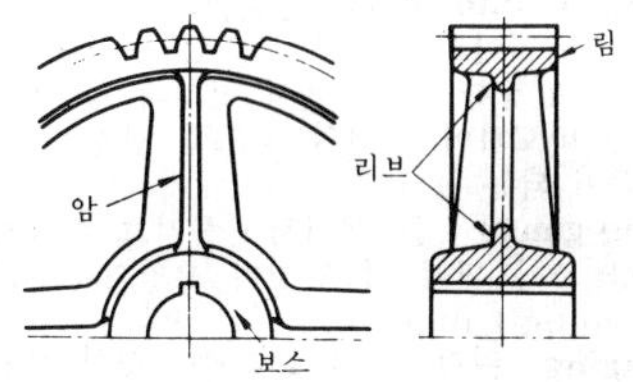

rimer 리머 rimer는 reamer의 변형. =reamer

rimmed steel 림드강(-鋼) 용강(鎔鋼)의 탈산(脫酸) 정도가 낮은 것으로, 강괴(鋼塊)가 주형(鑄型)에 닿아서 급속히 냉각된 곳은 치밀한 조직으로 되지만 그 내부에는 가스를 함유하여 불순물이 많은 상태로 응고하므로 강의 단면을 관찰하면 림(rim)이 붙어 있는 것 같은 경계선이 있기 때문에 붙여진 이름이다. 일반 구조용 강재(鋼材) 중에서 저탄소강 SS 34는 림드강으로 제조되어, 킬드강(鋼)으로 제조된 기계 구조용 강재로 불리는 S-C강재보다 값은 싸지만 강도가 약하다.

ring 링 일반적으로 원형, 고리, 환상(環狀)으로 된 것을 말한다. 예 : 피스톤 링(piston ring).

ring balance 링 밸런스 격벽(隔壁)이 있는 고리 모양의 관에 액체를 반 정도 채우고 좌우의 압력차에 의한 토크(torque)를 이용하여 압력을 측정하는 검출 기구(檢出機構).

ring bolt 링 볼트 끈이나 로프를 삽입할 수 있는 고리 모양의 머리를 가진 볼트.

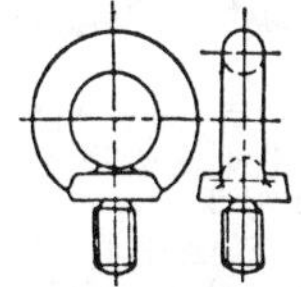

ring-cowling 링카울링 공랭식(空冷式) 성형(星形) 항공 발동기의 환상(環狀)으로 된 덮개의 일종. 발동기의 냉각 효과를 좋게 하고 저항을 줄이기 위하여 초기에 영국에서 개발된 것으로, 비교적 길이가 짧고 실린더 부분만을 둘러싸는 형태로 되어 있다.

ring die 링 다이 둥근 고리 모양의 구멍을 가진 다이. →inflation molding

Ringelmann chart 링겔만 농도표(-濃度表) 매연의 농도를 정하는 규격표의 일종. 일정한 조건하에서 연기의 농도와 표를 비교하여 매연의 농도를 판정하는 기준이 되는 표.

ring gauge 링 게이지 플러그 게이지와 한 조가 되어 있는 고리 모양의 게이지. →plug gauge

ringing 링잉 전기 회로에서 입력 신호의 급격한 변화에 대하여 과도적 현상으로 출력 파형에 진동을 일으키는 것.

ring lubrication 링 주유(-注油) 축에 오일 링을 걸어 축과의 마찰력으로 링을 회전시켜 베어링 하부의 기름통의 기름을 축상부에 주유하는 것.

ring manometer 링식 미압계(-式微壓計) 미압계의 일종으로, 둥근 고리 모양의 관 일부에 수은(水銀)을 채우고 중심(重心) 조금 위쪽에서 이것을 지지한다. 관 속은 위쪽 한가운데에 격벽(隔壁)이 설치되어 있고 그 양쪽에 피측정 압력을 도입한다. 압력차에 의하여 수은이 어느 한쪽으로 기울면 중심이 움직이므로 수은 이외의 고리관의 중심도 이와 반대 방향으로 움직여 균형을 이룬다. 그 기울기에서 압력차를 측정할 수 있다. 교축 유량계의 차압 측정(差壓測定)에 널리 사용되고 있다.

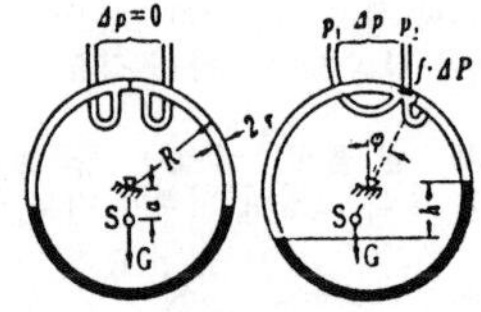

ring nut 링 너트 둥근 너트. 핀을 꽂거나 스패너를 걸어 돌릴 수 있도록 구멍 또는 홈이 패어 있다.

ring spanner 링 스패너 링이 자루 양쪽에 달린 안경 모양의 스패너. 자동차나 방직 기계에 사용된다.

ring spring 링 스프링 하나하나가 독립된 고리를 쌓아 올려 만들어진 스프링을 말한다. 이것에 하중(荷重)이 걸리면 내외 고리의 변형 이외에 원뿔 접촉면의 마찰에 의해 작은 힘으로 큰 에너지를 흡수할 수 있다.

ring twister 링 실꼬기기(-機) →ring twisting frame

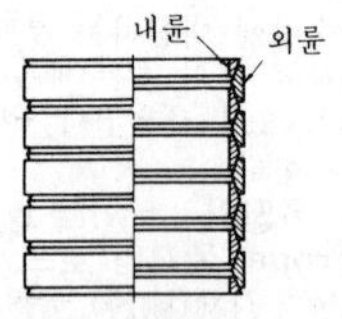

ring spring

ring valve 링 밸브 고리형 밸브. =annular valve

ripper 리퍼 고결토(固結土)나 연암(軟岩)을 파쇄(破碎)할 목적으로 트랙터 후부에 장착되어 있는 파쇄 공구.

rip saw 세로톱, 립 소 목재를 나뭇결 방향으로 켜는 톱.

riser 라이저[1], 수직관(垂直管)[2] ① 주형(鑄型)의 탕구(湯口)나 압탕(押湯)과 함께 설치하는 구멍. 주형 내에 쇳물을 완전히 고루 흐르게 하여 가스를 배출하는 역할도 한다.

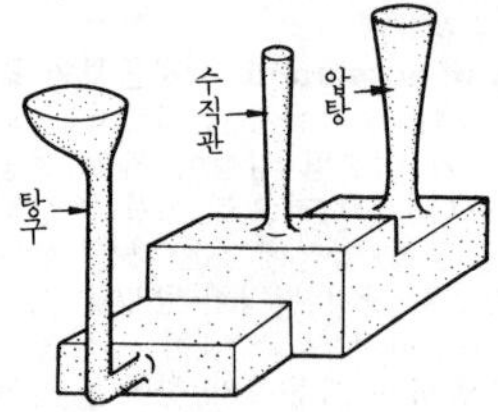

② 급수, 급탕(給湯), 증기, 기타 배관에서 옥상까지 통하는 세로관을 말한다. 단, 배수, 통기용 세로 배관은 수직통이라 한다.

rise time 상승 시간(上昇時間), 라이즈 타임 ① 지정된 작은쪽 값에서 지정된 큰쪽 값까지 상승하는 데 소요되는 시간을 말하며, 작업 개시, 프로세스 개시나 변경 등에 사용된다. ② 전류나 전압의 펄스 파형의 상승 부분에서 그 전류, 전압이 최대값의 10%에서 90%에 이르기까지 소요되는 시간을 말한다.

rising main 송출관(送出管) =delivery pipe, pressure pipe →discharge pipe

risk 리스크 위험 또는 위험성.

rivet 리벳 체결용 부품의 일종. 환봉(丸棒)에 머리가 달린 것. 철판이나 강재 등을 겹쳐서 뚫은 구멍에 리벳을 꽂고 끝을 압착하여 체결한다.

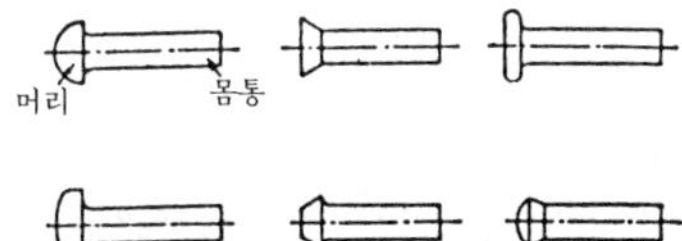

rivet bar 리벳 재료(-材料) 리벳에 사용하는 재료. 보통, 강판에는 림드강(鋼)을 사용하고, 내식성이 요구되는 곳에는 스테인리스강, 동(銅) 부분에는 동 리벳, 두랄루민 판에는 두랄루민 리벳을 사용한다. 리벳의 재료로는 연강(軟鋼), 경합금(輕合金), 동합금(銅合金) 등이 사용되지만, 체결하는 판재와 같은 종류의 재료를 사용하는 것이 바람직하다.

riveted joint 리벳 이음 리벳을 사용하여 철판, 형강 등을 영구적으로 체결하는 이음.

riveter 리베터 압축 공기, 유압 등을 이용하여 리벳 체결을 하는 기계.

rivet head 리벳 머리 리벳의 두부(頭部). 모양에 따라서 둥근머리 리벳, 접시머리 리벳, 평 리벳, 냄비머리 리벳, 둥근접시머리 리벳 등이 있는데, 일반적으로 둥근머리 리벳이 널리 사용된다.

rivet holder 리벳 홀더 리벳을 체결할 때 리벳 머리를 지지하는 받침쇠. = dolly

rivet hole 리벳 구멍 리벳 이음에서 리벳을 꽂기 위하여 리벳 체결 판재(板材)에 미리 뚫어놓는 구멍.

riveting 리베팅, 리벳 체결(-締結) 리벳을 사용하여 판재나 형강 등을 체결하는 작업.

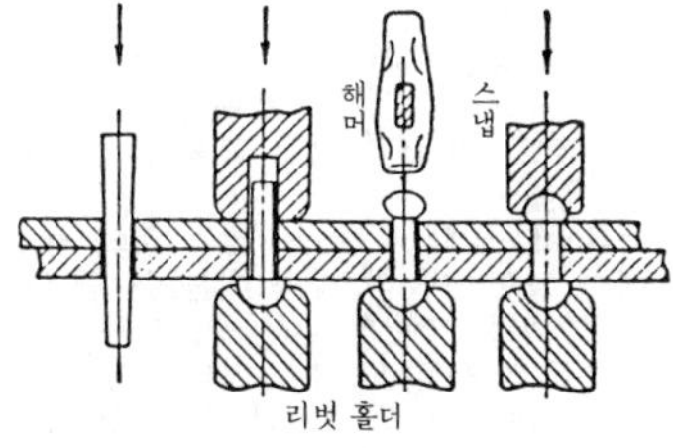

riveting hammer 리벳 해머 리벳 머리를 쳐서 체결하는 해머. 철골, 철판의 접합 등에 사용한다.

riveting machine 리베터 =riveter

rivet joint 리벳 이음 =riveted joint

revetless chain 리벳리스 체인 고리 모양의 내(內) 링크와 외(外) 링크를 핀으로 결합한 체인. 체인 컨베이어의 부품.

rivet making machine 리벳 제조기(-製造機) 리벳을 제작하는 전용 기계. 봉재(棒材) 선단을 단조(鍛造)하여 리벳 머리를 만드는 것과 동시에 일정한 길이로 절단하는 작업을 한다.

rivet material 리벳재(-材) 리벳용 재료를 말하며, KS 기계 재료에 리벳용 압연 강재의 규격이 정해져 있다. 일반용, 보일러용, 선체(船體)용의 3종류가 있으며, 특히 내식성(耐蝕性)을 필요로 하는 경우에는 특수강을, 두랄루민계에는 알루미늄, 특별히 강도가 요구되는 경우에는 두랄루민이 사용된다.

road octane rating 로드 옥탄가(-價) 발동기의 소요 옥탄가를 실차(實車)에 대하여 도로상에서 주행하여 구하는 것. 유니언 타운식, 보더라인식 등 CRC 규격이 있다.

road roller 도로용 롤러(道路用-) 길바닥 등을 다지는 데 사용하는 기계. 오래전부터 이용되고 있는 것으로, 머캐덤 롤러(macadam roller), 탠덤 롤러(tandem roller), 3축 탠덤 롤러가 있다.

road test 운행 시험(運行試驗) 실물 자동차를 장거리 도로상에서 주행하게 하여 평지, 긴 고갯길, 급한 고갯길, 험로(險路) 등을 포함한 각종 지형에서 성능, 조작의 난이성(難易性), 내구성 등을 시험한다. 목적에 따라 각 부의 온도, 응력, 연료의 소비, 속도, 가속도, 브레이크의 성능 등을 조사한다.

roasting 배소(焙燒) 광석 처리의 한 방법으로, 산화를 촉진시키거나 증발하기 쉬운 성분을 제거하기 위해 광석을 가열하는 것.

Robinson anemometer 로빈슨 풍속계(-風速計) 풍속계의 일종으로, 회전배(回轉盃)를 동일축에 장착한 것이며, 1~5m/s 정도의 풍속의 측정에 사용된다. 기상 관측용으로 사용된다.

robot 로봇 인간의 손, 다리, 머리 기능과 유사한 작용을 하는 기계. 인조 인간.

rock cutter 암석 절단기(岩石切斷機), 쇄암기(碎岩機) 준설선에서 굴삭할 수 없는 해저의 암반을 선체 중앙 또는 선수에 설치한 길이 12m, 무게 10~13t의 쇄암뿔을 해면 상 2~4m에서 22m 정도까지 낙하시켜 충격에 의해 파쇄(破碎)하는 중추식(重錘式)과 선체에서 리더에 부착한 쇄암기(rock hammer breaker)를 매달아 압축 공기를 이용하여 치즐(chisel)에 의해 타격을 주어 파쇄하는 타격식이 있다.

rock drill 록 드릴, 착암기(鑿岩機) → machine drill

rocker 로커 요동 운동을 하는 레버 기구의 짧은 암(arm). 내연 기관의 밸브 구동에 사용되는 레버는 그 일종. =rocker arm

rocker arm 로커 암 밸브 장치의 일부.

rocker arm shaft 로커 암축(-軸) 밸브 장치에 있어서 로커 암을 유지하는 축.

rocket 로켓 분사 추진 장치. 기체(機體) 속에 연료와 산소(산화제)를 함께 지니고 공기가 없는 초고공(超高空)에서도 자유롭게 비행할 수 있는 장치.

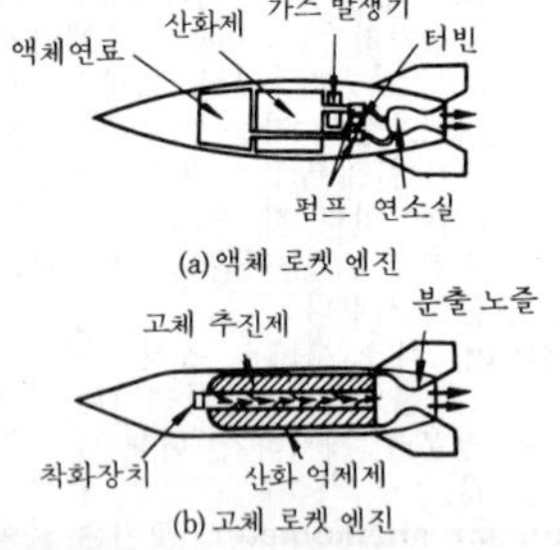

(a) 액체 로켓 엔진

(b) 고체 로켓 엔진

rocket-plane 로켓기(-機) 로켓의 원리를 이용한 비행기를 말하며, 연료가 있는 한 어디까지나 상승하고, 대기권 밖에서도 날 수 있다.

rocket propulsion 로켓 추진(-推進), 로켓에 의한 추진 방식(-推進方式) 기체 내에 채워져 있는 연료와 산화제(또는 화약)의 연소에 의해서 생기는 가스를 기체 후방으로 고속 분출시켜 그 반동력으로 전진하는 추진법.

rocking 로킹, 요동(搖動)

rocking arm 로커 =rocker, rocker arm

rocking grate 요동 화격자(搖動火格子) 화격자봉(火格子棒)에 왕복 운동을 시켜 고체 연료를 노(爐) 속에 고르게 살포하는 연소 장치.

rocking shaft 요동축(搖動軸) =rocket shaft

rockoon 로쿤 기구(氣球)의 상승 한도까지 기구 자체의 부력(浮力)으로 상승하고, 상승 한도에 도달한 높이에서 발사되는 로켓. 주로 대기 고층(大氣高層)의 연구에 사용되는 고체 추진제(固體推進劑) 소형 로켓이다.

Rockwell hardness 록웰 경도(-硬度) 다이아몬드 콘(cone) 또는 강구(鋼球)에 압력을 가하여 시료(試料)에 자국을 내고, 그 깊이로 나타내는 경도. 일반적으로 브리넬 경도 시험기에 비하여 엷은 재료일지라도 측정할 수 있는 이점이 있다.

Rockwell hardness tester 록웰 경도 시험기(-硬度試驗機) 록웰 경도의 시험에 사용하는 시험기.

rock wool heat insulating material 록울 보온재(-保溫材) 안산암(安山岩), 현무암(玄武岩) 등의 화성암과, 사문암(蛇紋岩), 감람암(橄欖岩) 등과 석회석을 배합하여 섬유상으로 만든 보온재.

rod 로드, 봉(棒) 보통 금속제의 가는 환봉(丸棒).

rod float 막대 부표(-浮標), 로드 플로트 하천 또는 수로의 유속(流速)을 측정하는 기구. 나무 막대기, 대나무, 또는 금속관 하부에 연구(鉛球) 또는 모래를 넣어 수직에 가까운 상태로 흐르게 되어 있다. 일정 구간을 흐르는 시간을 측정하여 물이 흐르는 속도를 구한다. =velocity rod, →float

rod mill 로드 밀 선재(線材) 압연 공장.

roll 롤 물체의 압연(壓延) 또는 광택 내

기 등에 사용하는 표면이 잘 연마된 원주형의 기계 부품. 제지 기계, 압연 기계(壓延機械) 등에 사용한다.

roll bending 롤 벤딩 압연되는 시트의 평활함 또는 단면의 형성(形狀)을 제어하기 위하여, 그리고 롤 전폭(全幅)에 걸쳐서 균일한 두께의 시트를 내기 위하여 압연 롤 양단에 외부로부터 힘을 가하여 롤을 굽히는 것. 단일 제품의 압연에는 고정 크라운(crown)으로도 무방하지만 재료에 단단하고 연한 부분이 있으면 단일 크라운으로는 원하는 단면을 얻을 수 없으므로 롤 벤딩이라든가 롤 쿠션법이 채택되고 있다.

roll crossing 롤 크로싱 압연되는 시트의 판 두께를 롤 전폭(全幅)에 걸쳐 균일하게 뽑기 위해서는 재료의 경도(硬度)에 알맞은 크라운(crown)을 롤에 주지 않으면 안 된다. 단일 작업에는 고정 크라운 롤을 사용하지만 재료의 경도가 변화하는 경우에는 롤을 서로 약간 경사지게 하여 압연을 하면 크라운과 같은 효과를 낼 수 있으므로 사교(斜交)시키는 양을 재료의 경도 및 두께에 따라서 적절히 선정하면 되는 것이다. 이 목적을 위한 장치를 롤 크로싱 장치라고 한다.

roll crusher 롤 크러셔, 롤 분쇄기(一粉碎機) 2개의 원통형 롤을 안쪽으로 회전시키고 그 사이에 재료를 넣어 분쇄하는 기계. 롤은 파형으로 된 것, 요철(凹凸)이 있는 것, 평활한 것 등 용도에 따라 적절하게 사용한다.

rolled screw 전조 나사(轉造一) 전조에 의해 만들어진 나사. =roll threaded screw

rolled solid wheel 일체 압연 차륜(一體壓延車輪) 윤심(輪心)과 타이어가 한 덩어리로 만들어진 차륜을 일체 차륜이라 하고, 강괴(鋼塊)로부터 단조(鍛造), 압연에 의하여 제조되는 것을 일체 압연 차륜이라고 한다. 이 밖에 칠드강제(鋼製) 차륜, 주철강제(鑄鐵鋼製) 차륜 등이 있다.

rolled tap 롤드 탭 전조(轉造)로 만들어진 탭.

rolled tube 압연관(壓延管) 압연기에 의해서 만들어진 관. 이음매 없는 관, 봄베 등은 이러한 방법으로 만들어진다.

roller 롤러 원형 단면의 전동체(轉動體). 물체를 지지하거나 운반하는 데 쓰인다.

roller bearing 롤러 베어링, 구름 베어링 구름 베어링의 일종. 내외륜(內外輪 : race) 사이에 다수의 롤을 삽입한 베어링. 볼 베어링보다 접촉면이 넓기 때문에 큰 하중(荷重)에 견디어낼 수 있어 타격력이 많이 작용하는 곳에 사용된다.

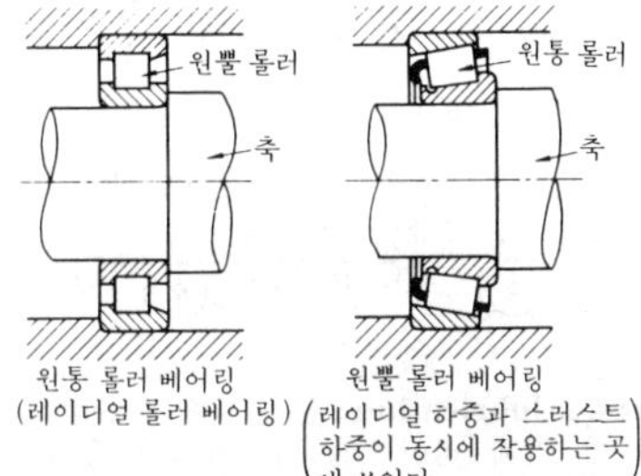

roller chain 롤러 체인 강판(鋼板)으로 만들어진 눈썹 모양의 링크를 핀으로 연속하여 연결하고 그 사이에 부시와 롤러를 끼운 것.

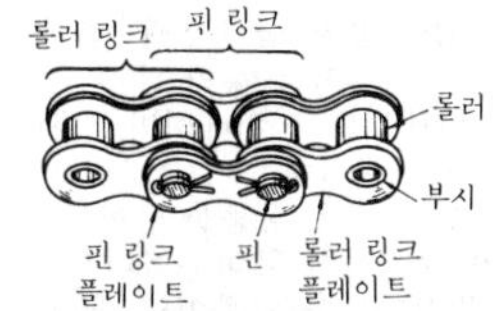

roller chain conveyor 롤러 체인 컨베이어 롤러 체인의 링크에 어태치먼트를 부착한 것인데 일반적인 구조로서 각종 운반에 사용되고 있다.

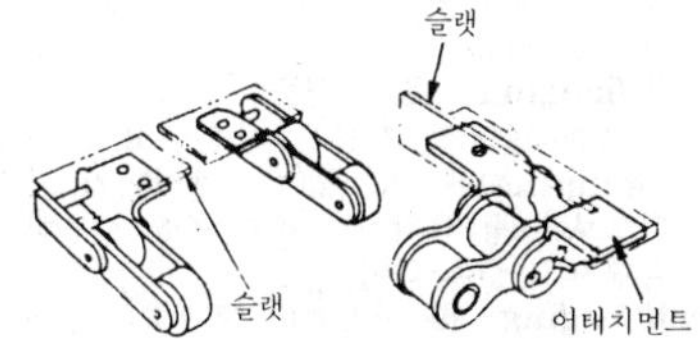

roller conveyor 롤러 컨베이어 나열된 다수의 굴림대를 경사지게 하거나 또는 기어로 회전시켜 그 위에 실은 물품을 운반하는 장치.

roller electrode 롤러 전극(－電極) 심(seam) 용접이나 스폿 용접에 사용되는 원판상의 전극. ＝seam welder

roller follower 롤러 종동절(－從動節) 캠에 접하는 부분에 롤러가 장착(裝着)되어 있어 이 롤러가 캠과 접촉하여 전동(傳動)하는 구조로 되어 있는 종동절.

roller leveler 변형 교정기(變形矯正機) 여러 개의 롤을 배치하여 판금(板金)의 변형(판금 일부에 신축이나 요철이 있는 것)을 바로잡거나 펴서 평활하게 만드는 기계.

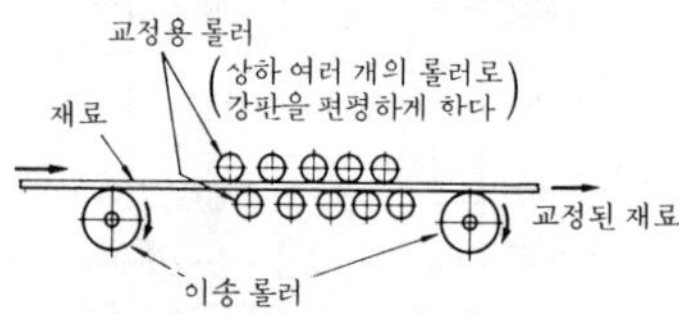

roller lubrication 롤러 윤활(－潤滑) 공기 기계 테이블의 미끄럼면에 윤활유를 공급하는 데 사용하는 방법으로, 미끄럼면과 접하고 있는 롤러의 하반부를 기름통 속에 잠기게 하고 테이블의 왕복 운동과 함께 롤러가 구르면서 미끄럼면에 기름을 공급하는 방법이다. 롤러 주유(注油)라고도 한다.

roller mill 롤러 밀 분쇄, 혼합 및 착즙(搾汁)에 사용하는 롤러.

roller path 롤러 컨베이어 나란히 배열된 다수의 굴림대를 스프로킷으로 회전시켜 그 위에 실은 물품을 운반하는 장치.

roller way 롤러 웨이 롤러를 거친 안내면을 말한다. 롤러 웨이는 통상의 스크레이퍼 다듬질을 한 평면 대 평면의 안내면에 비해 마찰이 현저하게 적고 원활한 접동(摺動)을 할 수가 있다. 롤러 웨이는 연삭기나 와이어 컷 방전 가공기 등의 정밀 공작 기계의 안내면 등에 널리 쓰이고 있다. →scraping

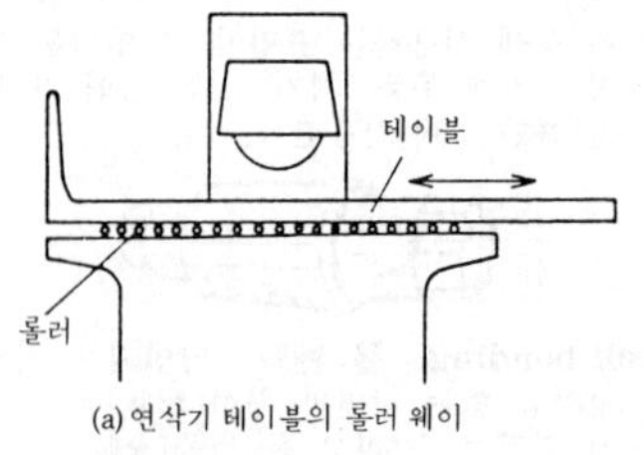

(a) 연삭기 테이블의 롤러 웨이

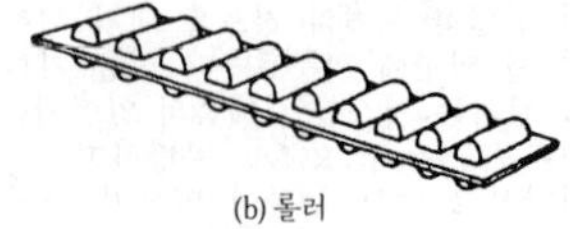

(b) 롤러

roller way

roll flanging 롤 플랜징 제품의 지름이 커지면 프레스 가공은 물론이고 스피닝(spinning)에서도 형(型) 제작비가 가중되므로 그림과 같이 2개의 롤을 사용하여 플랜지 가공을 한다.

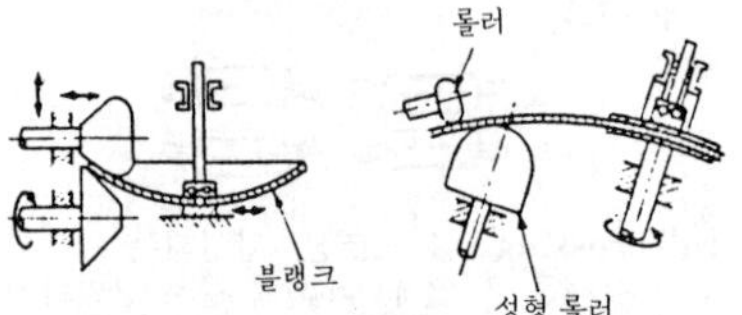

roll flanging

roll forging 롤 단조법(－鍛造法) 2개의 단조를 사이에 가열한 재료를 넣어 롤러의 회전에 의하여 재료를 압연 또는 성형하는 가공법.

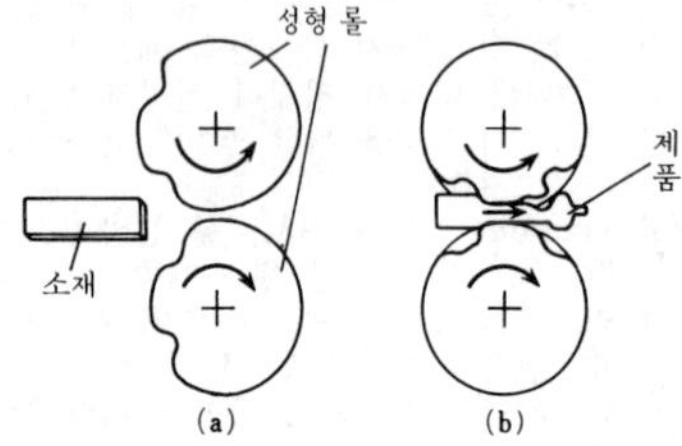

roll forming 롤 성형(－成形) 그림에서 보는 바와 같이 지름이 같은 3개의 롤을 적당한 위치에 배치하고 그 사이로 판재

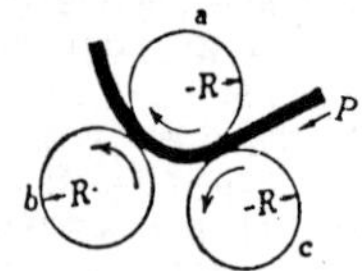

(板材)를 통과시켜 성형하는 굽힘 가공기.

roll grinder 롤 연삭기(－硏削機), 롤 그라인더 특수 연삭기의 일종. 강(鋼), 동(銅), 알루미늄 등의 압연 롤을 연삭하는 것으로, 압연 기계, 제지 기계, 인쇄 기계 등의 롤을 연삭하는 데 사용하는 연삭기.

rolling 압연 롤링(壓延－)[1], 전조(轉造)[2] ① 금속 소재를 고온 또는 상온에서 압연기(rolling mill)의 회전 롤 사이로 통과시켜 판재(板材)나 레일과 같은 형재(形材)를 성형하는 것.

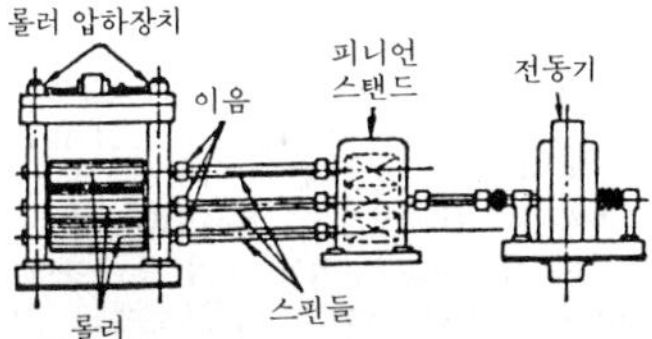

② 냉간 가공 또는 열간(熱間) 가공에 의하여 전조(轉造)다이 또는 전조 공구로 나사나 기어를 만드는 방법.

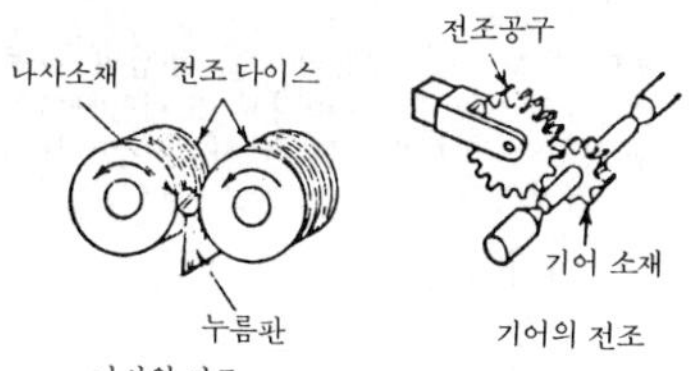

나사의 전조 기어의 전조

rolling bearing 구름 베어링 외륜과 내륜 사이에 볼을 넣어서 구름 접촉을 시켜 마찰을 경감시킨 베어링. 구름 베어링은 전동체(轉動體)의 모양, 궤도륜(軌道輪), 하중의 방향 등에 따라 여러 종류가 있다. ＝ball and roller bearing, roller bearing

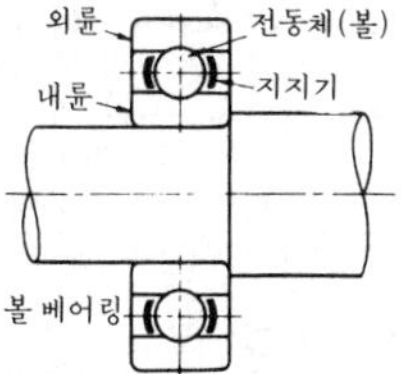

rolling bearing with adapter 어댑터 부착 롤링 베어링(－附着－) 어댑터 슬리브, 너트(nut), 와셔로 이루어진 어댑터로, 롤링 베어링을 축 위의 임의의 위치에 고정시키기 위한 목적으로 사용된다. 테이퍼 구멍을 가진 베어링 내륜(內輪)과 축 사이에 테이퍼 슬리브를 삽입하여 너트로 고정시킨다.

rolling circle 구름 원(－圓), 롤링 서클 사이클로이드를 그릴 때 피치 원에 내접 또는 외접하여 구르는 원.

rolling contact 구름 접촉(－接觸) 직접 접촉하여 전동하는 2개의 물체가 접촉점에 구름 접촉뿐이고 미끄럼 운동이 아닐 때의 접촉 상태를 말한다.

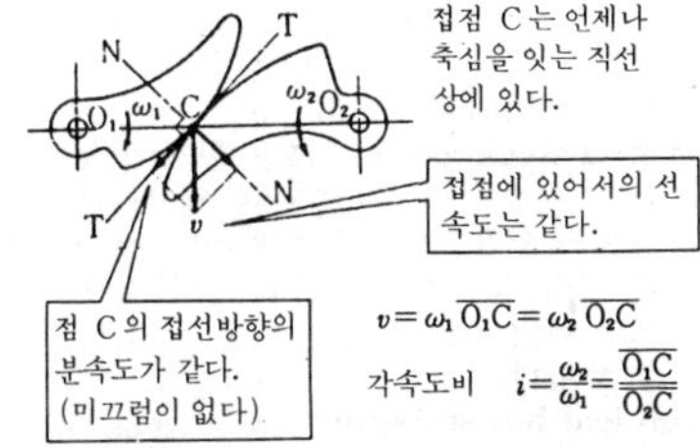

$$v=\omega_1\overline{O_1C}=\omega_2\overline{O_2C}$$

각속도비 $i=\dfrac{\omega_2}{\omega_1}=\dfrac{\overline{O_1C}}{\overline{O_2C}}$

rolling friction 구름 마찰(－摩擦) 동마찰(動摩擦)의 일종. 물체가 어떤 면 위를 미끄러지지 않고 구르는 경우 이 물체의 운동에 저항하는 힘을 구름 마찰이라고 한다. 이것은 미끄럼 마찰보다 훨씬 작다.

rolling gear tester 맞물림 시험기(－試驗機) 검사하고자 하는 기어를 어미 기어와 맞물리게 하고 이를 회전시켜 총합 오차를 구하는 측정기. 한쪽 치면(齒面)을 맞물리는 편치면(片齒面) 맞물림 시험기와 양쪽 치면을 맞물리는 양치면(兩齒面) 맞물림 시험기가 있다.

rolling mill 압연기(壓延機), 압연 공장(壓延工場) ① 회전하는 두 롤 사이에 소재를 넣고 압연 가공하여 원하는 형상으로 만드는 기계. ② 압연 가공을 하는 공장.

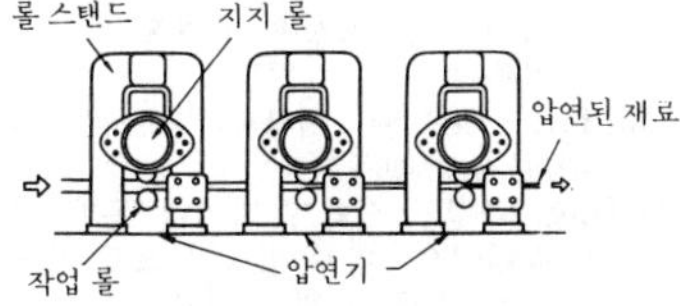

rolling motion 구름 운동(－運動) 예를 들면 원형의 강체(剛體 : 원형의 中心에 重心을 갖는)가 고정 평면상을 미끄러지지 않고 구르는 평면 운동.

rolling reduction 압연량(壓延量) 강편(鋼片)이 2개의 롤 사이에서 압축되어 두께가 감소되는 경우, 롤 통과 전과 통과 후의 두께 차를 말한다.

rolling resistance 구름 저항(－抵抗) → running resistance

rolling resistance coefficient 구름 저항 계수(－抵抗係數) 구름 저항을 시험할 때의 차량 중량으로 나눈 값.

rolling stock 철도 차량(鐵道車輛) 레일 또는 이에 준하는 것에 차바퀴 등을 써서 중량을 분담시키고 증기, 전기, 내연 기관 등의 동력을 사용하여 운전하는 것의 총칭. →railroad vehicle

rolling stock gauge 차량 한계(車輛限界) 철도 차량이 직선 레일 위에 정위(正位) 상태에 있을 때 짐을 실었거나 빈 차이거나 어떤 상태에 있어서도 차량 각부가 밖으로 나와서는 안 되는 좌우, 상하의 한계를 말한다.

roll leaf hot stamping 핫 스탬핑 가열, 가압에 의해 금속 증착 또는 착색재 도포박(塗布箔)이나 필름으로부터 문자나 모양 등을 성형품이나 시트 등에 전사(轉寫)하는 방법.

roll mark 롤 마크 강판 압연 롤의 표면에 국부적으로 흠집이 있거나 전반적으로 면이 거칠어졌을 때 롤의 흠집이 그대로 강판에 프린트된 자국.

roll mill 롤 제분기(－製粉機) 파쇄(破碎) 롤(crushing roll)과 같은 원리로 된 제분기. →crushing roll

roll over 롤 오버 =shear droop

roll turning lathe 롤 선반(－旋盤) 롤러로 다듬질(surface rolling)하는 기계를 말한다.

roll welding 단접(鍛接) =blacksmith welding

roof crane 루프 크레인 부두 안벽(岸壁)에 평행한 건물 옥상을 안벽을 따라 주행하는 기중기.

roof fan 루프 팬 지붕에 장치하는, 환기를 위한 옥상 환풍기.

roofing 루핑 시멘트 기와나 동판 펠트, 석면 슬레이트, 나무 껍질 등으로 건물 지붕을 덮을 때 밑에 까는 재료.

roofing canvas 지붕 캔버스 여객차 및 화물차의 지붕 판자의 겉면을 피복(被覆)한 천을 말한다. 주로 차체의 전기 절연을 위하여 피복한 지붕 캔버스를 지붕 절연(絶緣) 캔버스(electric insulated roof sheet)라 한다. =roof sheet

roof prism 루프 프리즘 90° 각도로 된 2개의 평면을 가진 프리즘으로, 상(像)의 정립(正立)에 사용된다.

roof sheet 루프 시트 =roof canvas

room cooler 냉방 장치(冷房裝置) 컴프레서, 콘덴서, 자동 팽창 밸브, 수분 제기 장치, 증발기, 서모스탯 등으로 구성되어 있다. 냉매(冷媒)로서는 보통 프레온 Cl_2F_2C(dichlord difluoro methane)를 사용한다. 승용차에 있어서는 보닛에 장착한다. 일반적으로 차에 대해서는 가속성이 저하하고 연료 소비가 증대한다.

room temperature 실온(室溫) 실내의 대기 온도. 일반적으로 인간이 쾌적하게 지낼 수 있는 온도로, 보통 15~25℃ 전후이다.

rooster 루스터, 로스테르 화격자(火格子)의 일종. =fire grate

root 루트 ① 제곱근. ② 용접의 단면에서 용착 금속의 밑바닥과 모재(母材)와의 교차점을 말한다. ③ 나사의 골 밑바닥. ④ 기어의 이뿌리. ⑤ 코스.

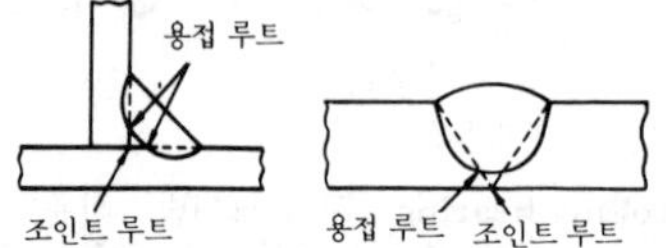

root angle 루트 앵글, 이뿌리 원뿔각(－圓－角) 베벨 기어에서 이뿌리 원뿔의 모선과 축이 이루는 각.

root bottom 골 바닥 나사의 나사산과 나사산 사이의 낮은 홈을 골(root)이라고 하며, 그 골의 밑바닥을 말한다.

root diameter of screw 나사의 골 지름 수나사의 나사산 골 밑과 접하는 가상(假想) 원통의 지름을 수나사의 골 지름, 암나사의 나사산 골 밑과 접하는 가상 원통의 지름을 암나사의 골 지름이라고 한다. 전자는 수나사의 강도를 계산할 때 사용하는 치수이다.

root face 루트면(－面), 루트 에지 용접부의 밑바닥 부분에서의 접합면.

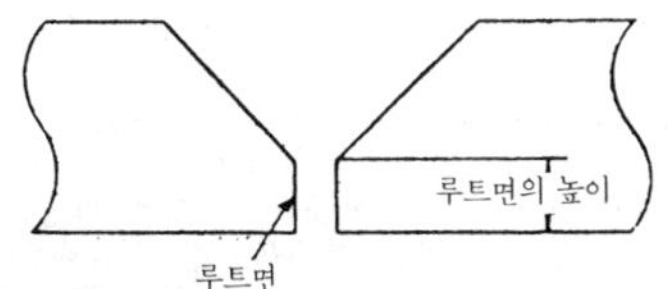

root-mean-square value 실효값(實效-), **rms값** 제곱 평균값의 평방근이며 유효값이라고도 한다.

root of joint 이음 루트 용접 이음에서 두 모재(母材) 사이가 가장 접근된 부분 또는 두 모재의 표면이 교차하는 선. 용접 루트에서는 용접부의 단면에 있어서 용접부 바닥과 모재면이 교차되는 점.

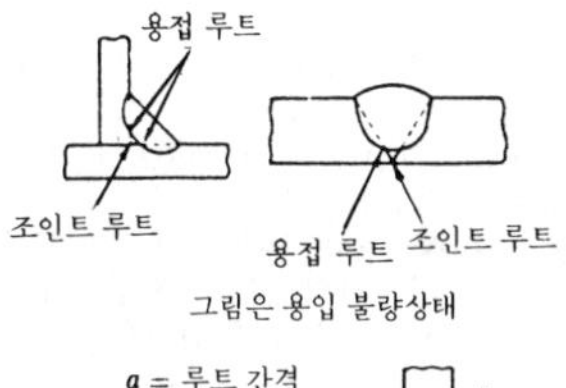

그림은 용입 불량상태

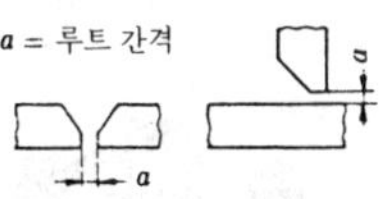

root of tooth 이뿌리 =dedendum

root opening 루트 간격(-間隔) 용접에서 접합하는 모재(母材)간의 밑바닥 부분의 간격.

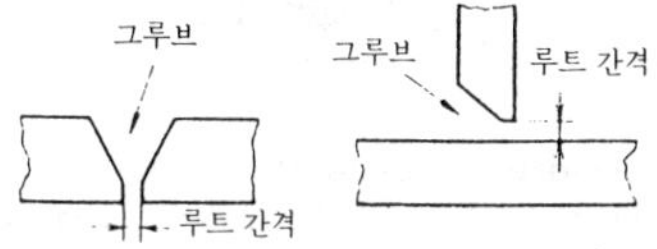

root radius 루트 간격(-間隔)[1], 루트 반경(-半徑)[2] ①용접에서 접합하는 모재간의 밑바닥 부분의 간격
② (1) 노치(notch)가 있는 충격 시험편의 노치 홈의 반지름. (2) 용접에서 J형, U형, H형 그룹의 밑바닥면의 둥근 홈의 반지름.

root running 뒷면 용접(-鎔接) 한쪽 맞대기 용접에서 뒷면의 용입 부족을 보완하기 위하여 하는 가벼운 용접.

Roots blower 루츠 송풍기(-送風機) 송풍기의 대표적인 것. 표주박 모양의 2개의 회전자가 맞물려 회전하는 송풍기.

Roots displacement compressor 루츠 압축기(-壓縮機) 루츠 송풍기를 기체의 압송에 이용한 것을 말한다.

rope 로프 섬유 또는 강선(鋼線) 등을 여러 가닥 꼬아서 만든 튼튼한 밧줄. 용도는 전동(傳動), 짐 매달아 올리기, 견인(牽引), 계류(繫留) 등에 사용된다.

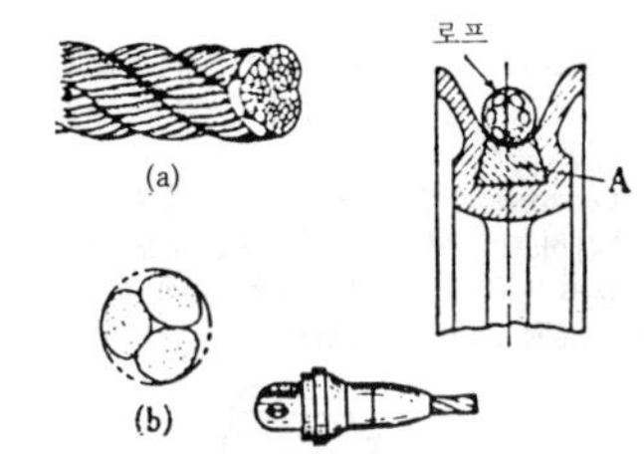

rope drum 로프 드럼, 로프 권동(-捲胴) 윈치 등에서 로프를 감아 끌어당기는 장구 모양의 둥근 드럼.

rope dynamometer 로프 동력계(-動力計) 마찰 동력계의 일종. 브레이크 바퀴의 둘레에 수지(獸脂)를 먹인 마(麻) 로프를 감고 추(錘)에 의해 브레이크 토크(brake torque)를 조정하는 형식의 것으로, 사용 범위는 1,000rpm 이하, 10마력까지이다.

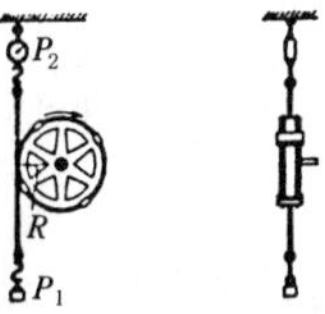

rope guy derrick 로프 지지 데릭(-支持-) 와이어 로프로 잡아당겨 지지하는 데릭을 말한다.

rope pulley 로프 풀리, 로프 바퀴 원둘레에 로프 홈을 판 바퀴. 그 홈에 로프를 감아서 동력을 전달하거나 또는 로프를 안내하는 데 사용한다.

rope race 로프 홈 로프를 걸어서 감는

홈을 말한다.

rope sheave 로프 풀리 =rope pulley

rope socket 로프 소켓 로프 접속용 소켓. 원뿔형으로 생긴 통의 입구. 이 속에 작은 통이 있어 로프를 수용한다.

ropeway 로프웨이 가공 삭도(架空索道).

rose chucking reamer 로즈 처킹 리머 기계 리머의 일종. 선단이 절삭날로 되어 있다. 구멍의 거친 다듬질이나, 흑피면(黑皮面)의 예비 구멍을 넓힐 때 사용한다.

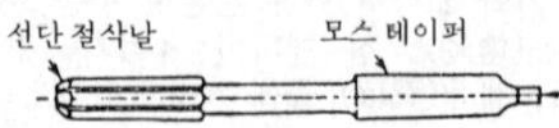

rose cutter 로즈 커터 반구상(半球狀)의 밀링 커터. 형조(型彫)나 구면좌(球面座)의 가공 등에 사용한다.

rose reamer 로즈 리머 선단부를 크게 모따기하고, 이 모따기 부분에도 절삭날을 붙여 날수를 적게, 홈을 깊게 한 리머. 단면(端面)으로 절삭한다.

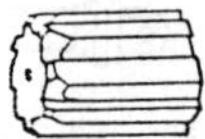

rosette 로제트 전등선의 현수 용구. 전등 코드를 천장 속 배선에 접속하는 부분. 나사 맞춤형과 걸치기 형이 있다.

rotameter 로터미터 위로 벌어진 테이퍼를 붙인 유리관 속에 부자(浮子)를 넣고 이것을 관로(菅輅)에 수직으로 세워 유량을 측정하는 계기. 비교적 유량이 적은 부식성(腐蝕性) 가스나 액체의 유량 측정에 사용한다.

rotary burner 회전식 버너(回轉式), 로터리 버너 고속으로 회전하는 컵의 안쪽으로부터 기름을 공급하고, 얇은 막상(膜狀)으로 분산되는 기름을, 컵 주위로부터 분출하는 1차 공기에 의해 무화(霧化)하는 버너.

rotary caster type high speed continuous casting plant 로터리 캐스터식 고속 연속 주조 설비(−式高速連續鑄造設備) 지금까지의 연속 주조기로는 주조 속도가 느리기 때문에 일거에 용탕에서부터 압연 설비까지 직결시켜 압연 제품을 생산할 수가 없었으나 로터리 캐스터의 개발에 의하여 생산 공정의 직결이 실현되었다. 쇳물의 공급은 25t 용량의 전기로(電氣爐) 1기로 이루어지고, 주조 속도는 최대 5.2m/min, 주형(鑄型) 단면 160/190mm×130mm 이다.

rotary compressor 회전 압축기(回轉壓縮機) 공기 압축기의 일종. 원심력에 의하지 않고 실린더 속에 회전자를 회전시켜 공기를 압축하는 기계.

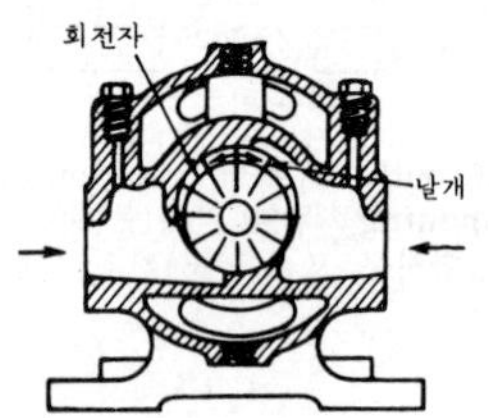

rotary-drum regenerator 회전 드럼식 열교환기(回轉−式熱交換器) 두께 0.

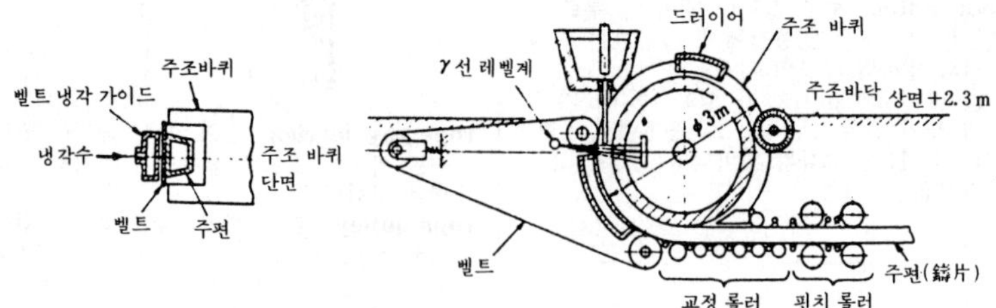

rotary caster type high speed continuous casting plant

5mm 정도의 파형(波形) 철판을 적당히 조합하여 전열체(傳熱體)로 하고, 이것을 중심축 주위로 약 4rpm의 속도로 회전시켜, 고온 가스의 유로(流路)를 통과하는 사이에 고온 가스로부터 받은 열량을 공기의 유로를 통과하는 동안에 공기 속에 방산하여 가열하는 구조의 것이다. 재생식 공기 예열기로, 융스트롬(Ljungström) 공기 예열기는 그 대표적인 것이다.

rotary dryer 로터리 드라이어 습기가 많은 가루나 분립체(粉粒體)를 회전하는 동체(드럼) 속에 투입하고 열풍으로 가열하여 건조시키는 장치.

rotary engine 로터리 엔진 타원형 연소실 속에 변이 둥근 3각형 모양의 로터가 설치되어 있고, 이 로터의 회전으로 흡입, 압축, 배기를 이루어 로터가 1회전함으로써 3회의 폭발이 이루어진다. 종전의 리시프로 엔진(reciprocating engine)에 비하여 진동이 적고 소형 경량으로서 가속이 용이하다.

rotary joint 로터리 조인트 회전관 이음. 상대적으로 회전하는 배관(配管) 또는 기기를 서로 접속하기 위한 관 이음 또는 이음쇠.

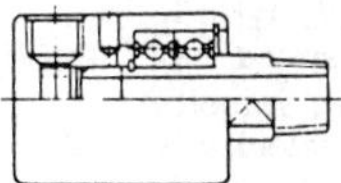

rotary kiln 로터리 킬른 내화물로 라이닝을 한 지름 3~4m, 길이 60~100m의 큰 원통을 수평보다 약간 기울게 설치하여 완만한 속도로 회전시켜 아래 쪽에서부터 화염을 불어 넣고, 위쪽에서 원료를 투입하여 소성(燒成)하는 장치. 시멘트 원료의 소성 등에 사용된다.

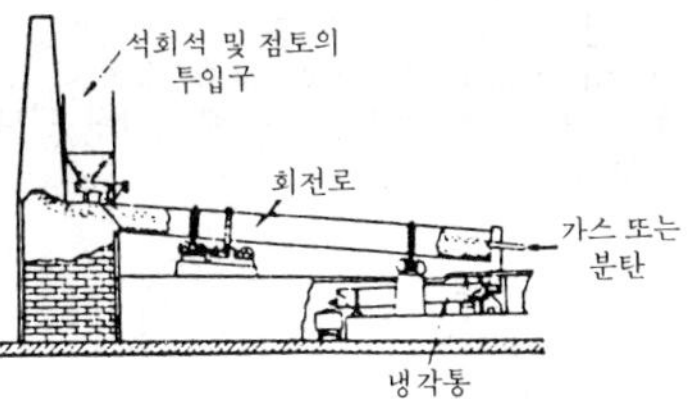

rotary machine 회전 기계(回轉機械) 전동기, 터빈 등과 같이 회전축 주위를 회전 운동하는 기계를 말하며, 왕복 운동을 하는 왕복 기계에 대응하는 말이다.

rotary milling machine 회전 밀링 머신(回轉–) 회전 테이블에 공작물을 장착하고, 회전 이송 운동을 시키면서 공작물이 절삭 회전 운동을 하고 있는 밀링 커터가 있는 위치를 통과할 때 절삭되는 형식의 밀링 머신.

rotary piston machine 회전 피스톤 기구(回轉–機構) 크랭크 기구를 사용하지 않고 피스톤에 해당하는 부분이 직접 회전 운동을 하여 보통의 왕복 피스톤식과 동일한 사이클을 하는 형식의 기구를 말한다. 기구학적(機構學的) 형식에 따라 자전(自轉) 피스톤 기구, 회전식 피스톤 기구 등이 있다.

rotary press 윤전기(輪轉機) 원통형의 판면(版面)과 압동(壓胴)을 서로 접촉 회전시켜 인쇄하는 기계. 인쇄기 중에서 가장 인쇄 속도가 빠르다.

rotary pump 로터리 펌프, 회전 펌프(回

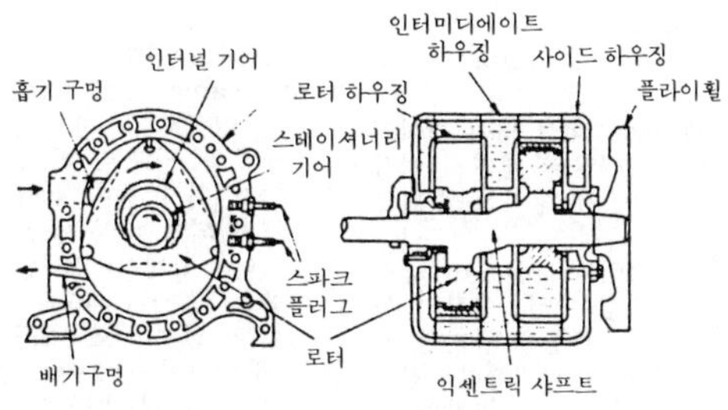

rotary engine

轉－) 1개 또는 2개의 회전자(rotor)를 회전시켜 그 압출 작용으로 액체를 밀어내는 형식의 펌프이다. 일반적으로 구조가 간단하고 취급이 용이하다. 마중물(priming)이 필요없고, 유류(油類)나 점성(粘性)이 큰 액체의 압송에 적합한 등의 이점이 있다.

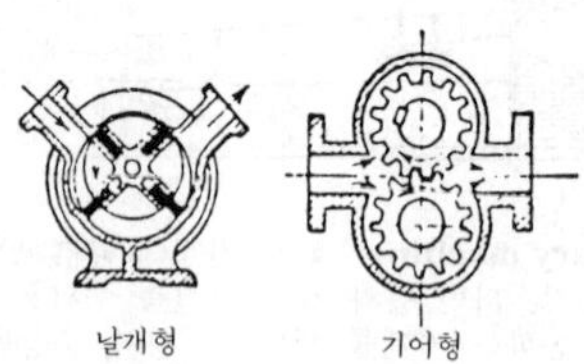

rotary rock drill 회전 착암기(回轉鑿岩機) 오거 드릴이라고도 하며, 비트(bit)의 날끝이 암석에 대해 회전 운동을 하면서 구멍을 뚫는 기계.

rotary shear 로터리 전단기(－剪斷機) 판금을 곡선 모양으로 절단할 때 사용하는 기계를 말한다. 2개의 원형 절삭날을 동력으로 회전시키고, 그 사이에 편금을 넣어 절단한다.

rotary snow-plow 로터리 제설차(－除雪車) 회전 날개에 의해 눈을 깎아내고 원심력에 의해 선로 밖 먼 곳으로 눈을 쳐내는 제설차.

rotary speed switch 회전 속도 스위치(回轉速度－), 로터리 스피트 스위치 미리 설정된 회전 속도로 스위칭하는 기능을 지닌 스위치.

rotary surface grinder 회전 평면 연삭기(回轉平面硏削機) 공작물의 평면을 연삭하는 연삭기로, 테이블이 수직축 주위로 회전 이송 운동을 하는 것.

rotary table 회전 테이블(回轉－) 공작기계의 부속 장치. 밀링 머신, 연삭기 등의 테이블에 장착된다. 핸들을 돌리면 웜기어 장치로 위의 원판이 회전한다. 원둘레에 눈금이 새겨져 있어 원주 방향의 분할 작업에 적합하다.

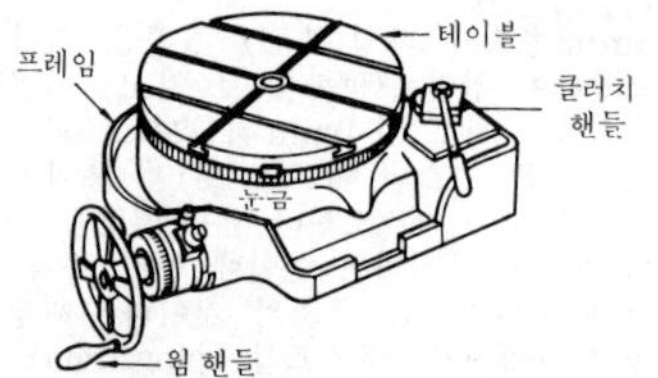

rotary valve 로터리 밸브 스로틀 밸브와 같이 밸브체를 회전시킴으로써 개폐하는 밸브.

rotary valve engine 회전 밸브 기관(回轉－機關) 흡·배기 밸브로 회전 밸브를 사용한 내연 기관. →rotary valve

rotating disk 회전 원판(回轉圓板) 축 둘레에 회전하는 원판.

rotating stall 선회 실속(旋回失速) 터보형의 송풍기·압축기에 있어서 날개차의 일부가 실속하여 이 실속 영역(stall cell)이 일정한 속도로 주방향(周方向)으로 이동하는 현상. 진동·소음의 원인이 된다. ＝propagating stall

rotation 회전(回轉), 선회(旋回)

rotational motion 회전 운동(回轉運動) 단지 회전이라고도 한다.

rotative speed 회전 속도(回轉速度) ＝ rotative velocity

rotative velocity 회전 속도(回轉速度) 엄밀하게 말하면 회전 운동의 순간 각속도(瞬間角速度)로 정의되며, rad/s로 표시된다. 그러나 일반적으로는 회전수와 같은 뜻으로 사용되며, 미분(微分)의 회전수를 단위로 하여 rpm으로 표시된다. ＝ rotative speed

rotor 회전자(回轉子) ① 회전체라고도 한다. ② 전동기에서 회전을 하는 부분. 이에 대하여 정지하고 있는 부분을 고정자(stator)라고 한다.

roto valve 로토 밸브 구조는 플러그 콕과 비슷하며, 전개(全開)시키기 위해서는 상부의 리프트 너트에 의하여 밸브체를 약간 위로 들어 올려 90° 회전시킨다. 전개가 되면 다시 밸브 시트에 닿기까지 내린다. 전개시에는 송수관과 동일 단면의 유로(流路)가 되므로 마찰 손실이 없고 누설도 없다. 또 개구 면적(開口面積)이 15° 이상인 경우에는 밸브의 각도와 비례하므로 수량(水量)의 조절이 용이하다. 조작 방법은 수동식, 전동식(電動式), 수압·유압·기압 등의 압력식이 있다.

rouge 벵갈라[1], 루즈[2] ① 산화철(酸化鐵)을 주성분으로 한 값싼 적색 도료. 보통은 황토를 구워서 만든다. =bengala ② 황산철(黃酸鐵)을 구워서 산화철로 만든 적색의 광택제(光澤劑). 은, 양은, 구리 등 도금류의 다듬질에 사용한다.

rough 러프 ① 면이 거친 것 또는 거칠은 상태. ② 다듬질의 정밀도가 거칠은, 다듬질이 불완전한.

rough-cut file 거친 날줄, 황삭 줄(荒削－) 줄눈이 가장 거친 줄. 일감을 황삭하는 데 사용한다.

rough forging 거친 단조(－鍛造) 단조 작업에서 제품을 대강의 형태로 가공하는 것.

roughing gear milling cutter 거친 기어 절삭기(－切削機) 기어를 만드는 소재(素材)의 이뿌리 부분을 한 이씩 산출하여 거친 절삭으로 다듬질하기 위한 밀링 커터. 이것으로 끝다듬질 여유를 작게 하여 양호한 다듬질을 할 수 있다. =roughing gear stocking cutter

roughing tool 황삭 바이트(荒削－), 거친 절삭 공구(－切削工具) 거친 절삭에 사용하는 바이트.

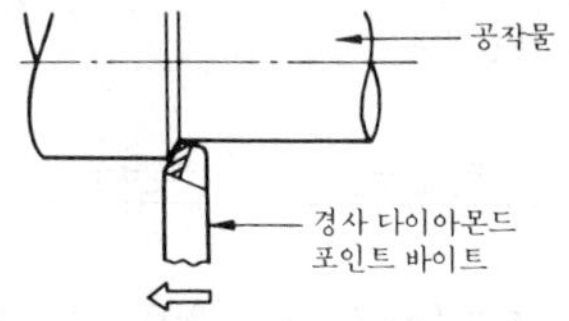

rough machine 러프 머신, 거친 다듬질 재료를 다듬질하는 순서의 하나이다. 보통 거친 다듬질, 중다듬질, 마무리 다듬질이 된다.

rough machining 거친 절삭(－切削) 절삭 가공에서 흑피(黑皮)를 제거할 때 또는 다듬질 여유가 클 때, 절삭폭 및 이송을 비교적 크게 하여 절삭하는 것. 보통, 재료를 다듬질할 때는 거친 다듬질, 중다듬질, 끝다듬질 순서로 다듬질한다.

roughness 거칠음, 조도(粗度) 표면의 거칠은 정도를 말한다. 기계 표면을 그 평균면에 직각으로 절단했을 때 나타나는 단면 곡선에는 여러 가지 피치(pitch)의 요철(凹凸)이 있다. 그 중에는 짧은 피치로 나타나 매끄러운 것과 껄끄러운 느낌을 주는 것 등이 있는데 이것을 표면 거칠기라고 한다.

roughness gauge 조도 게이지(粗度－) 재료 표면의 요철(凹凸)을 측정하는 장치를 말한다. 빛 반사, 촉침(觸針)을 이용한 것 등이 있다.

round 라운드, 둥근 원형으로 된 것, 구형(球形)의, 둥글게 하다, 둥글게 만들다의 뜻.

round adjustable thread cutting die 조정 원형 다이(調整圓形－) 수나사를 절삭하는 데 사용하는 다이로, 한쪽이 분할되어 있어서 이곳에 작은 나사를 박아 개도(開度)를 가감함으로써 안지름을 다소 조절할 수 있는 구조로 되어 있는 것.

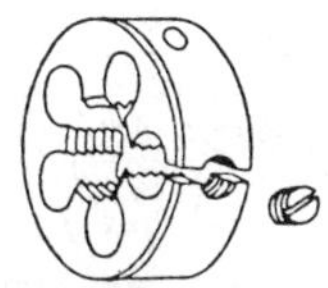

round chisel 둥근 끌 손가공 단조용(鍛造用) 공구의 일종. 재료의 끝을 원형으로 절단할 때 사용하는 것. →chisel

round die 둥근 다이스 손작업으로 수나사를 내는 공구. →dies

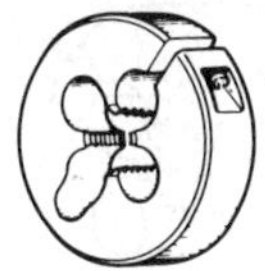

round end 회전단(回轉端) =fulcrum

round file 둥근 줄 단면이 원형으로 된 줄. →file

round headed bolt 둥근머리 볼트 반구(半球)에 가까운 둥근 모양의 머리를 가진 볼트.

round hole broach 둥근 브로치 둥근 브로치 전체 원둘에의 절삭날로 절삭하므로 정확하고 신속하게 둥근 구멍을 다듬질할 수 있다.

round key 둥근 키 원형 단면의 작은 핀을 드라이빙 키로 한 것. 경하중(輕荷重)에 사용된다.

round nose tool 둥근날 바이트 →cutting tool

round plane 둥근날 대패 둥근 홈이나

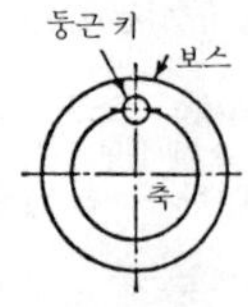

round key

환봉을 다듬질하는 원호상(圓弧狀)의 날을 갖춘 특수 대패. 밖으로 둥근 대패와 안으로 둥근 대패가 있다.

round screw thread 둥근 나사, 원형 나사(圓形－) 나사산의 단면이 반원형(半圓形)인 나사.

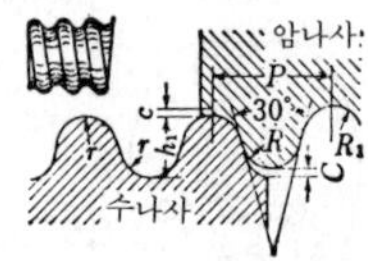

round split die 둥근 분할 다이(－分割－) 둥근 다이의 일부가 분할이 되어 있는 것으로, 지지구에 장치하여 그 안지름을 다소 조절할 수 있도록 되어 있는 다이.

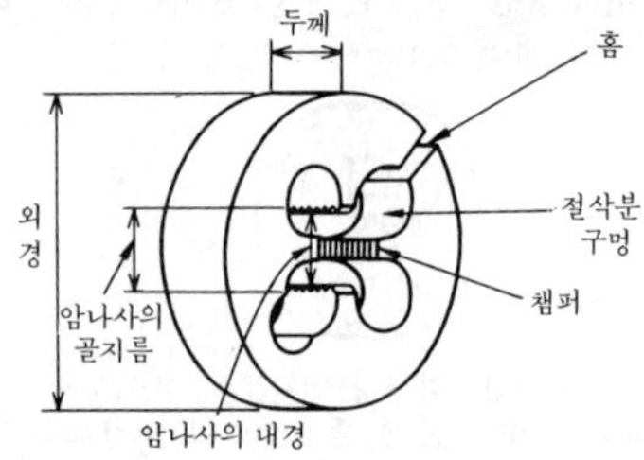

round thread 둥근 나사 나사산의 단면이 원호(圓弧)를 이룬 나사. 먼지가 많은 곳에서 쓰인다.

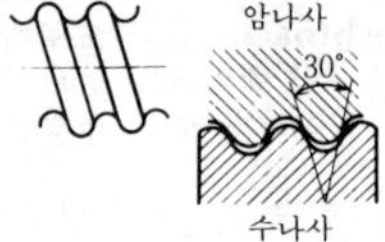

routine work 루틴 워크 일정하게 정해진 일상 업무를 말하며, 이러한 업무는 순서가 정해져 있으므로 기계적인 처리가 가능하다.

roving frame 조방기(粗紡機)[1], 연방기(練紡機)[2] ① 방적에서 연조기(練條機)를 통한 슬라이버에 드래프트(draft)와 실꼬기를 하여 조사(粗絲)로 만드는 기계. 3~4 회의 공정이 있으며 시방기(始紡機), 간방기(間紡機), 연방기, 정련방기(精練紡機)의 순으로 통한다. 1 회만으로 끝나는 단방기(單紡機)도 있으나 2 회의 공정이 많다.
② 방적의 조방(粗紡) 공정에서 간방기 다음에 쓰는 조방기.

RR alloy RR 합금 Al-Cu-Ni 계 합금으로, 단조성, 고온에서의 강도가 양호하므로 복잡한 금형 주물에 적합한 합금이다. Cu 1.3~2.25%, Ni 1.3%, Fe 1.0~1.4%.

rubber 고무, 러버 고무 나무의 분비 유액(latex)을 응고시킨 생고무를 주원료로 하고 아연화(亞鉛華), 탄산 마그네슘, 카본 블랙 등을 첨가하여 가황(加黃)시켜 만든 것. 연질 고무는 탄성이 뛰어나고 내수성, 전기 절연성이 크다.

rubber belt 고무 벨트 고무로 만든 벨트. 면포 또는 마포(麻布)에 고무를 침투시켜 이것을 여러 장 합쳐서 압축 가황(加黃)하여 만든 것. 겹친 천의 매수를 플라이(ply)라고 한다. 보통 전동용(傳動用) 벨트, 운반용 컨베이어 벨트, V 벨트 등에 사용된다.

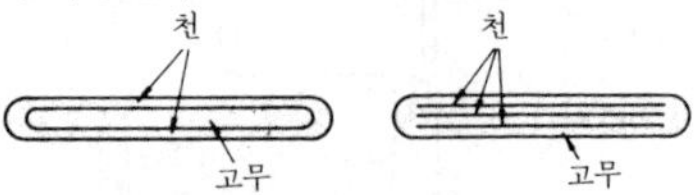

rubber belting 고무 벨트 ＝rubber belt

rubber bond 러버 본드, 러버 결합제(－結合劑) 고무를 주성분으로 한 숫돌 성형용 결합제.

rubber buffer 완충 고무(緩衝－) 충격을 완화하는 데 사용하는 고무. 모양이 간단하고 무게도 가벼우나 내구성이 약하다.

▽ 압축형 고무 완충기

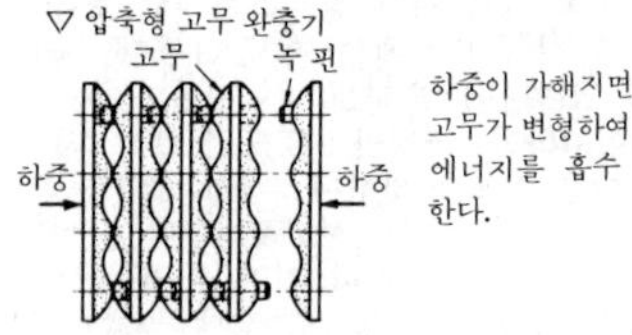

rubber flexible coupling 고무 탄성 커플

링(-彈性) 고무 탄성 이음을 말하며, 대표적인 것을 그림에 든다. 편심(偏心)이나 편각치(偏角値)가 비교적 크게 잡혀 진동, 충격치의 흡수 효과가 큰 것이 특징이다.

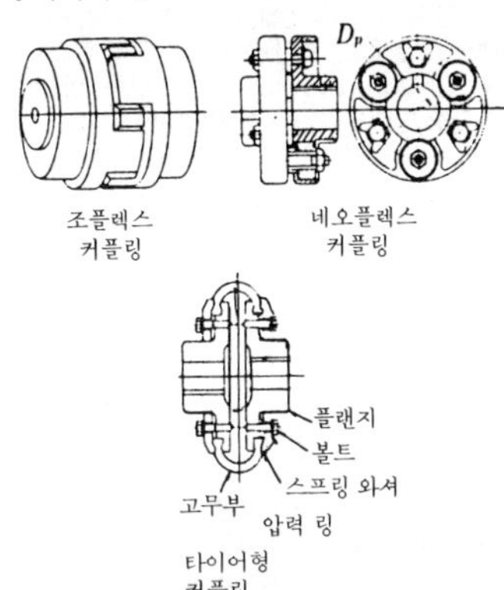

rubber forming 고무 성형법(-成形法) 고무 또는 고무막(膜)을 개입시켜 액압(液壓)에 의해 드로잉 가공을 하는 금속 성형법. 유연성 또는 유동성이 풍부한 고무의 특성을 이용한 것으로, 경비가 적게 들고, 스탠드가 1개로 되며 형(型) 맞추기나 시험 가압(加壓) 등을 할 필요가 없다. 복잡한 형상의 가공품을 드로잉할 수 있고, 균일한 제품을 얻을 수 있으며, 긁힌 흠집 등도 없다. 디프 드로잉 가공도 가능한 마폼법(marforming) 등이 있다.

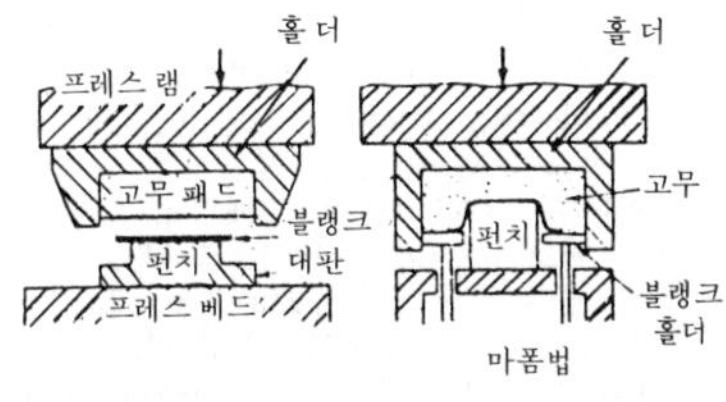

rubber tube 고무관(-菅) 고무로 만든 관. 압력이 낮은 상온의 공기, 물, 기름의 수송용으로 사용된다. 고무관 주위를 철사로 여러 겹 보강하거나 무명으로 피복한 관은 고압의 유압계에도 사용된다.

rubber washer 고무 와셔 고무로 만든 와셔. 고무의 탄력에 의하여 스프링 와셔와 같이 너트의 풀림을 방지하는 데 도움이 된다.

ruby laser 루비 레이저 루비 속에 함유되어 있는 미량의 크롬 이온을 이용하여 그 레벨차로 레이저 발진 동작을 시킨 것. 루비 레이저를 특수한 방법으로 발진시켜 얻어지는 레이저 펄스는 매우 짧은 시간 내에 발진하므로 MW 단위의 강력한 것이 되어 자이언트 펄스라고 불리고 있다.

rudder 러더 배의 키나 비행기의 방향타(方向舵)를 말한다.

rule 자 =ruler

ruler 자 제도 또는 금긋기 작업에서 직선을 그을 때 사용하는 자. 직선으로 된 판 모양의 직선 정규 이외에, 3각자, T자, 곡선 그리기 운형(雲形)자, 대나무자 등이 있다. 나무, 대, 셀룰로이드, 플라스틱, 강판(鋼板) 등으로 만들어진다.

run 패스[1], 쇳물 돌림[2] ① 용접 진행 방향에 따라 놓여진 하나의 비드(bead)를 말한다. =pass
② 주조 작업에서 쇳물이 주형(鑄型)의 내부를 돌아서 채워지는 상태.

run-away 폭주(暴走) 중성자의 밀도가 시간의 경과와 더불어 급증하여 인위적으로 제어할 수 없게 되는 상태를 말하며, 이렇게 되면 원자로의 노심(爐心)이 파괴되어 중대한 사고를 일으키게 된다.

runaway speed 무구속 속도(無拘束速度) 수차(水車)의 부하를 무부하로 했을 때 유량을 그 상태로 해서 수차의 회전수가 최대값이 될 때까지 방치했을 때의 회전수.

runner 러너[1], 탕도(湯道)[2] ① 주행하고 있는 것, 회전하고 있는 것, 흐르고 있는 것이란 의미에서 회전자(回轉子), 날개차 등을 가리킨다.

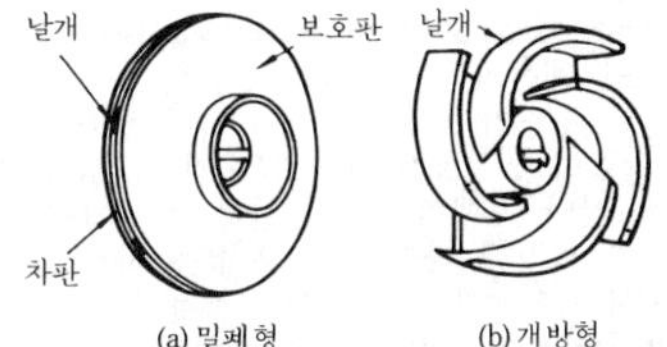

(a) 밀폐형 (b) 개방형

② 주조(鑄造)에서 주형 속으로 쇳물이 흘러 들어가는 통로.

running 운전(運轉), 주행(走行)

running accuracy 회전 정도(回轉精度) 구름 베어링(rolling bearing)에서 정확

한 회전에 영향을 주는 정도(精度). 가로 진동, 레이디얼 전동, 액셜(axial) 진동 등이 규격으로 정해져 있다.

running board 보행판(步行板) 차량의 천장 위, 증기 기관차의 보일러 몸통 바깥쪽, 기관차 실내 통로, 탱크차의 옆 등에 설치된 보행용 판자.

running cost 러닝 코스트 기계나 설비 등을 가동시켰을 때 계속적으로 지출되는 일정 기간의 운전에 필요한 모든 비용(노무, 연료, 절력, 보수 비용).

running expense 경상비(經常費)

running fit 헐거운 끼워맞춤 =movable fit

running performance test 주행 성능 시험(走行性能試驗) 실내 시험, 정지(定地) 시험, 연행(連行) 시험 등에 의하여 자동차의 여러 가지 성능을 시험하는 것.

running ratchet train 구동 래칫 장치(驅動-裝置) 원주상에 톱니 모양 또는 그것에 유사한 형의 노치를 갖추고 다른 링크의 왕복 운동 또는 요동 운동에 의하여 간헐적인 회전 운동을 하는 장치.

running resistance 주행 저항(走行抵抗) 차량이 일정 속도로 달리고 있을 때 받는 저항. 구름 저항, 공기 저항, 구배(勾配) 저항의 세 가지가 있다.

running resistance coefficient 주행 저항 계수(走行抵抗係數) 트랙터에 있어서는 저속이고 공기 저항이 없으므로 평지 주행에 있어서는 저항 R은 거의 무게 W에 비례한다. 즉, $R=4W$로 표시된다. 위의 식에서 4를 주행 저항 계수라고 한다.

running stock 러닝 스톡 생산 또는 판매 활동을 계속하는 데 필요한 운전 재고를 말한다. 적정 재고와 같은 의미이다.

running test 러닝 테스트 운전 시험.

running test of overhauled engine 분해 조립 엔진의 운전 시험(分解組立-運轉試驗) 항공기 엔진의 경우, 이미 형식 승인이 끝나고 실용한 후에도 수리, 점검을 위해 일단 분해하여 재조립한 경우에는 일정한 형식에 따라 운전 시험을 하도록 규정하고 있는데, 이 운전 시험을 말한다.

running trap 러닝 트랩 =house trap

running weigher 운반 저울(運搬-) → conveyor scale

run of mine coal 석탄(石炭) 갱 내에서 막 채굴한 석탄.

run-on 런온 불꽃 점화 기관에서 점화 스위치를 끊은 후라도 연소가 계속되는 일이 있으며 이 현상을 말한다.

run-through change gear 순차 이송 변속 장치(順次移送變速裝置) 원동축(原動軸)이 일정한 회전수로 돌고 있을 때, 변속 레버(change lever)를 한쪽 방향으로 이송함으로써 종동축(從動軸)의 회전수가 차례로 증가(또는 감속)하도록 되어 있는 변속 장치를 말하며, 기어를 사용할 때, 이것을 순차 이송 변속 기어 또는 순차 이송 변속 기어 장치라고 한다.

runway 런웨이 기중기 등의 주행용 레일 또는 그 레일이 깔려 있는 주행로(走行路).

runway girder 런웨이 거더, 주행로 거더(走行路-) 기중기의 주행로를 지지하는 긴 거더.

rupture 파열(破裂), 파괴(破壞)

ruptured 럽처드 파열 또는 파단(破斷)의 뜻. 고응력(高應力)이나 압력차(壓力差) 또는 부분적인 과대한 힘의 작용으로 모재(母材)가 심하게 손상되는 현상.

rust 녹, 러스트 대기 중의 산소, 수로 등의 작용으로 금속면에 발생하는 산화물이나 수산화물(水酸化物) 등을 말한다. 도료(塗料), 기타 화학 물질을 사용하여 이 녹을 방지하는 것을 방청이라 한다.

rust-proofing 녹 방지 처리(-防止處理) 녹을 방지하기 위한 처리를 말하며, 여러 가지 방법이 있다. 페인트나 유지(油脂) 등을 칠하고 바르는 이외에 도금도 넓은 의미에서는 녹 방지 처리의 한 방법이다.

rust resisting paint 녹 방지 페인트(-防止-) 주로 철재면에 발생하는 녹을 방지하기 위하여 철재 표면에 칠하는 페인트.

rust-resisting steel 스테인리스강(-鋼) 내식성(耐蝕性)이 강한 합금강을 말하며, 크롬계와 니켈-크롬계로 대별된다. 크롬계의 대표적인 것으로는 13크롬강, 18크롬강 등이 있고, 니켈-크롬계의 대표적인 것으로는 18-8 스테인리스강(Cr 18%, Ni 8%) 등이 있다. =stainless steel

R* value** ***R치(-値), ***R***값 강재(鋼材)를 굽히면 영구 변형이 남게 되고, 강판은 완만한 커브(곡선)를 그리므로 이 커브의 정도를 측정하여 강판의 스트레처 스트레인(stretcher strain)에 대한 감수성을 R값으로 지시한다.

S

Sabathé cycle 사바테 사이클 고속 디젤 기관의 기본 사이클. 정압(定壓) 사이클과 정용(定容) 사이클이 복합된 것. →constant pressure cycle, constant combustion cycle

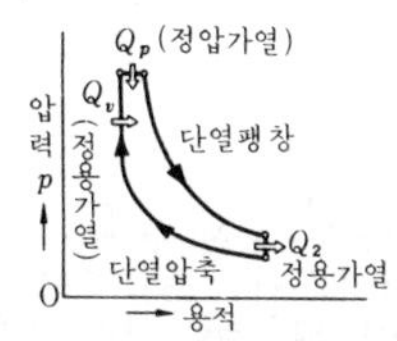

saccharimeter 사카리미터, 검당계(檢糖計) 설탕의 농도를, 그 용액의 비선광도(比旋光度 : 旋光性物質의 선광 능력을 비교하는 양)에 의하여 측정하는 장치로, 편광계(偏光計)의 일종이다.

saddle 새들 테이블, 절삭 공구대 또는 이송 변환 기구 등과 베드 등의 사이에 위치하여 안내면을 따라 이동하는 역할을 하는 부분.

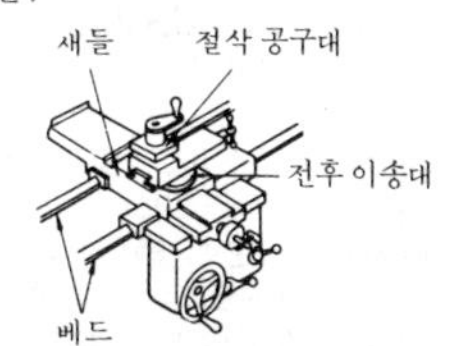

saddle key 새들 키, 안장 키(鞍裝－) 보스에만 홈을 파고 축에는 홈을 파지 않아도 끼울 수 있는 단면의 키.

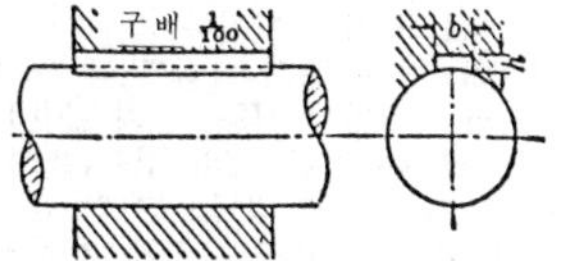

SAE 에스 에이 이 →Society of Automotive Engineers

SAE standard SAE 규격(－規格) 철강, 비철 금속 재료(非鐵金屬材料), 비금속 재료(非金屬材料), 연료, 윤활유, 기계 요소, 부품, 장치류, 자동차 및 부품의 시험 방법, 수리 방법, 용어의 정의(定義) 등에 관하여 미국 자동차기술학회(Society of Automotive Engineers)가 제정한 규격으로, 강제성은 없으나, 미국 국내에서는 널리 이용되고 있으며 세계 여러 나라에서도 그대로 또는 다소 수정을 가하여 통용하고 있다.

safe 금고(金庫), 안전한(安全－)

safe load 안전 하중(安全荷重) 기계나 구조물, 기타 일반 물품에 있어서 그 기능이나 형상 및 품질을 헤치지 않고 작용시킬 수 있다고 생각되는 범위 내의 하중을 말한다. 따라서, 안전 하중의 상한은 허용 하중이라고도 하며, 이것은 당연히 그 물품에 손상을 주는 하중보다는 작고, 그것에 적당한 안전율을 고려한 것이다.

safety belt 안전 벨트(安全－) 추락이나 전력을 방지하기 위해 몸에 착용하는 밴드로, 큰 기둥 등에 연결시킨다.

safety car 안전 자동차(安全自動車) 충돌시에 승객이나 운전자에게 중대한 상해를 입히지 않는 것을 제일 목표로 고안 또는 시작(試作)된 차. 특히 승용차에 있어서는 전주 시야(全周視野)의 확보, 범퍼의 강화, 좌석의 강성(剛性) 향상, 에너지 흡수부의 설치, 승차자의 안전한 속박, 돌출부의 제거, 화재 방지 등을 한 차를 말한다.

safety clutch 안전 클러치(安全－) 하중이 일정 한도를 넘으면 자동적으로 연결이 단절되도록 되어 있는 축 이음.

safety color 세이프티 컬러 황색, 특히 오렌지색을 띤 색. 상해(傷害) 방지를 위해 공장이나 교통 관계의 표지(標識)에 널리 사용된다.
safety factor 안전율(安全率) 소재의 파괴 하중과 허용 하중과의 비 또는 파괴 강도와 허용 응력과의 비를 말한다. 기계 또는 구조물의 안전을 기하기 위해 각 부재(部材)에 생기는 응력이 탄성 한도 이내로 유지되어야 한다. 이 안전한 범위에서의 최대 응력을 허용 응력이라 하고 일반적으로 파괴 강도에 대해 정하중(靜荷重)일 경우에는 3~4배, 동하중일 경우는 5~10배로 잡아야 한다.
safety first 안전 제일(安全第一) 공장 내의 안전 사고 또는 교통 사고 방지를 위한 표어.
safety goggles 보호 안경(保護眼鏡) 자외선이나 적외선을 잘 흡수하여 눈을 보호하는 황록색 계통의 색안경.
safety governor 비상 조속기(非常調速機) =emergency governor
safety guard 안전 가드(安全－) 기어나 벨트 등에 휘감기지 않도록 철망 등을 쳐서 안전을 도모하는 가리개나 덮개.

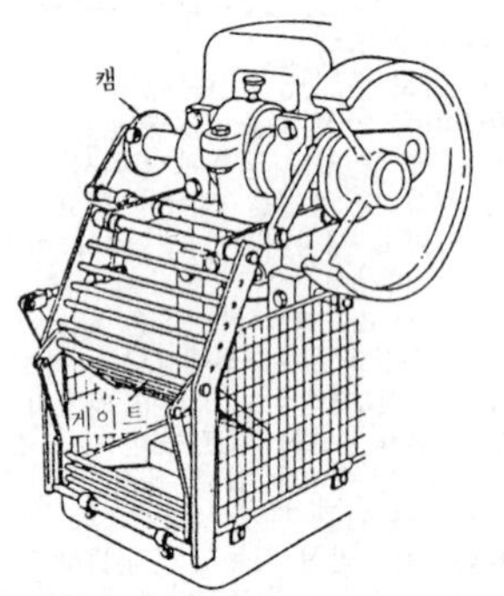

safety hook 안전 훅(安全－) 사용 중 갈고랑이 끝에서 로프 등이 벗겨지지 않도록 고안된 훅, 또는 사용 중에 갈고랑이 끝이 다른 하물의 일부에 걸리지 않도록 그 끝을 안으로 구부린 것 등, 취급시의 안전성을 고려한 형태의 훅을 말한다.
safety manager 안전 관리자(安全管理者) 공장 내의 상해(傷害) 사고를 방지하여 안전 작업을 할 수 있도록 관리하는 사람. 근로 기준법의 적용을 받는 사업체에는 반드시 있어야 한다.
safety shoes 안전화(安全靴) 발 부위의 상해(傷害)를 예방하기 위해 착용하는 작업용 신발.
safety signplate 안전 표지(安全標識) KS에 의해 규정된 도형이나 색으로 만들어져 있고, 위험에 대한 주의를 환기시켜 안전 사고를 방지하기 위해 고안된 표지.
safety valve 안전 밸브(安全－) 기기나 관 등의 파괴를 방지하기 위하여 부착되는 최고 압력을 한정하는 밸브로, 설정 압력 이상이 되면 유체를 내뿜어 압력을 설정 압력 이하로 한다.
safety valve set pressure 안전 밸브 조정 압력(安全－調整壓力) 안전 밸브의 분출 압력은 최고 사용 압력 이하의 지정 압력으로 설정된다. 이와 같이 조정한 분출 압력을 안전 밸브 조정 압력이라고 한다. 그러나 실제로는 각 규칙에 따라 다소는 그 최고 사용 압력을 초과하여 설정하는 것이 허용되어 있다.
safety week 안전 주간(安全週間) 안전 사고 방지를 위한 홍보 주간.
safe working load 안전 사용 하중(安全使用荷重), 정격 하중(定格荷重) 정상 운전에 있어서의 허용 최대 하중.
sag carrier 새그 캐리어 벨트 전동 장치에서 이완측 벨트의 처짐을 지지하는 것.
sailing ship 범선(帆船) 주로 돛을 사용하여 운항하는 선박을 말한다. 돛을 다는 방식에 따라 여러 가지 명칭이 있다. 범선 중에서 보조 기관을 가진 것을 기범선(機帆船)이라고 한다.
sailing vessel with auxiliary engine 기범선(機帆船) 범선 중에서 보조 기관을 갖춘 것을 말한다.
sales engineer 세일즈 엔지니어 기계 제품의 판매 전문 기술자.
salinometer 염분계(鹽分計) 염분을 측정하는 농도계(濃度計)의 일종. 소금 용액의 도전율(導電率)은 그 용액의 농도와 온도에 따라서 변화하는 것을 이용하여 용액의 전기 저항을 측정함으로써 그 용액의 농도를 구하는 것이다.
salt bath 염욕(鹽浴), 솔트 배스 열처리를 위한 가열법의 일종. 염화(鹽化) 바륨, 염화 나트륨(食鹽) 등의 염류(鹽類)를 용해하고 그 속에서 강(鋼) 등의 금속 재료를 가열하면 재료가 고르게 가열되어 좋은 열처리 효과를 거둘 수 있다.

salt bath furnace 염욕로(鹽浴爐) 간접 저항로의 일종. 염욕(鹽浴)을 처리하는 데 사용되는 노(爐).

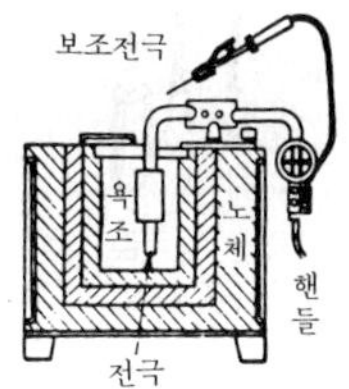

salt solution method 염소 농도법(鹽水濃度法) =salt dilution method

salt velocity method 염수 속도법(鹽水速度法) 식염수의 전기 전도도가 보통의 물에 비해서 매우 높다는 것을 이용하여 물의 유량을 측정하는 방법. 농도가 높은 식염수를 관로의 단면에 고르게 확산하도록 순간적으로 주입하고 이것을 하류 2개소에 둔 전극으로 검출한다.

salvage boat 구난선(救難船) 조난 선박과 승선한 사람을 구조하기 위한 선박으로, 복원성(復元性)과 내파성(耐波性)이 우수하며, 속력이 빠르고 예인력(曳引力)도 커야 한다. 구조 작업에 필요한 기계, 장비를 갖추고 있다.

salvage plating 산올림 도금(－鍍金) 치수 부족을 보완하기 위한 목적으로 실시하는 도금.

sampan 삼파선(三板船) 배와 배, 또는 배와 육지 사이를 왕래하는 갑판이 없는 작은 거룻배.

sample 시료(試料) 검사 또는 시험에 제공되는 것으로, 원료 또는 재료와 동일한 재질을 가진 것의 일부분을 말한다.

sampled data control 샘플치 제어(－値制御) 자동 제어에 있어서의 제어 방법의 하나. 오차 검출 혹은 제어량의 검출을 적당한 시간 간격(샘플링 주기)으로 하고 이것을 입력으로 하여 조작, 출력을 결정하는 제어 방식을 말한다.

sampled-value control 표본치 제어(標本値制御) 피드백 제어에 있어서 데이터를 연속적으로 채택하는 것이 아니고 적당한 표본 간격마다 디지털적으로 데이터를 채택하며, 제어 입력도 그 표본 타임마다 결정하는 방식의 제어.

sampling 샘플링 조사 대상이 되는 집단 중에서 그 집단의 성질이나 상태를 알기 위해 그 중 몇 개를 발췌하는 것을 샘플링이라고 한다.

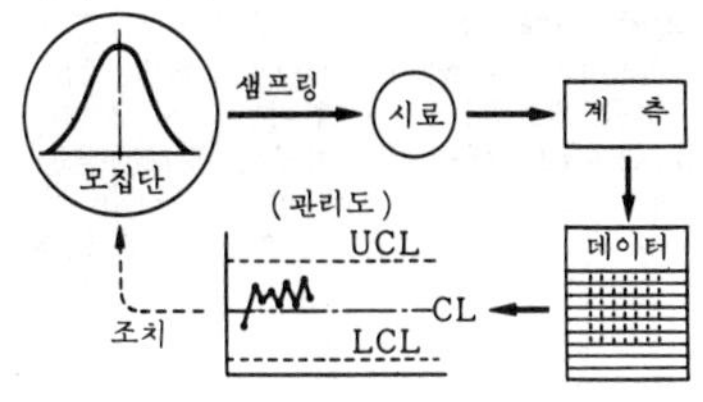

sampling inspection 샘플링 검사(－檢査) 한 로트(lot)의 물품 가운데에서 발췌한 시료(試料)를 조사하고 그 결과를 판정 기준과 비교하여 그 로트의 합격 여부를 결정하는 검사.

sand 모래

sand blast 샌드 블라스트 =sand blasting

sand blasting 샌드 블라스트 주물(鑄物)이나 강재(鋼材) 등의 표면에 붙어 있는 모래나 스케일 등을 제거하기 위해 모래 분사기를 사용하여 모래를 금속 표면에 분사하는 작업.

sand blasting machine 모래 분사기(－噴射機) 모래를 강하게 내뿜는 분사기. 담금질한 강(鋼)의 광택 내기나 그 밖의 여러 가지 용도에 사용된다.

sand blast machine 모래 분사기(－噴射機) =sand blasting machine

sand bottom 사상(砂床) 큐폴라(cupola) 밑바닥의 모래로 만들어진 쇳물 괴는 곳을 말한다. 용융 작업 후 뒤처리하기가 용이하다.

sand burning 샌드 버닝 주조(鑄造)시에 고온 금속과 주물사가 눌어붙어 주물 겉면에 모래가 달라붙어 표면이 거칠게 되어, 모래 털기가 나빠지는 것.

sand casting 사형 주조(砂型鑄造) 사형(砂型)을 사용하여 주물을 주조하는 방법을 말한다.

sand erosion 샌드 이로전 기체나 액체 속에 함유되어 있는 고체 입자가 재료에 충돌하여 손상을 주는 현상을 말한다. 분립체(粉粒體)의 공기 수송계, 슬러리(slurry) 수송계, 가스 터빈의 블레이드 등에 발생한다.

sanding device 모래 살포 장치(－撒布裝置) 기관차의 동륜(動輪)이 레일면 위에서

S

미끄러지거나 공전하는 것을 방지하기 위하여, 레일 위에 모래를 뿌리는 장치를 말한다. 전자 공기식(電磁空氣式)이 많다.

sand mark 샌드 마크 강재(鋼材)의 다듬질면에 비금속물이 존재함으로써 생긴 흠집을 샌드 마크라고 한다.

sand mill 샌드 밀 입도(粒度)를 갖춘 주물사(鑄物砂)에 흑연(黑鉛), 석탄 가루, 점토, 레진(resin) 등을 첨가하여 혼합 반죽하고, 첨가물을 고르게 분포시켜 강도, 통기성, 유동성을 좋게 하는 혼합기.

sand mixer 샌드 믹서 모래를 혼합하는 기계. 주물 공장용 샌드 믹서는 모래에 점토수(粘土水) 또는 묵은 모래와 새 모래를 혼합하는 데 사용한다.

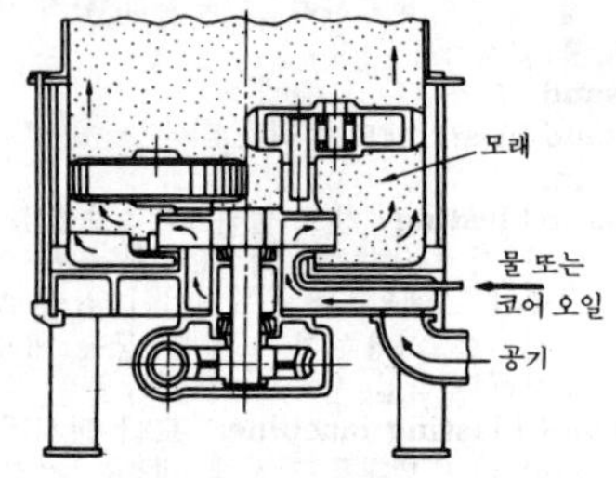

sand mold 사형(砂型) 주물을 만드는 데는 대부분 모래로 만든 주형(鑄型)을 사용한다. 이 형을 사형(砂型)이라고 한다.

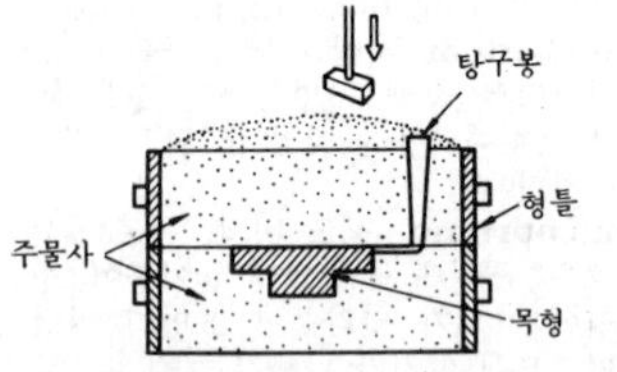

sand paper 샌드 페이퍼, 사포(砂布) 금강사(金剛砂)나 유리 분말을 점결제(粘結濟)로 종이나 천에 도포한 것.

sandpapering machine 사포 연마기(砂布研磨機) 사포를 둥근 회전판에 붙여 다듬질하는 기계.

sand pump 샌드 펌프 토목 기계의 일종. 물 밑에 있는 토사(土砂)가 섞인 물을 퍼올리는 펌프를 말한다. 보통 내마모성 재료로 만들어진 센트리퓨걸 펌프가 사용된다.

sand rammer 다지기봉(-棒) 주형(鑄型)을 만들 때 모래를 쳐서 다지는 도구를 말한다.

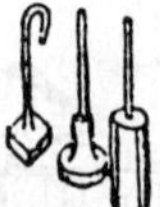

sand shifter 샌드 시프터, 모래 체질 기계(-機械), 사사기(砂篩機) 주물사의 입도(粒度)를 분류하고, 불순물을 제거하기 위하여 사용하는 동력으로 구동되는 체.

sand sieving machine 샌드 시프터 = sand shifter

sand slinger 샌드 슬링거 대형 주형(鑄型)을 제작하는 데 사용되는 조형기. 주물사를 날개차의 원심력에 의해 주형 속으로 불어 넣고 적당히 다져서 통기성을 부여한다.

sandwich construction 샌드위치 구조(-構造) 인장(引張) 또는 압축 충격, 부식(腐蝕), 내마모(耐磨耗) 등 각각 사용 목적에 강한 표면판으로 전단 강성(剪斷剛性)을 지닌 경량의 심재(心材)를 샌드위치 모양으로 싸서 일체 구조(一體構造)로 만든 복합 구조를 말하며, 큰 굽힘 강성(剛性)도 얻을 수 있는 가벼운 구조로, 항공기, 차량, 포장 재료 등 매우 널리 사용되고 있다.

saponification 감화(鹼化) 유지나 지방, 에스테르(ester) 등을 알칼리로 처리하면 알코올과 산으로 분해되어 결국 알칼리염을 생성하는 반응을 말한다.

sapwood 백변재(白邊材), 백재(白材), 변재(邊材) 목재에 있어서 외주 가까이에 있는 흰색 부분. 중심부를 적신재(赤身材)라고 한다.

saran 사란 염화(鹽化) 비닐리덴과 소량의 염화 비닐을 공중합(共重合)한 것을 녹여서 방사(紡絲)한 것. 직포(織布)는 시트 커버 등에 사용된다.

saturated air 포화 공기(飽和空氣) 수증기가 포화 압력까지 포함되어 있는 공기. 포화 공기의 온도를 낮추면 물방울이 응결한다.

saturated humidity ratio 포화 절대 습도(飽和絶對濕度) 포화 습공기의 절대 습도.

saturated steam 포화 증기(飽和蒸氣) 증

발(蒸發)하는 물이 있는 동안 물과 발생 증기 온도는 일정하다. 이때 발생하는 증기를 그 압력의 포화 증기라 하고, 그 때의 온도를 포화 온도라 한다.

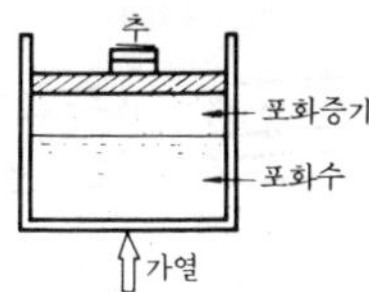

saturated temperature 포화 온도(飽和溫度) →saturated steam

saturation 포화(飽和)[1], 채도(彩度)[2] ① 일정한 온도의 공기 속에 함유되는 공기와 증기의 양에는 한도가 있으며, 그 최대 한도에 도달하였을 때 포화되었다고 한다.
② 색깔의 뚜렷함, 색의 선명도를 나타내는 것으로, 물체의 표면색과 같은 밝기의 무채색(無彩色)과의 격차에 대하여 시지각(視知覺)의 요소(채도, 색상, 명도) 중에서 특히 선명도를 척도로 한 것. 색의 표시에는 HVC 표시법이 있는데 채도는 그 중 C 기호로 나타낸다.

saturation curve 포화 곡선(飽和曲線) 포화 상태를 나타내는 곡선. ① 열역학에서 증기의 압력 체적 선도(PV diagram)나 Ts 선도에서의 포화 액선(飽和液線) 및 포화 증기선, 습공(濕空)의 온도, 절대 습도 선도에서의 포화 공기에 대한 곡선 등. ② 진공관의 열전자 방사 전류와 플레이트 전압과의 관계 자기 포화 곡선(磁氣飽和曲線) 등.

saturation pressure 포화 압력(飽和壓力) 포화 증기압을 말한다. →saturated steam

saturation temperature 포화 온도(飽和溫度) 액체를 가열하면 온도는 점차 상승하여 액체의 종류와 액체에 가해지는 압력에 따라 정해지는 온도에 이르면 증기를 발생하고 끓음이 시작된다. 그 때의 온도를 말한다.

saw 톱 목재를 절단하는 공구. 톱날의 모양에 따라 세로톱, 가로톱, 양날톱 등 여러 가지 종류가 있다.

saw blade 톱날 톱의 날. 톱날은 1cm 에 1~10 개 절삭되어 있다.

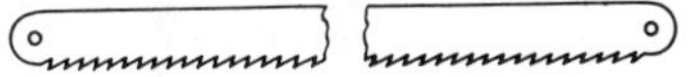

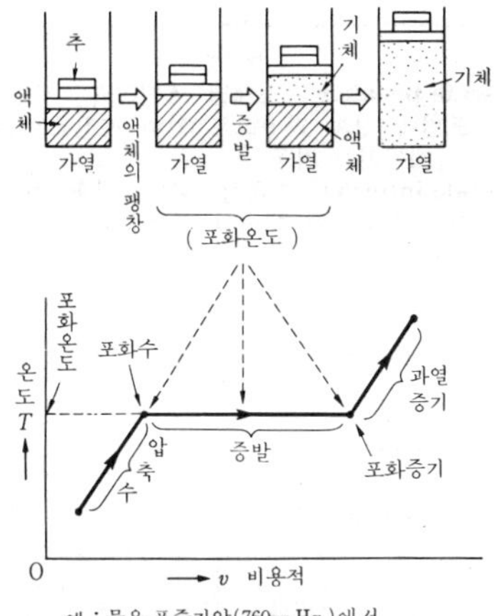

saturation temperature

sawdust 톱밥

saw file 톱줄 각종 톱날을 세우는 데 쓰는 줄로, 손톱줄(hand saw file), 띠톱줄(band saw file), 캔트 톱줄(cant saw file) 등이 있다.

sawing machine 기계톱(機械-) 톱을 장착하여 목재를 자르는 동력 구동식 목공 기계.

sawing mill 제재소(製材所)

saw sharpener 톱날 샤프너 마모된 띠톱의 날을 다시 세우는 기계.

scab 스캐브 강판 가장자리에 나타난 흠집. 일부가 이지러진 채 딱지가 붙어 있는 것. 강괴(鋼塊)의 표피가 거칠거나 압연때 표면에 블로 홀(blow hole)이 생기는 것이 원인이다.

scalar 스칼라 → vector

scale 스케일 ① 척도(尺度). ② 축척(縮尺). ③ 눈금. ④ 자. ⑤ 공기의 유통이 불완전한 노(爐)에서 풀림(annealing)을 했을 때 생기는 산화물의 층 또는 주조(鑄造) 작업에서 쇳물에 생기는 기포(氣泡), 가스 등의 혼합물. ⑥ 때, 물때, 가마 등에 눌어 붙은 침전물. 보일러에의 급수 중 불순물이 침전하여 보일러 내벽에 눌어 붙은 것. ⑦ 저울. =weighing apparatus. ⑧ 천칭(天秤) =balance

S

scale

scale breaker 스케일 브레이커 강편의 표면에 산화 작용으로 인해 생긴 스케일을 제거하는 기구.

scale interval 눈금량(-量) 계측기에 있어서 눈금폭에 대응하는 측정량의 크기를 말한다. 최소 눈금이라고도 한다. → scale spacing

scale mark 눈금선(-線)

scale spacing 눈금폭(-幅) 계측기에 있어서 서로 이웃하는 눈금선의 중심 간격을 말한다.

scale span 눈금 스팬 최대 눈금값과 최소 눈금값과의 차.

scale stand 스케일 스탠드 스크라이빙 블록으로 금긋기를 할 경우라든가 단순히 측정을 할 경우 등 강제(鋼製)의 곧은 자를 금긋기 정반에 수직으로 세워 놓기 위해 사용하는 것.

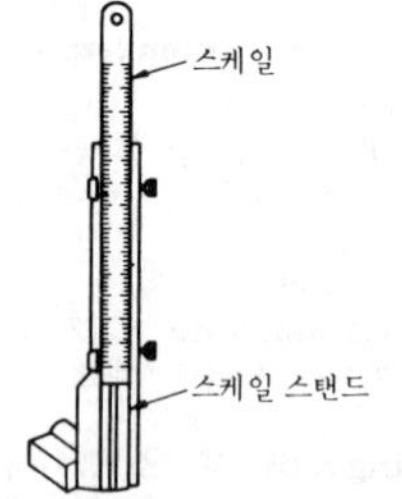

scallop 스캘럽 용접 이음이 한 곳에 집중되거나 근접하면 용접에 의한 잔류 응력(殘留應力)이 커지거나 용접 금속이 여러 번 용접열을 받게 되어 열화하는 경우가 있기 때문에 그림과 같이 부채꼴 노치(notch)를 만들어 용접선이 교차하지 않도록 설계한다. 이 부채꼴 노치를 스캘럽이라고 한다.

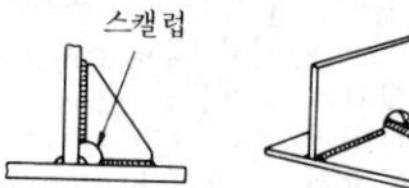

필립 용접의 교차부　　맞대기와 필릿 이음의 교차부

scanning 주사(走査) 영상 신호를 만들거나 영상 신호를 재현시킬 경우에 전자빔에 의하여 생기는 광점(光點)이 상(像) 위를 좌우로 주행하면서 위에서 아래로 이동해 가는 것을 말한다.

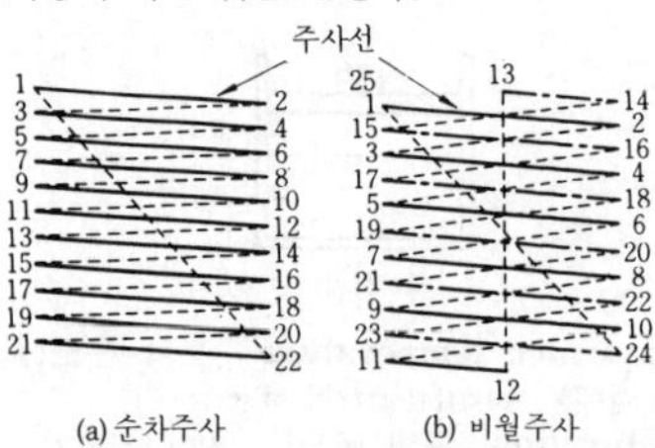

(a) 순차주사　(b) 비월주사

scanning electron microscope 주사형 전자 현미경(走査形電子顯微鏡) 약 30kV로 가속된 전자선을 여러 개의 전자 렌즈에 의해 100Å 정도의 가는 전자선으로 집속시키고 주사 코일을 써서 시료(試料) 표면 위를 주사시키는 전자 현미경.

scanning monitor 스캐닝 모니터 다점(多點)의 변수를 감시, 주사하여 이상점을 경보하는 장치.

scarfing 스카핑 잉곳(ingoit), 필릿, 봉재, 판재 표면에 있는 결함을 제거하거나, 용접 개선을 가스 토치로 국부적으로 용해해서 제거하거나 파는 것.

scarf joint 스카프 이음 금속재를 단접(鍛接)하는 경우 또는 벨트를 이을 때 양 끝을 비스듬히 잘라 맞춰 접합하는 이음법.

scattering 산란(散亂) 진행파 또는 입자가 장해물 등과 상호 작용을 일으켜 그 진행 방향이 구부러지는 현상을 일반적으로 산란이라고 한다. 물리학에서는 산란은 원자핵이나 소립자의 반응 혹은 X선, γ선과 같은 고에너지의 전자파와 물질의 상호 작용에 쓰이지만 열공학에서는 주로 열방사(주로 적외-가시광)에 대하여 쓰인다.

scavenging 소기(掃氣) 2사이클 기관에

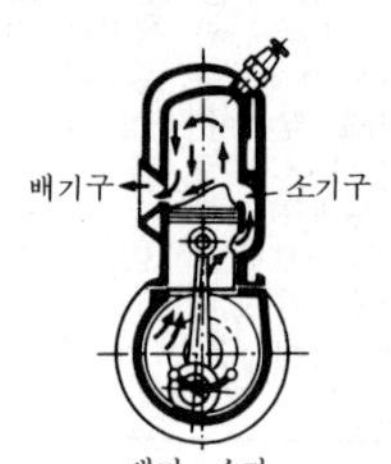

배기·소기

서 새로운 혼합기(混合氣)가 어떤 압력으로 실린더 속에 밀려 들어오면 소기구(掃氣口)를 열어서 배기를 배출하게 되는데 이 작용을 소기라고 한다.

scavenging blower 소기 송풍기(掃氣送風機) 2사이클 기관의 소기(掃氣) 작용을 돕기 위한 송풍기.

scavenging efficiency 소기 효율(掃氣效率) 압축 초에 있어서의 실린더 내의 신기(新氣)의 농도를 나타내는 것으로, 얼마만큼 소기가 잘 되었는가를 나타낸다. 즉 소기 후 실린더 내에 괸 신기의 무게와 실린더 내의 전 가스의 무게의 비(比)로 나타낸다.

scavenging port 소기구(掃氣口) 2사이클 기관에서 소기를 유입시키기 위한 실린더벽에 둔 구멍.

scavenging pump 소기 펌프(掃氣−) 2사이클 기관의 소기를 하기 위한 펌프. 대형 기관에서는 루츠 송풍기(Roots blower)나 배기 터빈에 의해서 구동되는 터보 송풍기 등이 쓰인다. →Roots blower, turboblower

scavenging ratio 급기비(給氣比) =delivery ratio

scavenging stroke 소기 행정(掃氣行程) 4사이클 내연 기관의 배출 행정 또는 2사이클 기관의 작동 행정 말단에서 소기구(掃氣口), 배기구가 열려 소제 작용(소기)이 이루어지기까지의 기간.

scavenging valve 소기 밸브(掃氣−) 2사이클 디젤 기관의 실린더 또는 소제 공기통에 설치된 소제 공기 흡입용 밸브를 말한다.

schedule 예정 계획(豫定計劃), 시간표(時間表), 일정(日程)

schedule drawing 공정도(工程圖) 공정 생산에 있어서의 작업의 진행 과정을 나타내는 그림으로, 제작 공정 도중의 상태라든가 공정 계획에 있어서의 물건의 흐름을 정리한 그림을 그린다.

scheduling 일정 계획(日程計劃) 생산 계획에서 정한 기일을 목표로 하여 소요 재료의 입수, 작업원·설비의 확보를 고려하여 순서표 등에 따라서 정하는 작업 일정. 일정 계획은 제조·구매·영업 등 필요 부문에 배포된다.

schematic drawing 약도(略圖)

Schemidt camera 슈미트 카메라 구면(口面) 반사경에 의해서 상(像)을 만드는 구경비(口徑比)가 큰 카메라. 구면 반사경에 의한 구면 수차(球面收差)를 보정하기 위하여 그 곡률 중심의 위치에 보정판을 갖추고 있다. 주로 천체 관측용 카메라로서 사용된다. →aberration

Schmidt-Hartmann boiler 슈미트-하르트만 보일러 슈미트와 하르트만에 의해서 개발된 간접 가열 보일러의 일종.

science 과학(科學) 자연계의 여러 가지 현상을 연구하고, 그 현상을 일으키는 근본 원리나 법칙을 발견하여 이를 집적(集積), 체계를 수립하려는 학문.

scintillation counter 신틸레이션 계수기(−計數器) 방사선을 형광체에 비추어 발광시키고 이것을 증폭하여 전압 펄스로서 계수(計數)하는 계기.

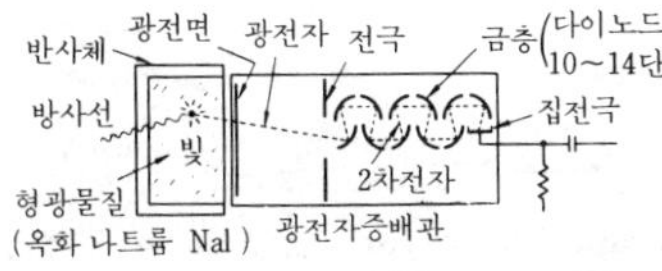

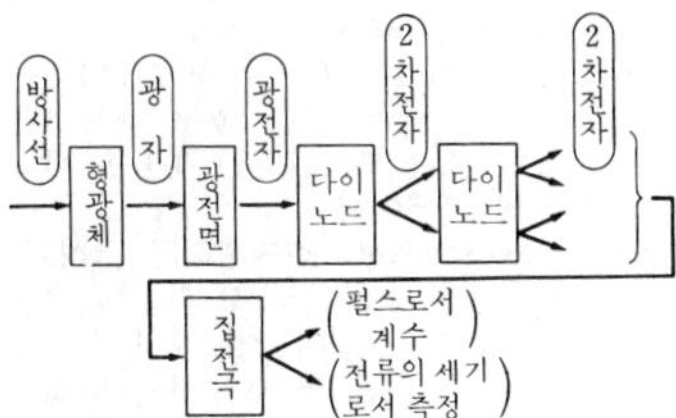

scintillator 신틸레이터 방사선이 비추어짐으로써 섬광을 발하는 물질로, 방사선의 검출에 사용된다.

scoop 스쿠프 석탄 등을 퍼넣는 부삽. =shovel

scooter 스쿠터 원동기를 좌석 밑에 장치하고 앞쪽에 발판이 있으며 바퀴 지름이 22cm 이하인 2륜 자동차를 말한다. 최고 속도는 60~100km/h 정도. 원동기는 공랭식 가솔린 발동기.

scorch 스코치 작업 중이나 보관 중에 열로 인하여 미가황(未加黃) 고무의 가황 현

상이 일부 진행되는 것.

scoring 스코어링 이물(異物) 입자의 예리한 끝부분에 긁혀서 생긴 흠집 또는 길게 긁힌 홈 모양의 흠집.

Scotch boiler 스코치 보일러 선박용 보일러의 일종. 영국의 스코틀랜드에서 많이 사용되기 때문에 붙여진 이름.

scrap 스크랩 ① 조각, 파쇠, 파편, 쇠부스러기. ② 조각내다, 파편으로 만들다.

scrape 스크레이프 긁다, 긁어내다, 긁어내는 것.

scraper 스크레이퍼 다듬질에서 긁기 작업에 사용하는 손공구를 말한다. 평면용과 구멍용이 있고 공구강, 합금 공구강 등으로 만든다.

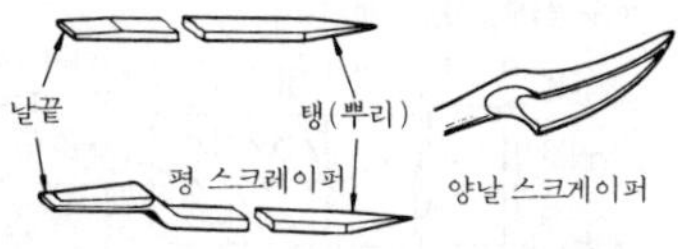

scraper conveyor 스크레이퍼 컨베이어 홈통(trough) 속을 순환하는 1개 또는 2개의 무단(無端) 체인에 스크레이퍼판을 부착하고 그 앞에 있는 홈통 안의 곡류, 석탄 등 비포장 하역(荷役) 화물을 반송하는 형식의 컨베이어.

scraper excavator 스크레이퍼 굴삭기(-堀削機) 지브(jib) 끝에서 와이어 로프를 늘어뜨리고 그 선단의 스크레이퍼를 잡아당겨 토사(土砂)를 파거나 정지(整地) 작업 등을 하는 토목 기계.

scraper ring 스크레이퍼 링 =oil ring

scraping 스크레이핑 스크레이퍼를 이용하여 금속면을 정밀하게 다듬질하는 작업.

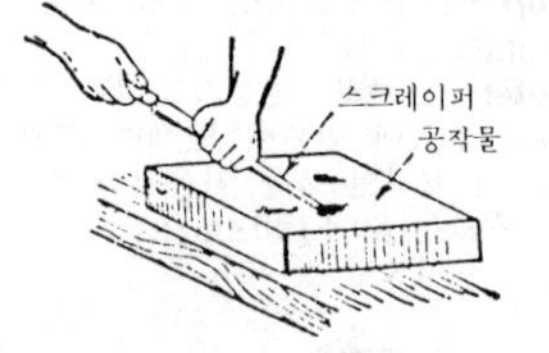

scrap iron 파쇠(破-), 파철(破鐵) 철강 제품의 폐기물이나 주조, 단조 기계 가공 등에서 생긴 쇠부스러기. 중요한 제강 원료가 된다.

scratch 스크래치 긁는 것, 긁어 자국을 내는 것, 긁다, 긁어서 흠을 내다.

scratched 스크래치 표면을 가로질러 예리한 물질이 스쳐 지나가는 경우, 예리한 모서리 부분이 물질 표면에 닿아서 좁고 얕게 긁힌 자국을 내는 현상.

scratch hardness 긁기 경도(-硬度) 꼭지각(頂角) 90°의 다이아몬드 추로 시험편(試驗片)을 일정한 하중으로 긁고, 그 긁힌 폭의 크기를 마텐(Marten's) 긁기 경도계(硬度計)로 측정한 것. 얇은 시험편의 경도 측정에 사용한다.

scratch test 긁기 경도 시험(-硬度試驗) 보통, 다이아몬드의 압자(壓子)를 시료면에 대고 하중을 가하여 압자를 시료면에 따라 움직였을 때 생기는 긁힌 자국의 폭으로 시료의 경도와 연도(軟度)를 판정하는 시험.

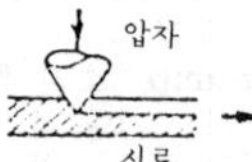

scratch tester 긁기 경도 시험기(-硬度試驗機) 긁기 경도(硬度)를 판정하는 데 사용되는 시험기.

screen 스크린 ① 체. 혼합물을 선별하거나 모래 등을 입도(粒度)에 따라서 크고 작은 것을 걸러내는 용구. 동력으로 구동되는 회전체와 진동체 등이 있다. 체의 눈의 대소는 메시(mesh)로 나타내며, 가장 미세한 것을 여과하는 것을 필터라고 한다. ② 영사막(暎寫幕).

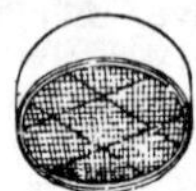

screening 스크리닝 마스킹의 한 방법으로, 견포(絹布) 등의 스크린 위에 가공 패턴을 반전시킨 상(像)을 왁스 등으로 그리고 이것을 통해 내식성(耐蝕性) 잉크를 고무 롤러 등으로 압입하여 잉크의 패턴을 형성한다.

screen printing 스크린 인쇄법(-印刷法) 섬유나 금속제 등의 스크린 위에 마스킹을 만들고 피막에 인쇄를 하여 염색하는 방법.

screw 나사(螺絲), 스크루 환봉(丸棒)의 외주면 또는 둥근 구멍의 내주면을 따라서 나선(螺旋) 모양의 홈을 절삭한 것. 기계 부품의 체결, 고정 또는 거리의 조정 등에 사용되는 이외에 동력의 전달에도 널리 사용되고 있다. 나사산의 형상에 따라서 3각 나사, 각나사, 사다리꼴 나사, 톱니 나사, 둥근 나사 등이 있다. 환봉의 외주면에 새긴 나사를 수나사, 이것을 끼우는 나사를 암나사라 하며, 또 나사의 진행 방향에 따라서 오른나사와 왼나사로 나뉜다. 나사를 1회전시켰을 때 축방향으로 움직이는 거리를 리드(lead)라고 한다.

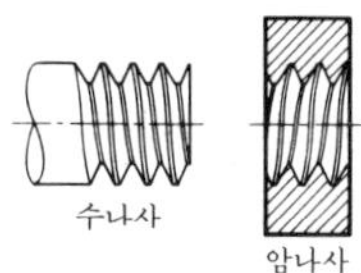

▽ 나사산 각부의 명칭

수나사의 외경
수나사의 골지름
암나사의 내경
암나사의 골지름
나사산이 걸리는 높이
나사산의 높이
나사산의 플랭크
피치
암나사
수나사

screw auger 나사 송곳((螺絲)－) = auger

screw bolt 볼트 2개의 부품을 체결하는 데 사용하는 것. 두부의 모양에 따라서 둥근 볼트, 4각 볼트, 6각 볼트 등이 있고, 그 축부(shank)에 나사가 절삭되어 있어 이것에 너트(nut)를 끼워 체결한다.

screw compressor 스크루 압축기(－壓縮機) 2개의 회전 나사 롤러의 공간에 기체를 압입하고 이것을 압축하여 압력을 높이는 컴프레서.

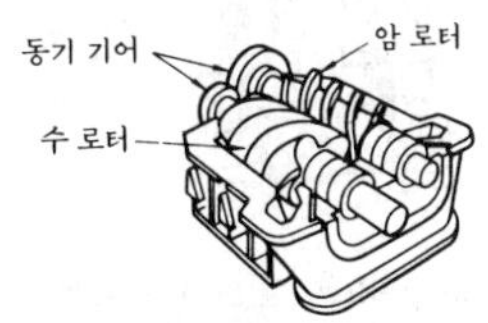

screw conveyor 스크루 컨베이어 그림과 같이 축에 나사선 모양의 날개가 달린 컨베이어. 이것이 홈통 속에서 회전을 함으로써 낟알 그대로의 곡물이나 석탄 등을 운반한다.

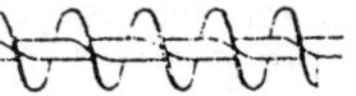

screw cutting lathe 나사 절삭 선반(螺絲切削旋盤) 정밀도가 높은 나사 절삭 전용의 선반을 말한다.

screw cutting machine 나사 절삭기(螺絲切削機) 바이트 또는 체이서(chaser)를 사용하여 나사를 절삭하는 전용 기계. 구조는 선반(旋盤)과 비슷하다.

screw-driven planning machine 나사식 평삭기(螺絲式平削機) 평삭기의 일종으로, 테이블의 왕복 운동이 나사 기구(機構)에 의하여 이루어지는 것.

screw-driven shaping machine 나사식 형삭기(螺絲式形削機) 램(ram)의 구동에 나사 기구(機構)를 사용한 형삭기.

screw-driven slotting machine 나사식 슬로팅 머신(螺絲式－) 램의 구동이 나사 기구(機構)에 의해 이루어지는 슬로터.

screwdriver 드라이버 나사를 죄고 푸는 데 사용하는 공구. 용도에 따라서 일(－)자 드라이버와 십(＋)자 드라이버가 있다.

screwed valve 나사 밸브(螺絲－) 관을 결부하는 구멍에 직접 틀어 박아서 접속하는 형식의 밸브.

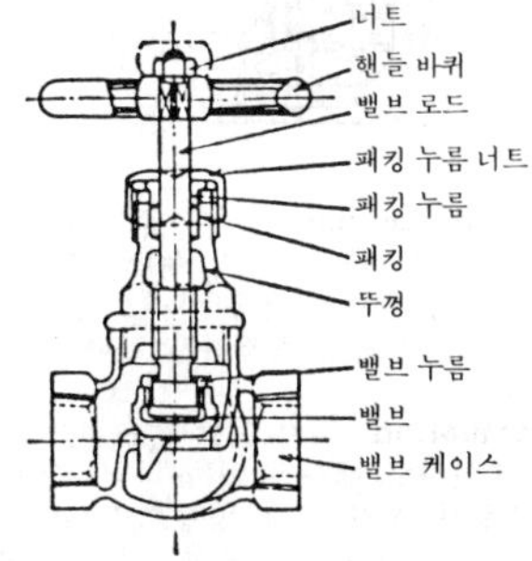

screw gauge for taper thread 테이퍼 나사 게이지(－螺絲－) 테이퍼 나사의 검사에 사용하는 나사 게이지로, 보통 테이퍼 플러그 게이지와 테이퍼 링 게이지가 한 쌍으로 되어 있다.

screw gear 나사 기어(螺絲－) 피치면에 나사형으로 톱니를 절삭한 기어. 축이 평

S

행을 이루지도 않고, 직교하지도 않는 경우에 사용된다. 베벨 기어와 거의 같은 모양이나 1개의 기어만으로는 판별할 수 없고, 2개의 기어가 맞물리고 있을 때 양자를 판별할 수 있다.

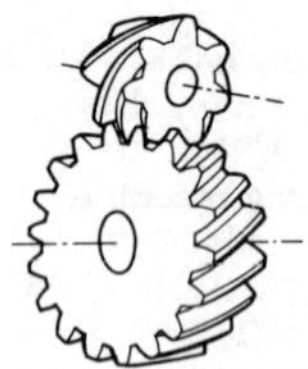

screw head 나사 머리(螺絲－) 작은 나사, 세트 스크루, 나무 나사 등의 두부. 평머리, 둥근 머리, 둥근 평머리, 둥근 접시머리, 남비머리 등이 있다.

S

screwing stock 나사형 회전(螺絲形回轉)

screw jack 스크루 잭, 나사 잭(螺絲－) 나사를 이용한 잭으로서 잭의 대표적인 것이다.

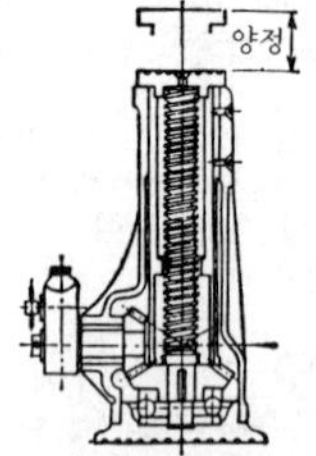

screw lubrication 나사 주유(螺絲注油) 축 또는 축 슬리브에 각(角) 홈을 파고 회전에 의하여 나사 홈을 따라 기름을 축 방향으로 공급하여 목적하는 곳에 주유하는 방법.

screw motion 나사 운동(螺絲運動) 나사를 회전시킬 때와 같이 하나의 축 주위를 회전함과 동시에 축 방향으로 일정한 비율로 직선 운동을 이루게 하는 운동을 조합시킨 운동.

screw of cross recessed head 십자홈 나사(十字－螺絲) 나사머리에 십자홈이 나 있는 나사. 이 십자홈에 맞는 전동 드라이버로 십자홈 나사를 돌려서 끼우면 능률적이고 신속하게 조립할 수 있다.

screw pair 나사 대우(螺絲對偶) 나사 표면에서 접촉하는 대우. 볼트 A는 너트 B에 끼워져 회전하면서 나아간다. 이와 같이 회전 운동과 직선 운동을 동시에 하는 대우를 말한다.

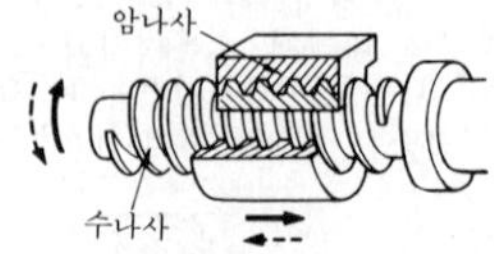

screw pile 나선 파일(螺旋－) 기초 지반 구축에 사용하는 파일. 지지력을 증대시키기 위해 나선상으로 만든 철제의 기초 파일.

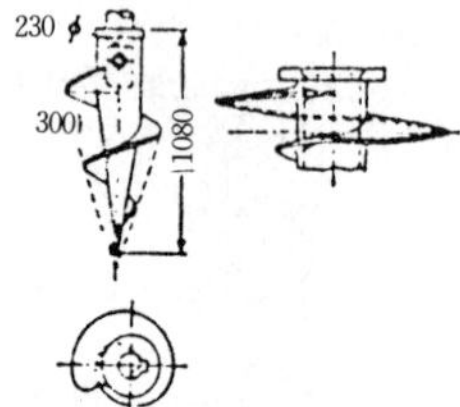

screw plate 나사 플레이트(螺絲－) 좁다란 철판 한쪽에 달린 봉상 부분(棒狀部分)에 나사를 깎은 플레이트.

screw plug 스크루 플러그, 나사 플러그(螺絲－) 나사가 절삭되어 있어서 비틀어 결부하는 플러그.

screw press 스크루 프레스 판금 공작용 기계의 일종. 나사 기구(機構)를 이용하여 가공품을 압축 가공하는 소형 프레스.

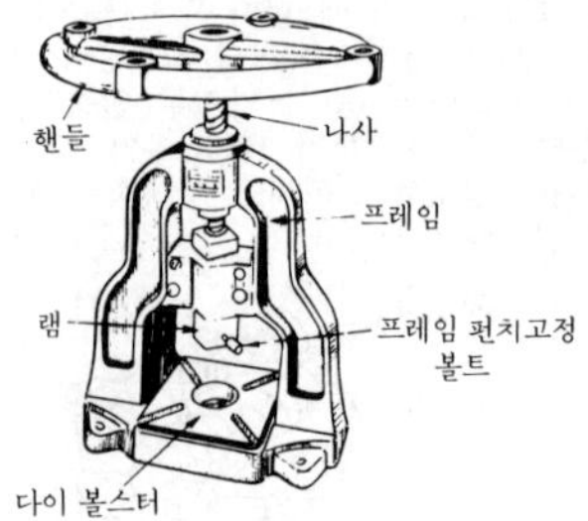

screw propeller 스크루 프로펠러 ① 배를 추진시키는 데에 사용하는 스크루 또는 프로펠러. ② 나사 프로펠러.

screw pump 스크루 펌프 ① 회전축 둘

레에 나사 홈을 깎고 이것에 끼워지는 원통 속에서 축을 회전시키는 펌프. 회전축으로부터의 기름 누설 방지 또는 베어링용 기름 펌프로서 사용된다. ② 회전축 주위에 나사 모양의 날개를 단 1~2m 정도의 저양정(低揚程)에 적합한 펌프.

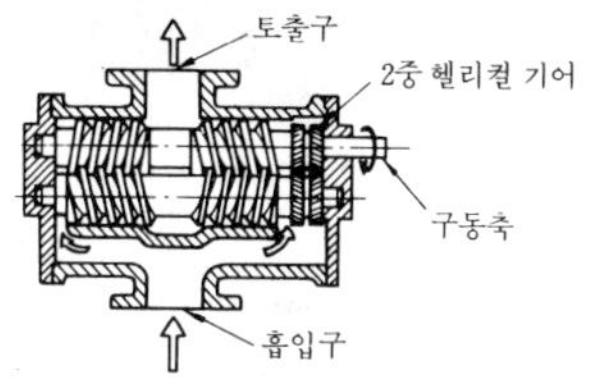

screw seal 나사 실(螺絲−) 누설 방향과 반대로 흐르도록 나사를 절삭한 축 또는 푸시를 이용한 축봉(軸封) 방법 또는 그 부품을 말한다.

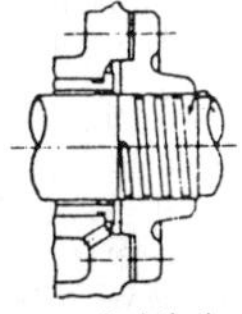
오일 실의 예

screw slotting cutter 스크루 슬로팅 커터 판금의 절단이나 작은 나사 등의 머리 부분에 홈을 내기 위해 사용하는 밀링 커터.

screw stay 나사 스테이(螺絲−) 스테이 양끝을 굵게 하여 그곳에 나사를 깎아 보강할 판에 비틀어 박고, 나사머리를 코킹(calking) 하여 체결하는 형식의 스테이.

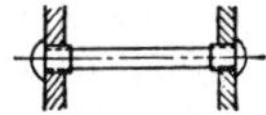

screw stock 나사용 봉재(螺絲用棒材) 나사 절삭 제품에 사용하는 봉재. 대량 생산용으로는 쾌삭강(快削鋼), 쾌삭 황동(快削黃銅) 등을 사용한다.

screw tap 나사 탭(螺絲−) 공작물에 암나사를 깎는 공구. 다음 4종류가 있다. (1) 수동 탭(hand tap), (2) 기계 탭(machine tap) : 공작 기계에 장착하여 나사만을 전문으로 깎는 탭, (3) 가스 나사 탭(gas tap) : 가스관에 암나사를 절삭하는 탭, (4) 마스터 탭(master tap, hop tap) : 다이(die)나 체이서 등을 만들 때에만 사용하는 탭 등.

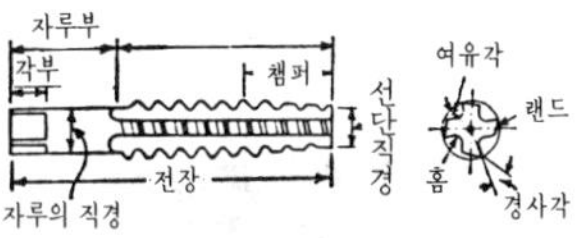

수동 탭 각부의 명칭

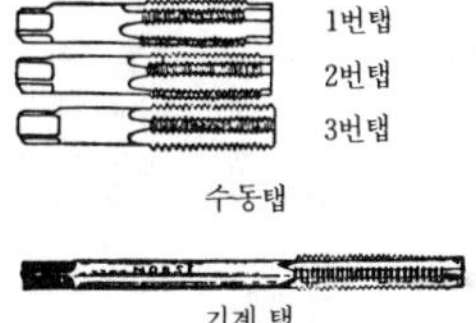

수동탭

기계 탭

screw thread 나사산(螺絲山) 나사의 골과 골 사이의 높은 부분. =screw

screw wrench 멍키 스패너 =monkey spanner, monkey wrench

scribed circle test 스크라이브드 서클법(−法) 박판(薄板)의 프레스 성형에서와 같이 변형 도중에 주된 변형(main strain)의 방향이 바뀌는 경우에는, 그림과 같이 원을 그려두면 변형 후의 주된 변형의 방향과 크기를 쉽게 구할 수 있다. 이와 같이 하여 가공 후의 변형 상태를 알아내는 테스트법을 말한다.

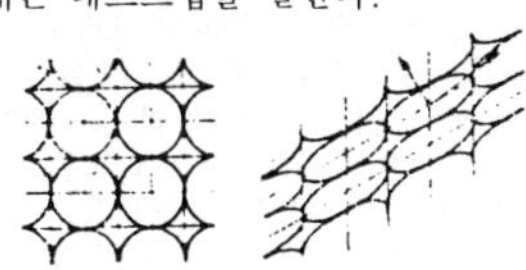

scriber 스크라이버, 금긋기 바늘 =marking-off pin

scribing block 스크라이빙 블록, 토스칸 금긋기 공구의 일종. 정반 위에서 공작물에 금긋기, 중심 내기 등을 할 때 사용하는 공구. 토스칸은 tosecan에서 비롯한 말이다.

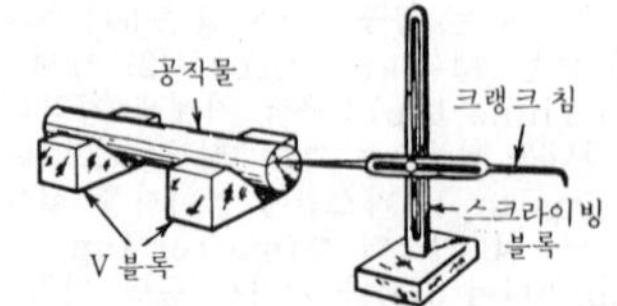

scribing calipers 스크라이빙 캘리퍼스 한쪽 다리의 끝이 갈구리 모양으로 굽은 캘리퍼스. 환봉, 기타 중심선을 구할 때 사용한다.

scribing tool 서피스 게이지 금긋기에 사용하는 공구의 하나. =surface gauge, scribing block

scroll chuck 스크롤 척 연동 척 1개소의 나사를 돌리면 전체의 조(jow)가 한결같이 전후해서 환재(丸材), 봉재(棒材), 6각재의 체결에 편리한 선반용 척.

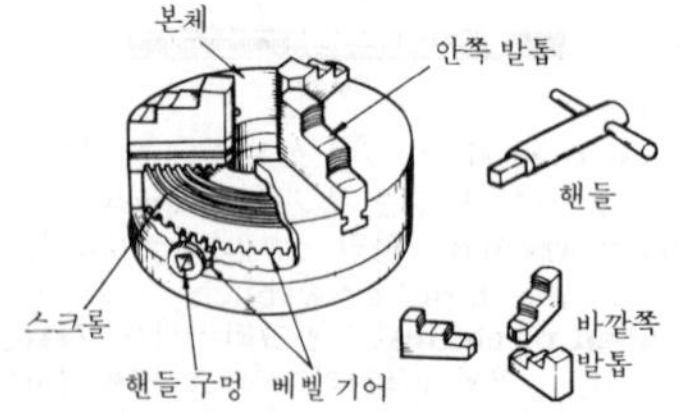

scroll chuck lathe 스크롤 선반(一旋盤) 스크롤 척을 갖춘 선반. →scroll chuck

scroll sawing machine 스크롤 기계톱(一機械一) 톱날의 피치가 거친 실톱을 상하로 구동시켜 목재를 수동 이송하면서 여러 가지 모양으로 절단하는 기계톱.

scrubber 스크러버 파형을 겹친 것으로, 그 사이로 증기를 흐르게 하여 증기 속의 수분을 제거하거나, 대기 오염물이 섞인 가스 등을 그 사이로 통과시키는 도중에 샤워로 세척하여 가스 속의 오염물을 물에 흡수, 분리하는 장치.

scrubber dedustor 스크러버 탈진 장치(一脫塵裝置) 상시 젖어 있는 기류 조건하에서 대향류(對向流)와 분무(噴霧)에 의해 더스트(dust)를 포집(捕集)하는 것으로, 설치 면적이 작고, 구조가 간단하며, 값이 싸고, 풍압 손실이 적으며, 수명이 긴 것이 특징인데, 용수가 많이 소비되는 것이 결점이다.

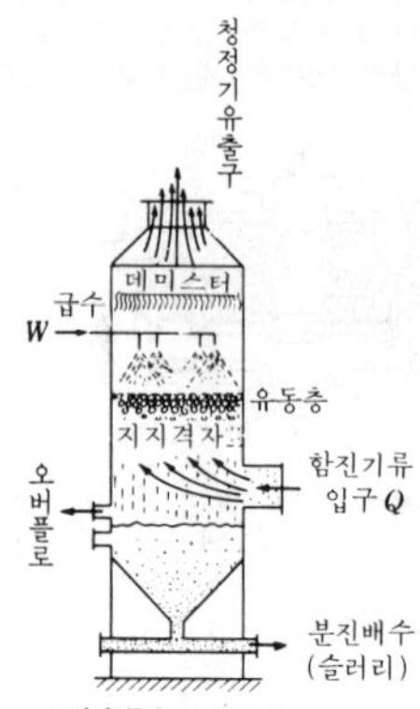

3상유동층 스크러버

scuffing 스커핑 접동면(摺動面)에 긁혀 흠집이 생기는 것을 말하며, 접동면이 달라붙어 움직이지 않게 된 것을 교착(sticking)이라고 한다.

scum 스컴, 부유물(浮遊物) ① 보일러 등의 수면에 생기는 부유물. ② 용융 금속면에 뜨는 쇠똥.

scum cock 스컴 콕 =surface blow-off cock

scutcher 솜타기기(一機) 방적의 혼타면 공정(混打綿工程)의 마지막에 사용하는 것으로, 회전하는 블레이드로 섬유 덩어리를 때려서 개섬(開纖)하는 동시에 단섬유(短纖維)나 불순물을 제거한다.

scutching machine 혼타면기(混打綿機) 면사 방적(綿絲紡積)에 있어서 개면(開綿)에 이어서 대강 탄 솜을 더욱 고르게 타서 불순물을 제거하여 연면(筵綿)으로 만드는 장치 또는 기계를 말한다.

sea anchor 시 앵커 풍랑(風浪)이 높을 때 배에서 바닷물 속으로 던져 물의 저항을 이용하여 배를 바람이 불어 오는 쪽으로 향하게 하거나 바람에 의한 표류(漂流)를 적게 하기 위하여 사용하는 것으로, 구명정(救命艇), 소형 어선 등이 갖추어야 하는 비품의 하나로 되어 있다.

sea berth 시 버스 항구 깊은 곳에 설치되어 있는 선박 계류용(繫留用) 시설.

seal 실, 밀봉 장치(密封裝置) 내부로부터의 누설, 외부로부터의 침입을 방지하기 위한 장치. 운동부의 실은 패킹, 고정부의 실을 개스킷이라고 한다.

seal air pipe 실 에어 파이프 가압 연소 보일러 등에서 노(爐) 내의 가스 누설을 방지하기 위하여 노벽 관통부에 가압 공기를 도입하는 파이프.

sealant 실런트 액상(液狀) 패킹을 말한다. 금속 접합면 등의 표면에 칠하여 밀봉한다.

seal bearing 밀봉 베어링(密封－) 윤활유의 누설 및 외부로부터의 이물질 침입을 방지하기 위해 밀봉용 부품을 궤도 링에 부착한 구름 베어링을 말한다.

seal cage 랜턴 링 패킹 상자의 내부에 주액(注液), 감압, 윤활, 냉각 등을 위해 삽입되어 있는 홈붙이 링의 총칭.

sealed ball bearing 실 베어링 깊은 홈 볼 베어링의 방진 기능을 증대시키기 위해 고무 실을 외륜(外輪)에 부착한 것. 고무 실이 내륜 외주에 접촉하는 접촉형과 접촉하지 않는 비접촉형이 있다.

sealed beam head lamp 실드 빔, 실드 빔 헤드 램프 렌즈와 전극(電極)이 일체가 되어 전체가 하나의 전구로 된 자동차 전조등. 대용량에 사용할 수 있고, 배광(配光)이 좋으며, 전구 유리가 흐리지 않는 등의 특징이 있다. 또한 전면 유리와 반사경 사이만 밀폐하고 전구는 독립적으로 갈아 끼울 수 있게 되어 있는 세미실드 빔도 있다.

sealer 실러 페인트의 일종. 소재 본 바탕에 기인되는 악영향이 상층 도막(塗膜)에 미치는 것을 방지하기 위해 사용되는 초벌칠용 도료.

seal level 임해 고도(臨海高度) 해면을 기준으로 한 수직 높이. =altitude above sea level

sealing 실링[1], 봉공 처리(封孔處理)[2] ① 내부로부터의 누설이나 외부로부터의 침입을 방지하는 조치.
② 양극 산화에 의한 다공질 피막(多孔質被膜)의 내식성, 물리적 성질을 개선하는 처리의 총칭.

sealing arrangement 밀봉 장치(密封裝置) 내부로부터의 누설이나 외부로부터의 침입을 방지하는 장치.

sealing performance 밀봉성(密封性) 실(seal) 부분을 통하여 유체(流體)가 누설되거나 이물질이 침입하는 것을 방지 또는 제어할 수 있는 성능.

sealing water 봉수(封水) 스터핑 박스부에서 축을 따라 내부로부터 유체가 흘러나오는 것을 방지하기 위해 또는 외기의 침입을 방지하기 위해 외부로부터 스터핑 박스 속의 랜턴 링(lantern ring)부에 주수(注水)하는 실(seal)용 물.

seal lip 실 립 실의 밀봉면을 형성하고 있는 혀 모양으로 생긴 부분으로, 축 방향으로 돌출해 있거나 또는 경사진 얇은 설상(舌狀)으로 되어 있는 곳을 말하며, 간단히 립(lip)이라고도 한다.

seal tape 실 테이프 기름, 용제(溶劑), 화약 약품, 물, 증기 등의 배관 나사 이음이나, 볼트, 너트부 등 나사 이음부의 실(seal)에 널리 사용되는 테이프. 재료는 불소 수지(PTFE)이며, 두께 0.1mm, 폭 8mm와 13mm가 있다.

seal weld 밀봉 용접(密封鎔接) 가스, 액체 등의 누설을 방지하기 위하여, 특히 기밀성(氣密性)에 중점을 두는 용접.

seam 심 =laps

sea margin 시 마진 선박이 실제의 항해에 필요로 하는 마력과 선박이 무풍 파랑(無風波浪)의 해면을 배 밑바닥이 청정한 상태로 직진할 때 필요로 하는 마력(馬力)과의 차이를 말하며, 통상 후자에 대한 퍼센트로 표현된다.

seamed pipe 이음관(－管) 띠 모양의 금속판을 둥글게 구부려 축 방향으로 단접(鍛接), 용접 또는 리벳으로 접합하여 만든 관. 또한 띠강판(帶鋼板)을 나선상(螺旋狀)으로 감아붙여 앞에서 말한 방법으로 비스듬히 접합한 이음관도 있다.

sea mile 해리(海里) 1,852m. =nautical mile

seaming 시밍 접어서 굽히거나 말아 넣거나 하여 맞붙여 잇는 이음 작업.

seamless 심리스 「이음매 없는」이라는 의미의 접두어.

seamless pipe 이음매없는 관(－管) 이음매없는 강관.

seam welder 심 용접기(－鎔接機) 심 용접에 사용하는 용접기. 롤러 전극에 의해 용접물을 그 사이에 끼운 채로 연속적으로 용접한다.

seam welding 심 용접(－鎔接) 전기 저항 용접의 일종. 비교적 얇은 금속판의 이음 용접에 사용하는 방법. 용접부를 겹치거나 맞대어 붙인 다음 이것을 전극(電極)을 이루는 한 쌍의 롤러 사이에 삽입하고 롤러의 회전에 의하여 차례로 접합선에 따라서 연속적으로 용접하는 방법.

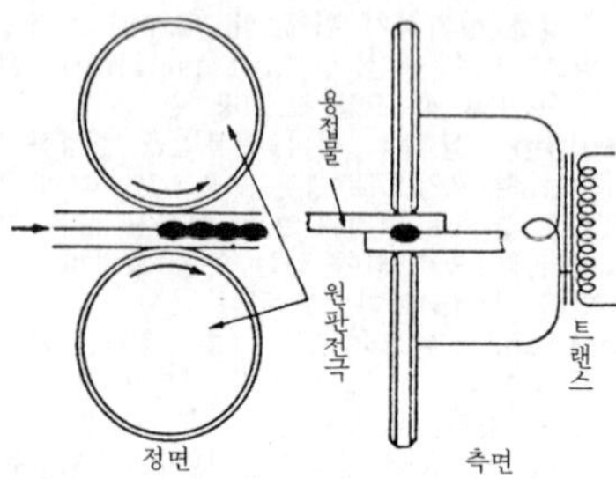

searcher 서처 =thickness gauge, clearance gauge, feeler gauge

search-light 서치라이트, 탐조등(探照燈) 강력한 광원(光源)과 반사경을 조합하여 강렬한 광속(光束)을 고공까지 도달시키는 조명 장치. 공중 탐색, 특히 적기(敵機)를 조명하여 아군의 지상 대공 포화의 표적으로 만드는 것. 최근에는 군사적 목적 이외에 광고 선전 등에도 사용된다.

season crack 자연 균열(自然龜裂), 시즌 크랙 주물(鑄物)의 주조 변형(strain), 상온 가공에 의한 변형, 열처리에 의한 내부 변형 등에 의하여 시일이 경과함에 따라 자연적으로 균열이 생기는 것.

season cracking 자연 균열(自然龜裂), 시즌 크랙 =season crack

seasoning 시즈닝 ① 주조(鑄造) 제품을 가공 전에 외기에 충분히 방치하여 잔류 응력을 제거하는 것. ② 목재를 사용하기 전에 충분히 건조시켜 잔류 응력을 제거하는 것.

sea worthiness 내항성(耐抗性) 배가 파랑(波浪) 속에서도 안전하게 항행할 수 있는 성질을 말하며, 능파성(凌波性)이 좋을 것, 조정성이 좋을 것, 충분한 강도를 가질 것 등이 필요하다.

secant modulus 시컨트 계수(-係數) 응력-변형 선도(線圖)에서 응력과 변형이 직선 관계에 있지 않는 경우, 즉 훅의 법칙이 성립하지 않는 경우에도 공학적 실용상의 관점에서 $E_1=\sigma_1/\varepsilon_1=\overline{QP}/\overline{OQ}=\tan\alpha$로 놓을 때, E_1을 P점에 있어서의 시컨트 계수라고 한다.

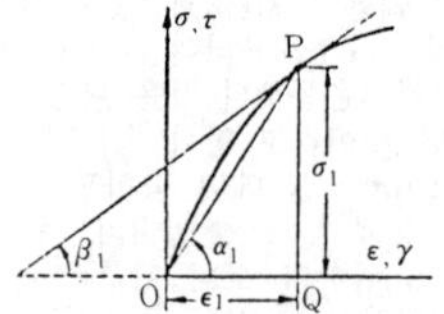

second 초(秒), 세컨드 ① 시간의 단위. 1분의 1/60. ② 둘째, 제 2, 둘째의, 제 2의.

secondary 둘째, 제 2 차적인(第二次的-)

secondary air 2차 공기(二次空氣) 화격자 연소의 경우에는 화격자 위로 고속으로 분출하여 연료와 공기의 혼합을 양호하게 하는 공기. 버너 연소의 경우에는 선회 또는 교차 분출(交叉噴出)에 의하여 연료와 공기의 혼합을 양호하게 하면서 주로 연소에 작용하는 공기.

secondary flow 2차 흐름(二次-) 점성(粘性) 등의 영향을 강하게 받고 있는 벽 가까이의 흐름을 주류로 하면 그와 직각 방향의 성분의 흐름을 2차 흐름이라고 한다.

secondary hardening 2차 경화(二次硬化) 담금질에 의하여 발생한 잔류 오스테나이트가 뜨임 처리(tempering)에 의해 경도가 상승하는 현상.

secondary operation 2차 가공(二次加工) 금속 가공에서는 잉곳(ingot)으로부터 판재(板材), 선재(線材), 관재(菅材) 등을 제조하는 가공을 1차 가공이라 하고, 1차 가공재를 사용하여 또 다른 제품을 만드는 가공을 2차 가공이라고 한다.

secondary quenching 2차 담금질(二次-) 침탄부(浸炭部)는 1차 담금질로 조직을 고르게 조정한 다음 2차 담금질을 하도록 되어 있다. 2차 담금질을 보통 750~800℃에서 물, 기름 속에 넣어 급랭한다.

secondary stress 2차 응력(二次應力) 구조물 계산 등에 있어서 보통은 생략하는 응력으로, 가정(假定)과 실제와의 불일치 등으로 생기는 응력을 말한다.

second-cut file 중간 줄(中間-) 중간 다듬질에 사용하는 줄눈이 중간인 줄.

second hand tap 2번 탭(二番-) 수동 탭으로 나사를 깎는 경우 1번 탭 다음으로 사용하는 탭.

second land 제 2 랜드(第二-) 피스톤 꼭지면에서부터 첫째번과 둘째번 링 홈 사이의 피스톤 측면 부분.

second law of motion 운동의 제 2 법칙(運動－第二法則), 운동의 법칙(運動－法則) 「물체에 힘을 작용하였을 때 생기는 가속도의 방향은 힘의 방향과 같으며, 그 크기는 힘의 크기에 비례하고 그 물체의 질량에 반비례한다」라는 법칙.

second moment of inertia 단면 2차 모멘트(斷面二次－) =geometrical moment of inertia

section 섹션 ① 재료나 공작물의 절단면. ② 방열기 등의 한 절(節).

sectional area 단면적(斷面積) 일반적으로 연속 물체의 현실의 단면, 또는 가상된 단면의 면적. 그러나 대개는 봉상 부재(棒狀部材)의 축과 수직을 이루는 단면의 면적을 뜻하는 경우가 많고, 이에 대하여 임의의 사단면(斜斷面)을 그냥 절단면이라고 하여 이와 구별하는 경우가 있다.

sectional boiler 조합 보일러(組合－) 일렬의 수관을 2개의 헤더(header)에 연결한 조(section)를 다수 배열하여 만들어진 가로 수관 보일러.

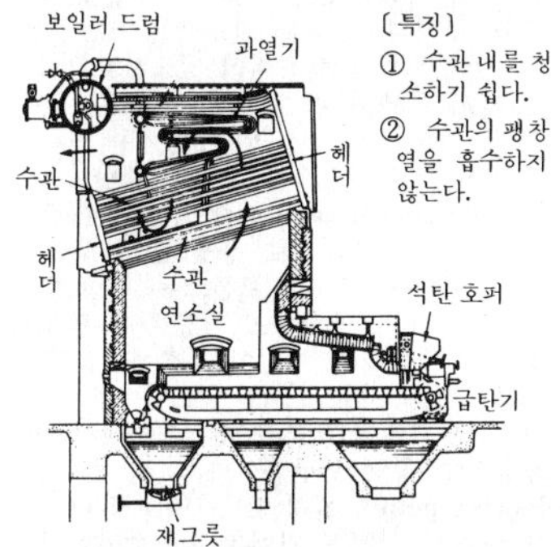

sectional conveyor 조합 컨베이어(組合－) 벨트 컨베이어의 일종. 호환성(互換性)이 있는 부품의 탈착(脫着)으로 길이를 조절하는 컨베이어.

sectional drawing 단면도(斷面圖) 공작물이나 기계 등의 내부를 나타낼 필요가 있는 경우에 그 전부 또는 일부를 절단하였다고 생각하고 그것을 그림으로 나타낸 도면.

sectional view 단면도(斷面圖) =sectional drawing

sectional warper 부분 정경기(部分整經機) 제직(製織) 준비 공정에서 날실의 총수를 그 한 끝에서 동일 피치로 작은 폭으로 나누어 부분 정경 드럼에 감고 그것을 필요한 횟수만큼 반복하여 전 날실을 감는 정경기이다.

section crack 단면 균열(斷面龜裂) 제강(製鋼) 과정에서 강판에 생긴 블로 홀(blow hole) 등이 열간 압연(熱間壓延)에서 압착되지 않고 남은 것.

section modulus 단면 계수(斷面係數) = modulus of section

section paper 방안지(方眼紙), 섹션 페이퍼 바둑판 모양으로 선이 그어진 용지. 0.5mm, 1mm, 2mm눈 방안지 등 여러 가지 종류가 있다.

section profile projector 단면 윤곽 투영기(斷面輪廓投影機) 보통의 윤곽 투영기로는 광선의 간섭 때문에 투영할 수 없는 3차원적인 복잡한 형상의 부품에 대하여 그 임의의 단면의 윤곽을 광학적으로 절단하여 스크린 위에 투영하기 위한 투영기. 터빈 블레이드 등의 검사용으로 개발된 것으로, 배율은 10배 또는 20배 정도이다.

section steel 형강(形鋼) =shape steel

sector 섹터 ① 부채꼴. ② 함수(函數)자.

sector gear 섹터 기어, 부채꼴 기어 톱니 바퀴의 원주의 일부를 사용한 부채꼴 모양의 기어. 간헐 기구(間歇機構) 등에 이용된다.

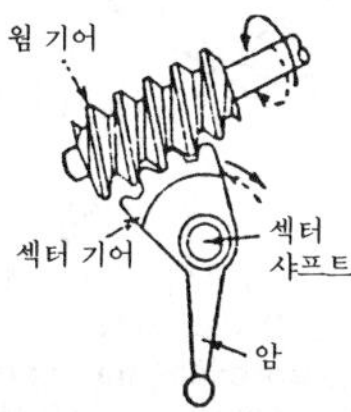

sector wheel 섹터 휠 =sector gear

secular change 경년 변화(經年變化) 담금질한 강(鋼) 등을 장기간 상온에서 방치하는 동안에 적은 변화이기는 하나, 치수나 경도 등 여러 가지 물리적 성질이 변화하는 것을 말한다.

sedan 세단 2열의 좌석을 가진 승용차. 2도어 또는 4도어, 스탠더드, 랜도(landau), 랜돌렛(landaulet) 등이 있다. 영국에서는 설룬(saloon)이라 한다. =

S

saloon

sediment 침전물(沈澱物) 액체 속에 함유되어 있는 불순물 등이 바닥에 가라앉은 것. 암금. =deposit

sedimentation 침강(沈降) 액체 속에 현탁(懸濁) 중인 이물질이 원심력 또는 중력에 의하여 아래로 가라앉는 것. =settlement, settling

sedimentation tank 침전 탱크(沈澱－) =setting sump →settling tank

Seebeck effect 제벡 효과(－效果) 두 가지 종류의 물질, 예를 들면 안티몬과 비스머스(bismuth)의 선 양끝을 각각 접속하여 루프를 만들고 한쪽 접점을 고온으로, 다른 접점을 저온으로 가열하면 전류가 흐르는 현상을 말한다.

seeding 시딩 가공액 속에 용해한 금속을 제거하여 가공에 적합하게 조정하는 처리를 말한다.

Seger cone 제게르 콘 독일인 제게르(Seger)가 고안해 낸 요업(窯業) 제품의 소성(燒成) 온도, 내화도(耐火度) 등을 시험하기 위한 3각추체(三角錘體). 성분의 배합에 따라서 연화 융해(軟化融解)하는 온도가 정해져 있다.

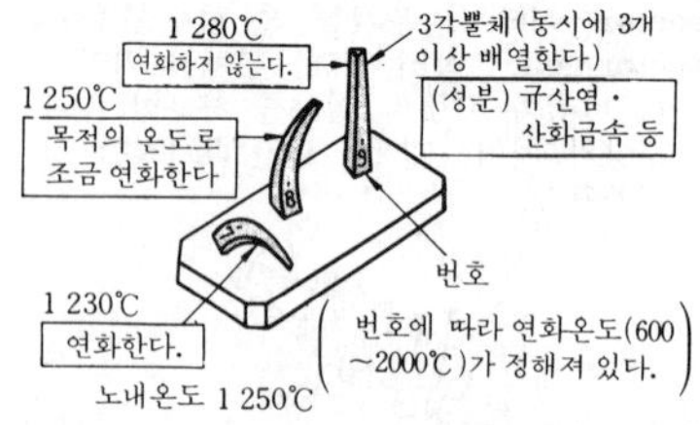

segment 세그먼트 ① 부분, 단편, 절편(切片). ② 궁형(弓形), 부채꼴, 원호형(圓弧形). ③ 부채꼴 기어.

segmental cylindrical bar gauge 평형 플러그 게이지(平形－) 원통면의 일부를 측정면으로 하는 플러그 게이지. →plug gauge

segregation 편석(偏析) ① 용융 금속이 응고할 때 먼저 굳는 부분과 나중에 굳는 부분에 따라서 조직이 달라지는 현상을 말한다. ② 분말 입체(粉末粒體)가 입도(粒度), 비중, 조성(組成) 등에 편중이 생겨 불균일하게 되는 것.

seismic system 사이즈머계(－系) 기초대(基礎臺)와 그것에 대하여 1개 또는 그 이상의 스프링을 개입시켜 장착되어 있는 기기로 구성되어 있는 계(系).

seizing 시징 고온 또는 저온으로 인하여 부품이 팽창 또는 수축하고, 이물질이 끼어 녹아 붙거나 구속되고 고착되어 그 이상 움직이지 않게 되는 현상.

seizure 시저, 늘어붙음 축과 베어링 등의 미끄럼면에 있어서, 마찰로 인한 열로 가열되어 금속의 일부가 녹아서 상대편 표면에 용착하는 것.

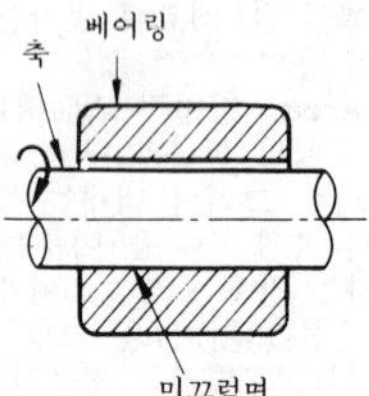

selective absorbing film 선택 흡수막(選擇吸收膜) →optical selective film

selective assembling 선택 조립(選擇組立) 서로 끼워맞추어지는 것. 예를 들면, 축과 구멍의 다듬질 치수에는 어느 정도의 제작 오차가 허용되어 있으므로, 이 허용 범위 내에서 큰 치수의 구멍에는 큰 치수의 축을, 작은 치수의 구멍에는 작은 치수의 축을 선택적으로 조립하는 방법.

selective corrosion 선택 부식(選擇腐蝕) 원소만이 선택적으로 용출(溶出)하는 부식을 말한다. (1) Al 브론즈는 염산(鹽酸) 속에서 Al이 용출하고, (2) 황동(黃銅)은 정지된 수중에서 아연이 용출하며, (3) 큐프로니켈은 저류(低流) 속도일 때 용출하고, (4) 회주철(灰鑄鐵)은 수중에서 철이 용출하면 흑연이 잔류한다.

selective gear 셀렉티브 기어 하나의 축에 나란히 장치된 기어의 치수(齒數)가 서로 다른 일군(一群)의 기어 중 선택적으로 맞물려 여러 가지 다른 속도비(速度比)를 얻기 위한 목적의 기어.

selective quenching 선택 담금질(選擇－) 어떤 특정부만을 담금질하는 방법.

selenium 셀레늄 원소 기호 Se, 원자 번호 34, 원자량 78.96. 많은 동소체(同素體)가 있으나 금속 셀레늄(회색), 결정(結晶) 셀레늄(적색), 유리상(狀) 셀레늄(흑색)의 3종으로 대별된다. 셀레늄 정류기, 셀레늄 광전지 등에 사용된다.

self-aligning ball bearing 자동 중심 조정 볼 베어링(自動中心調整－) 보통 자동 중심 조정이 가능한 구조로 되어 있는 볼 베어링. 외측 레이스(race)에 구면좌(球面座)를 설치한 일렬 또는 복렬 베어링도 있으나, 대부분은 외측 레이스의 홈을 하나의 구면형으로 만든 복렬 자동 중심 조정 볼 베어링이 쓰이고 있다. →double row self-aligning ball bearing

self-aligning bearing 자동 중심 조정 베어링(自動中心調整－) 베어링 본체의 일부에 구면(球面) 시트를 갖추고 있어서 축의 경사에 따라 자유롭게 베어링면의 방향을 바꿀 수 있는 베어링.

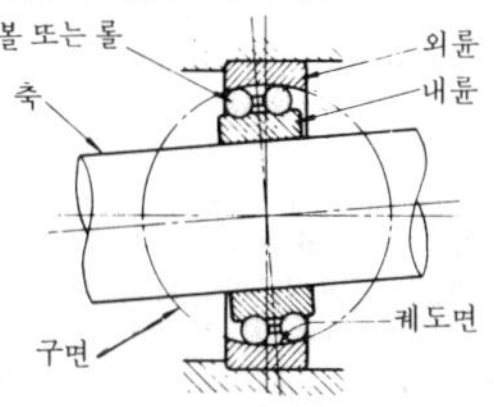

self-balancing instrument 자동 평형 계측기(自動平衡計測器) 영위법(零位法)에 의한 측정이 자동적으로 이루어지는 계기. =automatic null balancing instrument

self check 셀프 체크 전기 회로에서 외부로부터의 조작에 의하지 않고 회로 내부에서 기기, 배선의 고장을 검지하는 것.

self colour anodizing 자연 발색 합금(自然發色合金) 양극 산화 그대로 특유한 착색 피막이 형성되도록 만들어진 합금을 말한다.

self-coupled optical pickup 스쿠프 그림과 같이 반도체 레이저의 출력광(出力光)을 유리 파이버 렌즈에 의하여 정보 매체(情報媒體)로 유도하고, 그 반사광을 다시 원래의 레이저에 되돌리면 레이저의 발진이 조장되어 광출력이 증대함과 동시에 소자(素子) 자체의 전기 저항이 변화하는 효과를 응용한 것으로, 되돌아오는 빛의 유무를 전압 신호로서 읽을 수 있다. 즉 반도체 레이저가 광원으로서 뿐만 아니라 광검출기로서 작동하므로 광학적 비디오 디스크 재생 장치 등에 응용된다.

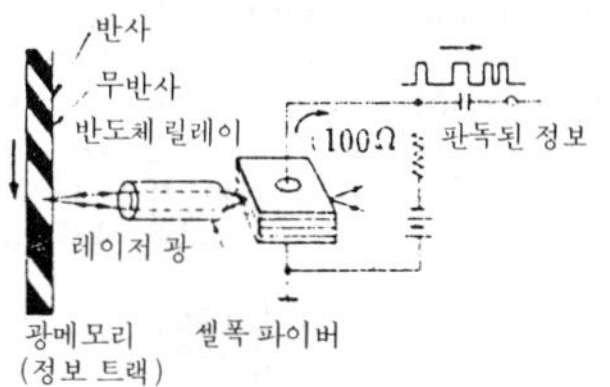

self-excited vibration 자소성(自消性) 불꽃 속에 넣으면 연소하고, 불꽃을 제거하면 저절로 불이 꺼지는 성질.

self-hardening 자경성(自硬性), 공기 담금질성(空氣－性) =self-hardening property

self-hardening property 자경성(自硬性) 담금질 온도에서 대기(大氣) 속에 방랭(放冷)하는 것만으로도 마텐자이트 조직이 생성되어 단단해지는 성질. Ni, Cr, Mn 등이 함유된 특수강에서 볼 수 있는 현상.

self-hardening steel 자경강(自硬鋼) 강(鋼)을 변태점(變態點) 이상의 온도에서 공기 중에 방치, 냉각시켜도 담금질이 되어 경화(硬化)가 가능한 강을 말한다. 이런 강은 Ni, Cr, Mo, Mn을 함유하는 합금강으로, 다이스강이나 고속도강이 그 대표적인 것이다.

self-ignition 자동 점화(自動點火) →autoignition

self-ignition temperature 자연 발화 온도(自然發火溫度) 가연 혼합기(可燃混合氣)의 온도를 차츰 높여 가면 외부로부터 불꽃이나 화염을 가까이 접근하지 않더라도 발화하기에 이른다. 그 최저 온도를 자연 발화 온도라고 한다. 디젤 기관은 연료의 자연 발화를 이용하고 있으므로 디젤 연료에 있어서는 이 온도가 중요한 의미를 갖는다. =self-ignition point

self-indicating weighing machine 자동 저울(自動－) 이동 중에 있는 피계량물(被計量物)의 질량을 다는 저울을 말한다. 일반적으로 피계량물을 적산(積算) 계산하는 기구를 갖추고 있고, 저울에 부속된 기구에 의하여 피계측물을 저울에 올리고 내린다. =automatic weighing machine

self-induced vibration 자려 진동(自勵振動) 비진동적(非振動的)인 에너지가 그 계(系)의 내부에서 진동적인 여진(勵振)으로 변환되어 발생하는 진동.

self-induction 자기 유도(自己誘導) 코일에 흐르는 전류가 변화하면 코일에 기전력이 발생하는 현상.

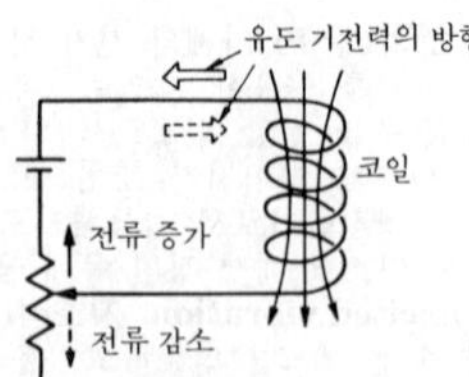

self-locking 자력 죔(自力－), 셀프 로크 예를 들면, 죈 나사가 이것을 죄던 손을 놓아도 반대쪽으로 돌아가서 저절로 풀리는 일이 없는 상태를 자력 죔이라고 한다. 이와 같은 상태는 나사면의 마찰 저항의 작동에 의하여 일어나는 것으로, 나사의 리드각(lead angle)이 마찰각보다 작아야 한다. 죈 나사가 느슨해지지 않기 위해서는 이러한 자력 죔 조건이 성립되어야 한다.

self-locking nut 이완 방지 너트(弛緩防止－) 너트가 느슨해져서 죔이 풀리는 것을 방지하기 위하여 너트에 특별한 세공(細工)을 한 것.

self-lubricative material 자기 윤활성 재료(自己潤滑性材料) 윤활제를 공급하지 않더라도 마찰 저항이 작은 재료를 말하며, 4 불화(弗化) 에틸렌이나 흑연 등을 가리킨다.

self-opening die head 자동 개방 다이 헤드(自動開放－) 나사 깎기가 끝나면 자동적으로 체이서(chaser)가 후퇴하여 들어가는 장치로 되어 있는 다이 헤드.

self-operated control 자력 제어(自力制御) 조작부를 움질이는 데 필요한 에너지를 제어 대상으로부터 직접 얻어서 하는 제어.

self-operated regulating valve 자력 조정 밸브(自力調整－) 작동에 필요한 동력을 검출부를 통하여 제어 대상으로부터 직접 공급받은 자력식 밸브.

self-priming pump 셀프프라이밍 펌프, 자동 호수 펌프(自動呼水－) 양액용(揚液用) 날개차가 마중물(呼水) 작용까지 할 수 있는 펌프.

self-propelling combine 자주 콤바인(自走－) 자주식 농경 작업차(農耕作業車)의 일종으로, 곡류(穀類)를 바리캉식 수확기로 수확을 하여 벨트 컨베이어로 탈곡통에 이송하고, 여기서 탈곡된 곡류는 체 또는 풍선기(風選機)로 선별되어 일정한 양씩 계량되어 포대에 넣어져 포장이 된다.

self-propelling dredger 자항 준설선(自航浚渫船) 자체의 동력으로 이동할 수 있는 준설선. 준설선에는 자항식 이외에 예항식(曳航式)이 있다.

self-sealing coupling 셀프실 커플링, 자동 밀봉 이음마디(自動密封－) 양쪽 접속 이음쇠가 연결되면 자동적으로 열리고, 분리되면 자동적으로 닫히도록 되어 있는 체크 밸브를 단부(端部)에 내장한 유체용 커플링.

self-seal packing 셀프실 패킹 밀봉하는 유체의 압력에 의하여 밀봉을 하는 패킹을 말한다. O 링을 비롯하여 립 실(lip seal) 등은 모두 셀프실 방식의 패킹이다.

self-strengthening mold 자경성 주형(自硬性鑄型) ① 탄산 가스 주형법(鑄型法)은 결합제로 Na_2SiO_3유리를 사용하는 것으로, 다지지 않고 성형한 연약한 주형에 탄산 가스를 통하면 탄산 소다 함수 규산(含水硅酸)이 되어 내압력(耐壓力) 14kgf/㎠ 정도의 단단한 주형이 된다. ② N-프로세스법은 물유리와 규소 분말의 혼합물을 결합재로 사용하는 것으로, 물유리의 가수 분해(加水分解)로 생성되는 가성 소다와 규소와의 반응으로 수소를 발생하고 그 열로써 주형이 경화(硬化)한다. ③ V-프로세서법은 건조한 주물사의 주형에 접하는 면 및 주형의 배면(背面)을 그림과 같이 염화(鹽化) 비닐막으로 둘러싸고 기밀을 유지하면서 주형 내의 공기를 빼면 대기압이 주물사에 가해진 것이 되어 주형이 단단해진다.

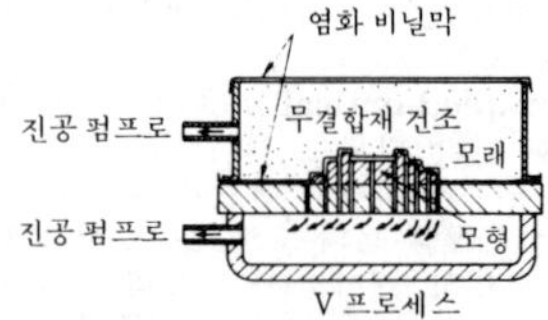

V 프로세스

self-sustained oscillation 자려 진동(自勵振動) ＝self-induced vibration

self-tapping screw 태핑 나사 나사 자체로 나사 깎기를 할 수 있는 나사로, 머리의 모양에 따라서 남비 태핑 나사, 접시 태핑 나사, 둥근 접시 태핑 나사, 6 각 태

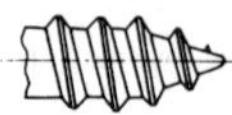

핑 나사 등이 있다.

self-tightening packing 셀프타이트닝 패킹 오일 실과 같이 부착할 때 조정을 하지 않아도 저절로 밀착하는 패킹.

self-timer 셀프타이머 카메라의 셔터 버튼에 장치하여 일정한 시각으로부터 몇 초 늦게 자동적으로 셔터를 작동케 하기 위하여 사용하는 장치.

Seller's cone coupling 셀러 커플링 외통(外筒)과 내통(內筒)의 조합으로 이루어지는 축 이음(커플링). 결합이 용이하고, 커플링 중심은 체결에 의하여 저절로 축심(軸心)과 일치한다. 외통에 테이퍼가 붙어 있고, 볼트로 내통을 축 방향으로 체결하여 양쪽 축을 고정시킨다.

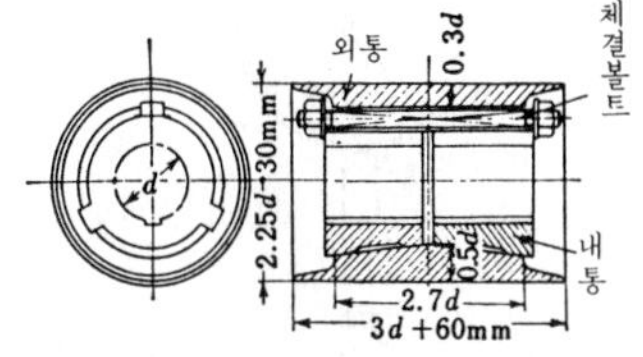

Seller's screw thread 셀러 나사 = American standard thread

Seller's thread 셀러 나사 미국의 셀러에 의하여 창안된 나사로, 미국 나사의 기본이 된다. =American standard thread, Seller's screw thread

semi- 세미 반(半)이라는 뜻의 접두어.

semiautomatic welding 반자동 용접(半自動鎔接) 용접봉의 이송, 아크 길이를 일정하게 유지하는 것은 기계로 하고, 이음매를 따라서 용접선을 움직이는 것은 수동으로 하는 용접.

semicircle 반원(半圓), 반원형(半圓形)

semi-closed cycle 반밀폐 사이클(半密閉-) 가스 터빈에는 개방 사이클과 밀폐 사이클이 있다. 전자는 작동 가스를 매회 대기에 방출하는 것이고 후자는 작동 가스가 대기에 나가지 않는 것이다. 반밀폐 사이클은 이 이점을 겸비한 것으로, 압축 공기의 일부는 계통 내를 순환하여 공기 터빈을 돌리고 다른 일부는 연소 가스로 되어 가스 터빈을 돌린 다음 대기 중에 방출되는 것을 말한다.

semi-coke 콜라이트 =coalite

semiconductor 반도체(半導體) 전기가 통하는 도체와 통하지 않는 절연체의 중간 성질을 가진 물질. 실리콘 등이 대표적인 예이며, 열이나 불순물의 혼합 방법에 따라 전기가 통하는 정도가 달라진다.

semicylinder 반원통(半圓筒) 원통을 세로로 자른 반쪽분.

semi-Diesel engine 열구 기관(熱球機關) =hot bulb engine

semi-dry bearing 세미드라이 베어링 한 번 급유하면 장기간 급유를 하지 않아도 되는 베어링.

semielliptic spring 반타원형 스프링(半楕圓形-) 겹판 스프링의 양단을 지지하고 중앙에 하중을 가하도록 한 것.

semi-finished bolt 중다듬질 볼트 볼트 머리의 측면은 다듬질을 하지 않고 시트면과 축 부분만을 다듬질한 볼트를 중다듬질 볼트라고 한다.

semi-finished nut 중다듬질 너트(中-) 너트의 측면은 다듬질을 하지 않고 체결면만 다듬질한 너트를 중다듬질 너트라고 한다.

semifluid 반유동체(半流動體), 반유동체의(半流動體-)

semi-graphic panel system 세미그래픽 패널 소형 계기를 조밀하게 배열하고 그 위쪽에 공정(工程)의 흐름을 작게 그린 패널 표시 방식의 계장반(計裝盤).

semi-hard steel 반경강(半硬鋼) C 함유량 0.3~0.4%의 탄소강. C의 함유량이 이 이하인 것을 연강(軟鋼), 이 이상인 것을 경강(硬鋼)이라고 한다.

semi-killed steel 세미킬드강(-鋼) 림드강과 킬드강의 중간 품질로 만든 강. 일반 구조용 강재 중 SS 41, SS 50, SS 55는 세미킬드강으로 제조된다.

semi-metal 세미메탈[1], 반금속(半金屬)[2]
① 금속과 비금속(주로 세라믹스)으로 만든 것이라는 뜻이다.
② 비금속과 금속의 중간적인 성질을 가진 비스머스(bismuth), 안티몬, 비소, 규소, 게르마늄 등을 통틀어서 일컫는 말.

semi-metallic packing 세미메탈릭 패킹 금속 재료와 비금속 재료를 조합하여 만든 패킹의 총칭.

semi-monocoque construction 세미모노코크 구조(-構造) 모노코크 구조란 외피(外皮)만으로 형태를 갖추고 이에 가해지는 모든 하중을 외피만으로 견디어 내게 하는 것을 말한다. 그런데 세미모노코크란 반(半) 빔 골조식 즉 골격재(骨格材)와 외피를 조합하여 인장력은 외피와 골격재가, 휨 하중은 골격재 및 소골격재로 분담시키고 있는 응력 외피 구조를 말한다.

semi-open impeller 편측 슈라우드 날개차(片側－車) 날개차의 앞면 슈라우드(shroud)를 떼어낸 반개방형 펌프 날개차를 말하며, 펄프나 고농도 용액을 다루는 경우에 사용된다.

semi-permanent mold 세미퍼머넌트 주형(－鑄型) 코어만을 사형(砂型)으로 하고 기타는 금형으로 만든 반영구적 주형.

semi-portal crane 반문형 기중기(半門形起重機), 반문형 지브 크레인(半門形－) 다리가 반문형인 지브 크레인.

semi-steel 세미스틸 주철(鑄鐵)에 강의 파철(破鐵) 15～40%를 첨가하고 용해하여 만든 주철. 보통 주철보다 파단면의 조직이 미세하여 절삭성도 양호하다. 또 기계적 성질이나 내마모성도 좋다.

semi-trailer 반예인차(半曳引車), 세미트레일러 트레일러의 일종으로, 뒷바퀴만이 있고 앞부분은 자재 지점(自在支點 : turn table)에 의해서 트럭 트랙터에 연락하는 것. 저상식(低床式), 평상식(平床式), 고상식(高床式) 등이 있다.

Sendalloy 센달로이 주조 합금과 소결 탄화 합금(燒結炭化合金)의 중간적인 경질(硬質)의 공구 합금으로, 일본 동북대학에서 발명한 S, Ta, Mo, Cr 합금이다. 상온에서 다이아몬드에 필적할 만한 경도(硬度)를 지니며, 유리 커터, 다이(die) 등에 사용되고 있다.

sensible heat 현열(顯熱) 물체의 온도를 높이기 위하여 가해지는 열량. 이에 대하여 융해열(融解熱)이나 증발열은 온도 상승을 수반하지 않고 가해지는 열량이므로 잠열(潛熱)이라고 한다.

sensing technology 센싱 기술(－技術) 센서(sensor)의 응용 기술을 말하며, 일렉트로닉스 기술의 반전으로 크게 진보하였다.

sensitive 민감한(敏感－), 예민한(銳敏－), 감도높은(感度－)

sensitive drilling machine 수동 이송 드릴링 머신(手動移送－) 주축의 회전은 동력으로 구동시키고, 이송(移送)은 손 조작만으로 하는 드릴링 머신. 작은 공작품이나 정밀 작업에 가장 적합하다.

sensitiveness 감도(感度) 어떤 일정한 지시량의 변화를 주는 측정 대상이 되는 양의 변화를 말한다. 예를 들면, 검류계의 경우 눈금상에서의 광점(光點)이 1mm 의 변위를 가져오게 하는 전류의 값의 변화를 말하며, 이 값이 작을수록 감도가 좋다고 한다. 또 하나의 표현은 측정기가 검지할 수 있는 최소의 양 또는 최소의 변화량을 말한다.

sensitivity 감도(感度) 측정하고자 하는 양의 변화와 측정기의 지침이 가리키는 지시량의 변화와의 관계를 말하며, 일정한 변화에 대하여 지침의 흔들림이 클수록 감도가 좋다고 한다.

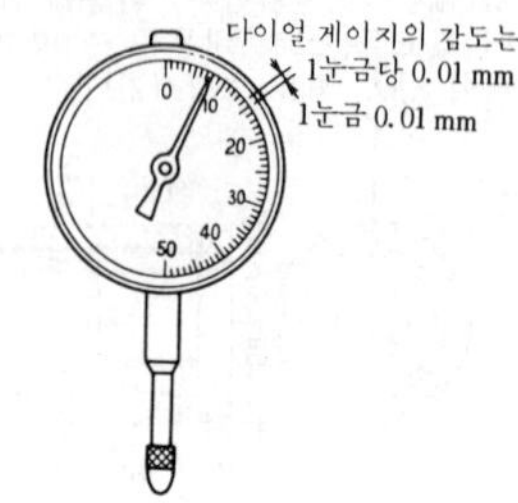

sensor 센서 검출기의 일종. 양(量)을 계기 또는 전송기에 전달할 수 있는 신호로 변환시키는 기구를 말한다. 즉「대상물이 어떤 정보를 지니고 있는가를 검지하는 기기」이다.

sensory test 관능 검사(官能檢査) 검사의 판정에 있어서, 정량화(定量化)가 곤란한 경우, 예를 들면, 색상(色相)의 좋고 나쁨, 다듬질의 정도, 외관 상태, 맛이나 향기 또는 음향과 같이 인간의 5관(五官)에 의해 합격·불합격이 판정되는 검사를 말한다.

separated exhaust pipe 분리 배기관(分離排氣管) ＝single exhaust pipe

separating calorimeter 분리 습도계(分離濕度計) 습도가 높은 증기의 습도를 측정하기 위한 계기. 통상 수분 분리기와 스로틀 열량계를 조합해서 사용한다.

separation 박리(剝離) 액체가 압력 상승에 거슬러 흐르고 있을 때 점성(粘性)에 의한 물체 표면 가까이의 흐름은 운동량을 잃어 압력의 구배를 올라갈 수 없게 되는 경우가 있다. 이 때문에 물체 표면 가까이의 흐름은 정지하고 그 하류에서는 역류를 수반하여 유선(流線)이 표면에서 밀려 나오는 현상을 박리라고 한다.

separator 세퍼레이터, 분리기(分離器) 분리 또는 격리하는 기기 또는 장치 등을 의미한다. ① 분리기 : 기체 속에 포함되어 있는 고형분(固形分)을 분리하는 장치. ② 보유기(保有器) : 볼 베어링, 구름 베어링의 볼 및 롤(roll) 보유기(保有器). = cage ③ 격리판 : 2차 전지의 전극 사이에 넣어 단락을 방지하는 나무로 만든 박판(薄板). ④ 세퍼레이터 : 콘크리트의 형틀 간격을 일정하게 유지하기 위한 기구. 스페이서. =spacer

septik tank 부패 탱크(腐敗－) 오물 처리조(汚物處理槽)의 일부. 이곳에서 오물이 분해되어 액상(液狀)으로 되고, 혐기균(嫌氣菌)이 작용하여 유기물을 분해시킴으로써 무기물화(無機物化)된다.

sequence control 시퀀스 제어(－制御) 미리 정해진 순서에 따라서 제어의 각 단계를 순차적으로 진행해 나가는 제어

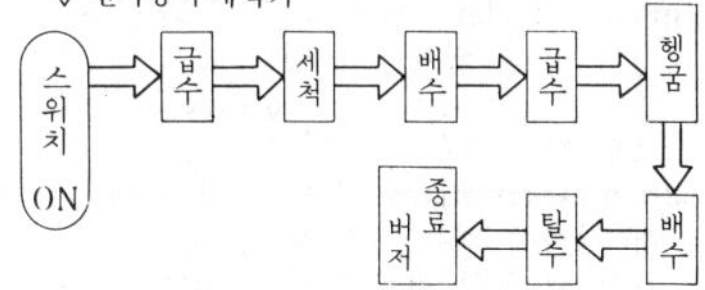

sequence controller 시퀀스 컨트롤러 릴레이(relay) 대용의 범용 시퀀스 제어 장치. →program control

sequence monitor 시퀀스 모니터 기기의 조작 개시 시기를 판단하고 여러 가지 조건을 확인하여 조작 순서를 차례로 표시하는 장치.

sequence valve 시퀀스 밸브 2개 이상의 분기 회로를 갖는 회로 속에서 그 작동 순서를 회로의 압력에 의해 제어하는 밸브.

serial file 세트 줄 몇 개의 줄을 한 조(set)로 한 것. 5개조, 8개조, 10개조, 12개조 줄 등이 있다.

serial hand tap 증경 탭(增徑－) 3개가 1조로 되어 있는 핸드 탭으로, 1번 탭, 2번 탭, 3번 탭 순으로 지름이 커지고 3번 탭으로 정규 치수가 되도록 되어 있다.

serial tap 증경 탭(增徑－) 핸드 탭으로, 1번, 2번 및 다듬질 탭으로 순차 지름을 크게 하여 다듬질 탭에서 소정의 치수로 다듬는 것.

series 직렬(直列) 기기를 일렬로 배열하는 것. 병렬의 반대.

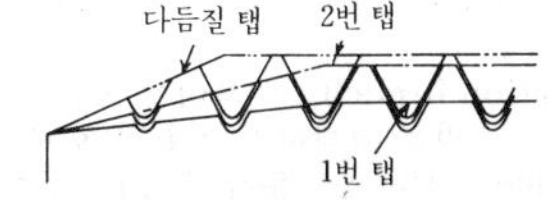

serial tap

series connection 직렬 접속(直列接續) 2개 이상의 것을 일렬로 접속하는 접속법.

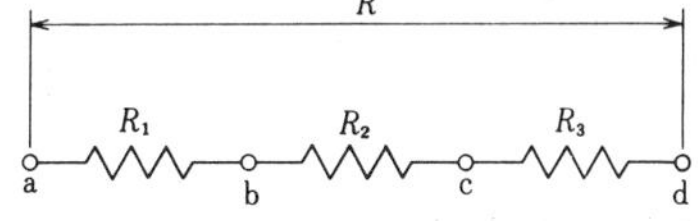

a, b 간의 합성저항 $R=R_1+R_2+R_3$

series flow turbine 직렬 유형 터빈(直列流形－), 직렬 흐름 터빈(直列－) 터빈 차실(車室)을 일직선상에 배치하고 터빈 축을 하나로 한 터빈.

series of tolerance 공차 계열(公差系列) →standard tolerance

series welding 직렬 용접(直列鎔接) 1개의 전기 회로 속에서 둘 이상의 용접을 동시에 하는 저항 용접.

serrated shaft 세레이션축(－軸) 축 방향으로 미세한 3각형 홈이 톱니 모양으로 절삭되어 있는 축.

serration 세레이션 변형(－變形)[1], 세레이션[2] ① 금속이나 합금에 힘을 가하여 잡아당겼을 때 생기는 변형 상황을, 하중은 세로축, 신장(伸張)은 가로축에 잡고 그래프를 그리면, 보통 매끄러운 곡선을 이루지만, 그 어떤 이유로 변형이 불연속적으로 일어나면 그 그래프가 톱니 모양으로 심한 굴곡을 나타낸다. 이것을 세레이션 변형이라고 한다. 그림은 두랄루민의 세레이션 변형을 예로 든 것이다.

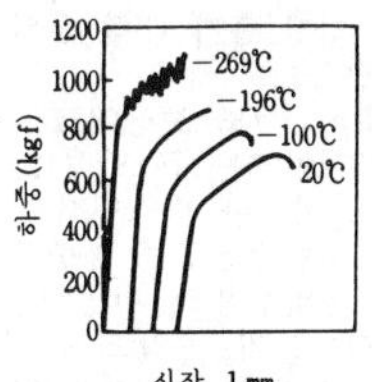

② 스플라인축에 사용하는 홈형 단면이나 사다리꼴 단면을 3각형 단면으로 개조한

것. 세레이션축에 사용하여 축과 보스를 고정한다.

serration broach 세레이션 브로치 세레이션 구멍을 절삭하기 위한 브로치.

service 서비스, 봉사(奉仕), 무료 봉사(無料奉仕) 상품 판매 후에도 무료로 책임지고 수리나 보수 등을 해주는 것을 애프터 서비스(after service)라고 한다.

service car 서비스 카 ① 운전 불능이 된 고장난 자동차를 끌거나 굴러 떨어진 자동차를 끌어올리는 데 사용하는 자동차. 공작 기구를 장비하고 있다. ② 고객에 대한 봉사를 위한 자동차.

service ceiling 실용 상승 한도(實用上昇限度) 비행기가 표준 대기(標準大氣) 상태에서 일정 속도(0.5m/s) 이상의 상승 속도를 얻을 수 있는 최대 고도.

service conductor 인입선(引入線) = drop wire

service interruption 정전(停電) 전기가 불통이 되는 것.

service life 내용 연수(耐用年數) 기계, 장치 등이 사용해 견딜 수 있는 시간.

service line 인입선(引入線) =industrial siding, industrial line

service pipe 인입관(引入管) 주관(主管)으로부터 분기하여 사용 지점으로 끌어넣은 관. 수도 배수 지관(支管)으로부터 분기하여 각 수요가의 급수전(給水栓)까지 급수하는 관 등을 말한다.

service station 서비스 스테이션 ① 라디오, 전기 기구의 수리점. ② 가솔린 스탠드, 주유소.

service tee 암수 양용 서비스 **T**(-兩用-) 암나사뿐만 아니라 수나사도 절삭되어 있는 T(관 이음쇠). →T, Tee

service wire 인입선(引入線) =drop wire

servo assist brake 서보 어시스트 브레이크 서보 브레이크에 공기 배력(倍力), 유압 배력, 엔진 흡기 배력 등의 장치를 부착한 브레이크.

servo brake 서보 브레이크 승용차에서 디스크 브레이크는 큰 답력(踏力)을 요하고 대형 트럭이나 버스에서는 드럼 브레이크라도 인력만으로는 불충분하다. 그래서 엔진 흡입관부의 진공력을 이용하여 유압 브레이크의 유압으로 진공 밸브를 개폐하여 큰 원형 다이어프램의 흡인력을 만들어내서 운전자의 답력에 보태고 있다. 이에 대하여 철도 차량의 에어 브레이크와 같이 운전자는 단지 공기 밸브의 개폐만을 하는 브레이크도 있고 엔진에서 만들어지는 유압을 이용하는 것도 있다. 전자를 서보 브레이크 또는 브레이크 부스터라 하고 후자를 파워 브레이크(power brake)라고 하는데 운전자의 페달 답력과 브레이크력이 비례하도록 설계되어 있으므로 사용상 구별은 할 수 없다. 그러나 고장시를 생각하면 서보 방식쪽이 인력 부분도 남아 있어 안전성은 높다. 그림에 진공 서보식 후트 브레이크의 일례를 보였다.

엔진의 진공계로 흡인
유압이 각 차 바퀴의 브레이크로
탠덤 마스터 실린더
마스터 백

servo cylinder 서보 실린더 최종 제어 위치가 제어 밸브에의 입력 신호의 함수를 낼 수 있는 추종 기구(追從機構)를 한 몸으로 하여 갖추고 있는 실린더.

servo mechanism 서보 기구(-機構) 제어 대상이 되는 장치의 입력이 임의로 변화할 때 출력(위치나 방향, 각도 등)을 미리 설정한 목적의 값이 되도록 자동적으로 추종시키는 기구.

servo motor 서보 모터 서보 기구(機構)를 구동하는 모터를 말하며, 직류·교류 서보 모터, 직결 구동형 서보 모터, 스텝 모터 등으로 분류된다.

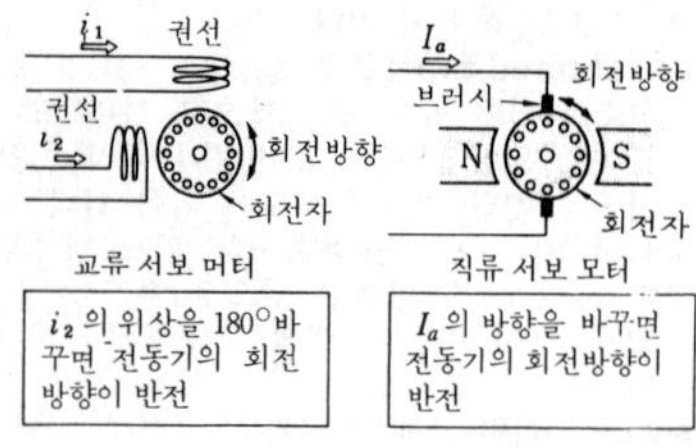

servo system 서보 기구(-機構) 물체의

위치, 방위, 자세 등을 제어량으로 하여 목표값의 임의의 변화에 추종하도록 구성된 제어계.

servo valve 서보 밸브 전기, 기타 입력 신호의 함수로서 유량(流量) 또는 압력을 제어하는 밸브.

set 세트, 조(組), 설치하다(設置－)

set bolt 세트 볼트 ＝tap bolt

set hammer 다듬개, 세트 해머 손가공용 단조(鍛造) 공구의 일종. 앤빌 위에서 재료를 해머로 두드려 대략의 모양을 만든 다음 평면으로 고르거나 구멍을 내거나 단을 붙이는 등 공작물을 완성하는 데 사용하는 연모.

set key 세트 키 성크 키(sunk key)의 일종. 축의 키 홈에 키를 끼운 다음 벨트 풀리 등의 보스(boss)를 압입(壓入)하여 토크(torque)를 전달하는 키.

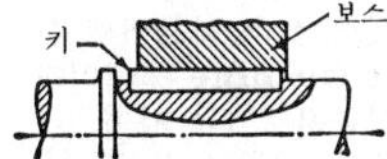

set screw 세트 스크루, 고정 나사(固定螺絲) 축에 휠을 고정시키거나 위치를 조정할 때 등 그다지 힘이 걸리지 않는 곳을 고정시키는 데 사용되는 작은 나사.

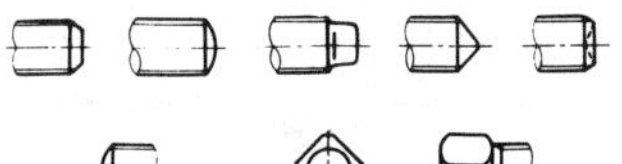
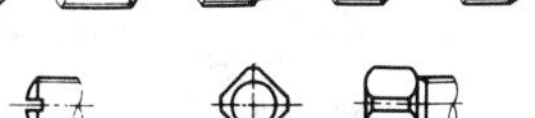
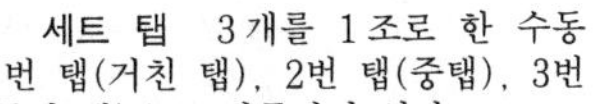

set tap 세트 탭 3개를 1조로 한 수동 탭. 1번 탭(거친 탭), 2번 탭(중탭), 3번 탭(다듬질 탭)으로 이루어져 있다.

setting 설치(設置) 기계 등을 작업 장소에 설치하는 것.

setting down 단붙임(段－) 가공재(加工材)의 일부를 늘려서 단을 붙이는 단조 작업.

setting drawing 설치도(設置圖) 기계, 장치 등의 설치 관계를 나타내는 도면.

setting gauge 세팅 게이지 기계 부품, 공구 등을 소정 위치에 고정할 때 그 위치를 정하는 데 쓰이는 위치 결정 기구.

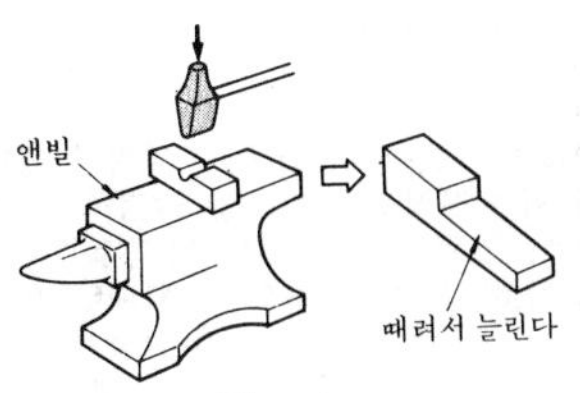

setting down

setting point 응고점(凝固點) ＝freezing point

settlement 침강(沈降), 침전(沈澱) 액체 속의 물체가 중력의 작용으로 밑으로 가라앉는 것.

settling basin 침사지(沈砂池) 수력 발전소의 도수 설비(導水設備)의 하나로, 수로식 발전인 경우에 취수구에서 도수로에 토사가 흘러드는 것을 방지하기 위하여 도수로 도중에 취수구와 되도록 가까운 위치에 두는 못을 말한다.

settling sump 침전 탱크(沈澱－) ＝settling tank

setting tank 침강 탱크(沈降－), 침강조(沈降槽) 유체 중에 부유하는 입자를 중력의 작용에 의해서 낙하시켜 침강 분리시키는 조작 또는 부상시키는 조작이 있다. 전자를 침강 분리, 후자를 부상 분리라고 한다. 넓은 뜻으로는 중력 이외에 원심력, 정전기 등의 작용을 받아 침강하는 경우나 약품에 의해서 입자를 응집시켜 조대화(粗大化)하여 침강 분리를 촉진하는 응집 침전도 포함된다. 목적으로서는 깨끗한 처리수(또는 기체)를 얻는 것과 농후한 슬러지(sludge)를 얻는 것이다.

seven segment 7세그먼트 세그먼트 방식의 숫자표시 소자로, 최대 7개의 세그먼트로 숫자를 표시하는 방식. 7개 모두 통전(通電)하면 8의 숫자가 된다.

seven-three brass 7-3황동(七三黃銅) 동 70%, 아연 30%의 황동. 황동 중에서 가장 연신율이 크다. 인장 강도 20kgf/㎟.

severity of quenching 냉각능(冷却能), 급랭도(急冷度) 담금질 작업에 있어서의 냉각의 정도. 일반적으로 H로 표시된다.

sewage purification 하수 처리(下水處理) 하수에 인공적으로 물리학, 화학, 생물학 등의 원리를 응용하여 어느 정도까지 하수를 정화하는 것.

sewing machine 재봉기(裁縫機) 직물, 가죽, 지류(紙類) 등을 봉합하는 재봉 기계를 말한다.

sextant 육분의(六分儀) 임의의 평면 내에 있는 2점간의 각도를 측정하는 휴대용 기계. 주로 측정 지점의 위도(緯度) 및 경도(經度)를 알기 위해 천체(태양 또는 항성)의 고도를 측정하는 데 사용한다.

shackle 섀클, 연환(連環) 연결용 쇠고랑. 그림은 체인의 연결에 사용하는 것.

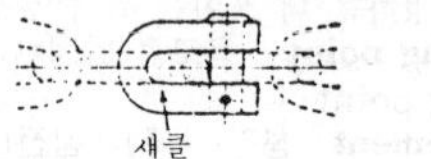

shaft 축(軸), 샤프트 축이란 그 중심선 주위를 회전하는 환봉(丸棒)을 말한다.

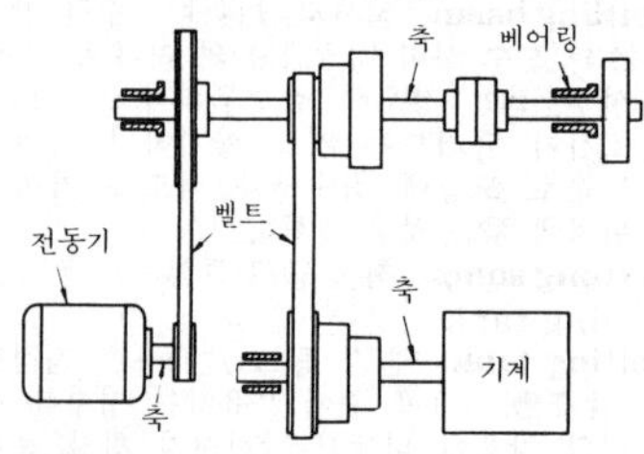

shaft base system 축 기준식(軸基準式) 한계 게이지 방식에 있어서 축과 구멍을 조합시키는 경우에 축을 기준으로 하여 끼워맞춤을 결정하는 방식.

shaft coupling 축 이음(軸－) 전동축(傳動軸)을 서로 접속하기 위하여 사용하는 이음으로, 좁은 의미의 축 이음은 정지 중에 축 상호간의 분리가 가능한 것만을 뜻하나, 넓은 의미로는 클러치도 이에 포함된다.

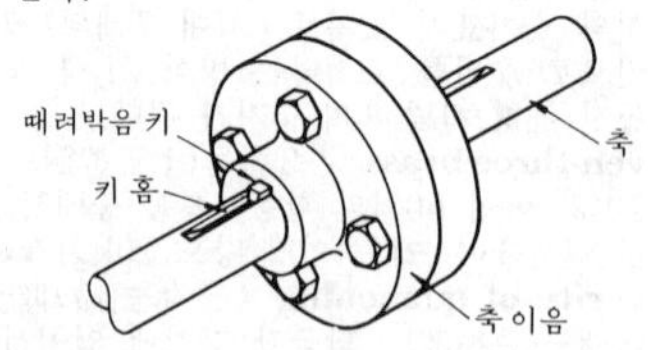

shaft furnace 고로(高爐) =blast furnace

shaft governor 축 조속기(軸調速機) 진자(振子) 조속기의 일종으로, 진자의 변위(變位)를 회전축에 장치한 편심(偏心) 바퀴에 전하는 방식으로 된 것이다. 대개의 경우 수평 회전축에 장치하여 사용한다.

shaft horsepower 축마력(軸馬力) 실제로 동력으로서 이용할 수 있는 출력.

shafting 축계(軸系) 계통적으로 배치된 여러 개의 축의 연결. 예컨대, 선박의 프로펠러 축계는 중간축, 스러스트(thrust) 축, 프로펠러축의 3개로 구성되어 있다.

shaft lathe 축선반(軸旋盤) 주로 축과 같은 바깥지름이 비교적 긴 공작물을 가공하기 위한 선반.

shaft seal equipments 축봉 장치(軸封裝置) 유체 기계의 회전축이 케이싱 외부에 관통하는 곳에 두어지고 외부에의 유체 누설이나 내부에의 유체 흡입을 방지하는 장치. 축봉의 방법에는 회전부와 고정부가 접속하여 접동(摺動)하는 접촉식과 회전부와 고정부가 좁은 틈을 유지하여 상대 운동하는 비접촉식이 있으며, 주로 접촉식은 액체용에, 비접촉식은 기체용에 널리 사용된다.

shaft washer 안바퀴, 내륜(內輪) 롤링 베어링의 안쪽 바퀴. =inner ring

shake 동요(動搖), 진동(振動), 흔들다

shake out 셰이크 아웃 주물(鑄物)이 응고한 다음 주형을 허물어뜨리는 것.

shake out machine 셰이크 아웃 머신 주형을 허물어뜨리는 기계.

shaker 진동 테이블(振動－) =shaking table

shaker conveyor 셰이커 컨베이어 진동시켜 운반하는 컨베이어.

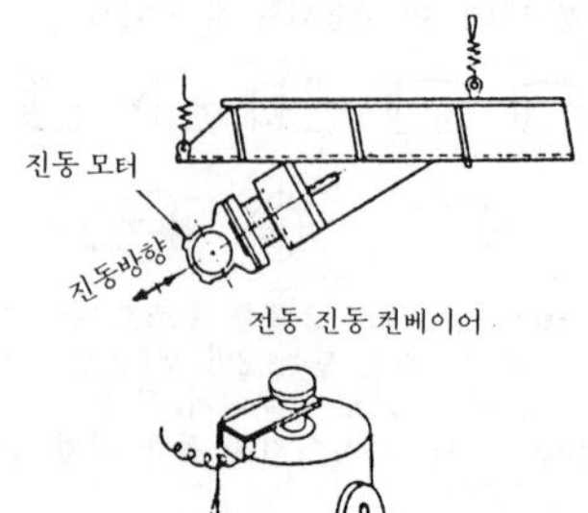

전동 진동 컨베이어

전자(電磁)바이브레이터

shaking grate 요동 화격자(搖動火格子) 화격자봉에 왕복 운동을 시켜 연료를 노(爐) 속으로 이송하는 연소 장치.

shaking table 진동 테이블(振動－) 기계적 또는 전자적으로 진동시키는 장치를 갖춘 테이블. 주물사(鑄物砂)를 흔들어 가라앉게 하는 데 등에 사용된다.

shale oil 셰일유(－油) 유혈암(油頁岩)을 건류(乾溜)함으로써 얻어지는 조유(粗油). 석유 원유와 비슷하나 불포화분(不飽和分)이 많고, 또 유혈암 속의 유모(油母)의 성상(性狀)에 따라 질소, 산소, 유황 화합물을 많이 함유하며 일반적으로 복잡한 정제법(精製法)을 필요로 한다.

shank 생크, 자루 ① 프레스에서는 다이 세트(die set)의 펀치 홀더의 윗부분 또는 상형(上型)의 윗부분 등에 튀어나온 돌기부(突起部)로, 프레스의 중심과 금형의 중심을 맞추기 위한 것. ② 드롭 해머에서는 금형을 램에 장착하기 위한 돌기물을 말한다. ③ 바이트의 자루 부분 또는 드릴, 리머 등의 홈이 패인 자루 부분을 말한다. ④ 공작기에서는 드릴 등의 고정구를 말한다.

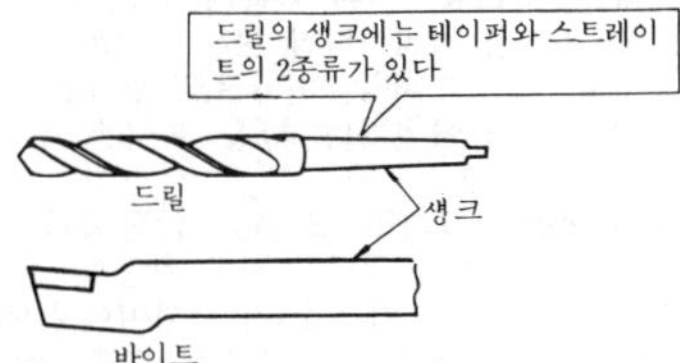

shank of bolt 볼트축(－軸) 볼트의 두부를 제외한 축 부분.

shape 형(形), 형상(形狀)

shape-memory alloy 형상 기억 합금(形狀記憶合金) 어떤 종류의 티탄-니켈 합금이나 알루미늄 합금 등에서는 고온에서 성형한 것을 실온에서 변형을 시켜도 가열하면 순간적으로 원래의 성형시의 모양으로 복원되는 성질이 있다. 이러한 성질을 가진 합금을 형상 기억 합금이라고 한다.

shape memory effect 형상 기억 효과(形狀記憶效果) 소성 변형(塑性變形)을 시킨 재료를 그 재료의 고유한 임계점 이상으로 가열했을 때 재료나 변형 전의 형상으로 되돌아가는 현상.

shaper 셰이퍼 공작 기계의 일종. 소형 공작물의 평면이나 홈을 깎는 기계.

shape steel 형강(形鋼) 여러 가지 모양의 단면을 가진 강재(鋼材)의 총칭.

shape tube 이형관(異形管) 동심원 단면

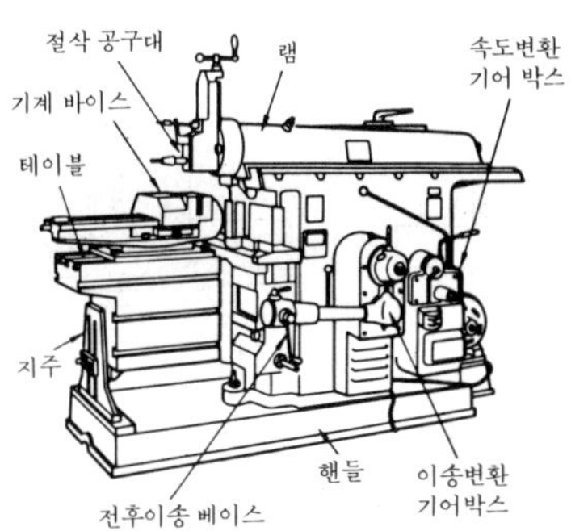

shaper

(同心圓斷面) 이외의 관.

shaping machine 셰이퍼 =shaper

sharp-edged orifice 칼날 오리피스 얇은 판에 뚫은 유량 측정용의 유출 구멍. →orifice

shave 셰이브 대팻밥, 대패질하다, 깎다.

shaving 셰이빙 ① 톱니를 절삭한 기어를 셰이빙 커터와 맞물려 더 한층 고정밀도의 기어로 다듬질하는 것. ② 판금 가공에서 펀칭이나 구멍 뚫기를 한 제품의 절단면을 깎아내어 깨끗하게 다듬질하는 것.

shaving cutter 셰이빙 커터 →shaving

shavings 칩, 절삭분(切削粉) 절삭 가공에서 절삭 공구, 연삭 공구, 숫돌 입자 등에 의해 깎여 나온 쇠 부스러기 또는 쇳가루. 공작물의 재질 및 절삭 조건 등에 의해 열단형(裂斷形), 전단형(剪斷形) 및 유동형의 세 가지 형태를 이룬다. =chips

shear 전단기(剪斷機)[1], 시어[2] ① 금속판을 절단하는 데 사용하는 기계를 말한다. 보통 윗날과 아랫날이 맞물리면서 그 전단 작용으로 금속판을 직선 또는 곡선으로 절단한다.

▽ 곧은날 전단기

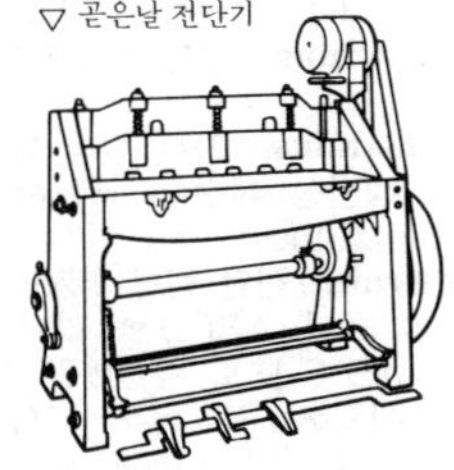

② 탄성체(彈性體)의 변형에 있어서 형상만이 변환하고 체적은 변화하지 않는 것.

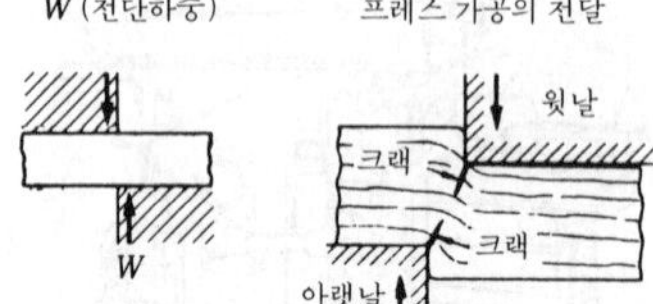

shear angle 전단각(剪斷角) 전단기로 판금(板金) 등을 절단할 때 아랫날에 대한 윗날의 경사각을 말한다.

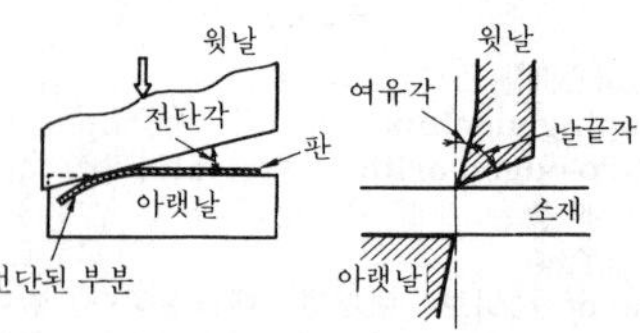

shear droop 시어 드루프 전단 가공에 있어서 펀치나 다이의 절삭날이 재료에 크랙(crack)이 생길 때까지 재료에 파고 들음으로써 압하(壓下)된 자유 표면을 말하며, 점성 재료(粘性材料)나 공구간의 틈새가 지나치게 크거나 또는 절삭날이 무딜 때 커진다.

shearing 시어링 →shear, shearing machine

shearing force 전단력(剪斷力) 재료 내의 서로 접근한 두 평행면에 크기는 같으나 반대 방향으로 작용하는 힘. 이 힘의 작용으로 2면간에 서로 미끄럼 현상을 일으킨다.

shearing force diagram 전단력 선도(剪斷力線圖) 전단력이 빔(beam)의 각부에 작용하는 상태를 나타내는 그림.

shearing machine 전단기(剪斷機) = shear

shearing modulus 가로 탄성 계수(―彈性係數), 횡탄성 계수(횡彈性係數) → elastic modulus

shearing strain 전단 변형(剪斷變形) 그림과 같이 물체 ABCD에 전단 응력이 작용하여 AB′C′D로 변형했을 경우, 전단 변형 γ는 $\gamma=BB'/AB=CC'/CD=\tan\varphi\fallingdotseq\varphi$, 즉 전단 변형은 변형각을 라디안으로 나타낸 것이 된다.

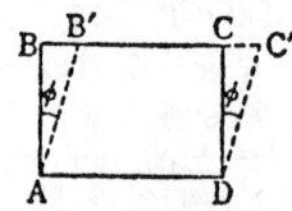

shearing strength 전단 강도(剪斷强度) 재료에 가할 수 있는 최대의 전단력을 원래의 단면적으로 나눈 값.

shearing stress 전단 응력(剪斷應力) 그림과 같이 볼트 등에 전단력이 작용할 때 생기는 응력. 이것은 단면에 따라서 접선 방향으로 발생하므로 접선 응력(接線應力)이라고도 한다.

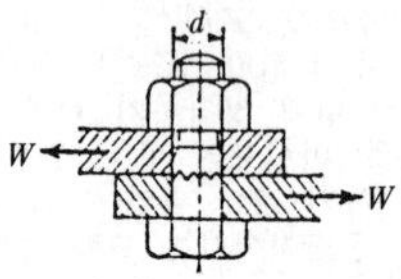

shearing work 전단 가공(剪斷加工) 적당한 공구와 펀치, 다이 또는 전단기를 사용하여 필요로 하는 형상으로 판금을 잘라내거나 뚫어내거나 단을 붙이는 등의 가공법.

shear legs 양다리 크레인, 합장 기중기(合掌起重機) 2개의 경사진 기둥의 꼭대기 부분을 묶고 이것을 지지 와이어로 잡아당겨 기둥 하부를 고정시킨 다음 꼭대기 부분에 짐을 매다는 활차를 장치한 가장 간단한 기중기.

shear pin 시어 핀 충격 하중(衝擊荷重)이나 과대한 회전력이 작용하는 경우 기계의 파손을 방지하기 위하여 보호하는 부분의 구동측(驅動側)에 핀을 넣어 이것을 절단시키는 방법이 채용되는 경우가 있다. 이 핀을 시어 핀이라고 한다.

shear plate 시어 플레이트 과대한 누름 압력이나 충격적인 누름 하중으로부터 기계를 보호하기 위하여 그 기계 부분의 부하측에 플레이트를 삽입하여 이것을 절단시키는 경우가 있다. 이 목적으로 설계된 판을 시어 플레이트라고 한다.

shear type 전단형(剪斷形) 공작 기계에서 칩(chip)이 깎여 나오는 한 형태. 바이트로 절삭하는 경우 칩에 가로 방향으로 줄무늬가 생기고 쉽게 부스러질 듯이 보이는 상태. 주철을 깎을 때 일어난다.

sheave 로프 바퀴, 로프 풀리 =rope

pulley

sheave winder 시브 와인더 와이어 로프와 로프 바퀴 간의 마찰력을 이용하여 로프를 감아 올리는 장치를 말한다. 마찰력을 크게 하기 위하여 홈의 형상이나 재질이 특수하다.

shedder 셰더 금형 또는 펀치, 다이, 패드로부터 성형품이나 부착한 스크랩을 분리시킬 목적으로 장착된 핀, 봉(棒), 링크 등에 붙여진 이름. 스프링, 압축 공기 등으로 작동시킨다.

sheet (종이 등의)한 장, 도면(圖面)

sheet bar 시트 바, 박판강(薄板鋼) 압연기로 만들어진 박판상(薄板狀)의 강. 두께 6~12mm.

sheet crown 판 크라운(板－) 압연된 판은 폭 방향으로도 두께가 고르지 않고 중앙이 두껍고 가장자리가 얇다. 이것을 판 크라운이라고 한다.

sheet glass 판유리(板－) 판두께 1.9mm, 3mm, 5mm, 6mm의 판 모양의 유리.

sheet metal 박판금(薄板金) 동, 황동, 아연, 알루미늄 등을 판재(板材)로 만든 것을 판금(板金)이라 하고, 두께 1mm 이하의 판금을 박판금이라고 한다.

sheet metal blade 박판 블레이드(薄板－) 블레이드(날개)의 단면 두께가 얇은 것을 말하며, 주로 박판을 사용하여 휘어서 날개형으로 만든 것. =thin profil

sheet metal smoothing rollers 박판 교정 롤러(薄板矯正－) 금속 박판의 변형을 교정하여 평면이 되게 하기 위한 롤러로, 서로 어긋나게 배치된 여러 개의 롤러 사이로 판재(板材)를 통과시켜서 교정하는 기계.

sheet metal straightening roll 박판 교정 롤러(薄板矯正－) =sheet metal smoothing rollers

sheet metal working 판금 가공(板金加工) 금속판을 소성 변형(塑性變形)시켜서 여러 가지 원하는 모양으로 만드는 가공을 판금 가공이라고 한다.

sheet mill 박판 압연기(薄板壓延機) 박판 압연 공장에서 얇은 소재를 냉간 가공(冷間加工)으로 더욱 얇게 압연하는 기계.

sheet number 도면 번호(圖面番號) 도면을 관리하기 쉽도록 도면에 붙이는 번호. 표제란 내나 도면의 왼쪽 위 구석에 기입한다.

sheet metal working

sheet pile 시트 파일 차례로 가로로 연결할 수 있도록 특수한 형태로 된 얇은 경강제 형강(硬鋼製形鋼). 길이 3~12m. 기초 공사, 지하철 공사, 호안(護岸) 공사 등 토목 공사 등에 널리 사용된다.

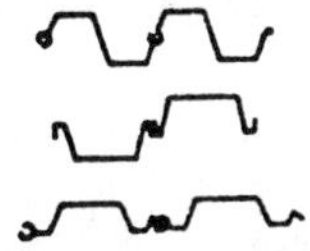

sheet rolling mill 박판 압연기(薄板壓延機) 판 두께를 2mm 정도 이하의 박판으로 압연하기 위한 압연기로, 열간 압연으로 하는 것과 냉간(冷間) 압연으로 하는 것이 있다. =sheet mill

sheet steel 박강판(薄鋼板) 강판 중에서 두께 0.1mm 이하의 얇은 강판.

shell 셸 ① 외피(外皮). ② 디프 드로잉(deep drawing) 가공으로 만들어진 제품(박판 구조물, 박판 용기)을 말한다. ③ 빌릿(billet)을 압출할 때 스커트가 남는 것. ④ 동체(胴體). 보일러나 대패의 몸체 부분.

shellac bond 세락 본드, 셸락 결합제(－結合劑) 숫돌 입자를 결합 성형하는 결합제의 일종으로, 셸락을 주성분으로 한 결합체를 말한다.

shell and tube type evaporator 원통 다관식 증발기(圓筒多菅式蒸發器) 속이 빈 원통 안에 여러 개의 냉각관을 장치하고, 원통 안과 관 속에 각각 비등하는 냉매(冷媒) 또는 피냉각액(被冷却液)을 흐르게 하여 간접 냉각 방식을 취하는 구조의 증발기를 말한다.

shell drill 셸 드릴, 통형 드릴(筒形－) 예비로 파놓은 구멍을 확대하기 위하여 사용하는 통형 드릴. 외관은 셸 리머(shell reamer)와 비슷하다.

shell end mill 셸 엔드 밀 절삭날만 따로 만들어 자루에 끼워서 사용하는 지름이 큰 엔드 밀.

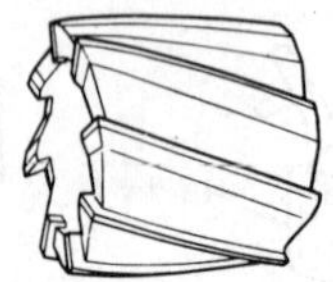

shell molding process 셸 몰드법(－法) 규사(硅砂)와 수지(樹脂) 분말의 혼합물을 가열된 금형 모형판 위에 뿌린 다음 수 분 후 미결합 혼합물을 제거하고 다시 양생(養生)하여 강도를 부여한 것이 셸이다. 치수의 정밀도가 좋고, 주물 표면이 매끈하다. 또한 복잡한 형상의 주물을 만들 수 있다.

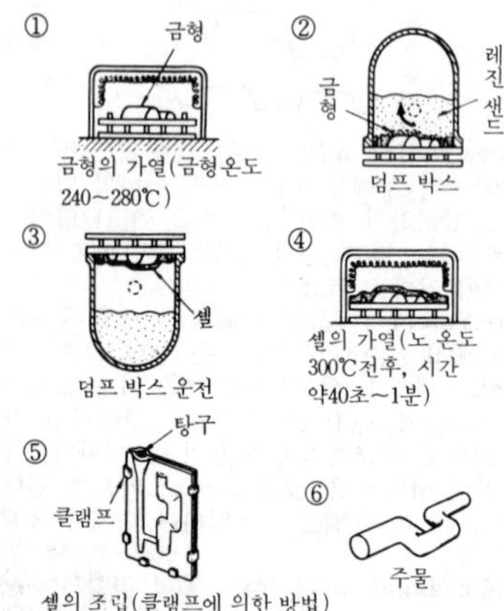

shell molding sand 셸형 주물사(－型鑄物砂) 불순물이 섞이지 않은 미세한 규사에 석탄산 수지(石炭酸樹脂)의 고운 가루를 섞어서 만든 형사(型砂).

shell plate 동판(胴板) 원통 보일러와 같이 원통 부분으로 사용되는 강판.

shell reamer 셸 리머 속이 중공(中空)인 대형 리머. 자루 부분이 없고 아버에 장착하여 18mm의 큰 지름의 구멍을 다듬질하는 데 사용한다.

shell ring 셸 링 박판(薄板)으로 만든 원통의 바깥 둘레에 설치하는 링 또는 밴드 모양의 부품. 원통의 형상을 유지하고 보강하는 역할을 하는 것.

shell tap 셸 탭 나사부가 원통으로 되어 있고, 여기에 자루를 끼워서 사용하는 탭. 지름이 큰 탭에 채택되고 있다.

sheradizing 셰라다이징 철강의 표면 처리의 한 방법으로, Zn와 ZnO의 분말을 혼합한 속에 철제품을 넣고 350~400℃로 수 시간 가열하여 표면층에 내식성(耐蝕性) 피막을 형성하는 것. 이렇게 표면에 생성된 Zn-Fe 합금의 피막은 매우 얇기 때문에 철제품의 형상에 영향을 주지 않으므로 볼트, 너트, 나사, 소형 주물 등의 녹 방지법으로 사용된다.

shield 실드 가리개, 차폐물(遮蔽物), 방어물 등을 말한다.

shield-arc electrode 실드아크 용접봉(－鎔接棒) 실드아크 용접에 사용하는 용접봉. 심선(心線) 주위에 피복제를 칠한 전극봉(電極棒)이다.

shield-arc welding 실드아크 용접(－鎔接) 아크와 용융 금속을 대기의 영향으로부터 보호하기 위해 특수한 가스 속에서 처리하는 아크 용접.

shield bearing 실드 베어링 외부로부터의 이물질의 침입에 대하여 베어링을 보호하기 위해 내륜(內輪)과 접촉되지 않는 실드판을 베어링 외륜(外輪)에 달고 있는 깊은 홈형 볼 베어링을 말한다. 메이커에서 윤활제를 봉입한다.

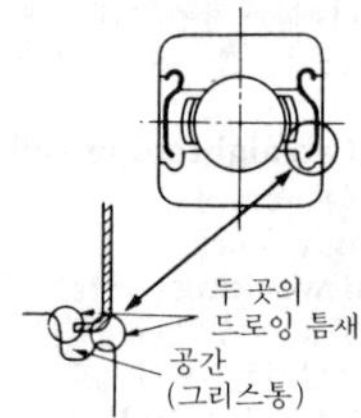

shielded arc welding 실드 아크 용접(－鎔接) 아크 및 용융지(鎔融池)를 헬륨, 아르곤, 탄산 가스 등에 의해 감싸고 대기에 접촉하지 않는 상태에서 하는 용접.

shielded ball bearing 실드 베어링 깊은 홈 볼 베어링의 외륜(外輪)에 강판제의 실드를 부착한 것을 실드 베어링이라 하고 한쪽에 붙인 것과 양쪽에 붙인 것이 있다. 실드는 내륜 외주와는 미소한 틈으로 떨어져 있으며, 비접촉형으로 되어 있고, 베어링 외부로부터의 이물(異物)의 침입을 방지하는 동시에 베어링 내의 윤활제가 밖으로 새는 것을 방지하는 효과를 갖는다. 양 실드형 베어링은 내부에 그리스가 봉입된다(그리스 봉입 베어링 : grease filled bearing).

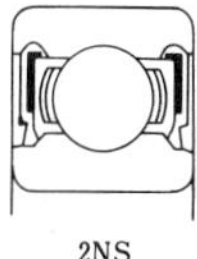
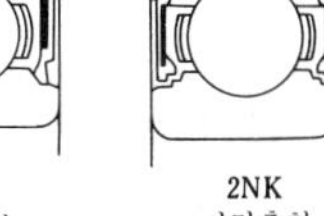

shield method 실드 공법(-工法) 원통 자체가 굴삭기로 되어 있는 강판제 원통을 땅 속에 하강(下降)시켜, 지하에 터널이나 하수도를 건설하는 공법의 하나.

shield support 실드 지지(-支持) 수압 철주 4~8 개를 받침틀 위에 조합시키고 받침대 후미의 보호벽과 정부(頂部)의 보(beam)재를 힌지로 연결하여 일체화한 것을 말한다.

shift 전위(轉位) 치수(齒數)가 적은 기어를 언더컷이 일어나지 않도록 만들기 위해서는 래크(rack)형 절삭날의 기준 피치선을 기어의 기준 피치원에서 후퇴시킬 필요가 있다. 이 후퇴를 +전위라 하고, 이렇게 만들어진 기어를 전위 기어라고 한다.

shifted gear 전위 기어(轉位-) 기어의 기준 피치원이 그것과 맞물리는 기준 래크의 기준 피치선으로부터 떨어져 있는 기어.

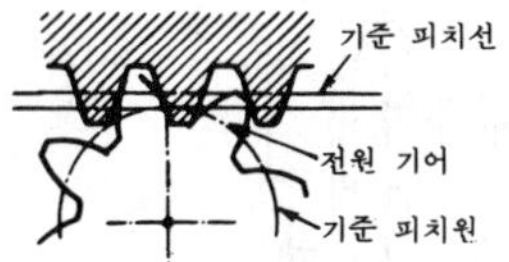

shifted indicator diagram 전위 인디케이터 선도(轉位-線圖) 상사점이 거의 중앙에 오도록 위상(位相)을 약 90° 전위시킨 인디케이터 선도.

shifting yoke 시프팅 요크 ① 벨트 이동용으로 사용하는 두 가닥으로 분기된 틀. 벨트 진입측에 단다. ② 기어의 변환용(變換用)으로 사용하는 멍에처럼 생긴 장치.

shim 심 높이나 틈새를 조정하기 위하여 깔거나 삽입하는 얇은 판(동판, 철판, 종이, 기타).

shimmy 시미 자동차의 진행 중 어떤 속도에 이르면 핸들에 진동을 느끼는 것. 또 일반적으로 자동차의 조향 장치(操向裝置) 전체의 진동을 말한다.

shipbuilding yard 조선소(造船所) 선박을 건조, 수리하는 공장으로, 건조하는 선박의 재료에 따라 강선(鋼船) 조선소와 목선 조선소로 나뉜다.

ship s classification 선급(船級) 상선(商船)은 선급 협회의 기술적 검사를 받아 선급 협회가 정한 선급을 취득하는 것이 보통이다. 선급을 취득한 배는 선명부(船名簿)에 기재되고, 선적(船籍), 보험, 매매 등에 있어서 일정한 기술적 조건을 구비한 것으로 신뢰를 받게 된다.

shipyard 조선소(造船所) =shipbuilding yard

shock 충격(衝擊) ① 물체에 급격히 힘을 가하는 것. ② 서로 다른 속도로 움직이는 두 물체가 충돌을 하게 되면 극히 짧은 시간 뒤 어느 한쪽의 물체 또는 두 물체의 속도에 커다란 변화가 일어난다. 이 현상을 충격이라고 한다.

shock absorber 쇼크 업소버, 완충기(緩衝器) 기계적 충격을 완화시키는 장치. 스프링, 고무, 공기압, 유압 등을 이용하여 운동 에너지를 흡수한다. 차량, 항공기 등에 장착된다.

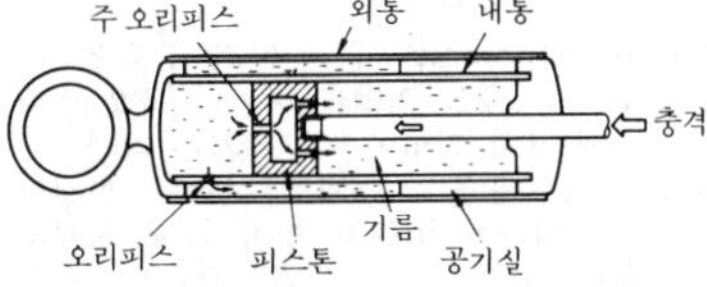

shock mark 쇼크 마크 프레스 가공 전의 프로잉 공정에서 소재(素材)가 인장되어 얇아진 펀치 모서리의 반경부가 재 드로잉 가공에 의해서 제품 벽 부분으로 이동하여 남은 링 모양의 마크.

shock synthesis 충격 압축 합성(衝擊壓縮合成) 폭약의 폭발로 인하여 생기는 고온의 충격 압력을 이용하여 순간적으로 다이아몬드나 고밀도상의 질화 붕소(窒化硼素)의 합성이 이루어지는 것. 합성된 분체(粉體)는 연마제 또는 소결체(燒結體) 절삭 공구의 원료로서 주목되고 있다.

shock wave 충격파(衝擊波) 압력파 중에서 큰 압력 상승을 수반하는 유한 진폭의 압축파는 압력, 온도, 밀도 및 엔트로피의 불연속적인 증가가 일어나는 파로 되어서 안정하고 상대적으로 음속보다 빠른 속도로 전파(傳播)한다. 이러한 일종의 불연속면을 충격파라 하고 가스나 폭약의 폭발 혹은 낙뢰 등 급격한 상태 변화에 수반해서 발생한다. 또 정상적인 초음파 흐름 속에 두어진 날개 등의 물체 전방에는 물체에서 발생하는 다수의 교란이 집적되어서 충격파가 형성된다. 지구 내부에 축적된 에너지가 국소적이고 더욱이 급격하게 해방될 때 생기는 지진파도 충격파의 일종이다.

S-hook **S**훅, **S**갈고랑쇠 S자형의 갈고랑쇠를 말한다. 폐쇄형 고리를 연결하는 데 사용된다.

shooting board 대패자 대패대의 평면도를 검사하기 위한 자.

shop gauge 공작 게이지(工作－) 실제로 공작할 때 사용하는 한계 게이지. 이 밖에 다시 검사 게이지를 사용하고 또 종(種) 게이지를 사용하는 등 3단 검측(檢測)을 하는 경우도 있다.

shop management 공장 관리(工場管理)

shop rivet 공장 리벳(工場－) 공장 내에서 리벳 체결 작업이 이루어지는 리벳.

shop test 공장 시험(工場試驗) 완성한 제품에 대하여 발주자 입회 하에 실시하는 현장 시험.

Shore hardness 쇼어 경도(－硬度) 경도가 높고 끝이 둥근 해머를 유리관 속에서 일정한 높이로부터 낙하시켜 측정편(測定片) 표면에서 튀어오른 높이로써 경도를 측정하는 경도.

Shore scleroscope hardness 쇼어 경도(－硬度) ＝Shore hardness

short 단락(短絡) ＝short-circuit

short-circuit 단락(短絡) 전기 회로 중 전원의 양극이 도중에 부하없이 직접 연

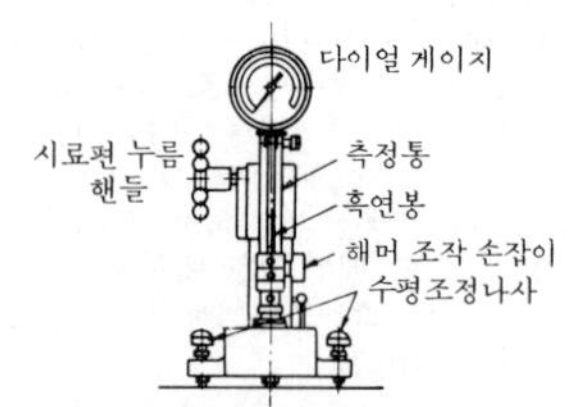

Shore hardness

결되는 것. 이것을 방지하기 위해서는 회로에 반드시 퓨즈를 삽입한다.

short circuiting arc welding 단락 아크 용접(短絡－鎔接) 탄산 가스 아크 용접, 미그 용접 등에 있어서 와이어가 용융지(鎔融池)에 접촉될 때마다 단락 전류에 의하여 와이어가 용적(鎔滴)되어 모재에 이행되는 아크 용접.

short dashes line 파선(破線) 짧은 선을 좁은 간격을 두고 이어 놓은 선. 제도에서 보이지 않는 부분의 형태를 나타낼 때 사용한다. ＝broken line

short link chain 쇼트 링크 체인 고리 모양의 링크로 이루어지는 체인.

short time rating 단시간 정격(短時間定格) →continuous rating

shot 숏 ① 사출 성형 →injection molding. ② 숏 피닝 가공에서 가공물에 분사시키는 강립(鋼粒). 조질 주철(調質鑄鐵) 숏, 칠드 조질 숏, 컷 와이어 숏 등의 종류가 있다. ③ 숏 블라스트에 사용되는 강립(鋼粒).

shot blast 숏 블라스트 →shot blasting

shot blasting 숏 블라스트 숏 피닝이 표면의 연마 및 청소를 주목적으로 하는 경

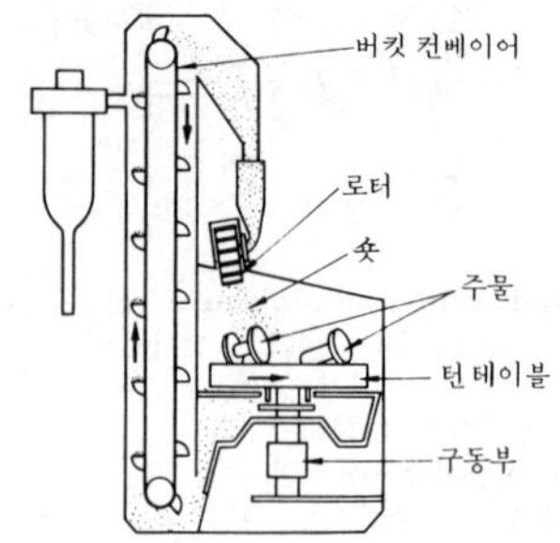

우에는 숏 블라스트라고도 하며, 분산시키는 소립자(小粒子)는 그릿(grit)이라고 하는 모난 것이 사용된다. 열간 단조(熱間鍛造), 열간 압연 강판의 스케일 청소나 흑피(黑皮) 제거에 사용되고 있다.

shot peening 숏 피닝 숏이라고 하는 강제(鋼製) 소립자를 피가공품 표면에 20~50cm/sec 속도로 다수 분사시키는 냉간 가공법을 말한다. 일반적으로 표면층의 약 0.3mm 까지 압축 응력이 작용한다. 스프링, 기어, 차축 등의 피로 수명의 개선에 기여하고 있다.

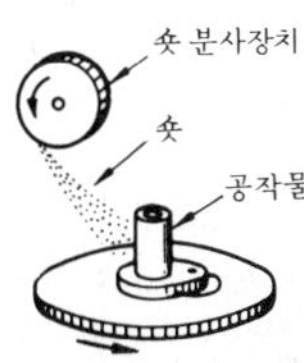

shoulder 어깨[1], 루트면(-面)[2] ① 예컨대 마모된 실린더의 단붙이 부분(ridge)의 어깨 등.
② 용접부 및 부분의 접합면. =root face

shovel 셔블, 삽 석탄이나 토사 등을 퍼 나르는 자루가 달린 철제 공구를 말한다. 스쿠프(scoop)보다 크고 자루가 길다.

shovel car 셔블 카 셔블 로더라고도 한다. 차 앞 끝에 셔블(버킷)을 장착하고 링크로 이것을 상하로 움직이거나 경전(傾轉)시켜 흙이나 자갈, 광석 등을 트럭에 싣는 하역용(荷役用) 중장비. 동력원은 유압 실린더. =shovel loader

shovel loader 셔블 로더 석탄이나 광석 등을 낱알 그대로 퍼담고 운반 또는 배출하는 하역용 장비.

shovel nose tool 셔블 바이트

shredder 문서 재단기(文書裁斷機) 서류를 잘게 절단하여 내용을 판단할 수 없게 하는 기계. 서류를 투입하면 커터가 동작하여 세단(細斷)한다.

shrink 수축(收縮), 오무라들다, 수축하다(收縮-) =shrinkage, contraction

shrinkage 수축(收縮) =shrink, contraction

shrinkage allowance 수축 여유(收縮餘裕) =pattern

shrinkage cavity 수축 캐버티(收縮-) ① 주조(鑄造)에서 쇳물이 응고(凝固)하면 수축을 하게 되는데, 이때 압탕(壓湯)이 불충분하여 주물 표면의 일부가 오목하게 들어가게 되는 것. ② 프레스 가공에서는 (1) 이형품(異形品) 성형에서 부분적으로 곡률 반경이 커지는 것. (2) 각통(角筒) 드로잉 등에서의 재료 부족. (3) 압출 성형 결함.

shrinkage crack 수축 균열(收縮龜裂) 용융(鎔融)한 금속이 냉각하여 응고할 때 고온에서 갑자기 온도가 내려감에 따라 발생하는 수축에 의하여 표면에 생기는 균열. 주물의 경우 흔히 일어나는 현상이다.

shrinkage fit 수축 끼워맞춤(收縮-) 축 지름이 구멍 지름보다 클 때 구멍을 가열하여 팽창시켜 끼워맞춤하는 것.

shrinkage hole 수축소(收縮巢) 금속이 융체(融體)로부터 고체로 변할 때 수축 계수의 변화로 인하여 생기는 스폰지 모양의 작은 구멍.

shrinkage rule 주물자(鑄物-) =contraction rule

shrinkage stress 수축 응력(收縮應力) 주조품(鑄造品)이 용융 상태에서 온도가 내려감에 따라 그 내부에서 발생되는 열 흡수 차이에 의한 내부 응력.

shroud 감싸다, 보호판(保護板) 진공 펌프와 날개차를 감싸고 있는 판.

shrouded blade 슈라우드 블레이드 원심 펌프(와류 펌프)의 날개차 중에서 전후에 슈라우드(側板)를 단 형식의 블레이드를 말한다. 이에 대하여 슈라우드를 뗀 것을 개방 날개라고 하며, 높은 점도액(粘度液) 또는 현탁물(懸濁物)을 함유한 유체를 다루는 경우에 사용된다.

shrouded tooth 측면 보강치(側面補强齒) 기어의 이가 절단되지 않도록 측면에 벽이 붙은 기어.

shrouding 보호판(保護板), 슈라우드 =shroud

shroud ring 슈라우드 링 증기 터빈에서 터빈 동익(動翼)의 선단에 원주(圓周) 방향으로 단 띠모양의 판으로, 다수의 동익을 결합함으로써 동익의 진동 방지 및 반지름 방향으로의 증기의 유출 방지를 꾀하는 것이다.

shrunk ring 슈렁크 링, 수축륜(收縮輪) 상온에서는 끼우기 곤란한 치수의 외륜(外輪)을 가열, 팽창시켜 끼운 것.

shunt 분류기(分流器) 전류계 등으로 측

정할 수 있는 전류의 측정 범위를 넓히기 위해 계기 내부의 회로에 병렬로 접속하는 저항기.

shunt generator 분권 발전기(分捲發電機) 전기자 권선과 계자(界磁) 권선이 병렬로 연결된 직류 발전기. 전지의 충전에 사용하는 이외에 전기자 저항을 적게 하여 정전압 발생에 사용한다.

shunt motor 분권 전동기(分捲電動機) 계자 권선(界磁權線)과 전기자 권선이 병렬로 전원에 연결되어 있는 전동기. 일정한 가변 속도를 필요로 하는 것의 운전에 적합하다.

shut-off head 셧오프 압력(-壓力) 토출량(吐出量)이 0일 때의 펌프의 양정(揚程)을 압력으로 나타낸 것.

shutter 셔터 ① 좁은 철판을 여러 개 접어서 이어 만든 감아올리고 내리는 덧문. ② 카메라의 셔터. ③ 자동차의 라디에이터 바로 뒤 또는 앞 부분에 장치하고 라디에이터로 통하는 공기의 양을 가감하여 기관의 온도를 조절하는 것.

shuttle 셔틀 직조기의 북, 또는 재봉틀의 밑실이 든 북.

shuttle box 북집, 셔틀 박스 직기(織機)의 셔틀(북)이 출입하는 곳.

shuttless loom 북없는 직기(-織機) 북을 쓰지 않고 제트 룸, 래피어 직기(rapier loom), 그리퍼 직기(gripper loom) 등의 방식으로 하는 것.

shuttle valve 셔틀 밸브 1개의 출구와 2개 이상의 입구를 갖추고 출구가 최고 압력측 입구를 선택하는 기능을 지닌 밸브.

side 옆, 측면(側面)

side beam 사이드 빔 =side sill

side clearance angle 측면 여유각(側面餘裕角) 바이트의 여유면을 나타내는 각. 생크축에 직각이고 밑면에 수직인 평면이 주절삭날을 포함하여 밑면에 수직인 평면과 주 여유면과 만나서 얻어지는 만난선을 끼는 각.

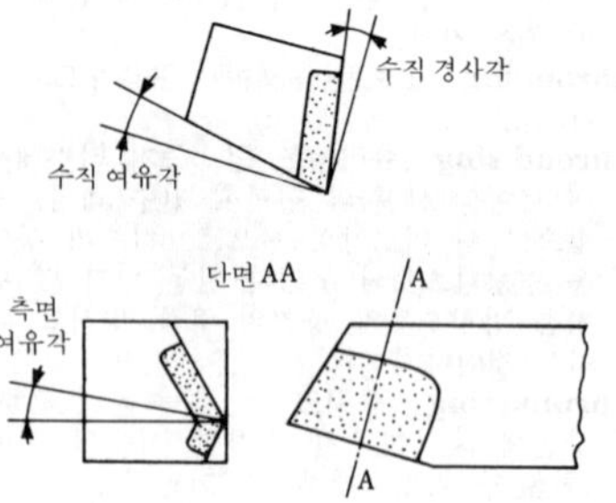

side crank engine 사이드 크랭크 엔진 크랭크축의 한 쪽에만 베어링을 배치한 오버헝 크랭크(overhung crank)를 갖춘 기관. 소형 오토바이용, 가로형 엔진 등이 있다.

side drop door 측면 개폐문(側面開閉門) 무개차의 측판(側板)이 차대에 힌지 이음으로 부착되어 있어서 바깥쪽 아래로 여닫게 되어 있는 문. =side dump

side elevation 측면도(側面圖) 물품을 옆에서 본 그림. →first angle system

side fillet weld 측면 필릿 용접(側面-鎔接) 용접선의 방향이 전달하는 응력의 방향과 거의 평행을 이루는 필릿 용접을 말한다. =fillet weld in parallel shear

side fork lift 사이드 포크 리프트 차체 옆쪽에 포크가 달린 포크 리프트(지게차)를 말한다. 주로 길이가 긴 하물의 운반에 사용된다.

side head boring and turning mill 수평 절삭 공구대 장치 선반(水平切削工具臺裝置旋盤) 칼럼(column)에 수평 절삭 공구대만 설치한 수직 선반으로, 크로스 레일(cross rail)과 정면 절삭 공구대(切削工具臺)는 설치되어 있지 않다.

side hopper barge 사이드 호퍼선(-船) 준설선(浚渫船)에 부속되어 준설한 토사(土砂)를 운반하는 배로, 토사를 배출할 때 배 옆쪽 배출문(排出門)을 통해 배출하는 형식의 배.

side key 사이드 키 가공을 할 때 가로 방향의 스러스트(thrust)를 받는 펀치나 다이의 블록을 지지하기 위해 홀더 속에 심어진 그림과 같은 키.

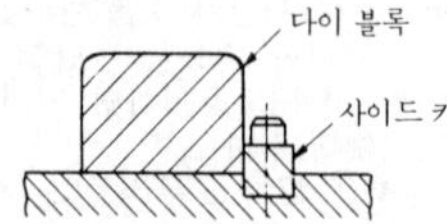

side lamp 사이드 램프, 측등(側燈) 전자, 전동차, 디젤 동차 등의 출입구문 위쪽 옆에 설치된 붉은 색의 작은 등으로, 문이 열리면 점등(點燈)되고 문이 완전히 닫히면 소등(消燈)된다. 운전석의 승무원

이 전차량의 측등이 소등되어 출입문이 완전히 닫힌 것을 확인하고 발차하기 위한 안전 장치.

side light 현등(舷燈) 항해 중의 선박이 야간에 자체 진로를 다른 선박에 알리기 위하여 배 좌우에 다는 등으로, 우현(右舷)에는 녹색등, 좌현(左舷)에는 적색등을 단다.

side milling cutter 사이드 밀링 커터 플레인 밀링 커터의 양 측면에도 방사상(放射狀)의 절삭날을 붙인 것.

side panel 측판(側板) 여객차 및 화차의 옆 외곽을 이루는 외판. 즉, 지붕과 바닥을 잇는 측면 부분에 붙여진 나무판. =side plank(of wooden freight car)

side rake 측면 경사각(側面傾斜角) 바이트의 경사면의 기울기를 나타내는 각. 생크축에 직각이고 밑면에 수직인 평면상에서 생크의 축과 밑면과 평행인 평면과 경사면이 이루는 각.

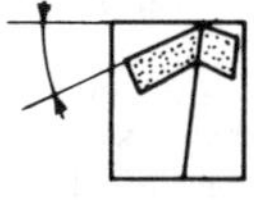

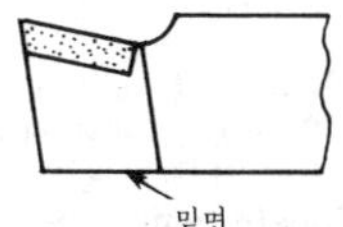

side rake angle 측면 경사각(側面傾斜角) →tool angle

side sill 사이드 빔 차량(車輛)의 차대(車臺)를 구성하는 부재(部材)로, 일반적으로 차대 프레임의 좌우 바깥 측면에 길이 방향으로 건너지른 빔을 말한다. =side beam

side slip 사이드 슬립 항공기가 비행 중에 비행기의 좌우축과 평행한 상대 기류 속도 성분을 가질 때의 비행 상태를 말한다. =side slipping

side slip tester 사이드 슬립 테스터 자동차 앞바퀴의 얼라인먼트(토인과 캐스터)의 이상을 타이어의 사이드 슬립에 의해 측정하는 장치.

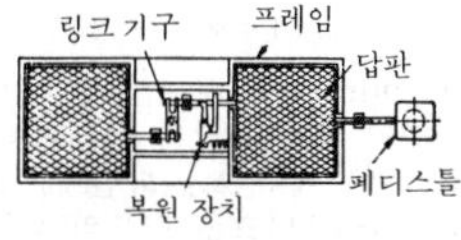

side tool 측면 바이트(側面－) 공작물의 측면을 절삭하는 바이트로, 오른손잡이와 왼손잡이가 있다. →cutting tool

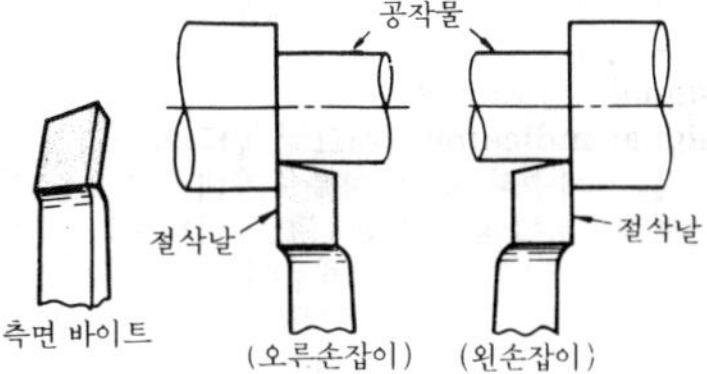

side-valve-type engine 사이드 밸브식 기관(－式機關) 실린더 헤드가 옆쪽에 붙은 L형의 실린더를 가진 기관을 말한다. →L-head cylinder

side-view 측면도(側面圖) =side elevation

Siemens-Martin furnace 지멘스로(－爐) 평로의 일종. 제강용 반사로. =open hearth furnace

Siemens-Martin steel SM강(－鋼) 지멘스-마틴강(鋼)의 약칭으로, 평로강(平爐鋼)을 말한다.

sieve 체 =screen

sifter 체 =screen

sight feed 사이트 피드 급유 장치에서 급유를 눈으로 확인하는 장치.

sight feed lubricator 급유 확인 주유기(給油確認注油器) 급유 장치에서 급유를 눈으로 확인하는 장치가 달린 주유기.

sighting level 레벨, 수준의(水準儀) 수준(水準) 측량에 사용하는 측량 계기. 즉, 지구상의 한 점의 평균 해수면(海水面)으로부터의 높이, 또는 2점간의 높이의 차이를 정밀하게 측정하기 위하여 수직으로 세운 표척(標尺)을 판독하는 데 사용하는 수준기가 달린 망원경. L 레벨, 덤피 레벨(dumpy level) 등의 종류가 있다.

sight plug 사이트 플러그 내부 점검을 하기 위한 목적으로 설치되어 있는 플러그를 말한다.

sigma embrittlement σ취성(－脆性) σ상(相)의 석출 분리에 의해 일어나는 취화현상(脆化現象) 또는 성질.

sigma phase σ상(－相) Cr을 30% 이상 함유한 고(高) 크롬강이나 Cr-Ni강 등에 나타나는 중간상(中間相)으로, 비자성(非磁性)이고, 경도가 높아 재질이 취약하다. Ni 13.5%, Cr 23%강은 480~870℃, Ni 20.5%, Cr 25%강은 600~900℃에서 취성(脆性)이 나타나는 것으로 유

명하다.

sign 부호(符號), 기호(記號), 표(標), 신호(信號)

signal 신호(信號)

signal indicator 시그널 인디케이터 제품의 치수의 합격 여부, 과대, 과소를 전기적 신호(빛, 음향 등)로 나타내는 것으로, 공작 중 또는 완제품의 검사에 사용된다. 보통은 레버 기구(機構) 또는 지침 측미기(指針測微器)에 전기 접점을 단 것을 말한다.

signal lamp 신호등(信號燈)

signal light 신호등(信號燈)

significant 시그니피컨트 측정값으로 계산한 차이가 제로 가설(假說)을 부정하기에 충분할 만큼 크다는 것을 뜻한다. 제로 가설이란, 모평균(母平均)의 차(差)가 0, 모상관 계수(母相關係數)가 0인 가설(참인지 아닌지 측정에 의하여 알아보려고 하는 문제를 가설이라고 한다)을 말한다.

significant figures 유효 숫자(有效數字) 측정 또는 계산 결과 등을 나타내는 숫자 중에서 자릿수를 나타내기만 하는 0을 제외한 어떤 숫자를 말한다.

silal 실랄 Si 5~10%를 함유한 내열성 주철(耐熱性鑄鐵)을 말한다. 경도가 높으면서 취약하기 때문에 가공하기가 어렵고, 그라인더 다듬질만이 가능하다. 이 결점을 보완하기 위하여 Ni을 첨가한 것을 니클로실랄이라고 한다.

silchrome steel 실크롬강(-鋼) Co 0.3~0.45%, Cr 9~13.0%, Si 1.5~3.0%, Mn 0.3~0.5%, 인장 강도 95~105kgf/㎟의 내열성이 큰 합금으로, 엔진의 밸브재(材)로 사용된다.

silencer 소음기(消音器) 일반적으로 소음을 줄이기 위한 장치. 원통식, 차판식(遮板式) 등이 있다.

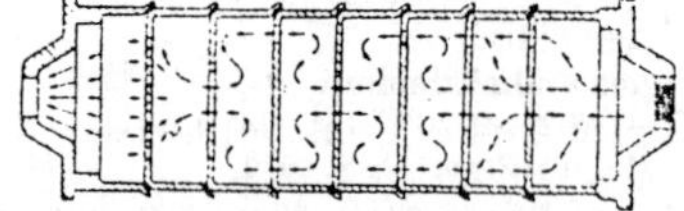

silent chain 사일런트 체인 고속 또는 조용한 전동(傳動) 운전이 필요할 때 사용하는 전동 체인. 2개의 발톱(pawl)이 붙은 링크를 핀으로 연결하여 만든 것. 체인 기어의 톱니에 밀착하여 조용하게 동력을 전달한다.

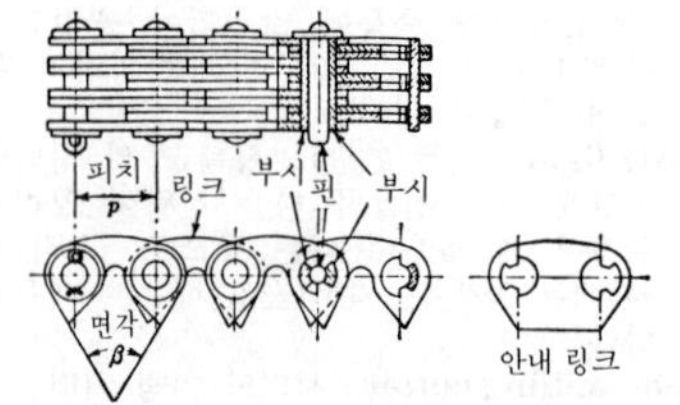

silent gear 사일런트 기어 소음 방지를 위해 금속 이외의 재료로 만든 기어.

silent pawl drive 사일런트 폴 체인 래칫 구동으로 소리가 나지 않도록 고안된 것.

silica 실리카 규소(硅素)를 공기 속에서 가열하였을 때 타서 생긴 토상(土狀) 또는 모래 모양의 화합물.

silica brick 규석 벽돌(硅石-) 규석을 주원료로 하는 벽돌. 내화도가 높아 SK 33~36이지만 약간 팽창하는 성질이 있다.

silica purge 실리카 퍼지 기동(起動)시에 보일러물을 내뿜게 하여 실리카 농도를 규정값까지 낮추는 것.

silica sand 규사(硅砂) 규산(硅酸)이 많은 주물사. 내화도(耐火度)는 높지만 결합력이 약하다. 용도는 주강용 주물사.

silicate bond 실리케이트 결합제(-結合劑) 숫돌 성형용 결합제의 일종. 물유리를 주성분으로 한 것.

silicate wheel 실리케이트 숫돌 바퀴 연삭용 숫돌의 일종. 규산 소다를 사용하여 만든 것. 대형 숫돌로 만들 수 있으나 접착력이 약하고 단단하게 하기가 어렵다. 주로 담금질강의 표면 다듬질에 적합하다.

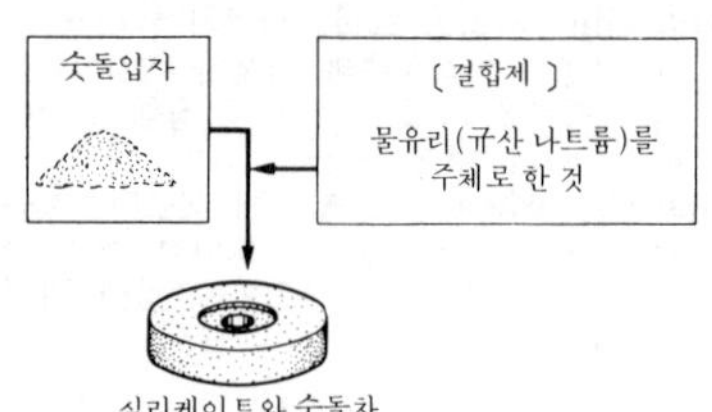

실리케이트와 숫돌차

silicious marl 규조토(硅藻土) 단세포 조류(藻類)인 규조의 잔해(殘骸)를 주성분으로 하고 여기에 점토, 화산재, 유기물 등이 섞인 수10미크론 정도의 다공성(多孔性) 물질로, 흡착제, 여과제, 보온재, 연마재 등에 사용된다. =diatomite, diatomearth

silicon 규소(珪素), 실리콘 원소 기호 Si, 원자 번호 14, 원자량 28.06. 산소 다음으로 다량으로 존재하는 원소. 공업적으로는 규소에 코크스를 혼합하여 전기로(電氣爐)로 환원시켜 만든다. 용도는 강(鋼)의 탈산제, 실리콘의 원료 등.

silicon carbide 탄화 규소(炭化硅素) = carborundum

silicon controlled rectifier ; SCR 실리콘 제어 정류 소자(－制御整流素子), 사이리스터 특수한 반도체 정류 소자이다. 소형이고 응답 속도가 빠르며, 대전력(大電力)을 미소한 입력으로 제어할 수 있을 뿐 아니라 수명이 반영구적이고 견고하기 때문에 릴레이 장치, 조명·조광(調光) 장치, 인버터, 펄스 회로 등 대전력의 제어용으로 사용된다. 트랜지스터로는 할 수 없는 대전류, 고전압의 스위칭 소자로서 급속히 보급되었다.

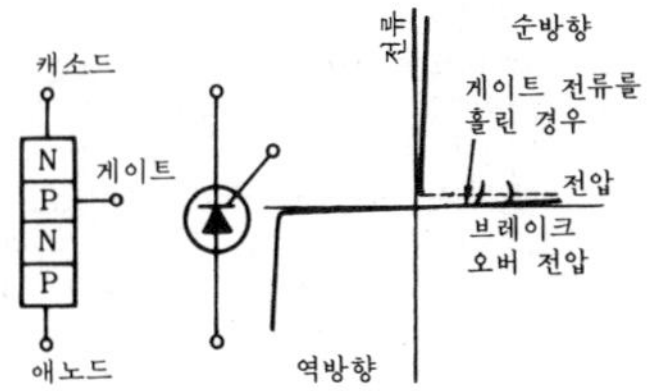

SCR의 구조와 기호 SCR의 전압, 전류특성

siliconized iron plate 실리코나이즈드 철판(－鐵板) Si 함유량 4% 이하의 규소철(硅素鐵), 또는 순철(純鐵) 박판을 가공 과정에서 규소 원자를 확산시켜 만든 고규소 철판.

silicon nitride ceramics 질화 규소(窒化硅素), 세라믹스 Si_3N_4는 규소와 질소 가스를 반응시킨 것인데 이것에 Al_2O_3, SiO_2를 첨가한 것. 또한, SiC, MgO 등을 첨가한 것은 온도에서의 고강도 재료로서 주목되고 있다.

silicon resin 실리콘 수지(－樹脂), 규소수지(硅素樹脂) 규소와 산소 결합을 골격으로 하는 고분자(高分子)로, 내열성(耐熱性)·내습성(耐濕性)이 좋고, 고온·고습하에서도 전기 절연성이 그다지 저하하지 않으므로 전기 절연, 접착제, 도장(塗裝) 등에 사용된다.

silicon rubber 실리콘 고무 특수한 내열성 합성 고무로, 강도는 작으나 내열(耐熱), 내한(耐寒), 내후(耐候), 내오존성에 있어서는 뛰어난 성능을 가지며, 전기적 성질도 뛰어나다. 항공기 등 이러한 성능이 요구되는 용도에 사용된다.

silicon steel 규소강(硅素鋼) 값이 싼 특수강. 규소의 함유량에 따라 용도가 달라지지만 스프링 재료, 내산 주물(耐酸鑄物), 공구강(工具鋼), 전기 기기의 철심 등에 사용된다.

silicon steel plate 규소강판(硅素鋼板) 저탄소강에 적당한 양의 규소(Si)를 첨가하여 만든 강판. 잔류 자기(殘留磁氣)와 항자력(抗磁力)이 작으므로 전동기, 발전기, 변압기 등의 철심으로 사용된다.

silk reeling 생사 제사(生絲製絲) 고치로부터 생사를 뽑아 내는 일련의 공정(工程).

silk reeling machine 생사 제사기(生絲製絲機) 고치로부터 생사(生絲)를 뽑아 내는 공정에 사용하는 기계.

silumin 실루민 주조용 알루미늄 경합금의 일종. Al 86～89%, Si 11～14%. 경량으로 연성(延性), 전성(展性)이 모두 커 주조 후의 수축이 매우 작고 해수(海水)에 잘 침식되지 않는다. 결점은 탄성한도(彈性限度)가 낮고 피로에 약하다는 것이다.

silver 은(銀) 원소 기호 Ag, 원자 번호 47, 원자량 107.88, 비중 20.5, 융점 960℃. 아름다운 백색의 금속으로, 전연성(展延性)이 크고, 열 및 전기의 가장 좋은 도체. 구리와 합금하여 여러 가지 장식품, 기구, 화폐 등을 만드는 데 사용되고, 공업적으로 은랍(銀臘)이 특수한 베어링 메탈, 은도금(銀鍍金)의 재료로 사용된다.

silver-alloy brazing 은랍땜(銀臘－) 경랍(硬臘)땜의 일종. 은랍을 분쇄하여 붕사(硼砂) 분말을 혼합하여 물로 이상(泥狀)으로 만들어 접합부에 놓고 토치 또는 노(爐)에서 용융 접착시키는 방법.

silver sand 규사(硅砂) =silica sand

silver solder 은랍(銀臘) 경랍(硬臘)의 일종. Cu-Zn-Ag계 합금을 주체로 하는 것. 융점 700℃ 전후. 동합금, 금, 은, 철 등의 접착에 사용된다.

silver soldering 은랍땜(銀臘－) =silver-alloy brazing

silzin bronze 실진 청동(－靑銅), 실진 브론즈 재질이 강인하고 내식성(耐蝕性),

특히 내해수성(耐海水性)이 뛰어난 주물용 청동이다. 단련재(鍛鍊材)로서도 쓰인다. Zn 14~16%, Si 4~5.0%, 나머지 Cu의 조성. 인장 강도>55kgf/㎟, 연신율>25%, 기계 부품으로 중용되고 있다.

similar model 상사 모형선(相似模型船) 기하학적으로 상사형(相似形)의 모형선을 말하며, 시험 탱크에 띄워 실선(實船)과 모형선의 상관 관계를 연구하는 수단으로 사용된다.

simple beam 단순보(單純－) →beam

simple bending 단순휨(單純―) 단면 전체가 균일한 휨 모멘트에 의해 휘어지는 경우를 말한다.

simple carburettor 단순 기화기(單純氣化器) 연료를 기화하여 공기와의 혼합기를 만드는 장치를 기화기라고 하는데, 단순 기화기는 그림과 같이 벤추리, 매탈링 오리피스가 붙은 연료 노즐, 플로트를 띄운 플로트실, 스로틀 밸브 및 초크로 이루어져 있다.

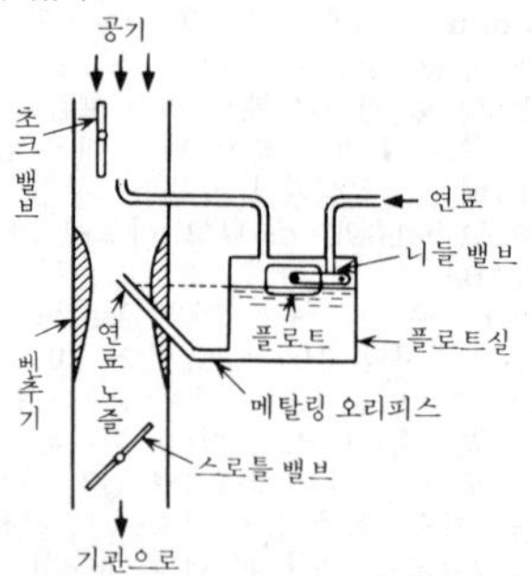

simple distillation 단증류(單蒸溜) 혼합한 액체 성분의 대략의 분리, 농축에 이용한다. 휘발하기 쉬운 성분이 난휘발성(難揮發性) 성분에 함유되어 있는 경우 등은 1회만의 증류로 거의 완전히 분리할 수 있다. 이와 같이 1회만의 증류 조작을 하는 것을 단증류라고 한다.

simple gas turbine cycle 단순 가스 터빈 사이클(單純－) 압축기, 연소기, 터빈의 3주요 요소로 이루어지는 기본적인 가스 터빈 사이클. →Brayton cycle

simple harmonic motion 단진동(單振動) 시계의 흔들이와 같은 운동을 말하며, 속도는 행정(行程)의 중앙에서 최대가 되고 양단에서 0으로 된다.

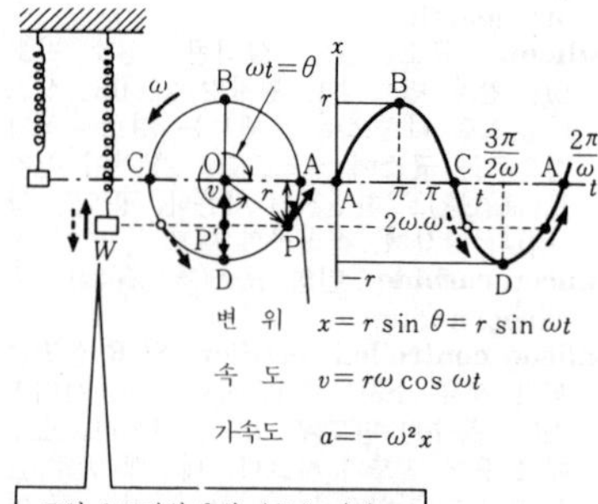

simple harmonic motion cam 단현 운동 캠(單弦運動－) 종동절(從動節)이 단현(單弦) 운동을 하는 캠을 말한다. 그 변위(變位) 곡선은 정현(正弦) 곡선을 그린다.

simple impulse turbine 단식 충동 터빈(單式衝動－) 일렬의 노즐과 일렬의 회전 날개로 구성된 충동 터빈이다. 증기는 초압(初壓)에서 종압(終壓)까지 1단으로 팽창하므로 매우 고속으로 흐른다. 따라서, 터빈의 회전수를 크게 할 필요가 있다. 구조는 간단하나 효율이 낮아 소출력용 터빈으로 사용한다.

simple purpose automatic machine tool 전용 자동 공작 기계(專用自動工作機械) 일정한 물품을 다량으로 제작할 때, 목적을 한정시켜 특별히 설계된 자동 고능률 공작 기계의 총칭.

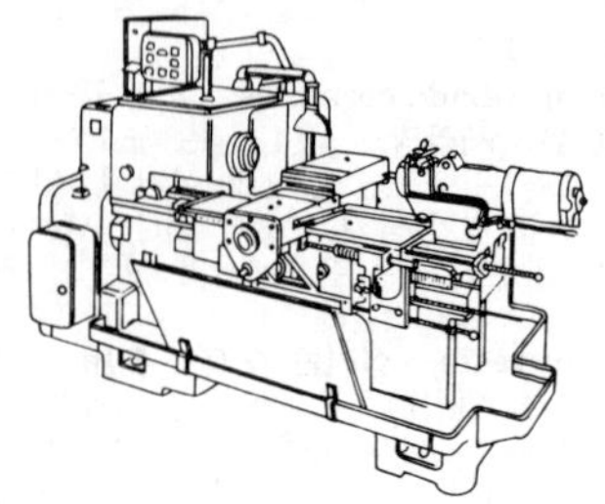

simple shear 단순 전단(單純剪斷) → pure shear

simple stress 단순 응력(單純應力) 한쪽

방향으로만 가해지는 응력. 예를 들면, 단면이 고른 봉(棒)에 인장 하중 또는 압축 하중이 작용하는 경우에 일어나는 응력.

simple support 회전 지점(回轉支點) = hinged support →suport

simple turbine 단식 터빈(單式−) 일렬의 노즐과 일렬의 깃으로 이루어져 있는 터빈.

▽ 원리도

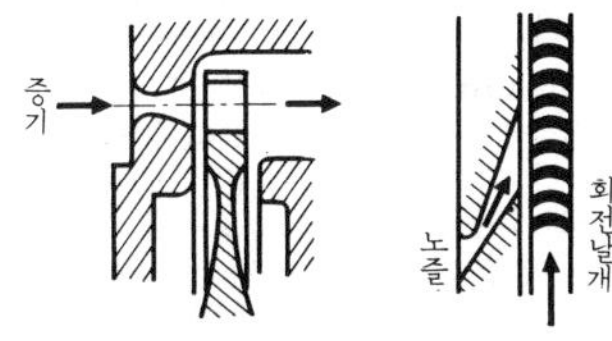

500 ps 이하의 소형 터빈용

simplex burner 심플렉스 버너 연료 분사 밸브의 일종으로, 그림과 같이 분사 구멍 앞에 와류실(渦流室)이 있어서 그 속에 접선(接線) 방향으로 연료를 유입하면 연료는 원뿔막 모양으로 확대되어 분산한다. 분사량 제어는 연료의 압력에 의해서만 이루어지나, 넓은 연료 유량 범위에서 적당한 분무(噴霧)가 이루어지도록 제어하기는 곤란하므로 실용적으로는 환류식, 2단 분사식 등이 사용된다.

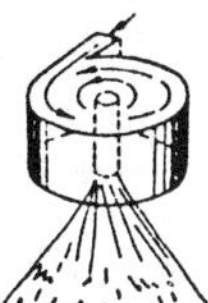

simply supported beam 단순 지지 보(單純支持−)

simulation 시뮬레이션 겉 꾸미기, 모방이라는 뜻. 모방하는 대상에는 자연 현상, 경제 현상, 전쟁 등 여러 가지가 있지만 공통점은 실체(實體)에 의한 실험이 불가능하거나 위험을 수반하거나 현저하게 많은 비용이 드는 경우에 시뮬레이션이 실시된다.

simulator 시뮬레이터 항공기용 시뮬레이터에 대하여 말한다면, 실제 비행기와 똑같이 만들어진 조정실과 모션(motion)실로 구성되어 있고, 기체의 움직임이나 엔진 소리 등 실제의 비행 상황을 인공적으로 만들어 내고, 더욱이 실제의 비행기에서는 훈련할 수 없는 화염이나 고장 등의 긴급 사태에 대한 훈련도 할 수 있다. 최근에는 특수한 정밀 장치가 장착되어 유시계(有視界) 비행이나 지상 활주 중의 훈련도 할 수 있게 되었다.

sine bar 사인 바 공작 물품의 정확한 각도를 알아내는 데 사용하는 측정구. 블록 게이지 등을 병용하고 3각 함수 사인(正弦)을 이용하여 정밀도 높은 각도를 만들기 때문에 정밀한 금긋기나 정밀 측정에 쓰인다.

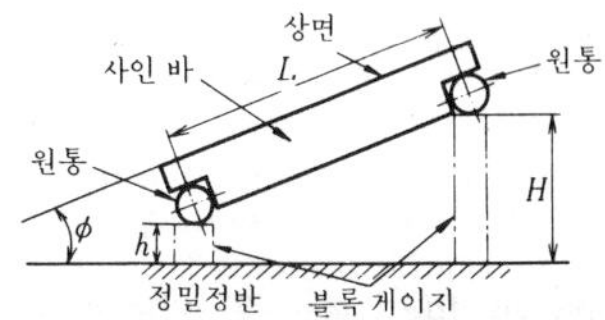

sine curve 정현 곡선(正弦曲線) 3각 함수의 정현(sine)과 각도와의 관계를 나타내는 파형의 곡선.

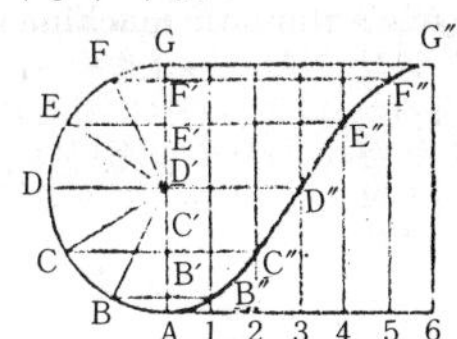

single-acting engine 단동식 기관(單動式機關) 작업 유체가 항상 피스톤의 한쪽으로만 작용하여 피스톤을 움직이는 기관.

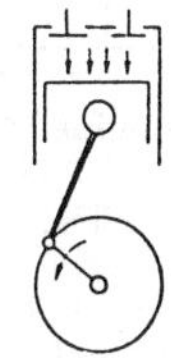

single-acting pump 단동식 펌프(單動式−) 왕복 펌프 가운데에서 1개의 실린더에 들어 있는 피스톤 또는 플런저의 한 쪽 편만을 사용하고 크랭크 1회전에 흡입 송출을 각각 1회씩 하는 펌프를 말한다. 송출량의 맥동이 심하다.

single belt 한 겹 벨트 한 장의 가죽으로 만든 벨트. 홑겹 벨트라고도 한다.

single bevel groove 편면 맞대기 홈(片面－) 맞대기 용접 이음의 일종. 모재의 한 쪽 면에만 그루브를 가공하여 맞대기 용접을 하는 것으로, 16~19mm의 판 두께에 적합하다.

single column radiator 단주 방열기(單柱放熱器) 난방용 방열기의 일종으로, 주철제 섹션을 여러 마디 조합한 구조로 되어 있다.

single core print 싱글 코어 프린트 코어가 한 쪽에만 있는 프린트. →core print

single crystal 단결정(單結晶) 단위 격자(單位格子)를 틈새없이 입체적으로 배열한 것으로, 규칙적인 원자 배열에 의해 전체가 구성되고 있는 고체.

single-cut file 홑눈 줄, 단목 줄(單目－) 한 방향의 평행선으로 눈이 새겨져 있는 줄. 연금속 또는 얇은 판금의 가장자리를 다듬질하는 데 사용한다.

single-cycle automatic machine tool 단사이클 공작 기계(單－工作機械) 작업자가 시동시킨 다음 가공이 완료되어 절삭 공구가 최초의 위치로 되돌아가 정지하기까지 자동적으로 가공이 이루어지는 공작 기계를 말한다.

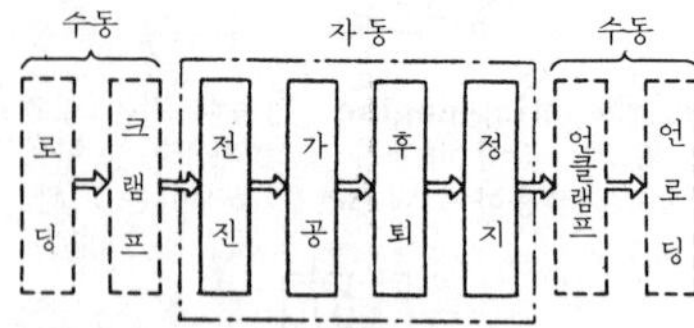

single-cylinder engine 단기통 기관(單氣筒機關), 단 실린더 기관(單－機關) 실린더 수가 1개뿐인 기관. 단 실린더로는 일정 한도 이상이 출력을 낼 수 없고 또한 균형도 좋지 않다. 따라서, 오토바이, 농업용 기계, 소형선 또는 작업용 소출력 기관에 한한다.

single direction thrust ball bearing 단식 스러스트 볼 베어링(單式－) →thrust ball bearing

single ended gauge 편구 게이지(片口－) 같은 쪽에 최소·최대 치수 게이지를 가진 한계 게이지.

single ended wrench 편구 렌치(片口－) 자루 한 쪽에만 입이 있는 렌치. 입이 자루에 곧게 나 있는 것과 15° 또는 22.5° 경사지게 나 있는 것 등이 있다.

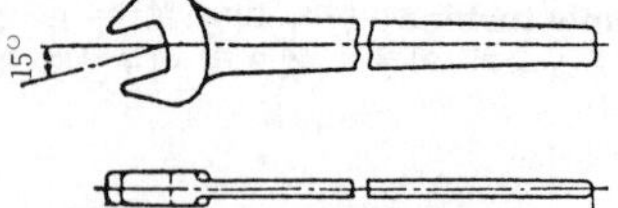

single exhaust pipe 분리 배기관(分離排氣管) 다기통 기관(多氣筒機關)에서 배기관을 각 기통마다 따로 설치한 것을 말한다. 배기의 관성(慣性) 효과를 이용하는 경우, 항공 발동기 등에서 배기의 추력(推力) 효과를 유효하게 이용하는 경우 등에 사용된다. =separated exhaust pipe

single gauge 편구 게이지(片口－), **C**형 게이지 한 쪽에만 기준이 되는 봉(棒) 또는 끼움 부분을 갖는 게이지.

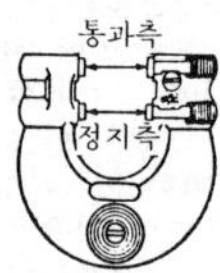

single-geared drive 1단 기어 구동(一段－驅動) 한 쌍의 기어로 전동(傳動)하는 방식을 말한다.

single groove 싱글 홈, 편면 그루브(片面－) 용접하는 두 모재의 한 쪽에만 각도를 붙인 것을 말한다.

single helical gear 싱글 헬리컬 기어 보통의 헬리컬 기어. 더블 헬리컬 기어와 구별할 필요가 있을 때 사용하는 말.

single inline 싱글 인라인 주로 집적 회로(集積回路)에 사용되는 패키지(package)로서 리드가 일렬로 배열되어 있는 것. 리드가 2열로 배열되어 있는 것을 듀얼 인라인이라고 한다.

single-jet carburettor 단구 분무 기화기(單口噴霧氣化器) 주된 노즐(jet)을 하나만 가진 분무 기화기. 기화기의 원형으로서 단순 기화기라고도 한다.

single-J groove J형 그루브(－形－) =J-groove

single-operator welding machine 단식 용접기(單式鎔接機) 1대의 용접기에 한

사람의 용접공이 작업하기에 알맞도록 설계된 용접기.

single phase 단상(單相) 단일의 교류, 즉 보통의 교류를 말한다. 3상 또는 다상(多相)에 대한 상대적인 말.

single phase motor 단상 전동기(單相電動機) 단상 교류로 작동하는 전동기. 보통 1HP 이하의 소형. 용도는 선풍기, 재봉틀 등에 사용된다.

single plane balancing 일면 균형(一面均衡) 정균형(靜均衡)을 말한다. 강성(剛性) 로터로 질량 분포를 조정하여 잔류 정불균형(靜不均衡)을 어느 한도 내에 넣는 작업을 말한다.

single-point thread tool 일산 바이트(一山－) 선반용 나사 절삭 바이트. 나사의 한 골과 같은 모양의 절삭날을 가진 바이트. 가장 널리 사용되고 있는 나사 절삭 바이트이다.

single riveted joint 일렬 리벳 이음(一列－) 리벳 이음 중 일렬로 체결한 리벳 이음. →riveted joint

single row rolling bearing 단열 롤링 베어링(單列－), 단열 베어링(單列－) 레이디얼형의 구름 베어링으로, 전동체(轉動體)의 열수(列數)가 일렬인 것.

single screw pump 일축 나사 펌프(一軸螺絲－) 나사 펌프의 일종으로, 특히 점도(粘度)가 높은 액체를 압송하는 데 사용된다. 원통 모양의 실린더에 나사가 절삭된 축을 끼우고, 이것을 회전시킴으로써 실린더와 나사 골 사이의 공간에 차 있는 액체를 압송한다.

single screw thread 한 줄 나사(－螺絲) 나사산이 한 줄로 되어 있는 나사. 피치와 리드가 같은 나사를 말한다(단, 나사면을 따라서 피치를 측정하는 테이퍼 나사는 제외). =single threaded screw

single-shaft engine 단축 엔진(單軸－) 터빈 축이 1개뿐인 간단한 형식의 가스 터빈 엔진.

single shear 일면 전단(一面剪斷) 리벳 이음이나 용접 이음 등과 같이 전단 작용을 받는 접합부에 하중이 가해졌을 때, 한 곳만의 면으로 전단 작용을 받는 형식을 일면 전단이라고 한다.

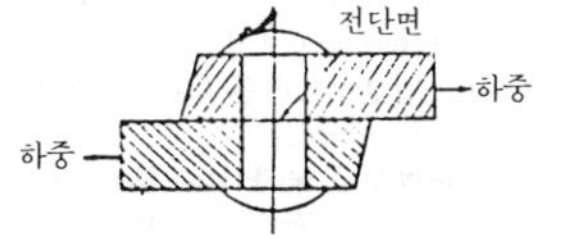

single-span beam 단 스팬 빔(單－) 빔에 있어서 지점(支點) 기타에 의해 외적인 구속을 받지 않는 구간을 스팬(徑間)이라고 한다. 이와 같은 스팬이 단일한 경우를 단 스팬이라 하고, 많은 스팬을 포함하는 경우를 다(多) 스팬 빔 또는 연속 빔이라고 한다. =monospan beam

single-stage 단단(單段) 일렬의 노즐과 일렬의 회전 날개로 구성된 터빈, 또는 일렬의 회전 날개의 펌프 등 1단으로 구성된 것을 말한다.

single-stage air compressor 일단 공기 압축기(一段空氣壓縮機) 왕복 운동을 하는 공기 압축기 중에서 단단(單段)으로 되어 있는 것을 말한다. 토출 압력 3~5kg/㎠, 풍량(風量) 2~20㎥/min 정도이며, 고압의 경우에는 다단(多段) 구조로 된다. 일반적으로 소형의 것은 수직형, 공랭(空冷), 수냉(水冷) 형식이고, 중·대형이 되면 수평형, 복동(複動) 형식의 것이 많다.

single-stage centrifugal pump 일단 원심 펌프(一段遠心－) 하나의 케이싱 안에 1개의 날개차를 장치한 원심 펌프를 말한다. 이에 대하여 하나의 케이싱 안에서 같은 축 위에 2개 또는 그 이상의 날개차를 장치하고, 제1단으로부터 차례로 액체를 통과시켜 토출 압력을 높이는 것을 다단(多段) 원심 펌프라고 한다.

single stage compressor 단단 압축기(單段壓縮機)

single stationary machine tool 단 스테이지 공작 기계(單－工作機械) 공작물을 고정시켜 놓고 가공 유닛이 전진하여 한 공정의 가공만을 하는 간단한 전용 공작 기를 말한다.

single suction compressor 편측 흡입 압축기(片側吸入壓縮機) 원심 압축기의 날개차 한 쪽 편으로만 유체를 흡입하는 형식의 압축기. 양측 흡입형에 비해 유량이 적은 경우에 사용된다.

single suction impeller 편측 흡입 날개차(片側吸入－差) 날개차의 한 쪽 편으로부터 유체를 흡입하는 것을 말한다. =single-side type impeller

single threaded screw 한줄 나사(－螺絲) =single screw thread

single-U groove U형 그루브(－形－) U자형의 그루브.

single-V groove V형 그루브(－形－) 용접 접합부의 형이 V자형을 이루는 것. 판 두께 4～19mm에 많이 사용되며 개선 각도(開先角度)는 50～90°.

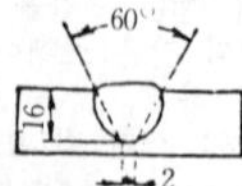

single-yarn strength tester 실 인장 시험기(－引張試驗機) 실을 잡아당겨 실의 강도 및 연신율(延伸率)을 조사하는 장치.

sink 압탕(壓湯) ＝riser

sink head 압탕(壓湯) ＝dead head

sink mark 싱크 마크 플라스틱 성형에서 성형품 표면에 생기는 오목한 자국.

sintered aluminium powder : **SAP** 에스에이 피 알루미늄 분말에 그 표면의 산화 피막이 파괴될 수 있는 압력(5,000～10,000kgf/㎠)을 가하여 소결(燒結)한 합금으로, 일명 분산 강화 합금(分散强化合金)이라 불리고 있다. 인장 강도 38kgf/㎟, 연신율 6%.

sintered carbides 초경 합금(超硬合金) ＝cemented carbides

sintered carbide tools 초경 공구(超硬工具) 초경 합금으로 만들어진 공구류.

sintered ceramic friction material SCFM SMFM(sintered metal friction material)에 세라믹을 혼입하여 마찰 계수를 증가시킨 소결 합금(燒結合金) 마찰 재료.

sintered flux 소결 플럭스(燒結－) 서브머지드 아크 용접(submerged arc welding)용 플럭스의 일종으로, 분말로 된 원료에 액상 고용제(液狀固溶劑)를 혼합하여 반죽을 하고, 킬른 등을 사용하여 조립(造粒) 또는 소결(燒結)한 다음 체(sifter)로 쳐서 입도(粒度)를 갖추게 한 것.

sintered metal 소결 함유 합금(燒結含油合金) 금속 가루를 주성분으로 하는 다공질 소결체(多工質燒結體)에 함유(含油)된 합금.

sintered metal friction material : **SMFM** 에스 엠 에프 엠 소결 합금계(燒結合金系)의 브레이크 재료를 말하며, 현재 사용되고 있는 브레이크 재료의 주역.

sintered oilless bearing 소결 함유 베어링(燒結含油－) 소결체 내부에 공극이 충분히 남아 그 대부분이 외부에 통하도록 소결하고 여기에 윤활유를 함침시킨 베어링 부시. 축 회전에 따른 흡인력과 베어링의 온도 상승에 의해서 가는 구멍 내의 기름 접동면에 침출(沈出)하여 윤활 작용을 한다. 가정용 전기 기기, 음향용 기기, 사무용 기계, 자동차 등에 사용된다.

sinter forging process 소결 단조법(燒結鍛造法) 분말 야금(粉末冶金)으로 만든 소결 소재(燒結素材)의 분말을 밀폐된 형틀 속에서 열간(熱間) 정밀 단조를 하는 가공법으로, 제품의 밀도가 높고 기계적 성질이 향상된다.

sintering 소결(燒結) 분말 또는 압분 입자(壓粉粒子)를 가열하여 결합시키는 것. 소결의 기구(機構)는 동종 또는 이종(異種) 금속의 고상 소결(固相燒結)에서 다소 차이가 있으나 ① 점성(粘性) 유동, 증발 응고, 빈 구멍의 형성에 의해 제어된 입계(粒界) 확산, ② 체적 확산, 빈 구멍의 이동으로 제어된 입계(粒界)나 표면 확산 등이다. 대표적인 예로서는 초경 합금, 서멧(cermet), 세라믹 공구, 함유(含油) 합금, 금속 필터, 마찰 재료, 접점 재료, 자석, 금속 흑연 브러시, 기계 부품, 완충 재료, 소음 재료, 브레이크 라이너, 내식·내열 재료 등을 들 수 있다.

sintering machine 소결기(燒結機) → sintering

sinter wrought 신터 로트 금속 분말에 탄화물(炭化物), 붕화물(硼化物), 산화물, 금속 화합물을 균일하게 분산시켜 압출과 압연으로 여러 가지 모양으로 성형한 내열·내식재(耐蝕材)의 일종.

sinuous header 파형 헤더(波形－) 지그재그형으로 된 헤더. →header

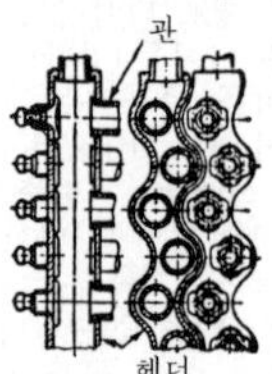

siphon 사이펀 ＝syphon

siphon lubricator 사이펀 주유기(－注油器) 기름통에서 등심(燈心)이 기름을 빨아올리는 작용을 이용하여 베어링에 급유하는 구조의 주유기.

siren 사이렌, 경보기(警報器) ＝syren

site drawing 시공도(施工圖) 현장 시공

을 대상으로 하여 이것에 필요한 사항을 기입하여 그린 도면을 말한다. =working drawing

SI unit 국제 단위(國際單位) =international unit

six-four brass 6-4황동(六四黃銅) Cu-Zn 합금으로, 그림과 같이 인장 강도가 가장 큰 것은 Zn을 40% 함유한 Cu-Zn 합금이므로 이렇게 부르게 된 것이다. 황동은 놋쇠라고도 한다.

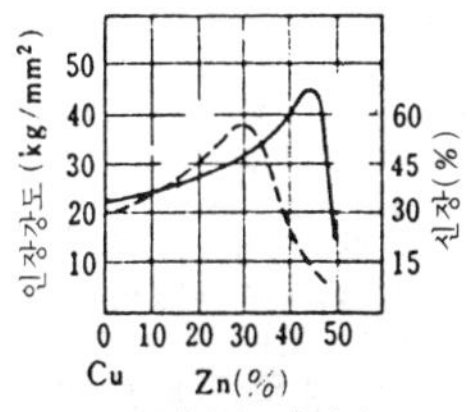

(a) 인장강도와 신장

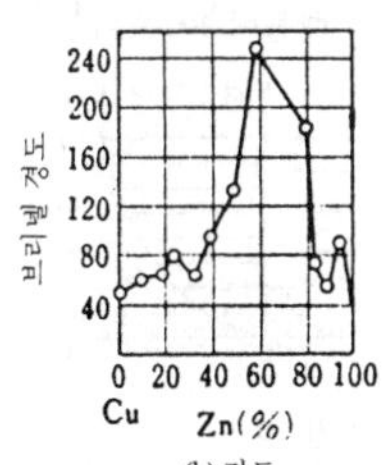

(b) 경도

6-4황동의 기계적 성질

six-wheeler 6륜 자동차(六輪自動車) 차축(車軸)을 3개 가진 자동차로, 버스, 트럭 등에서 총 중량이 커지면 4바퀴로는 타이어의 능력이 부족하기 때문에 사용된다. 대개는 뒷바퀴를 2축으로 하여 이것을 구동시키는 것이 많으나, 앞쪽을 2축으로 하여 이것을 조향(操向)하는 형식의 것도 있다. 후륜 1축으로 차바퀴만을 복륜(複輪)으로 한 것은 6륜 자동차라고 하지 않는다.

size reduction 분쇄(粉碎) 외력이나 내부 응력 등으로 고체를 잘게 부스러뜨리는 것.

sizing 사이징 치수를 정하는 것. 설계에서는 강도 계산을 한 다음 치수를 결정한다. 소성(塑性) 가공에서는 형타(型打) 교정, 다듬질 압입 등을 말한다.

sizing equipment 치수 장치(-數裝置) 공작 중에 가공품의 치수를 측정한 결과를 관측하기 위한 장치. 가공품과의 접촉은 1점, 2점, 3점 접촉식의 3종류가 있으며, 측정기로서는 다이얼 게이지가 사용된다. 소정의 치수에 이르렀을 때 자동적으로 가공 작업을 중지하는 것을 자동 치수 장치라고 한다.

skeleton 골조(骨組), 골격(骨格) =frame work

skeleton drawing 구조 선도(構造線圖) 기계나 교량 등의 골격을 나타내기 위해 부재(部材)나 부품의 형상과는 상관없이 상호 관계를 선으로 나타낸 도면을 말한다. 골격도라고도 한다.

skeleton mold 골조 목형(骨組木型) 대형 주조품(鑄造品)을 만드는 경우 그 골격만을 목형으로 만들고 주형(鑄型) 제작때 이것에 손질을 가하여 주형을 만드는 데, 이때의 목형을 골조 목형이라고 한다. =skeleton pattern

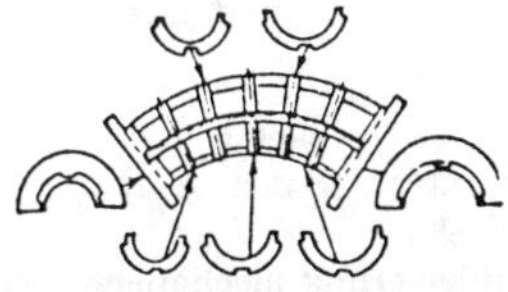

skeleton pattern 골조 목형(骨組木型) =skeleton mold

sketch 스케치, 견취도(見取圖) 현장에서 기계나 부품 등을 종이 조각이나 방안지 등에 제도기를 사용하지 않고 프리 핸드로 스케치한 약도. =drawing

sketch drawing 견취도(見取圖) =sketch

skew 경사(傾斜), 경사진(傾斜-)

skew bevel gear 스큐 베벨 기어 =hyperboloidal gear

skew bevel wheel 스큐 베벨 기어 =hyperboloidal gear

skew gear 스큐 기어 엇갈림축 사이에 운동을 전달하는 기어.

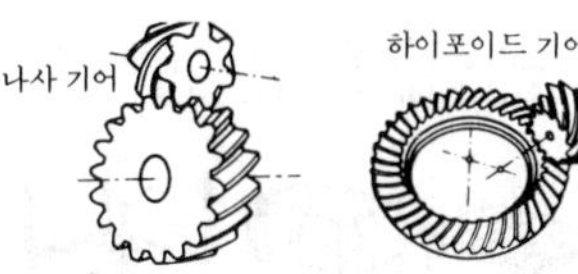

skewing 스큐잉 롤러 베어링에서 롤이

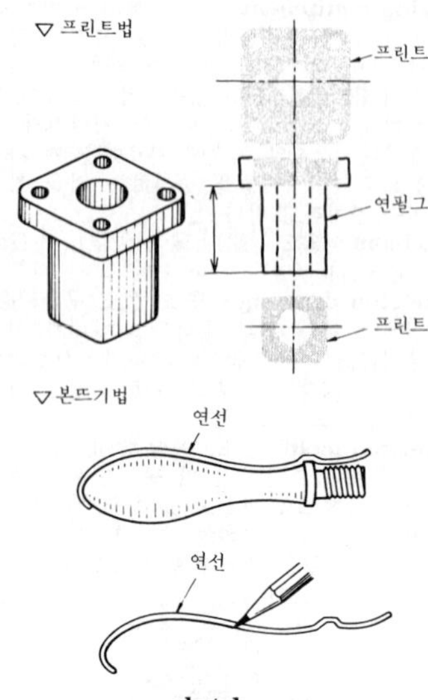

sketch

정규의 자전축(自轉軸)에 대하여 기울어지는 현상.

skew slider crank mechanism 스큐 슬라이더 크랭크 기구(－機構) 슬라이더의 행정(行程) 직선이 크랭크의 회전 중심을 통과하지 않는 관계 위치가 주어져 있는 슬라이더 크랭크 기구를 말한다. 편심(偏心) 슬라이더 크랭크 기구라고도 한다.

skew wheel 스큐 바퀴 전동(傳動)하는 2축이 평행을 이루지도 않고, 또한 직교하지도 않는 경우에 사용하는 것으로, 회전 쌍곡면의 일부를 접촉면으로 한 마찰 바퀴를 말한다.

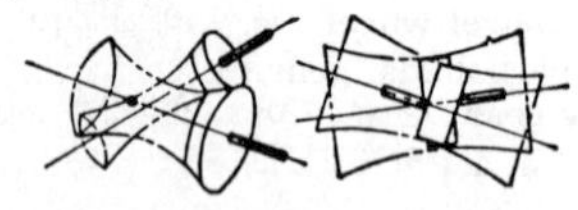

skid 스키드 운반 용기의 일종. 목제 또는 금속제로 된 화물받이 기구.

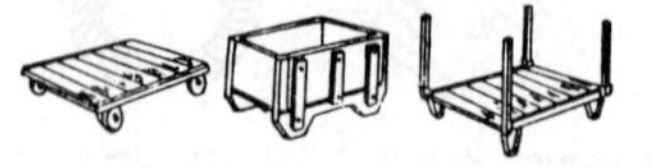

skill 스킬 숙련, 기능, 솜씨.

skilled hands 숙련공(熟錬工), 기능공(技能工) =skilled workman

skilled workman 숙련공(熟錬工), 기능공(技能工)

skin casing 스킨 케이싱 기밀(氣密)을 유지하기 위하여 노벽관(爐壁管) 등의 뒤에 밀착되게 붙이는 케이싱.

skin drying mold 표면 건조형(表面乾燥型) 주조(鑄造)에서 생형(生型)의 표면을 토치 램프 등으로 표면만을 건조시킨 주형. 생형과 건조형의 중간인 주형.

skin effect 표피 효과(表皮效果) 자분 탐상 시험(磁粉探傷試驗)에서 결함이 표면에서 1mm 이상 깊은 곳에 있을 때는 좀처럼 쉽게 발견되지 않는데, 이것은 전류가 표면에 집중하기 때문이다. 이 현상을 표피 효과라고 한다.

skin friction 표면 마찰(表面摩擦) 물체의 표면을 따라 흐르는 유체가 그 유체의 점성(粘性) 때문에 받는 마찰 응력.

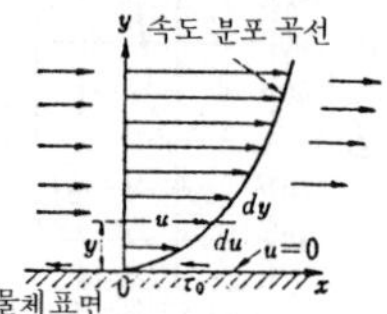

skin pass 스킨 패스 =skin pass rolling

skin pass rolling 조질 압연(調質壓延) 뜨임 처리 후의 냉간 압연 강판은 너무 연질이거나 가공 중에 줄무늬같은 변형 무늬가 생기기도 하므로, 이것을 제거하고 경도(硬度)를 향상시키기 위해 가벼운 압력으로 냉간 압연하는 것. 템퍼 롤링(temper rolling), 스킨 패스라고도 한다.

skip 스킵 스킵 호이스트에 사용되는 일종의 상자형 버킷. 보통, 안내 바퀴가 달려 있고, 레일에 안내되어 스킵을 넘어뜨림으로써 내용물을 방출한다.

skip hoist 스킵 호이스트, 스킵 권양기(－捲揚機) 경사지게 부설된 레일 위를 스킵이 오르내리는 일종의 권양기. 광산이나 용광로 등에서 사용된다.

skip welding 스킵 용접(－鎔接) 주로 용접에 의한 변형을 적게 하는 것을 목적으로 용접선을 띄엄띄엄 용접하고 그 용접이 냉각한 다음에 남겨진 부분을 용접하여 메워 가는 방법.

1 2 3 4 5
9 8 7 6

숫자는 용접순서를 표시

skirt 스커트 벨트 컨베이어에 사용되는 슈트(chute)의 하부에 고무판을 달고 이것을 벨트와 접촉시켜 운반물의 이탈을 방지하는 것.

skleron 스클레론 단련용 알루미늄 합금의 일종. 475℃에서 수중 급랭하여 상온 시효(常溫時效) 처리를 한 다음 자동차·발동기 부품의 봉·판·관 또는 주물에 사용된다. Zn 12%, Cu 3%, Mn 0.6%, Si 0.5%, Fe 0.4%, 인장 강도 40~50kgf/㎟.

SK number **SK** 번호(－番號) 내화도(耐火度)를 나타내는 기준인 제게르 번호를 말한다. 내화 벽돌은 SK 26번 이상, 내화 점토는 SK 33번이 표준이다. 제게르 번호는 정해져 있는 내화 재료의 내화도에 따라서 번호가 붙여져 있다.

skull 스컬 쇳물 주입 후 주입 용기 속에 남은 쇠똥이나 엷은 금속층을 말한다.

slab 슬래브 후강(厚鋼)을 만들기 위한 반제품 강괴(鋼塊). 제철소의 분괴(分塊) 공장에서 만들어지며, 형상은 두께 50~400mm, 폭 220~1,000mm의 장방형으로 되어 있다.

slab milling machine 평판 밀링 머신(平板－), 슬래브 밀링 머신

slack 이완(弛緩), 처짐, 처지다

slack coal 분탄(粉炭)

slack side 이완측(弛緩側) 벨트 전동에 있어서 벨트 바퀴를 화살표 방향으로 회전시켰을 때 위쪽을 이완측, 아래쪽을 인장측이라고 한다.

slag 슬래그 ① 광재(鑛滓). 용광로, 큐폴라 등에서 광석이나 금속을 녹일 때 용제(鎔劑)나 비금속 물질, 금속 산화물 등이 쇳물 위에 뜨거나 찌꺼기로 남는 것의 총칭. ② 용접할 때 용융 금속 표면에 뜨는 산화된 금속 가스나 비금속 물질의 총칭. ③ 프레스나 압출 가공(押出加工) 중에 생긴 작은 스크랩(scrap)의 총칭.

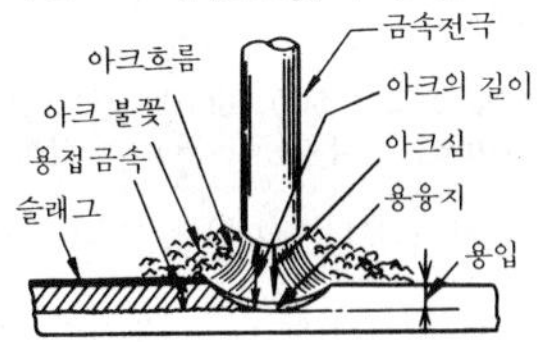

slag brick 슬래그 벽돌 슬래그 시멘트로 만든 회백색의 벽돌.

slag cement 슬래그 시멘트 포틀랜드 시멘트에 슬래그 20~40%를 혼합한 것. 소금기를 함유한 물에 강하다.

slagging 슬래깅 보일러 전열면(傳熱面)의 외부에 연소 생성물이 부착하는 것.

slag hammer 슬래그 해머 용접 작업에서 용접 후 슬래그를 제거하기 위하여 사용하는 해머.

slag hole 슬래그 홀 큐폴라(cupola)의 쇳물 괴는 부분, 또는 전로(前爐)에 뚫려 있는 슬래그가 흘러 나오는 구멍.

slag inclusion 슬래그 혼입(－混入) 용접에서 용접봉의 피복제 또는 플럭스는 용융되어 용융 금속의 표면에 떠서 슬래그가 되는데, 용융 금속이 급속히 냉각하면 그 일부가 미처 밖으로 빠져 나가지 못하고 그림과 같이 용착 금속 속으로 혼입되는 것을 말한다.

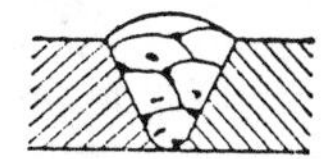

slag screen 슬래그 스크린 연소 과정에서 생기는 재를 액체상으로 용융(熔融)하여 배출하는 경우, 연료 가스의 용융실 출구에서 재를 포집하기 위하여 배치된 증발관을 가리켜 슬래그 스크린이라고 한다.

slag-tap furnace 슬래그탭 연소로(－燃燒爐) 매우 높은 화로 부하(火爐負荷)로 운전되는 특수한 연소실을 갖추고, 그 연소 온도가 지극히 높기 때문에 재가 녹아서 유동 슬래그로 되어 연속적으로 유출 처리되도록 만들어진 미분탄(微粉炭) 연소로를 말한다.

slag wool 슬래그 울 선철 제조 때 생기는 슬래그에 고압의 증기를 분사하여 섬유상(纖維狀)으로 만든 것. 가볍고 보온 능력이 뛰어나 보온통, 보온판에 사용되는데, 사용 온도는 500~600℃ 정도이다.

slaked lime 소석회(消石灰) 수산화 칼슘을 말한다.

slant 경사(傾斜), 경사진(傾斜－), 기울어진

slant face 경사면(傾斜面) 경사진 면.

sledge hammer 메, 대 해머(大－) 단조용과 기계용이 있다. ① 단조용은 앞멧군이 치는 메. 중량은 2.5~10kg 정도. 편두메와 양두메가 있다. ② 기계용은 강력한 타격을 가할 때 사용하는 해머. 형상, 중량은 단조용과 같다.

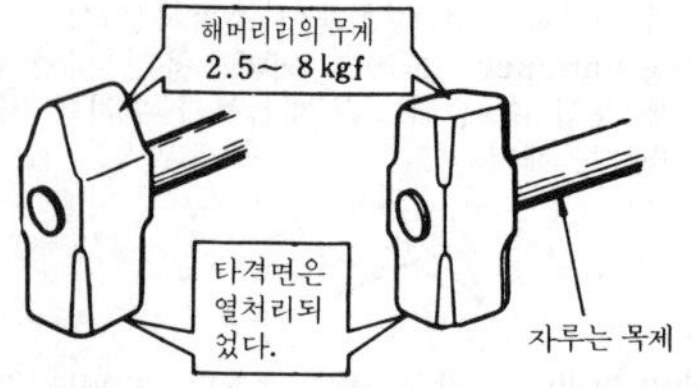

sleeper 침목(沈木) 노상(路床) 위에 나란히 깔고 그 위에 레일을 놓고 ㄱ자 못을 박아 이를 고정시켜 궤간(軌間)을 정확히 유지하는 동시에, 레일에 가해지는 열차의 하중을 노상을 통해 지반에 전달하는 철로 구성 재료의 하나. 목제, 콘크리트제 또는 철제 등이 있다.

sleeping car 침대차(寢臺車) 야간 열차에 사용할 때 침대가 되는 설비를 갖는 객차를 침대차라고 한다. =berth wagon

sleeve 슬리브 ① 축 등의 외주(外周)에 끼워 사용하는 길쭉한 통 모양의 부품.

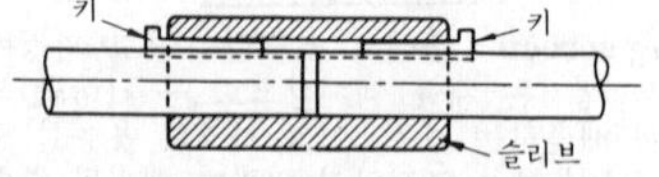

② 전선의 접속에 사용하는 관 모양의 철물.

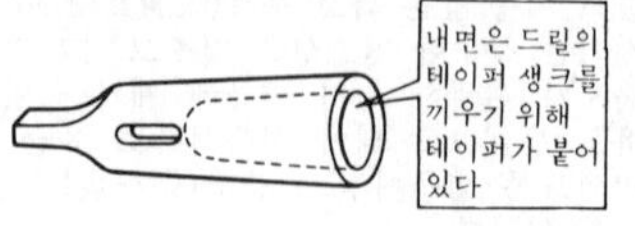

sleeve coupling 슬리브 커플링 간단한 축 이음의 일종. 축과의 결합에 때려 박는 키를 사용하여 슬리브로 2축을 결합한다.

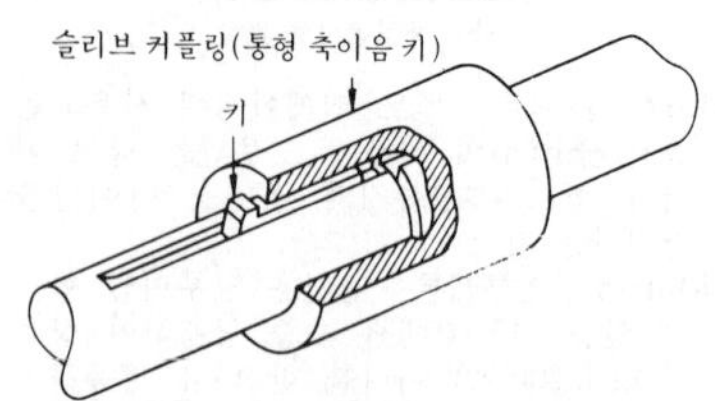

sleeve nut 슬리브 너트 통 모양의 길쭉한 너트. 2축을 일직선으로 연결하는 경우에 사용한다.

sleeve-valve engine 슬리브 밸브 기관(－機關) 실린더와 그 바깥면에 씌운 원통(슬리브라고 한다) 양쪽에 밸브 구멍을 내고 슬리브의 왕복 회선 및 상하 운동에 의해 밸브 구멍을 개폐하는 형식을 슬리브 밸브라고 하고, 이 밸브를 갖춘 내연 기관을 슬리브 밸브 기관이라고 한다. 포핏 밸브의 결점을 보완한 것으로, 영국에서 발달하였고 한때 항공기용으로 실용된 바 있다.

slenderness ratio 세장비(細長比) →long column

slice bar 슬라이스 바 노(爐)의 불을 젓는 데 사용하는 막대.

slicker spoon 슬리커 스푼 주형(鑄型) 다듬질용 흙손의 일종.

slide 미끄럼, 슬라이드 한 물체가 다른 물체의 표면을 따라서 끊임없이 접촉하면서 운동하는 것. 이런 경우에는 물체에 미끄럼 마찰이 작용한다.

slide bar 슬라이드 바, 미끄럼 봉(－棒) ① 크로스 헤드를 안내하는 곧은 봉. ② 평면 밀링 연삭용 공구.

slide calipers 슬라이드 캘리퍼스 =vernier calipers

slide fit 미끄럼 끼워맞춤 축의 실제 치수가 호칭 치수와 같거나 이보다 약간 작고, 구멍의 실제 치수가 호칭 치수와 같거나 이보다 약간 큰 끼워맞춤을 말한다. 중간 끼워맞춤의 일부에 포함된다.

slider 슬라이더 홈, 원통, 봉 등으로 만들어진 안내면과 미끄럼 대우(對偶)가 되

어 기구(機構)의 일부를 형성하는 절(節). 예를 들면, 피스톤과 실린더같은 것.

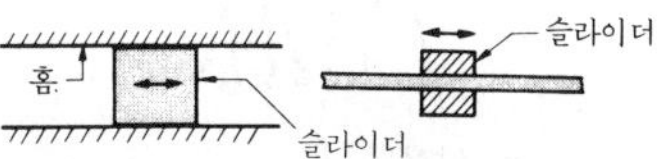

slider crank chain 슬라이더 크랭크 체인 4링크로 구성되는 연쇄(連鎖)로, 하나는 다른 링크에 대하여 회전 운동을 할 수 있는 크랭크(crank)이고, 다른 하나의 링크는 미끄럼 운동을 하는 슬라이더로 구성된 체인.

slider crank mechanism 슬라이더 크랭크 기구(－機構) 4절 회전 기구의 변형으로, 레버 크랭크 기구 대신에 직선 모양의 홈 속을 미끄럼 운동하는 슬라이더를 사용하여 크랭크 기구와 같은 운동을 시키는 기구.

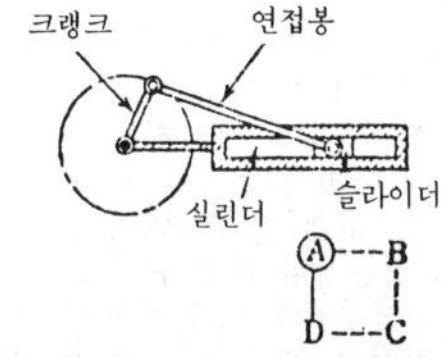

slide rest 공구 이송대(工具移送臺) 공구(특히 바이트)를 지지하고 절삭 또는 이송 운동을 할 수 있도록 안내면을 따라서 이동할 수 있는 구조로 되어 있는 대.

slide rule 계산자(計算－) 계산기의 일종. 중앙의 미끄럼자를 좌우로 이동시켜 더하기, 빼기 이외에 곱하기, 나누기, 제곱, 제곱근, 세제곱, 세제곱근, 기타 여러 가지 복잡한 계산을 할 수 있는 자.

slide valve 미끄럼 밸브, 슬라이드 밸브 평면 또는 원통면을 따르는 직선 왕복 운동에 의해 급기구(給氣口)와 배기구(排氣口)가 개폐하는 밸브로, 1개의 밸브에 의해 피스톤 양측의 급·배기(給排氣)를 할 수 있다.

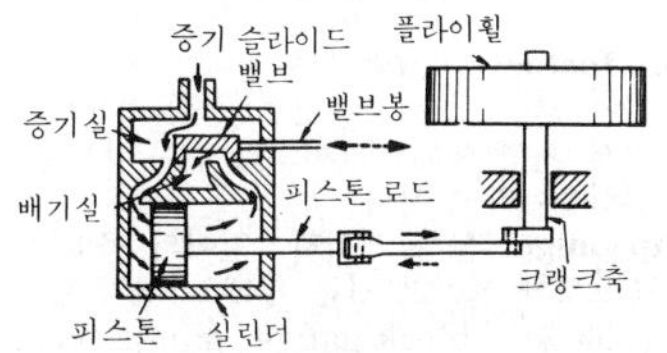

slide valve box 슬라이드 밸브 박스 증기 기관의 급·배기(給排氣)를 하는 슬라이드 밸브를 내장한 증기실(蒸氣室)을 말하며, 슬라이드 밸브는 이 속에서 왕복 운동을 한다.

sliding bearing 미끄럼 베어링 베어링면과 저널이 면접촉하고 있는 베어링. 축에 가해지는 하중의 방향에 따라 레이디얼 베어링과 스러스트 베어링으로 나눈다.

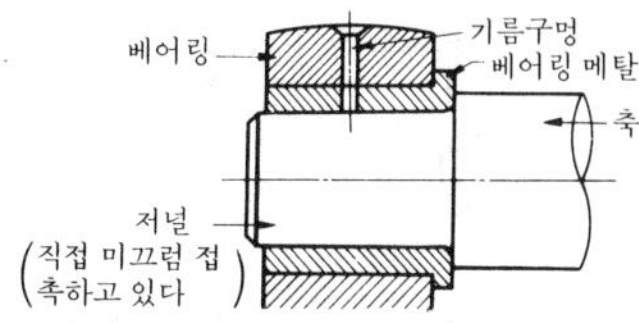

sliding contact 미끄럼 접촉(－接觸) 구름 접촉에 대응하는 말. 원동절(原動節)에서 종동절(從動節)에의 운동 전달에 있어서 접촉면에서 서로 구르지 않고 미끄러지면서 한 쪽에서 다른 쪽으로 운동을 전달하는 접촉 상태를 말한다.

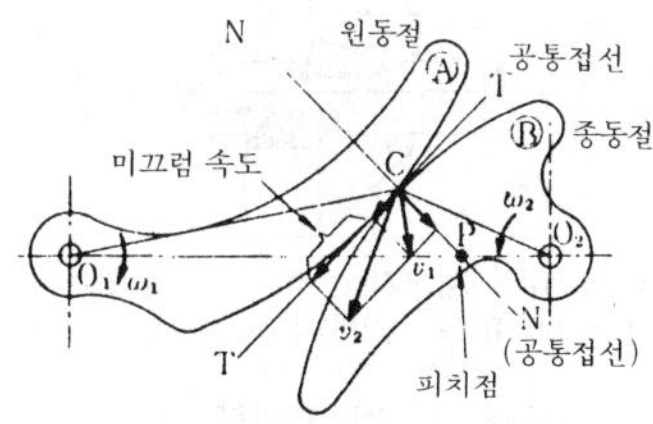

v_1 : 원동절 Ⓐ의 선속도
v_2 : 종동절 Ⓑ의 선속도

sliding fit 미끄럼 끼워맞춤 ＝slide fit

sliding friction 미끄럼 마찰(－摩擦) 동마찰(動摩擦)의 일종. 어떤 물체의 표면 위에 다른 물체가 구르지 않고 미끄러지는 경우, 후자의 가해진 외력(外力)과 반대 방향으로 작용하는 저항력.

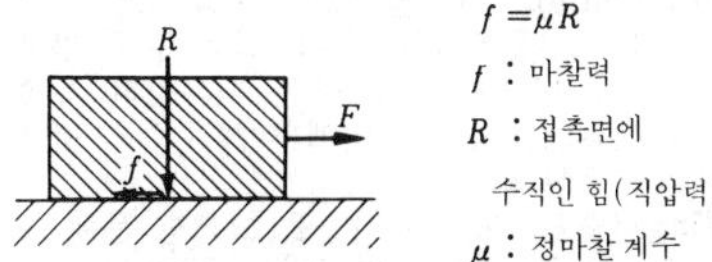

$f=\mu R$
f : 마찰력
R : 접촉면에 수직인 힘(직압력)
μ : 정마찰 계수

sliding gear 미끄럼 기어 속도 변환 기구(機構)의 일종. 한 쪽 축에 여러 개의 기어를 고정하고, 다른 쪽 축에는 스플라인축 또는 미끄럼 키를 사용, 기어가 축 위를 이동할 수 있도록 하여 임의의 기어를 맞물려 변속시킨다.

sliding jack 미끄럼 잭, 이송 잭(移送－) →traversing jack

sliding key 미끄럼 키 보스가 축에 고정되어 있지 않고 보스가 축 위를 미끄러질 수 있는 구조로 된 테이퍼가 없는 키.

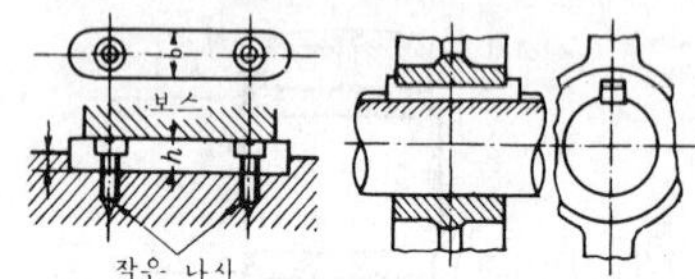

sliding motion 미끄럼 운동(－運動) 한 물체가 다른 물체의 표면을 따라서 끊임없이 접촉하면서 운동하는 것을 미끄럼 운동이라 한다.

sliding pair 미끄럼 대우(－對偶) 짝을 이루는 두 물체가 서로 미끄럼 운동을 하는 것을 말한다.

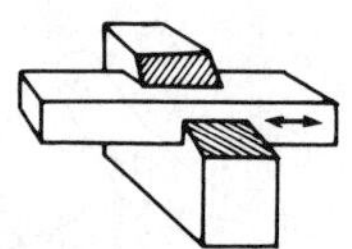

sliding rule 계산자(計算－) ＝slide rule

sliding surface 미끄럼면(－面) 미끄럼이 생기는 접촉면.

sliding table 미끄럼 테이블 원통 연삭기의 베이스 위를 좌우로 이동할 수 있는 테이블.

slight-chamfering 슬라이트 챔퍼링, 작은 모따기 작은 R, 작은 C(45° 각도)로 면의 모서리를 모따기하는 것.

slight waviness at machine 슬라이트 웨이브니스 원활하지 않는 미끄럼이나 불규칙한 작은 진동을 말한다.

slime pump 슬라임 펌프 진흙 모양의 미립자 고형물을 처리할 수 있는 특수 펌프로, 충전용(充塡用) 샌드 슬라임의 유송(流送)에는 왕복형 입체(粒體) 수송 펌프를 사용한다.

sling 슬링 포장된 화물을 크레인 등에 매다는 용구. 슬링은 매단다는 뜻이다.

sling chain 슬링 체인 여러 가지 개별적인 화물을 훅(hook)에 걸기 위해 사용하

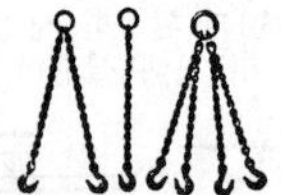

는 체인을 말한다.

slinger 슬링거, 기름 막이 축과 함께 회전함으로써 그 원심 작용에 의해 윤활유의 누설 또는 이물(異物)의 침입을 방지하는 회전 링을 말한다. ＝oil thrower

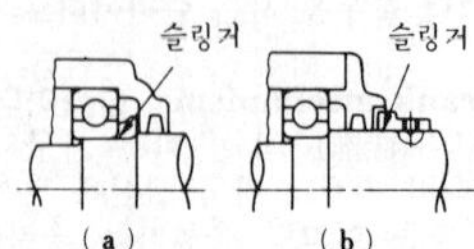

sling psychrometer 슬링 습도계(－濕度計) 건습구(乾濕球) 습도계의 일종으로, 통풍형(通風形)의 것이다. 방사열(放射熱)의 영향을 피하기 위하여 습도계를 회전시키는 형식의 것으로서, 습구(濕球) 부근에 적당한 풍속이 가해지므로 정도(精度)가 건습계(乾濕計)로서는 높다.

slip 미끄럼, 슬립 ① 미끄럼선(slip band). ② 유도 전동기의 회전자 속도는 고정자가 만드는 회전자계에 대해 반드시 얼마만큼의 시간적 지연이 있다. 이 지연의 정도를 나타내는 것을 슬립이라고 한다.

slip band 미끄럼선(－線) 금속의 소성(塑性) 변형은 공간 격자(空間格子)의 미끄럼이기 때문에 당연히 그 단층선(斷層線)이 나타난다. 현미경으로 살펴보면 그림과 같이 결정립(結晶粒)을 가로질러 다수의 평행한 선조(線條)를 볼 수 있다. 이것을 미끄럼선이라고 한다.

slip factor 미끄럼률(－率) 기어는 톱니의 미끄럼 접촉으로 전동(傳動)하는데, 여기서 치면(齒面)이 미끄러지는 정도를 미끄럼률이라고 한다.

slip gauge 블록 게이지 길이의 공업적 기준으로서 쓰이고 있는 평행 평면의 단도기(端度器) ＝block gauge, gauge block

slip line 미끄럼선(－線) 재료에 외력이 작용하여 탄성 한계가 넘으면 재료의 원자간 결합력이 약한 곳으로 미끄럼(slip)이 발생하는데, 이 때문에 생기는 단층선(斷層線).

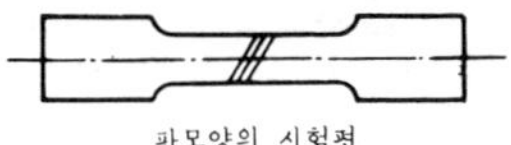

판모양의 시험편

slipper seal 슬리퍼 실 마찰 저항을 감소시키기 위하여 O 링의 접동면(摺動面)에 불소 수지(PTFE)의 링을 사용한 그림과 같은 실(seal)을 말한다.

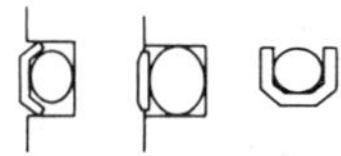

slip ratio 미끄럼률(－率) =slip factor

slip ring 슬립 링 전동기나 발동기의 회전자에 외부로부터 전류를 흐르게 하기 위해 회전자축에 부착하는 접촉자.

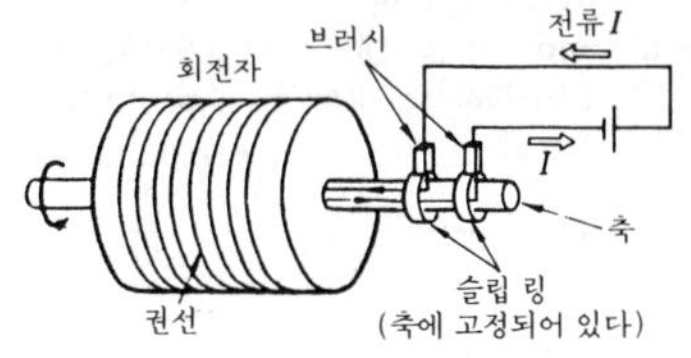

slip stream 슬립 스트림 프로펠러가 스러스트를 일으키면서 회전할 때 그 회전면의 뒤쪽에 프로펠러의 전진 속도보다 큰 유속(流速)의 기류(氣流)가 생기는데, 이 기류를 슬립 스트림이라고 한다.

slipway 인양 선대(引揚船臺) 선대(船臺)의 일종으로, 수직선을 윈치 등으로 인양하여 수리하는 선대. =marine railway →building berth

slit 슬릿 가늘고 긴 잘린 곳을 총칭하는 것. 홈, 가늘고 긴 구멍 등은 모두 슬릿이라고 부르고 있다. 예를 들면, 그림과 같은 홈이나 가늘고 긴 구멍을 가공하는 것을 슬릿을 넣는다고 한다.

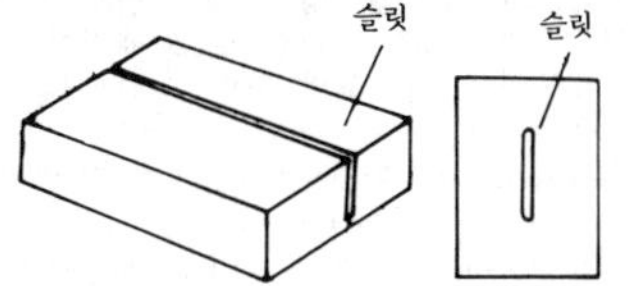

slitter 슬리터 평행한 축의 회전 커터를 가진 직선 전단기(剪斷機)의 총칭.

sliver 슬라이버 소면기(梳綿機) 등에서 나온 비교적 굵은, 아직 꼬이지 않은 면의 띠 모양의 섬유속(纖維束).

slope 구배(勾配) =taper

slot 슬롯, 홈 구멍 좁고 긴 홈을 가리키는 일반적인 명칭.

slot machine 자동 판매기(自動販賣機) =automatic selling-machine

slotted head screw 홈붙이 나사(－螺絲) =slotted screw

slotted link 홈붙이 링크 링크 장치의 일부를 이루는 활 모양의 체결쇠. 대부분이 기관차용.

slotted nut 홈붙이 너트 =fluted nut

slotter 슬로터 =slotting machine

slotting 슬로팅 가공(－加工) 절삭 공구가 수직 방향으로 직선 절삭 운동을 하고, 공작물에 이송 운동을 시켜서 절삭하는 가공법을 말한다. 보스 구멍에 키 홈을 깎아 내거나 4각 구멍을 깎아 내는 작업 등을 한다.

slotting attachment 슬로팅 장치(－裝置) 가로 또는 만능 밀링 머신의 주축(主軸) 머리에 장착하여 슬로팅 머신과 같이 절삭 공구를 상하로 왕복 운동시켜 키 홈 등을 절삭하는 장치.

slotting machine 슬로팅 머신 형삭기를 수직으로 세운 것과 같은 동작을 하므로 수직형 형삭기라고도 한다. 공작물은 테이블 위에 고정되고, 램(ram)에 의하여 절삭 공구가 상하 운동을 하면서 수직면을 절삭한다.

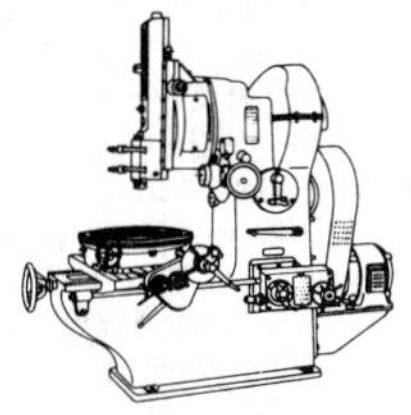

slot weld 홈 용접(－鎔接), 슬롯 용접(－鎔接) 모재(母材)를 겹쳐 놓고 한 쪽 모재에만 홈을 파고 그 속에 용착 금속을 채

워 용접하는 것. =plug welding

slot welding 슬롯 용접(-鎔接) 겹친 두 부재(部材)의 한 쪽에 뚫은 가늘고 긴 홈의 부분을 메우는 용접 방법.

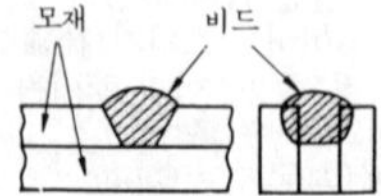

slowing down power 감속능(減速能) 중성자(中性子)가 감속재(減速材) 원자핵과 충돌하여 1회 충돌당 잃게 되는 에너지의 대수적(對數的) 평균값(대수적 에너지 변화의 평균값) ξ와 그 감속재의 거시적(巨視的) 산란(散亂) 단면적 Σ_s를 곱한 양 $\xi\Sigma_s$를 감속능이라고 한다. 이것은 물질의 감속 능력을 판정하는 하나의 척도(尺度)로 삼는다.

slow jet(nozzle) 완속 분무구(緩速噴霧口) =idling nozzle

slow runner 저속 날개차(低速-差) 반동 수차(反動水車) 또는 원심 펌프 중에서 비속도(比速度)가 비교적 작은 경우에 사용되는 날개차를 저속 날개차라 하는데, 그 형상은 반경류형(半徑流形) 날개차에 속한다. 중속·고속 날개차에 대한 상대적 용어.

slow valve closure 완폐쇄(緩閉鎖) 일반적으로 유체가 유동하고 있는 관로(菅路)에 있어서 갑자기 밸브를 닫아 유수(流水)를 멈추게 하면, 수격 작용(水擊作用)에 의해 이상 압력 상승이 일어난다. 다른 조건이 같은 경우, 밸브의 폐쇄 시간이 짧을수록 압력 상승이 크다. 그러므로 밸브는 완만하게 폐쇄하는 것이 바람직하다. 관로의 길이를 L이라고 하면, 밸브의 폐쇄에 의하여 밸브 바로 앞에 생기는 압력파는 관로 속을 a라는 속도로 진행하고, 또 이것이 반사파(反射波)가 되어 원래의 위치로 되돌아오는 시간은 $(2L/a)$시간이다. 밸브의 폐쇄 시간이 $(2L/a)$보다 큰 경우를 수력학(水力學)에서는 완폐쇄라 한다.

slubbing frame 시방기(始紡機) 방적 공정에 있어서 연조기(練條機)를 통한 슬라이버를 조방기(粗紡機)에 걸 때 최초에 거는 기계를 시방기라고 한다.

sludge 슬러지 물이나 기름 등에 혼합된 불순물이 그릇 밑바닥에 침전한 것.

slug 슬러그 소형 단조품(鍛造品) 또는 압출품을 만들기 위해 준비되는 소형의 소재.

sluice 수문(水門) 강판으로 만들어진 평판문을 상하로 개폐하여 수로의 물을 멈추게 하거나 흐르게 하여 유량을 조절하는 장치. =sluice gate

sluice gate 슬루스 게이트 취수구(取水口) 등에 설치되는 수문(水門)으로, 장방형의 평판을 상하로 개폐하여 물을 막거나 수량을 조절한다.

slurry 슬러리 고체의 입도(粒度)가 작고, 또한 고체 농도가 높은 진흙 모양의 물건의 총칭.

slush 폐유(廢油) 윤활유 등이 중합물(重合物)이 되어 점성(粘性)이 증가하고 불용성(不溶性) 상태로 된 진흙 모양의 기름.

slush molding 슬러시 성형(-成形) 액상(液狀)의 플라스틱을 사용하는 가공법으로, 중공품(中空品)을 만드는 데 사용된다. 형(型) 내면에 수지를 부착시키는 것을 슬러시 성형이라 하고, 형 외면에 부착시키는 방법을 딥 성형(dip molding)이라고 한다.

small cupola 소형 큐폴라(小形-) = Japanese cupola

small end 스몰 엔드 연접봉(連接棒)의 소단부(小端部)를 말한다. →big end

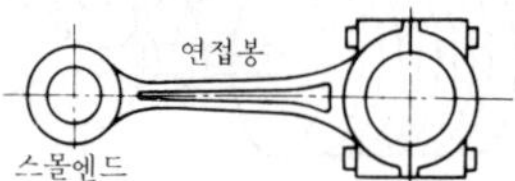

small jack 스몰 잭 공작물을 받치고 수평이나 수직으로 조정하기 위하여 사용하는 공구.

small scale integration : SSI 소규모 집적 회로(小規模集積回路) 대략 집적도가 100 소자보다 작은 집적 회로.

smearing 스미어링 두 물체가 미끄럼 접촉을 하고 있을 때, 어느 한 쪽 표면의 1점으로부터 모재가 제거되어 문질러진 상태에서 양쪽 또는 한 쪽 표면에 달라 붙는 현상을 말한다.

smith 대장장이 단조(鍛造) 작업을 할 때 왼손으로 집게를 잡고 공작물을 조작하고, 오른손으로 망치를 들고 메질할 곳을 앞멧군에게 지시하며 작업을 지휘하는 사람을 말한다.

smith hearth 단조로(鍛造爐), 단조 화덕(鍛造火-) =forge fire

smith helper 앞멧군, 단조 조수(鍛造助

手) ① 단조(鍛造) 작업에 있어서 대장장이의 지시에 따라 큰 메를 휘둘러 메질하는 사람. ② 제관(製罐) 작업에서 강판 절단 작업을 할 때 오른손으로 자루가 달린 정을 잡고, 왼손으로 재료를 조작하는 대장장이의 지시에 따라서 큰 메를 휘둘러 메질하는 사람. ③ 조수, 숙련자의 보조 역할을 하는 사람.

smith welding 단접(鍛接) =blacksmith welding

smithy 단조 공장(鍛造工場), 대장간(-間)

smog 스모그 대기 오염으로 인하여 생긴 안개와 같은 상태 또는 매연이 섞인 안개.

smoke 연기(煙氣), 매연(煤煙)

smoke box 연실(煙室) 연관(煙菅) 보일러에 있어서 가열을 하고 난 연소 가스가 모이는 곳으로, 연소 가스는 이곳을 통해서 굴뚝으로 배출된다.

smoke chart 연색도(煙色度) 연기의 농도를 측정하는 경우에 사용하는 농도표(濃度表)를 말하며, 이것과 비교하여 연기의 농도를 결정한다. 보통, 링게르만 흑연(黑煙) 농도표가 사용되며, 이것은 흰 바탕에 10mm 간격으로 검은 선을 굵기를 달리하여 격자(格子) 모양으로 그은 것으로, 검은 선의 굵기로 농도를 나타낸다. 전백(全白 : 굵기 0)에서 전흑(全黑 : 굵기 10mm)까지 6단계로 나뉘어져 있다.

smokeless powder 무연 화약(無煙火藥) 옛날의 흑색 화약(黑色火藥) 대신에 근대적인 화약으로 사용되는 연기가 거의 나지 않는 화약.

smoke meter 배기 농도계(排氣濃度計) 기관이 배출하는 배기의 농도 또는 농불투명함을 측정하는 계기. 배기의 흑색도는 특히 디젤 기관에서 문제가 되는데, 이를 위한 계기가 여러 가지 개발되어 있다. 디젤 배기의 흑색 농도는 보통 배기 속의 덜 탄 탄소 입자(炭素粒子)이므로 이것을 일정한 조건하에 여과지에 흡착시켜 그 농도를 비색계(比色計)로 판독하는 방식, 또는 일정 두께의 배기층 속을 빛을 비추고 이것을 광전관(光電菅)으로 받아 흡수의 정도를 판독하는 방식 등이 실용화되고 있다.

smoke test 연기 시험(煙氣試驗) 보일러의 배기에 대해서 수증기를 제거한 다음, 즉 건조 가스에 대하여 CO_2, CO, O_2, N_2 등의 분석을 하는 것. 보통, 시료(試料)는 보일러 출구나 굴뚝 바닥에서 채취한다.

smoke tube 연관(煙菅) 다관(多菅) 보일러에서 여러 개 나란히 보일러물 속을 통과하고 있는 이음매 없는 강관. 이 관 속을 연소 가스가 흐름으로써 보일러수(水)가 가열된다.

smoke tube boiler 연관 보일러(煙菅-) 전열(傳熱) 면적을 증대시키기 위해 보일러 동체 내부에 다수의 연관을 설치한 보일러.

smooth-cut file 다듬질 줄 줄눈의 크기로 나타낸 분류상의 명칭으로, 줄 날이 가장 미세하고 조밀한 것.

smoothing plane 다듬질 대패 목재의 표면을 마지막으로 정밀 평활하게 다듬질하는 데 사용하는 대패.

smoothing reactor 스무싱 리액터 교류나 교·직류 전기 차량에 있어서 주전동기(主電動機) 전류에 함유되는 맥동 성분을 억제하고, 주전동기의 운전을 원활하게 하기 위하여 주전동기와 직렬로 삽입되는 전류 평활용(平滑用) 리액터를 말한다.

smoothing roll 다듬질 롤 서로 엇갈리게 배열된 다수의 롤 사이로 판재를 통과시켜 면을 평활하게 다듬질하는 기계.

smoothing tool 다듬질 바이트 공작물의 표면을 평활하게 다듬질하는 바이트.

smudging 스머징 도면 작성에 있어서 단면의 윤곽을 따라서 주변을 연한 색으로 색칠하는 것을 말하며, 단면 표시법의 일종.

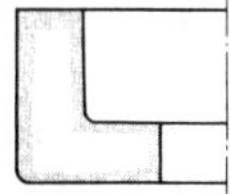

smut 스멋 산(酸) 세척할 때 또는 알칼리 처리를 할 때 표면에 남은 흑색 이물질을 말한다.

snake 스네이크 강괴 흠집의 일종. 불순물 때문에 가는 선이 계단처럼 붙어 있는 것을 말한다.

snap 스냅 손가공용 단조(鍛造) 공구 및 리벳 체결용 공구의 일종.

snap flask 스냅 주형틀(-鑄型-) 주물사를 다진 다음 형틀을 빼낼 수 있도록 되어 있는 것. 한 조의 형틀로 많은 주형을 만들 수가 있다.

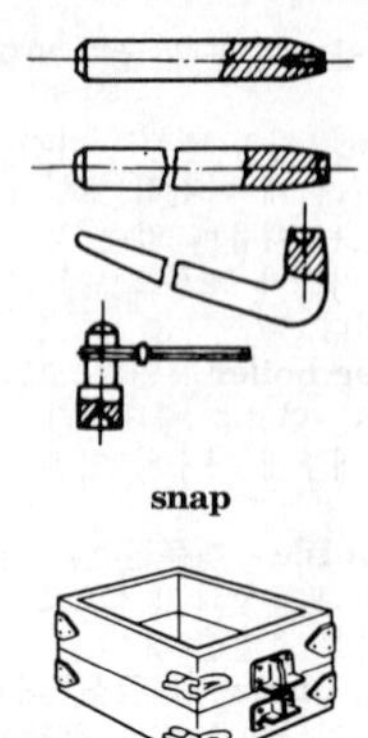

snap

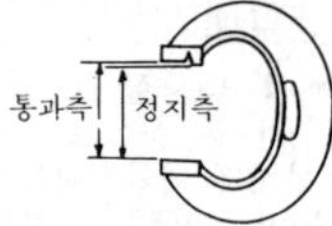

snap gauge 스냅 게이지, 축 게이지(軸－) 한계 게이지의 대표적인 것. 원통형, 구형(球形)의 지름, 입방체의 두께 등을 측정하는 데 사용하는 게이지.

snap hammer 스냅 해머 ＝holding-up hammer

snap head rivet 둥근머리 리벳

snap ring 스냅 링 축 또는 구멍에 파놓은 홈에 끼워 축 또는 축에 삽입한 부품의 이동을 방지하는 고리 모양의 스프링. 축용과 구멍용이 있다.

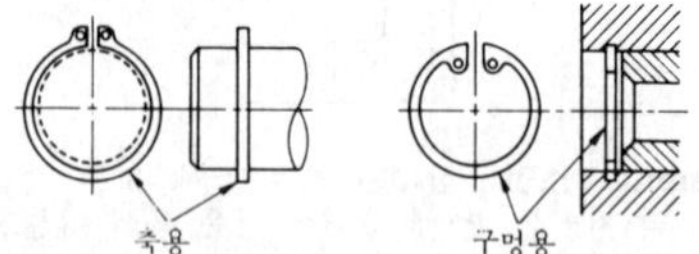

snatch block 혹 블록 혹과 로프차 등을 갖춘 호이스트 액세서리. 단지 혹이라고도 한다.

S-N curve ***S-N*** 곡선(－曲線) 그림에서의 평균 응력 σ_m이 일정할 때, σ_k의 진폭을 가진 응력이 반복하여 작용한 횟수의 대수(對數)를 가로축에, σ_k를 세로축에 놓고 그래프를 그린 것이 *S-N*선이다. *S-N*선에서 빗금 부분의 응력을 그 반복 횟수에 있어서의 피로 강도(疲勞强度)라 하고, 수평을 이루는 한계의 응력을 피로 한도(疲勞限度)라고 한다. 일반적인 자료는 피로 강도나 피로 한도 모두 $\sigma_m=0$ 인 경우의 값을 표시하고 있다.

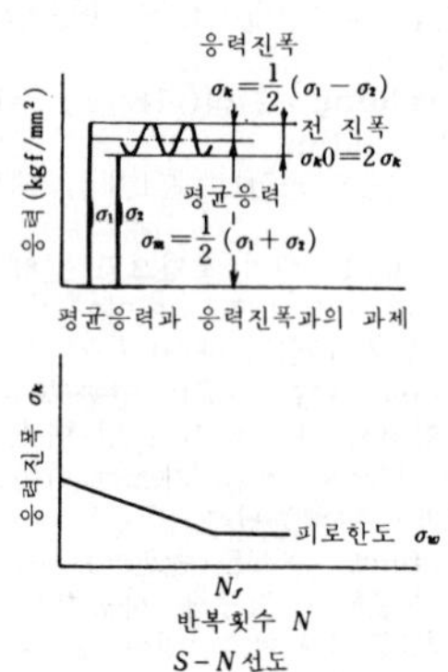

평균응력과 응력진폭과의 과제

S-N선도

snifting valve 누설 밸브(漏泄－) 이스케이프 밸브와 유사한 것으로, 예를 들면 진공으로 유지되어야 하는 용기의 내부 압력이 상승했을 때 자동적으로 열려 내부의 공기 등을 배출하는 구조의 밸브.

snip 스닙 평강(平鋼)이나 형강(形鋼)의 단부(端部)를 비스듬히 잘라 내고 용접을 하면, 단부에서의 응력 집중도 완화되어 중량의 경감, 균열 방지에도 도움을 준다. 이와 같이 비스듬히 싹뚝 자르는 것을 스닙이라고 한다.

snow chain 스노 체인, 미끄럼 방지 체인(－防止－) 일반적으로 타이어 체인이라고도 하며, 눈길이나 빙판 등 미끄러지기 쉬운 곳을 주행할 때 타이어에 장착하는 차량의 월동 장비(越冬裝備)의 하나이다.

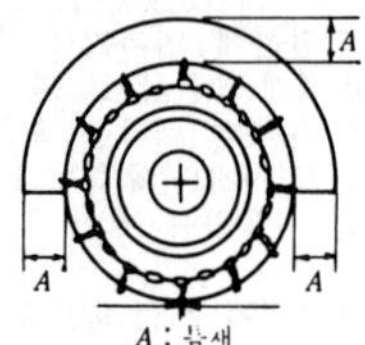

snow plough 제설차(除雪車) 고속 제설용으로는 V형 또는 I형 날개를 가진 것,

하부에 그레이더(grader)를 장치한 것 등이 사용된다. 많은 눈에는 로터리식을 사용한다. =rotary snow plough

snowplow car 제설차(除雪車) 제설을 목적으로 하는 차량으로, 러셀(Russell)식, 요르단(Jordan)식, 맥레이식, 회전식 등 여러 가지가 사용되고 있다. 예전에는 증기 기관차로 제설을 하였으나, 최근에는 자력으로 가동할 수 있는 디젤식 제설차가 사용되고 있다.

snubber 스너버 마찰 흡진기(吸振器)를 말한다. 변위(變位)가 지정값보다 커질 때마다 강성(鋼性)을 증가시키는 데 사용하는 장치.

snub pulley 스너브 풀리 구동(驅動) 풀리에 대한 벨트 걸이 각도를 크게 하기 위하여 장착하는 풀리.

soaking 소킹 금속 재료를 가열하여 전체를 균일한 온도로 만들기 위한 목적으로 장시간 그대로 유지하는 것을 말한다. 이 유지 온도를 소킹 온도라고 한다. 금속 재료 이외에 직포(織布) 등의 열처리에도 사용되는 말이다.

soaking pit 균열로(均熱爐) 잉곳(ingot) 재료의 가열 공정의 최종 단계에서 재료 내부의 온도를 균일하게 하기 위하여 가열하는 노.

Society of Automotive Engineers ; SAE 자동차 기술 학회(自動車技術學會) 미국에서 조직된 학회로, 학회 활동 이외에 규격 제정(권장 규격)을 하고 있다.

socket 소켓 ① 양끝에 암나사가 절삭되어 있는 짧은 관 모양의 관 이음쇠. ② 드릴 등을 고정시키기 위하여 끼우는 부품. ③ 전구의 마구리쇠를 틀어 박는 구멍이나 있는 전기 용품.

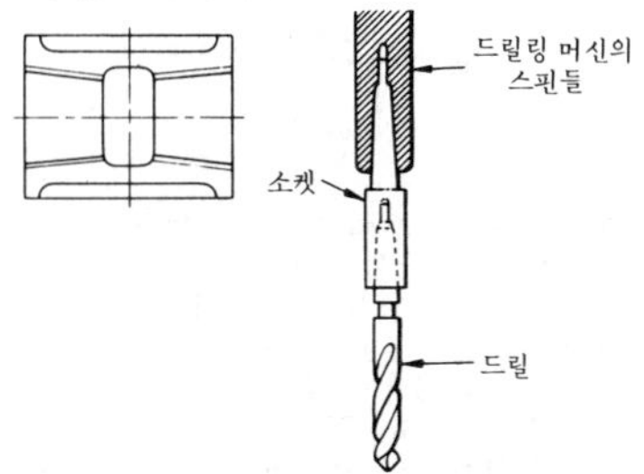

socket and spigot joint 소켓 삽입 이음(－揷入－) 관에 플러그와 잭을 만들어서 결합하는 이음. 플러그와 잭 사이에 기름을 함침시킨 무명 등의 패킹을 밀어 넣고 납 등을 흘려 넣어서 밀봉한다. 상수도·하수도·도시 가스 등의 지하 매설관에 이용된다. =faucet joint

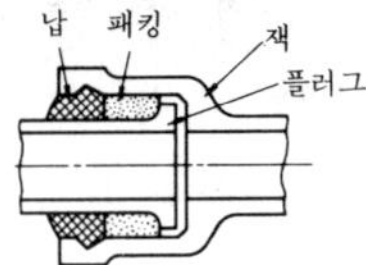

socket joint 소켓 이음 소켓이나 이와 유사한 부품을 사용하여 접속하는 관 이음 방법. 소켓 양 끝에 나사가 절삭되어 있으나 한 쪽에 수나사가 절삭되어 있는 것을 암수 소켓이라고 한다.

socket pipe 소켓관(管) 관 끝이 관 지름보다 크게 만들어진 관. 토관, 주철관, 강관을 접속할 때 다른 관 끝을 이 속에 삽입하여 접합한다.

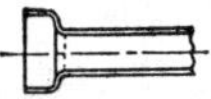

socket wrench 소켓 렌치 볼트나 너트를 죄고 풀 때 사용하는 소켓형 또는 핸들형 공구. =socket spanner, box spanner

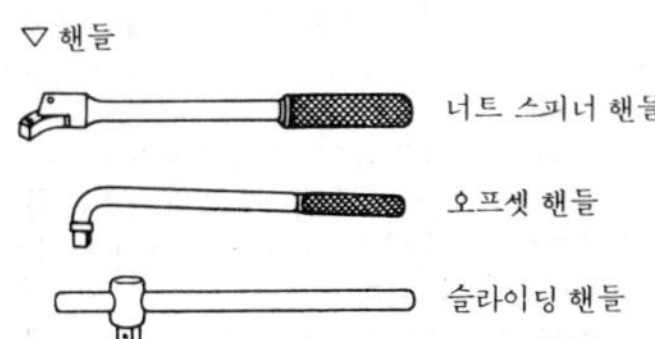

soda bath 소다 배스, 염욕(鹽浴) 금속 재료를 열처리하기 위하여 소요의 온도로 가열하는 데 사용하는 노(爐)로, 사용 온도에 따라서 염류(鹽類 : 초산 나트륨, 초산 칼륨, 탄산 염류, 기타)를 적당히 혼합한 것을 가열하여 녹인 다음 그 속에 공작물을 담가 가열하는 것. 비교적 급속하게 고르게 가열되고, 산화·탈탄(脫炭) 등도 방지된다.

sodium lamp 나트륨 램프 나트륨 증기 방전으로 황색빛을 내는 열음극 방전관(熱陰極放電管)이다. 효율이 좋고 백열 전구보다 수배나 더 밝다. 일반 조명에는 부적합.

soft copy 소프트 카피 문자나 화상(畵像) 등을 필요로 할 때 일정 시간만 표시 장치에 표시하는 것.

softening 연화(軟化) 철강 재료를 유연하게 만들거나 가공성을 증대시키기 위하여 A_1 변태점(720℃) 부근까지 가열한 다음 서서히 냉각하는 조직.

soft iron 연철(軟鐵) C 0.03% 이하의 순철에 가까운 쇠. 재질이 연하여 가공하기 쉬우나 강도가 부족하다. 전자기용(電磁氣用)으로 사용된다.

soft lead 연연(軟鉛), 연납(軟－) 비교적 순도가 높고 무른 납. 경연(硬鉛)에 대응하는 말.

soft rubber 연질 고무(軟質－), 가황 고무(加黃－) 고무 원료에 유황 분말을 배합하여 가열, 또는 상온에서 염화 유황(鹽化硫黃)을 배합하여 만든 고무. 풍부한 탄성과 강도를 지니고 있다.

soft solder 연질 납(軟質－), 땜납 → solder

soft spot 연점(軟點), 담금질 얼룩 국부적으로 담금질이 되지 않아 재질이 연한 부분.

soft steel 연강(軟鋼) ＝mild steel

soft technology 소프트 테크놀러지 공해·교통·도시 문제 등 복잡한 사회 경제 문제를 해결하기 위하여 시스템 공학, 정보 과학, 행동 과학 등을 종합적으로 구사하는 기술 수법을 소프트 테크놀러지라고 한다.

software 소프트웨어 넓은 뜻으로는 기기 그 자체를 하드웨어라 부르고, 기기를 효율적으로 사용하기 위한 기술이나 지식을 소프트웨어라 한다.

soft water 연수(軟水) 경수(硬水)에 대한 상대적 말. 일반적으로는 용해되어 있는 염류(鹽類)가 적은 물을 말한다. 예를 들면, 상수도물, 하천 하류의 물, 빗물 등은 연수이다.

soft wired logic 소프트 와이어드 로직 릴레이 회로의 로직을 조성하고 있는 배선을 프로그램이라고 하는 소프트로 대치함으로써 배선 작업을 없앤 로직을 말한다.

sol air temperature 상당 외기 온도(相當外氣溫度) 벽이 외기로부터 열전달에 의해 받는 열량과 일사(日射)에 의해서 받는 열량을 합계한 열량을, 외기로부터의 열전달만을 받는다고 가정한 경우에 상당하는 외기 온도.

sol air temperature difference 상당 외기 온도차(相當外氣溫度差) 상당 외기 온도 t_s[℃]와 외기 온도 t_0[℃]와의 차 $\Delta t = t_s - t_0$[deg]를 말한다. 냉난방 부하(冷暖房負荷)의 계산에는 단순히 실(室) 내외의 온도차가 아니고 일사(日射)의 영향을 고려한 상당 외기 온도차를 사용하지 않으면 안 된다. →sol air temperature

solar 솔라 태양의 뜻. 솔라 배터리(solar battery)는 태양 전지, 솔라 히터(solar heater)는 태양열 온수기(溫水器)를 가리킨다.

solar battery 태양 전지(太陽電池) 태양 광선의 에너지를 변환하여 전기 에너지로 이용하는 반도체 광기전 소자(光起電素子)를 말한다. 일반적으로는 실리콘 광전지를 가리킨다. 무인 중계국이나 관측소, 인공 위성 등의 전원으로 사용되고 있다.

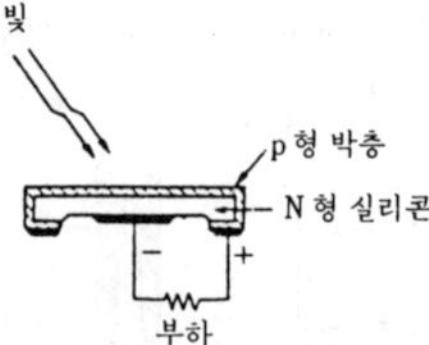

solar house 솔라 하우스 태양열을 이용하여 난방, 급탕(給湯) 등을 하는 주택을 말한다. 태양열 난방 주택이라고도 한다.

solder 땜납, 솔더 납땜용 합금. 연질 땜납과 경질 땜납이 있는데, 보통 연질 땜납을 뜻한다. Sn-Pb 합금으로, 융점이 낮고 작업하기도 용이하므로 연관류(鉛管類)의 접합, 식기류, 기타 판금 가공 등에 널리 사용된다.

soldering 납땜(鑞－) 납땜 인두를 약 300℃로 달군 다음 용제(염화 아연이나 염산 등)에 잠깐 담가 끝을 깨끗이 하고 땜납을 녹여 접합부에 문지르면 땜납이 틈새로 녹아들어가 굳어서 접합이 된다.

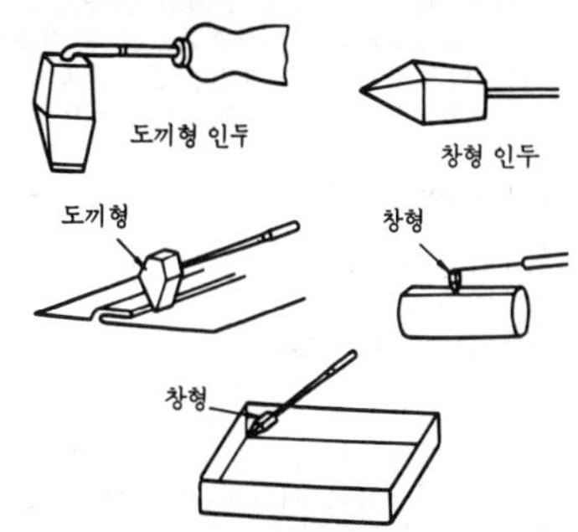

soldering iron 납땜 인두(鑞－) 납땜에 사용하는 구리로 만든 인두.

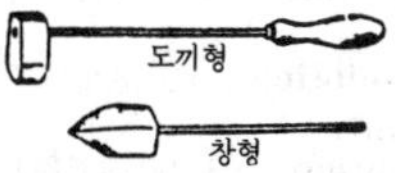

soldering paste 납땜 페이스트(鑞－) 납땜에 사용하는 용제(溶劑). 접착면을 깨끗이 하여 산화를 방지하고 산화 불순물을 유리(遊離)시키기 위하여 사용한다.

solder joint 납땜 이음(鑞－) 땜납을 사용하여 접합하는 이음. 납땜 인두로 땜납을 녹여서 접합한다.

solenoid 솔레노이드 전선을 나사 모양으로 둥글게 감아서 원통 모양으로 만든 것. →coil

solenoid brake 전자 브레이크(電磁－) ＝magnetic brake

solenoid operated valve 전자 솔레노이드 변환 밸브(電磁－變換－) 전자식 솔레노이드를 사용하여 스풀 밸브를 좌우로 이동시켜 실린더와 스풀 사이의 출입구를 변환함으로써 유로(流路)의 방향을 바꿀 수 있는 밸브. 유압 회로에 사용된다.

sole plate 솔 플레이트, 기초판(基礎板) 기계 자체를 설치하기 전에 기계의 아랫면을 지지하는 두께가 두꺼운 플레이트를 깔고, 중심과 수평 잡기를 할 때가 있다. 이 플레이트를 솔 플레이트라고 한다.

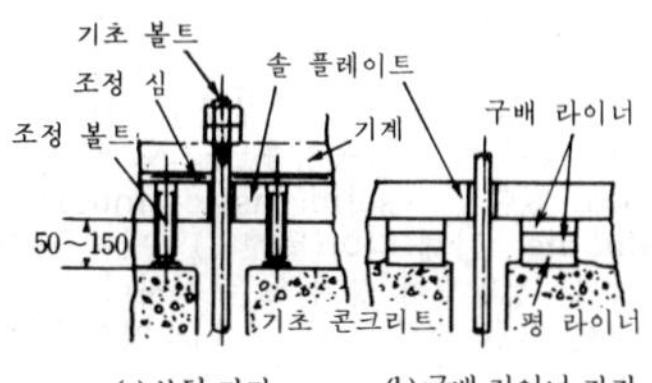

(a) 보텀 지지 (b) 구배 라이너 지지

solid 솔리드 ① 고체, 고체의. ② 속이 찬, 한 몸으로 된. ③ 입체의, 입방체의

solid bearing 일체 베어링(一體－), 솔리드 베어링 베어링 전체가 하나의 주물로 만들어진 간단한 구조의 베어링.

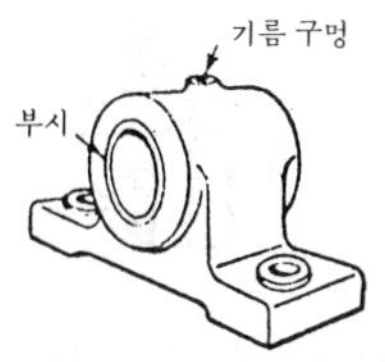

solid cam 입체 캠(立體－) 입체적인 모양의 캠. 원통 캠, 원뿔 캠, 구면(球面) 캠, 엔드 캠, 사판(斜板) 캠 등.

solid caburizing 고체 침탄법(固體浸炭法) 3~5mm각(角) 정도의 목탄 조각에 침탄 촉진제로서 탄산 바륨이나 탄산 소다를 첨가한 다음 침탄 대상물과 함께 철제 상자 속에 넣어 뚜껑을 덮고 내화 점토로 틈새를 봉한다. 이것을 중유로(重油爐)나 전기로 속에 넣어 약 900~950℃로 수시간 가열하면, 강은 오스테나이트 상태로 되어 탄소가 흡수된다.

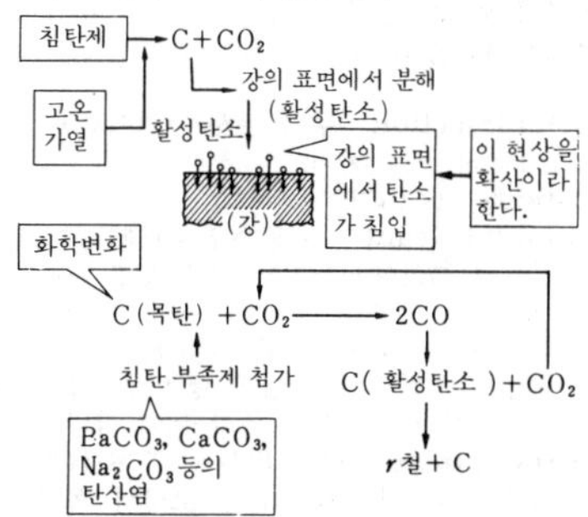

solid cylinder 일체 실린더(一體－) 실린더 블록과 함께 한 몸으로 주조된 실린더. 구조가 간단하고 가공 부분도 적다. 따라서, 값이 싸고 자동차용 등으로 널리 사용되고 있다. =solid-cast cylinder

solid die 단체 다이(單體－) 단체 형상의 다이. 정밀도가 높지 않은 나사나 선반 등에서 거친 절삭을 한 나사를 일정한 치수로 고르게 다듬질할 때 사용한다.

solid drawn tube 인발관(引拔菅) 인발 강관, 이음매 없는 관.

solid flange 단체 플랜지(單體－), 단조 플랜지(鍛造－) 단조에 의하여 축 끝에 만들어진 플랜지. 지름이 큰 전동축(傳動軸)의 연결에 사용한다.

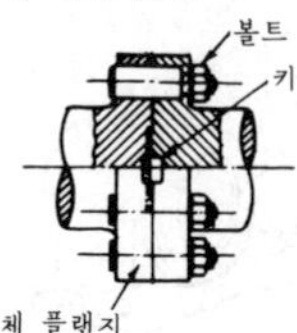

solid friction 고체 마찰(固體摩擦) 운동체가 건조한 깨끗한 면 상을 미끄러지는 경우에 운동과 반대 방향으로 작용하는 저항을 말한다. 건조 마찰과 동의어.

solid fuel 고체 연료(固體燃料) 기체 연료나 액체 연료와 상대되는 말. 목재, 목탄, 석탄, 코크스, 연탄 등.

solid height 밀착 높이(密着－) 코일 스프링에 있어서 하중에 의해 코일과 코일의 간격이 0으로 되었을 때의 높이를 밀착 높이라고 한다.

solidification 응고(凝固) 기체 또는 액체가 고체로 되는 것.

solidifying 응고(凝固) =solidification

solidifying point 응고점(凝固點) =solid point

solid injection 무기 분사(無氣噴射) = airless injection

solidity 솔리디티

solid lubricant 고체 윤활제(固體潤滑劑) 감모성(減耗性)을 지닌 고체 분말 또는 인상(鱗狀) 고체를 말한다. 흑연, 2황화 몰리브덴, 질화 붕소(窒化硼素), 산화연(酸化鉛), 황화 티탄, 황화 텅스텐, 황화 아연, 유황 분말, 활석 분말 등이 있다.

solid pattern 현형(現型) 모형(模型)의 일종. 제품과 거의 같은 모양의 목형(木型). 이 형을 직접 주물사 속에 넣어 주형을 만든다. 주형을 만드는 데는 이 현형을 사용하는 것이 가장 용이하므로 널리 사용되고 있다.

solid piston 일체 피스톤(一體－), 단체 피스톤(單體－) 모두 동일한 금속으로 일체 구조로 만들어진 피스톤. 고속 기관용에는 알루미늄 합금 주물, 중·저속 기관에는 주물의 일체 구조가 일반적으로 사용되고 있다.

solid point 응고점(凝固點) =freezing point

solid propellant 고체 추진제(固體推進劑) →propellant

solid rubber tire(tyre) 솔리드 타이어 속에 공기가 들어 있지 않고 단단한 고무만으로 된 타이어로, 흡진(吸振) 특성이 나쁘기 때문에 현재는 주로 구내차 등 저속 차량에 사용하는 이외에 캐터필러차의 전륜(轉輪)에 사용된다.

solid shaft 솔리드축(－軸), 중실축(中實軸) →hollow shaft

α-solid solution α 고용체(－固溶體) = ferrite

γ-solid solution γ 고용체(－固溶體) = austenite

solid solution 고용체(固溶體) 모체의 금속에 합금 원소가 용입하여 응고한 후에도 완전히 하나의 물체로 되어 있는 합금 상태를 말한다.

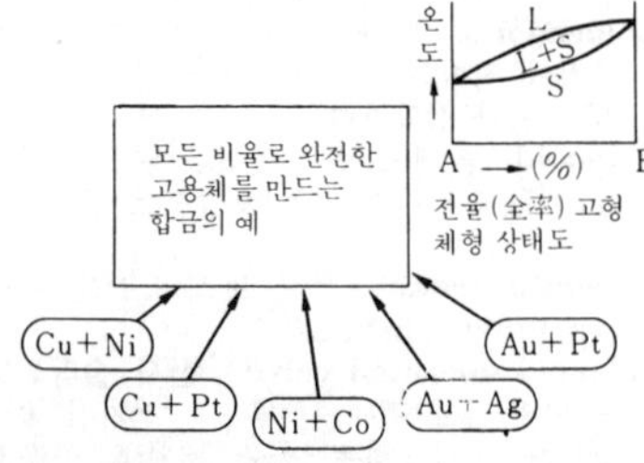

solid solution hardening 고용 경화(固溶硬化) 순금속(純金屬)에 합금 원소를 첨가하여 고용체로 만들면 현저하게 강도나 경도가 증가하는 현상.

solid solution treatment 고용체화 처리(固溶體化處理) 철강을 고용체로 용해하는 온도 이상까지 가열한 후 급랭하여 고용체의 조직 상태를 그대로 상온까지 지속시키는 처리.

solid tyre 솔리드 타이어 공기가 들어 있지 않은 타이어. 고무만의 탄력을 이용하는 중실(中實) 타이어. =solid rubber tire

solubility 용해성(溶解性), 용해도(溶解度) 두 물질이 녹아서 서로 융합하는 성질 또는 그 정도. 용액의 경우에는 100g 속에 용해될 수 있는 용질(溶質)의 그램수로 나타낸다.

soluble oil 수용성 기름(水溶性－) 물과 친화할 수 있도록 조제된 기름으로, 소성(塑性) 가공, 절삭, 연마할 즈음에 윤활이나 냉각 목적으로 사용된다. 유화 경유(乳化鯨油) 등이 있다.

soluble water type emulsified cutting oil 수용성 유화제 절삭유(水溶性乳化劑切削油) 에멀션형보다도 유분(油分)을 적게 하고 유화제(油化劑)를 많게 한 수용성 절삭유로서, 고열이 나는 재료의 구멍 뚫기 가공이나 다듬질 연삭(硏削)에 쓰인다.

solute 용질(溶質) 두 가지 성분 이상이 서로 녹아서 하나의 용액을 이루는 경우, 용해된 양이 많은 쪽 물질을 용매(溶媒：solvent)라 하고, 적은 쪽 물질을 용질(溶質)이라고 한다. 예를 들면, 식염수에서는 식염.

solution 용액(溶液) 가용성 물질(可溶性物質)이 녹은 액체.

solution heat treatment 용체화 처리(溶體化處理) →solution treatment

solution treatment 고용화 열처리(固溶化熱處理) 강(鋼)의 합금 성분을 고용체로 용해하는 온도 이상으로 가열하고 충분한 시간 동안 유지한 다음 급랭시켜 합금 성분의 석출(析出)을 저해함으로써 상온에서 고용체의 조직을 얻는 조작을 말한다.

solution treatment of austenite stainless steel 스테인리스강(－鋼), 고용화 열처리(固溶化熱處理) 오스테나이트계 스테인리스(SUS 304 등) 강이나 고(高)망간강 등을 고용화 온도에서 수냉(水冷)하여 완전한 오스테나이트 조직을 얻기 위한 고용화 열처리.

solvent 용매(溶媒) →solute

sonar 소나 바닷속에서 초음파의 충격파에 의하여 거리나 방향을 측정하는 장치.

sone 손 소리의 크기를 나타내는 단위로, 40폰의 소리의 크기를 1손으로 하고, 정상적인 청력을 가진 사람이 1손의 n배의 크기라고 판정하는 소리의 크기를 n손으로 한다.

sonic boom 음속 폭음(音速爆音), 소닉붐 하늘을 비행기가 초음속으로 나를 때 그로부터 나오는 충격파가 지표에 도달하여 들리는 폭발음.

sonic precipitators 음파 탈진 장치(音波脫塵裝置) 무상(霧狀)의 미립자를 음파로 응집하여 입자를 크게 한 다음 원심 집진기 등으로 이송하여 탈진(脫塵)하는 방법이다. 그림과 같이 무상(霧狀)의 기체를 응집탑으로 보내고 탑 안에서 음파의 작용에 의해 입자의 지름을 증대시킨 다음 탈진 장치로 입자를 분리한다.

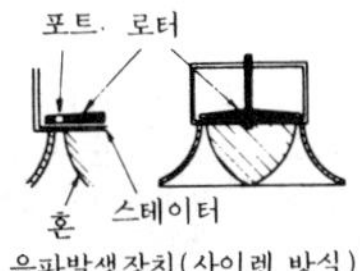

음파발생장치(사이렌 방식)

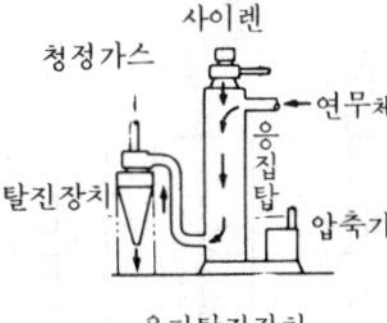

음파탈진장치

soot 그을음 탄소를 함유한 연료를 불완전 연소시켰을 때 생기는 흑색의 보드라운 탄소 분말.

soot blower 수트 블로어 보일러에서 그을음이나 재를 처리하는 장치. 보일러의 노(爐) 안이나 연도(煙道)에 배치된 전열면에 그을음이나 재가 부착하면, 열의 전도가 나빠지므로 이따금 증기 또는 공기의 분류(噴流)를 내뿜어 부착물을 청소하는 장치를 말하며, 주로 수관 보일러에 사용된다.

soot door 그을음문(－門) 수트 블로어(soot blower)에 의해 날려지고 사이클론 분리기 등의 집진 장치에 의해 분리 포착된 그을음의 추출구를 말한다.

sorbite 소르바이트 강에 나타나는 현미경 조직의 이름. 담금질의 냉각 속도가 트루스타이트(troostite) 조직보다 느릴 때 얻어지는 조직. 트루스타이트 조직보다 유연하고 점성(粘性)이 강하다.

sound 소리, 음향(音響)

sound detector 청음기(聽音機), 사운드 디텍터 비행 중의 항공기 또는 항해 중의 선박 등으로부터 발하는 음향을 청취하여 그 방향, 위치, 성능 등을 탐지하는 장치. 전파 탐지기의 보급에 의해 항공기의 음향 탐지는 거의 하지 않게 되었다.

sounding machine 측심기(測深機) 선박에 비치하여 바다의 깊이를 계측하는 계기로, 추를 단 로프를 바다 밑으로 내려서 추가 해저에 닿았을 때의 로프의 길이에 의해 깊이를 재는 것과, 선저(船底)에 장비한 송파기(送波器)로부터 초음파를 발신하여 해저로부터의 반향음을 수신기로 포착하고 초음파가 해저로부터 되돌아오는 시간에 의하여 측심하는 것이 있다. 후자를 특히 음향 측심기라고 한다.

sound level 소음 수준(騷音水準) 지시 소음계의 A 특성으로 측정한 음압 레벨 dB(A).

sound level meter 음량계(音量計) 소음을 측정하는 것을 소음계, 소리의 최대, 최소의 좁은 범위를 측정하는 것을 음량계라고 한다.

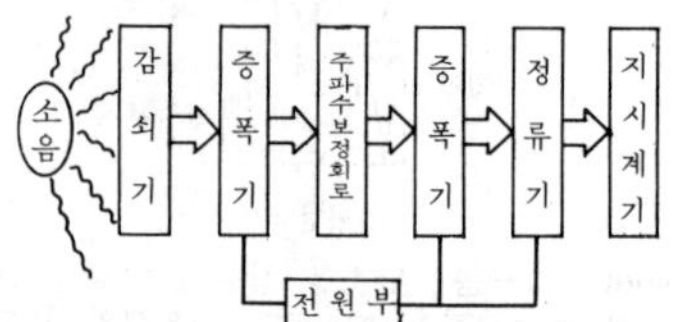

sound pressure level 음압 레벨(音壓－) 어떤 소리의 음압과 기준 음압과의 비율인 상용 대수(常用對數)의 20배. 기준 음압(0 dB)은 공기 중의 소리인 경우 0.0002μbar로 한다. 이 값은 평행 진행파(平行進行波)에서는 10^{-16}W/㎠에 거의 대응한다. →microbar

sound recorder 녹음기(錄音機) 재생을 목적으로 하여 음파를 기록하는 장치. 원판(disc) 녹음, 자기(磁氣) 녹음, 토키 녹음의 세 가지 방법이 사용되고 있다. ＝sound recording machine

sound recording machine 녹음기(錄音機) ＝sound recorder

source program 원시 프로그램(原始－) 사람이 작성한 프로그램을 말한다. 기계어로 번역된 프로그램을 오브젝트 프로그램(object program)이라고 한다.

SO_x removal apparatus 탈황 장치(脫黃裝置) 배기 가스 속의 아황산(亞黃酸) 가스 SO_2 등, 또는 연료유 속에 함유된 유황분을 제거하는 장치.

space 스페이스 ① 우주 공간, 공간, 간격, 거리. ② 공간을 두다, 일정한 거리를 두고 배열하다.

spacecraft 우주 비행선(宇宙飛行船) 중량이 수 킬로그램밖에 안 되는 관측 계기만을 실은 소형 우주 비행기에서부터 수 톤에 이르는 유성(遊星)간 유인 비행선에 이르기까지 우주 공간을 비행하는 모든 장치의 총칭이다. 유인선, 무인선을 막론하고 로켓에 의하여 우주에 발사된다.

space lattice 공간 격자(空間格子) ＝unit cubic

spacer 스페이서 ① 나란히 조립되는 물품과 물품 사이의 간격을 일정하게 유지하기 위하여 그 틈새에 넣는 라이너. ② 연료봉의 상호 간격을 일정하게 유지하기 위한 기구(機構). ③ 오구(烏口). ＝drawing pen

space station 우주 정류장(宇宙停留場) 우주 공간에서 관측이나 기타의 활동을 하는 기지. 엄밀한 기준이 있는 것은 아니지만 비교적 소규모의 것을 우주 실험실(space laboratory)이라 하고, 여러 개의 실험실을 합친 규모의 것 혹은 우주 공간에 만들어지는 공장과 같은 것을 우주 정류장, 보다 대규모한 우주 도시와 같은 것을 스페이스 콜로니(space colony)라고 부른다.

spalling 스폴링 ① 표면 균열이나 개재물(介在物) 등이 있는 곳에 하중이 가해져서 표면이 서서히 박리(剝離)하는 현상을 말하며, 표면은 요철(凹凸)이 많은 거칠은 면이 되는 것이 특징이다. ② 내화 재료(耐火材料) 용어에서는 재료가 고열 상태에서 급랭하였을 때 생기는 표면이 거칠어지는 현상을 말한다. ③ 롤(roll) 표면의 일부가 압연 중에 박리되는 현상을 말하며, 칠(chill) 박리라고도 한다.

span 스팬 한 뼘(엄지 손가락과 새끼 손가락을 편 사이의 길이). 두 지점(支點) 간의 거리, 간격을 의미한다.

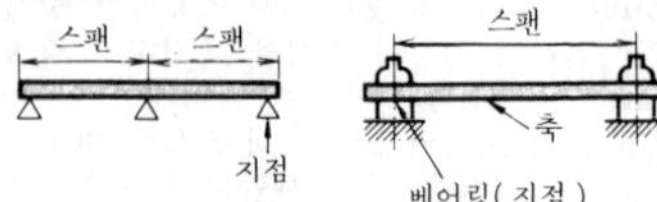

spanner 스패너 볼트 또는 너트를 죄고 푸는 데 사용하는 강철제 또는 가단 주철제(可鍛鑄鐵製) 공구.

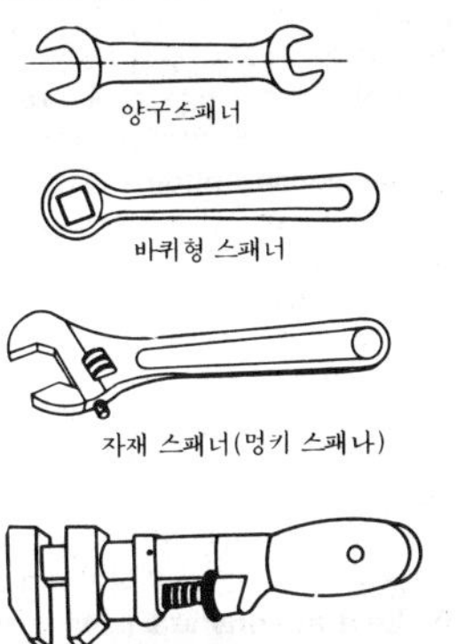

spare 예비 부품(豫備部品) =spare parts

spare parts 스페어 파트, 예비 부품(豫備部品) 예비로 준비하고 있는 기계 등의 부분품.

spark 스파크 불꽃. 전기 스파크 등을 말한다.

spark gap 불꽃 간극(－間隙), 스파크 간극(－間隙) 불꽃 방전을 시키기 위하여 떼는 전극간의 틈새를 말한다.

spark ignition 불꽃 점화(－點火) 가연성(可燃性) 혼합 기체 중에서 불꽃 방전하여 혼합 기체에 점화하는 것을 불꽃 점화라고 한다.

spark ignition engine 불꽃 점화 기관(－點火機關) 연료와 공기의 혼합기(混合氣)를 실린더 속에 흡입하여 압축하고 여기에 전기적으로 불꽃 방전을 시켜 점화, 연소시키는 내연 기관.

spark ignitor 불꽃 점화기(－點火器) 전기 점화에 사용되는 장치. 전원(배터리 또는 자석 발전기), 고압 발생 장치(단속기 및 유도 코일), 분배 장치(디스트리뷰터) 및 점화 플러그로 이루어진다.

sparking coil 점화 코일(點火－) =ignition coil

sparking plug 점화 플러그(點火－) 불꽃 점화 기관에서 혼합 가스에 점화하는 것.

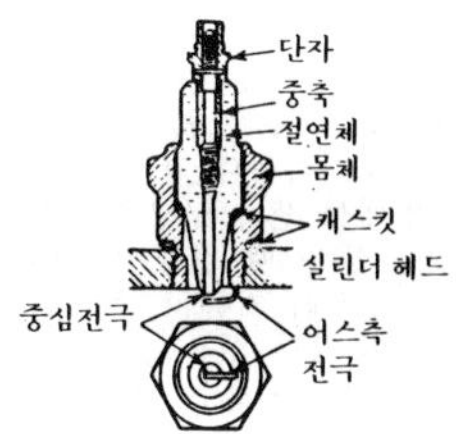

sparking plug

spark sintering 방전 경화법(放電硬化法) 피경화재(被硬化材)의 철강 표면과 경화용 초경 합금 전극과의 사이에 주기적으로 불꽃 방전을 일으켜 공구나 기타의 내마모성(耐磨耗性)을 요하는 기계 부품의 표면을 경화하는 방법. 소련에서 개발된 경화법의 일종.

spark sintering method 방전 소결법(放電燒結法) 방전 현상을 이용하여 도전성(導電性) 성분을 소결 성형하는 것.

spark test 불꽃 시험(－試驗) 강재(鋼材)를 그라인더로 연삭할 때 튀는 불꽃의 형태, 모양에 따라서 간단하게 강(鋼)의 종류를 판별하는 방법을 말한다.

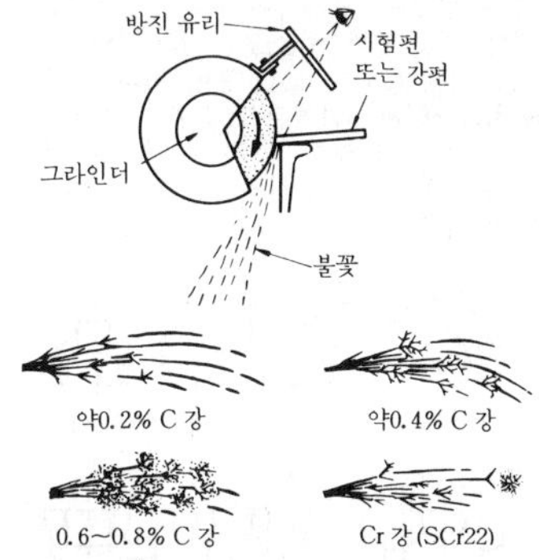

spar varnish 스파 바니시 에스테르검과 중합(重合) 시나킬리유를 도막(塗膜) 형성 요소로 하는 장유성(長油性) 유성 니스.

spatter 스패터 아크 용접, 가스 용접 등에서 용접, 용단(鎔斷) 중에 비산하는 슬래그 및 금속 입자.

spattering 스패터링 진공 용기 속에서 방전시켜 금속의 박막을 피접착면에 피복하는 방법.

spatter loss 스패터 손실(－損失) 용접에서 용접봉의 소비량과 용착한 양과의 중량의 차.

spatula 주걱 =molder's spatula

special drill 특수 드릴(特殊-) 특수 작업용 드릴로, 다음과 같은 것이 있다. ① 선반 작업에서 센터 구멍을 뚫는 것. ②깊은 구멍을 뚫을 때 절삭 칩(chip)을 위해 드릴 자루로부터 기름을 주유할 수 있도록 가는 유관이 뚫려 있는 것. ③ 대리석이나 암석 등에 구멍을 뚫는 것. ④ 그 밖에 매우 가는 구멍을 뚫는 데 사용하는 것.

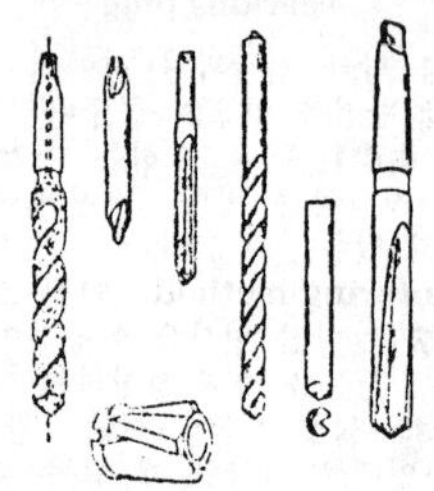

specials 이형관(異形管) →specials tube

special steel 특수강(特殊鋼) 탄소강에 다른 원소를 첨가하여 특수한 성질을 부여한 것. 첨가 원소로는 Ni, Mn, W, Cr, Mo, Co, V, Al 등이 있다.

specials tube 이형관(異形管) 지름이 서로 다른 관을 잇는 경우나 관의 방향을 바꾸거나 분기할 때 사용하는 여러 가지 모양의 곡관(曲菅) 이음쇠의 총칭.

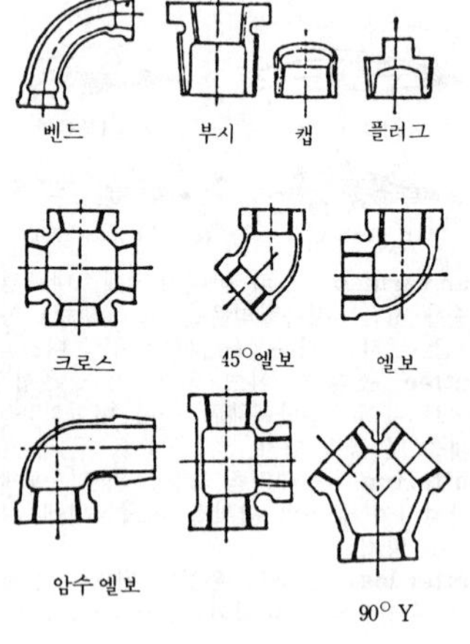

specific 스페시픽 ① 특정의, 특유의. ② 명확한, 명세한. ③ 비(比)라는 뜻. 스페시픽 히트(specific heat)는 비열(比熱).

specification 시방서(示方書), 명세서(明細書) 기계, 부품, 장치 등을 발주하는 경우, 형상, 치수, 성능 등에 대하여 사용자측의 요구 사항을 명기한 서류.

specific fuel consumption 연료 소비율(燃料消費率) =rate of fuel consumption

specific gravity 비중(比重) 물질의 단위 용적의 무게(질량)와 어떤 표준 물질과의 비. 보통, 표준 물질로서는 4℃의 물을 쓰고 이의 비중을 1로 한다.

specific heat 비열(比熱) 단위 중량의 물체의 온도를 1℃ 높이는 데 요하는 열량. 단위는 kcal/kg·deg, 정압(定壓) 비열 C_p와 정용(定容) 비열 C_v가 있으며, 기체에 있어서는 C_p가 C_v보다 현저하게 크다.

specific heat at constant pressure 정압 비열(定壓比熱) 정지 상태에 있는 기체가 압력이 일정한 그대로 열량을 취할 때 그 일부는 기체가 팽창하는 일에 사용된다. 이때의 비열(比熱)을 정압 비열이라고 하며, 단위는 kcal/kg℃로 나타낸다.

specific heat at constant volume 정용 비열(定容比熱) 기체를 일정한 용적하에서 상태 변화를 시킬 때의 비열(比熱). 단위는 kcal/kg℃로 나타낸다.

specific humidity at saturation 포화 습도(飽和濕度) 수증기로 포화 상태가 된 공기(포화 공기)의 온도를 절대 습도(absolute humidity, specific humidity)로 나타낸 값을 말한다.

specific humidity percentage 비교 습도(比較濕度) 포화도(飽和度)라고도 한다. 습공기(濕空氣)의 절대 습도 x와 그 온도의 포화 공기의 절대 습도 x_s와의 비율 x/x_s를 비교 습도라고 한다. 이것은 상대 습도와는 다르나 일정한 함수 관계가 존재한다. =humidity percentage saturation

specific power 비출력(比出力) 가스 터빈에서는 단위 공기 유량(1kg)당의 출력.

specific resistance 저항률(抵抗率), 고유 저항(固有抵抗) 도체의 전기 저항 R은 길이 l에 비례하고, 단면적 A에 반비례한다. 즉, $R=\rho l/\mathrm{A}$. 여기서 비례 정수 ρ를 저항률이라고 한다.

specific sliding 미끄럼률(-率) =slip factor

specific speed 비속도(比速度) 기하학적으로 비슷하고 크기가 다른 2개의 깃차에 대해서 깃차 내의 흐름이 유체 역학적으로 비슷해지도록 유도된 수치.

specific strength 비강도(比强度) 강도/비중의 값. 고속 비상체(飛翔體)나 고속 회전체에 사용하는 재료는 가볍고 강도가 높은 특성이 필요한데, 이것을 비강도로 평가한다.

specific surface 비표면적(比表面積) 단위량의 분체(粉體)에 포함되어 있는 입자 표면적의 총합.

specific thrust 공기비 추력(空氣比推力), 공기비 스러스트(空氣比－)[1], 연료비 추력(燃料比推力)[2] ① 제트 엔진에 있어서의 공기 유량 1kg/s 당의 발생 추력을 공기비 추력이라고 한다.
② 제트 엔진에 있어서의 단위 연료 유량당의 발생 추력을 연료비 추력 또는 간단히 줄여서 비추력이라고 한다. 이 역수(逆數)가 연료 소비율이다.

specific volume 비용적(比容積) 단위 중량의 물질이 지닌 용적.

specific weight 비중량(比重量) 물질의 단위 체적당의 중량.

specimen 시료(試料) ＝sample

spectrograph 분광 사진기(分光寫眞機) 빛의 스펙트럼 사진을 촬영하는 장치로, 분광기에 사진 장치를 부착한 것.

spectrometer 분광계(分光計) 하나의 광원으로부터의 방사를 분산시켜 스펙트럼을 만들고, 그 갖가지 파장 위치에 있어서의 방사의 강도, 기타를 정량적(定量的)으로 측정할 수 있도록 되어 있는 장치.

spectrometric oil analysis program ; SOAP 소프 엔진의 윤활유 속에 함유되어 있는 미량의 금속 원소를 탐지하여 베어링이나 기어 등에 이상이 없는가를 검사하는 방법을 말하며, 채취한 윤활유를 분광 분석 장치로 발광시켜 그 스펙트럼과 광량으로 금속 원소를 정량 분석(定量分析)한다.

spectroscope 분광기(分光器) →spectrometer

spectrum 스펙트럼 빛이나 방사선을 프리즘이나 분광기(spectroscope)로 분산시켜 파장(전자파)의 길이 순으로 배열한 것을 말한다.

spectrum analysis 분광 분석(分光分析) ① 빛의 흡수 또는 발광(發光)을 이용하는 분석 방법으로, 분광하여 목적 성분이 흡수 또는 발광하는 특유한 파장을 측정해 성분을 알아낼 수 있다. ② 스펙트럼을 이용하여 처리하는 정성(定性)·정량(定量) 분석.

speech recognition 음성 인식(音聲認識) 사람의 음성으로부터 그것에 대응하는 음소(音素), 단어, 문장을 판단, 식별하는 것을 말한다.

speed change gear 변속 장치(變速裝置) ＝variable speed gear

speed change gear drive 기어 변속 장치(－變速裝置) 원동축과 종동축(從動軸)과의 사이의 맞물림을 전환하여 원동축의 일정 회전수(매분)에 대하여 종동축의 회전수를 여러 종류로 변환하는 장치.

speeder 스피더 수차(水車) 등의 조속기(調速機)의 속도 검출 장치. 구조는 원심추(遠心錐)가 회전함으로써 생기는 원심력을 이용하는 것으로, 정규의 회전보다 상승할 때 이것과 연결되어 있는 슬라이딩 슬리브를 상하로 움직여 레버로 배압 밸브를 직접 조작한다.

speed factor 속도 계수(速度係數) 구름 베어링(rolling bearing)의 설계에 있어서, 사용하는 회전 속도에 따라 베어링의 수명 시간이 변화한다. 그래서 회전수를 고려하여 500시간의 정격 수명을 부여하는 부하 용량을 구할 때 기본 정격 하중에 곱하는 계수를 속도 계수라고 한다.

speed governor 조속기(調速機) 원동기의 회전 속도를 하중의 증감에 따라서 조정하는 장치. 모두 회전하는 추(錘)의 원심력을 응용한 것.

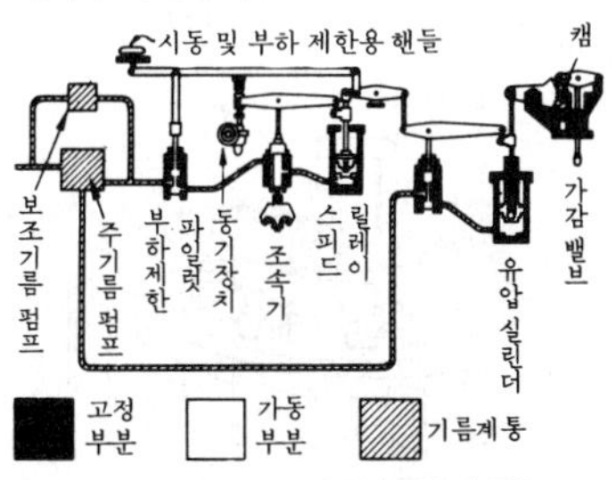

speed indicator 속도계(速度計) →speedometer

speed length ratio 속장비(速長比) 배의 속도를 배의 길이의 제곱근으로 나눈 값으로, 조파 저항(造波抵抗)과 밀접한 관계가 있다. 이 값은 유차원(有次元)이므로 사용하는 단위계에 따라서 서로 다른 수치를 부여한다.

speedometer 속도계(速度計) 속도의 측정이나 지시에 사용하는 계기의 총칭. 특히, 회전 속도에 사용하는 것을 회전 속도계라고 한다.

speedometer tester 스피도미터 테스터, 속도계 시험기(速度計試驗器) 자동차에 장착한 상태 그대로 속도계의 검사를 하는 것을 말한다. 정치식(定置式)인 것은 2개의 홈이 없는 롤러 위에 뒷바퀴를 올려 놓고 피검차(被檢車)에 의해 이를 구동한다.

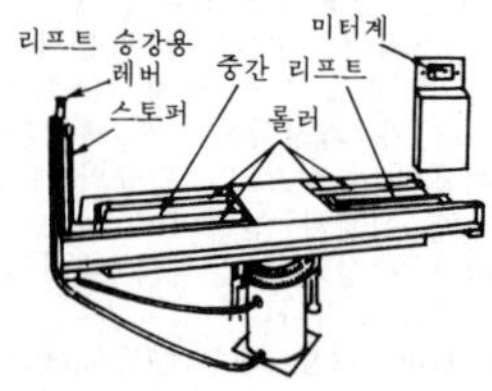

speed ratio 회전비(回轉比) 원동차의 매분 회전수를 N_1이라 하고, 종동차의 매분 회전수를 N_2라고 하면 회전비 $i=N_2/N_1$으로 표시된다.

speed regulator 스피드 레귤레이터, 속도 조정기(速度調整機) 기계, 차량 등의 속도 조정을 하기 위한 기계 장치.

speed ring 스피드 링 수직축 수차(水車)에 있어서 와류실(渦流室)과 안내 날개 입구를 연결하는 주철 또는 주강제(鑄鋼製) 고리.

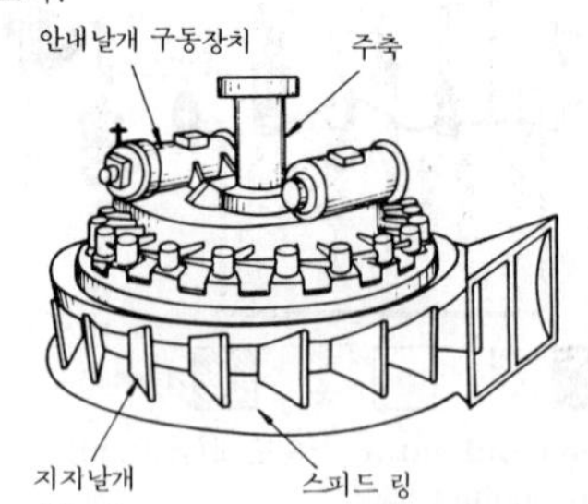

speed train 속도열(速度列) 공작 기계의 주회전 속도는 단계적으로 변환이 되는데, 이 속도의 배열을 속도열이라고 한다.

sphere 구(球) =ball, globe

spherical 스페리컬 구형(球形)이라는 뜻. 스페리컬 베어링(spherical bearing)은 구면(球面) 베어링, 스페리컬 롤러는 구면 원통(球面圓筒)을 말한다.

spherical bearing 구면 베어링(球面－) 구형(球形)의 저널을 지지하는 베어링. 전동축(傳動軸)의 회전축은 구면(球面) 중심의 주위로 어느 정도까지 이동할 수 있다.

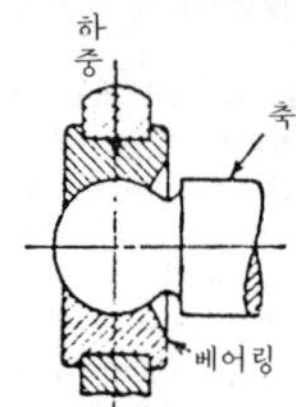

spherical cam 구면 캠(球面－) 입체 캠의 일종. 구형체(球形體)의 표면에 홈이 나 있는 것. 이것이 회전을 하면 종동절은 어떤 각도 내에서 왕복 회전 운동을 한다.

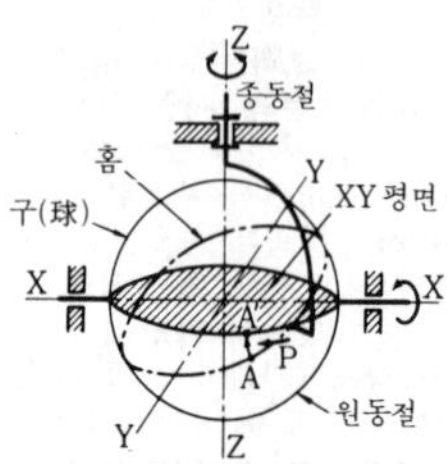

spherical chain 구면 운동 연쇄(球面運動連鎖) 연쇄를 구성하는 링크의 상호 회전 운동의 중심이 서로 평행을 이루지 않고 1점에 모이도록 배열되어 있는 것.

spherical head 둥근 머리

spherical mirror 구면경(球面鏡) 구상(球狀)의 반사면을 가진 반사경. 구(球)의 외면을 반사면으로 하는 볼록면 거울과, 내면을 반사면으로 하는 오목면 거울이 있다.

spherical motion mechanism 구면 운동 기구(球面運動機構) →spherical chain

spherical powder 구형 분말(球形粉末) 분말 입자가 구형(球形)으로 이루어진 것으로, 입도(粒度)는 분무(噴霧) 분말인 경우 100~500μ, 카보닐 분말인 경우 1~5 μ이다. 고품질, 고순도, 높은 밀도가 요구되는 정밀 기기의 재료나 특수한 용도에 사용된다.

spherical quadric crank mechanism 구면 4링크 회전 기구(球面四－回轉機構) 구면 운동 기구(球面運動機構)를 구성하는 4링크가 차례로 회전 대우(對偶 : 짝)를 이루며 구면 4변형(球面四邊形)을 형성하고 있는 것. 이러한 상호 회전 운동의 중심선은 모두 한 점에서 만난다.

spherical roller 구면 롤러(球面－) 구면상(球面狀)의 롤러.

spherical roller bearing 구면 롤러 베어링(球面－) 전동체(傳動體)로서 구면 롤러를 사용하는 복렬(複列) 롤러 베어링을 말한다. 외륜(外輪)의 홈이 하나의 구면형(球面形)으로 만들어져 있으므로 자동 조심성(自動調心性)이 있고, 중하중에 적합하며, 철도 차량의 차축의 축받이 등에 사용된다.

spherical valve 구형 밸브(球形－), 글로브 밸브 =globe valve

sphericity 진구도(眞球度) 구면 부분의 기하학적 구(球)로부터 벗어나는 크기를 말한다.

spheric motion 구면 운동(球面運動) 구면상의 운동.

spheroidal graphite cast iron 구상 흑연 주철(球狀黑鉛鑄鐵) 주철 용탕(鎔湯)에 세륨 또는 마그네슘(또는 그 합금)을 주입(鑄入) 직전에 첨가하면 구상 조직을 갖춘 흑연이 정출(晶出)된다. 이것을 구상 흑연 주철이라고 하며, 강(鋼)에 가까운 성질을 가지고 있다.

spheroidizing 구상화 풀림(球狀化－) 소성(塑性) 가공, 절삭 가공을 용이하게 하고, 또 기계적 성질을 개선할 목적으로 철강 속의 탄화물(炭化物)을 구상화하는 풀림 처리를 말한다.

spheroidizing treatment 구상화 처리(球狀化處理) 구상화(球狀化)란 분산되어 있는 상(相)의 모양을 둥글게 하는 것을 말한다. 강재(鋼材)의 시멘타이트의 구상화 처리는 그 대표적인 예이다. 주철에 Mg이나 Co를 미량 첨가함으로써 흑연을 구상화한 것이 구상 흑연 주철이다.

spheroid of revolution 회전 타원면(回轉楕圓面) 회전면의 일종으로, 타원을 장축(長軸) 혹은 단축 주위에 회전하여 얻어지는 회전면.

spherometer 구면계(球面計) 구면의 곡률 반경의 측정에 사용하는 측정 기구.

spider 스파이더 →spider die

spider die 스파이더 다이 고무, 합성 수지 또는 열간(熱間)에서 압착하는 성질이 있는 금속, 예를 들면 알루미늄 등 압출 가공에 의해 중공재(中空材)를 얻는 경우에 사용하는 조립식 다이를 말한다.

Spiegeleisen 슈피겔철(－鐵), 경철(鏡鐵) Mn 10~15%를 함유한 철합금. 망간 조정 등에 사용한다.

spigot 스피것, 삽입구(揷入口) →spigot bush

spigot bush 삽입 부시(揷入－) 구멍 뚫기용 지그에 부착되어 있는 안내 부시에 삽입하여 드릴을 지지하는 데 사용하는 부시.

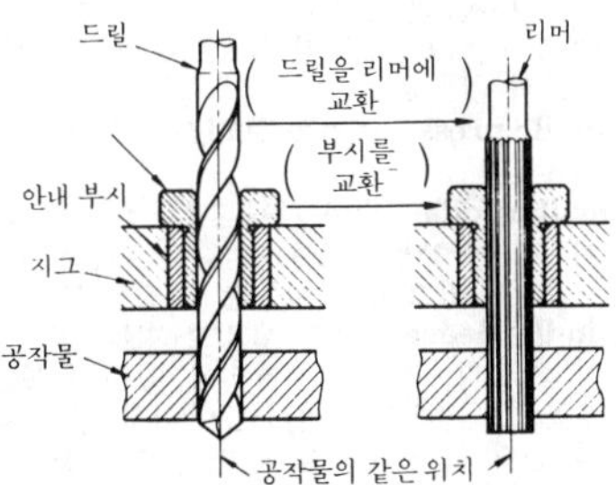

spike 대못, 큰못

spill type burner 환류식 버너(還流式－) 가스 터빈용 등으로 사용되는 와류형 분사 밸브의 한 형식. 와류실(渦流室)의 일부에 도출(逃出) 구멍이 나 있고 유량을 교축(絞縮)할 때 그 구멍을 열어 연료의 일부를 도출시키는 것. 분사량을 바꾸어도 분사각이나 분무(噴霧)의 입도(粒度)가 변하지 않고, 부분 부하로도 적절한 연소 성능을 얻을 수 있다.

spill type swirl atomizer 도출 와류 분사 밸브(逃出渦流噴射－) →spill type burner

spin 스핀 전자(電子)나 양자(陽子), 중성자 등의 소립자(素粒子)는 공간적인 각운동량(角運動量) 이외에 그 자체의 고유의 각운동량과 그것에 수반되는 고유의 자기(磁氣) 능률을 지니고 있다. 이 고유의 각운동량을 그 소립자의 스핀이라고 한다.

spin axis 스핀축(―軸) 강체(剛體)가 회전하고 있을 때 회전의 중심이 되는 직선.

spindle 스핀들 ① 선반 등의 주축. ② 실을 꼬면서 목관(木菅) 등에 감는 데 필요한 강철제의 급속 회전하는 소축(小軸). ③ 북, 방추(紡錘).

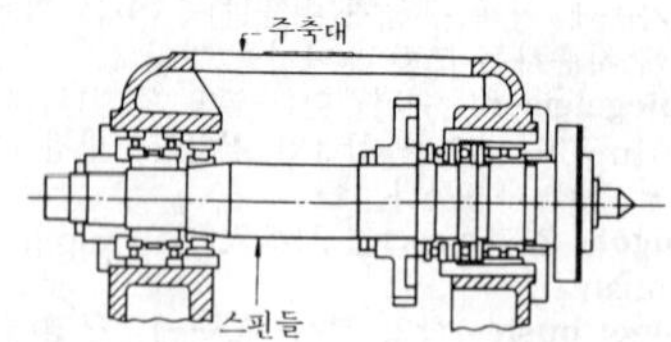

spindle head saddle 주축 새들(主軸―) 공작 기계의 주축 및 그 구동(驅動) 장치, 이송(移送) 장치의 전부 또는 일부를 갖추고 있고, 그 부분 전체가 이동할 수 있는 구조의 것.

spindle press 스핀들 프레스 →friction press

spindle saddle 주축 새들(主軸―) 공작 기계에서 주축대(主軸臺)와 같은 내용이지만 고정되어 있지 않아 이동할 수 있는 것.

spindle sleeve 주축 슬리브(主軸―) 공작 기계의 주축이 부착되어 있는 원통형 부분으로, 래크와 피니언에 의한 구동 방식 등에 의해 주축을 축 방향으로 움직이는 데 사용한다. 주로 드릴링 머신에 사용되고 있다.

spindle slide 주축 슬라이드(主軸―) → spindle saddle

spindle-speed function **S** 기능(―機能) 주축의 회전 속도를 지시하는 기능.

spinnability 가방성(可紡性) 재료를 용해 또는 융해(融解)하여 연속적으로 섬유 형상의 실을 뽑을 수 있는 성능과, 섬유의 집합을 간추리고 가늘게 하여 방적사(紡績絲)를 만들 수 있는 성능 등 두 가지 의미가 있다.

spinning 스피닝, 스피닝 가공(―加工) 스피닝 선반을 사용하여 소재(素材)를 회전시키면서 원뿔 모양의 스피닝 형틀에 맞추어 원뿔형의 용기를 만들거나 용기의 아가리를 오므라들게 좁히는 가공법.

spinning frame 정방기(精紡機) 방적 공정에서 조방(粗紡) 공정 다음에 단사(單絲)를 방출(紡出)하는 기계.

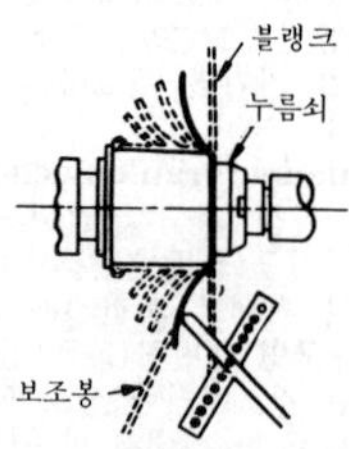

spinning

spinning lathe 스피닝 선반(―旋盤) 스피닝 가공에 사용하는 간단한 선반.

spinning machine 방사기(紡絲機) 합성 섬유나 화학 섬유를 제조할 때 방사액을 다수의 극소 구멍에 있는 방사 베이스에서 압력을 가하여 밀어 내어 실을 제조하는 기계로, 대별하면 습식 방사기, 건식 방사기, 용융 방사기의 3종류가 있다.

spinning process 스피닝법(―法) 원료를 2,000℃ 이상의 고온에서 용융하고, 이것을 W, Mo, BN제의 오리피스 탕구(湯口)로부터 가느다란 흐름으로 유출시키면서 이 세류(細流)를 고속으로 회전하는 원반의 측면으로 받아 그 원심력으로 원료를 섬유화하는 방법.

spiral bevel gear 스파이럴 베벨 기어 베벨 기어의 일종. 피치 원뿔의 모선에 대해 경사지게 이를 절삭한 것.

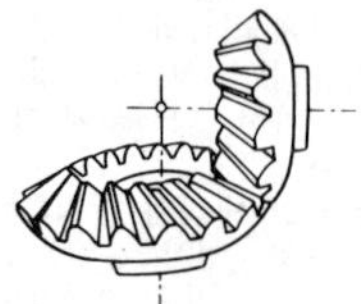

spiral broach 스파이럴 브로치 둥근 구멍에 여러 줄의 비틀린 홈을 절삭하는 데 사용하는 브로치.

spiral casing 와류형 케이싱(渦流形―) 프란시스 수차(水車)나 원심(遠心) 펌프의

주요부를 이루는 나선형 또는 달팽이 모양의 케이싱.

spiral chute 나선형 슈트(螺旋形－) 곧은 슈트는 차츰 가속이 되어 지나친 고속이 되므로 스파이럴 상으로 굽힌 슈트를 말한다.

spiral cutter 스파이럴 밀링 커터 평 밀링 커터의 절삭날을 그 중심축에 대하여 헬리컬형으로 만든 밀링 커터. 헬리컬각은 보통 45° 이상으로 되어 있다.

spiral fluted reamer 스파이럴 리머 절삭날이 트위스트 드릴처럼 비틀린 리머.

spiral gasket 나선형 개스킷(螺旋形－) 그림과 같이 두께가 0.13～0.2mm, 폭 3～4mm의 테이프 모양의 연강판 또는 스테인리스 강판과 석면지(石綿紙)를 교차로 나선상(螺旋狀)으로 감고, 맨 처음과 마지막 끝을 스폿 용접으로 용접한 것을 말한다. 30～60kgf/㎠의 압력에서 사용되고 있다.

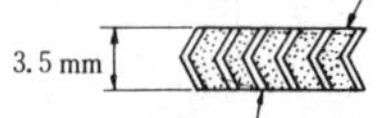

spiral of Archimedes 아르키메데스의 와선(－渦線) 중심으로부터의 거리가 회전각에 비례하여 커지는 와선(渦線). 아르키메데스의 나선(螺線)이라고도 한다.

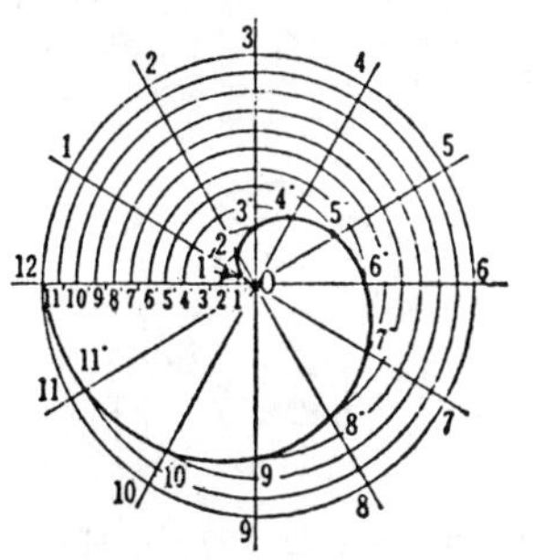

spiral pipe 스파이럴 강관(－鋼管), 나선형 강관(螺旋形鋼管) 띠강(帶鋼)을 나선형으로 하고 이음매를 용접하여 만든 파이프.

spiral spring 나선형 스프링(螺旋形－), 태엽 가늘고 긴 띠 모양의 강을 태엽처럼 나선형으로 감은 스프링.

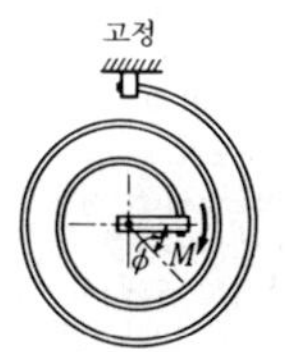

겉단을 고정한 비접촉형의 나선형 스프링

spiral tap 스파이럴 탭 나사부가 나선형으로 되어 있는 탭. 인성(靭性)이 강한 강재(鋼材)에 대하여 절삭성이 좋고 절삭면이 매끈하게 다듬질된다.

spiral water turbine 와류형 터빈(渦流形－) 와류형 케이싱을 갖춘 터빈. 오늘날 많이 사용되고 있는 프란시스(Francis) 터빈, 프로펠러 터빈의 대부분은 이 와류형 케이싱을 갖추고 있다. 수압(水壓) 철관으로부터 유도된 물은 이 케이싱에 유입하여 스테이 베인(stay vane)을 지나 다시 가이드 베인(guide vane)을 경유하여 터빈 러너(turbine runner)로 흘러 들어간다.

spiral wound roller bearing 휨 롤러 베어링 단면이 장방형인 강선을 나선 원통상(螺旋圓筒狀)으로 감은 스프링을 사용한 베어링. 롤러가 휘기 쉬우므로 충격을 받아도 이를 완화하는 기능을 가지고 있다. 충격 하중이 가해지는 곳에 적합하다. =flexible roller bearing

spirit level 레벨, 수준기(水準器) = level vial

splash 튐, 비산(飛散), 튀기는 소리, (흙탕물 등을)튀기다

splash lubrication 비말 주유(飛抹注油), 스플래시 주유(－注油) 기름을 비산(飛散)시켜 주유하는 방법을 말한다. 150kW 이하의 감속기의 윤활도 거의 스플래시 주유이다.

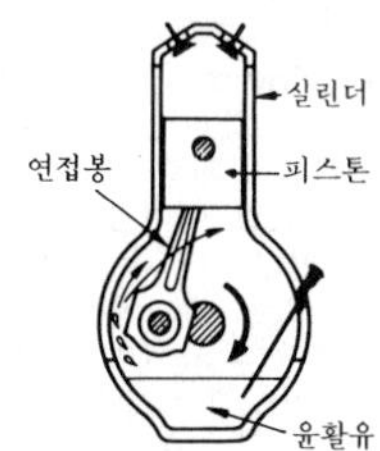

splat cooling process 융체 초급랭법(融體超急冷法) 고온으로 용융한 재료를 고속 회전 롤러 위에 흘려 1초당 10만~100만℃의 속도로 초급랭시켜 순간적으로 고화(固化)하는 제조 기술을 말한다. 초급랭하기 때문에 원자를 규칙적으로 바르게 배열할 시간적인 여유가 없으므로 흐트러진 상태 그대로 고체화한 비결정(非結晶) 물질이 얻어진다.

spline 휨자, 스플라인 ① 곡선용 휨자. =batten ② 축과 보스에 절삭하는 키 홈.

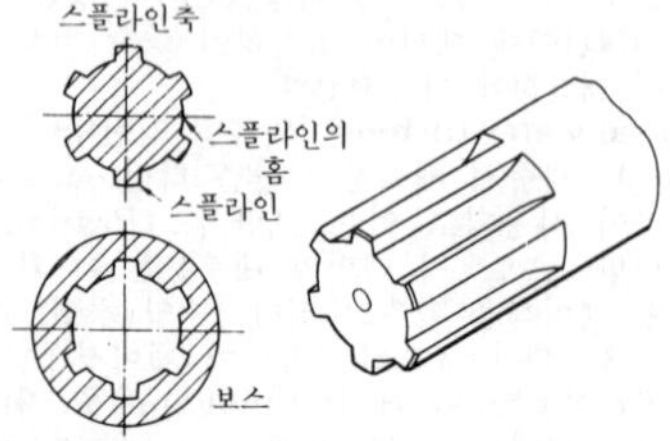

spline broach 스플라인 브로치 둥근 구멍에 스플라인 홈을 절삭하는 브로치. →spline

splined built-up crankshaft 스플라인 조립 크랭크축(-組立-軸) 크랭크 암과 크랭크 핀, 저널을 각각 따로 만들고 각각 스플라인을 만들어 조립한 크랭크축. 강도도 충분하고 저널에 니들 베어링 등을 사용할 수도 있으며, 전체가 작게 구성이 되고 기능도 우수하나 값이 비싸다. 소형 고성능 기관에 사용되고 있다.

spline milling machine 홈 절삭 밀링 머신(-切削-) 스플라인축의 홈 등을 절삭하는 밀링 머신.

spline shaft 스플라인축(-軸) 축에 평행으로 4~20줄의 키 홈을 파고 보스에는 이것과 끼워 맞추어지는 홈을 판 것. 보스에도 이것과 끼워 맞추어지는 키 홈을 파서 서로 결합한다.

spline shaft grinder 스플라인축 연삭기(-軸研削機) 스플라인축을 절삭하는 총형(總形) 연삭기의 일종.

split bearing 분할 베어링(分割-) 몸체가 분할된 베어링. 마모되면 이를 조정할 수 있도록 대(臺), 캡, 베어링 메탈의 3부분으로 분해되고, 축받이면에 베어링 메탈을 갈아 넣은 다음 볼트로 체결하게 되어 있다.

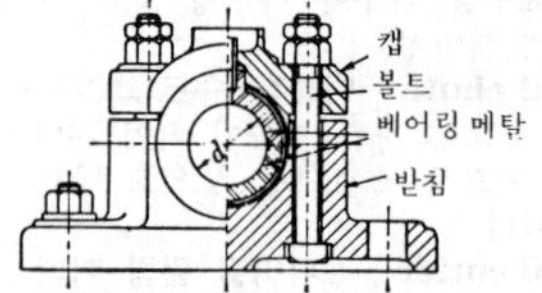

split belt pulley 분할 벨트 풀리(分割-) 지름이 매우 큰 벨트 풀리를 제작 또는 주조의 편의상 두 부분으로 분할해서 만들어 이를 조립한 것.

split cotter 분할 코터(分割-) 코터 모양의 폭이 넓은 분할 핀.

split cotter pin 분할 핀(分割-) 반원형 단면의 철사를 꺾어서 맞붙인 모양의 핀.

split die 분할 다이(分割-) 대개는 둥근 모양이며, 분할되어 있어서 이것을 개폐함으로써 나사 지름을 조정할 수 있다. 조정식인 것은 외경 20mm 이상이며 주로 수동용.

split gear 분할 기어(分割-) 지름이 큰 기어인 경우에는 주조(鑄造)로 인한 수축으로 내부 응력이 생긴다. 이에 대한 대책 및 결합할 때의 편의상 기어를 둘로 나누어 만드는 것.

split mold 분할 목형(分割木型) 상형과 하형으로 나뉜 목형. =split pattern

split muff coupling 분할 원통형 커플링(分割圓筒形-) =clamp coupling

split pattern 분할 목형(分割木型) 주형 제작이 용이하도록 목형을 상형과 하형 둘로 나누어 만드는 것.

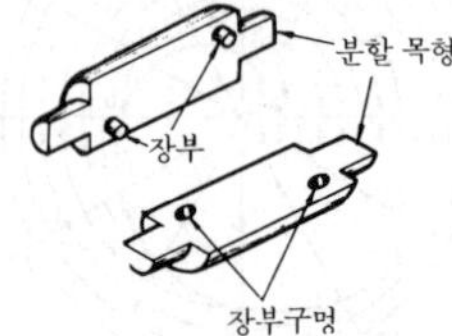

split pin 분할 핀(分割-) 나사의 풀림

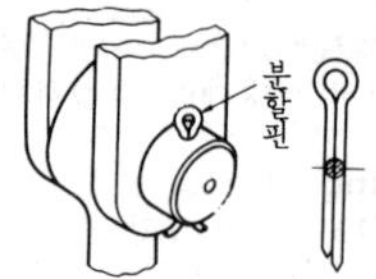

방지나 부품을 축에 고정시키는 데 사용하는, 가운데가 갈라진 핀. 핀을 끼우고는 빠지지 않도록 끝을 굽힌다.

split pulley 분할 벨트 풀리(分割-) 두 조각으로 주조(鑄造)된 대형의 벨트 풀리(바퀴).

spoke 스포크 자전거 등의 바퀴에서 림과 보스를 연결하는 막대 모양의 강선(鋼線). 자전거 살.

spoked wheel 소프크 차륜(-車輪) 림과 보스를 스포크로 연결한 차륜.

sponge iron 해면철(海綿鐵) 산화철을 철의 용융점 이하로 환원시킨 다공성(多孔性)의 환원철(還元鐵).

spontaneous ignition 자연 발화(自然發火) 석탄이 저장 중에 자연적으로 발화하여 연소하기 시작하는 현상.

spool 스풀 ① 원통형의 미끄럼면 속을 축방향으로 이동하면서 유체의 유로(流路)를 전환시키거나 개폐하는 꼬치형(串形)의 스핀들을 말한다. 보통의 솔레노이드 밸브에는 스풀이 장치되어 있다. ② 실을 감거나 필름을 감는 릴(reel).

spool(type) valve 스풀 밸브 슬리브 내를 축 방향으로 운동하는 스풀에 의해서 유로(流路)의 개폐를 하는 밸브.

spool winder 스풀 와인더 씨실 감기를 할 때 사용하는 기계로, 실을 감는 방법에 따라 직행식과 교차식이 있다. 씨실 감기는 방적용 보빈(bobbin)에 감겨진 실을 씨실로서 사용하기 위하여 꾸리 감기를 하는 공정을 말한다.

spot 스폿 ① 점, 반점(斑點), 흠집. ② 더럽히다.

spot facing 스폿 페이싱 볼트 머리나 너트가 접촉되는 부분만 평탄하게 다듬질하는 작업. 흑피 부분에는 모두 이렇게 하는 것이 좋다.

spot facing tool 스폿 페이싱 바이트 스폿 페이싱에 사용하는 절삭 공구. 바이트 홀더에 절삭날을 붙인 것과 일체로 만들어진 것이 있다.

spot heating 스폿 히팅 점 가열로 변형을 바로 잡는 것. 가스 토치로 점상(點狀)으로 급속히 가열한 다음 물로 급랭하면 판이 수축을 하여 늘어난 상태가 된다.

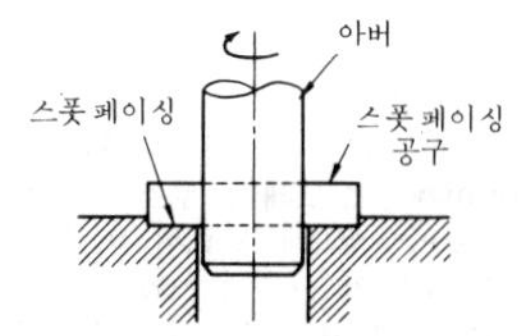

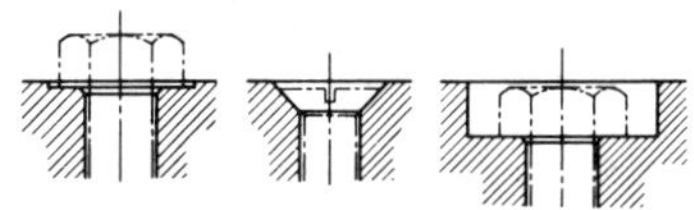

spot facing

spotting tool 심내기 바이트(心-)

spot welder 점용접기(點鎔接機) =spot welding machine →spot welding

spot welding 스폿 용접(-鎔接), 점용접(點鎔接) 금속판을 겹쳐 상하의 전극에 끼우면서 압력을 가하여 대전류를 흐르게 함으로써 그 점을 용접하는 방법. 용접된 부분을 너깃(nugget)이라 한다.

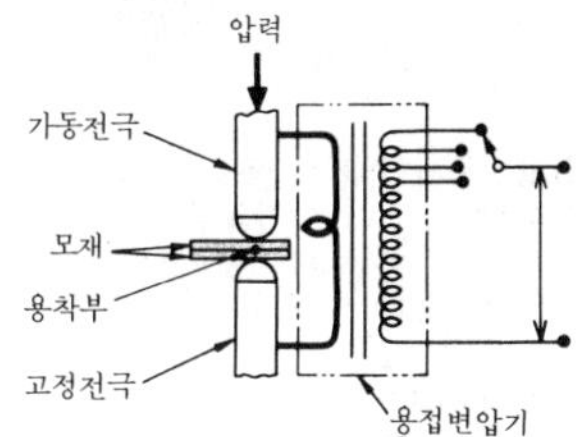

spot welding machine 점용접기(點鎔接機) 용접을 하는 데 필요한 전기적 에너지를 전자적(電磁的)으로 또는 정전기적(靜電氣的)으로 저장하고 있다가 급격히 이것을 방출하여 점용접을 하는 용접기. 가압(加壓) 방식에 의한 분류로는 레버 가압형, 직상(直上) 가압형이 있고, 전원 방식 또는 전류의 파형에 의한 분류로는 단상 교류식(單相交流式), 3 상식, 축열식(蓄熱式) 등이 있다.

sprag clutch 스프래그 클러치 원웨이 클러치(one-way clutch)의 일종. 내륜(內輪)과 외륜(外輪) 사이에 특수한 형상의 캠(스프래그)을 다수 넣고 이들 캠의 쐐기 작용으로 한 쪽 방향의 회전 운동을 전달한다.

spray 스프레이 ① 분무기(噴霧器), 분무, 물보라. ② 분사하다, 내뿜다.

spray booth 스프레이 부스 분무 도장(噴霧塗裝)을 할 때 도료의 비산(飛散)을 방지하기 위하여 사용하는 것.

spray carburettor 분무식 기화기(噴霧式氣化器) =jet carburettor

spray cleaning 분무 세정법(噴霧洗淨法) 용제 탈지법(溶劑脫脂法)의 일종. 용제를 분사함으로써 용제의 용해 작용과 분사하는 힘으로 눌어붙은 유지류(油脂類)를 제거하는 탈지법.

sprayer 분무기(噴霧器) =spray

spray gun 스프레이 건 분무 도장(噴霧塗裝)에 사용하는 도료를 분사하는 기구.

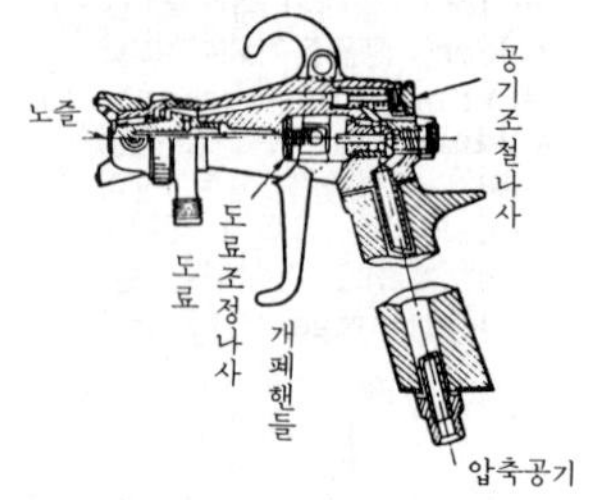

spraying 용사(鎔射) 용융 상태의 금속이나 세라믹스 등의 입자군을 피처리물 표면에 뿜어서 적층 피막을 형성시키는 피복법. 방식(防蝕), 내마모, 내열 등의 목적에 쓰인다.

spraying nozzle 분무 노즐(噴霧−) 액체를 작은 구멍으로부터 분출, 비산시켜 미립자화하는 구조의 노즐.

spray nozzle 분무 노즐(噴霧−) =spraying nozzle

spreader 스프레더 컨테이너의 하역 작업에 사용되는, 컨테이너를 매다는 기구를 말한다.

spreader stoker 스프레더 스토커 셔블(삽) 급탄기와 체인 화격자를 조합하여 만든 새로운 형식의 위에서 급탄하는 식의 스토커.

spreading 스프레딩 땜납 등을 납땜할 금속 위에 놓고 밑에서 가열했을 때 땜납이 녹아서 금속 표면에 퍼져 가는 현상을 말한다.

spring 스프링, 용수철 스프링강으로 만든 매우 탄력있는 기계 재료. 그 탄성(彈性)을 이용하여 변형 에너지를 축적하거나 또는 충격을 완화하거나 또는 작용하는 힘의 크기를 측정하는 데 사용한다. 코일 스프링, 나선형 스프링, 판 스프링, 겹판 스프링, 벌류트(volute) 스프링 등이 있다.

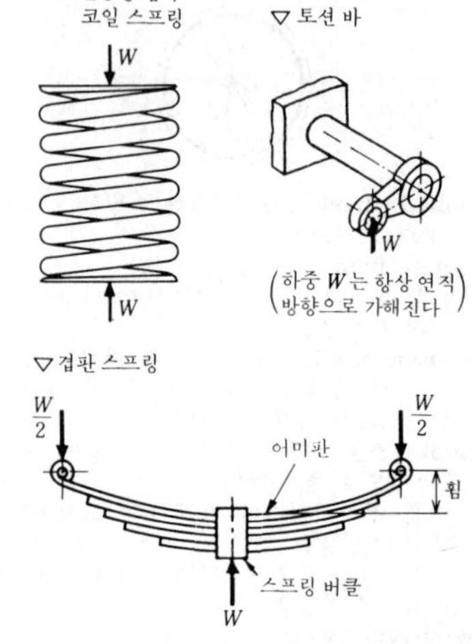

spring back 스프링 백 소성(塑性) 재료의 굽힘 가공에서 재료를 굽힌 다음 압력을 제거하면 원상으로 되돌아가려는 탄력 작용으로 굽힘 량이 줄어드는 현상을 말한다.

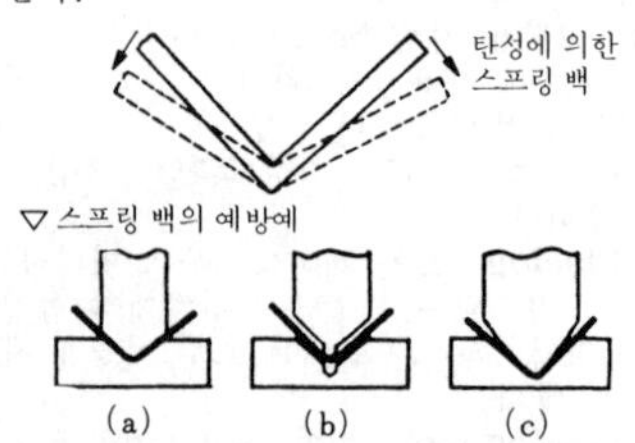

spring balance 용수철 저울 훅의 법칙(Hooke's law)에 의하여 물체의 중량을 스프링의 늘어나는 정도로 측정하는 저울. 사용하기는 간편하나 정도(精度)가 낮고 온도에 의한 오차가 크다.

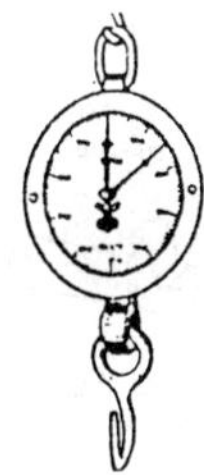

spring bearing 스프링 베어링 스프링 한 쪽 끝을 지지하고 변형에 의해 스프링 끝이 이동할 수 있게 한 받이쇠.
spring bows 스프링 컴퍼스 제도기의 일종. 양 다리가 스프링 모양으로 되어 있는 작은 컴퍼스. 연필용과 오구용(烏口用)이 있다.
spring buckle 스프링 버클 겹판 스프링을 묶어 체결하는 죔쇠. →laminated spring
spring calipers 스프링 캘리퍼스 작은 너트로 양 다리의 개도(開度)를 조정하는 캘리퍼스. 머리 부분에 고리 스프링이 장치되어 있다.
spring capacity 스프링 용량(-容量) 스프링이 그 목적에 사용될 수 있는 최대 한도를 나타내는 수치. 예를 들면, 가해질 수 있는 최대 하중, 최대 변형량 또는 흡수할 수 있는 최대 에너지 등을 수치로 나타낸 것.
spring centered valve 스프링 센터 밸브 스프링 리턴 밸브(spring return valve)의 일종으로, 노멀 위치가 중립 위치인 3위치 전환 밸브를 말한다.
spring compasses 스프링 컴퍼스 → spring bows
spring constant 스프링 정수(-定數) 스프링이 하중 W(kgf)을 받아 δ(mm)의 변형을 발생할 때 그 비 k(kgf/mm)의 값. 비틀림 스프링에서는 비틀림 모멘트 T(kgf · mm)와 비틀림각 θ(rad)의 비 k_t (kgf · mm/rad)의 값.

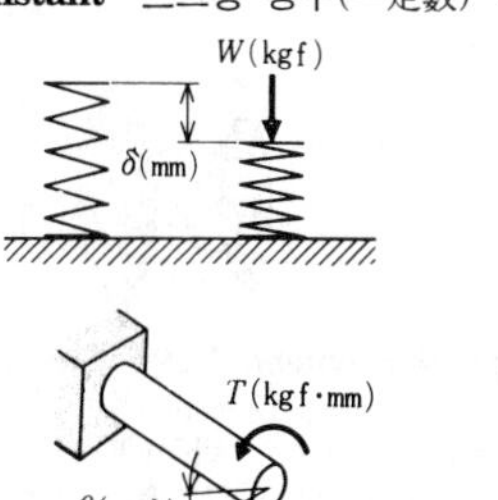

spring cotter 분할 핀(分割-) =split cotter pin
spring die 스프링 다이 다이 자체의 스프링 작용으로 지름을 조정할 수 있는 다이를 말한다.
spring equalizing device 스프링 평형장치(-平衡裝置) 동시에 여러 개의 스프링을 이용할 때, 스프링이 균등한 하중을 분담하여 평형을 유지하게 하는 장치.
spring eye 스프링 아이 ① 겹판 스프링의 어미판 양끝을 둥글게 말아 올린 지지구멍. ② 스프링을 매다는 고리 부분을 구성하는 주요 부분.
spring governor 스프링 조속기(-調速機) 스프링을 이용하여 회전 속도를 조정하는 조속기. 코일 스프링 조속기와 판 스프링 조속기가 있다.
spring hammer 스프링 해머 단조용(鍛造用) 기계의 일종. 크랭크의 회전력을 겹판 스프링을 거쳐 해머에 전달하여 타격을 가하는 기구(機構)로 되어 있다

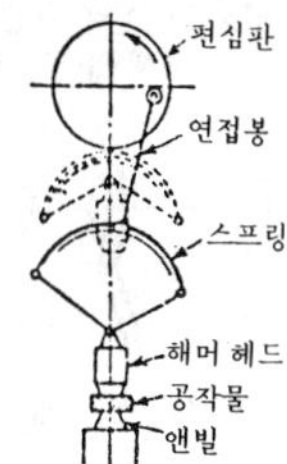

spring hanger 스프링 행거 겹판 스프링을 지지하는 부품을 말한다. →laminated spring, lamellar spring
spring key 스프링 키 원통형으로 말은 스프링 핀.
spring-mass system 스프링 질량계(-質量計) 스프링과 질량으로 이루어져 있는 진동계를 말하며, 진동의 자유도수에 의해 1자유도계, 2자유도계, …, 다자유도계가 있다.
spring motor 스프링 모터 스프링의 탄력을 원동력으로 이용한 모터.
spring nut 스프링 너트 스프링 강의 판

으로 만든 너트. 1산분의 두께이기는 하나 이것에 나사를 틀어 박으면 스프링 작용으로 나사의 풀림 방지에 도움이 된다.

spring offset valve 스프링 오프셋 밸브 스프링 리턴 밸브의 일종으로, 노멀(normal) 위치가 오프셋 위치에 있는 전환 밸브.

spring pin 스프링 핀 ① 탄성이 있는 얇은 강판을 원통 모양으로 둥글게 말아서 핀의 반지름 방향으로 스프링 작용이 발생하게 한 핀으로, 한 겹만 말은 것과 여러 겹 말은 것이 있다. ② 펀치나 다이의 표면에 부착하는 가공품이나 슬래그를 떨어뜨리기 위하여 펀치나 다이 속에 내장된 코일 스프링 장치의 돌출 핀.

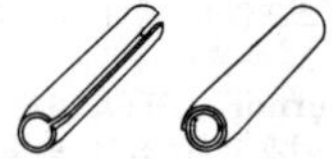

spring return valve 스프링 리턴 밸브 스프링의 탄력에 의하여 노멀 위치에 되돌아가는 형식의 전환 밸브.

spring safety valve 스프링 안전 밸브(-安全-) 스프링의 압축력을 이용한 안전 밸브.

spring shackle 스프링 섀클 자동차의 베어링 스프링을 차대(車臺)의 스프링 슈에 장착하는 고리쇠.

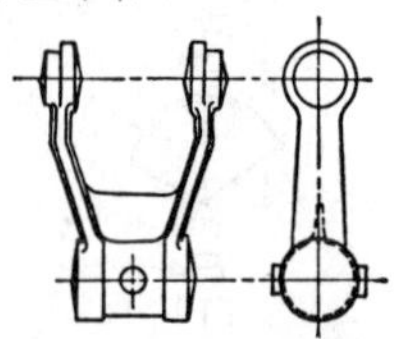

spring shoe 스프링 슈 =spring bearing

spring steel 스프링 강(-鋼) 스프링재로 사용되는 강. 특히, 탄성 한도가 클 것이 요구된다. 탄소강(炭素鋼)으로서는 보통 C 0.4~1.0%, 특수강으로서는 C 0.45~0.65% 정도의 강.

spring swage 스프링 스웨이지 단조(鍛造) 작업에서 단조 탭의 상형과 하형을 띠강으로 연결하여 한 조를 일체로 한 것.

spring take-up 스프링 테이크업 스프링에 의한 긴장. 스프링식 테이크업이라고도 한다.

spring tool 스프링 바이트, 헤일 바이트 다듬질용 바이트의 일종. 바이트 자루의 일부분을 거위목(goose neck)처럼 굽혀 탄력을 갖게 한 바이트.

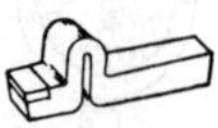

spring washer 스프링 와셔 강제(鋼製) 스프링을 이용한 와셔. 주로 너트의 풀림을 방지하기 위하여 진동이 있는 곳에 사용한다.

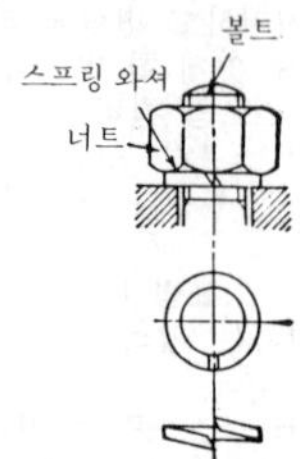

sprinkler 스프링클러, 자동 살수 장치(自動撒水裝置) 관개수(灌漑水)를 펌프로 가압, 파이프로 송수하여 살수기 또는 분수구에서 물을 분사하여 살수하는 장치.

sprinkler extinguishing system 스프링클러 소화 장치(-消火裝置) 천장 등의 고정 배관상에 스프링클러 헤드를 배치하고, 화염이 발생하여 온도가 상승하면 스프링클러 헤드의 가용부(可溶部)가 이를 감지하고 용해 또는 파열됨으로써 배관 속에 상시 가압되어 있는 물을 방수하여 자동적으로 소화(消火)를 하는 장치를 말한다.

sprocket 스프로킷 체인을 걸어서 전동하는 톱니 또는 발톱이 달린 바퀴. =chain sprocket

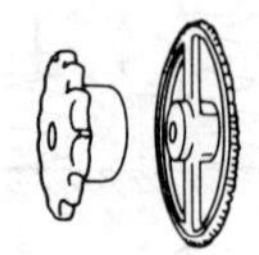

sprocket wheel 체인 기어, 스프로킷 휠 =sprocket

sprue 스프루[1), 탕구(湯口)[2) ① 사출 또는 트랜스퍼 성형기의 노즐이 접하는 금형의 최초의 유로(流路)를 말한다. 여기서부터 금형의 러너, 게이트를 거쳐 캐비티에 충전된다.

② 주로 작업에서 용해한 주철 또는 주조용 금속을 일반적으로 탕이라 하고, 이 탕을 주형에 부어 넣는 입구를 탕구라 한다.

sprue cutter 탕구 절단기(湯口切斷機) = gate cutting machine

sprue runner 탕도(湯道) 쇳물을 탕구(湯口)로부터 주형(鑄型)의 공동(空洞)부까지 유도하기 위해 주형 내에 설치한 수평 방향의 유로. →molten metal

spur gear 평 기어(平－), 스퍼 기어 가장 대표적인 기어로, 축과 나란히 톱니가 절삭되어 있는 기어.

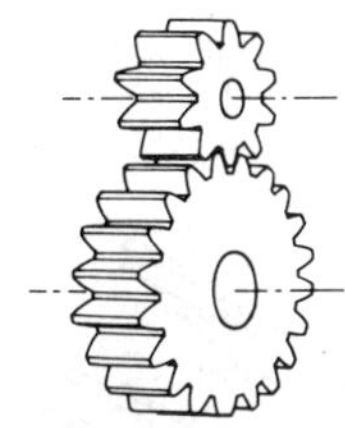

spur wheel 평 기어(平－) =spur gear

sputter 스퍼터 소리내어 불꽃이 튀거나 방전하는 것.

sputter deposition 스퍼터 디포지션 스퍼터링 현상을 박막(薄膜) 제작에 이용한 것.

square 스퀘어, 직각자(直角－) 금긋기용 직각자. 주로 공작물의 직각도, 평면도를 검사하거나 금긋기에 사용된다. 경질(硬質)의 강으로 만들어졌고 정확한 직각으로 가공되어 있다. 사용 목적에 따라 여러 가지 모양으로 되어 있다.

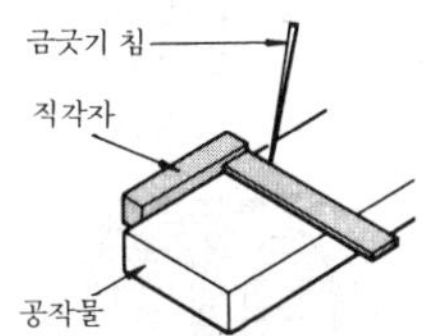

square bar 각재(角材) 단면이 정방형인 금속 재료.

square broach 각 브로치(角－) 정방형의 구멍을 절삭하고 다듬질하는 브로치.

square die 각 다이(角－) 정방형으로 생긴 다이(die).

square file 각 줄(角－) 단면이 정방형이고 4면 모두 이중 컷으로 되어 있는 줄.

square groove I형 그루브(－形－) 접합하는 모재의 양 단면(端面)을 수직으로 잘라 0.1mm 간격으로 띄우고 이 부분을 용접하는 용접 홈.

square headed bolt 4각 머리 볼트(四角－) =square head bolt

square key 각 키(角－) 단면이 정방형인 키. 홈이 장방형이면 특히 깊은 키 홈을 파서 사용하거나, 축에도 보스에도 V형 키 홈을 절삭하여 사용한다.

square nut 4각 너트(四角螺絲) 바깥 둘레가 4각형으로 되어 있는 너트.

square shear 스퀘어 시어 판금을 직선으로 절단하는 동력 전단기. 폭 2,000 mm, 두께 3.2mm까지의 연강판을 절단할 수 있다.

square thread 각 나사(角－) 나사산의 단면이 정방형인 나사. 3각 나사와 비교하여 마찰이 작으므로 프레스나 잭 등에 사용된다.

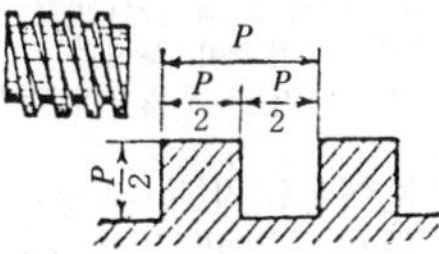

squaring shear 스퀘어 시어 →square shear

squeeze 스퀴즈 O링 등이 장착되었을 때의 굵기의 감소량을 O링의 스퀴즈라 한다.

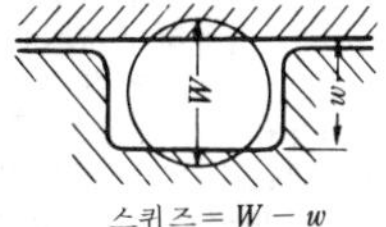

스퀴즈 = $W - w$

squeeze packing 스퀴즈 패킹 합성 고무, 합성 섬유, 금속 등을 재료로 하고,

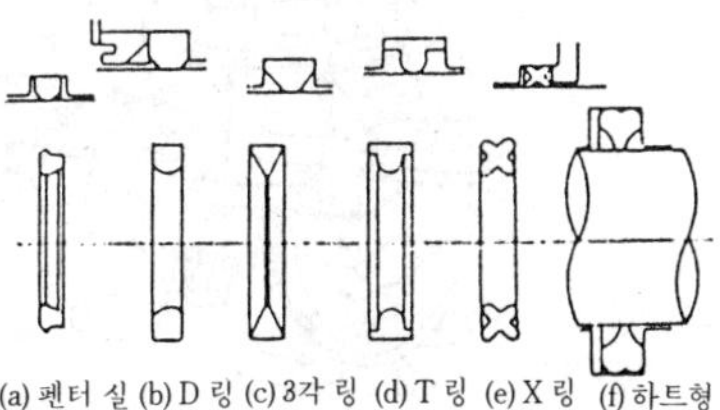

(a) 펜터 실 (b) D링 (c) 3각 링 (d) T링 (e) X링 (f) 하트형 링

모양은 O형, D형, 3각형, T형, X형 등으로 되어 있다. 패킹 홈에 처음부터 20~10%정도의 스퀴즈를 주어 놓고 밀봉을 한다.

squeezer 스퀴저 ① 제관(製罐)에서 강판의 굽힘 작업에 사용하는 공구. ② 압착기, 탈수기 또는 스크루의 힘으로 고체 속에 함유되어 있는 액체분을 짜 내는 장치.

squeezing 스퀴징 코이닝(coining)이나 스웨이징(swaging) 등과 같은 압축 가공(壓縮加工)의 총칭.

sqeezing test 스퀴징 테스트, 압궤 시험(壓潰試驗) 고리 모양의 시험편을 지름 방향으로 압축하여 파괴시키는 시험. 압궤되기까지의 하중을 측정하여 강도를 시험한다.

squill vice 스퀼 바이스 소형 바이스의 일종. →vice, vise

squirrel-cage induction motor 농형 유도 전동기(籠形誘導電動機) 유도 전동기의 일종. 권선형 유도 전동기(捲線形誘導電動機)에 비하여 회전자(回電子)의 구조가 간단하고, 취급이 용이하며, 운전시의 성능이 뛰어나지만 가동시의 성능이 뒤떨어진다.

SST 초음속(수송)기(超音速(輸送)機) → supersonic transport

stability 복원성(復元性) 정지 또는 일정한 범위 안에서 운동하고 있는 물체에 미소한 변위를 주었을 때, 이 물체가 원래의 정지 또는 운동 상태로 되돌아가는 경우 복원성이 있다고 말한다. 거친 파도에 배가 기울면서도 침몰하지 않는 것은 이와 같은 복원성을 가지고 있기 때문이다.

stabilization period 정정 시간(整定時間) 조속기(調速機)가 달린 기관을 운전할 때, 부하가 바뀐 때부터 정정(整定) 회전 속도에 도달하기까지의 기간.

stabilized speed 정정 회전 속도(整定回轉速度) 조속기(調速機)가 달린 기관을 운전할 때 정격 부하로부터 다른 부하로, 또는 역으로 임의의 부하로부터 정격 부하로 부하를 변화시키면 시간의 경과와 더불어 어떤 일정한 속도로 낙착한다. 이것을 정정 회전 속도라고 한다.

stabilized stainless steel 안정화 스테인리스강(安定化-鋼) 오스테나이트계(系) 스테인리스강은 450~870℃로 가열되면 내식성(耐蝕性)이 없어져 입계 부식(粒界腐蝕)이 되기 쉽다. Nb, Ta, Ti를 첨가함으로써 이러한 현상을 방지하고 내식성을 개선한 스테인리스강을 말한다.

stabilizer 스태빌라이저, 안정 장치(安定裝置) 예를 들면, 자동차의 차체 요동 흡수 장치, 비행기의 안전판, 화약의 안정제 등을 말한다.

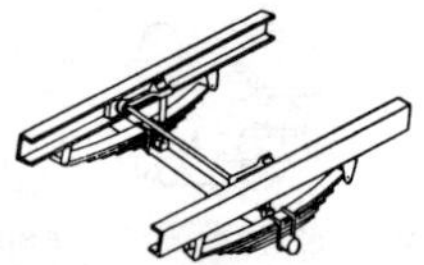

stabilizing baffle 보염판(保炎板) =flame piloting baffle

stabilizing treatment 안정화 처리(安定化處理) 2종 이상의 금속, 기타가 용합(鎔合)되어 있는 금속 재료의 고체로부터 그 융합되어 있는 금속상(金屬相)을 출현시키는 것을 석출(析出)이라고 하는데, 이 석출 현상을 일으키게 하는 열처리를 안정화 처리라고 한다. 이 열처리를 하면 상온 시효 경화(常溫時效硬化)나 치수의 경년 변화(經年變化)가 감소하게 된다.

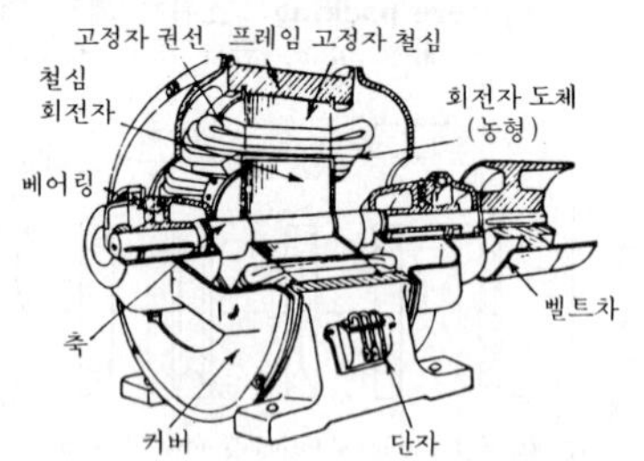

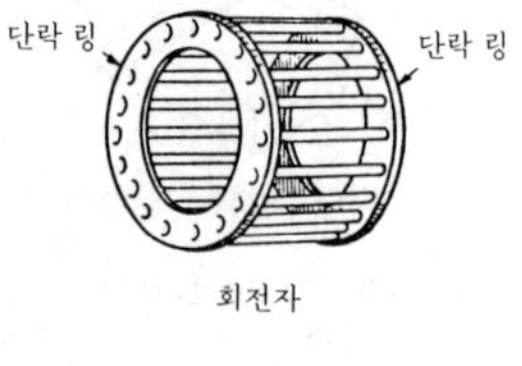

squirrel-cage induction motor

stable equilibrium 안정 평형(安定平衡) 어느 평형 상태에 있는 물체 또는 계(系)가 안정성을 나타낼 때, 이 평형 상태를 안정 평형 또는 안정 균형이라고 한다.

stable state 안정 상태(安定狀態), 관리 상태(菅理狀態) 관리도(菅理圖)에 찍힌 점의 거의 전부가 관리 한계 내에 들어 있는 상태를 말한다.

stack 굴뚝

stack cutting 스택 커팅 여러 장의 철판을 포개어 놓고 동시에 가스 절단을 하는 방법. 전체의 두께가 300mm까지는 절단이 가능하나, 절단 홈의 끝이 벌어지므로 보통 70~100mm 정도의 두께까지 절단한다.

stacker 스태커 ① 살포기(撒布機)를 말한다. 저탄장(貯炭場) 등에서 흔히 사용한다. ② 펀칭(punching)된 납작한 반제품을 같은 방향으로 간추려 쌓아 올리는 장치, 또는 그렇게 하기 위한 안내 장치. ③ 창고 선반에 정리해 둔 것을 내고 넣고 하는 하역 장치.

stacker crane 스태커 크레인 자동 창고의 구성 요소의 하나. 자동 창고는 제품, 부품 등을 수납하는 래크, 래크에서 제품, 부품 등을 입·출고하는 스태커 크레인 및 그것을 제어하는 제어 장치(시퀀서 및 컴퓨터) 등으로 구성되어 있다. 스태커 크레인은 입고 대차(入庫臺車)에서 제품, 부품 등을 받아 지시된 래크에 수납한다. 또, 컴퓨터로부터의 스케줄 지령에 따라 출고 지령이 나오면 지시된 래크에서 제품, 부품 등을 추출하여 출고 대차 등에 인도한다. 그림에 자동 창고의 구성예를 보여 준다.

stack gas 배출 가스(排出－) →exhaust gas

stack mold 스택 몰드, 중첩식 주형(重疊式鑄型) 작은 주물(鑄物)을 다수 주조할 때, 주형을 여러 층 포개어 넣고 공통의 주형에서 쇳물을 주입할 수 있도록 한 주형.

stage 단(段) ① 원심 펌프나 회전식 압축기에 있어서는 날개(깃)의 수. ② 증기 터빈에서는 노즐과 날개차가 한 조를 이루는 기본적인 요소가 되므로, 이와 같은 노즐과 날개차의 한 조를 단 또는 단락(段落)이라 한다.

stage efficiency 단효율(段效率)

stage filter 단계식 여과기(段階式濾過器) 단계식으로 되어 있는 여과기.

stage pressure coefficient 단 압력 계수(段壓力係數) 기체용 다단 압축기(多段壓縮機)에 대해 사용되는 용어로, 날개차가 내는 유효 전압(有效全壓)을 p, 기체의 비

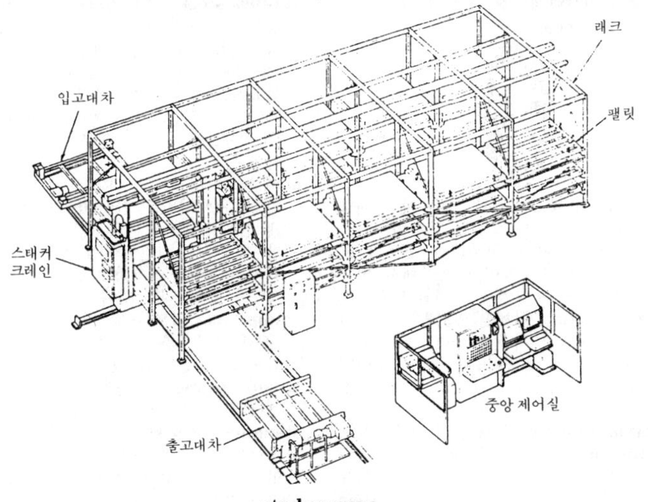

stacker crane

중량을 γ_2, 날개차 외경의 주속(周速)을 u_2, 중력의 가속도를 g라고 하면, 압력 계수 ψ는, $\psi=p/(\gamma u_2^2/2g)$로 표시되는 무차원수(無次元數)이다. ψ는 날개차의 성능을 결정하는 중요한 인자(因子)로서 설계상 없어서는 안 되는 요소이다.

stage pressure rise 단 압력 상승(段壓力上昇) 주로 다단 압축기(多段壓縮機)에 관하여 사용되는 용어로, 각 단당(段當)의 정지 압력 상승(靜止壓力上昇).

stage temperature drop 단 온도 강하(段溫度降下) 다단(多段) 터빈에 있어서 각 단마다의 온도가 내려가는 것.

stage temperature rise 단 온도 상승(段溫度上昇) 다단 압축기(多段壓縮機)에 있어서 각 단마다의 가스 온도가 상승하는 것을 말한다.

stagger angle 엇갈림각(-角) 동일 평면이 아닌 2축이 이루는 각.

staggered header 파형관 헤더(波形管-) =sinuous header

staggered intermittent fillet weld 지그재그 단속 필릿 용접(-斷續-鎔接) 필릿으로 단속 용접한 것이 지그재그형으로 된 것.

staggered tooth milling cutter 스태거드 투스 밀링 커터 측면 밀링 커터의 일종. 절삭날이 엇갈리게 15° 정도의 각도로 경사진 밀링 커터.

stagnation 스태그네이션 유체가 장애물에 부딪쳐 일단 그 운동을 멈추는 영역, 또는 물체의 배후나 구부러진 통로의 흐름에서 생기는 소용돌이가 주류에서 떨어져 정체하고 있는 영역의 유체를 말한다.

stagnation point 정체점(停滯點) 수평인 정상 흐름 속에 물체를 놓으면, 흐름은 전면의 한 점에서 흐름이 완전히 멈추어져 속도가 0이 되는 곳이 있다. 이 점을 정체점(停滯點)이라고 한다.

stagnation pressure 정체 압력(停滯壓力)

Stahl turbine 스탈 터빈 복회전(複回轉) 반동 형식 터빈. 발명자의 이름을 따서 융스트롬 터빈이라고도 한다. =Ljungström turbine

stain 스테인 목재 등에 스며들게 하여 착색케 하는 착색제.

stain finish 스테인 다듬질 스크레이핑(scraping) 등으로 금속 표면에 미세한 요철(凹凸)을 만들어 무광택면으로 다듬질하는 것.

staining 스테이닝 ① 반도체의 PN 접합의 접합면을 직접 눈으로 판별하는 방법을 말한다. 약품으로 접합면을 산화시키면, N형은 변하지 않고 P형은 검은 색을 띠게 된다. ② 기름이 묻은 금속 표면에 비교적 넓은 면적에 걸쳐 얼룩 모양의 기름 얼룩 또는 오일 스테인이라고 불리는 변색 부분이 발생하는 현상을 말한다. ③ 부식성 환경에 노출되어 있는 구름 베어링 표면에 생긴다. 표면의 대부분이 보통 색깔이므로 일부분만이 변색이 된 얼룩을 말하며, 초기 단계에서는 흑색이고, 진행이 되면 붉은색을 띠게 된다. 그 주된 원인은 고온도로 운전한 경우의 윤활 불량 때문이다.

stainless clad steel 스테인리스 클래드 강판(-鋼板) 강판에 스테인리스강을 밀착시켜 만든 합판. 값이 비싼 스테인리스강을 절약하면서 그 내식(耐蝕)과 내산성(耐酸性)의 특성을 지니게 한 것.

stainles steel 스테인리스강(-鋼) 크롬강의 일종. 강(鋼)에 크롬을 첨가하여 내식성(耐蝕性)을 증대시킨 것. 보통, Cr 12~18%, Ni 7~10%, C 0.2% 이하를 함유하고 있다. 이 밖에 Mo, W, Ti, Co 등이 첨가된다. 용도로서는 화학 공업용 파이프, 실린더, 펌프, 선박 용품, 건축용 등.

stall 실속(失速) 날개 표면에 있어서 공기의 흐름에 의한 박리(剝離) 현상이 현저하게 커져서 날개로서의 기능이 저하되는 현상. 또는, 토크 컨버터(torque converter)에서 입력축이 회전하고 출력축이 정지하는 상태도 실속이라고 한다.

stamp 다지기봉(-棒) 주형(鑄型)을 만들 때 주물사를 쳐서 다지는 도구를 말한다. =sand rammer

stamp forging 형단조(型鍛造), 정밀 단조(精密鍛造) =die forging

stamping 스탬핑 ① 요철(凹凸)이 가공된 상형과 하형 사이에 판금을 넣고 충격적인 압력을 가하여 판금 표면에 요철의 형상을 찍어 내는 가공법. ② 노상(爐床)을 만들 때 마그네시아 또는 돌로마이트에 콜타르를 첨가한 것을 노상에 살포하고 스탬프봉으로 가격하여 다진 다음 굽는다. 이것을 스탬프법이라고 한다.

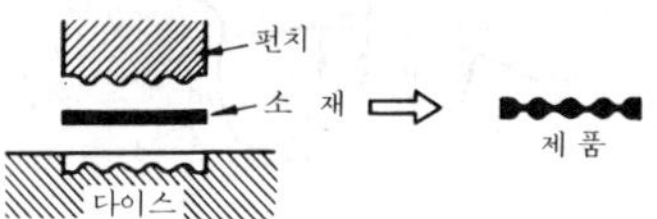

stamping die 스탬핑 다이 형단조(型鍛造)에 사용하는 금형.

stamp mill 스탬프 밀 절구 속에 재료를 넣고 위에서 쇠공이를 낙하시켜 분쇄하는 장치.

stamp work 스탬프 워크, 형단조품(型鍛造品) 형(型)을 사용하여 만든 단조품. 공작물을 가열하여 상형과 하형 사이에 넣고 드롭 해머로 가격하거나 압박하여 만든다.

stand 대(臺), 스탠드 물품을 올려 놓거나 세워 놓는 받침의 총칭.

standard 규격(規格)[1], 스탠더드[2] ① 기술적인 사항에 대하여 제정된 기준을 말한다. 사내 규격, 단체 규격, 국가 규격, 국제 규격 등이 있다. ② 원기(原器), 표준, 기준. =prototype

standard air 표준 공기(標準空氣) 온도 20℃, 절대 압력 760mmHg, 상대 습도 65%의 습공기를 말한다. 이 상태를 표준 상태라고 한다.

standard deviation 표준 편차(標準偏差) 측정값의 불균일 정도를 나타내는 값. 데이터 개개의 값과 평균으로부터의 편차의 제곱인 평균값(이것을 분산이라고 한다)의 제곱근으로 표시된다.

$$\sigma = \frac{1}{n} \sum_{i=1}^{n} (x_1 - x)^2$$

표준 편차 σ가 작으면 산포(散布)가 작다. 표준 편차는 산포의 정도를 나타내는 척도이다.

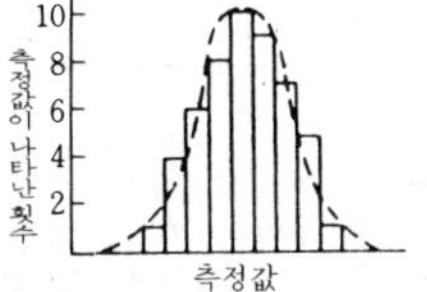

standard gauge 표준 게이지(標準－) 공정 등에서 길이의 표준으로서 사용하는 게이지. 그 대표적인 것은 블록 게이지로 가장 정밀도가 높다. 그 밖에 2차적인 것으로서 플러그 게이지, 링 게이지, 봉(棒) 게이지 등이 있다.

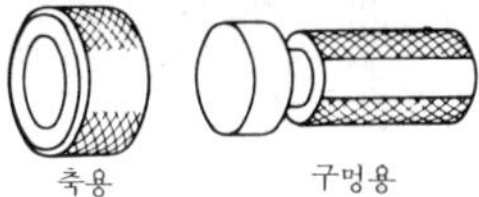

standard gear 표준 기어(標準－) 치형이 대칭형인 보통의 인벌류트 기어로, 그 기준 피치의 원호(圓弧) 이 두께(齒幅)가 기준 피치의 1/2이 되는 기어를 말한다. 따라서, 기준 래크(rack)와 맞물리면 전자의 기준 피치원은 후자의 기준 피치선과 접한다. 바꾸어 말하면 전위(轉位)하지 않은 기어를 말한다.

standardization 표준화(標準化) 공업품의 품질, 형상, 치수, 성분, 시험 방법 등에 일정한 표준을 정하여 호환성(互換性)을 높이도록 하는 것.

standard operation time 표준 작업 시간(標準作業時間) 보통의 숙련도를 가진 공원(工員)이 표준 작업 방법에 의해 보통의 노력으로 달성할 수 있는 작업 시간을 말한다.

(표준 작업 시간)=(정미 작업 시간)+(여유 시간)

standard pitch circle 표준 피치원(標準－圓), 기준 피치원(基準－圓) 기어의 치수를 정할 때의 기준이 되는 원을 말한다. 기준 피치원 직경을 D, 치수(齒數)를 z, 기준원 피치를 t로 하면 다음 식이 성립한다.

$\pi D = zt$

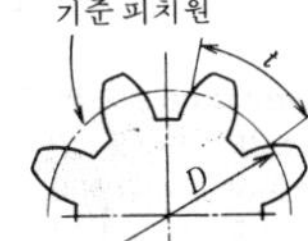

standard pressure tester 표준 압력계(標準壓力計), 분동식 압력계(分銅式壓力計) 그림과 같이 액압(液壓)과 분동을 올려 놓은 램이 평형을 이루게 하고, 피스톤 면적과 그것에 작용시키는 중량으로 압력을 구한다. 램은 부유(浮遊) 상태이고 또

한 가볍게 회전을 시키므로 마찰은 거의 없다. 부르동관 압력계의 검정(檢定)에 사용된다.

standard scale 표준자(標準－) 눈금선의 간격으로 길이를 나타내는 곧은 자 중에서 특히 정밀한 것.

standard state 표준 상태(標準狀態) ① 서로 다른 조건하에서의 측정이나 테스트 결과를 동일 조건하에서의 결과로서 비교할 수 있도록 하기 위해 결정한 표준으로서 사용하는 측정 또는 테스트 조건. ② 계측기의 고유 오차를 정하기 위해 규정한 각 영향량에 관한 조건. ③ 온도 20℃, 절대압 760mmHg, 상대 습도 65%인 공기의 상태.

standard taper 표준 테이퍼(標準－) 공구 및 기계 부품의 테이퍼 생크와 소켓에 사용하기 위하여 정해진 표준 테이퍼를 말한다. 모스 테이퍼, 미터 테이퍼, 브라운·샤프 테이퍼, 아메리카 표준 테이퍼 등 여러 가지가 있다.

standard temperature 표준 온도(標準溫度) 물리학상으로는 표준 온도를 0℃로 정하고 있다. 공학상으로는 보통, 상온(15~20℃)을 표준 온도로 정하고 있으나, 지역에 따라 일정하지 않다.

standard time 표준 시간(標準時間) 표준적인 숙련도를 갖는 작업자가 표준의 작업 방법과 설비에 의해서 정상이라고 생각되는 작업 베이스에 의해 1단위의 작업량을 수행하는 데 필요한 작업 시간을 말한다.

standard tolerance 기본 공차(基本公差) 공작물의 호칭 치수를 거의 등비적(等比的)으로 구분하고, 원칙으로서 각 구분에 대한 기하 평균 치수를 써서 계산한 공차 단위에 의해 모든 공작물에 적용할 수 있게 각 호칭 치수마다 일정한 공식으로 계단식으로 정한 공차를 말한다.

standard tooth form 표준 치형(標準齒形) KS에 정해져 있는 모듈값 m을 기준으로 하여 압력각 20°로 그림과 같은 비율로 한 치형(z_1, z_2는 이의 수).

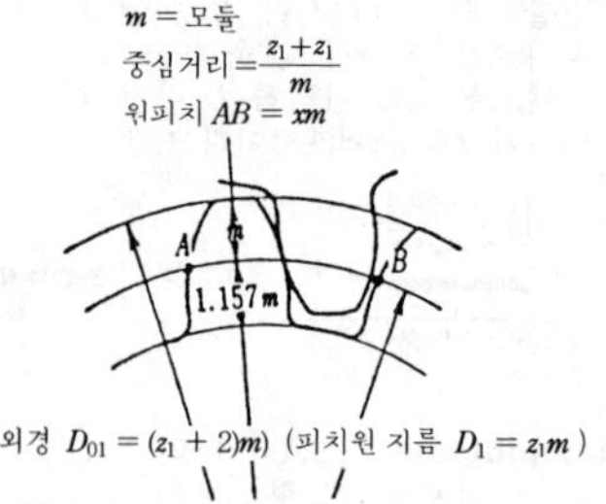

standing wave 정재파(定在波), 정상파(定常波) 공간에 고정된 일정한 진폭 분포를 갖는 주기적인 파동을 말하며, 동일 진동수 및 동일 종류의 진행파를 겹친 결과 얻어진다고 생각할 수 있다.

Stanton number 스탠턴수(－數) 열전달률의 무차원수(無次元數)의 하나로, 열전달과 유체가 운반하는 열용량과의 비를 나타낸다.

staple spinning machine 스테이플 방사기(－紡絲機) 스테이플을 제조하는 방사기를 말한다. 노즐의 구멍수를 많게 하여 한꺼번에 다량의 섬유를 방사(紡絲)하고 그것을 절단하여 방적용의 스테이플을 만드는 것이다.

star 스타 텀블러(tumbler)용 성금(星金). 텀블러 속에 작은 주물과 함께 넣어 모래나 핀(fin)을 떨어내고 주물을 깨끗하게 하는 별 모양의 금속 조각.

starboard 우현(右舷) 배의 오른쪽 뱃전. 즉, 선수(船首)를 중심으로 오른쪽을 우현, 왼쪽을 좌현이라고 한다.

star connection 성형 결선(星形結線) 3상 교류 회로에 있어서의 각 상 접속법의 일종. 각 코일의 끝을 한 점에 접속하는 방법.

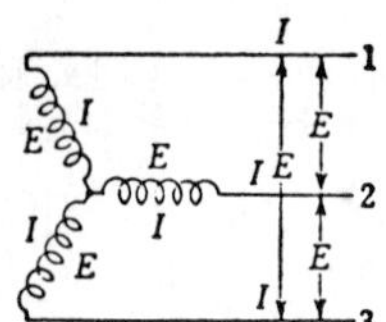

star gear 성형 기어(星形－) 간헐 운동을 하는 별 모양의 바퀴를 말한다. 각종 피치(pitch) 이송 장치에 사용된다.

star grib 성형 그리브(星形－) 별 모양으로 된 기구의 손잡이를 말한다. 나사 고정식과 핀 고정식이 있다.

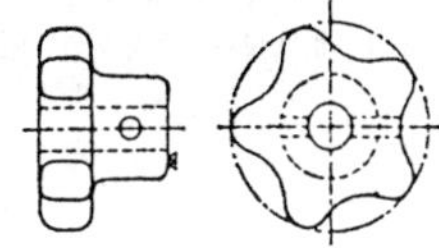

starter cam 시동 캠(始動－) 디젤 기관을 시동할 때 사용되는 흡·배기 밸브용의 캠. 시동시의 압축비를 낮추어 피스톤의 회전을 하기 쉽게 하여 압축시 흡·배기 밸브가 완전히 닫히지 않게 하기 위한 캠 장치.

starter engine 시동 기관(始動機關) 대형 디젤 기관 등을 시동시키기 위한 소형 엔진. 보통, 가솔린 기관이 쓰이는데, 이것을 수동 또는 직류 전동기로 시동시키고 이것으로 대형 기관을 구동하여 시동시킨다.

starting 시동(始動), 기동(起動) 정지하고 있는 기관을 기관 자체에서 회전이 계속될 수 있게 하는 것. 그렇게 하기 위한 장치를 시동 장치라 하며, 입력, 전동기, 고압 공기 등을 이용하는 방법이 있다.

starting air bottle 시동 공기통(始動空氣筒) 중속·저속 디젤 기관의 시동용 압축 공기 저장 용기.

starting air valve 시동 공기 밸브(始動空氣－), 시동 밸브(始動－) 공기 시동의 디젤 기관에 설치된 밸브.

starting crank 시동 크랭크(始動－) 소형 기관의 시동을 위해 사용하는 수동 크랭크 장치. 기관의 축 끝에 부착하여 수동으로 돌리는 플라이휠의 일부에 손잡이를 붙인 것 등이 있다.

starting engine 시동 발동기(始動發動機) 시동이 잘 되지 않는 대형 고속 디젤 기관 등에서 시동용으로 장착한 소형 가솔린 엔진.

starting mechanism 시동 장치(始動裝置) 기관을 시동시키기 위한 장치. 소형 기관에서는 수동이나 족동(足動) 등 사람의 힘으로 시동하는 크랭크 기구, 중형 이상의 기관에서는 축전지를 전원으로 하는 직류 전동기가 일반적으로 사용되고 있다. 디젤 기관에서는 고압 공기를 직접 실린더 안으로 불어 넣어 피스톤을 아래로 미는 공기 시동 장치가 사용되기도 한다. ＝starting system

starting rheostat 주저항기(主抵抗器) 직류 전기 차량에 있어서는 시동, 가속 중에 주전동기(主電動機)에 직렬로 저항기를 삽입하여 단자 전압을 조정한다. 또, 직류 방식에 한하지 않고 발전 저항 브레이크를 사용하는 것에 있어서는 그 발생 에너지를 소비하는 저항기가 필요하다. 전자는 후자의 일부로서 공용되는 경우가 많으나 이러한 동력 회로용 저항기를 주저항기라고 한다.

starting resistance 시동 저항(始動抵抗), 기동 저항(起動抵抗) ① 정지하고 있는 물체가 외력의 작용으로 운동을 시작하려할 때 힘의 방향과 반대 방향으로 작용하는 힘. 마찰력, 점성(粘性) 저항, 관성(慣性) 저항으로 분류된다. ② 전동기를 시동할 때 과대 전류를 억제하기 위하여 사용하는 가감 저항을 말한다.

starting system 시동 장치(始動裝置) 내연 기관이나 터빈, 건설 중기의 시동에 사용하는 장치.

starting torque 시동 토크(始動－) 기기가 시동할 때 관성이나 부하에 이겨내기 위하여 필요로 하는 토크.

star wheel 성형 바퀴(星形－) ＝star gear

statical friction 정마찰(靜摩擦) 평면상에 정지되고 있는 물체를 움직이려고 하면 저항이 생긴다. 이 현상을 정마찰이라 하고, 이때의 저항력을 정마찰력(綎摩擦力)이라고 한다. 또, 이때의 마찰 계수를 정마찰 계수라고 한다.

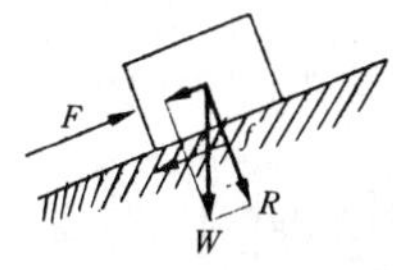

statical head 위치 수두(位置水頭), 위치 헤드(位置－) ＝position head

statically determinate structure 정정 구조물(靜定構造物) →statically indeterminate structure

statically indeterminate structure 부정정 구조(不靜定構造) 구조 내부의 힘과 모멘트의 분포 및 지지 반력(支持反力)이 힘과 모멘트의 평형 조건만으로 완전히 결정할 수 있는 구조를 정정 구조(statically determinate structure)라고 한다. 이에 대해서 변형의 적합성까지를 고려하지 않으면 이들의 물리량을 결정할 수 없는 구조를 부정정 구조라고 한다.

statical stress 정응력(靜應力) 정하중이 작용할 때 물체에 발생하는 응력을 말한다. →static load

static balance 정적 평형(靜的平衡) 강체(剛體)의 중심(重心)이 회전축 위에 있는 것을 말한다. 정적 불균형(靜的不均衡)이란 회전축을 중심으로 하여 좌우의 토크(torque)가 같지 않은 상태를 말한다.

static characteristics 정특성(靜特性) 시간적으로 변화하지 않는 측정량에 대한 계측기의 응답 특성. →dynamic characteristics

static deflection 정 휨(靜－) 일정한 하중에 의한 휨을 말한다. 특히, 물체 자체의 중량에 의한 휨을 뜻하는 경우가 많다. =static sag

static equivalent load 정등가 하중(靜等價荷重) 구름 베어링에 있어서 실제로 하중을 가했을 때 생기는 최대 영구 변형량과 같은 양만큼의 변형량을, 최대 응력을 받는 볼(ball) 또는 롤(roll)과 궤도륜(軌道輪)(이너레이스 또는 아우터레이스)과의 접촉부에 생길 수 있는, 방향과 크기가 일정한 정지 하중(靜止荷重)을 말한다.

static head 정수두(靜水頭), 위치 수두(位置水頭) =statical head

static load 정하중(靜荷重) →load

static pressure 정압(靜壓) 동압(動壓)에 대한 상대적 말. 유체 내부의 단위 면적당 작용하는 수직력(압력) 중에서 유체가 흐르고 있는 상태 그대로 지니고 있는 것. 측정에는 피토 정압관(靜壓管)을 사용한다.

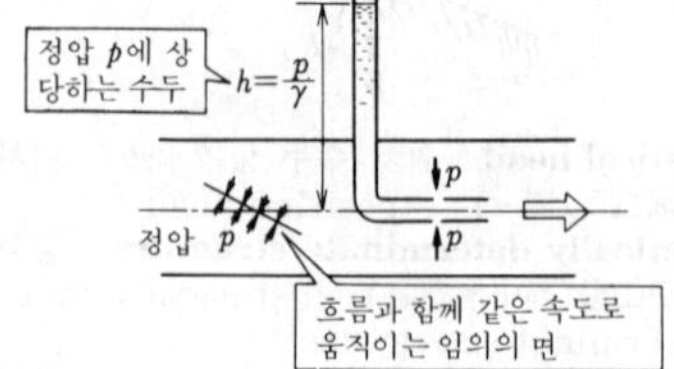

static pressure bearing 정압 베어링(靜壓－) 베어링 속에서 축을 외부로부터 공급된 압축 공기, 유압 등의 힘으로 뜨게 하여, 축의 시동 마찰 및 회전 마찰을 적게 한 미끄럼 베어링을 말한다. 중량이 무거운 회전기의 시동용이나 저속 회전으로 회전 마찰을 아주 작게 하고자 하는 특수한 기계의 베어링에 채용되고 있다.

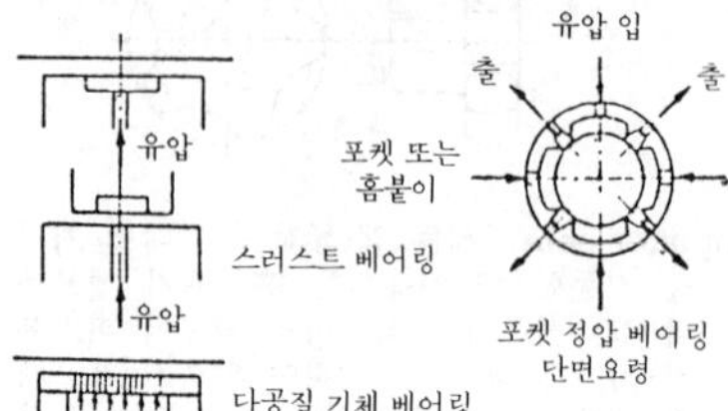

static quenching 정적 담금질법(靜的－法) 가열 속도를 완만하게 하거나 가열 후 전체가 균일한 온도로 되기까지 유지하여 담금질하는 일반적인 담금질법을 말한다. 이에 대해서 고주파 담금질이나 불꽃 담금질과 같이 급열(急熱), 급랭(急冷)하여 표면만 담금질하는 것을 동적(動的) 담금질이라 한다.

statics 스태틱스 정적(靜的)이라는 뜻. 다이내믹스와 반대어. →dynamics

static sag 정적 휨(靜的－) =static deflection

static stability 정태 안정도(靜態安定度), 정안정(靜安定) 정적인 평형에 있는 계(系)를 그 상태에서 변위시킬 때, 계를 평형 상태로 되돌리는 힘 또는 우력(偶力)이 작용하는 상태.

static thrust of turbojet 터보 제트의 정지 추력(－靜止推力) 터보 제트가 정지하고 있을 때 발생하는 추력(推力). 터보 제트가 분출하는 가스 유량을 G〔kg/s〕, 분출 속도를 v〔m/s〕라고 하면, 정지 추력 F〔kg〕는 $F=G\cdot v/g$〔kg〕로 표시된다. 비행시에는 그 속도에 따라서 추력이 달라지므로 터보 제트에서는 보통 정지 출력을 비교의 기준으로 삼고 있다.

stationary engine 정치 기관(定置機關) 일정한 장소에 고정적으로 설치해 놓고 사용하는 증기 기관이나 내연 기관.

stationary fit 억지 끼워맞춤 =close fit

stationary grate 고정 화격자(固定火格子) 화격자 연소에 있어서 화격자가 고정된 상태로 사용되는 것을 고정 화격자라고 한다.

stationary ladle 정치 레이들(定置－) 큐폴라로부터 쇳물을 받기 위하여 고정적으로 설치되어 있는 레이들(쇳물받이 용기).

stationary ratchet train 정치 래칫 장치(停止－裝置) 래칫 바퀴, 래칫 및 이 양자를 연결하는 암(arm)으로 구성된 기구에서 래칫 바퀴를 고정절(固定節)로 하는 장치.

stationary state 정상 상태(定常狀態) ＝steady state

stationary welding machine 정치 용접기(定置鎔接機) 일정한 장소에 고정적으로 설치해 놓고 사용하는 용접기.

statistical fatigue 확률 피로(確率疲勞) 신뢰도를 고려한 *S-N* 선도(線圖)를 얻는 것을 말한다.

statistical quality control 통계적 품질관리(統計的品質管理) 대량 생산을 하는 경우, 통계적인 각종 수법을 사용하여 수요(需要)에 부응한 품질의 제품을 경제적으로 제조하기 위한 관리 방법.

stator 고정자(固定子) 전동기, 발전기 등에서 고정되어 있는 부분. 즉, 권선을 지지하는 철심과 철심을 고정시키는 프레임(frame)으로 이루어져 있다. 회전자(回轉子)에 대한 상대적인 말.

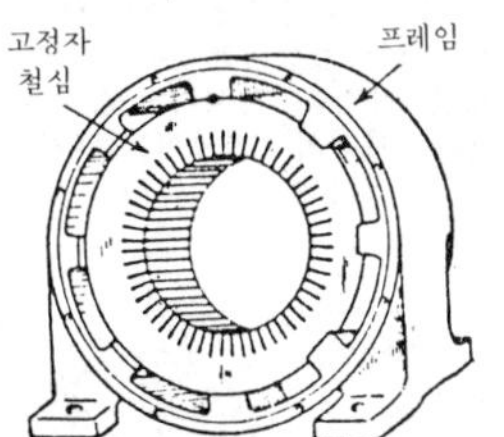

stator blade 고정자 깃(固定子－), 정익(靜翼) ＝stationary blade, stator vane, stationary vane

stay 스테이 ① 보일러의 마구리판(end plate) 등의 강도를 보강하기 위하여 붙이는 판 또는 관. ② 주조(鑄造) 작업에서 철테를 죄는 경우 등에 사용되는 공구.

stay bolt 스테이 볼트 두 부재(部材), 예를 들면 증기 보일러에서 양단에 있는 마구리판(end plate)의 관계 위치를 유지하기 위해 나사로 고정시킨 볼트.

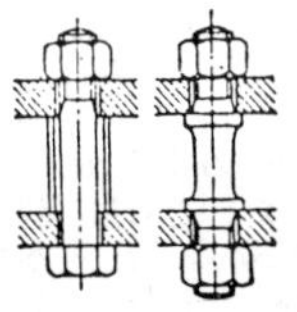

stay bolt tap 스테이 볼트 탭 리머가 붙은 탭. 리머로 나사 예비 구멍을 정확히 다듬질하면서 나사 내기를 한다.

stay tube 스테이관(－菅) 증기 보일러 등에서 마구리판(end plate)의 관계 위치를 유지하기 위해 사용하는 관. 마구리판에 나사를 체결한다.

steady 방진구(防振具) ＝center rest, steady rest

steady flow 정상류(定常流) 어떤 장소에서의 액체의 유동 상태가 시간에 따라서 변화하지 않는 흐름. 실제상으로는 정상류로서 다룰 수 있는 경우가 많다.

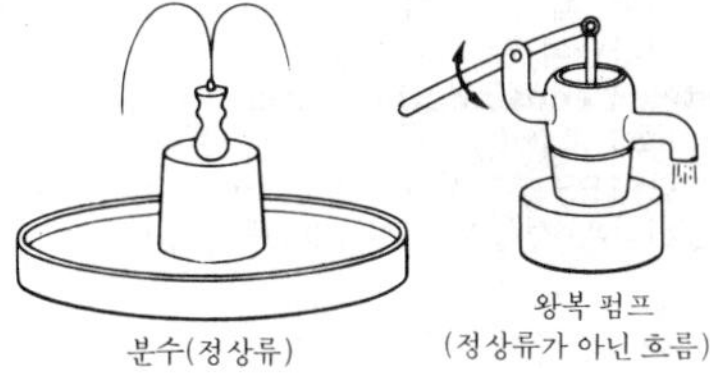

분수(정상류)

왕복 펌프 (정상류가 아닌 흐름)

steady rest 방진구(防振具) ＝center rest

steady state 정상 상태(定常狀態) 운동 상태가 시간의 흐름과 더불어 변화하지 않는 상태에 있는 것을 말하며, 유체나 열전도(熱傳導) 등의 경우에는 이것을 정상류(定常流)라고 한다. 기계나 장치의 성능 시험은 일반적으로 정상 상태에서 행하여져야 한다. ＝stationary state

steady-state vibration 정상 진동(定常振動) 계속적으로 일어나는 주기적 진동.

steam 증기(蒸氣), 수증기(水蒸氣) 액체나 고체가 증발 또는 승화하여 생긴 기체.

steam accumulator 증기 어큐뮬레이터(蒸氣－) 보일러 부속품의 하나. 보일러의 남은 증기를 저장해 두는 장치. 물이 들어 있는 큰 원통형 용기의 물 속에 여분의 증기를 불어 넣어 열수(熱水)의 형태로 열을 저장하고, 증기가 여분으로 필요할 때 밸브를 열어서 분출시켜 사용한다.

steam atomizing burner 증기 분사식 버너(蒸氣噴射式－), 증기 분무식 버너(蒸氣噴霧式－) 기름을 무화(霧化)함에 있어서 기름 자체에 가해진 압력 이외에 다른 매체의 압력을 이용하는 것으로, 무화 매체(霧化媒體)로 증기를 사용하는 것을 증기 분사식 버너, 공기를 사용하는 것을 공기 분사식 버너라 한다. 외부 혼기식(混氣式)과 내부 혼기식 두 가지로 대별된다.

steam bleeding 추기(抽氣) =steam extraction

steam boiler 증기 보일러(蒸氣－) 밀폐된 강판제 용기 속에서 물을 가열하여 증발시켜 증기를 발생시키는 장치.

steam chest 증기실(蒸氣室) 증기 기관에서 증기 실린더에 증기를 출입시키기 위하여 필요한 증기 분배 밸브를 갖는 방.

steam condenser 복수기(復水器) = condenser

steam consumption 증기 소비량(蒸氣消費量) 증기를 써서 가열 또는 동력을 발생할 때 소비하는 적산(積算) 또는 단위 시간당의 증기의 질량.

steam consumption ratio 증기 소비율(蒸氣消費率) 증기 터빈의 출력 1kW 또는 1PS당 1시간마다에 소비하는 증기량. 터빈의 성능을 나타내는 데 쓰인다.

$$W = \frac{3600G_s}{N_e}$$

여기서 W : 증기 소비율, N_e : 터빈 출력, G_s : 증기량

steam converter 스팀 컨버터 플랜트에 필요한 보조적 증기를 다른 증기와의 열교환에 의해 발생시키는 기기.

steam crane 증기 기중기(蒸氣起重機) 증기 기관을 동력원으로 하는 기중기이며, 대부분이 로코모티브 크레인(locomotive crane)이다. 감아 올리기, 선회, 상하 이동, 주행의 각 동작은 모두가 1대의 증기 기관에서 클러치를 넣거나 풀어 주면서 이루어진다. 용도는 주로 화물의 하역 작업. 동력원을 내장하고 있기 때문에 기동성이 좋은 것이 장점이다. 그러나 사용 개시 전에 증기압을 높이는 데 시간이 많이 소요되는 것이 결점이다.

steam cushion 증기 쿠션(蒸氣－) 증기 기관, 증기 직동(蒸氣直動) 펌프 등에서 피스톤 행정의 종단부에 설치하는, 실린더 헤드와의 사이의 틈새를 말한다. 또는 이 틈새에 축적되는 증기의 탄성력(彈性力)에 의하여 피스톤의 충격이 완화되므로 이 완충 작용을 말할 때 이를 증기 쿠션이라고 한다.

steam cycle 증기 사이클(蒸氣－) 액상(液相)과 기상(氣相)간의 상변화(相變化)를 포함한 사이클을 말한다. 증기 원동소(蒸氣原動所)에서는 물과 수증기 사이에서 사이클이 이루어지고, 냉동 사이클에서는 냉매(冷媒)가 증발과 응축을 행하고 있다.

steam cylinder 증기 실린더(蒸氣－) 증기 기관과 증기 펌프에 있어서 증기가 유입하는 곳을 말하며, 내부에는 구동용 피스톤이 기밀 상태로 끼워져 있다.

steam dome 증기 돔(蒸氣－) 보일러통의 꼭대기에 설치한 집기 장치(集氣裝置)로, 통 속에서 발생한 수증기 중에서 습기를 분리하여 마른 증기만을 포집한다.

steam driver 증기 파일 드라이버(蒸氣－) 타격추(打擊錘)를 상하 왕복시키는 데 증기 실린더와 피스톤을 사용하여 파일을 박는 건설 기계.

steam drum 증기 드럼(蒸氣－) 보일러 등에서 증기만이 들어가는 드럼. 건조 드럼(dry drum)이라고도 한다.

steam engine 증기 기관(蒸氣機關) 보일러에서 발생한 증기의 팽창력을 이용하여 피스톤을 왕복 운동시킴으로써 동력을 얻는 열기관의 일종. 효율이 그다지 좋지 않고 넓은 장소를 차지하므로 현재에는 소형 선박, 기관차, 권양기(捲揚機) 등의 일부에 사용되고 있을 뿐이다.

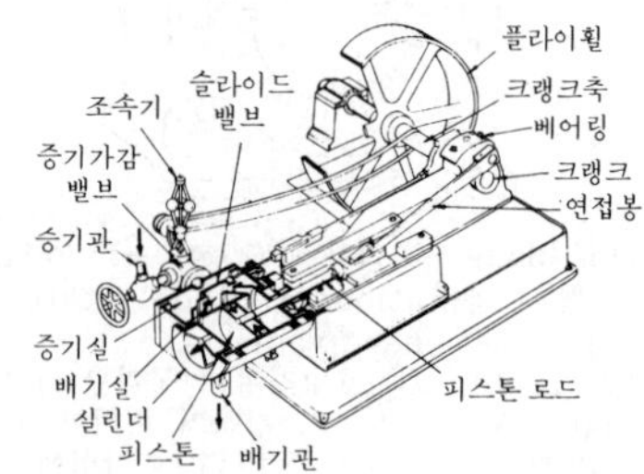

steamer 기선(汽船) 증기 기관, 즉 증기 터빈을 주기관으로 하는 배를 말한다. 또, 범선(帆船)에 대응하는 용어로, 주로 기관에 의해 운항하는 배를 말하는 경우도 있다. =steam ship

steam extraction 추기(抽氣) 증기 터빈의 도중에서 증기의 일부를 추출(抽出)하는 것.

steam generator 증기 발생기(蒸氣發生器) 증기 보일러와 같은 뜻이나, 주로 강제 관류(强制貫流) 보일러에 대해서 사용되고 있다.

steam hammer 증기 해머(蒸氣−) 단조(鍛造) 기계의 일종. 증기력에 의하여 해머 머리를 상하 왕복시켜 재료를 단조하는 기계. 크기는 보통 1/4~10t까지인데 50t에 이르는 것도 있다. 공기 해머보다 타격력이 강하고 강괴(鋼塊) 등의 단련에 적합하다.

steam heating 증기 난방(蒸氣暖房) 난방 장치의 일종. 저압 증기를 방열기(放熱器)에 공급하여 난방을 하는 방법.

steaming box 찜통 증기(蒸氣)로 가열하는 상자.

steaming economizer 증발 절탄기(蒸發節炭器) 포화 온도를 넘어 그 일부가 증발할 때까지 급수를 가열하는 절탄기를 말한다.

steam injector 인젝터 =injector

steam jacket 증기 재킷(蒸氣−) 증기를 사용하여 내부를 보온 또는 가열하는 이중벽 구조의 장치에 있어서, 증기가 들어가는 바깥쪽 방을 증기 재킷이라 한다. 증기 실린더의 벽은 실린더 내부의 증기가 냉각하는 것을 막기 위하여 이런 구조로 되어 있다.

steam jet 증기 분사(蒸氣噴射) 증기를 노즐에서 분사시키면 고속 증기류(蒸氣流)가 얻어진다. 이 증기류에 의해서 유체의 압력 에너지 또는 열에너지 등의 운동 에너지로의 변환이 이루어진다.

steam-jet refrigerating machine 증기 분사 냉동기(蒸氣噴射冷凍機) 이젝터(ejector)의 고압 증기를 고속화하고, 증발기로부터의 증기를 흡입, 혼합하여 이것을 디퓨저(diffuser)를 통해서 흐르게 하면 증기가 지닌 운동 에너지에 의하여 증기가 압축되는 것을 이용한 냉동기이다. 냉각수가 다량으로 필요하며, 성적 계수(成績係數)가 좋지는 않으나, 물을 냉매로 사용할 수 있는 이점이 있으므로, 공장 등 고압 증기(高壓蒸氣)를 이용할 수 있는 경우에 사용한다.

steam locomotive 증기 기관차(蒸氣機關車) 증기 기관을 동력원으로 하는 기관차. 현재는 거의 전동차나 디젤 기관차로 대체되어 자취를 감추게 되었다.

steam meter 증기 미터(蒸氣−) 증기의 유량을 측정하는 계기. 증기관 중간을 좁게 교축(絞縮)하여 이곳 전후에서 유량의 압력차를 측정하는 등의 방법이 사용되고 있다.

steam pipe 증기 파이프(蒸氣−), 증기관(蒸氣管) 보일러에서 발생한 증기를 다른 곳으로 공급하기 위하여 사용되는 파이프를 말한다.

steam pocket 증기 저장실(蒸氣貯藏室) 왕복식 증기 기관에 있어서, 과열기(superheater)에서 과열된 증기를 저장해 두는 곳으로, 이곳으로부터 실린더에 증기가 공급된다.

steam power 증기 동력(蒸氣動力) 보일러에서 발생하는 증기로부터 얻어지는 동력을 말하며, 이 증기를 터빈 또는 증기 기관에 공급하여 동력을 발생시키는 동력용과, 열원(熱源)으로서 가열에 사용되는 가열용이 있다.

steam power plant 증기 원동소(蒸氣原動所) 증기 기관이나 증기 터빈을 설치하여 동력을 일으키는 장치를 갖춘 곳을 말한다.

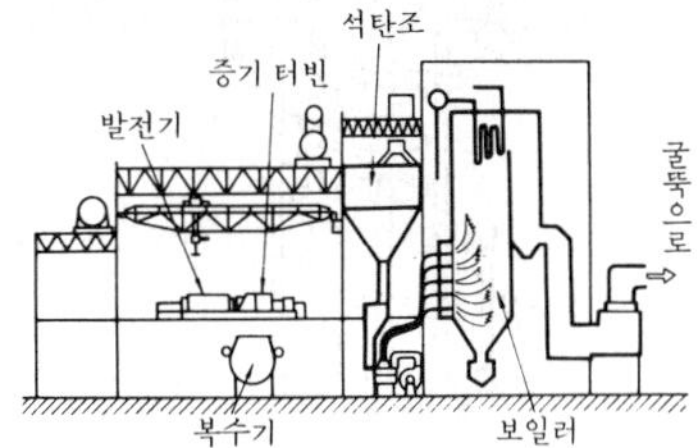

steam power station 증기 원동소(蒸氣原動所) =steam power plant

steam pressure 증기압(蒸氣壓) 증기의 압력을 일컫는 말. 진공일 때를 0으로 나타내는 표시 방법으로, 이를 절대압(絶對壓)이라 한다. 따라서, 대기압(大氣壓)은 1.033kg/㎠에 해당한다. 보통, 압력계의 눈금은 대기압을 0으로 한 것인데, 이 표시 방법을 게이지 압력(gauge pressure)이라고 한다.

steam pressure gauge 증기 압력계(蒸氣壓力計) 증기의 압력을 가리키는 계기를 말한다. 일반적으로, 부르동관이 쓰인다.

steam production cost 증기 단가(蒸氣單價) 증기를 단위 중량만큼 발생시키는 데 필요한 비용을 말하며, 상각(償却), 금리(金利) 등의 자본비와 인건비, 수선비 등의 직접비 및 연료비, 기타 잡비가 그 속에 포함된다.

steam radiator 증기 방열기(蒸氣放熱器) 내부에서 증기를 응축시키고 그 응축 잠열을 대류 또는 방사에 의해서 방출하여 난방을 하는 장치. 방열기 내의 압력에 따라서 증기의 공급량을 가감하는 방열기 밸브나, 방열기 내에서 생긴 응축수를 자동적으로 배출하는 증기 트랩(steam trap)을 갖추고 있다.

steam receiver 증기 리시버(蒸氣-) 종래는 증기 저장의 목적으로 설치되었으나 최근에는 터빈 및 보일러의 증기 분배기의 구실을 하는 원통형 용기.

steam retort 증기 살균 솥(蒸氣殺菌-) 증기열에 의하여 살균시키는 소독용 솥.

steam separator 기수 분리기(汽水分離器) 보일러에 있어서 관 속을 흐르는 증기의 수분을 가로막이판, 철망, 사이클론 등의 장치에 의하여 분리하여 제거하는 것.

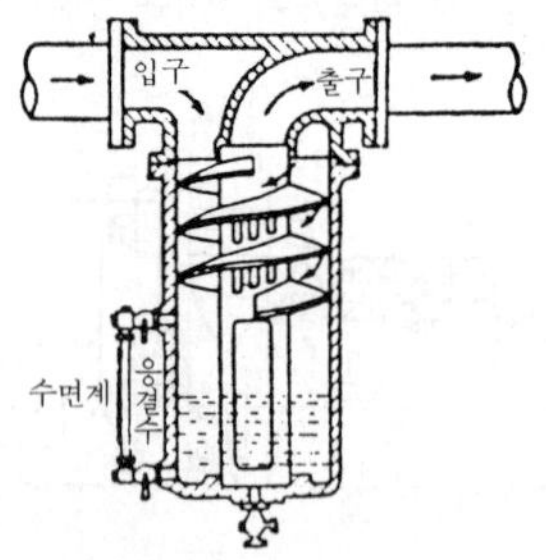

steam shovel 증기삽(蒸氣-), 증기 셔블(蒸氣-) 파워 셔블 중 원동기에 증기 기관을 사용한 것.

steam space 증기실(蒸氣室), 증기 스페이스(蒸氣-) 보일러 본체, 즉 드럼 또는 수관군(水菅群) 중 증기가 충만되어 있지 않은 부분을 말한다. 증기부라고도 한다.

steam strainer 증기 여과기(蒸氣勵過器) ① 증기 관로(蒸氣菅路) 속에 설치된 용기로, 그 내부에 장치되어 있는 철망에 증기를 통과시켜 고형물(固形物)을 제거하게 되어 있는 것. ② 복식 증기 기관에 있어서, 고압 기통(氣筒)과 저압 기통 사이에 설치하는 용기를 말하며, 고압 기통의 배기와 저압 기통의 유입 시기를 늦추는 동시에 고형물을 여과하는 역할을 하게 하는 것.

steam table 스팀 테이블, 증기표(蒸氣表) 수증기의 상태와 양의 상호 관계를 나타낸 표.

steamtight 기밀(氣密) =airtight

steam trap 스팀 트랩 드럼이나 관 속의 증기가 일부 응결하여 물이 되었을 때, 자동적으로 물만을 밖으로 배출하는 장치를 말한다. 여러 가지 형식이 있다.

steam turbine 증기 터빈(蒸氣-) 회전식의 증기력 원동기(蒸氣力原動機). 보일러에서 발생한 고압의 증기를 노즐로부터 분출시켜 고속의 증기 분류(蒸氣噴流)를 만들고 이것을 회전하는 날개차에 내뿜어 동력을 얻는 열기관의 일종. 진동이 적고, 능률이 좋으며, 고속·큰 마력을 얻을 수 있어 화력 발전, 선박의 주기관(主機關) 등에 널리 사용되고 있다.

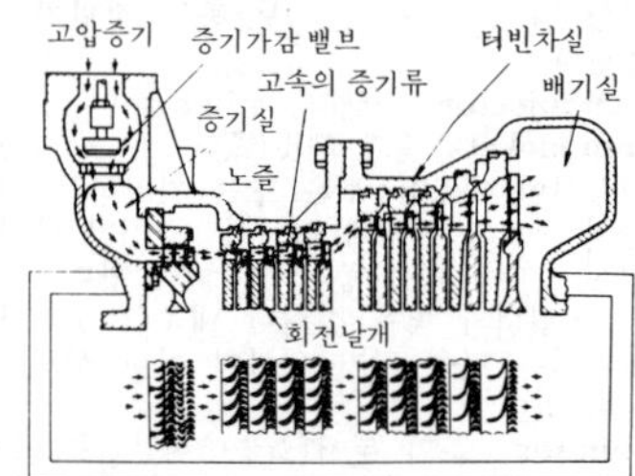

steam whistle 스팀 휘슬 기적(汽笛).

steam winch 증기 윈치(蒸氣-) 증기 기관을 원동기로 하는 윈치. 전력을 얻기 어려운 장소 또는 선박과 같이 따로 증기를 사용하고 있는 곳에 사용된다. 시동 토크(torque)가 큰 것이 특징이다.

steel 강(鋼) C 0.035~1.7%를 함유하는 철의 총칭. 보통의 강을 탄소강(炭素鋼)이라 하고, 다른 원소(Ni, Mn, Cr 등)가 첨가된 것을 특수강이라고 한다.

steel band 띠강(-鋼) 얇은 강판(두께 0.2~1mm)으로 만든 벨트.

steel bar 봉강(棒鋼) =bar steel

steel belt 강철 벨트(鋼鐵-) 두께 0.2~1.0mm의 얇은 양질의 띠강으로 만든 벨트. 강력한 것이 특징이다.

steel-bestos gasket 스틸-베스토 개스킷

그림과 같이 0.2mm 정도의 금속판 양쪽에 갈고랑이를 달고, 석면을 이 갈고랑이에 채워서 고착되도록 압축하여 판 모양으로 만들고, 그 표면에 흑연을 칠한 개스킷을 말한다.

석면판 강판 발톱

steel billet 강철 빌릿(鋼鐵－) =billet
steel bloom 분괴강(分塊鋼) =bloom
steel casting 주강(鑄鋼) =cast steel
steel foil 스틸 포일 강(鋼)의 얇은 박으로, 냉간 압연 기술에 의하여 만들어진 것이다. 두께는 0.05mm 이며, 알루미늄박과 같은 용도로 사용된다.
steel for hardening 표면 담금질강(表面－鋼) 침탄 담금질에 적합한 조성의 강이며, 침탄강(浸炭鋼 : carburizing steel)이라고도 한다.
steel ingot 강괴(鋼塊) 제강로(製鋼爐)에서 퍼낸 용강(鎔鋼)을 금형이나 사형(砂型)에 주입하여 덩어리 모양으로 만든 조강재(粗鋼材). 탈산(脫酸) 정도에 따라 킬드 강괴, 세미 킬드 강괴, 림드 강괴 등이 있다. 압연기에 걸어 봉강(棒鋼), 띠강, 선강(線鋼), 관형재(菅形材)로 압연 가공한다.

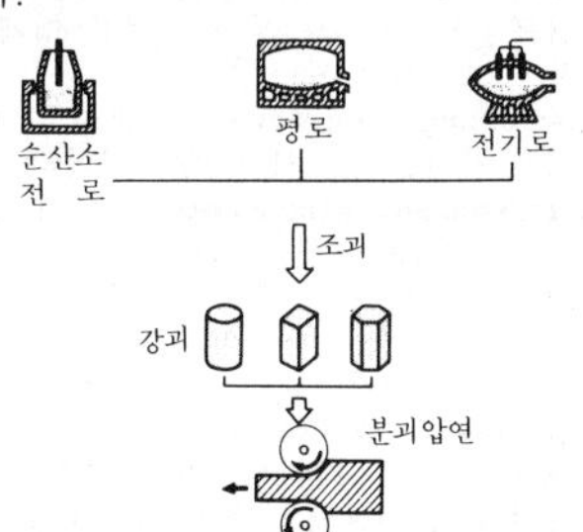

steel pipe 강관(鋼菅) 관상(菅狀)의 강제품. 지름이 크고 압력이 높을 경우에 사용된다. 강관의 종류에는 ① 이음매없는 관(seamless pipe), ② 가스관(gas pipe), ③ 특히 대형 지름의 강관으로는 나선상(스파이럴)으로 말아서 이음매를 용접한 용접관(welded pipe)과 리벳으로 접속하는 리벳관(riveted pipe) 등이 있다.
steel plate 강판(鋼板) 강괴(鋼塊)를 압연하여 만든 판재(板材). 재질은 일반 구조용 강과 같으나 용도는 기계, 화학, 전기, 건축 용재 등으로 사용된다.

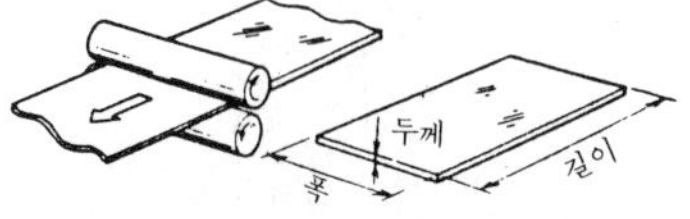

steel protractor 강제 분도기(鋼製分度器) →protractor
steel rule 강철자(鋼鐵－), 강척(鋼尺)
steel sheet 강판(鋼板) 강철판. =steel plate
steel strip 띠강(－鋼) 강재(鋼材)를 압연기에 넣어 띠 모양으로 얇고 길게 압연하여 코일 모양으로 감은 것으로, 일명 스트립이라고도 한다.
steel tape 강철 줄자(鋼鐵－) 강철로 된 테이프 모양의 줄자. 가죽으로 만든 케이스 속에 감겨 있으며, 보통 길이가 3~10m 정도까지 되는 것이 있다.
steel wire 강선(鋼線) 선재(線材)를 상온에서 인발 가공하여 만든 것으로, 인장 강도가 크다. 연강선(軟鋼線 : C 0.06~0.25%)과 경강선(硬鋼線 : C 0.3~0.6%)이 있다.
steel works 제강소(製鋼所)
steelyard balance 대저울 저울의 일종으로, 막대와 저울추를 사용하여 물체의 질량을 측정하는 기구.
steering 스티어링 ① 배의 키 또는 키를 잡는 것. ② 스티어링 휠이란 자동차의 핸들, 선박의 조타 핸들.
steering angle 조향각(操向角) 자동차의 직선 주행 위치에서 핸들을 꺾은 각. 핸들을 꺾은 각에 대해 실제로 타이어가 돈 각을 실조향각(實操向角)이라고 한다.
steering apparatus 조타 장치(操舵裝置) =steering arrangement, steering mechanism →steering gear
steering arrangement 조타 장치(操舵裝置), 조향 장치(操向裝置) =steering apparatus, steering mechanism →steering gear
steering gear 스티어링 기어, 조향 장치(操向裝置) 자동차의 조종 핸들을 돌려 앞바퀴를 좌우로 변향하는 장치.
steering knuckle 스티어링 너클 자동차의 앞차축 끝에서 킹 핀에 의해 지시되어 핸들의 조작으로 좌우로 선회하는 관절 부분.

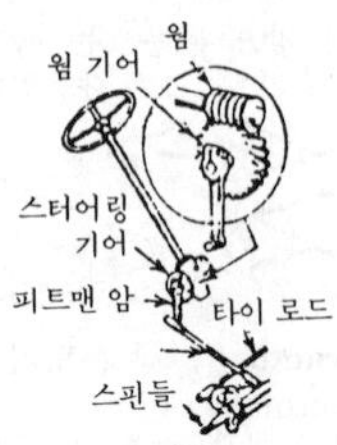

steering gear

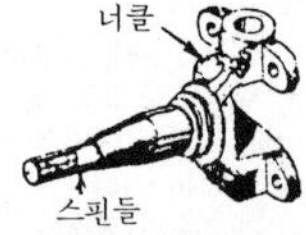

steering knuckle

steering pin 킹핀 =king-pin
steering wheel 핸들 보통 핸들이라고 하는 것으로, 원형의 림과 중앙의 보스, 그 것을 연결하는 스파이더로 이루어져 있다.
Stefan-Boltzmann s law 스테판-볼츠만의 법칙(-法則) 흑체면(黑體面)으로부터 상부 그 반공간(半空間)에 발산하는 열복사(熱輻射) 에너지는 그 온도만으로 정해지며, 전체 에너지는 절대 온도의 4제곱에 비례한다는 법칙.
stellite 스텔라이트 비철 합금(非鐵合金) 공구 재료의 일종. C 2~4%, Cr 15~33%, W 10~17%, Co 40~50%, Fe 5%의 합금. 그 자체가 경도가 높아 담금질할 필요없이 주조한 그대로 사용되고, 단조(鍛造)는 할 수 없다. 내구력(耐久力), 내식성(耐蝕性)이 강하고, 절삭 공구, 의료 기구에 적합하다. 내마모 살붙이로도 사용된다.
stem 스템 줄기, 공구의 자루, 심봉(心棒). 밸브 스템(valve stem)은 밸브봉.
stencil application 스텐실 도장(-塗裝) 형지(型紙)를 사용하여 문자나 여러 가지 모양을 도료로 그려 넣는 도장법.
stencil duplicator 등사 인쇄기(騰寫印刷機) 등사 원지를 사용하여 잉크를 투과시켜 인쇄하는 기계.
step 스텝 ① 단(段), 계단. ② 밟는 판.
stepladder 발판 2개의 사다리 위에 딛고 설 수 있는 판을 걸쳐 놓은 것.
stepped cone 단차(段車) =stepped pulley
stepped grate stoker 계단식 화격자 스토커(階段式火格子-) 화격자를 계단식으로 배열한 기계 연소 장치의 일종으로, 화격자면의 각도는 30~40°. 연료가 이 화격자면을 서서히 미끄러져 떨어지는 사이에 연소하는 것으로, 도시의 가연성(可燃性) 쓰레기나 저질탄의 연소에 쓰인다.
stepped pulley 단차(段車) 구동축(驅動軸)의 회전을 종동축(從動軸)에 여러 가지 속도로 변환하여 전달하는 단(段)이 붙은 바퀴.
stepping switch 스테핑 스위치 전기 기계적 장치로, 회로가 상당히 큰 그룹으로부터 선택된 출력 회로에 하나 또는 다수의 입력 회로를 신속히 접속하는 데 사용하는 것.
step response 스텝 응답(-應答) 입력 신호가 어떤 일정한 값에서 다른 일정한 값으로 갑자기 변화하였을 때의 응답.
stereographic projection 입체 투영(立體投影) 결정(結晶)의 면, 방향, 회전 대칭 등을 평면에 투영하는 방법의 하나.
stereo rubber 스테레오 고무 분자 구조의 규칙성이 매우 높은 합성 고무로, 탄성, 내마모성, 내후성(耐候性), 내열성 등이 일반 합성 고무보다 뛰어나다.
stereoscope 실체경(實體鏡), 스테레오스코프 1조의 평면상에 그려진 입체 도형을 입체시하는 광학 기계.
stereoscopic camera 스테레오 카메라 입체 사진을 촬영하기 위한 카메라.
stereoscopic microscope 실체 현미경(實體顯微鏡) 대물(對物) 렌즈, 접안(接眼) 렌즈, 정립(正立) 프리즘으로 구성되는 독립된 좌우 2조의 현미경으로, 시료(試料)를 대칭 각도로 놓고 좌우 눈으로 관찰하여 시료의 입체상을 볼 수 있는 비교적 배율이 낮은 현미경을 말한다. 금속 표면의 요철(凹凸), 흠집이나 개재물(介在物)의 관찰에 널리 이용되고 있다.
sterilizer 멸균기(滅菌器) 멸균솥을 사용하여 식기, 야채, 우유, 거즈 등을 멸균 소독하는 기구. 열원(熱源)은 가스, 전기, 증기. 대부분이 병원 등 의료 기관에서 사용한다.
stern 선미(船尾) 선체의 후단부를 말하며, 현재의 보통 배는 순양함형 선미 형상을 하고 있다. 선미의 선체 밖에는 키 및 프로펠러가 장비된다.
stern tube 선미관(船尾管) 축이 선체를

관통하여 선체 밖으로 나오는 곳에 장치하는 원통 모양의 관.

sterro metal 스테로 메탈 4-6 황동의 아연의 일부를 철로 치환(置換)한 특수 황동의 일종.

stick 스틱 봉(棒)이나 봉자석을 말한다. 또는, 파워 셔블의 지브(jib)와 엇갈리게 장치된 지퍼의 출입과 압출, 인입을 하는 기둥 모양의 프레임.

sticking 스티킹 섭동면(攝動面)이 고착되어 움직이지 않게 된 교착 상태.

stick-slip 스틱슬립 원활하지 못하고 무엇인가 걸린 것 같은 채터 진동(chatter vibration)이라 불리는 진동을 수반하는 마찰 현상으로, 이동 테이블과 안내면 사이에서 일어나고, 이동 기구에서 발생하는 탄성 변형과 그 복원의 반복 현상을 말한다. 일반적으로 가공 정밀도나 기계 수명 및 생산성을 나쁘게 한다.

stifel roll 스티펠 롤기(−機) 환봉(丸棒)으로 중공재(中空材)를 성형하여, 관재(菅材) 성형용의 소관(素菅)을 만드는 천공 압연기. 그림과 같이 단면이 사교(斜交) 롤로 되어 있어 일부분씩 연속적으로 가공되어 간다. →Mannesman process

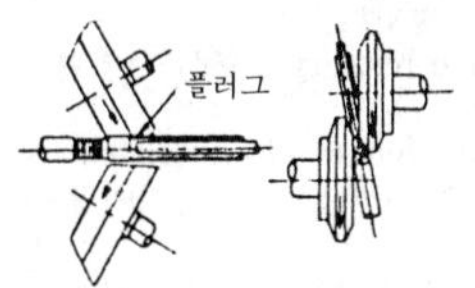

stiffener 스티프너 평판 그대로는 옆으로부터의 외력에도 약하고 휨도 크기 때문에 평판의 강도와 강성을 높이기 위해 붙여지는 작은 보강재.

stiffening ring 보강 링(補强−) 원통형 부품의 보강을 위해 이용되는 링.

stiff-leg derrick(crane) 스티프레그 데릭(크레인) 데릭의 일종. 주기둥(post)을 받치는 데 2개의 스티프레그를 쓰고, 주기둥과 스티프레그 하부는 3각형의 받침틀에 의해 연결 고정하여 받침틀 위에 권양 장치(捲揚裝置), 밸런스 웨이트를 두고 붐에 의해 중량물을 다루는 것으로, 그 선회각은 250° 전후이다. 3각 데릭(tripod derrick)이라고도 한다.

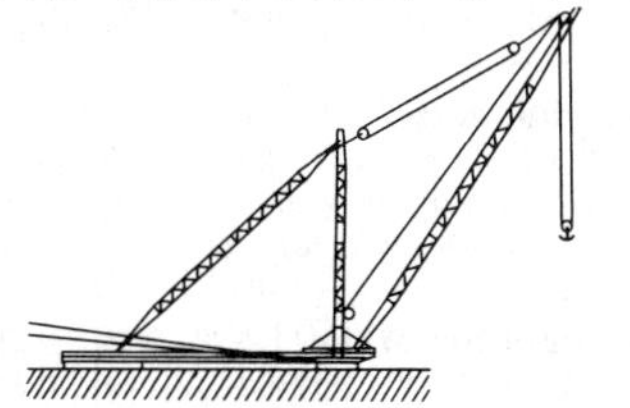

stiffness 강성(剛性) =rigidity

stiffness coefficient 강성 계수(剛性係數) =heat elastic modulus

stigmatic lens 무수차 렌즈(無收差−) 구면 수차(球面收差)만을 보정(補正)한 사진 렌즈.

stirring blade 교반 날개(攪拌−) =agitating blade

stitching 스티칭 ① 용접을 할 때 접합하는 재료를 꿰매듯이 접점이 용접해 나가는 것. ② 짧은 철사로 재료를 결합하는 방법으로, 스티칭 머신이 사용된다.

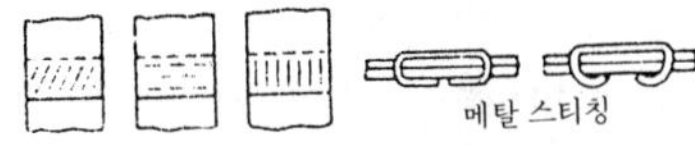
메탈 스티칭

stock 스톡 재고품, 저장품, 소지품, 구입품의 뜻.

stock car 가축 화차(家畜貨車) 주로 우마(牛馬)를 수송하는 데 사용하는 유개 화차(有蓋貨車). 양측면이 일정한 간격으로 뚫려 있어 통풍이 잘 되게 되어 있다. =cattle wagon, cattle van

stock fire 매화(埋火) =banked fire

stock layout 스톡 레이아웃 경제적인 원재료 치수의 선별법 및 요구 절단 형상의 배열법, 조합법 등을 스톡 레이아웃이라고도 한다.

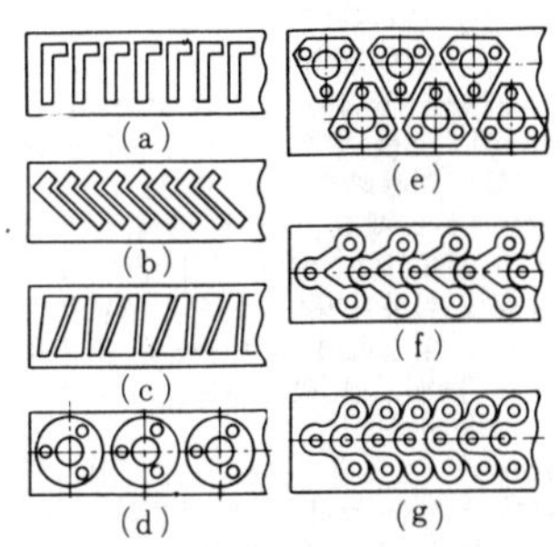

stock production 예측 생산(豫測生産) 수주 생산이 아니고 수요를 예측하여 생

산하는 것을 말한다. 표준화된 범용 제품의 생산에 이용하는 방식이다.

stocktaking 재고 조사(在庫調査) 자재, 재고품의 기록상의 재고량과 실제의 재고량을 대조하는 것.

stoker 스토커, 급탄기(給炭機) 보일러에 석탄 등 고체 연료를 자동적으로 이송하여 화격자(火格子) 위에서 연소시키는 장치를 말한다.

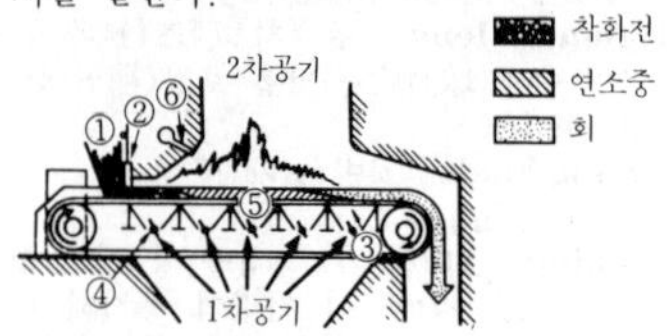

stoker firing 기계 연소(機械燃燒) = mechanical firing

stoking tool 불때기 도구(-道具) 석탄을 사용하여 인력으로 불을 땔 때 보일러에서 기관사가 사용하는 도구.

stone bolt 스톤 볼트 =anchor bolt

stone crusher 쇄석기(碎石機) 대형의 암석(岩石)이나 광석(鑛石)을 분쇄하는 기계. 크랭크가 회전하면 요동 강편(鋼片)과 고정 강편 사이에 끼워진 암석이 요동 강편에 압착되어 분쇄된다.

stop 스톱 ① 정지, 서다, 멈추다. ② 카메라의 조리개. =diaphragm

stop lamp 제동등(制動燈) 브레이크 페달에 발을 올리는 순간 페달의 작동 또는 유압에 의하여 점등되는 적색등으로 후속차에 제동을 알리는 등. =stop light

stop off 스톱 오프, 덧붙임 주물(鑄物)의 두께가 일정하지 않으면 냉각 속도의 차이에 따라 생긴 응력에 의해 변형이나 균열을 일으킨다. 이와 같은 응력 변화를 방지하기 위하여 주물과는 상관없는 나무를 두께가 일정하지 않는 목형 부분에 붙여 주조 후 이것을 잘라 버린다. 이것을 덧붙임이라 한다.

stopper 스토퍼 ① 판금 굽힘 가공에서 판의 위치를 정하는 데 사용하는 조각. ② 레이들(ladle) 밑바닥의 노즐 개폐 장치. 또는, 쇳물 고임에 만들어진 출탕 마개를 말한다.

stopping distance 정지 거리(停止距離) 자동차의 공주(空走) 거리와 제동 거리의 합을 정지 거리라고 한다.

stop valve 스톱 밸브 접시형 밸브와 밸브 시트에 대하여 나사를 상하로 움직임으로써 유체의 흐름을 개폐하는 장치. 글로브 밸브와 앵글 밸브의 2종류가 있다.

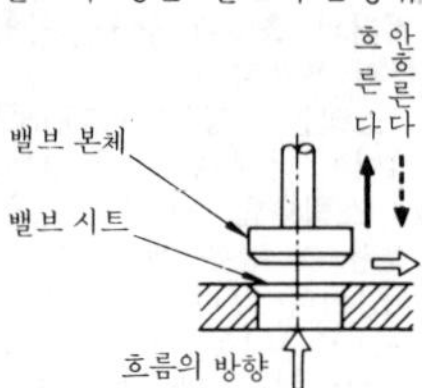

stop watch 스톱 워치, 기초 시계(記秒時計) 특히, 시간 연구(time study)용 스톱 워치를 말한다. 초(秒)보다 더 세밀한 단위까지 측정할 수 있는 시계로, 스위치를 눌러서 초침(秒針)을 멈추게 하거나 가게 한다.

storage 저장(貯藏), 축적(蓄積) 그래픽 디스플레이에서 사용될 때는 관면(管面)에 도형 등을 축적하여 기억시킬 수 있는 것을 말한다.

storage battery 축전지(蓄電池) →battery, cell

storage battery locomotive 축전지 기관차(蓄電池機關車) 축전지를 탑재하고 그 전력에 의하여 주행하는 기관차로, 통상 소형 기관차에 한하며, 광산용 또는 구내 입환용(入換用)으로 사용된다. =battery locomotive

storage shed 저장고(貯藏庫), 창고(倉庫)

storage tank 스토리지 탱크, 저장 탱크(貯藏-) 필요한 시간 동안 공급하는 데 충분한 양의 물이나 유류 등을 저장하는 탱크를 말한다.

store house 저장고(貯藏庫), 창고(倉庫)

straddle carrier 스트래들 캐리어 장대한 화물을 좌우 양 바퀴 사이에 매달고 운반하는 특수 자동차.

straddle cutter 스트래들 밀링 커터 1개 공작물의 상대되는 평행면을 동시에 절삭하기 위하여 한 쌍의 측면 밀링 커터를 1개의 아버(arbor)에 적당한 간격으로 장착한 것.

straight air brake 직통 공기 브레이크(直通空氣-) 브레이크 지령이 브레이크 밸브로부터 송출하는 압력 공기에 의해 직통관을 거쳐 직접 브레이크 실린더에 주어지는 방식의 공기 브레이크.

straight air pipe 직통관(直通管) 직통 공기 브레이크 장치에 있어서 브레이크 밸브로부터 브레이크 지령에 의해서 송출되는 공기 압력을 브레이크 실린더에 유도하는 관.

straight bevel gear 직선 베벨 기어(直線－) 피치 원뿔면의 모선(母線)에 일치되는 직선 이를 가진 베벨 기어. 2축이 직교하는 경우에 흔히 사용되는데, 사교(斜交)하는 경우에도 사용된다.

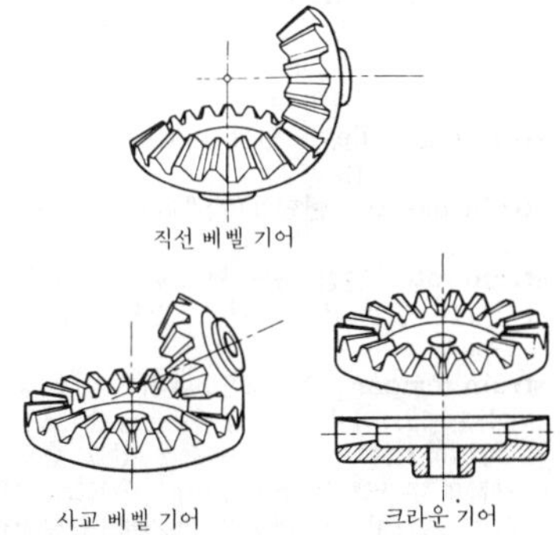

직선 베벨 기어

사교 베벨 기어　　크라운 기어

straight cut control 직선 절삭 제어(直線切削制御) NC 공작 기계의 하나의 축을 따라 공작물에 대한 공구의 운동을 제어하는 방식.

straightedge 직선자(直線－), 스트레이트 에지 금긋기용 공구의 하나. 설치시의 수평 내기 평면도의 검사나 금긋기를 할 때 직선을 긋는 데 사용한다.

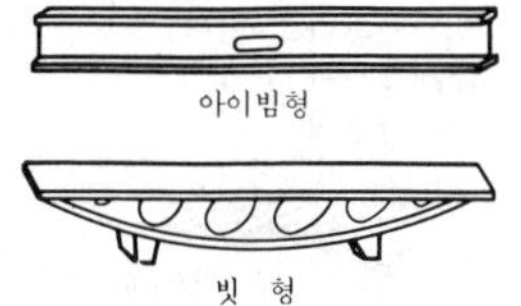

아이빔형

빗 형

straightening press 교정 프레스(矯正－) 환봉(丸棒), 각재(角材), 봉재(棒材), 형강(形鋼), 레일 등 대형물의 변형을 곧게 교정하는 데 사용하는 프레스. 크랭크 프레스와 액압(液壓) 프레스가 있다.

straightening roll 교정 롤(矯正－) ＝ smoothing roll

straight fluted drill 세로홈 드릴 절삭 칩(chip)이 흐르는 홈이 축과 나란히 나 있는 드릴. 절삭날에 레이크각(rake angle)을 붙일 수 없고, 따라서 칩의 흐름이 나빠 절삭성이 좋지 않다. 황동(黃銅), 판금(板金)의 구멍 뚫기에 사용한다.

straight fluted reamer 곧은날 리머 리머의 절삭날이 축과 평행하게 직선상으로 이루어진 리머.

straight frame 직선 프레임(直線－) 직선으로 된 세로 부재(縱部材)와 그것을 연결하는 가로 부재(橫部材)로 구성되어 있는 구조의 프레임.

straight joint 직선 이음(直線－) 접합 부분을 일직선으로 배열하여 접속하는 것을 말한다.

straight line 직선(直線)

straight line motion mechanism 직선 운동 기구(直線運動機構) 원운동(原運動)의 회전 운동에서 종운동(縱運動)의 직선 운동으로 바꾸는 기구를 말한다. 또, 운동 범위의 전체가 아니고 그 일부분에서 직선에 가까운 궤적(軌跡)을 따라 움직이는 기구(機構)를 근사(近似) 직선 기구라고 한다.

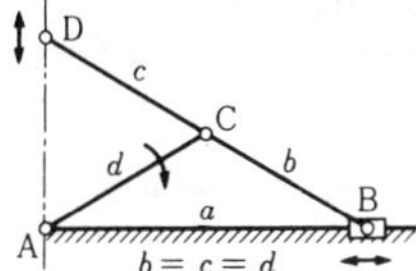

straightness 진직도(眞直度)

straight peen hammer 세로 머리 해머 해머 머리가 자루 방향으로 봉우리를 이루고 있는 한 손 해머.

straight screw 평행 나사(平行螺絲) 원통(圓筒)의 외면 또는 내면에 나사산을 낸 나사를 말하며, 대부분의 나사는 이 평행 나사에 속한다. 테이퍼 나사에 대응하는 말이다.

straight shank drill 스트레이트 생크 드릴 드릴의 자루 부분에 테이퍼가 없는 곧은 드릴.

straight side crank press 스트레이트 사이드 크랭크 프레스 →crank press

straight tail dog 곧은 꼬리 선반 돌리개 ＝carrier

straight teeth 곧은날 →plain milling cutter

straight through combustion chamber 직류 연소실(直流燃燒室), 직류형 연소실(直流形燃燒室) 가스 터빈 연소실로, 일반적으로 쓰이고 있는 형식이다. 연소실 내의 가스나 공기의 흐름이 축방향으로 흐르는 형식의 것. 역류형이나 굴곡한 것에 비하면 연소실이 조금 길어지지만 연소가 안정되고 효율도 좋다.

straight tool 스트레이트 바이트 곧은 생크 끝에 절삭날을 갖는 바이트의 총칭.

straight tube boiler 직관식 보일러(直菅式－) →water tube boiler

straight type engine 직렬 기관(直列機關), 직렬형 기관(直列形機關) 다(多) 실린더 기관의 실린더 배열의 형식. 즉, 실린더를 동일 크랭크축에 대하여 직선적으로 배열한 형식.

straightway valve 직렬 밸브(直列－) 유체(流體)가 유입(流入)하는 방향과 유출하는 방향이 일직선으로 되어 있는 밸브를 말한다.

strain 변형(變形) 재료가 외력을 받으면 변형한다. 이때의 단위 길이당의 변형량을 말한다.

strain aging 변형 시효(變形時效) = strain hardening

strain energy 변형 에너지(變形－) 물체의 변형에 의하여 저장되는 에너지를 말한다.

strain energy of dilatation 팽창 변형 에너지(膨脹變形－) →strain energy

strain energy of distortion 편차 변형 에너지(偏差變形－), 형상 변형 에너지(形狀變形－) 외력이 작용하여 물체가 변형하면, 이 외력이 하는 일은 물체의 변형에 따른 일로서 물체에 흡수되어 버린다. 이것을 변형 에너지라고 하는데, 이 중에서 물체의 체적을 바꾸는 에너지를 체적 변형 에너지라 하고, 또 체적의 변화에 관계없이 형상이 변화하는 부분을 형상 변형 에너지 또는 편차 변형 에너지라고 한다. 금속의 소성 변형(塑性變形)에서는 편차 변형 에너지가 주역을 연출하며, 소성 강도의 기준이 되는 경우가 많다.

strainer 스트레이너 먼지나 기타 불순물 등을 여과하는 기기 또는 여과망(濾過網)을 말한다.

strain figure 변형 무늬(變形－) =flow figure

strain gauge 변형 게이지(變形－), 스트레인 게이지 스트레인 게이지는 금속 또는 반도체의 저항체에 변형이 가해지면 그 저항값이 변화하는 압력 저항 효과를 이용한 것으로, 용도로서는 차압(差押)·압력 발신기 및 와류량계(渦流量計), 토크(torque)계, 기타 실응력(實應力)의 측정 등 각 분야에서 사용되고 있다.

strain hardening 변형 경화(變形硬化) 금속 재료에 변형을 가하면 경도(硬度), 인장 강도(引張強度) 등이 증대되는 현상. 변형 시효(變形時效)라고도 한다.

strain hardening rate 가공 경화율(加工硬化率) 금속 재료를 인장 시험했을 때 얻어지는 응력·변형 곡선의 변형 증가에 대한 응력 증가의 비율.

straining pulley 인장 바퀴(引張－) = tention pulley

strain meter 변형계(變形計) =strain gauge

strain rate 변형 속도(變形速度) 단위 시간당의 증분 $d\varepsilon/dt=\dot{\varepsilon}$을 변형 속도라고 한다.

strain temper 스트레인 템퍼 인장 응력(引張應力)하에서 사용하는 냉간 가공재(冷間加工材)에 어느 수준의 인장 응력을 가하면서 뜨임(tempering) 온도로 가열하여 냉각한 후 하중을 제거하는 열처리 방법을 말한다.

strain tensor 변형 텐서(變形－) 탄성체(彈性體)의 변형 상태를 나타내는 텐서.

strand 스트랜드 ① 실이나 철사를 꼬아 합친 다발이라는 말로, 와이어 로프에서는 그림과 같이 로프를 형성하고 있는 작은 새끼줄을 말한다. ② 선재(線材) 압연에 있어서 한 번에 2개 이상의 선재를 압연하는 경우, 압연재(壓延材)가 지나는 통로를 스트랜드라고 한다. ①, ②의 형성법을 스트랜딩이라 한다.

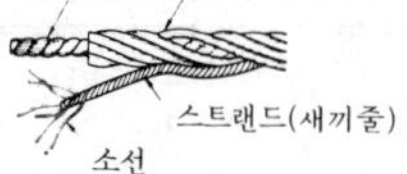

stranded wire 스트랜드 와이어 단선(單線)을 꼬아서 만든 선.

stranding 스트랜딩 ① 선을 꼬는 가공법. ② 홈붙이 롤(roll)로 형재(形材)를 성형하는 것을 말한다.

strap 스트랩, 띠 ① 끈, 띠처럼 생긴 금속, 가죽띠, 가죽끈. ② 보조판, 덮개판(butt strap).

strap brake 띠 브레이크 =band brake

strap fork 벨트 이동기(－移動機), 벨트 당기기 =belt shifter

strapped joint 스트랩드 조인트, 덮개판 이음(－板－) 용접 이음의 일종. 맞댄 판의 편면 또는 양면에 덮개판을 대고 접합하는 용접.

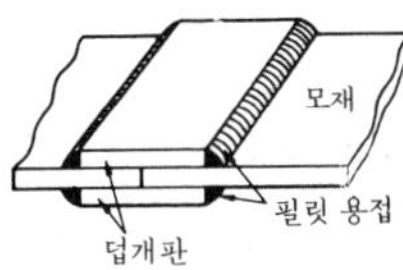

stratification 층별(層別) 동일 작업자, 동일 재료, 동일 형, 동일 측정자 등과 같이 모집단(母集團)을 몇 개의 층으로 나누어 해석하는 것.

stray current corrosion 미주 전류 부식(迷走電流腐蝕) 전극면(電極面)과 마주보는 가공면 이외로 흐르는 전류, 또는 정규의 회로 이외로 흐르는 전류에 의하여 발생하는 부식.

stream 흐름 =flow

stream function 흐름 함수(－函數) 2차원 흐름의 경우 x, y 방향의 유속 성분을 u, v로 하면 $u=\partial\psi/\partial y$, $v=-\partial\psi/\partial x$인 x, y, t의 함수 $\psi(x, y, t)$를 생각하면 비압축성 유체인 경우에는

$$\frac{\partial u}{\partial x}+\frac{\partial v}{\partial y}=\frac{\partial^2\phi}{\partial y\partial x}-\frac{\partial^2\phi}{\partial x\partial y}=0$$

로 되어서 연속의 식은 만족된다. 이러한 함수를 흐름 함수라고 한다.

streamline 유선(流線) =elementary stream

streamline burner 유선형 버너(流線形－) 미분탄(微粉炭) 버너의 초기적인 것으로, 단지 미분탄과 공기를 유선(流線)을 따라서 분사하여 혼합 연소시키는 방식의 버너를 말한다.

streamline flow 층류(層流) =laminar flow

streamline shape 유선형(流線形) 물체를 흐름 속에 놓았을 때 그 앞뒤에서 와류(渦流)나 정체(停滯) 현상이 일어나지 않는 저항이 적은 형태.

street elbow 스트리트 엘보 =elbow

street flusher truck 살수차(撒水車) 물탱크를 탑재하고 밸브의 개폐에 의하여 노면에 물을 뿌리는 차.

street inlet 빗물 받이 측구(側溝) 등에서 모아진 빗물을 하수 관거(下水管渠)에 흘려 보내기 위하여 설치되는 시설.

street tee 암수 티 관 이음쇠의 하나. 암나사와 수나사가 절삭되어 있는 T. →T. tee

strength 강도(强度) 재료에 부하가 걸린 경우, 재료가 파단(破斷)되기까지의 변형 저항을 표현하는 총 칭. 인장 강도(tensile strength), 압축 강도(compressive strength), 굽힘 강도(bending strength), 비틀림 강도(torsional strength) 등이 있다.

strength-differential effect 강도 차별 효과(强度差別效果) 금속이나 합금의 항복 응력(降伏應力) 또는 변형 응력이 인장 시험의 경우에 비하여 압축 시험쪽이 크게 나타나는 현상.

strengthened glass 강화 유리(强化－) 유리의 표면층에 미리 압축 응력을 잔류시킴으로써 강도(强度)를 강화한 유리를 말한다.

strength for fracture by separation 분리 강도(分離强度) 재료의 분리 파괴에 대한 강도, 즉 분리 파괴를 일으키는 주응력치(主應力値)를 말한다. →fracture by separation

strength of materials 재료 역학(材料力學) 공업 재료의 기계적 성질, 구조 및 구조물에 대한 하중, 강도 등을 연구하는 학문.

strength standard for automobile 강도 기준(强度基準) 자동차가 갖추어야 할 강도, 강성(剛性), 진동 특성의 표준 및 그 적용을 규정한 것.

strength weld 내력 용접(耐力鎔接) 응력을 전달하는 것을 목적으로 하는 용접.

stress 응력(應力) 물체에 외력(하중)이 가해질 때 그 물체 속에 생기는 저항력을 말한다. 응력은 하중의 종류에 따라서 전단(剪斷) 응력과 인장 응력, 압축 응력 등이 있다. 단위로는 kgf/㎠, kgf/㎟가 사용된다.

stress amplitude 응력 진폭(應力振幅)

stress concentration 응력 집중(應力集

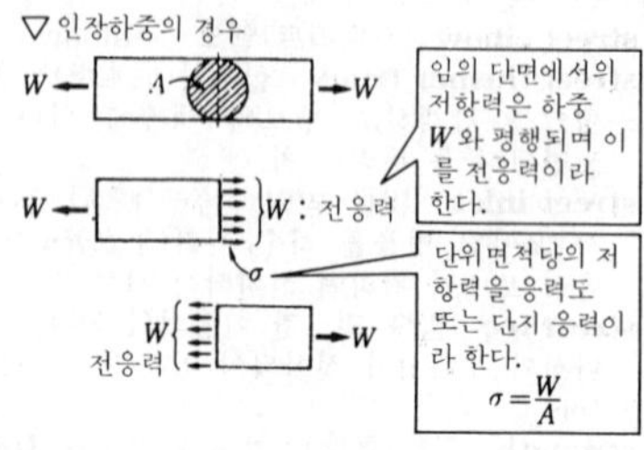

stress

中) 응력이 국부적으로 증대하는 것. 재료에 구멍이 뚫려 있거나 또는 노치(notch) 등이 있을 때, 이것에 외력이 작용하면 국부적으로 응력이 커지는 것을 응력 집중이라고 하는데, 재료가 파괴되는 원인이 되는 수가 많다.

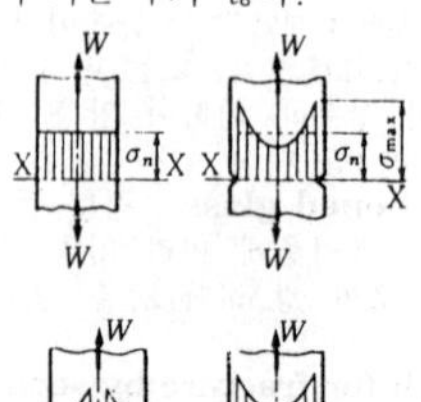

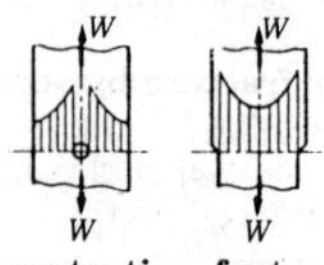

stress concentration factor 응력 집중 계수(應力集中係數) 응력 집중부에 작용하는 최대 응력과 단면적당의 응력과의 비율을 응력 집중 계수라고 한다.

stress corrosion cracking; SCC 응력 부식 균열(應力腐蝕龜裂) 인장에 의한 변형 과정과 특별한 부식이 동시에 작용했을 때 일어나는 균열. 절삭, 성형, 열처리, 용접, 주단조(鑄鍛造) 등에서 발생하는 인장 응력, 잔류 응력과 특수한 마모나 부식이 겹쳤을 때 일어난다.

stress-endurance-curve 응력 반복수 곡선(應力反復數曲線) →*S-N* curve

stress function 응력 함수(應力函數) 고체 역학에 있어서 응력 성분을 어느 함수의 적분형 등으로 나타내어 서로 관련지울 때 이 함수를 응력 함수라고 한다.

stress increment 응력 변화율(應力變化率) 응력(응력도)의 시간적 또는 공간적인 변화의 비율.

stressing and toughnessing 강인화(强靭化) 소성 변형(塑性變形)에 대하여 강하게 하는 것을 강화(stressing)라 하고, 파괴에 대하여 강하게 하는 것을 인화(靭化 : toughnessing)라고 한다.

stress intensity 응력도(應力度) =intensity of stress

stress intensity factor 응력 확대 계수(應力擴大係數) 파괴 역학(破壞力學)의 용어로, 충분히 떨어진 평균 인장 응력 σ_∞가 부하되었을 때, 균열 선단에서의 응력 집중이 어느 정도가 되면 파괴에 영향을 미치는가를 나타내는 계수이다.

stress relaxation 응력 완화(應力緩和) 일정한 길이로 신장(伸張) 또는 압축된 상태로 유지되었을 때 고무나 합성 수지 등에 일어나는 응력의 연속적 감소.

stress relief 응력 제거(應力除去) 상온 가공, 기계 가공, 담금질, 주조(鑄造), 용접 등을 하면 금속의 결정 입자(結晶粒子)가 변형을 받아 응력(應力)이 잔류하게 된다. 이것을 제거하기 위하여 각각 필요한 온도까지 가열하여 서서히 냉각하는 조작을 말한다.

stress-strain diagram 응력-변형 선도(應力變形線圖) 재료에 대하여 인장 시험을 했을 때의 응력과 변형의 관계를 나타내는 선도(線圖).

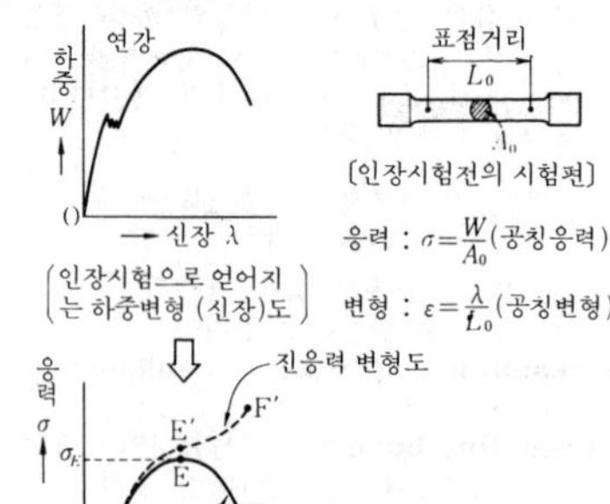

stress tensor 변형력 텐서(變形力－), 응력 텐서(應力－)

stretch 늘어남, 신장(伸張), 연신(延伸)

=elongation

stretcher strain 스트레처 스트레인 항복점(降伏點) 신장이 큰 재료가 소성 변형(塑性變形)을 받았을 때 나타나는 줄무늬 모양의 변형 무늬.

stretch forming 인장 성형법(引張成形法) 기계 판금 가공의 특수한 것으로, 판금면(板金面)을 따라서 인장력을 가하여 성형하는 방법.

stretching 늘이기 작업(－作業), 단신 작업(鍛伸作業) 금속 재료를 단조하여 늘이는 작업. 단조 기본 작업 가운데에서 가장 중요한 것.

striation 스트라이에이션 피로 파면(疲勞破面)에 볼 수 있는 줄무늬 모양의 것. 연성(延性) 및 취성(脆性) 스트라이에이션으로 나뉜다.

strike 스트라이크 ① 특수한 작업 조건 또는 욕조성(浴組成)을 이용하여 짧은 시간에 도금 처리를 하는 것. 밀착성을 좋게 하거나 피복성(被覆性)을 향상시키는 목적으로 한다. ② 노동자 등이 임금 인상, 처우 개선 등을 요구하기 위하여 단결하여 작업을 중지하는 노동 운동. ③ 때리다, 가격하다.

striker 메[1], 스트라이커[2] ① 앞멧군이 사용하는 해머. 10 파운드(4.5kg), 15 파운드(6.8kg), 20 파운드(9kg) 메 등이 있다.

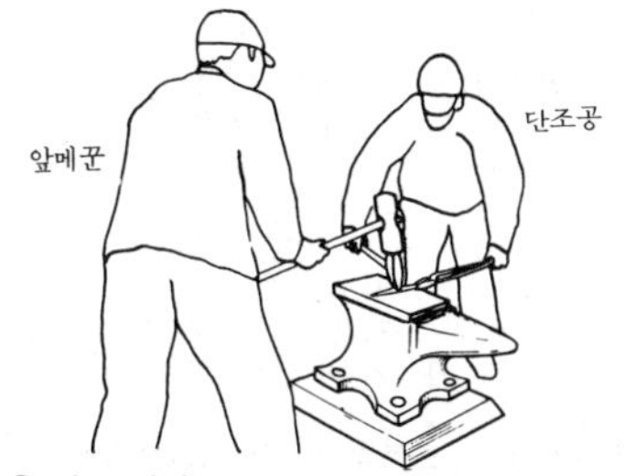

② 치는 사람.

striking board 스트라이킹 보드 원통형 또는 동일 형상의 주형(鑄型) 또는 코어(core)를 만들 때 모래를 긁어 내어 필요한 단면을 만드는 형판(型板).

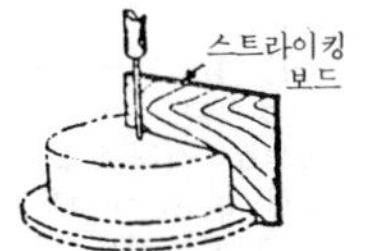

striking energy 충격 에너지(衝擊－) 충격 하중에 의하여 이루어진 일을 말한다.

striking pattern 스트라이킹 패턴 목판(木板)에 형(型)의 단면을 그려서 잘라낸 것을 그림과 같이 돌림으로써 주형 틀 속의 모래에 원형 주형을 만들 수 있다. 또, 직선 주형은 안내판을 따라 판에 형의 단면을 그려서 잘라 낸 형판(型板)으로 모래를 긁어 냄으로써 사형(砂型)을 만들 수 있다. 이 형판 또는 이 방법으로 만든 주형을 스트라이킹 패턴이라고 한다.

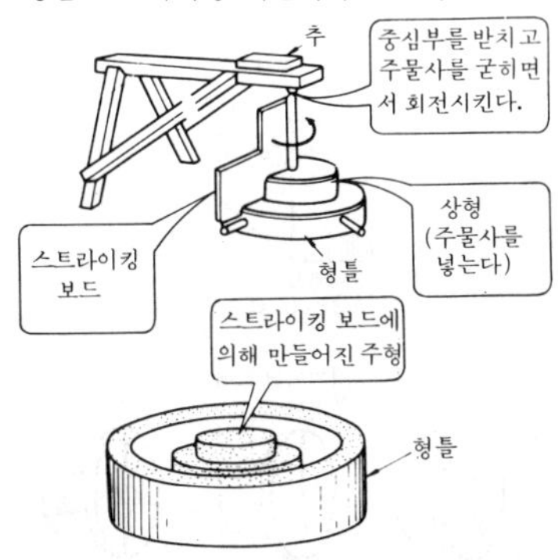

strip 스트립 프레스 가공용으로 시트로부터 필요한 폭으로 절단된 재료편(材料片)을 말한다. 일반적으로는 연마된 띠강판을 뜻한다.

stripped 스트립드 나사 또는 절연재와 관련한 부적합한 처리로 그 작용력에 의하여 피복이 벗겨지거나 나사산이 문드러지는 등의 현상.

stripper 스트리퍼 판금 프레스 가공에서 블랭킹 다이(blanking die)의 일부에 부착되어, 블랭킹한 펀치에 부착한 나머지 판금을 펀치가 위로 올라갈 때 떨어지게 하는 역할을 하는 장치.

stripper crane 스트리퍼 크레인 강괴 기중기의 일종으로, 주형에 주탕, 강괴를 주형에서 빼내는 등의 추괴(抽塊) 작업을 하기 위한 장치를 가진 특수 천장 기중기.

stripping 스트리핑 ① 가열, 감압 등의 방법에 의해서 액체 중의 용존(溶存) 기체나 휘발 성분을 기상(氣相) 중으로 쫓아내는 조작. ② 프레스형에 의한 펀칭 가공 또는 구멍뚫기 가공이 끝난 시점에서 스트리퍼에 의해 판에서 펀치를 빼내지 않으면 안 된다. 이 작업을 말한다. 실제로 스트리핑을 할 때의 힘은 최대 전단 하중의 2.5~20% 정도라고 한다.

strip steel 띠강(−鋼), 대강(帶鋼) 보통, 연마된 띠강을 말하지만 열간(熱間) 가공한 띠강을 말하기도 한다.

stroboscope 스트로보스코프 ① 반복 현상(물체의 회전이나 진동)을 일정한 위치에 온 순간만 볼 수 있게 한 장치. ② 섬광 전구.

▽스트로보에 의한 회전속도의 측정

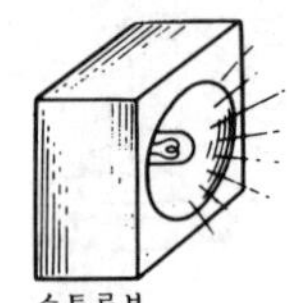

(명료)
정지되어 있어 보인다 / 정지되어 있어 보인다 / 직경으로서 보인다

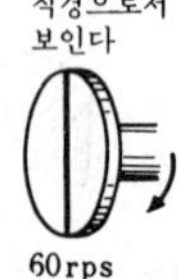

▽스트로보의 표준도

이것을 회전체에 부착하여 방전관의 간헐조명을 낸다

$$f = \frac{M}{k} n$$

M : 도형의 변의 수

n : 회전속도(rps)

f : 방전관의 명멸수 (회/초)

k= 1, 2, 3, … 및 1/2, 1/3, …일 때 도형은 정지되어 보인다.

stroke 스트로크, 행정(行程) ① 왕복 기관에서, 실린더 속에서 피스톤이 한 쪽 끝에서 다른 쪽 끝까지 움직이는 거리. ② 피스톤이 한 쪽 끝에서 다른 쪽 끝까지 움직이는 것.

stroke bore ratio 행정 안지름비(行程−比), 행정 내경비(行程內徑批) 피스톤 행정(行程)과 실린더 내경의 비(比率)를 말한다. 일반적으로 고속 기관일수록 이 비가 작고 고속 가솔린 기관에서는 1 내지 그 이하이다.

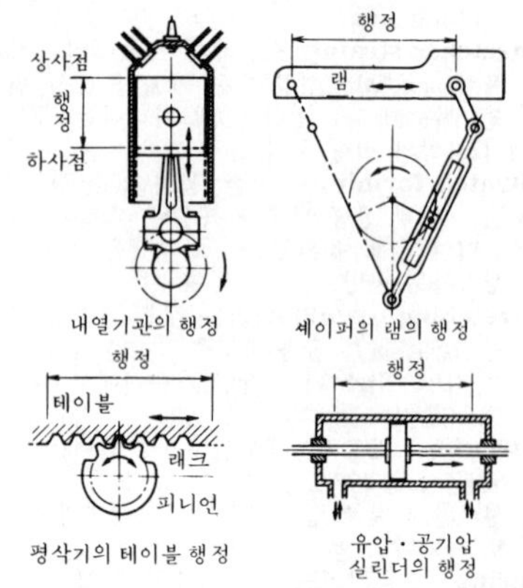

stroke

stroke per minute ; spm 매분당 스트로크수(每分當−數)

stroke volume 행정 체적(行程體積) 내연 기관, 증기 기관, 공기 압축기 등의 피스톤이 한 행정을 움직이는 사이에 배제되는 용적.

strontium 90 스트론튬 90 핵분열에 의해서 생성되는 스트론튬의 방사성 동위 원소를 말한다.

structural damping 구조 감쇠(構造減衰) 결합부(結合部)의 마찰 및 재료의 내부 감쇠로 기인하는 구조의 진동 감쇠성(振動減衰性)을 말한다.

structural steel 구조용 강(構造用鋼) C 함유량 0.05~0.6 정도의 강. 판재나 봉재(棒材), 관재(菅材), 띠재(帶材), 선재(線材)로 가공하여 일반 기계 부품 등에 사용된다.

structure 스트럭처, 구조물(構造物) 부재(部材)의 집합체이긴 하지만 부재 상호간에는 아무런 상대적인 운동없이 하나의 물체로 조립된 것. 철탑, 교량, 건축물, 차체, 선체, 항공기의 기체, 운반 장치의 골격 등을 말한다.

strut 스트럿 ① 지주(支柱), 지지목, 버팀목. ② 지탱하다.

stub gear tooth 스터브 톱니, 저치(低齒) →full depth gear tooth

stub tooth 스터브 톱니, 저치(低齒) →

full depth gear tooth

stuck mold 스턱 몰드 주형(鑄型)을 여러 개 포개어 놓고 공통의 탕구(湯口)로부터 주탕(注湯)할 수 있도록 한 중합(重合) 주형을 말한다.

stud 스터드 볼트 막대의 양단에 나사가 있고 한 쪽 나사를 기계의 본체 등에 단단히 박아 넣어서 사용하는 볼트. =tap-end stud

stud bolt 스터드 볼트 환봉(丸棒)의 양단에 나사를 절삭한 볼트. 그 한 끝을 미리 기체(機體)에 심어 놓고 고정하는 부분에 클리어런스 구멍을 뚫고 끼워서 너트로 체결한다.

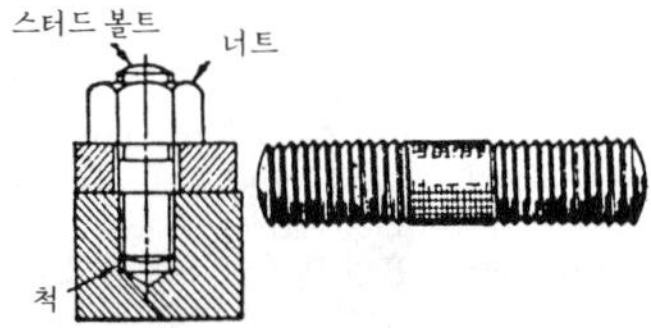

stud link chain 스터드 링크 체인 강도를 증대시키기 위해 스터드를 붙인 고리 모양의 체인.

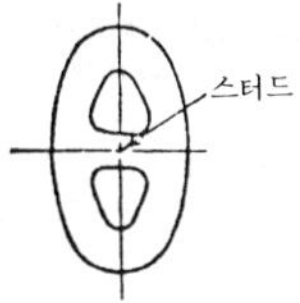

stud welding 스터드 용접(－鎔接) 볼트나 환봉(지름 10mm 정도까지) 등의 선단과 모재(母材) 사이에 아크를 발생시켜 가압하여 접합하는 용접.

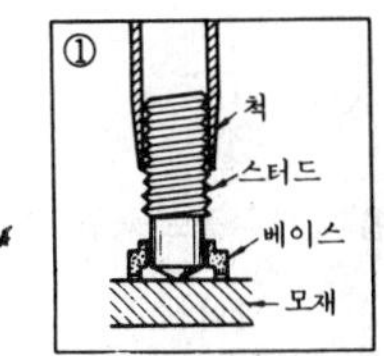

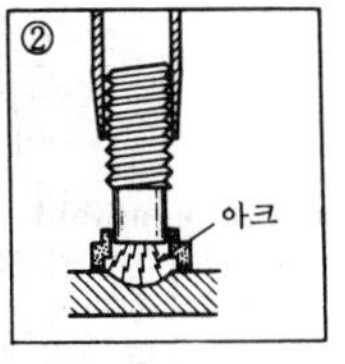

stuffing box 스터핑 박스 패킹 상자를 말한다. 축봉부(軸封部)를 형성하고 그 곳에 글랜드 패킹(gland packing)을 채워 밀봉(seal)한다.

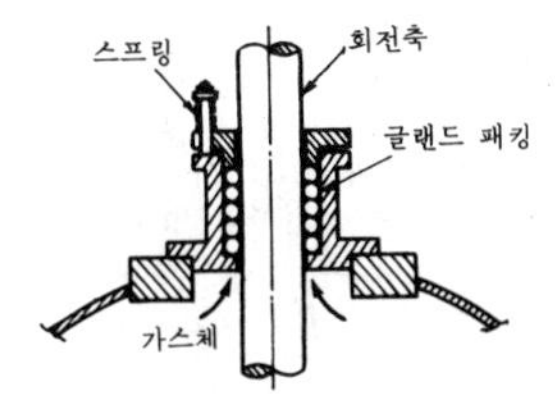

stuffing box gland 패킹 누르개, 글랜드 패킹 상자에서 패킹을 누르는 부분.

stylus 스타일러스, 촉침(觸針) 다듬질면의 단면 곡선이나 모형(模型)의 윤곽을 모방하는 촉침을 말한다. 표면 조도(粗度) 측정이나 모방 공작 기계 등에 사용되고 있다.

styrene-butadiene rubber ; SBR 스티렌 부타디엔 고무 스티렌과 부타디엔의 공중합(共重合)으로 얻어지는 고무 모양의 물질로, SBR로 불리고 있는 합성 고무의 일종이다. 천연 고무에 비해 내한성(耐寒性), 탄성(彈性) 등은 뒤떨어지지만 내열성, 내마모성, 내노화성(耐老化性), 내수성, 내 가스 투과성이 뛰어나 타이어, 호스, 벨트, 패킹, 피복물로 사용되고, 라텍스(latex) 모양으로는 접착제, 종이의 사이징제(sizing 劑)로 사용된다.

sub-coated electrode 박층 피복 아크 용접봉(薄層被覆－鎔接棒) 피복(被覆)의 두께가 얇은 용접봉을 말한다. 원피복(原被覆) 용접봉과 중량이 같은 용접봉을 사용하며, 훨씬 많은 부피의 용착 금속을 얻을 수 있다. 용착부의 기계적 성질은 약간 떨어진다.

subcontracting 청부 제도(請負制度) 자본 주의적인 순수 기업가가 중간 청부 업자에게 일정한 가격 범위 내에서 공사를 발주하고, 청부 업자가 이 공사를 수행하기 위하여 근로자를 고용해서 작업을 완성시키는 제도. =contract work system

subdrainage 지하 배수(地下排水) =underground drainage

subharmonic resonance 분수 조파 공진(分數調波共振) 진동수 f의 여진력(勵振力)이 진동계에 작용할 때, n을 2이상의 정정수(正整數)로 하여 f/n의 계(系)의 고유 진동수에 가깝기 때문에 일어나는 공진을 $1/n$차 분수 조파 공진이라고 한다.

submerged arc welding 서브머지드 아

크 용접(-鎔接), 복광 용접(覆光鎔接) 두 모재의 접합부에 입상(粒狀)의 용제(鎔劑), 즉 플럭스(flux)를 놓고 그 플럭스 속에서 용접봉과 모재 사이에 아크를 발생시켜 그 열로 용접하는 방법.

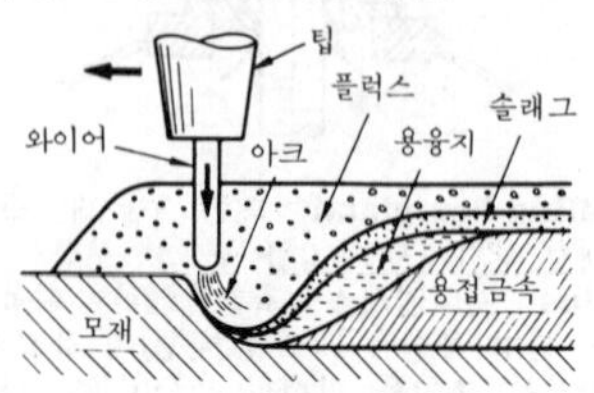

submerged-melt welding 서브머지드 용해 용접(-鎔解鎔接) =submerged arc welding

submerged motor pump 수중 전동 펌프(水中電動-) 수중 전동기의 제작이 실현됨으로써 가능해진 것이며, 깊은 우물의 양수 장치(揚水裝置)로서 전동기의 장치 위치를 최하부에 설정하고 전동기는 물 속에 잠긴다. 따라서, 지상에 설치하는 경우와 같이 긴 구동축(驅動軸)을 필요로 하지 않는다.

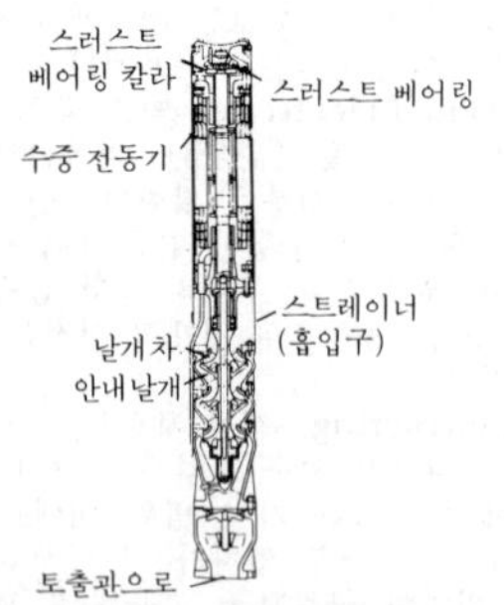

submerged orifice 서브머지드 오리피스, 잠수 오리피스(潛水-) 물 속에 잠긴 오리피스로부터 물이 흘러나오는 장치.

submersible decompression chamber 잠수 감압 체임버(潛水減壓-) 잠수병을 해결하기 위하여 만들어진 잠수 캡슐(capsule).

sub plate 서브 플레이트 조립, 해체, 가공 등을 용이하게 할 수 있도록 하기 위하여 덧붙인 보조판.

subsieve powder 서비시브 파우더 가장 미세한 44미크론의 표준 체를 통과한 분말을 말한다.

substance 서브스턴스, 물질(物質), 물체(物體)

substation 변전소(變電所) 발전소로부터 송전받은 고압의 교류 전력을 강압하여 수용가에 배전하는 곳.

subworker 서브워커, 조수(助手) 기능자 밑에서 작업을 돕는 보조 일꾼.

sub-zero treatment 서브제로 처리(-處理) 넓은 뜻으로는 0℃ 이하의 온도에서의 열처리. 고탄소강(高炭素鋼)이나 고합금강(高合金鋼)에 있어서는, 일반적으로 실온에서 담금질한 상태로는 오스테나이트 조직이 잔류한다. 그래서 다시 -80℃ 정도로 냉각하면 조직 전체가 마텐자이트로 변화한다. 이 상태에서 다시 실온으로 복귀시킨 다음 저온 뜨임(tempering)을 하여 β마텐자이트로 한다. 이 처리를 서브제로 처리라고 한다.

suction 석션, 흡입(吸入) 혼합 가스나 공기 등을 빨아 들이는 것. 또, 우물 속의 철관 등으로 공기를 배제하여 대기압의 힘으로 물을 빨아 올리는 것을 말한다.

suction air 흡기(吸氣) =suction

suction dredger 펌프 준설선(-浚渫船)

suction fan 흡입 환풍기(吸入換風機), 흡입 팬(吸入-) 외부의 공기를 실내로 흡입하는 환풍기.

suction head 흡입 양정(吸入揚程) 펌프에 있어서 흡입 수면으로부터 펌프 중심까지의 높이.

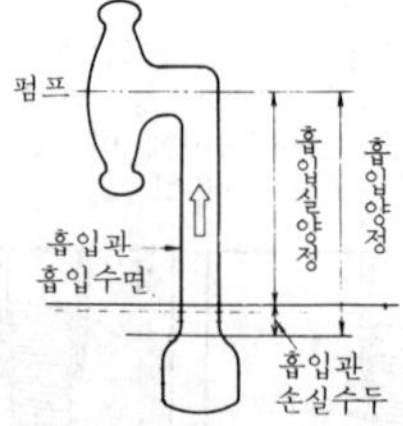

suction manifold 흡기 매니폴드(吸氣-) 다(多)실린더 기관의 흡기관을 여러 개 실린더마다 하나로 모은 것. 압력 손실이 적고, 흡기 또는 연료가 각 실린더에 골고루 분배되도록 설계되어 있다.

suction pipe 흡입관(吸入菅) 주로 펌프에 대하여 사용하는 용어로, 펌프에 유체를 유입시키기 위한 도관(導管)을 말한다.

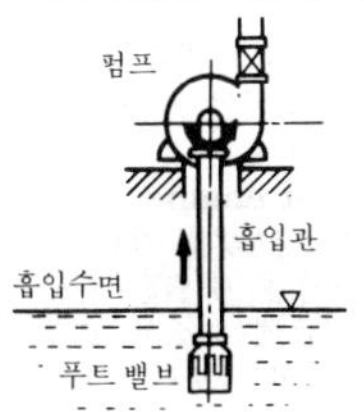

suction pressure 흡기 압력(吸氣壓力)[1], 흡입 압력(吸入壓力)[2] ① 내연 기관의 흡기관 내의 정압(靜壓)을 말하며, 보통 수은주〔mm〕로 표시된다. 일반적으로 대기압보다 낮고, 가솔린 기관에서는 기화기(氣化器)의 스로틀 밸브를 죌수록 낮아진다. 과급(過給)을 하는 경우에는 대기압보다 높아지는 경우도 있다.
② 펌프에서 흡입측의 유체 압력.

suction pressure gauge 흡기 압력계(吸氣壓力計) 흡기관 내의 정압(靜壓)을 측정하기 위한 압력계. 흡기 압력은 과급(過給)하지 않는 경우에는 부압(負壓)이므로 보통 부르동관형의 진공계(眞空計)가 사용되나 실험실 등에서는 수은 마노미터가 사용되는 경우도 있다.

suction pump 흡입 펌프(吸入－), 석션 펌프 얕은 곳에 있는 액체를 높은 곳에 올리기 위하여 사용하는 펌프. ＝atmospheric pump, lift pump

suction pyrometer 흡인 온도계(吸引溫度計) 고온계(高溫計)의 일종. 고온 기체 등의 온도를 측정하기 위하여 온도계를 이중관 속에 넣어 복사(輻射)에 의한 오차를 막고, 내관 속으로 기체를 흡인함으로써 온도계에의 열전달을 좋게 한 고온계이다.

suction specific speed 흡입 비속도(吸入比速度) 터보형 펌프 및 펌프 수차의 캐비테이션에 대한 흡입 특성을 나타내는 것.

suction stroke 흡기 행정(吸氣行程) 흡기 밸브 또는 흡기 구멍을 열고 피스톤을 이동(보통 상사점에서 하사점으로)시키면 실린더 안으로 신기(新氣)가 흡입된다. 이것을 흡기 행정이라고 한다. 일명 흡입 행정이라고도 한다. ＝intake stroke

suction sump 흡입 수조(吸入水槽) 펌프의 흡수를 위해 흡입관(suction pipe) 또는 펌프를 수중에 잠몰(潛沒)시킨 수조로, 일반적으로 수면이 대기압인 경우를 말한다.

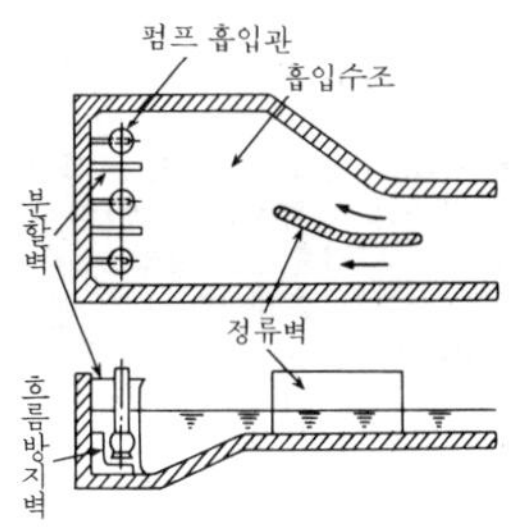

suction system 흡기 계통(吸氣系統) 내연 기관의 전 흡기 장치를 말한다. 보통, 공기 여과기→기화기(가솔린 기관인 경우에만)→흡기관(또는 흡기 매니폴드)→흡기 밸브(또는 흡기 구멍) 순서로 배열된다. 과급(過給)을 하는 경우에는 기화기(氣化器) 앞에 과급기를 장치한다.

suction tube 흡입관(吸入菅) ＝suction pipe

sulfur 설퍼, 유황(硫黃) 원소 기호 S, 원자량 32.06, 단체(單體) 황화물, 황산염(黃酸鹽)으로 산출되는 황색의 여린 금속. 용도는 2황화 탄소, 2산화 유황, 황산의 제조나 성냥, 화약, 고무 등을 만드는 데 사용된다.

sulfur hexafluoride 6불화 유황(六弗化硫黃) 정 8면체의 중심부에 S원자를, 정점에 F원자를 6개 배치한 구조의 안정된 화합물. 전기 절연성이 높고, 아크의 소호성(消弧性)도 뛰어나다.

sulfuric acid 황산(黃酸) 무색 유상(油狀)의 무거운 액체. 수용액은 강산성(强酸性)이며, 2황산 가스를 산화하여 만든다. 용도는 염료, 폭약의 제조나 석유 정제, 유기 화합물의 합성 등에 사용된다.

sulfurizing 침황 처리(浸黃處理) 황화물(黃化物), 청화물(靑化物), 중성염(中性鹽)으로 이루어진 용융 염욕(鹽浴) 속에 약 570℃에서 수 시간 금속 부품을 담가 표면에 유황, 질소, 탄소를 동시에 침투시켜 내 브레이킹성(내소부성), 내마모성, 피로 강도를 향상시키는 처리법. S, N, C의 침투층에 의한 마찰 계수의 저하와 윤활성에 의해 내 브레이킹성, 내마모성을 향상시키는 데 그 목적이 있다. 선박용 실린더 라이너, 배기 계통의 체결 너트, 태핏, 해머용 피스톤, 주물용 금형, 절삭 공구 등의 처리에 이용된다.

sulphur 유황(硫黃) =sulfur
sulphur free cutting steel 유황 쾌삭강(硫黃快削鋼) →free cutting steel
sulphur print 설퍼 프린트 선강(銑鋼) 속에 존재하는 황화물(黃化物)의 분포 상태를 육안으로 검출하는 방법.
sum 합계(合計), 총계(總計)
sun and planet gear 유성 기어 장치(遊星－裝置), 외전 사이클로이드 기어 장치(外轉－裝置) 맞물리는 한 쌍 기어의 한 쪽은 고정되어 있고 다른 쪽은 이것과 맞물리면서 그 주위를 도는 기구(機構)의 기어 전동 장치. 그 운동이 태양의 둘레를 도는 유성의 운동과 유사한 데서 붙여진 이름이다.

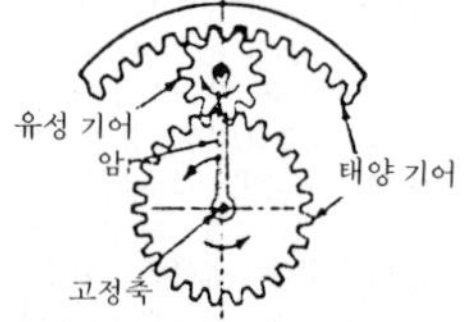

sunk head rivet 성크 헤드 리벳, 묻힘 리벳 항공기의 경합금 구조용으로서 고안된 리벳. 평활한 표면을 필요로 하는 외판(外板)의 이음에 사용된다.
sunk key 성크 키 축에 절삭한 키 홈에 키 높이의 반이 묻히는 키.

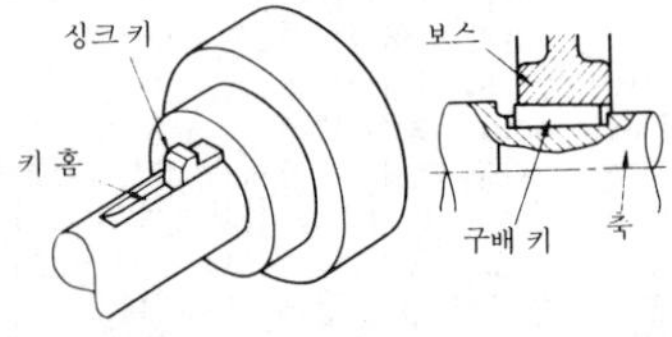

super 수퍼 초(超), 과(過), 과도한, 뛰어난 등의 뜻.
super abrasive 초연삭재(超硏削材) 다이아몬드 및 입방정 질화 붕소(立方晶窒化弗素 : CBN) 숫돌 입자 등 값이 비싸고 숫돌 입자로서의 성질이 매우 뛰어난 연삭재(硏削材). CBN은 숫돌 입자 성분에 탄화물 형성 원소를 함유하지 않으므로 고속도강(高速度鋼), 다이스강, 저탄소강(低炭素鋼) 등의 연삭에 적합하다.
super alloy 초합금(超合金) =heat-resisting alloy
supercharged boiler 과급 보일러(過給－) 노(爐)의 압력을 높인 보일러로, 가스 터빈 연소기(燃燒器)로서의 기능을 지닌 것을 말한다.
supercharged engine 과급 기관(過給機關) 과급기를 갖춘 기관. 중형 이상의 디젤 기관에서는 대부분 과급기가 붙어 있다. 또, 최근에는 소형 고속의 디젤 기관, 가솔린 기관에도 널리 쓰이고 있다.
supercharger 과급기(過給機) 기화기(氣化器)의 부속품의 하나. 내연 기관의 충전 효율(充塡效率)을 증가시킬 목적으로 흡기(吸氣)를 압송하는 장치.

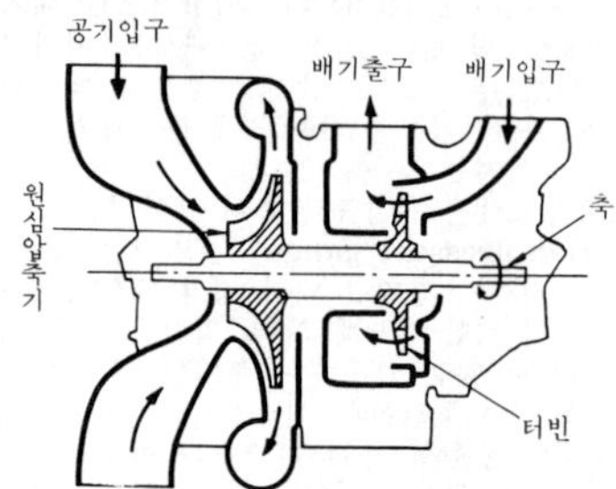

supercharging 과급(過給) 대기압 이상의 압력으로 기관에 흡기(吸氣)를 공급하는 것. 출력을 증가시키는 수단으로서 쓰이고 있으며, 디젤 기관에서는 널리 이용되고 있으나 최근에는 가솔린 기관에서도 쓰이게 되었다.
super conductive magnet 초전도 자석(超電導磁石) 초전도 선재(超電導線材)를 여러 겹 감은 것을 −269℃의 액체 헬륨에 담그면 초전도 상태로 되어 안정된 고자계(高磁界)를 발생시킬 수 있다. 이 자석은 전력의 소비가 없으므로 리니어 모터 카, 핵융합로(核融合爐), MHD 발전 등에 이용된다.
super conductivity 초전도(超電導) −260℃ 이하의 극저온에서 자계, 전류 밀도가 각각의 임계값 이하일 때 전기 저항이 0으로 되는 현상. 니오븀(니오브)과 지르콘의 합금이 초전도 재료로서 사용된다.
supercooling 슈퍼쿨링, 과냉(過冷) ① 융체(融體) 또는 고용체(固溶體)가 응고 온도 또는 용해 온도 이하로 냉각될지라도 타성 때문에 액체 또는 고용체 상태를 지속하는 경우가 있다. 이것을 과냉이라고 한다. ② 냉동기에서의 응축기로 액화

(液化)된 냉매(冷媒)를 다시 냉각하여 그 포화 온도 이하로 냉각하는 것.

super critical pressure boiler 초임계 압력 보일러(超臨界壓力－) 물의 임계 압력 225.6 ata 를 넘는 증기를 발생하는 보일러. 초임계 압력에서는 증기와 물이 혼합체로서 존재할 수 없으므로, 드럼 내에서 물과 증기를 분리하는 기수(氣水) 드럼을 갖는 형식의 보일러는 설계되지 않고 관류 보일러만이 채용된다.

super critical pressure turbine 초임계 압력 터빈(超臨界壓力－) 터빈 입구에 있어서의 증기가 임계압 225.65kg/㎠ 이상의 압력을 가진 터빈.

super duralumin 초 듀랄루민(超－) 보통의 두랄루민을 개량하여 인장 강도를 50kgf/㎟ 이상으로 끌어올린 것.

super ferrite stainless steel 수퍼 페라이트 스테인리스강(－鋼) 18-8 스테인리스강보다 품질이 우수한 페라이트계(系) 스테인리스강. 불순물인 탄소와 질소를 극한까지 줄이고 Cr 과 Mo 을 적당량 첨가함으로써 내(耐) SCC(응력 부식 균열)를 높인 것으로, 응력 부식 균열이 발생하기 쉬운 장치의 재료로서 가장 적합하다. 26 Cr-1 Mo, 19 Cr-2 Mo, 17 Cr-1 Mo, 30 Cr-2 Mo 스테인리스강 등이 있다.

superfine file 정밀 줄 세트(精密－) 줄의 일종. 1 조가 12~16 개로 되어 있고, 각각 여러 가지 단면이나 윤곽을 갖춘 줄눈이 조밀한 가는 줄.

superfines 초미분(超微分) 10 미크론 이하의 입자로 이루어진 분말.

super finisher 정밀 다듬질 기계(精密－機械) 정밀 다듬질 전용 기계. =super finishing machine

super finishing 정밀 다듬질(精密－) 공작물의 표면에 눈이 고운 숫돌을 가벼운 압력으로 누르고 작은 진폭으로 진동을 시키면서 공작물에 이송 운동을 시켜 그 표면을 정밀 다듬질하는 방법.

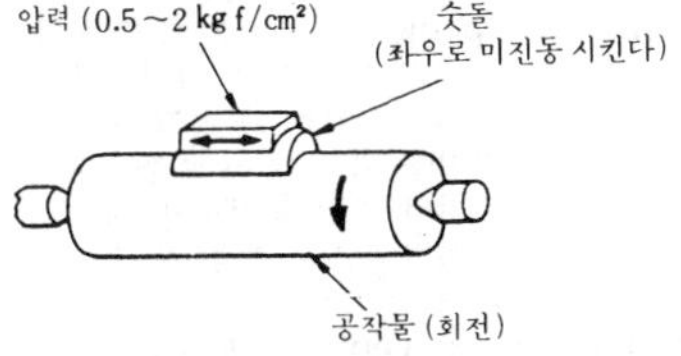

super finishing machine 정밀 다듬질 기계(精密－機械), 수퍼 피니싱 머신 정밀 다듬질 전용 기계. 연마기와 같이 정밀 보링 머신, 연삭기 등으로 다듬질한 원통 외면, 구멍 내면, 평면 등의 공작물 표면을 단시간 동안에 매우 평활한 면으로 다듬질하기 위한 기계. =super finisher

super finishing unit 정밀 다듬질 유닛(精密－) 숫돌에 알맞는 압력과 알맞는 진동을 주어 정밀 다듬질을 하는 장치. 이 장치를 이용하면 선반, 연마기 등을 정밀 다듬질 기계로 활용할 수 있다.

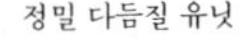

super fluidity 초유동(超流動) 액체가 저온이 되면 양자론적 효과(量子論的效果) 때문에 입자가 느끼는 저항이 0 이 되는 현상으로, 헬륨은 그 원자가 가볍고 원자간의 힘이 약하기 때문에 초유동이 나타나는 저온까지 액체로 존재할 수 있는 유일한 물질이다.

super heated steam 과열 증기(過熱蒸氣) 건포화 증기(乾飽和蒸氣)를 포화 압력 그대로 더욱 가열시켜 포화 온도 이상으로 한 증기를 말하며, 증기 터빈에는 이 증기를 사용한다.

superheater 과열기(過熱器) 보일러 안에서 발생한 증기를 그 압력을 바꾸지 않고 더욱 가열하여 열량이 높은 증기로 만들기 위해 사용하는 것.

superheater tube 과열관(過熱管) 보일러에서 발생한 포화 증기(飽和蒸氣)를 도입하여 그 포화 증기 속에 소량 포함되어 있는 수분을 증발시켜 더욱 과열 증기로 만들기 위한 관.

superheating 과열(過熱) 증기를 포화 온도 이상으로 가열하는 것.

super high pressure boiler 초고압 보일러(超高壓－) 물의 임계 압력(臨界壓力) 250~350 기압 이상의 보일러.

super invar 슈퍼 인바 선팽창 계수(線膨

脹係數)가 적고 불변강(不變鋼)이라 불리는 Ni-Fe 합금의 인바보다 팽창률이 작은 합금으로, 열팽창 계수×10^{-7}/℃이다. 표준 척도나 측거의(測距儀) 등에 사용된다.

super low temperature alloy 초저온 재료(超低溫材料) 일반적으로 액체 질소의 비등점(−196℃)보다 낮은 온도를 초저온이라고 한다. 초저온을 응용한 기기의 초저온에 노출되는 부분에 사용되는 재료를 초저온 재료라고 한다.

super malloy 수퍼 멀로이 Mo-Ni-Fe 합금의 일종. 1947년, 5% 몰리브덴 퍼멀로이(5% Mo, 79% Ni, 나머지 Fe)를 강제 탈산시키지 않고 진공 속에서 용해하여 산화하지 않도록 헬륨 또는 질소 가스 속에서 주조하여, 재료 내부에 비금속 개재물이 잔류하지 않도록 제조한 소재를 수소 가스 속에서 1,300℃로 가열 순화한 다음 최적 열처리 조건으로 열처리한 결과, 초투자율(初透磁率) μ_0가 100,000 이상인 것을 처음으로 얻을 수 있었다. 이것을 수퍼 멀로이라고 한다. 그 후 초고투자율(超高透磁率) 재료로서 바나듐 퍼멀로이, 텅스텐 퍼멀로이, 니오븀 퍼멀로이 등이 차례로 개발되었다. 오디오나 비디오의 자기(磁氣) 헤드와 자기 테이프의 전자 부품에 사용된다.

super permalloy 수퍼 퍼멀로이 Ni 40~85%, Cr<6%, Si<2%, Sn<4%, Fe 16~60%, 초투자율(初透磁率) 20,000의 우수한 퍼멀로이로, 계기용 변압기, 자기 방어판(磁氣防禦板) 등에 중용되고 있다.

super plasticity 초소성(超塑性) 수 100%의 커다란 변형이 발생하는 것을 초소성이라 한다. 상변태(相變態)를 이용하는 변태 초소성과, 결정 입자(結晶粒子)가 극히 미세하여 입계(粒界)가 일종의 점성(粘性) 유체와 같은 거동을 하는 재료에 발생하는 미세 결정 입자(微細結晶粒子) 초소성이 있다.

super quench 초 담금질(超−) 변형, 담금질 균열이 발생하기 쉬운 위험 부위를 천천히 냉각시키는 담금질.

supersaturated expansion 과포화 팽창(過飽和膨脹) 노즐을 흐르는 증기의 압력이 급격히 강하하면, 포화 증기압(飽和蒸氣壓) 이하가 되어도 습증기(濕蒸氣)로 되지 않고 과포화(過飽和) 증기로 되는 경우가 있다. 이와 같은 팽창을 과포화 팽창이라고 한다.

supersaturation 과포화(過飽和) 건조 증기를 냉각할 때 온도가 포화 온도 이하에 이르러도 응축을 일으키지 않는 일이 있다. 이러한 증기를 과포화 증기(supersaturated vapour)라고 한다. 또, 액체를 가열할 때 포화 온도를 지나도 증발이 일어나지 않는 과포화액(supersaturated liquid)의 상태가 되는 일도 있다. 과포화는 이와 같이 포화 상태를 지난 준안정의 상태이며, 용해도를 넘는 용질(溶質)을 포함하는 용액의 상태 등을 나타낼 수도 있다.

supersonic 수퍼소닉, 초음속(超音速) → supersonic speed

supersonic compressor 초음속 압축기(超音速壓縮機) 축류 압축기에 있어서는 동익(動翼)의 선단에서 근원까지 날개에 대한 입구 상대 흐름의 마하수가 1을 넘는 압축기로, 충격파에 의한 압력 상승을 이용한다.

supersonic transport ; SST 초음속 여객기(超音速旅客機), 초음속 수송기(超音速輸送機) 초음속 순항을 하는 수송기.

supervisor 수퍼바이저 관리자, 감독자. 생산 공정에서는 조장급 감독자를 말한다.

super weight alloy 초중합금(超重合金) 밀도 19.3의 텅스텐을 주성분으로 하고 Cu 3~4%, Ni 3~6%를 배합한 비교적 값이 싼 소결 합금(燒結合金)을 초중합금이라고 한다. 밀도 17.0~18.5, 경도 H_v 300 이상. 용도는 자이로컴퍼스의 고속 회로 로터, 자동 태엽 시계나 플라이휠의 추(錘), 고속 회전용 스핀들 등 좁은 공간에서 큰 회전 모멘트나 무게를 필요로 하는 재료에 사용된다.

supply 서플라이 ① 공급, 공급품. ② 공급하다.

supply pipe 급수관(給水管) 급수 펌프로부터 토출(吐出)된 물을 보일러로 이끄는 관. =feed pipe, water supply pipe

suport 서포트 ① 지지, 버팀. ② 지지하다.

supporting point 지점(支點) 기계나 구조물 혹은 그 부재는 각각 지지구나 지반 등으로 지지되어 있는 위치가 확정되어 있다. 이 지지를 위한 구속 부분을 지점이라 하는데, 지지 조건의 차이에 따라 이동 지점, 회전 지점, 고정 지점 및 자유 지점 등의 종류가 있다.

surface active agent 계면 활성제(界面活

性劑) 액체(보통 물)에 조금만 첨가하여도 그 액체의 계면 장력(界面張力)이 급감하는 물질. 세제(洗劑) 이외에 유화제(乳化劑), 분산제, 가용화제(可溶化劑), 대전(帶電) 방지제 등 모든 공업 분야에서 이용되고 있다.

surface blow-off cock 수면 분출 콕(水面噴出−) 보일러 몸통 또는 드럼의 수면에 뜨는 유지분이나 그 밖의 불순물을 제거하기 위하여 부착한 콕.

surface boiling 표면 비등(表面沸騰), 국부 비등(局部沸騰) 유체의 평균 온도가 포화 온도 이하라도 가열면의 온도가 높은 경우에는 가열면 바로 위 표면에서 부분적으로 비등 현상이 일어나는데, 이것을 국부 비등 또는 표면 비등이라고 한다. =local boiling

surface broaching 외면 브로치 절삭(外面−切削) 공작물의 외면에 브로치를 눌러 대고 절삭하는 작업.

surface broaching machine 외면 브로치 절삭기(外面−切削機) 외면 브로치를 사용하여 브로치 절삭을 하는 기계.

surface coefficient of heat transfer 열전달률(熱傳達率) 열전달의 계수(係數)로, 단위 면적, 단위 시간, 단위 온도차로 이동하는 열전달량. =film coefficient of heat transfer

surface condenser 표면 응축기(表面凝縮器), 표면 복수기(表面復水器) 가장 일반적인 응축기. 냉동기의 압축기로 압축한 냉매(冷媒)를 금속을 개입시켜 물 또는 공기로 냉각하여 응축시키는 장치.

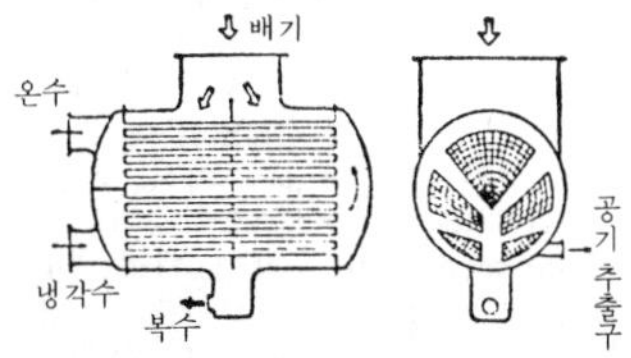

surface gauge 서피스 게이지 =scribing block

surface grinder 평면 연삭기(平面研削機) 평면 역삭, 즉 공작물의 평면을 연삭하는 기계.

surface grinding 평면 연삭(平面研削) 평면 연삭기를 사용하여 공작물의 평면을 연삭하는 작업.

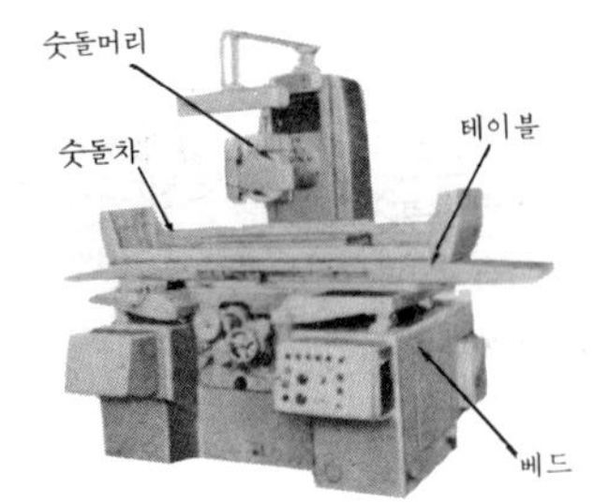

surface grinder

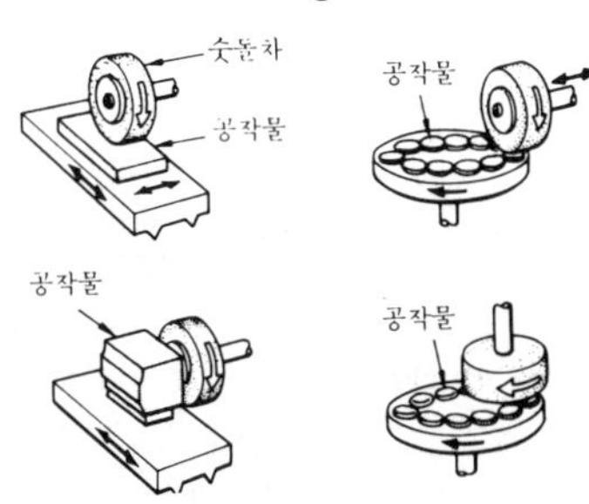

surface grinding

surface grinding machine 평면 연삭기(平面研削機) =surface grinder

surface hardening 표면 경화(表面硬化) =hard facing

surface ignition 표면 착화(表面着火) 자동차 엔진의 연소실 내의 불꽃 점화로 방전부(放電部) 이외의 고온 표면에 일어나는 것.

surface indicator 서피스 인디케이터 =scribing block

surface of perfect black body 완전 흑체면(完全黑體面) 입사(入射)하는 방사를 그 전체 파장에 걸쳐 흡수하는 물체의 표면을 완전 흑체면 또는 줄여서 그냥 흑체면이라고 한다. 이것은 공동(空洞)을 둘러싸고 있는, 전혀 방사를 투과시키지 않거나 또는 방사를 잘 흡수하는 벽에 뚫린 지극히 작은 구멍에 의해 실현된다.

surface plate 정반(定盤), 서피스 플레이트 표면을 정확하고 평활하게 다듬질을 한 주철제의 평면반. 이 위에 공작품을 올려 놓고 중심 내기와 금긋기, 조립, 측정 등을 한다.

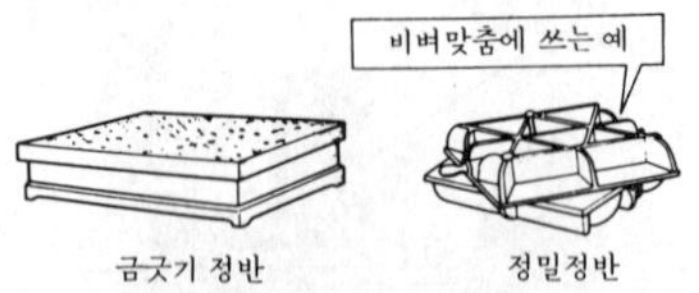

surface rolling 롤 다듬질 회전하는 롤을 압착시킴으로써 표면을 평활하게 하는 동시에 피로 강도의 향상을 꾀하는 다듬질 가공법을 말한다. 축의 단붙이부 *R* 부에는 특히 유효하다. 그림은 디퍼런셜 피니언의 롤 다듬질을 보인 것이다.

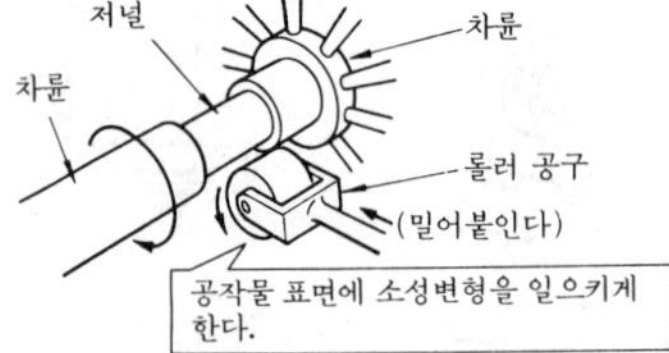

surface roughness 표면 거칠기(表面－), 표면 조도(表面粗度) 일반적으로 공작물의 다듬질면이 정밀한지의 여부는 그 면에 남아 있는 요철(凹凸)의 정도에 따라 결정된다. 그림은 다듬질한 면을 확대한 것으로, KS 에서는 가장 간단한 방법으로 요철의 최대 높이로 표면 거칠기를 나타내고 있다. 표면 거칠기의 기호는 3각 기호와 S 기호로 표시한다. 이것을 도면에 기입할 때는 원칙적으로 3각 기호와 S 기호를 병용하지만, 거칠기의 범위를 개략적으로 표시할 때는 S 기호를 생략하는 수도 있다.

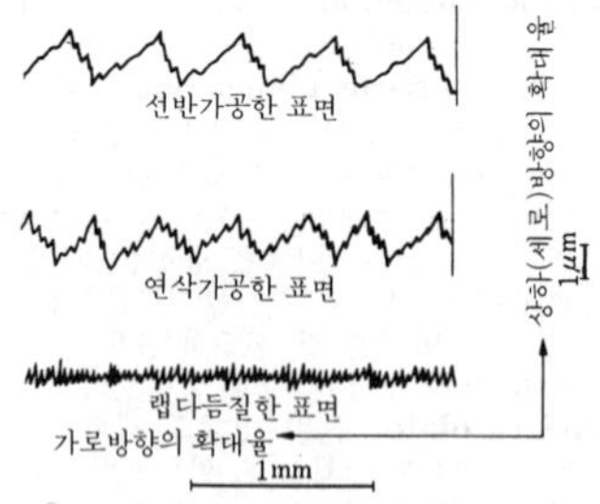

surface roughness tester 표면 거칠기 측정기(表面－測定器) 표면 거칠기(기계 표면에서 임의로 발취한 각 부분에 있어서의 R_{max}, R_z 또는 R_a의 각각의 산술 평균값)를 읽는 측정기.

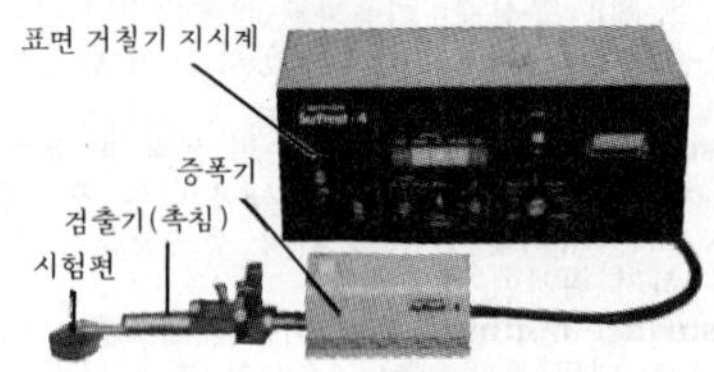

surface table 정반(定盤) ＝surface plate

surface tesion 표면 장력(表面張力) 액체는 액체 분자의 응집력 때문에 그 표면을 가급적 작게 하려는 성질이 있는데, 이 때문에 액체의 표면을 따라 생기는 장력을 말한다.

surface tester 다듬질면 검사기(－面檢査機) 기계 부품의 표면 거칠기를 정확히 측정하는 기계. 테이블을 이동시켜 측정면 위에 촉침(觸針)을 가볍게 미끄러뜨려 면의 요철(凹凸)에 의한 촉침의 상하 움직임을 확대하여 측정하는 장치.

surface to air missile 지대공 미사일(地對空－) 지상(또는 해상)의 기지에서 발사하여 지상(또는 해상)의 기지로부터 발사하여 공중을 비행 중인 항공기 및 미사일을 격추하는 미사일.

surface to surface missile 지대지 미사일(地對地－) 지상(또는 해상)의 시설물을 파괴하기 위한 미사일.

surface treated steel sheet 표면 처리 강판(表面處理鋼板) 표면에 금속 또는 비금속의 피복 처리(被覆處理)를 한 강판을 말한다. 대표적인 것으로는 금속 도금 표면처리 강판, 화성(化成) 처리 강판, 법랑철판(琺瑯鐵板), 염화 비닐 강판.

surface treatment 표면 처리(表面處理) 금속 재료 표면의 경화 처리, 방식(防蝕)·도금·청정(淸淨) 처리 등을 총칭하는 말.

surfacing 표면 피복(表面被覆) 금속 표면에 이종(異種) 금속을 용착시키는 것.

surfacing feed 가로 이송(－移送) ＝cross feed

surge killer 서지 킬러 뇌(雷) 유도에 의한 송전선의 이상 순간 전압이나, 전로(電路) 개폐기를 끊었을 때 발생하는 순간 전압을 흡수하는 장치 또는 소자.

surge pressure 서지 압력(－壓力) 과도적으로 상승한 압력의 최대값.

surge tank 서지 탱크, 압력 조정 수조(壓力調整水槽) 수압관(水壓管)의 수격 작용(水擊作用 : water hammer)을 완화하기 위해 수압관의 하단 가까이에 설치하는 높은 탱크.

surge wheel drive 서지 휠 구동(－驅動) 원뿔형의 구동 휠에 엔드리스 로프를 감아 작동시키는 구동.

surging 서징 ① 유체 기계에서의 배관을 포함한 계(系)가 일종의 자려 진동(自勵振動)을 일으켜 특유의 정해진 주기로 토출(吐出) 압력 및 토출량이 변동하는 현상. ② 코일 스프링이 고진동(高振動) 영역에서 스프링 자체의 고유 진동이 유발되어 채터 바이브레이션을 일으키는 것.

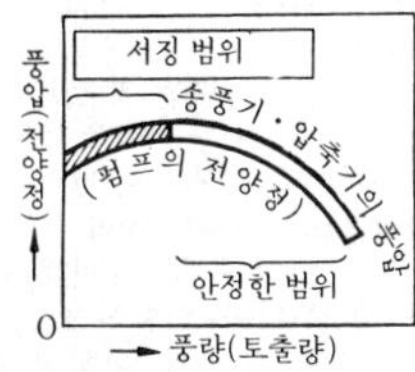

surging line 서징선(－線) →surging

surging of coil spring 코일 스프링의 서징 코일 스프링이 고유 진동수에 가까운 변동 하중(變動荷重)을 받았을 때, 고진동(高振動) 영역에서 스프링의 고유 진동이 유발되는 현상.

surplus time 서플러스 타임, 여유 시간(餘裕時間) 표준 작업 시간을 설정할 때 정미 작업 시간과 준비 시간 이외에 가산된 시간으로, 피로, 작업, 직장 여유 등의 시간을 말한다.

suspended tray elevator 트레이 엘리베이터 체인에 핀으로 지지된 트레이 등을 설치한 그림과 같은 엘리베이터.

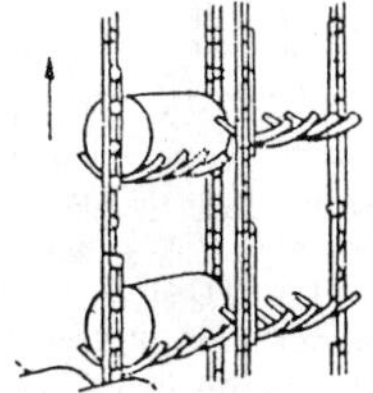

suspension 서스펜션 매다는 것. 현수(懸垂)라는 뜻이다. 서스펜션 인슐레이션(suspension insulation)은 전선의 현수 애자(懸垂碍子), 서스펜션 브리지(suspension bridge)는 조교(弔橋)를 뜻한다.

suspension firing 부유 연소(浮遊燃燒) 석탄을 가루 모양으로 만들어 연소실로 불어 넣고 전열면 또는 재 배출구에 도달하기 전에 연소를 완료시키는 미분탄(微粉炭) 연소법이다. 버너의 사용 방법에 따라 여러 가지 연소법으로 나뉜다.

suspension spring 현가 스프링(懸架－) 일반적으로 차량(車輛)의 차체를 지지하는 스프링.

suspension system 서스펜션 장치(－裝置) 차체와 차축 사이에 있으며, 노면의 기복 외에 선회시나 급제동시의 차체 상하나 좌우동(左右動)을 허용하여 충격 완화의 구실을 갖게 하기 위한 차축 부착 부분을 서스펜션(현가 장치)이라고 한다.

suspension troughing roller 서스펜션 트로프 롤러 여러 개의 롤러를 링으로 연결하여 벨트를 홈통 모양으로 지지하는 롤러.

suspension weigher 달기 저울 피측정물의 무게를 훅(hook)에 매달아서 눈금을 읽는 저울을 총칭. 다루기는 간편하지만 정밀도가 좋지 않다.

sustained load 서스테인드 부하(－負荷) 주기(週期)가 긴 변동 부하.

swage 탭 단조용 공구의 일종. 단조품에 둥근 부분을 붙일 때 사용하는 공구. 보통, 상형과 하형으로 되어 있는데, 상형을 상탭, 하형을 하탭이라고 한다.

swage block 스웨이지 블록 단조용 공구의 일종. 앤빌(anvil)의 보조 역할을 하는 것으로, 주철 또는 주강제인 각형의 대(臺). 측면이나 몸체에 여러 가지 모양의 홈과 구멍이 뚫려 있다.

swaged file 사다리꼴 줄 단면이 사다리꼴 모양으로 된 줄.

swaged file

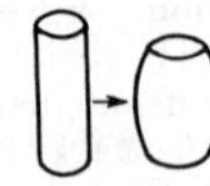
swaging

swaging 스웨이징 단조 작업의 일종. 재료를 길이 방향으로 압축하여 그 일부 또는 전체의 단면을 크게 하는 작업.

swaging machine 스웨이징 머신 스웨이지 단련용 기계. 재료를 물고 있는 2개의 공구를 그 주위를 회전하는 캠으로 급속히 반복 타격함으로써 재료의 단면을 크게 한다.

swan method 스완법(-法) 철(鐵) 표면을 산화물(Fe_3O_4)로 피복하여 부식을 방지하는 방법의 하나.

swapping 스워핑 스웝(swap)이란 교환한다는 뜻이다. 컴퓨터에서 주기억(主記憶) 장치에 들어 있는 프로그램과 보조 기억 장치에 들어 있는 프로그램을 교환하는 것을 말한다.

swash plate 회전 사판(回轉斜板) 회전축에 대하여 경사진 방향으로 장착된 편평한 원판을 회전시키면, 축 중심 방향으로 배치된 이것과 접하는 피스톤(플런저)에는 왕복 운동이 주어진다. 이와 같은 장치를 회전 사판이라고 한다.

swash plate cam 사판 캠(斜板-), 사면 캠(斜面-) 편평한 원판이 축에 대해 경사지게 장착된 캠. 그림에서 캠 A가 회전하면 종동절(從動節) B는 상하 운동을 한다.

swash plate pump 사판 펌프(斜板-) 용적형(容積形) 회전 펌프에 속하는 것으로, 원판이 회전축에 경사지게 장착되고, 이것이 고정된 바깥쪽 케이싱에 접하면서 회전함으로써 유체를 송출하는 펌프.

sweat cooling 스웨트 쿨링, 삼출 냉각(滲出冷却) =effusion cooling

sweep 스위프 진동 발생 장치의 진동수가 어떤 범위를 연속적으로 통과하는 과정을 말한다.

sweeping board 긁기 형판(-型板) 주조(鑄造)에서 긁기형에 사용하는 긁기판.

sweeping core 스위핑 코어 코어의 제작은 잔손질이 많이 필요한 작업이므로 단면이 일정한 코어는 긁기 형판(sweeping board)으로 만드는 경우가 있다. 이것을 스위핑 코어라고 한다.

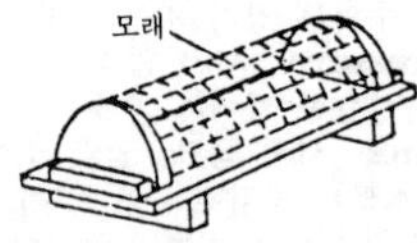

sweeping mold 긁기형(-型) 주물(鑄物) 단면의 1/2에 해당하는 형상을 판으로 잘라 내고, 이것을 형판으로 하여 안내판을 따라서 주물사를 긁어 내어 주형을 만드는 방법.

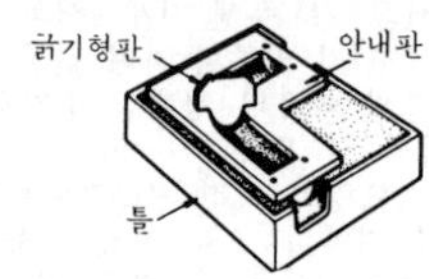

sweeping pattern 긁기형(-型) = sweeping mold

swelling 스웰링, 팽윤(膨潤) 고체가 액체를 흡수하여 그 구조 조직은 변화시키지 않고 용적이 증대되는 것.

swell-neck pan head rivet 굵은목 냄비머리 리벳 냄비형 두부(頭部)와 축부(軸部)의 연결 부위를 원뿔형으로 만들어 단면적의 급격한 변화를 피하고 강도를 강화한 리벳.

swept-in frame 스웨프트인 프레임 그림과 같이 앞쪽이 좁아진 자동차의 차대.

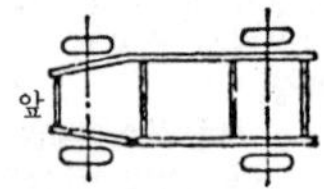

swing 스윙 흔드는 것, 또는 흔들림 진폭의 크기를 말한다. 선반에서는 센터 높이(center height)를 말하며, 가공할 수 있는 최대의 지름을 나타낸다.

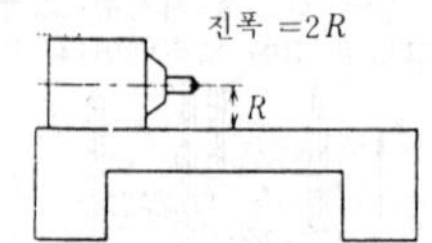

swing bolster 스윙 볼스터 대차(臺車) 틀에 대하여 가로 요동을 할 수 있게 지지되어 있는 가로 방향의 보를 말한다.

swing cross cut saw 스윙식 기계톱(-式機械-) =swing cross sawing ma-

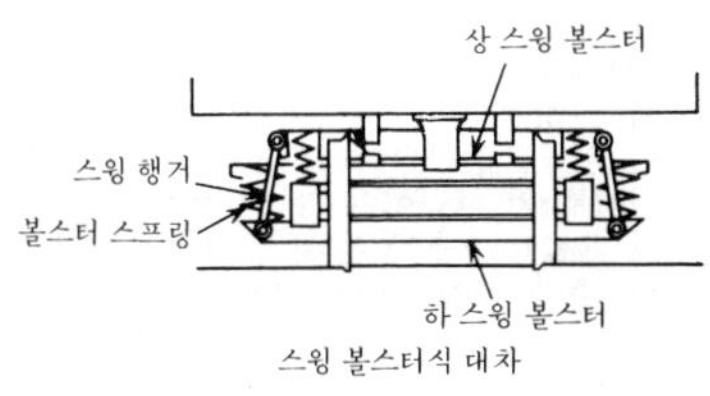

swing bolster

chine

swing cross sawing machine 스윙식 기계톱(-式機械-) 회전하는 둥근 톱이 흔들이 운동을 하면서 목재를 절단하는 기계를 말한다.

swing faucet 스윙식 급수전(-式給水栓) 수도 꼭지의 일종으로, 물 나오는 꼭지 부분을 길게 하여 좌우로 자유로이 움직일 수 있게 되어 있는 것을 말한다. 인접한 두 용기 어느 쪽이든지 물을 받고자 할 경우에 편리하게 받을 수 있는 모양과 구조로 되어 있다.

swing frame grinding 회전 프레임 연삭(回轉-硏削) 연삭 숫돌 및 구동 전동기를 부착한 틀을 매달고 여기에 수동으로 하중을 걸면서 움직여 가공하는 자유 연삭의 일종.

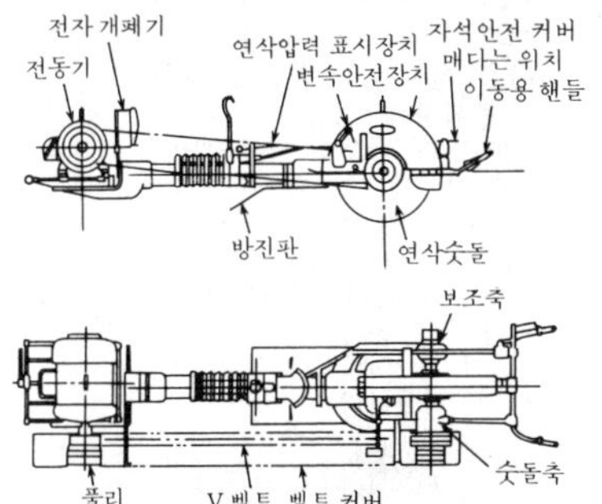

swing grate 요동 화격자(搖動火格子) 화격자봉(火格子棒)을 회전축 주위에 요동할 수 있도록 장치한 것으로, 가동 중에 연속적으로 재의 제거 및 클링커(clinker)의 파쇄(破碎)가 가능하다. 저질탄에 사용되는 일이 많다. →stationary gate

swing grinder 스윙 그라인더 주물의 핀(fin) 제거, 잉곳(ingot), 슬래브(slab) 연삭용 그라인더.

swing tray elevator 스윙 트레이 엘리베이터 트레이 엘리베이터의 일종. → suspended tray elevator

swirl chamber 와류형실(渦流形室) 고속 디젤 기관의 부실(副室)의 한 형식.

swirl chamber engine 와류실 기관(渦流室機關) 와류실을 구비한 고속 디젤 기관.

swirl type burner 와류형 버너(渦流形-) 버너 부분에서 연료와 공기가 선회 운동을 하면서 연소로(燃燒爐)에 분사되어 연소되는 방식의 버너. 미분탄(微粉炭) 버너에서는 미분탄과 공기의 흐름이 서로 반대 방향으로 선회를 하는 형식이 있는데, 일반적으로 이를 선회식, 난류형(亂流形) 또는 와류형(渦流形) 버너라고 한다.

swirl vane 선회 날개(旋回-) 가스 터빈 연소기에서 1차 공기에 선회 운동을 일으키게 하기 위한 날개. 보통, 연료 분사 노즐 앞의 1차 공기 입구에 장착된다.

switch 스위치, 개폐기(開閉器) 전로(電路)를 끊거나 잇는 기구. 보통 30A 이하의 개폐기를 말한다. 푸시 버튼 스위치, 회전 스위치, 나이프 스위치(knife switch), 변환 스위치 등 종류가 매우 많다.

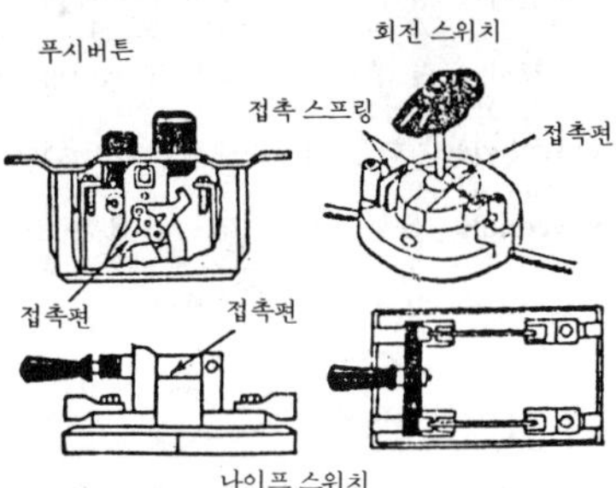

switchboard 배전반(配電盤) 배전(power distribution) 및 배전의 제어에 필요한 계기(計器), 개폐기, 안전 장치 등을 수직 또는 수평반 위에 장치한 것.

switch cock 변환 콕(變換-), 스위치 콕 삼방, 사방으로 유체의 흐름 방향을 바꿀 수 있는 콕. =cut off cock

swivel angle plate 스위블 앵글 플레이트 상하 2개의 정반(定盤)을 핀으로 연결하여 자유로이 각도를 조정하여 고정시킬 수 있도록 한 조합식 정반을 말한다.

swivel bearing 스위블 베어링 =self-aligning bearing
swivel block 스위블 블록 =self-aligning bearing
swivel hook 회전 훅(回轉－) 회전 좌대(回轉座臺)에 의해 고정된 훅.
swivel joint 스위블 관 이음쇠(－管－) 원만하게 선회할 수 있는 복렬(複列) 볼(ball)을 사용한 360° 자유 자재로 회전시킬 수 있는 관 이음쇠.

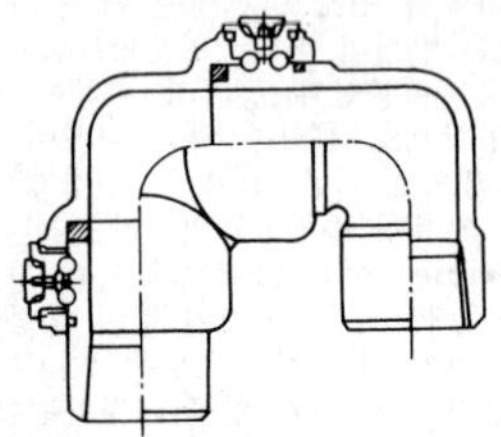

swivelling 선회(旋回) 기계의 일부를 어떤 축을 중심으로 하여 그 원둘레 방향으로 돌리는 것. =turn
swivel table 회전 테이블(回轉－) 밀링 머신이나 연삭기로서 테이블면 내에서 어떤 각도만을 회전시킬 수 있는 것. 이에 의해서 드릴 홈이나 비교적 긴 테이퍼 가공을 할 수 있다.
swivel vice 회전 바이스(回轉－) →vice, vise
S-wrench **S**형 렌치(－形－), **S**형 스패너(－形－) 손잡이 자루가 S자형으로 굽고, 입은 22.5° 경사진 스패너.

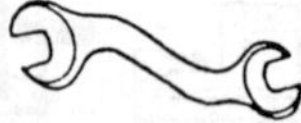

symbol 심벌 부호(符號), 기호(記號)
symbols for element 원소 기호(元素記號) 원소의 명칭을 나타내는 기호. 대개는 원소의 라틴어명의 머리 글자로써 나타낸다. 머리글자가 같은 원소는 각각 그 원소의 머리글자 이외에 소문자 한 자를 덧붙여서 구별한다. 예를 들면, 탄소：C, 염소：Cl, 크롬：Cr, 구리：Cu 등.
symmetrical 시메트리컬 대칭적인, 균형을 이룬.
symmetrical blading 대칭식 날개(對稱式－) 축류(軸流) 압축기나 터빈의 날개 배열의 한 방식으로, 50% 반동형(反動形)이라고도 하는 가장 일반적으로 사용되는 형식이다. 대칭식이라고 하는 이유는 입구, 출구의 속도 3각형이 대칭으로 되어 있기 때문이며, 이 형식에 의하면 단당(段當) 가장 높은 수두(水頭)를 발생시켜 주어진 압축비에 대해 축류 압축기로서 전면(前面) 면적 및 단수(段數)를 최소로 할 수 있고 효율도 좋다.
symmetry 시머트리 대칭, (좌우의)균형.
synchro 싱크로 「각도 변위(角度變位)를 전기 신호로 변환하여 원격 데이터를 전송하는 센서」라 정의하고 있다. 용도는 압연용 프레스의 롤러 위치 제어, 반송용 롤러 제어, 선박 키의 지시와 속도 제어, 댐 수위의 원격 조작, 원격 시퀀스 제어 등으로, 환경이 나쁜 장소의 원격 조작용으로 사용된다.
synchro-cyclotron 싱크로사이클로트론 사이클로트론과 싱크로트론을 조합한 입자 가속기(粒子加速器). 처음 저 에너지에서는 사이클로트론으로 가속을 하고, 입자가 고속이 되어 상대적으로 입자의 질량 증가가 문제가 되면 싱크로트론으로 가속을 전환한다.
synchromesh change gear 동기 맞물림식 변속 기어(同期－式變速－) 상시(常時) 맞물림식 기어의 일종으로, 맞물림 클러치의 기어를 넣을 때 상대 기어와 주속(周速)을 일치시켜 넣음으로써 변속이 재빨리 원활하게 소음없이 이루어지게 하기 위한 장치. 대부분 원뿔 마찰 클러치에 의하여 기어를 주축과 같은 회전수까지 가속한다. 일정 부하식(一定負荷式), 인터록(interlock)식이 있으며, 전자는 무리를 하면 동기(同期) 전에도 맞물림이 가능하나 후자는 동기가 아니면 맞물리지 않는다. 일반 차에는 후자가, 경주용 차에는 전자가 적합하다.

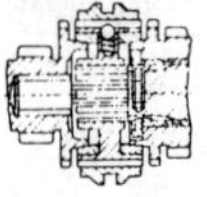
일정 부하식

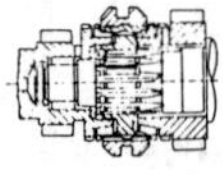
인터록식

synchronism 동기(同期) 일정한 주파수를 가진 약한 발진 전류(發振電流)에 대하여 이와 가까운 주파수를 가진 강한 발진 전류를 접속하면, 울리는 소리를 내지 않고 약한 발진 전류의 주파수와 일치하게 되는 현상을 말하며, 교류 발전기의 병렬 운전도 이 현상의 한 응용이다.

synchronous generator 싱크로너스 제너레이터, 동기 발전기(同期發電機) 화력, 수력, 원자력 등의 발전소에 있는 발전기로, 회전 속도에 의해 발생 교류의 주파수가 결정된다.

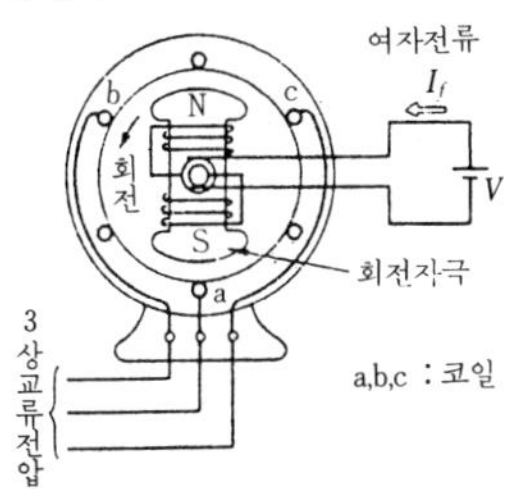

synchronous motor 싱크로너스 모터, 동기 전동기(同期電動機) 교류 전동기의 일종. 일정 주파수하에서는 부하와는 관계없이 정해진 속도(동기 속도)로 회전하는 정속도(定速度) 전동기.

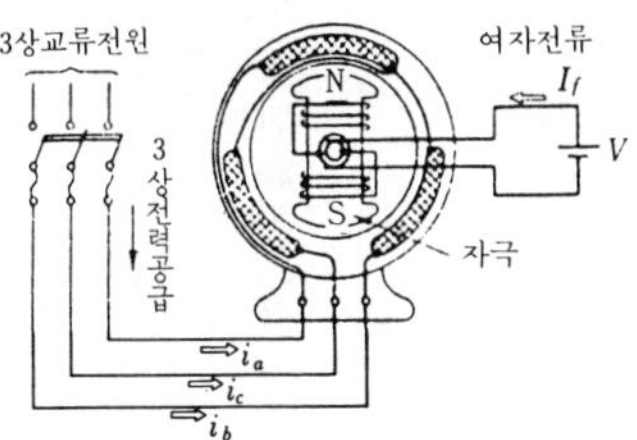

synchro reader 싱크로 리더 동시 판독(해독) 녹음기를 말한다.

synchroscope 싱크로스코프 브라운관 오실로스코프의 고급형으로, 입력 파형이 들어갔을 때 동기시키는 것. 보통의 오실로스코프와는 달리 순간적인 파형이라든가 주기가 불안정한 파형을 쉽게 관측할 수 있다. 일렉트로닉스의 측정용으로 널리 사용되고 있다.

synchrotron 싱크로트론 입자 가속기(원자핵 파괴기)의 일종.

synthesizer 신시사이저 ① 다수의 요소를 집합하여 합성하는 장치. ② 합성제(合成劑). ③ 수정 발진기의 주파수를 기준으로 하여 일반 주파수 가변 발진기와 같이 임의의 주파수 신호를 자유로이 발진할 수 있는 것. 통신, 시계, 악기 등에 응용되고 있다.

synthetic brake shoe 합성 브레이크 슈(合成－) 종래의 브레이크 슈(制輪子)는 주철제가 대부분을 차지하고 있었으나 이에 대신하여 근래에는 수지 계통의 브레이크 슈 사용이 증가하고 있다. 이것은 마찰 계수를 높게 할 수 있고, 또 마찰이 적은 특징이 있다. 일반적으로 이 레진 브레이크 슈를 합성 브레이크 슈라고도 한다.

synthetic detergent 합성 세제(合性洗劑) 비누 이외의 인공적으로 합성시킨 세정제(洗淨劑)로, 대부분이 중성이므로 중성 세제라고도 한다.

synthetic electrical insulating paper 합성지 절연 재료(合成紙絶緣材料) 초고압 송전의 절연 재료로서 사용되고 있는 합성수지를 원료로 하는 합성지.

synthetic molding sand 합성 주물사(合成鑄物砂) 주형의 강도, 통기성, 고온성을 부여하기 위하여 규사(硅砂)에 벤토나이트(bentonite), 기타를 적당히 배합한 주물사.

synthetic natural gas ; SNG 합성 천연가스(合成天然－) 석탄이나 석유 등을 원료로 하여 만들어진 합성 천연 가스 또는 대체 천연 가스.

synthetic resin 합성 수지(合成樹脂) 인공적으로 만든 인조 수지. 열가소성(熱可塑性) 수지와 열경화성(熱硬化性) 수지와 열경화성(熱硬化性) 수지로 대별된다. 열가소성 수지에는 폴리에틸렌, 폴리 염화비닐 등. 열경화성 수지에는 페놀 수지, 요소(尿素) 수지 등.

syphon 사이펀 유체가 충만되어 있는 역 U 자형 관로(菅路)로, 최고점의 압력이 대기압 이하인 것을 말한다. 또, 액체를 일단 높은 곳에 끌어올려 놓고 이것을 낮은 곳으로 옮기기 위하여 사용하는 U 자형 또는 V 자형 관을 말한다.

사이펀

syren 사이렌, 경보기(警報器) =siren

system 시스템 ① 계통, 체계. ② 제도, 방식, 조직.

systematic error 계통적 오차(系統的誤差) 원인이 밝혀져 있는 오차. 이론 오차(열팽창 등), 계기 오차, 개인 오차 등을 말한다.

system diagram 계통도(系統圖) 배관, 배선 등의 배치도.

system drawing 계통도(系統圖) 구조나 치수에 상관없이 기계나 장치의 기능적인 관계를 계통적으로 나타낸 그림을 말하며, 흐름의 기능을 나타내는 배관 등의 계통을 나타내는 배관도(配管圖)는 계통도의 일례이다.

system of fits 끼워맞춤 방식(-方式) 기계 부품이 서로 끼워맞추어지는 구멍과 축에 대하여 적당한 각종 끼워맞춤을 계통적으로 정한 방식. 구멍 기준식과 축 기준식이 있다.

system of one degree of freedom 1자유도계(一自由度系) 운동하는 계(系)에 있어서 어느 한 점의 하나의 좌표값만을 지정하면 계 전체의 배치 상태가 정해질 때 이 계를 1자유도계라고 한다. 예를 들면, 그림의 스프링 질점계에서는 질량 m이 수직 방향 위치 x에 의해 계의 상태가 결정된다.

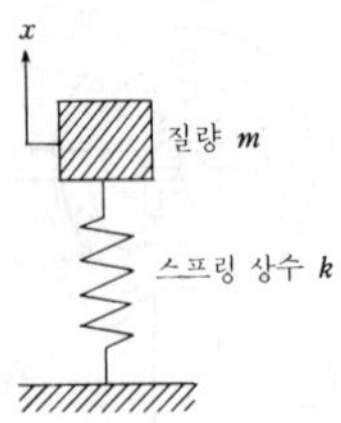

systems engineering 시스템 엔지니어링 주어진 목적을 만족시켜 가장 효율적으로 달성하는 시스템을 설계하고 가동시키는 일련의 공학.

T

T T이음 서로 직각을 이루는 방향에 배치된 관의 접속에 사용하는 이음. →Tee, T-piece, T-jointing

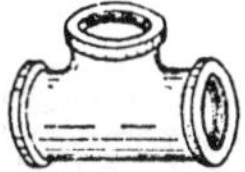

table 테이블, 표(表) ① 공작 기계에서 가공재를 장착하여 절삭·구멍뚫기 등을 하는 대. ② 기계의 설계나 운전 등에 필요한 재료를 표로 나타낸 것. ③ 책상.

table lifter 테이블 리프터 링크 기구를 이용하여 물건을 얹은 테이블을 상하시키는 것.

tachograph 태코그래프, 운행 기록계(運行記錄計) 자동차의 운행 상태를 기록하여 무모한 운전을 방지하는 동시에 관리에 이용하기 위한 것으로, 원형 또는 길고 좁은 기록 용지에 속도, 운행 거리, 정지 시간 등이 기록된다. 기록계는 자물쇠로 봉해지고, 3·6·12·24시간 등으로 연속해서 기록된다.

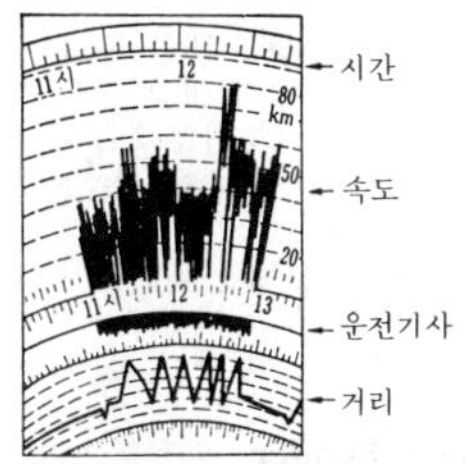

tachometer 회전 속도계(回轉速度計), 회전계(回轉計), 태코미터 고속도로 회전하는 물체의 회전수를 측정하는 기기.

tachometer generator 태코제너레이터 측정하고자 하는 구동축에 발전기를 장착하면, 발전기에서 발생한 전력은 축의 회전수에 비례하므로 이 전력을 측정함으로써 축의 회전수를 측정하기 위하여 사용되는 속도계용 발전기.

tackle 태클 풀리 블록(pulley block). 테이클이라고도 한다. 무거운 하물을 매달아 올리거나 내리는 데 사용하는 활차(滑車) 장치.

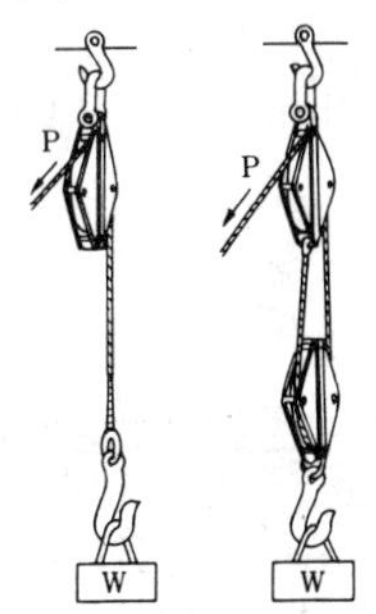

tack weld 가접 용접(假接鎔接) 공작물의 휨이나 비틀림을 방지하기 위하여 모재(母材)의 양단 또는 뒷면에 예비적으로 하는 용접.

tack welding 가용접(假鎔接) 본용접을 하기 전에 정해진 위치에 모재를 위치 결정하기 위한 용접으로, 필요한 위치에 띄엄띄엄 하는 용접.

tact system 택트 방식(－方式) 이 방식에서는 라인 생산 방식과 마찬가지로 각 작업은 일정한 속도로 이루어지나, 라인 작업에 있어서는 유동적인 상태로 재료가 각 공정(工程)상을 이동하는 데 반하여, 이 방식에서는 공정의 각 단계에의 이동은 연속 유동의 형태가 아니고 일정한 절도(節度)를 가지고 단속적(斷續的)으로 전진하는 형태를 취하는 방식의 것이다.

tail lamp 미등(尾燈) 차량의 뒤쪽을 후속 차량에 인지(認知)시키기 위해 그 후부에 장치한 적색광을 내는 조명 기구.

tail pipe 미관(尾管) 기관의 배기관 또는 소음기의 말단에 부착된 배기관 부분.

tailrace 방수로(放水路) 수차(水車)에서 흡출관을 나온 물이 본류와 합쳐지기까지 흐르는 수로.

tail rod 테일 로드 횡형 기관(橫形機關)의 피스톤 중량을 지탱하기 위하여 피스톤 로드를 피스톤의 반대쪽으로 연장한 부분으로, 실린더벽과 피스톤의 마모를 감소시키고 증기의 누설을 적게 하기 위하여 설치하는 것이다.

tail rope 테일 로프, 로프 균형(-均衡) =balance rope

tail spindle 심압축(心押軸) 선반의 심압대에서 센터 또는 드릴 척을 지지하고 이송 나사에 의하여 세로 방향으로 움직일 수 있는 축부(軸部).

tail stock 테일 스톡, 심압대(心押臺) 선반(旋盤)에서 베드 위를 움직이는 주축대 반대편에 있는 대(臺). 주축대에 대하여 공작물의 오른쪽 끝을 지지하기 위하여 이곳에 센터를 끼운다.

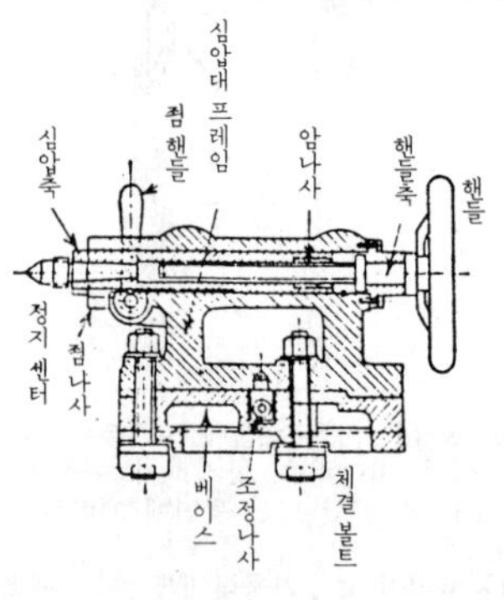

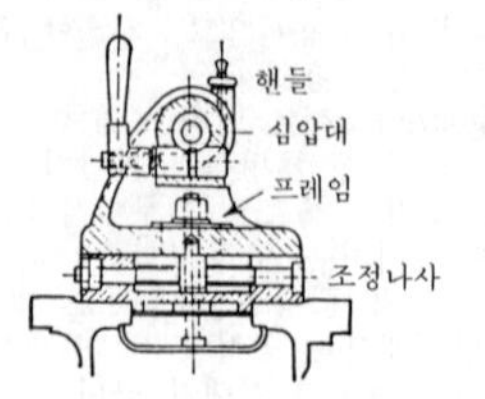

tail stock spindle 심압축(心押軸) = tail spindle

take up unit 테이크 업 장치(-裝置) 인장(引張) 장치를 말하며, 벨트나 체인 등에 장력을 주는 장치이다.

Takuma's boiler 타쿠마식 보일러(-式-) 일본의 타쿠마(田熊)가 고안한 수관 보일러. 상하의 보일러 몸통은 곧은 수관에 의하여 연결되고, 관의 경사는 45°, 중앙에 이중 수관을 사용한 것이다.

tamping 다지기 주형(鑄型)을 만들 때 원형의 주위에 주물사를 넣고 다지는 공정.

tandem 탠덤 기계적으로 나란히 결합된 2쌍의 장치.

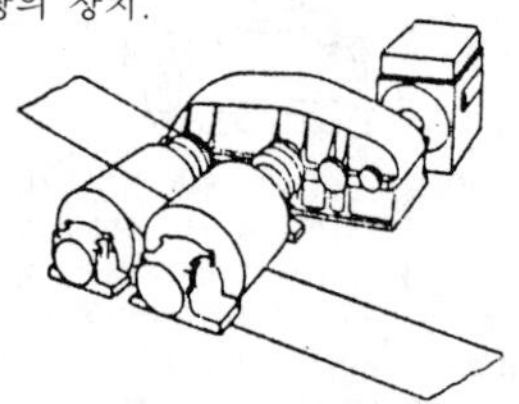

tandem compound 탠덤 콤파운드 여러 개의 차실(車室)로 나누어진 고압, 중압 및 저압 등의 각 차실(車室)을 1개의 축(軸) 위에 배치하는 것을 말한다. 이에 대해서 각 터빈 차실을 각각 다른 축에 병렬 배치하는 방식을 크로스 콤파운드(cross compound)라고 한다.

tandem drive 탠덤 드라이브, 탠덤 구동(-驅動) 기계를 직렬로 배치하여 구동하는 것.

tandem engine 탠덤 엔진, 직렬 기관(直列機關) 저압과 고압의 두 실린더를 직렬로 배열한 2단 팽창식 증기 기관.

tang 탱, 슴베 줄을 자루에 박아 넣는 부분. →file

tangent 탄젠트 기계 용어에서는 접선(接線)이라는 뜻. 예컨대, 탄젠트 키(tangent key), 탄젠트 캠(tangent cam) 등.

tangent bender 탄젠트 벤더 판금(板金)의 굽힘 가공의 일종. 플랜지가 달린 판을 주름이 생기지 않고, 또 표면에 흠이 생기지 않게 정확히 원호상(圓弧狀)으로 굽히는 기계.

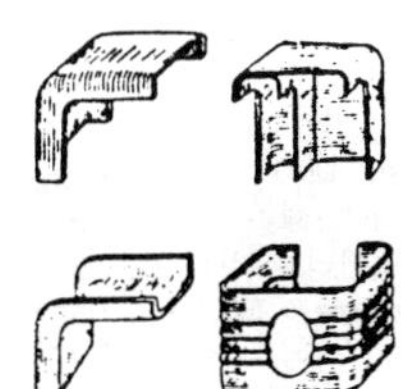

tangent bender

tangent cam 탄젠트 캠, 접선 캠(接線－) 평면 캠의 일종. 2개의 원호와 그것에 접하는 직선으로 연결한 윤곽의 캠. 내연 기관의 밸브 기구 등에 널리 쓰인다.

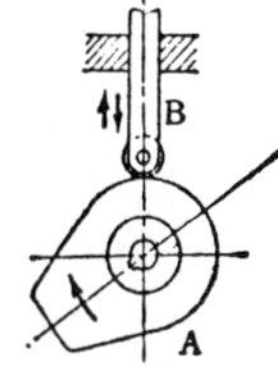

tangential feed grinding method 접선 이송 연삭법(接線移送研削法) 센터리스(centerless) 연삭에 있어서 공작물을 위에서 넣어 숫돌 바퀴와 이송 바퀴 사이로 통과시켜 아래쪽으로 빠지게 하는 연삭법.

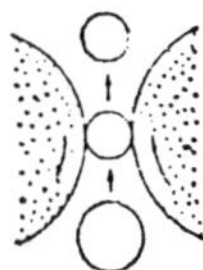

tangential load 접선 하중(接線荷重) 물체의 표면에 있어서 그 표면에 접선 방향으로 작용하는 하중. 마찰력이 그 대표적인 보기이다.

tangential stress 접선 응력(接線應力) 물체 내의 임의의 면에 발생하는 응력 중에서 이 면에 접선 방향으로 생기는 힘. 전단 응력과 같다.

tangential velocity 접선 속도(接線速度) 물체가 곡선 운동을 하는 경우, 그 물체의 임의의 한 점의 속도의 접선 방향에 있어서의 분속도(分速度).

tangential water wheel 접선 수차(接線水車) 물이 수차에 작용하는 방향에 따라서 수차를 분류했을 경우에 쓰이는 말로, 접선 수차 중에서 대표적인 것이 펠턴 수차이다. 이것은 노즐에서부터 나온 분류(噴流 : jet)가 수차의 회전에 접선 방향으로 작용한다.

tangent key 접선 키(接線－) 키 홈을 축의 접선 방향으로 내어 서로 반대 방향의 구배(勾配)를 가진 2개의 키를 짝지은 것. 강력한 체결법(締結法)의 하나로, 플라이 휠(fly wheel)과 같이 무거운 물건이나 급격한 속도 변화가 있는 부분의 체결에 사용된다. 같은 용도의 키에 케네디 키가 있다.

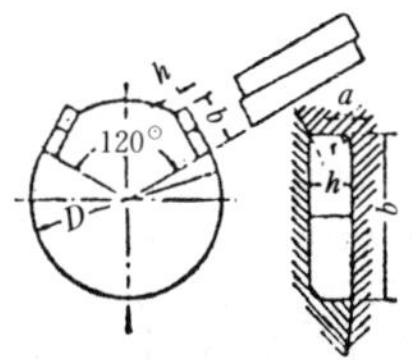

tangent modulus 접선 계수(接線係數) 응력-변형 선도상에서 곡선의 각 점 상에 그은 접선의 탄젠트를 취한 것. 탄성 한도 내에 있으면 영률(Young modulus)에 일치한다.

tank 탱크 기체나 액체 등을 넣어 저장하는 용기. 가스 탱크, 물 탱크, 기름 탱크 등을 들 수 있다.

tank car 탱크차(－車) 액체 또는 기체를 수송하는 화물차.

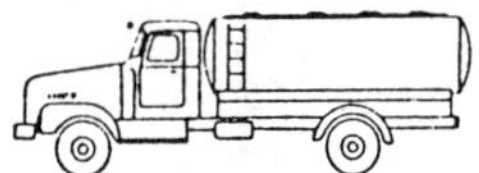

tank engine 탱크 기관차(－機關車) 연료와 물을 기관차 자체에 적재하는 증기 기관차. =tank locomotive

tanker 탱커, 유조선(油槽船), 기름 운송선(－運送船) →tank locomotive

tank regulator 탱크 레귤레이터 탱크 내의 액체나 기체의 상태를 제어하는 장치.

tank rolly wagon 탱크 화차(－貨車) 화학 약품, 석유 정제품, 화성품의 유체 및 시멘트, 알루미나 등의 분립체를 수송하는 화차 중 탱크 형식의 것을 탱크 화차라고 한다.

tank vessel 탱커, 유조선(油槽船) 유류나 황산(黃酸) 등의 액체를 대량 수송하는 설비를 갖춘 배.

tantalum 탄탈륨, 탄탈 희유 원소(稀有元素)의 일종. 원소 기호 Ta, 비중 16.6. 강과 비슷한 광택이 나는 금속. 산, 알칼리에 침식되지 않는다. 전구의 코일선, 도가니, 전극(電極), 내열강(耐熱鋼)의 첨가물 등에 사용된다.

tantiron 탄티론 내산(耐酸) 및 내열성(耐熱性) 주철(鑄鐵). 조성은 C 0.75~1.25%, Si 14~15.0%, Mn 2~2.5%. 경도가 높고 여리기 때문에 그라인더 가공밖에 할 수 없다. 내산용 관, 범프에 사용된다.

tap 탭 ① 마개, 수전(水栓), 급수전. ② 나사 탭. ③ 단조 작업에서 특별한 모양으로 소재를 성형할 때 사용하는 공구. 상형 탭과 하형 탭이 한 조로 되어 있다.

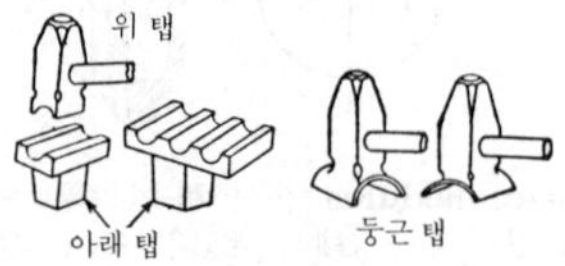

tap bolt 탭 볼트 죄려고 하는 부분이 두꺼워서 관통 구멍을 뚫을 수 없거나, 또는 길다란 구멍을 뚫었다고 하더라도 구멍이 너무 길어서 관통 볼트의 머리가 숨겨져서 죄기 곤란할 때 상대편에 직접 암나사를 깎아 너트없이 죄서 체결하는 볼트.

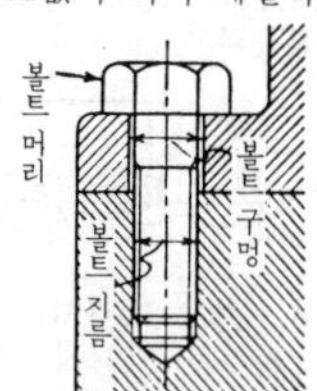

tap density 탭 밀도(-密度) 분말을 충전할 때 일정한 조건으로 용기를 진동시켜 얻어지는 분말의 겉보기 밀도.

tap drill 탭 드릴 나사의 예비 구멍(탭 지름의 70~80%)을 뚫는 드릴.

tape 테이프, 줄자, 권척(卷尺) =tape measure

tape code 테이프 코드 컴퓨터나 NC 공작 기계에 정보를 입력할 때 종이 테이프에 천공하는 부호.

tape format 테이프 포맷 정보(데이터)를 기억 장치에 기억시키는 경우 테이프와 디스크는 기억의 형식이 다르다. 따라서, 각각의 장치에 적합한 기억 형식이 있다. 수치 제어 테이프 위에 정보를 입력시키는 경우의 정해진 표현 방법의 형식을 테이프 포맷이라고 한다.

tape measure 테이프자, 줄자, 권척(卷尺) 둥근 케이스 속에 감겨져 있는 얇은 띠강판 또는 특수 가공 천으로 만든 줄자.

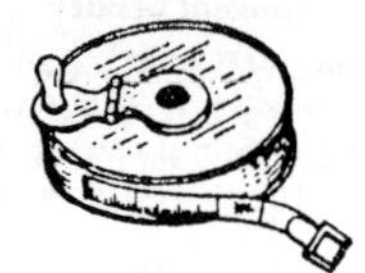

taper 테이퍼 제도(製圖)에서는 물품의 한 쪽 면만이 경사가 져 있을 때 이것을 구배(勾配)라 하고, 서로 상대하는 양측면이 대칭적으로 경사가 져 있을 때 이것을 테이퍼라고 한다.

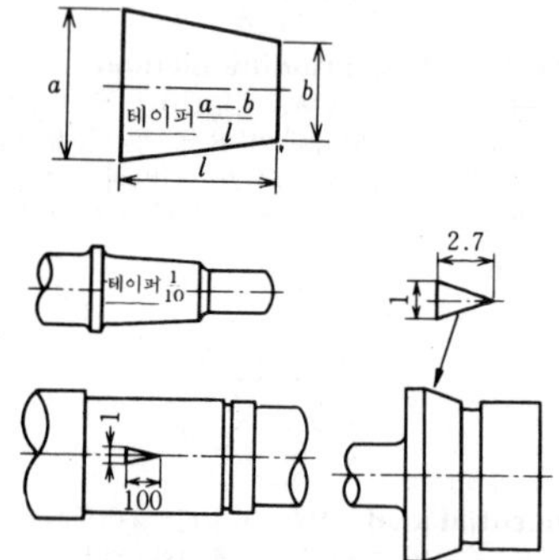

taper attachment 테이퍼 장치(-裝置) 공작물에 테이퍼를 붙이는 장치.

taper bolt 테이퍼 볼트 두부(頭部)는 없고 축부(軸部)가 원뿔 모양인 볼트. 테이퍼 구멍에 끼워 너트로 체결한다.

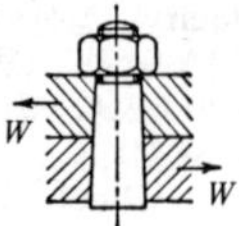

tapered file 테이퍼 줄 줄의 폭과 두께가

끝쪽으로 갈수록 차츰 좁아진 평줄. =pointed file

tapered roller bearing 원뿔 롤러 베어링 =taper roller bearing

tapered screw plug 테이퍼 나사 플러그(－螺絲－) 테이퍼 나사가 붙은 관용(菅用) 플러그.

taper flat file 테이퍼 줄 =pointed file, tapered file

taper gauge 테이퍼 게이지 기계 부품이나 기계의 한 부분 등의 테이퍼를 검사할 목적으로 사용하는 게이지. 테이퍼 섕크에 대해서는 테이퍼 링 게이지, 테이퍼 소켓에 대해서는 테이퍼 플러그 게이지를 사용한다.

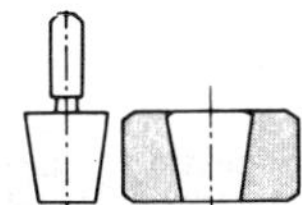

taper hand tap 테이퍼 핸드 탭, 거친 탭 손다듬질용 탭은 보통 거친 탭(1번 탭), 중간 탭(2번 탭), 다듬질 탭(3번 탭)의 세 가지 탭이 한 조(組)로 되어 있다. 거친 탭은 암나사를 깎을 때 첫번째로 사용되는 탭이다. 선단에는 9산 정도 테이퍼가 붙어 있어 나사 절삭이 용이하게 되어 있다.

taper key 테이퍼 키, 경사키(傾斜－) 때려 박음 키(driving key)의 일종으로, 키에 경사를 붙인 키. 기울기는 보통 1/100 정도.

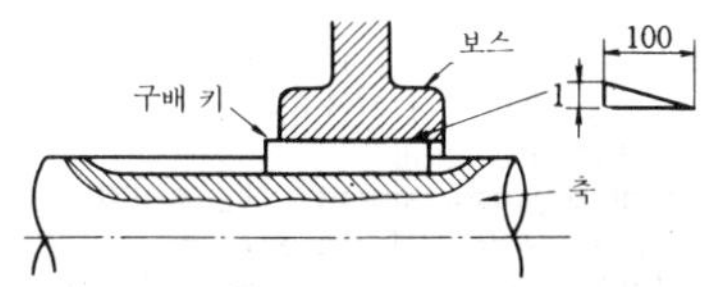

taper pin 테이퍼 핀 테이퍼가 붙은 핀.

taper pin reamer 테이퍼 핀 리머 테이퍼 핀을 다듬질하는 리머. 기계용과 손다듬질용이 있다.

taper reamer 테이퍼 리머 테이퍼 구멍을 다듬질하는 데 사용하는 리머. 보통 모스 테이퍼 리머가 사용된다.

taper roller 테이퍼 롤러 테이퍼가 붙은 롤러.

taper roller bearing 테이퍼 롤러 베어링 테이퍼가 붙은 롤러 베어링을 말한다. 자동차의 각부, 공작 기계 등의 베어링에 널리 사용된다.

taper screw 테이퍼 나사(－螺絲) =cone screw

taper shank 테이퍼 섕크 드릴, 리머 등의 자루 부분이 테이퍼로 되어 있는 것.

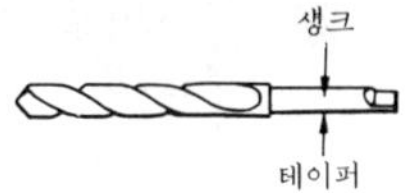

taper shank drill 테이퍼 섕크 드릴 자루 부분이 테이퍼로 되어 있는 드릴.

taper turning 테이퍼 절삭(－切削)

tap holder 탭 홀더 기계 탭을 드릴링 머신에 장착하여 나사를 절삭하는 경우 탭을 지지하는 것.

tap hole 출탕구(出湯口), 출선구(出銑口) 용해한 쇳물을 노(爐)로부터 유출시키는 구멍. 일반적으로 대형로는 항상 개방하여 조금씩 흐르게 하고 있으며, 소형로는 지금(地金)의 2회분 정도를 노의 바닥에 축적하였다가 간헐적으로 출탕시킨다.

tapped hole 나사 구멍(螺絲－) 암나사가 절삭되어 있는 구멍.

tapper 태퍼, 나사 절삭기(螺絲切削機) 나사 탭을 사용하여 암나사를 절삭하는 전용 기계를 말한다. 구조는 드릴링 머신과 비슷하다.

tapper tap 머신 탭, 기계 탭(機械－) 자루 부분의 지름을 너트 구멍의 지름보다 가늘고 길게 만들고, 챔퍼(chamfer) 부분의 테이퍼도 완만하게 붙인 것. 나사 절삭기에 장착하여 너트의 양산에 사용된다.

tappet 태핏 내연 기관에서 캠의 운동을 밸브에 전달하는 봉(棒).

tappet guide 태핏 안내(－案內) 태핏의 운동을 유도하는 안내면.

tapping 태핑, 나사 절삭(螺絲切削) 드릴로 미리 뚫어 놓은 구멍에 나사 탭으로 암나사를 절삭하는 작업.

tapping attachment 탭 지지 장치(－支持裝置) 드릴링 머신에 탭을 장착하여 나사 절삭을 할 때 탭을 지지하고, 또 탭을 빼낼 때 역회전시키는 장치.

T

테이퍼 생크
기어 1 기어 2
마찰차1
마찰차2
스프링
키
기어 3
기어 4
태핑 척
기어 5

tapping machine 태핑 머신 나사 절삭기(螺絲切削機). =tapper

tapping screw 태핑 나사(-螺絲) 나사 자체로 나사 절삭을 할 수 있는 나사.

tap wrench 탭 렌치 손으로 탭을 돌려 나사를 절삭할 때 탭의 자루를 끼워서 돌리는 공구.

tar 타르 석탄, 목재 등을 건류(乾溜)하여 얻어지는 갈색 또는 흑색의 기름과 같은 물질의 총칭.

tare 테어, 자중(自重) ① 저울로 용기에 담긴 물건을 달 때 물건을 들어낸 용기 자체의 무게. ② 차체(車體) 또는 기체(機體) 자체의 무게를 일컫는 말.

tar extractor 타르 배제기(-排除機) 석탄을 건류(乾溜)하여 가스를 발생시킬 때 생기는 타르를 채취하여 제거하는 장치로, 세정식(洗淨式), 충돌식, 원심식(遠心式), 전기식 등이 있다.

task 태스크 일, 작업, 사업.

Taunend-ring 링 카울링 환상(環狀)으로 된 공랭식(空冷式) 성형(星形) 항공 발동기의 덮개의 일종. =ring cowling

Taylor's principle 테일러의 원리(-原理) 한계 게이지의 고엔드(go-end)와 놋고엔드(not-go-end)의 형상(形狀)에 관한 원칙으로, 1905 년에 영국의 테일러(W. Taylor)가 밝힌 것. 고엔드측에서는 모든 치수 또는 결정량이 동시에 검사되고, 놋고엔드측에서는 각 치수가 따로따로 검사되어야 한다는 것이다.

T-bar **T** 형재(-形材), **T** 형 강재(-形鋼材) T 형 단면의 압연 재료를 T 형재라 하고, 특히 형강(形鋼)인 경우에 이를 T 형강재라 한다.

T-bolt **T** 볼트 볼트 머리가 T 자형으로 만들어진 것. T 형 홈에 끼워서 사용한다.

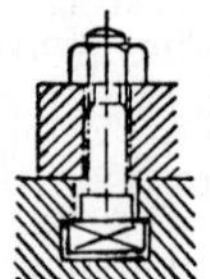

tear type 티어 타입 절삭 칩(chip)이 생기는 한 형식. 바이트로 절삭할 때 칩이 이어져 나오지 않고 뜯기듯이 부스러져 나오는 형태를 말한다.

technic 테크닉 ① 기술. ② 술어(術語). =technical terms

technical 테크니컬 기술적, 전문적이라는 뜻의 형용사.

technical illustration 테크니컬 일러스트레이션 제작 도면에 표시된 데이터나 또는 실물 스케치에 의하여 그 구조의 기능을 정확 명료하게 표현한 입체도, 계통도 및 배치도 등의 입체적인 해설도의 총칭.

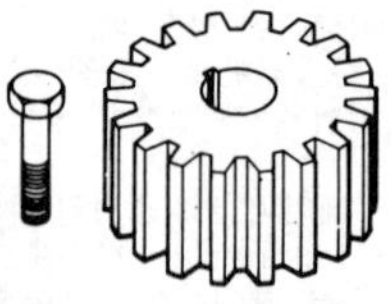

technical terms 전문어(專門語), 술어(術語)

technics 테크닉스 ① 술어(術語), 전문어. ② 수법, 기교(技巧). =technic, technical terms

technology assessment 테크놀러지 어세스먼트 기술의 재검토 또는 기술의 사전 평가라는 뜻. 마이너스면에 주목하여 2 차, 3 차의 파급 효과라든지 그 영향 등을 중시, 재검토하여 기술을 평가하려는 것을 말한다.

Tee 티 관 이음쇠의 하나. =T

tee bar for welded structure 용접용 **T** 바(鎔接用-) 단면이 T 형으로 생긴 용접용 형강(形鋼)으로, 용접을 하여 대형의 I 형강으로 만든다.

telecentric lighting 텔레센트릭 조명(-照明) 투영(投影) 렌즈의 초점에 조리개를 맞추어 상(像)의 배율 변화에 기인하는 상의 변형을 방지하는 조명법. 치수 오차가 생기지 않는 것이 특징이다.

telegraph logger 텔레그래프 로거 텔레그래프의 조작 및 시각(時刻)을 자동적으로 기록하는 기기를 말하며, 텔레그래프의 발령, 응답 또는 그 양자를 기록한다.

telemeter 텔레미터, 원격 계기(遠隔計器) 측정량을 측정 대상으로부터 떨어진 위치에서 측정할 수 있도록 만들어진 계기를 총칭하는 말. 일반적으로는 전기량으로 변환하여 떨어진 곳에 전달하므로 전기적 계측법을 사용한 계기가 많다.

telemetering 텔레메터링, 원격 측정(遠隔測定) 측정할 필요가 있는 물질량을 먼 곳에 전송하여 떨어진 지점에서 측정하는 방식.

telephoto lens 망원 렌즈(望遠－) 초점 거리가 큰데도 불구하고 렌즈의 후면에서부터 초점까지의 거리가 작은 사진 렌즈.

telescope 망원경(望遠鏡) 먼 곳에 있는 물체를 크게 확대하여 볼 수 있게 만들어진 광학 기기. 대물(對物) 렌즈(또는 대물 반사경)와 접안(接眼) 렌즈를 갖추고 있으며, 필요에 따라 정립계(正立系：정립 렌즈 또는 정립 프리즘)를 갖춘다.

telescopic cylinder 텔레스코픽 실린더 실린더 내부에 또 다른 실린더가 내장되어 있고, 압력 유체(유압, 공기압)가 유입하면 차례로 실린더가 나오게 되어 있어서 큰 스트로크(stroke)를 얻을 수 있도록 되어 있는 구조의 실린더.

telescopic pipe 텔레스코픽 파이프 관의 축 방향으로 빼고 넣고 할 수 있는 구조로 되어 있는 2개의 관의 조합.

telescopic shaft coupling 신축 축 이음(伸縮軸－) 축 방향으로 신축이 자유로운 축 이음.

telescoping 텔레스코핑 코일 모양의 가장자리면이 평면을 이루지 않고 코일의 연속층이 옆으로 쳐져서 원뿔 모양으로 되어 있는 상태.

telescoping cylinder 텔레스코핑형 실린더(－形－) 긴 행정(行程)의 실린더로 만들기 위하여 다단(多段) 튜브형의 로드(rod)를 가진 실린더.

telethermometer 원격 온도계(遠隔溫度計) 온도 계측점보다 떨어진 장소에서 온도 지시가 가능한 온도계를 말한다. 열전(熱電) 온도계, 전기 저항 온도계 등이 사용된다.

televi-scope 텔레비스코프 텔레비전과 보어스코프를 하나로 합친 것으로, 텔레비전의 브라운관에 엔진의 내부 상황을 영사하여 복수의 검사원이 편안한 자세로 결함을 관찰, 조사할 수 있는 엔진 검사 장치.

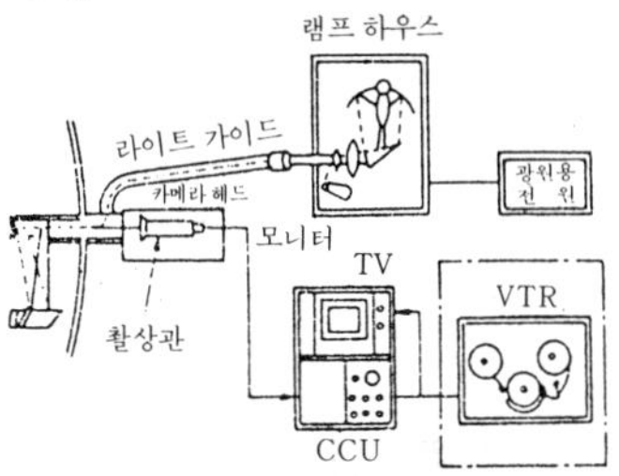

telex 텔렉스 전화와 같이 다이얼을 돌려서 상대를 호출하여 타이프라이터로 전신문을 치면 인자(印字) 또는 천공(穿孔) 테이프로 통신을 할 수 있는 장치.

telpher 텔퍼 ＝monorail hoist

temperature 템퍼러처, 온도(溫度)

temperature coefficient 온도 계수(溫度係數) 전기 저항 R 등의 온도 의존성 $R = R_t\{1+\alpha(T-t)\}$로 나타낼 때 계수 α를 온도 t에 있어서의 온도 계수라고 한다.

temperature efficiency 온도 효율(溫度效率) 열교환기에 있어서, 고온 유체(高溫流體) A에 의하여 저온 유체 B가 가열될 때 $(t_{B2}-t_{B1})/(t_{A1}-t_{B1})$인 값을 말한다.

temperature regulator 온도 조정기(溫度調整器), 온도 조절기(溫度調節器) 온수기에서 서모스탯(thermostat)으로 가열 증기의 양을 조정하여 온수의 온도를 조정하는 기구.

temper bend test 가열 굽힘 시험(加熱－試驗) 굽힘 시험에 있어서, 지정된 온도로 가열된 상태의 시험편(試驗片)을 구부려 균열(龜裂)의 유무를 조사하는 시험.

temper brittleness 뜨임 취성(－脆性) Ni-Cr 강(鋼)은 공기 속에서 냉각한 경우 담금질이 되므로 이것을 뜨임 처리(tempering)하여 사용한다. 뜨임 온도는 600 ~650℃가 적당하나 560℃ 이하의 온도로 뜨임을 하여 서냉(徐冷)하는 경우에는 점성을 잃게 되어 여리게 된다. 이러한 현상을 Ni-Cr 강의 뜨임 취성(脆性)이라고 한다.

T

temper carbon 템퍼 카본, 뜨임 탄소(－炭素) 백선철(白銑鐵)의 흑연화 뜨임에 의하여 석출(析出)한 흑연.

temper color 템퍼색(－色), 뜨임색(－色) 강(鋼)을 뜨임 처리한 경우에 그 표면에 생기는 산화 피막의 색. 이 색에 의하여 뜨임 온도를 쉽게 추측할 수 있다.

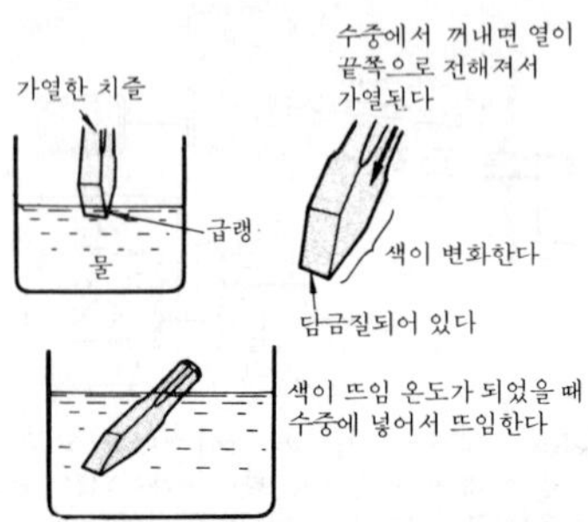

temper current 템퍼 전류(－電流) 경화성 합금(硬化性合金)의 저항 용접에 있어서, 냉각 시간 후 템퍼(뜨임) 처리를 위하여 흐르는 전류.

temper hardening 템퍼 경화법(－硬化法), 뜨임 경화법(－硬化法) 뜨임에 의하여 재질을 경화시키는 처리를 말한다. 예를 들면, 고속도강은 550~600℃, 탄소공구강은 150~200℃로 뜨임을 하면 경화된다.

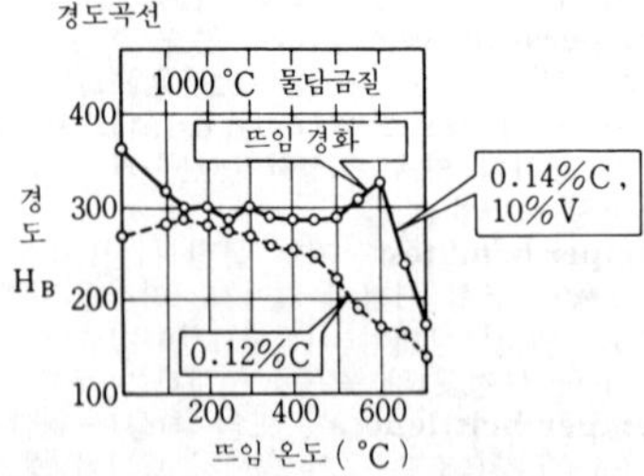

tempering 템퍼링, 뜨임 열처리의 일종. 담금질한 강은 경도(硬度)는 높아지나 재질이 여리게 되므로 A_1 변태점 이하의 온도로 재가열하여 주로 경도를 낮추고, 점성(粘性)을 높이기 위하여 하는 열처리를 말한다. 뜨임 방법에는 건식, 습식, 직접 뜨임 등이 있다.

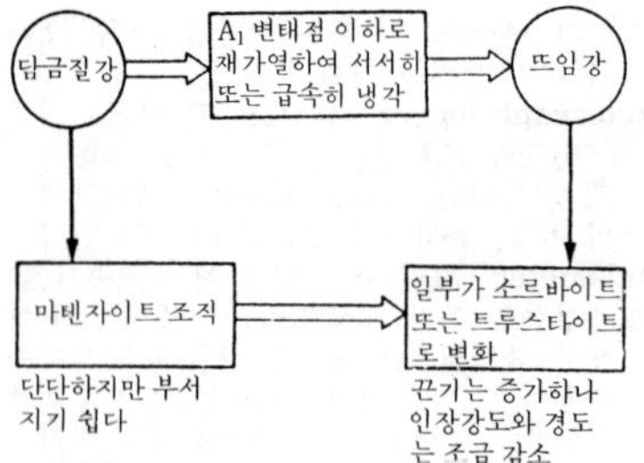

temper rolling 템퍼 롤링 =skin pass rolling

tempil 템필 측온재(測溫材)를 뜻하며, 일정한 온도가 되면 녹게 되어 있는 조성 배합으로 되어 있다. 조사하고자 하는 곳에 각 온도용 측온재를 배열 또는 교환하여 사용하면, 용융한 측온재를 조사함으로써 어느 온도용의 것인가를 알 수 있으므로 조사하고자 하는 온도가 판정된다.

template 템플릿 ① 기계를 설치할 때 기초 콘크리트 시공을 하면서 동시에 기초 볼트를 고정시키는 설치법이 있다. 이때, 철판이나 형틀 또는 판자의 중심 위치에 구멍을 뚫어 각 구멍을 통해 기초 볼트의 위치 결정을 하기 위한 플레이트(판)를 말한다. 게이지 플레이트라고도 한다. ② 모방 절삭을 하는 경우의 모방용 형판(型板)을 말한다.

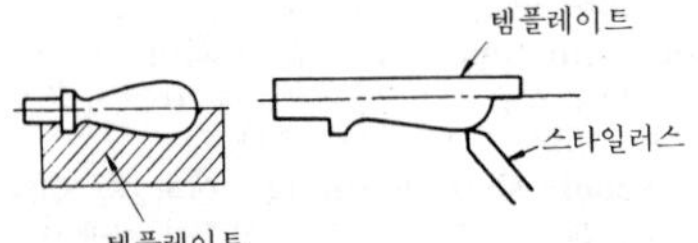

template eyepiece 형판 접안 렌즈(型板接眼－) 공구 현미경, 만능 측정 현미경 등에 있어서, 나사산의 윤곽, 원호(圓弧), 원 등 다수의 표준 도형을 그린 유리판이 초점면상에서 회전할 수 있게 되어 있는 접안 렌즈.

tenacity 테내시티, 점착력(粘着力), 강인성(强靭性)

ten nines 텐 나인즈 9가 10개 있다는 뜻으로, 보통 순도를 나타내는 경우에 사용하는 말. 즉, 99.99999999%를 뜻한다.

tenon 테넌, 장부 목재, 철물 등의 조립을 위하여 단부(端部)에 붙인 돌기(突起).

tenoning machine 장부 절삭기(-切削機) 각종의 장부를 절삭하는 전용 기계.

tensile failure 인장 파괴(引張破壞) 수직 장력에 의하여 잘리는 파괴. 재질이 여린 것이 파괴될 때 파단면(破斷面)이 가루 모양이 되는 것은 인장 파괴로 인한 것이 많다. 하중 방향과 45°의 방향으로 끊어지는 경우를 미끄럼 파괴라고 한다.

tensile load 인장 하중(引張荷重) 축선 방향으로 잡아당기듯이 작용하는 하중.

tensile strain 인장 변형(引張變形) 물체에 인장 하중을 가했을 때의 늘어난 길이와 원래의 길이와의 비율.

tensile strength 인장 강도(引張强度) 인장 시험에서 시험편이 견딜 수 있는 최대 하중, 즉 인장 하중 P_{max}[kgf]을 평행부의 원 단면적 A_0[㎟]로 나눈 값.

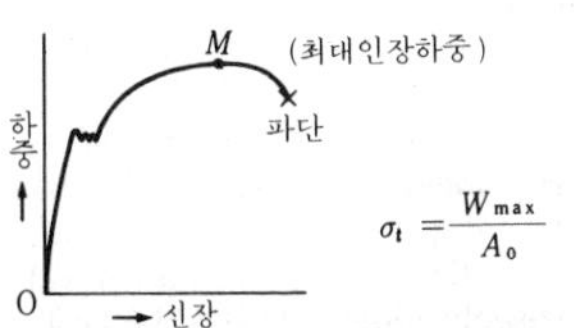

tensile strength rank of bolt 볼트의 강도 구분(-强度區分) M39 이하의 볼트 강도를 나타내는 구분으로, 4.6, 4.8, 5.6, 5.8, 6.8, 8.8, 10.9, 12.9, 14.9 등이 있다. 예컨대, 4.6의 4는 강도의 최소값이 40kgf/㎟, 6은 인장 강도의 60%인 점이 항복점이라는 뜻이다. 즉, 40×0.6=24kgf/㎟가 항복점이라는 것을 나타낸다.

tensile stress 인장 응력(引張應力) 재료가 외력을 받아 인장되려고 할 때 이에 따라서 재료 내에 일어나는 응력.

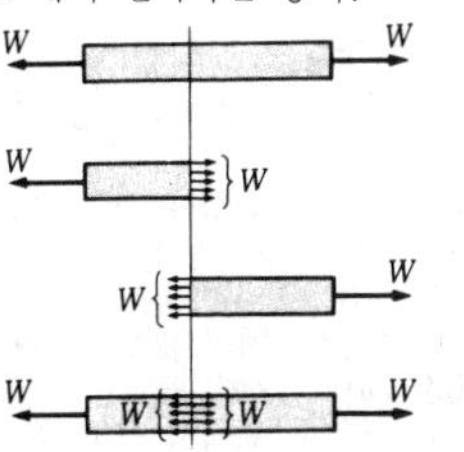

tensimeter gauge 인장계(引張計) 인장력의 측정에 사용되는 장치. =tension gauge

tension 텐션, 인장(引張), 장력(張力) = pull, traction

tension coil spring 인장 코일 스프링(引張-) →coiled spring

tension-compression fatigue limit 인장 압축 피로 한도(引張壓縮疲勞限度) 인장 응력과 압축 응력을 번갈아 반복하여 작용시키는 피로 시험에서 구한 재료의 피로 한도.

tension cracking 인장 균열(引張龜裂) 주물 내부에 인장 응력이 발생하여 갈라지는 균열 현상.

tension dynamometer 인장 동력계(引張動力計) 견인력(牽引力)을 측정하는 동력계를 말한다.

tension load 인장 하중(引張荷重) 축선(軸線) 방향으로 잡아당기듯이 작용하는 하중. =tensile load

tension member 인장재(引張材) 골격을 구성하고 있는 부재(部材)에는 인장 하중, 압축 하중, 굽힘 하중, 비틀림 하중 등이 작용한다. 그 중 인장 하중을 받는 부재를 인장재라고 한다.

tension pulley 인장 풀리(引張-), 인장차(引張車) 벨트 전동(傳動) 또는 체인 전동에 있어서 적당한 장력을 유지하기 위하여 원동차와 종동차 중간에 다른 풀리(바퀴)를 설치하고 스프링이나 추(錘)로 벨트나 체인의 일부를 누른다. 이 제3의 풀리를 인장 풀리라고 한다.

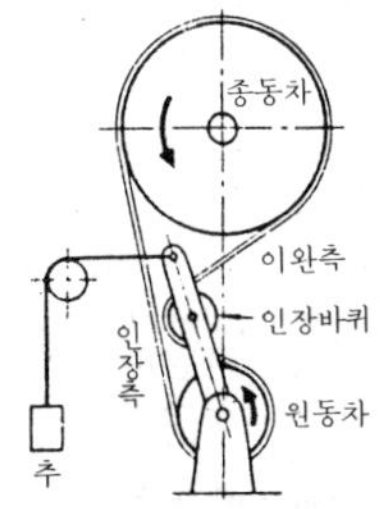

tension ring 텐션 링 장력(張力)을 갖지 않은 피스톤 링에 실린더에의 압착력을 주기 위하여 피스톤 링 안쪽에 끼우는 링을 말한다.

tension side 인장측(引張側) ① 굽힘 응

력이 발생하는 물체에서 중립면을 중심으로 하여 인장 응력이 발생하고 있는 쪽. ② 벨트, 체인 전동 장치에 있어서의 인장 측을 말한다.

tension spring 인장 스프링(引張−) = coiled spring, helical spring

tension test 인장 시험(引張試驗) 시험기를 써서 금속 재료의 시험편을 서서히 인장하여 항복점, 내력, 인장 강도, 항복 신장, 파단 신장, 단면 수축의 전부 또는 그 일부를 측정하는 것.

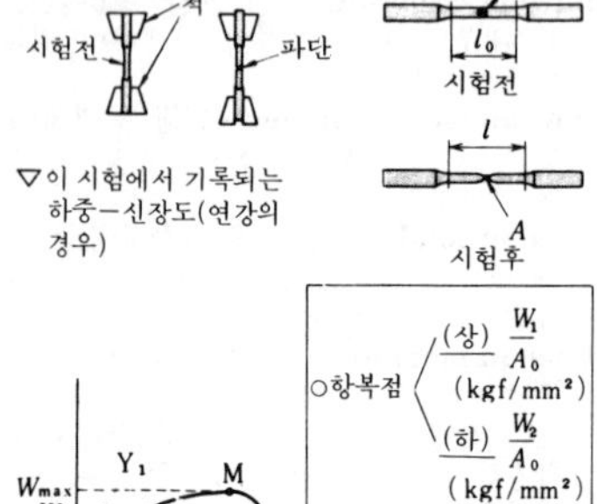

▽이 시험에서 기록되는 하중−신장도(연강의 경우)

○항복점 (상) $\frac{W_1}{A_0}$ (kgf/mm²)
(하) $\frac{W_2}{A_0}$ (kgf/mm²)

○인장강도 $\frac{W_{max}}{A_0}$ (kgf/mm²)

○신장 $\frac{l-l_0}{l_0}\times 100(\%)$

○수축 $\frac{A_0-A}{A_0}\times 100(\%)$

tension tester 인장 시험기(引張試驗機) 인장 시험에 사용되는 시험기. 대표적인 것으로서 앰슬러 만능 재료 시험기(Amsler's universal tester)가 있다.

teriary creep 제 3 기 크리프(第三期−) 크리프 곡선 중 크리프 속도가 시간과 더불어 증대하고 결국에는 파단에 이르기까지의 단계. =accelerating creep

term 술어(術語), 전문어(專門語)

terminal 터미널, 단자(端子) 전극을 접속하는 동제(銅製) 접속용 이음쇠.

terminal equipment 단말 장치(端末裝置) 데이터 전송 장치 등에서 직접 통신 회로에 접속되어 있고, 그 통신 회로를 통해서 데이터를 입력하고 또는 출력하기 위하여 사용하는 장치, 또는 중앙의 컴퓨터에 의하여 제어되는 기기로서 시스템의 단말에 접속되는 기기.

terminal pressure 종압(終壓) 상태 변화의 최종 압력을 말하는 것으로, 증기 사이클에서는 터빈 출구의 증기압(蒸氣壓)을 가리키며, 배압(背壓)이라고도 한다. 내연 기관의 사이클에서는 압축 최종 압력을 일컫는 말이다.

terminal velocity 종단 속도(終端速度) 유체(流體) 속을 물체가 직선 운동을 하는 경우, 그 물체의 가속도가 없어지고 일정 속도로 된 상태의 속도를 말한다. 이때, 물체에 작용하는 힘의 대수합(代數合)은 0이 된다. 즉, 힘이 균형을 이루게 되므로 일직선상을 등속(等速) 운동을 하게 되는 것이다(Newton의 제 1 법칙).

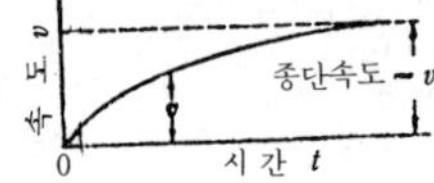

ternary 터너리 3으로 되어 있는 것, 3으로 되는, 3원(元)의, 3성분의.

ternary alloy 3원 합금(三元合金) 3개의 기본 원소로 이루어진 합금.

terne sheet 턴 시트 턴 메탈(terne metal)이라고 하는 납과 주석(朱錫)의 합금을 피복한 내식성 강판(耐蝕性鋼板).

terotechnology 테로테크놀러지 어떤 자산을 구입하고부터 폐기하기까지의 라이프 사이클에서 필요로 하는 코스트(비용)를 산출하기 위하여 이용하는 경영학, 공학, 재정학의 모든 수법으로 정의되고 있다.

terrestrial eyepiece 지구 접안 렌즈(地球接眼−) 본래의 대물(對物) 렌즈와 정립(定立) 렌즈를 조합한 것으로, 대물 렌즈와 함께 지구(地球) 망원경을 구성하는 렌즈계(系)이다. 가장 간단한 것은 그림과 같이 4개의 평볼록 렌즈로 이루어지며, 안쪽의 2개는 하이헨스 접안(接眼) 렌즈이다.

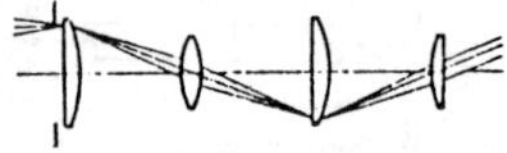

terrestrial telescope 지상 망원경(地上望遠鏡) 천체 망원경에 대해서 지구상의 물체의 정립상(定立像)을 얻기 위하여 만들어진 망원경. 지구 망원경이라고도 한다.

tertiary air 3차 공기(三次空氣) 연소가 잘 안 되는 연료에서 착화(着火)의 안정을 꾀하기 위하여 1차, 2차 공기를 줄이고 연소 과정에서 추가하는 공기.

test 시험(試驗) 샘플 또는 시험편에 대해서 그 특성을 살피는 것.

test cock 시험 콕(試驗－), 검수 콕(檢水－) 보일러 본체나 관 기둥에 부착하여 그 속의 수위(水位)를 알고, 또 여분의 물을 배출하는 용도에 사용하는 콕.

tester 테스터 검사 또는 시험기를 말한다. 전기에서는 일반적으로 소형 전류계, 전압계나 전기 회로 시험기를 말한다.

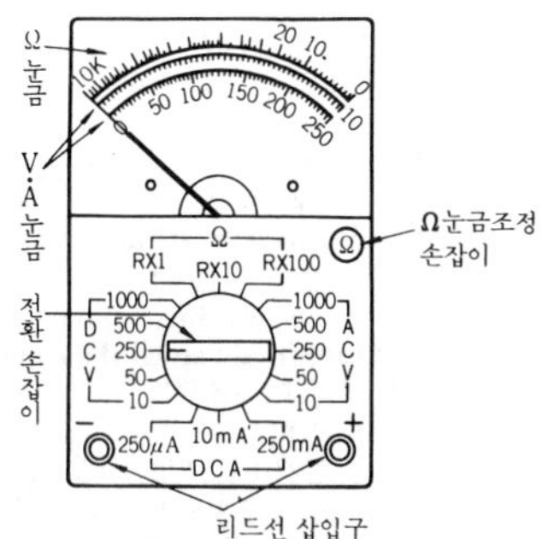

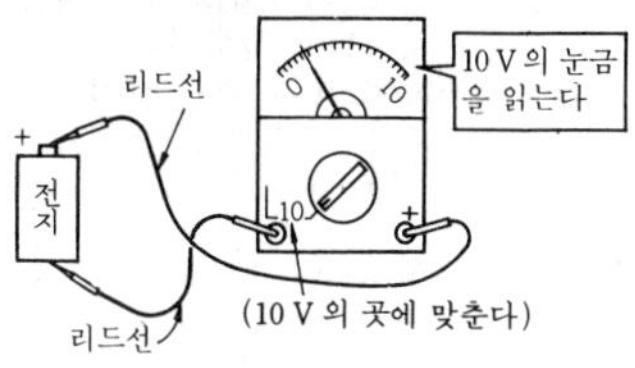

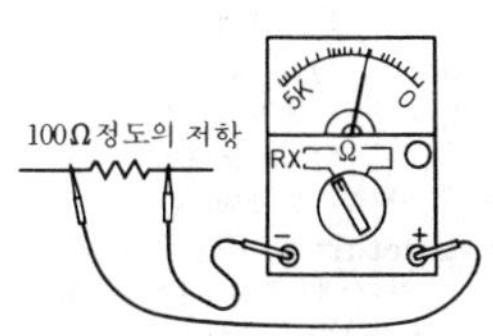

tester for license plate illumination 번호등 시험기(番號燈試驗機) 암실을 사용하지 않고 번호등을 시험할 수 있도록 외부 광원(光源)을 차단하여 번호등의 밝기, 균일도 등을 측정할 수 있게 만든 장치. 조도계(照度計)에는 광전지(光電池)를 사용하고 트랜지스터 회로로 증폭한다.

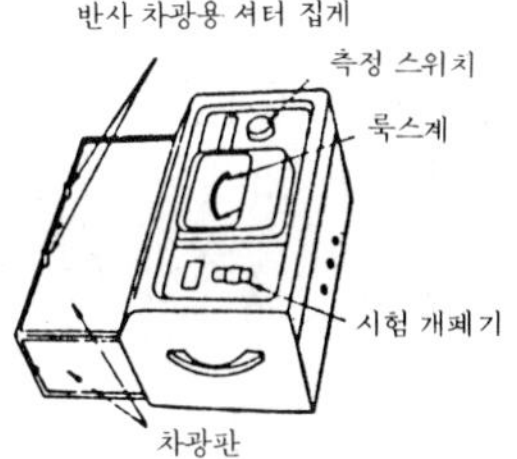

testing machine 시험기(試驗機) 재료의 기계적 성질을 살피기 위하여 행하여지는 각종 재료 시험에 사용되는 장치 또는 기계의 총칭. 인장 시험기, 비틀림 시험기, 충격 시험기, 피로 시험기, 마모 시험기 등이 있다.

test load 시험 하중(試驗荷重) 재료의 기계적 성질을 조사하는 각종 재료 시험 또는 기계 부품 및 구조물의 강도 시험에 있어서, 피계측물(被計測物)에 가해지는 지정된 크기의 하중.

test of rated performance 정격 시험(定格試驗) 기관(機關)이 정격 상태로 운전되고 있을 때의 연료 소비율(열효율), 기타의 성능을 조사하는 시험.

test on sand 사지 시험(砂地試驗) 모래땅에서 차량의 운행 능력을 시험하는 것.

test paper 시험지(試驗紙) 시약(試藥)을 시험 용지에 바른 것으로, 주로 용액 중에 녹아 있는 물질을 검출하기 위하여 사용된다. 산성·알칼리성 검출에는 리트머스 시험지·염소(鹽素)·오존 등의 검출에는 요드칼리 전분지(澱粉紙) 등이 사용된다.

test piece 시험편(試驗片), 테스트 피스 재료의 강도나 기계적 성질을 측정하기 위하여 재료와 동일한 소재로 만든 시험용 작은 조각. KS에서는 1～12호 시험편 12종이 규정되어 있고, 각각 형상, 치수, 용도가 정해져 있다.

test wagon for trolley wire 가선 시험차(架線試驗車) 가공 전차선의 상태나 팬터그래프(pantagraph)의 집전(集電) 상황을 관측·측정하고, 집전 성능이나 전차선의 보안 상태를 조사하기 위한 시험차.

textile belt 섬유 벨트(纖維－) 천을 겹쳐서 꿰매어 만든 벨트.

textile rope 섬유 로프(纖維－) 섬유를 꼬아 만든 로프. 실을 꼬아 작은 가닥을 만들고, 이것을 다시 여러 가닥 합쳐 꼬아

T

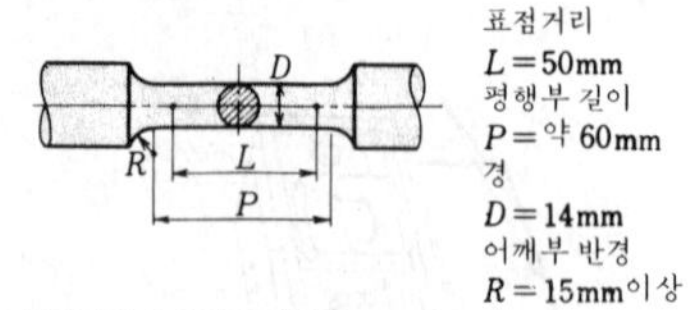

표점거리
$L = 50$mm
평행부 길이
$P =$ 약 60mm
경
$D = 14$mm
어깨부 반경
$R = 15$mm 이상

인장시험에 쓰이는 시험편

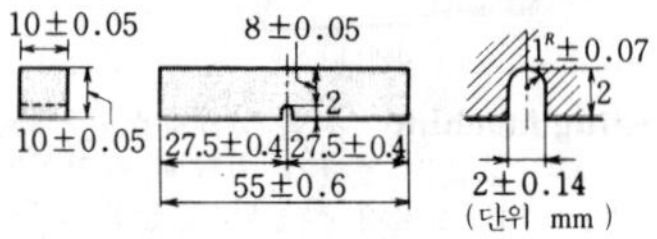

10±0.05　8±0.05　1^R±0.07　2
10±0.05　27.5±0.4　27.5±0.4　55±0.6　2±0.14
(단위 mm)

충격 시험에 쓰이는 샤르피용 시험편

test piece

만든다. 마(麻) 로프, 면 로프, 나일론 로프 등이 있다.

T-head engine　T 헤드 기관(－機關)　밸브를 실린더 양측에 배치한 T 형 실린더 헤드를 가진 기관.

the first angle drawing　제 1 각법(第一角法)　입체를 제 1 각(제 1 상한)에 두고 투영면에 정투영(正投影)하는 제도 방식을 말하며, 건축물 등 구조물의 제도에 널리 쓰인다. 주로 제 3 각법을 사용하고 있는 기계 제도도 옛날에는 제 1 각법으로 그렸다. 이 투영법을 도면에 기입하는 경우에는 그냥 1 각법이라고 쓴다.　=the first angle projection

theodolite　세오돌라이트　관측 물체의 고도 및 수평각을 측정하는 데 사용하는 천체용 및 측량용 광학 기계.

theoretical amount of air　이론 공기량(理論空氣量)　연료를 완전 연소시키는 데 필요한 최소 공기량으로, 연료의 조성(組成) 및 연료 방정식에 의해 계산된다.

theoretical amount of combustion gases　이론 연소 가스량(理論燃燒－量)　연료의 조성(組成)에 의해 계산되는 완전 연소에 있어서의 최소의 연소 가스량.

theoretical combustion temperature　이론 연소 온도(理論燃燒溫度)　연소 전후의 에너지 밸런스에 의해서 이론적으로 산출되는 연소 생성(燃燒生成) 가스 온도.

theoretical physics　이론 물리학(理論物理學)　이론을 전적으로 다루는 물리학을 이론 물리학, 실험을 전적으로 다루는 물리학을 실험 물리학이라고 하는데, 새롭게 정립(定立)된 이론은 관측이나 실험으로 입증되지 않으면 인정받지 못한다.

theoretical thermal efficiency　이론 열효율(理論熱效率)　일에 이용되는 열량과 공급되는 열량과의 비율.

theoretical water power　이론 수력(理論水力)　낙차(落差)와 수량(水量)에 의하여 이론상 발생시킬 수 있는 수력. 수차(水車)에 있어서는 수차에 유입하는 물이 갖는 동력을 말하며, 유효 낙차 H〔m〕, 유입하는 수량(水量) Q〔m³/s〕, 물의 비중량을 γ〔kg/m³〕라고 한다면 이론 수력 $L_{th} = (\gamma QH)/75$〔PS〕$= (\gamma QH)/102$〔kW〕이다.

theory　이론(理論), 학리(學理), 학설(學說)

theory of elasticity　탄성학(彈性學)　탄성(elasticity)에 대하여 연구하는 학문.

theory of finite deformation　유한 변형 이론(有限變形理論)　→theory of infinitesimaly small deformation

theory of infinitesimaly small deformation　미소 변형 이론(微小變形理論)　연속체의 해석(解析)에 있어서 변형이 미소한 것으로 가정하고, 근사적(近似的)으로 ① 변형 전의 형상에 관한 힘의 평형 조건을 생각하며, ② 비틀림 성분을 변위(變位) 성분의 1 차 미분항(微分項)까지 표현하는 것을 미소 변형 이론이라고 한다.

theory of plasticity　소성학(塑性學)　탄성 한도(彈性限度)를 넘은 응력과 변형과의 관계를 수리적(數理的)으로 연구하는 학문.

theory of relativity　상대성 이론(相對性理論)　아인슈타인이 1905 년과 1916 년에 발표한, 빛의 전파 속도(傳播速度)에 관한 일반적인 특징 및 그것으로부터 유도되는 시간, 공간, 그 밖의 관측량이 관측자(觀測者)의 운동에 의존하는 상태에 관한 물리(物理) 이론. 일반 상대성 이론과 특수 상대성 이론의 두 분야가 있다.

theory of structures　구조 역학(構造力學)　구조물의 역학적 연구를 다루는 학문.

therblig　서블리그　손작업이나 기계 작업을 통하여 작업을 할 때 하게 마련인 기본적인 요소 동작(要素動作)을 말하며, 작업의 개선, 최적 작업의 발견을 위한 작업 연구에 쓰인다. 이것은 F.B. Gilbreth 의 연구에 의한 것으로, 그의 이름을 거꾸로 표기한 것이다.

thermal accumulator　축열기(蓄熱器)　어

떤 형태로 여분의 열을 저장해 두는 장치. =heat accumulator

thermal analysis 열분석(熱分析) 냉각 곡선에 의해 물질의 상태 변화를 살피는 것. 합금의 연구에 중요한 역할을 한다.

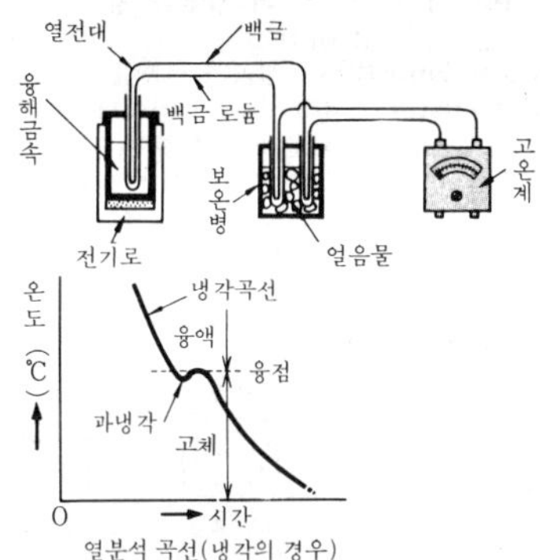

열분석 곡선(냉각의 경우)

thermal capacity 열용량(熱容量) 물체의 온도를 1℃높이는 데 소요되는 열량(kcal/deg)을 말하며, 그 중량과 비열(比熱)을 곱한 값과 같다. =heat capacity

thermal conduction 열전도(熱傳導) 물질의 이동없이 물체 속을 열이 이동하는 현상.

thermal conductivity 열전도율(熱傳導率) 물체의 내부를 열이 분자 운동에 의하여 한 부분에서 그와 인접한 다른 부분으로 차례로 전달되는 현상을 열전도(熱傳導)라 하고, 이것에 의하여 전달되는 열량은 열이 전달되는 방향과 수직을 이루는 전열 면적, 시간, 온도차에 비례한다. 이 비례의 정수(定數)를 열전도율이라 하고, λkcal/mh deg로 나타낸다.

thermal deformation 열변형(熱變形) 열의 영향에 의한 공작 기계의 형상 및 치수 변화. 공작 기계의 정도(精度)에 영향을 준다.

thermal design 열설계(熱設計) 원자로의 노심(爐心)으로부터 최대의 열량을 안전하게 그리고 경제적으로 추출할 목적으로, 온도 분포, 냉각재 유량 분포, 기타 열제거에 관한 모든 양을 계산하여, 핵설계(核設計)의 요구와도 양립시켜 노심 구조를 결정하는 설계.

thermal diffusivity 온도 전도율(溫度傳導率) 온도 전도의 양부(良否)를 나타내는 양이며 온도 확산율, 열확산율이라고도 한다.

thermal dissociation 열해리(熱解離) 열을 가함으로써 하나의 분자가 그보다 작은 분자, 원자, 이온 등으로 분해하며, 더욱이 상황에 따라서는 그 분해가 역행할 수 있는 것과 같은 경우, 그 현상을 열해리라고 한다. 또, 이때 외부로부터 공급되는 열에너지를 해리열(解離熱)이라고 한다. 반응 물질과 생성 물질 사이에는 평형 관계가 성립되며, 그 정도는 온도에 의해 정해진다.

thermal efficiency 열효율(熱效率) 열에너지의 효율을 말한다. 예를 들면, 열기관(熱機關)에 의하여 열을 일로 변환할 때 얻어지는 일과 주어진 열에너지와의 비율을 말한다.

thermal electromotive force 열기전력(熱起電力) 이종(異種)의 금속을 고리 모양으로 접합(接合)하여 한 쪽 접합부를 가열하였을 때 발생하는 기전력을 말한다. 이 현상을 이용한 것이 열전대(熱電對 : thermocouple)이다.

thermal electron 열전자(熱電子) 금속을 고온으로 가열하면 방사되는 전자.

thermal energy 열 에너지(熱－) 물체가 온도 변화 또는 상태 변화를 하는 경우에 물체가 얻거나 또는 잃는 에너지를 말한다. =heat energy

thermal equivalent 열당량(熱當量) 어떤 에너지를 열로 환산한 열량.

thermal expansion 열팽창(熱膨脹) 온도의 변화에 따라서 재료의 길이, 부피가 증대하는 현상.

thermal fatigue 열피로(熱疲勞) 온도 변동의 반복에 기인하는 부재(部材)나 구조물의 피로.

thermal insulation 열절연(熱絶緣), 단열(斷熱) 어떤 자리에서 열이 이동하지 않게 하는 것을 말한다. 열절연 또는 단열에는 고온의 자리에서 열이 도망가는 것을 방지하는 보온과, 반대로 저온의 자리에 열이 들어가는 것을 방지하는 보냉(保冷)이 있다. 단열의 목적은 열손실을 적게 해서 내부의 온도를 유지하여 경제성을 높이는 데 있다.

thermal insulation material 단열재(斷熱材) 단열을 할 목적으로 사용되는 재료

를 말한다. 일반적으로 열전도율과 흡습·흡수성이 적고 내열도가 높으며 가볍고 난연성 등의 조건이 요구된다. 보온재에는 석면, 암면, 글래스 울, 규살 칼슘 등, 방열재(防熱材)에는 코르크, 암면, 발포 스티롤 등이 있다. =heat insulating material

thermal neutron 열중성자(熱中性子) 운동 에너지가 작은 중성자, 즉 저속(低速) 중성자 중에서 매질(媒質)의 온도와 평형 상태에 있는 것을 열중성자라고 하며, 그 에너지는 0.025eV 정도이다.

thermal power plant 화력 발전소(火力發電所) →themoelectric power plant (station)

thermal radiation 열방사(熱放射) 물체는 전자파(電磁波)의 형태로 열(熱)에너지를 방출하거나 흡수하거나 할 수 있다. 이것을 열방사라고 한다. 열방사는 물체의 표면 온도, 표면 물질과 관계가 있으며, 단위 면적에서 단위 시간에 방사하는 열량은 그 면의 절대 온도의 4제곱에 비례한다.

thermal refining 조질(調質) 담금질 후 비교적 높은 온도(약 400℃ 이상)로 뜨임(tempering)을 하여 담금질로 생긴 마텐자이트 조직을 트루스타이트 조직 또는 소르바이트 조직으로 만드는 열처리 조작을 말한다. 일반적으로 보통의 담금질, 뜨임 처리를 말하는 경우가 많다.

thermal relay 서멀 릴레이 전류에 의하여 발열하는 히터와 그 열로 접점을 개폐하는 바이메탈을 짝지어서 히터에 전류를 통하고부터 접점이 개폐하기까지 시간적으로 지체시키는 일종의 릴레이.

thermal resistance 열저항(熱抵抗) 2점간의 온도차와 그 사이를 단위 시간, 단위 면적당에 흐르는 열량과의 비. 열통과를 등가 전기 회로로 대치했을 때의 저항에 상당한다. 단위는 (m²·k)/W이다.

thermal shock 열충격(熱衝擊) 물체에 갑자기 가열 또는 냉각 등 충격적인 온도 변화가 가해지면 비정상적인 온도 분포가 생기고, 그 때문에 커다란 열응력(熱應力)이나 열변형(熱變形)이 생긴다. 이것을 열충격이라고 한다.

thermal shock test 열충격 시험(熱衝擊試驗) 급열, 급랭으로 인하여 발생하는 재료의 변화를 조사하는 시험.

thermal stress 열응력(熱應力) 재료가 온도의 변화에 따라서 팽창 또는 수축하기 때문에 발생하는 응력.

thermal unit 열단위(熱單位) 열량의 단위. 칼로리(kcal)를 단위로 사용한다. 1kcal는 1kg의 순수한 물을 15℃ 부근에서 1℃ 높이는 데 필요한 열량을 말한다. =heat unit

thermionic tube 진공관(眞空管)

thermistor 서미스터 망간이나 코발트, 니켈 등의 산화물을 합성하여 만든 열에 민감한 저항체(thermally sensitive resistor)라는 뜻이며, 온도의 변화에 따라서 그 전기 저항값이 매우 크게 변화하는 저항체를 말한다.

▽ 서미스터의 모양

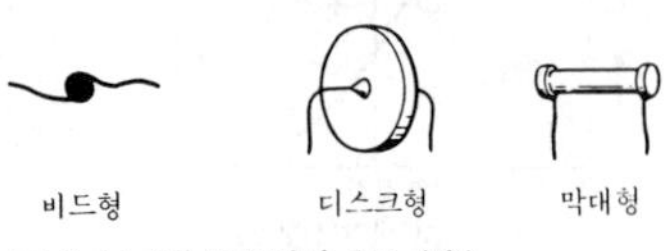

▽ 서미스터의 특성(부의 온도 계수)

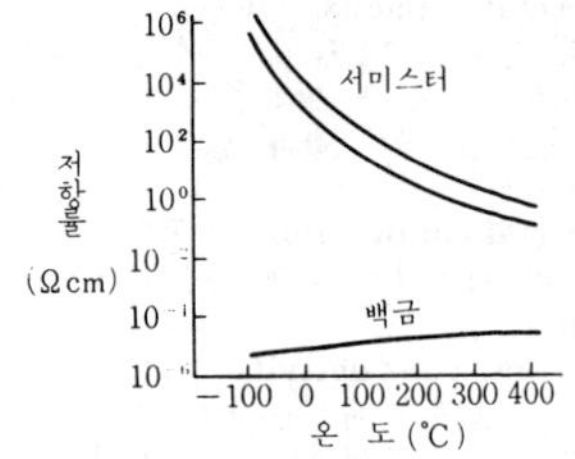

thermit 테르밋 알루미늄과 산화철(酸化鐵)의 분말을 동일한 양으로 혼합한 혼합물. 점화하면 3,000℃의 고온을 낸다. 철이나 강(鋼)의 용접에 사용한다.

thermit crucible 테르밋 도가니 테르밋 용융용 도가니.

thermite 테르밋 =thermit

thermit mixture 테르밋제(-劑) 테르밋 용접에 사용하는 알루미늄과 산화철(酸化鐵)의 분말 혼합물.

thermit mold 테르밋형(-型) 테르밋 용접을 할 때 쇳물 또는 쇳물과 슬래그(slag)를 주입하여 접합부를 가열하고 융합시키는 데 사용하는 형. 금형(金型)과 사형(砂型)이 있다.

thermit soldering 테르밋 납땜(-蠟-) 알루미늄이나 마그네슘의 분말을 중금속 산화물과 혼합하여 점화하면, 높은 열을 발하면서 알루미나 또는 마그네시아로 됨과 동시에 중금속은 환원되고 용융하여 필러 메탈(filler metal)로 된다. 이것이 테르밋 용접이나 납땜의 원리이다. 납땜에는 주석(朱錫)이나 아연의 산화물을 사용한다.

thermit welding 테르밋 용접(-鎔接) 테르밋제(劑)를 사용하여 이때 발생하는 고열(약 3,000℃)을 이용하여 강 또는 철재를 용접하는 방법.

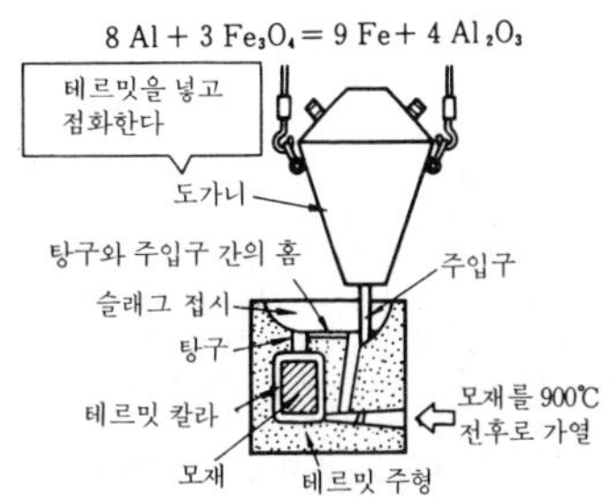

thermo- 서모 열이란 뜻을 가진 접두어.

thermocouple 서모커플, 열전대(熱電對) 두 종류의 금속을 조합하였을 때 접합(接合) 양단의 온도가 서로 다르면 이 두 금속 사이에 전류가 흐른다. 이 전류로 2접점간의 온도차를 알 수 있다. 이 열전기(熱電氣)의 현상을 이용하여 고열로(高熱爐)의 온도를 측정하는 장치를 열전대라고 한다. 백금-백금 로듐 열전대, 크로멜-알루멜 열전대, 철-콘스탄탄 열전대, 동-콘스탄탄 열전대 등이 있다.

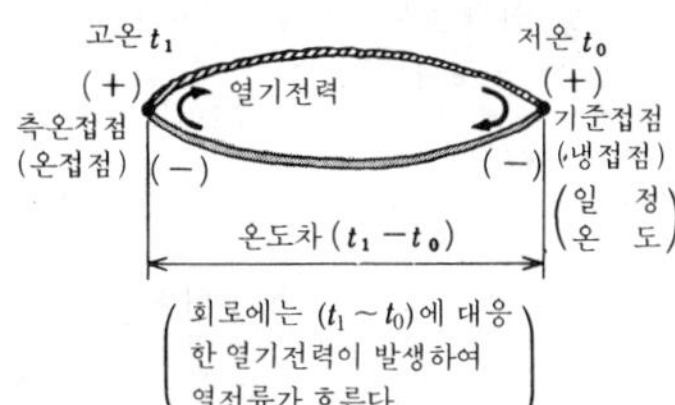

금 속	상용사용 온도(℃)	과열사용 온도(℃)
(+) (−)		
백금 로듐−백금	1 400	1 600
크로멜−알루멜	650~1 000	850~1 200
철−콘스탄탄	400~600	500~800
동−콘스탄탄	200~300	250~350

thermodynamical efficiency 열역학적 효율(熱力學的效率) 랭킹 사이클의 유효 효율을 말한다.

thermodynamic function 상태량(狀態量) =quantity of state

thermodynamics 열역학(熱力學) 주로 열과 역학적 일이나 열의 평형(平衡) 상태를 논하는 학문.

thermodynamic scale of temperature 열역학적 온도 눈금(熱力學的溫度−) 열역학의 제 2 법칙에서 카르노 사이클에 있어서의 고온원(高溫源)으로부터의 흡열량 Q_1과 저온원으로의 방열량 Q_2의 비는 고온원 온도 Q_1과 저온원 온도 Q_2의 비와 같다는 것이 유도되는데, 이 온도를 열역학적 온도라고 하며 절대적인 의미에서의 온도를 준다. 이 역학적 온도의 눈금으로서는 대기압에 있어서의 물의 빙점과 끓는점의 차를 1/100로 한 것을 1K로서 쓰고 있는데, 현재의 물의 3중점이 273.16K로 되게 눈금이 정해져 있다. 이것을 열역학적 온도 눈금이라고 한다.

thermoelectric couple 열전대(熱電對) =thermocouple

thermoelectricity 열전기(熱電氣) 이종(異種)의 금속을 접촉시켜 그 접촉 부분을 가열하거나 또는 냉각시킬 때 발생하는 전류.

thermoelectric power plant 화력 발전소(火力發電所) 석탄 또는 석유를 연료로 사용하는 열기관에 의하여 발전기를 회전시켜 발전하는 곳. =thermoelectric power station

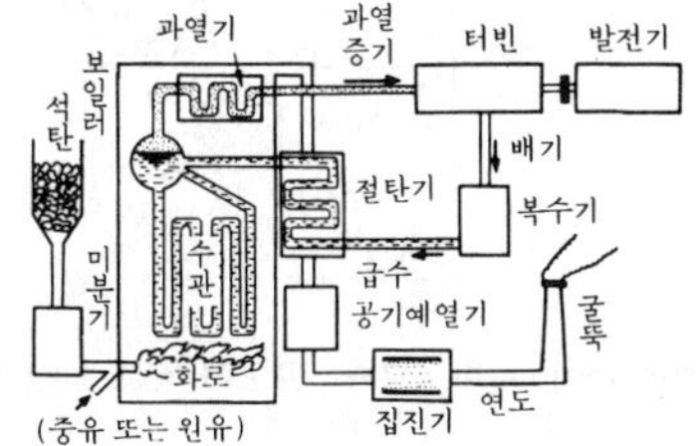

T

thermoelectric pyrometer 열전 고온계(熱電高溫計) 열전대(熱電對)를 이용하여 한 끝을 일정 온도로 유지하고 다른 끝을 측정물 가까이에 두면 그 온도차로 전류가 발생하고, 그 전력을 측정함으로써 측정물의 온도를 구할 수 있다. 이 원리를 이용한 온도계 중에서 매우 높은 온도까지 측정할 수 있는 온도계를 열전 고온계라고 한다.

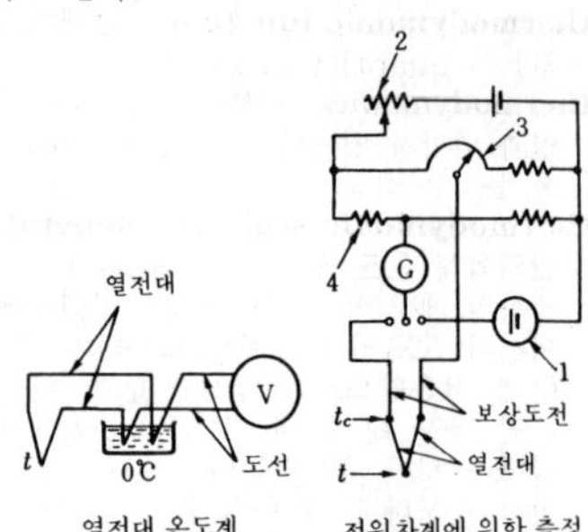

열전대 온도계 전위차계에 의한 측정

thermoelectric thermometer 열전 온도계(熱電溫度計) 대표적인 온도계의 일종으로, 두 종류의 금속선 양 끝을 접합시켜 폐회로를 만들고, 양 접합점의 온도를 변화시키면 열기전력이 발생한다. 이 현상을 이용하여 한 쪽 접합점의 온도를 기지(旣知)의 온도로 하고 열기전력을 측정함으로써 다른 쪽 접합점의 온도를 측정한다. −200℃~+1,600℃의 범위까지 측정이 가능하고, 정도(精度)는 0.1~1deg 이며, 원격 측정이 가능하다.

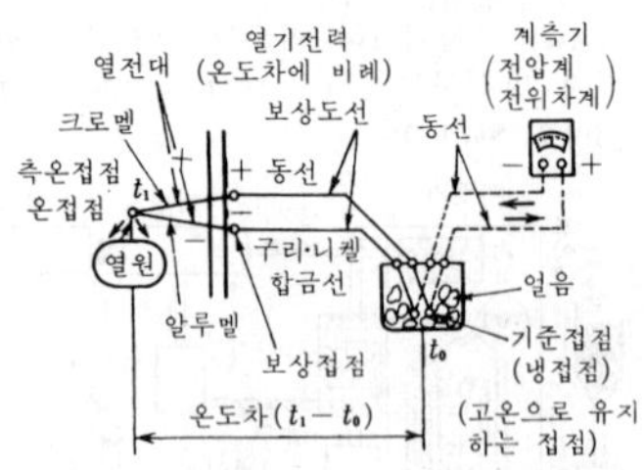

thermograph 기록 온도계(記錄溫度計) 기록 장치를 갖춘 온도계.

thermography 서모그래피 적외선(赤外線)의 상(像), 물체의 온도 분포 등을 가시상(可視像)으로 변환하는 장치를 말한다. 어두운 곳에 있는 기기, 재료, 인물을 가시상으로 바꾸어 눈으로 볼 수 있으므로 감시, 관리 및 연구 조사 등에 사용되고 있다.

thermo-mechanical treatment 가공 열처리(加工熱處理) 소성 가공(塑性加工)과 열처리를 짝지어서 어느 방법으로도 단독으로는 얻을 수 없었던 우수한 기계적 성질을 가진 재료를 제조하는 방법.

thermometer 온도계(溫度計), 서모미터 물체의 온도를 측정하는 계기(計器). 눈금에는 F(화씨) 눈금과 C(섭씨) 눈금의 두 종류가 있다.

thermopaint 서모페인트 페인트의 종류에 따라서 저마다 일정한 온도에서 변색하므로 이 페인트의 변색으로 물체의 온도를 알 수 있다. 이러한 용도에 사용되는 페인트를 서모페인트라고 한다.

thermopile 서모파일 열의 방사를 쬠으로써 열기전력을 발생케 하는 열전대(熱電對)의 조합을 말하며, 열전대열(熱電對列)이라고도 한다.

thermoplastic covered wire 비닐 절연 전선(−絶緣電線) 동선을 염화(鹽化) 비닐 수지 혼합물로 피복한 전선.

thermosetting resins 열경화성 수지(熱硬化性樹脂) 유동성을 가진 중합체(重合體)를 가열함으로써 화학 변화를 일으켜 결합하고 경화(硬化)하는 수지를 말한다. 페놀, 에폭시, 알키드, 불포화(不飽和) 폴리에스터 수지 등이 있다.

thermostat 서모스탯, 항온기(恒溫器) 전열(電熱)은 온도 조절이 자유롭고, 일정 온도를 유지할 수 있는 능력을 가지고 있는데, 이러한 성질을 이용하여 온도를 일정한 값으로 유지하는 장치. 금속의 열팽창 계수를 이용한 바이메탈과 기체의 팽창을 이용한 벨로스형이 있다.

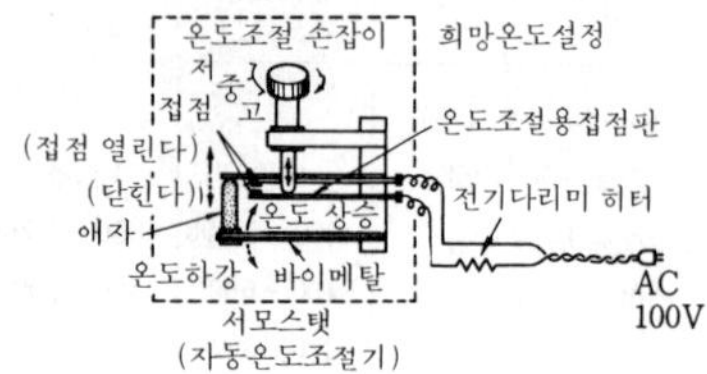

서모스탯
(자동 온도조절기)

thermosyphon 서모사이펀, 열 사이펀

(熱－) 자기 증발(自己蒸發), 온도차 등의 열적(熱的) 불균형으로 인하여 생기는 사이펀 작용.

the third angle drawing 제 3 각법(第三角法) 입체를 제 3 각 위치(제 3 상한)에 두고 투영면에 정투영(正投影)하는 제도 방식으로, 기계의 제도에는 전적으로 이 제 3 각법이 사용된다.

thick cylinder 두꺼운 실린더 안지름에 비하여 비교적 바깥지름이 크고 응력의 분포가 일정하지 않다고 생각하고 계산할 필요가 있는 두께가 두꺼운 원통.

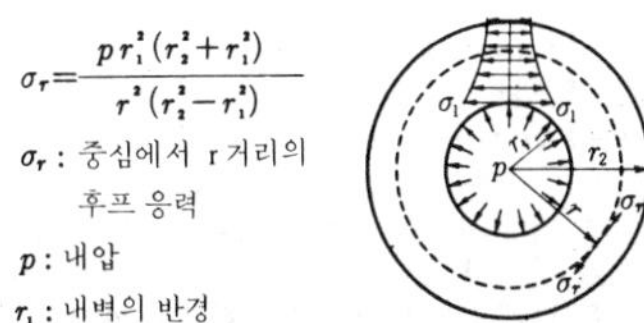

$$\sigma_r = \frac{p r_1^2 (r_2^2 + r_1^2)}{r^2 (r_2^2 - r_1^2)}$$

σ_r : 중심에서 r 거리의 후프 응력

p : 내압

r_1 : 내벽의 반경

r_2 : 외벽의 반경 r : 임의의 반경

σ_1 : 최대 후프 응력. $\left(= \frac{p(r_2^2 + r_1^2)}{r_2^2 - r_1^2}\right)$

thickener 시키너 오수(汚水) 등의 슬러리(slurry)를 침강조(沈降槽)에 유입하여 고형분(固形分)을 중력 침강(重力沈降)에 의하여 액체로부터 분리하는 것으로, 깨끗한 액(液)을 얻기 위하여 슬러리를 농축하여 회수하는 것을 목적으로 하는 장치.

thick film integrated circuit 후막 IC(厚膜－) 하이브리드 IC(혼성 집적 회로)의 일종으로, 인쇄에 의하여 세라믹 기판에 회로 패턴을 약 1μm 이상의 후막으로 형성하여 트랜지스터 등의 칩을 부착한 집적 회로.

thickness 두께, 농도(濃度)

thickness-chord ratio 후현비(厚弦比) 날개형(翼形)의 최대 두께와 익현(翼弦) 길이의 비율.

thickness deviation 시크니스 디비에이션 두께가 일정해야 하는 것이 일정하지 않은 것을 말한다. 파이프 등의 중공재(中空材)의 단면 관 두께가 고르지 않을 때 사용한다.

thickness gauge 후도계(厚度計)[1], 틈새 게이지[2] ① 두께를 측정하는 것으로, 기계적인 것과 전기적인 것이 있다.
② 여러 가지 두께의 박강판(薄鋼板) 게이지를 조합한 것. 보통, 0.02~0.7mm까지의 두께를 가진 것 16장이 한 조로 되어 있다. 몇 장씩을 조합하여 여러 가지 치수의 틈새를 측정한다.

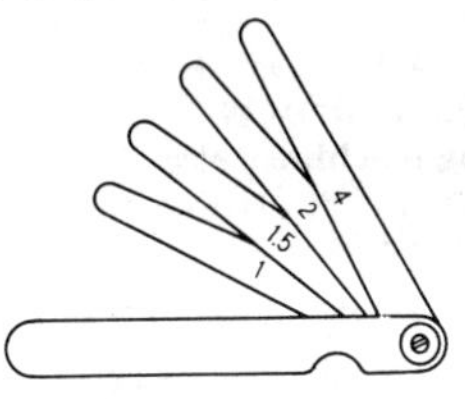

thimble 심블 ① 와이어 로프 끝에 다는 고리쇠. ② 마이크로미터의 바깥 몸통.

thin cylinder 얇은 원통(－圓筒) 지름에 비하여 비교적 두께가 얇은 원통. 특히, 재료 역학적으로 내압(內壓)에 의한 원통 벽 내의 원주 방향의 응력이 내면에서 외면까지 고른 것으로 생각되는 원통을 말한다. →think cylinder

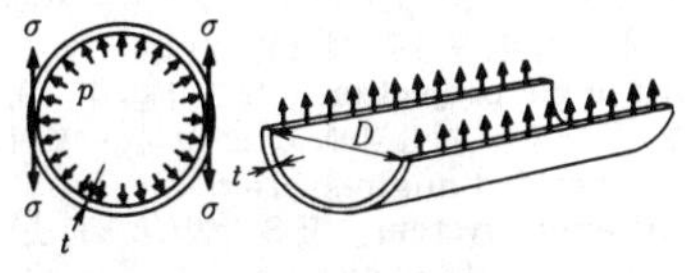

$t \leqq 0.05D$

원주방향의 응력 $\sigma = \frac{Dp}{2t}$

σ : 후프 응력 D : 원통의 내경

t : 원통의 살두께 p : 내압

thin film integrated circuit 박막 IC(薄膜－) 하이브리드 IC(혼성 집적 회로)의 일종으로, 회로 패턴의 마스크를 통해서 진공 증착(眞空蒸着) 또는 핫 에칭(hot etching)에 의하여 세라믹 또는 유리 기판의 표면에 금속이나 절연체, 유전체(誘電體)로 회로를 형성하고, 트랜지스터나 다이오드의 칩을 부착한 집적 회로.

thin film transistor 박막 트랜지스터(薄膜－) 유리나 세라믹 기판(基板) 위에 증착(蒸着) 등의 방법으로 형성한 반도체의 얇은 막을 사용하여 만든 트랜지스터.

thin flat head rivet 얇은 평 리벳(－平－) →rivet

thinner 시너 도료, 특히 래커를 희석하여 점도(粘度)를 낮추기 위한 혼합 용제

(溶劑). 보통, 초산 에틸, 부타놀, 톨루엔 등의 혼합물이 사용된다. 희석제(稀釋劑)라는 뜻.

thinning 시닝 드릴의 절삭 효율을 증대시키기 위하여 그림과 같이 날끝 일부를 원호상으로 갈아내는 것.

thinning machine 시닝 머신 드릴의 날을 세우거나 시닝(thinning)에 사용하는 연마기(硏磨機).

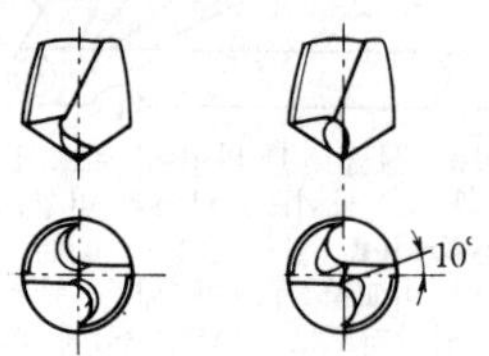

thin profil 박판 날개(薄板－) 날개의 단면 두께가 작은 것으로, 주로 박판을 사용하여 날개의 형상을 제작한 것이다.

third angle projection 제 3 각법(第三角法) 물체를 제 3 각에 놓고 그리는 도시법. ＝third angle system

third angle system 제 3 각법(第三角法) ＝third angle projection

third hand tap 3번 탭(三番－) 수동 탭의 일종. 3 개가 한 조로 된 것 중 마지막 다듬질용 탭. 끝에서부터 1.5산만 테이퍼로 되어 있다.

third law motion 운동의 제3 법칙(運動－第三法則), 작용·반작용의 법칙(作用·反作用－法則) 「작용이 있으면 반드시 반작용이 있다. 작용과 반작용은 동일 직선위에 있고 크기가 같되 방향은 정반대이다」라는 법칙.

third rail 제 3 레일(第三－) 지하 철도와 같이 한정된 공간 내에 전차 선로를 설치하고, 또한 보안상 전차선(電車線)의 전압에 저압을 사용하며, 더우기 대전류를 필요로 하는 대단위의 열차를 운전하는 경우에는 주행 레일보다 도전율(導電率)이 큰 컨덕터 레일을 전차선으로 사용하는 것이 바람직한데, 이것을 제 3 레일이라 한다.

thirteen Cr stainless steel 13 **Cr** 스테인리스강(－鋼) 강에의 Cr 첨가량이 12%를 넘으면 내식성이 급격히 좋아진다. 그리하여 내식(耐蝕)을 목적으로 하는 스테인리스강은 Cr 13%를 최저값으로 하고 용도에 따라서 Cr 량을 증가시킨다. 즉, 13 Cr 스테인리스강은 Cr 함유량이 13%인 스테인리스강을 말한다.

T. H. Johnson s straight line formula 존슨의 식(－式) 오일러(Euler)의 이론식의 적용 범위 밖에 있는 짧은 기둥의 소성적(塑性的)인 좌굴(座屈)에 대한 실험식의 하나이다.

thorium 토륨 원소 기호 Th, 원자 번호 90. 암회색의 무거운 금속. 원자핵 연료의 하나로 중용(重用)되고 있다.

thread 나사산(螺絲山), 나사줄(螺絲－) ＝screw thread

thread chasing machine · 나사 절삭기(螺絲切削機) ＝screw cutting machine

thread comparator 나사 콤퍼레이터(螺絲－) 구형 측정자(球形測定子) 또는 나사형 측정자의 간격이 다이얼 게이지 등으로 지시할 수 있도록 되어 있어서 이를 표준 나사 게이지와 비교함으로써 나사의 유효 지름을 신속하게 측정하는 기구.

thread cutting 나사 절삭(螺絲切削) 각종 나사 절삭 바이트, 기타 공구를 사용하여 공작물에 나사를 절삭하는 것.

thread cutting lathe 나사 절삭 선반(螺絲切削旋盤) 나사 절삭 전용으로 만들어진 선반으로, 정밀도가 높고 모나사의 피치 오차를 보정하는 장치를 갖추고 있는 특수 선반. ＝screw cutting lather

thread gauge 나사산 게이지(螺絲山－) 나사산의 피치, 형상을 재빨리 측정, 검사하는 게이지. 대소 피치의 나사형 강편(鋼片)을 조합한 것.

thread grinder 나사 연삭기(螺絲硏削機) 특수 연삭기의 일종이다. 나사만 전문으로

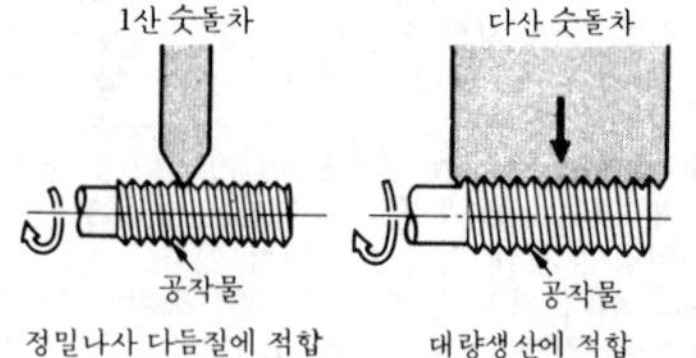

연삭하는 기계. 정도(精度)가 높고 양질의 다듬질을 요하는 나사나 경도(硬度)가 높은 재료의 나사 절삭에 가장 능률적이다.

threading 나사 절삭(螺絲切削) 환봉(丸棒)에 나사를 깎는 작업. 나사를 절삭하는 방법에는 탭, 다이스, 선반, 나사 절삭 밀링 커터, 나사 전조기(轉造機) 등에 의하는 방법 등이 있다.

threading tool 나사 절삭 바이트(螺絲切削－) 선반에서 나사 절삭에 사용하는 바이트.

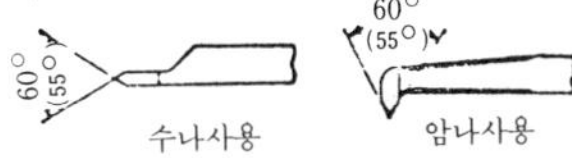

thread mandrel 나사 심봉(螺絲心棒) 한 쪽 끝에 나사가 깎여 있는 심봉(心棒). 너트 등을 가공할 때 사용한다.

thread micrometer 나사 마이크로미터(螺絲－) 특수 마이크로미터의 일종이다. 수나사 또는 암나사의 유효 지름을 측정하는 데 사용하는 마이크로미터. 수나사용과 암나사용이 있다.

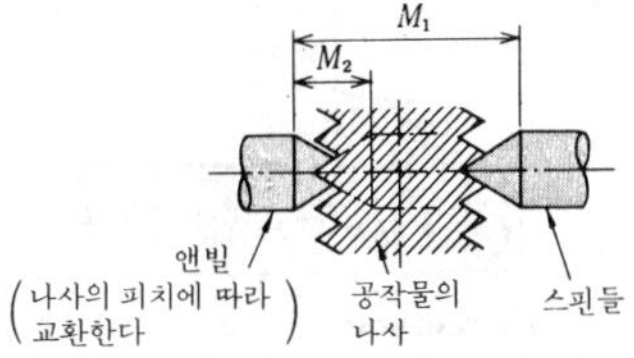

thread milling machine 나사 절삭 밀링 머신(螺絲切削－) 나사 깎기용 밀링 머신. 선반에 비하여 나사 절삭 가공이 빠르다.

thread rolling 나사 전조(螺絲轉造) 평판형 다이(die)와 롤형 다이로 가공하는 방법이 있다. 평판형은 전조 다이(rolling die) 사이에 소재를 삽입한 다음 한 쪽 다이를 고정하고 다른 쪽 다이로 소재를 가압하면서 왕복 운동을 반복시켜 소성(塑性) 변형에 의하여 나사산을 가공한다. 롤형은 2개의 롤형 다이의 축이 나란히 또한 동일 속도, 동일 방향으로 회전하고, 한 쪽 롤형 다이의 축은 고정되어 있으며, 다른 쪽 롤형 다이 사이에 소재를 삽입하여 이 롤형 다이로 가압하여 나사산을 가공한다.

thread rolling die 전조 다이(轉造－) 나사 전조기(轉造機)에 사용하는 다이. 롤형과 평판형이 있다.

thread rolling machine 나사 전조기(螺絲轉造機) 소재를 나사형의 요철(凹凸)이 나 있는 2개의 다이 사이에 삽입하고 힘을 가하여 깎지 않고 소성 변형(塑性變形)에 의해 수나사의 나사산을 가공하는 기계. 능률적이고 정도(精度)도 높으며, 볼트 등의 나사 내기의 대량 생산에 적합하다.

thread sawing machine 실톱 기계(－機械) 띠톱 기계와 닮은 모양의 작은 목공용 기계톱. 실톱을 상하 운동시켜 테이블 위에서 손으로 가공판을 돌려가며 곡선을 따라 잘라내는 데 사용한다.

three dimensional flow 3차원 흐름(三次元－) 유체(流體)의 흐름의 장(場)의 유선(流線)이 공간 곡선으로 표시되는 흐름. 와류형실(渦流形室)이나 흡출관(吸出菅) 또는 사이클론 내의 흐름과 같은 것이 그 것이다. 터보형 유체 기계에 있어서의 3차원의 흐름은 일반적으로 원주 극좌표(圓柱極座標 : ρ, ψ, z)를 써서 다룬다.

three dimensional stress 3차원 응력(三次元應力), 3축 응력(三軸應力) 어떤 점의 응력 상태를 생각할 때, 그 3주응력(主應力) σ_1, $\sigma_2-\sigma_3$이 모두 작용하여 0이 아닌 경우를 3차원 응력 또는 3축 응력이라고 한다. 응력 상태의 가장 일반적인 경우로, 2축 응력 또는 단축(單軸) 응력은 이의 특별한 경우이다.

three-fluted drill 세 줄 홈 드릴 보통 드릴은 두 줄 홈으로 되어 있으나 절삭날의 연삭법이 나쁘면, 구멍이 구부러지거나 구멍의 모양이 둥글게 절삭되지 않는 경우가 있으므로 이러한 결점을 없애기 위하여 홈을 세 줄로 낸 드릴. 미리 뚫어 놓은 주조(鑄造) 구멍이나 또는 드릴 구멍 등을 큰 지름의 구멍으로 넓히는 경우에 사용한다.

three-grooved drill 세 줄 홈 드릴 ＝ three-fluted drill

three-high rolling mill 3단 압연기(三段壓延機) 압연기의 한 형식으로, 상하 3단에 3개의 롤을 배치하여 상·중 롤 사이에서 한 방향으로 압연하고, 중·하 롤에서 반대 방향으로 압연 작업을 하여 왕복으로 압연할 수가 있다. 열간(熱間)에서 급하게 압연하는 데 적합하므로 대형재

(大形材), 중판(中板) 및 분괴(分塊) 압연 등에 사용된다.

three-phase alternating current 3상 교류(三相交流) 전압 및 주기가 같고 위상이 120°씩 다른 3종의 교번 전압에 의하여 발생하는 전류. 대전력 수송에 가장 적합하며, 공업용 전원으로서 중용된다.

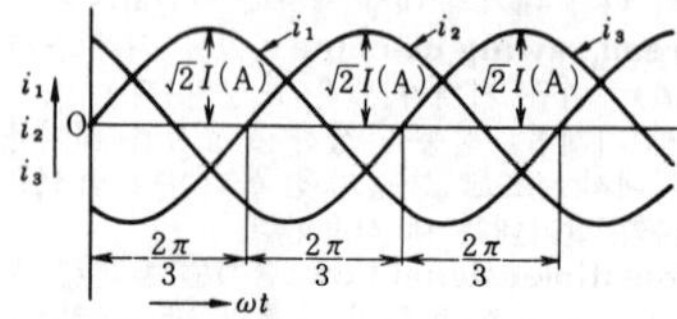

three-phase induction motor 3상 유도전동기(三相誘導動機) 공장 동력, 기타 일반 동력으로서 가장 널리 사용되고 있는 3상 교류 전동기의 대표적인 것.

three-phase transformer 3상 변압기(三相變壓器) 1개의 변압기에 의해 3상 교류의 변성을 하는 변압기. 단상(單相)으로 된 것 3개보다 중량도 가볍고 손실도 적은 특징이 있다.

three point contact ball bearing 3점 접촉 볼 베어링(三點接觸−) 하나의 볼과 내·외륜의 홈이 3점에서 접촉하는 구조의 볼 베어링. 클리어런스(clearance)가 작은 볼 베어링이다.

three sigma method 3시그마법(−法) 평균값의 상하에 표준 편차(標準偏差)의 3배의 폭을 잡은 한계에서 관리 상태를 판단하는 방법.

three-square file 3각 줄(三角−) =triangular file

three-throw pump 3련 크랭크 펌프(三連−) 플런저 또는 피스톤 펌프 3개를 동일 케이싱 속에 장치한 것으로, 1개의 공통 크랭크축에 위상차 120°를 주고 있으므로 크랭크축 1회전으로 3회의 토출(吐出)을 하기 때문에 송출량의 변동은 비교적 적으며, 따라서 구동의 동력 변화도 적다.

three way cock 3방 콕(三方−) 유체의 출입구가 3방향으로 나 있는 콕.

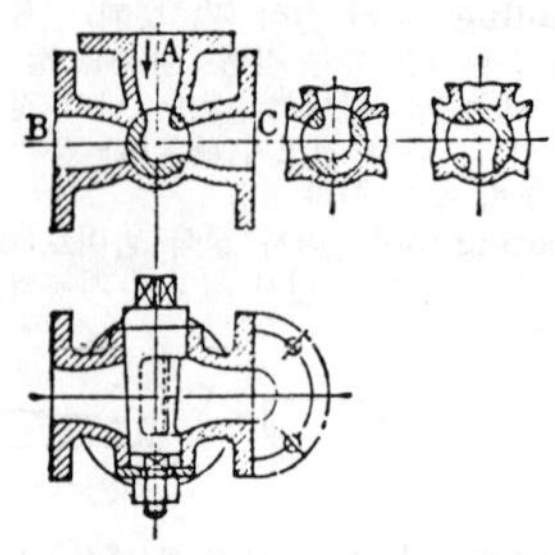

three wheeler tricar 3륜 자동차(三輪自動車) 공랭식 또는 수냉식 가솔린 발동기를 달고, 뒤의 두 바퀴를 구동시키는 방식으로 되어 있으며, 구조가 간단하고 차체의 강도가 낮아도 되기 때문에 경트럭 또는 소형 트럭으로서 사용된다. 핸들은 직접식이거나 원형이다. 일부에서는 승용차로도 제작되고 있다. =motor tricycle

three wire method 3침법(三針法) 수나사의 유효 지름의 검사에 사용되는 방법.

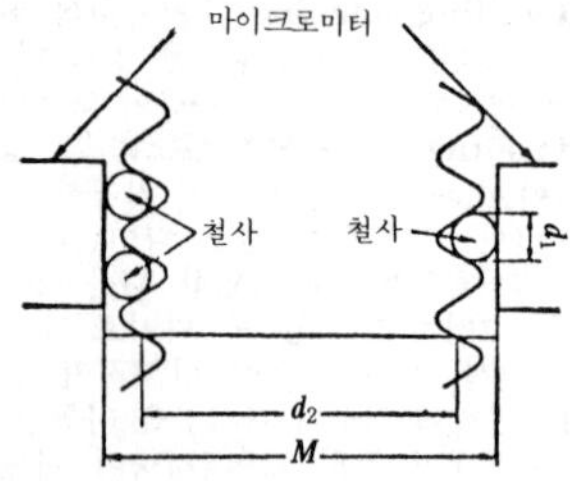

three wire system 3침법(三針法) = three wire method

throat 스로트 유량 측정법의 하나로, 관로의 단면을 갑자기 좁게 하여 얼마만큼 평행되게 만든 다음 다시 완만한 각도로 넓힌 벤투리관을 사용하는데, 이 경우 좁혀진 관의 평행 부분을 스로트(목구멍)부라고 한다. 여기서는 유속(流速)이 거의 일정하게 된다.

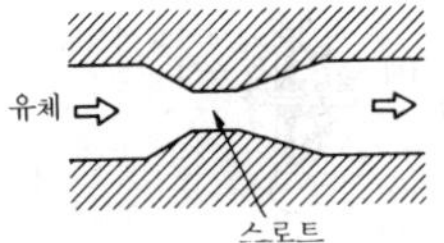

throat depth 목 두께 용접봉이 녹아서 된 용착 금속의 밑에서부터 모재(母材) 높이까지의 부분을 목이라 하고, 그 단면의 두께를 목 두께라고 한다.

throat pressure 목 압력(-壓力) 유체의 통로가 좁게 수축되어 있는 경우 그 부분의 압력. 보통, 이 부분에서는 유체의 에너지가 속도로 변환되고 압력이 저하한다. 벤투리미터는 이것을 응용한 유량계이다.

throttle 스로틀 유체(流體)가 국부적으로 면적이 작은 유로(流路)를 통과하면 압력이 내려간다. 이 좁은 유로 또는 압력이 내려가는 현상을 스로틀링이라고 한다. 좁은 유로 전후의 속도 에너지의 변화가 적은 범위에서는 등(等) 엔탈피 변화로 간주할 수 있다. =throttling

throttle bush seal 스로틀 부시 실 축봉부(軸封部)의 누설을 부시(bush)와 슬리브의 좁은 틈새로 제한하는 장치.

throttle calorimeter 교축 열량계(絞縮熱量計) 습증기(濕蒸氣)의 건조도 측정에 사용하는 장치. 습증기를 교축하면 건조하여 마침내 과열 증기가 된다는 성질을 이용한 것.

throttled exhaust pipe 교축 배기관(絞縮排氣菅) 항공 발동기 등에서 배기(排氣)를 후방으로 분출함으로써 추진력을 얻고자 하는 경우, 배기관 출구를 교축(絞縮)하여 배출 속도를 증가시키는 경우가 있다. 이것을 교축 배기관이라 하며, 비행 속도와 관련하여 적당한 교축비(絞縮比)가 결정된다.

throttled nut 홈붙이 너트 =fluted nut

throttle governing 교축 조속(絞縮調速), 스로틀 밸브 조속법(-調速法) 증기 기관, 증기 터빈, 내연 기관 등에서 스로틀 밸브를 사용하여 기관이나 터빈에 송급(送給)하는 증기나 혼합기의 양을 조절하여 회전 속도를 조정하는 조속법.

throttle nozzle 스로틀 노즐, 교축 노즐(絞縮-) 감압(減壓)을 하기 위하여 사용하는 노즐.

throttle plate 스로틀 플레이트, 조리개판(-板) 관로(菅路) 도중에 칸막이벽을 설치하고 그 중앙에 작은 구멍을 뚫은 판. 유체(流體)의 속도를 제한하여 기계의 운전을 임의의 속도로 조절하기 위하여 사용한다.

throttle valve 스로틀 밸브 게이트 밸브의 일종. 원판을 회전시켜 관로(菅路)를 열고 닫음으로써 유체와의 마찰에 의하여 유체의 압력을 낮추는 데 사용하는 밸브를 말한다.

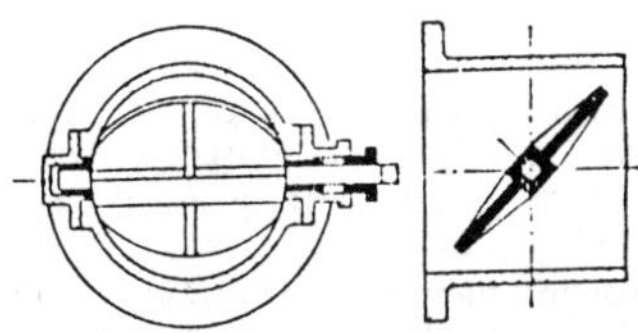

throttling 스로틀링, 교축(絞縮) 유체가 밸브, 콕, 작은 구멍 등 좁은 통로를 흐를 때 마찰이나 난류(亂流) 등으로 압력이 낮아지는 현상을 말한다.

throttling calorimeter 스로틀 열량계(-熱量計) 습증기의 건조도를 재기 위한 장치. 어떤 압력에 있는 습증기를 그 압력보다 충분히 낮은 압력의 팽창실까지 밸브와 스로틀을 사용하여 등(等) 엔탈피적으로 팽창시켜서 과열 증기의 영역까지 가져오면, 그 때의 엔탈피가 원래 상태의 엔탈피와 같기 때문에 *i-s* 선도를 써서 최초 상태의 건조도를 결정할 수 있다.

through bolt 관통 볼트(貫通-) 가장 일반적으로 사용되고 있는 볼트 머리가 있는 볼트. 관통 구멍에 이 볼트를 박고 너트로 체결한다.

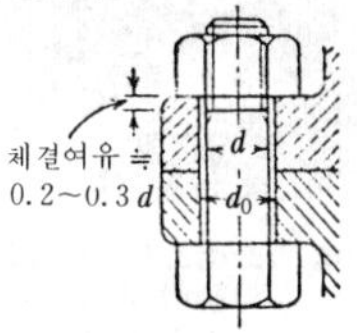

d = 볼트의 지름
d_0 = 볼트 · 구멍

through feed method 관통 이송 연삭(貫通移送硏削), 관통 이송법(貫通移送法) 센터리스(centerless) 연삭에서 공작물을 양 숫돌 바퀴 사이로 안내판을 따라서 이송하여 반대쪽으로 송출하는 연삭법. 연속적인 작업을 할 수 있어서 생산 능률이 매우 높다.

through hardening 무심 담금질(無心－) 중심까지 담금질하여 경화(硬化)시키는 담금질을 말한다. 중심까지 경화시키지 않는 담금질을 유심(有心) 담금질이라고 한다.

through hole 관통 구멍(貫通－) 마주 꿰뚫린 구멍.

throughput 스루풋 계산기 시스템의 단위 시간당 처리량을 뜻하는 평가 지수(評價指數)의 하나로, 공통의 정의는 없다.

throwaway tip 스로어웨이 팁 공구 수명이 다된 경우 다시 연삭(硏削)하여 사용하지 않고 그대로 폐기해 버리는 절삭 공구의 팁(tip).

throwing power 스로잉 파워 일반적으로 전해액(電解液)이 갖는 전류 분포의 균일화 능력.

thrufeed method 관통 이송 연삭(貫通移送硏削), 관통 이송법(貫通移送法) ＝through feed method

thrufeed method grinding 관통 이송 연삭(貫通移送硏削) ＝through feed method

thruhole 관통 구멍(貫通－) ＝through hole

thrust 스러스트 회전축이나 회전체의 축 방향으로 작용하는 외력(外力).

thrust ball bearing 스러스트 볼 베어링 축 방향으로 작용하는 스러스트를 지지하는 볼 베어링. 단식, 복식, 단식 와셔 붙이 등이 있다.

thrust bearing 스러스트 베어링, 추력 베어링(推力－) 하중이 축을 따라서 가해지는 베어링. 수직형에는 피벗(pivot) 베어링, 풋스텝(footstep) 베어링이 있고, 수평형에는 칼라(collar) 베어링이 있다.

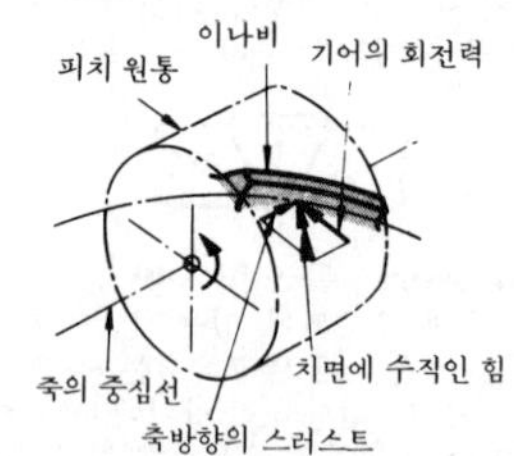

thrust

또 특수한 것으로는 미첼 스러스트 베어링(Michell thrust bearing)이 있다.

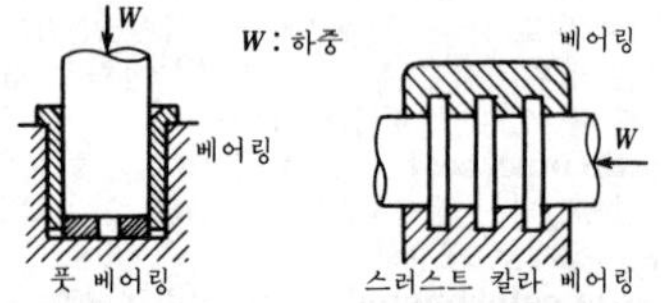

thrust block 스러스트 베어링, 추력 베어링(推力－) ＝thrust bearing

thrust coefficient 스러스트 정수(－定數) 프로펠러가 발생시키는 스러스트를 T, 유체의 밀도를 ρ, 프로펠러의 회전수를 n, 프로펠러의 지름을 D라 할 때, 다음 식으로 표시되는 무차원(無次元)의 계수(係數) K_T를 스러스트 정수라고 한다.

$$K_T = T/\rho n^2 D^4$$

thrust collar 스러스트 칼라 →collar thrust bearing

thrust collar bearing 스러스트 칼라 베어링 ＝collar thrust bearing

thrust deduction coefficient 스러스트 감소 계수(－減少係數) 프로펠러가 선체(船體)의 후부에서 작용을 하면 프로펠러와 선체 사이에 저압(低壓) 부분이 생겨 그 흡인 작용에 의하여 배 밑 저항(抵抗)

이 증가되고, 또 프로펠러 부근의 유속 증가로 마찰 저항도 증가된다. 이 프로펠러의 작용에 의한 저항 증가를 스러스트 감소라 하고, 이것을 프로펠러의 스러스트 단수(端數)로 나타낸 것을 스러스트 감소 계수라고 한다. =thrust deduction fraction

thrust deduction fraction 스러스트 감소 계수(一減少係數) =thrust deduction coefficient

thrust factor 스러스트 계수(一係數) 합성 하중을 동등가 하중(動等價荷重)으로 환산하는 경우에 스러스트 하중에 곱하는 계수.

thrust force 배분력(背分力) 2차원 절삭에 있어서의 절삭 저항은, 절삭 방향의 힘(주분력)에 대하여 직각으로 작용하는 힘을 배분력이라고 한다. 배분력은 통상 주분력과 비교하여 작지만 절삭날의 마모가 커짐에 따라서 절삭 저항은 증가하기 때문에 띠톱날과 같이 강성(剛性)이 약한 절삭 공구에서는 배분력이 커지면 절단 굽힘이 생기게 된다.

thrust horsepower 추력 마력(推力馬力), 스러스트 마력(一馬力) 제트 엔진의 추력(推力)을 마력으로 환산한 값. 추력을 F〔kg〕, 그 때의 비행 속도를 V〔m/s〕라 하면, 추력 마력 T는 $T=FV/75$〔PS〕로 표시된다. 즉, 추력 마력은 비행 속도에 따라 다르며, 속도가 클수록 큰 추진 마력이 발생된다.

thrust nozzle 추진 노즐(推進一) 제트 엔진의 추진용 가스를 분출하기 위한 노즐. 노즐 면적이 변하지 않는 형식 이외에, 면적을 변화시킬 수 있게 하여 비행기 속도에 따라 효율을 높이는 가변 추진(可變推進) 노즐도 있다. 또한, 소음기(消音器)를 부착한 것, 착륙할 때의 브레이크로서의 역추진(逆推進) 장치가 부착된 것 등도 있다.

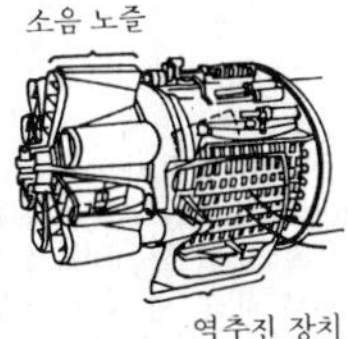

thrust per unit engine weight 발동기 단위 중량당 추력(發動機單位重量當推力) 항공 발동기, 특히 제트 엔진이 발생하는 전 추력(全推力) T를 발동기의 전 중량 W로 나눈 값. 즉, T/W〔kg/kg〕. 기관의 크기를 나타내는 하나의 지수(指數)로서 3~5〔kg/kg〕가 보통이나, 수직 상승용 엔진의 경우에는 16~21〔kg/kg〕의 것까지 시작(試作), 연구되고 있다.

thrust power 스러스트 파워 추진 마력을 말한다. =thrust horsepower

thrust shaft 스러스트축(一軸) 주로 스러스트 하중이 가해지는 축, 또는 스러스트 하중을 전달하는 축을 스러스트축이라고 한다. 추력축(推力軸)이라고도 한다.

thumb nut 나비 너트 너트를 죄거나 풀기 위한 나비 모양의 손가락 집게가 달린 너트.

thumbscrew 나비 나사(一螺絲) 나비형 머리의 작은 나사.

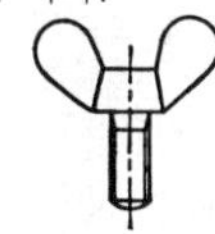

thyristor 사이리스터 전류나 전압의 제어 기능을 가진 반도체 소자를 말한다. 라디오나 TV 등 비교적 전류가 약한 기기의 제어는 종래의 트랜지스터로 충분히

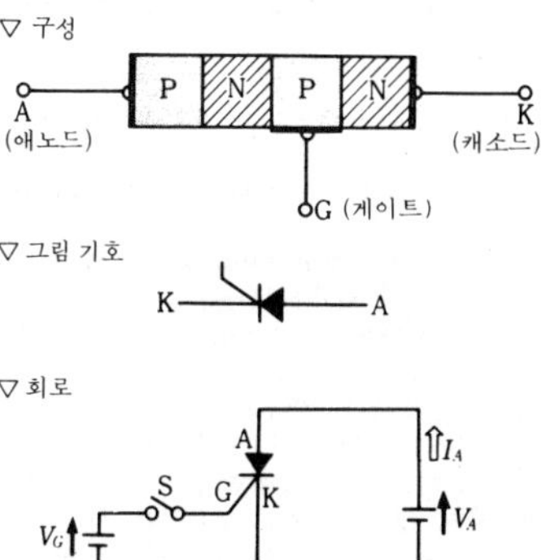

감당할 수 있으나 산업용 기기, 대형 컴퓨터 등 대전류 · 대전압이 필요한 기기는 감당할 수 없다. 이처럼 대전류와 대전압도 제어할 수 있도록 개발된 것이 사이리스터이다. 실리콘 제어 정류기 이외에 광(光) 사이리스터 등이 있다. =silicon controlled rectifier

TiC coated tool TiC 코팅 공구(-工具) 초경합금(超硬合金) 공구에 경도와 인성(靭性)을 함께 갖도록 하기 위하여 비교적 인성이 풍부한 초경합금에 더욱 경도가 높은 물질을 코팅한 공구가 1969년에 실용화되었다. 이것이 TiC 코팅 공구이다. 이 코팅은 공구뿐 아니라 프레스형(型) 등 여러 가지 용도에 사용되고 있다.

tidal electric power station 조력 발전소(潮力發電所) 해협, 항만 입구 등의 지형을 이용하여 거기서 생기는 조류(潮流)나 조수(潮水)의 간만(干滿) 등 근소한 낙차를 이용하여 수차(水車)를 구동시켜 발전하는 발전소를 말한다. 미국, 영국, 캐나다 등에서 많이 볼 수 있다.

tidal power turbine 조력 수차(潮力水車) 조류(潮流)나 조수(潮水)의 간만(干滿)의 차를 이용한 조력을 동력으로 하여 구동시키는 터빈. →tidal electric power station

tie 인장봉(引張棒) 맺음, 묶다. =draw bar

tie bar 지지봉(支持棒) 주로 인장 작용(引張作用)을 받는 막대기 모양의 부재(部材)로, 두 부재의 관계 위치를 일정하게 유지하기 위한 스테이(stay)로서 사용되는 봉.

tie rod 지지봉(支持棒) =tie bar

tightening pulley 인장 풀리(引張-) =tension pulley

tight fit 억지 끼워맞춤 =interference fit

tight lock automatic coupler 밀착식 자동 연결기(密着式自動連結器) 밀착 연결기는 연결면이 평면으로 되어 있어서 자동 연결기와는 연결할 수 없으나, 밀착식 자동 연결기는 자동 연결기와 자유롭게 연결 또는 해방할 수 있을 뿐 아니라, 이 연결기로 서로 연결했을 경우에는 연결면에 틈이 생기지 않고 밀착하는 특징을 가지고 있다. →tight lock coupler

tight lock coupler 밀착 연결기(密着連結器) 연결면을 평면으로 하여 연결면 사이의 틈새를 없앤 일종의 자동 연결기로, 열차의 기동시(起動時) 및 정지시에 있어서의 충격은 적으나, 너클(knuckle)을 가진 병형(竝形)의 자동 연결기와는 서로 연결할 수 없다. 밀착 연결기에는 여러 가지 종류가 있고, 또 동시에 공기관(空氣菅), 전기 배선 등을 연결할 수 있는 장치를 갖추고 있는 것도 있다.

tight rolling 밀착 압연(密着壓延) 박판(薄板)을 압연할 때 표면에 산화 피막 처리를 하여 판이 서로 달라붙는 것을 방지하고 판과 판을 밀착시켜 압연하는 방법으로, 판을 포개거나 접어서 겹치게 하여 압연을 반복함으로써 0.03mm의 매우 얇은 강박(鋼箔)이 만들어진다.

tight side 인장측(引張側) =tension side, slack side

tight weld 내밀 용접(耐密鎔接) 이음 부분에서 가스, 액체 등이 누설하지 않도록 특히 기밀성에 중점을 두고 기밀(氣密) · 수밀(水密)을 유지하기 위해 시공하는 용접.

TIG spot welding 티그 스폿 용접(-鎔接) 접합하고자 하는 2개의 판을 그림과 같이 포개어 놓고, 그 한 쪽 편에서 피스톤형의 토치 선단으로 압력을 가하여 판을 밀착시킨 상태에서 가스 노즐 내의 텅스텐 전극(電極)과 모재(母材) 사이에 0.5~5초간 아크를 계속 발생시켜 전극 바로 밑 부분을 국부적으로 용융시켜 접합하는 점용접.

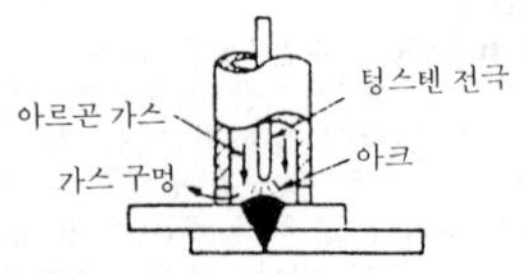

TIG welding 티그 용접(-鎔接) 이너트 가스 아크(inert-gas arc) 용접의 일종으로, 텅스텐, 기타 쉽게 소모되지 않는 금속을 전극으로 하는 용접. TIG이라 약칭한다.

tiller 경운기(耕耘機) 논밭을 갈아 일구는 데 사용하는 기계. 3~5마력 정도의 석유 발동기를 장착하고 있다.

tilting bucket 요동 버킷(搖動-) 버킷을 회전시켜 속의 짐을 내려 놓게 한 것으로, 토사의 굴삭 배출 등에 사용된다.

tilting burner 틸팅 버너 버너로부터의 연료 분출 각도를 상하 각각 30° 정도 변경할 수 있는 구조의 버너로, 보일러의 과열 증기 온도를 조절하는 것을 목적으로 한다.

tilting pad bearing 틸팅 패드 베어링 패드가 회전체의 움직임에 따라서 자동 조심 작용(自動調心作用)을 하기 때문에 불안정 진동을 일으키지 않는, 따라서 저널 베어링에 있어서는 4만 회전 이상의 고속 회전에서도 안정된 작동을 하는 특수 설계의 베어링이다. 스러스트 베어링에 있어서 고속 회전부가 2,000kg 이상의 스러스트 하중을 받는 경우에는 이 형식의 베어링이 반드시 사용되고 있다. 동일 형식에 킹 미끄럼 베어링으로 불리는 것이 있다.

tiltmeter 경사계(傾斜計) =inclinometer

time and motion study 작업 연구(作業研究) 노동의 생산 능률 증대를 목적으로 하는 작업에 대한 연구.

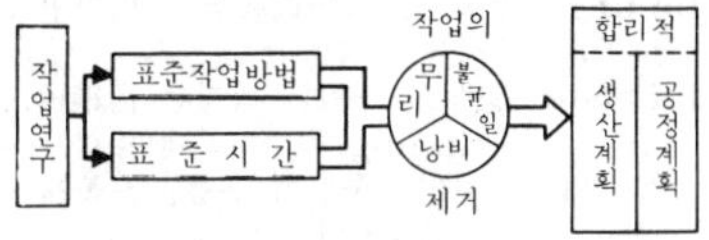

time based maintenance 시간 기준 보전(時間基準保全) 어떤 일정 기간마다 보수(保守) 또는 정비를 실시하는 보전 방법을 말한다.

time chart 타임 차트 장치의 작동 또는 작업의 진행 상태를 시간의 순서에 따라 차례로 나타낸 도표.

time constant 시정수(時定數) 응답의 속도를 특징짓는 시간의 차원(次元)을 가진 정수.

time lag fuse 타임 래그 퓨즈 시동 때 흐르는 과전류로는 녹아서 끊어지지 않도록 되어 있는 과전류 보호 퓨즈를 말한다. 래그(lag)란 지연, 지체라는 뜻.

time limited relay 시한 릴레이(時限－) 동작 코일의 여자(勵磁) 또는 소자(消磁) 후 일정 시간이 지난 다음에 접점의 개폐가 이루어지는 릴레이.

time quenching 시간 담금질(時間－), 타임 캔칭 소정의 담금질 온도에서 일정한 온도로 유지되고 있는 담금질액에 일정한 시간 담가 담금질하는 방법. 담금질 균열 방지, 담금질 변형 방지가 목적인 담금질법이다.

timer 타이머, 시간 기록계(時間記錄計) =time switch

time recorder 타임 리코더, 시간 기록기(時間記錄機) 일반적으로 종업원의 근태(勤怠)에 관하여 출근부 대신에 사용되는 것으로, 출사(出社), 퇴사(退社), 외출시의 출입 시각 등을 소정 카드에 인자(印字)시키는 기구(機構)로 되어 있다.

time series analysis 시계열 분석(時系列分析) 경제 통계, 기상 통계 등 시간과 더불어 추이가 달라지는 변량(變量)의 계열 구조를 분석하는 것.

time sharing 타임 셰어링 하나의 장치를 시간을 세분화하여 복수의 작업에 사용하고 외견상 동시에 처리하는 것처럼

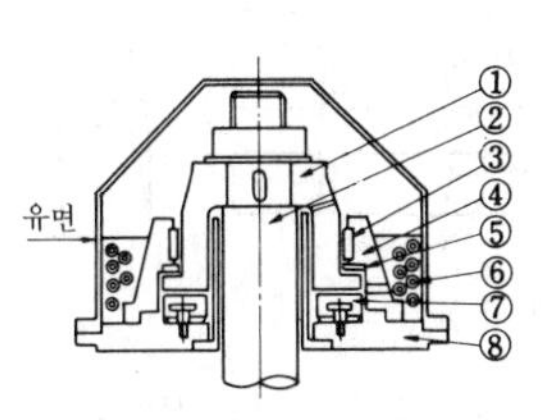

①스러스트 칼라 ②주축 ③레이디얼 베어링 ④베어링 하우징 ⑤반 스러스트 베어링 ⑥오일 냉각관 ⑦주 스러스트 베어링(패드) ⑧베이스 플레이트

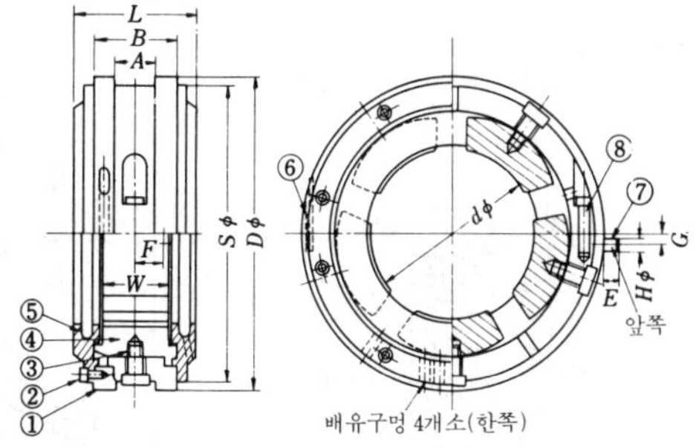

①캐리어 링 ②실 고정나사 ③패드 고정나사 ④패드 ⑤실 ⑥상하 맞춤 핀 ⑦핀 ⑧체결나사

tilting pad bearing

하는 것.

time stamp 타임 스탬프, 시각 인자기(時刻印字機) 일반적으로 작업 현장에 설치해 두고, 작업의 착수, 완료 시각 등을 작업자 각자가 작업 전표에 인자(印字)하기 위하여 사용하는 것.

time study 시간 연구(時間硏究), 타임 스터디 일정한 작업을 표준 작업 방법에 의하여 하는 경우의 표준 작업 시간을 결정하는 연구. 동작 연구와 병행하여 하는 것으로, 양자를 통틀어 시간 연구라고 하는 경우도 있다.

time switch 타임 스위치 일정한 시간에 맞추어 두면 그 시간에 스위치가 on이 되거나 off가 되는 시계 장치의 스위치를 말한다.

timing belt 타이밍 벨트 V벨트와 기어의 양쪽 장점을 살린 톱니붙이 전동 벨트. 미끄러지지 않고 소음도 적어서 고속 회전에 적합하다.

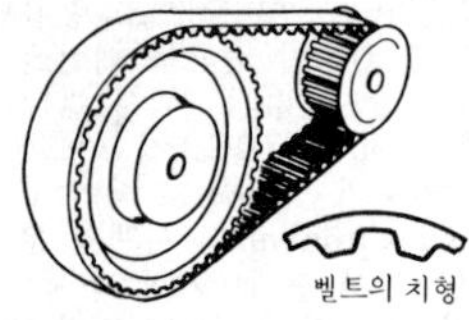

timing chain 타이밍 체인, 밸브축 조시 체인(－軸調時－) 밸브 작동 시기를 조절하는 기어 전동용 체인.

timing device 분사 시기 조정 장치(噴射時期調整裝置) 압축 점화 기관의 연료 분사 시기를 조정하는 장치.

timing gear 타이밍 기어 자동차에서 크랭크축의 회전 운동을 이용하여 밸브를 움직이는 캠축 구동용 기어. 밸브의 작동 시기를 적절하게 조정한다.

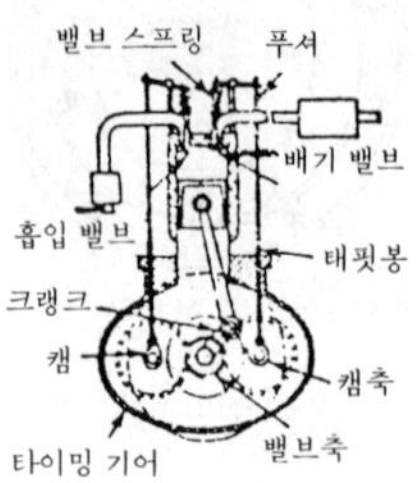

timing motor 타이밍 모터 어떤 일정한 시간 간격을 만들어 내는 동기 전동기(同期電動機)를 말하며, 시한(時限) 전동기라고도 한다.

tin 주석(朱錫) 원소 기호 Sn, 원자 번호 50, 원자량 118.70, 비중 7.3, 융점 232℃. 주석 광석을 탄소로 환원하여 만든다. 공기 중에서 안정되고 가공이 용이한 백색의 유연한 금속. 청동, 가융(可融) 합금, 베어링 합금 등의 중요 성분이다.

tin foil 주석박(朱錫箔), 석박(錫箔) 주석은 전성(展性), 연성(延性)이 뛰어나므로 이것을 박(箔)으로 만든 것. 주로 포장용으로 사용된다.

tinman s shears 함석 가위 얇은 판금(板金)을 자르는 데 사용하는 가위.

tinned plate 함석판(－板) ＝tin plate

tinner 함석공(－工) 함석을 사용하여 판금 가공을 하는 기능공.

tinning 주석 도금(朱錫鍍金) 박강판(薄鋼板)에 주석을 도금하는 것.

tin plate 함석판(－板) 박강판(薄鋼板)에 주석 도금(tinning)을 한 판재(板材). 물통, 덕트, 차양, 물받이 홈통, 지붕재 등 용도가 매우 다양하다.

tip 팁[1], 화구(火口)[2] ① 절삭날을 말하며, 바이트의 절삭면 등 직접 절삭 작용을 하는 부분에 경랍땜을 하여 붙이는 절삭날 재료의 작은 조각.
② 용접, 절단 토치 선단부의 불꽃을 분사하는 구멍.

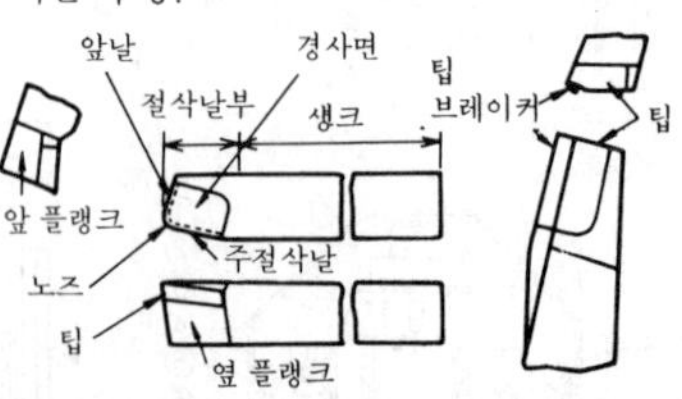

▽ 스토어웨이형 팁

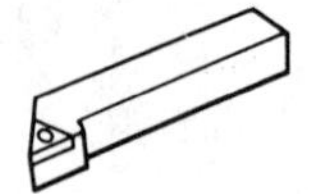
초경합금의 팁으로, 마모한 팁을 연삭하기보다 새로운 것과 교환하는 것이 경제적이다.

tip clearance 절삭날의 여유각(切削－餘裕角) 드릴 절삭날의 경사면에 붙인 여유각. →twist drill

tipped bite 날붙이 바이트 절삭날 재료의 소편(小片)을 탄소강에 경랍땜하거나 또는 전기 용접한 바이트의 총칭.

tipped tool 날붙이 바이트 생크(shank)에 초경 합금(위디어, 카벌로이, 텅걸로이 등)의 팁을 경랍땜한 바이트. 고속 절삭에 적합하다.

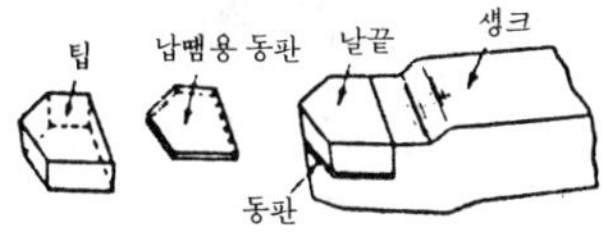

tipper 덤프카 =dump truck

tipping grate 재 낙하 화격자(-落下火格子) 화격자를 요동시켜 재를 낙하시키는 연소 장치.

tippler 티플러 화차를 전도시켜 적재한 화물을 방출하는 장치.

tire 타이어 ① 자동차 바퀴의 바깥 둘레에 끼우는 고무로 만든 둥근 테. 그림은 타이어의 단면을 나타낸 것. ② 철도 차량의 차바퀴 바깥 둘레에 끼우는 쇠바퀴. =tyre

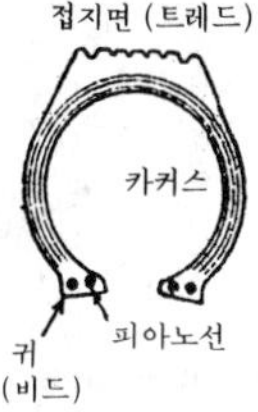

tire(tyre) mill 타이어 압연기(-壓延機) 철도 차량의 차륜(車輪) 타이어를 압연하여 제조하는 특수한 압연기를 말한다. 도넛 모양의 소재(素材)를 안팎으로 특수한 형의 롤러로 삽입하고 이것을 회전시키면서 압연하여 정해진 규격의 타이어를 완성한다.

tire roller 타이어 롤러 다수의 고무 바퀴를 나란히 배열한 롤러로, 노면을 다지고 고르는 데 사용하는 건설 기계의 일종. =tyre roller

tire tread 타이어 접지면(-接地面) 고무 타이어가 지면에 접하는 부분을 말하며, 내부의 카커스, 브레이커를 보호할 수 있도록 두꺼운 고무층으로 되어 있고, 노면과의 마찰 계수를 확보하고 방향성을 유지하기 위하여 접지면에 여러 가지 형상의 트레드 마크가 가공되어 있다.

tire tube valve 타이어 공기 밸브(-空氣-) 고무 타이어에 공기를 넣고 빼기 위한 자동 밸브로, 중앙의 돌출부를 누름으로써 외부와 유통이 되고, 놓으면 내압(內壓)으로 밀봉된다.

titanit 티타닛 티타늄과 탄소를 주성분으로 하는 소결 탄화물 합금(燒結炭化物合金)의 상표명.

titanium 티탄, 티타늄 원자 번호 22, 비중 4.5, 융점 1,800℃. 상자성체(常磁性體)이며 매우 경도(硬度)가 높고 여리다. 강도는 거의 탄소강과 같고, 비강도(比強度)는 비중이 철보다 작으므로 철의 약 2배. 열전도도(熱傳導度), 열팽창률도 작다. 고온에서 쉽게 산화되는 것과 함께 고가(高價)라는 것이 결점이다. 티탄재(材)는 항공기, 우주 개발 등에 사용되는 이외에 고도의 내식(耐蝕) 재료로서 중용되고 있다.

title panel 표제란(標題欄) 제도(製圖)에 있어서 도면 번호, 도면 이름, 척도, 투영법, 제도소명, 도면 작성 연월일, 책임자의 서명 등을 기입하는 난. 단, 양식은 특별히 정해진 것이 없다. 보통, 도면의 오른쪽 밑 구석에 자리를 잡는다.

T-joint T이음 모재(母材)를 서로 직각으로 T자형으로 놓고 이 부분을 용접하는 용접 이음.

T-jointing T이음 =T-joint

T maximum : **T**$_{max}$ **T**맥시멈 담금질의 최고 가열 온도를 말한다. 이것이 높아지면 임계 냉각 속도(臨界冷却速度)가 작아지고 담금질이 깊이 된다.

T-nut T너트 T자형 외형을 가진 너트를 말한다. 예를 들면, 공작 기계의 테이블의 T홈에 끼워서 공작물을 고정시키는 데 사용하는, 암나사가 절삭되어 있는 기계 부품.

toe-in 토인 자동차의 앞바퀴를 평면도로 보았을 때, 양 바퀴가 평행을 이루지 않고 팔(八)자형으로 앞쪽이 다소 좁아져 안으로 향하고 있는 것.

toe-in gauge 토인 게이지 자동차 앞바퀴의 토인 치수를 계측하는 공구.

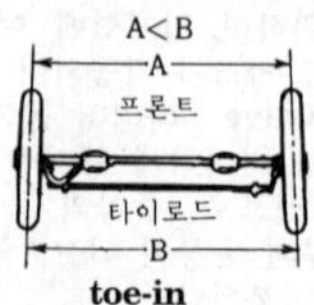

toe-in

toe-in of front wheel 토인 자동차 앞바퀴의 좌우 타이어 접지면 최외단(最外端)에 있어서의 가로 방향의 거리의 차를 말한다. 앞쪽이 좁을 때를 토인(toe-in), 그 반대의 경우를 토아웃(toe-out)이라고 한다.

toe of weld 지단(止端) 용착 금속의 표면과 모재의 표면이 만나는 선.

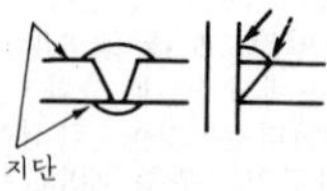

toe-out 토아웃 자동차 앞바퀴를 평면도로 보았을 때, 양 바퀴가 평행을 이루지 않고 역팔자(逆八字) 모양으로 뒤쪽이 다소 좁고 앞쪽이 벌어져 있는 것. toe-in의 반대.

toggle 토글, 비녀장 밧줄 고리 또는 바퀴 등이 벗어나지 못하게 축 구멍에 끼우는 큰 못.

toggle joint 토글 장치(－裝置) 작은 힘을 작용시켜 큰 힘의 일을 시키는 장치. 이 기구(機構)는 압착기(壓搾機)나 전단기(剪斷機) 등에 응용된다.

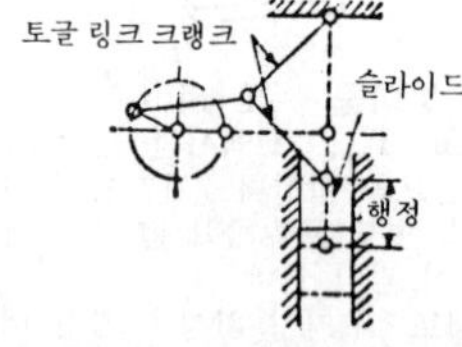

toggle press 토글 프레스 기계 프레스의 일종. 크랭크의 회전 운동을 연접기(連接機)로 토글 링에 전달하여 수직 운동으로 변환시키고, 또한 가압 압력을 증대시키는 기계. 형단조(型鍛造)에 적합하며, 고성능 프레스로서 널리 사용되고 있다.

toggle switch 토글 스위치, 기복형 개폐기(起伏形開閉器) 버튼을 손가락 끝으로 세우고 눕히고 하여 조작하는 소형 스위치.

toiler 토일러 노역자, 노무자.

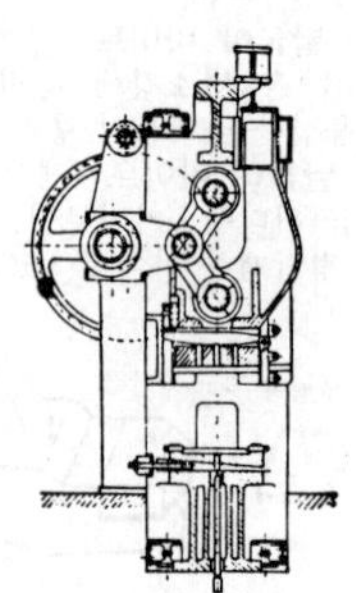
toggle press

token method 토큰 방식(－方式) 컴퓨터를 이용한 통신 네트워크 시스템에 있어서 각 단말 장치가 네트워크에 액세스하는 방식의 일종.

tolerance 공차(公差), 톨러런스 기계 가공에 있어서 치수대로 정확하게 제품을 다듬질해 내기는 매우 어려운 일이므로 그 공작물의 허용 최대 치수와 최소 치수를 설정해 놓고, 그 범위 내에 드는 치수의 제품을 합격품으로 한다. 이때, 최대 치수와 최소 치수의 차를 공차(公差)라고 한다.

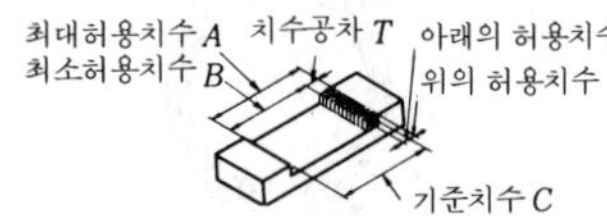

tolerance of dimension 치수 공차(－數公差) 끼워맞춤 방식에서 규정되어 있는 한계 치수. 즉, 실제 치수에 허용되는 치수 범위의 최대 치수와 최소 치수와의 차를 치수 공차라 한다.

tombac 톰백 색이 황금색을 띠고 있으므로 모조금(模造金)으로서 장식용 주물 등에 사용된다. Zn 8～20%, Cu 80～90%, Sn 0～1%를 함유한 황동.

tommy bar 토미 바 박스 스패너의 일종. 너트를 죄고 푸는 데 사용하는 그림과 같은 공구.

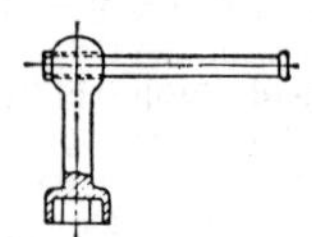

tommy wrench 토미 렌치 =tommy bar

ton 톤 중량의 단위. 영국·미국·프랑스 톤은 각각 다음과 같이 다르다.
불(佛)톤 : 1,000kg(250관)
영(英)톤 : 약 1,016kg=2,240 lbs(271관)
미(美)톤 : 약 900kg=2,000 lbs(242관)

tongs 플라이어, 집게 물건을 집는 데 사용하는 공구. =pliers

tongue 텅, 혀 테이퍼 생크 드릴이나 리머 등의 자루 끝에 붙이는 혀 모양의 가공 부분. 절삭 가공에서 겉도는 것을 방지하는 역할을 한다.

tongued washer 혀붙이 와셔 둥근 와셔의 일부를 혀같은 모양으로 튀어나오게 만들어 이 부분을 굽혀서 고정시키게 되어 있는 것.

tongue groove flange 삽구 이음(揷口－) 특수형 관 이음의 하나. 접합면 한 쪽에 두어진 홈에 다른 쪽 볼록 부분이 들어갈 수 있게 만들어진 것.

ton-kilometer 톤킬로미터 철도에서 수송한 화물 톤수에 그 화물의 수송 거리(킬로미터)를 곱한 것으로, 화물의 수송량을 나타내는 통계상의 복합 단위.

tonnage 톤수(－數) 함선(艦船)의 크기를 나타내는 데 사용하며, 다음 세 가지가 있다. ① 중량(重量)톤 : 배가 수면에 떴을 때 밀어내는 배수량(排水量)은 배의 중량과 같으므로 이것으로 나타낸 것. 일반적으로 영(英)톤을 사용하며, 군함은 중량톤으로 나타낸다. ② 용적(容積)톤 : 상선(商船)에서 화물이나 선객을 얼마만큼 싣고 태울 수 있는가의 표준에 의한 것으로, 그 용적을 톤수로 나타낸 것. 100ft^{3}를 1용적톤으로 나타낸다. 배의 내부 총 용적을 용적톤으로 나타낸 것을 총톤수(總－數)라고 한다. ③ 적재 중량(積載重量)톤 : 화물선에서 화물을 얼마만큼 적재할 수 있는지 표준이 되는 것. 만재(滿載) 배수량으로부터 선체와 기관의 중량을 뺀 나머지가 적재 중량톤이다. 보통, 여객선은 총톤수로, 화물선은 적재 톤수로 그 배의 크기를 나타낸다.

tool 공구(工具) 공작물의 가공에 사용하는 도구, 절삭 공구 등을 말한다.

tool angles 공구각(工具角), 공구계각(工具系角) 공구의 제작, 측정, 부착 등을 위해 공구계 기준 방식에 의해서 정의되는 절삭날부의 총칭으로, 공구계 기준면을 기준으로 한다.

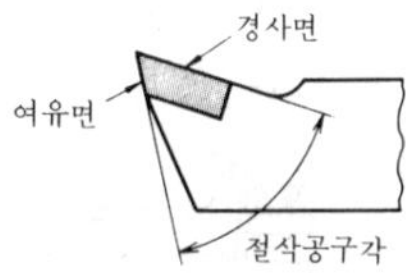

tool box meeting 툴 박스 미팅 작업에 임하기 전에 안전이나 작업 절차 등에 대하여 현장에서 벌이는 간단한 토의.

tool carbon steel 탄소 공구강(炭素工具鋼), 공구용 탄소강(工具用炭素鋼) 절삭 공구에 사용되는 탄소강. 상온 및 고온에서 경도가 높고, 내마모성(耐磨耗性)이 크며, 인성(靭性)이 크고 열처리가 용이한 것 등의 특징을 갖추고 있다. 원소 함유량은 Si<0.35%, Mn<0.50%, P, S<0.030%, Cu<0.30%, Ni<0.25%, Cr<0.20%. 담금질은 760~820℃에서 수냉(水冷)하고, 뜨임은 150~200℃에서 공랭(空冷)한다. =carbon tool steel

tool function T 기능(－機能) NC 공작 기계에서 공구 또는 공구에 관한 사항을 지시하기 위한 기능.

tool gauge 절삭 공구 게이지(切削工具－) 절삭 공구의 형상, 각도, 방향, 위치 등을 검사하는 게이지의 총칭.

tool grinder 절삭 공구 연삭기(切削工具研削機) 바이트, 밀링 커터, 드릴, 호브, 리머 등 절삭 공구의 날을 연삭하고 다듬질하는 데 사용하는 연삭 기계.

tool grinding machine 절삭 공구 연삭기(切削工具研削機) =tool grinder

tool holder 바이트 홀더 공작 기계에서 바이트를 고정시키고 지지하는 장치.

tool-maker's microscope 공구 현미 측정기(工具顯微測定器) 원래 바이트 등의

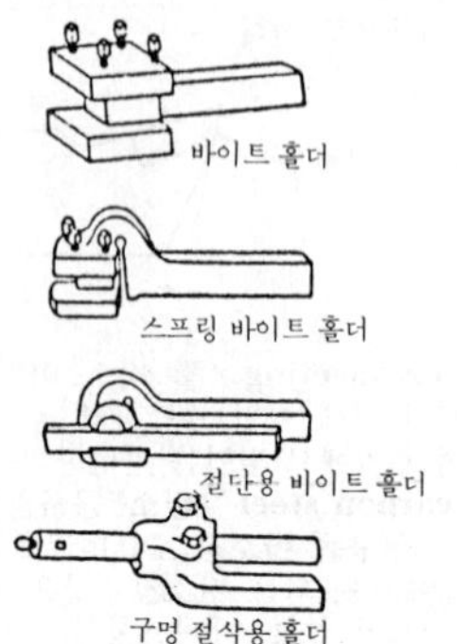

tool holder

절삭 공구의 제작에 사용되었으므로 이 이름이 붙여졌으나, 현재에는 구조의 개선과 함께 정밀 측정용으로 길이나 각의 표준 측정기로 바이트의 각, 나사산의 각도 및 피치, 나사의 지름, 유효 지름 등의 측정, 바이트나 게이지의 측정 등에 사용되고 있고, 확대기나 현미경이 붙어 있다. 배율은 30배.

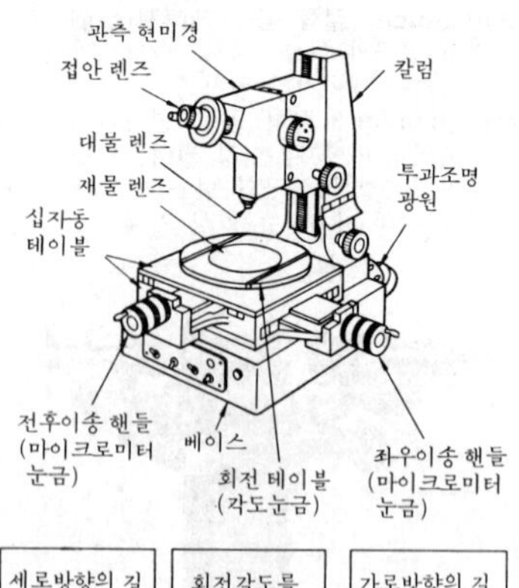

tool management 공구 관리(工具管理) 작업에 필요한 공구를 확실하게 차질없이 사용할 수 있는 상태로 보전 관리하는 것.

tool offset 공구 위치 오프셋(工具位置－) 제어축(制御軸)에 평행한 방향으로의 공구 위치의 보정(補正)을 말한다. 보정은 2축에 걸치는 경우도 있다.

tool path 공구 경로(工具經路) 희망하는 부품 형상으로 가공하기 위한 공구 중심의 운동 궤적(軌跡).

tool post 절삭 공구대(切削工具臺) 공작기계에서 절삭 공구를 지지하고 고정하는 대를 말한다.

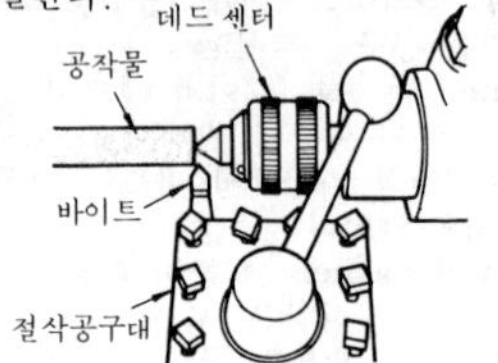

tool presetter 툴 프리세터 NC 공작 기계용 공구의 테이퍼부를 기준으로 하여 날끝 치수를 사전에 세트하기 위한 장치.

tool rest 절삭 공구대(切削工具臺) = tool post

tool room lathe 공구 선반(工具旋盤) 주로 밀링 커터, 탭, 드릴 등의 제작, 수리용 선반.

tools 공구(工具) 각 기구의 취급 및 해체 등에 필요한 여러 가지 도구류의 총칭. 용구(用具)라고도 한다.

tool slide 절삭 공구 이송대(切削工具移送臺) 절삭 공구대를 장착하여 원하는 위치에 정확히 이동시킬 수 있도록 만들어진 기계 부분.

tool steel 공구강(工具鋼) 절삭 공구(切削工具)의 재료로 사용되는 강(鋼)의 총칭. 특수 공구강(크롬 공구강, 텅스텐 공구강, 고속도 공구강 등)과 탄소 공구강(C 0.4~1.5%의 탄소강)으로 나뉜다.

tooth 이, 톱니 복수형(複數形)은 티스(teeth). =gear tooth

tooth clutch 투스 클러치 원통의 단면(가장자리면)에 나 있는 다수의 산형 요철부(山形凹凸部)에 의하여 서로 연결하는 맞물림 클러치. 톱니 클러치라고도 한다.

tooth crest 잇봉우리면(-面), 이끝면(-面) 이끝의 면.

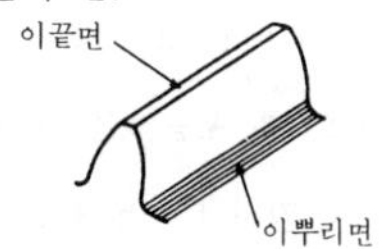

toothed lock washter 이붙이 와셔 스프링 와셔의 일종으로, 그림과 같은 여러 가지 종류가 있다.

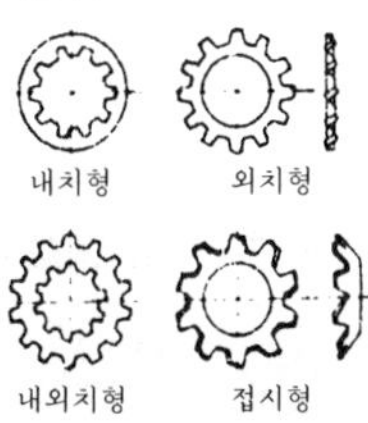

toothed wheel 기어, 톱니바퀴 바퀴 주위에 일정한 간격으로 톱니를 깎고 그 톱니의 맞물림으로 2 축간에 동력을 전달하는 장치.

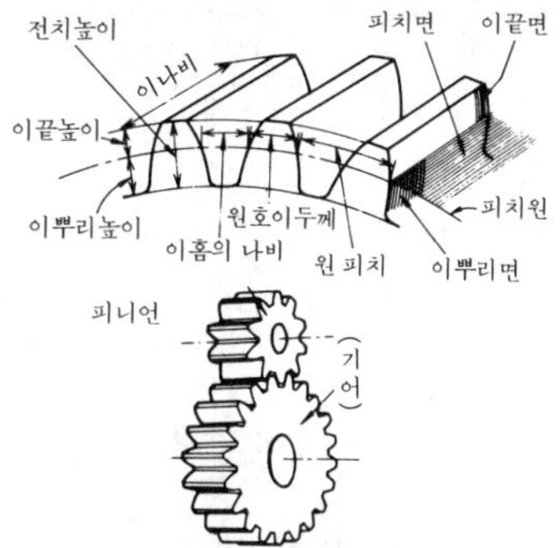

tooth face 이끝면 기어의 치면(齒面) 중에서 이끝 부분의 면.

tooth factor 기어 계수(-係數) 1 개의 이(톱니)에 힘이 균등하게 작용한다고 생각하고, 이의 굽힘 강도로부터 이의 크기를 계산하는 경우에 일반적으로 루이스의 식(Lewis formula)을 사용하는데 이때의 치수(齒數), 압력, 이 높이의 대소에 따라 변하는 계수(係數)를 기어 계수라고 한다. 루이스의 식이란 $F=k \cdot t \cdot b \cdot y$. 단, F : 피치원을 따라서 기어에 가해지는 하중[kg], k : 이뿌리 가까이의 가장 약한 단면에 일어나는 굽힘 응력[kgf/㎟]의 허용치, t : 원주 피치, b : 이나비[mm], y: 기어 계수.

tooth flank 이뿌리면 기어의 치면(齒面) 중에서 이뿌리 부분의 면.

tooth form 치형(齒形) 기어에 절삭한 이의 모양. KS 에서는 압력각 20°의 인벌류트 치형을 사용하도록 규정하고 있다.

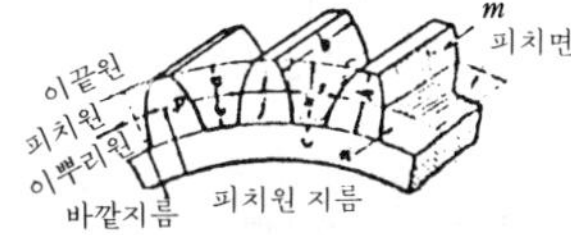

tooth mark 투스 마크, 날 자국 밀링 가공으로 절삭된 공작물의 표면에 생기는 절삭날이 담긴 파형(波形)의 자국.

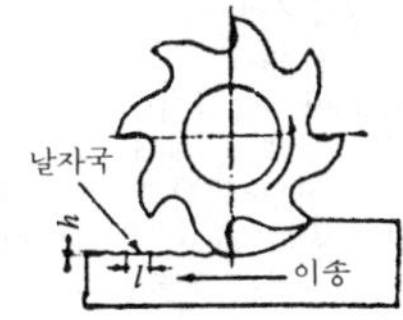

tooth profile 치형(齒形) 기어의 이 모양. =tooth form

tooth rest 투스 레스트 밀링 커터 등의 날을 연삭 다듬질할 때, 각각의 날을 소정의 위치에 보관하기 위하여 테이블 위에 날을 고정시켜 지지하는 받침대.

tooth space 투스 스페이스, 스페이스 피치원과 이 홈의 양쪽 치형(齒形) 곡선과의 만난점 사이에 있는 피치 원호(圓弧)상의 거리. 피치와 이 두께와의 차에 해당한다.

tooth surface 치면(齒面)

tooth thickness 이 두께 이의 두께. 원

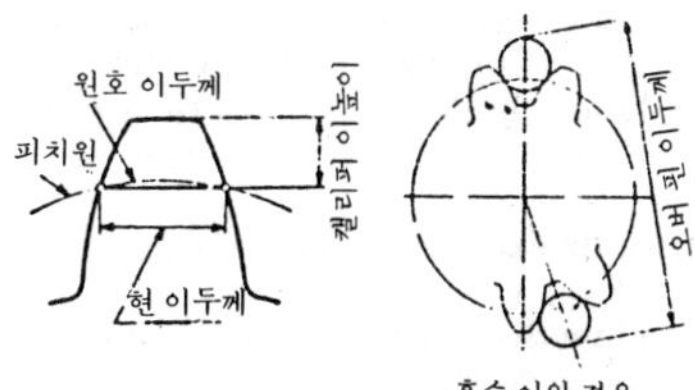

호 이 두께, 현(弦) 이 두께 및 오버 핀 이 두께가 있다. 이들 이 두께는 치수(齒數), 기준 압력각, 모듈 및 전위 계수(轉位係數)가 주어지면 일의적으로 정해지기 때문에 기어의 공작에 있어서의 치수 관리에 쓰인다.

tooth trace 잇줄 치면과 피치면과의 만난 선.

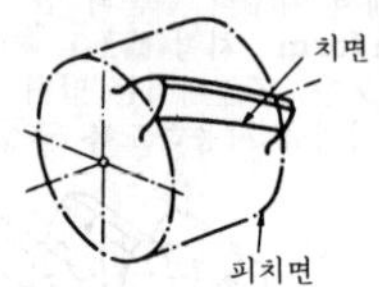

top 톱 두부(頭部), 정상, 가장 위의.

top casting 톱 캐스팅 주조(鑄造)에서 탕구(湯口)를 주형의 위쪽으로 내고, 이곳으로부터 쇳물을 주입하는 방식.

top clearance 상사점 간극(上死點間隙) 피스톤이 상사점에 있을 때 실린더 헤드와 피스톤과의 틈새.

top dead center 상사점(上死點) 증기 기관이나 내연 기관 등에서, 피스톤이 실린더 속에서 최상단에 왔을 때의 위치를 상사점(上死點)이라 하고, 최하단에 왔을 때의 위치를 하사점(下死點)이라고 한다.

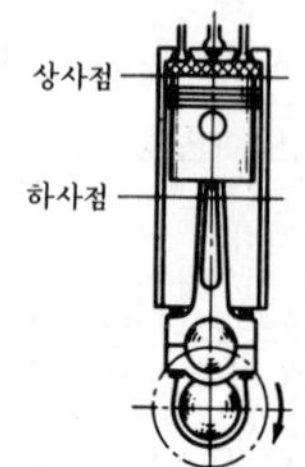

top gear 최고속 기어(最高速－), 톱 기어 가장 높은 속도의 맞물림. 보통 자동차에서, 4단 또는 5단 기어 변속식에서는 제 4단 또는 제 5단이 톱 기어가 된다.

top land 톱 랜드 피스톤 정부(頂部)에서부터 최상부 링(제일 링) 홈까지 사이의 피스톤 측면.

top of thread 나사산 봉우리(螺絲山－) = crest of thread

top of tooth 이끝(齒先) 톱니바퀴에서 이의 끝 부분을 말한다. =addendum

topping 토핑 기어 가공시 기어 커팅과 동시에 기어의 외경(外徑)도 다듬는 것을 말한다.

top plate 어미판(겹판 스프링의)(－板) =carrier plate

top pouring 톱 포링, 톱 캐스팅 =top casting

top rake 앞 경사각(－傾斜角) 절삭날 앞쪽의 경사각. =front top rake

top view 톱 뷰 위에서 본 그림. 트랜지스터나 집적 회로(集積回路) 등의 핀 접속도 등을 말한다.

torch 토치 가스 용접이나 절단 때 가스와 공기를 혼합 조절하여 화염(火焰)을 만드는 부분. =blow pipe

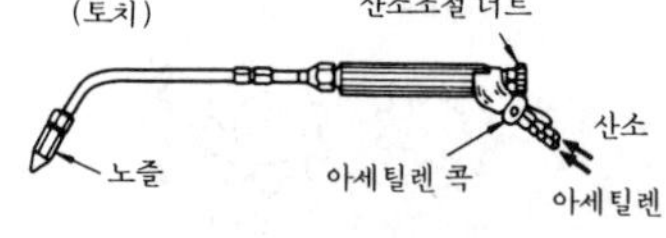

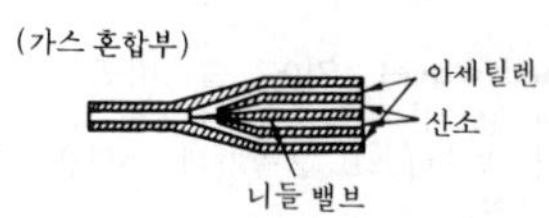

torch ignitor 토치 점화기(－點火器) 보일러의 노(爐), 가스 터빈 연소기 등의 점화 장치의 일종. 가솔린, 경유 등 점화하기 쉬운 연료에 전열선(電熱線), 전기 불꽃 등으로 점화하고 그 불꽃에 의하여 주연소기 내의 연료에 점화시키는 것.

torch lamp 토치 램프 가솔린 또는 석유를 압축, 무화(霧化)하고, 이를 토치로부터 분출시켜 이에 점화 연소시킴으로써 그 열로 금속을 접합하는 기구. =blow torch

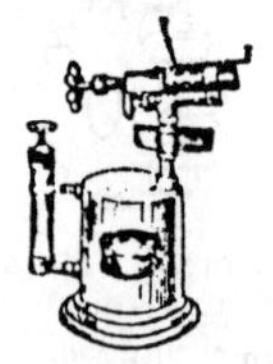

torque 토크 물체를 그 회전축 주위로 회전시키려는 회전력. 즉, 회전하고 있는 물체가 그 회전축 주위에서 받는 우력(偶力). 보통 T로 나타낸다.

torque balance system 토크 평형법(－平

衡法) 텔레미터링에 사용되는 평형법 중의 하나이다. 계측하고자 하는 어떤 양을 토크로 변환시키고, 다른 한편으로는 전자적(電磁的) 방법에 의해 별도의 토크를 발생시켜 앞의 토크와 평형을 이루도록 자동적으로 전자 토크를 변화시켜, 이것에 소요된 전류를 멀리 떨어진 곳으로 전송하여 눈금으로 나타내게 하는 방법.

torque coefficient 토크 계수(－係數) 볼트, 너트 등으로 구조물을 체결할 때 체결 토크의 크기는 발생하는 체결력과 볼트의 호칭 지름과의 곱에 비례한다. 이 비례 정수(比例定數)를 토크 계수라고 한다.

torque constant 토크 계수(－係數) ＝ torque coefficient

torque control 토크 제어(－制御) 회전 토크의 제어. →torque

torque control driver 토크 컨트롤 드라이버, 공기 드라이버(空氣－) 압축 공기를 사용하여 나사를 죄고 푸는 드라이버. 일정한 회전력이 가해지면 자동적으로 클러치가 분리되는 것으로, 항상 목적하는 회전력으로 나사를 죌 수 있다.

torque converter 토크 컨버터 토크를 변환하여 동력을 전달하는 장치. 유체 이음과 비슷하나 그림과 같이 펌프 날개차, 터빈 날개차 이외에 정지 스테이터(stator)가 있는 것이 특징이다. 자동차, 선박 등에 응용하면 변속 기어가 필요없게 되며 시동시의 회전력이 크다.

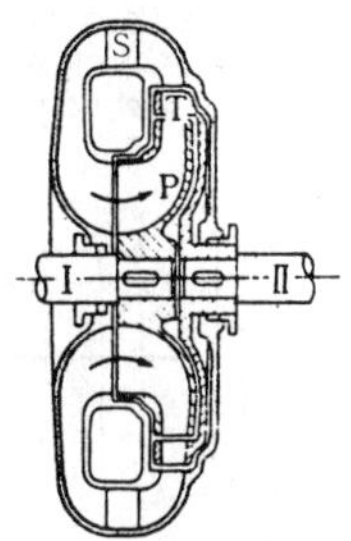

Ⅰ : 입력축 Ⅱ : 출력축
P : 펌 프 T : 터 빈 S : 정지날개

torque limiter 토크 리미터 부하가 규정 이상으로 작용한 경우 회전력을 전달하는 이음부가 미끄러지거나 떨어지도록 설계된 토크 전동 제한기를 말하며, 토크 릴리서(torque releasor)라고도 한다.

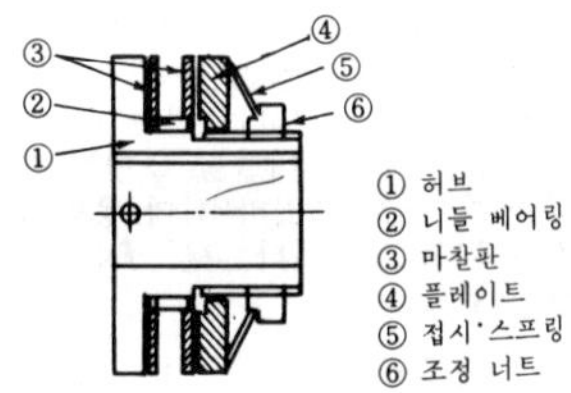

torque meter 토크 미터 동력을 측정하는 목적 이외에 축의 토크 계측을 위해서는 여러 가지 계기가 사용되고 있으나 그 모두가 비틀림 동력계(torsion meter)와 같다. 일반적으로 비틀림 동력계를 토크 미터라고 한다.

torque ratio 토크비(－比) 유체 변속기 등에서 사용되는 말로, 출력측의 토크 T_2와 입력측의 토크 T_1과의 비율 T_2/T_1을 말한다.

torque releasor 토크 릴리서, 토크 전동 제한기(－傳動制限器) ＝torque limiter

torque rod 토크봉(－棒) 비틀림 회전력을 받는 봉.

torque stay 토크관(－菅) 자동차의 추진축을 포용하고 있는 관.

torque tube 토크관(－菅) →torque stay

Torr 토르 독일에서 사용되고 있는 진공압(眞空壓)의 단위. 1기압＝760 Torr, 1 μHg＝10^{-3}Torr＝1 m Torr

torsion 비틀림, 토션 봉에 토크가 작용하면 토크를 받은 봉이 비틀린다. 이와 같은 작용을 비틀림이라고 한다.

torsional dynamometer 비틀림 동력계(－動力計) ＝torsion meter

torsional moment 비틀림 모멘트 ＝ twisting moment

torsional rigidity 비틀림 강도(－剛度) 봉(棒)의 비틀림에 있어서 비틀림 모멘트와 비틀림각과의 비율을 말한다. 지름 d의 환봉(丸棒)의 비틀림 강도(剛度)는 $G\pi d^4/32$로 표시된다. 단, G는 재료의 가로 탄성 계수(橫彈性係數)이다.

torsional strength 비틀림 강도(－强度) 재료(材料)를 비틀림에 의하여 파괴하였을 때 그 최대 비틀림 모멘트 T로부터 계산에 의하여 구한 바깥 표면의 최대 응력. 지름 d의 환봉(丸棒)인 경우의 비틀림 강도는 $\tau = 16T/(\pi d^3)$으로 계산된다.

torsional stress 비틀림 응력(－應力) 비틀림에 의하여 발생하는 전단 응력. 지름 d의 환봉(丸棒)에 비틀림 모멘트 T가 작용했을 때 바깥 표면의 최대 응력 $\tau_{max} = 16T/(\pi d^3)$로 표시된다. 단, T는 작용 비틀림 모멘트.

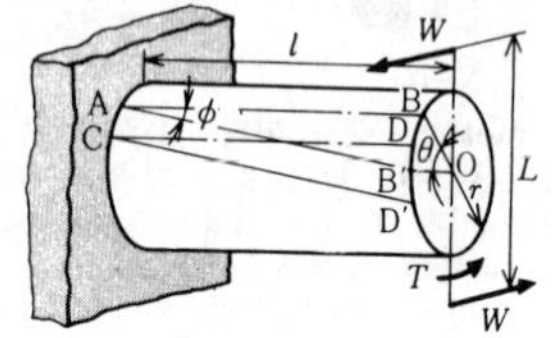

θ: 비틀림각　ϕ: 전단각

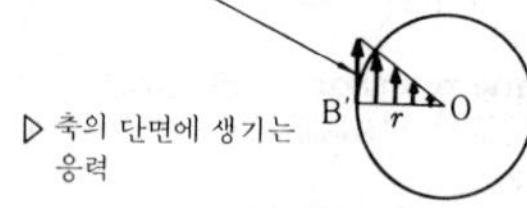

▷ 축의 단면에 생기는 응력

torsional vibration 비틀림 진동(－振動) 탄성봉(彈性棒)에 우력(偶力)을 가하면 비틀림면, 비틀림각(角)의 작은 범위에 있어서는 우력에 비례한 각만큼 비틀린다. 이 비틀림 에너지에 의한 복원(復元) 모멘트와 탄성봉 끝에 부착된 물체의 관성 우력(慣性偶力)에 의하여 탄성봉은 원둘레 방향으로 진동을 일으킨다. 이 진동을 비틀림 진동이라 한다.

torsion bar 토션 바 ＝torsion bar spring

torsion bar spring 토션 바 비틀림을 이용하는 봉상(棒狀)의 스프링으로, 토크의 전달에 사용한다. 차량, 기타의 구동 장치로서 떨어진 곳에 토크(torque)를 전달하는 경우에 사용된다.

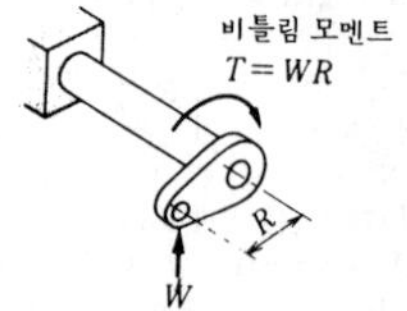

torsion bax 토션 박스 비틀림 회전력을 전달하는 폐단면(閉斷面)의 상자형 구조로 된 것.

torsion coil spring 비틀림 코일 스프링 코일 중심선 주위에 비틀림 모멘트를 받는 코일 스프링.

torsion damper 비틀림 댐퍼 란체스터 댐퍼 등 비틀림 진동을 감쇠 또는 저감시키는 기구.

torsion meter 토션 미터 축의 비틀림각을 기계적·전기적 방법 또는 광학적 방법에 의해 측정하는 계기. 저항선 변형 동력계, 차동 변압형·자기(磁氣) 변형 비틀림 동력계 등이 있다. 예컨대, 선박용 기관의 실제 사용시에 있어서의 부하를 알기 위해서 사용된다.

torsion pendulum 비틀림 진자(－振子) 철사의 중심선 주위를 요동시키는 방식의 흔들이.

torsion spring 비틀림 스프링 비틀림을 받아서 탄성 변형(彈性變形)하는 막대 모양의 스프링.

torsion test 비틀림 시험(－試驗) 시험편을 비틀림 시험기로 비틀어서 비틀림 모멘트, 비틀림각, 전단 강도(剪斷强度) 등을 측정하는 시험.

torsion tester 비틀림 시험기(－試驗機) 금속 재료의 비틀림 시험에 사용하는 기계.

total 토털 전체, 총계, 합계, 전체의, 총계하다, 합계하다.

total head 전수두(全水頭) 관(菅) 속을 흐르는 유체가 정상류(正常流)일 때의 위치 수두, 압력 수두, 속도 수두의 총합. 이들 3종류의 수두(水頭)의 합계는 항상 일정하다. 또, 펌프의 전수두는 흡상(吸上) 높이, 토출 높이와 솔실 수두의 총합이다.

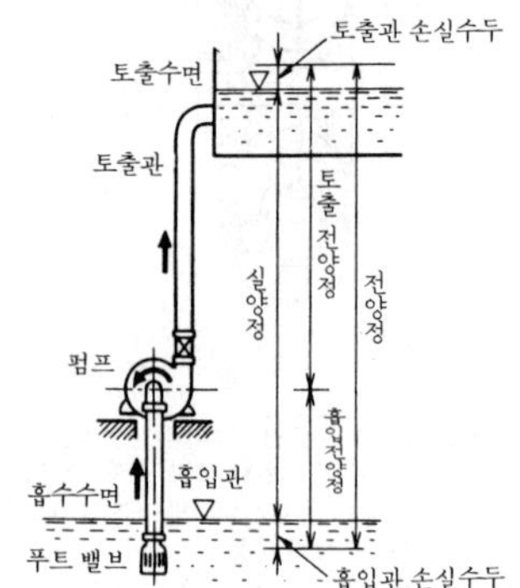

total pressure 전압(全壓) 유동하는 유체의 정압(靜壓)과 동압(動壓)을 합한 값.

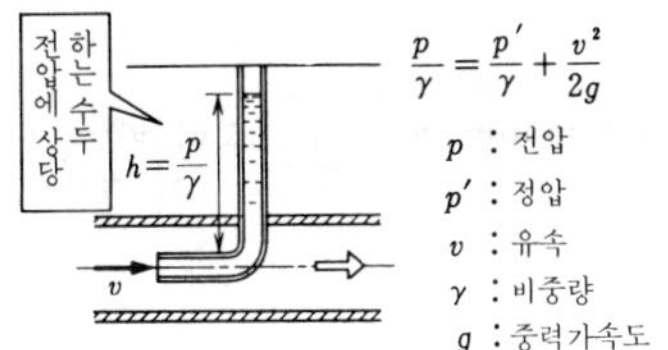

total productive maintenance ; TPM 전원 참가 생산 보전(全員參加生産保全) 보전을 보전 부문뿐 아니라 소수 집단의 자주적 활동을 중심으로 전원이 참여하는 가운데 추진되어야 한다고 생각하는 사고 방식이며, 또 설비의 수명에 대한 코스트의 경제성을 겨냥한 설비 관리법이다.

total quality control ; TQC 종합적 품질 관리(綜合的品質管理) 소비자를 완전히 만족시키는 것을 전제로 하여 가장 경제적인 수준으로 생산하고 서비스할 수 있도록 사내(社內)의 각 부문의 품질 개발, 품질 유지 및 개선의 노력을 달성하기 위한 효과적인 시스템.

tatal reflection 전반사(全反射) 광선이 상대 굴절률(相對屈折率)이 1보다 큰 매질(媒質)의 경계면에 일정한 각도(임계각)보다 큰 입사각(入射角)으로 입사할 경우에 굴절하지 않고 전부가 반사하는 현상을 말한다.

total reflection prism 전반사 프리즘(全反射－) 전반사를 이용하여 빛의 방향을 직각 또는 2직각으로 바꾸는 2등변 직각 프리즘. →angular prism

total stroke volume 총행정 용적(總行政容積) 다(多)실린더 기관의 각 실린더마다의 행정 용적의 총합.

total temperature 전온도(全溫度) 흐름, 특히 고속 기류 속에 온도계를 넣으면 국부적으로 흐름이 저지됨으로써 흐름이 가지는 운동 에너지가 열에너지로 변환되어 이것이 흐름의 실제 온도 T_0에 가해진 양으로 온도계에 나타난다. 이것을 전온도(全溫度 : T_t)라 한다. 이 에너지의 변화가 단열적(斷熱的)으로 이루어진다고 할 때 이 온도를 정체점 온도(stagnation temperature : T_s)라고 한다.

total weight in working order 운전 정비 중량(運轉整備重量) 기관차, 기동차, 난방차, 제설차 등에 승무원이 승차하고, 연료, 물, 모래, 기타 운전에 필요한 모든 것을 싣고 운전에 지장이 없는 상태로 정비했을 때의 전체 중량.

total wheel base 전체 차축 거리(全體車軸距離) 차량(bogie 차는 제외) 또는 대차(臺車)의 모든 차축 중에서 전후 양 끝에 있는 차축의 수평 중심 거리.

toughness 인성(靭性), 터프니스 소성(塑性)에 대한 저항이 크고 또 파괴되기까지의 변형량이 큰 성질.

towboat 예인선(曳引船) 다른 배를 예인하는 배. =towing boat, tugboat

tow conveyor 토 컨베이어 엔드리스 순환로 속을 움직이고 있는 체인에 목판차(木板車)의 연결용 핀(tow pin)을 걸어서 이동시키는 그림과 같은 목판차 운반 컨베이어.

tower crane 타워 크레인, 탑형 기중기(塔形起重機) 높은 철탑 위에 빔(beam)을 T자형으로 결부한 크레인. 빔이 고정되어 있는 것과 회전하는 것이 있다.

towing boat 예인선(曳引船) 다른 배를 예인하는 배로, 용도에 따라 항양(航洋)용, 연안용, 항내(港內)용, 하천용 등으로 나뉘는데, 어느 것이나 예항력(曳航力)

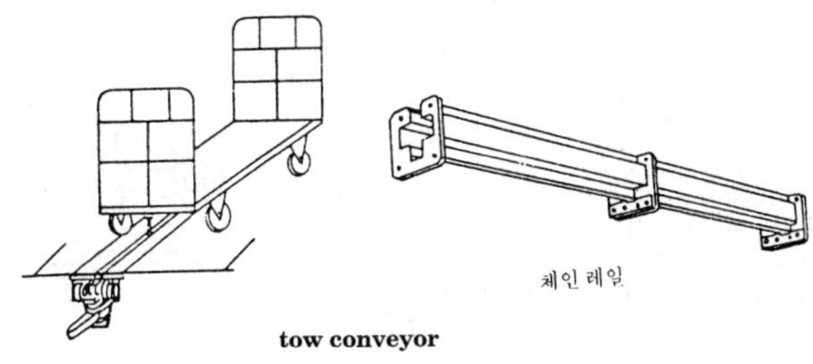

tow conveyor

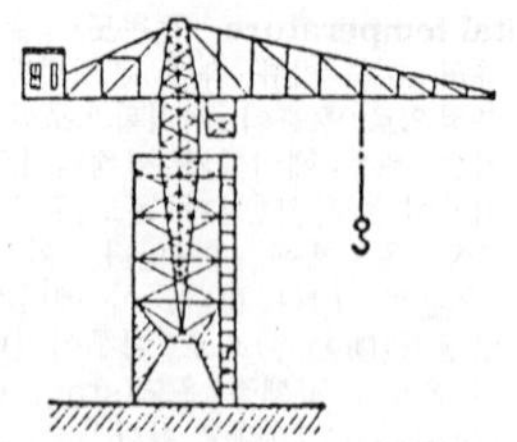
tower crane

과 복원력이 크고 조종(操縱) 선회 성능이 좋을 것 등이 요구된다. =towboat, tugboat

tow pin 토 핀 토 컨베이어의 체인에 걸어서 목판차를 이동시키기 위하여 목판차에 부착한 핀.

T-piece T 피스 =T

trace 트레이스 ① 자취를 더듬다, 추적하다. ② 트레이스하다, 사도(寫圖)하다.

traceability 트레이서빌리티 모든 측정기를 국가 표준으로 각 단계별로 체계를 세워 측정 결과의 신뢰성, 통일성을 유지하려는 것.

traced drawing 트레이스도(-圖), 원도(原圖) 연필 또는 먹으로 그려진 도면을 말하며, 복사의 원지(原紙)가 되는 것.

tracer 트레이서 ① 사도공(寫圖工). 제도에 있어서 트레이싱(寫圖)을 전적으로 하는 화공. ② 방사성 지시약. 어떤 원소의 운동을 추적하기 위하여 소량 첨가되는 방사성 동위 원소(放射性同位元素).

tracing cloth 트레이싱 클로스 작도에 사용할 수 있는 흰 명주 천.

tracing paper 트레이싱 페이퍼 작도에 사용할 수 있는 반투명의 종이.

track 궤도(軌道) 지반을 돋우어 노반을 만들고, 그 위에 레일을 부설한 선로.

track gauge 궤간 게이지(軌間-), 트랙 게이지 철도 궤간(軌間)을 측정하는 기구. 변형이 적은 건조재(乾燥材)에 눈금판을 붙이거나 또는 봉강(棒鋼)에 눈금이 매겨져 있고, 이것을 좌우 선로 위 궤도 중심선에 직각으로 올려 놓고 레일 두면(頭面)으로부터 16mm 범위 내의 최단 거리를 측정한다.

tracking 트래킹 ① 광학(光學) 또는 전파적(電波的) 방법으로 인공 위성 등의 비행체를 추적, 관측하여 그 궤도 및 위치를 알아내는 것을 트래킹이라 한다. ② 절연층 표면에 있어서 연면(鉛面) 절연 저항이 저하된 상태에서 고전압이 인가되면, 누설 전류와 방전에 의해서 절연물 표면에 나뭇가지 모양의 방전 자국이 남게 된다. 이것을 트래킹이라고 한다.

track motor car 궤도 모터 카(軌道-) 철도 선로 위를 주행하는 소형 차량으로, 내연 기관을 원동기로 달고 있다. 보선용(保線用) 자재나 보선 인원의 수송에 사용된다. 열차 운행 사이를 이용하여 운전하는 경우가 많으므로 필요에 따라 선로 밖으로 손쉽게 이탈시킬 수 있는 구조로 되어 있다.

track rod 앞바퀴 연접봉(-連接棒) 앞차축의 암(arm)을 통해 좌우로 앞차축과 연결되어 있는 막대기 모양의 조향 장치. 곡선 주행(曲線走行)을 할 때 근사적으로 좌우의 바퀴가 뒤차축의 연장상의 한 점을 중심으로 돌 수 있게 한다. 타이로드라고도 한다. =tie-rod

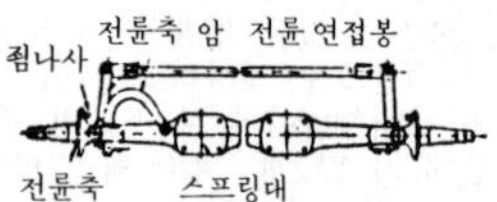

track testing car 궤도 시험차(軌道試驗車) 궤도(선로)의 부설(敷設) 상태 및 그 관련 시설을 주행 중에 측정하는 장치를 갖춘 철도 차량. 선로의 상태를 알기 위해서는 선로의 통행, 고저, 수준, 궤간(軌間), 평면성 등 5개 항목에 걸쳐 측정을 한다.

traction 끌기, 견인(牽引), 견인력(牽引力)

traction engine 트랙터 =tractor

traction wheel 트랙션 휠 체인을 감는 톱니가 없는 바퀴.

tractive ability 견인력(牽引力) 물체를 끌어당기는 능력.

tractive force 견인력(牽引力) 물체를 끄는 힘.

tractor 트랙터 트레일러, 또는 건설 기계나 농업용 기계 등을 견인하는 원동력

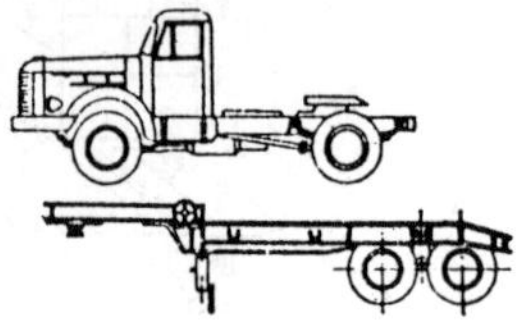

차. 동력부와 조종석으로 구성되어 있고, 차륜(車輪)은 고무 타이어로 된 것과 캐터필러(무한 궤도)식으로 된 것이 있다.

tractor shovel 트랙터 셔블 불도저의 배토판(排土板) 대신에 토사(土砂)를 퍼올리는 셔블을 장착하여 불도저, 셔블, 크레인 등의 기능을 갖추게 한 것.

trade 트레이드, 직업(職業) 일의 성질상 주로 손으로 일을 하는 직업.

trade mark 트레이드 마크, 상표(商標) 자기 상품을 소비자에게 널리 알리기 위하여 붙이는 상품 고유의 상징적인 마크.

trade name 상품명(商品名)

trade off 트레이드 오프 새로운 설비를 설계할 때 신뢰성, 보전성, 성능, 비용, 납기 등 경합(競合)하는 요인을 차질없이 마무리하는 것.

trade union 노동 조합(勞動組合) 영국의 노동 조합. 미국에서는 레이버 유니언(labour union)이라고 한다.

trade waste 공장 폐수(工場廢水) 공장에서 배출하는 폐액(廢液).

traffic engineering 교통 공학(交通工學) 항공기, 철도 차량, 자동차, 선박 등 교통 기관과 도로, 항만, 교통 관제, 보안, 인간 공학, 위생, 교통 계획 등을 종합적으로 연구하는 학문.

traffic indicator 방향 지시기(方向指示器) 운전자가 차의 진로를 바꾸는 의사를 다른 차에 알리기 위해 등화(燈火)를 점멸하는 장치. =direction indicator

traffic paint 트래픽 페인트 도로 교통 표지선(標識線)을 긋는 데 사용하는 노면용 도료(塗料)로, 상온 시공용과 융해(融解) 도장용이 있다.

trag torque 트래그 토크 클러치나 브레이크를 작용시키지 않을 때 발생하는 마찰 토크.

trail 트레일 자동차의 중심면에 차바퀴의 중심을 지나는 연직선(鉛直線)과 킹 핀 중심선을 투영했을 때 그 접지면 위에 있어

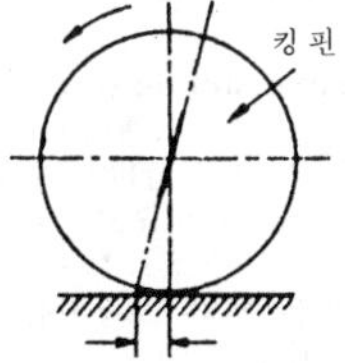

서의 거리. 차바퀴의 접지점(接地點)이 뒤쪽에 있는 경우를 정(+), 반대의 경우를 부(−)라고 한다.

trailer 트레일러 트랙터에 의하여 견인되는 차. 대개는 무거운 화물 등을 운반할 때 사용한다.

trailer car 트레일러 카 주행용 동력 장치나 제어 장치를 갖지 않고 전동차(電動車)에 편성되어 이끌리는 전차.

trailing truck 종대차(從臺車) 기관차의 자체 길이가 긴 경우, 중량의 일부를 부담시키는 동시에 동륜(動輪)의 고정축 거리를 제한값 이내로 억제하여 곡선 통과를 쉽게 하기 위해 설치되는 대차(臺車). 1축 종대차, 2축 종대차, 3축 종대차 등이 있다.

trailing wheel 종륜(從輪) 종대차(從臺車)에 부속되어 있는 바퀴로, 보통은 외축함식(外軸函式)이다.

train 기차(汽車), 열차(列車), 열(列)

training within industry : TWI 현장 감독자 훈련(現場監督者訓練) 현장 감독자 훈련법의 하나. 내용은 ① 직책에 관한 지식, ② 작업에 관한 지식, ③ 지도하는 기능, ④ 개선하는 기능, ⑤ 사람을 다루는 기능 등인데, 특히 뒤의 세 가지를 중시하여 훈련시킨다.

training within industry for supervisor : TWI 감독자 교육(監督者教育) 감독자를 대상으로 한 교육·훈련.

train of gearing 기어열(−列)

train of mechanisms 기구열(機構列) 하나의 기구(機構)의 종동(從動) 링크가 다음 기구의 원동(原動) 링크로 되고 이와 같은 기구가 차례로 잇달아 이어져 배열되어 있는 조합.

train resistance 열차 저항(列車抵抗) 선로상을 주행하는 열차에는 그 진행을 방해하려는 저항이 가해진다. 그것을 열차 저항이라고 하며 주행 저항, 경사(구배) 저항, 출발 저항(start resistance), 곡선 저항(curve resistance) 및 가속 저항(acceleration resistance)으로 대별된다. 열차 저항은 전 열차의 총계의 저항으로 나타내는 일도 있으나 단위 차량 질량 1t 당으로 나타내어 비교, 계산 등에 쓰이는 일도 많다.

trammels 타원(楕圓) 컴퍼스, 빔 컴퍼스 =beam compasses

transceiver 트랜시버 송신기(트랜스미

터)와 수신기(리시버)를 조합한 용어로, 송수신기가 한 몸으로 되어 있는 무선기.

transducer 변환기(變換器), 트랜스듀서 신호 또는 양을 그것에 대응하는 동종(同種) 또는 이종(異種)의 신호 또는 양으로 바꾸기 위한 기구. 일반적으로 흔히 사용되고 있는 것은 변형, 힘, 운동 등의 기계계(機械系)의 에너지에 의하여 작동하고, 전기계(電氣系)의 에너지를 공급하거나 그와 반대의 과정을 밟는 기계 전기식 픽업(pickup)의 변환기이다.

transfer barrier 트랜스퍼 배리어 용기 내에 탄성 격막(彈性隔膜)을 사이에 두고 유체의 압력을 전달하는 것.

transfer box 동력 분배 장치(動力分配裝置) 4 륜(輪)·6 륜 자동차에서, 앞바퀴 구동 또는 제 2 후축(後軸)에의 동력 전달 및 단절에 사용되는 것으로, 변속도 가능한 것은 보조 변속기라고 한다. =transfer case

transfer calipers 모사 캘리퍼스(模寫－) 리프(보조 다리)가 달린 캘리퍼스. 구경은 작은 구멍의 지름을 측정하는 경우 보조 다리로 개도(開度)를 정해 놓으면, 구멍에서 캘리퍼스를 빼낼 때 다리가 움직여도 측정값을 재현할 수 있다.

transfer case 트랜스퍼 케이스 =transfer box

transfer function 전달 함수(傳達函數) 계(系)의 출력과 입력 사이의 수학적 관계를 말한다.

transfer machine 트랜스퍼 머신 공작물을 가공하는 데 필요한 전문적인 자동 기계를 가공 순서대로 배치하고 기계와 기계 사이를 자동적으로 공작물을 이송할 수 있도록 한 일련의 기계 장치.

transfer molding 트랜스퍼 성형(－成形) 플라스틱 성형의 일종. 압축 성형의 금형(金型)에 작은 구멍의 탕도(湯道 : 노즐)를 내고 성형 재료를 금형 상부의 포트(pot : 예연실)에 놓고 가열, 연화(軟化)시킨 다음 플런저로 금형 속에 압입하는 방법.

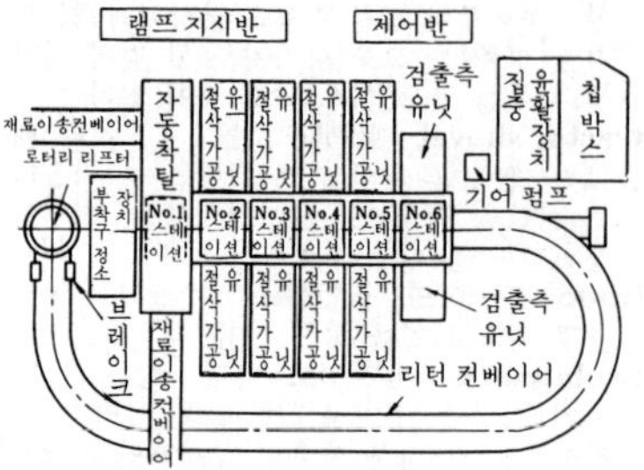

transfer machine

transfer switch 변환 스위치(變換－) 회로를 한 쪽에서 다른 쪽으로 변환하는 개폐기. =change-over switch

transform 변형시키다(變形－), 변압하다(變壓－)

transformation 변태(變態) 온도를 상승 또는 강하시켰기 때문에 어떤 공간 격자(空間格子)가 다른 공간 격자로 변화하는 현상.

transformer 트랜스, 변압기(變壓器) 전자 유도(電磁誘導)를 이용하여 교류의 전압을 높이거나 낮추는 장치를 말한다. 철심에 코일을 감은 1 차 코일과 2 차 코일로 이루어져 있다.

transient creep 천이 크리프(遷移－) 금속 재료를 크리프 변형시켰을 때 초기에 크리프 변형 속도가 줄어드는 영역.

transient response 과도 응답(過度應答) 입력 신호가 어떤 정상 상태에서 다른 정상 상태로 이행할 때 그 도중의 상태를 말하며, 정상 상태에 대응하는 말이다. 전기적 물리량 및 기계적 물리량을 나타낼 때 자주 쓰이는 용어이다.

transient vibration 과도 진동(過度振動) 정상 상태가 아닌 진동.

transistor 트랜지스터 진공관 작용을 하는 극히 소형의 반도체 응용 장치. 반도체에는 순수한 게르마늄이나 규소가 사용되고, 증폭을 비롯하여 각종 전자 회로에 응용된다.

transistor-transistor logic ; TTL 티 티 엘 트랜지스터와 트랜지스터를 조합한 논리 회로를 말하며, DTL(diode transistor logic)의 다이오드 대신에 트랜지스터를 사용한 것으로, 컴퓨터에 의한 제어에서는 가장 널리 사용되는 요소이다. →diode-transistor logic

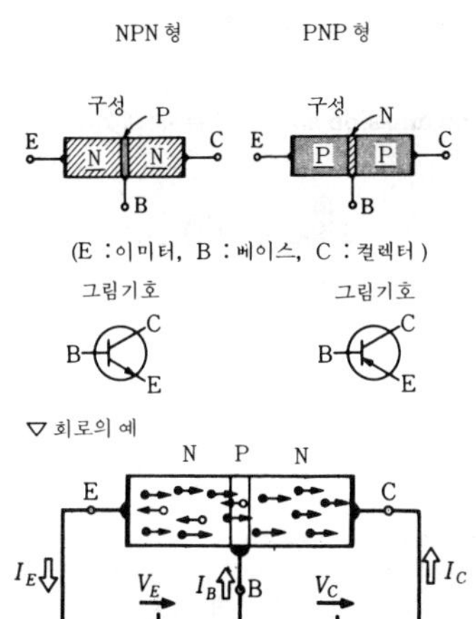

transistor

transit 트랜싯 측량 기계. 2 지점간의 수평각을 측정하는 데 사용한다. 망원경은 수평축 주위를 360° 회전할 수 있도록 되어 있다.

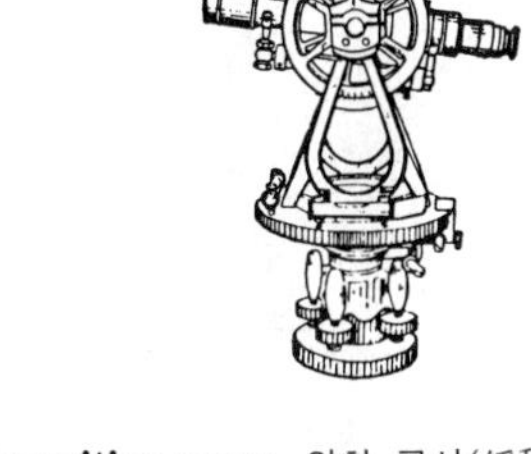

transition curve 완화 곡선(緩和曲線) 철도 차량이 직선 선로에서 바로 원곡선으로 옮기면 급격히 원심력이 생겨 불안정하게 되고 또 승차감이 나빠진다. 이것을 방지하기 위하여 직선과 원곡선 사이에 특수한 곡선을 삽입한다. 이것을 완화 곡선이라 하는데, 형상을 적절히 취하여 곡선 변화를 천천히 하도록 충분한 길이를 가질 필요가 있다.

transition fit 중간 끼워맞춤(中間－), 트랜지션 끼워맞춤 끼워맞춤에서 구멍의 최소 치수보다 축의 최대 치수가 크고(같은 경우도 포함), 또한 구멍의 최대 치수보다 축의 최소 치수가 작은 경우를 중간 끼워맞춤 또는 트랜지션 끼워맞춤이라고 한다. 이와 같은 끼워맞춤에 있어서는 구멍과 축의 실제 치수에 따라서 죔새가 생길 수도 있고 틈새가 생길 수도 있다. ＝sliding fit

transition roller 트랜지션 롤러 컨베이어 벨트의 트로프(trough) 각도를 변화시킬 수 있는 구조의 롤러.

transition temperature 천이 온도(遷移溫度) 연성(延性)에서 취성(脆性)(또는 그 반대)으로 옮아갈 때의 온도. 강재(鋼材)의 충격 테스트를 온도를 낮추면서 반복하면, 어느 온도를 경계로 하여 갑자기 작은 에너지로 파단(破斷)하게 된다. 이 온도를 천이 온도라고 한다.

translation 병진 운동(竝進運動) 병행 이동을 하고 있는 운동.

translation cam 직동 캠(直動－) 이 캠은 그림에서 보는 바와 같이 C가 좌우로 직선 운동을 하여 종동절 F에 상하 직선 운동을 시킨다.

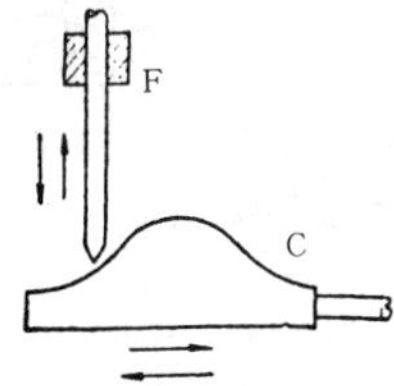

transmissibility 전달률(傳達率) 외력을 가하여 강제적으로 진동시키는 경우 진동 전달률을 τ라고 하면, τ＝피진력(被振力) 진폭/가진력(加振力) 진폭으로 주어진다.

transmission 전동(傳動) 동력을 전달하는 것. 전동 장치 및 변속기를 말한다.

transmission dynamometer 전동 동력계(傳動動力計) 원동기의 출력을 알기 위하여 전동축의 비틀림을 측정하여 토크(torque)를 구하는 것.

transmission gear 전동 장치(傳動裝置) ＝gear

transmission gear box 변속기(變速機), 변속 장치(變速裝置) 자동차의 엔진에는 고속 회전의 가솔린 엔진 또는 디젤 엔진이 많이 사용되나 그 자체로는 차가 요구하는 노면(路面)에 의한 부하의 변동, 속도의 광범위한 변화에 적응할 수가 없다.

▽ 자동차의 변속기예

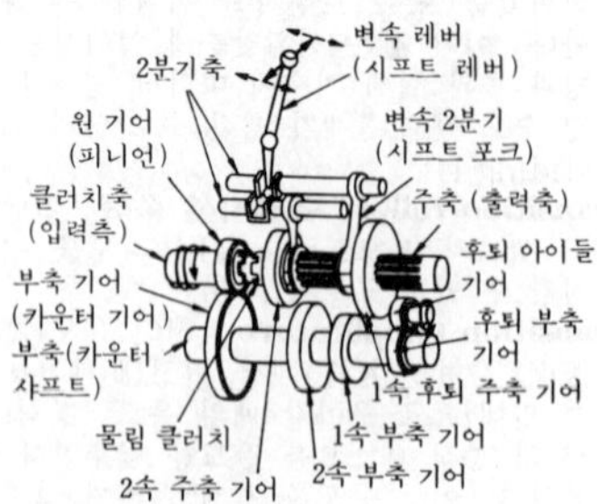

▽ 선반의 기어식 구동 장치

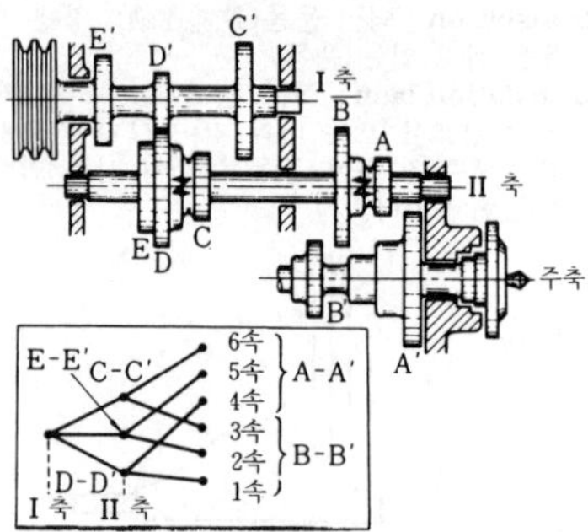

transmission

이 때문에 엔진과 구동륜(驅動輪) 중간에 변속 장치가 필요하다. 기어의 맞물림을 변환하는 기어식, 유성 기어식 등 수동식 이외에 자동식 변속기도 있다.

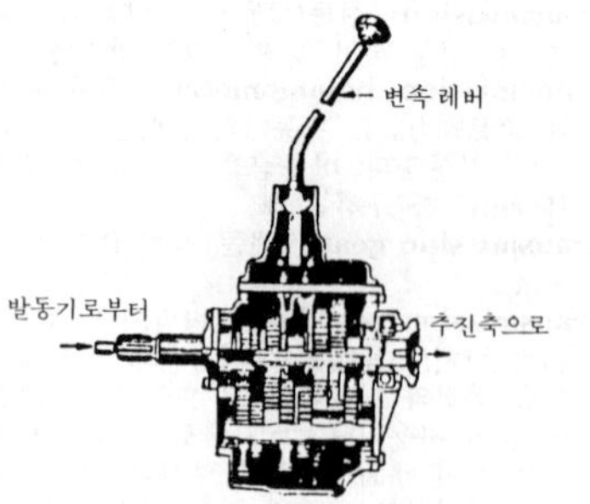

transmission rope 전동 로프(傳動－) 로프 풀리에 걸어서 동력을 전달하는 데 사용하는 로프. ＝fly rope

transmission shaft 전동축(傳動軸) 동력을 전달하는 축.

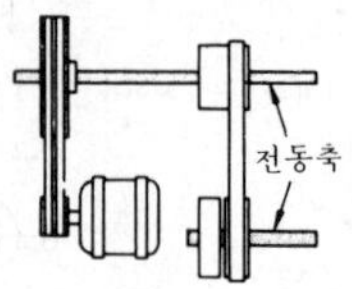

transmitter 전송기(傳送器) 검출기(檢出器) 등으로부터 발신된 신호를 수신기에 송신하여 전달하는 것. 송신기.

transportable crane 이동식 기중기(移動式起重機) 를 내장하고 불특정 장소로 이동시킬 수 있는 방식의 기중기.

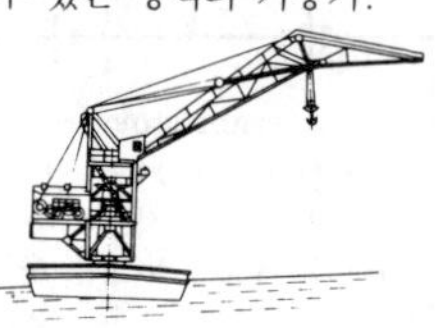

부동 크레인

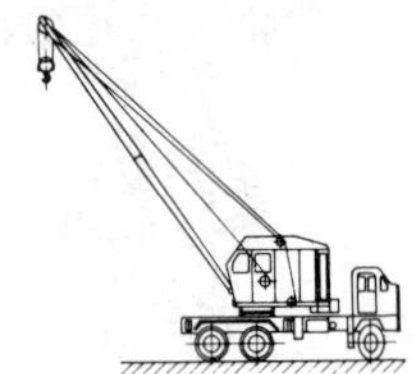

트럭 크레인

transporter 브리지 크레인, 교각형 기중기(橋脚形起重機) ＝bridge crane

transporting analysis 운반 분석표(運搬分析表) 운반을 개선할 목적으로 실태 조사, 분석 등을 하기 위한 표. 경로, 구간, 품목, 시간, 중량, 횟수, 장소, 거리, 도로 조건 등이 조사 항목이 된다.

transuranic elements 초 우라늄 원소(超－元素) ＝transuranium elements

transuranium elements 초 우라늄 원소(超－元素) 원자 번호가 우라늄(92)보다 큰 93 이상인 원소의 총칭. 즉, 넵투늄,

플루토늄, 아메리슘, 퀴륨, 버클륨, 칼리포르늄, 아인시타이늄, 페르뮴, 멘델레븀, 노벨륨, 로렌슘 등.

transversal strain 가로 변형(一變形) = lateral strain

transverse isotropy 가로 등방성(一等方性) 연속체(連續體)의 모든 점에 있어서의 물성(物性)이 특정한 한 방향에 의해서만 특징지워지는 방향성(方向性)을 고르게 띠고 있는 경우를 말한다.

transverse section 가로 단면(一斷面)

transverse stress 가로 응력(一應力)

transverse vibration 가로 진동(一振動) 봉(棒)의 축선(軸線) 또는 판면(板面)에 수직 방향으로 흔들리는 진동을 말하며, 세로 진동에 대한 상대적 용어이다. 기체 및 액체에 있어서는 파동의 진행 방향에 수직으로 흔들리는 진동을 뜻한다. =lateral vibration

trap 트랩 ① 증기 트랩, 기수 분리기(氣水分離器)에 의하여 분리된 수분을 관 밖으로 배출하는 장치. ② 드레인 트랩. 배수 장치로서 악취(惡臭)의 역류(逆流)를 방지하기 위하여 요소에 설치하는 곡관. 사이펀형, S자형, 링(ring)형 등이 있다. ③ 진공 펌프 등과 배기 용기를 연결하는 관 도중에 설치하는 지관(枝管). 액체의 역류 방지와 펌프의 보호를 위하여 사용된다.

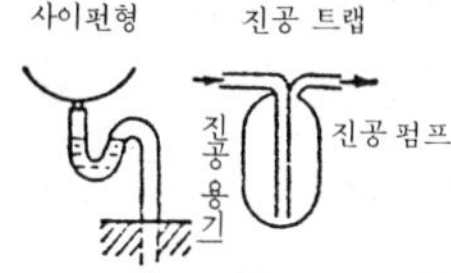

trapezoid 사다리꼴, 사다리꼴의 =trapezoidal

trapezoidal 사다리꼴의 =trapezoid

trapezoidal channel 사다리꼴 수로(一水路) 수로의 횡단면의 모양이 사다리꼴을 하고 있는 것. 흐름에 대한 마찰 저항을 적게 하고, 그만큼 유량을 증대시키기 위해 사다리꼴 수로에서는 정 6 각형(θ = 60°)의 하반부를 흐름의 단면적으로 하면 좋다.

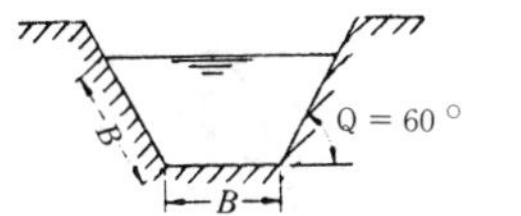

trapezoidal prism 사다리꼴 프리즘 직시용(直視用)으로서 상하 방향으로만 반전하는 프리즘. 입사(入射) 광선에 평행한 평면의 반사와 2회의 굴절에 의해 광선의 방향을 바꾸지 않고 상(像)의 상하를 반전시키는 프리즘으로, 잠망경(潛望鏡)이나 또는 파노라마 망원경 등에 사용된다. 아미치(Amici)의 프리즘 또는 도브(Dove)의 프리즘이라고도 한다.

trapezoidal thread 사다리꼴 나사(一螺絲) 나사산의 단면이 사다리꼴인 나사. 미터계(나사산 각도 30°)와 휘트워드(나사산 각도 29°)가 있다. 전달용, 이동용으로 사용된다.

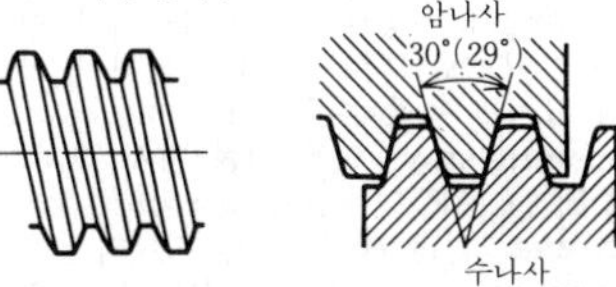

trapezoidal weir 사다리꼴 둑 비교적 유량이 많은 때 사용하는 수량 측정법의 하나이며, 수로(水路) 중간에 사다리꼴의 물막이판을 설치한 것. 둑의 수두(水頭) H [m]를 측정하여 유량 Q[m³/s]를 구한다. 프란시스 공식 $Q = 1.838bH^{3/2}$[m³/s].

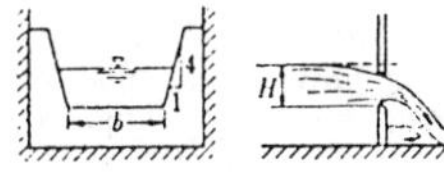

trapping efficiency 급기 효율(給氣效率) 2사이클 기관에서 소기(掃氣)가 끝난 뒤 실린더 안에 남은 신기(新氣)의 중량과 급기(給氣)의 중량과의 비율.

traveller 주행 기중기(走行起重機) 레일 또는 노면상을 주행하는 기중기.

travelling crane 주행 기중기(走行起重機) 레일 또는 노면상을 주행하는 기중기.

travelling grate stoker 이상 스토커(移床一) 석탄의 자동 연소(燃燒) 장치의 일종. 화격자(火格子)가 전후 양 축 사이를 벨트처럼 회전하고, 그 위에 석탄을 싣고 노(爐) 속으로 들어간다. 따라서, 석탄은 이송되면서 연소하고, 화격자 후단(後端)에 이르는 동안 연소가 끝나며, 타고 남은 재는 후단에서 배출된다. 이와 같은 방식의 스토커를 이상 스토커라고 한다.

travelling hoist 주행 호이스트(走行－) 호이스트에 바퀴를 달아 레일 위를 주행하는 형식의 것. →hoist

travelling load 이동 하중(移動荷重) ＝moving load

travelling microscope 유동 현미경(遊動顯微鏡) 받침대 위에 고정시킨 피측정물에 대해서 이송대(移送臺)를 따라 현미경을 마이크로미터의 나사에 의하여 이동시켜 길이를 측정하는 장치.

travelling stay 이동 진동 방지 장치(移動振動防止裝置) ＝follow rest

traverse 횡단(橫斷), 가로지르다

traverser 트래버서, 천차대(遷車臺) 조차장 등에서 사용되는 일종의 이동 장치로, 철도 차량을 얹어 선로와 직각으로 이동시켜 다른 선로에 차량을 옮기는 장치.

traversing feed 가로 이송(－移送) 선반에서 절삭 공구를 베드의 미끄럼면 방향, 즉 주축 중심선 방향으로 이송하여 절삭날을 새로운 절삭면으로 이동하는 운동. ＝longitudinal feed

traversing jack 좌우 이송 잭(左右移送－) 잭이 수직 하중을 받은 채로 수평 방향으로 이동시킬 수 있는 잭으로, 잭의 밑면이 미끄럼면에 접하게 하고 수평 이동용 나사를 돌려 이동시킨다.

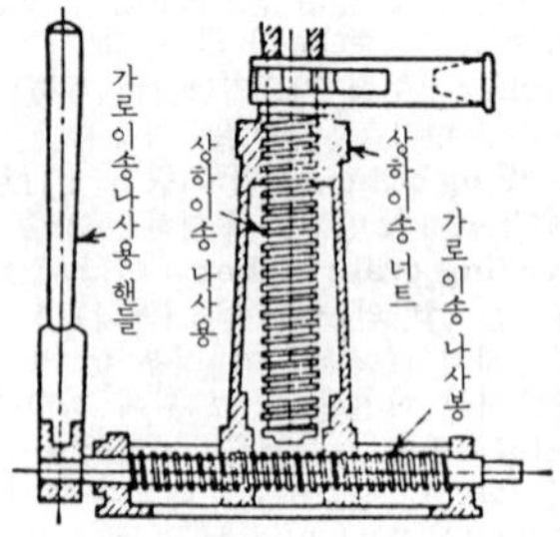

tray 트레이 보일러의 탈기 장치(脫氣裝置) 등에서 낙하하는 물의 표면적을 증대시키기 위하여 고안된 장애판(障碍板). tray는 원래 얕은 접시, 쟁반 등의 뜻.

tread 트레드 차륜의 선로에 닿는 면. 자동차 타이어의 접지면, 또는 좌우 차륜의 중심 거리를 말한다. ＝wheel tread

treatment 처리(處理), 처치(處置), 취급(取扱)

treatment of atomic waste 폐기물 처리(廢棄物處理) 원자로를 운전할 때 생기는 방사성 재(灰)를 방사 폐기물 또는 그냥 폐기물(waste, disposal)이라고 하며, 이것을 처분하는 방법. 또, 일반 오물이나 공장 폐기물 처리를 뜻하는 경우도 있다.

treble 트레블, 3중(三重), 3배(三倍), 3개의(三個－), 3중의(三重－)

trembler 진동자(振動子) 전자력(電磁力)으로 진동하는 쇳조각.

trepanner 트리패너 영국에서 1951년에 발명되어 발달한 석탄 절삭기. 비트가 부착된 통을 회전시킴으로써 석탄을 절삭하는 것으로, 박층용(薄層用)으로 가장 적합하다. 절삭된 석탄은 부속된 팬저 컨베이어(panzer conveyor)에 의해 반출된다.

trestle 발판(－板) 높은 곳에 있는 물건을 잡거나 내릴 때 사용하는 사다리 모양의 개폐식 발판. ＝stepladder

Triac 트라이액 triode AC switch의 약칭으로, 쌍방향성(雙方向性) 3단자 사이리스터(thyristor)를 말한다. 사이리스터를 2개 역병렬(逆竝列)로 접속한 것과 같은 작용을 하는 것으로, 교류 회로의 무접점 스위치 소자로 사용한다.

trial 시험(試驗), 시도(試圖), 시험적(試驗的)

triangle 3각형(三角形), 3각자(三角－) ＝set square

triangle of forces 힘의 3각형(－三角形) 한 점에 작용하는 두 힘을 합성하여 합력(合力)을 구하는 작도법에 있어서, 두 힘을 각각 F_1, F_2라고 하면, 1점 A에서 F_1을 나타내는 스펙트럼 AB를 긋고, 다음에 B에서 F_2를 나타내는 스펙트럼 BC를 그면 AC가 구하는 합력이며, 이때 △

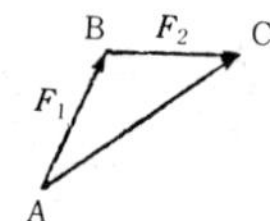

ABC를 힘의 3각형이라고 한다.

triangular cam 3각캠(三角—) 요크 캠(yoke cam)의 일종으로, 3각형을 한 캠을 말한다

triangular file 3각줄(三角—) 단면이 정 3각형이고 끝이 가늘어진 줄.

triangular thread 3각 나사(三角螺絲) 나사산 단면이 3각형의 나사. ① 미터계 나사(metric 〔screw〕 thread) : 나사산 각도는 60°, 일반 기계용. ② 인치계 나사 : 나사산 각도 55°의 휘트워드 나사(whitworth screw thread)와 나사산 각도 60°의 유니파이 보통 나사(unified screw thread)가 있다. ③ 가는 눈 나사(fine thread) : 스핀들, 그 밖에 동하중(動荷重)을 받는 것에 사용된다. 피치를 작게, 나사산의 높이를 낮게 깎은 것이다. ④ 관용(菅用) 나사(gas thread) : 관이 약해지지 않도록 가는 눈 나사보다 한층 더 피치를 작게 깎은 것.

triangular weir 3각둑(三角—) 꼭지각을 아래로 한 2등변 3각형의 노치(notch)를 가진 둑. 중 이하의 유량 측정(流量測定)에 적합하다.

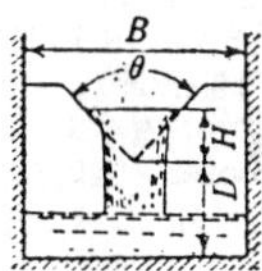

Tribology 트라이볼러지 마찰과 마모 윤활을 대상으로 한 학문과 기술을 통틀어 일컫는 말.

trick valve 트릭 밸브 그림에서 보는 바와 같이 밸브체 내에 증기 통로가 있어서 증기가 이 통로를 통하여 송입되므로, 증기구(蒸氣口) 열리는 속도가 빠르고, 밸브의 행정(行程)을 감소시킬 수 있는 특징을 가진 밸브.

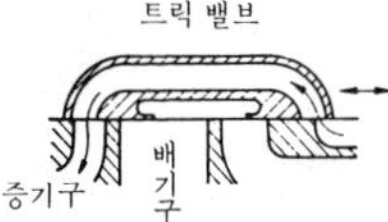

triclene 트리클렌 탈지용 세정제(脫脂用洗淨劑)로, 아세틸렌과 염소(鹽素)를 합성한 용제(溶劑). 비중 1.7, 무색 불연성(不燃性)이며, 유지(油脂)·수지·타르 등의 세정(洗淨), 탈지(脫脂), 용해력이 뛰어나 휘발유보다 여러 배의 능력을 가지고 있다.

trigger 트리거 권총 등의 방아쇠, 또는 펄스 회로를 작동시키기 위하여 가하는 펄스를 트리거라고 한다.

trigger stop 트리거 스톱 자동 정지 장치를 말한다. 스톱 레버가 방아쇠와 같은 작동으로 조작되므로 붙여진 이름이다.

trimming 트리밍 프레스 가공이나 주조(鑄造) 가공으로 생산된 제품의 불필요한 테두리나 핀(fin) 등을 잘라 내거나 따내어 제품을 깨끗이 정형(整形)하는 작업을 말한다.

trimming die 트리밍 다이 프레스 가공에서 판금 전단(剪斷) 가공에 사용하는 형.

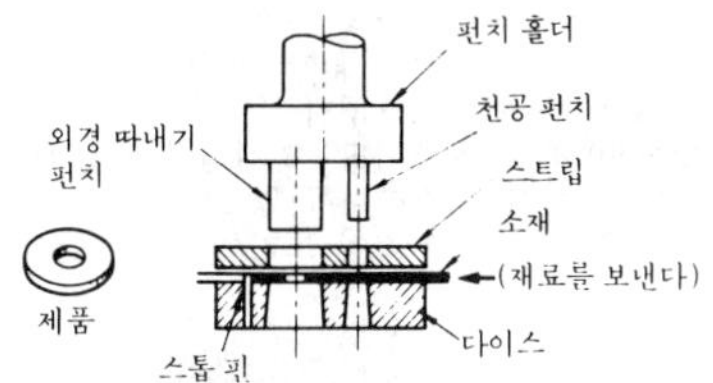

triple geared drive 3단 기어 구동(三段—驅動) 3쌍의 기어에 의하여 속도를 변환하고 동력을 전달하는 장치로 기계를 구동하는 것.

triple valve 3동 밸브(三動—) 자동 공기 브레이크 장치의 기초가 되고 있는 압력 제어 밸브. 이완 작용(弛緩作用), 브레이크 작용, 압력 조절 작용을 교묘하게 신속히 자동적으로 작동한다.

tripod 3각(三脚), 3각대(三脚臺) 카메라, 트랜싯 등 광학 기계, 기구의 위치를 정하는 데 사용하는 세발 기구.

tripod derrick 3각 데릭(三脚—) =stiff-leg derrick〔crane〕

tripod jack 3각 잭(三脚—) 3개의 다리를 갖는 형식의 잭.

tripoli 트리폴리 특수한 규산(硅酸)을 스테아린이나 경화유(硬化油), 파라핀 등의 고형 지방류(脂肪類)로 굳힌 백색 연마제. 철, 황동, 알루미늄, 구리 등의 연마에 사용한다.

tripper 트리퍼 벨트 컨베이어에서 풀리를 그림과 같이 조합하고 벨트를 S자형으로 하여 컨베이어의 도중에서 짐을 내리는 장치를 말한다.

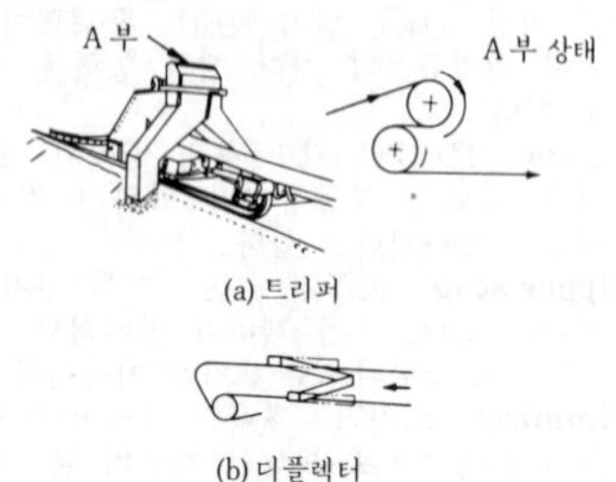

(a) 트리퍼

(b) 디플렉터

tritium 트리튬, 3중 수소(三重水素) 수소의 동위 원소(同位元素)의 하나. 보통 수소의 3배의 무게를 가졌다. 3중 수소는 수소나 중수소(重水素)에 비하여 낮은 온도에서 핵융합 반응을 일으키므로, 수소 폭탄의 폭약이나 융합 반응로(融合反應爐)의 연료로 사용된다.

trochoid 트로코이드 일직선상에 있는 하나의 원이 미끄러지지 않고 구를 때, 이 원에 고정된 한 점이 그리는 궤적(軌跡).

trochoid pump 트로코이드 펌프 그림과 같은 기어 펌프의 일종으로, 10kgf/㎠이하에서 강제 윤활(强制潤滑) 급유용으로 흔히 사용되고 있다.

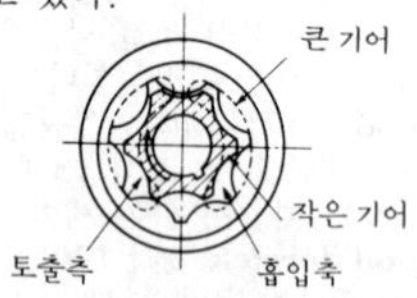

trolley 트롤리 ① 짐을 매달은 체인을 지지하고 레일 위를 주행하는 브래킷(bracket)이 달린 그림과 같은 작은 쇠바퀴이다. ② 공중에 가설되어 있는 전기가 흐르는 가설선으로부터 전기를 얻기 위하여 가설선과 접촉하여 구르면서 이동하는 작은 쇠바퀴. ③ 크레인의 빔(beam) 위를 이동하는 무개차(無蓋車)로, 이 무개차에는 짐을 매달아 올리는 일련의 장치와 빔 위를 이동하는 일련의 가로 이송 장치가 장착되어 있다.

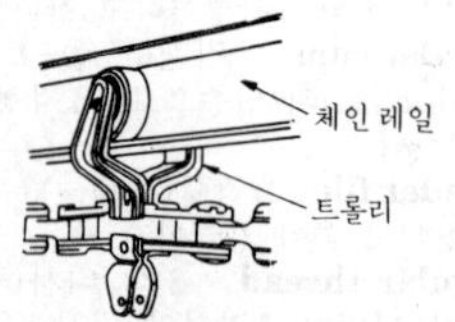

trolley conveyor 트롤리 컨베이어 짐을 매달아 운반하는 트롤리를 체인으로 이동시키는 체인 컨베이어. 오버헤드 체인 컨베이어 혹은 천장 컨베이어라고도 한다.

trolley wire 트롤리 와이어 집전용(集電用) 가설선.

trommel 트로멜 원통의 외벽이 체로 둘러 쌓여 있고, 그 축을 수평보다 1/8~1/10 경사로 기울여 회전시키면서 크고 작은 고체 입자를 체로 쳐서 분리하는 장치.

troostite 트루스타이트 α철과 극미세(極微細) 시멘타이트와의 혼합 조직으로, 마텐자이트를 약 400℃로 뜨임 처리(tempering)를 했을 때 생기는 조직이다. 이 조직은 마텐자이트 다음으로 경도(硬度)가 높고 인성(靭性)이 있으므로 고급 절삭 날의 조직으로서 중용되고 있다.

trouble 고장(故障) 기기가 그 기능이나 작동에 있어서 지장을 초래하는 것.

trouble shooter 트러블 슈터 기기의 고장을 발견하여 그 원인을 조사하고 수리하는 사람.

trough 트로프 홈통. 물체를 운반하기 위한 컨베이어의 홈통으로 흔히 사용된다.

trough conveyor 트로프 컨베이어 =gutter conveyor, drag chain conveyor

troughing roller 트로핑 롤러 컨베이어 벨트를 홈통 모양으로 지지하는 롤러.

trowel 흙손 주조(鑄造)에서 주형을 만들 때 사용하는 연장. 주형의 넓적하고 편평한 면을 다듬는 데 사용한다.

truck 대차(臺車), 보기차(－車)[1], 무개차(無蓋車), 목판차(木板車)[2], 광차(鑛車)[3], 트럭[4] ① 차체의 중량을 부담하고 이것을 각 차륜에 고르게 분포함과 동시에 차체에 대하여 자유롭게 방향을 전환하여 차량의 주행을 원활하게 하는 것, 또는 이와 같은 장치를 갖춘 차량.

② 차체에 목판만 깔고 덮개가 없는 간단한 구조의 화물 운반 차량.
③ 광산에서 광석을 싣고 운반하는 무개화차.
④ 일반 화물 자동차.

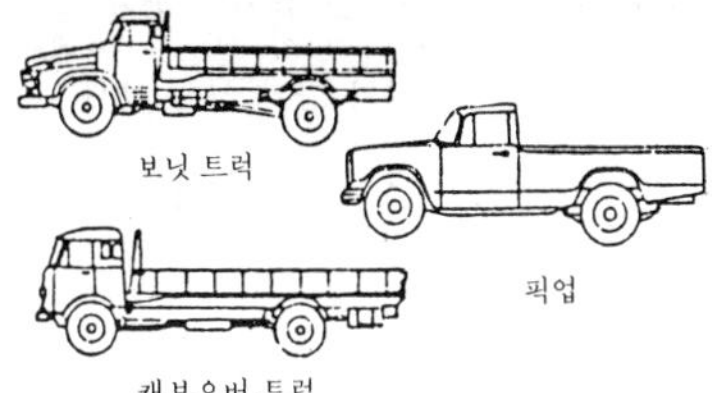

truck crane 트럭 기중기(一起重機) 주행체가 트럭식의 자주(自走) 기중기로, 선회식 지브를 갖는 것. 기중기 사용시에는 아우트리거(outrigger)를 사용하여 안정을 유지하고 대체로 권상 하중 20~900kN, 지브 길이 7~60m이다.

truck mixer 트럭 혼합기(一混合機), 트럭 믹서 콘크리트 믹서를 트럭 섀시에 탑재하고 계량 플랜트로 계량된 재료를 믹서에 투입, 운반 중 혹은 현장에 도착 후 혼합하여 배출하는 기계.

truck scale 트럭 스케일 트럭 등에 화물을 적재한 채 그대로 중량을 달 수 있는 대형 앉은뱅이 저울.

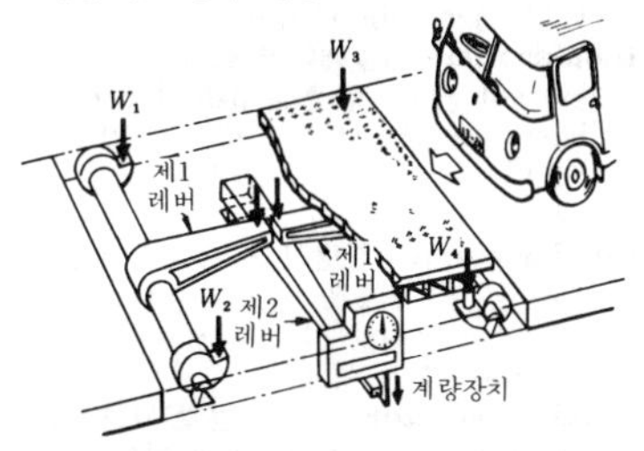

true stress 참응력(一應力) 인장 시험(引張試驗)에서 인장 하중과 함께 시험편(試驗片)의 단면이 감소하므로 그 단면에 작용하는 실제의 응력도 변화한다. 이때, 변화하는 응력(하중÷단면적)을 참응력 또는 진응력(眞應力)이라고 한다.

trunk engine 트렁크 기관(一機關) = trunk piston engine

trunk piston 통형 피스톤(筒形一) 항상 피스톤의 한 쪽 편에만 유체 압력을 작용시키는 경우에 사용되는 원통형 피스톤.

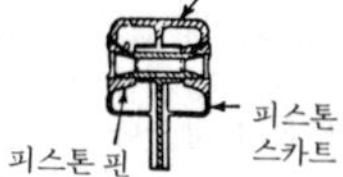

trunnion 트러니언, 이축(耳軸) 피스톤 핀이라고도 한다. 중앙에 장착되어 있는 어떤 부품을 양단에서 지지하고 있는 구조의 단축(短軸)을 일반적으로 트러니언 또는 이축(耳軸)이라 한다.

trunnion mounting cylinder 트러니언형 실린더(一形一) 피스톤 로드 중심선에 대하여 실린더 양측에 직각으로 뻗은 한 쌍의 원통상(圓筒狀)의 피벗(pivot)으로 지지하는 결부 형식의 실린더.

truss 트러스 직선봉을 3각형으로 조립한 일종의 빔재(beam材). 교량, 건축물 등의 골조 구조물로 널리 사용된다.

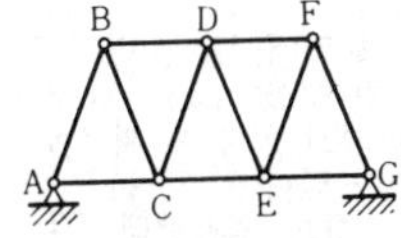

truss head rivet 둥근 접시머리 리벳 = oval countersunk rivet

try cock 수위 검수 콕(水位檢水一) = gauge cock, test cock

trying plane 중간 다듬질 대패(中間一)

try square 직각자(直角一) =square

T-slot T형 홈(一形一) T자형으로 된 홈. 공작물을 볼트로 고정시킬 때 사용한다.

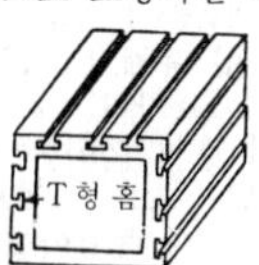

T-slot bolt T홈 볼트 T홈에 공작물을 고정할 때 사용하는 볼트. =T-bolt

T-slot cutter T홈 밀링 커터 T형 홈을 절삭하는 데 사용하는 밀링 커터.

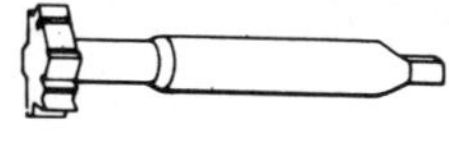

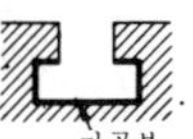

T-square T자, T형자(一形一) 제도 용구의 하나. T자형으로 만들어진 자. 헤드(head)와 블레이드(blade)를 직각으로 붙여 만든 것.

T-steel T형강(一形鋼) T자형 단면을 가진 형강. 보통, 염기성 평로강(鹽基性平爐鋼)을 압연하여 만든다.

tube 튜브 ① 관, 파이프(pipe). ② 타이어 안쪽에 끼우는 것으로, 내부에 공기를 압입하는 고무로 만든 중대(中袋). ③ 망원경, 현미경의 경통(鏡筒). =body tube

tube bender 튜브 벤더 제관(製罐) 공구의 하나로, 관의 가장자리를 쳐서 굽히는 공구.

tube brush 관 브러시(菅一) 수관(水菅) 보일러에서 수관 내의 물때를 제거하기 위하여 관 속을 관통하는 철사로 만든 브러시.

tube cleaner 관 청소구(菅淸掃具) 둥근 막대기 끝에 브러시 또는 기타 긁어 내는 장치를 단 것. 관 내부에 삽입하여 회전 또는 왕복 운동을 시켜 관 속을 청소한다.

tube cutter 튜브 커터, 관 절단기(菅切斷機) 관을 절단하는 공구. 절삭날을 관 내부에 장치하여 자르는 것과 외부에 장치하여 자르는 것이 있다.

tube expander 튜브 익스팬더 ① 보일러, 콘덴서 등의 제작에서 관을 관판(菅板)에 부착하고 또한 밀착시키는 데 사용하는 공구. ② 관의 지름을 넓히는 공구.

tube mill 튜브 밀 강구(鋼球)가 들어 있는 동체형(胴體形)의 용기를 회전시켜 그 속에 분쇄할 대상물을 넣고 분쇄하는 장치를 말한다.

tube of flow 유관(流菅) 유동하는 유체(流體) 속에 임의의 폐곡선(閉曲線)을 가상하고 이 폐곡선을 통과하는 유선(流線)으로 둘러싸인 유체의 관을 말한다. 일명 유선관이라고도 한다. 흐름의 문제를 다루는 경우에 흔히 쓰이는 개념이다. 유선을 가로지르는 흐름은 없으므로 유관 속의 흐름은 이것과 동형이고, 또한 표면 마찰이 없는 고체벽(固體壁)에 둘러싸인 흐름과 같다.

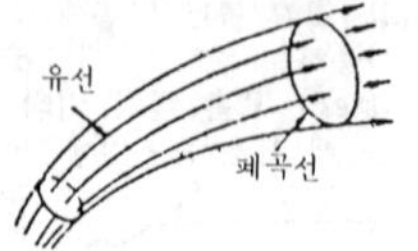

tube plate 관판(菅板) 보일러나 열교환기에서 수관(水菅)이나 연관(煙菅) 등을 부착하는 판.

tube plug 관 플러그(菅一) 배관 공사나 조립에서 구멍이나 관의 말단을 폐쇄하는 데 사용하는 나사가 깎여 있는 마개.

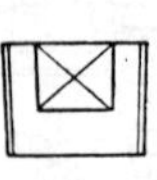
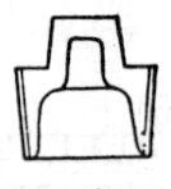
(a) (b)

tuberculated pipe 돌기 붙이 관(突起一菅) 관 표면에 다수의 돌기를 만들어 전열면(傳熱面)을 넓힌 관.

tube scraper 관 스크레이퍼(菅一) 관형(菅形) 열교환기의 관 바깥쪽의 부착물을 제거하기 위하여 사용하는 공구.

tube seam 관 이음매(菅一)

tube wall 관벽(菅壁) 관형의 통로 측벽을 말하며 여기를 통해서 에너지가 출입한다. 또, 두 종류의 유체를 혼합시키지 않는 물리적 경계이며 압력 경계로도 되어 있다.

tubular boiler 연관 보일러(煙菅一) 전열 면적(傳熱面積)을 넓히기 위하여 보일러 몸통 속에 다수의 연관을 설치한 보일러. =fire tube boiler

tubular film 인플레이션 필름 합성 수지 가공에서 용융 압출법(溶融押出法)으로 만들어진 필름. 내부에 공기를 압입하여 팽창시키면서 연속적으로 튜브 모양의 필름을 만든다.

tubular pump 튜블러 펌프 수조(水槽) 밖에 설치된 펌프로, 원통상 케이싱의 내부에 구동부(驅動部)를 가진 축류(軸流) 또는 사류(斜流) 펌프.

tubular radiator 관형 방열기(菅形放熱器) 철관으로 구성되어 있는 방열기.

tubular rivet 관 리벳(菅一) 관형의 리벳. 양 끝을 바깥으로 뒤집어서 박판(薄板)을 체결하는 데 사용된다. 리벳 체결이 간단하다. 외력(外力)이 그다지 많이 작용하지 않는 부분에 사용된다.

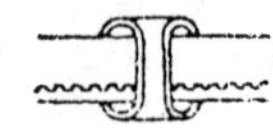

tubulous boiler 수관 보일러(水菅－) = water tube boiler

tufftriding 연질화(軟窒化), 터프트라이드법(－法) 액체 침질법(液體浸窒法)의 일종으로, 터프트라이드라고 일컬어지고 있다. 연질화용 염욕(軟窒化用鹽浴)을 350~570℃로 유지하여 여기에 30%의 공기를 상시 송급하고 그 곳에서 대상물을 20~30분 가열하여 냉각하면 된다. 소재(素材)는 미리 담금질, 뜨임(tempering : 550~600℃) 처리를 해둘 것. 재료의 내마모성(耐摩耗性)이나 내피로성(耐疲勞性)이 향상된다. 자동차용 부품의 샤프트, 기어 등에 응용되고 있다.

Tukon hardness tester 투컨 경도계(－硬度計) 미소 경도계(微小硬度計)의 일종으로, 두 종류의 비커스 다이아몬드를 사용하여 경도를 측정한다.

tumbler 텀블러, 전마기(轉摩機) 주조(鑄造) 공장에서 소형 주물의 모래를 떨어내는 회전 기계. 이 속에 스타(star)라는 돌기(突起)가 달린 작은 구름쇠와 함께 주물을 넣고 회전시켜 스타와 주물의 마찰로 모래를 떨어내고 주물 표면을 깨끗하게 다듬는다. 이 작업을 텀블링이라 한다.

tumbler file 타원 줄(楕圓－) 단면이 타원형인 줄. 곡면(曲面)의 줄 작업에 사용한다.

tumbler gear 텀블러 기어 속도 변환 기구의 일종. 공작 기계 등의 이송 변환(移送變換)에 사용되는 기어.

tumbler switch 텀블러 스위치 변환 꼭지를 상하로 젖힘으로써 회로를 개폐하는 장치. 저압 옥내 배선로에 사용된다. 베이클라이트, 도기(陶器) 등으로 만든다.

tumbling 텀블링 주물 가공법의 일종.

tumbling barrel 텀블러 =tumbler

tuner 튜너 텔레비전 수상기에서 고주파 증폭, 국부 발진, 채널 변환기 등을 한 곳에 조합한 부분.

tungalloy 텅걸로이 텅스텐 탄화물(텅스텐 카바이드)을 소결(燒結)하여 만든 초경합금(超硬合金)의 상품명. 절삭 공구, 다이(die) 등에 사용된다.

tungsten 텅스텐 원소 기호 W, 원자 번호 74, 원자량 183.92, 비중 19.24, 융점 3,400℃. 강회색(鋼灰色)의 무겁고 가장 융점(融點)이 높은 금속. 용도는 전구·진공관의 필라멘트, 전기로(電氣爐)의 저항선, 전류계의 철선 등.

tungsten cemented carbide super hard alloy 텅스텐 카바이드계 초경합금(－系超硬合金) WC-TiC-Co 계와 WC-Co 계가 있다. 고속도강 및 스텔라이트(stellite)에 비하여 경도가 높고 마모도 매우 적으며, 고온에서의 경도도 크므로 일반적으로 팁(tip)으로 생크에 경랍땜하여 사용한다.

tungsten inert gas arc welding TIG 용접(－鎔接) 헬륨, 아르곤 등의 불활성 가스 분위기 중에서 하는 용접으로, 잘 소모되지 않는 텅스텐 또는 텅스텐 합금을 전극으로 하는 용접. 비철금속, 합금강 등의 용접에 널리 채용되고 있고, 또 소전류로도 아크의 안전성이 좋으므로 얇은 물건의 용접, 배관류의 초층 용접(初層鎔接)에 적합하다. 전자동 TIG 용접도 실용되고 있다.

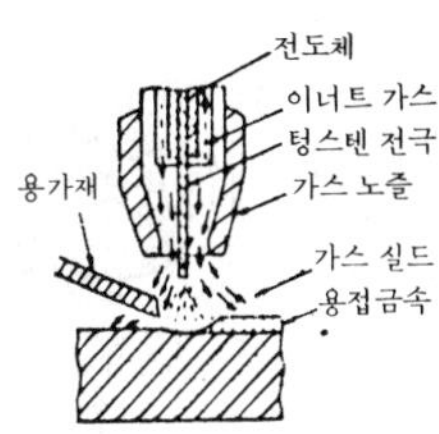

tungsten steel 텅스텐강(－鋼) 텅스텐만을 함유하는 특수강. 경도 및 강도가 크고 내열성(耐熱性)이 강하며 자성(磁性)이 풍부하다. 각종 절삭 공구, 바이트, 총신(銃身), 자석 등에 사용된다.

tunnel kiln 터널 가마 터널 모양의 가마 속 한 쪽 입구로부터 재료를 수레 또는 컨베이어로 송입하고, 다른 쪽 입구로부터 화염(火焰)을 불어 넣어 재료를 연속적으로 소성(燒成)하는 가마.

turbidity 탁도(濁度) 물의 흐린 정도를 나타내는 단위.

turbine 터빈 유체를 동익(動翼)에 부딪게 하여 그 운동 에너지를 회전 운동으로 바꾸어 동력을 얻는 회전식 원동기. 수력 터빈, 증기 터빈, 가스 터빈 등으로 구분되고, 발전, 선박 등에 사용된다.

turbine blade 터빈 날개 증기 또는 가스의 운동 에너지를 받아 기계적 에너지로 바꾸는 부분.

turbine casing 터빈 케이싱 터빈에서 날개차를 수용하고 증기 또는 가스(유체)의 유로(流路)를 형성하는 부분.

turbine disc 터빈 디스크 터빈 날개가 장착되어 있는 둥근 판.

turbine efficiency 터빈 효율(－效率) 터빈에 있어서 실제로 작업 유체(作業流體)가 한 일과, 등(等) 엔트로피 팽창으로 작업 유체가 할 수 있는 일의 비율.

turbine inlet temperature 터빈 입구 온도(－入口溫度) 증기(蒸氣), 가스 터빈의 터빈 입구의 평균 온도.

turbine nozzle 터빈 노즐 터빈 동익(動翼)의 상류에 설치되고, 고온·고압 가스, 증기 등을 팽창시켜, 일정한 방향에서 일정한 유속의 분류(噴流)를 만드는 역할을 하는 부분.

turbine pump 터빈 펌프 와류(원심) 펌프의 일종. 효율을 높이기 위하여 안내 날개를 가진 와류 펌프.

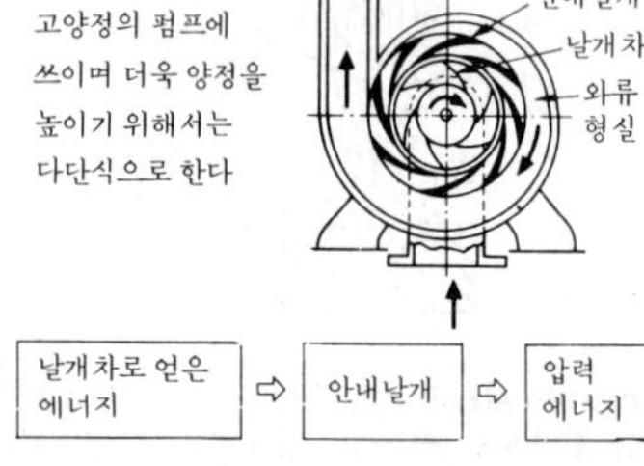

turbine water-meter 날개차 수량계(－車水量計) 유체의 흐름에 의하여 날개차를 회전시켜 그 회전수에서 유량을 구하는 구조의 수량계. 유속이 적당한 범위 안에 있으면, 날개차의 회전 속도와 유량은 거의 비례한다는 것을 이용한 것이다. 그림은 볼트면형 유량계(流量計)를 나타낸 것이다. 비틀린 날개차가 흐름의 방향으로 설치되어 유속에 따라 회전하고 그 회전수를 기어 장치로 눈금판에 지시한다. 수도용 계량기에 많이 사용되고 있다. ＝ vane water-meter

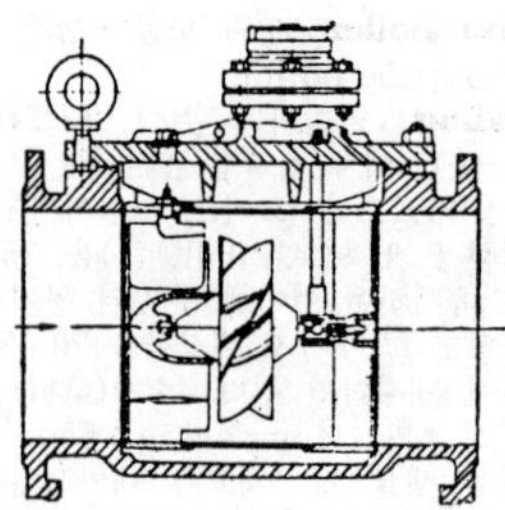

turboblower 터보 송풍기(－送風機) ＝ turbofan

turbo charger 터보 과급기(－過給機) 엔진의 출력 증강과 배기 효율(排氣效率)을 좋게 하기 위한 과급기(過給機). 최신형 소형 터보 과급기는 소형화되고 관성(慣性)도 적으며, 저속 토크(torque)의 증대도 가능하게 되어 승용차용으로 손쉽게 사용할 수 있게 되었다.

turbo compound engine 복식 터빈 원동기(複式－原動機) 고압부(高壓部)에 왕복 피스톤식, 저압부에 가스 터빈을 사용한 복합(複合) 발동기. 즉, 피스톤 발동기 부분의 배기(排氣)로 가스 터빈을 구동시키고, 양쪽 축을 하나로 합쳐서 출력축(出力軸)으로 하는 방식.

turbo-compressor 터보 압축기(－壓縮機), 원심 압축기(遠心壓縮機) 공기 압축기의 일종이다. 와류(渦流) 펌프와 같은 구조의 원심(遠心) 압축기와 터빈형의 축류(軸流) 압축기가 있다. 특징은 조절이 용이하고 구조가 간단하며, 공기의 흐름이 일정한 것 등이다.

turbo drill 터보 드릴 지하 3,000m의 유정(油井)을 굴착하기 위하여 개발된 기계로, 굴착의 선단부만을 수력 터빈으로 회전시키는 방식의 것.

turbo electric propulsion 터빈 전기 추진(－電氣推進) 선박용 터빈에서 감속(減速)의 한 방법으로, 터빈으로 발전기를 돌려서 발전을 하고, 별도로 전동기를 갖추어 프로펠러를 돌리는 배의 추진법.

turbofan 터보 송풍기(－送風機) 날개차를 회전시켜 생기는 기체의 원심력을 이용하여 기체를 압송하는 원심 송풍기.

turbofan engine 터보팬 엔진 터보제트 엔진의 터빈 후부에 다시 터빈을 추가하여 이것으로 배기(排氣) 가스 속의 에너지

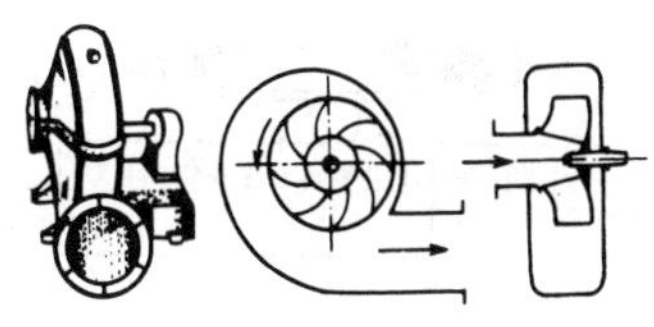

turbofan

를 흡수시켜 그 에너지를 써서 압축기의 앞부분에 증설한 팬(fan)을 구동시키고, 그 공기의 태반을 연소용으로 사용하지 않고 측로(側路)로부터 엔진 뒤쪽으로 분출함으로써 추력(推力)을 더욱 증가시킬 수 있도록 설계된 엔진을 말한다. 아음속(亞音速)에서의 연료가 절약되고, 배기 소음도 큰 폭으로 감소시킬 수 있다.

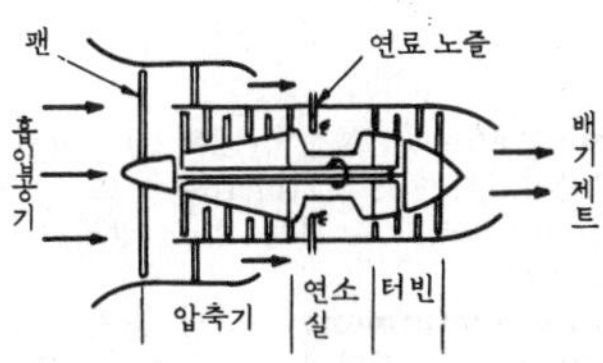

turbogenerator 터빈 발전기(－發電機) 공기 또는 가스 터빈으로 움직이는 발전기.

turbojet 터보 제트 제트 엔진의 일종. 앞쪽에서 공기를 흡입하여 터보 압축기로 압축하고, 연소실에서 연료와 혼합 연소시켜 고온·고압의 가스로 만든 다음 이것으로 터빈을 돌려 압축기의 동력을 얻음과 동시에 그 가스를 후방의 제트 노즐로부터 대기 속에 분사(噴射)하여 그 반동력으로 추진력을 얻는 장치.

turbojet engine 터보제트 엔진 출력의 100%를 배기(排氣) 제트의 에너지로 추출(抽出)하고 그 반동을 이용하여 직접 추진력을 얻는 형식의 엔진. 초음속에서는 우수한 성능을 나타내나, 아음속(亞音速)에서는 연료 소비율이 나쁘고 배기 소음도 크므로, 군용으로나 사용되고 있을 뿐 민간 항공기에는 사용하지 않게 되었다.

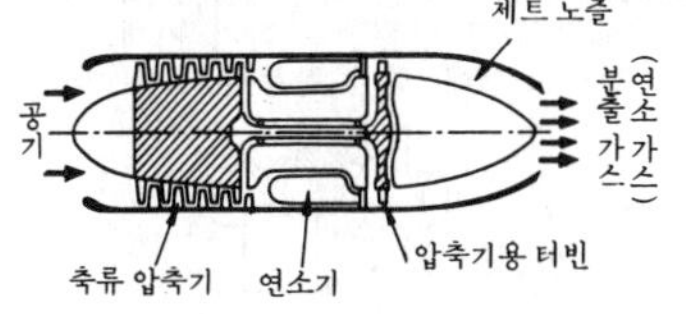

turbojet with axial compressor 축류식 터보제트(軸流式－) 축류식을 사용한 압축기로, 터보제트를 말한다. 바깥 지름이 작고 성능도 좋으나 압축기의 단수(段數)가 많기 때문에 전체의 길이가 커진다. 터보 제트로서 가장 일반적이며, 대형 기관의 대부분이 이 형식이다.

turbojet with centrifugal compressor 원심식 터보제트(遠心式－) 원심식 압축기를 사용한 터보제트. 바깥지름은 다소 커지나 전체 길이는 짧아지고 경량으로 되어 소형 터보제트에 많이 사용되고 있다.

turbo molecular pump 터보 몰레큘러 펌프 분자류(分子流) 영역에서 기계적으로 고속 구동하고 있는 로터의 표면에 충돌한 기체 분자에 특정한 방향의 운동량을 주어 한 쪽 방향으로 내보냄으로써 배기(排氣)하는 진공 펌프.

turboprop 터보프롭 →turboprop engine

turboprop engine 터보프롭 엔진 엔진 출력의 90%를 축 출력(軸出力)으로 추출(抽出)하고 감속 장치를 개입시켜 프로펠러를 구동하여 추진력을 얻는 동시에 나머지 10%의 추진력을 배기(排氣) 제트에서 얻도록 설계된 엔진. 피스톤 엔진과 제트 엔진의 중간 성능을 겨냥하여 개발된 것이다.

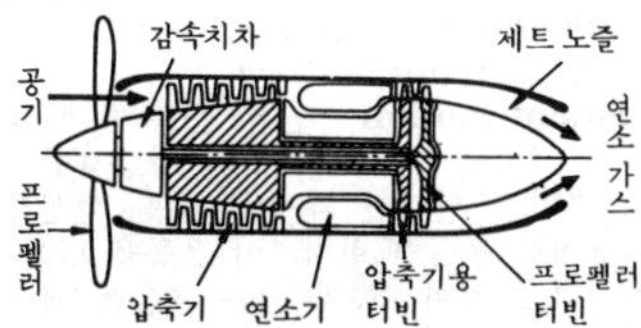

turboprop with axial compressor 축류식 터보프롭(軸流式－) 축류식을 사용한 압축기로서의 터보프롭이다. 효율이 높으며, 고출력 터보프롭의 대부분은 이 형식이다.

turbo refrigerating machine 터보 냉동기(－冷凍機) 터보 송풍기를 사용하여 냉매(冷媒) 가스를 압축하는 형식의 냉동기.

주로 대규모의 공기 조절용으로 많이 사용된다.

turbo shaft engine 터보 샤프트 엔진 엔진 출력의 100%를 축 출력으로 추출(抽出)하도록 설계된 그림과 같은 구조의 엔진이며, 주로 헬리콥터의 회전익(回轉翼) 구동용으로 사용되고 있다.

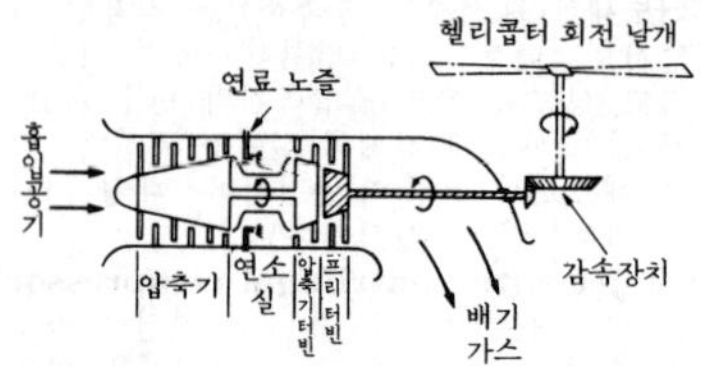

turbo supercharger 원심 과급기(遠心過給機) 원심 압축기를 사용한 과급기. 배기(排氣) 가스 터빈에 의하여 구동되는 배기 터보 과급기로 널리 사용되고 있다.

turbulence 난류(亂流) →turbulent motion, laminar flow

turbulent flame 난류염(亂流焰) 연료 가스와 공기가 제각기 따로 연소실(燃燒室)로 들어가서 그것이 합류하는 계면(界面)에 반응층(反應層)을 형성하고 있는 불꽃을 확산염(擴散焰)이라 한다. 그 중에서도 특히 가스 유속(流速)이 빠르고 흐름이 흐트러져 반응층으로의 분자 이동이 난류를 이루며 확산함으로써 생기는 연소염(燃燒焰)을 난류(확산)염이라 하는데, 일반적으로는 휘도(輝度)가 낮고 소용돌이의 집합과 같은 불꽃이 된다. 보통의 공업로(工業爐)의 불꽃이 이것이다.

turbulent flow 난류(亂流) →turbulent motion, laminar flow

turbulent motion 난류 운동(亂流運動) 유체 역학에서 물의 속도가 상승하면, 물의 분자는 일정한 와류(渦流)를 형성하여 불규칙한 운동을 한다. 이 운동을 난류 운동이라고 하며, 이와 같은 흐름을 난류라고 한다.

turf 이탄(泥炭) =peat

turn 선회(旋回) 기계의 일부를 어떤 축을 중심으로 그 원주(圓周) 방향으로 돌리는 것. =swivelling

turnbuckle 턴버클 지지용 로프 등을 잡아당기거나 늦출 때 사용하는 연결 부품으로, 양 끝에 오른나사와 왼나사의 이음을 가지고 있다.

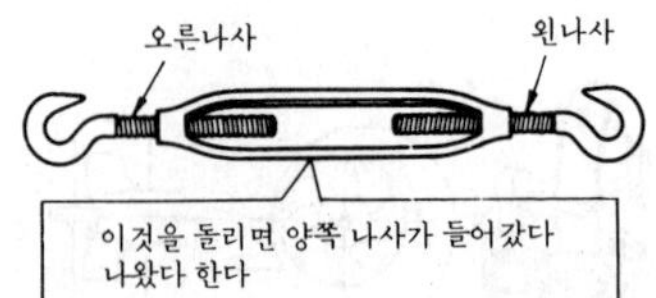

turned bolt 다듬질 볼트 =finished bolt

turning 터닝 ① 열기관에서 기동(起動) 전 또는 정지 후에 로터 등 온도의 급변으로 인한 변형 발생을 방지하기 위하여 저속으로 회전시키는 것. ② 공작물을 회전시켜 이것에 절삭 공구를 대고 원통형 또는 원뿔형으로 깎아 내는 절삭법. 주로 선반으로 한다.

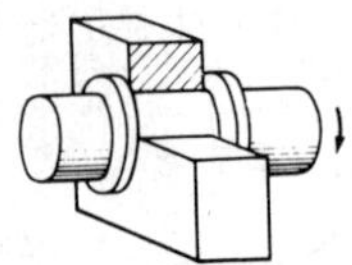

turning effect 회전력(回轉力) 회전체를 회전시키려는 토크(torque). 또는, 단순히 회전시키려고 하는 힘을 말하는 경우도 있다.

turning equipment 터닝 장치(-裝置) 회전 장치를 말한다. 대차(臺車 : 보기차)의 방향 전환, 대형 주물을 주조하는 경우의 재료의 이동·회전 장치 등을 손꼽을 수 있다.

turning gear 터닝 기어 로터(rotor)를 저속으로 회전시키는 기어를 말한다. 터닝은 기동(起動) 전, 정지 후에 로터 각부의 온도차로 인한 변형 발생을 방지하기 위하여 한다.

turning operations 선삭 가공(旋削加工) 선반으로 공작물을 회전시켜 이것에 절삭 공구를 대고 원통형 또는 원뿔형으로 깎아 내는 절삭 가공. =turning

turning pair 회전 대우(回轉對偶) 면대우(面對偶)의 일종. 두 가지 기계 요소의 접촉면이 상대 회전 운동만 하는 것. 그

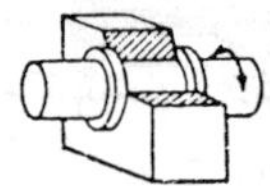

가장 대표적인 것은 축과 베어링과의 관계이다.

turn off time 턴 오프 타임 스위칭 속도의 표시 방법으로서, on 에서 off 로 옮아갈 때의 시간.

turnover 턴오버 물품의 겉과 속을 뒤집는 조작 또는 그 장치를 말한다. 프레스 가공, 단조 가공에서는 흔히 이 조작으로 가공을 한다.

turntable 턴테이블 ① 기관차나 트롤리 등을 싣고 그 방향을 바꾸는 회전대. ② 회전반.

turret 터릿, 회전 절삭 공구대(回轉切削工具臺), 포탑(砲塔) 2 개 이상의 공구를 방사상(放射狀)으로 부착하여 선회 분할을 하는 절삭 공구대. 통상, 터릿 선반이나 수치 제어 선반의 절삭 공구대, 터릿 드릴링 머신의 드릴 부착부 등에 쓰인다. 그림은 6 각 터릿의 예이다.

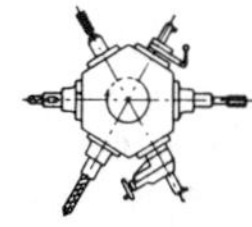

turret head 터릿 헤드 수직 터릿 선반의 일부로, 크로스 레일에 부착되며 터릿, 새들, 램 등으로 이루어진다.

turret lathe 터릿 선반(－旋盤) 터릿 절삭 공구 또는 그냥 터릿이라고 불리는 회전 절삭 공구대(回轉切削工具臺) 둘레에 수종(6～8 개)의 절삭 공구를 방사상(放射狀)으로 장착하고, 터릿을 조금씩 회전시킬 때마다 각 절삭 공구가 차례로 절삭 부분에 따라서 제 위치에 오도록 되어 있는 선반. 여러 공정(工程)을 요하는 가공품이라도 터릿을 1 회전시킴으로써 가공을 완료할 수 있다.

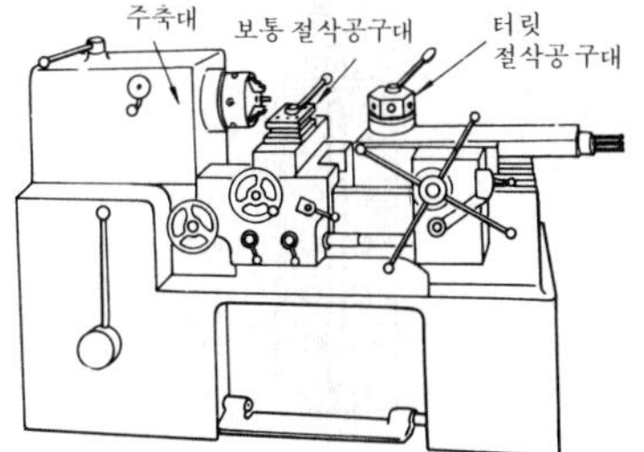

turret lathe turning 터릿 선삭(－旋削) 터릿 선반으로 가공품을 절삭 가공하는 것을 말한다.

tuyere 트위어, 송풍구(送風口) 용광로, 큐폴라, 단조로(鍛造爐) 등의 송풍구. 이 곳으로부터 고압의 열풍(熱風)을 노(爐) 안으로 불어넣어 코크스를 연소시킨다.

twenty-fours alloy **24s** 합금(－合金) Alcoa 의 초 두랄루민의 규격명이며, 석출 경화(析出硬化)하고, 강도가 커서 항공기나 구조 용재로서 용도가 넓다. Cu 4.2%, Mg 1.5%, Mn 0.6%, 나머지 알루미늄. 담금질 시효의 인장 강도 45.5kgf/㎟, 연신율 20%.

twin 쌍정(雙晶) 결정(結晶)의 미끄럼 형식에는 그림과 같이 (a)와 (b)가 있다. 이 중 (b)가 쌍정 미끄럼 방식이며, 어떤 일정한 면을 경계로 하여 원래의 결정 격자(結晶格子)에 대하여 거울을 CD 면에 놓았을 때와 같이 대칭으로 되어 있는 결정. 면심입방 격자(面心立方格子)의 결정을 가지는 동, 니켈에는 쌍정이 나오기 쉽다.

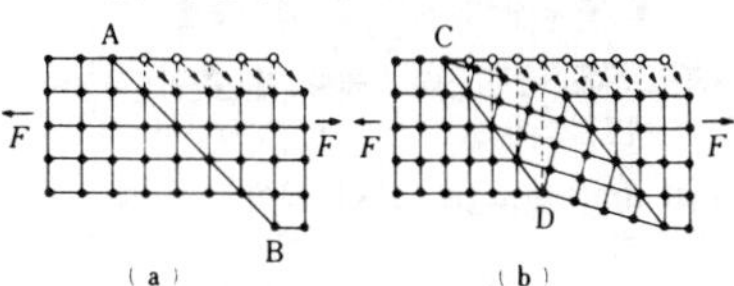

twin engine 쌍발 엔진(雙發－) 2 대의 동형(同形) 기관의 출력축(出力軸)을 기어 장치에 의해 하나로 연결한 기관.

twin rudder 트윈 러더 2 축선(二軸船)에서 좌우 프로펠러의 뒤쪽에 설치된 합계 2 개의 키를 말한다. 또한, 고속선(高速船) 등에서는 드물게 1 축선(一軸船)이라도 프로펠러 좌우에 각 1 개씩 2 개의 키(rudder)를 장비하는 경우가 있다.

twin-screw vessel 2 축선(二軸船) 선미(船尾)에 프로펠러를 회전시키는 축이 2 개 있는 배. 큰 마력의 배 또는 객선(客船)과 같이 배의 조타(操舵)와 안전성을 중시하는 배에 사용된다.

twin-spiral water turbine 쌍류 와류형 수차(雙流渦流形水車) 와류형 프란시스 수차 2 대를 발전기에 직결한 것. 수량(水量)이 적을 때는 1 대만으로 운전하고, 수량이 많을 때는 2 대를 모두 운전하여 능률적으로 사용하기 위한 합성 수차이다.

twist 비틀다(밧줄 등을), 꼬다, 비틀림 =torsion

twist drill 트위스트 드릴 가장 널리 사용되고 있는 드릴로, 드릴링 머신으로 구멍을 뚫을 때 사용하는 공구. 자루 부분이 테이퍼 생크와 스트레이트 생크(straight shank)로 된 것이 있다.

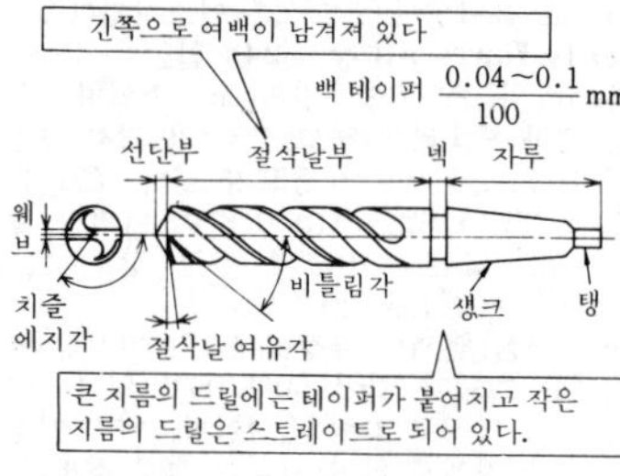

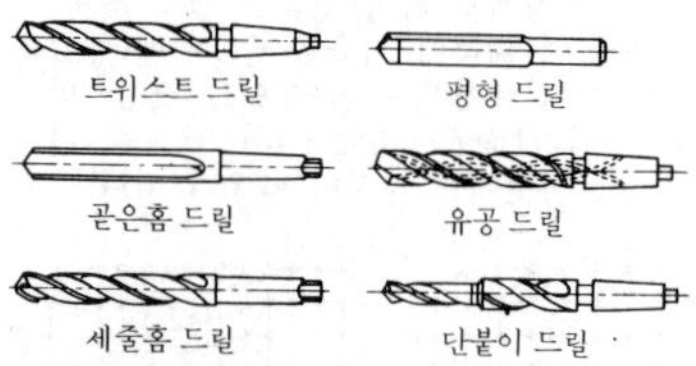

twist drill gauge 드릴 게이지 트위스트 드릴의 지름과 같은 크기의 많은 구멍이 뚫린 박판(薄板)으로 된 게이지로, 트위스트 드릴의 지름을 분류하는 데 사용된다.

twist drill grinde 드릴 연삭기(－硏削機) 드릴의 밑면을 원하는 형상으로 연삭하고 절삭날의 각도를 정확하게 다듬질하기 위하여 사용하는 연삭기.

twist drill grinding machine 드릴 연삭기(－硏削機) =twist drill grinder

twist drill milling machine 드릴 밀링 머신 2개의 드릴 홈을 동시에 가공할 수 있는 밀링 머신.

twisting machine 연사기(撚絲機) 정방기(精紡機)에서 뽑아 낸 실을 홑실(單絲)이라고 하는데, 이 홑실을 두 가닥 또는 그 이상의 가닥으로 합쳐 꼬는 기계.

twisting moment 비틀림 모멘트 축의 횡단면에 작용하는 힘 W, 팔의 길이를 L이라고 하면 비틀림 모멘트 $T=WL$로 표시된다.

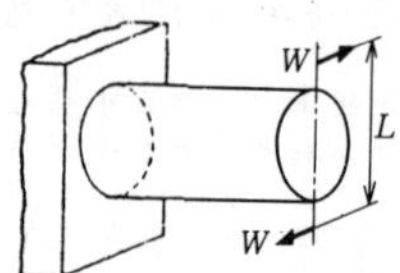

기어나 풀리 등에 의해 축에 작용하는 비틀림 모멘트

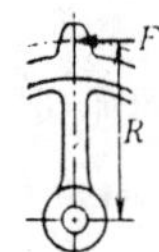

twisting moment

twisting tester 비틀림 시험기(－試驗機) =torsion tester

twist pair wire 트위스트 페어선(－線) 비닐 전선 2개를 한 조로 하여 꼬아 만든 전선으로, 잡음에 강한 배선 재료이다.

two-axle engine 2축 엔진(二軸－) 터빈 축을 둘로 나눈 가스 터빈 엔진의 한 형식. 구조상의 목적 이외에 부분 부하 성능의 향상을 기대할 수 있다.

two barrels carburettor 2련 기화기(二連氣化器) 벤투리 부분이 둘로 나누어져서, 저속(低速)시에는 1차 유로(流路)만 작동하고, 고속이 되면 2차 유로가 열리는 형식의 기화기.

two blades propeller 2엽 날개 프로펠러(二葉－) 날개가 2개인 프로펠러. 2엽 날개는 회전축에 대해 대칭적인 위치에 장착된다. 옛날에는 2엽 날개 프로펠러가 많이 사용되었으나, 엔진의 마력 증대와 더불어 지금은 대형 항공기의 경우 3엽 또는 4엽 날개 프로펠러가 보편적으로 사용되고 있다.

two color water gauge 2색 수면계(二色水面計) 두 장의 경질(硬質) 평유리를 금속 프레임으로 누르고, 평유리면에 물 또

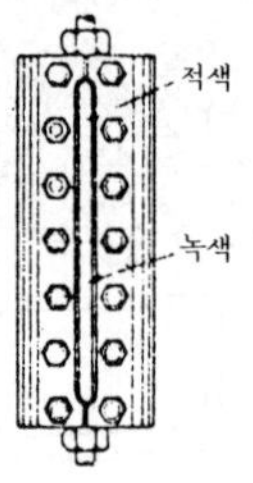

는 증기가 들어가도록 하여 그 뒷면에서 빛을 비추면 증기부는 적색, 수부(水部)는 녹색으로 보여 수면의 위치를 쉽게 판별할 수 있도록 한 수면계.

two cycle 2사이클 내연 기관에서 연료나 공기의 흡입, 압축, 점화 및 폭발, 연소, 팽창, 연소 가스의 배출 작업을 2행정(行程)으로 하는 형식의 과정의 것을 2사이클이라고 한다. 선박, 경(輕)오토바이 등에 사용된다.

two-cycle engine 2사이클 기관(二-機關) 내연 기관의 실린더 내의 피스톤이 크랭크 1회전에 대해서 피스톤은 2행정을 하고 피스톤의 2행정으로 1사이클을 하는 기관.

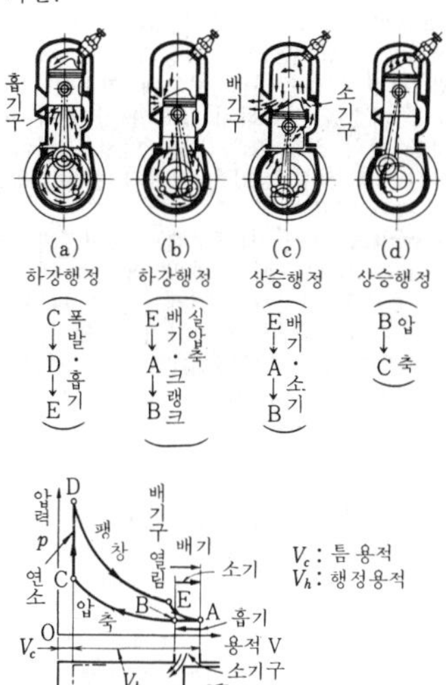

two dimensional flow 2차 흐름(二次-) 유체의 흐름의 장(場)에 x, y의 직각 좌표, 또는 γ, θ의 극좌표(極座標)를 마련하고 그 운동을 다루면 충분히 흐름의 문제를 풀 수 있는 흐름으로, 흐름이 하나의 평면안에서 생기고 있는 것.

two dimensional stress 2차원 응력(二次元應力) 작용 응력이 한 평면상에 있을 때의 응력 상태.

two-high rolling mill 2단 압연기(二段壓延機) 압연기의 한 형식으로, 재료를 압연하는 롤이 상하 2개(한 쌍)뿐인 것. 작은 형재(形材)나 박판(薄板) 등의 압연에 사용된다.

two pedal system 2페달 방식(二-方式) 자동차에는 액셀러레이터(accelerator), 클러치, 브레이크 페달 등 3개의 페달이 있으나, 자동 클러치 또는 자동 변속기 등을 갖춘 것에는 클러치 페달이 필요없으므로 2개의 페달만이 있다. 이것을 2페달 방식이라고 한다. 조작이 용이하고 따라서 안전성도 높다.

two-phase stainless steel 2상 스테인리스강(二相-鋼) 오스테나이트 스테인리스강은 입계(粒界) 부식, 공식(孔蝕), 응력부식(應力腐蝕), 균열 등의 약점이 있다. 이에 대한 대책으로 새로 개발된, 풀림(annelaling) 상태에서 오스테나이트와 페라이트의 혼합 조직을 갖는 2상 스테인리스강을 말한다.

two-plane balancing 2면 균형(二面均衡) 동균형(動均衡) 작업을 말한다.

two-stage air compressor 2단 공기 압축기(二段空氣壓縮機) 왕복동식(往復動式)에서 2개의 실린더를 병렬로 배열하여 초단(初段)은 중압(中壓)으로 압축하고, 이것을 다시 다음 실린더에 넣어 고압으로 압축하는 압축기.

two-stepped quenching 2단 담금질(二段-) 먼저 물담금질을 하여 적당한 온도까지 식힌 다음 꺼내어 곧 기름 속에 넣어 기름 냉각을 시킨다. 이 방법으로 물담금질과 같은 경화 효과가 얻어지고, 또한 담금질 균열이나 담금질 변형이 적어진다. 다이, 탭 등의 담금질에 적합하다.

two-stroke cycle 2사이클(二-) =two cycle

two-stroke cycle engine 2사이클 기관(二-機關) 매회전(2행정)에 1회의 연소와 작동 행정(行程)이 있는 기관. 보통, 실린더 하부에 배기구 및 소기구(掃氣口)가 설치되고, 그림의 EAB의 기간에 소기구로부터 신기(新氣)가 유입하면서 동시에 연소 가스의 배출이 이루어진다. 또한, 소기와 배기가 밸브에 의해 이루어지는 것도 있다. 소형 가솔린 기관, 또는 중·대형 디젤 기관에 널리 사용되고 있다. =two cycle engine

two-throw pump 2련 크랭크 펌프(二連-) 왕복 펌프에 있어서 단동(單動) 플런

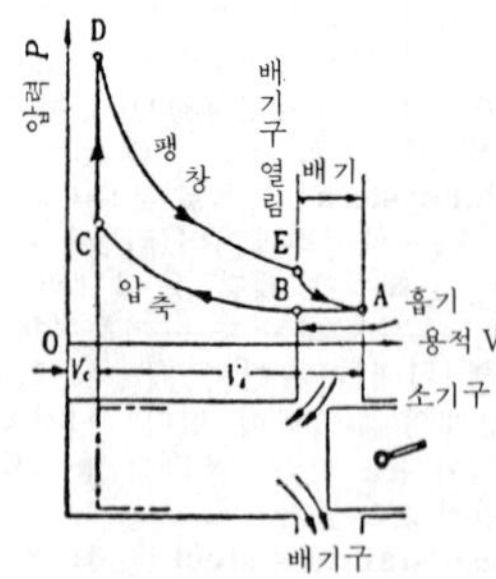

two-stroke cycle engine

저(또는 피스톤) 펌프를 2개 사용하고, 위상차(位相差)가 180°인 2개의 크랭크축으로 운전되는 펌프를 말한다. 1회전마다 전체로서 두 번 토출(吐出)을 하므로, 단동의 경우보다 토출관 속의 유량 변동은 적어진다.

type 타입, 형(型), 형식(形式)

typecasting machine 활자 주조기(活字鑄造機) 활자를 자동적으로 주조하는 기계.

type metal 활자 합금(活字合金) 활자용의 합금으로, Pb 58~93%, Sb 4~18%, Sn 3~26%. 유동성(流動性)이 좋고 응고 때 수축이 적으며, 주조(鑄造)가 용이하다.

type of aircraft gasturbine 항공용 가스터빈 형식(航空用－形式) 항공기 추진용으로 사용되는 가스 터빈 엔진. 보통, 중·저속용(中·低速用)으로서 터보프롭(turboprop), 중속용(中速用)으로서 바이패스 제트(by-pass jet), 고속용으로서 터보제트(turbojet)가 쓰이고 있다. 또한, 초고속기(超高速機)용으로서는 램제트(ram jet) 등이 연구되고 있다.

type of combustor 연소실 형식(燃燒室形式) 가스 터빈용 연소실에는 흐름의 형식, 내외통(內外筒)의 형상(形狀) 또는 연료 공급 방식 등에 따라 다음 표와 같이 여러 가지 형식의 조합이 있다.

형 식	기류의 방향	연료 공급 방식
통 형	직 류	분 사
환 형	역 류	증 발
캐뉼러 (2중환형)	굴곡류	가스연료의 분출

type of turbojet engine 터보제트 엔진의 형식(－形式) 터보제트 엔진은 압축기, 연소기(燃燒器), 터빈의 세 가지 주요 부분으로 구성되어 있다. 따라서, 그것들의 형식과 그 조합에 의하여 여러 가지 형식으로 나뉘어진다. 즉, 압축기는 축류식(軸流式), 원심식(遠心式)으로, 연소기는 환형(環形)·통형(筒形)·캐뉼러로, 터빈은 축류식·레이디얼식 등으로 분류된다.

type test 형식 시험(形式試驗) 새로 실제 제작된 기관(機關)은 실용되기 이전에 소관 관청에서 일정한 형식에 의하여 각종 성능 시험을 시행하지 않으면 안 된다. 이것을 형식 시험 또는 형식 인정 시험이라 한다. 그 시험 방법은 기관의 종류, 용도에 따라 다르다.

typewriter 타자기(打字機), 타이프라이터 건반을 조작할 때 건반의 버튼에 대응하는 문자를 인식하는 기계. 한글 타자기, 한문 타자기, 영문 타자기 등이 있다.

tyre 타이어 차륜(車輪)의 외주(外周)에 끼우는 강철 바퀴 또는 고무 바퀴를 말한다. 철도 차량의 타이어에는 레일과의 압력 마찰에 견딜 수 있도록 항장력(抗張力)이 큰 탄소강이 사용된다. ＝tire

tyre(tire) inflation pressure 타이어 압력(－壓力) 자동차 타이어의 내압(內壓)이 너무 높으면 타이어 강성(剛性)이 상승하여 승차감이 나빠지고, 또 접지면에 닳기 쉬우며, 너무 낮으면 타이어가 옆으로 퍼져서 타이어 측벽(side wall)을 상하게 할 뿐 아니라 조향성(操向性)에도 나쁜 영향을 주기 때문에 타이어 사이즈마다 적정 내압(適正內壓)이 정해져 있다. ＝tire pressure, tire inflation

tyre tread 타이어 접지면(－接地面) ＝tire tread

U

U bolt **U 볼트** U 자형의 볼트. 겹판 스프링 등을 체결하는 데 사용한다.

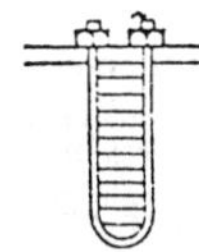

U-cylinder engine **U 형** 기관(一形機關), **U 형** 엔진(一形一) 그림과 같이 2 개의 실린더가 기통(head)을 공통으로 하여 U 자를 거꾸로 한 모양으로 배열되어 있는 2 사이클 기관을 말한다. 소기(掃氣)의 흐름에 의하여 일종의 유니플로 소기(uniflow scavenging)가 이루어진다.

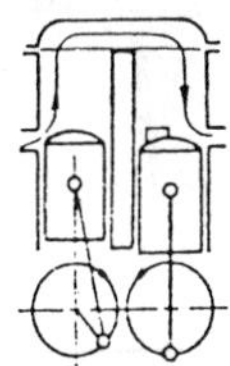

U drive-it-car 렌트 카, 대여 자동차(貸與自動車) =rental car

U groove **U 형** 그루브(一形一) 맞대기 용접에서 접합면에 가공하는 U자형 그루브.

U leather packing **U 패킹** 단면이 U 자형인 패킹으로, 가죽이나 합성 고무로 성형한 것.

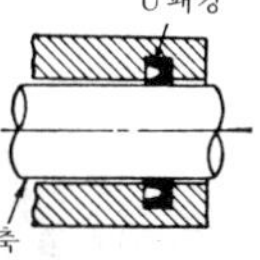

U leather packing

U-link **U 링크** U 자형의 링크.

ultimate analysis 원소 분석(元素分析) 성분 원소(成分元素)를 검출하여 그 함유량을 표시하는 것.

ultimate load 종극 하중(終極荷重) 제한 하중(制限荷重)에 안전율을 곱한 하중을 종극 하중이라고 한다.

ultimate strength 극한 강도(極限强度) 인장 시험, 압축 시험에서 그 최대 하중을 원래의 단면적으로 나눈 값.

ultrahigh frequency ; **UHF** 극초단파(極超短波) 파장은 1m 에서 10cm 까지, 주파수는 300MHz 에서 3,000MHz 까지의 전파. VHF(초단파)보다 파장이 짧고 지향성(직진성)이 강하기 때문에 서비스 에어리어(도달 범위)는 제한되나 보다 많은 채널을 가질 수 있다.

ultra high pressures 초고압(超高壓) 초고압의 영역은 약 10 만 기압까지 실용화되고 있다. 공업용 다이아몬드나 초경(超硬) 물질의 입방정 질화 붕소(立方晶窒化硼素), 초전도 물질(超電度物質) Ni_3Si 등 고압 발생 장치로 만들어진다. 폭약을 이용한 충격파에 의한 것으로는 순간적으로 1,000 만~1,500 만 기압이 얻어진다.

ultra high strength steel 초고장력강(超高張力鋼) 인장 강도(引張强度) 200kgf/㎟ 이상, 항복 강도(降伏强度) 200kgf/㎟ 이상의 강으로, 오스포밍(ausforming)이라는 가공 열처리에 의해 제작된다.

ultra-high vacuum 초고진공(超高眞空) 10^{-9}~10^{-10}mmHg 이하의 압력 상태. 이 같은 초진공은 고체 표면의 흡착이나 전

자 방사(電子放射)의 연구에 중요하다.

ultramarine blue 군청(群青) 백토(白土), 유황, 탄산 나트륨 등을 원료로 하여 이것들을 분쇄, 혼합, 소성(燒成)하여 만든 청색 안료(顔料).

ultramicroscope 한외 현미경(限外顯微鏡) →ultrasonic microscope

ultraoptimeter 울트러옵티미터 콤퍼레이터(comparator)의 일종. 옵티미터의 정도(精度)를 한층 더 높인 장치. 주로 블록 게이지의 비교 측정에 사용된다.

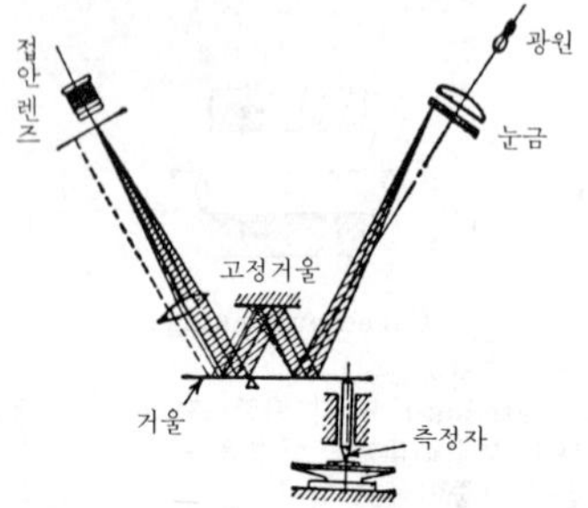

ultrasonic bonding 초음파 압착법(超音波壓着法) 실리콘 반도체의 표면을 깨끗이 한 다음 그 위에 알루미늄선을 놓고 매우 작은 진폭으로 초음파를 보내면서 알루미늄선을 두드리면, 선은 다소 뭉개지면서 실리콘 표면에 강력히 접착된다. 이와 같은 압착법을 초음파 압착법이라고 한다. 대전력용 트랜지스터에 굵은 선을 접속할 필요가 있을 때, 또는 여러 개소에 붙이지 않으면 전극 속에서의 전압 강하를 무시할 수 없게 되는 경우 등에는 이 초음파 압착법이 유리하다.

ultrasonic current meter 초음파 유속계(超音波流速計) 초음파가 유체(流體) 속을 전파(傳播)할 때, 유체가 정지하고 있는 경우와 운동하고 있는 경우와는 외관상 전파 속도가 다른 것을 이용한 유속계.

ultrasonic detection of detects 초음파 탐상(超音波探傷) 초음파를 피시험 재료에 발신했을 때, 이것이 나타내는 음향적 성질을 이용하여 재료의 내부 결함이나 재질(材質) 등을 조사하는 것.

ultrasonic flaw detecting test 초음파 탐상 검사(超音波探傷檢査) 초음파를 피검사재(被檢査材)에 보내어 그 음향적 성질을 이용하여 결함의 유무를 조사하는 검사. 초음파가 물체 속을 전달하였을 때 결함 등 불균일한 곳이 있으면 반사하는 성질을 이용한 것이다.

ultrasonic machine 초음파 가공기(超音波加工機) 초음파 이용의 가공기로, 경질 재료(초경합금, 보석류 등), 취성(脆性) 재료(게르마늄, 세라믹, 스텔라이트 등)의 구멍 뚫기, 절단, 연마 등에 쓰인다.

ultrasonic microscope 초음파 현미경(超音波顯微鏡) 10^5kHz를 넘는 고주파의 초음파를 가는 빔(beam) 모양으로 수렴하여 시료(試料)에 송파하고, 시료를 통과하여 나온 초음파를 전기 신호로 바꾸어 브라운관 위에 상(像)을 영상케 하는 방식의 현미경.

ultrasonic thicknessmeter 초음파 후도계(超音波厚度計), 초음파 두께 측정계(超音波－測定計) 초음파를 피시험재에 발신하고 그 반사파를 검출하여 두께를 측정하는 계기.

ultrasonic type liquid level gauge 초음파 액면계(超音波液面計) 초음파를 액면(液面)에 발신하고, 액 표면으로부터 반사하여 되돌아오기까지의 시간에 의하여 액면 위치를 알아내는 계기.

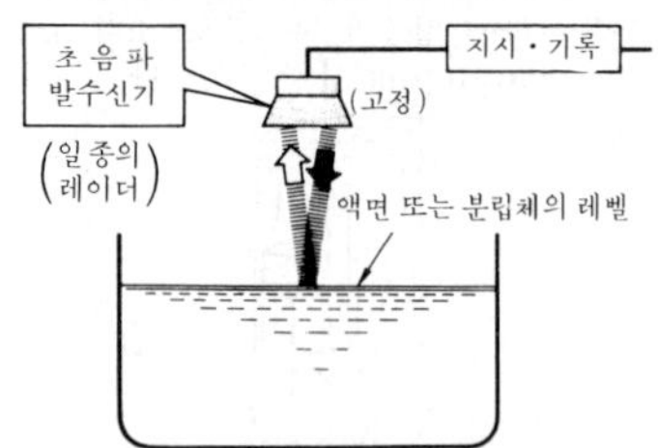

ultrasonic wave 초음파(超音波) 가청 주파(可聽周波)보다 높고, 약 15,000~20,000Hz 이하의 음파를 말한다. 어군(魚群) 탐지, 초음파 탐상(探傷)이나 두께 측정, 외과(外科)의 초음파 진단, 공업용 세척 등에 이용되고 있다.

ultrasonic welding 초음파 용접(超音波鎔接) 저항 용접이나 용융 용접을 적용할 수 없는 재료의 접합에 이용되는 것으로, 모재(母材)를 음극(音極)간에 놓고 가압하면서 초음파를 발신, 그 진동을 이용하여 행하는 용접법을 말하며, 접합부는 용착이 되지 않고 일종의 확산 접착법이다.

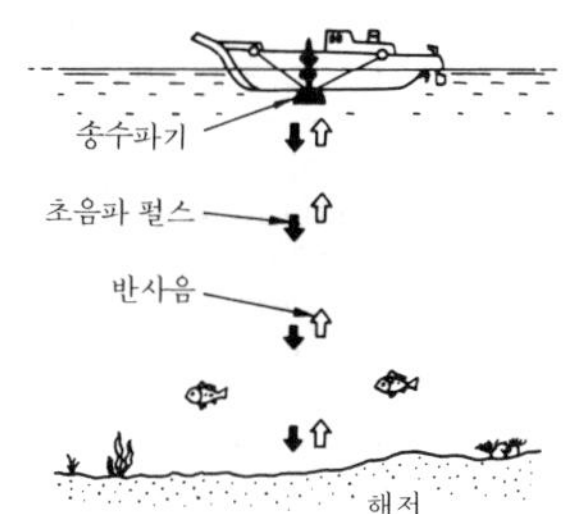

ultrasonic wave

ultrasonic wire drawing 초음파 선재 드로잉 가공(超音波線材－加工) 재료에 초음파 진동을 가하면서 드로잉하면, 변형 저항이 저하하고 마찰 저항도 저하한다. 잡아당기는 힘이 적게 들고, 단면 감소율을 크게 할 수 있기 때문에 가공 횟수를 줄일 수 있으며, 제품의 표면이 미려하고 공구의 수명도 길며, 치수 정밀도도 높다. 신관(伸管)의 경우에도 응용되고 있다.

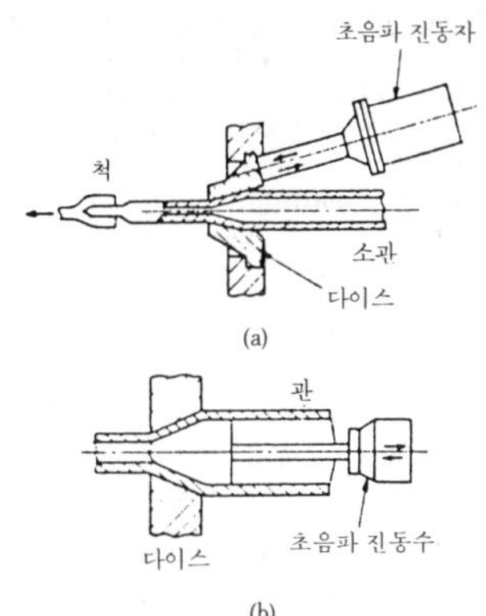

unavailable energy 무효 에너지(無效－) 작업 물질이 고온 열원(高溫熱源)으로부터 열량 Q를 받아 사이클을 지속하기 위해서는 저온 열원에 열량의 일부 Q_0를 버리지 않으면 안 된다. 이 Q_0를 무효 에너지라고 한다.

unbalance 불균형(不均衡) 회전체의 회전축에 관한 질량 분포의 불균형 상태를 말하며, 회전축으로부터 r의 거리에 질량 m이 있는 불균형은 mr이라고도 한다.

unbalance couple 짝 불균형(－不均衡) 회전체의 회전축을 포함하는 임의의 한 평면 안에 있으며, 크기가 같고 방향이 반대인 한 쌍의 불균형.

unbalance moment 불균형 모멘트(不均衡－) 회전축의 중심선상의 어떤 기준점에 관한 임의의 위치의 불균형 모멘트를 말하며, 기준점을 정하는 방법에 따라 일반적으로 그 크기는 다르다. 정(靜) 불균형이 없고, 짝 불균형만이 존재하는 강성(剛性) 로터에서는 불균형의 모멘트는 기준점의 선택 방법에 관계없이 항상 일정하다. →unbalance couple

unbalance tolerance 허용 불평형(許容不平衡) 강성(剛性) 로터에 있어서 수정면 또는 측정면에서 허용할 수 있는 최대값으로서 정해진 불평형의 크기.

uncharged engine 무과급 발동기(無過給發動機) 과급을 하고 있지 않는 기관. 과급이란 기관 외주(外周)의 대기압 이상의 압력을 가진 급기(給氣)를 기관에 공급하는 것을 말한다. 항공기용 이외의 대부분의 가솔린 기관은 무과급 발동기이다.

unclosed chain 불확정 연쇄(不確定連鎖) 항속 연쇄(抗束連鎖)가 아닌 연쇄를 말한다. 즉, 연쇄를 구성하는 각 링크 간의 상호 운동이 항상 일정하지 않는 연쇄. ＝unconstrained chain →colsed chain

unclosed pair 불확정 대우(不確定對偶) 항속 대우(抗束對偶)가 아닌 대우, 즉 상호 운동이 일정하지 않은 대우를 말한다. →pair of elements

uncoil 되감다

unconstrained chain 불확정 연쇄(不確定連鎖) ＝unclosed chain

undamped natural frequency 불감쇠 고유 진동수(不減衰固有振動數) ＝natural frequency

undamped vibration 불감쇠 진동(不減衰振動) 불감쇠 자유 진동과 마찬가지로, 진폭(振幅)이 시간의 경과에 따라 감쇠하지 않는 진동. ＝undamped oscillation

under bead crack 비드 밑 균열(－龜裂) 용접 작업에서 모재(母材)의 표면까지 진행하지 않은 비드 밑부분에 발생한 균열.

under cooling 과냉각(過冷却) 냉동기에 있어서 응축기로 액화(液化)한 냉매를 다시 냉각하여 그 포화 온도 이하로 냉각시키는 것.

U

undercut 언더컷 ① 래크(rack) 공구 또는 호브(hob)로 기어 절삭을 할 때, 이의 수가 적으면 이의 간섭이 일어나 이 뿌리가 깎인다. 이것을 이의 언더컷이라고 한다. 이렇게 되면 이의 강도가 약화된다. ② 용접에서 그림과 같이 용착(鎔着) 비드의 양쪽 모재(母材)가 지나치게 녹아서 홈이나 오목 부분이 생기는 상태를 말한다.

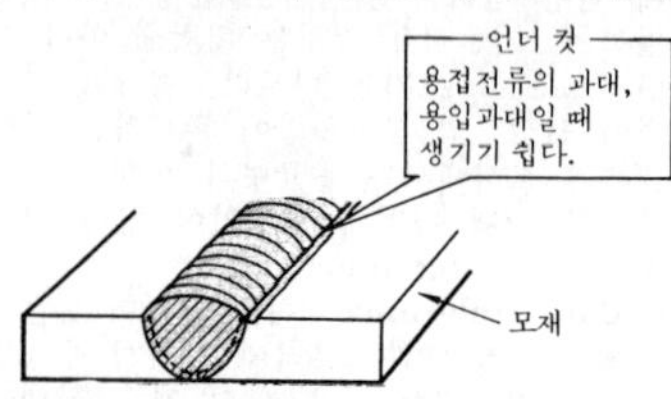

under damping 부족 감쇠(不足減衰) 감쇠 자유 진동에서는 진폭은 시간에 따라 감쇠한다. 이와 같은 감쇠를 부족 감쇠라고 하며, 초과 감쇠 및 임계 감쇠에 대응하는 말이다. 예를 들면, 운동 방정식이 $m\ddot{x}+c\dot{x}+kx=0$으로 표시되는 1자유도계(自由度系)에서는 $C<2\sqrt{mk}$의 상태의 감쇠를 말한다.

under drain 암거(暗渠) =closed conduit

under expansion 부족 팽창(不足膨脹) 노즐을 통과하는 기체(氣體)의 흐름에 있어서, 노즐의 배압(背壓)이 적정값보다 낮을 때, 기체가 노즐 밖으로 나온 다음 다시 팽창하는 것.

underfeed furnace 하급식 연소로(下給式燃燒爐) 연료를 이미 타고 있는 연료층 밑으로 공급하게 되어 있는 구조의 화격자(火格子)를 가진 연소 장치.

underfeed gas producer 언더피드 가스 발생기(－發生器) 연료가 노(爐) 속에서 타고 있는 연료층(燃料層)의 아래쪽에서부터 레토르트(retort)를 통하여 공급되는 형식의 가스 발생 장치.

underfeed stoker 하급식 스토커(下給式－) 보일러의 급탄(給炭), 연소 장치의 일종. 석탄을 화격자의 밑에서부터 밀어올려 공급, 연소시키는 방법.

under fired furnace 하위 연소로(下位燃燒爐) 연료를 연소시키는 노(爐)가 아래쪽에 있는 것.

under floor engine 바닥 밑 기관 형식(－機關形式) 자동차에 있어서 대부분의 경우 엔진을 수평형으로 하여 차체의 앞부분, 중앙부 또는 뒤쪽의 바닥 밑에 설치한다. 특히, 중앙부에 설치하는 경우에는 엔진의 설치와 분리가 용이하고, 차량의 안전성도 높다. 바닥의 면적을 넓게 이용할 수 있는 특징이 있으며, 흔히 버스에 많이 사용되는 형식이다.

under frame 차대(車臺), 프레임 차체의 골격 부분.

underground drainage 지하 배수(地下排水) 지면하에 배수로망을 배설하고 하수나 지표에서 지중에 침투한 물을 배제하는 것. =subdrainage

underground railway 지하 철도(地下鐵道) 주로 도시의 교통을 고속화하기 위하여 도시 및 그 근교의 지하에 구축된 터널 속에 철도를 부설하고 그 위로 여객을 운송하는 철도. 지하 철도는 그것이 터널 속에 부설되어 있고, 또한 일반적으로 터널의 단면 축소를 꾀하기 위하여 보통 송전에 가공 전차선을 사용하지 않고 제3 레일을 사용하여, 전동차 하부의 집전 슈(third rail shoe)에 의하여 집전한다.

underwater cutting 수중 절단(水中切斷) 물속에서 가스 절단을 하는 작업. 특수한 토치를 사용하고 그 주위에 압착 공기를 방출하거나 산소 아세틸렌 점화 장치를 사용한다.

underwater sounder 수중 음파 발신기(水中音波發信器) 수중에 방치 또는 표류시키면서 음파를 발신하여 심해(深海)의 수온, 해저류(海底流), 지형 등을 측정하는 것.

underwater to air missile 수중 대공 미사일(水中對空－) 수중의 잠수함으로부터 발사하여 공중을 비행 중인 항공기를 요격하는 미사일.

underwater to surface missile 수중 대지 미사일(水中對地－) 수중의 잠수함으로부터 발사하여 지상의 군사 시설물을 파괴하는 미사일.

underwater to underwater missile 수중대 수중 미사일(水中對水中－) 수중의 잠수함으로부터 발사하여 같은 수중을 잠행(潛行) 중인 잠수함을 파괴하기 위한 미사일.

underwater welding 수중 용접(水中鎔接) 물 속에서 하는 용접. 셸락(shellac) 등으로 피복한 용접봉을 사용한다. 용접 작업에서는 모재(母材)에의 열의 영향을 최소한으로 줄일 수 있다.

Under writers Laboratories Inc. UL 규격(−規格) 미국에서 가장 권위가 있는 안전 보증 기관의 규격으로, 미국에서 상품을 제조, 판매하는 경우에는 이 규격을 획득하는 것이 절대 조건의 하나이다.

unelastic 비탄성(非彈性) 어떤 원인에 의하여 발생한 변형이 원인이 제거된 뒤에도 그대로 남아 있는 성질.

unequal-addendum system of tooth profile 절름발이 치형(−齒形) 이끝이 짧고 이뿌리가 긴 치형.

unequal angle steel 부등변 산형강(不等邊山形鋼) →shape steel, section steel

unhardening 담금질 풀기 스패너 등의 공구류(工具類)를 담금질할 때, 담금질하고 싶지 않은 부분은 그 부분만 먼저 물에 담가 약 600℃까지 냉각시킨 다음 재빨리 꺼내어 전체를 수냉한다. 이렇게 하면 그 부분은 담금질이 풀려 원상과 같은 재질이 된다.

uni-control 유니컨트롤 자동차는 보통 핸들, 액셀러레이터, 클러치, 브레이크 페달 등을 두 손과 두 발로 조작하게 되어 있으나 1개의 조작봉(操作棒)을 전후로 기울여서 가속과 감속을 하게 하고 좌우로 기울여서 조향(steering) 작동을 하게 하는 것을 유니컨트롤이라고 하며, 이를 실현하기 위해서는 조향(操向) 장치, 브레이크 등의 동력 장치와 속도, 변위 등의 자동 제어 회로를 필요로 하게 된다.

uni-directional cooling method 1방향 냉각법(一方向冷却法) 공정(共晶) 또는 편정(偏晶) 합금의 융체(融體)를 냉각하여 고체화할 때 섬유상(纖維狀)으로 석출시키는 방법이며, $NiAl_3$ 위스커(whisker), Ta_2C 위스커 등은 이 방법으로 만든다. 위스커는 고강도의 단결정(單結晶) 합금이다.

unified thread 유니파이 보통 나사(−普通螺絲), **ABC** 나사(−螺絲) 미터 나사의 장점을 딴 인치식 나사를 말한다. 장래에는 휘트워드 보통 나사 대신에 사용하게 되어 있다.

uni-flow conveyor 유니플로 컨베이어 컨티뉴어스 유니플로 컨베이어(continuous uni-flow conveyor)라고도 한다. 케이싱 속으로 늑골 모양의 체인을 구동시켜 체인과 운반물 또는 운반물끼리의 마찰에 의한 추상(推上) 작용을 이용하여 분립체(粉粒體)를 수평, 경사, 수직 및 곡선으로 운반하는 컨베이어.

uni-flow engine 유니플로 엔진, 단류 기관(單流機關) 2사이클 기관에서 새 혼합기를 실린더 하부의 흡기구(吸氣口)로부터 흡입하고, 밸브에 의하여 개폐하는 실린더 상부의 배기구(排氣口)로부터 연소 가스를 배출하는 형식의 것. 디젤 기관에 널리 사용되고 있다.

uni-flow scavenging 유니플로 소기(−掃氣) 2행정 기관의 소기 방법의 일종으로, 그림과 같이 배기구와 소기구가 실린더의 위와 아래 끝에 있어 소기와 배기가 모두 같은 방향으로 흐르는 형식을 유니플로 소기라 하며, 이 소기 방법을 이용한 기관을 단류 기관(單流機關)이라 한다. 소기 작용은 이상적이나 밸브를 개폐하기 위해서는 구조가 복잡해진다. 디젤 기관에 사용되고 있다.

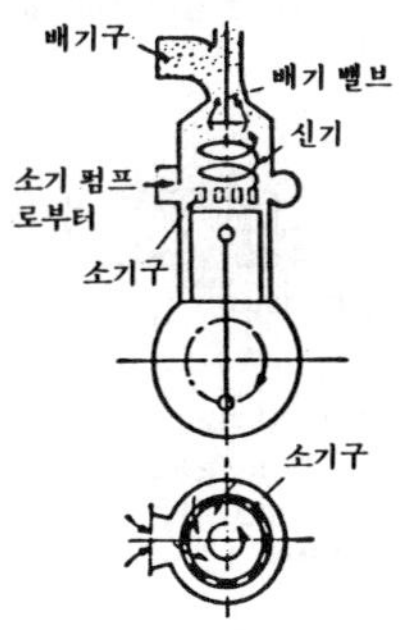

uniform 유니폼 ① 제복. ② 균일한, 고른, 고르게 만들다, 동일 표준의.

uniform coupling 등속 커플링(等速−) 훅 이음(hook joints)으로는 등속도(等速度)가 변동하므로 변동이 없도록 하기 위하여 훅형 이음쇠를 2개 겹친 것이라든지 특수한 구조의 것이 개발되었다.

uniforming of flow 정류(整流) 흐름과 직각을 이루는 방향으로 큰 속도 성분을 가진 난류(亂流), 즉 와류(渦流)를 정류 격자(整流格子)를 통과시킴으로써 일정한 속도의 흐름으로 바꾸는 일. 이렇게 함으로써 큰 와류는 작은 와류로 바뀌어 속도 변동이 적어진다.

uniform load 등분포 하중(等分布荷重)

=uniformly distributed load

uniformly distributed load 등분포 하중(等分布荷重) 물체의 표면상에 고르게 분포하여 작용하는 하중.

uniformly varying load 등변 분포 하중(等變分布荷重), 불균일 분포 하중(不均一分布荷重) 일정한 비율로 증감(增減)하여 분포하는 상태의 하중.

uniform motion 등속 운동(等速運動), 등속도 운동(等速度運動) 일정한 방향을 같은 방향으로 일정한 속도로 나아가는 운동을 말한다.

union 유니언 관 이음쇠의 일종. →union joint

union joint 유니언 이음 유니언 너트를 사용하여 관과 관을 접속하는 이음 또는 이음쇠. 한 쪽 관에 결부되는 유니언 나사와 다른 쪽 관에 결부되는 유니언 스위블 엔드 양자를 체결하는 유니언 너트로 구성되어 있다. 자유로이 붙였다 뗐다 할 수 있으므로 관을 접합하거나 해체할 때 돌릴 필요가 없다.

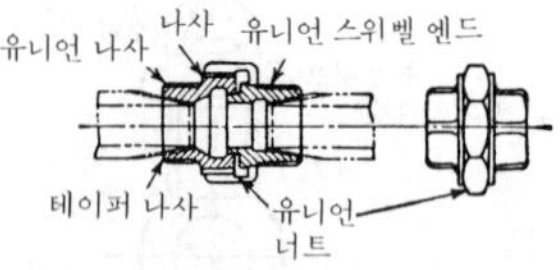

union melt welding 유니언 멜트 용접(-鎔接) =submerged arc welding

union nut 유니언 너트 =union joint

union pipe joint 유니언 관 이음(-菅-) =union joint

union screw 유니언 나사(-螺絲) → union joint

union swivel end 유니언 스위블 엔드 → union joint

unipolar 유니폴라 단극성(單極性)이란 뜻. 전자와 정공(正孔) 중 한 쪽만이 캐리어(carrier : 전기를 운반하는 것)로 되는 것을 말한다.

unisometric projection 부등각 투영(不等角投影) 부등각 도법(不等角圖法)을 사용하는 투영을 말한다. 즉, 입방체를 투영했을 때 서로 교차하는 3개의 측변(側邊)이 각각 다른 각도로 표시되는 투영으로, 이것에 의해 표시된 도면에서는 사물을 입체적으로 파악하기가 용이하다.

unit 단위(單位)[1], 유닛[2] ① 수량을 계산할 때의 기초가 되는 수치. cm, g, sec를 사용하는 CGS 단위(CGS unit) 및 m, kg, sec를 사용하는 MKS 단위(MKS unit)를 기본 단위라고 한다. ② 구성 단위, 동력 구성부, 구성 장치 등을 뜻한다.

unit bore system 구멍 기준식(-基準式) =hole base system

unit cooler 유닛 쿨러 냉각관과 송풍기로 구성된 냉방 장치로, 냉각관은 냉매를 거쳐 송풍기에 의해서 통풍되는 공기를 냉각한다. 실내 공기를 유도 흡입하여 냉각, 감습(減濕)한 다음 실내에 다시 방출하는 장치이다.

unit cubic 단위 격자(單位格子) 금속이나 합금의 원자는 일정한 배열 방식으로 되어 있으며, 그 대표적인 세 가지 타입의 구조는 다음 그림과 같다.

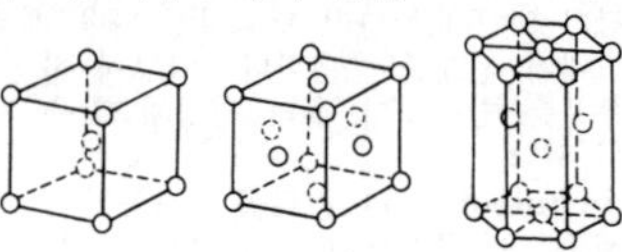

unit flow 단위 유량(單位流量) 수차(水車)의 유효 낙차를 H〔m〕, 유량을 Q〔m³/s〕라고 했을 때, 단위 유량 q는 $q=Q/H^{1/2}$로 표시된다.

unit head 유닛 헤드 대량 생산용 보링머신으로, 특별히 설계한 칼럼(column)에 장착하는 장치.

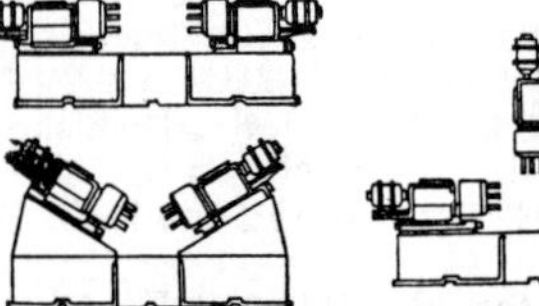

unit heater 유닛 히터 가열 장치와 송풍기로 된 난방 장치로, 가열기로는 증기 또는 온수가 흐르는 가열관, 전기 가열기 또는 가스 연소기 등이 사용된다.

unit injector 유닛 인젝터 분사 펌프와 분사 밸브를 한몸으로 한 분사 장치(噴射裝置).

unit power 단위 출력(單位出力) 수차(水車)의 유효 낙차(落差)를 H〔m〕, 출력

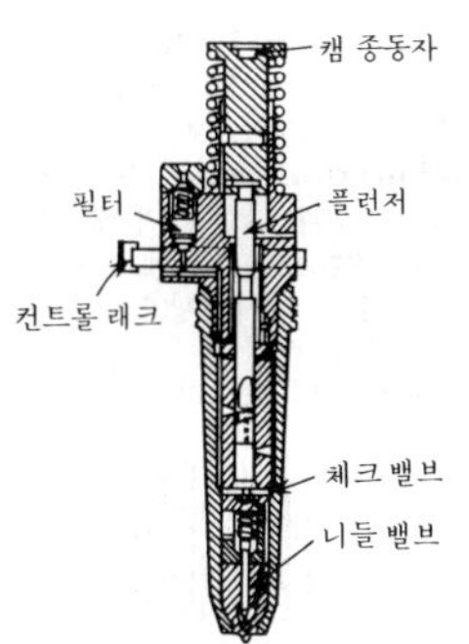

unit injector

P〔kg〕라고 했을 때 단위 출력 p는 $p=P/H^{3/2}$으로 표시된다.

unit process 단위 과정(單位過程) 화학 조작을 연소, 배소(焙燒), 산화, 환원, 할로겐(halogen)화, 설펀(sulphonic)화 등의 단위로 나눈 과정.

unit requirement 원단위(原單位) 제품 1단위당 사용되는 원재료, 부자재(副資材), 공정수(工程數) 또는 경비 등의 소비량 또는 금액.

unit shaft system 축 기준식(軸基準式) =shaft base system

unit switch 단위 스위치(單位－) 전기 차량의 주 전동기의 제어나 보호 회로의 구성 또는 보조 회로 등에 사용되는 유닛화된 직류기 속의 차단기로, 전자(電磁) 밸브에 의한 공기 조작 스위치와 전자식(電磁式) 스위치 등이 있다.

unit truck 유닛 트럭 대차(臺車) 형식의 하나로, 액슬 박스(축함)와 외측 프레임은 한몸으로 되어 있으며, 차륜축, 베어링 메탈, 외측 프레임, 타원 스프링 및 상부 요동 지지대를 차례로 겹쳐 쌓아올리는 것만으로 조립이 되는 화차용 대차.

unit velocity 단위 속도(單位速度) 수차(水車)의 유효 낙차를 H〔m〕라 하고, 매분의 회전수를 N〔rpm〕이라고 했을 때, 단위 속도 n은 $n=N/H^{1/2}$로 표시된다.

universal angle block 만능 정반(萬能定盤) 복잡한 각도의 금긋기를 할 때 사용하는 편리한 정반. 좌우, 전후로 회전시킬 수 있기 때문에 공작물을 장착하여 필요한 각도에 용이하게 맞출 수 있다.

universal attachment 만능 밀링 장치(萬能－裝置) 수평, 수직의 양 회전면에 따라서 밀링 장치의 주축(主軸)을 자유롭게 임의의 방향으로 기울일 수 있는 기구(機構)로 되어 있는 것.

universal bevel protractor 만능 분도기(萬能分度器) 버니어(부척)에 의하여 5′까지 읽을 수 있는 분도기.

universal chain 유니버설 체인 상하 좌우로 자유로이 굴절할 수 있게 되어 있는 체인.

universal chuck 연동 척(連動－) → chuck

universal coupling 유니버설 커플링, 자재 이음(自在－) 2축이 어떤 각도(보통 30° 이하)로 교차하고 있을 때 사용되는 이음. 운전 중 각도가 변하여도 무방한 것이 특징이다. 상하 좌우 마음대로 굴절이 가능하다.

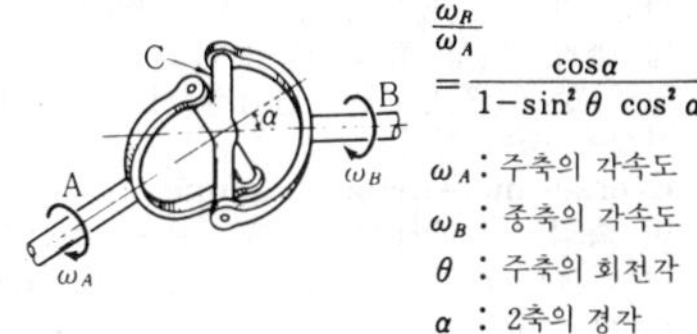

▽ 유니버설 커플링의 사용법

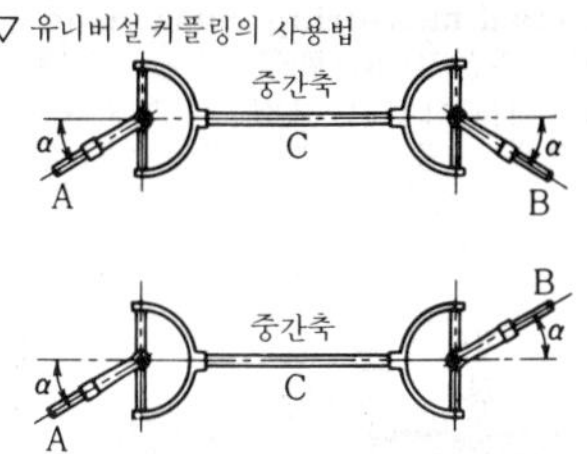

universal drafting machine 만능 제도기(萬能製圖器) 평행 운동 기구를 응용한 제도기.

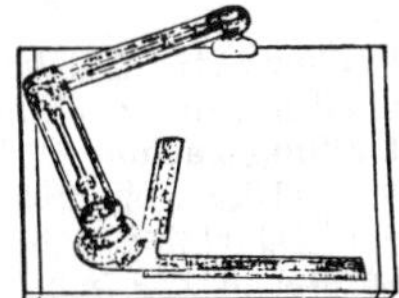

universal gravitation 만유 인력(萬有引力) 어떤 2개의 물체도 그 질량의 곱에

비례하고 두 물체 사이의 거리의 제곱에 반비례하는 힘으로 서로 잡아당기고 있다. 이 힘을 만유 인력이라고 한다.

universal grinder 만능 연삭기(萬能研削機) 회전하는 공작물을 테이퍼 위의 주축과 심압대(心押臺) 사이에서 지지하고 숫돌 바퀴에 의해 연삭되는 기계. 환봉(丸棒)의 단면이나 내면 또는 구멍, 구배(勾配) 등도 연삭할 수 있어서 그 작업 범위가 매우 넓다.

universal grinding machine 만능 연삭기(萬能研削機) =universal grinder

universal joint 자재 이음(自在－) = universal coupling

universal machine 만능 공작 기계(萬能工作機械) 선반(旋盤), 드릴링 머신, 밀링 머신, 형삭기(形削機) 등의 공작 기계의 구조를 적당히 조합하여 1대의 기계로 만든 것. 이 기계 1대로 선삭(旋削), 구멍 뚫기, 밀링 절삭, 형삭(形削) 등의 작업을 할 수 있는 매우 편리한 기계이나 생산성은 좋지 않다.

universal measuring machine 만능 현미 측정기(萬能顯微測定器), 만능 측장기(萬能測長器) =universal measuring microscope

universal measuring microscope 만능 현미 측정기(萬能顯微測定器), 만능 측장기(萬能測長器) 내경, 외경, 나사 등의 측정에 사용하는 현미경이 부착된 정밀 측정기. 표준자의 눈금을 현미경으로 읽도록 되어 있다.

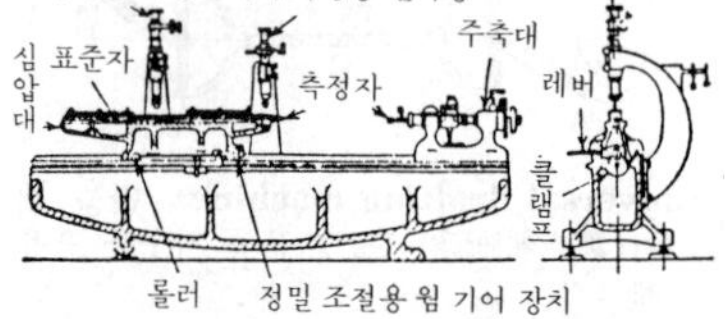

universal miller 만능 밀링 머신(萬能－) =universal milling machine

universal milling machine 만능 밀링 머신(萬能－) 니(knee)형 밀링 머신의 일종. 플레인 밀링 머신의 작업을 할 수 있는 이외에 여러 가지 부속 장치를 사용하여 평기어, 베벨 기어, 스크루 기어의 절삭이나 드릴, 구배, 분할 등의 특수 작업도 할 수 있다.

universal pressure boiler **UP** 보일러 미국 배브콕(Babcock) 회사에서 제작하고 있는 벤슨(Benson) 보일러.

universal product code 유니버설 프로덕트 코드 그림과 같은 심벌에 의하여 만들어진 표찰(標札)을 상품에 첨부하고, 이것을 카운터에서 레이저광으로 판독하여 매출 계산, 재고 관리 등을 한다. 이것을 유니버설 프로덕트 코드라고 한다.

universal testing machine 만능 재료 시험기(萬能材料試驗機) 인장 시험, 압축 시험, 굴곡 시험 등 세 가지 종류의 시험을 할 수 있는 시험기. 그 대표적인 것에 앰슬러 만능 시험기(Amsler's universal testing machine)가 있다.

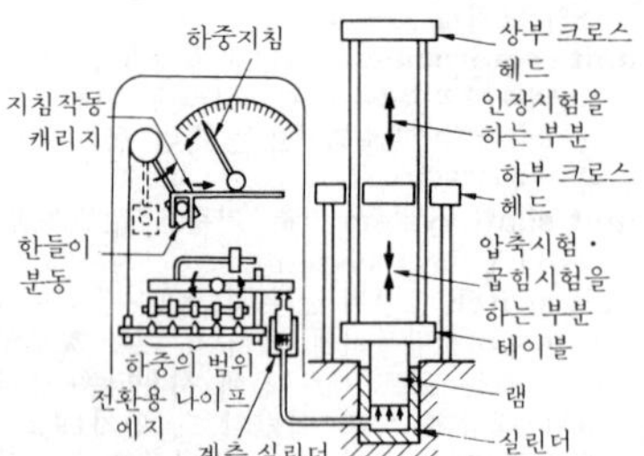

universal tool grinder 만능 공구 연삭기(萬能工具研削機) →tool grinding machine, tool grinder

universal vice 만능 바이스(萬能－) 두부(頭部)를 임의로 기울일 수 있는 기계 바이스. 기어 가공 또는 복잡한 형상의 공작물을 가공하는 데 편리하다.

unload apparatus 언로드 장치(－裝置) 유전(遊轉) 장치를 말한다.

unloader 언로더 ① 기체의 압축이 이루어지지 않도록 하여 압축기의 부하를 경감하는 장치. ② 기중기의 일종으로, 비포장 선적품(광석, 곡물 등)의 하역용으로 사용되는 기중기이며, 보통 컨베이어와 짝지어져 있다. ③ 가공이 끝난 반제품이나 완제품을 공작 기계나 프레스에서 분리하는 데 사용하는 기기.

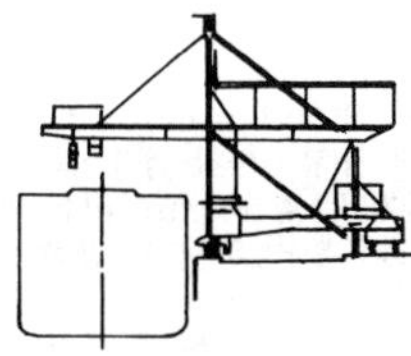

△ 다리형 기중기식 언로더

▽인입형 기중기식 언로더

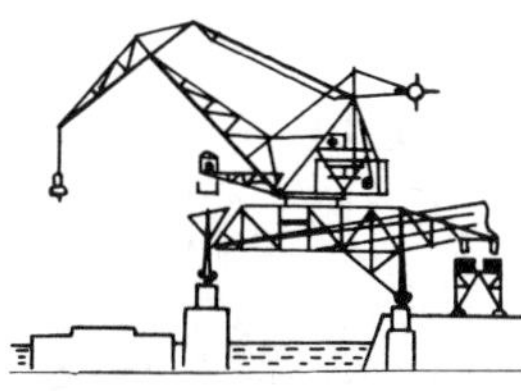

unloader

unloading 하중 제거(荷重除去) 기계나 구조물에 작용하는 하중을 제거하는 것을 말한다.

unloading circuits 언로딩 회로(-回路) 유압 회로(油壓回路)에서 특히 반복 작업을 할 때 펌프의 수명 연장, 동력비의 절감, 열발생 방지, 조작의 안전성 등을 위해 작업을 하지 않는 동안 펌프를 무부하 상태로 유지할 수 있는 회로. →unloading valve

unloading pressure control valve 언로드 밸브 일정한 조건하에서 펌프를 무부하로 하기 위하여 사용되는 밸브.

unloading valve 언로드 밸브 이 밸브는 파일럿 압력을 외부로부터 받았을 때 이것으로 밸브 내에 있는 평형 피스톤을 움직여 펌프로부터의 압유를 탱크로 빼돌려 펌프를 무부하 운전 상태가 되게 하는 것. 동력의 절감을 꾀하기 위해 쓰인다.

unstable equilibrium 불안정 평형(不安定平衡) 어떤 평형 상태에 있는 물체 또는 계(系)가 불안정성을 나타낼 때, 그 평형 상태를 불안정한 평형 또는 불안정 평형이라고 한다.

unsteady flow 비정상 흐름(非正常-), 부정류(不定流) 어떤 장소에서의 흐름의 상태(압력 · 속도 · 방향) 등이 시간적으로 바뀌는 흐름.

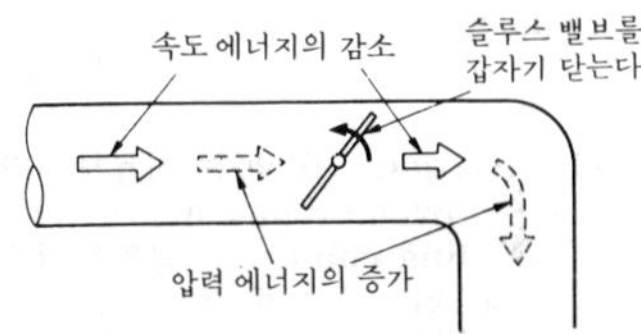

unsymmetrical leaf spring 비대칭 스프링(非對稱-) 센터 볼트의 위치가 스팬의 중앙에 있지 않는 겹판 스프링.

U-O process UO 프레스법(-法) 그림과 같이 프레스에 의해 강판을 U자형으로 굽히고, 그런 다음 O 프레스로 반원형의 홈이 팬 상하 다이(die)를 사용하여 관상(菅狀)으로 프레스하는 관 제조법. 석유, 천연 가스 수송용 대구경관(大口徑菅) 라인 파이프 제조법으로 중요시되고 있다.

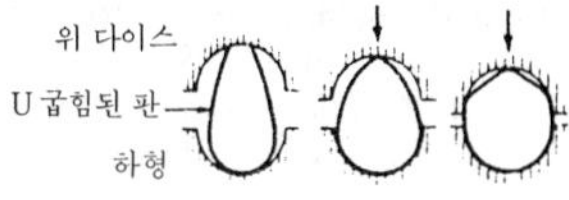

U packing U 패킹 패킹의 일종. =U leather packing

up cut milling 상향 절삭(上向切削) 밀링 절삭때 공작물을 밀링의 회전 방향에 대하여 역방향으로 이송하면서 절삭하는 것. 이에 대하여 같은 방향으로 이송하는 것을 하향 절삭(下向切削)이라고 한다. 보통은 상향 절삭으로 가공을 한다.

up cutting 상향 절삭(上向切削) →up cut milling

up-draft boiler 상향 통풍 보일러(上向通風-) 연소용 공기를 화격자(火格子) 아래쪽에서 위쪽으로 불어넣는 보일러로, 화격자 연소의 대부분은 이런 통풍 방식을 취한다. 하향 통풍 보일러에 대하여 상대적으로 붙여진 호칭이다.

up-draft carburettor 승류 기화기(昇流氣化器) 공기를 아래쪽에서부터 흡입하여 위쪽으로 배출하는 형식의 기화기.

up hill quenching 업 힐 퀜칭 담금질 부품의 잔류 응력을 제거하는 방법으로, 뜨임(tempering) 온도가 낮을 때 효과가 있다. 담금질을 위하여 급랭한 것을 -190℃ 정도까지 서브제로 처리(sub-zero treatment)한 후 증기 등을 내뿜어 급격히 가열한다. 이 방법은 일명 서브제로 급열법(急熱法)이라고도 한다.

upper deck 상갑판(上甲板) 일반 선박에 있어서, 최상층에 위치한 각 방향으로 통하는 갑판. →deck

upper deviation 위 치수 허용차(－數許容差) →normal dimension

upper yielding point 상 항복점(上降伏點) 연강(軟鋼)의 인장 실험에서 응력 변형으로 말미암아 재료의 탄성적 응집력(彈性的凝集力)을 상실하고 미끄럼 현장이 발생하는 점. →stress strain diagram

upright dial gauge 업라이트 다이얼 게이지 다이얼 게이지의 지지구(支持具). 측정하기에 편리하도록 다이얼 게이지에 스탠드를 조합한 것.

upright drill 업라이트 드릴, 직립 드릴링 머신(直立－) ＝upright drilling machine

upright drilling machine 직립 드릴링 머신(直立－) 테이블 위에 공작물을 올려놓고 동력 장치로 드릴을 회전시키면서 상하 이송 운동을 시켜 구멍을 뚫는 기계.

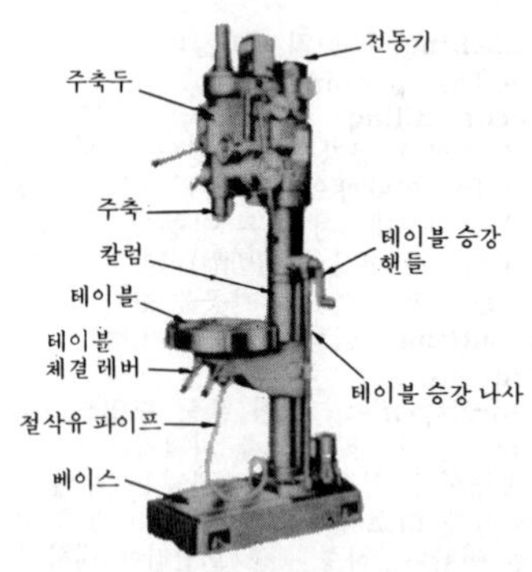

upset butt welding 업셋 맞대기 용접(－鎔接) 맞대기 용접에 의하여, 접합하는 2개의 봉(棒)을 맞붙여 밀착시킨 다음 전류를 통하여 접합부가 용접 온도에 도달하였을 때 가압하여 용착시키는 용접법.

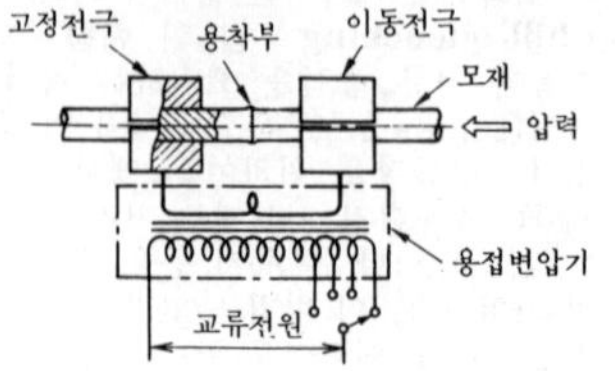

upset force 업셋력(－力) 플래시(flash) 용접, 업셋 용접, 마찰 용접 등에 있어서 용접 종반기에 업세팅(upsetting)할 때 피용접물(被鎔接物)의 단면(端面)에 가해지는 가압력.

upsetter 업세터, 수평 단조기(水平鍛造機) 봉상(棒狀)의 재료에 스웨이징 가공을 함으로써 제품을 만드는 단조기.

upsetting 업세팅, 압축 작업(壓縮作業) 재료를 길이 방향으로 압축하여 그 지름을 굵게 하는 작업.

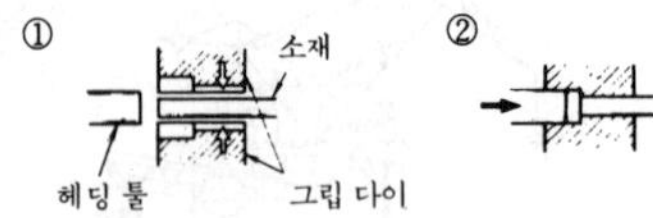

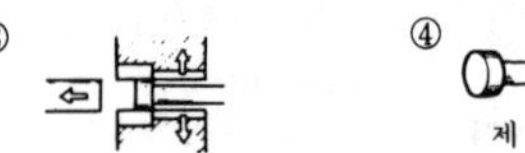

업세팅으로 만들어지는 제품예

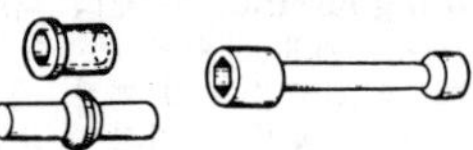

upset welding 업셋 용접(－鎔接) ＝upset butt welding

upward draft boiler 상향 통풍 보일러(上向通風－) ＝updraft boiler

uranium 우라늄 원소 기호 U, 비중 18.7, 융점(融點) 1,133℃. 원소 중 최대의 원자량(238.14)을 가진 은백색의 산화하기 쉬운 금속. 강력한 방사능을 가지며 반감기(半減期) 45억. 이 동위 원소 우라늄 235는 외부에서 들어온 중성자의 자극으로 핵분열을 일으켜 원자 에너지를 다량으로 방출한다.

urea resin 유리어 수지(－樹脂) 요소(尿素) 수지라고도 하며, 요소와 알데히드가 반응하여 생기는 무색 투명의 착색성이 좋은 열경화성(熱硬化性) 수지로, 접착제로 사용되는 이외에 목분(木粉) 등과 혼합하여 가열 성형하거나 합판이나 천에 함침 가열하여 적층판(積層板)을 만든다.

urethane rubber 우레탄 고무 폴리에스테르 또는 폴리에테르와 이소시아네이트와의 반응에 의해 생긴 고무 모양의 탄성체(彈性體)의 총칭. 일반적으로 내마모성이 뛰어나고, 내유(耐油)·내(耐) 오존성도 가지고 있으나 내열(耐熱)·내산(耐酸)·내알칼리성은 좋지 못하다. 타이어, 고무 롤, 패킹, 구두창, 인공 피혁 등에 널리 사용되고 있다.

usability test 사용 성능 시험(使用性能試驗) 기계, 장치 등을 실제로 사용하여 그 성능을 시험하는 것.

usage 용법(用法), 사용법(使用法), 취급법(取扱法)

useful length 유효 길이(有效－)

useful life 내용 수명(耐用壽命) 표준적인 정의는, 보전 비용(保全費用)이 목표값보다 커지지 않도록 고려하여 정해진 규정의 고장률(故障率)보다도 낮은 기간의 길이를 말한다. 고장률의 결정 방법에 따라서 내용 수명이 달라진다.

user 사용자(使用者) 기계, 기구 및 장치 등을 사용하는 사람.

utilization 이용(利用)

U tube **U** 자관(－字菅) U 자형으로 굽고 수압계(水壓計)로 사용하는 유리관.

V

vacuum 진공(眞空) 이론적으로는 물질이 전혀 존재하지 않는 공간.

vacuum advancer 진공식 조기 점화 장치(眞空式早期點火裝置) 가솔린 엔진에 있어서, 점화 후 최고 압력을 내기까지의 시간의 회전수 부하에 따라 달라지는데, 이에 대응할 수 있도록 흡기(吸氣) 매니폴드의 진공을 받는 벨로즈(bellows)의 작용에 의해 배전기(配電器) 바깥쪽을 돌려 조기 점화를 시키는 것.

vacuum annealing 진공 풀림(眞空－) 진공 상태에서 하는 풀림 열처리.

vacuum brake 진공 브레이크(眞空－) 진공을 이용한 파워 브레이크로, 사람의 조작에 의해 밸브만을 조작하는 것과, 답력(踏力)이 브레이크력의 일부가 되는 배력식(倍力式)이 있으며, 후자가 일반적으로 널리 사용되고 있다. 진공원(眞空源)으로는 엔진의 흡기압(吸氣壓)을 이용하고, 디젤 기관의 경우에는 특히 이젝터 등을 사용한다.

vacuum braker 진공 브레이커(眞空－) 복수기(復水器)에 있어서 배수(排水) 펌프의 고장 때 수위의 급상승으로 인하여 복수가 증기 기관에 역류되는 것을 방지하기 위한 부자(浮子) 설비 장치.

vacuum capper 진공 캐퍼(眞空－) 병에서 공기를 뺀 다음 내용물만을 채워 넣는 병 충전(充塡) 장치.

vacuum desiccator 진공 건조기(眞空乾燥器) 밀폐된 용기 속에 건조하려는 물체를 넣고, 펌프로 감압(減壓)하여 저온에서 건조를 시키는 장치.

vacuum die casting 진공 다이 캐스트(眞空－), 진공 다이 주조(眞空－鑄造) 캐버티 속을 진공도 685.8~736.5mmHg로 유지하면서 행하는 다이 주조. 이 방법에 의하면 다이 캐스트 제품의 내부에 공기가 잔류하여 다공소(多孔巢)를 만드는 일이 없어 양질의 주물을 얻을 수 있다.

vacuum distillation 진공 증류(眞空蒸溜) 1기압 이하의 감압하에서의 증류 조작. 비점(沸點) 이하에서 증류시킬 수 있는 이점이 있기 때문에 고비점(高沸點)의 액체나 열분해하기 쉬운 액체의 증류에 적합하다. 예컨대, 윤활유의 증류 등.

vacuum evaporation 증착(蒸着), 진공 증착(眞空蒸着) 금속을 저온으로 가열하여 증발시켜 그 증기로 금속을 박막상(薄膜狀)으로 밀착시키는 방법. 일반적으로 진공 속에서 이루어지므로 진공 증착이라고도 한다. 응용 예로서 실리콘 트랜지스터에서는 실리콘에 직접 리드선을 달기가 어려우므로 기판의 베이스 및 이미터 부분에 알루미늄을 증착시킨다.

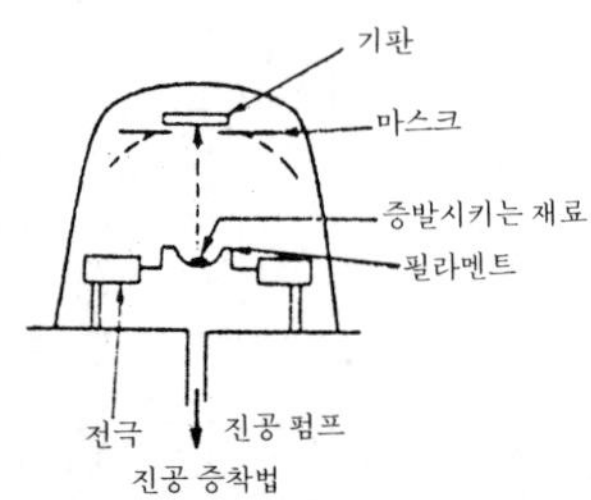

진공 증착법

vacuum gauge 진공계(眞空計) 대기압 이하의 기체의 압력을 측정하는 압력계. 수은 또는 증기압이 낮은 액체를 사용한 것에 U자관 진공계, 맥라우드 진공계가 있다. 금속관이나 금속막의 탄성 변형을 이용한 것에 부르동 진공계, 다이어프램 진공계가 있으며 공업적으로 널리 쓰이고 있다. 기체 분자의 열운동 에너지를 이용한 것에 크누센(Knudsen) 진공계, 기체에 의해 운반되는 열량이 압력에 비례하는 것을 이용한 피라니 진공계 등이 있다.

vacuum impregnation 진공 함침(眞空含浸) 진공 속에서 재료에 포함된 공기, 물 등을 배출시킨 뒤 필요한 성분을 침투시키는 것.

vacuum indicator 진공계(眞空計) = vacuum gauge

vacuum ion carburizing 진공 이온 침탄법(眞空-浸炭法) 진공로(眞空爐) 속에서 강재(鋼材)를 가열하여 메탄, 프로판 등의 탄화 수소 가스로 침탄(浸炭)시키는 경우, 강재에 글로 방전(glow discharge) 플라스마를 작용시켜 높은 에너지를 가진 탄소 이온을 강재 표면에 충돌시켜 표면 청정화(淸淨化)와 침탄을 동시에 하는 방법.

vacuum molding 진공 성형(眞空成形) 플라스틱 성형 가공법의 일종이다. 플라스틱판 가장자리를 클램프로 하형에 압착시켜 놓고, 위에서 히터로 가열하여 충분히 연화(軟化)되었을 때 형 속의 공기를 빼내어 성형하는 방법. 두께가 얇은 성형품을 만드는 데 적합하다.

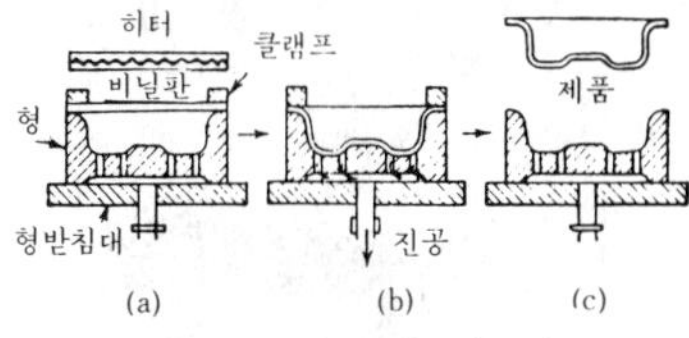

vacuum oxygen decarburization process 진공 산소 탈탄법(眞空酸素脫炭法) 전로(轉爐)나 전기로에서 예비 탈탄(脫炭)한 쇳물을 탈탄 냄비에 옮겨 진공하에서 산소를 불어넣어 탈탄시키는 방법으로, 18% Cr 계 스테인리스강의 양산에 사용되고 있다.

vacuum pan 진공 팬(眞空-) 진공 상태에서 용액을 농축하고 결정(結晶)시키는 장치를 말한다.

vacuum plating 진공 도금(眞空鍍金) 진공 속에서 금속 원소를 증발 승화시켜 부품의 표면에 얇은 막을 입히는 도금법이다. 증발 승화시키는 금속은 현재로는 알루미늄이 주로 사용되고 있다. 용도는 IC 회로나 소형 저항기 등의 전자 장치 부품, 사진 렌즈의 코팅, 플라스틱 제품의 메탈라이징 등.

vacuum plating of aluminium 알루미늄 증착(-蒸着) 알루미늄을 진공 속에서 가열 증발시켜 얇은 알루미늄막으로 피복하는 것. 응용 예로서는 금속(반사경, 자동차 부품 등), 플라스틱(명판, 장식품, 자동차 부품, 거울, 금실, 은실), 광학 관계(프리즘, 반사경, 매직 유리, 렌즈) 등.

vacuum process metallurgy 진공 제련(眞空製鍊) 진공 또는 묽은 가스 분위기 속에서 금속 화합물의 환원, 증류, 열분해, 금속의 증류(蒸溜) 등을 시킴으로써 생성 금속의 순도를 향상시키거나, 또는 종래의 제련(製鍊) 방법으로는 제조가 곤란했던 금속을 제조하는 방법이다. 티타늄, 지르코늄 등의 제조에 이 방법이 채용되고 있다.

vacuum pump 진공 펌프(眞空-) 공기를 밖으로 빼내어 진공을 만드는 펌프.

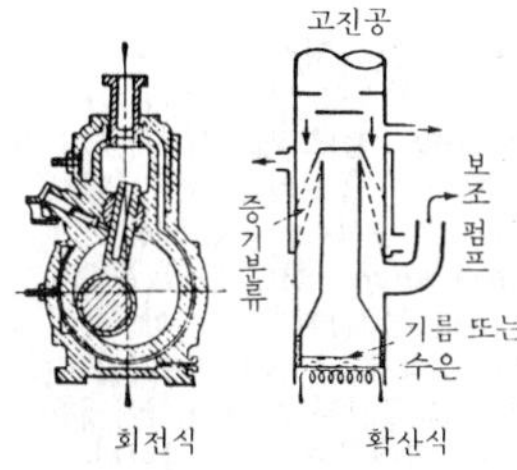

vacuum refrigerating machine 진공 냉동기(眞空冷凍機) 냉동기 속의 냉매(冷媒)의 압력이 대기압 이하인 냉동기.

vacuum tube 진공관(眞空管) 고도로 배기(排氣)한 유리 또는 금속 용기 속에 양극, 음극, 그리드의 각 전극을 봉입하고 열전자의 작용에 의하여 증폭, 발진, 변조, 정류 등의 각종 작용을 시키는 통신 기기의 중요 부품.

vacuum type pneumatic micrometer 진공 마이크로미터(眞空-) 공기 마이크로미터의 일종. 진공식의 특징은 대기압을 일정 압력 P_0로 하여 이용하므로 항압(恒壓) 장치가 필요없다는 것과, 지시가 넓은 범위에 걸쳐 직선적이라는 것 등이다. 대기압의 변동은 직접 영향을 미치나, 감도가 직선적이기 때문에 수정이 용이하다.

value added network ; VAN 부가 가치 통신망(附加價値通信網) 컴퓨터 이송 기술과 전기 통신 이용 기술을 조합한 새로운 데이터 통신망.

value analysis ; VA 가치 분석(價値分析)

제품의 가치를 기능면에서부터 조직적으로 분석, 검토하여 코스트의 절감을 꾀하려는 것.

valve 밸브 관 속을 흐르는 기체 또는 액체의 유입, 유출 및 이를 조절하는 장치 또는 부품의 총칭.

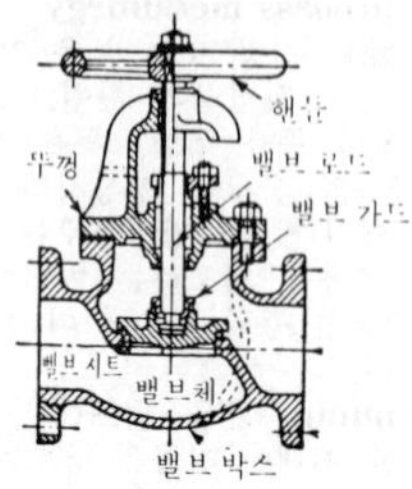

valve box 밸브 박스 밸브의 본체와 덮개를 통틀어 일컫는 말. =valve casing

valve casing 밸브 케이싱 →valve box

valve chest 밸브실(-室), 밸브 체스트 밸브체가 작동하는 밀폐된 장소.

valve clearance 밸브 간극(-間隙) 밸브축의 단면(端面)과 로커 암 사이에 보통 약간의 틈새가 생기게 되어 있는데, 이것을 밸브 간극이라고 한다. 이것은 밸브의 열팽창에 대비하기 위한 것이다.

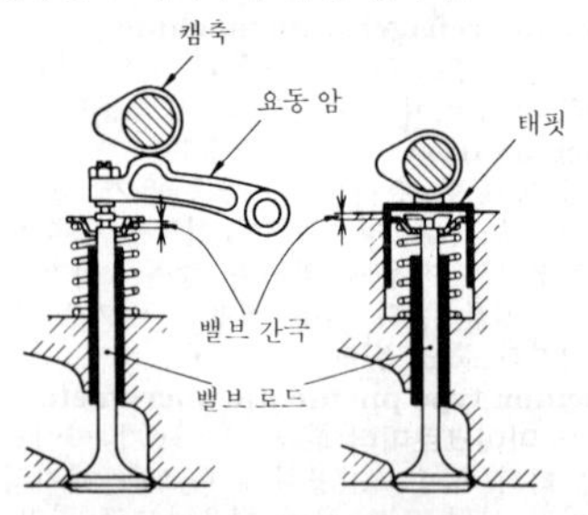

valve-closing time 밸브 폐쇄 시기(-閉鎖時期) 흡기, 배기, 소기(掃氣) 밸브 등의 폐쇄 종료 시기. 보통, 사점(死點)에서의 크랭크 각도로 표시된다.

valve diagram 밸브 선도(-線圖) 내연 기관이나 증기 기관에 있어서 흡기 밸브나 배기 밸브(또는 흡기구나 배기구)의 개폐 시기를 간단히 한눈에 알 수 있도록 크랭크각으로 나타낸 선도.

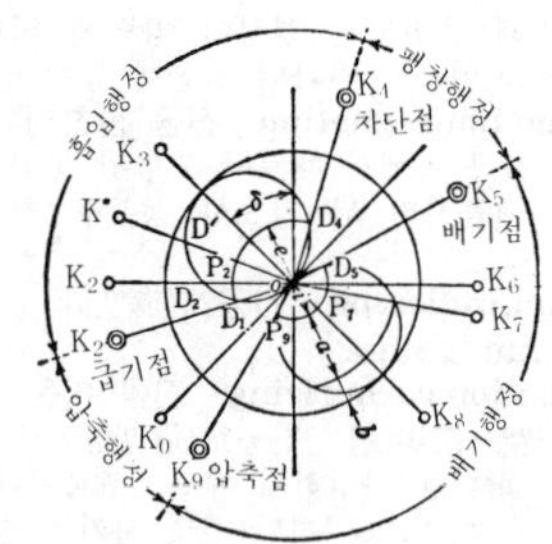

valve face 밸브 페이스 밸브의 밸브 시트(valve seat)에 닿는 면.

valve gear 밸브 장치(-裝置) 밸브를 개폐하는 장치.

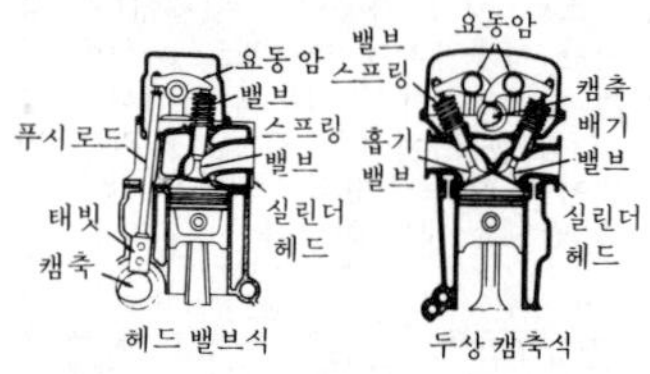

밸브 장치의 예

valve guide 밸브 가이드(내연 기관) 밸브축의 안내면인 동시에 밸브의 열을 실린더에 전달하여 방열시키는 역할도 하는 부분. 극히 간단한 기관 이외는 실린더 헤드에 주철, 알루미늄, 청동(青銅) 등으로 만든 슬리브를 압입하여 사용한다. →valve mechanism

valve lever 밸브 레버 캠(cam)에서 푸시 로드에 전달된 왕복 운동을 방향을 바꾸어 밸브축에 전달하기 위한 레버. =rocker arm →valve mechanism

valve lift 밸브 리프트, 밸브 양정(-揚程)

① 밸브가 밸브 시트에서부터 떨어진 거리를 밸브 리프트라고 한다. ② 포핏 밸브 등의 밸브가 완전히 닫힌 상태에서 전개(全開)하기까지의 이동 거리.

valve mechanism 밸브 기구(-機構) 밸브를 개폐하기 위한 일련의 장치. 그림은 일반 버섯형 밸브 개폐 기구의 설명도이다. 먼저 크랭크축의 회전이 4사이클인 경우 1/2로 감소되어 캠축에 전달된다. 캠의 회전에 의해 태핏이 올라가고 이 운동은 푸시 로드, 로커 암을 거쳐 밸브 스핀들(軸)에 전달되어 밸브가 열린다. 한편, 밸브가 닫히는 것은 밸브 스프링의 힘에 의해 이루어진다. 고속 기관에서는 밸브 기구의 관성력(慣性力)을 작게 하기 위해 캠축을 실린더 헤드 위에 설치하여 직접 밸브를 개폐하는 것도 있는데, 이것을 두상(頭上) 캠축식이라고 한다. 회전 밸브, 슬리브 밸브 등에서는 각각 특수한 밸브 기구가 사용된다. =valve gear

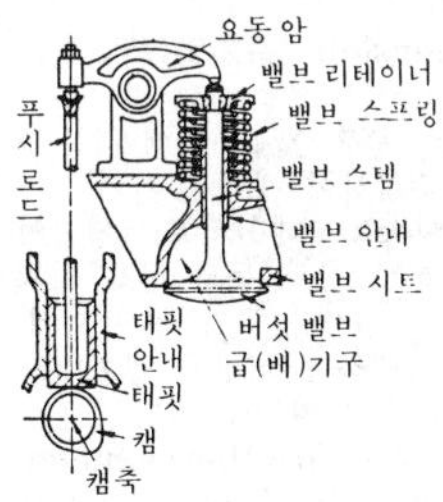

valve-opening time 밸브 개방 시기(-開放時期) 흡기·배기·소기(掃氣) 밸브 등이 열리기 시작하는 시기. 보통, 사점(死點)으로부터의 크랭크각으로 표시된다.

valve overlap 밸브 오버랩 흡·배기 작용을 완전하게 하기 위해서는 상사점(上死點)을 기준으로 흡기 밸브는 조금 빠르게 열리고, 배기 밸브는 조금 늦게까지 열린 채로 있는 것이 바람직하다. 이 때문에 흡·배기 밸브가 동시에 열려 있는 시기가 있게 되는데, 이것을 밸브 오버랩이라고 한다.

valve push rod 밸브 푸시 로드 태핏에서부터 로커 암 사이에 있는 중공(中空)의 강봉(鋼棒)으로, 태핏의 운동을 전달받아 로커 암을 움직이게 하는 것. =push rod, valve mechanism

valve regulation 밸브 조정(-調整) = valve setting →valve timing

valve rocker arm 밸브 로커 암 내연 기관의 밸브 메커니즘에 있어서 푸시 로드의 작용으로 밸브 축을 아래로 밀어 밸브를 열리게 하는 것.

valve seat 밸브 시트 밸브가 앉는 자리. 유체가 통과하는 밸브 시트의 구경은 거의 관의 내경과 같게 한다. 평면 시트, 원뿔 시트, 구면(球面) 시트, 붙박이 시트 등이 있다.

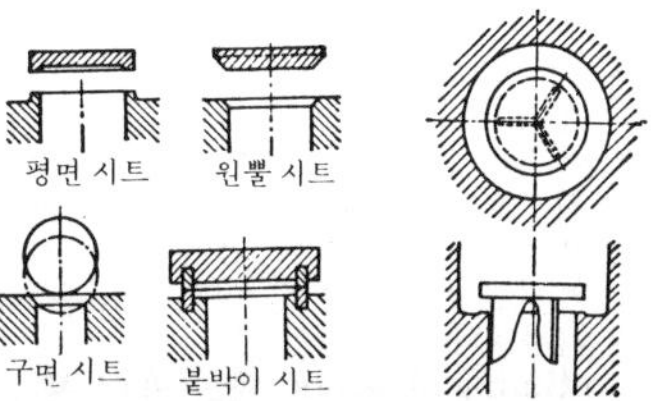

valve seat reamer 밸브 시트 리머, 밸브 시트 커터 리머의 테이퍼 구멍에 파일럿 스템(pilot stem)의 테이퍼부를 끼우고 파일럿부를 안내면으로 하여 핸들을 돌림으로써 내연 기관의 밸브 시트 마모를 수정하는 리머.

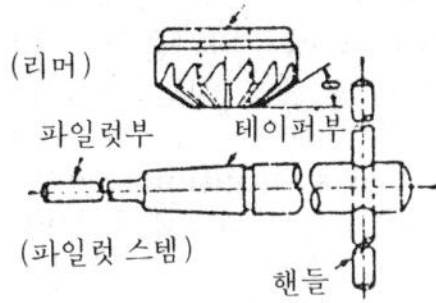

valve setting 밸브 조정(-調整) 밸브의 개폐 시기를 조정 또는 정하는 것. = valve regulation →valve timing

valve spindle 밸브 스핀들 밸브축. = valve rod

valve spring 밸브 스프링 하중(荷重) 대신 밸브를 닫도록 작동시키는 스프링.

valve spring retainer 밸브 스프링 리테이너 밸브축의 한 끝에 장치된 작은 원판. 밸브 스프링을 밸브축에 고정하고 스프링 힘을 받아 밸브축에 전달하는 역할을 한다. 링 스프링 또는 핀 등으로 간단하게 부착되어 있다.

valve steel 밸브용 강(-用鋼) 내연 기관, 가스 터빈, 증기 터빈 등의 밸브에 사용되는 내열성, 내식성, 내마모성이 뛰어난 강. 일반적으로는 Ni-Cr 오스테나이트강, 실크롬강, Ni-Cr-W-Mo 강, Ni-Cr-Co강 등이 사용된다.

valve stem 밸브봉(-棒), 밸브축(-軸) 버섯형 밸브의 축에 해당되는 부분. =valve rod

valve timing 밸브 개폐 시기(-開閉時期) 흡·배기 밸브의 개폐를 크랭크각으로 나타낸 것을 밸브 개폐 시기라고 하며, 이 값은 기관의 성능, 특히 용적 효율(容積效率)에 중요한 영향을 미친다. 보통, 흡·배기의 관성(慣性)을 고려하여 흡기 밸브는 상사점(上死點)보다 빨리 열려 하사점(下死點) 이후까지 열려 있고, 배기 밸브는 하사점 전에 열려 상사점 이후에도 다소 열려 있다. 이들이 열려 있는 시간은 고속 기관일수록 길고, 디젤 기관은 가솔린 기관보다 길다.

valve timing diagram 밸브 개폐 시기 선도(-開閉時期線圖) 밸브의 개폐 시기를 크랭크각으로 나타낸 선도.

van 밴 유개 화차(有蓋貨車)라는 뜻. 지붕이 있는 상자형 화물 트럭을 말한다.

vanadium 바나듐 원소 기호 V, 원자 번호 23, 원자량 50.95, 비중 6.0, 융점 1,717℃. 강이나 주철에 첨가하여 강도를 증대시킨다.

vanadium steel 바나듐강(-鋼) 바나듐을 함유하는 강. 경도, 전성(展性), 인장 강도가 뛰어나다.

V

Van der Pol s equation 판데르 폴의 방정식(-方程式) 외부에서 어떤 힘을 가하지 않아도 진동이 스스로 성장하거나 정상 진동을 지속할 수 있는 자려 진동계에 속하는 방정식.

vane 날개, 깃, 베인 날개차의 날개 부분. =blade

vane pump 베인 펌프 케이싱에 접하여 날개를 회전시킴으로써 날개 사이로 흡입한 액체를 흡입측에서 토출측으로 밀어내는 형식의 그림과 같은 펌프.

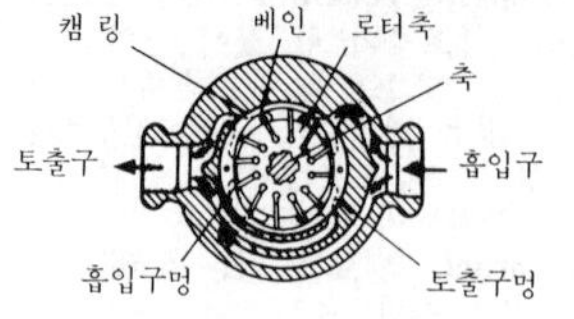

vane water-meter 날개차 수량계(-車水量計) 유체(流體)의 흐름에 의하여 날개차를 회전시켜, 그 회전수에서 수량을 구하는 구조의 수량계. =turbine water-meter

vanishing 배니싱 윤활제(潤滑劑)의 변질로 말미암아 변색막(變色膜)으로 피복되는 것을 말하며, 윤활유와 접촉되는 면에 생기는 현상이다.

vanish thread 불완전 나사(不完全螺絲) =incomplete thread

vaporization 증발(蒸發) =evaporation

vaporizer 증발기(蒸發器) =evaporator

vaporizing type burner 증발식 버너(蒸發式-) →oil burner, burner

vapor plating 기상 도금(氣相鍍金) 소지(素地) 금속의 융점(融點)보다 낮은 온도에서 기화하는 금속 화합물을 기화시켜 소지 금속 위에 피복 금속을 석출(析出)시켜 도금하는 방법.

vapor pressure 증기압(蒸氣壓) =steam pressure

vapor tension 증기압(蒸氣壓) =steam pressure

vapour 증기(蒸氣) 액체나 고체가 증발 또는 승화하여 생기는 기체.

vapour-lock 베이퍼록 엔진의 기화기나 연료 분사 장치 등의 연료 장치에 연료에서 나온 증기나 공기 등이 괴어 연료의 공급을 저해하는 현상을 말한다. 증기 폐색(蒸氣閉塞)이라고도 한다.

vapour pressure thermometer 증기 압력식 온도계(蒸氣壓力式溫度計) 휘발성의 액체를 감온통(感溫筒)의 일부에 봉입하고, 온도의 변화에 따라서 봉입 액체의 포화 증기압이 변화하는 것을 이용한 온도계.

varactor 버랙터 가변 용량(可變容量)의 다이오드.

variable area thrust nozzle 가변 면적 추진 노즐(可變面積推進-) 애프터 버너(after burner)가 부착되어 있거나 또는 초음속기용 터보제트(turbojet)에 사용되는 추진 노즐.

variable delivery pump 가변 토출 펌프(可變吐出-) →constant delivery pump

variable pitch-propeller 가변 피치 프로펠러(可變-) 비행기나 선박에 있어서 회전 중에 프로펠러 날개의 체결 각도를 변화시킬 수 있는 구조의 프로펠러.

variable rate spring 비선형 스프링(非線

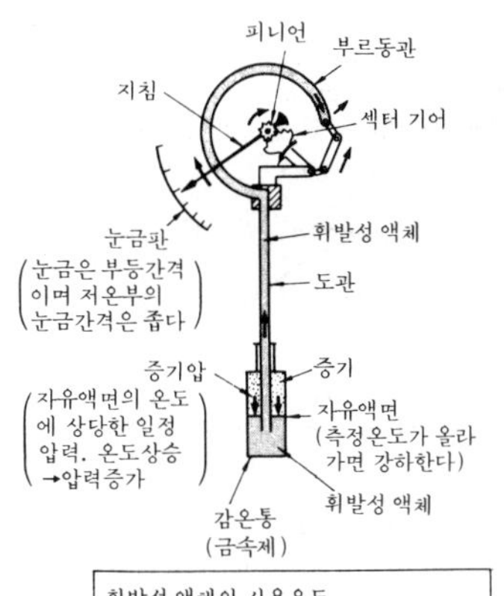

vapour pressure thermometer

形—) 스프링에 하중(荷重)을 가했을 때 스프링의 굽힘이나 변형이 하중에 비례하는 경우, 스프링 특성이 직선(하중 변형 선도를 그리면 직선이 된다)이라고 한다. 이에 대하여 스프링 특성이 직선이 아닌 스프링을 비선형(非線形) 스프링이라고 한다.

variable speed gear 변속 장치(變速裝置) 회전 속도를 몇 단계로 바꾸어 추진축에 전달하는 기계나 장치. 속도가 변화하는 비율을 변속비(變速比)라고 한다.

variable value control 추치 제어(追値制御) 목표값이 정해져 있고 이에 맞추어 제어하는 것이 보통의 제어 방식인데, 이것은 목표값이 변화할 때 그것을 제어량이 뒤쫓아가는 식의 제어 방식이다.

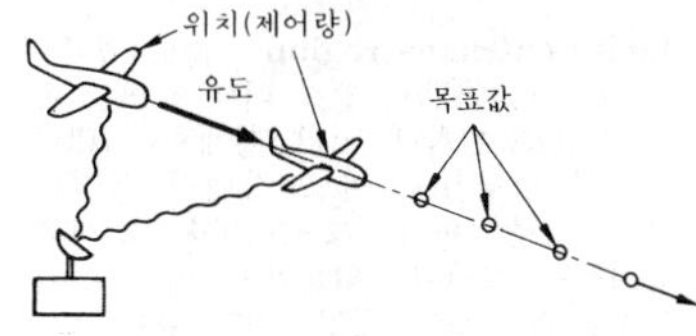

variable voltage welding machine 가변 전압 용접기(可變電壓鎔接機) 전류가 증가함에 따라 전압은 자동적으로 감소하게 마련인데, 그 전압이 감소하지 않고 필요에 따라 가변적인 용접기를 말한다.

variance 시차(示差) 측정량을 늘려갔을 때와 줄여갔을 때에 생기는 계측기의 판독(判讀) 차이를 말하며, 기계 요소(machine element)의 배극(背隙), 운동 부분의 고체 마찰, 탄성 부분의 탄성 여효(彈性餘效) 등이 원인이 되어 생기는 히스테리시스(履歷現象 : hysteresis)이다.

variation 변화(變化), 편차(偏差)

variation of tolerance 치수차(－數差) 실제 치수로부터 호칭 치수를 뺀 값.

varistor 배리스터 어떤 값 이상의 높은 전압을 가하면 흐르는 전류가 갑자기 증가하는 저항 소자를 말한다. 피뢰기나 스위칭 때 발생하는 대전류로부터 회로를 보호하는 장치. 텔레비전의 전압 안정화 소자로 사용된다.

varnish 니스 피막을 만들기 위하여 고체를 용제에 녹인 도료.

vaseline 바셀린 중유를 냉각시킬 때 분리하는 연질의 고형유(固形油). 용도는 주로 감마제(減摩劑), 폭약(爆藥) 등.

V belt V 벨트 천 또는 고무로 만든 V자형 단면의 벨트. V형 홈의 바퀴에 걸어서 사용한다. 특징은 평 벨트에 비하여 고속에서도 잘 미끄러지지 않으며, 전동(傳動) 능률이 좋고 소음이 적다는 것이다. 단거리의 2축 운전에 적합하다. 단면의 크기에 따라서 M, A, B, C, D, E의 6종류가 있다. 또, 좁은 폭 V 벨트에는 3V, 5V, 8V가 있다.

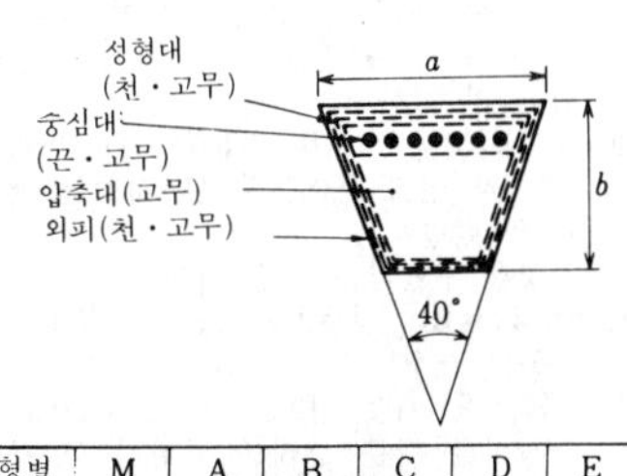

형별	M	A	B	C	D	E
a	10.0	12.5	16.5	22.0	31.5	38.0
b	5.5	9.0	11.0	14.0	19.0	25.5

V belt drive V 벨트 전동(－傳動) V 벨트를 V형 홈 바퀴에 걸어서 구동시키는 전동 방식.

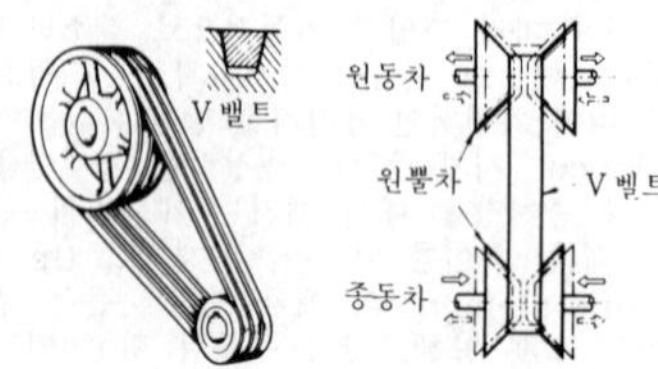

V-block V블록 금긋기에서 둥근 재료를 지지하여 그 중심을 구할 때 사용하는 V 자형 블록.

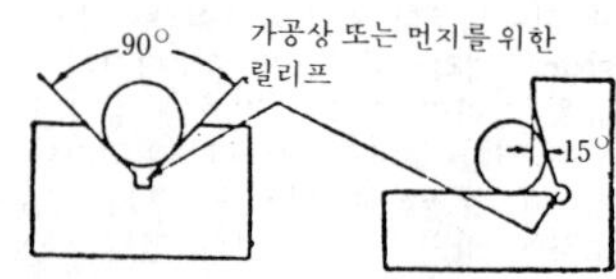

V connection V결선(－結線) 3상 교류를 V자형으로 결선한 것으로, 선간(線間) 전압이 변화하지 않고 선간 전류의 크기는 서로 간의 전류의 크기와 같다.

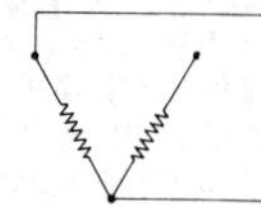

vector 벡터 힘, 속도와 같이 크기, 방향에 의하여 정해지는 양. 보통, 이것을 그림으로 나타낼 때는 크기 및 방향을 나타내는 선을 긋고 그 방향에 화살표를 붙인다. 벡터에 대하여, 면적이나 열량(熱量)과 같이 단지 크기만 갖는 것을 스칼라(scalar)라고 한다.

vehicle 비이클[1], 차량(車輛)[2] ① 도료(塗料) 속에서 안료(顔料)를 분산시키는 액상(液狀)의 성분.
② 지상을 주행하는 운송 차량.

vehicle weight 자동차의 중량(自動車－重量) 공차(空車) 중량은 연료, 냉각수, 윤활유를 가득 채운 양으로 하고 운행에 필요한 장비를 갖춘 상태를 말한다. 일반적으로 승무원, 예비 타이어, 예비 부품, 공구, 휴대 물품은 제외한다.

veining 베이닝 여러 가지 순금속이나 강합금(鋼合金)의 결정(結晶) 속에 생성되어 있는 결정 경계(結晶境界)의 망상(網狀) 무늬를 말한다.

velocity 속도(速度) 시간에 대한 변위(變位)의 비율. 단순히 빠른가 느린가의 정도를 빠르기라 하고, 이것에 방향을 합쳐서 생각한 양을 속도라고 한다.

velocity compounded impulse turbine 속도 복식 충동 터빈(速度複式衝動－) 노즐 속에서 증기가 초압(初壓)에서부터 종압(終壓)까지 압력이 강하하면서 고속으로 되어 제1 회전 날개에 유입하고, 다음에 고정 날개로 유동 방향이 바뀌어 제2 회전 날개로 유입하는 형식의 충동 터빈. 회전 날개가 2열인 것을 2속도단(速度段), 3열인 것을 3속도단이라 한다.

velocity diagram 속도 선도(速度線圖) 터빈, 펌프 등에서 날개차의 입구와 출구에 있어서의 속도 성분의 기하학적 관계를 나타내는 선도(線圖). 그림에서 u_1, u_2 : 날개의 입구, 출구의 주속도(周速度), v_1, v_2 : 물의 유입, 유출 속도, w_1, w_2 : 입구, 출구에 있어서의 날개에 상대적인 흐름의 속도.

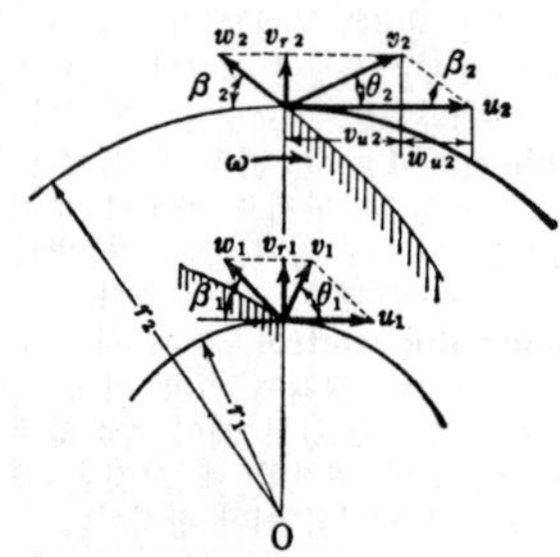

velocity entrance region 속도 조주 구간(速度助走區間) 원관 내에 흘러든 유체는 하류로 향함에 따라 경계층이 내벽을 따라서 발달하고 어느 점에서 경계층이 관 속에 충만하며, 그 후 계속 그 상태를 유지하여 흐른다. 입구에서 이 점까지의 거리를 속도 조주 구간이라고 한다. 이 구간의 길이는 경계층이 층류인가 난류인가에 따라 다르고, 또 입구 조건에 따라서도 다르나 일반적으로 층류쪽이 난류의 경우보다 길다.

velocity head 속도 수두(速度水頭) 단위 중량의 유체(流體)가 가지는 속도 에너지. 속도 v〔m/s〕로 유출하고 있을 때 유체가 가지는 에너지는 $v_2/(2g)$〔kgm〕. 따라서 v〔m/s〕의 속도의 유체는 $v_2/(2g)$〔m〕에 상당하는 에너지를 갖는다. 이것을 속도 수두라고 한다.

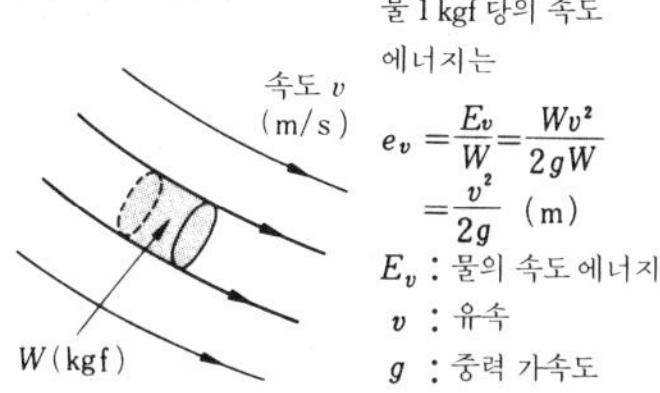

velocity of light 광속도(光速度) 빛이 전달되는 속도로, 1초간에 30만 km의 속도로 전달된다. 보통, 물체의 속도는 관측자가 움직이고 있는지 정지하고 있는지에 따라서 그 값이 변화하나, 빛의 속도는 어떤 계(系)로 측정하여도 항상 일정하다.

velocity pickup 속도 픽업(速度-) 입력 속도에 비례하는 출력을 발생하는 변환기.

velocity potential 속도 퍼텐셜(速度-)

velocity pressure compound turbine 속도 압력 복식 터빈(速度壓力複式-) 1열의 노즐과 2열의 회전 날개로 구성된 커티스단(속도 복식단)을 다수 배열한 터빈을 말한다.

velocity ratio 속도비(速度比) 터빈의 회전 날개의 주속도(周速度)와 유입 절대 속도와의 비율을 속도비라고 한다. 이 값은 터빈 효율을 지배하는 중요한 값으로서, 각 터빈 형식마다 최적 속도비의 값이 있다. →velocity ratio for optimum efficiency

velocity ratio for optimum efficiency 최적 속도비(最適速度比) 터빈 효율이 최대가 될 수 있는 그와 같은 속도비(速度比)를 말하며, 단식 충동(單式衝動) 터빈에서는 0.45, 속도 복식 충동(速度複式衝動) 터빈에서는 0.23, 3속도단 충동 터빈에서는 0.13, 파슨즈 터빈(Parsons turbine)에서는 0.7~0.9 정도의 값이다. →velocity ratio

velocity vibrograph 진동 속도계(振動速度計) 진동계의 일종으로, 진동의 속도에 비례한 양을 기록하는 장치.

velox boiler 벨럭스 보일러 스위스 BBC사가 제작한 특수 보일러의 일종. 가스 터빈과 공기 압축기 및 보일러수(水) 순환 펌프를 구비하고 있고, 과급 연소(過給燃燒), 열(熱) 가스의 고속 유동, 보일러수의 강제 순환을 시키며, 경량이고 소형이므로 단시간에 시동이 가능하다.

veneer 베니어판(-板) 목재의 합판, 적층재(積層材)의 제조에 사용하는 소재가 되는 판. 대개의 경우 둥근 원목을 회전시키면서 바깥쪽에서 0.2~5mm 정도의 두께로 깎아 만든다. →plywood

veneer lathe 베니어 선반(-旋盤) 베니어 합판의 소재판(素材板)을 깎아 내는 목공 선반으로, 둥근 원목을 회전시켜 폭이 넓은 절삭날로 껍질을 깎듯이 일정한 두께의 박판(薄板)을 깎아 내는 기계이다.

veneer slicer 베니어 슬라이서 절삭 공구를 왕복 운동시켜 소정 두께의 단판(單板)을 제조하는 목재 가공 기계.

V-engine V형 발동기(-形發動機) 다(多) 실린더 발동기의 일종. 실린더의 배치를 V자형으로 배열한 것.

vent 벤트 ① 통풍구, 가스 빼기. ② 구멍을 뚫다, 출구를 내다.

vent hole 가스 배출구(-排出口) 주조 작업에서 주형(鑄型)에 쇳물을 부었을 때 발생하는 가스를 뽑아 내기 위해 마련한 가스 배출 구멍.

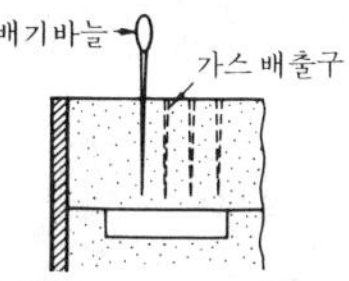

ventilated box car 통풍차(通風車) 야채, 과일 등 통풍을 필요로 하는 화물을 수송하기 위하여 지붕에 통풍기를 설치하고, 주위와 바닥에도 통풍 구멍을 낸 화차(貨車).

ventilating cock 공기 콕(空氣-) =air cock

ventilating device 통풍 장치(通風裝置) 송풍기, 배풍기(排風機) 또는 양자를 병용한 공기 환풍 장치. 또는, 외부의 풍속을 이용하여 통풍을 하는 장치.

ventilating fan 환기 팬(換氣-) 환기용

으로 벽 또는 천장 등에 장치하여 사용하는 선풍기. 대형 원심 다익(遠心多翼) 송풍기나 축류(軸流) 송풍기를 이 이름으로 부를 때도 있으나 일반적인 것은 아니다.

ventilating hole 환기구(換氣口) 환기를 목적으로 벽, 천장 구석이나 밑, 바닥 등에 뚫어 놓은 구멍.

ventilating pressure 환기압(換氣壓) ① 빌딩이나 극장 안의 공기를 환기하는 데에 필요한 압력을 말한다. ② 통풍 압력. →draft pressure, draft

ventilation flue 통풍로(通風路) 공기 조화, 환기 등에 사용되는 공기의 유로(流路). =air duct

ventilation loss 환기 손실(換氣損失) 증기의 공급을 받지 않는 터빈의 동익(動翼)이 일을 하기 때문에 생기는 손실이 아니고 단지 증기를 뒤섞기 위해 생기는 손실.

ventilation rate 환기 횟수(換氣回數) 단위 시간에 실내에 공급되는 공기(외기, 순환 공기)의 총량을 방의 용적으로 제한 수. 1 시간당의 양으로 나타내어진다.

ventilator 통풍기(通風機) 기체(주로 공기)를 유동시키기 위하여 사용하는 풍압(風壓)이 적은 팬(fan).

venting 가스 빼기 =vent →vent hole

vent port 벤트 포트 대기에 개방되어 있는 배기구를 말한다. 통기구(通氣口)는 블리더(bleeder)라고 한다.

vent sleeve 벤트 슬리브 실내나 공장 내의 환기(ventilation)를 위하여 벽 또는 지붕에 설치하거나, 또는 갱내(坑內)에서 발생하는 가스를 배출하기 위하여 설치하는 장치.

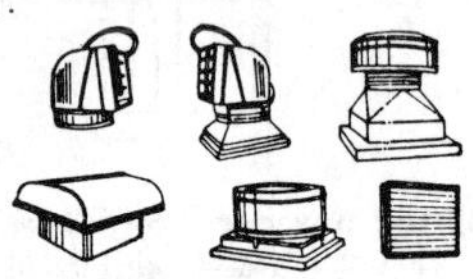

Venturimeter 벤투리계(－計) 베르누이의 정리(定理)를 응용하여 관 속의 유량을 측정하는 계기. 관의 중간을 가늘게 하고 그 전후에 직립관을 세워 그 액면의 차로 물의 유량을 측정하는 장치.

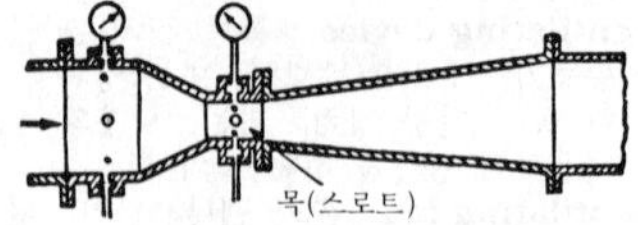

Venturi nozzle 벤투리 노즐 노즐형 벤투리관이라고도 하며, DIN, BS 에 규정되어 있는 것이다. 이것의 유입 부분의 형상은 DIN 의 노즐과 동일하나, 유출 부분에 확대관(擴大管)을 가지고 있다. 이 확대관은 압력 손실을 감소시키기 위한 것으로, 압력 손실은 동일 차압(差壓)을 발생하는 오리피스 또는 노즐에 비해 극히 적다.

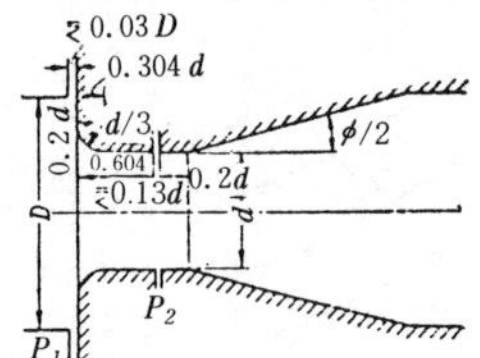

Venturi tube 벤투리관(－管) 직관(直管)의 도중 유로를 좁혀 그 대경부(大徑部)와 소경부(小徑部)의 압력차를 측정하여 유량을 측정하는 관.

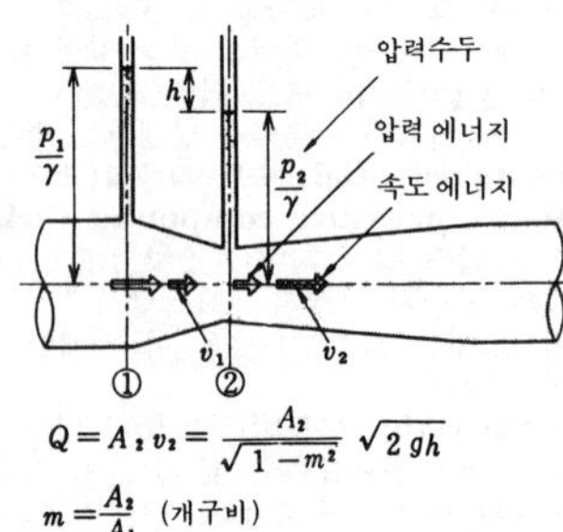

$$Q = A_2 v_2 = \frac{A_2}{\sqrt{1-m^2}}\sqrt{2gh}$$

$$m = \frac{A_2}{A_1}$$ (개구비)

vent valve 도출 밸브(逃出－), 일수 밸브(溢水－) =escape valve

verdigris 녹청(綠靑), 동록(銅綠) 구리를 공기 속에 방치하면 공기 속의 수분과 탄산 가스의 작용으로 생기는 녹색의 유독 녹.

vernier 버니어, 부척(副尺) 눈금자로 길

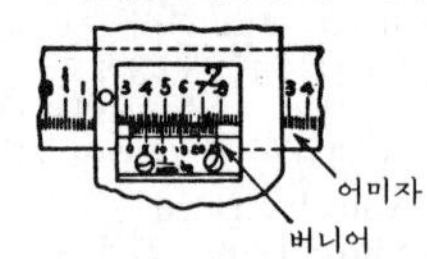

이를 잴 때 주척(主尺)의 한 눈금 사이를 1/10, 1/20까지 정확히 읽기 위하여 병용하는 부척.

vernier calipers 버니어 캘리퍼스 현장용 정밀 측정구(精密測定具)의 일종. 공작물의 길이를 측정하는 이외에 두께, 구(球), 구멍의 지름 등도 잴 수 있다.

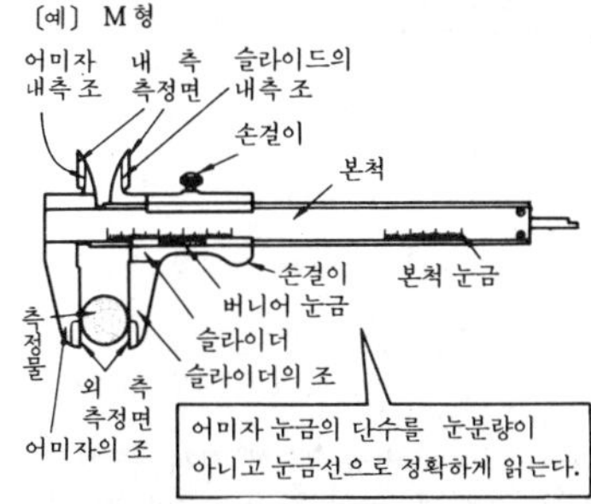

vernier depth gauge 버니어 깊이 게이지 버니어가 붙은 깊이를 측정하는 게이지.

vernier engine 버니어 엔진 장거리 탄도 미사일의 최종 단계 추진 로켓이 다 타고 난 다음 속도를 조정함과 동시에 진로 오차를 정확히 수정하기 위한 보조 로켓 엔진. 보통, 액체 로켓 엔진을 사용한다.

vernier height gauge 하이트 게이지 높이를 측정하는 측정구. 받침 밑면으로부터의 높이를 1/50mm의 단위로 읽을 수 있는 것. =height gauge

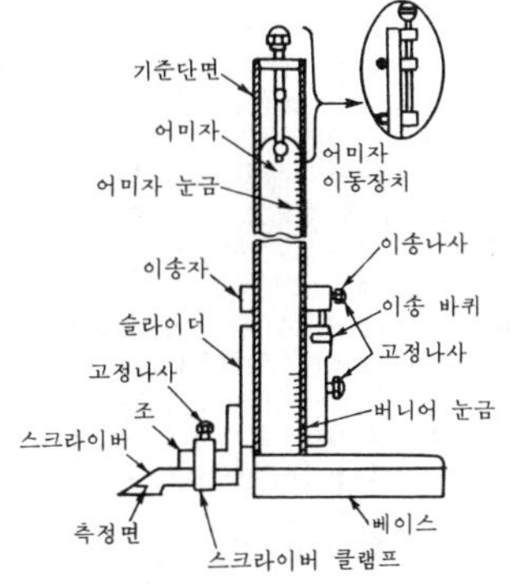

vertical 버티컬 수직형, 직립형이라는 뜻.

vertical articulated platform conveyor 슬랫 엘리베이터 4줄의 체인에 연결한 슬랫(slat)을 운반시에는 그림과 같이 수평으로, 귀환시에는 그것을 수직으로 하여 회송하는 엘리베이팅 컨베이어.

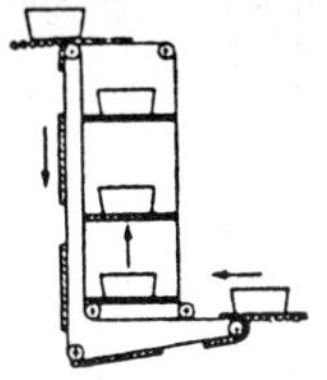

vertical boiler 수직형 보일러(垂直形－), 직립형 보일러(直立形－) 둥근 보일러를 수직으로 세운 것과 같은 모양의 보일러. 공장용 소형 보일러, 공사용 이동 보일러 또는 일시적인 동력용 보일러로 사용하기에 적합하다.

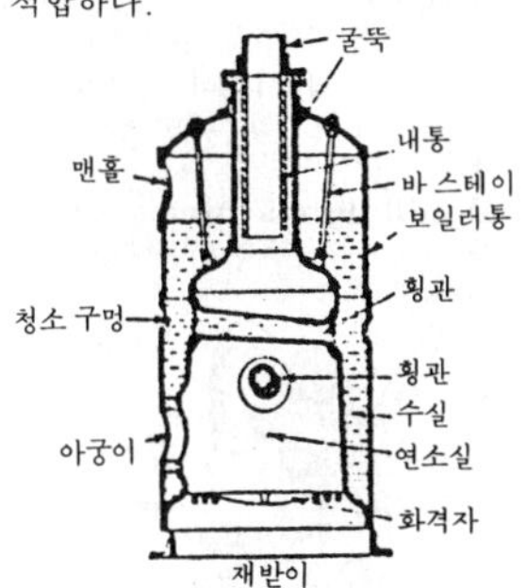

vertical boring machine 수직식 보링 머신(垂直式－) 정면 선반(正面旋盤)의 주축을 수직으로 세운 모양의 보링 머신으로, 일명 직립 선반이라고도 한다.

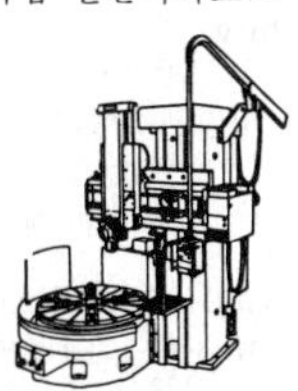

vertical engine 직립형 기관(直立形欺關), 수직형 기관(垂直形機關) 실린더가 수직

으로 장치되어 있는 증기 기관이나 내연 기관. 대형 또는 고속 기관에 많다.

vertical feed 상하 이송(上下移送) 공작 기계에서 공구 또는 공작물을 상하로 이송하는 것.

vertical force 연직력(鉛直力), 수직력(垂直力) 지구의 중심을 향하는 힘 혹은 그 방향의 분력을 말하며, 질량을 m, 중력 가속도로를 g라 하면 mg가 연직력이며 이것은 무게와 같다.

vertical illuminator 수직 조명기(垂直照明器) 현미경의 조명 장치의 일종으로, 불투명 물체(금속, 광석, 합성 수지, 종이 등)의 투사 조명(投射照明)에 사용하는 것. 옆쪽으로부터의 조명용 빛은 45° 경사진 유리판 또는 직각 프리즘에 의해 대물(對物) 렌즈에 투사되어 물체를 조명한다.

vertical lathe 수직식 선반(垂直式旋盤) =vertical boring machine

vertical milling attachment 수직 밀링 장치(垂直-裝置) 플레인 밀링 머신 또는 만능 밀링 머신의 주축 두부(頭部)에 장착하여 수직식 밀링 머신의 역할을 하는 것. 주축은 수직으로 된 내면에서 자유롭게 선회할 수 있다.

vertical milling machine 수직식 밀링 머신(垂直式-) 주축이 수직으로 장치된 밀링 머신.

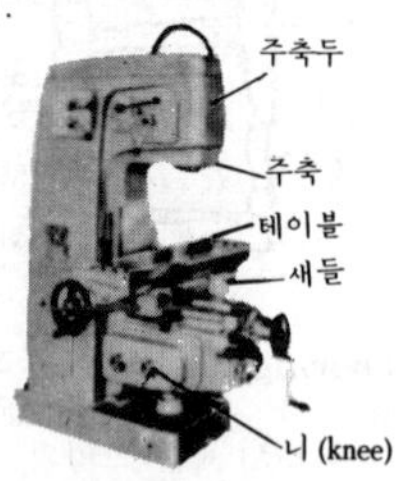

vertical molding 수직 주형법(垂直鑄型法) 가로형의 길이 방향으로 수직으로 세워 놓고 주물사를 다져서 성형하는 주형법.

vertical pipe 수직관(垂直管) 배관에서 수직 방향으로 옥상까지 통하게 설치되는 관. =riser

vertical position of welding 수직 자세 용접(垂直姿勢鎔接) 작업대의 수평면에 대하여 수직을 이루는 면, 또는 60° 이상의 각도를 이루는 면의 용접선이 밑에서 위로 나아가며 행하는 용접법.

vertical press 수직 프레스(垂直-) 램(ram) 행정(行程)이 수직으로 작동하는 프레스.

vertical pump 수직 펌프(垂直-) 종축형(縱軸形) 펌프, 원심(遠心) 펌프, 왕복동(往復動) 펌프 어느 것이나 깊은 곳의 양수(揚水)에 편리하고 설치 면적이 좁은 것 등의 이점을 가지고 있다.

vertical shaft turbine 종축 터빈(縱軸-) 수력(水力) 터빈 또는 증기(蒸氣) 터빈으로서 축이 직립하고 있는 것을 말한다. 수력 터빈에서 축을 종축으로 하면 바닥 면적을 감소할 수 있기 때문에 유리하다. 그보다 더 큰 이점은, 발전기를 수차(水車)의 위치보다 더 높게 설치할 수 있으므로 홍수시에도 걱정이 없으며, 또한 수차를 방수면(放水面)에 더 접근시켜 설치할 수 있어 유효 낙차(有效落差)를 크게 할 수 있다는 것이다.

vertical welding 수직 자세 용접(垂直姿勢鎔接) =vertical position of welding

very large scale integration 초 **LSI**(超-) 집적도(集積度)를 LSI보다 높인 것. 일반적으로는 1개의 칩(chip)에 10,000개 이상의 소자가 집적된 것.

very low temperature 극저온(極低溫) 절대 0도(−273.1℃)에 가장 가까운 온도를 말하며, 헬륨의 액화점은 −269℃이다.

vessel 용기(容器), 그릇

vest sleeve 통풍통(通風筒) 굴뚝 모양의 환기 장치. =ventilator

vibrating conveyor 진동 운반기(振動運搬機), 진동 컨베이어(振動-) 홈통에 진동을 주어 짐을 수송하는 컨베이어.

vibrating feeder 진동 피더(振動-) 진동을 이용하여 공급물을 적정량씩 이송하여 공급하는 장치.

vibrating screen 진동 체(振動-) 체질하는 기계의 일종으로, 스크린에 진동을 주어 체질을 하는 기계이며, 전자식(電磁式)과 기계식이 있다.

vibration 진동(振動) =oscillation

vibration damper 제진기(制振器) 운동하고 있는 물체나 진동하고 있는 물체를 정지시키기 위하여 물체가 가진 에너지를 일부 또는 전부 흡수하여 그 목적을 달성하는 장치. =damper

vibration isolation 진동 절연(振動絶緣) 진동원(振動源)이 되는 물체를 방진(防振)

고무 등을 사이에 넣고 바닥에 설치함으로써 진동이 바닥에 전달되지 않도록 절연하는 것.

vibration of normal mode 고유 진동(固有振動) 물체에 스프링의 복원력이 작용하고 있을 때 일어나는 자유 진동을 특히 고유 진동이라고 하는 경우가 있다.

vibration systeming 진동계(振動系) 진동학적(振動學的) 관점에서 본 물체의 집합을 말한다. 1 자유도계(自由度系), 2 자유도계…, 다(多)자유도계로 분류된다.

vibration transmissibility 진동 전달률(振動傳達率) 진폭 P_0의 진동적인 힘을 발생하고 있는 기계가 적당한 방법으로 기초에 설치되어 있을 때, 기초에 미치는 힘의 진폭과 P_0의 비율을 말한다.

vibrator 바이브레이터 ① 진동을 일으키게 하는 기기나 장치. ② 직류 전원으로부터 교류를 만들기 위하여 전자적(電磁的)으로 직류를 단속(斷續)하는 장치.

vibrograph 진동 기록계(振動記錄計)[1], 기록 진동계(記錄振動計)[2] ① 전자(電磁) 오실로그래프 등 진동 파형의 오실로그램 기록이 가능한 측정기.
② 기록 장치를 갖는 진동계이며, 예를 들면 휴대형 진동계, 지진계 등이 있다.

vibroisolating material 방진재(防振材) 부품이나 기계의 다른 진동이 부품이나 기계, 건물 등에 전달되는 것을 방지하기 위하여 기계의 베드와 기초 사이 또는 부품과 부품 사이에 삽입하는 탄성(彈性)을 가진 고무, 코르크, 합성 수지, 금속 스프링, 공기 스프링 등을 말한다.

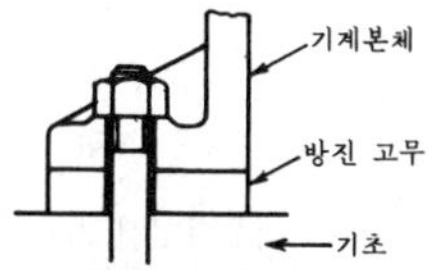

vibroisolating rubber 방진 고무(防振－) 고무를 압축 또는 전단(剪斷) 방향으로 변형시켜 그 탄력을 스프링 작용으로 이용하여 충격, 진동을 흡수시키는 작용을 하게 하는 것.

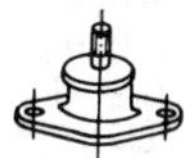
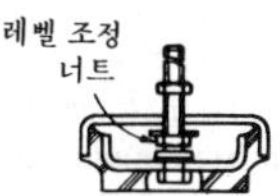

vibrometer 진동계(振動計) 진동의 파형, 진폭, 주파수 등을 기계적, 광학적 또는 전기적 방법으로 확대하여 기록하는 장치.

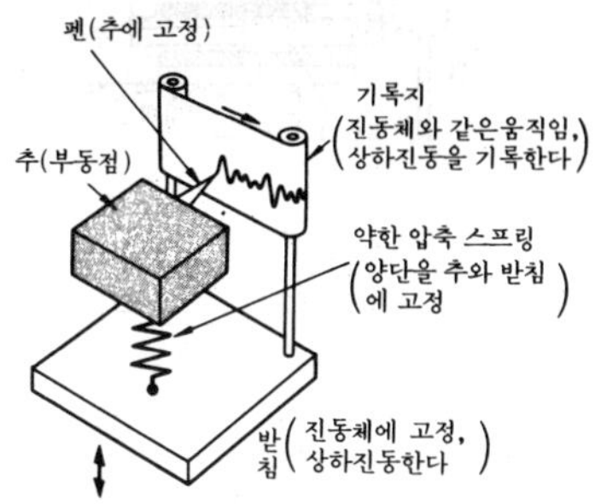

vibroscope 진동계(振動計) ＝vibrometer

vibroshear 진동 전단기(振動剪斷機) 판금(板金) 가공용 동력 전단기의 일종. 폭이 좁은 절단날을 고속도로 진동시켜 판금의 직선 절단, 원형 절단, 자유 절단 또는 성형 가공을 하는 기계. 프레스 작업도 할 수 있고, 만곡(彎曲)이나 절단도 자유롭게 할 수 있다.

vice 바이스 손다듬질을 할 때 공작물을 고정시키기 위하여 물리는 공구. 상자 바이스(parallel vice), 다리붙이 바이스(leg vice), 특수 바이스 등이 있다.

Vickers hardness 비커즈 경도(－硬度) 꼭지각 136°의 다이아몬드 제 4 각뿔 압자(壓子)를 사용하여 시험편(試驗片)에 피라미드형의 압입(壓入) 자국을 내고 그 대각선의 길이를 측정하여 환산표에서 경도를 구한다. 매우 경도(硬度)가 높은 강(鋼), 정밀 가공 부품, 박판 등의 경도 시험에 사용된다.

victaulic joint 빅톨릭형 관 이음(－形菅－) 접속하는 관의 양 끝에 특수한 모양의 개스킷을 끼우고, 그 위로 하우징을 덮어씌워 볼트 및 너트로 체결하는 관 이음으로, 관의 휨이나 신축을 흡수할 수 있다. 수도나 공기 배관 등에 흔히 사용된다.

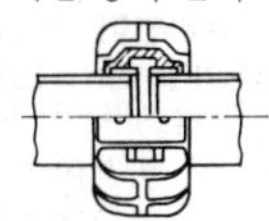

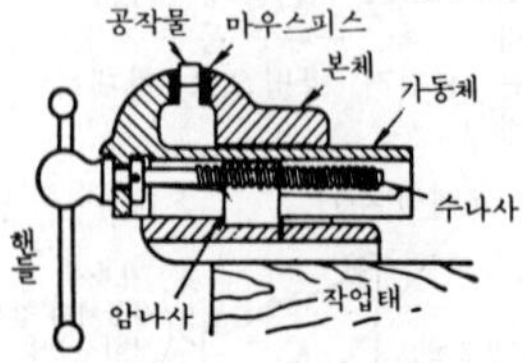

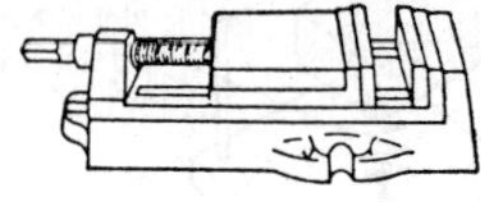

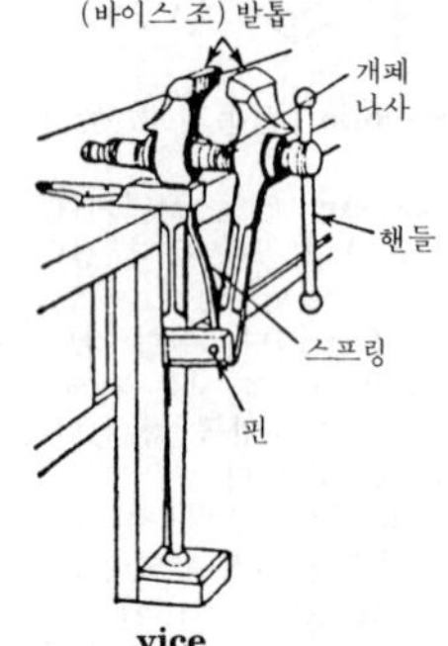

vice

V

video 비디오 음성 신호 오디오에 대하여 영상(映像) 신호 또는 영상 그 자체를 비디오라고 한다.

video disk 비디오 디스크 1970년 서독의 텔레푼켄사 등이 개발한 것으로, 비닐로 만든 원반(디스크)을 플레이어에 걸면 영상(映像)과 음성이 텔레비전 수상기에 재생되는 시스템.

vidicon 비디콘 어떤 종류의 반도체는 빛을 비추면 전기를 쉽게 흐르게 하는 성질을 가지고 있다. 이 성질을 이용한 촬상관(撮像管)을 비디콘이라고 한다. 매우 소형화할 수 있고 주로 공업용 텔레비전에 사용되고 있다.

view-finder 뷰파인더 =finder

Vincent friction press 빈센트 프릭션 프레스 전동용(傳動用) 마찰판이 원뿔형으로 되어 있고, 램(ram)이 밑에서 위로 향하여 움직이며, 프레임에 작업 압력이 작용하지 않는 것을 특징으로 하는 프레스. 주로 리벳 머리, 볼트 머리를 단조하는 데 사용되고 있다.

vinyl chloride 염화 비닐(鹽化−) 플라스틱 성형 원료. 가장 값싸고 유용한 기계적, 화학적 성질과 성형성을 가지고 있다. 연질(軟質)과 경질(硬質)로 대별되고, 연질은 필름·시트·레저(인조 피혁), 경질은 대부분이 성형품·판·관 등으로 가공된다. 용도는 화학 장치, 전기 기기류, 자동차 부품 등에 널리 사용되고 있다.

vinyl covered steel plate 비닐 강판(−鋼板) 냉간(冷間) 압연한 박강판(薄鋼板)에 염화 비닐을 피복한 적층판(積層板). 특징은 강판의 강도와 염화 비닐의 내식성(耐蝕性)이 뛰어난 성질을 함께 갖추고 있고 착색이 자유로우며, 표면이 아름다운 것 등이다.

vinylester resin 비닐에스테르 수지(−樹脂) 내식(耐蝕), 열경화성 수지(熱硬化性樹脂)의 하나로, 에폭시 수지에 아크릴 산류(酸類)를 반응시켜 스티렌에 용해한 것. 내식성이 뛰어나고 기계적 강도도 양호하며 연신율(延伸率)도 크다.

vinyl pipe 비닐관(−菅) 염화 비닐로 만든 관. 열에 약하고 내압성(耐壓性)은 작으나 내식성(耐蝕性)이 크고, 가솔린이나 기름에 용해되지 않으므로 연료 수송관 등에 사용된다.

vinyl tube 비닐관(−菅) =vinyl pipe

virtual center 순간 중심(瞬間中心) 기구(機構)를 구성하는 2개의 링크(link)의 상호 운동이 항속(抗束) 운동이면, 직접 짝(對偶)을 이루고 있지 않는 경우에도 각 순간순간에 있어서 그 운동은 각각 어떤 점을 중심으로 하는 회전 운동으로 간주할 수가 있다. 이와 같은 회전 중심을 순간 중심이라고 하며, 이 순간 중심이 시간의 흐름과 더불어 이동하면서 그리는 궤적(軌跡)을 순간 중심 궤적이라고 한다.

virtual displacement 가상 변위(假想變位) →virtual work

virtual image 허상(虛像) 광학계를 통과한 광선이 발산 광속(發散光束)을 만들고 그 연장이 물체측의 매질 속에서 맺는 상(像). 실상(實像)에 대립하는 말. 볼록 렌즈의 초점 안, 오목면 거울의 초점 안에 물체를 둘 때 맺는 상은 허상이다.

virtual mass 가상 질량(假想質量) 물체가 유체 속을 운동하는 경우에는 유체가 움직이기 때문에 운동 에너지를 갖게 되므로, 진공 속을 운동하는 경우에 비하여 물체의 질량이 외견상 증가한 것과 같은 운동을 한다. 이 증가량을 가상 질량이라고 한다. 가상 질량은 물체가 배제하는 유체의 질량에 비례하나 그 비례 정수는 물체의 형상(形狀)에 따라 다르다.

virtual work 가상 일(假想－) 역학계(力學系)의 힘의 평형(平衡)을 논할 때, 질점(質點 : 또는 剛體)이 주어진 구속 조건에 따라 미소 변위(微小變位 : 假想變位)를 할 때의 힘이 하는 일. 운동을 논할 때는 관성력(慣性力) 및 관성 우력(偶力)이 하는 일도 고려한다.

viscocity 비스코시티, 점성(粘性) = viscosity

visco-elasticity 점탄성(粘彈性) 응력과 변형 사이에 탄성과 함께 점성(粘性)을 나타내는 물질의 성질을 점탄성이라고 한다. 전단 응력 τ와 전단 변형 γ사이에 2개의 대표적인 관계식 $\gamma=\tau/\eta+\tau/G$(Maxell의 고체), $\tau=G\gamma+\eta\gamma$ (Kelvin의 고체)가 있다. 전자는 응력 완화를, 후자는 탄성 여효(餘效)의 성질을 나타낸다. 단, G : 횡탄성 계수, η : 점성 계수(粘性係數)이다.

visco-inelasticity 점비탄성(粘非彈性模型) 속도 구배(速度勾配 : 전단 속도)에 비선형적(非線形的)으로 관련한 전단력(剪斷力)을 발생하는 유체를 말한다. 즉, 비선형 뉴턴 유체를 말하며, 변형은 완전히 비회복적(非回復的)이다.

viscometer 점도계(粘度計) →viscosimeter

viscosimeter 점도계(粘度計) 액체의 점성 계수(粘性係數)를 측정하는 계기를 말하며, 다음과 같은 것이 있다. ① 레드우드(Redwood) 점도계 : 일정한 온도에서 그림의 C속의 기름 50cc가 밑바닥으로부터 유출하는 데 소요된 초수(秒數)로 점도를 나타낸다. ② 세이볼트 점도계 : 일정한 온도에서 60cc의 기름이 유출하는 데 소요된 초수로 점도를 나타낸다. ③ 엔글러 점도계 : 유럽 등지에서 사용되고 있는 점도계. ④ 오스트월드 점도계 : 유리로 된 구부(球部)에 흡입된 액체가 a, b 2선간을 통과하는 데 소요된 시간을 재어 점도를 측정한다.

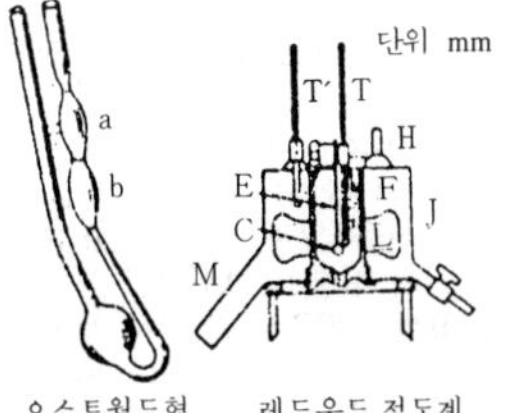

viscosimeter

viscosity 점성(粘性) 모든 유체(流體)는 유체 내에서 서로 접촉하는 두 층이 서로 떨어지지 않으려는 성질을 가지고 있다. 이 성질을 점성이라고 한다. 점성의 크기는 점성 계수로 나타내며, μ를 사용한다. 단위는 포이즈. 점성 계수 μ를 밀도 ρ로 나눈 것을 ν로 나타내는데, 이것을 운동 점성 계수라고 한다. $\nu=\mu/\rho$ [m²/s].

viscosity gauge 점성식 진공계(粘性式眞空計) 기체의 점성 계수(粘性係數)는 압력이 매우 높지 않는 한 압력과는 무관하나, 압력이 수은주 10^{-1}[mm] 이하가 되면 압력과 더불어 감소한다. 따라서, 압력이 매우 낮은 기체 속에서의 진동체의 감쇠를 측정하면 기체의 압력을 알 수 있다. 대표적인 것은 랭뮤어의 회전 점성식 진공계인데, 분자 진공계(分子眞空計)라고도 한다. 측정할 수 있는 범위는 10^{-2}~10^{-7}[mmHg]이다.

viscous damping 점성 감쇠(粘性減衰) 진동체가 진동하고 있을 때, 유체(流體)의 점성(粘性)에 의한 마찰 저항을 받아 진폭이 작아지는 경우가 있다. 이와 같은 유체의 점성에 의한 에너지 소비를 점성 감쇠라 하며, 레이놀즈수(Raynold's 수)가 작을 때의 점성 저항은 속도에 비례한다.

viscous flow 점성류(粘性流) 점성을 가진 유체의 흐름.

viscous fluid 점성 유체(粘性流體) 유동에 있어서 점성력(粘性力)이 작용한 유체를 말한다. 이것은 반드시 점도(粘度) μ가 큰 유체를 뜻하는 것은 아니며, 흐름의 장(場)의 크기를 L, 속도를 V, 유체의 밀도를 ρ라고 하면, 흐름의 장의 레이놀즈수 $R_e=VL\rho/\mu$의 수치에 의하여 점성 유체인지, 아닌지를 판단하면 된다. 저(低)레이놀즈수의 흐름은 점성 유체의 흐름이 되고, 고(高)레이놀즈수의 흐름은 점성이 없는 완전 유체의 흐름에 가깝다.

viscous friction 점성 마찰(粘性摩擦) 유체의 점성(粘性)에 의한 마찰로, 예컨대 완전히 윤활유로 윤활된 미끄럼 베어링 등의 유막(油膜)의 전단력에 의한 저항.

vise 바이스 =vice

visible out line 외형선(外形線) 제도(製圖)에 있어서 물체의 보이는 부분의 형상을 나타내는 선을 말하며, 0.8~0.3〔mm〕 범위의 굵기의 선으로 그린다.

visual gauge 비주얼 게이지 나란한 박편(薄片)과 투영(投影)에 의한 확대 기구를 조합한 측정기.

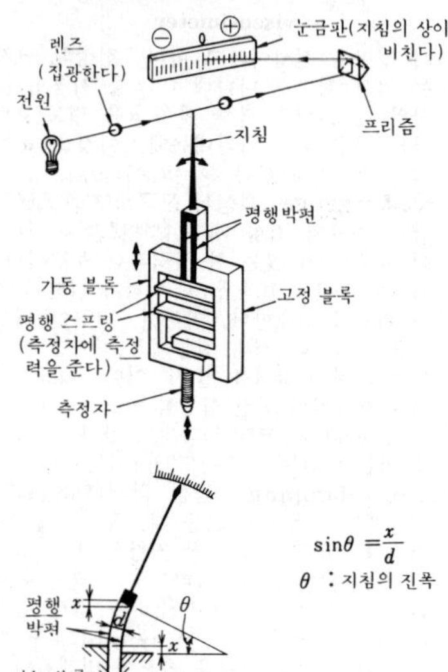

visual inspection 외관 검사(外觀檢査) 제작 공정에 있어서 5감(五感)을 작용시켜 경험과 숙련에 의하여 외상의 이상을 조사하는 검사.

vitallium 바이탈륨 Co 25%, Cr 28%, Cu 60%, Ni 3%, Mo 6%, Fe 2%의 코발트계 합금이며, 내열 재료로서 터보제트의 블레이드 등에 사용되고 있다.

Viton 바이턴 불소(弗素) 고무의 상품명. 실(seal) 재료로서 일반적으로 널리 사용되고 있는 것. 불소 고무는 내열, 내유(耐油), 내약품성이 종전의 합성 고무에 비하여 훨씬 뛰어난 합성 고무이다. 항공기, 미사일, 로켓 등의 연료 계통, 유압 계통의 패킹, 개스킷 재료 등으로 사용된다.

vitreous enameling 법랑법(琺瑯法) 유리화 에나멜이라고 불리고 있는 것으로, 철기(鐵器) 표면에 법랑을 입혀 2층 유리질 피복을 하는 것. 가정 용품(욕조, 냄비 등), 의료·위생 용품으로 중용되고 있다.

vitrified bond 비트리파이드 결합제(－結合劑) 숫돌 성형용 결합제의 일종. 점토와 숫돌 입자를 혼합하여 고온으로 구워서 굳힌 것. 기호는 V.

vitrified grinding wheel 비트리파이드 숫돌 바퀴 세라믹질의 결합제를 사용하여 고온에서 구워 굳힌 숫돌 바퀴. 조직이 균일하고 각종 용도의 연삭에 적합하다.

vixen fil 아크형 컷 줄(－形－), 파목 줄(波目－) 줄눈이 아크형(원호형)으로 절삭된 줄. 단일 컷(single cut)의 평형 직선을 원호상으로 절삭한 것으로, 자동차 차체의 철판을 가공하는 데 사용된다.

V leg of fixture 고정 장치의 다리(固定裝置－) 고정 장치를 공작 기계에 고정시키기 위해 고정 장치에 붙인 V자형의 부분.

V-notch **V**형 노치(－形－) 산형강(앵글)이나 판에 가공되는 V형의 노치, 또는 그 가공을 하기 위한 프레스 금형. 앵글의 한쪽 변에 V노치를 넣어 두고 다른 변을 굽혀 앵글을 90° 구부릴 때의 앞 공정 등에 사용된다.

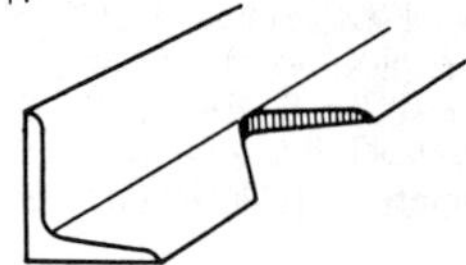

void 보이드 ① 재료의 연성 파단(延性破斷) 상태를 그림으로 나타내면, 인장(引張) 변형이 진행하여 시험편 일부가 잘룩해지면 (a)와 같이 내부에 3축 인장 응력이 발생하고, 이 때문에 (b)와 같이 재료 내부의 약점, 이를테면 개재물(介在物) 등이 있는 부분에 미소한 공동(空洞)이 생긴다. 이 공동을 보이드라고 한다.

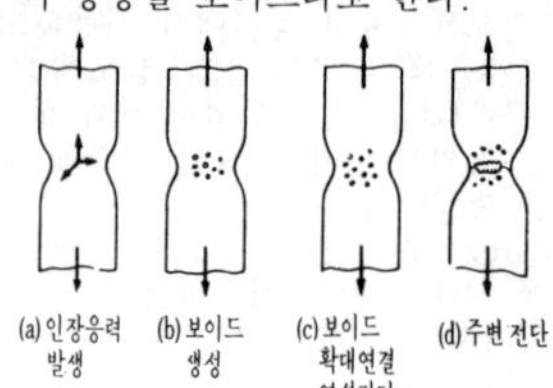

② 납땜 이음에서 납이 고르게 용입되지 않음으로써 생긴 공동.

void coefficient 보이드 계수(－係數) 액체 감속재(減速材)가 냉각재(冷却材)를 겸하는 경우, 냉각재가 끓어서 기포(氣泡)가 발생하면 감속재의 밀도가 감소하고, 그 때문에 감속재의 감속 능력이 떨어져 원자로 노심(爐心) 내의 열중성자속(熱中性子束)이 감소하며 노의 출력도 저하한다. 이때, 노심 내의 기포의 체적 비율(증기체적률) 또는 보이드율(率) f_g와 반응도 ρ의 변화량의 비례 계수를 보이드 계수라고 한다.

보이드 계수＝$d\rho/df_g$

volatile matter 휘발물(揮發物)[1], 휘발분(揮發分)[2] ① 상온에서의 증기압(蒸氣壓)이 높은, 증발하기 쉬운 물질.
② 석탄 성분 중 건류(乾溜) 가스가 되는 성분으로서 휘발성인 것. 공업 분석에서는 건조한 석탄을 공기를 차단하고 950℃로 7분간 가열한 다음 그 감량(減量)으로부터 수분을 뺀 나머지를 휘발분으로 간주한다.

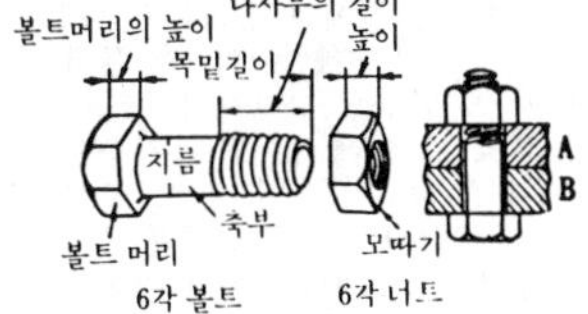

volatility 휘발성(揮發性) 통상의 온도에서 액체가 기체로 되어 증발하는 성질.

volt 볼트 약호는 V. 전압의 실용 단위. 1옴의 저항에 1암페어의 전류를 흐르게 하는 데 요하는 전위차를 1볼트라 한다.

voltage 전압(電壓) ＝potential difference

voltage reducing device 전격 방지 장치(電擊防止裝置) 아크 용접을 할 때 전격에 의한 위험을 방지하기 위하여 부착하는 안전 장치.

volt-ampere 볼트암페어 피상 전력(皮相電力)을 측정하는 실용 단위. 1볼트의 전압으로 1암페어의 전류가 흐르는 것을 1볼트암페어라고 한다. 기호는 VA.

voltmeter 전압계(電壓計) 볼트를 단위로 하여 전압을 측정하는 계기.

voltol oil 볼톨유(－油) 광유(鑛油) 또는 광유의 지방유(脂肪油)를 혼합하고, 이에 고압 전류로 무성 방전(無聲放電)을 시켜 중합(重合)한 것. 점도(粘度)가 높고 유성(油性)이 뛰어나다.

volume 볼륨 ① 체적, 용적. ② 양, 용량.

volume booster 볼륨 부스터 파일럿 제어 방식의 밸브로, 출구측 압력이 파일럿 압력과 일정한 비례 관계를 유지하는 비교적 대용량의 감압(減壓) 밸브.

volume expansion 체적 팽창(體積膨脹) ＝cubical expansion

volume flow 체적 흐름(體積－) 유체(流體)의 유량을 단위 시간에 흐르는 체적으로 나타낼 때의 양으로, 단위는 m^3/s이다.

volume modulus 체적 탄성 계수(體積彈性係數) ＝bulk modulus

volumetric efficiency 체적 효율(體積效率) ① 유체 기계는 이론상 토출(吐出)되는 양과, 실제로 토출되는 양과의 비율을 말한다. 대략 0.95～0.75 정도이나 압력, 온도, 기계의 종류에 따라 다르다. ② 내연 기관에서는 흡입 신기(吸入新氣)의 체적을 행정 용적(行程容積)으로 나눈 값을 말한다. 단, 흡입 신기의 체적으로서는, 무과급(無過給) 기관에서는 압력·온도, 과급 기관에서는 기관 본체의 흡기 계통 입구에 있어서의 압력·온도에 의한 값을 사용한다.

volumetric flow meter 용적식 유량계(容積式流量計) 회전자(回轉子)와 케이스 사이에 생기는 일정한 용적과 회전수로부터 유량을 측정하는 계기.

volumetric strain 체적 변형(體積變形) ＝bulk strain

volute 볼류트 맴돌이, 소용돌이라는 뜻. 볼류트 펌프(volute pump)는 와류(渦流) 펌프.

volute casing 볼류트 케이싱 맴돌이형으로 된 케이싱. ＝spiral casing

volute pump 볼류트 펌프 날개차와 맴돌이형 케이싱으로 구성되어 있으며, 실양정(實揚程) 30m 정도까지 사용이 된다.

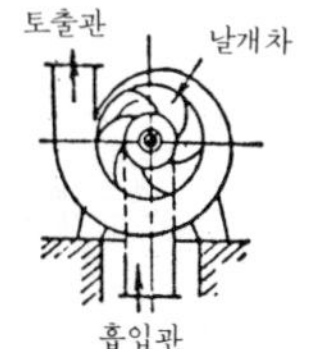

volute spring 볼류트 스프링, 나선형 스프링(螺旋形－) 띠강을 나선형 모양으로 감은 압축 스프링. 차량의 완충 스프링 등에 사용된다.

와류형실
와류실
날개차

vortex 소용돌이, 맴돌이, 와동(渦動) 복수형은 vortexes 또는 vortices.

vortex chamber 와류실(渦流室), 보텍스 체임버 =volute casing

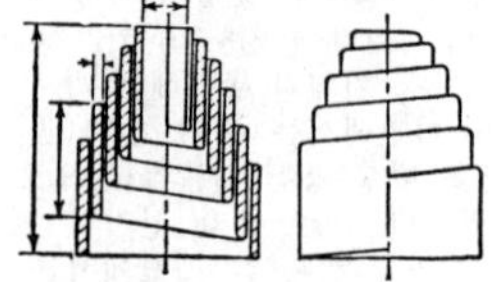

vortex flow 와류(渦流) 맴돌이를 수반한 흐름, 즉 맴돌이의 집합체의 흐름을 말한다. =eddy flow

vortex motion 와류 운동(渦流運動) 어떤 유체 전체가 어느 축의 주위를 회전하는 것을 넓은 의미의 와류 운동이라 한다. 이 와류 운동에는 강제 와류(forced vortex)와 자유 와류(free vortex), 그리고 이 두 와류가 복합된 랭킨 와류(Rankine vortex)의 세 가지가 있다. 좁은 의미의 와류 운동은 강제 와류(强制渦流)를 말하는데, 이것은 유체이면서도 마치 고체인 것과 같은 회전 운동을 하며, 이 운동의 에너지는 전부 열로 되어 소실된다. 이에 대하여 자유 와류(自由渦流)는 에너지 소모가 없는 회전 운동이다.

V packing V 패킹 V 자형 단면의 합성 고무, 합성 수지의 고리 모양의 패킹으로, 유압용(油壓用)으로 널리 사용된다. 립 패킹(lip packing)의 일종.

VTOL 수직 이착륙기(垂直離着陸機) 활주를 하지 않고 수직으로 이륙 또는 착륙을 하고, 또한 순항 속도(巡航速度)도 일반 비행기와 같은 범위의 비행기를 말한다. vertical take off and landing air plane의 약어.

V-type engine V 형 엔진(－形－) 하나의 크랭크축에 대해 실린더를 V 형으로 배열한 기관. 자동차용으로는 V 형 8실린더, 항공용으로는 V 형 12실린더가 많고 디젤 기관에도 사용되고 있다. 개도(開度)는 90°인 것이 많으며, 60°인 것도 있다. 균형이 좋고 소형이므로 널리 쓰이고 있다.

vulcan gear 벌컨 장치(－裝置) 구동축(驅動軸) 한 끝에 원심(遠心) 펌프의 날개차를, 피동축(被動軸)의 한 끝에 수차(水車)의 날개차를 고착시켜 이들을 마주보게 하고 그 안에 물 또는 기름을 채운다. 구동축을 회전시키면 펌프 날개차로부터 유출한 액체는 수차 날개를 돌려 피동축에 동력을 전달한다. 이와 같이 펌프와 수차를 조합한 유체식(流體式) 동력 전달 장치를 벌컨 장치라고 한다.

V welding V 형 단접 이음(－形鍛接－) V 자형으로 접합하는 단접 이음으로, 작업이 까다로운 이음 방법이기는 하나 강도가 가장 크다.

W

wabble saw 홈파기 톱 기계톱에 장착하여 각목 등에 홈을 팔 때 사용하는 둥근 톱. =grooving saw

wafer 웨이퍼 집적 회로(集積回路), 대규모 집적 회로를 제작하는 경우 그 기판(基板)이 되는 실리콘의 얇은 소편(小片)으로, 50φ ~200φ mm 의 것.

wagon 왜건 화차, 4 륜차의 총칭.

wagon ferry 화차 항주(貨車航走) 열차 도선(列車渡船)에 의하여 화차를 운반하는 일. →train ferry

wagon for calibrating 검중차(檢重車) 계중대(計重臺) 검사용 화차로, 검사용 분동(分銅)과 이 분동을 싣고 내리는 크레인을 장치하고 있다. =weight-testing car inside panel

wainscoting 내장판(內裝板) 미장(美粧), 보온 등을 목적으로 차체 내부에 붙인 판자(천장판은 제외).

wake 후류(後流) 물체가 정지 유체 중을 운동하는 경우 혹은 물체가 등류(等流) 중에 정지하고 있는 경우 등에 물체의 후방에 생기는 속도가 작은 영역.

walking stick 워킹 스틱 제트 엔진용 연소기(燃燒器)의 증발식 연료 공급 장치의 일종. 그림과 같이 끝부분이 굽은 지팡이 모양을 하고 있다. 연료는 이의 한 쪽 끝에 공급되며, 외부의 연소 불꽃에 의하여 가열되고 관 속에서 증발한 다음 굽은 자루 부분에서 분출하게 된다. 연소 성능은 양호하다.

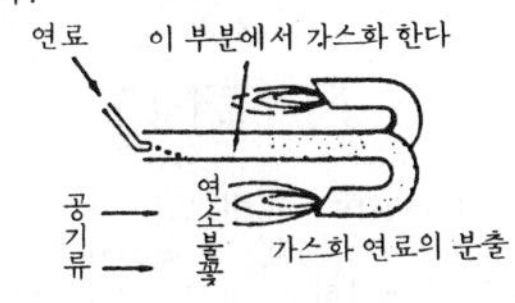

wall box 벽 베어링 박스(壁－) 전동축의 벽체(壁體)를 관통하여 배치되는 경우 벽 속에 수용하는 상자형 베어링대.

wall bracket 벽 브래킷(壁－) 벽에 붙여 베어링을 지지하는 주철제 지지구.

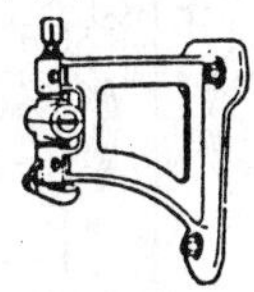

wall crane 벽 크레인(壁－) 벽 또는 조립 프레임 등에 장착한 크레인.

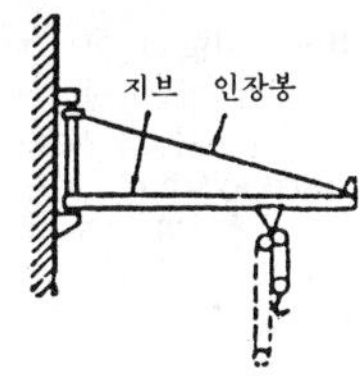

wall deslagger 벽 디슬래거(壁－) 화로벽(火爐壁)에 부착한 슬래그 등을 제거하는 수트 블로어(soot blower).

wall drilling machine 벽 드릴링 머신(壁－) 건조물(建造物)의 벽에 장착하여 사용하는 밀링 머신.

wall radiator 벽 방열기(壁放熱器) 벽면에 설치하는 방열기.

wandering block sequence 원더링 블록 용접법(－鎔接法) 몇 개의 블록 용접을 먼저 하고, 그런 후에 블록 간을 용착시켜 전체를 용착하는 용접법.

Wankel-engine 반켈 엔진 독일인 반켈(F.Wankel)에 의해서 발명된 회전 피스톤 기관의 한 형식. 그림과 같은 2절의 펠리트로코이드로 구성되는 케이싱 내의 내포락선(內包絡線)으로 이루어진 로터가 내장되어 있다. 이 로터가 피스톤에 해당하며, 출력축 주위를 공전(公轉)하면서 자전(自轉)하는 것으로, 공전(公轉) 피스톤 기관(KKM)에 속한다. 그 작동 원리는 그림과 같으며, 자동차용을 비롯하여 각 방면에 실용화되고 있다.

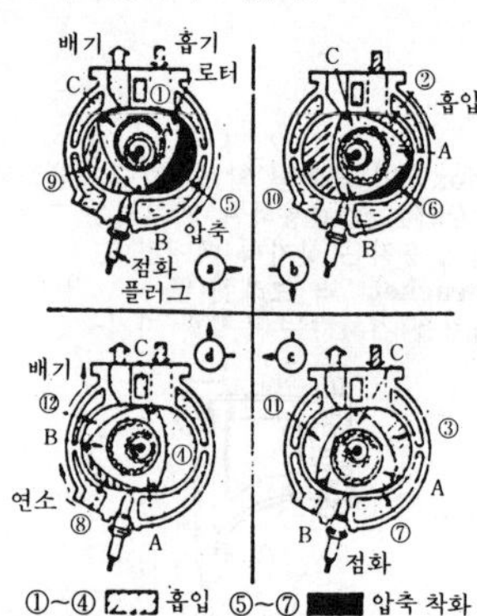

warding file 워딩 파일 평줄과 모양은 같으나, 두께가 엷은 줄. 열쇠 제작이나 좁은 홈을 가공하는 데 사용한다.

Ward Leonard system 워드 레오나드 시스템 직류 전동기의 속도 제어 방식으로, 광범위한 조정이 가능하다.

warm drawing 온간 신선(溫間伸線) 300~400℃로 가열하여 신선(伸線)하는 것을 말한다. 높은 인장 강도와 항복점을 얻게 된다. 신선이란 압연하여 선재(線材)를 뽑아 내는 것.

warming 워밍 운전 개시에 앞서서 기기나 배관을 어느 정도 예열하여 과대한 열응력(熱應力)이나 불균일한 팽창을 방지하는 것을 말한다.

warming up 워밍 업, 난기(暖氣) 엔진이나 고온용 송풍기 등을 가동하기 전에 미리 소정의 온도까지 서서히 예열하는 것을 말한다.

warm working 온간 가공(溫間加工) 재결정(再結晶) 이하의 온도 사이에서 소성 가공(塑性加工)하는 것. 청열(靑熱) 소성 가공이라고도 한다.

warp 날실 직물의 세로 방향에 쓰는 실.

warpage 휨, 뒤틀림 주조 작업에서 쇳물을 주입한 다음 주물 각부가 고르게 냉각하지 않을 때, 냉각 속도가 느린 부분은 더 과도하게 수축하여 형상 전체가 뒤틀리는 현상을 말한다.

warped surface 비틀림면(-面) 균일 단면의 봉상 부재(棒狀部材)가 그 양 끝으로부터 비틀림 모멘트 하중(荷重) T_t 및 가로 하중(橫荷重) P_e를 받고 있을 때, 그림과 같이 봉(棒)의 중점(中點) C를 포함하는 수직 단면 f에 관하여 하중 상태는 역대칭적(逆對稱的 : 한 쪽 하중은 다른 쪽 하중의 鏡像을 반대 방향으로 한 것)인 배치로 되어 있다. 봉에 생기는 이와 같은 변형 상태는 중앙의 면 f에 관하여 역대칭적이어야 하며, 연속성에서 본다면 중앙 단면 C 위의 각 점은 축 방향으로밖에 변위(變位)를 일으킬 수 없다. 따라서, 중앙 단면 C는 이의 평면 도형(봉의 축 방향에서 본 단면형)을 유지한 채 일반적인 요철(凹凸)이 생긴다. 이것을 비틀림면이라 하는데, 축력(軸力)과 굽힘 모멘트에 의한 단면 변형의 성질과 전적으로 대칭적인 것이다.

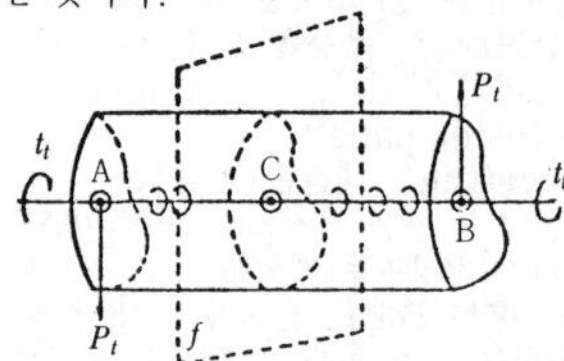

warping 뒤틀림 =distortion

warp knitting machine 경편기(經編機) 편기 중에서 다수의 날실을 배열하여 각 줄마다 루프를 만들고 그 루프에 옆의 날실을 걸어 차례로 코와 코 사이의 틈을 만드는 것.

Warren girder 워린 거더 그림과 같은 구조의 골조(骨組) 거더.

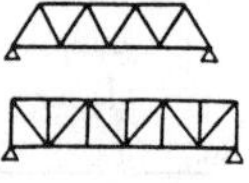

Warren motor 워린 모터 소형의 히스테리시스 동기(同期) 전동기와 기어의 감속 기구를 조합한 것으로, 전등선으로도 사

용이 가능하다. 타이머나 자동 제어용으로 이용되고 있다.

washer 와셔 너트 또는 볼트 머리 밑에 까는 고리. 연강(軟鋼)을 프레스 가공하여 만든다. 또, 너트가 느슨해지는 것을 방지하는 역할을 하는 와셔에는 스프링 와셔, 발톱붙이 와셔, 혀붙이 와셔, 고무 와셔 등이 있다.

▽플레인 와셔

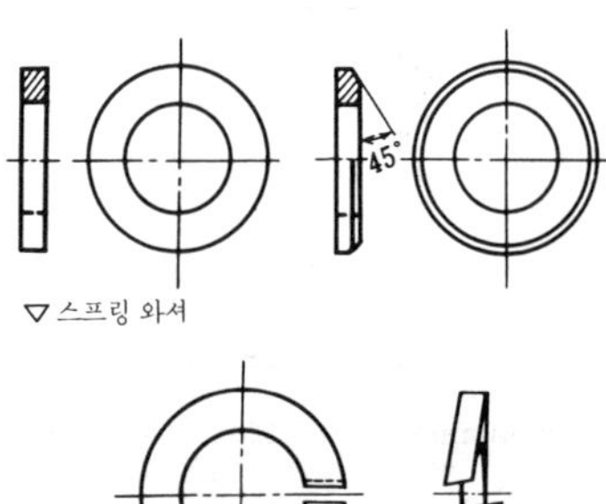

▽스프링 와셔

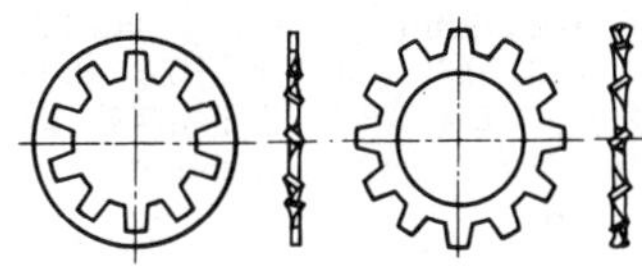

▽이붙이 와셔

washer based nut 와셔붙이 너트 특수 너트의 일종. 너트 바닥면에 원형의 테를 붙인 것.

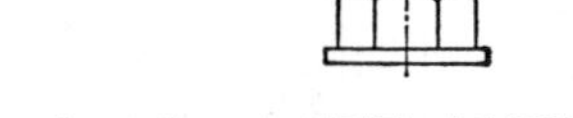

washout thread 불완전 나사(不完全螺絲) =incomplete thread

waste 허드레 천, 웨이스트[1], 폐기물(廢棄物)[2] ① 공장에서 기계, 기구의 보수, 손닦기 등에 사용하는 허드레 천. ② 원자로를 가동시킬 때 배출되는 방사성재 등을 말한다.

waste gas 배출 가스(排出－) 각 장치로부터 이용이 끝나고 외부로 배출되는 가스를 배출 가스라 한다. 이 경우, 특히 온도가 아주 낮거나 하여 이미 경제적 이용가치가 없는 가스를 폐출(廢出) 가스라 한다. =exhaust gas

waste heat boiler 폐열 보일러(廢熱－) 보일러 이외의 배출 가스의 여열(餘熱)을 이용하는 보일러.

waster 파치(破－) 가공을 잘못하였거나 주조의 실패 등으로 못쓰게 된 제품을 파치라고 한다.

waste silk spinning 명주 방적(明紬紡績) 제사(製絲)의 실밥을 원료로 한 명주의 방적으로, 자아 낸 것을 명주 방사(紡絲)라고 한다.

waste steam pipe 폐기관(廢氣管) 기계 장치에서 폐출되는 못쓰게 된 증기를 밖으로 배출해 내는 관.

waste valve 도출 밸브(逃出－), 일수 밸브(溢水－) =escape valve

water ballast 물 밸러스트 물을 이용하여 배의 균형을 잡는 밸러스트. 밸러스트는 배에 실은 짐이 적을 때 배의 균형을 잡기 위하여 바닥에 싣는 돌, 모래, 물 따위의 하중물을 말한다. 토목 공사에서 정지 작업에 사용하는 로드 롤러의 드럼 중량을 늘리기 위하여 채우는 물, 모래, 고철 부스러기 등도 밸러스트라고 한다.

water boiler reactor 비등수형 원자로(沸騰水形原子爐) 농축 우라늄을 경수(輕水)나 중수(重水)에 용해한 균질로(均質爐). 노심(爐心)이 소형이고, 소형인데 비해서는 높은 중성자 밀도가 얻어지므로 연구용 또는 훈련용으로 사용된다.

water brake 물 브레이크 펠턴 수차(水車)의 제동 장치. 노즐로부터의 물의 분출을 정지시켜도 회전이 지속된다. 이것을 빨리 정지시키기 위하여 버킷 바퀴의 반대 방향에서 물을 분출시켜 제동을 거는 노즐 장치를 말한다. 주로 대형 펠턴 수차에 사용된다.

water column 수주(水柱) 유체(流體)의 정압(靜壓), 동압(動壓) 또는 총압(總壓)을 물의 높이(head)로 나타내는 경우와 같이 유리관을 수직으로 장치했을 때 그 속으로 차오르는 물의 기둥을 말한다. 수주(水柱) 1mm는 압력 1kg/m²와 같다. 게이지 압력 p인 유체압(流體壓)을 비중량(比重量) γ인 물의 액주계(液柱計)로 계측하여 수주의 높이가 h였다고 하면, $h=p/\gamma$인 관계식이 성립한다. 보통은 mmAq로 표시한다.

water consumption 물 소비량(-消費量) 화력 발전소나 선박의 기관실 등에서 누설한 증기량만큼 보충하는 보급 수량을 말한다. 보통, 이 경우에는 발전기 또는 주기관(主機關)의 출력당 소비량으로 표시하지 않고, 보일러를 통과하는 수량(水量)에 대한 비율로 표시하는 경우가 많다.

water content 고유 수분(固有水分) 석탄의 공업 분석에 있어서, 항습 시료(恒濕試料 : 부착 수분을 제거한 것)를 105~110℃로 건조시켰을 때의 감량(減量)을 고유 수분이라고 한다. 고유 수분은 석탄의 탄화도(炭化度)와 관계가 있으며, 탄화의 정도가 진행함에 따라 감소된다. → fixed carbon

water-cooled bearing 수냉 베어링(水冷-) 냉각수로 축받이면의 발열을 냉각시켜 축받이면의 온도 상승을 방지하는 구조의 베어링.

water-cooled engine 수냉 엔진(水冷-) 실린더나 실린더 헤드 등의 주위에 물 재킷을 갖추고 이곳에 물을 저장 또는 순환시켜 엔진을 냉각시키는 방식의 엔진.

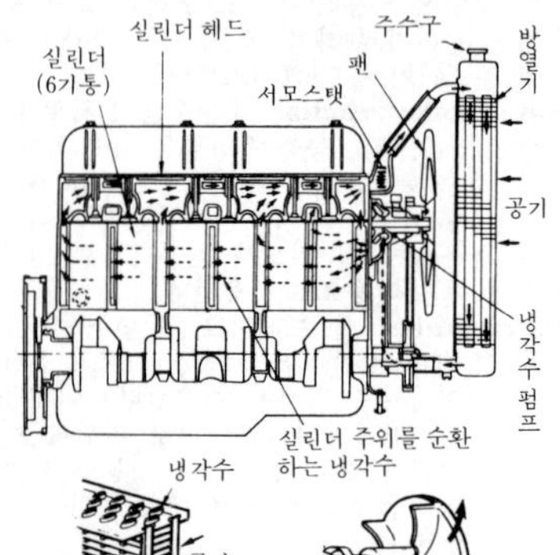

water-cooling tower 냉각탑(冷却塔) 냉수탑(冷水塔)이라고도 한다. 물과 공기를 교환시켜 물의 일부가 증발함에 따라 나머지 물을 냉각시키는 장치.

water deposit 물때 수중에 존재하는 고형물이 석출하여 침전한 것으로, 탕때라고도 한다.

water gas 수성 가스(水性-) 적열(赤熱)한 탄소(1,000℃ 이상)에 수증기를 작용시켜 얻는 공업용 가스의 일종. 용도는 연료, 수로 원료, 메타놀, 석유의 합성 등에 사용된다.

water gauge 액면계(液面計), 수위계(水位計) 물 탱크나 보일러 등의 외부에 장치하여 그 속의 수위를 외부에서 볼 수 있도록 한 유리로 만든 관.

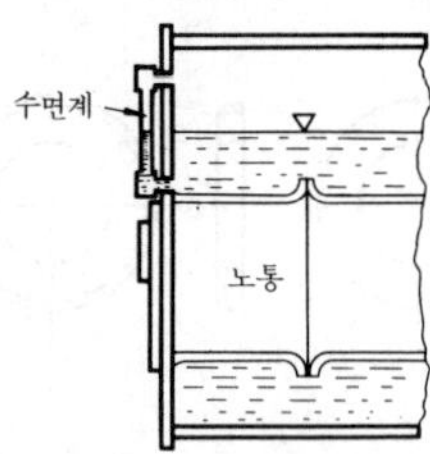

water hammer 워터 해머, 수격 작용(水擊作用) 밸브의 급격한 개폐, 또는 액체 배관의 경우에는 기체의 혼입, 기체 배관의 경우에는 액체의 혼입 등에 의하여 관내의 유속(流速)이 급변하는 경우에 발생하는 이상 압력으로, 진동과 높은 충격음을 발생한다.

water hammering 수격 작용(水擊作用) 관로(菅路) 내의 물의 운동 상태를 갑자기 변화시킴으로써 생기는 물의 급격한 압력 변화의 현상. =water hammer

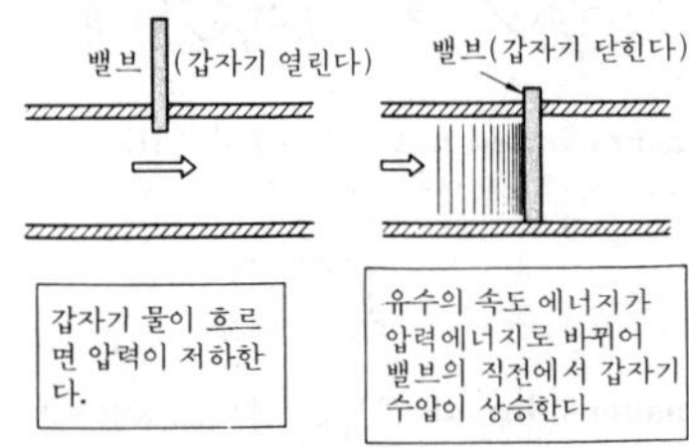

water head 수두(水頭) 물이 압력 속도 또는 위치의 조건에서 갖는 에너지의 크기를 수주(水柱)의 높이로 나타낸 것.

water horsepower 수마력(水馬力) 펌프를 작동시키기 위하여 주어지는 이론적인 마력. Q : 양수량〔m³/s〕, H : 전양정(全揚程)〔m〕, γ : 1m³의 물의 무게(약1,000 kg)라고 하면, 펌프가 물에 주어야 할 수

마력 $L=\gamma QH/75$ 로 표시된다.

water injection 물 분사(－噴射) 가스 터빈의 연소실 또는 공기 압축기의 실린더 속에 물을 무상(霧狀)으로 분사하여 가스 또는 공기의 온도를 낮추는 것.

water jacket 물 재킷 수냉(水冷) 기관에서 실린더 및 실린더 헤드의 고온부 바깥쪽에서 냉각용 물을 저장 또는 냉각수를 순환시키는 부분.

water jet cutting 물 분사 절단(－噴射切斷) 초고압수(超高壓水) 제트를 공작물에 분사하여 절단 가공하는 것으로, 그래파이트 보강 수지(補强樹脂)나 에폭시 그래파이트의 절단은 5～12mm 두께인 경우 150mm/min 의 속도로 절단하고, 절단 가공폭은 0.18mm 에 불과하다. 가죽, 천, 플라스틱 등 가공열의 발생이나 더러움을 잘 타는 시트재(材)를 미소한 가공폭으로 잘라 낼 때 등에 활용되고 있다.

water level regulator 수위 조정기(水位調整器) 발전소의 상수조(上水槽)에 흘러 들어오는 물의 양의 증감(增減)에 따라서 상수조의 수위(水位)를 항상 일정하게 조정하는 장치.

water line 수선(水線), 흘수선(吃水線) 배가 일정한 흘수로 떠 있을 때의 수면과 선체가 만나는 만난선.

water meter 수량계(水量計), 양수계(量水計) 수도관의 중간에 설치하여 흐르는 수량을 직접 기계적으로 측정하는 계기. 수도 미터.

water paint 수성 도료(水性塗料) 물을 희석 용제(稀釋溶劑)로 사용하는 도료로, 취급이 용이하고 연소의 위험이 적으며, 습한 면에도 칠할 수 있다.

water pollution 수질 오염(水質汚染) 광공업(鑛工業) 폐수, 하수, 농약 등으로 수질이 더럽혀지고 혼탁해지는 것.

water power plant 수력 발전소(水力發電所) 물이 갖는 에너지를 이용하여 터빈을 회전시키고, 이것에 직결된 발전기에 의해서 발전하는 설비. ＝hydraulic power station

water pressure 수압(水壓) ＝hydraulic pressure

waterproof 방수(防水), 내수(耐水)

waterproof belt 내수 벨트(耐水－) 내수성을 갖도록 가공된 벨트.

waterproof canvas 방수포(防水布) 특수 가공을 한 방수성의 직물(織物).

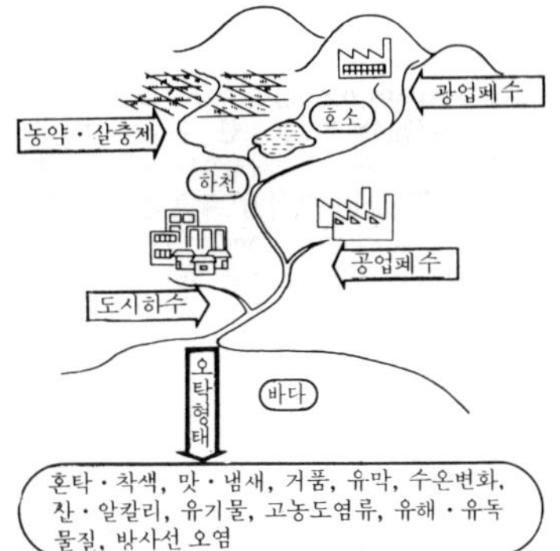

water pollution

waterproof cloth 방수포(防水布) ＝waterproof canvas

water quenching 물 담금질 수중에서 금속 재료를 급랭하는 담금질. 냉각 속도가 크고 경도도 높아지나, 재료에 따라서 담금질 균열(龜裂)이 생길 우려가 있다.

water rate 물 소비량(－消費量) 증기 기관 또는 증기 터빈의 마력당(馬力當) 증기 소비량.

water rheostat 물 저항기(－抵抗器) 물속에 전극(電極)을 넣고, 전극간의 물을 저항체로 사용하여 전극간의 거리, 면적 등에 의해 저항값을 바꿀 수 있도록 한 장치를 말한다.

water sealing 수봉(水封), 물 봉입(－封入) ＝hydraulic seal

water seal pump 워터 실 펌프, 수봉 펌프(水封－) 2 개의 날개 사이에 봉입된 물의 밀봉 작용으로 기체를 압축하는 펌프.

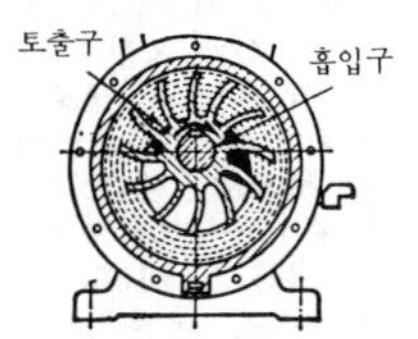

water seal type safety apparatus 수봉식 안전기(水封式安全器) 가스 용접, 가스 절단 작업시에 역류한 산소 또는 역화(逆火) 폭발을 도관(導管)의 도중에서 대기로 방출 또는 소염(消焰)시켜 폭발 사고

W

를 방지하는 가장 확실한 안정 장치로, 가스 발생기, 가스 집합 장치에 의무적으로 부착하도록 법제화되어 있는 안정기.

water seasoning 침수 건조(浸水乾燥) 다소 염분(鹽分)을 함유한 수중(水中)에 목재를 담가 두어 목재 속의 수액(樹液)과 외부의 수분을 바꾸어 놓음으로써 그 후의 건조를 용이하게 하는 것.

water separator 수분 분리기(水分分離器) 증기 속 또는 가스 속에 부유(浮遊)하고 있는 부분을 분리하는 장치.

water sight 검수기(檢水器) →flow sight

water softening plant 연수 장치(軟水裝置) 넓은 의미로는 수중의 용해 물질을 제거하는 장치를 말하나, 보통은 수중에 용해한 칼슘염(鹽), 마그네슘염을 침전시켜 제거하는 장치를 말한다.

water supply 급수(給水) 보일러에 공급하는 물을 말한다. 급수 중에 불순물이 다량 함유되어 있으면, 부식(腐蝕)이나 스케일(scale)의 생성 등 여러 가지 장애를 일으키므로 보일러의 가동에 적합한 급수 공급을 해 줄 필요가 있다.

water supply pipe 급수관(給水菅) 급수 펌프로부터 나오는 물을 보일러로 공급하는 관.

water supply system 양수 장치(揚水裝置) 여객차의 화장실, 세면장 등에 공급하는 물을 바닥 밑 탱크로부터 압력 공기를 이용하여 양수(揚數)하는 장치.

watertight 수밀(水密), 워터타이트 기계 또는 장치의 어느 부분에 채워진 물이 밖으로 새지 않고 밀봉되어 있는 상태.

watertight bulkhead 수밀 격벽(水密隔壁) 수압을 가하여도 물이 새지 않는 격벽을 말하며, 선체(船體)의 주요 부분에 설치된다. 이 격벽은 원칙적으로 선저(船底)에서 최상층 갑판까지 통달하도록 설치되며, 또한 선체 횡강력 부재(横强力部材)로서도 작용하도록 구조상 특별한 배려가 가해져 있다. →bulkhead

water tube boiler 수관 보일러(水菅－) 보일러의 증발 전열면(蒸發傳熱面)을 다수의 작은 지름(30~100mm)으로 된 수관으로 형성하고, 관 속의 물을 관 밖에서 가열하는 방식의 보일러. 일반적으로 원통(圓筒) 보일러보다 용량이 크고 압력이 높은 용도에 쓰인다. 물의 순환 방식에 따라서 자연 순환 보일러와 강제 순환 보일러가 있고, 수관의 설치 방식에 따라 수평식 수관 보일러와 직립식(直立式) 수관 보일러가 있으며, 또 직립식 수관 보일러는 직관식(直菅式) 수관 보일러와 곡관식(曲菅式) 수관 보일러로 나뉜다. 관류(貫流) 보일러는 일반적으로 수관 보일러에 포함시키지 않는 것이 통례이다.

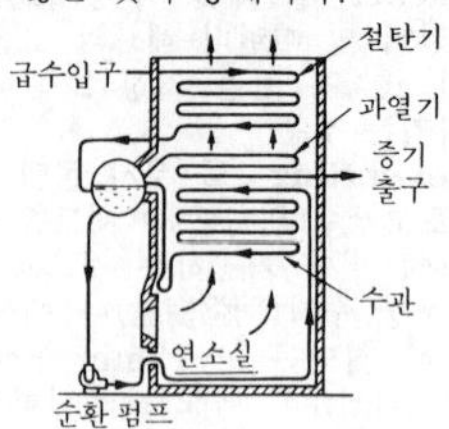

water tube cleaner 수관 청소기(水菅淸掃機) 보일러의 수관 속의 스케일(물때)을 제거하는 기기. 자유롭게 굽혀지므로 곡관의 청소도 마음대로 할 수 있다.

water turbine 수력 터빈(水力－) 물이 갖는 에너지를 유용한 기계 에너지로 바꾸는 회전 기계. 근대 수차(water turbine)는 주로 수력 발전에 사용된다.

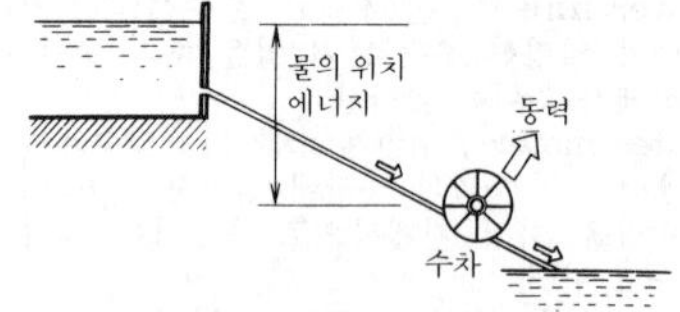

water vaporproof barrier material 방습 배리어재(防濕－材) 방습 포장에 사용하는 투습도(透濕度)가 낮은 포장 재료. 방수 배리어재(材)는 waterproof barrier material이라고 한다.

water wall 수벽(水壁) 연소실(燃燒室) 주위의 벽을 수관(水菅)으로 구성하여 방사 열량을 흡수하고, 연소실 온도를 내리도록 한 전열면(傳熱面)을 말한다.

watt 와트 전력의 단위. 증기 기관의 발명자 와트(James Watt)의 이름에서 딴 것. 1볼트(V)의 전압으로 1암페어(A)의 전류가 흐를 때의 일의 비율을 1와트(W)라고 한다. 기호는 W. 1,000와트를 1킬로와트(1kW)라고 하고, 1kW는 1/0.746마력에 해당한다.

watt-hour 와트시(－時) 1와트의 공정에서 1시간 동안에 하는 일의 양을 말한다.

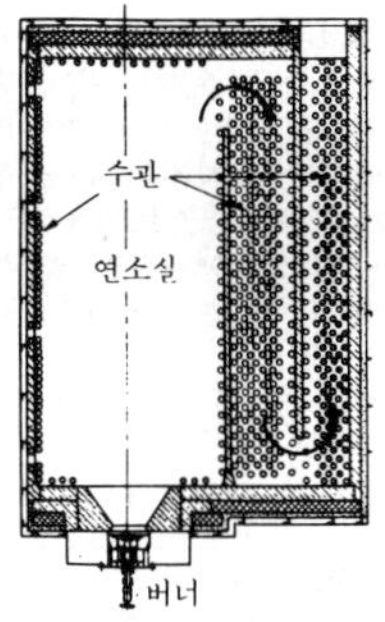

water wall

기호 Wh.

wattmeter 전력계(電力計) 전류에 의하여 운반되는 전력을 측정하는 계기.

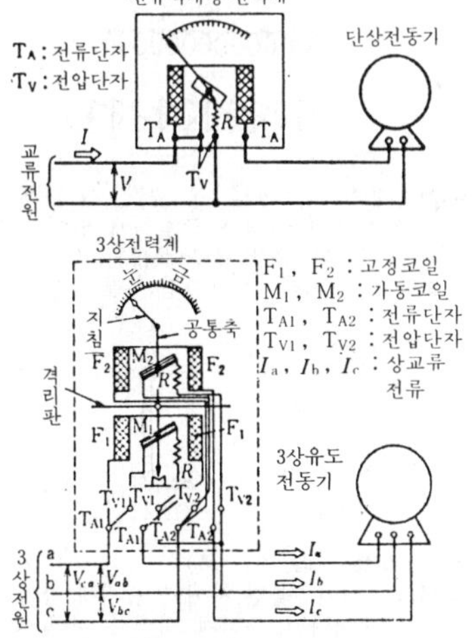

wave form nail 파형 못(波形一) 얇은 강철판 조각을 파형으로 굽혀 만든 목재 접합용 이음 못.

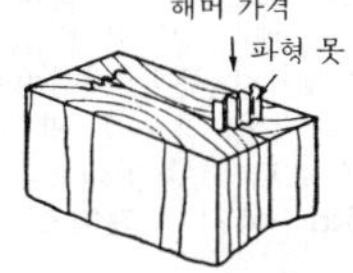

wave length 파장(波長) 주기적인 파동에서 파형의 위상(位相)이 360° 달라지는 2점간의 거리. 기호는 λ 를 사용한다.

wave length standard 광파 기준 길이(光波基準一) 1m 의 길이를 광파(光波)에 의하여 규정한 기준.

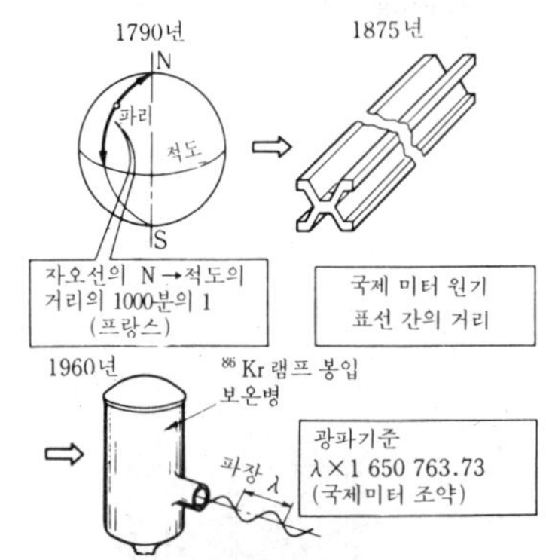

wave making resistance 조파 저항(造波抵抗) 선박의 항주(航走)에 의하여 수면에 파도가 형성됨으로써 받는 저항으로, 고속에서는 선박이 물로부터 받는 저항의 상당 부분을 차지한다. 조파 저항을 무차원 계수(無次元係數)의 형태로 나타낸 것을 조파 저항 계수(造波抵抗係數)라 하는데, 선형(船形) 및 프로드수(Froude number)에 의하여 변화한다.

wave motion 파동(波動) 공간 또는 탄성체(彈性體) 내의 어떤 점의 형태의 시간적 변화 과정이 연속적으로 공간 또는 탄성체 안을 전파하고 있는 현상을 말한다. 점 O로부터 x 떨어진 점에서 시각 t_0에 일어난 현상이 점 O에서는 $t_0-(x/v)$라는 시각에 일어난 현상과 동일할 때의 전파속도(傳播速度)는 v이다. 동일 시각에 동일 상태로 나타나는 점이 형성하는 면을 파면(波面)이라고 한다.

wave of condensation and rarefaction 소밀파(疏密波) 물체의 밀도가 주기적으로 변화하고, 그 진동 방향이 진행 방향과 일치하는 그러한 파동.

waviness 기복(起伏) 표면 거칠기보다 비교적 큰 간격으로 반복되고 있는 완만한 높낮이.

기복곡선

단면곡선

wax 왁스 밀랍(密蠟). 반고용체(半固溶體) 윤활유의 일종. 로스트 왁스법(lost wax process) 등에 사용한다.

wax coating 왁스 피복(-被覆) 전기 도금이나 양극(陽極) 처리를 할 때 처리에서 제외시킬 부분을 왁스로 피복하여 절연한다. 이 목적으로 왁스를 칠하는 작업을 왁스 코팅(피복)이라고 한다.

waxing 왁싱 밀랍(密蠟), 아마니유, 건조제, 안료(顔料)의 혼합액, 또는 아교와 알루미나 염류(鹽類), 산화제, 안료의 혼합액을 칠하여 방수 처리한 천 또는 종이.

wax pattern 납형(蠟型)[1], 왁스 주형법(-鑄型法)[2] ① 정밀 주물을 특수한 주형으로 만들 때의 납으로 만든 원형(原型).

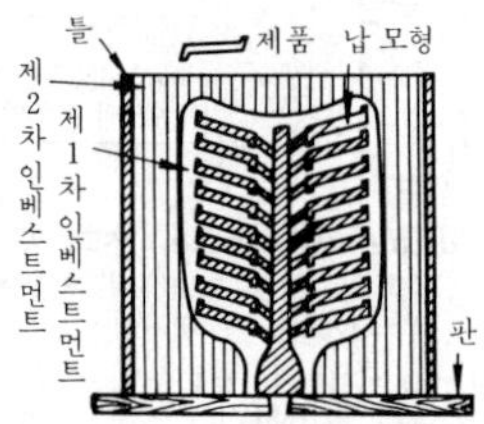

② =lost wax process

way 방법(方法), 수단(手段), 도로(道路), 통로(通路)

wear 마모(磨耗), 마멸(磨滅), 마모하다(磨耗-)

wear allowance 마모 여유(磨耗餘裕) 한계 게이지의 통과측은 마모 때문에 치수가 달라지게 되므로 게이지의 수명을 보전하기 위하여 마모에 대비하여 덧붙이는 여유.

wear indicator 마모 지시기(磨耗指示器) 브레이크가 자동 조정으로 되어 있는 경우, 라이닝이 마모되더라도 사용자가 알지 못하는 경우가 많으므로, 라이닝 속에 픽업(pickup)을 묻어 일정량 이상 마모되면 자동적으로 경고를 발하도록 되어 있는 것. 전기식이 많다.

wear ring 웨어 링 =casing ring

weatherometer 웨더로미터 대기 부식(大氣腐蝕)의 가속 시험기로, 도막(塗膜)의 내후성(耐候性)을 테스트하기 위하여 개발된 것.

weather resistance 내후성(耐候性) 옥외에서 일광, 풍우(風雨), 무상(霧霜), 한난(寒暖), 건습(乾濕) 등의 자연의 작용에 저항하여 쉽게 변화하지 않는 성질.

weather strip 웨더 스트립 기밀재(氣密材)를 뜻하며, 창문이나 출입문의 개폐 부분에 부착하여 외풍이나 먼지 등의 침입을 방지하는 것.

weather vane 풍신기(風信器) 바람의 방향을 알기 위한 장치. 보통, 2개의 날개로 된 것이 많이 사용되고 있다. 풍향계라고도 한다. →wind indicator

weaving 위빙 용접봉의 운봉법. 용접을 할 때 아크를 유효 적절하게 이용하여 완전한 용접을 하기 위하여 용접봉의 끝을 용접선 양쪽으로 교대로 움직여 진행해 나아가는 방법.

(a)

(b)

(c)

web 웨브 ① I형강, 홈 형강, 그 밖에 이와 유사한 단일재나 조립재에 있어서 양쪽 플랜지의 중간 복부(腹部). ② 드릴의 홈과 홈 사이에 끼인 중심 부분.

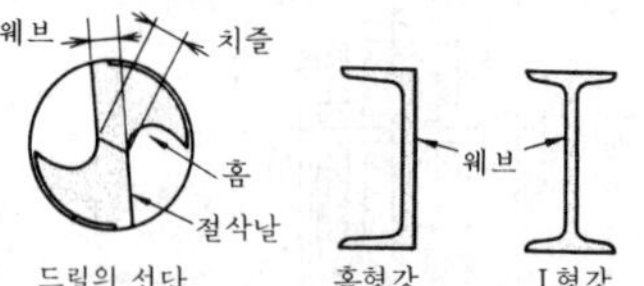

web plate 웨브판(-板)

wedge 쐐기 물건 사이나 틈새에 박아 사개가 물러나지 못하게 하거나 나무 같은 것을 빼갤 때 사용하는 V자형 단면을 가진 나무나 쇠붙이를 깎아 만든 끝이 뾰족한 조각.

wedge block gauge 웨지 블록 게이지 쐐기형의 블록 게이지. 길이 100mm, 폭 15mm의 쐐기형 블록 게이지를 여러 개 조합하여 필요한 각도를 만든다. 보통, 12개가 한 조로 되어 있다.

wedge brake 웨지 브레이크 대형 차량

용 브레이크의 일종. 쐐기를 에어 체임버(air chamber) 또는 오일 실린더(oil cylinder)로 밀어붙이고 브레이크 슈(brake shoe)를 열어 브레이크를 작동시키는 방식의 브레이크이다. 종래의 S 캠(cam)식에 비해서 효율이 높고, 비상 브레이크, 주차 브레이크에도 간단히 설치할 수 있으며, 무게도 가볍다. 오일 브레이크에서 에어 브레이크로의 변환이 쉽고 또 반대의 경우도 용이하여 점차 널리 보급되고 있다.

wedge friction wheel 홈붙이 마찰차(一摩擦車) =grooved friction wheel

wedge grip 쐐기 그립 인장 시험에서 인장 하중을 가하는 데 사용하는 쐐기형 그립.

Weibull distribution 와이불 분포(一分布) 누적 분포 함수(累積分布函數)와 확률 밀도 함수로 표시되는 분포. 신뢰성 시험 등에 사용된다.

weighbar shaft 역전축(逆轉軸) 역전 장치를 구성하는 일부분으로, 이 축에 각변위(角變位)를 주고 이것에 고정된 암(arm)을 통하여 스프링 장치의 작용을 전진 또는 후진으로 변환한다. =reversing shaft, weigh shaft

weigh-bridge 계량대(計量臺) 적재한 화물과 함께 거마 따위의 무게를 다는 대형 저울.

weighing apparatus 저울 물품의 질량 또는 중량을 측정하는 데 사용하는 계기의 총칭.

weighing instrument 저울 =weighing apparatus

weight 웨이트[1], 분동(分銅)[2] ① 무게, 중량.
② 국제 킬로그램 원기(原器)에 준거하여 만든 질량 측정의 기준이 되는 추.

▽천칭용 분동 ▽대저울 추

원주형 판형(작은 것) 검정증인 100kg 1/100 표기 분수(저울의 종합 지레비를 표시)

weights and measures 도량형(度量衡) 도(度)는 길이, 양(量)은 체적, 형(衡)은 질량을 의미한다.

weight-testing car 검중차(檢重車)

weight ton 중량톤(重量一) 선박의 크기 또는 화물 중량을 나타내는 단위. 보통 군함에 사용된다.

weir 위어, 둑 측면에 있는 오리피스로부터의 유출에서, 윗수면이 오리피스의 상단(上端)보다 아래에 있을 때 이것을 둑이라고 한다.

▽4각 둑

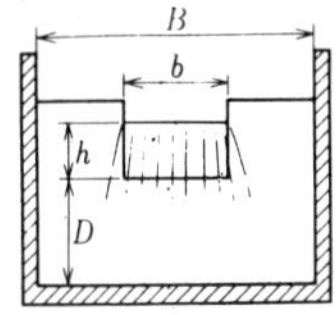

유량 : $Q=kbh^{3/2}$ (m³/min) 〔적용 범위〕

$k=107.1+0.177/h+14.2h/D-25.7\sqrt{(B-b)h/BD}+20.4\sqrt{B/D}$

$B=0.5\sim6.3\text{m}$, $b=0.15\sim5\text{m}$, $D=0.15\sim3.5\text{m}$, $bD/B^2\geq0.06$, $h=0.03\sim0.45\sqrt{b}$ (m)

▽직각 3각 둑

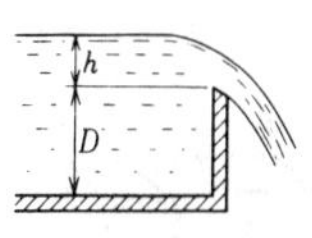

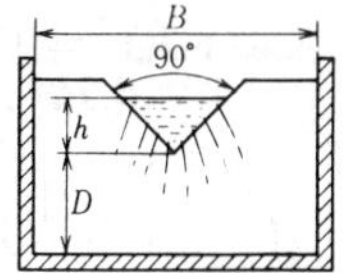

유량 $Q=kh^{5/2}$ (m³/min)

$k=81.2+0.24/h+(8.4+12/\sqrt{D})(h/B-0.09)^2$

〔적용범위〕 $B=0.5\sim1.2\text{m}$, $D=0.1\sim0.75\text{m}$, $h=0.07\sim0.26\text{m}\leq B/3$

Weir s pump 증기 직동(蒸氣直動), 위어형 펌프(一形一) 워싱턴 펌프(Worthington pump)와 비슷하나, 증기 기관의 주(主)밸브 기구에 위어형 밸브를 사용한 증기 직동의 단식 펌프이다. 증기를 행정(行程)의 중도에서 절단하여 이것을 팽창시켜 경제적으로 사용할 수가 있다. →Worthington pump

Weissenberg effect 와이센베르크 효과(一效果) 점성 액체(粘性液體)를 비커에 담고 막대기를 밑바닥 중심축에 고정하여 비커를 회전시키면 액체가 막대기에 감기듯이 솟구쳐 오르는 현상.

weld 용착부(鎔着部) 용접부에서 용착 금속만으로 이루어진 부분.

W

용착부
융합부

weldability 단접성(鍛接性) 금속 재료가 가진 단접될 수 있는 성질. 단접성이 좋기 위해서는 융점에 가까와짐에 따라서 점착력(粘着力)이 증대하고, 압력이나 매질을 가하여도 쉽게 깨어져 부스러지지 않으며, 또 고온에서도 쉽게 산화하지 않는 성질을 갖추고 있어야 한다.

weld bead 용착 비드(鎔着−) 1회의 용접에 의하여 만들어진 용착 금속.

weld bonding 웰드 본드법(−法) 저항 스폿 용접과 본드 접착의 두 가지 독립된 접합 기술의 장점을 살려, 접합하는 부분을 깨끗이 청소하고 접착제를 발라 가접(假接)을 한 다음 이곳을 스폿 용접으로 접합하는 방법이다.

weld decay 용접 부식(鎔接腐蝕) 오스테나이트계(系) 스테인리스강의 용접에 있어서 열 영향부에 나타나는 입계(粒界)의 부식을 말한다.

welded bond 용접 본드(鎔接−) 용접으로 접합한 결합물.

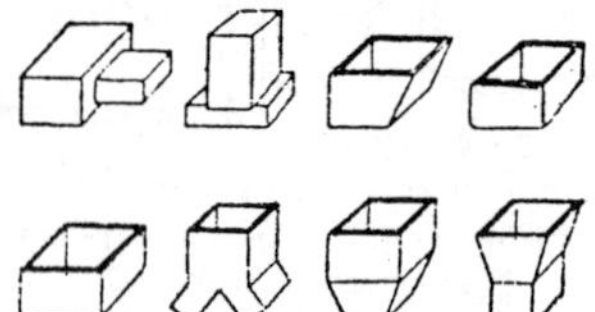

(a) 평면 기본형

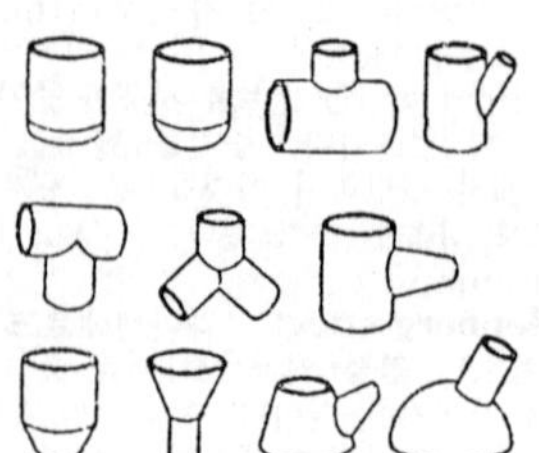

(b) 곡면 기본형

welded joint 용접 이음(鎔接−)[1], 단접 이음(鍛接−)[2] ① 전기 용접, 가스 용접 등에 의하여 접합된 완전히 일체가 된 영구 이음. 리벳 이음 대신에 널리 사용되고 있고, 또 배관 공사에서 파이프의 접속은 용접이 상식화되었다.
② 2편의 금속을 단접에 의하여 접합한 이음.

맞대기 이음

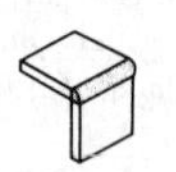

모서리 이음

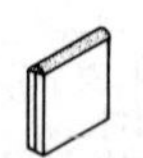

변두리 이음

겹치기 이음

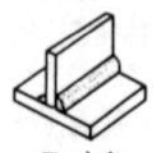

T 이음

싱글 스트랩 이음

더블 스트랩 이음

welded pipe 단접관(鍛接管) 보통 C 0.1% 이하의 극연강(極軟鋼)으로 만든 관. 띠강 또는 강판을 고온에서 롤에 넣어 둥글게 굽히거나, 링(ring)을 통하여 견인기(牽引機)로 잡아당겨 둥글게 관상(管狀)으로 만든 다음 이를 맞대거나 포갠 양 가장자리를 약 1,300℃로 가열하여 가압하면 접합이 되어 관이 된다.

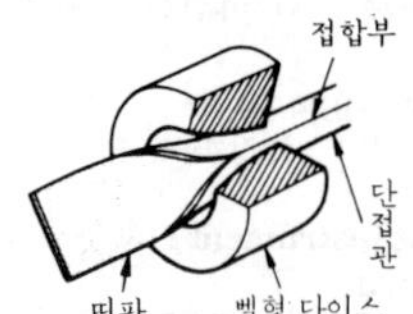

welded pipe flange 용접 플랜지관(鎔接−管) 용접에 의하여 관의 끝부분에 붙인 플랜지.

welded tube 단접관(鍛接管) =welded pipe

welder 용접기(鎔接機)[1], 용접공(鎔接工)[2] ① 금속 재료를 용접하기 위하여 만들어진 기계. 직류 아크 용접기, 교류 아크 용접기, 저항 용접기 등이 있다.
② 용접을 하는 용접 기능공.

weld head 용접 헤드(鎔接−) 자동식 또는 반자동식 용접기에 있어서 전극(電極)의 선단부 및 이에 직접 연결되는 부분으로서, 용접 건(gun)의 전극선이나 용가선재(鎔加線材)의 돌출 부분.

welding 용접(鎔接) 2개 또는 여러 개의

금속을 국부적으로 용융 접착시키는 방법으로, 현재에는 40종에 이르는 각종의 다양한 용접 방법이 실용화되고 있다.

welding all around 전둘레 용접(全-鎔接) 접속할 모재(母材)와 모재의 경계를 전체 둘레에 걸쳐 빈틈없이 비드 덧쌓기를 하는 방식의 용접.

welding current 용접 전류(鎔接電流) 용접 작업에 적합한 전류값. 용접을 시작하기 전에 먼저 회로에 장치되어 있는 전류계로 용접 전류의 크기를 정한다.

welding equipment 용접 장치(鎔接裝置) 용접에 필요한 장치. 즉 용접기, 용접대, 용접 전선, 전극 홀더, 접지용 단자, 보호 용구, 가리개(차폐판) 등을 말한다.

welding flame 용접 화염(鎔接火焰) 용접 토치로부터 나오는 불꽃. 산소 아세틸렌 불꽃의 염심(焰心 : flame cone)은 투명, 환원염(還元焰 : reducing flame)은 회백색, 산화염(酸化焰)은 청색을 띤다.

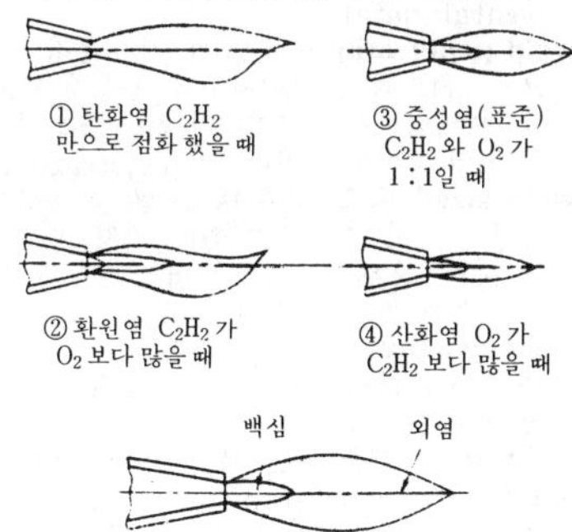

welding flux 용접 플럭스(鎔接-) 금속을 용접할 때, 용융 금속의 산화를 방지하기 위하여 그 표면을 화학 작용을 일으키지 않는 물질로 피복하여 금속을 공기 또는 가스로부터 차단하는 것. 탄산 석회, 붕사(硼砂), 규사(硅砂), 소다회(灰) 등.

welding ground 어스 용접기와 모재(母材)와의 사이를 연결하여 전류를 흐르게 하기 위하여 한 쪽을 용접봉에, 다른 쪽을 모재 또는 용접대에 연결하는데 이 후자가 어스(earth)측이 된다.

welding head 용접 헤드(鎔接-) 용접 장치 중에서 용접봉을 공급하는 부분.

welding heat 용접열(鎔接熱) 용접을 할 때 열원(熱源)으로부터 공급되는 열. 이 열은 용접봉의 용융 및 용접부와 그 부근을 가열하는 데 사용된다.

welding jig 용접용 지그(鎔接用-) 용접 작업에 사용하는 지그.

welding leads 용접 전선(鎔接電線) 용접기와 용접봉 홀더 사이를 연결하는 전선.

welding machine 용접기(鎔接機) 금속 재료를 용접하는 기계. =welder

welding motor generator 용접용 전동 발전기(鎔接用電動發電機) 직류 아크 용접기에 사용하는 발전기.

welding neck flange 용접용 넥 플랜지(鎔接用-) 주로 맞대기 용접을 위한 긴 허브(hub)를 가진 플랜지.

welding operator 용접공(鎔接工) 용접을 하는 기능공.

welding position 용접 자세(鎔接姿勢) 용접 작업자가 용접을 할 때 용접부를 대하는 자세로, 아래 보기, 수평 보기, 수직 보기, 위 보기의 네 가지 자세가 있다.

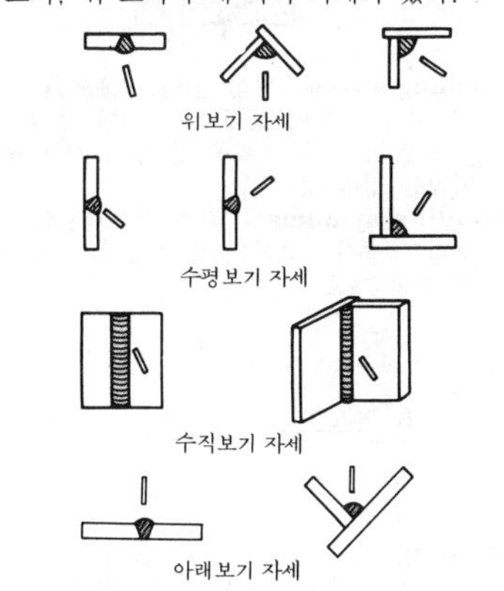

welding press 웰딩 프레스 자동차나 철제 가구 등의 판금 제품을 만들 때, 지그나 다이의 내부에 넣어 가볍게 가압함과 동시에 다점 용접(多點鎔接)을 하여 조립하는 용접 전용의 특수 프레스.

welding rod 용접봉(鎔接棒) =electrode

welding sequence 용접 순서(鎔接順序) 용접을 완료하는 순서를 말하며, 제품의 조립을 쉽게 할 수 있도록 선정되어야 한다. 그러기 위해서는 조립의 진행에 따라 용접 불능 또는 용접 곤란을 가져오는 부분이 생기지 않도록 주의해야 한다. 또,

수축이 자유로이 일어날 수 있도록 중앙에서 바깥쪽으로, 또는 대칭적으로 용접을 하는 것이 중요하다.

welding source 용접 전원(鎔接電源) 용접부에 전류를 공급하는 전원. 용접기에는 직류를 사용하는 것과 교류를 사용하는 것이 있다.

welding strain 용접 변형(鎔接變形) 용접열에 의하여 가열된 모재(母材)나 용착 금속은 굳기 전에 냉각되면 뒤틀리게 되는데, 이것을 용접 변형이라고 한다.

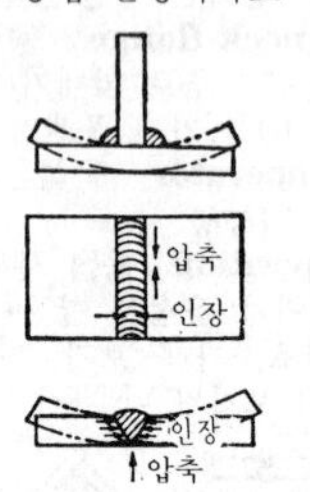

welding stress 용접 응력(鎔接應力) 용접 작업에 있어서 용접 금속이 냉각하여 수축할 때 자유 변형을 할 수 없기 때문에 생기는 잔류 응력.

welding symbols 용접 기호(鎔接記號) 용접의 종류, 양식 등을 도면으로 나타내기 위한 기호.

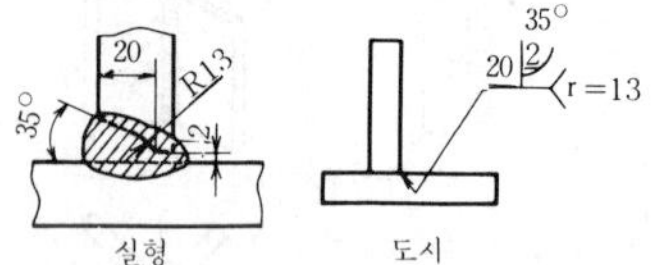

welding tip 용접 화구(鎔接火口) 용접 토치의 선단부. 보통 아연 30% 정도를 함유한 황동제(黃銅製).

welding torch 용접 토치(鎔接−) 가스 용접에 사용하는 고열의 화염(火焰)을 내뿜는 기구. 주요부는 화구(tip), 인젝터, 혼합실로 이루어져 있다. 독일식과 프랑스식이 있다.

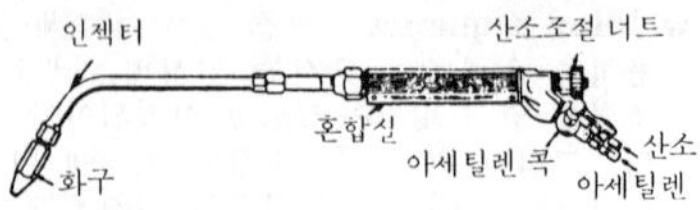

welding transformer 용접 변압기(鎔接變壓器) 용접용의 특수 변압기. 누설 자로(漏泄磁路)를 갖추고, 리액턴스가 크며, 부하시의 2차 단자 전압은 아크 전압과 같으나 아크가 끊어지려 하면 곧 무부하 전압까지 상승하여 아크가 끊어지는 것을 방지하도록 되어 있는 변압기.

weld length 용접 길이(鎔接−) 용접의 시작점과 크레이터(crater)를 제외하고 용접이 계속된 부분의 길이.

weld line 용접선(鎔接線) 비드 용접, 필릿 용접, 맞대기 용접 등에서 용접의 방향을 나타내는 선.

weld mark 웰드 마크 열가소성 수지(熱可塑性樹脂)나 고무를 사출 또는 압출하여 성형할 때, 수지의 둘 이상의 흐름이 완전히 융합되지 않는 경우에 생기는 줄무늬의 얼룩.

weldment 용접물(鎔接物) 금속의 부분적인 융합에 의한 접합물에 대한 총칭.

weld metal 용착 금속(鎔着金屬) =deposital metal

weld penetration 용입(鎔入) 용접에서 모재(母材)의 표면에서부터 용융지(鎔融池) 밑바닥까지를 용입이라 하고, 그 깊이를 용입 깊이라고 한다. =penetration

weld size 용접 치수(鎔接−數) 용접부 단면의 계획 치수를 말하며 필릿 용접의 크기는 루트의 길이로, 맞대기 용접의 크기는 목 두께로 나타낸다.

weld spacing 용접 스페이싱(鎔接−) 단속 용접(斷續鎔接)에 있어서, 용접부의 중심 위치의 간격.

weld time 저항 용접 통전 시간(抵抗鎔接通電時間) =resistance welding time

weld zone 용접부(鎔接部) 용접 금속 및 그 부근을 포함한 부분의 총칭.

well car 장물차(長物車) 철도 차량 중 통나무 등 특히 길이가 길고 중량이 무거운 화물을 수송하는 데 사용하는 화차. =depressed centre car

well pump 우물용 펌프(−用−) 얕은 우물용으로는 원심 펌프, 재생 펌프 등이 있다. 흡입 양정(吸入揚程)이 커지면 흡입구에 제트 펌프를 병용하는 수도 있다. 깊은 우물용으로는 수직형 사류 다단(斜流多段) 펌프가 주로 사용된다. 이것에는 지상에 전동기를 설치하고 긴 세로축으로 우물 액면 밑에 설치된 펌프를 구동시키는 방식과, 수중 전동기를 펌프와 함께 설치하는 방식의 두 종류가 있다. 유정용(油井

W

用)으로는 왕복 펌프식과 기포(氣泡) 펌프(air-lift pump) 등이 있다.

wet 습기(濕氣), 수분(水分), 습한(濕－), 젖은

wet abrasive blasting 액체 호닝(液體－) =liquid honing

wet air pump 습식 공기 펌프(濕式空氣－) 저도(低度)의 진공을 만드는 경우, 기계 내부에 물을 봉입(封入)하고 이것을 날개차로 회전시켜 원심력 효과를 이용함으로써 공기를 흡출(吸出)하는 작용을 하는 진공 펌프.

wet and dry-bulb thermometer 건습구 온도계(乾濕球溫度計) 건습구 습도계와 같다. 건습구 습도계에 사용하는 온도계로는 수은 또는 알코올 온도계 및 저항 온도계가 일반적으로 사용되나, 압력 온도계 및 서모스탯(thremostat) 온도계를 사용하면 온도 측정의 정확도를 높일 수 있고, 습도의 자동 기록, 원격 측정, 자동 제어 등에도 이용할 수 있다. →psychrometer

wet blasting 웨트 블라스팅 모래, 규사 등의 연마재를 첨가한 물을 고압으로 분사하여 금속 표면을 청정하게 하는 것.

wet bottom furnace firing 습식 연소(濕式燃燒) 연소실의 열부하(熱負荷)를 높혀 노(爐) 내부의 전열면(傳熱面)에 날아가 붙은 재가 융해되어 노 밖으로 흘러내리도록 하는 연소법. 융해된 재는 연속적으로 또는 간헐적으로 수조(水槽) 안으로 흘러들어 작은 조각이 된다. 건식 연소(乾式燃燒 : 연소실 부하를 낮게 하여 융회(融灰)를 만들지 않는 연소법)에 비하여 노에서 비산(飛散)하는 재가 적고 재 속에는 미연소분(未燃燒分)이 극히 적은 점 등의 이점이 있으나, 재의 융점이 낮은 탄 종류를 선택하지 않으면 안 되는 점에 주의를 해야 한다.

wet-bulb temperature 습구 온도(濕球溫度) 온도계의 감온부(感溫部)를 물에 적신 헝겊으로 감은 습구 온도계로 측정한 온도. 감온부에 닿는 공기의 유속이 약 5m/s 이상인 경우, 이 온도는 공기의 단열 포화 온도(斷熱飽和溫度)를 나타내는 것으로 보아 무방하다.

wet combustion chamber 습로(濕爐) 습식 연소로, 융회식(融灰式) 연소로를 통틀어 습로라고 한다. →slag-tap furnace

wet combustion chamber boiler 습연실 보일러(濕燃室－) →scotch boiler

wet compression 습식 압축(濕式壓縮) 냉동기의 압축기에 냉매(冷媒)의 증기를 흡입하여 압축할 때 흡입한 증기가 습증기인 경우를 말한다.

wet gas meter 습식 가스 미터(濕式－) 대기압에 가까운 압력을 가진 기체(氣體)의 유량 측정에 사용된다. 4실(室)로 나누어진 회전 드럼을 가지며, 케이스 속에는 드럼의 중심보다 조금 위까지 기밀용(氣密用) 물이 차 있다. 1회전 1~1,000 l 의 것도 있다.

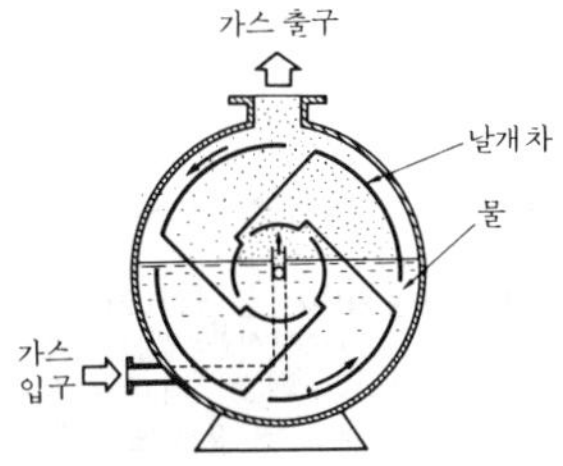

wet liner 습식 라이너(濕式－) 실린더 라이너로, 그 바깥쪽이 냉각액에 직접 닿는 형식의 것. →cylinder liner

wet loss 습증기 손실(濕蒸氣損失) 습증기 속의 물방울이 동익(動翼)에 제동 작용을 하기 때문에 생기는 손실.

wet method 습식법(濕式法) 랩 다듬질(lapping)의 한 방법. 랩제(劑)와 랩액(液)을 혼합한 것을 공작물과 랩 공구 사이에 좀 다량으로 주입하고 평활한 면으로 다듬질하는 방법.

wetness 습도(濕度) 습증기(濕蒸氣) 속에 포함되어 있는 수분의 비율을 나타내는 수치. 1kg의 습증기가 x kg의 증기와 $(1-x)$kg의 물로 이루어져 있을 때 $1-x$를 습도, x를 건조도(乾燥度)라고 한다.

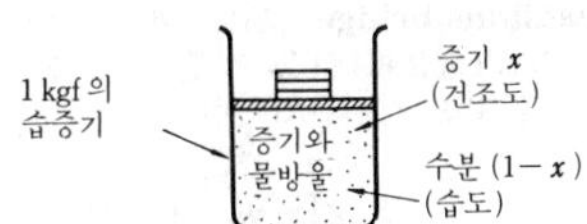

wet steam 습증기(濕蒸氣) 포화수(飽和水)를 함유하고 있는 포화 증기.

wet-sump engine 웨트 섬프식 엔진(－式－) 크랭크실 하단에 윤활유를 저장하고, 주로 비산식(飛散式)으로 윤활유를 급유

W

하는 형식의 엔진. 소형 엔진에 많다.

wetted area 침수 면적(浸水面積) 유체가 직접 고체에 접하여 젖는 면적.

wetted perimeter 침수 주위(浸水周圍) 수로(水路)의 단면에서 물이 침수되는 부분의 둘레의 길이.

wetting property 습성(濕性) 이종(異種) 물질이 접촉했을 때 서로 달라붙는 성질을 말한다. 물질의 표면 장력(表面張力)과 접촉면의 계면 장력(界面張力)에 의하여 좌우된다.

whale catcher boat 포경선(捕鯨船) 뱃머리의 포경포(捕鯨砲)로부터 작살을 쏘아 고래를 잡는 것을 목적으로 하는 배로, 길고 폭이 좁은 선체에 고마력(高馬力)의 주기관을 장치하고, 고속력을 낸다. 잡은 고래는 경공선(鯨工船)에 인도하여 그 곳에서 처리된다. →whale factory ship

whale factory ship 경공선(鯨工船) 포경선을 거느리고 모선식(母船式) 포경업(捕鯨業)에 종사하는 배로, 배 안에서 고래의 해부, 채유(採油), 염장(鹽藏) 등의 작업을 한다. 일명 포경 모선(捕鯨母船)이라고도 한다.

wharf crane 부두 크레인(埠頭－) 부두 안벽(岸壁)을 따라서 주행하면서 선창(船艙)과 부두간의 하역 작업을 하는 기중기를 말한다. 보통, 회전 지그 크레인으로서 문형(門形), 반문형(半門形)의 가구(架構)에 지지되어 있다.

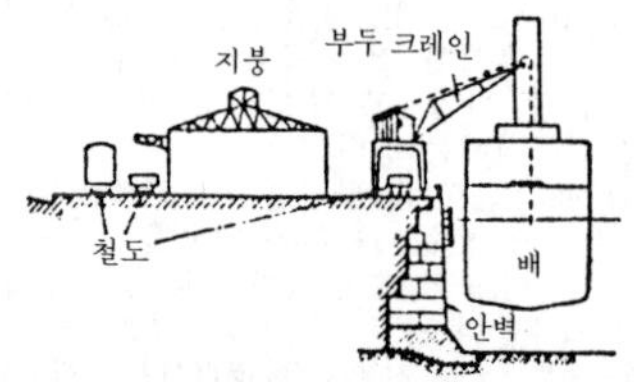

Wheatstone bridge 휘트스톤 브리지 전기 저항(電氣抵抗)을 정밀하게 측정하는 그림과 같은 장치. R(가변 저항)을 조정하면서 S_1, S_2를 폐쇄해도 G의 눈금이 흔들리지 않는 점을 찾으면, 구하는 저항은 $X=R \cdot P/Q$로 구할 수 있다. 단, P, Q는 이미 알고 있는 기지 저항(旣知抵抗)을 뜻한다.

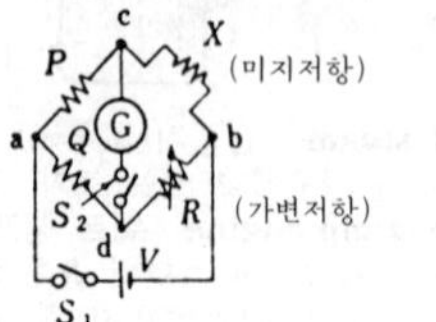

wheel 휠, 차륜(車輪), 바퀴 차축(車軸)에 끼워져 차체의 하중을 지탱해가면서 구르는 바퀴.

wheel alignment indicator 휠 얼라인먼트 인디케이터 자동차의 앞바퀴 얼라인먼트를 계측하기 위하여 토인(toe-in), 캠버(camber), 캐스터(caster), 킹 핀(king pin) 등의 경사각 측정 장치를 조합하여 기계적, 광학적, 전기적 지시 등을 하게 하는 것.

wheel and axle press 윤축 프레스(輪軸－) 차바퀴 또는 윤심(輪心) 등에 차축을 압입하거나 또는 빼내는 작업을 할 때 사용하는 프레스를 말하며, 프레스 본체, 유압(油壓) 기기(또는 수압 기기), 제어용 전기 기기 및 윤축 지지 장치(輪軸支持裝置) 등으로 구성되어 있다. 보통은 가로형(橫形) 유압 프레스이나, 세로형(縱形)으로 된 프레스 또는 수압(水壓) 프레스 등도 있다.

wheel barrow 손수레, 1륜차(一輪車) 작은 짐을 운반하는 데 사용하는 바퀴가 하나인 손수레.

wheel base 휠 베이스, 축 거리(軸距離) 차축(車軸) 중심간의 수평 거리이다. 주로 자동차 앞바퀴와 뒷바퀴의 중심 거리의 뜻으로 사용된다.

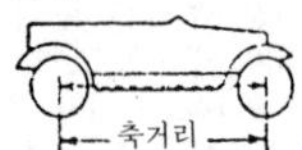

wheel boss 차륜 보스(車輪－), 휠 보스 각종 차륜이나 축 이음류(類), 기타 기계 부품에서는 윤심(輪心)에 축을 튼튼히 틀어박기 위하여 축이 끼워지는 윤심부를 두껍고 질박한 원통형으로 만드는 경우가 많은데, 차륜에서 이 부분을 휠 보스라고 한다.

wheel center 휠 센터, 윤심(輪心) 철도 차량에서 타이어를 수축 끼워맞춤하는 차륜의 중심 부분.

wheel conveyor 휠 컨베이어 롤러 대신에 휠을 배열한 그림과 같은 구조의 컨베이어. 롤러를 배열한 것을 프리 롤러 컨베이어라고 한다.

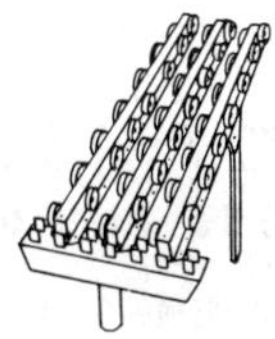

wheel crane 휠 크레인 이동식 크레인의 일종으로, 4개의 바퀴로 주행하나 트럭 크레인과 다른 점은 주행 운전실과 크레인 운전실이 하나로 되어 있는 점이다.

wheel gauge 차륜 내면 거리(車輪內面距離) 윤축 배면 거리(輪軸背面距離), 타이어 내면 거리(內面距離)라고도 한다. 한 쌍의 차륜의 타이어 내면간 거리로, 차량이 안전하게 레일 위를 주행하기 위해서는 일정 한도 안에 있어야 하며, 표준 거리가 정해져 있다.

wheel guard 숫돌 바퀴 덮개 =grinding wheel fender

wheelon process 휠런법(－法) 기계 판금 가공의 특수한 것. 고무와 액압(液壓)에 의한 드로잉(drawing) 가공.

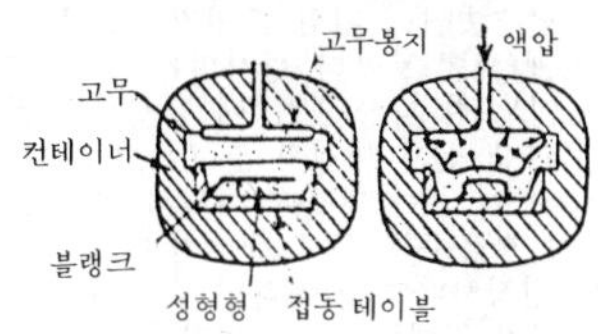

wheel press 휠 프레스 차량이나 기관차 등의 차바퀴를 차축에 끼우거나 분해할 때 사용하는 프레스.

wheel rim 림 ① 자동차 바퀴의 외주(外周)로서 타이어를 끼우는 부분. ② 기어, 벨트 풀리 스프로킷, 플라이휠 등에서 치수가 큰 것은 으레 외주에 환상(環狀) 부분이 있어 암(arm)으로 보스와 접속되어 있다. 이와 같은 환상 부분을 림이라 한다. 기어나 스프로킷에서는 이 부분에 톱니가 절삭되어 있고, 벨트 풀리에서는 그 외주가 벨트에 접해 있으며, 플라이휠에서는 관성력(慣性力)에 효과적인 질량을 부여한다.

wheel seat 윤좌(輪座) 차축(車軸)의 일부분으로, 윤심(輪心)을 고정시키는 부분을 말한다.

wheel track 차륜 거리(車輪距離), 윤거(輪距) 좌우 양 차바퀴의 타이어 중심 간의 거리. 차바퀴가 2륜식인 경우에는 2륜의 중심간의 거리.

wheel tread 접지면(接地面) 차바퀴가 레일 또는 노면에서 떨어질 때 이들에 닿는 부분. 이 부분은 압력이 커져 마모나 흠집이 생기는 경우가 많다.

whirling 휠링 축 중심선의 선회 운동.

whirling of shaft 축의 진동 회전(軸－振動回轉) 회전체가 회전하고 있을 때 그 회전축이 2개의 축받이 중심을 잇는 중심선의 주위를 휘면서 선회하는 일이 있는데, 이 선회 운동을 축의 진동 회전이라고 한다. 어떤 상태, 이를테면 위험 속도 등에서는 축의 진동 회전이 매우 커지는데, 원인은 주로 회전체의 불균형, 회전체와 회전축의 비대칭성(非對稱性), 축받이 내의 유막력(油膜力) 등에 기인한다.

whirling speed 위험 속도(危險速度) 회전 원판의 질량과 굽힘 강도로 구성되어 있는 진동계에서 그 가로 진동이 고유 원진동수(圓振動數)와 같은 회전 속도를 말한다.

whirlpool chamber 와류실(渦流室) = vortex chamber

whisker 위스커 수염 결정(結晶)이라고도 하며, 1952년에 미국 벨 연구소에서 우연히 발견된 것. 용액(溶液), 융액(融液), 증기, 고상(固相) 등에서 성장하는, 지름이 수 미크론에서 겨우 수 밀리미터의 침상(針狀) 또는 모발상(毛髮狀)의 결정체를 말한다. 금속 위스커뿐 아니라 산화물, 탄화물 등 화합물의 위스커도 있다. 강화용 섬유로서 시판되고 있는 것에 SiC나 Al_2O_3 위스커가 있다.

whistle 기적(汽笛) 다른 열차 또는 선로상에서 건널목 부근의 사람들에게 열차의 진행을 알리기 위하여 멀리까지 들리도록 소리를 내는 장치. 증기 기관에서는 증기, 전기나 디젤 차량에서는 압축 공기를 사용하거나, 드물게 전기적 작용에 의하는 것도 있다.

white brittleness 백열 취성(白熱脆性) 비교적 많은 유황을 함유한 강(鋼)이 1,050~1,100℃에서 재질이 여리게 되는 현상을 말한다.

white cast iron 백주철(白鑄鐵) 주철의 일종. 파단면이 백색. 조직적으로는 흑연(黑鉛)은 거의 존재하지 않고 탄소는 전부 화합 탄소(化合炭素)로서 존재한다.

white copper 백동(白銅) Cu 70%, Zn 18%, Ni 12% 조성의 백색의 강인한 재질의 구리 합금. 백동 화폐, 의료 기기, 화학 기기, 장식품 등에 사용한다.

white graphite 화이트 그래파이트 질화 붕소(窒化硼素)의 별명. 극히 내열(耐熱), 내전기(耐電氣) 절연성이 뛰어나고, 고온·진공하에서의 고체 윤활제로서 주목을 끌고 있다.

white heart malleable castings 백심 가단 주물(白心可鍛鑄物) 백선(白銑) 주물을 탈탄제(脫炭劑)와 함께 풀림(annealing) 상자에 넣고 장시간(40~100시간) 900~1,000℃의 고온으로 가열한 후 서서히 냉각하여 탈탄시켜 가단성(可鍛性)을 갖게 한 것. 자동차 부품 등에 사용된다. 흑심 가단 주철만큼의 수요는 없다.

white heart malleable cast iron 백심 가단 주철(白心可鍛鑄鐵) 백주철을 밀 스케일 등의 산화철과 함께 950~1,050℃로 장시간 가열하여 탈탄(脫炭)시키고 표면부를 페라이트 조직으로 함으로써 인성(靭性)을 높인 것이며, 파면(破面)은 백색을 띤다.

white heat 백열(白熱) 물체가 매우 고온으로 가열되면 백광색을 발한다. 이와 같은 상태를 백열이라고 한다. =incandescence

white iron 백주철(白鑄鐵) =white cast iron

white lead 연백(鉛白) 염기성 탄산연(鹽基性炭酸鉛)을 주성분으로 하는 흰 안료(顔料).

white metal 화이트 메탈 Pb, Sn, Zn, Cd, Sb, Bi 등을 주성분으로 하는 저융점(低融點)의 백색 합금의 총칭. 베어링 합금, 활자 합금, 경랍(硬鑞) 합금, 다이캐스트용 합금 등에 사용된다.

white pig iron 백선(白銑) →pig iron

Whitworth screw thread 위트워드 나사(-螺絲) 인치식의 3각 나사. 피치의 대소에 따라서 보통 나사, 가는 나사로 대별된다.

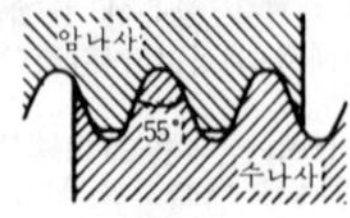

whole depth of tooth 전체 이높이(全體—) 이의 반지름 방향의 높이, 즉 이끝원과 이뿌리 원의 반지름의 차.

wick lubrication 등심 주유(燈心注油) 적하(滴下) 주유법의 일종. 등심을 이용하여 기름통에서 등심을 통하여 한 방울씩 기름을 떨어뜨리는 방식.

wide gauge 광궤(廣軌) 철도 선로의 궤간(軌間)이 표준 궤간보다 넓은 것. 표준 궤간은 나라마다 반드시 같지는 않으나 대개 1,435mm를 표준 궤간으로 정하고 있다. 그러나 이보다 좁은 거리의 궤간을 표준 궤간으로 정하고 있는 나라에서는 이 궤간을 광궤라고 한다. 넓은 뜻으로는 표준 궤간(1,435mm)을 광궤라고 하는 경우도 있다. 협궤(狹軌)의 상대적 용어.

Widia 위디어 독일에서 개발한 비철 공구 재료(非鐵工具材料). 초경합금(超硬合金)이라고 하여 탄화(炭化) 텅스텐에 6% 정도의 Co를 첨가한 합금. 고속도강보다도 절삭성이 좋으나 재질이 여리다. 주로 공구나 다이(die) 등에 사용된다.

width series number 폭 기호(幅記號) (구름 베어링) →dimension series

Wien s displacement law 빈의 변위 법칙(-變位法則) 단위 표면적, 단위 시간당 흑체(黑體)로부터 방사되는 방사 에너지는 어느 한 파장(波長)에 한정되지 않고 어떤 파장 전체에 걸쳐 분포하고 있는데, 그 중의 어느 한 파장에 대해서 살펴보면, 온도가 높을수록 방사 에너지도 크다. 온도가 일정하다고 가정하면, 극대값을 갖는 파장이 존재하며, 그 파장 λ_{max}은 절대 온도 T에 반비례한다. 즉 $\lambda_{max}\ T=0.002898\text{m}^{\circ}\text{K}$의 관계가 있다. 이것을 빈의 변위 법칙이라고 한다. 이 법칙은 고온도의 측정에 적용된다.

Wilson line 윌슨 라인 증기의 과포화(過飽和) 현상이 나타나지 않게 되는 경계선.

winch 윈치, 권양기(捲揚機) 드럼에 로프를 감아서 중량물을 끌어올리거나 또는 끌어당기는 데 사용하는 기계.

windage loss 풍손(風損) 발전기, 전동기 등의 회전 부분이 회전할 때 받는 공기 저항에 의한 손실.

wind channel 풍동(風洞) 인공적으로 고속의 기류(氣流)를 일으키는 터널 장치. 주로 항공기의 공기 역학적 성질을 모형을 통하여 연구하는 경우에 사용된다.

winder 와인더 방적 공정이나 방사 공정에서 실을 제직(製織) 준비 공정에 거는 최초의 기계. 실을 적정한 모양으로 되감는 것으로, 각종 와인더를 말한다.

wind indicator 풍신기(風信器), 풍향계(風向計) 풍향을 관측하는 기계. =weather vane

winding 와인딩 ① 감아 올리기. 권양기(捲揚機)나 기중기 등으로 기계 부품이나 재료 등을 감아 올리는 작업. ② 전기에서 전선을 감는 것, 또는 그 작업. =winding drum

Winding drum 권동(捲胴)

winding barrel 권동(捲胴) 하역 기계에 있어서 로프나 체인을 감거나 감아놓는 원통형 또는 원뿔형의 드럼.

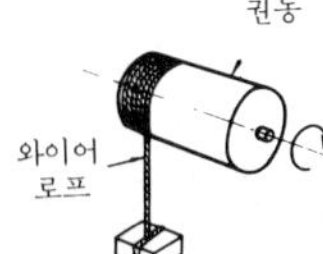

windlass 윈들러스 배의 닻(anchor)을 감아 올리거나 풀어 내리는 데 사용하는 장치.

wind mill 풍차(風車) 자연의 바람을 이용하여 높은 곳에 설치된 날개차를 회전시켜 동력을 얻는 장치. 일반적으로 공업적 이용 가치는 그다지 높지 않다.

window regulator 윈도 레귤레이터 자동차의 창유리를 올리고 내리는 기폐기. 수동식과 자동식이 있다.

window screen 윈도 스크린 매연(煤煙) 등을 방지하기 위하여 가는 눈의 철망을 부착한 창문(창문에 설치하여 개폐할 수 있게 되어 있다).

window type air conditoioner 윈도 쿨러, 창틀형 공기 조절기(窓-形空氣調節機) 냉동 장치의 전체와 송풍기, 제진(除塵) 장치를 1개의 상자 안에 조립한 것으로, 창문에 설치할 수 있을 정도의 소형인 것을 말한다. 일반적으로 공기 냉각 방식에 의한다.

window wiper 와이퍼 =wiper

wind pressure 풍압(風壓) 바람이 물체에 부딪혔을 때 그 물체의 단위 면적에 작용하는 압력.

wind screen 바람막이 자동차 운전석 앞의 바람막이 유리.

wind shield 바람막이 =wind screen

wind shield glass wiper 유리 닦기 와이퍼(琉璃-) 자동차 운전석 앞 바람막이 유리 닦기.

wind tunnel 풍동(風洞) 인공적으로 고속의 기류를 일으키기 위한 터널 장치. 주로 항공기의 공기 역학적 성질을 연구하는 경우에 사용한다. =wind channel

wind tunnel test 풍동 시험(風洞試驗) 자동차의 공기 저항, 양력(揚力), 횡풍(橫風)의 영향 등을 조사하기 위한 시험으로, 풍동에 의해 실물 또는 모형을 테스트한다. 항공기의 경우에는 분력 천칭(分力天秤) 등으로 지지하나, 자동차의 경우에는 지면의 영향 때문에 지면판(地面板)이나 풍속과 같은 속도로 주행하는 벨트를 사용하거나 경상법(鏡像法) 등을 이용한다.

wing 날개 유체 역학에서 비행기의 날개와 같이 공기의 흐름이 직각 상향 방향의 힘을 받는 것을 날개라 한다. =blade

wing nut 나비 너트 =butterfly nut

wing pump 윙 펌프, 날개 펌프 부채꼴 날개를 전후로 요동시켜 양수(揚水)하는 펌프.

wiper 와이퍼 ① 운전석 전면에 있는 창유리가 흐렸을 때 사용하는 유리 닦기. ② 공기압, 유압 기기 등의 왕복 운동축에 부착하여 외부로부터의 물, 먼지, 축에 묻은 이물질이 내부로 침입하는 것을 방지하는 역할을 하거나, 항공기에서는 축에 얼어붙은 얼음이나 점착성(粘着性) 오물을 긁어 내기도 한다. 재료는 가죽, 펠트, 합성 고무가 많다. 얼음이나 점착물을 긁어 내는 데는 청동, 황동 등이 사용되고 있다. 스크레이퍼라고도 한다.

wiper ring 와이퍼 링 스크레이퍼 링이라고도 한다. 잉여 유체(剩餘流體) 또는 이물질을 제거하기 위하여 왕복 운동을 하는 패킹에 병용되는 링.

wire 와이어 철사, 길게 이어진 금속선. 굵기 및 용도에 따라 많은 종류가 있다.

wire braid hose 와이어 브레이드 호스 가는 강선으로 촘촘히 짜서 고무 또는 합성 수지의 호스 바깥쪽으로 둘러싼 것. 높은 압력의 유체에 사용할 수 있는 가요성(可撓性)을 지닌 호스.

wire bursh 와이어 브러시 털 대신에 가는 강철선으로 만든 브러시. ① 주물의 모래 떨기나 재료의 녹 청소. ② 줄눈 청소. ③ 용접부의 먼지나 녹, 도료 등을 제거하는 데 사용한다.

wire buff 와이어 버프 그라인더용의 숫

돌 대신에 장착하여 단조품의 표면 연마, 스케일 등을 제거하는 연마재(硏磨材).

wire clip 와이어 클립 와이어 로프의 끝 부분을 휘어 고리를 만들고, 이 휘어진 와이어 로프를 고정하는 부품으로, U자형 볼트에 로프를 끼우고, 고정 금속을 너트로 죈 것이다.

wire cut electric spark machine 와이어 컷 방전 가공기(－放電加工機) 구리 또는 텅스텐 등의 가는 와이어를 이용하여 이것을 전극으로 하여 특정 형상의 윤곽을 방전 가공으로 잘라 내는 기계.

wire drawing 와이어 드로잉 강선(鋼線)이나 동선을 만들 때, 다이스(dies)의 구멍을 통하여 드로잉함으로써 목적하는 형상과 치수의 선재(線材)를 뽑는 작업 방법을 말한다.

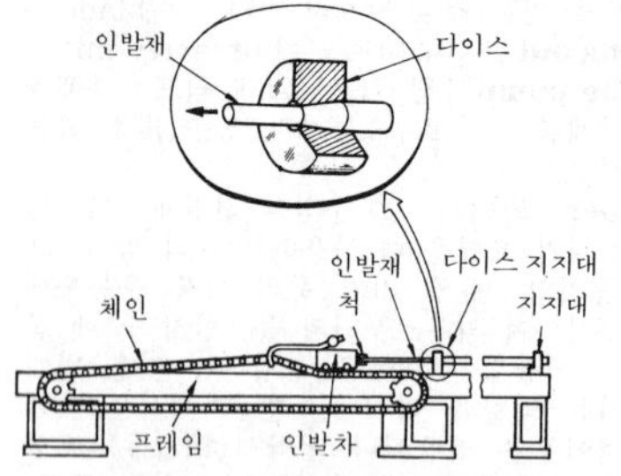

wire drawing bench 와이어 드로잉 벤치 다이스(dies)에 선을 통한 다음 그 선을 한 쪽에서 잡아당기고 감아서 선을 가늘게 뽑는 방법으로, 선재(線材)를 제조하는 기계.

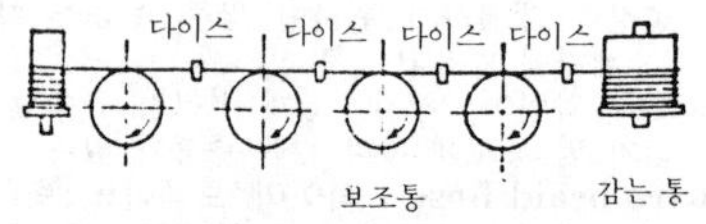

wire drawing machine 와이어 드로잉 머신 선재(線材)와 같이 용이하게 감을 수 있는 재료를 잡아당겨 늘이는 기계로, 단식·연속 또는 역장력(逆張力) 와이어 드로잉 머신 등이 있다.

wired wheel 와이어 스포크 차륜(－車輪) 자전거의 바퀴와 같이 바퀴의 림(rim)과 중심부(허브)를 강선(鋼線)으로 연결한 것. 특징은 가볍고 휨성이 있다는 것이다.

wire gauge 와이어 게이지 철사의 지름을 재는 데 사용하는 게이지. 원판의 주위에 철사의 번호에 해당하는 치수(철사의 지름은 번호로 나타낸다)의 홈 또는 구멍이 가공되어 있는 것.

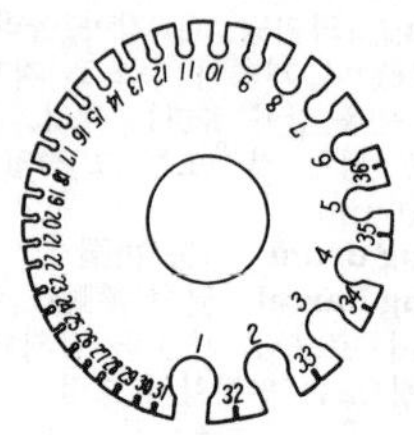

wire glass 철망 유리(鐵網－) 후판(厚板) 유리 등에 철망을 넣은 것. ＝wired glass

wire lath 와이어 라스 아연 도금한 연강선(軟鋼線)을 마름모꼴로 엮어서 만든 미장벽 바탕용 철망. 건축물의 외벽 모르타르 시공의 보강재(補强材)로 사용한다.

wireless compass 무선 컴퍼스(無線－) 전파가 도래하는 방향을 측정하는 수신기. 특히 선박, 항공기에 장착된 방향 탐지기를 말한다.

wire memory 와이어 메모리 자성막(磁性膜)을 사용한 컴퓨터 메모리의 일종.

wire nail 둥근못 철사를 절단하여 만든 보통 못.

wire resistance strain gauge 저항선 변형 게이지(抵抗線變形－) 금속선을 잡아당기면 단면적이 감소하므로 전기 저항이 증가한다. 이 현상을 이용하여 변형을 전기 저항의 변화로 검출하는 것으로, 측정 부위에 접착제로 붙여서 사용한다. 선 변형 게이지 이외에 박(箔) 변형 게이지, 반도체 변형 게이지 등이 있다.

wire rod 선재(線材) 환강(丸鋼)의 가늘고 긴 것을 말한다. 철사, 못 등의 재료로 사용한다.

wire rope 와이어 로프, 강삭(鋼索) 몇 개의 철사를 꼬아서 한 줄의 스트랜드(strand：새끼줄)를 만들고, 다시 6가닥의 스트랜드를 한 줄의 마(痲) 로프를 중심으로 꼬아서 만든 줄. 로프의 꼬임에는 보통 꼬임과 랭 꼬임이 있으며, 또 스트랜드의 꼬임 방향에 따라서 S꼬임 로프와 Z꼬임 로프가 있다. 용도는 케이블카, 크레인, 삭도(로프웨이), 조교(弔橋) 등.

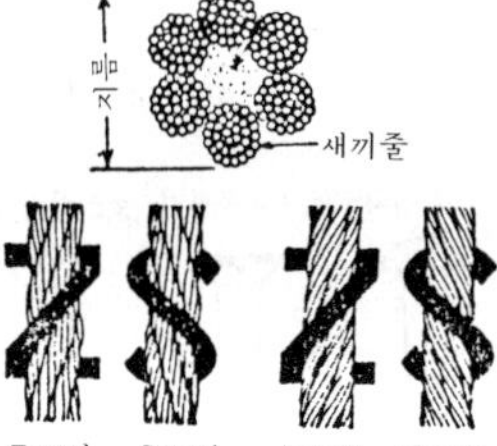

wire spring 와이어 스프링 가는 선상(線狀)의 재료로 만든 스프링.

wire straightener 철사 교정기(鐵絲矯正機) 굽은 철사를 곧게 직선으로 펴는 기계를 말한다.

wire wheel 철선 스포크 차륜(鐵線-車輪) 주로 오토바이나 스포츠카 등에 사용되며, 간혹 승용차에도 사용된다. 스포크(spoke)의 장력(張力)을 이용하여 지탱하는 형식으로, 가벼우나 중부하(重負荷)에는 적합하지 않다.

wire wrapping 와이어 래핑 도선(導線)을 모가 난 단자에 단단히 감아 붙여 접속하는 것. 열에 민감한 부품의 접속이나 밀집한 단자에의 접속이 편리하다.

wiring diagram 배선도(配線圖) 전기 장치의 배선을 상세하게 그림으로 나타낸 것을 말한다.

wiring harness 와이어링 하니스 자동차의 점화, 등화, 충전, 보기(補機)의 구동 등을 위한 배선을 하나로 묶은 것으로, 이것을 유닛으로 조립하여 교환한다.

wishbone 위시본 독립 현가 장치(獨立懸架裝置)의 한 형식인 평행 링크형(위시본형) 현가 장치에 사용되는 암(arm)으로, Y 자형의 닭뼈의 차골(叉骨) 모양과 유사한 데서 붙여진 이름이다.

wobble plate pump 사판 펌프(斜板-) 회전 펌프의 일종으로, 중유(重油), 타르(tar), 물엿 등의 고점도액(高粘度液)을 송출하는 데 사용하는 펌프.

wolfram 텅스텐 기호 W. 금속 중에서 가장 융점이 높고(3,410℃), 상온에서는 안정하나 고온에서는 산화된다. 고온에서 강도나 경도가 크기 때문에 고온 발열체·초내열 재료·내마모 재료 등에, 또 내식성이 뛰어나 내식 재료·화학 장치 부품용 재료 등에 쓰인다.

wool borer 목공 드릴링 머신(木工-) 기둥(column), 주축 헤드(head), 테이블 등으로 구성되어 있고, 주축이 수직이며, 각종 공작물에 드릴링 가공을 하는 목공 기계. =wood drilling machine

wood drilling machine 목공 드릴링 머신(木工-) =wood borer

wood file 목공용 줄(木工用-) 목공예, 가구 공장, 목형(木型) 공장 등에서 사용하는 줄눈이 거칠은 줄. 연관(鉛管)이나 배빗 메탈(babbit metal)의 다듬질에도 사용한다.

wood lathe 목공용 선반(木工用旋盤) 각종 공작물(목재)을 회전시켜 주로 바이트 또는 회전 절삭날에 의해서 선삭 가공하는 목공 기계를 말한다. =wood working lathe

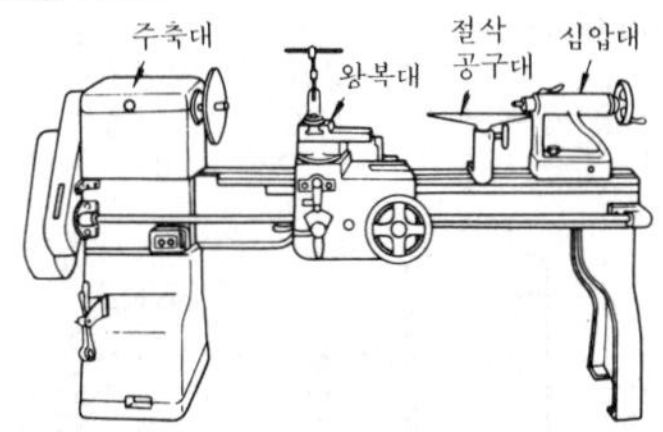

wood meal 우드 밀 목재를 잘게 분쇄한 것이나 톱밥. 용도는 보온재, 주물의 거죽 모래의 첨가재 등에 사용된다.

wood milling machine 목공용 밀링 머신(木工用-) 목형(木型) 공작에서 외형뿐 아니라 코어(core)를 파내는 데 편리한 기계.

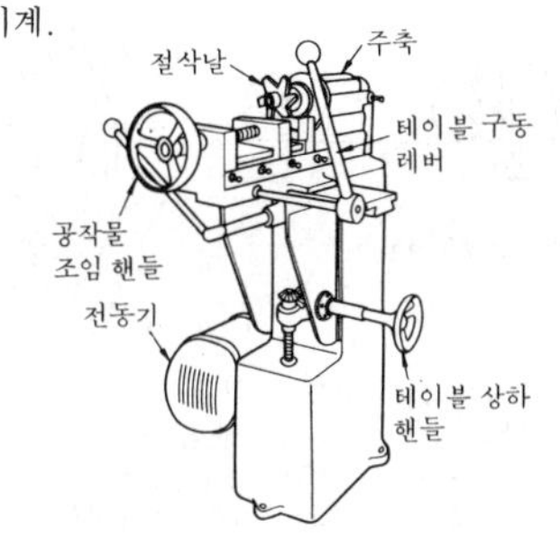

wood planer 기계 대패(機械-) 목공용 공작 기계의 일종. 회전축에 대팻날을 장

착하여 목재를 깎는 기계.

wood planing machine 기계 대패(機械−) =wood planer

wood plastic combination 우드 플라스틱 목재와 플라스틱을 혼합하여 만든 새로운 재료이다. 플라스틱을 액상(液狀)으로 하여 목재에 침투시킨 것과, 톱밥 등을 플라스틱과 섞어서 굳힌 것 등이 있다.

woodruff drill 반달 드릴(半−) 특수 드릴의 일종. 구멍의 지름과 같게 다듬질된 축 지름의 반을 편평하게 잘라 내고 끝에 절삭날을 가공한 것. 절삭날이 하나이므로 절삭력은 약하나 정확한 구멍을 뚫을 수 있다.

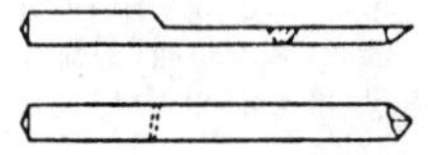

woodruff key 반달 키(半−) 특수 키의 일종. 단면이 반달형인 키. 자동차나 가전제품 등에서 그다지 큰 힘이 작용하지 않는 작은 지름을 가진 축에 사용한다.

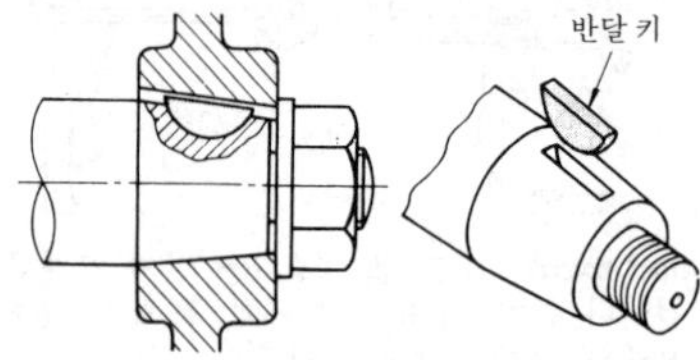

woodruff key seat cutter 반달 키 홈 밀링 커터(半−) 반달 키의 축의 홈을 절삭하는 데 사용하는 밀링 커터.

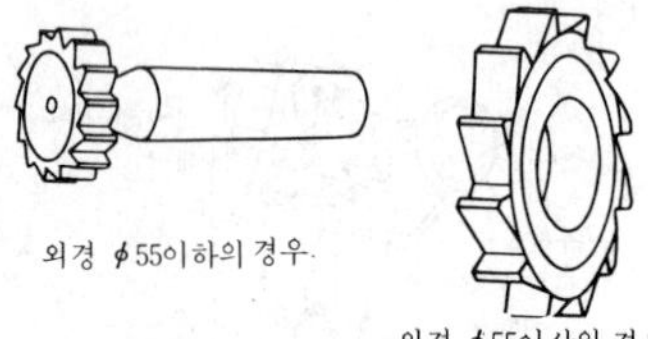

Wood s alloy 우드 합금(−合金) 저융 합금(低融合金)의 일종. 융점 66∼71℃, 성분은 Sn 14%, Cd 12%, Pb 24%, Bi 50%. 용도는 퓨즈, 자동 소화전(消火栓) 등에 사용한다.

wood screw 나무 나사(−螺絲) 나사부가 원뿔형이고 피치가 거칠은 3각형 단면의 나사산이 새겨져 있으며, 머리에 홈이 팬 나사. 드라이버로 목재 등에 틀어박아 체결하거나 철물을 부착할 때 등에 사용한다.

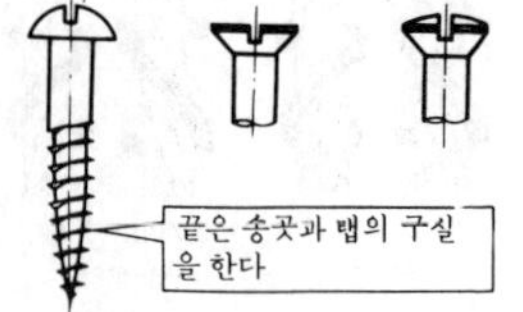

Wood s metal 우드 합금(−合金) = Wood' s alloy

wood tar 나무 타르 목재를 건류(乾溜)하여 얻는 타르. 용도는 방부제(防腐劑), 점결제(粘結劑).

wood trimmer 나무 밑동 절단기(−切斷機) 나무의 밑동(butt end)을 자르는 데 사용하는 목공 기계.

wood washer 목재용 와셔(木材用−) 목재는 높은 접촉 압력에 견디지 못하므로 이것을 죄는 나사에는 접촉면이 넓은 원형 또는 각형(角形)의 와셔가 사용된다. 이것을 목재용 와셔라고 한다.

wood working lathe 목공 선반(木工旋盤) =pattern-maker' s lathe

wood working tool 목공용 공구(木工用工具) 목재 가공용 손공구. 톱, 끌, 송곳, 대패, 손자귀, 나사 송곳(auger), 작은 칼 등을 총칭하여 말한다.

woolen card 방모 카드(紡毛−) 방모 방적(紡毛紡績)에 사용하는 롤러 카드로, 보통 3산(三山) 카드라고 해서 3대 연속하여 사용한다.

woolen spinning 방모 방적(紡毛紡績) 블랭킷이나 외투 기지 등의 굵은 양모사(羊毛絲)를 방적할 때는 양모사의 장단 섬유가 혼합된 실로 축충성(縮充性)이 있는 것을 사용한다. 이 실을 방적할 때에는 롤러 카드에 건 다음 시트 모양으로 된 섬유, 즉 웨브를 분할하여 그것을 정방기에 건다. 비교적 짧은 공정이며 이 방식의 것을 방모 방적이라고 한다.

wool washing machine 세모기(洗毛機) 원모(原毛)를 씻어 지방질, 흙, 모래 등을 제거하는 기계.

wooly nylon 울리 나일론 나일론 섬유를 물리적으로 오므라들게 열처리하여 양모

(羊毛)와 같은 촉감을 주도록 고안된 섬유를 말한다.

word address format 워드 어드레스 포맷 블록(block) 내의 각 워드 첫머리에, 그 워드가 무엇을 의미하는가를 지정하기 위한 정보를 구별하는 기호를 가진 수치 제어 테이프의 포맷.

work 워크 ① 일, 작업, 노동. ② 공작품, 공작물. ③ 일하다, 작업하다, 기계 등을 가동시키다, 운전하다.

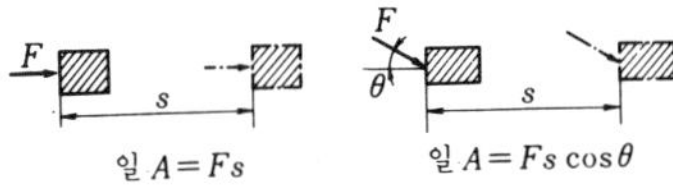

workability 가공성(加工性), 피가공성(被加工性)

workbench 작업대(作業臺), 공작대(工作臺) 바이스 등을 장착한 나무로 만든 작업대.

work gauge 공작 게이지(工作－) 생산 중의 공작물에 사용하는 게이지.

work hardening 가공 경화(加工硬化) 금속이 가공에 의하여 변형을 하게 되면 경도(硬度)가 높아지고 여리게 되는 성질.

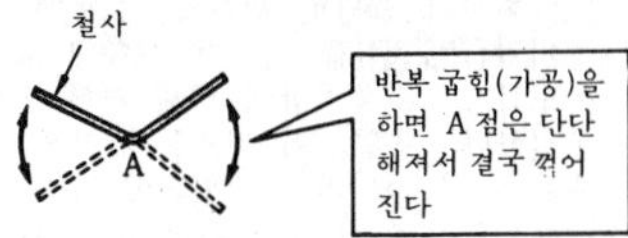

working allowance 작업 여유율(作業餘裕率) 작업 중 불규칙적으로 발생하는 일, 예를 들면, 토의(討議), 불량품 혼입으로 인한 작업 지연 등의 시간의 노동 시간에 대한 비율.

working depth 작용 높이(作用－)[1], 유효 이 높이(有效－)[2] ① 하류의 발전소에서 실제로 이용할 수 있는 둑의 수심. ② 맞물리는 한 쌍의 기어 맞물림에 간섭하는 이 높이.

working drawing 제작도(製作圖) 공작 작업을 하는 작업원을 대상으로 하여 그려진 기계, 부품의 제작에 필요한 도면. 일반적으로 조립도와 상세도로 이루어져 있다.

working fluid 동작 유체(動作流體) 기관이나 터빈 속에서 작동(사이클이라고 한다)을 하고 동력을 발생시키기 위하여 사용되는 유체. 가스, 공기, 증기 등.

working gauge 공작 게이지(工作－) = shop gauge

working limit 가공 한도(加工限度) 소성 가공(塑性加工)에 있어서 재료의 한계 가공도를 말한다. 재료 가공의 용이성은 가공성으로 평가한다. 네킹(necking) 또는 크랙(crack)이 발생하기까기의 가공도를 비교하면 가공성을 알 수 있다. 즉, 각종 소성 가공의 가공 한도를 명백히 하면 가공성의 평가가 가능하다.

working load 사용 하중(使用荷重), 상용 하중(常用荷重) 하중을 받는 부분이나 물품이 사용시에 받을 것으로 예정되어 있는 크기의 하중.

workin mixture 동작 혼합 가스(動作混合－) 내연 기관의 실린더 내에서 작동(사이클이라고 한다)을 하고 동력을 발생시키기 위하여 사용되는 혼합 가스.

working model 실용 모형(實用模型) 실제와 똑같은 작동을 하는 모형.

working pressure 사용 압력(使用壓力), 상용 압력(常用壓力) 보일러나 압력 용기 등에서 사용시에 예정하고 있는 압력을 말한다.

working quenching 단조 담금질(鍛造－) 중 정도의 탄소강을 A_3점 이상으로 가열하고 그 온도에서 단조(鍛造)한 후 급랭하여 마텐자이트 변태를 일으키게 하며, 곧 잇달아서 뜨임(tempering)을 하는 일련의 작업법.

working strength 사용 강도(使用强度) →working stress

working stress 사용 응력(使用應力) 하중이 작용하는 부재(部材)에 있어서 그것을 실제로 사용할 때 발생할 것으로 생각되는 응력.

working stroke 작용 행정(作用行程) 고압의 연소 가스가 팽창하면서 피스톤을 아래로 밀어 내리는 행정. 이 행정에서 가스가 작용을 하므로 이를 작용 행정이라고 한다. =expansion stroke

working tension 작용 장력(作用張力) 물체에 작용하는 인장력.

workmanship 기량(技倆), 솜씨

work ratio 일량비(－量比) 가스 터빈에서, 그 축 출력과 터빈 출력과의 비율을 일량비라고 한다. 이것은 서로 다른 사이클로 작동하는 가스 터빈의 크기를 비교하는 데 있어서, 가늠이 되는 중요한 값이다. 일량비는 큰 것이 바람직하다.

work rest 공작물 지지대(工作物支持臺)

work sampling 워크 샘플링 관측 대상을 무작위(無作爲)로 선정하여 일정 시간 관측하고, 그 상태를 기록, 집계한 다음 그 데이터를 기초로 하여 작업자나 기계 설비의 가동 상태 등을 통계적 수법을 사용하여 분석하는 작업 연구의 한 수법.

workshop gauge 공작 게이지(工作－) = manufacturer's gauge, work gauge

workshop practice 공장 실습(工場實習), 현장 실습(現場實習), 기계 공작법(機械工作法)

workshop sink 공장 폐수(工場廢水) = industrial waste, trade waste

work study 작업 연구(作業硏究) 시간 연구와 동작 연구를 융합한 IE의 분석 수법을 말한다. 주어진 일의 각 작업을 대상으로 하여 모든 불필요한 작업을 배제하고, 필요한 모든 작업을 수행하는 데 가장 신속하고 최선의 방법을 설정하기 위해서 하는 분석 수법. →industrial engineering

worm 웜 한 줄 또는 여러 줄의 나사 모양의 비틀린 이를 가진 톱니바퀴. 웜 기어와 맞물린다.

원통 웜 기어

괭창 웜 휠

worm brake 웜 브레이크 발톱(ratchet) 또는 발톱 바퀴가 달린 원뿔 브레이크를 웜축에 장착한 것. 웜 기어의 회전력으로 웜축이 눌려 브레이크가 걸린다.

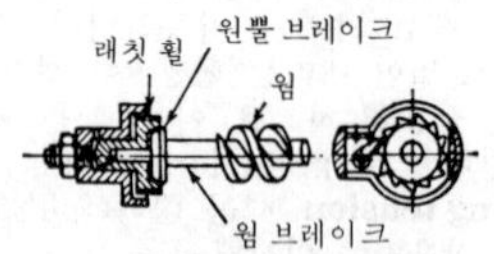

worm gear 웜기어, 웜 기어 장치(－裝置) 웜과 웜 기어의 한 쌍 및 그 전동 장치를 말한다. 웜 전동 장치(傳動裝置)라고도 한다. →worm, worm wheel

worm wheel 웜 기어 일반적으로 2축이 서로 직교하는 경우에 사용되는 기어로, 1/100에 달하는 속도비를 얻을 수 있고, 비틀림 각이 작으면 역전 불능의 특징을 가진 기어.

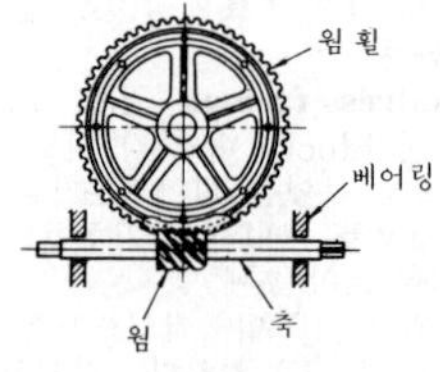

worm gear

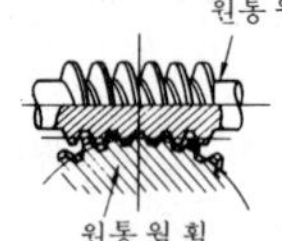

worsted spinning 털실 방적(－紡績), 소모 방적(梳毛紡績) 양복의 천 등 고급의 가는 양모사를 방적할 때의 방적법으로, 방모 방적과 달리 공정이 많고 복잡한 방법이다.

Worthington pump 워싱턴 펌프 미국의 워싱턴 회사가 발명한 펌프로, 그림과 같이 증기압(蒸氣壓)을 피스톤 양쪽에 교대로 유도하고 그 증기압에 의해 왕복 펌프를 운전한다. 또한, 이 피스톤 로드의 왕복 운동은 링크에 의해 전달되어 증기 실린더 헤드의 슬라이드 밸브(slide valve)를 작동시키는 장치로 되어 있다.

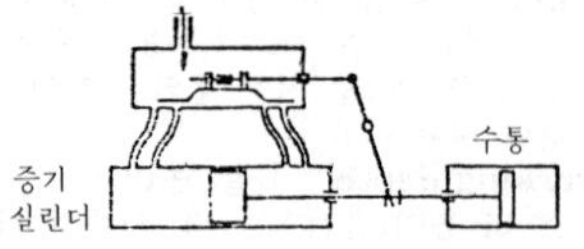

woven belt 직물 벨트(織物－) 소정의 모양으로 짜서 만든 무단(無端) 벨트.

woven lining 워븐 라이닝 아스베스토의 긴 섬유 속에 납, 황동, 아연 등의 가는 철사를 넣고 짠 마찰용 라이닝.

wrapping connector 감지 전동절(－傳動節) 감기 전동에 사용하는 벨트, 로프, 체인 등을 말한다.

wrapping connector driving 감기 전동(－傳動) 벨트, 체인, 로프를 2개의 풀리에 감아서 동력을 전달하는 것.

wrecker 레커 ① 기중기를 장착하고, 하역(荷役), 운반, 기기의 설치 및 철거 등 사고 복구 등에 사용하는 자동차. ② 구난선(救難船), 구난 열차, 구난차(救難車).

wrecking crane 렉 크레인, 구원 기중기(救援起重機) 철도 사고 복구용 기중기로, 로코 크레인(locomotive crane)의 일종이다. 철도 차량이 탈선 또는 전복했을 때, 현장까지 열차로 수송되어 탈선한 차량을 선로에 복선시키거나, 전복한 기관차를 일으켜 세우거나, 파괴된 차량을 선로 밖으로 끌어냄으로써 선로를 조기 개통시키는 데 사용하는 크레인을 말한다. =breakdown crane

wrecking truck 레커차(一車), 구원 트럭(救援一) =breakdown lorry, wrecker

wrench 렌치 =spanner

wringing 링잉 블록 게이지로 측정하는 경우, 2개의 게이지를 서로 맞붙여 문지르면 밀착하여 떨어지지 않게 된다. 이것을 링잉이라고 한다. 이것을 떨어지게 하기 위해서는 반드시 미끄러뜨려 떼어놓아야 하며, 절대로 무리하게 떼어놓아서는 안 된다.

wrist pin 피스톤 핀 =piston pin

wrought iron 연철(錬鐵), 단철(鍛鐵) C 0~0.01%의 철. 반사로(反射爐)에서 선철(銑鐵)을 반 정도 용해하여 C량을 산화 제거하고, 반유동체로 된 것을 꺼내어 단련한 것. 강(鋼)에 비하여 다소 재질이 여리기는 하나 단조(鍛造)에 의한 접속성이 매우 좋으므로 닻의 체인에 사용한다. 조성(組成)은 C 0.03%, Si 0.14%, Mn 0.15%, P 0.20%, S 0.02%. 인장 강도 37kg/㎟, 연신율 24%.

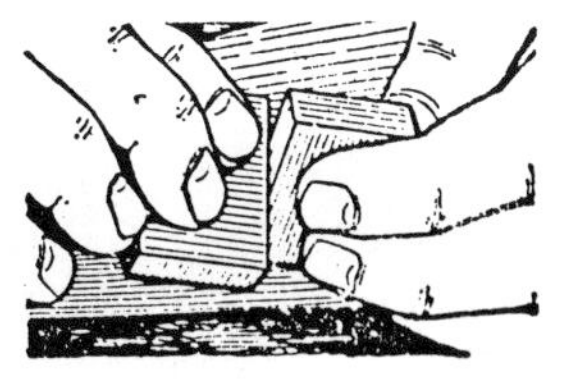

wringing

wrought steel 연강(錬鋼) 연철(錬鐵)과 같이 반용융 상태에서 정련(精錬)한 강. C 0.8~1.8% 정도. 재질이 순량(純良)하여 절삭 공구나 도가니강(鋼)의 재료로 사용된다. 그러나 제조 비용이 고가이기 때문에 거의 제조를 하지 않는다.

wrought tool steel 단조 절삭 공구강(鍛造切削工具鋼) 대팻날, 부엌칼, 낫 등에 사용하는 단조용 절삭 공구강을 말하며, Si<0.2%, Mn<0.35%, P<0.03%, S<0.02%의 강.

W-type engine W형 기관(一形機關) 실린더를 한 크랭크축에 대하여 W형으로 배열한 기관. W형 18실린더의 항공기용 수냉식 대출력 기관과 경량을 목적으로 한 고성능 디젤 기관이 만들어지고 있다.

X

$\bar{x}$ chart $\bar{x}$ 관리도(−管理圖) 공정 평균(工程平均)을 평균값 $\bar{x}$에 의하여 관리하기 위한 관리도를 말한다. 미디언 관리도(median chart)라고도 한다.

xenon arc lamp 크세논 램프 고압 크세논 가스 속의 방전(放電)에 의하여 발광시킨 램프. 자연 주광(晝光)에 가깝고 휘도(輝度)가 높다.

xerography 제로그래피 전자 복사와 같은 건조 인쇄법.

X-ray inspection **X**선 투과 검사(−線透過檢査) X선을 방사하여 내부의 사진을 촬영하고, 형광판으로 그것을 투시하여 용접부의 블로 홀(blow hole), 슬래그 혼입, 균열 등을 조사하는 검사.

X-ray plant **X**선 장치(−線裝置) X선관과 고전압 발생 장치로 이루어져 있고, 휴대용, 이동용, 고정 설치용 등이 있다.

X-ray **X**선(−線) 1895년에 독일의 뢴트겐(W. K. Röntgen)에 의하여 발견되어 명명된 방사선. 파장(波長)이 10^{-6}~10^{-9}cm 정도인 전자파(電子波)로, 보통의 빛과 마찬가지로 반사, 굴절 및 편차를 나타내며, 회절 격자(回折格子 : diffraction grating)를 사용하여 파장을 정밀하게 측정할 수 있다.

X-ray television **X**선 텔레비전(−線−) 인체(人體)를 투시하는 X선을 형광판에서 가시상(可視像)으로 변환하고, 그 상을 TV 촬상관(撮像管) 및 TV 카메라에 의해 텔레비전 신호로 변환하여 유선 전송으로 TV 수상기(TV 모니터)에 수상시키는 것.

X-ray topography **X**선 터포그러피(−線−) 결정(結晶) 내부의 결함이나 격자(格子) 변형의 분포 및 형상을 직접 관찰할 수 있는 비파괴 시험법의 일종.

***$\bar{x}$-R* control chart** *$\bar{x}$-R* 관리도(−管理圖) 평균값의 변화를 관리하는 $\bar{x}$ 관리도와 불균일의 변화를 관리하는 *R* 관리도를 조합시킨 관리도. =*$\bar{x}$-R* chart

X-type engine **X**형 기관(−形機關) 실린더를 1개의 크랭크축을 중심으로 하여 X형으로 배열한 기관으로, 항공기용으로 설계된 예는 있으나 일반적으로는 쓰이지 않고 있다.

X-Y plotter **X-Y** 플로터 컴퓨터에 의한 처리 결과를 도형으로 나타내어 표시하는 장치. X축(가로축), Y축(세로축) 값만으로 펜을 움직여 작도한다.

X-Y recorder **XY** 기록계(−記錄計) 두 가지 현상의 상호 관계를 직접 기록시킬 수 있는 기록계를 말한다. 이것은 변형-변형력 곡선, 자기 재료(磁氣材料)의 *B-H* 곡선, 트랜지스터의 특성 곡선 등의 자동 기록(automatic plot)에 쓰이고 있다.

XYZ notation **XYZ** 표시법(−表示法) = XYZ painting indicate method

XYZ painting indicate method **XYZ** 표시법(−表示法) 도장색(塗裝色)의 표시법으로, 정확하게 색을 결정할 필요가 있을 때 채용된다. 현재는 HVC 표시가 표준이 되고 있다.

Y

yacht 요트 행락이나 스포츠용으로 사용되는 순항용 선박에 대한 총칭. 범선(帆船)과 원동기를 장비한 모터 요트가 있다.

Y alloy Y 합금(－合金) Cu 4%, Ni 2%, Mg 1.5% 정도이고 나머지가 Al인 합금. 내열용(耐熱用)합금으로서 뛰어나고 단조, 주조 양쪽에 쓰인다. 주요한 용도는 내연 기관용 피스톤이나 실린더 헤드 등.

Yankee s lifter 주형 숟가락(鑄型－) 주형을 다듬질하는 데 사용하는 숟가락 모양의 연장.

yard 야드 영(英), 미(美) 등의 인치 단위의 사용국에서 쓰는 길이의 기본 단위. 원래는 영국의 야드 원기(原器)에 의해 정해진 것이었으나, 미국에서는 미터를 기준으로 하여 정한 것(1 야드＝3,600/3,937m)이 사용되고 있다. 또, 인치 단위 사용국의 국립 표준 연구소간에 1959년 7월에 협정한 국제 야드는 0.9144m이다. 다만, 캐나다(1951년), 영국(1963년)은 법률에 의하여 0.9144m를 1야드로 정하고 있다.

yard crane 야드 크레인 조차장(操車場), 화물 적재소, 공장 구내 등에서 이동을 해가면서 작업을 하는 크레인. 대개는 차량 위에 지브 크레인을 장비한 형식의 것.

Yarrow boiler 애로 보일러 2개 이상의 물 드럼과 1개의 증기 드럼으로 구성되며, 기수 드럼과 각 물 드럼을 직관으로 연결한 수관(水管) 보일러이다. 세계 제2차 대전 전에 영국의 애로 회사에서 많이 만들어졌으나 현재는 거의 생산되지 않고 있다.

yawing 요잉 항공기나 차량, 선박의 기체, 차체, 선체 등이 상하 방향으로 흔들리는 진동.

yawmeter 편요계(偏搖計) 수직축(垂直軸)의 둘레를 자유롭게 회전할 수 있는 자이로스코프(gyroscope)를 사용한 세로 방향의 요동 지시계.

Y bend Y 밴드 Y자형의 관 이음쇠. 둘로 분기(分岐)된 각도가 90°인 것과 45°인 것이 있다. 3개의 접속부에는 보통 각각 암나사가 깎여 있다.

Y-connection Y 결선(－結線), 성형 결선(星形結線) ＝star connection

yield 이익률(利益率), 성공률(成功率) 제품 가공의 경우 합격품과 불합격품의 비율을 말한다. 100개를 제작하여 80개가 합격품이면 성공률은 80%라고 한다.

yielding condition 항복 조건(降伏條件) 연성 재료(延性材料)가 외력의 작용으로 탄성(彈性) 상태로부터 소성(塑性) 상태로 들어가기 위한, 즉 탄성 파손(彈性破損)의 응력 조건을 항복 조건이라 한다.

yielding point 항복점(降伏點) ＝yield point

yielding rubber 완충 고무(緩衝－) 고무의 탄성을 이용하여 충격을 흡수하는 데 사용되는 것.

yielding valve 완충 밸브(緩衝－) 유속의 감도를 조절하기 위해 사용되는 밸브.

yield point 항복점(降伏點) 금속 재료의 인장 시험(引張試驗) 때 신장(伸張)의 종점으로, 하중이 증가하지 않고 재료가 급격히 늘어나기 시작할 때의 응력.

yield strength 내력(耐力), 내력 강도(耐力强度) 인장 시험에 있어서, 항복점(降伏點)이 뚜렷이 나타나지 않는 재료에서는 적당한 영구 변형(보통 0.2%)을 일으켰을 때의 하중을 원래의 단면적으로 나눈 값으로, $\sigma_{0.2}$로 나타낸다.

Y-level Y형 수준의(－形水準儀) 수준기 중에서 가장 보편적으로 사용되는 것으로, 필요에 따라 망원경을 분리하여 좌우의 위치를 바꿀 수 있고, 또 광축(光軸)을

중심으로 하여 회전시킬 수도 있다. 기포관(氣泡管)은 망원경의 아래쪽 끝에 연결된 것이 많다. →level

yoke 요크 전동기에 있어서 자로(磁路)를 형성함과 동시에 전동기의 몸체를 이루는 부분. 주철 또는 주강으로 만든다.

yoke cam 요크 캠 프레임을 구성하는 일정한 간격의 평행한 두 평면으로 편심 원판이나 3각 캠을 둘러싸면, 캠의 회전에 의하여 프레임에 세로 운동이 주어진다. 이 일정한 간격의 캠 이외에 프레임에 붙어 있는 2개의 롤러 사이에 캠을 끼워도 마찬가지로 확동 캠(positive return cam)이 된다. 이와 같은 캠을 요크 캠이라 한다.

yoked connecting rod 분기 연접봉(分岐連接棒) =forked connecting rod

yoke joing 요크 이음 연결기 본체와 연결기 테두리 사이에 설치한 이음쇠.

Young s modulus 세로 탄성 계수(−彈性係數), 영 계수(−係數) →modulus of elasticity, elastic modulus

Y-piece **Y**형 관 이음쇠(−形管−) Y자형의 관 이음쇠로, 3방향으로 갈라진 끝부분에 3개의 관을 접속하는 데 사용된다. 갈라진 각도에 따라서 90°Y, 45°Y로 구별되며, 지름의 치수가 다른 관의 접속에 사용되는 것을 이경(異徑) Y라 한다. =Y-pipe-joint

Y-pipe-joint **Y**형관 이음쇠(−形菅−) =Y-piece

Y-type engine **Y**형 기관(−形機關) 크랭크축을 중심으로 실린더를 Y자형으로 배열한 기관으로, 그다지 일반화되지 않고 있는 형식의 기관이다.

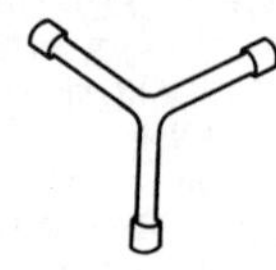

Z

Z-bar **Z** 형재(一形材) Z 형 단면을 가진 재료를 Z 형재라 하며, 특히 형강(形鋼)의 경우 Z 형강이라 한다.

Zener diode 제너 다이오드 정전압(定電壓) 다이오드라고도 한다. 제너 효과를 이용하는 다이오드를 말한다. 제너 효과란, 결정(結晶)을 형성하고 있는 전자(電子)에 강력한 전계(電界)를 작용시키면 약전계(弱電界)에서는 속박 전자(束縛電子)이던 것이 전계에 의해 캐리어(carrier)가 되어 전기 전도가 일어나는 현상을 말한다.

Zenith carburettor 제니스 기화기(一氣化器) 자동차 엔진에 사용되는 기화기. 가솔린과 공기를 적절하게 혼합하여 폭발성 가스를 만드는 장치.

zero defects movement **ZD** 운동(一運動) 무하자(無瑕疵) 운동을 말한다. 종업원 한 사람 한 사람의 주의와 노력으로 작업상의 실수를 없애고 처음부터 올바른 작업을 함으로써 품질과 원가와 납기(納期)에 대하여 하자없이 효과적으로 일을 추진하는 운동을 말한다.

zero method 영위법(零位法) =null method

zero offset 원점 오프셋(原點一) 좌표계(座標系)의 원점을 어떤 고정된 원점에 대하여 자리를 변위시킬 수 있는 기능을 말한다.

zero synchronization 제로 동조(一同調) 수동으로 각 축을 어떤 원하는 위치가까이 이동시킨 다음 자동적으로 그 정확한 위치로 위치 결정할 수 있는 수치 제어 공작 기계의 기능.

zigzag 지그재그 지그재그형, Z 자형, 지그재그형의.

zigzag intermittent fillet weld 지그재그 단속 필릿 용접(一斷續一鎔接) =staggered intermittent fillet weld

zigzag riveted joint 지그재그 리벳 이음 지그재그형으로 배열하여 체결한 리벳 이음. 겹치기 이음이나 맞대기 이음에도 응용된다.

zigzag riveting 지그재그 리벳 이음 = zigzag riveted joint

zigzag welding 지그재그 용접(一鎔接) →chain intermittent welding

zinc 아연(亞鉛) 원소 기호 Zn, 비중 7.14, 융점 420℃. 상온에서는 여린 성질의 회백색 금속. 강판에 도금하여 함석판을 만들고, 물통, 간판, 빗물 받이 홈통, 양철 지붕 등에 사용된다.

zinc alloy for stamping : **ZAS** 스탬핑용 아연 합금(一用亞鉛合金) 프레스용 형재(形材)로서 사용되고 있는 아연 합금의 일종. 99.99%의 순아연에 Al 4%, Cu 3%, Mg 미량을 첨가한 것. 내마모성(耐磨耗性)이 좋고, 융점이 낮으며, 주조성이 좋다.

zinc chromate 징크 크로메이트 크롬산 아연을 주성분으로 하는 녹 방지용 안료(顔料). 아연황(zinc yellow)이라고도 한다. 마무리칠에는 사용하지 않고 녹 방지를 위하여 칠하는 데 사용된다.

zinc galvanizing 아연 도금(亞鉛鍍金) = zinc plating, galvanization

zincing 아연 도금(亞鉛鍍金) =zinc plating, galvanization

zinc plating 아연 도금(亞鉛鍍金) 철강 표면을 아연으로 피복하여 녹 방지, 방식(防蝕)을 하는 방법. 도금 방법은 전기도금 이외에 용사법(鎔射法), 세라다이징 등이 있다. =galvanization

zircalloy 지르컬로이 지르코늄(Zr)을 주성분으로 하는 합금으로, 원자로의 노심(爐心) 구조재로서 사용된다.

Z

zirconium 지르코늄 원소 기호 Zr, 원자 번호 40, 원자량 91.22, 비중 6.5, 융점(融點) 1,750℃. 천연적으로는 지르콘으로서 산출하는 은백색의 금속. 강(鋼)에 소량의 지르코늄을 첨가하여 만든 특수강은 원자력 공업의 중요한 재료로 사용된다. 또 산화 지르코늄은 내열 재료(耐熱材料)로서 중용된다.

zoning 조닝 공기 조화의 부하(負荷)는 장소에 따라 다르기 때문에 모든 곳에 같은 상태의 공기를 공급하기는 어렵다. 어떤 경우, 중앙의 공기 조화 장치로부터 각 장소에 공기를 보내기 전에 재열(再熱), 재냉(再冷) 등을 하여 재조정을 한다. 이것을 조닝이라 한다.

zoom lens 줌 렌즈 광학계(光學系)의 일부를 이동시킴으로써 상(像)을 맺는 점의 위치 및 구경비(口徑比)를 바꾸지 않고 초점 거리를 연속적으로 바꿀 수 있는 렌즈를 말한다.

Z-steel **Z** 형강(－形鋼) 단면이 Z 자형의 형강. →Z-bar

부　　　록

부 록

1. 기계용 약어와 기호표

(주의) 1. 원어난 괄호안의 약자 L＝라틴어, D＝독일어, It＝이탈리아어 등을 표시한다.
2. 미식 약어에서는 「.」 및 「,」을 되도록 생략하고 있다.
(예) cc (입방센티), hp (마력), sp, ht (비열) 등

약호・기호	원 어	역 명
a.	acceleration	가속도
AAA	American Automobile Association	미국자동차연맹
abs.	absolute	절대의
AC(ac)	alternating current	교류
adj.	adjust	조정하다
al.(almn.)	aluminium	알루미늄
AMI Mech E	Associate Member of the Institution of Mechanical Engineers	기계기술자협회준회원
amt.	amount	양(量)
ans.	answer	답
antilog.	antilogarithm	역대수
appre.	apprentice	견습
approx	approximate	대략
ASA	American Standards Association	미국표준협회
ASTM	American Society of Testing Material	미국재료시험협회
AS & WG	American Steel and Wire Gage	아메리칸 스틸 및 와이어 게이지
assn.	association	협회, 조합
auto	automobile	자동차
	automatic	자동적
aux.	auxiliary	보조의
av.(avg.)	average	평균의
avoir.	avoirdupois	중량 제도
AWG	American Wire Gage	아메리카 와이어 게이지
B.(b.)	breadth	폭
B.Bz.	bearing bronze	베어링 청동
Bb. Bab.	babbit metal	배빗 메탈
B.C.	bolt circle	볼트 심원
BDC	bottom dead center	하사점
B.G.	Birmingham Gauge(tube and sheet)	버밍엄 게이지(관 및 박판)
BHP(bhp)	brake horsepower	실마력

약호·기호	원 어	역 명
b.m.e.p.	brake mean effective pressure	제동 평균 유효 압력
boiler hp.	boiler horsepower	보일러 마력
Br.	brass	황동, 유기
B.S.	Bessemer steel	베세머강
	Brown & Sharpe Wire gage	B.S. 와이어 게이지
B.S.P.	British Standard Pipe	영국 표준 파이프
B.T.U.	Board of Trade Unit	영국 상무국 단위
B.T.U. (B.T.u., B.Th.u.)	British Thermal Unit	영국 열량 단위
Bur.of Std.	Bureau of Standards	아메리카도량형표준국
B.W.G.	Birmingham Wire Gauge	버밍엄 와이어 게이지
Bz.	bronze	청동, 브론즈
C	Centigrade(Celsius)	섭씨
	(L.centum) a hundred	백
	capacity	용량
	carbon	탄소
Cal.(cal.)	calories	칼로리
cap.	capacity	용량
carb.	carburettor	기화기, 카뷰레터
cat.	catalog(ue)	카탈로그
c'bore	counterbore	카운터보어
C.Br.	cast brass	황동 주물
cc	cubic centimeter(-s)	입방 센티미터
CCW(ccw)	counterclockwise	반시계 방향, 좌회전
Cent.	Centigrade	섭씨
c.f.m.	cubic feet per minute	매분 입방 피트
Cg.	centigram	센티그램
CG	center of gravity	중심(重心)
C.G.S.	centimeter-gramme-second(unit)	C.G.S. 단위
C.H.	case-hardening	표면 담금질
C.I.	cast iron	주철
cir.	circular	원(형)의
CL	center line	중심선
cm	centimeter(-s)	센티미터
cm^2	square centimeter	평방 센티미터
C.M.S.	crucible machinery steel	도가니 기계망
col.	column	칼럼, 기둥
colog.	cologarithm	여대수(餘對數)
Co.Ltd	Company Limited	주식회사
con'rod	connecting rod	연접봉
cop.	(L.cuprum) copper, Cu	동
cos.	cosine	코사인
cot.	cotangent	코탄젠트

약호·기호	원 어	역 명
CP	circular pitch	원주 피치
c.p.	chemically pure	화학적 순수
C.R.S.	cold rolled steel	상온 압연강
C.S.	carbon steel	탄소강
	cast steel	주강
csc.	cosecant	코시컨트
csk.(c'sink,CSK)	countersink	접시 구멍
ctn.	cotangent	코탄젠트
C. to C.	center to center	중심에서 중심까지
C. to E.	center to end	중심에서 끝단까지
Cu	(L.cuprum) copper	동
cu.	cubic	입방의
cu. cm.	cubic centimeter	입방 센티미터
cu. ft.	cubic feet	입방 피이트
cu. in.	cubic inch(-es)	입방 인치
cu. m.	cubic meter(-s)	입방 미터
cu. yd(-s)	cubic yard(-s)	입방 야드
CV	constant velocity	등속, 불변속
CW.(cw.)	clockwise	시계 방향, 우회전
C.W.T(Cwt.)	(L.centum and weight) a hundred weight	한드레드 웨이트(중량 단위)
cyl.	cylinder	실린더
D.(d.)	depth	깊이
	diameter	직경
DC(dc)	direct current	직류
Deg.(deg.)	degree	도(각·온도)
dept.(Dpt.)	department	…부, …과
Det.(det.)	detail	세목, 디테일
D.F.	drop forging	낙하 단조
Dft.(dft.)	draft, draught	통풍, 흘수
Dia.(dia.)	diameter	직경
Dim.	dimension	치수
DIN	(D.Deutsche Industrie Normen)	독일공업규격
dl	decilitre	데시리터
dm	decimeter	데시미터
dm^3	cubic decimeter	입방 데시미터
DP(dp)	diametral pitch	직경 피치
Dwg.	drawing	도면
E	modulus of elasticity	탄성 계수
eff.	efficiency	효율
E.g.(e.g.)	(L.exempli gratia) for example	예제
elec.	electricity	전기
E.M.P.(e.m.p)	effective mean pressure	유효 평균 압력
engrg.	engineering	공학
engr.	engineer	기사, 기술자

약호·기호	원 어	역 명
eq.	equal	같은
	equation	방정식
	equivalent	상당량
Etc.(etc.&c.)	(L.et cætera) and others, and so forth	…등
evap.	evaporation	증발
Ex.(ex.)	example	예
	exhaust	배기
ext.dia.	external diameter	외경
F	face width	면폭(面幅)
	force	힘
	forging	단조
	Fahrenheit	화씨(華氏)
f	finish mark	다듬질 기호
	coefficient of friction	마찰 계수
Fahr.	Fahrenheit	화씨(華氏)
f.a.o.	finish all over	전체 다듬질
Fe	(L.Ferrum) iron	철(원소 기호)
f.hp.	friction horsepower	마찰 마력
Fig.(fig.)	figure	제…도(第…圖)
Flat Hd.	flat head	평(平)머리
FO	firing order	발화(점화) 순서
F.P.M.(f.p.m.)	feet per minute	매분·피트
F.P.S(f.p.s.)	feet per second	매초·피트
F.S.	factor of safety	안전율
Ft.(ft.)	foot 또는 feet	피트
ft^2	square foot	평방 피트
ft^3	cubic foot	입방 피트
ft-lb.	foot-pound	피트·파운드
G	gravity	중력
	gram(me)	그램
	ga(u)ge	게이지
g	acceleration of gravity	중력의 가속도
	gram(me)	그램
gal.	gallon	갤론
gen.	generator	발전기
g.p.m.	gallon per minute	매분·갤론
g.p.s.	gallon per second	매초·갤론
grm.(gm.)	gram(me)	그램
gr.wt.	gross weight	총중량
GW	gross weight	(차의)총중량
H	hydrogen	수소(원소 기호)
H(h.)	height	높이
	hour	시간
hex.	hexagon, hexagonal	6 각형의(의)

약호·기호	원 어	역 명
hex.nut	hexagonal nut	6 각 너트
hd.	head	수두, 낙차
hor.	horizontal	수평의, 수평형의
Hp.(hp, HP)	horsepower	마력
h.p.	high pressure	고압
	horizontal plane	수평면
hp.-hr.	horsepower hour	마력·시
H.P.N	horsepower nominal	공칭 마력
hr.(-s.)	hour(-s)	시간
HS	high-speed steel	고속도강
H.t.(h.t.)	high tension	고압, 고인장력
hyd.	hydraulic	수압의
hyd.test	hydraulic test	수압 시험
hyp.	hyperbolic	쌍곡선의
ID	inside diameter	내경
i.e.	(L.id est) that is	즉
I.H.P.(i.h.p.)	indicated horsepower	도시 마력(圖示馬力)
in.	inch(-es)	인치
in^2.	square inch	평방 인치
in^3.	cubic inch	입방 인치
Inc.	Incorporated	주식회사(미어)
ind.	index	눈금, 표시기, 색인
inf.	infinitive	무한대
in.-lb.(-s.)	inch-pound(-s)	인치파운드
Inst.	Institute, Institution	협회, 학회
int.	internal	내부의
J	mechanical equivalent of heat	열의 일당량
j	joule(-s)	줄
JES	Japanese Engineering Standards	구 일본공업규격, 제스
jet	jet propelled aircraft	분류 추진식 항공기
JIS	Japanese Industrial Standards	일본산업규격, 지스
k	ratio of specific heat	비열의 비
	thermal conductivity	열전도율
K	keel	킬(선)
	constant	정수
kB	1000 B.T.u.	천(千)영국열량단위
kg	kilogram(-s)	킬로그램
kg-cal	kilogram-calory(-ies)	킬로그램칼로리
kg-m.	kilogram-metre(-s)	킬로그램미터
kilog.	kilogram	킬로그램
kilom.	kilometre(-s)	킬로미터
k*l*	kilolitre(-s)	킬로리터
km	kilometre(-s)	킬로미터
kph.	kilometre per hour	매시 킬로 속도

약호·기호	원 어	역 명
kW.(k.w.)	kilowatt(-s)	킬로와트
kWh(kw-hr.)	kilowatt-hour	킬로와트시
L	elevated railroad	고가 철도(美)
	length	길이
l	length	길이
	litre	리터
lab.	laboratory	실험실
lb.(-s)	(L.libra) pound(-s)	파운드(중량)
LBP	length between perpendiculars	수직선 간의 길이
lb/in^2.	pound per square inch	파운드 평방인치
lb.per sq.in.		
lb./□″		
lb/ft^2	pound per square foot	파운드 평방 피트
lb per sq.ft.		
lb/□′		
Ld.(Ltd.)	Limited	유한 책임(회사)
LDC	lower dead center	하사점
lg	length	길이
L.H.	left-hand	왼손잡이
lin.	linear	직선적, 일차적
LOA	length over all	전장(全長)
loco.	locomotive	기관차
log.	logarithm	대수
L.P.(l.p.)	low pressure	저압
L.T.(l.t.)	low tension	저압
m	meter	미터
M(m)	mass	질량
	metacenter	메타센터
	mile	마일
	minute	분
	a thousand	천(千)
	module	모듈
m^2	square meter	평방 미터
mach.	machine	기계
mal.i	malleable iron	가단 주철(可鍛鑄鐵)
manuf.	manufacture(-r)	제조(가)
max.	maximum	최대
M.E.	mechanical engineer	기계 기사
mech.	mechanics	기계학
	mechanical	기계의
med.s.	medium steel	메듐강
M.E.P.(m.e.p.)	mean effective pressure	평균유효압력
m.f.d.	manufactured	제조한
M.F.G.(m.f.g.)	manufacturing	제조의

약호・기호	원 어	역 명
Mg	magnesium	마그네슘
mg	milligram	밀리그램
M.I.	malleable iron	가단철(可鍛鐵)
m.i.p.	mean indicated pressure	평균 도시 압력
M.I.Mech.E.	Member of the Institution of Mechanical Engineers	기계기술자협회정회원
min.	minimum	최소
	minute	분
m-kg	meter-kilogram	미터킬로그램
mm	millimeter	평방 밀리미터
mm^2	square millimeter	입방 밀리미터
mm^3	cubic millimeter	입방 밀리미터
Mn	manganese	망간
MPH(m.p.h.)	miles per hour	시속… 마일, 매시… 마일
M.S.	machinery steel	기계강
m.t.l.	material	재료
NA	neutral axis	중성축
NACC	National Automobile Chamber of Commerce	미국자동차상업회의소
Ni	(L.niobium) Nickel	니켈
No(-s)	(L.numero) number(-s)	번호, 수
nom.	nominal	공상의
N.P.	nickel plate	니켈판
Nt.Wt	net weight	정미 중량(正味重量)
O	oxygen	산소
oct.	octagon, octagonal	8 각형(의)
OD	outside diameter	외경
O.H.S.	open hearth steel	평노강(平爐鋼)
OS	oversize	오버사이즈(표준보다 큰 것)
Oz.(oz.)	ounce(-s)	온스
P(p)	pressure	압력
	pitch	피치
	power	힘
	page	페이지
Pb	(L. plumbum) lead	납(원소 기호)
Pcs.	pieces	개(個), 편(片)
PD(pd)	pitch diameter	피치경(徑)
P.F.(p.f)	power factor	역률
ph.Bz.	phosphor bronze	인청동
PS	(D. Pferde starke)	독일 마력, 미터 마력
psf	pound(-s) per square foot	파운드 매평방 푸트
psi	pound(-s) per square inch	파운드 매평방 인치
Q	quantity	양(量)
	volume	용적

약호·기호	원 어	역 명
qt.	quart	쿼트(1/4 갤론)
ques.	question	질문
R	resistance	저항
	railroad	철도
	rod	봉
r(rad.)	radius	반경
RD	root diameter	치원경(齒元徑)
rh	round head	둥근머리
rev.	revolution	회전
R.H.	right-hand	오른손잡이
RH thread	right-hand threads	오른나사
R.P.M.(r.p.m.)	revolutions per minute	매분 회전수
R.P.S.(r.p.s.)	revolutions per second	매초 회전수
S	sign	부호
	sulphur	유황(원소 기호)
SAE	Society of Automobile Engineers	미국자동차기술자협회
sat.	saturated	포화된
S.C.	steel casting	강주물(鋼鑄物)
scr.(-s.)	screw(-s)	나사
S.E.	standard error	기본 오차
sec.	second	사(시간·각)
	secant	세칸트
	section	단면
SG	specific gravity	비중
Sh.I.	sheet iron	박철판
Sh.S.	sheet steel	박강판
Si	(L.silicium)silicon	규소(원소 기호)
SM	Simpson's multipliers	심프손 씨 승법
sin	sine	정현, 사인
Sn	(L.stannum) tin	주석
S.M.S.	soft machinery steel	연성 기계강
Soc.	society	협회, 조합
soc. hd.	socket head	소켓 머리
sp.gr.	specifc gravity	비중
sp.ht.	specific heat	비열
Sq.(sq.)	square	평방, 정방형
sq.cm	square centimeter(-s)	평방 센티미터
sq.ft.	square feet	평방 피트
sq.in.	square inch(es)	평방 인치
sq.km.	square kilometer(-s)	평방 킬로미터
sq.m.	square mile(-s)	평방 마일
	square meter(-s)	평방 미터
sq.mm.	square millimeter	평방 밀리미터
sq.yd.	square yard	평방 야드

약호·기호	원 어	역 명
S.S.C.	semi-steel casting	강성 주철
st.c.	steel castings	강주물
Std.	standard	표준(의)
str.st.	structural steel	구조용강
SV	side valve	사이드 밸브
S.W.G	Standard Wire Gauge	스탠더드 와이어 게이지
Tt	ton	톤
	tension	장력
	tooth, teeth	치, 이
	torque	토크
	time	시간
tan	tangent	정접, 탄젠트
TDC	top dead center	상사점
tem.	temperature	온도
thd.	thread	나사산
T.S.	tool steel	공구강
	tensile strength	인장 강도
UDC	upper dead center	상사점
ult.	ultimate	최후의, 결국의
US(us)	undersize	언더사이즈(표준보다 작은 것)
USSG	United States Standard Gage	아메리카 표준 게이지
US St	United States Standard	미국 표준
V	velocity	속도
	volt	볼트
	volume	용적
vel.	velocity	속도
viz.	that is, namely	즉
W	work	일
	watt	와트
W(w)	weight	중량
	width	폭
Wb.(wb)	wheel base	축거리(전후 차륜 간의 거리)
WD	whole depth	전체 깊이, 전체 높이
wd.	working depth	작용 높이
	wood	목재
W.G.(w.g.)	wire gauge	와이어 게이지
W.I.	wrought-iron	연철(鍊鐵)
workg.pr.	working pressure	사용압, 상용 압력
wr't iron	wrought iron	연주
wt.	weight	중량
yd.	yard(-s)	야드
y.p.	yield point	항복점
Zn	zinc	아연(원소 기호)

약호·기호	원 어	역 명
…°	degree	도
□″	square inch	평방 인치
□′	square foot	평방 푸트
…′	{ foot(feet)	푸트(피트)
	minute	분
…″	{ inch(-es)	인치
	second	초
℄	center line	중심선
&	and	및
&c.	and so forth	및 ……등

2. 수학 기호를 읽는 법

기호	읽 는 법
+	plus
−	minus
±	plus or minus
∓	minus or plus
×	multiplied by
÷	divided by
=	equals
≅, ≒	approximately equals (대략 같다)
>	is greater than (……보다 크다)
≫	is much greater than (……보다 훨씬 크다)
≧	greater than or equal to (……보다 크던가 같다)
≯	is not greater than (……보다 크지 않다)
<	is less than (……보다 작다)
≪	is much less than (……보다 훨씬 작다)
≦	less than or equal to (……보다 작던가 같다)
≮	is not less than (보다 작지 않다)
⊥	perpendicular to (……에 수직)
≠	do not equal (같지 않다)
≡	identity (동일인 것)
∠	angle (각)
∥	parallel to (………에 병행)
Δ	increment of (에 증가)
∼	the difference between (……의 차) (예) $a \sim b$는 the difference between a and b (a와 b와의 차)로 읽는다.
∝	varies as (……에 비례한다) (예) $a \propto b$는 a varies as b (a는 b에 비례한다)
:	the ratio of (……의 비)
∴	therefore (그러므로)
∷	equals (같다) (예) $a : b : c : d$는 the ratio of a to b equals the ratio of c to d (a의 b에 대한 비는 c의 d에 대한 비와 같다)로 읽는다.
——	vinculum (괄선) (예) $\overline{x+y}$는 vinculum x plus y로 읽는다.
( )	brackets *or* parenthesis (괄호) (예) $(a+b)$는 bracket a plus b bracket closed로 읽는다.
〔 〕	angular brackets (큰괄호)
{ }	braces (중괄호)
%	per cent (퍼센트) (예) 20%는 twenty per cent로 읽는다.

기호	읽 는 법
……′	prime *or* dash
……″	second *or* two dash
……‴	third *or* three dash
	(예) a', a'', a'''는 각각 *a* prime, *a* second, *a* third 로 읽는다.
……,	comma
;	semicolon
:	colon
—	desh
.	period *or* full stop
……’	apostrophe
〃	ditto (위와 동)
-	hyphen (연자부)
1/2	a half *or* one third
1/3	a third *or* one third
2/3	two thirds
1/4	a quarter (one quarter; one fourth 는 많이 쓰지 않는다)
3/4	three quarters (three fourths 는 많이 쓰지 않는다)
3⅛	three and one eighths
113/300	one hundred and thirteen over three hundred
38. 72	thirty eight decimal (point) seven two
0. 45	decimal (point) naught four five
$4.\dot{9}$	four point nine recurring (4소수점 순환의 9)
$3.0\dot{3}\dot{2}6$	three point naught three two six, recurring
	〔주의〕 0(제로)와 영자 O (오)는 동형이므로 naught 라 읽는 대신에 O (오)라 읽어도 무방하다.
$(8+6\frac{5}{8}-3.88\times4)\div2\frac{1}{2}$	Eight plus six and five-eighths minus three decimal (point) eight eight multiplied by four, all divided by two and a half.
a^2	*a* square *or* *a* squared
a^3	*a* cube *or* *a* cubed
b^{-4}	*b* to the minus fourth
$\sqrt{518}$	the root of five hundred and eigteen
	〔주의〕 단지 root 라 하면 square root (평방근)를 말한다. 또는 the root of 의 대신에 radical 이라 읽어도 무방하다.
$\sqrt[3]{930}$	the cubic root of nine hundred and thirty
$\int$	integral
$\int_b^a$	integral between limits *a* and *b*
P^n	*P* …… *n* 또는 *P* sub. *n* 이라 읽는다.
X'_2	*X* dash sub. two 라 읽는다.
$\vec{F}$	vector *F* 라 읽는다.
X	*X* bar 라 읽는다.
$\|n\|$	absolute value of *n* 이라 읽는다.

3. 물 성 치

(1) 기초 물리 정수

양	기호	수치[1]	단위	오차[2] (ppm)
진공중의 광속	c	$2.997\ 924\ 58(1.2)\times10^{8}$	m/s	0.004
미세구조정수	α	$7.297\ 350\ 6(60)\times10^{-3}$	–	0.82
	α^{-1}	$1.370\ 360\ 4(11)\times10^{2}$	–	0.82
전자의 전하	e	$1.602\ 189\ 2(46)\times10^{-19}$	C	2.9
플랭크(Planck) 정수	h	$6.626\ 176(36)\times10^{-34}$	J・s	5.4
	$\hbar=h/2\pi$	$1.054\ 588\ 7(57)\times10^{-34}$	J・s	5.4
아보가드로(Avogadro) 정수	N_A	$6.022\ 045(31)\times10^{23}$	mol^{-1}	5.1
(통일)원자질량단위	u	$1.660\ 565\ 5(86)\times10^{-27}$	kg	5.1
전자의 정지질량	m_e	$9.109\ 534(47)\times10^{-31}$	kg	5.1
		$5.485\ 802\ 6(21)\times10^{-4}$	u	0.38
양자의 정지질량	m_p	$1.674\ 954\ 3(86)\times10^{-27}$	kg	5.1
		$1.007\ 276\ 470(11)$	u	0.011
중성자의 정지질량	m_n	$1.674\ 954\ 3(86)\times10^{-27}$	kg	5.1
		$1.008\ 665\ 012(37)$	u	0.037
전자의 전하와 질량의 비	e/m_e	$1.758\ 804\ 7(49)\times10^{11}$	C/kg	2.8
패러디(Faraday) 정수	$F=N_{Ae}$	$9.648\ 456(27)\times10^{4}$	C/mol	2.8
리드베르크(Rydberg) 정수	R_∞	$1.097\ 373\ 317\ 7(83)\times10^{7}$	m^{-1}	0.075
보어(Bohr) 반경	a_0	$5.291\ 770\ 6(44)\times10^{-11}$	m	0.82
전자의 고전반경	r_e	$2.817\ 938\ 0(70)\times10^{-15}$	m	2.5
수중의 양자의 자기회전계수	γ_p'	$2.675\ 130\ 1(75)\times10^{8}$	rad/(s·T)	2.8
양자의 자기 모멘트	μ_p	$1.410\ 617\ 1(55)\times10^{-26}$	J/T	3.9
전자의 컴프턴(Compton) 파장	$\lambda_C=h/m_ec$	$2.426\ 308\ 9(40)\times10^{-12}$	m	1.6
	$\lambda_C=\lambda_C/2\pi$	$3.861\ 590\ 5(64)\times10^{-13}$	m	1.6
기체정수, 모가스 정수	R	$8.314\ 41(26)$	J/(mol·K)	31
볼츠만(Boltzmann) 정수	$k=R/N_A$	$1.380\ 662(44)\times10^{-23}$	J/K	32
스테판-볼츠만 (Stefan-Boltzmann) 정수	σ	$5.670\ 32(71)\times10^{-8}$	$W/(m^2 \cdot K^4)$	125
제1방사정수의	$c_1=2\pi hc^2$	$3.741\ 832(20)\times10^{-16}$	J·m	5.4
제2방사정수	$c_2=hc/k$	$1.438\ 786(45)\times10^{-2}$	m·K	31
만유인력의 정수	G	$6.672\ 0(41)\times10^{-11}$	$N\cdot m/kg^2$	615
표준상태에서의 이상기체의 몰 체적	$V_m=RT_0/p_0$ ($T_0=273.15$ K, $p_0=1$ atm)	$2.241\ 383(70)\times10^{-2}$	m^3/mol	31
빙점온도 (1 atm 의 공기에서 포화한 얼음과 물의 평형온도)	T_{ice}	$2.731\ 500(1)\times10^{2}$	K	0.36
	RT_{ice}	$2.271\ 06(12)\times10^{3}$	J/mol	53
아인시타인(Einstein) 정수	$Y=c^2$	$8.987\ 551\ 79(7.2)\times10^{16}$	J/kg	0.008
진공의 투자율	μ_0	$4\pi\times10^{-7}$ $=1.256\ 637\ 061\ 44\times10^{-6}$	H/m	
진공의 투전율	$\varepsilon_0=(\mu_0c^2)^{-1}$	$8.854\ 187\ 82(7)\times10^{-12}$	F/m	0.008

(1) ( )내의 수치는 각각의 정수를 정할 때의 표준 편차를 수치 말미의 자리로 나타낸 것이다. 예를 들면 $c = (2.997\ 924\ 58 \pm 0.000\ 000\ 012) \times 10^8$ m/s 이다.

(2) 각 정수의 값을 조정하여 정할 때의 오차를 ppm 으로 나타낸 표준 편차이다.

(2) 기체의 분자량 · 가스 정수 · 비열

기 체	분자 기호	원자수	분자량 M (kg/kmol)	가스정수 R (kJ/(kg·K))	정압비열 c_p (kJ/(kg·K))	정용비열 c_v (kJ/(kg·K))	비열의 비 $r = c_p/c_v$
헬륨	He	1	4.003	2.08	5.19	3.11	1.67
아르곤	Ar	1	39.95	0.208	0.519	0.311	1.67
수소	H_2	2	2.016	4.12	14.20	10.08	1.41
산소	O_2	2	31.889	0.260	0.918	0.658	1.40
질소	N_2	2	28.01	0.297	1.040	0.743	1.40
공기	—	-	28.96	0.287	1.005	0.718	1.40
일산화탄소	CO	2	28.01	0.297	1.040	0.743	1.40
탄산 가스	CO_2	3	44.01	0.189	0.819	0.630	1.30
메탄	CH_4	5	16.04	0.518	2.23	1.71	1.30

4. 단 위 환 산 표

(1) SI 단위에의 전환에서 문제가 되는 단위의 환산율표

	N	dyn	kgf
힘	1	1×10^{5}	$1.019\ 72\times10^{-1}$
	1×10^{-5}	1	$1.019\ 72\times10^{-6}$
	9.806 65	$9.806\ 65\times10^{5}$	1

	Pa	bar	kgf/cm^2	atm	mmH_2O	mmHg 또 Torr
압	1	1×10^{-5}	$1.019\ 72\times10^{-5}$	$9.869\ 23\times10^{-6}$	$1.019\ 72\times10^{-1}$	$7.500\ 62\times10^{-3}$
	1×10^{5}	1	1.019 72	$9.869\ 23\times10^{-1}$	$1.019\ 72\times10^{4}$	$7.500\ 62\times10^{2}$
	$9.806\ 65\times10^{4}$	$9.806\ 65\times10^{-1}$	1	$9.678\ 41\times10^{-1}$	$1.000\ 0\times10^{4}$	$7.355\ 59\times10^{2}$
	$1.013\ 25\times10^{5}$	1.013 25	1.033 23	1	$1.033\ 23\times10^{4}$	$7.600\ 00\times10^{2}$
력	9.806 65	$9.806\ 65\times10^{-5}$	$1.000\ 0\times10^{-4}$	$9.678\ 41\times10^{-5}$	1	$7.355\ 59\times10^{-2}$
	$1.333\ 22\times10^{2}$	$1.333\ 22\times10^{-3}$	$1.359\ 51\times10^{-3}$	$1.315\ 79\times10^{-3}$	$1.359\ 51\times10$	1

(주) 1 Pa = $1N/m^2$

	Pa	MPa 또는 N/mm^2	kgf/mm^2	kgf/cm^2
응	1	1×10^{-6}	$1.019\ 72\times10^{-7}$	$1.019\ 72\times10^{-5}$
	1×10^{6}	1	$1.019\ 72\times10^{-1}$	$1.019\ 72\times10$
력	$9.806\ 65\times10^{6}$	9.806 65	1	1×10^{2}
	$9.806\ 65\times10^{4}$	$9.806\ 65\times10^{-2}$	1×10^{-2}	1

	Pa·s	cP	P
점	1	1×10^{3}	1×10
도	1×10^{-3}	1	1×10^{-2}
	1×10^{-1}	1×10^{2}	1

(주) 1P =1 $dyn{\cdot}s/cm^2$ = 1g/cm·s
1Pa·s = $1N{\cdot}s/m^2$, 1cP = 1mPa·s

	m^2/s	cSt	St
동	1	1×10^{6}	1×10^{4}
점	1×10^{-6}	1	1×10^{-2}
도	1×10^{-4}	1×10^{2}	1

(주) 1 St =1 cm^2/s

	J	kW·h	kgf·m	kcal
일·에너지·열량	1	$2.777\ 78\times10^{-7}$	$1.019\ 72\times10^{-1}$	$2.388\ 89\times10^{-4}$
	$3.600\ \ \times10^{6}$	1	$3.670\ 98\times10^{5}$	$8.600\ 0\ \times10^{2}$
	9.806 65	$2.724\ 07\times10^{-6}$	1	$2.342\ 70\times10^{-3}$
	$4.186\ 05\times10^{3}$	$1.162\ 79\times10^{-3}$	$4.268\ 58\times10^{2}$	1

(주) 1 J = 1W·s , 1W·h =3 600 W·s
1cal =4.186 05 J (계량법 칼로리의 경우)

열 도	W/(m·K)	kcal*/(m·h·℃)
전 율	1	$8.600\ 0\times10^{-1}$
	1.162 79	1

(주) * 계량법 칼로리의 경우

열 계	$W/(m^2{\cdot}K)$	kcal*/(m^2·h·℃)
전	1	$8.600\ 0\times10^{-1}$
달 수	1.162 79	1

(주)* 계량법 각종 단위

일률(공률·동력)	kW	kgf·m/s	PS
	1	1.019 72×10^2	1.359 62
	9.806 65×10^{-3}	1	1.333 33×10^{-2}
	7.355 ×10^{-1}	7.5 ×10	1

(주) 1 W =1 J/s, PS : 불마력
1 PS =0.735 5 kW

분야	양	SI 단위 명칭	SI 단위 기호	각종 단위 명칭	각종 단위 기호	SI 단위로의 환산율
공간 및 시간	평면각	라디안	rad	도	°	π/180
				분	′	π/10 800*
				초	″	π/648 000
	길이	미터	m	미크론	μ	10^{-6}
				옴스트롬	Å	10^{-10}
				X 선단위	X-unit	≈1.002 08×10^{-13}
				천문단위	AU	≈149 598×10^6
				퍼세크	pc	≈30 857×10^{12}
	면적	평방미터	m^2	아르	a	10^2
				헥타르	ha	10^4
	체적	입방미터	m^3	리터	l, ℓ	10^{-3}
	시간	초	s	분	min	60
				시	h	3 600
				일	d	86 400
	속도	미터 매초	m/s	노트	kn	1 852/3 600
	가속도	미터 매초 매초	m/s^2	갈	Gal	10^{-2}
				지	G	9.860 65
주기현상	주파수, 진동수	헤르츠	Hz	사이클 매초	c/s	1
	회전속도, 회전수	매초	s^{-1}	회 매분	rpm	1/60
역학	질량	킬로그램	kg	톤	t	10^3
				원자질량단위	u	≈1.660 57×10^{-27}
	밀도, 농도	킬로그램매 입방미터	kg/m^3	킬로그램 매 리터	kg/l, kg/l	10^3
	역	뉴턴	N	다인	dyn	10^{-5}
				중량 킬로그램	kgf, kgw	9.806 65
				중량톤	tf	9.806 65
	힘의 모멘트	뉴턴미터	N·m	중량 킬로그램미터	kgf·m	9.806 65

(계속)

분야	양	SI 단위		각 종단 위		SI 단위로의 환산율
		명칭	기호	명칭	기호	
역	압력	파스칼	Pa	바	bar	10^5
				중량 킬로그램 매 평방미터	kgf/m^2	9.806 65
				수주 미터	mH_2O	9 806.65
				기압	atm	101 325
				수은주 미터	mHg	101 325/0.76
				토르	Torr	101 325/760
	응력	파스칼 뉴턴 매 평방미터	Pa 또는 N/m^2	중량 킬로그램 매 평방미터	kgf/m^2	9.806 65
	점도	파스칼 초	Pa·s	포아즈	P	10^{-1}
				중량 킬로그램초 매 평방미터	kgf·s/m^2	9.806 65
	동점도	평방미터 매 초	m^2/s	스토크스	St	10^{-4}
	에너지 일	줄	J	에르그	erg	10^{-7}
				중량 킬로그램미터	kgf·m	9.806 65
				IT 칼로리	cal_{IT}	4.186 8
				와트시	W·h	3 600
				불마력시	PS·h	≈$2.647\ 79\times10^6$
				리터 기압	l·atm	101.325
				전압 볼트	eV	≈$1.602\ 19\times10^{-19}$
	일률 공률 동력	와트	W	중량 킬로그램매초	kgf·m/s	9.806 65
				에르그 매초	erg/s	10^{-7}
				IT 칼로리 매초	cal_{IT}/h	1.163×10^{-3}
				불마력	PS	≈735.499
학	질량유량	킬로그램 매 초	kg/s	킬로그램 매 분	kg/min	1/60
				킬로그램 매 시	kg/h	1/3 600
				톤 매초	t/s	10^3
				톤 매분	t/min	10^3/60
				톤 매시	t/h	10^3/3 600
	유량	입방미터 매 초	m^3/s	입방미터매분	m^3/min	1/60
				입방미터매시	m^3/h	1/3 600

(계속)

분야	양	SI 단위 명칭	SI 단위 기호	각종단위 명칭	각종단위 기호	SI 단위로의 환산율
				리터매초 리터매분 리터매시	l/s l/min l/h	10^{-3} $10^{-3}/60$ $10^{-3}/3\ 600$
열	열역학온도	켈빈	K			t ℃= $(t+273.15)$K
	화씨온도	화씨도 또는 도	℃			
	온도간격	켈빈 또는 화씨도	K 또는 ℃			1℃=1 K
	열량	줄	J	IT 칼로리 칼로리	cal_{IT} cal	4.186 8 4.186 05(계량법)
	열전도율	와트 매 미터 매 켈빈	W/(m·k)	와트 매 미터 매도(每度) 킬로칼로리 매 미터 매시 매 켈빈	W/(m·℃) kcal/(m·h·K) 또는 kcal/(w·h·℃)	1 ≈1.163
	열전달계수	와트 매 평방미터 매 켈빈	W/(m^2·K)	와트 매평방매터 매도 킬로칼로리 매평방미터 매시 매 켈빈 (또는 매도)	W/(m^2·℃) kcal/(m^2·h·K) 또는 kcal/(m^2·h·℃)	1 ≈1.163
	열용량	줄 매 켈빈	J/K	줄 매도	J/℃	1
	비열	줄 매 킬로그램 매 켈빈	J/(kg·K)	줄 매 킬로그램 매도 칼로리 매 킬로그램 매 켈빈(또는 매도)	J/(kg·℃) cal/(kg·K) 또는 cal/(kg·℃)	1 4.186 8 (IT 칼로리) 4.186 05(계량법)
	엔트로피	줄 매 켈빈	J/K	칼롤리 매 켈빈	cal/K	4.186 8(IT 칼로리)
	질량 엔트로피 비엔트로피	줄매 킬로그램 매 켈빈	J/(kg·K)	칼로리 매 중량 킬로그램 매 켈빈	cal/(kgf·K)	4.186 8 (IT 칼롤리)
	전류	암페어	A			
	전하, 전기량	쿨롬	C	암페어시	A·h	3 600
	표면전하밀도	쿨롬 매평방미터	C/m^2			
	전계강도	볼트 매미터	V/m			

(계속)

분야	양	SI 단위		각 종단 위		SI 단위로의 환산율
		명칭	기호	명칭	기호	
전기 및 자기	전위, 전위차, 전압, 기전력	볼트	V			
	정전용량(캐패시턴스)	페럿	F			
	자계강도	암페어 매미터	A/m	에르스테드	Oe	$10^3/4\pi$
	자속밀도 자기유도	테슬라	T	가우스 감마	Gs γ	10^{-4} 10^{-9}
	자속	웨버	Wb	맥스웰	Mx	10^{-8}
	인턱턴스	헨리	H			
	전기저항	옴	Ω			
	컨덕턴스	지멘스	S			
	전력	와트	W			
	전력량	줄	J	킬로와트시	kW·h	3.6×10^6
광	광도	칸델라	cd			
	광속	루멘	lm			
	광량	루멘초	lm·s	루멘시	lm·h	3 600
	휘도	칸델라 매평방미터	cd/m^2	스틸브	sb	10^4
	조도	룩스	lx	포토	ph	10^4
	노출량	룩스초	lx·s			
물리화학	물질량	몰	mol			
	몰 질량	킬로그램 매몰	kg/mol			
	몰 체적	입방미터 매몰	m^3/mol	리터 매 몰	l/mol	10^{-3}
	몰 내부 에너지	줄 매 몰	J/mol			
	몰 비열	줄 매 몰 매 켈빈	J/(mol·K)			
	몰 엔트로피	줄 매 몰 켈빈	J/(mol·K)			
	몰 농도	몰 매 입방미터	mol/m^3	몰 매 리터	mol/*l*	10^3 1규정= 1 mol / *l*
전리성방사선	방사능	베크렐	Bq	큐리	Ci	3.7×10^{10}
	흡수선량	그레이	Gy	라드	rad	10^{-2}
	조사선량	쿨롬 매 킬로그램	C/kg	렌트겐	R	2.58×10^{-4}

5. 희랍 문자

대문자	소문자	발 음	대문자	소문자	발 음
A	α	Alpha (알파)	N	ν	Nu (뉴)
B	β	Beta (베타)	Ξ	ξ	Xi (크사이)
Γ	γ	Gamma (감마)	O	o	Omicron (오미크론)
Δ	δ	Delta (델타)	Π	π	Pi (파이)
E	ε	Epsilon (엡시론)	P	ρ	Rho (로오)
Z	ζ	Zeta (제타)	Σ	σ	Sigma (시그마)
H	η	Eta (이타)	T	τ	Tau (타우)
Θ	θ	Theta (세타)	Υ	υ	Upsilon (입실론)
I	ι	Iota (이오타)	Φ	ϕ	Phi (화이)
K	κ	Kappa (카파)	X	χ	Chi (카이)
Λ	λ	Lambda (람다)	Ψ	ψ	Psi (프사이)
M	μ	Mu (뮤)	Ω	ω	Omega (오메가)

6. 도면 약어집

(영문도면 해답을 위한 다면약어 및 용어 발췌집)

〈 A 〉

Absolute 절대 ABS
Accelerate 가속하다 ACCEL
Acceptability 허용성 ACPT
Accessory 부속물, 보기(補機) ACCESS
Account 이유 ACCT
Accumulate 축적하다 ACCUM
Actual 실제의 ACT
Actuate 움직이게 하다 ACTE
Actuating 액추에이팅 ACTG
Actuator 액추에이터 ACTR
Adapter 어댑터 ADPT
Addendum 어덴덤 ADD
Addition 첨가 ADD
Adjustment 조정 ADJ
Advance 선발(先發)의 ADV
Advance Change In Design 선행 설계 변경 A-CID
Advance Parts Lists 선행 부품표 APL
Aeronautical 항공의 AERO
Aeronautical Material Specification 항공재료규격 AMS
Aeronautical Recommended Particle 권장 항공 부품 ARP
Aeronautical Standard 항공규격 AS
Aeronautical National Pipe Thread 항공용 파이프 나사 ANPT
Aerospace Material Specification 항공 우주 재료 규격 AMS
Aerospace Recommended Practice 항공 우주 권장 방법 ARP
After ~의 다음 AFT
Afterburner 애프터 버너, 재연기 AB
Aggregate 총계, 총수 AGGR
Air Condition 공조 AIR COND
Air Force-Navy Aeronautical 공·해군 항공의 ANA
Air Force-Navy And Air Force-Navy Design 공·해군 및 공·해군 설계 AN & AND
Air Registration Board 항공법규위원회 ARB
Aircraft 항공기 ACFT
Airplane 비행기 APL
Allison Code Symbol 알리존 코드 기호 ALE
Allowance 허용차 ALLOW
Alloy 합금 ALY
Alternate 또는 ALT
Alternating Current 교류 AC
Alteration 변경 ALT
Altitude 위도 ALT
Aluminum 알루미늄 Al, AL
Ambient 주위의 AMB
American Gear Manufacturers Association 아메리카 기어 생산자협회 AGMA
American Iron and Steel Institute 아메리카 철강협회 AISI
American National Coarse 아메리카식 보통 나사 NC
American National Extra Fine 아메리카식 아주 가는 나사 NEF
American National Fine 아메리카식 가는 나사 NF
American National 8-Pitch 8산 아메리카식 나사 8N
American National 12-Pitch 12산 아메리카식 나사 12N
American National 16-Pitch 16산 아메리카식 나사 16N
America National Standard 아메리카 국가규격 ATL STD
American National STD Instruction 아메리카 국가표준규격서 ANSI
American Society for Metals 아메리카 재료학회 ASM

American Society of Mechanical Engineers 아메리카 기계학회 ASME
American Society for Testing Materials 아메리카 재료시험학회 ASTM
American Standards Association 아메리카 규격협회 ASA
American Steel and Wire Gage 아메리카 강선 게이지 규격 ASWG
American Wire Gage 아메리카 선 게이지 규격 AWG
Ampere 암페어 A
Ampere 암페어 AMP
Amplifier 증폭기 AMPL
Amount 양 AMT
And 과(와) &
Anneal 풀림 ANL
Annular BRG ENGRG Committee 환형(環形) 베어링 기술위원회 ABEC
Annunciator Relay 표시 기계 전기 ANR
Antenna 안테나 ANT
Anti Friction BRG MFR ASSN 내마모 베어링 생산자협회 AFBMA
Apartment 아파트먼트 APT
Apparatus 장치, 기기 APP
Appendix 부록 APPX
Approved 인가(된) APPD
Approximate 약(約) APPRX
April 4월 APR
Arc Weld 아크 용접 ARC/W
Area 면적 A
Armature 전기자, 접촉자 ARM
Armor Plate 장갑판 ARM-PL
Army Navy 육해군 AN
Arrange 조정하다 ARR
Artificial 인공의 ART
As Required 소요량만큼 AR
Asbestos 아스베스토스 ASB
Asphalt 아스팔트 ASPH
Assemble 조립하다 ASSEM
Assembly 조립 ASSM
Assembly 조립물 ASSY
Assistant 보조 ASST
Associate 관련지우다 ASSOC
Association 협회 ASSN
Atomic 원자력의 AT
Audible 가청(可聽)의 AUD
Audio Frequency 가청 주파수 AF
Augmenter 증대기(增大器) AGMT
August 8월 AUG
Authorized 공인된 AUTH
Auto Transformer 단권 변압기 AUTO TR
Automatic 자동의 AUTO
Auxiliary 보조기 AUX
Auxiliary Relay 보조 계전기 AXR
Avenue 통로 AVE
Average 평균 AVG
Aviation 항공 AVI
Azimuth 방위(각) AZ

〈 B 〉

Babbitt 배빗 합금(베어링) BAB
Back Feed 역이송(逆移送) BF
Back Pressure 배압 BP
Back to Back 등을 맞대어 B to B
Backet 배킷 BKT
Backface 뒷면 BF
Balance 평형 BAL
Ball Bearing 볼 베어링 BB
Barometer 기압계 BAR
Base Line 기준선 BL
Base Plate 밑판, 기판 BP
Basic 기본의 BSC
Bearing 베어링 BRG
Bench Mark 기준점 BM
Bending Moment 굽힘 모멘트 M
Bent 굽은, 굽힘 BT
Bessemer 베세머 BESS
Between ~의 사이 BET
Between Centers 중심간 BC
Between Perpendiculars 수직면 간사 BP
Bevel 사각(斜角) BEV
Bi-hexagon(Double Hexagon) 복6각 BIHEX
Bill of Material 재료표 B/M
Birmingham Wire Gage 버밍엄 선 게이지 규격 BWG
Black 흑색 BLK
Blank 블랭크, 소재 BLK

Block 블록 BLK
Blue 청색 BLU
Blueprint 청사진 BP
Board 판, 회의 BD
Boiler 보일러 BLR
Boiler Feed 보일러 공급 장치 BF
Boiler Horsepower 보일러 마력 BHP
Boiling Point 비등점 BP
Bolt Circle 볼트원 BC
Book 장(면) BK
Boring 보링 BO
Both Faces 양면 BF
Both Sides 양쪽 BS
Both Ways 양용(兩用) BW
Bottom 바닥 BOT
Bottom Chord 하현 BC
Bottom Face 밑면 BF
Bracket 브래킷 BRKT
Brake 브레이크 BK
Brake Horsepower 브레이크 마력 BHP
Brass 황동 BRS
Brazing 납땜 BRZG
Break 부수다 BRK
Brinell Hardness 브리넬 경도 BH. BHN
British Association Threads 영국협회 나사 BA
British Civil Airworthiness Requirements 영국-대만간 항공성 요구사항 BCAR
British Standard 영국 규격 BS, BR STD
British Standard Fine Threads 영국나사 규격 BSF
British Standard Pipe Threads 영국나사 규격 파이프 나사 BSP
British Thermal Unit 영국 열량 단위 BTU
Broach 브로치 BRCH
Bronze 청동 BRZ
Brown 갈색 BRN
Brown and Sharp Gage 브라운 샤프 게이지 B&S
Brown & Sharp (Wire Gage, same as AWH) 브라운·샤프 선 게이지 규격 B&S
Build Up-Change In Design 설계의 구성 변경 BU-CID
Build Up parts Lists 구성 부품표 BUPL
Building 건물 BLDG
Bulkhead 격벽 BHD
Burnish 연마, 윤내기 BNH
Bushing 부시 BUSH
Buttock Line 버턱 라인, 고물선 BL
Button (푸시)버튼 BUT

〈 C 〉

Cabinet 캐비닛 CAB
Calculate 계산하다 CALC
Calibrate 교정하다 CAL
Cap Screw 캡 나사 CAP SCR
Capacity 용량 CAP
Carburation Hardness 삼탄(滲炭) 경도 ARB HDN
Carburettor 기화기 CARB
Carburize 침탄하다 CARB
Carriage 객차 CRG
Case Harden 표면 경화 CH
Cast Iron 주철 CI
Cast Steel 주강 CS
Casting 주물 CSTG
Castle Nut 캐슬 너트 CAS NUT
Catalogue 카탈로그 CAT
Celsius(⇨ Degree Celsius) CAT
Center 중심 CTR
Center Drill 센터 드릴 CDRIL
Center Line 중심선 CL
Center of Gravity 중심(重心) CG
Center of Pressure 압력 중심 CP
Center to Center 중심에서 중심으로 C to C
Centering 주심내기 CTR
Centigrade (섭씨)℃ C
Centimeter(cm) 센티미터 CM
Centre Line Average 중심선 평균 CLA
Centigrade(⇨ Degree Celsius)
Chaiser 체이서 CHS
Chamfer 모따기 CHAM
Change 변화, 변경 CHG
Change in Design 설계 변경 CID
Change in Drawing Notification 설계 변경 통지 CIDN
Channel 채널 CHAN
Check 체크하다 CHK
Check Valve 체크 밸브 CV

Chord 현(弦) CHD
Chrome Molybdenum 크롬 몰리브덴 CR MOLY
Chuck 척 CHK
Circle 원주 CIRC
Circle Pitch 원주 피치 CP
Circular 원의 CIR
Circular Pitch 원주 피치 CP
Circumference 원주 CRCMF
Circumference, Circumferentially 원, 원방향의 CIRC
Class 등급 CL
Clear 제거하다 CLR
Clearance 클리어런스 CL
Clockwise 우회전 CW
Co-efficient 계수 COEF
Coated 코팅한 CTD
Cold Drawn 냉간 인발 CD
Cold Drawn Steel 냉간 인발강 CDS
Cold Finish 냉간 다듬질 CF
Cold Punched 냉간 프레스 CP
Cold Rolled 냉간 압연 CR
Cold Rolled Steel 냉간 압연강 CRS
Collector 컬렉터 COLL
Column 기둥, 칼럼 COL
Combination 조합 COMB
Combustion 연소기 COMB
Commercial 시판되는, 시판품 COML
Commercial Steel 시판 강재 COMM,STL
Company 주식회사 CO
Compensating Network 보상 회로망 CN
Complete 완전한 COMPL
Component Manufacturing Technique 부품 제조 기술 CMT
Compund 컴파운드, 혼합물 CMPD
Compress 압축하다 COMP
Compressor 압축기 COMPR
Concentric 동심의 CONC
Concentricity 동일 중심 CONC
Concrete 콘크리트, 결합체 CONC
Condition 상태 COND
Connect 연결하다 CONN
Connection 연결편, 접속 CONN
Connector 커넥터 CONN
Constant 일정 CONST
Construction 구성 CONST
Contact 접촉 CONT
Continue 연속하는 CONT
Contour 형상 CONT
Control Contactor 제어 접촉자 CC
Corner 코너 COR
Corporation 법인 CORP
Correct 수정하다 CORR
Corrosion Resistant Steel 내식강 CRES
Corrugate 주름잡다 CORR
Cosigne 여현, 코사인 COS
Cotangent 여접, 코탄젠트 COT
Cotter 코터 COT
Counter 계수기 CTR
Counterclockwise 좌회전 CCW
Counter Sink 모따기, 카우터 싱크 CSK
Counterbore 구멍파기, 카운터보어 C'BORE
CBORE
Coiunterdrill 구멍뚫기 CDRILL
Counterpunch 카운터 펀치 CPUNCH
Coupling 커플링 CPLG
Cover 커버 COV
Cross Section 횡단면 XSECT
Cubic 입방 CU
Cubic Centimetter 입방 센티미터 CC
Cobic Foot 입방 피트 CUFT
Cubic Foot per Minute 입방 피트/분 CFM
Cubic Foot per Second 입방 피트/초 CFS
Cubic Inch 입방 인치 CUIN
Current 전류 CUR
Customer 관객 CUST
Cyanide 시안화물 CYN
Cycles per Second 매초당 사이클 HZ, CPS
Cylinder 실린더 CYL

〈 D 〉

Decalcomania 판박이 DECAL
December 12월 DEC
Decibel 데시벨 DB
Decimal · 10진법 DEC
Dedendum 디덴덤 DED
Deflect 편향시키다 DEFL

Degree(Angular) 각도 (°) or DEG
Degree Celsius 섭씨도 ℃
Degree Fahrenheit 화씨도 ℉
Density 밀도 D
Department 부문 DEPT
Depth 깊이 DP
Design 설계 DSGN
Detail 상세도 DET
Detail Requirements Engineering 세부 기술 요구 사항 DRE
Develop 개발하다, 전개하다 DEV
Development 전개, 개발 DEV
Development Change in Design 개발용 설계 변경 D-CID
Development parts lists 개발용 부품표 DPL
Diagonal 경사진 DIAG
Diagram 선도 DIAG
Diameter 지름, 직경 DIA
Diametral Pitch 지름피치 DP
Difference 차이 DIFF
Dimension 치수 DIM
Durect Current 직류 DC
Director of Technicual Development 개발관 DTD
Discharge 방전 DISCH
Distance 거리 DIST
Division 구분, ~부(部) DIV
Double 중복 DBL
Double-Pole 복극(複極) DP
Double-Throw 복행정 DT
Dovertail 근원부 DVTL
Dowel 장부 DWL
Down 아래 DN
Dozen 타(打), 다스 DOZ
Drafting 제도 DFTG
Drafting Office Practice 제도규정 DOP
Drafting Request 도면 요구 사항 DR
Draftsman 제도공 DFTSMAN
Drawing 도면 DWG
Drawing Issue Instruction 도면 발행 요령서 DII
Drill 드릴, 구멍뚫기 DR
Drive 추진력 DR
Drive Fit 강제 끼워맞춤 DF
Drop 하강 D
Drop Forge 낙하 단조 DF
Duplicate 복사 DUP
Dynamic Balance 동적 밸런스 DBAL

〈 E 〉

Each 각각의 EA
East 동(쪽) E
Eccentric 편심 ECC
Effective 효과적인 EFF
Elbow 엘보 ELL
Electric 전기 ELEC
Elementary 기본적인 ELEM
Elevate 들어올리다 ELEV
Elevation 고도 EL
Emergency 긴급 EMER
Engine 엔진, 기관 ENG
Engineer 기술자 ENGR
Engineering 기술 ENGRG
Engineering Change Notice 도면 개성 통지 ECN
Engineering Change Proposal 기술 변경 제안 ECP
Entrance 입구 ENT
Equal 같은, 동등한 EQ
Equation 방정식 EQ
Equipment 설비 EQUIP
Equivalent 동등 EQUIV
Estimate 견적 EST
Et cetera ~등 ETC
Exchange 교환 EXCH
Exhaust 배출 EXH
Existing 존재하다 EXIST
Extension 확장 EXT
Exterior 밖의 EXT
External 외면 EXT
Extra Heavy 극히 무거운 X HVY
Extra Strong 극히 강한 X STR
Extrude 밀어내다 EXTR

〈 F 〉

Fabricate 조립하다 FAB
Face to Face 상대하여 F to F

Face, Facing 면, 면절삭 FC
Fahrenheit 화씨의 F
Far Side 대향측 FS
Farad 패럿 F
Fault Indicator 장애 표시기 FI
Fault Relay 장애용계전기 FR
February 2월 FEB
Federal 아메리카합중국연방의 FED
Federal Aviation Regulation 국가항공규칙 FAR
Fadeal Standard 국가표준규격 FED STD
Feed 이송 FD
Feed per Minute 1분간의 이송 FPM
Feed per Second 1초간의 이송 FPS
Feet 피트 (′)FT
Figure 그림 FIG
Fillet 필릿 FIL
Fillister 홈 FIL
Filister Head 둥근납짝머리 FILH
Finish 다듬질, 마무리 FIN
Finish All Over 전면 다듬질 FAO
Flange 플랜지 FLG
Flat 편평한 F
Flat Head 납짝머리 FH
Flexible 휘는, 가요 FLEX
Floor 바닥 FL
Fluid 액체 FL
Fluorescent 형광의 FLUOR
Focus 초점 FOC
Foot 푸트 FT
Foot-pound 푸트폰드 FT LB
Force 힘 F
Forged Steel 단강 FST
Forging 단조(품) FORG
Forward 앞쪽, 전방 FWD
Foundry 단조 공장 FDRY
Frequency 주파수 FREQ
Front, Forward 전방, 앞부분 FORD
From ~에서 FRM
Full Indicator Movement 인디케이터 전량 판독 FIM
Full Indicator Reading 인디케이터의 최대진폭 FIR
Furnish 공급하다 FURN

〈 G 〉

Gage 게이지 GA
Gallon 갤론 GAL
Gallon per Hour 갤론/시 GPH
Gallon per minute 갤론/분 GPM
Galvanize 아연 도금하다 GALV
Galvanized Iron 아연도(금)판 GI
Galvanized Steel 아연도(금)강 GS
Gasket 개스킷 GSKT
General 전반, 총칙 GEN
General 일반적인 GENL
General Electric 제너럴 일렉트릭 GE
Generator 발전기 GEN
Glass 글라스, 유리 GL
Government 정부 GOVT
Governor 거버너 GOV
Grade 비율 GR
Graduation 눈금 GRAD
Graphite 그래파이트 GPH
Gravity 무게 G
Gray 회색 GRA
Green 녹색 GRN
Grind 연마하다 GRD
Grind 연삭 GR
Groove 홈 GRV
Ground 토지 GRD
Group 그룹 GP

〈 H 〉

Half-Round 반원의 ½RD
Hand 손 HND
Handle 핸들 HDL
Hanger 행어 HGR
Hard 굳은, 딱딱한 H
Harden 경화, 담금질 HDN
Hardness Brinell 브리넬 경도 HB
Hardness Rockwell'C'Scale 로크웰경도C'스케일 HRC
Hardness Vickers 비커즈 경도 HV
Hardware 머리 HDW
Head 철물 HD
Headless 머리가 없는 HDLS

Heat 열 HT
Heat Treat 열처리 HT TR
Heavy 무거운 HVY
Height 높이 HGT
Hexagon 6각형 HEX
Hexagonal 6각형 HEX
High Pressure 고압 HP
High-Speed 고속 HS
High tension 고인장 HT
Holder 지지구 HLDR
Hole 구멍 HL
Holes 구멍 HLS
Hollow 중공 HLW
Hook 후크 HK
Horizontal 수평의 HORIZ
Horizontal 수평 HOR
Horizontal Center Line 수평 중심선 HCL
Horfse Power 마력 HP
Hot Rolled 열간 압연 HR
Hot Rolled Steel 열간 압연강 HRS
Hour 시간 HR
Housing 하우징 HSG
Hydraulic 수압, 유압 HYD

〈 I 〉

Identification 식별 IDENT
Ignition 점화 IGN
Illustrate 설명하다 ILLUS
Impeller 임펠러 IMPLR
Imperial 영국도량형법의 IMP
Impulse 추진하는 것 IMP
Inboard 선(船)내의 INBD
Inch 인치 ″
Inch per Inch 1인치당 몇 인치 IN/IN(1)
Inch-pound 인치파운드 IN. LB
Inch-Pound(⇨ Pound-Force Inch)
Inches per Second 인치/초 IPS
Inclosure 방책(防柵) INCL
Include 포함하다 INCL
Inclusion 포괄 INCL
Incorporated 법인 조직, 회사 INC
Incorporation 법인 조직 INC
Indicator Light 표시등 IL
Information 통지 INFO
Injection 인젝션 INJ
Inside diameter 안지름 ID
Inside Mold Line 내측형(內側型) 라인 IML
Inspect 검사하다 INSP
Inspection 검사 INSP
Install 설치하다 INSTL
Installation 설치 INSTL
Instruction 지시 INSTR, INST
Instrument 기구 INST
Insulate 절연하다 INSUL
Insulation 절연 INSUL
Insaulator 절연체 INSUL
Integrated Circuit 집적회로 IC
Interior ~내의 INT
Internal 내면의 INTL
Intersect(ion) 교차(하다) INT
Iron 철 I
Iron Pipe Size 철관 치수 IPS
irregular 불규칙적인 IRREG

〈 J 〉

January 1월 JAN
Joint 이음 JT
Joint Army-Navy 육해군통일기획 JAN
Joint Engineering Specification 통일기술규격 JES
July 7월 JUL
Junction 접합(점) JCT
June 6월 JUN
Journal 저널 JRNL

〈 K 〉

Key 키 K
Keyseat 키자리 KST
Keyway 키홈 KWY
Kilo 킬로 k

〈 L 〉

Laboratory 연구회 LAB
Laboratory Instructions 연구소 지시서 LI
Laminate 얇은 층을 겹치다 LAM

Lamp Test Relay 램프 시험 계전기 LTR
Lateral 가로의, 수평의 LAT
Leading Edge 전연(前緣) LE
Left 왼(쪽)편 L
Left Hand 왼손 LH
Length 길이 LG
Length Over All 전장(全長) LOA
Letter 문자 LTR
Light 빛, 광 LT
Limited 주식회사 LTD
Line 선 L
Locate 놓다, 위치를 정하다 LOC
Lockout Relay 폐쇄 계전기 LR
Logarithm 대수(對數) LOG
Long, Length 길이 LG
Low Pressure 저압 LP
Low Tension 저인장 LT
Lubricate 윤활하다 LUB
Lubrication 윤활 LBR

〈 M 〉

Machine 기계, 기계 가공 MACH
Machine Steel 기계용 강 MS
Magnesium 마그네슘 MAG
Maintenance 보수(保守) MAINT
Malleable 가단성의 MALL
Malleable Iron 가단철 MI
Manual 메뉴얼 MAN
Manufactured 제조한 MFD
Manufacturer 제조자 MFR
Manufacturing 제조자 MFG
Manufacturing Technique 제조 기술 MT
March 3월 MAR
Material 재료 MATL
Material 자재 MAT
Maximum 최대 MAX
Maximum Material Condition 최대 재료 상태 MMC
Max. Normal Working Pressure 최대 정규 동작 압력 MNWP
Mechanical 기계적, 역학적 MECH
Mechanism 메커니즘 MECH
Median 중점(中点) MED
Memo 각서 MEO
Memorandum 각서 MEMO
Metal 금속 MET
Meter 미터 M
Micirometer 마이크로미터 MIC
Middle 중앙 MID
Mild Steel 연강 MS
Miles 마일 MI
Miles per Hour 마일/시 MPH
Military 군(軍) MIL
Military Standard 군(軍)규격 MS
Mili 밀리 m
Millimeter 밀리미터 mm
Millisecond 밀리초 ms
Minimum 최소 MIN
Minimum Minute 최소, 분(分) MIN
Minus 마이너스(負) —
Minute 분(分) (′), MIN
Miscellaneous 잡다한 MISC
Modification 수정, 변경 MOD
Modify 수정·변경하다 MOD
Month 월(月) MO
Morse Taper 모스 테이퍼 MOR T
Motor 모터 MOT
Motor Starter 모터 기동기(起動器) MS
Mounted 정착된 MTD
Mounting 정착 MIG
Multiple 배수의 MULT
Music Wire Gage 피아노선 게이지 규격 MWG

〈 N 〉

National 국(國)의 NATL
National Advisory Commitee for Aeronautics 국제항공자문위원회 NACA
Nfational Aerospace Standard 국가항공우주규격 NAS
National Aircraft Standard 국가항공규격 NAS
Near Face 가까운 면 NF
Near Side 가까운 쪽 NS
Negative 마이너스의 NEG
Nominal 칭호 호칭 NOM
Non-standard 표준(규격)품이 아닌 NONSTD

Normal 정규의 NOR
North 북(쪽) N
Not to Scale 축척이 맞지 않다 NTS
November 11월 NOV
Nozzle 노즐 NOZ
Number 번호 NO

〈 O 〉

Obsolete 시대에 뒤떨어진 OBS
Octagon 8각형 OCT
October 10월 OCT
Of True Postition 진위치(眞位置)에서 OTP
Office 사무소 OFF
Ω 옴 OHM
Oil Hardened and Tempered Steel 오일 담금질강 OHTS
On Center 중심상 OC
Operation Amplifier 동작 증폭기 OA
Opposite 반대(방향) OPP
Optical 광학적 OPT
Orange 오렌지색 ORN
Original 원래의 ORIG
Ounce 온스 OZ
Outlet 출구 OUT
Outside Diameter 반깥지름 OD
Outside Face 외면 OF
Oluside Mold Line 외측형(外側型) 라인 OML
Outside Radius 외측 반지름 OR
Overall 전면(全面) OA

〈 P 〉

Pack 팩 PK
Pack Reamer 팩 리머 PKRM
Packing 패킹, 색장(色裝) PKG
Page 페이지 P
Place 놓다 PL
Paragraph 항(項), 패러그래프 PAR, PARA
Parallel 평행 PAR
Part(Part Index Number Suffix) 부품(부품 식별 번호의 접미사) P
Part 부품, 부분 PT
Parts List 부품표 PL
Parting Line 분할선 PL
Patent 특허권 PAT
Pattern 모형 PATT
Percent 백분율, 퍼센트 PCT or %
Permanent 영구적, 불변의 PERM
Perpendicular 수직도 PERP
Piece 개(個) PC
Pint 파인트 PT
Pipe Thread 파이프 나사 PT
Pitch 피치 P
Pitfch circle 피치원 PC
Pitch Diameter 피치지름 PD
Plastic 플라스틱 PLSTC
Plate 후판 PL
Plug Gage 플러그 게이지 PLG, GA
Plumbing 배관 PLBM
Plus 플러스 +
Point 점 PT
Point of Curve 곡점(曲点) PC
Point of Intersection 교(차)점, 만난점 PI
Point of Tangent 접점 PT
Polar 전극 POL
Polish 연마하다, 윤을 내다 POL
Polytetrafluoroethylene(Teflon) 테플론 PTFE. TFE
Position 위치 POS
Potential 가능성이 있는 POT
Pound 파운드 LB
Pound-Force Feet(Torque) 파운드피트(토크) LB FT
Pound-Force Inch(Torque) 파운드인치(토크) LB IN
Pound per Square Inch 파운드/평방인치 PSI
Pound per Square Inch Gage 파운드/평방인치 PSIG
Pounds-Foot(Feet) 파운드-피트 LB FT
Pounds-Force 파운드-힘 LBF
Pounds-Force per SQIN 파운드-힘/평방인치 PSI
Pounds-Force per SQIN Absolute 파운드 힘/평방인치, 절대압 PSIA

Pounds-Force per SQIN Gage 파운드-힘/평방인치, 게이지압 PSIG
Pounds-Inch(es) 파운드·인치 LB IN
Power 힘 PWR
Prefered 선택하는 PFD
Prefabricated 조립식 PREFAB
Preliminary 사전의, 예비의 PRELIM
Preparation 준비 PREP
Prepare 준비하다 PREP
Pressure 압력 PRESS
Pressure Fit 압입(壓入) PF
Pressure Switch 압력 스위치 PRS
Primary 1차의 PRI
Printed Circuit Board 인쇄된 회로판 PCB
Printed Wiring Borard 인쇄된 배선판 PWB
Process 공정 PROC
Product, Production 생산, 생산품 PROD
Profile 프로파일 PF
Project 투영, 계획 PROJ
Propeller 프로펠러 PROP
Publication 출판 PUB
Purple 보라색 PRP
Push Button 푸시버튼 PB

〈 Q 〉

Quadrant 4분원 QUAD
Quality 품질 QUAL
Quantity 양(수량) QTY
Quarter 4분의 1 QTR

〈 R 〉

Radial 반지름 방향의 RDL, RAD
Radii 반지름 원호 RAD or R
Radius 반지름 R
Railroad 철도 RR
Rationalised Process Specification 합리적 가공 기준 규격 RPS
Ream 리머 다듬질하다 RM
Reamer 리머 다듬질 REM
Received 받다 RECD
Record 기록 REC
Rectangle 장방형 RECT
Reduce 감소하다 RED
Reference 참고 REF
Referencel Line 기준선 REF L
Regardless of Feature Size 도형의 크기와 무관계 RFS
Reinforce 보강하다 REINF
Release 해방하다 REL
Relief 제거하다 REL
Remove 떼내다 REM
Require 필요하다 REQ
Required 소요수 REQD
Requirement 요구 사항 REQT
Return 귀로 RET
Reverse 반대의 RVS or REV
Revise, Revision 개정(서) REV
Revolution 회전 REV
Revolutions per Minute 매분 회전수 RPM
Revolutions per Second 매초 회전수 RPS
Right 오른(쪽)편 R
Right Hand 오른손 RH
Rivet 리벳 RIV
Rockwell Hardness(All But C Scale) 로크웰 경도(C' 스케일을 제외한 전부) RH
Rockwell hardness 로크웰 경도 RC
Roller BRG ENGR Committee 롤러 베어링 기술위원회 RBEC
Roller Bearing 롤러 베어링 RB
Rolls Royce 롤 로이스 RR
Rounning Time Meter 운전 시간계 RTM
Room 방, 실 RM
Root Diameter 골지름(나사의) RD
Root Mean Square 거칠기 기준, 제곱 평균근 RMS
Rough 거친 RGH
Round 둥근, 원형 RD

〈 S 〉

Scavenge 소기(掃氣)하다 SCAV
Schedule 예정 SCH
Schematic 개략적인 SCHEM
Scleroscope hardness 경도계에 의한 경도 SH
Screw 나사 SCR

Second 초 SEC
Secondary 2차적 SEC
Section 단면, 섹션 SECT
Segment 세그먼트 SEG
Semi-Steel 준강(準鋼) SS
Separate 따로따로 SEP
September 9월 SEP
Serial 일관하여 SER
Serial Number 제품 번호 SER. NO
Set Screw 고정 나사 SS
Shaft 축 SFT
Sheet 박판 SH
Shoulder 어깨 SHLD
Side 쪽 SI or S
Single 단일의 S
Single Pole 1극, 단극 SP
Single Throw 단일 행정 ST
Similar 유사한 SIM
Sketch 스케치 SK
Sleeve 슬리브 SLV
Slide 슬라이드 SL
Sliding Fit 미끄럼 끼워맞춤 SF
Slotted 슬롯된 SLOT
Small 작은 SM
Society of Automotive Engineers 자동차 기술자협회 SAE
Society of British Aerospace Companies 우주회사연맹 SBAC
Socket 소켓 SOC
Solenoid Valve 전자 밸브 SV
Space 위치, 장소, 여백 SP or SPC
Spare Part 보조용 부품 SP
Special 특별한 SPL
Specifice 규정된 SP
Specification 규격(다만 MIL Spec는 군의 사양서) SPEC
Specification Change Notice 규격변경통지 SCN
Speed Switch 속도 스위치 SS
Sphere 구(球) SPHR
Spherical 구(球)의 SPHER
Spherical Radius 구(球) 반지름 SPHR.R
Spindle 스핀들 SPNDL
Spot Face 스폿 페이싱 SFACE
Spotface 스폿 페이싱 SF
Spring 스프링 SPG
Square 직각 SQ
Stage 단(段), 턱 STG
Stainless Steel 스테인리스강 SST, STN STL
Stamp 스탬프 STMP
Stand 조립(대) STA
Standard 표준 규격 STD
Standard Wire Gauge 표준 선 게이지 규격 SWG
Standing Instruction 기준 설명서 SI
Start Counter 시동 계수기 SC
Starter Contactor 시동기용 접촉기 SRC
Startic Balance 정적(靜的) 밸런스 SBAL
Station 스테이션 STA
Stationary 고정된 STA
Steel 강 STL
Stock 저장품 STK
Straight 직선으로 STR, ST
Street 도로 ST
Structural 구조상의 STR
Substitute 대용품 SUB
Summary 요약 SUM
Support 서포트 SUP
Surface 표면 SUR or SURF
Symbol 부호 SYM
Symmetrical 대칭의 SYMM
Symmetry 대칭 SYM
System 시스템 SYS

〈 T 〉

Tachometer 회전 속도계 TACH
Tachometer Generator 속도계용 발전기 TG
Tachometer Indicator 속도계용 표시기 TI
Tangent 정접(탄젠트) TAN
Taper 테이퍼 TPR
Technical 기술상의 TECH
Technical Instruction 기술 지도서 TN
Temperature 온도, 형판 TEMP
Temperatures Switch 온도 스위치 TS
Template 템플레이트 TEMP, TEMPL
Tensile Strength 인장 강도 TS
Tension 장력 TENS

Terminal 단자 TERM
Thermocouple 열전대 TC
Thick 두께 THK
Thickness (판)두께 THK
Thousand 1,000천(千) M
Thread 나사 THD or THRD
Threads per Inch 인치당 나사산수 TPI
Thrust 추력 THRST
Through ~을 통하여 THRU
Time 시(간) T
Tolerance 공차 TOL
Tongue & Groove 홈접합 T&G
Tool 공구 TL
Tool Steel 공구강 TS
Tooth 이(齒) T
Torque 토크 TRQ
Total 합계 TOT
Total Indicator Reading 인디케이터 전량 판독 TIR
Trailing Edge 후연(後緣) TE
Transfer 이동 TRANS
Transformer 변압기 XFMR
Transistor 트랜지스터 XSTR
Transportation 운반 TRNS
True Postition 정규위치 TP
Turning 선반 가공 TU
Turbine 터빈 TURB
Typical 전형적인 TYP

〈 U 〉

Ultimate 극한적인 ULT
Unbalance 불균형 UNBAL
Unified Coarse Thread Series 유니파이 보통나사 UNC
Unified Fine Fine Thread Series 유니파이 아주 가는 나사 UNEF
Unified Screw Thread Coarse 유니파이 보통나사 UNC
Unified Screw Thread Extra Fine 유니파이 아주 가는 나사 UNEF
Unified Screw Thread Fine 유니파이 가는 나사 UNF
Unified Screw Thread Special 유니파이 특수나사 UNS
Unified Screw Thread 16 Thread 16산 특수나사 16UN
Unified Screw Thread 12 Thread 12산 특수나사 12UN
Unified Thread 유니파이 나사 UN
Unified Threads of Selected Special Diameters, Pitches or length of Engagement 유니파이특수나사 UNS
Unified Tread with controlled Root Radii 근원 반지름을 한정한 유니파이 나사 UNJF
Unit 유닛 U
United States Air Force 미국 공군 USAF
Universal 범용의 UNIV
Unless Otherwise Specified 따로 규정이 없을 때는 UOS

〈 V 〉

Vacuum 진공 VAC
Valve 밸브 V
Variable 변수 VAR
Velocity 속도 VEL
Vernier 버니어, 부척 VERN
Versus ~에 대하여 VS
Vertical 수직의 VERT
Vibration Pickup 진동 픽업 VP
Vibration Switch 진동 스위치 VS
View on Arrow A A평면도 V→A
Volt 볼트(전압) V
Volume 용량 VOL

〈 W 〉

Wall 벽 W
Warning Relay 경고계전기 WR
Washer 와셔 WASH
Water Line 수위(水位) WL
Watt 와트 W
Week 주(週) WK
Weight 무게 WT
Weld 용접 W
West 서(쪽) W
Wheel 휠(바퀴) WHL
White 백색 WHT

Width 폭 W
Wood 목재 WD
Woodruff 우드러프, 반월형의 WDF
Working Point 작용점 WP
Working Pressure 작용 압력 WP
Works process Spceification 가공 기준 규격 WPS
Wrought 단련된 WRT
Wrought Iron 연철(鍊鐵) WI

〈Y〉

Yard 야드 YD
Year 연(年) YR
Yellow 황색 YEL

〈Z〉

Zyglo 자이글로 ZY

7. 도면 용어집

(영문도면 해답을 위한 도면약어 및 용어 발췌집)

〈 A 〉

Abrasion	마모
Absolute alcohol	무수 알코올
Absorption	흡수
Acceleration pump well	가속 연료통
Accelerometer	가속도계
Acceptance test	영수 시험
Accessory	부속품, 보기(補機)
Accumulated error	누적 오차
Accuracy	정밀도
Acetylene	아세틸렌
Acicular structure	침상 조직
Acid treatment	산처리 제련 (H_2SO_4)
Acid value	산가(酸價)
Acrylics resin	아크릴 수지
Adaptor	어댑터
Additive agent	첨가제
Additives	첨가물
Adhesion	부착, 점착력
Adjustment	조정
Advance	다음의, 진행시키다
Advancing side	진입측
Aft. end	후단(後端)
Aging	시효, 노화
Airfoil	날개끝
Airtight	기밀(氣密)
Alcohols	알코올류
Alignment	(중)심맞추기
Alkali value	알칼리가(價)
All over	전면(에 걸쳐)
Allowable	허용
Allowance	허용차
Alloy	합금
Almite	알마이트
Alternate load	교번 하중
Alternate material	대체재(材)
Altenating current	교류
Amendedor revised specification	증보 개정 사양서
Amendment	추가
Ammonium nitrate explosive	질산 암모늄 폭약
Aniline-gravity product	아닐린 비중적(比重積)
Anisotropy	이방성(異方性)
Anneal	풀림
Annular	고리 모양의
Anoxia	산소 결핍
Anticockwise	반시계(방향) 회전
Anti-knock quality	앤티녹성(性)
Antimony	안티몬
Antioxidants	산화 방지제
Antipriming	수분 유출 방지
Apiezon oil	애피에존유
Applicable documents	적용 문서류
Apron	에이프런
Arrow	화살표
Artificial draft	인공 통풍
As follows	아래와 같이
Aspect ratio 〔of blade〕	종횡비
Assy	조립
Atomization	미립화, 무화(霧化)
Average dia.	평균 지름
Aviation fuel	항공 연료
Axial compressor	축류 압축기
Axis	축
Axle	(차)축

〈 B 〉

Backing strip	받침쇠

Backpressure	배압
Bakelite	베이클라이트
Balance	저울, 균형
balancing	균형
Ball and roller bearing	구름 베어링
Ball thrust bearing	스러스트 베어링
Base	기초, 밑부
Base circle	기초원
Base material	모재
Base pitch check	기준 피치 점검
Basic bore system	구멍 기준식
Basic process	염기성법
Basic shaft system	축기준식
Basic steel	염기성강
Belt	벨트
Benching	손다듬질(작업)
Bench test	탁상 시험
Bend	벤드, 맺음매
Bending	굽힘
Bevel gear	베벨 기어
Beveling	개선, 모따기
Billet	빌릿, 강편
Binding material	결합제
Black coating	흑색 피막(도포)
Black heart malleable casting	흑심 가단 주철
Black light	자외선등
Black sheet	박강판
Blade	블레이드
Blade lattice	날개열(翼列)
Blading	날개 배열
Bleeding	추기(抽氣)
Blend	블렌딩
Blended oils	혼합 윤활유류
Blind joint	블라인드 이음
Block	활차, 도르레
Blow hole	블로 홀
Blow-off valve	분출 밸브
Bolt	볼트
Bore	안지름
Boss	보스
Bottom rake	후방 여유각
Bounding friction	경계 마찰
Bracket	브래킷
Brazing	납땜
Break away	박리
Brittleness	취성
Browning	착색(금속의)
Brush	브러시
Bubble	기포
Bucket	버킷
Buckling	좌굴
Burr	거스러미, 끝말림
Bush	부시
Bushing	부시
By-pass	바이패스

〈 C 〉

Cage	케이지, 철골 구조
Calibration	검정, 보정, 눈금맞추기
Calorific value	발열량
Cam diagram	캠 선도
Camber	캠버
Capacity	용량, 능력
Carbide	탄화물
Carbon hydrogen ratio	탄화 수소비
Carbon rheostat	탄소 저항기
Carborundum	카보런덤
Carburettor	기화기
Carburize	침탄하다
Carrier	캐리어
Cartridge	카트리지
Case hardening	표면 경화
Cassettle deflect	필름통의 불량
Casting	구조, 주물
Catalyst	촉매
Caulking	코킹
Ceiling	상승 한도
Cellulose nitrate lacquer	질화면(窒化綿) 래커
Cementation	침탄
Center	센터, 중심
Center crank	중간 크랭크
Centrality	중심도
Centrifugal blower	원심 송풍기
Cetane	세탄

Cetene	세텐	Composition	합성
Chamfer	모따기	Compound	콤파운드, 화합물
Change	변경	Compound motor	복권 전동기
Change over swithch	변환 스위치	Concentricity	동심도
Characteristics	특성	Conduit	도관
Charge	차지, 충전, 전하	Cone	원뿔
Chart	약도, 일람표	Cone screw	테이퍼 나사
Check list	점검표	Conform	따르다
Check valve	체크 밸브	Conical cam	원뿔 캠
Chemical plating	화학 도금	Consignee	하물 수령인
Chemical polishing	화학 연마	Consistent with	~과(와) 일치하다
Chord length	시위길이	Constituent	성분
Chromium steel	크롬강	Construction	구조
Chuck	척	Continuous rating	연속 정격
Circular method	원통 방향 자기법	Contour	형상
Circumferentical pitch	원주 피치	Contraction	수축
Clamp	클램프	Contructor	계약자
Clap valve	나비형 밸브	Convex	볼록(면)
Classification	분류	Coordinates	좌표
Clay treatment	백토 처리	Core diameter	나사 지름
Clean	청소하다	Corrosion	부식
Clean out	청소구	Corrugated sheet	파형판
Clearance face	클리어런스면	Counterbore	카운터보어
Clearance fit	헐거운 끼워맞춤	Countersink	카운터싱크
Click	클릭	Crack	균열
Clockwise	시계 방향	Creep test	크리프 시험
Close fit	억지 끼워맞춤	Crimp	꺾어굽힘
Coefficient of friction	마찰 계수	Criteria	범주
Coefficient of viscosity	점도 계수	Critical area	중요 부위
Cold brittleness	저온 취성	Critical defect	치명적 결함
Cold crack	냉간 균열	Critical point	한계점
Cold drawing	(냉간)인발	Crude oil	원유
Cold extrusion	(냉간)압출	Crude petroleum	원유
Cold junction	냉접점	Cryde rubber	천연 고무
Cold rolling process	냉간 압연법	Crystal grain growth	결정 입자 성장
Cold shortness	상온 취성	Crystal grain size	결정립도
Cold shut	냉각 종료	Crystal growth	결정의 성장
Combustion	연소	Crushing strength	파쇄 강도
Comparator	투영기, 콤퍼레이터	Curie point	큐리점
Compatibility	변용 가능성, 호환성	Current	전류
Complete	완전	Curvature	만곡
Complete cycle	전 사이클	Cut-off valve	차단 밸브
Component	구성 부품, 성분	Cycle	사이클, 주기

Cyclic paraffin	환상 파라핀
Cyclic process	순환 과정
Cyclo paraffin	시클로 파라핀
Cycloid	사이클로이드
Cylinder oil	실린더 오일

〈 D 〉

Data	자료
Datum plane	기준면
Datum line	기준선
Deactivator	불활성제
Dead load	사하중
Deaerator	안전 분리기
Deburr	거스러미의 제거
Decarbonizing	탈탄
Deckel	데켈
Decolorizing	탈색
Deddendum	디덴덤
Deep drawing	깊은 드로잉
Deflagration	폭연(爆燃)
Deflation	가스빼기
Deflection	휨, 진동, 편차
Deformation	변형
Defrost	서리 제거
Degrease	탈지
Degree of freedom	자유도
Delivery	송출(送出)
Demagnetizing equipment	탈지 장치
Demountable	분리식
Demulubility	항 유화도(抗乳化度)
Density	밀도, 농도
Dent	타흔(打痕)
Deposit(e)	침적물, 용착 금속
Depostition number	침전가(沈澱價)
Depression	오목
Deriver unit	조립 단위
Description	기술, 설명
Design	설계
Destructive test	파괴 시험
Desulphurization	탈자
Detail Drawing	상세도
Detonation	이상 폭발
Developer stain	현상 얼룩이
Developer streaks	현상 줄무늬
Deviation	일탈
Dewaxing process	탈랍법
Dew point	노점
Dezincing	탈아연
Diagonal	경사진
Diameter	지름
Diagram	선도
Diaphragm	다이어프램
Diazo type process print	백사진(白寫眞)
Die	형(型)
Differential gear	차동 기어
Diffution	확산
Dilution	희석(稀釋)
Dimension	치수
Dip brazing	담근 경랍땜
Direction	방향
Displacement	변위, 배기량
Distillation	증류
Distributor	분배기
Dividing head	분할대
Dovetail	도브테일
Dowel	장부, 자리맞춤 핀
Drawing	도면, 인발
Drawn tube	인발관
Dressor	드레서
Drilling	드릴링
Drive	구동, 운전
Driven gear	종동 기어
Driving gear	구동 기어
Dross inclusion	함유 불순물
Dry cell	건전지
Dry developing material	건성 형상제
Drying kiln	건조솥
Drying spot	건조 얼룩이
Dual pump	복식 펌프
Dulite method	듈리트법
Dummy piston	균형 피스톤
Dynamic load	동하중
Dynamometer	동력계

〈 E 〉

Ebullition	비등

Eccentricity	편심도
Eddy	맴돌이
Edge	에지, 가장자리
Effectiveness	효율
Efficiency	능률, 효율
Electrion oil	일렉트리언 오일
Electrolyte	전해액
Electrolytic hardening	전해 경화
Electromagnetic brake	전자 브레이크
Electroplating	전기 도금
Electropolishing	전해 연마
Electrostatic splay painting	정전 분무 도장
Electron microscope	전자 현미경
Element	기소, 요소
Emulsifiying oil	유화유
Emulsion	유탁물, 유제
Enamel	에나멜
End	끝
End item	최종 품목
End plate	경판
Endurance test	내구 시험
Engineering data	기술 자료
Engineering drawing	제품 도면
Engler flask	엔글라 플라스크
Enlarged section	확대 단면
Enlarged view	확대도
Entering edge	입구 언저리
Entrance side	입구측
Entropy	엔트로피
Epitrochoid	외전 트로코이드
Epoxy resin	에폭시 수지
Equilibrium	균형, 형평
Equipment	장비품, 장치
Equivalent	동등한(것)
Erection	조립
Erosion	침식
Error	오차
Escape valve	도출 밸브
Etch	에치, 부식
Etching reagent	부식제
Ethan	에탄
Ethyl fluid	에틸산
Ethyl nitrate	질산 에틸
Eutectic crystal	공정
Eutectic graphite	공정 흑연
evaporation	증발(량)
Exit edge	출구측 에지
Expansion	팽창, 전개
External spline	외치 스플라인
External tooth	외치(外齒)
Extraction	추출(抽出)
Extra super duralumin	초초 듀랄루민

〈 F 〉

Facilities contract	시설 계약
Failure	파괴, 파손
Fall	낙차
Falseface	붙임면
Fatigue	피로
Fatty lubrication oil	지방성 윤활유
Fatty oil	지방유
Faucet joint	삽입 이음
Faderal	연방
Feed	이송, 공급
Feeding head	압탕
Feeler gauge	틈새 게이지
Ferrite	페라이트
Ferroalloy	페로알로이
Ferrule	페룰
Filler material	용가제
Fillet	필릿
Fillet weld	필릿 용접
Film strength	유막 강도
Filter element	여과기
Final functional test	최종 기능 시험
Fine thread	가는나사
Fineness ratio	종횡비
Finish	다듬질, 마무리
Finishing	다듬질, 마무리
Fire engine	소방 펌프
Fire point	발화점
Fire tube boiler	연관 보일러
Firing	점화
First article	초회제품
Fir-free blade	톱니 날개
Fitting	장착물, 끼워맞춤 고정구
Fixed load	고정 하중

Fixenspot	정착 얼룩이
Fixture	고정기
Flame	불꽃
Flange	플랜지
Flanged valve	플랜지 밸브
Flash	주조핀
Flash point	발화점
Flash welding	불꽃용접
Flatness	평면도
Flat surface	평면
Flexibility	휨성(性)
Flexure	휨
Floating	부동
Flow	플로, 흐름
Flow figure	변형 모양
Fluid	유체
Fluid lubrication	액체 윤활
Fluorescent magnetic particle inspection	형광 자기 탐상 검사
Fluorescent paste	형광성 자분 현탁액
Fluorescent penetrant inspection	형광 탐상 검사
Fluted nut	홈 너트
Flutter	플러터
Flux	플럭스
Fly press	플라이 프레스
Fogging	분무
Follower	종동차
Forging	단조, 단조품
Form diameter	성형 지름
Foundry	주조 공장
Fractional dimension	표시 치수
Fracture	파면(破面)
Friction	마찰
Friction drag	마찰 저항
Friction layer	마찰층
Frictional heating	마찰열
Fulcrum	지점(支点)
Furnace brazing	노내 납땜
Fuselage	동채(비행기)
Fusibility	가융성

〈 G 〉

Gage, gauge	게이지
Galvanization	아연 도금
Gang cutter	갱 커터
Gap	갭
Gas oil	가스 오일
Gas porosity	가스에 의한 다공성
Gas tight	기밀
Gasoline	가솔린
Gassing	가스 보급
Gear drive	기어 구동
Geared pump	기어 전동 펌프
Gearing	전동 장치
General	전반적으로, 총칙
General view	전체도
Generating circle	구름원(円)
Generating surface	전열면
German silver	양은
Glass fiber	유리섬유
Glove	장갑
Glue	아교
Government specification requirement	정부 사양서 요구사항
Government standard items	정부 규격(기준) 품목
Government order number	정부 발행 번호
Grade	등급
Gradient	구배
Grading	입도, 계층
Grain growth	결정립의 성장
Grain size	결정립도
Graphic method	도시법
Graphite	흑연
Gravity	중력
Gray pig iron	회주철
Grease	그리스
Grease additives	그리스 첨가제
Grinding	연삭
Grinding mark	연삭 무늬
Grinding wheel	숫돌차
Groove	그루브, 홈
Grooved pulley	홈차
Gross tonnage	총톤수
Group	그룹

〈 H 〉

Hair crack	헤어 크랙
Half nut	2분할 너트
Half size	½척도
Hand finishing	손다듬질
Hard spot	경점(硬点)
Hardening	경화, 다듬질
Heat	가열, 용해
Heat of wetting	습윤열
Heat tinting	가열 착색
Heat treatment	열처리
Heating value	열량
Helical angle	나선각
Helical gear	헬리컬 기어
Helical spring	코일 스프링
Helical spur gear	헬리컬 평 기어
Helix	경사, 나선
Hinge	힌지, 경첩
Hobbing	호브 절삭
Hoist	호이스트
Hollow cylinder	중공 원통
Honing	호닝, 정밀 연삭
Hoop tension	후프 응력
Horizontal	수평의
Horsepower	마력
Hose	호스
Hot carck	열간 균열
Hot rolling	열간 압연
House keeping	(공장의)청소, 정리, 정돈, 보전 등을 말함
Housing	하우징
Humidity	온도
Hydraulic coupling	수력 이음
Hydraulic power	수력
Hydraulics	수력학
Hydrocarbon	탄화 수소
Hyhdro-cracking	분해 수소 첨가
Hydrogen peroxide	과산화 수소

〈 I 〉

I-beam	I 빔
I-section	I 형 단면
Identification	식별
Idle gear	아이들 기어
Idling of engine	무부하 운전
Igniter	점화기
Ignition	점화
Image	상(像)
Immersion	액침(液浸)
Impact	충격
Impeller	날개차, 임펠러
Impression	압흔, 오목
Impurity	불순물
Included angle	개선 각도
Inclusion	개재물
Indentation	분할
Indexing	분할
Indicator	인디케이터
Induction furnace	유도 가열
Induction valve	흡입 밸브
Industrial water	공업 용수
Infinitesimal	가연성
Inflammability	무한소(無限小)
Ingot	잉곳
Inhibitor	억제제
Injection nozzle	분사 노즐
Inlet	입구
Input	입력
Inside calipers	내측 캘리퍼스
Inspection	검사
Inspector instruction	검사 규정
Instability	불안정성
Instruction book	지도서
Instrument	기구
Insulation	절연
Intake	취입구, 흡입구
Integrating meter	적산계
Intensity of stress	응력도
Interchangeable manufacture	호환 공작
Intercrystalline crack	입간(粒間) 균열
Interference fit	억지끼워맞춤
Interlocking device	연동 장치
Internal spline	내치(內齒) 스플라인
Internal tooth	내치(內齒)
Investment casting	정밀 주조

Involute gear	인벌류트 기어
Irregulartities	요철, 불규칙성
Isobaric line	등압선
Iso-butane	이소부탄
Isothermal change	등온 변화
Item(s)	항목, 품목

〈 J 〉

Jack	잭
Jacket	재킷
Jam nut	잼 너트
Jet	분류, 분사
Jig	지그
Joggling	턱붙임
Join	잇다
Joint	이음, 이음매
Journal	저널
Journal bearing	저널 베어링
Judge	판정(하다)
Judgment	판단력, 견해
jump	도약(하다)
Junction	접합점
Junction box	접속함

〈 K 〉

Kelmet	켈밋
Kerf	커프
Kerosine	케로신, 등유
Keyway	키홈
Kinetic friction	운동 마찰
Kinetics	동력학
Kingpin	중심핀
Kink	킹크
Knee bend	엘보
Knocking	노킹
Knuckle joint	너클 이음
Knurling	널링(절삭)

〈 L 〉

Labyrinth packing	래버린스 패킹
Lacquer	래커
Lacquer enamel	래커 에나멜
Lag	지연
Laminar flow	층류
Laminated spring	겹판 스프링
Lamination	래미네이션
Land boiler	육상용 보일러
Landing gear	착륙 장치
Lap	랩
Lap joint	겹침 이음
Latent heat	잠열
Lateral load	가로 하중
lead soap grease	납비누 그리스
Leading edge	전연(前緣)
Leading screw	어미나사, 안내나사
Lefakage	누설
Lean	희박한
Lever	레버
Leverage	레버비
Lift	양정, 리프트, 엘리베이터
Light alloy	경합금
Lighting device	점등 장치
Limit dimension	한계 치수
Limit size	한계 치수
Limited standard	한계 표준
Liner	라이너
Lining	라이닝
Link motion	링크 장치
Linkage	링크 구조
Liquefied gasoline	액화 가솔린
Liquefaction	액화
Live center	회전 센터
Location	위치
Lock nut	고정 너트
Locking	로킹, 풀림 방지
Log	측정기
Longitudinal method	축방향성
Loop	루프
Loose fit	헐거운 끼워맞춤
Lot	로트
Lot size	로트의 크기
Low alloy steel	저합금강
Low temperature gasoline	건류 휘발유
Low temperature lubrication oil	저온 윤활유

Lubricant 윤활제
Lubrication 윤활
Lubricator 주유(기)
Lüders'line 류더스선
Lug 돌기, 귀

〈 M 〉

Machine (공작)기계
Machine tool 공작 기계
Machining 기계 가공
Magnaflux inspection 자기 탐상 검사
Magnaglo 마그나글로
Magnetic particle inspection 자기 탐상 검사
Magneticable material 자성 재료
Magnification 배율, 배수, 증폭
Manual 설명서, 매뉴얼
Manufacture 제조
Major defect 중(대한)결함
Mark 마크
Marking-off 금긋기
Master cam 마스터 캠
Master engineering drawing 기본 제품도
Material 재료, 자재
Matertial review board 재심사 위원회
Matrix 모형(母型)매트릭스
maximum 최대치
Measure 측정(하다)
Measuring machine 측장기
Melting 용해
Melt heat 용해 가열
Membrane 막
Metal arc 메탈 아크
Metering pin 조절핀
Micro shrinkage 미소 수축
Micro switch 마이크로스위치
Middle 중간의
Milling 밀링 절삭
Minimum 최소(치)
Minor defect 가벼운 결함
Misfire 불점화, 불발
Misruns 주탕 불량
Mixed acid 혼산(混酸)
Mixture 혼합물
Model 형(型)
Modeling 모방 절삭
Moment weight 모멘트량
Mother alloy 모합금
Mottling 반점, 얼룩이
Muff coupling 슬리브 이음
Multipass heat exchanger 다류 열교환기
Multiple thread screw 여러줄 나사
Multistage pump 다단 펌프
Mushroom follower 곡면 종절

〈 N 〉

Natural head 자연 낙차
Natural seasoning 자연 건조
Negative pressure 부압
Net time 정미 시간
Neutralisation 중화
Nick 결손
Nickel plating 니켈 도금
Nital Etch Test 나이탈 부식 시험
Nitriding 질화
Nitrogen desaturation 질화 세척
Node 절(節)
Nominal 호칭(기준)
Nominal blade 기준 블레이드
Nominal contour 기준 형상
Nominal size 호칭 치수
Nonferrous metal 비철 금속
Non-fluorescent paste 비형광성 자분 현탁액
Non-metalic inclusion 비금속 개재물
Nonreturn valve 체크 밸브
Normal output 정규 출력
Normal valve 노멀 밸브
Normalizing 불림
Nose 루트면(용접의)
Notch 노치
Note 주(註)
Not-go gauge 정지 게이지
Notice 통지(註記)
Nozzle 노즐
Nozzle diaphragm 노즐 다이어프램

〈 O 〉

Oblique section	경사 단면
Obtuse angle	둔각
Octane rotating test	옥탄 정격 시험
Off-position	부동작 위치
Offset	편기, 오프셋
Oil bath	유욕
Oil hardening	오일 담금질
Oil quenching	유냉
Oil sump	오일 팬
On position	동작 위치
Open hearth steel	평로강
Operation	조작, 조업
Operation number	공정 번호
Operation sheet	공정표
Operational suitbility test	실용 시험
Optional	임의의
Ordinate	종좌표
Orientation	정위치(위치결정 기준점)
Origin of coordinates	좌표 원점
Original	원래의, 시초의
Orthogonal projection	직각 투영
Oscillation	동요, 진동
Out of roundness	진원에서의 일탈 진원도
Outlet	출구
Outline	약술하다
Outside	바깥쪽
Overall efficiency	총합 효율
Overhaul	해체
Over-heating(burning)	과도 담금질, 과열 (burning 눌러붙음)
Overlap	오버랩
Over pins check	오버 핀 검정
Over-winding switch	오버 와인딩 개폐기
Oxidation inhibitor	산화 방지제
Oxide film	산화 피막
Oxyacetylene	산소 아세틸렌
Ozonizer	오존 발생기

〈 P 〉

Packing	포장, 패킹
Paragraph	패러그래프
Parallel	평행
Parent material	모재
Part drawing	부품도
Part number	부품 번호
Partially fabricated item	반제품
Parting line	분할선
Pass	용접층
Passivity	부동태(不動態)
Pattern	목형, 원형
Penetrant	침투액
Penetration	용입
Per	~당
Perforated panel	다공판
Performance	성능
Performance number	출력가
Periphery	주위
Permeability	통기성, 침투성, 도자성
Perpendicular	수직한
Personal service	개인 역무(役務)
Perspective drawing	투시도
Phase	단계, 위상
Phosphor bronze	인청동
Pickling	산세척
Piercing	펴싱
Pig iron	선철
Piping	배관
Pit	오목
Pitch	피치
Pitting	점식(點蝕)
Place	놓다
Plating	도금
Plug welding	플러그 용접
Point	점
Point of contact	접점
Polarity	극성
Polishing	연마, 윤내기
Polygon	다각형
Polymerization	중합(重合)
Porosity	다공성

Position 위치
Positive motion cam 확동 캠
Post emulsification process 형광 침투제 유화 세척 방식
Potential gum 잠재 검
Pouring gate 탕구
Precipitate 침전물
Precipitation value 침전가
Preproduction approval 생산전 인가
Preproduction sample 생산전 샘플
Press fit 압입, 억지끼워 맞춤
Precedure 수속, 순서, 절차
Process drawing 공정도
Procurement 조달
Procuring activity 조달 기관
Procuct 생산품(생산하다)
Product control test 생산품 관리 시험
Profile 형상, 윤곽
Proof stress 내력(耐力)
Provision 조항
Punching 펀칭
Purchaser 구입자
Purchasing contractor 구입 계약자
Purchase order number 구입 주문 번호
Purge valve 공기 빼기 밸브
Push fit 압입 끼워맞춤
Pyrometer 고온계

〈 Q 〉

Quadrilateral 4변형
Qualification test 인정 시험
Qualified product list 인정 품목표
Quality control system 품질 관리 제도
Quality evidence 품질 증거
Quality standard 품질 기준
Quarter size 4분지 1축척
Quench distortion 담금질 변형
Quenching 담금질
Quick leak test 급속 누설 시험
Quick return motion mechanism 급속 귀환 기구
Quick runner 고속 날개차

〈 R 〉

Reck 래크, 선반
Redial 반지름 방향
Rediation 방사
Radii 반지름, 원호
Radius 레이디어스, 반지름
Radius bar 요동봉, 버팀봉
Rate 비율
Rated output 정격 출력
Rating 정격
Reading 판독
Reagent 시약
Rear view 배면도
Reciprocal inspect agreement 상호 검사 협정
Recovery 회복
Recrystallization 재결정
Rectifier 정류기
Reducer 리듀서, 점축관
Refer to ~을 참조
Referee fuel 심사용 연료
Reference center distance 참고 중심 거리
Reference fuel 표준 원료
Reference point 기준점
Refining 조질
Refractory coating 내화제 피막
Reid vapor pressure 리드 증기압
Reheat 재열
Reinforcement 보강재, 철근
Relief 릴리프
Remarks 적용
Remote control 원격 조정
Remove 제거(하다)
Repeat 반복(하다)
Requirements 요구 사항
Residual stress 잔류 응력
Residue 잔류물
Resistance welding 저항 용접
Resultant stress 합응력
Retainer 리테이너, 지지기
Retract 취소
Return 되돌리다

Reversed polarity	역극성
Revision	개정
Revolution	회전
Reworking	재가공
Rib	리브
Right angle	직각
Rigidity	경도
Rim	림
Ring valve	링 밸브
Rinse	수세하다
Ripple	파상의, 맥동
Riveting	리베팅
Root	루트, 근원
Root running	루트 용접
Rotation	회전
Rotor	회전자
Rough	거친
Rough machining	거친 절삭, 거친 다듬질
Routing card	공구 카드
Rubber	고무
Rubbing surface	접찰면(接擦面)
Rug	헝겊
Rule, Ruler	자
Runout	일탈
Runner	날개차, 탕도
Running-in	순응 운전
Rupture	파괴
Rust	녹

〈 S 〉

Salt bath	염욕
Sample	샘플
Sampling	발취, 시료 채취
Sampling procedure	시료 채취 순서
Sandblast	샌드 블라스트
Sand inclusion	모래 함유(량)
Saturation	포화
Scale	자, 축척
Scalloping	부채꼴 노치
Scope	범위
Score mark	스코어 마크
Scraping	스크레이핑(다듬질)
Scratch	긁힌 자국
Seam	주름, 이음매
Seam weld	심용접
Season crack	시효 균열
Season cracking	자연 균열
Seasoning	자연 건조
Secondary radiation	2차 방사
Sector	섹터, 부채꼴
Segregation	편석
Self-locking	자박(自縛)
Sensitivity	감도
Serial number	일련 번호
Serrated shaft	세레이션축
Serration	세레이션
Setmaster	모범
Setting	설치
Shackle	섀클
Shaft base system	축기준식
Sharp edge	예리한 모서리
Shearing stress	전단 응력
Shelf	선반
Shell	몸통, 외판
Shop traveler	이동 전표
Shot peen	쇼트 핀
Shoulder	숄더, 어깨, 받침목
Shrinkage	수축
Shoroud	보호판
Slag	슬래그
Slant face	사면
Slide fit	미끄럼 끼워맞춤
Slivers	슬라이버
Slot	슬롯, 홈
Smooth	평활한
Snap ring	고정 링
Solder	납땜, 땜납
Soldering	납땜
Solid shaft	중실축
Solvent	용제
Source approval	공급원 인정
Source approval test	공급원 인정 시험
Source identification	공급원 식별
Source inspection	원천 검사
Spacing error	위치 오차
Spatter	스패터

Specific consumption 소비율
Specific gravity 비중
Specification 규격, 사양서
Specification requirement 사양서(규격) 요구 사항
Spherical bearing 구면 베어링
Spiral 나선(螺旋)
Spiral angle 나선각
Spiral bevel gear 스파이럴 베벨 기어
Spline 스플라인
Split pin 분할 핀
Spot face 스폿페이싱
Spray 분사, 분무
Spur gear 평 기어
Stall 실속(失速)
Stamp 각인, 날인
Standard 표준
Start 시동(시키다)
Starter generator 시동 발전기
Station 장소, 부서
Statistical quality control system 통계적 품질 관리 제도
Statistical sampling inspection 통계적 발취 검사
Stator blade 정지 날개
Straightness 직선도
Strain hardening 변형 경화
Stress relieve 변형 제어
Stud bolt 스터드 볼트
Subcontractor 하청 계약자
Suvcontracted item 하청 계약 품목
Substituted standard 대용 표준품
Sump 오일 팬
Superseding 치환 가능한
Supplier 공급 업자
Surface 표면
Surging 서징
Swaging 스웨이징
Swivel bearing 회전 베어링
Synthetic 합성의
System of fits 끼워맞춤 방식

〈 T 〉

Tabulate 표기(하다)
Tack weld 가접(假接)
Tangent point 접점
Tank 탱크
Technical data 기술 자료
Tempering 뜨임
Technical data 기술 자료
Tempering 뜨임
Template, templet 형판
Tensile stress 인장 응력
Tentative standard 잠정 표준
Test piece 시험편
Test specimen 시험편
Thimble 심블
Threading 나사 절삭
Three wire system 3침법
Throat 목(두께)
Tight fit 억지끼워맞춤
Tilt 경사
Tinning 주석 도금
Tip 팁, 선단
Toggle joint 토굴 장치
Tolerance 공차
Tooling, tools 공구
Top 톱, 상면
Torch ignitor 토치 점화기
Torque 토크
Torsion 비틀림
Tote pan 운반 접시
Toughness 점도
Trailing edge 후연(後緣)
Transmission 전도, 투과율
Transducer 접촉자
Transition fit 헐거운 끼워맞춤
Transverse section 횡단면
Travelling load 이동 화중
Tray 쟁반, 접시
Trichlene 트리클렌
Trim 트림(하다)
Trip 밟다
True position 정규 위치
True radii 진(眞)의 반지름
Turbulent flow 난류
Turn 돌리다
Turning 선삭
Twin 쌍정(雙晶)

Twist 비틀림, 꼬임
Typical section 대표적 단면

〈 U 〉

Ultrasonic method of inspection 초음파 탐상 검사법
U-tube U 자관
Ultimate strength 극한 강도
Underbead crack 비트밑 균열
Undercut 언더컷
Union swivel end 유니언 스위벨 엔드
Unit bore system 구멍 기준식
Unit shaft system 축기준식
Universal joint 자재 이음
Upper limit 최대 치수
Upset butt welding 업셋 맞대기 용접
Usability test 사용 성능 시험

〈 V 〉

Vacant 없는, 빈, 공(空)의
Vacuum distilation 진공 증류
Value 값
Vane 날개, 베인
Vapour blast 베이퍼 블라스트
Vapour degreasing 증기 탈지
Variation 가벼운 일탈(도면, 규격 등으로부터)
Vondor 공급원
Vendor cord 공급원 카드
Vendor identification 공급원 식별
Ventilation 환기
Vernier calipers 버니어 캘리퍼스
Vertical feed 상하 이송
Vibration 진동
Vibroshear 고속 전달기
Viscosity 점도
Void 공극(空隙)
Voids 공극률
Volute casing 볼류트 케이싱, 맴돌이실
Vortex motion 맴돌이 운동

〈 W 〉

Waviness 굽슬면(面)(의)
Warp angle 비틀림각
Washer 와셔, 세탁기
Waterproof 방수
Web 웨브
Wedge 쐐기
Weight 무게, 분동
Weld, Welding 용접, 용착부
Weld metal 용착 금속
Weld penetration 용입(鎔入)
Weldment 용접물
Wet developing material 습성 현상제
Wetness 습도
Wetting force 습윤력
Whirling 휘둘림
Wind tunnel 풍동(風洞)
Wing nut 나비너트
Wire drawing 와이어 드로잉
Work 일, 공작물
Work hardening 가공 경화
Workability 가공성
Working face 가공면
Workmanship 공작, 다듬질
Works 공장
Workshop 공장, 직장
Worm gear 웜 기어(장치)
Writ plate 리스트 플레이트
Wrought steel 연강(軟鋼)

〈 Y 〉

Yield point 항복점
Yield strength 항복 강도, 내력
Yoke 요크
Young's modulus 영계수, 종탄성계수

〈 Z 〉

Zigzag 지그재그
Zinc 아연

(Zinc) galvanizing	아연 도금
Zone	부분, 영역
Zyglo	자이글로 검사

색 인

한 · 영색인

한 · 영 색인

〔ㄱ〕

〔ㄴ〕

나무 나사 wood screw 716
나무못 peg 409
나무 밑동 절단기 wood trimmer 716
나무 타르 wood tar 716
나뭇결 end grain 187
나뭇결 grain 247
나비 나사 thumbscrew 637
나비 너트 butterfly nut 73
나비 너트 fly nut 219
나비 너트 thumb nut 637
나비 너트 wing nut 713
나비 밸브 butterfly valve 74
나비형 밸브 flap valve 210
나비형 밸브 regulating flap 486
나사 screw 518
나사 곡선 helix 264
나사 구멍 tapped hole 619
나사 기어 crossed helical gears 131
나사 기어 screw gear 519
나사 대우 screw pair 520
나사마루 crest of thread 129
나사 마이크로미터 thread micrometer 633
나사 머리 screw head 520
나사 밸브 screwed valve 519
나사산 screw thread 521
나사산 thread 632
나사산 각 angle of thread 20
나사산 각 included angle of thread 285
나사산 게이지 thead gauge 632
나사산 봉우리 crest of thread 129
나사산 봉우리 top of thread 646
나사산의 높이 height of thread 263
나사 송곳 auger 30
나사 송곳 carpenter's auger 80
나사 송곳 screw auger 519
나사 스테이 screw stay 521
나사식 슬로팅 머신 screw-driven slotting machine 519
나사식 평삭기 screw-driven planning machine 519
나사식 형삭기 screw-driven shaping machine 519
나사 실 screw seal 521
나사 심봉 thread mandrel 633
나사 연삭기 thread grinder 632
나사용 봉재 screw stock 521
나사 운동 screw motion 520
나사의 골 지름 root diameter of screw 502
나사의 리드 lead of screw 319
나사의 비틀림각 helix angle of thread 264
나사의 외경 outside diameter of thread 395
나사의 유효 지름 pitch diameter of thread 424
나사 잭 screw jack 520
나사 전조 thread rolling 633
나사 전조기 thread rolling machine 633
나사 절삭 tapping 619
나사 절삭 thread cutting 632
나사 절삭 threading 633
나사 절삭기 screw cutting machine 519
나사 절삭기 tapper 619
나사 절삭기 thread chasing machine 632
나사 절삭 밀링 머신 thread milling machine 633
나사 절삭 바이트 threading tool 633
나사 절삭 선반 screw cutting lathe 519
나사 절삭 선반 thread cutting lathe 632
나사 주유 screw lubrication 520
나사줄 thread 632
나사 콤퍼레이터 thread comparator 632
나사 탭 screw tap 521
나사 플러그 screw plug 520
나사 플레이트 screw plate 520
나사형 회전 screwing stock 520
나선 helix 264
나선각 helical angle 263
나선 파일 screw pile 520
나선형 강관 spiral pipe 573
나선형 개스킷 spiral gasket 573
나선형 슈트 spiral chute 573
나선형 스프링 spiral spring 573
나선형 스프링 volute spring 696
나이프 knife 312
나이프 에지 knife edge 312
나이프 에지 다이 knife edge die 312
나이프형 줄 knife file 312
나일론 nylons 380
나크 nak 369
나트륨 램프 sodium lamp 562
나팔 노즐 divergent nozzle 157
나팔형 노즐 convergent divergent nozzle 120
나팔 흐름 divergent current 157
나프타 naphtha 369
낙하 단조 drop 167
낙하산 parachute 404
낙하 시험 drop test 168
낙하 해머 drop hammer 167
낙하 화격자 drop plate 167
난기 warming up 698
난류 turbulence 664
난류 turbulent flow 664

〔ㄷ〕

〔ㄹ〕

〔ㅁ〕

모터 스쿠터 motor scooter 365
모터 스크레이퍼 motor scraper 365
모터 풀리 motorized pulley 365
모티싱 머신 mortising machine 364
모판 carrier plate 81
모형 model 359
모형 실험 model test 359
목공 드릴링 머신 wood drilling machine 715
목공 드릴링 머신 wool borer 715
목공 선반 pattern-maker's lathe 408
목공 선반 wood working lathe 716
목공용 공구 wood working tool 716
목공용 밀링 머신 wood milling machine 715
목공용 선반 wood lathe 715
목공용 줄 wood file 715
목 두께 throat depth 635
목 압력 throat pressure 635
목업 mock up 359
목재용 와셔 wood washer 716
목적 프로그램 object program 381
목탄 charcoal 91
목탄 선철 charcoal pig iron 91
목판차 truck 658
목형 pattern 408
목형공 pattern maker 408
목형 뽑기 송곳 draw spike 164
목형 뽑기 송곳 drawing nail 164
몬테카를로법 Monte-Carlo method 363
몰 mol 361
몰 농도 molarity 361
몰더 moulder 365
몰드 mold 361
몰드 mould 365
몰드 라이닝 mould lining 365
몰드 패킹 molded packing 361
몰딩 머신 molding machine 361
몰리브덴 molydenum 362
몰리에르 선도 Mollier chart 362
몰 비열 molar heat 361
몰티즈 크로스 Maltese cross 341
몰티즈 휠 Maltese wheel 341
몸통 여유 body clearance 59
못 nail 369
못뽑이 nail puller 369
못으로 박다 peg 409
무개차 open wagon 390
무개차 truck 658
무과급 발동기 uncharged engine 671
무구속 속도 runaway speed 509
무기 분사 airless injection 12
무기 분사 solid injection 564
무늬 강판 checkered steel plate 92
무단 변속기 non-step variable speed gear 375
무두질 가죽 leather 320
무료 봉사 service 532
무릎 knee 311
무명 로프 cotton rope 125
무명 벨트 cotton belt 125
무명실 방적 cotton spinning 125
무복수기 기관 non-condensing engine 374
무부하 no-load 374
무부하 시험 no-load test 374
무부하 운전 no-load running 374
무선 제어 radio control 472
무선 컴퍼스 wireless compass 714
무수차 렌즈 stigmatic lens 593
무심 담금질 through hardening 636
무연탄 anthracite 23
무연 화약 smokeless powder 559
무전압 릴레이 no voltage relay 377
무전해 도금 electroless plating 180
무접점 스위치 contactless switch 118
무정형 탄소 amorphous carbon 18
무주기 운동 aperiodic motion 24
무표시 조절기 blind controller 55
무하중 높이 free height 227
무한 궤도 caterpillar 83
무한 궤도 crawler 128
무한 궤도 기중기 crawler crane 129
무한 궤도 트랙터 caterpillar tractor 83
무한 삭도 endless rope way 187
무한소 infinitesimal 290
무화 atomization 30
무회 연료 ash-free fuel 28
무회탄 ash-free coal 28
무효 에너지 unavailable energy 671
묵은 모래 black sand 55
문 라이트 프로젝트 moon light project 364
문서 재단기 shredder 541
문형 이동 기중기 Goliath crane 246
문형 크레인 portal crane 437
묻은 불 banked fire 43
묻힘 리벳 sunk head rivet 604
물 담금질 water quenching 701
물도랑 headrace 260
물때 incrustation 285
물때 water deposit 700
물리 증착법 physical vapor deposition 416
물림 길이 length of action 320
물림률 contact interval 117

〔ㅅ〕

수나사 환봉 male screw 341
수나사용 1산 바이 outside single-point thread tool 396
수냉 베어링 water-cooled bearing 700
수냉 엔진 water-cooled engine 700
수단 way 704
수도 꼭지 bib 53
수도 꼭지 bib cock 53
수동 다이캐스트기 manual diecasting machine 343
수동 브레이크 hand brake 256
수동 용접 manual weld 343
수동 용접 manual welding 343
수동 이송 드릴링 머신 sensitive drilling machine 530
수동 제어 manual control 343
수동 펌프 manual pump 343
수동 혼합비 제어 manual mixture control 343
수두 water head 700
수량계 water meter 701
수력 hydraulic power 276
수력 경사선 hydraulic grade line 275
수력 구배선 hydraulic grade line 275
수력 기계 hydraulic machinery 276
수력 기관 hydraulic motor 276
수력 동력계 hydraulic dynamometer 275
수력 발전소 hydraulic power plant 276
수력 발전소 hydraulic power station 276
수력 발전소 water power plant 701
수력 원동기 hydraulic motor 276
수력 커플링 hydraulic coupling 275
수력 터빈 hydraulic turbine 277
수력 터빈 water turbine 702
수력 평균 수심 hydraulic mean depth 276
수력학 hydraulics 277
수력 효율 hydraulic efficiency 275
수렴 노즐 convergent nozzle 120
수리 repair 488
수리공 mender 350
수리하다 repair 488
수마력 water horsepower 700
수면계 glass water gauge 245
수면 분출 콕 surface blow-off cock 607
수명 life 322
수명 시험 life test 323
수명 현상 life 322
수문 sluice 558
수밀 watertight 702
수밀 격벽 watertight bulkhead 702
수벽 water wall 702
수봉 water sealing 701
수봉식 안전기 water seal type safety apparatus 701
수봉 펌프 water seal pump 701
수분 wet 709
수분 분리기 water separator 702
수분 유출 방지관 antipriming pipe 23
수선 initial 291
수선 perpendicular 413
수선 repair 488
수선 water line 701
수선공 mender 350
수선하다 repair 488
수성 가스 water gas 700
수성 도료 distemper 157
수성 도료 water paint 701
수소 hydrogen 278
수소 첨가 hydrogenation 278
수소 취화 hydrogen embrittlement 278
수압 hydraulic pressure 277
수압 water pressure 701
수압 강판 절곡기 hydraulic plate bending press 276
수압관 pen stock 410
수압 기중기 hydraulic crane 275
수압 램 hydraulic ram 277
수압 리베터 hydraulic riveter 277
수압 리프트 hydraulic lift 276
수압 벤딩 프레스 hydraulic plate bender 276
수압 벤딩 프레스 hydraulic plate bending press 276
수압 변동률 rate of pressure variation 477
수압 변속 선반 hydraulic lathe 276
수압 시험 hydraulic test 277
수압 시험 hydrostatic test 279
수압 잭 hydraulic jack 276
수압 호이스트 hydraulic hoist 275
수요 예측 demand forecasting 144
수용성 기름 soluble oil 565
수용성 유화제 절삭유 soluble water type emulsified cutting oil 565
수위 keeper 309
수위 검수 콕 try cock 659
수위 조정기 water level regulator 701
수유기 oil receiver 385
수은 mercury 350
수은등 mercury vapor lamp 351
수은등 mercury-arc lamp 350
수은법 mercury method 350
수은 보일러 mercury boiler 350

시컨트 계수 secant modulus 524
시퀀스 모니터 sequence monitor 531
시퀀스 밸브 sequence valve 531
시퀀스 제어 sequence control 531
시퀀스 컨트롤러 sequence controller 531
시크니스 디비에이션 thickness deviation 631
시트 바 sheet crown 537
시트 파일 sheet pile 537
시프팅 요크 shifting yoke 539
시한 릴레이 time limited relay 639
시험 examination 192
시험 test 625
시험 trial 656
시험기 testing machine 625
시험적 trial 656
시험지 test paper 625
시험 콕 test cock 625
시험편 test piece 625
시험 하중 test load 625
시효 aging 8
시효 경화 age hardening 8
신더 cinder 96
신뢰도 reliability 487
신뢰성 reliability 487
신시사이저 synthesizer 613
신율 elongation 185
신율계 ductiometer 170
신장 extension 194
신장 stretch 598
신장 강성 extensional rigidity 194
신장계 extensometer 194
신축 밴드 expansion bend 193
신축 이음 expansion joint 193
신축 축 이음 telescopic shaft coupling 621
신터 로트 sinter wrought 550
신틸레이션 계수기 scintillation counter 517
신틸레이터 scintillator 517
신호 sign 544
신호 signal 544
신호등 signal lamp 544
신호등 signal light 544
실 seal 523
실드 shield 538
실드 공법 shield method 539
실드 베어링 shield bearing 538
실드 베어링 shielded ball bearing 538
실드 빔 sealed beam head lamp 523
실드 빔 헤드 램프 sealed beam head lamp 523
실드 아크 용접 shielded arc welding 538
실드아크 용접 shield-arc welding 538
실드아크 용접봉 shield-arc electrode 538
실드 지지 shield support 539
실랄 silal 544
실러 sealer 523
실런트 fluid sealant 218
실런트 sealant 523
실렉티브 기어 selective gear 526
실례 instance 294
실루민 silumin 545
실리카 silica 544
실리카 퍼지 silica purge 544
실리케이트 결합제 silicate bond 544
실리케이트 숫돌 바퀴 silicate wheel 544
실리코나이즈드 철판 siliconized iron plate 545
실리콘 silicon 545
실리콘 고무 silicon rubber 545
실리콘 수지 silicon resin 545
실리콘 제어 정류 소자 silicon controlled rectifier ; SCR 545
실린더 cylinder 138
실린더 내경 cylinder bore 138
실린더 냉각 핀 cylinder cooling fin 138
실린더 라이너 cylinder liner 138
실린더 부시 cylinder bush 138
실린더 블록 cylinder block 138
실린더 쿠션 cylinder cushioning 138
실린더 헤드 cylinder head 138
실린더 호닝 머신 cylinder honing machine 138
실 립 seal lip 523
실링 sealing 523
실 베어링 sealed ball bearing 523
실상 real image 479
실선 full line 232
실속 stall 582
실양정 actual head 5
실 에어 파이프 seal air pipe 523
실온 room temperature 502
실용 모형 working model 717
실용 상승 온도 service ceiling 532
실 인장 시험기 single-yarn strength tester 550
실제 목두께 actual throat 5
실제 치수 actual size 5
실제 효율 actual efficiency 5
실진 브론즈 silzin bronze 545
실진 청동 silzin bronze 545
실체경 stereoscope 592
실체 현미경 stereoscopic microscope 592

〔ㅇ〕

연삭 숫돌차 abrasive wheel 2
연삭액 grinding fluids 249
연삭액 grinding lubricant 249
연삭 장치 grinding attachment 249
연삭재 abrasive 1
연삭 증폭기 operational amplifier 390
연삭 탭 ground tap 251
연산 장치 arithmetic unit 27
연산 제어 computer control 112
연산 증폭기 operation amplifier 390
연색도 smoke chart 559
연성 ductility 169
연성계 compound pressure gauge 110
연성 시험 ductility test 170
연성 진동 coupled vibration 126
연성 파괴 ductile fracture 169
연소 combustion 107
연소 부하율 combustion intensity 107
연소 생성물 product of combustion 454
연소 속도 burning velocity 73
연소 온도 combustion temperature 107
연소 효율 combustion efficiency 107
연소구 fire hole 206
연소기 combustor 107
연소실 combustion chamber 107
연소실 fire box 206
연소실 형식 type of combustor 668
연소율 combustion rate 107
연소율 rate of combustion 476
연속 밀링 머신 continuous milling machine 118
연속 보 continuous beam 118
연속 브로치 continuous broach 118
연속 용접 continuous weld(ing) 119
연속의 원리 principle of continuity of flow 452
연속 정격 continuous rating 119
연속 조형법 continuous molding 118
연속 주조법 continuous casting 118
연쇄 chain 89
연쇄 kinematic chain 311
연쇄 반응 chain reaction 90
연수 soft water 562
연수 장치 water softening plant 702
연신 stretch 598
연신계 ductilometer 170
연신 볼트 bolt with reduced shank 61
연신율 percentage of elongation 411
연실 smoke box 559
연연 soft lead 562
연와 brick 68
연욕 lead bath 319
연욕로 lead bath furnace 319
연장 extension 194
연점 soft spot 562
연접봉 connecting rod 116
연접봉 오일 디퍼 connecting rod dipper 116
연접차 articulated car 28
연조기 drawing frame 164
연주 직송 압연법 continual casting direct rolling method 118
연직력 vertical force 690
연질 고무 soft rubber 562
연질 납 soft solder 562
연질화 tufftriding 661
연철 soft iron 562
연철 wrought iron 719
연청동 lead bronze 319
연추 plumb 431
연축전지 lead accumulator 319
연탄 briquette 69
연화 softening 562
연환 shackle 534
연황동 leaded brass 319
열 train 651
열간 가공 hot working 273
열간 기계톱 hot sawing machine 273
열간 드로잉 hot drawing 272
열간 압연 hot rolling 273
열간 인발 hot drawing 272
열간 정수압 소결법 hot isostatic pressing ; HIP 272
열경화성 수지 thermosetting resins 630
열계량법 calorimetry 77
열관류 overall heat transmission 396
열관류율 coefficient of overall heat transmission 103
열관리 heat control 260
열관리 heat management 262
열 교환기 heat exchanger 260
열구 ignition ball 281
열구 기관 hot bulb engine 272
열구 기관 semi-Diesel engine 529
열기관 heat engine 260
열기전력 thermal electromotive force 627
열낙차 heat drop 260
열다 off 382
열단위 heat unit 263
열단위 thermal unit 628
열당량 thermal equivalent 627

유리 섬유로 강화한 플라스틱 glass fiber reinforced plastic ; GFRP 244
유리 신틸레이터 glass scintillator 245
유리어 수지 urea resin 678
유리 온도계 glass thermometer 245
유리 윤활 압출법 glass lubrication process 244
유리 탄소 free carbon 226
유막 oil film 384
유밀 oiltight 387
유발 induction 288
유사 oil sand 386
유사 시계 hairspring balance clock 254
유사 주형 oil sand core 386
유사 코어 oil sand core 386
유선 elementary stream 185
유선 line of flow 325
유선 streamline 597
유선형 streamline shape 597
유선형 버너 streamline burner 597
유성 기어 planetary gear 426
유성 기어 장치 epicyclic gear 188
유성 기어 장치 epicyclic gearing 188
유성 기어 장치 epicyclic train 189
유성 기어 장치 planetary gear drive 426
유성 기어 장치 sun and planet gear 604
유성 운동 planetary motion 426
유성 피니언 planetary pinion 426
유성형 감속 기어 planetary-type reduction gear 426
유속계 current meter 134
유심 담금질 cored hardening 123
유압 oil pressure 385
유압계 oil pressure gauge 385
유압 브레이크 hydraulic brake 275
유압 브레이크 oil brake 383
유압 서보 기구 hydraulic servo mechanism 277
유압 성형기 oil hydraulic moulding machine 384
유압식 정압 베어링 oil pressure type static pressure bearing 385
유압 엘리베이터 hydraulic lift 276
유압 잭 hydraulic jack 276
유압 잭 oil jack 385
유압 전동기 oil hydraulic motor 384
유압 탱크 pressure oil tank 448
유압 펌프 oil hydraulic pump 384
유압 호이스트 hydraulic hoist 275
유연성 flexibility 213
유온 조절기 oil-temperature regulator 387
유욕 oil bath 383
유인 유닛 induction unit 288
유인 통풍 iduced draft 288
유인 환풍기 induced draft fan 288
유입각 fluid inlet angle 218
유입 개폐기 oil switch 386
유입 변압기 oil immersed transformer 385
유입 용접 flow welding 217
유장 oil length 385
유전 가열 dielectric heating 149
유정 파이프용 나사 oil well pipe thread 387
유제 emulsion 186
유제 절삭유 emulsion cutting oil 186
유조선 oil carrier 383
유조선 oil tanker 387
유조선 tank vessel 617
유조선 tanker 617
유지 maintenance 341
유채유 rape seed oil 475
유체 fluid 217
유체 기계식 연료 제어 장치 hydraulic fuel regulator 275
유체 마찰 fluid friction 217
유체 소자 fluidics 217
유체 압력 fluid pressure 218
유체 역학 hydrodynamics 278
유체 윤활 fluid lubrication 218
유체 윤활 hydrodynamic lubrication 278
유체 이음 fluid coupling 217
유체 전달 hydraulic power transmission 276
유체 정력학 hydrostatics 279
유체 증압기 hydraulic intensifier 275
유체 커플링 hydraulic coupling 275
유출각 efflux angle 174
유출각 fluid outlet angle 218
유텔로이 eutalloy 191
유한 변형 이론 theory of finite deformation 626
유한 요소법 finite element method 206
유혈암 oil shale 386
유화 emulsification 186
유화유 담금질 emulsified oil quenchine 186
유황 sulfur 603
유황 suphur 604
유황 쾌삭강 sulphur free cutting steel 604
유효값 effective value 174
유효 권선 no of action coils 375
유효 길이 useful length 679
유효 낙차 available head 35

응력 부식 균열 stress corrosion cracking ; SCC 598
응력 완화 stress relaxation 598
응력의 주축 principal axis of stress 451
응력 이완 relaxation of stress 487
응력 제거 stress relief 598
응력 진폭 stress amplitude 597
응력 집중 stress concentration 597
응력 집중 계수 stress concentration factor 598
응력 텐서 stress tensor 598
응력 함수 stress function 598
응력 확대 계수 stress intensity factor 598
응력 후프 hoop tension 271
응용 application 24
응용 기술 위성 application technology satellite ; ATS 24
응용 역학 applied mechanics 24
응용 탄성학 applied elasticity 24
응집(력) cohesion 103
응집 침전 장치 coagulator 101
응착 cohesion 103
응축 condensation 113
응축 유닛 condensing unit 114
응축 장치 condensing plant 114
의장 outfit 395
의탄성 anelasticity 19
이 tooth 644
이경 엘보 reducing elbow 482
이경 크로스 reducing cross 482
이경 티 reducing tee 483
이경관 reducer 482
이경관 이음쇠 reducing socket 483
이경관 조인트 reducing joint 482
이그니션 플러그 ignition plug 282
이끝 top of tooth 646
이끌끝면 tooth crest 645
이끝면 tooth face 645
이끝 원뿔각 face angle 197
이끝 접촉 peak contact 409
이나비 face width 198
이너셔 inertia 290
이너트 가스 inert gas 289
이너트 가스 아크 용접 inert-gas shield arc welding 290
이노베이션 innovation 293
이 높이 height of tooth 263
이니셜 코스트 initial cost 291
이 두께 circular tooth thickness 98
이 두께 tooth thickness 645
이 두께 마이크로미터 gear tooth micrometer 242
이동 방진구 follower rest 221
이동 지점 movable support 365
이동 지점 point of movable support 434
이동 진동 방지 장치 travelling stay 656
이동 하중 moving load 366
이동 하중 travelling load 656
이동식 기중기 transportable crane 654
이동식 보일러 portable boiler 437
이동하다 remove 488
이득 gain 235
이로진 erosion 190
이로전 부식 erosion-corrosion 190
이론 theory 626
이론 공기량 theoretical amount of air 626
이론 물리학 theoretical physics 626
이론 수력 theoretical water power 626
이론 연소 가스량 theoretical amount of combustion gases 626
이론 연소 온도 theoretical combustion temperature 626
이론 열효율 theoretical thermal efficiency 626
이리듐 iridium 303
이면 flesh side 213
이모 펌프 IMO pump 282
이미터 emitter 186
이방성 anisotropy 22
이방성 자석 anisotropic magnet 22
이붙이 와셔 toothed lock washer 645
이뿌리 deddendum 142
이뿌리 root of tooth 503
이뿌리면 flank of tooth 210
이뿌리면 tooth flank 645
이뿌리 원 deddendum circle 142
이뿌리 원뿔각 root angle 502
이상 기체 ideal gas 281
이상 기체 perfect gas 411
이상 스토커 travelling grate stoker 655
이상 연소 abnormal combustion 1
이상 유체 ideal fluid 281
이상 폭발 detonation 146
이송 feed 200
이송 나사 feed screw 202
이송 변속 장치 feed change gear box 201
이송봉 feed rod 202
이송 속도 feed 200
이송 속도 오버라이드 feed rate override 202
이송 장치 feed gear 201
이송 잭 sliding jack 556
이송축 feed shaft 202

〔ㅊ〕

〔ㅋ〕

〔ㅌ〕

파인더 finder 205
파일 atomic pile 30
파일 pile 418
파일 기초 pile foundation 418
파일 드라이버 pile driver 418
파일 드라이버 크레인 pile driver crane 418
파일 머신 piling machine 418
파일럿 램프 pilot lamp 419
파일럿 밸브 pilot valve 419
파일럿 버너 pilot burner 418
파일럿 버너 pilot flame 419
파일럿 플랜트 pilot plant 419
파장 wave length 703
파철 scrap iron 518
파치 waster 699
파커라이징 parkerizing 406
파킨슨 바이스 Parkinson vice 406
파킹 엘리베이터 parking elevator 406
파트 프로그램 part program 407
파형관 corrugated pipe 125
파형관 헤더 staggered header 582
파형 노통 corrugated flue 125
파형 노통 corrugated furnace 125
파형 못 wave form mail 703
파형 성형 corrugating 125
파형 이음 corrugated expansion joint 125
파형 줄 rifflers 494
파형판 corrugated sheet 125
파형 헤더 sinuous header 550
판 게이지 flat gauge 212
판 게이지 plate gauge 429
판금 가공 sheet metal working 537
판금 공작 plate work 429
판금 마름질 blank layout 56
판데르 폴의 방정식 Van der Pol's equation 684
판독 현미경 reading microscope 479
판리 quarter grain 465
판 링크 체인 plate link chain 429
판 스프링 leaf spring 320
판 스프링 plate spring 429
판유리 sheet glass 537
판 캠 plane cam 425
판 크라운 sheet crown 537
판 클러치 plate clutch 429
팔 arm 27
팔굽 arm 27
팔라듐 palladium 402
패널 panel 403
패널 난방 panel heating 403
패널 밴 panel van 403
패드 베어링 pad bearing 402
패드 윤활 pad lubrication 402
패들 팬 paddle fan 402
패딩 padding 402
패럴렐 블록 parallel block 404
패럿 F 197
패럿 farad 199
패스 pass 407
패스 run 509
패시미터 passimeter 408
패커 packer 401
패키지형 보일러 packaged boiler 401
패킹 packing 401
패킹 누르개 gland 244
패킹 누르개 packing gland 401
패킹 누르개 stuffing box gland 601
패킹 링 pacing ring 401
패킹 상자 packing box 401
패턴 pattern 408
패턴팅 patenting 408
팩시밀리 facsimile 198
팬 fan 199
팬 아웃 fan out 199
팬 인 fan in 199
팬 제트 fan jet 199
팬 컨베이어 pan conveyor 403
팬터그래프 pantagraph 403
팬터그래프 pantograph 403
팰릿 pallet 402
펠턴 수차 impulse water turbine 284
팽윤 swelling 610
팽창 expansion 193
팽창계 dilatometer 152
팽창 계수 coefficient of expansion 103
팽창 계수 expansion coefficient 193
팽창률 expansion coefficient 193
팽창 변형 에너지 strain energy of dilatation 596
팽창 볼트 expansion bolt 193
팽창비 expansion ratio 193
팽창 심봉 expanding arbor 193
팽창 이음 expansion joint 193
퍼그 밀 pug mill 460
퍼들 스크루 puddle screw 460
퍼멀로이 permalloy 412
퍼뮤티트 Permutite 413
퍼센트 per centum 411
퍼센트 percent 411
퍼센티지 percentage 411

프로젝션 용접 projection welding 456
프로젝션 용접기 projection welder 456
프로젝터 projector 456
프로젝트 project 456
프로젝트 엔지니어링 project engineering 456
프로톤 proton 459
프로판 가스 propane gas 457
프로판 가스 절단 propane gas cutting 457
프로페르치법 properzi process 458
프로펠러 propeller 457
프로펠러 날개 propeller blade 457
프로펠러 날개차 propeller runner 458
프로펠러 송풍기 propeller fan 457
프로펠러 수차 peller water turbine 458
프로펠러 추진 propeller propulsion 457
프로펠러 펌프 propeller pump 457
프로펠러축 propeller shaft 458
프로포셔닝 펌프 proportioning pump 458
프로포션 proportion 458
프로필 profile 454
프롭제트 propjet 458
프리 pre- 443
프리 라디칼 free radical 227
프리믹스 premix 444
프리세팅 pre-setting 445
프리셋 preset 445
프리셋 카운터 preset counter 445
프리저 freezer 227
프리즘 prism 453
프리즘 쌍안경 prismatic binocular 453
프리캐스트 콘크리트 precast concrete 443
프리코트 precoat 443
프리코트재 precoating agents 443
프리패브 prefab 443
프리팩트 콘크리트 prepact concrete 444
프리퍼지 pre-purge 444
프리폴리머 prepolymer 444
프리플록법 pre-flock 444
프리필 밸브 prefill valve 444
프리하든강 preharden steel 444
프리 핸드 free hand 226
프리 휠 클러치 free wheel clutch 227
프릭션 나사 프레스 friction screw press 230
프릭션 프레스 friction press 229
프릭션 프레스 friction screw press 230
프린지 차수 fringe order 230
프린트 print 452
프린트 기판 printed plate board 452
프린트 모터 printed motor 452
프린트 배선판 printed wiring board 452
프린트 회로 printed circuit 452
프아송비 Poisson's ratio 434
프아송수 Poisson's number 434
플라스마 plasma 427
플라스마 디스플레이 plasma display 427
플라스마 아크법 plasma arc process 427
플라스마 제트법 plasma flame process 427
플라스마 추진 plasma propulsion 427
플라스크 주형법 flask molding 211
플라스티게이지 plastigauge 428
플라스티신 plasticine 428
플라스티졸 plastisol 428
플라스틱 plastic 427
플라스틱 내화물 plastic refractory 428
플라스틱 베어링 plastic bearing 427
플라스틱 콘크리트 plastic concrete 427
플라스틱 폼 plastic form 428
플라스틱관 이음 plastic pipe joint 428
플라우 plough 430
플라우 plow 430
플라이 ply 431
플라이 애시 fly ash 219
플라이 커터 fly cutter 219
플라이 프레스 fly press 219
플라이휠 flywheel 220
플라이휠 효과 flywheel effect 220
플라이어 cutting plyer 135
플라이어 pliers 430
플라이어 tongs 643
플라잉 시어 flying shear 219
플라티나이트 platinite 429
플라티노이드 platinoid 429
플래노밀러 planomiller 427
플래니미터 planimeter 426
플래니터리 기어 planetary gear 426
플래시 flash 211
플래시 드라이어 flash dryer 211
플래시 버트 용접 flash butt welding 211
플래시 버트 용접기 flash butt welder 211
플래시 오버 flash over 211
플래시 온도 flash temperature 211
플래터 flatter 213
플래터 flattering tool 213
플래트닝 flattening 213
플래티나 platinum 430
플래핑 flapping 210
플랙시블 샤프트 flexible shaft 214
플랜 수지 flan resin 210
플랜저 flanger 210
플랜지 flange 209

〔ㅎ〕

확동 캠 positive return cam 439
확동 캠 positive motion cam 439
확동 클러치 positive clutch 438
확률 probability 453
확률 피로 statistical fatigue 587
확률 한계 probability limit 453
확산 diffusion 152
확산 가열 homogenizing 269
확산 불꽃 diffusion flame 152
확산 침투 도금 cementation 84
확산 펌프 diffusion pump 152
확산 화염 diffusion flame 152
확산 흐름 divergent current 157
확실 전동 positive driving 439
확장 extension 194
환경 기준 environmental criteria 188
환기 손실 ventilation loss 688
환기 팬 ventilating fan 687
환기 횟수 ventilation rate 688
환기구 ventilating hole 688
환기모 cowl 127
환기압 ventilating pressure 688
환류식 버너 spill type burner 571
환산 압력 reduced pressure 482
환산 증발량 equivalent evaporation 189
환상 밸브 annular valve 23
환상 연소기 annular combustion chamber 22
환상 연소실 annular combustion chamber 22
환원 reduction 483
환원염 reducing flame 482
환풍기 multiblade fan 367
활공각 gliding angle 245
활공기 glider 245
활꼴 드릴 fiddle drill 203
활꼴 드릴 bow drill 64
활성 금속 reactive metal 478
활성화 activation 5
활성화 반응 증착법 activated reactive evaporation 4
활자 주조기 typecasting machine 668
활자 합금 type metal 668
활차 pulley 460
활차 pulley set 460
활차 장치 pulley block 460
활톱 hacksaw 254
활톱날 hacksaw blade 254
활하중 dynamic load 171
황동 blister copper 57
황동 brass 66
황동관 brass pipe 66
황동 납 bass solder 45
황동 바이트 brass turning tool 66
황삭 대패 jack plane 305
황삭 바이트 roughing tool 507
황삭 줄 rough-cut file 507
황산 sulfuric acid 603
황연 chrome yellow 96
회로 circuit 96
회로계 circuit tester 96
회복 recovery 481
회분 ash content 28
회생 브레이크 regenerative brake 485
회선철 gray pig iron 249
회전 revolution 493
회전 rotation 506
회전계 tachometer 615
회전 궤적 revolution mark 493
회전 기계 rotary machine 505
회전단 round end 507
회전 대우 turning pair 664
회전 드럼식 열교환기 rotary-drum regenerator 504
회전력 turning effect 664
회전로 revolver 493
회전 밀링 머신 rotary milling machine 505
회전 바이스 swivel vice 612
회전반경 radius of gyration 473
회전 밸브 기관 rotary valve engine 506
회전 부정률 cyclic irregularity 136
회전비 speed ratio 570
회전 사판 swash plate 610
회전 센터 live center 328
회전 속도 rotative speed 506
회전 속도 스위치 rotary speed switch 506
회전 속도계 tachometer 615
회전수 number of revolution 380
회전수 revolution per minute ; RPM 493
회전 슬라이더 크랭크 기구 revolving slider crank mechanism 493
회전시키다 revolve 493
회전식 버너 rotary burner 504
회전 쌍곡면 기어 hyperboloidal gear 279
회전 압축기 rotary compressor 504
회전 운동 rotational motion 506
회전 원판 rotating disk 506
회전자 rotor 506
회전 절삭 공구대 turret 665
회전 정도 running accuracy 509
회전 지점 hinged support 268
회전 지점 simple support 547

〔영숫자〕

색 인

▌일 · 영색인

일 · 영 색인

〈 ア 〉

〈 イ 〉

〈ウ〉

〈エ〉

〈オ〉

〈カ〉

〈キ〉

〈ク〉

〈ケ〉

〈コ〉

〈サ〉

〈シ〉

〈セ〉

〈ソ〉

〈タ〉

〈チ〉

〈ツ〉

〈テ〉

〈ト〉

〈ナ〉

〈ニ〉

逃げ角　relief angle　488
逃げ面　flank　210
逃げ面磨耗　flank wear　210
二元合金　binary alloy　54
濁度　turbidity　661
ニコルプリズム　Nicolprism　372
二サイクル　two cycle　667
二サイクル　two-stroke cycle　667
二サイクル機関　two-stroke cycle engine　667
二サイクル機関　two-cycle engine　667
二次応力　secondary stress　524
二次加工　secondary operation　524
二次空気　secondary air　524
二軸エンジン　two-axle engine　666
二軸船　twin-screw vessel　665
二次元応力　two dimensional stress　667
二次硬化　secondary hardening　524
二次硬化焼戻し　temper hardening　622
二次的流れ　secondary flow　524
二次流れ　two dimensional flow　667
二次流れ　secondary flow　524
二次焼入れ　secondary quenching　524
二重管凝縮器　double pipe condenser　160
二重星形発動機　double-row radial engine　160
二重目盛　double scale　160
24 s 合金　twenty-fours alloy　665
二乗　square　579
二色水面計　two color water gauge　666
2進法　binary number system　53
二層ニッケルめっき法　duplex nickel plating　170
二相ステンレス鋼　two-phase stainless steel　667
ニーダ　kneader　311
二段圧延機　two-high rolling mill　667
二段空気圧縮機　two-stage air compressor　667
二段減速装置　double reduction gear　160
二段歯車運転　double-geared drive　159
二段焼入れ　two-stepped quenching　667
二値信号　binary signal　54
ニッカロイ　nickalloy　372
ニッケル　nickel　372
ニッケル-クロム鋼　nickel-chrome steel　372
ニッケ-クロムモリブテン鋼　nickel-chrome molybdenum steel　372
ニッケル鋼　nickel steel　372
ニッケル青銅　nickel-bronze　372
ニッケルめっき　nickel plating　372
日程管理　scheduling　517
日程計画　scheduling　517
ニッパ　cutting nipper　135
ニッパ　nipper　373
ニップ　nip　373
ニップル　nipple　373
ニトラロイ　nitralloy　373
ニードル　needle　370
ニードルころ　needle roller　370
ニードル調整弁　needle regulator　370
ニードルバルブ　needle valve　370
ニードルベアリング　needle bearing　370
ニードル弁　needle valve　370
ニードルルーム　ribbon loom　494
ニトログリセリン　nitroglycerin　373
ニトロセルロース　nitrocellulose　373
にないばね　bearing spring　47
ニハード　nihard　372
二番　relief angle　488
二番すかし　body clearance　59
二番すかし　relief flank　488
二番タップ　plug tap　431
二番タップ　second hand tap　524
二番取り旋盤　backing-off lathe　39
二番取り旋盤　relieving lathe　488
二番取り旋盤　relieving attachment　488
二番取りバイト　relieving tool　488
ニブリングマシン　nibbling machine　372
二分の一だ円ばね　semi-eliptic spring　529
二ペダル方式　two pedal system　667
日本標準規格　JES　305
二枚合せベルト　double-ply belt　160
二枚かじ　twin rudder　665
二枚羽根プロペラ　two blades propeller　666
二面せん断　double shear　160
二面つりあわせ　two-plane balancing　667
荷物車　baggage car　40
ニモニック合金　nimonic alloy　373
乳化油焼入れ　emulsified oil quenching　186
入射角　angle of incidence　20
入力オフセット電圧　input off-set voltage　293
ニューセラミック　new ceramic　372
ニュートン　newton　372
ニュートンリング　newton rings　372
ニューマティックコンベヤ　pneumatic conveyor　432
尿素樹脂　urea resin　678

〈 ヌ 〉

〈 ネ 〉

〈ノ〉

〈ハ〉

〈ヒ〉

〈フ〉

部分負荷 part load 407
部分流入タービン partial admission turbine 406
部分流入タービン partial turbine 407
部分両振応力 partly alternating stress 407
部分両振荷重 partly alternating load 407
不変鋼 invariable steel 301
踏み面 wheel tread 711
ブーム boom 61
ブーム角度 boom angle 61
ブームポイント boom point 61
浮遊燃焼 suspension firing 609
フュージ fusee 223
フューズ fuze 224
不溶性 insolubility 293
プライ ply 431
フライアッシュ fly ash 219
フライイングシャー flying shear 219
フライス milling cutter 357
フライスアーバ cutter arbor 135
フライス加工 milling 357
フライス削り milling 357
フライス装置 milling attachment 357
フライス盤 milling machine 357
ブライト仕上げ bright finish 68
フライホイール fly wheel 219
プライマ primer 451
プライミング priming 451
ブライン brine 68
フライングシャー flying shear 219
ブライン凍結 brine freezing 68
ブラインポンプ brine pump 69
ブライン冷却器 brine cooler 68
プラウ plough 430
プラウ plow 430
ブラウン管 Braun tube 65
プラグ plug 430
プラグ tube plug 660
プラグアシスタント法 plug assistant process 430
プラグイン構造 plug in system 430
プラグゲージ plug gauge 430
フラクトグラフィー fractography 225
プラグミル plug mill 431
プラグ溶接 plug welding 431
ブラケット bracket 64
ブラケット軸受 bracket bearing 65
ブラシ brush 70
ブラシレス DC モータ brushless DC motor 70
プラス plus 427
プラスチゲージ plastigauge 428
プラスチシン plasticine 428
プラスチソル plastisol 428
プラスチック plastic 427
プラスチック管継手 plastic pipe joint 428
プラスチックコンクリート plastic concrete 427
プラスチック軸受 plastic bearing 427
プラキチック耐火物 plastic refractory 428
プラスチックフォーム plastic form 428
ブラスト blasting 56
プラズマ plasma 427
プラズマアーク法 plasma arc process 427
プラズマジェット法 plasma flame process 427
プラズマ推力 plasma propulsion 427
プラズマディスプレイ plasma display 427
プラチナイト platinite 429
プラチノイド platinoid 429
フラックス flux 219
フラックス入ワイヤ flux cored wire electrode 219
ブラックボックス black box 55
フラッシュ flash 211
フラッシュオーバ flash over 211
フラッシュ温度 flash temperature 211
フラッシュドライヤ flash dryer 211
フラッシュバット溶接 flash butt welding 211
フラッシュ溶接 flash welding 211
フラッシング flushing 218
フラッタ flutter 219
フラットカード flat card 212
フラットドリル flat drill 212
フラットニング flattening 213
フラップ flap 210
プラニメータ planimeter 426
プラネタリーギア planetary gear 426
プラノミラー planomiller 427
プラノミラー planer type milling machine 426
フラリーメタル frary metal 226
フラリング fullering 232
ブランキング blanking 55
フランク flank 210
フランク flank of thread 210
フランク摩耗 flank wear 210
ブランケット blanket 55
フランジ flange 209
フランジ形たわみ軸受 flexible flanged shaft coupling 213

ブレーキ動力計 brake dynamometer 65
ブレーキドクタ brake ducktor 65
ブレーキドラム brake drum 65
ブレーキ倍率 brake leverage 65
ブレーキ馬力 brake horsepower(BHP) 65
ブレーキバンド brake band 65
ブレーキ片 brake block 65
ブレーキ片 brake shoe 66
ブレーキモータ brake motor 66
プレキャストコンクリート precast concrete 443
ブレーキライニング brake lining 66
ブレーキ率 brake ratio 66
ブレーキ率 percentage of brake power 411
ブレーキ率 brake percentage 66
フレーキング flaking 208
フレーキング spalling 566
ブレーク接点 break contact 67
プレコート precoat 443
プレコート材 precoating agents 443
ブレーザ breather 67
ブレーシング bracing 64
ブレージングシート brazing sheet 67
プレス press 445
プレス加工 press work(ing) 450
プレス工 presser 445
プレススケール press scale 445
プレス鍛造法 press forging 445
プレステンパ press temper 445
プレストレスドコンクリート prestressed concrete 450
プレスはめ press fit 445
プレスブレーキ press brake 445
プレス焼入れ die quenching 150
プレッシャコントロール pressure control 447
プレッシャスイッチ pressure switch 449
フレッチングコロージョン fretting corrosion 228
ブレード blade 55
プレート plate 428
プレートガーダ plate girder 429
プレート通風機 plate fan 429
ブレードパッキン braided packing 65
振れ止め center rest 86
振れ止め steady rest 587
振れ止め work rest 718
ブレードレスポンプ bladeless pump 55
プレーナ planer 425
フレネルレンズ Fresnel lens 228
プレパクトコンクリート prepact concrete 444
プレパーヅ pre-purge 444
プレハードン鋼 preharden steel 444
プレハブ prefab 443
プレフィル弁 prefill valve 444
プレフロック法 pre-flock 444
プレポリマー prepolymer 444
ふれまわり whirling 711
ふれまわれ速度 whirling speed 711
フレミングの法則 Fleming's law 213
フレミングの法則 Fleming's rule 213
フレーム flame 209
フレーム frame 226
プレーン plane 425
ブレンディング blending 56
プレンテルミット plain thermit 425
プレントロリー plain trolly 425
ブロー blow off 58
フロー flow 216
ブローイングパイプ blowing pipe 58
プログラマブルコントローラ programmable controller 455
プログラマブルロジックコントローラ programmable logic controller 455
プロクラミング programming 456
プログラミング言語 programming language 456
プログラム program 455
プログラムカウンタ program counter 455
プログラム学習 programed learning 455
プログラム言語 programming language 456
プログラム制御 program control 455
プログレッシブダイ progressive die 456
フローコンベヤ flow conveyor 216
フローサイト flow sight 216
プロジェクション溶接 projection welding 456
プロジェクトエンジニアリング project engineering 456
フロスト frosting 230
ブロー成形 blow molding 58
プロセス process 453
プロセス蒸気 process steam 453
プロセス制御 process control 453
プロセッサ processor 453
ブローチ broach 69
ブローチ削り broaching 69
ブローチ盤 broaching machine 69
ブロッキング blocking 57
ブロック block 57

〈 へ 〉

〈 ホ 〉

〈マ〉

〈ミ〉

〈ム〉

〈メ〉

〈モ〉

〈ヤ〉

〈ユ〉

〈 ヨ 〉

ヨーメータ　yawmeter　721
餘盛　excess metal　192
餘盛　reinforcement of weld　487
餘裕時間　surplus time　609
より　twist　666
より線　stranded wire　596
餘力管理　excess control　192
弱め弁　yielding valve　721
四元合金　quarternary alloy　465
四行程サイクル機関　four(-stroke) cycle engine　225
四サイクル　four-stroke cycle　225
四サイクル機関　four stroke cycle engine　225
四節回転機構　quadric crank chain　465
475℃ぜい性　four-hundred seventy-five ℃ brittleness　225
四面かんな盤　four-side planing and moulding machine　225

〈ラ〉

らいかい機　kneader　311
ライトエミティドダイオード　light emitted diode　323
ライトペン　light pen　324
ライナ　liner　325
ライナリング　casing (wear) ring　82
ライニング　lining　325
ライネッカ歯切り盤　Reinecker bevel gear generator　487
ライフサイエンス　life science　323
ライフサイクル　life cycle　323
ライフサイクルコスト　life cycle cost;LCC　323
ライム　lime　324
ラウエはん点　Laue's spot　318
ラギング　lagging　314
ラギングジャケット　lagging jacket　314
ラギングプーリ　lagged pulley　314
落差　head　259
ラグランジュの運動方程式　Lagrange's equation of motion　314
ラジアスゲージ　radius gauge　473
ラジアル　radial　469
ラジアル荷重　radial load　470
ラジアル係数　radial factor　469
ラジアル軸受　radial bearing　469
ラジアル軸箱　radial axle box　469
ラジアルすきま　radial internal clearance　470
ラジアルすきま　radial clearance　469
ラジアルタービン　radial turbine　471
ラジアル玉軸受　radial ball bearing　469
ラジアルファン　radial fan　469
ラジアルプライタイヤ　radial-ply tire　470
ラジアルプランジャポンプ　radial plunger pump　470
ラジアルボール盤　radial drilling machine　469
ラジアン　radian　471
ラジウム　radium　473
ラジエータ　radiator　472
ラジオグラフ　radiograph　472
ラジオコンパス　radio compass　472
ラジオビーコン　radio beacon　472
ラジカル　free radical　227
ラジコン　radio control　472
らせん角　helical angle　263
らせんぐい　screw pile　520
ラダー　rudder　509
ラチェット　ratchet　475
ラチェット車装置　ratchet gearing　476
ラチェットハンドル　ratchet handle　476
ラチスばり　lattice girder　318
ラチスフィーダ　lattice feeder　318
ラッカエナメル　lacquer enamel　314
落下試験　drop test　168
ラック　rack　468
ラック形かじとり装置　rack steering gear　468
ラックカッタ　rack cutter　468
ラック駆動ジャッキ　rackand pinion jack　468
ラック式平削り盤　rack-driven planing machine　468
ラックとピニオン　rack and pinion　468
ラックピニオン　rack and pinion　468
ラックレール　rack rail　468
ラッチ　latch　317
ラッチ回路　latch circuit　317
ラッチリレー　latching relay　317
ラッピング　lapping　316
ラップ　lap　316
ラップ液　lapping liquid　316
ラップ剤　lapping powder　317
ラップ仕上げ　lapping　316
ラップ盤　lapping machine　316
ラップ焼け　lapping burn　316
ラテックス　latex　318
ラド　rad　469
ラトータービン　Rateau turbine　476

〈リ〉

〈ロ〉

〈ワ〉

ワーレンモータ　Warren motor　698
ワンウェイクラッチ　one way clutch　388
ワンショットマルチバイブレータ　one-shot multi vibrator　388
ワンタッチジョイント　one touch joint　388
ワンダリングブロック溶接法　wandering block sequence　697
ワンチップマイコン　one chip microcomputer　388
ワンボードマイコン　one board microcomputer　388
ワンマンバス　one-man bus　388